内容提要

本书系统介绍了棉织常用纤维、纱线的特征与性能；络筒、整经、浆纱及调浆、穿（结）经、纬纱准备、有梭织机、片梭织机、喷气织机、剑杆织机以及坯布整理各工序设备的主要技术特征、工艺配置、维护保养、新技术、新工艺等内容；同时，还介绍了浆料、产品品种、棉织质量检验、织物染整、空调及空气压缩设备等内容。

本书可供棉纺织企业技术人员、管理人员、操作人员和维修保养人员查阅，也可供纺织专业师生参考。

图书在版编目（CIP）数据

棉织手册/江南大学，无锡市纺织工程学会，《棉织手册》（第三版）编委会编．—3版．—北京：中国纺织出版社，2006.10

（现代纺织工程⑭）

ISBN 7-5064-4070-9

Ⅰ.棉… Ⅱ.①江… ②无… Ⅲ.棉纺织-手册 Ⅳ.TS11-62

中国版本图书馆CIP数据核字（2006）第120076号

策划编辑：张福龙　魏大韬　崔俊芳　　责任编辑：江海华　孔会云

责任校对：楼旭红　　责任设计：李　然　　责任印制：何　艳

中国纺织出版社出版发行

地址：北京东直门南大街6号　邮政编码：100027

电话：010—64160816　传真：010—64168226

http://www.c-textilep.com

E-mail:faxing@c-textilep.com

北京华联印刷有限公司印刷　各地新华书店经销

1977年6月第1版　1989年12月第2版

2006年10月第3版　2006年10月第11次印刷

开本：787×1092　1/16　印张：99.25　插页：19

字数：2250千字　印数：109001—113000　定价：248.00元

ISBN 7-5064-4070-9/TS·2275

京东工商广字第0372号

现代纺织工程⑭

棉织手册

（第三版）

江南大学　无锡市纺织工程学会
《棉织手册》（第三版）编委会　编

中国纺织出版社

《棉织手册》(第三版)编委会人员名单

主　编: 高卫东

副主编: 王鸿博　陈正明

各章作者

第一篇　纤维和纱线

第一章　纺织纤维	张海泉
第二章　纱线	谢春萍　周惠煜

第二篇　织前准备

第一章　络筒	王元昌　吴俊年
第二章　整经	王鸿博　高卫东　徐　阳
第三章　浆料	范雪荣　丁奎刚
第四章　经纱上浆	梁浩祥　徐　阳　邓炳耀　朱振岳
第五章　穿结经	邓炳耀　陆善平　沈维乐
第六章　纬纱准备	王鸿博　倪春锋

第三篇　织造

第一章　有梭织机	王元昌　徐　阳
第二章　片梭织机	王荣根　钱　坤
第三章　喷气织机	王鸿博　高卫东　杨　勇　钱文明　朱瑞兵
第四章　剑杆织机	高卫东　朱华君　王鸿博

第四篇　织物整理

第一章　坯布整理　王鸿博　王迎春

第二章　棉织物印染和后整理　王　强　沈　锡

第五篇　产品品种、质量与检测

第一章　本色棉型织物品种　陈正明　王鸿博　吴学平　周惠煜

第二章　产品质量试验及检验　王鸿博　蔡韵梅

第六篇　空气调节　张锦荣　顾民立　许有庆

附录　相关纺织网址　谢春萍　王鸿博

提供资料、协助编写

郁　蕾　朱月芬　朱敏元　姚洪平　丁　清　顾永成　陈泉发　吴建役

陆伟根　方锦鉴　王　曦　余一新　虞柏林　张振亚　盛东晓　卢雨正

第三版前言

《棉织手册》第一版于1977年6月出版，第二版于1989年12月出版，它们对棉织企业的产品设计、生产工艺和技术管理工作发挥了积极的作用，深受广大读者的欢迎，前后多次重印，印数超过10万册，曾于1982年被中国出版工作者协会评为优秀科技图书。但《棉织手册》（第二版）的出版至今已有近20年的历史，在这近20年中，一方面科学技术迅猛发展，新原料层出不穷，而且电子技术、计算机技术等在纺织设备中广为采用；另一方面，国内纺织的生产规模、技术进步、管理水平和产品开发等方面都发生了显著的变化。因此，为了适应新形势的需要，应广大棉织科技人员及企业的迫切要求，并在中国纺织出版社的推动下，由江南大学纺织服装学院和无锡市纺织工程学会牵头组织《棉织手册》（第三版）的编写工作。参加编写工作的成员主要来自高校、企业和科研单位，他们对棉织产品的开发、生产、管理有着丰富的经验，同时在收集资料的过程中得到了社会各方面的支持。初稿完成后，邀请了有关专家、学者认真审校，并深入到有关企业听取意见，反复修改补充。

《棉织手册》（第三版）作为织造行业的工具书，其内容以国内外代表性的及应用面广、量大的成熟设备和工艺为主。编写时，以技术特征、工艺设计、工艺调整、产品质量、维护保养为重点，尽量采用图表、数据形式，力求简明实用、查阅便捷。

《棉织手册》（第三版）共分成六篇，包括纤维和纱线篇；织前准备篇；织造篇；织物整理篇；产品品种、质量与检测篇；空气调节篇。内容涉及织造新技术、新设备、新工艺和新产品。

《棉织手册》（第三版）编委会于2002年成立，实际编写工作从2003年开始，编写时间有三年之久。在全体编写人员的共同努力下，在各方面的支持下，完成了本书的编写。由于水平、时间和条件所限，在编写内容方面难免存在不足之处，欢迎广大读者指正。

鉴于国内棉织企业仍有相当数量的传统设备，本书保留了《棉织手册》（第二版）的一些内容，特向《棉织手册》（第二版）编委会表示感谢！

《棉织手册》（第三版）编委会

2006年8月

*** 特别致谢以下单位:**

艾洛(无锡)纺织机械有限公司、本宁格纺织机械有限公司、莱州市电子仪器有限公司、大雅兴业股份有限公司、无锡丝普兰喷气织机制造有限公司、江阴市通源纺机有限公司、江苏大宏集团、北京吉玛高纺织机械技术服务站、村田机械株式会社、郑州纺织机械股份有限公司、上海明恒助剂有限公司、江西东永实业有限公司、常州市润力助剂有限公司、南通三思机电科技有限公司、绍兴市水富纺织器材有限公司、西安大华化工集团有限公司、盐城市荣意来纺机有限公司、江阴市华方新技术科研有限公司、张家港华怡浆料有限公司、常州市武进大宇纺织器材有限公司、无锡市先达纺织机械厂、苏州工业区开泰纺织有限公司、宜兴市军达化工厂、无锡市三达纺配厂、扬州申江纺织器材厂、青岛即墨市青宝浆料厂、苏州胜达纺织有限公司、宜兴市织友淀粉有限公司

***《棉织手册》(第三版)编委会:江南大学纺织服装学院**

联系地址:无锡市蠡湖大道1800号

邮政编码:214122

e-mail:wxwanghb@163.com

目 录

第一篇 纤维和纱线

第二篇 织前准备

第三篇 织 造

第四篇　织物整理

第五篇 产品品种、质量与检测

第六篇　空气调节

第一篇　纤维和纱线

第一章　纺织纤维

第一节　纤维及分类

一、纤维

纤维是指长度比直径大1000倍以上的柔软细长体，通常的纤维大多用来制织纺织品，故又称纺织纤维。纤维不仅可用来纺织加工，还可作为填充料和增强基体，或直接成形构成刚性或柔性复合材料及多孔单组分材料。

纺织纤维必须具有一定的物理、化学和生理性质，以满足加工和使用要求。如适当的长度和细度、一定的强度和变形能力、弹性、耐磨性、刚柔性、表面特性、吸湿性、导电性、化学稳定性及良好的染色性能等。

二、纤维的分类

纤维种类很多，习惯上按其获得来源分为天然纤维和化学纤维两大类。

(一)天然纤维

凡从自然界原有的动物及植物或由人工培植的植物、人工饲养的动物中获得的纺织纤维，称为天然纤维。根据纤维的生物属性又可分为植物纤维、动物纤维和矿物纤维。主要天然纤维的分类如表1－1－1所示。

表1－1－1　主要天然纤维的分类

分　类	植物纤维	动物纤维	矿物纤维
定义	取自种植物的纤维，作为纺织用的植物纤维是从某些特殊植物的种子、茎、叶或果实上获得的纤维	取自动物的毛发或分泌液的纤维	从纤维状结构的矿物岩石中获得的纤维
主要组成物质	主要组成物质为纤维素，同时含有少量木质素、半纤维素等	主要组成物质为蛋白质。但根据纤维种类不同，其化学组成有较大差异	主要组成物质为二氧化硅、氧化铝、氧化铁、氧化镁等无机物

续表

分　类	植物纤维	动物纤维	矿物纤维
种类	1. 种子纤维:取自植物种子表面的单细胞纤维,如棉、木棉等 2. 韧皮纤维:取自植物韧皮部位的纤维,如亚麻、苎麻、竹纤维等 3. 叶纤维:取自植物叶子的纤维,如剑麻、蕉麻等 4. 果实纤维:取自植物果实的纤维,如椰子纤维	1. 毛纤维:指从动物的毛发中取得的、由角质组成的、多细胞结构的纤维,如绵羊毛、山羊毛、骆驼毛、驼羊毛、兔毛、牦牛毛等 2. 丝纤维:指由昆虫腺分泌物取得的纤维,如桑蚕丝、柞蚕丝、蜘蛛丝等	各类石棉,如温石棉、青石棉、蛇纹石棉等

(二)化学纤维

凡用天然的或合成的高聚物为原料,由人工加工制成的纤维状物体,称为化学纤维。按原料、加工方法和组成成分的不同,可分为再生纤维、合成纤维和无机纤维三类。化学纤维的分类如表1－1－2所示。

表1－1－2　化学纤维的分类

分　类	再生纤维	合成纤维	无机纤维
定义	以天然高分子化合物为原料制成的、化学组成与原高聚物基本相同的化学纤维	以石油、煤、天燃气及一些农副产品为原料制成单体,经化学合成为高聚物后纺制成的纤维	人造的、主要成分为无机物的纤维
纤维	1. 再生纤维素纤推:指用木材、棉短绒、蔗渣、竹、海藻等天然纤维素制成的、组成成分仍为纤维素的纤维,如粘胶纤维、铜氨纤维、再生竹纤维等 2. 再生蛋白质纤维:指用酪素、大豆、花生、毛发类、丝素、丝胶等天然蛋白质制成的、组成成分仍为蛋白质的纤维,如酪素纤维、大豆纤维、花生纤维、再生角朊纤维、再生丝素纤维等	1. 涤纶:指大分子链中的各链节通过酯基相连的成纤聚合物纺制的合成纤维 2. 锦纶:指分子主链由酰胺键连接起来的一类合成纤维 3. 腈纶:通常指含丙烯腈在85%以上的丙烯腈共聚物或均聚物纤维 4. 丙纶:分子组成为聚丙烯的合成纤维 5. 维纶:聚乙烯醇在后加工中经缩甲醛处理所得的纤维 6. 氯纶:分子组成为聚氯乙烯的合成纤维	1. 玻璃纤维:纤维中的成纤物质是玻璃的纤维 2. 金属纤维:包括用金属制成的纤维、外涂塑料的金属纤维、外涂金属的塑料纤维以及包覆金属的芯线 3. 陶瓷纤维:通过向成纤高聚物中添加某些无机物微细粉末所制得的纤维 4. 碳纤维:是指纤维化学组成中碳元素占总质量90%以上的纤维

第二节　纺织纤维的微观结构

纺织纤维除无机纤维外,绝大部分是高聚物。为便于分析,纺织纤维的微观结构分为三个层次:大分子结构、超分子结构和形态结构。

一、纺织纤维的大分子结构

聚合物是由含有一种或几种重复单元的大分子组成。这些大分子的每一个重复单元都由一些原子构成，如果将许多重复单元连接起来，即可构成聚合物的大分子。重复单元来源于(并类似于)制成此种聚合物的小分子，制成聚合物的原始小分子称为单体。通常，一个聚合物大分子含有50个重复单元即认为是高聚物。大多数纺织纤维中的大分子至少含有100个重复单元，有些多达几千个。聚合之前，重复单元以单体状态存在，因此，单体是聚合物的基本原料，所以聚合物的性质取决于重复单元。

聚合物分为均聚物和共聚物。构成均聚物的大分子重复单元是相同的或同质的，用于纺织的聚合物多是均聚物。构成共聚物的重复单元是由两种或两种以上不同类型的重复单元按一定的顺序排列构成的。

聚合物通常根据组成主链的化学成分来命名，这种命名方法称为IUPAC(国际理论和应用化学联合会)命名法，是世界公认的命名化学结构物的方法。生产中，通常使用聚合物的普通名称或商业名称。合成纤维主要品种的分子组成与命名如表1-1-3所示。

表1-1-3　合成纤维主要品种的分子组成与命名

合成纤维学名		单体或其他原料	分子结构	我国商品名称
聚酰胺系	聚酰胺6纤维	己内酰胺	$\text{⁅}HN(CH_2)_5CO\text{⁆}_n$	锦纶6
	聚酰胺66纤维	己二胺、己二酸	$\text{⁅}HN(CH_2)_6NHCO(CH_2)_4CO\text{⁆}_n$	锦纶66
	聚酰胺1010纤维	癸二胺、癸二酸	$\text{⁅}HN(CH_2)_{10}NHCO(CH_2)_8CO\text{⁆}_n$	锦纶1010
聚酯系	聚对苯二甲酸乙二酯纤维	对苯二甲酸，乙二醇(或对苯二甲酸二甲酯)	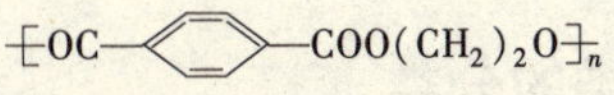	涤纶
聚乙烯醇系	聚乙烯醇缩甲醛纤维	醋酸乙烯	$\text{⁅}CH_2CH—CH_2—CH\text{⁆}_n$ (两个CH下接 $-OCH_2O-$)	维纶
	氯乙烯、乙烯醇接枝共聚纤维	乙烯醇，氯乙烯	$\text{⁅}CH_2—CH\text{⁆}_n$ (CH下接CL)　$\text{⁅}CH_2—CH\text{⁆}_n$ (CH下接OH)	维氯纶
聚丙烯腈系	聚丙烯腈纤维	丙烯腈	$\text{⁅}CH_2—CH\text{⁆}_n$ (CH下接CN) (丙烯腈含量85%以上)	腈纶

二、纺织纤维的超分子结构

纺织纤维的超分子结构也叫聚集态结构，主要反映纺织纤维中大分子的排列状态。从整体上讲，纺织纤维中大分子的排列状态在常温下可分为两类：排列较整齐的结晶态和不整齐的非晶态，呈结晶态的区域叫结晶区，呈非晶态的区域叫非结晶区。纺织纤维结晶态与非晶态的主要特征如表1-1-4所示。

表1-1-4　纺织纤维结晶态与非晶态的主要特征

结　晶　态	非　晶　态
大分子排列整齐	分子排列紊乱
大分子排列紧密	堆砌松散，缝隙孔洞多
分子间相互接近的基团的结合点多	分子间距离大，其上的游离基团多
吸湿、染色困难，强度高、变形小	吸湿、染色好，强度高、变形能力大
有熔点，超过熔点后呈液态	随温度变化表现出玻璃态、高弹态、粘流态

从纤维整体特征看，纺织纤维是结晶区与非结晶区的混合体。可用下面两个特征指标反映其整体情况。

(1)取向度：指大分子排列方向与纤维轴向的符合程度。纤维取向度高时，纤维的拉伸强度较高、伸长变形小、光学、力学各向异性明显。化学纤维在加工中通过改变拉伸倍数来改变纤维的取向度。

(2)结晶度：指结晶区的体积占纤维总体积的百分数。纤维结晶度高时，纤维的密度高，吸湿、染色性差，强度高，变形能力小。

三、纺织纤维的形态结构

纺织纤维的形态结构一般指显微镜下能够看到的形态。用电子显微镜能够看到的结构称为微观形态结构，用光学显微镜能够看到的结构称作宏观形态结构。

第三节　棉纤维

一、棉纤维的分类

棉纤维按品种可分为细绒棉、长绒棉和粗绒棉，如表1-1-5所示；按初加工方法可分为锯齿棉和皮辊棉，如表1-1-6所示；按棉花色泽可分为白棉、黄棉和灰棉，如表1-1-7所示。

表1-1-5　棉纤维按品种分类

项　　目	纤　维　分　类		
	细绒棉	长绒棉	粗绒棉
棉种分类	陆地棉	海岛棉	亚洲棉(中棉)
株体高度(cm)	60~160	80~150	50~130
茎叶	多数有茸毛	多数光滑	多数无茸毛
叶片形状	宽三角形	长而渐尖	矛头形
叶片裂口数	3~5，裂口浅	3~5，裂口较深	5~7，裂口深
苞叶形状	心形，长大于宽	心形，长等于宽	三角形或微心形
苞叶裂齿数	7~12	10~15	3~4，或全缘
花朵	较大，四周裂开	大，呈喇叭状	小
花瓣颜色	乳白，基部无红斑	黄色，基部有红斑	黄、白、红色，基部常有红斑

续表

项 目		纤 维 分 类		
		细绒棉	长绒棉	粗绒棉
铃形		宽圆卵形	稍尖长形	稍尖长形
铃重(g)		4.5～6	2.5～3.5	2～3
铃面		平滑,油腺不明显	凹点明显,基部有油腺	凹点明显,油腺外露
铃室		4～5	3～4	3～4
每室种子(粒)		5～8	5～11	6～9
种子表面		毛籽,光籽很少	光籽或端毛	毛籽或光籽
单元染色体数		26	26	13
生育期(d)		120～140	130～160	95～125
纤维生长期(d)		50～60	55～65	32～40
产量		高	中	低
棉花色泽		洁白	乳白或淡棕	滞白
纤维长度(mm)		23～33	33～45	15～25
纤维线密度	dtex	2.2～1.4	1.4～1.2	3.3～2.5
	m/g	4500～7000	7000～8500	3000～4000
纤维直径(μm)		15～19	12～15	16～22
纤维阔度(μm)		18～25	14～22	20～30
天然转曲(个/cm)		45～85	80～120	18～40
单纤维强力	cN	2.9～4.9	3.9～5.4	3.9～6.4
	gf	3～5	4～5.5	4～6.5
断裂长度(km)		20～28	33～38	21 以下
适纺线密度(tex)		10～60	4～12	28 以上

表 1－1－6 棉纤维按初加工方法分类

项 目	锯 齿 棉	皮 辊 棉
外观形态	松散	薄片状
长度	主体长度较短,长度整齐度较差	主体长度较长,短绒含量较高
杂质、疵点	含杂低,棉结束丝多	含杂高,黄根较多
加工效率	加工效率高	加工效率低
适宜加工品种	细绒棉	长绒棉、低级棉、留种棉

表 1－1－7 棉纤维按色泽分类

纤维种类	特 征 及 使 用
白 棉	正常成熟、正常吐絮的棉花,不管原棉的色泽呈洁白、乳白或淡黄色,都称白棉。棉纺厂使用的原棉,绝大部分为白棉

续表

纤维种类	特征及使用
黄　棉	棉花生长晚期，棉铃经霜冻伤后枯死，铃壳上的色素染到纤维上，使原棉颜色发黄。黄棉一般都属低级棉，棉纺厂仅有少量应用
灰　棉	棉花在多雨地区生长时，棉纤维在生长发育过程中或吐絮后，由于雨量多、日照少、温度低，使纤维成熟受到影响，原棉颜色呈现灰白。灰棉强力低、质量差，棉纺厂很少使用

二、棉纤维的组成与结构

（一）棉纤维的化学组成

棉纤维中的化学成分如表 1－1－8 所示。

表 1－1－8　棉纤维的化学成分

成　分	含量范围（%）	平均含量（%）	成　分	含量范围（%）	平均含量（%）
纤维素	93.0～95.0	94.5	含氮物	1.0～1.5	1.2
蜡质和脂肪	0.3～1.0	0.6	灰　分	0.8～1.8	1.2
果胶质	1.0～1.5	1.2	其　他	1.0～1.5	1.3

（二）棉纤维的形态与结构

在显微镜下观察时，成熟棉纤维的外形为上端尖而封闭、下端粗而敞口、整个纤维纵向为细长的扁平带子状，有螺旋形天然转曲，一般转曲数在 60～120 个/cm。纤维截面呈腰子形，中间有干瘪的空腔。

将棉纤维经过适当的溶胀处理后，在显微镜下观察，发现棉纤维截面从外到里分成三层：最外层称初生层，中间为次生层，内部为中腔。棉纤维的结构特征如表 1－1－9 所示，棉纤维的结构如图 1－1－1 所示，棉纤维的形态特征如图 1－1－2 所示。

表 1－1－9　棉纤维的结构特征

结构层	特征
初生层	伸长期形成的初生细胞壁，外皮有棉腊和果胶，厚度 0.1～0.2μm，约为纤维直径的 1%，占纤维总质量的 2.5%～2.7%，初生细胞壁的纤维素含量较低，纤维素共生物特别是果胶、蜡状物质的含量较高。初生胞壁具有拒水性，这对棉纤维在自然生长中有保护作用，而在染整加工中会阻碍染液向纤维内部的扩散，影响化学反应的进行，造成织物渗透性差、染色不匀等疵病，应在染整加工初期将其破坏并去除
次生层	加厚期形成的纤维素淀积，与棉纤维的成熟度、天然转曲有关。次生胞壁是纤维素沉积最厚的一层，约 4μm，是棉纤维的主体，质量约占整个纤维质量的 90% 以上。次生胞壁的纤维素含量很高。次生胞壁由 S_1、S_2、S_3 三层组成，它的结构决定了棉纤维的性质
中　腔	中腔是棉纤维的中空部分，约占纤维截面的十分之一，含有蛋白质及色素，其颜色确定了棉纤维的颜色。中腔是纤维内最大的空隙，是棉纤维染色和化学处理的重要通道

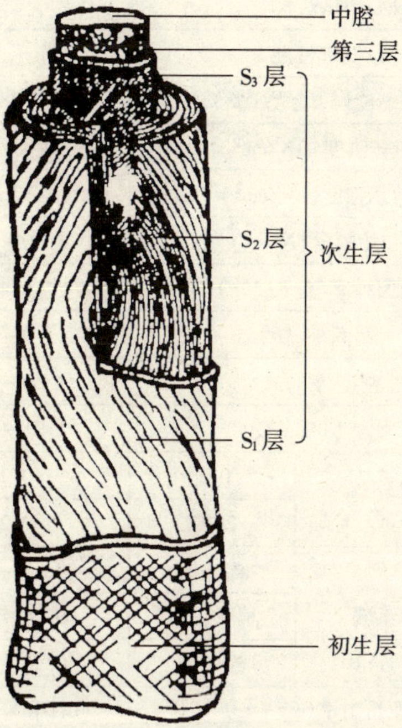

图 1-1-1　棉纤维的结构

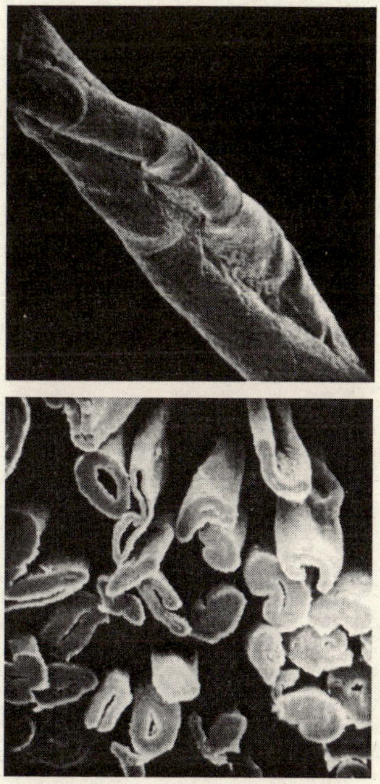

图 1-1-2　棉纤维的形态特征

三、棉纤维的性质

棉纤维可进行丝光处理,以增加纤维的强度、光泽、可染性及抗缩性等。棉纤维在适当条件下可进行各种染色,吸湿性好、耐强碱、耐有机溶剂、耐漂白剂以及耐热。棉纤维的缺点是弹性和弹性恢复性较差、不耐强无机酸、易发霉、易燃。棉纤维的化学性质如表 1-1-10 所示。棉纤维的物理性质如表 1-1-11 所示。

表 1-1-10　棉纤维的化学性质

项　目	性　　质
水的作用	膨化,但不溶解;横截面积增大 40% ~50%,长度增加 1% ~2%;脱脂纤维吸水性增强
水解作用	在酸的水溶液或高温水作用下,纤维水解,聚合度下降,强力下降
酸的作用	无机酸如硫酸 、盐酸、硝酸对棉纤维有腐蚀作用,在热稀酸和冷浓酸中纤维溶解,有机酸如甲酸等作用较弱。酸对棉性纤维的作用随着温度、浓度、时间的不同而改变
碱的作用	在常温下,对稀碱稳定,用 18% 烧碱处理时,可产生丝光作用,与浓碱作用可生成碱纤维素
氯化作用	纤维素经氧化剂处理和长时间在蒸汽作用下,分子键断裂,纤维素分解
光的作用	光照使纤维素大分子破坏,其中紫外线破坏力强,纤维素聚合度下降,强力降低,纤维发脆,暴晒 100 天,纤维强力下降 40%
热的作用	100℃纤维水分蒸发,160℃纤维脱水,240℃纤维破坏变黄,400 ~450℃时纤维炭化
微生物作用	含水率大于 9% 、相对湿度在 75% 以上时,纤维素易被微生物分解,棉纤维较易受霉菌作用
染料作用	棉纤维吸色性强,一般染料均可染色
有机溶剂作用	有机溶剂一般不溶解纤维素,可溶解纤维素中的共生物质。纤维在苯、凡士林油中膨化最小,可用来测定棉纤维密度

表 1－1－11 棉纤维的物理性质(细绒棉)

物理性能		指标	物理性能		指标
纤维长度(mm)		23～33	压缩能恢复系数(%)		38
外圆直径(μm)		15～19	扭转刚度($\mu N/cm^2$)		0.4～0.6
外圆周长(μm)		50～56	剪切强度(kN/cm^2)		12.9
纤维阔度(μm)		18～25	初始模量(N/tex)		6.0～8.2
纤维横截面积(μm^2)		85～145	定伸长回弹率(伸长 2%)(%)		74
中腔横截面积(μm^2)		11～27	回潮率(%)		7.0～9.5
比表面积(1/μm)		0.33～0.42	密度(g/cm^3)		1.50～1.55
双层胞壁厚度(μm)		5～8	比热(J/g·℃)		1.21～1.34
天然转曲(个/cm)		45～85	传热系数(kJ/m·h·℃)	0℃	0.21
纤维线密度	dtex	2.22～1.43		20℃	0.26
	m/g	4500～7000	摩擦系数	棉—棉	0.22～0.29
单纤维强力	cN	2.9～4.9		棉—皮革	0.28～0.35
	gf	3～5		棉—钢	0.26～0.33
断裂伸长率(%)		7～12	双折射率($n_e - n_o$)		0.040～0.043
断裂长度(km)		20～28	击穿电压(kV/mm)		4.5
相对强度(mN/dtex)		17.8～31.2	质量比电阻($\Omega \cdot g/cm^2$)		2.25×10^7
抗压性(%)		80～84	介电系数(60Hz/20℃/RH65%)		7.7

四、棉花标准

(一)细绒棉棉花标准

细绒棉棉花品级条件见表 1－1－12,品级条件参考指标见表 1－1－13,马克隆值分级范围见图 1－1－3。

表 1－1－12 细绒棉棉花品级条件(GB 1103—1999)

级别	籽棉	皮辊棉			锯齿棉		
		成熟程度	色泽特征	轧工质量	成熟程度	色泽特征	轧工质量
一级	早、中期优质白棉、棉瓣肥大,有少量一般白棉和带淡黄尖、黄线的棉瓣,杂质很少	成熟好	色洁白或乳白,丝光好,稍有淡黄染	黄根、杂质很少	成熟好	色洁白或乳白,丝光好,稍有淡黄染	索丝、棉结杂质很少
二级	早、中期好白棉,棉瓣大,有少量轻雨锈棉和个别半僵棉瓣,杂质少	成熟正常	色洁白或乳白,有丝光,有少量淡黄染	黄根、杂质少	成熟正常	色洁白或乳白,有丝光,稍有淡黄染	索丝、棉结杂质少

续表

级别	籽棉	皮辊棉			锯齿棉		
		成熟程度	色泽特征	轧工质量	成熟程度	色泽特征	轧工质量
三级	早、中期一般白棉和晚期好白棉，棉瓣大小都有，有少量雨锈棉和个别僵瓣棉，杂质稍多	成熟一般	色白或乳白，稍见阴黄，稍有丝光、淡黄染，黄染稍多	黄根、杂质稍多	成熟一般	色白或乳白，稍有丝光，有少量淡黄染	索丝、棉结、杂质较少
四级	早、中期较差的白棉和晚期白棉，棉瓣小，有少量僵瓣或轻霜、淡灰棉，杂质较多	成熟稍差	色白略带灰、黄，有少量污染棉	黄根、杂质较多	成熟稍差	色白略带阴黄，有淡灰、黄染	索丝、棉结、杂质稍多
五级	晚期较差的白棉和早、中期僵瓣棉，杂质多	成熟较差	色灰白带阴黄，污染棉较多，有糟绒	黄根、杂质多	成熟较差	色灰白有阴黄，有污染棉和糟绒	索丝、棉结、杂质较多
六级	各种僵瓣棉和部分晚期次白棉，杂质很多	成熟差	色灰黄，略带灰白，各种污染棉、糟绒多	杂质很多	成熟差	色灰白或阴黄，污染棉、糟绒较多	索丝、棉结、杂质多
七级	各种僵瓣棉、污染棉和部分烂桃棉，杂质很多	成熟很差	色灰暗，各种污染棉、糟绒很多	杂质很多	成熟很差	色灰黄，污染棉、糟绒多	索丝、编结杂质很多

注 三级为标准级，七级以下为级外棉。

表1-1-13 品级条件参考指标

品级	成熟系数不低于	断裂比强度不低于（cN/dtex）	轧工质量				
			皮辊棉		锯齿棉		
			黄根率不大于（%）	毛头率不大于（%）	疵点不大于（粒/100g）	毛头率不大于（%）	不孕籽含棉率（%）
一级	1.6	2	0.3	0.4	1000	0.4	20～30
二级	1.5	1.9	0.3	0.4	1200	0.4	20～30
三级	1.4	1.9	0.5	0.6	1500	0.6	20～30
四级	1.2	1.8	0.5	0.6	2000	0.6	20～30
五级	1.0	1.8	0.5	0.6	3000	0.6	20～30

注 1. 疵点包括：破籽、不孕籽、索丝、软籽表皮。

2. 轧工质量指标也是对皮棉的质量要求。

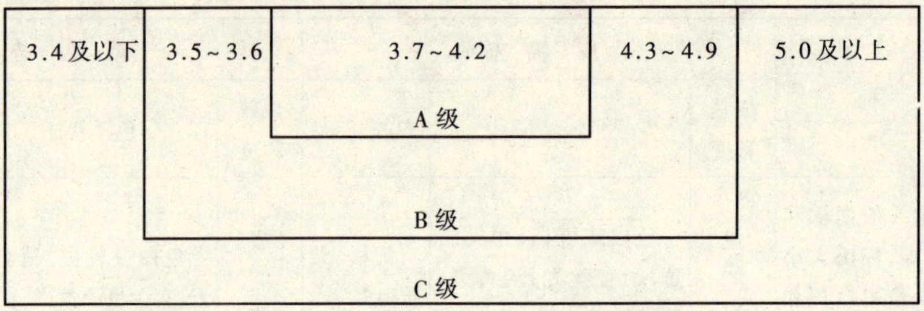

图1－1－3　马克隆值分级范围

(二)长绒棉棉花标准

长绒棉棉花品级条件(部标准)见表1－1－14。

表1－1－14　长绒棉棉花品级条件(部标准)

级别	成熟程度	色泽特征	轧工质量
一级	棉纤维完全成熟和成熟良好,手感富有弹性	色呈乳白色,富有光泽	稍有叶屑,轧工正常
二级	纤维成熟和基本成熟,手感有弹性	色呈乳白色,有光泽	叶片、叶屑稍显,轧工尚好
三级	纤维不够熟,手感弹性较差	色呈乳白色,夹有部分霜黄棉及带光块片,稍有光泽	叶片、叶屑等夹杂物稍显,轧工正常
四级	纤维很不成熟,手感弹性差	色白显滞,夹有霜黄棉,带光片与糟绒较多,并有软白棉及僵瓣棉,光泽差	叶片、叶屑等夹杂物较多,轧工较次
五级	绝大部分纤维完全不成熟,手感无弹性	色滞较暗,有滞白棉、黄棉、软白棉,带光块片	叶片,叶屑等夹杂物较多,轧工很差,糟绒显著无光泽

注　1. 新疆长绒棉以新海棉品种皮辊棉暂行品级标准中文字条件作说明。

2. 标准级为三级,标准长度为33.3mm。标准含水率10%,最高限度12%,标准含杂率3%。

第四节　化学纤维

一、化学纤维分类与特性

(一)化学纤维分类及其原料

化学纤维分类及其原料见表1－1－15。

表 1－1－15　化学纤维分类及其原料

类别		纤维名称：学名	纤维名称：代号	国内商品名	基本原料	单体及其他原料
再生纤维	再生纤维素纤维	粘胶纤维		粘胶纤维	木材、棉短绒、芦苇、甘蔗渣、二硫化碳、硫酸、烧碱等	浆粕
		铜氨纤维		铜氨纤维	纤维素、氢氧化铜、氨等	浆粕、氢氧化铜、氨溶液
	纤维素酯纤维	醋酯纤维	CA 纤维	醋酯纤维	棉短绒、木材、醋酐、冰醋酸等	乙酰纤维素、丙酮等
	再生蛋白质纤维	玉米蛋白质纤维			玉米仁、稀碱、异丙醇	玉米蛋白、甲醛、尿素
		大豆蛋白质纤维			大豆、硫酸、亚硫酸钠	大豆蛋白质、甲醛等
合成纤维	聚酯（包括聚醚）纤维	聚对苯二甲酸乙二酯纤维	PET	涤纶	甲苯、二甲苯、苯酐、乙二醇	对苯二甲酸二甲酯或纯对苯二甲酸
		聚对苯二甲酸丁二酯纤维	PBT	PBT 纤维	甲苯、对二甲苯以及丁二醇	对苯二甲酸二甲酯或纯对苯二甲酸
		聚对苯二甲酸环已烷－1,4 二甲酯纤维		改性涤纶	对二甲苯、二甲苯、二元醇、苯酐	对苯二甲酸或对苯二甲酸二甲酯 1,4－环已烷二甲醇
		聚对羟基苯甲酸乙二酯纤维	A－tell	改性涤纶		对羟基苯甲酸环氧乙烷
	脂肪族聚酰胺纤维	聚酰胺－66 纤维	PA－66	锦纶 66	苯、苯酚、环已烷等	已二胺、已二酸
		聚酰胺－6 纤维	PA－6	锦纶 6	苯、苯酚、环已烷等	已内酰胺
		其他：聚酰胺 11、610、1010、9 等曾有过小批量生产；新开发品种有聚酰胺－4，具有较好的吸湿性				
	芳香族聚酰胺纤维	聚间苯二甲酰间苯二胺纤维	Nomex HT－1	芳纶－1313	间二甲苯、苯、硝酸、氢等	间苯二甲酰间苯二胺
		聚对苯二甲酰对苯二胺纤维	Kevlar－29	芳纶－1414（芳纶－Ⅱ）	对二甲苯、苯、硝酸、氢等	对苯二甲酰对苯二胺
		聚对苯甲酰胺纤维	Kevlar－49	芳纶－14（芳纶－Ⅰ）	芳香氨基羟酸	对氨基苯甲酸
	聚丙烯腈系纤维	聚丙烯腈纤维	PAN	腈纶	丙烯、氨、氧气	丙烯腈、丙烯酸甲酯、衣康酸等
		改性聚丙烯腈纤维		腈氯纶	丙烯、氨、氧气和氯乙烯	丙烯腈、氯乙烯等
		改性聚丙烯腈纤维			丙烯、氨、氧气和氯乙烯	丙烯腈、偏二氯乙烯等
	聚烯烃纤维	聚丙烯纤维	PP	丙纶	丙烯、已烷	丙烯
		聚乙烯纤维	PE	乙纶	乙烯	乙烯

续表

类别		纤维名称		国内商品名	基本原料	单体及其他原料
		学名	代号			
合成纤维	聚乙烯醇纤维	聚乙烯醇缩甲醛纤维	PVA	维纶	乙炔、乙烯、醋酸、甲醛等	醋酸乙烯
		聚乙烯醇氯乙烯共聚纤维	PVA—PVC	维氯纶	乙烯、醋酸、甲醛、氯乙烯等	醋酸乙烯、氯乙烯等
	弹性纤维	聚氨酯弹性纤维	PU	氨纶	己二酸、环氧丙烷、环氧乙烷、乙二醇、丙二醇	聚氧乙烯、聚氧丙烯、2,4－甲苯二异氰酸酯
		聚丙烯酸酯型弹性纤维			丙烯酸、二元醇及盐酸等	丙烯酸乙酯或丙烯酸丁酯、偏二氯乙烯及丙烯酰胺
	含氯纤维	聚氯乙烯纤维	PVC	氯纶	乙炔、盐酸或乙烯、氯	氯乙烯、丙酮等
		过氯乙烯纤维	PVC	过氯纶	乙炔、盐酸或乙烯、氯	氯乙烯、丙酮等
		氯乙烯—偏二氯乙烯共聚纤维		偏氯纶	乙炔、盐酸或乙烯、氯	氯乙烯、偏二氯乙烯、丙烯腈等
	含氟纤维	聚四氟乙烯纤维	Teflon	氟纶	氯仿（三氯甲烷）、氟化氢	四氟乙烯
		偏二氟乙烯—氟乙烯共聚纤维		氟托纶	氯仿（三氯甲烷）、氟化氢	偏二氟乙烯、氟乙烯
	碳纤维	碳纤维（高模量）	C	碳纤维	丙烯腈、粘胶纤维、沥青	预氧化丝、碳化丝

（二）化学纤维特性

化学纤维特性见表 1－1－16。

表 1－1－16　化学纤维特性

纤维 特性	纤维素纤维				合成纤维							
	粘胶纤维	铜氨纤维	醋酯纤维	三醋酯纤维	涤纶	锦纶 6	腈纶	丙纶	维纶	氯纶	偏氯纶	乙纶
相对密度	1.50		1.32	1.34	1.38	1.14	1.4～1.8	0.9～0.92	1.26～1.30	1.39	1.70	0.9～0.92
熔点（℃）	—		255	—	255～260	215～220	—	160～165	—	200～210	180～200	108～133
显微镜下的形态	纵沟多	无纵沟	有明显纵沟	有粗纵沟	平滑	平滑	纵向有小褶	平滑	有宽纵沟	平滑	平滑	平滑
侧面断面	锯齿形	近似圆形	三叶形	肾脏形	近似圆形	圆形	哑铃形	圆形	弯肾形，有皮芯	圆形	圆形	圆形

续表

特性＼纤维	纤维素纤维				合成纤维							
	粘胶纤维	铜氨纤维	醋酯纤维	三醋酯纤维	涤纶	锦纶6	腈纶	丙纶	维纶	氯纶	偏氯纶	乙纶
塑性	–	–	+	+	+	+	+	+	+	+	+	+
是否含氯	–	–	–	–	–	–	–	–	–	+	–	–
是否含氮	–	–	–	–	–	+	+	–	–	–	–	–
锡拉着色剂①	淡鲜红色	蓝色	黄绿色	淡红色	不染	淡黄色	不染，橙红色	不染	浅绿色	不染	不染	
碘、甘油、硫酸②	暗蓝色	黄褐色，+		不染	紫色，–	不染		淡暗绿色	不染	不染		
氯化锌、碘化物③	红色～紫色	黄色，+		不染	部分溶解							
浓盐酸（40°C）	缓慢溶解	+		软化，–	暗黄色	不染		黑褐色	不染	不染（膨润）		
硫酸（质量分数，80%）	+	+	+	+	–（冷）	+	–	–	+	–	–	–
稀硝酸（mol/L）	–	–	+		–（煮沸）	+	–	–	+	–	–	–
NaOH（质量分数，5%）	–	–	–（皂化）	–（皂化）	–	–	–	–	–	–	–	–
氧化铜氨④	+	+	+	–（膨润）	–（皂化）	–	–（收缩变黄）	–	–	–	–	–
冰醋酸	–	–	+	部分溶解	–	–	–	–	–	–	–	–
丙酮	–	–	+		–	+	–	–	–	–	–	–
间甲酚或90%（质量分数）苯酚	–	–	+		–	–	–	–	–	–	–	–
二氯甲烷	–	–	–（膨润）		–（温） –	+ –	– –	– –	+ –	++或膨润	– –	– –

注　“+”表示溶解或者有；“–”表示不溶或无。

①试料用水润湿，在锡拉着色剂A液中浸1min，再水洗。

②A液：将3g碘化钾溶于60mL水中，加1g碘，再加40mL水。B液：将2份甘油加入1份水中，再在其中加入3份浓硫酸，一边冷却一边加入。试料先用A液处理几分钟，用滤纸吸去过剩的液体，加入B液，观察颜色。

③将20g氯化锌溶解在10mL水中。另外将2.1g碘化钾和0.1g碘溶于5mL水中，将两液相混。

④将5g结晶硫酸铜溶解于150mL水中，27.5g氢氧化钾溶解在25mL水中，将94mL水加入700mL浓氨水（0.880）中，在细口管中将氢氧化钾加入稀氨液中，边搅拌边加硫酸铜，冷却后用玻璃滤器（不用抽吸法），密封后贮放在暗处。

二、主要化学纤维

（一）粘胶纤维

1. 概况　粘胶纤维以天然纤维素为原料，是再生纤维素纤维（regenerated celluloes fibre）系的一个品种。这类纤维也可称纤维素纤维（celluloes fibre）或水化纤维素纤维（cellulose hy-

drate)。根据生产工艺不同，该系列产品中还有铜氨纤维(cuprene fibre)、醋酯纤维(acetate fibre)等。在化学纤维发展史上，纤维素纤维是首先实现工业化生产的化纤品种。由于粘胶纤维的基本原料是天然纤维素，所以成品纤维具有一系列良好的物理机械性能和符合卫生要求的性质。粘胶纤维最大的特点是与天然纤维棉的某些性质极为相似，如吸湿、透气、易染色、抗静电和易于纺织加工等。而它的细度和长度，又可按用途要求调节，这一点又优于棉。很明显，粘胶纤维的这些特点也正是合成纤维的不足。粘胶纤维的分类见表1-1-17。

表1-1-17 粘胶纤维分类

粘胶纤维	普通粘胶纤维	长丝、短纤维(棉、毛、中长型)
	高湿模量粘胶纤维	波里诺西克(Polynosic)纤维(富纤)
		高湿模量纤维
		高湿模量高卷曲纤维
	强力粘胶纤维	普通型粘胶强力丝
		超强力型粘胶纤维
	特种粘胶纤维	复合纤维、交联纤维、变性纤维
		阻燃纤维、中空纤维
		碳纤维、离子交换纤维

2. 粘胶长丝

(1)粘胶长丝物化性能及用途：见表1-1-18。

表1-1-18 粘胶长丝物化性能及用途

<table>
<tr><th colspan="2">项 目</th><th>性 能</th><th>用 途</th></tr>
<tr><td rowspan="3">吸湿率</td><td>公定</td><td>11.0</td><td rowspan="13">粘胶长丝可用于丝绸织造，如粘胶丝与棉线交织成的线绨被面。纯纺可做衬里织品美丽绸、有光纺、无光纺、富春纺、花缎等
粘胶丝与蚕丝交织，制成各种织锦缎，汉王锦，金星葛等产品
粘胶丝与涤、锦长丝交织而成晶彩缎、占香缎、留春绉以及各色提花尼龙头巾等</td></tr>
<tr><td>标准状态
20℃,65% RH</td><td>12.0~14.0</td></tr>
<tr><td>其他状态
20℃,20% RH
20℃,95% RH</td><td>
4.5~6.5
25.0~30.0</td></tr>
<tr><td colspan="2">相对密度</td><td>1.5~1.52</td></tr>
<tr><td colspan="2">耐热性及燃烧状态</td><td>不软化、不熔融，260~300℃开始变色分解，残留少量白色软脆的灰</td></tr>
<tr><td colspan="2">耐气候性(室外暴露影响)</td><td>强度略有降低</td></tr>
<tr><td colspan="2">耐酸性</td><td>热稀酸、冷浓酸使强度降低，进而发生分解，但在5%盐酸、11%硫酸中强度几乎不降低</td></tr>
<tr><td colspan="2">耐碱性</td><td>强碱液中溶胀，强度亦降低，但在2% NaOH溶液中强度几乎不降低</td></tr>
<tr><td colspan="2">耐其他化学药品性</td><td>受强氧化剂腐蚀，但使用次氯酸盐、亚氯酸盐及过氧化物等漂白时，不受损伤</td></tr>
<tr><td colspan="2">耐溶剂性(一般溶剂：乙醇、乙醚、苯、丙酮、汽油、四氯乙烯)</td><td>不溶于一般溶剂，溶于铜氨溶液、铜乙撑二胺溶液</td></tr>
<tr><td colspan="2">染色性</td><td>可使用直接染料、还原染料、碱性染料、色酚染料、媒染染料、硫化染料，反应性染料及颜料染色</td></tr>
<tr><td colspan="2">耐霉蛀性</td><td>对虫蛀具有充分抵抗能力，但受霉菌侵蚀</td></tr>
</table>

(2)粘胶长丝质量指标:粘胶长丝产品分为有光(bright、lustrour)、无光(dull)、漂白(bleach)三种。成品有筒装、绞装和饼装三种形式。现执行 GB/T 13758—92。本标准适用于66.7~166.7dtex(60~150旦)机织生产用粘胶丝品质的鉴定和验收。原液着色丝可参照使用。粘胶长丝物理机械指标见表1-1-19。粘胶筒装丝、绞装丝、饼装丝外观指标分别见表1-1-20~表1-1-22。

表1-1-19 粘胶长丝物理机械指标(GB/T 13758—92)

项　目	优等品	一等品	二等品	三等品
干断裂强度(cN/dtex) ≥	1.52	1.47	1.42	1.37
湿断裂强度(cN/dtex) ≥	0.69	0.67	0.64	0.62
干断裂伸长率(%)	17.0~22.0	16.0~25.0	15.5~26.0	15.0~27.0
干断裂伸长变异系数(*CV*值)(%) ≤	7.00	9.00	10.00	11.00
线密度(纤度)偏差率(%)	±2.0	±2.5	±3.0	±3.5
线密度变异系数(*CV*值,%) ≤	2.50	3.50	4.50	5.50
捻度变异系数(*CV*值)(%) ≤	13.0	16.00	19.00	22.00
单丝根数偏差率(%) ≤	1.0	2.0	3.0	4.0
残硫量(mg/100g) ≤	10.0	12.0	14.0	16.0
染色均匀度(灰卡)(级) ≥	4	3.5	3	2.5

表1-1-20 粘胶筒装丝外观指标(GB/T 13758—92)

等级 / 项目	优等品	一等品	二等品	三等品
色泽(对照标样)	轻微不匀	轻微不匀	稍不匀	较不匀
毛丝(个/万米)	≤0.5	≤1	≤2	≤3
结头(个/万米)	≤1	≤1.5	≤2	≤2.5
污染	无	无	稍明显	较明显
成型	好	较好	稍差	较差
跳丝(个/筒)	0	0	≤1	≤2

表1-1-21 粘胶绞装丝外观指标(GB/T 13758—92)

等级 / 项目	优等品	一等品	二等品	三等品
色泽(对照标样)	均匀	轻微不匀	稍不匀	较不匀
毛丝(个/万米)	≤10	≤15	≤20	≤30
结头(个/万米)	≤2	≤3	≤4	≤5
污染	无	无	稍明显	较明显
卷曲(对照标样)	无	轻微	稍有	较重
松紧圈	无	无	无	轻微

表 1－1－22 粘胶饼装丝外观指标(GB/T 13758—92)

项目＼等级	优等品	一等品	二等品	三等品
色泽(对照标样)	均匀	均匀	轻微不匀	稍不匀
毛丝(个/侧表面)	≤6	≤10	≤14	≤20
成型	好	好	稍差	较差
手感	好	较好	稍差	较差
污染	无	无	稍明显	较明显
卷曲(对照标样)	无	无	轻微	稍有

(3)部分国家粘胶长丝性能及质量指标：日本尤尼吉可公司粘胶长丝的规格及质量指标见表1－1－23，日本可乐丽公司的粘胶长丝质量指标见表1－1－24，恩卡公司的工业用粘胶长丝规格见表1－1－25，耐热粘胶纤维(奥克赛龙)的性能见表1－1－26，我国进口粘胶长丝品种规格见表1－1－27。

表 1－1－23 日本尤尼吉可公司粘胶长丝的规格及质量指标

		牌号	SV500	SV900	SSG1100	S—31650	SSG2200
		单丝根数(根)	300	720	1100	1100	1100
普通型		正规线密度(dtex)	550(500旦)	990(900旦)	1210(1100旦)	1826(1660旦)	2431(2210旦)
普通型	标准状态	强力[N(kgf)]	—	—	51(5.2)	82.3(8.4)	95.1(9.7)
普通型	标准状态	44N(4.5kgf)伸长(%)	2.0	4.0	6.6	3.2	58.8N(6.0kgf)4.8
普通型	标准状态	断裂伸长(%)	10.5	11.2	9.5	9.5	14.3
普通型	绝干状态	强力[N(kgf)]	—	51(5.2)	66(6.7)	103(10.5)	121(12.4)
普通型	绝干状态	44N(4.5kgf)伸长(%)	2.7	7.2	4.6	2.1	58.8N(6.0kgf)2.4
普通型	绝干状态	断裂伸长(%)	1.0	10.0	9.5	8.4	10.0
普通型		干收缩(150℃×30min)(%)	1.4	1.4	1.6	2.0	1.8
普通型		干收缩(180℃×30min)(%)	2.0	2.0	2.1	2.4	2.3
普通型		沸水收缩率(%)	9.5	10.5	12.5	16.0	15.9
普通型		捻数(捻/dm)	0	0	0	0	0
低收缩型		正规线密度(dtex)	592.9(539旦)	1086.8(988旦)	1361.8(1238旦)	2093.3(1903旦)	2769.8(2518旦)
低收缩型	标准状态	强力[N(kgf)]	—	—	5.4	8.4	10.3
低收缩型	标准状态	44N(4.5kgf)伸长(%)	2.1	4.3	4.6	9.2	58.8N(6.0kgf)12.6
低收缩型	标准状态	断裂伸长(%)	18.4	18.8	18.6	20.2	23.4
低收缩型	绝干状态	强力[N(kgf)]	—	52(5.3)	64.7(6.6)	96.0(9.8)	117.6(12.0)
低收缩型	绝干状态	44N(4.5kgf)伸长(%)	2.7	11.4	7.8	2.6	58.8N(6.0kgf)2.4
低收缩型	绝干状态	断裂伸长(%)	15.0	15.6	15.1	16.1	18.2

续表

牌号		SV500	SV900	SSG1100	S—31650	SSG2200
低收缩型	干收缩(150℃ ×30min)(%)	0.7	0.7	0.6	0.6	0.7
	干收缩(180℃ ×30min)(%)	0.8	0.8	0.9	0.8	0.9
	沸水收缩率(%)	2.5	2.2	2.0	2.4	2.1
	捻数(捻/dm)	10.1	10.2	10.2	9.8	10.3
	丝条直径(mm)	0.12	0.20	0.23	0.30	0.37

注 1. SV500(500 旦/300F),SV900(900 旦/720F),SSG1100(1100 旦/1100F),S—31650(1650 旦/110F),SSG2200(2200 旦/1100F)。

2. 1 旦≈0.11tex。

3. 1kgf = 9.8N。

表 1-1-24 日本可乐丽公司的粘胶长丝质量指标

线密度(dtex)	平均	131.5	染色浓度(%)	45.1
	内外层差	1.6	同丝饼内外色差(%)	1.3~3.5
干强(cN/dtex)	平均	1.50	染后浓度变动率(%)	0.5
	内外层差	0.11	白色度(%)	80.0
干伸(%)	平均	20.8	黄色度(%)	0.030
	内外层差	3.3	油蜡含量(%)	0.15
湿强(cN/dtex)	平均	0.77	残硫量(%)	0.01
	内外层差	0.06	捻数(捻/m)	60~82
湿伸(%)	平均	28.9		
	内外层差	2.3		

表 1-1-25 恩卡公司的工业用粘胶长丝规格

型号	线密度(dtex)	孔数(F)	主要用途
EHN	2042	1800	帘子线
	1354	720	
610	2042	1000	运输带帘子线
	2708	1350	
	2042	1000	
660	2708	1320	三角皮带
	2042	1000	
665	2708	1320	软管
	2042	1000	
700	2708	1350	帘子线
	4085	2000	皮带材料

表 1－1－26　耐热粘胶纤维(奥克赛龙)的性能

性能＼类别	普通丝	强力丝
断裂强度(cN/dtex)	40～50	50～70
断裂伸度(%)	10～15	3～4
1%伸度时的弹性模数(GPa)	200～300	350～500
使用温度(℃)	—	300～350
在65%相对湿度时的吸湿平衡	8～12	3～5

表 1－1－27　我国进口粘胶长丝品种规格

公司商标	规格(dtex/根)	光泽	强度(dN/tex)	伸度(%)
日本旭化成朝日牌	166.7/26	有光	1.32	16～22
	83.3/26	有光	1.32	16～27
	133.3/26	有光	1.32	16～22
日本可乐丽金三马牌	83.3/30	有光	1.32	12～26
	166.7/30	有光	1.32	19～25
	133.3/25	有光	1.32	16～22
中国台湾人造纤维皇后牌	83.3/18	有光	1.59	24±2
德国恩卡恩卡牌	133.3/24	有光	1.47～1.96	16～22

3. 粘胶短纤维

(1)普通及各种功能性粘胶短纤维的性能及用途:见表 1－1－28。

表 1－1－28　普通及各种功能性粘胶短纤维的性能及用途

品种	性能	用途
普通粘胶短纤维	物化性能参见粘胶长丝	3.6～6.6dtex×51～76mm 的毛型短纤,用于混纺织物,如涤粘花呢,粘锦华达呢,粘、锦、腈三合一呢,毛、粘、锦三合一华达呢,毛粘花呢,毛粘大衣呢等 1.1～2.8dtex×35～40mm 的棉型短纤,大都与棉混纺做细布、凡尔丁、华达呢等,宜制内衣、外衣,窗帘,桌布等
富强纤维 (Polynosic)	湿模量、湿强高,织物对碱的稳定性高	可纯纺,或与棉、涤、腈等合成纤维混纺,织成各种织物
高湿模量纤维 (High wet modulus viscose)	具有富强纤维特性,进一步提高了湿强,但对碱稳定性较富强纤维差,湿态下有小的延伸系数	可与各种合成纤维混纺,能代替优质棉
高湿模量高卷曲纤维 (Crmped high wet modulus fibers)	具有高湿模量纤维特性,纤维手感和覆盖性能好,更近于天然棉花	可与各类其他纤维混纺,能代替优质棉、纺细支纱

续表

品 种	性 能	用 途
复合纤维(Composite fibre)	有羊毛的手感和膨体特性	宜做地毯、装饰织物、西服面料和毛毯
接枝变性纤维(Graft modified fibre)	粘胶与聚苯乙烯接枝共聚的姆基隆-VS(МТИЛОН)与聚丙烯和聚醋酸乙烯接枝共聚的茨维兰(ЦЕЛАН)具有良好的耐水性和防蛀性	可织毯、机织和针织物等
离子交换纤维(Ion-exchange fibre)	姆基隆-T和新型吸附离子纤维维奥(ВИОН),具有高的离子交换能力	可回收废液中的贵金属,如金、银、汞等,也可用于工业废水处理
中空纤维(Hollow fibre)	相对密度低,具有更大的膨体特性和覆盖能力,吸湿性高	可纯纺或混纺生产高档产品,如床单、外套、衬布、毛巾,尤其是医用外科棉和纱布
阻燃纤维(Flame retardant fibre)	采用磷类和卤素等永久阻燃剂,通常是四(羟甲基)氯化磷(THPC),能经受水洗和干洗	纺制消防服,高温作业工作服,病房床单以及交通工具,宾馆客房的窗帘布等
抗菌纤维(Anti-bacterial fibre)	生产中加0.5μm胶态硫磺1%~5%,具有抗菌能力	纺制内衣、老人和儿童用尿布、床单、毛巾、鞋垫、绷带等
导电纤维(Electrically conductive fibre)	用脒基脲和二乙烯三胺反应,粘胶改性,使其具有非常好的导电性	制作抗静电服、室内装饰织物以及危险、易爆区的地毯等
碳纤维(Carbon fibre)	粘胶纤维在3000℃下炭化并进行拉伸,使产生石墨结晶,有极高的弹性模量(或硬挺度),并具有非常轻的特性,但制造费用很高	高性能喷气式飞机和空间作业中可代替大部分金属。在其他尖端技术和少量的民用产品等方面也有应用

(2)粘胶短纤维质量指标:目前,国产粘胶短纤维大都是普通短纤维,按产品用途不同分为四类。GB/T 14463—93标准适用于线密度1.40~5.60dtex本色有光、半消光、消光,纺织用常规粘胶短纤维品质的定等和验收。粘胶短纤维品种分类见表1-1-29。棉型粘胶短纤维质量指标(GB/T 14463—93)见表1-1-30,中长型粘胶短纤维质量指标(GB/T 14463—93)见表1-1-31,我国进口粘胶纤维合同质量指标见表1-1-32,由上海港进口的粘胶纤维及其质量指标见表1-1-33。

表1-1-29 粘胶短纤维品种分类

产 品 名 称	名 义 线 密 度
棉型粘胶短纤维	1.40~2.20dtex
中长型粘胶短纤维	>2.20~<3.30dtex
毛型粘胶短纤维	3.30~5.60dtex
卷曲毛型粘胶短纤维	3.30~5.60dtex,并经过卷曲加工

表 1－1－30 棉型粘胶短纤维质量指标（GB/T 14463—93）

项目名称		优等品	一等品	二等品	三等品
干断裂强度（cN/dtex） ≥	棉浆	2.10	1.95	1.85	1.75
	木浆	2.05	1.90	1.80	1.70
湿断裂强度（cN/dtex） ≥	棉浆	1.20	1.05	1.00	0.90
	木浆	1.10	1.00	0.90	0.85
干断裂伸长率（%） ≥		17.0	16.0	15.0	14.0
线密度偏差率（%）	±4.00	±7.00	±9.00	±11.00	
长度偏差率（%）	±6.0	±7.0	±9.0	±11.0	
超长纤维（%） ≤	0.5	1.0	1.3	2.0	
倍长纤维（mg/100g） ≤	4.0	20.0	40.0	100.0	
残硫量（mg/100g） ≤	14.0	20.0	28.0	38.0	
疵点（mg/100g） ≤	4.0	12.0	25.0	40.0	
油污黄纤维（mg/100g） ≤	0	5.0	15.0	35.0	
干强（*CV* 值，%）		18.00	—		
白度（%） ≥	棉浆	68.0	—		
	木浆	62.0	—		

表 1－1－31 中长型粘胶短纤维质量指标（GB/T 14463—93）

项目名称		优等品	一等品	二等品	三等品
干断裂强度（cN/dtex） ≥	棉浆	2.05	1.90	1.80	1.70
	木浆	2.00	1.85	1.75	1.65
湿断裂强度（cN/dtex） ≥	棉浆	1.15	1.05	0.95	0.85
	木浆	1.10	1.00	0.90	0.80
干断裂伸长率（%） ≥		17.0	16.0	15.0	14.0
线密度偏差率（%）		±4.00	±7.00	±9.00	±11.00
长度偏差率（%）		±6.0	±7.0	±9.0	±11.0
超长纤维（%） ≤		0.5	1.0	1.5	2.0
倍长纤维（mg/100g） ≤		6.0	30.0	50.0	110.0
残硫量（mg/100g） ≤		14.0	20.0	28.0	38.0
疵点（mg/100g） ≤		4.0	12.0	25.0	40.0
油污黄纤维（mg/100g） ≤		0	5.0	15.0	35.0
干强（*CV* 值，%）		17.0	—		
白度（%） ≥	棉浆	66.0	—		
	木浆	60.0	—		

表1-1-32 我国进口粘胶纤维合同质量指标

性能 \ 类别		波里诺西克 日本	波里诺西克 欧洲	高湿模量 美国	普通短纤
线密度(dtex)		1.7	1.7	1.7	1.7
强度(cN/dtex)	干强	4.0	3.9	4.0	2.5
	湿强	3.0	2.8	3.0	1.6
	钩强	0.8	0.7	0.8	1.1
	结强	1.7	1.5	1.7	1.8
伸长率(%)	干伸	10.4	10.3	14.0	18.0
	湿伸	12.6	12.4	18.0	25.0
湿模量(cN/dtex)		1.3	1.2	0.5	0.2
保水率(%)		66	64	68	95
聚合度		600	58	450	325
溶解度		6.5	8.5	12	30

注 溶解度是指在20℃,6.5%的NaOH中。

表1-1-33 由上海港进口的粘胶纤维及其质量指标

厂商	牌号	规格(旦×mm)	合同指标(1982年) 长度(mm)	强度(dN/tex)	伸长(%)	湿强(dN/tex)
(日)钟纺公司	Bell牌	无光2.0×511	51±5	1.8	16	0.9
东邦公司	Tovls	无光1.5×38		1.8	16	0.9
日东纺公司	Paramafii	无光2.0×51	51±5	1.8	16	0.9
(加拿大)康太司公司	—	有光1.5×38	38±2	1.8	16~28	
(奥地利)林茨公司	Unicel	无光1.5×38	38±2	2.1	16~22	1.1

(二)涤纶

1. 概况 涤纶是聚对苯二甲酸乙二酯(PET)纤维在我国的商品名,亦称聚酯纤维。聚酯纤维在各国的商品名如下:英国称特丽纶(Terylene),美国称达克纶(Dacron),德国称涤奥纶(Diolen)、兰绒(Lanon),意大利称特丽绸(Terital),荷兰称特纶卡(Terenka),日本称帝特纶,俄罗斯称拉夫桑。

涤纶的物理机械性能优异,弹性模量高,耐热性能好,易洗快干。因此,既可用来生产服用纺织品,又可用来生产家用纺织品,也可用来生产帘子线、运输带等产业用纺织品。近年来,利用共混或共聚方法对聚酯纤维改性以及细旦丝、超细旦丝的问世,更使聚酯纤维的应用领域扩大,制成仿毛、仿棉、仿麻、仿丝的纤维。但涤纶存在吸湿性差、染色性不良、易起毛起球、易产生静电等缺点。所谓差别化聚酯纤维,其中大多是针对其缺点所做的改进。涤纶的品种如表1-1-34所示。

表 1－1－34　涤纶的品种

按纤维性状分类	短纤维	棉型短纤维	1.2～1.5dtex×33～38mm
		中长型短纤维	2～3dtex×51～76mm
		毛型短纤维	3～9dtex×64～114mm
		毛　条	3～9dtex(单纤维)
	长　丝	预取向丝(POY)	
		拉伸丝(DY)	UDY(未拉伸丝)—DY
			MOY(中取向丝)—DY
			POY—DY
		拉伸变形丝(DTY)	MOY—DTY
			POY—DTY
		空气变形丝(ATY)	
按纤维功能分类	常规涤纶(PET 纤维)		
	有色涤纶(母粒着色)		
	高温高压型阳离子染料可染聚酯纤维(CDP 纤维)		
	常压沸染型阳离子染料可染聚酯纤维(ECDP 纤维)		
	分散染料可染聚酯纤维(EDDP 纤维)		
	抗起毛起球聚酯纤维		
	抗静电聚酯纤维		
	高吸水聚酯纤维		
	高收缩聚酯纤维		
	阻燃聚酯纤维		
	抗水解聚酯纤维		
	聚对苯二甲酸丁二酯纤维(PBT 纤维)		
	高强力聚酯纤维		
	细旦与超细旦聚酯纤维		

2. 涤纶长丝

(1)分类与性能：涤纶长丝品种很多，生产服用和装饰用织物的长丝主要有拉伸丝(DY 丝)、全拉伸丝(FDY 丝)和变形丝。

涤纶长丝的性能与其相对分子质量以及纺丝、拉伸及定型等加工工艺路线、工艺条件有关。外观呈乳白色，添加增白剂可得纯白色。利用原液着色法、母粒着色法或色粉注射法可制成有色丝。根据所用原料切片品种不同可制成超有光纤维(不含 TiO_2)、有光纤维(含 TiO_2 0.1%)、半消光纤维(含 TiO_2 0.3%～0.5%)及全消光纤维(含 TiO_2 2.5%)。根据纺丝时所用喷丝头孔径、孔形的不同，可制成不同粗细、不同截面形状的纤维，也可在同一块喷丝板上制成线密度不同、异形的混纤丝。聚酯纤维的密度约为 1.38～1.40 g/cm^3，中空或含有微孔的异形纤维密度较小，回潮率为 0.4%～0.5%(20℃，RH 65%)，当 RH 100% 时回潮率也仅有 0.6%～0.8%，因此，有易洗快干特性，但也易积聚静电、易吸尘污染。初始模量高、耐变形性优良、尺寸稳定性好。在纺织纤维中弹性恢复率最高,织物挺括,有免烫性。耐热性好,在现有纺织化纤中具有最高的熔点。耐光性较好,优于锦纶,不如腈纶。化学性能稳定较好。室温下耐稀酸、稀碱,但在60℃以上时,耐腐蚀性变差。对过氧化氢、次氯酸钠、重铬酸钾等氧化剂也有较高稳定性。在室温下尚能耐丙酮,苯、甲苯、三氯甲烷、四氯化碳等有机溶剂。但苯酚、邻氯苯酚、邻甲酚、三氟醋酸、苯酚—氯苯、苯酚—氯仿及苯酚—四氯乙烷等是它的溶剂,室温下可溶胀,加热则可溶解。涤纶不受微生物腐蚀,有较强耐蚀性。

(2)涤纶长丝的质量指标：涤纶预取向丝的物理指标和外观指标见表 1－1－35，涤纶牵伸网络丝的物理指标和外观指标见表 1－1－36，涤纶低弹丝的物理指标和外观指标见表 1－1－37。

表 1－1－35(1)　涤纶预取向丝物理指标(FZ/T 54003—93)

序号	项目＼等级	优等品	一等品	二等品	三等品
1	线密度偏差率(%)	±2.0	±2.5	±3.0	±3.5
2	线密度 *CV* 值(%)	≤0.60	≤0.813	1.00	≤1.20
3	断裂强度(dN/tex)	≥2.20	≥2.00	≥1.90	≥1.80
4	断裂强度 *CV* 值(%)	≤4.50	≤7.00	≤8.00	≤10.0
5	断裂伸长率(%)	*M*±4.0	*M*±8.0	*M*±10.0	*M*±12.0
6	断裂伸长率 *CV* 值(%)	≤4.50	≤8.00	≤9.00	≤10.0
7	条干均匀度 *U*(%)	≤0.80	≤1.28	≤1.4	≤1.60
	条干均匀度 *CV* 值(%)	1.00	≤1.60	≤1.80	≤2.00

注　1.线密度偏差率以名义线密度为计算依据。

2.*M* 在 90～150 范围内选定,一般情况下不得任意更改,但如因原料调换等原因,中心值可作适当调整。

3.条干均匀度采用 Normal 法,随仪器决定考核 *U* 值或(*V* 值)。

表 1－1－35(2)　涤纶预取向丝外观指标(FZ/T 54003—93)

序号	项目＼等级	优等品	一等品	二等品	三等品
1	色　泽	正常		轻度异常	明显异常
2	毛丝(根/筒)	0	≤2	≤6	≤12
3	油污丝(cm^2/筒)	无	≤1	≤3	≤4
4	尾巴丝(圈/筒)	≥1.5		无尾巴、多尾巴	
5	成　形	良好	较好	较差	差
6	绊丝(根/筒)	0	≤4	≤6	≤12
7	筒重(净重)(kg)	满筒名义重量的 90% 以上	满筒名义重量的 60% 以上	≥4	≥2

注　1.色泽正常,指整只筒子色泽正常,内外层一致。

2.绊丝长度大于等于 3cm 开始计算,一等品只允许一个端面有绊丝,二等品和三等品在两个端面都有绊丝,其中一个端面只允许有 1 根,超过 1 根为等外品。

3.油污丝,一等品和二等品指油黄色油污,三等品指深黄色及黑色油污。

表 1-1-36(1) 涤纶牵伸网络丝物理指标(FZ/T 54002—91)

序号	项目 \ 等级		优等品	一等品	合格品
1	线密度偏差率(%)		M_1 +2.0	M_1 +2.5	M_1 +3.5
2	线密度 *CV* 值(%)	>76.0dtex	≤1.00	≤1.50	≤2.50
		≤76.0dtex	≤1.20	≤1.70	≤2.70
3	断裂强度[dN/tex(gf/旦)]	>76.0dtex	≥3.50 (≥3.97)	≥3.30 (≥3.74)	≥3.10 (≥3.51)
		≤76.0dtex	≥3.60 (≥4.80)	≥3.40 (≥3.85)	≥3.20 (≥3.63)
4	断裂强度 *CV* 值(%)	>76.0dtex	≤6.0	≤8.0	≤12.0
		≤76.0dtex	≤7.0	≤9.0	≤13.0
5	断裂伸长率(%)		M_2 ±4.0 —	M_2 ±6.0 —	M_2 ±8.0 —
6	断裂伸长率 *CV* 值(%)	>76.0dtex	≤14.0	≤18.0	≤20.0
		≤76.0dtex	≤15.0	≤19.0	≤22.0
7	网络数(个/m)		M_3 ±5.0 —	M_3 ±8.0 —	M_3 ±12.0 —
8	沸水收缩率(%)		M_4 ±0.8 —	M_4 ±1.2 —	M_4 ±1.5 —
9	染色均匀度(灰卡)(级)		≥4.0	≥4.0	≥3.5
10	含油率(%)		M_5 ±0.3 —	M_5 ±0.35 —	M_5 ±0.45 —
11	条干均匀度 *CV* 值(%)		≤1.50	—	—

注 1. M_1 为设计线密度,线密度偏差率以设计线密度为计算依据。

2. M_2 在 20~30 范围内选定,一旦确定后不得任意变更。

3. M_3 由供需双方协商确定,一旦确定后不得任意变更。

4. M_4 ≤9,一旦确定后不得任意变更。

5. M_5 在 0.5~1.0 范围内选定,一旦确定后不得任意变更。

6. 条干均匀度采用 Normal 法。

表 1-1-36(2) 涤纶牵伸网络丝外观指标(FZ/T 54002—91)

序号	项目 \ 等级		优等品	一等品	合格品
1	毛丝(个/筒)	>76.0dtex	0	≤2	≤10
		≤76.0dtex	0	≤4	≤14
2	圈丝(个/筒)		0	≤10	≤30
3	尾巴丝(圈/筒)		≥2.0	≥2.0	无尾巴 多尾巴
4	油污丝		无	不明显	较明显

续表

序号	项目＼等级	优等品	一等品	合格品
5	色泽(按标准)	正常	正常	轻度异常
6	成型(按标准)	良好	较好	较差
7	未牵伸丝	不允许	不允许	不允许
8	筒重(净重)(kg)	满筒名义重量的90%以上	≥1.5	≥0.5

注　1. 圈丝:指圈丝的高度不小于2mm者。

2. 油污丝:

(1)一等品不明显油污,指淡黄色细点状油污,其总面积不超过0.5cm²。

(2)合格品较明显油污,指淡黄色或较深色油污,其总面积不超过1cm²。

3. 色泽正常:指整只筒子色泽正常,内外层一致。

表1-1-37(1)　涤纶低弹丝物理指标(GB/T 14460—93)

序号	项目＼等级	优等品	一等品	二等品	三等品
1	线密度偏差率(%)	±2.5	±3.0	±4.0	±5.0
2	线密度 *CV* 值(%)	≤0.80	≤1.40	≤1.60	≤1.80
3	断裂强度(dN/tex)	≥3.30	≥3.00	≥2.80	≥2.60
4	断裂强度 *CV* 值(%)	≤4.0	≤8.0	≤10.0	≤12.0
5	断裂伸长率(%)	M_1 ±3.0	M_1 ±7.0	M_1 ±8.0	M_1 ±9.0
6	断裂伸长率 *CV* 值(%)	≤8.0	≤12.0	≤14.0	≤16.0
7	卷曲收缩率(%)	M_2 ±5	M_2 ±7	M_2 ±8	M_2 ±9
8	卷曲收缩率 *CV* 值(%)	≤10.0	≤14.0	≤16.0	≤16.0
9	卷曲稳定率(%)	≥70.0	≥55.0	≥50.0	≥40.0
10	沸水收缩率(%)	M_3 ±0.5	M_3 ±0.8	M_3 ±0.9	M_3 ±1.0
11	染色均匀度(灰卡)级	≥4.0	≥4.0	≥3.5	≥3.0

注　1. 线密度偏差率,以名义线密度为计算依据。

2. 中心值 M_1 在20~30范围内选定,M_2 在18~30范围内选定,M_3 在1.5~4范围内选定,确定后不得任意更改。因原料更换等原因,中心值可适当调整。

3. 如用户有特殊要求,由供需双方另行协调。

4. 染色均匀度按灰卡定等,如发现星斑丝、卷缩丝等则降为等外品。

表1-1-37(2)　涤纶低弹丝物观指标(GB/T 14460—93)

序号	项目＼等级		优等品	一等品	二等品	三等品
1	色　泽		正常	正常	轻度异常	明显异常
2	毛丝(只/筒)	<77.8dtex(70旦)	≤3	≤10	≤14	≤24
		77.8~144.4dtex(70~130旦)		≤8	≤12	≤22
		>144.4dtex(130旦)		≤6	≤10	≤20

续表

序号	项目 \ 等级	优等品	一等品	二等品	三等品
3	油污丝(cm^2/筒)	无	≤1	<4	≤6(包括星点油污)
4	断头(只/筒)	无	无	无	无
5	尾巴丝(根/筒)	1(1.5 圈以上)	1(1.5 圈以上)	无尾巴 多尾巴	无尾巴 多尾巴
6	僵 丝	无	无	稍有	较多
7	成 型	良好	较好	一般	较差
8	绊丝(蛛网丝)(根/筒)	0	0	上端面≤2 下端面≤1	上端面≤4 下端面≤2
9	筒重(净)(kg)	满筒名义重量的90%以上	≥1.5	≥1.0	≥0.5

注 1. 色泽:是指整筒色泽必须正常,内外层一致。

2. 油污丝:指淡黄色或较深色油污丝。

3. 僵丝:"稍有"指长度≤2cm,数量≤3 点;"较多"指长度≤10cm,数量≤10 点。

4. 绊丝:长度≥2cm 开始计算。

(3)涤纶短纤维:涤纶短纤维是指化学纤维的长丝束被切断或拉断成相当于天然纤维长度的纤维,有时也称切段纤维。短纤维线密度一般在 15.6dtex,长度 35~150mm。按用途不同,可分为棉型、毛型、中长型及地毯型等品种。涤纶短纤维分高强棉型、普通棉型、中长型和毛型等规格,按国家标准(GB/T 14464—93)执行。涤纶短纤维质量指标见表 1-1-38。

表 1-1-38 涤纶短纤维质量指标

序号	考核项目	棉型															
		高强棉型				普通棉型				中长型				毛型			
		优等品	一等品	二等品	三等品	优等品	一等品	二等品	三等品	优等品	一等品	二等品	三等品	优等品	一等品	二等品	三等品
1	断裂强度(dN/tex)	≥5.25	≥5.0	≥4.805		≥4.30	≥4.10	≥3.90		≥4.00	≥3.80	≥3.60		≥3.70	≥3.50	≥3.30	
2	断裂伸长率(%)	M_1 ±4.0	M_1 ±5.0	M_1 ±7.0	M_1 ±8.0	M_1 ±4.0	M_1 ±5.0	M_1 ±8.0	M_1 ±10.0	M ±6.0	M ±8.0	M ±10.0	M ±12.0	M ±7.0	M ±9.0	M ±11.0	M ±13.0
3	线密度偏差率(%)	±3.0	±4.0	±6.0	±8.0	±3.0	±4.0	±6.0	±8.0	±4.0	±5.0	±6.0	±8.0	±4.0	±5.0	±6.0	±8.0
4	长度偏差率(%)	±3.0	±6.0	±7.0	±10.0	±3.0	±6.0	±7.0	±10.0	±3.0	±6.0	±7.0	±10.0				
5	超长纤维率(%)	≤0.5	≤1.0	≤1.4	≤3.0	≤0.5	≤1.0	≤1.4	≤3.0	≤0.3	≤0.6	≤1.0	≤3.0				
6	倍长纤维含量(mg/100g)	≤2.0	≤6.0	≤15.0	≤30.0	≤2.0	≤6.0	≤15.0	≤30.0	≤2.0	≤6.0	≤15.0	≤30.1	≤5.0	≤15.0	≤20.0	≤40.0

续表

序号	考核项目	棉型															
		高强棉型				普通棉型				中长型				毛型			
		优等品	一等品	二等品	三等品	优等品	一等品	二等品	三等品	优等品	一等品	二等品	三等品	优等品	一等品	二等品	三等品
7	疵点含量(mg/100g)	≤2.0	≤8.0	≤45.0	≤40.0	≤2.0	≤8.0	≤15.0	≤40.0	≤3.0	≤10.0	≤15.0	≤40.0	≤5.0	≤15.0	≤25.0	≤50.0
8	卷曲数	$M_2\pm2.5$	$M_2\pm3.5$			$M_2\pm2.5$	$M_2\pm3.5$			$M_2\pm2.5$	$M_2\pm3.5$			$M_2\pm2.5$	$M_2\pm3.5$		
9	卷曲率(%)	$M_3\pm2.5$	$M_3\pm3.5$			$M_3\pm2.5$	$M_3\pm3.5$			$M_3\pm2.5$	$M_3\pm3.5$			$M_3\pm2.5$	$M_3\pm3.5$		
10	180℃干热收缩率(%)	$M_4\pm2.0$	$M_4\pm3.0$			$M_4\pm2.0$	$M_4\pm3.5$			$M_4\pm2.0$	$M_4\pm3.5$			≤5.5	≤7.5	≤9.0	≤10.0
11	比电阻(Ω·cm)	$\leqslant M_5\times10^8$	$\leqslant M_5\times10^9$			$\leqslant M_5\times10^8$	$\leqslant M_5\times10^9$			$\leqslant M_5\times10^8$	$\leqslant M_5\times10^9$			$\leqslant M_5\times10^8$	$\leqslant M_5\times10^8$		
12	10%定伸长强度(dN/tex)	≥2.65	≥2.00			—				—				—			
13	断裂强度CV值(%)	≤10.0	≤15.0			≤12.0	—			≤13.0	—			—			

注 1. 线密度偏差率以名义线密度为计算依据。

2. 长度偏差率以名义长度为计算依据。

3. M_1 由生产厂确定,确定后不得任意变更。因原料变化或应用户要求可作适当调整。

4. M_2、M_3 由供需双方协商确定,确定后不得任意变更。

5. 高强棉型 $M_4=7.0$,普通棉型 $M_4\leqslant9.0$,中长型 $M_4\leqslant10.0$ 范围由生产厂确定,确定后不得任意变更。

6. $1.0\leqslant M_5<10.0$。

(三)锦纶

1. 概况 锦纶是聚酰胺纤维在我国的商品名,学名聚酰胺纤维(Polyamide fiber)。锦纶的主要品种为脂肪族聚酰胺纤维,它可以用一种单体合成,如内酰胺或氨基酸。此时锦纶名称后面的阿拉伯数字即表明所用内酰胺或氨基酸的碳原子数目,如锦纶6、锦纶11等。锦纶亦可以用两种单体合成,即一种二元胺与一种二元酸。此时锦纶名称后面的两组阿拉伯数字中,第一组代表二元胺的碳原子数目,第二组代表二元酸的碳原子数目,如锦纶66、锦纶610、锦纶1010等。此外,锦纶也包括含脂肪环的脂环族聚酰胺纤维,如聚十二二酰甲撑二环己胺纤维(PACM—12),其商品名为凯纳(Qiana)。锦纶还包括含芳香环的脂肪族聚酰胺纤维,如聚对苯二甲酰对苯二胺纤维。根据国际标准化组织(ISO)的规定,聚酰胺纤维仅包括上述几种类型的纤维。

此外,全芳香族聚酰胺纤维已有所发展,并且在特殊用途上发挥了重要作用。如聚间苯二甲酰间苯二胺纤维,俗称诺梅克斯(Nomex),我国称芳纶1313;聚对苯二甲酰对苯二胺纤维,俗称凯夫拉(Kevlar),我国称芳纶1414;聚对苯甲酰胺纤维,俗称凯夫拉49,我国称芳纶14。锦纶的商品名举例见表1-1-39,锦纶的分类见表1-1-40。

表 1-1-39　锦纶商品名称举例

商品名称	国家或地区	公司	备注
阿米纶(AMILAN)(アミラン)	日本	东丽	锦纶 6
安特纶(ANTRON)	美国	杜邦	锦纶 66、三角形
安特纶 24(ANTRON 24)	美国	杜邦	锦纶 66、装饰用
阿夸纶(AQUALON)	意大利	阿夸菲尔	锦纶 6
布丽一尼龙(BRI-NYLON)	英国	英国尼龙纺丝公司	锦纶 66
考特斯塔特(COUNTERSTAT)	英国	I. C. I	锦纶 66 丝束
尼波纶(NIPLON)	日本	大日本纺丝	锦纶 66
那纶(NIRLON)	印度	印度人造丝	锦纶 6
贝纶(PERLON)	德国	恩卡·格拉斯道夫	锦纶 6、66
卡普纶(KAPRON)	苏联	—	锦纶 6
聚合物 R(POLYMER R)	以色列	Rehoboth	锦纶 11
超阿米纶(SUPER AMILAN)	日本	Toyo 粘胶丝	锦纶 66 单丝
斯替纶(STEELON)	波兰	Gorzowski Zaklady	锦纶 6
垂奈尔(TRINYL)	西班牙	—	—
特纶(TURLON)	土耳其	—	—
优纶(ULON)	中国台湾	—	—

表 1-1-40　锦纶的分类

<table>
<tr><td rowspan="11">按纤维性状分类</td><td rowspan="5">短纤维</td><td rowspan="4">普通短纤维</td><td>棉型</td></tr>
<tr><td>毛型</td></tr>
<tr><td>地毯型</td></tr>
<tr><td>短绒型(植绒用)</td></tr>
<tr><td colspan="2">高拉伸(高强)短纤维</td></tr>
<tr><td rowspan="6">长丝</td><td colspan="2">单丝(含少孔丝)</td></tr>
<tr><td colspan="2">鬃丝</td></tr>
<tr><td rowspan="2">变形丝</td><td>假捻变形丝</td></tr>
<tr><td>空气变形丝</td></tr>
<tr><td colspan="2">拉伸丝(复丝)</td></tr>
<tr><td colspan="2">工业丝</td></tr>
<tr><td colspan="4">锦纶长丝根据加工方法,可分为拉伸丝(DT)、高弹丝、全取向丝(FOY)、全拉伸丝(FDY)、膨体长丝(BCF)、经轴拉伸丝(WD)、经轴拉伸上浆丝(WDS)</td></tr>
</table>

锦纶的化学稳定性很好,常温下可以抵抗稀酸、稀碱及一般的有机溶剂,而且防蛀、防霉,对人体无害;锦纶弹性很好,耐磨性在合成纤维中居首位;染色容易,但吸湿性较差。其力学性能根据需要,可采用不同的生产技术,达到不同的指标,一般纤维强力可在 4~8dN/tex,伸长率在 20%~45%之间。

2. 锦纶长丝

(1)性能:锦纶长丝在合成纤维中强度较高,一般在 4.5dN/tex 以上;而初始模量较大多数纤维低,因此容易变形;其回弹性极好,例如锦纶 6 长丝在伸长率 10% 的情况下,回弹率为 99%。锦纶是所有纤维中耐磨性最好的,其染色性、吸湿性亦较好,但耐光、耐热性较差,且易产生静电。其各项性能指标如表 1-1-41 所示。

表 1-1-41 锦纶 6 及锦纶 66 长丝的主要性能

项目		锦纶 66		锦纶 6	
		普通	强力	普通	强力
断裂强度(dN/tex)	干	4.9~5.6	5.6~7.7	4.4~5.6	5.6~7.7
	湿	4.0~5.3	4.8~6.9	3.7~5.2	5.2~6.5
湿干强度比(%)		90~95	85~90	84~92	84~92
钩接强度与干强比(%)		75~95	70~90	75~95	70~90
打结强度与干强比(%)		80~90	60~70	80~90	70~80
伸度(%)	干	26~40	16~24	28~42	16~25
	湿	30~52	21~28	36~52	20~30
回弹率(%)(伸长 3% 时)		95~100	98~100	98~100	98~100
弹性模量(GPa)		2.30~3.11	3.66~4.38	1.96~4.41	2.75~5.00
密度(g/cm^3)		1.14		1.14	
吸湿性(%)	湿度 65%	3.4~3.8		3.5~5.0	
	湿度 95%	5.8~6.1		8.0~9.0	
耐热性		软化点 235℃,熔点 245℃,在 150℃ 时保持 5h 变黄		软化点 180℃,熔点 215~220℃,熔融,同时慢慢燃烧,无自燃性	
耐气候性(室外曝露)		长时间则变黄、强度下降		较锦纶 66 稍差	
耐酸性		5%(盐酸的质量分数)盐酸煮沸分解,在冷浓盐酸、硝酸、硫酸中部分分解并溶解		在浓盐酸、浓硫酸、浓硝酸中部分分解,同时溶解	
耐碱性		在浓烧碱中强度几乎不降低		在浓烧碱中强度几乎不降低	
耐溶剂性		对醇、四氯乙烷、醚、苯、丙酮、汽油等,有良好抵抗性		对醇、四氯乙烷、醚、苯、丙酮、汽油等有良好抵抗性	
染色性		用分散染料和碱性染料较好,也可用其他染料		一般用分散染料及酸性染料,其他染料也可使用	
比电阻(Ω·cm)		4.1×10.0		4.9×100	
介电常数		4.1		3.5~6.4	
耐虫蛀霉菌性		耐蛀不腐		耐蛀不腐	

(2)锦纶长丝质量标准:民用复丝的物理指标和外观指标见表 1-1-42,产业用复丝的物理指标和外观指标见表 1-1-43。锦纶 66 弹力丝的物理指标和外观指标见表 1-1-44。

表 1-1-42(1) 民用复丝物理指标(范围 33.3～166.7dtex,ZBW 52011—88)

序号	项目		优等品		一等品		合格品	
			有捻定型丝	无捻定型丝	有捻定型丝	无捻定型丝	有捻定型丝	无捻定型丝
1	线密度偏差(%)		±2.5		±3.0		±5.0	
2	线密度 CV 值(%)		≤1.5	≤2.0	≤2.5		≤5.0	
3	断裂强度(dN/tex)		≥3.9		≥3.7		≥3.5	
4	断裂强度 CV 值(%)		≤6.0	≤7.0	≤8.0	≤10.0	≤13.0	
5	断裂伸长率(%)		m_1 ±4.0		m_1 ±6.0		m_1 ±8.0	
6	断裂伸长率 CV 值(%)		≤14.0	≤15.0	≤18.0	≤19.0	≤22.0	
7	捻度(捻/m)		m_2 ±18		m_2 ±20		m_2 ±25	
8	捻度CV值(%)	A	≤8		≤11		≤14	
		B	≤9		≤12		≤15	
		C	≤10		≤13		≤16	
9	沸水收缩率(%)		m_3 ±1	m_3 ±2	m_3 ±1.5	m_3 ±3	m_3 ±2	m_3 ±4
10	染色均匀性(级)		≥3.5		≥3.0		—	

注 m_1 为断裂伸长率中心值,m_2 为捻度中心值,m_3 为沸水收缩率中心值。*A*、*B*、*C* 分别指不同级别。

表 1-1-42(2) 民用复丝外观指标(范围 33.3～166.7dtex,ZBW 52011—88)

序号	项目		优等品		一等品		合格品	
			有捻定型丝	无捻定型丝	有捻定型丝	无捻定型丝	有捻定型丝	无捻定型丝
1	结头(个/10^4m)	A	0		≤1.0		≤2.0	
		B	—		≤2.0		≤4.0	
2	毛丝(只/筒)		≤3		≤5		≤15	
3	毛丝团(只/筒)		0		≤1		≤5	
4	小辫子丝(只/筒)		0		0		≤4	
5	拉伸不足丝(只/筒)		0		0		≤1	
6	硬头丝(只/筒)		0		0		≤7	
7	珠子丝(对照标样)		不允许		轻微		较明显	
8	白斑(对照标样)		不允许		轻微		较明显	
9	色差(对照标样)		轻微		轻		较明显	
10	油污(对照标样)		轻微		轻		较明显	
11	成形(对照标样)		良好		较好		一般	
12	筒重(净重) % (占满筒名义重量的百分数)		≥85		*a*	≥50	—	
					b	≥60		
					c	≥85		

注 1. *A*≤100dtex,*B*>100dtex。

2. *a*、*b*、*c* 为满筒名义重量,*a*>2000g,600g≤*b*≤2000g,*c*<600g。

表1-1-43(1)　产业用复丝物理指标(范围111.1~333.3dtex)

序号	项　　目	优等品		一等品		合格品	
		有捻定型丝	无捻定型丝	有捻定型丝	无捻定型丝	有捻定型丝	无捻定型丝
1	线密度偏差(%)	±2.5		±3.5		±5.0	
2	线密度 *CV* 值(%)	≤3.0		≤4.0		≤5.0	
3	断裂强度(cN/dtex)	≥5.5		≥5.3	≥5.1	≥4.9	
4	断裂伸长率(%)	m_1 ±4		m_1 ±6		m_1 ±8.0	
5	断裂伸长率 *CV* 值(%)	≤15	≤16	≤18	≤19	≤22	
6	捻度(捻/m)	m_2 ±18		m_2 ±20		m_2 ±25	
7	捻度 *CV* 值(%)	≤10		≤13		≤16	

注　m_1 为断裂伸长率中心值,其范围为15%~30%;m_2 为捻度中心值,由用户和生产厂协商确定。

表1-1-43(2)　产业用复丝外观指标(范围111.1~333.3dtex)

序号	项　　目	优等品		一等品		合格品	
		有捻定型丝	无捻定型丝	有捻定型丝	无捻定型丝	有捻定型丝	无捻定型丝
1	结头(个/筒)	0		≤6		≤10	
2	毛丝(只/筒)	≤5		≤10		≤20	
3	毛丝团(只/筒)	≤1		≤3		≤5	
4	小辫子丝(只/筒)	0		≤2		≤5	
5	拉伸不足丝(只/筒)	0		0		≤7	
6	硬头丝(只/筒)	≤2		≤40		≤1	
7	珠子丝(对照标样)	轻微		轻		≤7	
8	白斑(对照标样)	轻微		轻		较明显	
9	色差(对照标样)	轻		较明显		较明显	
10	油污(对照标样)	轻		较明显		明显	
11	成形(对照标样)	良好		较好		明显	
12	筒重(净重)　% (占满筒名义重量的百分数)	≥85		*A*	≥50	一般	
				B	≥60	一般	
				C	≥85	一般	

注　$A>2000$g,$B\leqslant2000$g,$C<600$g 筒重。

表1-1-44(1)　锦纶66弹力丝的物理指标(范围55~166dtex)

序号	项　　目		一等品	二等品	三等品
1	相对强度(cN/dtex)		≥3.1	2.8	2.6
2	断裂伸长(%)		18~32	18~32	16~35
3	紧缩伸长率	dpf≥3.9dtex	≥150	140	130
		dpf<3.9dtex	≥140	130	120

续表

序号	项目	一等品	二等品	三等品
4	弹性恢复率(%)	≥95	≥90	≥85
5	并捻捻度(捻/m)	95~115	95~120	900~125
6	纤度偏差(%)	<5	6	7
7	线密度 *CV* 值(%)	≤3.2	5.1	7.7
8	强度 *CV* 值(%)	≤8.9	12.75	19.1
9	断裂伸长 *CV* 值(%)	≤12.75	15.3	19.1
10	紧缩伸长 *CV* 值(%)	≤12.75	15.3	19.1
11	并捻捻度 *CV* 值(%)	≤12.75	15.3	19.1
12	染色均匀率级	4	3	3

注 1. 弹力丝的标准回潮率为4.5%,各项物理指标均修整到标准回潮率状态。
2. 本标准为朝阳合成纤维厂企业标准。

表1-1-44(2) 锦纶66弹力丝的外观指标(与标样对照)

序号	项目	一等品	二等品	三等品
1	僵丝	无	无	轻微
2	竹节丝	轻微	稍重	重
3	棉花丝	无	无	轻微
4	粘丝	无	轻微	稍重
5	毛丝	轻微	稍重	重
6	油污丝	无	轻微	稍重
7	成型	良好	良好	稍重

注 1. 僵丝:弹力丝中长度超过2mm以上,由于温度过高、解捻不足或合股捻度过大而造成的僵丝,这部分丝粘连在一起,失去了弹性,条干僵硬。
2. 竹节丝:弹力丝中长度小于2mm的,由于温度偏高或解捻欠佳而造成的节状僵化丝。
3. 棉花丝:因加热温度偏低而造成的疵点,丝条过分膨松绵软,弹力很差。
4. 毛丝:因假捻度偏低或单纤维断裂,使丝条上有类似毛刺或毛团状突出物。
5. 粘丝:因合股捻度偏低而造成的疵点。
6. 油污丝:丝被油、脂、脏水或尘土等所污染。

3. 锦纶短纤维 锦纶短纤维性能如表1-1-45所示。其他性能与长丝相同。

表1-1-45 锦纶短纤维主要性能(锦纶6)

项目		指标	项目		指标
断裂强度(cN/dtex)	干	4.2~45.9	伸度(%)	干	38~50
	湿	3.5~5.0		湿	40~53
干湿强度比(%)		83~90	回弹率(%)(伸长3%时)		95~100
钩接强度与干强比(%)		65~85	弹性模量(GPa)		0.98~2.45

锦纶短纤维可与羊毛、腈纶、粘胶纤维等混纺,制织成服装面料,也可用于产业用布。

锦纶短纤维的产品规格及质量指标可参照国家纺织行业标准(FZ/T 52002—91)执行,详见表1-1-46所示。

表1-1-46 锦纶6短纤维质量指标(FZ/T 52002—91)

序号	项目		3.0~5.6dtex (2.7~5.0)				5.7~14.0dtex (5.1~12.6)			
			优等品	一等品	二等品	三等品	优等品	一等品	二等品	三等品
1	线密度偏差率(%)		±6.0	±8.0	±10.0	±12.0	±6.0	±8.0	±10.0	±12.0
2	长度偏差率(%)		±6.0	±8.0	±10.0	±12.0	±6.0	±9.0	±11.0	±13.0
3	断裂强度	cN/dtex	≥3.80	≥3.60	≥3.40	≥3.20	≥4.00	≥3.60	≥3.40	≥3.20
		gf/旦	≥4.30	≥4.08	≥3.85	≥3.63	≥4.53	≥4.08	≥3.85	≥3.63
4	断裂伸长率(%)		≤60.0	≤60.0	≤60.0	≤60.0	≤60.0	≤60.0	≤60.0	≤60.0
5	疵点含量(mg/100g)		≤60.0	≤60.0	≤60.0	≤60.0	≤60.0	≤60.0	≤60.0	≤60.0
6	倍长纤维含量(mg/100g)		≤60.0	≤60.0	≤60.0	≤60.0	≤60.0	≤60.0	≤60.0	≤60.0
7	卷曲数(个/25mm)		*M*±6.0	*M*±8.0	*M*±10.0	*M*±12.0	*M*±6.0	*M*±8.0	*M*±10.0	*M*±12.0

注 *M*为卷曲数中心值,由供需双方协商确定。

4.锦纶地毯纱 学名聚酰胺地毯纱或聚酰胺膨体长丝,英文名称 Polyamidecarpetyarn 或 Bulked Continuous Filament Nylon,英文缩写 BCF。

聚酰胺膨体长丝采用SDTY法生产,即纺丝、拉伸、变形加工一步法进行连续生产。锦纶地毯纱除具有一般锦纶丝的性能外,主要的特点是卷缩及蓬松,如表1-1-47所示。锦纶地毯纱主要用于生产簇绒地毯。锦纶地毯纱产品质量指标见表1-1-48。

表1-1-47 锦纶地毯纱的一般特性

规格(dtex/根)			933/40	1444/68
品 种			锦纶6	锦纶66
线密度(dtex)			1219	1689
沸水收缩率(%)			2.5	1.6
卷缩特性	未处理丝(%)		6.5	7.0
	处理丝(%)		26.6	30.1
	潜存卷缩率(%)		70.1	23.1
蓬松特性(cm^3/g)	未处理丝	初荷重	20.7	18.5
		荷 重	9.5	8.7
		除去荷重后	13.0	10.5
	处理丝	初荷重	36.6	33.2
		荷 重	20.5	19.7
		除去荷重后	24.3	23.4

表 1-1-48 锦纶地毯纱产品质量指标

序号	项目		白丝	单色丝
1	线密度(dtex)		1320	1760
2	线密度 *CV* 值(%)		≤5	≤5
3	断裂强度(dN/tex)	锦纶 6	≥2.16	≥2.06
		锦纶 66	≥2.25	≥2.16
4	断裂强度 *CV* 值(%)		≤10	≤10
5	断裂伸长率(%)		35~45	35~45
6	断裂伸长(%)		≤10	≤10
7	卷曲度(%)		12	12
8	卷曲稳定性(%)		60/70	60/70
9	废丝率(%)		≤6	≤6
10	网络点数(点/m)		25~30	25~30
11	卷缝密度(g/cm)	最大值	0.25±0.05	0.25±0.05
		最小值	0.45±0.05	0.45±0.05
12	含油率(%)		0.6	0.6
13	含水率(%)		≤3	≤3
14	筒子重量(kg)		4.5~5	4.5~5
15	满筒率(%)		>90	≥90

(四)腈纶

1. 概况　腈纶是聚丙烯腈纤维的商品名。它是由聚丙烯腈或其共聚物的线型大分子构成的一种合成纤维。当纤维大分子中丙烯腈含量超过 85% 时,称常规腈纶;当含量介于 35%~85% 之间时,称改性腈纶。腈纶的分类见表 1-1-50。

腈纶的英文名称为 polyacrylonitrile fiber 或 polyacrylic fiber。其商品名称繁多,见表 1-1-49。

表 1-1-49 常见聚丙烯腈纤维名称和组分

名称	生产国	制造厂家	共聚组分
腈纶	中国	兰州化学纤维厂	AN、MA、ITA
腈纶	中国	上海石化公司腈纶厂	AN、MA、MAS
腈纶	中国	大庆石化公司腈纶厂	AN、MA
奥纶(Orlon)	美国	Du pont	AN、MA、SSS
阿克列纶(Acrilan)	美国	Monsanto	AN、VAc、MVP
克利丝纶(Creslan)	美国	ACC	AN、MMA、MVP
考妥尔(courtelle)	英国	Courtaulds	AN、MA、ITA
爱克丝纶(Exlan)	日本	依克丝兰	AN、MA、MAS
伏耐尔(Vonnel)	日本	三菱人造丝	AN、VAc

续表

名　称	生产国	制造厂家	共聚组分
开司米纶(Cashmilon)	日　本	旭化成	AN、MA、MAS
贝丝纶(Beslon)	日　本	东邦	AN、MA、MAS
东丽纶(Toraylon)	日　本	东丽	AN、MA、SSS
卡耐卜(Kanebo)	日　本	钟纺	AN、VAc
卡耐卡纶(Kanecarc)	日　本	钟渊	AN、VCL
杜纶(Dolan)	德　国	Hoechst	AN、MA、MAS
特拉纶(Dralan)	德　国	Beyer	AN、MA、MAS
乌尔泼利纶(Wolpryl)	德　国	Premnitz	AN、MA、AS
维利克纶(Velicren)	意大利	Snia	AN、MA、AS
利阿克利尔(Leacril)	意大利	Montedison	AN、VAc、MVP
克利洛(Crylor)	法国	Rhone - poulenc	AN、MMA、MAS
阿克利贝尔(Acribel)	比利时	Fabelta	AN、MA
米拉那(Melana)	罗马尼亚	Savinesti	AN、MA、α - MVP
马克罗纶(Makrolan)	南斯拉夫	Skopje	AN、MA、ITA
来杜林(Redolen)	奥地利	Lenzing	AN、MA、MAS
尼特纶(Nitron)	苏　联	Saratov	AN、MA、ITA
萨尼夫(Saniv)	苏　联	Navoi	AN、VCL

注　AN—丙烯腈,MA—丙烯酸甲酯,MMA—甲基丙烯酸甲酯,VAc—醋酸乙烯酯,SSS—苯乙烯磺酸钠,VCL—氯乙烯,ITA—衣康酸钠,MAS—甲基丙烯磺酸钠,AS—丙烯磺酸钠,MVP—甲基乙烯吡啶,α - MVP—a - 甲基苯乙烯吡啶。

卡耐卡纶与萨尼夫属改性聚丙烯腈纤维。

表 1 -1 -50　腈纶的分类

按性状分类	腈纶短纤维	是腈纶最主要的产品,又称为腈纶切断纤维。根据线密度及切断或拉断长度,可分为毛型、棉型等短纤维
	腈纶毛条	将腈纶短纤维进行梳理,或将腈纶丝束拉断、切断制成的腈纶条子。根据条子的性能分为正规毛条、高收缩毛条及膨体毛条
	腈纶长丝	未经切断或拉断的腈纶丝束,目前世界产量仅有几千吨,主要用作碳纤维的原丝
按功能分类	常规腈纶	包括常规的长丝、短纤维和毛条三大类产品
	差别化腈纶	包括复合、异形、超细、阻燃、抗起球、亲水、有色、高收缩、中空、导电、防污、混纤、易染色等腈纶产品

腈纶很像羊毛,故以人造羊毛著称。主要特性是质轻保暖,染色鲜艳而坚牢,耐穿且易洗快干、防蛀、防霉、耐日晒。主要物化性能与羊毛的对照见表 1 -1 -51。

表1-1-51　腈纶的物化性能与羊毛的对照

性能 \ 纤维		腈纶 短纤维	腈纶 长丝	改性腈纶 短纤维	羊毛
断裂强度(dN/tex)	干态	2.2~4.8	2.8~5.3	1.7~3.5	0.8~1.5
	湿态	1.7~3.9	2.6~5.3	1.7~3.5	0.7~1.4
断裂伸长率(%)	干态	25~50	12~20	25~45	25~35
	湿态	25~60	12~20	25~45	25~50
相对湿强度(%)		80~100	90~100	90~100	76~96
打结强度(cN/dtex)		1.4~3.1	2.6~7.1	11.3~2.5	0.7~1.2
钩接强度(cN/dtex)		1.6~3.4	1.7~3.5	1.4~2.5	0.7~1.3
弹性模量(cN/dtex)		22~54	35~75	18~48	9.7~22
回弹率(3%伸长时)(%)		90~95	70~95	85~95	99,63
相对密度		1.14~1.17		1.28	1.32
回潮率(%)	公定	2		2	15
	标准状态(20℃,RH65%)	1.2~2.0		0.6~1.0	16
耐热性(℃)	软化点	190~240		150	100℃硬化
	熔点	不明显		不明显	300℃炭化
	分解温度	327		—	130
	玻璃化温度	80,140		—	—
日晒牢度(曝晒12个月残留强度)(%)		60		60	20
可燃性(LOI)		0.182		0.267	0.24~0.25
耐酸性		35%①盐酸、65%硫酸、45%①硝酸对其强度无影响		35%①盐酸、70%①硫酸对其强度无影响	除热硫酸外，耐其他热酸
耐碱性		在50%①苛性钠和28%①氨水中强度几乎不下降		同腈纶	不耐碱，稀碱中发生缩绒
耐溶剂性		不溶于一般溶剂		溶于丙酮	不溶于一般溶剂
耐漂白性		耐亚氯酸钠和过氧化氢		同腈纶	耐过氧化氢、二氧化硫
耐磨性		尚好		尚好	一般
耐虫蛀、耐霉菌性		耐蛀、耐霉		耐蛀、耐霉	耐霉、不耐蛀
电绝缘性(20℃,RH65%)		介电常数6.5，电阻率：$2\times10^{14}\Omega\cdot cm$		介电常数4.5	电阻率$5\times10^{8}\Omega\cdot cm$
染色性		分散、阳离子及酸性染料		分散、阳离子染料	酸性、媒染、还原及靛类染料

①相应物质的质量分数。

2. 聚丙烯腈短纤维　腈纶短纤维根据其形态及用途可分为三种,其特性见表1-1-52。腈纶短纤维的质量标准(FJ 508—82)见表1-1-53,国内外部分企业腈纶短纤维质量指标见表1-1-54。

表1-1-52　腈纶短纤维类型

种　类	特　性
毛型腈纶	线密度及长度与羊毛相近(一般线密度为2.8~10dtex,长度在65~130mm之间),富有卷曲性,可在毛纺机上纯纺或与羊毛等混纺
棉型腈纶	线密度及长度与棉纤维相近(一般线密度为1.65~2.2dtex,长度在30~40mm之间),可在棉纺机上纯纺或与棉混纺
其他类型腈纶	包括麻型和中长纤维等。中长纤维亦称仿毛型,是线密度和长度介于棉型或毛型之间的腈纶品种,线密度为2.8~5dtex,长度在5~76mm之间

表1-1-53　腈纶短纤维质量标准(FJ 508—82)

序号	指　标	品　种	等级 1	等级 2	等级 3
1	线密度偏差(%)	棉型1.65~2.2dtex	±8	±10	±12
		毛型2.75~9.9dtex	±10	±12	±14
2	强度(cN/dtex)>	1.65dtex	2.64	2.46	2.02
		1.98~2.2dtex	2.55	2.37	2.02
		2.75~3.3dtex	2.46	2.28	1.93
		6.6dtex	2.11	1.93	1.76
3	倍长纤维率(%)<	棉型	0.07	0.3	0.8
		毛型	0.5	1.00	1.5
4	疵点(mg/100g)<	棉型	20	40	100
		毛型	60	100	200
5	上色率(%)<		±4	±5	±7
6	纤维长度偏差(%)	品　种	合　格	不合格	
			< +12	> +12	
			> -12	<	
7	超长纤维率(%)	棉型	<3	>3	
8	纤维延伸度(%)	棉型	25~40	>40 >25	
		毛型	32~45	<45 <32	
9	纤维钩接强度(dN/tex)	棉型	>1.4	<1.4	采用后处理工艺
			>2.46	<2.46	
		毛型	>1.58	<1.58	
			>2.1	<2.1	

续表

序号	指　标	品　种	合　格	不合格	备　注
10	卷曲数(个/10cm)	棉型	>40	<40	
		毛型	>35	<35	
11	沸水收缩率(%)	棉型	<4	>4	采用后处理工艺
		毛型	<2	>2	
12	纤维含油率(%)	棉型	< ±0.15	> ±0.15	
		毛型	< ±0.15	> ±0.15	
13	纤维含硫氰酸钠(%)		<0.08	>0.08	
14	回潮率(%)	以2%为标准按实测折算			

表1-1-54　国内外部分企业腈纶短纤维质量指标

厂　家	牌　号	线密度(dtex)	强度(cN/dtex)	伸度(%)	钩接强度(cN/dtex)	超长率(%)	倍长率(%)	卷曲数(个/10cm)	含油率(%)	上色率(%)	电阻(Ω,cm)
美国杜邦	奥　纶	3.43	2.64	37.3	3.61	—	—	36	0.24	93	1.1×10^7
日本旭化成	开司米纶(80)	1.58	2.82	31	2.11	1.0	0	34	0.32	94	5.2×10^7
	开司米纶(81.5)	3.63	2.46	44	3.52	—	—	36	0.28	94	
日本三菱	沃耐尔(78.8)	2.39	2.95	37.5	2.26	—	—	50.6		78.4	2.5×10^7
	沃耐尔(80)	1.72	2.37	43.0	3.08	1.2	0	34	0.20	66	8.8×10^8
日本钟纺	正规纤维	3.42	2.29	29.8	1.95	—	—	32	0.34	97	—
意大利斯尼亚	—	1.65	3.03	38.5	3.00	—	—	—	0.20	91	3.2×10^6
德国拜尔	—	1.72	2.81	45	3.96	—	—	—	0.33	57	2.7×10^6
英国考陶尔	28B	1.75	2.86	35.3	3.46	0.5	0	39	0.38	98	1.8×10^6
	2.8H(TMA)	3.27	2.32	42	3.46			44.4			
美国孟山都	阿克利纶(1.5d×38)	1.63	2.28	40.2	3.08	0.4	0	41	—	—	7.7×10^5
美国氰胺公司(ACC)	T610(3A) 2.5d×51	2.88	2.37	30.5	2.38	0	0	48	0.31	65	3.6×10^6
上海石化总厂腈纶厂	1.5d	1.63	2.85	33	2.92	0.89	0.008	—	0.22	89	—
	3d	3.3	2.59	36	2.99	—	0.01	43	0.37	93	—
	6d	6.6	2.37	34	2.64	—	0.05	35	0.35	93	—
大庆化纤厂	3d	3.08	2.37	38	1.67	—	0.001	31	0.41	98	—
	6d	6.36	2.1	38	1.76	—	0.031	27	0.34	98	—
兰州化纤厂	3d	3.0	2.79	38.65	1.88	—	0.143	40.7	0.31	—	—
	6d	6.69	2.42	37.82	1.80	—	0.187		0.31	—	—

(五)维纶

维纶在合成纤维中的吸湿性是最好的,其公定回潮率为5%,性状接近棉花。使用棉纺设备即可进行纯纺或混纺。维纶强度高、伸度低、模量大、剪切功大、韧性好、耐冲击能力强。维纶在干热温度低于210℃时,耐热性能良好。高温下收缩力小,尺寸稳定性好,优于涤纶、锦纶。维纶耐化学药品综合性能优良。耐气候性能、耐腐蚀性能优良。

维纶的染色性能欠佳、染料染着量不高、色泽不鲜艳,这些是维纶在服用上的缺点。维纶的弹性不如其他合成纤维,用它制织成的织物,在服用过程中容易发生折皱。维纶耐热水性能较差,在湿态下温度超过110℃,会发生显著的收缩和变形。维纶的性能见表1-1-55。

表1-1-55 维纶的性能

性能指标		短纤维		长丝	
		普通	强力	普通	强力
强度(cN/dtex)	干态	4.1~4.4	6.0~8.8	2.6~3.5	5.3~8.4
	湿态	2.8~4.6	4.7~7.5	1.9~2.8	4.4~7.5
钩接强度(cN/dtex)		2.6~4.8	4.4~5.1	4.0~5.3	6.2~11.5
结节强度(cN/dtex)		2.1~3.5	4.0~4.6	1.9~2.7	2.2~4.4
延伸度(%)	干态	12~26	9~17	17~22	8~22
	湿态	13~27	10~18	17~25	8~26
伸长3%的弹性回复率(%)		70~85	72~85	70~90	70~90
弹性模量(cN/dtex)		22~62	62~115	53~79	62~220
回潮率(%)		4.5~5.0	4.5~5.0	3.5~4.5	3.0~5.0
密度(g/cm^3)		1.28~1.30			
热性能		干热软化点为215~220℃,熔点不明显,能燃烧,燃烧后变成褐色或黑色不规则硬块			
耐日光性		良好			
耐酸性		受10%盐酸或30%硫酸作用而无影响,在浓的盐酸、硝酸和硫酸中发生溶胀和分解			
耐碱性		在50%苛性钠溶液中或浓氨水中强度几乎没有降低			
耐其他化学药品性		良好			
耐溶剂性		不溶解于一般的有机溶剂(如乙醇、乙醚、苯、丙酮、汽油、四氯乙烯等),能在热的吡啶、酚、甲酚和甲醛中溶胀或溶解			
耐磨性		良好			
耐虫蛀霉菌性		良好			
染色性		可用直接染料、硫化染料、偶氮染料、还原染料、酸性染料等进行染色,但染着量较一般天然纤维和再生纤维低,色泽也不鲜艳			

(六)丙纶

1. 概况　丙纶是聚丙烯纤维的商品名。丙纶的密度只有棉纤维的60%,因而传热慢,织物轻盈保暖,且其吸湿性小,导湿性好(芯吸效应),能吸收汗液,保持皮肤干燥。丙纶品种繁多,价格低,耐化学药品性能好,而且原料来源丰富,生产能耗低、无污染。丙纶生产设备简易,投资少,占地面积小,所以发展迅速。

世界上丙纶的(不包括膜裂纤维)应用比例基本为地毯70%,工业用约20%,装饰用约10%,服装用1%~2%。

2. 质量指标　丙纶短纤维的质量指标见表1-1-56,丙纶细旦丝物理指标见表1-1-57,丙纶FDY长丝的质量指标见表1-1-58,丙纶FDY长丝外观指标见表1-1-59,丙纶强力丝主要质量指标见表1-1-60,丙纶膨体长丝物理指标和外观指标见表1-1-61。

表1-1-56(1)　丙纶短纤维质量指标(棉型,1.7~3.3dtex)

序号	项　　目	一等品	二等品	三等品
1	线密度偏差±(%)	积累数据		
2	断裂强力≥(cN/dtex)	3.5	3.0	2.5
3	断裂伸长(%)	65±20	65±30	65±40
4	疵点≤(mg/100g)	50	75	100
5	倍长≤(mg/100g)	50	75	100
6	卷曲数(个/cm)	3±2	3±3	3±4.5
7	卷曲率(%)	积累数据		
8	比电阻≤(Ω·cm)			
9	长度偏差±(%)			
10	含油率≥(%)			
11	强力*CV*值≤(%)			
12	伸长*CV*值≤(%)			
13	120℃热收缩≤(%)			

注　1. 2~6项为定等指标。

2. 卷曲率以卷曲牢度积累数据。

3. 卷曲牢度、比电阻、含油率执行内控标准。

表1-1-56(2)　丙纶短纤维质量指标(毛型,3.3~7.0dtex)

序号	项　　目	一等品	二等品	三等品
1	线密度偏差±(%)	积累数据		
2	断裂强力≥(cN/dtex)	3	2.5	2
3	断裂伸长(%)	120±20	120±30	120±40
4	疵点≤(mg/100g)	40	70	100
5	倍长≤(mg/100g)	40	60	30
6	卷曲数(个/cm)	7±2	7±3	7±4.5
7	卷曲率(%)	积累数据		

续表

序号	项　　目	一等品	二等品	三等品
8	比电阻≤(Ω·cm)	10^9	10^{11}	10^{13}
9	长度偏差±(%)	积累数据		
10	含油率≥(%)			
11	强力 *CV* 值≤(%)			
12	伸长 *CV* 值≤(%)			
13	120℃热收缩≤(%)			

注　1. 2~6 项为定等指标。

2. 卷曲率以卷曲牢度积累数据。

3. 卷曲牢度、含油率执行内控标准。

表 1-1-57　丙纶细旦丝物理指标

项　　目		进口细旦丝		国产细旦丝
		一等品	二等品	
单丝线密度(dtex)		2.7~3.3		2.13~2.36
线密度偏差(%)		±3.5		0~2.0
强力(cN/dtex)	普通丝	≥3.1	≥3.0	39~40
	含较多颜料	≥2.5	≥2.5	43~44
断　丝		≤3	≤7	0
断裂伸长率(%)	不加捻	70		55.7~65.7
	加　捻	60		
	加捻后热定型	50		
沸水收缩率(%)		3		5.4~7.0

表 1-1-58(1)　丙纶 FDY 长丝的质量指标[(150~1000)dtex/(31~144)根]

序号	项　　目	一等品	二等品	三等品
1	线密度偏差±(%)	3.5	4.5	5.5
2	线密度 *CV* 值≤(%)	3.5	4.5	5.5
3	断裂强度≥(cN/dtex)	3.2	3.0	2.8
4	强度 *CV* 值≤(%)	积累数据		
5	断裂伸长率(%)	90±20	90±30	90±40
6	沸水收缩率≤(%)	5	6	7
7	含油率(%)	1.2±0.5	1.2±0.6	1.2±0.7
8	伸长 *CV* 值≤(%)	积累数据		

表 1－1－58(2)　丙纶 FDY 长丝的质量指标〔(150～333)dtex/(60～80)根〕

序号	项　目	一等品	二等品	三等品
1	线密度偏差±(%)	3.5	4.5	5.5
2	线密度 *CV* 值≤(%)	3.5	4.5	5.5
3	断裂强度≥(cN/dtex)	2.8	2.6	2.4
4	强度 *CV* 值≤(%)	积累数据		
5	断裂伸长率(%)	110±20	110±30	110±40
6	沸水收缩率≤(%)	10	11	12
7	含油率(%)	1.0±0.4	1.0±0.5	1.0±0.6
8	伸长 *CV* 值≤(%)	积累数据		

表 1－1－58(3)　丙纶 FDY 长丝的质量指标〔(333～666)dtex/(60～160)根〕

序号	项　目	一等品	二等品	三等品
1	线密度偏差±(%)	3.5	4.5	5.5
2	线密度 *CV* 值≤(%)	3.5	4.5	5.5
3	断裂强度≥(cN/dtex)	2.8	2.6	2.4
4	强度 *CV* 值≤(%)	积累数据		
5	断裂伸长率(%)	140±20	140±30	110±40
6	沸水收缩率≤(%)	11	12	13
7	含油率(%)	1.0±0.4	1.0±0.5	1.0±0.6
8	伸长 *CV* 值≤(%)	积累数据		

表 1－1－58(4)　丙纶 FDY 长丝的质量指标〔(666～1000)dtex/(60～160)根〕

序号	项　目	一等品	二等品	三等品
1	线密度偏差±(%)	3.5	4.5	5.5
2	线密度 *CV* 值≤(%)	3.5	4.5	5.5
3	断裂强度≥(cN/dtex)	2.8	2.6	2.4
4	强度 *CV* 值≤(%)	积累数据		
5	断裂伸长率(%)	160±20	160±30	160±40
6	沸水收缩率≤(%)	12	13	14
7	含油率(%)	1.6±0.5	1.6±0.6	1.6±0.7
8	伸长 *CV* 值≤(%)	积累数据		

注　表(3)、(4)中 1～3 项、5～7 项为定等指标。

表1-1-59 丙纶FDY长丝外观指标

序号	项目	一等品	二等品	三等品
1	油污丝≤(mm^2)	300	300	1500
2	色差	对标样	对标样	对标样
3	成形不良	不允许	不允许	不允许
4	错孔			
5	毛丝			
6	拉网丝			

表1-1-60 丙纶强力丝主要质量指标

项目	指标	项目	指标
线密度(dtex)	33~1670	熔点(℃)	165~176
强力(cN/dtex)	>7.3	使用温度(℃)	<100
伸长(%)	15~25		

表1-1-61(1) 丙纶膨体长丝物理指标(FZ/T 54001—91)

序号	项目		优等品	一等品	二等品	三等品
1	线密度偏差率(%)		±3.00	±3.50	±4.00	±4.50
2	线密度 *CV*(%)		≤3.00	≤3.50	≤4.00	≤4.50
3	断裂强度(cN/dtex)	≥1111 dtex	≥1.60	≥1.50	≥1.40	≥1.35
		<1111 dtex	≥1.75	≥1.55	≥1.45	≥1.35
4	断裂强度 *CV* 值(%)		≤8.00	≥12.00	≤14.00	≤16.00
5	断裂伸长率(%)		M_1 ±30	M_1 ±40	M_1 ±50	M_1 ±60
6	断裂伸长 *CV* 值(%)		≤20.00			
7	沸水收缩率(%)		≤4.00	≤5.00	≤6.00	≤7.00
8	热卷曲伸长率(%)		≥15.00	≥12.00	≥10.00	≥8.00
9	网络度(个/m)		M_2 ±3	M_2 ±4	M_2 ±5	M_2 ±6
10	含油率(%)		1±0.20	1±0.40	M_2 ±0.50	1±0.60

注 1. M_1 为断裂伸长率中心值,由用户和生产厂协商确定,一旦确定后,不能任意变更。

2. M_2 为网络度中心值,根据线密度及用户要求自定,一旦确定后,不能任意变更。

表1-1-61(2) 丙纶膨体长丝外观指标(FZ/T 54001—91)

序号	项目	优等品	一等品	二等品	三等品
1	筒重(kg/只)	*m*±0.25	*m*±0.30	*m*±0.50	*m*±2.00
2	毛丝(个/筒)	≤10	≤16	≤24	≤30
3	硬头丝(个/筒)	无	≤4	≤8	≤10
4	色差	轻微	轻 I	较明显	明显

续表

序号	项　目	优等品	一等品	二等品	三等品
5	油　污	无	轻微　l	轻	较明显
6	成　形	好	良好　l	一般	较差

注　1. *M* 为筒重中心值，由用户与生产厂协商确定，一旦确定后不能任意变更。

2. 第 1 项“筒重”，其中优等品和一等品不允许中间断头。

3. 第 4 项“色差”标样参照 GB 250 评定变色用灰色样卡级别判别定等。其中“轻微”相当于 4 级，“轻”相当于 3 ~ 4 级，“较明显”相当于 3 级，“明显”相当于 2 ~ 3 级。

4. 第 5 项“油污”定等解释如下：

(1) 一等品轻微，指浅异色细点状油污，其总面积不超过 0.5cm^2。

(2) 二等品轻，指浅异或较深色油污，总面积不超过 1.0cm^2。

(3) 三等品较明显，指呈现深色油污，总面积不超过 1.5cm^2。

5. 第 6 项“成形”定等解释如下：

(1) 优等品好，指卷装表面平整，退绕顺利。

(2) 一等品良好，指卷装表面较平整，不影响退绕。

(3) 二等品一般，指卷装表面有凹凸，但不影响退绕。

(4) 三等品较差，指卷装表面凹凸不平，但不造成塌边。

第五节　新型纤维

一、纤维素纤维

(一) 彩色棉

彩色棉是指天然生长的非白色棉花。天然彩色棉是有机棉的一种，由于其天然有色、产品不需染色加工，可减少环境污染和能源消耗。随着人们对纯天然物品需求意识的增强和对环境问题的重视，天然彩色棉的培育和应用将不断发展。已培植出的有棕、绿、红、黄、兰、紫、灰等多个色泽品系。并预测，在未来 30 年中，有色棉的产量将达到棉花产量的 1/3。彩色棉的研究与培育才刚起步，与白棉相比，产量低、衣分率低、纤维长度偏短、纤维强度偏低、可纺性差；在颜色上存在色谱不丰富、色泽不鲜艳、色泽稳定性差、色素遗传变异大等缺点。彩色棉中可能含有偏多的重金属物质。目前彩色棉一般采用与白棉的混纺加工，以增加色泽、鲜艳度和可纺织加工性。我国彩色棉的主要物理指标见表 1 - 1 - 62，美国彩色棉长度、强度指标见表 1 - 1 - 63。

表 1 - 1 - 62　我国彩色棉的主要物理指标

物理指标	绿　色	褐　色	棕　色	白　色
2.5% 跨距长度(mm)	21 ~ 25	26 ~ 27	20 ~ 23	28 ~ 31
强度(cN/dtex)	1.6 ~ 1.7	1.8 ~ 1.9	1.4 ~ 1.6	1.9 ~ 2.3
马克隆值	3.0 ~ 6.0	3.0 ~ 6.0	3.0 ~ 6.0	3.7 ~ 5.0
整齐度(%)	45 ~ 47	45 ~ 48	44 ~ 47	49 ~ 52
短绒率(%)	15 ~ 20	12 ~ 17	15 ~ 30	≤12
棉结(粒/g)	100 ~ 150	100 ~ 170	120 ~ 200	80 ~ 200
衣分率(%)	20	27 ~ 30	28 ~ 30	39 ~ 41

表1-1-63 美国彩色棉长度、强度指标

品 种	纤维长度(mm)	强度(cN/dtex)	品 种	纤维长度(mm)	强度(cN/dtex)
浅绿(Wild Green)	19.6	1.27	浅棕(Wild Brown)	17.5	1.37
原绿(Old Green)	23.9	1.66	狼棕(Coyote Brown)	23.9	1.96
绿色(Palo Verde Green)	23.9	1.86	水牛棕(Buffalo Brown)	27.7	2.45
新绿(New Green)	29.0	2.33	新棕(New Brown)	27.4	2.49

(二)大麻和罗布麻

罗布麻又称野麻、茶叶花,是一种野生植物纤维。由于它适应在盐碱、沙漠等恶劣的环境中生长,因此主要集中在新疆、内蒙、甘肃、青海等地。罗布麻除具有麻类纤维的一般特点外,还具有一定的医疗保健性能,罗布麻对降低穿着者的血压有显著效果。罗布麻纵向无转曲,截面呈明显不规则的腰子形,中腔较小。在纤维的表面有许多竖纹、横节。

大麻又称火麻、汉麻,极少虫害。大麻纤维表面粗糙,有纵向缝隙和孔洞,横向有枝节,无天然转曲。大麻横截面与亚麻有很大区别,有三角形、长圆型、腰圆形等,形状不规则。大麻纤维的细度与棉纤维相当,制品柔软,无需特别处理就可以避免刺痒感和粗糙感。大麻纤维中有细长的空腔,并与纤维表面纵向分布着的许多裂纹和小孔洞相连。优异的毛细效应使大麻纤维具有良好的吸湿排汗性能。大麻纤维有独特的抗霉杀菌功能,对绿脓杆菌、真菌、肠道菌均有明显的抑制作用。大麻纤维中含有十多种对人体健康有益的微量元素。

(三)竹纤维

竹纤维是以天然竹子为原料制取的纤维。竹纤维分为原生竹纤维和再生竹纤维两种。原生竹纤维是利用物理方法剔除竹中的木质素、竹粉、果胶等物质,从中提取竹纤维。原生竹纤维多用于建筑建材、汽车制造、污水处理等,但也有个别品种可用于纺织面料。用于纺织面料的原生竹纤维对竹子的品种有较严格的要求,目前以产于浙江的毛竹为主。再生竹纤维的生产类似粘胶纤维,即以竹子为原料制备竹浆粕,经纺丝、后整理制得竹纤维。竹纤维在性能上与麻纤维较接近,具有独特的抗菌、防臭性能。从纺织加工性能上讲,再生法制得的竹纤维要优于物理方法制得的竹纤维。

(四)Lyocell 纤维

Lyocell 纤维是以 N-甲基吗啉-N-氧化物(NMMO)为溶剂,用干湿法纺制的再生纤维素纤维。1980 年由德国 Akzo—Nobel 公司首先取得工艺和产品专利,1989 年由国际再生纤维和合成纤维委员会(BISFA)正式命名为 Lyocell 纤维。我国的商品名称为“天丝”。英国 Courtanlds 公司生产的 Lyocell 纤维的商品名称为 Tencel。目前可工业化生产的还有奥地利 Lenzing 公司生产的 Lyocell 纤维和德国 Akzo—Nobel 公司生产的 Newcell 纤维。与其他合成纤维和再生纤维相比较,Lyocell 纤维最主要的特点是加工过程属于生态型流程,而其他纤维加工过程要考虑废物和废液处置问题。Lyocell 纤维是用溶剂法生产再生纤维素纤维的,溶剂 N-甲基吗啉-N-氧化物(NMMO)基本可 100% 地回收,基本无污染。Lyocell 纤维强度高,为 38~42cN/tex,湿强损失低,小于 15%,手感柔软、悬垂性好。但 Lyocell 纤维有原纤化倾向,纤维表面易发生分裂,产生小纤维绒。不过此缺陷可以得到控制,也可利用它制造有桃皮绒感和柔软触感的纺织品。Lyocell 纤维与其他纤维性能比较见表1-1-64。

表 1-1-64 Lyocell 纤维与其他纤维性能比较

项目	Tencel 纤维	粘胶纤维	波里诺西克纤维	聚酯纤维
强度(cN/dtex)	3.8~4.2	2.2~2.7	3.1~4.6	4.2~5.7
伸度(%)	14~16	16~22	7~14	35~50
湿强(cN/dtex)	3.4~3.8	1.2~1.8	2.3~3.7	4.2~5.7
湿伸度(%)	16~18	21~29	8~15	35~50
水膨润度(%)	65	90	75	3

二、再生蛋白质纤维

蛋白质资源在自然界中相当丰富,它包括植物蛋白和动物蛋白。实际上,再生蛋白质纤维的研究早在19世纪末期就已开始。目前已使用过的蛋白质有:酪素(实际上也是从牛奶中分离出来的蛋白质)、牛奶蛋白、蚕蛹蛋白、大豆蛋白、玉米蛋白、花生蛋白和明胶等。使用的方法有两种,一种是将蛋白质的溶液与其他高聚物材料进行共混纺丝,另一种是将蛋白质与其他高聚物进行接枝共聚。但总体来看,再生蛋白质纤维虽已经过多年的研究,并已有多种产品面市,但并未取得真正的成功,主要是纤维在性能方面还存在较大的缺点,尚未取得突破。主要表现在强度低,其强度为8~12cN/tex;耐热性差,当温度超过120%时,纤维就要变黄;纤维自身发黄,染色后色泽不好。此外,再生蛋白质纤维原料成本高,产品的竞争力并不强,因而多数产品并未大量生产,即使个别产品有批量生产,价格也较昂贵,发展受到了很大的限制。

我国对再生蛋白纤维的研究也做了许多工作,如四川省宜宾化学纤维厂以蚕蛹为原料,制成蛋白质纺丝液,与粘胶纺丝液共混纺丝,得到含有蚕蛹蛋白的粘胶纤维长丝;河南省濮阳华康生化工程联合公司研制成功大豆蛋白纤维。大豆蛋白纤维和其他纺织纤维的性能比较见表1-1-65。

表 1-1-65 大豆蛋白纤维和其他纺织纤维性能比较

性能		大豆纤维	棉	粘胶	蚕丝	羊毛
断裂强度(cN/dtex)	干	3.8~4.0	2.6~4.3	1.5~2.0	2.6~3.5	0.9~1.5
	湿	2.5~3.0	2.9~5.6	0.7~1.1	1.9~2.5	0.67~1.43
干断裂伸长率(%)		18~21	3~7	10~24	14~25	25~35
初始模量(cN/dtex)		53~98	60~82	57~75	44~88	8.5~22
相对钩接强度(%)		75~85	70	30~65	60~80	80
相对打结强度/(%)		85	90~100	45~60	80~85	85
回潮率		5~9	7~8	13~15	8~9	15~17
密度(g/cm³)		1.29	1.54	1.50~1.52	1.33~1.45	1.32
耐热性		120℃左右变黄、发粘(差)	120℃下5h变黄(较好)	150℃以上长时间处理强度下降(好)	148℃以下稳定(较好)	100℃开始变黄(较差)
耐碱性		一般	好	好	较好	差
耐酸性		好	差	差	好	好

第六节 差别化纤维

一、基本定义

差别化纤维通常是指在原来纤维组成的基础上进行物理或化学改性处理，使性能上获得一定程度改善的纤维。纤维的差别化处理是化学纤维发展的需要。纤维的差别化处理主要通过两种途径。

（一）物理改性

物理改性是采用改变纤维高分子材料的物理结构使纤维性质发生变化的方法。目前物理改性的主要内容包括

(1)改进聚合与纺丝条件：如温度、时间、介质、浓度、凝固浴，以通过改变高聚物聚合度及分布、结晶度及分布、取向度等达到改性的目的；

(2)改变截面：采用特殊的喷丝孔形状开发异形纤维；

(3)表面物理改性：如采用高能射线（γ 射线、β 射线）和低温等离子体进行纤维表面刻蚀、涂抹以及物理改性接枝共聚、电镀等；

(4)复合：即将两种或两种以上的高聚物或性能不同的同种聚合物通过一个喷丝孔纺成一根纤维；

(5)混合：即利用聚合物的可混溶性和溶解性，将两种或两种聚合物混合后喷纺成丝。

（二）化学改性

化学改性是指通过改变纤维原来的化学结构达到改性的方法。改性方法包括共聚、接枝、交联。共聚是采用两种或两种以上单体在一定条件下进行聚合。接枝是通过化学或物理方法，使纤维的大分子链上能接上所需要的基团，接枝可以在聚合体内进行，也可以在成形纤维表面进行。交联是指控制一定条件使纤维大分子链间用化学链联结起来。

二、主要差别化纤维

（一）变形丝

绝大多数合成纤维表面光滑、截面呈圆形、相互紧密且伸直平行排列，因此这类纤维制织的织物光泽呆板、手感滑溜、贴身穿着时冷湿而粘滑，缺乏天然纤维织物所具有的视觉与手感特征。因此，产生了通过改变合成纤维形态来改善纤维性能的方法，被称为卷曲变形加工，简称变形加工。变形加工一般是指通过机械或其他作用给予长丝（或纤维）二度或三度空间的卷曲变形，并用适当的方法（如热定型）加以固定，进而改变原来长丝（或纤维）间相互平行排列的状态，使原有的长丝（或纤维）获得永久、牢固的各种卷曲形态。合成纤维的卷曲变形大大改善了其制成织物的服用性能，并扩大了它们的应用范围。

（二）异形纤维

异形纤维是指纤维截面形状不是实心圆形的纤维。目的是改善合成纤维的手感、光泽、蓬松性等特性。由于截面形状的变化，使纤维的反射光分布发生了变化，从而改变了纤维的光泽。纤维截面形状的变化使纤维间的摩擦力发生了变化，同时对人体皮肤的接触面积也产生差异，对于不同的截面形状，触摸时会给人以干爽、粗犷、细腻、滑柔等不同的感受。对异形截面纤维

而言,相同线密度的同类纤维,异形纤维截面宽度大于圆形纤维;相同线密度的同类纤维,异形纤维的刚度大于圆形截面纤维。异形纤维一般采用非圆形孔眼喷丝板纺丝制得。除此之外,也可采用膨化粘着法、复合纤维分离法和热塑性挤压法等制得。异形纤维的直径与刚度见表1-1-66。

表1-1-66　异形纤维直径与刚度

截面形状	线密度(dtex)	刚度(kPa)	纤维直径(μm)	截面形状	线密度(dtex)	刚度(kPa)	纤维直径(μm)
圆　形	3.3	11.76	17	三叶形	3.3	33.32	20.9
	1.7	3.92	12.5		1.7	11.76	16.1
圆中空	3.3	21.56	18.3	三角形	3.3	21.56	16.04
	1.7	6.27	13.5		1.7	7.15	14.4

(三)复合纤维

复合纤维是将两种或两种以上的高聚物或性能不同的同种聚合物通过一个喷丝孔纺成一根纤维的技术。通过复合,在纤维同一截面上可以获得并联型、皮芯型、海岛型等复合方式的复合纤维。图1-1-4所示是复合纤维截面几何形状的分类。复合纺丝法可以使纤维同时具有所含组分聚合物的特点,且通过截面内不同组分的适当配置,使各组分聚合物的优点能得到充分的利用,可制成永久卷曲、易染色、难燃、抗静电、高吸湿等特殊功能的纤维。它是一种目前普遍采用的合成纤维物理改性方法。

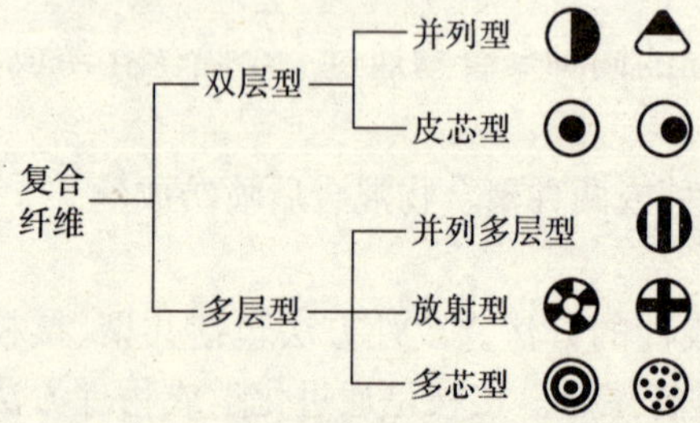

图1-1-4　复合纤维截面几何形状的分类

(四)超细纤维

超细纤维原是指仿制麂皮织物用的线密度小于0.09tex(0.8旦)的纤维,一般线密度为0.01~0.5dtex的纤维。实际中,常规棉型纤维的线密度大于0.11tex(1旦),毛型纤维的线密度大于0.28tex(2.5旦)。故纤维线密度小于0.11tex(1旦)的棉型纤维称为超细纤维,纤维线密度小于0.22tex(2旦)的毛型纤维称为超细纤维。理论上,还是将线密度小于0.11tex(1旦)的纤维称为超细纤维。超细纤维可通过直接纺丝法、分裂剥离法和溶解去除法等方法加工而得。超细纤维抗弯刚度小,织物手感柔软、细腻、具有良好的悬垂性;比表面积大,提高了织物的覆盖性、吸收性;超细纤维有较高的除污能力,可用来制作高级清洁布。超细纤维织物比同样深浅的常规纤维织物消耗染料多,染色不易均匀。超细纤维卷曲模量低,织物回弹性低、膨松性差。

(五)高收缩纤维

高收缩纤维是指在热或热湿作用下长度有规律地弯曲收缩或复合收缩的纤维。一般高收缩纤维在热处理时的收缩率在20%~50%(一般纤维的沸水收缩率<5%,长丝<9%)。高收缩纤维广泛应用于毛纺产品的改性及泡绉织物、立体图形织物、提花织物、高密织物、膨体织物、人造麂皮等织物的制作。不同加工条件下化学改性聚酯纤维的热收缩见表1-1-67。

表 1-1-67　不同加工条件下化学改性聚酯纤维的热收缩

纤维类型	拉伸倍数	定型温度(℃)	沸水收缩率(%)	干热收缩率(%)
沸水收缩	4.6	35	30.0	38.3
干热收缩	4.5	120	3.2	22.9
低收缩易染	3.7	150	1.3	3.2

(六)易染色纤维

所谓易染色是指可用不同染料染色,且色泽鲜艳、色谱齐全、色调均匀、色牢度好、染色条件温和(常温、无载体)等。涤纶是常用合成纤维中染色最困难的纤维,易染色合成纤维主要是指涤纶的染色改性纤维。20 世纪 60 年代美国杜邦公司开发了磺化邻苯二酸共聚的共聚酯纤维(商品名 Dacront—64,T—65 型),成为阳离子可染涤纶(CDP)的先驱。易染色合成纤维常见的品种除阳离子染料可染涤纶外,还有常温常压阳离子可染涤纶(ECDP),酸性染料可染涤纶,酸性或碱性染料可染涤纶,酸性染料可染腈纶,深色酸性可染锦纶,阳离子可染锦纶等。

(七)吸水吸湿纤维

吸水吸湿纤维是指具有吸收水分并将水分向临近纤维输送能力的纤维。同天然纤维相比,多数合成纤维吸湿性较差,尤其是涤纶与丙纶,因而严重地影响了穿着舒适性和卫生性。同时,纤维吸湿性差也会带来诸如静电、耐污性差等一系列问题。改善合成纤维吸湿性与舒适性可以采用化学改性方法和物理改性方法,通过改性提高纤维的润湿与膨胀能力,或者制成多孔纤维使其内部形成微孔穴系统来增加纤维的吸水吸湿能力。吸水吸湿纤维主要用于生产功能性内衣、运动服、训练服、运动袜等。

(八)混纤丝

混纤丝是指由几何形态或物理性能不同的单丝组成的复丝。混纤丝能提高合成纤维的天然感。常见的混纤丝有异收缩、异形、异旦及多异混纤等几种类型,在制造技术上常采用异种丝假捻、并捻、气流交络等后加工混纤化方法。但直接纺制混纤丝则更为经济简便,且混纤效果更好。异收缩混纤丝是由高收缩纤维与普通纤维组成的复合丝,在织物整理及后加工过程中,高收缩纤维因受热发生收缩而成为芯丝,收缩率低的纤维因丝长差而浮出表面,且产生卷曲,同时纤维之间形成空隙,赋予织物蓬松感。异形混纤丝是由截面形状不同的单丝组成的混纤丝,在纤维之间存在空隙及毛细管结构,可降低纤维间的摩擦系数,其织物具有良好的蓬松性、吸湿性和回弹性。多异混纤丝是指将具有线密度、截面形状、热收缩率、伸长率、单丝粗细不匀等多种特征差异的纤维,以不同形式相组合的混纤丝,目的是使之更接近天然纤维的风格。

第七节　生活用功能性纤维

功能纤维是满足某种特殊要求和用途的纤维,即纤维具有某特定的物理和化学性质。不仅可以被动响应和作用,甚至可以主动响应和记忆,后者有时被称为智能纤维。以下是一些常用的功能纤维。

一、抗静电和导电纤维

抗静电纤维主要是指通过提高纤维表面的吸湿性来改善其导电性的纤维。广泛采用的方法是采用表面活性剂进行表面处理。最初使用的表面活性剂是阳离子型表面活性剂，但由于易脱落，后来开发了可形成牢固表面膜的非离子型表面活性剂法、树脂涂层和接枝法等，但是这些方法仍然存在难以把产生的静电迅速逸散、产品风格和耐久性不佳等缺点。针对上述缺点，进一步开发了共混型抗静电纤维。抗静电剂多为亲水性聚合体，所以纤维制品的抗静电性不可避免地依赖于湿度。相对湿度从高湿度直到40%，基本上可以维持良好的抗静电性能，但是，当相对湿度在40%以下时，就不可能发挥足够的抗静电性能。为了使纤维制品在低湿度下也具有稳定良好的抗静电性能，研制出了导电纤维。导电纤维包括金属纤维、金属镀层纤维、导电性树脂涂层纤维、导电性树脂复合纤维等。这类纤维有较低的电阻率，电阻率约在$10^7\Omega\cdot cm$以下。通常是把导电纤维的短纤维以一定的百分比（约0.1%～5%）混入需要改性的短纤维中，或把导电纤维的长丝间隔地编入织物中。实践证明，通过混用导电纤维防止纤维制品带电，其抗静电效果的可靠性和耐久性高，特别是在低湿度下，也能显示出优良的抗静电性能。表1－1－68所示为代表性导电复合纤维产品。

表1－1－68　代表性导电复合纤维产品

导电微粉	生产厂家	商标名称	纤维截面模式	纤维品种	纤维材料	颜色
碳黑	杜邦	Antron－Ⅲ		长丝、短纤	聚己二酰己二胺	灰
	ICI	Epitropic		短纤	聚酯	黑
	孟山都	Ultron		长丝、短纤	聚己二酰己二胺	黑
	东丽	パレル Ⅱ	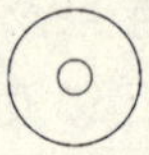	长丝	聚己二酰己二胺	灰
	东丽	ルアナSA—7	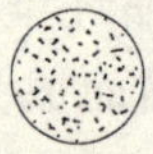	短纤	聚丙烯腈	黑
	可乐丽	クラカーボ		长丝	聚酯	黑
	帝人	セルカット		长丝	聚己二酰己二胺	灰
	东洋纺	KE—9		短纤	聚丙烯腈	黑
	钟纺	ベルトロンB31		长丝	聚酯	黑
	尤尼奇卡	ソが Ⅲ		长丝	聚己二酰己二胺	黑

续表

导电微粉	生产厂家	商标名称	纤维截面模式	纤维品种	纤维材料	颜色
白色导电微粉	钟纺	ペルトロソ 632		短纤	聚己二酰己二胺	白
	尤尼奇卡	ソがーナ		长丝	聚己二酰己二胺	白
	帝人	T—25	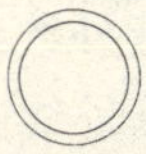	长丝	聚酯	白
	三菱人造丝	Super Elekill	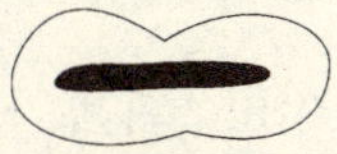	短纤	聚丙烯腈	白

二、微粉添加型功能纤维

(一)阳光纤维和远红外纤维

陶瓷微粉应用于功能纤维,最初是为了获得蓄热保温效果。根据所用陶瓷粉种类的不同,其蓄热保温机理有两种:一种是将阳光转换为远红外线,相应的纤维称为阳光纤维;另一种是低温(接近体温)下辐射远红外线,相应的纤维称为远红外纤维。能高效率地将太阳能转换为远红外辐射的物质为化学元素周期表Ⅳ族过渡金属的碳化物,如 ZrC、TiC、HfC 等。这些碳化物能吸收阳光中高能波长段($<2\mu m$),并反射低能波长段($>2\mu m$)的光线。阳光中波长 0.3 ~0.2μm 的能量占总能量的95%以上,而人体散发的热辐射波长为 10μm 左右,几乎 100% 被反射,因此阳光纤维具有很好的蓄热保温效果。光线中波长在 0.77μm 以上的光线叫红外线。医学领域,特别是在治疗技术的应用中,一般把 3μm 以上的红外线作为远红外波段看待。远红外线具有增强人体新陈代射、促进血液循环、提高免疫功能、消炎、消肿、镇痛等作用。远红外纤维和众多的远红外治疗仪不同,在常温下有较高的远红外线发射率,也就是不需要热源,所以对时间和场所都没有限制;远红外纤维可将保健结合在使用中,作用时间长。目前,阳光纤维和远红外纤维的评价标准不统一,给保证质量造成了一定的困难。另外,高血压病人不宜选用。表 1－1－69 所示为日本蓄热保温纤维产品。

表 1－1－69　日本蓄热保温纤维产品

制造厂商	商　标	纤维原料	蓄热保温机理
尤尼奇卡	ソーラーα	聚酰胺,聚酯	添加 ZrC:吸收太阳光并转换为远红外辐射(热能);反射体热辐射
尤尼奇卡	ホワイトサーモトロソ	聚酰胺,聚酯	添加白色复合陶瓷微粉:吸收太阳光并转换为热能
三菱人造丝	—	聚丙烯腈	添加“阳光吸收剂”:吸收太阳光并转换为热能
可乐丽	カプロサーモ	聚酯	添加吸收阳光性陶瓷微粉:吸收太阳光并转换为热能
可乐丽	ロソノウーブ	聚酯	添加远红外线辐射陶瓷微粉:吸收体热并辐射红外线
钟　纺	マリソシク(N, A)	N 为聚酰胺,A 为聚丙烯腈	添加远红外线辐射陶瓷微粉:吸收体热并辐射红外线

(二)防紫外线纤维

紫外线(UV)是波长为 200 ~400 nm 的电磁波。按波长范围区分,紫外线又可分为:紫外线

A(UVA),波长为400~320 nm;紫外线B(UVB),波长为320~290 nm;紫外线C(UVC),波长为290~200 nm。紫外线C被臭氧层(距地面10~50 km)吸收,无法到达地面;紫外线B虽然也会被臭氧层吸收,但有一部分会到达地面,到达地面的主要为紫外线A。紫外线具有较高的能量,对生物既有益又有害。有益方面表现在能促进维生素D的合成、杀菌与光合作用。有害方面表现在损害皮肤、降低免疫功能和不利于植物及海洋生物的发育等。紫外线的遮断可以采取后整理与紫外线遮断纤维。后整理得到的防紫外线面料手感和牢度较差。紫外线遮断纤维是在成纤聚合物中掺入防紫外线物质,制得防紫外线纤维。目前的防紫外线纺织品包括衬衫、运动服、工作服、制服、窗帘以及遮阳伞等。其紫外线遮挡率可达95%以上。

(三)抗菌防臭纤维

抗菌防臭纤维是指具有除菌、抑菌作用的纤维。细菌以汗水中的尿素等人体排泄物为营养源,不断进行繁殖,同时排放出臭味很浓的氨,并且会引起皮肤瘙痒和病变。抗菌纤维大致有两种:一种是本身带有抗菌功能的纤维,如大麻、罗布麻、甲壳素纤维及金属纤维等;另一种是借助螯合技术、纳米技术、粉末添加技术等,将抗菌剂在化纤纺丝时加到纤维中而制成的抗菌纤维,这类纤维抗菌、耐洗性好,易于织染加工。目前用于纤维的抗菌剂主要有有机和无机两大类。有机类抗菌剂一般是通过活性成分带有的正电荷基团与细菌表面的负电荷相互吸引,以物理方式破坏细菌的细胞膜,起到抑菌灭菌功能。无机类抗菌剂(包括有机金属抗菌剂)的抗菌作用,是让从纤维中逐渐溶出的微量金属离子(银、铜、锌等离子)向细菌细胞内扩散,与细胞内巯基结合,引起细菌代谢障碍而死亡。用抗菌纤维与其他纤维混纺或交织,可制成各种内衣、床上用品、袜子、护士服及公用纺织品等。表1-1-70所示为抗菌防臭纤维的代表性产品。

表1-1-70 抗菌防臭纤维代表性产品

制造厂商	商标名称	抗菌剂	基体聚合物种类
钟 纺	パクテキラー	抗菌沸石	聚 酯
	リブアレシシエA	抗菌沸石	聚丙烯腈
	リブアレシシエB	抗菌沸石	聚酰胺
可乐丽	SA—30リ	抗菌沸石	聚 酯
富士纺	キトポイ	壳聚糖	高湿模量粘胶

(四)变色纤维

变色纤维是指在光线变化或温度变化的条件下颜色发生变化的纤维。光敏变色纤维使用光致变色显色剂,温敏变色纤维使用热致变色显色剂。根据所用高聚物种类,可以直接共混于聚合物中纺丝,也可将微胶囊与低熔点的聚合物共混作为芯部,以成纤高聚物为鞘部复合纺丝。变色纤维多用于登山、滑雪、游泳、滑冰等运动员的着装,有的再配合蓄热保暖功能,制成新颖别致的运动服装。

(五)空调相变纤维

空调相变纤维是指将物质相转变的吸、放热过程植入到纤维中,能起到蓄热、降温调节作用的纤维。相转变材料在一定温度范围内能从液态转变为固态,或由固态转变为液态,在此相转变过程中,温度恒定,同时与周围环境或物质的温度保持恒定,起到缓冲温度变化的作用。相转变材料选用某些带结晶水的无机盐和聚乙二醇。相变纤维的制作方法是将相转变材料加入中空纤维中,或制成微胶囊,混入纺丝液中纺丝。用相变纤维制成的纺织品用途很广,可以制作空调鞋、空调服、空调手套,也可制成床上用品、毯子、窗帘、汽车内装饰品、帐篷等。常用陶瓷微粉及功能见表1-1-71。

表1-1-71 常用陶瓷微粉及功能

名称	化学式	色调	粒径/(μm)	相对密度	功能及特征
二氧化钛	TiO_2	白			白度,高折射率
微粒子二氧化钛	TiO_2	白	0.02~0.1	4.0	紫外线吸收,透明性
微粒子氧化锌	ZnO	白	0.01~0.04	5.5~5.8	紫外线吸收,抗菌,防臭
导电性二氧化钛	$TiO_2—SnO_2—Sb_2O_3$	带青、白	0.3~0.5	4.6~4.7	导电性,远红外放射性
碳化锆	ZrC	灰黑	1.0~2.0	3.2~3.3	远红外放射性,导电性,高硬度
碳化钨	WC	灰黑	0.7~2.0	15.5~15.7	高密度,高硬度,导电性
钨	W	灰黑	0.3~0.6	19.3	高密度,遮蔽X射线,导电性
碳黑	C	黑	0.01~0.05	1.7~1.8	导电性,保液性
氧化铝	Al_2O_3	白	0.6~1.0	3.9~4.0	白度,高硬度,远红外辐射
氧化亚锡	SnO_2	白	0.01~0.06	6.9	导电性,半导体,气体敏感性
碳酸钙	$CaCO_3$	白	0.8~1.5	2.7	白度,易滑性
银·分子筛	沸石	白	0.6~2.5	2.1	抗菌性
银·锆	$MZr_2(PO_4)_3/MAg/H/Na$	白	0.4~0.8	3.0	抗菌性

三、阻燃纤维

阻燃纤维是指纤维及其制品的可燃性通常采用极限氧指数。极限氧指数是指将点燃的材料离开火源置于氧和氮的混合气体中,维持继续燃烧时所需要的最低含氧体积百分率。显然,极限氧指数值越大,材料燃烧时所需氧的浓度就越高,即越难燃烧。通常将极限氧指数低于20%的称为易燃纤维,极限氧指数为20%~26%之间的称为可燃纤维,极限氧指数为26%以上的称为难燃纤维。纤维阻燃可以从提高纤维材料的热稳定性、改变纤维的热分解产物、阻隔和稀释氧气、吸收或降低燃烧热等方面着手来达到阻燃目的。阻燃粘胶纤维大多采用磷系阻燃剂,通过共混法制得,所得阻燃粘胶纤维的极限氧指数一般可达到27%~30%。腈纶的阻燃改性一般采用共聚法,共聚单体以氯乙烯基系单体居多。共聚单体含量一般为33%~36%,此时极限氧指数一般在26%~30%之间。如果改性时共聚单体氯乙烯的含量达到40%~60%,这样得到的改性腈纶一般称为腈氯纶,其极限氧指数可达到28%以上,适于制作高贵裘皮服装、地毯、毛毯、长毛绒、空气过滤布等。涤纶的阻燃改性可以采用共聚法和共混法,通常采用共聚法,所用的阻燃剂主要是磷系反应型阻燃剂和溴系反应型阻燃剂。这些阻燃聚酯纤维的物理性质与普通聚酯纤维基本相同,可用于家具布、帷幕、地毯、汽车装饰布、儿童睡衣、睡袋、工作服和床上用品等。丙纶阻燃改性一般采用共混法,即将常规聚丙烯树脂与含阻燃剂的阻燃母粒充分混合再纺丝,或者直接将阻燃剂、聚丙烯和聚酯及其共聚物按一定比例混合造粒再进行纺丝,极限氧指数达到26%~28%,主要用于室内装饰织物,也可以用于工业。各种纤维的极限氧指数(LOI)见表1-1-72。

表 1－1－72　各种纤维的极限氧指数

分类	纤　维	LOI(%)	分类	纤　维	LOI(%)	分类	纤　维	LOI(%)
难燃纤维	氟纤维	95	可燃纤维	聚酯	20～22	易燃纤维	聚丙烯	19～20
	聚偏氯乙烯	42～50		聚酰胺	20～22		聚丙烯腈	15
	聚氯乙烯	37～40		聚乙烯醇	21		粘胶	17～19
	改性聚丙烯腈	28～33		羊毛	24～26		棉	17～19
	阻燃聚酯	28～32		蚕丝	23			

四、弹性纤维

弹性纤维是指具有较高断裂伸长率、较高弹性恢复能力、较低弹性模量的纤维。弹性纤维分为橡胶弹性纤维和聚氨酯弹性纤维。橡胶弹性纤维由橡胶乳液纺丝或橡胶膜切割制得，只有单丝，有极好的弹性恢复能力。聚氨酯弹性纤维是指以聚氨基甲酸酯为主要成分的一种嵌段共聚物制成的纤维，我国商品名为氨纶。国外商品名有 Lycra(美国)、Neolon(日本)、Dorlastan(德国)等。聚氨酯弹性纤维最早由德国拜耳(Bayer)公司于 1937 年试制成功，但当时未能实现工业化生产。1958 年，美国杜邦公司研制出这种纤维，并实现了工业化生产。最初的商品名为 Spandex，后来更名为 Lycra(莱卡)，意为象橡胶一样的纤维。氨纶丝的收缩力比橡胶丝大1.8～2 倍。氨纶不仅具有橡胶丝的弹性，还具有一般纤维的特征，作为一种新型纺织纤维受到人们的青睐。随着加工技术的进步，包芯纱、包覆纱等新产品不断涌现，使聚氨酯弹性纤维的用途逐步扩大。橡胶丝较氨纶丝的弹性恢复速度快，有一些特殊用品必须用橡胶丝，如高尔夫球。橡胶丝的价格低于氨纶丝，目前仍然用橡胶丝的有：窄幅织物、编织物、医用内衣、条状带、圆针织物等。表 1－1－73 所示为部分氨纶的性能。

表 1－1－73　部分氨纶的性能

国　家	美 国	美 国	意大利 美国	苏 联	德 国	日 本	英 国
商品名称	Lycra	Glospan	Virene	PU 纤维	Dorlastan	Espa	Spanzelle
纺丝方法	干纺	反应纺	湿纺	干纺	干纺	干纺	反应纺
聚酯或聚醚	聚酯、聚醚	聚酯	聚酯	聚醚	聚酯	聚醚	聚酯
二异氰酸	MDI	TDI	TDI、MDI	MDI	MDI	MDI	MDI
酯类别	二胺肼	二胺	二胺	二胺	二胺	二胺	二胺
链增长剂强力 (cN/dtex)×10	7.9～8.8	0.49～5.98	2.46～2.99	5.98～8.8	7.9～8.8	7.9～8.8	5.3～5.93
断裂伸长(%)	600～700	600～750	800	600～700	675～750	700	500～600
回弹率(%)	95	92	98	96	86	96	95
形状模量 (cN/dtex)	1.5～2.06	8.54～17.95	3.96	12.94～20.24	12.32～14.08	15.84	20.24
耐紫外线①	4	2	2	4	3	4	2
耐洗性①	3	3	2	3	4	3	3
软化点(℃)	175～200	215	189～190	—	175	—	275

续表

国 家	美 国	美 国	意大利 美国	苏 联	德 国	日 本	英 国
熔点(℃)	—	—	245	—	275	—	225
相对密度	1.077~1.3	1.077	1.295	0.98	1.167	—	1.077
吸湿性②	0.8~1.3	<1.0	1.0	1.2	1.0	1.2	1.1

①耐紫外线性和耐洗性分为5级:1级为不耐紫外线和不耐洗性;2级为耐紫外线和耐洗性很低;3级为较好;4级为好;5级为很好。

②相对湿度65%。

第八节 高性能纤维

一、高性能纤维及分类

高性能纤维主要指高强、高模纤维,一般是指强度大于17.6cN/dtex,模量440cN/dtex以上的纤维。高性能纤维的种类如表1-1-74所示。

表1-1-74 高性能纤维的种类

有机纤维	刚性链	全芳香族聚酰胺纤维	对位PPTA纤维,例如Kevlar[R]等 间位MPIA纤维,例如Metamax[TM]等
		全芳香族聚酯纤维	Vectran, Ekonol等
		芳杂环类纤维	PBZT、PBO、PBI等
	柔性链	高强、高模聚乙烯纤维(UHM_WPE)	
		高强聚乙烯醇纤维(PVA)	
		高强聚丙烯腈纤维(PAN)	
		其他	
无机纤维	碳纤维、氧化铝纤维、碳化硅纤维、高强度玻璃纤维、其他		
金属纤维			

二、主要高性能纤维

(一)芳纶

芳纶学名芳香族聚酰胺纤维,与锦纶一样,其高分子链都有酰胺基,都属于聚酰胺纤维,但与锦纶不同,锦纶的分子中不含苯环,而芳纶分子中有苯环,故称芳香族聚酰胺纤维。芳纶因所用原料不同也有多种牌号,如尼龙6T、芳纶1414、芳纶14、芳纶1313等。其中以芳纶1414、芳纶1313最为成熟,产量最大,使用最多。芳纶发明于20世纪60年代,于70年代初实现工业化生产。目前美国、德国、日本、俄罗斯等已生产芳纶1414,总生产能力为4.5万吨/年。美国、日本、俄罗斯等生产芳纶1313,总生产能力约2.4万吨/年。

芳纶1414的商品名为凯芙拉(Kevlar),其强度为普通锦纶或涤纶的4倍,为钢丝的5倍。模量为锦纶的20倍,比玻璃纤维和碳纤维的模量高。芳纶密度为1.44g/cm³,比各种金属要轻得多。芳纶的化学性能很稳定，除无机强酸、强碱外，能耐多种酸、碱及有机溶剂的侵蚀。由于芳纶生产费用高、价格昂贵，仅用于航空航天和国防军工领域，主要用来制作各种复合材料，如用于空间飞行器、飞机、直升飞机等的内部及表面，代替铝合金，可大大减轻飞行器的重量，还可用于宇宙飞船、火箭发动机外壳、导弹发射系统、强化螺旋浆及直升机的叶片。也可用来制作防弹衣、防弹头盔、轮胎帘子线和抗冲击织物。

芳纶 1313 的商品名为诺曼克斯（Nomex），其主要特点是耐热性能好，可在 260℃高温下持续使用 1000h，在 300℃下连续使用七天，还能保持其原有强度的一半。芳纶 1313 有很好的阻燃性（极限氧指数为 28%），在火焰中不延燃；芳纶 1313 能耐大多数酸的作用，除不能与强碱（如烧碱）长期接触外，对碱的稳定性也很好；另外，它对漂白剂、还原剂、有机溶剂等的稳定性也良好。芳纶 1313 还具有良好的抗辐射性能。它的强度和伸长与普通涤纶相似，便于加工与织造。芳纶 1313 主要用于制作防火和耐高温材料，如用来制作防火帘、防燃手套、消防服、耐热工作服等。在航空航天方面，芳纶 1313 可用来制作降落伞、飞行服、宇航服等，也可用来生产民航客机的装饰织物。芳纶 1313 织物可用来制作高温和腐蚀性气体的过滤介质，此外，芳纶 1313 还被用来制作输送带，运送高温和腐蚀性物质，也用来生产电气绝缘材料。各种高强、高模量纤维性能比较见表 1－1－75。

表 1－1－75　各种高强、高模纤维性能比较

纤维种类	商品名称	制造厂家	密度（g/cm^3）	强度（dN/tex）	伸度（%）	模量（dN/tex）	熔点（℃）	吸水率（%）
对位聚芳酰胺纤维	Kevlar29	杜邦	1.44	19.36	4.0	422.4	600（开始分解）	7.0
	Kevlar49	杜邦	1.45	19.36	2.4	880	600	2.0
	Twaron	阿克苏	1.44	19.36	3.3	554.4	600	2.0
	Technora	帝人	1.39	22	4.4	501.6	500（开始分解）	3.0
全芳族聚酯纤维	Ekonol	住友化学	1.40	27.28	2.9	950.4	370	20
	Vectran	赫斯特—塞拉尼斯	1.40	19.36～22	2～5	528～616	300	0.01
超高相对分子质量聚乙烯纤维	Spectran 1000	联合信号	0.97	30.8	2.7	1760	147	—
	Dyneema	DSM	0.98	26.4～48.4	2～5	704～1232	146	—
	Tekmilon	三井石油化学	0.96	30.8	3	1020.8	146	—

（二）碳纤维

碳纤维是指纤维化学组成中碳元素占总质量 90% 以上的纤维。碳纤维生产始于 20 世纪 60 年代末，以粘胶纤维为原料，经预氧化、炭化、石墨化制成碳纤维。70 年代以来，主要使用聚丙烯腈纤维为原料，并研究开发了以石油和沥青为原料生产碳纤维。目前商品化的碳纤维种类很多，一般可以根据原丝的类型、碳纤维的性能和用途进行分类。根据原丝类型分类的有：聚丙烯腈(PAN)基碳纤维、粘胶基碳纤维、沥青基碳纤维、木质素纤维基碳纤维、其他有机纤维基(各种天然纤维、再生纤维、缩合多环芳香族等合成纤维)碳纤维。根据碳纤维的性能,可分为:高性能碳纤维,包括高强度碳纤维、高模量碳纤维、中模量碳纤维等;低性能碳纤维,包括耐火纤维、碳质纤维、石墨纤维等。根据碳纤维的用途,可分为通用型 GP 碳纤维和高性能型 HP 碳纤维。碳纤维的密度约为 1.5 ~ 2g/cm^3,比金属材料轻得多。碳纤维的强度为 10 ~ 17cN/dtex,因而用它制作的零件不仅质轻,而且结实。高模量碳纤维的最大延伸率是 0.35%,尺寸稳定性好,不易发生变形。在没有氧气存在的情况下,碳纤维能够耐受 3000℃ 的高温,这是任何纤维无法与之相比的。碳纤维对一般的酸、碱有良好的耐腐蚀作用。碳纤维主要用来制作增强复合材料,可用于航空、航天和国防军工、体育器材及各种产业用品。碳纤维的性能见表 1-1-76。

表 1-1-76 碳纤维的性能

分类	拉伸强度		弹性模量		直径(μm)	密度(g/cm^3)
	GPa	cN/dtex	GPa	cN/dtex		
中模量碳纤维	2.94	17.2	196	1126.4	6	1.74
高强度碳纤维	2.74	16.0	225	1285.7	7	1.75
高模量碳纤维	1.96	11.2	372	2089.9	5	1.78
耐火纤维	0.26	1.8	392	2613.3	11	1.50
碳质纤维	1.18	7.1	470	2764.7	9	1.70
石墨纤维	0.98	5.6	98	544.4	8	1.80

第九节 其他天然纤维

一、毛纤维

(一)绵羊毛

纺织用毛纤维最主要的是绵羊毛,通常称作羊毛。

1. 分类　绵羊毛按细度和长度可分为超细毛、细毛、半细毛、粗毛和长毛;按羊种品系可分为改良毛与土种毛两大类。

在良种毛中,澳大利亚羊毛占有非常重要的地位。澳大利亚羊毛约占世界羊毛总产量的1/3,75%是美利奴羊。美利奴绵羊十四、十五世纪起源于西班牙,到十九世纪遍布世界各地,但不同地区美利奴绵羊的羊毛品质差异很大。澳大利亚美利奴绵羊以产毛量高,羊毛品质好而著称。澳大利亚美利奴绵羊分三类:细毛美利奴绵羊、中细毛美利奴绵羊、粗壮毛美利奴绵羊。另外,澳大利亚的超细毛美利奴绵羊毛直径约 16 ~ 17.5μm,净毛率 68% ~ 72%,与山羊绒相似,但成本低。

2. 形态与结构　羊毛截面由外向内分为鳞片层、皮质层和髓质层。鳞片层由片状细胞组成,覆盖形式有三种:环状、瓦状和龟裂状,鳞片对羊毛毛干形成保护,会影响羊毛的光泽、手感、天然卷曲和缩绒性等。皮质层是羊毛的主要组成部分,一般由正皮质和偏皮质两种皮质细胞组成,皮质层所占比例越大,羊毛的性能越好。髓质层结构松散,使羊毛的强度、弹性、卷曲和染色性变差,一般羊毛越粗,髓质层的比例越大。

3. 性质　羊毛弹性好、吸湿性强、不易沾污、光泽柔和、耐酸性较好,但毛纤维强度较低、易缩绒、对碱的反应比较强烈。

4. 羊毛的分等和分级 羊毛的分等是按整个套毛的品质来进行的。一般是在剪毛之后,整理与包装之前进行分等,分等的主要依据是羊毛纤维的细度、毛丛长度、油汗情况、色泽、卷曲、手感和毛被形态等。羊毛分级时,同质毛与高代改良毛以羊毛的细度(品质支数)为主要依据,称为支数毛;异质毛与土种毛以粗腔毛率为主要分级依据,称为级数毛。

(二)特种动物毛

1. 山羊绒 山羊绒是山羊的抓毛,又叫"开士米"或克什米尔(Cashmere)。18 世纪,印度克什米尔地区出产的山羊绒披肩闻名于世,此后国际上开士米便成了山羊绒制品的商业名称。我国、伊朗、蒙古、阿富汗为山羊绒主要产地。我国年产山羊绒约 6000 吨,占世界产量的 60% 左右,主要分布在四个地区:西北,内蒙古,山西、河南、河北的农牧交错区和山东。山羊绒颜色有白色、紫色、青色,我国紫色较多。山羊绒无髓质,强伸性、弹性都优于相同细度的绵羊毛;鳞片平均长度和高度分别为 15μm 和 16μm,大而稀,贴于毛干,手感柔软滑腻;平均直径大多在 14 ~ 16μm,是动物纤维中最细的,长度 35 ~ 45mm,短绒率 18% ~ 20%。山羊绒不宜纯纺,易起球、毡缩,最好与 80 ~ 90 支细羊毛混纺使用。

2. 马海毛 马海毛(Mohair)是土耳其安哥拉山羊毛的音译商品名称。南非、土耳其和美国为马海毛的三大产地。马海毛的世界年产量约 3 万吨。马海毛是异质毛,净毛率达 75% ~ 85%。马海毛的直径约 10 ~ 90μm,长度约 12 ~ 26cm,其特点是直、长、有丝光。马海毛主要用来制作提花毛毯,以坚牢耐磨、丝样光泽和美丽图案著称;马海毛也与绵羊毛、棉、化纤混纺制作衣料,如顺毛大衣呢、银枪大衣呢等。

3. 兔毛 用于纺织的兔毛主要为普通兔毛和安哥拉兔毛。安哥拉兔毛为长毛兔毛,有不同品系。我国的安哥拉品系兔叫中国白兔,兔毛年收购量达 8000 ~ 10000 吨,占世界总产量的 90% 左右,出口量世界第一。兔毛有绒毛(90%)与粗毛(10%)两类纤维,绒毛与粗毛都有毛髓,形成多腔气孔,所以密度轻、透气性及吸湿性好,但强度低。兔毛密度小,纤维细软、蓬松、制品轻,但梳毛时飞毛较多。兔毛表面光滑、少卷曲,所以光泽强,但抱合力差、易落毛,这是兔毛纺纱性能不良的主要因素。兔毛含油率较低,约 0.6% ~ 0.7%,所以不需洗毛就可纺纱。兔毛纯纺困难,一般与羊毛或其他纤维混纺后制织针织品、毛线、高级大衣呢、花呢等。

4. 骆驼绒 骆驼绒是从骆驼身上自然脱落或用梳子采集而来的。骆驼身上的外层毛粗而坚韧,称为骆驼毛,在外层粗毛之下有细短柔软的绒毛,称为骆驼绒。我国是双峰骆驼的主要产地,双峰骆驼的含绒量高达 70% 以上。骆驼绒的平均直径为 14 ~ 23μm,平均长度为 40 ~ 135mm。骆驼绒带有天然的杏黄、棕褐等颜色,鳞片边缘较光滑,不易毡缩。骆驼毛可做衣服衬絮,具有优良的保暖性;骆驼绒可制织高级服用织物和毛毯。

5. 绵羊绒 绵羊绒是土种粗绵羊毛(包括裘用绵羊)异质毛被中的底层绒毛。长期以来,这种绒毛同绵羊异质毛被中的粗毛、两型毛和干死毛一起被混用,作为地毯和粗纺产品的原料。土种粗绵羊毛的混型毛经过梳理,将绒毛与粗毛、两型毛等分离,加工成绵羊绒。绵羊绒的细度、卷曲特性、鳞片形状和密度与山羊绒近似。绵羊绒粗细不匀、粗节、弱节较多,鳞片倾角大、鳞片边缘较薄、容易缺损而不光滑。绵羊绒比山羊绒抗酸、碱等化学物质的能力强,着色深度差异大于山羊绒。绵羊绒主要用来与山羊绒混纺,可降低成本。

6. 牦牛绒　牦牛是高山草原上特有的耐寒畜种。主要分布在中国、阿富汗、尼泊尔等9个亚洲国家。我国牦牛总头数及其毛、绒产量均为世界首位。牦牛绒(毛)大多是黑色、褐色,少量白色。从牦牛身上剪下来的毛被由粗毛和绒毛组成,只有绒毛有纺用价值。牦牛绒由鳞片层与皮质层组成,髓质层极少。牦牛绒鳞片呈环状,边缘整齐,紧贴于毛干上,纵向有无规则卷曲,缩绒性与抱合力较小。牦牛绒平均直径约20μm,平均长度约为30~40mm。牦牛绒的断裂强力在4.4 cN左右,高于山羊绒、驼绒、兔毛。牦牛绒产品不易掉毛、有身骨、膨松、丰满,手感滑软、光泽柔和,是毛纺行业的高档原料,可制织各类针织、机织面料等。

7. 羊驼毛　羊驼属于骆驼科,主要产于秘鲁。羊驼毛强力较高,断裂伸长率大,加工中断头率低,但是,羊驼毛髓腔随羊驼毛细度不同差异较大,造成羊驼毛物理机械性能存在较大差异。与羊毛相比,羊驼毛长度较长,细度偏粗,不适合纺高支纱。羊驼毛表面的鳞片贴伏、鳞片边缘光滑,卷曲少、卷曲率低,顺、逆鳞片摩擦系数较羊毛小,所以,羊驼毛富有光泽、抱合力小、缩绒性较羊毛差。

二、丝纤维

(一)桑蚕丝

桑蚕又称家蚕,由桑蚕茧缫得的丝称为桑蚕丝。桑蚕有中国种、日本种和欧洲种三个品系。中国种桑蚕茧多为白色或乳白色,日本种多为白色,欧洲种多为略带红色的乳白色或淡黄色。桑蚕茧由外向内分为茧衣、茧层和蛹衬三部分。其中茧层可用作丝织原料,茧衣与蛹衬因细而脆弱,只能用作绢纺原料。一根蚕丝由两根平行的单丝(丝素)外包丝胶构成,单丝截面呈三角形。蚕丝除含丝素与丝胶外,还有色素、蜡脂、无机物等少量杂质。桑蚕茧茧丝的线密度约为2.64~3.74dtex(2.4~3.4旦)。桑蚕丝主要用于制织各类丝织面料。

(二)柞蚕丝

柞蚕在国外称中国柞蚕。由柞蚕茧所缫制的丝称柞蚕丝。柞蚕有中国种、印度种和日本种三个品系。柞蚕生长在野外的柞树(即栎树)上。柞蚕茧丝的平均线密度为6.16dtex(5.6旦),比桑蚕茧粗。柞蚕茧的春茧为淡黄褐色,秋茧为黄褐色,而且外层较内层颜色深。柞蚕丝的横截面形状为钝三角形,与桑蚕丝基本相同。柞蚕丝是织造柞蚕茧绸、装饰绸以及一些工业、国防用丝织品的原料,一般用于织造中厚型丝织品。

(三)蜘蛛丝

蜘蛛像蚕一样,属于节肢动物,但蚕是六条腿的昆虫幼体,而蜘蛛是八条腿的蛛形纲成虫。蚕丝的功能是形成保护性的蚕茧来包裹着幼虫以利于它继续成长,而蜘蛛丝的功能是提供支撑作用。蜘蛛丝呈金黄色、透明,它的横截面呈圆形。蜘蛛丝的平均直径为6.9μm,大约是蚕丝的一半。蜘蛛丝耐紫外线性好、耐热性好、强度高、韧性好、断裂能高、质地轻,是制造防弹衣、降落伞、外科手术缝合线的理想材料。

第十节　纤维的一般特性

一、部分普通纺织纤维性能

部分普通纺织纤维性能见表1-1-77。

表1-1-77　部分普通

项目 \ 纤维		粘胶纤维				聚酯纤维(涤纶)		
		短纤维		长丝		短纤维	长丝	
		普通	强力	普通	强力		普通	强力
断裂强度(cN/tex)	干态	2.5~3.1	3.6~4.2	1.7~2.3	3.4~5.2	4.7~6.5	4.3~6.0	6.3~9.0
	湿态	1.4~2.0	2.7~3.3	0.8~1.2	2.5~4.1	4.7~6.5	4.3~6.0	6.3~9.0
相对湿强度(%)		60~65	70~75	45~55	70~80	100	100	100
延伸度(%)	干态	16~22	19~24	18~24	7~15	20~50	20~32	7~17
	湿态	21~29	21~29	24~35	20~30	20~50	20~32	7~17
回弹率(%)(伸长3%时)		55~80		60~80		90~99	95~100	
初始模数(cN/tex)		30~70	50~90	65~85	110~160	25~70	90~160	
相对密度		1.50~1.52				1.38		
吸湿率(%)(20℃,RH65%)		12.0~14.0				0.4~0.5		
热性能		不软化,不熔融,在260~300℃变色并分解				软化点:238~240℃,熔点:255~260℃。在火焰中一面熔融,一面徐徐燃烧,不能自燃		
耐日光性		尚好,强度稍有下降				优良,仅次于腈纶		
耐酸性		热稀酸,冷浓酸能使其强度下降,5%(质量分数)盐酸,11%(质量分数)硫酸对纤维强度无影响				35%(质量分数)盐酸,75%(质量分数)硫酸,60%(质量分数)硝酸对其强度无影响		
耐碱性		强碱可使其膨润,强度降低。2%(质量分数)的苛性钠溶液对其强度无甚影响				10%(质量分数)的苛性钠溶液和28%(质量分数)氨水对其强度无影响		
耐其他化学药品		浸在强氧化剂中或次氯酸钠、过氧化物漂白,不损伤其强度				一般的都有良好的抵抗性		
耐溶剂性(一般溶剂为乙醇、乙醚、苯、丙酮、汽油、四氯乙烯)		不溶于一般溶剂,融于铜氨溶液和铜乙二胺溶液				不溶于一般溶剂,溶于热间甲酚、热邻氯代酚、热硝基苯、热二甲基甲酰胺以及40度的苯酚—四氯乙烷混合液中		
耐磨性		尚好				优良,仅次于锦纶		
耐虫蛀及霉菌		能抗虫蛀,但受霉菌侵蚀				良好		
电性能		干时电绝缘性尚好,潮湿时不佳				击穿电压:80kV/mm,介电常数3.02(60Hz),比电阻$1.0\times10^{10}\Omega\cdot cm$		
染色性		染色性良好,一般所用染料有直接、还原、盐基、硫化、偶氮、活性、媒染等染料				可用分散染料、色酚染料、还原染料、可溶性还原染料进行载体染色或高温染色		

纺织纤维性能

聚酰胺纤维(锦纶6)			聚丙烯晴纤维(腈纶)	聚乙烯醇缩醛纤维(维纶)	
短纤维	长丝		短纤维	短纤维	
	普通	强力		普通	强力
4.5～7.5	4.8～6.4	6.4～9.5	2.5～5.0	4.0～6.5	6.8～10.0
3.7～6.4	4.2～5.9	5.9～8.0	2.0～4.5	3.2～5.2	5.3～8.5
83～90	84～92	84～9.2	80～100	72～85	78～85
25～60	28～45	16～25	25～50	12～26	9～17
27～63	36～52	20～30	25～60	12～26	9～17
95～100	98～100		90～95	70～85	72～85
8～30	20～45	27～50	25～62	25～70	70～130
1.14			1.14～1.17	1.26～1.30	
3.5～5.0			1.2～2.0	4.5～5.0	
软化点180℃,熔点215～220℃,在火焰中一面熔融,一面徐徐燃烧			软化点190～230℃,熔融前发生分解;易燃烧,边收缩熔化、边燃烧	软化点220～230℃,熔融前发生分解;在火焰中边软化收缩,边徐徐燃烧	
不佳,日晒后强度降低,颜色变黄			极好,强度几乎不降低	优良	
浓硫酸、浓盐酸、浓硝酸可使其部分分解而溶解,但7%(质量分数)盐酸、20%(质量分数)硫酸和10%(质量分数)硝酸对其强度无甚影响			35%(质量分数)盐酸、65%(质量分数)硫酸和45%(质量分数)硝酸对其强度无甚影响	浓硫酸、浓盐酸、浓硝酸能使其膨润或分解,10%(质量分数)盐酸、30%(质量分数)硫酸对其强度无甚影响	
在50%(质量分数)苛性钠溶液,28%(质量分数)氨水中强度几乎不降低			在50%(质量分数)苛性钠溶液,28%(质量分数)氨水中强度几乎不降低	在50%(质量分数)苛性钠溶液中强度几乎不降低	
一般的都有良好的抵抗性			一般的都有良好的抵抗性	一般的都有良好的抵抗性	
不溶于一般溶剂,溶于苯酚、间甲酚和浓蚁酸中,在冰醋酸中膨润,加热可使其溶解			不溶于一般溶剂,溶于二甲基亚砜、二甲基甲酰胺、热的饱和氯化锌和65%(质量分数)硫氰酸钾中	不溶于一般溶剂,在热吡啶、酚、甲酚、蚁酸中膨润或分解	
最高超			不很好	优良	
良好			良好	良好	
击穿电压:120kV/mm			介电常数:6.5(60Hz) 比电阻:5.0 * 10^8c * m		
可用分散染料、酸性染料、活性染料、铬媒染料等染色			可用分散染料、阳离子染料、盐基染料、酸性染料等染色	可有一般染料进行染色,染色比天然纤维和人造纤维差	

项目 \ 纤维	聚丙烯纤维(丙纶)		聚氨酯(氨纶)
	短纤维	长　丝	长　丝
断裂强度(cN/tex)干态	4.5～7.5	4.5～7.5	0.68～1.36
断裂强度(cN/tex)湿态	4.5～7.5	4.5～7.5	0.68～1.36
相对湿强度(%)	100	100	100
延伸度(%)干态	30～60	25～60	450～800
延伸度(%)湿态	30～60	25～60	450～800
回弹率(%)伸长3%时	90～100	90～100	95～90
初始模数(cN/tex)	20～55	40～120	0.11～0.57(300%伸长)
相对密度	0.91		1.3
吸湿率(%)20℃ RH65%	0		
热性能	软化点140～150℃,熔点165～173℃,在火焰中一面熔融,一面徐徐燃烧		熔点150～230℃
耐日光性	不佳,日晒后强度降低		
耐酸性	除氯磺酸、浓硝酸等氧化性酸外,对其他酸抵抗性能良好		强酸对其强度无甚影响
耐碱性	浓苛性钠溶液对其强度无甚影响		在强碱中对其强度无甚影响
耐其他化学药品	抵抗性优良		氯系列的漂白剂能降低其强度并泛黄,对洗涤剂有抵抗性
耐溶剂性(一般溶剂为:乙醇、乙醚、苯、丙酮、汽油,四氯乙烯)	不溶于脂肪醇,乙醚和丙酮中,在热的苯和汽油中膨润,溶于热的氯苯、四氢萘和十氢萘中		耐一般溶剂,在温的一甲基甲酰胺中膨润乃至溶解
耐磨性	优良		良好
耐虫蛀及霉菌	良好		强
电性能	具良好的电绝缘性		
染色性	不易染色,可用纺前原液染色或将纤维改性处理后进行染色		可用媒染、酸性分散、铬媒燃料染色

续表

棉	羊　毛	蚕　丝	麻	
			亚麻	苎麻
3.0~4.9	1.0~1.7	3.0~4.0	5.6~6.3	6.5
3.3~6.4	0.76~1.63	2.1~2.8	5.8~6.6	7.7
102~110	76~96	70	108	118
3~7	25~35	15~25	1.5~2.3	1.8~2.3
	25~50	27~33	2.0~2.3	2.2~2.4
74(2%) 45(5%)	99(2%) 63(20%)	54~55(8%)	84(1%)	84(1%) 48(2%)
68~93	11~25	50~100	150~265	185~405
1.54	1.32	1.33~1.45	1.5	
7	16	9	7~10	
120℃下5h变黄，150℃时分解	130℃下分解，300℃时炭化	235℃分解，275~405℃燃烧	130℃下5h即变黄，200℃下分解	
强度低下，有变黄倾向	强度低下，染色性也低下	不佳，日晒后强度显著下降	良好	
热稀酸、冷浓酸可使其分解，在冷稀酸中无影响	热硫酸能使其分解，对其他强酸和弱酸抵抗性良好	热硫酸能使其分解，其他酸的抵抗力比羊毛稍差	硝酸能使其变黄，在浓硫酸中发生膨润	热酸对其有侵蚀
在苛性钠溶液里发生膨润（丝光化），但不损伤其强度	强碱能使其分解，弱碱对其有损伤，在冷的稀碱中搅拌产生缩绒	在碱中丝胶易溶解，一部分丝胶受侵蚀，但比羊毛稍强	在碱中发生膨润，但不损伤其强度	
可用次氯酸钠、过氧化物漂白	可用过氧化物或二氧化硫气体漂白	可用过氧化物或二氧化硫气体漂白	对氧化剂的抵抗力弱	
不溶于一般溶剂，能在铜氨溶液中膨润、溶解	不溶于一般溶剂	不溶于一般溶剂	不溶于一般溶剂	
耐蛀，不耐霉	不耐虫蛀，对霉菌抗蚀性尚好	霉菌抗蚀性尚好，但不耐虫蛀	耐蛀，但不耐霉	
十态时电绝缘性尚好	下态时电绝缘性尚好	电绝缘性尚好		
染色性良好，可用多种染料染色	可用酸性染料，耐缩绒性染料，媒染染料，还原染料等染料染色	可用直接、酸性、盐基、媒染等染料染色	可用直接、偶氮、还原等染料染色	

二、部分普通纺织纤维燃烧状态

部分普通纺织纤维燃烧状态见表1-1-78。

表1-1-78　部分普通纺织纤维燃烧状态

纤维名称	燃烧时火焰状态	气　味	灰烬颜色和形状
棉	接触火焰即燃烧，离开火焰后继续燃烧，产生黄色火焰及蓝烟，烧焦部分为黑褐色	有烧纸的气味	灰烬少，灰末细软，呈浅灰色
麻	（同上）	（同上）	（同上）
羊毛	着火后，一面徐徐冒烟起泡，一面燃烧，离开火焰继续燃烧，有时自己熄灭	有烧毛发、爪甲的臭味	灰为有光泽黑色发脆的块状
蚕丝	燃烧慢，燃烧时缩成一团	（同上）	灰为黑褐色小球，用手指一压即碎
粘胶纤维	近火即烧，燃烧迅速，产生黄色火焰	有烧纸的臭味	灰少，呈浅灰色或灰白色
醋酸纤维	近火焰即熔化收缩，接触火焰即燃烧，燃烧缓慢	有刺鼻的醋酸味	成松而脆的黑灰烬，未烧完部分成硬块
涤纶	燃烧时纤维卷缩，一面熔化，一面冒烟燃烧，有黄色火焰	有芳香气味	灰为黑褐色玻璃圆球状，用手可碾碎
锦纶	一面熔化，一面缓慢燃烧，燃烧时无烟或略有白烟，火焰很小，呈蓝色	有芹菜香味	灰为浅褐色玻璃球状，不易碾碎
腈纶	一面熔化，一面缓慢燃烧，火焰呈白色，明亮有力，有时略有黑烟	有鱼腥臭味	灰为黑色圆球状，脆而易碎
氯纶	难燃烧，接近火焰时收缩燃烧，离火即熄灭	有氯的刺鼻臭味	灰为不规则黑色硬块
维纶	燃烧时纤维迅速收缩，缓慢燃烧，火焰很小，有黑烟	有特殊臭味	灰为褐色而不定形的硬块，可用手碾
丙纶	一面卷缩，一面熔化燃烧，火焰明亮，呈蓝色	有轻微的沥青味	碎灰为硬而带褐色的小块状，能碾碎
氨纶	接近火时熔缩，熔融燃烧，离火自灭	特殊气味	呈白色胶状

三、部分普通纺织纤维的着色反应

部分普通纺织纤维的着色反应见表1-1-79。

表1-1-79　部分普通纺织纤维的着色反应

纤　维	锡莱着色剂A着色	用碘、碘化钾着色	HZ_1号着色剂着色
棉	蓝	不染色	灰
麻	紫蓝（亚麻）	不染色	青莲（苎麻）
蚕丝	褐	淡黄	深紫
羊毛	鲜黄	淡黄	红莲

续表

纤维	锡莱着色剂 A 着色	用碘、碘化钾着色	HZ_1 号着色剂着色
粘胶纤维	紫红	黑蓝青	蓝绿
铜氨纤维	阴紫蓝	黑蓝青	—
醋酯纤维	绿黄	黄褐	桔红
维纶	褐	淡蓝	玫红
锦纶	淡黄	黑褐	酱红
氯纶	不染色	不染色	—
腈纶	微红	褐	桃红
涤纶	微红	不染色	红玉
丙纶	不染色	不染色	鹅黄
氨纶	—	—	深酱红

四、部分普通纺织纤维的溶解性能

部分普通纺织纤维的溶解性能见表 1－1－80。

表 1－1－80　部分普通纺织纤维的溶解性能

纤维＼药品	盐酸 20%	盐酸 37%	硫酸 60%	硫酸 70%	硫酸 98%	氢氧化钠 5%	甲酸 85%	冰醋酸	二甲苯	间甲酚（浓、室温）	二甲基甲酰胺
棉	不溶解	不溶解	不溶解	溶解	溶解	不溶解	不溶解	不溶解	不溶解	不溶解	不溶解
毛	不溶解	不溶解	不溶解	不溶解	不溶解	溶解	不溶解	不溶解	不溶解	不溶解	不溶解
蚕丝	微溶	溶解	溶解	溶解	不溶解	溶解	不溶解	不溶解	不溶解	不溶解	不溶解
麻	不溶解	不溶解	不溶解	溶解	溶解	不溶解	不溶解	不溶解	不溶解	不溶解	不溶解
粘胶纤维	不溶解	溶解	溶解	溶解	溶解	不溶解	不溶解	不溶解	不溶解	不溶解	不溶解
醋酸纤维	不溶解	溶解	溶解	溶解	溶解	大部分溶解	溶解	溶解	不溶解	溶解	溶解
涤纶	不溶解	不溶解	不溶解	不溶解	溶解	微溶	不溶解	不溶解	不溶解	溶解加热	溶解
锦纶	溶解	溶解	溶解	溶解	溶解	不溶解	溶解	溶解	不溶解	溶解	溶解
腈纶	不溶解	不溶解	不溶解	微溶	溶解	不溶解	不溶解	不溶解	不溶解	不溶解	溶解
维纶	溶解	溶解	溶解	溶解	溶解	不溶解	溶解	不溶解	不溶解	溶解	不溶解
丙纶	不溶解	不溶解	不溶解	不溶解	不溶解	不溶解	不溶解	不溶解	溶解	不溶解	不溶解
氯纶	不溶解	不溶解	不溶解	不溶解	不溶解	不溶解	不溶解	不溶解	不溶解	不溶解	溶解
氨纶	不溶解	不溶解	微溶	大部分溶解	溶解	不溶解	不溶解	大部分溶解	不溶解	溶解	溶解（40～50℃）

第二章　纱　线

就大的类别而言，纱线可分为短纤纱、长丝纱和组合纱三大类。

短纤纱是将纤维牵伸，形成或多或少平行的纤维束，并进行成束加捻，使纤维紧紧地抱合在一起。短纤纱包括棉、毛、麻及各种化纤的纯纺和混纺纱；长丝纱包括天然长丝和化纤长丝及其变形纱；组合纱是由长丝和短纤维组合在一起纺成的纱，如包芯纱（短包长）、包覆纱（长包短）等。

第一节　棉型纱线的分类

一、按使用原料不同分类（表1-2-1）

表1-2-1　按原料分类

按原料分类	特　　点
纯棉纱	棉纤维纺制成的纱线。根据生产工艺的不同可分为普梳纱和精梳纱，常用纱的线密度为58～9.5tex（10～60英支）
化纤纱	化学纤维纺制成的纱线。纯纺化纤常见的有涤纶短纤维纱、粘胶和富强短纤维纱等
混纺纱	两种及两种以上的纤维所纺的纱，如涤/棉、粘/棉、涤/腈、棉/麻、棉/毛等

二、按纺纱方法不同分类（表1-2-2）

表1-2-2　按纺纱方法分类

按纺纱方法分类	特　　点
环锭纺纱线	属于传统纺纱，由传统环锭纺细纱机纺制的纱线，其可纺纱线密度几乎遍及所有可用纱领域
转杯纺纱线	属于新型纺纱，是自由端纺纱的一种。它是由转杯纺纱机纺制的纱线，其纺纱经济支数是中、粗特纱，成纱条干优于环锭纺纱，但强度则较环锭纺纱低
摩擦纺纱线	属于新型纺纱，是自由端纺纱的一种。它是由摩擦纺纱机纺制的纱线，其纺纱经济支数是中、粗特纱，膨松、条干较好，但强力较低
喷气纺纱线	属于新型纺纱，是非自由端纺纱的一种。它是由喷气纺纱机纺制的纱线，特别适纺涤/棉混纺的粗、中、细特纱线，与环锭纱相比，其纱线条干较好，但强力较低，手感较硬，纱线性能具有明显的方向性
包缠纱	4～150tex
涡流纺纱	20tex以上
摩擦纺纱	70～400tex粗特纱或废纺纱

三、按纺纱工艺不同分类(表1-2-3)

表1-2-3 按纺纱工艺分类

按纺纱工艺分类	特 点
普梳纱线	普梳纱线在棉纺中应用广泛,使用纤维长度为16~40mm,一般纺粗、中特纱,织造普通织物,其工艺过程为: 原棉配棉—开清棉—梳棉—并条(头道)—并条(二道)—粗纱—细纱
精梳纱线	当纺制高档棉纱、特种工业用纱或涤棉混纺纱时,对成纱品级要求较高,因此在梳棉工序后再加一道精梳工程,分离并伸直平行纤维,去除一定长度以下的短绒和杂质疵点,成纱均匀、光洁、强度高。其工艺过程为: 原棉配棉—开清棉—梳棉—精梳准备—精梳—并条(头道)—并条(二道)—粗纱—细纱
废纺纱线	为了充分利用原料,在棉纺设备上用低级的原料和废料(如纺部的破籽、抄斩花、粗纱头、细纱回丝和织部回丝,棉籽绒,碎布等)纺制的价格低廉的粗特纱线。由于废料性质复杂,有些须经过预处理机加工。其工艺过程为: 预处理—开清棉(混棉加油)—梳棉—细纱
烧毛纱线	须条在成纱后经过烧毛机烧毛处理,烧掉了纱线表面的毛羽,成纱表面十分光洁
花式纱线	花式纱线种类很多,可按外观特征给予各种名称,如包芯纱、包覆纱、竹节纱线、毛圈线、断丝线等。还可利用他们的不同结构相互交替、色泽不同的配置组成千变万化的各式花式纱线。根据其基本结构和纺制方法,花式纱线可分为三大类: **1. 花式纱** 花式纱是在传统纺纱的前纺工序(如梳棉)中,采用特种纺纱工艺,或在环锭纺纱机上略加改造,或采用新型纺纱方法纺成的单纱。如包芯纱、包覆纱、竹节纱、棉结纱等。这类纱可直接用于织造,也可加捻成花式线 **2. 花式线** 花式线一般在花式捻线机或普通捻线机上加工纺制 在花式捻线机上纺制的有结子线、竹节线、环圈线、断丝线、扭结线等,还可用这些花型交替制成各种复杂的花式线,如结子环圈线、结子竹节线、扭结竹节线等 在普通捻线机上纺制的有双色或多色花式线、粗节线、棉结线、断丝线等,还有用花式纱与花式纱、普通纱与花式纱捻合而成的花式线 **3. 变形花式纱** 这类花式纱是由长丝经喷气变形法加工而成的长丝花式纱

四、按产品的用途不同分类(表1-2-4)

表1-2-4 按产品的用途不同分类

按用途分类	特 点
民用纱线	如机织用纱、针织用纱、编织用纱及绣花、缝纫等用途的纱线
工业用纱线	如帘子线、过滤布、黄蜡布、降落伞等用途纱线以及各种绳带用纱线等
其他用纱线	如农业、水产、交通、医疗、气象以及其他特种用途的纱线

五、按纱线粗细程度分类(表1-2-5)

表1-2-5　按纱线粗细程度分类

类　　别	线密度(tex)	英制支数
超细特纱	10tex 及以下	60 英支及以上
细特纱	11~20tex	58~29 英支
中特纱	21~30tex	28~19 英支
粗特纱	32tex 及以下	18 英支及以下

六、按纺织品功能分类(表1-2-6)

表1-2-6　按纺织品功能分类

按纺织品功能分类	特　　点
弹力纱线	氨纶包芯纱、氨纶包缠纱、棉/氨纶交捻纱等
阻燃纱线	阻燃涤纶、腈纶、粘胶纱线
易染纱线	阳离子可染涤纶纱线、酸性染料可染涤纶纱线、可染深色涤纶纱线
高吸湿纱线	高吸湿
高收缩纱线	高收缩腈纶纱线,高收缩涤纶纱线
抗静电纱线	抗静电
抗起球纱线	抗起球
水溶性载体纱线	水溶性维纶纱线
导电纱线	导电
吸湿、透气功能纱线	吸湿、透气
防辐射纱线	防辐射
远红外纱线	远红外
抗菌防臭纱线	甲壳素纤维纱线、抗菌活性纱线
高功能纱线	碳纤维纱线,芳纶纱线,氟纶纱线等具有超高强度和模量,优异耐高温和难燃等特性纱线

七、按纱线捻向、捻度变化分类(表1-2-7)

表1-2-7　按纱线捻向、捻度变化分类

按捻向、捻度变化分类	特　　点
捻向变化	单纱:Z 捻纱、S 捻纱 股线:ZS 捻、ZZ 捻、SS 捻
捻度变化	弱捻纱($\alpha<300$)(α为捻系数) 中捻纱($300<\alpha<400$) 强捻纱($\alpha>400$) 超强捻纱(α超过临界捻系数)

八、按染整加工分类(表1-2-8)

表1-2-8 按染整加工分类

按染整加工分类	特 点
漂白坯布用纱	—
印花坯布用纱	—
染色坯布用纱	浅色坯布、杂色坯布、深色坯布、特深色坯布
烂花坯布用纱	10~14.5tex涤/棉包芯纱
其他整理坯布用纱	树脂、丝光、电光、轧花、防缩、防皱、液氨等
丝光用纱线	—

九、花式(色)纱线的种类、结构、外观特征和应用

花式(色)纱线的种类繁多,品种各异,而且各种类别的花式捻线机生产的品种也各不相同,所以只能以大类来分。现分述如下。

(一)花式(色)纱种类、特点及用途

花式纱和花色纱是两种不同的概念,凡改变纱线几何结构,使纱线表面形成粗细节或点子的纱,称为花式纱,凡纱结构与常规纱相似,不同之处是有各种颜色的纱,称为花色纱,也就是习惯所谓色纺纱、AB纱等。

1. 花色纱种类、特点及用途(表1-2-9)

表1-2-9 花色纱种类、特点及用途

花色纱种类	特 点 及 用 途
色纺纱	它是以有色纤维或染色后的纤维,通过混色而纺成的纱,统称色纺纱。这类纱在20世纪50年代已开始研究,目前已大量采用,江、浙两省大约有50多家色纺厂,纱锭140万,年产色纺纱20多万吨,这类产品大都用于外销,它的颜色是一般纱线染色难以达到的效果,所以销路很广,目前大都用于西服面料及裤料
双色纱(AB纱)	这类纱是在细纱机上使用两根不同颜色的粗纱,同时送入一个牵伸区纺成的纱,外观与双色合股线相似,也可用两根不同吸色性能的粗纱同时喂入,通过染色后出现双色效果,这类纱大都用于时装面料
三色纱	这种纱是用三根不同颜色的粗纱,经牵伸后纺成的纱,但这种纱纺制时要求较高,不但进入后罗拉时必须用三眼导纱器,以一定的方法喂入三根不同颜色的粗纱;而且在前罗拉后面最好也加分割器,把牵伸后的须条隔开,使它出前罗拉后,在三色平面上均匀分布再进行加捻,否则在加捻时有部分颜色包裹在中间而产生色差。这类纱一般较粗,大约为1000tex(1Nm),一般用于装饰织物或针织面料

2. 花式纱种类、特点及用途(表 1-2-10)

表 1-2-10　花式纱种类、特点及用途

花式纱种类	特　点　及　用　途
氨纶包芯纱	把一根 30~70 旦的氨纶长丝,经过拉伸(3~4 倍),再把这种经过拉伸后的氨纶长丝通过一只导丝轮从前罗拉后面喂入,与牵伸后的须条重合,出前罗拉,通过加捻使纤维包在氨纶长丝的外面,成为氨纶包芯纱,这种包芯纱包得不好时,往往不能使氨纶丝在纱中间,而产生露丝现象。遇到这种情况,可增加氨纶丝送入时与上皮辊的包回角来解决。它可用作弹力牛仔布的纬纱或制织各种弹力织物
涤纶包芯纱	用一根高强涤纶长丝外包 2.5% ~50% 棉纤维,包的方法和氨纶包芯纱相似,也是在前罗拉后面输入,但不经过牵伸,用这种纱合股用作高速缝纫线或织造高强帆布,用作运输带
竹节纱	在正常纺纱时,瞬间改变牵伸倍数,使生成一个粗节(一般为基纱的 2~4 倍左右)。目前常用的有用电磁离合器使前罗拉停动,也有用电磁离合器加超越离合器使中后罗拉超喂。目前用得最多的是,用伺服电动机控制中后罗拉超喂和用步进电动机控制前罗拉变速。它可间隔用于经纱或纬纱。目前时装面料、家纺织物等用较密的等距离竹节(4cm 左右的等距竹节,一般粗节为细节的 3 倍左右)纱 83tex7 英支用作牛仔布的纬纱,由于等距离粗节与粗节重合,使布面凸起,细节重合,使布面凹下,通过水磨使布面生成不规律的自由花纹
棉结纱	这种纱先用短纤维在梳棉机上做成棉结,然后在正常混棉时加入 10% ~20% 的棉结进行纺纱,这种纱表面粘附着很多棉结,制织成针织物或机织物,会使织物表面出现星星点点的棉结,如果在纺涤纶纱中加入纯棉的粒子,制成织物如果只用分散染料染涤纶,则棉纤维留白,不上色,就使布面出现星星点点的白星,如果先将棉结染成各种颜色或用有色涤纶纤维制成彩色粒子,在纺纱时加入,就能生产彩点纱,这类纱主要用于时装面料或装饰织物

(二)花式捻线机生产的花式线(表 1-2-11)

花式线一般由三根单纱(或长丝组成),它有芯纱,饰纱和固结纱三者组成,花式线的组成及特点见表 1-2-11。

表 1-2-11　花式线组成及特点

花式线组成	特　点
芯纱 (基纱)	是构成花式线的主干部分,被饰纱和固结纱包覆在中间,是饰纱的依附体,它与固结纱一起构成花式线的强力。在织造和捻制过程中,芯纱承受着较大的张力,因此一般选择强力较好的单纱或长丝作芯纱。芯纱在纺制花式线时可以用一根,也可用两根,一般情况下用一根,但用单根纱作芯纱时,头道捻向必须与芯纱同向,否则在生产花式线时,由于芯纱退捻而造成芯纱断头,会影响生产的正常进行。一般在纺制超喂比较大的圈圈线时,必须用两根芯纱可得到较好的效果。一般而言,用粗支棉,毛和再生短纤维作芯纱时,由于芯纱粗,毛羽多,使饰纱在芯纱上的保形性好。如果采用表面光滑的(12tex)锦纶或(17tex)涤纶长丝作芯纱时,由于长丝表面光滑,使饰纱的保形性较差,此时可采用加弹丝或双根合并,效果较好

续表

花式线组成	特　　　点
饰纱 （效应纱或花纱）	是构成花式线外形的主要成分，一般占花式线重量的1/2以上。花式线的色彩、花型、手感、弹性、舒适性等性能特征也主要是由锦纱来决定。花式线的命名也往往以饰纱在芯纱表面形成的形状而决定，如饰纱以圈圈方式在芯纱外表就称为圈圈线。饰纱包缠在芯纱表面的方法有两种：一种是用加工好的纱线或长丝在花式捻线机上加工捻合而生成花式效应，称为纱线型花式线；另一种是用条子或粗纱，在带有牵伸机构的花式捻线机上或经过改造的环锭细纱机上经过牵伸，达到规定的细度，与芯纱和固结纱汇合形成花式效应，称为纤维型花式线。也有的是在花式线捻制过程中饰纱和芯纱相互包缠，双色结子、交替线等往往在这一段是饰纱，另一段就会变成芯纱 在纱线型花式线中，要求饰纱条干均匀、捻度偏小、手感柔软而富有弹性。如生产大圈圈花式线时，为了使其弹性好，而且有光泽，最好选用马海毛纱作饰纱；而生产波形线时，特别要求饰纱柔软，如选用精纺毛纱作饰纱时，一定要经过蒸纱，使捻度稳定，以免在生产过程中形成扭结而产生小辫子，如使用普通腈纶纱或棉纱作饰纱时，要求纺纱后放置一段时间，使其自然定形。饰纱一般用单纱，很少用股线，为了增加圈圈密度，也可用多根饰纱同时喂入
固结纱 （缠绕纱或包纱、压线）	包缠在芯纱和饰纱外层，主要用来固定芯纱和饰纱形成的花型，以防止在后道加工过程中，饰纱在芯纱上产生滑移，使花型改变。固结纱一般选用较细且强力较高的涤纶或锦纶等长丝，当然也可根据产品要求选用毛纱或绢丝，甚至也可用加工好的花式线，以增加花式线的表面效应

目前花式线生产的机械有两大类，即环锭花式捻线机和空芯锭花式捻线机。环锭花式捻线机生产时必须经过两道工序，即头道加捻和二道退捻，而空芯锭花式捻线机可以一步成型。目前生产的花式线可以分为六类。

1. 花式平线　花式平线的种类、特点及用途见表1－2－12。该类花式线是在花式捻线机上用两对罗拉以不同的输出速度送出两根单纱或一根纱和一根长丝，然后加捻才能得到较好的效果。如用一根低弹长丝和一根18tex（32英支）棉纱进行交并，由于低弹长丝是由多根单丝集束而成，没有捻度，在经过罗拉输出时，由于受到压辊的压力而被压扁，如果采用一对罗拉并线时，罗拉和压辊只能压住棉纱（因为有捻度不易压扁），对低弹丝没有控制作用，由于在加捻过程中低弹长丝和棉纱的张力不同，所以这种合股线效果很差。因此，采用两对罗拉分别送出长丝和棉纱才能有效地控制它们的张力，纺出比较理想的股线，这就是花式平线。

表1－2－12　花式平线种类、特点及用途

花式平线种类	特　点　及　用　途
金银丝花式线	金银丝是用涤纶薄膜经过真空镀铝染色后切割成条状的单丝，由于涤纶薄膜延伸性大，在实际使用中往往要包上一根纱或涤纶长丝，通过双罗拉花式捻线机加捻后就成为金银丝花式线
多彩交并花式线	这类花式线是用多根不同颜色的单纱或夹入一根金银丝进行并合加捻而成。也有的用不同颜色的纱再用段染纱进行包缠，使其表面出现多彩的小段
粗细支合股线	采用不同颜色与线密度的纱进行合并加捻，也可用一根长丝通过较大的张力缠绕在一根较粗的棉纱上，使纱线表面形成节结状，过去的“巴拿马”织物就是采用这种纱制织而成的

2. 超喂型花式线　超喂型花式线的种类、特点及用途见表1－2－13。这类花式线是两根

纱采用不同速度并合加捻而成,其中速度快的一根饰线称超喂型线,超喂比大(1.6~3倍),就在芯纱表面形成圈圈,超喂小(1.1~1.6倍),则在芯纱表面形成波浪形,称波形线。

表1-2-13 超喂型花式线种类、特点及用途

超喂型花式线种类	特点及用途
圈圈线	这类线饰纱在芯纱表面形成规律的圈状,视产品的需要,圈圈可大可小,可稀可密,一般以超喂比和捻度来决定。如超喂比恒定,捻度愈大,圈圈愈小而密,反之,则稀而疏;如捻度不变,超喂比愈大,圈圈愈大。但做大圈时,饰纱也相应要增粗,做圈圈的饰纱可用单纱,也可用纤维通过牵伸后形成适当粗细的纤维束,与芯线汇合而成花式线
波形线	波形线的特点是饰纱在花式线表面形成左右弯曲的波纹。纺制时,饰纱在芯纱和固结纱的捻度夹持下向两边弯曲,形成扁平状的波纹。适纺线密度在50tex(20公支)~200tex(5公支)之间,大部分原料选用柔软而均匀的毛纱、腈纶纱、棉纱等,也可用粗纱条经牵伸后生产纤维型花式线。由于这类花式线使用原料广泛,粗细适中,因此在针织、机织、精纺和粗纺织物中均广泛使用。另一类波形线是圆形的,波形向花式线的四周弯曲,也称双曲波形线,它的生产方法是在环锭花式捻线机上用波形线的头道产品两根反向加捻(一般头道产品一根反向加捻时加一根固结纱),使两根芯线捻合成为芯线和固结线,使波形沿着轴向四周扩展,可得到手感非常柔软的波形线。用这种圆形的波形线制织的织物,表面有一层密密的小波纹,穿着十分舒适
毛巾线	这类花式线的生产工艺和圈圈线相似,它通常用两根或两根以上的饰纱喂入,使它在芯纱和固结纱表面生成无规律的小圈,有类似毛巾的外观,故称毛巾线。它使用的原料往往以色纱为主,如用13tex(45Ne)涤/棉纱作芯纱和固纱,用13tex(120旦)有光粘胶丝作饰纱,生产的毛巾线,用于色织产品的纬纱,用大红26tex(45/2英支)作经纱,在深红色的底色上形成一层光亮的白色小圈,酷似雪花,故称"雪花呢"。该产品在20世纪50年代风行全国
辫子线	这类花式线是用一根强捻纱作饰纱,在生产时由于饰纱超喂比较大(超喂比视辫子长短而定)使其在松弛状态下利用强捻的回弹力发生扭结而形成辫子附着在花式线表面,形成辫子线,这类辫子线可用化纤长丝加强捻而成,也可用普通毛纱或混纺纱加强捻,但是应当加好强捻后立即生产辫子线,否则由于放置时间长,捻度自然回弹,减弱影响辫子的形成。适纺线密度100~300tex。由于辫子用强捻,所以手感较硬

3.控制型花式线 控制型花式线的种类、特点及用途见表1-2-14。这类花式线是因为罗拉受到电脑的控制,罗拉速度在正常运转中发生快、慢、停等动作而形成各种不同形状的花式线,所以称为控制型花式线。

表1-2-14 控制型花式线种类、特点及用途

控制型花式线种类	特点及用途
结子线	这类花式线大都在环锭花式捻线机上生产,也可用细纱机加装电磁离合器,用PLC控制电磁离合器的开合来完成,它的生产原理是两对罗拉分别送出两根不同颜色的纱,在两根罗拉等速送纱时,就形成一段正常的合股线,当其中一根罗拉间隙停动时,这根纱就在原位加捻,这时另一根罗拉送出的纱就包缠在这根纱上,形成一个结子,停的时间越长,在这一点上包缠的纱越多,结子就越大,结子与平线之间的距离可大也可小,可以相等也可以不等,可根据产品需要自由调节,由于使用原料广,所以用途很广,适纺线密度一般在50~200tex之间,广泛应用于色织丝绸,精毛纺及针织产品

续表

控制型花式线种类	特　点　及　用　途
双色结子	双色结子的特点是没有芯纱和饰纱之分，生产时，两对罗拉各送出一根色纱，当一对罗拉停动时，另一对罗拉送出的纱就包缠在这根纱上，生成一个结子，反之，另一对罗拉停动时，这对罗拉送出的纱就包缠在另一根纱上，生成另一种颜色的结子，由于生产结子时，为了使结子包缠得紧，所以捻度较高，因此一般还要反向加捻包上一根固结纱，不但使结子在下道工序中不会松散，也可以退去部分捻度使手感较好
鸳鸯结子	生产这种结子的方法和单色结子类似，但饰线是两根颜色反差较大的色纱，这两根饰纱在靠得很近的两条起结板的狭缝中通过与芯纱汇合，当芯纱停动时，这两根纱同时包缠在芯纱上，生成两个结子，由于两结紧紧挨在一起，所以外表看上去好似一个结子有两种颜色，所以称鸳鸯结子。用这种结子作点缀生产的织物非常华丽
长结子	长结子又称毛虫线。它的生产方式不是罗拉停动，而是慢速，当两对罗拉同时送出两根颜色不同的纱线，当其中一根罗拉突然慢速（比原来慢3倍），这时另一根罗拉送出的纱就一圈挨一圈卷绕在芯纱上，形成一段粗节，有时利用芯纱罗拉倒转，可反复包缠多次，产生较粗的长结子。与结子的区别是，结子是以点状分布在花式线上，而长结子是以段状分布在花式线上，好似一条虫子爬在纱线上，所以又称毛虫线，它又不同于竹节纱，竹节纱是两头尖，而中间大而长，结子是一段圆柱状分布在花式线上，具有另一种风格，如果两对罗拉交替慢速，使两根纱相互包缠，就能生产一段段双色交替线，如果在交替线中间加一段平线，就是双色长结子
间断圈圈线	生产间断圈圈线是使芯纱罗拉加速或使饰纱罗拉减速，当芯纱罗拉加速到和饰纱罗拉速度相等时，就能生产一段花式平线，当芯纱罗拉慢速时，饰纱超喂而生成一段圈圈线。另外，如在正常纺圈圈线时，使饰纱罗拉减速，没有超喂就能生产平线，当恢复超喂时，又能生产一段圈圈线。这样，周而复始就能生产间断毛圈，但应注意，改变芯纱罗拉速度，生产的间断毛圈平线部分捻度低（由于锭速不变），而改变饰纱罗拉速度时，平线部分捻度高，采用哪种方法，应视产品需要而定。适纺线密度在300～100tex之间，这种产品常用于针织和粗纺呢绒
粗节线（大肚线）	这种线目前有三种生产方法。第一种是在三罗拉环锭花式捻线机上生产，其粗节为中罗拉间隙送出一根粗纱，被前罗拉拉断后一段附着在芯纱与固结纱之间，如果被拉断的不是一段粗纱，而是几根纤维，则称为纤维型断丝。第二种是在空芯锭带牵伸机构的花式捻线机上生产，它和纺竹节纱的方法相似，利用中后罗拉间隙超喂形成粗节，这种纱可以不用芯线，但必须用包线，如果用芯线而与前罗拉之间有一定的超喂比，就可形成波形粗节线，这类粗节线适纺线密度在667～100tex（1.5～10公支）。第三种方法是生产特粗的粗节线，可在改造后的粗纱机上生产，也是采用中后罗拉超喂，但是这种粗节线由于捻度较少，所以在使用时外面还要包上一根或两根（左右包）固纱，这类粗节可纺得很粗，如果用膨体条纺成的粗节，经过膨化后的粗节可与香蕉般大。常用于手工编结

4.复合花式线　复合花式线的种类、特点及用途见表1－2－15。这类花式线是用两根或两根以上及不同机型生产的花式线进行复合，生产出外形独特的各类花式线。近年来发展较快，而且品种千变万化。

表1-2-15 复合花式线种类、特点及用途

复合花式线种类	特点及用途
包缠型复合花式线	在生产粗节花式线时，用一根67tex(15公支)的黑芯白圈花式线作固结纱，也可用段染彩色涤纶长丝作固结纱，或用彩色涤纶长丝做成结子或长结子后作固结纱，饰纱可是粗节，也可是双色或单色冰岛毛，近年来这类产品非常流行
两种不同类型的花式线复合	绳绒与结子复合花式线：绳绒线又称雪尼尔线，是目前生产量最大的一类花式线，但它变化小、品种单一，所以在其外面用一根段染彩色涤纶长丝包上结子或长结子，使其在素色的底色毛绒中显得多彩多姿，一般包结子的长丝必须与底纱(绳绒线)形成鲜明的对比色，以便突出结子的效果
套管型复合	粗节线由于在粗节处捻度较少，不但强力较低而且没有相应的捻度使纤维抱合，因此粗节处很容易发毛，直接影响产品的外观，若将它用小针筒花式机在粗节线外面包上一层网状套管，这样不仅可以防止粗节处纤维发毛，而且还能增加其强力，如果用白色有光长丝作套管，与深色的粗节线复合，则可达到更好的效果

5. 断丝花式线　断丝花式线是我国生产的一种独特花式线，它首先是在有光粘胶丝上外包一层棉纱或涤棉纱，然后浸入水中，利用粘胶长丝湿强力低的原理，然后再将包在上面的棉纱用两对罗拉牵伸拉直，这时粘胶丝被拉断成一段段不等距、不等长、断面毛茸茸的断丝分布在棉纱上，然后外面再加上一根固结纱，就形成断丝线。但断丝的色泽必须与芯纱和固结纱形成鲜明的对比色，如红色、黑色的底纱上配上白色的断丝，也可在白色底纱上配上大红、天兰等色的断丝。另一种断丝是在带牵伸机构的空芯锭花式捻线机上生产，中后罗拉间隙送出少量的纤维被芯纱带走，经过空芯锭加固结后固定，即形成纤维型断丝。断丝花式线是我国传统工艺，应用于色织和针织，具有独特的风格，但由于工艺繁复，目前已很少应用。

6. 拉毛花式线　拉毛花式线的种类、特点及用途见表1-2-16。

表1-2-16 拉毛花式线种类、特点及用途

拉毛花式线种类	特点及用途
圈圈拉毛花式线	先用马海毛，林肯毛(仿马海毛)等制条后在花式捻线机上制成大而稀的圈圈线，然后再用拉毛机把圈圈拉破成为较长的毛，附着在芯纱和固结纱之间，形成拉毛花式线，这类拉毛线毛绒较长，原料最好选用马海毛，因为它光滑柔软，而且光泽自然是高档的拉毛花式线。近年来也有用纯腈纶制成的拉毛花式线，但效果较差，如果在纺制时用锦包氨长丝作芯线(也有在生产时加入一根经过牵伸的氨纶丝)就能生产弹力马海毛拉毛花式线。适纺200~77tex(5~13公支)，大都用于羊毛衫和粗纺大衣呢
波型拉毛线	所用原料以腈纶和羊毛为主，适纺线密度为333~77tex(3~15公支)，也可在粗纺呢绒中先纺成波形线作纬纱进行织造。然后经过缩绒整理后进行拉毛剪毛，目前较为流行的羊驼毛及高档立绒产品就是用这种方法生产的。有的用于羊毛衫的生产，这类产品毛绒短而密，形成另一种风格
平绒拉毛花式线	它是利用粗旦涤纶制成彩色纤维，然后纺成粗绒线再进行拉毛而成，这种拉毛线效果较差，因为绒线经过拉毛后，不但强力降低，而且毛也较短，只是在绒线表面有些毛茸感，一般适用于粗绒线

(三)绳绒机生产的花式线(表1-2-17)

绳绒线也称雪尼尔线，它是花式线中的一个大类，特点是把纱线(饰纱)切割成一段段，通过两根芯纱夹持后加捻，使一段段的短纱向四周散开，而切断的纱头端也散开成绒毛，所以该线呈圆柱形，表面有毛茸，所以称绳绒线，目前可纺线密度大都在100~125tex(8~10公支)之间。

也可用切割非织造布纤维网的方法和静电植绒的方法生产绳绒，目前也可在花式捻线机或钩编机上生产类似的产品，但绒毛感不及绳绒机生产的好。

表 1-2-17 绳绒机生产的花式线

绳绒机生产的花式线种类	特点及用途
单色绳绒线	单色绳绒线一般由芯纱和绒毛纱组成。芯纱一般用两根强力较好的棉纱合股而成，也有用涤/棉纱或腈纶纱的，由于绒纱绕在隔距片上后由刀片切割成左右两片，分别被两根芯纱夹持，由两只环锭加捻成两根绳绒线，所以一般每组输入四根合股线，这种合股线，一般采用与单纱同向加捻即ZZ捻，因此捻度较高，利用合股线的回弹力使绒毛握持力加强，使其不易脱毛。为了降低成本有时使用四根单纱作芯纱，但效果较差，目前用于绳绒线的原料有棉、麻、腈纶，涤/棉及蚕丝。用蚕丝生产的绳绒线，国外称为丝绒线，常用于高档针织衫，单色绳绒线一般先做好坯线，然后绞纱染色，常用于针织、手工编结和机织
双色绳绒线	采用两根对比度较强的色纱作绒纱，使绒毛中有两种混和的色彩，如采用段染纱作绒纱，就可生产出彩色的段染绒毛，但这种彩色绒毛很短。国外有一种段染绳绒线，事先设计好每段色彩的长度，在固定筘幅织机上织造，使各段色彩重合起来，生成一幅美丽的图案，立体感极强，很具艺术性
珠珠绳绒线	生产这种绳绒线，目前有两种方法。一种是利用高弹长丝作绒纱，在生产时加张力把长丝拉紧，当绒纱绕在隔距片上被割断时，由于张力消失，使弹力恢复而成球状，夹持在两芯纱间，酷似珠子穿在线上；另一种方法是在花式绳绒机上生产，采用绒纱变速的方法，使高弹丝以疏密不等的方法绕在隔距片上，当高弹丝收缩时，疏的地方就没有绒而只显芯纱，产生一簇簇的绒毛分布在芯纱上，用这类纱加工制成的服装非常美丽高雅
花式绳绒线	这类绳绒线是用电脑控制的花式绳绒机生产的，它可生产结子绳绒线，毛虫绳绒线，珠珠绳绒线等多种花式产品，这类绳绒机国内使用较少

（四）钩编机生产的花式线（表 1-2-18）

钩编机实际上是针织机械的一种，目前在钩编机生产的品种多于绳绒机，是目前花式线品种中的一个大类。钩编机生产的花式线没有芯纱和饰纱，只有经纱和纬纱，其中经纱由竖针通过前后运动把经纱编结成链状，以固定纬纱，纬纱用舌针能左右上下跳动，穿插在经纱间，从而形成各种花纹，好似花式线中的饰纱。

表 1-2-18 钩编机生产的花式线

钩编机生产的花式线种类	特点及用途
羽毛线	在钩编机上生产羽毛线时，使纬纱来回交织在两组经纱间，织成后把两组经纱间的纬纱用刀片割开，使纬纱排列在经纱上，即是羽毛线。羽毛线有大羽毛和小羽毛之分，大羽毛的长度大都在10mm以上，而小羽毛的长度在3～5mm之间，羽毛的长短取决于纬纱来回于两组经纱之间的宽度，间距大，割开后的羽毛长，反之则短。用于羽毛线的经纱大都采用涤纶或锦纶长丝，或采用光泽较好的三角形涤纶或锦纶长丝，而纬纱则采用有光锦纶三角长丝，也有的采用有光粘胶短纤纱，羽毛线主要用于针织衫及手工编结和装饰织物
牙刷线	牙刷线实际上是一种间段羽毛线，生产方法基本和羽毛线相似，只是一段有羽毛、一段无羽毛而已，用途也和羽毛线相同

续表

钩编机生产的花式线的种类	特　点　及　用　途
松树线	采用一组 4 ~ 5 根合股并经过热定型的涤纶长丝作纬纱，在一组经纱上编织一段后，跳到另一组经纱上再编织一段，然后在一边靠经纱处将纬纱割断，形成簇状的纬线，并向斜方向附着在经纱上，好似五针松的一束束针叶，故而得名。用这种线加工出的针织衫外表好似披上一层松针，极具大自然的韵味，十分别致
毛虫线	利用锦纶长丝作纬线，与经线交织在一起，到一定长度后，跳到另一组经线，与另一组经线交织，这样反复进行，再在两经纱间把相联的纬纱割断，由于锦纶长丝的收缩，在经纱上附着一段粗节如毛虫状。这种毛虫线和花式捻线机生产的毛虫线相似，可用于针织和机织
灯笼线	用一束（多根）高弹锦纶长丝作纬纱，和经纱交织，然后与经纱脱开，过一段后再与原经纱交织，然后跳到另一组经纱上，同样经过两点交织，如果在两组经纱间把纬纱割断，由于锦纶长丝在经纱上两点之间收缩蓬松成如橄榄状的一簇簇绒珠，形状象灯笼状，故称灯笼线。这类线主要用于针织，也可和其他花式线交并成复合花式线
蜈蚣线	用锦纶扁丝作纬线，与多根经纱交织，而相邻两组经纱间有一定间距，在这中间把纬纱割断，因此在经纱的两边是切断的纬纱，由于锦纶扁丝刚度较大，因此好似蜈蚣的"足"分布在经纱两边，因而得名。这种线纬向长度一般较羽毛线短，可用于针织或机织，另一类蜈蚣线纬纱较长，可达到 20mm 左右，而且用有光锦纶扁丝作纬纱，这类线大都用于手工编结和妇女头饰品
带子线	这类线在钩编机上生产最多，用途也最广，它是纬线和多根经线交织而成，不跳到另一组经纱中去，只是在一组经纱间交织成带子状，如经纱多，带子就宽，经纱少，带子就狭，它的规格品种非常多
圈带子线	这种线需要两道工序生产，先和生产大羽毛纱一样，把纬纱在两组经纱间交织，然后把这种带子线在捻线机上加捻，使两根经纱捻合，如花式线的芯线，这时纬线就弯曲成圈状向四面散开，由于纬纱密度很高，因此圈圈非常密，这种线主要用于针织物，很有特点
特大圈圈线	用一根大肚纱和一根冰岛毛作纬线，用一根黑涤纶长丝作经纱，按照圈圈大小的要求，在经纱同向一定间距上用一根直针代替经纱钩针，生产时按照圈圈的密度要求，把纬纱套到直针上，生成一个圈，这种圈可做得很大，另一组经纱和纬纱交织成链状，作为圈圈线的芯纱和固结纱，这类线外观和花式线中的圈圈线很相似。由于这种线较粗，一般在 1000tex（1 公支）左右，大都用于针织和手工编结

（五）小针筒机生产的花式线（表 1 - 2 - 19）

小针筒机也是针织机械的一种，它和袜机相似，但他的织针很少，一般有 12 针和 24 针两种，但是在生产时针可以多可以少，如 2 针、4 针、6 针、8 针等，它是纬编机中的一种，目前有单凸轮控制一路进线、双凸轮两路进线，三凸轮三路进线三种。生产方法有内转和外转之分：内转可以在带子中间加芯线，由于针筒在回转时产生捻度，所以下面必须用环锭退捻；外转是凸轮回转，进线跟着转，所以下面不必退捻。另外还有一种机构，把芯线筒子装在筒子座上，和外壳一起回转，也可以用外转方法生产包芯线。

表 1-2-19 小针筒机生产的花式线

小针筒机生产的花式线种类	特 点 及 用 途
带子线	这种线为圆筒形，它是用一根长丝或短纤纱通过纬编的方法编织而成，因此手感非常柔软，所使用的原料非常广泛，可用有光涤纶长丝或锦纶长丝，更多是使用棉、涤/棉、腈纶等短纤纱制成，由于采用针数不同，因此生产的带子粗细也不同。这类带子用途很广，目前不但用于针织，也可用于机织（作纬纱用）
圈圈线	小针筒机生产的圈圈线与花式捻线机生产的圈圈线不同，这种圈圈分布在带子线的周围，而且密度较稀，一般采用涤纶长丝或锦纶长丝作原料，这类产品主要用于针织
羽毛线	这类羽毛线有独特的风格，它不同于钩编机生产的羽毛线（羽毛在一边），也不同于绳绒线（毛茸茸的成圆柱状），他是在纺圈圈线时把圈圈割开而生成羽毛，所以羽毛较长，附着在带子的四周向外扩散，这类羽毛线主要用于机织或针织
粗节带子线	这类带子线似毛虫线又非毛虫线，它生产时粗节处用两根纱喂入，所以形成的带子较粗，生产一段后，把一根纬纱向前伸，对准针筒中心，这时就有一根纱编结成圆筒，所以这一段就较细，一根纱在针筒中不与织针编织而成为包芯纱状的芯纱，这样周而复始，就能生产一段粗一段细的带子线。这类带子线主要用于针织
包芯带子线	这种包芯带子线与普通包芯纱不同，一般芯纱可用多股棉纱，有的用一根大肚纱，外面用针筒机的四只织针编结成网状的套管，把芯纱包在中间，如果用深色的芯纱，外面用有光白色长丝生成网状套管，使芯纱颜色形状得以充分显示出来，也可采用一根粗毛纱作芯纱，外加网状套管经缩绒处理，使部分纤维盖住网状套管外表，好似一根毛茸茸的粗纱，手感十分柔软。这类线用途很广，可用于针织、粗纺呢绒及装饰织物

十、常用有色纤维纱的品种、特征和用途

有色纤维纱又称色纺纱，是指用色纤维纺制的纯棉纱、纯化纤纱及其混纺纱。它一般不再需要印染后加工，可以直接制线后经针织或机织，制成纺织品，因此可降低印染加工的成本，避免印染加工对环境的污染，其纱线附加值较高，近年来发展较快。色纺纱特点是生产批量小、品种多、翻改频繁，为此必须强化分批、分色管理。为了色相稳定，一般回花、回条本品种不回用，集中一定量后，一次性专纺或严格按比例混用。色纺纱原料消耗比一般纱要高10%以上。常用有色纤维的品种、特征和用途见表1-2-20。

表 1-2-20 常用有色纤维的品种、特征和用途

品种分类	产品性能和工艺特征	用 途
天然彩色棉纯纺纱、混纺纱	具有天然色彩，色泽柔和自然，但不够鲜艳亮丽，强力比一般纯棉略低，具有纯棉的各种特点，高档产品需经精梳工艺；因纤维短、强力低，有时采用与其他纤维混纺	主要用来制作高档天然色彩针织外衣
有色化纤纯纺纱、混纺纱	有色化纤主要用于较难染色的合纤，通过制成有色纤维后，可提高其染色牢度，增加色谱；常见的有涤纶、丙纶、芳纶以及胶纤维、腈纶等。有色化纤基本性能和可纺性变化不大，但易锈蚀通道，且成本较高。有色化纤以不同纤维混纺为主，常用粘胶纤维、涤纶、腈纶的有色纤维，主要用于混纺	有色涤纶、丙纶、腈纶纯纺纱线主要用于加工装饰用品，如汽车内装饰材料，地毯，缝纫线，绳带等。有色混纺纱常用于机织和针织，制作服装、毛衣和家用纺织品

续表

品种分类	产品性能和工艺特征	用 途
有色纯棉混纺纱	常用原棉或棉条染成一种或几种色泽后与本色原棉混纺；一般色纤维使用百分率小于50%。棉纤维经煮练、染色后，强力下降10%左右，易产生棉结、短绒，为此需先用品级较好(2.5级以下)、强力、成熟度较好，含杂较低的原棉。如用棉较差、含杂较高，可先处理，有色混纺纱必须混色均匀，色彩、色调一致，因此混合均匀是关键，据此清棉常采用棉堆手工混棉、小量称重混棉，并使用多仓混棉机。要求高的产品可再行棉条混棉，即先用色纤维与本白原棉制成生条(色条)，再与另外纺制的白条进行棉条混棉，达到微观均匀混合，白条也可经精梳工艺制成，用精梳条与色条混合，并条可采用两道或三道。清梳工艺要轻打、少打、多梳理、高转移，以减少棉结白星。各工序定量宜偏轻	可纺成麻灰纱、彩星纱、彩色纱等系列产品。采用精梳工艺的属高档产品，常纺14.5～30 tex，主要用作针织纱，加工针织外衣或内衣
有色化纤与棉混纺纱	常用有色化纤与棉混纺成彩色纱、彩星纱、麻灰纱等。使用原棉要求与有色纯棉混纺纱相同。一般可采用抓棉机将有色化纤与棉直接混合，但也要强调均匀混合。也有用有色棉与化纤混纺或用两种或两种以上不同色泽化纤混纺的，化纤常以涤纶为主。质量要求高的品种也可采用上述结合棉条混合的方法，先将混色纤维成卷或直接制成生条，再与纯棉生条或精梳条混合。有色化纤使用百分率要按产品色泽要求确定，可先试小样定色	常见品种有涤/棉或棉/维混纺纱、多组分有色化纤彩色纱等品种。前者属大路产品，主要用作圆领衫、运动衫、袜子、时装及装饰织物等；后者主要用作袜子、毛衣及装饰织物以及制作时装和仿毛服装

第二节 常用纱线的特性及质量要求

一、常用机织物的特性以及对原纱(线)的质量要求(表1-2-21)

表1-2-21 常用机织物的特性以及对原纱(线)的质量要求

织物分类	织物的风格和特征	线密度(tex)	对原纱(线)的质量要求
府绸织物	属细特高密平纹或提花织物，有丝绸织物的风格	29～13 14×2～10×2 精10×2～5×2	纱线强力高，强力不匀率低，棉结杂质小而少，条干均匀，毛羽少
斜纹、卡其织物	要求织物纹路清晰，布面匀整、光洁	58～20 24×2～10×2 精14.5～10 精10×2～7.5×2	捻度适中、强力较高，棉结少，条干均匀
贡缎织物	属缎纹组织，组织紧密，经纬密差异较大，质地柔软，光泽好，富有丝绸感	29～18 14×2	采用较小的捻系数，经面缎纹的经纱捻向和纬面缎纹的纬纱捻向应和缎纹组织点的纹路一致，经向强力要求高，纬向纱强力可稍低 经向缎纹(直贡)要求经纱条干均匀、结杂小而少。纬向缎纹(横贡)要求纬纱条干均匀、结杂小而少

续表

织物分类	织物的风格和特征	线密度(tex)	对原纱(线)的质量要求
麻纱织物	采用纬重平组织,使经纱产生不同的直条纹路,具有挺爽、凉快的感觉	21~13	经向捻度比其他织物多,纬纱捻度较少,经纬密较小。要求条干均匀,减少粗细节,棉结和毛羽要少
绒布织物	一般采用平纹或斜纹组织,要求起绒后绒毛蓬松平整,手感柔软厚实	96~18	纬纱捻系数较小,一般在266~285,普梳纱的捻度越少,起绒越较易,但需保证一定的强度,捻度不匀率要低,棉结杂质力求减少
灯芯绒织物	织物由地组织和绒组织两部分组成,纬密超过经密较多,具有手感柔软、厚实,绒条清晰、丰满、坚固等特点	36~14.5 28×2~14×2	经纱具有较高的强力和耐磨性能,为此常用股线作经纱,并用高捻度。纬纱捻度可适当降低,以求提高割绒效果。减少棉结杂质,促使割绒时减少跳针,提高割绒质量。纬密高时,对黄白纱色差要求特别高
平绒织物	织物表面全部披覆均匀平整的绒毛,有柔和的光泽,优良的弹性,手感厚实柔软,耐磨性要比一般织物高4~5倍	29~14 29×2~14×2	割纬平绒纬密高,经纱强力要求高,棉结杂质要少,最好经纱经过精梳工艺 割经平绒经密高,经纱强力要求更高,纬纱强力要求一般
麦尔纱织物	属细特、稀、薄平纹织物,具有质地轻薄、手感柔软、透气性能良好等特点	14.5~10.5	纬密稀,纬纱条干要求高,强力和棉结杂质也有较高的要求
巴厘纱织物	属轻薄平纹织物,具有质地轻薄,手感滑爽,外观透明,透气性和耐磨性良好等特点	精6.5×2以下	采用高捻或强捻达到布孔清晰,透气性好,手感挺爽等效果。经纬纱必须采用同一捻向,保证布面纹路清晰。细特巴厘纱采用精梳股线,捻向应与单纱相同。纬密稀,纬纱条干要求较高
羽绒织物	属细特高密平纹织物,要求织物平整光洁,质地紧密,并有一定透气能力,但不能跑绒	精14.5~10	经纬纱捻度可比府绸织物略低,要求单纱强力高,强力不匀率低,棉结杂质小而少,条干均匀
起皱织物	采用普通纱线做经纱,强捻纱作纬纱织成,经过印染加工,使织物缩成有规则或无规则皱纹或皱条。起皱织物具有手感滑爽、松皱、穿着舒适、弹性好等特点	20~10	经纱用一般捻度,纬纱必须采用超过临界捻度的强捻,捻系数比常用捻系数大1.8~2.5倍。为此,需要在捻线机上进行第二次加捻,并经热定捻处理 由于经纬密小,纱的线密度低,纬纱又是强捻纱,因此应提高原纱强力。经纱条干不匀容易暴露,条干要求较高
烂花织物	运用包芯纱织成烂花坏布,经印染加工制成凹凸透明、花纹新颖,轻薄如绢、手感滑爽的装饰或服装面料	14.5~10	捻度适当,捻系数在304~333之间,过小则手感不爽,缺乏绢筛感,并且容易起毛,起球,过大容易产生扭结纱 涤/棉包芯纱包覆率一般取43%~48%,过多容易造成缺丝,过少容易产生包覆不良。薄型织物芯丝常用5tex以下较细的长丝,较厚的织物常用7.6tex以上较粗的长丝

续表

织物分类	织物的风格和特征	线密度(tex)	对原纱(线)的质量要求
牛仔布织物	织物粗犷自然,穿着舒适随意,耐穿耐洗,是适应性很广的休闲服装面料,织物经纱染靛蓝色,纬纱不染色。要求色彩鲜艳,白点均匀,多数采用三上一下右斜组织	中重型牛仔布用36~100 轻型牛仔布用10~20或相当线密度的股线	中重型牛仔布一般用质量较好的转杯纱或精梳环锭纱线。要求强力较高,棉结杂质少,结头少。原纱需热定捻或自然定捻。绳状染色的经纱宜采用较大的捻系数

二、常用毛巾、床上用品、手帕、毯类产品对原纱(线)的质量要求(表1-2-22)

表1-2-22 常用毛巾、床上用品、手帕、毯类产品对原纱(线)的质量要求

纱线用途	线密度(tex)	对原纱(线)的质量要求
毛巾用纱	18~29 10×2	要求原纱高强、低捻、结杂小,不用或少用含糖高的原棉,以使毛巾达到丰满厚实、手感柔软、吸水性好的要求,对原纱条干、纱疵要求不高
床上用品(包括被单、被里、被套、床罩)用纱	10~28 14~18×2	以纯棉和涤/棉混纺产品居多。有纱、半线、全线三种,要求用纱强力较好,棉结杂质较少
手帕用纱	14~28 精7~10	以纯棉纱为主,要求条干均匀,棉结杂质少,纱疵小而少,高档手帕用精梳纱,选用品质较好的长绒棉
毯类用纱	28~96	毯类织物属中厚织物,包括绒毯、线毯、童毯、腈纶毯;绒毯的起绒纱必须用低捻,确保绒毛丰满厚实;童毯须用阻燃纱线或经阻燃处理

三、常用染整坯布的分类及对原纱的质量要求(表1-2-23)

表1-2-23 常用染整坯布分类及对原纱的质量要求

坯布分类	对原纱的质量要求
印花坯布	可以掩盖一部分外观疵点,对棉结杂质、条干的要求不高
漂白坯布	要求油污、色纱、煤灰纱等有色疵点尽量减少,棉结少而小
染浅色坯布	要求减少棉杂,防止松散棉结染色后布面产生较深的点子
染深色和特深色坯布	原棉中的僵瓣,软籽表皮,死纤维不易上色,布面上呈现大量抗染的白点,必须选用纯熟度高的原棉,并经良好的梳理,使棉结杂质小而少
树脂整理坯布	整理后棉结显现率高,色布强力降低较多。要求原纱强力高,棉结少

四、常用弹力纱线的分类、主要品种、特征和质量要求(表1-2-24)

表1-2-24 常用弹力纱线的分类、主要品种、特征和质量要求

纱线名称	氨纶包芯纱	氨纶包覆纱	氨纶交捻纱	空气变形纱
结构	以氨纶为芯纱,外层均匀包覆短纤维	长丝或短纤维以螺旋形包覆氨纶芯纱	经过牵伸的氨纶丝与一根或几根单纱捻合成线	利用空气变形方法将超喂的化纤长丝与氨纶丝交绕在一起

续表

纱线名称	氨纶包芯纱	氨纶包覆纱	氨纶交捻纱	空气变形纱
制造方法	环锭纺或转杯纺加附加装置	包缠纺等空心锭纺纱机	倍捻机或捻线机加附加装置	专用空气包覆机
产品特点	表面纤维单一，染色均匀，单产量较低	毛羽少，表面光洁，芯纱无捻度，染色较难一致，布面平整，成本较高	产量较高，注意交捻纱线染色一致性	无包覆效果，手感粗硬，不匀，单产高，成本低
用途	弹力机织物，制作牛仔裤、灯芯绒服装、外衣、衬衫	弹力针织物，制作内衣、运动服、丝袜	适合加工纬纱不染色牛仔类织物	适合加工手感要求和染色要求不高的弹力织物
质量要求	1. 防止产生断丝、缺丝、露丝（指包芯纱），一般3cm以内断丝会造成局部弹力不足、不匀，而产生起皱、起泡 2. 捻度不匀率要低 3. 氨纶含量要符合要求，过高造成成本增加			

五、氨纶主要纱线品种的线密度（表1-2-25）

表1-2-25 氨纶主要纱线品种的线密度

氨纶弹力纱线品种	棉/氨包芯纱									棉/氨交捻纱或包覆纱						
线密度（tex）	11.8	14.8	18.5	18.5	28	28	37	37	60	7.5×2	10×2	14.8×2	18.5×2	18.5×2	28×2	28×2
其中氨纶线密度（tex）	4.4	4.4	7.8	4.4	7.8	4.4	7.8	4.4	7.8	4.4	4.4	4.4	7.8	4.4	15.4	7.8

六、常用特细纱线品种、用途、特征和质量要求（表1-2-26）

表1-2-26 常用特细纱线品种、用途、特征和质量要求

品种分类	线密度（tex）	用途	产品特征和质量要求
纯棉	J10	高档手帕布、针织内衣	1. 7.5tex及以下均需采用100%长绒棉，10tex根据产品要求可采用一定百分率的长绒棉 2. 特细纱线一般都经精梳工艺，巴厘纱线应用ZZ捻组合 3. 细特纱线的绝对强力较低，各工序容易断头，应采用小张力低速度。纬纱需作定捻处理 4. 保证强力达到较高要求，减少纱疵和结头，防止煤灰纱产生
	J7.5	巴厘纱、横贡绸等	
	J10×2	针织内衣、高档细纺府绸、羽绒布、巴厘纱、抽纱织物等	
	J7.5×2	针织内衣、高档细纺府绸、羽绒布、巴厘纱、抽纱织物等	
	J6×2	商标、衬衫、睡衣面料、床罩、枕套面料等	
	J5×2	高档内衣、衬衫面料、工业滤布、精密仪器擦镜布、特种橡胶底布	

续表

品种分类	线密度(tex)	用 途	产品特征和质量要求
涤/棉混纺比(65/35~35/65)	J10×3	绣花线	1. 涤纶宜用0.8~1.32dtex 2. 原棉宜用1~2级细绒棉或长绒棉 3. 采用棉条混棉
	J10×2	衬衫面料、高级外衣面料	
	J7.5×2		
纯涤纶	10×3	缝纫线	1. 宜用单唛原料,保证质量稳定 2. 宜用清梳联,保证可纺性 3. 宜用倍捻机,确保结头少 4. 宜用SZ捻组合

第三节 纱线品种代号及类型表示方法

一、常用纱线品种代号(表1-2-27)

表1-2-27 纱线品种代号

品 种	代 号	举 例
经纱线	T	26T、14×2T
纬纱线	W	28W、14×2W
绞纱线	R	R28、R14×2
筒子纱线	D	D20、D14×2
精梳纱线	J	J10W、J7×2T
针织汗布用纱线	K	10K、7×2K
精梳针织汗布用纱线	JK	J10K、J7×2K
起绒纱线	Q	96Q
烧毛纱线	G	G10×2
转杯纺纱	OE	OE58.3
涤/棉混纺纱线	T/C	T/C 13T、T/C 14×2W
低比例棉/涤混纺纱线	C.V.C	C.V.C C/T 80/20 16
棉/维混纺纱线	C/V	C/V 28T、C/V 18.5×2
棉/丙混纺纱线	C/P	C/P 21
涤/粘混纺纱线	T/R	T/R 18
涤/棉/锦混纺纱线	T/C/N	T/C/N 18
有光粘胶纱线	FB	FB 19.5W
无光粘胶纱线	FD	FD 19.5T

二、常用纱线表示方法(表1-2-28)

表1-2-28 常用纱线表示方法

纱线类型	表示方法	意义
并纱、股线	14×2	14tex 双股线
	T/C 14×2	14tex 涤棉双股线
	14+120旦	14tex 棉纱和120旦粘胶丝并纱
	14+14	两根14tex 棉纱的无捻并纱
花式线(两根纱)	前列代表芯纱,后列代表饰纱 例:36 → 13 36 ← 13	芯纱为两根36tex 的并纱,饰纱为两根13tex 的并纱
花式线(三根纱)	前列代表芯纱,中列代表饰纱,后列代表加固线 例:14) 14) 14 13 → 120旦) 13 13 ←	表示芯纱、饰纱、加固纱均为14tex 纱 表示芯纱是两根13tex 的并纱,饰纱是120旦粘胶丝,加固纱为13tex 纱
纯纺纱	在纱线品种前标明纯纺原料的名称 如:C13	原料为13tex 棉纱
混纺纱	在纱线品种前标明原料名称时,按混纺比的大小顺序排列,比例大的在前;如混比相同,则按天然纤维、合成纤维、纤维素纤维的顺序排列,混纺所用的原料之间用斜线"/"分隔 例:T/C(65/35)或T65/C35 N/R(50/50)或N50/R50	表示65%涤纶与35%棉纤维的混纺纱 表示50%锦纶与50%粘胶纤维的混纺纱

第四节 纤维和纱线公定回潮率

一、我国纱线的公定回潮率(表1-2-29)

表1-2-29 我国纱线的公定回潮率

纱线品种	公定回潮率(%)	纱线品种	公定回潮率(%)	纱线品种	公定回潮率(%)
棉纱线	8.5	富强纤维纱线	13.0	腈纶纱线	2.0
羊毛、羊绒纱线	15.0	铜氨纤维纱线	13.0	氨纶丝	1.3
亚麻、苎麻纱线	12.0	醋酸纤维纱线	7.0	涤纶纱线	0.4
大麻、罗布麻纱线	12.0	维纶纱线	5.0	丙纶纱线	0
黄麻纱线	14.0	锦纶纱线	4.5	氯纶纱线	0
蚕丝	11.0	氟纶纱线	0		
兔毛纱线	15.0	粘胶纤维纱线	13.0		

(1)棉纤维、洗净羊毛、各种麻纤维、丝的公定回潮率均与纱线相同;但分梳山羊绒的公定回潮率为17%。

(2)棉织物公定回潮率为8%。

(3)毛织物(精纺、粗纺、驼绒、工业呢等)公定回潮率为14%。

(4)绒线、针织绒公定回潮率为15%。

(5)长毛绒织物公定回潮率为16%。

二、国际标准化机构(ISO)纱线商业回潮率和公定回潮率(表1-2-30)

表1-2-30 国际标准化机构(ISO)纱线商业回潮率和公定回潮率

纱线品种	商业回潮率(%)	公定回潮率(%)	纱线品种	商业回潮率(%)	公定回潮率(%)
棉纱线	8.5	—	梳毛纱(湿纺)	13.0	18.25
精练棉	8.5	—	再生纤维纱	11.0	13.0
亚麻、大麻纱	12.0	—	聚丙烯腈纤维纱	1.5	—
黄麻纱	13.75	—	聚酯纤维纱	—	1.0
蚕　丝	11.0	—	聚酰胺纤维纱	4.5	6.0
羊毛、纺毛纱	13.0	17.0	醋酸(二次)纤维纱	6.5	9.0
纺毛针织纱	11.0	—	醋酸(三次)纤维纱	3.5	—
梳毛纱(干纺)	15.0	18.25			

三、混纺纱线公定回潮率的计算

混纺纱线的公定回潮率,须按混用原料的公定回潮率和混用比例加全平均求得。计算至两位小数,第二位四舍五入后取一位小数(混纺纱中的棉纤维按纱线的公定回潮率8.5%计算)。

(1)已知干重混纺比时公定回潮率的计算:

$$W_k = a_1 W_1 + a_2 W_2 + \cdots a_i W_i + \cdots a_n W_n$$

式中:a_i——纤维的干重混纺比,$i=1\cdots n$;

W_i——纤维对位公定回潮率(%),$i=1\cdots n$。

(2)已知公定重量混纺比时公定回潮率的计算:

$$W_k = \frac{a_1 W_1/(1+W_1) + a_2 W_2/(1+W_2) + \cdots + a_j W_j \cdots + a_n W_n/(1+W_n)}{a_1/(1+W_1) + a_2/(1+W_2) + \cdots \dfrac{a_j}{a_j W_j} \cdots + a_n/(1+W_n)}$$

式中:W_k——混纺纱线的公定回潮率,%;

a_j——混用原料的公定重量混纺比,%($j=1,2,\cdots n$);

W_j——混用原料的公定回潮率,%($j=1,2,\cdots n$)。

四、常用混纺纱线的公定回潮率(表1-2-31)

表1-2-31 混纺纱线的公定回潮率

混纺原料	干重混纺比(%)	公定重量混纺比(%)	纱线公定回潮率(%)
涤/棉	67/33	65.26/34.74	3.1
	65/35	63.22/36.78	3.2
棉/涤	50/50	48.06/51.94	4.5
	55/45	56.91/43.09	4.9
	60/40	61.85/38.15	5.3
	65/35	66.75/33.25	5.7
粘/棉	70/30	70.85/29.15	11.7
	53.5/46.5	54.51/45.49	10.9
棉/粘	50/50	51.01/48.99	10.8
	75/25	74.23/25.77	9.6
棉/维	50/50	49.18/50.82	6.8
	67/33	67.72/32.28	7.3
棉/腈	50/50	48.46/51.54	5.3
锦/棉	70/30	69.20/30.80	5.7
棉/丙	50/50	47.96/52.04	4.3
涤/粘	65/35	62.27/37.73	4.8
	55/45	52.07/47.93	6.1
涤/腈	60/40	59.64/40.36	1.0
	50/50	49.60/50.40	1.2
涤/棉/腈	50/33/17	48.38/34.50/17.12	3.8

第五节 纱线细度

衡量纱线细度的指标有线密度、旦尼尔、英支和公支等,线密度为国际法定计量单位,旦尼尔、英支和公支为非法定计量单位。

一、定长制的定义及其计算

用规定长度的纱线重量的大小作为其粗细程度的标志称为定长制。

1. 线密度 纱线的线密度是指在公定回潮率时,1000m长的纱线的重量克数。用Tt表示,其单位为特克斯(tex),简称"特"。

$$Tt = \frac{G}{L} \times 1000$$

式中:G——纱线(包括半制品)在公定回潮率时的重量,g;

L——纱线(包括半制品)的长度,m。

线密度的单位见表 1-2-32。

表 1-2-32 线密度的单位

名 称	代 号	重量单位	长度单位	对 tex 的比
千特克斯	ktex	1000g	1000m	1000tex
特克斯	tex	1g	1000m	1tex
分特克斯	dtex	0.1g	1000m	0.1tex
毫特克斯	mtex	0.001g	1000m	0.001tex

股线的线密度以组成股线的单纱公称线密度乘以股数来表示,如 14×2。合股单纱的线密度不同时,以各股单纱的线密度相加来表示,如 16+18。

2. 旦尼尔 旦尼尔是指在公定回潮率时,9000m 长度纱线的重量克数,用 N_D 表示,其单位为旦。旦尼尔通常用来表示纤维或化纤长丝的细度。

$$N_D = \frac{G}{L} \times 9000$$

式中:G——纱线(包括半制品)在公定回潮率时的重量,g;

L——纱线(包括半制品)的长度,m。

二、定重制的定义及其计算

用规定重量的纱线长度作为其粗细程度的标志,称为定重制。

1. 英制支数

(1)英制支数的定义:在公定回潮率时,1 磅重量的纱线长度有多少个 840 码(yd),就称为多少英制支数,用 N_e 表示。

$$N_e = \frac{7000 \times L}{G \times 840} = 8.333 \times \frac{L}{G}$$

式中:G——纱线(包括半制品)在公定回潮率时的重量,g;

L——纱线(包括半制品)的长度,码(yd)。

(2)股线的英制支数:股线的英制支数以组成纱线的单纱英制支数除以股数来表示。如 42/2、21/2 等。若单纱支数不同时,可按下式计算股线的英制支数 N:

$$N = \frac{1}{1/N_1 + 1/N_2 + \cdots\cdots + 1/N_n}$$

式中:$N_1, N_2, \cdots, N_n$——合股线中各根单纱的英制支数。

2. 公制支数

(1)公制支数的定义:在公定回潮率时,1kg 重量的纱线长度有多少个 1000m,就称为多少公制支数,用 N_m 表示。

$$N_m = \frac{1000 \times L}{G \times 1000} = \frac{L}{G}$$

式中:G——纱线(包括半制品)在公定回潮率时的重量,g;

L——纱线(包括半制品)的长度,m。

(2)股线的公制支数:表示方法和计算方法同英制支数。

三、纱线常用细度指标的换算

(一)定长制与定重制常用细度指标的换算(表1-2-33)

表1-2-33 各种细度指标的换算

细度指标	线密度 Tt	英制支数 N_e	公制支数 N_m	旦尼尔 N_D	直径 d	横截面积 S
线密度 Tt	—	590.5/Tt	1000/Tt	9×Tt	$\sqrt{Tt/785.4\gamma}$	Tt/1000γ
英制支数 N_e	590.5/N_e	—	169.3×N_e	5313/N_e	$\sqrt{0.752/\gamma N_e}$	0.591/γN_e
公制支数 N_m	1000/N_m	0.591×N_m	—	9000/N_m	$\sqrt{1.237/\gamma N_m}$	1/γN_m
旦数 N_D	0.111×N_D	5315/N_D	900/N_D	—	$\sqrt{N_D/7068.6\gamma}$	N_D/9000γ
直径 d	785.4γd^2	0.752/γd^2	1.273/γd^2	7068.6γd^2	—	$\pi d^2/4$
横截面积 S	1000γS	0.59γS	1/γS	9000γS	$\sqrt{4S/\pi}$	—

注 1. 以上细度指标的换算,公定回潮率均相同。

2. 常用纤维的密度 γ 见表1-2-34。

表1-2-34 常用纤维的密度 γ

纤维	棉	麻	蚕丝	羊毛	粘纤	氯纶	涤纶	维纶	腈纶	锦纶	丙纶
γ	1.54	1.50	1.33	1.32	1.50	1.39	1.38	1.26	1.14	1.14	0.90

(二)纯纺、混纺纱线密度与英制支数换算

$$Tt = \frac{590.5}{N_e} \times \frac{1 + 线密度制公定回潮率}{1 + 英制公定回潮率}$$

(三)线密度制纱线定量换算

在公定回潮率相同或干燥定量时的换算公式如下:

线密度制纱线定量(g/100m)=0.059×英制纱线定量(gr/120yd)

(四)棉、毛、麻、丝纱线的线密度、支数、旦数换算

在公定回潮率相同时的换算公式见表1-2-35。

表1-2-35 公定回潮率下棉、毛、麻、丝纱线的线密度、支数、旦数换算

细 度 指 标	棉:线密度 Tt	毛麻:公制支数	精毛纱:英制支数	麻:英制支数	丝:旦数
棉:线密度 Tt(g/1000m)	1	1000/Tt	885.81/Tt	1653.5/Tt	9Tt
毛麻:公制支数(1000m/kg)	1000/N_m	1	0.886N_m	1.654N_m	9000/N_m

续表

细　度　指　标	棉:线密度 Tt	毛麻:公制支数	精毛纱:英制支数	麻:英制支数	丝:旦数
精纺毛纱:英制支数 N_eW(560yd/pd)	$885.81/N_eW$	$1.13N_eW$	1	$1.867N_eW$	$7972.29/N_eW$
麻:英制支数 N_eL(300yd/pd)	$1653.5/N_eL$	$0.605N_eL$	$0.536N_eL$	1	$14881.6/N_eL$
丝:旦(g/9000m)	$0.111N_D$	$9000/N_D$	$7972.29/N_D$	$14881.6/N_D$	1

(五)花式纱线的支数计算

花式纱线品种繁多,在一根线中一般有芯纱、饰纱和固结纱组成,而且这三根纱在花式线中的长度和支数各不相同,而且花型在纵向的循环往往很长,所以很少有统一的支数计算方法,目前常用的是长度与重量之比来测定。如设长度为 L(m),重量为 G(g),则公制支数 $N_m=\frac{L}{g}$。

在实际生产中,一根花式线中往往有多种原料组成,而且各原料的细度单位又不同,所以必须求出各原料在花式线中所占的比重。

1. 原料百分比的计算　一般采用分解法。例如,有一种花式圈圈线,芯纱和固结纱均为100旦黑涤纶低弹长丝,饰纱用28英支腈纶短纤纱。一般先取10cm分解其长度后,扩大10倍为1m的长度。

如实测:

芯纱:100旦黑涤纶低弹长丝长1.02m

固纱:100旦黑涤纶低弹长丝长1.04m

饰纱:28英支腈纶纱长度为2.05m

为了便于计算,先把28英支腈纶纱换算成旦:

5314.88 ÷ 28 = 189.82 旦

在1m花式线中,各种原料所占的比重为:

芯纱重 = 100 ÷ 9000 × 1.02 = 0.0113g

固结纱重 = 100 ÷ 9000 × 1.04 = 1.0116g

饰纱重 = 189.82 ÷ 9000 × 2.05 = 1.043g

1m 花式线计算重量 = 0.0113 + 0.0116 + 1.043 = 0.0661g

该花式线的实际公制支数 = 1 ÷ 0.0661 = 15.13 公支

各种原料在花式线中所占比重:

芯纱:0.0113 ÷ 0.0661 × 100 = 17.1%

固结纱:0.0116 ÷ 0.0661 × 100 = 17.55%

饰纱:0.0432 ÷ 0.0661 × 100 = 65.35%

2. 绳绒线的计算方法

A为绳绒线的芯线,通常由双股线组成,设其单纱的公制支数为 N_c,其合股线的根数为 S_1。

B为绒头纱,通常由多根单纱组成,设其单纱公制支数为 N_s,每束绒头纱组成的根数 S_2。绒头长度为 W_0,绒头纵向排列密度为 d(束/cm),绳绒线的支数计算方法如下:

(1)芯纱支数:

$$N_1 = \frac{N_c}{S_1}$$

(2)每米绳绒线中绒纱总长度L(m):

$$L = \frac{100 \times d \times S_2 \times W}{1000} = \frac{dS_2 W}{10}$$

(3)每米绳绒线中绒纱重量G(g):

$$G = \frac{L}{N_s} = \frac{dS_2 W}{10N_s}$$

(4)绒纱相当支数N_2:假设绳绒线由芯纱和绒纱两部分组成,因此绳绒线的实际支数可以理解为芯线支数N_1和绒纱支数N_2合股组成的支数。而绒纱相当支数为:

$$N_2 = \frac{1}{G} = \frac{10N_s}{dS_2 W}$$

(5)绳绒线的理论支数假定为N_0,则:

$$N_0 = \frac{1}{\frac{1}{N_1} + \frac{1}{N_2}} = \frac{1}{\frac{S_1}{N_c} + \frac{dS_2 W}{10N_s}} = \frac{10N_c N_s}{10S_1 N_s + dS_2 W N_c}$$

(6)绳绒线的实际支数假定为N,则:

$$N = N_0 \times \varphi = \frac{10N_c N_s}{10S_1 N_s + dS_2 W N_c} \times \varphi \qquad (1-2-1)$$

设φ为绳绒线在加工过程中绒毛飞花的损耗和捻缩等因素系数。φ一般取0.93~0.97。如捻度配置不当及绒纱质量差,φ也可能低于0.85。

(7)绒纱与芯纱重量比设为E,则E:

$$E = G : \frac{1}{N_1} = \frac{dS_2 W}{10N_s} : \frac{S}{N_c} = \frac{dS_2 W N_c}{10S_1 N_s} \qquad (1-2-2)$$

(8)绒纱宽度W的选择:绒纱宽度W为1.5~5mm,它根据支数不同而变化,常由隔距片的宽度来决定,一般实际宽度W=隔距片宽度+(1.1~1.3)mm,目前常用的宽度如表1-2-36所示。

表1-2-36 绳绒线支数与绒纱宽度对照

绳绒线						
绳绒线	线密度(tex)	400~500	333~400	286~333	250~286	222~250
	公支	2~2.5	2.5~3	3~3.5	3.5~4	4~4.5
绒纱宽度(mm)		4.5	4	3.5	3	2.5

(9)绒纱支数的选择:绒纱一般采用40~60公支,而常用的为46~52公支,选用绒纱粗,绒毛丰满,但手感较硬。支数的选择还应根据绒纱根数S_2和纵向密度d综合考虑。

(10)绒纱根数及纵向密度 d 的选择:设绒纱每厘米总根数为 F,则 $F=S_2\times d$。

F 是直接影响绒纱外观效果的主要因素,也是绳绒线调整支数的重要依据。一般 $S_2=2\sim5$ 根,$d=8\sim10$ 束/cm。

(11)芯纱支数的选择:为了管理方便,如果芯纱和绒纱纤维原料相同,一般采用同一支数,即 46~52 公支,即 $N_c=N_s$。

(12)绒纱与芯纱重量比的选择:一般可选 7∶3,6∶4,5∶5 等。

例 1 要生产2.2公支绳绒线,假设芯纱和绒纱用同一种原料,求绒纱和芯纱的公支数。

设 $W=4.5\text{mm}$,$S_1=4$,$S_2=4$,$d=10$ 束/cm,$\varphi=0.95$,求 $N_x=N_c=N_s$,代入式(1-2-1),得:

$$2.2=\frac{10N_x^{\ 2}}{10\times4N_x+4.5\times4\times10N_x}\times0.95$$

$$N_x=49.9\text{ 公支}\approx50\text{ 公支}$$

例 2 要生产3.5公支绳绒线,假设芯纱和绒纱用同一种原料,求绒纱和芯纱的公支数。

设 $W=3\text{mm}$,$S_1=4$,$S_2=3$,$d=11$ 束/cm,$\varphi=0.96$,求 $N_x=N_c=N_s$。

代入式(1-2-1),得:

$$3.5=\frac{10N_x^{\ 2}}{10\times4N_x+3\times3\times11N_x}\times0.96$$

$$N_x=50.7\text{ 公支}$$

例 3 欲生产4.5公支绳绒线,绒纱用粘胶纱,芯纱用腈纶纱,绒纱∶芯纱=60∶40,求芯纱和绒纱的公支数。

设 $S_1=4$,$S_2=2$,$W=2.5\text{mm}$,$d=13$ 束/cm,$\varphi=0.95$。

代入式(1-2-1),得:

$$4.5=\frac{10\times N_cN_s\times0.95}{10\times4N_s+2\times2.25\times13N_c} \tag{1-2-3}$$

代入式(1-2-2),得:

$$60:40=\frac{13\times2\times2.5N_c}{10\times4N_s} \tag{1-2-4}$$

解(1-2-3)和(1-2-4)联立方程,得:

$$N_c=47.7\text{ 公支}$$

$$N_s=51.3\text{ 公支}$$

第六节 纱线捻度、捻系数公英制换算

一、纱线捻度的定义

捻度是指纱线单位长度上的捻回数。特克斯制捻度单位长度为 10cm;英制捻度单位长度为 1 英寸;公制捻度单位长度为 1m。

计算捻度是指根据理论计算求得的捻度;实际捻度是指在捻度计上测得的捻度。

二、纱线的捻向

捻向分 Z 捻(反手捻)和 S 捻(顺手捻)两种。单纱中的纤维或股线中的单纱,在加捻后由下而上、自右而左的称 S 捻,自左至右的称 Z 捻。股线捻向的表示方法为:第一个字母表示单纱捻向,第二个字母表示股线的捻向。经过两次加捻的股线:第一个字母表示单纱捻向,第二个字母表示初捻捻向,第三个字母表示复捻捻向。例如单纱 Z 捻,初纱 S 捻,复捻为 Z 捻的股线捻向以 ZSZ 表示。

三、纱线的捻系数

纱线的捻系数可以比较不同粗细纱线的加捻程度。两种纱线的捻系数相同,表示其捻回角相同。捻系数也可分为计算捻系数和实际捻系数两种。

四、公、英制捻度的换算

$$\text{特克斯制捻系数} = \sqrt{\text{Tt}} \times \text{捻度(捻/10cm)}$$

$$\text{英制捻系数} = \frac{\text{捻度(捻/英寸)}}{\sqrt{\text{英制支数}}}$$

$$\text{公制捻系数} = \frac{\text{捻度(捻/m)}}{\sqrt{\text{公制支数}}}$$

1. 公、英制捻度的换算

(1)特克斯制捻度(捻/10cm) = 3.937 × 英制捻度(捻/英寸)

= 0.1 × 公制捻度(捻/m)

(2)英制捻度(捻/英寸) = 0.254 × 特克斯制捻度(捻/10cm)

= 0.0254 × 公制捻度(捻/m)

(3)公制支数制捻度(捻/m) = 10 × 特克斯制捻度(捻/10cm)

= 39.37 × 英制捻度(捻/英寸)

2. 公、英制捻系数的换算

(1)特克斯制捻系数 α_t 和英制捻系数 α_e 的换算:

除化纤的纯纺、混纺纱之外,一般可按下式近似计算。

$$\alpha_t = 95.67 \times \sqrt{\frac{100 + \text{特克斯制公定回潮率}}{100 + \text{英制公定回潮率}}} \times \alpha_e$$

或

$$\alpha_e = 0.01045 \times \sqrt{\frac{100 + \text{英制支数制公定回潮率}}{100 + \text{特克斯制公定回潮率}}} \times \alpha_t$$

$$\alpha_t = 95\alpha_e$$

$$\alpha_e = 0.0105\alpha_t$$

(2)公制捻系数 α_m 和英制捻系数 α_e 的换算(公定回潮率相同):

$$\alpha_m = 30.25\alpha_e$$
$$\alpha_e = 0.033\alpha_m$$

第七节 纱线质量的评定

一、有关纱线质量标准的几点说明

(1)本手册仅列出棉纺主要产品如棉本色纱线、精梳涤/棉混纺本色纱线、粘纤本色纱线、涤/粘中长混纺本色纱线、转杯纺棉本色纱、针织用棉本色纱、涤纶本色缝纫用纱线和腈纶本色纱等八种常用纱线产品的质量标准。

(2)条干均匀度一般均列有黑板条干和条干均匀度变异系数,两者中任选一种,作为交货依据,一经确定,不得任意变更。发生质量争议时,以条干均匀度变异系数为准。

(3)黑板条干现有两种标准。在标准中凡注明黑板条干并在纱线的考核标准中列有棉结杂质指标者,使用的是 GB/T 398 附录 A 规定的《棉结杂质条干均匀度试验方法》;凡注明黑板外观质量者,使用的是 GB/T 9996 规定的《棉及化纤纯纺、混纺纱线外观质量黑板检验方法》,两者不得混淆。

(4)十万米偶发纱疵数在大多数产品标准中仅作为优等纱考核指标用(针织用棉本色纱除外),标准中的指标数专指(A3 + B3 + C3 + D2)共九档纱疵。

(5)单纱(线)的断裂强度或重量偏差率超出各标准允许范围时,在单纱(线)断裂强力变异系数或重量变异系数原评等的基础上作顺降一等处理,如两项都超出范围时,亦只顺降一次,降至二等为止。

(6)纱线的质量水平一般分为优等、一等、二等三档,低于二等指标水平者为三等。

二、棉本色纱线标准(依据 GB/T 398—1993)

根据国家标准 GB/T 398—1993 的规定,棉本色纱线(适用于环锭纺纱线)的分等规定为:

(1)棉纱线规定以同品种一昼夜三个班的生产量为一批,按规定的试验周期和各项试验方法进行试验,并按其结果评定棉纱线的品等。分为优等、一等、二等,低于二等指标者作三等。

(2)纱的品等由单纱断裂强力变异系数 *CV%* 和百米重量变异系数 *CV%*、条干均匀度和 1g 内棉结粒数及 1g 内棉结杂质总数评定,当五项的品等不同时,按五项中最低的一项品等评定。

(3)棉线的品等由单纱断裂强力变异系数 *CV%*、百米重量变异系数 *CV%* 和 1g 内棉结粒数及 1g 内棉结杂质总数评定,当四项的品等不同时,按四项中最低的一项品等评定。

(4)单纱(线)断裂强度或百米重量偏差超出允许范围时,在单纱(线)断裂强力变异系数 *CV%* 和百米重量变异系数 *CV%* 原评等的基础上作顺降一个等处理,如两项都超出范围时,也只顺降一次,降为二等为止。

(5)优等棉纱另加十万米纱疵也作为分等指标。

(6)检验条干均匀度可以由生产厂选用黑板条干均匀度或条干均匀度变异系数 *CV%* 两者中的任何一种。但一经确定,不得任意变更。发生质量争议时,以条干均匀度变异系数 *CV%* 为准。

(7)纱线重量偏差月度累计,应按产量进行加权平均,全月生产在15批以上的品种,应控制在±0.5%及以内。

三、梳棉纱的技术要求(表1-2-37)

表1-2-37　梳棉纱的技术要求

线密度(tex)	英支	等别	单纱断裂强力变异系数 *CV* % 不大于	百米重量变异系数 *CV*% 不大于	单纱断裂强度 [cN/tex (gf/tex)] 不小于	百米重量偏差 % 不大于	条干均匀度：黑板条干10块板比例(优:一:二)不低于	条干均匀度：条干变异系数 *CV*% 不大于	1g内棉结粒数不多于	1g内棉结杂质总数不多于	实际捻系数：经纱	实际捻系数：纬纱	优等纱纱疵(个/十万米)不多于
8~10	70~56	优	12.0	2.5			7:3:0:0	18.0	35	50			
		一	16.5	3.7	10.6 (10.8)		0:7:3:0	21.0	80	110	340~430	310~380	
		二	21.0	5.0			0:0:7:3	24.0	125	165			
11~13	55~44	优	11.5	2.5			7:3:0:0	18.0	35	60			
		一	16.0	3.7	10.8 (11.0)		0:7:3:0	21.0	80	120	340~430	310~380	
		二	20.5	5.0			0:0:7:3	24.0	140	185			
14~15	43~37	优	11.0	2.5			7:3:0:0	17.5	35	60			
		一	15.5	3.7	11.0 (11.2)		0:7:3:0	20.5	80	120	330~420	300~370	
		二	20.0	5.0			0:0:7:3	23.5	140	185			
16~20	(36~29)	优	10.5	2.5		±2.5	7:3:0:0	17.0	35	60			
		一	15.0	3.7	11.2 (11.4)		0:7:3:0	20.0	80	120	330~420	300~370	
		二	19.5	5.0			0:0:7:3	23.0	140	185			
21~30	28~19	优	10.0	2.5			7:3:0:0	16.5	35	60			
		一	14.5	3.7	11.4 (11.6)		0:7:3:0	19.5	80	120	330~420	300~370	40
		二	19.0	5.0			0:0:7:3	22.5	140	185			
32~34	18~17	优	9.5	2.5			7:3:0:0	16.0	40	75			
		一	14.0	3.7	11.2 (11.4)		0:7:3:0	19.0	80	145	320~410	290~360	
		二	18.5	5.0			0:0:7:3	22.0	130	225			
36~60	16~10	优	9.0	2.5			7:3:0:0	15.0	40	75			
		一	13.5	3.7	11.0 (11.2)		0:7:3:0	18.0	80	145	320~410	290~360	
		二	18.0	5.0			0:0:7:3	21.0	130	225			
64~80	9~7	优	8.5	2.5			7:3:0:0	14.0	40	75			
		一	13.0	3.7	10.8 (11.0)	±2.8	0:7:3:0	17.0	80	145	320~410	290~360	
		二	17.5	5.0			0:0:7:3	20.0	130	225			
88~192	6~3	优	8.5	2.5			7:3:0:0	13.5	40	75			
		一	13.0	3.7	10.6 (10.8)		0:7:3:0	16.5	80	145	320~410	290~360	
		二	17.5	5.0			0:0:7:3	19.5	130	225			

四、精梳棉纱的技术要求(表1-2-38)

表1-2-38 精梳棉纱的技术要求

线密度(tex)	英支	等别	单纱断裂强力变异系数CV% 不大于	百米重量变异系数CV% 不大于	单纱断裂强度[cN/tex(gf/tex)] 不小于	百米重量偏差% 不大于	条干均匀度		1g内棉结粒数 不多于	1g内棉结杂质总数 不多于	实际捻系数		优等纱纱疵(个/十万米) 不多于
							黑板条干10块板比例(优:一:二) 不低于	条干变异系数CV% 不大于			经纱	纬纱	
4~4.5	150~131	优	13.0	2.5			7:3:0:0	19.5	25	30			
		一	17.5	3.7	12.0(12.2)		0:7:3:0	22.5	55	65	340~430	310~360	
		二	22.0	5.0			0:0:7:3	25.5	85	95			
5~5.5	130~111	优	12.5	2.5			7:3:0:0	18.5	25	30			
		一	17.0	3.7	12.0(12.2)		0:7:3:0	21.5	55	65	340~430	310~360	
		二	21.5	5.0			0:0:7:3	24.5	85	95			
6~6.5	110~91	优	12.0	2.5			7:3:0:0	17.5	25	30			
		一	16.5	3.7	12.2(12.4)		0:7:3:0	20.5	55	65	330~400	300~350	
		二	21.0	5.0			0:0:7:3	23.5	85	95			
7~7.5	90~71	优	11.5	2.5			7:3:0:0	16.5	25	30			
		一	16.0	3.7	12.2(12.4)		0:7:3:0	19.5	55	65	330~400	300~350	
		二	20.5	5.0			0:0:7:3	22.5	85	95			
8~10	70~56	优	11.0	2.5			7:3:0:0	15.5	25	30			
		一	15.5	3.7	12.4(12.6)		0:7:3:0	18.5	55	65	330~400	300~350	
		二	20.0	5.0			0:0:7:3	21.5	85	95			
11~13	55~44	优	10.5	2.5		±2.5	7:3:0:0	15.0	20	25			30
		一	15.0	3.7	12.4(12.6)		0:7:3:0	18.0	45	55	330~400	300~350	
		二	19.5	5.0			0:0:7:3	21.0	65	80			
14~15	43~37	优	10.0	2.5			7:3:0:0	14.5	20	25			
		一	14.5	3.7	12.4(12.6)		0:7:3:0	17.5	45	55	330~400	300~350	
		二	19.0	5.0			0:0:7:3	20.5	65	80			
16~20	9~7	优	9.5	2.5			7:3:0:0	14.0	20	25			
		一	14.0	3.7	12.4(12.6)		0:7:3:0	17.0	45	55	320~390	290~340	
		二	18.5	5.0			0:0:7:3	20.0	65	80			
21~30	28~19	优	9.0	2.5			7:3:0:0	12.5	20	25			
		一	13.5	3.7	12.6(12.8)		0:7:3:0	15.5	45	55	320~390	290~340	
		二	18.0	5.0			0:0:7:3	18.5	65	80			
32~36	18~16	优	8.5				7:3:0:0	12.0	20	25			
		一	13.0		12.6(12.8)		0:7:3:0	15.0	45	55	320~390	290~340	
		二	17.5				0:0:7:3	18.0	65	80			

五、梳棉股线的技术要求(表1－2－39)

表1－2－39 梳棉股线的技术要求

线密度(tex)	等别	单强变异系数(%)不大于	重量变异系数(%)不大于	单线断裂强度(cN/tex)不小于	重量偏差(%)不大于	棉结粒数(粒/g)不多于	棉结杂质粒数(粒/g)不多于	实际捻系数	
								经线	纬线
8×2～10×2	优	9.0	2.0	12.5	±2.5	30	40	400～530	360～470
	一	13.0	3.0			65	80		
	二	17.0	4.0			95	120		
11×2～20×2	优	8.5	2.0	12.9		30	45		
	一	12.5	3.0			65	90		
	二	16.5	4.0			95	135		
21×2～30×2	优	8.0	2.0	13.3		30	45		
	一	12.0	3.0			65	90		
	二	16.0	4.0			95	135		
32×2～60×2	优	7.5	2.0	12.9		30	55		
	一	11.5	3.0			65	105		
	二	15.5	4.0			95	160		
64×2～80×2	优	7.0	2.0	12.5		30	55		
	一	11.0	3.0			65	105		
	二	15.0	4.0			95	160		
8×3～10×3	优	7.0	2.0	13.9		25	30		
	一	11.0	3.0			55	70		
	二	15.0	4.0			85	105		
11×3～20×3	优	6.5	2.0	14.3		30	40		
	一	10.5	3.0			50	75		
	二	14.5	4.0			80	115		
21×3～30×3	优	6.0	2.0	14.7		30	40		
	一	10.0	3.0			50	75		
	二	14.0	4.0			80	115		

六、精梳棉股线的技术要求(表1-2-40)

表1-2-40　精梳棉股线的技术要求

线密度(tex)	等别	单强变异系数(%)不大于	重量变异系数(%)不大于	单线断裂强度(cN/tex)不小于	重量偏差(%)不大于	棉结粒数(粒/g)不多于	棉结杂质粒数(粒/g)不多于	实际捻系数	
								经线	纬线
4×2~4.5×2	优	10.0	2.0	14.5	±2.5	20	25	360~480	320~440
	一	14.0	3.0			40	45		
	二	18.0	4.0			60	65		
5×2~5.5×2	优	9.5	2.0	14.5		20	25		
	一	13.5	3.0			40	45		
	二	17.5	4.0			60	65		
6×2~7.5×2	优	9.0	2.0	14.7		20	25	380~500	340~460
	一	13.0	3.0			40	45		
	二	17.0	4.0			60	65		
8×2~10×2	优	8.5	2.0	14.9		20	25		
	一	12.5	3.0			40	45		
	二	16.5	4.0			60	65		
11×2~20×2	优	8.0	2.0	14.9		15	20		
	一	12.0	3.0			30	40		
	二	16.0	4.0			45	55		
21×2~24×2	优	7.5	2.0	15.1		15	20		
	一	11.5	3.0			30	40		
	二	15.5	4.0			45	55		
4×3~5.5×3	优	7.0	2.0	15.7		13	15	360~480	310~430
	一	11.0	3.0			35	40		
	二	15.0	4.0			50	55		
6×3~7.5×3	优	6.5	2.0	15.9		13	15	380~500	320~440
	一	10.5	3.0			35	40		
	二	14.5	4.0			50	55		
8×3~10×3	优	6.0	2.0	16.1		13	15		
	一	10.0	3.0			35	40		
	二	14.0	4.0			50	55		
11×3~20×3	优	5.5	2.0	16.1		8	10		
	一	9.5	3.0			30	35		
	二	13.5	4.0			35	45		
21×3~24×3	优	5.0	2.0	16.3		8	10		
	一	9.0	3.0			30	35		
	二	13.0	4.0			35	45		

七、梳棉织布起绒(包括刮绒和割绒)用纱的技术要求(表1-2-41)

表1-2-41 梳棉织布起绒(包括刮绒和割绒)用纱的技术要求

线密度(tex)	等别	单强变异系数(%)不大于	重量变异系数(%)不大于	单纱断裂强度(cN/tex)不小于	重量偏差(%)不大于	条干均匀度 黑板条干10块板比例(优:一:二:三)不低于	条干均匀度 条干变异系数(%)不大于	棉结粒数(粒/克)不多于	棉结杂质粒数(粒/克)不多于	实际捻系数 不大于	优等纱纱疵(个/10万米)不多于
8~10	优	11.0	2.5	9.4	±2.5	7:3:0:0	18.5	45	55	340	40
	一	15.5	3.7			0:7:3:0	21.5	90	115		
	二	21.0	5.0			0:0:7:3	24.5	135	170		
11~13	优	11.0	2.5	9.6		7:3:0:0	18.5	45	65		
	一	15.5	3.7			0:7:3:0	21.5	90	125		
	二	20.0	5.0			0:0:7:3	24.5	135	190		
14~15	优	10.5	2.5	9.8		7:3:0:0	18.0	45	65	340	
	一	15.0	3.7			0:7:3:0	21.0	90	125		
	二	19.5	5.0			0:0:7:3	24.0	135	190		
16~20	优	10.0	2.5	10.0		7:3:0:0	17.5	45	65		
	一	14.5	3.7			0:7:3:0	20.5	90	125		
	二	19.0	5.0			0:0:7:3	23.5	135	190		
21~30	优	9.5	2.5	10.2		7:3:0:0	17.0	45	65		
	一	14.0	3.7			0:7:3:0	20.0	90	125		
	二	18.5	5.0			0:0:7:3	23.0	135	190		
32~34	优	9.0	2.5	10.0		7:3:0:0	16.5	30	50	330	
	一	13.5	3.7			0:7:3:0	19.5	65	105		
	二	18.0	5.0			0:0:7:3	22.5	95	155		
36~60	优	8.5	2.5	9.8		7:3:0:0	16.0	30	50		
	一	13.0	3.7			0:7:3:0	19.0	65	50		
	二	17.5	5.0			0:0:7:3	22.0	95	155		
64~84	优	8.5	2.5	9.6	±2.8	7:3:0:0	15.5	30	50		
	一	13.0	3.7			0:7:3:0	18.5	65	105		
	二	17.5	5.0			0:0:7:3	21.5	95	155		
88~92	优	8.5	2.5	9.4		7:3:0:0	15.0	30	50		
	一	13.0	3.7			0:7:3:0	18.0	65	105		
	二	17.5	5.0			0:0:7:3	21.0	95	155		

八、精梳棉织布起绒(包括刮绒和割绒)用纱的技术要求(表1-2-42)

表1-2-42 精梳棉织布起绒(包括刮绒和割绒)用纱的技术要求

线密度(tex)	等别	单强变异系数(%)不大于	重量变异系数(%)不大于	单纱断裂强度(cN/tex)不小于	重量偏差(%)不大于	条干均匀度		棉结粒数(粒/克)不多于	棉结杂质粒数(粒/克)不多于	实际捻系数	优等纱纱疵(个/10万米)不多于
						黑板条干10块板比例(优:一:二:三)不低于	条干变异系数(%)不大于				
11~15	优	9.5	2.5	11.2	±2.5	7:3:0:0	15.5	20	25	320	30
	一	14.0	3.7			0:7:3:0	18.5	45	55		
	二	18.5	5.0			0:0:7:3	21.5	65	80		
16~20	优	8.5	2.5	1.4		7:3:0:0	14.5	20	25		
	一	13.0	3.7			0:7:3:0	17.5	45	55		
	二	17.5	5.0			0:0:7:3	20.5	65	80		
21~30	优	8.0	2.5	11.6		7:3:0:0	13.5	20	25		
	一	12.5	3.7			0:7:3:0	16.5	45	55		
	二	17.0	5.0			0:0:7:3	19.5	65	80		
32~36	优	8.0	2.5	11.8		7:3:0:0	13.0	20	25		
	一	12.5	3.7			0:7:3:0	16.0	45	55		
	二	17.0	5.0			0:0:7:3	19.0	65	80		

九、精梳涤/棉混纺本色纱线标准说明

根据国家标准GB 5324—89的规定,精梳涤/棉混纺本色纱线(适用于环锭纺纱线)分等规定为:

(1)纱线的品等分为优等、一等、二等,低于二等指标者作三等。

(2)优等品单纱以断裂强力变异系数 *CV%*、百米重量变异系数 *CV%*、条干均匀度变异系数 *CV%* 和1g内棉结粒数及1g内棉结杂质总数评定,当五项的品等不同时,按五项中最低的一项品等评定。

(3)优等品股线以断裂强力变异系数 *CV%*、百米重量变异系数 *CV%*、条干均匀度变异系数 *CV%* 和1g内棉结粒数评定,当四项的品等不同时,按四项中最低的一项品等评定。

(4)一等、二等品单纱以断裂强力变异系数 *CV%*、百米重量变异系数 *CV%*、条干均匀度变异系数 *CV%* 和1g内棉结粒数四项中最低的品等评定。

(5)一等、二等品股线以断裂强力变异系数 *CV%*、百米重量变异系数 *CV%*、1g内棉结粒数三项中最低的品等评定。

(6)单纱断裂强度或百米重量偏差超出允许范围时,在单纱(线)断裂强力变异系数 *CV%* 和百米重量变异系数 *CV%* 原评等的基础上作顺降一个等处理,如两项都超出范围时,也只顺降一次,降为二等为止。

十、精梳涤/棉混纺本色纱的技术要求(表 1-2-43)

表 1-2-43 精梳涤/棉混纺本色纱的技术要求

线密度(tex)	等别	单强变异系数(%)不大于	重量变异系数(%)不大于	单纱断裂强度(cN/tex)不小于		重量偏差(%)不大于	条干均匀度		棉结粒数(粒/克)不多于		优等纱纱疵(个/10 万米)不多于
				涤 60%及以上	涤 50%~60%		黑板条干 10 块板比例(优:一:二:三)不低于	条干变异系数(%)不大于	涤 60%及以上	涤 50%~60%	
6~6.5	优	16.0	2.5	12.3	12.3	±2.5	7:3:0:0	19.5	17	19	25
	一	20.0	3.5				0:7:3:0	21.5	27	32	
	二	23.0	4.5				0:0:7:3	23.5	37	47	
7~7.5	优	15.5	2.5	12.3	12.3		7:3:0:0	18.5	17	19	25
	一	19.5	3.5				0:7:3:0	20.5	27	32	
	二	22.5	4.5				0:0:7:3	22.5	37	47	
8~10	优	15.0	2.5	12.7	12.5		7:3:0:0	17.5	15	17	25
	一	19.0	3.5				0:7:3:0	19.5	25	30	
	二	22.0	4.5				0:0:7:3	21.5	35	45	
11~13	优	14.0	2.5	13.7	13.5		7:3:0:0	16.0	15	17	25
	一	18.0	3.5				0:7:3:0	18.0	25	30	
	二	21.0	4.5				0:0:7:3	20.0	35	45	
14~16	优	13.0	2.5	14.2	14.0		7:3:0:0	15.5	15	17	25
	一	17.5	3.5				0:7:3:0	18.0	25	30	
	二	20.0	4.5				0:0:7:3	20.0	35	45	
17~20	优	12.5	2.5	14.7	14.0		7:3:0:0	15.0	13	15	5
	一	16.5	3.5				0:7:3:0	17.5	23	25	
	二	19.5	4.5				0:0:7:3	19.5	33	40	
21~24	优	12.0	2.5	15.7	15.0	±2.8	7:3:0:0	14.0	13	15	20
	一	16.0	3.5				0:7:3:0	17.0	23	25	
	二	19.0	4.5				0:0:7:3	19.0	33	40	
25~30	优	11.5	2.5	16.7	15.5		7:3:0:0	13.5	13	15	20
	一	15.5	3.5				0:7:3:0	16.5	23	25	
	二	18.5	4.5				0:0:7:3	18.5	33	40	
32 及以上	优	10.5	2.5	18.1	16.0		7:3:0:0	13.0	11	15	20
	一	14.5	3.5				0:7:3:0	16.0	21	25	
	二	17.5	4.5				0:0:7:3	18.0	31	40	

十一、精梳涤/棉混纺本色线的技术要求(表1-2-44)

表1-2-44　精梳涤棉混纺本色线的技术要求

线密度(tex)	等别	单强变异系数(%)不大于	重量变异系数(%)不大于	单纱断裂强度(cN/tex)不小于		重量偏差(%)不大于	棉结粒数(粒/g)不多于		优等纱纱疵(个/10万米)不多于
				涤60%及以上	涤50%~60%		涤60%及以上	涤50%~60%	
6×2~7.5×2	优	10.5	2.0	15.7	15.5	±2.5	11	12	13.5
	一	13.0	3.0				16	20	
	二	15.5	4.0				26	30	
8×2~10×2	优	10.0	2.0	16.7	16.0		10	12	12.5
	一	12.5	3.0				15	20	
	二	15.0	4.0				25	30	
11×2~13×2	优	9.5	2.0	17.6	17.0		10	12	11.5
	一	12.0	3.0				15	20	
	二	14.5	4.0				25	30	
14×2~16×2	优	9.0	2.0	18.6	18.0		10	12	11.0
	一	11.5	3.0				15	20	
	二	14.0	4.0				25	30	
17×2~20×2	优	9.0	2.0	19.6	18.5		9	10	11.0
	一	11.0	3.0				14	18	
	二	13.5	4.0				24	28	
21×2~24×2	优	8.0	2.0	20.6	19.0		9	10	10.5
	一	10.5	3.0				14	18	
	二	13.0	4.0				24	28	
25×2~30×2	优	8.0	2.0	21.6	19.5		9	10	10.0
	一	10.5	3.0				14	18	
	二	13.0	4.0				24	28	
32×2及以上	优	7.5	2.0	23.5	20.5		8	10	9.5
	一	10.0	3.0				13	18	
	二	12.5	4.0				23	28	

十二、粘纤本色纱线标准(依据 FZ/T 12003—1995)

(一)粘纤本色纱的技术要求(表 1-2-45)

表 1-2-45 粘纤本色纱的技术要求

<table>
<tr><th rowspan="2">线密度(tex)</th><th rowspan="2">等别</th><th rowspan="2">单强变异系数(%)不大于</th><th rowspan="2">重量变异系数(%)不大于</th><th rowspan="2">单纱断裂强度(cN/tex)不小于</th><th rowspan="2">重量偏差(%)不大于</th><th colspan="2">条干均匀度</th><th rowspan="2">实际捻系数不大于</th><th rowspan="2">优等纱纱疵(个/10万米)不多于</th></tr>
<tr><th>黑板外观质量(优:一:二:三)不低于</th><th>条干变异系数(%)不大于</th></tr>
<tr><td rowspan="3">8~10</td><td>优</td><td>12.5</td><td>2.5</td><td rowspan="3">9.5</td><td rowspan="21">±2.5</td><td>7:3:0:0</td><td>17.0</td><td rowspan="21">260~330</td><td rowspan="21">35</td></tr>
<tr><td>一</td><td>15.5</td><td>3.7</td><td>0:7:3:0</td><td>19.5</td></tr>
<tr><td>二</td><td>17.5</td><td>5.0</td><td>0:0:7:3</td><td>22.0</td></tr>
<tr><td rowspan="3">11~13</td><td>优</td><td>12.0</td><td>2.5</td><td rowspan="3">10.0</td><td>7:3:0:0</td><td>16.0</td></tr>
<tr><td>一</td><td>15.0</td><td>3.7</td><td>0:7:3:0</td><td>18.5</td></tr>
<tr><td>二</td><td>17.0</td><td>5.0</td><td>0:0:7:3</td><td>21.0</td></tr>
<tr><td rowspan="3">14~15</td><td>优</td><td>11.5</td><td>2.5</td><td rowspan="3">10.5</td><td>7:3:0:0</td><td>15.0</td></tr>
<tr><td>一</td><td>14.5</td><td>3.7</td><td>0:7:3:0</td><td>17.5</td></tr>
<tr><td>二</td><td>16.5</td><td>5.0</td><td>0:0:7:3</td><td>20.0</td></tr>
<tr><td rowspan="3">16~20</td><td>优</td><td>11.0</td><td>2.5</td><td rowspan="3">11.0</td><td>7:3:0:0</td><td>14.0</td></tr>
<tr><td>一</td><td>14.0</td><td>3.7</td><td>0:7:3:0</td><td>16.5</td></tr>
<tr><td>二</td><td>16.0</td><td>5.0</td><td>0:0:7:3</td><td>19.0</td></tr>
<tr><td rowspan="3">21~24</td><td>优</td><td>10.5</td><td>2.5</td><td rowspan="3">11.5</td><td>7:3:0:0</td><td>13.0</td></tr>
<tr><td>一</td><td>13.5</td><td>3.7</td><td>0:7:3:0</td><td>15.5</td></tr>
<tr><td>二</td><td>15.5</td><td>5.0</td><td>0:0:7:3</td><td>18.0</td></tr>
<tr><td rowspan="3">25~30</td><td>优</td><td>10.0</td><td>2.5</td><td rowspan="3">12.0</td><td>7:3:0:0</td><td>12.0</td></tr>
<tr><td>一</td><td>13.0</td><td>3.7</td><td>0:7:3:0</td><td>14.5</td></tr>
<tr><td>二</td><td>15.0</td><td>5.0</td><td>0:0:7:3</td><td>17.0</td></tr>
<tr><td rowspan="3">32~60</td><td>优</td><td>9.0</td><td>2.5</td><td rowspan="3">12.5</td><td>7:3:0:0</td><td>11.0</td></tr>
<tr><td>一</td><td>12.0</td><td>3.7</td><td>0:7:3:0</td><td>13.5</td></tr>
<tr><td>二</td><td>14.0</td><td>5.0</td><td>0:0:7:3</td><td>16.0</td></tr>
<tr><td rowspan="3">64~192</td><td>优</td><td>8.0</td><td>2.5</td><td rowspan="3">13.0</td><td></td><td>7:3:0:0</td><td>10.0</td><td></td><td></td></tr>
<tr><td>一</td><td>11.0</td><td>3.7</td><td></td><td>0:7:3:0</td><td>12.5</td><td></td><td></td></tr>
<tr><td>二</td><td>13.0</td><td>5.0</td><td></td><td>0:0:7:3</td><td>15.0</td><td></td><td></td></tr>
</table>

注 黑板外观质量按 GB/T 9996 评定。

(二)粘纤本色线的技术要求(表1-2-46)

表1-2-46　粘纤本色线的技术要求

线密度(tex)	等别	单强变异系数(%)不大于	重量变异系数(%)不大于	单纱断裂强度(cN/tex)不小于	重量偏差(%)不大于	实际捻系数不大于	优等纱纱疵(个/10万米)不多于
	优	10.0	2.0				
8×2~10×2	一	13.0	3.0	11.5	±2.5		
	二	15.0	4.0				
	优	9.5	2.0				
11×2~13×2	一	12.5	3.0	12.0			
	二	14.5	4.0				
	优	9.0	2.0				
14×2~15×2	一	12.0	3.0	12.5			
	二	14.0	4.0				
	优	8.5	2.0				
16×2~20×2	一	11.5	3.0	13.0			
	二	13.5	4.0			350~440	25
	优	8.0	2.0				
21×2~24×2	一	11.0	3.0	13.5	±2.5		
	二	13.0	4.0				
	优	7.5	2.0				
25×2~30×2	一	10.5	3.0	14.0			
	二	12.5	4.0				
	优	7.0	2.0				
32×2~60×2	一	10.0	3.0	14.5			
	二	12.0	4.0				
	优	6.5	2.0				
64×2~192×2	一	9.5	3.0	15.0			
	二	11.5	4.0				

十三、转杯纺本色纱标准（依据 FZ/T 12001—1992）（表 1－2－47）

表 1－2－47 转杯纺本色纱标准

线密度（tex）	等别	单强变异系数（%）不大于	重量变异系数（%）不大于	黑板外观质量（优∶一∶二∶三）不低于	单纱断裂强度（cN/tex）不小于 起绒	纬纱	经纱	重量偏差（%）不大于
24～26	优	12.0	2.5	7∶3∶0∶0	6.6	8.0	8.4	±2.8
	一	14.5	3.5	0∶7∶3∶0				
	二	17.0	4.5	0∶0∶7∶3				
28～31	优	12.0	2.5	7∶3∶0∶0	6.8	8.2	8.6	
	一	14.5	3.5	0∶7∶3∶0				
	二	17.0	4.5	0∶0∶7∶3				
32～34	优	11.0	2.5	7∶3∶0∶0	7.0	8.4	9.0	
	一	13.5	3.5	0∶7∶3∶0				
	二	16.0	4.5	0∶0∶7∶3				
36～42	优	11.0	2.5	7∶3∶0∶0	7.2	8.4	9.0	
	一	13.5	3.5	0∶7∶3∶0				
	二	16.0	4.5	0∶0∶7∶3				
44～60	优	11.0	2.5	7∶3∶0∶0	7.4	8.8	9.2	
	一	13.5	3.5	0∶7∶3∶0				
	二	16.0	4.5	0∶0∶7∶3				
64～84	优	10.0	2.5	7∶3∶0∶0	7.6	9.0	9.4	
	一	12.5	3.5	0∶7∶3∶0				
	二	15.0	4.5	0∶0∶7∶3				
88～192	优	10.0	2.5	7∶3∶0∶0	7.8	9.2	9.6	
	一	12.5	3.5	0∶7∶3∶0				
	二	15.0	4.5	0∶0∶7∶3				

十四、腈纶本色纱标准(依据 FZ/T 12009—1999)(表 1-2-48)

表 1-2-48 腈纶本色纱标准

线密度(tex)	等别	单强变异系数(%)不大于	重量变异系数(%)不大于	单纱断裂强度(cN/tex)不小于	重量偏差(%)不大于	条干均匀度		实际捻系数不大于	优等纱纱疵(个/10万米)不多于
						黑板外观质量(优:一:二:三)不低于	条干变异系数(%)不大于		
	优	14.0	2.5		±2.5	7:3:0:0	18.0	260~320	30
10~11	一	18.0	3.7	11.6		0:7:3:0	20.0		
	二	22.0	5.0			0:0:7:3	22.0		
	优	13.0	2.5			7:3:0:0	17.0		
12~13	一	17.0	3.7	11.8		0:7:3:0	19.0		
	二	21.0	5.0			0:0:7:3	21.0		
	优	12.5	2.5			7:3:0:0	16.0		
14~15	一	16.5	3.7	12.0		0:7:3:0	18.0		
	二	20.5	5.0			0:0:7:3	20.0		
	优	12.0	2.5			7:3:0:0	15.0	250~310	
16~19	一	16.0	3.7	12.2		0:7:3:0	17.0		
	二	20.0	5.0			0:0:7:3	19.0		
	优	11.5	2.5			7:3:0:0	14.0		
20~24	一	15.5	3.7	12.4		0:7:3:0	16.0		
	二	19.5	5.0			0:0:7:3	18.0		
	优	11.0	2.5			7:3:0:0	13.5	240~300	
25~30	一	15.0	3.7	12.6		0:7:3:0	15.5		
	二	19.0	5.0			0:0:7:3	17.5		
	优	10.5	2.5			7:3:0:0	12.5		
32~48	一	14.5	3.7	12.8		0:7:3:0	14.5		
	二	18.5	5.0			0:0:7:3	16.5		
	优	10.0	2.5			7:3:0:0	11.5		
50~88	一	14.0	3.7	13.0		0:7:3:0	13.5		
	二	18.0	5.0			0:0:7:3	15.5		

第八节 Ustetr 统计值

Uster 统计值是乌斯特公司从世界各地收集棉、毛、化纤及其他混纺的环锭纱与转杯纺细纱的试样进行测试,并将测试结果进行统计的经验值。它是当今世界上较为系统与完整的纱线质量统计资料。通过此值可以了解世界范围内的纱线质量情况,对于纺织企业对照产品质量、加强控制起一定的指导作用。各指标的统计值分 5% 水平、25% 水平、50% 水平、75% 水平。

一、有关 2001 乌斯特统计值的几点说明

(1)本手册根据 2001 乌斯特统计值摘取棉纺部分常用质量指标和常见产品,以统计值粗黑线宽度读出数,用数字表方式列出,以便查阅使用。

(2)2001 乌斯特统计值是按以下试验条件测试数据的统计值。因此当读者用自己的测试结果与统计值做对比时,必须考虑试验条件的差异和影响。

①实验温度为(20 ±2)℃,相对湿度为(65 ±2)%,试样经过调湿处理。

②测试仪器为 Uster 公司制造,并正确设定与校正。

③每项试验按规定的试样数量,如条干均匀度、毛羽及频发性纱疵试验,每次取 10 个试样,每个试样测一次,采用 400m/min 测量 1000 米(2.5min)。拉伸试验如用 TENSORAPID 单纱强力仪,每次取 10 个试样,每个试样测 20 次,采取 5m/min 的速度拉伸。

(3)与统计值做对比时,应考虑测试结果的置信区限与仪器的系统误差。

(4)2001 乌斯特统计值将纯棉的针织纱与机织纱分开统计。两者以捻系数值大小来区分,小于下列捻系数者即为针织纱。

精梳棉纱: $\alpha_t = 352(\alpha_e = 3.7, \alpha_m = 112)$

普梳棉纱: $\alpha_t = 371(\alpha_e = 3.9, \alpha_m = 119)$

(5)精梳棉纱(管纱与筒子纱)随着线密度的变化,由于使用棉纤维条件的相应改变,在统计值图上 14.5 ~12.5tex 之间统计值粗红线是断开的。本手册的数字表将断开处以双线分隔开。同理,棉纤维的质量统计值也是根据纤维长度分成两段,本数字表也是用双线分隔开。

(6)2001 乌斯特统计值频发性纱疵的设定灵敏度界限,新增加一档为:细节 −40%,粗节 +35%,棉结 +140%,转杯纺、喷气纺棉结为 +200%。

(7)2001 乌斯特统计值的拉伸试验有 TENSORAPID 5m/min 和 TENSOJET 400m/min 两种,本手册的数字表仅列举了 5m/min 一种。

(8)条子统计值是在线检测数据的统计值。

(9)为了使数据达到一定分辨程度,本数字表中成纱质量统计值的读数是 10 以下取 2 位小数,10 ~50 取 1 位小数,1000 以上取 3 位有效数。读者使用时可根据不同的指标要求取整或取小数位数。

二、环锭纺普梳纯棉机织管纱

试样来源:亚太 28%,东欧 3%,西欧 12%,非洲、中东 19%,南美 22%,北美 16%。

1. 条干均匀度、毛羽、频发性纱疵(表 1-2-49)

表 1-2-49 环锭纺普梳纯棉机织管纱条干均匀度、毛羽、频发性纱疵

线密度 (tex)	条干变异系数 CV_m(%)				
	5%	25%	50%	75%	95%
100	9.35~9.65	11.6~12.0	12.6~13.0	14.6~15.0	16.2~16.8
59	10.5~10.8	12.5~12.9	13.5~13.9	15.4~15.8	17.0~17.6
36	11.7~12.1	13.3~13.8	14.4~14.8	16.2~16.6	17.7~18.4
29.5	12.2~12.6	13.7~14.2	14.8~15.2	16.5~16.9	18.0~18.7
21	13.2~13.6	14.3~14.8	15.4~15.9	17.0~17.5	18.5~19.2
19.5	13.4~13.8	14.5~15.0	15.6~16.1	17.2~17.7	18.7~19.4
18	13.7~14.1	14.7~15.2	15.7~16.2	17.3~17.8	18.8~19.5
16	14.0~14.5	14.9~15.4	16.0~16.5	17.5~18.0	19.0~19.7
14.5	14.3~14.8	15.1~15.6	16.2~16.7	17.7~18.2	19.2~19.9
14	14.4~14.9	15.2~15.7	16.3~16.8	17.7~18.2	19.2~19.9
13	14.6~15.1	15.3~15.8	16.4~16.9	17.9~18.4	19.3~20.0
12.5	14.8~15.3	15.4~15.9	16.5~17.0	18.0~18.5	19.4~20.1
线密度 (tex)	毛羽指数 *H*				
	5%	25%	50%	75%	95%
100	7.65~8.00	8.60~9.00	9.40~9.95	10.3~10.9	11.5~12.1
59	6.29~6.58	6.98~7.31	7.68~8.13	8.43~8.92	9.35~9.83
36	5.24~5.48	5.76~6.02	6.36~6.73	7.00~7.41	7.71~8.11
29.5	4.87~5.10	5.32~5.57	5.90~6.24	6.50~6.88	7.13~7.51
21	4.30~4.50	4.66~4.88	5.18~5.48	5.72~6.05	6.25~6.57
19.5	4.18~4.37	4.52~4.74	5.04~5.33	5.56~5.88	6.07~6.38
18	4.06~4.25	4.38~4.59	4.88~5.17	5.39~5.71	5.88~6.19
16	3.89~4.07	4.19~4.38	4.67~4.94	5.16~5.46	5.62~5.91
14.5	3.75~3.92	4.03~4.21	4.50~4.76	4.97~5.26	5.40~5.69
14	3.70~3.87	3.97~4.16	4.44~4.70	4.91~5.19	5.33~5.61
13	3.60~3.77	3.86~4.04	4.31~4.57	4.77~5.05	5.18~5.45
12.5	3.55~3.71	3.80~3.98	4.25~4.50	4.70~4.97	5.10~5.37
线密度 (tex)	细节(-40%)(个/km)				
	5%	25%	50%	75%	95%
100	3.00~3.75	8.30~9.90	40.0~49.0	100~125	335~400
59	10.3~12.9	23.6~28.2	83~102	175~219	484~578
36	32.2~40.3	62~74	163~199	295~369	681~578
29.5	51~64	92~110	214~262	364~456	782~934

续表

线密度(tex)	细节(-40%)(个/km)				
	5%	25%	50%	75%	95%
21	112~140	180~214	341~417	522~653	990~1180
19.5	134~167	208~248	378~463	565~707	1040~1250
18	161~201	244~291	422~517	616~769	1100~1320
16	211~264	307~367	495~607	697~871	1200~1430
14.5	266~332	374~446	595~728	802~1000	1310~1570
14	288~360	400~477	595~728	802~1000	1310~1570
13	342~428	463~552	658~806	868~1090	1380~1650
12.5	375~469	500~593	695~851	905~1130	1420~1700

线密度(tex)	细节(-50%)(个/km)				
	5%	25%	50%	75%	95%
100	—	—	1.06~1.30	3.00~3.55	14.5~17.4
59	—	1.33~1.66	2.88~3.53	7.43~8.80	35.8~42.9
36	1.75~2.10	3.38~4.21	7.26~8.90	17.2~20.4	83~99
29.5	2.49~2.99	4.92~6.14	10.5~12.9	24.2~28.6	116~139
21	4.56~5.47	9.35~11.7	20.0~24.5	43.2~51	207~248
19.5	5.21~6.25	10.8~13.4	23.0~28.2	49.1~58	235~282
18	6.02~7.22	12.5~15.7	26.7~32.8	56~67	269~323
16	7.41~8.89	15.7~19.5	33.3~40.9	69~81	328~394
14.5	8.84~10.6	18.9~23.6	40.1~49.2	82~96	389~466
14	9.39~11.3	20.2~25.2	42.8~52	86~102	412~494
13	10.7~12.9	23.2~29.0	49.2~60	98~116	467~561
12.5	11.5~13.8	25.0~31.2	53~65	105~124	500~600

线密度(tex)	粗节(+35%)(个/km)				
	5%	25%	50%	75%	95%
100	51~61	300~370	480~580	700~810	1290~1500
59	105~126	429~529	657~794	909~1050	1520~1770
36	207~247	598~737	878~1060	1160~1340	1770~2060
29.5	271~325	684~843	987~1190	1280~1480	1880~2190
21	432~517	859~1060	1210~1460	1570~1750	2090~2430
19.5	497~573	904~1120	1260~1520	1570~1810	2140~2480
18	535~639	954~1180	1320~1600	1630~1890	2190~2550
16	628~751	1030~1270	1420~1710	1730~2000	2270~2640
14.5	719~860	1100~1360	1500~1820	1810~2130	2340~2720
14	753~901	1130~1390	1530~1850	1840~2130	2370~2750

续表

线密度 (tex)	粗节(+35%)(个/km)				
	5%	25%	50%	75%	95%
13	834~997	1190~1470	1600~1940	1910~2210	2420~2810
12.5	880~1050	1220~1510	1640~1980	1950~2260	2450~2850

线密度 (tex)	粗节(+50%)(个/km)				
	5%	25%	50%	75%	95%
100	10.5~13.0	41.0~50.0	76~90	120~145	180~215
59	23.3~28.9	70~86	121~144	182~220	278~332
36	48.9~61	116~141	187~222	267~323	415~496
29.5	66~82	142~173	223~264	312~377	488~583
21	110~136	200~245	301~356	406~491	644~770
19.5	123~152	216~264	321~380	431~521	685~818
18	139~172	235~286	345~408	459~555	732~874
16	166~205	264~323	382~453	503~608	805~962
14.5	192~238	293~357	417~494	543~657	873~1040
14	202~250	303~369	430~509	558~674	898~1070
13	226~280	327~398	459~543	591~715	954~1140
12.5	240~297	340~415	475~563	610~737	985~1180

线密度 (tex)	棉结(+140%)(个/km)				
	5%	25%	50%	75%	95%
100	17.0~21.0	46.0~56	92~110	198~245	390~470
59	52~64	114~139	206~247	386~477	670~807
36	144~178	263~321	436~522	715~885	1110~1330
29.5	218~269	370~450	590~705	918~1140	1350~1630
21	443~547	660~803	989~1180	1410~1740	1910~2310
19.5	518~640	749~912	1110~1330	1550~1910	2070~2490
18	613~757	860~1050	1250~1500	1710~2120	2240~2700
16	782~966	1050~1280	1500~1790	1980~2450	2530~3050
14.5	962~1190	1240~1510	1740~2080	2240~2770	2800~3370
14	1030~1280	1320~1600	1830~2190	2340~2900	2890~3490
13	1210~1490	1500~1820	2050~2450	2570~3180	3120~3760
12.5	1310~1620	1600~1950	2180~2610	2700~3340	3250~3920

线密度 (tex)	棉结(+200%)(个/km)				
	5%	25%	50%	75%	95%
100	2.00~2.50	7.10~8.80	12.5~15.5	47.0~57	80~98
59	7.71~9.63	21.0~26.1	35.1~43.4	100~121	161~198

续表

线密度(tex)	棉结(+200%)(个/km)				
	5%	25%	50%	75%	95%
36	26.9~33.6	58~71	91~113	202~245	309~379
29.5	44.5~56	86~107	134~166	268~325	402~492
21	106~132	173~214	259~321	434~527	629~771
19.5	128~160	201~250	300~371	483~586	695~851
18	157~196	238~294	350~434	542~657	773~947
16	211~264	302~374	440~545	640~776	902~1110
14.5	296~370	396~491	533~660	737~894	1030~1260
14	296~370	396~491	569~706	774~938	1080~1320
13	357~447	461~572	658~815	860~1040	1190~1450
12.5	395~494	500~620	710~880	910~1100	1250~1530

2. 拉伸性能(CRE 5m/min)(表1-2-50)

表1-2-50 环锭纺普梳纯棉机织管纱拉伸性能

线密度(tex)	断裂强度(cN/tex)				
	5%	25%	50%	75%	95%
100	21.9~22.6	17.6~18.2	16.1~16.7	15.3~15.8	14.0~14.4
59	21.6~22.3	17.7~18.3	16.1~16.7	15.2~15.7	14.0~14.4
36	21.3~22.0	17.8~18.4	16.2~16.8	15.1~15.6	14.0~14.4
29.5	21.2~21.9	17.9~18.5	16.2~16.8	15.1~15.6	13.9~14.3
21	21.0~21.7	17.9~18.5	16.2~16.8	15.1~15.6	13.9~14.3
19.5	21.0~21.7	17.9~18.5	16.2~16.8	15.1~15.6	13.9~14.3
18	20.9~21.6	18.0~18.6	16.2~16.8	15.0~15.5	13.9~14.3
16	20.8~21.5	18.0~18.6	16.2~16.8	15.0~15.5	13.9~14.3
14.5	20.8~21.5	18.0~18.6	16.2~16.8	15.0~15.5	13.9~14.3
14	20.8~21.5	18.0~18.6	16.2~16.8	15.0~15.5	13.9~14.3
13	20.7~21.4	18.0~18.6	16.2~16.8	15.0~15.5	13.9~14.3
12.5	20.7~21.4	18.0~18.6	16.2~16.8	15.0~15.5	13.9~14.3
线密度(tex)	**强度变异系数 *CV*(%)**				
	5%	25%	50%	75%	95%
100	5.80~6.03	6.45~6.70	7.20~7.50	9.10~9.45	11.5~11.9
59	6.41~6.67	7.04~7.32	7.75~8.07	9.37~9.73	11.5~11.9
36	7.04~7.32	7.64~7.94	8.29~8.64	9.63~10.0	11.5~11.9
29.5	7.31~7.60	7.89~8.20	8.52~8.88	9.73~10.1	11.5~11.9
21	7.79~8.10	8.35~8.67	8.93~9.31	9.95~10.3	11.5~11.9

续表

线密度 (tex)	强度变异系数 CV(%)				
	5%	25%	50%	75%	95%
19.5	7.91 ~ 8.22	8.45 ~ 8.78	9.03 ~ 9.40	9.95 ~ 10.3	11.5 ~ 11.9
18	8.03 ~ 8.35	8.57 ~ 8.90	9.13 ~ 9.51	10.0 ~ 10.4	11.5 ~ 11.9
16	8.21 ~ 8.53	8.74 ~ 9.07	9.28 ~ 9.66	10.0 ~ 10.4	11.5 ~ 11.9
14.5	8.36 ~ 8.69	8.88 ~ 9.22	9.41 ~ 9.80	10.1 ~ 10.5	11.5 ~ 11.9
14	8.42 ~ 8.75	8.93 ~ 9.28	9.45 ~ 9.84	10.1 ~ 10.5	11.5 ~ 11.9
13	8.54 ~ 8.87	9.04 ~ 9.39	9.55 ~ 9.95	10.2 ~ 10.6	11.5 ~ 11.9
12.5	8.60 ~ 8.94	9.10 ~ 9.45	9.60 ~ 10.0	10.2 ~ 10.6	11.5 ~ 11.9
线密度 (tex)	断裂伸长率(%)				
	5%	25%	50%	75%	95%
100	10.7 ~ 11.0	9.80 ~ 10.1	8.70 ~ 9.00	7.25 ~ 7.50	6.70 ~ 6.90
59	9.07 ~ 9.32	8.42 ~ 8.68	7.65 ~ 7.91	6.63 ~ 6.86	6.19 ~ 6.37
36	7.78 ~ 8.00	7.31 ~ 7.53	6.79 ~ 7.02	6.10 ~ 6.31	5.74 ~ 5.92
29.5	7.32 ~ 7.52	6.91 ~ 7.12	6.47 ~ 6.69	5.90 ~ 6.10	5.58 ~ 5.74
21	6.58 ~ 6.77	6.27 ~ 6.46	5.96 ~ 6.16	5.57 ~ 5.76	5.30 ~ 5.46
19.5	6.43 ~ 6.61	6.13 ~ 6.32	5.85 ~ 6.05	5.50 ~ 5.69	5.24 ~ 5.40
18	6.27 ~ 6.45	5.99 ~ 6.18	5.74 ~ 5.93	5.42 ~ 5.61	5.18 ~ 5.33
16	6.05 ~ 6.22	5.80 ~ 5.97	5.57 ~ 5.77	5.32 ~ 5.50	5.09 ~ 5.24
14.5	5.86 ~ 6.03	5.63 ~ 5.81	5.44 ~ 5.63	5.23 ~ 5.41	5.01 ~ 5.16
14	5.80 ~ 5.96	5.58 ~ 5.75	5.40 ~ 5.58	5.20 ~ 5.38	4.98 ~ 5.13
13	5.67 ~ 5.83	5.46 ~ 5.63	5.30 ~ 5.48	5.13 ~ 5.31	4.93 ~ 5.08
12.5	5.60 ~ 5.76	5.40 ~ 5.57	5.25 ~ 5.43	5.10 ~ 5.28	4.90 ~ 5.05
线密度 (tex)	断裂功(cN · cm)				
	5%	25%	50%	75%	95%
100	—	—	3170 ~ 3370	—	1960 ~ 2070
59	2390 ~ 2550	—	1720 ~ 1830	—	1180 ~ 1240
36	1270 ~ 1350	—	978 ~ 1040	—	733 ~ 774
29.5	982 ~ 1050	—	779 ~ 828	—	605 ~ 639
21	634 ~ 677	—	527 ~ 560	—	437 ~ 461
19.5	576 ~ 615	—	483 ~ 514	—	406 ~ 429
18	519 ~ 554	—	441 ~ 468	—	376 ~ 397
16	447 ~ 477	—	385 ~ 410	—	336 ~ 355
14.5	393 ~ 420	—	344 ~ 365	—	306 ~ 323
14	376 ~ 401	—	331 ~ 351	—	296 ~ 312
13	342 ~ 365	—	303 ~ 323	—	275 ~ 291
12.5	325 ~ 347	—	290 ~ 308	—	265 ~ 280

三、环锭纺普梳纯棉机织筒子纱

试样来源：亚太28%，东欧3%，西欧13%，非洲、中东15%，南美25%，北美16%。

1. 条干均匀度、毛羽、频发性纱疵（表1－2－51）

表1－2－51 环锭纺普梳纯棉机织筒子纱条干均匀度、毛羽、频发性纱疵

线密度（tex）	条干变异系数 CV_m（%）				
	5%	25%	50%	75%	95%
100	11.6～12.0	12.3～12.7	13.8～14.2	15.3～15.8	17.5～18.0
59	12.4～12.8	13.2～13.6	14.6～15.1	16.0～16.5	18.0～18.5
36	13.3～13.7	14.1～14.6	15.3～15.8	16.7～17.3	18.4～18.9
29.5	13.6～14.0	14.5～15.0	15.8～16.3	17.0～17.6	18.6～19.1
21	14.3～14.7	15.2～15.7	16.4～16.9	17.6～18.2	18.9～19.4
19.5	14.4～14.8	15.3～15.8	16.5～17.0	17.7～18.3	19.0～19.5
18	14.6～15.0	15.5～16.0	16.7～17.2	17.8～18.4	19.1～19.6
16	14.8～15.2	15.7～16.2	16.9～17.4	18.0～18.6	19.2～19.7
14.5	15.0～15.4	15.9～16.4	17.1～17.6	18.2～18.8	19.3～19.8
14	15.0～15.5	16.0～16.5	17.2～17.7	18.2～18.8	19.3～19.8
13	15.1～15.6	16.2～16.7	17.3～17.8	18.3～18.9	19.4～19.9
12.5	15.2～15.7	16.3～16.8	17.4～17.9	18.4～19.0	19.4～20.0
线密度（tex）	毛羽指数 H				
	5%	25%	50%	75%	95%
100	7.95～8.30	9.00～9.40	10.0～10.5	11.0～11.5	12.2～12.9
59	7.06～7.37	7.86～8.21	8.66～9.10	9.50～9.93	10.4～11.0
36	6.33～6.61	6.94～7.25	7.59～7.96	8.30～8.67	9.05～9.57
29.5	6.06～6.32	6.60～6.89	7.19～7.55	7.86～8.21	8.54～9.03
21	5.61～5.86	6.05～6.32	6.56～6.89	7.15～7.48	7.74～8.18
19.5	5.52～5.76	5.93～6.20	6.43～6.75	7.01～7.33	7.57～8.01
18	5.42～5.66	5.81～6.07	6.29～6.60	6.85～7.17	7.39～7.82
16	5.28～5.52	5.64～5.89	6.09～6.40	6.64～6.94	7.15～7.56
14.5	5.17～5.40	5.50～5.75	5.93～6.23	6.46～6.75	6.94～7.34
14	5.13～5.35	5.46～5.70	5.88～6.17	6.40～6.69	6.87～7.27
13	5.04～5.27	5.35～5.59	5.76～6.05	6.27～6.55	6.73～7.11
12.5	5.00～5.22	5.30～5.54	5.70～5.99	6.20～6.48	6.65～7.03
线密度（tex）	细节（－40%）（个/km）				
	5%	25%	50%	75%	95%
100	14.0～16.5	27.0～33.0	60～74	105～125	200～245
59	31.4～37.0	55～68	108～132	188～231	302～359

续表

线密度(tex)	细节(-40%)(个/km)				
	5%	25%	50%	75%	95%
36	66~78	108~132	188~231	302~359	556~681
29.5	90~105	141~172	234~289	371~441	678~831
21	150~177	223~272	342~422	526~627	952~1170
19.5	168~198	247~301	372~458	569~677	1030~1260
18	190~224	275~336	407~501	618~736	1110~1360
16	227~267	322~394	463~571	697~830	1250~1530
14.5	264~311	368~450	517~638	772~920	1380~1690
14	278~327	386~472	537~663	800~953	1430~1750
13	311~366	427~521	584~720	864~1030	1540~1880
12.5	330~389	450~550	610~752	900~1070	1600~1960
线密度(tex)	细节(-50%)(个/km)				
	5%	25%	50%	75%	95%
100	—	—	1.90~2.30	6.70~8.00	24.00~28.00
59	—	1.80~2.30	4.70~5.69	13.8~16.5	40.7~47.5
36	1.75~2.10	4.35~5.56	10.9~13.2	27.1~32.4	66~77
29.5	2.59~3.10	6.21~7.94	15.3~18.5	35.6~42.5	81~94
21	5.04~6.05	11.4~14.6	27.2~33.0	57~68	113~132
19.5	5.84~7.01	13.1~16.7	31.0~37.5	63~75	122~142
18	6.84~8.21	15.1~19.3	35.5~43.0	70~84	132~154
16	8.61~10.3	18.6~23.8	43.4~52	82~98	149~173
14.5	10.5~12.6	22.2~28.4	51~62	94~112	164~191
14	11.2~13.4	23.6~30.2	54~66	98~118	170~198
13	13.0~15.5	27.0~35.5	62~75	109~130	183~213
12.5	14.0~16.8	29.0~37.1	66~80	115~137	190~222
线密度(tex)	粗节(+35%)(个/km)				
	5%	25%	50%	75%	95%
100	335~400	490~580	690~815	980~1190	1410~1740
59	380~454	577~683	801~946	1130~1370	1640~2020
36	427~510	671~795	920~1090	1290~1570	1880~2320
29.5	448~535	714~845	973~1150	1360~1660	1990~2450
21	486~580	793~938	1070~1270	1500~1820	2190~2700
19.5	495~591	811~960	1090~1290	1530~1850	2230~2760
18	504~602	831~984	1120~1320	1560~1890	2280~2820

续表

线密度(tex)	粗节(+35%)(个/km)				
	5%	25%	50%	75%	95%
16	519~619	862~1020	1160~1370	1610~1950	2360~2910
14.5	531~634	889~1050	1190~1410	1650~2010	2430~3000
14	535~639	898~1060	1200~1420	1670~2030	2450~3020
13	545~651	919~1090	1230~1450	1700~2070	2500~3090
12.5	550~657	930~1100	1240~1470	1720~2090	2530~3120
线密度(tex)	粗节(+50%)(个/km)				
	5%	25%	50%	75%	95%
100	34.0~40.0	57~69	92~110	165~195	375~440
59	43.2~51	72~88	114~137	203~240	455~534
36	54~63	90~109	140~167	245~290	544~639
29.5	59~69	99~119	151~181	265~313	585~687
21	69~81	115~139	174~208	302~357	662~777
19.5	71~84	119~144	179~214	311~368	680~798
18	74~87	123~149	185~222	321~380	701~822
16	78~92	130~157	194~232	336~397	731~858
14.5	81~96	136~164	202~242	349~413	758~889
14	83~97	138~167	205~245	354~418	768~901
13	85~101	142~172	212~253	364~431	789~925
12.5	87~102	145~176	215~257	370~437	800~939
线密度(tex)	棉结(+140%)(个/km)				
	5%	25%	50%	75%	95%
100	39.0~48.0	71~89	125~145	270~325	400~485
59	103~127	168~211	270~313	496~597	694~841
36	253~312	373~468	551~639	870~1050	1160~1400
29.5	364~448	515~646	734~852	1090~1310	1420~1720
21	677~833	893~1120	1201~1393	1610~1940	2020~2450
19.5	766~955	1010~1270	1339~1553	1750~2110	2180~2640
18	899~1110	1150~1440	1504~1745	1920~2320	2370~2880
16	1110~1370	1390~1740	1783~2068	2200~2650	2680~3250
14.5	1340~1640	1630~2050	2058~2387	2460~2960	2970~3600
14	1420~1750	1730~2160	2162~2508	2560~3080	3070~3730
13	1630~2000	1950~2440	2408~2793	2790~3360	3320~4020
12.5	1750~2150	2080~2600	2550~2958	2930~3510	3460~4190

续表

线密度(tex)	棉结(+200%)(个/km)				
	5%	25%	50%	75%	95%
100	8.20~10.0	20.0~24.0	40.0~49.0	67~80	100~125
59	19.1~23.3	40.1~48.1	72~88	115~137	171~214
36	41.8~51	76~92	124~152	189~225	281~351
29.5	57~70	99~119	155~189	231~275	343~428
21	98~120	154~185	225~276	325~388	483~603
19.5	111~135	170~204	245~300	351~419	521~651
18	126~154	189~227	267~328	381~454	565~706
16	152~185	221~265	304~373	428~511	635~794
14.5	178~217	251~302	340~416	474~565	702~878
14	188~229	263~315	353~432	490~585	727~908
13	211~258	290~348	383~469	528~631	783~979
12.5	225~274	305~366	400~490	550~657	815~1020

2. 拉伸性能(CRE 5m/min)(表1-2-52)

表1-2-52　环锭纺普梳纯棉机织筒子纱拉伸性能

线密度(tex)	断裂强度(cN/tex)				
	5%	25%	50%	75%	95%
100	18.7~19.2	17.0~17.5	16.3~16.8	15.2~15.7	14.0~14.4
59	19.0~19.5	17.2~17.7	16.4~16.9	15.3~15.8	14.0~14.4
36	19.4~19.9	17.4~17.9	16.5~17.0	15.4~15.9	14.0~14.4
29.5	19.5~20.0	17.5~18.0	16.6~17.1	15.4~15.9	14.0~14.4
21	19.7~20.2	17.6~18.1	16.7~17.2	15.5~16.0	14.0~14.4
19.5	19.8~20.3	17.6~18.1	16.7~17.2	15.5~16.0	14.0~14.4
18	19.8~20.4	17.7~18.2	16.7~17.2	15.5~16.0	14.0~14.4
16	19.9~20.4	17.7~18.2	16.7~17.2	15.5~16.1	14.0~14.4
14.5	20.0~20.5	17.8~18.3	16.7~17.3	15.5~16.1	14.0~14.4
14	20.0~20.5	17.8~18.3	16.7~17.3	15.5~16.1	14.0~14.4
13	20.1~20.6	17.8~18.3	16.7~17.3	15.5~16.1	14.0~14.4
12.5	20.1~20.6	17.8~18.3	16.7~17.3	15.5~16.1	14.0~14.4
线密度(tex)	强度变异系数 *CV*(%)				
	5%	25%	50%	75%	95%
100	5.60~5.80	6.00~6.20	6.60~6.80	7.40~7.60	8.00~8.25
59	6.30~6.53	6.76~6.98	7.38~7.61	8.21~8.43	8.91~9.19

续表

线密度(tex)	强度变异系数 *CV*(%)				
	5%	25%	50%	75%	95%
36	7.03 ~ 7.28	7.54 ~ 7.79	8.19 ~ 8.44	9.03 ~ 9.28	9.90 ~ 10.2
29.5	7.35 ~ 7.61	7.88 ~ 8.15	8.55 ~ 8.81	9.39 ~ 9.64	10.3 ~ 10.6
21	7.93 ~ 8.21	8.50 ~ 8.79	9.18 ~ 9.46	10.0 ~ 10.3	11.0 ~ 11.3
19.5	8.06 ~ 8.35	8.65 ~ 8.94	9.33 ~ 9.61	10.2 ~ 10.5	11.2 ~ 11.5
18	8.21 ~ 8.50	8.80 ~ 9.10	9.49 ~ 9.78	10.3 ~ 10.6	11.3 ~ 11.7
16	8.42 ~ 8.72	9.04 ~ 9.34	9.73 ~ 10.0	10.6 ~ 10.9	11.6 ~ 12.0
14.5	8.61 ~ 8.92	9.24 ~ 9.55	9.93 ~ 10.2	10.8 ~ 11.1	11.8 ~ 12.2
14	8.68 ~ 8.99	9.31 ~ 9.62	10.0 ~ 10.3	10.9 ~ 11.2	11.9 ~ 12.3
13	8.82 ~ 9.14	9.47 ~ 9.78	10.2 ~ 10.5	11.0 ~ 11.3	12.1 ~ 12.5
12.5	8.90 ~ 9.22	9.55 ~ 9.87	10.3 ~ 10.6	11.1 ~ 11.4	12.2 ~ 12.6

线密度(tex)	断裂伸长率(%)				
	5%	25%	50%	75%	95%
100	10.4 ~ 10.7	9.60 ~ 9.90	8.80 ~ 9.04	7.75 ~ 8.00	7.20 ~ 7.40
59	8.97 ~ 9.27	8.36 ~ 8.63	7.77 ~ 7.98	7.00 ~ 7.23	6.54 ~ 6.73
36	7.85 ~ 8.12	7.37 ~ 7.60	7.92 ~ 7.11	6.37 ~ 6.57	5.99 ~ 6.15
29.5	7.44 ~ 7.69	7.00 ~ 7.21	6.61 ~ 6.79	6.13 ~ 6.33	5.78 ~ 5.94
21	6.79 ~ 7.02	6.41 ~ 6.61	6.10 ~ 6.27	5.74 ~ 5.93	5.44 ~ 5.59
19.5	6.65 ~ 6.88	6.28 ~ 6.48	5.99 ~ 6.16	5.66 ~ 5.85	5.36 ~ 5.51
18	6.51 ~ 6.73	6.15 ~ 6.35	5.88 ~ 6.05	5.58 ~ 5.76	5.29 ~ 5.43
16	6.31 ~ 6.52	5.97 ~ 6.16	5.72 ~ 5.88	5.45 ~ 5.63	5.18 ~ 5.32
14.5	6.14 ~ 6.35	5.82 ~ 6.00	5.59 ~ 5.75	5.35 ~ 5.52	5.08 ~ 5.19
14	6.08 ~ 6.29	5.77 ~ 5.95	5.55 ~ 5.70	5.31 ~ 5.49	5.05 ~ 5.19
13	5.96 ~ 6.17	5.66 ~ 5.83	5.45 ~ 5.60	5.24 ~ 5.41	4.99 ~ 5.12
12.5	5.90 ~ 6.10	5.60 ~ 5.78	5.40 ~ 5.55	5.20 ~ 5.37	4.95 ~ 5.09

线密度(tex)	断裂功(cN · cm)				
	5%	25%	50%	75%	95%
100	3970 ~ 4250	—	3080 ~ 3300	—	2480 ~ 2670
59	2050 ~ 2200	—	1670 ~ 1790	—	1400 ~ 1500
36	1120 ~ 1190	—	947 ~ 1020	—	818 ~ 881
29.5	871 ~ 933	—	754 ~ 807	—	660 ~ 710
21	572 ~ 612	—	510 ~ 546	—	457 ~ 492
19.5	521 ~ 558	—	467 ~ 501	—	421 ~ 453
18	471 ~ 505	—	426 ~ 456	—	386 ~ 415

续表

线密度 (tex)	断裂功(cN·cm)				
	5%	25%	50%	75%	95%
16	408 ~ 436	—	372 ~ 399	—	340 ~ 366
14.5	361 ~ 386	—	332 ~ 356	—	305 ~ 329
14	346 ~ 370	—	319 ~ 342	—	294 ~ 317
13	315 ~ 337	—	293 ~ 314	—	271 ~ 292
12.5	300 ~ 321	—	280 ~ 300	—	260 ~ 280

四、环锭纺精梳纯棉机织管纱

试样来源：亚太 27%，西欧 38%，非洲、中东 13%，南美 15%，北美 7%。

1. 条干均匀度、毛羽、频发性纱疵(表 1 - 2 - 53)

表 1 - 2 - 53 环锭纺精梳纯棉机织管纱条干均匀度、毛羽、频发性纱疵

线密度 (tex)	条干变异系数 CV_m(%)				
	5%	25%	50%	75%	95%
32	10.1 ~ 10.4	10.7 ~ 11.1	11.3 ~ 11.7	11.9 ~ 12.3	13.2 ~ 13.6
28	10.4 ~ 10.7	11.1 ~ 11.5	11.7 ~ 12.1	12.4 ~ 12.8	13.8 ~ 14.2
19.5	11.3 ~ 11.6	12.1 ~ 12.5	12.9 ~ 13.3	13.8 ~ 14.3	15.5 ~ 16.0
18	11.5 ~ 11.8	12.3 ~ 12.7	13.1 ~ 13.6	14.1 ~ 14.6	15.9 ~ 16.4
16	11.7 ~ 12.1	12.7 ~ 13.1	13.5 ~ 14.0	14.6 ~ 15.1	16.6 ~ 17.1
14.5	12.0 ~ 12.4	13.0 ~ 13.4	13.9 ~ 14.4	15.1 ~ 15.6	17.1 ~ 17.6
12.5	11.6 ~ 11.9	12.3 ~ 12.7	13.0 ~ 13.4	13.8 ~ 14.2	15.4 ~ 15.9
9.8	12.5 ~ 12.8	13.2 ~ 13.7	14.0 ~ 14.4	14.7 ~ 15.2	16.1 ~ 16.6
8.3	13.1 ~ 13.5	13.9 ~ 14.4	14.7 ~ 15.2	15.4 ~ 15.9	16.7 ~ 17.2
7.4	13.6 ~ 14.0	14.4 ~ 14.9	15.2 ~ 15.6	15.9 ~ 16.4	17.0 ~ 17.6
5.9	14.5 ~ 14.9	15.4 ~ 15.9	16.2 ~ 16.7	16.9 ~ 17.4	17.8 ~ 18.4
5.6	14.8 ~ 15.2	15.7 ~ 16.2	16.5 ~ 17.0	17.2 ~ 17.7	18.0 ~ 18.6
线密度 (tex)	毛羽指数 *H*				
	5%	25%	50%	75%	95%
32	4.90 ~ 5.05	5.30 ~ 5.50	5.75 ~ 6.00	6.10 ~ 6.35	6.75 ~ 7.00
28	4.64 ~ 4.78	5.05 ~ 5.25	5.46 ~ 5.70	5.83 ~ 6.06	6.48 ~ 6.71
19.5	4.04 ~ 4.16	4.47 ~ 4.64	4.79 ~ 5.00	5.18 ~ 5.39	5.80 ~ 6.01
18	3.91 ~ 4.03	4.35 ~ 4.52	4.65 ~ 4.85	5.04 ~ 5.25	5.66 ~ 5.87
16	3.74 ~ 3.85	4.19 ~ 4.34	4.46 ~ 4.65	4.85 ~ 5.05	5.46 ~ 5.67
14.5	3.60 ~ 3.71	4.05 ~ 4.20	4.30 ~ 4.49	4.70 ~ 4.89	5.30 ~ 5.50
12.5	2.90 ~ 3.00	3.50 ~ 3.60	3.80 ~ 3.95	4.25 ~ 4.45	4.65 ~ 4.85

续表

线密度(tex)	毛羽指数 H				
	5%	25%	50%	75%	95%
9.8	2.77~2.86	3.22~3.31	3.47~3.60	3.79~3.97	4.12~4.30
8.3	2.68~2.77	3.04~3.13	3.26~3.39	3.50~3.66	3.79~3.95
7.4	2.62~2.71	2.92~3.01	3.12~3.24	3.32~3.47	3.58~3.73
5.9	2.51~2.60	2.71~2.78	2.86~2.98	2.98~3.12	3.19~3.33
5.6	2.48~2.57	2.65~2.73	2.80~2.91	2.89~3.03	3.10~3.23

线密度(tex)	细节(-40%)(个/km)				
	5%	25%	50%	75%	95%
32	5.30~6.70	11.0~13.0	18.0~22.0	33.0~39.0	71~88
28	7.85~9.92	16.1~19.0	26.7~32.7	49.8~59	107~133
19.5	21.5~27.2	42.7~51	74~90	143~169	309~383
18	26.9~34.0	53~63	93~113	181~214	391~485
16	37.2~47.0	73~86	129~157	255~301	551~682
14.5	49.0~62	95~112	170~208	340~402	735~911
12.5	50~61	94~115	130~160	205~250	385~461
9.8	105~128	173~212	236~290	344~419	575~689
8.3	175~213	264~323	355~437	490~598	757~907
7.4	248~302	352~430	470~578	626~763	915~1096
5.9	495~604	622~761	820~1010	1010~1240	1331~1597
5.6	595~726	724~886	950~1170	1150~1410	1470~1760

线密度(tex)	细节(-50%)(个/km)				
	5%	25%	50%	75%	95%
32	—	—	—	—	1.00~1.33
28	—	—	—	—	2.07~2.75
19.5	—	—	16.5~2.00	4.60~6.00	13.4~17.8
18	—	—	2.33~2.91	6.66~8.88	20.3~27.0
16	—	1.35~1.71	4.03~5.04	11.4~15.2	37.0~49.3
14.5	—	2.06~2.60	6.40~8.00	18.0~24.0	62~82
12.5	—	2.00~2.50	4.00~5.00	10.0~12.5	22.5~27.0
9.8	2.00~2.70	6.26~7.82	11.4~14.2	23.6~29.5	43.9~53
8.3	5.32~7.18	13.7~17.1	23.2~29.0	42.5~53	70~83
7.4	10.4~14.0	23.4~29.3	37.9~47.4	64~79	95~114
5.9	39.4~53	68~85	100~126	142~177	178~214
5.6	56~76	90~113	130~163	175~219	210~252

续表

线密度(tex)	粗节(+35%)(个/km)				
	5%	25%	50%	75%	95%
32	57~70	93~110	150~185	220~270	410~495
28	71~87	118~140	188~232	287~353	564~681
19.5	124~152	218~258	336~414	571~700	1280~1550
18	140~172	250~295	382~471	665~816	1540~1850
16	167~206	305~360	461~568	829~1020	2000~2410
14.5	195~240	360~425	540~666	1000~1230	2500~3020
12.5	150~180	245~295	335~400	485~580	990~1190
9.8	226~271	345~415	462~552	628~751	1090~1310
8.3	300~360	435~524	576~688	750~897	1170~1410
7.4	363~436	511~616	670~800	848~1014	1230~1470
5.9	533~640	703~847	905~1080	1079~1291	1340~1610
5.6	590~708	765~921	980~1170	1151~1376	1380~1650
线密度(tex)	粗节(+50%)(个/km)				
	5%	25%	50%	75%	95%
32	5.10~6.10	10.0~12.5	19.9~24.0	33.0~40.0	69~82
28	6.05~7.23	12.1~15.2	23.7~28.5	41.7~51	101~120
19.5	9.36~11.2	20.2~25.0	36.9~44.5	76~93	266~317
18	10.3~12.3	22.3~27.9	40.7~49.1	87~106	331~393
16	11.9~14.2	26.2~32.7	47.0~57	106~129	452~538
14.5	13.4~16.0	30.0~37.5	53~64	125~152	590~701
12.5	11.0~13.5	20.0~24.5	33.0~40.0	65~78	210~250
9.8	20.9~25.7	35.0~42.9	54~65	94~112	224~267
8.3	32.5~39.9	51~63	76~92	120~144	234~278
7.4	44.0~54	67~82	95~115	143~171	241~287
5.9	80~98	113~139	151~182	201~241	256~305
5.6	94~115	130~159	170~206	220~264	260~310
线密度(tex)	棉结(+140%)(个/km)				
	5%	25%	50%	75%	95%
32	27.0~35.0	45.0~57	72~90	130~155	240~285
28	39.2~51	65~83	103~129	182~217	337~400
19.5	103~133	170~215	260~326	430~513	805~956
18	127~165	210~265	320~400	521~621	976~1160
16	173~224	285~361	431~539	688~820	1290~1540

续表

线密度(tex)	棉结(+140%)(个/km)				
	5%	25%	50%	75%	95%
14.5	225~292	370~469	555~694	870~1040	1640~1950
12.5	115~135	175~515	275~330	590~700	1350~1640
9.8	179~210	259~318	373~448	674~800	1300~1580
8.3	242~284	338~416	460~552	738~876	1260~1530
7.4	297~349	407~499	531~638	786~933	1240~1500
5.9	448~526	586~719	707~848	890~1060	1190~1450
5.6	500~587	645~792	762~914	920~1090	1180~1430
线密度(tex)	棉结(+200%)(个/km)				
	5%	25%	50%	75%	95%
32	5.80~7.00	10.5~13.0	18.0~22.0	35.0~42.0	80~98
28	8.04~9.71	14.7~18.3	25.5~31.2	48.4~58	109~134
19.5	18.6~22.5	35.3~43.7	62~76	111~134	244~299
18	22.4~27.1	42.8~53	76~93	134~161	291~357
16	29.4~35.5	57~70	102~124	175~210	378~463
14.5	37.0~44.7	72~89	130~159	220~264	470~576
12.5	26.0~31.5	41.0~50	69~83	165~200	430~523
9.8	44.0~53	62~75	95~114	185~224	386~470
8.3	63~76	82~99	118~142	199~242	359~436
7.4	81~98	99~121	137~165	210~255	341~415
5.9	132~160	145~176	185~222	233~283	308~375
5.6	150~182	160~195	200~241	240~291	300~365

2. 拉伸性能(CRE 5m/min)(表1-2-54)

表1-2-54 环锭纺精梳纯棉机织管纱拉伸性能

线密度(tex)	断裂强度(cN/tex)				
	5%	25%	50%	75%	95%
32	23.0~23.7	19.9~20.6	18.6~19.1	17.2~17.8	15.9~16.4
28	22.5~23.2	19.5~20.1	18.1~18.6	16.8~17.3	15.5~16.0
19.5	21.3~22.0	18.4~19.0	17.0~17.5	15.7~16.2	14.5~15.0
18	21.1~21.8	18.1~18.7	16.7~17.2	15.5~16.0	14.3~14.8
16	20.7~21.4	17.8~18.4	16.4~16.9	15.2~15.7	14.0~14.5
14.5	20.4~21.1	17.5~18.1	16.1~16.6	14.9~15.4	13.8~14.2
12.5	25.9~26.8	24.0~24.8	21.1~21.8	18.3~18.8	16.8~17.2

续表

线密度(tex)	断裂强度(cN/tex)				
	5%	25%	50%	75%	95%
9.8	25.0～25.8	23.3～24.0	20.9～21.6	18.6～19.2	17.4～17.8
8.3	24.3～25.1	22.8～23.5	20.7～21.4	18.8～19.4	17.8～18.2
7.4	23.9～24.7	22.4～23.1	20.6～21.3	19.0～19.6	18.1～18.5
5.9	23.1～23.9	21.8～22.5	20.5～21.1	19.4～20.0	18.7～19.1
5.6	22.9～23.7	21.6～22.3	20.4～21.0	19.5～20.1	18.8～19.2

线密度(tex)	强度变异系数 *CV*(%)				
	5%	25%	50%	75%	95%
32	5.30～5.50	5.80～6.00	6.25～6.45	6.75～7.00	7.50～7.80
28	5.55～5.75	6.11～6.32	6.60～6.81	7.17～7.44	8.00～8.32
19.5	6.23～6.46	6.99～7.23	7.58～7.83	8.37～8.68	9.44～9.81
18	6.39～6.63	7.20～7.45	7.82～8.07	8.66～8.98	9.79～10.2
16	6.64～6.89	7.52～7.78	8.18～8.44	9.11～9.44	10.3～10.7
14.5	6.85～7.11	7.80～8.07	8.50～8.77	9.50～9.85	10.8～11.2
12.5	6.45～6.70	7.40～7.65	8.20～8.55	9.30～9.65	10.6～11.0
9.8	7.51～7.80	8.49～8.78	9.37～9.77	10.5～10.9	11.7～12.2
8.3	8.33～8.65	9.33～9.64	10.3～10.7	11.4～11.9	12.6～13.1
7.4	8.95～9.29	9.95～10.3	10.9～11.4	12.1～12.6	13.2～13.7
5.9	10.3～107	11.3～11.7	12.4～12.9	13.6～14.1	14.6～15.2
5.6	10.7～11.1	11.7～12.1	12.8～13.3	14.0～14.5	15.0～15.6

线密度(tex)	断裂伸长率(%)				
	5%	25%	50%	75%	95%
32	7.00～7.20	6.60～6.80	6.30～6.45	6.07～6.20	5.70～5.82
28	6.87～7.07	6.45～6.65	6.11～6.25	5.84～5.97	5.46～5.57
19.5	6.55～6.74	6.08～6.27	5.64～5.77	5.30～5.42	4.88～4.98
18	9.48～6.67	6.01～6.19	5.51～5.67	5.19～5.30	4.76～4.86
16	6.38～6.56	5.89～6.07	5.40～5.53	5.03～5.14	4.95～4.68
14.5	6.30～6.48	5.80～5.98	5.28～5.41	4.90～5.00	4.45～4.54
12.5	6.90～7.08	6.00～6.18	5.56～5.72	5.20～5.35	4.52～4.65
9.8	6.30～6.47	5.63～5.80	5.29～5.44	5.01～5.16	4.49～4.62
8.3	5.92～6.08	5.39～5.56	5.11～5.26	4.89～5.03	4.47～4.60
7.4	5.68～5.82	5.24～5.39	4.99～5.14	4.80～4.94	4.46～4.58
5.9	5.22～5.35	4.94～5.08	4.77～4.91	4.64～4.78	4.43～4.55
5.6	5.10～5.23	4.86～5.01	4.71～4.85	4.60～4.73	4.42～4.55

续表

线密度(tex)	断裂功(cN·cm)				
	5%	25%	50%	75%	95%
32	1120~1210	—	1000~1090	—	870~940
28	942~1020	—	818~887	—	696~752
19.5	604~653	—	488~530	—	392~423
18	547~591	—	435~472	—	345~373
16	474~512	—	368~400	—	287~310
14.5	420~454	—	320~347	—	245~265
12.5	490~525	—	365~390	—	265~280
9.8	350~375	—	275~294	—	214~226
8.3	278~298	—	227~242	—	185~195
7.4	238~255	—	198~212	—	167~177
5.9	174~186	—	152~163	—	137~145
5.6	160~171	—	142~152	—	130~137

五、环锭纺精梳纯棉机织筒子纱

试样来源:亚太30%,东欧1%,西欧27%,非洲、中东12%,南美21%,北美9%。

1. 条干均匀度、毛羽、频发性纱疵(表1-2-55)

表1-2-55　环锭纺精梳纯棉机织筒子纱条干均匀度、毛羽、频发性纱疵

线密度(tex)	条干变异系数 CV_m(%)				
	5%	25%	50%	75%	95%
32	10.5~10.8	11.3~11.7	11.8~12.2	12.4~12.8	13.2~13.7
28	10.8~11.1	11.7~12.1	12.3~12.7	12.9~13.4	13.9~14.4
19.5	11.8~12.1	12.7~13.1	13.5~13.9	14.4~14.9	16.0~16.6
18	12.0~12.3	12.9~13.4	13.8~14.3	14.8~15.3	16.6~17.2
16	12.3~12.7	13.3~13.8	14.2~14.7	15.3~15.8	17.3~17.9
14.5	12.6~13.0	13.6~14.1	14.6~15.1	15.8~16.3	18.0~18.6
12.5	12.2~12.5	12.9~13.2	13.6~14.0	14.4~14.8	15.3~15.7
9.8	13.2~13.6	13.9~14.2	14.6~15.0	15.4~15.8	16.3~16.7
8.3	14.0~14.4	14.7~15.0	15.3~15.8	16.1~16.6	17.0~17.5
7.4	14.5~14.9	15.2~15.5	15.8~16.3	16.6~17.1	17.5~18.0
5.9	15.7~16.1	16.3~16.7	16.9~17.4	17.7~18.2	18.6~19.1
5.6	16.0~16.4	16.6~17.0	17.2~17.7	18.0~18.5	18.9~19.4

续表

线密度（tex）	毛羽指数 H				
	5%	25%	50%	75%	95%
32	6.30~6.50	6.80~7.05	7.20~7.45	7.60~7.90	8.00~8.35
28	5.94~6.13	6.46~6.70	6.87~7.10	7.25~7.53	7.70~8.04
19.5	5.10~5.26	5.67~5.88	6.08~6.29	6.41~6.66	6.99~7.29
18	4.93~5.08	5.51~5.71	5.91~6.12	6.24~6.49	6.84~7.29
16	4.69~4.84	5.28~5.48	5.69~5.88	6.00~6.23	6.62~6.91
14.5	4.50~4.64	5.10~5.29	5.50~5.69	5.80~6.03	6.45~6.73
12.5	3.70~3.80	3.95~4.10	4.40~4.55	5.00~5.15	5.40~5.60
9.8	3.40~3.50	3.64~3.78	3.97~3.83	4.05~4.17	4.34~4.50
8.3	3.21~3.3	3.44~3.57	3.70~3.83	4.05~4.17	4.34~4.50
7.4	3.09~3.17	3.31~3.43	3.53~3.65	3.82~3.94	4.08~4.23
5.9	2.86~2.94	3.06~3.18	3.21~3.32	3.40~3.51	3.61~3.75
5.6	2.80~2.88	3.00~3.11	3.13~3.24	3.30~3.40	3.50~3.63

线密度（tex）	细节（-40%）（个/km）				
	5%	25%	50%	75%	95%
32	6.50~8.00	12.5~15.0	22.5~29.0	37.0~47.0	60~75
28	10.2~12.6	19.4~23.3	34.7~44.8	60~76	102~127
19.5	32.8~40.4	60~72	106~137	205~261	384~492
18	42.5~52	77~92	136~175	270~343	532~665
16	62~76	110~132	195~251	402~511	824~1030
14.5	85~105	150~180	264~340	563~715	1192~1490
12.5	81~99	135~165	195~235	250~305	370~440
9.8	147~179	234~286	334~403	431~526	613~729
8.3	221~270	341~417	484~583	626~764	868~1030
7.4	292~357	442~540	624~752	809~987	1100~1310
5.9	509~622	738~902	1030~1240	1350~1640	1770~2100
5.6	590~721	845~1030	1180~1420	1540~1880	2000~2380

线密度（tex）	细节（-50%）（个/km）				
	5%	25%	50%	75%	95%
32	—	—	—	2.00~2.50	5.30~6.80
28	—	—	1.00~1.30	3.30~4.12	8.87~11.4
19.5	—	1.45~1.80	3.62~4.71	11.9~14.9	33.3~42.7
18	—	1.87~2.32	4.82~6.27	15.8~19.8	44.6~57
16	1.15~1.40	2.71~3.36	7.31~9.50	24.0~29.9	68~88
14.5	1.60~1.95	3.70~4.59	10.4~13.5	34.0~42.5	98~126

续表

线密度 (tex)	细节(－50%)(个/km)				
	5%	25%	50%	75%	95%
12.5	—	2.80～3.40	6.50～8.10	11.0～13.0	18.0～22.0
9.8	2.80～3.60	8.74～10.6	17.7～22.1	28.2～33.3	44.5～54
8.3	7.60～9.77	19.1～23.2	35.3～44.0	54～64	83～101
7.4	15.1～19.4	32.6～39.6	57～70	84～99	127～155
5.9	59～75	94～115	144～180	202～239	296～361
5.6	84～108	125～152	185～231	255～301	370～452

线密度 (tex)	粗节(＋35%)(个/km)				
	5%	25%	50%	75%	95%
32	90～110	135～160	190～235	260～315	320～400
28	111～136	172～204	245～303	348～421	455～569
19.5	192～235	323～383	472～583	733～888	1120～1400
18	217～265	371～440	545～674	866～1050	1370～1720
16	259～316	455～539	673～833	1100～1330	1840～2300
14.5	300～367	540～640	805～996	1350～1640	2350～2940
12.5	175～205	330～390	480～580	630～770	885～1050
9.8	276～323	458～541	642～776	833～1020	1130～1340
8.3	377～442	573～678	785～948	1010～1230	1340～1590
7.4	467～547	669～791	900～1090	1150～1410	1500～1780
5.9	715～837	908～1070	1180～1430	1490～1830	1880～2230
5.6	800～937	985～1160	1270～1540	1600～1960	2000～2370

线密度 (tex)	粗节(＋50%)(个/km)				
	5%	25%	50%	75%	95%
32	11.0～13.0	15.0～18.0	24.0～29.5	38.0～47.0	56～68
28	12.2～14.4	18.2～21.8	30.1～37.0	51～63	83～101
19.5	16.0～18.9	30.0～35.9	54～66	108～134	228～277
18	17.0～20.1	33.5～40.1	61～76	128～158	285～346
16	18.6～22.0	39.3～47.1	74～91	163～201	395～479
14.5	20.0～23.6	45.0～54	87～107	200～247	520～631
12.5	13.0～15.0	30.0～36.0	57～68	90～110	130～150
9.8	27.2～31.4	51～61	87～103	132～161	185～214
8.3	45.2～52	74～88	115～138	171～209	236～273
7.4	64～74	64～113	140～167	204～250	279～322
5.9	128～147	155～186	207～247	291～356	389～449
5.6	153～177	177～212	230～274	320～391	425～500

续表

线密度(tex)	棉结(+140%)(个/km)				
	5%	25%	50%	75%	95%
32	49.0~59	90~110	130~160	220~270	300~370
28	70~85	127~155	185~228	317~388	448~552
19.5	178~214	303~371	462~569	806~989	1250~1540
18	219~263	368~450	566~697	992~1220	1570~1940
16	295~355	488~597	760~935	1340~1650	2190~2700
14.5	380~458	620~758	975~1200	1730~2120	2900~3580
12.5	160~190	310~375	530~645	900~1050	1190~1390
9.8	290~344	482~582	733~892	1130~1320	1480~1720
8.3	435~517	651~788	916~1120	1330~1550	1710~2000
7.4	575~683	801~969	1070~1300	1480~1730	1890~2210
5.9	1000~1190	1210~1460	1450~1760	1830~2140	2310~2700
5.6	1160~1380	1350~1630	1570~1906	1940~2260	2440~2850
线密度(tex)	棉结(+200%)(个/km)				
	5%	25%	50%	75%	95%
32	10.0~12.5	17.0~20.5	30.0~36.0	49.0~59	70~87
28	13.3~16.6	22.5~27.2	39.9~47.8	67~81	103~127
19.5	27.5~34.4	46.5~56	83~99	152~183	274~340
18	32.4~40.5	55~66	97~117	182~219	340~423
16	41.0~51	69~83	123~148	236~284	467~580
14.5	50~63	84~101	150~180	295~355	610~758
12.5	33.0~40.0	70~85	125~150	200~245	325~395
9.8	55~66	103~124	167~201	253~310	388~471
8.3	78~94	133~162	204~245	298~365	437~532
7.4	99~120	159~193	234~281	333~408	475~577
5.9	159~192	227~276	307~369	415~508	560~681
5.6	180~218	250~304	330~396	440~539	585~711

2. 拉伸性能(CRE 5m/min)(表1-2-56)

表1-2-56 环锭纺精梳纯棉机织筒子纱拉伸性能

线密度(tex)	断裂强度(cN/tex)				
	5%	25%	50%	75%	95%
32	21.4~22.0	20.0~20.6	18.5~19.0	17.2~17.7	15.9~16.3
28	20.7~21.3	19.2~19.8	17.8~18.3	16.6~17.1	15.3~15.7

续表

线密度(tex)	断裂强度(cN/tex)				
	5%	25%	50%	75%	95%
19.5	19.1~19.6	17.3~17.8	16.1~16.6	15.0~15.5	13.9~14.2
18	18.7~19.2	16.9~17.4	15.8~16.2	14.7~15.2	13.6~13.9
16	18.2~18.7	16.4~16.9	15.3~15.7	14.3~14.7	13.1~13.4
14.5	17.8~18.3	15.9~16.4	14.9~15.3	13.9~14.3	12.8~13.1
12.5	25.0~25.8	23.4~24.1	21.9~22.5	20.2~20.8	18.4~19.0
9.8	24.0~24.8	22.6~23.3	21.3~21.9	19.7~20.3	18.2~18.8
8.3	23.3~24.1	22.0~22.7	20.9~21.5	19.4~20.0	18.0~18.6
7.4	22.9~23.6	21.7~22.3	20.6~21.2	19.2~19.8	17.9~18.5
5.9	22.0~22.7	21.0~21.6	20.0~20.6	18.7~19.3	17.8~18.3
5.6	21.8~22.5	20.8~21.4	19.9~20.4	18.6~18.2	17.7~18.3
线密度(tex)	强度变异系数 *CV*(%)				
	5%	25%	50%	75%	95%
32	6.30~6.50	6.75~7.00	7.30~7.55	8.10~8.40	8.90~9.25
28	6.42~6.62	6.89~7.15	7.15~7.76	8.36~8.67	9.30~9.66
19.5	6.73~6.95	7.27~7.54	8.03~8.31	9.07~9.41	10.4~10.8
18	6.80~7.02	7.36~7.63	8.16~8.44	9.24~9.58	10.7~11.1
16	6.91~7.13	7.49~7.77	8.34~8.63	9.49~9.84	11.1~11.5
14.5	7.00~7.22	7.60~7.88	8.50~8.79	9.70~10.1	11.4~11.8
12.5	7.00~7.25	7.50~7.80	8.00~8.30	8.60~8.95	9.30~9.70
9.8	7.90~8.19	8.46~8.80	9.03~9.37	9.67~10.1	10.4~10.9
8.3	8.59~8.90	9.18~9.55	9.82~10.2	10.5~10.9	11.3~11.8
7.4	9.10~9.42	9.72~10.1	10.4~10.8	11.1~11.5	11.9~12.4
5.9	10.2~10.6	10.9~11.3	11.6~12.1	12.3~12.8	13.2~13.8
5.6	10.5~10.9	11.2~11.6	12.0~12.5	12.7~13.2	13.6~14.2
线密度(tex)	断裂伸长率(%)				
	5%	25%	50%	75%	95%
32	7.35~7.58	6.95~7.15	6.55~6.75	6.25~6.40	5.90~6.05
28	7.14~7.37	6.72~6.91	6.33~6.52	6.00~6.14	5.60~5.74
19.5	6.64~6.84	6.17~6.35	5.80~5.98	5.40~5.53	4.91~5.03
18	6.53~6.73	6.05~6.23	5.69~5.86	5.27~5.40	4.76~4.88
16	6.38~6.58	5.89~6.06	5.53~5.70	5.09~5.22	4.56~4.68
14.5	6.25~6.45	5.75~5.92	5.40~5.56	4.95~5.07	4.40~4.51
12.5	6.75~6.95	6.20~6.35	5.70~5.83	5.17~5.30	4.62~4.73
9.8	6.11~6.29	5.69~5.83	5.31~5.44	4.92~5.04	4.49~4.60

续表

线密度(tex)	断裂伸长率(%)				
	5%	25%	50%	75%	95%
8.3	5.71~5.88	5.37~5.50	5.06~5.18	4.75~4.87	4.40~4.51
7.4	5.45~5.61	5.16~5.28	4.90~5.01	4.64~4.76	4.34~4.45
5.9	4.97~5.12	4.76~4.87	4.59~4.69	4.43~4.55	4.23~4.33
5.6	4.85~4.99	4.66~4.77	4.51~4.61	4.38~4.49	4.20~4.30
线密度(tex)	断裂功(cN·cm)				
	5%	25%	50%	75%	95%
32	1010~1090	—	850~915	—	730~790
28	879~949	—	715~770	—	602~652
19.5	616~664	—	460~495	—	367~397
18	569~614	—	417~448	—	329~356
16	507~547	—	361~389	—	280~303
14.5	460~496	—	320~344	—	245~265
12.5	470~500	—	355~380	—	275~295
9.8	337~359	—	269~288	—	218~234
8.3	268~286	—	222~237	—	186~200
7.4	230~244	—	195~208	—	167~179
5.9	168~179	—	150~161	—	134~144
5.6	155~165	—	140~150	—	127~136

六、环锭纺精梳涤/棉65/35、67/33混纺纱

试样来源：亚太56%，东欧9%，西欧6%，非洲、中东20%，南美8%，北美1%。

1. 条干均匀度、毛羽、频发性纱疵(表1-2-57)

表1-2-57 环锭纺精梳涤/棉65/35、67/33混纺纱条干均匀度、毛羽、频发性纱疵

线密度(tex)	条干变异系数 CV_m(%)				
	5%	25%	50%	75%	95%
40	8.10~8.40	8.75~9.05	9.40~9.70	10.3~10.6	12.2~12.7
29.5	9.21~9.55	9.93~10.3	10.6~11.0	11.5~11.9	13.4~14.0
21	10.6~11.0	11.4~11.8	12.2~12.6	13.2~13.6	15.0~15.6
19.5	11.0~11.4	11.8~12.2	12.6~13.0	13.6~14.0	15.3~15.9
18	11.3~11.8	12.2~12.6	13.0~13.4	14.0~14.5	15.7~16.3
16	11.9~12.4	12.8~13.2	13.6~14.1	14.6~15.1	16.3~17.0
14.5	12.4~12.9	13.3~13.8	14.2~14.7	15.2~15.7	16.8~17.5
14	12.6~13.1	13.5~14.0	14.4~14.9	15.4~15.9	17.0~17.7

续表

线密度(tex)	条干变异系数 CV_m(%)				
	5%	25%	50%	75%	95%
13	13.0~13.5	13.9~14.4	14.8~15.3	15.9~16.4	17.4~18.1
11.8	13.5~14.0	14.5~15.0	15.4~15.9	16.5~17.0	18.0~18.7
9.8	14.6~15.2	15.7~16.2	16.6~17.2	17.7~18.3	19.1~19.8
8.3	15.7~16.3	16.8~17.4	17.8~18.4	18.9~19.5	20.1~20.9
线密度(tex)	毛羽指数 H				
	5%	25%	50%	75%	95%
40	4.30~4.50	4.80~5.00	5.30~5.50	6.00~6.25	6.80~7.05
29.5	3.96~4.14	4.40~4.58	4.85~5.03	5.46~5.69	6.12~6.35
21	3.61~3.78	3.99~4.15	4.39~4.56	4.92~5.13	5.44~5.64
19.5	3.53~3.70	3.90~4.06	4.30~4.46	4.81~5.01	5.31~5.50
18	3.46~3.62	3.81~3.97	4.20~4.36	4.69~4.89	5.16~5.35
16	3.35~3.50	3.69~3.84	4.06~4.21	4.53~4.72	4.96~5.14
14.5	3.26~3.41	3.58~3.73	3.94~4.09	4.39~4.57	4.79~4.96
14	3.23~3.38	3.55~3.69	3.90~4.05	4.35~4.53	4.73~4.91
13	3.16~3.31	3.47~3.62	3.82~3.96	4.25~4.42	4.61~4.78
11.8	3.08~3.23	3.38~3.52	3.71~3.85	4.12~4.30	4.46~4.63
9.8	2.93~3.07	3.20~3.33	3.52~3.65	3.89~4.06	4.18~4.34
8.3	2.80~2.93	3.05~3.18	3.35~3.48	3.70~3.85	3.95~4.10
线密度(tex)	细节(-40%)(个/km)				
	5%	25%	50%	75%	95%
40	—	1.70~2.10	3.30~4.00	9.50~12.0	30.0~37.0
29.5	2.30~3.00	5.61~6.93	10.1~12.2	24.6~31.0	64~80
21	9.96~13.0	21.2~26.2	35.0~42.4	71~89	151~187
19.5	13.8~18.0	28.5~35.2	46.1~56	89~113	183~225
18	19.2~25.4	39.0~48.2	62~75	115~145	223~276
16	32.3~42.1	62~76	95~115	165~209	300~370
14.5	49.5~65	91~112	137~166	225~284	384~474
14	57~75	104~129	155~188	250~316	419~517
13	79~103	139~172	203~246	316~399	505~623
11.8	120~157	203~251	290~351	426~539	643~794
9.8	268~349	421~520	573~695	761~962	1030~1270
8.3	550~717	810~1000	1056~1280	1280~1620	1560~1920

续表

线密度(tex)	细节(－50%)(个/km)				
	5%	25%	50%	75%	95%
40	—	—	—	—	1.35～1.70
29.5	—	—	—	1.70～2.10	3.83～4.82
21	1.35～1.70	2.10～2.70	3.10～4.10	5.92～7.31	12.2～15.4
19.5	1.81～2.29	2.82～3.62	4.19～5.54	7.80～9.63	15.8～19.9
18	2.49～3.14	3.86～4.96	5.79～7.66	10.5～12.9	20.8～26.2
16	3.96～4.99	6.11～7.85	9.27～12.3	16.1～19.9	31.1～39.1
14.5	5.85～7.37	9.00～11.6	13.8～18.3	23.3～28.6	43.6～55
14	6.70～8.44	10.3～13.2	15.8～20.9	26.3～32.5	49.0～62
13	8.98～11.3	13.8～17.7	21.3～28.2	34.5～42.7	63～80
11.8	13.2～16.6	20.1～25.8	31.5～41.6	49.3～61	88～111
9.8	27.4～34.5	41.6～54	66～88	98～120	166～209
8.3	53～67	80～103	130～172	180～222	294～370
线密度(tex)	粗节(＋35%)(个/km)				
	5%	25%	50%	75%	95%
40	39.0～48.0	61～75	88～110	150～185	375～440
29.5	73～90	108～132	149～186	235～290	505～592
21	147～181	203～249	167～333	387～477	703～825
19.5	172～211	233～287	303～379	432～532	756～887
18	203～250	271～333	348～435	486～599	818～960
16	258～318	337～415	426～533	577～712	917～1080
14.5	317～390	406～499	505～631	668～823	1010～1190
14	340～418	432～532	536～670	702～866	1040～1230
13	396～487	497～610	609～761	783～966	1120～1320
11.8	483～595	595～731	719～899	903～1110	1230～1450
9.8	709～873	841～1030	990～1240	1190～1460	1480～1740
8.3	1000～1230	1148～1410	1320～1650	1520～1870	1740～2040
线密度(tex)	粗节(＋50%)(个/km)				
	5%	25%	50%	75%	95%
40	3.00～3.70	7.90～9.20	12.5～15.0	19.5～23.0	60～72
29.5	7.04～8.68	15.7～18.2	23.7～28.4	36.1～42.6	93～111
21	18.2～22.4	33.5～39.1	48.3～58	72～85	151～182
19.5	22.4～27.7	39.7～46.2	57～68	84～98	168～202
18	28.1～34.7	47.5～55	67～80	98～116	189～227
16	39.0～48.1	62～72	86～103	125～147	224～268

续表

线密度(tex)	粗节(+50%)(个/km)				
	5%	25%	50%	75%	95%
14.5	51~63	77~90	105~127	152~179	258~309
14	57~70	83~97	113~136	163~192	271~325
13	70~86	98~115	132~159	189~223	301~361
11.8	91~113	122~142	162~195	230~272	346~415
9.8	154~190	186~216	240~287	335~396	452~542
8.3	245~302	270~314	340~408	470~554	574~689
线密度(tex)	棉结(+140%)(个/km)				
	5%	25%	50%	75%	95%
40	27.0~33.0	57~68	90~110	145~175	320~395
29.5	53~65	101~120	150~183	227~274	444~548
21	114~139	189~226	265~323	375~452	638~788
19.5	135~165	218~260	300~367	418~505	692~854
18	161~197	253~302	343~420	471~568	754~931
16	210~256	314~375	418~510	560~675	855~1060
14.5	262~320	378~451	493~602	648~782	951~1170
14	282~345	403~481	522~638	681~822	986~1220
13	333~407	463~552	591~722	760~917	1070~1320
11.8	414~506	554~661	695~849	876~1060	1190~1460
9.8	627~766	783~934	949~1160	1150~1390	1450~1790
8.3	910~1110	1070~1270	1250~1530	1470~1780	1730~2130
线密度(tex)	棉结(+200%)(个/km)				
	5%	25%	50%	75%	95%
40	8.00~9.90	17.0~20.0	27.0~33.0	49.0~59	110~140
29.5	16.1~20.0	30.8~36.2	46.5~57	78~94	154~196
21	35.3~43.7	60~70	85~104	131~158	225~287
19.5	41.9~52	69~81	97~119	147~177	245~311
18	50~62	81~95	112~137	166~200	268~341
16	66~82	101~119	138~169	199~239	305~388
14.5	83~103	123~145	165~201	231~278	340~433
14	90~111	132~155	175~214	244~293	353~450
13	107~132	152~179	200~244	273~329	384~488
11.8	133~165	184~216	237~290	316~381	427~544
9.8	204~253	264~310	331~404	420~506	525~669
8.3	300~371	365~429	445~544	542~653	633~805

2. 拉伸性能(CRE 5m/min)(表 1-2-58)

表 1-2-58 环锭纺精梳涤/棉 65/35、67/33 混纺纱拉伸性能

线密度(tex)	断裂强度(cN/tex)			强度变异系数 CV(%)		
	5%	50%	95%	5%	50%	95%
40	29.5~30.8	27.0~28.0	23.7~24.4	6.50~6.75	7.40~7.70	9.00~9.40
29.5	27.8~28.7	25.2~26.1	22.0~22.6	7.18~7.46	8.15~8.48	9.80~10.2
21	25.7~26.6	23.3~24.2	20.2~20.8	8.03~8.34	9.08~9.45	10.8~11.3
19.5	25.2~26.1	22.9~23.8	19.8~20.4	8.23~8.55	9.30~9.68	11.0~11.5
18	24.8~25.6	22.5~23.4	19.4~20.0	8.45~8.78	9.54~9.93	11.3~11.8
16	24.1~24.9	21.9~22.7	18.9~19.4	8.78~9.12	9.90~10.3	11.6~12.2
14.5	23.6~24.3	21.4~22.2	18.4~18.9	9.07~9.42	10.2~10.6	12.0~12.5
14	23.4~24.2	21.3~22.1	18.3~18.8	9.18~9.53	10.3~10.7	12.1~12.6
13	23.0~23.7	20.9~21.7	17.9~18.4	9.40~9.77	10.6~11.0	12.3~12.9
11.8	22.5~23.2	20.5~21.2	17.5~18.0	9.71~10.1	10.9~11.3	12.7~13.2
9.8	21.5~22.2	19.7~20.4	16.7~17.2	10.3~10.7	11.6~12.0	13.4~14.0
8.3	20.7~21.4	18.9~19.6	16.0~16.5	10.9~11.3	12.2~12.7	14.0~14.6
线密度(tex)	断裂伸长率(%)			断裂功(cN·cm)		
	5%	50%	95%	5%	50%	95%
40	14.5~15.0	12.7~13.2	11.2~11.7	4530~5000	3230~3500	2400~2540
29.5	13.0~13.5	11.5~11.9	10.0~10.5	2842~3137	2080~2250	1580~1670
21	11.6~12.1	10.2~10.6	8.82~9.21	1690~1865	1270~1380	989~1050
19.5	11.3~11.8	9.99~10.4	8.58~8.96	1507~1663	1140~1230	892~944
18	11.0~11.5	9.72~10.1	8.33~8.70	1332~1471	1010~1100	798~845
16	10.6~11.0	9.34~9.71	7.97~8.33	1114~1229	855~927	679~719
14.5	10.3~10.6	9.04~9.40	7.69~8.03	957~1057	741~803	593~627
14	10.1~10.5	8.94~9.29	7.59~7.93	908~1003	705~764	565~598
13	9.89~10.3	8.72~9.06	7.38~7.71	811~895	633~686	511~540
11.8	9.57~9.94	8.44~8.77	7.12~7.44	699~772	550~596	447~473
9.8	8.99~9.33	7.93~8.24	6.65~6.95	526~581	420~455	346~366
8.3	8.50~8.82	7.50~7.80	6.25~6.53	408~450	330~358	275~291

七、环锭纺普梳涤/棉 65/35、67/33 混纺纱

试样来源:亚太 70%,东欧 2%,西欧 2%,非洲、中东 4%,南美 2%,北美 20%。

1. 条干均匀度、毛羽、频发性纱疵(表 1-2-59)

表 1-2-59　环锭纺普梳涤/棉 65/35、67/33 混纺纱条平均匀度、毛羽、频发性纱疵

线密度 (tex)	条干变异系数 CV_m(%)			毛羽指数 H		
	5%	50%	95%	5%	50%	95%
32	11.4~11.8	13.5~13.9	15.2~15.7	4.60~4.75	4.95~5.15	5.70~5.90
29.5	11.7~12.1	13.7~14.1	15.4~15.9	4.46~4.61	4.80~4.99	5.50~5.69
28	11.9~12.3	13.9~14.3	15.5~16.0	4.38~4.53	4.71~4.90	5.39~5.58
23	12.7~13.1	14.4~14.8	16.0~16.5	4.10~4.23	4.40~4.57	4.98~5.15
21	13.0~13.4	14.7~15.1	16.2~16.7	3.97~4.10	4.26~4.43	4.80~4.97
19.5	13.3~13.7	14.9~15.3	16.3~16.9	3.87~4.00	4.15~4.32	4.66~4.82
18	13.6~14.1	15.1~15.6	16.5~17.1	3.77~3.89	4.03~4.20	4.51~4.67
16	14.1~14.6	15.4~15.9	16.8~17.4	3.62~3.74	3.87~4.03	4.31~4.46
14.5	14.5~15.0	15.7~16.2	17.0~17.6	3.50~3.62	3.74~3.89	4.14~4.28
14	14.7~15.2	15.8~16.3	17.1~17.7	3.46~3.57	3.69~3.84	4.08~4.22
13	15.0~15.5	16.1~16.6	17.3~17.9	3.38~3.49	3.60~3.74	3.96~4.10
12.5	15.2~15.7	16.2~16.7	17.4~18.0	3.33~3.44	3.55~3.69	3.90~4.04
线密度 (tex)	细节(-40%)(个/km)			细节(-50%)(个/km)		
	5%	50%	95%	5%	50%	95%
32	12.0~15.0	52~64	120~145	—	2.60~3.05	6.70~8.00
29.5	16.7~20.9	65~80	142~171	—	3.05~3.57	7.43~8.87
28	20.2~25.3	74~91	156~189	—	3.34~3.92	7.88~9.41
23	42.0~53	120~148	225~272	1.30~1.70	4.75~5.57	9.90~11.8
21	59~73	150~184	266~322	1.76~2.30	5.57~6.53	11.0~13.1
19.5	77~97	180~222	306~370	2.25~2.95	6.36~7.46	12.0~14.3
18	104~130	220~271	356~430	2.95~3.85	7.34~8.61	13.1~15.7
16	161~201	294~361	442~534	4.35~5.69	9.03~10.6	15.0~18.0
14.5	231~289	375~461	532~642	6.05~7.91	10.8~12.6	16.9~20.1
14	263~328	408~502	567~685	6.78~8.86	11.4~13.4	17.5~20.9
13	346~432	490~603	650~786	8.68~11.3	13.1~15.3	19.1~22.8
12.5	400~500	540~665	700~846	9.90~12.9	14.0~16.4	20.0~23.9
线密度 (tex)	粗节(+35%)(个/km)			粗节(+50%)(个/km)		
	5%	50%	95%	5%	50%	95%
32	350~415	610~750	935~1150	85~100	160~190	260~315
29.5	402~476	674~828	1010~1250	89~105	166~197	271~328
28	435~515	714~877	1060~1310	92~108	170~202	277~336
23	589~698	889~1093	1270~1560	102~120	185~220	303~367

续表

线密度(tex)	粗节(+35%)(个/km)			粗节(+50%)(个/km)		
	5%	50%	95%	5%	50%	95%
21	676~802	982~1208	1380~1690	107~125	192~228	316~383
19.5	758~899	1067~1312	1470~1810	111~130	198~236	327~396
18	858~1020	1167~1435	1580~1950	116~136	205~244	339~411
16	1030~1220	1329~1634	1760~2170	123~145	216~256	358~433
14.5	1200~1420	1484~1824	1930~2370	130~152	225~268	374~453
14	1260~1490	1541~1895	1990~2440	132~155	229~271	380~460
13	1410~1670	1674~2058	2120~2610	137~161	236~280	393~476
12.5	1500~1780	1749~2150	2200~2710	140~165	240~285	400~485
线密度(tex)	棉结(+140%)(个/km)			棉结(+200%)(个/km)		
	5%	50%	95%	5%	50%	95%
32	180~220	460~560	820~1000	110~130	180~220	260~310
29.5	222~272	530~645	910~1110	120~142	195~239	282~336
28	251~307	575~700	967~1180	126~149	205~250	295~352
23	402~491	785~956	1220~1490	154~182	246~300	352~419
21	497~607	905~1100	1350~1650	168~198	267~326	381~454
19.5	593~725	1020~1240	1480~1800	181~214	286~349	407~486
18	718~878	1160~1410	1620~1980	196~231	308~376	438~522
16	947~1160	1390~1690	1860~2270	220~259	342~419	486~579
14.5	1200~1460	1630~1980	2090~2550	242~286	375~458	530~632
14	1300~1590	1720~2090	2170~2650	250~296	387~473	547~652
13	1550~1890	1930~2350	2370~2890	269~318	414~506	584~696
12.5	1700~2080	2050~2500	2480~3030	280~331	430~525	605~721

2. 拉伸性能(CRE 5m/min)(表1-2-60)

表1-2-60 环锭纺普梳涤/棉65/35、67/33混纺纱拉伸性能

线密度(tex)	断裂强度(cN/tex)			强度变异系数 *CV*(%)		
	5%	50%	95%	5%	50%	95%
32	25.9~26.8	24.1~25.0	21.1~21.9	6.95~7.25	7.90~8.25	8.70~9.10
29.5	25.4~26.3	23.7~24.6	21.0~21.8	7.17~7.48	8.12~8.48	8.94~9.35
28	25.1~26.0	23.5~24.4	20.9~21.7	7.30~7.62	8.25~8.62	9.07~9.49
23	24.0~24.9	22.7~23.6	20.7~21.5	7.83~8.17	8.78~9.16	9.63~10.1
21	23.5~24.4	22.4~23.2	20.6~21.4	8.08~8.43	9.02~9.42	9.89~10.3
19.5	23.1~24.0	22.1~22.9	20.5~21.3	8.30~8.65	9.24~9.64	10.1~10.6

续表

线密度(tex)	断裂强度(cN/tex)			强度变异系数 CV(%)		
	5%	50%	95%	5%	50%	95%
18	22.7~23.5	21.8~22.6	20.4~21.2	8.54~8.90	9.47~9.89	10.4~10.8
16	22.2~22.9	21.4~22.2	20.3~21.1	8.89~9.28	9.82~10.3	10.7~11.2
14.5	21.7~22.4	21.1~21.9	20.2~21.0	9.21~9.61	10.1~10.6	11.1~11.6
14	21.5~22.2	20.9~21.7	20.1~20.9	9.32~9.72	10.2~10.7	11.2~11.7
13	21.2~21.9	20.7~21.5	20.0~20.8	9.57~9.98	10.5~10.9	11.4~11.9
12.5	21.0~21.7	20.6~21.3	20.0~20.8	9.70~10.1	10.6~11.1	11.6~12.1

线密度(tex)	断裂伸长率(%)			断裂功(cN·cm)		
	5%	50%	95%	5%	50%	95%
32	14.0~14.7	11.3~11.8	10.0~10.4	1900~2100	2270~2500	2770~3050
29.5	13.1~13.8	10.8~11.2	9.59~9.97	1650~1830	1980~2180	2410~2650
28	12.6~13.3	10.5~10.9	9.36~9.73	1520~1680	1820~2010	2220~2440
23	10.9~11.5	9.37~9.78	8.53~8.87	1120~1240	1340~1480	1620~1790
21	10.2~10.7	8.91~9.31	8.17~8.50	970~1070	1170~1280	1410~1550
19.5	9.68~10.2	8.55~8.93	7.89~8.20	863~954	1040~1140	1250~1380
18	9.13~9.58	8.18~8.54	7.60~7.90	761~841	915~1010	1100~1210
16	8.38~8.79	7.67~8.01	7.19~7.48	633~700	763~841	916~1010
14.5	7.79~8.18	7.26~7.58	6.86~7.14	542~599	654~721	783~862
14	7.60~7.98	7.12~7.44	6.75~7.02	514~568	621~683	742~817
13	7.20~7.56	6.84~7.14	6.52~6.78	457~506	553~609	660~727
12.5	6.99~7.34	6.69~6.99	6.40~6.66	430~475	520~573	620~683

八、环锭纺普梳棉/涤 50/50 混纺纱

试样来源:亚太 14%,东欧 4%,西欧 24%,非洲、中东 18%,南美 8%,北美 32%。

1. 条干均匀度、毛羽、频发性纱疵(表 1-2-61)

表 1-2-61 环锭纺普梳棉/涤 50/50 混纺纱条干均匀度、毛羽、频发性纱疵

线密度(tex)	条干变异系数 CV_m(%)			毛羽指数 H		
	5%	50%	95%	5%	50%	95%
40	11.0~11.4	13.1~13.5	15.3~15.8	5.20~5.40	5.85~6.10	7.20~7.50
32	11.80~12.2	13.9~14.3	16.0~16.5	4.89~5.08	5.43~5.66	6.50~6.77
29.5	12.1~12.5	14.2~14.6	16.3~16.8	4.77~4.96	5.26~5.49	6.23~6.49
28	12.3~12.7	14.4~14.8	16.5~17.0	4.70~4.89	5.17~5.39	6.08~6.34
21	13.4~13.9	15.5~15.9	17.4~18.0	4.34~4.51	4.67~4.87	5.31~5.53
19.5	13.8~14.3	15.8~16.3	17.7~18.3	4.25~4.41	4.55~4.75	5.12~5.34

续表

线密度 (tex)	条干变异系数 CV_m(%)			毛羽指数 H		
	5%	50%	95%	5%	50%	95%
18	14.1~14.6	16.1~16.6	18.0~18.6	4.15~4.31	4.43~4.62	4.93~5.14
16	14.6~15.1	16.6~17.1	18.4~19.0	4.02~4.17	4.25~4.43	4.66~4.86
14.5	15.1~15.6	17.0~17.6	18.8~19.4	3.91~4.06	4.11~4.28	4.45~4.64
14	15.3~15.8	17.2~17.8	19.0~19.6	3.87~4.02	4.06~4.23	4.38~4.56
13	15.6~16.1	17.5~18.1	19.3~19.9	3.79~3.94	3.95~4.12	4.23~4.40
12.5	15.8~16.3	17.6~18.2	19.4~20.0	3.75~3.89	3.90~4.07	4.15~4.32
线密度 (tex)	细节(-40%)(个/km)			细节(-50%)(个/km)		
	5%	50%	95%	5%	50%	95%
40	6.00~7.30	19.0~24.0	78~95	—	—	8.10~10.0
32	15.7~19.1	43.6~55	149~181	—	1.90~2.30	14.7~18.1
29.5	23.3~28.4	62~78	195~237	—	2.79~3.37	18.8~23.2
28	29.4~35.8	75~95	228~277	1.10~1.40	3.48~4.21	21.6~26.7
21	106~129	228~288	540~658	4.44~5.65	11.9~14.4	47.8~59
19.5	148~180	304~384	676~824	6.38~8.12	16.4~19.9	59~73
18	212~258	415~524	861~1050	9.42~12.0	23.2~28.0	73~91
16	358~435	652~824	1220~1490	16.6~21.1	38.2~46.3	101~125
14.5	556~677	955~1210	1650~2010	26.8~34.2	58~71	133~164
14	648~789	1090~1380	1830~2220	31.7~40.3	68~82	146~180
13	903~1098	1450~1830	2280~2780	45.4~58	93~112	179~221
12.5	1077~1310	1690~2140	2570~3130	55~70	110~133	200~247
线密度 (tex)	粗节(+35%)(个/km)			粗节(+50%)(个/km)		
	5%	50%	95%	5%	50%	95%
40	160~190	400~490	640~790	27.0~33.5	105~125	255~310
32	239~284	550~673	871~1080	38.5~47.8	138~165	328~399
29.5	283~336	627~768	990~1220	44.7~55	155~185	365~443
28	312~370	677~829	1070~1320	48.7~60	166~197	388~471
21	534~634	1035~1268	1610~1990	78~97	239~285	543~661
19.5	614~729	1156~1416	1790~2210	89~110	263~314	593~721
18	714~848	1302~1595	2010~2480	101~126	292~348	652~793
16	888~1060	1548~1896	2380~2940	123~153	339~404	748~910
14.5	1070~1270	1791~2194	2740~3390	145~180	385~458	840~1020
14	1140~1350	1884~2308	2880~3560	153~190	402~479	875~1060
13	1310~1560	2102~2575	3200~3950	173~215	442~526	955~1160
12.5	1410~1670	2229~2730	3390~4190	185~230	465~554	1000~1220

续表

线密度(tex)	棉结(+140%)(个/km)			棉结(+200%)(个/km)		
	5%	50%	95%	5%	50%	95%
40	95~115	330~400	550~660	30.0~35.0	155~185	325~395
32	160~194	520~631	840~1008	43.2~50	192~229	375~455
29.5	199~241	629~762	1001~1201	50~59	210~251	397~483
28	226~274	702~850	1108~1330	55~64	221~264	411~500
21	455~551	1290~1560	1951~2341	89~104	295~352	497~604
19.5	546~661	1510~1830	2261~2713	101~118	318~379	522~635
18	664~804	1790~2170	2648~3178	116~135	344~411	551~669
16	883~1070	2300~2780	3333~4000	141~165	387~462	595~723
14.5	1120~1360	2830~3430	—	169~195	427~510	635~772
14	1221~1480	3040~3430	—	177~206	442~527	649~789
13	1460~1770	3560~4320	—	200~234	476~568	682~829
12.5	1610~1950	—	—	214~250	495~591	700~851

2. 拉伸性能(CRE 5m/min)(表1-2-62)

1-2-62 环锭纺普梳棉/涤50/50混纺纱拉伸性能

线密度(tex)	断裂强度(cN/tex)			强度变异系数 *CV*(%)		
	5%	50%	95%	5%	50%	95%
40	22.6~23.3	19.8~20.4	16.9~17.3	6.10~6.40	7.90~8.25	10.9~11.3
32	22.1~22.8	19.7~20.3	16.9~17.3	6.63~6.96	8.33~8.70	11.1~11.5
29.5	21.9~22.6	19.6~20.2	16.8~17.2	6.87~7.21	8.51~8.89	11.2~11.6
28	21.8~22.5	19.6~20.2	16.8~17.2	7.01~7.35	8.62~9.00	11.2~11.6
21	21.1~21.8	19.4~20.0	16.8~17.2	7.84~8.23	9.25~9.66	11.5~11.9
19.5	20.9~21.4	19.3~19.9	16.8~17.2	8.07~8.47	9.42~9.84	11.5~11.9
18	20.7~21.4	19.3~19.9	16.8~17.2	8.33~8.74	9.61~10.0	11.6~12.1
16	20.5~21.1	19.2~19.8	16.7~7.1	8.72~9.15	9.88~10.3	11.7~12.2
14.5	20.3~20.9	19.1~19.7	16.7~7.1	9.06~9.51	10.1~10.6	11.8~12.3
14	20.2~20.8	19.1~19.7	16.7~7.1	9.18~9.64	10.2~10.7	11.8~12.3
13	20.1~20.7	19.0~19.6	16.7~7.1	9.45~9.92	10.4~10.9	11.9~12.4
12.5	20.0~20.6	19.0~19.6	16.7~7.1	9.60~10.1	10.5~11.0	11.9~12.4
线密度(tex)	断裂伸长率(%)			断裂功(cN·cm)		
	5%	50%	95%	5%	50%	95%
40	12.3~12.9	10.0~10.4	8.85~9.20	2550~2790	1950~2140	1610~1740
32	11.2~11.7	9.41~9.79	8.43~8.76	1880~2060	1490~1630	1250~1350
29.5	10.8~11.3	9.18~9.54	8.26~8.59	1650~1810	1330~1460	1130~1220

续表

线密度(tex)	断裂伸长率(%)			断裂功(cN·cm)		
	5%	50%	95%	5%	50%	95%
28	10.5~11.0	9.04~9.40	8.16~8.49	1540~1680	1240~1370	1060~1150
21	9.28~9.73	8.34~8.67	7.65~7.95	1020~1120	866~950	760~821
19.5	8.98~9.42	8.16~8.49	7.52~7.82	918~1000	788~865	697~753
18	8.67~9.09	7.98~8.30	7.38~7.68	819~896	712~781	634~685
16	8.23~8.64	7.72~8.03	7.19~7.48	693~758	614~674	553~598
14.5	7.88~8.27	7.51~7.81	7.03~7.31	602~659	542~595	493~533
14	7.77~8.15	7.44~7.73	6.98~7.25	574~628	519~570	474~512
13	7.52~7.89	7.28~7.57	6.86~7.13	516~565	473~519	435~470
12.5	7.39~7.75	7.20~7.49	6.80~7.07	488~534	450~494	415~449

九、环锭紧密纺精梳纯棉纱

试样来源:西欧100%。

1. 条干均匀度、毛羽、频发性纱疵(表1-2-63)

表1-2-63　环锭紧密纺精梳纯棉纱条干均匀度、毛羽、频发性纱疵

线密度(tex)	条干变异系数 CV_m(%)			毛羽指数 H		
	5%	50%	95%	5%	50%	95%
32	10.0~10.3	10.7~11.0	11.5~11.8	3.65~3.80	4.33~4.50	5.25~5.50
29.5	10.2~10.5	10.9~11.2	11.6~12.0	3.52~3.66	4.15~4.31	5.01~5.25
21	10.8~11.1	11.5~11.8	12.3~12.7	3.07~3.19	3.53~3.67	4.19~4.39
19.5	10.9~11.3	11.7~12.0	12.4~12.8	2.97~3.10	3.40~3.54	4.02~4.22
18	11.1~11.5	11.8~12.2	12.6~13.0	2.88~3.00	3.27~3.40	3.86~4.04
16	11.3~11.7	12.1~12.5	12.8~13.2	2.75~2.86	3.10~3.22	3.63~3.80
14.5	11.5~11.9	12.3~12.7	13.0~13.4	2.64~2.75	2.95~3.07	3.44~3.61
14	11.6~12.0	12.4~12.8	13.1~13.5	2.60~2.71	2.91~3.02	3.38~3.54
13	11.8~12.2	12.5~12.9	13.2~13.6	2.52~2.63	2.80~2.91	3.25~3.40
11.8	12.0~12.4	12.7~13.1	13.5~13.9	2.43~2.53	2.68~2.78	3.09~3.24
9.8	12.4~12.8	13.1~13.5	13.9~14.3	2.25~2.34	2.45~2.55	2.80~2.93
7.4	13.0~13.4	13.8~14.2	14.5~14.9	—	—	—
线密度(tex)	**细节(-40%)(个/km)**			**细节(-50%)(个/km)**		
	5%	50%	95%	5%	50%	95%
32	4.95~6.00	9.00~11.0	14.0~17.0	—	—	—
29.5	6.16~7.46	11.1~13.5	17.2~20.9	—	—	—
21	14.1~17.1	24.2~29.6	37.4~45.5	—	—	—

续表

线密度 (tex)	细节(-40%)(个/km)			细节(-50%)(个/km)		
	5%	50%	95%	5%	50%	95%
19.5	16.9~20.5	28.8~35.2	44.5~54	—	—	—
18	20.6~25.0	34.7~42.4	53~65	—	—	—
16	27.4~33.2	45.5~56	70~85	—	—	1.40~1.80
14.5	34.9~42.3	57~70	88~107	—	1.45~1.80	2.19~2.81
14	37.9~46.0	62~76	95~115	1.05~1.23	1.63~2.02	2.55~3.28
13	45.5~55	73~90	113~137	1.31~1.53	2.09~3.60	5.50~7.07
11.8	58~70	92~112	140~171	1.74~2.04	2.90~3.60	5.50~7.07
9.8	91~110	141~172	215~261	3.01~3.53	5.42~6.73	12.7~16.3
7.4	180~218	270~330	410~498	6.90~8.10	14.0~17.4	45.0~58
线密度 (tex)	粗节(+35%)(个/km)			粗节(+50%)(个/km)		
	5%	50%	95%	5%	50%	95%
32	58~69	90~105	170~200	2.60~3.05	6.00~7.30	14.0~16.5
29.5	64~76	99~116	186~219	3.05~3.58	6.88~8.37	15.6~18.4
21	93~111	144~168	262~308	5.59~6.56	11.6~14.1	23.8~28.0
19.5	101~120	156~182	283~332	6.39~7.50	13.0~15.8	26.1~30.7
18	111~132	170~199	306~360	7.38~8.65	14.7~17.8	28.8~33.9
16	126~150	194~226	345~406	9.09~10.7	17.5~21.3	33.2~39.2
14.5	140~167	216~252	381~448	10.8~12.7	20.4~24.8	37.6~44.3
14	146~173	224~261	394~464	11.5~13.5	21.5~26.2	39.2~46.2
13	158~188	243~284	425~500	13.2~15.4	24.1~29.3	42.9~51
11.8	176~210	270~315	468~551	15.6~18.3	27.9~34.0	48.4~57
9.8	216~257	331~386	565~665	21.8~25.6	37.1~45.1	61~72
7.4	295~351	450~525	750~882	36.0~42.2	57~69	86~101
线密度 (tex)	棉结(+140%)(个/km)			棉结(+200%)(个/km)		
	5%	50%	95%	5%	50%	95%
32	40.0~49.5	71~85	140~170	12.5~15.0	21.0~25.0	32.0~39.5
29.5	43.5~54	76~92	149~180	13.6~16.4	22.7~27.1	34.5~42.6
21	60~74	101~122	186~226	18.9~22.7	30.8~36.6	45.9~57
19.5	65~80	108~130	195~237	20.4~24.4	32.9~39.2	48.8~60
18	70~86	116~139	206~250	22.0~26.4	35.3~42.1	52~64
16	78~96	128~154	222~270	24.6~29.6	39.2~46.7	58~71
14.5	85~106	139~167	237~288	27.1~32.6	42.9~51	63~77
14	88~109	143~172	243~295	28.0~33.6	44.2~53	64~80
13	95~117	152~183	255~310	30.1~36.2	47.2~56	69~85

续表

线密度(tex)	棉结(+140%)(个/km)			棉结(+200%)(个/km)		
	5%	50%	95%	5%	50%	95%
11.8	104~128	165~199	272~330	33.1~39.7	51~61	74~92
9.8	124~153	193~233	307~373	39.6~47.5	61~72	87~107
7.4	162~200	245~295	370~449	52~62	78~93	110~136

2. 拉伸性能(CRE 5m/min)(表1-2-64)

表1-2-64 环锭紧密纺精梳纯棉纱拉伸性能

线密度(tex)	断裂强度(cN/tex)			强度变异系数 *CV*(%)		
	5%	50%	95%	5%	50%	95%
32	21.0~22.0	19.2~20.0	16.8~17.5	5.60~5.85	6.25~6.50	6.75~7.10
29.5	21.4~22.4	19.5~20.4	17.1~17.8	5.74~6.00	6.41~6.67	6.96~7.32
21	22.9~24.0	21.0~21.9	18.1~18.9	6.30~6.58	7.07~7.35	7.82~8.23
19.5	23.3~24.4	21.3~22.3	18.4~19.2	6.43~6.72	7.23~7.51	8.03~8.44
18	23.6~24.8	21.7~22.7	18.6~19.4	6.58~6.87	7.40~7.69	8.25~8.68
16	24.2~25.4	22.3~23.3	19.0~19.8	6.79~7.10	7.65~7.95	8.59~9.04
14.5	24.7~25.9	22.8~23.8	19.4~20.2	6.98~7.29	7.87~8.18	8.89~9.35
14	24.9~26.1	22.9~23.9	19.5~20.3	7.05~7.36	7.95~8.27	8.99~9.35
13	25.2~26.4	23.3~24.3	19.7~20.6	7.19~7.51	8.12~8.44	9.23~9.70
11.8	25.7~27.0	23.8~24.8	20.1~21.0	7.39~7.72	8.35~8.68	9.54~10.0
9.8	26.7~28.0	24.5~25.9	20.7~21.6	7.77~8.12	8.81~9.16	10.2~10.7
7.4	28.3~29.6	26.3~27.5	21.8~22.7	8.40~8.78	9.55~9.93	11.2~11.8

线密度(tex)	断裂伸长率(%)			断裂功(cN·cm)		
	5%	50%	95%	5%	50%	95%
32	7.60~7.95	6.80~7.10	5.80~6.00	1150~1260	1000~1100	800~890
29.5	7.46~7.80	6.70~6.99	5.76~5.96	1070~1170	921~1010	736~819
21	6.93~7.25	6.32~6.60	5.60~5.80	796~872	675~743	538~599
19.5	6.82~7.14	6.24~6.52	5.57~5.76	746~818	631~694	502~559
18	6.71~7.01	6.16~6.43	5.53~5.72	696~763	586~644	466~518
16	6.54~6.84	6.04~6.31	5.48~5.67	630~690	526~579	418~465
14.5	6.40~6.70	5.94~6.20	5.44~5.63	579~634	481~529	418~465
14	6.36~6.65	5.90~6.16	5.42~5.61	562~616	466~513	370~411
13	6.26~6.54	5.83~6.09	5.39~5.58	527~578	435~479	345~384
11.8	6.13~6.41	5.74~5.99	5.35~5.53	485~532	399~438	316~351
9.8	5.89~6.16	5.56~5.80	5.27~5.45	414~453	336~370	266~296
7.4	5.54~5.80	5.30~5.53	5.15~5.33	325~356	260~286	205~228

十、环锭纺纯涤纶纱

试样来源：亚太49%，东欧4%，西欧25%，南美15%，北美7%。

1. 条干均匀度、毛羽、频发性纱疵(表1-2-65)

表1-2-65 环锭纺纯涤纶纱条干均匀度、毛羽、频发性纱疵

线密度(tex)	条干变异系数 CV_m(%)			毛羽指数 H		
	5%	50%	95%	5%	50%	95%
48	8.50~8.75	9.85~10.1	12.8~13.2	5.45~5.80	6.50~6.90	8.60~9.20
36	9.35~9.62	10.6~10.9	13.3~13.7	4.81~5.12	5.70~6.05	7.39~7.91
29.5	9.97~10.3	11.2~11.5	13.7~14.1	4.42~4.70	5.20~5.52	6.66~7.13
21	11.1~11.5	12.3~12.6	14.3~14.7	3.82~4.06	4.46~4.73	5.58~5.97
19.5	11.4~11.8	12.5~12.8	14.4~14.8	3.70~3.93	4.31~4.57	5.37~5.74
18	11.7~12.1	12.8~13.1	14.6~15.0	3.57~3.80	4.15~4.41	5.15~5.51
16	12.2~12.6	13.2~13.5	14.8~15.3	3.40~3.61	3.94~4.18	4.84~5.18
14.5	12.6~13.0	13.5~13.9	15.0~15.5	3.25~3.46	3.76~4.00	4.60~4.92
13	13.0~13.4	13.9~14.3	15.2~15.7	3.11~3.30	3.58~3.80	4.35~4.65
11.8	13.5~13.9	14.3~14.7	15.4~15.8	2.98~3.17	3.43~3.64	4.13~4.42
11	13.8~14.2	14.5~14.9	15.6~16.1	2.89~3.08	3.32~3.52	3.98~4.26
9.8	14.3~14.7	15.0~15.4	15.8~16.3	2.75~2.93	3.15~3.34	3.75~4.01

线密度(tex)	细节(-40%)(个/km)			细节(-50%)(个/km)		
	5%	50%	95%	5%	50%	95%
48	—	7.20~9.00	56~68	—	—	1.85~2.25
36	2.00~2.60	14.3~17.9	85~103	—	1.15~1.50	3.61~4.39
29.5	4.04~5.25	22.9~28.6	113~137	—	1.96~2.55	5.70~6.93
21	13.4~17.5	51~64	184~223	1.95~2.40	4.87~6.35	12.4~15.1
19.5	17.5~22.8	61~76	205~249	2.45~3.02	5.95~7.76	14.8~18.0
18	23.3~30.3	74~92	230~279	3.14~3.87	7.38~9.63	17.8~21.7
16	35.3~45.9	97~122	272~330	4.51~5.54	10.1~13.2	23.3~28.3
14.5	50~65	123~154	314~381	6.11~7.52	13.2~17.2	29.3~35.6
13	74~96	159~199	367~445	8.52~10.5	17.6~23.0	37.6~45.7
11.8	104~135	200~250	421~511	11.5~14.1	22.8~29.8	46.9~57
11	133~173	236~295	466~566	14.3~17.5	27.6~36.0	55~67
9.8	200~260	310~388	550~668	20.3~25.0	37.6~49.0	72~88

线密度(tex)	粗节(+35%)(个/km)			粗节(+50%)(个/km)		
	5%	50%	95%	5%	50%	95%
48	5.00~6.00	31.0~38.0	80~96	1.40~1.70	3.10~3.90	9.90~12.0
36	9.87~11.8	46.9~57	111~133	2.16~2.62	4.76~5.99	14.7~17.9

续表

线密度(tex)	粗节(+35%)(个/km)			粗节(+50%)(个/km)		
	5%	50%	95%	5%	50%	95%
29.5	15.7~18.9	62~76	139~166	2.90~3.52	6.39~8.03	19.4~23.5
21	34.9~41.8	101~124	203~244	4.81~5.84	10.6~13.3	30.9~37.4
19.5	41.6~49.9	112~138	221~266	5.38~6.53	11.8~14.8	34.2~46.3
18	50~60	126~155	242~291	6.07~7.37	13.3~16.7	38.2~46.3
16	66~79	149~183	276~332	7.22~8.77	15.8~19.9	44.9~54
14.5	83~100	172~210	309~371	8.37~10.2	18.3~23.0	51~62
13	107~129	200~246	349~467	11.4~13.8	24.8~31.1	68~83
11.8	135~162	230~282	389~467	11.4~13.8	24.8~31.1	68~83
11	159~191	255~312	422~506	12.6~15.3	27.5~34.6	75~91
9.8	208~250	300~368	480~576	15.0~18.2	32.6~41.0	88~107

线密度(tex)	棉结(+140%)(个/km)			棉结(+200%)(个/km)		
	5%	50%	95%	5%	50%	95%
48	2.20~2.70	8.60~10.1	41.0~50.0	1.00~12.0	2.95~3.60	7.40~8.90
36	4.24~5.20	14.1~16.5	54~65	1.57~1.89	4.56~5.56	11.1~13.4
29.5	6.64~8.14	19.8~23.1	65~79	2.15~2.57	6.14~7.49	14.8~17.7
21	14.3~17.5	35.4~41.3	89~108	3.65~4.38	10.2~12.5	23.8~28.7
19.5	16.9~20.8	40.2~47.0	95~116	4.10~4.92	11.4~13.9	26.5~31.9
18	20.3~24.9	46.1~54	102~125	4.65~5.58	12.9~15.7	29.7~35.7
16	26.4~32.5	56~66	114~139	5.58~6.70	15.4~18.7	35.0~42.1
14.5	33.1~40.6	67~78	125~153	6.51~7.82	17.8~21.7	40.3~48.5
13	42.3~53	80~94	138~169	7.72~9.26	21.0~25.6	47.0~56
11.8	53~65	95~111	151~185	8.98~10.8	24.2~29.6	54~65
11	62~76	107~125	162~197	10.0~12.0	26.9~32.9	59~72
9.8	80~98	130~152	180~220	12.0~14.4	32.0~39.1	70~84

2. 拉伸性能(CRE 5m/min)(表1-2-66)

表1-2-66　环锭纺纯涤纶纱拉伸性能

线密度(tex)	断裂强度(cN/tex)			强度变异系数 *CV*(%)		
	5%	50%	95%	5%	50%	95%
48	40.6~42.5	29.0~30.0	21.2~22.1	6.55~6.85	8.10~8.45	9.70~10.1
36	39.4~41.3	29.3~30.3	22.3~23.2	7.11~7.44	8.71~9.09	10.4~10.8
29.5	38.6~40.4	29.5~30.5	23.0~24.0	7.53~7.87	9.15~9.55	10.9~11.3
21	37.3~39.0	29.8~30.8	24.4~25.4	8.29~8.67	10.0~10.4	11.8~12.2
19.5	37.0~38.7	29.8~30.9	24.7~25.8	8.47~8.86	10.1~10.6	12.0~12.5
18	36.7~38.4	29.9~31.0	25.1~26.2	8.67~9.06	10.4~10.8	12.2~12.7

续表

线密度(tex)	断裂强度(cN/tex)			强度变异系数 CV(%)		
	5%	50%	95%	5%	50%	95%
16	36.3~38.0	30.0~31.1	25.6~26.7	8.96~9.37	10.7~11.1	12.5~13.1
14.5	35.9~37.6	30.1~31.2	26.0~27.1	9.22~9.64	10.9~11.4	12.8~13.4
13	35.5~3.72	30.2~31.3	26.5~27.6	9.50~9.94	11.2~11.7	13.2~13.7
11.8	35.2~36.8	30.3~31.4	26.9~28.1	9.77~10.2	11.5~12.0	13.5~14.0
11	34.9~36.5	30.4~31.5	27.3~28.5	9.97~10.4	11.7~12.2	13.7~14.2
9.8	34.5~36.1	30.5~31.6	27.8~29.0	10.3~10.8	12.1~12.6	14.1~14.6

线密度(tex)	断裂伸长率(%)			断裂功(cN·cm)		
	5%	50%	95%	5%	50%	95%
48	20.3~21.2	17.0~17.9	15.3~16.0	—	5100~5700	3850~4300
36	17.9~18.7	15.2~15.9	13.7~14.3	4600~5080	3560~3980	2780~3110
29.5	16.4~17.1	14.0~14.7	12.7~13.3	3510~3880	2790~3120	2230~2490
21	14.1~14.7	12.2~12.9	11.1~11.7	2210~2440	1830~2050	1530~1700
19.5	13.7~14.3	11.9~12.5	10.8~11.3	2000~2210	1670~1870	1400~1570
18	13.2~13.8	11.5~12.1	10.5~11.0	1790~1980	1510~1690	1280~1430
16	12.5~13.1	11.0~11.5	10.0~10.5	1530~1690	1310~1460	1120~1260
14.5	12.0~12.5	10.6~11.1	9.66~10.1	1330~1470	1160~1290	1010~1120
13	11.4~11.9	10.1~10.6	9.27~9.69	1150~1270	1010~1130	892~996
11.8	11.0~11.4	9.73~10.2	8.93~9.34	1010~1110	823~920	739~826
11	10.6~11.0	9.47~9.94	8.69~9.09	916~1010	823~920	739~826
9.8	10.1~10.5	9.05~9.50	8.32~8.70	783~865	714~798	650~726

十一、环锭纺纯粘纤纱

试样来源：亚太14%，东欧1%，西欧65%，非洲、中东7%，南美9%，北美4%。

1. 条干均匀度、毛羽、频发性纱疵(表1-2-67)

表1-2-67 环锭纺纯粘纤纱条干均匀度、毛羽、频发性纱疵

线密度(tex)	条干变异系数 CV_m(%)			毛羽指数 H		
	5%	50%	95%	5%	50%	95%
40	9.30~9.60	10.2~10.6	11.7~12.0	4.20~4.50	5.50~5.85	7.00~7.50
32	9.90~10.2	10.8~11.2	12.3~12.6	3.88~4.16	5.09~5.41	6.46~6.93
29.5	10.1~10.4	11.1~11.5	12.5~12.8	3.76~4.03	4.92~5.24	6.25~6.70
28	10.2~10.5	11.2~11.6	12.6~12.9	3.69~3.95	4.83~5.14	6.13~6.57
21	11.1~11.4	12.1~12.5	13.4~13.8	3.32~3.56	4.35~4.63	5.51~5.91
19.5	11.3~11.6	12.4~12.8	13.6~14.0	3.23~3.46	4.23~4.50	5.36~5.75

续表

线密度(tex)	条干变异系数 CV_m(%)			毛羽指数 *H*		
	5%	50%	95%	5%	50%	95%
18	11.5~11.9	12.7~13.1	13.9~14.3	3.14~3.36	4.11~4.37	5.21~5.58
16	11.9~12.3	13.0~13.4	14.2~14.6	3.01~3.22	3.94~4.19	4.99~5.34
14.5	12.2~12.6	13.4~13.8	14.5~14.9	2.90~3.11	3.80~4.04	4.81~5.15
14	12.3~12.7	13.5~13.9	14.6~15.0	2.87~3.07	3.75~3.99	4.75~5.08
13	12.6~13.0	13.8~14.2	14.9~15.3	2.79~2.99	3.65~3.88	4.62~4.95
12.5	12.7~13.1	13.9~14.4	15.0~15.4	2.75~2.95	3.60~3.83	4.55~4.88
线密度(tex)	细节(−40%)(个/km)			细节(−50%)(个/km)		
	5%	50%	95%	5%	50%	95%
40	1.10~1.40	3.10~3.90	13.0~16.0	—	1.25~1.55	4.30~5.20
32	2.42~3.09	6.64~8.35	25.1~30.9	—	1.98~2.45	6.77~8.19
29.5	3.37~4.29	9.11~11.5	33.1~40.7	—	2.39~2.97	8.17~9.88
28	4.07~5.18	10.9~13.8	38.8~47.7	—	2.67~3.31	9.12~11.0
21	11.7~14.9	30.3~38.1	94~115	1.50~1.84	4.93~6.11	16.7~20.2
19.5	15.4~19.6	39.4~49.6	118~145	1.77~2.18	5.78~7.17	19.6~23.7
18	20.7~26.4	52~66	151~186	2.12~2.61	6.86~8.51	23.2~28.1
16	31.9~40.6	79~100	216~266	2.76~3.39	8.81~10.9	29.7~35.9
14.5	45.9~58	113~142	292~360	3.45~4.24	10.9~13.5	36.6~44.3
14	52~66	127~160	325~399	3.72~4.57	11.7~14.5	39.3~47.6
13	68~87	165~208	408~502	4.39~5.40	13.7~17.0	46.0~56
12.5	79~101	190~239	460~566	4.80~5.90	14.9~18.5	50~60
线密度(tex)	粗节(+35%)(个/km)			粗节(+50%)(个/km)		
	5%	50%	95%	5%	50%	95%
40	10.0~12.5	20.0~24.0	48.0~58	1.55~1.80	3.50~4.32	9.10~11.5
32	16.7~20.9	32.9~39.5	77~93	2.43~2.82	5.50~6.80	14.2~17.9
29.5	20.7~25.8	40.5~48.6	93~112	2.92~3.40	6.64~8.20	17.0~21.5
28	23.4~29.2	45.6~55	104~126	3.26~3.78	7.41~9.15	19.0~24.0
21	46.4~58	89~106	194~235	5.93~6.89	13.6~16.8	34.3~43.4
19.5	55~69	106~127	229~276	6.93~8.05	15.9~19.6	40.0~51
18	67~84	127~153	272~329	8.20~9.52	18.8~23.2	47.2~60
16	89~111	167~200	351~424	10.5~12.1	24.1~29.7	60~76
14.5	112~141	210~251	435~526	12.9~14.9	29.7~36.6	74~93
14	122~153	227~272	469~566	13.8~16.0	31.9~39.4	79~100
13	146~182	269~323	551~665	16.1~18.7	37.3~46.0	92~116
12.5	160~200	295~354	600~725	17.5~20.3	40.5~50.0	100~126

续表

线密度(tex)	棉结(+140%)(个/km)			棉结(+200%)(个/km)		
	5%	50%	95%	5%	50%	95%
40	14.0～17.0	34.0～41.0	70～82	3.10～3.90	7.70～9.62	18.0～22.0
32	21.4～26.0	52～63	107～126	4.95～6.23	12.4～15.5	28.4～34.7
29.5	25.6～31.1	63～75	128～150	6.02～7.57	15.1～18.8	34.2～41.9
28	28.3～34.4	69～84	142～166	6.73～8.47	16.9～21.1	38.2～46.7
21	50～61	124～149	250～293	12.6～15.8	31.8～39.8	70～86
19.5	58～71	144～173	290～340	14.8～18.6	37.6～46.9	82～100
18	68～83	169～204	341～399	17.7～22.2	44.8～56	97～119
16	86～104	213～257	429～503	22.8～28.7	58～73	125～152
14.5	104～127	260～314	522～612	28.3～35.6	72～90	154～188
14	112～136	279～336	559～655	30.4～38.3	78～97	165～202
13	129～157	323～390	647～758	35.8～45.0	92～115	193～236
12.5	140～170	350～422	700～820	39.0～49.1	100～125	210～257

2. 拉伸性能(CRE 5m/min)(表1－2－68)

表1－2－68　环锭纺纯粘纤纱拉伸性能

线密度(tex)	断裂强度(cN/tex)			强度变异系数 *CV*(%)		
	5%	50%	95%	5%	50%	95%
40	20.7～21.5	15.9～16.5	12.9～13.4	7.30～7.55	7.90～8.20	9.00～9.40
32	21.1～21.9	16.3～17.0	13.4～13.9	7.49～7.75	8.33～8.64	9.55～9.97
29.5	21.3～22.1	16.5～17.2	13.6～14.1	7.57～7.83	8.51～8.83	9.79～10.2
28	21.4～22.2	16.6～17.3	13.7～14.2	7.62～7.88	8.62～8.95	9.93～10.4
21	21.9～22.8	17.2～17.9	14.4～14.9	7.89～8.16	9.25～9.60	10.7～11.2
19.5	22.1～23.0	17.4～18.1	14.6～15.1	7.96～8.23	9.42～9.78	11.0～11.5
18	22.2～23.1	17.6～18.3	14.8～15.3	8.04～8.31	9.61～9.97	11.2～11.7
16	22.5～23.4	17.8～18.5	15.1～15.6	8.15～8.43	9.88～10.3	11.6～12.1
14.5	22.6～23.5	18.0～18.7	15.3～15.9	8.25～8.53	10.1～10.5	11.9～12.4
14	22.7～23.6	18.1～18.8	15.4～16.0	8.29～8.57	10.2～10.6	12.0～12.6
13	22.9～23.8	18.3～19.0	15.6～16.2	8.36～8.65	10.4～10.8	12.3～12.8
12.5	23.0～23.9	18.4～19.1	15.7～16.3	8.40～8.69	10.5～10.9	12.4～13.0
线密度(tex)	断裂伸长率(%)			断裂功(cN·cm)		
	5%	50%	95%	5%	50%	95%
40	15.6～16.2	14.8～15.3	13.4～14.0	3220～3500	2580～2790	2120～2310
32	15.0～15.6	13.9～14.4	12.2～12.7	2610～2840	2050～2220	1620～1770
29.5	14.8～15.4	13.6～14.0	11.7～12.2	2400～2600	1860～2020	1450～1580

续表

线密度(tex)	断裂伸长率(%)			断裂功(cN·cm)		
	5%	50%	95%	5%	50%	95%
28	14.6~15.2	13.4~13.8	11.4~11.9	2280~2480	1760~1910	1360~1480
21	13.9~14.4	12.3~12.7	10.0~10.4	1720~1870	1300~1400	953~1040
19.5	13.7~14.2	12.0~12.4	9.70~10.1	1600~1740	1200~1300	868~856
18	13.5~14.0	11.8~12.2	9.36~9.74	1480~1610	1100~1190	786~856
16	13.2~13.7	11.4~11.8	8.88~9.25	1320~1440	970~1050	679~740
14.5	12.9~13.4	11.1~11.5	8.50~8.84	1200~1310	872~944	601~655
14	12.9~13.4	11.0~11.4	8.37~8.71	1160~1260	841~910	576~627
13	12.7~13.2	10.7~11.1	8.09~8.42	1080~1180	777~840	525~572
12.5	12.6~13.1	10.6~11.0	7.95~8.28	1040~1130	745~806	500~545

十二、环锭纺涤/粘 65/35、67/33 混纺纱

试样来源：亚太 62%，非洲、中东 26%，南美 12%。

1. 条干均匀度、毛羽、频发性纱疵(表 1-2-69)

表 1-2-69 环锭纺涤/粘 65/35、67/33 混纺纱条干均匀度、毛羽、频发性纱疵

线密度(tex)	条干变异系数 CV_m(%)			毛羽指数 H		
	5%	50%	95%	5%	50%	95%
25	10.5~10.8	13.0~13.4	15.4~15.9	3.95~4.20	5.05~5.40	6.10~6.55
21	11.4~11.7	13.7~14.1	15.9~16.4	3.81~4.05	4.72~5.04	5.60~6.01
19.5	11.8~12.2	14.0~14.4	16.1~16.6	3.75~3.99	4.58~4.90	5.40~5.80
18	12.3~12.7	14.3~14.8	16.3~16.8	3.69~3.92	4.44~4.75	5.19~5.57
16	13.0~13.4	14.9~15.4	16.6~17.1	3.60~3.83	4.24~4.53	4.90~5.26
14.5	13.7~14.1	15.3~15.8	16.9~17.4	3.53~3.75	4.08~4.36	4.67~5.01
14	13.9~14.3	15.4~15.9	17.0~17.5	3.50~3.72	4.02~4.30	4.59~4.93
13	14.4~14.8	15.8~16.3	17.2~17.7	3.45~3.67	3.91~4.18	4.42~4.75
12.5	14.7~15.1	16.0~16.5	17.3~17.8	3.42~3.64	3.85~4.12	4.34~4.66
11.8	15.1~15.5	16.3~16.8	17.5~18.0	3.38~3.59	3.76~4.03	4.22~4.53
11	15.6~16.1	16.6~17.1	17.7~18.2	3.33~3.54	3.66~3.92	4.07~4.37
9.8	16.5~17.0	17.2~17.7	18.0~18.6	3.25~3.46	3.50~3.74	3.85~4.13

线密度(tex)	细节(-40%)(个/km)			细节(-50%)(个/km)		
	5%	50%	95%	5%	50%	95%
25	14.5~18.0	155~190	490~590	2.70~3.30	16.0~19.0	39.0~48.0
21	29.2~36.3	214~263	586~705	4.93~6.03	22.5~26.7	48.4~60
19.5	39.5~49.1	247~302	632~761	6.39~7.81	26.0~30.9	53~65

续表

线密度（tex）	细节（-40%）（个/km）			细节（-50%）（个/km）		
	5%	50%	95%	5%	50%	95%
18	55~68	287~351	687~827	8.44~10.3	30.5~36.2	59~72
16	88~109	357~437	774~932	12.7~15.5	38.3~45.5	68~84
14.5	130~162	429~526	857~1030	17.8~21.8	46.5~55	77~95
14	150~186	457~561	887~1070	20.1~24.5	49.7~59	80~99
13	202~251	525~644	957~1150	26.0~31.7	58~68	88~108
12.5	237~294	565~693	997~1200	29.8~36.4	62~74	92~114
11.8	298~370	629~771	1060~1270	36.3~44.3	69~83	99~122
11	396~492	718~880	1140~1370	46.3~57	80~95	108~133
9.8	630~782	890~1090	1280~1540	69~84	100~119	125~154
线密度（tex）	粗节（+35%）（个/km）			粗节（+50%）（个/km）		
	5%	50%	95%	5%	50%	95%
25	59~72	173~210	355~430	5.00~6.00	19.5~22.8	63~77
21	91~110	226~273	419~508	8.46~10.2	28.5~33.2	79~96
19.5	109~132	253~306	450~546	10.6~12.7	33.5~39.1	87~106
18	133~161	285~346	486~589	13.5~16.3	40.0~46.6	96~118
16	177~214	341~413	543~658	19.3~23.2	52~60	112~137
14.5	226~273	396~479	597~724	26.0~31.2	64~75	127~155
14	245~297	417~505	617~748	28.9~34.7	69~80	133~162
13	295~357	466~565	662~802	36.2~43.4	81~95	146~178
12.5	325~393	495~600	687~833	40.7~48.9	88~103	154~188
11.8	374~453	540~654	725~880	48.4~58	100~117	165~202
11	444~539	601~727	776~941	60~72	117~136	181~221
9.8	590~715	715~866	866~1050	85~102	150~175	210~257
线密度（tex）	棉结（+140%）（个/km）			棉结（+200%）（个/km）		
	5%	50%	95%	5%	50%	95%
25	30.0~38.0	84~100	210~255	9.00~11.5	32.0~39.0	140~165
21	51~65	127~152	283~344	15.5~19.9	48.7~59	170~201
19.5	65~82	152~181	322~391	19.7~25.1	58~71	185~218
18	83~105	185~220	370~449	25.3~32.3	71~86	203~239
16	119~151	245~291	452~549	36.5~46.7	94~114	231~272
14.5	162~205	310~369	536~651	49.8~64	119~145	258~304
14	180~227	336~400	569~691	55~71	129~157	268~316
13	226~286	402~478	646~785	70~89	154~188	291~343
12.5	255~323	442~526	691~840	79~101	170~207	305~359

续表

线密度 (tex)	棉结（+140%）(个/km)			棉结（+200%）(个/km)		
	5%	50%	95%	5%	50%	95%
11.8	304～385	506～603	763～926	95～121	195～238	325～383
11	378～479	600～714	861～1050	118～151	231～282	352～414
9.8	540～684	790～940	1050～1280	170～217	305～372	400～471

2. 拉伸性能（CRE 5m/min）（表1－2－70）

表1－2－70 环锭纺涤/粘65/35、67/33混纺纱拉伸性能

线密度 (tex)	断裂强度（cN/tex）			强度变异系数 *CV*（%）		
	5%	50%	95%	5%	50%	95%
25	25.4～26.5	21.1～22.0	16.2～16.9	6.20～6.55	9.60～10.0	12.9～13.4
21	24.9～26.0	21.1～22.0	16.7～17.4	7.26～7.67	10.5～10.9	13.4～13.8
19.5	24.7～25.8	21.1～22.0	16.9～17.6	7.77～8.21	10.9～11.3	13.6～14.0
18	24.5～25.6	21.1～22.1	17.2～17.9	8.36～8.83	11.3～11.8	13.8～14.3
16	24.2～25.3	21.1～22.1	17.5～18.2	9.30～9.82	12.0～12.5	14.1～14.6
14.5	24.0～25.0	21.1～22.1	17.8～18.5	10.2～10.7	12.6～13.1	14.4～14.9
14	23.9～24.9	21.1～22.1	17.9～18.7	10.5～11.1	12.8～13.3	14.5～15.0
13	23.7～24.7	21.2～22.2	18.1～18.9	11.2～11.9	13.3～13.8	14.7～15.2
12.5	23.6～24.6	21.2～22.2	18.2～19.0	11.6～12.3	13.6～14.1	14.8～15.4
11.8	23.5～24.5	21.2～22.2	18.4～19.2	12.2～12.9	13.9～14.5	15.0～15.5
11	23.3～24.3	21.2～22.2	18.6～19.4	13.1～13.8	14.4～15.0	15.2～15.8
9.8	23.0～24.0	21.2～22.2	19.0～19.8	14.5～15.3	15.3～15.9	15.6～16.1

线密度 (tex)	断裂伸长率（%）			断裂功（cN·cm）		
	5%	50%	95%	5%	50%	95%
25	17.0～17.8	13.6～14.1	10.9～11.3	2850～3140	1900～2100	1460～1630
21	15.5～16.3	12.8～13.3	10.6～11.0	2110～2330	1490～1640	1180～1310
19.5	15.0～15.7	12.5～13.0	10.5～10.9	1860～2050	1340～1480	1070～1200
18	14.3～15.0	12.2～12.7	10.4～10.8	1620～1780	1190～1320	969～1080
16	13.5～14.1	11.7～12.2	10.2～10.6	1320～1460	1010～1120	837～935
14.5	12.8～13.4	11.4～11.9	10.1～10.5	1120～1230	879～972	740～827
14	12.6～13.2	11.2～11.7	10.0～10.4	1050～1160	838～926	709～792
13	12.1～12.7	11.0～11.5	9.94～10.3	926～1020	754～834	647～722
12.5	11.9～12.5	10.8～11.3	9.88～10.2	866～954	713～788	616～687
11.8	11.6～12.2	10.6～11.1	9.88～10.2	785～864	658～727	574～640
11	11.1～11.7	10.4～10.8	9.78～10.1	695～766	595～658	525～586
9.8	10.5～11.0	10.0～10.4	9.60～9.90	570～628	506～559	455～508

十三、转杯纺普梳纯棉纱

试样来源：亚太17%，东欧1%，西欧40%，非洲、中东8%，南美16%，北美18%。

1. 条干均匀度、毛羽、频发性纱疵（表1-2-71）

表1-2-71 转杯纺普梳纯棉纱条干均匀度、毛羽、频发性纱疵

线密度(tex)	条干变异系数 CV_m(%)				
	5%	25%	50%	75%	95%
140	10.0~10.3	10.8~11.2	11.6~12.0	12.4~12.8	13.3~13.7
100	10.5~10.8	11.4~11.8	12.2~12.6	13.0~13.4	13.9~14.4
74	11.1~11.4	11.9~12.4	12.8~13.2	13.6~14.0	14.5~15.0
59	11.5~11.8	12.4~12.9	13.2~13.7	14.0~14.5	15.0~15.5
42	12.2~12.5	13.0~13.5	13.9~14.4	14.7~15.2	15.7~16.2
36	12.5~12.8	13.4~13.9	14.2~14.7	15.1~15.6	16.1~16.6
32	12.7~13.1	13.6~14.1	14.5~15.0	15.3~15.8	16.3~16.8
29.5	12.9~13.3	13.8~14.3	14.7~15.2	15.5~16.0	16.5~17.0
21	13.6~14.0	14.6~15.1	15.4~15.9	16.3~16.8	17.3~17.8
19.5	13.8~14.2	14.7~15.2	15.6~16.1	16.5~17.0	17.5~18.0
16	14.3~14.7	15.2~15.7	16.1~16.6	17.0~17.5	18.0~18.5
14.5	14.5~14.9	15.4~16.0	16.3~16.9	17.2~17.8	18.2~18.7
线密度(tex)	毛羽指数 H				
	5%	25%	50%	75%	95%
140	5.30~5.60	6.95~7.25	8.50~8.90	10.4~10.9	16.5~17.3
100	4.95~5.23	6.30~6.58	7.56~7.91	9.09~9.53	13.6~14.2
74	4.66~4.92	5.78~6.03	6.80~7.12	8.06~8.45	11.4~12.0
59	4.45~4.70	5.40~5.64	6.28~6.57	7.35~7.71	10.0~10.5
42	4.15~4.39	4.90~5.11	5.58~5.85	6.43~6.74	8.23~8.63
36	4.03~4.25	4.69~4.86	5.29~5.54	6.04~6.33	7.52~7.89
32	3.93~4.16	4.53~4.73	5.08~5.32	5.77~6.05	7.04~7.38
29.5	3.87~4.09	4.42~4.61	4.93~5.17	5.58~5.85	6.71~7.03
21	3.61~3.82	4.01~4.18	4.38~4.59	4.87~5.11	5.51~5.78
19.5	3.56~3.76	3.92~4.09	4.27~4.47	4.73~4.96	5.28~5.54
16	3.42~3.61	3.70~3.86	3.99~4.17	4.37~4.58	4.71~4.94
14.5	3.35~3.54	3.60~3.76	3.85~4.03	4.20~4.40	4.45~4.67
线密度(tex)	细节(-40%)(个/km)				
	5%	25%	50%	75%	95%
140	2.60~3.20	8.00~9.83	21.0~25.0	47.0~57	100~125
100	6.07~7.46	16.3~20.0	38.2~45.5	79~96	154~193

续表

线密度(tex)	细节(-40%)(个/km) 5%	25%	50%	75%	95%
74	12.9~15.9	30.7~37.7	65~78	125~151	227~284
59	23.0~28.3	49.9~61	98~117	178~215	305~382
42	54~66	102~125	178~212	297~361	471~588
36	79~98	141~173	235~280	377~458	575~718
32	106~130	180~221	288~343	450~546	667~833
29.5	131~161	214~263	334~398	511~620	742~927
21	307~377	438~539	610~726	860~1040	1150~1430
19.5	370~455	514~631	697~830	965~1170	1260~1580
16	608~748	779~957	990~1180	1310~1580	1630~2040
14.5	780~959	960~1179	1180~1410	1520~1840	1850~2310
线密度(tex)	细节(-50%)(个/km) 5%	25%	50%	75%	95%
140	—	—	—	—	1.78~2.15
100	—	—	—	1.40~1.70	3.55~4.30
74	—	—	1.10~1.40	2.87~3.48	6.61~8.00
59	—	1.30~1.60	2.08~2.64	4.96~6.02	10.6~12.8
42	1.60~1.93	3.39~4.17	5.27~6.70	11.1~13.4	21.2~25.7
36	2.64~3.18	5.27~6.48	8.09~10.3	16.0~19.5	29.2~35.4
32	3.82~4.61	7.32~9.00	11.1~14.2	21.1~25.6	37.0~44.8
29.5	4.99~6.01	9.27~11.4	14.0~17.8	25.7~31.2	44.0~53
21	14.8~17.9	24.3~30.0	35.8~45.6	58~70	88~107
19.5	18.9~22.8	30.1~37.1	44.1~56	69~84	103~125
16	35.6~42.9	53~65	76~97	111~134	155~188
14.5	48.9~59	70~86	100~127	140~170	190~230
线密度(tex)	粗节(+35%)(个/km) 5%	25%	50%	75%	95%
140	57~70	110~135	195~240	320~390	600~705
100	83~102	151~185	251~309	391~477	684~804
74	116~142	199~245	314~387	469~571	770~904
59	150~184	247~303	373~459	538~655	842~989
42	218~267	338~414	480~591	658~802	960~1130
36	259~317	390~479	539~663	722~880	1020~1200
32	294~360	434~533	588~723	774~943	1070~1250

续表

线密度(tex)	粗节(+35%)(个/km)				
	5%	25%	50%	75%	95%
29.5	322~395	469~576	625~770	813~991	1100~1300
21	470~576	644~790	806~992	996~1210	1260~1480
19.5	511~626	690~847	852~1050	1040~1270	1300~1520
16	636~779	830~1020	988~1220	1170~1430	1400~1640
14.5	710~870	910~1120	1060~1310	1240~1520	1450~1710

线密度(tex)	粗节(+50%)(个/km)				
	5%	25%	50%	75%	95%
140	2.10~2.60	4.20~5.20	8.90~10.5	24.0~29.0	72~89
100	3.59~4.45	6.87~8.50	13.6~16.1	32.8~39.6	86~106
74	5.80~7.18	10.7~13.2	19.9~23.4	43.3~52	101~125
59	8.37~10.4	14.9~18.4	26.5~31.3	53~65	114~141
42	14.3~17.7	24.3~30.1	40.6~47.8	73~88	136~168
36	18.3~22.7	30.5~37.8	49.3~58	84~102	147~182
32	22.0~27.3	36.1~44.7	57~67	94~113	157~194
29.5	25.1~31.1	40.8~50	63~75	101~122	164~202
21	43.2~53	67~83	97~115	138~167	196~242
19.5	48.6~60	75~92	107~126	148~179	204~252
16	67~82	100~123	137~161	178~215	226~279
14.5	78~97	115~142	155~183	195~236	238~294

线密度(tex)	棉结(+200%)(个/km)				
	5%	25%	50%	75%	95%
140	1.00~1.24	5.20~6.50	16.5~20.0	49.5~60	145~170
100	2.51~3.10	10.6~13.3	29.3~35.5	78~94	202~237
74	5.69~7.04	20.1~25.1	48.8~59	117~140	237~320
59	10.6~13.2	32.7~40.8	72~87	159~191	342~401
42	26.6~33.0	67~83	128~155	250~301	478~560
36	40.7~50	93~116	166~202	309~371	557~653
32	56~69	118~148	202~245	361~433	624~732
29.5	70~86	141~176	233~282	403~485	678~795
21	176~218	289~362	415~503	637~766	949~1110
19.5	216~267	339~424	471~571	704~847	1020~1200
16	370~458	515~644	659~799	919~1110	1240~1460
14.5	485~600	635~794	780~945	1050~1260	1370~1610

续表

线密度(tex)	棉结(+280%)(个/km)				
	5%	25%	50%	75%	95%
140			1.25~1.55	4.80~5.70	90~110
100			2.36~2.93	7.79~9.25	99~121
74		1.65~2.00	4.17~5.17	12.0~14.3	108~132
59	1.40~1.70	2.74~3.32	6.44~7.99	16.7~19.8	115~140
42	3.10~3.77	5.75~6.97	12.2~15.1	27.1~32.2	126~154
36	4.48~5.44	8.09~9.81	16.3~20.2	33.9~40.2	132~161
32	5.89~7.15	10.4~12.6	20.3~25.2	40.0~47.4	136~166
29.5	7.17~8.70	12.5~15.2	23.7~29.4	45.0~53	139~170
21	16.0~19.4	26.5~32.1	45.1~56	73~87	153~187
19.5	19.1~23.2	31.2~37.8	52~64	82~97	156~191
16	30.5~37.0	48.2~58	75~94	108~129	165~202
14.5	38.5~46.8	60~73	91~113	125~148	170~208

2. 拉伸性能(CRE 5m/min)(表1-2-72)

表1-2-72 转杯纺普梳纯棉纱拉伸性能

线密度(tex)	断裂强度(cN/tex)				
	5%	25%	50%	75%	95%
140	14.4~15.0	12.7~13.3	11.5~12.0	10.3~10.7	7.25~7.55
100	14.3~14.9	12.8~13.4	11.7~12.2	10.5~11.0	7.79~8.12
74	14.3~14.9	12.9~13.5	11.9~12.4	10.8~11.3	8.31~8.66
59	14.2~14.8	13.0~13.6	12.0~12.5	11.0~11.5	8.73~9.10
42	14.2~14.8	13.1~13.7	12.2~12.8	11.3~11.8	9.39~9.78
36	14.2~14.8	13.1~13.7	12.3~12.9	11.4~11.9	9.71~10.1
32	14.1~14.7	13.2~13.8	12.4~13.0	11.5~12.0	10.0~10.4
29.5	14.1~14.7	13.2~13.8	12.4~13.0	11.6~12.1	10.1~10.5
21	14.1~14.7	13.3~13.9	12.7~13.3	11.9~12.4	10.9~11.3
19.5	14.1~14.7	13.3~13.9	12.7~13.3	12.0~12.5	11.1~11.5
16	14.0~14.6	13.4~14.0	12.8~13.4	12.1~12.7	11.6~12.0
14.5	14.0~14.6	13.4~14.0	12.9~13.5	12.2~12.8	11.8~12.3
线密度(tex)	**强度变异系数 *CV*(%)**				
	5%	**25%**	**50%**	**75%**	**95%**
140	4.15~4.30	5.00~5.20	5.65~5.85	6.55~6.80	8.90~9.20
100	4.63~4.80	5.47~5.69	6.12~6.33	7.00~7.27	9.26~9.57
74	5.11~5.29	5.93~6.16	6.57~6.80	7.43~7.71	9.59~9.91

续表

线密度(tex)	强度变异系数 *CV*(%)				
	5%	25%	50%	75%	95%
59	5.51~5.71	6.30~6.55	6.93~7.18	7.77~8.07	9.85~10.2
42	6.15~6.37	6.89~7.17	7.51~7.77	8.31~8.62	10.2~10.6
36	6.47~6.70	7.18~7.47	7.79~8.06	8.57~8.89	10.4~10.8
32	6.71~6.96	7.41~7.70	8.00~8.29	8.76~9.10	10.5~10.9
29.5	6.90~7.15	7.57~7.87	8.16~8.45	8.91~9.25	10.7~11.1
21	7.71~7.99	8.29~8.62	8.84~9.15	9.53~9.89	11.1~11.5
19.5	7.90~8.18	8.46~8.79	9.00~9.32	9.67~10.0	11.2~11.6
16	8.42~8.73	8.91~9.27	9.43~9.76	10.1~10.4	11.5~11.9
14.5	8.70~9.01	9.15~9.52	9.65~9.99	10.3~10.6	11.6~12.0

线密度(tex)	断裂伸长率(%)				
	5%	25%	50%	75%	95%
140	11.2~11.5	8.75~9.00	7.75~8.00	6.80~7.00	5.40~5.53
100	10.2~10.5	8.20~8.43	7.34~7.58	6.51~6.70	5.32~5.45
74	9.45~9.75	7.74~7.96	6.99~7.22	6.26~6.45	5.25~5.37
59	8.90~9.18	7.40~7.61	6.74~6.96	6.08~6.26	5.19~5.32
42	8.16~8.41	6.94~7.14	6.39~6.59	5.82~6.00	5.11~5.23
36	7.84~8.08	6.73~6.92	6.23~6.43	5.71~5.88	5.08~5.20
32	7.61~7.84	6.58~6.77	6.11~6.31	5.63~5.79	5.05~5.17
29.5	7.44~7.68	6.48~6.66	6.03~6.23	5.57~5.73	5.03~5.15
21	6.82~7.03	6.07~6.24	5.71~5.90	5.33~5.49	4.95~5.07
19.5	6.68~6.89	5.98~6.15	5.64~5.82	5.28~5.43	4.94~5.06
16	6.35~6.55	5.76~5.92	5.47~5.64	5.15~5.30	4.89~5.01
14.5	6.19~6.38	5.65~5.81	5.38~5.55	5.08~5.23	4.87~4.99

线密度(tex)	断裂功(cN·cm)				
	5%	25%	50%	75%	95%
140	5820~6280	4140~4520	3150~3450	2560~2780	1550~1680
100	3750~4040	2760~3010	2180~2380	1800~1950	1150~1250
74	2530~2730	1920~2100	1560~1710	1310~1420	884~958
59	1870~2020	1460~1590	1210~1330	1030~1120	722~782
42	1210~1300	972~1060	838~918	721~783	537~582
36	984~1060	806~880	707~774	612~665	468~507
32	847~914	702~766	622~682	542~589	423~458
29.5	760~820	635~693	568~622	497~539	393~426

续表

线密度(tex)	断裂功(cN·cm)				
	5%	25%	50%	75%	95%
21	487~526	422~461	391~428	347~377	291~316
19.5	442~477	386~421	360~394	321~349	273~296
16	341~368	304~332	290~317	261~283	229~248
14.5	300~324	270~295	260~285	235~255	210~228

十四、转杯纺普梳棉/涤 50/50 混纺纱

试样来源:东欧3%,西欧30%,非洲、中东3%,北美64%。

1. 条干均匀度、毛羽、频发性纱疵(表1-2-73)

表1-2-73 转杯纺普梳棉/涤 50/50 混纺纱条干均匀度、毛羽、频发性纱疵

线密度(tex)	条干变异系数 CV_m(%)			毛羽指数 H		
	5%	50%	95%	5%	50%	95%
67	11.3~11.6	12.4~12.9	14.0~14.5	5.30~5.70	7.00~7.50	9.60~10.2
59	11.6~12.0	12.7~13.2	14.3~14.8	5.11~5.50	6.67~7.14	8.98~9.54
48	12.2~12.6	13.3~13.8	14.8~15.3	4.82~5.18	6.16~6.60	8.06~8.57
42	12.6~13.0	13.7~14.2	15.1~15.6	4.63~4.98	5.84~6.26	7.50~7.97
36	13.2~13.6	14.1~14.6	15.5~16.1	4.43~4.76	5.50~5.89	6.91~7.34
32	13.6~14.0	14.5~15.0	15.8~16.4	4.28~4.60	5.25~5.63	6.49~6.89
29.5	13.8~14.3	14.7~15.3	16.0~16.6	4.18~4.50	5.09~5.45	6.21~6.60
28	14.0~14.5	14.9~15.5	16.2~16.8	4.12~4.43	4.98~5.34	6.04~6.42
21	15.1~15.6	15.8~16.4	17.0~17.6	3.79~4.07	4.45~4.77	5.18~5.51
19.5	15.4~15.9	16.1~16.7	17.2~17.8	3.71~3.99	4.32~4.63	4.98~5.29
16	16.2~16.7	16.8~17.4	17.8~18.4	3.50~3.76	4.00~4.29	4.48~4.76
14.5	16.6~17.1	17.2~17.8	18.1~18.8	3.40~3.66	3.85~4.13	4.25~4.52

线密度(tex)	细节(-40%)(个/km)			细节(-5%)(个/km)		
	5%	50%	95%	5%	50%	95%
67	21.0~25.9	62~76	140~170	—	1.70~2.10	2.90~3.50
59	29.9~36.9	82~101	177~215	—	2.49~3.07	4.18~5.04
48	53~65	130~159	258~313	0.85~1.20	4.59~5.67	7.53~9.09
42	78~96	176~216	331~402	1.59~2.00	6.91~8.53	11.2~13.5
36	121~149	250~307	443~537	2.96~3.74	11.1~13.7	17.6~21.2
32	168~207	326~400	550~668	4.75~5.98	15.8~19.5	24.7~29.9
29.5	212~261	392~481	641~778	6.59~8.30	20.2~25.0	31.4~37.9
28	245~302	441~540	706~857	8.11~10.2	23.7~29.2	36.5~44.0

续表

线密度(tex)	细节(-40%)(个/km)			细节(-5%)(个/km)		
	5%	50%	95%	5%	50%	95%
21	555~683	845~1040	1210~1470	25.8~32.5	57~70	85~102
19.5	686~845	1000~1230	1390~1690	34.9~44.0	71~88	105~127
16	1200~1480	1570~1920	2010~2440	77~97	130~160	187~226
14.5	1590~1960	1960~2400	2410~2930	115~145	175~216	250~302
线密度(tex)	粗节(+35%)(个/km)			粗节(+50%)(个/km)		
	5%	50%	95%	5%	50%	95%
67	135~160	360~440	645~780	9.80~12.0	33.7~42.0	63~78
59	163~194	408~499	707~855	12.8~15.6	40.4~50	73~91
48	222~264	500~611	820~992	19.5~23.9	54~67	94~116
42	273~325	572~699	905~1100	25.9~31.8	66~82	110~136
36	347~412	669~817	1010~1230	36.0~44.1	82~102	133~165
32	415~493	752~919	1110~1340	46.1~56	97~121	153~190
29.5	470~559	816~997	1180~1420	55~67	109~136	169~209
28	509~605	859~1050	1220~1470	61~75	118~147	180~223
21	792~941	1150~1400	1510~1820	112~137	178~222	255~316
19.5	888~1060	1240~1510	1590~1920	131~161	199~248	279~346
16	1200~1430	1510~1840	1840~2220	199~243	264~329	355~439
14.5	1400~1660	1660~2030	1980~2390	245~300	305~380	400~495
线密度(tex)	棉结(+200%)(个/km)			棉结(+280%)(个/km)		
	5%	50%	95%	5%	50%	95%
67	22.0~27.0	60~74	140~170	2.90~3.60	6.50~7.90	21.0~25.8
59	30.5~37.4	78~97	174~211	3.96~4.92	8.63~10.5	26.3~32.4
48	51~63	121~149	247~301	6.55~8.13	13.6~16.5	37.8~46.5
42	73~90	161~199	313~380	9.16~11.4	18.5~22.4	48.1~59
36	109~134	225~278	410~498	13.5~16.8	26.2~31.9	64~78
32	148~182	289~357	503~611	18.1~22.4	34.2~41.5	78~97
29.5	183~225	344~425	580~704	22.1~27.5	41.1~49.9	91~112
28	209~257	385~475	634~770	25.2~31.2	46.2~56	100~123
21	442~543	713~879	1050~1270	52~64	89~108	167~205
19.5	537~659	837~1030	1190~1450	62~77	105~127	191~235
16	897~1100	1280~1580	1680~2040	102~126	164~199	272~335
14.5	1160~1420	1580~1950	2000~2430	130~161	205~249	325~400

2. 拉伸性能(CRE 5m/min)(表1-2-74)

表1-2-74 转杯纺普梳棉/涤50/50混纺纱拉伸性能

线密度(tex)	断裂强度(cN/tex)			强度变异系数 CV(%)		
	5%	50%	95%	5%	50%	95%
67	16.4~17.1	12.8~13.4	9.70~10.1	5.00~5.20	6.20~6.40	7.55~7.80
59	16.2~16.8	12.8~13.4	9.80~10.2	5.27~5.48	6.48~6.69	7.82~8.08
48	15.9~16.5	12.9~13.5	10.1~10.5	5.73~5.96	6.96~7.19	8.28~8.55
42	15.7~16.3	12.9~13.5	10.3~10.7	6.06~6.30	7.30~7.54	8.60~8.88
36	15.5~16.1	13.0~13.6	10.5~10.9	6.47~6.73	7.72~7.96	8.98~9.28
32	15.3~15.9	13.0~13.6	10.7~11.1	6.79~7.06	8.04~8.30	9.28~9.59
29.5	15.2~15.8	13.1~13.7	10.8~11.2	7.03~7.31	8.28~8.55	9.50~9.81
28	15.1~15.7	13.1~13.7	10.9~11.3	7.18~7.47	8.43~8.70	9.64~9.96
21	14.7~15.3	13.2~13.8	11.4~11.8	8.09~8.42	9.34~9.64	10.4~10.8
19.5	14.6~15.2	13.2~13.8	11.5~11.9	8.35~8.68	9.59~9.90	10.7~11.0
16	14.3~14.9	13.3~13.9	11.8~12.2	9.07~9.43	10.3~10.6	11.3~11.7
14.5	14.2~14.8	13.4~14.0	12.0~12.4	9.45~9.83	10.7~11.0	11.6~12.0

线密度(tex)	断裂伸长率(%)			断裂功(cN·cm)		
	5%	50%	95%	5%	50%	95%
67	13.6~14.2	11.0~11.4	9.10~9.50	4070~4490	2750~3000	2330~2520
59	13.0~13.6	10.6~11.0	8.78~9.17	3380~3730	2340~2550	1990~2150
48	12.2~12.7	9.90~10.3	8.29~8.66	2510~2770	1800~1960	1540~1660
42	11.6~12.1	9.56~9.96	7.98~8.33	2060~2270	1510~1640	1300~1400
36	11.0~11.5	9.14~9.51	7.64~7.97	1630~1800	1230~1340	1060~1150
32	10.6~11.1	8.83~9.19	7.39~7.71	1370~1520	1060~1150	917~991
29.5	10.3~10.8	8.62~8.98	7.22~7.54	1220~1340	950~1040	827~894
28	10.1~10.6	8.49~8.84	7.11~7.43	1130~1240	888~969	774~837
21	9.19~9.59	7.81~8.13	6.56~6.84	736~812	610~666	537~581
19.5	8.96~9.35	7.64~7.95	6.42~6.70	659~727	553~604	488~528
16	8.38~8.75	7.21~7.50	6.07~6.33	492~543	428~467	380~411
14.5	8.10~8.46	7.00~7.29	5.90~6.16	425~469	376~410	335~362

十五、转杯纺纯粘纤纱

试样来源:东欧2%,西欧86%,北美12%。

1. 条干均匀度、毛羽、频发性纱疵(表 1-2-75)

表 1-2-75 转杯纺纯粘纤纱条干均匀度、毛羽、频发性纱疵

线密度(tex)	条干变异系数 CV_m(%)			毛羽指数 H		
	5%	50%	95%	5%	50%	95%
100	9.40~9.70	10.3~10.7	11.3~11.7	6.30~6.70	7.25~7.80	9.00~9.65
74	10.1~10.4	11.0~11.5	12.1~12.5	5.70~6.06	6.53~7.02	8.09~8.68
59	10.6~11.0	11.6~12.1	12.7~13.1	5.27~5.61	6.03~6.48	7.46~8.00
42	11.5~11.9	12.6~13.1	13.6~14.1	4.71~5.01	5.36~5.77	6.63~7.10
36	11.9~12.3	13.0~13.5	14.1~14.6	4.47~4.76	5.08~5.46	6.27~6.73
32	12.3~12.7	13.4~13.9	14.5~15.0	4.30~4.58	4.88~5.25	6.02~6.45
29.5	12.5~12.9	13.6~14.2	14.8~15.3	4.19~4.45	4.74~5.10	5.85~6.27
28	12.7~13.1	13.8~14.4	14.9~15.4	4.11~4.38	4.65~5.01	5.74~6.16
21	13.6~14.0	14.7~15.3	15.9~16.4	3.74~3.97	4.21~4.53	5.19~5.56
19.5	13.8~14.2	15.0~15.6	16.1~16.7	3.64~3.88	4.10~4.41	5.05~5.42
16	14.5~14.9	15.7~16.3	16.8~17.4	3.41~3.63	3.83~4.12	4.71~5.05
14.5	14.8~15.3	16.1~16.7	17.2~17.8	3.30~3.51	3.70~3.98	4.55~4.88
线密度(tex)	细节(-40%)(个/km)			细节(-50%)(个/km)		
	5%	50%	95%	5%	50%	95%
100	—	1.63~2.05	3.26~4.10	—	—	—
74	1.42~1.75	4.52~5.70	8.68~10.9	—	—	—
59	3.42~4.22	9.86~12.4	18.3~23.1	—	—	—
42	12.4~15.3	30.9~39.0	55~69	—	—	1.07~1.40
36	22.5~27.7	52~66	91~114	—	1.30~1.70	2.44~3.20
32	35.2~43.4	78~98	133~167	1.40~1.70	2.24~2.93	4.54~5.95
29.5	48.1~59	103~130	173~218	1.88~2.29	3.27~4.28	6.99~9.17
28	59~72	123~155	205~258	2.27~2.76	4.16~5.44	9.20~12.1
21	176~217	326~411	523~657	6.47~7.86	15.8~20.7	42.4~56
19.5	235~289	420~530	667~839	8.50~10.3	22.4~29.3	63~83
16	500~616	822~1040	1270~1590	17.4~21.2	56~73	180~236
14.5	730~900	1150~1450	1750~2200	25.0~30.4	89~116	305~400
线密度(tex)	粗节(+35%)(个/km)			粗节(+50%)(个/km)		
	5%	50%	95%	5%	50%	95%
100	18.5~22.5	37.0~44.0	60~70	0.90~1.10	2.25~2.80	5.60~5.80
74	30.9~37.5	61~73	98~114	1.70~2.08	4.30~5.34	10.9~13.2
59	45.6~56	90~107	142~165	2.76~3.37	7.07~8.77	18.0~21.9
42	81~98	159~189	244~285	5.61~6.85	14.6~18.1	37.8~46.0

续表

线密度(tex)	粗节(+35%)(个/km)			粗节(+50%)(个/km)		
	5%	50%	95%	5%	50%	95%
36	105~128	206~245	314~367	7.78~9.51	20.4~25.3	53~65
32	129~156	251~299	380~443	10.0~12.2	26.3~32.6	70~84
29.5	148~180	288~342	433~506	11.8~14.5	31.3~38.9	82~100
28	161~196	314~373	471~550	13.2~16.1	35.0~43.5	92~112
21	263~320	509~605	751~876	24.2~29.6	65~81	174~212
19.5	299~364	577~687	848~989	28.4~34.7	77~95	206~250
16	418~509	804~957	1170~1360	43.0~53	118~145	318~386
14.5	495~602	950~1130	1370~1600	53~65	145~180	395~480

线密度(tex)	棉结(+200%)(个/km)			棉结(+280%)(个/km)		
	5%	50%	95%	5%	50%	95%
100		1.23~1.50	2.75~3.50	—	—	1.64~2.05
74	1.0~01.20	3.11~3.81	6.90~8.80	—	1.10~1.27	2.94~3.69
59	2.07~2.48	6.35~7.78	14.0~17.8	—	1.64~1.90	4.61~5.78
42	6.01~7.21	18.0~22.1	39.1~49.9	1.00~1.22	2.96~3.43	8.89~11.1
36	9.83~11.8	29.2~35.8	63~80	1.31~1.60	3.88~4.49	12.0~15.1
32	14.2~17.1	42.0~51	90~115	1.61~1.96	4.76~5.51	15.1~19.0
29.5	18.4~22.1	54~66	116~147	1.86~2.26	5.49~6.36	17.7~22.2
28	21.7~26.1	63~78	135~173	2.04~2.48	6.01~6.96	19.6~24.6
21	54~65	155~190	327~417	3.38~4.11	9.93~11.5	34.4~43.1
19.5	68~82	195~239	411~524	3.86~4.69	11.3~13.1	39.8~49.9
16	128~154	361~441	753~960	5.46~6.64	16.0~18.5	59~73
14.5	175~210	490~600	1020~1300	6.50~7.90	19.0~22.0	71~89

2. 拉伸性能(CRE 5m/min)(表1-2-76)

表1-2-76 转杯纺纯粘纤纱拉伸性能

线密度(tex)	断裂强度(cN/tex)			强度变异系数 *CV*(%)		
	5%	50%	95%	5%	50%	95%
100	17.1~17.9	15.3~16.0	14.0~14.5	5.10~5.30	5.80~6.05	6.55~6.80
74	16.3~17.1	14.7~15.4	13.4~13.9	5.62~5.84	6.37~6.65	7.20~7.47
59	15.8~16.6	14.2~14.9	13.0~13.5	6.06~6.30	6.84~7.14	7.74~8.03
42	15.0~15.8	13.5~14.2	12.5~12.9	6.76~7.02	7.60~7.93	8.60~8.92
36	14.7~15.4	13.3~13.9	12.2~12.6	7.11~7.39	7.98~8.32	9.02~9.37
32	14.5~15.2	13.1~13.7	12.0~12.4	7.38~7.67	8.28~8.63	9.36~9.72

续表

线密度(tex)	断裂强度(cN/tex)			强度变异系数 *CV*(%)		
	5%	50%	95%	5%	50%	95%
29.5	14.3~15.0	12.9~13.5	11.9~12.3	7.58~7.88	8.49~8.86	9.60~9.97
28	14.2~14.9	12.8~13.4	11.8~12.2	7.71~8.01	8.63~9.00	9.76~10.1
21	13.6~14.3	12.3~12.9	11.4~11.8	8.47~8.80	9.44~9.85	10.7~11.1
19.5	13.5~14.1	12.2~12.8	11.2~11.6	8.67~9.01	9.66~10.1	10.9~11.4
16	13.1~13.7	11.9~12.5	10.9~11.3	9.25~9.61	10.3~10.7	11.6~12.1
14.5	12.9~13.5	11.7~12.3	10.8~11.2	9.55~9.92	10.6~11.1	12.0~12.5

线密度(tex)	断裂伸长率(%)			断裂功(cN·cm)		
	5%	50%	95%	5%	50%	95%
100	16.7~17.5	15.1~15.7	13.5~14.0			4900~5400
74	15.8~16.6	14.1~14.7	12.5~13.0	5250~5800	4290~4690	3450~3800
59	15.1~15.9	13.5~14.0	11.9~12.3	3950~4370	3250~3550	2630~2900
42	14.2~14.9	12.6~13.1	10.9~11.3	2610~2880	2160~2360	1770~1960
36	13.8~14.5	12.1~12.6	10.5~10.9	2150~2380	1790~1960	1480~1630
32	13.5~14.2	11.8~12.3	10.2~10.6	1860~2060	1550~1700	1290~1420
29.5	13.3~14.0	11.6~12.1	10.0~10.4	1690~1860	1410~1540	1170~1290
28	13.2~13.8	11.5~12.0	9.85~10.2	1580~1750	1320~1450	1100~1220
21	12.5~13.1	10.8~11.3	9.20~9.54	1110~1220	933~1020	788~868
19.5	12.3~12.9	10.6~11.1	9.03~9.37	1010~1120	852~932	722~795
16	11.9~12.5	10.2~10.7	8.61~8.93	791~874	671~733	573~631
14.5	11.7~12.3	10.0~10.4	8.40~8.71	700~773	595~650	510~562

十六、喷气纺普梳棉/涤 50/50 混纺纱

试样来源:南美 5%,北美 95%。

1. 条干均匀度、毛羽、频发性纱疵(表 1-2-77)

表 1-2-77 喷气纺普梳棉/涤 50/50 混纺纱条干均匀度、毛羽、频发性纱疵

线密度(tex)	条干变异系数 CV_m(%)			毛羽指数 *H*		
	5%	50%	95%	5%	50%	95%
32	13.1~13.5	13.9~14.3	14.5~15.0	5.50~5.80	6.30~6.70	7.30~7.95
29.5	13.3~13.7	14.2~14.6	14.9~15.4	5.28~5.57	6.08~6.46	7.04~7.66
28	13.5~13.9	14.4~14.8	15.1~15.6	5.16~5.45	5.95~6.33	6.89~7.50
23	14.0~14.4	15.1~15.5	16.1~16.6	4.73~4.98	5.50~5.85	6.35~6.92
21	14.3~14.7	15.4~15.8	16.5~17.1	4.54~4.79	5.30~5.64	6.12~6.67

续表

线密度(tex)	条干变异系数 CVm(%)			毛羽指数 H		
	5%	50%	95%	5%	50%	95%
19.5	14.5~14.9	15.7~16.1	16.9~17.5	4.39~4.63	5.14~5.47	5.94~6.47
18	14.7~15.2	16.0~16.5	17.3~17.9	4.24~4.47	4.98~5.29	5.75~6.26
16	15.0~15.5	16.4~16.9	17.9~18.5	4.02~4.24	4.75~5.05	5.48~5.96
14.5	15.3~15.8	16.9~17.4	18.5~19.1	3.85~4.06	4.56~4.85	5.26~5.73
14	15.4~15.9	17.0~17.5	18.7~19.3	3.79~3.99	4.50~4.79	5.19~5.65
13	15.7~16.2	17.3~17.8	19.1~19.8	3.66~3.86	4.37~4.65	5.03~5.48
12.5	15.8~16.3	17.5~18.0	19.3~20.0	3.60~3.80	4.30~4.57	4.95~5.39

线密度(tex)	细节(-40%)(个/km)			细节(-50%)(个/km)		
	5%	50%	95%	5%	50%	95%
32	100~125	155~190	245~300	1.60~2.00	4.30~5.50	8.20~11.0
29.5	122~153	190~233	302~370	2.40~3.01	6.31~8.07	11.9~16.0
28	138~172	214~263	341~418	3.04~3.80	7.87~10.1	14.8~19.9
23	215~269	338~414	542~664	7.48~9.36	18.4~23.5	33.8~45.4
21	264~330	415~509	669~820	11.3~14.1	27.0~34.6	49.3~66
19.5	313~391	493~605	798~977	15.9~19.8	37.2~47.6	67~90
18	375~469	594~728	963~1180	22.9~28.6	53~67	94~127
16	489~611	777~952	1270~1550	39.0~48.7	87~111	154~207
14.5	612~765	975~1200	1600~1960	61~76	133~170	233~312
14	661~826	1060~1290	1730~2120	71~89	154~196	269~360
13	782~977	1250~1530	2060~2520	100~125	211~270	366~492
12.5	855~1070	1370~1680	2260~2770	120~150	250~320	432~580

线密度(tex)	粗节(+35%)(个/km)			粗节(+50%)(个/km)		
	5%	50%	95%	5%	50%	95%
32	430~515	630~770	890~1060	53~64	88~105	150~180
29.5	461~552	684~836	976~1160	59~72	99~119	168~201
28	479~574	717~876	1030~1230	64~77	107~127	179~215
23	558~668	859~1050	1260~1500	82~99	140~167	230~276
21	598~716	933~1140	1380~1650	92~111	158~188	257~309
19.5	633~758	999~1220	1490~1780	101~123	175~208	283~339
18	637~806	1080~1310	1620~1930	113~136	195~233	313~376
16	736~882	1200~1460	1830~2180	131~158	229~273	363~435
14.5	795~952	1310~1600	2030~2410	149~180	262~312	411~493
14	816~977	1350~1650	2100~2500	155~188	274~327	429~515
13	863~1030	1450~1770	2270~2700	171~207	303~362	471~565
12.5	890~1070	1500~1830	2360~2810	180~217	320~382	495~594

续表

线密度(tex)	棉结(+200%)(个/km)			棉结(+280%)(个/km)		
	5%	50%	95%	5%	50%	95%
32	97～118	165～200	300～375	14.0～17.0	29.0～36.0	56～68
29.5	113～137	194～235	351～439	16.8～20.3	34.5～42.9	66～80
28	124～150	212～257	384～480	18.6～22.6	38.2～47.4	73～89
23	174～211	303～367	543～678	27.6～33.6	56～70	106～128
21	203～246	355～431	635～794	33.1～40.2	67～83	125～152
19.5	231～280	406～493	724～905	38.5～46.8	78～96	144～174
18	265～321	469～569	834～1042	45.3～55	91～113	167～203
16	324～392	579～701	1023～1279	57～70	114～142	208～252
14.5	384～465	691～837	1217～1521	70～85	139～172	250～304
14	407～493	734～890	1292～1615	75～91	148～184	267～324
13	462～561	839～1020	1471～1838	87～105	171～213	306～372
12.5	495～600	900～1090	1576～1970	94～114	185～230	330～401

2. 拉伸性能(CRE 5m/min)(表1-2-78)

表1-2-78 喷气纺普梳棉/涤50/50混纺纱拉伸性能

线密度(tex)	断裂强度(cN/tex)			强度变异系数 *CV*(%)		
	5%	50%	95%	5%	50%	95%
32	14.6～15.1	13.5～14.0	12.1～12.5	8.70～9.00	9.55～9.95	10.9～11.3
29.5	14.9～15.4	13.7～14.2	12.2～12.6	8.64～8.94	9.59～9.99	11.1～11.5
28	15.0～15.5	13.8～14.3	12.2～12.6	8.61～8.90	9.60～10.0	11.2～11.6
23	15.6～16.2	14.3～14.8	12.4～12.9	8.48～8.77	9.70～10.1	11.5～11.9
21	15.9～16.5	14.6～15.1	12.5～13.0	8.42～8.71	9.80～10.2	11.7～12.1
19.5	16.2～16.8	14.8～15.3	12.6～13.1	8.38～8.66	9.80～10.2	11.9～12.3
18	16.4～17.0	15.0～15.5	12.7～13.2	8.33～8.61	9.80～10.2	12.0～12.4
16	16.8～17.4	15.3～15.8	12.8～13.3	8.25～8.54	9.90～10.3	12.2～12.7
14.5	17.2～17.8	15.5～16.1	12.9～13.4	8.19～8.47	9.90～10.3	12.4～12.9
14	17.3～17.9	15.6～16.2	12.9～13.4	8.17～8.45	10.0～10.4	12.5～13.0
13	17.6～18.2	15.8～16.4	13.0～13.5	8.12～8.40	10.0～10.4	12.6～13.1
12.5	17.7～18.3	15.9～16.5	13.1～13.5	8.10～8.38	10.0～10.4	12.7～13.2

线密度(tex)	断裂伸长率(%)			断裂功(cN·cm)		
	5%	50%	95%	5%	50%	95%
32	10.2～10.6	8.90～9.25	8.00～8.30	1210～1320	970～1070	755～820
29.5	10.2～10.6	8.88～9.23	7.93～8.23	1130～1230	904～997	697～757
28	10.1～10.5	8.87～9.22	7.89～8.19	1080～1180	868～957	666～723

续表

线密度(tex)	断裂伸长率(%)			断裂功(cN·cm)		
	5%	50%	95%	5%	50%	95%
23	10.1~10.5	8.83~9.18	7.74~8.03	925~1010	743~820	559~607
21	10.0~10.4	8.81~9.16	7.68~7.96	861~939	692~764	516~560
19.5	10.0~10.4	8.79~9.14	7.62~7.91	811~885	653~720	482~524
18	9.95~10.3	8.78~9.12	7.56~7.84	761~830	613~676	449~488
16	9.95~10.3	8.75~9.10	7.48~7.76	693~756	559~616	405~440
14.5	9.86~10.2	8.73~9.07	7.41~7.68	641~699	517~570	371~403
14	9.86~10.2	8.72~9.07	7.38~7.66	624~681	503~555	360~391
13	9.86~10.2	8.71~9.05	7.33~7.60	588~642	475~523	337~366
12.5	9.86~10.2	8.70~9.04	7.30~7.57	570~622	460~507	325~353

第九节 纱疵

一、纱疵的定义

在纺纱过程中产生的疵点称为纱疵,反映在布面上的统称为布面纱疵。布面纱疵包括影响布面降等的疵点和不影响降等的疵点。

二、纱疵的分类

1. 按其在布面出现的规律来分 纱疵可分为:

(1)随机产生的、零星出现的随机性纱疵,大多数无明显规律。

(2)突然发生的、大批出现的突发性纱疵,大多数有一定规律。

2. 按纱疵形成的原因来分 纱疵可分为:

(1)长片段重量分布不匀形成的纱疵,包括错纬、粗经。

(2)短片段重量分布不匀形成的纱疵,包括条干不匀、竹节。

(3)纱线捻度过多或过少形成的纱疵,包括紧捻、弱捻、纬缩等。

(4)纤维污染颜色、油渍、夹杂质或混合不匀造成的纱疵,包括油经、油纬、油花纱、煤灰纱、色经、色纬、布开花、花纬等。

(5)纱线卷绕成形不良造成的纱疵,包括脱纬、稀纬、百脚等。

(6)其他与纺部有关或间接影响的纱疵,如结头、棉球、烂边、涤棉的裙子皱等。

其中粗经、错纬、条干、竹节是纺部主要纱疵。其他如纬缩、脱纬、稀纬、百脚、烂边等疵点,纺部、织部均有可能产生。

三、布面疵点的评定

(1)布面疵点逐匹检验评分,按匹评等,评分以布的正面为准。平纹织物、山形斜纹织物以交接班印的一面为正面;纱斜纹织物以左斜为正面,线斜纹织物以右斜为正面。

(2)布面疵点的评分以40m为约定长度,以110cm及以下的为约定幅宽,其评分累计限度为:一等品不大于10分;二等品不大于20分;三等品不大于60分;超过60分为等外品。

四、纱疵的评分(表1-2-79)

表1-2-79 纱疵的评分

疵点编号及名称	疵点程度	评分	备注
2—1 烂边	1. 经向长0.3~0.5cm以内 2. 经向长1/2cm 3. 经向长0.3cm以内,1/2m内每6个	3 11 1	1. 烂边:边组织内单断纬纱 2. 烂边相距在0.3cm及内的,量其全部长度评分,但其中至少有一处断3根的 3. 烂边测量以最大的一边为准
7—1 纬缩 —3 棉球	1. 每种疵点经向1/2m内,每3个 2. 纬线起圈经向一直条的每长1/2cm及以内,满4个 3. 纬缩或棉球(包括反面的)经向1/2m内,满20个(纬缩、棉球评分累计最多21分)	3 11 1	纬缩:纬纱扭结织入布内或起圈现于布面(包括经纱起圈)及松纬缩(三楞算起),称纬缩。分散的松纬缩、起圈纬缩2只作1只计算 加工要求:染色坯、深色坯棉球,每个1分
8 竹节纱	纯棉:经向1/2m内,满3节,每节 涤棉:每节	1 1	1. 粗度对照样照 2. 32号以下织物在0.1cm及以上和32号以上织物,粗在0.2cm及以上分散的竹节纱按杂物织入评分
13—1 粗经	粗经、并线松紧,每长5~10cm	1	1. 粗经粗度对照样照 2. 股线粗度达到样照或股线多2根及以上的按粗经评分 3. 节粗节细的粗经其节细处粗度超过原纱,但还不到标样程度时,间距在5cm及以内的量其全部长度评分
17—1 双纬 —2 脱纬	1. 双纬 (1)分散双纬,每条 (2)经向10cm内满2条(包括其中一条脱纬或连续双纬),每条 2. 脱纬(包括连续双纬和脱纬) (1)每条共3~4根 (2)每条共5根及以上 3. 脱纬(包括连续双纬和脱纬)6~12cm以下的,每条	 1 3 6 11 3	1. 双纬:一梭口内有2根纬线算双纬 2. 脱纬:一梭口内3根及以上纬纱的算脱纬 3. 不从边开始的6cm以下的脱纬按纬缩或杂物织入评分 加工要求:印花坯分散双纬不评分
19—1 条干不匀	迭起来看得出的,经向长1m及以内的	11	条干不匀:前后都能与正常布面明显划分得开的 加工要求:印花坯条干不匀减半评分

续表

疵点编号及名称	疵点程度	评分	备　注
20 错纬	1. 轻微的，每3梭～2cm（评分累计最多21分） 2. 明显的，3梭及以上 3. 明显的，3梭以内，每梭	3 11 3	1. 错纬包括粗、细、紧、松纱 2. 错纤维按第二条评分 3. 明显的粗纬对样照 加工要求：轻微的错纬漂白坯减半评分，印花坯不评分
21 花纬	迭起来看得出的1m以内有1～2个交界线的作一条，每条（评分累计最多21分）	6	花纬：由于不同配棉成分或陈旧纬纱，使布面呈现色泽不同的 加工要求：印花坯花纬不评分
22 百脚	1. 锯状的，每条 2. 线状的，每条 3. 1～12cm以下的，每条 4. 横贡织物的，每条	11 6 3 1	1cm以下的百脚按跳纱评分 加工要求：印花哔叽织物线状百脚每条评3分（1～12cm以下评1分）
23 —1 油经 —2 油纬 —3 油渍 —4 锈经 —5 锈纬 —6 锈渍 —7 不退色色经 —8 不退色色纬 —9 不退色色渍 —14 油花纱 —15 布开花 —16 煤灰纱	1. 浅色的油经、油纬、油花纱、煤灰纱，每长1～10cm（一梭口最多评3分） 2. 深色的油经、油纬，锈经、锈纬，不退色色经、色纬，油花纱、布开花每长0.5～5cm（一梭口最多评6分） 3. 浅色的油渍，每长0.5～2cm 4. 深色的油渍、锈渍、浆斑、不退色色渍，每长0.3～1cm 5. 经向1/2m内不够评分起点的油锈疵，不退色的色疵，每3个	1 1 1 3 1	1. 并列3根及以上的油经、油纬，按油渍评分 2. 油花纱达到竹节程度的可按竹节纱评分 3. 浸透黄油渍，不对样卡，按浅色的油疵评分 4. 油疵深浅程度对照样卡 加工要求： （1）杂色坯加工不允许洗油的，浅色的油疵和油花纱不评分，煤灰纱任评分 油污疵点第2条每长0.2～5cm评1分，第4条每长0.2～1cm评3分 （2）深色坯油疵、油花纱、煤灰纱、不退色色疵不洗、不评分 （3）漂白坯、油污疵点第2条每长0.2～5cm评1分，第4条每长0.2～1cm评3分 （4）印花坯浅色油疵，煤灰纱不评分

第十节　化纤长丝纱

长丝纱分为两大类：光滑长丝纱和变形长丝纱。

一、光滑长丝纱

1. *单丝纱*　单丝纱为圆形或异性截面的单根长丝，根据丝的细度可分为三种。

（1）超细单丝：直径<0.1mm。

（2）细单丝：直径<0.15mm。

（3）常规单丝：直径在0.05～2mm。

2. *复丝纱*　由多根单丝组成的、连续不断的非变形长丝纱。

（1）复丝的线密度：复丝的线密度以法定单位特（tex）或分特（dtex）表示，习惯上以非法定单位旦或公支表示。细复丝在30dtex左右，粗复丝在300dtex左右，单丝的线密度为1~10dtex。

(2)复丝的特点及用途：一般单丝愈细，复丝愈柔软，制成的织物也愈软。

大卷装成形复丝多为低捻无定型丝，除可加工机织物外，还可加工弹力丝。小卷装成形复丝多为有捻定型丝，捻度为100~200捻/m，用于加工机织物。民用复丝一般在纤维中会含有0.5% TiO_2，起消光作用；工业用复丝一般为有光或微光丝。

复丝可加工机织物、针织物、经编织物、袜子、内衣、外衣等，工业上用于制作传送带、鱼网、绳缆、涂层织物、过滤布等。

(3)复丝品种：除涤纶复丝、锦纶复丝、丙纶复丝等常规品种外，还有其他复丝，见表1-2-80。

表1-2-80　复丝品种及特点

复丝品种	特　点
细旦丝与超复丝	一般称单丝线密度0.4~1.0dtex的为细旦丝或高复丝，0.004~0.4dtex的为超细旦丝或超复丝。细旦丝在传统的丝绸织造基础上，经强捻及氢氧化钠减量处理，可以制成各种新颖的仿真丝绸，其织物轻薄柔软，吸水透气，免烫耐用。细旦丝和超复丝都可制作人造麂皮，超复丝制成的高级人造麂皮，皮面手感柔软，有书写效应
低捻丝与无捻丝	指捻度小于30捻/m的复丝。低捻丝抱合力比有捻丝差，经纱必须上浆后进行织造，纬纱仍需加捻。无捻丝又称零捻丝，用于制造产业用纺织品、塔夫绸及牛津纺等产品
强捻丝	捻度为1000~2000捻/m的复丝，又称高捻丝。用于针织制袜，手感滑爽、弹性好、无极光；用于制织仿丝型绉类织物，如乔其纱、双绉等品种。由于捻度高，纤维抱合力好，有利于后加工织造。但易产生捻缩现象，使纤维线密度增加
少孔丝	锦纶、涤纶、丙纶复丝中，孔数少(4~6孔)、单丝线密度在10~40dtex的复丝称少孔丝。用10~20dtex的少孔丝制成的袜子透明度高，由于单丝较粗，刚性和弹性较好，不用橡皮筋线可解决袜口下垂问题。线密度20~40dtex的少孔丝单丝更粗，可制织人造毛皮、沙发坐垫等产品
复合长丝	由两种不同聚合物纺制成的长丝，其截面有并列、偏心、同心、镶嵌等类型。由于两种材料的热缩率不同，并列及偏心型复合长丝经热处理后产生三维卷曲，可用于制织弹性织物。镶嵌型复合丝如含有导电碳黑，可用于制作抗静电织物

二、变形长丝纱

1. 变形丝的定义　给长丝以膨松性或弹性的过程称变形加工。对原丝进行平面的或立体的卷缩变形，再用适当的方法加以定型，使其平衡性被打乱，而具有膨松性和弹性两种特性的丝通称为变形丝。变形丝中强调膨松性的称为膨松丝，强调弹性的称为弹力丝。

2. 变形丝的特征

(1)同一根长丝纱变形后空气含量比直丝态多。

(2)保暖性较高。

(3)吸水性较高且吸水快。

(4)覆盖力较强。

(5)透气性好。

(6)手感柔软,触觉舒适。

(7)有较好的外观和光泽。

3. 变形丝的分类　在各种类型变形丝中:假捻变形丝产量最大,占第一位;空气变形丝占第二位;而网络丝位居第三。

(1)假捻变形丝:是目前应用最广泛的一种变形丝,由于以弹性为主要特征,故又称弹力丝。它是因加捻而取得变形效果,有剩余扭距存在,由它制成的织物整理后易产生斜纹或卷曲,一般用双股制织,个别用单丝制织的需用 S 捻和 Z 捻交替使用。弹力丝根据其弹性的高低又分为:

①高弹丝:指沿纤维轴向有高延伸弹性的长丝,被称为高弹丝的假捻变形丝的紧缩伸长率为200% ~400%。合成纤维中的涤纶和锦纶等都能加工成高弹丝,适宜制作内衣,袜子、运动服等。

②低弹丝:指弹性较低的一种弹力丝,其紧缩伸长率约为50%左右。涤纶和锦纶等热塑性合成纤维都可以加工成低弹丝,其突出的应用特性是膨松性和高覆盖性,用它可制得织纹清晰,外观丰满的织物,可取得类似精纺毛织物的效应。

(2)空气变形丝:利用急速流动的气流冲击丝条,使丝条产生环圈、扭结、螺旋等不规则的卷曲,从而获得一种高膨松度的变形加工丝。因为它可以取得极好的仿短纤效果,又称“仿纱型变形丝”或称为 ATY 丝(Air Textured Yarn)。

由于加工过程纯属物理变形,故不论热塑性或非热塑性长丝均可作为原丝进行空气变形;可以用多种原料加工成混纤丝,取得多色效应;原丝经变形加工后体积可增加 50% ~150%,获得优良的膨松性;由于丝身有紧密的缠络,整体性好,在织造中对张力变化的敏感性小,不易造成织疵,可免浆或轻浆织造。空气变形丝主要用于机织。从空气变形丝加工后的外观效果来分又有以下三种:

①单股变形丝:由若干根单丝组成的复丝,以一定的速度和超喂量进入喷嘴进行变形加工而获得。

②并列型变形丝:由两根或两根以上的复丝以相同的速度、相同的超喂量进入喷嘴进行变形加工而获得。

③皮芯型变形丝:由两根或两根以上的复丝以不同的速度、不同的超喂量进入喷嘴进行变形加工而获得通常皮丝的超喂量大于芯丝的超喂量 3 ~5 倍。

第一、第二种变形丝类似短纤纱,可仿棉、仿麻、纺绸等,可做机织和针织用纱,做机织用纱需经热定型处理。第三种变形丝的外观可以描述为“花式效应”的短纤纱,常用于装饰织物、家具布、地毯、汽车沙发布等,也可用于仿粗毛纺织物。

(3)网络丝:使急速的气流通过喷嘴对丝束进行喷射,使丝束在气流中来回运动并作相反方向的回旋,丝束中一部分形成 S 捻,一部分形成 Z 捻,在其中则形成了紧密的集束点,并沿着丝条的运动方向形成周期性的网络节。

网络丝在织造前,不需经过加捻或上浆,在普通的分条整经机上整经后即能织造;网络丝织物较低弹丝织物有较好的抗起毛、抗钩丝性。网络丝除满足一般的长丝品质指标外,还应满足以下几个附加品质指标:

①网络度:指每米丝条上的网络节个数,常用网络度是 80 ~100 个/m,网络度大,单丝间的

抱合力强，织造顺利，但蓬松性差。

②网络节均匀度：指网络节结点间距离的均匀程度。

③网络节的损失率：网络丝在一定张力下，网络节会松开，使网络度减小。检验的方法是采用断裂强度的一半作为负荷标准，计算网络节损失率（一般不应超过10%）：

$$网络节损失率=\frac{原网络度-负重后网络度}{原网络度}\times100\%$$

④残留扭距：采用的检验方法是将25cm长的网络丝两端合并，计算丝束自然定捻的捻回数。

参考文献

[1]《纺织原料手册》(棉分册)编写组.纺织原料手册(棉分册)[M].北京:中国纺织出版社,1996.
[2] 中国化纤总公司.化学纤维及原料实用手册[M].北京:中国纺织出版社,1996.
[3] 姚穆等.纺织材料学[M].北京:纺织工业出版社,1990.
[4] 周晓沧,肖建宇.新合成纤维及其制造[M].北京:中国纺织出版社,1998.
[5] 杨建忠等.新型纺织材料及应用[M].上海:东华大学出版社,2003.
[6] 于伟东,储才元.纺织物理[M].上海:东华大学出版社,2002.
[7] (美)S.阿达纳.威灵顿产业用纺织品手册[M].北京:中国纺织出版社,2000.
[8] 严灏景.纤维材料学导论[M].北京:纺织工业出版社,1990.
[9] 张树钧等.改性纤维与特种纤维[M].北京:中国石化出版社,1995.
[10] 王曙中等.高科技纤维概论[M].上海:中国纺织大学出版社,1999.
[11] 邢声远等.纺织新材料及其识别[M].北京:中国纺织出版社,2002.
[12] 上海纺织控股(集团)公司《棉纺手册》(第三版)编委会编.棉纺手册(第三版)[M].北京:中国纺织出版社,2004.
[13] 周惠煜,曾保宁,刘树梅.花式纱线开发与应用[M].北京:中国纺织出版社,2002.
[14] GB 4743—1995《纱线线密度的测定——绞纱法》.
[15] GB/T 398—1993《棉本色纱线》.
[16] GB/T 3292—1997《纱条条干不匀试验方法——电容法》.
[17] GB/T 3916—1997《纺织品　卷装纱　单根纱线断裂强力和断裂伸长率的测定》.
[18] GB/T 5324—1997《精梳涤棉混纺本色纱线》.
[19] FZ/T 12003—1995《粘纤本色纱线》.
[20] FZ/T 12004—1995《涤粘中长混纺本色纱线》.
[21] FZ/T 12001—1992《气流纺棉本色纱》.
[22] FZ/T 63001—1992《涤纶本色缝纫用纱线》.
[23] FZ/T 12009—1999《腈纶本色纱》.
[24] GB 1103—1999《棉花　细绒棉》.
[25] USTER STATISTICS 2001. USTER TECHNOLEGIES AG.

第二篇　织前准备

第一章　络　筒

第一节　络筒机主要型号及技术特征

一、1332MD 型络筒机主要技术特征(表 2－1－1)

表 2－1－1　1332MD 型络筒机主要技术特征

<table>
<tr><td>型　　号</td><td colspan="6">1332MD 型槽筒式络筒机</td></tr>
<tr><td>用　途</td><td colspan="6">将管纱卷绕成宝塔筒子,供整经、并纱、针织等工序使用</td></tr>
<tr><td>每台锭数</td><td colspan="6">40,60,80,100(标准型),120,双面排列</td></tr>
<tr><td>锭距(mm)</td><td colspan="6">254</td></tr>
<tr><td>导纱动程(mm)</td><td colspan="6">152</td></tr>
<tr><td>络纱速度(m/min)</td><td colspan="6">506,576,641,709</td></tr>
<tr><td>筒管规格(mm)</td><td colspan="6">12°,ϕ25/ϕ62,177</td></tr>
<tr><td>成筒尺寸(mm)</td><td colspan="6">筒子大头 ϕ200 × 152</td></tr>
<tr><td>槽　筒</td><td colspan="6">ϕ82mm,两圈半沟槽胶木槽筒</td></tr>
<tr><td>断头自停装置</td><td colspan="6">每套控制络筒机两面各一锭,单独使用</td></tr>
<tr><td>张力,清纱,导纱钩</td><td colspan="6">张力盘,清纱板式机械清纱器,导纱杆装配成套,张力盘重 18.2g、7.4g、3.7g 三种</td></tr>
<tr><td>空管输送装置</td><td colspan="6">两条输带分置络筒机两旁,将空管自动送至车尾</td></tr>
<tr><td>防叠装置</td><td colspan="6">无触点电子间歇开关式,每分钟变速 32 次</td></tr>
<tr><td rowspan="4">外形尺寸</td><td>锭　数</td><td>40</td><td>60</td><td>80</td><td>100</td><td>120</td></tr>
<tr><td>长(mm)</td><td>5980</td><td>8520</td><td>11060</td><td>13600</td><td>16140</td></tr>
<tr><td>宽(mm)</td><td colspan="5">1400</td></tr>
<tr><td>高(mm)</td><td colspan="5">1525</td></tr>
<tr><td>传动方式</td><td colspan="6">两台主电动机经三角皮带传动槽筒轴,另一台小电动机传动凸轮轴,输送带</td></tr>
<tr><td>机器重量(t)</td><td colspan="6">约 4.8(100 锭)</td></tr>
<tr><td>随机供应主要件</td><td colspan="6">JO2—31—4 电动机:2.2kW,1440r/min,2 台
FW12—6 电动机:0.37kW,960r/min,1 台</td></tr>
</table>

二、1332PD 型络筒机主要技术特征(表 2-1-2)

表 2-1-2　1332PD 型络筒机主要技术特征

<table>
<tr><td>型　号</td><td colspan="5">1332PD 型槽筒式络筒机</td></tr>
<tr><td>用　途</td><td colspan="5">将绞纱卷绕成宝塔筒子,供整经、针织等工序使用</td></tr>
<tr><td>每台锭数</td><td colspan="5">40,60,100(标准型),120,双面排列</td></tr>
<tr><td>锭距(mm)</td><td colspan="5">254</td></tr>
<tr><td>导纱动程(mm)</td><td colspan="5">152</td></tr>
<tr><td>络纱速度(m/min)</td><td colspan="5">140,158</td></tr>
<tr><td>筒管规格(mm)</td><td colspan="5">12°,ϕ25/ϕ62,177</td></tr>
<tr><td>成筒尺寸(mm)</td><td colspan="5">筒子大头 ϕ200×152</td></tr>
<tr><td>槽　筒</td><td colspan="5">ϕ82mm,两圈半沟槽胶木槽筒</td></tr>
<tr><td>断头自停装置</td><td colspan="5">每套控制络筒机两面各一锭,单独使用</td></tr>
<tr><td>张力,清纱,导纱钩</td><td colspan="5">张力盘,清纱板式机械清纱器,导纱杆装配成套,张力盘重 18.2g、7.4g、3.7g 三种</td></tr>
<tr><td>防叠装置</td><td colspan="5">无触点电子间歇开关式,每分钟变速 32 次</td></tr>
<tr><td rowspan="4">外形尺寸</td><td>锭　数</td><td>40</td><td>60</td><td>100</td><td>120</td></tr>
<tr><td>长(mm)</td><td>6310</td><td>8850</td><td>13930</td><td>16470</td></tr>
<tr><td>宽(mm)</td><td colspan="4">1400</td></tr>
<tr><td>高(mm)</td><td colspan="4">1960</td></tr>
<tr><td>机器重量(t)</td><td colspan="5">约 4.85(100 锭)</td></tr>
<tr><td>随机供应主要件</td><td colspan="5">JO2—31—4 电动机:2.2kW,1440r/min,2 台
FW12—6 电动机:0.37kW,960r/min,1 台</td></tr>
</table>

三、GA013 型络筒机主要技术特征(表 2-1-3)

表 2-1-3　GA013 型络筒机主要技术特征

型　号	GA013 型双面槽筒式络筒机
用　途	将管纱卷绕成宝塔筒子,供整经、并纱、针织等工序使用
每台锭数	60,80,100(标准型),120
锭距(mm)	254
导纱动程(mm)	152
络纱速度(m/min)	500,600,700
筒管规格(mm)	12°,ϕ25/ϕ62,177
成筒尺寸(mm)	筒子大头 ϕ200×152
槽　筒	ϕ82mm,两圈半沟槽不等节距钢板槽筒
断头自停装置	每套控制络筒机两面各一锭,单独使用
筒子托架	弓形托架,握持筒子两端
张力,清纱,导纱钩,接头	圆盘式张力器,张力盘重 18.2g、7.4g、3.7g 三种;电子清纱器、张力器导纱杆装配成套;空气捻接器

续表

防叠装置	无触点电子间歇开关式				
外形尺寸	锭 数	60	80	100	120
	长(mm)	8520	11060	13600	16140
	宽(mm)	1400			
	高(mm)	1525			
电 动 机	主传动电动机 2 台:2.2kW,1440r/min 辅助小电动机 1 台:0.37kW,960r/min				

四、GA012 型松式络筒机主要技术特征(表 2-1-4)

表 2-1-4 GA012 型松式络筒机主要技术特征

型 号	GA012 型双面槽筒式络筒机				
用 途	用于棉、毛、化纤混纺纱的络筒,络成锥形或平行松软筒子,供筒子染色				
每台锭数	60,100(标准型),120				
锭距(mm)	264				
络纱速度(m/min)	350,400				
不锈钢筒管规格	0,3°20′,3°30′,4°20′				
成筒尺寸(mm)	筒子大头 $\phi200 \times 149$				
槽 筒	$\phi79.4$mm,两圈沟槽,GC 型等节距钢板槽筒				
断头自停装置	每套控制络筒机两面各一锭,单独使用				
张力放松装置,接头方式	按工艺要求配置,随筒子直径增大,张力逐渐减小,提高筒子卷绕密度的均匀性;人工接头				
防叠装置	无触点电子间歇开关式,变速 32 次/min,左右可调				
槽筒横动量(mm)	2.2,3.2				
槽筒横动次数(次/min)	14.2				
筒子托架	弓形托架				
筒子压力平衡装置	随筒子直径增大,筒子压力逐渐减小,以提高筒子卷绕密度均匀性				
供纱形式	平行筒纱或锥形筒纱				
清洁装置	可配 GU013 型上吹风清洁装置				
外形尺寸	锭 数	60	80	100	120
	长(mm)	8920	11562	14200	16840
	宽(mm)	1122			
	高(mm)	1690			
电 动 机	槽筒轴电动机:1.84kW,960r/min,2 台 凸轮轴电动机:0.18kW,960r/min,1 台				

五、GA014 PD/MD 型络筒机主要技术特征(表 2-1-5)

表 2-1-5　GA014 PD/MD 型络筒机主要技术特征

型　　号	GA014 PD/MD 型双面槽筒式络筒机
用　途	以绞纱或管纱喂入,卷绕成宝塔筒子,供整经、针织等工序使用
每台锭数	40,60,80,100(标准型),120,双面排列
锭距(mm)	254
络纱速度(m/min)	140,160
槽筒(mm)	ϕ82×175,两圈半胶木槽筒
管筒半锥角	3°30′,4°20′,5°57′,9°15′
成筒尺寸(mm)	筒子大头 ϕ200×152
断头自停装置	机械式,每套控制槽筒机两面各一锭,单独使用
张力,清纱装置	圆盘式张力器,机械板式清纱器
防叠装置	无触点间歇开关
接头方式	人工
清洁装置	往复吹风式清洁装置
外形尺寸(mm) (长×宽×高)	13930×1400×1960
电动机型号及功率(kW)	JF 02—31—6:1×2 FW11A—6:0.18

六、GA015 型大卷装络筒机主要技术特征(表 2-1-6)

表 2-1-6　GA015 型大卷装络筒机主要技术特征

型　　号	GA015 型槽筒式络筒机
用　途	以长丝管纱喂入,卷绕成宝塔筒子,供整经、针织等工序使用
每台锭数	48,64,80(标准型),96,112
锭距(mm)	320
络纱速度(m/min)	398,500,607,708,742
槽筒(mm)	ϕ80×176,两圈半钢板槽筒
管筒半锥角	3°30′,4°20′
成筒尺寸(mm)	筒子大头 ϕ300×152
断头自停装置	机械式,每套控制槽筒机两面各一锭,单独使用
张力,清纱装置	圆盘式张力器,电子式清纱器
防叠装置	无触点间歇开关
接头方式	空气捻接器
外形尺寸(mm) (长×宽×高)	13947×2492×1780
电动机型号及功率(kW)	JF 02—32A—4:2.2×2 BWDB 09—3:0.37

七、GA036 型精密络筒机主要技术特征(表 2-1-7)

表 2-1-7 GA036 型精密络筒机主要技术特征

型 号	GA036 型精密卷绕络筒机(旋转拨片式、单锭传动式络筒机)
用 途	以筒纱喂入,络成精密卷绕无重叠筒子,供整经、针织等工序及无梭织机纬纱使用
每台锭数	24,36(标准型),40,48,单面排列
锭距(mm)	375
络纱速度(m/min)	600~1200
管筒半锥角	0°,3°30′,4°20′
成筒尺寸(mm)	ϕ300×160
断头自停装置	光电式自停装置
张力,清纱装置	积极圆盘式张力器,电子式清纱器
防叠方式	无重叠精密卷绕
接头方式	空气捻接器
清洁装置	往复吹风式清洁装置
外形尺寸(mm)(长×宽×高)	15125×1100×1810
电动机型号及功率(kW)	FW 2—11A—2T:0.4×36

八、GS669 型络筒机主要技术特征(表 2-1-8)

表 2-1-8 GS669 型络筒机主要技术特征

型 号	GS669 型单锭传动单面式槽筒络筒机
用 途	以管纱喂入,卷绕成宝塔筒子,供整经、针织等工序使用
每台锭数	10,20,30,40,50,60(标准型)
锭距(mm)	320
络纱速度(m/min)	300~1000
槽筒(mm)	ϕ95×152
管筒半锥角	3°30′,4°20′,5°57′
成筒尺寸(mm)	筒子大头 ϕ300×150
断头自停装置	电子气动式
张力,清纱装置	积极传动式张力器,电子式清纱器
防叠装置	电子间歇防叠
接头方式	人工
清洁装置	往复吹风式清洁装置
外形尺寸(mm)(长×宽×高)	21150×870×2100(60 锭)
电动机型号及功率(kW)	多电动机传动,总功率 5

九、意大利 Savio Espero 型络筒机主要技术特征(表 2-1-9)

表 2-1-9　Savio Espero 型络筒机主要技术特征

型　号	Savio Espero 型络筒机,由变频器控制单锭驱动的自动络筒机 Espero—E:自动喂管、自动落筒;Espero—I:细络联;Espero—L:人工喂管、自动落筒;Espero—M:人工喂管、人工落筒
机器锭数	Espero—E/M/L:12~60
加工产品范围	各种短纤维,棉纱,精纺毛纱,粗纺毛纱,混纺纱等,从 285.7tex(2 英支)到 4tex(146 英支)
卷绕速度(m/min)	400~1800,连续可调
槽　筒	特殊铸铁合金材料,由变频电动机通过齿形皮带传动
锭　节	每单锭带有各自的变频器,用于无级调速。启动时槽筒加速度较小,筒子与槽筒之间无滑移
清纱器	乌斯特、洛菲、派雅、凯索其等公司的电子清纱器,能够对纱线完成全程质量控制并对捻接头进行检验
综合监控电脑	用于设置定长和控制络纱加工参数。各锭电动机依次启动,限制同时打结的锭数,全程监控电子清纱器,以评价纱线质量,统计并打印所有生产数据及各锭状况,显示故障原因,由络筒数据推知前道工序存在的问题,计算出最佳速度
上　蜡	采用主动拉动上蜡,带双张力盘的纱线张力器
喂入(mm)	纱管直径 32~55,长度 180~280(Espero I—E)
成筒角度	0°~9°15′
卷绕动程(mm)	85~152
直径(mm)	125~300,按设定长度卷绕
刹　车	断头时筒纱立即抬起,槽筒和筒纱分别刹车
空气捻结器	空气捻结器可用于不同纤维与细度的纱线,捻接后经电子清纱器检验。独特的机械捻接强度更高,外观更好。尤其适合紧密纺纱、氨纶包芯纱
单锭分别设定	上蜡装置,打结或捻结器,预清纱器,筒纱夹持器锥度累进装置,气圈控制器
车头中央控制	纱线张力,筒子加压,防震,定长,车速,打结循环次数,空气捻接压力均由车头中央控制
防　叠	筒子托架做上下和前后两个方向摆动
筒子加压	筒子托架有气压装置与阻尼器,使筒子与槽筒间的压力不变,并防止震动
张力器	气压无芯式双张力盘提供稳定的张力。带有自清洁装置

外形尺寸	机型	Espero—I								
	锭数	12	16	20	24	28	32	36	40	44
	长度(mm)	9202	10482	11762	13042	14322	15602	16882	18162	19442
	宽度(mm)	1180								
	高度(mm)	3050								
	机型	Espero—L								
	锭数	16	24	32	40	48	56	60		
	长度(mm)	8300	10860	13420	15980	18540	21100	22380		

续表

外形尺寸	宽度（mm）	1180						
	高度（mm）	3050						
	机型	Espero—M						
	锭数	16	24	32	40	48	56	60
	长度（mm）	7270	9830	12390	14950	17510	20070	21350
	宽度（mm）	1180						
	高度（mm）	2900						
空筒管喂入	Espero—I 与细纱机相连，Espero—L 人工喂管，Espero—M 人工喂管及落筒							
与细纱机连接	通过传送系统将管纱直接从细纱机喂入络筒机。络筒机能力为每小时 180 个管纱（理论数据）							
自动喂管装置能力	每小时 2000 个管纱（理论数据）							
废气排放	排入车间，或由机头顶部接管道排出，或从机头底部由地下管道排出							
满筒输送带	用自动或人工启动方式向机头方向输送							
最小能源消耗	最佳吸风装置尺寸，自动限定同时打结单锭数并降低工艺耗气量，槽筒传动系统无滑动，最低压缩空气消耗							

注 青岛宏大纺织机械有限公司与意大利 Savio 公司合作生产 Espero—M/L 型络筒机。

十、意大利 Savio Orion 型络筒机主要技术特征（表 2－1－10）

表 2－1－10 Savio Orion 型络筒机主要技术特征

型 号	Orion—L（人工喂管自动落筒的自动络筒机） Orion—M（人工喂管人工落筒的自动络筒机）
机 身	6 锭或 8 锭为一节
机器锭数	6～64 锭，以 2 锭为间隔递增
加工原料	天然纤维、合成纤维以及混纺的短纤纱
线密度（tex）	4～286（146～2 英支）
纱管尺寸（mm）	长度 180～350，直径 32～72
成筒规格（mm）	卷绕动程 110～152，成筒锥度 0°～5°57′，直径最大 300
卷取速度（m/min）	400～2200，无级调速
槽 筒	镀镍铸铁材料，由无刷直流变频电动机直接驱动
防叠模式系统	开—关型，在可能发生重叠的区域做防叠动作。也可筒子托架作摆动，由传感器控制摆角
筒纱锥度的增加	0°～5°，机械方式控制；电子方式控制仅配在智能卷绕时（选用件）
电子清纱器	可配乌斯特，洛菲，能够对纱线及接头进行全程且连续的检验
捻结器	空气捻结器（加湿捻结器、机械捻结器和打结器为选用件）、大小吸嘴、打结器三者作独立运动，捻接器的调节和设定在电脑上进行

续表

纱线张力器	单独电动机驱动，气动加压，由张力传感器检测张力实际值，送电脑与设定值比较，再控制气动压力
预清纱器	宽度固定及宽度可调（选用件）两种类型
张力传感器	Tensor 对实际张力连续测定，张力可精确控制，从而提高络纱速度和提高纱线和筒子的质量
上蜡装置	（选用件）可调偏转式主动驱动，配有喷嘴对上蜡装置和张力器清洁
退绕加速器	选用件 Booster 随退绕进行而下降，以保持与纱线卷装小头的距离恒定。与方形气圈破裂器共同作用，明显减小退绕张力
筒纱输送带	向机头方向或机尾方向输送，或分开将两个批次向两个方向输送（选用件）
巡回吹/吸风装置	在机头进行程序控制，以控制巡回游动及清灰次数（选用件）
电脑集中工艺参数调节	机器参数、加工参数、空气捻结器工作参数、纱线张力器的压力、V. S. S 变速系统、电子调制生产数据等 74 项设定 数据采集及显示：单锭、落筒小车、外围设备报警显示，生产报告共 80 项生产数据 有大型触摸显示屏及打印机，查看或打印当班或前后班的生产数据，查看单锭报警源。使用不同的密码可进入系统的不同级别，进行相应的工作。从只读到不同范围的修改或查看。以太接口可与高一级信息系统相连，PC 机可直接对外围设备程序进行升级，可远程装载，可自我诊断
筒子托架	断头时筒子托架抬起，筒子刹车。筒子转速传感器检测筒子转速，检查打结循环开始前筒子是否停住
探纱传感器	光电式探纱传感器探测打结时有无管纱，如无则发信号启动换管动作
气动调节	集中调节，用于筒纱夹持器重量平衡及捻结器的气压
落筒小车	自动筒子落筒，空筒管输入到每个锭位上，周期为 15s。由电脑程序控制

外形尺寸	机　型	Orion—M（人工喂管落筒）									
	锭　数	6	8	12	14	16	18	20	22	24	26
	长度（mm）	4990	5630	7010	7650	8290	9030	9670	10310	10950	11690
	锭　数	28	30	32	34	36	38	40	42	44	46
	长度（mm）	12330	12970	13610	14350	14990	15630	16270	17010	17650	18290
	锭　数	48	50	52	54	56	58	60	62	64	—
	长度（mm）	18930	19670	20310	20950	21590	22330	22970	23610	24250	
	宽度（mm）	2250									
	高度（mm）	3000									
	机　型	Orion—L（人工喂管，自动落筒）									
	锭　数	6	8	12	14	16	18	20	22	24	26
	长度（mm）	6265	6905	8285	8925	9565	10305	10945	11585	12225	12965
	锭　数	28	30	32	34	36	38	40	42	44	46
	长度（mm）	13605	14245	14885	15625	16265	16905	17545	18285	18925	19565
	锭　数	48	50	52	54	56	58	60	62	64	—
	长度（mm）	20205	20945	21585	22225	22865	23605	24245	24885	25525	
	宽度（mm）	2250									
	高度（mm）	3225									

十一、德国 Schlafhorst Autoconer238 型络筒机主要技术特征(表 2-1-11)

表 2-1-11 Schlafhorst Autoconer238 型络筒机主要技术特征

型　号	Schlafhorst Autoconer238 型络筒机
筒子的宽度/锥度尺寸范围	83mm(3.25 英寸)动程;平头至 4°20′ 108mm(4.25 英寸)动程;平头至 4°20′ 125mm(5 英寸)动程;平头至 4°20′ 150mm(6 英寸)动程;平头至 5°57′
筒子规格	动程:76mm、102mm、127mm、152mm 锥度:平头至 5°57′ 增加锥度:最大到 10°
管纱规格(mm)	管纱长度:180～360 管纱直径:最大 72
基本构成	单锭型,单边长方车型最大可到 6 节,每节 10 锭,最多达 60 锭,锭距为 320mm
控制箱	内装整台 Autoconer 自动络筒机的控制部件、电源、总开关、控制模块,控制变压器在动力部件上部 电子清纱器控制仪、电路板插件、低压直流电路、M.I.C 系统及控制变压器在前部 M.I.C 系统根据设定工艺参数控制:驱动槽筒、刹车和停车、反向驱动、平缓启动、络纱速度、防叠
车头方向	左手车或右手车
吸　风	Autoconer 自动络筒机产生的吸风用于纱嘴、夹纱嘴、捕纱器、管纱库、络纱机、储纱库
排风出口	Autoconer 自动络筒机的热排风可选向上或向下排到车间内或排到空调系统内
卷绕方向	右边托架为“p”型卷绕,左边托架为“q”型卷绕
线密度(tex)	4.2～667(142～0.88 英支)
筒子托架	无芯轴,弹性载荷的托架适用所有标准筒管,附有减震装置
退绕加速器(mm)	在 180～325 范围内可调
刹车和停车	槽筒和筒子的刹车及停车,捻接过程的筒子反向驱动,槽筒和筒子的平缓起动
卷绕速度(m/min)	500～1500,无级调速
防　叠	由电子控制
筒子架减震装置	液压传动
筒子架压力补偿	通过刻度盘调节,可生产染色筒子
动程位移	为了减少筒子中心与边缘的密度差,约有 2mm 的位移
定长装置与筒子直径控制	在 M.I.C 系统中选定采用预设长度还是预设筒子直径,筒子最大直径为 320mm,定长法的误差不超过 2% 发生故障时红灯亮,如故障再次发生红灯闪亮;达到预设长度或预设筒子直径时黄灯亮
前置清纱器	装在张力圆盘下面的可调槽型清纱器
电子清纱器	可配如下电子清纱器:Loepfe FR700 型、Uster D5 型(Poly matic 作为特别配备)、Peyer P540 型(P550 作为特别配备)
纱线张力	为了使纱线张力均匀,纱线张力可由有刻度的旋扭调节

续表

<table>
<tr><td>上蜡装置</td><td colspan="7">用硬蜡;电动机沿与纱线速度相反的方向驱动蜡饼</td></tr>
<tr><td>空气捻接器</td><td colspan="7">压缩空气由调压阀控制,退捻和捻接时间由 M.I.C 系统设定。捻接头由电子清纱器检验
热捻接器的气流经加热,使纤维柔软和容易捻接。接头强度和外观明显改善。但注意,对化纤或混纺纱,捻接处的染色性能可能发生变化
湿捻接器:在捻接气流中喷水,可增加植物纤维纱线的接头强度</td></tr>
<tr><td>打结装置</td><td colspan="7">菲舍尔曼打结器:带两个夹纱嘴的坚实打结器</td></tr>
<tr><td>落筒机操作范围</td><td colspan="7">根据筒子的运行时间,可有 1 ~ 4 个落筒机</td></tr>
<tr><td>落筒时间(s)</td><td colspan="7">约为 26</td></tr>
<tr><td>巡回速度(m/min)</td><td colspan="7">约 24</td></tr>
<tr><td>尾 纱</td><td colspan="7">落筒机将生头尾纱绕在筒管底部,尾纱长度可调。筒顶卷绕 Topcone 落筒机将纱头绕在筒管顶部</td></tr>
<tr><td>管纱库</td><td colspan="7">每个络纱锭一个管纱库,根据管纱底部直径大小可储放 3 ~ 5 个管纱。标准的管纱库适合于各种管型</td></tr>
<tr><td>输送带</td><td colspan="7">筒子由宽为 160mm 的输送带运走,输送带的设计载重约为 60 个筒子,总重 250kg</td></tr>
<tr><td rowspan="4">外形尺寸</td><td>锭 数</td><td>10</td><td>20</td><td>30</td><td>40</td><td>50</td><td>60</td></tr>
<tr><td>长度(mm)</td><td>5558</td><td>9143</td><td>12728</td><td>16313</td><td>19898</td><td>23483</td></tr>
<tr><td>宽度(mm)</td><td colspan="6">1325</td></tr>
<tr><td>高度(mm)</td><td colspan="6">2313</td></tr>
</table>

十二、德国 Schlafhorst Autoconer338 型络筒机主要技术特征(表 2-1-12)

表 2-1-12 Schlafhorst Autoconer338 型络筒机主要技术特征

<table>
<tr><td>型 号</td><td>Schlafhorst Autoconer338 型络筒机</td></tr>
<tr><td>车头方向</td><td>左手车或右手车</td></tr>
<tr><td>管纱喂入</td><td>六个纱管袋的圆形纱库中最多可容纳五个纱管</td></tr>
<tr><td>基本构成</td><td>十个纱锭为一节,最多为 6 节(60 锭),锭距 320mm</td></tr>
<tr><td>线密度(tex)</td><td>5.9 ~ 333(100 ~ 2 英支)</td></tr>
<tr><td rowspan="2">管纱规格</td><td>管纱绕纱长度最短 180mm,最长 360mm</td></tr>
<tr><td>管纱直径最大 72mm</td></tr>
<tr><td>筒子规格</td><td>卷装动程:83mm(3 英寸)动程,平头至 4°20′
108mm(4 英寸)动程,平头至 4°20′
125mm(5 英寸)动程,平头至 4°20′
150mm(6 英寸)动程,平头至 5°57′
卷装直径:卷装锥度小于 6°的最大卷装直径为 320mm
卷装锥度为 6° ~ 11°之间的最大卷装直径为 300mm</td></tr>
<tr><td>负 压</td><td>Autoconer 吸风系统产生负压以供给大吸嘴、夹纱臂、捕纱器、电磁阀、清洁除尘系统及巡回清洁装置,负压值在电脑上设定,吸风系统由负压控制(AVC),以减小能耗和改善纱头捕捉,从 Autoconer 排出的气流被向上或向下引导,以排向室外或排入空调系统</td></tr>
</table>

续表

控制箱	包括电源、主开关、运行时间指示器和全部控制元件
气源装置	与工厂压缩空气系统、气水分离器相连。由压力控制装置控制气压,气压低于 6.5×10^5Pa 时该装置向计算机发出信号并停车
计算机	触摸式屏幕显示,PC 格式软盘驱动器,可记录控制和监督所有生产工艺参数,提供机器运行所需的生产数据所有 Autoconer 软件都可通过 PC 卡输入计算机。通过网络技术与外部计算机进行双向数据交流。生产管理软件(选购件)。中央计算机对各台机器送来的数据进行查询、评价和处理 每锭计算机从全机计算机获得生产所需工艺参数,并控制下列动作和装置:槽筒驱动;制动和停车;反转;接头;换管;发出落筒信号;平滑起动和加速;卷绕速度 300 ~ 2000m/min 无级调速;电子防叠;断电保护:断电时切断纱线,抬起卷装并制动;抬起卷装:在断头、换管或停电时抬起卷装并制动;槽筒防绕纱监测器:监测有无槽筒绕纱,用槽筒刷(选购件)清除;质量监测器(选购件):监测筒子上纱线卷绕质量;长度测量和筒子直径计算:在计算机上决定选用定长卷绕还是定筒子直径卷绕,筒子最大直径为 320mm;用传感器、计算机、张力器对纱线张力作闭环控制使张力保持恒定,可防止退绕到管纱底部时张力增大;用传感器监控纱线,减少废纱,降低能耗,优化机械动作时间 可通过彩色图标或文字输入下列报表:工厂全面情况;质量报告;班报告;工艺报告。报告中所有数据可保存 6 个月 扩展系统还可选择以下功能:个人报告和通过 E - mail 自动发送报告;清纱器评价
预清纱器	位于张力盘下方的可调槽形清洁器
气圈破裂器	气圈破裂器位置可调,适用长度为 180 ~ 360mm 的管纱,防脱圈装置避免纱线开始退绕时脱圈
电磁式纱线张力器	张力盘积极驱动,电磁加压,张力值在计算机上集中设定。在电子清纱器与上蜡装置之间有张力传感器,对纱线实际张力作连续测定,信号经计算机处理后控制张力器加压,保持张力均匀,断头时快速夹持功能牢固夹持纱头
电子清纱器	用以监控纱线和捻接头质量,可配用 Uster 或 Loepfe 公司的产品
上蜡装置(选购件)	小电动机带动蜡辊逆纱线运动方向转动。在接头或落筒时停止转动
槽筒(钢制)	ATT 电动机直接带动槽筒,与单锭微机控制结合,可实现无冲击平滑启动,传动效率提高,加速时间缩短。可预设加速及减速曲线,电子防叠作用延伸到加速、减速阶段。不同的纱线选用不同种类的槽筒
槽筒横动装置(选购件)	槽筒可作 3mm 横动以减少卷装中部与边缘的密度差异
筒子架加压装置	筒子托架重量补偿,有利于控制卷装成形和生产染色筒子
空气捻接器	每锭配一个空气捻接器。由电子清纱器验结
其他选购件	热捻接器,加湿捻接器,渔夫结机械打结器
管纱除尘装置(选购件)	连续工作的除尘装置
巡回清洁装置(选购件)	用以清洁机器,所收集的灰尘送入机器内吸风系统的集尘箱或外部除尘系统
空管输送带(全机长度)	收集空管和小纱,送至机器末端的存放台
传送带运行模式	手工操作:操作者打开和关闭传送带开关 自动操作:输送带自动运行,落筒装置与传送带互锁,在卷装输出时,自动落筒装置停止运行

续表

传送带自动化	与工厂的卷装输送系统或自动装箱机相连					
落筒装置	取决于筒子卷绕时间,30 锭最多可配置 2 个落筒装置,60 锭最多可配置 4 个落筒装置。落筒装置按请求进行工作。使用多个落筒装置时,每个落筒装置负责的锭数可自由选择					
换筒尾纱	落筒装置将尾纱绕在筒管底部,纱尾长度可调					
外层纱头	落筒装置将外层纱头放于筒子小端,纱头长度可调					
外形尺寸	机型	Autoconer338 型络筒机,带有分拣台,整机长度输送带				
	锭数	10	20	30	40	50	60
	长度(mm)	6895	10205	13515	16825	20135	23445
	机型	Autoconer338 纱库型络筒机,一节机器长度的输送带				
	锭数	10	20	30	40	50	60
	长度(mm)	6680	10310	13940	17570	21200	24830
	宽度(mm)	2068					
	高度(mm)	2923					
	机型(mm)	Autoconer338 K 型络筒机(自动卷装喂入和落筒)筒倒筒络筒机 Autoconer338 E 型络筒机(人工卷装喂入和落筒)筒倒筒络筒机					
	锭数	10	20	30	40	50	60
	长度(mm)	6360	9670	11980	16290	19600	22910
	宽度(mm)	1825					
	高度(mm)	2923					

十三、日本村田 NO.7—V 型(纱库式)络筒机主要技术特征(表 2-1-13)

表 2-1-13　村田 NO.7—V 型(纱库式)络筒机主要技术特征

型　　号	村田 NO.7—V 型络筒机
适用纱	棉、短纤、梳毛、化纤及混纺
线密度 tex	4.2~200(142~3 英支)
细纱管尺寸	绕纱高度:180~340mm
	直径:34~75mm
	束缚圈数:3~5
卷装筒子规格	锥度:3°30′,4°20′,5°57′,0°
	动程:83mm(3.25 英寸),108mm(4 英寸),125mm(5 英寸),152mm(6 英寸)
	最大卷绕直径:300 锥形筒子,280 平行筒子
锭　数	每节 10 锭系列:30,40,50,60 每节 12 锭系列:36,48,60
接头方式	空气吹捻器(整体吹捻器),卡式吹捻器(选购件)
张力器	磁盘张力器
鼓风机	单独鼓风方式 11kW,集中鼓风方式(选购件)30kW

续表

卷绕速度(m/min)		最高卷绕速度1500							
槽筒驱动		单锭变频							
监控装置		MMC/2							
回丝检测器		阀门式检测器,光电式检测器(选购件)							
槽 筒		铝合金槽筒,有肩钢制槽筒(选购件),带有锥度的槽筒							
电子式清纱器		可任选电容式或光电式电子清纱器							
锭 数		60	50	48	40	36	30	24	20
长(mm)	单列型 单列宽幅型 分组型 分组宽幅型	22450	19205	18465	15905	14525	12605	10585	9305
	双列型	22840	19640	18900	16340	14960	13040	11020	9740
	双列型宽幅	22960	19760	19020	16460	15080	13160	11140	9860
	走锭纺空管专用	22900	19700	18960	16400	15020	13100	11080	9800
宽(mm)	无自动落筒装置	1707~2205							
	带自动落筒装置	1783~2263							
高(mm)		2550							

十四、日本村田 NO.7 V—Ⅱ型(FF 型托盘式)络筒机主要技术特征(表 2-1-14)

表 2-1-14 村田 NO.7 V—Ⅱ型(FF 型托盘式)络筒机主要技术特征

型 号	村田 NO.7Ⅴ—Ⅱ型(FF 型托盘式)络筒机
适用纱线	棉、短纤、梳毛、化纤及混纺
线密度(tex)	4.2~200(139~3 英支)
细纱管卷装规格	绕纱高度:280mm
	直径:57mm
	束缚圈数:3~5
卷装筒子规格	锥度:3°30′,4°20′,5°57′,0°
	动程:83mm(3.25 英寸),108mm(4 英寸),125mm(5 英寸),152mm(6 英寸)
	最大卷绕直径:300 锥形筒子
锭 数	每节 10 锭系列:30,40,50,60 每节 12 锭系列:36,48,60
接头方式	空气吹捻器(卡式吹捻器)
机头方向	左手、右手车均可
张 力 器	栅栏式张力器

续表

鼓风机	单独鼓风方式 15kW、11kW,集中鼓风方式(选择件)30kW							
卷绕速度(m/min)	最高机械速度 2000							
槽筒驱动	单锭变频							
监控装置	MMC/3							
回丝检测器	阀门式检测器、光电式检测器(选择件)							
槽 筒	有肩钢制槽筒、带有锥度的槽筒							
电子式清纱器	可任选电容式或光电式的适应纱线速度型							
附属装置	Bal—Con(跟踪式气圈控制器),张力程控管理系统,空气捻接器监控,BQC(不良管纱质量监控装置),EBC(筒子防纱圈重叠装置),筒子托架提升装置,筒子托架加压装置,预清纱器,陶瓷剪刀							
选购件	Perla—A(毛羽减少装置),自动落筒装置(AD),筒子输送带,上蜡装置,染色筒子松式卷绕装置,3 段喷嘴空气捻接器,强捻纱用空气捻接器,BQC 报警自动复位装置,预张力器,黄按钮报警器,低耗电变频风机(单独鼓风)							
锭 数	60	50	48	40	36	30	24	20
长(mm)	23738	20538	19798	17238	15858	13938	11918	10666
宽(mm)	1363 ~ 1700							
高(mm)	2520							

十五、日本村田 NO. 21C Process Coner 型络筒机主要技术特征(表 2-1-15)

表 2-1-15 村田 NO. 21C Process Coner 型络筒机主要技术特征

型 号	村田 NO. 21C Process Coner
喂入形式	纱库式,托盘式,细络联式
锭 数	每节 10 锭系列:10 ~ 60 每节 12 锭系列:12 ~ 60
锭距(mm)	320
加工纱线类型	天然和合成纤维的单纱或股线
线密度(tex)	4 ~ 197(146 ~ 3 英支)
络纱速度(m/min)	最高 2000
筒管半锥角	0° ~ 5°57′
导纱动程(mm)	108,152
成筒尺寸(mm)	最大 300
纱管长度(mm)	最大 360(纱库式),最大 280(托盘式,细络联)
纱管直径(mm)	最大 75(纱库式),最大 75(托盘式,细络联)
接头装置	空气捻接器
电子清纱器	全程控制,可配 Uster、Loepfe 公司的产品

续表

<table>
<tr><td>防叠装置</td><td colspan="11">Pac 卷绕系统,槽筒上刻有 2 圈和 2.5 圈两种沟槽,正常工作用 2.5 圈,到可能发生重叠的区域时,转至 2 圈,能适应各种纱种、纱线细度和筒子</td></tr>
<tr><td>监控装置</td><td colspan="11">Bal—Con 跟踪式气圈控制器,张力自动调节,Perla 毛羽减少装置,Vos 可视化查询系统;该微机系统可对空气捻接器、电子清纱器、定长、张力进行设定和调整,对生产、质量、效率可提供各种数据和因素,对不正常数据作警报,每节都有显示器,显示故障警报</td></tr>
<tr><td>张力器</td><td colspan="11">栅栏式张力器</td></tr>
<tr><td>槽筒驱动</td><td colspan="11">伺服电动机直接驱动</td></tr>
<tr><td>附属装置</td><td colspan="11">张力程控管理系统,电磁式扭转纱及回丝减少装置,BQC 不良管纱监控装置,报警和自动复位装置,EBC 纱圈重叠防止装置,筒子刹车装置,筒子托架提升装置,预清纱器,变频风机</td></tr>
<tr><td>选购件</td><td colspan="11">Pac21 卷绕系统,Perla—A 气流式毛羽减少装置,Perla—D 盘式毛羽减少装置,Bal—Con 跟踪式气圈控制器,自动落筒装置 AD,筒子输送带,上蜡装置,3 段喷嘴空气捻接器,强捻纱用空气捻接器,预张力器,黄按钮报警器,照明用支架</td></tr>
<tr><td rowspan="15">外形尺寸</td><td>机型</td><td colspan="10">高速纱库式有标准输送带,细纱管人工喂入各单锭</td></tr>
<tr><td>锭数</td><td>10</td><td>12</td><td>20</td><td>24</td><td>30</td><td>36</td><td>40</td><td>48</td><td>50</td><td>60</td></tr>
<tr><td>长度(mm)</td><td>6065</td><td>6705</td><td>9365</td><td>10645</td><td>12665</td><td>14585</td><td>15965</td><td>18525</td><td>19265</td><td>22465</td></tr>
<tr><td>宽度(mm)</td><td colspan="10">2000</td></tr>
<tr><td>高度(mm)</td><td colspan="10">3100</td></tr>
<tr><td>机型</td><td colspan="10">FF 托盘型,机尾管纱喂入装置 FF,在大纱库处人工喂入,由托盘系统将管纱喂到各锭</td></tr>
<tr><td>锭数</td><td>10</td><td>12</td><td>20</td><td>24</td><td>30</td><td>36</td><td>40</td><td>48</td><td>50</td><td>60</td></tr>
<tr><td>长度(mm)</td><td>7320</td><td>7960</td><td>10620</td><td>11900</td><td>13920</td><td>15840</td><td>17220</td><td>19780</td><td>20520</td><td>23820</td></tr>
<tr><td>宽度(mm)</td><td colspan="10">1903</td></tr>
<tr><td>高度(mm)</td><td colspan="10">3100</td></tr>
<tr><td>机型</td><td colspan="10">BT 型托盘式,管纱放托盘,然后自动送到各锭</td></tr>
<tr><td>锭数</td><td>10</td><td>12</td><td>20</td><td>24</td><td>30</td><td>36</td><td>40</td><td>48</td><td>50</td><td>60</td></tr>
<tr><td>长度(mm)</td><td>10570</td><td>11210</td><td>13870</td><td>15150</td><td>17170</td><td>19090</td><td>20470</td><td>23030</td><td>23770</td><td>26970</td></tr>
<tr><td>宽度(mm)</td><td colspan="10">1903</td></tr>
<tr><td>高度(mm)</td><td colspan="10">3100</td></tr>
</table>

十六、国产 EJP438 型络筒机主要技术特征(表 2-1-16)

表 2-1-16 EJP438 型络筒机主要技术特征

型 号	EJP438 型络筒机
锭 数	10,20,30,40,50,60
锭距(mm)	320
加工纱线类型	棉、毛等天然纤维和合成纤维的纯纺或混纺纱,单纱或股线
线密度(tex)	5.9~333(100~1.75 英支)
络纱速度(m/min)	300~1800,无级调速
筒管半锥角	0°,3°30′,4°20′,5°57′
成筒尺寸(mm)	最大 ϕ320
纱管长度(mm)	180~325
纱管直径(mm)	最大 72
接头装置	空气捻接器
电子清纱器	全程控制,可配 Uster、Quantum、长岭 JZS—15A 等
上蜡装置	摩擦式,步进电动机传动蜡辊,作逆纱线方向转动
张力装置	圆盘式张力盘,弹簧加压
清洁装置	巡回式吹风机
防叠装置	电子式
监控装置	由计算机监控系统,对全机,包括电子清纱压缩空气系统等实现监控;通讯网络应用 CANBUS 现场总线技术;采用传感器监控纱线
外形尺寸(60 锭)(长×宽×高)(mm)	21750×1950×2720
总装机功率(kW)	28

第二节 络筒主要机构及工艺配置

一、清纱器

(一)机械式清纱器

机械式清纱器由金属刀片、梳针和金属板组成。纱线从清纱器的缝隙中通过,如纱线直径太大会被拉断,故只能清除粗节纱疵,对长粗节和细节纱疵无法清除。清除效率一般小于 40%。其优点是结构简单,价格便宜,维修方便,温湿度影响小。缺点是会刮毛纱线,纱线易受损伤,易积聚飞花尘杂,易导致断头。

1332 型络筒机使用的机械式清纱器性能比较见表 2-1-17。纱线线度与清纱器隔距范围对照表见表 2-1-18。

表 2-1-17　1332 型络筒机的机械式清纱器性能比较

型　式	隙缝式	梳针式	板　式
除杂效果	除杂效果好,清除竹节纱效果较差	清除竹节纱、细丝、飞花附着及羽毛纱效果较好,会增加毛羽	清除竹节纱、羽毛纱、回丝及飞花附着效果较好
适应品种	各种纱线	精梳棉纱,化纤纱	各种细度的纱线,细的 T/C 混纺纱
隔距范围	精梳棉纱:2~2.5d 细的梳棉纱:1.5~2d 中粗梳棉纱:2d 股线:2.5~3d	5~6d	1.5~1.75d
维修保养	隔距易变动,需定期检查	隔距易变动,需定期检查	隔距不易变动,不需定期检查

注　表中 d 为纱线直径。

表 2-1-18　纱线细度与清纱器隔距对照表

棉纱线密度		棉纱直径	清纱器隔距(mm)						
tex	英支	d(mm)	1.5d	1.75d	2.0d	2.5d	3.0d	5.0d	6.0d
120	5	0.404	0.61	0.71	0.81	1.01	1.21	2.02	2.424
97.2	6	0.365	0.55	0.64	0.73	0.91	1.10	1.83	2.19
83.3	7	0.338	0.51	0.59	0.68	0.84	1.01	1.69	2.03
72.9	8	0.316	0.47	0.55	0.63	0.79	0.95	1.58	1.90
64.8	9	0.298	0.45	0.52	0.60	0.75	0.89	1.49	1.79
58.3	10	0.282	0.42	0.49	0.56	0.71	0.85	1.41	1.69
53	11	0.269	0.40	0.47	0.54	0.67	0.81	1.35	1.61
48.6	12	0.258	0.39	0.45	0.52	0.65	0.77	1.29	1.55
44.8	13	0.248	0.37	0.43	0.50	0.62	0.74	1.24	1.49
41.6	14	0.239	0.36	0.42	0.48	0.60	0.72	1.20	1.43
38.9	15	0.231	0.35	0.40	0.46	0.58	0.69	1.16	1.39
36.4	16	0.223	0.34	0.39	0.45	0.56	0.67	1.12	1.34
32.4	18	0.211	0.32	0.37	0.42	0.53	0.63	1.06	1.27
29.2	20	0.200	0.30	0.35	0.40	0.50	0.60	1.00	1.20
27.8	21	0.195	0.29	0.34	0.39	0.49	0.59	0.98	1.17
20.8	28	0.169	0.25	0.30	0.34	0.42	0.51	0.85	1.01
19.4	30	0.163	0.24	0.29	0.33	0.41	0.49	0.82	0.98
18.2	32	0.158	0.24	0.28	0.32	0.40	0.47	0.79	0.95
14.6	40	0.141	0.21	0.25	0.28	0.35	0.42	0.71	0.85
13.0	45	0.133	0.20	0.23	0.27	0.33	0.40	0.67	0.80
11.7	50	0.126	0.19	0.22	0.25	0.32	0.38	0.63	0.76
9.7	60	0.115	0.17	0.20	0.23	0.29	0.35	0.58	0.69
7.3	80	0.100	0.15	0.18	0.20	0.25	0.30	0.50	0.60
5.8	100	0.089	0.13	0.16	0.18	0.22	0.27	0.45	0.53
4.9	120	0.082	0.12	0.14	0.16	0.21	0.25	0.41	0.49

（二）电子清纱器

电子清纱器用电子设备检测纱疵的直径和长度两个量。电子清纱器有若干个清纱通道，每个清纱通道对应一种类型的纱疵或者一项检测指标。在各个清纱通道上分别设定直径和长度两个值。目前使用的电子清纱器至少有三个清纱通道，即短粗节(S)、长粗节(L)和细节(T)。纱疵通过清纱器时，其直径与长度只要超过任何一个通道的两个设定值，都将被切除。性能较好的电子清纱器，清纱通道数更多，并有定长、统计、自检等功能，各种信息或和络筒机主控微机相连，或通过网络传递。电子清纱器属非接触式检测，对纱线无损伤，清除效率高于80%，各清纱通道的设定值可根据纱线质量要求和纱线原来的品质灵活确定。电子清纱器配以空气捻接（或机械捻接）可使纱线质量大幅提高。这方面的优点是机械清纱无法比拟的。但价格贵、维修费用高是其缺点。

从工作原理分，电子清纱器有光电式和电容式两种。光电式是以红外光线将纱疵投射到接收元件上，从而得到电信号来进行检测，其与人的视觉检测较相似。电容式是以电容元件测定一定长度内纱线的质量，该质量影响到电容值，以这个信号来进行检测。纱疵的质量可间接反映其大小。

1. 光电式与电容式电子清纱器比较　光电式和电容式两种电子清纱器，性能比较见表2－1－19。

表2－1－19　电子清纱器性能比较

项　　目	光 电 式	电 容 式
扁平纱疵	有可能漏切	不漏切
纱线捻度	影响小	影响大①
纱线颜色	较大影响	略有影响
光　泽	有影响	无影响
纱线回潮率	无影响	影响较大，如回潮率不均匀，会影响清疵效率
纤维种类	略有影响	有影响，高导纤维不能应用
混纺比	略有影响	有影响，如混纺比很不均匀，会影响清疵效率
外部杂散光	有影响	无影响
静　电	无影响	无影响
飞花灰尘积聚	较大影响	有影响
机台振动	有影响	较小影响
系统稳定性	稳定性不太好，需定期校正	稳定性好
价　格	价　贵	价　廉
金属粉末	无影响	有影响
纱线毛羽	有影响	无影响

①纱线捻度大则毛羽少，纱的视觉直径略小。有些粗节处捻度小，其直径较大，但质量并不大多少；反之，有些细节处捻度大，其直径较小，但质量并不小多少，这些情况下电容式灵敏度较低。

2. 国产主要电子清纱器

(1)QS 系列电子清纱器(表 2-1-20):

表 2-1-20 QS 系列的电子清纱器

型号	QS—5 光电式	QS—6 电容式	QS—8 电容式	QS—14 电容式	QS—16 电容式	QS—20 电容式
纱线细度	30~12.5tex (20~80 英支)	166.7~76.9tex (6~130 英支)	166.7~76.9tex (6~130 英支)	166.7~76.9tex (6~130 英支)	166.7~76.9tex (6~120 英支)	166.7~76.9tex (6~120 英支)
纤维材料	各种天然纤维、化学纤维、混纺纱	各种天然纤维、化学纤维、混纺纱(调节材料系数)	各种天然纤维、化学纤维、混纺纱	各种天然纤维、化学纤维、混纺纱	棉、毛、麻、粘胶、化学纤维、混纺纱	棉、毛、绢、麻、粘胶、化纤、混纺纱
清除范围	短粗节(S) +60%~+240% 参考长度 1~10cm	短粗节(S) +50%~+300% 参考长度 1~10cm	短粗节(S) +50%~+300% 参考长度 1~10cm	短粗节(S) +10%~+400% 参考长度 1~8cm	短粗节(S) +70%~+300% 参考长度 1.1~16cm	短粗节(S) +70%~+300% 参考长度 1.1~16cm
	长粗节(L) +20%~+80% 参考长度 1~10cm	长粗节(L) +30%~+100% 参考长度与车速有关,车速 600m/min,参考长度 100cm;车速 1200m/min,参考长度 200cm;车速 300m/min,参考长度 50cm	长粗节(L) +30%~+100% 参考长度与车速有关,车速 600m/min,参考长度 100cm;车速 1200m/min,参考长度 200cm;车速 300m/min,参考长度 50cm	长粗节(L) +45%~+100% 参考长度 8~50cm	长粗节(L) +20%~+100% 参考长度 8~200cm	长粗节(L) +20%~+100% 参考长度 8~200cm
	长细节(T) -15%~-50% 参考长度 100cm	长细节(T) -30%~-70% 参考长度 10~90cm	无长细节(T)	长细节(T) -30%~-75% 参考长度 8~50cm	长细节(T) -17%~-80% 参考长度 8~200cm	长细节(T) -20%~-80% 参考长度 8~200cm
纱速范围(m/min)	550~1000	300~1500	300~1500	400~1000	300~1200	300~1000
电源要求	$220V^{+10\%}_{-15\%}$ 50Hz±5%	$220V^{+10\%}_{-15\%}$ 50Hz±5%	$220V^{+10\%}_{-15\%}$ 50Hz±5%	$220V^{+10\%}_{-15\%}$ 50Hz±5%	$220V^{+22\%}_{-33\%}$ 50Hz±2.5%	220V±20% 50Hz±2.5%
功耗	70W/60 锭	180W/60 锭	180W/60 锭	150W/50 锭	180W/60 锭	180W/60 锭
使用环境温度	10℃~40℃					
相对湿度	35%~85%	35%~85%	35%~85%	35%~80%	35%~80%	35%~80%
定长精度	—	—	—	1000~300000m,误差≤1.5%	—	2000~200000m,误差≤1.5%

续表

型号	QS—5 光电式	QS—6 电容式	QS—8 电容式	QS—14 电容式	QS—16 电容式	QS—20 电容式
统计功能	—	—	—	能以每锭、部分锭或全机三种形式统计 S、L、T 疵点的切除数、三类纱疵总数和产量	—	班产量统计

(2)DQSS 型系列电子清纱器(表 2-1-21):

表 2-1-21　DQSS 型系列电子清纱器

型　号	DQSS—1 型电容式数字电子清纱器	DQSS—2 型电容式数字电子清纱器	DQSS—4A 型电容式清纱监测装置
纤维材料	棉,毛,丝,麻,化纤,纯纺,混纺	天然纤维,化学纤维,纯纺,混纺	棉,毛,绢,麻,化纤,纯纺,混纺
纱线线密度(tex)	5~58(120~10 英支)	4~100(140~6 英支)	5~58(120~10 英支)(JCT—15A) 18~100(32~6 英支)(JCT—20A)
络筒车速	200~1000m/min	400~1500m/min	200~1000m/min
清除范围	短粗节(*S*)+70%~+300% 参考长度 1~10cm 长粗节(*L*)+40%~+100% 参考长度 8~50cm 长细节(*T*)-30%~-70% 参考长度 8~50cm	短粗节(*S*)+60%~+360% 参考长度 1~9.9cm 长粗节(*L*)+40%~+100% 参考长度 8~56cm 长细节(*T*)-30%~-76% 参考长度 8~56cm 静态双纱鉴别	短粗节(*S*)+70%~+360% 参考长度 1~16cm 长粗节(*L*)+40%~+120% 参考长度 8~49cm 长细节(*T*)-30%~-75% 参考长度 8~49cm
电源要求	220V+10%(-20%) 50Hz±5%	220V+15%(-20%) 50Hz±5%	220V+15%(-20%) 50Hz±5%
功　耗	180W/60 锭	180W/60 锭	<180W/120 锭
使用环境温度	10~40℃	10~40℃	10~40℃
相对湿度	35%~85%	35%~85%	35%~80%
定长精度	1000~290000m,误差≤0.5%	每 10 锭一组,1000~600000m	—
统计功能	长细节,长粗节,短粗节,各纱疵数,总数,接头数,产量,10 万米纱疵数,100 万米纱疵数,满筒数,效率	每锭,每组,全机短粗节,长粗节,细节数 每锭,每组,全机接头数 每锭,每组,全机效率 每锭,每组,全机捻接成功率 每锭,每组,全机换管数 每锭,每组,全机坏筒数 每锭,每组,全机满筒数 每锭,每组,全机纱线产量(kg 或 m) 万米纱疵数,百管断头率 可打印或显示上述各种数据 掉电数据保护 与主机交联的控制接口功能	可提供产量、接头、纱疵、筒长、满筒数、质量、效率等数据 可按单锭、岗位、半台车等形式给出,并可提供相应累计数据 数据输出,较大屏幕液晶显示器或外接打印机打印输出 自检与故障报警,可在线完成灯光检查、零点调整、检测头灵敏度检查等自检功能,出现故障或电压不正常时,电控箱发出故障报警 掉电 48h 后,仍能保护数据,配新型 ASIC 检测头,性能好,易维修,集成度高

(3)DQSS 型系列其他电子清纱器(表2－1－22):

表2－1－22 其他电子清纱器功能

型 号	功 能
DQSS—5	具有清除棉结功能,与村田 NO.7—Ⅱ Mach Coner 配套
DQSS—5A	电容式检测原理,配备16位数字处理器,与 Savio－Espero 配套
DQSS—5B	有 *N*(棉结)、*S*(短粗节)、*L*(长粗节)、*T*(细节)清除通道、*C*(错特)、*SPL*(捻接)等监测通道,自动跟踪车速,全程清纱,灵敏度自控,故障自我诊断,报警。与 Schlafhorst Autoconer238 配套
DQSS—4	电容式检测原理。采用数字电路,液晶显示(4行,每行18字)。有产量、接头数、各类纱疵数、筒子定长、质量、效率等统计功能。数据以单锭、岗位等形式给出,并提供相应累计数据。材料系数可人工设置,自动调整。纱速自动跟踪全程检测,在线自我诊断及故障报警,断电240h数据保护。上位机通讯接口,可实现分机联网
DQSS—8	采用数字电路,电容式检测,速度自动跟踪,材料系统人工设置,自动调整,多种自我诊断,故障报警,清纱功能 S.L.T
DQSS—12	采用数字电路,电容式电子清纱器,有统计功能,材料系数人工设置自动调整,纱速自动跟踪,自我诊断与报警,断电240h数据保护,联网功能,S.L.T检测
DQSS—14	采用数字处理,电容检测,在线纱疵分级,根据分级结果有效设定清纱参数。大屏幕显示(分辨率为240×128),定长功能,统计功能,自检,报警,自动零点补偿,自动增益调整。可清除 N.S.L.T,错支监视,ASIC 技术,打印功能联网
精锐21	电容式电子清纱器。纱速范围200~2200m/min,电源箱控制锭数100锭,可配自动络筒机。双电容检测,自动补偿,有棉结,错支检测及定长统计功能,数据信号储存及联网功能

(4)其他几种国产电子清纱器(表2－1－23):

表2－1－23 其他几种国产电子清纱器

型 号			LP900A(光电式)	QSD—6	H800—8/9	H800—16	YH—8(电容式)	H800—20(电容式)
线密度范围(tex)			5.8~116.7(100~5英支)	7.3~97.2(80~6英支)	4.9~116.7(120~5英支)	5.8~116.7(100~5英支)	4.9~116.7(120~5英支)	5.8~116.7(100~5英支)
清疵范围	短粗节	*S*(%)	+60~+260	+80~+260	+60~+220	+50~+400	+70~+300	+70~+300
		L_s(cm)	1~10	1~9	1~9	1~8	1.1~16	1.1~16
	长粗节	*L*(%)	+15~+65	+15~+55	+15~+45	+40~+100	+20~+100	+20~+100
		L_1(cm)	10~100	10~80	10~90	8~50	8~200	8~200
	细 节	*T*(%)	－15~－65	－15~－55	－15~－45	－40~－80	－17~－80	－17~－80
		L_t(cm)	10~100	10~80	10~90	8~50	8~200	8~200
纱速范围(m/min)			300~1300	450~900	300~1100	300~1100	300~1400	300~1400
电源箱控制锭数			60	30	60	60	30×2	60

续表

型　号		LP900A（光电式）	QSD—6	H800—8/9	H800—16	YH—8（电容式）	H800—20（电容式）
其他功能		数字显示纱线细度和取样电压,有平行双纱补偿功能、探纱线指示、故障显示等	有走纱 LED 显示，定长功能等	有走纱显示功能,短路保护等;H800—8 有定长功能	有走纱显示,静态双纱检验,短路保护等	数字面板自动显示纱支与取样电压,故障诊断等	有走纱指示,单节故障自隔离,断电保护等
功耗（W）		≤120	60	80	50	≤120	100
电　源	电压（v）	220 +10% 220 -15%	220 +10% 220 -15%	220 +10% 220 -15%	220 ±25%	220 +10% 220 -20%	220 ±15%
	频率（Hz）	50 ±5%	50 ±5%	50 ±5%	50 ±5%	50 ±5%	50 ±5%
使用环境	温度（℃）	10 ~40	10 ~40	10 ~40	10 ~40	10 ~40	10 ~40
	相对湿度（%）	35 ~85	35 ~85	35 ~80	25 ~85	35 ~85	35 ~85

3. Uster 公司生产的电子清纱器（表 2 -1 -24、表 2 -1 -25）

表 2 -1 -24　Uster 公司生产的 UAM 型、D4 型、UPM1 型电子清纱器

型　号	UAM 型电子清纱器
清除范围	短粗节（*S*）+60% ~ +300%，1.1 ~17cm 长粗节（*L*）+20% ~ +100%，8 ~200cm 长细节（*T*）-17% ~ -80%，8 ~200cm
检测头	MK15 MK20/GRA 20MK3
控制箱	UAM/CSG60S UAM/WSG60S 每只控制箱带 60 锭，分五组，每组 12 锭，每组可分别设定
型　号	D4 型电容式清纱器
清除范围	短粗节（*S*）+70% ~ +300%，1.1 ~16cm 长粗节（*L*）+20% ~ +100%，8 ~200cm 长细节（*T*）-17% ~ -80%，8 ~200cm

型　号			Polymatic UPM1 型电容式清纱器
线密度范围（tex）			4 ~100
清纱范围	棉结（*N*）%		+50 ~ +300
	短粗节 *S*	*S*（%）	+10 ~ +200
		L_s（cm）	1 ~10
	长粗节 *L*	*L*（%）	+10 ~ +200
		L_l（cm）	10 ~200
	细节 *T*	*T*（%）	-10 ~ -80
		L_t（cm）	10 ~200
纱速范围（m/min）			300 ~2000

续表

电源控制箱控制锭数		72
电 源	电压(V)	110/220 ±25%
	频率(Hz)	50/60

表 2-1-25 Uster 公司生产的 Quantum 型电子清纱器

型 号	Uster Quantum
检测头	光电式或电容式
异纤传感器(LED)	有
基本功能	*N*(棉结)、*L*(长粗节)、*S*(短粗节)、*T*(细节)、*C*(错特)、*CC*(连续特数偏差)、*SPL*(捻接)
增加功能	*CV*(纱线条干不匀率)、*CMT*(在线纱疵分级)、*IPI*(疵点)、*FL*(异纤,浅色)、*FD*(异纤,深色)、*MF*(异纤群)、*PCC*(链状纱疵清纱)
线密度范围(tex)	C15:4 ~ 100(145 ~ 6 英支) C20:8 ~ 200(72 ~ 3 英支) C30:4 ~ 200(145 ~ 3 英支)
纱线速度	300 ~ 2200m/min
信息报告	质量,疵点,数据处理及用户自定义报告,打印、显示或在线遥控检测
纱疵分级	Uster Classimat 纱疵分级 Uster statistics 统计公报 Uster foreignclass 异纤分级
连通性	Uster net(网络)
专家系统作用	(1)可自动检测超出预定质量或预定产量的络筒位置 (2)检测运行不佳的机台 (3)对电子清纱作中央设定 (4)通过中央防止 Uster Quantum 电子清纱的错误设定 (5)提供用于比较和趋势分析的图表 (6)准备长期质量报告 (7)集中检测产量和效率 (8)提供每批纱线的质量数据

4. Peyer 公司生产的电子清纱器(表 2-1-26)

表 2-1-26 Peyer 公司的电子清纱器

型 号	P—555 光电式清纱器	P—540 光电式清纱器	PI—120/PI—150 光电式清纱器
纱 速	100 ~ 2000m/min	100 ~ 2000m/min	300 ~ 1400m/min
短粗节	*D*: +20% ~ +100%	*D*: +20% ~ +1000%	*D*: +20% ~ +180%
	L:0.2 ~ 50cm	*L*:1 ~ 50cm	*L*:1 ~ 9cm
短细节	*D*: -14% ~ -70%	*D*: -8% ~ -70%	—
	L:0.2 ~ 50cm	*L*:1 ~ 50cm	—

续表

型　号	P—555 光电式清纱器	P—540 光电式清纱器	PI—120/PI—150 光电式清纱器
长粗节	D: +10% ~ +1000%	D: +10% ~ +1000%	D: +5% ~ +45%
	L:50 ~ 100cm	L:2 ~ 50cm	L:40cm
长细节	D: -8% ~ -70%	D: -8% ~ -70%	D: -15% ~ -50%
	L:50 ~ 100cm	L:2 ~ 50cm	L:10 ~ 80cm

5. Loepfe 公司生产的电子清纱器(表 2-1-27)

表 2-1-27　Loepfe 公司的电子清纱器

型　号	Yarn master 80/80i①	Yarn master 800/800i①	Yarn master 900/900i①
检测头	TK730/830 适用 3.6 ~ 65.5tex(160 ~ 8.9 英支) TK740/840 适用 3.6 ~ 83.3tex(94 ~ 4.1 英支) TK750/850 适用 24.7 ~ 388.7tex(23.6 ~ 1.5 英支) TK770/870 适用 44.8 ~ 988.1tex(13 ~ 0.59 英支) TK780/880 适用 98.8 ~ 832.9tex(5.9 ~ 0.4 英支)	TK 730/830 TK 740/840 TK 750/850 TK 770/870 TK 780/880	TK930 适用 3.6 ~ 65.5tex(160 ~ 8.9 英支)
功　能	有 6 个清纱通道:棉结(N)、短粗节(S)、长粗节(L)、细节(T)、接头(SPL)、纱线细度(C)。有独特的纱疵串监测功能,根据其出现的频率与周期将设定允许范围内的疵点判定为应清除的纱疵	有 6 个清纱通道:棉结(N)、短粗节(S)、长粗节(L)、细节(T)、接头(SPL)、纱线细度(C)及纱疵串检测,还有分类清纱功能(指定清纱范围);接头分析功能有助于对捻接器参数作最佳设定;对全部纱线作检验;纱疵分析的结论在线监测系统可及时发现纺纱中的问题。N. S. L. T 等清纱参数可用光标输入一个字母"C"来确定切除。各种数据可送到数据管理中心 Loepfe Datamaster 和工厂管理中心 Mill master 中	清纱通道:N、S、L、T、SPL、C,异物纤维清除
直观设定	以人机方式设定调整;用图解显示设定的质量参数,可方便地储存或调出设定的清纱曲线	直观的设定。按国际公认的标准对清除的纱疵分类显示或打印	通过检测纤维的颜色及反光率,以鉴别有无异物纤维的种类;测定异物长度以确定纱疵级别,基准长度可任意设定;清纱数据可送到数据管理中心 Loepte Datamaster 和工厂管理中心 Mill master 中

① i 为与络筒机微机控制一体化的型号。

(三)清纱工艺考核参数

1. 正切率　正切率 = 正切根数/总的根数 × 100%

2. 清除效率　清除效率 = 正切根数/(正切根数 + 漏切根数) × 100%

3. 品质因素　品质因素 = 正切率 × 清除效率

4. 空切率　空切率 = 空切根数/总切根数 × 100%

5. 正切率不一致系数　正切率不一致系数 = 各锭正切率均方差/正切率的算术平均数 × 100%

6. 清除效率不一致系数　清除效率不一致系数 = 各锭清除效率均方差 /清除效率的算术平均数 × 100%

7. 损坏率　损坏率 = 每月损坏锭数/使用总锭数 × 100%

8. 故障率　故障率 = 每月故障锭数/使用总锭数 × 100%

说明:

(1)总切根数 = 正切根数 + 误切根数 + 空切根数

(2)损坏指电子清纱器必须更换元器件、零部件后才能正常工作。

(3)故障指电子清纱器丧失了规定的清纱功能而不能正常工作,如单锭不切,全机不切和全机空切等。正切、误切、空切和漏切的判断标准是按设定的清纱特性曲线来界定。

(4)正切:指在设定的清纱特性曲线上方的纱疵(即需要切除的有害纱疵)被电子清纱器正确切断。

(5)误切:指在设定的清纱特性曲线下方的纱疵(即不需要切除的纱疵)被电子清纱器误切断。

(6)空切:指电子清纱器切刀动作,但无任何纱疵。

(7)漏切:指应被电子清纱器清除的纱疵却未被切除。

二、张力器

络筒张力大小要适当。如张力过大,虽然筒子成形好,但纱线受的损伤大,会增加后道工序的断头率;如张力过小,则筒子成形不良,纱层不分明,相互嵌入,容易乱纱,退绕困难。适当的络筒张力由织物要求和原纱性质而定。一般棉纱张力不超过其断裂强度的15% ~20%,毛纱张力不超过其断裂强度的20%,麻纱张力不超过其断裂强度的10% ~15%,丝的张力可参照以下经验公式加以选择。平行卷绕:1.8 × 丝的线密度(cN);交叉卷绕:3.6 × 丝的线密度(cN);无捻涤纶长丝:0.88 × 长丝的线密度(cN)。络筒张力还要求均匀,使筒子卷绕密度内外均匀一致,筒子成形良好。几种络筒机上使用的张力器见表2 - 1 - 28。

1. 自动络筒机均匀张力的措施

(1)气圈控制器:在络筒过程中,由于纱线退绕形成气圈而产生气圈张力,为减小因气圈节数变化对纱线张力的影响,在管纱上加一气圈控制器,就不会形成单节气圈,纱线张力波动也将减小。气圈控制器一般是固定的,日本村田公司的络筒机上有 Bal - Con 跟踪式气圈控制器,随着管纱的退绕,它会逐步下降,据称其均匀张力的效果更好。意大利 Savio Orion 的 Booster 退绕加速器也会随退绕而逐步下降。

表 2-1-28 几种络筒机上使用的张力器

机 型	型 号	功 能
1332 型	盘式	配圆盘式张力器,张力盘重有 18.2g、7.4g 和 3.7g 三种,GA012 型、GA013 型、GA014 型、GA015 型络筒机与 1332 型相同。圆盘张力器以重力加压,运转时会跳动,可能造成张力不匀
Savio	Espero	采用气动加压,无柱芯式双张力盘张力器。张力盘由微电动机积极传动,另配有气圈破裂器,防辫子纱器。气动加压,只要气压稳定,压力就很稳定,而且有吸振作用,故张力较均匀
Savio	Orion	采用气动加压,大直径无柱芯式单圆盘张力器,张力盘由微电动机积极传动,参数由计算机设定,还配有退绕加速器(Booster,选购件)。随着管纱的退绕,该装置自动下降,保持与退绕点距离相等。张力传感器(Tensor)在电清上方有张力传感器,连续检测纱线张力,信号送至计算机与设定值比较,再控制张力器压力。张力经闭环控制后,整只管纱退绕的全过程中张力都很均匀,性能上了一个台阶
Schlafhorst Autoconer	238	采用微电动机积极传动,无柱芯式张力盘,弹簧加压,配有气圈破裂器。弹簧加压比重力加压效果好
	338	络筒机采用电磁加压张力器,在电子清纱器与上蜡装置之间有张力传感器(选购件),对纱线实际张力作连续测定,信号经计算机处理后控制张力器压力,张力由计算机设定。防脱圈装置可防止管纱产生脱圈。电磁加压张力器有反应速度快,调节精度高等优点
村田 NO.7	NO.7—V	采用跟踪式气圈控制器 Bal-con,随着管纱的退绕,气圈控制器逐渐下降,达到高速退绕时,纱与纱之间、纱与纱管表面之间接触最少,并可减少脱圈,减少飞花、毛羽、棉结。张力盘由扭力弹簧加压,并有张力渐减装置(选购件),用于粗纱或松式筒子,可随筒子增大,张力盘压力逐渐减小。扭结防止器,可防止断头时纱管上的纱产生扭结
	NO.7V—Ⅱ	同样有气圈控制器 Bal-con,采用栅栏式张力器,微机控制栅栏闭合的角度(张力程控管理系统)随着管纱退绕的进行,张力器所加压力逐渐减小,以实现恒定卷绕张力,在 MMC 微机屏幕上设定,只需输入纱线种类、细度及卷绕速度即可。有不良管纱质量监控装置(BQC)、电磁防纱扭结和减少回丝装置,毛羽减少装置 Perla-A。栅栏式张力器具有一定的自调补偿功能,但补偿很难完全到位,纱线条干不匀对其无影响。而对于重力加压,弹簧加压张力盘式张力器在纱线条干不匀较大时,都有影响
	NO.21C Process Coner	有 Bal-Com 气圈控制器,并有与之相配合的张力程控管理系统。从槽筒启动到卷绕结束做全程控制。根据 Bal-Com 探测管纱量,通过计算机控制门栅式张力器的加压力。从管纱满管到退绕完毕,即使在高速下,也可做到张力均匀

(2)变速系统:络筒时纱线从管纱上退绕,从满管到空管,张力逐渐加大,退绕到底部时尤为明显。有些络筒在纱线退绕到底部时,络纱速度自动降低,从而使纱线张力较为均匀。意大利 Savio 公司的络筒机上有 VSS 变速系统,德国 Schlafhorst 公司的络筒机上有 Autospeed 系统。

(3)张力闭环控制系统:在 Autoconer338 型和 Orion 型络筒机上有以张力传感器、微处理器和张力器组成的张力闭环控制系统。张力传感器检测络纱实际张力,信号微处理器处理后控制张力器施加的压力。该系统较为先进，能使纱线张力波动降至很小。

2. 普通络筒机均匀张力的措施　可采用较小的导纱距离(指管纱顶端到导纱眼的距离)，即7~9cm，以不妨碍挡车工操作为宜。也可采用气圈控制器，常用的有环状和球状气圈破裂器。

三、成结装置

(一)手工及机械打结

1332MD型络筒机使用GU—102型织布结打结器型号见表2-1-29，GU—102型手用自紧结打结器型号见表2-1-30。

表2-1-29　GU—102型织布结打结器

型　号	适用纱线	适用纱线线密度(tex)
Ⅰ型	棉与化纤混纺纱	28~10
Ⅱ型	棉与化纤混纺纱	58~29

表2-1-30　GU—102型手用自紧结打结器

型　号	适用纱线	适用纱线线密度(tex)
Ⅰ型	棉、毛、化纤纱	28~18
Ⅱ型	棉、毛、化纤纱	58~36

(二)空气捻接器和机械捻接器

空气捻接器有自动和手动两种。其作用原理都是利用压缩空气的气流，将两个纱头退捻，吹去部分纤维，再将两个纱头搭接，然后以气流加捻，形成无结捻接纱。机械捻接器有两个转向相反的搓捻盘，先退捻拉伸去除多余纤维，将两个纱头搭接，再由搓捻盘加捻。一般认为机械捻接的接头毛羽较少，强度较好，接头直径较小，据称对紧密纺纱和氨纶包芯纱捻接质量也较好，但只用于短纤纱，机械零件有磨损。而空气捻接器可用于包括长丝在内的所有纱线。纱线捻结后，要求捻接处直径不大于原纱直径的1.2倍，强力为原纱的80%~100%，长度为20~25mm。

(1)Savio系列络筒机可配捻接器(表2-1-31)。

(2)Schlafhorst Autoconer 238型、338型自动络筒机可配捻接器使用公司自身开发的空气捻接器，根据不同的纱线有不同的型号可供选择。除标准型外，还有选购件喷湿捻接器，用于高捻度棉纱、牛仔纱、气流纺纱、亚麻纱、股线等。选购件热捻接器用于动物纤维或动物纤维与化学纤维混纺纱。加热的捻接气流保证良好的捻接牢度。捻接质量经清纱器中单独一项检测。

Schlafhorst Automatic splicer 捻接器有：138Ⅲ B—Z12适于中粗纱线；138Ⅳ A—Z12适于较粗纱线。

(3)村田NO.7—Ⅴ型及NO.7Ⅴ—Ⅱ型络筒机，配有村田公司开发的空气捻接器(表2-1-32)：

表 2－1－31 Savio—Espero 及 Savio—Orion 型络筒机可配捻接器

型 号	适用纱线	适用纱线线密度(tex)
Jointair 490L 型空气捻接器	纯棉纱,化纤及混纺纱	142.9～11.1
	纯毛纱及混纺纱,单纱或股线	71.4/2～5.6/2
Jointair 494 型空气捻接器	高捻度股线,毛,棉,短纤纱	50～12.5
Jointair 492 型空气捻接器	亚 麻	125～16.7
	棉 纱	58.3/2～4.9/2
	棉混纺纱	41.7/2～16.7/2
	纯棉转杯纺纱	116.6～14.6
Jointair 490 Ⅰ型空气捻接器	低支纱,花式线,棉,混纺,化纤纱	233.2～48.6
	毛纱、混纺及化纤纱	250～50
Twinsplicer 0015 型机械捻接器	转杯纺纱	48.6～14.6
	棉纱及混纺纱	48.6～4.9
Twinsplicer 0018 型机械捻接器	各种短纤纱(包括弹力包芯纱,紧密纺纱的无毛羽纱,牛仔布用 116.7～83.3tex 的环锭纺纱或气流纺纱,Z 或 S 捻)	
Knotter 410 型	毛型短纤纱	285.7～6.3
	棉型短纤纱	291.5～5.8

表 2－1－32 村田公司的空气捻接器

型 号	适用纱线	适用纱线线密度(tex)
G2(Z)	棉,棉/化纤混纺	116.6～5.83
	化 纤	25～10
	OE 纱	100～15.4
G7(Z)	棉,棉/化纤混纺	116.6～29.2
	OE 纱	100～33.3
G3(Z/S)	精纺毛纱,合纤,粘胶长丝	116.6～9.7
G(S)	棉,棉/合纤	83.3～3.9
S	粗纺毛纱(针织用)	100～20
D4	精纺毛纱,合纤	125～25
D5	手编用毛纱,地毯纱	500～100

(4)用于普通络筒机的空气捻接器(表 2－1－33):

表 2－1－33 普通络筒机用空气捻接器

型 号	名 称	空气捻接器制造厂	纱线线密度范围(tex)	主要技术参数			
				接头相对强力(%)	强力 CV(%)	接头相对直径(%)	接头长度(mm)
FG304	气动式空气捻接器	上海纺织五金二厂	7～60	≥80(单纱)	<20	≤原纱 130	<30

续表

型号	名称	空气捻接器制造厂	纱线线密度范围(tex)	主要技术参数			
				接头相对强力(%)	强力 *CV*(%)	接头相对直径(%)	接头长度(mm)
FG305	空气捻接器	上海纺织五金二厂	7~60	≥80(单纱) ≥70(股线)	<20	≤原纱 130	<30
FG306	喷雾式空气捻接器	上海纺织五金二厂	10~120 5×2~37×2	≥75	<20	≤原纱 130	<30
KN210	自动空气捻接器	上海纺织五金二厂	8.2~125	≥80(单纱) ≥70(股线)	<18	≤原纱 120	<30
ST541A	手动式空气捻接器	上海梅花刺轴有限公司	5~30	≥80	<20	≤原纱 130	<30
ST551	空气捻接器	上海梅花刺轴有限公司	5~30	≥80	<20	≤原纱 130	<30
Mesdan 115	手动式空气捻接器	意大利美斯丹	6~120	≥85	<15	≤原纱 120	<20
Mesdan 927B	手动式空气捻接器	意大利美斯丹	4~200	≥75	<20	≤原纱 120	<20
Mesdan 4923B	水雾式空气捻接器	意大利美斯丹	6~200	≥70	<15	≤原纱 120	<20
Mesdan 4941B	手动式空气捻接器	意大利美斯丹	6~50	≥80	<20	≤原纱 130	<20

注 意大利美斯丹的 Mesdan115 型适用于短纤单纱、长纤单纱和股线;Mesdan927B 型适用于单、双股缝纫线;Mesdan4923B 型适用于纯棉双股线和丝光棉线;Mesdan4941B 型适用于氨纶包芯纱。

纱线捻接后槽筒倒转,使接头也倒退到电子清纱器下方,经过电清检捻后再正常运转,并由电子清纱器检查是否有双纱。如有,立即被切断。

四、槽筒

(一)槽筒的材质及结构参数

(1)1332 型络筒机采用酚醛树脂槽筒(胶木槽筒),ϕ82mm,两圈半沟槽,导纱动程 156.5mm。胶木槽筒高速适应性差,容易积聚静电,传热也差,槽筒表面温度较高,这对一些不耐高温的纤维材料不利;容易磨损,使用寿命较短。

(2)GA013 型络筒机采用钢板槽筒:钢板槽筒不易积聚静电,散热快,耐磨好,使用寿命长。GA012 型络筒机也采用钢板槽筒,ϕ79.4mm,两圈半不等节距沟槽,GC 型采用等节距沟槽。钢板槽筒型号及规格见表 2-1-34。

表 2-1-34 钢板槽筒型号及规格

钢板槽筒型号	槽筒沟槽圈数	直径(mm)	孔径(mm)	导程(mm)	长度(mm)	适用机型	适用范围及特性	管筒半锥角
GC25.147	2.5	79.4	20	147	185	GA012	等加速沟槽曲线松染筒子	0°~3°30′
GC25.155	2.5	79.4	20	155	176	GA013,GA014	半加速沟槽曲线整经织布普通筒子	3°30′~5°57′
GC25.155B	2.5	79.4	20	155	176	GA013,GA014	全加速沟槽曲线针织筒子	5°57′~9°15′
GC30.155	3	80	20	155	176	GA013,GA014	半加速沟槽曲线普通筒子	3°30′~5°57′

有些络筒机采用超塑槽筒，筒体采用超塑材料金属气胀成型，壁厚均匀无接缝，不挂纱，静电小，耐磨好，有防叠效果。可用于棉毛丝化纤及其混纺纱的络纱。可做宝塔筒子与平头筒子。超塑槽筒的规格见表2-1-35。

表2-1-35 超塑槽筒型号及规格

超塑槽筒型号	槽筒沟槽圈数	直径（mm）	孔径（mm）	导程（mm）	长度（mm）	适用机型	适用范围及特性	管筒半锥角
TFJ25—152	2.5	82	20	152	176	GA013，GA014，GU029	半加速沟槽曲线普通筒子	3°30′~5°57′
TFJ20—152	2.0	95	20	152	178	GA013，GA014，GU029	全加速沟槽曲线筒子	4°20′~9°15′

（3）意大利Savio公司Espero型和Orion型络筒机采用特殊镀镍铸铁槽筒，规格见表2-1-36。

表2-1-36 意大利Savio—Espero型、Orion型络筒机特殊镀镍铸铁槽筒

导纱动程（mm）	槽筒直径（mm）	沟槽圈数（圈）	节距	平均卷绕角	用途
85	86	1.5	等节距	12°	直接纱
110	94	1.5	等节距	14°	直接纱
127	90	1.5	等节距	17°	染色筒子
150	94	2	等节距	14°30′	直接纱
152	86	2.5	等节距	16°	染色筒子
152	87	3	等节距	10°	无梭织机
200	90	2.5	不等节距	16°	整经
152	94	2	不等节距	15°	针织筒子
152	94	2.5	不等节距	12°	整经
200	94	2.5	不等节距	15°30′	针织筒子

（4）德国Schlafhorst公司Autoconer 238型、338型络筒机采用钢制槽筒，见表2-1-37。

表2-1-37 德国Schlafhorst—Autoconer 238型、338型络筒机钢制槽筒

槽筒型号	导纱动程（mm）	沟槽圈数（圈）	槽筒直径（mm）	筒子形状	筒子最大直径（mm）	节距	槽筒形状
GKS	85	1.5	95	平头至4°20′	320	不等距	1°9′锥形
GKS—4	108	1.5	95	平头至4°20′	300	不等距	圆柱形
GKN	125	1.5	95	平头至4°20′	300	等距	圆柱形
GKU	150	2	95	平头至4°20′	300	等距	圆柱形
GKU	150	2	95	2°、6°锥形	300	不等距	圆柱形
GKU	150	2.5	95	平头至4°20′	300	等距	圆柱形
GKU	150	2.5	95	2°、6°锥形	300	不等距	圆柱形
GKW	150	2	95	4°20′~9°15′锥形	300	不等距	3°20′锥形
GKW	150	2.5	95	3°20′锥形	754	不等距	3°20′锥形

(5)日本村田公司NO.7—Ⅴ型、NO.7Ⅴ—Ⅱ型络筒机采用经耐磨、耐腐蚀处理的钢制槽筒或铝合金槽筒,沟槽交叉处镶嵌陶瓷。导纱动程有83mm、108mm、125mm、152mm,槽筒带有锥度,动程152mm的槽筒大头直径105mm,小头直径92mm,槽筒二端有凸肩,小筒子与凸肩接触而摩擦传动。村田NO.21C Process Coner采用Pac21卷绕系统。它的槽筒上刻有2圈和2.5圈两种沟槽。络制平头筒子或宝塔筒子时,不需要更换槽筒。该系统有防叠功能,在易发生重叠的筒子直径处,通过一机械机构,使纱从原来的沟槽跳到另一沟槽,从而防止重叠的发生。Pac21系统可提高络纱速度近30%。如配以Perla毛羽减少系统,可进一步提高络纱速度。

(二)槽筒的传动

(1)1332型、GA012型、GA013型络筒机都是双面型,每面50锭(即锭数100锭为标准型,此外还有40、60、80、120锭)装在一根长轴上,由交流电动机传动。

(2)Savio型、Espero型络筒机单锭传动,由变频电动机通过同步齿形带传动槽筒,槽筒启动时加速度较小,筒子与槽筒之间无滑移。断头时筒子立即抬起,筒子与槽筒分别刹车。锭轴上有传动轮,筒子直径很小时,筒子与槽筒不接触由传动轮接触槽筒,使筒子转动。VSS速度变化系统能在管纱退绕到最后阶段自动减速,以保证退绕张力一致。在整只管纱退绕过程中,速度变化曲线有4种可供选择。自动纱尾预留装置,空筒开始卷绕时,在筒管大端预留设定长度的纱尾。最大络纱速度为1800m/min。

Orion型络筒机单锭传动,无刷直流变频电动机轴上直接固装槽筒。根据工作参数(如纱线细度、原料、上蜡等因素),主机电脑选择不同的槽筒启动加速曲线。筒子直径增大时该曲线自动调整,使加速度减小。络纱速度400~2200m/min无级调速。也有VSS速度变化系统。

(3)Schlafhorst Autoconer238型络筒机单锭传动。由锭节微机控制的变频电动机通过皮带传动槽筒。启动加速缓和,筒子与槽筒之间无滑移。配有Autospeed自动调速系统,即在大纱管时络纱速度加快,到小纱管时(纱还剩1/5)自动降速,以均匀络纱张力的变化,并有助于减少毛羽。筒顶卷绕装置Topcone在筒子卷绕前,先在筒管顶部绕纱,为后道工序提供便利。络纱速度500~1500m/min无级调速。Autoconer338型络筒机有ATT直接驱动槽筒装置,单锭传动,由微机控制的伺服电动机轴上固装槽筒。对槽筒和筒子连续测定和比较,微机中设定二者速度差的最大值,以此控制槽筒加速时间,该加速时间被降至最小。配有电子防纱线缠绕槽筒装置。络纱速度300~2000m/min无级调速。

(4)村田NO.7—Ⅴ型、NO.7Ⅴ—Ⅱ型络筒机,由变频电动机直接传动槽筒。平稳缓慢启动,最大络纱速度NO.7—Ⅴ型为1500m/min,NO.7Ⅴ—Ⅱ型为2000m/min,NO.21C Process Coner也是2000m/min,槽筒由伺服电动机直接驱动。

五、防叠装置

如纱圈在筒子表面形成重叠条带,会使筒子在后道工序退绕时会造成纱圈崩脱及断头;造成染色不匀。防叠装置是使槽筒与筒子之间产生额外滑移,如槽筒转速快慢变化,或者纱圈卷绕上筒子的位置加上一个额外位移角(如使筒子托架摆动),从而减少重叠的产生。几种络筒机的防叠装置见表2-1-38。

表 2-1-38 几种络筒机的防叠装置

机 型	功 能
1332MD	电子无触点式间歇开关防叠装置,每分钟槽筒电动机通断 32 次
GA013	电子无触点式间歇开关防叠装置,每分钟电动机通断时间可调
Savio Espero(Orion)	Espero 型络筒机采用筒子托架作垂直方向和水平方向二种摆动,对染色的松式筒子,托架还可作槽筒轴向移动,摆动幅度可调,摆动频率 22 次/min Orion 型络筒机在筒子可能发生重叠的临界直径时发出信号,驱动槽筒的变频电动机速度周期变化,其频率和幅度在综合监控系统上设定。在启动过程中也同样起防叠作用
Schlafhorst Autoconer238(338)	采用电子防叠装置,可周期性地使传动槽筒的离合器作离合动作。随筒子直径增大,周期逐渐延长,槽筒速度变化幅度在筒子卷绕全过程不变,但可预先调节。调节幅度有 3%、6%、9% 和 12% 共 4 种。Autoconer338 型络筒机电子防叠延伸至槽筒的加速、减速全过程。防叠参数在电脑上集中设定
村田 NO.7—Ⅴ (NO.7Ⅴ—Ⅱ)	采用 EBC 防叠装置改变变频电动机转速
村田 NO.21C Process Coner	防叠采用 Pac 21 卷绕系统

六、筒子加压装置

几种络筒机的筒子加压装置见表 2-1-39。

表 2-1-39 几种络筒机的筒子加压装置

机 型	功 能
1332MD	采用重锤加压。由于无吸震作用,尤其在小筒子转速很快时,筒子震动较大,对卷绕均匀性有影响。1332MD 型采用悬臂式筒子托架,筒子小端震动较大,使小端成形不良。GA013 型系列络筒机都改为弓形托架,筒子大小端均受握持,筒子质量改善
Savio Espero(Orion)	采用气动加压,有减震装置和筒子重量平衡装置,能消除筒子运转时的震动和保证筒子密度的均匀一致。筒子卷绕密度集中设定
Schlafhorst Autoconer238(338)	液压减震装置可清除筒子的震动。压力补偿装置随筒子直径增大,筒子加压压力逐渐减小,使筒子受的压力恒定,用于生产染色筒子,筒子所加压力可调得很小,通过刻度盘调节弹簧作用力
村田 NO.7—Ⅴ(NO.7Ⅴ—Ⅱ) 村田 NO.21C Process Coner	筒子托架提升装置。发生断头时,筒子迅速提升,筒子托架液压加压装置能保证筒子加压均匀

七、筒子卷绕密度

(一)筒子卷绕密度的计算

$$\gamma = \frac{\mathrm{Tt}\, n_2}{10^5 \delta (R \Psi_1 \sin\alpha + \delta)}$$

式中:γ——筒子卷绕密度(g/cm^3);

Tt——纱线线密度(tex);

n_2——绕满一层纱，纱圈在筒子端面转折点沿端面转的转数；

δ——纱线直径(cm)；

R——筒子半径(cm)；

α——筒子上纱线卷绕角；

Ψ——纱圈位移角；

Ψ_2——纱线直径所对圆心角；

Ψ_1——$\Psi-\Psi_2$。

(二)筒子卷绕密度的测定

1. 锥形筒子卷绕体积[如下图(a)]

$$V=\frac{\pi}{12}(D^2+D_1^2+DD_1)H+\frac{\pi}{12}(d^2+D^2+dD)h-\frac{\pi}{12}(d^2+d_1^2+dd_1)(H+h)$$

2. 平行筒子卷绕体积[如下图(b)]

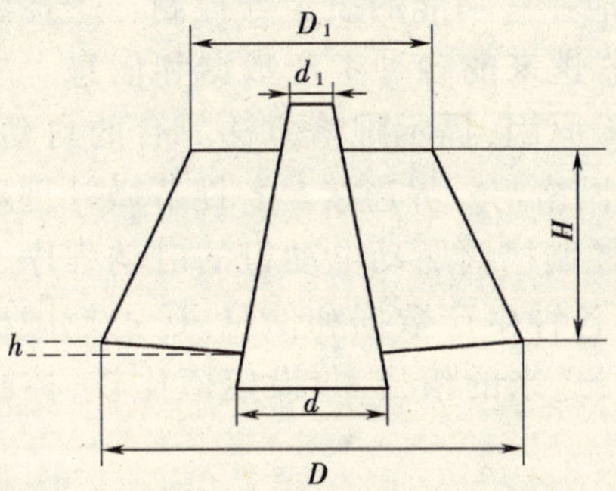

(a)锥形筒子

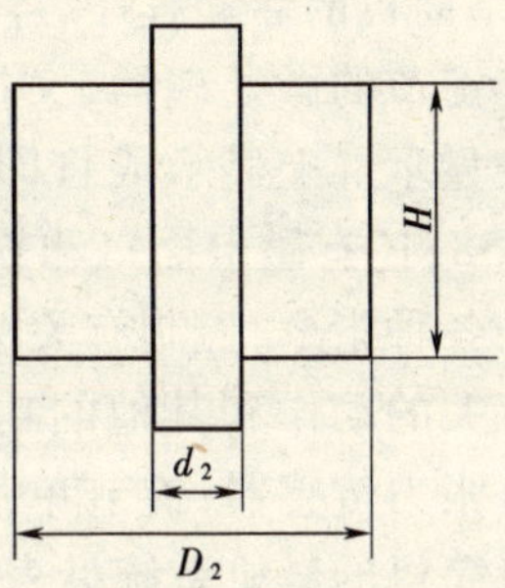

(b)平行筒子

筒子卷绕体积的测定

$$V=\frac{\pi}{4}(D_2^2-d_2^2)H$$

式中：V——筒子容纱体积(cm^3)；

H——筒子绕纱高度(cm)；

h——筒子绕纱底部锥体高度(cm)；

D——锥形筒子大端直径(cm)；

D_1——锥形筒子小端直径(cm)；

D_2——平行筒子绕纱直径(cm)；

D——锥形筒管大端直径(cm)；

d_1——锥形筒管小端直径(cm)；

d_2——平行筒管直径(cm)。

设筒子绕纱重量为 G(g)，则

$$卷绕密度\ \gamma(g/cm^3)=G/V$$

筒子卷绕密度参照表 2-1-40。

表 2-1-40　筒子卷绕密度

棉纱线密度(tex)	卷绕密度(g/cm^3)	棉纱线密度(tex)	卷绕密度(g/cm^3)
32~96(18~6 英支)	0.34~0.39	12~19(48~30 英支)	0.35~0.45
20~31(29~19 英支)	0.34~0.42	6~11.5(100~50 英支)	0.36~0.47

注　股线卷绕密度比同细度的单纱约大 10%~20%。

八、微机系统

自动络筒机均配有微机系统,用于对整个生产过程作监测和控制,以尽可能高的产量生产出高质量的筒子。同时降低能源和机物料的消耗,更便于操作和维修。并可提供各种生产信息。在自动络筒机上,车头有主控微机;各锭节有微处理器,共同构成微机局域网络。主控微机设定全机(或分几段设定)工艺参数,如车速,张力等;设定空气捻接器(或机械捻接器)的参数;设定与控制全机气压系统的压力;与电子清纱器控制微机作双向通讯;设定筒子定长,整台络筒机的启动程序,停车程序以及其他一些功能的设定与控制。主控微机把各种指令送到各锭节的微处理器,又接受各微处理器送来的各种生产数据和信息。主控微机中的信息可在显示屏上显示或打印,并可显示故障原因,提示维修方法。有的自动络筒机,如 Autoconer 338,还有磁卡插口和软驱。有的通过网络与外界连接。各锭节微处理器接受主控微机送来的各种指令,控制有关机构动作,同时控制槽筒驱动电动机的启动程序、防叠动作、打结捻接有关的动作和其他的功能。它又采集各种生产数据和信息,送主控微机。有的自动络筒机有张力传感器,锭节单片机接受传感器送来的信号,与设定值比较,控制张力器压力。几种络筒机的微机系统见表 2-1-41。

表 2-1-41　几种络筒机的微机系统

机　型	型　号	功　　能
Savio	Espero	每台络筒机上有 IC(Inspector Control)计算机系统,可:设定工艺参数,可将全机最多分为 4 段,分别设定生产速度、定长、重复打结次数的控制,包括捻接器设定与调整;各锭依次启动以降低动力消耗峰值;限定同时打结锭数,保持最佳吹风负压值;监控单锭和新管纱喂入后的启动,充分发挥自动喂入机构运行能力和工作效率;槽筒按设定程序缓慢加速启动,使筒子与槽筒之间无滑移;与电子清纱器互通信息,精确统计纱疵大小、数量并作分类;设定并自动检测非标准喂入管纱和卷成的筒子,以保证生产最高品质的纱线和下道工序的生产效率;根据对纱疵的分析统计,监控前道工序的生产;收集、处理和打印全部络筒数据,实时评定产量和质量状况;自我诊断故障系统,能指明故障原因
	Orion	Orion 型络筒机在 Espero 型络筒机基础上,有如下改进:微机控制防纱圈重叠,在筒子直径达到可能发生重叠的临界值时,使槽筒电动机作通断动作,从而槽筒速度作周期性变化以防叠,防叠功能在筒子加速过程中也起作用;配有大型触摸式屏幕;以太接口可以和高一级信息系统相连接,PC 机可直接对外围设备程序进行升级,也可远程装载;对偏离允许误差范围的质量数据,可给出报警信号;纱线张力闭环控制;上下吸嘴与打结器三者独立运动,如两个吸嘴中有一个未抓住纱线,则只有这个吸嘴重复动作,另一吸嘴继续吸住纱头等待。只有当两个吸嘴都抓住纱头并送至捻接处正确位置,捻接器才开始动作。从而可提高产量,减少气耗,同时减少因槽筒反转而造成的质量问题(如缠结纱、双纱等)和减少回丝及工作部件的磨损。另外,当筒子停止转动后,检测系统立即启动打结循环,减少停机时间,提高产量

续表

机 型	型 号	功 能
Schlafhorst Autoconer	238	每台络筒机上装有 M. I. C 计算机系统〔M:监视(monitor)、I:信息(information)C:控制(control)〕, M. I. C 系统对整个生产过程进行控制、监测和储存,并显示打印生产数据,一台络筒机最多可分 6 组,即最多可生产 6 个品种。M. I. C 系统将络筒标准数据送至一组或多组络纱锭上,同时又将实际数据记录下来,并进行评估。各个不同品种的络纱锭的生产数据由中央 M. I. C 收集后,自动按各品种分开处理及显示。M. I. C 系统与机器以下设备交换数据并分析处理:络纱锭和络纱锭计算机;自动络筒机;回丝存储箱;电子清纱器;使用 Auto - spin - coner 型细纱络筒联合机或 D 型自动络筒机时的管纱准备装置。操作者通过键盘与 M. I. C 系统人机对话,信息由 20 位显示屏显示,或 32 位数打印输出。电源中断后数据至少可保存 2 周。在 M. I. C 上可设定各个工艺参数,控制槽筒逐步加速以保护纱线。防叠特性(槽筒速度降低幅度)可选择 3%、6%、9%、12%,Autospeed 自动调速,管纱还剩 1/5 时自动减速
	338	Autoconer 338 型络筒机在 M. I. C 系统的基础上有如下改进:采用大型触摸式屏幕;电子清纱的设定也在触摸式屏幕上设定;PC 卡驱动器,PC 卡可储存各种工艺参数,PC 卡插入电脑插口,它里面的所有内容即可输入计算机;热敏打印机用于打印报告;带有标准接口,可与外部微机作双向交流;显示屏上的图形操作提示方便操作;张力器参数集中设定,空气负压也集中调节;能检测并显示生产率下降的原因;软件系统采用标准 Windows NT 平台;软件系统采用模块结构,通过彩色图表或文字输出质量报告、班报告、工艺报告、维修报告、清纱器切断数据等,所有数据可保存 6 个月;网络技术 TCP/IP 系统是选购件,通过网络与外部计算机作双向交流
村 田	NO. 7—V	每台络筒机上装有控制器 MMC/2(MMC:Muratec's Master Control):大屏幕显示(40 字×16 行);各种数据可以图表显示,以锭为单位可显示 40 个项目的数据;有解释功能,解释画面中显示的数据;工艺参数设定简单;显示不良锭子的原因;可向主计算机输送信息
	NO. 7 V—Ⅱ	村田 NO. 7 V—Ⅱ型络筒机,为 MMC/3 主控制器。在 MMC/2 基础上有如下改进:操作更简便,非专业人员也可简单地查询各类数据;可查询、显示不良锭子及不良锭子原因分析;人体光电感知器,人站到显示屏前,屏幕自动变亮。另有可视化管理系统(Visual Manager)作为选购件,最多可连接 60 台络筒机,把各种数据汇集并加以综合分析,使管理人员得到有关产量、质量、维修保全的信息,能显示适当的维修保养要求,对清纱数据的分析,信息反馈给前道工序。村田公司通过电话了解络筒机运行状态,提供定期设备诊断
	NO. 21C Process Coner	采用 VOS(Visual On - demand System)可视化查询系统,可进行各种工艺参数(包括空气捻接、电子清纱、定长、张力器、加压力等)的设定,各种生产数据及产品质量经数理统计处理后可显示,也可做成图表。每个锭节上有一小显示器,作为故障警报

九、落筒装置

几种络筒机配置的落筒装置见表 2 - 1 - 42。

表 2-1-42 几种络筒机的落筒装置

机型	功能
Savio Espero(Orion)	落筒小车卸下满筒子,插上空筒子,把预留纱尾绕在筒管根部,需15s。主电脑根据各筒纱到达设定长度的时间先后安排落筒小车的停留位置,可缩短等待时间。该机还可配第二落筒车(选购件)
Schlafhorst Autoconer 238(338)	一台络筒机可安排1~4台落筒机,落筒时间26s,巡回速度24m/min,换新筒后先绕尾纱,尾纱长度在络筒机上设定。Autoconer 338型同238型
村田 NO.7—Ⅴ (NO.7Ⅴ—Ⅱ)	村田NO.7—Ⅴ配AD自动落筒装置,7D3型(圆锥筒子)7D4型(平形筒子),18s完成换筒动作,落筒装置行走速度20m/min;村田NO.7Ⅴ—Ⅱ型络筒机,配备AD—7D6型自动落筒装置,换筒时间9s,落筒装置行走速度60m/min
村田 NO.21C Process Coner	配有21D型自动落筒装置。落筒周期仅为9s,自动送入输送带或机后托架。自动落筒机能自动调节抓手,可在一台络筒机上落下不同规格的筒子(宝塔或平头筒子),而且可自动生头。落筒装置行走速度60 m/min,自动络筒机上可储存空筒管只数:3°30′为7只,3°51′为5只,4°20′为6只,5°57′为5只 适应满筒尺寸:最大ϕ300mm,最小ϕ140mm

十、清洁装置

几种络筒机配置的清洁装置见表2-1-43。

表 2-1-43 几种络筒机的清洁装置

机型	功能
Savio Espero(Orion)	巡回清洁装置的巡回时间由计算机设定。Orion型由计算机控制灰尘卸载次数
Schlafhorst Autoconer 238(338)	巡回吹风装置,每一锭节的纱管气圈部位有吸尘器,吸去由退绕纱线产生的飞花灰尘和吹风气流中的飞花和灰尘 Autoconer 338型清洁除尘装置包括:管纱除尘(选购件)、巡回清洁装置、多喷嘴吹风装置。对产生飞花最多的管纱气圈部分,有两股气流从不同方向吹风。每个锭节下方有吸风口,连通机器吸风管,将吸取气流过滤。巡回清洁装置清洁机器上部,另一吸风管清洁地面。多喷嘴吹风装置在每次捻接后对张力器,清纱器,上蜡装置等进行清洁
村田 NO.21C Process Coner	村田NO.7—Ⅴ型络筒机在机器上方巡回式吹吸式清洁装置,将筒子、纱管库、张力器、捻接器、张力器、清纱器等部件吹去飞花,后风管将飞花吸入 村田NO.7Ⅴ—Ⅱ型络筒机,每次打结,有固定吹风口对张力器、清纱器、捻接器吹风一次 村田NO.21C Process Coner型络筒机的清洁装置与村田NO.7Ⅴ—Ⅱ型络筒机相同

十一、上蜡装置

根据要求,有些纱线需要在络筒工序对纱线上蜡,以减少纱线表面的摩擦系数。上蜡方法为:在纱路的适当位置加一蜡辊,蜡辊与纱线接触而完成上蜡。蜡辊可积极传动,调节蜡辊速度即改变上蜡量。纱线上蜡量与纱线种类、回潮率、前道工序的处理、生产速度和所用蜡的种类等因素有关。最佳上蜡量为0.8~2.2g蜡/kg纱。在此范围内纱线摩擦系数最低,超出此范围,摩擦系数都会增大。

十二、筒管

按筒子用途，络筒机可使用不同种类的筒管，其形式、材料各不相同。所用筒管可按纺织行业标准 FZ/T93030—94《交叉卷绕络纱用圆锥形管》和 FZ/T95004—94《交叉卷绕络纱染色用圆锥形管》的规定进行采购、检验和使用。

按角度分，筒管的半锥角有 0°、3°30′、4°20′、5°57′和 9°15′五种。

按材料分，有纸管、木管、不锈钢管、塑料筒管和钢丝筒管五种。

第三节　筒子质量

一、筒子疵点

（一）1332 型络筒机筒子疵点（表 2－1－44）

表 2－1－44　1332 型络筒机筒子疵点

疵点名称	形　成　原　因
蛛网或脱边	不规则地出现较大的脱边（一般由操作不良形成）；拦边板装置不当；筒管横向串动；筒管锭子松动；槽筒松动；槽筒槽边上有缺口或伤痕；纱在近槽筒两端的沟槽内跳出；上下张力盘因尘杂堆积而分开；筒锭座左右松动；锭管发烫或烧坏；锭管底部有回丝绕住；自停箱内油量不足，筒锭座跳动剧烈
重　叠	间歇开关凸轮夹角不对；锭子回转不灵活；槽筒不良
胡芦筒子	清纱板上飞花阻塞；张力座架位置不正；槽筒沟槽在相交处有毛刺；导纱杆套管磨出槽纹
包头筒子	筒管没有插到底；筒子从另一个锭子上移来络纱；络纱筒管眼子太大；锭子定位压簧断裂、松动或失去弹性；筒锭座左右松动或颈圈松动；锭管三脚弹簧损坏
钝头筒子	筒锭握臂的固定螺钉没有拧紧而使它的顶端抬起；锭子定位压簧断裂或松动；纱的张力松弛；筒锭座颈圈装置不妥；锭管隔距不对
菊花芯	筒子架压力过小；络纱张力太小，张力盘之间有飞花杂物堆积，使上张力盘不能紧压下张力盘；筒管在槽筒上校正位置有偏差，筒管有弯曲，筒管锥度未调整好；纱线回潮率较小

（二）Savio 型络筒机筒子疵点（表 2－1－45）

表 2－1－45　Savio 型络筒机筒子疵点

疵点名称	形成原因（应对措施）
松　筒	压缩空气给予张力盘的压力不足，导致络纱时张力过小，摩擦压力不足（增大压缩空气给予张力盘的压力）
紧　筒	压缩空气给予张力盘的压力过大，致络纱时张力过大（减少压缩空气给予张力盘的压力）
筒纱磨损或磨断	摩擦压力，平衡压力太大，筒纱与槽筒产生较大摩擦而使纱断损（调节压力）
双纱、回丝绕入纱筒	电子清纱器失灵，验结器隔距过大（检查电子清纱器）

续表

疵点名称	形成原因(应对措施)
筒纱成形不良	槽筒位置安装不良或槽筒沟槽内有裂痕(调节)
结尾过长或剪不断	打结器刀头钝或调节不良(更换)
结头不良	捻接器捻接不良(调节捻接器)
筒子表面磨损	槽筒表面有毛刺,槽筒挡板在大吸嘴吸头时碰筒子表面(及时请机工修理)
菊花芯	张力及接触压力不足,纱条不在张力器内或张力时紧时松,筒管中心偏斜(改善张力及接触压力,加强检查,捉出坏筒)
筒子松散	张力器不回转或脱开,纱条进入张力器导引不当,张力器内夹杂物(加强检查,发现张力器不良及时修理,保持张力器清洁)
重叠筒子	防叠装置调节不正确,接触压力过大,槽筒电动机起动力矩太弱,筒子托架转动不良(改变间歇设定,调节减压弹簧,减小接触力,换托架轴承)
油污筒子	管纱或筒子沾有油污,管纱筒子落地卷绕头轴承油污(插纱时将油污纱拣出,调换卷绕头轴承)
双纱筒子	张力剪刀坏,造成连续换纱,电清失灵,邻纱带入(加强检查,及时拾清管纱,及时通知修理)
前后攀头筒子	张力不足或张力有波动,托架松动,槽筒与托架位置不当(调整压力,校正托架)
错支、错管、错筒子	插错管纱,装错筒管(工作时集中思想,加强守关)
飞花、回丝夹入	捕纱器堵塞,吸嘴回丝带入,做清洁工作附入筒子(疏通捕纱器,回丝及时拿清,注意清洁方法)

(三) Schlafhorst 型络筒机筒子疵点(表 2 -1 -46)

表 12 -1 -46 Schlafhorst 型络筒机筒子疵点

疵点名称	形成原因
攀头	筒子跳动并有坏筒管、筒管不圆、液压减振缸缺油等各种因素;纱线成结后滑不出打结器上吸嘴
菊花芯	筒子托架倾角与筒管锥度不符合;筒管与槽筒未接触;张力偏小
松筒	张力器加压过轻;筒子托架压力补偿不适当;张力装置部件失去控制
紧筒	张力器加压过重;筒子托架压力补偿不适当;张力装置有故障;纱管未能正确进入锭座,络纱时张力过大
双纱	张力架下剪刀失灵;电子清纱器或验结器失灵;打结剪刀剪不断纱线等
接头过多	电子清纱器灵敏度过高,造成连续打结;中间轮位置未调节好,接头后不能紧靠快速轮,络纱起动速度缓慢,引起连续接头;验结器未调整好;原纱质量不好,毛纱或粗节纱过多
毛羽纱(纱筒表面成烂纱)	气动控制煞车失灵;断头后电子清纱器发不出讯号;气阀不良 中间轮位置不正确,断头后卷绕不停
回丝杂质附入	电子清纱器失灵;纱路吸管被回丝阻塞;卷绕区域清洁工作未做好,残留回丝未及时清除

(四)村田络筒机筒子疵点(表2-1-47)

表2-1-47 村田络筒机筒子疵点

疵点名称	形成原因(应对措施)
凸边筒子	络纱张力过大(减小络纱张力、减小加压或加装减压装置)
菊花芯筒子	络纱张力不良(调整络纱张力) 筒管偏心(挑出不良筒管) 筒管与槽筒接触不良(调整与槽筒的接触) 筒子压力增量过大(减小增量)
腰带筒子	断头时槽筒不停转(检修槽筒制动装置) 重复打结(校正打结器) 大吸嘴与筒子接触不良(调整大吸嘴位置) 接压小(调节摇架重锤) 防叠装置移位(调整位置) 槽筒起动慢(升高电压至127V)
攀头筒子	络纱张力不良(调节适当张力) 槽筒边侧有伤痕(修复伤痕) 槽筒与筒子托架相对位置不当(调整筒子托架位置) 筒子托架肩部不良(修复筒子托架肩部) 筒子托架轴承回转不良(检修筒子托架轴承) 防叠装置失灵(检修防叠装置) 管纱崩纱(检查管纱质量) 湿度过小(相对湿度调节到60%以上)
脱边筒子	产生静电(提高湿度) 槽筒盖安装位置不当(调整安装位置) 纱管崩纱(检查管纱质量) 管纱表面断头多(改善管纱) 管纱成形与络纱速度不相适应(改进成形或降速)
重叠筒子	防叠间隔时间不当(改变防叠装置接通断开时间) 正压力太大(减小正压力) 筒子托架回转不良(更换筒子托架轴承) 管纱太潮(降低管纱回潮率)
葫芦筒子	槽筒起毛(将槽筒磨光) 槽筒盖起毛(将槽筒盖磨光) 张力过低(加大张力) 降低清洁用空气的压力(以免纱线离开纱道)
年轮筒子	导纱器不良(校正导纱器) 张力器上附着异物(清扫张力器) 张力器电动机回转不良(插紧电动机插头) 管纱成形不良(改善管纱成形) 筒子压力增量太小(加大增量) 气圈控制器高度不当(校正高度) 张力太小(加大张力)

续表

疵点名称	形成原因(应对措施)
喇叭筒子	张力太大(减小张力) 正压力过小(增加正压力) 筒子压力增量偏小(加大增量)
胀边筒子	张力器上有异物附着(清除异物) 重叠卷绕(调整张力,检查防叠装置)
卷绕不良	纱头在开始时未卷绕上筒管,生头不良(重新生头) 筒管表面擦伤(更换筒管)
槽筒磨断	自停装置失效(调节自停装置)
松　边	导入纱线时筒子倒转;纱线未断,而自停装置动作;接头后没有拉直纱就开始卷绕(调整相关机构,按规定步骤操作)
回丝卷入	打结时回丝卷入(做好清洁工作)

二、络筒机操作要点

(一)Autoconer 238 型自动络筒机操作要点

1. 指示灯

(1)定径指示灯:黄色,当筒子卷绕到预定直径时灯亮。

(2)卷绕头故障自停指示灯:红色。

(3)锭节闪光灯亮表示巡回式打结器不巡回或空管输送带停止运行。

(4)锭节长明灯亮表示落纱机停止运行;所有卷绕头上长明灯均亮表示筒子输送带运行。

(5)清纱器控制指示灯:灯亮表示有故障。

(6)电子控制系统指示灯:位于车头首节中间机架上,灯亮表示有故障。

(7)压缩空气控制指示灯:灯亮表示有故障。

2. 操作按钮

(1)黄色按钮:筒子满卷时按钮自动跳出,起动卷绕头时应先按下该按钮再按红色按钮。

(2)红色按钮:卷绕头故障自停时按钮自动跳出,故障修复后,按下黄色按钮再按红色按钮,卷绕头重新卷绕。该按钮可用于手动停止卷绕,拉出红色按钮,打结器就不会停在卷绕头处。

3. 电源的接通与切断

(1)接通:将主开关从“0”拨到“1”,白色指示灯亮,按下绿色按钮,约 20s 后络筒机启动。

(2)切断:按下红色按钮使全机停止转动,20s 后将主开关拨到“0”,白色指示灯熄灭,电源被切断。有记号的黑色按钮可单独用于关车时的吹风、滤尘。

4. 巡回检查的要点

(1)筒子的卷绕。

(2)电子验结器的检测槽。

(3)打结头。

(4)隔纱板。

(5)握持器触角。

(6)空气吸臂和握持臂连接管。

5.管纱喂给

(1)从纱库取出管纱,拉出管纱上的纱头并除去包身纱。

(2)打开纱夹,将纱头插入吸口,管纱放回纱库。

(3)释放纱夹,取出下一只管纱。

(4)出空拣选箱。

6.卷绕故障的排除(表2-1-48)

表2-1-48 络筒机常见卷绕故障及排除方法

故障	排除方法
纱尾绕在筒管端部	拉下纱尾
管纱没有插紧在锭子上	调换管纱
纱绕在槽筒的槽里	用剪刀割去槽筒沟槽内绕的纱
清纱器剪断次数过多	用塑料刮刀或毛刷清洁清纱器槽,调整清纱器灵敏度
竹节纱或特细纱	调换管纱
管纱上的双纱	调换管纱
坏纱管钩住纱线	调换管纱
形成纱环	调换管纱
管纱始卷位置过高	调换管纱
管纱始卷位置过低	调换管纱

7.预防性措施

(1)清除回丝、飞花和尘埃。

(2)清洁集尘器。

(3)清洁滤尘器。

(4)用压缩空气清洁机身。

(5)及时放置筒管。

(6)真空度指针应指向刻度位置,有偏离及时调整。

(7)及时修整或调换上蜡辊,确保上蜡辊表面光滑。

8.翻改品种 老产品的处理方式:

(1)不论筒子大小全部落下。

(2)重新分配剩余的管纱,最终使所有筒子均达到预定直径。

新品种的上机:

(1)压下倾斜杠杆把手,使管纱滑向滑槽并迅速握持管纱的纱头。

(2)推动检测器连锁臂,打开张力装置并将纱线放入张力组件。

(3)将纱头穿过筒子架,再在筒管上绕2~3圈。

(4)插上筒管,起动络纱头。

(二)Orion 型自动络筒机操作要点

1. 锭节指示灯及处理方法

□:表示筒子卷绕到预定长度(重量),需要落筒。

□□:表示定长计数器清零。

□|:表示单锭显示 01 按起动键,纱库开始工作。

┘ └:表示无管纱或没抓到纱,重新插纡纱。

┐ ┌:表示筒纱未能找到头,清除小吸嘴内的回丝。

| |:表示有双纱,重新换管纱、检查管纱质量。

┤┤:表示结头不良。

车头红灯:表示气压低或吹吸等有故障,关掉电源重开或请求修复。

2. 操作按钮

(1)单锭、黑色:停止按钮。

(2)白色:起动按钮与定长复零按钮。

(3)落筒时,单锭停止按钮(黑)与定长复零按钮(白)一起揿,再揿起动按钮。

(4)车头、白色:起动按钮,按下约 20s 后络筒机起动。

(5)黑色:关车按钮,按下使全机停止转动。

(6)蓝色:压力复位。

(7)红色:紧急关车。

3. 电源的接通与切断

(1)切断:按黑色按钮使全机停止转动,20s 后将红色手柄向右转,使白色△至 O(Reset),锭号灯熄灭,电源被切断。

(2)接通:将红色手柄向左转使白色△至 1,锭号灯亮,等电脑复位后按白色按钮,络筒机起动。

4. 巡回检查的要点

(1)络纱锭工作状态时,各种指示灯是否显示正常。

(2)筒子成形是否良好。

(3)捻接的捻接区是否清洁。

(4)电子清纱器的检测槽是否有尘埃飞花。

(5)各类吸风口是否清洁畅通。

(6)防止回丝绕入槽筒。

5. 翻改品种注意事项

(1)把老产品不论筒子大小全部落下,重新分配剩余的管纱,最终使所有筒子均达到预定的长度(重量)。

(2)检查纱库及插纱锭上有无老产品的管纱及空管,要及时清理。

(3)新品种上车时,长度一定要复零。

6. 清洁工作

(1)清洁工作应贯彻从上到下,从里到外,从前车到后车的原则。

(2)每天交班前应做清车头、马达散热网、吹风轨道、落筒机、筒管架、筒子架、每锭的清洁器、剪刀、张力器、大吸嘴、锭脚、纱库、运输带、车尾、车后、落筒 小车等,同时要将回丝拉清,车头内筒管全部清除,地面扫清。

第四节 日常维护及常见故障处理

一、日常维护

1. 每班(每8h)

(1)车头:用毛刷清洁回丝箱内滤网,有些纱线每班要清洁数次;停止流动吹吸风机,掏去粉尘飞花。

(2)单锭:用压缩空气清洁纱路。

2. 每天 用压缩空气清洁换管装置、中探纱、剪刀、张力装置、上蜡装置、固定及流动吸嘴、清纱器;清洁筒纱握持臂上小夹头绕纱;检查固定吸嘴是否被回丝堵塞。

3. 每周

(1)车头:用压缩空气清洁吸风电动机、冷却风扇及变压器;用毛刷清洁车头上面变频器、电源、冷却滤网;清洁流动吹吸风滤网。

(2)单锭:检查捻接循环是否完整;清除筒纱握持臂上小夹头上的粉尘及绕纱;用毛刷清洁上蜡装置及蜡筒;用软毛刷清洁中探纱。

4. 每月

(1)车头:清洁吸风电动机鼓风扇。注意必须待风机完全停止,才能拉开回丝箱,打开箱内小窗口。

(2)单锭:清洁筒纱握持臂上小夹头拨杆;检查刹车气囊;检查小吸嘴风门;清除大吸嘴关节外挂纱(可从有机玻璃窗外发现);检查张力盘运转是否平稳;取开张力装置右部灰色罩壳,清洁线圈部位。

5. 每2个月 单锭:检查筒纱握持臂上小夹头摆动情况,清洁销及轴承,用润滑脂润滑拨杆及轴芯;清除单锭表面上的蜡屑;检查防辫子纱杆的运动,如果装有气圈控制器,请检查其与纱管是否保持1~2mm的间隙。

6. 每半年 单锭:清洁固定吸嘴以及连接到主风道的相关管道;检查纱管是否位于气圈控制器的中央。

7. 每年

(1)车头:用润滑脂润滑吸风机轴承及风扇轴,每只油眼大约20g;检查压缩空气过滤器滤芯。

(2)单锭:清洁修复筒纱握持臂上小夹头刹车块表面;检查筒纱架平衡气缸起落是否平稳,润滑球状体,活塞杆,如需维修,请用游标卡尺量好尺寸,维修后恢复到原位,注意别将钢球遗失(大约18粒);检查大吸嘴风门是否能完全闭合,检查其开启活塞工作是否平稳并润滑,检查光电传感器气阀运动 是否平稳并润滑,检查预清纱器开启,闭合是否平稳并润滑;检查大小吸嘴与风道之间的管道;用40℃肥皂水清洗吸嘴,不要用工具以防划伤内表面,做好防护。

8. 每2年 检查捻结电动机及大、小吸嘴电动机皮带张力;检查筒纱握持臂上大夹头刹车块的磨损情况。

9. 每 3 年　检查吸风机轴承。

二、故障与修理

(一)村田自动络筒机的故障成因

1. 机体故障(表 2－1－49)

表 2－1－49　自动络筒机机体故障

故障内容	检查项目
主开关接通后旋扭显示灯不亮	主开关把手在门内的卡头、制动器、保险丝
电动机接不通	电源电压、保险丝、除尘器凸轮轴插头、起动按钮的接点、风机电动机的热继电器、空管输送带电动机磁铁开关的线圈、除尘器电动机接点
风机电动机速度提不高(静压低)	磁铁开关的线圈接点、热继电器
空管输送带电动机接不通	保险丝、按钮接点、热继电器、磁铁开关的线圈接点
鼓风清洁器电动机接不通	保险丝、热继电器、按钮的接点、磁铁开关的线圈接点
凸轮轴电动机接不通	按钮、继电器接点、热继电器、时间继电器的线圈接点、有关保险丝、计数器开关、磁铁开关的线圈接点
电子清纱器及定长装置失灵	是否漏电？检查地线、保险丝
电动机接通而控制板灯不亮	保险丝
定长装置不计数	电压、感应器、检出器与吸铁片距离、输入印刷电路板
定长装置计数不稳定	检测器与吸铁片距离；按下归零按钮后是否归零(如不归零换线路板)
吸风清洁器不行走	制动器、接线
吸风力低	吸管及过滤器网眼、集棉压力、销栓、风门
吸风清洁器有异响	风扇叶面、轴、导轨
整节槽筒不回转	电源电压、保险丝
特定一组或单个锭子不计数	哪一侧引起的(试换接续器位置)
锭节在打结中制动	时间继电器

2. 锭节故障(表 2－1－50)

表 2－1－50　自动络筒机的锭节故障

故障内容	检查项目		
	整机同时发生	10 锭同时发生	只有 1 锭发生
打结时槽筒不动	保险丝、整流器	插头	插头、保险丝、黄按钮开关接点

续表

故障内容	检查项目		
	整机同时发生	10锭同时发生	只有1锭发生
槽筒不能驱动(但可打结)	定长装置保险丝、保险丝、断路器、辅助继电器的线圈	辅助继电器的接点、保险丝	电动机热继电器、电动机、磁铁开关线圈接点、保险丝、继电器的接点、槽筒起动开关的接点
机体起动时槽筒未自动起动	—	继电器接点	—
凸轮轴及槽筒传动正常而不能打结	电子清纱器功能	继电器接点、辅助继电器的线圈接点	圆筒形线圈的接点、继电器的接点、槽筒起动开关的接点
打结时槽筒起动,但打完结立即制动	电子清纱器电源	—	继电器的接点、槽筒起动开关
断头时槽筒不停转	—	—	电子清纱器
重叠卷绕	—	继电器	—
打结或按起动按钮时槽筒不起动	防叠印刷线路板接头	继电器线圈接点	—
张力器电动机不运转	保险丝	—	保险丝、继电器接点、电动机

3. 常发故障 有些故障经常发生在同一部位,这些故障的成因见表2-1-51。

表2-1-51 常发故障

故障内容	热继电器常跳开	保险丝常断	微动开关和整流器经常发生故障
检查项目	热继电器的设定值、电动机负荷、磁铁开关接触,有无电动机短路或漏电现象,输入电压有无变化	有关线路上整流器、硅整流器、二极管、电容器 线路电线磨损或漏电,有关线路是否与其他电线接触短路,保险丝的规格	微动开关的压入量及规格,电容和二极管

(二)Autoconer—238 型络筒机故障与修理

1. 自动落筒机和吹风机的故障 自动落筒机和吹风机一旦发生故障,检修工应及时打开自动落筒机的面板,自动落筒机的单板机将显示故障的代号和自动落筒机目前停留的角度。检修工就应根据显示的数据进行检查和修理。常见故障见表2-1-52。

表2-1-52 落筒吹风机的常见故障代号及故障名称

故障代号	故障部位	故障名称
E0	电 源	落筒吹风机不在空挡位置 凸轮处于空挡位置 筒子提升器处于空挡位置 落筒吹风机未连接,门锁未定位

续表

故障代号	故障部位	故障名称
E1	控制往复运动	驱动电动机 M2 轧死 倒顺开关(左/右)S22、S23、S34、S36 有故障 倒顺开关(1,2,3)S33、S35、S37 有故障 中间直流电路无电压 调频器电路板有故障
E2	凸轮组电动机	凸轮组电动机 M3 轧死 传感器"AUTOMATIC"(0,1,2)S16、S17、S18 有故障 传感器"AUTOMATIC"(A,B)S19、S20 有故障 传感器"AUTOMATIC"(A,B)S19、S20 混乱 凸轮组电动机 M3 方向不对 中间直流电路无电压 调频器电路板有故障
E3	筒子传动电动机	升降电动机 M4 轧死 电动机 RPM 传感器 S32 故障 电路板输出级 GM 故障
E4	筒子提升器电动机	提升器电动机轧死 检测提升器空挡位置的传感器 S15 故障 提升器(A,B)传感器 S13、S14 故障 中间直流电路无电压 调频器电路板有故障
E5	吹风电动机	吹风电动机的热传感器失灵
E6	中央红外线接收器	中央红外线接收器故障
E7	门锁电磁铁	定位后门锁未锁上 门锁中心位置检测传感器 S10 坏 在 358°时门锁未能收起 磁铁与门锁中心位置传感器 S10 之间的距离太大 启动后传感器 S10 与磁铁之间相对位置不对
E8	运输带上有筒子	当提升器臂伸出时,电眼 S28 检测到运输带上有筒子或其他东西
E9	运输带上无筒子	筒子放在运输带上,但电眼未能查到
E10	手指电动机	手指电动机轧死 线路板输出级 GM 故障 在电刷环上电流大小不正确
E11	调频器释放	信号 WRF 不存在 GKZ 故障
E12	凸轮组	过载开关 S39 跳闸(范围:0°~360°)
E14	筒子提升器	过载开关 S38 跳闸(范围:筒子提升器把筒子送到运输带上的过程中)
E22	凸轮组	过载开关 S40 跳闸(范围:330°~360°)

2. Autoconer—238 型络筒机机械故障产生原因和排除方法 该络筒机的运转可靠性能较好,因此设备的机械故障很少发生,且种类比较简单,表 2 - 1 - 53 中列举了几种比较常见的故障。

表 2 - 1 - 53 机械故障产生原因和排除方法

故障名称	产 生 原 因	排 除 方 法
纱库不转	转动部位飞花阻塞	清除飞花,喷射清洗润滑剂
捻接时纱库盖抖动	联轴齿轮(146—33060—146002221)配合不良	重新配合
捻接时没倒转	变频保险丝烧断	调换保险丝
捻接时倒转速度太快	变频线路板损坏	调换线路板
满筒换管后不启动	黄灯按钮损坏	调换按钮
大吸嘴找不到纱头	吸风风力不足 大吸嘴与筒子距离过大	检查风道是否有回丝和尘埃堵塞,调整大吸嘴与筒子距离,检查吸风电动机皮带

3. 修理中应注意的几个问题

(1)络纱锭上的黄色灯全部发亮,落纱机来回运动,但不落纱。应检查输送带上筒子是否已满(此时筒子输送带处于人工控制状态)以及检查输送带是否到达限位。

(2)将络纱锭红黄灯盖板打开后,可以看到 4 块集成线路板,从左至右分别是清纱器信号处理电路板,辅助电路板(目前国内还没有该线路板),络纱锭计算机电路板和输出级电路板。当需要拔出集成线路板时,为了防止损坏集成快,应先拔清纱器信号处理电路板,然后拔输出级电路板,再拔络纱锭计算机电路板。插上时的顺序则应相反。

(3)锭与锭之间的集成线路板不能互换,一旦混淆又无法分清时,必须根据络纱锭号按二进制重新设置。

(4)为了既能提高生产效率又能保障安全,在修理中应分清可不关车修理和必须关车修理的机械故障。如卷绕头红色信号灯闪亮,机台自动停机并无法启动时,则可不关车修理;如真空计的指针小于 9×10^3 Pa(90 毫巴),压缩空气信号灯闪亮,机器有意外振动或声响时,则必须关车修理。如在修理中不关车将会影响产品质量或可能危及人身安全的,则必须关车修理。

(三)Savio—Orion 型络筒机故障与修理

自动络筒机故障信号有单锭报警和车头报警,单锭报警又分红灯、技术报警、系统报警。不同的信号报警告知女工或机修工进行不同的故障处理。

1. 单锭报警

(1)红灯(单锭红灯长亮):一般故障有循环运作失败;小吸嘴吸头失败;大吸嘴吸头失败;筒纱上有双纱。这红灯一般由值车工按黑色按钮复位即可。

(2)技术报警(单锭红灯慢闪):这类故障一般是由管纱质量问题引起,通过电清检测,将信号传输给单锭 CPU 显示出来。故障的处理由前道(细纱)进行。故障代号及故障名称见表 2 - 1 - 54。

表 2-1-54 故障代号和名称

故障代号	故障名称
0	纱线线密度偏差(错支)
1	纱疵报警(普通纱疵超限)
2	纱疵报警(规律性纱疵)
3	纱疵报警(条干不匀)
4	纱疵报警(异纤)
5	(空闲)
6	纱线缠绕槽筒(清纱器检测,值车工处理)
7	纱线缠绕槽筒(张力传感器检测,值车工处理)
8	筒纱上接头数量超出设定值
9	管纱上电清切疵数量超出设定值

(3)系统报警(红灯快闪):系统报警一般由机械故障引起,一旦发生这类故障,单锭红灯快闪,单锭停止工作,机修工则可以根据故障信号做相应的处理。常见系统报警代号,故障位置及处理方法见表 2-1-55。

表 2-1-55 故障位置及处理方法

报警代号	故障位置	处理方法
F0	单锭保险	检查单锭 CPU 保险丝是否断;更换单锭 CPU
F1	单锭非正常断电	检查单锭电器部分是否接触不良;电源接通后,按黑色按钮复位即可
F2	清纱器报警	清纱器检测头做清洁;更换检测头、电源板或单锭 CPU
F3	变频器通讯中断	检查变频器连线;更换变频器;更换槽筒电动机
F4	换管电动机报警	检查更换部位是否机械原因受阻;更换单锭换管板;更换换管电动机;更换单锭 CPU 或电源板
F5	大吸嘴电动机报警	检查大吸嘴电动机插头;更换大吸嘴电动机;更换单锭 CPU
F6	小吸嘴电动机报警	检查小吸嘴电动机传感器间隙;更换磁铁;检查小吸嘴电动机插头;更换小吸嘴电动机;更换单锭 CPU
F7	捻接电动机报警	检查捻接电动机插头;调整捻接电动机传感器间隙;更换捻接电动机传感器或更换捻接电动机;更换单锭 CPU
F8	防重叠电动机报警	防带状纱方式选择有错(电子式换开关式)
F9	变频器报警	检查变频器连线;更换变频器线路板;更换槽筒电动机;更换电源板
FE	电磁阀报警	检查电磁阀连线;更换电磁阀;更换单锭板
Fr	数据丢失	重新发送所有程序;更换电源板;更换单锭 CPU
Ft	张力传感器故障	检查张力传感器插头;更换张力传感器

2. 车头报警 Savio—Orion 型自动络筒机车头报警,车头红灯闪亮或长亮,整车不工作。故障消除后,用复位键或复位按钮复位即可。车头报警一般有以下几种情况:

(1)无压缩空气,一般指压力不够或压缩机停止工作。

(2)400V 变频器输入有误,直接复位开车。

(3)空管传送带 KM52,一般控制 KM52 开关跳掉(负载过大)或传送带开关关闭。

(4)KA30 继电器报警,需切断总电源,大约 1min 后再开启电源即可。

Savio—Orion 型自动络筒机电器或机械故障一般都有故障原因显示,但也有少数故障没有显示。主要的无显示故障症状及原因归纳起来见表 2 - 1 - 56。

表 2 - 1 - 56 无显示故障症状及原因

症 状	原 因
单锭不换纱	中探纱传感器检测槽表面有飞花、棉蜡等污物;换管电动机坏;纱库凸轮损坏或机械受阻转不动
单锭一直换纱	中探纱传感器伸不出;小吸嘴不到位;中探纱传感器发光灯忽明忽暗
上下吸嘴吸不到头	负压偏低;上下吸嘴里有毛疵,有回丝堵住;回丝箱里回丝多或有飞花堵住;单锭风门打不开;上吸嘴与筒子表面距离过大
电清切刀一直动作	纱疵较多;电清检测头脏,或检测槽里有飞花等异物;结头直径较粗,误切为纱疵;电清本身坏需调换
整车不换管	计算机程序乱,切断计算机电源,重新启动即可

3. 故障修理中应注意的几个问题

(1)更换槽筒电动机时应关闭整个单锭电源,否则单锭变频板易烧坏。

(2)更换单锭 CPU 时,必须重新下载程序(程序版本相同可不下载),程序下载完,操作参数必须重新输入,否则筒子大小松紧等不一样。

(3)电清检测头做清洁工作时,千万不能用酒精揩洗,应该用清水或 5% 的白猫洗液擦洗。

第五节 络筒工艺

络筒工艺要根据纤维材料、原纱质量、成品要求、后工序条件、设备状况等众多因素来统筹制订。合理的络筒工艺设计应能达到:在普通络筒机上尽可能保持纱线的品质,注意减少毛羽的增加及筒子成形良好;在自动络筒机上纱线的品质有一定的提高,也要注意减少毛羽的增加;筒子成形良好,内外层卷绕密度一致,张力均匀;既有较高的产量,充分发挥络筒机的效能,又能保证筒子的质量达到工艺要求;并减少机物料消耗和能源的消耗。以 Savio—orion 型自动络筒机为例,介绍其工艺配置。

一、Savio—orion 型自动络筒机的工艺翻改基本内容

Savio—orion 型自动络筒机每变换一个络纱品种,工艺参数都要做相应的改动,以适应新品种的需要,工艺参数主要有络纱工艺、捻接工艺和电清工艺。

(一)络纱工艺

络纱工艺参数主要有络筒速度、张力(压力)、重量(长度)。络纱速度的选择要根据生产设备的生产能力和质量要求以及纱线线密度和品质来定,纱线粗,速度快;纱线细,速度慢。一般

络纱速度越高,筒纱的毛羽和棉结增长也越多,反之亦然。络纱张力的大小则要根据纱线的细度来定,一般纱线越粗,张力越大;纱线越细,张力越小。当然络纱张力的大小跟速度的大小也有一定的关系,一般速度增大,张力可适当放轻。总之,在保证筒纱成形的基础上,张力越轻越好。筒纱重量(长度)的大小则由筒纱成包重量和成包只数来定。

络纱工艺的改动,通过一个12英寸的彩显触摸屏来完成。第一步,点击"钥匙"图标,输入密码确认;第二步,点击"齿轮"图标进入下一级菜单,再点击"主要工作数据"则可以输入相应的数据;第三步,检查数据输入无误,确认发送即可。络纱工艺示例见表2-1-57。

表2-1-57 络纱工艺示例

纱线线密度(tex)	张力(cN)	络纱速度(m/min)	筒纱质量(g)
J7.3(80英支)	9	900	1650
J14.6(40英支)	12	1200	1650
C36.4(16英支)	22	1300	1650
C36.4(16英支)竹	22	900	1650

(二)捻接工艺

捻接器的配置主要有空气捻接器、水捻接器和机械捻接器三种。不同的捻接器有不同的工艺要求和调试方法。

1. 空气捻接器(*以590L型捻接器为例*) 空气捻接器的工艺参数主要有退捻(T_1)、纱尾叠加(L)、加捻(T_2)、气压P。四种捻接参数的选择要根据纱线材料、细度和捻度来定。一般纱线纤维抱合力小,T_1、P相应小,L和T_2相应大,对捻接强力有利。纱线越粗,T_1、P相应小,L和T_2相应大。纱线捻度越低,T_1、P相应小,T_2相应大,反之亦然。

空气捻接器参数的改变跟络纱工艺的改变一样,通过主电脑触摸屏,点击"齿轮"图标进入下一级菜单,再点击"打结器"图标即可对T_1、L、T_2进行数值输入,最后确认发送即可。压力(P)的调节通过车头压力表旁调节阀直接调节。空气捻接器捻接工艺示例见表2-1-58。

表2-1-58 空气捻接器工艺示例

纱线线密度(tex)	T_1	L	T_2	P(10^5bar)
J7.3(80英支)	5	7	4	6.5
J14.6(40英支)	3	4	3	6
J14.6(40英支)强捻	6	4	4	6.5
B19.4(30英支)①	3	7	3	5.5
C36.4(16英支)	2	5	4	5.5

①B为竹纤维纱。

2. 水捻接器(*以4924型为例*) 水捻接器一般用以股线捻接,水捻接器的工艺参数主要有退捻(A)、纱尾叠加(B)、加捻(C)和气压(P)。四种捻接工艺参数的选择跟空气捻接器一样,

只不过 A、B、C 参数的改变不受电脑的控制，而是由手工在捻结器上一个一个逐步调节。水捻接器工艺示例见表 2-1-59。

表 2-1-59 水捻接器工艺示例

纱线线密度(tex)	A	B	C	$P(10^5 bar)$
J7.3(80 英支)/2	4	3	3	6.5
T/C13.0(45 英支)/2	3	4	3	6
C14.6(40 英支)/2	3	3	2	6

3. 机械搓捻器 机械捻接器主要用于做包芯纱，不需要压缩空气，而由机械动作直接完成捻接过程。机械捻接器的捻接工艺参数有退捻(D)、加捻(R)、拉伸(S)。三种参数的调节也必须由手工在搓捻器上一个一个逐步加以调节，它们的选择跟空气捻接器的三个参数 T_1、L_1、T_2 一样。机械捻接器工艺示例见表 2-1-60。

表 2-1-60 机械捻接器工艺示例

纱线线密度(tex)	D	R	S
J11.7(50 英支)/40D	5	4	2
J14.6(40 英支)/40D	4	3	2
C36.4(16 英支)/70D	3	3	3

(三)电清工艺(以 Uster quantum 为例)

电清工艺有棉结(N)、短粗节(S)、长粗节(L)、和细节(T)4 种工艺参数，4 种参数的选择根据成纱质量和后道客户要求来定。因此各个企业电清清纱门限的松紧都不一样，不能一概而论。

电清工艺的更改通过一个液晶显示屏的操作来完成。第一步，用钥匙开启权限或将光标移到菜单“40”password，输入密码；第二步，将光标移动到菜单“10”Article Settings，按“ENTER”键进入；第三步，将光标上、下移动到要改的细度(段名)上，按“ENTER”进入；第四步，将光标移到“Basic Data"菜单进入更改细度，按“ENTER”确认即可；第五步，将光标下移到“Clearing Limits"，进入，出现“N/S/L”和“T”两通道，进入后按所需的隔距参数输入，再按“ENTER”确认退出，即完成了 4 个基本参数的修改。电清工艺示例见表 2-1-61。

表 2-1-61 电清工艺示例

纱线线密度(tex)	N	S		L		T	
J7.3(80 英支)	180%	160%	2cm	35%	30cm	-35%	30cm
J14.6(40 英支)	180%	160%	2cm	35%	35cm	-35%	35cm
C27.8(21 英支)	200%	180%	2cm	35%	35cm	-35%	35cm
T/C13.0(45 英支)	180%	160%	2cm	35%	35cm	-35%	35cm

二、络筒工艺示例

(一)Schlafhorst Autoconer 238 型自动络筒机工艺示例(表 2-1-62)

表 2-1-62 Autoconer 238 型自动络筒机工艺示例

纱线线密度(tex)	张力	络纱速度(m/min)	电清 S	L	T
C29.2(20 英支)	4 档	1200	+180%,2cm	+30%,70cm	-30%,70cm
T/C13.0(45 英支)	2 档	1100	+180%,2cm	+30%,70cm	-30%,70cm

(二)Schlafhorst Autoconer 338 型自动络筒机工艺示例(表 2-1-63)

表 2-1-63 Autoconer 338 型自动络筒机工艺示例

纱线线密度(tex)	张力(cN)	络纱速度(m/min)	电清工艺			
			S	L	T	N
C27.8(21 英支)	18	1300	180%,2cm	+35%,35cm	-35%,35cm	200%
J14.6(40 英支)	12	1200	160%,2cm	+35%,35cm	-35%,35cm	180%
J11.7(50 英支)	10	1100	160%,2cm	+35%,35cm	-35%,35cm	180%
J9.7(60 英支)	9	1000	160%,2cm	+35%,35cm	-35%,35cm	180%
J7.3(80 英支)	8	900	160%,2cm	+35%,30cm	-35%,30cm	180%
T/C13.0(45 英支)	12	1300	160%,2cm	+35%,35cm	-35%,35cm	180%

(三)村田 NO.7—V 型自动络筒机工艺示例(表 2-1-64)

表 2-1-64 村田 NO.7—V 型自动络筒机工艺示例

纱线线密度(tex)	张力(档)	络纱速度(m/min)	电清 S	L	T
CJ11.7(50 英支)	4	1000	+180%,2cm	+30%,70cm	-30%,70cm
CJ9.7(60 英支)	4	1000	+180%,2cm	+30%,70cm	-30%,70cm
T/C13.0(45 英支)	5	1100	+180%,2cm	+30%,70cm	-30%,70cm
J14.6(40 英支)	5	1100	+180%,2cm	+30%,70cm	-30%,70cm
C19.4(30 英支)	7	1200	+180%,2cm	+30%,70cm	-30%,70cm
T/C18.2(32 英支)	7	1200	+180%,2cm	+30%,70cm	-30%,70cm
C27.8(21 英支)	9	1200	+180%,2cm	+30%,70cm	-30%,70cm
T/C27.8(21 英支)	9	1200	+180%,2cm	+30%,70cm	-30%,70cm
C36.4(16 英支)	10	1300	+180%,2cm	+30%,70cm	-30%,70cm
C41.6(14 英支)	10	1300	+180%,2cm	+30%,70cm	-30%,70cm

(四)村田 NO. 21C process Coner 型自动络筒机工艺示例(表 2-1-65)

表 2-1-65 NO. 21C Process Coner 型自动络筒机工艺示例

纱线线密度(tex)	张力电压(V)	络纱速度(m/min)	电清工艺			
			S	L	T	N
C27.8(21 英支)	6.5	1300	180%,2cm	+35%,35cm	-35%,35cm	200%
J14.6(40 英支)	5	1200	160%,2cm	+35%,35cm	-35%,35cm	180%
J11.7(50 英支)	4.5	1100	160%,2cm	+35%,35cm	-35%,35cm	180%
J9.7(60 英支)	4.0	1000	160%,2cm	+35%,35cm	-35%,35cm	180%
J7.3(80 英支)	3.6	900	160%,2cm	+35%,30cm	-35%,30cm	180%
T/C13.0(45 英支)	5	1300	160%,2cm	+35%,35cm	-35%,35cm	180%

注 如使用 Perla 装置,张力电压须调低 3~3.5V。

(五)Savio Orion 型自动络筒机工艺示例(表 2-1-66)

表 2-1-66 Savio Orion 型自动络筒机工艺示例

纱线线密度(tex)	张力(cN)	络纱速度(m/min)	电清工艺			
			S	L	T	N
C14.6(40 英支)(针织)	10	1300	+160%,1.5cm	+40%,20cm	-40%,12cm	+180%
C14.6(40 英支)(机织)	10	1300	+160%,1.5cm	+40%,30cm	-40%,50cm	+180%
C29.2(20 英支)(机织)	18	1600	+140%,1.5cm	+40%,30cm	-40%,12cm	+160%
C27.8(21 英支)	18	1300	180%,2cm	+35%,35cm	-35%,35cm	200%
J14.6(40 英支)	12	1200	160%,2cm	+35%,35cm	-35%,35cm	180%
J11.7(50 英支)	10	1100	160%,2cm	+35%,35cm	-35%,35cm	180%
J9.7(60 英支)	9	1000	160%,2cm	+35%,35cm	-35%,35cm	180%
J7.3(80 英支)	8	900	160%,2cm	+35%,30cm	-35%,30cm	180%
T/C13.0(45 英支)	12	1300	160%,2cm	+35%,35cm	-35%,35cm	180%

第二章 整 经

第一节 整经机的主要型号及技术特征

一、1452 型系列整经机

1452A 型见表 2－2－1,1452G 型见表 2－2－2。

表 2－2－1 1452A 整经机的型号及主要技术特征

项目			机型	
			1452A—140	1452A—180
经轴	幅宽(mm)		1384	1800
经轴	轴长(mm)		1824	2240
经轴	盘片材料		硬木、铝合金、球墨铸铁	
经轴	直径	盘片(mm)	600～700	700
经轴	直径	辊芯(mm)	260	260
经轴	直径	轴芯(mm)	35	40
上落轴			机 械	机 械
加压	形 式		重锤弧形加压	重锤弧形加压
加压	压力(N)		左右各 180	左右各 180
滚筒	直径(mm)		509.6	509.6
滚筒	宽度(mm)		1378	1794
滚筒	线速度(m/min)		300～350	200～250
滚筒	材 料		铸 铁	铸 铁
滚筒	表面包覆材料		丁腈橡胶	丁腈橡胶
滚筒	测 长		数字表	数字表
制 动			单面调节内涨式	单面调节内涨式
伸缩筘			前筘人字式,后筘一字式	前筘人字式,后筘一字式
外形尺寸:长×宽×高(mm)			1750×2640×1890	2135×3660×1890
筒子架	长×宽×高(mm)		14150×2640×2215	17960×2640×2215
筒子架	形 式		矩—V	矩—V
筒子架	锭距(mm)		495×220	495×220
筒子架	筒子数(只)		540×2	630×2
筒子架	层 数		9	9
筒子架	锭子角度		低于水平 15°～25°	低于水平 15°～25°
筒管锥度			11.5°	11.5°
张力控制			分段	分段

续表

项 目		机 型	
		1452A—140	1452A—180
断经自停		经停片	经停片
电动机	主 机	JO2—41—8,2.2kW,720r/min	JO2—41—8,2.2kW,720r/min
	落 轴	FW12—4,0.55kW,1390r/min	FW12—4,0.55kW,1390r/min
	风 扇	1450—电 339—φ400	1450—电 339—φ400
适应品种		棉、混纺、化纤纱和股线	

表 2-2-2 1452G 型整经机的型号及主要技术特征

项 目			机 型		
			1452G—140	1452G—160	1452G—180
经轴	幅宽(mm)		1400	1600	1800
	盘片材料		硬木、铝合金、球墨铸铁		
	直径	盘片(mm)	700	700	700
		轴芯(mm)	260	260	260
上落轴			半自动机械式	半自动机械式	半自动机械式
整经根数			504	560	640
加压	形 式		水平加压	水平加压	水平加压
	最大压力(N)		1200	1400	1500
滚筒	直径(mm)		509.6	509.6	509.6
	宽度(mm)		1378	1594	1794
	线速度(m/min)		200～350	200～300	200～300
	材 料		铸 铁	铸 铁	铸 铁
	表面包覆材料		淡黄丁腈橡胶	淡黄丁腈橡胶	淡黄丁腈橡胶
	测 长		钟盘式计长表	钟盘式计长表	钟盘式计长表
制 动			电磁制动		
伸缩筘			人字型伸缩筘		
外形尺寸(mm)长×宽×高			2400×1500×1200		

项 目		筒子架(两种形式可任选)	
筒子架(两种形式可任选)	形 式	矩—V 形复式筒子架	V 形翻转筒子架
	重量(kg)	2600	2500
	筒座数量(只)	1008(140 型);1260(160 型、180 型)	1280
	排数	28(140 型);35(160 型、180 型)	40
	层 数	9	8
	外形尺寸(mm)长×宽×高	17600×2500×2215	9230×4200×2200
	张力器	双座式瓷张力器座	双座式可调张力器

续表

项　目	机　型		
	1452G—140	1452G—160	1452G—180
张力控制	分　段	分　段	分　段
断经自停	红外线断经自停，光电自停，落片接触自停		
电动机装机容量	主电动机 Y132M—8，3kW，710r/min 上落轴电动机：FW12—4，0.55kW，1400r/min		
适应品种	棉、混纺、化纤纱和股线		
机器外形尺寸(mm) 长×宽×高	23100×4000×2300(复式筒子架：头份630、锭距220、层数9) 15800×4200×2200(翻转筒子架：头份630、锭距220、层数8)		
机器重量(kg)	1300(140型)；1500(160型)；1600(180型)		

二、GA121(A)型分批整经机(表2-2-3)

表2-2-3　GA121(A)型分批整经机主要技术特征

项　目		技　术　特　征
整经幅宽(mm)		1400，1600，1800
整经线速度(m/min)		0～1000，可无级调速
加压辊直径(mm)		420
测长辊直径(mm)		126.8
整经轴	边盘直径(mm)	800，1000
	轴芯直径(mm)	267，300
	经轴内外卷绕密度差异	1%
	经轴平整度(mm)	≤1.5
卷绕密度(g/cm^3)		0.42～0.4松式，0.7～0.8常规
主电动机	型　号	11KW—6极直流电动机
	转速(r/min)	1150～3000
	主机重量(kg)	3500
外形尺寸	机头：长×宽×高(mm)	2100×3600×1990
张力装置	型式	双圆盘式，包围角可调节
	张力波动	±3CN
筒子架	型　式	单式矩形小车换筒，小V型门式翻转式筒子架等，集体换筒。
	容量(只)	672
	锭距(mm)	250×250
	筒子层数	7
	适应筒子	圆锥或圆柱形，最大直径230mm
	重量(kg)	3000
	外形尺寸(mm)(长×宽×高)	2000×3730×2730
适应品种		7.3～97.2tex(80～6英支)纯棉或化纤混纺纱线
制动距离		≤3m(800m/min)
计长误差		±0.1%

三、GA126 型系列高速分批整经机(表 2-2-4)

GA126 型系列高速分批整经机采用经轴直接传动方式以及先进的变频调速技术，整机的速度达到 1000m/min，是 1452 系列整经机的 3~4 倍，经轴卷装容量设计高达 φ800mm 以上，使得设备的综合效率大大提高。新型的间接加压方式设计使经轴纱层表面非常平整，卷绕密度均匀。小 V 型翻转式筒子架配有多种形式张力器及红外自停装置，换筒方便，单纱张力可控，断头自动检测。

GA126 型系列高速分批整经机分为 GA126A 型、GA126B 型(带片纱张力控制)及 GA126C 型(松式整经设计)，它们适用于各种短纤纱的分批整经，是各类浆纱机与浆染联合机的理想配套产品。

表 2-2-4 GA126A 型分批整经机主要技术特征

主要功能	技术特征
工作幅宽(mm)	1800(可根据要求定制各种规格)
经轴直径(mm)	800(可根据要求定制各种规格)
整经速度(m/min)	10~1000，无级可调
制动距离(m)	≤3，当车速为 500m/min 时
卷绕密度(g/cm^3)	0.4~0.6(GA126C 型为 0.3~0.6g/cm^3)
最大卷绕张力(N)	400
经轴之间卷绕长度误差(%)	≤0.02
单纱张力差异(g)	≤1
筒子架	640 头份、8 层、240mm×240mm 锭距、柱式张力器、小“V”型翻转式外引纱(可定制各种形式、规格)
供电	三相、380VAC、50Hz、15KVA(标准型)
供气	0.31m^3/s、6MPa
主机重量(kg)	约 3000(标准型)
筒子架重量(kg)	约 2800(标准型)

主要机构性能如下：

1. **主传动** 经轴传动采用变频电动机直接传动，变频调速，消除了采用压辊间接传动经轴方式给纱层造成的损伤。

2. **压辊及加压** 采用先进的悬臂间接加压方式，消除了直接加压方式的跳动问题，经轴成形圆整，卷绕均匀，压辊升降由一独立气缸控制，停车制动时自动回退，有效防止压辊与纱之间的摩擦。

3. **电气控制系统** 德国西门子 PLC 控制，变频调速，触摸式显示屏操作，所用电气元件均采用国际知名品牌，技术先进，性能稳定可靠。

4. **计长系统** 采用导纱辊与经轴双计长方案，计长准确，经轴之间长度误差≤0.02%，大大地降低了纱的损耗。

5. **卷绕密度控制** 两种控制方案。一种通过控制压辊的阻尼压力来控制卷绕密度，压辊压力 150~6000N 可调(GA126A 型采用此方案)。另一种采用一专用导纱辊，由 PLC 控制，根据设定的卷绕密度，自动控制喂纱量以达到所需的卷绕密度，该方案技术先进，控制精确，卷绕密度达 0.3~0.6g/cm^3，完全满足松式整经要求(GA126C 型采用此方案)。

6. **整经速度控制** 由 PLC 控制，根据设定的整经线速度值与编码器测量的实际线速度值、自动控制变频器的频率，从而达到整经恒线速卷绕，由于采用全数字控制（包括速度的设定、测量、控制），速度控制精度高。

7. 张力控制　单纱张力由筒子架张力器调节，GA126B 型采用了一专用张力调节辊与测量机构，可由 PLC 根据设定的片纱张力在整个整经过程中自动控制片纱的张力恒定。

8. 制动机构　经轴制动机构采用钳制式制动，压辊制动为内涨式，导纱辊为电磁制动，三辊由 PLC 控制同步制动。

9. 上落轴与拍开、拍合机构　电动机带动机械拍合机构，两边绝对同步，拍合位置自动调节、拍合头有锥齿式与销轴式两种可选，上落轴可根据需要配一独立的气动传动机构。

10. 筘齿机构　采用 W 型精密伸缩筘，具有横向的对准与经密调节功能，筘座可自动上下摆动从而减小筘片的磨损。配有一套间隙式吹风机构，保证筘齿的清洁、降低了断头率。

11. 挡风板　挡风板根据机器运行状态自动调整位置，开车时自动下降，隔开运行的气流和大部分飞绒对机台的影响；停车时自动上升，方便操作。

12. 操作面板　采用进口大屏幕触摸式电脑，有多种操作语言可选，可直观方便地设定各种工艺参数，显示当前整经长度、速度、卷绕密度、张力、产量、断头、效率等各种运行数据，当机器有故障时，可显示故障原因及解决方法。

13. 安全机构　机器设有安全栏杆和多种安全机构，充分保护操作者的人身安全。

14. 筒子架　可根据用户要求定制多种形式的筒子架，包括结构形式、锭距、头份、张力器形式。筒子架配有红外式自停装置检测纱线断头。

四、本宁格整经机

1. 本宁格整经机型号及主要技术特征（表 2-2-5）

表 2-2-5　本宁格整经机型号及主要技术特征

项目 \ 机器型号	ZDA/ZDAK 型	ZC 型	ZC—L 型	ZC—R 型
整经速度（m/min）	215～1000	200～1000	1000	1200
恒定慢速（m/min）	50	50	50	50
经轴盘片直径（mm）	1000	815	815	1016
经轴轴芯（mm）	330	250	230	330
工作幅宽（mm）	1200～2800	1200～2000	1200～2000	1200～2200
压辊压力（N）	最大 500	100～4000	100～5500	紧轴：1000～5500 松轴：180～590
电动机功率（kW）	15	11	11	18.5
制动装置	液压鼓式制动器			液压重型鼓式制动
测长装置	压辊测长，通过齿轮及接近开关发出脉冲信号计长			
传动方式	油马达直接传动经轴（也称静液压传动）			
适用范围	一般采用紧式经轴，染色用松式经轴			
适应筒子架	平行式及 V 形筒子架（当线速度在 600m/min 以上时采用 V 形架）			
结构特点	重型高性能型	经济型		高性能型

2. 带 GCF 纱线张力器和自停装置的 GE 式 V 型经纱架的技术特征(表 2－2－6)

表 2－2－6　本宁格 V 型经纱架的技术特征

类　型		GE	GE	GE	GE	GE	要求空间		
节距(mm)	横向	229	229	229	229	305	全宽	全长	全高（带风机）
	纵向	240	270	350	350	435			
筒子直径(mm)		230	255	280	340	365	mm	mm	mm
筒子数(只)		504	448	—	—	—	7040	7790	3070
		576	512	384	—	—	7590	8660	
		648	576	432	324	—	8140	9530	
		720	640	480	360	300	8690	10400	
		792	704	528	396	330	9240	11280	
		864	768	576	432	360	9790	12150	
		936	832	624	468	390	10340	13030	
		1008	896	672	504	420	10890	13900	
		1080	960	720	540	450	11440	14770	
		1152	1024	768	576	480	11990	15650	

3. BEN—V 型筒子架节距和运行纱线头数(表 2－2－7、表 2－2－8)

表 2－2－7　BEN—V 型筒子架节距和运行纱线头数

水平节距(mm)	垂直节距(mm)	最大纱筒直径(mm)	层数	运行纱线根数											
240	240	230	9	504	576	648	720	792	864	936	1008	1080	1152	1224	1296
	270	255	8	448	512	576	640	704	768	832	896	960	1024	1088	1152
	305	265	7	392	448	504	560	616	672	728	784	840	896	952	1008
	350	278	6	—	348	432	480	528	576	624	672	720	768	816	864
	435	305	5	—	320	360	400	440	480	520	520	600	640	680	720

表 2－2－8　BEN—V 型筒子架节距和运行纱线头数

水平节距(mm)	垂直节距(mm)	最大纱筒直径(mm)	层数	运行纱线根数											
320	240	230	9	378	432	486	540	594	648	702	756	810	864	918	972
	270	260	8	336	384	432	480	528	576	624	672	720	768	816	864
	305	295	7	—	336	378	420	462	504	546	588	630	672	714	756
	350	340	6	—	—	324	360	396	432	468	504	540	576	612	648
	435	365	5	—	—	—	300	330	360	390	420	450	480	510	540

4. 贝宁格筒子架型号及特点(表2-2-9)

表2-2-9　贝宁格筒子架型号及特点

筒子架型号	特点及适用条件
GAAs 型	标准平衡式筒子架,一般与分条整经机配套使用,用于色织、丝绸及毛纺织
GAAb 型	平衡手推车式筒子架
GS 型	平衡旋转式筒子架
GB 型	平衡复式筒子架,类似于国产复式筒子架。可以连续整经,但张力差异大
GE/GCF	V 式筒子架,国内引进较多

5. 各型号的标准节距(表2-2-10)

表2-2-10　各型号的标准节距　　单位:mm

垂直节距			水平节距		
GAAs GAAb	GS	GB	GAAs GAAb	GS	GB
180		180	200	—	400
200	200	200	200	200	450
220	220	220	225	225	480
240	240	240	240	240	540
270	270	270	270	270	600
300	300	300	300	300	675
330	33	33	337.5	337.5	800
—	360	360	—	360	—
400	400	400	400	400	—
440	440	—	450	450	—
其他节距根据定货要求			不受垂直节距影响		

6. 贝宁格整经机所配张力装置(表2-2-11)

表2-2-11　张力装置

GZB(GZB—F)型	UB 型	UR 型	GCF 型
双盘无柱式张力装置	单盘无柱式张力装置	压辊式(双罗拉)张力装置	与 V 型筒子架配套

五、MZD 型分批整经机

1. MZD 型分批整经机主要技术特征(表2-2-12)

表2-2-12　MZD 型分批整经机主要技术特征

项　目	规　格	备　注
幅宽(mm)	1600	—
经轴直径(mm)	边盘 1100,轴芯 300	—
整经速度(m/min)	400~1200	—

续表

项　　目	规　　格	备　　注
压辊直径(mm)	420	用层压纸筒包覆
测长辊直径(mm)	126.8	—
占地面积(长×宽)(mm)	2100×3850	—
直流电动机(传动经轴)	10kW,1150~3000r/min	可控硅调速
油泵电动机(kW)	0.736	台(交流电动机)
伸缩筘吹风电动机(kW)	0.55	台(交流电动机)
伸缩筘吹风电动机(kW)	0.125	台(交流电动机)
测速发电动机	30V,1100~7500r/min	装在测长辊左端
筒子架容量(个)	540	9 辆车,每辆 60 个筒子
筒子锭距(mm)	324×324	—
筒管尺寸(mm)	大端 63,小端 37,锥度 4°21′	塑料管
载筒小车进出方式	由一只 0.33kW(1080r/min)电动机及减速器传动链条	链条节距 38mm
自动打结器	每侧上、下 6 只打结器由前向后逐排打结	结头时间 9min(540 只筒子)
筒子清洁	由风扇、离心风机、吹风嘴组成	—
张力及自停装置	无张力装置,静电摩擦自停装置	—
筒子架占地面积(长宽)(mm)	18100×3850	—

2. Z25 型自动筒子架主要技术规格(表 2-2-13)

表 2-2-13　Z25 型自动筒子架主要技术规格

项　　目	规　　格
容量(个)	540,9 辆车,每辆 60 个筒子
筒子锭距(mm)	324×324
筒管尺寸(mm)	大端 63,小端 37,锥度 421,塑料管
载筒小车进出方式	由一只 0.33kW(1080r/min)的电动机及减速器传动链条带动链条节距 38mm
打结器	每侧上下 6 只打结器由前向后逐排打结,540 只筒子,接头时间 9min
筒子架清洁	由风扇、离心风机、吹风嘴组成
张力及自停装置	无张力装置、静电摩擦自停装置
适用品种	64.8~6.1tex(9~96 英支)的棉、毛、麻、丝及各类化纤,混纺品种纱线

六、ASGV231D 型分条整经机

(一)ASGV231D 型分条整经机主要技术特征(表 2-2-14)

表 2-2-14　ASGV231D 型分条整经机主要技术特征

机器幅宽(mm)	2200(标准型),2600(可定制)
设计速度(m/min)	整经速度 0~600,倒轴速度 0~100
织轴规格(mm)	边盘 ϕ800(标准型),ϕ1000
滚筒规格	圆柱体 ϕ1000mm,锥度为 1:5 或 1:8(标准型)

续表

筒子架锭距(mm)	250×250、270×270(可定制)
筒子架容量	512只,640只(标准型),768只(可定制)
主机功率	整经电动机11kW/380V,倒轴电动机11kW/380V
倒轴张力(N)	≤6000
外形尺寸(长×宽×高)(mm)	8480×3500×1600(2200幅宽)

(二)技术特点

(1)高速度,大卷装,交流电动机直接传动,变频调速,实现恒线速卷绕,整经,倒轴均为无级调速。

(2)由工业电脑(PLC)、光栅旋转编码器、伺服电动机组成全机动作的控制执行系统,对经纱位移爬坡进行控制、检测,性能稳定可靠,位移精度高,经纱成形好。

(3)微电脑与光栅旋转编码器组成闭环控制系统,实现直接计长、计匹、计绞和测速功能。

(4)高强薄壁钢质固定锥角滚筒与高精度伺服电动机控制的整经台相配合,可满足所有品种的整经工艺要求。

(5)采用气液转换机构和钳制式制动器实现高效制动,并由此机构产生倒轴阻尼张力,可根据品种要求无级调整。

(6)该机可配备多种辅助装置:绞纱上油(蜡)机构,绞纱固体上蜡机构,片纱上油(蜡)机构,静电消除装置等。

(7)配备矩形,翻转式筒子架,集体换筒,内(外)侧引纱,采用全封闭红外线断经检测装置,灵敏可靠。

(8)采用触摸屏,操作方便,并能在线显示故障,有较强的故障查询功能。

(9)可配打印机,打印工艺流程卡及产量统计;可进行远程监控,方便维修。

七、GA162E型高速分条整经机

(一)主要技术参数(表2-2-15)

表2-2-15　GA162E型高速分条整经机主要技术参数

机器幅宽(mm)	2200(标准型),2600,3000,3400
设计速度(m/min)	整经速度0~1000,倒轴速度0~300
适应织轴规格(mm)	边盘ϕ800(标准型),ϕ1000mm,ϕ1250mm
滚筒规格(mm)	圆柱体ϕ1000,锥度为1:5或1:8(标准型)
筒子架容量(只)	420(标准型),540
主机功率	整经电动机15kW/380V,倒轴电动机22kW/380V
位移精度	0.001mm,条带定位精度0.1mm
外形尺寸(长×宽×高)(mm)	10100×3500×1600(2200mm幅宽)
适应范围	适用于丝织、色织、毛纺、麻纺及各类化纤织造的前织准备
适应纱线细度	任何纱线细度

(二)主要技术特征(表2-2-16)

表2-2-16 主要技术特征

加压机构	通过压辊的变压力加压,使锥体部分卷绕成形更加平整
卷 绕	大卷装、高速度、变频调速、恒线速卷绕
滚 筒	高强度薄壁钢质滚筒,锥角固定式
横 移	车头、倒轴装置可移动,筒子架固定不动,单个倒轴装置可配置多台车头和筒子架
筒子架	单式矩形筒子架集体换筒
张力部分	双盘无立柱积极传动式张力器,整经张力由电脑控制,保持每绞张力均匀一致并能自动补偿张力。由计算机和电气比例阀,张力传感器组成倒轴张力闭环控制系统,对倒轴张力进行控制和检测
自停装置	反弹式自停装置
上液蜡装置	根据品种的工艺要求,可自动计算上蜡量,根据上蜡率控制上蜡量
其 他	电脑控制,智能化操作,机、电、液、气一体化,精密可靠,自动化程度高,位移参数无级可选,自动检测位移,自动对绞 龙带式往复吹风清洁装置 设有可靠的防静电系统 可打印工艺流程卡及产量信息 可进行远程监控,以便维修 双触摸屏,操作更简便,信息量大,并能在线检测,显示故障,并有较为详细的故障查询功能

八、GA169型系列高速分条整经机

GA169型系列产品分为GA169A型、GA169B型、GA169C型三种,其中GA169A型采用分体式倒轴结构、整机配置略低;GA169B型采用整体倒轴结构,结构合理,安装方便,可移动安装配2~3台机头使用,节约投资成本;GA169C型专门为精毛纺织物设计,配置高,功能强,配置贝宁格双盘无立柱式筒子架。

(一)主要技术参数(表2-2-17)

表2-2-17 GA169B型高速分条整经机主要技术参数

项 目	规 格 参 数
有效幅宽(mm)	2300(标准型),2600,2800,3000,3400,3600
织轴直径(mm)	800,1000,1250
大滚筒柱体直径(mm)	1000
锥 比	1:8
整经速度(m/min)	20~800,无级可调
倒轴速度(m/min)	5~100,无级可调
整经、倒轴速度精度(%)	<2
整经张力(N)	≤600

续表

项　　目	规　格　参　数
倒轴张力(N)	≤6000(速度为60m/min时)
整经张力精度(%)	<2
倒轴张力精度(%)	<2
单纱张力差异(g)	<1
制动距离(m)	<3(车速为400m/min时)
位移范围(mm/r)	0.001~9.999
位移精度(mm)	0.01
对条精度(mm)	0.1
条宽范围(mm)	0.1~999.9
最大条数(条)	999
筒子架	640头份、8层、240mm×240mm锭距、吊环张力器、矩型翻转式,内侧引纱(可定制各种形式、规格)
供　电	三相,380VAC,50Hz,15KVA(标准型)
供　气	$0.31m^3/s$,6MPa
主机重量(kg)	约5500(标准型)
筒子架重量(kg)	约2800(标准型)

(二)主要技术特征(表2-2-18)

表2-2-18　主要技术特征

主要功能	技　术　特　征
整机结构	本机主机整体安装于地轨上,主机机架在地轨上由伺服电动机控制,倒轴部分、分绞筘架、筒子架固定。整经工作时,条带相对于分绞架和筒子架中心不变,边纱张力均匀
滚筒传动	机、电、气一体化设计,德国西门子PLC控制,高性能、智能化操作。固定锥体的钢质大滚筒经高精度动平衡校验,交流变频器控制交流电动机驱动大滚筒实现恒线速卷绕,保证卷绕的片纱张力均匀
导条位移	由交流数字伺服驱动的导条位移机构直接接收大滚筒传感器的数字信号,随动式同步工作,响应快,精度高。对条、对起点均自动完成,保证每个条带的均匀一致,防止绞痕现象产生
位移量自动检测	采用一套伺服驱动的测量系统,由电脑控制自动测量出实际位移量,极大的方便了整经工艺的计算和操作
卷　绕	整经操作台前后移动是由步进驱动系统控制,整经过程中整经台均匀后退,导纱辊与纱面一直保持等距离,减少条带扩散,避免压纱或让纱,使纱线张力均匀
定幅筘	前定幅筘安装在带滑块的导轨上,通过气缸可自动控制定幅筘位置,工作时定幅筘紧靠导纱辊,有利于减少条带扩散,停机时自动后退,方便操作
整经制动	本机采用气液增压技术,控制钳式制动器实施制动,制动灵敏(车速400m/min制动距离小于3m),保证正常开车时断头不被卷进滚筒,提高了效率与盘头的质量

续表

主要功能	技术特征
倒轴张力	倒轴张力自动控制，使整个倒轴过程中自动保持恒定张力或内紧外松等要求
分绞筘	配有三点定位的全自动分绞筘架，自动分绞
筒子架	配有多种形式筒子架，锭数、锭距、张力器等可根据用户要求选定
辅助功能	上油、蜡（选用），织轴加压装置（选用）及静电消除装置
故障检测系统	可随时检测出整经机发生的故障，包括误操作、限位保护及计算机的运行情况，并将检测的信息以中文显示出来，方便维护
生产信息统计管理	可自动统计每班的日产量、月产量、工作效率等多种生产信息，并可打印输出，此功能在办公室的上位机上方便车间科学管理，且可以联网（选用）
可选用远程诊断功能	通过电话线就可异地进行故障诊断和产品维护。采用先进大屏幕中文触摸式电脑，设定和监控各种工艺参数，直观方便

九、哈科巴 US 型与 USK—电子型分条整经机

1. 哈科巴 US 型与 USK—电子型分条整经机主要技术特征（表 2－2－19）

表 2－2－19　哈科巴 US 型与 USK—电子型分条整经机主要技术特征

项目		机型	
		哈科巴 US 型	USK—电子型
工作幅宽（mm）		3500	2000～4000
整经速度（m/min）	最大	0～600，无级可调	0～800，无级可调
	实开	250～300	300～400
倒轴速度（m/min）	最大	0～300 无级可调	0～300 无级可调
	实开	50～60	60～70
滚筒直径（mm）		800	1000
斜度板（圆锥角）		集体可调或固定	固定
导条器爬坡控制方法		机械式控制	电子计算机控制
传动方式		直流电动机	可控硅直流电动机
制动方式		外包皮带制动	液压盘式制动器
滚筒		金属框架	合成树脂
分绞筘		可横动	固定
断头自停		电气接触式	电气接触式
筒子架容量		480～576	480～576
张力装置		70～22 型	双罗拉式
筒子架型号		G_2	G_2H

2. US 型系列卷绕及倒轴参数(表 2-2-20)

表 2-2-20　US 型系列卷绕及倒轴参数

项　目	型号 US	
	US—B 圆锥角可调	US—S 圆锥角固定
滚筒周长(mm)	3505	3505
最大工作宽度(mm)	3505	3505
锥体长度(mm)	711.2	990.6
最大经轴直径(mm)	990.6	990.6
整经速度(m/min)	20~603 20~402	20~603 20~402
倒轴速度(r/min)	20~120	20~120

3. USK1000—e 型整经滚筒尺寸(表 2-2-21)

表 2-2-21　USK1000—e 型整经滚筒尺寸

机　型	USK1000—e									
整经幅宽(mm)	2000		2200		2500		3500		4000	
锥体角度(mm)	14°	9°30′	14°	9°30′	14°	9°30′	14°	9°30′	14°	—
机宽(mm)	4870	5370	5070	5570	5370	5870	6370	6870	6870	—
机宽+在 1 个筒子架前横移(mm)	7870	8870	8270	9270	8870	9870	10870	11870	11870	—

4. USK1250—e 型整经滚筒尺寸(表 2-2-22)

表 2-2-22　USK1250—e 型整经滚筒尺寸

机　型	USK1250—e				
整经幅宽(mm)	2000	2200	2500	3100	3600
锥体角度(mm)	14°	14°	14°	14°	14°
机宽(mm)	5320	5520	5820	6420	6920
机宽+在 1 个筒子架前横移(mm)	8720	9120	9720	10920	11920

十、本宁格 SC—perfect 型与 Supertronic 型分条整经机

1. 本宁格 SC—perfect 型与 Supertronic 型分条整经机主要技术特征(表 2-2-23)

表 2-2-23　本宁格 SC—perfect 型与 Supertronic 型分条整经机主要技术特征

项　目	机　型	
	本宁格 SC—perfect 型	Supertronic 型
工作幅宽(mm)	1800~3500	2200~4200

续表

项 目		机 型	
		本宁格 SC—perfect 型	Supertronic 型
整经速度 (m/min)	最大	800	800
	实开	300~400	400
倒轴速度 (m/min)	最大	200	300
	实开	60~70	60~80
滚筒直径(mm)		800	1000
斜度板(圆锥角)		集体可调式	固定,锥度 210/160
导条器爬坡控制		由 11 级塔轮调节	电子计算机控制
传动方式		交流电动机+无级变速器	可控硅直流电动机
制动方式		外包皮带制动	液压圆盘式制动器
滚筒结构		圆柱体(夹心结构)	金属框架外包金属板
分绞筘		固定	固定 BEN—Splittronic
断头自停		电气接触式+防跳	BEN—CARD 电气接触式+防跳
筒子架容量(个)		640	800
张力装置		GZB 直立双圆盘式	LR 型双罗拉式,BEN—TENS
筒子架型号		GAAs 集体换筒	GAAb 推车式,GM—W 推车式

2. SC—perfect(普通型)全机电动机数及其规格(表 2-2-24)

表 2-2-24 SC—perfect(普通型)全机电动机数及其规格

电动机名称	数 量	功率(kW)	转速(r/min)	其 他
主电动机	1	7.5	1450	380V~三相
车头横向移动电动机	1	0.18	1430	380V~三相
整经慢速电动机	1	0.37	1500	380V~三相
调速电动机	1	0.085	2000	380V/220V,0.26A/0.45A
测速发电动机	1	—	1000	—
纱架张力盘转动电动机	2	0.03	—	380V~三相
上蜡泵电动机	1	0.25	1410	380V~三相
上蜡辊电动机	1	0.22	4000	160V~单相

3. SC—perfect(普通型)卷绕参数(表 2-2-25)

表 2-2-25 SC—perfect(普通型)卷绕参数

整经速度(m/min)	最高 800
整经慢车速度(m/min)	35
倒轴速度(m/min)	最高 200
倒轴慢速(m/min)	15

续表

滚筒有效幅宽(mm)	1800~3500
滚筒直径(mm)	800(周长2.5m)
最大锥体高度(mm)	200
最大圆锥角(°)	15
加压装置最大压力(N)	3000
织轴盘片直径(mm)	最大800
倒轴差微装置动程(mm)	0~40(可调)

4. Supertronic 型电子控制分条整经机全机电动机数及其规格(表2-2-26)

表2-2-26 Supertrinic 型电子控制分条整经机全机电动机数及其规格

电动机名称	数 量	功率(kW)
主电动机	1	13
倒轴电动机	1	16.5
提升泵电动机	1	1.1
风机电动机	1	0.29
液压泵电动机	1	0.55
左右风扇电动机	2	0.38
上蜡电动机	1	1.1

5. Supertronic 型电子控制分条整经机卷绕参数(表2-2-27)

表2-2-27 Supertronic 型电子控制分条整经机卷绕参数

滚筒有效宽度(mm)	2200~4200,每隔400mm为一挡,共有6种规格
锥体长度(mm)	900,1300,1700
锥体高度(mm)	180,162.5,260,212.5,340
织轴直径(mm)	1000,1250
整经速度(m/min)	最高800
倒轴速度(m/min)	织轴直径1000mm时,最高300 织轴直径1250mm时,最高280
爬行速度(m/min)	正常整经和倒轴5~40,倒轴时安全拦杆摇开时5~30
倒轴张力(kN)	0.5~4.5,随整经速度而变化

第二节 整经机主要装置

一、整经方式

根据纱线的类型和所采用的生产工艺,整经方式可分为分批整经和分条整经。

1. 分批整经　将织物所需的总经根数分成根数相等的几批，每批约 400 ~ 700 根，按工艺规定的长度将它们分别卷绕到几个整经轴上（每轴一批），这种整经方法称为分批整经。

2. 分条整经　根据配列循环和筒子架的容量，将织物所需的总经根数分成根数相等的若干条带（少数几份条带的根数可略多些或略少些），并按工艺规定的幅宽和长度一条挨一条平行卷绕到整经滚筒上，待所有条带卷完后，再将全部条带倒卷到织轴上。这种整经方法成为分条整经。

3. 分批整经与分条整经比较（表 2 - 2 - 28）

表 2 - 2 - 28　分批整经与分条整经比较

形　式	分　批　整　经	分　条　整　经
特　点	生产效率高，适宜大批量生产，整经轴质量好，片纱张力均匀	适宜小批量、多品种生产，工艺流程较短。速度低、效率低
适应范围	主要用于原色或单色织物，也可用于色织物，但对花纹复杂或隐条、隐格织物有一定难度	主要用于丝织、色织和毛织产品，花纹排列方便、回丝少，降低成本
主要机型	国产 GA121 型、瑞士本宁格 ZC 型、德国赐来福 MZD 型等	瑞士本宁格 Supertronic 型电子分条整经机等

二、筒子架

（一）单式筒子架与复式筒子架性能比较（表 2 - 2 - 29）

表 2 - 2 - 29　单式筒子架与复式筒子架性能比较

单式筒子架（集体换筒）	复　式　筒　子　架
有利于整经高速化	速度低
减少翻改品种时的筒脚纱（因为筒子定长）	会产生大量筒脚纱
能减少筒子架的占地面积	占地面积大（在筒子架容量相同时）
整经片纱张力均匀	张力差异大
整经机效率高	效率低（断头多、操作路线长）
经轴质量高	经轴质量低

（二）几种典型筒子架性能比较

1. 活动小车式筒子架（图 2 - 2 - 1）　这种筒子架由若干活动小车和框架组成。每个筒子架活动小车的数量可根据生产需要选择。备用小车数至少等于工作小车数。

2. 分段旋转式筒子架（图 2 - 2 - 2）　这种筒子架由 3 ~ 5 根立柱构成一个单元，可以绕其中心旋转，立柱的一侧装有一组工作筒子，另一侧为预备筒子。换筒时只需将每个单元旋转 180 度，即可将预备筒子换到工作位置。

3. V 型循环链式筒子架（图 2 - 2 - 3）　这种筒子架因两边纱架排列成 V 型，并通过循环链条集体换筒而得名。一般 V 形架的外侧是工作筒子，内侧是预备筒子。工作筒子用完后，换筒时，只需按动换筒按钮，电动循环传动链条即将预备筒子转至工作位置，完成换筒。

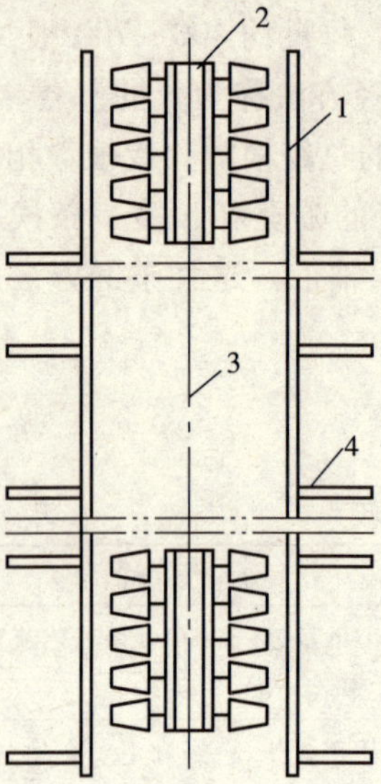

图 2-2-1　活动小车式筒子架

1—插纱架　2—筒子车　3—铁链　4—导纱瓷板

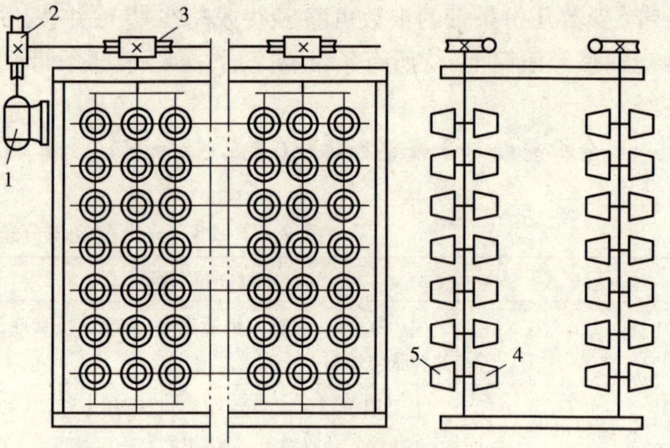

图 2-2-2　分段旋转式筒子架

1—电动机　2、3—蜗杆蜗轮减速器

4—预备筒子　5—工作筒子

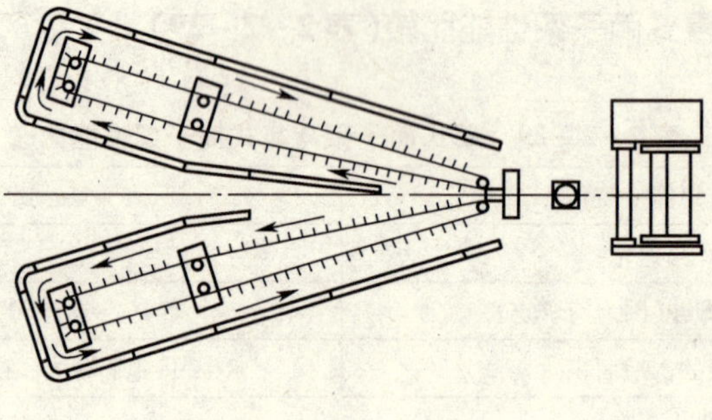

图 2-2-3　V 型循环链式筒子架

三种筒子架性能比较见表 2-2-30。

表 2-2-30　筒子架性能比较

形　式	活动小车式	分段旋转式	V 型循环链式
特　点	换筒时间短，生产效率高。但设备投资高，占地面积大	换筒时间短，生产效率高	筒子架架身较短，但横向距离大，张力比较均匀，断头率低。但换筒时间稍长
主要机型	本宁格 GAAb 型 哈科巴 G—2H 型	本宁格 GS 型 哈科巴 G5—H 型	本宁格 GE 型

三、断头自停装置

1. 接触式断头自停装置　当纱线断头时，自停钩跌落，电导通，接触器吸合，指示灯亮。同时信号传至车头，整经机制动停车，如图 2-2-4 所示。

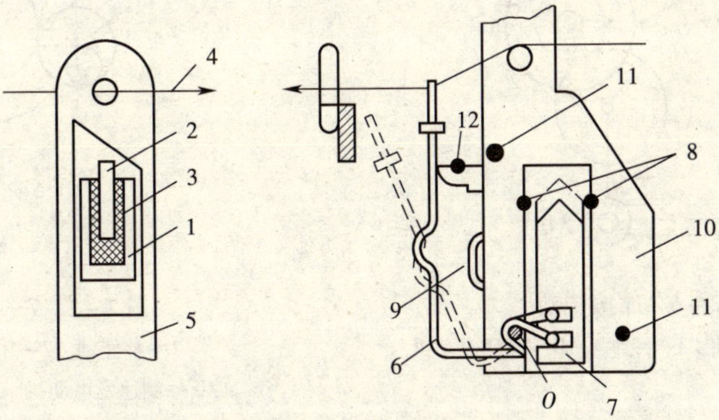

(a)国产整经机常用的形式　　(b)本宁和 GFA、GE 等采用

图 2-2-4　接触式断头自停装置

1、2—导电杆　3—绝缘体　4—经纱　5—停经片　6—自停钩　7—铜片　8—铜棒　9—指示灯　10—架座　11—杆　12—分离棒

2. 电子式断头自停装置　由探测感知件、纱线运行信号放大器和停车控制电路三部分组成，纱线正常时，纱线运行产生的电压信号类似“噪音电压”，经放大、整形、滤波、功率放大，由控制电路保证整经机正常工作。当纱线断头时，“噪音电压”消失，控制电路发动停车。赐来福 Z25 形筒子架采用的自停装置如图 2-2-5 所示。

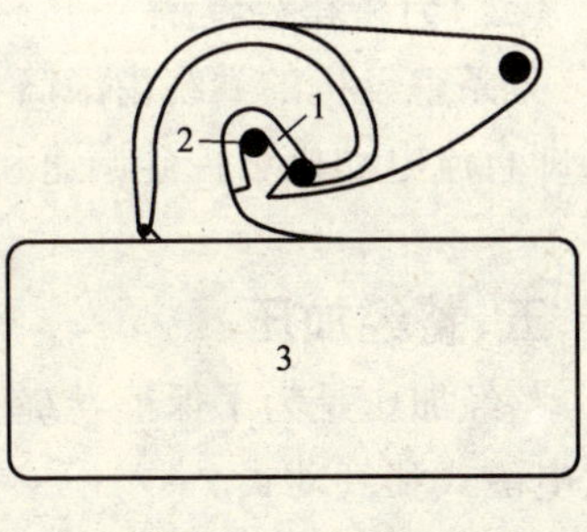

图 2-2-5　电子式断头探测器

1—V 形槽　2—纱线　3—电路盒

四、整经卷绕

(一)分批整经卷绕

1. 滚筒摩擦传动的整经卷绕(图 2-2-6)　以交流电动机传动滚筒，整经轴在水平压力的作用下紧压在滚筒的表面，由于滚筒的表面线速度恒定，所以整经轴也以恒定的线速度卷绕，达到恒张力卷绕的目的。如国产的 1452 型系列整经机。

2. 直接传动的整经轴卷绕(图 2-2-7)　这是目前高速整经机普遍采用的传动方式。有三种形式：

(1)调速直流电动机传动：直流电动机直接传动整经轴卷绕纱线，压辊紧压在整经轴表面，施加压力，并将纱线速度信号传递给测速发电动机。机构采用间接法恒张力控制，它以纱线的线速度为负反馈量，通过控制线速度恒定来间接地实现恒张力的目的。

(2)变量液压马达传动：纱线经导纱辊卷入由变量液压电动机直接传动的整经轴，在电动机的传动下，变量油泵向变量液压电动机供油，驱动其回转。串联油泵将高压控制油供给变量油泵和变量液压电动机，控制它们的油缸摆角，以改变液压电动机的转速。

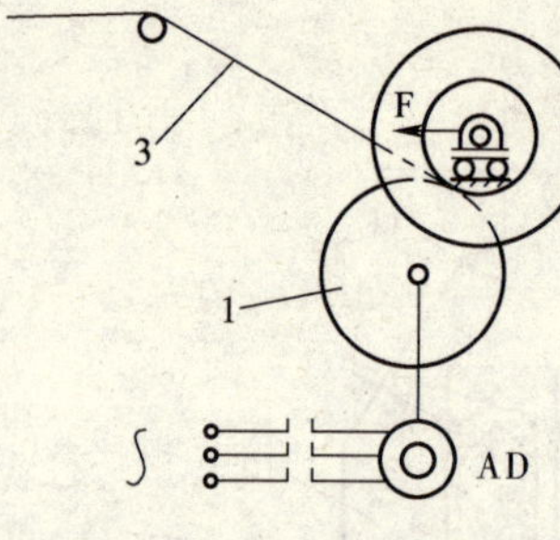

图 2-2-6　摩擦传动

1—滚筒　2—整经轴　3—经纱　AD—交流电动机

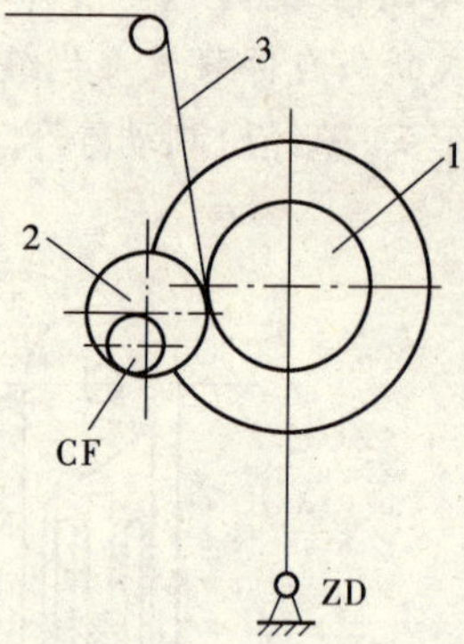

图 2-2-7　直接传动

1—整经轴　2—压辊　3—经纱

CF—测速发电动机　ZD—直流电动机

(3)变频调速传动:由电位器给一个模拟量,经测速发电动机测出线速度反馈取出一个模拟量,经过 A/D 转换,PLC 运算后输出一个模拟调节量,送入 FVR 变频器,从而控制交流电动机速度,随着经轴直径的增大,线速度反馈量随之增大,经过 PLC 运算后送入到 FVR,控制电动机速度不断下降,使整个整经过程中线速度保持恒定。

(二)分条整经卷绕

分条整经机的卷绕由滚筒卷绕和倒轴两部分组成。新型分条整经机的卷绕一般有两种形式,即直流电动机可控硅调速和变频调速传动。出发点都是为了实现恒线速。

五、整经加压

整经加压是为了保证卷绕密度的均匀、适度,保证卷装成型良好。加压方式有机械式、液压式、电磁式和气动式。

1. 国产机械水平加压机构(图 2-2-8)

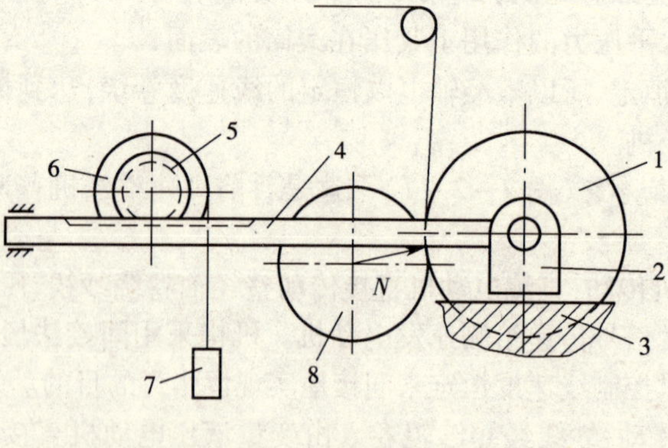

图 2-2-8　机械式水平加压

1—整经轴　2—轴承滑座　3—滑轨　4—齿杆　5—齿轮　6—轮子　7—重锤　8—滚筒

2. 瑞士贝宁格液压加压机构(图2-2-9)

六、整经张力

(一)影响张力的有关因素

1. 筒子直径与整经张力的关系　随筒子卷装尺寸的变化,导纱孔处的纱线张力也发生变化,特别在高速整经或粗纱加工时变化尤为明显。

2. 整经速度与张力的关系　随整经速度的提高,导纱孔处纱线退绕平均张力(筒子大小端处退绕张力的平均值)也不断增加。

3. 筒子分布位置与张力的关系　一般的分布规律为前排张力小于后排,上、下层张力大于中层。

4. 张力圈重量与经纱张力的关系　根据退绕张力的分布规律,在退绕张力小的部位配置较重的张力圈重量,从而均匀了片纱张力。

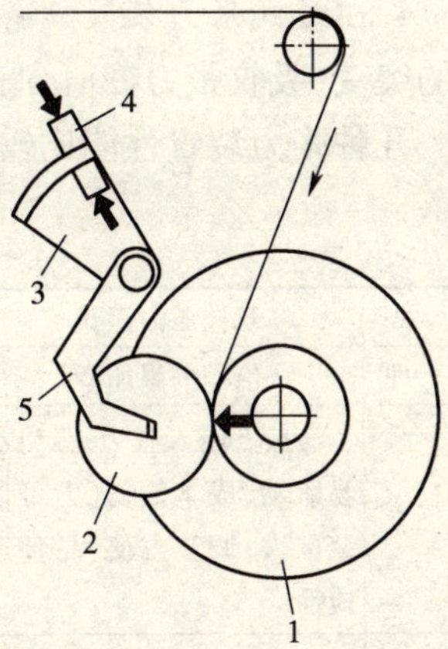

图2-2-9　液压加压机构

1—经轴　2—压辊　3—扇形盘
4—制动装置　5—弯形杆

(二)几种张力装置

1. 双柱压力盘式张力装置(图2-2-10)　这是一种在国产整经机上普遍采用的张力装置。附加张力来源于纱线与立柱及上、下张力盘之间的摩擦。

2. 无柱压力盘式张力装置(图2-2-11)　这是一种通过纱线与张力盘之间的摩擦增加张力的方式。

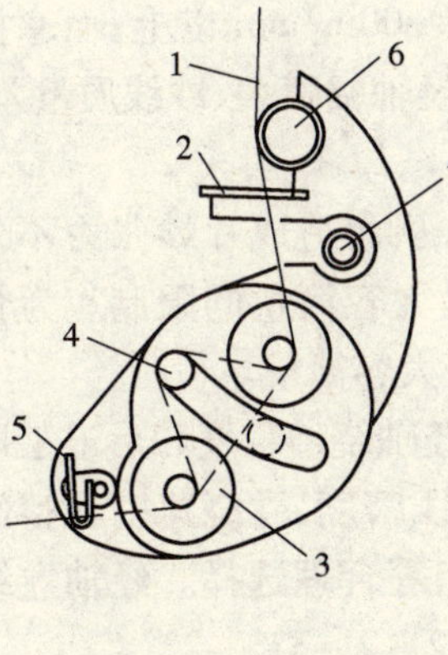

图2-2-10　双柱压力盘式张力装置

1—纱线　2—挡纱板　3—压力盘
4—张力座　5—导纱钩　6—立柱　7—调节轴

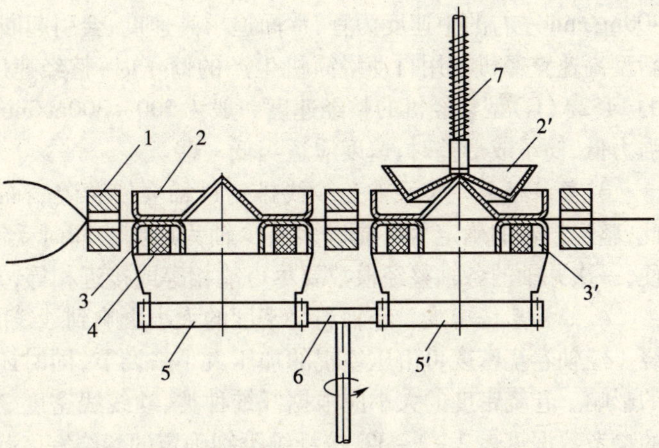

图2-2-11　无柱压力盘式张力装置

1—导纱眼　2、2′—上张力盘　3、3′—下张力盘
4—减振环　5、5′—从动齿轮　6—主齿轮　7—加压弹簧

3. 导纱棒式张力装置　广泛用于V形筒子架,引出纱线经过两根可调节的导纱棒,通过调节纱线与导纱棒之间的包围角来改变和控制张力。

4. 阻尼式张力装置　有机械阻尼、流体阻尼和电磁阻尼几种形式。通过阻尼作用，防止张力的突变，吸收张力峰值，滤平张力波动。

几种张力装置性能比较见表 2－2－31。

表 2－2－31　张力装置性能比较

形　式	双柱压力盘式	无柱压力盘式	导纱棒式	阻　尼　式
原　理	倍积一累加型	累加型	倍积型	吸收型
特　点	会放大输入张力，张力盘易跳动，成本低，张力可调范围大，调节方便，品种适应性广	对输入张力无放大作用。张力波动小，调节方便	能均匀前后排的张力差异，纱线引出后直接进入伸缩筘，张力小而稳定。适应高速下使用	具有张力自调匀整功能。但对高频张力波动不能完全消除，成本高、结构较复杂、维修较困难
主要型号	国　产	GZB、UB	GCF	KFD

第三节　经轴质量及整经故障处理

一、整经工艺要求

1. 整经张力　整经张力与纤维材料、纱线细度、整经速度、筒子尺寸、筒子架形式、筒子在筒子架上的分布位置及伸缩筘穿法等因素有关。工艺设计应尽量保证纱线张力均匀、适度，减少纱线的伸长。

2. 整经速度　高速整经机的最大设计速度为 1000m/min 左右，随着整经速度的提高，纱线断头将会增加，影响整经效率。鉴于目前纱线质量和筒子卷绕质量还不够理想，整经速度以 400m/min 左右的中速度为宜，片面追求高速度，会引起断头率剧增，严重影响机器效率。所以，新型高速整经机使用自动络筒机生产的筒子时，整经速度可选择 600m/min 以上；而摩擦传动的 1452A（G）型整经机的整经速度一般为 200～300m/min。在整经轴幅宽大、纱线质量差、纱线强力低、筒子成形差时，速度应适当低一些。

3. 整经根数　整经轴上纱线排列过稀会使卷装表面不平整，从而造成片纱张力不匀。因此，整经根数的确定尽可能以多头少轴为原则。同时受筒子架最大容筒量的限制。为管理方便，一次并轴的各轴整经根数要尽可能相等或接近相等，并小于最大容筒量。

4. 经轴卷绕密度　经轴卷绕密度的大小影响到纱线的弹性、经轴绕纱长度和后道工序的退绕。经轴卷绕密度可由压纱辊的加压大小来调节，同时还受纱线线密度、卷绕速度和整经张力的影响。卷绕密度的大小应根据纤维种类、纱线线密度、工艺特点等合理选择。经轴卷绕密度的参考数据见表 2－2－32，按纤维类别确定的卷绕密度范围见表 2－2－33。

表 2－2－32　按纱线线密度确定的经轴卷绕密度范围

纱 线 种 类	卷绕密度（g/cm^3）	纱 线 种 类	卷绕密度（g/cm^3）
19tex 棉纱	0.44～0.47	14tex×2 棉纱	0.50～0.55
14.5tex 棉纱	0.45～0.49	19tex 粘纤纱	0.52～0.56
10tex 棉纱	0.46～0.50	13tex 涤/棉纱	0.43～0.55

表 2-2-33 按纤维类别确定的经轴卷绕密度范围

纱 线	卷绕密度(g/cm^3)	纱 线	卷绕密度(g/cm^3)
棉股线	0.50~0.55	精纺毛纱	0.50~0.55
涤棉股线	0.50~0.60	毛涤混纺纱	0.55~0.60
粗纺毛纱	0.40	—	—

整经轴卷绕密度 γ 的计算:

$$\gamma = \frac{G}{V}$$

式中:V——经轴容纱体积(cm^3),$V = \frac{W \cdot \pi}{4}(D^2 - d^2)$;

G——经轴容纱重量(g);

W——经轴上盘片间的距离(cm);

D——经轴上满轴直径(cm);

d——经轴上空轴直径(cm)。

二、高速织造对经轴质量的要求

(1)全片经纱排列均匀,张力差异要小,以形成左右、内外卷绕密度均匀一致的园柱形经轴,保证经纱顺利上浆,降低织造断头,提高织物质量。

(2)整经时既要有适当的张力,又要减少张力差异及张力峰值,充分保持经纱的弹性、强度及伸度等物理机械性能。

(3)整经根数、整经长度及排列方式都应正确。

(4)降低整经断头,不但可提高整经效率,同时有利于提高浆纱质量。断头后,断头信号应迅速传递,制动应灵敏,以减少断头卷入,接头应符合规定标准。

无梭织造对整经轴的质量要求见表 2-2-34。

表 2-2-34 无梭织造对整经轴的质量要求

指标名称	线密度(tex)	技术要求	测试方法
排列均匀(根/cm)	JC9.7~14.5(60~40 英支)	规定 ±5%	检查 10cm 内纱线根数
卷绕密度(g/cm^3)	JC 9.7~14.5(60~40 英支)	0.5~0.6	专题与常规测试结合
制动距离(m)	JC 9.7~14.5(60~40 英支)	≤4	常规测试
经轴好轴率(%)	JC 9.7~14.5(60~40 英支)	>98	现场实查
单纱退绕张力差异	JC 9.7~14.5(60~40 英支)	<3cN	TS—1 数字式张力仪

三、主要织轴疵点

(一)摩擦传动系列整经机主要织轴疵点(表 2-2-35)

表 2-2-35 摩擦传动系列整经机主要织轴疵点

疵品名称	形成原因
长短码	测长失灵(包括测长齿轮磨损、跳动、销子脱落、传动链条磨损或断裂) 滚筒与经轴表面滑溜过大 满码自停失灵或拨错测长数字 断头次数太多 不同机台的经轴在浆纱时并缸
软硬边	伸缩筘与整经机的幅宽调整不当 经轴两端加压不一致 经轴臂长短不一,轴承磨灭过大 盘片歪斜,轴芯弯曲,经轴运转横动
空边	滚筒两边磨损

(二)直接传动系列整经机主要经轴疵点(表 2-2-36)

表 2-2-36 直接传动系列整经机主要经轴疵点

疵品名称	形成原因
长短码	电子测长表失灵 满码不关车 压辊未压在经轴上 液压制动系统失灵(经轴、压辊、导纱辊三者不同步) 测长辊回转不良 自停装置失灵
表面不平	伸缩筘齿碰坏或不匀 筘齿调节不当,两边空边 断经自停失灵,长时间不接 压辊表面缺损
浪纱	纱线速度太快,油压太大 断经次数太多 压辊表面损伤有毛刺 筘齿不匀或损坏 温湿度不当 压辊与经轴不平行 筒子架上纱线制动器失灵 张力差异 纱线从筒子架引出方法不当 筒子架钉子与张力器对中心不良
松纱	压辊压力调节不当 串联泵皮带松弛或断裂

续表

疵品名称	形 成 原 因
回丝带入	筒子架上断头时与相邻纱线纠缠卷入 接头时回丝处理不当
松 边	盘片与后筘幅宽不等 经轴与滚筒不平行 经轴不良(盘片或轴身歪斜) 经轴左右侧受到的压力不等 各罗拉水平度或平行度差

四、常见故障及排除

(一)1452 型系列整经机常见故障(表 2-2-37)

表 2-2-37 1452 型系列整经机常见故障

故障名称	产 生 原 因	排 除 方 法
断经不关车	经停片落下碰不到导电铜棒,铜棒电线不连接,经钩倒不下来 指示灯不亮或亮度不足 断头继电器失灵或接触不良 导电铜棒烧黑或灰尘积厚	调整经停片落下位置,电线接好调整灵活 检查指示灯有无损坏或调换 检修 用细砂皮擦光
刹车失灵	脚杆上重锤太轻 刹车调节杆螺丝过松,超过 2~3 圈 制动片不圆,偏心,使刹车鼓摩擦发热 制动片间拉簧力过小	重锤加重或位置向外移旋紧 校正 校圆或磨圆 加大拉簧力
经轴跳动	经轴臂长短不一,与滚筒不平行(或经轴轴承磨损) 盘片歪斜,轴芯弯曲 重锤太轻 防振顶针未顶紧,压簧和绒布未夹紧 经轴横动	用经轴臂定位工具校正平行,再旋紧 0440 和 0491 上的螺钉 校正歪斜,弯曲 适当加重重锤 检查定位防振装置并校正 检查校正

(二)GA121 型整经机常见故障(表 2-2-38)

表 2-2-38 GA121 型整经机常见故障

故障名称	产 生 原 因	排 除 方 法
机器不起动	光电管光束未对位或光敏电阻失灵,灯泡电压偏低,经轴有一边轧紧,位置不到位,行程开关接触不到,计长表未复位	校正光束,更换光敏电阻,调高灯泡电压为 6.3V,校正行程开关位置,计长表复位
车速升不到设定值就停	不用部分断头自停钩掉下触点,测速发电动机紧固螺钉松动	将断头自停钩固定到可开车位置,旋紧测长辊紧固螺钉
运转中突然停车	筒子架断头自停钩误动作	检查纱线张力

续表

故障名称	产生原因	排除方法
断头不关车	断头自停钩掉不下来,断头自停钩掉下,导杆接触不良,筒子架电气线路故障	清除导电杆表面锈迹,检修或更换部件,选用全封闭式断头自停装置
经轴跳动大	锥齿轮啮合不良	校正
压辊位置不居中	调节不当	调整

(三)本宁格整经机常见故障(表2-2-39)

表2-2-39　本宁格整经机常见故障

故障名称	产生原因
不能起动或车速不符	纱线滑出导纱张力钩
	液压系统漏油无压力
断经不关车	刹车失灵
	停车电容器击穿,输出高平电路短路
	控制电路故障或接触器损坏,或落针脱出
上落轴故障	油泵传动带松弛、断裂、油压不足
筒子架剪切销断裂	换筒时,传送链条受阻,受力过大
刹车失灵	油压不足
	刹车盘积油腻打滑
	刹车皮磨损,张开动程不足
	电磁阀动作失灵
测长失灵	压辊压力太小产生滑溜
	吸铁开关(脉冲)故障
	计数器卡死
	电气接触不良

(四)赐来福整经机常见故障(表2-2-40)

表2-2-40　赐来福整经机常见故障

故障名称	产生原因
机器开不出或车速不符	直流电动机短路,主开关未接通;控制板电气元件烧坏;油泵损坏失去压力;断经自停失灵
断经不关车	门栅内有回丝;纱线绕在瓷牙上;检测传感器故障;介质陶瓷损坏;断经继电器失灵;制动电磁阀失灵;满码辅助继电器电路不通
上落轴故障	操作失灵或限位开关走动;经轴螺钉松动,安装位置走动

第四节 整经工艺示例

一、1452型系列整经工艺

1. 张力圈配置 采用上、中、下层,前、中、后排的矩形分段配置张力圈,控制单纱张力,可使纱片张力比较均匀。整经速度在200~250m/min时,张力圈重量的配置见表2-2-41。

表2-2-41 张力圈重量的配置 单位:g

筒子架排与层	纱线线密度			
	以58tex(10英支)为例	以29tex(20英支)为例	以14.5tex(40英支)为例	以14tex×2(42英支/2)为例
前排上下层	9.5	5.5	5.0	11.5
前排中层	10	6.0	5.5	12
中排上下层	8.5	5.0	4.5	11
中排中层	9.0	5.5	5.0	11.5
后排上下层	8.0	4.5	4.0	10.5
后排中层	8.5	5.0	4.5	11
后排边纱	12	7.0	6.5	13

当车速加快后,纱线的引出张力增大,因此宜适当减轻张力圈的重量。如19.5tex单纱,车速为320m/min,筒子架至后筘距离为2.2m,张力圈重量配置见表2-2-42。

表2-2-42 张力圈重量配置(19.5tex单纱,车速为320m/min) 单位:g

层次	排次			
	前(1~6排)	中(7~14排)	后(15~20排)	后排边纱
上(1~4)层	3.0	2.6	2.3	4.3
中(5~7)层	3.6	3.0	2.6	4.3
下(8~10)层	3.0	2.6	2.3	4.3

如14.5tex单纱,车速为300m/min,筒子架至后筘距离为2.2m,张力圈重量配置见表2-2-43。

表2-2-43 张力圈重量配置(14.5tex单纱,车速为300m/min) 单位:g

层次	排次			
	前(1~6排)	中(7~14排)	后(15~20排)	后排边纱
上(1~4)层	3.2	2.6	2.2	3.8
中(5~7)层	3.6	3.2	2.6	3.8
下(8~10)层	3.2	2.6	2.2	3.8

2. 加压重量 1452A型在小轴时采用重锤加压左右各18kg,当经轴卷绕直径增大时,可以

进行分段减压，或在卷绕二分之一时，一次减压。而1452G型则采用平行加压，整经过程中，随整经轴卷绕半径的不断增大，卷绕加压压力基本不变，保证卷绕密度的均匀。

3. *后穿筘法* 后穿筘法应注意减少纱线的摩擦，兼顾操作方便。一般有下列三种方法。

(1)顺穿：先穿上面第一层，从前排到后排，逐根地自筘中央向两侧穿入筘齿，第一层穿完后接穿第二层，依此类推。顺穿操作方便，但张力差异较大。

(2)花穿：先穿第一排，从上到下(或从下到上)逐根依次穿入筘齿，接穿第二排，第三排，花穿的操作较不方便，但张力较为均匀。

(3)分段花穿：把上下层经纱分为上下两段，先花穿一段，穿完后接穿另一段。分段花穿的操作较方便，张力差异也不大。

二、GA121型整经机工艺示例

1. 电磁阀阀系统工作表(表2-2-44)

表2-2-44 电磁阀阀系统工作表

项　目	1DT	2DT	3DT	4DT	5DT	6DT	7DT	8DT	9DT	10DT	11DT
准备状态	-	-	-	-	-	-	-	-	-	-	-
经轴夹紧	-	-	-	-	-	-	+	-	+	+	-
经轴上升	-	-	-	-	+	-	+	-	+	+	-
压辊上升	-	+	+	-	+	-	+	-	+	+	-
正常开车	+	-	-	+ *	+	-	+	-	+	+	-
制动	-	+ *	-	-	+	-	+	-	+	-	+ *
正常开车	+	-	-	+ *	+	-	+	-	+	+	-
经轴下降	-	-	-	-	-	-	+	-	+	+	-
经轴放松	-	-	-	-	-	+	-	+	-	+	-
回复	-	-	-	-	-	-	-	-	-	-	-

注 “*”表示3s；“-”表示失电；“+”表示得电。

2. 整经工艺示例 以生产239cm 11.7×11.7 551×472纯棉防羽布为例，其他品种可进行适当调整。

整经速度：600m/min；

整经根数：660根/只×10只经轴组合；

经轴幅度：1798mm；

压辊加压：1.5kN；

伸缩筘齿：29齿/片，共22片；

张力圈重量范围：(4.4±0.3)g/套，对前、中、后不同位置的筒子架片纱张力，通过调节个区张力盘的绕纱角度大小，进行分区调节以保持一致，经实测单纱张力差异在2cN以内；

卷绕密度：0.5~0.55g/cm^3。

三、本宁格整经机工艺示例

1. 张力 一般采用GCF型张力控制系统，包括张力棒、自停钩和夹纱器。调节方法如下：变更前后张力棒得相对位置，控制筒子与自停钩之间纱线张力波动。这些张力棒分左右侧由气动机构集体控制。翻改整经品种时，当纱线线密度变更较大，应改变自停钩弹簧力点位置，以保持断头自停钩的正常工作状态。

(1)张力控制(表2-2-45)：

表2-2-45 张力控制

纱线制动张力	调节范围	集体刹停
筒子退绕气圈张力	张力控制在80cN之内； 纱线刹停时间1~8s	集体换筒
片纱张力	随速度快慢而变化	调节油压

(2)预张力杆隔距调节(表2-2-46)：

表2-2-46 预张力杆隔距调节

纱线线密度(tex)	两根预张力杆隔距(mm)
32以下	5~10
30~21	10~20
20~10	20~30

(3)张力钩的张力调整(表2-2-47)：

表2-2-47 张力钩的张力调整

纱线细度	高特32tex及以上 (18英支及以下)	中特21~30tex (28~19英支)	低特10~20tex (58~29英支)	股线14tex×2 (42英支/2)
拉簧变更位置	A	B	C	D

2. 经轴压辊加压 该机加压范围350~8100N。压辊整幅地对经轴均匀加压。安装调节时，注意压辊与经轴的平行度，以达到经轴必要的卷绕硬度和圆整度的要求。刻度盘指示值与压辊实际受压对照见表2-2-48。

表2-2-48 经轴压辊加压

刻度盘指示	压辊实际加压力(N)	刻度盘指示	压辊实际加压力(N)
0	350	3	1650
1	700	3.5	2000
1.5	950	4	2200
2	1200	4.5	2450
2.5	1450	5	2750

2. 张力控制(表 2-2-57)

表 2-2-57 张力控制范围及方法

名称	调节范围	方法
纱线制动张力	门式张力器张开 1~40mm	用横轨集体调节
筒子退绕气圈张力	大小基本相同	集体换筒
片纱张力	随速度快慢而增减	调节电动机

五、哈科巴分条整经机工艺示例

1. 滚筒速度　整经速度的设定以纱线质量的好坏及纱线强力的大小为依据。当纱线质量好、强力大时，整经速度一般设置在 600m/min 以上；当纱线强力小、质量较差时，选用 400m/min 的整经速度为宜。

2. 倒轴速度　倒轴速度与最大经纱张力、织轴直径有关。为了适应多品种的卷绕，该机配有带变速齿轮和不带变速齿轮的两个系列可供选择。这样在任何状态下，纱线张力和卷绕速度均可达到最佳状态。具体数据如表 2-2-58、表 2-2-59 所示。

表 2-2-58 不带变速齿轮纱线张力和卷经速度工序关系

电动机输出功率(kW)	最大经纱张力(N)	卷经速度(m/min) 织轴最大直径(800mm)	卷经速度(m/min) 织轴最大直径(1250mm)
36	8000	0~95	0~75
	6000	0~125	0~100
	4800	0~160	0~125
	4000	0~190	0~150
	3000	0~250	0~200
	2400	0~300	0~250
	2000	0~300	0~300
23	8000	0~60	0~50
	5400	0~90	0~75
	4000	0~120	0~100
	3200	0~150	0~125
	2700	0~180	0~150
	2000	0~240	0~200
	1600	0~250	0~250
18	4000	0~75	—
	3000	0~100	—
	2400	0~125	—
	2000	0~150	—
	1500	0~200	—

表 2-2-59 带变速齿轮纱线张力和卷经速度工序关系

电动机输出功率(kW)	最大经纱张力(N)		卷经速度(m/min)ϕ800		卷经速度(m/min)ϕ1250	
	Ⅰ级	Ⅱ级	Ⅰ级	Ⅱ级	Ⅰ级	Ⅱ级
36	8000	4000	0~95	0~190	0~75	0~150
	6000	3000	0~125	0~250	0~100	0~200
	4800	2400	0~160	0~300	0~125	0~250
	4000	2000	0~190	0~300	0~150	0~300
23	8000	4000	0~60	0~120	0~50	0~100
	5400	2700	0~90	0~180	0~75	0~150
	4000	2000	0~120	0~240	0~100	0~200
	3200	1600	0~150	0~250	0~125	0~250
18	4000	2000	0~75	0~150	—	—
	3000	1500	0~100	0~200	—	—

六、本宁格分条整经机工艺示例

(1)有关工艺可参考哈科巴分条整经机。

(2)倒轴速度与经纱张力的关系(表 2-2-60):

表 2-2-60 倒轴速度与经纱张力的关系

最高倒轴速度(m/min)	最大经纱张力(N)	最大织轴直径(mm)
60	10000	1000
120	5000	1000
80	7500	1000
160	3750	1000
120	5000	1000
220	2700	1000
160	3750	1000
300	2000	1000
75	8000	1250
150	4000	1250
100	6000	1250
200	3000	1250
150	4000	1250
280	2220	1250

第五节 整经操作要点

一、整经工序的管理(表 2-2-61)

表 2-2-61 整经工序的管理要求

整经要求		对策	
均匀的张力	张力调整	从筒子架上不同位置退绕的纱线,施加不同的张力	针对不同的张力装置进行合理的调节
经纱断头处理	自停装置	自停装置反应及时	对自停装置和制动装置经常保养
	经轴回转	在伸缩筘处,断头纱被绕进经轴时能退回	卷入的纱线能完全地返回到上层
经轴的卷取形状	分绞筘	保持整经轴上纱线均匀整齐地排列	调整纱片的幅宽和左右移动
	经轴加压调节	保证纱层平整,幅宽方向卷经一致,而且以一定的硬度卷绕	经轴与压辊平行,经轴边匀整
飞花、回丝等的嵌入	飞花的清除	除去筒子架导纱器、张力器、及伸缩筘处的飞花	筒子替换时,一定要进行定期清扫
	回丝的检出	检出回丝,停车进行处理	应在卷入经轴前检出
静 电	静电消除	对于化纤丝,应在整经过程中消除静电	调整好车间的温湿度
整经长度的一致性	测长机构	正确地卷取整经中所需的整经长度	检查并调整测长装置

二、整经操作要点

1. 按工艺规定线密度、经纱根数和长度生产经轴,经纱排列均匀,张力一致,两边良好,无绞头,满足后道工序要求。

2. 棉纱采用织布结,股线采用自紧结。打结要牢,结尾长度以 2.5~4mm 为宜,化纤或长丝约为 5±1mm。

3. 断头时,根据车速和惯性,决定是否需要采取补头。寻头时,要做到寻头清、开档拨得小,放头拉直。分条整经要将倒轴寻头接好。

4. 空轴上机后,应检查盘片有无损伤和毛刺,先空转试车。开车时,检查两边空隙是否适宜,有无跳动,并复查纱线线密度、根数和测长装置后正式开车。分条整经要检查定长自动开关位置,然后板紧手柄,防止走动。MZD 和 BENNINGER 整经机空轴上机后,两端定位,调整压辊压住经轴,做到两边空隙一样。然后查看计数是否全部恢复到 0 位。

5. 复式筒子架可分三段换筒。掌握预备筒子插入时间,以不积花衣为原则;新型整经机和分条整经机均为单式筒子架,采用集体换筒。换筒后应检查筒子定位状态。

6. 巡回检查项目如下:

(1)检查伸缩筘宽度及位置,防止产生软边和硬边。

(2)检查加压是否符合工艺规定。

(3)定期检查张力装置,如张力圈的回转情况、检查 MZD 整经机制动压力和纱线是否跳出瓷牙、检查 BENNINGER 整经机预张力杆隔距是否走动。

(4)检查车面,防止错号、双经、杂物、竹节、油飞花等。

7.经常保持机台、导纱辊、导纱器及地面整洁,减少飞花卷入。注意计数装置,防止长短码。

8.在满码前 50m 要开慢车,落轴前贴好封布条子,根据幅宽,全幅纱线可分成若干等份,剪断后,嵌入轴的表面纱线内不使混乱,包上包布,以防油污。

第六节 经轴规格

经轴规格见表 2-2-62。

表 2-2-62 经轴规格

系 列	品 种	标准幅宽(mm)	盘片直径(mm)
整经机经轴	贝宁格 ZC 型经轴	1600、1800	800、1000
	日本金丸 D 型经轴	1600、1800	812
	台湾大雅 TAYA 经轴	1550、1800	760、920
	台湾溢进 LC—HW	1800	1000
	德国 MZD 型经轴	1800	800
	德国 HOKOBA 型经轴	1600、1800	600、800、1000
	南韩长丝经轴	1700	920
	日本津田驹 TW 型(GD205)	1628、1700	620、800、1000
	GA121、SGA211、SG123	1400、1600、1800	600、800、1000
	1452A、1452B、1452G	1400、1600、1800	700、860

技术特征:盘片材料为高强度硬质铝合金,盘片表面氧极化处理;轴管磷化处理。时效处理盘片表面进行特种防腐处理,轴管为优质无缝钢管,表面经镀锌或防锈处理,经轴产品符合 ISO 811613—1986 标准。

第三章 浆料

经纱上浆所用的材料简称浆料。浆料种类很多，可以分为两大类，一类是粘着剂，另一类是浆纱助剂。粘着剂是一种对被浆纤维具有粘着力的高分子物质，它是经纱上浆的主要成分，是配制浆液的基本材料。经纱上浆，主要依靠粘着剂提高纱线的可织性能，降低经纱断头，提高织机效率和产品质量。由于经纱上浆对浆料的性能要求是多方面的，目前还没有单一的粘着剂能达到经纱上浆的要求，因此在浆料配方中除以粘着剂为主体外，还必须加入少量的助剂来改善或弥补粘着剂性能的某些不足。浆纱助剂用量不大，种类繁多，性能各异，使用时必须了解其物理化学性能，以免产生不良后果。

经纱上浆用浆料必须具备以下基本性能：

(1)对被浆纱线具有良好的粘附性能；

(2)浆液的成膜性能好，浆膜应具有较高的强力、较好的柔软性和适当的吸湿性；

(3)浆料各组分具有良好的相容性，易退浆，对环境无污染；

(4)浆液具有适当的粘度和良好的热黏度稳定性，浆液调煮时不起泡，无异味；

(5)来源广泛，价格适中。

第一节 粘着剂

经纱上浆用粘着剂有多种，一般分为天然粘着剂、化学粘着剂和合成粘着剂三类。各类粘着剂的名称和类别见表2－3－1。

表2－3－1 经纱上浆用粘着剂的分类

经纱上浆用粘着剂	天然粘着剂	植物类	天然淀粉类	玉米淀粉、小麦淀粉、木薯淀粉、马铃薯淀粉、米淀粉、甘薯（山芋）淀粉、蕉藕（芭蕉）淀粉、橡子淀粉
			海藻胶类	褐藻酸钠
			植物胶类	槐豆胶、田仁粉、白芨粉、树胶等
		动物胶类		明胶、骨胶、皮胶等
	化学粘着剂	变性淀粉		酸解淀粉、氧化淀粉、交联淀粉、可溶性淀粉、糊精
		淀粉衍生物	淀粉醚	羧甲基淀粉（CMS）、羟乙基淀粉（HES）、羧丙基淀粉（HPS）、氰乙基淀粉 阳离子淀粉（叔氨基烷基淀粉醚、季铵基淀粉醚）
			淀粉酯	醋酸酯淀粉、磷酸酯淀粉、丁二酸酯淀粉、氨基甲酸酯淀粉（亦称尿素淀粉或酰胺淀粉）
			接枝淀粉	
		纤维素衍生物		羧甲基纤维素（CMC）、甲基纤维素（MC）、乙基纤维素（EC）羟乙基纤维素（HEC）
	合成粘着剂	乙烯系		聚乙烯醇（PVA）、乙烯系共聚物
		丙烯酸系		聚丙烯酸、聚丙烯酸盐、聚丙烯酸酯、聚丙烯酰胺及其共聚物
		聚酯浆料		水分散性聚酯浆料

经纱上浆常用粘着剂主要为淀粉(包括变性淀粉)、聚乙烯醇(PVA)和聚丙烯酸类浆料三大类。我国年消耗的纺织浆料中,淀粉类约占70%,聚乙烯醇为20%左右,聚丙烯酸类及其他浆料约在10%左右。

一、天然淀粉

(一)原淀粉

淀粉是天然高分子碳水化合物中的一种多糖类物质,广泛存在于多种植物的种子、块茎、块根或果实中,如从玉米(种子)、小麦(种子)、马铃薯(块茎)或甘薯(块茎)经不同加工提取后的便是玉米淀粉、小麦淀粉、马铃薯和甘薯淀粉。通过直接加工后未经化学或物理等方法处理的均称为原淀粉或普通淀粉。

植物中淀粉的含量及品质受到以下几个因素的影响:

(1)植物种类,品种的特性;

(2)生长的环境及气候;

(3)收割的时间。

各种植物中的淀粉含量如表2-3-2所示。

表2-3-2 各种植物中的淀粉含量

名 称	淀粉含量(%)	名 称	淀粉含量(%)	名 称	淀粉含量(%)	名 称	淀粉含量(%)
玉米	79.4	马铃薯	10.0~23.0①	甘薯	25①	蕉藕	21.1
小麦	60.0~70.2	木薯	25①	米	60.2~74.1		

①对块茎湿重的百分率。

淀粉的化学结构是由α—葡萄糖通过α—1,4甙键连接而成的,分子式为$(C_6H_{10}O_5)_n$,n为聚合度,决定了它的粘度(流变性)、黏附性、成膜性、强度及弹性等。由于淀粉的种类、品种、产地(土壤)、气候条件的不同,聚合度差异很大,可由数百到数万,在性能上也存在很大的差异。淀粉的化学结构式为:

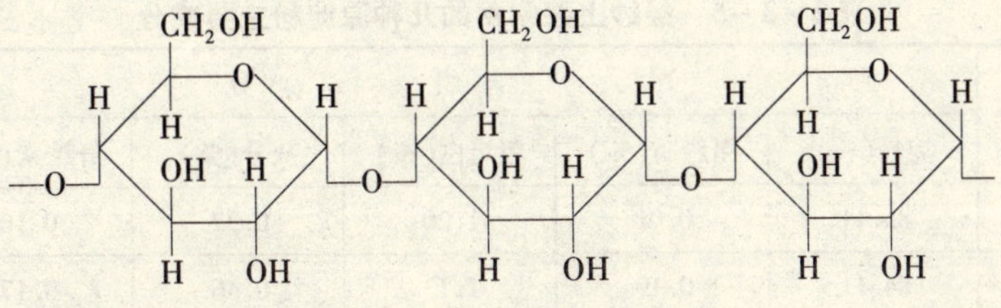

原淀粉有两种形态:一种在大分子中只有葡萄糖基环间的α—1,4甙键联结的称为直链淀粉,它在淀粉颗粒中的含量一般为17%~25%左右;另一种除α—1,4甙键外,还有α—1,6甙键以及少量的α—1,3甙键,大分子成分支状态,称为支链淀粉。直链淀粉与碘反应呈蓝色,成膜性能好,薄膜具有较高的强度,但浆液温度下降时,易凝冻结块。支链淀粉与碘反应呈紫色,不易成膜,成浆粘度高,对亲水性纤维具有良好的黏附性,在温度下降时不易凝胶。

直链淀粉和支链淀粉的特性如表2-3-3所示。表2-3-4为各种淀粉中直链淀粉和支链淀粉的含量。

表2-3-3 直链淀粉、支链淀粉的特性

直链淀粉特性	支链淀粉特性
聚合度60~1000	聚合度6000以上
在淀粉中含量占30%以下	在淀粉中含量占70%以上
能微溶于热水	在加热、加压下才能溶于水
水溶液不很粘稠	水溶液极粘稠
溶液易凝沉,呈半固体凝胶体	溶液不易凝沉,不凝结成凝胶体
遇碘变蓝色	遇碘变紫色
能被α-淀粉酶完全水解	能被α-淀粉酶水解,但不超过60%
乙酰衍生物制成的薄膜坚韧有弹性	乙酰衍生物制成的薄膜性脆

表2-3-4 各种淀粉中直链淀粉、支链淀粉的含量

淀粉种类	直链淀粉含量(%)	支链淀粉含量(%)	淀粉种类	直链淀粉含量(%)	支链淀粉含量(%)
玉米淀粉	21	79	糯米淀粉	0	100
小麦淀粉	24	76	甘薯淀粉	20	80
木薯淀粉	17	83	蕉藕淀粉	24	76
马铃薯淀粉	22	78	橡子淀粉	20	80
米淀粉	17	83	绿豆淀粉	100	0

经纱上浆常用几种原淀粉的主要成分、物理性状、糊化温度、温度—粘度变化以及浆液的性能如表2-3-5~表2-3-8所示。图2-3-1为几种原淀粉颗粒的外形。

表2-3-5 经纱上浆常用的几种原淀粉主要成分

淀粉种类	组分					
	淀粉(%)	粗脂肪(%)	粗蛋白(%)	灰分(%)	纤维素(%)	水分(%)
玉米淀粉	85.11	0.01	1.20	0.37	0.10	13.31
小麦淀粉	84.11	0.19	1.13	0.46	0.17	13.94(14)
木薯淀粉	82.85	0.18	1.57	0.41	0.11	16.80
马铃薯淀粉	80.68	0.05	0.88	0.57	0.06	17.76
甘薯(山芋)淀粉	77.65	0.27	0.70	2.73	0.31	18.33
米淀粉	77.87	0.63	5.41	0.59	0.08	15.42
蕉藕淀粉	82.80	0.18	0.85(杂质)	0.47	—	15.60
橡子淀粉	65.5	1.11	0.25	0.59	3.01	21.55

表 2-3-6 经纱上浆常用原淀粉的物理性状

淀粉种类	性质					
	色泽	颗粒大小(μm)	颗粒外形特征		出粉率(%)	比重
			光学显微镜显示	扫描电子显微镜显示		
玉米淀粉	洁白	16~40	多角形及不规则卵圆形	少数粒子有凹口和针状小孔	50~60	1.623
小麦淀粉	洁白	2~10 20~35	圆形(小) 蝶形(大)	小粒子呈球形,大粒子薄而呈蝶形,表面光洁	66~75	1.629
木薯淀粉	白	5~25	不规则圆形	不规则粒子较多,大多数有较平坦表面及各种棱边	18~20	—
马铃薯淀粉	纯白	20~100	椭圆形,偶有圆形小粒	少数粒子呈球形,多数呈卵形,表面较平坦或曲率突然变化	20~22	1.648
甘薯淀粉	净白	50~80	圆形,偶有多角形	从圆形到多角形,角较钝,边不平坦	鲜薯 12~20 干薯 50~55	—
米淀粉	白	3~8	多角形	复合粒子,多数为多角形,少数为圆形	81~83	1.620
蕉藕淀粉	白	—	卵圆形	—	—	1.610
橡子淀粉	乳白	7~14	卵圆形	—	30~40	—

表 2-3-7 各种淀粉的糊化温度和温度—粘度变化

淀粉种类	糊化温度(℃)			温度对粘度的影响(浆液浓度7.5%)											
				不同温度时的粘度(mPa·s)						100℃保温的粘度变化(mPa·s)					
	开始膨胀	开始糊化	糊化终止	50℃	60℃	70℃	80℃	90℃	100℃	30min	60min	90min	120min	150min	180min
玉米淀粉	65	80	85	1.5	1.5	2.5	65	73	56	51	50	48.5	47	45	45
小麦淀粉	50	60	85	2	3.5	3.5	4.5	50	97	98	49	45	42	43	43
木薯淀粉	45	58.7	80	2	2	64	44	44	55	43	36	32	27	23	17
马铃薯淀粉	45	65	72	—	—	—	—	—	—	—	—	—	—	—	—
甘薯淀粉	—	58	67	—	—	3	12	31	45	41	41	28	27	20	19
米淀粉	70	80	95	—	—	2	4	12	37	69	66	61	58	58	57
蕉藕淀粉	66	66	70	2	2.5	26	33	44	52	61	61	22	18	17	17
橡子淀粉	60	70	90	1	1	1	2.5	5	8	25	35	38.5	42	45.5	46

表 2-3-8　经纱上浆常用的原淀粉的浆液性能

淀粉种类	浆液性能	适用品种
玉米淀粉	浆液耐煮，粘度在3h内热稳定性较好，浆膜强度高，粘着力强，浆液渗透性好，上浆效果比小麦淀粉好	棉纤维和粘胶纱，与合成浆料混合使用于合成纤维品种上浆
小麦淀粉	浆液粘度热稳定性较好，有较好的成膜性和渗透性，粘着力也较强 采用硬质麦比采用软质麦制成的淀粉的浆液，粘度较高且稳定，纱浆质量较好	棉及粘胶纱，并可与化学、合成浆料混合使用于合成纤维品种上浆
马铃薯淀粉	马铃薯淀粉易糊化，制成的浆液粘度高，但长时间搅拌或沸煮均易使粘度剧烈下降。浆液被覆性较好，但渗透性差	用于高、中特，中、低紧度的纯棉品种
甘薯淀粉	浆液不耐煮，尤其在高温时粘度剧烈下降，浆液渗透性较好，不易起泡，吸湿性能较好，浆膜性脆，不耐磨	用于高、中特，中、低紧度的纯棉品种
木薯淀粉	膨胀温度低，易糊化，不耐煮，粘度变化大，但在煮沸后保温45min左右粘度即可稳定，因此在调浆时要掌握其特点 浆液粘性好，但浆膜性脆，浆纱手感粗糙，上浆时落浆较多 因木薯淀粉中含有微量氰酸（0.01%～0.035%），可抑制微生物活动，故木薯淀粉及其浆液不易变质	用于高、中特，中、低紧度的纯棉及粘胶品种上浆
米淀粉	浆液不耐高温久煮，粘度变化剧烈，粘着力较好 米淀粉中蛋白质含量较高，浆膜性脆，浆纱弹性差，手感粗糙	用于中、低紧度的纯棉品种上浆

(a)小麦淀粉(×1500)

(b)玉米淀粉(×1500)

(c)木薯淀粉(×1500)

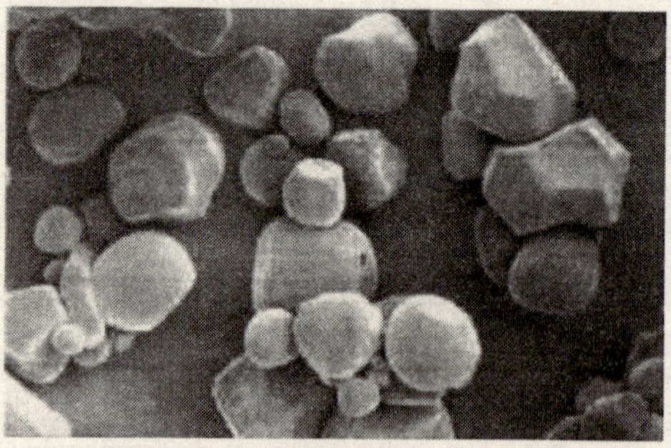

(d)甘薯淀粉(×1500)

图 2-3-1　电子显微镜显示的淀粉颗粒外形

淀粉用于纺织工业经纱上浆已有悠久的历史。在淀粉分子中羟基含量达31.5%，因此淀粉浆对纤维素纤维具有良好的粘附性能。由于淀粉是从可再生的植物中加工提取的，所以资源非常丰富，价格低廉，且对环境污染小。在各类浆料中淀粉的用量，现在乃至今后，仍占很大比重，具有重要地位。但是原淀粉浆液的粘度高，浆液粘度也不够稳定，形成的浆膜脆硬、伸度小、弹性差，特别是对疏水性纤维如涤纶等的粘着性能差。随着纺织品纤维原料、结构的变化及高档纺织品的发展，以及高压力上浆用高浓度低粘度浆料的上浆工艺，因此原淀粉已不能适应经纱上浆的要求，使用范围受到一定的限制。近半个世纪以来，为了改善、提高淀粉浆料的性能，扩大淀粉浆料的使用范围，国内外科技工作者通过化学、物理及生物等多种方法对原淀粉进行变性处理，以降低淀粉浆液的粘度，提高其热粘度稳定性；改善流动性能，提高对疏水性纤维的粘附性；并改善其浆膜性能，适应新的上浆工艺，从而满足纺织工业发展的需要。

（二）变性淀粉

根据各种不同的化学处理方法制成的变性淀粉其性能各不相同。在我国已用于纺织经纱上浆的变性淀粉主要有酸解淀粉、氧化淀粉、交联淀粉、淀粉酯（酯化淀粉）、淀粉醚（醚化淀粉）和接枝淀粉。

表2-3-9为各种变性淀粉的变性方式和变性目的。

表2-3-9 各种变性淀粉的变性方式和变性目的

发展阶段	第一阶段	第二阶段	第三阶段
变性技术	转化淀粉	淀粉衍生物	接枝淀粉
品　种	酸解淀粉、氧化淀粉	交联淀粉、酯化淀粉、醚化淀粉、阳离子淀粉	各种接枝淀粉
变性方式	解聚反应、氧化反应	引入化学基团或低分子化合物	接入具有一定聚合度的聚合物
变性目的	降低聚合度及粘度，提高使用浓度	提高对合成纤维的粘着性能，增加浆膜的柔软性，提高水分散性，提高浆液粘度热稳定性	具有淀粉和接入聚合物的优点，代替或部分代替合成浆料

1. *酸解淀粉*　酸解淀粉又称酸转化淀粉或酸变性淀粉，属转化淀粉类型。其变性的主要目的是降低浆液粘度，改善其流动性能，提高热粘度稳定性，以扩大原淀粉的应用功能，达到高浓低粘，适应高压力上浆的要求。

酸解淀粉变性的基本原理是利用酸对淀粉大分子中葡萄糖甙键的催化作用，使大分子的聚合度降低，达到降低粘度的目的。在淀粉的水解反应中，酸起着催化剂的作用，本身并不被消耗。因此在制取时当达到预期水解程度或粘度时，应立即用碱中和所加入的酸从而及时中止水解反应。因此，可根据实际使用需要，生产不同粘度的酸解淀粉系列产品。工业上使用的酸解淀粉的流度范围在10~90F之间（F表示流度）。

注：流度是粘度的倒数，流度越大，粘度越小。流度的测定是将被测的液体（或浆液）注入到一个专用的一定体积的漏斗中，在规定的温度条件下流出的时间（s）。

酸解淀粉的分子式为$(C_6H_{10}O_5)_x$。

x为酸解淀粉的聚合度。$x<n$（n为原淀粉的聚合度）

酸解淀粉的聚合度如表 2－3－10 所示。

表 2－3－10 酸解玉米淀粉的聚合度

淀　粉	聚合度	其中支链淀粉聚合度	淀　粉	聚合度	其中支链淀粉聚合度
天然玉米淀粉	1932	1452	60F 酸解玉米淀粉	950	525
10F 酸解玉米淀粉	—	920	80F 酸解玉米淀粉	505	260
20F 酸解玉米淀粉	1150	625	90F 酸解玉米淀粉	400	210
40F 酸解玉米淀粉	1035	565	—	—	—

由表 2－3－10 可知，随着粘度的下降，聚合度亦下降。但 10～40F 的酸解玉米淀粉聚合度下降并不多，60～90F 的则有明显的下降。

酸解淀粉生产方法较为简单，成本较低，可生产不同粘度的系列产品。酸解淀粉在满足经纱上浆的粘度条件下，具有较高的含固量，对高浓低粘的上浆工艺路线，适应高压上浆工艺提供了必备条件。同时在调浆过程中不需要再加入任何其他助剂对淀粉进行降解处理，简化了调浆工艺。高含固量浆液在高压上浆的工艺条件下，可使经纱的上浆率达到工艺设计要求，保证了纱线上的浆膜强度及对纱线足够的粘附力，从而提高了浆纱的耐磨性，改善了织造性能。酸解淀粉可作为低、中支棉纱、粘胶纤维纱及苎麻纱的主体浆料，亦可与 PVA 混合，用于涤/棉混纺纱的上浆。根据近几年来涤棉织物经纱上浆的使用实践，一般酸解淀粉与 PVA 的混用比为(30～40)∶(70～60)，可获得较好的上浆效果。生产实践证明酸解淀粉与 PVA 等的混合浆用于纯棉高特高密织物的经纱上浆亦有很好的效果。

2. 氧化淀粉　氧化淀粉也是一种转化淀粉，其原理是使用强氧化剂(如次氯酸钠)在一定的反应条件下，使淀粉大分子链中的伯羟基被氧化成醛基(—CHO)，然后再氧化成羧基(—COOH)，同时淀粉大分子链中的甙键因氧化而发生部分断裂，使聚合度降低，粘度下降。

氧化淀粉的化学结构式(羧基型)为：

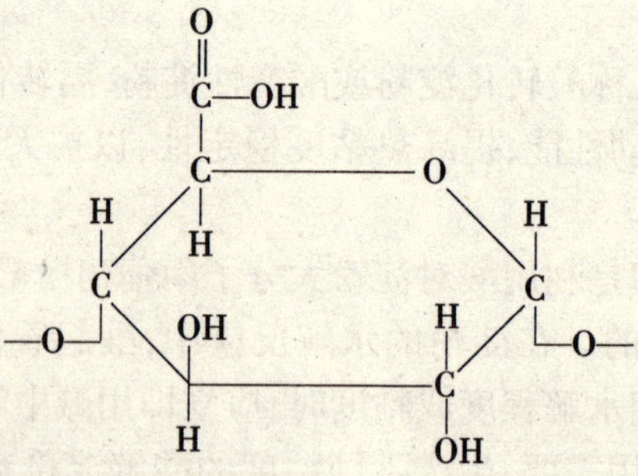

氧化淀粉由于采用次氯酸钠做氧化剂，所以色泽较原淀粉为白，且具有光泽，浆液有较好的流动性。氧化淀粉分子链中引入了羧基官能团(—COOH)，这是它的结构特点，也是判别氧化淀粉的主要指标。由于羧基的存在，提高了淀粉对纤维素纤维的粘附性能，但其浆膜性能与原淀粉相比没有大的改善，属同一类型，脆性较大。但氧化淀粉分子链一定程度的降解以及羧基的引入使得它的分子更为均匀，流动性能更好。氧化淀粉可作为棉纱、苎麻纱织物经纱上浆的

主浆料，可与 PVA 混合用于涤棉织物经纱的上浆，一般可替代 30% ~40% 的 PVA，与酸解淀粉一样可取得较好的织造效果。

氧化淀粉的特性粘度、羧基含量与粘附性能的关系如表 2－3－11 所示。

表 2－3－11 氧化淀粉的特性粘度、羧基含量与粘附性能的关系

淀粉种类	特性粘度（mL/g）	分解度（%）	羧基含量（%）	粘附力（cN）	
				棉纱	涤/棉纱
玉米原淀粉	1.37	—	—	680	2070
氧化玉米淀粉	1.27	7.3	0.0862	510	2090
氧化玉米淀粉	1.10	19.7	0.0697	370	1910
氧化玉米淀粉	0.99	27.7	0.0768	330	1800
氧化玉米淀粉	0.88	35.7	0.0751	510	2090

由表 2－3－11 可见，氧化淀粉的粘度下降（聚合度降低）对其粘着性能是有影响的。但由于羧基的引入增加了淀粉对纱线的亲和力，显示了对涤/棉混纺纱的粘附力基本不变。

3. 交联淀粉 淀粉是一个多羟基化合物，交联淀粉就是通过淀粉分子链上的羟基与双官能团或多官能团交联剂的反应制得的。常用的交联剂有甲醛、环氧氯丙烷、磷酰氯、丁二酸、乙二酸等。由甲醛作交联剂制备的交联淀粉在产品中往往含有一定量的残留甲醛，对人体健康有一定的影响，因此必须控制这类交联淀粉的残留甲醛含量。

淀粉的交联实际上是用化学键代替了淀粉分子链间的部分氢键，这种化学键在分子链间象桥梁一样，强化了淀粉颗粒中的分子间联结。如下式所示：

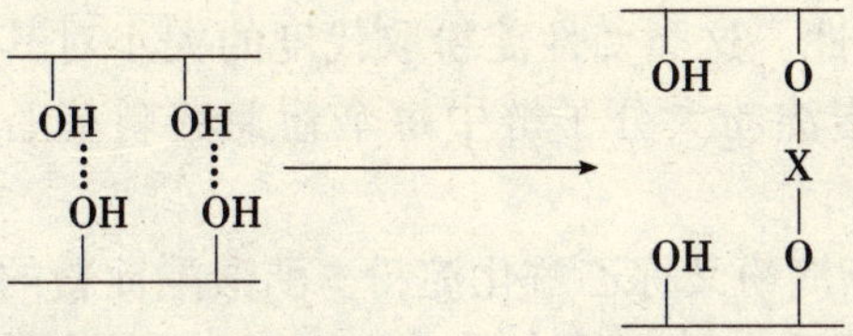

淀粉分子间的氢键缔合　　淀粉分子间的交联

交联淀粉最大的特点是具有良好的热粘度稳定性和较好的耐机械剪切稳定性，不仅在高温烧煮时粘度下降很小，而且在高的机械剪切应力作用下，粘度值也基本保持不变。其主要原因是淀粉大分子链之间通过化学键形成了交联状分子，对粘度起到了稳定的作用。但是由于淀粉交联后成为分支型大分子，粘度会提高，因此为了适应经纱上浆的要求，必须在交联作用的同时（或交联前）用酸解或氧化的方法，降低淀粉的聚合度。淀粉经交联后，虽然淀粉的热粘度稳定性有了很大的提高，但恶化了浆膜的柔顺性，浆膜刚度大、强度高、伸度小，浆膜硬而脆。交联淀粉应用于经纱上浆主要取其优良的粘度耐热稳定性和耐机械稳定性，一般用于以披覆为主的经纱上浆，如苎麻类及高特棉纱的上浆，也可与低粘度高流动性的合成浆料混合用于各类纤维的混纺纱上浆。

甲醛交联淀粉的化学结构式如下：

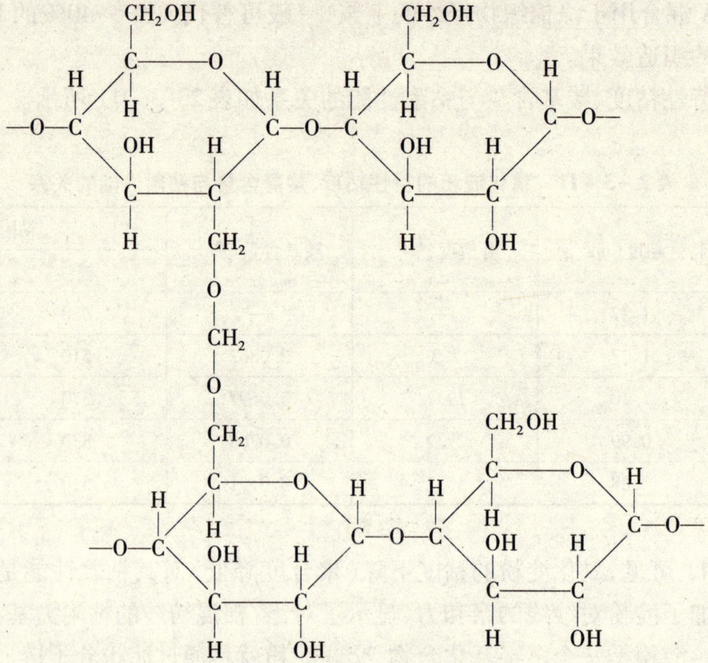

醛类交联淀粉的化学结构式

4. 淀粉酯(酯化淀粉) 淀粉大分子中的羟基具有一般醇羟基的性质,能与酯化剂起酯化反应。淀粉酯主要是在适当的条件下,使用化学活泼性较强的酯化剂(如酸、酸酐等)使淀粉大分子羟基中的氢被酸根取代生成淀粉酯。用于经纱上浆的淀粉酯主要有醋酸酯淀粉、磷酸酯淀粉或其他类似的淀粉酯。根据相似相容原理,淀粉大分子链上带有疏水性的酯基,可以提高对疏水性纤维的粘附性。这类变性淀粉取代度的大小对其性能起到了关键的或决定性的作用(取代度"D. S"是指淀粉大分子链中每个葡萄糖剩基上的羟基中氢被取代的平均数)。

(1)醋酸酯淀粉。醋酸酯淀粉又称乙酰化淀粉。醋酸酯淀粉的取代度低于1,基本上属于亲水性物质。工业上用的产品取代度一般在0.01~0.2。经纱上浆常用的为低取代度的醋酸酯淀粉,取代度一般大于0.03。低取代度的醋酸酯淀粉可用醋酸酐法或醋酸乙烯酯法制取。

醋酸酯淀粉的化学结构式为:

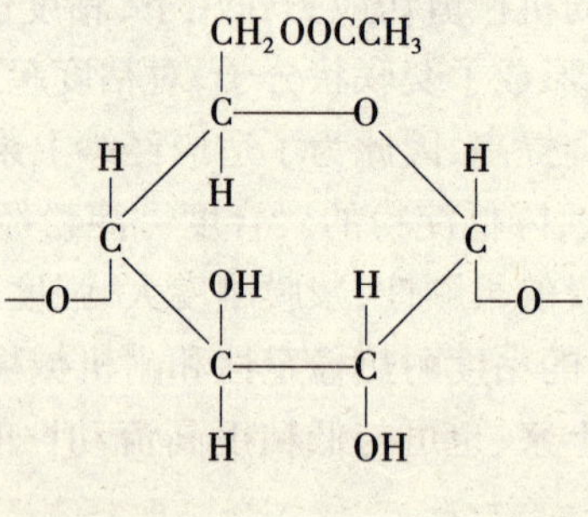

醋酸酯淀粉的取代度与糊化温度的关系如表2-3-12所示。

表 2-3-12 醋酸酯淀粉的取代度与糊化温度的关系

淀粉		初始糊化温度(℃)	完全糊化温度(℃)
种类	取代度(%)		
玉米原淀粉	0.00	62	72
1#醋酸酯淀粉	0.04	56	63
2#醋酸酯淀粉	0.08	48	56
3#醋酸酯淀粉	0.11	41	51

由表 2-3-12 可见,醋酸酯淀粉的糊化温度随着取代度的增加而有明显的降低,这种特性有利于淀粉在烧煮时易于分散成浆。

图 2-3-2 是醋酸酯淀粉与原淀粉粘度曲线的比较。

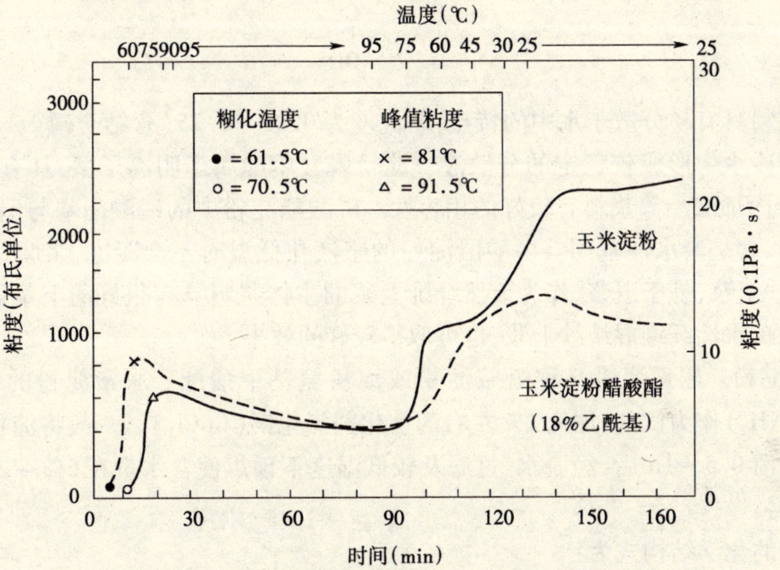

图 2-3-2 醋酸酯淀粉与原淀粉粘度曲线的比较

由图 2-3-2 可知,醋酸酯淀粉的初始糊化温度和完全糊化温度比原淀粉都有了较大的降低(分别为6℃和10℃),峰值粘度比原淀粉高,但冷却后粘度上升幅度远较原淀粉低,表明凝胶性弱,冷却稳定性高。

醋酸酯淀粉浆液透明,在高温时它的热粘度稳定性较原淀粉有所提高,在低温状态下,浆液不易凝胶,其浆膜强度虽与原淀粉相似,但由于酯基的引入消弱了淀粉大分子链中羟基间的缔合,提高了浆膜的伸度。同时在淀粉大分子中酯基的引入及所引入的醋酸酯基团(—O—CO—CH_3)的分散效应,提高了对疏水性纤维的粘附性能。醋酸酯淀粉主要与 PVA 混合使用于涤/棉混纺纱的上浆,可替代较多的 PVA 浆料,一般取代量在40% ~50%左右。醋酸酯淀粉也可作为主浆料用于纯棉细支高密织物经纱的上浆。醋酸酯淀粉因在低温下不易凝胶,还可用于毛纱、玻璃纤维等的低温上浆(60℃左右),可防止高温上浆对这些纤维的损伤。

(2)磷酸酯淀粉。磷酸酯淀粉是淀粉中的羟基与磷酸盐反应生成的淀粉酯。由于磷酸根的多价性和淀粉中的多羟基,这类产品常有单酯、双酯或三酯等多种产品。经纱上浆用的磷酸酯淀粉主要是单酯型即淀粉磷酸单酯,制备时选用的酯化剂常用的有焦磷酸钠($Na_4P_2O_7$)或三聚磷酸钠($Na_5P_3O_{10}$)等,在“干热”的反应条件下,将磷酸酯基团引入淀粉中。

磷酸酯淀粉的化学结构式为:

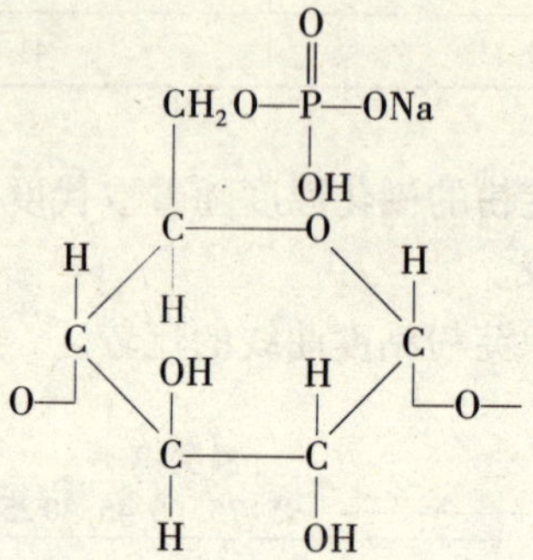

磷酸酯淀粉具有易分散于水中的特点,取代度为0.05~0.25(含结合磷1%~5%)的衍生物很易分散于冷水中形成较稳定的分散液。淀粉磷酸单酯属于阴离子型,具有良好的乳化性能,与PVA、聚丙烯酸酯等浆料有较好的相容性。磷酸酯淀粉中的磷酸酯基与醋酸酯淀粉中的醋酸酯基不同,它是亲水性基团。磷酸酯淀粉的浆液在低温时不会凝冻,浆膜透明强韧、易弯曲,有利于经纱上浆,易于退浆,作为天然纤维上浆的主体浆料具有很好的上浆效果,与合成浆料混合应用于疏水性纤维混纺纱上浆,也可取得较好的效果。

(3)尿素淀粉。尿素淀粉又称酰胺淀粉或淀粉氨基甲酸酯。尿素淀粉的制取是用尿素($H_2N—CO—NH_2$)作为试剂,加入1%左右的催化剂氯化铜($CuCl_2$)。一般将淀粉在尿素、氯化铜水溶液中浸渍0.5~1h后,经脱水、过滤及较低温度下预烘使含水量在5%~20%,再在高温下焙烘2h即得。

尿素淀粉的化学结构式为:

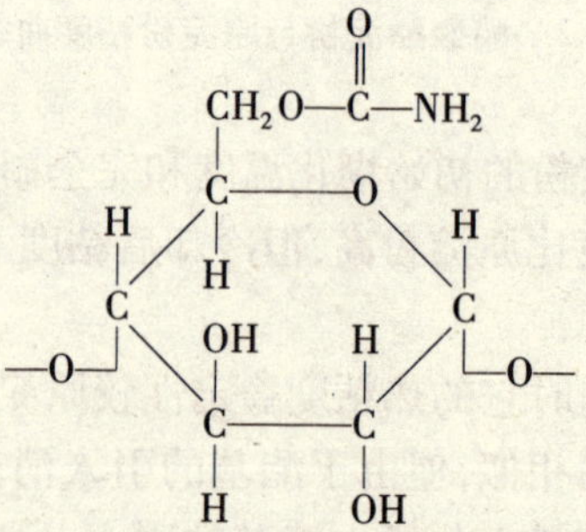

尿素淀粉的性能取决于结合氮量的大小,在应用中结合氮量一般为1%~5%。尿素淀粉易分散于水中,成浆粘度低,具有良好的粘度热稳定性。由于尿素淀粉中引入了亲水性强的“酰胺”基团,提高了对棉纤维等的粘附性能,但浆膜吸湿性强,因此应注意织造车间的相对湿度,以防止纱线发生粘连。尿素淀粉一般用于高、中特织物经纱的上浆,也可与PVA混合用于

涤/棉织物经纱的上浆。但需要注意,目前市场上的许多"尿素淀粉"并不是真正的、在高温下反应的尿素淀粉,而是淀粉与尿素的物理混合物,在95℃的煮浆过程中尿素并不与淀粉发生反应。

5.淀粉醚 淀粉在适当的条件下,与卤代烃或含有羟基的化学试剂反应,使羟基中的氢被烃基所取代生成淀粉醚(醚型淀粉衍生物)。适用于经纱上浆的这类变性淀粉浆料主要是水溶性的淀粉醚,即所引入的醚基应能提高淀粉的水溶性。取代度(醚化度)是醚化淀粉的关键质量指标,应控制在一定的范围。取代度过低,水溶性差,取代度过高则醚化剂用量太大,提高了产品成本。纺织经纱上浆应用较多的有羧甲基淀粉、羟乙基淀粉和羟丙基淀粉等。

(1)羧甲基淀粉(CMS)。羧甲基淀粉是原淀粉在碱性溶液中(40%的NaOH加入到一定浓度的淀粉乳中)与一氯醋酸反应制得。高取代度的羧甲基淀粉需在与水混溶的有机溶剂中制备。

羧甲基淀粉的化学结构式为:

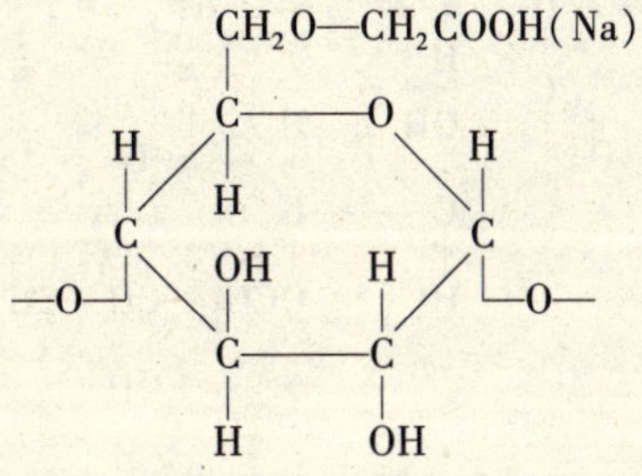

羧甲基淀粉的水溶性随着取代度增加而提高,当取代度≥0.5时,可溶于冷水,水溶液透明,工业用CMS取代度一般在0.9以下。CMS粘度高,粘度热稳定性好,但在醚化前或醚化后进行酸解处理可达到合适的粘度。CMS呈阴离子型,溶液遇二价或二价以上的金属盐会生成不溶性的沉淀物,在浆液配合中应避免使用阳离子型的辅助浆料。CMS具有较好的乳化性能,与PVA等亲水性的高分子化合物有很好的混容性,易溶于水,不易受微生物的侵蚀。CMS浆膜透明、脆硬,属脆硬性材料。CMS在生产过程中不可避免地要带入盐(主要是NaCl),如含量过高将影响浆膜的吸水性和浆液的粘度,吸水高将使浆膜产生再粘现象,且对浆纱及调浆设备有严重的腐蚀。CMS用于经纱上浆的主要目的是利用和发挥其乳化性,改善浆液的互混性而不致分层。CMS亦可作为增稠剂。

(2)羟乙基淀粉(HES)。羟乙基淀粉是用环氧乙烷作为醚化剂,与淀粉在碱性条件下反应制得的。反应实质上是一种亲核取代。

羟乙基淀粉的化学结构式为:

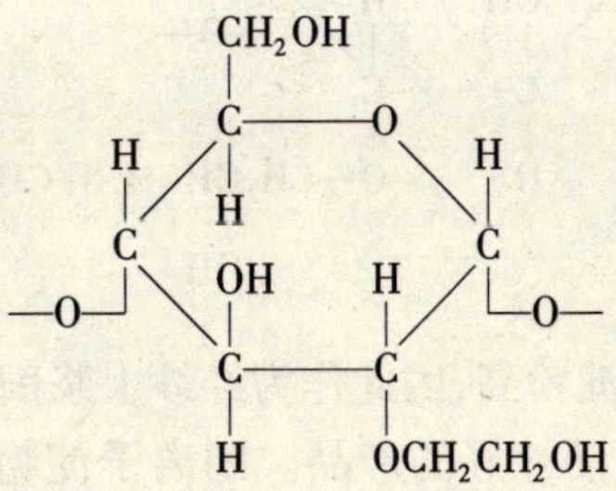

羟乙基淀粉是一种非离子型的淀粉衍生物，具有良好的水溶性和较好的热粘度稳定性，在低温下不易凝胶，可在60～70℃进行低温上浆，可作为棉、粘胶和毛纱的主浆料，亦可与PVA混合用于涤/棉织物的经纱上浆，其性能与转化淀粉相类似，但价格较高，因此使用并不太合算，目前的使用量已逐渐减少。

(3)羟丙基淀粉(HPS)。羟丙基淀粉是用环氧丙烷作为醚化剂，也是在碱性条件下制取的。

羟丙基淀粉由于引入的羟丙基阻碍了淀粉分子链的紧密排列，使得浆液在冷却时不会凝胶，不易变质，浆膜强力虽较原淀粉为低，但其伸度较高。羟丙基淀粉用于纺织经纱上浆的性能基本上与羟乙基淀粉相似。

羟丙基淀粉的化学结构式为：

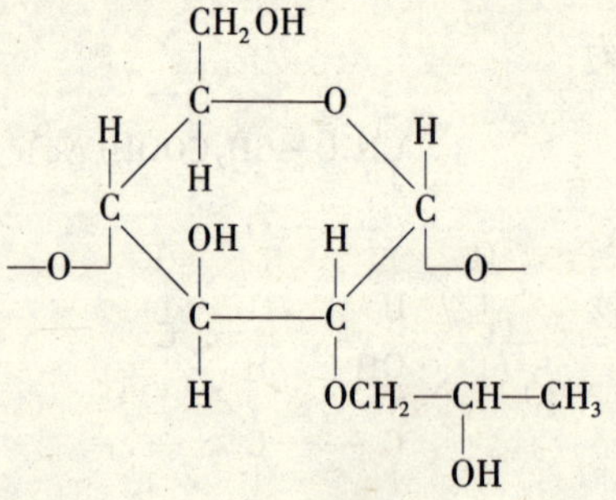

综合上述几种淀粉醚的性能来看，主要是它们有良好的水溶性，调浆方便，浆液在低温下不会凝胶，可用于低温上浆。由于淀粉醚对纱线的粘附性能等并不比酸解、氧化淀粉高，但其价格要高得多，因此在使用时要综合分析。

(4)阳离子淀粉。阳离子淀粉是淀粉和含有氨基或铵基等的阳离子试剂进行醚化反应制得的一种淀粉衍生物。由于淀粉大分子中引入了一个或多个阳离子基团，带有阳电荷，从而具有高分子阳离子性能。由于所用的阳离子化试剂不同，所以阳离子淀粉品种繁多，一般分为叔胺烷基淀粉醚、季铵淀粉醚、伯胺和仲胺烷基淀粉醚等几类。季铵烷基淀粉醚性能优越，现在用于经纱上浆的主要是季铵型阳离子淀粉。

季铵型阳离子淀粉的化学结构式如下：

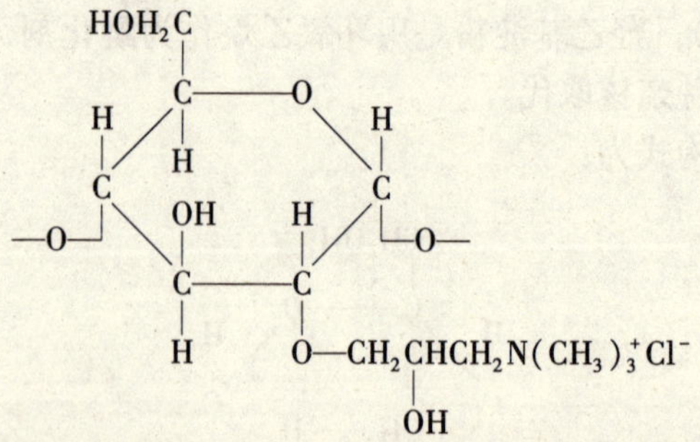

阳离子淀粉浆液的粘度比原淀粉高，因此作为经纱上浆剂必须在阳离子化之前进行降解处理(如酸解)，可以得到粘度低、流动性好的产品。阳离子淀粉具有良好的成膜性、粘附性和粘

度稳定性，且具有消除静电的效能。季铵型阳离子淀粉通常在广泛的 pH 值范围内均呈现正电荷，故适用于酸性、中性或者偏碱性条件下的浆液使用。但在 pH 值较高的条件下也会失去其正电荷，在使用时应当注意。

6. 接枝淀粉　接枝淀粉是现有变性淀粉中最新的一种浆料，属于第三代变性淀粉。接枝淀粉是用化学方法（引发剂）或者辐射法，首先在淀粉的大分子链上产生游离基（自由基），然后将接枝单体接到淀粉的自由基上，并在接枝单体上产生新的自由基，最后在淀粉的大分子链上形成具有一定频率、一定分子量的接枝支链。接枝单体主要有醋酸乙烯酯、（甲基）丙烯酸酯、丙烯酰胺、丙烯腈等，也有用苯乙烯和丁二烯作为接枝单体的。

淀粉分子链连接上这些高分子支链后，生成接枝共聚物，可以用下式简单示意：

```
              ····AGU(AGU)nAGU····
                  |           |
····M—M—M—M                   M—M—M—M····
```

式中：AGU——葡萄糖剩基；

M——接枝上去的合成物的链节。通常 M 的循环数在 10 ~ 30。

由于接枝淀粉的分子链是由淀粉分子链和合成高聚物分子链两部分组成，因此它具有淀粉和合成浆料的特点。接枝淀粉与其他变性淀粉相比，对疏水性纤维的粘着性、浆膜的弹性和伸度以及浆液粘度的稳定性均有较大的提高。接枝淀粉的性能在很大程度上取决于接枝单体的种类、接枝频率、接枝链的分子量以及接枝百分率等。接枝淀粉用于涤/棉经纱上浆可替代 60% ~ 70% PVA，甚至可以完全替代 PVA，且对环境污染小，是今后单组分浆料发展的重要方向之一。

表 2 - 3 - 13 是各种变性淀粉的主要性能对比。

表 2 - 3 - 13　各种变性淀粉的主要性能对比

序号	种类	试剂	主要变化	颗粒外形与结构	水溶性	粘度稳定性	离子型	凝胶	浆膜	粘附性	作主体浆料用	作混合浆料用	主要质量指标
1	酸解淀粉	酸	聚合度下降	加热有裂痕，乳白色	基本不溶	基本稳定	非离子	有	脆硬	与天然淀粉相同	中、高特棉纱	T/C、T/R（10% ~ 30%）	粘度
2	氧化淀粉	次氯酸钠	聚合度下降	径向裂缝，洁白	略有增加	基本稳定	阴离子	有	脆硬	与天然淀粉相同	中、高特棉纱、麻纱	T/C、T/R（10% ~ 30%）	粘度、羧基含量
3	交联淀粉	双官能团物质	聚合度下降或上升	白色	基本不溶	很稳定	非离子	易	脆硬	略有提高	高特棉纱、亚麻纱、苎麻纱	T/C（10% ~ 30%）	交联度、粘度、稳定性
4	羧甲基淀粉	一氯醋酸	引入 $—CH_2COOH$	不变，白色	部分溶解	较稳定	阴离子	无	柔韧性有提高	对亲水性纤维有提高	低、中特棉纱、毛、粘胶纱	T/C、T/R、T/W（10% ~ 30%）	DS、粘度
5	羟乙基淀粉	环氧乙烷	引入 $—CH_2CH_2OH$	不变，白色	MS > 0.3 ~ 0.4 水溶性	稳定	非离子	无	柔韧性有提高	对亲水性纤维有提高	低、中特棉、毛、粘胶纱	T/C、T/R、T/W（10% ~ 30%）	MS、粘度

续表

序号	种类	试剂	主要变化	颗粒外形与结构	水溶性	粘度稳定性	离子型	凝胶	浆膜	粘附性	作主体浆料用	作混合浆料用	主要质量指标
6	羟丙基淀粉	环氧丙烷	引入 $—H_2C—CH(CH_3)—OH$	不变，白色	部分溶解	稳定	非离子	无	较柔软	对亲水性纤维有提高	低、中特棉、毛、粘胶纱	T/C、T/R、T/W、(10%~30%)	MS、粘度
7	氰乙基淀粉	丙烯腈	$—CH_2—CH_2—CN$	不变，白色	略有溶解	稳定	非离子		较硬	对亲水性纤维有提高	中、低特棉、粘胶纱	T/C、T/R(10%~30%)	DS、粘度、皂化值
8	醋酸酯淀粉	醋酸酐或醋酸乙烯	引入 $—OOCCH_3$	不变，颗粒结构有损伤，白色	不溶，易分散	稳定	非离子	无	较柔软	对合成纤维有提高	低特、高密棉、粘胶纱	T/C、T/R、T/W(30%~50%)	DS、粘度、pH值
9	磷酸酯淀粉	各种磷酸盐	引入 $—P(=O)(ONa)—OH$	颗粒结构有损伤，白色	不溶，易分散	稳定	非离子	无	较柔软	对亲水性纤维有提高	中低特、高密棉和粘胶纱	T/C、T/R(10%~30%)	DS、粘度、pH值
10	尿素淀粉	尿素	引入 $—C(=O)—NH_2$	膨胀白、淡黄色	部分溶解，吸水性大	有降低	非离子	无	较硬	对亲水性纤维有提高	中特棉纱	T/C、T/R(10%~30%)	DS、粘度、pH值
11	阳离子淀粉	叔胺盐或者季铵盐	引入 $—N^+—$	不变，颗粒有损伤，白色	分散性好	稳定	阳离子	无	较柔软	有较大提高	低特、高密棉和粘胶纱	T/C、T/R、T/W(10%~30%)	粘度、含N%
12	接枝淀粉	烯烃类单体	引入一定聚合度物质	有裂纹，白~淡黄色	分散性、水溶性好，高吸水性	稳定	非离子或阴离子	无	柔软	有大的提高	低特、高密棉、毛、麻、粘胶纱	T/C、T/R、T/W(50%~100%)	接枝率、粘度

二、聚乙烯醇

1. 普通(未改性)聚乙烯醇　聚乙烯醇常称为PVA，是一种水溶性的合成粘着剂。PVA从化学结构上看是由乙烯醇单体聚合而成的，由于乙烯醇结构中的一个碳原子上既有双键又有羟基，故极不稳定，所以在自然状态下，乙烯醇是不存在的。工业上制取聚乙烯醇一般是通过聚醋酸乙烯酯与无水甲醇作用，以氢氧化钠为触媒剂，在30~40℃反应温度下醇解反应而得。聚醋酸乙烯酯在醇解反应中，如醋酸基($—OCOCH_3$)全部被醇解而得到的聚乙烯醇为完全醇解级，未全部醇解掉而在聚醋酸乙烯酯的分子链上部分保留则称为部分醇解级聚乙烯醇。它们的分子结构式如下(n为聚合度)：

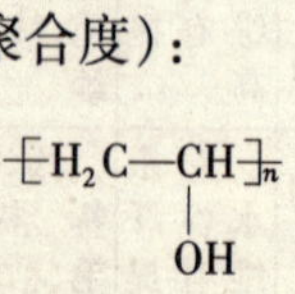

完全醇解级聚乙烯醇

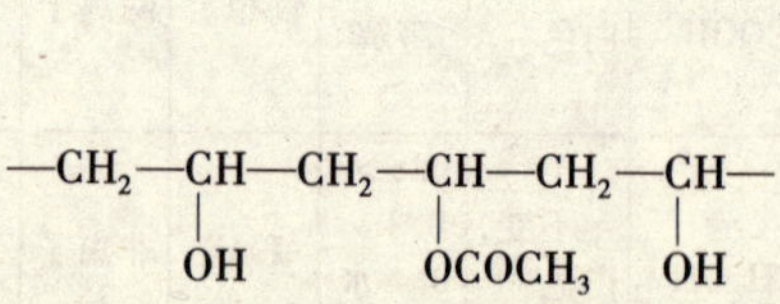

部分醇解级聚乙烯醇

聚乙烯醇的性质主要由它的聚合度和醇解度来决定。随着聚合度的提高,PVA 溶液的粘度、粘附性、成膜性能、结皮倾向和浆膜的机械强度、刚性都相应增大,但水溶性、浆膜的柔软性变差,浆液的流动性、浸润性能也相应降低。醇解度在 88% 左右的部分醇解聚乙烯醇,具有良好的水溶性,但醇解度过高或过低水溶性反而降低。由此可见,聚乙烯醇过高的聚合度对经纱上浆以及印染退浆的退净率都会造成一定的不利影响。根据短纤经纱上浆的要求,PVA 的聚合度一般在 1000 ~ 1100 较为恰当,但是目前的聚乙烯醇的聚合度大多在 1700 左右,作为浆料用并不太合适。

(1) PVA 的分类。表 2 – 3 – 14 是 PVA 的分类。

表 2 – 3 – 14 PVA 的分类

分类	名称	聚合度(DP)	分类	型号	醇解度(%)
按聚合度不同	超低聚合度	200 ~ 400	按醇解度不同	完全醇解型	95 ~ 100
	低聚合度	500 ~ 1000			
	中低聚合度	1200 ~ 1500		部分醇解型	85 ~ 90
	中聚合度	1500 ~ 2100			
	高聚合度	2100 ~ 2450		超低醇解型	70 ~ 80
	超高聚合度	2450 ~ 2600			

(2) 常用 PVA 的代号。

国产 PVA 的代号:第 1、第 2 位数字乘以 100 为聚合度,第 3、第 4 位数字为醇解度。例如 1799PVA,聚合度为 1700,醇解度为 99%。1788PVA,聚合度为 1700,醇解度为 88%,为部分醇解级。

台湾长春 PVA:前两位字母代表醇解度,后两位数字乘 100 代表聚合度。例如,BP—20 为部分醇解级,聚合度为 2000;BF—17 为完全醇解级,聚合度为 1700;BF—17(W)为次完全醇解级,醇解度为 92%,聚合度为 1700。

日本可乐丽 PVA 代号:第一位数字为 1 代表完全醇解级,为 2 代表部分醇解级,第 2、第 3 位数字的 100 倍为聚合度。例如 117,为完全醇解级,聚合度为 1700;205 为部分醇解级,聚合度为 500。

日本电化社 PVA:第一个字母 K 代表完全醇解级,B 代表部分醇解级,数字的 100 倍为聚合度,有最终字母的为特殊型号,如 E 代表醇解度为 97.8% ~ 98.5%。例如 K—17,为完全醇解级,聚合度为 1700;B—05,为部分醇解级,聚合度为 500。

经纱上浆用的 PVA,其聚合度一般在 500 ~ 2000 左右。

(3) PVA 的性质。

外观:一般为白色或者微黄色,呈片状、絮状、颗粒状或者粉碎状固体。

充填密度:0.4 ~ 0.5g/L

溶解性:PVA 能溶解于水,水溶液透明,其溶解性主要由聚合度和醇解度,特别是醇解度所决定。完全醇解级 PVA 在 65 ~ 75℃ 水温中只是溶胀微溶,在 95℃ 以上高速搅拌(960r/min)1.5 ~ 2h 才能完全溶解。部分醇解级 PVA 在 70℃ 左右就能完全溶解,但溶解时容易起泡。可见,随着醇解度降低,PVA 的水溶性增加,溶解温度相应降低。

粘度:在常温条件下,PVA 溶液的粘度稳定。在定温条件下,粘度随浓度的升高而增大。在一定的浓度条件下,粘度随温度的升高而降低。完全醇解型 PVA 溶液的粘度随时间的延长而增加,至逐渐凝胶化,但加热可以复原。加入硫酸钠、硫酸铵、硫酸钾及硼砂等均可产生凝胶,部分醇解型不会凝胶。

图 2-3-3 是 PVA 的温度—溶解曲线图,图 2-3-4 是 PVA 的时间—溶解曲线图,图 2-3-5 是 PVA1799 的温度—粘度曲线图,图 2-3-6 是 PVA1799 的浓度—粘度曲线图。

成膜性能和粘附性:PVA 溶液具有良好的成膜性能,浆膜强力高,伸度大,耐磨性好,不易腐败,与其他粘着剂具有良好的混容性,对各类纤维均有较好的粘附性能,特别是部分醇解型 PVA,因含有较多的醋酸酯基团,对疏水性纤维(如涤纶)则有更好的粘附力,是一种较为理想的披覆浆料。但 PVA 由于侧基单一,结构整齐,内聚力大,在干燥成膜时容易结晶定型,造成湿浆

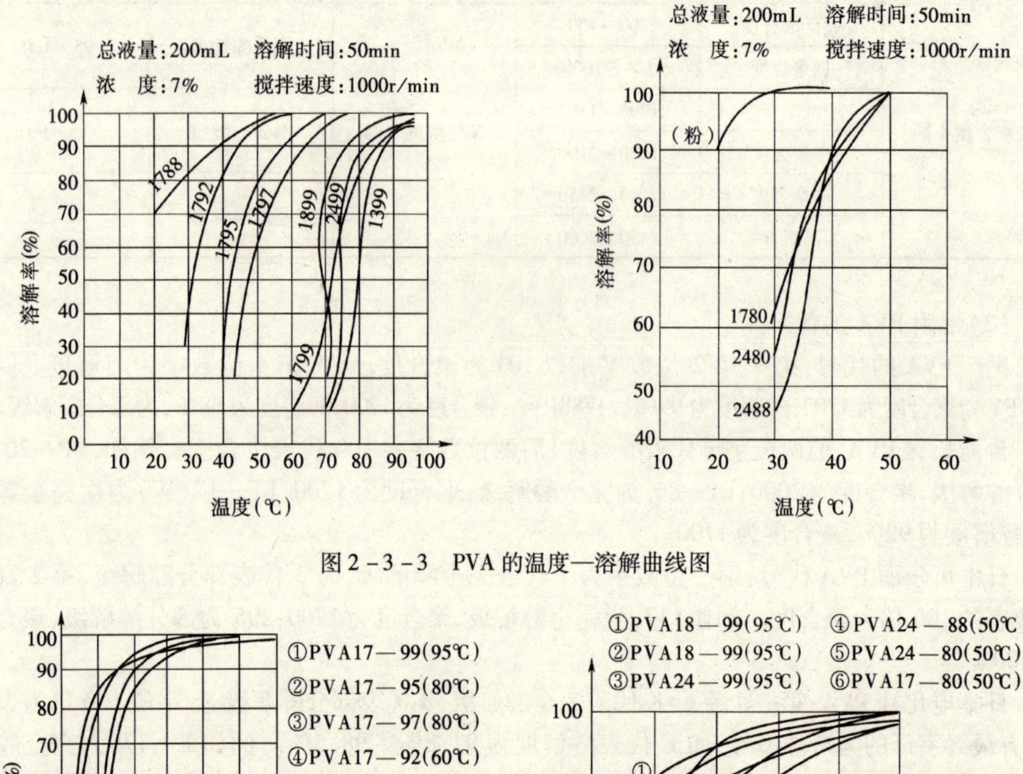

图 2-3-3 PVA 的温度—溶解曲线图

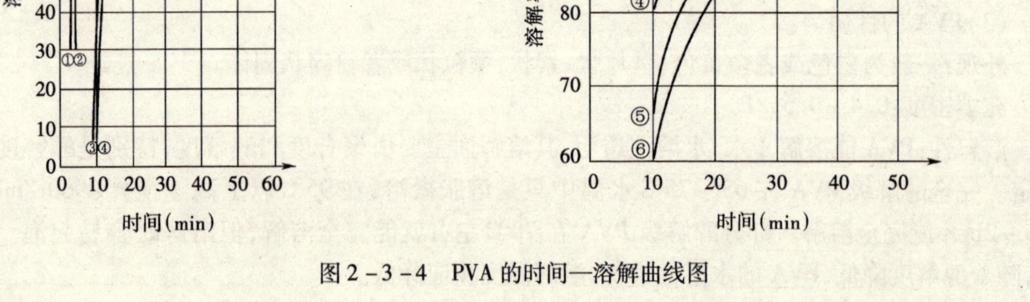

图 2-3-4 PVA 的时间—溶解曲线图

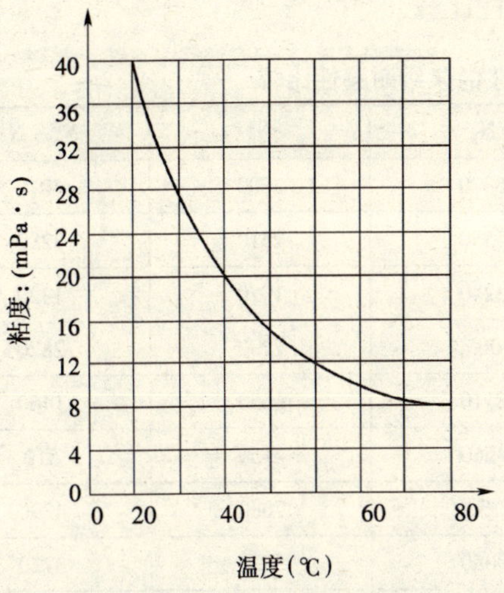

图 2-3-5 PVA1799 的温度—粘度曲线图

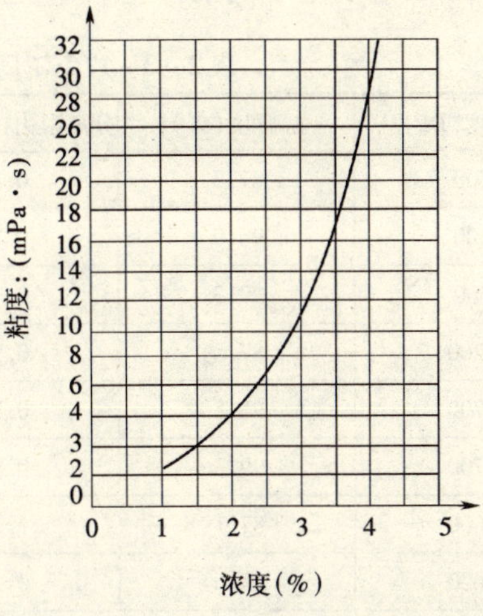

图 2-3-6 PVA1799 的浓度—粘度曲线图

纱干燥后在干分绞时分纱阻力大，增加浆纱并绞头。PVA 浆液在高温时易于结皮，亦是其缺陷。另外，由于 PVA 的 COD(化学需氧量)值很高，BOD(生化需氧量)值低，在退浆时排放的废水会对环境造成严重污染，所以在保护生态环境的要求下，必须采取措施(如废水中 PVA 回收、微生物降解等)解决 PVA 污染环境的问题，否则 PVA 作为纺织浆料将受到限制，以致禁用。表 2-3-15 是 PVA 的粘度、粘着力与分子量的关系。

表 2-3-15 PVA 的粘度、粘着力与分子量的关系

PVA 型号	PVA 分子量	粘度(mPa·s)	粘着力(N)	PVA 型号	PVA 分子量	粘度(mPa·s)	粘着力(N)
0588	24520	5.9	94.9	1099	44000	12.0	89.3
1088	49000	10.1	110	1599	66000	35.7	114
1788	83300	34.9	119	1799	74800	54	114

注 1. 粘度测定条件，30℃、6% PVA 溶液浓度，NDJ—79 型粘度计；
2. 粘着力测定条件，T/C 65/35 粗纱，1% PVA 溶液浓度，三星电子强力仪。

表 2-3-16 是 PVA 的聚合度、醇解度对一般性能的影响。

表 2-3-16 PVA 的聚合度、醇解度对一般性能的影响

一般性质	聚合度(DP)	醇解度
水溶液粘度	小→大	小→中
水溶液起泡倾向	与聚合度关系不大	大→小
薄膜强度	小→大	小→大
薄膜伸长率	大→小	大→小
薄膜耐溶剂性	小→大	小→大
在热水中的溶解性	大→小	小→大
在冷水中的溶解性	大→小	大→小

表 2-3-17 是不同聚合度 PVA 上浆的浆纱耐磨性比较。

表 2-3-17　不同聚合度 PVA 上浆的浆纱耐磨性比较

聚合度(DP)	醇解度(%)	分离阻力(cN/根纱)	N_w	N_d	N_w-N_d
500	87.3	0.87	6870	2800	4070
500	96.0	0.76	5590	2310	3280
500	99.3	0.72	3240	1920	1320
1700	87.6	0.99	10050	7230	2820
1700	95.8	0.89	8110	6650	1460
1700	99.3	0.82	4660	4150	510
2600	87.1	1.12	11370	7080	4290
2600	95.6	0.96	9050	5330	3720
2600	99.5	0.86	4850	4050	800

注　N_w 表示烘前湿分纱的浆纱耐磨次数；
N_d 表示烘后干分纱的浆纱耐磨次数；
N_w-N_d 表示因分纱作用导致耐磨性的破坏。

表 2-3-18 是完全醇解型与部分醇解型 PVA 的粘着力对比。

表 2-3-18　完全醇解型与部分醇解型 PVA 的粘着力对比

品种 / 纤维种类	亲和性对比		品种 / 纤维种类	亲和性对比	
	完全醇解型(DP=1700)	部分醇解型(DP=1700)		完全醇解型(DP=1700)	部分醇解型(DP=1700)
棉	1	0.9	涤纶	1	1.9
粘胶	1	0.95	锦纶	1	1.5
麻	1	1.3	醋酸丝	1	3.0
维纶	1	1.05			

表 2-3-19 是完全醇解型与部分醇解型 PVA 的性能对比。

表 2-3-19　完全醇解型与部分醇解型 PVA 的性能对比

对疏水性纤维的粘着力	部分醇解型 > 完全醇解型	浸透性	部分醇解型 > 完全醇解型
水溶性	部分醇解型 > 完全醇解型	印染退浆退净度	部分醇解型 > 完全醇解型
吸湿性	部分醇解型 > 完全醇解型	与油剂等的相溶性	部分醇解型 > 完全醇解型
浆膜的柔顺性	部分醇解型 > 完全醇解型	浆膜强度	部分醇解型 < 完全醇解型
浆膜断裂伸长	部分醇解型 > 完全醇解型	耐水性	部分醇解型 < 完全醇解型

表 2-3-20 是聚乙烯醇(PVA)的物化性能、浆液性能综合分析。

表 2-3-20 聚乙烯醇(PVA)物化、浆液性能综合分析

物理性能	比重一般为 1.21~1.31,完全醇解型 PVA 为 1.295,部分醇解型为 1.275 比体积 0.72~0.76 易溶于水,随着水温的升高溶解度增大,但完全醇解型比部分醇解型难以溶解,醇解度在 88% 左右,其溶解度最高,99.5% 及以上不溶于室温水而可溶于 95℃ 以上的水中,并在高速搅拌条件下才能完全溶解,部分醇解型易起泡 PVA 易燃烧,形成黑色的残留物,最后炭化,并伴有难闻的气味
化学性能	热熔温度为 160~200℃,在 140℃ 呈暗色,超过 200℃ 开始分解 PVA 在碱的作用下会发生结构和性能上的变化,部分醇解型 PVA 醋酸酯基被水解,醇解度提高 PVA 与 5% 的碱液在 85℃ 以上条件下,色泽泛黄或变棕色,会呈凝胶状,并析出絮状沉淀物 PVA 与强氧化剂作用时,分子中的羟基被氧化,致使大分子链断裂,PVA 溶液的粘度、粘附性和浆膜强度降低 PVA 溶液与硼化物(如硼酸、硼砂等)溶液作用会增稠,甚至凝胶,与盐类(如 Na_2SO_4 等)溶液有盐析作用 一般与碘发生蓝色反应,也能与刚果红起作用。 PVA 不易降解,对环境有污染
浆液性能	PVA 属被覆性浆料(材料) PVA 成膜性好,具有良好的柔顺性。PVA 的粘度、浆膜强力随聚合度的增加而提高,但浆膜的屈曲柔性变差 在一定的温度下,PVA 溶液的粘度随浓度的提高而上升,粘度随温度的上升而下降 PVA 遇高温会产生结晶化现象,使其溶解性降低。但在煮浆过程中,短时间经受 100~120℃(高温煮浆)不致产生影响 PVA 对各类纤维具有良好的粘着性能,浆膜强力、耐磨性以及屈曲强度等均好,具有良好的综合性能,优于淀粉及其他各类浆料 PVA 能适应高、中、低温上染工艺
使用要点	PVA 在水中易于结块而影响溶解,因此在煮浆时,必须先加水然后启动搅拌器,再缓慢加入 PVA 部分醇解型 PVA 溶解时在搅拌器的作用下易起泡,应选择消泡型部分醇解性 PVA 或者暂停搅拌,反复关小或开大蒸汽,直至泡沫逐渐消失 PVA 规格的选择:纤维素纤维(棉、粘胶等)及合成纤维混纺纱,上浆宜采用完全醇解型或部分醇解型 粘胶、天丝、合成纤维长丝上浆宜采用部分醇解型或低聚合度 PVA
适用品种	各类纤维纯纺纱及混纺上浆

2. 改性聚乙烯醇　聚乙烯醇用于经纱上浆具有优异的上浆性能,用于疏水性纤维及其混纺纱上浆能取得很好的效果,它在各类高分子合成浆料中占有主要的地位。但也存在浆液易结皮,分纱阻力大,浆纱毛羽增多,部分醇解型 PVA 溶解时易起泡等缺点。为了保持 PVA 原有的性能,对 PVA 进行改性处理,改变 PVA 的组成结构,以改善 PVA 的结皮、起泡问题并提高对疏水性纤维的粘着性能。

聚乙烯醇变性的基本原理是利用醋酸乙烯酯的双键、酯键及醇解后羟基的活泼性,改变侧链基团或结构,或引入其他单体成为以 PVA 为主体的共聚物,或引入其他官能团以改变 PVA 大分子的化学结构。

变性 PVA 现有代表性的产品有日本合成化学公司生产的 GOHSENOL T 型浆料,福建纺织化纤集团有限公司生产的 FV—1 型浆料。它们是由醋酸乙烯酯为主体与少量的丙烯酰胺单体共聚后进行醇解(皂化)而制成的离子型高聚物。

这类改性 PVA 改善了它的水溶性和结皮性,易于退浆,但对疏水性纤维的粘着性能并未得到提高,且价格高,因此在生产上的使用并不广泛。

FV—Ⅰ型 PVA 的化学结构式为：

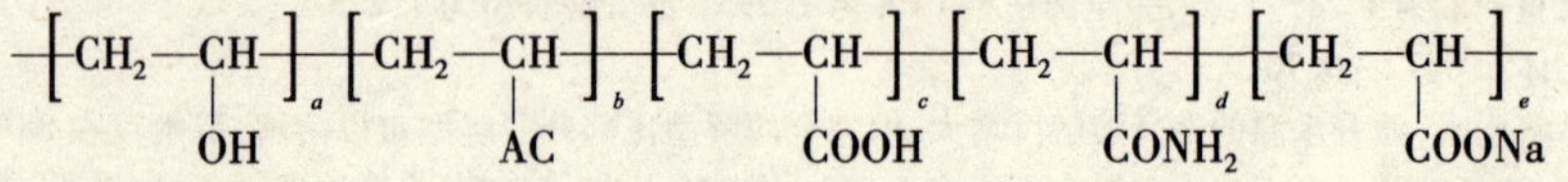

式中：*a*——乙烯醇在分子链上所占有的摩尔数，%；

b——醋酸酯基在分子链上所占有的摩尔数，%；

c——丙烯酸在分子链上所占有的摩尔数，%；

d——丙烯酰胺在分子链上所占有的摩尔数，%；

e——丙烯酸钠盐在分子链上所占有的摩尔数，%。

3. 聚乙烯醇的质量指标

(1)纤维用 PVA17—99F 执行的国家标准 GB 7351—1987，见表 2－3－21。

表 2－3－21 纤维用 PVA17—99F 执行的国家标准 GB 7351—1987

指标名称 \ 产品等级	优级品	一级品	二级品	指标名称 \ 产品等级	优级品	一级品	二级品
挥发份%≤	9.0	9.0	9.0	透明度%≥	90.0	90.0	90.0
氢氧化钠%≤	0.20	0.20	0.30	着色度%≥	90.0	88.0	86.0
残余乙酸根%≤	0.13	0.15	0.20	膨润度	145±15		
乙酸钠%≤	2.1	2.3	2.3	平均聚合度	1750±50		1750±70
纯度%≥	90.0	90.0	88.4				

(2)聚乙烯醇树脂的标准。聚乙烯醇树脂执行国家标准 GB 12010.2—1989，聚乙烯醇树脂 05—88 执行企业标准 Q/SH017 0808—1996。聚乙烯醇树脂的标准见表 2－3－22。

表 2－3－22 聚乙烯醇树脂的标准

型号	等级 \ 指标名称 / 指标	醇解度 %(mol/mol)	粘度 mPa·s	乙酸纳含量 %≤	挥发份 %≤	灰分 %≤	pH 值
05—88	优等品	88±1	4.0~6.0	—	5.0	0.5	5~7
	一等品	88±2	3.5~5.5	—	6.0	1.0	5~7
	合格品	88±2	3.5~5.5	—	8.0	1.0	5~7
17—88	优等品	87.0~89.0	20.5~24.5	1.0	5.0	0.4	5~7
	一等品	86.0~90.0	20.0~26.0	1.5	8.0	0.7	5~7
	合格品	86.0~90.0	20.0~26.0	1.5	10.0	1.0	5~7
17—92	优等品	91.0~93.0	21.0~27.0	1.5	5.0	0.5	5~7
	一等品	90.0~94.0	20.0~28.0	1.5	8.0	0.7	5~7.5
	合格品	90.0~94.0	20.0~30.0	2.0	10.0	1.0	5~7.5
17—95	优等品	94.0~96.0	22.0~28.0	1.0	7.0	0.5	5~7
	一等品	94.0~96.0	21.0~29.0	1.5	8.0	0.7	5~7.5
	合格品	94.0~96.0	20.0~30.0	2.0	10.0	1.0	5~7.5

续表

型号	等级	醇解度 %(mol/mol)	粘度 mPa·s	乙酸纳含量 %≤	挥发份 %≤	灰分 %≤	pH 值
17—97	优等品	96.0~98.0	23.0~29.0	1.5	7.0	0.7	5~7
	一等品	96.0~98.0	22.0~30.0	1.5	8.0	1.0	5~7
	合格品	96.0~98.0	21.0~31.0	2.0	10.0	1.5	5~8
17—99S(L)	优等品	99.8~100	22.0~28.0	2.1	8.0	0.7	—
	一等品	99.8~100	22.0~30.0	2.3	9.0	1.0	—
	合格品	99.8~100	21.0~31.0	2.5	10.0	1.5	—

三、聚丙烯酸类浆料

聚丙烯酸类浆料是以丙烯酸类单体为主体,通过加成聚合反应合成的大分子主链完全由碳原子组成,用于纺织经纱上浆的均聚物或共聚物,简称聚丙烯酸类浆料。聚丙烯酸类浆料具有水溶性优良、对纤维的粘着能力强、对环境的污染小等优点。制造聚丙烯酸类浆料可供选择的共聚单体种类很多,一般都是具有双键及侧基活泼性很强的化合物,以打开双键的形式共聚。一般聚丙烯酸类浆料选用的共聚单体有丙烯酸、丙烯腈、丙烯酰胺、丙烯酸酯(甲酯、乙酯、丁酯)和醋酸乙烯酯等,通过一元、二元、三元及三元以上共聚单体的选择及组分的合理配比,充分利用各共聚单体的特性来达到浆料性能和上浆工艺的要求。

聚丙烯酸类浆料常用的单体和功能如表 2-3-23 所示。

根据聚合单体的类型和比例,聚丙烯酸类浆料可分为三类:

①聚丙烯酸盐类:丙烯酸及其盐,甲基丙烯酸及其盐,以及它们与丙烯酰胺的共聚物。

②聚丙烯酰胺类:丙烯酰胺或以丙烯酰胺为主的均聚物或共聚物(液态、固态)。

③聚丙烯酸酯类:以丙烯酸酯为主体的共聚物(液态、固态)。

聚丙烯酸类浆料由于单体组分可以改变或调整其配比,因此品种繁多,但其共同的优点是具有良好的水溶性,对纤维的粘附性强,成膜性好,对环境的污染小等特点。现广泛应用于经纱上浆的聚丙烯酸类浆料,主要有聚丙烯酸甲酯、聚丙烯酰胺、醋酸乙烯丙烯共聚浆料(28#浆料)、聚丙烯酸盐、聚丙烯酸酯等。

1. 聚丙烯酸甲酯浆料　聚丙烯酸甲酯浆料简称 PMA,习惯上称为“甲酯浆”。聚丙烯酸甲酯浆料以丙烯酸甲酯(85%)、丙烯酸(8%)和丙烯腈(7%)三种单体以过硫酸铵为引发剂通过乳液共聚而成,其化学结构式为:

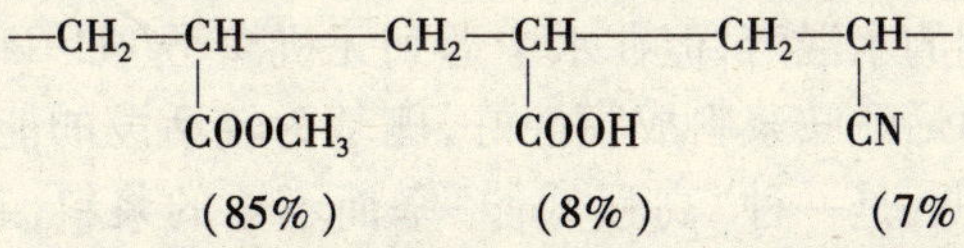

聚丙烯酸甲酯浆料的外观为乳白色半透明凝胶体,有大蒜味,具有较好的水溶性,可与任何比例的水互溶,粘度较为稳定。由于它的侧链中主要是非极性的酯基,分子链间的作用力较小,因此浆膜强力低,伸度大,急弹性变形小,弹性差,是一种低强高伸、柔而不坚的浆料,对疏水性纤维有很高的粘附性,但其“热再粘性”高,在车间温度较高时,纱线易产生粘连现象。聚丙烯酸甲酯浆料主要用于涤棉混纺经纱上浆的辅助粘着剂,以改善纱线的柔软性及浆料的粘附性。

表 2-3-23　聚丙烯酸类浆料常用单体和功能

名称	属性	结构式	玻璃化温度（Tg℃）	功　能
丙烯酸甲酯	软单体	$CH_2{=}CH{-}COOCH_3$	10(8)	对纤维的粘附作用特别对疏水性纤维更好 降低浆料的玻璃化温度，提高浆膜柔顺性能
丙烯酸乙酯	软单体	$CH_2{=}CH{-}COOC_2H_5$	-30(-24)	
丙烯酸丙酯	软单体	$CH_2{=}CH{-}COOC_3H_7$	-51	
丙烯酸丁酯	软单体	$CH_2{=}CH{-}COOC_4H_9$	-70(-56)	
丙烯酸	水溶性单体	$H_2C{=}CH{-}COOH$	87 (106)	成盐后浆料呈水溶性（钠盐吸湿性较大），对纤维有粘附作用，易于退浆
甲基丙烯酸	水溶性单体	$H_2C{=}C(CH_3){-}COOH$	144	

名称	属性	结构式	玻璃化温度（Tg℃）	功　能
甲基丙烯酸甲酯	硬单体	$H_2C{=}C(CH_3){-}COOCH_3$	57 (105)	对纤维的粘附作用 提高浆料的玻璃化温度 提高浆膜强度，减少浆膜再粘性 提高浆料的玻璃化温度 提高浆膜的强度和耐磨性，起防腐作用
甲基丙烯酸乙酯	硬单体	$H_2C{=}C(CH_3){-}COOC_2H_5$	50	
甲基丙烯酸丙酯	硬单体	$H_2C{=}C(CH_3){-}COOC_3H_7$	38	
甲基丙烯酸丁酯	硬单体	$H_2C{=}C(CH_3){-}COOC_4H_9$	30	
丙烯腈	硬单体	$H_2C{=}CH{-}CN$	101 (103)	
丙烯酰胺	水溶性单体	$H_2C{=}CH{-}CONH_2$	165	对亲水性纤维有较好的粘附作用，易于退浆

2. 聚丙烯酰胺浆料　聚丙烯酰胺浆料简称为 PAAm，习惯上称为“酰胺浆”，是一种水溶性高分子化合物，它是由丙烯酰胺单体聚合而成，其化学结构式为：

$$-CH_2-\underset{\displaystyle CONH_2}{\underset{|}{CH}}-$$

聚丙烯酰胺浆料是一种无色透明的粘稠体。由于丙烯酰胺的聚合是放热反应，早期的聚丙烯酰胺浆料在制备时单体浓度一般不超过 10%，所以聚丙烯酰胺浆料的含固量一般为 8% ~ 10%。现在由于合成工艺和方法的改进，其含固量可以达到 20% ~ 30%。聚丙烯酰胺具有良好的水溶性，能与任何比例的水混溶，但在水中遇到无机离子（如 Ca^{2+}、Mg^{2+} 等）会产生絮凝沉降作用，且粘度下降。聚丙烯酰胺浆料成膜性好，侧基为较活泼的能互相形成氢键的极性酰胺基，因而浆膜强度高，伸度低，是一种“高强低伸”坚而不柔的浆料，对棉纤维有良好的粘附性，用于苎麻、棉、粘胶、涤/棉织物经纱的上浆有良好的效果。

3. 醋酸乙烯酯丙烯酰胺共聚浆料　醋酸乙烯酯丙烯酰胺共聚浆料典型的是 28# 浆料，也是一种聚丙烯酸类浆料，其化学结构式为：

$$-CH_2-\underset{\displaystyle CONH_2}{\underset{|}{CH}}-CH_2-\underset{\displaystyle OCOCH_3}{\underset{|}{CH}}-CH_2$$

28#浆料呈乳白色粘稠状体，粘度较高，含固量较低，一般为16%左右，但现在的醋酸乙烯酯丙烯酰胺共聚浆料由于合成工艺的改进，其粘度有了较大降低，含固量也有了较大提高，可达到25%～30%左右。醋酸乙烯酯丙烯酰胺共聚浆料的性能界于聚丙烯酸甲酯和聚丙烯酰胺浆料之间，对疏水性纤维的粘着力虽然没有聚丙烯酸甲酯浆料好，但由于醋酸乙烯酯丙烯酰胺共聚浆料没有大蒜味，对人体无害，所以在生产中大都替代聚丙烯酸甲酯用于涤/棉混纺经纱的上浆。

4. 聚丙烯酸盐多元共聚浆料　近年来，对聚丙烯酸盐多元共聚浆料的研究、开发获得了较大的发展，其目的在于利用两种或两种以上不同性能的单体，并以不同配比，在一定温度条件下进行共聚，以获得不同性能的浆料，如良好的粘着性、水溶性、耐磨性以及较低的吸湿性。例如丙烯酸和丙烯酰胺的共聚物（钠盐或铵盐），丙烯酸、丙烯腈和丙烯酰胺的共聚物，或丙烯酸、丙烯酰胺、醋酸乙烯酯和丙烯腈的四元单体共聚物等，共聚后再用氢氧化钠或氨水中和得到其钠盐或铵盐。现生产用的各种品牌的聚丙烯酸类浆料，如SFB、KD—318等多属于上述结构。这类浆料含固量较高，可以达到25%～30%，粘度可根据需要调节，对亲水性纤维的粘附性较好，广泛用于棉、粘胶、苎麻、涤/棉等织物经纱的上浆。但有少数聚丙烯酸盐多元共聚浆料在应用时会使淀粉浆料的粘度升高。

5. 固体聚丙烯酸（酯）浆料　液体聚丙烯酸类浆料由于含固量较低，运输和使用都不大方便，为此国内外都研究开发了多种含固量高（>95%以上），运输、使用都比较方便的固体聚丙烯酸（酯）浆料，如德国伊埃斯公司的Tayhert—KT、英国联合胶体公司的Vicol系列、意大利宁迫迪公司的Lamcol—R48，宜兴军达化工厂的SFG型固体聚丙烯酸酯浆料等。固体聚丙烯酸（酯）浆料一般采用喷雾烘干法或沉淀聚合法生产，有聚丙烯酸酯和聚丙烯酸盐两类，前者对疏水性纤维的粘附性较好，后者对亲水性纤维的粘附性较好，但吸湿性较大。

几种常用的聚丙烯酸类浆料的性状和适用范围见表2－3－24。

表2－3－24　几种常用的聚丙烯酸类浆料的性状和适用范围

名称	主要成分（单体）	主要基团	外观	离子型	粘度稳定性	浆膜机械性能	粘附性	适用范围	附注
聚丙烯酸盐	丙烯酸，丙烯酰胺，丙烯腈等	—COOH —$CONH_2$ —CN	无色透明或微黄色胶体	阴离子型	较好	强度高，伸度小，易吸湿（铵盐吸湿性较小）	对纤维素纤维较好	作辅助粘着剂，与淀粉、PVA混合用于纯棉、涤/棉或涤/粘经纱上浆	过量使用易增稠
聚丙烯酰胺	丙烯酰胺	—$CONH_2$	无色透明或带微黄色胶体	非离子型	稳定	高强低伸，易吸湿，再粘性较大	对纤维素纤维良好	不能作主浆料，与淀粉、PVA混合用于纯棉、粘胶、麻类经纱上浆	与二价以上金属离子（Ca^{2+}、Mg^{2+}）会形成絮状沉淀物
聚丙烯酰胺共聚物（28#浆料）	醋酸乙烯酯，丙烯酰胺	—$OCOCH_3$ —$CONH_2$	乳白色胶体	阴离子型	略有下降	强度大，变形很小，吸湿稍改善	对纤维素纤维好	作辅助浆料，主要与淀粉、PVA混合用于纯棉、粘胶、麻类织物上浆，亦可用于涤/棉、涤/粘经纱上浆	

续表

名　称	主要成分（单体）	主要基团	外　观	离子型	粘度稳定性	浆膜机械性能	粘附性	适用范围	附　注
聚丙烯酸酯（甲酯）	丙烯酸甲酯，丙烯酸，丙烯腈	—$COOCH_3$ —$COOH$ —CN	乳白色或淡黄色半透明粘稠体	阴离子型	稳定	低强高伸，吸湿性和再粘性较高	对疏水性纤维良好	与PVA、淀粉混合用于涤/棉、涤/粘或高比例涤/棉、纯纺纱织物经纱上浆	
聚丙烯酸酯（喷水浆料）	丙烯酸甲酯，丙烯酸丁酯，甲基丙烯酸甲酯，丙烯酸等	—$COOCH_3$ —$COOC_4H_9$ —$C(CH_3)COOC_4H_9$ —$COOH$	无色或淡黄色透明胶体	阴离子型	稳定	强力低，变形能力大	对疏水性纤维优异	可作主浆料或单独用于涤纶长丝经纱上浆	
聚丙烯酸酯	丙烯酸甲酯，丙烯酸丁酯，丙烯酸等	—$COOCH_3$ —$COOC_4H_9$ —$COOH$		粘稠体	阴离子型	稳定	有较好的强伸度，浆膜柔韧耐磨，吸湿再粘性小	对疏水性纤维良好	可作主浆料替代PVA，与淀粉混合用于涤/棉织物经纱上浆
固体聚丙烯酸酯	丙烯酸甲酯，丙烯酸，丙烯酰胺等	—$COOCH_3$ —$COOH$ —$CONH_2$	乳白色半透明胶体	阴离子型	稳定	有良好的强伸度，浆膜柔韧	对疏水性纤维好	作辅助粘着剂，与淀粉、PVA混合用于涤/棉、涤/粘经纱上浆。亦可用于低特高密纯棉经纱上浆	

四、组合浆料

组合浆料也叫一次性浆料或方便浆料，它是浆料厂根据上浆的对象及要求，把变性淀粉、聚乙烯醇、固体聚丙烯酸（酯）、蜡片等各种不同成分按照一定比例预先混合而成的浆料，可供纺织厂直接进行调浆使用，具有配料正确、操作方便、便于管理等优点，尤其适合于小型纺织厂使用。但适应性较差，对于不同品种的上浆对象需要不同的组合浆料。

五、聚酯浆料

聚酯浆料是采用与合成涤纶树脂相同或相似的原料如对苯二甲酸（二甲酯）和乙二醇等，并加入第三组份如5－磺酸钠间苯二甲酸二甲酯或聚氧乙烯乙二醇等，通过缩合聚合反应合成的大分子结构中含有酯基（—COO—）和水溶性基团或亲水性基团的一类新型纺织浆料。

聚酯浆料大分子结构中含有苯环和酯基，与涤纶的分子结构相似，根据“相似相容”原理，对涤纶具有优异的粘附性能，是目前对涤纶粘附性能最好的浆料之一。聚酯浆料中含有强亲水基，水溶性或水分散性非常好，而且分子结构中的酯基在碱性条件下容易水解，退浆性能优良，并能改善淀粉和聚乙烯醇浆料的退浆性能。聚酯浆料的粘度、表面张力都较低,对纱线的润湿、渗透性好。聚酯浆料与淀粉、PVA 和聚丙烯酸类浆料有很好的混容性,能提高淀粉浆液的粘度热稳定性。聚酯浆料对淀粉有较好的增塑作用,能改善淀粉浆料的浆膜性能。聚酯浆料易被微生物分解,环保性能好。

但由于聚酯浆料的粘度较低(20%浓度的聚酯浆料,25℃下的粘度为 5.5mPa·s),难以作为主浆料使用。其次,聚酯浆料的再粘性问题还未得到较好解决,也影响到其作用。目前聚酯浆料大多应用于涤纶长丝上浆,在短纤维上仅作为辅助浆料使用。但随着科学技术的发展,存在的这些问题解决后,这类浆料将是很有前途的。

当前,聚酯浆料生产较有名的是美国伊斯曼公司(Eastman),其生产的 Eastman WD 是一种含固量为 30% 的水分散性聚酯浆料。法国克罗地亚公司(Chrodia)也有生产,主要用于长丝上浆。国内一些大学和研究院、所、化工厂也正在研究和试制中。

表 2-3-25 是各类浆料分别对棉和聚酯纤维粘附强度的强弱次序。

表 2-3-25 各类浆料对棉和聚酯纤维的粘附强度(从上到下,粘附强度依次减弱)

次 序	对棉纤维	对聚酯纤维	次 序	对棉纤维	对聚酯纤维
1	PVA(完全醇解级)	水分散性聚酯	5	聚丙烯酸酯	CMC(纯净)
2	PVA(部分醇解级)	聚丙烯酸酯	6	CMC(含盐)	CMC(含盐)
3	CMC(纯净)	PVA(部分醇解级)	7	水分散性聚酯	天然淀粉
4	天然淀粉	PVA(完全醇解级)			

六、其他天然粘着剂

(一)褐藻酸钠

褐藻酸钠俗称褐藻胶或海藻胶,呈浅褐色、褐色或深褐色颗粒或粉末状。可以从褐藻类海藻中或红藻、绿藻中提取出来,一般是从褐藻类的海带或马尾海藻中制取碘和甘露醇的副产品。

1. 褐藻酸钠的化学结构与化学性能

(1)化学结构:褐藻酸钠的分子式为($C_5H_7O_4COONa$)$_n$,n 为聚合度,一般为 60~80,分子量在 15000 左右。褐藻酸钠的化学结构式为:

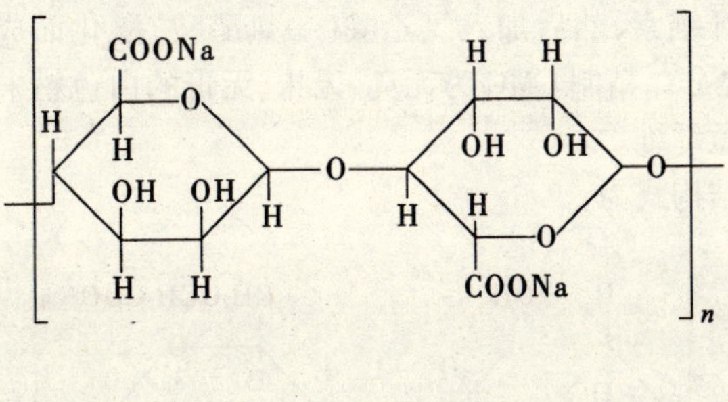

(2)化学性能:

①褐藻酸钠的水溶液遇无机酸或二价、三价金属离子(如 Ca、Mg、Al、Zn、Ba、Fe、Pb、Cu 等离子)立即产生凝聚,溶液遇强酸、强碱会析出沉淀而失去粘度。

②遇有机溶剂(如乙醇、丙酮等)立即凝固成灰色块状而不溶于水。

③分子中的—COONa 基团，在加热后容易分解成 CO_2 而形成泡沫。

④长久曝晒在阳光下或露置空气中会水解，甚至腐败变质。

2. 褐藻酸钠的物理性状

(1)由于分子结构上带有—COONa 基团，因此亲水性极强。

(2)具有良好的水溶性能，溶液呈半透明或透明胶体状。

(3)浆液具有很好的成膜性，粘着力强，粘度随浓度的增加而急剧上升，属低浓高粘浆料。

(4)吸湿性强。溶液长时期接触空气易腐败，粘度下降。故需加入防腐剂以抑制微生物的生长。

3. 褐藻酸钠的浆液性能及应用时注意事项

(1)褐藻酸钠溶液浓度在3%以下时，浓度每增加0.5%，它的粘度即增加2.5～3倍。由于粘度过高，若褐藻酸钠单独使用不能获得高的上浆率，一般可与淀粉以一定比例混合使用。

(2)褐藻酸钠溶液的粘度随着温度的升高而下降，温度在20～80℃范围内粘度下降很快，温度在80℃以上，粘度下降变慢。

(3)褐藻酸钠溶液的pH值在7左右时粘度最大，pH值在5.5～10范围内，其粘度比较稳定。

(4)褐藻酸钠的浆膜柔软，其物理机械性能(如浆膜强度、伸度、耐磨、耐屈曲)优于淀粉浆。由于溶液粘度高，浆液渗透性差，容易起泡，有腥味，色泽稍差。不能用二价或三价金属盐作为防腐剂(如氯化锌、氯化镁、氯化钙等)，否则浆液要产生凝块。

(5)褐藻酸钠溶解时要高速搅拌，投料时要边撒边搅拌，以免生成疙瘩状的团块。

4. 褐藻酸钠的质量要求(表2-3-26)

表2-3-26　褐藻酸钠的质量要求

品　级	项　　　目			
	比粘度(恩氏，°E)(1%浓度，20℃)	水分(%)	pH值	水不溶物(%)
一级	≥23	≤17	5.5～7.5	≤0.7
二级	≥15	≤17	5.5～7.5	≤1.0

褐藻酸钠价格高，性价比低，现在已很少应用。

(二)羧甲基纤维素钠(CMC)

羧甲基纤维素钠是纤维素的一种衍生物，简称CMC。它是以天然纤维(如棉短绒)经蒸煮、漂洗、碎干、碱化制成碱纤维素，然后加入氯乙酸(一氯醋酸)醚化而成。CMC有精制品(溶媒法)和粗制品(水媒法)之分。精制CMC为无臭、无味、无毒的白色粉末，粗制CMC为乳白色絮状，含碱量大，且有不溶短纤维。

羧甲基纤维素钠的结构式为：

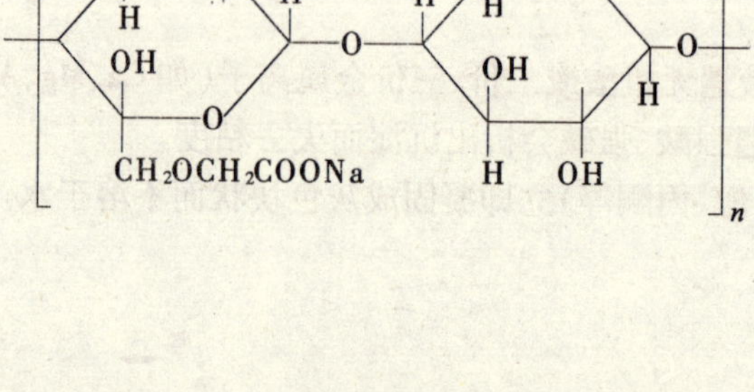

羧甲基纤维素钠的性能取决于取代度、聚合度及取代基团的分布情况。它的物理、化学性质和浆液性能见表 2-3-27。

表 2-3-27　CMC 的物理、化学性质及浆液性能

物理性质	化学性质	浆液性能
能溶于水,不溶于有机溶剂,其水溶液为粘胶状 属低浓高粘浆料,具有很好的增稠效果,粘度随温度升高有较大的降低 取代度(DS)<0.4 时为碱溶性的,≥0.4时为水溶性的。随着取代度的增加,其性能也相应得到改善	是一种高分子阴离子型电解质,呈中性或弱碱性 对碱较稳定,遇酸易水解。pH≤5 时,CMC 的水溶液会出现沉淀物	CMC 水溶液具有良好的扩散性、乳化性和结合力,是一种表面活性较弱的乳化剂,有吸收和保持水分的能力 CMC 的粘着力优于天然淀粉,浆膜较为光滑、坚韧,易于退浆,浆纱手感稍软,耐磨性差 CMC 浆液的 pH 值一般掌握在 7 以上为宜(pH 值为 8~9) CMC 浆液的粘度不易控制,变化较大。粗制品含盐量大,对机件有腐蚀性。湿度高时浆膜会发粘

CMC 的粘度分为三档:

高粘度:1000~2000mPa·s

中粘度:300~1000mPa·s

低粘度:50~100mPa·s

经纱上浆用 CMC 的主要规格见表 2-3-28。

表 2-3-28　经纱上浆用 CMC 的主要规格

项　目	规　格	项　目	规　格
外　观	白色粉末或短纤维状	粘度(mPa·s)(2%,20℃)	400~600
取代度(DS)	0.7~0.8	pH 值(1%,25℃)	6.5~7.5
有效成分(%)	≥90	体积质量($g\cdot cm^{-3}$)	1.59
氯化物含量(%)	≤7	断裂强度($N\cdot mm^{-2}$)	30~50
氯乙酸钠含量(%)	≤3	断裂伸长率(%)	10~20

(三)植物胶类

植物胶是某些植物的种子或块茎所含的多糖,其结构复杂,往往是由数种多糖缩合或混合而成的复合多糖。经纱上浆中有实用价值的有槐豆粉、田仁粉、白芨等。

1. 槐豆粉　槐豆粉是槐树的种子——槐豆加工而成的。槐树是一种资源丰富、耐旱涝的野生植物。槐豆粉为白色或略带灰色的粉末,无味,呈中性。槐豆粉的化学组成主要是甘露糖与半乳糖的缩聚物,含量约为 75%,并以甘露糖为主。其化学结构式为:

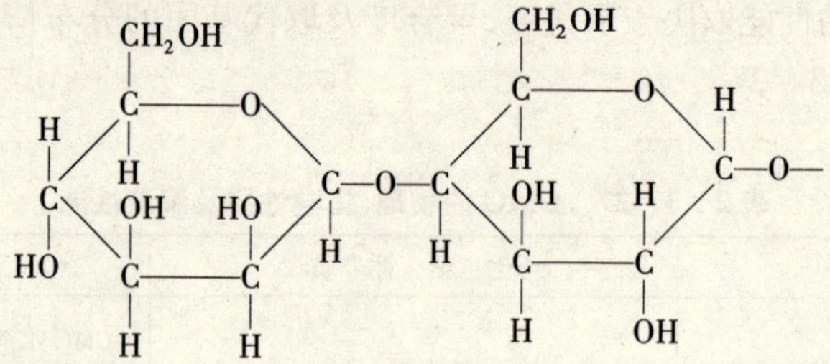

槐豆粉的质量要求：

（1）纯度：不得混有豆瓣及黑种皮等杂质。

（2）水分：不超过5%。

（3）粘度：1200～2400mPa·s（2%，25℃）。

（4）pH值：约为7。

（5）细度：能通过30～40目/cm筛。

2. 田仁粉　田仁粉是由野生植物田菁荚里的田菁籽加工而成的，色淡黄，溶于水后转变为褐色。田仁粉的主要成分是淀粉、半乳糖与甘露糖的缩聚物，也含有少量脂肪和蛋白质。其化学结构式为：

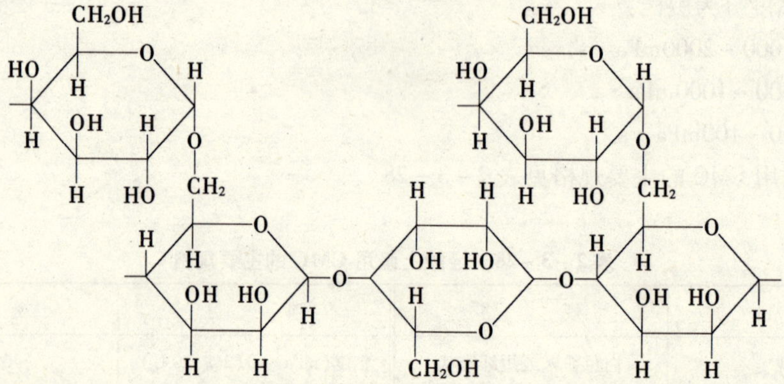

3. 白芨　白芨是一种兰科多年野生草本植物，亦称百及、甘根或连及草等。白芨粉的主要成份如下：

胶质	56%～57%
纤维素	13%～14%
水分	9.5%～10.5%
蛋白质	6%～7%
油脂	1%～1.2%
灰分及其他	1.5%～2%

4. 阿拉伯树胶　阿拉伯树胶是一种复合多糖类树胶，是工业上最广泛应用的树胶。它是一种无毒、无味、无色的清澈粘胶液。

槐豆粉、田仁粉、白芨和阿拉伯树胶的主要性能见表2-3-29。

表 2-3-29 槐豆粉、田仁粉、白芨和阿拉伯树胶的主要性能

名称	性能	应用要点	适用品种
槐豆粉	易溶于热水而难溶于冷水。其水溶液粘度很高，浓度为 2% 的水溶液在 25℃时的最大粘度可达到 1800～2400mPa·s。在酸或酶的作用下，容易水解成低聚糖，甚至单糖	加入 0.2%～0.4% 甲醛（浓度为 28%～30%），以起杀菌作用，防止变酸，保持粘度稳定	可与玉米淀粉混合应用于纯棉、维/棉的中、高特织物
田仁粉	粘性大，胀性好，易结块。较难溶解，须在高速搅拌下（1000r/min）并在 95℃以上才能溶解，pH 值在 7 左右 浆膜较粗糙，属被覆性材料	剩浆易凝胶结块，不能存留	可与淀粉、CMC 等浆料混合用于中、低特中低紧度纯棉品种
白 芨	呈酸性，pH 值 4～5。加浓烧碱后加热会水解，遇弱无机酸无反应，遇丙酮有粘结胶粒沉淀 浆液呈微黄透明，成膜性、强力及弹性均较好，粘度高，不耐煮，煮浆和上浆温度不宜超过 95℃	白芨粉煮浆时间不宜太长，上浆温度一般掌握在 95℃以下	白芨粉可单独使用或与淀粉混和用于中、高特纯棉品种
阿拉伯树胶	能在热水和冷水中溶解，形成粘稠液。不溶于有机溶剂，但能溶于酒精浓度低于 60% 的酒精溶液中 与硼砂、硅酸钠或明胶等作用生成凝胶。在 pH 值 5～10 范围内对粘度影响较小。形成的浆膜脆硬	粘度受温度影响很大，适宜于低温上浆（上浆温度在 45℃以下）	可作为辅助粘着剂与其他粘着剂混用

（四）动物胶

动物胶是用途十分广泛的工业用粘着剂，是一种硬朊类蛋白质，由多种氨基酸缩聚而成的天然聚合物，主要含有碳、氢、氧、氮四种元素。用于经纱上浆的动物胶，一般有骨胶、明胶、皮胶和鱼胶等。

动物胶的分子式为：$C_{102}H_{151}O_{36}N_{31}$

上浆用动物胶的规格、性能见表 2-3-30。

表 2-3-30 经纱上浆用动物胶的质量要求和性能

性能 \ 品名		明胶	皮胶	骨胶	鱼胶
外观		浅黄色透明片状或粗粉状	半透明浅棕色或深棕色块、片、粉状	浅棕色或棕黄色块、片状	浅黄色半透明片状
成分	明胶蛋白(%)	82～89	74～76	69～80	72～78
	水分(%)	10～16	13～18	11～17	16～21
	灰分(%)	3	1～4	2～3	0.35～0.5
粘度(恩氏,°E)（浓度 7.75%,40℃）		>3	>3	>1.8	>4
pH 值(5% 溶液)		4.6～4.7	5.5	5～7	5.5～8
水溶性		不溶于冷水，80℃热水中 0.5h 全部溶解	不溶于冷水，80℃热水中 0.5h 全部溶解	不溶于冷水，80℃热水中全部溶解	室温水中即能溶解
浆液浆膜性状		浆膜粗硬、弹性差、落浆多。浆液易起泡，渗透性差			
主要用途		主要用于粘胶丝上浆，或作辅助粘着剂			

（五）其他纤维素衍生物

用于经纱上浆的其他纤维素衍生物主要有甲基纤维素、乙基纤维素和羟乙基纤维素，其化学结构和性能见表 2－3－31。

表 2－3－31　其他纤维素衍生物的化学结构和性能

名　称	化学结构	性　　能	浆液性能及应用
甲基纤维素（MC）	是将纤维素羟基中的氢用甲基取代而成的纤维素醚，其结构式为：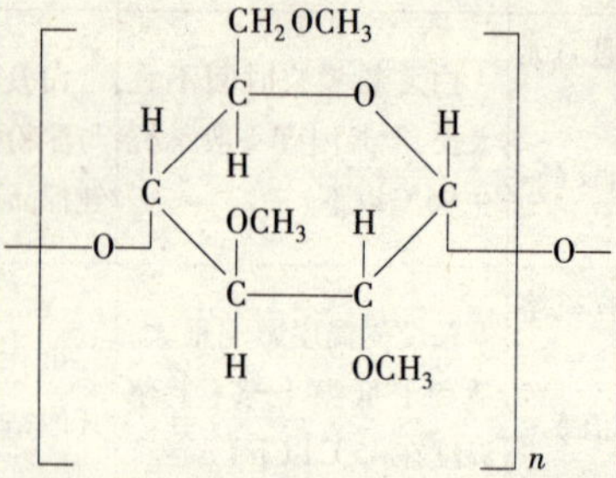	属非离子型亲水性胶体，呈白色或浅黄色粒状、纤絮状或片状 溶于冷水，不能溶于热水。水溶液加热到 50～55℃ 即形成凝胶 在 pH＝3～11 范围内较稳定，粘度没有显著改变，具有较好的乳化性和胶体保护性	浆膜透明、坚韧，具有一定的弹性。浆膜机械性能优于淀粉，与 CMC 相似 对棉、麻等天然纤维有较好的粘附性，但浆纱手感较软，易起毛。一般与淀粉混用以提高浆膜的机械性能，解决浆纱手感发软的缺陷 适宜于粘胶纱、粘胶丝以及羊毛单纱等低温上浆
乙基纤维素（EC）	是将纤维素羟基中的氢用乙基取代而成的纤维素醚，其结构式为：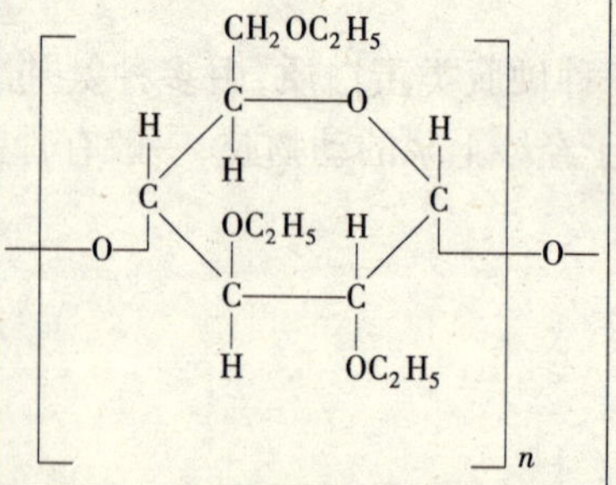	取代度（DS）＝1～1.5 的产品溶于水可作浆料。白色无定形粉末，有很好的化学稳定性。与其他纤维素醚混溶性差	浆膜性能优于淀粉，浆膜较硬，单独使用或与其他粘着剂混合用于各类品种上浆
羟乙基纤维素（HEC）	是将纤维素羟基中的氢用羟乙基（—C_2H_4OH）取代而成的纤维素醚，其分子式为： $[C_6H_7O_2(OH)_2OCH_2CH_2OH]_n$	取代度（DS）＝0.5～1.0 时可溶于水（用于上浆 DS＝1～1.5 较为适宜）。灰白色粉末固体，无毒，可食用 非离子型聚合物，遇一般酸、碱不会发生析出现象 乳化性能较差	浆液粘度稳定，成膜性能好，渗透性较差，属被覆性浆料 与其他粘着剂混合用于各类品种上浆，上浆性能与 CMC 相似

第二节　浆纱助剂

浆纱助剂是浆纱的辅助材料。在经纱上浆中，单独使用粘着剂很难满足上浆的全部要求。因此，在浆料组分中或调浆时就必须加入除粘着剂以外的其他辅助材料，以改善浆液性能，并使浆膜柔软，滑爽，富有弹性，具有更好的耐磨性能，还可赋予浆纱必要的防霉、抗静电等性能，以进一步适应无梭织机的织造工艺，达到提高织机效率和产品质量的目的，这些辅助材料统称为浆纱助剂。浆纱用的助剂品种繁多、性质各异，它的选择与上浆效果有密切关系，选用时必须根据织物的品种，粘着剂的性能等合理使用。

对浆纱助剂的工艺要求如下：

(1)在高温条件下，能与其他浆料进行均匀混合，不发生分解；

(2)与浆料不起恶化(影响)浆料性能的反应；

(3)价格低，来源丰富，与纤维不发生作用；

(4)对后加工(印染)没有影响。

上浆用的助剂主要有以下几种。

一、淀粉分解剂(改性剂)

未经变性处理的各类淀粉(原淀粉)，调制后的浆液粘度高且不稳定，不易渗透到纱线内部，形成的浆膜手感粗硬，上浆不匀而影响浆纱质量，所以在使用原淀粉调煮浆液时需要加入一定量的分解剂，以降低淀粉浆液的粘度，提高浆液工艺性能，更好地满足经纱上浆的要求。

原淀粉常用的分解剂主要有酸、碱、氧化剂等化学分解剂，淀粉酶或酵素等生物分解剂。

1. *化学分解剂*　化学分解剂主要有酸、碱和氧化剂等。酸如盐酸，在一定条件下使淀粉大分子链中的甙键发生水解而使粘度降低，当粘度降到需要的程度时需用碱中和。由于在调浆条件下降粘速度较快，不易控制，所以实际应用较少。

淀粉在常温时遇碱不分解，只吸收而膨胀变成糊状胶体，在高温和氧存在时才分解，这时淀粉分子链中的甙键被氧化而断裂，当碱耗尽后分解作用停止。

常用的碱性分解剂主要是硅酸钠(Na_2SiO_3)，俗称水玻璃或泡化碱，调浆用的硅酸钠的浓度一般为相对密度1.383(40波美度)。

用硅酸钠作为分解剂，不仅加快了淀粉的分解作用，而且有利于淀粉浆液粘度的稳定。硅酸钠的用量一般为淀粉干重的4%～8%。

硅酸钠呈碱性，当遇酸作用被中和时会析出硅酸，如再脱水则析出二氧化硅，所以淀粉生浆在加硅酸钠前应先中和其中的酸分，否则将影响硅酸钠的分解作用，也会在输浆管道和上浆辊上产生硅垢。所以硅酸钠分解剂的使用也在逐渐减少。

淀粉的氧化分解剂有次氯酸钠、漂白粉、氯胺T、高锰酸钾、过碳酸钠等。氧化分解剂具有用量少、分解速度快、分解后不需中和或还原等优点，但是用氧化剂分解的淀粉浆液的粘度热稳定性尚不够理想，需加入其他添加剂来提高其粘度热稳定性。

氧化分解剂的用量根据分解剂的性能而定，如次氯酸钠作分解剂时，用量为其有效氯对淀粉的0.5%～1.2%，而漂白粉的用量为其有效氯对淀粉的0.12%，氯胺T作分解剂时的用量：玉米淀粉为0.5%，小麦淀粉为0.4%，马铃薯淀粉为0.16%～0.2%。

2. *淀粉酶分解剂*　酶是一种生物催化剂，属蛋白质一类，由各种氨基酸组成。酶的作用具有专一性，即一种酶只能催化一种或一类化学反应，对淀粉起水解作用的酶总称为淀粉酶。工业上常用的淀粉酶有α-淀粉酶、β-淀粉酶和葡萄糖淀粉酶，α-淀粉酶对淀粉的水解作用较为均匀，因此用于淀粉作为分解剂更为合适。

α-淀粉酶又称液化酶或糊精化酶，是能使淀粉迅速水解而生成低分子的糊精的淀粉酶。α-淀粉酶是在pH值、温度一定的条件下对淀粉水解，一般α-淀粉酶在pH值5.5～8.0范围内较为稳定,pH <4 迅速失去活力,但不同来源的 α - 淀粉酶有不同的最适的 pH 值范围。作用温度一般在 50 ~60℃较为适宜(水解效率高),也有能耐 80 ~95℃的中、高温 α - 淀粉酶。超过酶的失活温度时,酶的催化水解作用即告终止,淀粉的降解不再继续进行。由此可见,α - 淀粉酶在一定的 pH 值、温度范围内,使淀粉大分子的甙键断裂而降解,从而降低了淀粉浆液的粘度,改善了浆液的流动性能,并提高了粘度的热稳定性。α - 淀粉酶对淀粉的水解作用较为强烈,一般用量为淀粉重量的万分之几。

α - 淀粉酶的活性是其重要指标。α - 淀粉酶在存放过程中,特别是在较高的温湿度条件下,活力会有所降低,这样会影响到对淀粉的分解作用。要保持 α - 淀粉酶的活性长期不变,可通过化学或物理等方式进行"固定化"处理,使酶的活性保持稳定。现常用的各种淀粉添加剂(催化剂或改性剂)有部分属于此类产品。

二、柔软润滑剂

浆液中加入柔软润滑剂的目的是改善浆膜性能,使浆膜具有良好的柔软、平润性,降低摩擦系数,赋予浆膜更好的弹性,以减少织造时的经纱断头,提高织机效率。

1. 浆纱油脂　常用的柔软、润滑剂多数为油脂类物质,以动物油脂为主。油脂的作用是使粘着剂分子链间松弛,从而增加其可塑性,降低浆膜的刚性,增加弹性伸长,同时还具有降低纱线与经停片、综丝和钢筘之间的摩擦系数的作用。

浆纱用油脂要求性质均匀稳定,一般是以多种动物油脂(牛油、羊油等)的混合物经氢氧化钠在一定温度下部分皂化而成的具有一定熔点、比重、皂化值、碘值及酸值范围的化合物,呈固态或半固态,以适应浆纱工艺的要求。有时为了改善其乳液稳定性,还加入一些起分散乳化作用的表面活性剂。

浆纱油脂在常温时一般呈固体状,熔点在 45 ~55℃之间,因此在 55℃以上时不会凝结成固体漂浮在浆液表面。水分和灰水要低,含杂量要少。皂化值在 190 以上,易于皂化,不会造成油渍并容易退浆。碘值要低,在 40 ~60 之间,不饱和油脂的含量低,不易腐败。同时要求 pH 值在 8 以下,以确保浆液质量。为了使油脂在浆液中具有高度的物理、化学稳定性,常常将油脂进行化学处理,通常用一定量的氢氧化钠与油脂在一定条件下进行皂化,制成乳化油(亦可用乳化剂 OP 制成乳化油)。动物油脂通过氢氧化钠的皂化部分会转变成肥皂。肥皂是高级脂肪酸钠盐,它是一种线型结构,其分子式为 $C_{17}H_{35}COONa$,既具有憎水基又具有亲水基,亲水性基团(—COONa)使肥皂具有水溶性。肥皂经搅拌能对油脂起乳化和分散作用,上浆干燥后还能起到柔软作用。但在使用时应该注意,肥皂与硬水或钙镁盐类接触会产生钙镁金属皂,它不溶于水,易积聚沉积在压浆辊上而产生污渍,也不利于织物的退浆与染色,还会使淀粉浆液的粘度下降。

油脂的用量一般为粘着剂干重的 2% ~8%,高密低特织物用量可适当增加,以淀粉类为主体的粘着剂,油脂用量较化学浆料为高。

用作柔软剂的还有以柔软润滑为主的表面活性剂,这类表面活性剂还具有润湿、分散的作用。如柔软剂 SG 是硬脂酸与环氧乙烷的缩合物,除具有良好的柔软润滑性能外,还有渗透作用,对合成纤维上浆更为适宜,其用量为粘着剂的 1%。

2. 固体浆纱蜡片　固体浆纱蜡片(柔软润滑剂)是用于各类经纱上浆的新一代柔软润滑剂,有效成分几乎达 100%。它是由动、植物油脂经氢化精制而成,并根据纤维的特性和上浆的要求,添加有抗静电剂、消泡剂、增塑剂等,一般不含矿物石蜡。是一种高效柔软润滑剂,具有良好的柔软润滑性、抗静电性和增塑性,是纺织经纱上浆较优良的柔软润滑剂,也可作为浆纱后上蜡用。主要质量指标为:色泽和外观为白色或淡黄色片状或块状固体,有效成分 >99.0%,不溶物≤0.1%,pH 值为 7 左右,能分散在 60℃ 以上的热水中,熔点 47 ~55℃。

固体浆纱蜡片一般用量为主浆料干重的 5% ~9%。

3. 浆纱油剂 浆纱油剂是由高纯度的矿物油和多种表面活性剂、抗静电剂等复配而成的。矿物油是一种卓越的润滑剂,对纱线具有良好的平滑作用,可降低浆纱的摩擦系数,改善浆纱的导电性能,但柔软作用较差,对纱线几乎无任何柔软作用。用量一般为粘着剂量的 2% ~3%,亦可根据织物经纱上浆要求增减。

三、渗透剂

经纱通过上浆后,一部分浆液披覆于纱线的表面,使毛羽贴附于纱干,并在经纱表面形成一层薄薄的浆膜以承受经纱织造时的摩擦作用,提高经纱的耐磨性能。浆液的另一部分渗透到纱线内部增加纤维之间的抱合力,提高纱线的强度,并提高浆膜与纱线之间的附着力。如果经纱的密度较大,浆液浓度较高,粘度较大,以及上浆过程中经纱通过浆液的时间短,压浆力小,同时纤维间有空气存在,则不利于浆液的渗透。为此在浆液中需加入一定量的渗透剂,以降低浆液的表面张力,提高浆液对纱线的润湿性和渗透性,同时渗透剂的加入还可乳化纤维上的油脂,这样也有利于浆液渗透到纱线内部。

渗透剂又称湿润剂,是一种表面活性剂,能显著降低浆液的表面张力,有些渗透剂也具有较好的乳化性能。渗透剂的品种很多,一般按在水溶液中的电离情况可分为阴离子型、阳离子型和非离子型,浆液中的渗透剂通常选用阴离子或非离子型,中性或弱碱性的浆液(pH 值 7.5 ~8.0)可选用阴离子型或非离子型,酸性浆液宜选用非离子型。同时要选用低泡高效的渗透剂,否则浆液易产生泡沫,影响上浆质量。

经纱上浆中常用的渗透剂主要有以下几种。

1. 渗透剂 M—5881D 渗透剂 M—5881D 是由 12% ~15% 的异丁基奈磺酸钠(拉开粉)、5% 的烷基磺酸钠、磷酸氢二钠、少量有机溶剂—松节油混合而成的液状物。松节油起消泡作用,磷酸二氢钠可软化水。

渗透剂 M—5881D 为阴离子型的棕褐色粘稠液体,H. L. B 值为 12,遇酸、碱稳定,可用任何比例的水稀释。

渗透剂 M—5881D 的润湿渗透性强,对纤维无亲和力,不产生泡沫,适用于疏水性纤维经纱的上浆,用量一般为粘着剂重量的 0.25% ~1.0%。

2. 渗透剂 JFC 渗透剂 JFC 是高级脂肪醇与环氧乙烷的加成物,亦称脂肪醇聚氧乙烯醚,分子式为 $C_nH_{2n+1}O(CH_2CH_2O)_mH$($m=8\sim10, n=8$)。

渗透剂 JFC 为淡黄色液体,属非离子型表面活性剂,H. L. B 值 =12,pH 值呈中性(6.5 ~7.5),浊点 40 ~50℃,能溶于水,1% 水溶液呈澄清状,化学性质稳定,耐酸、碱、硬水,能与其他各类表面活性剂拼用。

渗透剂 JFC 具有良好的润湿、渗透性能和分散、乳化性能,用量为粘着剂重量的 0.3% ~1%。

3. 平平加 O 平平加 O 是高级脂肪醇与环氧乙烷的加成物,亦称为高级脂肪醇聚氧乙烯醚，分子式为：$C_nH_{2n+1}O(CH_2CH_2O)_mH$（$n=12\sim18$，$m=12\sim15$）。

平平加O为淡黄色液体或乳白色膏状固体，属非离子型表面活性剂，易溶于水，耐酸、碱及硬水，对各种纤维无亲和力，用后易洗净。

平平加O的润湿、渗透性好，也有很强的乳化、分散能力，用量为粘着剂重量的0.5%左右。

4.其他渗透剂　除上述渗透剂外，肥皂、土耳其红油及其他多种高效低泡渗透剂也可用于纺织浆料的经纱上浆。

四、防腐(霉)剂

防腐剂的作用是防止浆纱或坯布在贮存或长距离运输过程中由于微生物或霉菌的繁殖而造成霉变等而影响产品质量。浆纱用的防腐剂应高效广谱，无毒或低毒，易溶于水，在酸、碱溶液中的防腐能力较强，在印染后加工中不会引起漂白斑等疵点。天然粘着剂（淀粉类及其他多糖类）是微生物良好的营养物质，很易霉变腐败。浆液放置时间过长亦会变质。纱线经过上浆后，在高温、高湿或长时间放置的条件下，浆纱和织物也可能会出现霉斑，甚至破坏纤维，严重影响纱线和织物的物理机械性能。所以对这一类浆料加入防腐（霉）剂是必须的。对合成纤维可少用或不用防腐（霉）剂。如坯布不经贮存直接运至印染厂加工或气候干燥季节及地区亦可少用或不用防腐（霉）剂。

防腐（霉）剂的品种和用量随浆液种类、浆液pH值、气候条件以及坯布运输存放条件和时间长短而定，如碱性浆不宜用酸性防腐（霉）剂，酸性浆则不宜用碱性防腐剂。

经纱上浆中常用的防腐（霉）剂有以下几种。

1.2－萘酚　2－萘酚亦称β－萘酚，是我国纺织厂经纱上浆中习惯使用且使用最广的一种防腐（霉）剂。2－萘酚是2－萘磺酸和氢氧化钠共溶后的化合物。2－萘酚的分子式为：$C_{10}H_7OH$，呈淡黄色或红褐色片状或粉状固体，有毒性，带樟脑味，久与空气接触颜色变深，比重1.27，熔点118～123℃，沸点280℃，不溶于水，即使加热也不溶解，能溶于浓热的氢氧化钠溶液中，但不溶于纯碱溶液，溶解1g 2－萘酚需用0.4g氢氧化钠。

2－萘酚的防腐性能与浆液的pH值有关，在酸性浆中防腐性最强，碱性浆次之，中性浆最差。2－萘酚的用量为淀粉量的0.2%～0.3%，在梅雨季节或贮存时间较长可适当增加用量，但不宜超过0.4%，在酸性浆中的用量可降至0.15%～0.2%，在使用时不能与含氯氧化剂同时加入，因2－萘酚会与氯发生加成反应。

由于2－萘酚不溶于水，需用氢氧化钠溶解，使用不便，其防霉效果也欠佳，且毒性较大，现已逐步被其他高效低毒广谱的防霉剂所取代。

2.NL—4高效杀菌防霉剂　NL－4防霉剂为2,2′－二羟基－5,5′－二氯二苯基甲烷（分子式为$C_{13}H_{10}O_2Cl_2$）的钠盐溶液。2,2′－二羟基－5,5′－二氯二苯基甲烷为无色无臭的晶体（工业品带棕色），有苯酚味，熔点177～178℃，在水中的溶解度为0.003%（25℃），易溶于乙醇、丙酮，与碱生成盐后可溶于水。

NL—4高效杀菌防霉剂的外观为红棕色至深棕色液体，密度1.11～1.20（25℃），双氯酚含量≥29%，pH值11～13，杀菌率≥95%（50mg/kg对异养菌）。

NL—4高效杀菌防霉剂具有高效低毒广谱的性能，对多种霉菌具有良好的抑制作用，其防腐效果比2－萘酚高几十倍，用量为浆料重量的0.1%～0.3%，可直接加入浆液中，现正逐步替代 2 - 萘酚。

菌霉净的有效成分也是 2,2′ - 二羟基 - 5,5′ - 二氯二苯基甲烷。

3. 其他防腐(霉)剂　氯化锌($ZnCl_2$)、水杨酸、苯酚(C_6H_5OH)等都是有效的防腐剂。

五、吸湿剂

浆膜含湿量与浆纱强力、弹性和耐磨性有密切关系,浆液中加入吸湿剂的目的就是为了使浆纱在织造时增强吸收空气中水分的能力,提高浆纱的含湿量,保持浆膜的柔软性和弹性。

吸湿剂的用量应根据纤维性质、粘着剂的性能、上浆量的大小和织造车间的环境(车间温、湿度)而定。如以淀粉为主体的粘着剂,在气候干燥、上浆量较大或车间湿度偏低时,加入适量的吸湿剂可减少浆纱的脆断头。如气候潮湿的季节和地区,就不必加入吸湿剂,因浆纱吸湿过大,浆膜易发粘而产生再粘性,纱线的强力、耐磨性能反而下降,经纱断头增加。聚丙烯酸类浆料因其吸湿性较强,在使用时一般不需再加入吸湿剂。

1. 丙三醇(甘油)　吸湿剂的种类很多,最常使用的是甘油,也称丙三醇,它是制造肥皂的副产品。甘油的分子式为 $C_3H_5(OH)_3$。纯净的甘油为无色透明的粘稠液体,有甜味,20℃时的密度为 1.2636,能与水以任何比例混溶。甘油性质稳定,具有很强的吸湿性,对浆纱还具有一定的柔软性和一定的防腐性,用量一般为淀粉重量的 1% ~2%。

2. 尿素　尿素又称脲或碳酰胺,为无色晶体,比重 1.355,熔点 132.7℃,加热温度超过熔点时即分解,溶于水和乙醇,水溶液呈中性反应,具有较好的吸湿性,用量一般为淀粉重量的 2% ~5%。其他各种渗透剂,因含有大量的亲水基因,在浆料中也能起到吸湿作用。

六、抗静电剂

纺织纤维特别是疏水性纤维的吸湿性和导电性都很差,在生产过程中纱线与机件摩擦后易积聚静电,使纤维相互排斥,造成纱线松散,毛羽突出,在织造时邻纱会互相缠结,结果使经纱断头增加。在浆液中加入微量的抗静电剂,可以增加纤维的导电性能,使静电荷易于消失。

抗静电剂有离子型和吸湿型两种,离子型抗静电剂由于抗静电剂本身的电离使纱线具有一定的导电性,吸湿型抗静电剂为亲水性的物质,通过吸收空气中的水分使纤维回潮率增加,从而提高纤维的导电性。大多数抗静电剂不但能电离同时也具有吸湿作用。

经纱上浆中常用的有以下几种抗静电剂。

1. 抗静电剂 MPN(抗静电剂 P)　抗静电剂 MPN 是烷基磷酸酯和二乙醇胺的缩合物,其化学结构式如下:

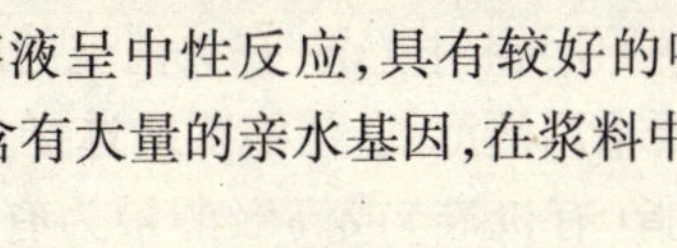

抗静电剂 MPN 为阴离子型的棕黄(褐)色油状液体,溶于水和酒精等一般有机溶剂,耐酸、碱、硬水和重金属离子,化学性能稳定。

抗静电剂 MPN 的抗静电效果显著,用于疏水性纤维可使电阻值降到 10^7 欧姆,可直接加入浆液中使用,此外它还具有乳化和消泡作用。抗静电剂 MPN 的用量为粘着剂量的 0.25% ~

1%。在中长合成纤维或化纤股线湿并时加入0.2%～0.5%的抗静电剂(对水重)对消除扭结有较好效果。

2.抗静电剂SN　抗静电剂SN的有效组成为十八烷基二甲基羟乙基硝酸铵,属阳离子型表面活性剂,外观为棕色油状粘稠液体,pH值4～6,易溶于水及乙醇、丙酮、四氯化碳等有机溶剂,耐酸、碱。由于浆液一般为阴离子或非离子的弱碱性体系,所以抗静电剂SN一般不直接加入到浆液中,主要用于涂覆在浆纱表面消除静电,0.05%～0.1%的水溶液即可获得较好的抗静电效果。

其他助剂如平平加O、拉开粉(异丁基萘磺酸钠)等由于其本身的电离和亲水性,所以也是一种良好的抗静电剂。油脂可降低纱线的摩擦系数,也可减少静电荷的产生。

七、消泡剂

浆液的泡沫,不仅对上浆操作带来很大困难,而且上浆量也难以控制,容易造成轻浆或上浆不匀等浆疵,对浆纱质量影响很大。浆液内泡沫产生的原因很多,有浆纱本身的原因,亦有外部原因。如淀粉浆料的蛋白质含量过多,不仅易起泡沫,且产生的泡膜强韧、稳定、不易消失。部分醇解级PVA由于醋酸酯基团的存在,起泡性很大,泡膜稳定不易破裂。浆液中加入过量的表面活性剂,使浆液表面张力过低,搅拌起泡后,泡沫不能迅速破裂。浆液pH值过高,也是容易起泡的另一原因。此外浆液的起泡与机械条件(如调浆桶搅拌速度过快等)、调浆用水等也有密切关系。由此可见,泡沫产生的原因相当复杂,有关消泡的理论至今尚未弄清楚。消除浆液中的泡沫除改进调浆操作外,主要采用消泡剂,消泡剂的选择主要依据泡沫溶液的性质。

消泡剂有多种,一般以硅树脂(有机硅)或高级醇最为有效,但这种消泡方式也是暂时性的,因为这些消泡剂在浆液中易被乳化,因而不能持续有效。浆液中常用的消泡剂还有硬脂酸、油脂、矿物油、磷酸三丁酯等。但在使用消泡剂消除浆液中的泡沫时要注意它的用量,以不使浆液不匀、不使油脂上浮、不产生油污疵点为度。

八、后上蜡

浆纱后上蜡的目的是既不损害浆膜结构导致浆膜强力下降,同时又能增加浆膜的柔软性、平滑性,提高浆纱的抗静电性能,降低浆纱的摩擦系数。对于柔软性较好的合成浆料,主要是赋予浆纱表面良好的平滑性能和抗静电性能,有利于开口清晰、断头降低、提高织机效率。

浆纱后上蜡的质量除应达到上述要求外,还应具有良好的乳化性、乳液稳定性及化学稳定性。浆纱后上蜡的熔点不宜过高(一般为55℃～65℃,融熔凝固后断面无分层,均匀性好,退浆时易于退净。

现在的浆纱后上蜡除以矿物蜡(石蜡)为主体配以乳化剂、抗静电剂等助剂复配而成外,还有以高级脂肪酸和高级一元醇所组成的酯和其他助剂复配而成,也有以矿物油为主体的液体蜡。上蜡量一般控制在0.2%～0.3%。

九、溶剂

调制浆液的溶剂是价廉易得的水,常用的是洁净的河水或自来水,按照水中所含的钙、镁离子的量可划分为软水和硬水等。

水的硬度有多种表示方法，我国以 mg/L 表示，即 1 升水中所含的钙、镁盐换算成碳酸钙的毫克数。按照水中含钙、镁离子量的多少，通常可将水质划分为以下几类（表 2-3-32）。但实际上水的软、硬并无截然界限，划分范围也往往有所不同。调浆用水的硬度应不超过 180mg/L。

表 2-3-32 硬水和软水区分表

水 质	以 $CaCO_3$ 含量计(mg/L)	水 质	以 $CaCO_3$ 含量计(mg/L)
极软水	15	硬 水	100~200
软 水	15~50	极硬水	>200
略硬水	50~100		

第三节 常用浆料的共性指标、特性指标及其检测

一、常用变性淀粉浆料的共性指标、特性指标及其检测

（一）常用变性淀粉浆料的质量指标

1. 共性质量指标　变性淀粉的共性质量指标见表 2-3-33。

表 2-3-33 变性淀粉的共性质量指标

项目 \ 种类		玉米变性淀粉	小麦变性淀粉	木薯变性淀粉	马铃薯变性淀粉
外观		白色或微带浅黄色阴影粉末，有光泽			
水分(%)		≤14.0	≤14.0	≤15.0	≤18.0
细度(%)		≥99.0			
灰分(干基)(%)	磷酸酯淀粉	≤1.0			
	其他变性淀粉	≤0.5			
蛋白质(干基)(%)		≤0.50	≤0.50	≤0.35	≤0.20
斑点(个/cm^2)		≤1.2	≤4.0	≤4.0	≤5.0
酸度(中和 10g 绝干变性淀粉消耗 0.1mol/L 氢氧化钠标准溶液的毫升数)		≤2.0			
pH 值	醋酸酯淀粉	6.0~7.0			
	其他变性淀粉	6.5~7.5			
粘度绝对允许偏差(mPa·s)		粘度≥20mPa·s 时，绝对允许偏差 ±3mPa·s 粘度<20mPa·s 时，绝对允许偏差 ±2mPa·s			
热粘度波动率(%)		≤15.0			

2. 特性质量指标(表2-3-34)

表2-3-34　变性淀粉的特性质量指标

变性淀粉类型	特性质量指标	
	项　目	指　标
氧化淀粉(用次氯酸钠作氧化剂)	羧基含量(%)	≥0.04
	残留氯	无
醋酸酯淀粉	取代度	≥0.03
	残留醋酸乙烯	待定
磷酸酯淀粉	取代度	Ⅰ级≥0.08;Ⅱ级≥0.01
冷水可溶性羧甲基淀粉	取代度	≥0.3
	氯化物含量(%)	≤3.0
交联淀粉	热粘度波动率(%)	≤10.0
	游离甲醛(mg/kg)(暂订)	≤100

(二)试验方法

1. 取样　从整批产品中抽取样品时,应先从整批中抽取若干包装单位,然后再从抽出的包装单位中抽取均匀试样。

(1)整批产品中包装单位的抽取:抽取包装单位的数量,根据批量总数按下式计算。

$$A=(N/2)^{1/2}$$

式中:A——应抽取的包装单位数(A不得小于10)(袋);

N——批量的包装单位数(袋)。

(2)均匀试样的抽取:取样时,用清洁、干燥的取样工具插入包装袋的2/3处。每袋取样100g,将抽取的样品迅速混匀,用四分法缩分,然后分装于两个1000mL清洁、干燥的广口瓶中,密封,贴上标签,一瓶供检测用,一瓶封存备查。

2. 共性质量指标试验

(1)外观。在明暗适度的光线下,用肉眼观察样品的颜色,然后在较强烈阳光下观察样品的光泽。

(2)水分(烘箱法)。变性淀粉水分是指变性淀粉样品干燥后损失的质量,以样品损失质量对样品原质量的百分比表示。其测试原理是将样品放在130~133℃的电热烘箱内干燥90min,得到样品的损失质量。

其具体操作是:金属碟(或称量瓶)在130℃下干燥并在干燥器内冷却后,精确称取碟和盖子的质量,把5±0.25g经充分混合的样品倒入碟内并均匀分布在碟表面上(样品中不能含有硬块和团状物,碟内部尽量最小暴露于外界),盖上盖子迅速精确称取碟和测试物的质量。将盛有样品的碟放入已预热到130℃的干燥箱内(盖靠在碟子旁),在130~133℃下干燥90min,然后迅速盖上盖子放入干燥器内,经30~45min后,碟在干燥器内冷却至室温。将碟从干燥器内取出2min内精确称重。

变性淀粉的水分按下式计算:

$$X=\frac{m_1-m_2}{m_1-m_0}\times100$$

式中:X——样品的水分含量,%;

m_0——干燥后空碟和盖的质量,g;

m_1——干燥前带有样品的碟和盖的质量,g;

m_2——干燥后带有样品的碟和盖的质量,g。

(3)细度的测定。变性淀粉细度是用分样筛筛分变性淀粉样品得到的样品通过分样筛的质量,以样品通过分样筛的质量对样品原质量的百分比表示。

其具体操作是:称取充分混合好的样品50g,精确至0.1g,均匀倒入孔径0.05mm(100目)的分样筛内,均匀摇动分样筛,直至筛分不下为止。小心倒出分样筛上的剩余物称重,精确至0.1g。

变性淀粉细度按下式计算:

$$X=\frac{m_0-m_1}{m_0}\times100$$

式中:X——样品细度,%;

m_0——样品的原质量,g;

m_1——样品未过筛的筛上剩余物质量,g。

(4)灰分的测定。变性淀粉灰分是变性淀粉样品灰化后得到的剩余物质量,以样品剩余物质量对样品干基质量的百分比表示。其测试原理是将样品在900℃高温下灰化,直到灰化样品的碳完全消失,得到样品的剩余物质量。

其具体操作是:坩埚先用沸腾的稀盐酸(1:4 盐酸)洗涤,再用大量自来水洗涤,最后用蒸馏水漂洗。将洗净的坩埚置于高温电炉内,在900℃ ±25℃下加热30min,取出在干燥器内冷却至室温后,精确称重。根据对样品灰分量的估计,迅速精确称取经充分混合的样品2~10g,均匀分布在坩埚内,不要压紧。将坩埚置于灰化炉口或电热板、电炉上小心加热,直至样品完全炭化至无烟。加热时要避免自燃,因为自燃会使样品从坩埚中溅出而导致损失。烟一旦消失,即刻将坩埚放入高温电炉炉内,将温度升高至900℃ ±25℃,并保持此温度直至剩余的炭全部消失或无黑色炭粒为止,残渣呈白色或灰白色粉末(一般0.5~1h 已足够)。然后关闭电源,待温度降至200℃时,将坩埚取出放入干燥器内,加盖,使之冷却至室温,并精确称重。

变性淀粉的灰分按下式计算。

$$X=\frac{m_1\times100}{m_0(100-H)}\times100$$

式中:X——样品的灰分含量,%;

m_0——样品的质量,g;

m_1——灰化后剩余物的质量,g;

H——样品的水分,%。

(5)蛋白质的测定。蛋白质是复杂的含氮有机化合物。变性淀粉中的蛋白质含量是根据变性淀粉样品的氮含量按照蛋白质系数折算而成的，以样品蛋白质质量对样品干基质量的百分比表示。其测试原理是，在催化剂存在下，用硫酸分解变性淀粉，然后碱化反应产物，并进行蒸馏使氨释放。同时用硼酸溶液收集，再用盐酸标准溶液滴定，根据盐酸标准溶液的消耗体积计算出变性淀粉中的蛋白质含量。

其具体操作是：准确称取0.6g经充分混合的变性淀粉样品（精确至0.001g），倒入250mL干燥的凯氏烧瓶内，注意不要将样品沾在瓶颈内壁上。加入6g硫酸钾、1g无水硫酸铜和40mL 96%以上的浓硫酸。轻轻摆动烧瓶，混合瓶内样品，直至团块消失，样品完全湿透，加入防沸物（如玻璃珠）。然后在通风橱内将凯氏烧瓶以45°角斜放于支架上，瓶口放一小玻璃漏斗，用电炉开始缓慢加热，当泡沫消失后，强热至沸。待瓶壁不附有炭化物，且瓶内液体为澄清浅绿色后，继续加热30min，使其完全分解。将烧瓶内液体冷却，移入100mL容量瓶中，并用少量水洗涤凯氏烧瓶几次，洗液一并转移至容量瓶中，再加水至刻度，摇匀备用。

同时做一空白试验。

向改良式微量凯氏定氮仪的接收瓶内加入10mL 2%的硼酸溶液和由1份0.1%甲基红乙醇溶液与5份0.1%溴甲酚绿乙醇溶液组成的混合指示剂（临用时混合）1滴，溶液呈酒红色。将微量凯氏定氮仪冷凝管的下端插入液面下。吸取5.0mL样品消化稀释液，由漏斗流入蒸馏瓶中，并用少量水冲洗，再将10mL 40%的氢氧化钠溶液由漏斗流入蒸馏瓶中，以少量水洗涤，夹紧螺旋夹，用少量水将漏斗液封，此时蒸馏瓶中内容物转为深蓝色或产生褐色沉淀。

打开冷凝管的冷凝水，开始蒸馏。蒸汽通入蒸馏瓶，使氨通过冷凝管而入接收瓶中，至硼酸接收液开始由酒红色变为蓝绿色时起，继续蒸馏约5min，降下接收瓶，使冷凝管尖端离开液面，再蒸馏1min，然后用水淋洗冷凝管尖端外部，取下接收瓶，停止蒸馏。

用10mL的酸式微量滴定管和已标定的约0.05mol/L的盐酸标准溶液滴定瓶内液体，直至溶液由蓝绿色变为灰色为终点，记下耗用盐酸标准溶液的体积。

同时作试剂空白测定。

变性淀粉样品中的蛋白质含量按下式计算。

$$X=\frac{(V_1-V_0)\times C\times 0.014}{m(100-H)\times 5/100}\times K\times 100$$

式中：X——样品蛋白质含量，%；

C——用于滴定的盐酸标准溶液的浓度，mol/L；

V_0——空白测定所用盐酸标准溶液的体积，mL；

V_1——样品测定所用盐酸标准溶液的体积，mL；

m——样品的质量，g；

H——样品的水分，%；

K——氮换算为蛋白质的系数，对于玉米变性淀粉，$K=6.25$；对于小麦变性淀粉，$K=5.70$；

0.014——1mL 1mol/L盐酸标准溶液相当于氮的质量，g；

5/100——稀释比。

(6)变性淀粉斑点的测定。变性淀粉斑点是在规定条件下，用肉眼观察到的变性淀粉中杂色斑点的数量，以样品每平方厘米的斑点个数来表示。其测试原理是通过肉眼观察样品，读出斑点的数量。

其具体操作是：称取 10g 经充分混合的样品，均匀分布在平板上。将刻有 10 个方形格（1cm × 1cm）的无色透明板盖到已均匀分布的待测样品上，并轻轻压平。在较好的光线下，眼与透明板的距离保持 30cm，用肉眼观察样品中的斑点，并进行计数，记下 10 个空格内变性淀粉中斑点的总数量，注意不要重复计数。

变性淀粉的斑点按下式计算。

$$X = \frac{C}{10}$$

式中：X——样品斑点数，个/cm^2；

C——10 个空格内样品斑点的总数，个。

（7）变性淀粉酸度的测定。变性淀粉酸度是中和变性淀粉样品乳液所耗用氢氧化钠标准溶液的体积，以中和 10g 绝干样品所耗用 0.1mol/L 氢氧化钠标准溶液的毫升数表示。

其具体操作是：称取变性淀粉样品 10g（精确至 0.01g），置于三角瓶或烧杯中，加入预先煮沸放冷的无二氧化碳蒸馏水 100mL 及 5 ~ 8 滴酚酞指示剂，摇匀，以 0.1mol/L 氢氧化钠标准溶液滴定，将近终点时，再加 3 ~ 5 滴酚酞指示剂，继续滴定至溶液呈微粉红色，且保持 30 s 不褪色为终点，读下耗用氢氧化钠标准溶液的毫升数。同时做空白试验。

变性淀粉的酸度按下式计算。

$$X = \frac{(V_1 - V_0) \times C}{m(100 - X_1) \times 0.1}$$

式中：X——样品酸度，mL；

C——氢氧化钠标准溶液浓度，mol/L；

V_0——空白试验消耗 0.1mol/L 氢氧化钠标准溶液的体积，mL；

V_1——滴定时消耗 0.1mol/L 氢氧化钠标准溶液的体积，mL；

m——样品的质量，g；

X_1——样品的水分，%。

（8）粘度和粘度热稳定性的测定。变性淀粉粘度是指变性淀粉糊流动时的粘滞阻力，可用粘度计测得样品粘度，并以 mPa · s 表示。本方法规定了用旋转式粘度计测定变性淀粉浆液 95℃时的粘度，适用于淀粉和变性淀粉样品。

将被测液体装入内外圆筒之间，当内转筒在被测液体中旋转时受到粘滞阻力作用，产生的反作用力迫使悬挂的电动机壳体偏转。电动机壳体和两根一正一反安装的铍青铜弹簧（游丝）相连，当壳体偏转时，使弹簧产生扭距，当弹簧的扭矩与粘滞阻力矩达到平衡时，固定在电动机壳体上的拨叉将指针稳定在刻度板上的某一个刻度上，刻度与转筒所受的粘滞阻力成正比。用旋转式粘度计可测得一定浓度和温度下变性淀粉糊的粘度值以及粘度随时间延长的变化情况。

粘度计：NDJ—79 型旋转式粘度计，第Ⅱ单元测定器，1#转筒，有效量程 10 ~ 100 mPa · s。当测定值超出有效量程范围时，须更换转筒或测定器和转筒。天平：精确度为 0.1g。变速电动搅拌器:搅拌速度120r/min。三颈烧瓶:容量500或1000mL。超级恒温槽。

其具体操作是:按浓度6%计算(当6%、95℃、1h测得的粘度值<12 mPa·s时,浓度按10%计算)用天平称取折算成干基质量为24g(精确至0.1g)的经充分混合的变性淀粉样品量(浓度按10%计算时则应称取折算成干基质量为40g)于500mL三颈瓶内,加入蒸馏水或纯度相当的水,使水的质量与所称取的变性淀粉质量之和为400g。将三颈瓶置于超级恒温槽中,装上冷凝器和搅拌器,并密封。打开升温装置、搅拌器和冷凝器,慢慢加热并不断搅拌(搅拌速度120r/min)。

按粘度计所规定的操作方法进行校正调零。接通电源,在电动机旋转下拧调零螺丝,将指针调到零位,并重复开关,验证零位是否正确。将粘度计测定器放在粘度计托架上,并与保温装置相连。每次测定前5~10min,打开循环泵开关,将保温装置恒温在95℃。

当装有变性淀粉浆液的三颈瓶内的温度达到95℃时开始计时,并在95℃下准确保温1h。从三颈瓶中吸取变性淀粉浆液加入到温度也准确控制在95℃的粘度计的测定器内,在95℃下测定其粘度。测定时将转筒上的钢丝挂到转轴的挂钩上,这时转筒上端不应露出浆液面,下端不应碰到底部,启动电动机,转筒转动稳定后,用手左右移动测定器,使转筒逐渐处于测定器的中心位置,待指针稳定后,即可读数,重复二次,计算算术平均值。

变性淀粉样品的粘度为在95℃下保温1h所测得的粘度值,以mPa·s表示。

$$粘度热稳定性(\%) = 100 - 粘度波动率(\%)$$

粘度波动率是变性淀粉样品从升到95℃保温开始计时,分别在95℃下保温60min、90min、120min、150min、180min测定的粘度值(在95℃下共保温3h、测定5次粘度)的极差与95℃保温1h测定的粘度值的比值,按下式计算。

$$粘度波动率(\%) = \frac{\max|\eta - \eta'|}{\eta_1} \times 100$$

式中:η_1——在95℃保温1h测得的样品的粘度值,mPa·s;

$\max|\eta - \eta'|$——分别在95℃下保温60min、90min、120min、150min、180min 5次测定的粘度值的极差。

(9)变性淀粉pH值的测定。pH值是反映变性淀粉的有效酸、碱度,精确测定应采用酸度计进行。其测试原理是将pH值计的复合电极或玻璃电极和甘汞电极浸在规定浓度的变性淀粉或变性淀粉糊中,在两个电极之间产生电位差,直接在仪器标度上读出pH值。

其具体操作是:按浓度6%计算用天平称取折算成干基质量为12g±0.1g的样品,放入400mL烧杯中,加入除去二氧化碳的冷蒸馏水,使水的质量与所称取的变性淀粉质量之和为200g,搅拌以分散样品,把烧杯放在沸水浴中使水浴液面高于样品液面。搅拌变性淀粉乳直至变性淀粉糊化(大约5min),盖上表面皿再煮大约10min(放在沸水浴中的总时间应为15min)。取出,在冷水浴中立刻冷却至室温(约25℃),从冷水浴中取出并搅拌变性淀粉糊以破坏已形成的凝胶。

用磁力搅拌器以足够的速度搅拌变性淀粉糊,使变性淀粉糊表面产生小的旋涡。在变性淀粉糊中插入已标定好的、用蒸馏水冲洗过并用柔软吸水纸擦干的电极,待读数稳定后,观察并记录 pH 值,精确至 0.1 个 pH 单位。

(10)高粘度羧甲基淀粉粘度的测定。本方法规定了用旋转式粘度计测定羧甲基淀粉浆液的表观粘度。

所用仪器是 NDJ—79 型旋转式粘度计,第Ⅱ单元测定器,10#或 100#转筒。

其具体操作是:按浓度 2% 计算,准确称取已充分混合的折算成干基质量为 6g(精确至 0.001g)的样品量,放入三颈瓶内,加入蒸馏水或纯度相当的水,使水的质量与所称取的样品质量之和为 300g。

$$称取样品量(g)=6\div(1-含水率)$$

将三颈瓶置于恒温水浴中,低速搅拌(120r/min),在温热条件下使试样全部溶解均匀。将恒温水浴的温度调节至 25℃左右,继续放置 0.5 ~2h,使浆液的温度控制在 25℃ ±0.5℃。

将浆液加入已控制在 25℃ ±0.5℃的 NDJ—79 型旋转式粘度计的测定器中,把转筒上的钢丝挂到转轴的挂钩上,这时转筒上端不应露出浆液面,下端不应碰到底部,启动电动机,使测定器处于中心位置,待指针稳定后读数,记下粘度值。

3. 特性质量指标试验

(1)氧化淀粉羧基含量的测定。氧化淀粉中的羧基含量可采用醋酸钙与氧化淀粉中的羧基进行离子交换,再用碱滴定阳离子交换所放出的醋酸来测定。

其具体操作是:准确称取经充分混合、折算成绝干试样约 10g 的样品,放入 150mL 烧杯中,加入 75mL 0.1mol/L 的盐酸溶液,搅拌使成糊状并不断用电磁搅拌器搅拌之,用 3 号砂芯漏斗抽滤。变性淀粉糊用无 N_2 及 CO_2 的冷蒸馏水(可用刚煮沸后冷却的蒸馏水)漂洗数次直到无氯离子为止(用 $AgNO_3$ 检验)。

将漂洗干净的样品转移至 250mL 容量瓶中,加入 25mL 0.5mol/L 醋酸钙溶液,用无 N_2 及 CO_2 的冷蒸馏水稀释至刻度[即 $Ca(Ac)_2$ 最后的浓度为 0.05mol/L],在 30min 内不时地摇动容量瓶,然后过滤到一个干燥的吸滤瓶中。

吸取上述滤液 50mL 于 250mL 锥形瓶中,滴入 2 滴 1% 酚酞指示剂,用 0.05mol/L 氢氧化钠标准溶液滴定至酚酞的终点,消耗的 NaOH 标准溶液的体积为 V_1mL。

空白试验:准确称取折算成绝干样原淀粉(未氧化)约 10g(与试样等质量),除了不用 0.1mol/L 盐酸脱灰处理外,其他步骤与上述相同。用相同容积的无 N_2 及 CO_2 的冷蒸馏水漂洗,然后按上述方法用醋酸钙处理,再用 0.05mol/L 氢氧化钠标准溶液滴定,所消耗的 NaOH 标准溶液的体积为 V_2mL。

氧化淀粉的羧基含量按下式计算。

$$羧基(\%)=5\times M\times\left(\frac{V_1}{W_1}-\frac{V_2}{W_2}\right)\times 0.045\times 100$$

式中:M——氢氧化钠标准溶液浓度,mol/L;

V_1——滴定样品时所耗用的氢氧化钠标准溶液体积,mL;

V_2——滴定空白试样时所耗用的氢氧化钠标准溶液体积,mL;

W_1、W_2——样品及原淀粉质量,g;

0.045——与 1mL 1.000mol/L 氢氧化钠标准溶液所相当的羧基的克数；

5——化简后系数(50/250)。

(2)氧化淀粉中游离氯的定性测定。游离氯是指氧化淀粉中残留的有效氯。本方法规定了氧化淀粉中游离氯的定性测定,适用于用次氯酸钠作氧化剂的氧化淀粉。其测试原理是,若氧化淀粉中残留有有效氯,会使碘化钾中的碘离子氧化成单质碘,单质碘遇淀粉显蓝色。

其具体操作是:取少量氧化淀粉试样于白色点滴板的凹槽内,滴上 30% 的醋酸 1～2 滴,再滴上 10% 的碘化钾溶液 1～2 滴,立即观察,若无蓝色出现,则证明试样中无有效氯存在。

(3)醋酸酯淀粉取代度的测定。醋酸酯淀粉取代度的测定原理是用过量的碱将淀粉醋酸酯皂化为盐类,多余的碱用标准酸中和,通过与空白样品比较,计算出醋酸酯淀粉中的乙酰基含量,再换算成取代度。

其具体操作是:准确称取经充分混合的折算成绝干样的样品约 5g,置于 250mL 碘量瓶中,加入 50mL 蒸馏水混匀,再加 3 滴 1% 酚酞指示剂,然后用 0.1mol/L 氢氧化钠溶液滴定至微红色不消失为终点,再加入 25.0mL 0.5mol/L 氢氧化钠标准溶液,小心不要弄湿瓶口,塞紧瓶口,放在电磁搅拌器中搅拌 60min(或机械振荡器振摇 30min)进行皂化作用。去塞,用洗瓶冲洗碘量瓶的塞子及瓶壁,将已皂化含过量碱的溶液,用 0.5mol/L 盐酸标准溶液滴定过量的碱至粉红色消失为终点。所用去的 0.5mol/L 盐酸标准溶液的体积为 V_1 mL。

空白试验:准确称取折算成绝干样的原淀粉约 5g(与样品等质量),测定步骤与上述相同。记录用去的 0.5mol/L 盐酸标准溶液的体积为 V_2 mL。

醋酸酯淀粉的取代度按下式计算:

$$A = \left(\frac{V_2}{W_2} - \frac{V_1}{W_1}\right) \times M \times 0.043 \times 100$$

$$\text{取代度}(DS) = \frac{162A}{4300 - 43A}$$

式中:A——样品的乙酰基质量分数,%;

V_1——样品耗用的盐酸标准溶液体积,mL;

V_2——原淀粉耗用的盐酸标准溶液体积,mL;

M——盐酸标准溶液浓度,mol/L;

0.043——与 1mL 浓度为 1.000mol/L 盐酸标准溶液所相当的乙酰基的质量,g;

162——淀粉分子量;

43——乙酰基分子量;

W_1——样品质量,g;

W_2——空白样质量,g。

(4)磷酸酯淀粉取代度的测定。测定磷酸酯淀粉的取代度时需先将样品中的游离磷除去,测定出结合磷含量。其测试原理是低取代度的磷酸酯淀粉在室温水中不膨胀,而游离磷以无机盐存在,可溶于冷水,因此可用水洗涤除去(对高取代度的在室温水中膨胀性大的样品,可用 2.5% ～3.0% 的 NaCl 溶液洗涤或用 7:3 甲醇溶液或乙醇溶液洗涤)。再将样品中的有机物质用硫酸/硝酸混合酸破坏,并将磷转化为正磷酸盐,再加入钼酸铵和还原剂形成蓝色的磷酸钼,在波长 825nm 上用分光光度计测定吸光度，通过标准曲线查出结合磷含量即可计算出其取代度。

其标准曲线的制作方法为：取 7 只 50mL 的锥形瓶，分别加入 0、1.0mL、2.0mL、3.0mL、4.0mL、5.0mL、10.0mL 100μg/mL 磷的磷标准溶液（准确称取在 105℃ ±2℃下干燥 1h 并在干燥器中冷却至室温的无水正磷酸二氢钾 0.4393g、精确至 0.5mg，溶于水中，再定量地转移至 1000mL 容量瓶中，稀释至刻度，并混合均匀，即为每 mL 含 100 μg 磷的磷标准溶液），它们分别对应于含 0、4μg、8μg、12μg、16μg、20μg 和 40μg 的磷。在 7 只锥形瓶中分别加入水，使每只瓶内的溶液总体积为 30mL，并混合均匀。再按次序在每只锥形瓶中先加入 4mL 钼酸铵溶液（10.6g 钼酸铵四水化合物溶于 500mL 水中，再加入 500mL 10mol/L 的硫酸溶液），再加入 2mL 50g/L 的抗坏血酸溶液，每加入一只即混合均匀。

将 7 只锥形瓶置于沸水浴中加热 10min，然后插入冷水浴中，冷却至室温。定量地将锥形瓶中的溶液各转移入 50mL 容量瓶中，加水至刻度，混合均匀。用分光光度计将不含磷标准溶液的容量瓶中的溶液作为其他 6 个溶液的参照溶液，在波长 825nm 处测定吸光度，以磷的毫克数作为吸光度的函数，画出标准曲线。

其游离磷的洗涤方法为：称取 0.5 ~ 1.0g 左右经充分混合的磷酸酯淀粉样品，放于 10mL 离心试管中，加水至刻度，对称地放入离心机中，开动离心机逐渐至最高转速，停机后，取出试管倒去上层清液，再在试管中加入水，用玻璃棒搅动磷酸酯淀粉成悬浮液，再放入离心机内，如此数次，直至上层的清液对钼酸铵及抗坏血酸溶液经加热后不显蓝色，说明该磷酸酯淀粉中的游离磷已基本去除。然后，将试样于干燥箱内烘至恒重，用研钵研碎。

其结合磷的测定方法为：精确称取已洗去游离磷并已烘至恒重和研碎的样品 0.5g，倒入 100mL 凯氏烧瓶中，加入 15mL $V_{浓硫酸(96\%)}:V_{浓硝酸(65\%)}=1:1$ 的混合溶液，并使之混合均匀，将烧瓶置于加热器（安全电炉或煤气灯）上，渐渐加热至瓶内液体微沸，继续煮沸直至棕色气体变成白色，液体变成澄清为止。若溶液出现深暗色不褪去，可在继续加热的同时，逐滴加入 65% 的硝酸溶液。待冷却后，加入 10mL 水并加热至烧瓶内再次出现白色蒸汽为止，用以除去过量的硝酸溶液。将瓶内消化好的溶液冷却至室温，并加入 45mL 水，用 10mol/L 的氢氧化钠溶液将 pH 值提高到 7，再将瓶内溶液定量地移入 250mL 容量瓶内，加水至刻度，充分摇匀。

准确量取 2mL 样品液放入 50mL 锥形瓶内，用移液管先加入 4mL 钼酸铵溶液，再加入 2mL 抗坏血酸溶液，加后立即混匀，再加入蒸馏水，使瓶内溶液总体积为 30mL。将锥形瓶置于沸水浴中 10min，再放入冷水浴中冷却至室温，定量地移入 50mL 的容量瓶内，加水至刻度，摇匀，用分光光度计在 825nm 波长处测定该溶液的吸光度，从标准曲线上查出相应的磷的毫克数。用水代替样品进行空白测定。

磷酸酯淀粉的取代度（DS）按下式计算。

$$DS=\frac{\text{磷的摩尔数}}{\text{葡萄糖残基的摩尔数}}=\frac{\text{结合磷}(\%)\times 162/30.974}{[100-\text{水份}(\%)]-[\text{结合磷}(\%)\times K]}$$

$$\text{结合磷}(\%)=\frac{m_1\times V_0\times 100}{m_0\times V_1\times 10^3}$$

式中：162——淀粉分子中每个葡萄糖残基的相对分子质量；

30.974——磷的相对原子质量；

K——生成磷酸酯淀粉比原淀粉的增重系数，若以磷酸酯淀粉的一钠计，则换算系数为3.2922；

m_0——样品的质量，g；

m_1——从标准曲线上查得的样品液的磷含量，mg；

V_0——样品液的定量体积，100mL；

V_1——用于测定的样品液的等分体积，2mL。

(5)羧甲基淀粉(CMS)取代度的测定。

羧甲基淀粉取代度的测定原理是CMS试样用酸溶液充分洗涤，使其全部转化成酸式CMS(HCMS)，然后加入已知过量的NaOH标准溶液，使HCMS与NaOH发生中和反应，再用标准HCl溶液返滴定剩余的NaOH量，从而测得CMS的取代度。

其具体操作是：称取4g样品于250mL烧杯中，加入75mL 95%乙醇，用磁力搅拌器充分搅拌至良好的浆状物，在搅拌下加入5mL硝酸，继续搅拌1～2min，加热煮沸浆状物5min，停止加热，继续搅拌10～15min。将上层清液倾入3号砂芯漏斗，用100～150mL 95%的乙醇将沉淀转移至砂芯漏斗中，然后用60℃的80%乙醇洗涤沉淀，至全部酸被洗去。从砂芯漏斗滴几滴滤液于白色点滴板上，加几滴二苯胺指示剂〔0.5g二苯胺溶于120mL硫酸溶液(H_2SO_4:H_2O=9:2，V/V)〕，如呈蓝色则表示有硝酸盐存在，需进一步洗涤，一般6～8次即可。最后用少量无水甲醇洗涤沉淀，继续抽滤至甲醇完全除去，将烘箱加热至105℃±2℃后，关闭电源，将过滤漏斗放入烘箱。15min后打开烘箱门，排出甲醇蒸汽，关闭烘箱门，接通电源于105℃±2℃干燥3h后，在干燥器中冷却0.5h备用。

精确称取约1.4g干燥的酸式CMS，置于500mL锥形瓶中，加入100mL水和25.00mL 0.4mol/L氢氧化钠标准溶液，搅拌加热至沸，保持沸腾15～30min，趁热以酚酞为指示剂，用0.4mol/L的盐酸标准溶液滴定过量的氢氧化钠，滴定至溶液出现粉红色30s不褪去为终点，记录所消耗的盐酸标准溶液的体积。

羧甲基淀粉的取代度(DS)按下式计算。

$$DS = \frac{0.162A}{1 - 0.058A}$$

$$A = \frac{V_1C_1 - V_2C_2}{m}$$

式中：A——中和1g酸式羧甲基淀粉所消耗的氢氧化钠的毫摩尔数；

V_1——加入的氢氧化钠标准溶液体积，mL；

V_2——滴定过量的氢氧化钠标准溶液所消耗的盐酸标准溶液的体积，mL；

C_1——氢氧化钠标准溶液的浓度，mol/L；

C_2——盐酸标准溶液的浓度，mol/L；

m——用于测定的酸式羧甲基淀粉的质量，g；

0.162——淀粉失水葡萄糖单元的毫摩尔质量；

0.058——失水葡萄糖单元中一个羟基被羧甲基取代后，失水葡萄糖单元毫摩尔质量的净增值。

(6)羧甲基淀粉中氯化物含量的测定。羧甲基淀粉中的氯化物主要是氯化钠,是在生产过程中生成的副产物以及为了抑制淀粉颗粒的膨胀或糊化而加入的。氯化钠的测定用硝酸银标准溶液滴定,以 Cl^- 百分含量计。

其具体操作是:准确称取1g经干燥的羧甲基淀粉样品(精确至0.0002g),置于250mL锥形瓶中,加少量无水乙醇湿润,并迅速加入150mL水、5mL 30%的过氧化氢。加热至试样全部溶解并缓和沸腾10min,冷却至室温,用稀硝酸中和至pH值3.5左右(若中和前pH值已呈酸性时,先用碳酸钠溶液使之变成弱碱性,然后用稀硝酸中和),加入2mL 5%的铬酸钾溶液,用0.1mol/L的硝酸银标准溶液滴定至恰显砖红色,记录硝酸银标准溶液消耗的体积。

氯化物百分含量(以 Cl^- 计)按下式计算。

$$A=\frac{C\times V\times 0.035}{m}\times 100$$

式中:A——氯化物的百分含量,%;

C——硝酸银标准溶液的浓度,mol/L;

V——硝酸银标准溶液消耗的体积,mL;

m——样品质量,g;

0.035——与1.00mL 1.000mol/L硝酸银标准溶液相当的氯离子以克表示的质量。

(7)交联淀粉中残留甲醛含量的测定。交联淀粉中残留甲醛含量的测定原理是试样在一定的温度和条件下,用水萃取一定时间,交联淀粉中的残留甲醛被水吸收,然后萃取液用乙酰丙酮显色,用分光光度计测定显色液中的甲醛含量。

甲醛标准溶液工作曲线的绘制方法为:用刻度移液管移取37%-40%的甲醛溶液1.3mL,放入500mL容量瓶中,用蒸馏水稀释至刻度,摇匀,即为1g/L左右的甲醛溶液。备标定。准备2只250mL碘量瓶,用单标移液管吸取1g/L的甲醛溶液10mL,移入其中一只碘量瓶中,另一只作为空白试验(即不加甲醛溶液,用10mL蒸馏水代之),用单标移液管分别吸取0.1mol/L的碘液25mL于二只碘量瓶中,再用刻度移液管加入1mol/L的氢氧化钠溶液10mL,加盖放置暗处10~15min,取出加入0.5mol/L的硫酸溶液15mL,用0.1mol/L的硫代硫酸钠标准溶液滴定至呈淡黄色,再加入1~3mL淀粉指示剂,继续用0.1mol/L硫代硫酸钠标准溶液滴定至蓝色消失即为终点。

甲醛标准溶液的质量浓度按下式计算。

$$\text{甲醛质量浓度(mg/L)}=\frac{(a-b)\times C_{Na_2S_2O_3}\times 0.015}{10}\times 10^6$$

式中:a——空白试验消耗硫代硫酸钠标准溶液的体积,mL;

b——甲醛溶液消耗硫代硫酸钠标准溶液的体积,mL;

0.015——与1.00mL 1.000mol/L硫代硫酸钠标准溶液所相当的甲醛的质量,g;

10^6——百万分之一系数。

用单标移液管吸取约1g/L的甲醛溶液50mL,置于500mL容量瓶中,用蒸馏水稀释至刻度，即为 0.1g/L 左右的甲醛溶液。再用 0.1g/L 左右的甲醛溶液分别配制成质量浓度为 1mg/L、2mg/L、4mg/L、6mg/L、8mg/L 的甲醛标准溶液。

取 5 支试管，用单标移液管各吸取 10mL 乙酰丙酮溶液，分别注入每支试管中，再用单标移液管分别吸取 1mg/L、2mg/L、4mg/L、6mg/L、8mg/L 的甲醛标准溶液 10mL，注入上述试管中，另取一支试管同样吸取 10mL 蒸馏水及 10mL 乙酰丙酮溶液于其中做空白对照试验。加盖、摇匀，置于 40℃ ±2℃ 水浴中加热 30min 显色，反应完毕后，冷却 30min，用分光光度计在最大吸收峰 415nm 波长左右处测其吸光度 A，然后根据在甲醛标准溶液的不同浓度下的吸光度，在坐标纸上绘制甲醛标准溶液工作曲线。

交联淀粉残留甲醛含量的测定方法为：准确称取折算成干样的样品 5g，放入 250mL 具塞锥形瓶中。用单标移液管吸取加入 100mL 蒸馏水，在 40℃ ±1℃ 的水浴中萃取 1h，中间摇动 2～3 次，然后冷却至室温，用滤纸过滤，用单标移液管吸取 10mL 萃取液，加 10mL 蒸馏水于试管中。另以蒸馏水为空白对照液，直接用分光光度计在最大吸收峰 415nm 波长左右处测其吸光度 A_1。

吸取 10mL 萃取液加入等体积的乙酰丙酮试剂溶液于试管中，加盖摇匀，在 40℃ ±2℃ 水浴中加热 30min，进行显色。然后取出放置 30min，以 10mL 蒸馏水加入等体积的乙酰丙酮溶液作空白对照，用分光光度计在最大吸收峰 415nm 波长左右处测定吸光度 A_2。如果测得的吸光度 A_2 太大，可以将萃取液稀释数倍后再测。用 $A_2 - A_1$ 吸光度在甲醛标准溶液工作曲线上查得对应的质量浓度。

交联淀粉中的残留甲醛含量按下式计算。

$$残留甲醛(mg/kg) = \frac{C \times D \times F}{W}$$

式中：C——在甲醛标准溶液工作曲线上查得稀释萃取液甲醛质量浓度；

D——萃取液稀释倍数；

F——萃取液总体积，mL；

W——试样质量，g。

二、聚丙烯酸类浆料质量要求及其检测

（一）聚丙烯酸类浆料的质量要求

聚丙烯酸类浆料的质量要求见表 2－3－35。

表 2－3－35 聚丙烯酸类浆料的质量要求

项目	指标
含固量相对允许偏差（%）	±5
粘度相对允许偏差	粘度≥15mPa·s，相对允许偏差 ±10%
	粘度＜15mPa·s，相对允许偏差 ±15%
残留单体含量	≤1.35%（以溴值对浆料干重计）

(二)聚丙烯酸类浆料的质量检测

1. 含固量测定　在事先于 105℃ ±2℃烘干至恒重的称量瓶内,称取 1 ~2g 试样(准确至 0.0002g),置于烘箱内,在 105℃ ±2℃下烘干 4h,取出称量瓶将盖盖好,放在干燥器内冷却 30min,称重,直至恒重。

聚丙烯酸类浆料的含固量按下式计算。

$$X = \frac{m_1}{m_0} \times 100$$

式中:X ——样品的含固量,%;

m_0——烘干前样品的质量,g;

m_1——烘干后样品的质量,g。

2. 粘度测定　准确称取根据试样的含固量折算相当于 8g 绝干重的试样,精确至 0.001g,放入 300mL 三角瓶中,加蒸馏水使全量成为 200mL(4% 浓度),然后接以回流冷凝管,在水浴上或电磁搅拌器上加热搅拌至试样全部溶解均匀,冷却至 20℃ ±0.5℃,保温 30min。

将待测浆液倒入 NDJ—79 型旋转式粘度计的测定筒中,温度保持 20℃ ±0.5℃,将 1# 转筒上的钢丝挂到转轴的挂钩上,这时转筒上端不应露出浆液面,下端不应碰到底部,启动电动机,转筒转动稳定后,用手左右移动测定器,使转筒逐渐处于测定器的中心位置,待指针稳定后,即可读数,重复二次,计算算术平均值即得其粘度。

3. 溴值(残留单体含量)的测定　称取 0.4 ~0.6g 试样(精确至 0.0002g)于已装有 60mL 0.5% 十二烷基硫酸钠溶液的 250mL 具塞磨口三角瓶(碘量瓶)中,使其全部溶解,摇匀,用移液管加入 25mL 0.009mol/L 溴酸钾—溴化钾溶液(12.5g 溴化钾和 1.5g 溴酸钾加水溶解并稀释至 1000mL),沿瓶壁慢慢加入 10mL 1∶1 盐酸溶液,将瓶塞塞紧,摇匀,加 10% 的碘化钾溶液封口。放置暗处静置 30min,加 10% 的碘化钾溶液 10mL,立即用 0.05mol/L 的硫代硫酸钠标准溶液滴定,将近终点时再加入 1% 的淀粉指示剂 2mL,然后继续滴定至蓝色完全消失为终点。同时做一空白试验。

聚丙烯酸类浆料的残留单体含量(溴值)按下式计算。

$$X = \frac{(V_O - V) \times C \times 0.0799}{W} \times 100$$

式中:X ——溴值,%;

V_0——空白试验消耗硫代硫酸钠标准溶液的体积,mL;

V ——试样消耗硫代硫酸钠标准溶液的体积,mL;

C ——硫代硫酸钠标准溶液的浓度,mol/L;

W ——试样质量,g;

0.0799——与 1mL 1.000mol/L 硫代硫酸钠标准溶液所相当的溴的克数。

三、聚乙烯醇浆料的质量指标及其检测

(一)聚乙烯醇浆料的质量指标

聚乙烯醇浆料的质量指标见表 2 -3 -21 和表 2 -3 -22。

(二)聚乙烯醇浆料质量指标的检测

1. 挥发分的测定　取干净已烘至恒重在干燥器中冷却的称量瓶，在天平上准确称其质量，然后加入5g左右样品于称量瓶中，迅速将瓶盖盖紧，准确称其质量(精确至0.002g)，并将样品均匀地铺在称量瓶底部。将已盛有样品的称量瓶放入烘箱中在105℃±2℃下干燥至恒重。

聚乙烯醇的挥发分按下式计算。

$$X_1 = \frac{m_1 - m_2}{m_1 - m_0} \times 100$$

式中：X_1——样品的挥发分，%；

m_0——称量瓶的质量，g；

m_1——干燥前试样和称量瓶的质量，g；

m_2——干燥后试样和称量瓶的质量，g。

2. 氢氧化钠含量的测定　在天平上称取4～5g试样(醇解度低的称取1g试样)，精确至0.01g，移入带回流冷凝器的三角瓶内，加入200mL蒸馏水，滴加3滴酚酞指示剂，准确加入5.0mL 0.1mol/L的硫酸标准溶液，将三角瓶与回流冷凝器连接好，在电炉上边加热边摇动。待试样溶解后，以少量蒸馏水冲洗冷凝器，洗液并入三角瓶内。取下三角瓶，冷却后用0.1mol/L的氢氧化钠标准溶液滴定至粉红色，30s不褪色为终点。同时用200mL蒸馏水做空白试验。

氢氧化钠的含量按下式计算。

$$X_2 = \frac{(V_0 - V_1) \times C \times 0.0400}{m} \times 100$$

式中：X_2——氢氧化钠含量，%；

V_0——空白试验消耗的氢氧化钠标准溶液的体积，mL；

V_1——滴定试样消耗的氢氧化钠标准溶液的体积，mL；

C——氢氧化钠标准溶液的浓度，mol/L；

m——试样质量，g；

0.0400——与1.00mL 1.000mol/L氢氧化钠标准溶液所相当的以克表示的氢氧化钠的质量，g。

3. 乙酸钠含量的测定　在天平上准确称取6.5～7.5g试样，精确至0.01g，放入预先准备好的三角瓶内，加入200mL蒸馏水，在电炉上边加热边摇动，待试样全部溶解后，冷却至室温，加入0.5mL(约20滴)1:1的次甲基蓝(0.1%的乙醇溶液)—二甲基黄(0.1%的乙醇溶液)混合指示剂，用硫酸标准溶液滴定至蓝色为终点[醇解度大于97%的聚乙烯醇，用0.5mol/L的硫酸标准溶液，醇解度小于97%的聚乙烯醇，用0.1mol/L的硫酸标准溶液]。同时用200mL蒸馏水做空白试验。如果蒸馏水的pH=5～7，可不做空白试验。

乙酸钠的含量按下式计算。

$$X_3 = \frac{(V_2 - V_0) \times C \times 0.082}{m} \times 100 - \frac{82.0}{40.0} \times X_2$$

式中：X_3——乙酸钠含量，%；

V_0——滴定空白消耗的硫酸标准溶液的体积，mL；

V_2——滴定试样消耗的硫酸标准溶液的体积，mL；

C——硫酸标准溶液的浓度，mol/L；

m——试样质量，g；

0.082——与1.00mL 1.000mol/L硫酸标准溶液所相当的以克表示的乙酸钠的质量，g；

82.0——乙酸钠的摩尔质量，g/mol；

40.0——氢氧化钠的摩尔质量，g/mol；

X_2——氢氧化钠含量，%。

4. 醇解度的测定　在分析天平上准确称取试样[醇解度大于97%的试样4～5g，醇解度小于97%的试样为1g]，精确至0.001g，移入带回流冷凝管的三角瓶中，加入200mL蒸馏水[醇解度小于97%的试样加入20mL蒸馏水]，滴加3滴酚酞指示剂，用移液管准确加入0.1mol/L的硫酸标准溶液5.0mL，将三角瓶与冷凝器连接好，在电炉上边加热边摇动，使其全部溶解后，以少量蒸馏水洗涤冷凝管，洗液并入三角瓶中。取下三角瓶冷却至室温，以0.1mol/L氢氧化钠标准溶液滴定至溶液呈粉红色为终点，记下0.1mol/L氢氧化钠标准溶液耗用毫升数V_1。

在中和后的试液中再用移液管准确加入20.0mL 0.5mol/L的氢氧化钠标准溶液，塞紧瓶盖充分摇匀，在室温下放置2h后，用移液管准确加入20.0mL 0.5mol/L的硫酸标准溶液中和，充分摇动，再加3滴酚酞指示剂，过量的硫酸用0.1mol/L氢氧化钠标准溶液滴定至溶液呈粉红色，30s不褪色为终点，记下耗用数为V_2。

空白试验。在500mL三角瓶中加入200mL蒸馏水，滴加3滴酚酞指示剂，用移液管准确加入5.0mL 0.1mol/L的硫酸标准溶液，用0.1mol/L的氢氧化钠标准溶液滴定至溶液呈微红色为终点，记下耗用的毫升数为V_0。用移液管准确加入20.0mL 0.5mol/L的氢氧化钠标准溶液，摇匀，再加入0.5mol/L硫酸标准溶液20.0mL，用0.1mol/L氢氧化钠标准溶液滴定至溶液呈粉红色，30s不褪色为终点，记下耗用毫升数V[醇解度小于97%的试样做空白试验时加入20mL蒸馏水]。

(1)残留醋酸根含量按下式计算。

$$X_4 = \frac{(V_2 - V) \times C \times 0.06005}{m \times X_5} \times 100$$

$$X_5 = 100 - (X_1 + X_2 + X_3)$$

式中：X_4——残留醋酸根含量，%；

V——滴定空白消耗的氢氧化钠标准溶液的体积，mL；

V_2——滴定试样消耗的氢氧化钠标准溶液的体积，mL；

C——氢氧化钠标准溶液的浓度，mol/L；

m——试样质量，g；

0.06005——与1.00mL 1.000mol/L氢氧化钠标准溶液所相当的以克表示的乙酸的质量，g；

X_1——挥发份，%；

X_2——氢氧化钠含量,%；

X_3——乙酸钠含量,%；

X_5——试样纯度,%。

(2)残留醋酸基(mol%)按下式计算。

$$残留醋酸基(mol\ \%)=\frac{44.05X_4}{60-0.42X_4}$$

(3)醇解度按下式计算。

$$X_6=\frac{已醇解量}{纯试样量}\times100=100-\frac{未醇解量}{纯试样量}\times100=100-\left(\frac{\frac{X_4}{60.05}}{\frac{X_4}{60.05}+\frac{100-\frac{X_4}{60.05}\times86.09}{44.05}}\right)\times100$$

$$=100-\frac{44.05X_4}{60.05-0.42X_4}$$

式中:X_6——醇解度,%；

60.05——醋酸的摩尔质量,g/mol；

86.09——醋酸乙烯酯链节的摩尔质量,g/mol；

44.05——聚乙烯醇链节的摩尔质量,g/mol。

5. 灰分测定　在经过750～800℃灼烧恒重的坩埚中,称取聚乙烯醇样品5g,精确至0.2mg,放在电炉上于400～450℃炭化,然后放入预先升温至750～800℃的高温炉中,在750～800℃下灼烧至恒重(约5h)。取出坩埚在空气中冷却1～3min,然后移入干燥器中至少冷却1h,降至室温称量,精确至0.2mg。

聚乙烯醇的灰分按下式计算。

$$灰分(\%)=\frac{m_2-m_0}{m_1-m_0}\times100$$

式中:m_0——坩埚的质量,g；

m_1——坩埚加试样的质量,g；

m_2——坩埚加灰分的质量,g。

6. pH值测定　称取试样12g,放在三角瓶中,用100mL移液管及50mL滴定管加水,加到所需水量后,将三角瓶接上回流冷凝器,加热溶解,冷却至室温,配制成4%浓度的溶液,放置30min,待用。

加水量按下式计算:

$$V=\frac{12\times(100-X_1)}{C}-12$$

式中:V——加水量,mL；

X_1——试样的挥发分含量,%；

C——规定的溶液浓度,4%。

取50mL 4%浓度的溶液,放在烧杯中,将用蒸馏水冲洗过,并用柔软吸水纸擦干的电极插入烧杯中,稍加振荡后,在常温下测定,连续测定三次,取其平均值。

7. 粘度的测定　配制4%(以对干基计)的PVA水溶液,在20℃±0.1℃下用NDJ—79型旋转式粘度计测定。

第四节　浆液质量与性能检测

一、浆液含固率测定

浆液含固率又叫浆液含固量,是浆液内含有干浆料的百分数,也即浆液内浆料总干重对浆液重的比值,是浆液浓度的一种表示方法。

浆液含固率通常用烘干法或手持式量糖折光仪(量糖计)两种方法测定。

(一)烘干法

用吊桶在供应桶或浆槽内吊取一定量(约400mL)有代表性的浆液,立即倒入瓶内加盖密封,以防止水分蒸发。冷却至40~50℃,用玻璃棒搅拌均匀,然后在已恒重并称量的蒸发皿中迅速称取25g左右浆液(精确至0.01g),先将蒸发皿置于沸水浴中蒸出大部分水分,再移入温度为105~110℃的烘箱内烘至恒重,取出放入干燥器内冷却至室温,称重,按下式计算浆液含固率。

$$C=\frac{B-W}{A-W}\times 100$$

式中:C——浆液含固率,%；

A——蒸发皿和浆液质量,g;

B——蒸发皿和浆液干重,g;

W——蒸发皿干燥质量,g。

(二)量糖折光仪测定法

量糖折光仪测定溶液含固率的原理是,光在透明的溶液中,由于溶质的性质和浓度(含固率)不同,它的传播速度不同,其折射率也不同,因此测定某一已知溶质溶液的折射率就能确定它的浓度。

测定时,先掀开量糖折光仪的折棱镜面,用擦镜纸或软绒布擦净,然后将少量浆液仔细涂一薄层在折棱镜面上,合上盖板,使浆液遍于镜面,将折光仪的进光窗对向光源或明亮处,调节目镜,使视界内刻度线清晰可见,则光线通过棱镜及浆液层发生折射,光线折射程度使遮蔽层一部分明亮一部分黑暗,其分界线的读数,即为浆液的含固率近似值。

应该指出,量糖计主要是测定溶液的浓度,用来测定浆液的含固率时,不同的浆料对光的折射率不同,浆液中的添加物如油脂等对浆液的折射率也会产生影响,另外,测定时的温度对折光率也有影响,因此必须进行修正,即先求出不同种类浆料的含固率和折射率的关系,然后就可根据折射率查出该种浆料的含固率。

采用烘干法测定浆液含固率精确度高，但费时，不能发挥及时指导生产的作用，量糖折光仪具有快速、简便等优点，但精确度不及烘干法。

二、浆液粘度的测定

测定浆液粘度，常用两种方法，一种是用 NDJ—79 型旋转式粘度计测定，另一种用 YT821 型可调漏斗式浆液粘度计测定。

（一）旋转式粘度计测定

旋转式粘度计测定浆液的粘度，其单位为毫帕·秒（mPa·s），测定时应根据浆液粘度的大小选择适当型号和规格的旋转体，其测试方法见本章第三节。

（二）漏斗式粘度计测定

漏斗式粘度计具有操作简便、实用性强等特点，现已被工厂广泛采用。

1. 测试原理　粘度是液体的内摩擦，是一层液体对另一层液体作相对运动时的阻力。漏斗式粘度计是测定一定体积的浆液流出所需的时间，以秒为单位，即为以秒计的条件粘度。浆液的种类不同，或浓度不同，其粘滞性能或内摩擦阻力也不同，则浆液流出的时间也不相同。另外，粘度随温度的变化而变化，因此测定时应注明温度。

2. 仪器结构　YT821 型可调漏斗式浆液粘度计全部采用不锈钢制成，由手柄、桶体、检测孔板和螺母等组成。检测孔板装于下端凹槽内，由螺母固定。检测孔板由一套四种不同的孔径组成，可供不同浓度的浆液选择。根据实际使用经验，不同浓度的浆液选用表 2－3－36 不同的检测孔板号数。

表 2－3－36　浆液浓度—检测孔板号数对应表

浆液浓度，%	<4.5	4.5～6.5	6.5～8.5	>8.5
检测孔板号数	1#	2#	3#	4#

3. 测定方法　测定时左手握秒表，右手握粘度计，先将粘度计浸入被测的浆液中，浸入深度一般使浆液超过桶体 2～3cm，并上下移动数次，然后放置 3min 左右，使桶体温度与浆液温度相同，然后迅速轻轻地将粘度计提出浆液面约 10cm，同时按动秒表（二个动作同步），待全部浆液从桶内流出时，按停秒表，读数，即为浆液自粘度计中流完的时间（秒），平行测定三次计算其平均值，即为浆液的粘度。

三、浆液 pH 值测定

浆液 pH 值是浆液中氢离子浓度的负对数，氢离子浓度大，pH 值低，溶液呈酸性，氢离子浓度小，pH 值高，溶液呈碱性。pH 值一般采用广泛 pH 试纸测定，测定时将 pH 试纸插入浆液中约 3～5mm，取出与标准色板比较，即可判定浆液 pH 值。

四、浆液温度测定

测定浆液温度用水银温度计，所用温度计必须经过校正，插入浆液深度应符合工艺检验规定。

五、浆液粘着力测定

粘附性是浆料必备的主要性能之一，粘着力在一定程度上反映了浆料对被浆纤维粘附性的好坏。粘着力是指粗纱浸浆干燥后，在一定条件下测得的断裂强力，它反映的是浆料对纤维的粘附力和浆料本身内聚力的综合值，与浆纱的实际情况比较相符。试验要求用纺 14.5tex 细纱的精梳纯棉粗纱和纺 13tex 细纱的精梳 65/35 涤棉粗纱。

将试验用的浆料配成 1% 浓度的浆液约 2000mL（具体体积视容器大小而定，浆液的调制方法视浆料的种类而定），置于容器内加盖后放入 95℃恒温水浴中调温 30min，并使浆液温度升到 95℃，待用。

按要求选取粗纱，将粗纱条轻轻地绕在高度为 165mm、宽度视容器形状而定的铝合金框架上（注意绕粗纱时不能使其有伸长），待用。每次试验粗纱条 30 根。

将准备好的纱框浸入 95℃的浆液中，同时按下秒表计时，浸渍满 5min 时即将纱框架提出，并使粗纱呈垂直状态，在标准温湿度条件下平衡 48h，然后将粗纱条剪下，在织物强力仪上测试上浆粗纱条的断裂强力（N）。测试条件为：夹持距离 100mm，拉伸速度 50mm/min。计算浸浆粗纱条试样的平均断裂强力和变异系数，以粗纱条试样的平均断裂强力表示浆液对被浆纤维的粘附力。

第五节 浆膜性能测试

浆膜性能的主要测试指标有浆膜的断裂强度、断裂伸长率、磨耗、耐屈曲性能、吸湿率、水溶速率等，测试时需先制备厚度均匀一致的浆膜。

一、浆膜制备

浆膜采用刮涂—恒温恒湿干燥法制备。

将面积为 650mm × 400mm、厚度为 5mm 的磨光玻璃搁于三脚架上并校正水平。将相同面积的涤纶薄膜覆盖在玻璃板上（涤纶薄膜与玻璃板之间不能留有气泡），用厚度为 1.5mm 的回字型环氧树脂模框放在薄膜上，四周用玻璃压条固定。

将调制好的 6% 浓度的浆液 300mL 均匀地倒在涤纶薄膜上，用不锈钢直尺沿回字型模框将浆液刮平，在恒温恒湿室中标准状态下（20℃、相对湿度 65%）平衡 24h 后，将浆膜轻轻揭下，即得到试验用浆膜。

二、浆膜厚度测定

在 YG141 型厚度仪上测定浆膜厚度（加重盘重 50cN），或在其他厚度仪上测定浆膜厚度。测试 30 个点，计算平均值和变异系数。

三、浆膜断裂强度、断裂伸长率测定

将浆膜裁成 220mm × 10mm 条状试样，在 YG020 型电子单纱强力机上测定其断裂强力、断裂伸长率。测试条件为，标准温湿度状态下，试样夹持距离 100mm、夹头下降速率 50mm/min），每种浆膜测试 20 次，计算其平均值。浆膜的断裂强度用下式计算：

$$Q = \frac{P}{D \times K}$$

式中：Q——浆膜的断裂强度，N/mm^2；

P——浆膜的平均断裂强力，N；

D——浆膜平均厚度，mm；

K——浆膜宽度，mm。

四、浆膜磨耗测定

磨耗是在一定的摩擦条件下，浆膜单位面积上的磨损量。将浆膜裁成 ϕ97mm 的圆形试样，在 Y522 型圆盘式织物平磨仪上测定其磨耗。试验时在标准状态下，选用 150#砂轮，加压重量为 250g，转数为 500 转，共试验 10 次，求其平均值。浆膜磨耗用计算如下：

$$H = \frac{G_0 - G_1}{S}$$

式中：H——浆膜磨耗，mg/cm^2；

G_0——浆膜试验前的质量，mg；

G_1——浆膜试验后的质量，mg；

S——浆膜磨损面积，cm^2。

五、浆膜吸湿率测定

将浆膜裁成直径约 70mm 的圆形试样，在 105～110℃ 的烘箱中烘至恒重，精确称重，然后放入 20℃、75% 相对湿度的调温调湿箱中，使其吸湿平衡 24h，取出试样称重，按下式计算吸湿率，每种浆膜测试 10 次，求其平均值。

$$Y = \frac{A - B}{B} \times 100$$

式中：Y——浆膜吸湿率，%；

A——浆膜吸湿后的质量，g；

B——浆膜干燥后的质量，g。

六、浆膜水溶速率测定

将浆膜裁成 100mm × 20mm 的条状试样，在长度方向中间划一横线作为记号。将试样浸入 80℃ 水中，使水面恰与记号线重合，立即按动秒表开始计时，到浸没于水中的一段浆膜脱落时，秒表显示的时间表示浆膜的水溶速率。每种浆膜试验 10 次，求其平均值。

七、浆膜耐屈曲性能测试

将浆膜裁成 100mm × 5mm 的条状试样，在改进的 Y731 型抱合力机上测试。测试条件为：标准温湿度状态下，浆膜上端固定，下端加 5g 负重，摩擦件的往复行程为 10cm，往返速度为 120 次/min，每种浆膜测试 30 次，计算试样的平均耐屈曲次数。

第六节 浆纱质量与性能测试

一、经纱上浆率测定

1. 概述 经纱上浆率表示经纱上浆量的大小，是指经纱上浆后粘附于经纱上的浆料干重对经纱干重的百分率。经纱上浆率常用的测定方法有两种，一种是称重计算法，先将浆轴称重，扣除空织轴质量后得到浆纱质量，用测湿仪测得浆纱回潮率，就可算出浆纱的干燥质量 G，再根据浆轴上的纱线线密度、总经根数和绕纱长度等算出原纱的干燥质量 G_0，这样就能计算出一个浆轴上经纱的平均上浆率。该方法具有快速、方便的特点，但由于部分数据存在误差（如浆纱伸长率、上了机纱长等），故只能粗略估算上浆率。另一种是在试验室内将少量浆纱试样退浆后计算退浆率。目前经常采用后者。

2. 取样 在浆轴落轴时割取全幅约 20cm 长度的浆纱，迅速置于取样桶内。注意在规定的速度内取样。

3. 浆纱称重 将取下的纱样迅速剪取约 10g 重的一段，扎成一束，放入温度为 105℃ 的烘箱内，烘至恒重，取出在干燥器内平衡 15min，用分析天平称取浆纱的干重，精确至 0.01g。

4. 退浆 根据经纱的种类及上浆所用的粘着剂的不同，应采用不同的退浆方法。

（1）硫酸退浆法：适用于淀粉浆或以淀粉浆为主体的混合浆上浆的品种（粘胶纤维除外）。

在 1000mL 的烧杯中放水 700mL，加入 14mL 相对密度 1.178、浓度 290g/L（21.9°Bé）硫酸，混合煮沸，放入纱样沸煮 30min（在沸煮 15min 后可补充适量的沸水，以保持水与试样的比例），然后取出用热水清洗，再在样纱上滴几滴稀碘液，样纱不显蓝色表明浆已退净，如仍显蓝色，表明样纱上淀粉尚未退清，应再在沸水中沸煮 10min，再用稀碘液检验，直至样纱对碘无显色反应，表明浆已退净。

（2）氯胺 T 退浆法：适用于淀粉浆上浆的粘胶纤维纱退浆，亦可用于 PVA、聚丙烯酸甲酯、聚丙烯酰胺混合浆的退浆。

退浆用试液配方为：氯胺 T 2g，石油磺酸钠 3g，烧碱 3g，硫酸铜 0.1g，水 100mL。以每克纱 30～40mL 的比例配置试液，将试样放入试液内沸煮 5min 后取出，以清水漂洗，用稀碘液检验淀粉是否退净，再用淀粉—碘化钾检验氯胺 T 是否洗净，如洗净应显黄色，否则显蓝色。

淀粉—碘化钾溶液的配制：取 100mL 蒸馏水于 500mL 烧杯中，加热煮沸后加入 0.5g 可溶性淀粉（预先将淀粉用水调成糊状），再沸煮 5min，待冷却后加入 10g 碘化钾，贮于棕色瓶中。

（3）清水退浆法：主要用于纯 PVA 上浆的品种。

将试样用清水沸煮 30～40min，然后用清水漂洗，以碘—硼酸溶液检验，如已退净，则显黄色，如未退净，则完全醇解型 PVA 显蓝绿色，部分醇解型 PVA 显绿转棕红色。

碘—硼酸溶液的配制：取 4% 浓度的硼酸 1.5mL，加入 0.01mol/L 的的碘溶液 15mL，摇匀，贮于棕色瓶中。

5. 退浆纱称重 将上述退浆并洗净的试样放入 105～110℃ 的烘箱内烘至恒重，然后取出在干燥器内平衡 15min，用分析天平称得浆纱退浆后的干重，精确至 0.01g。

6. 浆纱退浆毛羽损失率测定 浆纱在退浆时，纱线表面的部分纤维会脱落，因此在计算退浆率时必须考虑纱线毛羽在退浆时的损失率。

在浆纱了机时取全幅原纱一段，剪取其中相当于10g重的一段扎成一束，按上述退浆方法进行退浆试验，按下式计算浆纱退浆毛羽损失率。

$$\beta = \frac{B - B_1}{B} \times 100$$

式中：β——浆纱退浆毛羽损失率，%；

B——原纱试样退浆前干重，g；

B_1——原纱试样退浆后干重，g。

7. 浆纱退浆率计算

$$S = \frac{W_0 - \frac{W_1}{100 - \beta}}{\frac{W_1}{100 - \beta}} \times 100$$

式中：β——退浆率，%；

W_0——试样退浆前干燥质量，g；

W_1——试样退浆后干燥质量，g；

β——毛羽损失率，%。

二、浆纱回潮率测试

1. 概述 浆纱回潮率是经纱上浆后卷入织轴时的回潮率，指浆纱含水量对绝干浆纱质量的百分比，一般采用烘箱法测得，也可采用电测仪表快速测定。用电测法快速测定浆纱回潮率一般应用高电阻测量原理，由于浆纱含水量的不同，其电阻率也不同，因此可以通过测定浆纱电阻率的大小来推算浆纱回潮率。本节介绍烘干法测定浆纱回潮率。

2. 测试 在浆轴落轴时割取全幅约20cm长度的浆纱，迅速置于取样桶内。在取下的纱样上迅速剪取约10g重的一段，扎成一束，在分析天平上称得含水浆纱质量，精确至0.01g，然后放入温度为105～110℃的烘箱内，烘至恒重，取出于干燥器内平衡15min，用分析天平称得浆纱干重，精确至0.01g。

3. 计算 浆纱回潮率按下式计算：

$$W_G = \frac{W_j - W}{W} \times 100$$

式中：W_G——浆纱回潮率，%；

W_j——烘干前浆纱质量，g；

W——烘干后浆纱质量，g。

三、浆纱伸长率测试

浆纱伸长率是指经纱在上浆过程中产生的伸长大小。浆纱伸长率除工厂中沿用的计算法外，还有多种测定方法，常用的有定长量测法、测长表法、线速表法，近年来又发展了分段伸长的电测法，以下加以简要说明。

1. 定长量测法　在浆纱机经轴退绕部分量取一定长度的经纱，两端打上印记，弹一根线，待此段经纱进入干分绞区时，再量取其长度。设经轴退绕处经纱长度为 L_1，干分绞区量得之经纱长度为 L_2，则浆纱伸长率为：

$$\text{浆纱伸长率}(\%) = \frac{L_2 - L_1}{L_1} \times 100$$

用此法测定浆纱伸长率比较简便、直观，但因为测量长度不能太大，且测量时，浆纱机不能在正常速度下运转，且到干分绞区所弹之线产生弯曲，所以测量误差较大。

定长量测法一般连续测五次，取其平均值。

2. 机械式测长表法　机械式测长表之摩擦轮以一定角度压在浆纱机之经轴和浆轴上，就能记录经轴退绕之经纱长度 L_1 和浆轴卷绕之浆纱长度 L_2，从而计算浆纱时经纱的伸长率。

$$\text{浆纱伸长率}(\%) = \frac{L_2 - L_1}{L_1} \times 100$$

测量时，在经轴及浆轴上方固定一横杆，将测长表吊臂钩在横杆上，使测长表之摩擦轮在经轴和浆轴上的接触角度相仿，经轴和浆轴回转时，测长表运转灵活、平稳。经轴和浆轴两处的测长表同时开始计数，用秒表计时，满 5min 时同时停止计数，即可求得 L_1 和 L_2。

3. 数字测速仪法　采用 SEG—20 型数字测速仪可比机械式测长表更方便地测定浆纱的伸长率。

测量时需用两只 SEG—20 型数字测速仪，选用圆盘形线速测定导轮，将导轮轻压在经轴、浆轴和导辊（如压浆辊）表面，导轮即被带动回转，液晶屏上即可显示被测点之线速。

若第一台测速仪测得经轴线速为 V_1，第二台测速仪测得浆轴线速为 V_2，则浆纱总伸长率为：

$$\text{浆纱总伸长率}(\%) = \frac{V_2 - V_1}{V_1} \times 100$$

若第一台测速仪测得经轴线速为 V_1，第三台测得压浆辊线速为 V_3，则从经轴到上浆区的经纱伸长率为：

$$\text{经轴到上浆区的经纱伸长率}(\%) = \frac{V_3 - V_1}{V_1} \times 100$$

四、浆纱增强率、减伸率测试

浆纱增强率、减伸率的大小对织造生产效率和产品质量有较大的影响，通过测试原纱经过上浆后断裂强力和断裂伸长率的变化情况，可以了解浆纱物理机械性能的变化，作为改进浆纱工艺、提高浆纱质量的参考依据。

1. 取样　原纱在浆纱了机时在经轴上取样，浆纱在落轴时采样（第一只和了机浆轴不取样），取样长度约 70cm 左右。两者均全幅割取，放入取样桶内，注意不要使经纱受到意外伸长。

2. 测试　按试验标准规定在单纱强力机上测定。

3. 计算

（1）浆纱增强率：

$$Q = \frac{P_1 - P_2}{P_2} \times 100$$

式中：Q——浆纱增强率，%；

P_1——50 根浆纱平均断裂强度，cN；

P_2——50 根原纱平均断裂强度，cN。

（2）浆纱减伸率：

$$\varepsilon = \frac{L_1 - L_2}{L_1} \times 100$$

式中：ε——浆纱减伸率，%；

L_1——50 根原纱平均断裂伸长率，%；

L_2——50 根浆纱平均断裂伸长率，%。

五、浆纱耐磨性测试

浆纱耐磨性是浆纱质量的综合指标，通过耐磨试验可以了解浆纱的耐磨情况，从而分析和掌握浆液和纱线的粘附能力及浆纱的内在情况，分析断经等原因，为提高浆纱的综合质量提供依据。

1. 取样　浆纱机正常运转时，在浆纱落轴后，割取整幅纱样长 70cm，在幅度方向上十等分，每一组随机抽取浆纱 5 根，共 50 根。

2. 试验　把浆纱固定在浆纱耐磨试验机上（国内无浆纱耐磨定型检测仪器，可在纱线耐磨仪或纱线抱合力仪上测定），根据浆纱的不同细度施加一定的预张力，记录浆纱磨断时的摩擦次数，并计算 50 根浆纱耐磨次数的平均值及不匀率，作为浆纱耐磨性能指标。

3. 计算　浆纱耐磨提高率按下式计算：

$$M = \frac{N_1 - N_2}{N_2} \times 100$$

式中：M——浆纱耐磨提高率，%；

N_1——50 根浆纱平均耐磨次数；

N_2——50 根原纱平均耐磨次数。

另一种评定浆纱耐磨性能的方法是：按耐磨取样法取浆纱 100 根，分两组，一组作为拉伸试验，求得浆纱平均断裂强度 P 及平均断裂伸长率 L，另一组在耐磨试验机上经受一定次数的摩擦，将试样取下做拉伸试验，求得残余平均断裂强度 P_0 及残余断裂伸长率 L_0，以断裂强力、断裂伸长降低率来评定浆纱的耐磨性能。

$$耐磨后浆纱断裂强度降低率(\%)=\frac{P-P_0}{P}\times 100$$

$$耐磨后浆纱断裂伸长降低率(\%)=\frac{L-L_0}{L}\times 100$$

六、浆纱毛羽指数及毛羽降低率测试

1. 概述 毛羽长度一般设定为3mm及以上,10cm长纱线内单侧长达3mm毛羽的根数称为毛羽指数(对在喷气织机上织造的浆纱要求毛羽长度设定为2mm及以上)。浆纱毛羽指数的降低数对原纱毛羽指数之比的百分率称为浆纱毛羽降低率。

2. 取样 浆纱毛羽试验与取样方法有关,因为纱线表面毛羽状态受张力、导纱件等影响,目前尚无标准的取样方法,常用的方法有两种。

(1)机上取纱法:用自制手摇绕纱器或用电工绕线机,将筒管插在轴芯上,从经轴上取下一根经纱,不经过任何导纱器件以较小张力卷绕到筒管上,绕140~150m,绕完后将这根纱引到车头部位,取出绕到另一只筒管上,绕相同长度,编号。用同样的方法在整个幅宽方向均匀取5根原纱和5根浆纱。

(2)机上拖纱法:取同品种整经小筒子5只,将筒子放在浆纱机经轴架处,横向均匀分布,依次将纱线带入浆槽,经烘房后在车头部位取出,用绕纱器将其绕在筒管上,并将筒管和筒子编号。

不管采用哪一种取样方法,在取样时浆纱速度及其他主要参数要保持在正常范围内,绕纱时纱线不经过任何导纱器件。

3. 测量 纱线毛羽测量一般在国产YG171A(B)型毛羽仪上进行。先取与试样相同规格的管纱一只,将纱放到毛羽仪的插座上,按规定校正好纱的张力,然后,对纱样进行正式测定,用于考察上浆对贴伏毛羽的效果。根据织造时不同长度的毛羽对可织性的影响,确定毛羽试验时的毛羽长度为3mm,即测定纱样上3mm以上的毛羽数,测定纱样长度为10m,每一纱样测定10次,共测定5只纱样,即原纱和浆纱的毛羽指数各测定50次。

4. 评定 评定浆纱毛羽的指标有:

经纱与浆纱的3mm毛羽指数:10m长度中3mm及以上的毛羽根数。

经纱与浆纱的3mm毛羽指数平均值:50次试验平均值。

经纱与浆纱的3mm毛羽指数 *CV* 值(%):50次试验值平均方差不匀率。

$$浆纱后3mm毛羽指数的降低率(\%)=\frac{N_1-N_2}{N_1}\times 100$$

式中:N_1——原纱3mm毛羽指数平均值;

N_2——浆纱3mm毛羽指数平均值。

YG171A(B)型纱线毛羽仪还可拍摄经纱和浆纱试样的投影照片,可根据照片进行目测评定。

以上介绍的是浆纱毛羽的离线检测法,也可采用更为方便的在线毛羽检测仪,仪器型号为BT—2型。

七、浆纱弹性测试

1. 取样 试样在浆轴落轴时采取，割取全幅浆纱，长度为70cm。注意取样纱应在正常速度下上浆。

将试样沿幅度方向均匀分成10组，在每一组随机抽取一根浆纱，共10根。

2. 测试 测量浆纱弹性用定伸长法，伸长率为2%，测量仪器有两种。

一是国产的Y391型纱线弹性仪。将纱线夹入上下夹头，加一定的预张力，以该试样的平均断裂强力为牵引负荷，拉伸试样，至试样的伸长率为2%。保持2%的伸长率，3min后去掉负荷，记下残余伸长值，该伸长值即为浆纱的塑性伸长。

二是Instrong电子强力仪，它能自动记录并打印有关实验数据。

3. 计算 浆纱弹性伸长率按下式计算：

$$H = \frac{Z - S}{Z} \times 100$$

式中：H——浆纱弹性伸长率，%；

Z——浆纱总伸长；

S——浆纱塑性伸长。

将测定的10根浆纱样的弹性伸长率平均值作为浆纱的弹性伸长率。

八、浆纱摩擦系数测试

试样取样方法同前。

浆纱摩擦系数可用较简单的倾斜法测定。将浆纱试样夹在弓形架两夹头内，放置于被摩擦件上，调整被摩擦件与水平面的夹角，当弓形开始滑下时，记下θ值，则摩擦系数$\mu = \mathrm{tg}\theta$。测定时被摩擦件为浆纱和金属，分别求出浆纱对浆纱的摩擦系数及浆纱对金属的摩擦系数。

如要比较正确地测量浆纱摩擦系数，可用专门的测量仪器，如瑞士的R1192型摩擦系数测量仪，可分别测量浆纱对导纱件以及浆纱对浆纱的摩擦情况。该仪器有两只电子纱线张力仪和一只模拟电子计算机组成，通过两只纱线张力仪测得浆纱在经过摩擦体前、后的张力T_1和T_2，再用欧拉公式计算摩擦系数，所有计算是自动进行的。

九、浆纱刚度测试

测定浆纱刚度有纱圈法和自重法两种方法，为了方便实用，一般采用自重法。将浆纱试样夹在测定架的夹头内，使浆纱在夹子外长度为10cm，测量浆纱头端垂下的尺寸，可表示浆纱刚度的大小，一般每只试样测试20次，取平均值。

十、浆液被覆率、浸透率和浆膜完整率测试

1. 取样 浆纱落轴时，剪取长为15～20cm的全幅样纱，按上浆时原样整齐地排放在纸片上，纱样两端用纸条和纸片贴牢，将全幅样纱在幅度方向均匀分成15等份，每一等份中任意取出纱样两根作为一组，全幅共取纱样15组，共30根。注意：割取之一段纱应在确定的车速和工艺条件下上浆。

2. 切片　浆纱切片有手摇切片机法和哈氏切片机法两种，后者比较简单，应用更普遍。

(1)手摇切片机法：手摇切片机法又称石蜡切片法，它是将浆纱试样用石蜡包埋后在生物切片机上切得一定厚度的横截面片。

(2)哈氏切片机法：使用哈氏切片机(Y172 型)时，将其拉开分为两半，松动紧固螺丝，拉起定位销，将支架旋转 90 度，选择与浆纱试样横截面形状或大小不同的纤维作填充纤维(一般用羊毛)。将浆纱试样与填充纤维交替地填入哈氏切片机的夹缝中，几根浆纱试样要均匀分布，填充纤维松紧得当。然后将切片机两半合起来，用锋利的刀片将露在两边的纤维削去，再把支架转过 90 度，对准定位销，旋紧紧固螺丝，稍旋转刻度螺丝，借助小冲头将试样推出一些，推出部分即是将要切下的片子，其厚度一般为 50μm，以便在显微镜下观察时，能清楚地分辨出浆纱横截面图形中浆液被覆和经纱横截面的周界。在推出的试样处，滴上一滴火胶棉，等火胶棉干后，用锋利的刀片沿金属底板表面切下第一片切片。由于第一片切片厚度无法控制，一般舍去不用，从第三片开始作为试样切片。

3. 显色　纯淀粉浆采用碘—碘化钾显色液，PVA 浆采用碘—硼酸混合显色液。将制作好的切片浸入显色液中，约 30 ~ 60s 后，取出用定性滤纸吸去多余液分，置于滴有甘油的载玻片上，盖上盖玻片，即可供显微镜观察或描绘用。

4. 显微镜观察与描绘　将显色好的切片置于显微镜载物台上，根据试样浆纱之细度，选择适当的放大倍数，调节焦距，即可观察浆纱的浆液浸透及浆膜完整情况。

为了进行定量计算，可在显微镜上安装 MDL—1 型显微镜描绘仪，将浆纱截面图形描在硫酸纸(描图纸)上。

5. 分析和计算　在用浆纱切片法评定浆纱上浆液的分布情况时，一般是从浆纱横截面的图形计算浆液披覆率、浆液浸透率和浆膜完整率三项指标。

浆液浸透率是指浆纱截面上浆液浸透部分面积与原纱截面积的百分比，浆液披覆率是指原纱外围浆液披覆部分面积与原纱截面积的百分比，浆膜完整率是指浆纱截面中有浆膜处所对的中心角 α_i 之和占一圆周 360 度之百分比。计算时用同心圆法找出浆纱横截面的近似中心，然后用量角器量得各个 α_i，分别用公式计算浆液被覆率、浆液浸透率和浆膜完整率。

由于每个截面仅取浆纱中极微小之一段，所以离散性较大，为了保证分析结果与上浆状况接近，应试验一定次数取平均值。

试验次数可用数理统计方法确定，一般以 30 次为宜。

十一、浆纱落物率测试

浆纱落物试验可以测一缸，也可以测几个浆轴。

1. 取样　开始测定前，将准备好的塑料薄膜或牛皮纸铺在干分绞棒下的落物盘上，待试验结束后，收取薄膜或纸上的全部落物。

2. 测试　将落物中的非落棉落浆杂物去除，然后放入 105℃ 的烘箱中烘至恒重，取出于干燥器中平衡，然后在分析天平上称取落物干重。用 17 目/cm 的铜筛筛去落浆粉，将剩余落物做退浆试验，每克落物加清水 35mL，并加入水量 2% 的硫酸(相对密度 1.178、浓度 290g/L/21.9°Bé)煮沸后再投入落物沸煮约 30min。将退过浆的落物放在 17 目/cm 的铜筛中用冷水冲洗，以稀碘液(PVA 浆用碘—硼酸溶液)检验有否残留的落浆存在，如有，则继续沸煮，直至落浆退净为止。

将退浆后的落物放入105℃烘箱中烘至恒重,取出在干燥器中平衡后在分析天平上称得落棉干重。

3. 计算

$$浆纱落物率(\%)=\frac{落物干重}{浆纱干重}\times 100$$

$$浆纱落浆干重(g)=落物干重(g)-落棉干重(g)$$

$$浆纱落棉率(\%)=\frac{落棉干重}{整经纱干重}\times 100$$

$$浆纱落浆率(\%)=\frac{落浆干重}{浆纱干重-整经纱干重}\times 100$$

第七节 浆料配方示例(供参考)

一、纯棉织物经纱上浆浆料配方示例(喷气织机)(表2-3-37)

表2-3-37 纯棉织物经纱上浆浆料配方

织物品名	组织规格	浆料配方					
		PVA 1799	PVA 205MB	变性淀粉	聚丙烯酸类浆料	柔软润滑剂	共计(%)
羽绒布	170×14.5×14.5 523.5×393.5 (67″×40×40 133×100)	5	2	5	1	0.8	13.8
羽绒布	170×11.5×11.5 551×472.5 (67″×50×50 140×120)	5	2	5	1.2	0.8	14.0
羽绒布	170×9.5×9.5 563×551 (67″×60×60 143×140)	5	2	5	1.4	0.8	14.2
府绸	122×14.5×14.5 547×283 (48″×40×40 139×72)	4.5	1.5	5	1	0.8	12.8
府绸	122×14.5×14.5 523.5×283 (48″×40×40 133×72)	4.5	1.5	5	1	0.8	12.8
细布	122×19.5×14.5 393.5×236 (48″×30×40 100×60)	5	—	6	1	0.8	12.8
细布	122×29.5×29.5 362×197 (48″×20×20 92×50)	3	—	8	0.8	0.8	12.6
细布	122×19.5×16.5 283×271.5 (48″×30×36 72×69)	2.5	—	8	0.8	0.8	12.1
细布	122×14.5×14.5 393.5×315 (48″×40×40 100×80)	3	—	7	0.8	0.8	11.6
细布	122×9.5×9.5 354×315 (48″×60×60 90×80)	3	—	7	1	0.8	11.8

续表

织物品名	组织规格	浆料配方					
		PVA 1799	PVA 205MB	变性淀粉	聚丙烯酸类浆料	柔软润滑剂	共计（%）
细布	122×7.5×7.5 393.5×362 （48″×80×80 100×92）	3	—	7	1	0.8	11.8
细布	122×19.5×19.5 267.5×267.5 （48″×30×30 68×68）	2	—	8	0.8	0.8	11.6
平布	122×29.5×29.5 236×236 （48″×20×20 60×60）	2	—	8	0.8	0.8	11.6
纱卡	122×29.5×29.5 425×228 （48″×20×20 108×58）	2	—	8	0.8	0.8	11.6

二、涤/棉织物经纱上浆浆料配方示例（喷气织机）（表2-3-38）

表2-3-38 涤/棉织物经纱上浆浆料配方

织物品名	组织规格	浆料配方					
		PVA 1799	PVA 205MB	变性淀粉	丙烯浆料	平滑油剂	共计（%）
羽绒布	170×13×13 547×370 （67″×45×45 139×94）	5	3	4	1.5	0.6	14.1
府绸	122×13×13 523.5×283.5 （48″×45×45 133×72）	5	3	4	1.5	0.6	14.1
府绸	122×13×13 441×315 （48″×45×45 112×80）	5	2	4	1.2	0.6	12.8
府绸	170×6/2×6/2 523.5×354.5 （67″×100/2×100/2 133×90）	5	2	4	1.5	0.6	13.1
府绸	170×5/2×5/2 630×346.5 （67″×120/2×120/2 160×88）	5	2	4	1.5	0.6	13.1
细布	172.5×13×13 433×300 （68″×45×45 110×76）	6	—	4	1.2	0.6	11.8
细布	172.5×13×13 346.5×252 （68″×45×45 88×64）	4	—	6	1.0	0.6	11.6

第四章　经纱上浆

第一节　浆纱机械

一、祖克 S 型系列浆纱机

（一）主要技术参数（表 2－4－1）

表 2－4－1　祖克 S 型系列浆纱机主要技术参数

项　　目	技 术 参 数
结构型式	双浆槽、烘筒分层预烘、烘筒烘干
纱线种类	各种短纤纱线、各种纱线细度
工作幅宽（mm）	1800
浆纱车速（m/min）	最高 125，爬行 5，超慢 1
经轴架经纱宽度（mm）	1800
经轴盘片最大直径（mm）	800
织轴最大经纱宽度（mm）	2200
织轴最小经纱宽度（mm）	840
织轴卷绕直径（mm）	450～1016
织轴起绕直径（mm）	110
织轴卷绕张力（N）	5000
织轴加压装置压力（N）	8000
经轴容量（只）	16
浆槽工作宽度（mm）	2000
浆槽容积（m^3）	0.54（实际利用 0.3）
浸压形式	双浸四压
最大压浆辊压力（N）	40000
烘筒数量（只）	12
烘筒宽度（mm）	1800
烘筒蒸汽工作压力（MPa）	0.5
烘房蒸汽能力（kg 水分/h）	1300
压缩空气耗气量（m^3/h）	6
全机功率（kW）	40（拖引辊驱动电动机 13.2，主传动 AC 电动机 22.0）
全机重量（t）	31
外形尺寸：长（mm）×宽（mm）×高（mm）	24700 × 4450 ×4420 26420×4750×3950（最新型）

（二）主要结构特征（表2-4-2）

表2-4-2　祖克S型系列浆纱机主要结构特征

项目		结构特征
经轴架		经轴架型号为ANP型，双层固定式轴架，四只经轴为一组，上下排放 经轴采用滚动轴承，经轴架两旁手轮可微调经轴左右位置 经轴采用气压制动装置，由制动盘、制动汽缸、制动标杆和连接链组成 配置经轴退绕张力检测控制装置，可达恒张力退绕 最新型采用可编程控制器或退绕张力控制装置
浆槽	型号	SD
浆槽	上浆形式	可按工艺选用单浸单压、单浸双压、单浸三压、双浸双压、双浸三压、双浸四压的不同配置 浸没辊直径180mm，软橡胶包覆（肖氏硬度75°）；上浆辊直径240mm，不锈钢或橡胶制造。第一压浆辊（经轴架侧）直径209mm，软橡胶包覆（肖氏硬度65°），表面为光面。第二压浆辊（烘房侧）直径209mm，软橡胶包覆（肖氏硬度80°），表面为微孔 浸没辊由电动机控制升降，由气动控制侧压上浆辊，压力在0～40kN可调
浆槽	压浆辊加压形式和压力范围	压浆辊采用气动加压形式。第一压浆辊压浆力有慢速为低压、正常速为高压的两级压力切换，压力值由调压阀设定，数值为0～15kN；第二压浆辊压浆力可随车速变化而自动线性无级调压，数值为0～40kN，也可采用二级压力切换 压浆辊采用橄榄形轴芯，适应高压且可延长使用寿命
浆槽	浆槽形式	两主浆槽各带一只预热浆箱，结构紧凑。浆槽为夹层结构，内板、外板均用不锈钢制造，两板之间填充保温材料
浆槽	浆液加热方式及浆液温度控制	采用直接加热和间接加热两种方式 直接加热：将蒸汽直接通向浆槽内浆液而加热，主浆槽内有两排加热管，预热箱内有一排加热管，由电子式温度控制仪自动控制浆液温度，适用于高温上浆 间接加热：将蒸汽通向浆槽夹层经浆槽内板的传导热来加热浆液，由自力式温度控制器自动控制浆液温度，适用于低温上浆 最新型的加热方式由PLC控制浆液温度
浆槽	浆液循环系统及浆槽液面控制	由循环齿轮泵将预热浆箱的浆液输入主浆槽。主浆槽多余浆液由溢流板返回预热浆箱。调节溢流板位置即可调节主浆槽液面高低 预热浆箱液面可通过手控或自控两种方式，手控可通过电气开关，控制输浆管路的气动球阀实现。自控通过浆箱内浮球控制上下限位开关而实现自控液面高低
全烘筒烘房	型号	ZS，ZM（最新型）
全烘筒烘房	烘燥形式及烘筒只数与结构	湿浆纱分层进烘房，整个纱片分两层进行预烘后并合烘干。两组预烘烘筒，每组四只烘筒。一组并合为四只组成共12只烘筒。烘筒直径800mm，壁厚2.5mm，由不锈钢制造。预烘烘筒表面涂覆聚四氟乙烯防粘层
全烘筒烘房	烘筒传动方式	预烘烘筒由边轴通过摩擦离合器积极式链条传动回转。并合烘筒由边轴通过减速箱直接耦合积极式链条传动回转
全烘筒烘房	烘筒温度控制	预烘烘筒中，一只温度控制器控制两只烘筒的温度。并合烘筒中，一只温度控制器控制四只烘筒的温度，共有五只烘筒温度控制器可分别控制 烘筒温度控制器由装于烘筒轴头的温度传感器，电子式温度调节器及气动薄膜调节阀组成，将烘筒温度变化转化成气压信号，调节通入烘筒的蒸汽量。温度控制范围0～200℃ 最新型由PLC控制烘房温度

续表

项　目		结　构　特　征
车头	型　号	WN,WE(最新型)
	适应织机幅宽	可与幅宽 2000mm 以内的无梭织机和 3800mm 以内的双织轴无梭织机配套使用,同时可与幅宽 1400 ~ 2200mm 以内的有梭织机配套
	主传动系统	采用直流电动机可控硅双闭环调速,具有恒转距特性,调速范围大(调速比为 1:50) 控制系统采用三相全控桥式整流电路,可控硅整流输出驱动直流电动机,通过改变可控硅控制角来改变电动机转速 由速度调节器与速度负反馈节构成速度环以保持转速稳定,由电流调节器与电流负反馈节构成电流环以整定电流,改善启动性能 最新型由变频调速器电动机控制全机传动
	织轴卷绕系统	卷绕装置由电气、机械、液压系统组成,与液压缸联动的张力辊检测卷绕张力反馈电气装置,经判断调节输出电气信号给无级变速器的伺服电动机,来调节输出转速,实现织轴的恒功率卷绕,从小轴到大轴张力均匀恒定 有溢流阀控制张力油缸的油压,调节设定的卷绕张力,调节范围 0 ~ 5000N 无级变速器型号 RS34,调速比可达 10,传递功率可达 10kN 织轴可进行正反卷绕,以适应宽幅双织轴无梭织机的要求
	测长打印装置	采用电子计数测长装置,由传感器检测卷绕长度,计数器显示,可测量最大匹长 9999m,最大匹数 999,匹长精确度 0.01m 采用气动喷印装置,动作可靠性强
	伸缩筘	采用垂直移动装置,以防止筘针的定点磨损 采用伸缩筘与拖引辊、张力辊、测长辊同步在水平方向横动(动程可在 0 ~ 32mm 内调节),有利经纱排列、均匀
	上蜡装置	蜡槽(包括工作蜡槽及预热蜡槽)、上蜡辊采用不锈钢材料制成。上蜡辊线速可无级调节,最快最慢的线速比(相对于浆纱速度)为 3:1。采用电磁式温度自控装置,实现蜡液温度自控
	车头调幅	由两只电动机分别拖动两只移动箱体调幅,以适应多种幅宽的织机
	上落轴	采用液压式上落轴机构。采用液压式压纱辊加压方式,侧向加压,加压范围 0 ~ 8000N,小轴至满轴恒定。可适应不同盘管长度的织轴(对称织轴、不对称织轴均适应),范围为 1000 ~ 2600mm
张力调节控制	经轴退绕张力	采用 AB300 型退绕张力自控装置,两浆槽各有一套
	进纱张力(引纱辊 ~ 上浆辊)	通过改变第一对铁炮上平皮带位置,以改变引纱辊与上浆辊的速比,来加以调节。有张力检测和显示装置
	湿纱张力(上浆辊 ~ 预烘烘筒)	通过改变第二对铁炮上平皮带位置,以改变上浆辊表面线速来调节湿纱张力。无张力检测和显示装置
	补偿张力(预烘烘筒 ~ 并合烘筒)	通过改变第三对铁炮上平皮带位置,以改变预烘烘筒与并合烘筒的速比,来加以调节。无张力检测和显示装置
	干纱张力(并合烘筒 ~ 拖引辊)	通过改变第四对铁炮上平皮带位置,以改变并合烘筒与拖引辊表面线速度比,来调节该区张力。有张力检测和显示装置

续表

项　目		结　构　特　征
张力调节控制	卷绕张力（拖引辊～织轴）	通过液压、电气、机械结合的自动控制系统，使织轴从空轴到满轴的整个卷绕过程中，始终保持张力恒定 注：最新型以上各区的张力均由 PLC 控制，伸长率由电脑显示
双浆槽的伸长率控制		控制框上有检测两浆槽引纱辊与车头拖引辊之间伸长率显示装置，并有电动调节装置可以分别调节两只浆槽上浆辊的一对铁炮上平皮带位置，使两浆槽引纱辊的表面线速度改变，来实现两浆槽伸长率一致

（三）全机传动

1. 祖克 S422 型浆纱机工艺流程（图 2－4－1）

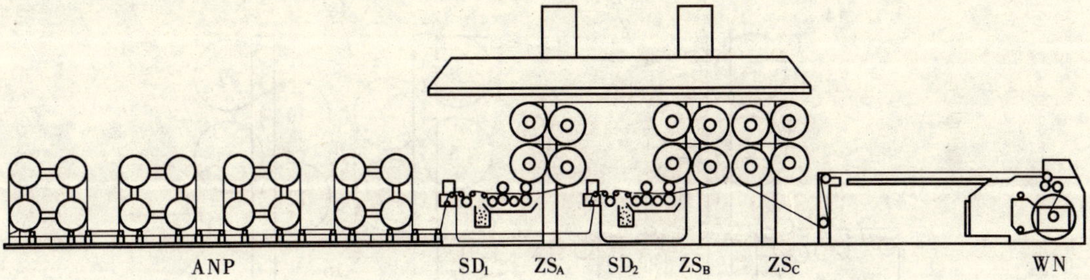

图 2－4－1　祖克 S422 型浆纱机工艺流程图

2. 祖克 S422 型浆纱机传动系统（图 2－4－2）

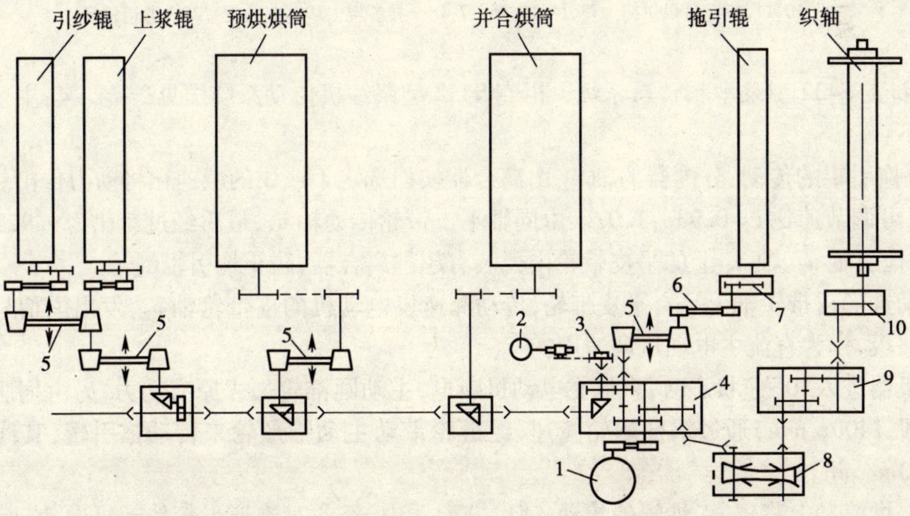

图 2－4－2　祖克 S422 型浆纱机传动系统图

如图 2－4－2 所示，全机有直流电动机 1 或微速电动机 2 所传动。正常开车时，直流电动机 1 通过齿轮箱 4 变速分三路传出。一路经一对铁炮 5，一对皮带轮 6，齿轮减速箱 7 传动拖引辊。另一路经 PIV 无级变速器 8，齿轮箱 9，一对链轮 10 传动织轴，第三路是传动边轴，拖动烘筒，上浆辊和引纱辊运行。

全机微速运行时，微速电动机 2 回转，经蜗杆蜗轮减速箱及一对链轮减速，通过超越离合器 3 传动齿轮箱 4 内的齿轮，而使全机以 0.2～0.3m/min 速度运行。预烘烘筒由边轴通过摩擦离合器传动回转，并合烘筒由边轴通过减速箱直接耦合传动回转。上浆辊和引纱辊分别由边轴通过伞形齿轮箱、铁炮、中间铁炮、平皮带和减速箱来传动。

3. 祖克 S432 型浆纱机工艺流程　祖克 S432 型浆纱机与 S422 型浆纱机工艺行程基本相同，只是在每组 ZS 烘筒旁边对角加装两根导辊，将每组烘筒进入的纱片分为两层，对称地各自绕过两个烘筒，如图 2－4－3 所示。

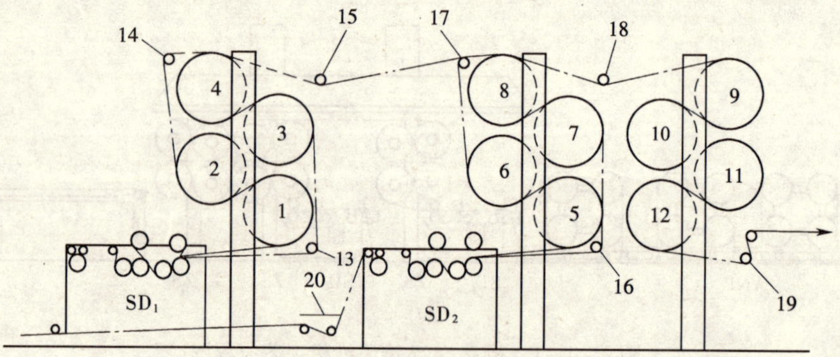

图 2－4－3　S432 型浆纱机烘房结构图

SD_1，SD_2—双浆槽　1，2，3，4—第一组预烘烘筒　5，6，7，8—第二组预烘烘筒

9，10，11，12—后烘烘筒　13，14，15，16，17，18—导纱辊　19—张力辊　20—通道踏板

4. 祖克 S432 型浆纱机传动系统　祖克 S432 型浆纱机传动系统图见 2－4－4，主要机构的传动如下：

（1）拖引辊的传动：分配器的轴 n_2 由离合器换档选定 1 或 3 的减速比将动力传出。锥形皮带轮 n_4，可调节速比 $i = 0.93 \sim 1.07$。由同轴平皮带轮传动轴 n_5，最后经过速比为 9.923 的减速器，传动拖引辊 n_6，轴 n_5 上的平皮带轮内壳装有超越离合器，防止拖引辊倒转。

主动锥形皮带轮轴上另有平皮带轮，传动测速发电动机的皮带轮轴 n_7，发出电信号反馈给调速电路板，作为直流主电动机调速用。

当机器进入“0”速状态时，直流主电动机断电，主动圆锥轮失去原有动力，另由伺服电动机（0.25kW，1400r/min）通过蜗杆蜗轮减速，经链轮带动主动锥形轮来传动拖引辊，其线速度为 0.2～0.3m/min。

（2）烘筒和上浆辊、引纱辊的传动：速度分配器中，经一对锥形齿轮传动纵向边轴 n_1，其传出速比 $i = 4.4$。纵轴借万向节逐段连接，经一对锥形齿轮以 $i = 2$ 的减速比传动烘筒下方的辅助轴，再经传动比为 $i = 0.95 \sim 1.05$ 的调速圆锥皮带轮传动上辅助轴，由上辅助轴 18^T 链轮传动烘筒轴头 106^T 的大链轮。烘筒按预烘和主烘区段分组，每组 3～4 个烘筒用 15.88mm（5/8 英寸)B 型双排长链条循环包绕其大链轮,实现整体传动,速度均以 n_8 表示。

边轴后端通过速比位 0.204 的齿轮箱传动主动圆锥轮 n_9,通过平皮带以 0.93 ~ 1.07 的调速比传动被动锥形轮轴 n_{10},再经一对平皮带轮传动轴 n_{11},通过 $i=9.923$ 的减速器传动浆槽前方的一根上浆辊 n_{12}。在前方上浆辊的另一端(机器的控制侧)装有周节为 10mm 的齿形皮带轮,通过一根周长 1320mm,宽 50mm 的同步皮带传动后方上浆辊头端的齿形皮带轮,因而确保两根上浆辊具有相同的速度。

锥形皮带轮 n_{10} 上另装有一个锥形皮带轮,通过一根交叉皮带传动后方的锥形皮带轮轴 n_{13},其传动速比 $i=0.82 \sim 0.96$,再通过一对平皮带轮传动轴 n_{14},最后通过 $i=9.923$ 的减速器传动引纱辊 n_{15}。

(3)浆轴的传动:由速度分配器以速比 $i=1.897$ 传动的出轴 n_3,通过辅助轴和万向节传动 PIV—R10 无级变速器,再经 $i=3.616$ 或 7.221 速比传动差微齿轮箱的出轴 n_{16},最后由 21^T 和 72^T 的一对链轮传动活动箱座(小车)上的浆轴夹头 n_{17},根据浆轴类型选用合适的夹头带动浆轴。

浆轴空轴到满轴的直径变化范围,1511 型、1515 型系列织机的浆轴为 160 ~ 1200mm,为了保持等线速卷绕,转速变化高达 5 倍以上。祖克浆纱机依靠无级变速器 PIV,借伺服电动机转动螺丝杆,来改变其主动和被动锥形盘的开合。调速变化范围为 1 ~ 10 倍。

差微齿轮箱一方面有 3.616 或 7.221 高倍数减速作用,另一方面通过离合器改变传动通道合差微轮系的调节作用,可以实现浆轴的正反向卷绕运动。浆纱机各传动件转速见表 2 - 4 - 3。

表 2 - 4 - 3　浆纱机各传动件转速

序号	名　　称	转速值(r/min)	序号	名　　称	转速值(r/min)
n_0	速度分配器进轴	2063.6	n_{11}	上浆辊传动皮带轮	1313
n_1	边轴	469	n_{12}	上浆辊	132.39
n_2	车头主动圆锥皮带轮	2063.6	n_{13}	引纱辊传动圆锥皮带轮	2607
n_3	浆轴 PIV 进轴	1031.8	n_{14}	引纱辊传动皮带轮	1489
n_4	车头被动圆锥皮带轮	2063.6	n_{15}	引纱辊	150.15
n_5	拖引辊传动皮带轮	1489.9	n_{16}	浆轴传动轴	992.14
n_6	拖引辊	150.15	n_{17}	浆轴 ϕ110mm	289
n_7	测速发电动机进轴	718	n_{18}	湿分绞辊	30
n_8	烘筒	39.8	n_{19}	测湿辊	318.3
n_9	浆槽主动圆锥皮带轮	2299	n_{20}	上蜡辊	3.5 ~ 10.5
n_{10}	浆槽被动圆锥皮带轮	2299	n_{21}	直流主电动机	2750.7

5. 祖克 ZTE 型浆纱机传动系统(图 2 - 4 - 4)

(1)祖克 ZTE 型浆纱机传动件转速(表 2 - 4 - 4):

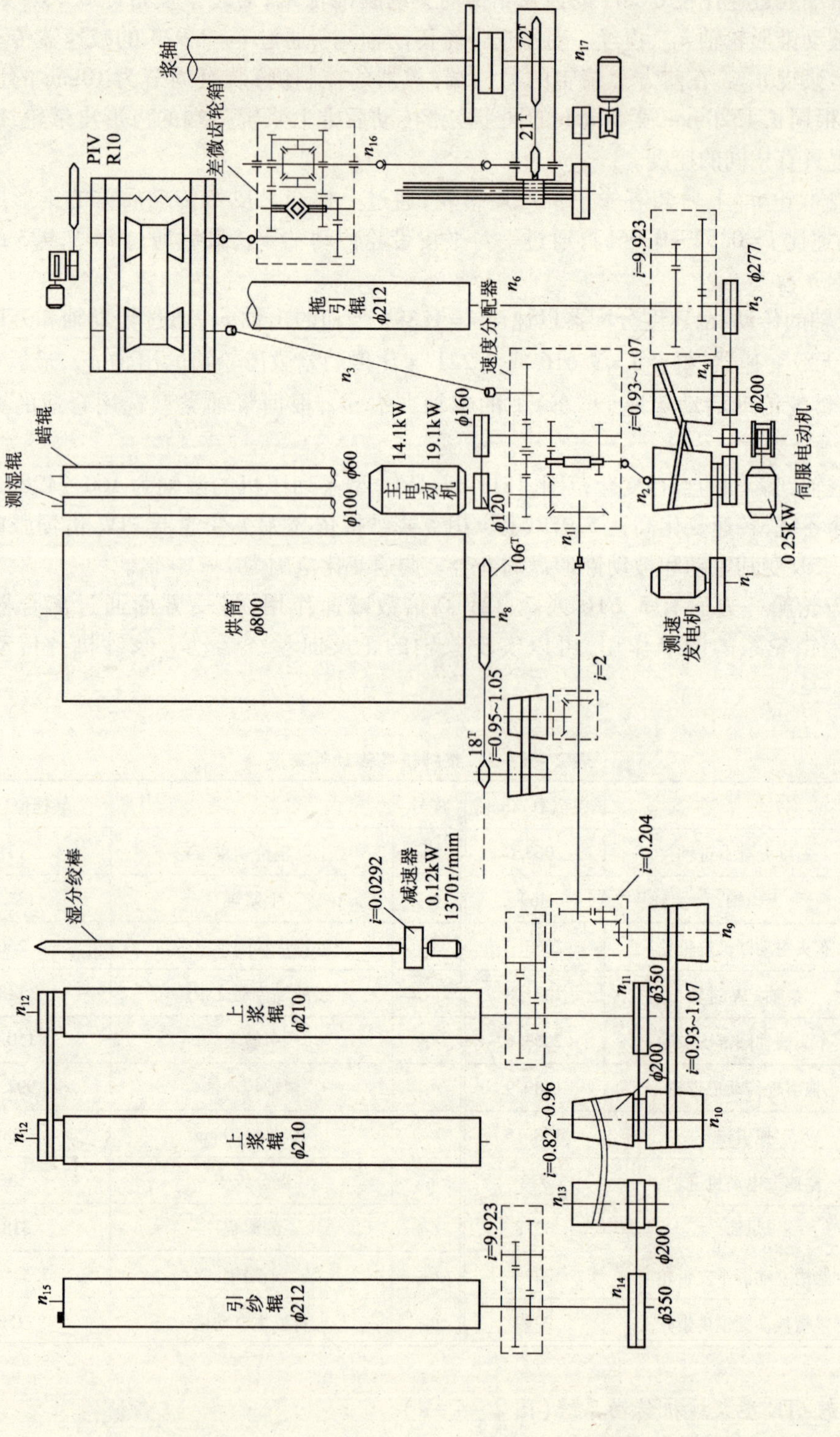

图 2-4-4　祖克 S432 型浆纱机传动图

表 2-4-4　ZTE—7 型浆纱机传动件转速

序号	名　　称	转速(r/min)	序号	名　　称	转速(r/min)
n_1	RS34 进轴	1068	n_{12}	过桥轴	809
n_2	浆轴传动链轮	723.5	n_{13}	引纱辊	149
n_3	浆轴 ϕ110	289	n_{14}	过桥轴	447
n_4	拖引辊	149	n_{15}	1#上浆辊	152
n_5	拖引辊传动链轮	299	n_{16}	过桥辊	886
n_6	P_2 出轴	997	n_{17}	过桥辊	447
n_7	边轴	281	n_{18}	2#上浆辊	152
n_8	过桥轴	141	n_{19}	测湿辊	318
n_9	烘筒	39.8	n_{20}	上蜡辊	3.5～10.5
n_{10}	浆槽 P_2 进轴	1037	n_{21}	测速发电动机	718
n_{11}	浆槽 P_2 出轴	1028	—	交流整流子电动机	2071

(2)祖克 ZTE 型浆纱机的传动原理框图(图 2-4-5)：

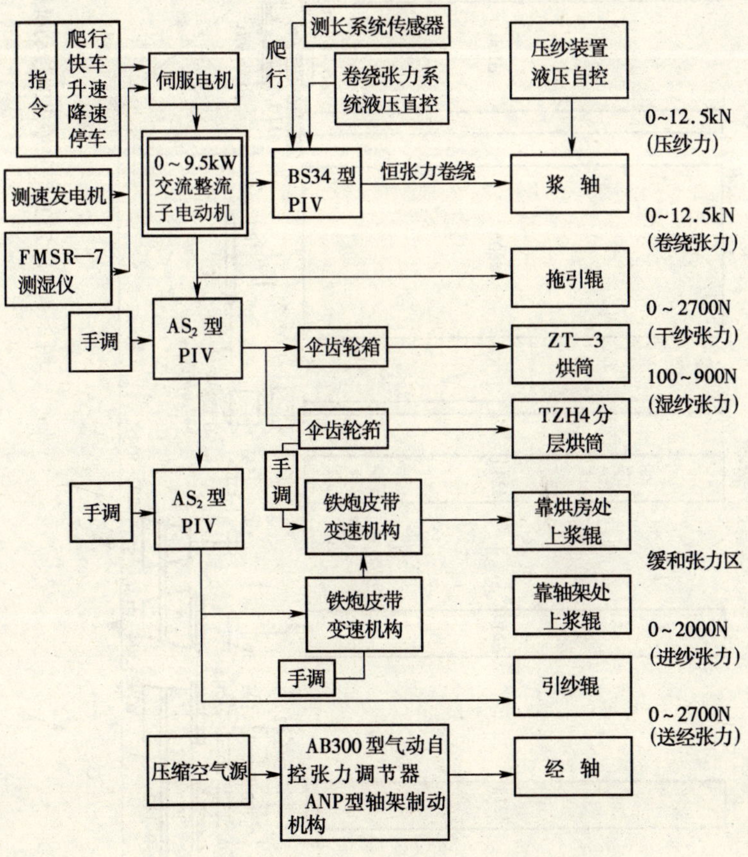

图 2-4-5　ZTE 型浆纱机传动原理框图

(3)祖克 ZTE 型浆纱机的传动结构(图 2-4-6)：

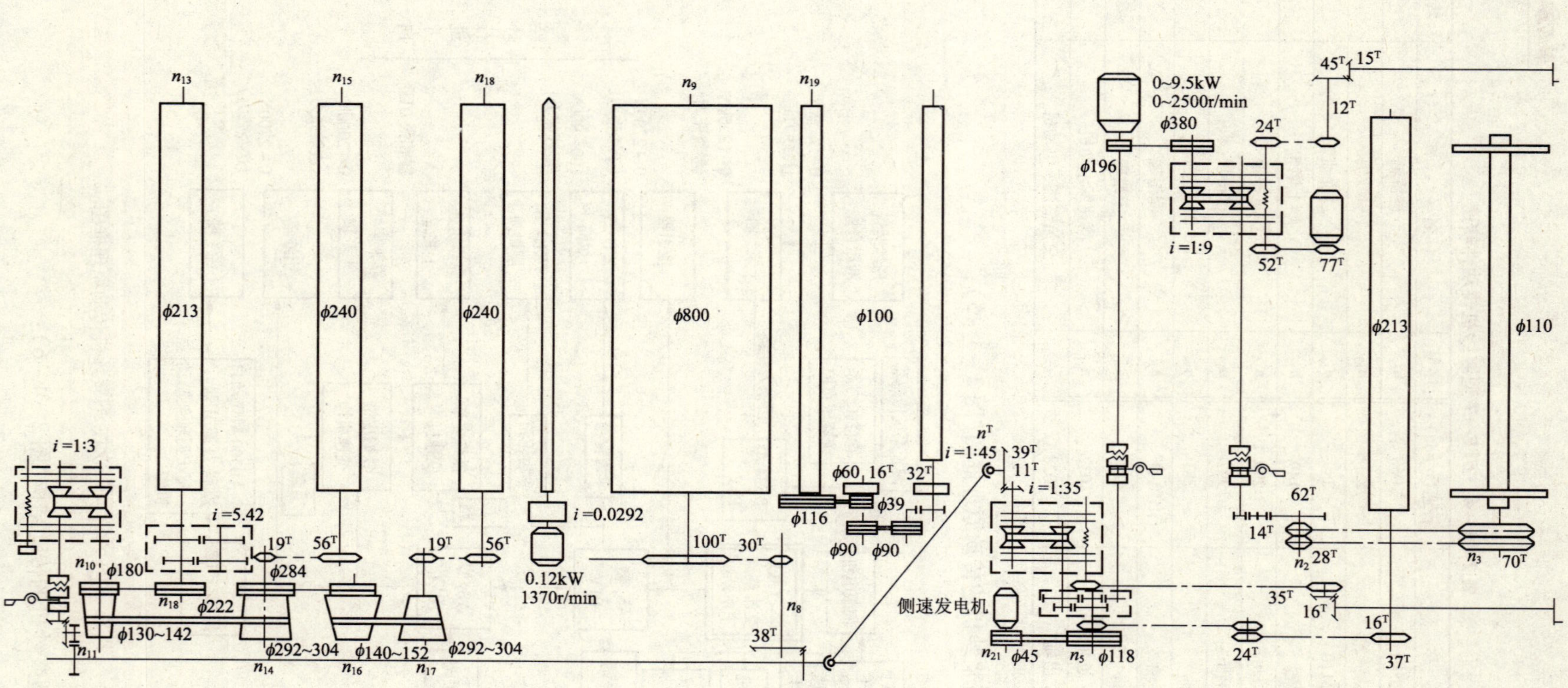

图 2-4-6　ZTE 型浆纱机的传动机构

(四)祖克S型系列浆纱机主要机构及装置

1. 经轴架(图2-4-7)

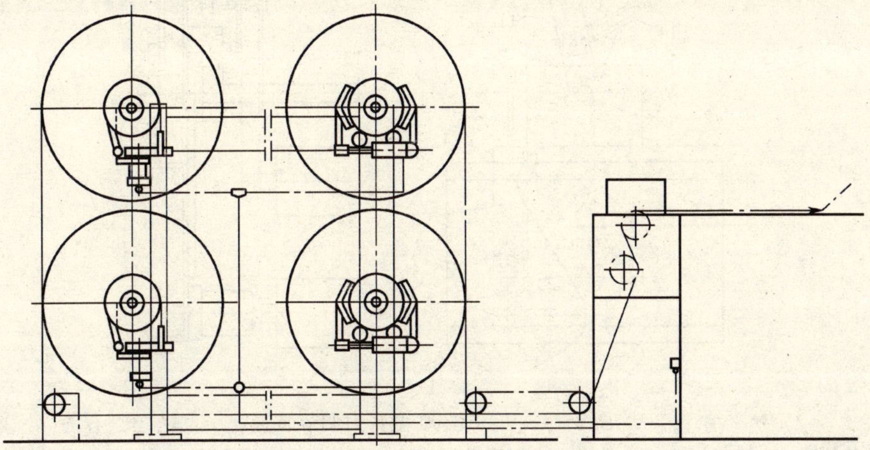

图2-4-7 经轴架

2. 经轴制动装置(图2-4-8)

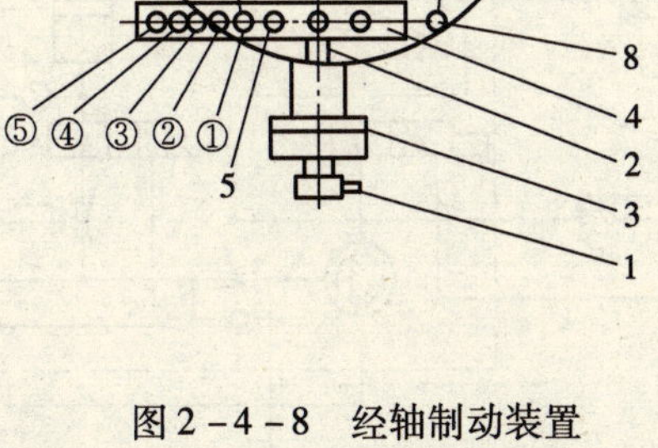

图2-4-8 经轴制动装置

1—气管插头 2—活塞杆 3—制动气缸 4—制动杠杆

5—杠枝支点 6—制动带 7—制动盘(经轴边盘) 8—制动带固定点

①、②、③、④、⑤—制动带可调节点

3. 经轴张力调节装置 祖克浆纱机各种经轴架的纱片引出部位都安装有AB张力调节装置如图2-4-9所示,AB张力调节装置气动工作原理如图2-4-10所示。

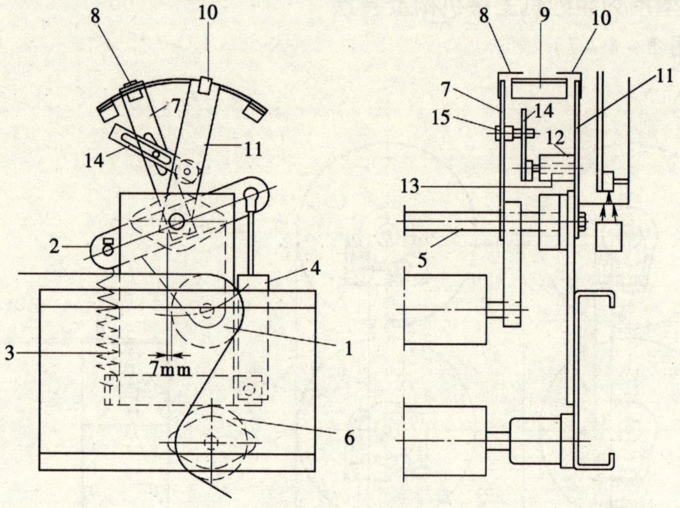

图 2-4-9　AB300 型张力调节装置

1—张力检测辊　2—T 型杠杆　3—弹簧　4—阻尼缓冲油箱　5—支轴　6—导纱辊　7—摆动杆　8—实际值指针　9—弧形刻度板　10—设定值指针　11—固定杆　12—旋转阀外套　13—旋载阀芯　14—连杆　15—转销

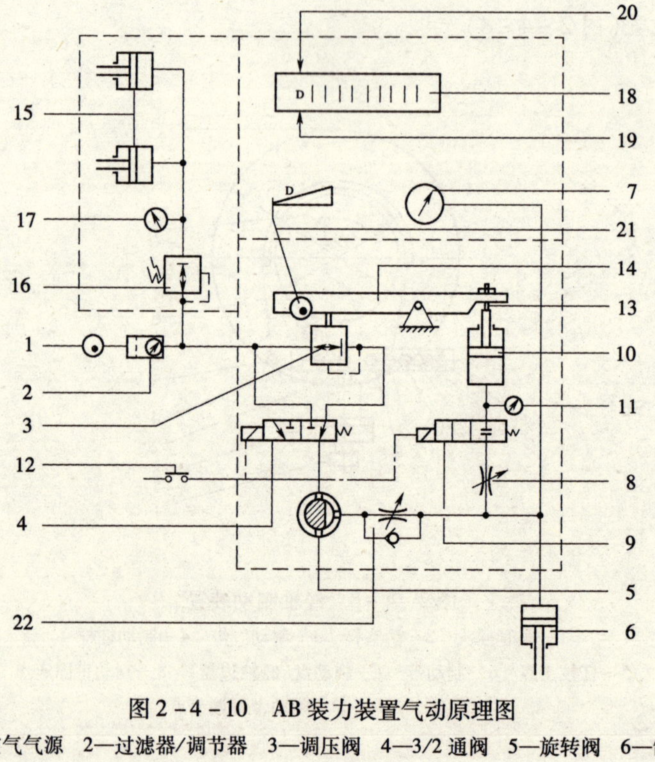

图 2-4-10　AB 装力装置气动原理图

1—压缩空气气源　2—过滤器/调节器　3—调压阀　4—3/2 通阀　5—旋转阀　6—制动气缸　7—制动气压表　8—节流阀　9—2/2 通阀　10—贮气缸　11—贮存空气压力表　12—贮存空气按钮　13—活塞杆　14—平衡杠杆　15—罗拉加压气缸　16—罗拉加压压力控制器　17—罗拉加压压力表　18—弧形刻度板　19—设定值指针　20—实际值指针　21—放松/制动　22—防回阀(或单向阀)

4. 祖克浆纱机的浆槽(图 2-4-11)

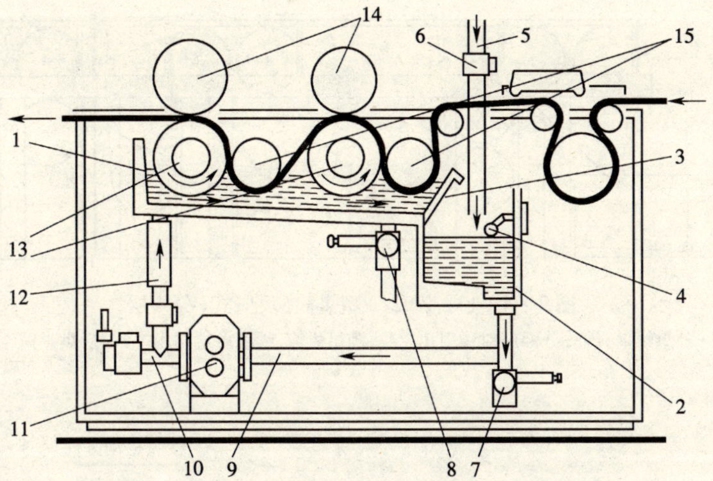

图 2-4-11 祖克浆纱机 SD 型浆槽

1—主浆槽 2—预热器 3—摇动活板(溢流板) 4—浮球 5—输浆管 6—电磁阀
7—预热器放浆阀 8—主浆槽放浆阀 9—输浆横管 10—输浆三通 11—循环输浆泵
12—输浆竖管 13—上浆辊 14—压浆辊 15—浸没辊(浸压辊)

5. 祖克浆纱机浆槽加热蒸汽管路(图 2-4-12)

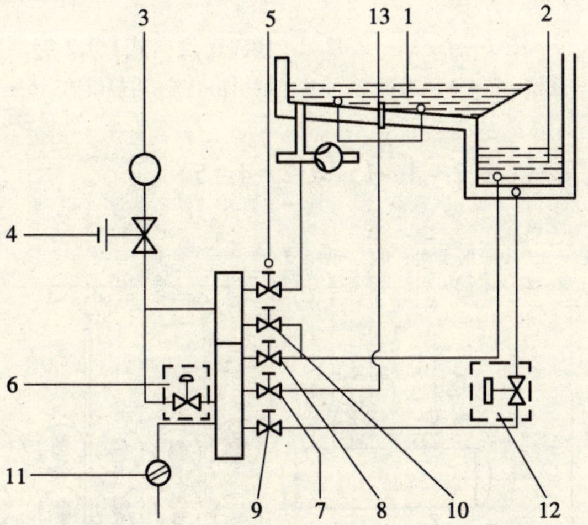

图 2-4-12 祖克浆纱机 SD 型浆槽

1—主浆槽 2—预热器 3—进汽管 4—进汽手动阀 5—清洗浆管和浆泵的手动阀
6—用于预热器和主浆槽直接与间接加热的气动控制阀 7—主浆槽直接加热的手动阀
8—预热器直接加热的手动阀 9—间接加热的手动阀 10—预热器加热或清洗的手动阀
11—凝结水排放管路 12—水浴间接加热的温控器 13—PT-100 温度传感器

6. 祖克浆纱机烘筒排列 ZM2/2 型烘筒(反向式)分 4 层(图 2-4-13),ZM2/2 型烘筒(反向式)分 2 层(图 2-4-14)。

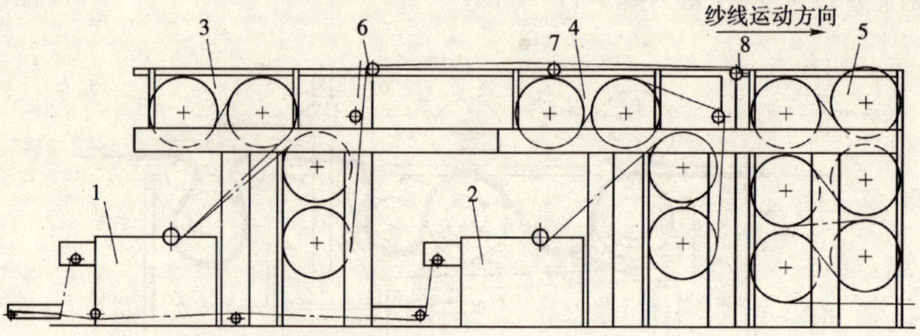

图 2-4-13 ZM2/2 型烘筒(反向式)分 4 层

1、2—浆槽 3—预烘烘筒，纱线分两层对称引出 4—预烘烘筒，纱线单层引出 5—后烘烘筒 6、7、8—导纱辊

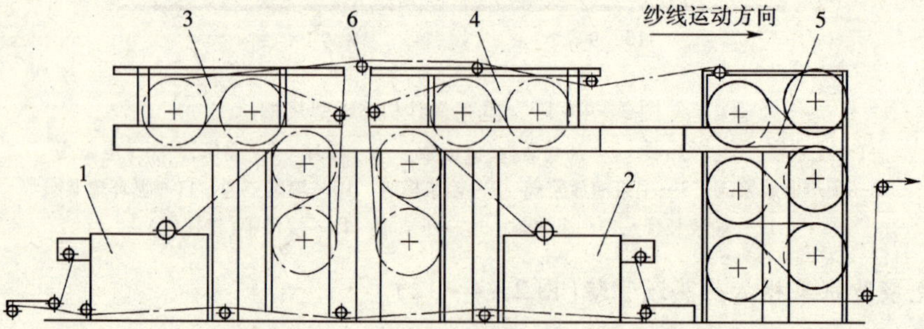

图 2-4-14 ZM2/2 型烘筒(反向式)分 2 层

1、2—浆槽 3、4—预烘烘筒，纱片单层引出 5—后烘烘筒 6—并纱辊

7. 祖克浆纱机蒸汽管路(图 2-4-15、表 2-4-5)

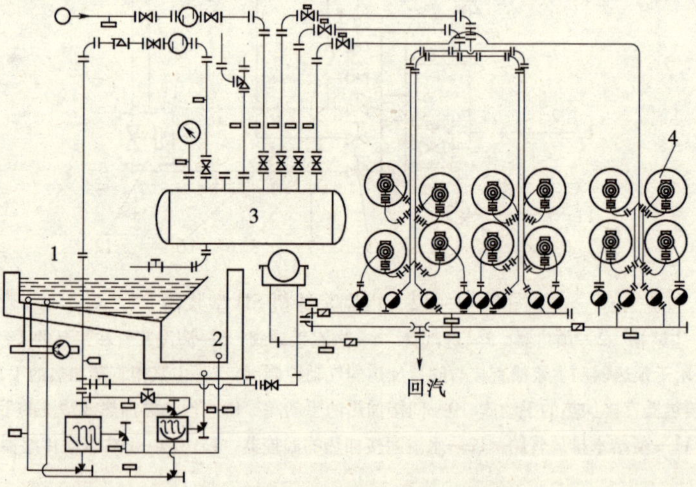

图 2-4-15 祖克浆纱机蒸汽管路

1—浆槽 2—预热箱 3—分气缸 4—烘筒

表 2－4－5　蒸汽管路图代号说明

序号	名　称	连接时的规定代号		序号	名　称	连接时的规定代号	
		法兰连接	螺旋连接			法兰连接	螺旋连接
1	带法兰盘的管			12	电动闸阀		
2	带螺纹的管			13	气动闸阀		
3	管接头			14	压力调节阀		
4	直角弯头			15	密闭式弹簧安全阀		
5	正三通			16	开放式重链安全阀		
6	斜三通			17	流水器		
7	连接螺母			18	过滤器		
8	外螺丝			19	压力表		
9	法兰盘堵溢			20	自动记录表		
10	闸阀			21	截门（外围）		
11	截门			22	内外螺纹接头		

8. 车头（图 2－4－16）

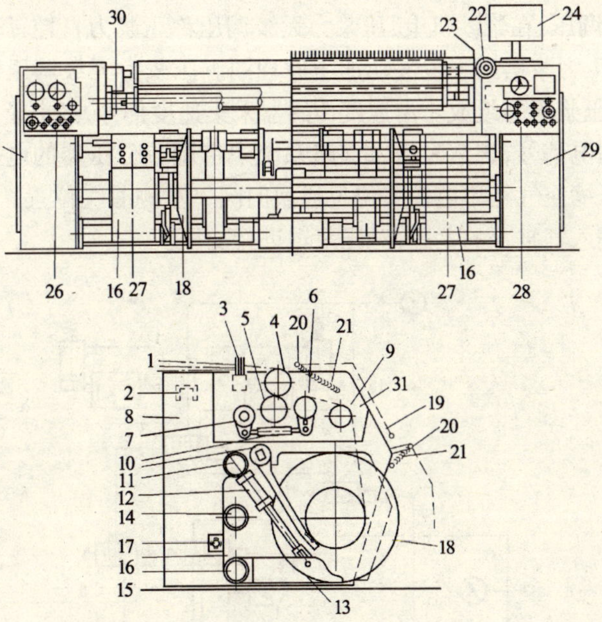

图 2－4－16　车头

1—车头横梁　2—车头墙板　3—伸缩筘　4—加压测长辊　5—拖引辊　6—张力调节辊　7—连杆　8—制动盘　9—导纱辊　10—浆轴加压杆、方轴及压纱辊　11—上落轴支轴　12—连着器　13—上落轴臂　14—浆轴传动链轮轴　15—上落轴臂支轴　16—浆轴活动箱座（小车）　17—小车传动丝杆　18—浆轴　19—安全栅栏　20—安全杆　21—弹簧　22—伸缩筘摇动手轮　23—伸缩筘升降手柄　24—测湿仪　25—车头传动箱　26—传动侧控制板　27—小车控制板　28—控制侧控制板　29—车头控制箱　30—升降加压辊的阀　31—活动罗拉架

(五)祖克S型系列浆纱机自动控制系统

1. 浆槽的液面控制及浆液温度控制　预热浆箱的浆液补充有手控、自控两种。手控是通过电气开关，控制输浆管路的气动球阀来实现的。自控的调节过程：预热浆箱中有一浮球，通过杠杆将浮球的高低位置信号传感给上下两只限位开关，限位开关再通过电气装置和气动装置控制输浆管路上的气动球阀。浆液面位置过低，浮球给下限开关一个信号，气动球阀打开，输浆使浆液面上升到一定位置，浮球给上限开关一个信号，气动球阀关闭，液面不再上升，从而使预热浆箱浆液面的高低得到自动控制。调节限位开关的位置可控制预热浆箱浆液面的位置高低。

浆槽为夹层浆槽。内板、外板均为不锈钢制造。其加热系统分为直接加热和间接加热两种。直接加热是将蒸汽直接通向浆槽内的浆液中进行加热，主工作槽内有两排加热管，预热浆箱内有一排加热管，直接加热由电子式温度控制仪自动控制浆液温度，适应于高温上浆。间接加热是将蒸汽通过夹层经浆槽内板的传导热来加热浆液，这种加热由自力式温度控制器自动控制，适合低温上浆。

这套加热系统的特点是温度控制精度高，温度调节范围大，既可高温上浆，又可低温上浆。另外，温度调节采用自控后，其控制特性使阀门一般不会全部关闭，这样浆液不会堵塞直接加热管的喷射孔。

2. 浆槽的压浆力控制

(1)压浆力无级调压：在浆纱机上，压浆力无级调压称压浆力自控，压浆力两级切换称压浆力手控。图2-4-17为浆槽压浆辊气动加压原理图。压浆力无级调压装置由电子控制装置、气动系统、上浆辊和压浆辊等组成。由速度传感器采集速度信号，经电子控制装置闭环调节，输出与速度成正比例的电信号，该信号送入气路系统中带调节分压器的电—气转换器，使电信号转换成气压力。此压缩空气经单电控二位三通换向阀2左侧通气位置、气控二位五通换向阀3左侧通气位置直接进入气缸4的上腔，对压浆辊进行加压。

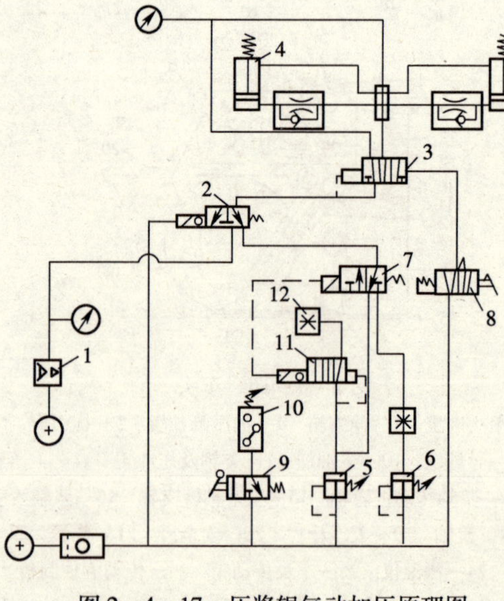

图2-4-17　压浆辊气动加压原理图

(2)压浆力两级切换:如图 2-4-17 所示,首先关闭电器控制柜上的压浆力选择开关,使电磁换向阀 2 失电而处于右侧通气位置。

压缩空气分别经减压阀 5(慢速减压阀)和减压阀 6(正常速减压阀)汇集于电磁换向阀 7 的进气端,然后再经电磁换向阀 2、气控换向阀 3 通到压浆辊加压气缸 4。正常速时,电磁换向阀 7 得电处于右侧通气位置,接入输出压力高的减压阀 6。慢速时,电磁换向阀 7 失电处于右侧通气位置,接入输出压力低的减压阀 5。

气控换向阀 3 的动作由手控换向阀 8 控制,手控换向阀 8 的出气端有压力输出,气控换向阀 3 处于右侧通气位置,压缩空气进入气缸 4 的下腔,使压浆辊上抬。手控换向阀 8 的出气端 A 无压力输出,则压缩空气进入气缸 4 的下端,使压浆辊加压。

手控换向阀 9 的作用是能在停车或慢速时,调节正常速的压浆力。按下手控换向阀 9,压力继电器 10 输出电信号,使电磁换向阀 7 得电(电磁换向阀 11 也得电)而接入输出压力高的减压阀 6。

电磁换向阀 11 是为了确保压浆辊压力从高压转向低压时的压力稳定。慢速时,电磁换向阀 11 失电,节流阀 12 起作用。正常速时,电磁换向阀 11 得电。

(3)浸压辊加压:如图 2-4-18 所示,压缩空气经减压阀 1、手控换向阀 2 的左侧通气位置,进入单作用气缸 3 的上腔,使浸压辊侧压上浆辊,手控换向阀 2 处于右侧通气位置时,单作用气缸 3 靠弹簧复位。

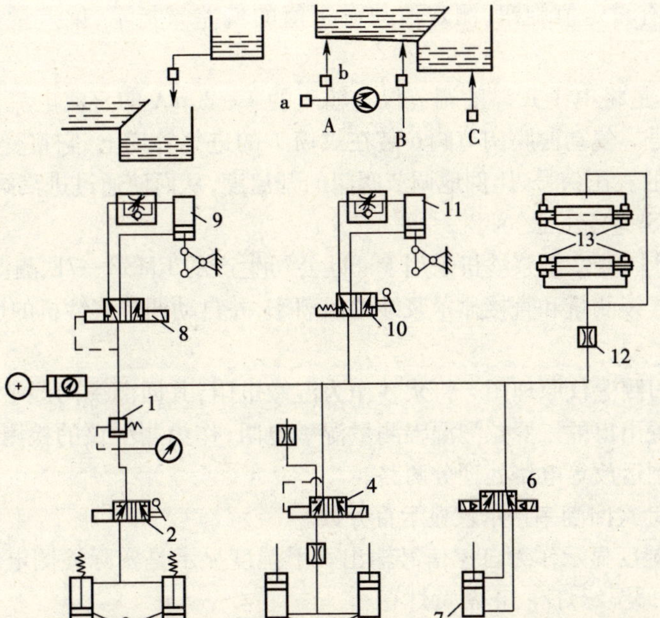

图 2-4-18　浆槽其他系统原理图

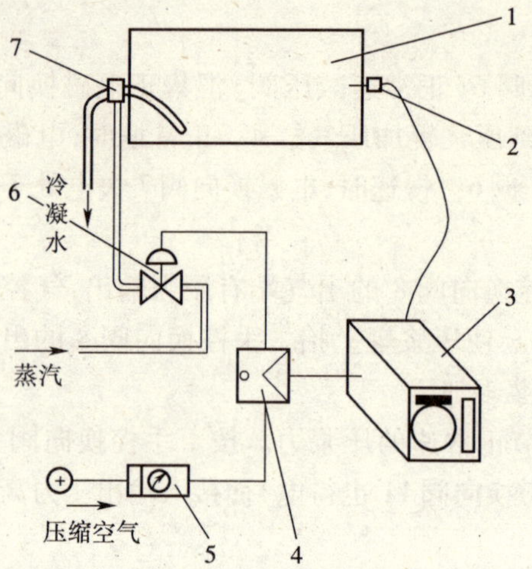

图 2－4－19　烘筒温度自动控制装置

（4）压辊上抬、加压：如图 2－4－18 所示，压辊是引纱辊上方的一根辊，由单电控换向阀 4 控制单作用气缸 5，完成压辊的上抬和加压。

（5）离合器动作：如图 2－4－18 所示，由双电控换向阀 6 控制双作用气缸 7，完成浆槽传动与边轴的拍合与分离。

（6）浆液流动的控制：SD 浆槽的浆液流动由气动球阀来控制（图 2－4－18）。

3. 烘筒温度控制　如图 2－4－19 所示，PT100 铂热电阻传感器 2 装在烘筒 1 的轴头上探测烘筒内的温度，并转化成电信号传给电子式温度调节仪 3。

电子式温度调节仪 3 是烘筒温度控制的中心环节。它接受温度传感器 2 的输入信号，与设定信号（工艺要求的温度设定值）相比较得到偏差信号，然后对此偏差信号进行比例、积分、微分（PID）运算，再将运算后的直流电流（4～20mA）作为输出信号，传给电—气转换器 4，实现烘筒温度的自动调节，直至测量信号和设定信号相符。温度调节仪 3 的温度控制范围 0～200℃，面板上有设定值旋钮、测定值与设定值的偏差量指示、偏差量是否在正常范围内指示。

电气转换器 4 是将电子式温度调节仪 3 输入的 4～20mA 的直流电流比例转换成 0.02～0.1MPa 的气压信号。气动薄膜调节阀 6 装在烘筒 1 的进气管道上，它接受电气转换器 4 输出的 0.02～0.1MPa 的气压信号，比例地调节阀门的开启度，从而使通过进汽阀 7 进入烘筒 1 的蒸汽流量得到控制。5 为减压滤气阀。

4. 回潮率控制　S432 型浆纱机采用 Mahlo 公司生产的 RMSR—7K 测湿仪，能在浆纱机的运行过程中，自动连续测量和直接显示浆纱的回潮率，并自动调节浆纱机的运行速度，使回潮率保持恒定。

图 2－4－20 为测湿仪原理图。将浆纱作为湿敏电阻，其回潮率同湿敏电阻有一定的对应关系，通过烘燥装置出口的三罗拉测湿辊测量湿敏电阻，作为测湿仪的检测信号。检测信号经前置交流放大，比例运放等电路处理分两路。

（1）信号供指针式回潮率指示仪显示百分数。

（2）信号供干湿度显示作为自控信号输出。干湿度显示是实际检测电压与设定值电压比较后，偏干红灯亮，偏湿绿灯亮，正常黄灯亮。

测湿仪的工作有手控、自控两种状态。手控时，仪器只作回潮率偏差指示，不能自动控制回潮率。自控时，实际检测电压同设定值电压比较的误差信号，输入 PID 调节器等电路运算处理，输出信号给可控硅调速装置，使浆纱机的车速自动加快或自动减慢，直至检出浆纱的回潮率与设定值一致。

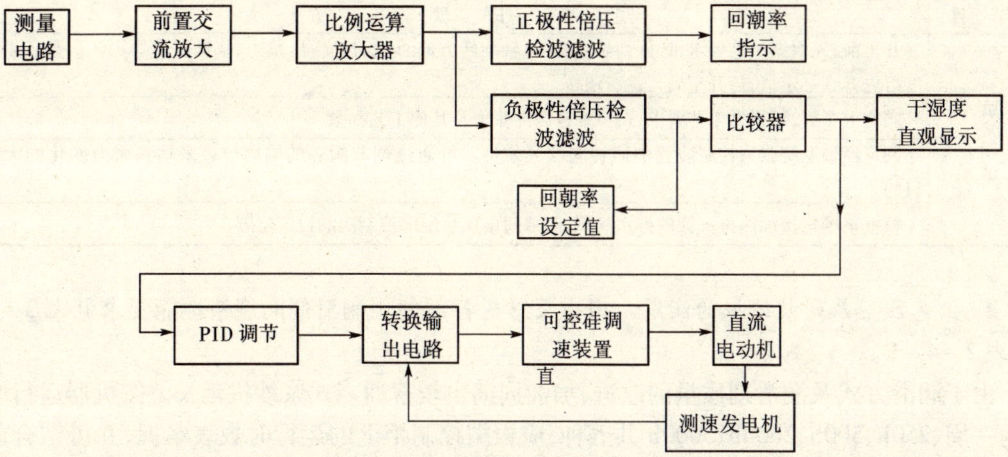

图 2－4－20　回潮率自动控制装置原理图

（六）祖克 S 型系列浆纱机的调节与维护

1. 祖克 S 型系列浆纱机的调节（表 2－4－6）

表 2－4－6　祖克 S 型系列浆纱机的调节

调节项目	调节步骤及方法
安装后空车调试	将压缩空气送给车上，调定车头、浆槽气电转换器的压力值，车头的压力值调至 0.6MPa，浆槽的压力值调至 0.55MPa
	油箱加液压油，按按钮，试油泵电动机旋向。旋向正确后，油泵开一段时间使液压系统中的空气排出后，再调定溢流阀 6 的压力值为 5～5.5MPa。调试完毕，再试液压系统其他各部作用是否正常
	脱开浆槽、烘筒传动的离合器，并松开车头中传动拖引辊的一只超越离合器的支点，使其失去作用，然后，通电试直流电动机的旋向。待正确后再装上超越离合器的支点
	先开慢速，查看车头各部、边轴的运转情况。正常后合上浆槽、烘筒离合器。各部仍正常后，再开正常速，并逐渐升高速度。此间，如果发现不正常现象或异响，应立即停车检修。测试各部分电气按钮是否正常，最高速是否有限位等
	测试卷绕初始直径的初选功能是否正常，测试上落轴装置、测长打印装置、正反转装置、上蜡装置是否正常
	测试各部伸长调节机构是否可靠
	测试浆槽的各机构、气动系统各功能、压浆力自动调压装置是否正常
通蒸汽调试	徐徐打开总截止阀，先调定总减压阀减压后的压力为 0.45～0.5MPa，再调定浆槽减压阀减压后的压力为 0.3～0.35MPa
	测试浆槽、烘筒的各组温度自动控制系统是否正常
	检查各疏水器是否正常
	检查浆槽各截止阀的作用情况
	供应桶开启放水，检查补浆系统的作用情况，并通过调整限位开关的位置来调节预热浆箱的液面高低
	检查各部是否漏气、漏水

续表

调节项目	调节步骤及方法
试浆调试	开车前，先根据工艺要求，选好初始直径、织轴旋转方向、计长长度、压浆力、浆槽温度等工艺参数。烘筒温度可先升到一定值，待开车后再逐渐调高
	实物上车后，要根据工艺要求，调节好各区的张力及其他工艺参数
	调定经轴退绕张力控制装置中回转阀的灵敏度。可通过调节阀芯的轴向位置来达到张力变化的大小的目的
	根据浆槽间接加热排汽管的排水频率，调节间接加热温度控制阀的设定温度

2. 祖克S型系列浆纱机的润滑　祖克浆纱机各部使用润滑剂的规格性能要求见表2－4－7～表2－4－9。

由于润滑方式及润滑剂质量的改进，加油周期也较普通老式浆纱机延长。按机器运行时间分为一周、250h、500h、2000h、5000h共五种，应根据控制柜上的运行时数表掌握，并可结合前述保养检修停车时进行。

表2－4－7　浆槽部分所用润滑剂的性能

序号	润滑点	润滑方式	润滑剂	Agip	BP	ESSO	KLUBER	Mobil	TEXACO	国产油脂
1	PIV无级变速装置，A型封闭圆锥齿轮和圆柱正齿轮	加油	90～110 mm^2/s (cSt) 40℃(ISO－VG 100)	AGIP SIC 75	BP Energol CS 100(ISO)	ESSTIC 100	CRUCOLAN 100 KR 29F	Mobil D. T. E. 27	Ursa Oil P—100	50[#]工业齿轮油
2	开链传动	脂润滑		AGIP S－AGUS 60	BP Energr－ease HT—EP 2	BEACON 2	HVT 50A 或 HVT 50A Spray	Mobilplex 47	Novatex Grease EP 2. TEXANDO FO 20	2[#]锂基脂
		粘性油	135～165 mm^2/s(cSt) 40℃(ISO—VG 150)	AGIP ASP 107	BP Energol NT—150 (ISO)	MILLCOT K 220	HVT 50A 或 HVT 50A Spray	Mobil Etna Oil No. 3	Way Lubricant 220	2[#]锂基脂
3	一般润滑点：开式圆锥齿轮，上浆辊、压浆辊轴承，滚针轴承，导辊轴承，滑动轴承，浆泵轴承等	—	锂基脂 NLGI 2	AGIP GR MU 2	BP Energr-ease LS 2	BEACON 2	CENTO-PL EX 2	Mobilux 2	Multifak 2	2[#]锂基脂
4	浆泵传动齿轮	—	粘性油 135～165 mm^2/s(cSt)，40℃(ISO—VG 150)	AGIP ASP 107	BP Energol NT—150(ISO)	MILLCOT K220	LAMORA SUPER PO-LADD 150	Mobil Etna Oil No. 3	Way Lubricant 220	40[#]导轨油

表 2-4-8 烘燥部分所用润滑剂的性能

序号	润滑点	润滑方式	润滑剂	Agip	BP	ESSO	KLUBER	Mobil	TEXACO	国产油脂
1	圆锥齿轮	加油	90~100mm^2/s(cSt) 40℃(ISO—VG 100)	AGIP SIC 75	BP Energol CS 100(ISO)	ESSTIC 100	KR 29F CRUCOLAN 100	Mobil D. T. E. 27	Ursa Oil P—100	50#工业齿轮油
2	一般润滑点:A. F 轴承,万向节,开口链条,导辊轴承等	脂润滑	锂基脂 NLGI—2 级	AGIP GR MU 2	BP Energrease LS2	BEACON 2	CENTOPL—EX 2	Mobilux 2	Multifak 2	2#锂基脂
3	风扇轴承,气动调节器	脂润滑	高温脂,温度直到 160℃ NLG1—2 级	AGIP GR NF	BP Energrease HTB2	NORVA 275	STABURAGS N 12 MF, UNIMOLY GB 2	Mobiltemp 78 Mobilgrears 28	Texando FO 20 Thermatex EP 2	2#胺化膨土脂
4	烘筒轴承(工作温度直到 170℃)	加油	高质量,无残渣形成的专用油,不能与矿物油混用	AGIP BLASIA 128/F	BP Energol SGR-XP 220(ISO) 240mm^2/s (cSt)/40℃	Advise Technical Service	SYNTHESO D 200	Mobil Glygoyle 30 140mm^2/s (cSt)/50℃ Mobil Jet Oil 11 18.5mm^2/s (cSt)/50℃	Advise Technical Service	4106#合成航空润滑油
			高质量,无残渣形成并有高氧化稳定性,高性能的精炼油	AGIP SIC 305	BP Energol IC 460(ISO) BP Energol CS 460(ISO)	TERESSO 460	CRUCOLAN 460	Mobil D. T. E. Oil HH	Regal Oil 460	3#锂基脂
5	蜗轮	半脂加入	钠皂化半脂	AGIP GR SLL	BP Energrease HTO	FIBRAX 370	NATOSBIN B 1600EP	Mobilplex 44, Gargoyle Fett 1200W	Marfak 00	2#锂基脂

表 2-4-9　车头部分所用润滑剂的性能

序号	润滑点	润滑方式	润滑剂	Agip	BP	ESSO	KLUBER	Mobil	TEXACO	国产油脂
1	主 PIV 装置、RS 型高于 6PS、A 型低于 6PS,液压,正齿轮,及单向离合器齿轮	加　油	41.4～50.6mm²/s (cSt)/40℃ (ISO—VG46)	AGIP OSO 45 AGIP SIC 45	BP Energol HL P46(ISO)	TERESSO N 45 ESSTIC 100	LAMORA 46	Mobil D. T. E. 25	Torgue Fluid32 Rando Oil HD B—46	30#精密机床液压油
2	润滑齿轮	加　油	75～85mm²/s (cSt)/40℃	AGIP OSO 75	BP Energol HL P 68 (ISO)	NUTO H 68	KR 29F	Mobil D. T. E. Oil Heary	Rondo Oil 100	40#精密机床液压油
3	摆线齿轮	半脂加入	钠皂化半脂	AGIP GR SLL	BP Energrease HTO	FIBRAX 370	NATOSBIN B 1600EP	Mobilplex 44, Gargoyle Fett 1200W	Marfak 00	3#锂基脂
4	一般润滑点:蜗轮,万向节,防磨轴承,横动齿轮等	脂润滑	锂基脂 NLGI 2	AGIP GR MU2	BP Energr-ease LS 2	BEACON 2	CENTOPL-EX 2	Mobilux 2	Multifak 2	2#锂基脂
5	a. 滑动轴承润滑油	加油	41.4～50.6mm²/s (cSt)/40℃ (ISO—VG 46) 61.2～74.8mm²/s (cSt)/40℃ ISO—VG 68	AGIP SIC 45	BP Energol HL P46(ISO) BP Energol HL P68(ISO)	ESSTIC 68	LAMORA 46 LAMORA 68	Mobil D. T. E. Oil Medium 或 Mobil D. T. E. Oil Heary Medium	Rondo Oil 46 Rondo Oil HDB-46 Rondo Oil 68 HDC-68	30#精密机床液压油
	b. 脂润滑	脂润滑	锂基脂 NLGI 2	AGIP GR MU 2	BP Energr-ease LS 2	BEACON 2	CENTOPL-EX 2	Mobilux 2	Multifak 2	2#锂基脂

续表

序号	润滑点	润滑方式	润滑剂	Agip	BP	ESSO	KLUBER	Mobil	TEXACO	国产油脂
6	在链条箱内运转的链条传动轮	油浴润滑	41.4～50.6mm²/s (cSt)40℃ (ISO—VG46) 61.2～74.8mm²/s (cSt)40℃ (ISO—VG 68)	AGIP SIC 45	BP Energol HL P46(ISO) BP Energol HL P68(ISO)	ESSTIC 68	LAMORA 46 LAMORA 68	Mobil D. T. E. Oil Medium 或 Mobil D. T. E. Oil	Rondo Oil 46 Rondo Oil HDB—46 Rondo Oil 68 Rondo Oil HDC—68	30#精密机床液压油
7	开式链条	脂润滑		AGIP SAGUS 60	BP Energrease HT—EP 2	BEACON 2	HVT 50A 或 HVT 50 A Spray	Heavy Medium Mobilplex 47	Novatex Grease EP2. TEXANDO FO 20	2#锂基脂
		或粘性油	135～165mm²/s (cSt)40℃ (ISO—VG 150)	AGIP ASP 107	BP Energol NT 150(ISO)	MILLCOT K 220	HVA 50A 或 HVT 50A Spray	Mobil Etna Oil No. 3	Way Lubricant 220	

表2－4－10～表2－4－13为浆纱机各部分的加油周期。表中用五种标记表示润滑方式类型：黑圆点“●”表示加液态油。黑三角形“▲”表示加润滑脂，白三角形“△”表示链传动加粘性油或润滑脂，黑正方形“■”表示加齿轮油，白正方形“□”表示作清洁、检查。清洁、检查虽然不用加油，但通过除垢、防锈、清除堵塞来保持工作部位的良好状况，也是非常重要的。

表2－4－10　经轴架部分润滑表

润滑点	润滑方式				润滑周期			
	●	▲	△	□	250h	500h	2000h	5000h
经轴制动杆支轴及气缸		×					×	
导纱辊、张力辊轴承		×				×		
经轴幅宽调节丝杆套				×	×			

表2－4－11　烘燥部分润滑表

润滑点	润滑方式				润滑周期				备注
	●	▲	△	■	250h	500h	2000h	5000h	
烘桶轴承	×				×				
传动链			×						每周
锥形齿轮				×			×		
导向链轮			×				×		
链张力器			×				×		
离合器		×				×			
导辊轴承		×						×	
万向联轴节		×					×		
排气风扇		×						×	

表2－4－12　浆槽润滑表

润滑点	润滑方式				润滑周期				备注
	▲	■	△	□	一周	500h	2000h	5000h	
上浆辊轴承	×					×			
压浆辊轴承	×					×			
压浆辊加压杠杆支轴	×				×				

续表

润滑点	润滑方式				润滑周期				备注
	▲	■	△	□	一周	500h	2000h	5000h	
浸没辊轴承	×					×			检查密封和轴承
两上浆辊间的导轮	×					×			
引纱辊轴承	×						×		
加压辊杠杆	×					×			
加压测长辊及导辊轴承	×							×	
浸没辊支架	×					×			
浸没辊调节链条			×				×		
溢流板调节装置	×						×		
引纱辊上浆辊传动轮轴承	×							×	
浆泵	×								
纵轴传动联轴节	×					×			
浆槽冲洗传动装置	×					×			
上浆辊传动减速器		×					×		第一次在250h
边轴附加传动装置		×					×		第一次在250h
气动加油器				×		×			加满160 mL气动油
传动皮带移动导轮和导杆	×					×			

表2-4-13　WN车头润滑表

润滑点	润滑方式					润滑周期			
	●	▲	△	■	□	一周	500h	2000h	5000h
油箱				×				×	
PIV变速器				×				×	
速度分配器				×				×	
差动齿轮箱				×				×	
万向联轴节		×					×		
拖引辊轴承及横动齿轮装置		×					×		
拖引辊传动减速器				×				×	

续表

润滑点	润滑方式					润滑周期			
	●	▲	△	■	□	一周	500h	2000h	5000h
张力制动圆盘轴承		×						×	
张力调节辊轴承		×							×
加压测长辊轴承		×							×
导纱辊(布纱辊)轴承		×							×
张力轴轴承		×							×
传动轴轴承		×							×
压纱辊转子轴承		×					×		
拖引辊传动带移位转子轴承		×							×
伸缩筘传动齿轮		×							×
伸缩筘吊轴轴承		×							×
织轴链传动			×				×		
车速表链传动			×				×		
筘齿提升链传动			×				×		
直径选择器链传动			×				×		
织轴活动箱座(小车)链传动			×				×		
拖引辊皮带位置调节器链传动			×				×		
PIV 螺杆轴链传动			×				×		
拖引辊皮带位置调节螺杆			×				×		
传动主轴	×					×			
织轴箱座滑动管	×					×			
织轴箱座传动螺杆	×					×			
电磁油过滤器					×		×		
气动加油器					×		×		加气动油
拖引辊传动活轮					×			×	

注　除以上各表所列润滑剂以外,所有气动装置油雾器即"气动加油器"用油规格为50℃时粘度20mm²/S(cSt)。

3. 祖克S型系列浆纱机的主要故障及其成因(表2-4-14)

表 2-4-14　祖克 S 型系列浆纱机的主要故障及其成因

故障现象	产生原因
轴架至引纱辊片纱张力不匀	汽缸皮碗损坏
	汽缸顶针损坏
	刹车带摩擦片磨损
	气管断裂、堵塞
	刹车带杠杆调节不当
	导纱辊轴承损坏
	经轴盘头位置调节不当
	气管漏气
浸没辊及压浆辊布动作	后压浆辊电磁阀失灵
	后压浆辊汽缸失灵
	无压缩空气
	汽缸断裂损坏
	后浸没辊限位开关损坏或失灵
	后浸没辊开关失控
	变速箱损坏
	后浸没辊电动机损坏
Ⅰ速、Ⅱ速故障	PIV 链条断裂
	PIV 张力辊调节不当
	中间齿轮箱离合器作用不良
	主电动机镁合金磨损或损坏
	万向节接头螺丝松脱或断裂
	压缩空气低于 5.5MPa
	边轴齿轮箱作用不良
	浮球失灵
	限位开关不良
	计数器没有复位
张力过松或过紧	轴架部分气压调节器失控
	气压装置失灵或损坏
	油缸失灵或损坏
	浆槽部分传动皮带失灵或损坏
	传动皮带断开
	引力辊弹簧损坏
	浆槽引纱辊离合器失控
	烘房传动链条过松
	边轴齿轮箱损坏或失效
	铁炮皮带损坏或失效
	引力辊弹簧失效
	车头部分铁炮皮带损坏或滑出
	张力调节手柄连接件损坏或失效
	张力辊弹簧损坏
	纱线与盘头芯轴间打滑
其他故障项目	经轴传动呆滞
	漏浆
	浆槽四角浆液温度不均匀
	浆槽脱浆
	液面控制装置失灵
	预热浆箱溢浆
	压浆辊两端加压不一致
	阀门故障
	输浆泵故障
	干燥不良
	烘筒回转呆滞
	轴承发热异常
	齿轮运转异常
	运转速度不平稳
	刹车不灵
	浆纱伸长不正常
	烘房浆纱移位
	片纱张力时松时紧

4. 祖克S型系列浆纱机操作要点(表2-4-15)

表2-4-15 祖克S型系列浆纱机操作要点

项 目	操 作 要 点
开车前的准备工作	1. 扭开控制柜上的电源开关和开动空压机(或扭开空压机站进气的开关),注意清洁过滤器,放净积水,气压必须达到要求(40kN压浆力,气压需0.65MPa;100kN压浆力,气压需0.85MPa) 2. 调节温控器上浆槽温度和烘桶温度设定值。烘桶温度可先调到预热值(一般选定80℃),再调到工艺设定值 3. 松开机上紧急停车开关。开启主电动机、油泵和气罩排汽扇开关 4. 根据浆纱品种,在控制柜门上设定"自动"压浆力及车速。在机上传动侧面板上设定压纱辊压力,卷绕张力,干分绞张力。在传动侧面板上设定墨印长度,浆轴卷绕匹数 5. 设定浆轴直径,并按幅宽选用压纱辊 6. 检查喷印装置,补加喷印色水 7. 放净烘筒和疏水器及管道内的冷凝水,蜡槽汽管冷凝水。调节蜡槽温控电磁阀到工艺设定值,蜡块加入准备熔化 8. 打开放浆电磁阀,排出管道中的余浆和余水,并清洗过滤器,检查浆泵作用。对浆槽和预热器排放存水,再加水清洗,开汽预热
起机程序	1. 根据品种要求,核对经轴吊牌(经轴编号),吊上整经轴,套上轴承。安放经轴后,清除表面飞花,解除包布,逐个转动经轴是否灵活。校对盘片,使各经轴对齐成一直线。套上制动带,悬挂在规定的眼孔。各轴制动杠杆平行,松紧一致 2. 设定AB调节器经纱张力值,充气后将放松/制动手柄从"0"位向右方适当移动,使经轴受到很小的制动力,以供手动带头时纱片稍有张力,便于及早放置绞线 3. 从各经轴引出的纱片绕过下方导纱辊后,顺次相叠合,将封头布对齐,在离封头布尽可能短的距离放入绞线。带动各轴纱片(最好用专用夹板把纱片从封头布头端夹住,或用铁条撑住,使全幅张力一致),牵引至经轴架前方,使与原了机纱或带头布分股对结(一般分16股左右)结头要小,各股张力均匀,纱片整齐 4. 开始放浆,当浆放到规定液面高度后开动浆泵循环。检查浆液浓度(用折光仪)、温度、粘度、pH值(此项测试由试验工配合做),合格方可开车 如果是连续生产,起机时可简化前述的开车准备工作,利用放浆时间到车前调节温控器、车速、压浆力(自动调压)、墨印长度、浆轴卷绕匹数、浆轴直径、压纱力及各段张力 5. 将AB张力器放松/制动杆进一步向右移到最大值,开车带动纱片。当纱片结头到达引纱辊处,升起加压辊和安全罩。由于了机时已将引纱辊离合器脱开,故可在结头通过后即恢复加压辊和安全罩位置。提升压浆辊,待结头通过前方住压浆辊后,依次将主压浆辊、前浸没辊、预压浆辊和后浸没辊降下,并将引纱辊离合器合拢。这样使结头后的纱片都已上浆,可节约回丝 6. 设定"手动"压浆力。不论是预压浆辊还是主压浆辊,设定时都是先将浆槽控制面板上的Ⅰ速钮拔起,慢慢转动,待压力表指针达到工艺要求时,将其复位。然后左手将强加压钮按下,右手将Ⅱ速钮拔起,慢慢转动,当压力表指针达到工艺要求时,将Ⅱ速钮按下复位。应注意主压浆辊的自动调压应在车前控制柜面板上设定。然后按工艺要求设定浸没辊对上浆辊侧向加压的压力,仍然是利用旋钮调节压力表指针的方法 7. 继续开车,当绞线经过浆槽到达湿分绞棒时,要前后移动,避免受压浆力粘死。并注意检查经纱分层情况。绞线要排正,互相平行,边部不能掉绞 8. 纱片在烘房运行要平稳,结头和绞线不能受阻扯乱。断头缠挂烘桶和导辊要及时处理、理顺。结头和绞线必须烘干 9. 绞线出烘房,开慢车穿绞棒。注意不使绞棒碰断经纱或绞线扯断经纱,动作要轻快。分绞后层次要清晰,并要注意分绞张力,避免绞棒处纱线松弛、阻塞 10. 当纱片结头和封头布通过喷印装置,达到规定的起机回丝长度时,按手动按钮喷墨印 11. 打开转动侧面板边沿的开关,使侧长加压辊升起,让结头和经纱封头布通过拖引辊,然后将测长加压辊压下 对加压辊上面的纱片进行梳理,并仔细拨动"匀头"。将伸缩筘向上升起,插入纱片,进行初步调整 12. 继续引出起机纱片,根据浆轴生头长度要求,割去结头及封头布,在空浆轴上生头。放上压纱辊,再次调整伸缩筘的幅宽和左右位置,并可对筘齿中的经纱作少量搬动调整(在浆轴生头15cm以内)既可正式升速开车

续表

项　目	操　作　要　点
上轴程序	1. 上轴前准备空轴，整理轴芯布，刷好浆糊，准备夹板、弹簧夹、小车、半筘梳、刀具等用具 2. 将空轴滚至车头中间，将偶合开关调到"偶合分离"符号方向 3. 升起安全栏栅 4. 在机前转动空轴，头端套上夹头 5. 按动活动箱座上的按钮1或2直到空轴两端夹头对准落轴臂，并插入 6. 按动活动箱座上的按钮3，落轴臂杆向上转动，托起空轴 7. 再按动按钮1或2，移动活动箱座，使座上的夹盘接触空轴夹头。凸钉嵌入孔中，但应注意不能夹持太紧 8. 分开双层轴芯布，用夹板或半筘梳从左到右顺序将纱片尾端贴于轴芯布上。要求贴牢、不折、不绞，边部离盘片不超过3~5cm 9. 放下安全栏栅 10. 按动按钮5，将压纱辊升起 11. 检查按钮板上浆轴起始直径的设定并修正。调整换档或换向选择开关 12. 再将偶合开关转到符号"偶合对接"上，提升的落轴臂会自动降下，绿色开车指示灯亮起 13. 用车头传动侧按钮板上的旋钮调节压纱辊压力、卷绕张力和分绞张力 14. 根据需要调节伸缩筘升降和横动量 15. 检查车头控制按钮板上车速表及联合计数器工作情况 16. 检查控制柜上伸长率显示值、温控器显示值、压浆力显示值，必要时进行调节。开车后，结合机后巡回进一步检查调节
落轴程序	1. 当浆轴上卷绕了需要和预置的经纱长度时，联合计数器中的匹数器会使机器转到慢速运行 2. 按动慢速按钮 3. 当墨印已走过50cm后，用粘胶带或夹纱板固定纱片 4. 按动车头控制侧按钮板上的发光按钮"+"，直到张力调节辊达到它的夹紧位置，机器就由高限位开关停车 5. 同时按动发光按钮"+"和慢速按钮，直到张力调节辊和浆轴之间的经纱松弛下来 6. 将偶合开关转到符号"偶合分离"上，压纱辊装置自动摆离浆轴 7. 按动活动箱座上的按钮3，落轴臂升到浆轴传动夹头下。无极变速器PIV自动进行重调，达到贮存的浆轴起始直径所需要的位置 8. 割断纱片，要求一刀齐，无崩乱，并力求减少纱尾长度 9. 利用按钮分开浆轴活动箱座，被松开的浆轴即支承在已升起的落轴臂上 10. 利用按钮使浆轴随落轴臂降到地面或小车上 11. 滚出浆轴或拉出小车 12. 再按上轴程序放入新的空轴
了机程序	1. 根据经轴退绕情况，了机前10匹左右到机后看守。发现退绕将完，断头、缺头多时，即降至慢速，同时应关闭回潮控制仪 2. 了机时，在机后要尽量补接断头。断头不能再接时应做好记号。当记号走至浸没辊时，脱开引纱辊离合器，升起浸没辊和压浆辊。并下中心线。待记号进入烘房时停车，抽出湿分绞辊，关掉蒸气总阀 3. 了机时，过磅工或检查员到机后记录经轴了机前5m的断头数，考核整经质量 4. 距张力调节辊1m处割断经轴原纱。按中心绞线分上下层。整个幅宽分成若干股(一般为16股)。把AB张力放松/制动杆拨到"0"位，脱掉经轴制动装置，拉清回丝(记录重量)，关电源 5. 做好压浆辊、落轴臂、车头及烘筒两端清洁。做好上浆辊、压浆辊、浸没辊、张力调节辊、导纱辊及浆槽清洁(浆皮要清理干净) 吊下空经轴，揩净经轴架，扫清地面。除了每次了机清洁以外，每周还要做一次大清洁，设备维修人员应配合运转班做需要拆卸部分的清洁。设备维修人员每月还要利用一次了机时间进行揩车，按加油部位和周期进行清洁润滑，以延长机器使用寿命

续表

项目	操作要点
巡回操作	如同普通浆纱机一样，祖克浆纱机的值车工还须围绕机器各个部分巡回操作，每个浆轴巡回1～2次。其主要项目为： 1. 车头及传动部分： (1)伸缩筘内有无回丝及杂物、有无并头、绞头，烘房出纱是否平直均匀（干分绞张力调节适当） (2)测湿仪指示回潮率是否正常，车速是否标准 (3)卷绕张力是否均匀，卷绕张力和压力是否适当，浆轴两边有无空叠边及软硬边现象 (4)喷印是否符合要求，联合记数器作用是否正常。伸长率是否达到标准 (5)绞棒分层有无粘并浆、绞头，开口大小是否合适（大巡回时应转动绞棒1/3转） (6)蜡辊转动速度、蜡液面高度和温度是否正常 (7)控制柜上模拟图板故障指示灯是否亮起，浆槽及烘房温控是否正常，压缩空气气压及过滤情况，工作电流情况等 2. 烘房部分： (1)烘筒及导纱辊是否缠纱 (2)蒸气压力是否正常 (3)烘房内张力测量表读数是否符合标准。链条传动是否正常及有异响 3. 浆槽部分： (1)湿分绞棒转动是否正常，是否有粘浆需要清洗，缠纱需要清理 (2)上浆辊、压浆辊、浸没辊有无缠纱 (3)浆槽液面、温度、粘度及输浆量。浆泵及浮球、电磁阀放浆作用 (4)压浆辊、浸没辊加压及压力表读数 (5)张力调节辊张力读数，张力调节辊、导纱辊、加压辊及引纱辊是否缠纱 (6)浆槽传动部分是否有异响(上浆辊轴损坏等原因引起的异响) 4. 经轴架部分： (1)经轴有无缠纱、绞头、空叠边、浪纱，经轴盘边是否对齐 (2)经轴制动带及气管是否完好，作用正常 (3)AB张力调节器张力读数是否符合要求，气压是否适当
其他注意事项	1. 要特别注意用刀，要求“0”速进行。处理经轴、引纱辊、浸没辊、压浆辊、上浆辊、拖引辊、导纱辊上的缠纱要求平挑(不能直割损伤机件)。平挑时要求平握刀把，拇指贴住刀面，刀背向外，刀锋内向。上浆辊、压浆辊、浸没辊等胶辊材质和制造精度要求很高，用刀不慎割坏后损失难以弥补，要求每次交接班检查，追究损坏责任。对涂有聚四氟乙烯的烘筒表面，也要坚持平挑法用刀，避免割损 2. 清洗浆槽和烘筒时也要注意用热水或掺有退浆材料的水，揩布或软刷洗刷，不能用硬刷损伤橡胶辊和烘筒防黏涂层 3. 清洗浆纱机时，要防止水流浸入控制板按钮、自控元件以及电缆沟中造成损坏。原则上不能用水管冲洗 4. 进汽阀压阀、烘筒安全阀必须保持完好。值车工要经常注意检查气压情况，以免造成事故 5. 浆槽安全罩、车头安全栏栅必须保持完好，以免违章操作，造成事故

二、贝宁格—泽尔浆纱机

(一)主要技术参数和特征(表2-4-16)

表2-4-16　贝宁格—泽尔浆纱机的主要技术参数和特征

纤维种类	各类混纺短纤纱、长丝					
工作幅宽(mm)	经轴支架、上浆槽、烘筒:1800、2000、2200、2400、2800 车头:2000、2400、2800、3400、5400					
经轴架	型　号	ZB	ZA	ZWS/F	SWA	SWAm
经轴架	适应种类	普通整经轴	普通整经轴	普通整经轴、染色整经轴	气动分条整经轴退绕装置	带有电动机驱动移进/移出装置的气动分条整经轴退绕装置
经轴架	整经轴制动方式	气动带式	气动双制动块	气动带式		
经轴架	整经轴盘片直径(mm)	1000、1250、1400	1000、1250	—		
经轴架	宽度调节(mm)	每侧最大240	无调节	每侧最大240		
经轴架	导纱辊	直径98mm,包覆辊或不锈钢辊	直径98mm,包覆辊或不锈钢辊	直径98mm,包覆辊或不锈钢辊		
经轴架	退绕张力辊	直径139mm镀铬辊	直径139mm,镀铬辊	直径139mm,镀铬辊		
经轴架	技术特点: 1. 采用张力辊感测经纱退绕张力,反应时间短,使得退绕张力恒定 2. 便携式手持HANDYMAT终端操作,操作简便					

预湿浆槽	型　号		KVE	KVD	KVA
预湿浆槽	形式		一个预湿槽,一个浸没辊,一个轧辊	一个预湿槽,两个浸没辊,两个轧辊	两个预湿槽,两个浸没辊,两个轧辊
预湿浆槽	压辊		直径130mm,不锈钢辊,可上下运动		
预湿浆槽	引纱辊		直径200mm,75°肖氏硬度橡胶包覆		
预湿浆槽	张力调节罗拉		直径139mm,镀铬		
预湿浆槽	下预湿辊	直径,材质	直径260mm,100°肖氏硬度硬橡胶包覆		
预湿浆槽	下预湿辊	压力(kN)	100		
预湿浆槽	预湿下压辊直径(mm)		直径188mm,75°肖氏硬度橡胶包覆		
预湿浆槽	预湿上压辊直径(mm)		直径285mm,90°肖氏硬度橡胶包覆		
预湿浆槽	浸没辊直径(mm)		直径188mm,75°肖氏硬度橡胶包覆		
预湿浆槽	第一上压浆辊	直径(mm)	225	200	200
预湿浆槽	第一上压浆辊	材质	75°肖氏硬度,内置玻璃珠加固结构橡胶包覆	65°肖氏硬度,丁苯橡胶包覆	65°肖氏硬度,内置玻璃珠加固结构橡胶包覆

续表

预湿浆槽	第一上浆辊	直径200mm,100°肖氏硬度硬橡胶包覆或不锈钢		
	第二上压浆辊	—	直径225mm,75°肖氏硬度,内置玻璃珠加固结构橡胶包覆	
	第二上浆辊	—	直径200mm,100°肖氏硬度硬橡胶包覆或不锈钢	
	第一、二压浆辊间伸长		0.05%,不可调	0.05%,不可调
	浆循环泵动能(L/min)	60	60	60
	技术特点	经预湿处理的纱线上浆量少,可节约费用,同时改善外观毛羽		
浆槽	型 号	TKE	TKD	TKV
	形式	单浸单压	双浸双压	组合式浆槽 预湿槽和浆槽结合在一起,也可作为双浸双压浆槽使用
	压辊	直径130mm,不锈钢辊		
	引纱辊	直径200mm,75°肖氏硬度橡胶包覆辊		
	张力调节罗拉	直径139mm,镀铬辊		
	浸没辊	直径188mm,75°肖氏硬度橡胶包覆。可以由电动机驱动上下运动。当降低浸没辊时,浸没辊自动挤压上浆辊。不锈钢轴承在浆液中运行并润滑		
	第一压浆辊	直径225mm,75°肖氏硬度,内置玻璃珠加固结构橡胶包覆。采用无摩擦力无滞后的气囊加压。压力无级调节可达50kN	直径200mm,65°肖氏硬度,丁苯橡胶包覆。气动加压,并配抬起锁定装置。压力可无级调至20kN	
	上浆辊	直径200mm,100°肖氏硬度硬橡胶包覆或不锈钢		
	第二压浆辊		直径225mm,75°肖氏硬度,内置玻璃珠加固结构橡胶包覆。采用无摩擦力无滞后的气囊加压。压力无级调节可达50kN	
	拖引辊和压浆辊间伸长调节范围	-2% ~4%		
	浆循环泵动能(L/min)	60		
	第一、二压浆辊间伸长	—	0.05% 不可调	—
	最大浆槽容量(L) 1800mm	55+91=146	120+91=211	—
	最大浆槽容量(L) 2200mm	67+109=176	138+109=247	—
	最大浆槽容量(L) 2400mm	73+118=191	147+118=265	—
	技术特点: 1. 压浆辊的加压采用气囊加压。随车速变化气囊压力随之及时变化,压力均匀,加压不滞后。因此对回潮率的控制比较及时、精确 2. 左右两侧的气囊压力始终保持一致,从而使压浆辊压力保持左中右均匀一致,进而使上浆效果均匀 3. 气囊加压没有移动件,寿命比较长			

续表

浆槽	4. 最大压浆压力可达 50kN 5. 可以在触摸屏上设定液面的高度,上限和下限。采用液位传感器感测预浆槽液面 6. 加热方式为夹层式,可用蒸汽直接加热或间接加热。浆液温度自动调节 压浆力和车速之间的关系可以设定 10 个比例关系,既可以是线性关系,也可以是非线性关系,从而使浆纱机车速变化时,合理调节相应的压力,降低上浆率波动的峰值。具有在线模拟上浆率控制装置 7. 便携式 HANDYMAT 终端操作,操作简便,即使在修复断头和重叠时,也只需单个控制器		
湿分绞	湿分绞滚筒	直径 188mm, 聚四氟乙烯(Teflon)涂层	
	纱线伸长调节范围	−4% ~6%	
	技术特点	采用预分绞棒(内通蒸汽)进行湿分绞。上下二层经纱的夹角达到 30°	
烘房	型　号	ZT	CT
	形式	平铺式	紧凑式
	烘筒	直径 800mm,聚四氟乙烯涂层 烘筒壁厚 2.5 ~3mm 烘筒允许最大工作压力为 5bar,可达最高工作温度 158°C 烘筒采用精确的罗拉链传动	
	技术特点: 1. 可以有 4 ~24 个烘筒不同的配置方式 2. 采用对称配置的烘房,前后两个浆槽的经纱路径完全相同,因此前后浆槽的经纱烘燥一致,伸长一致 3. 紧凑式烘房系统可将烘筒装在浆槽上方,无论在机器长度和高度上,可节省相当大的空间		
后上蜡	型　号	CV	
	蜡槽	20L,蒸汽加热,可调范围 30 ~90℃,上蜡温度自动检测控制	
	上蜡辊	镀硬铬。上蜡辊的传动和机器速度成正比,上蜡量可通过速度调节来设定	
干分绞	分绞棒	第一分绞棒直径 60mm,其他分绞棒直径 38mm,表面镀铬	
	技术特点	采用计算机控制的两个气缸对设定张力进行控制,使张力恒定	
车头	型号	BB(750daN)	BB(1500daN)
	织轴边盘板直径(mm)	1016	1600
	织轴边盘之间最大工作宽度(mm)	3400	5400
	最大卷绕张力(daN)	750	1500
	最高速度(m/min)	125	160
	车头压辊	直径 188mm,镀铬	直径 214mm,镀铬
	车头拖引辊	直径 240mm,65°肖氏硬度橡胶包覆辊	直径 265mm,65°肖氏硬度橡胶包覆辊
	车头张力测量辊	直径 173mm,镀铬	直径 238mm,镀铬
	伸缩筘	气动升降式伸缩筘,可自动缩放和单侧横动	
	最大压纱力(daN)	500	500
	最小工作宽度(mm)	1100	1100
	手持式控制器	车头所有功能由 HANDYMAT 触按键盘便携掌式控制器操作完成。机器运行状态可在 LCD 上显示	

续表

车头	技术特点： 1. 车头三辊驱动单元，使张力更加均匀 2. 一个制动棒可以防止经纱缠绕。还有一个气动压纱装置可以保证织轴均匀紧密卷绕 3. 织轴支承装置及上轴装置分别由电动机单独控制 4. 车头可横移，适应最小 840mm 窄幅织物的对称卷绕 5. 便携式 HANDYMAT 终端操作，操作简便	
控制与驱动	控制硬件	工业计算机，奔腾处理器，WINDOWS 操作平台；彩色屏幕带 TFT 积极控制功能，液晶显示器 触摸屏：西门子 S7PLC，总线系统连接设备与 PLC 之间的输入与输出
	软件	本宁格自开发软件，用于管理设备的运行
	操作	根据触摸屏及功能键，完成下述任务：①纱线的编程。②观察设备的实际运行及状态
	调整控制工艺参数	下列参数已被录入计算机中，用于浆纱机的控制和调整。如：机器速度（m/min）、干燥烘筒温度（℃）、挤压压力（kN）、剩余含湿率（%）、浆槽温度（℃）、压辊压力（N）、上浆率（%）、蜡槽温度（℃）、浆槽液面高度（mm）、上蜡辊速度（m/min）、匹长（m）、织轴经纱长度（m） 以下各部位之间的经纱张力（N）：经轴架与引纱辊、压浆辊与烘房、烘筒和车头拖引辊、拖引辊和织轴 以下各部位之间的经纱伸长（%）：引纱辊和压浆辊；压浆辊和烘筒，总伸长
	驱动	1. 七单元独立传动系统，均由无级变速变频电动机单独驱动 有下列单独的驱动装置：引纱辊单独传动；压浆辊单独传动；烘筒单独传动；车头拖引辊单独传动；织轴单独传动 2. 精确的电动机单独驱动，机器以 0.4m/min 的速度慢车运行 3. 所有电动机都装有制动系统，使停车时经纱张力保持恒定
	张力调整	经纱张力由补偿罗拉或传感器测量。控制系统始终跟踪调整，以保证均匀的张力
	伸长	控制系统采用驱动罗拉的速度差异来保持恒定伸长
	显示	触摸屏显示工作图像包括工艺参数管理，如设备参数、经纱参数、温度、控制及工艺参数；有 6 条曲线显示过去 30min 内的实际车速变化，实际回潮率变化，实际压浆辊压力变化和预湿压力变化 触摸屏显示机器部件，并带有设定值和实际值显示：整台浆纱机、浆槽；烘房、车头、浆纱参数显示、伸长/张力显示、温度显示、出错符号显示并进行解释 在线显示上浆率：通过浆液消耗量可以连续计算上浆率，按测得浆槽不同压力及浆液进出的消耗量进行累积记录并在线显示上浆率
	数据收集	可以收集以下数据： 经轴数量及工艺操作者状态；经纱种类及工艺数据；机器数值（速度值、经纱张力、伸长、剩余回潮、压辊压力、温度、上浆率等）；产量控制、开停机时间、停车时间、爬行速度、设定值变化、速度信息

续表

控制与驱动	品种管理	机器和经纱参数可储存在管理库内，所有程序可存储在硬盘内。如果需要调用某个已经生产过的产品参数，只要将该产品编号调出，即可自动设定机器的所需参数	
	偏差监测	为了更好地监测及控制上浆过程，所有上浆工艺均可设定上限和下限，如实际值超出设定的上下限值，机器速度将自动按最优先的限值运行并在屏幕上显示故障信号	
	远程服务系统	西门子 SPS 控制系统。通过 IDD 对浆纱机进行远程诊断和帮助	
	空调系统	用于电器柜和控制箱	
	备用供电装置	保证突然断电时机器在正常状态停车，防止经纱扯断，备用电池可提供 24V 和 220V 电能	
浆料准备	SIZEMIX 煮浆锅	可用容积	700/1200L
		特点：自动温控的直接加热；两片搅拌器；双层绝缘；安全的阀门避免事故；不锈钢齿轮泵输送浆液进入储存罐；水位计数器和时间控制	
	SIZEMIX 储浆罐	可用容积	1000/1300L
		特点：温度自控间接加热；双层绝缘；带搅拌器；不锈钢材质；最高水位监测以防溢出	

（二）全机传动

1. 贝宁格—泽尔浆纱机工艺流程（图 2-4-21）

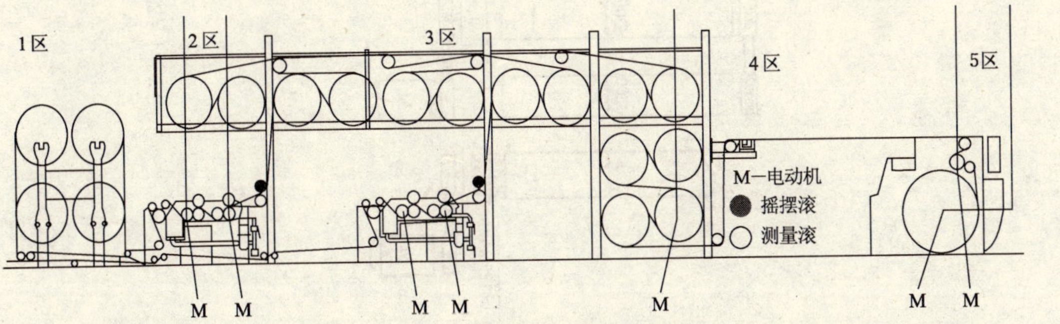

图 2-4-21 贝宁格—泽尔浆纱机工艺流程

2. 贝宁格—泽尔浆纱机传动系统 以 BEN—SIZETEC ZB—20 TDK CT4/4/4 BB 为例，如图 2-4-22 所示。

（三）贝宁格—泽尔浆纱机传动主要机构及装置

1. 经轴架

(1)经轴架排列方式（图 2-4-23）：

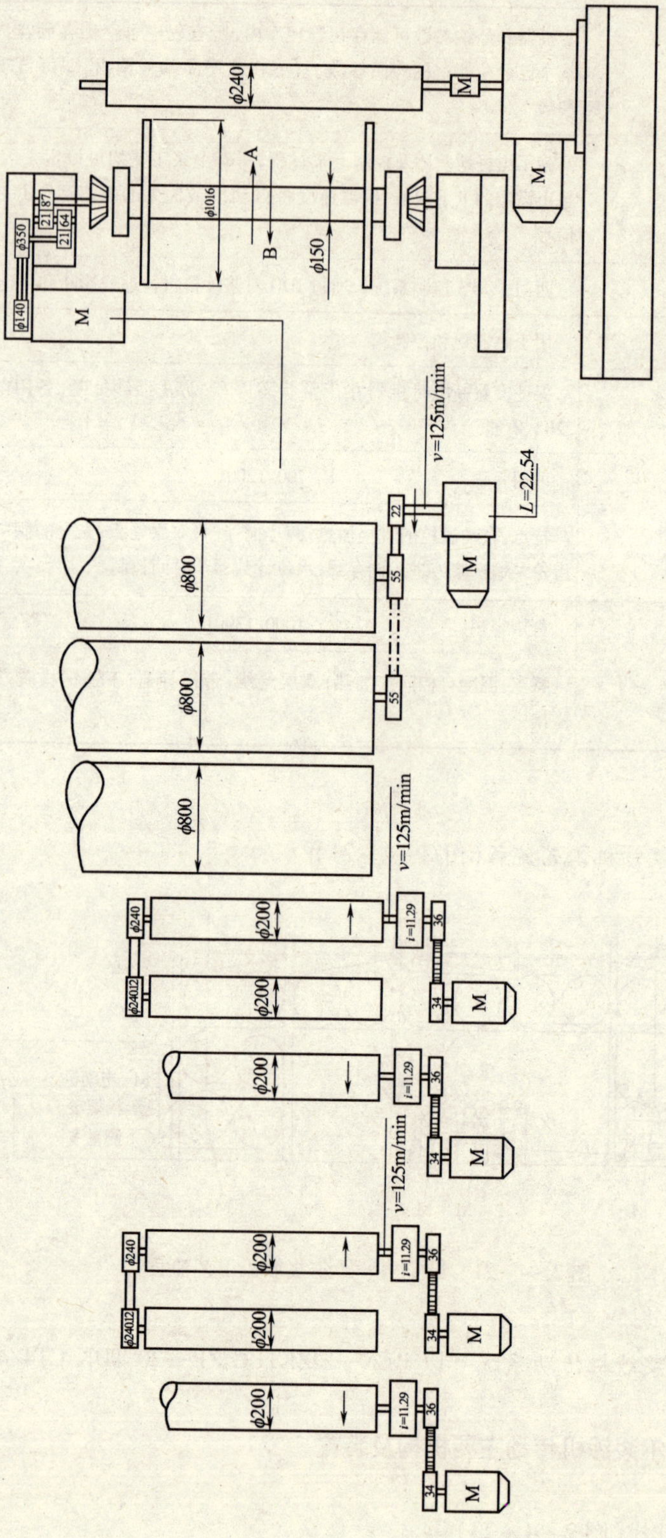

图 2-4-22　贝宁格—泽尔浆纱机传动系统图

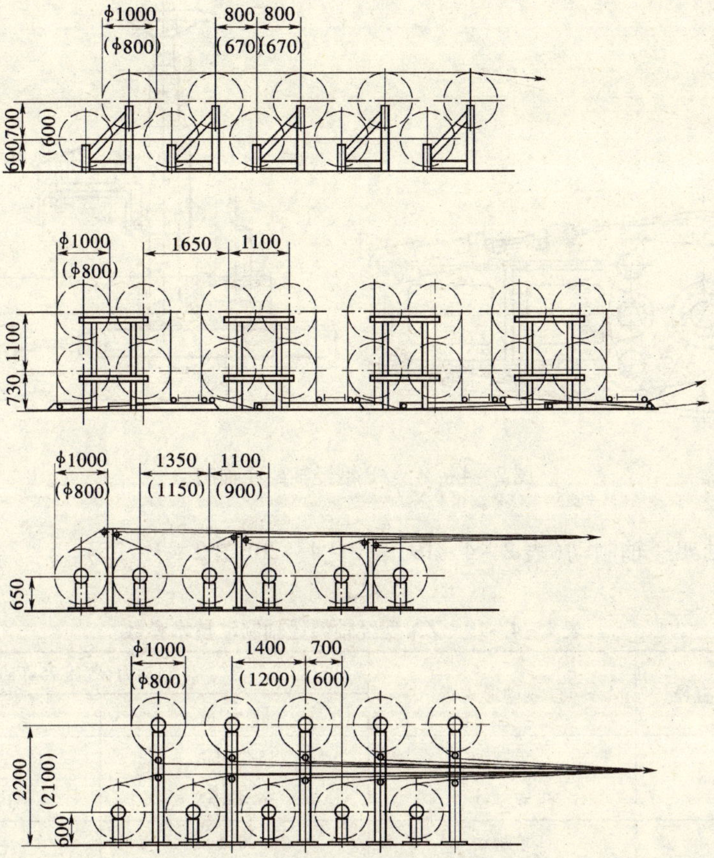

图 2－4－23　经轴架排列方式

(2)经轴制动：

①ZB 型经轴架经轴制动(表 2－4－17、表 2－4－18、图 2－4－24)。

表 2－4－17　ZB 型经轴架经轴制动技术参数

经轴直径	制动形式	制动力(气压:600kPa)
1000mm	单制动	8daN
	双制动	16daN
1250mm	单制动	7daN
	双制动	14daN

表 2－4－18　ZB 型经轴架经轴制动特点

项　目	内　　容
特　点	修复断头方便;设计工作宽度 1.400～2.800mm,直径可达 1400mm;轴架两侧利用一个手轮即可调节宽度至 240mm;高防腐气动装置;各框架配置合理,操作简便,当换轴时不会碰撞;有防滑小道可方便操作修复断头,尤其适合比较宽的轴架;单向或双向制动系统供选择;石棉刹车片;利用可移轴架可缩短换轴时间;在双浆槽设计中有独立的引纱装置

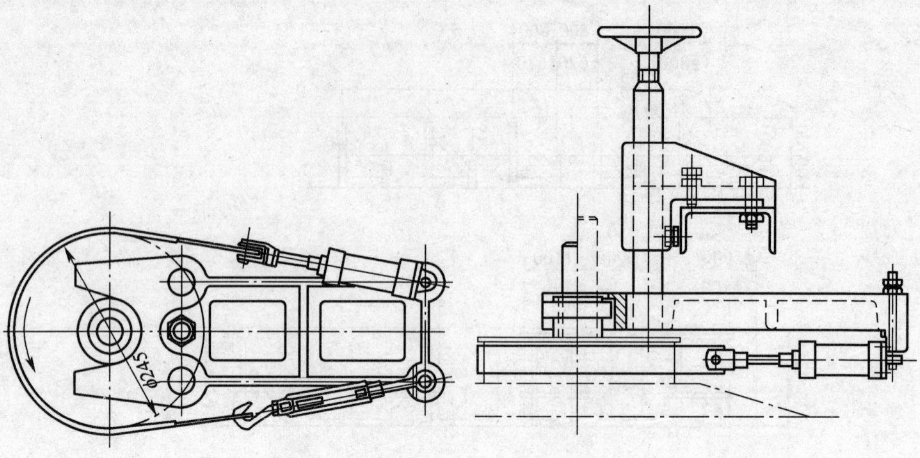

图 2-4-24　ZB 型经轴架经轴制动

②ZA 型经轴架经轴制动(表 2-4-19、表 2-4-20、图 2-4-25)。

表 2-4-19　ZA 型经轴架经轴制动技术参数

经轴直径/制动鼓直径	制动形式	制动力(气压 75kPa)	
		最大值	最小值
1000mm/ 245mm	单制动	18/24daN	9.6/12.8daN
	双制动	36/48daN	19.2/25.6daN
1250mm/260mm	单制动	15/20.5daN	8.2/11daN
	双制动	30/41daN	16.4/22daN

表 2-4-20　ZB 型经轴架经轴制动特点

项目	内容
特点	设计工作宽度 1400～2800mm,直径可达 12700mm;经轴退绕采用了镀聚四氟已烯的轴承,消除退绕振动带来的不利影响;坚固的铸铁结构;两种制动杆位可以适应不同的制动范围

③ZWS/F 和 ZWS/U 型经轴架经轴制动(表 2-4-21、表 2-4-22、图 2-4-26、图 2-4-27)。

表 2-4-21　ZWS/F 和 ZWS/U 型经轴架经轴制动技术参数

经轴直径	制动形式	制动力(气压 75kPa)
1000mm	单制动	12daN

表 2-4-22　ZW 型经轴架经轴制动特点

项目	内容
特点	这种经轴制动既可用于纱线经轴又可用于染色经轴,染色经轴带有圆锥形适配器和球形轴承,这种适配器附有直径 245mm 的刹车片

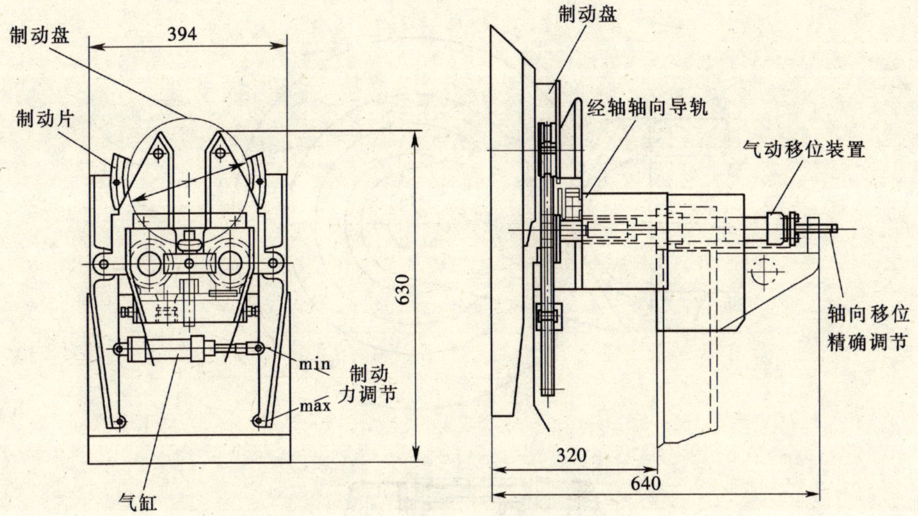

图 2－4－25　ZA 型经轴架经轴制动

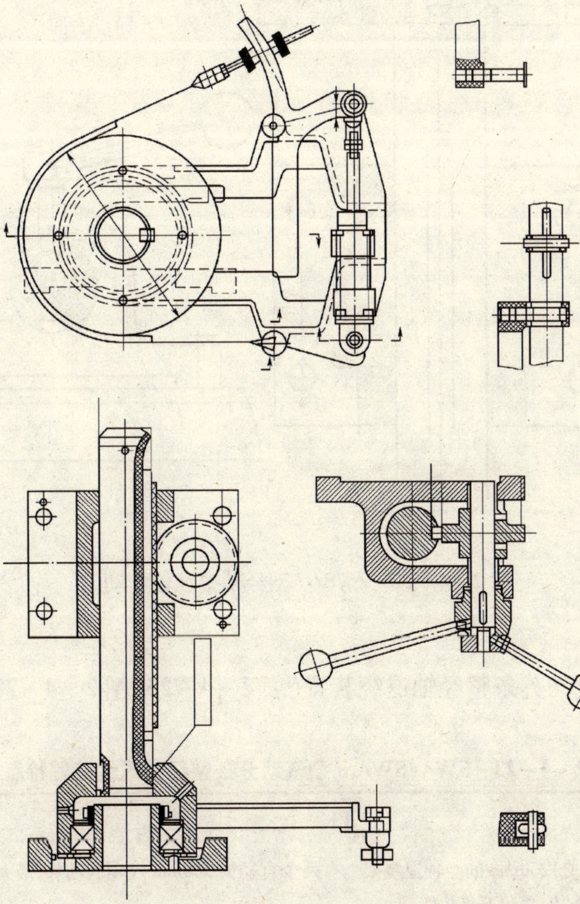

图 2－4－26　ZWS/F 型经轴架经轴制动

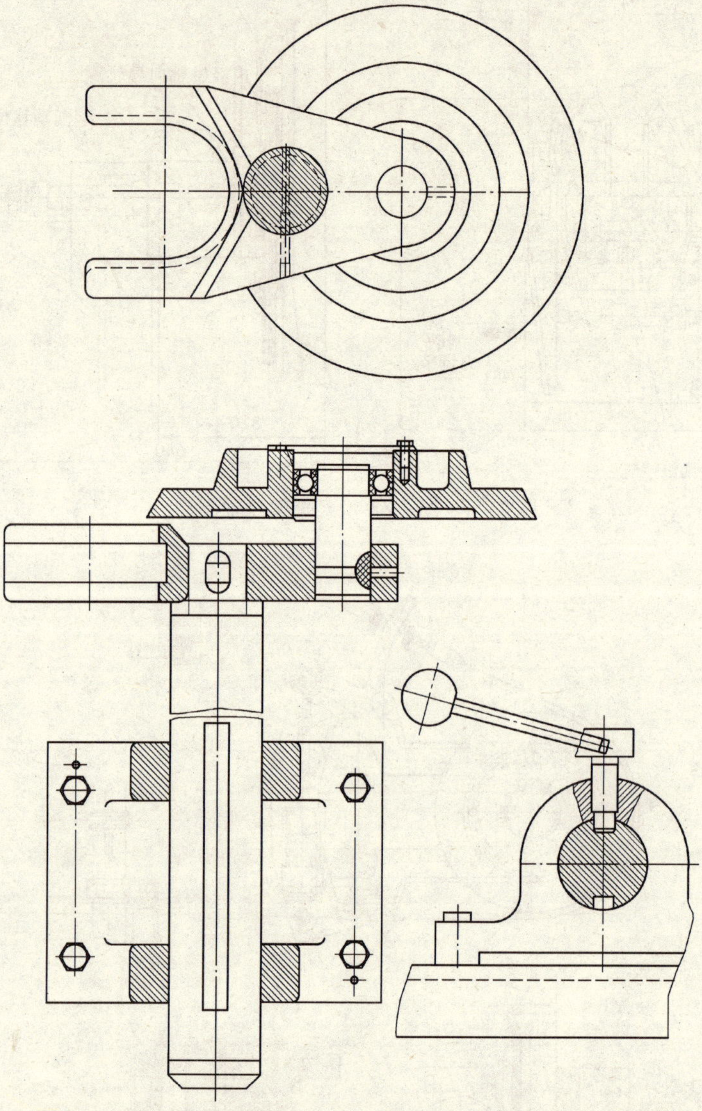

图 2－4－27　ZWS/U 型经轴架经轴制动

④SWA/SWAm 型气动分条整经轴退绕装置(表 2－4－23、图 2－4－28)。

表 2－4－23　SWA/SWAm 型气动分条整经轴退绕装置特点

项　目	内　　　容
特点	1. 轴径 1000mm 或 1250mm 的经轴退绕架上有两个直径为 300mm 气动制动片,最大退绕张力为 200daN 2. 带有机械化经轴抬升和下落装置 3. 带有电动机驱动经轴移进、移出装置

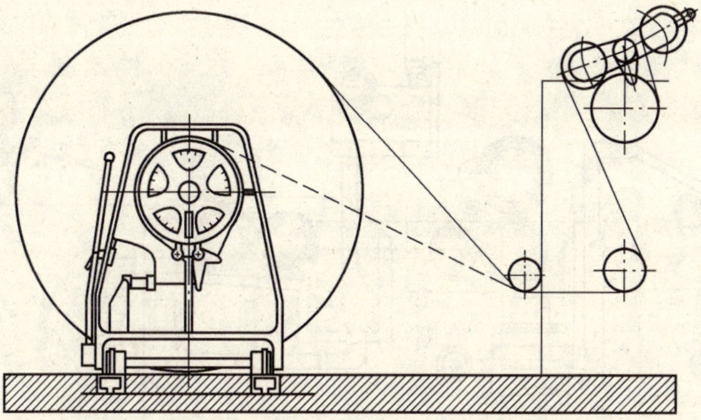

图 2-4-28　SWA/SWAm 型气动分条整经轴退绕装置

2. 上浆装置

(1)TKE 浆槽(图 2-4-29):单浆槽、单浸单压,浆液液面由安装在循环浆箱侧面的带压力传感器的液面检测装置自动控制,浆液温度由温度调节装置控制,浆液循环由浆液循环系统控制。

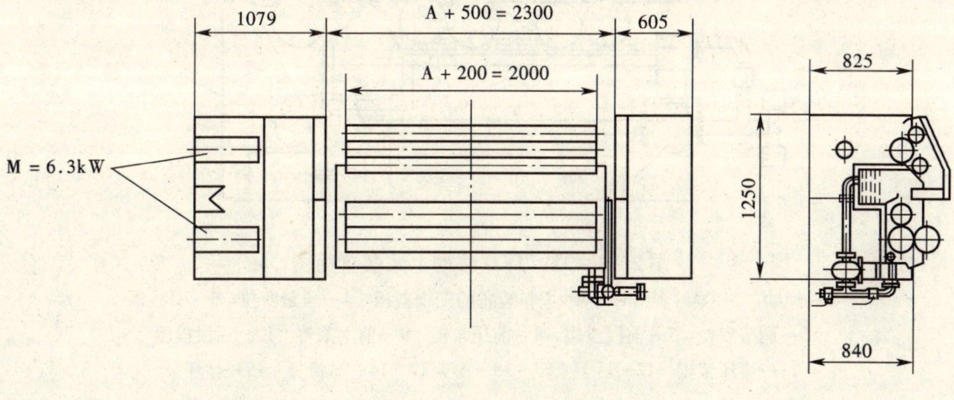

图 2-4-29　TKE 浆槽

(2)KVE 浆槽(图 2-4-30):

(3)TKD 浆槽(图 2-4-31、图 2-4-32):双浆槽设计,每个浆槽均为双浸双压。浸没辊升降电动控制。压浆辊气动加压,加压力可随车速线形变化。浆液液面由装在循环浆箱侧面的带压力传感器的液面检测装置自动控制。浆液温度由温度调节装置控制。浆液循环由浆液循环系统控制。

①经纱引纱装置:有压紧罗拉、引纱辊和调节罗拉组成。弹簧加载的调整罗拉用于调节引纱装置和上浆装置之间的经纱张力。

②上浆装置(图 2-4-31):由前后浸没辊、前后上浆辊和前后压浆辊组成,浸没辊把经纱片浸入浆液,经过上浆辊和压浆辊,其压紧力可以通过调节螺杆改变。浸没辊的升降,由伺服电动机控制。压浆辊以精确的压浆力紧压上浆辊,将多余的浆液从经纱片上压出去。通过气缸,对压浆辊进行加压或提升。

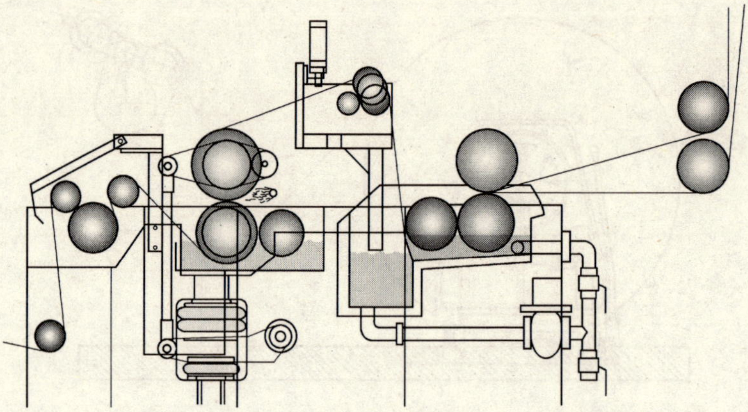

图 2－4－30　KVE 浆槽的导纱机构、预湿区、单浸单轧浆纱区

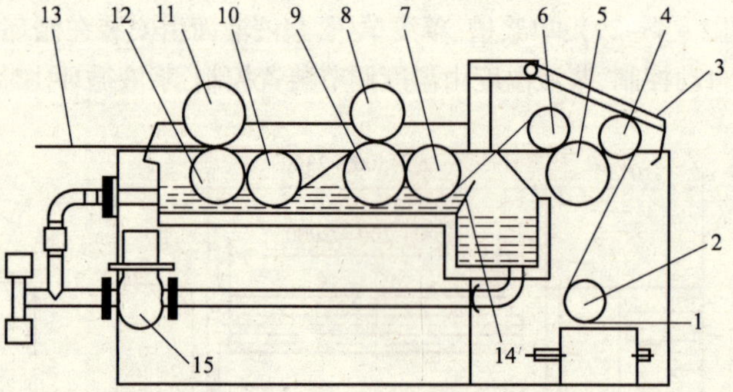

图 2－4－31　TKD 浆槽上浆装置简图

1—经纱　2—导纱辊　3—经纱进料装置的安全盖板　4—压紧罗拉　5—引纱辊
6—调节罗拉　7—前浸没辊　8—前压浆辊　9—前上浆辊　10—后浸没辊
11—后压浆辊　12—后上浆辊　13—湿浆纱　14—溢流板　15—循环泵

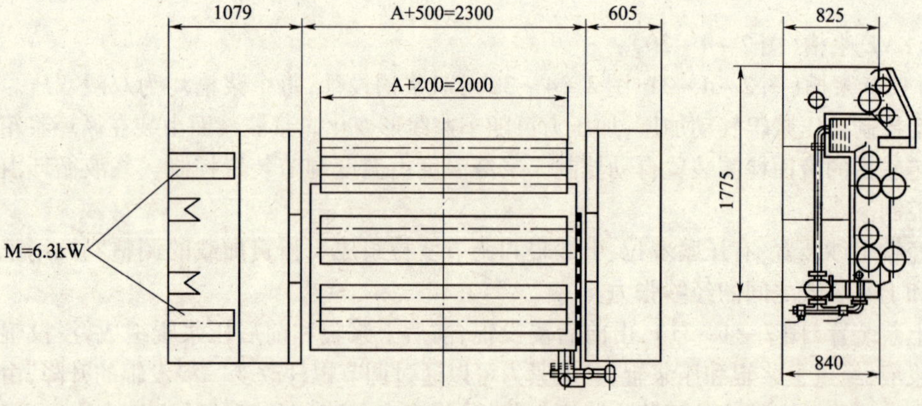

图 2－4－32　TKD 浆槽

(4)KVD 浆槽(图 2－4－33):

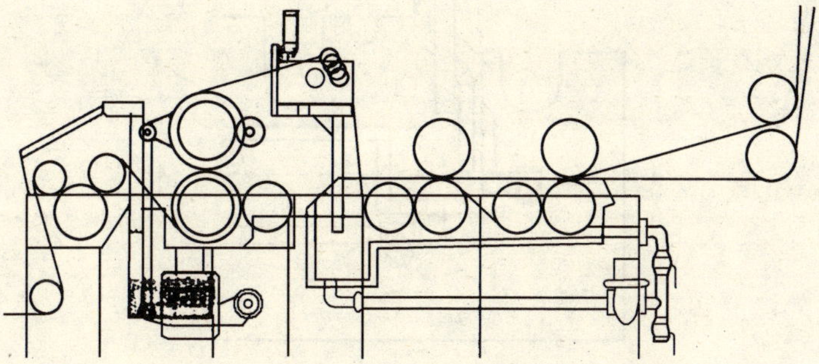

图 2－4－33　KVD 浆槽的导纱机构、预湿区、双浸双轧浆纱区

(5)TKV 浆槽(图 2－4－33、表 2－4－24):

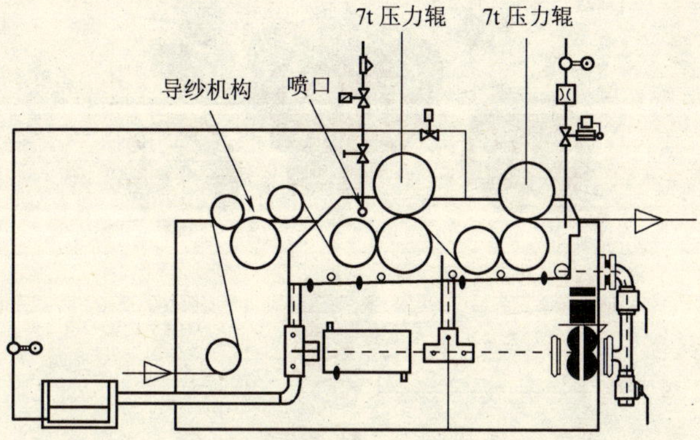

图 2－4－34　TKV 浆槽

表 2－4－24　TKV 浆槽特点

项　目	内　　容
特　点	1. 经预湿处理的经纱上浆量少,可节约费用。除毛羽有所改善外,织造断经次数也有所减少,提高了生产效率 2. 多功能浆槽可快速方便地适应产品品种更换。根据产品和要求的的不同,方便地从预湿浆槽(一个预湿槽＋单浸单压浆槽)转化为双浸双压浆槽

(6)液位自动检测装置(图 2－4－35)及 PMC731 型压力传感器(图 2－4－36):浆纱中心之液位将借助一个压力传感器 1(型号 CERABAR PMC731,公司 Endress＋Hauser)通过检测压力差得到。一般情况下不要对压力传感器进行校正,因为制造商已经在50～3550Pa 及 5～35.5mm 之水柱范围内校正过压力传感器。

(7)浆液温度调节装置(图 2－4－37):

(8)气囊加压装置(图 2－4－38):气囊加压是贝宁格—泽尔浆纱机的独特形式之一。采用

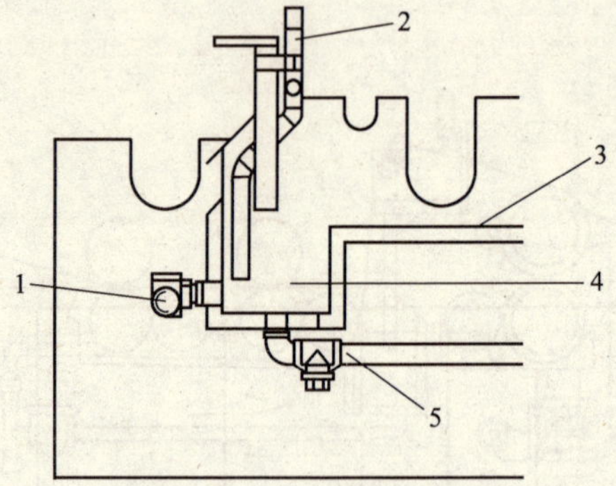

图 2-4-35　液位检测装置

1—压力传感器　2—浆液供给装置　3—槽缸　4—循环浆箱　5—浆液循环系统

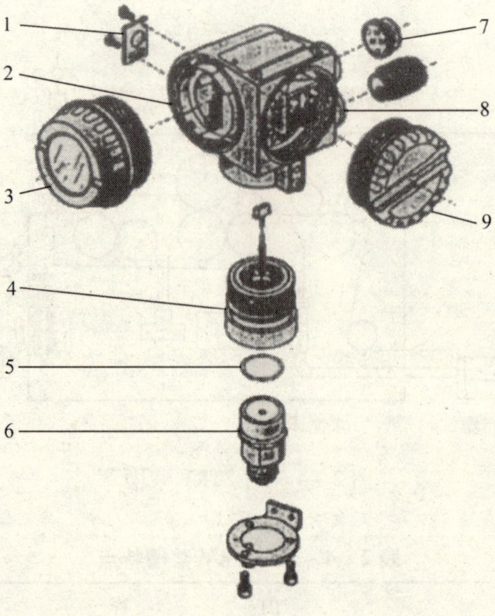

图 2-4-36　压力传感器结构

1—操作按键的活动盖板　2—电子部件区　3—电子部件区盖板

4—传感模块　5—密封件　6—过程接口　7—过滤器　8—接口处　9—接口处盖板

特制的经过精确数学定义其挠曲特性的压浆辊，同时由于回潮率控制引起的浆纱机速度的频繁改变要求连续调整压浆力，橡胶气囊可以无摩擦地施加压力并且无滞后地施加预定压力。

压浆辊表面具有特制的橡胶包覆，在橡胶内植有一些直径 1mm 的玻璃珠，改善了压浆辊橡胶包覆层表面结构。它防止了纱线粘结在胶辊上，又加强了浆液对纱线的渗透。从而减少了毛羽，保证了上浆均匀。

3. 湿分绞（图 2-4-39、表 2-4-25）　对于高密度经纱，从浆槽出来后，利用湿分绞可以显著减少浆纱毛羽。

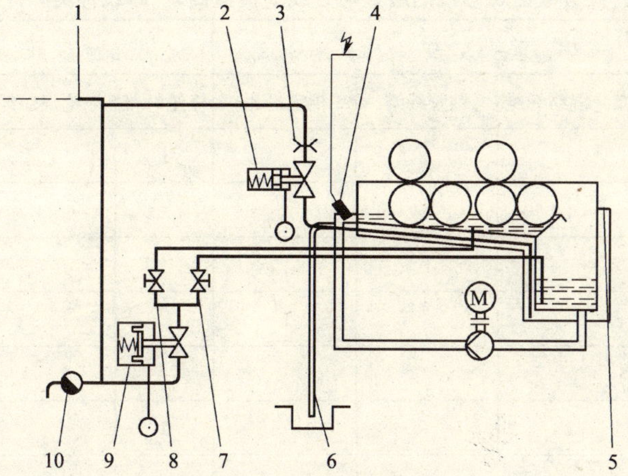

图 2-4-37 浆液温度调节装置

1—蒸汽供应管 2—间接加热装置的自动阀或手动阀 3—挡板
4—温度控测头 5—排气口 6—水池溢流口 7—循环浆箱直接加热装置的手动阀
8—主浆槽直接加热装置的手动阀 9—直接加热装置的气动调节阀 10—冷凝水排放装置

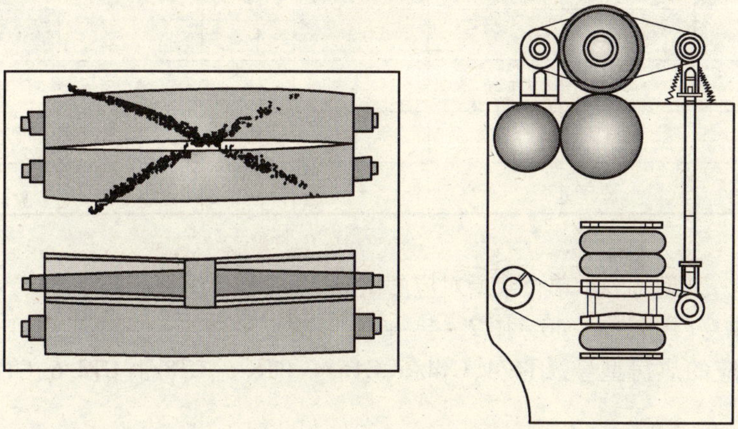

图 2-4-38 气囊加压装置

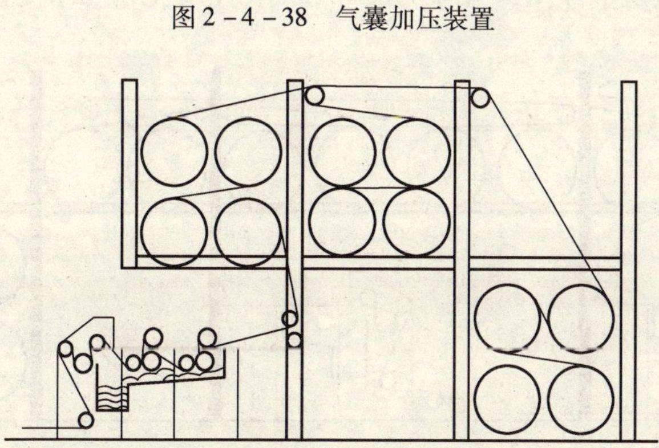

图 2-4-39 湿分绞

表 2-4-25 湿分绞区域纱线的层数与纱线的覆盖因素、纱线种类和纤维结构的关系

	环锭纺纱				转杯纺纱			
覆盖率(%)	涤纶纤维	涤纶混纺纤维	粘胶纤维	棉毛纤维	涤纶纤维	涤纶混纺纤维	粘胶纤维	棉毛纤维
10	1				1			
20		1				1		
30			1				1	
40				1				1
50	2							
60		2			2			
70			2			2		
80				2			2	
90	4/2							2
100		4/2						
110			4/2					
120	4			4/2	4/2			
130		4				4/2		
140			4				4/2	
150				4				4/2

4. 烘房结构 其型号表示单个浆槽对应的烘筒数/并合烘筒数。

(1)紧凑型烘房(图2-4-40~图2-4-43):

单浆槽相对应的烘房型号:CT4/4、CT4/6、CT6/4、CT6/6、CT8/4、CT8/6、CT12/4、CT12/6、CT12/8。

双浆槽相对应的烘房型号:CT4/4/4、CT4/4/6、CT6/6/4、CT6/6/6、CT8/8/4、CT8/8/8。

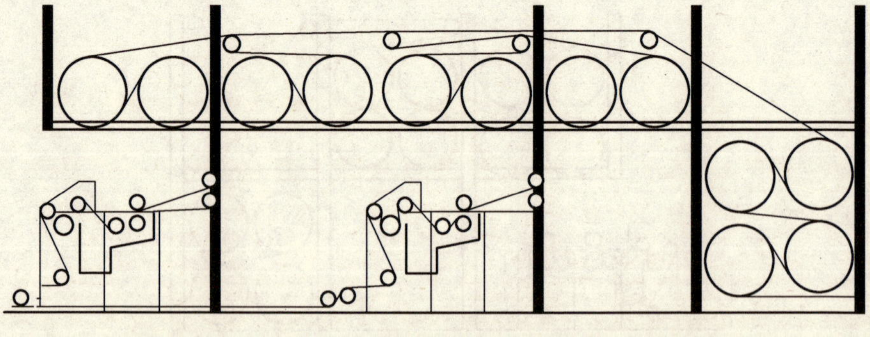

图 2-4-40 CT 4/4/4 双浆槽、需湿分绞的紧凑型烘筒排列

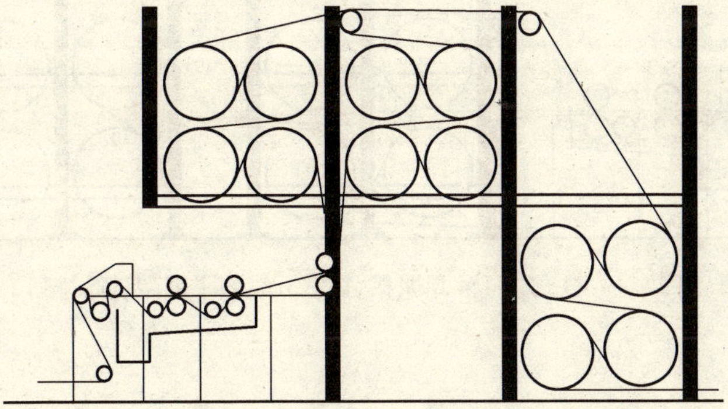

图 2－4－41　CT 8/4 需湿分绞的紧凑型烘筒排列

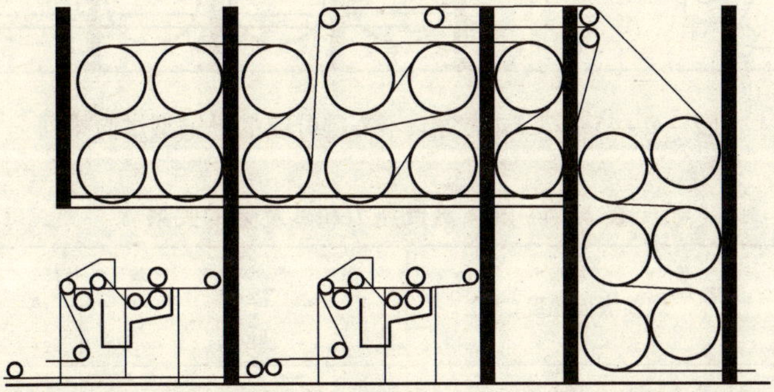

图 2－4－42　CT 6/6/6 双浆槽、不需湿分绞的紧凑型烘筒排列

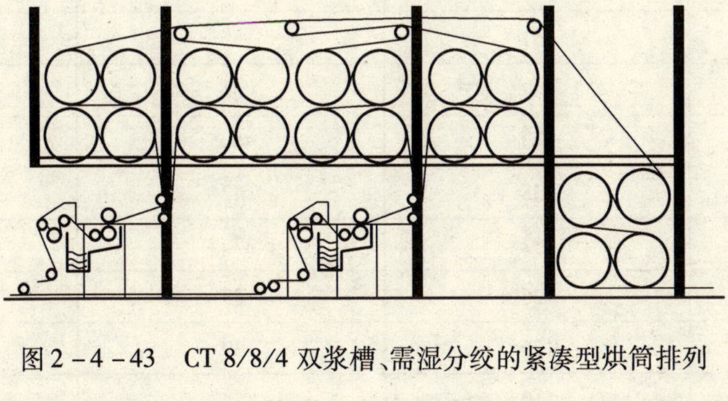

图 2－4－43　CT 8/8/4 双浆槽、需湿分绞的紧凑型烘筒排列

(2)平铺型烘房(图 2－4－44、图 2－4－45):型号:ZT 4/4、ZT 4/6、ZT 4/8、ZT 4、ZT 6、ZT 8、ZT 10、ZT 4＋4/4。

(3)烘筒蒸汽压力和蒸发量(表 2－4－26):烘筒蒸汽压力对普通棉纤维一般为 300～350kPa。涤纶和涤纶混纺纤维要求低温,一般烘筒蒸汽压力在 100～150kPa。合成弹力纤维对热反应敏感,烘筒蒸汽压力尽可能低,约在 0～50kPa。

图 2－4－44　ZT 4/4 单浆槽、需湿分绞的平铺型烘筒排列

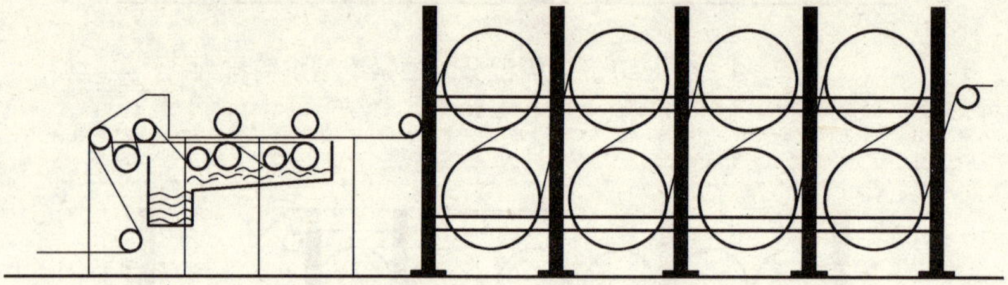

图 2－4－45　ZT 8 单浆槽、不需湿分绞的平铺型烘筒排列

表 2－4－26　蒸汽压力和蒸发量的关系

蒸汽压力(kPa)	烘筒表面温度(℃)	蒸发量	
		kg/h	g/min
600	164	68	1135
550	161	65	1085
500	158	62	1035
450	155	59	985
400	151	55	915
350	147	51	850
300	143	46.5	775
250	138	42	700
200	132	37,5	625
150	126	33	550
100	120	29	485
50	110	24	400
0	100	19	315
	90	13.5	225

(4)烘筒温度(表 2－4－27、表 2－4－28):

表 2－4－27　烘筒温度与纤维材料的关系

纱线类型	烘筒温度（℃）							最大温度（℃）	备　注
	烘　筒　号								
	1	2	3	4	5	6	7		
纯纺									
棉	所有烘筒温度一样							150	
黄麻								150	
亚麻	130	130	130	125	125	125	125	130	烘筒温度高低取决于浆纱机车速
羊毛	120	120	120	115	115	115	115	120	
粘胶	140	140	140	135	135	135	135	140	
丙纶	125	125	125	120	120	120	120	125	
涤纶	125	125	125	120	120	120	120	125	
混纺纱									
涤/棉	135	135	135	130	130	130	130	135	烘筒温度和混纺比有关
粘/棉	145	145	145	140	140	140	140	145	
涤/粘	135	135	135	130	130	130	130	135	
涤/毛	125	125	125	120	120	120	120	125	
长丝									
粘胶	90	95	110	110	110	105	90	115	
醋酸纤维素	80	85	95	95	95	90	80	100	
丙纶	85	95	100	100	100	95	85	100	
涤纶	85	90	100	100	100	95	85	100	
玻璃纤维	120	120	130	130	130	120	120	130	

表 2－4－28　烘筒数量与烘房用排风扇数量

		烘房用排风扇数量							
工作幅宽（mm）		1800		2200		2400		2800	
烘筒数量	气候条件	10000 m^3/h	16000 m^3/h	10000 m^3/h	16000 m^3/h	10000 m^3/h	16000 m^3/h	10000 m^3/h	16000 m^3/h
2	潮湿	1		1		1		1	
	中等湿度	1		1		1		1	
	干燥	1		1		1		1	
4	潮湿		1		1	2		2	
	中等湿度		1		1		1		1
	干燥	1		1		1			1
6	潮湿	2		1	1	1	1		2
	中等湿度		1	2		1	1	1	1
	干燥		1		1		1	2	
8	潮湿	1	1		2	2	1	1	2
	中等湿度	1	1		2			2	1
	干燥		1	2		1	1		1

续表

烘房用排风扇数量									
工作幅宽(mm)		1800		2200		2400		2800	
烘筒数量	气候条件	10000 m^3/h	16000 m^3/h	10000 m^3/h	16000 m^3/h	10000 m^3/h	16000 m^3/h	10000 m^3/h	16000 m^3/h
10	潮湿		2	1	2		3	1	3
	中等湿度		2	2	1	2	1		3
	干燥	2		1	1		2		2
12	潮湿	1	2		3	1	3		4
	中等湿度		2	1	2		3	1	3
	干燥	1	1		2		2	1	2

注　潮湿：东南亚，中等湿度：中欧，干燥：欧洲、南部非洲。

(5)烘筒结构(图2-4-46)：烘筒由独立变速电动机通过齿轮箱及链条传动。每只烘筒配有一个旋转接头、一个真空阀、一个温度探测头、一个柔性管连接和一个冷凝水排放装置。各烘筒或烘筒组可以通过温度调节阀—膜片调节阀进行自动温度调节。(调节温度为各测量烘筒内的冷凝水)由气动液压式经纱张力装置预紧烘筒的传动链条，在减速停机或启动提速的过程中，平衡传动链条的预紧力。

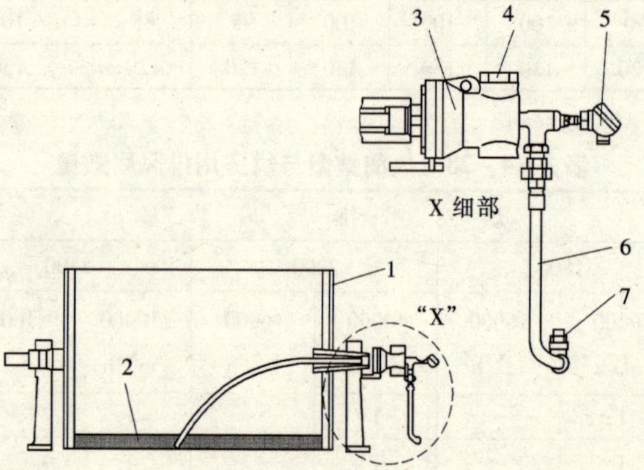

图2-4-46　烘筒结构

1—烘干锡林　2—烘干锡林中的冷凝水　3—旋转接头　4—真空阀
5—温度控测头　6—柔性软管连接　7—冷凝水排放装置

(6)烘筒温度自动调节装置(图2-4-47)：

5. 上蜡装置(图2-4-48)

(1)摆动张力辊控制浆纱张力；

(2)单独交流电动机驱动上蜡装置中的上蜡辊回转；

(3)蒸汽加热储蜡罐，并采用独立的温度控制系统。

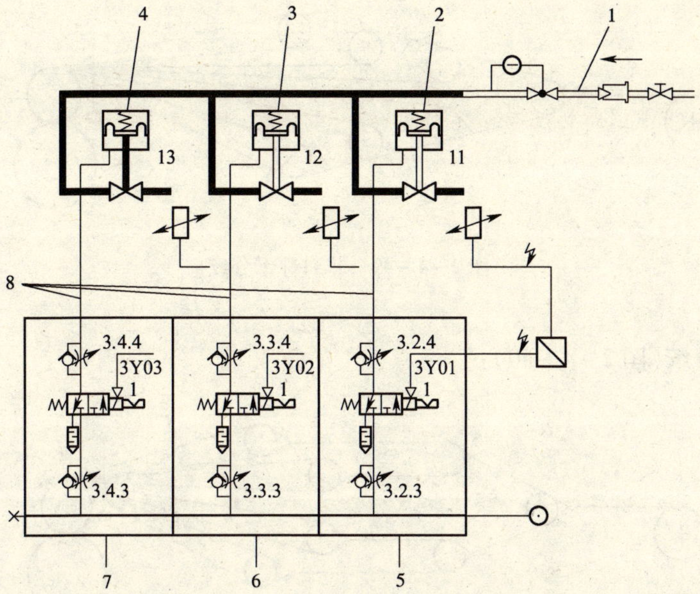

图 2－4－47　烘筒温度自动调节装置

1—带蒸汽减压站的供气轨道　2—用于第一个锡林或锡林组的调节阀
3—用于第二个锡林或锡林组的调节阀　4—用于第三个锡林或锡林组的调节阀
5—用于第一个锡林或锡林组的气动温度调节装置　6—用于第二个锡林或锡林组的气动温度调节装置
7—用于第三个锡林或锡林组的气动温度调节装置　8—气动管道（直径 6mm）

图 2－4－48　上蜡装置

6. 干分绞

（1）非对称干分绞（图 2－4－49）：

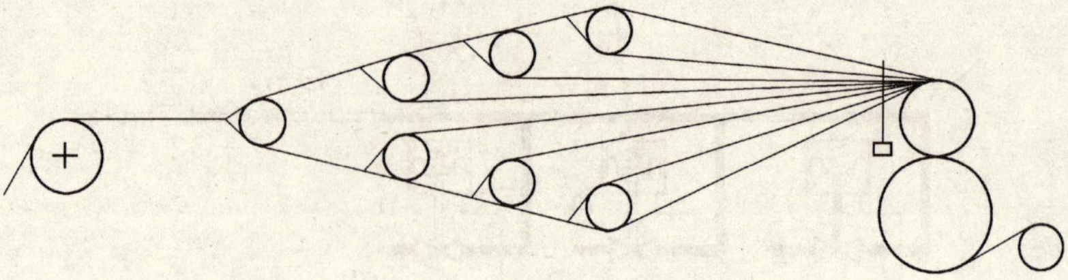

图 2-4-49 非对称干分绞

(2)对称干分绞(图 2-4-50):

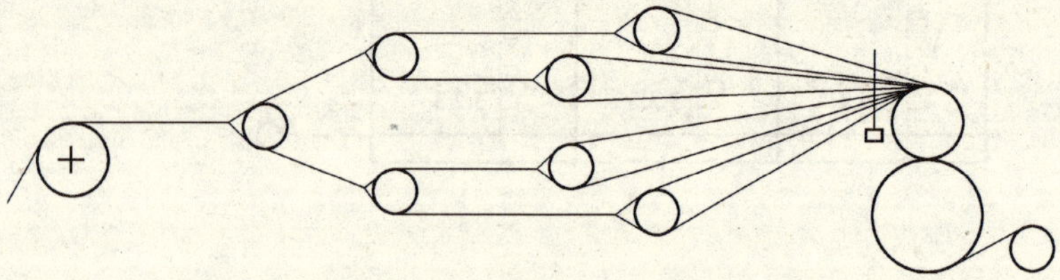

图 2-4-50 对称干分绞

(3)干分绞区长度(表 2-4-29):

表 2-4-29 干分绞区长度

浆槽工作幅宽(mm) \ 干分绞区长度(mm) \ 工作宽度(mm)	2400	2800	3400
1800	3500	4500	6500
1800	3500	4500	6500
1800	3500	4500	6500
1800	3500	4500	6500

7. 车头卷绕装置 烘干的经纱片经由伸缩筘、压紧罗拉、拖引辊、调整罗拉卷入织轴。拖引辊及织轴分别由两个独立的变频调速电动机根据计算机设定的车速张力以及拖引辊、织轴直径初始值等数据进行恒线速、等张力同步卷绕。气动控制伸缩筘的升降,并由电动机控制缩放及单侧横动。织轴的左右支承装置及上轴装置均由单独的电动机控制。压纱装置为气动加压。

(1)卷绕装置(图 2-4-51):

(2)压纱装置(图 2-4-52):

(3)卷绕张力(表 2-4-30):

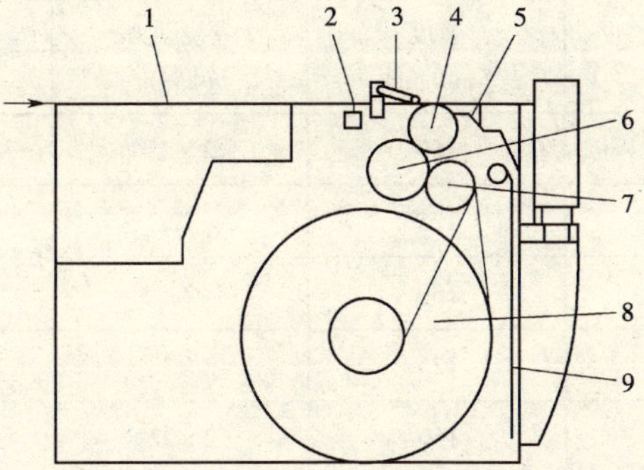

图 2-4-51　卷绕装置

1—经纱　2—伸缩筘　3—握持沉降棒　4—压紧罗拉　5—压紧罗拉上方的安全盖板
6—拖引辊　7—调整罗拉　8—织轴　9—防护膜

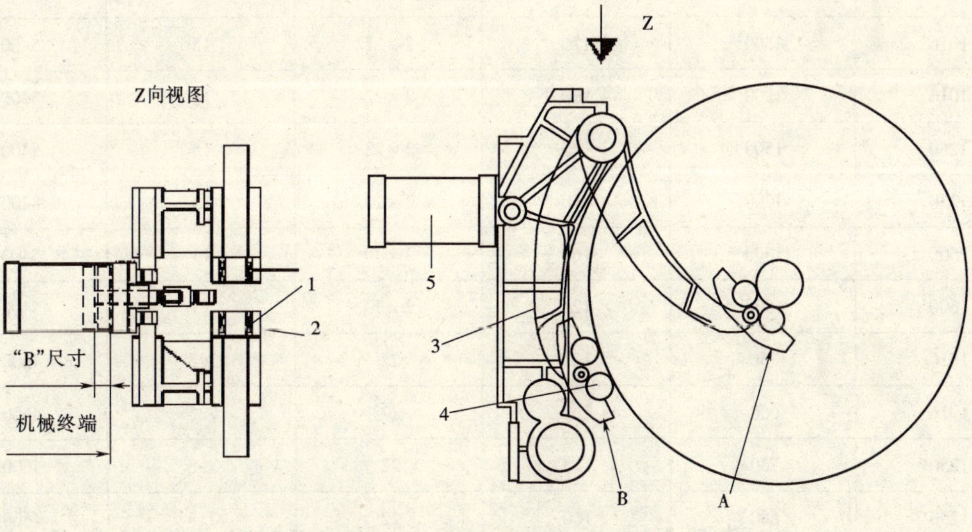

图 2-4-52　织轴压纱装置

1—压紧元件　2—浇铸手柄　3—压紧器手柄　4—压紧管（托纱辊）　5—压紧气缸
A—空轴压紧器位置　B—落轴压紧器位置

表 2-4-30　BB 1016 型浆纱机卷绕张力

直径(mm)	卷绕张力(daN)	速度(m/min)	卷绕动力(kW)	牵引动力(kW)	最大有效宽度(mm)
1016	750	125	22	7.5	4000
1016	600	160	22	7.5	4000
1016	1500	125	2×22	15	4000

续表

直径(mm)	卷绕张力(daN)	速度(m/min)	卷绕动力(kW)	牵引动力(kW)	最大有效宽度(mm)
1016	1200	160	2×22	15	4000
1250	750	125	22	7.5	4000
1250	600	160	22	7.5	4000
1250	1500	125	2×22	15	4000
1250	1200	160	2×22	15	4000
1600	600	160	30	7.5	4000
1600	750	125	30	7.5	4000
1600	1500	125	2×30	15	4000
1600	1500	160	2×30	15	4000
1016	1500	125	2×22	15	5400
1016	1200	160	2×22	15	5400
1250	1500	125	2×22	15	5400
1250	1200	160	2×22	15	5400
1600	1500	160	2×30	15	5400
1600	1500	125	2×30	15	5400
1016	750	125	22	7.5	4600
1016	600	160	22	7.5	4600
1250	750	125	22	7.5	4600
1250	600	160	22	7.5	4600
1600	750	225	30	7.5	4600
1600	600	160	30	7.5	4600
1600	150	500	30	7.5	1800
1250	900	320	2×30	15	

8. 张力控制

(1)张力分区:贝宁格—泽尔浆纱机各区张力可分为五个区域,即退绕张力区 Z1——退绕装置和引纱辊之间,负伸长张力区 Z2——引纱辊和压浆装置(上浆辊)之间,湿纱张力区 Z3——压浆装置和烘筒之间,干纱张力区 Z4——烘筒和拖引辊之间,卷绕张力区 Z5——拖引辊和织轴之间。各区张力发生段示意如图 2-4-53 所示。

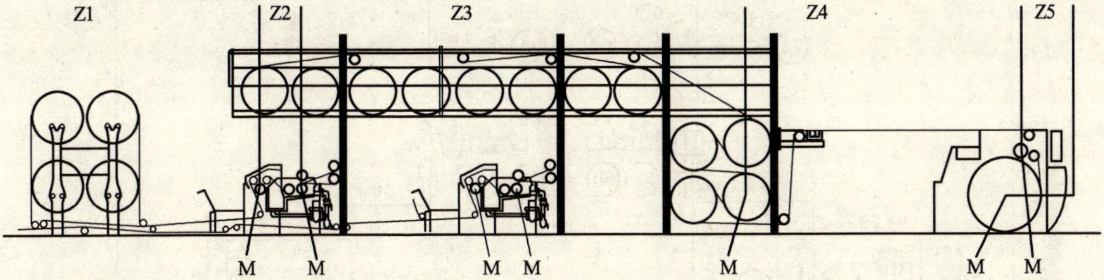

图 2-4-53 各区张力发生段示意

(2)各区张力控制:各区张力的控制是通过各区控制张力的电气单元对经纱张力传感器检测的张力(或伸长率)值与计算机中的设定值进行比较处理后,向各个独立传动单元的交流变频电动机输出伺服放大信号,改变它们的传动速度,使张力(或伸长率)实际值与设定值相符,从而实现各区张力的自动控制。

(四)贝宁格—泽尔浆纱机自动控制系统

1. 经轴罗拉机构的气动控制系统(图 2-4-54)

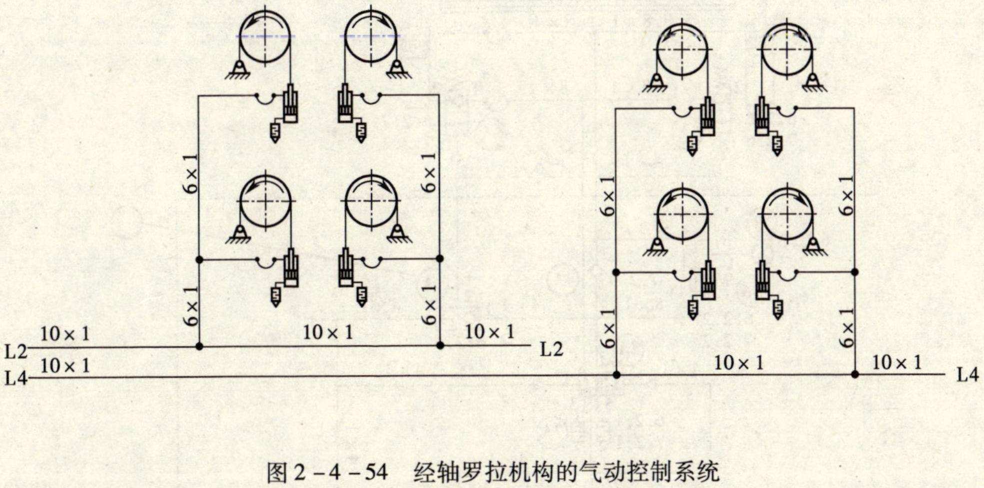

图 2-4-54 经轴罗拉机构的气动控制系统

2. 经纱退绕张力调节装置的气动控制系统(图 2-4-55)

3. 压浆装置气动控制系统

(1)压浆装置 1 的气动控制系统(图 2-4-56 所示):

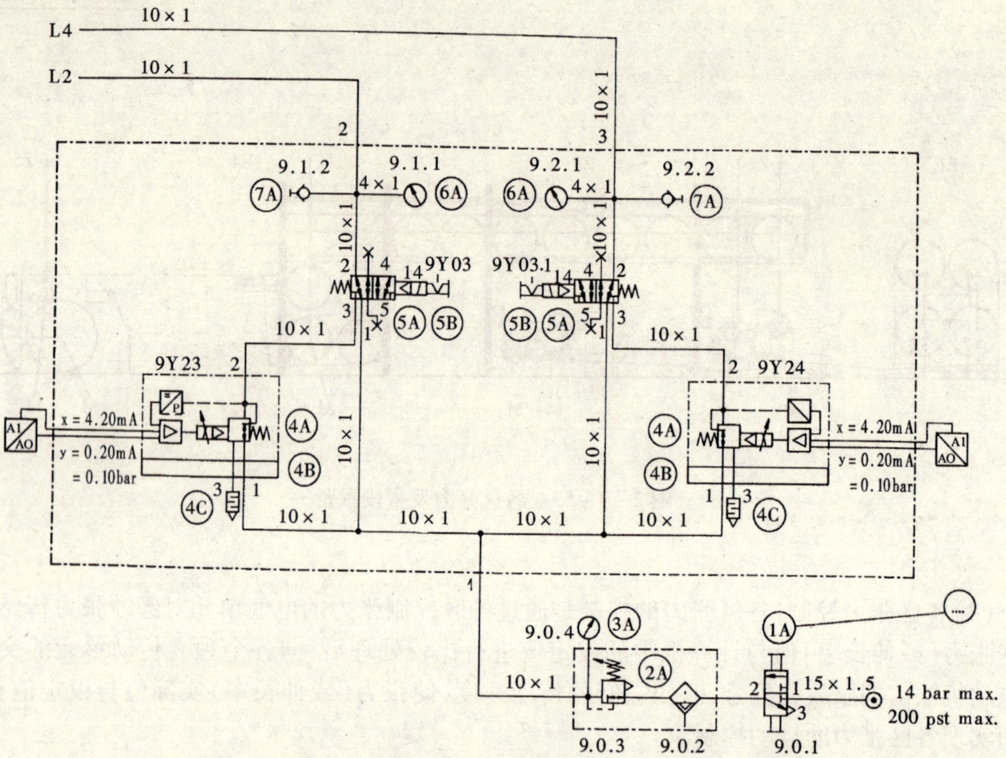

图 2 -4 -55　经纱退绕张力调节装置的气动控制系统图

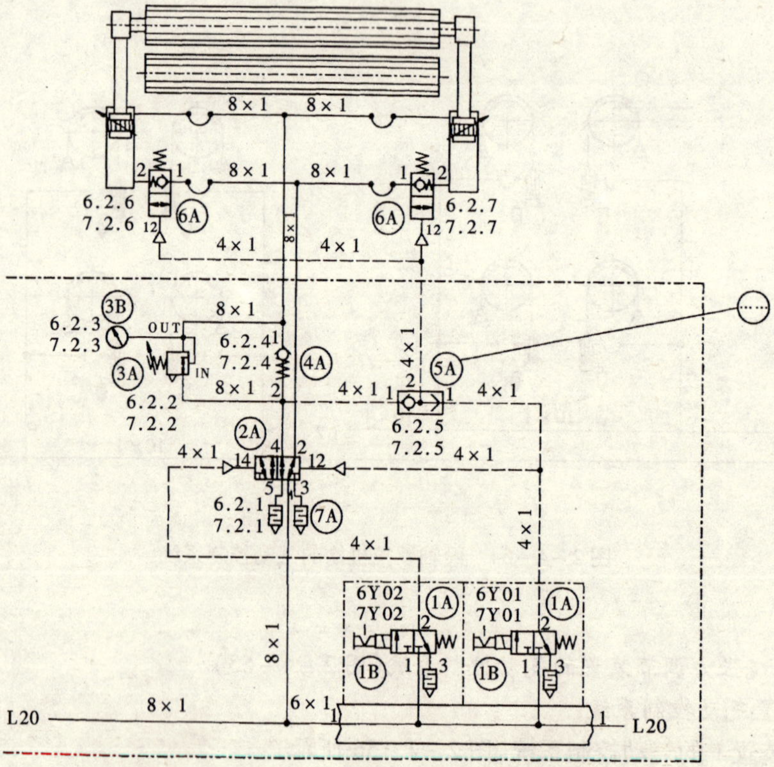

图 2 -4 -56　压浆装置 1 的气动控制系统图

(2)压浆装置 2 的气动控制系统(图 2-4-57)：

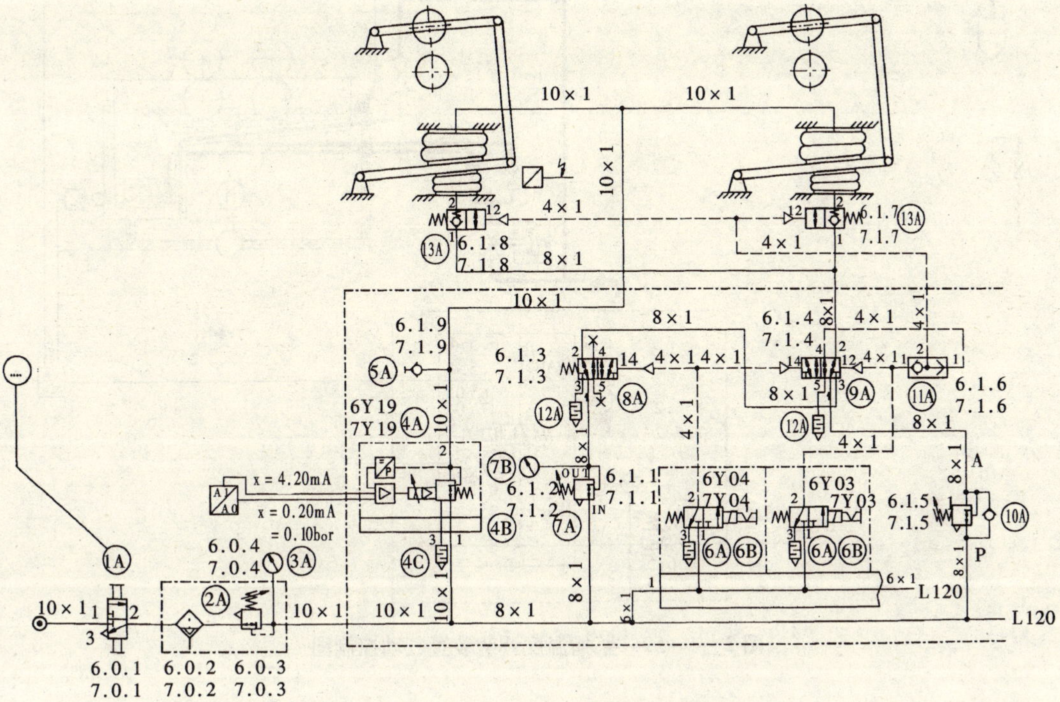

图 2-4-57　压浆装置 2 的气动控制系统图

4. 浆液水平高度调节装置气动控制系统(图 2-4-58)

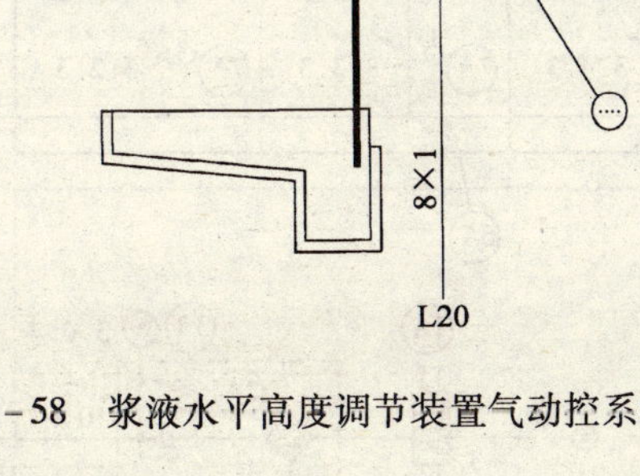

图 2-4-58　浆液水平高度调节装置气动控系统图

5. 浆槽温度调节装置气动控制(图 2-4-59)

6. 烘筒温度调节装置气动控制(图 2-4-60)

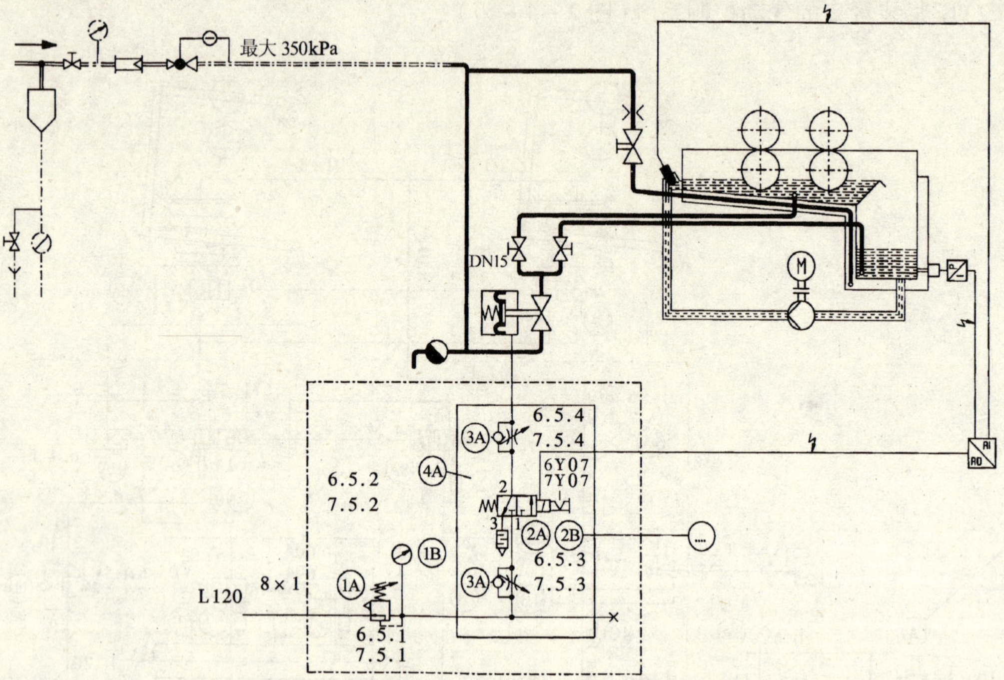

图 2－4－59 浆槽温度调节装置气动控制图

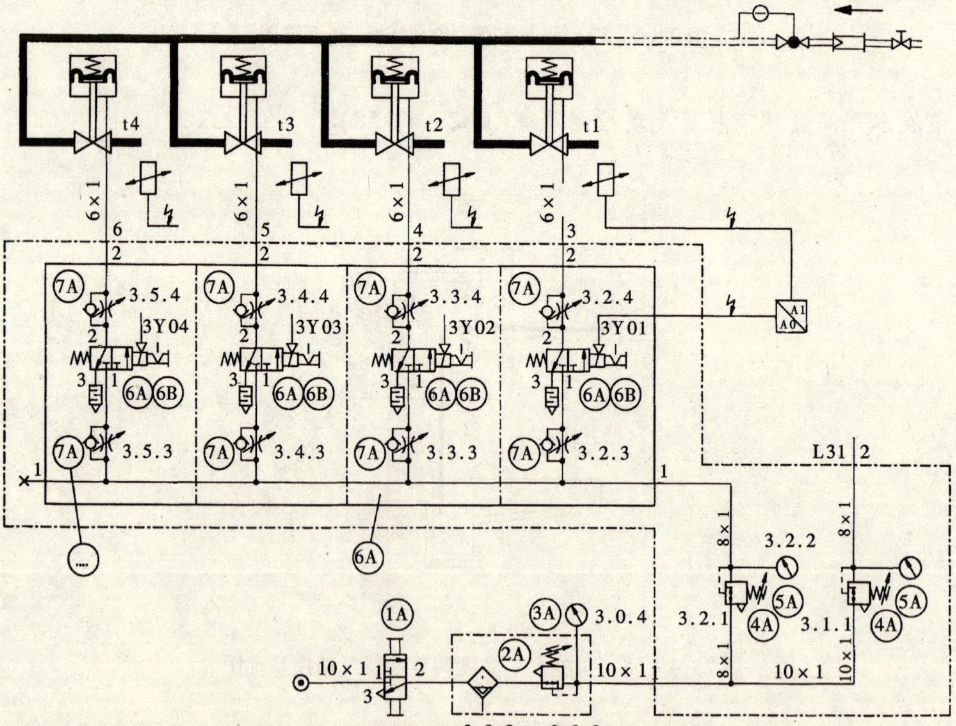

图 2－4－60 烘筒温度调节装置气动控制图

7. 经纱张紧装置的液压控制(图2-4-61)

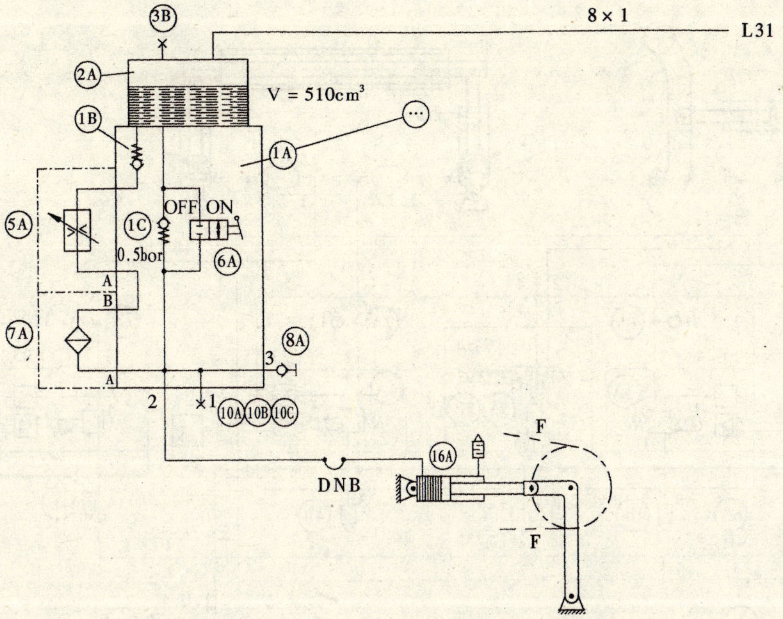

图2-4-61　经纱张紧装置的液压控制图

8. 跳动罗拉和上蜡装置气动控制(图2-4-62)

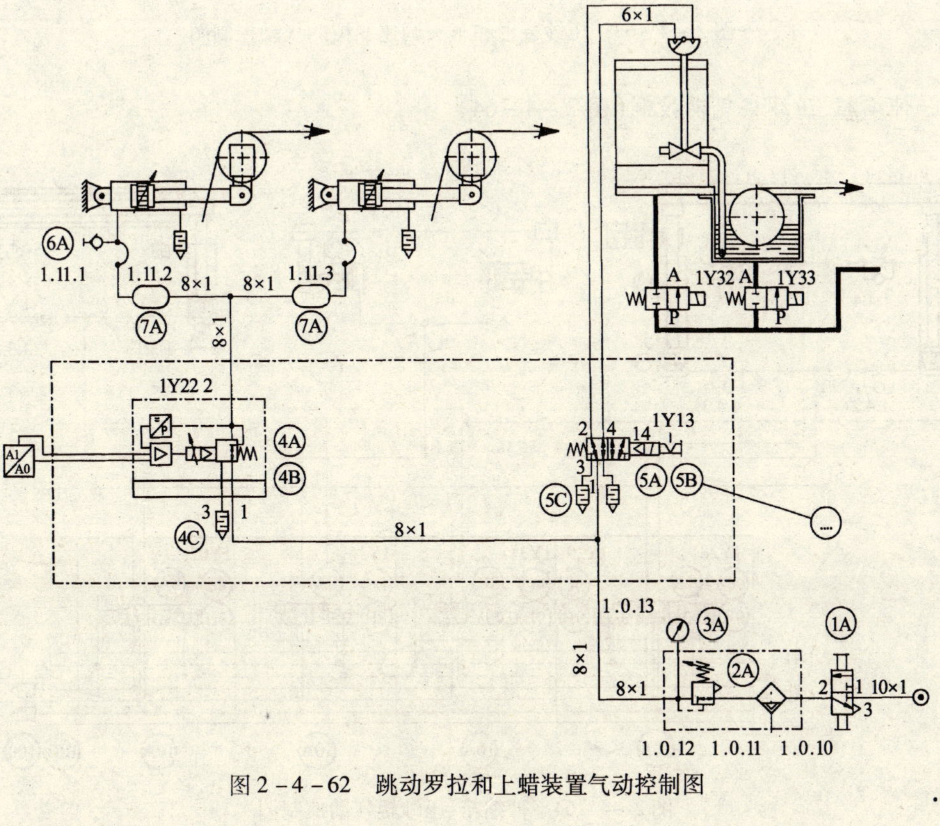

图2-4-62　跳动罗拉和上蜡装置气动控制图

9. 压纱装置和车头调速罗拉的气动控制(图 2 - 4 - 63)

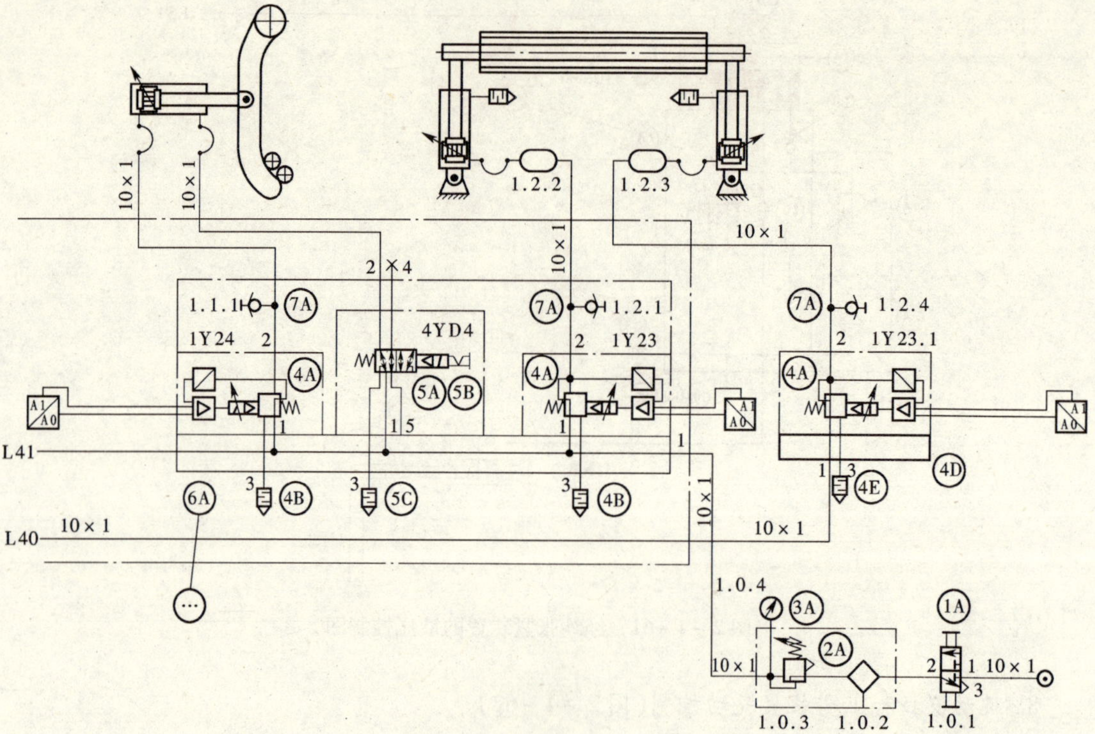

图 2 - 4 - 63　压纱装置和车头调速罗拉的气动控制图

10. 伸缩筘、压纱辊气动控制(图 2 - 4 - 64)

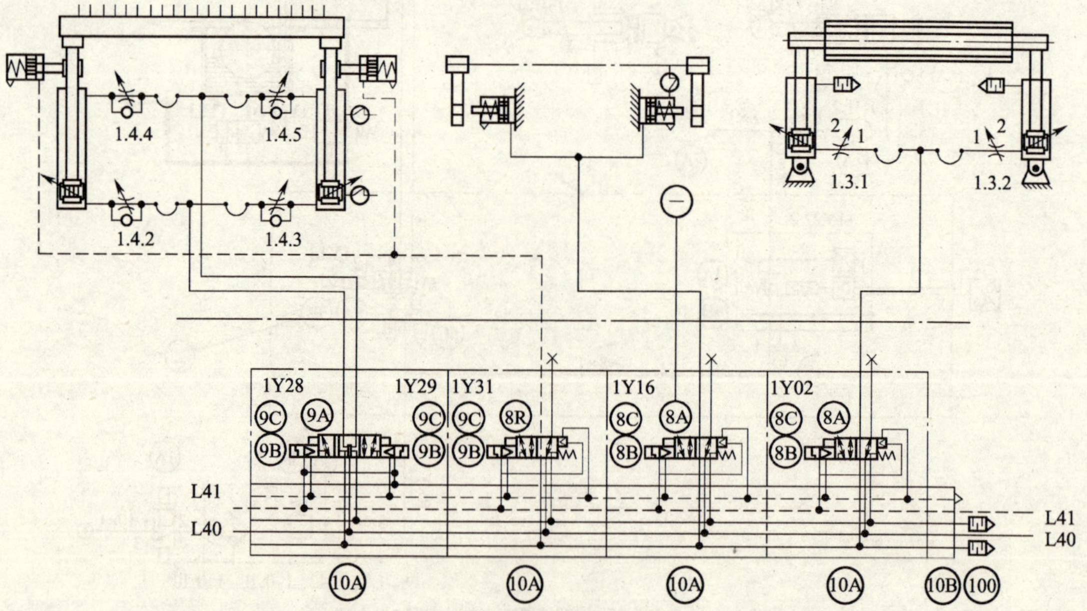

图 2 - 4 - 64　伸缩筘、压纱辊气动控制图

11. 各主要机构的电气控制

(1)浆槽：

①驱动装置电气控制(图 2 -4 -65)：

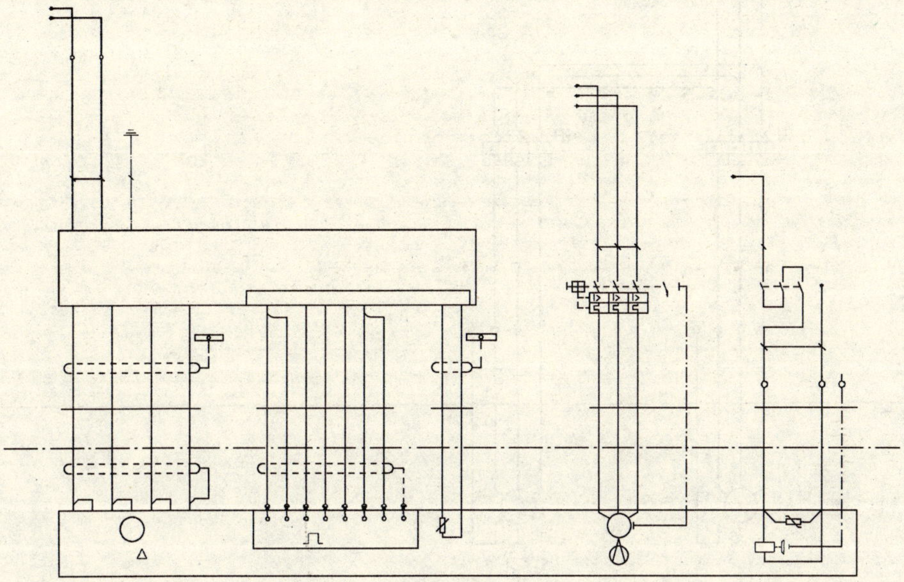

图 2 -4 -65　浆槽驱动装置电气图

②浆泵、浸没辊传动电气控制(图 2 -4 -66)：

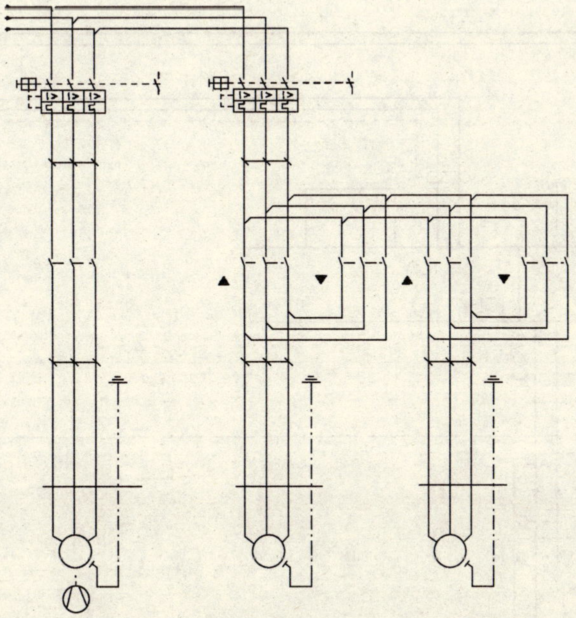

图 2 -4 -66　浆泵、浸没辊传动电气图

(2)烘筒传动电气控制(图2-4-67)：

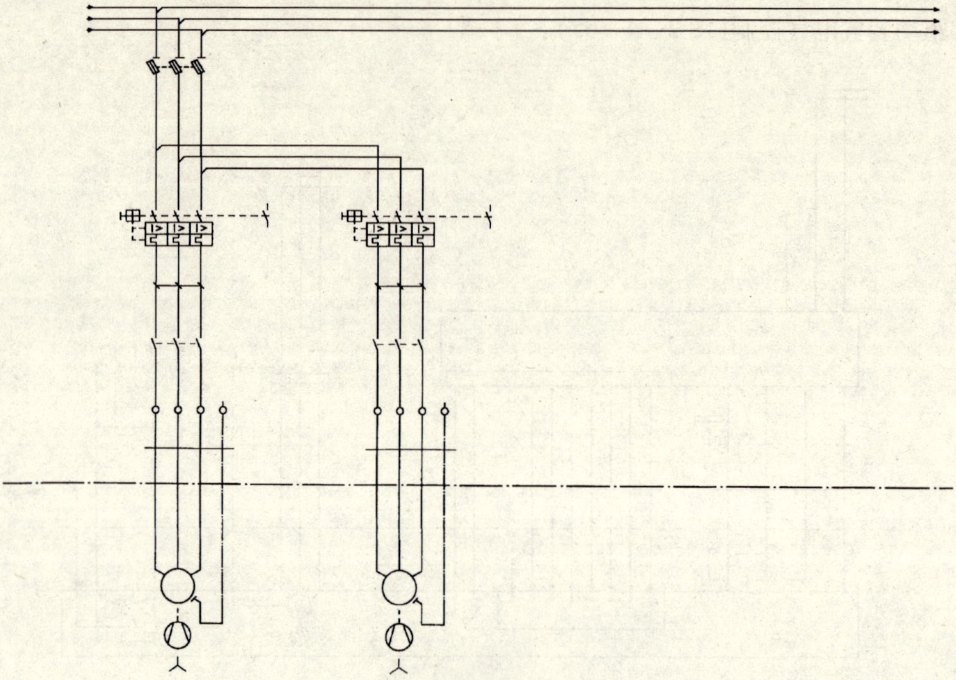

图2-4-67　烘筒传动电气控制图

(3)上蜡装置动力电气控制(图2-4-68)：

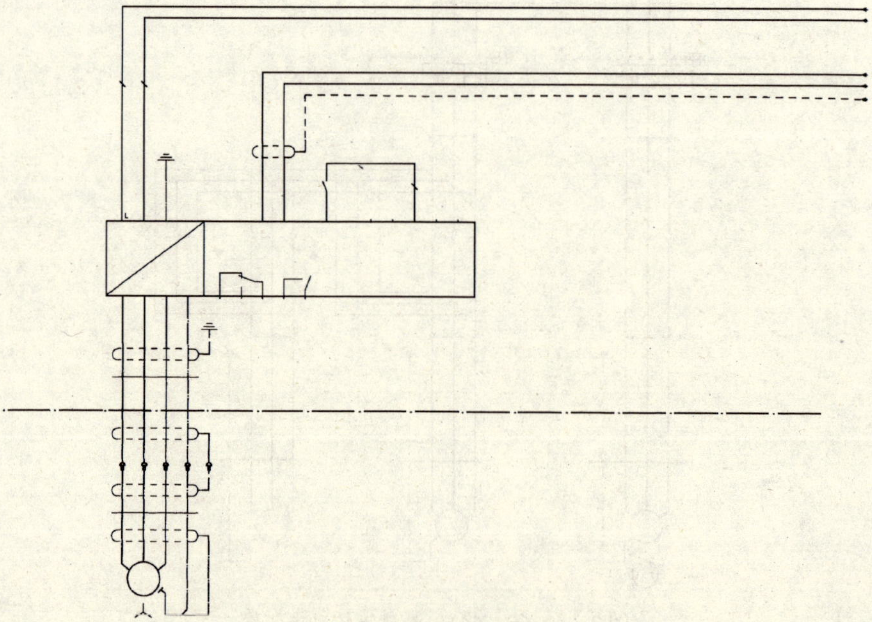

图2-4-68　上蜡装置动力电气图

(4)车头织轴驱动电动机电气控制(图 2－4－69):

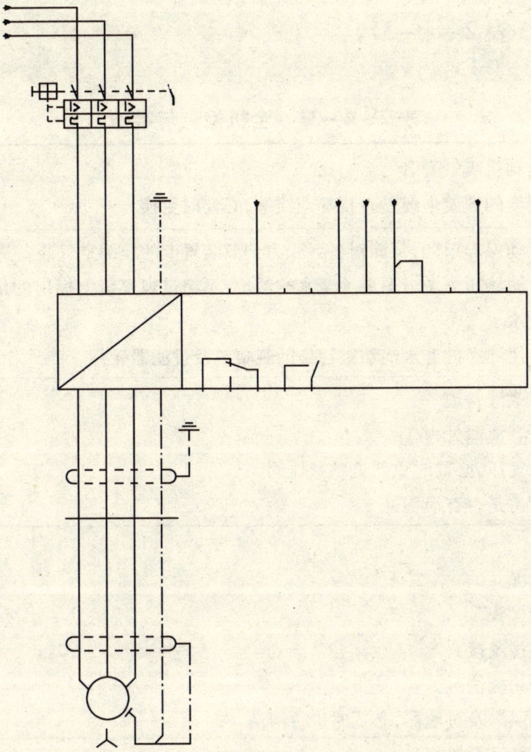

图 2－4－69　车头织轴驱动电动机电气控制

(5)织轴离合器、上落轴装置电动机电气控制(图 2－4－70):

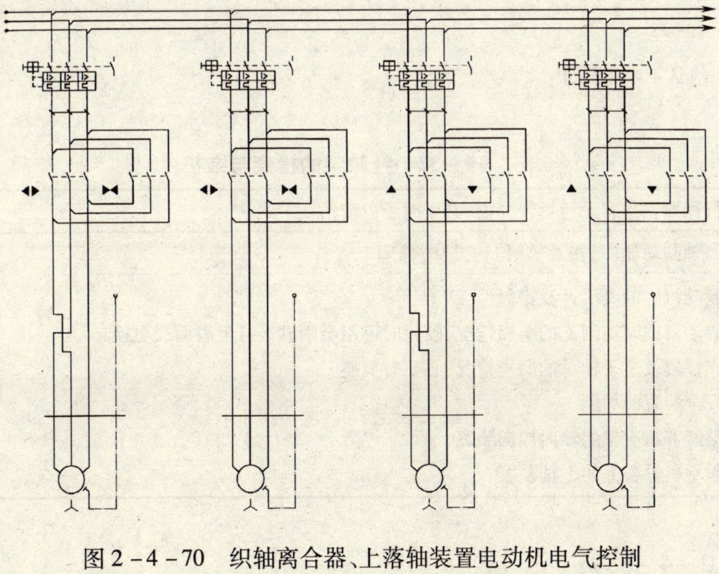

图 2－4－70　织轴离合器、上落轴装置电动机电气控制

(五)贝宁格—泽尔浆纱机的调节与维护

1. 检查与维护

(1)全机检查与维护(表2-4-31):

表2-4-31　全机检查与维护

每24h	清洁交流伺服电动机吸气套管 检查手掌式控制器的螺旋电缆是否损坏或纠缠,必要时更换
每100h	检查及保养各气动保养单元,每周对各区张力调节装置上的压缩空气装备进行一次 检查过滤器或过滤器压力调节器上冷凝水的液位,不超过观察镜上标出的最高水位。向左旋转观察镜上的泄放螺栓排放冷凝水 用肥皂水冲洗并用纯净的温水清洁被污染的观察镜及过滤器元件
每200h	清洁蒸汽管道及浆液管道 检查蒸汽管是否有泄漏处 检查蒸汽压力及气压,必要时重新调整减压阀 检查压缩空气管道是否有泄漏处
每500h	清洁设备 检查设备磨损情况 检查电气连接和接头 检查保养气动连接及接头 检查安全装置的功能情况 检查开关柜冷却风扇及过滤器,必要时进行清洁
每1000h	用压缩空气喷射气动开关柜 目检电气开关箱,必要时予以清洁 检查熔断器熔丝是否被腐蚀,必要时予以清洁
每2000h	清除机器内部多余的油及油脂 检查全部驱动链条的张力是否正确,必要时重新张紧 清洁或更换阀门及过滤器

(2)经轴架(表2-4-32):

表2-4-32　经轴架的检查与维护

每50h	检查行程导轨上有无污垢及异物,必要时予以清洁
每200h	检查经轴制动器(目视及监听),必要时修理
每500h	检查制动汽缸的灵活性及密封性 检查制动带或制动闸瓦的磨损情况,硬化时可用金刚砂纸打毛表面或更换 检查支撑辊及滚子轴承的磨损情况,必要时更换 检查安全装置的功能 检查整经罗拉支架的轴向导向装置 检查起重机设备上的上轴装置

(3)浆槽(表2-4-33):

表 2-4-33　浆槽的检查与维护

每班	清洗浸没辊机架。不论浸浆辊表面是什么材料(橡胶包覆层、镀硬铬、高级合金钢),都可以用热肥皂水进行清洗,必要时可用各种类型的溶剂,但必须立刻进行干燥 清洁液位检测压力传感器。用不超过 10^3kPa 的高压清洁器清洗
每 200h	检查浆液是否有泄漏处 检查安全阀的功能
每 500h	清除浆槽处上浆辊轴头处的浆料残余物 目测及监听驱动装置 检查驱动装置部件(例如轴、皮带、锥形轮等)的磨损情况,必要时更换 检查罗拉支架的运行声音及灵活性 检查压浆辊。对于带橡胶包覆层的压浆辊不能同油、油脂、有机溶剂等直接接触,应避免高温和温度低于 -5℃,可用温和的肥皂水清除污物;检查硬度;比较压浆辊中部和两端的直径,必要时研磨 检查上浆辊填料箱的密封性,必要时重新拧紧或更换密封件 检查温度调节装置。蒸汽必须经过过滤处理,蒸汽压力最高应为 350kPa;检查间接加热装置的水池温度必须尽可能接近水的沸点:在挡板上钻 1/10mm 小孔,把水池溢流口的冷却水软管放入出水槽,水池温度设定正确的情况下,溢出口必须有热水滴出,隔一段时间以及设备长期停机后一定要检查水池液位 检查冷凝水排放装置,必要时用水加以清洗 检查浆阀及蒸汽阀的功能、密封性及灵活性 检查浆泵功能及密封性、清洁电动机处的吸入过滤器
每 1000h	检查压浆点。用碳复写纸制作压浆点压痕。在最大压浆力情况下,整个压浆装置宽度范围内这个压痕一般应该均匀地为 15mm 左右,中间可稍宽一些(17mm),过宽或过窄则需进行磨削或更换 用不含油脂的清洁剂清洗微变速齿轮箱中锥形轮上的油

(4)烘筒(表 2-4-34):

表 2-4-34　烘筒的检查与维护

每 24h	清洁湿度计的绝缘子和探测轮 检查蒸汽管道中通向旋转接头的真空阀的密封性及功能,必要时立即更换
每 200h	检查烘筒表面特氟隆涂层和蒸汽加热的转向导辊以及测长辊,如果发现表面变光亮或透微光说明特氟隆涂层已有磨损,需及时修理损伤部位和清除污物 检查安全阀的功能 检查蒸汽系统的密封性,是否跑、冒、滴、漏
每 500h	检查驱动装置(目测及监听) 检查离合器(目测及监听) 检查摩擦离合器的设定情况 检查驱动轴、驱动轮、换向轴、链条、皮带的磨损情况必要时予以更换 检查链条和皮带的张力,必要时重新张紧 检查滚柱轴承(依其运行声音及灵活性) 检查液压链条张紧装置 检查烘筒温度调节装置的功能 检查安全装置的功能 检查冷凝水排放装置,必要时用水冲洗
每 1000h	检查排风管,必要时清除污物及堵塞物 检查通风机,必要时清除污物

(5)分绞棒(表2-4-35):

表2-4-35　分绞棒的检查与维护

每500h	修补分绞棒上的缺陷,必要时更换分绞棒 去除分绞棒上的脏物

(6)车头(表2-4-36、表2-4-37):

表2-4-36　车头的检查与维护

每200h	检查梳状筘伸缩装置、往复运动装置调节器的功能及灵活性 更换损坏的烘筒针板座 检查防护幕上极限开关的功能
每500h	检查传动装置中的油位,必要时加油 检查驱动装置(目测及监听) 检查罗拉支架的工作声音及灵活性 检查上落轴装置。清除转接器的损伤部位,检查织轴的回转情况 检查罗拉组。修理橡胶涂层的损伤部位,必要时更换罗拉,清除污物 检查安全装置的功能 检查粘合装置的功能(目测及监听)
每1000h	目视检查车头右侧电气工作台,必要时进行清除 用压缩空气清洁车头右侧气动工作台

表2-4-37　车头电控箱(BEN—SRETEC—自动系位—ST)的检查与维护

每月	必须检查开关箱内中央的供电单元。如果两个发光二极管BAT或BATTF中一个亮着(红色或橘黄色)则必须更换电池
每年	需预防性地更换开关柜内供电单元中的电池,否则在停电时会使工艺数据全部丢失(只允许在电网供电时更换电池)

2. 润滑

(1)润滑周期:为了使机器能够无故障地运行和获得较长的使用寿命,必须有计划地使用合适的润滑材料。贝宁格—泽尔浆纱机各区的润滑点所用油品标记及润滑周期见表2-4-38。

表2-4-38　润滑周期

润滑点种类编号	润滑部位	所用油品标记	润滑周期
25	烘干机中经纱张力器,压缩空气加油器	HLP 22	每5000h
0	传动电动机、齿轮箱	CLP 220	每5000~1000h
60	蜗杆蜗轮转动箱	CLPPG 460	每10000h

续表

润滑点种类编号	润滑部位	所用油品标记	润滑周期
110	各部位滑动轴承滚动轴承	KPF 2K—20	每1000h
170	烘筒处轴承(不超过140℃的滚动轴承)	KP 2N—20	每1200h
190	链条传动装置: 车头保护幕 传动链条 烘筒传动链条	E	1000h 250h

注　1. 润滑点和加油量必须每星期检查一次。
2. 更换所有滚动轴承的润滑油脂时,要将轴承位置清洁干净,并使1/3的轴承空间注满油脂。

(2)润滑部位:浆槽润滑部位示意、烘筒传动部分润滑部位示意、烘筒部分润滑部位示意、车头润滑部位示意分别如图2-4-71~图2-4-74所示,润滑油标记见表2-4-39。

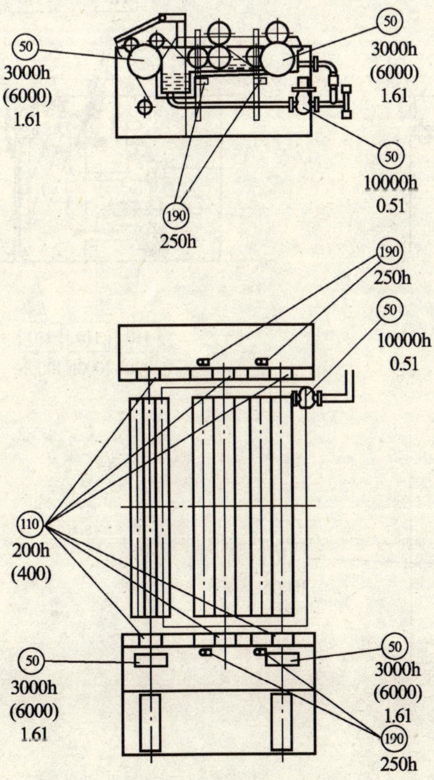

图2-4-71　浆槽润滑部位示意图

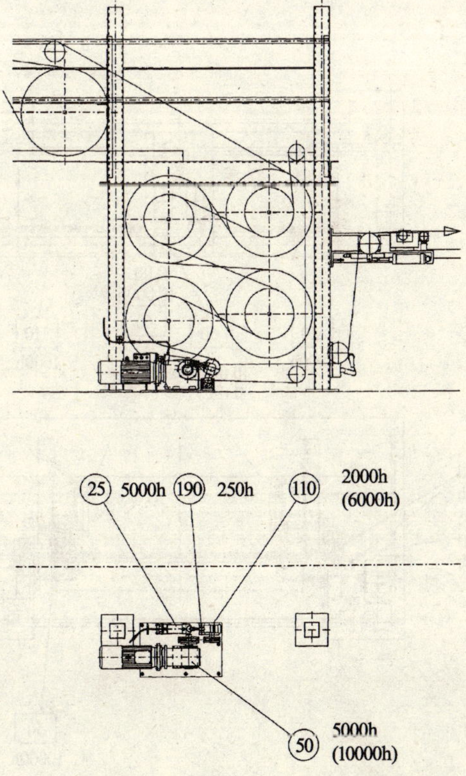

图2-4-72　烘筒传动部分润滑部位示意图

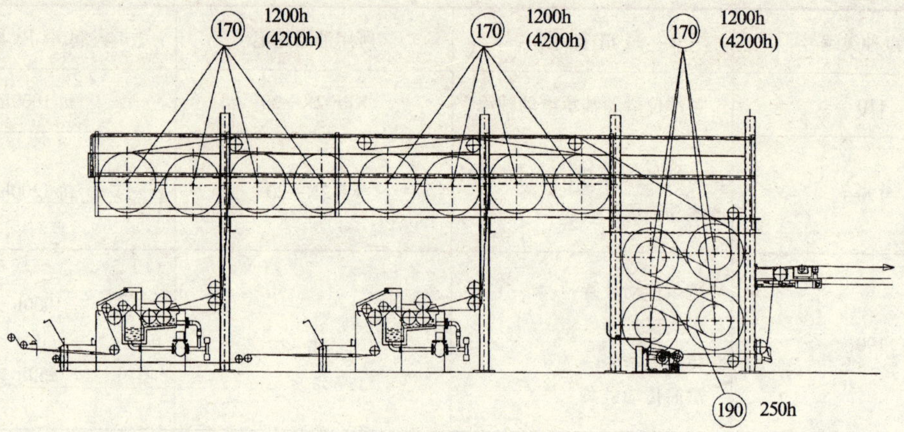

图 2-4-73 烘筒部分润滑部位示意图

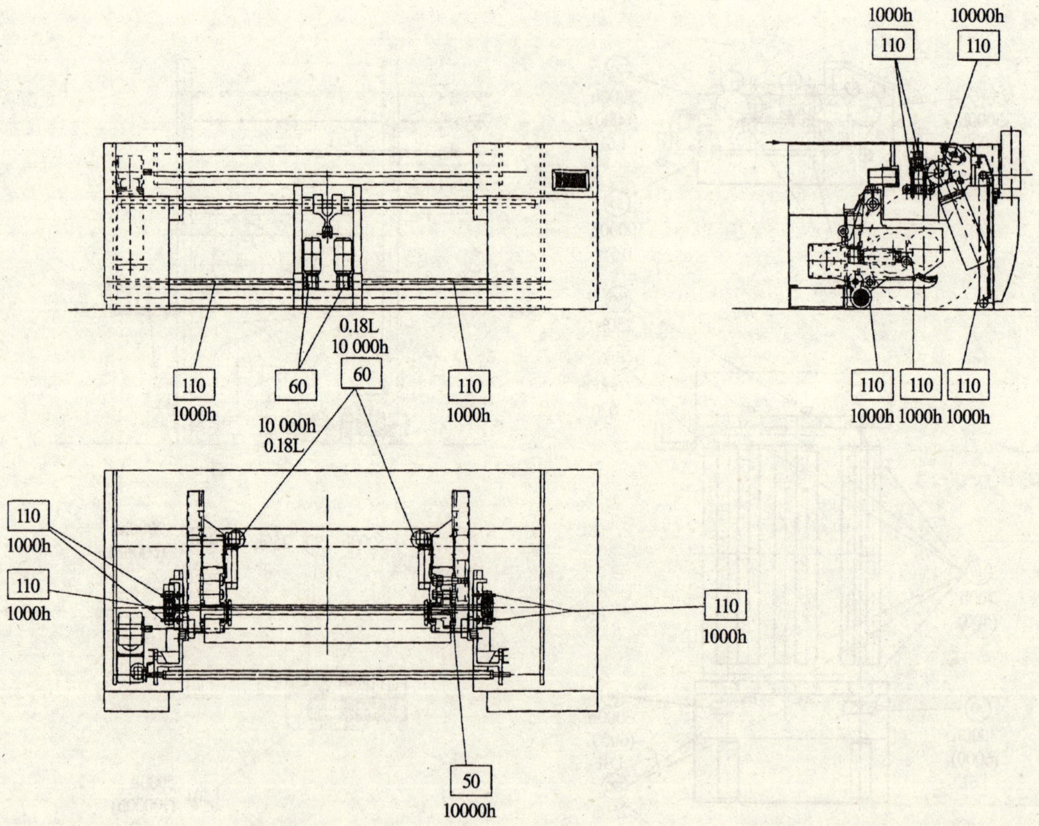

图 2-4-74 车头润滑部位示意图

表2-4-39 润滑油标记

贝宁格润滑油号		BP	Esso	KLÜBER LUBRICATION	Mobil	Optimol	Tribol A BURMAH CASTROL COMPANY
HLP 46	10	BP Energol HLP—HM 46	NUTOH 46	LAMORA HLP 46	Mobil DTE 46	Hydo 46	Tribol 943 AW 46
HLP 22	25	BP Energol HLP—HM 22	NUTOH 22	AIRPRESS 15	Mobil DTE 22	Hydo 22 Utra PR	Tribol ATO 100 LS
CLP 68	30	BP Energol GR—XP 68	SPARTAN EP 68	Klübero GEM 1—68	Mobilgear 626	Optigear 68	Tribol 1100/68
CLP 320	35	BP Energol GR—XP 68	SPARTAN EP 68	Klübero GEM 1—68	Mobilgear 626	Optigear 68	Tribol 1100/68
	40	BP Energol GR—XP 320	SPARTAN EP 320	Klübero GEM 1—320	Mobilgear 632	Optigear 320	Tribol 1100/320
CLP 220	50	BP Energol GR—XP 220	SPARTAN EP 220	Klübero GEM 1—220	Mobilgear 680	Optigear 220	Tribol 1100/220
CLP PG 460	60	BP Energol SG—XP 460	ESSO GLYCOLUBE 460	SYNTHESOD 460 EP	Mobil Glygoyle HE 460	Optigear A 460	Tribol 800/460
HLP 46	70	BP Energol HLP—HM 46	NUTOH 46	LAMORA HLP 46	Mobil DTE 25	Hydo 46	Tribol 943 AW 46
HLP 68	80	BP Energol HLP—HM 68	NUTOH 68	LAMORA HLP 68	Mobil DTE 26	Hydo 68	Tribol 943 AW 68
GOF	90	BP Energrease LS O	FIBRAX EP 370	GRAFLOSCON C-SG O ULTRA	Mobilplex 44 (NLGL 00) Mobilux EP 004 (NLGL 00)	Longtime PD 0	Tribel 5000
KP HC 2 P—20	105	BP Energrease LC 2(KP2P—25)	—	PETAMO GHY 133N	—	Firetemp XT 2	Tribol 474/220—2
KPF 2 K—20	110	BP Energrease L21 M(KF2K—20)	ESSO MULTI-PURPOSE GREASE (MOLY) ESSO MEHRZWECK-FETT M (KF2N—30)	UNMOLY GL 402	Mobilgrease Special	Oiistanoly 2	Molub-Allcy B60/220—2
KFFK2 U—20	160	—	—	BARRLERTA L 55/2	—	Inetox Heavy Inertox Medium	Molub-Alloy 2115—2

续表

贝宁格润滑油号		BP	Esso	KLÜBER LUBRICATION	Mobil	Optimol	Tribol BURMAH CASTROL COMPANY
KP 2 N—20	170	BP Energrease HTG 2	UNREX N 2	STABURAGS N 12	Mobilgrease HP 222	Optilemp MT Optitemp HT 2 Firetemp XT 2	Tribol 4020/ 220—2
KP 2 N—20	180	BP Energrease HTG 2	UNREX N 2	MICROLUBE GL 262	Mobilgrease HP 222	Optilemp MT	Tribol 4020/ 220—2
E	190	—	—	HOTEMP 2000 HOTEMP 2000 - SPRAY	Mobil Pyrolube 830	Viscogen KL 300	Tribol 1430 Tribol 1430 Spray
OG	220	BP Energpass OG	FEBRAX EP 370 CAZAR K 1	GRAFLOSCON C-SG 0 ULTRA	Mobitac 81 Mobilgear OGL 007	Viscogen 0 Optitemp OG 0	Tribol 5000 Molub-Alloy 936 SF Heavy Molub-Alloy 936 SF Heavy Spray

3. 常见机械故障及处理(表2-4-40)

表2-4-40 常见机械故障及处理

故障现象	产生原因及解决办法
输浆泵电动机烧毁	原浆泵电动机极易进水造成电动机烧毁,改用国产电动机并配置相应的皮带轮
经轴架退绕张力失控	比例阀坏,更换比例阀;退绕张力控制模块位置不正确,用重锤调正位置即可;输出模块损害,更换新的输出模块
浆槽拖引辊、上浆辊传动皮带磨损	当计算机显示进浆槽处(负伸区)及出浆槽处(湿伸长区)经纱张力或伸长率波动较大时,则有可能是同步齿形带磨损,需及时更换新的同步齿形带
烘房烘筒轴承异响	当听到烘筒运行过程中有异响时,应打开该烘筒轴承盖检查轴承是否缺油,按规定加油
烘房烘筒虹吸管断裂	浆纱机车速在低速时,烘筒有不转现象且烘筒温度始终达不到100℃,则有可能烘筒内积水过多,水不能顺利排出,应拆下烘筒进汽部位,检查虹吸管是否正常
车头上落轴装置钢丝绳断裂	当上落轴托臂不动作时,应检查托臂钢丝绳是否断裂,可用国产钢丝绳加接头临时替代
车头压纱及卷绕张力失控	当计算机设定的压纱压力及卷绕张力与实际值相差太大时,应检查压纱张力及卷绕张力比例阀是否正常,必要时更换。计算机控制部分张力模块是否正常,必要时更换

三、GA300型系列浆纱机

(一)主要技术参数(表2-4-41)

表 2－4－41　GA300 型系列浆纱机的主要技术参数

项目 \ 型号	GA301 型		GA302 型		GA303 型		GA304 型		GA306 型		GA308 型		
	－200 型	－300 型	－200 型	－300 型	－200 型	－300 型	－200 型	－300 型	－200 型	－300 型	－240 型	－300 型	－360 型
型式	双浆槽，热风，烘筒分层预烘，烘筒烘干		双浆槽，烘筒分层预烘，烘筒烘干		单浆槽，热风，烘筒分层预烘，烘筒烘干		单浆槽，烘筒分层预烘，烘筒烘干		双浆槽，烘筒分层预烘，烘筒烘干		双浆槽烘筒分层预烘，烘筒烘干；七单元变频电动机传动，伺服控制器集中同步控制		
幅宽（mm）	2000	3000	2000	3000	2000	3000	2000	3000	3000	3600	2400	3000	3600
速度（m/min）	2～60		2～60		2～60		2～69		2～80		1～100（爬行速度：0.5）		
适应织轴盘片间距（mm）	1066～1860	1860～2865	1066～1860	1860～2865	1066～1860	1860～2865	1066～1860	1860～2865	1378～3180	1378～3850	最大 2564	最大 3164	最大 3850
织轴最大卷绕直径（mm）	800		800		800		800		800 或 1000		800 或 1000		
经轴最大直径（mm）	800		800		800		800		800 或 1000		800 或 1000		
经轴盘片间距（mm）	1800		1800		1800		1800		1800		1800		
最大织轴卷绕张力（N）	5000		5000		5000		5000		5600		600		
经轴容量（只）	16		16		12		12		16	20	16	20	20
浆槽工作幅宽（mm）	1800		1800		1800		1800		1800 或 2000		1800	1800 或 2000	
浆槽容积 上浆槽（L）	265		265		265		265		320 或 349		320	320 或 349	
浆槽容积 预热浆槽（L）	250		250		250		250		270 或 302		276	276 或 320	
浸压形式	双浸双压		双浸双压		双浸双压		双浸双压		双浸四压		双浸四压		
最大压浆辊压力（N）	15000		15000		15000		15000		40000		40000		
烘筒数量（只）	8		8		8		8		12		12		
烘筒幅宽（mm）	1800		1800		1800		1800		2000 或 2200		2000	2000 或 2200	
蒸发能力（kg 水分/h）	750		750		750		750		950		950		
全机功率（kW）	43.5		29.4		40.2		27.2		20.15		75.6		
全机尺寸 长（mm）	29490	32490	25725	28725	25955	28955	22190	26190	25990	30990	25990	30990	30990
全机尺寸 宽（mm）	4100	5100	4100	5100	4100	5100	4100	5100	4820	5620	4450	5050	5650
全机尺寸 高（mm）	2352		2352		2352		2352		3110		3110		

(二)主要结构特征

1. GA301A 型浆纱机结构特征(表 2-4-42)

表 2-4-42　GA301A 型浆纱机结构特征

项目		结构特征
经轴架		1. 四只经轴为一组,上下排列 2. 经轴退绕张力有重锤调节,气动自控,超声波检测和电—气转换自控三种形式。气动自控有张力检测、张力控制及执行机构组成,每只经轴架配一只制动汽缸,通过汽缸内气压的变化改变对经轴的制动力矩,以保证经纱退绕张力恒定。超声波检测由超声波检测器检测直径,再由电—气转换系统控制经轴制动汽缸内气压大小,来改变对经轴的制动力矩,以保证经纱退绕张力恒定
浆槽	上浆机构	1. 双浸双压结构 2. 压浆辊为丁腈橡胶辊、上浆辊为不锈钢或硬橡胶辊 3. 压浆辊压力采用气动加压,最大压浆力 15kN,压浆力可随车速变化,无级调压,同时还配备了一套随车速变化而高低压切换变换装置
	浆槽结构	1. 双浆槽高低排列,共用一组预热浆槽,浆液经两台输浆泵分别输入上下浆槽,以保证两台浆槽浆液温度一致 2. 浆槽内外层均用不锈钢制成的双壁结构,夹层内填入保温材料 3. 采用蒸汽直接加热,浆槽前方进浆,瀑布式溢流回浆 4. 预热浆箱浆液液面用浮球式液面自动控制 5. 浆槽和烘房之间配置湿分绞,湿分绞棒由电动机单独传动 6. 上下层引纱辊速度由 XP1 型无级变速器调节达到同步引纱 7. 上浆辊的转速由另一只 XP1 型无级变速器调节以控制其与烘房之间的纱片张力
热风预烘		1. 热风烘房为热风喷嘴双程分层预烘房。烘房左右两侧各配有一台循环风机送风 2. 加热器由两组四只立式散热器并联组成,上下层纱道的热风温度可调,蒸发能力 250kg 水分/h 3. 上下浆槽输出的纱片分别进入烘房上下两层预热层,烘房中无任何导辊与浆纱接触有利于浆膜完整
烘筒烘房		1. 经热风预烘的两层浆纱分别经两只涂有聚四氟乙烯防粘层的烘筒分层预烘,然后两层纱片合并通过四只烘筒烘干至工艺要求的回潮率 2. 烘筒均为平盖结构,直径 800mm,均采用齿链条积极传动 3. 烘筒最高蒸汽压力 0.35MPa,温度自动控制,每只烘筒蒸发能力 80kg 水分/h
车头		1. 主传动采用交流整流子电动机作全机无级调速,或采用三相异步电动机变频无级调速 2. 织轴卷绕采用速比为 7.5:1 的 R 型无级变速器作恒功率卷绕 3. 车头为可调幅式,由电动机拖动移动箱体进行调幅 4. 织轴可正反卷绕,以适应 AB 双织轴织机要求 5. 上落轴织轴加压,测长辊加压,织轴正反转等动作均采用气动装置控制 6. 采用偏心平纱辊结构 7. 可配备单面上蜡或双面上蜡结构,电子计长打印(日产 HTA—4D 型电子计数器) 8. 干区经纱张力可通过 XP1 型无级变速器调节
控制部分		1. 张力分区调节,控制浆纱伸长。全机张力共分五区。即:退绕区(经轴—引纱辊)张力由经纱退绕张力控制器控制,喂入区(引纱辊—上浆辊)、湿纱区(上浆辊—烘筒)、干纱区(烘筒—拖引辊)张力均各由一只 XP1 无级变速器控制,卷绕区(拖引辊—织轴)张力由 R 型无级变速器控制。控制柜上有浆纱湿区、干区伸长显示装置,退绕张力和卷绕张力显示装置 2. 全机设有上下浆槽浆液温度、上下热风预烘温度、上下烘筒预烘温度和合并烘燥烘筒温度共七处温度自动控制 3. 设有浆纱测湿(回潮率)显示及回潮率自动控制 4. 设有浆槽压浆力显示及控制装置,使压浆力随车速线性变化

2. GA306 型浆纱机的结构特征(表 2 - 4 - 43)

表 2 - 4 - 43　GA306 型浆纱机的结构特征

<table>
<tr><th colspan="2">项目</th><th colspan="3">结　构　特　征</th></tr>
<tr><td colspan="2">经轴架</td><td colspan="3">1. 四只经轴为一组,上下放置
2. 用张力辊送经调节器自动调节经纱的退绕张力,达到恒张力退绕,并有张力设定,最大退绕张力为 3000N</td></tr>
<tr><td rowspan="5">浆槽</td><td rowspan="3">浆槽参数</td><td>幅宽(mm)</td><td>主浆槽(L)容积</td><td>预热浆槽(L)容积</td></tr>
<tr><td>1800</td><td>320</td><td>270</td></tr>
<tr><td>2000</td><td>349</td><td>302</td></tr>
<tr><td>上浆结构</td><td colspan="3">1. 双浸四压结构。浸没辊具有测压功能,前后压浆辊和浸没辊均为橡胶辊,采用气动加压形式。后压浆辊最高压力 40kN
2. 后压浆辊压力随车速升降而线性增大或减少,同时还配备一套随车速而高低压两级切换装置</td></tr>
<tr><td>浆槽机构</td><td colspan="3">浆槽机架为钢板结构
1. 主浆槽与预热浆槽联成一体,浆槽槽体为双壁结构,两壁之间填充保温材料
2. 蒸汽直接加热,浆槽前方进浆,瀑布式溢流回浆
3. 浆液循环采用不锈钢浆泵装置,主浆槽的液面高低由调节液位板控制,预热浆槽液面采用浮球式两位控制阀控制
4. 上浆辊轴头采用气密封加高压盘辊加密封轴承的密封形式
5. 浆槽中的经纱张力靠微调变速装置调节,湿区经纱张力可通过 XP1 型无级变速器调节
6. 每只浆槽与烘房之间有一根通水冷却的湿分绞棒,由边轴传动</td></tr>
<tr><td colspan="2">全烘筒烘房</td><td colspan="3">1. 采用 ϕ800mm 平板封头不锈钢烘筒,分二组预烘烘筒和一组合并烘筒,每组四只烘筒,预烘烘筒表面涂聚四氟乙烯防粘层
2. 每只浆槽的湿纱分二层进入烘房,两只浆槽共分四层纱预烘
3. 烘筒分组传动,每组设有离合装置,便于操作。预烘筒采用无齿链轮传动,合并烘筒采用有齿链轮积极传动
4. 烘筒与浆槽的排汽罩为一个整体,用两只 6 号轴流风机排除湿气</td></tr>
<tr><td colspan="2">车头</td><td colspan="3">1. 主传动采用变频无级调速
2. 最大卷绕张力为 5600N
3. 织轴可正反卷绕,以适应 AB 双织轴织机的要求
4. 上落轴,织轴加压,伸缩筘升降,测长辊加压,织轴正反转,张力辊的张力设定等动作均采用气动装置控制
5. 采用偏心平纱辊结构
6. 可配制单面上蜡机构或双面上蜡机构,电子计长打印
7. 干区经纱张力可通过 XP1 型无级变速器调节</td></tr>
<tr><td colspan="2">控制部分</td><td colspan="3">包括:变频控制整机车速;PLC 控制整机程序及动作;计算机控制整机工艺参数
功能:
1. 全机采用边轴传动,各区张力、伸长可检测和显示
2. 温度采用 PID 控制形式
3. 回潮率自动控制
4. 对每个工艺参数都具备储存、记忆功能
5. 卷绕张力和卷绕直径可显示
6. 压浆辊压力随车速而线性变化</td></tr>
</table>

3. GA308型浆纱机的结构特征(表2-4-44)

表2-4-44 GA308型浆纱机的结构特征

<table>
<tr><th colspan="2">项目</th><th>结构特征</th></tr>
<tr><td colspan="2">经轴架</td><td>1. 采用H型,上下排列经轴,四只经轴为一组,可根据需要配置经轴架数量
2. 每只经轴架配一只制动汽缸,控制经轴的制动力矩
3. 采用张力退绕自动控制系统,由张力反馈,计算机随机控制制动汽缸压力,使经轴退绕张力始终恒定</td></tr>
<tr><td rowspan="2">浆槽</td><td>上浆机构</td><td>1. 双浸四压结构
2. 上浆辊轴头密封,压浆辊外表面包覆丁腈橡胶
3. 低压辊最大压力10kN,高压辊最大压力40kN,气动加压
4. 第一压浆辊(低压辊)为普通结构轧辊。第二压浆辊(高压辊)为中固辊结构轧辊</td></tr>
<tr><td>浆槽结构</td><td>1. 主浆槽与预热浆槽联成一体,槽体为双壁结构,夹层内填满保温材料
2. 蒸汽管直接加热浆液,温度采用PID控制形式,最高温度可达100℃
3. 采用浮球液位控制球阀,控制浆槽液面位置
4. 每只浆槽由一只大流量、低扬程的循环浆泵快速充分地循环供浆</td></tr>
<tr><td colspan="2">烘房</td><td>1. 全机共12只直径800mm烘筒,烘燥能力800kg水分/h
2. 八只预烘烘筒表面涂聚四氟乙烯防粘层,预烘后用四只合烘筒烘干,可分层预烘,也可不分层预烘
3. 烘燥温度采用PID方式精确控制
4. 烘筒设计压力0.4MPa,设计温度151℃,最大使用工作压力0.35MPa,筒体由不锈钢板制成
5. 烘筒进汽头为球形石墨环双密封结构,接头中带有防吸瘪装置
6. 烘筒传动用一只7.5kW变频电动机拖动,由计算机和变频器精确控制,共分三组传动。二组预烘传动为半积极式,用双排链条带动无齿光板链轮摩擦传动;一组合烘筒传动为积极式,由链条和链轮拖动</td></tr>
<tr><td colspan="2">车头</td><td>1. 车头传动采用22kW变频电动机驱动,最大卷绕张力6kN
2. 采用旋转编码器检测和控制织轴转速,保持恒线速卷绕。并用一套张力检测及反馈装置控制卷绕张力
3. 拖引辊采用7.5kW变频电动机单独驱动,全机同步以拖引辊为主令进行跟踪调整,实现全机各单元线速度一致,保证各区伸长率恒定
4. 织轴卷绕张力由车头调整阀无级设定,由张力辊气缸压力控制
5. 伸缩筘可上下、左右微动,摆动量0~20mm,由电磁阀控制
6. 织轴可正反卷绕,适应AB轴双织轴织机要求
7. 织轴加压,上落轴,卷绕张力,伸缩筘升降等均采用气动控制
8. 采用电子测长,喷墨打印,单面上蜡,回潮检测装置</td></tr>
<tr><td colspan="2">控制部分</td><td>1. 七单元传动:车头织轴卷绕单元、拖引单元、烘房单元、上浆辊单元、引纱辊单元(双浆槽)。控制上浆伸长率恒定
2. 采用计算机—控制器—驱动器三级控制形式,实现以下功能:
温度PID控制;回潮与速度控制;压浆辊压力控制;张力与伸长控制;屏幕各工艺参数显示;各工艺参数和管理数据的贮存、记忆功能</td></tr>
</table>

(三)GA301 型浆纱机

1. GA301 型浆纱机工艺流程(图 2-4-75)

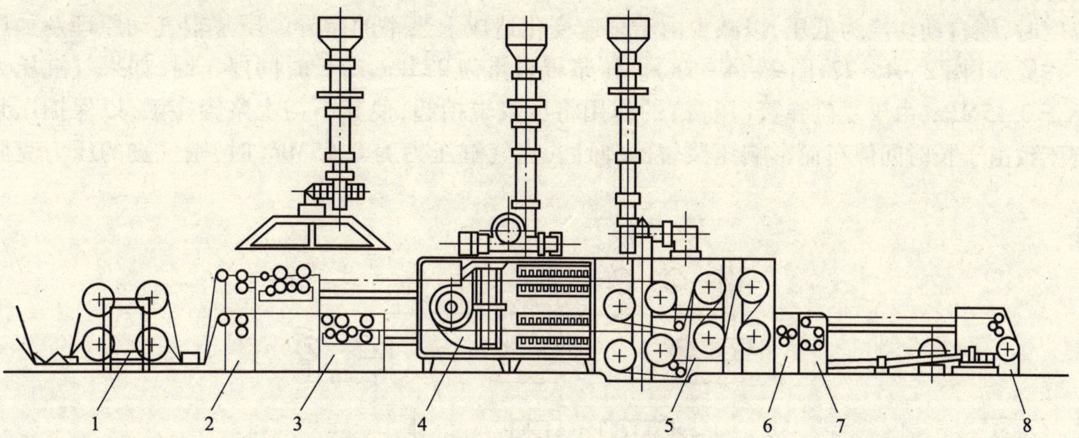

图 2-4-75　GA301 型浆纱机工艺流程图

1—经轴架　2—引纱部分　3—浆槽　4—热风烘房　5—烘筒烘房　6—张力架　7—双面上蜡　8—车头

2. GA301 型浆纱机传动系统(图 2-4-76)　GA301 型浆纱机主传动用 JZS2—71—1 型交流整流子电动机作全机调速,功率为 17kW,速度为:0～1800r/mim。浆纱速度可在 2～60m/mim 范围内无级调速。织轴卷绕机构由 GZX3A 型无级变速器传动。全机用三台 XP1 型无级变速器来分别调速控制引纱辊与上浆辊之间[XP1(3)]、上浆辊与烘筒之间[XP1(2)]、烘筒与拖引辊之间[XP1(1)]的各段纱线张力伸长。织轴卷绕张力通过调节 GZX3A 无级变速器重锤的位置来实现。

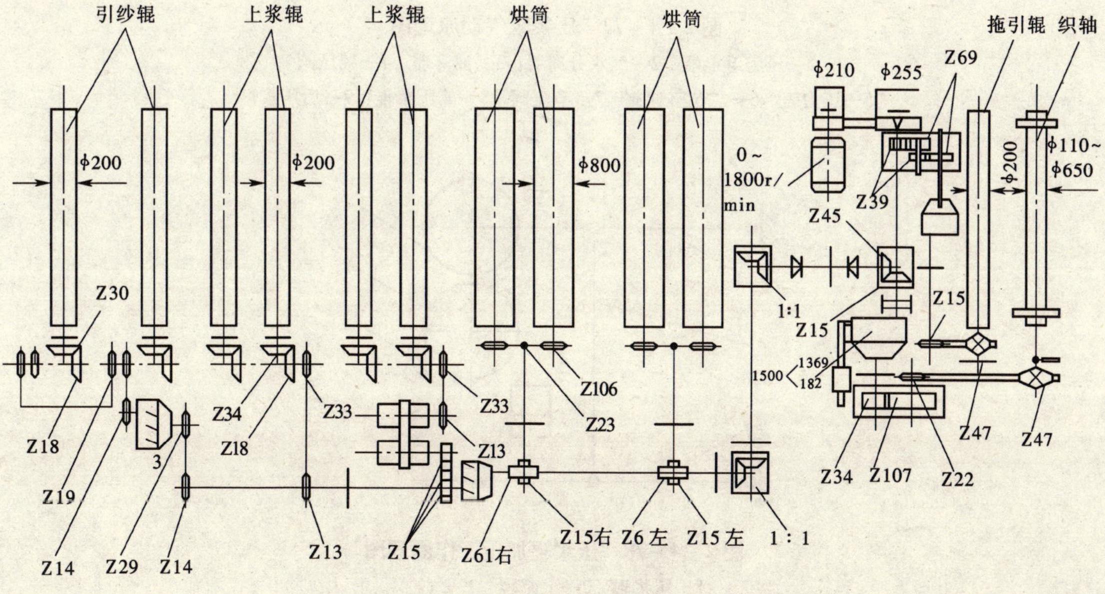

图 2-4-76　GA301 型浆纱机传动系统示意图

3. GA301 型浆纱机自动控制系统

(1)压浆力自控:上下浆槽前后压浆辊均为丁氰橡胶光面压浆辊,采用气动加压,后压浆辊压力固定不变,前后压浆辊采用自动二级切换,在正常工作速度时处于高压,当车速下降到爬行速度时,则自动切换为低压,以减少由于车速变化造成上浆率的差异。压浆辊气动原理及加压工作原理(图 2 -4 -77、图 2 -4 -78)。压浆辊自重为 225kg,当长时间停车时,如果气缸压力小于 0. 15MPa,由于复位弹簧(压簧)的作用将压浆辊抬起,使其不与上浆辊接触,以保护压浆辊不致由于长时间停车而影响压浆辊的弹性。当气缸压力为 0. 15MPa 时,则气缸的压力克服

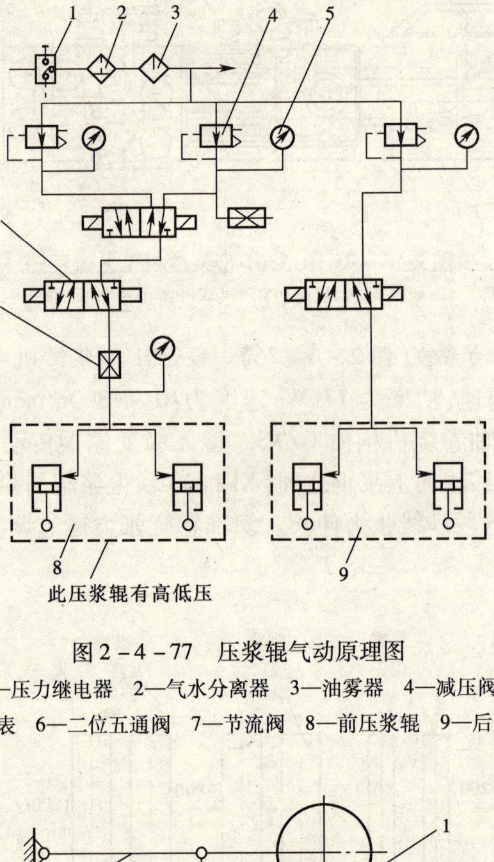

图 2 -4 -77　压浆辊气动原理图

1—压力继电器　2—气水分离器　3—油雾器　4—减压阀

5—压力表　6—二位五通阀　7—节流阀　8—前压浆辊　9—后压浆辊

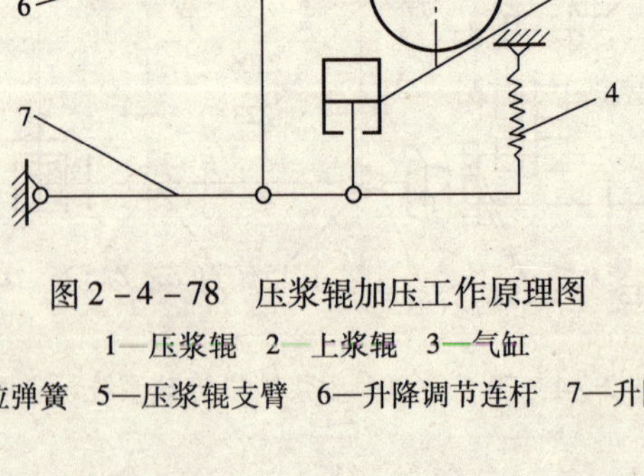

图 2 -4 -78　压浆辊加压工作原理图

1—压浆辊　2—上浆辊　3—气缸

4—复位弹簧　5—压浆辊支臂　6—升降调节连杆　7—升降杠杆

复位弹簧的压缩力并与其相平衡,此时压浆辊与上浆辊接触,但压力等于零。随着气缸压力的增加则压浆辊对上浆辊的压力加大。压浆辊压力可在0～600kg范围内根据上浆工艺的要求进行调节。

(2)浆箱液面自控:预热浆箱浆液面用浮球式液面控制装置自动控制,其结构如图2－4－79所示。

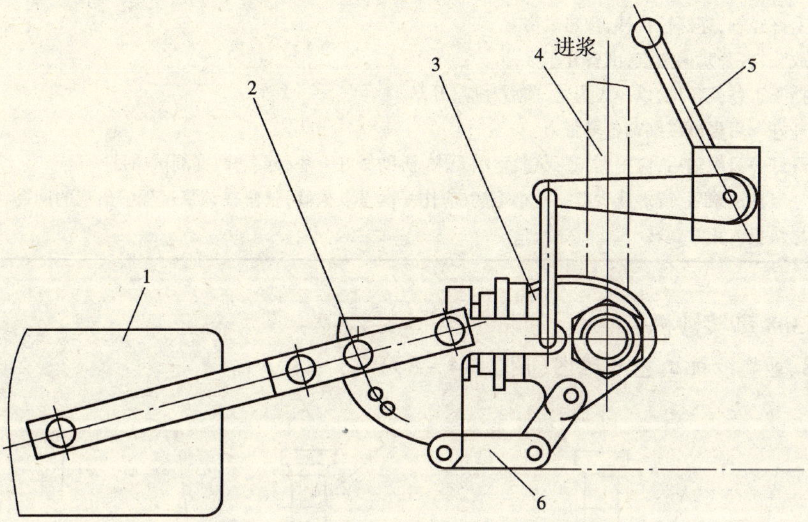

图2－4－79　浮球与液面自动控制装置

1—浮筒　2—调节板　3—阀门　4—进浆管　5—手柄　6—连接杆

(3)温度及回潮率自控:该机设有上下浆槽浆液,上下层预热烘房及三组烘筒(上下分层预烘烘筒及并合烘筒各一组)共七点温度自动控制,并有浆纱测湿(回潮率)显示及回潮率自动控制。另外还设有浆纱伸长显示装置。

4. GA301型浆纱机的调试(表2－4－45)

表2－4－45　GA301型浆纱机的调试

项目	操　作　步　骤
空车调试	1. 分别操作各按钮的动作,使在试浆时不会造成误动作,查看电器与气动元件工作是否正常 2. 当开车时宜分段试车,先将卷绕无级变速器与卷绕减速箱拖开,减少因空载状态造成的磨损,并脱开边轴万向轴节头;试车头主传动,查看其减速箱及拖引辊传动系统情况 3. 接好万向轴节头,使边轴能转动,但需打开浆槽各离合器,使烘筒分别空运转,分别接通其烘筒蒸汽,看轴承运转是否正常,蒸汽接头是否漏气,疏水器作用是否正常等 4. 脱开烘筒离合器,拍合上浆辊离合器使浆槽上浆辊分别能运转,经半小时运转后查看轴承是否发热,再查看引纱辊运转状况及两只XP1的运行情况 5. 浆槽、循环浆箱放水,打开蒸汽烧煮,查看浆槽水的流动情况,测试其四角温度,放烧碱继续煮烧,做好浆槽、循环浆箱及管道的清洁工作 6. 查看各仪表作用是否正常 7. 做好纱线通道的清洁工作,输浆管的清洁工作

续表

项目	操 作 步 骤
空车调试	8. 全机联动,查看各部件联动情况,分别打开蒸汽阀门,查看跑、冒、滴、漏状态并及时修复 9. 最后初步调整各段速度,以烘筒表面线速度为标准,分别调节拖引辊、上浆辊、引纱辊及上下浆槽的速度匹配;并以拖引辊的速度为基准,调节测速表面与其匹配;查看计数装置工作是否正常。这二步是为试浆做好准备,同时也是使之一次性顺利开车的关键
试浆	1. 上好经轴,穿好拉头纱,预热烘房 2. 放浆,打开浆槽蒸汽,准备开车 3. 挡车工各就各位,以一人为主,前后呼应,开车 4. 开好车后再分段细调各段张力 5. 开好一只织轴后,应根据工厂试验室的要求,协助做好一些必要的数据测试项目 6. 一般在试浆后,或多或少有一些小毛病,应作一次重点检修,整修在试浆过程中出现的问题,确保下次试浆,便于尽快投入正常运转

(四)GA308 型浆纱机

1. GA308 型浆纱机工艺流程图(图 2-4-80)

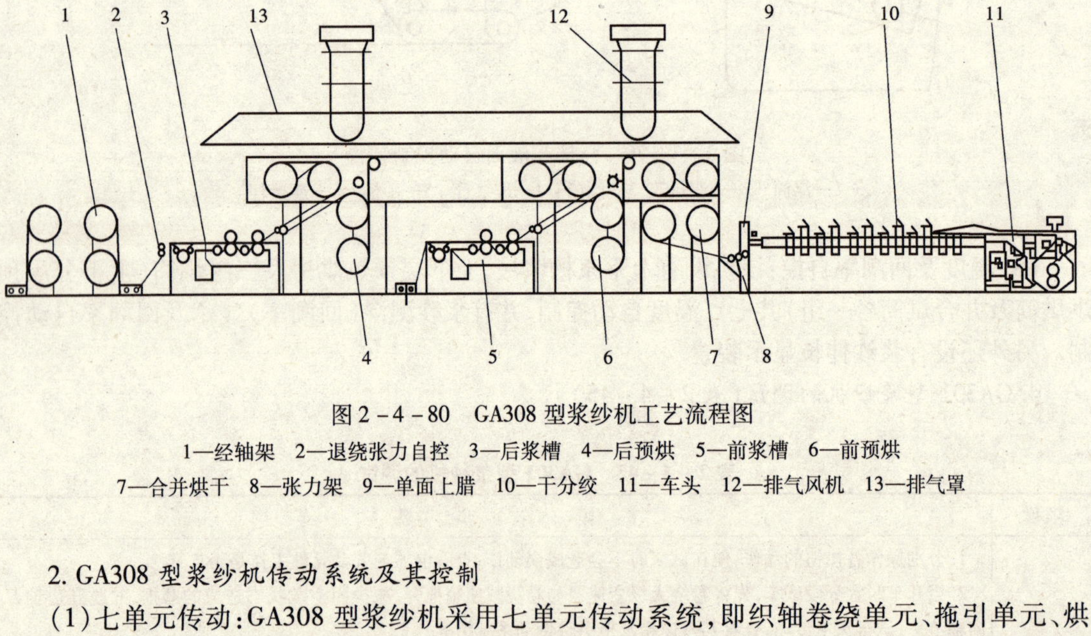

图 2-4-80 GA308 型浆纱机工艺流程图

1—经轴架 2—退绕张力自控 3—后浆槽 4—后预烘 5—前浆槽 6—前预烘 7—合并烘干 8—张力架 9—单面上腊 10—干分绞 11—车头 12—排气风机 13—排气罩

2. GA308 型浆纱机传动系统及其控制

(1)七单元传动:GA308 型浆纱机采用七单元传动系统,即织轴卷绕单元、拖引单元、烘房传动单元、上浆辊单元和引纱辊单元(双浆槽)(图 2-4-81)。在编程设计中,采用了高精度的伺服控制器和高分辨率的旋转编码器,对变频电动机实施闭环控制。旋转编码器直接安装在电动机主轴尾端,既检测电动机转子的转速,又检测电动机转子的相位,两者结合控制整个开车过程的伸长率保持恒定,可使控制精度达到万分之一。七单元传动不仅提高了设计车速,降低了故障率,同时使机械结构简单合理,减少机械零件 20% 以上,大大提高了设备的可靠性。

(2)车头卷绕控制:GA308 型浆纱机的大卷绕控制是整个电器控制的关键,该卷绕方式对

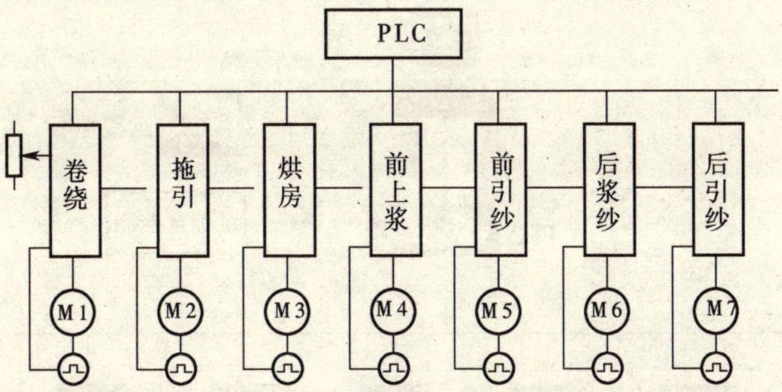

图 2-4-81　GA308 型浆纱机的七单元传动示意图

老式的无级变速器进行了改造，由电动机直接带着减速机完成卷绕，要求卷绕速度在 1～100m/min，即卷绕的速比为 1∶100，卷径在 110～1000mm，即卷径比 1∶10，所以总的速比为 1∶1000。这样对电动机的性能就有非常高的要求，尤其低速性能稳定至关重要，这也是本浆纱机的技术关键。

根据技术需求，要满足车速在 1m/min，卷绕直径达到 1000mm 时，全机正常运转，必须计算出织轴转速，再计算电动机的转速和频率 Hz 数。

设：织轴转速为 n_1，电动机转速为 n_2，电动机转速的频率（Hz）为 f

则：$n_1 = 1/(3.14 \times 1000) \times 1000 = 0.3183$r/min

$n_2 = i \times n_1 = 3.164$r/min（由织轴到织轴卷绕电动机间总降速比 $i = 9.94$）

$f = n_2 \times p/60 = 0.158$(Hz)（其中 p 为电动机极对数，本机所选卷绕电动机为 6 极，即 $p = 3$）

即要求卷绕电动机在 0.158Hz 下能正常运行，无论对电动机和整个控制系统都是一个极高的要求。因此选用了高性能伺服控制器，采用速度和张力闭环控制，通过其内部的卷绕控制软件来完成。

（3）计算机集中控制：GA308 型浆纱机改变了传统浆纱机各个工艺系统离散控制的方式，采用了三级的计算机—控制器—驱动器控制形式，如图 2-4-82 所示为控制系统结构示意图。在编程上采用 Profibus 通讯协议，完成数据交换，实施监测与控制。系统第一级为驱动级，采用伺服型变频器，速度闭环控制，使各单元的变频电动机驱动响应快、精度高、稳定性好，实现各段张力及伸长的工艺要求；第二级为控制级，采用控制器完成浆纱机开、闭环控制，模拟、终端、通讯处理、智能计算、各类开关、接触器、比例阀、电磁阀、行程开关、接近开关、温度传感器、变频器等元件的自动控制，确保系统数据通讯速率高、控制性好、抗干扰能力强；第三级由工艺计算机（工作站）作为管理级，用以监控浆纱机的生产过程，对整个工艺参数、标准值和故障信息进行显示或调整，人—机界面友好，图形画面丰富，参数设定及修改容易，操作简单，便于数据的管理及生产过程的管理。浆纱过程中的主要工艺参数控制如下：

①压浆力自控：上浆的基本要求是保持上浆率恒定。经纱上浆是在固定的压浆力作用下进行的，当浆纱速度改变时，轧余率发生变化，相应的上浆率也发生变化。为了获得不同速度下的稳定的上浆率，压浆力随车速呈线性变化，即车速变化，压浆力随之相应变化，获得相同的轧余率，保持压浆力与车速呈线性变化关系。这样，随着车速的变化，控制器输出电流信号控制电控比例阀的输出气压，使执行汽缸的工作压力也随之发生相应的变化。

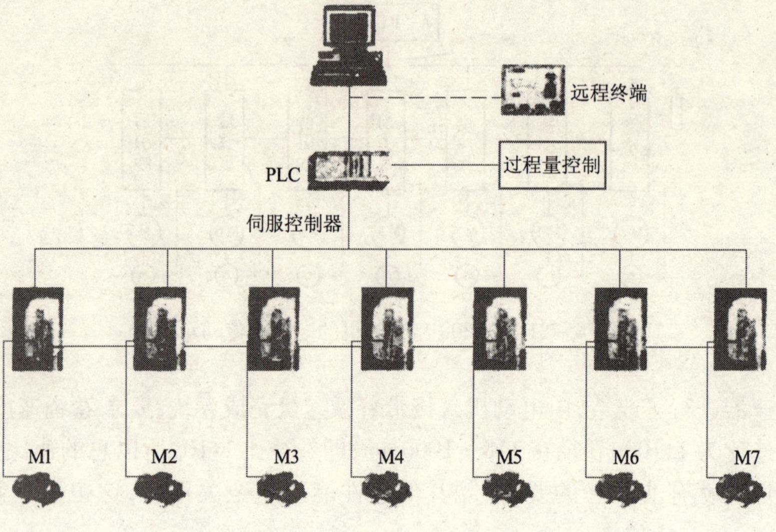

图 2-4-82 计算机集中控制系统结构示意图

②温度自动控制：全机对 7 个温度点进行控制。即两只浆槽两处，两组预热分层四处和合并烘燥一处。每个温度控制点由一只铂热电阻检测温度值，与计算机设定值进行比较运算，控制比例阀的输入电流或电压，改变比例阀的输出压力，从而控制薄膜阀开口量的大小，改变浆槽及烘筒的蒸汽进量，满足其设定温度的要求，整个温控的形式采用了 PID 控制形式，使机器在停车时有微小的进汽量，保证了浆槽温度误差控制在 1℃以内。

③回潮自控：浆纱回潮自控是个相关性很强的工艺参数，与车速、压力、烘燥温度等参数有关。在设计中，回潮检测辊和信号变送器均选用美国公司生产，其检测精度高，输出的 4～20mA 标准信号可直接给控制器，控制器通过与计算机控制系统设定值的比较、运算，最终控制整机车速，使之与设定的回潮值相对应。

3. GA308 型浆纱机主要结构与装置

(1)经轴架及退绕张力检测与经轴制动装置：经轴排列形式、退绕张力的检测及控制、经轴刹车装置、经轴退绕气动原理分别如图 2-4-83～图 2-4-86 所示。

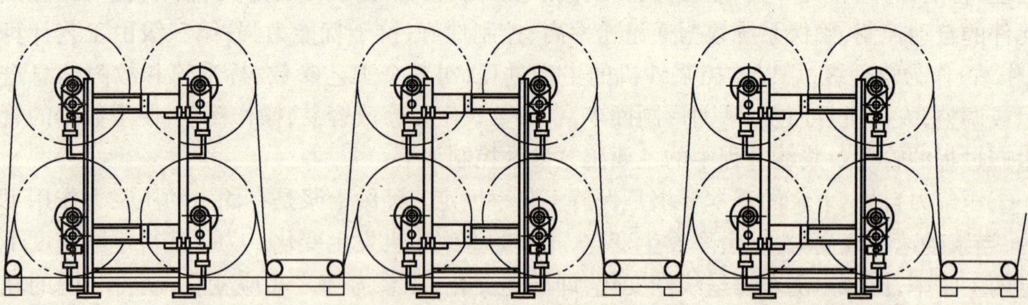

图 2-4-83 经轴排列形式图

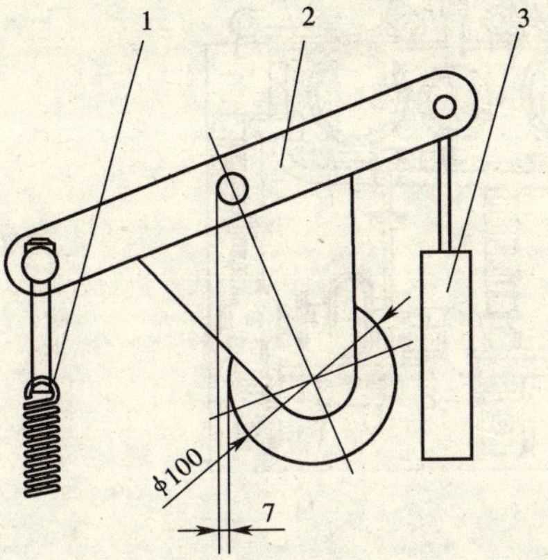

图 2-4-84 退绕张力的检测及控制图

1—弹簧 2—摆架 3—阻尼缸

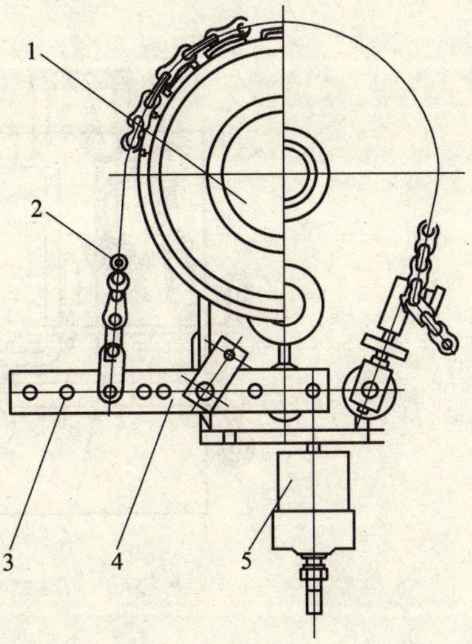

图 2-4-85 经轴刹车装置

1—摩擦盘 2—刹车链条 3—调节孔

4—制动杠杆 5—刹车气缸

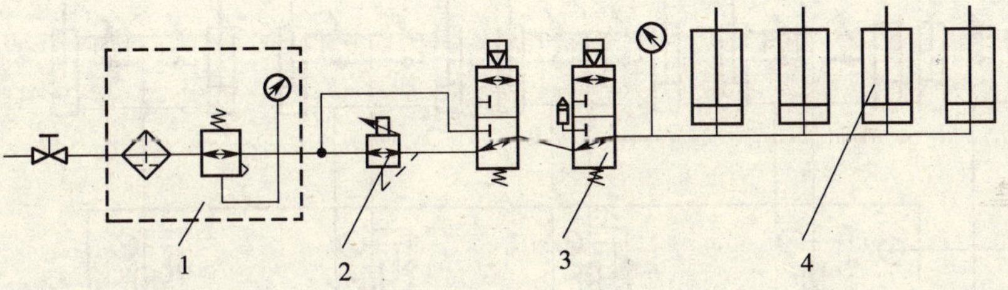

图 2-4-86 经轴退绕气动原理

1—过滤调压阀 2—电控比例阀 3—电磁阀 4—无阻尼气缸

(2)浆槽结构及浆槽气动原理:GA308 型浆纱机浆槽结构如图 2-4-87 所示,浆槽气动原理如图 2-4-88 所示。

(3)气缸气压与压浆辊压力值:压浆辊加压采用气动加压。第一压浆辊(低加压)可手动调整到工艺要求的压力,压力曲线如图 2-4-89。第二压浆辊压浆力随车速快慢而线性变化,压浆力与车速的线性变化曲线可以设定、调整,从而实现在不同车速的情况下稳定上浆率。如图 2-4-90 所示,当速度是 V_1 时,压力是 P_1;当速度是 V_2 时,压力是 P_2;在一个平面有了两个坐标即知道了直线方程的斜率,在浆纱过程中,压浆力的大小随速度的变化沿着斜率 K_1 而变化。表 2-4-46 为气缸气压与压浆辊压力值对照表。

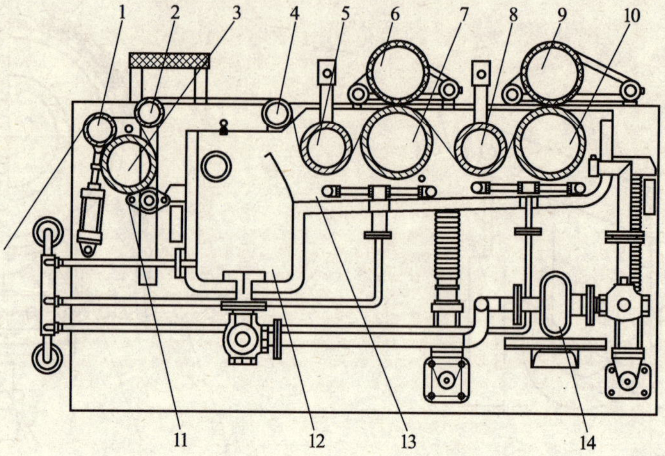

图 2-4-87　GA308 型浆纱机浆槽结构

1—压纱辊　2—张力辊　3—引纱辊　4—导纱辊　5—浸没辊　6—第一压浆辊
7—上浆辊　8—浸没辊　9—第二压浆辊　10—上浆辊　11—引纱装置
12—预热浆槽　13—浆槽　14—浆泵

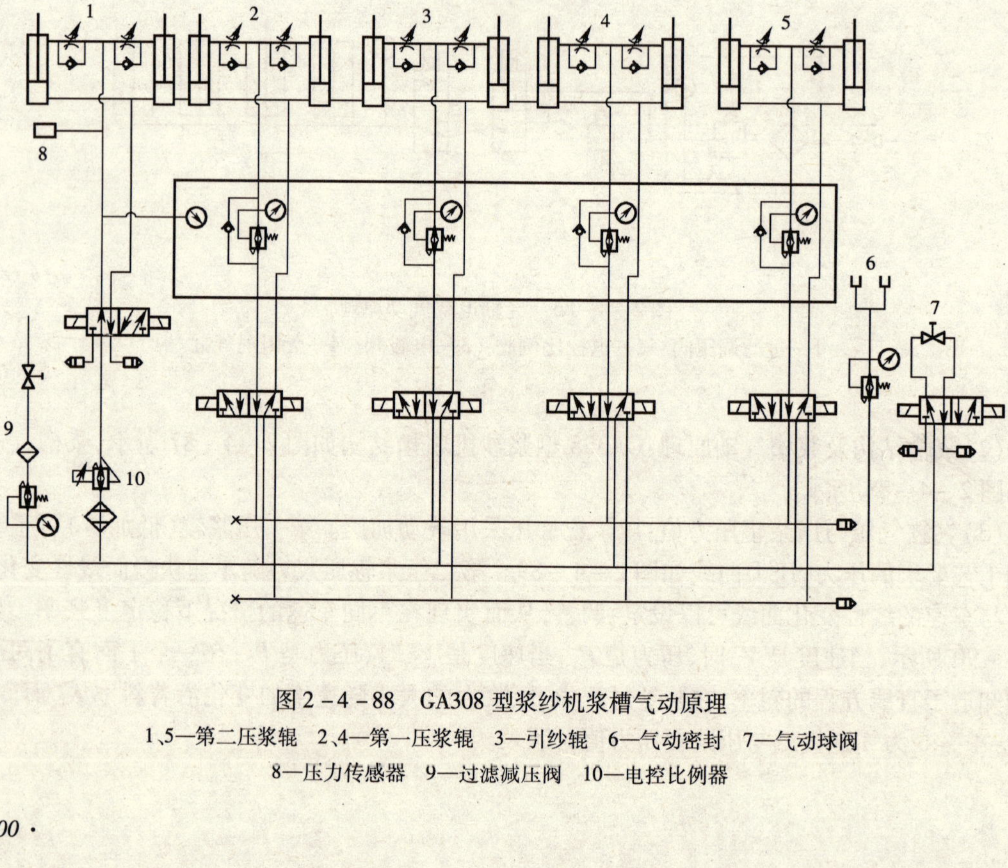

图 2-4-88　GA308 型浆纱机浆槽气动原理

1、5—第二压浆辊　2、4—第一压浆辊　3—引纱辊　6—气动密封　7—气动球阀
8—压力传感器　9—过滤减压阀　10—电控比例器

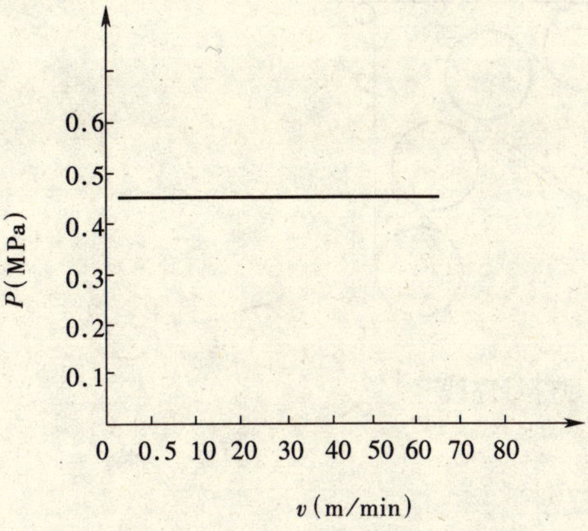

图2-4-89　第一压浆辊工作曲线

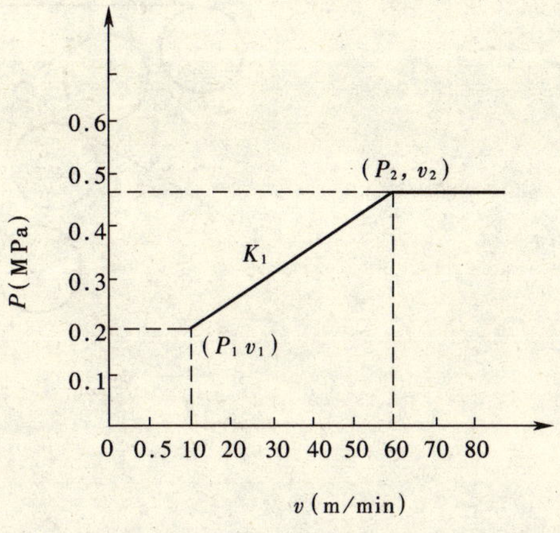

图2-4-90　第二压浆辊线性加压工作曲线

表2-4-46　气缸气压与压浆辊压力值对照表

气缸压力(MPa)	0.10	0.15	0.20	0.25	0.30	0.35	0.40	0.45	0.50
第一压浆辊(kN)	2.4	3.6	4.8	6.0	7.2	8.4	9.6	10.8	
第二压浆辊(kN)	8	12	16	20	24	28	32	36	40

(4)烘房结构及穿纱路线:全机烘燥采用12只烘筒,烘筒设计压力0.4MPa,设计温度151℃,最大使用工作压力为0.35MPa,直径800mm,筒体由不锈钢板制成。进汽头是球形石墨环双密封结构,随着蒸汽压力的提高,密封性能增加,接头中带有防吸瘪装置。蒸汽机头如图2-4-91所示,烘筒预烘穿纱路线可分两层,也可不分层。穿纱路线如图2-4-92所示。

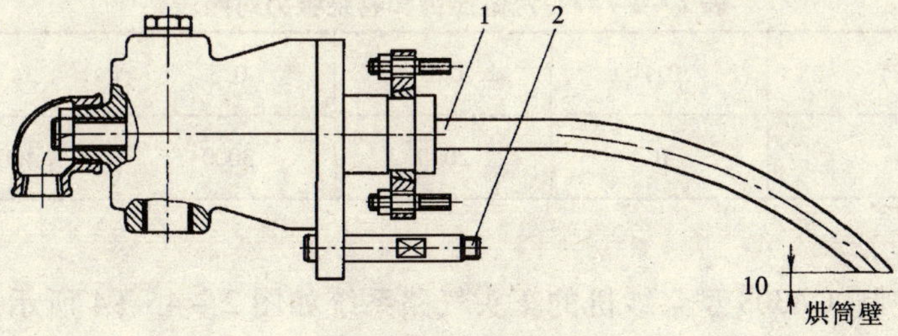

图2-4-91　蒸汽机头
1—虹吸管　2—固定柱

(5)车头:

①车头传动:采用一只22kW的变频电动机驱动,最大卷绕张力6200N。车头传动如图2-4-93所示。

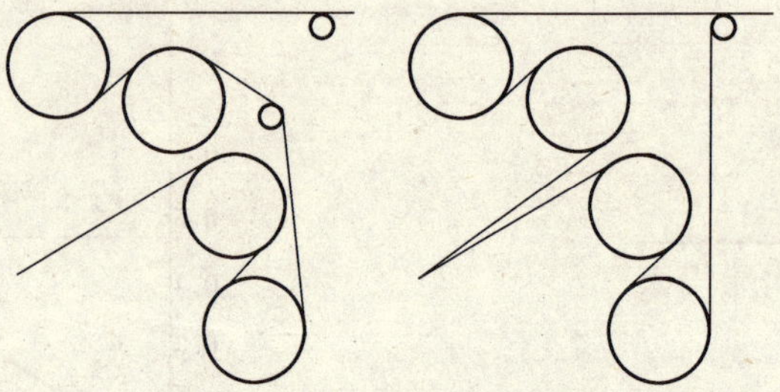

图 2-4-92 烘筒预烘穿纱路线

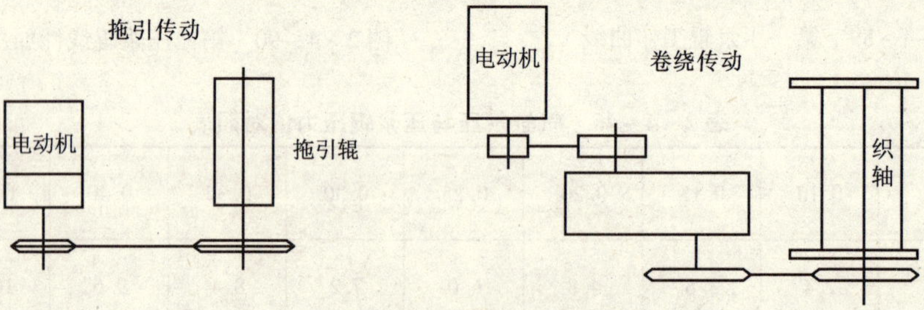

图 2-4-93 车头传动

②卷绕张力装置：车头的织轴卷绕采用张力辊调节型式，同时张力辊上设有电器和机械限位装置，用来保护张力辊及导纱辊。织轴的卷绕张力通过车头左面板的调节阀进行无级设定，张力辊监测反馈控制，压力传感器通过检测张力辊汽缸压力并换算成压力值在屏幕显示，最大卷绕张力为 6000N。汽缸压力和卷绕张力对照见表 2-4-47。

表 2-4-47 汽缸压力和卷绕张力对照表

气缸压力（MPa）	0.1	0.2	0.3	0.4	0.5
卷绕张力（N）	0	2000	3000	4000	5000

③车头气动控制：GA308 型浆纱机的车头气路系统如图 2-4-94 所示。织轴离合、上落轴、卷绕张力、伸缩筘升降等都采用气动控制，可以保证各动作之间的准确、联锁。

④测长、记匹、打印装置：测长机构内测长辊和信号板一起旋转，随着信号板的旋转速度不同，接近开关发出不同频率的脉冲信号输入计算机，计算机计量经纱的长度。当长度数到事先设定的匹长时，发出匹打印脉冲信号，匹数增加（匹长复位，重新计数）；匹数达到事先设定匹数值时，则发出落轴电铃信号，同时车速自动减速至爬行。

4. GA308 型浆纱机的调试（表 2-4-48）

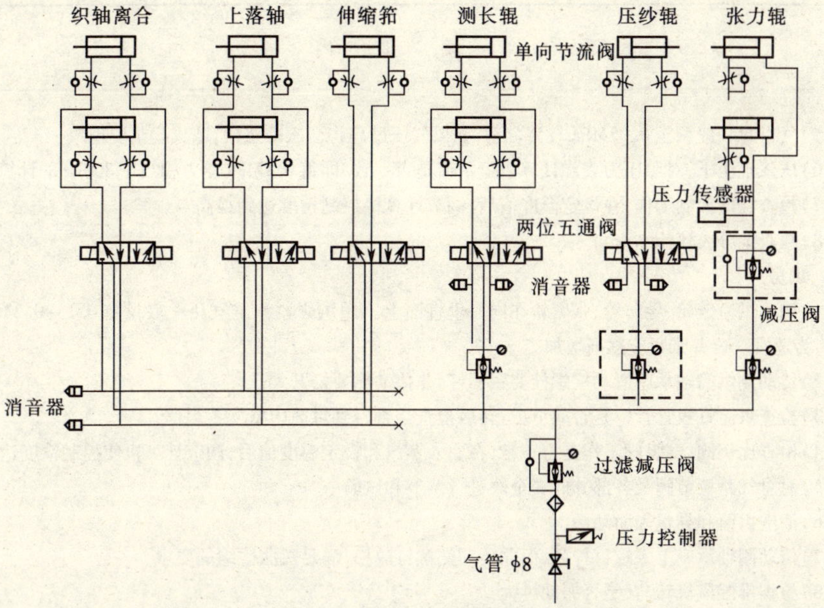

图 2-4-94 GA308 型浆纱机车头气路系统图

表 2-4-48 GA308 型浆纱机的调试

调试项目	调试内容
压缩空气调试	1. 接通压缩空气,检查气源质量;注意含油量,含杂量的控制。通气前应先断开浆槽和车头气控总进气口,用压缩空气先把管路吹干净,以免杂物进入电磁阀等气动元件,造成损失 2. 总进气接通后,分别打开车头,浆槽等各部分进气截止阀,通过调整减压阀设定各部分所需气压值,一般经轴架控制气压为 0.6MPa,车头、浆槽为 0.5MPa,温控为 0.2MPa
机械调试	1. 经轴架:制动杠杆安装应水平,如果张力 <150kg,安装在离支点较近的位置上;如果张力 >150kg,安装在远离支点的位置上。制动链条与制动杠杆连接有 5 处位置,一般放在从外侧数第 2 个孔处。如果需要较小的退绕张力,即挂装在远离支点的位置,如果需要较大的退绕张力,即挂装在离支点较近的位置 2. 退绕张力控制装置:测量辊及控制辊辊体同一侧垂直尺寸 7mm,两端弹簧均匀张紧。同时把实值指标调至张力指标刻度盘“0”位,然后将固定螺钉压紧。此后,给阻尼油缸加专用油,加至距油缸顶部 43mm 处,然后将装配好阻尼油缸和摆架连接在一起 3. 浆槽: (1)对第一、二压浆辊和浸没辊进行压印实验,气压压力为 0.2MPa,压印宽度要均匀,颜色要一致。压浆辊压印的宽窄通过调整汽缸连杆上弹簧的压紧力来调节 (2)调整引纱张力辊弹簧,使左右侧张力均匀,引纱张力最大 1000N,注意弹簧张紧力不可调节太大,以免实际纱线张力比指示张力偏大 (3)浆槽通清水煮洗,安装前将杂物清洗干净,并检查浆槽槽体、气管、浆管是否漏水,并预紧上浆辊轴头四氟盘根 (4)因 GA308 型的预热浆槽较大,一般调整槽内浮球调节板眼位处于最下位置,以降低液面,手动抬落浮球,检验进浆阀控制是否正确,延时时间是否适当

续表

调试项目	调 试 内 容
机械调试	(5)气密封一般调至0.05MPa较为合适,如果气压过高将会吹冷浆槽,造成起浆皮现象 (6)压浆辊压下,对照压力表和计算机显示值是否一致,即每0.1MPa压力相当于800kg的计算机显示压力 (7)检查温度控制动作,在设定温度值后,调节计算机控制精度达到最高 (8)检查湿分绞棒流水密封 4. 烘房: (1)调整烘筒链轮、导向轮、张紧轮在同一垂直面上。预烘张紧汽缸气压一般设定0.1~0.2MPa,以能传动空烘筒为适宜。合并张紧应逐渐增加 (2)传动侧烘筒轴承座滑动槽螺栓要紧固好,非传动侧要松开 (3)检查烘筒虹吸管管口是否向下,运转后检查是否碰到烘筒内壁 (4)检查比例阀、薄膜阀工作是否正常,在通入蒸汽和设定温度值后,调节计算机使控制精度达到最高 (5)对总气路调节阀及各部分的安全阀进行调节和试验 (6)清洗烘筒和导辊表面油污 (7)传动侧轴承座上方螺钉拧紧,而非传动侧螺钉放松,满足热胀冷缩的要求 (8)检查排湿风机转向,是否振动过大 (9)检查气罩水槽联结处是否漏水,出水口连接软管引水 5. 张力架:弹簧松紧要左右一致,角电位器预先调零后,螺钉要固定好,拔叉不能扭偏,否则会造成角电位器转轴损坏 6. 车头: (1)测长辊抬落汽缸压力应设定较小,以能抬起测长辊为合适,一般0.25~0.3MPa,必要时可调更低。如测长辊压力过大,会造成拖引辊下凹,造成纱线压不紧,中间松。造成计长不准确 (2)测长辊轴头测长轮要固定紧,不能碰轴承盖,以免造成计长不准 (3)用空织轴通过调整托臂,校正织轴拍合位置。调整拍合汽缸连杆与接头间螺纹长度,使卷绕头在收缩后不碰到箱体轴承盖 (4)在压纱托臂上放上压纱辊,调整压纱托臂或调节螺钉,使压纱辊水平 (5)调整伸缩筘左右微动量≤5mm。纠偏限位准确 (6)伸缩筘左右摆动的限位开关位置调整合适,开合摩擦盘的压力调节至可带动筘移动,螺栓压力值不宜过大 (7)调整卷绕电动机皮带,使之张紧,如皮带较松,会引起卷绕张力不稳。调整移动箱体中传动链条的张紧,如链条较松,高速时噪音较大 (8)调整张力辊汽缸上限位,张力辊在摆到最前位置时,张力辊与布纱辊间距10mm,限位应能准确输出信号。张力辊汽缸气压调至0.2MPa,张力辊靠在拖引辊上,此时调节张力辊弹簧张力,以能将张力辊拉向前为合适。调整张力辊与拖引辊间距为35mm时,张力辊角电位器调至零点。调整张力辊张力限压减压阀压力为0.5MPa
蒸汽控制系统调试	1. 蒸汽总截止阀打开前,分汽包上各支路阀门应全部关闭,汽包下疏水截止阀要打开。打开总截止阀后,蒸汽通过减压阀进入汽包,等汽包用蒸汽清洗10min后,关闭疏水截止阀,分别打开各支路截止阀,使蒸汽进入各加热点。检查管路各管接头,烘筒进蒸汽,测温头是否漏汽,同时检查压力表、安全阀是否正常,对漏汽点作好标记,以便于停汽后维修 2. 检查温控系统的正确性和灵活性,注意应先将汽包上手动控制的截止阀完全关闭。浆槽通汽后,加水煮沸后清洗上浆辊表面防锈油及浆槽油污,同时煮浸没辊,清洗压浆辊,提前发现内部缺陷 3. 打开风机检查排湿情况 4. 各部检查完后,停汽。待管路温度下降后,对各故障进行检修

续表

调试项目	调试内容
空车运转	1. 空车运转在各电动机运转参数正常、各限位位置准确、设备全机各按钮逐一检验功能正确后进行 2. 运行之前，对所有轴承、齿轮箱及链条分别加油，重点检查烘筒轴承、浆槽上浆辊、压浆辊轴承、拖引辊轴承和万向节十字头轴承 3. 开车后首先以爬行速度低速运行，检查传动部分有无杂物缠绕，是否碰电缆、气管；一切正常后检查升速、降速，检查各运转件是否有不正常声响、震动，烘筒是否有异响，链条张紧是否合适；低速运转后要逐渐升速，每20m/min为一档升速，每一速度档至少运转10min，大约连续运转4h后，检查各轴承、齿轮箱发热情况，各运转件固定螺钉是否松动，如发现问题，立即停车检修
穿纱试运转	1. 空车运转发现问题解决后，可投入生产试运转，试车用纱线细度、头份应注意尽量用普通品种 2. 试运转前，应确定好试车挡车人员和工艺检验人员。GA308型浆纱机一般挡车工可配置2人。试车时挡车人员最好指定4人，2人负责前车头操作，2个负责浆槽、经轴架后车操作。工艺人员作好初步工艺设定，并在运转后检验伸长、温度、压力、回潮等各项工艺参数，实时调整并做好记录，以便在试车结束后，根据织机开车情况，确定该品种最佳工艺参数 3. GA308型引纱带需长约50m。穿引纱带时，车速为爬行速度，车头张力辊靠在拖引辊上，测长辊抬起，伸缩筘落下。烘筒按品种需要分层或不分层穿纱。浆槽压浆辊、浸没辊、引纱加压辊抬起。经轴上轴后带上摩擦带，纱线接上引纱带后开机引纱，同时开浆槽蒸汽、放浆。纱线过浆槽后，压纱辊应以第二压浆辊、第二浸没辊、第一压浆辊、第一浸没辊、引纱压纱辊的顺序从前向后压下。纱线引至车头后，压下测长辊，抬起伸缩筘，根据工艺要求幅度进行分纱。纱线卷上织轴后，进行放绞线、穿分绞棒工作 4. 计长、计匹复零、打印。根据工艺贴好开机纱，上压纱辊，校正织轴边一致，调整张力到工艺要求后，升速开车 5. 正常开车后巡回，根据开车的情况，对出现的问题做相应的调整，一般浆3缸纱后，调试可基本完成

5. GA308型浆纱机安装调试质量要求及检查方法(表2-4-49)

表2-4-49 GA308型浆纱机安装调试质量要求及检查方法

单元机	检验项目	质量要求	检验部位及方法
车头	墙板对机台中心线横向偏移	≤1	在撑挡中心吊线检验
	墙板对机台十字线的平行度	≤1	在拖引辊两端处吊线检验
	墙板横跨水平度	≤1000:0.10	拖引辊表面水平仪检验
	中间支座对机台中心线横向偏移	≤1	在中间支座中心吊线检验
	拖引辊、测长辊、张力辊回转灵活	各机械回转体加油处加油到位	手感
	移动车头箱横向水平度	≤1000:0.20	织轴孔为基准，用标准套、标准轴或很规则的织轴、水平仪检验移动
	移动车头箱	左右移动灵活	车头箱分开最大距离在标准轴或很规则的织轴两端吊线检验
	压纱辊	两根压纱辊在转动中自动分开，并在上下动作时不会发生辊子掉落现象	电动机磨擦片应压紧适当，扭矩满足要求，丝杆、丝母移动轻快，噪声较小

续表

单元机	检验项目	质量要求	检验部位及方法
车头	上落轴	左右气缸动作灵活，织轴装夹位置合适	观察
	拖引辊和张力辊	两辊在靠紧时中间应无间隙	观察
	主电动机皮带	张紧时不打滑，电动机传动可靠	观察
	伸缩筘	上下、左右、开合移动灵活轻快	用9.7～14.6tex（60～40英支）纱左、中、右放5根纱抽动检验
	拖引辊传动链	张紧适当	观察
	卷绕链条	张紧适当	观察
	各控制按钮	控制动作与标记相符	观察
	机械润滑		观察
张力架及上蜡部分	机架对机台中心线横向偏移	≤1	在撑挡中心吊线检验
	机架横跨水平度	≤1000:0.20	用平尺、水平仪检验
	张力导纱辊、上蜡辊对机台十字线平行度	≤1	吊线检验
	上蜡辊、导纱辊水平度	≤1000:0.20	用水平仪检验
	张力辊水平度	≤2000:0.30	在最低位置时用水平仪检验
	打印装置	动作可靠	
	打印长度	误差值≤30	
	机械润滑	回转体加油到位	
烘房	立柱对机台中心线横向偏移	≤1	在撑挡中心吊线检验
	立柱垂直度	≤200:0.5	用水平仪贴立面搭子检验
	立柱横跨水平度	≤1000:0.20	在立柱顶面用平尺、水平仪检验
	烘筒与机台十字线平行度	≤1	在一对烘筒轴孔用标准轴吊线检验
	烘筒链轮平齐度	≤1	在一对烘筒轴孔用标准轴吊线检验
	导纱辊横跨水平度	≤1000:0.10	用水平仪检验
	导纱辊与机台十字线平行度	≤1	吊线检验
	烘筒水平度	≤1000:0.10	在烘筒轴承孔用标准轴水平仪检验
	烘筒右侧轴承盖与轴承间隙	8～12mm	
	进汽接头	无漏气、漏水	观察
	汽水分离器	回水正常	观察
	金属软管	无漏气、漏水	观察
	烘筒转动灵活	灵活	手感
	烘筒轴承	加油不能漏油	观察
	烘筒表面聚四氟乙烯	聚四氟乙烯无碰伤、脱落	观察
	烘筒组合	每组烘筒直径差异最小	检验
	无齿链轮	不能与烘筒内圆面磨擦，并排	检验
	虹吸管	水畅通	转动无响声，打开旁通阀门流水畅通

续表

单元机	检验项目	质量要求	检验部位及方法
烘房	排气罩	安装组合件间无间隙，开车排气时无滴水噪声小	观察
	排气风机	电动机皮带张紧，加油到位	观察
	温控气管	离热源较远，走管美观，无漏气	观察
	薄膜阀	开启正常，薄膜无损伤	观察
	温控箱	各比例阀和薄膜阀的连接与电气控制一致，并作出标记	观察
	汽包	汽包与各组烘筒及浆槽连接管路不得漏汽、漏水	检查
	调压阀	调压灵敏，不得漏汽、漏水	检查
	照明	烘房内照明灯全部正常	检查
	烘筒表面纱的中心偏移	正常开车≤10mm	检查
	温控的设定与实际差异值	≤3℃	检查
	电缆布置	合理、美观、安全可靠	检查
	伸长	两边纱线无明显伸长或张力差异	检查
浆槽	墙板对机台中心线横向偏移	≤1	在撑挡中心吊线检验
	墙板横跨水平度	≤1000∶0.20	在上浆辊或引纱辊用水平仪检验
	墙板对机台十字线平行度	≤1	在上浆辊两端吊线检验
	压浆辊与上浆辊的平行度	≤0.5	在压浆辊两端吊线或用专用工具检验
	浸没辊与上浆辊的平行度	≤1	在浸没辊两端吊线检验
	浸没辊水平度	≤1000∶0.20	用水平仪检验
	压浆辊	无气泡，无碰伤	检查
	上浆辊	无锈斑，无碰伤	检查
	液位控制	浮球上下漂浮灵活，液位调节合适，浮球无进水，电气部分密封良好	检查
	瀑布翻版	溢水均匀，浆流量大，调节轻松	检查
	压力检验	压浆辊两端压力一致	压印试验调节两端气缸弹簧
	进汽管、进汽阀	无漏汽，调节灵活	检查
	浆液管道及阀门	无漏水或漏浆	检查
	进浆阀	与浮球液位控制相符合，动作灵活	检查
	仪表	仪表包括温度表，压力表指示准确	检查
	温控的实际值与设定值误差	≤2℃	检查
	浆泵	噪声小，无漏浆，供浆量满足要求	检查
	张力辊	双端弹簧调节一致，实际张力与刻度指示一致	检查

续表

单元机	检验项目	质量要求	检验部位及方法
浆槽	浸没辊侧压	两端压力一致	压印实验检查
	浸没辊升降	升降灵活、同步,限位开关限位合理	检查
	浸没辊电动机传动	磨擦盘压紧适当	检查
	两上浆辊传动	同步链条张紧适当	检查
	上浆辊盘根	盘根压紧适当不漏浆	手感
	第二压浆辊压力	线性加压和手动加压二级切换	检查
	湿分绞棒	正常	手感
	控制筘	转动灵活	检查
	浆槽气管、电缆布置	电缆与电路排列整齐,位置合理,与浆槽连接部分应防鼠、防水、合理、美观、安全	检查
	机械润滑	各回转体轴承加油到位	检查
经轴架	轴架对机台中心线横向偏移	≤1	在撑挡中心吊线检验
	轴架横跨水平	≤1000:0.20	用标准轴、水平仪在两侧轴孔 60F9 处检验
	经轴架对机台十字线平行度	≤1	用标准轴吊线检验
	轴承在经轴架上进退灵活	动作可靠	手感
	GZB01 控制储备气缸保压	正常	检验
	GZB01 阻尼油缸	正常	检验
	脚踏板的导辊水平	≤1000:0.20	水平仪
	脚踏板的导纱辊平行度	≤1	吊线
	GZB01 导纱辊对十字线平行度	≤1	吊线
	GZB01 导纱辊水平度	≤1000:0.20	用水平仪

6. GA308 型浆纱机的运转操作

(1)开冷车操作:开冷车是浆纱生产中很重要的工作起点,浆纱挡车工、前车工和调浆工要紧密配合,协调操作,掌握生产规律开好冷车,做到工艺严格上车,提高开车质量,注意节约回丝,保证安全生产。

①开冷车的检查准备工作:

a. 打开总电源,依次打开紧急停车开关,按启动键启动电动机,空压机或空气阀门,注意检查气压达到 0.5MPa 以上。

b. 检查显示屏上的工艺是否符合要求,如烘筒温度设定,各段伸长设定,轴管直径设定,匹数、匹长设定,压力画面的线性压力设定,控制画面的退绕张力设定,回潮率的设定,经轴长度设定,温度使用或不使用等。

c. 检查机械:如车头箱体是否灵活,压纱辊动作、伸缩筘动作是否在中心位置,左右移动是否灵活,烘筒引纱绳子穿法是否正确,浆槽压浆辊、浸没辊抬高、升降,气控箱压力、蒸汽压力、经轴架刹车链条或皮带长短是否一致,上落轴盘头调节到中心位置。

d. 准备好大小分绞棒及湿分绞棒、绞线和开车工具；做好清洁工作，要求各导辊、张力辊、压力辊、浸没辊、浆槽内、烘筒上、车头、经轴架、地面以及上下左右及高空无飞花、油污、浆皮和浆块。

②开冷车的顺序：

a. 挡车工、帮车工一起做好经轴清洁工作。检查盘片有无毛刺，核对轴号，上好经轴，折叠好经轴包布，挂上刹车链条或皮带，检查经轴表面疵点记录责任，对齐经轴使经轴盘片内侧成一条直线，然后加压力，分股对结，要求张力基本一致，经轴对结可根据各企业实际情况自定，但是经轴对接股数越多纱线越平整。

b. 打开烘筒、浆槽的蒸汽阀门，放净管道内及烘筒内的冷凝水，打开排气风机，摇起浆槽的溢流板，预热浆槽开小汽，放浆，等浆液溢过鱼鳞管再开大蒸汽加热到工艺要求，测试粘度和 PH 值，并调节到工艺要求范围内。

c. 开慢车放中心线绞线，对纱片成一条线，并检查各经轴退绕张力，可以提前放下浸没辊，等对结接头开过浆槽时停车，开浆泵打浆，开汽操作同预热浆槽，等大浆槽浆液面温度达到工艺要求，先压第二压浆辊，开慢车，放绞线，放下第二浸没辊，再压第一压浆辊，放下第一浸没辊，压引纱辊，绞线出浆槽穿湿分绞棒。

d. 挡车工到干分区等平整的纱片出烘筒，把四层片纱整理成一条线，抬起伸缩筘，穿绞线，穿完大绞线打印上机。挡车工按巡回路线做一次全面检查调整，帮车工调整幅宽，升速，等复分绞出烘筒时，打慢车，穿复分绞。

e. 正常开车以后，可使用自控装置（如温控、回潮）。

③上落轴工作：

a. 上轴程序：把准备好的空织轴拉倒前面上好夹盘滚入托臂，托臂升起，托臂对好合上离合器，然后放下托臂，按紧纱按钮开车，粘牢纱片。上压纱辊，校正筘幅。

b. 落轴前的准备工作：前车工提前 2 ~ 3 匹准备好夹板或胶带纸，推轴车、空指轴、揩清织轴盘牙片，并检查织轴螺丝是否松动，轴芯有无损伤，织轴包布是否到边及平整。刷浆糊离包布 2 ~ 3cm，要均匀并防止浆糊过多、透过包布。挡车工掌握好浆槽汽压，以防落轴时浆液溢出。

c. 落轴程序：挡车工根据机台性能和工艺要求注视匹长表到规定长度，并提前降速，等落轴铃响按匹数清零，按工艺要求手动打印同时按匹长清零，摇小伸缩筘，当落轴印通过伸缩筘后摇大伸缩筘到原位。

当落轴印达到规定长度时停车或开爬行速，两人配合夹好夹板或粘好胶带纸，先按松纱按钮，再按割纱按钮松纱，前车工放下压纱辊、上托臂，松开织轴离合，同时挡车工割纱。要求割纱一刀齐，无崩头，无绞头、轴头，轴尾纱长度按各公司工艺自定。按下轴按钮等织轴落地时滚出或让轴落在小车上拉出，去掉夹盘。

d. 巡回操作：上落轴转入正常运行，挡车工做小巡回，调整浆槽汽压。前车工在车前校正筘幅，看好伸缩筘。前车工等挡车工巡回到车前时，把浆轴送到指定地点，为下一轴准备空织轴和夹板。巡回路线如下：

e. 了机前的准备工作：根据预热浆槽容量提前灌浆，使了机时预热浆槽内的浆液用完（但一定要保证预热浆槽与大浆槽的浆液循环），大浆槽内的浆液用去 1/3 ~ 1/4，要保证浆液质量

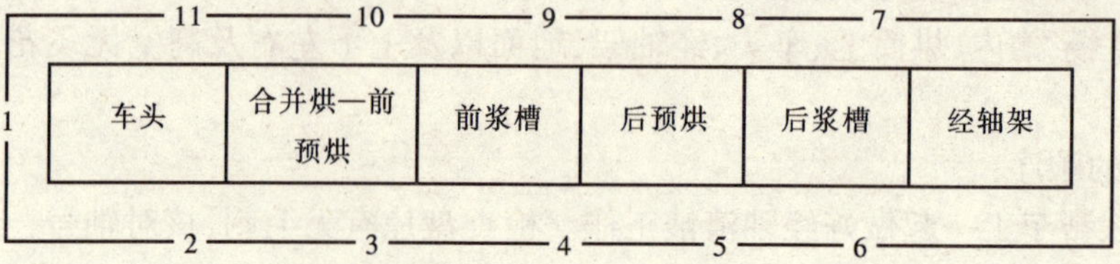

大退回 1 → 11，小巡回 1 → 6，前车工 1、2、11 站

并和调浆工联系，测浆液粘度作为启机粘度的参考数据，准备好接头纱。

前车工在了机前两个轴，准备好经轴，并做好清洁，核对轴票，防止错品种及了机工具。

f. 了机程序：了机前 2 ~5 匹，调小烘筒温度并降速，挡车工密切注视经轴退绕情况，预防经轴出现短码、松经、严重断头等质量事故。如发现断头应按品种、号数补头，在保证质量的前提下尽量减少回丝。

当经轴开空一轴时，先抬后浆槽引纱辊压辊、第一浸没辊、第一压浆辊、第二浸没辊、第二压浆辊，做完再做前浆槽，顺序同后浆槽，摇下溢流板，停车，打开烘筒旁通阀，放净余汽、水。

经轴架 AB—300 放气或 AC—300 放气，经轴分股割断对接在踏板上（要求不少于 6 股，平整均匀），拉掉经轴上回丝，吊下空经轴。

浆槽要开小汽保温，并盖好盖布，避免浆液与冷空气接触产生结皮现象，放下压纱辊。

（2）断头处理：

①经轴断头处理，经轴上断头缠纱，开低速，用手指分开上层纱，用刀子的水平面紧贴经轴纱面，刀口与经轴平行，插入高出部分，刀口往上割，理清回丝，找出原头，分别捻在左右邻纱上。

②处理浆槽各导辊断头，应先关闭浆槽蒸汽，打慢车或停车，以防烫伤。将刀子平插进行，刀口向上挑断缠纱，反向抽去回丝，找出原头捻在邻纱上。

③处理烘筒断头，需用长钩刀切断浆纱断头捻在纱片边上（注意不要碰伤防粘层），出烘房后再处理。

④处理伸缩筘断头时，降速或停车，从反方向拉出纱头分清纱层，捻在邻纱上或拉顺放到筘齿内。

⑤处理拖引辊断头时，关车，刀口向上割断缠纱；开低速，引出纱头夹在纱片内或捻在邻纱上。

（3）突然停车处理：

①如遇突然停电、停汽，应立即关车，关闭烘筒汽门、浆门、电动机、排气风机。

②摇下液面板，放掉浆液，用水冲去残浆，抬起压浆辊，如停车时间长，应按停车处理。

（4）压纱与穿绞：

① 19.4tex（30 英支）以下品种，5 ~8 轴压一次绞；19.4tex（30 英支）以上品种，3 ~5 轴压一次绞；新型织机用大盘头时，每两轴压一次，每次压绞位置应放在落轴之前，发现绞坏或断头时应及时打绞。

②压绞时先压后湿分绞，其余绞线依次放入。

③穿绞时，注意安全，不要碰伤人，两人配合好，动作轻快，防止产生断头及绞头。

7. GA308 型浆纱机故障原因及其解决方法　浆纱机在运转过程中，由于种种原因可能产生故障，表2－4－50为GA308型浆纱机常见机械和电气故障的原因分析及排除方法，供使用厂家参考。

表2－4－50　GA308型浆纱机故障原因及排除方法

故障现象	故障原因	排除方法
整机无法启动	1. 闭锁开关闭锁 2. 急停开关没复位 3. 车头连锁动作没复位 4. 压缩空气气压过低	1. 检查各闭锁开关位置 2. 急停开关复位 3. 车头连锁动作清除 4. 提高压缩空气气压
整机突然停机	1. 通讯模块故障 2. 变频器故障 3. 空压机压力偏低 4. 开关箱温度过低 5. 旋转编码器故障 6. 车头张力辊气缸的两端限位限制	1. 更换通讯模块 2. 维修或更换变频器 3. 检查空压机压力 4. 安装空调 5. 清除变频电动机、风机处杂物，更换旋转编码器 6. 正确调整张力辊限位
织轴卷绕张力太松或太紧	一般情况是由于张力辊气缸工作压力调整不合适	改变气缸压力大小，即可改变卷绕张力情况
干区张力不匀	1. 拖引辊表面磨损，表面直径不一致 2. 张力架的张力辊不平行或不水平 3. 干区及干分绞操作不规范 4. 车头或烘房的安装水平及平行有问题	1. 重新修磨拖引辊 2. 检查张力架的张力辊的平行和水平 3. 干区操作要规范 4. 查车头及烘房的安装质量
机器运转沉重	1. 滚动轴承有损坏或缺油，齿轮啮合过紧，浆槽上浆辊油封咬死 2. 轴、辊等转动件不灵活 3. 上浆辊密封盘压得过紧	1. 及时给轴承加油，并对磨损件、坏件及时更换 2. 加强对转动件的检查和校正 3. 适当压紧盘根
上落轴、织轴支撑织轴加压动作失灵	1. 空气管路堵塞、气管折弯或弯曲 2. 气缸上限位开关位置不对	1. 疏通或更换气管 2. 调整气缸上限位开关位置
织轴卷绕张力不均匀	1. 拖引辊表面磨损，表面直径不一致 2. 织轴不规则 3. 织轴包布不均匀	1. 重新修磨拖引辊 2. 校正织轴 3. 包布要均匀
压纱辊不水平	两只压纱托臂起始位置不对	调整托臂后面的加压螺钉，并拧紧锁紧螺母

续表

故障现象	故障原因	排除方法
车头移动墙板不动作	1. 电动机拖动摩擦打滑 2. 丝杆或导向轴表面有杂物	1. 压紧拖动摩擦片 2. 清除丝杆和导向轴表面杂物
经纱烘不干	1. 疏水器堵死或失效，排水不畅或漏汽 2. 虹吸管堵死，或与烘筒壁距离太远，排水不畅 3. 排汽风扇失效，湿气排不出 4. 蒸汽压力太低	1. 疏通疏水器或更换疏水器 2. 修理或更换虹吸管，使其工作正常 3. 对排汽风扇进行修理或更换 4. 检查供汽压力，使其恢复正常
纱片偏向一侧	1. 导辊或烘筒中有不水平、不平行或与机台中心线不相垂直现象或经轴架偏斜 2. 张力辊两端弹簧力不一致，或压浆辊两端压力不一致	1. 校正各导辊或烘筒水平、平行并与机台中心线相垂直 2. 调整张力辊两端弹簧，使其弹力一致，调整压浆辊两端气缸上弹簧，使其两端压力一致
车头张力辊摆动	1. 角电位器的连接松动 2. 主电动机（卷绕电动机）的皮带松弛 3. 最小卷径和实际卷径的设定差异较大	1. 紧固角电位器的连接 2. 张紧卷绕皮带 3. 正确地在计算机内设定最小卷径
伸缩筘电动机座损坏	1. 左右移动电动机行程开关失灵 2. 开合移动电动机的摩擦盘调节压力过大	1. 使行程开关正常工作 2. 调节摩擦盘压力使其适当，以能带动开合移动为好
温度控制与设定温度差异大	1. 蒸汽包旁通打开 2. 薄膜阀薄膜损坏或活动不灵活 3. 蒸汽含水量过高，烘筒内积水太多 4. 比例阀故障 5. 铂热电阻故障	1. 关闭旁通截止阀 2. 更换薄膜，检查薄膜阀动作 3. 打开虹吸管旁通阀，排除积水，检查疏水器是否故障 4. 修理或更换比例阀 5. 检查铂热电阻故障
预备浆箱溢浆或干浆	浆槽液位浮球控制失灵	调整浆槽浮球位置，使其工作正常

8. GA308 型浆纱机的维护和保养　良好的设备维护与保养是用好设备、保证产品质量的基础，更是延长设备使用寿命的关键。

(1)加油周期及润滑方式（表 2－4－51）：

表 2-4-51　加油周期及润滑方式

机构名称及润滑点	周　期	润滑方式	润滑油名称	油脂代号
经轴轴承	每班一次	滴油润滑	40#机械油	HJ—40
浆槽导纱辊滚动轴承	每月补充，每季度换一次	脂润滑	复合钙基润滑脂Ⅱ	ZFG—2
浆槽传动滚动轴承	每月补充，每季度换一次	脂润滑	复合钙基润滑脂Ⅱ	ZFG—2
浆槽浸没辊减速箱	每季度换一次	油加入	40#机械油	HJ—40
浆槽、引纱组件各滑动关节及油嘴处	每班一次	滴油润滑	40#机械油	HJ—40
循环浆泵	每半月补充，每季度换一次	油加入	40#机械油	HJ—40
烘筒轴承	每半月补充，每半年换一次	油加入	热定型基润滑油	4402 号
齿轮箱	每季度换一次	油加入	40#机械油	HJ—40
车头、边轴传动滚动轴承	每月补充，每季度换一次	脂润滑	复合钙基润滑脂Ⅱ	ZFG—2
全机各部分开式齿轮、链轮传动	每周一次	脂润滑	复合钙基润滑脂Ⅱ	ZFG—2
全机各部分离合器及滑动处	每班一次	润油	40#机械油	HJ—40
指轴加压支撑滑动座	每班一次	滴油	40#机械油	HJ—40
排汽风机电动机	每季一次	脂润滑	复合钙基润滑脂Ⅱ	ZGN—1

注　加油时，要考虑到会出现飞溅，造成油纱，以至于织造时形成油渍疵布，影响产品质量。

（2）揩车：

①揩车周期为半月一次。

②明确揩车工作范围。

③车头、浆槽及空压机空气管路中的滤清器及滤尘网必须清洗干净，不得有堵塞现象。

④清洗全机各种摩擦转子、转芯和伸缩筘。

⑤清除全机各烘筒、导纱辊、张力辊的积垢和轴头上缠绕的回丝。

⑥清除全机各传动件的积垢，并加润滑油或润滑脂。

⑦清除疏水器和汽水分离器中的积垢。

⑧揩清全机油眼及齿轮，加注润滑油剂。

⑨检查和清洁所有传动链条。

⑩对各变频电动机内部清洁，尤其是旋转编码器的工作状态要重点检查。

（3）检修：巡回检修每班至少一次，发现机器在运转中有毛病，立即予以消除。

（4）小修理：每年一次，对机器部分机件进行拆卸检查，并进行校正，调换主要磨损机件。每三年一次，对机器进行彻底检查，将所有损坏的机件、部件进行修理或调换。

四、GA330 型系列浆纱机

(一)主要技术参数(表 2－4－52)

表 2－4－52　GA330 型系列浆纱机的主要技术参数

项目＼型号	GA332 型		GA333 型		GA335 型		GA338 型	
	—200 型	—280 型	—200 型	—280 型	—200 型	—280 型	—200 型	—280 型
形　式	单浆槽分层全烘筒		双浆槽分层全烘筒					
适应品种	8.5～80tex 棉、麻及化纤混纺纱		7～97tex 棉、麻及化纤混纺纱		8.5～80tex 棉、麻及化纤混纺纱		7～97tex 棉、麻及化纤混纺纱	
幅宽(mm)	2000	2800	2000	2800	2000	2800	2000	2800
适应织机幅宽(mm)	1110～2000	2000～2800	1110～2000	2000～2800	1110～2000	2000～2800	1110～2000	2000～2800
最大卷绕直径(mm)	800		800 或 1000		800		800 或 1000	
最大卷绕张力(N)	5000		5000		5000		5000	
托纱辊压力(N)	0～4000		0～4000		0～4000		0～4000	
浆槽容积 主浆槽(L)	240		240		240		240	
浆槽容积 辅助浆槽(L)	180		150		150		150	
浸压形式	双浸双压		双浸四压		双浸双压		双浸四压	
压浆辊压力(N)	1800～2000		0～20000		0～20000		0～40000	
最大蒸发水分能力(kg/h)	600		600～800		600～800		600～800	
经轴数量(只)	8～16		8～20		8～20		16～20	
车速(m/min)	2～60		0.5～80		2～60		1～100	
全机功率(kW)	21		23～27		23～27		56～64	
全机尺寸 长(mm)	20800	24500	26360	28360	26360	28360	26360	28360
全机尺寸 宽(mm)	5200	5200	4440	5440	4440	5440	4440	5440
全机尺寸 高(mm)	2950	2950	2950	2950	2950	2950	2950	2950

(二)主要结构特征

1. GA332 型浆纱机结构特点(表 2－4－53)

表 2-4-53　GA332 型浆纱机主要结构特点

<table>
<tr><th colspan="2">项　　目</th><th>GA332A 型</th><th>GA332C 型</th></tr>
<tr><td colspan="2">经轴架</td><td colspan="2">1. 双层式轴架，四只经轴为一组，每组之间有踏板供人行走
2. 容纳经轴数量 16 只；退绕张力控制采用机械式调节</td></tr>
<tr><td rowspan="12">浆槽</td><td>浆槽容积(L)</td><td colspan="2">主浆槽：240；辅助浆槽：180</td></tr>
<tr><td>上浆机构形式</td><td>双浸双压式
1. 上浆辊：镀铬辊
2. 压浆辊：前压浆辊为微孔胶辊，后压浆辊为光面胶辊
3. 浸没辊为镀铬辊</td><td>双浸双压式
1. 上浆辊：镀铬辊
2. 压浆辊：前压浆辊为胶辊，为橄榄芯式高压压浆辊，后压浆辊为光面胶辊
3. 浸没辊为镀铬辊</td></tr>
<tr><td>压浆辊加压形式和压力指标</td><td>1. 前后压浆辊：采用液压加压结构形式
2. 前压浆辊压力 1617～4900N
3. 后压浆辊压力 1617～4900N</td><td>1. 前后压浆辊：采用气动双侧同步加压结构形式
2. 前压浆辊压力 0～14700N，最小最大压浆力可预先设定
3. 后压浆辊压力 0～9800N，可无级设定</td></tr>
<tr><td>压浆力控制方式</td><td colspan="2">压浆力两级切换</td></tr>
<tr><td>浆槽结构形式</td><td>1. 主浆槽和辅助浆槽联成一体的箱式结构，辅助浆槽靠烘房一侧
2. 浆槽槽体采用耐蚀材料不锈钢板制成，为双壁结构，两壁之间填充保温材料</td><td>1. 主浆槽和辅助浆槽联成一体的箱式结构，辅助浆槽靠轴架一侧
2. 浆槽采用钢板支撑骨架，骨架外侧加不锈钢外罩，对传动件、气动件、电气元件、具有良好的封密防护效果，取下外罩，维护保养非常方便</td></tr>
<tr><td>浆液加热方式</td><td colspan="2">蒸汽直接加热</td></tr>
<tr><td>浆液循环</td><td colspan="2">槽底进浆，瀑布式溢流口回浆。浆液循环采用蝶形齿轮泵，电动机单独传动。浆泵流量：20～50L/min</td></tr>
<tr><td>辅助浆槽液面控制方式</td><td>液面高度采用浮球式两位控制阀控制</td><td>液面高度可调节，进浆自控</td></tr>
<tr><td>引纱装置</td><td>由引纱辊、导纱辊、张力辊组成。引纱辊由浆槽边轴传动</td><td>采用引纱辊、导纱辊、张力辊三辊式引纱装置，引纱辊由浆槽边轴传动。压纱辊气动加压，张力辊具有张力指标</td></tr>
<tr><td>湿分绞</td><td>浆槽和烘房之间配置湿分绞、由电动机单独传动</td><td>浆槽和烘房之间配置湿分绞，其传动由边轴带动，可随车速变化而变化</td></tr>
<tr><td>张力调节</td><td colspan="2">上浆辊与烘房之间的张力可以无级微调</td></tr>
<tr><td>浆槽排湿</td><td colspan="2">风机对热湿空气强迫排风。汽罩采用冷轧钢板或不锈钢板</td></tr>
<tr><td rowspan="3">全烘筒烘房</td><td>烘燥形式</td><td colspan="2">1. 采用单元组合结构，根据用户需要可采用 12 只、10 只或 8 只烘筒
2. 采用 Ø800 平板封头不锈钢烘筒。预烘烘筒表面涂覆聚四氟乙烯防粘层
3. 湿纱分层进烘房，整个纱片可分两层进行预烘</td></tr>
<tr><td>烘房传动方式</td><td colspan="2">烘筒分组传动，烘干烘筒采用链条、有齿链轮积极传动。预烘烘筒采用链条、有齿链轮半积极传动。边轴传动可离合</td></tr>
<tr><td>烘房排湿</td><td colspan="2">风机对热湿空气强迫排风，排湿汽罩采用与浆槽排湿汽罩一体式结构</td></tr>
</table>

续表

项目		GA332A 型	GA332C 型
车头	适应织机幅宽	200 型可与幅宽 2000mm 以内的无梭织机和 3800 以内的双织轴无梭织机配套，同时可与幅宽 1400 ~ 2200 以内的有梭织机相配套。280 型相应加宽	
	卷绕直径(mm)	110 ~ 800	
	适应纱片最大卷绕张力(kg)	400	
	主传动系统	采用变频电动机，实现变频调速	
	织轴卷绕传动系统	1. 卷绕传动采用磁粉离合器 + PIV 无级变速器的传动形式 2. 织轴可进行正反卷绕，以适应阔幅双织轴无梭织机的配套要求(特殊订购)	
	上蜡装置	配备单面上蜡及蜡预熔装置	
	打墨印装置	单盒打印，电磁双锤盒式装置供使用	
	干分纱	大分纱棒 1 根，中分纱棒 14 根，复分纱棒 15 根	
	伸缩筘	配人字型伸缩筘，筘片的伸缩和位置的左右偏移可以调节，筘座低频率上下摆动	
	干分纱张力调节	采用微型无极变速装置对纱线张力精确调节，筘座低频率上下摆动	
	拍合与调幅	拍合位置由偏心轮锁紧，液压驱动调幅	拍合位置由偏心轮锁紧，由汽缸驱动调幅
	压纱	采用双罗拉辊垂直压纱，液压加压，最高压纱力为 400kg	采用双罗拉辊侧面压纱，气动加压，最高压纱力为 400kg，使设备更适应在平面基础上安装使用
	上落轴	采用液压自动上落轴装置。上落轴装置与压纱并用	采用气动自动上落轴装置

2. GA333 型浆纱机的结构特点(表 2 -4 -54)

表 2 -4 -54 GA333 型浆纱机的主要结构特点

项目		技术参数和结构特征
经轴架		1. 双层组合式，四只经轴为一组，每组之间有踏板架供人行走通过 2. 容纳经轴数量 8 ~ 20 只 3. 配套经纱退绕张力自动控制系统
浆槽	浆槽容积(L)	主浆槽 240，辅浆槽 150
	上浆机构形式	双浸四压式(浸没辊带侧面压浆功能) 1. 上浆辊：外包合成橡胶，或外包不锈钢两种形式 2. 压浆辊：外包合成橡胶，前压浆辊为橄榄芯式高压压浆辊 3. 浸没辊：罗拉式光面胶辊
	压浆辊加压形式和压力指标	1. 前后压浆辊、浸没辊均采用气动双侧同步加压结构形式 2. 前压浆辊压浆力 0 ~ 29400N，最小最大压浆力可预先无级设定 3. 后压浆辊压浆力 0 ~ 11760N，可无级设定 4. 浸没辊侧压压浆力 0 ~ 2940N，可无级设定

续表

项目		技术参数和结构特征
浆槽	压浆力控制方式	两级加压,高低(Ⅰ、Ⅱ)速自动切换模式和压浆自控两种模式
	浆槽结构方式	1. 主浆槽和辅助浆槽联成一体的箱式结构,辅助浆槽靠轴架一侧 2. 浆槽采用钢板为支承架,骨架外侧加不锈钢外罩,对传动件、气动元件、电气元件具有良好的密封防护效果,取下外罩,维修保养非常方便
	浆槽传动方式	铁炮传动或 XP1 传动,张力无级调节
	浆液加热方法	具有直接蒸汽加热功能并配置一套温度自动控制系统
	浆液循环	1. 槽底进浆,瀑布式溢流口回浆 2. 循环浆泵采用蝶形齿轮泵,电动机单独传动 3. 浆泵流量 20～50L/min
	液面调节方式	1. 主浆槽液面高度可无级调节 2. 辅助浆槽液面高度可自动控制
	引纱装置	采用引纱辊、压纱辊、张力辊三辊式引纱装置,引纱辊积极传动,表面包覆合成橡胶,压纱辊气动加压,张力辊具有张力指标
	湿分绞	浆槽与预烘烘房之间配置湿分绞,其传动由边轴带动,可随车速变化而变化
	张力调节	1. 引纱辊纱线喂入张力可以无级微调 2. 上浆辊与烘房之间的湿区张力可以无级微调
	浆槽排湿	风机强迫排湿,汽罩采用冷轧钢板或不锈钢板制造
烘房	烘燥形式	1. 采用单元组合结构,双浆槽浆纱机,基本型 12 只烘筒。单浆槽浆纱机基本型 8 只烘筒 2. 采用 ϕ800mm 平板封头不锈钢烘筒。预烘烘筒表面涂覆聚四氟乙烯防粘层 3. 湿纱分层平行进烘房,整个纱片可分四层预烘也可以分两层预烘
	烘房传动方式	烘房分组传动,烘干烘筒采用链条、有齿链轮积极传动,预烘烘筒采用链条、无齿链轮半积极传动。烘房传动箱带机械离合装置
	烘燥温度控制	配置温控系统,对烘筒温度实行分组自动控制
	烘房排湿	风机对热湿空气强迫排风,汽罩采用冷轧钢板或不锈钢板制造
车头	适用织机幅宽	可与幅宽 2000mm 或 2800mm 以内的无梭织机和 3800mm 以内的双织轴无梭织机相配套,同时可与幅宽 1400～2200mm 的有梭织机相配套
	卷绕直径(mm)	550、800 或 1000
	适应纱片最大卷绕张力(kg)	400 或 700
	主传动系统	采用交流变频调速系统
	织轴卷绕传动系统	1. 卷绕传动采用张力自动调整无级变速器 2. 织轴可进行正反向卷绕,以适应宽幅双织轴无梭织机的配套要求 3. 280 型卷绕传动采用两只 PIV

续表

项　　目		技术参数和结构特征
车头	后上蜡（油）装置	配备单面上蜡及蜡预熔装置
	打墨印装置	电磁双锤双盒式
	干分纱	大分绞棒一根，中分绞棒 14～18 根，复分绞棒 15～19 根
	伸缩筘	配人字型伸缩筘，筘座低频率上下摆动，筘片位置及筘针密度由人工调节，穿纱、排筘时筘座气动放落
	测长辊和出纱导辊	穿纱时测长辊和出纱辊气动升降，以减轻值车工劳动强度
	干分纱张力调节	XP1 调速范围缩小型无级变速器进行精密微调
	拍合与调幅	可移动式织轴传动箱座
	自动上落轴	自动上落轴装置，气动驱动
	压纱	采用双罗拉式侧面压纱装置，气动加压，最大压纱力 3920N，使设备更适合在楼层厂房上安装使用
	回潮率控制	配备回潮率自动检测及控制系统

3. GA338S 型七单元浆纱机结构特点（表 2－4－55）

表 2－4－55　GA338S 型七单元浆纱机的主要结构特点

项　　目		技术参数和结构特征
经轴架		1. 双层组合式，四只经轴为一组，每组之间有踏板架供人行走通过 2. 容纳经轴数量 8～16 只 3. 配套经纱气动退绕张力自动控制系统。由经轴气压制动器和张力调节器组成。最大退绕张力 3000N
浆槽	浆槽容积（L）	主浆槽 240，辅助浆槽 120～180
	上浆机构形式	双浸双压或双浸四压式（浸没辊带侧面压浆功能），双浆槽 1. 上浆辊：外包合成橡胶，或外包不锈钢两种形式 2. 压浆辊：外包合成橡胶，前压浆辊为橄榄芯式高压压浆辊 3. 浸没辊：罗拉式光面胶辊
	压浆辊加压形式和压力指标	1. 前后压浆辊、浸没辊均采用气动双侧同步加压结构形式 2. 前压浆辊压浆力 0～4000kN，最小最大压浆力可预先无级设定 3. 后压浆辊压浆力 0～1500kN，可无级设定 4. 浸没辊侧压压浆力 0～400kN，可无级设定
	压浆力控制方式	压浆力随车速变化作无级调节的自动控制系统（线性加压）
	浆槽结构方式	1. 主浆槽和辅助浆槽联成一体的箱式结构，辅助浆槽靠轴架一侧 2. 浆槽采用钢板为支承架，骨架外侧加不锈钢外罩，对传动件、气动元件、电气元件具有良好的密封防护效果，取下外罩，维修保养非常方便
	浆槽传动方式	二单元：XP1 传动，张力无级调节。七单元：两台变频电动机减速后传动上浆辊和引纱辊。每组浆槽由两只交频电动机传动

续表

项　目		技术参数和结构特征
浆槽	浆液加热方法	具有直接蒸汽加热功能并配置一套温度自动控制系统
	浆液循环	1. 槽底进浆，瀑布式溢流口回浆 2. 循环浆泵采用蝶形齿轮泵，电动机单独传动 3. 浆泵流量20～50L/min
	液面调节方式	1. 主浆槽液面高度可无级调节 2. 辅助浆槽液面高度由气控球阀实现自动控制
	引纱装置	采用引纱辊、压纱辊、张力辊三辊式引纱装置，引纱辊积极传动，表面包覆合成橡胶，压纱辊气动加压，张力辊与张力传动器相连，以测量和精确控制引纱喂入张力。张力辊具有张力显示
	湿分绞	浆槽与预烘烘房之间配置湿分绞，其传动由前上浆辊轴头通过链轮带动，可随车速变化而变化
	张力调节	1. 引纱辊纱线喂入张力可以无级设定，自动调节 2. 上浆辊与烘房之间的湿区张力可以无级设定，自动调节
	浆槽排湿	风机强迫排湿，汽罩采用冷轧钢板或不锈钢板制造
烘房	烘燥形式	1. 采用全烘筒烘燥形式，有平型和高架两种结构，平型结构12只烘筒，高架结构14只烘筒 2. 采用ϕ800mm×ϕ2000mm平板封头不锈钢烘筒。预烘烘筒表面涂覆聚四氟乙烯防粘层 3. 湿纱分层平行进入烘房，整个纱片可分四层预烘，也可分两层预烘
	烘房传动方式	烘房分组传动，烘干烘筒采用链条、有齿链轮积极传动，预烘烘筒采用链条、无齿链轮半积极传动。烘房传动箱带机械离合装置。二单元由车头通过边轴传动，七单元由变频电动机单独传动，经齿轮箱分路传动烘筒
	烘燥温度控制	配置PLC温控系统，对烘筒温度实行分组自动控制
	烘房排湿	风机对热湿空气强迫排风，汽罩采用冷轧钢板或不锈钢板制造
车头	适用织机幅宽	可与幅宽2000mm或2800mm以内的无梭织机和3800mm以内的双织轴无梭织机相配套，同时可与幅宽1400～2200mm的有梭织机相配套
	卷绕直径(mm)	800或1000
	适应纱片最大卷绕张力(N)	7000
	主传动系统	采用交流变频调速系统，调整范围150～1750r/min，有恒转矩特性
	织轴卷绕传动系统	1. 由变频调速电动机控制织轴卷绕 2. 织轴可进行正反向卷绕，以适应宽幅双织轴无梭织机的配套要求 3. 拖引辊由一只变频电动机单独传动
	后上蜡(油)装置	配备单面或双面上蜡及蜡预熔装置
	打墨印装置	电磁双锤双盒式

续表

项　　目		技术参数和结构特征
车头	干分纱	大分绞棒1根，中分绞棒14根，复分绞棒16根
	伸缩筘	配人字型伸缩筘，筘座低频率上下摆动，筘片位置及筘针密度由伺服电动机调节，穿纱、排筘时筘座电动机整体升降，同时具有筘横动功能，横动幅度可调
	测长辊和张力导辊	穿纱时测长辊和张力辊气动升降，以减轻值车工劳动强度
	拍合与调幅	移动式织轴传动箱座
	自动上落轴	自动上落轴装置，气动驱动
	压纱	采用双罗拉式侧面压纱装置，气动加压，最大压纱力3920N，使设备更适合在楼层厂房上安装使用
	回潮率控制	配备回潮率自动检测及控制系统

(三)GA332型、GA333型浆纱机

1. GA332型浆纱机工艺流程(图2-4-95)

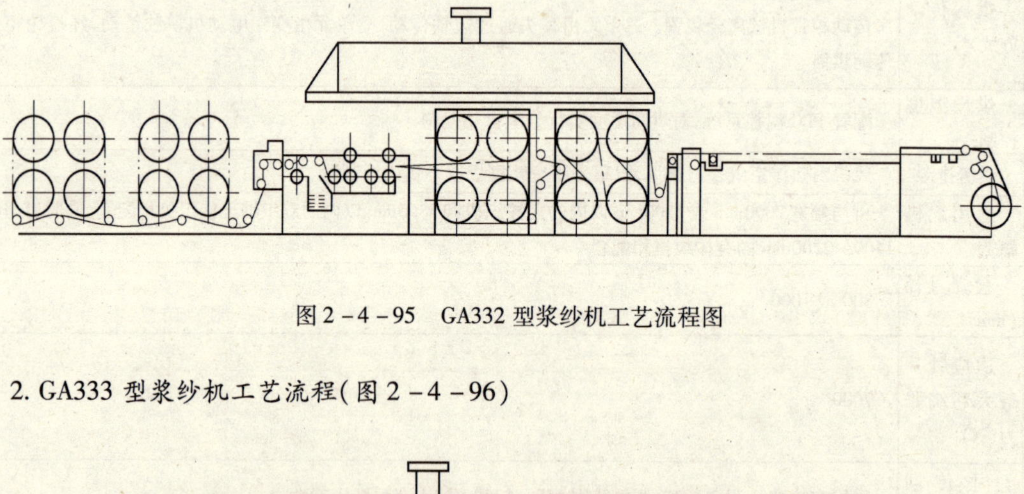

图2-4-95　GA332型浆纱机工艺流程图

2. GA333型浆纱机工艺流程(图2-4-96)

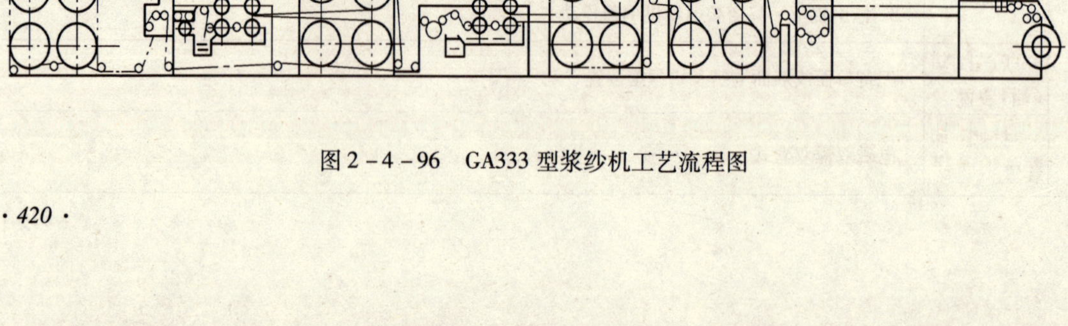

图2-4-96　GA333型浆纱机工艺流程图

3. GA332 型浆纱机传动系统　由主电动机输入的动力一路传给边轴系统，一路通过磁粉离合器、PIV、变速箱带动织轴进行卷绕。

磁粉离合器在系统中作为转矩传感器使用，和差速器合起来成为 PIV 进行张力自动调节的控制机构，张力调节主要由 PIV 承担。

主传动电动机采用 JZS—71—1 型交流整流子调速电动机，具有宽调速范围和恒转矩负载特性，可在 0 ~ 1800 rpm 范围内进行平滑、平稳地调速，满足浆纱机主传动的功率特性和宽调速要求。且结构紧凑，维护方便。

整机采用一单元传动，边轴传动系统的三个张力区的张力调节方式简单可靠。

浆槽引纱辊通过浆槽边轴积极传动，喂入张力通过调整引纱辊直径，使浆纱成松弛状态浸入浆槽，一般超喂率控制在 0.2% 左右，可以取得较好的渗透率和减少纱线湿伸长。

在浆槽与烘筒烘房之间的湿烘干区，采用了一套可作精密微调的无级变速装置进行控制，该区是对浆纱伸长率指标产生直接影响的关键张力区，故采用了调节范围为 ±5% 的精密微调装置，同时配合使用设备上配置的伸长率在线检测功能，值车工可以根据伸长率显示数据进行微调，可以获得较小的伸长率指标。

在干分纱区域，采用一只 XP1 型无级调速器，调节范围为 0.96 ~ 1.08，值车工可以参照伸长率检测仪显示数据进行微调。

对于轴架与浆槽之间的经纱退绕张力，可以采用弹簧式制动夹或重锤加制动带式阻尼装置进行调节，由于引纱辊为积极传动，并已调整了 0.2% ~0.3% 的超喂率使浆纱呈负伸长浸浆，可以两次消除大部分来自于退绕张力形成的张力不匀率，基本上可以满足生产要求。

织轴卷绕张力，由卷绕传动系统进行张力自动调节，实现恒张力卷绕。张力预先设定通过调节激磁电流大小，调节范围根据所浆品种不同一般控制在 1.6 ~ 2.5A 之间。

4. GA332 型浆纱机液压控制系统　为了减轻值车工的劳动强度，提高设备的自动化程度，浆槽压浆辊加压、浸没辊升降、车头拍合、压纱、上落轴等操作，均采用液压系统集中控制。

该机液压系统由一台 Y100L1—4 型交流异步电动机驱动，一只摆线齿轮泵，集中提供压力油，分送车头及浆槽的两只组合阀。

集中车头左厢内的一只 ZF—1 型前组合阀如图 2 - 4 - 97 所示。它主要由三位四通、两位四通电磁换向阀和溢流阀组成，以控制左右拍合、压纱、上落轴动作。

装在浆槽左箱内的一只 ZF—2 型组合阀如图 2 - 4 - 98 所示。它主要由三位四通、两位三通电磁换向阀、单向阀、调压阀、手动转换活门等组成，以控制两只浸没辊升降，后压浆辊抬放和加压，前压浆辊的抬入以及两极切换加压等动作。

手动转换活门的作用是在浆纱机液压系统出现故障或停电时，将其用手打开，这时前后压浆辊可用人工抬起，防止压浆辊长时间集中一处压在上浆辊上产生变形而损坏压浆辊胶层。

5. GA333 型浆纱机的调节与维护

(1) GA333 型浆纱机的调节（表 2 - 4 - 56）：

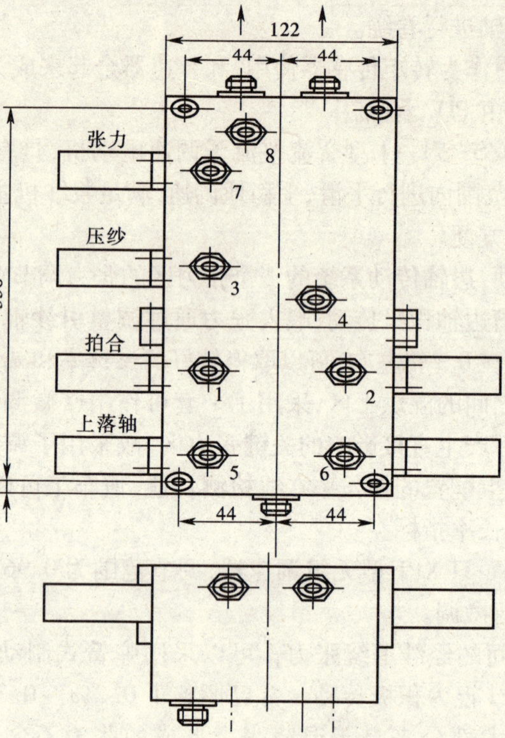

图2－4－97　ZF—1型前组合阀

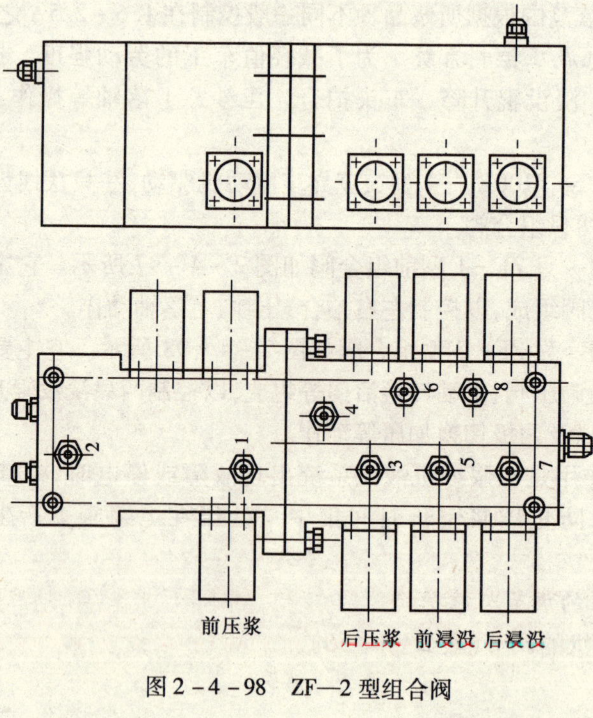

图2－4－98　ZF—2型组合阀

表 2-4-56 GA333 型浆纱机的调节

调节项目	调节步骤及方法
浆槽	为保证上浆率横向均匀率，在使用前，对前后压浆辊的两端压浆力一致性应进行调整。两根压浆辊的两端均有左右旋双头螺杆式调整装置，调整结果用压印法检查，调整后用并紧螺母并紧
压浆力	在浆槽右箱内的液压组合阀上有两只减压阀，可调整压浆辊高低两级压力。机械速度低于 10m/min 时，调整Ⅰ级压力；机构速度大于 10m/min 时，调整Ⅱ级压力。两级压力均根据压力表指示数值进行调整
压浆辊	在浆纱机了机时，抬起前后压浆辊后，应合上压浆辊防跌落装置，以压住齿条上端，防止压浆辊因自重下落压在上浆辊上，造成压浆辊包胶层局部变形
	压浆辊使用 6 个月左右，其表面应重新修磨一次。修磨前压浆辊表面的残留浆液不必清洗，并使其表面尽量干硬，推荐磨削参数见表 2-4-57
烘房温度	热风预烘烘房使用蒸汽压力一般为 0.4～0.5MPa，预烘温度调整至 115～130℃之间，这样既可以获得较高的预烘去湿率，又可以减轻湿纱与导辊之间的粘并，有利于贴服毛羽，提高浆膜完整率。如果预烘温度低于 110℃，应检查疏水阀是否处于正常工作状态，散热器表面清洁工作是否符合要求；烘房内的移动式回风档板是否全部关闭。同时将五组循环风机的补风活门调整至合适位置
湿区张力	细致调节 P2R（立 10）无级变速器的调速手轮，使湿浆纱在热风烘房内不抖动漂移，又能处于低张力状态下进行预烘。对于压出回潮较低的混纺织物品种，可以关掉一组或两组风机，对降低浆纱伸长率具有一定效果
卷绕传动系统	在清洗 PIV 内部的同时，按照 PIV 铭牌上的指示内容，检查 PIV 链条的松紧度，链条过松或过紧，均会影响 PIV 的正常工作
	对磁粉离合器进行跑合。由于长期运行，离合器内部的磁粉因震动会聚积在一起，故在试车前将离合器的激磁电流调零，卸开差速箱和 P5 变速箱之间的一条链条后，启动复位电动机跑合 40min 左右，将电流调至 1～1.2A 开空车，车速 30m/min 左右；若差速箱无输出，说明离合器经跑合后已处于正常工作状态
	PIV 初卷状态及复位行程控制环节的调整。启动主电动机，用手右旋转动 P5 变速器上的调速链轮，使 P5 的主动锥盘直径调至最大；再调整复位行程控制部件上的 31T 链轮，使丝杆上的滑块刚好压上行程开关，再前进1～2 圈后装上差速箱与 P5 之间的链条
	调整差速箱摩擦盘压紧弹簧的锁紧螺母。以上工作做毕，卷绕传动系统即可投入正常使用。磁粉离合器上具有过热保护环节，传动系统由于机械故障，可能引起离合器过热，若离合器表面温度超过 80℃，保护装置发生报警信号并停车，此时应检查整个传动系统的工作状况，给予必要的检修和调整
液压系统	液压系统在管路联结和加油时，切记不能将杂质等不清洁物混入系统内部。做好清洁工作是液压系统能否正常工作的关键
	由于机器出厂时，系统配装的是纸芯油滤，因此在使用一星期后，将纸芯油滤换成金属油滤

表 2-4-57 压浆辊磨削参数

磨削方法	V_w (m/min)	V_r (m/min)	f (mm/r)	a (mm)
正常磨	1800	12.5	8	0.5
精细磨	1800	25	5	0.1~0.2

注 V_w 为磨轮圆周线速度，V_r 为胶辊圆周线速度，f 为纵向走刀量，a 为径向磨削量。

(2) GA333 型浆纱机的润滑：

①定期给机器各传动部件的润滑点加注润滑油(GA333 型浆纱机产品说明书)。

②全机共有九组传动箱，在机器使用之前用煤油清洗各传动箱，然后注入 40# 高级机械油。首次加油经过 100~300h 运转后予以调换，以后每运转 1000h 左右，换油一次，切忌将有腐蚀性和不清洁的油混入。

其中 XP1 型无级变速器油位高度为 80mm，P2R(立 10)型无级变速器油位高度为 92mm，P5R(卧 16)型无级变速器油位高度为 124mm，油位过低会导致传动件过早磨损，过高会引起发热。

(四) GA338 型浆纱机

1. GA338 型浆纱机工艺流程(图 2-4-99)

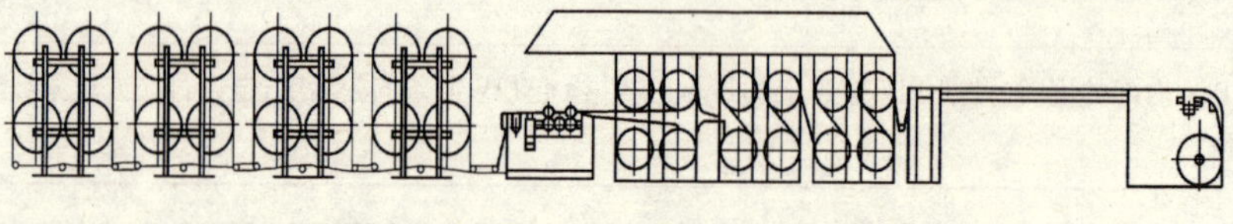

GA388-D型五单元传动十二锡林浆纱机工艺流程排布示意图

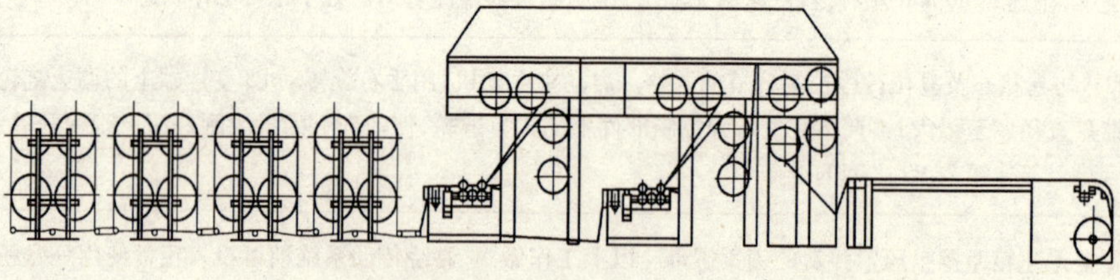

GA388-S型七单元传动十二锡林浆纱机工艺流程排布示意图

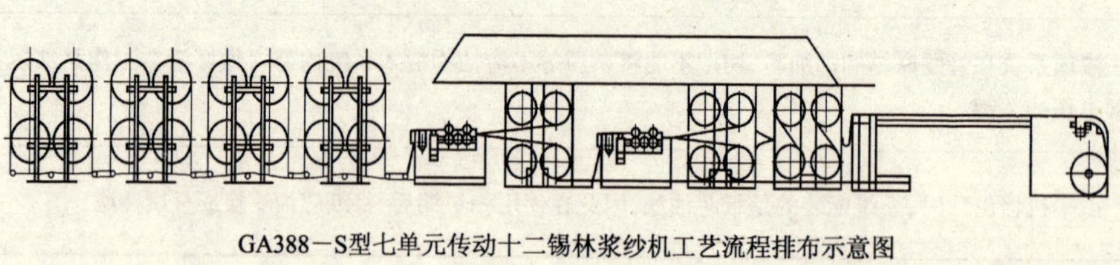

GA388-S型七单元传动十二锡林浆纱机工艺流程排布示意图

图 2-4-99 GA338 型浆纱机工艺流程图

2. GA338 型浆纱机传动(图 2－4－100)

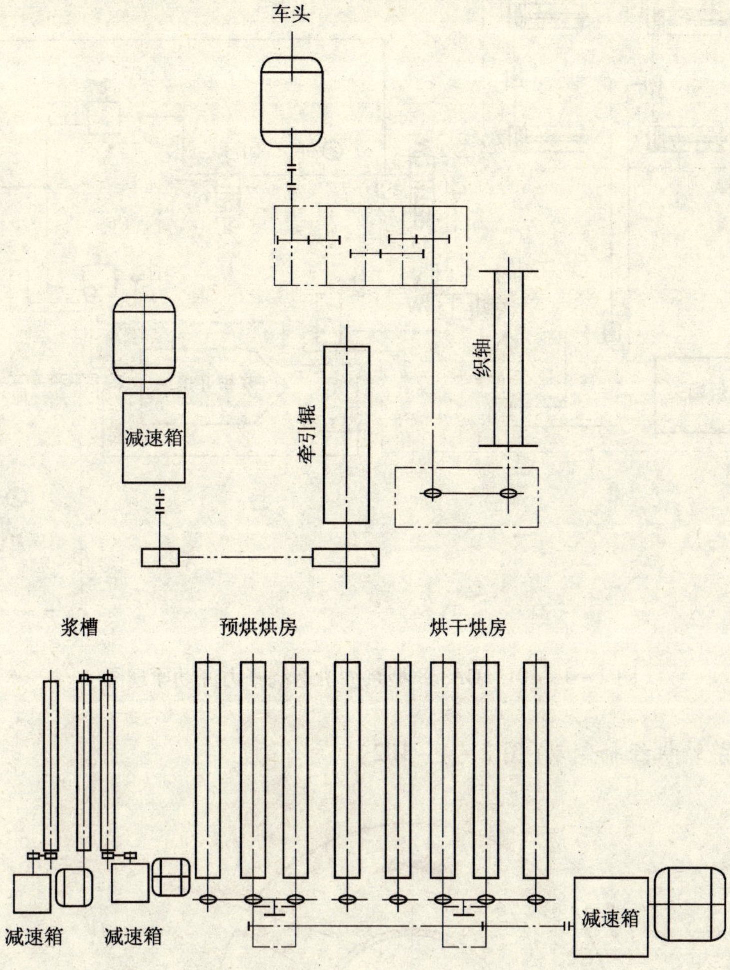

图 2－4－100　GA338 浆纱机传动示意图

3. GA338 型浆纱机退绕张力气动原理(图 2-4-101)

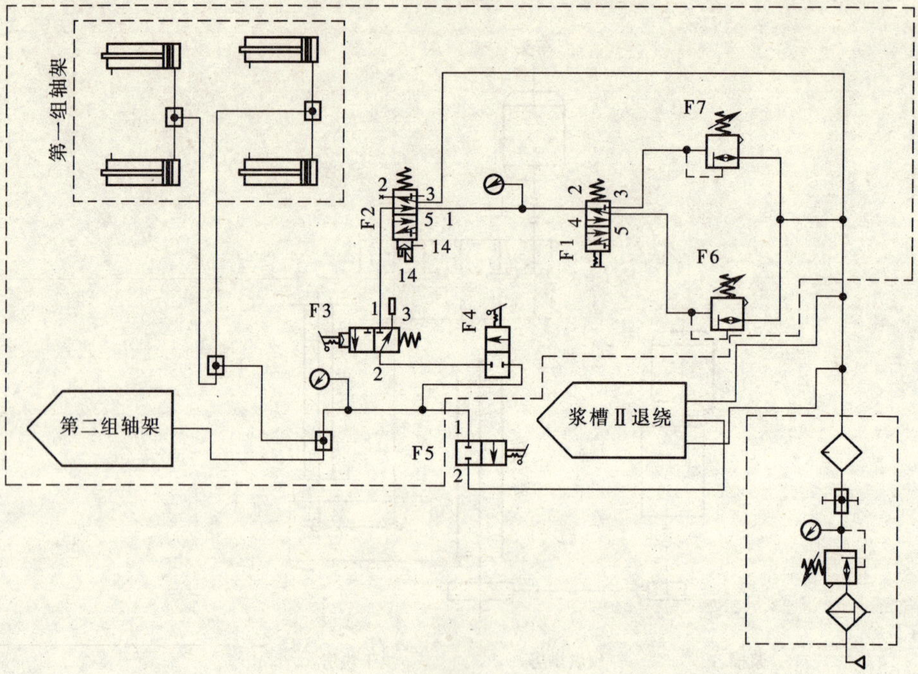

图 2-4-101　GA338 型浆纱机退绕张力气动原理图

4. GA338 型浆纱机经轴制动(图 2-4-102)

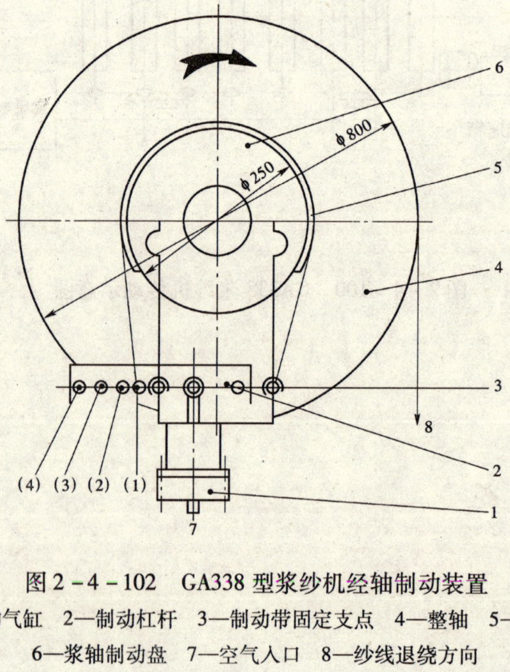

图 2-4-102　GA338 型浆纱机经轴制动装置

1—制动气缸　2—制动杠杆　3—制动带固定支点　4—整轴　5—制动带

6—浆轴制动盘　7—空气入口　8—纱线退绕方向

5. GA338 型浆纱机浆槽结构(图 2-4-103)

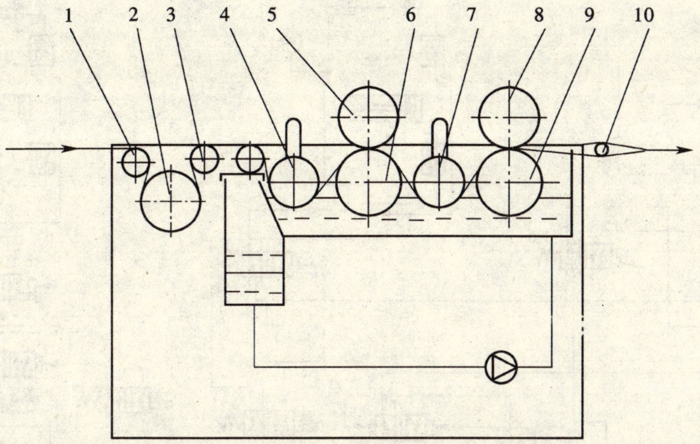

图 2-4-103　GA338 型浆纱机浆槽结构

1、3—导纱辊　2—张纱辊　4、7—浸没辊

6、9—上浆辊　5、8—压上浆辊　10—湿分绞

6. GA338 型浆纱机浆槽加热系统(图 2-4-104)

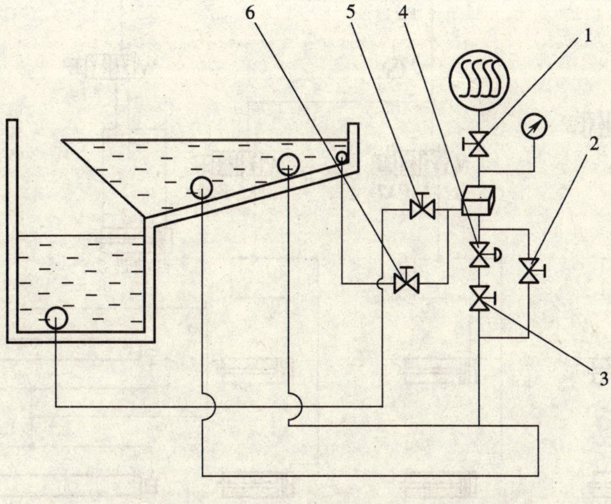

图 2-4-104　GA338 型浆纱机浆槽加热系统

1—气源总阀　2—截止阀　3—支路接通

4—调节阀　5—预热控制阀　6—进汽控制阀

7. GA338 型浆纱机浆槽气动原理(图 2-4-105)

8. GA338 型浆纱机浆槽安装与调试　浆槽安装制作地基时,各地脚螺栓处预留凹坑,待机器安装并调整到正确位置后再进行二次灌浆,最后将机器各部分紧固。

安装时原则上保持制造厂的安装精度,在具体安装就位时只需按如下方法调整。

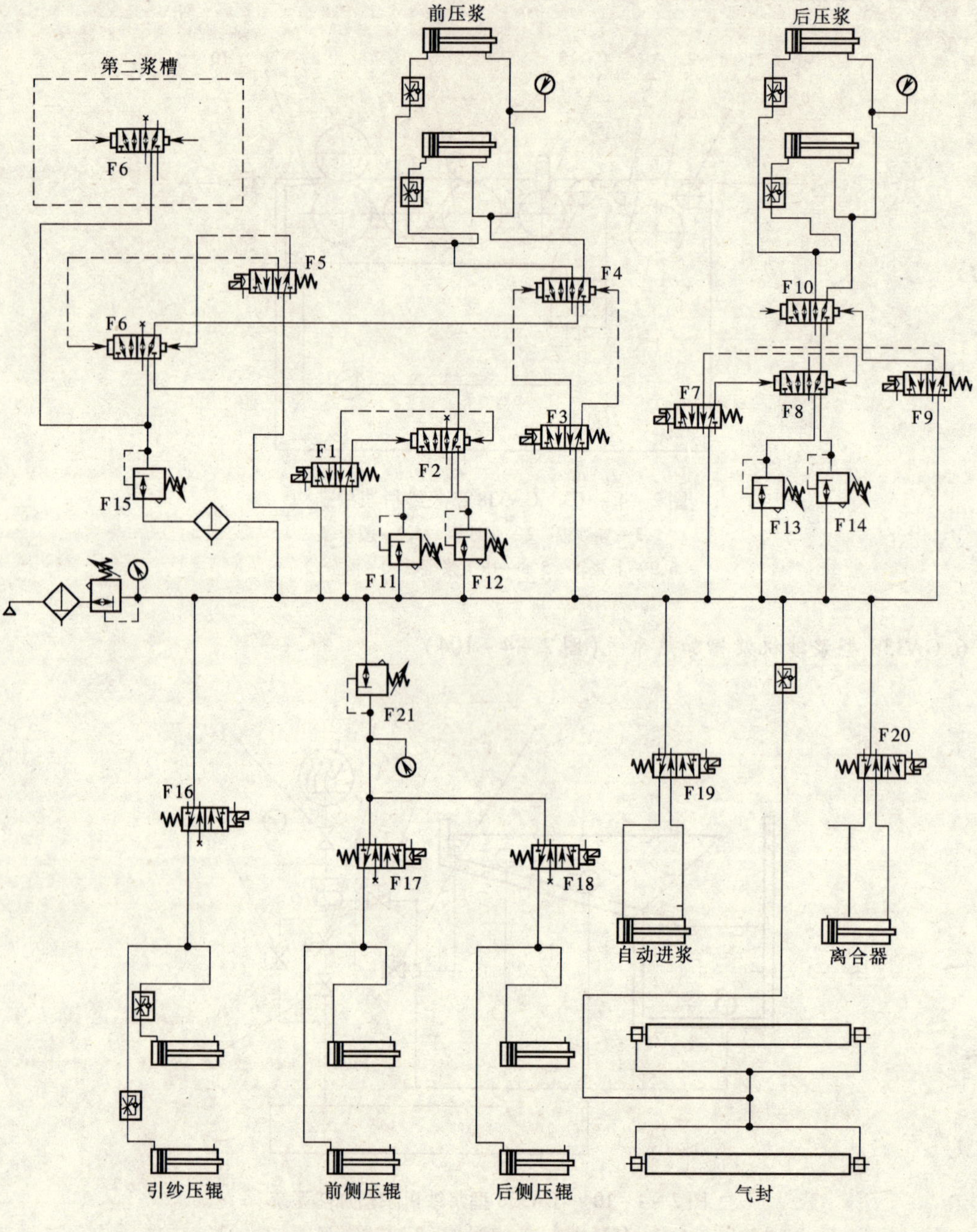

图 2－4－105　GA338 型浆纱机浆槽气动原理

整个浆槽就位后。首先使上浆辊或引纱辊与机台中心线垂直，浆槽中心与机台中心线平行。

两只墙板上有四只调节螺钉，用户只需调整调节螺栓使上浆辊、引纱辊与水平面平行。

试车前应检查所有辊类零件的灵活性，两压浆辊压力两端是否均匀。调整时在上浆辊与压浆辊之间离辊体的左右端200mm处作压印试验或拉纸条试验，使压浆辊两端压力一致以保证横向上浆均匀。

9. GA338型浆纱机浆槽维护与保养

(1)各部位滚动轴承、滑动轴承及齿轮、链轮传动件应定期加注润滑油或润滑脂。

(2)浆纱了机后应用热水清洗各处残浆液。

(3)浆纱了机后在排放或回收残余浆液的过程中，应保证蒸汽管道一直保持在打开状态，一直到浆液排放或回收结束后放入清水煮开后才能关闭，以防止因蒸汽冷凝造成浆液回吸，长时间就会造成蒸汽管堵塞，影响整个浆槽的浆液循环。

(4)应定期检查浆液循环系统、浆泵、喷浆管的工作情况，如发现堵塞，应及时进行清理，清理后仍发现浆液循环不好，应及时检查浆泵的工作情况，因浆泵是整个浆液循环、浆液浓度均匀的关键，在整个开车过程中又一直在连续运转。浆泵的保养注意事项如下：

①新开车前要用手转动一下浆泵，应转动灵活，没有死点，如有死点则应重新调整齿轮箱与浆泵主轴的同心度，一直调整到转动灵活为止。

②冬天开车，启机前要先用蒸汽浆槽煮开后再开车，在浆泵冻死的情况下不允许开车。

③每次了机浆液排放或回收完后，包括较长时间停车，都要用循环清水的方法将浆泵清洗干净，以免浆液凝固后结皮将浆泵叶片粘死，造成叶片打坏或扭断浆泵主轴。

④浆泵轴承因工作环境恶劣，要求每班加机油一次，每年要求更换，轴承型号6202—2RS两只。

⑤如发现浆泵漏浆，应及时更换机械密封，或机械密封中的密封环、密封圈。更换步骤：拆下端盖11、叶片架10、泵室9、配流盘14、中间体8后检查更换机械密封7或其中的有关损坏件。

⑥浆泵滑块是易损件，每三个月清检一次，如发现浆液循环速度不够，应检查滑块是否损坏，如损坏应及时更换。更换步骤：拆下端盖11，取出已磨损的叶片，换上新叶片。需要注意的是叶片两边的离心环应对称放在叶片15中间。

(5)应定期检查调整和更换上浆辊盘根，使处于良好状态，以防漏浆。

(6)应特别注意压浆辊表面包胶层的保护。

(7)在安装、平车以及处理缠纱时，切忌用锋利的物件划伤胶辊表面的胶层。备用胶辊存放时，应使用软木块支撑两端轴头，切忌胶层长期局部受压变形。

(8)在了机洗刷残留浆液时，应使用软刷清洗胶辊表面，切忌使用硬刷。

(9)在通常情况下胶辊每使用6~8个月就应修磨一次，重磨时可将胶辊放在有辅助支架的磨床上进行。磨光前不需将胶辊表面的浆液清洗，并使它们尽量干硬，推荐磨削参数见表2-4-57。

(10)由于浆槽部分结构紧凑，工作环境较差，保养又较困难，所以本浆槽增加了两套集中加油装置，分别安装在左右墙板内侧，用于对一些机体内部加油不方便的润滑点进行逐点润滑，浆槽部分各加油点部位见表2-4-58，XP1及各齿轮箱首次加油后经200h运转后应予调换，其他各润滑点在首次运转几周内，每1~2天加油一次，以后各润滑点要按要求定期加注润滑油或润滑脂。

表 2-4-58　浆槽保养

名　　称	油　号	周　期(h)	备　注
万向节	ZL—1	1000	
XP1 入轴传动链条	ZG—1	500	
链轴节	ZG—1	1000	
引纱辊上浆辊传动链条	ZG—1	500	
上浆辊传动链条	ZG—1	500	
XP1 传动箱	50#齿轮油	2000	
伞齿轮箱	50#齿轮油	2000	
压纱辊轴承及支撑小轴	ZL—1	500	
引纱辊轴承	ZL—1	500	
张力辊轴承	ZL—1	500	
张力辊摆臂轴承	ZL—1	500	集中加油
导纱辊轴承	ZL—1	500	
浸没辊升降丝杆	ZL—1	500	集中加油
浸没辊升降蜗杆箱	ZL—1	500	集中加油
上浆辊轴承	ZL—1	500	集中加油
压浆辊轴承	ZL—1	500	
压浆支座轴承及连杆关节轴承	ZL—1	1000	
压浆气缸尾座小轴	ZL—1	500	集中加油
浸没辊升降传动链条	ZG—1	1000	
浆泵传动减速箱	50#齿轮油	2000	

10. GA338 型浆纱机烘房进汽排水管路与结构(图 2-4-106)

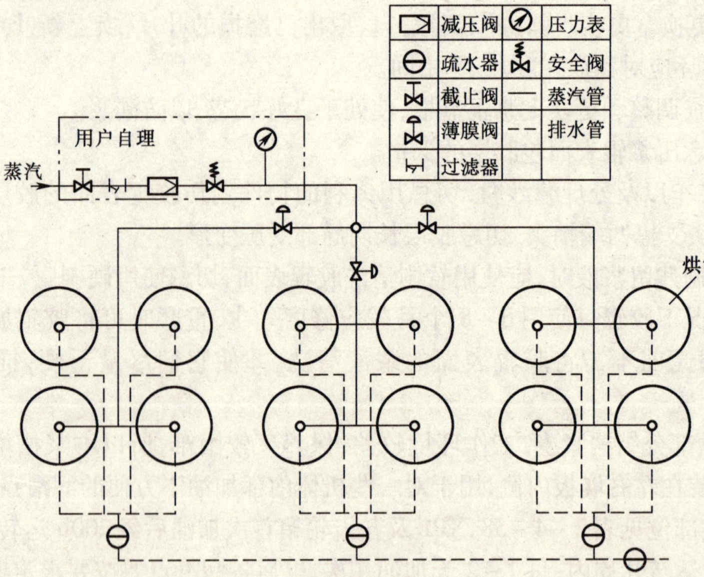

(1) 排水管路

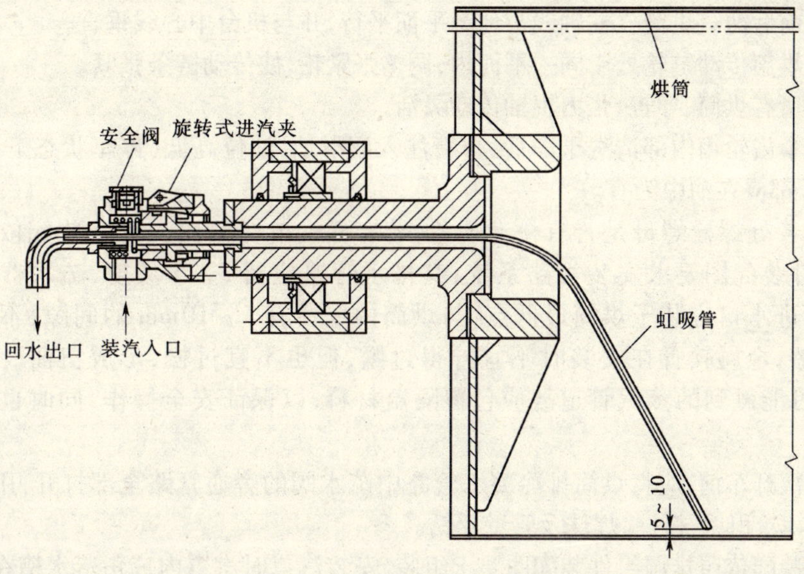

(2)结构

图2-4-106 GA338型浆纱机烘房进汽排水管路与结构

11. GA338型浆纱机烘筒温控系统(图2-4-107)

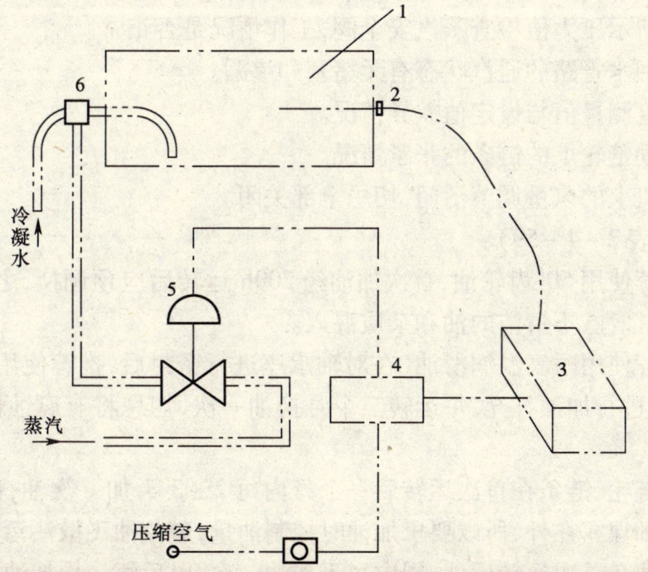

图2-4-107 GA338型浆纱机烘筒温控系统

1—烘筒 2—传感器 3—温控仪 4—电磁阀 5—调节阀 6—进汽阀

12. GA338型浆纱机烘房安装与调整

(1)调整左右烘筒立柱对地基平面的垂直度。

(2)调整前后两只烘筒立柱轴线与地基平面平行,并与机台中心线垂直。

(3)调整烘筒传动链轮处于同一平面内,调整张紧轮,使传动链条张紧。

(4)调整所有烘筒、导辊、张力辊轴传动灵活。

(5)将各伞齿轮箱内部清洗干净后,重新注入润滑油,油位高低(停车状态下)应以圆锥齿轮的整个齿长都浸在油中为宜。

(6)检查各处螺栓螺母是否有松动现象,若有松动皆需紧固。管路装配依照管路系统图和管路组件装配图要求安装管路系统,其排水管路应留3~5坡度,疏水器安装不应歪斜,虹吸管的进水口应装于烘筒最低点,与烘筒内壁留有5~10mm的间隙,不可与烘筒内壁有旋转摩擦,金属软管在安装时不宜拧得过紧,但也不宜过松,形成扭曲。因值车工在操作过程中可能碰到的蒸汽管道故应包覆隔温材料,以保证安全操作,同时也可以减少热损失。

(7)在首次开车前,应将烘筒排冷凝水管路中疏水阀的旁通管路全部打开,用蒸汽冲洗管路系统中的尘埃、积垢、杆柱、焊珠及管壁浮锈。

(8)汽罩装配依照排湿组件装配图要求组装,安装汽罩时汽罩内三角落水槽在靠近浆槽处应略低些,以利于冷凝水排出。

13. GA338 型浆纱机烘房维护与保养

(1)日常检查以下各项,若发现问题应及时处理:

①机械运转有无异响。

②各烘筒、辊体表面有无脏污、伤痕、旋转不匀等现象。

③对照压力表所示压力值检查蒸汽安全阀,工作情况是否正常。

④检查各蒸汽回水管路的通汽状态有无堵塞和渗漏。

⑤检查烘筒温度测量值与设定值差异情况。

⑥检查烘筒转动链轮上的链条的张紧情况。

⑦检查排湿风机上的风量调节活门,切忌全部关闭。

(2)定期润滑(表2-4-59):

①伞齿轮箱推荐使用50#齿轮油,首次加油经200h运转后应预调换,之后每运转三个月换油一次,切忌将有腐蚀性、不清洁的油和杂质混入。

②烘筒轴承推荐使用耐高温润滑油(在对轴承座进行密封后,推荐使用汽轮机油),每周检查油量和脏污情况,进行加油补充,每运转三个月换油一次,切忌将有腐蚀性、不清洁的油和杂质混入。

③烘筒传动的链轮、链条在首次运转后一个月内每2~3天加一次油,以后每周加油一次,因烘筒传动链条全部裸露在外,所以要求加油时控制油量,避免油飞散沾污经纱。

④其他各部加油孔首次运转后,一周内每天加油一次,以后每一周加油2~3次。有聚四氟乙烯防粘层的烘筒及导纱辊表面,切忌粗硬物体接触。定期洗刷导纱辊表面的浆痕和绒毛,不要使它们干结在辊体表面,不可用刀片刮削。运转过程中如有纱线缠绕在辊体表面,应采用一光滑木块将纱线抬起,然后剪去缠纱。

表 2-4-59　烘房部分加油部位

名　　称	油　　号	周期(h)
张力辊传动机构	ZL—1	500
张力辊轴承	ZL—1	500
烘筒轴承	耐高温机油	500
传动链轮轴承	ZL—1	500
传动链条	ZL—1	500
传动链条轴承	ZL—1	500
齿轮箱	50#齿轮油	2000
张力辊杠杆轴承座	ZL—1	2000
张力辊轴承	ZL—1	1000

14. GA338 型浆纱机烘房常见故障分析(表 2-4-60)

表 2-4-60　GA338 型浆纱机烘房常见故障原因及排除方法

故障现象	形成原因	排　除　方　法
烘房烘燥温度上不来	1. 蒸汽汽源的压力和流量不稳定 2. 气控薄膜调节阀的开口有问题 3. 上述的两条都不存在	1. 检查蒸汽汽源的压力和流量是否稳定 2. 检查气控薄膜调节阀的开口 (1)可能薄膜阀的阀芯锈蚀 (2)电磁阀输入和输出空气压力是否正常 (3)检查从电磁阀到薄膜阀的气源管是否漏气或已经损坏 (4)温控仪的输入输出及接线 (5)温控探头是否能正常工作,检查接线和检测电阻值 3. 检查烘筒的积水情况,积水严重是温度上不来产生积水的原因 (1)检查虹吸管是否在烘筒的最底部,有时虹吸管因装配的原因偏在一边或已经脱落 (2)检查疏水器是否正常工作。因为烘筒内部的杂质或管道内部的杂质随虹吸管进入疏水器而将疏水器堵死。最理想的办法是加旁通,然后将疏水器拆下来清洗后装上去再观察效果是否明显,或在疏水器后加泵抽效果是否明显。特别注意疏水器的背压不能太大,且疏水器需定期进行清理 (3)在烘房的蒸汽汽源前加一只分汽包和汽水分离器,先过滤掉一部分水,减轻烘房的负担
烘房的烘燥温度降不下来	1. 温度达到设定温度时 2. 若上述一条没问题 3. 可能温控仪表显示失灵	1. 检查在温度达到设定温度时,薄膜调节阀是否关闭,若不关闭,则检查电磁阀,输出压缩空气是否超过薄膜阀的关闭气压,若超过则将气压调小一点 2. 对薄膜阀的阀芯稍作调整 3. 结合纱线的干燥程度和回潮仪的显示情况,检查温控仪
烘筒轴头处漏气	1. 紧固螺栓受力不均匀 2. 密封铜垫片磨损	1. 重新紧固螺栓 2. 更换密封铜垫片

续表

故障现象	形成原因	排除方法
烘筒防粘层的破坏	1. 值车工在割缠纱时不小心用力破坏 2. 由于烘筒表面的污垢、飞花、浆斑在烘筒表面烘干成块，特别是在幅宽变化时易破坏表面的防粘层，要经常清洗、打扫烘筒表面	1. 要求值车工采用正确的方法割经纱 2. 经常清洗、打扫烘筒表面。但必须注意： (1)清洗时应用足量的清水，可加部分退浆剂或适量中性去垢剂 (2)绝不允许使用粗糙的物品清洗，没有涂覆聚四氟乙烯的烘筒可用短硬鬃毛刷子清洗 (3)绝不允许用钢丝刷刷涂覆聚四氟乙烯的烘筒表面
导纱辊张力辊不转	主要是轴承部分失油	可用油枪定期压入高温脂
烘筒窜动	可能是轴头上轴承的并紧螺母松开	可打开两侧端盖，将螺母收紧，且调好烘筒中心位线
气罩积水及V型槽中间滴水	1. 气罩积水可能是由于排湿风机的排湿能力不够，或者是气罩边上积水槽的出水口被堵死 2. V型槽中间滴水，主要是飞花、污垢堆积在V型槽上，使排水不畅，由于水的毛细现象，水从螺栓缝中滴下来	1. 疏通气罩边上积水槽的出水口或者更换排湿风机的排湿 2. 从气罩前后的观察窗中用水清洗V型槽

15. GA338型浆纱机车头上落轴（图2-4-108）

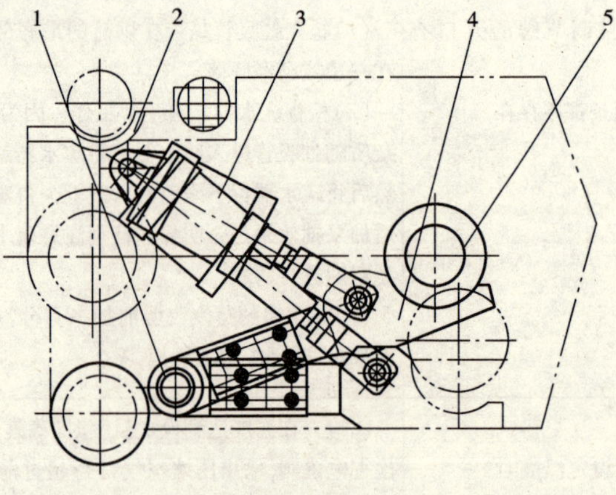

图2-4-108　GA338型浆纱机车头上落轴

1—上落轴臂支座轴　2—气缸尾座轴　3—气缸　4—上落臂　5—织轴

16. GA338型浆纱机车头拍合机构（图2-4-109）

17. GA338型浆纱机车头压纱装置（图2-4-110）

续表

名　　称	油　　号	周期(h)	备　　注
拖引辊蜗杆箱	50#齿轮油	2000	—
伸缩筘齿轮箱	50#齿轮油	2000	—
伸缩筘传动轴	ZG—1	2000	—
差速箱	50#齿轮油	2000	—
差速链轮传动装置	ZG—1	1000	3处
P5型无级变速器	50#齿轮油	2000	—
织轴箱	50#齿轮油	2000	—
左车头传动轴支撑轴承	ZL—1	2000	2处
织轴传动链条机构	ZG—1	1000	—
织轴传动左右盘头轴承	ZL—1	2000	2处
拍合小车头传动蜗杆箱	50#齿轮油	2000	2处
拍合丝杆支撑轴承	ZL—1	2000	4处
拍合丝杆	ZG—1	2000	2处
侧面压纱托臂转动处	ZG—1	2000	2处
上落轴托臂支撑处滑动轴承	ZL—1	2000	4处
压纱辊轴承	ZL—1	1000	—
测长辊轴承	ZL—1	1000	—
边织轴传动各轴承座	ZL—1	2000	—

五、津田驹浆纱机

(一)主要技术参数(表2-4-62)

表2-4-62　津田驹浆纱机主要技术参数

型　　号		HS20—Ⅱ型	HS40(S2C12)型
引纱方式		双浆槽烘筒式垂直引纱	双浆槽无接触垂直引纱方式
工作幅宽(mm)		1800	1600,1700,1800,2000,2200
适应纱种类		棉、涤棉混纺纱线	同左
车速 m/min	正常 m/min	最高为100,一般40~60	最高为100,125
	慢速 m/min	4	4
	爬行 m/min	1.5	1.5
经轴架	型式	双层高低式	双层高低式
	经轴数(只)	20	12~24
	经轴规格(mm)	ϕ800*1800	ϕ800*1800
	经轴制动	B/S张力自动反馈气压控制	单独带闸式气压集中控制方式,反馈控制

续表

型号			HS20—Ⅱ型	HS40(S2C12)型	
浆槽	型式		浸渍及双重压浆	双浆槽	
	材料		上浆辊为不锈钢,压浆辊为橡胶	上浆辊为不锈钢,压浆辊为橡胶	
	液面控制		瀑布式溢流	瀑布式溢流	
	加热		温度自控鱼鳞加热	温度自控鱼鳞加热	
	输浆方式		自动循环输浆	自动循环输浆	
	预热浆槽	型式	接触式自动供浆	接触式自动供浆	
		加热	温控自动加热	温控自动加热	
	引纱辊(mm)		ϕ112	ϕ112	
	浸没辊(mm)		ϕ85	ϕ85	
	上浆辊(mm)		ϕ200,ϕ230	ϕ200,ϕ230	
	压浆辊	加压方式	气压线性加压	浸渍及双压浆方式	轧点和双压浆方式
		加压范围(kN)	第一 0~8 第二 0.67~15	第一最大 8 第二最大 20	第一最大 15 第二最大 40
		材料(mm)	橡胶 ϕ190	橡胶 ϕ190	
		释压装置	气缸	气缸	
	湿分绞棒(mm)		水冷式	—	
	浆液温度控制装置		传感器自动控制	传感器自动控制	
烘房	型式		全　烘　筒	全　烘　筒	
	烘筒	只数	12 只	12 只	
		规格(mm)	ϕ700×1800	ϕ700×1800	
	烘筒传动		预积极式,主积极式	预积极式,主消极式	
	烘筒温度		设定后自动控制	设定后自动控制	
	蒸汽压力(kPa)		<450	<450	
车头	型式		AC 矢量传动方式	AC 矢量传动方式	
	适应浆轴规格(mm)		最大为 ϕ1016,宽 2800	最大为 ϕ1016	
	平纱辊		无	无	
	拖引辊(mm)		ϕ285	ϕ285	
	伸缩筘		人字型	人字型	
	分绞棒(根)		19 根	19 根	
	打印装置		喷墨	喷墨	
	测湿装置		通过纱线反馈进行回潮控制	通过纱线反馈进行回潮控制	

续表

型号			HS20—Ⅱ型	HS40(S2C12)型
车头	后上蜡	形式	单面	单面
		加热	蒸汽	蒸汽
		温度	设定后自动控制	设定后自动控制
	上落轴装置		气压	气压
	压纱装置		液压	液压
	浆轴传动		根据卷取张力电动机传动	根据卷取张力电动机传动
张力调节装置	经轴架		B/S张力控制	B/S张力控制
	喂入张力(引纱辊~浆槽)		总经×特克斯×175	总经×特克斯×175
	湿区张力(浆槽~烘筒)		用伸长控制 速度高0.3% 速度低0.5%	用伸长控制 速度高0.3% 速度低0.5%
	干区张力(烘筒~拖引辊)		用伸长控制 速度高0.3% 速度低0.6%	用伸长控制 速度高0.3% 速度低0.6%
	浆轴卷绕张力(N)		400~500	最大6000(125m/min) 最大7500(100m/min)
自动控制装置	经轴		根据经轴直径,张力自动控制	根据经轴直径,张力自动控制
	浆槽		PIV	PIV
	烘房		直接传动	
	车头		PIV	PIV
电动机功率(kW)	主电动机		11+7.5	11+7.5
外形尺寸	长(mm)		29565	28155
	宽(mm)		4880	4380
	高(mm)		4296	4296

(二)津田驹浆纱机主要机构及控制

1. 上浆机构(图2-4-113)

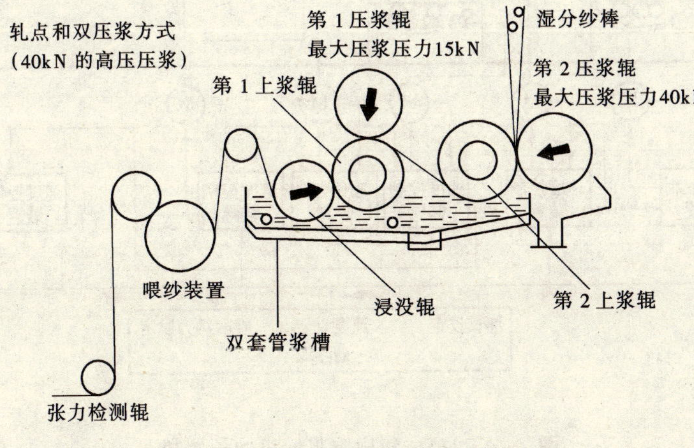

图2-4-113 津田驹浆纱机上浆机构

2. 预湿上浆装置(图2-4-114)

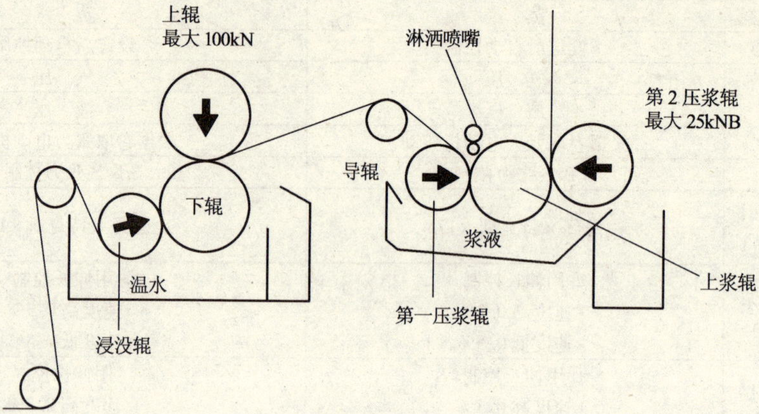

图2-4-114　津田驹浆纱机预湿上浆装置(S型)

3. 伸长控制(图2-4-115)

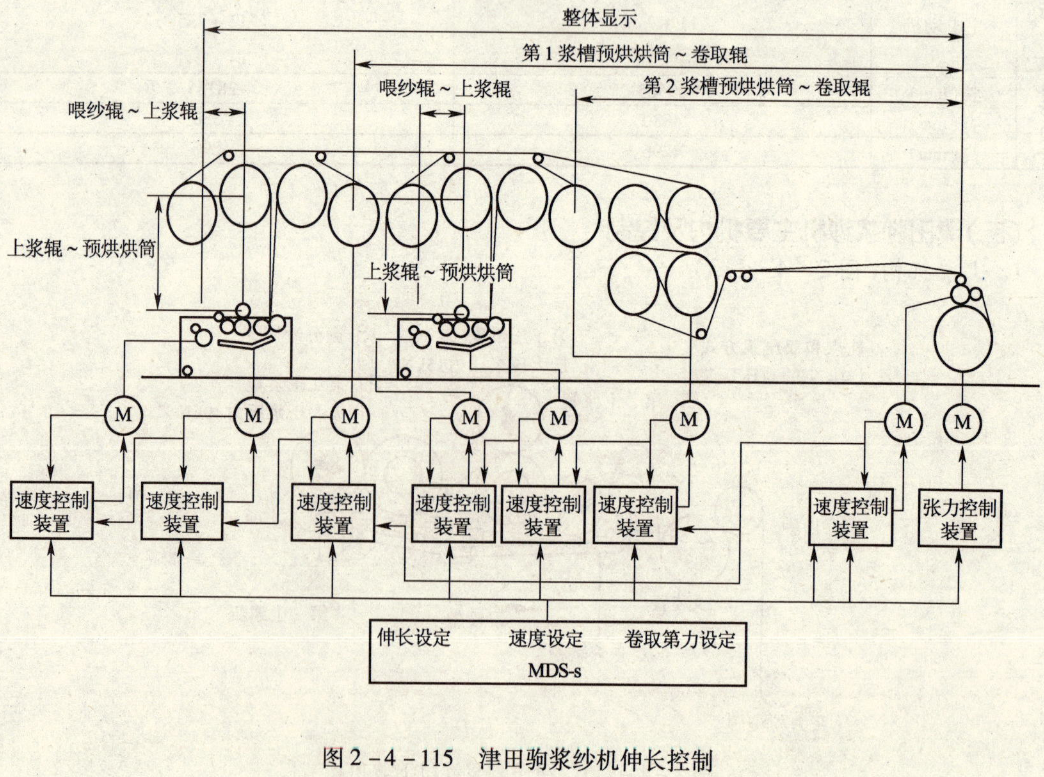

图2-4-115　津田驹浆纱机伸长控制

4. 张力控制(图 2 -4 -116)

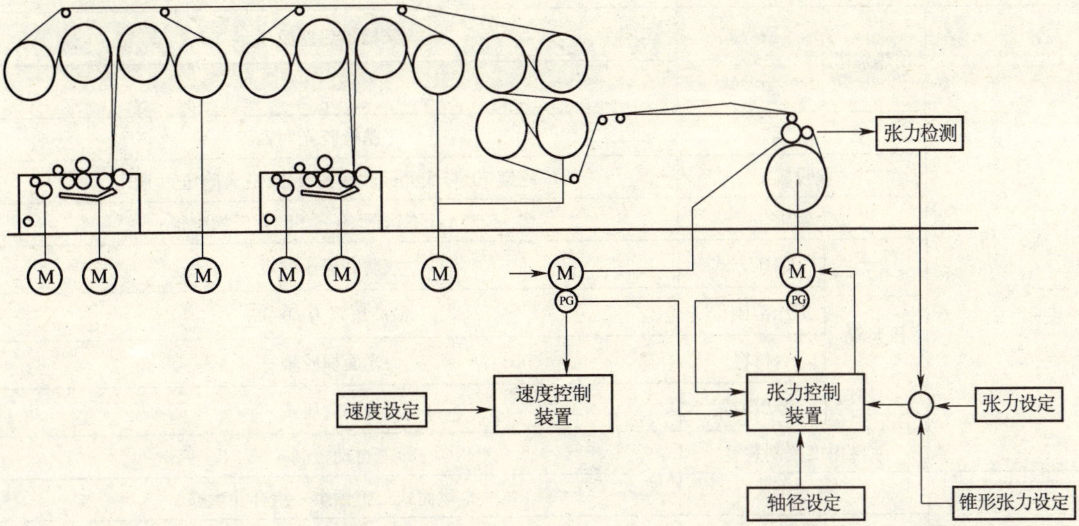

图 2 -4 -116 津田驹浆纱机张力控制

六、卡尔迈耶浆纱机

(一)主要技术参数及结构特征(表 2 -4 -63)

表 2 -4 -63 卡尔迈耶浆纱机的主要技术参数及结构特征

项 目		主要技术参数及结构特征
型 号		卡尔迈耶
型 式		智能型
工作幅宽(mm)		1900,2800
适应纱种类		棉、涤棉混纺纱线等
车速(m/min)	最 高	150
	爬 行	0.5 ~1
经轴架	型 式	H 型双层高低式
	经轴数(只)	4 ~16
	经轴规格(mm)	ϕ800,ϕ1000
	经轴制动	气动制动,可自动或手动控制退绕张力
浆 槽	型 式	双浸双压(四压)双浆槽
	材 料	不锈钢双层(带保温层)
	液面控制	电磁阀气阀液面自控
	加 热	直接加热
	输浆方式	从浆槽底部及两侧进浆

续表

项　目			主要技术参数及结构特征
浆　槽	预热浆槽	型　式	浆槽预热器循环
		加　热	直　接
	引纱辊		丁腈橡胶光面辊
	浸没辊		硬度70°肖氏光面软性橡胶辊，最大侧压力1kN
	上浆辊		ϕ225mm不锈钢辊（或98°肖氏橡胶辊）
	压浆辊	加压方式	双侧高保压气囊
		加压范围（N）	最高压浆力40000
		材料	光面橡胶辊
		释压装置	自动气压式
	浆液温度控制装置		自动控制
烘　房	型　式		全烘筒式二组预烘一组合并烘燥
	烘　筒	只　数	12只
		规　格	ϕ800mm预烘筒表面涂防粘层
	烘筒传动		积极式链轮传动
	烘筒温度		温度自控装置，数字显示
	回汽装置		虹吸式
车　头	型　式		
	适应浆轴规格（mm）		ϕ110～1016，宽1600
	伸缩筘		连续人字型式，电气移动
	分绞棒（根）		
	打印装置		电子式测长，气动喷印
	后上蜡	形　式	单面或双面
		加　热	上蜡辊体内部加热
	上落轴装置		机械电气与气动结合
	压纱装置		双托纱辊侧压式气动加压
	浆轴传动		伺服电动机加变频调速器传动
张力调节装置	经轴架		张力自控装置
	喂入张力（引纱辊～浆槽）		伺服电动机加变频调速器传动
	湿区张力（浆槽～烘筒）		伺服电动机加变频调速器传动
	干区张力（烘筒～拖引辊）		伺服电动机加变频调速器传动
	浆轴卷绕张力		伺服电动机加变频调速器传动

续表

项　　目		主要技术参数及结构特征
自动控制装置	经　轴	张力自控装置
	浆　槽	浆液液面自控;浆液温度自控;压浆力随车速变化而自动改变
	烘　房	烘筒温度自控
	车　头	多媒体触摸屏彩显计算机;上浆参数的监测、控制、显示:计算机监测和控制所有的上浆工艺参数,计算机可复制和存储约300个生产品种,设备电气故障报警和自动诊断系统,计算机自动监测和调节经轴架纱线退绕张力,计算机监测和控制每个浆槽的张力和伸长率,计算机监测和控制烘房区的温度和纱线回潮率(三组温度控制器),计算机监测和控制浆纱机全机变频传动系统并可以分区域设置纱线的伸长率(全机总伸长率可控制在≤1.2%),配有计算机浆纱工艺设计系统(人—机对话系统),可以同生产管理和技术管理办公室的计算机连网,进行全面的计算机网络管理

(二)张力控制和调节

1. 卡尔迈耶浆纱机张力控制和调节(图2-4-117)

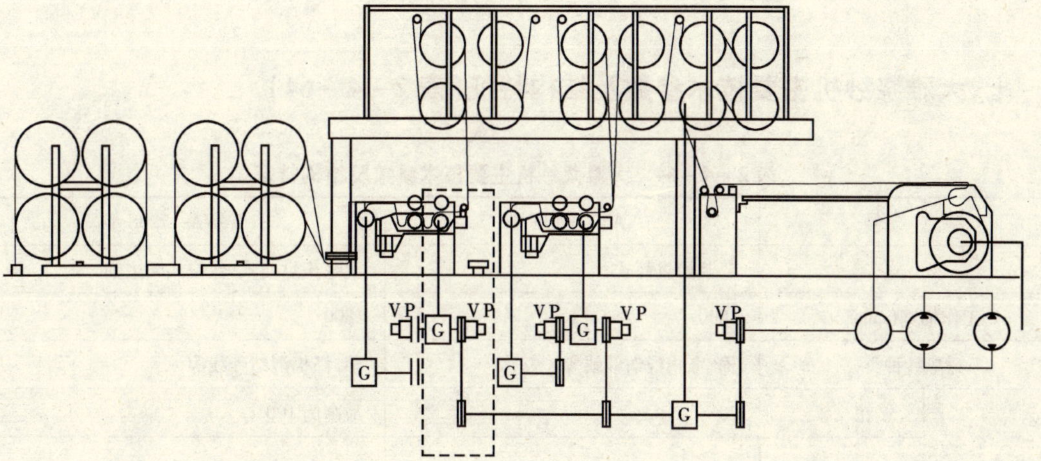

图2-4-117　卡尔迈耶浆纱机张力控制和调节

2. 卡尔迈耶浆纱机浆液浓度控制(图2-4-118)

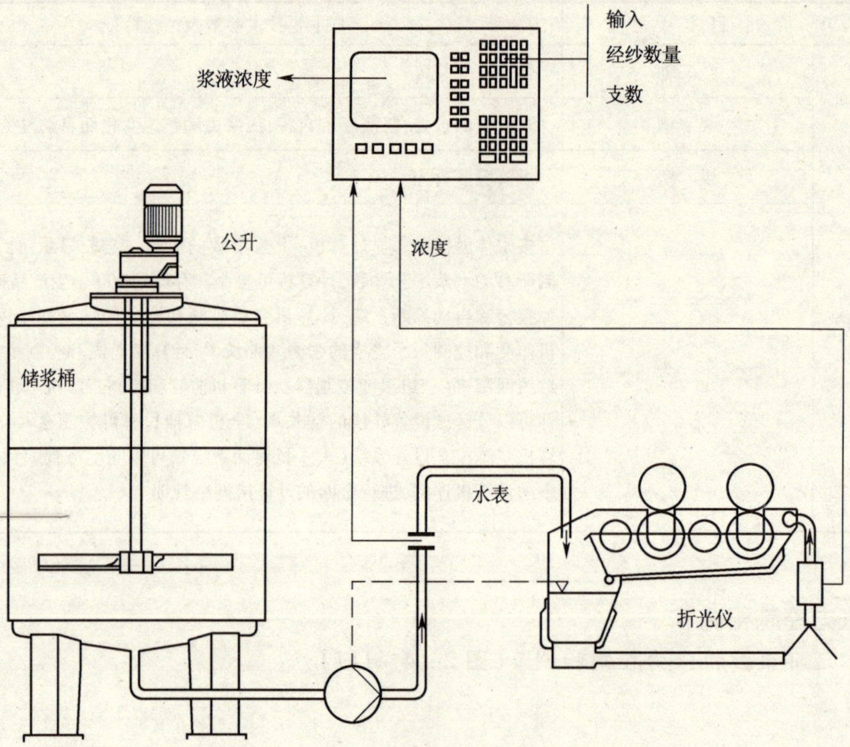

图 2－4－118　卡尔迈耶浆纱机浆液浓度控制示意图

七、大雅浆纱机主要技术参数及结构特征(表 2－4－64)

表 2－4－64　大雅浆纱机主要技术参数及结构特征

型　号		TAYA—500 型	TAYA—720S 型
型　式		双浆槽烘筒式	双浆槽烘筒式,数位式无边轴
工作幅宽(mm)		1800	1800
适应纱种类		棉、涤棉混纺纱线等	棉、涤棉混纺纱线等
车速(m/min)	正　常	70	最高为 100
	慢　速		
	爬　行	2	1
经轴架	型　式	H 型双层高低式	H 型双层高低式
	经轴数(只)	12	16
	经轴规格(mm)	ϕ800×1800	ϕ800×1800
	经轴制动	气动制动 可自动或手动控制退绕张力	气动制动 可自动或手动控制退绕张力

续表

型号			TAYA—500 型	TAYA—720S 型
浆槽	型式		双浸双压(四压)双浆槽	双浸双压(四压)双浆槽
	材料		不锈钢双层(带保温层)	不锈钢双层(带保温层)
	液面控制		电磁阀气阀液面自控	电磁阀气阀液面自控
	加热		直接加热	直接加热
	输浆方式		从浆槽底部及两侧进浆	自动循环输浆并有过滤装置
	预热浆槽	型式	浆槽预热器循环	浆槽预热器循环
		加热	直接	直接
	引纱辊		丁腈橡胶光面辊	丁腈橡胶光面辊
	浸没辊		硬度 70° 肖氏光面软性橡胶辊,最大侧压力	浸没辊包耐高温橡胶,兼侧压纱功能,电动式起落
	上浆辊		ϕ225mm 不锈钢辊(或 98° 肖氏橡胶辊)	ϕ225mm 不锈钢辊(或 98° 肖氏橡胶辊)
	压浆辊	加压方式	气动式	气动式
		加压范围(kN)	0~12	主压浆辊最大压浆力可达 40,副压浆辊最大压浆力可达 15
		材料	硬度 65°~70° 肖氏光面橡胶辊	硬度 65°~70° 肖氏光面橡胶辊
		释压装置	自动气压式	自动气压式
	浆液温度控制装置		自动控制	数字式温度控制器(PID)自动控制
烘房	型式		全烘筒式两组预烘一组合并烘燥	全烘筒式四组预烘一组合并烘燥
	烘筒	只数	7 只,两组预烘各 2 只,并合烘 3 只	12 只
		规格	ϕ800mm 预烘筒表面涂防粘层	ϕ800mm 预烘筒表面涂防粘层
	烘筒传动		积极式链轮传动	积极式链轮传动
	烘筒温度		温度自控装置,数字显示	温度自控装置,数字显示
	回汽装置		虹吸式	虹吸式
	适应浆轴规格(mm)		ϕ1000 幅宽 1000~2200	ϕ1250 幅宽 40~3900
	伸缩筘		连续人字型式,电气移动	连续人字型式,电气移动
	打印装置		电子式测长,气动喷印	电子式测长,气动喷印
	测湿装置		M601 型温度监控器(美国)	M601 型温度监控器(美国)
	后上蜡	形式	单面或双面	单面或双面
		加热	上蜡辊体内部加热	上蜡辊体内部加热
	上落轴装置		机械电气与气动结合	机械电气与气动结合
	压纱装置		双托纱辊侧压式气动加压	双托纱辊侧压式气动加压
	浆轴传动		PIV 无级变速器	伺服电动机配精密减速器

续表

型号		TAYA—500 型	TAYA—720S 型
张力调节装置	经轴架	张力自控装置	张力自控装置
	喂入张力(引纱辊—浆槽)	调节铁炮上平胶带位置改变速比	调节铁炮上平胶带位置改变速比
	湿区张力(浆槽—烘筒)	XP1 无级变速器	伺服电动机加变频调速器传动
	干区张力(烘筒—拖引辊)	PIV 无级变速器	伺服电动机加变频调速器传动
	浆轴卷绕张力	调节 PIV 加压气缸气压	伺服电动机加变频调速器传动
自动控制装置	经轴	张力自控装置	根据经轴直径,张力自动控制
	浆槽	浆液液面自控 浆液温度自控 压浆力随车速变化而自动改变	浆液液面自控 浆液温度自控 压浆力随车速变化而自动改变
	烘房	烘筒温度自控	烘筒温度自控
	车头	浆纱回潮率自控 卷绕张力显示(气压表)	浆纱回潮率自控 卷绕张力显示(气压表)
电动机功率(kW)	主电动机	18.5(辅电动机:4.5)	18.5(辅电动机:4.5)
外形尺寸	长(mm)	25600	30000
	宽(mm)	4600	5300
	高(mm)	2400	2500

八、西点(West point)(美国)、金丸(日本)浆纱机的主要规格及技术特征(表2-4-65)

表 2-4-65 西点、金丸浆纱机主要规格及技术特征

项目		西点 West point(美国)	金丸(日本)
型号			KJS—8C 型
型式		双浆槽烘筒式	双浆槽热风烘筒混合式
工作幅宽(mm)		1800	1800
适应纱种类		棉、涤棉混纺纱线等	棉、涤棉混纺纱线等
车速(m/min)	正常	80	60~100
	慢速	6	
	爬行	1.5	2
经轴架	型式	双层高低平形组合式	双层高低式
	经轴数(只)	18	12
	经轴规格(mm)	ϕ813×1800	ϕ812.8×1806

续表

项　目			西点 West point(美国)	金丸(日本)
经轴架	经轴制动		轴承与发夹结合达到张力自控 气压调节器无级自动调节	人工调节张力重锤式
浆槽	型式		652 型双浸双压高低式双浆槽	CS1500 型单浸双压高低式双浆槽
	材料		不锈钢浆槽,玻璃纤维隔热	3mm 不锈钢板浆槽,容积 295L
	液面控制		电气接触式液面自控	瀑布式溢浆
	加热		口形蒸汽管直接加热	直接加热
	输浆方式		浆槽后侧中央进浆	用输浆泵从浆槽底部打入
	预热浆槽	型式	积极式浆液大巡回	浆槽预热器循环
		加热	直接	直接
	引纱辊		胶木橡胶辊超越离合器传动	ϕ165mm 和 ϕ230mm 橡胶辊上下各一根
	浸没辊		3 根	1 根(ϕ152.4mm × 2000mm 不锈钢辊) 浸没辊加压,正常 29N/cm^2,慢速,脱开
	上浆辊		ϕ229mm 不锈钢辊	ϕ229mm 不锈钢辊
	压浆辊	加压方式	气动杠杆式	气动式
		加压范围(kN)	0~6	0~6
		释压装置	自动气压式	自动气压式
	湿分绞棒(mm)			ϕ34×3 不锈钢辊
	浆液温度控制装置		自动控制	自动控制
烘房	型　式		581 型烘筒式	热风烘筒混合式
	烘筒	只数	11	8
		规格(mm)	ϕ762×2045 不锈钢,其中 8 只涂防粘材料	ϕ762 × 2000 不锈钢,8 只均涂聚四氟乙烯
	烘筒传动		ϕ635 链轮积极式传动	积极式链轮传动
	烘筒温度		147~157 有加温自动控制系统	温度自控装置
	蒸汽压力(Pa)		34.3×10^4	29.4×10^4
	导辊		不锈钢导辊涂聚四氟乙烯	聚四氟乙烯涂层
	回汽装置		虹吸式	虹吸式
车头	型　式		654 特重型	VS—100 型
	适应浆轴规格(mm)		ϕ813×1860	ϕ1000×2000
	空轴满轴直径比		1:5.5	1:7.2
	平纱辊		导辊式	—
	拖引辊		胶木辊	不锈钢辊

续表

项　目			西点 West point(美国)	金丸(日本)	
车头	伸缩筘		人字形	人字型移动式	
	分绞棒(根)		ϕ57mm×1,ϕ25mm×16	12	
	打印装置		611 型电气打印	电气气动喷印	
	测湿装置		M601 型	FUJI 自控测湿仪附故障信号仪	
	后上蜡	型式	单面	单面	
		加热	蒸汽	蒸汽	
		温度	自控	自控	
	上落轴装置		液压	气动	
	压纱装置		气压往复	ϕ86mm 双辊气压	
	浆轴传动		VERNIER—SET 差动式	UG3 型张力自动调节装置	
张力调节装置	经轴架		发夹式气压制动	气压制动	
	喂入张力(引纱辊—浆槽)		机电式伸长显示器(SPEED TRAN SDUCER)	ISHB 差动轮系 PIV 装置	
	湿区张力(浆槽—烘筒)		VERNIER—SET 差动式变速传动装置	ISHB 差动轮系 PIV 装置	
	干区张力(烘筒—拖引辊)		机电式伸长显示器(SPEED TRAN SDUCER)	4:1ISHB 差动轮系 PIV 装置	
	浆轴卷绕张力		浆轴卷绕自调气动控制联合器	UG3 型卷绕装置	
电动机功率(kW)	主电动机		AC—DC 11	20	
	慢速电动机		—	1	
外形尺寸	长(mm)		23714	31000	28386
	宽(mm)		3175	4000	3500
	高(mm)		3591	35000	4558

九、调浆设备

调浆设备有煮釜、调和桶、供应桶、溶解桶及齿轮泵等,其特征分别见表 2-4-66～表 2-4-76。

表 2-4-66　G914 型煮釜桶技术特征

项　目	技 术 特 征
型　式	圆桶式
桶内径(mm)	700
桶深度(mm)	800
桶容积(L)	约 300,有效容积 270
搅拌器	由两个水平叶及六根垂直搅拌棒组成,由锥齿轮传动,传动比为 1:1.2
翻浆叶	螺旋桨式长 540mm
搅拌器速度(r/min)	50

续表

项目	技术特征
使用蒸汽压力(kPa)	不超过200
机器外行尺寸:长×宽×高(mm)	1190×800×1380
传动方式	单独电动机,功率0.6kW,970r/min

表2-4-67 G921型调浆桶

项目	技术特征
型式	钢板卷制圆桶式(内壁复衬紫铜皮)
桶体内外直径(mm)	内径1100,外径1182
桶高度(mm)	1050
使用容积(L)	约1000,有效容积700
工作解质	pH 5~11的淀粉浆等
工作压力	常压
煮浆温度(℃)	100
蒸汽压力(kPa)	200
搅拌叶	倾斜叶片式两只,上下互成90°
搅拌速度(r/min)	30
加热管	环行紫铜管,置于桶内底部
生产能力	一般淀粉浆,调一桶浆需45min(不包括淀粉浸泡时间)
外形尺寸:长×宽×高(mm)	1560×1200×1200
机器重量(t)	0.6

表2-4-68 G924型溶解桶和G925型供应桶

项目		技术特征	
		G924型溶解桶	G925型供应桶
型式		立式压力密封型	
桶体	材料	不锈钢	
	内径(mm)	1000	
	容积(m^3)	全容积1,有效容积0.8	

项目	技术特征	
	G924型溶解桶	G925型供应桶
工作压力(kPa)	最高表压200	
工作温度(℃)	最高132	
加热方式	桶底有外径32mm的环行管,管上有小孔喷出蒸汽直接加热	
搅拌器	螺旋桨式搅拌器,转速720r/min 刮板式搅拌器,转速25r/min两者同向回转	双速反向框架式搅拌器,速度分别为25r/min及12.5r/min

续表

项　目	技 术 特 征	
浆液产量(kg/h)	1200	
浆液输送	生浆由喷射器输送,熟浆借桶内蒸汽压力输送	
阀　门	快速启闭的铜制球阀,由汽缸通过连杆控制	
过滤器	带有不锈钢丝网的吊桶式过滤器	
自控仪表	JS11—41 型电动式时间继电器 XBT—122 型温度指示调节仪 YX—150 型电接点压力表 XUG—1 型杆式液面信号发生器	
电动机	JO2—22—4(T2)型感应电动机,转速 1410r/min,功率 1.5kW JO2—51—8(T2)型感应电动机,转速 720r/min,功率 4kW	JO2—22—4(T2)型感应电动机,转速 1410r/min,功率 1.5kW
外形尺寸:长×宽×高(mm)	1250×1980×2750	1250×1980×2810
机器重量(kg)	1250	1250

表 2-4-69　G931 型蝶形齿轮输浆泵

项　目	技 术 特 征
型　式	蝶形齿轮式
输浆扬程(m)	4~6
输浆范围	可输送生浆、半熟浆及熟浆
输浆粘度(mPa·s)	半熟浆 3~5
齿轮速度变换方法	定速比减速器,调节带轮变速
最大输浆量(L/min)	65
输浆高度(m)	4~6
进出浆管接管直径(mm)	适用于 50(2 英寸)管牙
输浆齿轮转速及输浆量	输送熟浆、半熟浆:91r/min,100r/min,8~25L/min 输送回浆:110r/min,25~45L/min 输送生浆:126r/min,45~65L/min
传动方式	单独电动机,FO42—12 型,功率 0.4kW
外形尺寸:长×宽×高(mm)	877×906×415
机器重量(kg)	约 240

表 2-4-70　7102 型输浆泵

项　目	技 术 特 征
型　式	皮膜往复式
送浆高度(m)	4

续表

项　目	技 术 特 征				
输浆能力	连杆推进行程(mm)	10	20	30	40
	偏心位置(mm)	5	10	15	20
	输浆量(L/min)	9	20	25	43
	一般采用输浆量为20L/min				
减速器	蜗轮减速,传动比1:20				
连杆往复速度(次/min)	70.5				
泵体	2个,铸铁				
泵膜材料	橡皮及牛皮				
管道进口	直径50.8mm(2英寸)出浆管,自垂直位置可以左右调节各60°				
外形尺寸:长×宽×高(mm)	1378×934×722				
传动方式	单独电动机,封闭扇冷式(鼠笼型),功率1kW,转速1410r/min				

表2-4-71　高速搅拌器

项　目	技 术 特 征
型式	三叶螺旋桨,悬挂式
直径(mm)	200
叶角(°)	叶片扭角20,叶片倾角22
材料	不锈钢板(3mm厚)
工作容量	适用于有效容积为600L左右的浆桶,用以调制粘度较大的CMC、褐藻酸钠等浆液
转速(r/min)	1450或1000
传动方式	单独电动机直立式或卧立式装,功率1~2 kW,通过联轴装置直接驱动搅拌器

表2-4-72　SGA911型压力煮浆桶

项　目	技 术 特 征
容积(m^3)	全容积1
有效容积(m^3)	0.8
最高工作压力(MPa)	0.2
最高工作温度(℃)	132
搅拌速度(r/min)	960,25
控制形式	计算机程序控制,手动控制
输浆形式	压力输浆
加热形式	蒸汽喷射
机体形式	立式封闭型
煮浆量(L/h)	800~1200
输浆压力(MPa)	0.05~0.2
主机功率(kW)	高速配5.5、低速配1.1三相异步电动机
管口公称直径(mm)	进气口25,进水口25,进出浆口50,放空口25,加料口300×400

表 2-4-73 SGA901B 型双速调浆桶

项 目	技 术 特 征
容积(m^3)	全容积 1
搅拌速度(r/min)	高速 960,低速 35
配用功率(kW)	高速 5.5,低速 1.1
煮浆温度(℃)	≤100
外形尺寸(mm)	1400×1200×2260(长×宽×高)
机器重量(kg)	1100

表 2-4-74 SOFC—5 型不锈钢浆纱机回浆泵

项 目	技 术 特 征
输浆形式	离心式
输浆速度(r/L)	2900
输浆量(m^3/h)	14.4
输浆扬程(m)	6~12
输浆粘度(mPa·s)	7~35
输浆温度(℃)	20~100
电动机功率(kW)	2.2

表 2-4-75 SGA901B—1 型调浆桶

项 目	技 术 特 征
容积(m^3)	全容积 1
搅拌速度(r/min)	高速 960,低速 35
配用功率(kW)	高速 5.5,低速 1.1
煮浆温度(℃)	≤100
外形尺寸(mm)	1400×1200×2260(长×宽×高)
机器重量(kg)	1100

表 2-4-76 JB—1 型辐片式微型输浆泵

项 目	技 术 特 征
浆液酸碱度	5~12
输送扬程(m)	4~6
进出口管径(英寸)	1.5(2)
输浆量(L/min)	45~67
电动机功率(kW)	0.75(4 级)
转速(r/min)	420~630
外型尺寸(mm)	285×166×184

第二节　浆纱工艺配置

一、浆纱工艺指标

(一)上浆率

1. 上浆率计算

$$S = \frac{Y_1 - Y_2}{Y_2} \times 100\%$$

式中：S——上浆率(%)；

Y_1——浆纱干重(kg)；

Y_2——经纱干重(kg)。

2. 上浆率的确定

(1)按纱线细度和织物密度确定上浆率：使用有梭织机织制纯棉平纹织物时的标准上浆率见表2-4-77。

表2-4-77　使用有梭织机织制纯棉平纹织物时的标准上浆率

细　度 tex(英支)	上浆率(%)	
	普通密度 (200根/10cm以下)	高密度 (200根/10cm以上)
29(20)	8~9	10~11
19.4(30)	9~10	11~12
14.5(40)	10~11	12~13
11.7(50)	11~12	13~14

(2)按织物组织确定上浆率见表2-4-78。

表2-4-78　按织物组织确定上浆率

织物组织	相对上浆率(%)
平　纹	100
斜　纹	80~86

(3)按纤维种类确定上浆率见表2-4-79。

表2-4-79　按纤维种类确定上浆率

纤维种类	相对上浆率(%)	纤维种类	相对上浆率(%)
纯　棉	100	涤棉、涤粘混纺纱	115~120
粘胶短纤纱	60~70	麻混纺纱	115
涤　纶	120	—	—

(4)按织机种类确定上浆率见表2－4－80。

表2－4－80　按织机种类确定上浆率

织机种类	车速(r/min)	相对上浆率(%)
有梭织机	150~200	100
片梭织机	250~300	115
剑杆织机	200~250	110
高速剑杆织机	300以上	120
喷气织机	400以上	120

3. 上浆率的掌握与调节

(1)上浆率一般以检验退浆结果和按工艺设计允许范围(表2－4－81)掌握并考核其合格率。

表2－4－81　上浆率工艺设计允许范围

上浆率(%)	6以下	6~10	10以上
允许差异(%)	±0.5	±0.8	±1.0

(2)上浆率的调节,一般通过改变浆液浓度和粘度来加以调节。压浆辊加压重量的改变也小幅度调节上浆率,但加压重量的过大改变将造成浸透和被覆的不恰当分配,故不宜采用。

(二)回潮率

1. 回潮率计算

$$W=\frac{W_1-W_2}{W_2}\times 100$$

式中:W——回潮率(%);

W_1——浆纱湿重(kg);

W_2——浆纱干重(kg)。

2. 回潮率的确定　浆纱干燥时的回潮率应低于纱线的公定回潮率。浆纱回潮率掌握的标准见表2－4－82。

表2－4－82　浆纱回潮率掌握的标准

原　　料	纱线公定回潮率(%)	浆纱干燥时的回潮率(%)
棉	8.5	6.5~7
粘胶纤维	11.0	9~9.5
涤/棉(65/35)	3.0	2.5
涤纶	0.4	1.0
醋酯纤维	2.0	2.0

3. 回潮率的掌握与调节

(1)回潮率的大小取决于纤维种类、纱线线密度、经纬密度、上浆率高低和浆料性能。

(2)回潮率要求纵向、横向均匀,波动范围一般掌握在工艺设计规定 ±0.5% 为宜。

(3)回潮率的调节有“定速变温”和“定温变速”两种方法,一般通过浆纱机车速和烘房(烘筒)温度来调节,回潮仪自动控制的方式采用“定温变速”方法,值车工人感控制的方式采用“定速变温”方法。

(三)伸长率

1. 伸长率的计算

$$E = \frac{[(n \times l) + m(l_1 + l_2) + l_3] - (L - L_1)}{L - L_1} \times 100$$

式中:E——一缸浆纱的伸长率(%);

n——浆纱匹数;

l——浆纱每匹长度(m);

l_1、l_2、l_3——分别代表启机纱、了机纱和浆回丝长度(m);

m——缸浆轴数(只);

L——整经轴原纱长度(m);

L_1——原纱回丝长度(m)。

2. 伸长率的范围(表 2-4-83)

表 2-4-83　伸长率的确定

纱 线 种 类	经纱总伸长(%)	纱 线 种 类	经纱总伸长(%)
纯棉纱	1.5 以下	涤棉混纺纱	1 以下
棉纤维混纺纱	1.5 以下	纯棉及涤棉股线	0.8 以下
粘胶纤维	2.5 以下	—	—

3. 伸长率的掌握与调节

(1)正确选择整经轴排列和退绕方式,避免经纱遭受意外伸长。从各轴张力均匀来考虑,可用单列式上下退绕法;从操作方便、断头易于发现考虑,则用单列式退绕法;从节约占地面积,纱线不易松弛考虑,宜选择双列式退绕法。

(2)伸长调节器,传统浆纱机常用三种伸长(张力)调节装置,如 XP1 精密调速变速器、差微变速器、PIV 无级变速器。都能满足调节浆纱伸长的要求。新型浆纱机采用变频器和变频调速电动机加以调节。

浆纱机配套使用伸长调节装置和调节范围见表 2-4-84。

表 2-4-84　浆纱机配套使用伸长调节装置和调节范围

浆纱机型	变速装置	调节精度	调节范围(%)
G142A—140 G142A—180	差微变速箱	七级	1.77

续表

浆纱机型	变速装置	调节精度	调节范围(%)
GA300 系列 GA330 系列	XP1 型无级变速器	无级	10
S432 型	PIV 型无级变速器	无级	—

浆纱机各区域经纱伸长率掌握大致范围见表 2-4-85。

表 2-4-85 浆纱机各区域经纱伸长率掌握大致范围 单位:(%)

区域范围	棉、涤棉	粘胶纤维
经轴—浆轴导纱辊	2.5~5	2.5~5
浆轴导纱辊—出浆槽	1~2.5	1~1.5
出浆槽—烘筒	2~3	1~2
烘筒—出烘筒	7~9	5~6
出烘筒—车头	9~12	5~8

二、上浆机理

(一)上浆机理

各类浆料之所以能用于经纱上浆提高织机织造效率,其最重要的原因之一是主浆料的大分子之间和主浆料与纤维分子之间都具有良好的粘附性。主浆料大分子之间具有一定的自粘力,其溶液在干燥后能形成有足够弹性和挠性的柔韧薄膜。主浆料大分子对纤维分子具有良好的粘着力,浸透到纱线内部能增大纤维之间的抱合力,被附在经纱表面能提高纤维的耐磨性能。粘附的效果除了取决于分子之间接触面积大小之外,还取决于粘附双方的相容性。关于粘附机理,各有说法,但比较一致的主要有以下三种观点。

1. 吸附理论　Mclaren 认为粘附现象的实质是一种表面吸附现象。粘附过程有两个阶段。第一阶段是高分子溶液中的粘附粒子的布朗运动,使粘附剂迁移到被粘物(如纱线)的表面,致使高聚物粘附剂分子的极性基团逐渐向被粘物的极性部分接近。在外界压力(如压浆辊的挤压)作用下,或加热而使溶液粘度下降的情况下,高聚物链段也能与被粘物表面靠得很近。第二阶段是吸附作用。当粘附剂与被粘物分子间的距离小于 0.5nm 时,分子间力发生作用。这种吸附力包括解离基团之间的作用力(离子键)、非极性基团间的作用力(取向力、诱导力、色散力)及氢键的作用力,它使粘附剂与被粘附物粘附在一起。

2. 扩散理论　扩散理论的基础是“相似相容原理”。扩散理论认为,由于分子热运动,粘附剂与被粘物的分子或分子链段能互相扩散,相互缠结,从而使粘合界面消失,形成一个过渡区,将粘附剂与被粘物粘附在一起。扩散时间增加,可以使扩散深度增大,形成更牢固的粘附。

扩散理论的另一论点认为,高聚物相互间的粘附作用是与其互溶性密切相关的。这种互溶性基本上由极性相似来决定,如果两个高聚物都是极性的,或都是非极性的,经验证明它们的粘附力较高。这一论点对浆料的选择是一个有价值的经验,即应根据纤维的特性来选择浆料。

3. 机械结合理论　这一理论认为,粘附剂液体在润湿被粘物表面时,渗入到被粘物表面,进而渗入到被粘物表面上的凹处或缝隙、小孔中固化后,这些粘附剂液体便形成了具有一定强度和弹性的固体。它们与被粘物之间具有"锚钩作用"。因而使粘附剂与被粘物粘附在一起。

通过上述三种观点分析，可以发现在浆纱过程中，浆液润湿纱线是上浆的前提。通常亲水性纱线易被浆液润湿，而疏水性纱线则较困难，因此提高浆液温度或在浆液中添加表面活性剂都能降低浆液与纱线之间的界面张力，从而提高浆液对纱线的润湿程度。据说国外为了改善浆液对纱线的润湿，常采用预浸浆纱的方法。此外，降低浆液粘度也能提高润湿速度。

（二）浆料的选择与配合

选择浆料并适当地配合，是浆纱工艺的关键之一。浆料的选择与配合必须符合上浆、织造及印染各工序的工艺要求，同时考虑降低成本和有利于环境卫生。在确定浆液配方时要根据纤维种类、经纱线密度、经纱品质、织物组织结构、织物密度以及上浆和织造工艺条件，并结合浆料来源、成本、劳动保护及能耗等因素综合考虑。但必须遵循两个原则：①浆料配合的种类应尽量少。因为各种物质的相容性总是有差异的，使用多组分的配合对浆料的均匀性有害无益；②各组分之间不应发生化学变化，使所用的各种浆料发挥其各自固有的特性，在浆液中各组分之间应该是物理的混合。

浆料的选择与配合至今还没有一套系统的、科学的理论计算方法，因此长期以来主要还是凭使用者的实践经验。通常，在确定浆液配方前，参照同类产品的配方，有条件的企业经过小批量试用，在取得完整试验数据后，再正式确定浆料的配合与配比。

三、浆液的调浆方法

浆液的调制是浆纱工程中一项关键性的工作。在调浆过程中，以一定的浆液调制方法，把浆料调制成适于经纱上浆使用的浆液。浆液调制方法应当根据不同浆料的特性合理设计，一旦确定之后要严格遵照执行。科学而又一致的调浆操作是浆纱质量稳定、良好的基本保证。

浆料的调制方法有一步法调浆和两步法调浆两种。所谓一步法就是将变性淀粉与 PVA、CMC 等同时投入调浆桶内烧煮约 2h，定积、定粘后待用。所谓两步法，就是把变性淀粉另用调浆桶调制，将调制好的 PVA、CMC 等打入变性淀粉调浆桶，混合均匀，定积后烧煮到 98℃，闷浆约 15min，定粘后待用。

1. *一步法*　一步法分高压调浆和常压调浆两种。

（1）常压调浆：先在调浆桶中加入适量水，开慢速搅拌器，慢慢地加入变性淀粉搅拌 5min 后，再加入 PVA 搅拌 10min。开汽升温至 98℃，高速搅拌 1.5h 后加入 PMA，继续高温高速搅拌 0.5h 后，加入乳化油、二萘酚和烧碱。高温、高速搅拌 1h 后，关汽，降低搅拌速度到低档，定积，92℃定粘及 pH 值（有些单位在煮完变性淀粉与 PVA 后，打入供应桶，升温至 80℃，定粘。测 pH 值，加 α－萘酚、碱、甘油，升温至 90℃保温 0.5h）。

（2）高压调浆：在高压煮浆锅中，放入一定体积的水后，加入 α－萘酚、变性淀粉、CMS、PVA、甲酯、乳化油等，定积，关盖，在 0.2MPa 压力下约 1h，再闷 15min。

2. *两步法*

（1）在高速桶内放适量水，开搅拌器慢慢加入 PVA、CMC，升温至 95℃煮 2h 左右，加入甲酯再煮 1h。

（2）在低速调浆桶内加适量水，开搅拌器后加入变性淀粉，升温至 60℃加入 α－萘酚，升温至 90℃并保温 0.5h。

(3)将 PVA 打入变性淀粉浆内(两种浆液温差在 ±5℃内),搅拌 15min。80℃定粘,加热至 95℃以上闷 0.5h,待用。

3. 调浆技术发展趋势　计算机在调浆工序中的应用是调浆技术的主要发展趋势。在浆液调制过程中,每个浆料组分的称量及加入、煮浆时间、温度、搅拌速度、调煮程序都由计算机进行控制,实现全过程的自动化;同时计算机还对浆液的调煮质量进行在线监控,并及时发出相应的信号。这一措施确保了浆液配比的准确性及调制浆液的高质量。在控制台上还设有流程图显示屏和打印装置,可以随时显示调浆进程,打印各种工艺参数及浆液质量指标,为操作和管理带来很大方便。

四、上浆工艺参数

(一)浆液浓度和粘度

1. 浆液的浓度　上浆率随着浆液的组成、浆液的浓度、上浆工艺条件(压浆力、上浆速度、压浆辊表面硬度)等因素的不同而变化。在同一浆料和上浆工艺条件不变的情况下,浆液浓度与上浆率成正比例关系。在下列情况下浆液浓度应适当提高。

(1)原纱质量下降时。

(2)开冷车使用周末剩浆时。

(3)橡胶压浆辊表面硬度太低时。

(4)由于粘着剂质量不佳,浆液粘度或上浆率下降较快时。

(5)按照生产需要,车速减慢时。

(6)锅炉蒸汽压力降低幅较大时,或蒸汽含水量较多时。

2. 浆液粘度　一般情况下,粘度低则浸透多,粘附在纱线表面的浆液少;粘度高则浸透少,纱线表面被覆多。使用低浓高粘浆料,必须注意避免因含固量不足而影响上浆率。

(二)浆液使用时间

为了稳定和充分发挥各类淀粉的粘着性能,一般采用现调现用调浆原则,用浆时间不宜超过 2~4h。化学浆可适当延长使用时间。

(三)浆液温度

浆液温度根据纤维种类、浆料组成以及上浆工艺等参数制定,实际生产中有高温上浆和低温上浆两种工艺(表 2-4-86)。

表 2-4-86　高温与低温上浆工艺

纤维种类	高温上浆(℃)	低温上浆(℃)	备注
棉纱	淀粉浆,中、粗特 94~96,细特 96~98;化学浆 92~96		棉纤维的表面附有棉蜡,蜡与水亲和性差,棉蜡在 76~81℃时溶解,故一般宜用高温上浆
涤棉混纺纱	混合浆 92~96 化学浆 92~96	纯涤短纤 45~50 涤棉(65/35)55~65 涤棉(80/20)50~55 涤棉(45/55)60~70	高温上浆可加强浆液渗透,分绞较顺利,浆纱纱身较光滑,但易产生浆斑。低温上浆多用于纯 PVA 合成浆料多相混合,一般配方简单,操作方便,浆污、浆斑疵点较少,还可节能,但必须辅以后上蜡措施

续表

纤维种类	高温上浆(℃)	低温上浆(℃)	备　注
粘胶纤维纱	80 ~ 90	—	高温湿态下,强力急剧下降
涤粘混纺纱	—	60 ~ 75	粘胶纤维纱一般亲水性较好,吸浆性强,合成纤维则是疏水性的,就其与浆液的亲和性而言,宜用低温上浆
棉维混纺纱	90 ~ 95	75 ~ 80	在高温湿态下,会使经纱弹性损失,强力下降
涤纶低弹长丝	—	50 ~ 60	用丙烯酸为浆液的主剂粘度较低,易使单丝集束

(四)压浆辊直径、加压重量、配置及浸压形式

1. 压浆辊直径　压浆辊直径的大小与压榨区单位面积承受的压力有密切关系。压浆辊直径必须选择适当,如 S432 型、GA308 型浆纱机前后压浆辊的直径分别用 209mm 及 216mm。

2. 压浆辊加压重量　压浆力的大小取决于压浆辊自重和加压量。一般高特纱,经密高,经纱捻度多,压浆力应适当加重;反之,对低特纱可适当减轻。为了浆纱机节能和提高浆纱质量,已逐渐推广高压上浆新工艺,最大压浆力可达 40kN。但必须配合使用具有"高浓低粘"性能的浆料,以达到一定上浆率。用 PVA 与淀粉的混合浆,不同细度的纱线适合的压浆力范围参考表 2 - 4 - 87。

表 2 - 4 - 87　不同细度的纱线适合的压浆力范围

细　度 tex(英支)	压　浆　力		
	N/cm	kgf/cm	kN
29.2 以上(20 以下)	137 ~ 167	14 ~ 17	19.6 ~ 24.5
19.4(30)	98 ~ 137	10 ~ 14	14.7 ~ 19.6
14.6 以下(40 以上)	78 ~ 98	8 ~ 10	11.8 ~ 14.7

3. 压浆辊配置　使用双压浆辊辊,靠近经轴架的一只压浆辊起浸透作用,重量较重,并适当保持表面硬度;靠近烘房的一只压浆辊起被覆作用,重量较前者轻,并保持较低的表面硬度。即采用先重后轻的压力配置,若采用高压上浆工艺,以降低压出回潮率,可采用先轻后重或先重后更重的压浆力配置。

4. 浸压形式　浸压形式有单浸单压、单浸双压和双浸双压三种,适用品种见表 2 - 4 - 88。

表 2 - 4 - 88　几种不同的浸压形式

浸压形式	浆槽容积(L)	浸浆长度(mm)	适用品种
单浸单压	170	—	中、高特纱线
单浸双压	270	430	中、低特纱线
双浸双压 (或双浸四压)	300	550	高、低特高经密纱线,涤棉混纺经纱

5. 压浆力、挤压长度和压浆辊橡胶硬度　由于压浆力因机幅、挤压长度而异,故根据总加

压和单位长度或单位面积的大小，其压浆效果也不同。恰当的挤压长度是 10～15mm，太短了会产生上浆不匀，太长了会增加挤压面积，压浆效果也不好，一般不宜超过 30mm，挤压长度是随橡胶硬度和压浆力而变化的。设计压浆力（最大压浆力）与橡胶的硬度（肖氏硬度）有如下关系（以 152cm 宽的浆纱机为例）见表 2－4－89。

表 2－4－89　压浆力与橡胶硬度的关系

设计压浆力		橡胶硬度(°)
kN(kN/cm)	kgf(kgf/cm)	
14.7(0.1)	1500(10)	70～75
29.4(0.2)	3000(20)	80～85
39.2(0.26)	4000(27)	85～90

6. 浆辊硬度

(1)上浆率随上浆辊包覆层硬度的增加而减少。

(2)上浆辊表面（包覆层）的硬度一般为硬度 45°～55°。

(3)当浆槽温度达到 90°C 左右时，压浆辊被加热，硬度会降低 3°～5°。

7. 双浆槽的应用

(1)适用范围：如果所浆纱线是由两种原料或两种或以上颜色组成，而对不同原料或不同颜色纱线分别采用不同的配方，则应采用双浆槽。如果为高密织物，采用双浆槽，可改善纱线的浸浆条件，防止纱线粘并，烘干后不致造成分纱困难。

(2)纱线覆盖系数：浆槽中纱线的排列密集程度以覆盖系数来衡量，覆盖系数的计算公式为：

$$K=\frac{d_0 \cdot M}{B}\times 100\%$$

式中：K——覆盖系数（%）；

d_0——纱线计算直径（mm）；

M——总经根数；

B——浆槽中排纱宽度（mm）。

纱线的覆盖系数是影响浸浆及压浆均匀程度的重要指标。排列过密的经纱之间间隙很小，于是压浆后纱线侧面出现“漏浆”现象。为改善高密条件下的浸浆效果，可以采用分层浸浆的方法，使浸浆不匀的矛盾得到缓解，并且“漏浆”现象也有所减少。但是，解决问题的根本方法是降低纱线覆盖系数，采用双浆槽或多浆槽上浆，也可采取轴对轴上浆后并轴的上浆工艺路线。降低覆盖系数不仅有利于浸浆、压浆，而且对下一步的烘燥及保持浆膜完整也十分重要。不同纱线的合理覆盖系数存在一定差异，一般认为覆盖系数小于 50%（即纱线之间的间隙与直径相等）时可以获得良好的上浆效果。

8. 高压上浆　高压上浆是美国西点（West Point）公司在 1978 年推出，并被其他公司竞相效仿的一种高效上浆技术。高压上浆技术的应用使浆纱速度大为提高，能量节约十分显著，并且上浆质量也有所提高。

(1)浆纱压出回潮率和浆液总固体率的关系：经纱通过浆槽上浆后，未经烘房烘燥时的回潮率称为浆纱压出回潮率。压出回潮率 W_i 的计算公式为：

$$W_i = \frac{G + W_j \cdot Y}{Y + m} \times 100\%$$

式中：W_j——经轴上经纱回潮率(%)；

Y——经纱干重(kg)；

m——浆纱的浆料干重(kg)；

G——经纱上浆时吸入的水分重量(kg)。

对应的经纱上浆率：

$$S = \frac{m}{Y} \times 100\%$$

假设经纱吸附浆液的浓度和浆槽中浆液浓度相等，则浆液的总体固体率 D 为：

$$D = \frac{m}{G + m} \times 100\%$$

则烘燥装置烘干单位重量(1kg)干经纱所需蒸发水分量 Q(kg)：

$$Q = (W_i - W)(1 + s) = S(1 - D)/D + W_j - W(1 + s)$$

式中：W——浆纱回潮率(%)。

因此，根据上述关系式可知，在经纱回潮率 W_j 和浆纱回潮率 W 确定的条件下，可得到 S、D 和 Q 三者的关系，当上浆率 S 一定时(10%)，浆液总固体率 D 的增加使烘干单位重量干经纱所需蒸发水分量 Q 下降，这意味着烘燥装置的负荷降低，能量消耗可以减少，浆纱速度得以提高。

实测 22.6tex 涤棉经纱(T65/C35，总经根数 6828，上浆率 9.5%)上浆，当浆液总固体率为 7.7% 时，烘干每千克干经纱需蒸发水分 1.139kg；当浆液总固体率提高到 12.3% 时，烘干每千克干经纱需蒸发水分量下降到 0.657kg。两者的蒸发水分量差异很大，后者使浆纱速度有可能显著提高。

(2)浆液总固体率和压浆辊压力的关系：浆液总固体率的增加使浆纱速度提高，但同时也导致了浆液粘度的提高，从而对浆纱上浆率和浆液的被覆与浸透程度产生不良影响。为达到适当的上浆率和合理的被覆与浸透程度，必须增加压浆辊压力，采用中压或高压上浆。即当浆液总固体率增加，为保证浆纱上浆率稳定不变，压浆辊的压力必须随之增加。

从上述分析可知，提高浆液总固体率，使用高浓度浆液，是提高浆纱速度、减少浆纱能耗的积极、有效的措施，同时它也促进了高压上浆技术的产生与发展。

(3)高压上浆的有关问题：当浆液总固体率达到一定数值之后，继续提高总固体率对 Q 值降低的作用不明显，不可能进一步减少浆纱能耗、提高浆纱速度。这说明浆液总固体率的选择应适当，不宜过高。有观点认为，过高的浆液总固体率必然造成过高的压浆辊压力，以致纱线形状被压扁，并且纱线上浆不匀，还可能损伤压浆辊。沿压浆辊长度方向，单位长度上合理的高压上浆压浆力为 98～294N/cm。

与常压上浆相比，高压上浆的浆纱质量有所提高，主要表现为：纱线表面毛羽贴伏，浆液的浸透量明显增加。良好的浆液浸透不仅使纤维之间粘合作用加强，而且为浆膜的被覆提供了保证，因此表现出浆纱耐磨性能大大改善。

适度的高压浆力能够避免浆纱的圆度下降，从而为均匀上浆提供了可能。同时，经常压榨之后，纱线的结构发生压缩，与常压上浆的浆纱相比，其纱线密度有所增加，上浆均匀和纱线结构压密效果使浆纱的织造性能得到改善。以浆纱的断裂强度和断裂伸长来比较，高压上浆和常压上浆之间不存在统计意义上的差别。这说明经高压上浆的纱线中，纤维未受到高压轧浆的损伤。

传统浆料在高浓度时粘度极高，流动性太差，给煮浆、输浆和上浆都带来困难，因此不能用于高压上浆。作为高压上浆的浆料应具有高浓低粘的特点。目前用作高压浆料的有变性淀粉和变性 PVA 等。

由于压浆辊的压力施加于辊的两端，因此高压浆力会使普通压浆辊产生弯曲变形，结果两侧经纱所受压力大，中部经纱所受压力小，产生经纱上浆率横向不匀现象，压浆辊越长，不匀现象越明显。为克服上浆率横向不匀，对上浆辊的材质提出了较高的要求，并且辊芯被设计成枣核形，当压浆辊两端被施加高压力时，由于枣核形辊芯的作用，压浆辊壳体和上浆辊共同发生微小的弯曲变形，使经纱片上浆率能保持横向均匀。

(4)高压上浆的十大优点：

①节约能源。

②提高车速。

③改善浆纱浸透与被覆。

④浆纱结构紧密。

⑤提高强伸长。

⑥增加耐磨。

⑦降低毛羽。

⑧降低断头。

⑨提高开口清晰度。

⑩提高可织性和织机效率。

(5)高压上浆的条件：

①选用高压浆力：各国采用的高压浆力范围见表 2－4－90。

表 2－4－90　各国采用的高压浆力范围

国　家	高压浆力范围(kN)	国　家	高压浆力范围(kN)
美国	40～100	日本	20～40
德国	28～44	中国	15～25

②选用"高浓低粘"浆料：

a. 浆液浓度要符合 $D \geqslant S$（D 为浆液含固率，S 为上浆率）。

b. 浆液粘度要符合 6～10mPa·s(6%，95℃)，浆槽粘度要符合 12～15s(水值 3.8s，95℃)。

③理想压出回潮率：范围为85%～110%。不同压出回潮率对可织性的影响见表2-4-91。

表2-4-91　不同压出回潮率的影响

压出回潮率范围	浆纱各项可织性指标状况
110%～120%	相对较差
83.6%～110%	较好状态
<80%	改善不明显

（五）浆纱速度

浆纱速度决定了浆膜厚度，直接影响浆纱的上浆率。一方面，速度快，压浆辊加压效果减小，浆液液膜增厚，上浆率高。另一方面速度快，纱线在挤压区中通过的时间短，浆液浸透距离小，浸透量少；同时速度快，浸浆时间短，对挤压前的纱线润湿和吸浆不利。两方面因素的综合结果，过快的浆纱速度引起上浆率过高，形成表面上浆；而过慢的速度则引起上浆率过低，纱线轻浆起毛。现代化浆纱机都具有高、低速的压浆辊加压力设定功能，高速时压浆辊加压力大，低速时压浆辊加压力小。在速度和压力的综合作用下，液膜厚度和浸透浆量维持不变，从而上浆率、浆液的浸透和被覆程度基本稳定。浆纱速度变化时，压浆力自动调节。也有部分浆纱机采用比较简单的压浆力两档切换调节方式，浆纱慢行时为一档压浆力，其他速度时为另一档压浆力。使用双压浆辊时，通过靠近经轴架的一根压浆辊的压浆力为两档切换方式；靠近烘燥区的一根为线性或指数方式。

因此浆纱速度的确定除了与上浆品种、设备条件等因素有关外，还应在设备技术条件的速度范围内确定浆纱速度。通常浆纱机的实开速度为35～60 m/min。

浆纱速度的最大值可用下式计算：

$$V_{max}=G(1+Wg)\cdot 10^6/[60\cdot \mathrm{Tt}\cdot m(1+S)(W_0-W_1)]$$

式中：V_{max}——浆纱速度；

G——烘燥装置的最大蒸发量（kg/h）；

Wg——原纱公定回潮率；

Tt——经纱线密度；

m——总经根数；

S——上浆率

W_0——浆纱压出回潮率；

W_1——浆纱离开烘燥装置的回潮。

五、浆纱工艺配置

（一）浆液配方

1. 浆液配方的确定原则

（1）主体粘着剂和辅助粘着剂的确定。根据粘着剂与纤维的化学结构特点相同或相似的原则，选用主体粘着剂与辅助粘着剂，以保证粘着剂与纤维间具有较好的亲和力和最佳的粘着力。各种浆料的结构特点见表2-4-92，各种纤维的结构特点见表2-4-93。

表 2-4-92 各种浆料的结构特点

浆料名称	官能团	离子性	适用范围
淀粉	羟基	非离子	棉、麻、粘、醋酯纤维等
海藻酸钠	羟基、羧基	阴离子	棉、粘、蚕丝等
羧甲基纤维素(CMC)	羟基、羧基	阴离子	棉、粘等
聚乙烯醇(PVA)	羟基	非离子	锦纶、纤维素
聚丙烯酸甲酯(PMA)	酯基、羧基	阴离子	涤、锦、腈纶、丙纶等
聚丙烯酰胺	酰氨基	非离子	粘、蚕丝
动物胶	酰氨基	非离子	锦纶、纤维素

表 2-4-93 各种纤维的结构特点

纤维种类	官能团	与水亲和性	纤维种类	官能团	与水亲和性
纤维素	羟基	亲水性	维纶	羟基、醛基	亲水性
涤纶	酯基	疏水性	丙纶	甲基	疏水性
锦纶 6	酰氨基	疏水性	氯纶	卤基	—
锦纶 66	酰氨基	疏水性	粘胶	羟基	亲水性
腈纶	氰基	疏水性	—	—	—

①用同一种纤维纺成的纱，当经纱特数大时，纺纱采用的原料品质较差，纱线上的毛羽多，其绝对强度较高，上浆应以被覆为主，以贴伏毛羽，提高耐磨性能。经纱特数越小，其绝对强度越低。但由于纺纱时所用的原料品质较好，所以经纱上浆的要求应以增强为主，宜多浸透，少被覆，要用质量好些的浆料来上浆。当捻数较大的经纱上浆时，因不易吸浆应考虑增加浆液的浸透能力。

②纯麻经纱上浆由于麻纤维的刚性大，纱身毛羽长而且多，应增加被覆，加大上浆率以贴伏毛羽。因此宜采用粘着力强的粘着剂，浆液浓度较大。

③对于某些条干和强度有缺陷的经纱上浆，应在保证适当浸透的同时适当提高被覆，采用粘着力较好的粘着剂，并用较高的上浆率。

④强粘丝或股线一般不上浆就可织造，但一些低特纱捻成的股线，为提高织造效率，有时也上点薄浆，上浆率低。如低特纯棉股纱华达呢，上浆率(淀粉浆)为 0 ~ 2%，线卡上浆率为 0.5% ~4%。

(2)根据织物的组织、结构选用浆料：

①在单位面积内经纬纱交织点多的织物，经纱受摩擦次数多，上浆时除要求增强保伸外，重点在于提高经纱的抗磨性能。

②当织物的经纱密度高时，经纱与经纱之间，经纱与综丝之间所承受的摩擦作用大；当织物的纬密大时，则在单位长度上的经纱所承受的反复拉伸、曲折、纬纱与经纱间的摩擦次数相对增多，因此要求经纱上浆的质量高，即浆料配方的合理性程度要高。

2. 浆液配方实例　以下实例取自全国浆料会议资料(表 2-4-94)，供参考。

表 2-4-94　浆液参考配方

织物规格	浆液成分(体积 0.85m³)							上浆条件				
	变性淀粉量(kg)	PVA 量(kg)	CMC 量(kg)	乳化油量(kg)	PA-Am 量(kg)	二萘酚量(kg)	烧碱量(kg)	浆槽 温度(℃)	浆槽 相对粘度(s)	浆槽 含固量(%)	上浆率(%)	回潮率(%)
96.5cm,14.5×14.5,393.5×523.5	60	25	—	4	10	0.15	适量	95	12	10.8	17.6	4.06
119.5cm,14.5×14.5,393.5×523.5	20	35	5	5	20	0.15	适量	95	30	8.7	12.9	5.6
170cm,13×13,370×523.5	30	35	5	5	20	0.15	适量	95	17	8.8	11.2	5.4
98cm,14.5×14.5,393.5×523.5	20	50	5	5	20	0.15	适量	95	29	9.6	12.1	2.1
167.5cm,14.5×14.5,393.5×523.5	20	40	—	5	15	0.15	适量	95	8	8.53	11.9	6.72
96.5cm,14.5×14.5,283×523.5	90	30	甘油 0.75	油脂 3.5	36	0.1	中和	85	10		10.1~14.9	5.1~5.47

(二)浆纱工艺配置

1. *府绸织物*　纯棉低特高密的府绸类织物的上浆工艺掌握浸透、被覆并重的原则。上浆工艺宜采用“高浓度、低粘度、高温高压、低张力、小伸长、重浸透、求被覆、回潮适中、均匀卷绕”的工艺路线。以 14.5×14.5(40×40)523.5×283.0(133×72)纯棉府绸为例:

(1)浓度和粘度:宜采用以变性淀粉为主的混合浆料(如变性淀粉 70%,PVA30%)浆料含固率 9%~10%,浆液粘度 8~9s(水速 4s)上浆率 11%~13%。

(2)高温高压:宜用高温上浆,供应桶温度 98℃,浆槽温度 95℃。GA301 型浆纱机,压浆辊压力(汽压)0.4~0.5MPa(4~5kg/cm^2)。祖克 S432 型浆纱机,压浆辊压力 7~10kN,压力应合理选定,以达到浸透与被覆兼顾。

(3)张力和伸长:伸长率以较小为好,一般采用 1.0%~1.5%。通过合理设计各区张力,来加以控制全机经纱总伸长。

(4)回潮和卷绕:浆纱回潮率一般在 6%~7% 较为适宜,卷绕密度一般在 0.5g/cm 左右。

2. *斜纹、卡其织物*　斜纹、卡其织物的经纱上浆率可低于同线密度和同密度的平纹织物,上浆工艺偏重于被覆。上浆工艺要求:

(1)股线上浆:一般 14tex×2 以上(42/2 英支以下)斜卡织物可以不上浆,紧度低的哔叽可采用干并;紧度较高的卡其,宜用湿并或用 0.5%~1.0% 的上浆率。10tex×2 以下(60/2 英支以上)的股线斜卡,则用上浆率为 3%~5% 的淀粉浆或上浆率为 1%~2% 的化学浆。

(2)单纱上浆。一般中特的单纱卡其、华达呢的经纱上浆率,淀粉浆可掌握在 9%~10%;混用 PVA 以淀粉为主的混合浆可掌握在 7.5%~9%;哔叽织物由于紧度较低,上浆率可适当降低。

(3)适当掌握回潮率。混合浆一般掌握在5%~6%,淀粉浆一般掌握在6.5%~7.5%。

(4)伸长控制。一般单纱织物宜控制在1.0%~1.5%,湿并或上浆的股线斜卡织物宜控制在0.7%~1.2%。

以29×36 503.5×236 纯棉卡其(3/1)为例。浆料配方为(每桶)PVA30kg、变性淀粉60kg、丙烯类AC10kg,上浆率9%,回潮率6%,伸长率<1%,浆槽温度95℃,粘度7s,S432型浆纱机压浆辊压力Ⅰ为30N,压力Ⅱ为70N。

3. *贡缎织物* 贡缎织物的浆纱工艺以减磨为主,兼顾浸透,以提高增强作用。上浆工艺要求:

(1)经面缎纹织物经纱上浆率不宜过高,否则会影响布面匀整。纬面缎纹织物由于纬纱密度高,织造时经纱单位长度内所经受的综筘摩擦次数多,所以上浆率不宜过低。

(2)贡缎织物的浆料一般以变性淀粉为主,配以PVA、CMC混合浆料。

以19.5×19.5 283×377.5 纯棉横贡为例。浆料配方为变性淀粉40kg/桶、CMC1.5kg/桶,上浆率8.7%~10.3%,回潮率4.2%~5.8%,伸长率<1%,浆槽温度98℃,粘度7s,GA301型的压浆辊压力Ⅰ为0.25MPa,压力Ⅱ为0.25MPa。

4. *防羽绒织物* 防羽绒织物是低特、特低特高密织物,单纱强力较低,而且织造时要承受较强烈的机械摩擦,容易引起断头,织造难度较大。因此,防羽绒织物的经纱上浆的要求是要提高浆纱的强伸度、耐磨性,光滑度、浆液渗透要好,而且要有坚韧完整的浆膜,故宜选用PVA—1799和0588混合搭配为主,并加入混溶性好的磷酸脂变性淀粉以及聚丙烯酸脂浆料的混合浆料配方,浸透被覆并重和浆膜完整度高的"两高一低"上浆工艺。

以14.5×14.5 523.5×393.5 棉防羽布为例。浆料配方,PVA1799为25kg、0588为15kg、变性淀粉为50kg、QL—89为10kg、S—52为3kg;上浆率14±1%,浆槽粘度9s,浆槽温度95℃,含固率15%,贝宁格浆纱机车速50m/min,双浸双压,压浆力Ⅰ为5~12kN,压浆Ⅱ为20kN,回潮率6%±1%,烘房温度120~125℃。

5. *涤棉细布和府绸*

(1)上浆工艺要求:涤纶是疏水性纤维,上浆后要求达到成膜好,耐磨高,伸长小,具有一定的吸湿性,浆纱毛羽贴服,开口清晰,光滑柔软,减少静电,有利于织造。该类织物的经纱上浆,应采用"低张力、小伸长、低回潮、均卷绕、浆液高浓低粘、重浸透、重加压、求被覆、湿分绞、保浆膜、后上蜡"的工艺路线。

①低张力小伸长:为了达到低张力小伸长,可采取如下措施。

a. 经轴架部分:经轴架用自调中心式轴架;经轴退绕不要制动装置,减少意外伸长。

b. 浆槽部分:引纱辊的有效直径应略大于上浆辊,使经纱浸浆时处于小张力状态。两对上浆辊直径要求一致,如有差异,应将直径较小的安装在靠近烘房侧,使上浆纱线不被牵引伸长。

c. 烘房部分:在保证烘燥性能的前提下,缩短引纱长度。

d. 车头部分:加强拖引辊包布的管理,控制较小的卷绕张力。

②低回潮均卷绕:为保持卷绕密度在0.48g/cm^3,宜适当增加卷绕张力,回潮率2.5%~3%。

③高浓度低粘度重加压:涤棉细号高密织物宜选用化学浆或以PVA为主加入适量淀粉的

混合浆，上浆率一般在10%～13%，浓度掌握在9%以上，化学浆粘度为9s，混合浆粘度为7～8s（漏斗粘度计水速为3.8s）为适应高浓度低粘度，压浆辊宜配置较大的压浆力。因浆纱机的机型不同，压浆辊压力不同。如GA301型压浆辊压力应不小于4.9kN，GA333型的压力不小于14.7kN，S432型的压力应大于7kN。

④重浸透求被覆：涤棉混纺纱为求得上浆后的浆膜完整、毛羽贴服和纱身光滑，就必须有良好的被覆。为纱身光滑耐磨，常采用后上蜡，上蜡量约为0.2%～0.4%，上蜡温度为79%～100℃，蜡液液面应高出上蜡辊底面1～2cm，上浆辊速度与纱线的速比一般为1:100～1:120。

⑤保持浆膜完整：为求得浆纱浆膜完整，用三根湿分绞棒，并使湿浆纱分层进烘房。分层的湿浆纱预烘长度要求在4m以上，然后经导辊并合，浆纱出烘房后，增加干分绞棒。凡在湿区与浆纱接触的部件，都应有有效的防粘措施。

以T/C J65/35 13×13　523.5×283涤棉府绸为例。浆纱主要工艺参数为：浆料配方PVA100%、变性淀粉50%、丙烯类AC30%、乳化油2%、二萘酚0.35%、烧碱0.1%，上浆率12%，回潮率3%，伸长率0.5%，浆液浓度9%，浆槽温度95℃，粘度9s，pH值7～7.5。

GA301型浆纱机的车速50m/min、压浆辊压力（汽压）0.5MPa、后上蜡0.4%。

（2）涤棉混纺纱的低温上浆：

①上浆温度的选择：涤棉混合比与上浆温度的关系见表2-4-95。

表2-4-95　涤棉混合比与上浆温度的关系

涤棉混合比	80:20	65:35	45:55
上浆温度（℃）	50～55	55～65	60～70

②PVA的聚合度、醇解度和上浆温度：高聚合度（1500～2000）完全醇解级（克分子量99%以上）的PVA，常用上浆温度在95℃左右，部分醇解级（克分子量88%）PVA可用低温上浆，一般在55～70℃，变性PVA为多元共聚物，更适宜低温上浆。

③浆液浓度和粘度的掌握：在上浆量相同的要求下低温浆液的固体量比高温浆液低10%～15%，粘度大致相仿。低温上浆如采用高浓高粘，则薄浆多，浆纱粗糙，织造效果差。

④压浆力和压浆辊表面硬度的配置：涤棉混纺纱低温上浆，车速在45～60m/min的条件下，GA301型的压浆力为4.4～4.9kN，GA333型的压浆力为5.9～11.8kN，后压浆辊（近烘房）为表面硬度肖氏硬度55～60的微孔橡胶辊，前压浆辊（近经轴）为表面硬度65～75肖氏硬度的光面橡胶辊。

6. 粘胶纤维织物　粘胶纤维具有吸湿性强、湿伸长率高、湿强力低、弹性差、塑性变形大等特性，上浆工艺中应保持纱线的强力与弹性。

（1）上浆工艺要求：宜采用“中温、保伸、较低上浆率”工艺，选用粘着力强、渗透性好、成膜性牢的浆料，以形成柔韧、平滑、耐磨的浆膜。

（2）浆料配方：利用粘胶纱的亲水性、吸附性好的特点，适当降低浆液浓度，达到被覆与渗透兼顾的目的，大多采用变性淀粉PVA、CMC（或CMS）的混合浆。

（3）上浆率：粘胶纱的纱身光滑，吸附性强，过高的上浆率会使浆膜硬化，弹性下降，浆膜易脆断，一般上浆率以5%～8%为宜。

(4)回潮率：粘胶浆纱的回潮率在10%～12%时，浆纱有较好的可织性。

(5)伸长率：粘胶纤维的塑性变形比棉大，恢复系数比棉低，纱线弹性比棉差，故上浆中要力求降低纱线伸长。伸长率控制在2.5%以下。

(6)浆纱温度：粘胶纤维在100℃以上受热后，强力有显著下降，故浆槽温度不宜过高，应控制在85～95℃。烘房温度也不宜过高，冬季应控制在95～100℃，夏季应控制在85℃左右，以防止浆纱脆断头。

(7)浆液pH值：粘胶纤维的耐酸性比棉纤维差，碱性又会使粘胶纤维发生膨润，大分子易受破坏而降低纤维强度，因此浆液pH值应调整至中性。

以R 19.5×19.5　267.5×236人棉细布为例。浆纱主要工艺参数为：浆料配方(%)变性淀粉100%、PVA15%、CMS10%、丙烯类酰胺(或甲脂)5%、乳化油3%、二萘酚0.35%，上浆率8%，回潮率9%，伸长率2.5%以下，温度85～90℃，粘度6～7s，pH值7～8。

7. 中长纤维织物

(1)浆纱工艺要求：减少伸长，减少静电产生。

(2)浆料选用：线经以2%左右的PVA水溶液上浆，单纱作经纱与涤棉混纺纱同。

(3)上浆率：中长纤维织物以中特股线作径纱的，上浆率掌握在3%～4%；以单纱作经纱的，上浆率可参照涤棉织物。

(4)回潮率：用淀粉作上浆剂，中长涤棉上浆股线回潮率掌握在4%～5%，采用混合浆或纯化学浆，中长涤腈股线回潮率掌握在2%左右。

(5)伸长率：控制在1%以内为宜。

以T/R 21.1×21.1　283×267.5涤棉中长平纹织物为例。浆纱主要工艺参数为：浆料配方水100%、PVA4%、CMC(CMS)2%、丙烯类甲脂1.2%、变性淀粉2%，上浆率9%，回潮率3.5%，伸长率<1%，浆槽温度90℃，粘度7s，pH值7～8。

8. 新型纤维织物

(1)Tencel纤维织物：

①上浆工艺要求：Tencel纱刚度大，毛羽多，强度高，故上浆目的在于减伸、保弹与帖伏毛羽。

②上浆工艺配置：以170cm Tencel 18×28　433×268平纹织物为例，其工艺配置为：浆料配方PVA 35kg、TB—225 15kg，浆纱膏5kg、P—T 3kg，后上蜡0.3%，浆槽温度85℃，烘干温度90℃，浆槽粘度7.5s，上浆率7.5%，回潮率11.5%，减伸率10%，增强率6.8%。

(2)Modal纤维织物：

①上浆工艺要求：宜用混合浆料，优选浆料配方，股线设计上浆率比同线密度单纱低2%～3%。采用二高一低浆纱工艺，严格控制各区张力，做到既有利于上浆，又避免张力差异过大而增加伸长。

②上浆工艺配置：浆料配方PVA 50kg、氧化淀粉25kg、AD 10kg、抗静电剂3kg、NL—4 0.2kg，上浆率6%～7%，回潮率2%～3%，伸长率0.5%以内，浆槽粘度5～5.5s，浆槽温度95℃，浆槽pH值6～7，供应桶粘度6～7s。

(3)芳纶纤维织物：

①要求贴伏毛羽，柔软耐磨，宜采用高浓度、中粘度、重加压、贴毛羽、偏高上浆率和后上油

的工艺。

②上浆工艺配置：以160cm芳纶19.6×19.6　236×236平纹织物为例。浆料配方PVA—1799 60kg、TB—225 20kg、E—20（脂化淀粉）30kg、KT芳纶（丙烯）6kg、YL（润滑剂）4kg，后上蜡0.3%，上浆率11.2%，回潮率3.5%，伸长率0.8%，采用S432型祖克浆纱机，浆槽温度90℃，浆槽粘度12s±0.5s，压浆压力5/13.8（kN）。

（4）大豆纤维织物：宜采用合理配方，贴伏毛羽，保持伸长，高压上浆的工艺。

浆料配方PVA1799 10kg、PVABP—0.5 10kg、酯化淀粉25kg、丙烯酸QL—89 15kg，上浆率13%～14%，含固率11%，烘房温度100℃以下（以减少高温时蛋白质纤维的损伤），浆槽温度90℃左右。

（5）竹纤维织物：竹纤维强力低，强力*CV*偏高，毛羽较多，吸湿力强，湿态时纤维宜伸长，宜选用粘着力较高的PVA浆料，并加入一定量的粘度较低，粘着力、渗透性、分纱性较好的GM8浆料，以较少分绞阻力，较少并头、绞头，贴伏毛羽；并采用"小张力、低温度、低上浆、保伸长"的浆纱工艺。

以19.6×19.6，220×220竹纤维平纹布为例。浆料配方PVA—1799 15kg、GM8—60 30kg、TB—225 25kg、KT 3kg，YL 2kg，上浆率9%，浆液粘度8s，含固率8%，浆槽温度82℃，贝宁格浆纱机车速50m/min，双浸双压，压浆力Ⅰ为6kN，压浆力Ⅱ为13kN，卷绕张力1400N，宜用后上蜡。

（三）浆纱工艺配置实例

下面以某厂使用贝宁格—泽尔浆纱机为例，从上浆工艺基本要求出发，全面讨论浆纱工艺配置的实例，供使用贝宁格—泽尔浆纱机厂家参考，对使用其他型号的浆纱机厂家也极有参考价值。

1. 上浆工艺基本要求

（1）府绸织物上浆工艺掌握浸透被覆并重的原则。宜采用"高浓度、低粘度、高温度、强分解、低张力、小伸长、重浸透、求被覆、回潮适中、均匀卷绕"的上浆工艺。

（2）斜纹及卡其织物的经纱上浆率可低于同线密度和同密度的平纹织物，上浆工艺偏重于被覆。

（3）贡缎织物浆纱工艺以减磨为主。兼顾浸透，以提高增强作用，经面缎纹织物上浆率不宜过高，否则会影响布面匀整。纬面缎纹织物由于纬纱密度高，上浆率不宜过低。

（4）稀薄织物纸特纱应采取小张力、低伸长、低温烘燥、减慢车速等工艺措施，以利于织造。

（5）涤棉细布和府绸上浆工艺应符合"低张力、小伸长、低回潮、匀卷绕、浆液高浓低粘、压浆先重后轻、重浸透求被覆、湿分绞、保浆膜"的要求。

（6）粘胶纤维织物上浆率不宜过高，回潮率力求适中，伸长宜小，用中性浆。

2. 主要工艺参数

（1）浆纱配方：根据浆纱的品种而定。可粗分为高特纯棉品种、低特纯棉品种、T/C品种及纯涤品种、股线品种等。

（2）上浆率：根据浆纱品种（原料、线密度、组织结构、经纬密度、织机型号及织造参数等）而定，受浆液的含固量、温度、浸纱长度、加压方式、压辊压力、车速等因素影响。

（3）回潮率（表2－4－96）：

表 2-4-96 纯棉、T/C 回潮率

品 种	纯 棉	T65/C35	T45/C55
回潮率	7% +0.5%	2% ~3%	4% +0.5%

(4)伸长率：伸长率偏小掌握，前引纱辊与第一组上浆辊间宜采用负伸长，一般取 -1.0% 左右，第二组上浆辊与烘燥区的伸长率（湿伸长）宜控制在1.0%左右。

(5)加压方式：根据浆纱品种及浆料配方而定。

①先重后轻：先经重压获得一定的浸透基础，而后再轻压，得到一定的被覆。高特纯棉品种采用低浓、低粘浆料，T/C 及纯涤品种也可采用。

②先轻后重：把浆液逐步压入到纱线内部，加强浆液的浸透，提高浆纱强力，减少浆纱毛羽及落浆。采用高浓低粘浆料时宜用。一般第一压浆辊加压压力固定在 10~15kN，第二压浆辊加压压力先设定 $V=0$ 和 $V=40$m/min 时的压力，运行时压力随车速线形变化。

以 14.6~19.4tex 品种为例，压出回潮率控制在 90% ~100%。第二压浆辊加压压力随品种设定见表 2-4-97。

表 2-4-97 第二压浆辊加压压力

速 度	$V=0$ m/min	$V=40$ m/min
纯棉	4~4.5kN	12~14kN
T/C 及纯涤	3~3.5kN	8.0~9.5kN

(6)浆槽温度（表 2-4-98）：

表 2-4-98 浆槽温度

纯 棉	95℃以上
T/C 及 T	90℃左右

(7)烘筒温度（表 2-4-99、表 2-4-100）：

表 2-4-99 短纤纱的烘筒烘燥温度（℃）

设备 纱线	双浆槽和紧凑式一锡林烘干机（CT）	双浆槽/单浆槽和平式铺层锡林烘干机	单浆槽和平式铺层锡林烘干机（ZT）
棉			
毛	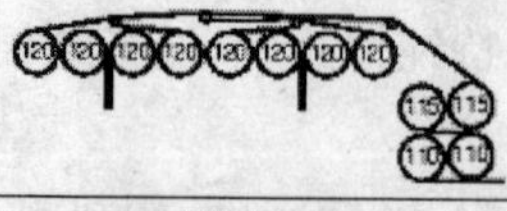		
粘胶丝	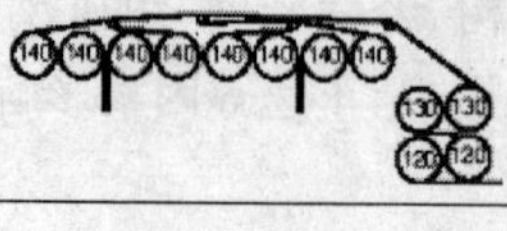	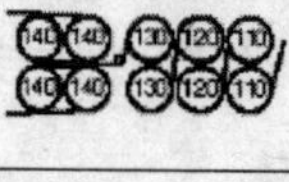	

续表

纱线＼设备	双浆槽和紧凑式—锡林烘干机(CT)	双浆槽/单浆槽和平式铺层锡林烘干机	单浆槽和平式铺层锡林烘干机(ZT)
聚酯胺	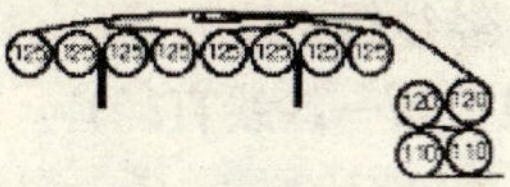	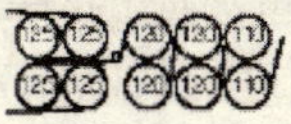	
聚　酯			

纱线＼设备	双浆槽和平式铺层锡林烘干机	单浆槽和平式铺层锡林烘干机(ZT)	单浆槽和平式铺层锡林烘干机
亚　麻			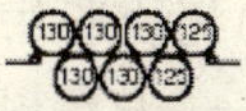
黄　麻	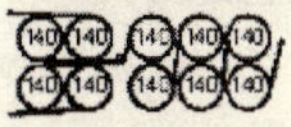		
苎　麻			

表 2－4－100　短纤混纺纱的烘筒烘燥温度(℃)

纱线＼设备	双浆槽和紧凑式锡林烘干机(CT)	双浆槽/单浆槽和平式铺层锡林烘干机	单浆槽和平式铺层锡林烘干机(ZT)
棉/聚酯	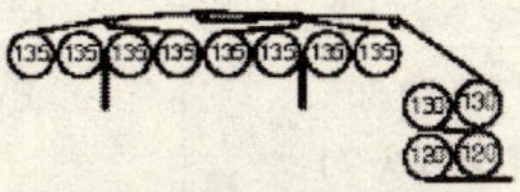	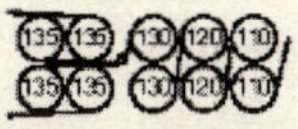	
棉/人造丝		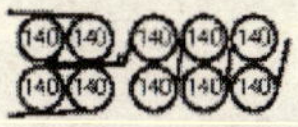	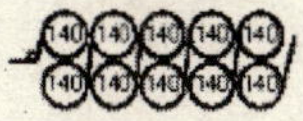
人造丝/聚酯		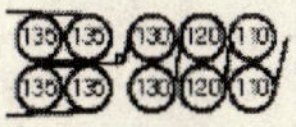	
棉/聚酯	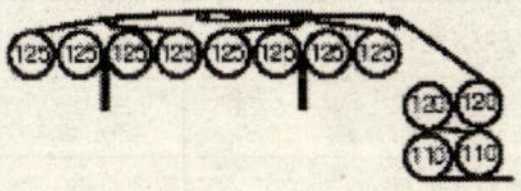	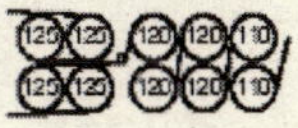	

(8)浆纱车速 V 计算公式：

$$V=\frac{Q\times Z\times A}{60\times W}(\mathrm{m/min})$$

式中：Q——每小时蒸发量(kg/h)；

Z——烘筒数量；

A——工作宽度(m)；

W——压出回潮率(90% ~120%)。

注意:根据浆纱覆盖因素的不同,车速可在 ± 10 % 范围内变动。

(9)其他(片纱重、覆盖系数、进口长度、出口长度、退绕张力、引纱张力、卷绕张力、拖纱张力等)。

(a)片纱重 = n × Tt/1000(g/m)(n—总经根数,Tt—经纱线密度)

(b)覆盖系数 = n × d/浆纱宽度 ×100%(n—总经根数,d—纱线直径)

(c)进口长度即整经卷绕长度(m)

(d)出口长度即织轴卷绕长度(m)

(e)退绕张力 =0.6 ×片纱重 ×9.8(N)

(f)引纱张力 =1.15 ×片纱重 ×9. 8(N)

(g)卷绕张力 =1.85 ×片纱重 ×9.8(N)

(h)托纱张力 =0.8 ×卷绕张力 ×9.8(N)

式中:n——总经根数;

Tt——经纱线密度(tex);

d——纱线直径(mm)。

3. 浆纱实例

实例 1(表 2 -4 -101、表 2 -4 -102):

表 2 -4 -101 浆纱配方

品种 / 项目	6m JC50 × JC50 145 ×79 棉府绸	24m JC40 × JC40 133 ×100 棉防羽布	18m C32 × (C16 +70D) 125 ×98 弹力直贡
浆料配方(kg/桶)	PVA—1799 为 30,PVA—205MB 为 25 KT 为 4 磷酸酯为 35 YL 为 2.5 VL—4 为 0.15 后上蜡为 0.3%	PVA—1799 为 30 SL 纺织上浆剂为 70 KT 为 4 YL 为 2.5 NL—4 为 0.15 后上蜡为 0.3%	PVA—1799 为 20 磷酸酯为 60 KT 为 4 YL 为 2.5 NL—4 为 0.15 后上蜡为 0.3%

表 2 -4 -102 浆纱工艺

浆槽温度(A/B)(℃)	95 ±2/95 ±2	95 ±2/95 ±2	95 ±2/95 ±2
浆槽粘度(A/B)(s)	14 ±1/14 ±1	14 ±1	14 ±1
烘房温度℃	120/120/105	125/125/110	125/125/110
片纱重(A/B)(g/m)	53.4/53.4	90/90	83.3/83.3
第一加压(kN)	10	10	10
第二加压(kN)	v =0,Q =4;v =40,Q =10	v =0,Q =4;v =40,Q =12.0	v =0,Q =4;v =40,Q =12.0
卷绕张力(N)	1940	3340	3020
托纱张力(N)	1550	2670	2420
退绕张力(A/B)(N)	315/315	540/540	490/490
引纱张力(N)	1200	2070	1880
覆盖系数(%)	32.1/4562	48.7/6228	40.1/4578

续表

车速(m/min)	70 ±5	80 ±5	80 ±5
上浆率(%)	12.5 ±1	11.5 ±1	11.0 ±1
回潮率(%)	7 ±0.5	7 ±0.5	7 ±0.5
伸长率(%)	<1.0	<1.0	<1.0
总经根数	9124	12456	9156

实例2(表2-4-103、表2-4-104):

表2-4-103 浆纱配方

项目 \ 品种	12mJ32/2×J32/2 108×58 双幅线卡	17mT65/C35 45×T65/C35 45 133×72 涤棉府绸	16mT/C45/2×T/21 108×57 涤棉方格
浆料配方(kg/桶)	玉米粉为25 TB—225 为25 PVA—1799 为10 油脂为1.5 NL—4 为0.15	PVA—1799 为50 PVA—205MB 为15 磷酸酯淀粉为30 KT 为7 YL 为5 NL—4 为0.15 后上蜡为0.3%	PVA—1799 为25 磷酸酯淀粉为55 KT 为4 YL 为2.5 NL—4 为0.15 后上蜡为0.3%

表2-4-104 浆纱工艺

浆槽温度(A/B)(℃)	95 ±2/95 ±2	92 ±2/92 ±2	
浆槽粘度(A/B)(s)	10 ±1/10 ±1	20 ±1	11 ±1
烘房温度(℃)	130/130/110	120/120/105	120/120/105
片纱重(A/B)(g/m)	184/184	58/58	88.8/88.8
第一加压(kN)	10	10	10
第二加压(kN)	$v=0, Q=4; v=40, Q=10$	$v=0, Q=3.5; V=40, Q=8.5$	$v=0, Q=3.5; V=40, Q=9.5$
卷绕张力(N)	4500	2100	3220
托纱张力(N)	3600	1680	2575
退绕张力(A/B)(N)	880/880	340/340	520/520
引纱张力(N)	2700	1300	2000
覆盖系数(%)	62.6/5052	33.8/4428	36.7/3402
车速(m/min)	50 ±5	70 ±5	60 ±5
上浆率(%)	9 ±1	13.5 ±1	11.5 ±5
回潮率(%)	6~7	2~3	2~3
伸长率(%)	<0.5	<0.5	<0.5
总经根数	10104	8856	9156

第三节 浆纱质量

浆轴质量即浆纱的质量，它直接影响织机的产量和织物的质量，所以对浆纱的质量必须按时检验，及时控制。

一、浆纱关键质量指标的确定

对浆纱的质量指标(也可认为可织性指标)研究随着无梭织机的不断采用变得日益重要。无梭织机是高速、高效、高自动化程度的先进织机，织造工艺普遍采用大张力、小梭口、强打纬、高速度。因此除对织前工艺路线及设备的配套选择有所要求外，对原纱和半制品质量有着与有梭织机不同的要求，尤其是浆纱质量，因此浆纱的可织性对无梭织造十分重要。浆纱的可织性一般从纱线强力增加、伸长保持、毛羽减少和耐磨提高四个方面加以衡量。

增强率和减伸率是目前国内评定可织性的主要指标，也是工厂常规试验项目。但由于经纱在织机上所受的最大张力和断裂伸长远低于经纱自身断裂强度和断裂伸长。也就是说，织造过程中的断头率与强伸指标的相关性不大。

毛羽是指伸出纱体表面的纤维，短纤纱上浆的主要目的是帖伏毛羽。只有毛羽帖伏才能提高织造性能。如果毛羽多，会使邻纱之间相互纠缠，造成开口不清，不但增加断头，而且严重影响织物质量。毛羽不能伏帖的原因有很多，除与原纱、络整工序有关之外，主要与上浆工序有关。同时，由于经纱在织机的后梁、停经架导棒、经停片、综、钢筘等处受到周期性的摩擦，对无梭织机而言，经纱是在高速度大张力下所受的摩擦，提高耐磨性能尤为重要。只有减少毛羽、提高耐磨，才能提高效率。

从织造断头原因与织机效率分析可发现，浆纱的增强、减伸等指标不能完全反映浆纱的实际织造性能，在浆料和配方合理确定后，增强、减伸指标的一般要求均能达到，可以认为这些指标只是浆纱质量的一般指标。相反，随着原纱条件的改善，因其本身具有较高的强力，不强求通过上浆使纱线强力提高过多，而纱线的毛羽和耐磨性能必须加以考虑，增强和减伸指标在一定程度上可用耐磨指标替代。因此应将浆纱的毛羽和耐磨指标列为评定浆纱质量的重要指标。

二、浆纱质量指标

浆纱质量指标有上浆率、浆纱回潮率、伸长率、毛羽降低率、增磨率、增强率、减伸率、浸透率、被覆率和浆膜完整率等。

(一)上浆率

上浆率是指纱线上浆后，浆料的干重对经纱干重之比的百分率。上浆率偏高偏低都会影响浆纱质量。上浆率偏高，不仅浪费了浆料，增加了成本，虽使浆纱的强度与耐磨性能有所提高，但浆纱的弹性减弱，减伸率增大，在织造时反而容易引起脆断头，而且布面粗糙，影响外观。上浆率偏低，则纱线的增强率与耐磨性能都降低，织造时纱线容易起毛，断头增加，影响生产。掌握好浆液的浓度和粘度，这是控制上浆率的主要途径，而压浆辊上包覆物的弹性、压浆辊的加压强度、浆液温度、浸没辊的位置高低、车速等因素也对上浆率有明显的影响。

主要棉织物在使用不同浆料时的上浆率参考范围见表 2－4－105。

表 2-4-105　不同浆料时的上浆率参考范围

织物种类	纱线细度		上浆率(%)		
	tex	英 支	淀粉浆	混合浆	化学浆
粗平布	58~32	10~18	7~9	4~5.5	2.5~3.5
中平布	29~22	20~26	7~11	4.5~7	3~4
细平布	19~3	30~44	10~15	6~10	4~6
特细平布	12~9.5	48~60	15~17	8~11	—
稀薄织物	12~7	48~80	13~16	7~10	—
纱府绸	29~14.5	20~40	10~15	6~12	4~9
纱斜纹	42~25	14~23	7~10	4.5~6	3~4
纱哔叽	32~28	18~21	7~9	4.5~6	2.5~4
纱华达呢	32~28	18~21	7~10	5~6	3~4
半线华达呢	16×2~14×2	36/2~42/2	—	—	0.2~0.5
纱卡其	48~28	12~21	8~11	4~7.5	3~4
半线卡其	16×2~10×2	36/2~42/2	0.5~1.0	—	0.5
全线卡其	J10×2~J7×2	J60/2~80/2	4~6	3~4	1.0~2
纱直贡	29~18	20~32	9~11	6~7	—
横　贡	J14.5	J40	12~14	7~8	5~6
麻　纱	18~16	23~36	10~13	5.8~7	—

注　1. 纯淀粉浆系指用100%的玉米淀粉、小麦淀粉等。
2. 化学浆系指用100%的PVA、丙烯浆等。
3. 混合浆系指用PVA等分别与淀粉按不同百分比混合使用。

(二)浆纱回潮率

浆纱所含的水分对浆纱干重之比的百分率称为浆纱回潮率。浆纱回潮率对生产的影响见表2-4-106。

表 2-4-106　浆纱回潮率对生产的影响

回 潮 率 过 大	回 潮 率 过 小
浆膜发粘,浆纱粘连,织造时开口不清,织疵和断头增加	浆纱粗糙脆硬,易造成脆断头
浆纱易发霉,造成霉布	浆纱的浆膜易被刮落,使纱线起毛而断头,落浆率大
与织轴边盘接触的纱易生锈斑	会造成宽幅短码布
会造成窄幅长码布	

在生产中如织轴能及时周转,回潮率不妨略高一些,这样可提高浆纱机的速度,节省热能,同时也可适当降低织机车间的相对湿度。浆纱回潮率还应根据季节变化加以调整,梅雨季节应适当降低。

浆纱回潮率的大小与经纱原料、线密度、经密以及上浆率等因素有关。各种浆纱的回潮率见表2-4-107。

表 2-4-107 各种纱线的浆纱回潮率

原纱类别	浆纱回潮率(%)	原纱类别	浆纱回潮率(%)
棉纱	6.5~7	棉/维(50/50)混纺纱	4.5~5.0
粘胶纤维纱	9.5~11	棉/丙(50/50)混纺纱	5.0
涤/棉(65/35)混纺纱	2~4		

生产中对于稳定回潮率,控制烘房温度较控制浆纱速度更为合理。浆纱回潮率还应注意整幅经纱的均匀一致。允许波动范围为±0.5%。

(三)伸长率

纱线在浆纱机上被拉伸所增加的长度对原纱长度的百分率称为浆纱的伸长率。浆纱伸长率过大,则纱线弹性损失过多,使纱线承受反复负荷的能力降低,造成布机断头率增加。通常浆纱伸长率掌握在0.5%~1.0%,这样浆纱的断裂伸长不会损失过多。原则上应最大限度地保持浆纱的弹性伸长。

控制浆纱伸长率可根据浆纱机上经纱张力的分区情况,按区域分别调节控制,其方法是通过调节经纱伸长装置的速比,来改变各主动回转辊的表面线速度。各区纱线张力的要求如前所述。不同纱线伸长率范围见表2-4-108。

表 2-4-108 不同纱线伸长率范围

纤维种类	伸长率(%)	纤维种类	伸长率(%)
纯棉纱	1.0以下	涤棉混纺纱	0.5以下
棉纤混纺纱	1.0以下	纯棉及涤棉股线	0.2以下
粘胶纤维纱	3.5以下		

(四)增强率、减伸率、增磨率、毛羽降低率、浸透率、被覆率和浆膜完整率

1. 增强率 Z 指上浆后单根浆纱断裂强力与原纱断裂强力之差对原纱断裂强力之比的百分率。

$$Z = (P_j - P_o)/P_o \times 100\%$$

式中:P_j——浆纱断裂强力(cN);

P_o——原纱断裂强力(cN)。

增强率和浆液的浸透有密切的关系,浸透率大,增强率增大。浆纱增强率通常为15%~30%。

2. 减伸率 J_s 指上浆后纱线断裂伸长率的降低值对原纱断裂伸长率之比的百分率。

$$J_s = (\varepsilon_0 - \varepsilon_1)/\varepsilon_0 \times 100\%$$

式中:ε_0——原纱断裂伸长率(%);

ε_1——浆纱断裂伸长率(%)。

国家标准规定,在测试单纱断裂强力时,要同时记录纱线断裂时的绝对伸长,再按上述公式算出减伸率。浆纱后减伸率越小越好,一般以不超过25%为宜。

3. 增磨率 M　指浆纱摩擦至断裂的次数比原纱增加的次数对原纱摩擦至断裂的次数之比的百分率。

$$M=(M_j-M_o)/M_o\times100\%$$

式中：M_j——浆纱磨断的次数；

M_o——原纱磨断的次数。

4. 毛羽降低率 D　指浆纱后毛羽指数的降低数对原纱毛羽指数之比的百分率。

$$D=(N_o-N_j)/N_o\times100\%$$

式中：N_o——10cm 原纱内单侧长达 3mm 的毛羽根数；

N_j——10cm 浆纱内单侧长达 3mm 的毛羽根数。

毛羽指数反映了纱线毛羽状况，毛羽降低率反映了浆纱贴伏毛羽的效果，良好的上浆工艺可使毛羽降低率在 70% 以上，有的高达 90% 以上。

5. 浸透率 A 及被覆率 B　分别表示浆液浸透到纱线内部和被覆在纱线表面的程度。

设出浆纱截面积为 S_1、浆纱未被浸透部分的截面积为 S_2、原纱截面积为 S。

$$A=(S-S_2)/S\times100\%$$
$$B=(S_1-S)/S\times100\%$$

6. 浆膜完整率 F　用浆膜包覆于浆纱的角度 $\Sigma\alpha$ 与 360°的比值表示浆膜的完整程度称为浆膜完整率 F，它是浆纱质量的一项重要指标。浆纱完整率大，则浆纱耐磨性好、断头少。

$$F=\Sigma\alpha/360^\circ\times100\%$$

三、无梭织机对浆轴质量的要求

无梭织机是高速、高效、高自动化程度的先进织机。一般入纬率达到 1200m/min。特别是喷气织机采用气流引纬、异形钢筘导纱打纬的特性，以及织机工艺参数的大张力、大开口、强打纬、高车速的配置，所以对浆轴质量要求较高。无梭织机对浆轴质量的一般要求见表 2－4－109。

表 2－4－109　无梭织机对浆轴质量的一般要求

项目分类	项目名称	线密度(tex)	技术要求	测试方法(仪器)
主要指标	浆纱上浆合格率(%)	14.5(40)	80	常规测试 试验室抽测
		9.7(60)	80	
	浆纱回潮合格率(%)	14.5(40)	85	常规测试 试验室抽测
		9.7(60)	85	
	浆纱伸长率(%)	14.5(40)	<1.5	常规测试 SC—1 型浆纱三用电子测试仪(沪二十一棉)
		9.7(60)	<1.5	
	浆纱疵点千匹升降率(%)	14.5(40)	0.8	按产品标准评定等统计
		9.7(60)	0.5	
	浆槽粘度合格率(%)	14.5(40)	>80	常规测试 漏斗式粘度仪
		9.7(60)	>80	

续表

项目分类	项目名称	线密度(tex)	技术要求	测试方法(仪器)
主要指标	织轴好轴率(%)	14.5(40)	60	按织物好轴率标准生产现场实查
		9.7(60)	60	
	卷绕密度(g/cm^3)	14.5(40)	0.5~0.6	专题测试与常规工艺抽查相结合
		9.7(60)	0.5~0.6	
参数指标	浆纱增强率(%)	14.5(40)	25~35	常规测试 YG021A—1 单纱强力仪
		9.7(60)	25~35	
	浆纱减伸率(%)	14.5(40)	<30	常规测试 YG021A—1 单纱强力仪
		9.7(60)	<30	
	浆膜完整率(%)	14.5(40)	>80	专题测试 切片测试
		9.7(60)	>80	
	毛羽降低率(%)	14.5(40)	>75	专题测试 YG171B 纱线毛羽测试仪
		9.7(60)	>75	
	布机断头(根/台·h)	14.5(40)	T W 喷气 1.3 3 片梭 1.3 0.5 剑杆 1.5 2.5	常规抽查 (按行业考核条文)
		9.7(60)		
	浆纱耐磨(次数/min)	14.5(40)	>90	专题检测 KOASHOKAI 厂商

注 表中括号内的数值为英制。

表2-4-110为某厂190cm幅宽喷气织机制织CJ14.5tex和CJ9.7tex低特、高密防羽绒布对浆轴质量技术要求的实例。

表2-4-110 浆轴质量的技术要求

分类	项目名称	线密度(tex)	技术要求	测试方法(仪器)
主要指标	浆纱上浆合格率(%)	14.5	≥85	常规测试(按行业考核条文)实验室抽试
		9.7	≥85	
	浆纱回潮合格率(%)	14.5	≥85	常规测试(按行业考核条文)实验室抽试
		9.7	≥85	
	浆纱伸长率(%)	14.5	<1.5	常规测试(按行业考核条文)SL—1 型浆纱三用电子测试仪
		9.7	<1.5	
	浆纱疵点千匹布升降率(%)	14.5	0.8	按产品标准、整理车间定等统计
		9.7	0.5	
	浆纱粘度合格率(%)	14.5	≥85	常规测试(按行业考核条文)YT821 可调漏斗式浆液粘度计
		9.7	≥85	
	织轴好轴率(%)	14.5	≥60	按织轴好轴率标准生产现场实查
		9.7	≥60	
	卷绕密度(g/cm^3)	14.5	0.48~0.52	专题测试结合常规工艺检查
		9.7	0.48~0.52	

续表

分类	项目名称	线密度(tex)	技术要求	测试方法(仪器)
参数指标	浆纱增强率(%)	14.5 9.7	>75 >75	常规测试(GB3916—1983 标准)YG021A—1 单纱强力仪
	浆纱减伸率(%)	14.5 9.7	25% ~35% 25% ~35%	常规测试(GB3916—1983 标准)YG021A—1 单纱强力仪
	浆纱完整率(%)	14.5 9.7	<30 <30	专题测试:切片试验专题测试
	毛羽降低率(%)	14.5 9.7	>80 >80	YG171B 型纱线毛羽测试仪,BT—2 型在线毛羽测试仪
	织机断头(根/10 万纬)	14.5 9.7	T 1.3,W 3	常规抽查与专题测试结合
	浆纱耐磨提高率(%)	14.5 9.7	>90	专题测试按各企业所用测试仪器和方法进行测试比较

四、浆纱疵点及原因

为了使浆纱机能高效率、高质量地进行生产,应尽量减少由于工艺技术方面的问题而造成的停机时间,提高浆轴质量。浆纱的一般疵点及原因见表 2 -4 -111。

表 2 -4 -111　浆纱一般疵点及原因

疵点名称	产生原因	解决方法	对后工序的影响
多头少头	1.落轴前后各导纱辊遇有绕纱,造成浆纱缺头,织造多头 2.经纱附有回丝、飞花、接头不良等,导致浸没辊、导纱辊、上浆辊发生绕纱、筘齿撞断 3.经纱头分配错或多或少 4.个别制动链条过紧,增加倒断头	1.加强巡回,及时处理疵点 2.注意放绞线和打绞线方法,提高操作水平 3.及时做好反馈经轴疵点 4.注意各部位链条松紧一致	影响停台和疵布
贴头不良	1.织轴内包布浆糊太少,造成脱头 2.浆糊太多,印在纱面上,造成几层粘在一起 3.夹纱板或用筘齿粘纱时有松紧以及扯内包布时操作不良	1.抹浆糊应均匀,避免过多,过少 2.执行操作法,粘头干净、利落无松线 3.机尾长度符合工艺规定	织机了机时有松头、脱头、搭浆、织不到墨印,造成短码疵布
漏　印	1.墨水用完 2.接近开关位置太远 3.打印锤装得太高或控制弹簧松紧不适当 4.电器失效不打印或吸铁弹簧太松,夹盘螺栓松动或绒垫磨损,不打印	1.注意检查打印装置,发现异常及时检修,同时应用手打印 2.随时检查撑头起落情况,弹簧过紧或过松及时调整 3.观察墨印盒是否墨水用完 4.计算机内修正打印系数	影响每轴或每匹长度不正确,增加长短码

续表

疵点名称	产生原因	解决方法	对后工序的影响
软硬边	1. 伸缩筘位置走动或调整幅度不适当 2. 织轴位置与伸缩筘不成一直线，浆轴轴片歪斜 3. 压纱辊太短或转不到头，压力过轻，两边高低不一致，平纱不良	1. 注意调整伸缩筘位置 2. 上轴前应认真检查盘片是否歪斜 3. 检查压纱辊运行情况，发现异常及时调整	织造时有嵌边、拉边，造成边不良，易断头，影响外观质量
流　印	1. 打印锤装得太低 2. 打印锤弹簧松弛或损坏，打印后不能立即扬起 3. 打印盒内的墨水太多或太浓 4. 打印轮的包布太厚或损坏，打印锤太轻，喷印时间过长或墨水桶漏水	1. 注意检查打印装置，发现异常及时检修 2. 随时检查撑头起落情况，弹簧过紧或过松应及时调整 3. 加色量应适当，注意少加或增加 4. 平揩车时，测长机构应重点维护	影响落布长度的正确性 造成流印次布 造成褪色的疵布
上浆不匀	1. 浆液粘度不稳定 2. 浆槽温度忽高忽低 3. 压浆辊、上浆辊表面损坏或不圆整，压浆辊两端加压不一致 4. 压浆辊、上浆辊某一部分缠纱过多	1. 按工艺标准掌握，有异常情况及时联系调整 2. 缩短打慢车时间 3. 根据浆液浓度，在工艺允许范围内调节压浆力大小 4. 稳定浆液温度，减少泡沫	轻浆造成开口不清，产生断边、断经、棉球、折痕、三跳、吊经、经缩 重浆造成浆纱粗硬易脆断，严重时布面会形成树皮皱
回潮不匀	1. 蒸汽压力不稳定 2. 压浆辊、上浆辊表面损坏或不圆整，压浆辊两端加压不均匀 3. 排湿不正常	1. 注意蒸汽压力变化 2. 压浆辊、上浆辊定期回磨、减少割纱刀痕 3. 检查进汽、虹吸管位置等部位是否正常	影响织造开口不清，增加三跳疵布、长、短码或增加断头
浆　斑	1. 浆槽内浆液表面出现凝固浆皮，运转时被压浆辊压附在浆纱上造成块状浆斑 2. 浆槽浆液表面部分波动小或停止波动，四角或停止波动的一侧结浆皮，运转时被带入经纱上，压浆后造成块状浆斑 3. 延续停车时，上浆辊液面处有浆印，未及时清除干净或清除不彻底，开车后压在经纱上，造成连续有规律的横条浆斑 4. 清洗浆槽时，四边未清洗干净，开车后掉入浆槽，造成浆斑 5. 落轴操作时间过长或处理疵点停车时间过长，造成横条浆斑	1. 了机时浆槽注意保温，如表面结皮应捞出 2. 严格掌握蒸汽压力，浆槽开汽适当稳定 3. 严格执行调浆操作法和做浆时间，输浆管道及浆槽要始终保持清洁 4. 加强巡回，处理经轴疵点迅速，上落轴时间最慢不超过1min 5. 保持湿分绞棒转动灵活 6. 压浆辊、上浆辊定期回磨、减少割纱刀痕	由于相邻纱线粘并、开口不清，造成跳花，增加断经，且布面不平整，严重时要破坏组织

续表

疵点名称	产生原因	解决方法	对后工序的影响
浆斑	6. 后湿分绞棒转动不灵或有时停止转动，使湿分绞棒上附有余浆，当湿分绞棒突然转动时，余浆附在浆纱上，不易烘干造成经纱粘连或横条浆斑 7. 压浆辊、上浆辊包卷不良或表面损坏，压浆后纱片上出现云斑 8. 浆槽蒸汽过大，浆液溅在压浆后的纱片上造成大小不一的块状浆斑		
张力不匀	1. 轴架开档不平 2. 制动链条松紧不一致 3. 各导纱辊不平行，不水平 4. 经轴轴头未插入轴芯或脱出 5. 车头纱面歪斜，使浆轴卷绕中心与烘房、经轴架中心不一致等 6. 平纱不良 7. 各部张力调节不适当	1. 经常眼看手摸轴边，及时调节 2. 调节好经轴张力 3. 经常检查各导纱辊平行及水平状况 4. 注意观察伸缩筘位置和盘边高低情况	增加断经和松紧经及影响布面风格
油　污	1. 在浆纱正常运转中，纱片上出现有“鸡爪状”分散小油污点，面积有麦粒大小，没有规律性，时有时无，遍及全幅，颜色有灰、黑、褐色等。主要是浆液中混入的油污，如乳化油不良，油质低劣；浆桶搅拌主轴齿轮油污掉入浆液内以及输浆管路、泵内有积聚的油污，锈污，经纱上浆时压附在纱片上。或由于烘筒链条加油过多溅、甩在纱上造成油污 2. 运转中纱片上出现无规律的黑油污，形状有块状、条形，大小不一，或有规律的黑油污等，是汽罩不清洁，脏棉杂物掉入浆槽内，各导纱辊注油过多或油质不好流入浆槽内或溅在浆纱上，做清洁不注意，把油棉或黑油掉入浆槽内或碰到纱上，造成无规律的黑油污，通过各导纱辊、压浆辊后形成有规律的黑油污 3. 托纱辊转动不良，造成一道擦黑，或托纱转子加油太多，形成有规律的油污 4. 因排汽罩上排风不良或因气温过低排汽罩冷凝水排出不良掉在纱上，形成淡黄色或褐色污渍	1. 始终保持浆箱、输浆管道、浆泵及浆锅清洁 2. 经常清洁、冲洗气罩等，排风部位注意定期检查 3. 加油时应剔油眼，注意加油适量，盘根应定期更换 4. 正确选择润滑油，轴头、轴承要擦净 5. 油脂使用前应严格检查油质质量，正确操作 6. 加强检查调浆齿轮箱，发现损坏应及时检修	增加洗油污工作和油污疵布

续表

疵点名称	产生原因	解决方法	对后工序的影响
粘并绞	1. 浆纱回潮大于工艺要求或压浆后溅浆、溅水干燥不足,使经纱粘附在一起 2. 浆槽内浆液未煮透或粘度太大,经轴盘边不齐,不成一直线或空边、浪头 3. 经轴退绕松弛或部分松弛,经纱横动、纱片起缕,分绞困难而撞断或处理断头没有分清层次,造成并绞 4. 挑头(即割取绕纱)捻头不良,断头未捻在邻纱上,而是相隔太远,穿绞线时由于绞线过短或两人配合不好,造成脱头、穿断头或拉过头,碰断经纱都会造成并绞头;筘齿内的纱线在运转中被搬动;落轴时割纱刀不锋利,割纱有崩头,夹板不紧有松纱等	1. 正确操作,保证回潮符合工艺要求,浆槽开汽应适当 2. 及时调整浆液浓度或粘度,断头后立即打绞线 3. 严格执行操作法,处理经轴疵点后头应找顺 4. 及时调整纱片张力,压浆辊两端跑浆时,应采取应急措施 5. 及时调整纱面张力,防止抖动,热风烘房风速不宜过大 6. 刀子要锋利,夹板应夹牢	影响穿经操作,增加吊经、松经、经缩、断经、边不良等疵布
浆皮	1. 烘筒涂层损坏或老化,正常开车时浆液粘在烘筒上,形成浆皮 2. 烘筒温度过低 3. 浆液流速大。压浆轻,进入烘筒不易烘干,气压变化大,气压低时造成浆皮	1. 严格掌握蒸汽压力,确保烘筒温度稳定 2. 细化操作,在处理烘筒缠纱时,减少割纱刀痕 3. 合理上浆工艺	增加掉经、经缩、断经,严重时要破坏织物组织

五、浆纱机停机原因和对织造车间的影响

下面以某厂使用贝宁格—泽尔浆纱机为例,全面分析浆纱车间浆纱机停机的原因和对织造车间产生的影响。供参考。

1. 经纱断头一般原因分析(表2-4-112)

表2-4-112 经纱断头一般原因分析

故障和影响	原因	措施
由于纱线稀松节产生经纱断头	来自纺纱车间或者络筒车间的纱条出现细节或者变粗	对纺纱车间或者络筒车间的生产过程进行优化调节
由于个别松弛纱线产生经纱断头	1. 由于在络筒机或者整经机的落纱筒子架上的经纱过度拉伸 2. 导纱装置出现凹陷现象 3. 去除纱线断头时出错	1. 检验纱线制动器并且在络筒车间及整经车间调整纱线张力 2. 检验导纱部件,必要时更换 3. 在络筒车间及整经车间内小心地去除纱线断头
由于纱线张力太大及过度拉伸而产生经纱断头	经纱拉力太大及伸长太多	根据贝宁格— 泽尔表格和图表检验经纱拉力及伸长情况,必要时重新进行调整
纱线缠结、纱线上下绞合、经纱带下垂和经纱断头	1. 经纱拉力太小 2. 由于装备(调整)错误,未经经轴黏合	1. 根据贝宁格— 泽尔表格和图表检验经纱拉力 2. 重新进行调整

续表

故障和影响	原因	措施
由于压浆力差别在经纱宽度上产生浆液不均。由此而产生的结果是在干分绞区内出现，区段性的经纱断头增多或者浆液凝积增多的现象	1. 压浆罗拉太脏、有损伤，其胶皮硬度不均匀或者直径不均匀 2. 压浆罗拉没有校正好，以至产生不均匀的压浆点压痕 3. 压浆压力缸或者压浆力调节装置的功能出错 4. 降低压浆罗拉自重压力的功能出错	1. 清洁或者研磨压浆罗拉，必要时更换 2. 用一个 T. J. Heimbach 公司的罗拉检查条或者复写纸检验压浆点。在最高压浆力的情况下，整个宽度范围内的压痕应该均匀地大约为 15mm 。在罗拉中间的压痕稍微宽一些（大约 17mm）是有益的 3. 检验压浆压力缸和调节装置的功能 4. 检验降低压浆罗拉自重压力的功能
由于经纱张力差，而在整个经纱宽度上造成浆液不均，由此而产生的结果是在干分绞区内出现区段性的经纱断头增多或者浆液凝积增多的现象	1. 经轴是锥型或者波浪型卷绕的 2. 经轴有凹进或凸出的织边线 3. 经轴以同一方向卷绕，使先前加工过程中出现的误差在一个范围内累积起来 4. 由于整经车间的故障使得经轴有不同的直径 5. 由于整经罗拉机架上的制动力差使得经轴有不同的直径 6. 经轴制动不均匀	1. 在整经机筒子架上重新调整制动器和纱线张力 2. 在整经机上正确调整梳状筘上的工作宽度 3. 在整经罗拉机架上，每个经轴必须有一个不同的退绕旋转方向 4. 检验整经架上的经纱拉力和整经机上的压紧力，必要时重新调整 5. 检验整经罗拉机架上的制动器，必要时重新调整 6. 检验制动作用，必要时重新调整

2. 经轴架造成经纱断头原因分析（表 2－4－113）

表 2－4－113　经轴架造成经纱断头原因分析

故障和影响	原因	措施
在经轴上有毛卷或者跳出的纱线，因而产生过度拉伸，经纱毛羽很多，常常带有断头的地方	1. 整经机筒子架上各个单股纱线的张力不同 2. 去除纱线断头时出错 3. 导纱装置出现凹陷现象	1. 检验整经机筒子架的制动器，必要时重新调整 2. 小心去除纱线断头 3. 检验导纱装置，必要时更换

3. 浆槽中经纱断头原因分析（表 2－4－114）　上浆槽中的经纱断头可以导致压浆装置的罗拉上出现毛卷，在这种情况下如不及时关机，毛卷会损伤或破坏罗拉的橡胶包覆层。压浆罗拉上出现的沟纹可以通过磨削去掉。

表 2-4-114 浆槽中经纱断头原因分析

故障和影响	原因	措施
由于经纱粘结在罗拉上而出现经纱断头和形成毛卷	1. 浆液粘度太高 2. 在浆纱停止部位出现	1. 根据制造商的资料检验浆液的煮浆配方和煮浆时间 2. 根据贝宁格—泽尔表格和图表检验浆液温度，必要时重新进行调整 3. 在经轴更换和去除纱线断头时用爬行速度运行
由于经纱张力太大而形成毛卷和经纱断头	经纱拖引辊或浸浆辊上的轴承损坏，因此经纱必须在提高张力的情况下带动罗拉转动	检查拖引辊和浸浆辊上的轴承是否损坏，必要时更换
形成毛卷，经纱断头区段性地增多，经纱毛羽增多	压浆辊的橡胶包覆层损坏	磨削压浆辊，必要时更换
由于粘结和经纱毛羽增多而造成"形成筘隙或者形成带状"和在浆槽出口的纱线断头	1. 在浆槽中的经纱张力太低 2. 浸浆辊没有压紧在上浆辊上 3. 刮板不在工作位置上	1. 根据贝宁格—泽尔表格和图表检验经纱张力的设置，必要时重新进行调整 2. 如果浸浆辊压紧在上浆辊上，能较好地将经纱带导入压浆装置 3. 使用浸浆辊上的刮板

4. 湿分绞区经纱断头原因分析　在湿分绞区中经纱是最敏感的。由于水分使得纤维之间的粘着力减弱，即纤维之间的摩擦力减小。纱线中的稀松节或者纱线过分伸长，经常引起浆纱设备上的经纱断头或过度拉伸。精确的经纱张力调节或伸长调节在这个范围内是特别需要的。

5. 烘房中经纱断头原因分析（表 2-4-115）

表 2-4-115 烘房中经纱断头原因分析

故障和影响	原因	措施
由于经纱张力太大或波动而造成经纱断头	1. 经纱张力调整错误 2. 传动链条的张力不足，经纱带没有得到控制，并且没有均匀拉伸 3. 摩擦离合器调得太松，以至于经纱带必须驱动烘干筒 4. 摩擦离合器调得太紧，以至于经纱带在烘干筒上摩擦	1. 根据贝宁格— 泽尔表格和图表检验经纱张力的设置，必要时重新进行调整 2. 检查链条的张力，必要时进行调整。如果链条超长则要更换，否则齿轮会由于分绞故障而被破坏 3. 检验摩擦离合器，必要时重新进行调整 4. 检验摩擦离合器，必要时重新进行调整
由于经纱张力太大或波动而造成经纱断头	1. 烘干筒的驱动装置部分故障，烘筒必须由片纱来带动 2. 入口罗拉轴承、滚筒轴承或者密封头损坏	1. 检验滚筒驱动装置的功能 2. 检验轴承和密封头，必要时更换

续表

故障和影响	原因	措施
由于片纱在烘干滚筒上或者导辊上的粘结而造成经纱断头，经纱毛羽增多	1. 导辊的特氟隆（Teflon）包覆层或者烘筒损坏 2. 烘筒的温度太低 3. 在浆纱停止部位出现	1. 检验特氟隆（Teflon）包覆层的损坏情况，必要时更换导辊或者烘筒 2. 根据贝宁格—泽尔表格和图表检验烘筒的温度，必要时重新进行调整 3. 检验烘筒加热装置的功能和冷凝水排水管 4. 在织轴更换和去除纱线断头时以蠕动速度运行

6. 干分绞区经纱断头原因分析（表2-4-116）

表2-4-116 干分绞区经纱断头原因分析

故障和影响	原因	措施
由于经纱粘连严重而造成的经纱断头和经纱毛羽增多、积尘过多以及因此产生不必要的浆料费用	1. 由于压浆力太低而造成片纱的上浆过度 2. 由于浆液浓度太高而造成片纱的上浆过度 3. 由于浆液粘度太高而造成的上浆不当（浆液结皮） 4. 在湿分绞区内出现粘连 5. 分绞棒没有按1:1的比例将片纱分开	1. 通过检验浆纱试样的上浆脱落情况，看爬行部位是否上浆过度，并且在相应的速度范围内提高压浆力 2. 根据制造商的资料检验浆液的煮浆配方 3. 根据制造商的资料检验浆液的煮浆配方和煮浆时间 4. 根据贝宁格—泽尔表格和图表检验浆液温度，必要时重新进行调整 5. 根据贝宁格—泽尔表格和图表检验在湿分绞区的伸长情况，必要时重新进行调整 6. 将分绞区调整至每个分绞棒都按1:1的比例分开经纱
由于纱线相互粘连而造成经纱断头	经纱毛羽太多	参阅前述降低毛羽措施
由于较多经纱的点粘连造成经纱断头	在压浆装置之后和在浆槽范围内的浆液溅落	1. 直接检验蒸汽加热装置 2. 盖上护板
干分绞区的调整错误造成经纱断头	1. 分绞棒离伸缩筘太远，以至经纱带过早被撕开 2. 分绞棒之间距离太近或太远，以至出现太小或太大的开口 3. 分绞片纱长度不一样 4. 分绞棒没有按1:1的比例将经纱分开	1. 检验干分绞区，必要时重新整理分绞棒 2. 将分绞区调整至最高和最底的分绞经纱带一样长度 3. 将分绞区调整至每个分绞棒都按1:1的比例分开片纱

续表

故障和影响	原　　因	措　　施
分绞张力不均造成经纱断头，即所谓"起泡"	1. 分绞张力不均产生收缩不均 2. 在双浆槽设备上，只有一个牵引装置从整经罗拉机架上将经纱拉出 3. 在双浆槽设备上浆液吸收不均匀 4. 纱线覆盖系数太高	1. 检验高温空气喷嘴（在热量回收设备上） 2. 提高有起泡的分绞片纱的滚筒温度 3. 用 SINCRO 精密调节驱动器平衡剩余差值 4. 所有采取的措施都是基本设置，一般情况下只是在开机运行时或修理之后才必须采用 5. 个别将片纱分开 6. 检验分绞片纱浆液吸收情况，必要时调整压浆力以平衡浆液吸收程度
由于片纱过度展开而造成经纱断头	在烘筒和车头之间片纱的展开大于14°，即片纱边缘部分过度拉伸并且在伸缩筘上转向角度太大	如果可能的话，扩大整经宽度或者延长干分绞区
由于纱线张力过大而在外围造成经纱断头	车头上的拖引辊在中点出现凹陷现象或者"被抛光"	磨削拖引辊，必要时更换
特别在使用混合纱线或100 %化纤纱线时，经纱上产生静电，造成经纱的粘连和放电现象	1. 经纱的剩余水分太少 2. 浆纱设备没有接地 3. 使用了不合适的浆料 4. 没有抗静电装置	1. 必要时提高经纱的剩余水分 2. 必要时给浆纱设备接地 3. 使用带抗静电添加剂的浆料 4. 安装一个抗静电装置

7. 伸缩筘中经纱断头原因分析（表2－4－117）

表2－4－117　伸缩筘中经纱断头原因分析

故障和影响	原　　因	措　　施
由于梳状筘缝的阻塞而造成经纱断头	积垢（例如纱线头和毛结）	1. 清洁设备中的片纱范围 2. 清洁伸缩筘 3. 安装吸尘装置 4. 检验设备中的片纱是否可能夹带毛结，必要时进行清洁
由于伸缩筘的问题而产生经纱断头，并造成经纱毛羽增多	1. 伸缩筘中的针数太多或太少 2. 伸缩筘中的纱线分配不对	1. 给伸缩筘匹配合适的经纱数。尽量使用可换式梳状筘 2. 精确地分穿纱线
由于开口太小而造成经纱断头	在干分绞区中的分绞棒彼此靠得太近	检验干分绞区，必要时重新整理分绞棒

续表

故障和影响	原　因	措　施
由于经纱粘连严重而造成的经纱断头和经纱毛羽增多、积尘过多以及因此产生不必要的浆料费用	1. 由于压浆力太低而造成片纱的上浆过度 2. 由于浆液浓度太高而造成片纱的上浆过度 3. 由于浆液粘度太高而造成的上浆不当（浆液结皮） 4. 在湿分绞区内出现缠结	1. 通过检验浆纱试样的上浆脱落情况，看爬行部位或者快进部位是否上浆过度，并且在相应的速度范围内提高压浆力 2. 根据制造商的资料检验浆纱的煮浆配方 3. 根据制造商的资料检验浆纱的煮浆配方和煮浆时间 4. 根据贝宁格—泽尔表格和图表检验浆液温度，必要时重新进行调整 5. 根据贝宁格—泽尔表格和图表检验在湿分绞区的伸长情况，必要时重新进行调整
由于纱线相互粘连而造成经纱断头	经纱毛羽太多	参阅前述降低毛羽措施
特别在使用混合纱线或100%化纤纱线时，经纱上产生的静电造成经纱粘连和放电现象	1. 经纱的剩余水分太少 2. 浆纱设备没有接地 3. 使用了不合适的浆料 4. 没有抗静电装置	1. 必要时提高经纱的剩余水分 2. 必要时给浆纱设备接地 3. 使用带抗静电添加剂的浆料 4. 安装一个抗静电装置

8. 织轴卷绕经纱断头原因分析（表2－4－118）

表2－4－118　织轴卷绕过程中经纱断头原因分析

故障和影响	原　因	措　施
由于拖引辊或压纱辊的损坏而造成经纱断头	由于没有按规定进行存储和操作而造成在橡胶涂层上有切痕、沟纹等	检验拖引辊和压纱辊的损坏情况，必要时更换
织轴撞击，经纱张力波动	织轴支承配合件不圆或者不合适	检查配合件尺寸，必要时更换
织轴波浪形卷绕，部分纱线过度拉伸	络绞装置没有起作用，压紧力太小	1. 接通络绞装置 2. 检验压紧装置（压纱辊）。压紧力大约应为卷绕力的60 %～80 %
织轴带有凹陷的织边线	伸缩筘调得太窄	校正伸缩筘的调整
织轴带有凸出的织边线	1. 伸缩筘调得太宽 2. 压纱辊的幅宽调整装置操作不当、设置不对或者存在故障	1. 校正伸缩筘的调整 2. 检验压纱辊的幅宽调整
特别在使用混合纱线或100%化纤纱线时，经纱上产生的静电造成经纱的粘连和放电现象	1. 经纱的剩余水分太少 2. 浆纱设备没有接地 3. 使用了不合适的浆料 4. 没有抗静电装置	1. 必要时提高经纱的剩余水分 2. 必要时给浆纱设备接地使用带抗静电添加剂的浆料 3. 安装一个抗静电装置

9. 浆纱工艺造成织造时经纱断头率高的原因分析(表2-4-119)

表2-4-119　浆纱工艺造成织造时经纱断头率高的原因分析

故障和影响	原　　因	措　　施
积尘增多,导致清洁布机所占用的停机时间增多	1. 由于压浆力太低而造成经纱带的上浆过度 2. 由于织轴带有凹陷或浆液浓度太高而造成经纱上浆过度 3. 由于浆液粘度太高而造成上浆不当(浆液结皮)	1. 通过检验浆纱试样的上浆脱落情况,看爬行部位是否上浆过度,并且相应地提高压浆力 2. 根据制造商的资料检验浆纱的煮浆配方 3. 根据制商的资料检验浆纱的煮浆配方和煮浆时间 4. 根据贝宁格—泽尔表格和图表检验浆液温度,必要时重新进行调整
由于拉伸余地太小而造成经纱断头	在湿分绞区内纱线伸长得太厉害	根据贝宁格—泽尔表格和图表检验伸长情况,必要时重新进行调整
由于浆纱不足而造成经纱断头和崩脱纱	1. 浆液粘度太低 2. 浆液浓度太低 3. 压浆力太大	1. 根据制造商的资料检验浆纱的煮浆时间 2. 根据贝宁格—泽尔表格和图表检验浆液温度, 必要时重新进行调整 3. 根据制造商的资料检查煮浆配方 4. 通过检验浆纱试样的上浆脱落情况,看爬行部位或者快进部位是否上浆不足,并且相应地降低压浆力
由于烘干过度而造成经纱断头	1. 停机时间过长 2. 剩余水分太少	1. 尽量避免 2. 提高剩余水分
由于织轴带有凹陷或凸出的织边线而造成经纱断头	在车头上织轴宽度的调整不对	在车头上精确调整伸缩筘
由于毛卷聚集或缠结而造成经纱断头	1. 在车头上的压紧力太大 2. 车头上的卷绕力太大 3. 由于橡胶罗拉的"抛光"或凹陷现象而造成车头上的卷绕力不均匀 4. 由于织轴支承配合件不圆或者不合适而造成车头上的卷绕力不均匀	1. 调整车头上的压紧力,使其大约为卷绕力的60%~80% 2. 根据贝宁格—泽尔表格和图表检验卷绕力,必要时重新进行调整 3. 磨削橡胶罗拉,必要时更换 4. 检验配合件,必要时更换
由于在经纱上产生的静电而造成经纱的夹紧、放电和阻碍导纬,主要是在使用混合纱线或化纤纱线时出现这种情况	1. 在织机上的空气湿度太低 2. 布机没有接地 3. 没有抗静电装置	1. 必要时提高织布车间的空气湿度 2. 必要时给布机接地 3. 安装一个抗静电装置

第四节　浆纱操作要点

一、浆纱操作要点

1. 浆纱巡回工作应贯彻预防为主处理为辅的原则

(1)在巡回中随时注意蒸汽压力，要认真掌握浆槽温度、浆液液面、浆液粘度、浆纱回潮、浆纱车速五个工艺参数的稳定。做到勤巡回、勤检查、勤调节、确保浆液渗透和被覆适当。

(2)在正常运转情况下,应有计划地执行大小巡回,均匀巡回时间,前后值车工及邻车值车工要相互照顾运转机台,并做好清洁、放绞、穿绞、上落轴和了机工作。

(3)在巡回过程中发现问题，应按轻重缓急，机动灵活地进行处理，处理完毕后继续巡回。

2. 交接班工作　交接班工作是保证一轮班工作正常进行的重要环节。既要发扬风格、加强团结，又要严格认真分清责任。做到接班者及时掌握工艺参数变化情况，认真把好质量关。

(1)交班工作：

①前车值车工：

a. 做好烘房前段机架及周围地面、车肚、空织轴等清整洁;洗清了机换下的包布;交清生产工艺、匹长等变动情况。

b. 为下一班准备空织轴、夹纱板、落轴小车、浆糊和必须使用的附件、用具等。

c. 交班后一小时左右要了机的,应为下一班准备好一缸经轴,一套包布及了机用具。

d. 交接班信号灯亮后记录好计长表匹长。

②后班值车工：

a. 做好烘房到浆槽,经轴架和机台周围地面的清整洁工作。

b. 交清当班产品工艺、电器机械仪表、浆液质量、回潮、张力、蒸汽压力等变动情况。

(2)接班工作：

①前车值车工听交班人介绍生产情况;查所浆品种的工艺、纱片张力、浆轴软硬边、压纱辊位置、伸缩筘纱片排列、并头、绞头、墨印色别、计长表匹长数字、测湿仪等是否正常和有效;查上一班清整洁情况;查上一班准备工作及公用工具是否齐全。

②后车值车工听交班人员介绍生产运转情况;查所浆品种工艺参数(包括核对经轴吊牌),检验浆液质量情况;查电器机械运转、仪表及各安全阀门、管路是否正常;查上一班清整洁情况及公用工具是否齐全;查六站内容,并对口巡回,做好记录。

3. 清整洁工作　认真做好以定项目、定周期、定方法、定工具、定责任者为内容的清整洁工作。

4. 放绞线　放绞的次数,应根据品种要求而定,一般高经密低特纱及特低特纱织物每1~2只浆轴放一次绞线;中粗织物2~3只浆轴放一次线;遇有并头、断头、分层跳绞应做到随时放绞;了机前一轴应放一次绞线。

5. 浆纱机运转中常见故障的处理方法(表2-4-120)

表 2-4-120 浆纱机运转中常见故障的处理方法

项目	处理方法
突然停车	关闭电源、输浆阀及烘房蒸汽，开启烘房门、阻气箱，将传动皮带移至活盘，摇起浸没辊，用布包好，防止滴浆（G142型要脱开引纱辊离合器，使浆槽内的一段纱经过压浆辊挤压）；然后抬起压浆辊，抽出湿绞棒，倒转经轴，使浆槽内的一段纱倒退到浆槽入口处，用水轻冲纱片上的残浆，以利开车（G142型浆纱机可不倒转经轴），压浆辊抬起后，转动几下，用少量水轻冲压浆辊表面；开车时，先放下引纱辊离合器，放松烘房内纱片，摇下浸没辊，使浆槽内的一段纱再进入浆槽吸浆 停车后可开小蒸汽，保持浆液液面微动防止表面结皮
经轴上经纱扭结	轻度的放绞线，或加一分绞棒以增加经纱张力，解除扭结 情况严重的，可将经轴倒转重放绞线，必要时，落小轴
轻浆起毛	轻浆程度比规定的上浆率下降20%时，可适当放出浆槽内部分浆液，补充新鲜或浓度较高的浆液 严重轻浆应立即停车，放出浆槽全部浆液，另放入新鲜或浓度较高的浆液后，落下轻浆浆轴，换轴后再开车
湿纱出烘房	烘房散热系统发生故障，或未开风机，出现严重潮湿时，立即慢车运行，落小轴，去掉湿纱
浆纱倒卷入拖引辊	发现倒绕，可开爬行速度进行处理 如倒绕较长，用棒将浆纱架起拉直后再卷入浆轴

二、安全生产

1. 机械保护

（1）传动皮带、传动轮系、拖引辊、前车加压重锤、传动机构等应有安全防护装置；蒸汽管道应以绝热材料包覆。

（2）各种辅助设备如吊轨、吊车、运输车辆等应经常检查，保持良好状态。

（3）浆槽汽罩和烘房内应装有电压不超过36V并有防护罩的照明灯，以利操作。

（4）气压表上必须划有明显的安全气压标志，使用压力不得超过规定。

2. 安全操作

（1）按照劳动保护规定，进入生产现场，必须穿好工作服。

（2）检查发现蒸汽管路漏汽漏水，及时通知修理。

（3）开车前应注意机台四周，并发信号预告开车。

（4）机器在运转中发现有特殊异响、异味或不正常状态时，应立即报告有关人员处理。

（5）突然停车应立即拉断电源，关蒸汽阀，放回汽。

（6）开冷车前，先排除散热管内积水，蒸汽进入烘筒，同时开阻汽箱直通开关以及烘筒上的放气栓，开慢车运行逐渐升速。

（7）上机、了机及落轴时，应谨慎操作，避免碰伤手脚。

（8）经轴搬运，使用电动葫芦，吊轨叉道分轨必须注意安全操作。

（9）处理浆槽或烘房内的绕纱，应戴长袖手套操作。

（10）穿分绞棒时，应注意后面是否有人或其他物品。

（11）开放蒸汽处理沸浆时，应严防烫伤。

第五节 浆纱机主要部件、附件和仪表

一、主要部件技术要求(表2-4-121)

表2-4-121 浆纱机主要部件技术要求

部件名称	技术要求
上浆辊	静平衡允差0.5N·m;辊体跳动0.06mm;不锈钢表面酸洗钝化处理
压浆辊	前压浆辊用橄榄芯,外包丁腈橡胶;后压浆辊用铸铁芯,外包丁腈橡胶;静平衡允差0.4N·m;辊体跳动0.06mm
导纱辊	表面镀硬铬;静平衡允差0.3N·m;辊体表面跳动0.08mm
浸没辊	表面包丁腈橡胶;静平衡允差0.3N·m;辊体表面跳动0.1mm
引纱辊	表面包丁腈橡胶;静平衡允差0.5N·m;辊体表面跳动0.1mm
平纱辊	表面镀硬铬;辊体表面跳动0.08mm
拖引辊	表面包丁腈橡胶;动平衡允差0.5N·m;辊体表面跳动0.06mm
筘片	筘座用铝合金材料,筘齿排列均匀、平直;筘齿用钢针表面镀铬;筘片筘齿稀密应根据品种选择(一般每筘片有25~32齿);筘片应根据浆纱机幅宽选用

二、主要附件技术特征

(一)阻汽箱

阻汽箱又称疏水器,用于供热设备和蒸汽管道,自动排除冷凝水,并阻止蒸汽的排出。

1. 钟形浮子式阻汽箱　浮子式阻汽箱利用凝结水与蒸汽的重量差,使浮子升降并带动阀瓣开启或关闭,达到排水阻汽的目的。根据浮子的不同结构,分浮球式、浮桶式和钟形浮子式。常用的钟形浮子阻汽箱有SO31型、SO32型、SO33型内螺纹式,最高工作压力为16×10^5Pa($16kgf/cm^2$),最大工作压力差为6×10^5Pa($6kgf/cm^2$),最高工作温度为170℃。

711C型、712C型、713C型、714C型内螺纹钟形浮子式阻汽箱最大工作压力差为18×10^5Pa($18kgf/cm^2$);S45H—16型钟形浮子式阻汽箱,最高工作压力为16×105Pa($16kgf/cm^2$),最大工作压力差为13×10^5Pa($13kgf/cm^2$),最高工作温度为200℃。

2. 脉冲式阻汽箱　脉冲式阻汽箱常用的有S18H—25型,工作压力为$0.6\times10^5\sim25\times10^5$Pa($0.6\sim25kgf/cm^2$)介质最高温度为225℃。

3. 热动力式阻汽箱　热动力式阻汽箱的主要动作元件为金属阀片,压差有变化时不需调整,并能防止介质逆流,但动作时噪声较大。变形产品有偏心的热动力式阻汽箱,其排水量较大;带保温罩的热动力式阻汽箱,能减少外界环境温度对疏水阀动作的影响,常用的有A型、S19—10型和S19—16型。

阻汽箱的工作压力差:进口压力和出口压力的大小都会影响阻汽箱的使用。钟形浮子式可以在较低的压差下工作;脉冲式和热力式要求最低工作压力差为0.5×10^5Pa($0.5kgf/cm^2$),出口压力(背压)越高,工作压差越小,其排水能力也越小。浮子型在较高背压下可以正常工作,脉冲式的背压一般不应超过进口压力的25%;热动力式的背压一般不应超过进口压力的50%。

阻汽箱的排水量和选用倍率：阻汽箱的排水量是指在不同的工作压差下最大连续排饱和水的能力。在选用阻汽箱时，应比正常计算的凝结水排量大，大的倍数即选用倍率。热风式一般热交换器，蒸汽压力≥2×10^5Pa（2kgf/cm^2）时，选用倍率为2；蒸汽压力<2×10^5Pa（2kgf/cm^2）时，选用倍率为3。

（二）压力表

1. Y型弹簧管压力表

（1）用途：测量浆纱过程中的蒸汽和液体等介质的压力。

烘筒式浆纱机一般采用Y—150型（0～2.5×10^5Pa）。

热风式浆纱机一般采用Y—100型（0～10×10^5Pa）。

浆液的蒸汽加热装置一般采用Y—100型（0～4×10^5Pa）。

压浆辊的液压装置一般采用Y—60型（0～25×10^5Pa）。

（2）主要技术规格（表2－4－122）：

表2－4－122　Y型弹簧管压力表主要技术规格

<table>
<tr><th>型　号</th><th>压力范围（Pa）</th><th>精度（级）</th></tr>
<tr><td>Y—60</td><td rowspan="3">0～2.5×10
0～4×10
0～10×10
0～25×10</td><td>2.5</td></tr>
<tr><td>Y—100</td><td>1.5</td></tr>
<tr><td>Y—150</td><td>1.5</td></tr>
</table>

2. YTZ—150型电阻远传压力表

（1）用途：用于测量浆纱过程中的蒸汽和液体等介质的压力。配备二次仪表可以实现遥测、集中检测和远距离控制。

（2）主要技术特征（表2－4－123）：

表2－4－123　YTZ—150型电阻远传压力表主要技术特征

<table>
<tr><td colspan="2">压力范围（Pa）</td><td>0～1×10⁵　0～1.6×10⁵　0～2.5×10⁵　0～4×10⁵
0～6×10⁵　0～10×10⁵　0～16×10⁵　0～25×10⁵</td></tr>
<tr><td colspan="2">误差（%）</td><td>±1.5</td></tr>
<tr><td rowspan="2">工作条件</td><td>温度（℃）</td><td>-40 +60</td></tr>
<tr><td>相对温度（%）</td><td><80</td></tr>
<tr><td rowspan="2">滑线电阻值（Ω）</td><td>起　始</td><td>≤15</td></tr>
<tr><td>满　度</td><td>350±15</td></tr>
<tr><td colspan="2">接线端外电压（V）</td><td><6</td></tr>
<tr><td colspan="2">表壳直径（mm）</td><td>150</td></tr>
<tr><td colspan="2">重量（kg）</td><td>1.2</td></tr>
<tr><td colspan="2">配置二次仪表</td><td>毕率计式，带稳压电源的毫伏计式和动圈式仪表</td></tr>
</table>

三、主要仪表

(一)Y411B 型浆纱回潮指示仪

1. 用途　用于测量纯棉或混纺浆纱回潮变动情况。

2. 技术特征(表 2-4-124)

表 2-4-124　Y411B 型浆纱回潮指示仪技术特征

项目		技术特征
指示范围(格)		0~50
浆纱回潮率范围(%)	纯棉	4~12
	混纺	2 以上
工作环境	温度(℃)	0~40
	相对温度(%)	≤85
电源电压(V)		198~242(交流)
外形尺寸:高×宽×深(mm)		278×235×170
重量(kg)		6

(二)温度指示计

1. 双金属温度计

(1)用途:用于烘房或浆液等温度指示。

(2)技术规格(表 2-4-125):

表 2-4-125　双金属温度计技术规格

型　号	测量范围(℃)	插入深度(mm)	保护管直径(mm)	结构型式	安装螺纹	表壳直径(mm)	精　度	温包耐公称压力(Pa)
WSS—301 —302	0~100	150	6 (不锈钢)	轴向	M27×2	60	5	64×10^5 ($64kgf/cm^2$)
WSS(J)—401	0~120	200	10 (不锈钢)	轴向 — 径向	G1/2	100	2.5	
—402	0~150	250			G3/4			
—411	0~200	300						
—412	0~300	350						
WSS(J)—501 —502 —511 —512	0~400	400 450 500				150		

2. 压力式温度指示计

(1)用途:用于烘房或浆液等温度指示。

(2)技术规格(表 2-4-126):

表 2－4－126 压力式温度指示计技术规格

型　号	测量范围（℃）	精度（级）	柔性毛细管长度（m）	温包插入深度调节范围（mm）	耐公称压力（Pa）	安装螺纹	表面直径（mm）
WTZ—280	0～100 20～120 60～160	1.5	1～20	170～260	64×10^5	M27×2	100 125 150
WTQ—280	0～200 0～250 0～300	2.5	1～20	320～420	64×10^5	M33×2	150

3. 液体温度计

（1）用途：用于烘房和浆液等方面的温度测量，有直形 90°角形、135°角形等多种形式。温度计的感温液体分水银和有机液体两种，使用时需加装金属防护套。

（2）技术规格（表 2－4－127）：

表 2－4－127 液体温度计技术规格

型　号		外　形	测量范围（℃）	保护套		
				螺纹	外径（mm）	材料
水银温度计	WNG—11	直形	0～50	M27×2	16	铜或不锈钢
	WNG—12	90°角形	0～100			
	WNG—13	135°角形	0～200			
液体温度计	WNY—11	直形	0～50 0～100			
	WNY—12	90°角形				
	WNY—13	135°角形				

四、贝宁格—泽尔浆纱机主要附件和仪表技术特征

（一）经轴

1. 空经轴

（1）盘片平面度误差（用 T_a 表示，单位 mm）：直径小于 915mm，盘片 $T_a = 0.5$mm；直径大于 915mm，盘片 $T_a = 0.5$mm。

（2）轴芯的同心度误差（用 T_r 表示，单位 mm）：长丝纱，$T_r = 0.25 \times L/1000$；短纤维纱，$T_r = 0.4 \times L/1000$。其中 L = 盘片之间的距离（单位 mm）：

2. 卷绕后的经轴　卷绕长度的最大允许偏差为 1.5%～3%，经轴直径的最大许可偏差为 ±5%。

(二)浆槽部位带橡胶包覆层的罗拉(表2-4-128)

表2-4-128 浆槽中的各罗拉参数

项目 \ 罗拉名称	前压浆辊	后压浆辊	上浆辊①	浸没辊	引纱辊
外径(mm)	225	200	200	188	200
最小外径(mm)	220	196	198	184	196
芯子直径(mm)	190	175	190	172	170
同心度公差(mm)	—	0.15	—	—	—
包覆层硬度： 织物结构的橡胶涂层 硬橡胶包覆层 橡胶包覆层	75°肖氏A	65°肖氏A	100°肖氏A	75°肖氏A	75°肖氏A
硬度公差	±3度				

①表示可配置不锈钢辊。

(三)车头中的各罗拉(表2-4-129、表2-4-130)

表2-4-129 轻型结构各罗拉参数

项目 \ 罗拉名称	拖引辊	调整罗拉	压纱罗拉
外径(mm)	240		
最小外径(mm)	236	173	188
芯子直径(mm)	215		
同心度公差(mm)		0.15	
结构	橡胶涂层	镀硬铬	镀硬铬
橡胶涂层硬度	65°肖氏A	—	—
硬度误差	±3°	—	—

表2-4-130 重型结构各罗拉参数

项目 \ 罗拉名称	穿纱罗拉(拖引辊)	调整罗拉	压纱罗拉
外径(mm)	265	238	212
最小外径(mm)	260	—	—
芯子直径(mm)	240	—	—
同心度公差(mm)		0.15	
结构	橡胶涂层	镀硬铬	镀硬铬
橡胶涂层硬度	65°肖氏A	—	—
硬度误差	±3°	—	—

(四)掌上控制器

掌上控制器有车头掌上控制器和浆槽(A、B)掌上控制器。掌上控制器最好固定在车头右边机架上合适的位置,用于控制车头的全部功能。浆槽(A、B)掌上控制器一般固定在A、B各自浆槽右边机架合适的位置上,用于控制浆纱中心的所有功能。

(五)压力表

1. 蒸汽压力表　用于测量蒸汽管道中的压力,工作压力范围0~1.6MPa。

2. 气压表　用于测量压缩空气管道中空气的压力,工作压力范围分为两档,一档为0~150MPa,另一档为0~10kg/cm^2。

第五章 穿结经

第一节 穿结经方法

穿结经是经纱准备的最后一道工序，它的任务是把织轴上的全部经纱，按工艺设计要求依次穿过经停片、综丝和筘，在现代的纺织厂里，除了还保留少量的手工穿经以适应部分品种的需要外，穿结经已经基本实现了机械化和半机械化，大大减轻了工人的劳动强度，提高了生产效率。

一、穿经

穿经分手工穿经、半自动穿经、自动穿经三种，见表2-5-1。

表2-5-1 穿经形式

穿经方法	特点	效率
手工穿经	手工穿经的劳动强度大，生产效率很低，但是，这种穿经方法比较灵活，对于任何组织的织物都能适应	800~1000根经纱/h
半自动穿经	可减轻工人劳动强度，提高生产效率。目前半自动穿经的方法应用最广	一般比手工穿经提高30%~50%的效率
自动穿经	只适用于八页综以内的简单织物组织，使用范围不广	100~120根经纱/min

二、结经

结经是用打结的方法，把织机上剩余的了机经纱同准备上机的织轴上的经纱逐根地对接起来，然后，再把上机经纱全部拉过穿在了机经纱上的经停片，综丝和钢筘，达到同穿经完全相同的要求，对于制织同一品种织物的织轴，采用结经可大大缩短穿经时间，提高生产效率。

结经法分为手工结经和自动结经，手工结经就是手工打结进行，劳动生产率极低，一般很少使用。

自动结经是目前纺织厂使用最为广泛的一种结经机械，分固定式和活动式两种，固定式结经机在穿经间内进行工作，完成结经的织轴，再被送往织造车间使用，适用于简单组织的织物生产，活动式结经机可以推到织机的机后，直接在织机上结经，节省上了机时间，提高生产效率，适用范围广，结经速度快，每分钟打结可从200~600个自动调节，是目前纺织厂使用最多的结经方法。

需要注意的是，自动结经虽能提高生产效率，改善劳动条件，但并不能完全代替手工穿经，当品种翻改或要求改变穿综顺序时，需要重新用手工穿经，除此之外，在连续结经 2～3 次后，综筘等需下机检修，因此在采用自动结经的同时，手工穿经还是必不可少的。

第二节　钢　筘

一、钢筘形式及规格

钢筘分为胶合筘和焊接筘两种。图 2－5－1(1)所示为胶合筘，它是用胶合剂将筘片 1、筘片 2 和扎筘线 3 固定在扎筘木条 4 上而成，在棉织生产中普遍使用。焊接筘如图 2－5－1(2)所示，它全部由金属构成，筘片 1 由钢丝绕扎后用锡铅焊料焊牢在筘边 2 和垫片 3 之间，因此，比较牢固，适用于制织特别紧密的厚织物以及密度大的丝织物，无梭织机均使用焊接筘。

(一)胶合筘

1. 结构和规格　棉织用胶合筘多为木质筘梁，分单层筘和双层筘两种。

(1)单层筘：单层筘结构见图 2－5－2，基本尺寸及允许公差见表 2－5－2。

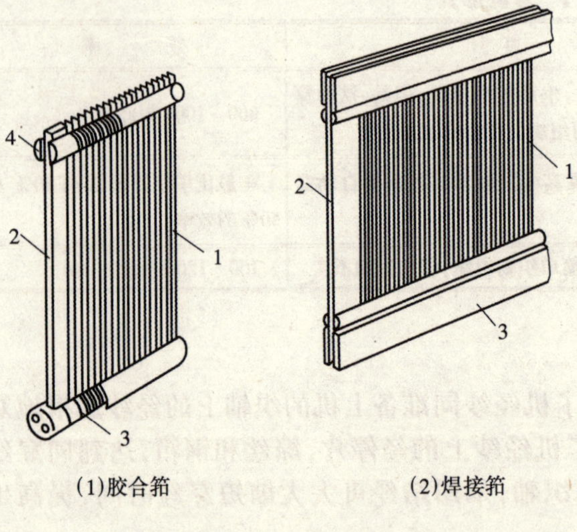

图 2－5－1　钢筘

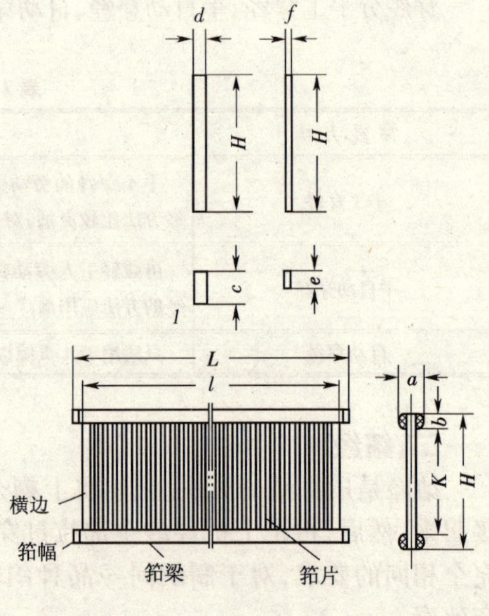

图 2－5－2　单层筘

表 2－5－2　单层筘基本尺寸及允许公差　　单位：mm

名　称	尺　寸　及　公　差	
	尺　寸	允许公差
全宽(L)	$l+6$	±2
内宽(l)	根据用户要求	±2

续表

名称	尺寸及公差	
	尺寸	允许公差
全高(*H*)	115	±1
	120	
	125	
	140	
内高(*K*)	H-2b	±1
筘梁高(*b*)	16	—
筘梁厚(*a*)	14	±1.5
筘片宽度(*e*)	2.7	±0.05
筘片厚度(*f*)	视筘号而定	—
横边宽度(*c*)	6	±0.2
横边厚度(*d*)	2.7	±0.05

常用的棉织钢筘的高度(全高)为115mm(4.5英寸)。在双踏盘开口机构的织机上,钢筘高度宜相应改用120mm(4.75英寸)。

(2)双层筘:双层筘常用于生产高经密或股线结头较大的织物。一般基本尺寸与单层筘相同,表2-5-3所示为其不同部分的尺寸。

表2-5-3 双层筘部分尺寸 单位:mm

筘片宽度	筘梁厚	筘层间距
2	14	2

(3)钢筘长和高与织机公称筘幅的关系:见表2-5-4。

表2-5-4 钢筘长和高与织机公称幅宽的关系

机型		GA611型织机				GA615型织机				1515W型轻帆布织机	G221型重帆布织机
公称幅宽	cm	112	117	127	132	142	160	170	190	112	—
	英寸	44	46	50	52	56	63	67	75	44	—
钢筘	长(mm)	1086	1136	1238	1288	1394	1568	1669	1873	1084	1680
	高(mm)	除平纹双踏盘为120外,其余为115				120				130	170

(4)制筘用材料的规格:

①筘片:筘片的断面形状为扁平形,两侧成圆角(图2-5-2),其宽度规定为2.7mm,筘片厚度与筘号的选用关系见表2-5-5。

表 2－5－5　筘号与筘片厚度的选用关系

公制筘号	英制筘号	筘片厚度 f(mm)	公制筘号	英制筘号	筘片厚度 f(mm)	公制筘号	英制筘号	筘片厚度 f(mm)
40	20	1.12	108	54	0.45	176	88	0.27
44	22	1.05	112	56	0.43	180	90	0.265
48	24	0.98	116	58	0.41	184	92	0.26
52	26	0.91	120	60	0.40	188	94	0.255
56	28	0.84	124	62	0.39	192	96	0.25
60	30	0.78	128	64	0.38	196	98	0.245
64	32	0.73	132	66	0.37	200	100	0.24
68	34	0.69	136	68	0.36	204	102	0.235
72	36	0.66	140	70	0.35	208	104	0.23
76	38	0.63	144	72	0.34	212	106	0.225
80	40	0.60	148	74	0.33	216	108	0.22
84	42	0.57	152	76	0.32	220	110	0.215
88	44	0.55	156	78	0.31	224	112	0.21
92	46	0.53	160	80	0.30	228	114	0.205
96	48	0.51	162	82	0.29	232	116	0.20
100	50	0.49	168	84	0.28	236	118	0.195
104	52	0.47	172	86	0.275	240	120	0.19

为了保持筘片弹性，筘片要有适当厚度，同时，又必须考虑到纱线能顺利地通过筘片间的空隙，故理论上筘片的厚度和筘片的空隙是1∶1。但实际上，为了使纱线结头能通过筘片间空隙，筘片的厚度一般小于空隙。

②扎筘线：扎筘用的棉线，采用优质棉纺成18tex(32英支)纱合股而成，其并合根数视筘号而定，筘片与棉线排列紧密均匀。扎筘线和筘号的选用关系见表2－5－6。

表 2－5－6　扎筘线与筘号的选用关系

棉线股数	扎线道	编扎扣眼(50mm)	棉线股数	扎线道	编扎扣眼(50mm)	棉线股数	扎线道	编扎扣眼(50mm)
60	8	6～6.9	22	2	37～38.9	20	1	70～73
58	6	7～8.9	20	2	39～40.9	18	1	73.1～76
49	6	9～10.9	52	1	41～42.9	17	1	76.1～79
46	5	11～12.9	49	1	43～44.9	16	1	79.1～82
46	4	13～14.9	46	1	45～46.9	15	1	82.1～86
34	4	15～16.9	43	1	47～48.9	14	1	86.1～88
49	3	17～18.9	40	1	49～50.9	13	1	88.1～90
37	3	19～20.9	37	1	51～52.9	12	1	90.1～92
32	3	21～22.9	34	1	53～54.9	11	1	92.1～94
52	2	23～24.9	32	1	55～56.9	10	1	94.1～98
46	2	25～26.9	30	1	57～58.9	9	1	98.1～108
40	2	27～28.9	28	1	59～60.9	8	1	109～110
37	2	29～30.9	26	1	61～62.9	7	1	111～120
34	2	31～32.9	24	1	63～64.9	6	1	121～130
30	2	33～34.9	22	1	65～67.9			
26	2	35～36.9	21	1	68～69.9			

2. 技术要求

(1)筘片材料采用含碳 0.42% ~0.65%,含硫磷≤0.04%的碳素钢。

(2)筘片表面粗糙要求达到$\overset{1.6}{\bigtriangledown}$以上,无伤痕、毛刺,棱角须成圆弧形。

(3)筘面无凹凸不平现象。

(4)筘片应保持密度均匀、无大稀路,允许偏差为筘片间距的 30%。

(5)筘片经编扎后,不倾斜,与筘梁垂直并与横边平行,允许偏差为 ±1°30′。

(6)扎筘用的木条为干燥的红松(回潮率 10% ~12%),木纹顺直无虫蛀、节疤现象,在半圆形的顶部,开有沟槽,中置长条薄钢片衬条,以便紧扎,又能耐用。

(7)筘片经编扎后,须在两端顶部筘片间涂氯丁胶,用以固定筘片,防止产生涨筘等弊病。

(8)扎筘棉线应用 10 号沥青和特级松香的溶液完全浸透,卷绕时,扎筘线的张力应均匀一致,筘扎好后,在筘的上下两边也应浸涂一层沥青溶液,冷凝后应牢固,有韧性。

沥青(或树脂)和松香混合液的调合成分见表 2-5-7。

表 2-5-7 沥青(或树脂)和松香混合液的调合成分

成　分	沥青线扎钢筘涂料	树脂线扎钢筘涂料
沥青(%)	70 ~80	—
树脂(%)	—	28
松香(%)	30 ~20	72

(9)筘帽用 0.30 ~0.35mm 厚的铁皮制成,表面加镀防锈层(镀铜)。

(10)上下筘梁用纸或布包粘贴平伏牢固,无脱壳现象。

3. 验收方法(表 2-5-8)

表 2-5-8 验收方法

检 查 项 目	技术要求及允许公差	检 验 方 法
基本尺寸	按出厂标准	用卡尺/卷尺测量
筘号	±0.1%	在 10cm 内计算筘片数或以筘片总数计算
筘片排列均匀度	大齿距 <30%	目测或用放大 10 倍的投影仪检验
筘面平整度	波峰在 0.03mm 内并较均	手感
筘片垂直度	以筘梁为基准 ±1°30′	用量角器测量
筘片倾斜度	±1°30′	用筘片侧面插入齿间再以量角器测得
筘片粗糙度	$\overset{1.6}{\bigtriangledown}$以上	放大 30 倍观测
沥青粘牢度	不变形不开裂	在筘的两端反复扭转(10° ~15°)3 ~4 次
外观整洁	无油污、无刀痕、无歪斜、无破损	目测

4. 保养与保管

(1)使用新筘时,先用滑石粉擦除筘面的油污,必要时可揩上防锈漆。穿新筘的织轴应适当放长上机纱。

(2)钢筘开始使用时应编号,并注明日期,以便统计使用年限(一般可用 4 ~5 年)。凡不同筘号的钢筘,应加涂标记以便识别。

(3)依照织物筘幅标准,做好等分标志,以利穿经操作和交接班。

(4)钢筘必须正反上下轮用,减少钢筘单面磨灭,延长使用年限。

(5)了机的钢筘必须清扫和检修。

(6)发现损坏严重的断筘、大肚皮筘(弯筘)、筘面高低不平以及筘面严重磨损的坏筘,应剔出另行修理。

(7)钢筘须长期保存(一年以上)时,经检修后,揩上防锈漆,或洒上滑石粉并包扎,贮藏于干燥地方(一般贮藏室使用红外线灯光干燥)。

5. 锦纶丝扎钢筘　锦纶丝扎钢筘可以有效地增强筘的弹性,以适应制织高密织物的需要。

(1)结构:采用锦纶丝编扎,氯丁胶粘接,橡胶布包边。

(2)技术要求:见表2-5-9。

表2-5-9　锦纶丝扎钢筘技术要求

名称		技术要求
筘片	材料	60号钢
	宽度(mm)	2.7
	硬度(HRC)	28~32
	表面处理	火焰发蓝
尼龙丝	拉力(daN)	$P \geqslant 15$
	直径公差(mm)	±0.005
	均匀度	无颈缩、结节,不得呈螺旋形,光洁不起毛
衬片	材料	60号钢
	规格(mm)	2.7×0.4
木条	材料	规格(mm)
	规格(mm)	10.4±0.2×4±0.2
	技术要求	光洁平直,干燥、木纹顺直,无蛀眼、节疤

(二)焊接筘

焊接筘全部由金属组成,有平筘和异型筘两种。

1. 平筘

(1)剑杆、片梭织机用钢筘:如图2-5-3中所示,用铝合金筘梁和优质高碳钢筘片,高强度粘接剂制成。技术规格见图2-5-4;基本尺寸见表2-5-10。

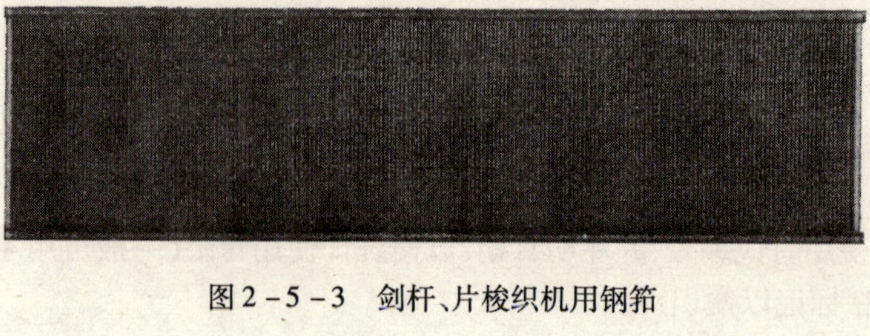

图2-5-3　剑杆、片梭织机用钢筘

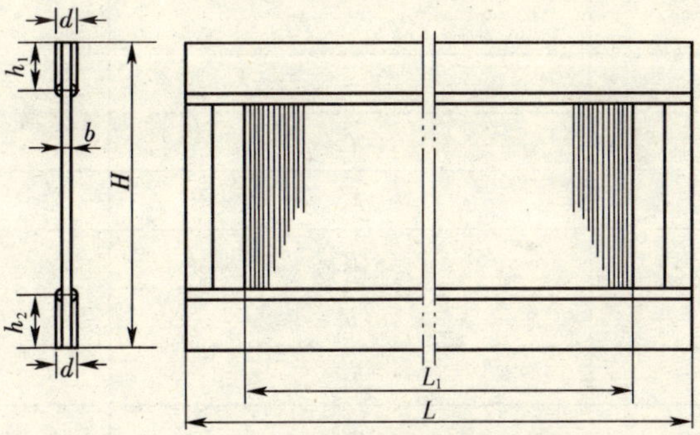

图 2-5-4　剑杆、片梭织机用钢筘

表 2-5-10　剑杆、片梭织机用钢筘基本尺寸

名　　称	代　　号	基本尺寸
筘　号	—	20~240/10cm
筘全宽	L	≤6000
有效宽度	L_1	根据用户要求
筘全高	H	90~180
筘片宽度	b	2.7、3.0、4.0
上筘梁高度	h_1	10、12
下筘梁高度	h_2	18、20、26
筘梁厚度	d	6、8

(2)喷水织机用钢筘：如图 2-5-5 所示，用不锈钢筘片与不锈钢筘边焊锡而成。技术规格见图 2-5-6；基本尺寸见表 2-5-11。钢筘长度视不同机种（即不同筘幅）而选择，见表 2-5-12。

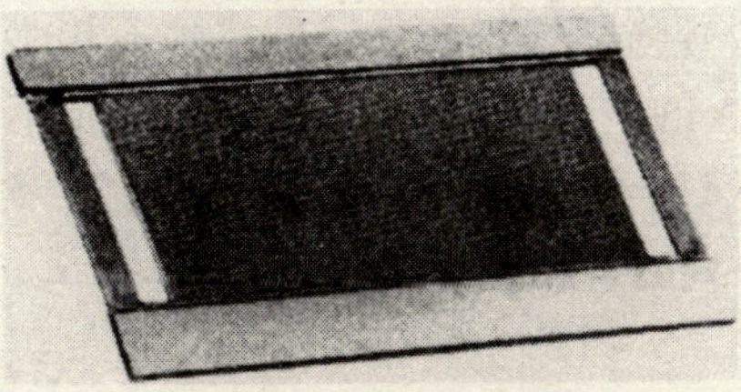

图 2-5-5　喷水织机用钢筘

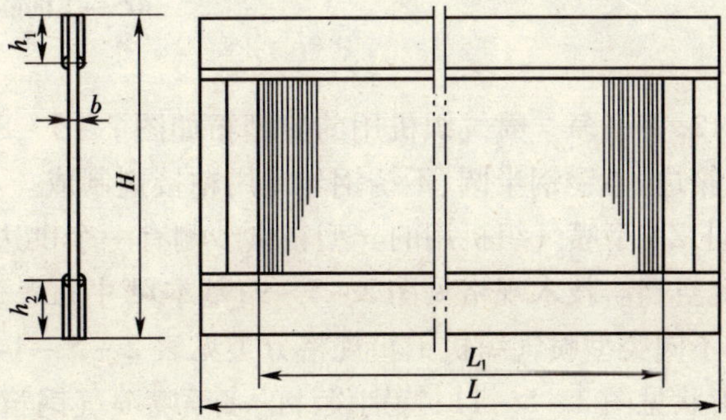

图 2-5-6　喷水织机用钢筘技术规格

表 2-5-11　喷水织机用钢筘基本尺寸

名　　称	代　　号	基本尺寸
筘　　号	—	60~250/10cm
筘全宽	L	≤6000
有效宽度	L_1	根据用户要求
筘全高	H	90~180
筘片宽度	b	2.2、2.5、2.7
上筘梁高度	h_1	12、18
下筘梁高度	h_2	18

表 2-5-12　钢筘长度选择

机　　种	150	170	190	210P	230
钢筘长度（mm）	1633	1833	2033	2233	2433

（3）喷气织机用钢筘：在丰田管导片引纬的喷气织机上使用平筘，图 2-5-7 是筘齿宽度分别为 4mm 和 2.8mm 的两种筘的基本尺寸。

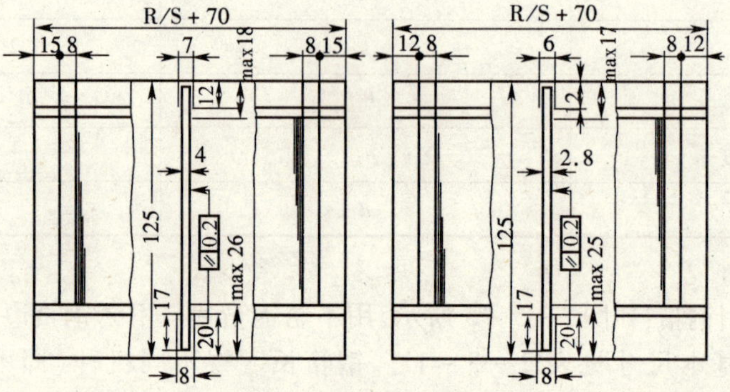

图 2-5-7　喷气织机用平筘

R/S—上机筘幅

2. 异型筘　喷气织机用的异型筘如图 2-5-8 所示，由不锈钢异型筘齿、直齿、铝合金筘梁、筘边、不锈钢半圆、不锈钢丝专用粘接剂制成。不同型号喷气织机要求异型筘的形状略有不同，ZA 型喷气织机用的异型筘供纱侧有一个供边剪伸入的空档，其他织机用的异型筘不具备此空档。技术规格见图 2-5-9；基本尺寸见表 2-5-13；异型筘齿技术规格见图 2-5-10；不同类型喷气织机钢筘规格分类见表 2-5-14。异型筘齿厚度选择见表 2-5-15。筘边形状见图 2-5-11；特别设计的多喷嘴喷气钢筘见图 2-5-12，主要用于多喷嘴喷气织机织造，可根据纱线型号、纤维及织机型号的不同而选择理想的异型槽；特殊规格异型筘见图 2-5-13。

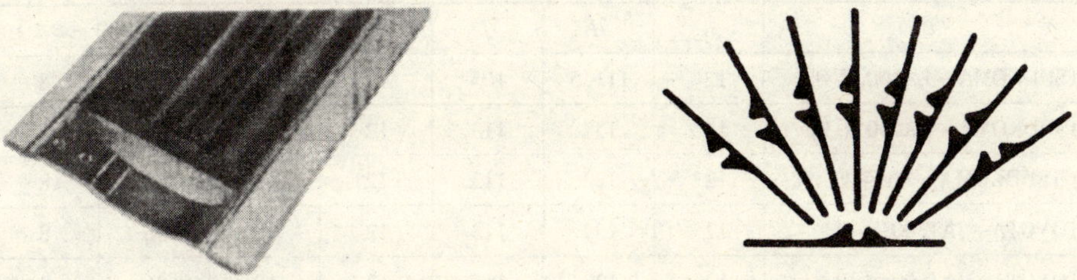

(1)喷气织机钢筘　　　　(2)喷气筘用异型筘片

图 2－5－8　喷气织机用异型筘形状

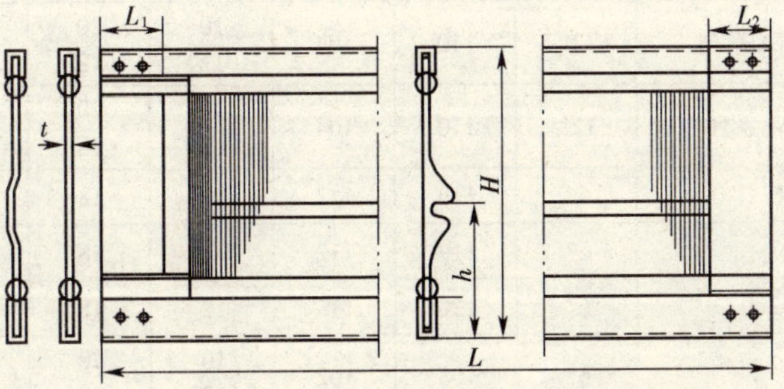

图 2－5－9　异形筘技术规格

表 2－5－13　异形筘基本尺寸　　单位:mm

名　称	代　号	基本尺寸
筘　号	—	60/10～260/10cm
筘齿厚度	t	0.14～0.70
总　长	L	≤6000
全　高	H	108～122
筘咀高度	h	51～57
筘边宽度	L_1　L_2	1～20

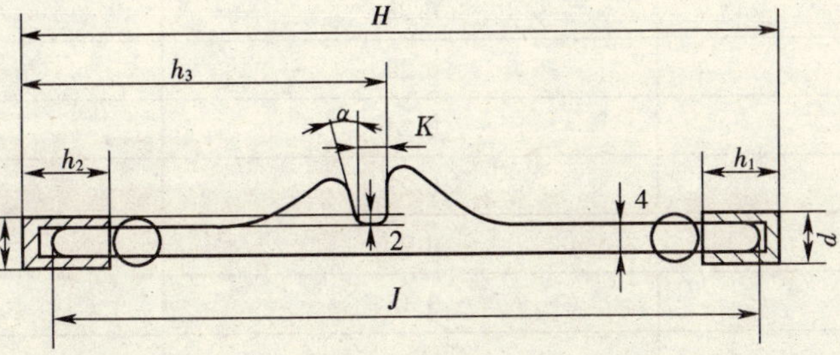

图 2－5－10　异型筘齿技术规格

表 2-5-14　不同类型喷气织机钢筘分类　　单位：mm

类　　型	α	H	J	h_1	h_2	h_3	d	K
津田驹 TSUDKOMA—ZA100 系列	12°	111.5	105	12	18	51	8	5.5
津田驹 TSUDKOMA—ZA200 系列	12°	122	113	12	18	56	8	5.5
津田驹 TSUDKOMA—ZA 系列	12°	122	113	12	18	56	8	5.5
丰田 TOYOTA—JAT500 系列	12°	122	113	12	18	56	8	5.5
丰田 TOYOTA—JAT600 系列	12°	122	113	12	18	56	8	5.5
日产 NISSAN—LA40A	12°	113	105	12	18	52.5	8	5.5
日产 NISSAN—LA51A	12°	122	113	12	18	56	8	5.5
毕卡诺 PICANOL—PAT 系列	6°	119	112	10 (12)	20 (18)	57	8	6
毕卡诺 PICANOL—DELTA 系列	12°	110	104	10 (12)	20 (18)	54	8	5.5
毕卡诺 PICANOL—OMNI 系列	12°	110	104	10 (12)	20 (18)	54	8	5.5
道尼尔 DORNLER	6°	119	112	12	18	57	8	6
硅拿 GUUNE	6°	119	112	12	18	57	8	6
苏尔寿 SULERR—L5200	6°	120	113	12	18	56	8	6
天鹰 CLIPPER	6°	108	102	10 (12)	20 (18)	57	8	6
捷克 JETTIS	12°	110	105	12	18	51	8	6

表 2-5-15　异型筘齿厚度选择

筘号(筘齿/10cm)	筘　齿　厚　度(mm)	
	推 荐 值	选择范围
40~60	0.60	0.50~0.60
61~80	0.50	0.45~0.50
81~90	0.45	0.40~0.45
91~100	0.40	0.35~0.45
101~110	0.35	0.30~0.40
111~120	0.30	0.28~0.35
121~140	0.28	0.26~0.35
141~160	0.26	0.24~0.30
161~180	0.24	0.22~0.30
181~200	0.22	0.20~0.28
210~220	0.20	0.18~0.24
221~240	0.18	0.16~0.22
241~260	0.16	0.14~0.18
261~320	0.14	0.14~0.16

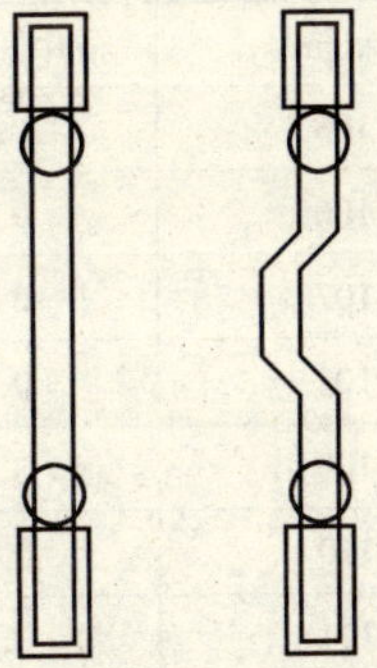

图 2-5-11　筘边形状

图 2-5-12　多喷嘴喷气钢筘

商标织带筘、丝织筘、铁丝布筘、整经定幅筘、半边筘等各种金属类异型筘可根据需要定制。

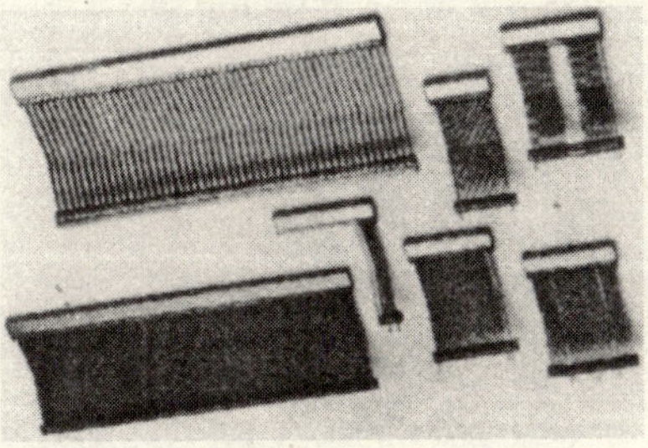

图 2-5-13　特殊规格异型筘

二、筘片间隙

(一)筘片间隙的近似计算

$$C=\frac{25.4}{N_e}(2-K)$$

式中：C——相邻两筘片间的间隙，mm；

N_e——英制筘号，齿/2 英寸；

K——系数(40 号筘以上取 0.96，40 号筘以下取 0.93)。

(二)筘片间隙的选择

筘片间隙为经纱直径的 3~4 倍为宜。

(三)筘片间隙(表 2-5-16)

表 2-5-16　筘片间隙

英制筘号	筘片间隙(mm)	英制筘号	筘片间隙(mm)	英制筘号	筘片间隙(mm)
20	1.359	31	0.877	42	0.629
21	1.294	32	0.849	43	0.614
22	1.235	33	0.824	44	0.600
23	1.182	34	0.799	45	0.587
24	1.132	35	0.777	46	0.574
25	1.087	36	0.755	47	0.562
26	1.045	37	0.735	48	0.550
27	1.007	38	0.715	49	0.539
28	0.971	39	0.697	50	0.528
29	0.937	40	0.670	51	0.518
30	0.906	41	0.644	52	0.508

续表

英制筘号	筘片间隙(mm)	英制筘号	筘片间隙(mm)	英制筘号	筘片间隙(mm)
53	0.498	79	0.334	105	0.252
54	0.489	80	0.330	106	0.249
55	0.480	81	0.326	107	0.247
56	0.472	82	0.322	108	0.245
57	0.463	83	0.318	109	0.242
58	0.455	84	0.314	110	0.240
59	0.448	85	0.311	111	0.238
60	0.440	86	0.307	112	0.236
61	0.433	87	0.304	113	0.234
62	0.426	88	0.300	114	0.232
63	0.419	89	0.297	115	0.230
64	0.413	90	0.294	116	0.228
65	0.406	91	0.290	117	0.226
66	0.400	92	0.287	118	0.224
67	0.394	93	0.284	119	0.222
68	0.388	94	0.281	120	0.220
69	0.383	95	0.278	121	0.218
70	0.377	96	0.275	122	0.217
71	0.372	97	0.272	123	0.215
72	0.367	98	0.270	124	0.213
73	0.362	99	0.267	125	0.211
74	0.357	100	0.264	126	0.210
75	0.352	101	0.262	127	0.208
76	0.348	102	0.259	128	0.206
77	0.343	103	0.256	129	0.205
78	0.339	104	0.254	130	0.203

(四)异型筘的空间率

异型筘的空间率即单位筘距内空隙的百分率。按下式计算：

$$空间率(\%)=\frac{100-筘号(片/10cm)\times 筘片厚(mm)}{100}\times 100\%$$

(五)异型筘空间率的选择

异型筘空间率一般控制在65%～73%，长丝为45%～60%，短纤单纱为60%～70%，股线为60%～65%。此外，当经纱毛羽多、断经多，开口困难时，空间率宜大些，当纬纱飞行慢或困难时，空间率应小些。

三、筘号选择

(一)筘号定义

公制筘号是以10cm内的筘片间隙数来表示;英制筘号是以2英寸内的筘片间隙数来表示。

(二)计算公式

$$\text{公制筘号(齿/10cm)}=\frac{\text{经纱密度(根/10cm)}}{\text{地组织每筘穿入经纱根数}}\times(1-\text{纬纱织缩率})$$

$$\text{英制筘号(齿/2 英寸)}=\frac{\text{经纱密度(根/英寸)}\times 2}{\text{地组织每筘穿入经纱根数}}=(1-\text{纬纱织缩率})$$

(三)公、英制筘号换算

$$\text{公制筘号}=\frac{\text{英制筘号}}{2\times 2.54}\times 10=1.968\times\text{英制筘号}$$

$$\text{英制筘号}=\frac{\text{英制筘号}\times 2.54}{10}\times 2=0.508\times\text{公制筘号}$$

筘号计算小数取舍规定如下。

(1)英制筘号:0.15及以下不取,0.15~0.4以内取0.25,0.41~0.60以内取0.5,0.61~0.85以内取0.75,0.85及以上取1,筘号精确到0.25号。

(2)公制筘号:0.30及以下舍去,0.31~0.69取0.5,0.70及以上取1,精确到0.5号。

(四)公英制筘号对照(表2-5-17)

表2-5-17 公英制筘号对照表

英制筘号	公制筘号	英制筘号	公制筘号	英制筘号	公制筘号
20	39.5	28.5	56	37	73
20.5	40.5	29	57	37.5	74
21	41.5	29.5	58	38	75
21.5	42.5	30	59	38.5	76
22	43.5	30.5	60	39	77
22.5	44	31	61	39.5	78
23	45	31.5	62	40	79
23.5	46	32	63	40.5	80
24	47	32.5	64	41	81
24.5	48	33	65	41.5	82
25	49	33.5	66	42	83
25.5	50	34	67	42.5	83.5
26	51	34.5	68	43	84.5
26.5	52	35	69	43.5	85.5
27	53	35.5	70	44	86.5
27.5	54	36	71	44.5	87.5
28	55	36.5	72	45	88.5

续表

英制筘号	公制筘号	英制筘号	公制筘号	英制筘号	公制筘号
45.5	89.5	64	126	82.5	162.5
46	90.5	64.5	127	83	163.5
46.5	91.5	65	128	83.5	164.5
47	92.5	65.5	119	84	165.5
47.5	93.5	66	130	84.5	166.5
48	94.5	66.5	131	85	167.5
48.5	95.5	67	132	85.5	168.5
49	96.5	67.5	133	86	169
49.5	97.5	68	134	86.5	170
50	98.5	68.5	135	87	171
50.5	99.5	69	136	87.5	172
51	100.5	69.5	137	88	173
51.5	101.5	70	138	88.5	174
52	102.5	70.5	139	89	175
52.5	103.5	71	140	89.5	176
53	104.5	71.5	141	90	177
53.5	105.5	72	142	90.5	178
54	106	72.5	143	91	179
54.5	107	73	144	91.5	180
55	108	73.5	145	92	181
55.5	109	74	146	92.5	182
56	110	74.5	146.5	93	183
56.5	111	75	147.5	93.5	184
57	112	75.5	148.5	94	185
57.5	113	76	149.5	94.5	186
58	114	76.5	150.5	95	187
58.5	115	77	151.5	95.5	188
59	116	77.5	152.5	96	189
59.5	117	78	153.5	96.5	190
60	118	78.5	154.5	97	191
60.5	119	79	155.5	97.5	192
61	120	79.5	156.5	98	193
61.5	121	80	157.5	98.5	194
62	122	80.5	158.5	99	195
62.5	123	81	159.5	99.5	196
63	124	81.5	160.5	100	197
63.5	125	82	161.5	100.5	198

续表

英制筘号	公制筘号	英制筘号	公制筘号	英制筘号	公制筘号
101	199	111	218.5	121	238
101.5	200	111.5	219.5	121.5	239
102	201	112	220.5	122	240
102.5	202	112.5	221.5	122.5	241
103	203	113	222.5	123	242
103.5	204	113.5	223.5	123.5	243
104	205	114	224.5	124	244
104.5	206	114.5	225.5	124.5	245
105	207	115	226.5	125	246
105.5	207.5	115.5	227.5	125.5	247
106	208.5	116	228.5	126	248
106.5	209.5	116.5	229.5	126.5	249
107	210.5	117	230.5	127	250
107.5	211.5	117.5	231.5	127.5	251
108	212.5	118	232	128	252
108.5	213.5	118.5	233	128.5	253
109	214.5	119	234	129	254
109.5	215.5	119.5	235	129.5	255
110	216.5	120	236	130	256
110.5	217.5	120.5	237		

(五)筘号选择经验公式

1. 英制筘号

$$英制筘号=\frac{经密(根/英寸)-1}{地组织每筘穿入经纱根数}\times 0.95\times 2+不同经密纱支$$

筘号调整见表2-5-18,此表适用于帆布类织物。

(1)计算筘号时小数保留两位,小数取舍同前规定。

(2)双经帆布经密按双根计算。

(3)表2-5-18 用于帆布类等粗厚织物。

表2-5-18　不同经密纱支调整筘号表

经密(根/英寸)		不足36根	36~49根 平纹	36~49根 斜纹	50~99根 平纹	50~99根 斜纹	100根及以上
经纱并线后规格	233tex及以上(2.5英支及以下)	+1号	±0.5号	+0.5号	—	—	+2号
	(87.4~224tex)(2.6~6.9英支)	—	+0.5号	—	+1号	+0.5号	+2号
	83.3tex及以下(7英支及以上)	—	—	—	+0.5号	+0.5号	+2号

2. 公制筘号

(1)公制筘号 =[经密(根/10cm) -4]× 该品种地组织每筘穿入根数的常数(K)

本公式适用于除府绸以外的经密不足 393.5 根/10cm(100 根/英寸)的所有织物。

(2)公制筘号 =[经密(根/10cm) -4]× 该品种地组织每筘穿入根数的常数(K) +4

本公式适用于府绸织物及经密超过 393.5 根/10cm(100 根/英寸)的其他织物。

式中(经密 -4)的 4 是调整纬缩率的,使其符合经密越高、纬缩率越小的关系。府绸及经密在 393.5 根/10cm 及以上织物加 4 号筘,也是调整纬纱缩率的,这两个 4 都是经验统计数字。

$$地组织穿入根数的常数 K = \frac{1 - 假定纬纱缩率 5\%}{地组织每筘穿入根数}$$

K 值见表 2 -5 -19。

表 2 -5 -19 K 值

地组织穿入根数	常数 K	地组织穿入根数	常数 K
1	$K = \frac{0.95}{1} = 0.950$	3	$K = \frac{0.95}{3} = 0.317$
2	$K = \frac{0.95}{2} = 0.475$	4	$K = \frac{0.95}{4} = 0.238$

(六)常用经密和筘号对照参考

在试织时,可参考表 2 -5 -20,选试用筘号,经试织后,再根据经密的超域范围,决定筘号。表 2 -5 -20 为常用经密和筘号对照参考表。

表 2 -5 -20(1) 地组织每筘穿入经纱数为 2 根的经密和筘号对照表

经密		筘号	
根/10cm	根/英寸	公制	英制
102 ~104	26 ~26.5	47	24
106 ~108	27 ~27.5	49	25
110 ~112	28 ~28.5	51	26
114 ~116	29 ~29.5	53	27
118 ~120	30 ~30.5	55	28
122 ~125.5	31 ~32	57	29
127.5 ~129.5	32.5 ~33	59	30
131 ~133	33.5 ~34	61	31
135 ~137	34.5 ~35	63	32
140 ~141.5	35.5 ~36	65	33
143.5 ~145.5	36.5 ~37	67	34
147.5 ~149.5	37.5 ~38	69	35
151.5 ~153.5	38.5 ~39	71	36
155 ~157	39.5 ~40	73	37
159 ~163	40.5 ~41.5	75	38

续表

经密		筘号	
根/10cm	根/英寸	公制	英制
165~167	42~42.5	77	39
169~171	43~43.5	79	40
173~175	44~44.5	81	41
177~179	45~45.5	83	42
181~183	46~46.5	84.5	43
185~187	47~47.5	86.5	44
188.5~190.5	48~48.5	88.5	45
192.5~194.5	49~49.5	90.5	46
196.5~198.5	50~50.5	92.5	47
200.5~204.5	51~52	94.5	48
206.5~208.5	52.5~53	96.5	49
210.5~212.5	53.5~54	98.5	50
214.5~216.5	54.5~55	100.5	51
218~220	55.5~56	102.5	52
222~224	56.5~57	104.5	53
226~228	57.5~58	106.5	54
230~232	58.5~59	108	55
234~236	59.5~60	110	56
238~240	60.5~61	112	57
242~244	61.5~62	114	58
246~249.5	62.5~63.5	116	59
251.5~253.5	64~64.5	118	60
255.5~257.5	65~65.5	120	61
259.5~261.5	66~66.5	122	62
263.5~265.5	67~67.5	124	63
267.5~269.5	68~68.5	126	64
271.5~273.5	69~69.5	128	65
275.5~277.5	70~70.5	130	66
279.5~283	71~72	132	67
285~287	72.5~73	134	68
289~291	73.5~74	136	69
293~295	74.5~75	138	70

续表

经密		筘号	
根/10cm	根/英寸	公制	英制
297~299	75.5~76	140	71
301~303	76.5~77	142	72
305~307	77.5~78	144	73
309~311	78.5~79	146	74
312.5~314.5	79.5~80	147.5	75
316.5~320.5	80.5~81.5	149.5	76
322.5~324.5	82~82.5	151.5	77
326.5~328.5	83~83.5	153.5	78
330.5~332.5	84~84.5	155.5	79
324.5~336.5	85~85.5	157.5	80
338.5~340.5	86~86.5	159.5	81
342.5~344	87~87.5	161.5	82
346~348	88~88.5	163.5	83
350~352	89~89.5	165.5	84
354~356	90~90.5	167.5	85
358~362	91~92	169	86
364~366	92.5~93	171	87
368~370	93.5~94	173	88
372~374	94.5~95	175	89
376~377.5	95.5~96	177	90
379.5~381.5	96.5~97	179	91
383.5~385.5	97.5~98	181	92
387.5~389.5	98.5~99	183	93
391.5~393	99.5~99.8	185	94
393.5	100	189	96
395.5~400	100.5~101.5	191	97
401.5~403.5	102~102.5	193	98
405.5~407	103~103.5	195	99
409~411	104~104.5	197	100
413~415	105~105.5	199	101
417~419	106~106.5	201	102
421~423	107~107.5	203	103

续表

经密		筘号	
根/10cm	根/英寸	公制	英制
425~427	108~108.5	205	104
429~433	109~110	207	105
435~437	110.5~111	208.5	106
438.5~440.5	111.5~112	210.5	107
442.5~444.5	112.5~113	212.5	108
446.5~448.5	113.5~114	214.5	109
450.5~452.5	114.5~115	216.5	110
454.5~456.5	115.5~116	218.5	111
458.5~460.5	116.5~117	220.5	112
462.5~466.5	117.5~118.5	222.5	113
268.5~470	119~119.5	224.5	114
472~474	120~120.5	226.5	115
476~478	121~121.5	228.5	116
480~482	122~122.5	230.5	117
484~486	123~123.5	232	118
488~490	124~124.5	234	119
492~494	125~125.5	236	120
496~498	126~126.5	238	121
500~501.5	127~127.5	240	122
503.5~505.5	128~128.5	242	123
507.5~509.5	129~129.5	244	124
511.5~513.5	130~130.5	246	125
515.5~517.5	131~131.5	248	126
519.5~521.5	132~132.5	250	127
523.5~525.5	133~133.5	252	128
527.5~529.5	134~134.5	254	129
531.5~533.5	135~135.5	256	130

注 筘号计算：

(1)除府绸外，经密不足100根/英寸的织物：

$$英制筘号=\frac{[经密(根/英寸-1)]\times 0.95}{地组织每筘穿入经纱数}\times 2$$

(2)府绸及经密在100根/英寸及以上的织物：

$$英制筘号=\frac{[经密(根/英寸)-1]\times 0.95\times 2}{地组织每筘穿入经纱数}+2$$

表 2-5-20(2)　地组织每筘穿入经纱数为 3 根的经密和筘号对照表

经密		筘号	
根/10cm	根/英寸	公制	英制
188.5~192.5	48~49	59	30
194.5~198.5	49.5~50.5	60	31
200.5~204.5	51~52	63	32
207~211	52.5~53.5	65	33
212.5~216.5	54~55	67	34
218~224	55.5~57	69	35
226~230	57.5~58.5	71	36
232~236	59~60	73	37
238~242	60.5~61.5	75	38
244~248	62~63	77	39
249.5~253.5	63.5~64.5	79	40
255.5~261.5	65~66.5	81	41
263.5~267.5	67~68	83	42
269.5~273.5	68.5~69.5	84.5	43
275.5~279.5	70~71	86.5	44
281~285	71.5~72.5	88.5	45
287~291	73~74	90.5	46
293~297	74.5~75.5	92.5	47
299~305	76~77.5	94.5	48
307~311	78~79	96.5	49
312.5~316.5	79.5~80.5	98.5	50
318.5~322.5	81~82	100.5	51
324.5~328.5	82.5~83.5	102.5	52
330.5~334.5	84~85	104.5	53
336.5~342.5	85.5~87	106	54
344~348	87.5~88.5	108	55
350~354	89~90	110	56
356~360	90.5~91.5	112	57
362~366	92~93	114	58
368~372	93.5~94.5	116	59
374~379.5	95~96.5	118	60
381.5~385.5	97~98	120	61
387.5~391.5	98.5~99.5	122	62
393.5~397.5	100~101	128	65

续表

经密		筘号	
根/10cm	根/英寸	公制	英制
399.5~403.5	101.5~102.5	130	66
405.5~409	103~104	132	67
411~415	104.5~105.5	134	68
417~423	106~107.5	136	69
425~429	108~109	138	70
431~435	109.5~110.5	140	71
437~440.5	111~112	142	72

表2-5-20(3)　地组织每筘穿入经纱数为4根的经密和筘号对照表

经密		筘号			
根/10cm	根/英寸	府绸织物		其他织物	
		公制	英制	公制	英制
275.5~281.5	70~71.5	69	35	65	33
283~289	72~73.5	71	36	67	34
291~297	74~75.5	73	37	69	35
299~305	76~77.5	75	38	71	36
307~312.5	78~79.5	77	39	73	37
314.5~322.5	80~82	79	40	75	38
324.5~330.5	82.5~84	81	41	77	39
332.5~338.5	84.5~86	83	42	79	40
340.5~346	86.5~88	84.5	43	81	41
348~354	88.5~90	86.5	44	83	42
356~364	90.5~92.5	88.5	45	84.5	43
366~372	93~94.5	90.5	46	86.5	44
374~380.5	95~96.5	92.5	47	88.5	45
381.5~387.5	97~98.5	94	48	90.5	46
389.5~391.5	99~99.5	96.5	49	92.5	47
393.5~395.5	100~100.5	96.5	49	96.5	49
397.5~405.5	101~103	98.5	50	98.5	50
407~413	103.5~105	100.5	51	100.5	51
415~421	105.5~107	102.5	52	102.5	52
423~431	107.5~109.5	104.5	53	104.5	53

续表

经密		筘号			
根/10cm	根/英寸	府绸织物		其他织物	
		公　制	英　制	公　制	英　制
433 ~ 438.5	110 ~ 111.5	106.5	54	106.5	54
440.5 ~ 446.5	112 ~ 113.5	108	55	108	55
448.5 ~ 454.5	114 ~ 115.5	110	56	110	56
456.5 ~ 463	116 ~ 117.5	112	57	112	57
464.5 ~ 470	118 ~ 119.5	114	58	114	58
472 ~ 480	120 ~ 122	116	59	116	59
482 ~ 488	122.5 ~ 124	118	60	118	60
490 ~ 496	124.5 ~ 126	120	61	120	61
498 ~ 503.5	126.5 ~ 128	122	62	122	62
505.5 ~ 511	128.5 ~ 130	124	63	124	63
513.5 ~ 522	130.5 ~ 132.5	126	64	126	64
523.5 ~ 530	133 ~ 134.5	128	65	128	65
531.5 ~ 537	135 ~ 136.5	130	66	130	66
539 ~ 545	137 ~ 138.5	132	67	132	67
547 ~ 553	139 ~ 140.5	134	68	134	68
555 ~ 562.5	141 ~ 143	136	69	136	69
564.5 ~ 570.5	143.5 ~ 145	138	70	138	70
573 ~ 578.5	145.5 ~ 147	140	71	140	71
581 ~ 586.5	147.5 ~ 149	142	72	142	72
588.5 ~ 594	149.5 ~ 151	144	73	144	73
596 ~ 604	151.5 ~ 153.5	146	74	146	74
606 ~ 612	154 ~ 155.5	147.5	75	147.5	75
614 ~ 620	156 ~ 157.5	149.5	76	149.5	76
622 ~ 627.5	158 ~ 159.5	151.5	77	151.5	77
629.5 ~ 637.5	160 ~ 162	153.5	78	153.5	78
639.5 ~ 645.5	162.5 ~ 164	155.5	79	155.5	79
647.5 ~ 653.5	164.5 ~ 166	157.5	80	157.5	80
655.5 ~ 661	166.5 ~ 168	159.5	81	159.5	81
663 ~ 669	168.5 ~ 170	161.5	82	161.5	82
671 ~ 677	170.5 ~ 172	163.5	83	163.5	83
679 ~ 685	172.5 ~ 174	165.5	84	165.5	84
686.5 ~ 692.5	174.5 ~ 176	167.5	85	167.5	85
698.5 ~ 700.5	177.5 ~ 178	169	86	169	86

第三节 经停片

一、机械式经停片

(一)形式和规格

(1)形式:见图2-5-14。

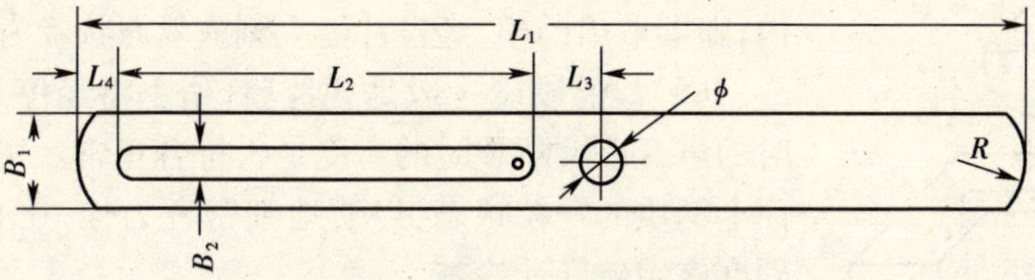

图2-5-14 机械式经停片

(2)规格:见表2-5-21,参阅图2-5-14。

表2-5-21 机械式经停片规格 单位:mm

形式	片厚	L_1	L_2	L_3	L_4	B_1	B_2	ϕ	R	片重(g)
a—1	0.2	120	53	9	4	11	4	5.5	8.5	1.65

注 a—1型机械式经停片片厚有0.1mm、0.2mm、0.25mm、0.3mm、0.4mm五种,片重也各异。

(二)技术要求和允许公差

1. 技术要求

(1)材料采用55号或60号碳素钢或质量相同的钢材。

(2)片厚在0.1~0.25mm的经停片硬度应达到HRC 45~50。

(3)表面镀锌均匀,锌层厚度不低于0.03mm,无云斑及花纹。

(4)片身及边缘要求平直光滑,穿纱眼圆整,不得起毛。

(5)有足够弹性,不宜太脆。

2. 允许公差(表2-5-22)

表2-5-22 机械式经停片各部位允许公差 单位:mm

项目	允许公差	项目	允许公差
长度 L_1	±0.2	穿纱眼直径 ϕ	±0.1
宽度 B_1	±0.1	穿纱眼中心和槽端距离 L_3	±0.2
厚度(0.1mm、0.2mm)	±0.01	槽长 L_3	±0.2
厚度(0.25mm、0.3mm)	+0.01 −0.02	槽宽 B_2	±0.15
厚度(0.3mm、0.4mm)	±0.02	片端和槽端距离 L_4	±0.15

注 经停片重量:重量差异允许±0.2g。

(三)验收方法

每盒抽取成品若干片,进行以下项目检查:

(1)用游标卡尺检查经停片的长度、宽度、眼子、厚度等尺寸是否符合标准。

(2)用天平称经停片重量是否合格。

(3)镀锌应良好,表面及穿纱眼应光滑均匀,不可留有粗粒。

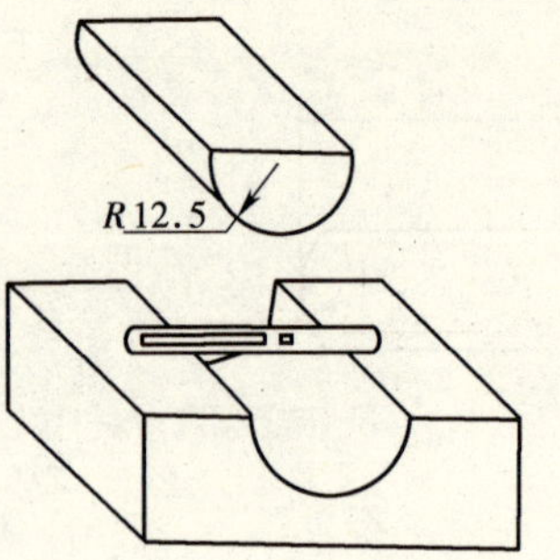

图2-5-15 经停片弹性检验器

(4)检查经停片的弹性时,一般将经停片放在如图2-5-15所示的半圆形槽上,再用半圆形槽相匹配的凸模把片压入槽内,随即取出凸模,经停片能立刻恢复原状者为合格。

(5)检验硬度一般是凭经验,用手将经停片折断,听其折断时的声音以及断裂时的弯度是否符合正常。可以用放大镜看断面上钢质的颗粒状态,以质地细密者为佳,在必要时,经停片的硬度应用硬度计检查。

(四)保养和保管

(1)经停片必须成套使用。经停片损坏时,用与原新旧程度相同的经停片补充,新旧不得混用。大小眼子必须分开使用,并要在经停铁梗上标注开始使用的日期及批号。

(2)不同织物用同一规格的经停片时,经停片铁梗上需加标记,以示识别。

(3)织造了机的经停片需揩拭清洁,并将损坏破裂的经停片剔除,弯曲的校直,铁梗两端螺栓或铅丝圈缺少的应配齐,铁梗弯曲须用铜或木锒头敲直,未经整理的经停片不能使用。

(4)经停片整理后,宜用托架悬挂,防止受压变形。

(5)穿纱眼磨灭严重的经停片,另行存放,集中后按规格统一处理。

(6)经停片短期保存,需要扑滑石粉,长期保存者,将经停片脱下,用线穿好扎牢后装于石粉箱内,储存于干燥地方。

(五)经停铁梗

1. 形式和规格 经停铁梗的形式见图2-5-16,规格见表2-5-23。

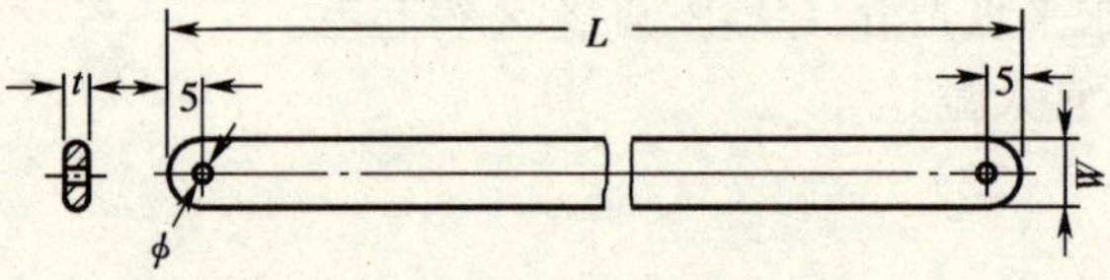

图2-5-16 经停铁梗

表2-5-23 经停铁梗规格

单位:mm

型 号	1515—3604	上综151	上综152
厚度 t	2.5	3	3
宽度 W	15	12.5	15
眼孔 ϕ	3	3	3

续表

型　　号		1515—3604	上综151	上综152
长度 *L*	织机筘幅： 1118(44英寸) 1422(56英寸) 1600(63英寸) 1905(75英寸)	1167 1473 1649 1954		
材　　料		BJ2，BJ3冷轧		

2. 技术要求

(1)经停铁梗必须具有一定的物理机械性能和形状，要平直，截面要和经停片长槽相配合。

(2)经停铁梗要具有一定的刚度，以免挂上经停片后有过大的弯曲。

(3)经停片铁梗外表要具有一定的硬度，有较强的耐磨性，光滑，有镀层，耐腐，耐锈。

(4)用于断经电气自停装置的经停铁梗，要具有良好的导电性。

二、电气式经停片

(一)形式和规格

1. 形式(图2-5-17)

2. 规格(表2-5-24，参阅图2-5-17)

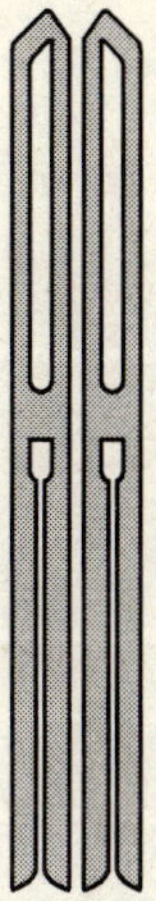

图5-2-17　电气式经停片示意图

表2-5-24　电气式经停片规格

长度(mm)	宽度(mm)	厚度(mm)	上部长度(mm)	纱眼宽度(mm)	重量(近似)(g)
124~128	7	0.2	63±0.3	4±0.2	0.9
	8	0.2		5.25±0.25	1.1
		0.3			1.7
	11	0.2		6±0.5	1.7
		0.3			2.5
		0.4			3.3
145	8	0.2	75±0.3	5.25±0.25	1.2
		0.3			1.9
	11	0.2		6±0.5	1.9
		0.3			2.9
		0.4			3.9
165	11	0.2		6±0.5	2.2
		0.3			3.3
		0.4			4.4

(二)技术要求和允许公差

参阅机械式经停片,见本节一、(二)“技术要求和允许公差”内容及表2-5-25。

表2-5-25　电气式经停片各部位允许公差

长度(mm)	宽度(mm)	厚度(mm)	上部长度(mm)	纱眼宽度(mm)	下部槽子 b_2(最小)(mm)	重量(近似)(g)
145	7	0.2	63±0.3	4±0.2	—	0.9
	8	0.2		5±0.25		1.0
		0.3				1.7
	11	0.2		6±0.5	3	1.7
		0.3				2.5
		0.4				3.3
165	8	0.2	75±0.3	5.25±0.25	2.5	1.2
		0.3				1.9
	11	0.2		6±0.5	3	1.9
		0.3				2.9
		0.4				3.9
180或185	11	0.2		6±0.5	3	2.2
		0.3				3.3
		0.4				4.4

(三)验收方法

参阅机械式经停片,见本节一、(三)内容。

(四)保养和保管

与机械式经停片相同,见本节一、(四)内容。

三、经停片密度计算

经停片在铁梗上的允许密度和经纱线密度有关。纱线线密度小,直径细,经停片密度可较大;纱线线密度大,直径粗,密度不能过大。经停片密度与纱线规格的关系可参考表2-5-26。

表2-5-26　经停片密度和纱线规格的关系

纱　线　规　格		经停片密度(片/cm)
tex	英支	
48以上	12以下	8~10
42~21	14~28	12~13
19~11.5	30~50	13~14
11以下	52以上	14~16

经停片的密度计算：

$$D = \frac{m_Z}{C \times B}$$

式中：D ——经停片密度，片/cm；

m_Z ——经纱总根数；

C ——经停铁梗数量；

B ——综框上机宽度，cm。

第四节　综框和综丝

一、综框规格

综框有金属综框、木综框、铝合金综框。金属综框和木综框一般适用于有梭织机，铝合金综框一般适用于高速无梭织机。

综框形式有复列式和单列式两种。复列式综框每页可挂2排综丝，常用于织造较简单的织物，例如平纹织物、斜纹织物等，也有每页可挂3～4排综丝的，适用于高经密织物。单列式每页可挂1排综丝，主要用于多臂机。无梭织机的织造也采用单列式综框。

（一）金属综框

1. 结构（图2－5－18）

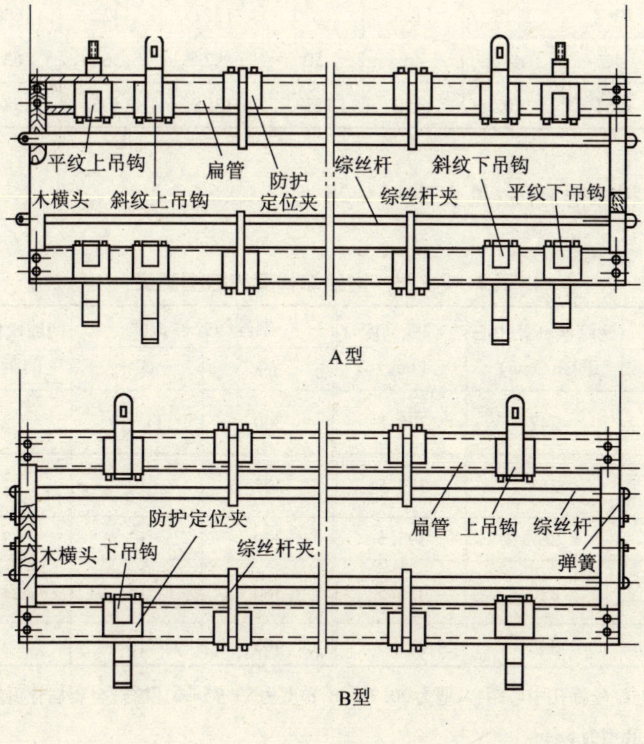

A型

B型

图2－5－18　棉织用金属综框结构

2. 主要部件的规格

(1)综框宽度：见图2-5-19。

选择综框宽度一般根据织机公称筘幅而定，常用的有以下两种方法。

①综框宽度由织机公称筘幅减去16mm而定，见表2-5-27。

②综框宽度可按下式计算：

$$B = R + \frac{S}{L}(W - R) + 2(K + E)$$

式中：B——综框的上机宽度，mm；

R——钢筘的上机幅度，mm；

S——织口到最后一页综框的距离，mm；

L——织口到后梁的水平距离，mm；

W——织轴边盘间距离，mm；

K——预备综丝占用宽度，一般为5～8mm；

E——综框横头宽度，mm。

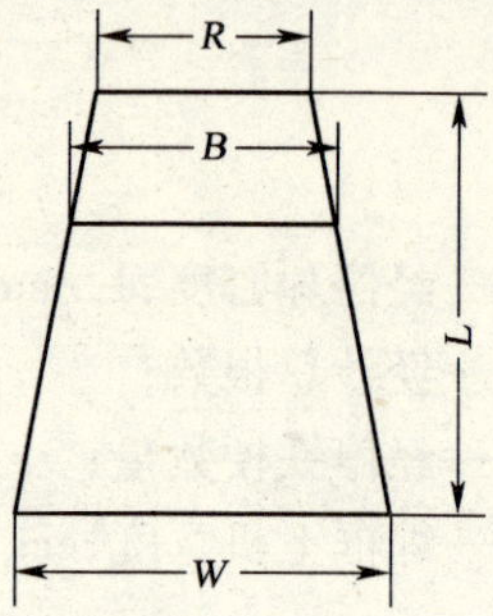

图2-5-19　综框宽度

L—织口到后梁的水平距离　W—织轴边盘间距离

R—钢筘的上机幅度　B—综框的上机宽度

表2-5-27　综框宽度

织机公称筘幅										
	mm	1067	1118	1168	1270	1321	1422	1600	1702	1905
	英寸	42	44	46	50	52	56	63	67	75
综框宽度(mm)		1051	1102	1152	1254	1305	1406	1584	1686	1889

(2)钢丝综长度和综框高度：见表2-5-28。

表2-5-28　钢丝综长度和综框高度

钢丝综公称长度		两综丝杆孔中心间距(mm)	综框高度(mm)	钢丝综公称长度		两综丝杆孔中心间距(mm)	综框高度(mm)
mm	英寸			mm	英寸		
260	$10\frac{1}{4}$	247	375.5	300	$11\frac{7}{8}$	287	415.5
267	$10\frac{1}{2}$	254	382.5	305	12	292	420.5
280	11	267	395.5	330	13	317	445.5
343	$13\frac{1}{2}$	330	458.5	380	15	367	495.5
355	14	342	471.5	405	16	392	521.5

注　1. 综框金属扁管与综丝杆孔中心距：A型为20.75mm，B型为23.75mm。综框金属扁管顶端至综丝铁梗的中心距：A型为64.25mm，B型为5mm。

2. 两综丝杆孔中心间距等于钢丝综公制长度减去13mm。

(3)金属扁管:综框金属扁管的形状和规格见图2-5-20和表2-5-29。

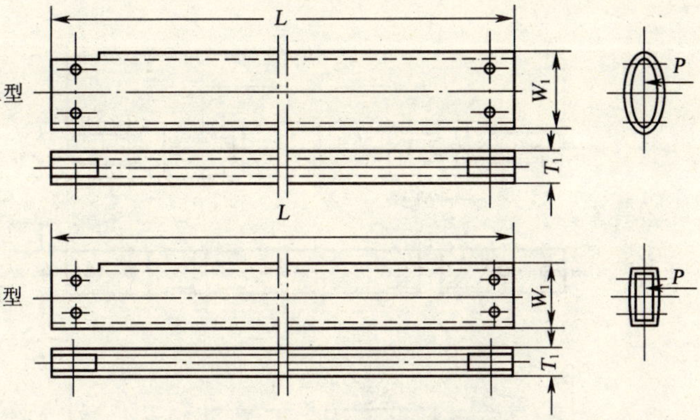

图2-5-20　综框金属扁管形状

表2-5-29　综框金属扁管规格　　单位:mm

型号	扁管材料厚 P	扁管厚 T_1	扁管高 W_1	扁管长 L	适用范围
A型	0.72	12.7±0.5	43.5+0.5-0.1	根据综框长度	平纹、斜纹2~4页以及其他织物
B型	0.72	8.2±0.3	34.5±0.4	根据综框长度	5页斜纹、缎纹以及其他织物

扁管断面呈椭圆形,其长度随织机筘幅而定。为了防止扁管表面腐蚀,表面需经过镀锌处理,防腐时间一般在五年以上。扁管技术要求见表2-5-30。

表2-5-30　扁管技术要求

项　目	技术要求	项　目	技术要求
焊　缝	在切口中央无毛刺、无凹凸可见	表面粗糙度	6.3
平直度	<1.0:1000无扭曲	镀锌厚度	>0.02mm

(4)弹性防护夹:见图2-5-21,弹性防护夹有A型和B型两种,分别配用于A型和B型金属综框。

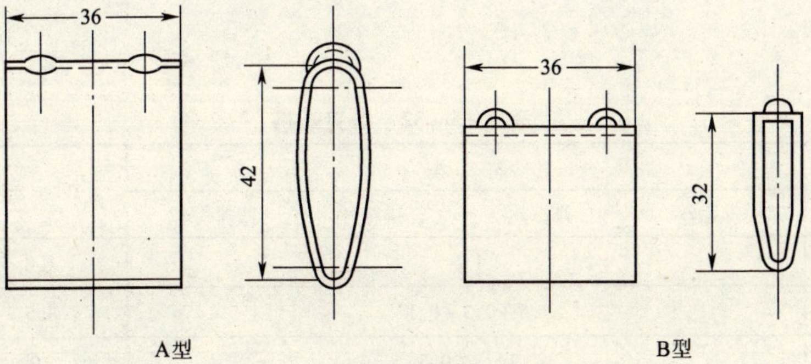

图2-5-21　弹性防护定位夹

(5)综框横头:综框的横头有木质和铁质两种。

①木横头：有 A 型和 B 型两种，结构见图 2－5－22，规格见表 2－5－31。

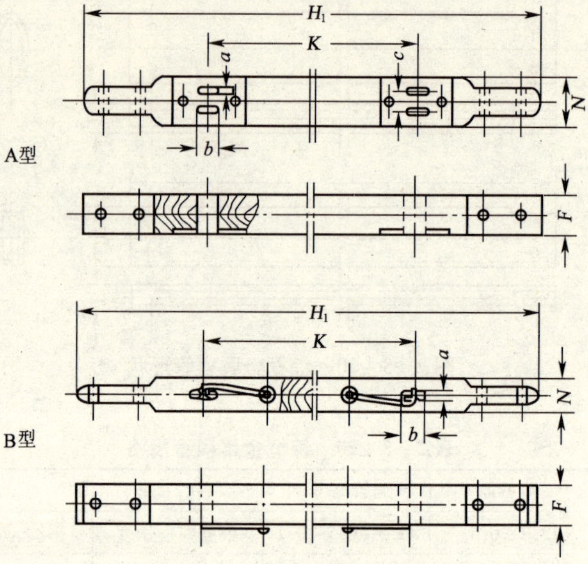

图 2－5－22　木质综框横头

表 2－5－31　木横头规格　　单位：mm

型号		A 型				B 型
		一排综丝	二排综丝	三排综丝	四排综丝	一排综丝
两综丝杆孔中心间距 K		见表 2－5－28（综丝距）				
外侧长度 H_1		$K+2S+2W_1-2P$				
横头	厚度 N	18	20	26	33	15
	宽度 F	18	18	18	18	15

②铁横头：见图 2－5－23。

(6)综夹：综夹有四种 A 型的和一种 B 型的。结构见图 2－5－24，规格见表 2－5－32（参阅图 2－5－24）。

表 2－5－32　综夹规格　　单位：mm

型号	A 型				B 型	允许公差
	一排综丝	二排综丝	三排综丝	四排综丝		
厚度 t	1.5				1.2	±0.06
宽度 W	5＋0.3－0.1				4.5	±0.2
内宽 h	14.5＋0.5				10	＋0.8
内长 L	70				63.5	＋0.5
内圆角半径 R	6.5＋0.25				1.5	—

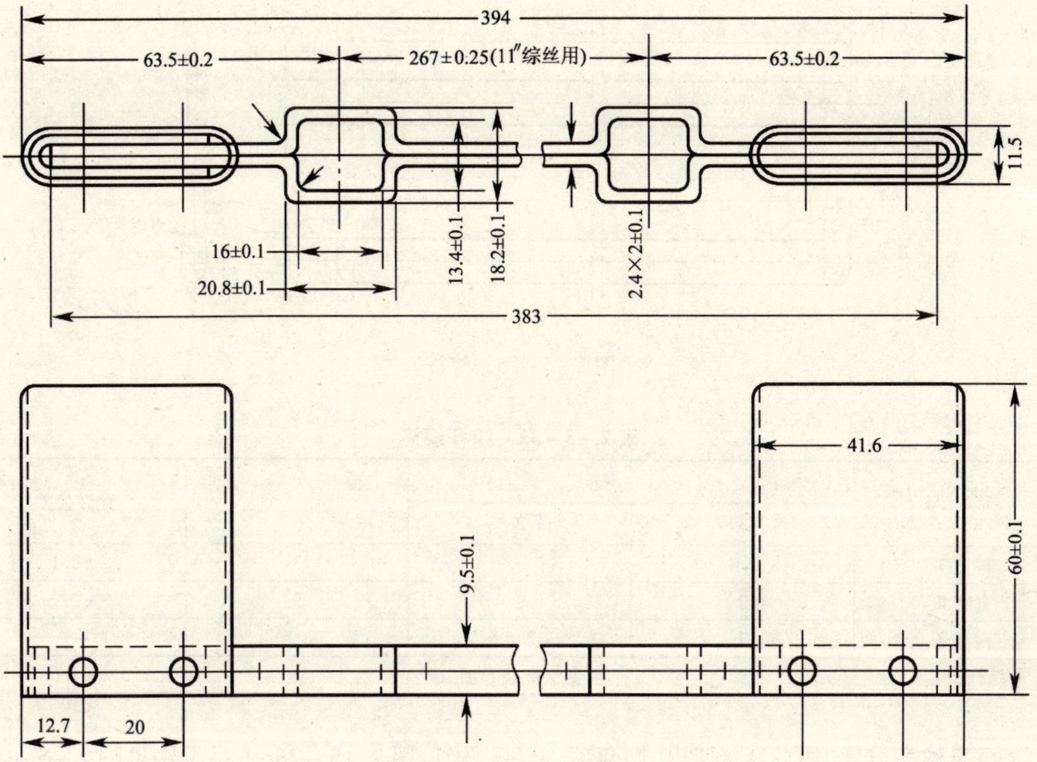

图 2－5－23　铁质综框横头

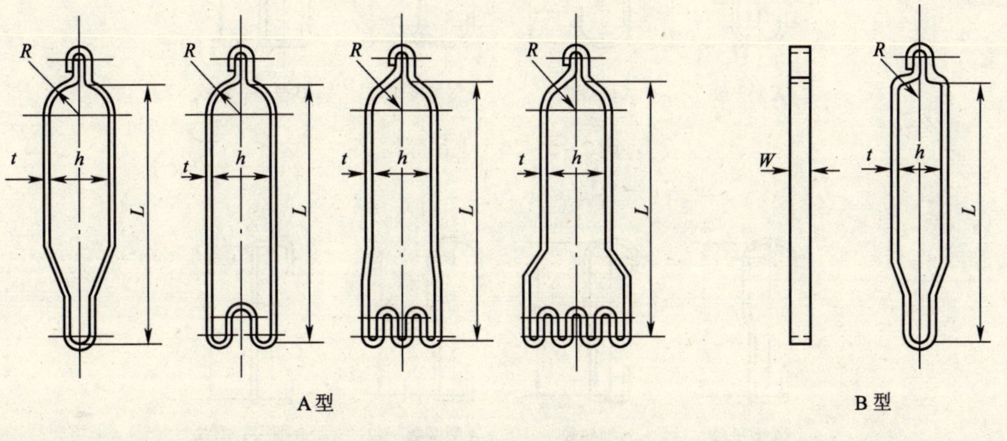

图 2－5－24　综夹

(7)综杆(直条):综杆有 A 型和 B 型两种。综杆结构见图 2－5－25,规格见表 2－5－33(参阅图 2－5－25)。

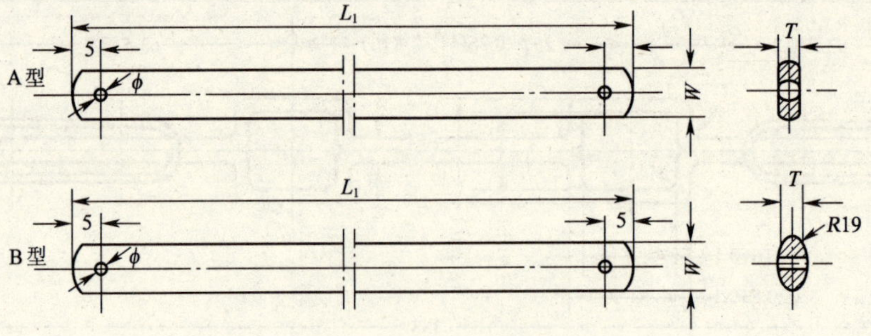

图 2－5－25　综杆

表 2－5－33　综杆规格　　单位：mm

型　　号	A　　型		B　　型	允许公差
	1	2		
厚度 T	2.4	3	3	±0.1
宽度 W	9	9	9	±0.2
内孔 ϕ	3	3.5	3.5	—
综杆长 L_1	根据综框宽 L 加 16			±1.0

(8)吊综钩：吊综钩分 A 型和 B 型两种，上吊综钩见图 2－5－26，下吊综钩见图 2－5－27。

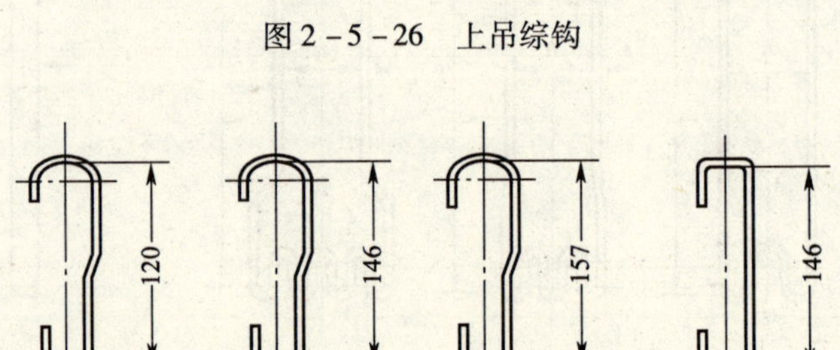

图 2－5－26　上吊综钩

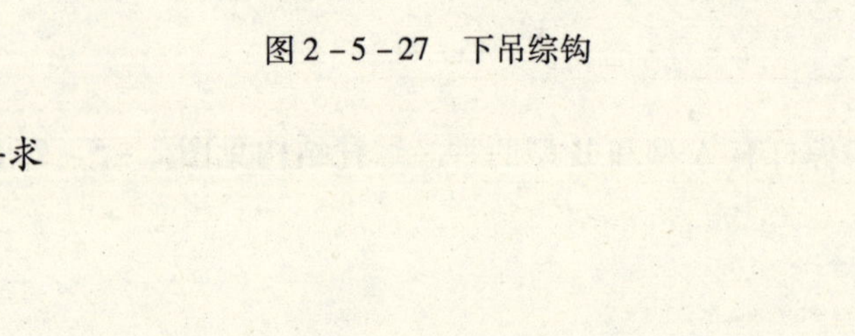

图 2－5－27　下吊综钩

3. 技术与装配要求

(1)技术要求：

①金属扁管用 A3F 低碳带钢经拉轧而成。

②弹性防护夹用中碳钢(60 号钢)轧制而成,经热处理,硬度要求达到 HRC40 ~ 44,需发蓝或发黑,表面应光洁无毛头。

③木质横头用青岗栗制成,木纹细密,正直,无节疤、虫蛀、腐烂和裂缝,回潮率应控制在 8% ~13%。铁质横头用低碳钢(A3)制成,表面经镀锌处理后,应光洁平整,无氧化皮,焊接或铆接处应牢固平整。

④综杆表面镀锌,应光滑平直。

⑤综夹用优质中碳钢(45 号钢)制成,经调质处理,要求平面、侧面平直,表面经防锈处理,光滑无毛头。

(2)装配要求:

①上下扁管和两侧横头高度应相等,装配牢固,互相垂直成矩形,无扭曲翘裂,平面度允许差 1mm。

②两综杆固定在综框横头上,应互相平行,无歪斜。

(二)木综框

1. 综框形式　木综框系由质地坚韧的两根木条和铁质横头构成,根据综框横头的不同,分 A、B 两种形式。结构见图 2-5-28,规格见表 2-5-34(参阅图 2-5-28)。

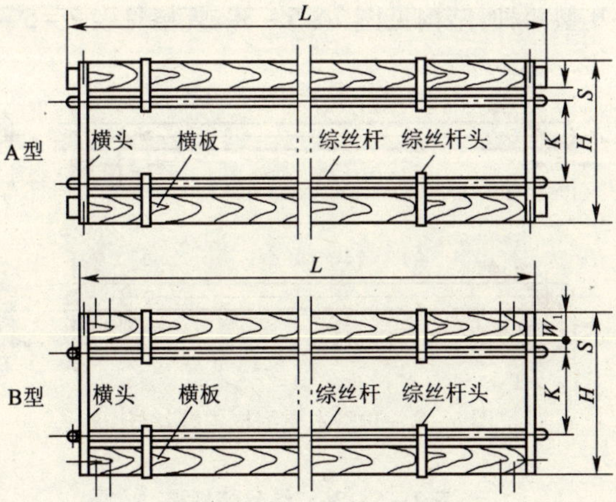

图 2-5-28　木综框结构

表 2-5-34　木综框规格　　单位:mm

序　号		1	2	3	4	5	6	7	允许公差
适用钢丝综长度		260	280	300	305	330	355	380	—
两综丝杆孔中心间距 *K*		247	267	287	292	317	342	367	±0.25
木板与综丝孔中心间距 *S*	A 型	17.75							—
	B 型	22.3							—
综框高 *H*		$K+2S+2W_1$(W_1 为综框木板高度)							±1.0
综框宽 *L*		根据织厂要求							±2.0

注　A 型、B 型综框,包括工作宽度 1372mm 以下的综框。

2. 综框木　结构见图 2－5－29，规格见表 2－5－35（参阅图 2－5－29）。

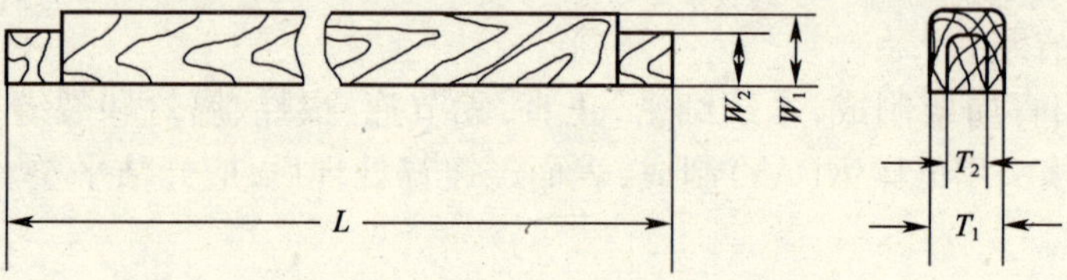

图 2－5－29　综框木

表 2－5－35　综框木规格

单位：mm

高度 W_1	宽度 T_1	适用范围
44	11	多臂及三页斜纹以上
48	14	四页斜纹
49	19	平　纹
备　注	边侧高	$W_2 = W_1$ － 综框边条厚度
	边侧高	$T_2 = T_1 - 2 \times$ 综框横头厚度

3. 综杆　分 A 型及 B 型两种，结构见图 2－5－30，规格见表 2－5－36。

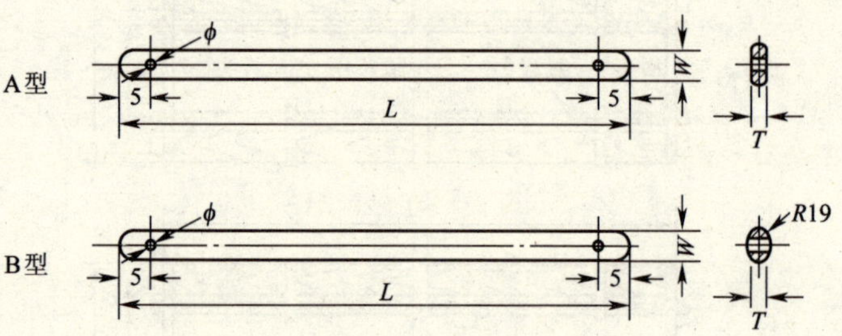

图 5－2－30　木质综框内综丝杆

表 2－5－36　综丝杆规格

单位 mm

型　号	A　型		B　型	允许公差
	1	2		
厚度 T	2.4	3	3	±0.1
宽度 W	9	9	9	±0.2
内孔 ϕ	3	3.5	3.5	—
长度 L	根据综框外长加 16			±1.0
材　料	A3			—

4. 木综框横头　分 A 型 a 式、b 式和 B 型 c 式、d 式四种。结构见图 2－5－31，规格见表

2-5-37(参阅图 2-5-31)。

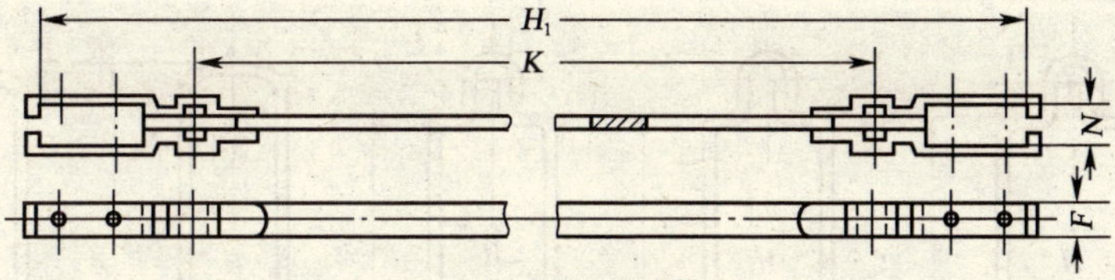

a式 双眼哈呋横头

A型

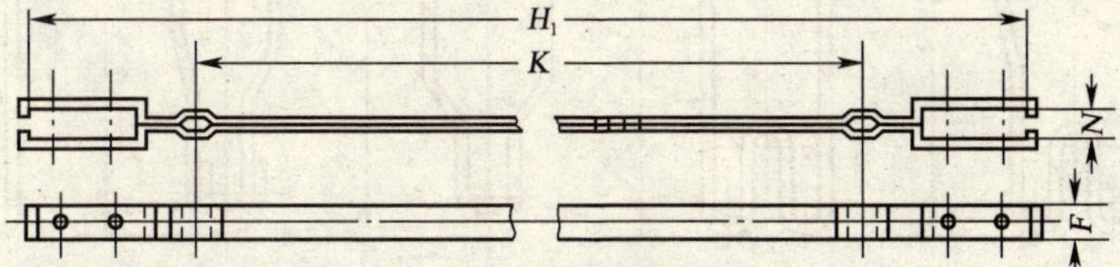

b式 单眼哈呋横头

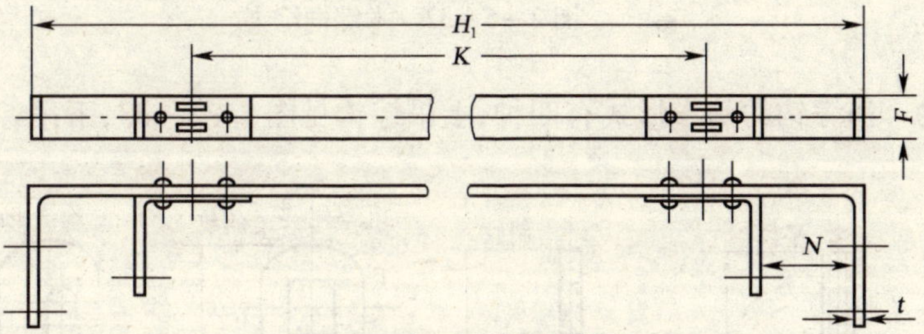

c式 双眼角尺横头

B型

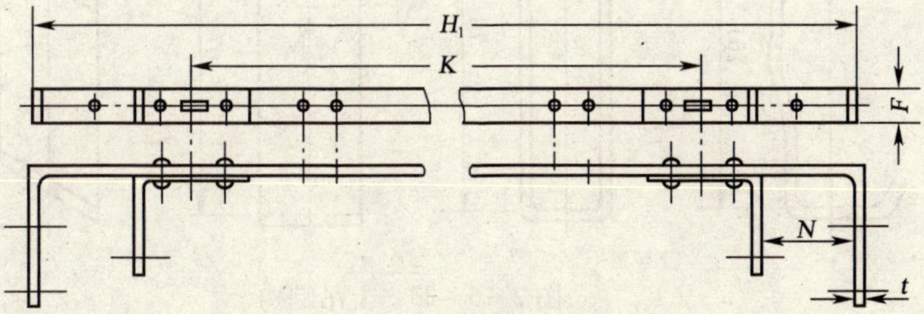

d式 单眼角尺横头

图 2-5-31 木综框综边条

表 2-5-37 综边条规格 单位:mm

型 号	A 型		B 型	
	a式(双眼)	b式(单眼)	c式(双眼)	d式(单眼)
两综丝杆孔中心距 K	根据表 2-5-28			
外侧长度 H_1	$K+2S+2W_2$		$K+2S+2W_2+2t$	
横头放木横板距 N	14 双排综丝用	8 单排综丝用	38 双排综丝用	32 单排综丝用
横头宽度 F	9	9	18	9.5

5. 综夹　基本形式有五种(图 2－5－32)

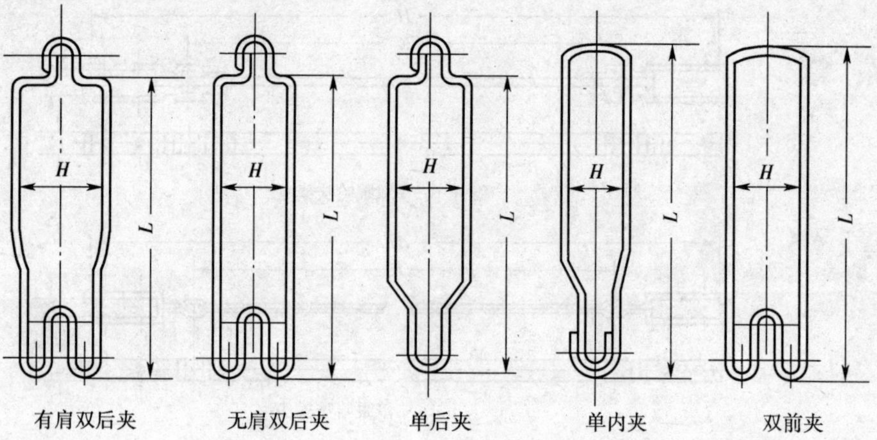

图 2－5－32　木综框综夹

6. 吊综钩　吊综钩的基本形式有四种，上吊综钩见图 2－5－33，下吊综钩见图 2－5－34。

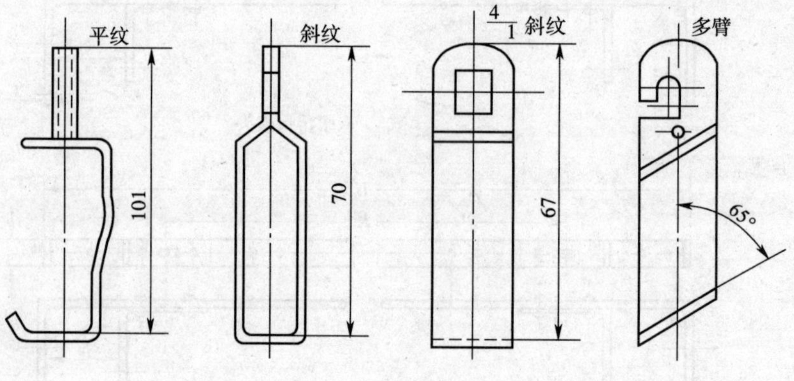

图 2－5－33　上吊综构

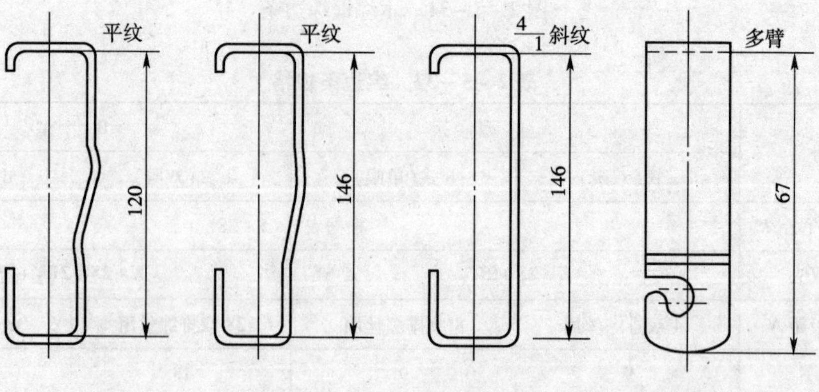

图 2－5－34　下吊综构

7. 木综框的技术与装配要求

(1)技术要求：

①综框横板应用松木或物理机械性能相当的其他木料制成。应选无节疤、不腐朽裂缝的材料。如有节疤，只允许在宽的一面有一个与原木长在一起的节疤，其最大面积不得超过 $1cm^2$。木料含水率控制在 6% ~13%。综框横板的外表面应刨平、砂光，棱角处应呈小圆角，表面要上涂料。

②综框横头应用低碳钢制成，要求表面平整光洁，发黑或镀锌。

③综杆应用 A3 钢冷轧制成，要求平直光洁，表面镀锌。

④综夹用 45 号钢制成，要求硬度为 HRC 38 ~45，平整光洁，发黑或镀锌。

⑤吊综钩用 A3 钢制成，要求平整光洁，发黑或镀锌。

(2)装配要求：

①上下综框横板长度和两侧横头高度应各相等，装配牢固，互相垂直。

②综框横头和横板装配时，B 型综框用木螺丝旋紧，位置应准，不允许开裂。

③两综丝杆装配在综框横头上，应互相平行，无歪斜。

(三)综框的验收方法

(1)检验综框的主要零件、材料质量和表面质量。

(2)检验综框的主要零件尺寸。

(3)用对角线测量法来检查综框装配是否准确。

(4)将综框放在水平检验板上，检验是否平直。

(5)用手执综杆两端使之弯曲，视其弹性是否良好。

(6)用硬度计测验综直条、综夹、弹性防护夹的硬度。

(7)综夹应和金属扁管配合，不宜太松太紧，并可将综夹向外扳开约 25mm 左右以及向两边扳开 6mm 左右，视其是否还原以测其弹性。

(四)综框的保养与保管

(1)使用综框应统一编号，并注明开始使用的年、月、日。如同一规格综框用于不同织物时，应加标记以视识别。

(2)金属扁管的镀锌表面要避免与腐蚀物质相接触，并应做好清洁工作。

(3)金属扁管为薄壁件，其侧面有较高的抗拉强度，但其平面抗压强度较差，因此在贮存中不能有高强压或过重的物体冲压其上，以免损坏扁管。

(4)综丝穿上综杆与综框上、下应有 3mm 距离，如大于 3mm，综丝易于弯曲，小则容易断裂。

(5)综框每两年须内外翻用一次，以防磨损不均。

(6)非周转待用的综框(包括综丝)须放在干燥箱内。

(五)铝合金综框

铝合金综框分踏盘式、上提式、下提式三种，各式配套的织机见表 2 -5 -38 和表 2 -5 -39。

表 2-5-38 铝合金综框及所配用的织机

名　称	示　意　图	配　套　织　机
踏盘式	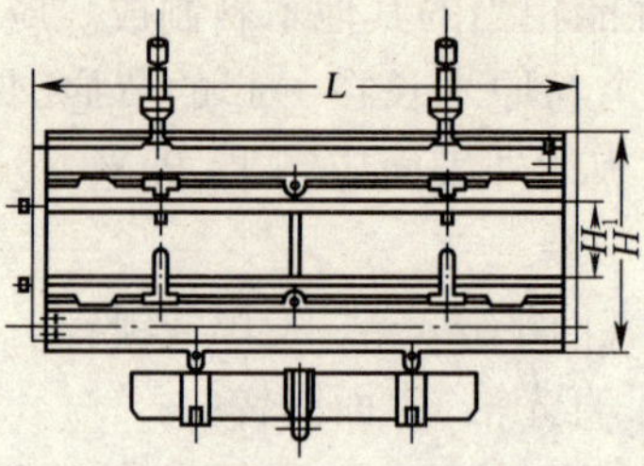	用于 1511 型、1515 型、GA611 型、GA615 型等踏盘织机
上提式	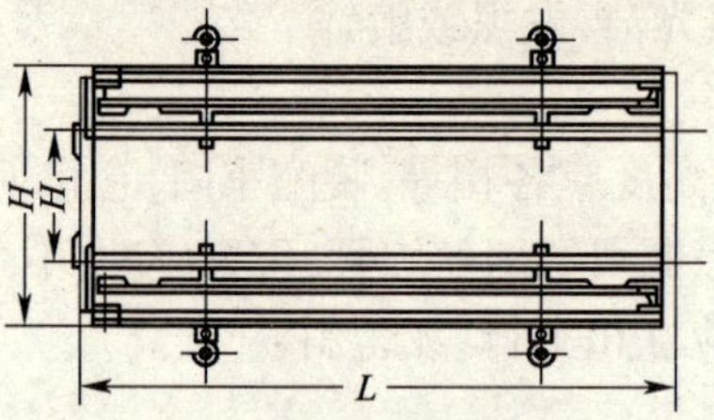	用于 1511 型、1515 型、GA611 型、GA615 型等多臂棉织机和津田驹 ZA200、ZA203 等阔幅喷气织机
下提式	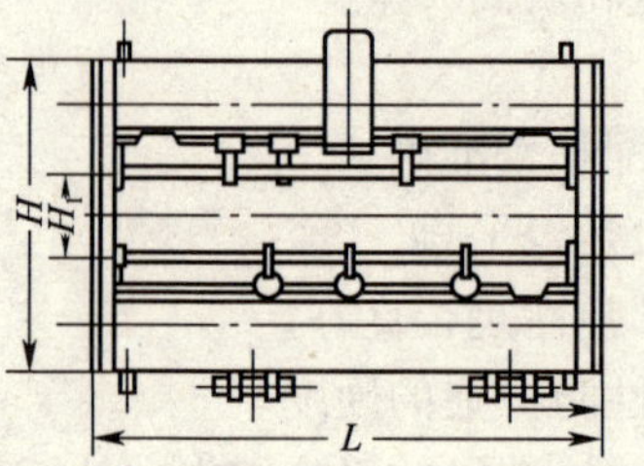	用于津田驹 ZW100 型等喷水织机

表 2-5-39 铝合金综框型号及所配用织机

主机型号	主要技术规格	结　构　特　点
ZA203—11	门幅 190cm，用 330"O"形钢片综，综框节距为 14	消极式凸轮开口，适应织机转速为 500r/min
ZA205i	门幅 190cm，用 330"O"形钢片综，综框节距为 14	消极式凸轮开口，适应织机转速为 600r/min
ZA205i	门幅 280cm，用 330"J"形钢片综，综框节距为 14	消极式凸轮开口，适应织机转速为 400r/min
JAT600A	门幅 190cm，用 302"O"形钢片综，综框节距为 14	消极式凸轮开口，适应织机转速为 600r/min
JAT600A	门幅 280cm，用 280"J"形钢片综，综框节距为 14	消极式凸轮开口，适应织机转速为 400r/min
DELTA	门幅 190cm，用 280"C"形钢片综，综框节距为 12	积极式多臂开口，适应织机转速为 600r/min
PAT—A	门幅 190cm，用 330"C"形钢片综，综框节距为 12	积极式多臂开口，适应织机转速为 600r/min
KW350	门幅 170～190cm，用 330"J"形钢片综，综框节距为 12	多臂剑杆，适应转速 170r/min

1. 织机筘幅与综框、综丝杆的关系

（1）综框宽度及综丝杆长度的选用见表 2-5-40。

（2）综的长度和综框高度关系见表 2-5-41。

表 2-5-40 综框宽度及综丝杆长度的选用

织机筘幅										
织机筘幅	mm	1067	1118	1168	1270	1321	1422	1600	1702	1905
	英寸	42	44	46	50	52	56	63	67	75
综框宽度 L(mm)		1051	1102	1152	1254	1305	1406	1584	1686	1889
综杆长度(mm)		1067	1118	1168	1270	1321	1422	1600	1702	1905

注 1. 综框长度一般为织机公称筘幅减去 16mm;

2. 丝杆如不伸出侧挡外缘时,则其长度约为综框长度减去 2 倍的侧挡再加 20mm。

表 2-5-41 综丝长度和综框高度关系

综公称长度		两综丝杆孔中心间距(mm)	综框高度(mm)	综公称长度		两综丝杆孔中心间距(mm)	综框高度(mm)
mm	英寸			mm	英寸		
260	$10\frac{1}{4}$	248	421.5	343	$13\frac{1}{2}$	330	503.5
267	$10\frac{1}{2}$	254	427.5	355	$14\frac{1}{2}$	343	516.5
280	11	267	440.5	380	15	367	540.5
302	$11\frac{7}{8}$	289	462.5	405	16	393	566.5
305	12	292	465.2	455	18	444	617.5
330	13	317	490.5				

注 1. 上表为使用 62mm 横梁时的综框高度,如用 48mm、76mm、90mm 高度(H_1)的横梁,则:综框高度 $=A+2A_1+2H_1$

式中:A——两综丝杆孔中心间距,mm;

H_1——横梁高度,mm;

A_1——综框横梁里端至综丝杆的中心距离,24.75mm。

2. 两综丝杆孔中心间距 A 一般为综丝的公称长度减去 13mm 。

2. 铝合金综框结构和主要部件

(1) 综框:见图 2-5-35。

(a)

图 2-5-35

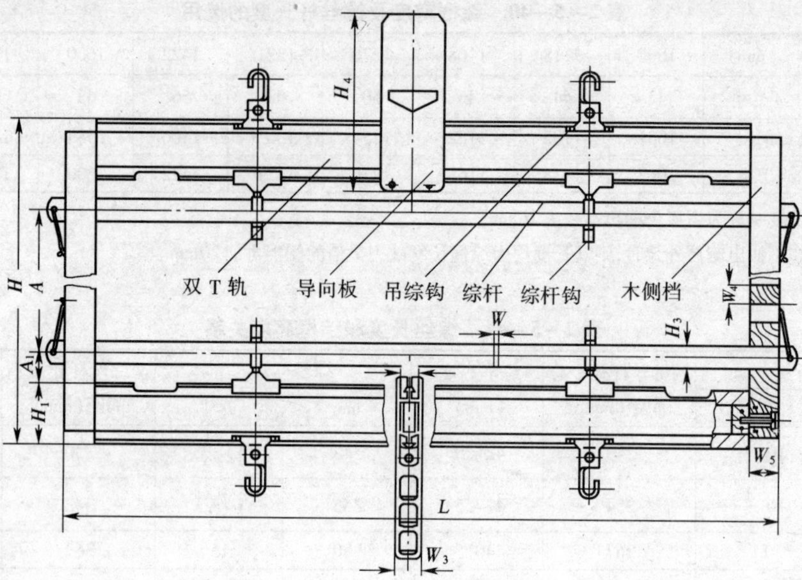

(b)

图 2－5－35 铝合金综框

A—两综丝杆孔中心间距 A_1—横梁与综丝杆孔中心距 H—综框高 L—综框长 H_3—综框宽 W_1—综框厚 W—双 T 轨横染厚 H_1—双 T 轨横染高 W_3—导向板厚 W_4—侧档宽 W_5—侧档高 H_4—导向板高

(2)横梁:见图 2－5－36。

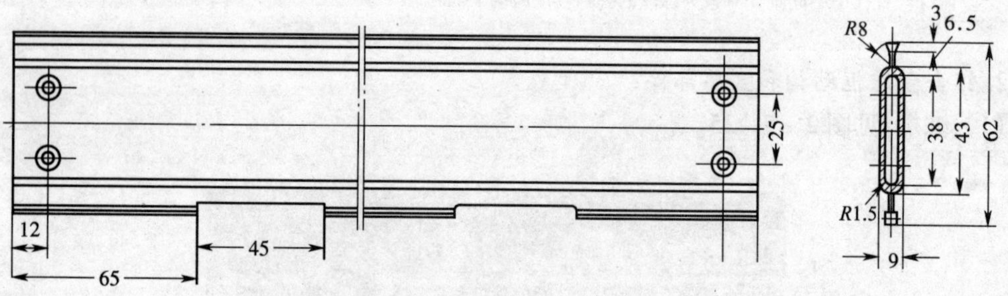

图 2－5－36 横染

横梁由铝合金热挤压成型,要求几何形状对称、轮廓清晰,两端及缺口处光洁、无毛刺。技术要求见表 2－5－42;规格(高度 H_1 ×厚度)有 48mm、62mm、76mm、90mm ×9mm 等几种,其使用范围见表 2－5－43。

表 2－5－42 横梁技术要求

项 目	技术要求	项 目	技术要求
强度(Pa)	≥24 ×10^7(24kgf/mm^2)	表面处理	阳极氧化
硬度 HV	>80	平直度(‰)	<1
扭曲度(‰)	<0.5		

表 2-5-43　横梁高度使用范围

织机类型	织机筘幅		综页数	横梁高度 W_5(mm)
	mm	英寸		
1511	1118～1321	44～52	单页	48
1515	1422～1600	56～63	单页	48
1515	1905	75	单页	62
1515	2286	90	单页	76
1511	1118～1321	44～52	双页	62
1515	1422～1905	56～75	双页	76
1515	2286～2450	90～100	双页	76
阔幅喷气、喷水、片梭	—	—	—	90

$$横梁的长度 = L - 2W_5$$

式中：L——综框长度，mm；

W_5——侧挡高，mm。

(3)侧挡：

①木侧挡：见图 2-5-37。木侧挡通常用层压木或青岗栎，经定性处理，表面涂防护料制成，它的长($H-19$)、宽(W_4)、高(W_5)、两综丝杆孔中心间距(A)，分别由综框高度、页数等决定，见表 2-5-45。有单、双、四排等规格与横梁相配，表 2-5-44 为木侧挡的技术要求。

表 2-5-44　木侧档技术要求

项　目	技术要求
表面直线度(‰)	<1
孔与平面垂直度(‰)	<0.2
表面粗糙度	$\overset{3.2}{\bigtriangledown}$

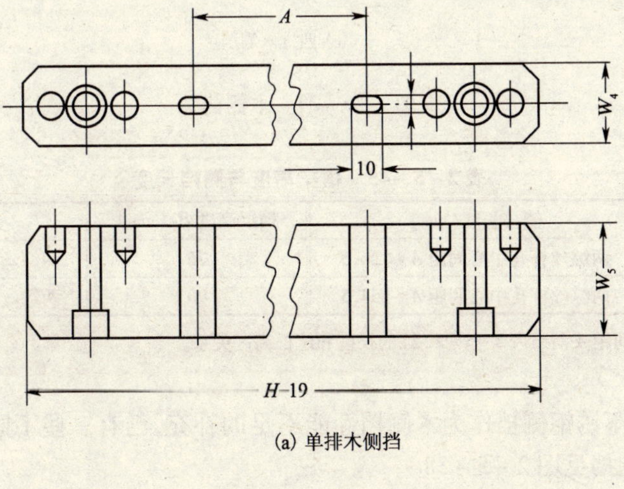

(a) 单排木侧挡

图 2-5-37

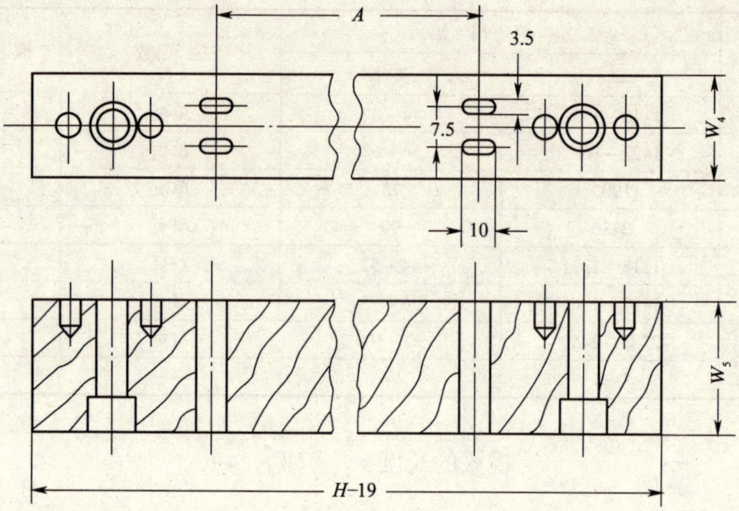

(b) 双排木侧挡

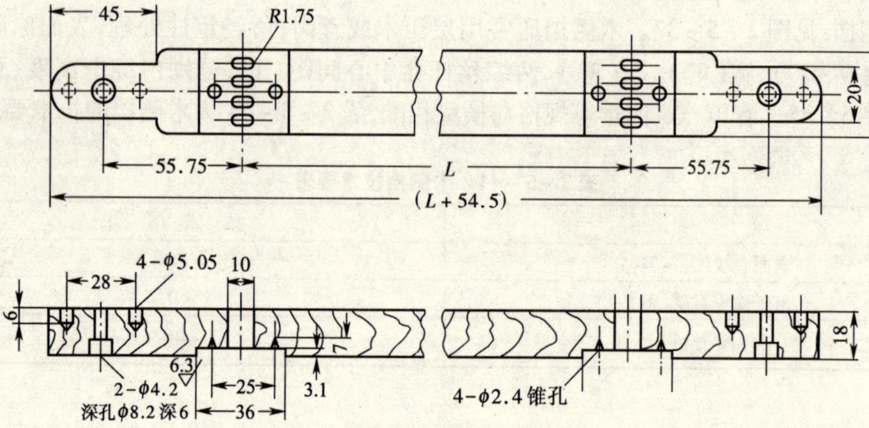

(c) 四排木侧挡

图 2－5－37　木侧档

表 2－5－45　横梁高度与侧挡长度

横梁高度 H_1（mm）	侧挡长度（mm）	横梁高度 H_1（mm）	侧挡长度（mm）
48	两综丝杆孔中心间距 A＋126.5	76	两综丝杆孔中心间距 A＋182.5
62	两综丝杆孔中心间距 A＋154.5	90	两综丝杆孔中心间距 A＋210.5

注　两综丝杆孔中心间距 A 参照表 2－5－22 综的长度和综框高度关系。

②不锈钢侧挡：不锈钢侧挡作为木侧挡性能不足的补充，已有一些不同规格可供织机配套使用。单排不锈钢侧挡见图 2－5－38。

（4）综杆钩：综杆钩主要有 NT、NC 两种型号，其中 NT 型［图 2－5－39（a）］主要适用于单

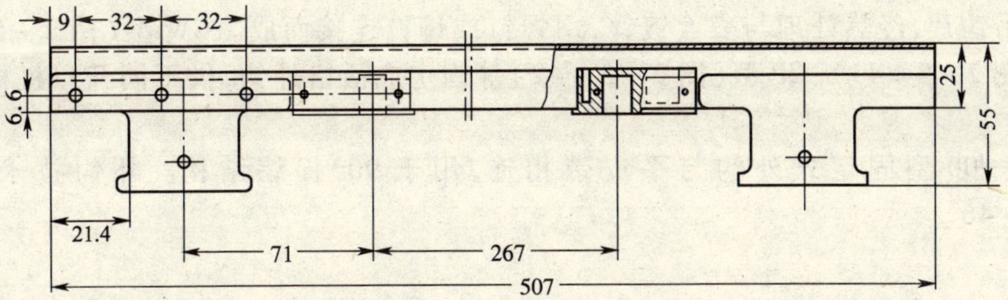

图 2-5-38　单排不锈钢侧挡(津田驹 ZW100 型喷水织机综框侧挡)

页综框,NC 型[图 2-5-39(b)]则可按需要选用,适用于单、双、四排等不同综框。

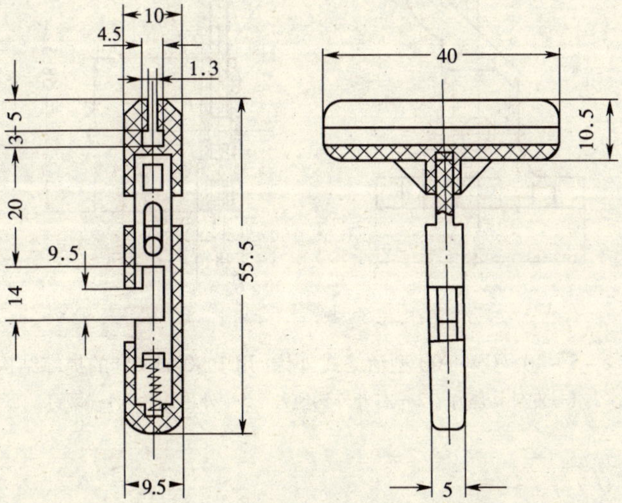

(a)NT20—00 型单排综杆钩

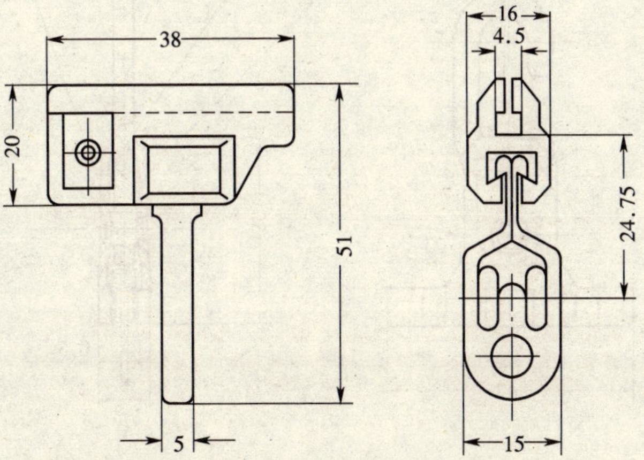

(b)NC_2 20a—00 型双排船式综杆钩

图 2-5-39　综杆钩

（5）外钩：通常用厚1.5mm的45号钢板冲压成外钩座片，用厚3mm的45号钢板冲压成外吊钩片，经热处理与表面镀锌，用螺钉或铆钉连接而成。GW型（图2-5-40）、GL型（图2-5-41）、GP型（图2-5-42）等固定或活络外钩，供不同开口机构的织机使用。

GPa—00型固定式外钩与平皮带相连，用于90°提综结构。外钩技术要求见表2-5-46。

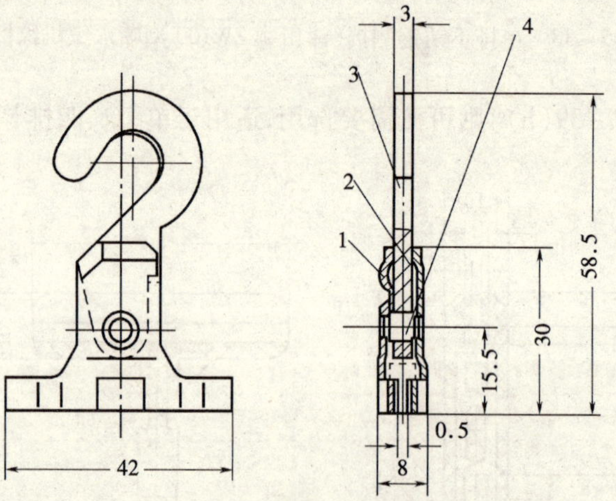

图2-5-40　GW—00型活络式外钩（用于90°或65°的提综结构）

1—左外钩座片　2—右外外钩座片　3—外吊钩片　4—铆钉

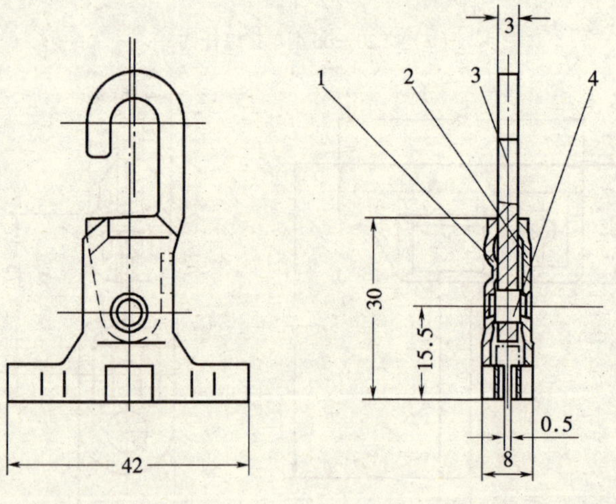

图2-5-41　GL—00型活络式外钩（与链条节相连，用于90°提综结构）

1—左外钩座片　2—右外外钩座片　3—外吊钩片　4—铆钉

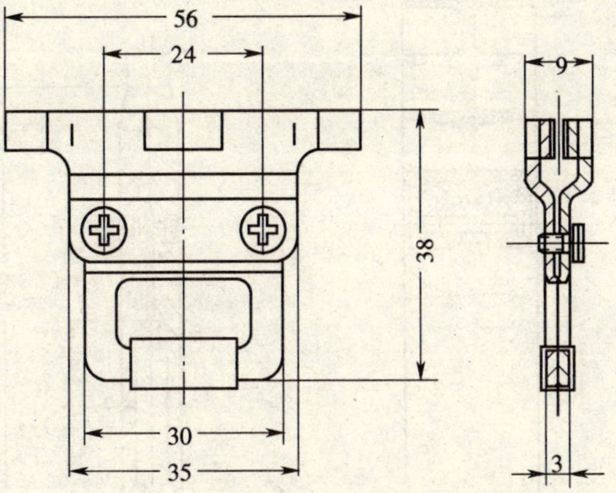

图 2-5-42　GPa—00 型固定式外钩

表 2-5-46　外钩技术要求

项　目	技 术 要 求
淬火处理(HRC)	38~42
表面处理(μm)	镀锌层>8
强度(daN)	能承受 300 以上的拉力

注　外吊钩片转 90°时,保证吊综能在横梁导轨上移动(GPa—00 型除外)。

(6)导向板:导向板是防止综框在运动中相互摩擦,保持综框升降平稳的附件,具有较高的耐磨性及与综框连接牢固等特点。有塑料和木质导向板两大类,它们各有与 48mm、62mm、76mm、90mm 横梁相配的一系列规格,导向板的厚度及高度根据综框间距及综框动程的不同而定。

①塑料导向板:由 PBT—C—1 材料制成,要求表面平整,不得有裂痕和断裂,有防水、壁薄、耐磨等特点。主要用于喷水、多臂织机等。

DS0612.5—00 型(图 2-5-43)是与 62mm 横梁相配,用于综框间距为 12.5mm 织机上的塑料导向板。

DS0911.5—00 型(图 2-5-44)是与 90mm 横梁相配,用于综框间距为 11.5mm 织机上的塑料导向板。

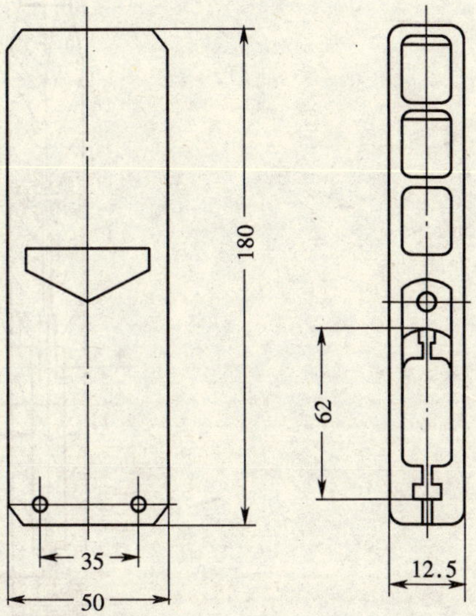

图 2-5-43　DS0612.5—00 型塑料导向板

②木质导向板:一般由青岗栎木加工而成,木材经定性处理,表面要求光滑、平整,周边无毛刺。除喷水织机外,对其他织机一般都能适用。图 2-5-45 所示 DM07A22—00 型是与 76mm 横梁相配,用于综框间距为 22mm 的织机上的木质导向板。

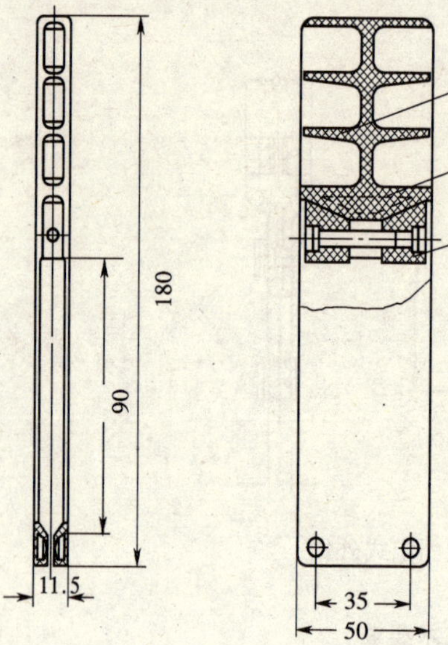

图 2－5－44　DS0911.5—00 型塑料导向板

1—壳体　2—针块　3—通孔针块

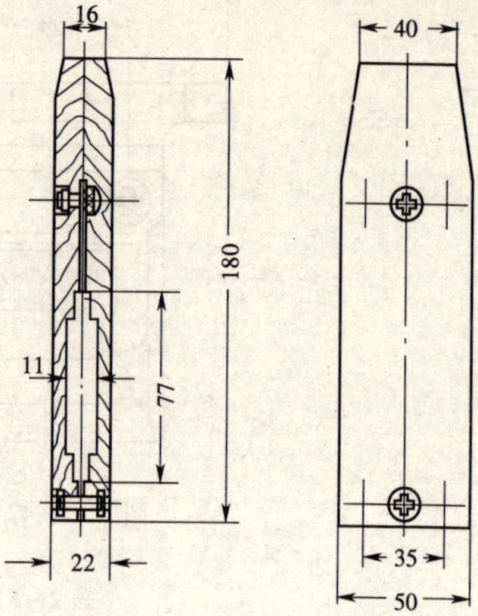

图 2－5－45　DM07A22—00 型木质导向板

图 2－5－46 所示 DM06A25—00 型是与 62mm 横梁相配，用于综框间距为 25mm 的织机上的木质导向板。

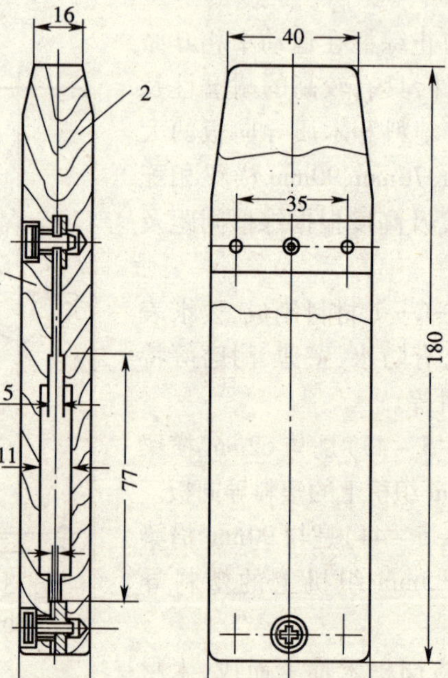

图 2－5－46　DM06A25—00 型木质导向板

1—左导板　2—右导板

(7)综杆:由 20 号钢冷轧制成,其技术要求见表 2－5－47 和图 2－5－47。

表 2－5－47　综杆技术要求

项　目	技术要求	项　目	技术要求
平表面平面度(‰)	1	表面处理(μm)	镀锌层 >8
侧面平面度(‰)	0.8	光洁度	$\overset{6.3}{\nabla}$

3. 装配要求

(1)综框上下横梁和两端木侧挡应装配牢固,互相垂直,以木侧挡内侧为基准平面,横梁长度在 100mm 内,其垂直度为 0.5mm。

(2)综框装配后,长度在 1.5mm 以内的综框平面度为 1.0mm,长度在 1.5 ~ 3mm 以内的综框平面度为 2.0mm。

4. 验收方法

(1)检验综框及附件的基本尺寸及极限偏差是否符合标准。

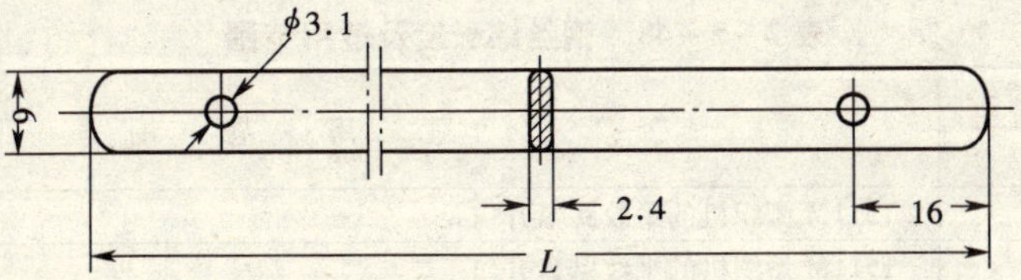

(a)S135C 型

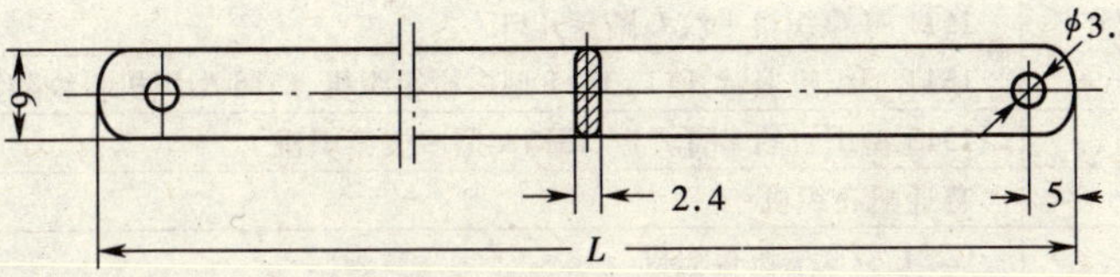

(b)S135 型

图 2－5－47　综杆

(2)检验综框及附件的制造质量是否符合标准。

(3)综框装配后,其垂直度可用角尺或对角线测量法进行检测。其平面度可用平板和塞尺进行检测。

(4)可采取抽样或逐只检查,如发现不符合上述要求时应作退货处理。

5. 保养与保管

(1)使用综框应统一编号,并注明开始使用的年、月、日。同一规格综框使用于不同织物时,应加标记以视识别。

(2)铝合金综框为薄壁件,侧面有较高的抗拉强度,但其平面抗压强度不高,因此在贮存中不能用强压或过重的物体压在上面,避免损坏扁管。

(3)综框经两年左右时间的使用后,须内外翻向再用,防止磨损不匀。

(4)综框在使用中,除导向板及木侧挡外,其他部件切忌相互接触,以免发生不必要的损坏。

二、综丝规格

现代织机上普遍采用金属综丝，它具有使用方便和寿命长的优点，金属综丝有钢丝综和钢片综两种。一般有梭织机采用钢丝综，无梭织机采用金属综框和钢片综，以适应织机高速运转。

(一)钢丝综

1. 钢丝综规格

(1)钢丝综长度：钢丝综的长度应以两端综耳最外侧的距离为准。

①钢丝综长度计算：

$$L = 2.7 \times H + e$$

式中：L——综丝长度，mm；

H——后综的梭口高度，mm；

e——综眼高，mm。

②钢丝综长度的选择：长度种类较多，视织机梭口高度等因素而选择，常用的综丝长度及适用范围见表2－5－48。

表2－5－48　钢丝综长度及适用范围

综丝长度		适用范围
mm	英寸	
260	10.25	1511M 型织机的平纹踏盘开口
267	10.5	1511M 型织机的平纹踏盘开口
280	11	1511 型织机斜纹踏盘开口，1515 型织机平纹踏盘开口，1515 型(44 英寸)轻帆布织机
300	11.875	1511 M 型织机平纹双踏盘开口
305	12	1511 型织机多臂开口，1511 型多梭箱织机，1515 型织机斜纹踏盘开口
330	13	1515 型织机的多臂开口，1515A 型多梭箱织机
355	14	普通帆布织机
380	15	G221 型重型帆布织机

(2)钢丝综直径：综丝的直径根据织物中经纱的线密度而定，纱线细，采用细综丝，纱线粗，采用粗综丝。钢丝综的直径和号数的关系及适用范围见表2－5－49。

表2－5－49　钢丝综直径和号数的关系及适用范围

综丝号数(S. W. G. 制)	综线直径(mm)	适用范围
20	0.91	帆布
21	0.81	
22	0.71	
23	0.61	
24	0.56	
25	0.51	
26	0.46	36～19tex(16～30 英支)
27	0.42	19～14.5tex(30～40 英支)
28	0.38	14.50～7tex(40～80 英支)

续表

综丝号数(S. W. G 制)	综线直径(mm)	适 用 范 围
29	0.35	—
30	0.32	—
31	0.29	—
32	0.27	—

(3)钢丝综综耳规格:见表 2-5-50。

表 2-5-50　综耳规格

形　状	钢丝号数(S. W. G 制)	综耳内径尺寸 $c \times d$	
		mm	英寸
	32	13.5×4	$\frac{11}{32} \times \frac{5}{32}$
	30	—	—
	29	—	—
	28	12.7×4.76	$\frac{1}{2} \times \frac{3}{16}$
	27	—	—
	26	—	—
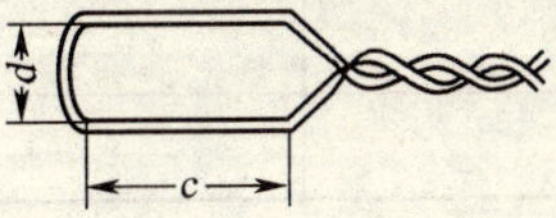	25	—	—
	24	—	—
	23	14.28×6	$\frac{9}{16} \times \frac{15}{64}$
	22	17×6.4	$\frac{43}{64} \times \frac{1}{4}$
	21	—	—
	20	19×7.54	$\frac{3}{4} \times \frac{19}{64}$
	18	—	—

(4)钢丝综综眼规格:见表 2-5-51。

表 2-5-51　综眼规格

形　状	钢丝号数(S. W. G 制)	普通眼 $A \times B \times C$(mm)	中　眼 $A \times B \times C$(mm)	小眼(素综) $A \times B$(mm)
	30	—	—	1.7×0.87
	28	5.4×1.7×3.5	4.76×1.7×2.6	—
	27	6.5×2×4	4.76×1.7×2.6	3.25×1.6
	26	7×2.2×4.2	4.76×1.7×2.6	3.25×1.6
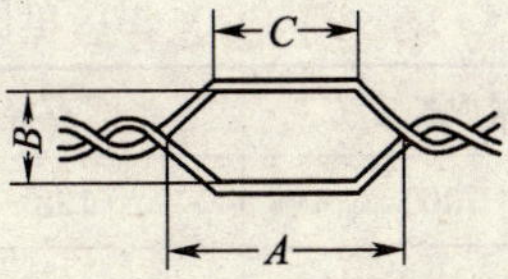	25	7×2.2×4.2	—	—
	23	9×3.2×1.5	—	—
	22	9×3.2×4.5	—	—
	21	9×3.2×4.5	—	—
	20	10.8×3.6×6	—	—

(5)钢丝综综耳角度:综眼与两端的综耳应成45°的倾斜角,制织高密织物时,综眼角也有采用30°的。

2. 钢丝综技术要求和允许公差

(1)技术要求:

①钢丝综应采用含碳0.55% ~0.60%的优质钢丝制成。

②钢丝综并合以及捻合处用焊锡,均应采用99.8%以上的电解锡,焊接处应保持光滑牢固。综耳两端的钢丝头不允许翘起。

③两根钢丝并合后,应成一直线,不可扭曲。

④钢丝综的整个表面以及综眼四周应光滑,无突瘤和锡渣,无锈痕黑斑及脱焊现象。

(2)允许公差:见表2-5-52。

表2-5-52 允许公差

项　　目	允许公差	项　　目	允许公差
长度 L	±0.3	综眼离中心的偏差距	0.4
综眼长 A	±0.2	综耳长 c	±0.3
综眼宽 B	±0.1	综耳宽 d	±0.2
综眼与两端综耳所成角 α	45° ±10°		

3. 验收方法

(1)尺寸及综眼位置:抽取成品50根,将其上下两综耳套入检验器两突杆上(事先校好上下两突杆的距离及中间校验综眼位置的突杆),查其长度及综眼位置是否适当。

(2)综眼偏向角度:将综丝置于平板上,用手压住综眼处,用角度定规测两端综耳是否和水平成45°角(角度定规需备三块,即35°、45°、55°)。

(3)焊接情况:目视或手摸其焊接是否完整光滑,不允许有脱焊及粗糙情况。

(4)捻度:在综眼处为三个捻回,综耳处为五个捻回。

(5)韧性:双手执钢丝综两端,使两手靠近,反复折拗钢丝,能耐折两次以上者为佳。

(6)弹性:钢丝综的弹性可用手握持钢丝综的一头,沿中心方向按表2-5-53量取和综丝直径相应的长度 L,再用另一只手握住另一端,并弯成表中以 D 为直径的半圆形,放手后综丝即能恢复原状为合格。

表2-5-53

单位:mm

综丝直径	量取长度 L	半圆直径 D	综丝直径	量取长度 L	半圆直径 D
0.27~0.32	80	51	0.51~0.61	200	128
0.35~0.46	120	77			

注 $D=\frac{2}{\pi}L=0.64L$。

4. 保养和保管

(1)添用新综丝时,需整副综框添用。旧综丝断裂时,用新旧程度相同的综丝补充。在装新综丝时,应注意综眼的倾斜角必须一致。

(2)综丝须长期保存者,应将综丝脱下,用线扎牢,扑上石粉或涂上清漆,装箱存放在干燥地方,短期保存的只需扑上滑石粉。

(3)织造了机后需将综框揩拭清洁,剔除坏综丝,校正弯综丝,然后在每副综框的环头和直条处,涂上防锈剂。防锈剂的成分为:酚醛绝缘漆 1 份,工业用松节油 4 ~5 份。

涂漆时宜薄而匀,动作要快。

此外,也可以涂上地板蜡,擦光滑后,同样可起到防锈作用。

5. 钢丝综的改进

(1)镀镍综丝:钢丝综镀锡后,再经镀铜和镀镍处理,制成镀镍综丝。镀镍综丝弹性较好,提高防锈能力,综眼不易磨损,不易产生开头、开肚等疵点,延长了综丝使用寿命。综丝镀镍后表面比镀锡综丝光滑,故不易吸附飞花。

(2)尼龙复合:在钢丝综表面喷涂尼龙 1010,用来代替锡、镍等,综丝应采用 60 号钢丝,并经淬火处理,可增加强度与韧性,减少内应力,涂尼龙综应包覆均匀,光滑、无毛疵。

(二)钢片综

钢片综的形式有 C 闭口式钢片综,D 开口式钢片综,纱罗综、补综。各种钢片综又分 S 单列综,D 双列综,P 单边双列综,见图 2 –5 –48。

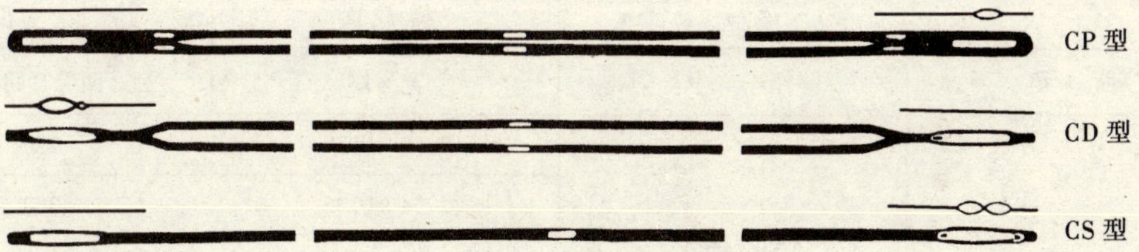

(a)闭式钢片综

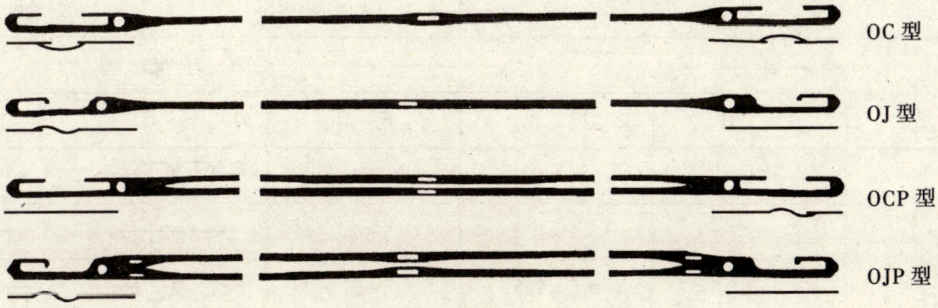

(b)开式钢片综

图 2 –5 –48

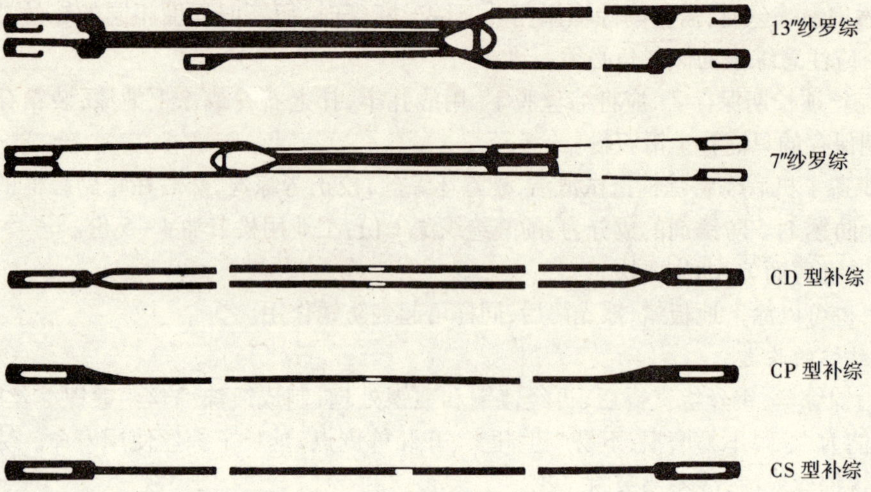

(c)纱罗综、补综

图 2－5－48　钢片综的形状

1. 钢片综规格　见表 2－5－54。

表 2－5－54(1)　闭式钢片综主要规格及标志

型号		横截面	长度
种类	形状	宽×厚	两综耳间距
C 闭式	S 单列综 D 双列综 P 单边双列综	2.20×0.30	280
		2.34×0.35	300
		2.50×0.35	302
		2.60×0.40	330
		2.80×0.40	380
		5.50×1.30	420

综眼型号			耳环型号		
位置	代号	尺寸	代号	上耳	下耳
U 偏上 C 中心	1	5.0×1.0	—1	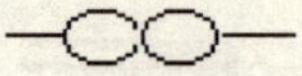	
	2	5.5×1.2	—2	——	——
	3	6.0×1.5	—3	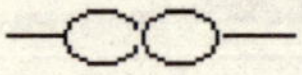	
	4	6.5×1.8	—4	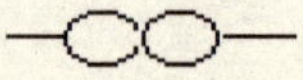	
	5	7.0×2.0			

表 2-5-54(2) 开式钢片综主要规格及标志

型号		横截面	长度
种类	形状	宽×厚($W \times T$)	两综耳间距
O 闭式	J 单列综 JP 双列综 C 单列综 CP 双列综	5.50×0.23	280
		5.50×0.25	302
		5.50×0.30	331
		5.50×0.38	356
			382
		5.50×0.40	407
			432

综眼型号			耳环型号		
位置	代号	尺寸	代号	上耳	下耳
U 偏上 C 中心	2	5.5×1.2	—5	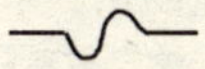	—
	4	6.5×1.8	—6	——	—
	5	8.0×2.5	—7		
	6	8.0×3.8			

注 钢片综规格的标志为:种类+形状+横截面+长度+综眼型号+综耳型号。若所用材料为不锈钢,在规格标志前加"Cr"。补综规格的标志为:在主综标志后加"—T"。例如:

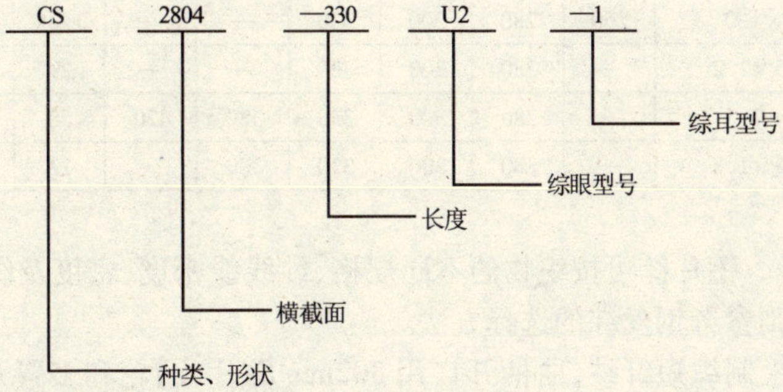

附 瑞士 Grob 钢片综(普通规格)

用于生产棉型织物的钢片综有直式和弯背的复式片综两种,直式片综用于每页穿一列的综框,复式片综用于每一页穿两列的综框。片综有如下优点:

(1)综眼部分无捻度,可以得到较大的梭口高度。

(2)片综两端的耳环和片综轴线偏移一定角度,使综眼移转到正方向,便于穿经机的穿经钩通过,有利于提高穿综速度。

(3)整根表面镀铬,在高湿度的环境下,不易生锈,片综经过特殊的后处理,表面没有眩眼的光泽,便于操作。

Grob 钢片综的结构见图 2-5-49,规格见表 2-5-55(参见图 2-5-49)。

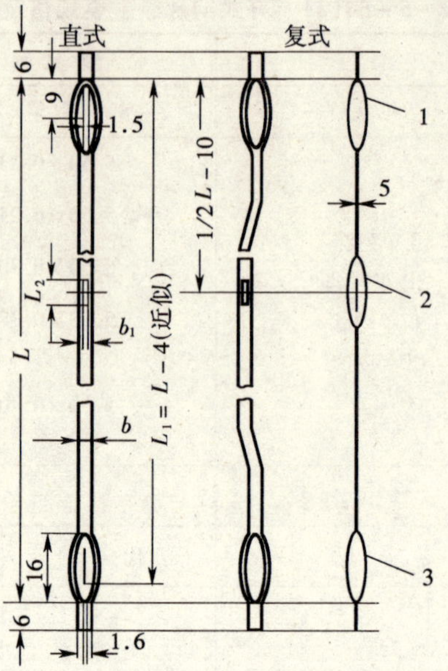

图 2 − 5 − 49　Grob 钢片综(普通型)

1—上综耳　2—综眼　3—下综耳

表 2 − 5 − 55　Grob 钢片综规格

片综横截面(mm)	综眼尺寸 $L_2 \times b_1$(mm)	上、下两耳环顶端间距离 L(mm)						适用纱规格		最大密度(根/cm)	
								tex	英支	直式	复式
1.8×0.25	5×1.0	260	280	300	330	—	—	14.5	40	16	24
2×0.30	5.5×1.2	—	280	300	330	—	—	29	20	12	20
2.3×0.35	6×1.5	—	280	300	330	380	420	58	10	10	17
2.6×0.40	6.5×1.8	—	280	300	330	380	—	72	8	9	14

2. 钢片综的选择　钢片综可按织物的不同规格、纱线线密度、密度及织机开口机构的形式进行选择,选择的原则参考钢丝综的选择方法。

例如:喷气织机上制织短纤纱,曲柄开口用 302mm 综片,凸轮和多臂开口用 330mm 综片。经纱密度高的用双列综,经纱密度低的用单列综,经纱密度与所用综片厚度成反比。

3. 钢片综技术要求参考

(1)表面镀镍,光洁、无毛刺。

(2)平直、抗拉强度好。

(3)肖氏硬度 40° ~42°。

(4)材料 60#优质碳素钢。

(5)厚度 ±0.01mm。

三、每页综框上的综丝数

综框的页数及每页综框上的地经综丝数,随织物的组织和经密而定。

(1)顺穿和飞穿时,可按下式计算:

$$X_1=\frac{m}{b\times c}+\frac{s}{b\times c}+g$$

式中:X_1 ——综丝铁梗上综丝根数;
m——地经纱根数;
b ——综丝铁梗根数;
c ——综眼内穿入经纱根数;
s ——边经纱根数;
g ——备用综丝根数。

(2)不属于顺穿或飞穿时,可按下式计算:

$$X=\frac{m}{r}\times F\times t$$

式中:X——某片综框上综丝数;
m——地经总根数;
r——织物每一完全组织中的地经根数;
F——在织物每一完全组织中,某片综框上应穿的经纱根数(也就是应有的综丝数);
t——综框的备用综丝数。

四、综丝密度

综丝的密度指织物上机后,综丝铁梗上每厘米内的综丝根数。综丝密度过大,会增加综和经纱的摩擦;综丝密度过小,会增加前后综之间的经纱张力差异。综丝的允许密度可按下列经验公式计算:

$$P_H=\frac{10}{A\cos45°}$$

式中:P_H——每排综丝上允许的上机密度,根/cm;
A——综眼宽度,mm;
45°——综眼偏角。

钢片综的角度为30° ±5°。

综框上综丝的允许密度随经纱的线密度而异,综丝的允许密度可参考表2-5-56。

表2-5-56　综丝的允许密度

纱线规格		综丝密度(根/cm)
tex	英支	
36~19	16~30	4~10
19~14.5	30~40	10~12
14.5~7	40~80	12~14

如果综丝密度超过允许范围,则可增加综框页数或每页综框上综丝杆排数,如采用两排、三排或四排。

第五节　常用穿、结经机的技术特征

一、G177—180 型三自动穿经机

(一)主要技术特征(表 2-5-57)

表 2-5-57　G177—180 型三自动穿经机主要技术特征

机型			G177—180 型
公称幅宽(mm)			1800
可挂经停片排数			4
可挂综框数(页)	综框厚 20mm		2～4
	综框厚 10mm		2～8
适用钢筘高度(mm)			120
螺旋式分纱器	螺旋杆头数		单、双、三头
	适用纱线	tex	58～7
		英支	10～80
	分纱速度(根/mm)		80
	适用经密范围(根/10cm)		150～530
	电动机	形　式	FB 单相微型
		电压(V)	12
		功率(W)	15
		转速(r/min)	2000
	机头重量(kg)		1.5
	外型尺寸(mm)(长×宽×高)		160×90×90

机型			G177—180 型
吸经停片	形式		恒磁
	最大吸片数		4
	永久磁铁片		508 低频磁钢
	线圈电压(V)		36
自动杆筘	插筘刀形式		双头插刀
	电动机	形式	FW081—4(T3)
		电压(V)	380
		功率(W)	15
		转速(r/min)	1340
	线圈	电压(V)	36
外形尺寸(mm)(长×宽×高)			2600×840×1850
机器重量(kg)			220

(二)螺旋式分纱器机械传动(图 2-5-50)

螺旋式自动分纱器安放在穿筘机架上的两根平行轨道上,两轨道上通以低压交流电,自动分纱器上微型电动机 12 的电源即由轨道输入,轨道两端绝缘。当 A、B 触点接触时,微型电动机启动,通过蜗杆 5,蜗轮 4 传动分纱螺杆 3,进行分纱送纱。当分纱螺杆满纱时,推动自停杆 6 左移,以 13 为支点使导电触点 A 与 B 脱开,微型电动机 12 断电,全机停止工作。当左端纱线被取去时,靠拉簧的作用,使触 点 A、B 接触,全机恢复工作。

1. *变换蜗杆和蜗轮对经密的关系*　见表 2-5-58。当蜗杆每回转一转,分出一根经纱时,分纱机就需向前移动一根经纱的动程。分纱螺杆的转数,分纱机每次前进的动程与浆轴经密三者之间的关系如下式:

$$浆轴经密(根/10cm)=\frac{分纱螺杆的转数(即分纱根数)}{10\times 分纱机前进动程(cm)}$$

因此当变换品种,即改变浆轴的经密时,必须更换一组使分纱机动程与之相适应的蜗轮、蜗杆。

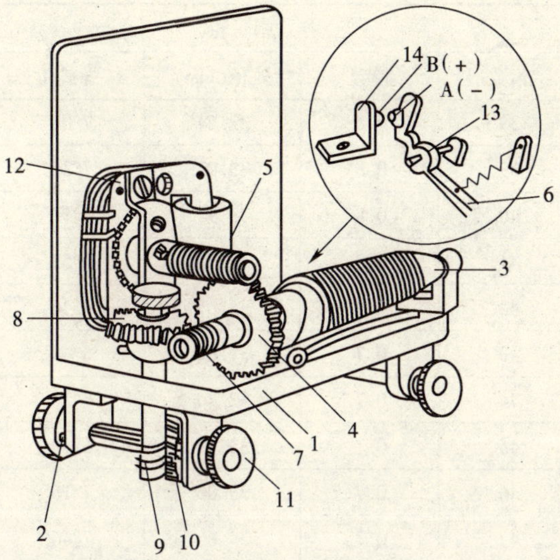

图 2-5-50　螺旋式分纱器

1—机板　2—后导轮　3—分纱螺杆　4—蜗轮　5—埚干　6—满纱自停杆　7—变换蜗杆
8—蜗轮　9—直立螺旋杆　10—螺旋齿轮　11—前导轮　12—微型电动机　13—满纱自停

表 2-5-58　变换蜗杆和蜗轮对经密的关系

浆轴经密		变换蜗轮				变换蜗杆	
根/10cm	根/英寸	齿数	模数	外径(mm)	螺旋角	线数	外径(mm)
157	40	31	1	34.06	14°48′	3	13.36
167	42.5	33	0.9	32.14	11°42′	3	14.88
177	45	35	0.9	34.22	13°48′	3	12.80
188.5	50	37	0.8	31.68	10°12′	3	14.94
196.5	50	39	0.8	33.47	11°44′	3	13.15
208.5	53	41	0.8	35.41	14°02′	3	11.21
218	55.5	43	0.7	31.88	9°12′	3	14.54
230	58.5	45	0.7	33.42	10°26′	3	12.80
236	60	31	1	33.42	9°28′	2	14.00
244	62	32	1	34.53	10°24′	2	12.80
251.5	64	33	1	35.70	11°40′	2	11.72
259.5	66	34	0.9	32.72	8°10′	2	14.30
267.5	68	35	0.9	33.70	9°02′	2	13.32
275.5	70	36	0.9	34.65	9°38′	2	12.37
287	73	37	0.9	35.70	10°44′	2	11.32

续表

浆轴经密		变换蜗轮				变换蜗杆	
根/10cm	根/英寸	齿数	模数	外径(mm)	螺旋角	线数	外径(mm)
291	74	38	0.8	32.24	7°08′	2	12.78
299	76	39	0.8	33.07	7°36′	2	13.55
307	78	40	0.8	33.92	8°12′	2	12.27
313	79.5	41	0.8	34.78	8°52′	2	11.84
320.5	81.5	42	0.8	35.67	9°46′	2	10.93
326.5	83	43	0.7	31.67	6°04′	2	14.55
336.5	85.5	44	0.7	32.40	6°26′	2	13.80
342.5	87	45	0.7	33.12	6°50′	2	13.10
350	89	46	0.7	33.86	7°16′	2	12.36
358	91	47	0.7	34.60	7°46′	2	11.62
366	93	24	1.25	32.62	5°10′	1	15.80
381.5	97	25	1.25	33.92	5°56′	1	14.50
397.5	101	26	1.25	35.33	6°40′	1	13.20
413	100	27	1	29.05	3°30′	1	18.37
429	105	28	1	30.06	3°44′	1	17.36
442.5	112.5	29	1	31.07	3°58′	1	16.35
456.5	116.5	30	1	32.08	4°16′	1	15.34
472	120	31	1	33.10	4°38′	1	14.32

注　每组蜗轮、蜗杆中心距均是21.71mm。

2.分纱螺旋杆(图2－5－51)　图2－5－51中,自右至左分别为:

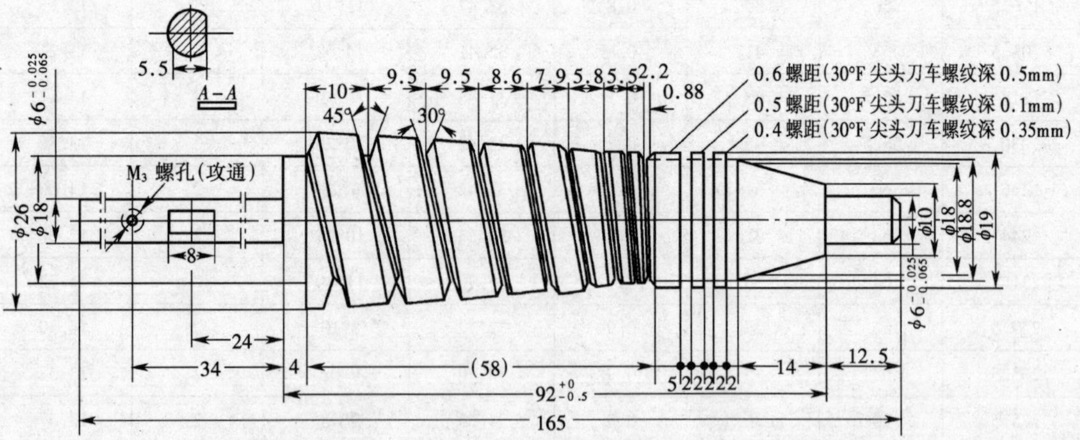

图2－5－51　分纱螺旋杆

(1)细螺丝平槽部分:第一道60齿/英寸,第二道52齿/英寸,第三道44齿/英寸。

(2)不等分纱螺槽部分:螺距自右至左分别为:2.2mm,5.5mm,5.8mm,7.9mm,8.6mm,9.5mm,9.5mm,10mm。

(三)插筘机的机械传动(图2-5-52)

当开启自动插筘机电源总开关12时,36V低压交流电输入,插筘机的电动机立即旋转,传动蜗杆2和蜗轮3,使压簧5伸展,推动蜗轮3与摩擦盘紧密吻合,摩擦盘4随蜗轮3转动,插筘刀轴7也随之转动(插筘刀轴7的中间一段为方轴,插筘刀8中间有方孔,活套在方轴上,当方轴旋转时,插筘刀立即旋转),完成一次插筘动作。

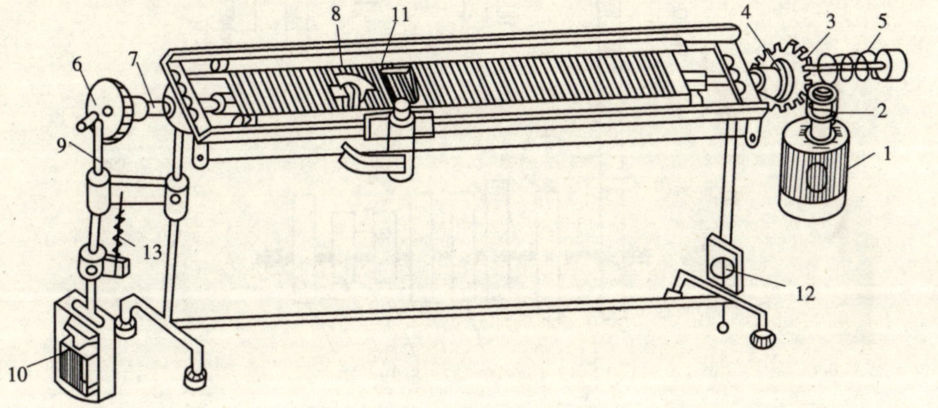

图2-5-52　插筘机传动图

1—电动机　2—蜗杆　3—蜗轮　4—摩擦盘　5—弹簧　6—停止控制凸轮　7—插筘刀轴　8—插筘刀　9—升降杆　10—电磁吸铁　11—铜质弹片　12—电源开关　13—弹簧

二、G183—190型自动结经机

(一)主要技术特征(表2-5-59)

表2-5-59　G183—190型自动结经机主要技术特征

<table>
<tr><td colspan="3">机　型</td><td>G183—190型</td><td colspan="2">机　型</td><td>G183—190</td></tr>
<tr><td colspan="3">工作幅度(mm)</td><td>1900</td><td colspan="2">经纱密度(根/10cm)</td><td>180~600</td></tr>
<tr><td colspan="3">每分钟打结数</td><td>200~350</td><td colspan="2">经纱工作面高度(mm)</td><td>920</td></tr>
<tr><td colspan="3">分纱方式</td><td>挑纱针分纱</td><td rowspan="2">电动机</td><td>功率(W)</td><td>80</td></tr>
<tr><td colspan="3">打结方式</td><td>管式打结</td><td>电压(V)</td><td>36</td></tr>
<tr><td colspan="3">结头纱尾长度(mm)</td><td>20左右</td><td colspan="2">调速方式</td><td>可控硅调速</td></tr>
<tr><td rowspan="4">适用纱线细度</td><td rowspan="2">单纱</td><td>tex</td><td>36~10.5</td><td colspan="2" rowspan="2">外形尺寸(mm)(长×宽×高)</td><td rowspan="2">1250×(工作幅度+700)×1400</td></tr>
<tr><td>英支</td><td>16~56</td></tr>
<tr><td rowspan="2">股线</td><td>tex</td><td>14.5×2~5×2</td><td colspan="2" rowspan="2">机头重量(kg)</td><td rowspan="2">12</td></tr>
<tr><td>英支</td><td>40/2~120/2</td></tr>
</table>

注　本机适用于棉、毛、再生纤维,合成纤维等不同原料的原色和单色经纱打结。

（二）机械传动（图 2－5－53）

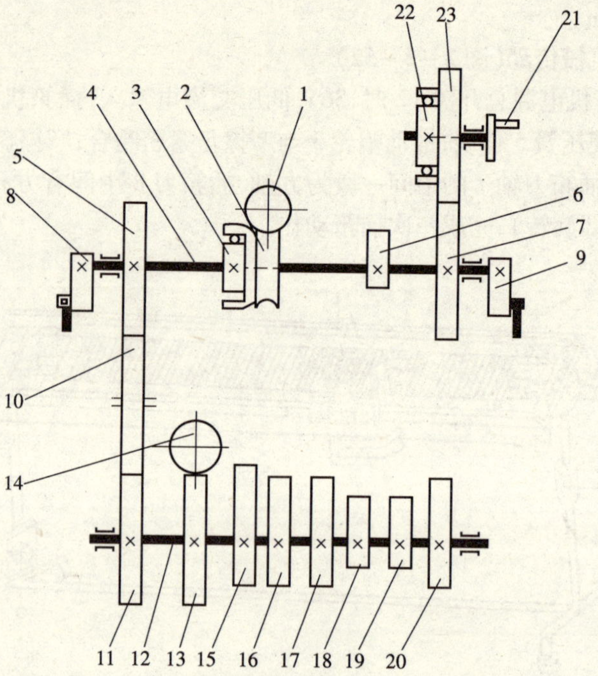

图 2－5－53　G183 型自动结经机机械传动

1—电动机螺杆　2—蜗轮　3—单向离合器　4—传动上轴　5—后聚纱凸轮　6—剪压凸轮　7—张力凸轮　8—取结牵手　9—回丝牵手　10—过桥齿轮　11—脱结凸轮　12—传动下轴　13—打结套筒传动齿轮　14—打结齿轮　15—勒紧凸轮　16—打结套筒凸轮　17—前聚纱凸轮　18—接受凸轮　19—测纱凸轮　20—挑纱凸轮　21—手轮　22—单向离合器　23—手动齿轮

（三）机械计算

G183 型自动结经机理论速度计算（参阅图 2－5－53）如下式：

$$N_1 = \frac{N_m \times A \times C}{B \times D}$$

式中：N_1——理论速度，结/min；

N_m——电动机额定转速，r/min；

A——装在电动机转子轴上的蜗杆线数；

B——传动轴上的蜗轮齿数；

C——后聚纱凸轮齿轮齿数；

D——脱结凸轮齿轮齿数。

（四）电气线路（图 2－5－54）

全机由单相串激 36V 电动机传动，用可控硅调速。调节线绕电位器的接入电阻，改变可控硅的导通角，即可达到调速要求。

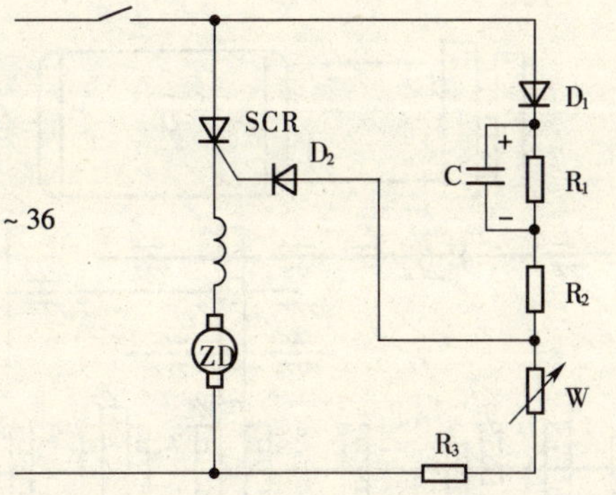

图 2-5-54　G183 型自动结经机电气线路

R_1—1W、300Ω　R_2—1W、510Ω、　W—1W、100Ω，线绕电位器

C—50μf、15V、电解电容器　D_1、D_2—2CP6K，3CT—3CT20/50

三、乌斯特(Uster)结经机

(一)主要技术特征(表 2-5-60)

表 2-5-60　乌斯特(Uster)结经机主要技术特征

<table>
<tr><td colspan="2">机　　型</td><td>UM M—4(普通型)</td><td colspan="4">机　　型</td><td>UM M—4(普通型)</td></tr>
<tr><td colspan="2">工作幅度(cm)</td><td>160</td><td rowspan="5">电动机</td><td colspan="3">型　号</td><td>交流整流子</td></tr>
<tr><td colspan="2">每分钟打结数</td><td>60~600</td><td rowspan="3">电压(V)</td><td colspan="2">进线</td><td>100~250</td></tr>
<tr><td colspan="2">分纱方式</td><td>挑针</td><td rowspan="2">工作</td><td>结经机头</td><td>48</td></tr>
<tr><td colspan="2">打结方式</td><td>打结管</td><td>照明</td><td>6</td></tr>
<tr><td colspan="2">结头纱尾长度(mm)</td><td>15~20</td><td colspan="3">功率(W)</td><td>500</td></tr>
<tr><td rowspan="2">适用纱线</td><td>tex</td><td>4~972</td><td colspan="4">外形尺寸(mm)(长×宽×高)</td><td>230×240×270</td></tr>
<tr><td>英支</td><td>145~0.6</td><td colspan="4">机头重量(kg)</td><td>14</td></tr>
<tr><td colspan="2">经纱密度(根/10cm)</td><td>70~400</td><td colspan="4"></td><td></td></tr>
</table>

(二)机械传动(图 2-5-55)

(三)机械计算

$$每分钟打结次数 = \frac{N \times D_1 \times Z_2}{D_2 \times Z_1}$$

$$每分钟行程 = \frac{N \times D_1 \times Z_2 \times Z_7}{D_2 \times Z_4 \times Z_{10}}$$

式中：N——电动机转速，r/min。

(四)电气线路(图 2-5-56)

说明：工作电压 48V 和 6V，由手推小车中的变压器供给，手推小车输入电源电压为 220V 交流电。48V 供结经机驱动电动机用，6V 用于机头照明。

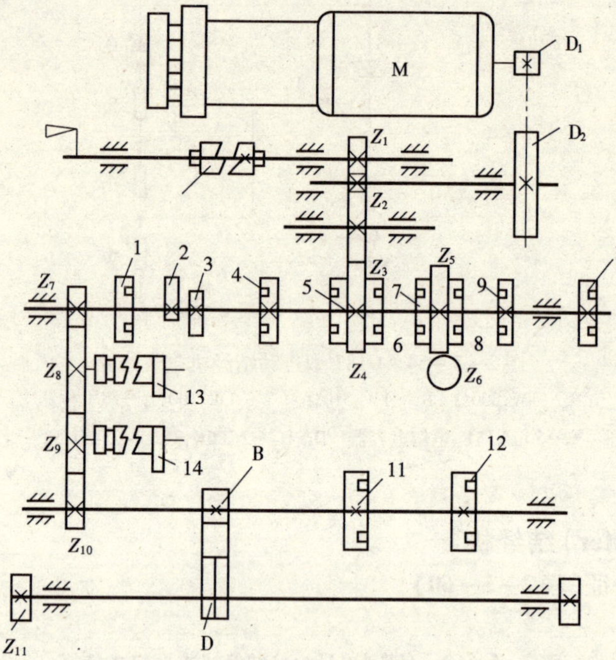

图 2-5-55 乌斯特结经机机械传动

1—张力压杆凸轮 2—挑纱针凸轮 3—探测杆凸轮 4—接受叉凸轮 5—夹纱钳凸轮 6—拨纱杆凸轮 7—推纱针凸轮 8—打结器凸轮 9—打结针凸轮 10—紧结杆凸轮 11—挑纱针限位钢丝凸轮 12—聚纱钳凸轮 13、14—分绞凸轮 M—电动机 A—离合器 B—撑牙 D—棘轮 D_1—电动机主动带轮 ϕ8mm D_2—被动带轮 ϕ48mm

Z_1—18^T Z_2—14^T Z_3—62^T Z_4—62^T Z_5—45^T Z_6—15^T Z_7—18^T Z_8—30^T Z_9—30^T Z_{10}—18^T Z_{11}、Z_{12}—行转轮

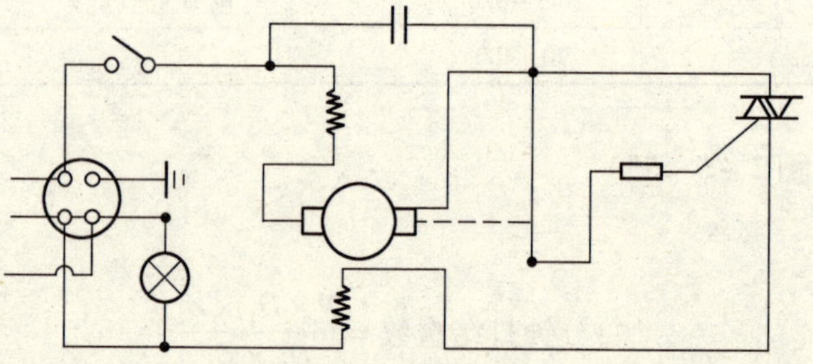

图 2-5-56 乌斯特结经机电气线路

四、史陶比尔(Staubli)结经机

(一)主要技术特征(表 2-5-61)

表 2-5-61 史陶比尔(Saubli)结经机主要技术特征

机 型	TPM 型
经纱种类、材料	棉纱、单毛纱、真丝、混纺纱、复纤丝、单纤丝、工业用纱
经纱线密度范围	0.5~500tex
速度	每分种高达600个结头,无级调速,并带有自动减速寻纱功能
分纱方式	挑针
打结方式	打结管
结头种类	同机头内配置单、双结头功能,结头尾长度可以调节
双经检测功能	机械式适用于带分绞的经纱层,电子式适用于带分绞或不带分绞的经纱层
屏幕显示	多种语言选择,并能显示操作情况,如结经速度及结经根数
电源电压	可在结经机小车的电源变压器选择:100VAC、120VAC、220VAC 或 240VAC,特别情况下提供 380VAC、400VAC 的变压器
允许最高电压波动为	±10%
频率	50 或 60Hz
功率	最高 120W
工作环境	相对湿度高达90%,室温 5~40℃
外形尺寸(长×宽×高)(mm)	355×300×255
重量(kg)	12~15.2(视结经机型号)

(二)K 型挑纱针选择(表 2-5-62)

表 2-5-62 史陶比尔结经机 K 型挑纱针选针表

长丝经纱:合成纤维、粘胶丝、真丝		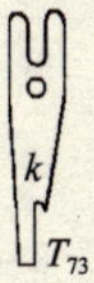 T_{73}	短纤维经纱:棉纱、粘胶纱、粗梳纱、麻纱					
tex	旦	针号	公支	英支 粗梳纱	英支 精梳纱	英支 麻纱	英支 棉纱	tex
0.8~1.7	7~15	K2.5	250~166	—	—	—	—	—
0.8~1.7	7~15	K3	250~166	—	—	—	—	—
0.8~1.7	7~15	K3.5	250~166	—	—	—	—	—
1.4~2.2	13~20	K4	200~143	—	—	—	120~84	5~7
1.7~2.3	15~21	K4.5	200~143	—	148~111	276~207	110~79	5.4~7.5
2~2.6	18~23	K5	167~125	—	—	—	98~74	6~8
2.4~3.4	22~31	K6	132~91	—	118~81	220~150	78~54	7.6~11
3.2~4.2	29~38	K7	112~77	—	100~68	190~127	66~45	9~13
3.8~5	34~35	K8	91~63	—	81~55	150~103	54~37	11~16
4.6~6.4	41~58	K9	77~53	—	68~47	127~87	45~31	13~19

续表

长丝经纱：合成纤维、粘胶丝、真丝		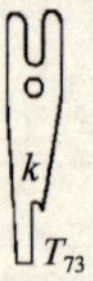	短纤维经纱：棉纱、人造棉纱、粗梳纱、麻纱					
tex	旦	针号	公支	英支 粗梳纱	英支 精梳纱	英支 麻纱	英支 棉纱	tex
6 ~ 8	54 ~ 72	K10	67 ~ 46	—	59 ~ 40	110 ~ 75	40 ~ 27	15 ~ 22
7.6 ~ 11	68 ~ 99	K12	63 ~ 38	—	55 ~ 34	103 ~ 63	37 ~ 23	16 ~ 26
9 ~ 13	81 ~ 117	K14	50 ~ 31	97 ~ 60	44 ~ 28	84 ~ 51	30 ~ 19	20 ~ 32
11 ~ 16	99 ~ 145	K16	42 ~ 25	81 ~ 48	37 ~ 22	70 ~ 41	25 ~ 15	24 ~ 40
13 ~ 19	115 ~ 175	K18	36 ~ 21	70 ~ 40	32 ~ 18	60 ~ 35	21 ~ 12	28 ~ 48
15 ~ 22	135 ~ 200	K20	32 ~ 18	6 ~ 34	28 ~ 16	52 ~ 30	19 ~ 10	32 ~ 56
16 ~ 26	145 ~ 240	K22	28 ~ 16	55 ~ 30	25 ~ 14	45 ~ 25	16 ~ 9	36 ~ 64
20 ~ 32	180 ~ 290	K25	25 ~ 14	48 ~ 26	22 ~ 12	42 ~ 23	15 ~ 8	40 ~ 72
24 ~ 40	220 ~ 360	K28	22 ~ 12	42 ~ 23	19 ~ 10	35 ~ 20	13 ~ 7	46 ~ 84
28 ~ 48	250 ~ 432	K32	20 ~ 10.5	38 ~ 20	18 ~ 9	33 ~ 17	12 ~ 6	50 ~ 96
32 ~ 56	290 ~ 500	K36	17 ~ 9	32 ~ 17	15 ~ 8	28 ~ 14	10 ~ 5	60 ~ 115
36 ~ 64	327 ~ 580	K40	15 ~ 7.5	28 ~ 15	13 ~ 7	25 ~ 13	8.7 ~ 4.5	68 ~ 130
40 ~ 72	360 ~ 648	K50	13 ~ 6.5	26 ~ 13	12 ~ 6	22 ~ 11	8 ~ 4	76 ~ 150
46 ~ 84	415 ~ 750	K63	10 ~ 5	20 ~ 10	9 ~ 4.5	17 ~ 8	6 ~ 3	96 ~ 200
50 ~ 96	450 ~ 864	K80	8.4 ~ 3.6	16 ~ 7	7 ~ 3	14 ~ 6	5 ~ 2	120 ~ 280
60 ~ 115	550 ~ 1000	K100	6 ~ 3	12 ~ 5	6 ~ 2	10 ~ 5	4 ~ 2	160 ~ 360
68 ~ 130	600 ~ 1150	K125	5 ~ 2	10 ~ 4	4 ~ 2	8 ~ 3	3 ~ 1	200 ~ 480
76 ~ 150	690 ~ 1350	K160	4 ~ 2	7 ~ 3	3 ~ 1	6 ~ 3	2 ~ 1	260 ~ 640
96 ~ 200	864 ~ 1800	K200	2.8 ~ 1.25	5 ~ 2.4	2.5 ~ 1.1	4.5 ~ 2	1.6 ~ 0.7	360 ~ 800

注　如何正确选择挑纱针，如短纤维 40 公支经纱结经，在公支一栏中寻找 40 公支中部，可选择 14 号针。在接短纤维纱线时，可选大 1 ~ 2 号针或小 1 ~ 2 号针，正如表中所列 12 号针（公支范围 63 ~ 38）或 16 号针（公支范围 42 ~ 25）同样也可接经，因此，选针表只不过提供了一个范围，最佳的挑纱针只有通过反复试验才能得到。如果了机纱和上机纱的纱支不同，必须相应地选择挑纱针；如果一层经纱中有不同的纱支，选择挑纱针必须适应粗支经纱，而且必须采用分绞方式接经。

（三）电气线路（图 2 ~ 5 − 57）

五、Knotex—Ps 系列结经机

（一）主要技术特征（表 2 − 5 − 63）

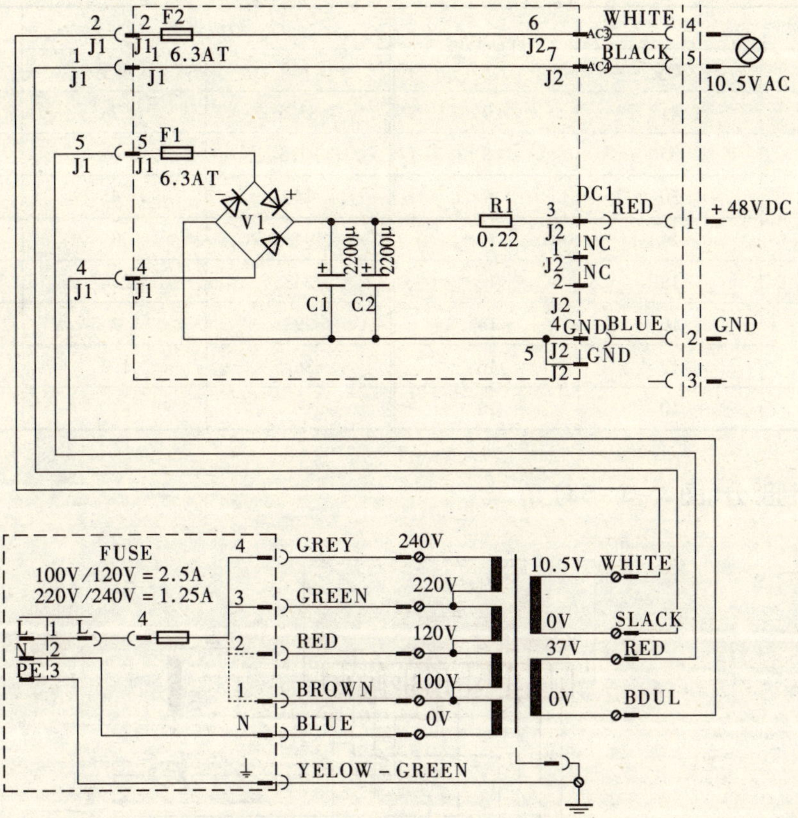

图 2-5-57　史陶比尔结经机电气线路图

表 2-5-63　Knotex—Ps 系列结经机的主要技术特征

机　　型	Ps	机　　型		Ps
工作幅宽(cm)	190	适用纱线	tex	9.5~95
每分种打结数	500~600		英支	60~6
分纱方式	挑针	经纱密度(根/10cm)		70~400
打结方式	打结管	电动机	电压(V)	220
结头纱尾长度(mm)	6~60		功率(W)	240

(二)选纱针的选择

选纱针是结经机的主要机构,根据纱线的粗细选择相应的选纱针,见表 2-5-64。

表 2-5-64　Knotex—Ps 系列结经机选纱针的选择

纱线规格		针的号数	纱线规格		针的号数
tex	英支		tex	英支	
9.5	60	5	12.5	47	6

续表

纱线规格		针的号数	纱线规格		针的号数
tex	英支		tex	英支	
14	41	7	83.5	7	22
16.5	35	8	97.5	6	26
19.5	30	9	146	4	30
24.5	24	10	194.5	3	50
32.5	18	12	243	2.4	60
36.5	16	14	292	2	70
48.5	12	16	486.5	1.2	90
58.5	10	18			

（三）控制部分（图2-5-58）

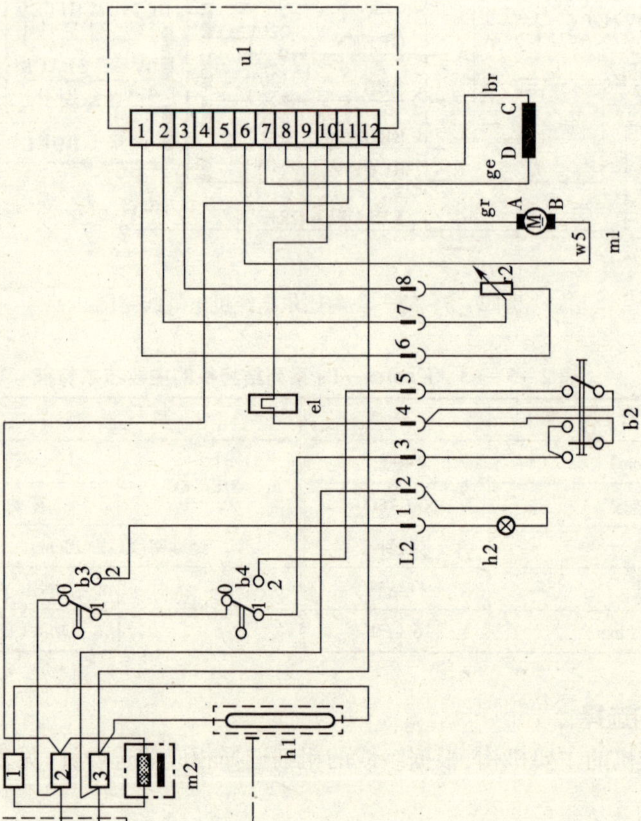

图2-5-58　knotex—PS系列结经机电气线路

第六章　纬纱准备

第一节　卷　纬

一、G203 型卷纬机主要技术特征(表 2－6－1)

表 2－6－1　G203 型卷纬机主要技术特征

项　　目	技　术　特　征
形式	双向竖锭式
锭数	60,92,124,156,188,220,252,284,316
适用纱线线密度(tex)	7.9～97.2tex(6～80 英支)
配套锭子	G113,D1201B
适用纬管长度(mm)	180,200
最大满管直径(mm)	32
锭距(mm)	70
锭速(r/min)	1300,1700,2200,2300,2750,3100
锭盘直径(mm)	21
滚盘直径(mm)	146.5
导纱往复动程(mm)	46
导纱板升降频率(次/min)	18～36
卷绕层与束缚层速比	3:1
满管时间(min)	4～8
备纱长度(m)	3～11
自动机构	满管自停,备纱自动卷绕,自动复位,导纱板自动下降,自动绕取备纱等机构
纱架形式	双排导纱杆
张力装置	卧式双圆盘张力器
锭带张力形式	双紧张轮装置
导纱板升降形式	牵带升降
锭带展开(长×厚)(mm)	1950×1.2(包括接口搭头约 50mm)
传动方式	单独电动机
电动机	JO_2—22—6, 2.2kW;A—5634, 0.18kW
机器外形尺寸(156 锭)(长×宽×高)(mm)	6660×760×1950(每增加一节 32 锭,长增加 1120mm)
机器净重(156 锭)(kg)	约 2200

二、对卷纬质量要求

是以筒子形式卷绕的间接纬在卷纬机上卷绕成纡子，供有梭织机使用。由于织机形式和纱线种类的多样化，纡管（纡子）形式有多种。

（一）对纱线外观质量

（1）棉纱的疵点如竹节纱、粗节纱、紧捻纱、弱捻纱、飞花附着等应尽量清除。

（2）管纱、筒子上的松紧纱、毛头纱、毛脚纱应去除。

（3）纱线的棉节杂质，通过清纱器、张力盘的作用，应较管纱或筒子降低5%～15%左右，纱线的光洁度有所提高。

（二）对纱线的卷装要求

纱线通过卷纬工序后，纱线的张力应较直接纬纱有较大改善。为了最大限度地增加纬纱的卷绕密度，实际生产中，纬纱的张力控制较紧，纬纱的卷装容量可比直接纬纱增加25%～35%。

（三）纬纱成形标准

纬纱的外形尺寸应符合下列规格：

（1）纬纱离纬管头端距离8～10mm。

（2）纬纱离纬管底部距离4～5mm。

（3）纬纱的卷绕直径一般掌握较梭子内腔小1～3mm。

（4）纬纱装入梭子后，上部不超过梭高，左右下端应不碰梭子内腔。

（5）纬纱退绕时，不产生脱圈、脱纬等现象。

（6）纬纱的外形应无毛头、毛脚、直径大小不一等成形不良与油渍等疵点。

三、卷纬疵点形成原因（表2-6-2）

表2-6-2 卷纬疵点形成原因

疵品名称	形成原因
松纱	张力盘加压重量偏轻，锭子、锭带盘轴承缺油，锭带张力过小
纬纱直径大小不一	导纱板升降运动中有顿挫现象，平衡重锤偏轻
下部多纱	凸钉位置过前
纬纱成形过大	导纱板无级升；撑杆上定位圈松动或离合杆调节螺钉松动，凸轮与转子接触有空隙；平衡重锤偏重
多股纱	隔纱板安装不当，纱线断头后飘入相邻纱线内
毛头、毛脚纱	落纱超过规定时间，导纱板始绕位置过底，导纱板、导纱钩位置高低不一

四、卷纬机常见故障（表2-6-3）

表2-6-3 卷纬机常见故障

机械故障	产生原因	修理方法
导纱板升降顿挫	平衡重锤调整不适当；成形凸轮与转子磨灭；成形传动部件啮合不良，磨灭或螺钉松动；立柱不垂直，转子上下不紧贴，转子在立柱中每一部位过紧或过松；成形凸轮、链轮上销子槽松动	成形卷绕部分应制订定期维修制度、正常保养，检查工作

续表

机械故障	产生原因	修理方法
导纱板无级升	电磁铁失灵,使连杆不落在正常工作位置上;离合杆座上的调节螺钉松动摆臂不能自回;它与锯齿轮两者打滑。	日常维修中根据成形是否正常及时予以纠正
纡子底部高低不一	导纱板左右高低不一或导纱钩位置不在同一水平面上;插空纬管时高低位置不一;链条调节螺母松动	导纱板与导纱钩位置在平车时必须在同一水平面上;落纱后插纬管,在开车前应检查位置高低,使其一致;旋紧调节螺母
揿动自动按钮,导纱板升降电动机不启动	中间继电器 1J 断路;中间继电器 2J 断路;按钮开关损坏,升降电动机有故障	制订电器部分维修制度
满管后主机不停或撑牙不抬起	中间继电器 4J 或时间继电器 ST 断路;满管自停凸轮未接触行程开关 2CX,行程开关 2CX 损坏;按钮 QA 常闭触点损坏;电磁铁 DT 断路	当纬纱满管时,凸轮的位置应与行程开关 2X 接触
主机停车后,导纱板不下降或下降后升降电动机不停车	中间继电器 3J 断路;控制快速升降电动机下降停止位置的凸轮未接触行程开关 1CX2;时间继电器 SJ 常开点未动作;它将锯齿轮顶住。	正常情况下,导纱板在最低位置,凸轮开始接触行程开关触点,链条持续释放一段时间
导纱板下降后不打包脚纱	凸轮未接触行程开关 1CX3,中间继电器 5J 断路	导纱板在最低位置时,调整凸轮尖端触及行程开关,校正主机寸动打包脚纱动作
打包脚纱后主机不停	凸轮顶住行程开关 1CX3 未脱开	
包脚纱长短不一	凸轮调整位置不正常	包脚纱过长,顺时针方向转动凸轮调节长度;包脚纱过短,逆时针方向转动凸轮,调节长度

五、卷纬工艺示例

1. 张力装置　张力装置为卧式双圆盘张力器。纬纱的张力可根据纱线线密度不同,调节加压垫圈的重量。部分纱线常用的张力圈重量见表 2-6-4。

表 2-6-4　张力圈重量配置

纱线规格		张力盘重量(g)	纱线规格		张力盘重量(g)
tex	英支		tex	英支	
80	7	35	18	32	21
58	10	30	14.5	40	20
42	14	27.5	14	42	19
32	18	25	12	50	17.5
28	21	23.5	10	60	14
23	25	22.5			

注　表中所列为卷绕速度在 2000~3000r/min 下的张力盘重量。

2. 卷绕尺寸配置

(1)配套织机、配套梭子和专用纬管的卷装尺寸见表2-6-5。

表2-6-5　梭子和专用纬管的卷装尺寸

项　　目	配套织机型号	
	GA611、GA615	G263
梭子规格(长×宽×高)(mm)	343×46×36(大梭); 343×44.5×33(小梭)	368×44.5×32; 368×44.5×33.5
专用纬管	换梭式	换纡式
纬纱卷装尺寸(mm)	29.5~30	29.5

(2)卷装尺寸调节方法:调节纬纱的卷绕直径,应根据纱号粗细调整变换齿轮、锯齿轮数与定位圈在撑杆上的位置和撑头每次撑动锯齿轮的齿数。

表2-6-6为几种常用纱号所用的变换齿轮、锯齿轮与撑头每次撑动齿数的配置情况,但在实际生产中,仍可作必要的调整。

表2-6-6　变换齿轮、锯齿轮与撑头每次撑动齿数的配置

纱线规格		电动机皮带盘直径(mm)	主轴皮带盘直径(mm)	变换齿轮	锯齿轮	撑头每次撑动齿数
tex	英支					
80	7	60	290	70	35	4
58	10	79	290	70	32	3
42	14	79	246	60	42	3
32	18	79	216	60	56	3
28	21	79	216	50	38	2
23	25	108	246	50	56	2
18	32	108	246	40	42	2
14.5	40	108	216	40	45	2
14	42	108	216	40	50	2
10	60	108	216	35	38	1

3. 锭速调节范围(表2-6-7)

表2-6-7　锭速调节

电动机皮带盘直径(mm)	主轴皮带盘直径(mm)	主轴转速(r/min)	锭速(r/min)	备　注
108	216	470	3127	未考虑锭带滑移系数
108	246	412.7	2746	
79	216	343.8	2287	
79	246	301.9	2008	
79	290	256.1	1701	
60	290	194.6	1294	

4. 导纱速度调节范围(表2-6-8)

表2-6-8 导纱速度调节范围

电动机皮带盘直径(mm)	主轴皮带盘直径(mm)	变换齿轮齿数	导纱凸轮转速(r/min)	导纱速度(m/min)
108	216	35	26.6	2.45
		40	30.4	2.80
		50	38	3.50
108	246	35	23.3	2.14
		40	26.7	2.46
		50	33.4	3.07
79	216	40	22.2	2.04
		50	27.4	2.62
		60	33.4	3.07
79	246	50	24.4	2.24
		60	29.3	2.70
79	290	50	20.7	1.90
		60	24.8	2.28
		70	29	2.67
60	290	60	18.9	1.74
		70	22	2.02

5. 卷绕速度调节范围(表2-6-9)

表2-6-9 卷绕速度调节范围

电动机皮带盘直径(mm)	主轴皮带盘直径(mm)	变换齿轮齿数	纬纱速度(m/min)	导纱速度(m/min)	卷绕速度(m/min)
108	216	35	216.1	2.45	216.1
		40	216.1	2.80	216.1
		50	216.1	3.50	216.1
108	246	35	189.8	2.14	189.8
		40	189.8	2.46	189.8
		50	189.8	3.07	189.8
79	216	40	158.1	2.04	158.1
		50	158.1	2.62	158.1
		60	158.1	3.07	158.1
79	246	50	138.9	2.24	138.9
		60	138.9	2.70	138.9
79	290	50	117.8	1.90	117.8
		60	117.8	2.28	117.8
		70	117.8	2.67	117.8
60	290	60	89.4	1.74	89.4
		70	89.4	2.02	89.4

6. 导纱螺距调节范围(表2-6-10)

表2-6-10 导纱螺距调节范围

电动机皮带盘直径(mm)	主轴皮带盘直径(mm)	变换齿轮齿数	导纱螺旋角(°)	导纱螺距(mm)
108	216	35	0.216	0.52
		40	0.247	0.60
		50	0.309	0.76
108	246	35	0.215	0.52
		40	0.247	0.60
		50	0.309	0.75
79	216	40	0.246	0.60
		50	0.304	0.73
		60	0.370	0.90
79	246	50	0.309	0.75
		60	0.370	0.89
79	290	50	0.308	0.75
		60	0.370	0.89
		70	0.430	1.04
60	290	60	0.525	0.90
		70	0.432	1.04

第二节 纬纱定捻

一、纬纱定捻目的

纬纱定捻的目的是提高纬纱回潮,稳定纱线捻度,防止纱线退绕时发生脱纬和纱线扭结起圈,纬缩等现象。在织造过程中,当纬纱张力过小而捻度较大时,如涤/棉混纺纱易产生纬缩和起圈现象、解决的方法除降低纬纱捻度、适当增加引纬张力外,常用给湿、加热或两者并用,以稳定捻度。

纯棉纬纱适宜的回潮率为8%~9%,但刚从细纱机上落下来的纬纱回潮率通常为5%~6%。因此,在织造前进行给湿,特别在气候干燥或寒冷季节更应考虑。对弹性好而有热塑性的涤纶,一般均采用加热给湿方法加速其分子滞缓过程,从而在重新冷却后达到稳定纱线捻度的效果。涤纶或涤纶与其他纤维的混纺纱也有采用自然吸湿定捻代替加热定捻的,但自然吸湿定捻时间比较长。

二、定捻缩率

纬纱通过定捻后,物理机械性能会发生相应的变化,如强力有下降的趋势,另外还发生热缩现象,缩率大小随纤维种类不同各异。在织物设计时,要求纱线实际纺出重量应考虑定捻缩率,以保证组织结构的要求。

定捻缩率一般用下式表示:

$$定捻缩率=\frac{W_2-W_1}{W_1}\times 100\%$$

式中：W_1——定捻前干燥重量，g/100m；

W_2——定捻后干燥重量，g/100m。

涤/棉织物用不同批号、不同型号和不同制造厂生产的涤纶，它们的热缩温度和热缩率是不同的，一般65/35涤/棉混纺纱的热定捻缩率为1.0%～1.5%。当涤纶混纺比例变更时，需随时测定热定捻缩率。

三、定捻效率测定方法

定捻质量的好坏主要看纱线捻度稳定情况及内外层纱线稳定程度是否一致，测定纬纱定捻后捻度稳定情况的指标为定捻效率。测定方法如下。

（一）目测法

目测法是一种简便的检验方法，能粗略地鉴定定捻的效果。其方法是两手先伸开，执长度为100cm的纱，然后缓慢移近至两手距离为20cm时，看下垂纱线的扭结程度，一般以不超过3～5转为准。

（二）手测法

两手执长为50cm的纱线两端，一端固定，一端缓慢平行移近至出现打扭时为止，测量其长度，并按下式计算定捻效率P：

$$P=(1-\frac{S_1}{S_2})\times 100\%$$

式中：S_1——纱线开始打扭时的长度，cm；

S_2——纱线试验长度，cm。

定捻效率一般在40%～60%即能满足织造的工艺要求。

四、纱线自然定捻

由于纺织纤维的流变特性，管纱在放置过程中，纤维内部的大分子相互滑移错位，各个大分子本身逐渐自动皱曲，纤维的内应力（张力）逐渐减少，呈现松弛现象。同时，纤维之间也产生少量的滑移错位，其结果使纱线内应力局部消除，纤维的变形及纱线结构得到稳定，从而纱线捻度稳定。

五、给湿处理

纱线给湿定捻的原理是通过纱线吸收周围介质中的水分，体积增大。如棉纱在相对湿度由40%增加到100%时，体积可增大14%左右。吸湿使纱线直径增加，进而相邻纱圈之间的摩擦作用力也得到加强，纱线从纱管上退绕下来时，脱圈的现象减少。但是，纱线过度吸湿会恶化纱线的物理机械性能，在布面上形成黄色条纹，并且引起纱线退绕困难。纱线给湿后的回潮率要控制适当。

（一）喷湿法

（1）一般将纡子或管纱放在相对湿度较高的室内，经过12～24h后取出使用（贮放纡子或管纱的容器要注意防锈）。

(2)用手提式加湿器由人工直接将水汽喷射至管纱上,隔3~4h后使用。

采用喷湿法处理时,纬纱室内的相对湿度应保持在80%~85%,一般用蒸汽和喷雾器控制调节。实践证明:如将纬纱放置24h,纡子表面的回潮率可提高2%~3%。

(二)水浸法

先把纬纱卷装倒在特制的竹萝或铜丝篓内,用人工或机械的方式,将装有纬纱卷装的竹萝或铜丝篓放在热水中浸渍40~60s(粗号纱时间可短些,细号纱时间应长些)。然后放在纬纱室内放置4~5h后送织造车间使用。

采用水浸法给湿时应注意:

(1)水温应保持在35~37℃。

(2)应经常保持水的清洁,每隔2~3h换水一次,以免污染纱线。

(三)机械给湿法

1. 帘子给湿机主要技术特征(表2-6-11)

表2-6-11　帘子给湿机主要技术特征

项　　目	技　术　特　征
占地面积(长×宽)	6000mm×2000mm
平行喂给帘子(竹片)	高约500mm
斜行喂给帘子(竹片)	斜度为30°
加湿运输帘子(铜条制)	斜度6°~7°,长3000mm,宽850mm,速度1~1.25m/min
蒸汽管	ϕ32mm,管上有小孔,长度与帘子等宽
喷雾嘴(铜制)	5只
温度计	100℃温度计
挡板	帆布制
帆布斗	加装白铁皮弹性装置
汽室	双层式,外层为薄铁皮,内层为铜皮,中间为保温料,室温45℃
传动功率	0.6kW
产量(kg/h)	160
耗水量(kg/h)	454
耗汽量(kg/h)	80

2. 喷嘴给湿机主要技术特征(表2-6-12)

表2-6-12　喷嘴给湿机主要技术特征

占地面积(长×宽)(mm)	5970×737
喂入部分(长×宽×高)(mm)	1828×1321×1067
罩子(木板)(长×宽×高)(mm)	4997×889×(1650~2641)
出口部分(长×宽×高)(mm)	145×889×109
第一层帘子(竹制)(长×高)(mm)	2667×787与940,速度2.1m/min
第二层帘子(竹制)(长×高)(mm)	1828×787与889,速度3.3m/min
第三层帘子(竹制)(长×高)(mm)	1550×711与737,速度3.0m/min

续表

蒸汽喷嘴数	4
喷雾嘴(铜制)	4排×3,共12个
用水量(kg/h)	120~180,利用率30%
传动方式	0.6kW
产量(kg/h)	400~600

(四)对给湿定捻产品质量要求

1. 质量要求

(1)纬纱经过给湿后纤维的弹性减弱,可塑性增加,体积膨胀,滑动呆滞,纱线的捻度获得稳定。管纱的回潮率应控制在8%~9%。

(2)纬纱给湿后,一般应在给湿房内存放1~2h,再进织造车间使用。但应注意不宜存放过久,否则会造成管纱色泽发黄。

(3)给湿的纬纱由于反身较多,缠绕的回丝务必拉清后再进织造车间使用。

(4)管纱的表面应无锈迹、污渍或水渍等疵点。

2. 疵品形成原因(表2-6-13)

表2-6-13 疵品形成原因

疵品名称	形成原因
锈纱	加湿帘子用传动轴、铆钉、垫圈等部件与水氧化后生锈;乳剂管道与喷嘴内有锈水滴出;给湿机内喷嘴或管道表面生锈
色纱	纬纱给湿机蒸汽室的温度过高,纬纱容易变质;纬纱给湿的回潮率过高;存放时间过久;采用竹片的帘子,竹片反装,不是竹青一面的与纬纱接触;帘子传动轴上有回丝缠绕;给湿机内水流不畅,有滴水现象;给湿机汽室顶部木板滴水,造成浅黄色纱
轧纱	帘子斜度太大,纬纱反复滚动易使回丝增加;采用的帘子层数过多;由于帘子设计过宽,出纱口分成几个纱筐,就容易产生回丝;竹片或铜条表面不光滑,运转中钩住纬纱

六、热湿定捻

在热和湿的共同作用下,纬纱定捻效率大大提高,热湿定捻常用于涤/棉混纺或化纤纱线。

(一)低温高湿定捻

一般用于直纺纬纱。利用蒸汽或浆纱机回汽,通过喷嘴喷于直纺纬纱的定捻室内(注意不能直接喷在纱上),存放在室内,纡子保持一定时间后备用。

定捻室温度:42~45℃。

定捻时间:4~8h(根据定捻效率可调整)。

纡子移出定捻室稳定时间:15~20min。

采用低温高湿定捻,涤/棉坯布加工时不产生"裙子皱"(布的横向局部产生皱缩)现象。

(二)热湿抽真空(或常压)定捻

热湿抽真空(或常压)定捻有专用设备可供使用,形式有两种,一种附有抽真空机构,另一种无此机构。用抽真空机构的定捻设备,蒸汽或热湿空气容易渗透进纱线内部,定捻效果较好。

(三)热定捻锅主要技术特征

1. SFVC1 热定捻锅主要技术特征(表 2-6-14)

表 2-6-14 SFVC1 热定捻锅主要技术特征

项目		技术特征
适用范围		涤/棉混纺纱、化纤纱等,筒纱或管纱
筒纱规格	直径(cm)	圆柱形 10~11,圆锥形 13
	卷绕密度(g/cm^3)	0.4~0.5
纱管要求		木质纬管需经醇溶酚醛树脂处理
定捻温度(℃)		80~85
保温时间(min)		筒纱 40~50,管纱 20~30
工作压力(Pa)		$<0.5\times10^5$($0.5kgf/cm^2$)
使用蒸汽压力(Pa)		$1\times10^5\sim3\times10^5$($1\sim3kgf/cm^2$)
真空度(kPa)		66.65(500mmHg)
真空泵		433801A 型水杯式
进汽管直径(mm)		25
真空泵管径(mm)		25
间接加热器散热面积(m^2)		7
锅体	内径×长(mm)	1400×1700
	壁厚(mm)	8
小车:长×宽(mm)		1320×820
车轨(mm)		25×4 角钢
定捻锅封闭材料		16mm×16mm 石棉绳
堆置容积(m^3)		<0.75
一次定捻量(kg)		筒纱 200~300
定捻锅离地面位置(mm)		370
地脚螺栓规格		4×M12×220mm
外形尺寸(长×宽×高)(mm)		5700×2000×2200
全机重量(kg)		约 3500

2. GA571 蒸纱锅主要技术特征(表 2-6-15)

表 2-6-15 GA571 蒸纱锅主要技术特征

项目	技术特征
适用范围	合成纤维、再生纤维、毛纱以及毛条等在真空状态下经加热给湿达到定型作用(筒纱或管纱)

续表

项目		技术特征
筒纱规格	直径(cm)	圆柱形 10~11、圆锥形 13
	卷绕密度(g/cm^3)	0.4~0.5
定捻温度(℃)		<110
保温时间(min)		筒纱 40~50、管纱 20~30
工作压力(MPa)		0~0.05
使用蒸汽压力(MPa)		0.3
真空度(MPa)		0~0.08
真空泵		433801A 型水杯式
进汽管直径(mm)		25
真空泵管径(mm)		25
间接加热器散热面积(m^2)		7
锅体	内径×长(mm)	1400×2900
	壁厚(mm)	8
小车:长×宽(mm)		1320×820
车轨(mm)		25×4 角钢
空压机		2V—0.6/7 型移动式,电动机 Y132S[/1]—2,5.5kW
容积(m^3)		4.2
一次产量(kg)		筒纱 300,管纱 200(毛纱)、300(棉纱),毛条 200
水环真空泵		SZ—2 型,抽气量 3.4m^3/min,极限真空度 0.085MPa
电动机		Y160M—4,JB3074—8,11kW
外形尺寸(长×宽×高)(mm)		6635×2310×2390(不包括电气箱、空压机)
全机重量(kg)		约 3900

(四)涤棉混纺纱的定捻工艺示例

定捻温度:80~85℃。

保温时间:45~50min。

真空度:66.65kPa(500mmHg)

压力:不超过 0.5×10^5Pa(0.5kg/cm^2)

七、三种定捻方法比较(表 2-6-16)

表 2-6-16 定捻方法效果比较

定捻方法	自然定捻	给湿处理	热湿处理
特点	工序短、费用低、能保持纱线的物理机械性能。但定捻效果不够稳定	设备简单、定捻效果较好、但半制品存储增加,坯布上易产生水渍档和色档	定捻效果好,半制品流通快,应用范围广
适应品种	低捻度纱线	低档次、纯棉纱线	细特纱、强捻纱、混纺纱

参考文献

[1] 上海市棉纺织工业公司《棉织手册》编写组. 棉织手册(第二版)[M]. 北京:纺织工业出版社,1989.

[2] 张敢. 无梭织造简明手册[M]. 北京:纺织工业出版社, 1992.

[3] 王嘉荣,金铁鸣,盛毛慎. 奥托康纳 -238 型自动络筒机使用手册(第二版)[M]. 北京:中国纺织出版社,1997.

[4] 江苏省纺织工程学会. 新型无梭织机及前织设备使用经验汇编(上册). 北京:纺织工业出版社,1994

[5] 江苏省纺织工程学会. 新型织机及前织设备使用经验汇编[M]. 北京:纺织工业出版社,1993

[6] 朱苏康,高卫东. 机织学[M]. 北京:中国纺织出版社,2004.

[7] 朱苏康,陈元甫. 织造学(上册)[M]. 北京:中国纺织出版社,1996.

[8] 高卫东. 现代织造工艺与设备[M]. 北京:中国纺织出版社,1998.

[9] 黄柏龄,谢剑英. 国外新型整经机[M]. 北京:中国纺织出版社,1994.

[10] 姜家祥. 国外新型浆纱机[M]. 北京:纺织工业出版社,1981.

[11] 张敢. 无梭织造简明手册[M]. 北京:纺织工业出版社,1992.

[12] 深田要,一见辉彦. 刘冠洪译. 经纱上浆[M]. 北京:纺织工业出版社,1979.

[13] 洪仲秋,汝友江等. 浆纱机的性能测试与评定[M]. 北京:纺织工业出版社,1993.

[14] 萧汉滨. 祖克浆纱机原理及使用[M]. 北京:中国纺织出版社,1999.

[15] 江苏省纺织工程学会. 新型织机及前织设备使用经验汇编[M]. 北京:纺织工业出版社,1993.

[16] 张燕萍. 变性淀粉制造与应用[M]. 北京:化学工业出版社,2001.

[17] 张力田. 变性淀粉[M]. 广州:华南理工大学出版社,1992.

[18] 张友松. 变性淀粉生产与应用手册[M]. 北京:中国轻工业出版社,1999.

[19] 中国国家标准汇编(148) [S] . 北京:中国标准出版社,1993.

[20] 周永元. 纺织浆料学[M]. 北京:中国纺织出版社,2004.

[21] 魏焕卿,喻键儿,丁奎刚. 无梭织机织前工序半制品质量的技术要求[J]. 棉纺织技术. 1994(11).

[22] 张平国. 无梭织机高效率运转的条件[J]. 棉绵纺织技术,1997(8).

[23] 魏焕卿,俞震东. 我国纺织浆料的进展和开发应用方向的探讨[J]. 棉纺织技术,1997(7).

[24] 张敏. 祖克 RK511 型转子搅拌调浆桶性能介绍[J]. 棉纺织技术,1992(1).

[25] 顾元华. 混合浆一步快速调浆的机理与方法[J]. 棉纺织技术,1993(6).

[26] 胡桂莲,朱宝林,范勇. 浆纱机经轴气动刹车装置的工作原理及调节[J]. 棉纺织技术,1997(7).

[27] 萧汉滨. 浆轴卷绕张力与压纱辊压力作用的探讨[J]. 棉纺织技术,1996(5).

[28] 曾勇. S422 型双浆槽浆纱机的使用与品种开发[J]. 棉纺织技术,1993(11).

[29] 景秋根,陆道元. Sucker ZTE 型浆纱机气动控制装置常见故障分析与排除[J]. 棉纺织技术,1988(9).

[30] 萧汉滨. 浆纱机压浆辊弹性作用的探讨[J]. 纺织学报,1983(9).

[31] 瞿林妹. 浆纱张力的研究[J]. 纺织学报,1992(9).

[32] 萧汉滨. 发展高压上浆工艺探讨[J]. 纺织学报,1995(10).

[33] 丁奎刚,余震东,王荣根. 纺织浆料应用情况及发展方向[J]. 浆料信息.

[34] 祖克浆纱机样本,祖克浆纱机操作手册,祖克浆纱机电气手册,祖克浆纱机工艺手册.

[35] 国产 GA 系列浆纱机操作手册.

[36] 大雅浆纱机使用手册.
[37] 本宁格浆纱机使用手册,本宁格浆纱机操作手册,本宁格浆纱机工艺手册,本宁格浆纱机电气手册.
[38] 津田驹浆纱机操作手册,津田驹浆纱机电气手册,津田驹浆纱机工艺手册.
[39] 丁奎刚,范雪荣编. 常用纺织浆料质量与检测. 无锡:中国棉纺织行业协会浆料生产应用部,1997.
[40] GB12096—1989《淀粉细度测定方法》.
[41] GB12091—1989《淀粉及其衍生物氮含量测定方法》.
[42] GB12098—1989《淀粉粘度测定方法》.
[43] GB12090—1989《淀粉及其衍生物酸度测定方法》.
[44] GB12095—1989《淀粉斑点测定方法》.
[45] Autoconer238/338 型自动络筒机产品样本.
[46] Savio Espero、Orion 型自动络筒机产品样本.
[47] 村田 No.7Ⅴ—Ⅱ型、No.7—Ⅴ型、21C 型自动络筒机产品样本.
[48] 天津纺机厂 GA012 型、GA013 型络筒机产品样本.
[49] 无锡海鹰集团电子清纱器产品样本.
[50] 陕西省长岭股份有限公司电子清纱器产品样本.
[51] Uster 电子清纱器产品样本.
[52] Peyer 电子清纱器产品样本.
[53] 本宁格分批整经机产品样本.
[54] 本宁格分条整经机产品样本.
[55] 部分国产整经机产品样本.

第三篇　织　造

第一章　有梭织机

第一节　织造机械

GA611 型、GA615 型有梭织机是在我国广泛使用的在 1511、1515 型织机基础上改进的机型。它采用了数十年来全国推广应用且行之有效的 58 个织机改造项目，不但继承了原机机构简单、维修方便、耗电少、价格低的优点，还提高了机架的稳定性，拓展了品种的适应性，提高了零件的材质和加工精度，性能比原机型有了显著的提高。58 项改进的内容及其效果如下。

1. 送经圆锥齿轮，蜗杆、蜗轮由铸铁铸造改为用钢材切削加工并经淬火处理。提高了转动精度，减少了云织疵点，且更耐磨。

2. 送经调节杆（C34）由圆棒改为扁铁，筘座脚导槽及锯齿轮撑头杆导槽内侧都经过精加工（原为毛坯槽），调节杆两端装有尼龙块。减少了机件间的磨损，提高了传动精度，使送经均匀。

3. 用点啄式取代纬纱叉式探纬装置。减少双纬、百脚织疵 80%，而且使用安全，不易损坏。

4. 摇轴与中心轴的定位套筒，原用螺钉紧固在轴上，易使轴偏心回转。现改为夹紧式套筒，有利于轴的同心回转，固定可靠性高，对轴没有损坏。

5. 织轴边盘由直径 495mm 改为直径 550mm 的标准供应规格（也有直径 600mm 的边盘）。增加了 1/5 容纱量，延长了织造的上机周期，提高了织机运转率。

6. 主轴改用球面轴承，调整安装方便。安装机器时，主轴、中轴、摇轴可同时安装，大平车周期可由 3 年改为 6 年，降低了机物料消耗。

7. 投梭侧板脚帽（F2）与侧板的联结由一只螺栓改为两只。防止了螺栓松动，减少了轧梭。

8. 卷布辊由落叶松制作改为由玻璃钢（玻璃纤维加树脂胶）制作。强度提高，不易损坏，耐潮不变形，节约木材。

9. 36 齿与 72 齿齿轮改为由球墨铸铁（QT50—1.5）制造，比原灰铸铁齿轮寿命提高了 3 倍。

10. 弯轴（主轴）支撑由整体式改为组合式，便于 36 齿齿轮的拆装。

11. 踏综杆转子内镶轴承、外包尼龙。转子转动灵活，减少了对开口凸轮的磨损，可节电

2% ~3%。

12. 吊综带、三轮缓冲带由丁腈橡胶带改为锦纶带。强度增加，伸长率减少，动作准确。

13. 采用了节电飞轮电动机(GA615—75 织机使用型号改为 F053—50—6N)。可以减少主轴的回转不匀率，节电 6% ~8%。

14. 前凸板托脚镶尼龙轴套。耐磨，减少了因锈蚀而造成的轧梭。

15. 织机启动离合器的上、下拨叉(F238、F239)材质改为石墨尼龙。离合器动作灵敏，延长了拨叉及三角带的寿命。

16. 制梭铁加长，由 96mm 改为 124mm。抑制了梭子回跳，使梭子定位不准、换梭时轧梭、脱纬等现象大大减少。

17. 加装投梭棒缓冲皮圈。投梭后，剩余能量被皮圈吸收，降低了皮圈损耗。

18. 投梭鼻在侧板上位置后移。可节电 5%。

19. 投梭转子内径及其衬套外径由直径 32mm 改为 36mm。提高了组件的刚度，转子与投梭鼻接触良好，保持投梭力的稳定。

20. 皮圈架(F42)与筘木座的联结由单螺栓改为双螺栓，防止松动。

21. 增加投梭棒下端十字炮脚（F16）的中心距(由 86mm 增加至 89mm)。投梭棒脚帽(F15)投梭之后不碰摇轴托脚，保证投梭力。

22. 梭库可动轴(N41)材料由 A3 改为 45 号钢淬火，延长了使用寿命。

23. 加厚换梭推进器滑动脚(N1)与基架固定用的脚板面，防止脚板面的破裂。

24. 托梭钢丝(K72)由弯折状改为弧形，防止由于弯折处的应力集中造成的断裂。

25. 控制木改为铁件和尼龙件，减少损坏，便于调节控制木(铁)的位置。

26. 增加停经托架的中央托脚座上的调节高度，使经停装置与后梁位置的调节相一致。

27. 将换梭安全托脚(N57)加长 6mm，防止安全杆钩(N58)的滑脱，减少换梭失败。

28. 踏综杆 A2、A3 后部轴孔内镶尼龙轴衬，可减磨、防锈，易拆装。

29. 纡管箱由木质改为 ABS 塑料，节省木材。

30. 开关臂(GA615—4103A)和启动开关(F212)改进，增加动程，使织机启动迅速。

31. 开关侧手轮移至离合器外侧，操作方便、安全。

32. 纬纱凸轮、经纱凸轮由整体式改为剖分式，拆装方便。

33. 摆动棒组合件由铆钉联结改为螺钉联结，联结牢固，刚性好。

34. 筘夹铁厚度由 3.5mm 增加至 5mm，增加了筘架三角木的刚度。

35. 筘夹轴直径由 24mm 改为 28mm，延长使用寿命，有利于高密织物减少稀密路疵点。

36. 张力后杆(C29)由长弯轴改为两只短轴，易于加工、维护。

37. 落梭箱由方底改为圆底，容量增大，梭子排列好，减少了梭子损伤。

38. 主轴、中心轴、摇轴、平纹吊综轴，用双列向心滚子轴取代滑动轴承，摩擦系数小，节能，装拆方便。

39. 梭箱盖板托脚(K201)由整体式改为双节式，便于安装调节，可适应多种梭子规格的要求。

40. 扬起背板的 Q6、Q7 改为一体，加装活络头，消除了换梭时的飞梭现象，保证生产的安全。

41. 牵手套筒(K79)采用钢件并淬火,耐磨性增强。

42. 两侧加装综框导轨,减少综框的前后晃动。

43. 加装钢筘定位装置,防止织造过程中钢筘的左右移动。

44. 增设六列经停片经停装置。降低经停片密度,适应高密度织物需要;提高了断经停车灵敏度。

45. 联合杆弹簧(O42)由原来弹力不可调改为一端可调。不同筘幅、不同车速时可以调节弹簧弹力。

46. 原投梭棒投梭时,倾斜较大,作用在梭子上的分力相对较小。将投梭棒脚帽(F15)外移,减少了投梭力损失。

47. 送经机构移到墙板外侧并加装织轴直径探测装置。该机构为选购件,也可选用原GA611、GA615 型织机的送经机构。机外侧送经机构的主要特点是:(1)织物的纬密范围扩大。通过选用不同线数(1 线、2 线、3 线)的蜗杆,可织造的纬密范围分别为 315 ~787 根/10cm、160 ~315根/10cm、60 ~160 根/10cm。(2)送经的动力来自主轴上的偏心盘,送经时间可调节。(3)零件的材料及加工精度提高,动作准确。(4)送经量自动调节,无需移动重锤,满轴与空轴的经纱张力平均差异小于 10%,云织疵点明显减少。(5)操作检修方便。(6)送经精度比1511M、1515 型提高了一倍。该装置可安装在 1511M、1515、GA611、GA615、G263 等型号的织机上。

48. 采用弹簧吊综,采光条件改善,更换品种方便,织物质量提高。

49. 中心轴采用球面轴承,取消定位套筒,轴的同心度好,延长了中心轴的使用寿命。

50. 主轴与制动轮、主轴与 36 齿齿轮、中心轴与 72 齿齿轮、中心轴与投梭棒的联结采用锥形钢套圈,由螺旋推力张紧。由于取消了键联结,提高了轴的同心度,延长了齿轮及轴的使用寿命。

51. 使用集体加油盒,机两侧各设油盒一个,由塑料管引向主要轴承处,节省了机油,减少了加油工作量。

52. 启动离合器圆锥面加宽,增加接触面,改善了离合器的工作条件,增加了传递扭矩,摩擦片延长寿命。

53. 传动棒(J17)改为直杆(刺毛辊相应向机前移位),加工方便,增加了棒的刚性,维护比较方便。

54. 织轴盘片原使用对穿螺栓与轴管固定,现改为夹紧式,织轴宽可以无级调节。

55. 摇轴加中托脚,增加了摇轴的刚性,加强了打纬力。

56. 采用后梁液压减震器,可以缓解因打纬力引起的后梁震动,有利于经纱动态张力的均匀。

57. 防飞梭钢丝改为活络式,便于拆坏布。

58. 使用组合式曲轴(主轴),提高了曲轴的加工精度及降低了粗糙度。采用淬火磨削,延长了轴的使用寿命,安装方便,而且运转平稳。

一、技术特征

(一)GA611 型自动换梭织机(表 3 -1 -1)

表 3-1-1　GA611 型自动换梭织机的主要技术特征

项　目			技　术　特　征		
型　式		自动换梭(分左手和右手)			
用　途		适用于织造中、薄型纯棉和混纺平纹织物,可加装斜纹、缎纹或多臂开口装置,织制斜纹、缎纹或较复杂的小花纹织物			
公称筘幅	cm	112	117	127	132
	英寸	44	46	50	52
最大穿筘幅度(mm)	踏盘开口	1050	1100	1200	1250
	多臂开口	970	1020	1120	1170
最多综框页数	踏盘开口	2~8	2~8	2~8	2~8
	多臂开口	16	16	16	16
开口装置		除平纹单踏盘外,还可以加装平纹双踏盘;$\frac{1}{2}$、$\frac{2}{2}$、$\frac{3}{1}$斜纹踏盘;$\frac{4}{1}$缎纹踏盘;五枚缎纹踏盘;灯芯绒踏盘和 16 页多臂装置			
投梭装置		下投梭,两侧轮流投梭			
打纬装置		弯轴牵手四连杆非轴向打纬			
送经装置		调节式机械送经			
卷取装置		七轮式间歇卷取,卷布直径 300mm,纬密范围:7.5~72.9 根/cm			
经停装置		机械			
纬停装置		机械			
换梭装置		探针或纬纱叉诱导换梭			
经纱保护装置		游筘式护经			
钢筘与走梭板之间的夹角(°)		86.5			
梭库可容梭子只数		10			
梭子尺寸:长×宽×高(mm)		343×45×35 或 343×44.5×33.5			
纬管长(mm)		180			
传动方式		单独电动机,用 A 型三角皮带经锥形摩擦离合器传动弯轴			
边　撑		伸幅,双排木辊式刺环式边撑			
制动型式		钢带制动			
电动机	踏盘开口	F053—6、功率 0.6kW、960r/min			
	多臂开口	F053—8、功率 0.8kW、960r/min			

外形尺寸(mm)						
外形尺寸(mm)	机　宽		2336	2387	2488	2539
	机长	织轴盘板 ϕ495	1428			
		织轴盘板 ϕ550	1568			
	机高	平纹	1295			

续表

项目			技术特征			
外形尺寸（mm）	机高	$\frac{1}{2}$、$\frac{2}{2}$、$\frac{3}{1}$斜纹	1494			
		五枚缎纹	1435			
		多臂	1917			
机重(kg)(不包括电动机)			830	840	860	880

(二)GA615型自动换梭织机(表3-1-2)

表3-1-2 GA615型自动换梭织机的主要技术特征

项目		技术特征			
型式		自动换梭式(分左手和右手)			
用途		用于织制中、薄型平纹织物。可加装斜纹、缎纹或多臂开口装置，可织制斜纹、贡缎或小花纹织物			
公称筘幅	cm	142	160	170	190
	英寸	56	63	67	75
最大穿筘幅度（mm）	踏盘开口	1330	1500	1600	1800
	多臂开口	1300	1470	1570	1770
最多综框页数	踏盘开口	2~8			
	多臂开口	16			
开口装置		除平纹踏盘外，还可以加装平纹双踏盘；$\frac{1}{2}$；$\frac{2}{2}$；$\frac{3}{1}$斜纹踏盘；五枚缎纹踏盘、灯芯绒踏盘或16页多臂装置			
投梭装置		下投梭			
打纬装置		弯轴牵手四连杆非轴向打纬			
送经装置		半积极半消极式自动送经			
卷取装置		七轮式间歇卷取，卷布直径300mm，纬密范围:75~729根/10cm			
经停装置		机械			
纬停装置		机械			
换梭装置		探针或纬纱叉诱导换梭			
经纱保护装置		游筘式护经			
钢筘与走梭板之间的夹角		86.5°			
梭子尺寸:长×宽×高(mm)		343×44.5×33.5(或343×45×35或343×46×36)			
纬管长(mm)		180			
传动方式		单独电动机，用三角皮带经摩擦离合器传动弯轴			

续表

项目			技术特征			
制动型式			钢带制动			
电动机			型号 F053-8(左、右)、功率 0.8kW、960r/min			
外形尺寸(mm)	机宽		2692	2866	2966	3171
	机长	织轴盘板 φ495	1596	1596	1596	1596
		织轴盘板 φ550	1635	1635	1635	1635
	机高	平纹	1540	1540	1540	1540
		$\frac{1}{2}$斜纹	2034	2034	2034	2034
		$\frac{2}{2}$斜纹	1784	1784	1784	1784
		$\frac{3}{1}$斜纹	1760	1760	1760	1760
		多臂	2260	2260	2260	2260
机重(kg)(不包括电动机)		平纹	940	1000	1025	1100
		多臂	1140	1200	1225	1300

二、开口机构及其特征

(一)平纹单踏盘开口机构

1. 技术特征(表3-1-3)

表3-1-3　平纹单踏盘开口机构的技术特征

项目				技术特征			
开口型式				内侧踏盘式			
用途				用于织制平纹织物,如平布、巴厘纱、府绸等			
传动方式				踏盘直接安装在踏盘轴上			
吊综方式				消极式辘轳吊综			
综框页数				2			
综丝长度(mm)				GA611 型:267(10.5 英寸);GA615 型:280(11 英寸)			
综框规格	GA611 型	织机公称筘幅	cm	112	117	127	132
			英寸	44	46	50	52
		综框长×厚	mm	1102×19	1152×19	1254×19	1305×19
			英寸	43 3/8×3/4	45 3/8×3/4	49 3/8×3/4	51 3/8×3/4

续表

项目				技术特征			
综框规格	GA615 型	织机公称筘幅	cm	142	160	170	190
			英寸	56	63	67	75
		综框长×厚	mm	1406×19	1584×19	1686×19	1889×19
			英寸	55 3/8×3/4	62 3/8×3/4	66 3/8×3/4	74 3/8×3/4

2. 安装规格(表 3-1-4)

表 3-1-4 平纹单踏盘开口机构的安装规格

项目		GA611 型		GA615 型		公差(mm)	说明
		部件代号	安装规格(mm)	部件代号	安装规格(mm)		
吊综部分	吊综轴托脚~顶梁后边缘	M5、M6~P6	165	M5、M6~4316RL	152	±0.20	距离
	吊综辘轳~吊综轴两端	M2~M12	64	3117~3118	65	±0.50	距离
	吊综轴垫块~吊综轴托脚凹弧面	Q21~M5、M6	3	3119~M5、M6	3	±1.0	距离
	吊综轴	M12	0.20	3118	0.20	0.20/150	水平差
			0.80		0.80		左右串动
踏盘部分	撑档~换梭侧墙板内边缘 公称筘幅(cm) 112 117 127 132 142 160 170 191	P7~P1	535 560 610 635	4313A~4301A	355 355 355 455		
	踏综杆托脚~后横档	A1~P5	后横档中央并向下落实	3101~4308	后横档中央,并向下落实		位置
	踏综杆栓	A8		3102		0.20/150	水平
	踏综杆	A2、A3	0.80	3103	0.80		横动
	踏盘~踏综杆转子	E3~A5	平齐密接	3104~A5	平齐密接		
	踏 盘	E3	自左向右	3104	自左向右		定位(不论左右手车均从车后看)

(二)平纹双踏盘开口机构

1. 技术特征(表 3－1－5)

表 3－1－5 平纹双踏盘开口机构的技术特征

项目				技术特征			
开口型式				内侧双踏盘式			
吊综方式				消极式双排辘轳吊综			
传动方式				两副踏盘直接安装在踏盘轴上			
综框页数				4			
综丝长度(mm)	GA611 型			300(11 7/8 英寸)			
	GA615 型			305(12 英寸)			
综框规格	GA611 型	公称筘幅	cm	112	117	127	132
			英寸	44	46	50	52
		长×厚	mm	1102×19	1152×19	1254×19	1305×19
			英寸	43 3/8×3/4	45 3/8×3/4	49 3/8×3/4	51 3/8×3/4
	GA615 型	公称筘幅	cm	142	160	170	190
			英寸	44	46	50	52
		长×厚	mm	1406×19	1584×19	1686×19	1889×19
			英寸	55 3/8×3/4	62 3/8×3/4	66 3/8×3/4	74 3/8×3/4

2. 综框运动(图 3－1－1)

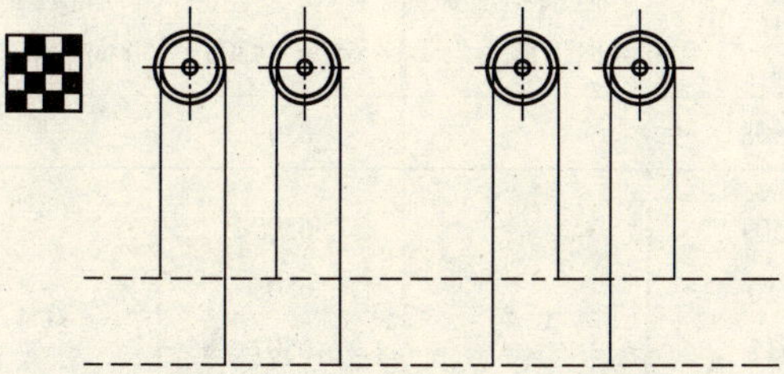

图 3－1－1 平纹双踏盘综框运动图

3. 安装规格(表 3－1－6)

表 3－1－6 平纹双踏盘开口机构的安装规格

项目		GA611 型		GA615 型		公差(mm)	说明
		机件代号	安装规格(mm)	机件代号	安装规格(mm)		
吊综部分	吊综轴托脚后端～顶梁后边缘	1101A～P6	76	M5、M6～4316RL	76	0.15/150	距离

续表

项目		GA611 型		GA615 型		公差 (mm)	说明
		机件代号	安装规格 (mm)	机件代号	安装规格 (mm)		
吊综部分	两根吊综轴中心距离	S525	83	3118	90		距离
吊综部分	吊综轴	S525	0.8	3118	0.8		水平横动
吊综部分	吊综轴端~吊综辘轳外侧	S525~S526、S527	75	3118~3117、6519	前 70 后 60	0.15/150	距离
吊综部分	吊综轴垫木~吊综轴托脚凹口	Q21~1101A	3	3119~6520	15		距离
吊综部分	控制辘轳轴	1101~1	灵活		灵活		回转
踏盘部分	撑档~换梭侧墙板内边缘 公称筘幅 (cm) 112 117 127 132 142 160 170 191	P7~P1	495 520 570 595	4312A、4313A~4301	355 355 355 455		距离
踏盘部分	踏综杆托脚	S506H~P5	后横档中央，并向下落实	6503、6504~4308	后横档中央，并向下落实		位置
踏盘部分	踏综杆栓	S508		6509		0.2/150	水平
踏盘部分	踏综杆	S509 510 511 512	0.4	6505 6506 6507 6508	0.4		横动
踏盘部分	踏盘~踏综杆转子	S501、S502~A5A	平齐密接	6501、6502~A5A	平齐密接		接触情况
踏盘部分	踏盘	S501 502	自左向右	6501 6502	自左向右		定位

(三)$\frac{1}{2}$、$\frac{2}{2}$、$\frac{3}{1}$斜纹踏盘开口机构

1. 技术特征(表 3-1-7)

表 3-1-7 斜纹踏盘开口机构的技术特征

项目				技术特征			
开口型式				内侧踏盘式			
用途				用于织制斜纹组织的织物			
吊综方式				消极式辘轳吊综			
传动方式				由踏盘轴经过桥齿轮传动辅助轴上的开口踏盘			
综框页数				$3(\frac{1}{2}$斜纹$)$、$4(\frac{2}{2}$斜纹$)$、$4(\frac{3}{1}$斜纹$)$			
综丝长度（mm）	GA611 型			280(11 英寸)			
	GA615 型			305(12 英寸)			
综框规格	GA611 型	公称箱幅	cm	112	117	127	132
			英寸	44	46	50	52
		长×厚	mm	1102×12	1152×12	1254×12	1305×12
			英寸	43 3/8×1/2	45 3/8×1/2	49 3/8×1/2	51 3/8×1/2
	GA615 型	公称箱幅	cm	142	160	170	190
			英寸	56	63	67	75
		长×厚	mm	1406×12	1584×12	1686×12	1889×12
			英寸	55 3/8×1/2	62 3/8×1/2	66 3/8×1/2	74 3/8×1/2

2. 综框运动

(1)$\frac{1}{2}$斜纹综框运动(图 3-1-2)：

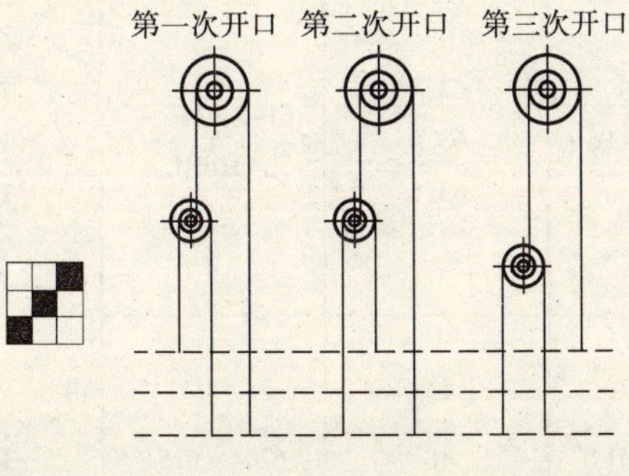

图 3-1-2 $\frac{1}{2}$斜纹踏盘综框运动示意

(2)$\frac{2}{2}$斜纹综框运动(图 3-1-3)：

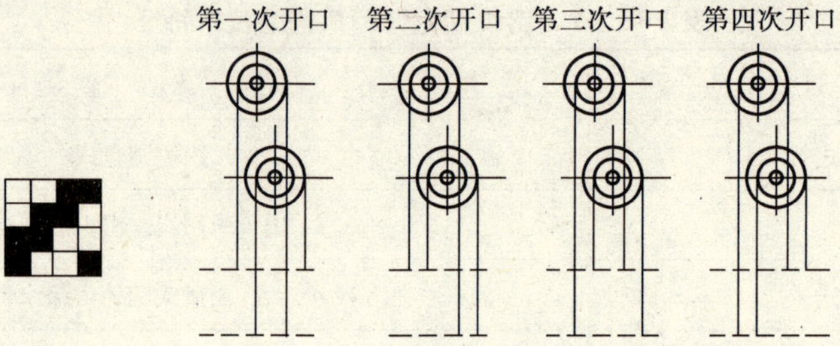

图 3-1-3 $\frac{2}{2}$斜纹踏盘综框运动示意

(3)$\frac{3}{1}$斜纹综框运动(图 3-1-4):

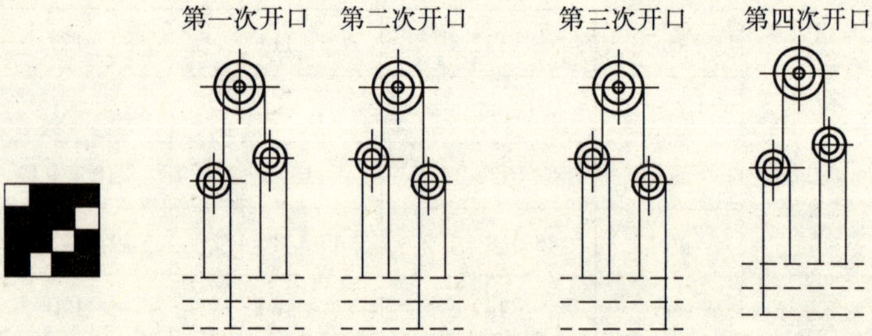

图 3-1-4 $\frac{3}{1}$斜纹踏盘综框运动示意

3. 安装规格(表 3-1-8)

表 3-1-8 斜纹踏盘开口机构的安装规格

项目			GA611 型		GA615 型		公差(mm)	说明
			机件代号	安装规格(mm)	机件代号	安装规格(mm)		
吊综部分	吊综轴托脚后端~顶梁	$\frac{1}{2}$斜纹	S38、39~P6	63.5	6145、6146~4316RL	105	±0.5	距离
		$\frac{2}{2}$斜纹		63.5		105		
		$\frac{3}{1}$斜纹		63.5		105		
	上吊综轴辘轳~吊综轴端	$\frac{1}{2}$斜纹	S44B~M12	48	6204~6151	115	±1	距离
		$\frac{2}{2}$斜纹	M2A~M12	76	6152~6151	56		
		$\frac{3}{1}$斜纹	M2A~M12	127	6305~6151	60		

续表

<table>
<tr><th colspan="3" rowspan="2">项　目</th><th colspan="2">GA611 型</th><th colspan="2">GA615 型</th><th rowspan="2">公差
(mm)</th><th rowspan="2">说　明</th></tr>
<tr><th>机件代号</th><th>安装规格(mm)</th><th>机件代号</th><th>安装规格(mm)</th></tr>
<tr><td rowspan="5">吊综部分</td><td>下吊综轴辘轳~吊综轴端</td><td>$\frac{1}{2}$斜纹
$\frac{2}{2}$斜纹
$\frac{3}{1}$斜纹</td><td>S154~S46
M2A~M12
S155RL~S46</td><td>80
127
51</td><td>6206、6207~6151
6152~6151
6306~6151</td><td>54
128
135</td><td>±1</td><td>距离</td></tr>
<tr><td colspan="2">吊综轴</td><td>M12
S46</td><td>0.4</td><td>6151</td><td>0.4</td><td></td><td>轴向串动</td></tr>
<tr><td colspan="2">平综轴</td><td>S43</td><td>0.4</td><td>6150</td><td>0.8</td><td></td><td>轴向串动</td></tr>
<tr><td colspan="2">平综凸轮~吊综轴小挂脚</td><td>S42~S40</td><td>0.4</td><td>6153~614761
48</td><td>0.4</td><td></td><td>间隙</td></tr>
<tr><td colspan="2">平综拉手</td><td>S96</td><td>垂直向下</td><td>6154</td><td>向后30°左右</td><td></td><td>拉手上的紧定螺钉应对正平综轴的圆孔,拉手装于开关侧</td></tr>
<tr><td rowspan="5">踏盘部分</td><td>撑档~换档侧墙板内边缘</td><td>公称筘幅(cm)
112
117
127
132
142
160
170
191</td><td>P7~P1</td><td>435
435
485
510</td><td>4312A、4313A~4301</td><td>355
355
355
457</td><td>3</td><td>距离</td></tr>
<tr><td colspan="2">撑档间铁板边缘~踏盘轴边缘</td><td>S35~F9</td><td>89</td><td>6118~3301A</td><td>96</td><td></td><td>距离</td></tr>
<tr><td colspan="2">踏盘导板~撑档间铁板</td><td>S36~S35</td><td>基本垂直</td><td>S36~6118</td><td>基本垂直</td><td></td><td>连在一起　齿轮罩壳 S34RL 应不碰踏盘轴</td></tr>
<tr><td colspan="2">踏盘轴辅助轴~踏盘轴</td><td>S22~F9</td><td>140
0.4</td><td>6114~3301A</td><td>140
0.4</td><td></td><td>上下中心距横动</td></tr>
<tr><td colspan="2">踏盘轴传动齿轮~踏盘轴辅助轴头端</td><td>S24~S22</td><td>89</td><td>6116~6114</td><td></td><td></td><td>距离</td></tr>
</table>

续表

项目			GA611 型		GA615 型		公差 (mm)	说明
			机件代号	安装规格(mm)	机件代号	安装规格(mm)		
踏盘部分	踏盘	$\frac{1}{2}$斜纹	S13A S14A S15A	自左向右安装	6201 6202 6203	自左向右安装		定位；不论左右手织机在机后安装定位
踏盘部分	踏盘	$\frac{2}{2}$斜纹	S13H S14H S15H S16H	自左向右安装	6101 6102 6103 6104	自左向右安装		定位；不论左右手织机在机后安装定位
踏盘部分	踏盘	$\frac{3}{1}$斜纹	S13F1 S14F1 S15F1 S16F1	自左向右安装	6301 6302 6303 6304	自左向右安装		定位；不论左右手织机在机后安装定位
踏盘部分	分裂齿 过桥齿轮 辅助轴传动齿轮		S28A S29A1 S24		S28A S29A1 6116			啮合
踏盘部分	过桥齿轮调节托脚下部半圆槽～踏盘轴辅助轴		S26RL～S22	0.2	6117RL～6114	0.2		间隙
踏盘部分	过桥齿轮调节托脚调节螺栓～过桥齿轮轴		S26RL～S30	接触	6117RL～S30	接触		间隙；过桥齿轮回转必须灵活
踏盘部分	踏综杆挂脚		S11H	中央并向下坐实	6105 6106	中央并向下坐实		位置
踏盘部分	踏综杆栓		S12H		6107		0.2/150	水平
踏盘部分	踏综杆		S2 S3 S4 S5	0.4		0.4		左右串动；在机后看，长踏综杆在左，短踏综杆在右
踏盘部分	踏盘～踏综杆转子			平齐密接				接触
踏盘部分	踏综杆～踏综杆导板			导板不与踏综杆相碰				间隙

(四)五枚贡缎踏盘开口机构

1. 技术特征(表3-1-9)

表3-1-9 五枚贡缎踏盘开口机构技术特征

项目				技术特征			
开口型式				内侧踏盘式			
用途				用于五枚直贡、横贡和$\frac{4}{1}$斜纹			
吊综方式				弹簧式吊综			
回综方式				直立式弹簧回综			
传动方式				由踏盘轴经过桥齿轮传动辅助轴上的开口踏盘			
综框页数				5			
综丝长度(mm)	GA611型			280(11英寸)			
	GA615型			305(12英寸)			
综框规格	GA611型	公称筘幅	cm	112	117	127	132
			英寸	44	46	50	52
		长×厚	mm	1102×9	1152×9	1254×9	1305×9
			英寸	43 3/8×3/8	45 3/8×3/8	49 3/8×3/8	51 3/8×3/8
	GA615型	公称筘幅	cm	142	160	170	190
			英寸	56	63	67	75
		长×厚	mm	1406×9	1584×9	1686×9	1889×9
			英寸	55 3/8×3/8	62 3/8×3/8	66 3/8×3/8	74 3/8×3/8
加边装置				装有单独运动的加边装置			

2. 安装规格(表3-1-10)

表3-1-10 五枚贡缎踏盘开口机构的安装规格

项目		机件代号	安装规格(mm)	说明	
吊综部分	座架托脚~顶梁	S605RL~P6	吻合	弧度	座架托脚装于顶梁上
	扇形杆~扇形杆栓	S701~S607	灵活<0.4	摆动轴向串动	
	扇形杆座架~扇形杆栓	S606RL~S607	平齐	伸出位置	近胸梁一侧
	扇形杆~扇形杆座架	S701~S606RL	0.8	间隙	
	吊综架~扇形杆栓	S611~S607	平齐	伸出位置	近胸梁一侧
	链轮~吊综架	S706A~S611	0.8	间隙	同一综片的扇形杆和两只吊综链轮应位于同一垂直平面上

续表

项目				机件代号	安装规格(mm)	说明	
吊综部分	扇形杆~平综歪轮			S701~S618	3	最高位置	综框上升
	座架托脚~吊综架	公称筘幅(英寸)	44	S605RL~S611	580	距离	
			46		630		
			50		730		
			52		780		

(五)多臂开口机构

1. 技术特征(表3-1-11)

表3-1-11 多臂开口机构的技术特征

项目				技术特征			
开口型式				复动式双拉钩单花筒多臂提综装置			
用途				用于制织小提花织物			
回综方式				直立式弹簧回综			
传动方式				由踏盘轴上的曲柄经T形杠杆、调节杆,使上下拉刀做往复运动			
最多综框页数				16			
综丝长度(mm)	GA611型			305(12英寸)			
	GA615型			330(13英寸)			
综框规格	GA611型	公称筘幅	cm	112	117	127	132
			英寸	44	46	50	52
		长×厚	mm	1040×9	1091×9	1193×9	1243×9
			英寸	41×3/8	43×3/8	47×3/8	49×3/8
	GA615型	公称筘幅	cm	142	160	170	190
			英寸	56	63	67	75
		长×厚	cm	1345×9	1523×9	1625×9	1828×9
			英寸	53×3/8	60×3/8	64×3/8	72×3/8

2. 安装规格(表3-1-12)

表3-1-12 多臂开口机构的安装规格

项目		GA611型		GA615型		公差(mm)	说明	
		机件代号	安装规格(mm)	机件代号	安装规格(mm)			
传动部分	连接盘~踏盘轴	T59A~F9					中心	回转时不应有偏心

续表

部分	项目	GA611型 机件代号	GA611型 安装规格（mm）	GA615型 机件代号	GA615型 安装规格（mm）	公差（mm）	说明	
传动部分	曲柄	T38A	水平	T38A	水平		平综时	
	曲柄芯子	T39	垂直	T39	垂直		与曲柄相对位置	
	曲柄～曲柄芯子	T38A～T39	75	T38A～T39	100		中心位置	可根据开口情况适当调节
	摇杆接头～下十字接头			5133～T51	对准		中心位置	
	摇杆 公称筘幅（cm） 112 117 127 132	T41 T131 T132 T133		5132			长短距离	曲柄T形杆水平，上下拉刀在一个垂线上时，固定摇杆两端调节螺栓
座架部分	托架座～顶梁	T60BRL～P6	一致				弧度	
	托　架	T46A	水平			前后<1 1/2°	前后位置	左右两只
	托架～托架座边缘	T46A～T60	89				距离	
	托脚～前后顶梁后端			5101～4316RL 5102～4316RL	440 65	向后<1 1/2°	距离安装位置	
滚筒部分	滚　筒	T35A	水平灵活 0.4	5114	水平灵活 0.4		前后回转，轴向串动	
	滚筒～上下重尾杆	T35A～T12A、T13A	4	5114～5111A、5112A	2		距离	
	纹钉～上下重尾杆	T44～T12A、T13A	居中对正，根据拉钩高低调节	T44～5111A、5112A	居中对正，根据拉钩高低调节		左右位置，高低位置	

续表

项目		GA611 型		GA615 型		公差（mm）	说明	
		机件代号	安装规格（mm）	机件代号	安装规格（mm）			
拉钩部分	上拉钩～上拉刀	T11～T28	1.5 4.8	5126～5125	5 12	+0.8	高低位置，进出距离	拉刀退至最后位置
	下拉钩～下拉刀	T10～T28	1.5 8	5127～5125	10 12	-0.8	高低位置，进出距离	
	上下拉钩	T11、T10	一致	5126 5127	一致		长短规格	如不一致，应按次排列，便于校正吊综高低一致
	上下拉钩～上下格栅	T11、T10～T17、T16	居中不碰	5126、5127～5108、5109	居中不碰		间隙	
	拉刀调节螺杆中心调节螺帽～机前两根、机后两根	T25	20 20	T25	110 100	±0.5 ±0.5	距离	不论机前、机后两根上下要一致
重尾杆部分	上下重尾杆	T12、T13	灵活	5111A、5112A	灵活		上下摆动	上下拉钩与拉刀全面接触时，重尾杆头端或竖针与拉钩间应稍有间隙
	上下重尾杆～格栅木	T12、T13～T00-3	居中不碰	5111A、5112A～5100-12	居中不碰		间隙	
	竖针～格栅木	T00-4～T00-3	灵活一致	T00-4～T00-3	灵活一致		上下运动、长短	

续表

部分	项目	GA611 型 机件代号	GA611 型 安装规格（mm）	GA615 型 机件代号	GA615 型 安装规格（mm）	公差（mm）	说明	
提综部分	提综杆	T6	与墙板两侧间隙相等	5130	与墙板两侧间隙相等		前后位置	
	座架～顶梁后端		440	5150～4316RL			距离	
	传动轮托脚 公称筘幅（cm） 142 160 170 191			5157	505 705 805 1005		距离	
	传动盘导轮			5144 5153	居座架 5105A 之中		前后位置	提综杆与传动盘导轮应在同一平面内
	开口时第一片提综杆～第二片提综杆	T6～T6	70	5130～5130	85～90		距离	
回综部分	回综弹簧吊脚	T49	与提综杆垂直				前后位置	第一页综框不碰筘幅
	回综盘			5177 5178 5182 5183	灵活与吊综盘垂直＜0.4		回转前后位置，轴向活动间隙	第一页综框不碰筘帽
	回综弹簧	T00－9 T50－1	基本一致	5199	基本一致		长短、弹力	

3. 纹板编制

（1）纹板孔眼上植有纹钉的表示综框提升，没有纹钉的表示综框在下层不提升。

（2）每块纹板上有两列纹钉（或孔眼），形成两次梭口：

①前列纹钉作用于不带竖针的下重尾杆（弯头重尾杆）下方。

②后列纹钉作用于带有竖针的上重尾杆（平头重尾杆）下方。

③纹板所需要的纹钉列数应等于织物一完全组织中的纬纱根数，或其整数倍，但至少需要八块纹板。

(3)纹板回转方向：左手织机纹板为逆时针方向回转。右手织机纹板为顺时针方向回转。

(4)纹钉按织物纹板图植钉：左手织机纹钉由左向右植入孔眼。右手织机纹钉由右向左植入孔眼。

(5)举例(图3－1－5)：图示斜纹织物使用八块纹板，重复完全纬纱数两次，纹钉植列示意图如图3－1－5。图中涂黑色的孔眼表示植入纹钉，反之，则表示不植纹钉。

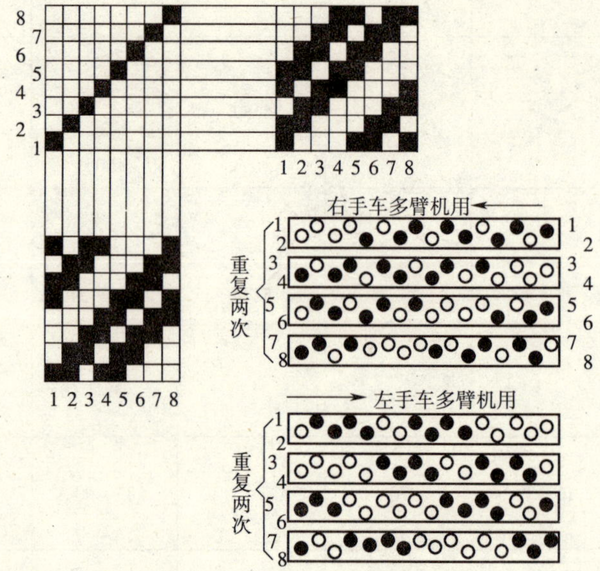

图3－1－5　斜纹用纹板图

三、凸轮式加边装置(图3－1－6)

1. 机构作用说明

(1)由固定在踏盘轴1上的齿轮2经过传动齿轮3，使固装在同一轴上的边纱踏盘4回转，带动边纱踏综杆5轮流地一上一下摆动，通过连接皮带6连接边纱综框7，边纱综框亦随之上下移动形成梭口。

(2)在夹持于上横梁伸出的挂脚8上装有吊综转臂9，转臂上装有吊综辘轳10，吊综皮带11挂于辘轳上，其两端则与边纱综框7连接。

2. 安装与调整

(1)两侧边纱踏盘(6324、6325)的开口时间应一致，并应使两侧边纱踏盘与开口踏盘的开口时间配合一致。对于$\frac{2}{2}$方平布边，两侧边纱踏盘安装时相差90°。

(2)边纱踏综杆转子(S56A)与边纱踏盘应接触平齐。边纱踏综杆(6326、6327、6328、6329)安装应上下摆动灵活。

(3)两侧边纱综框安装时位置应垂直，开档应与布幅宽度相配合，并尽量向内侧靠拢，以免

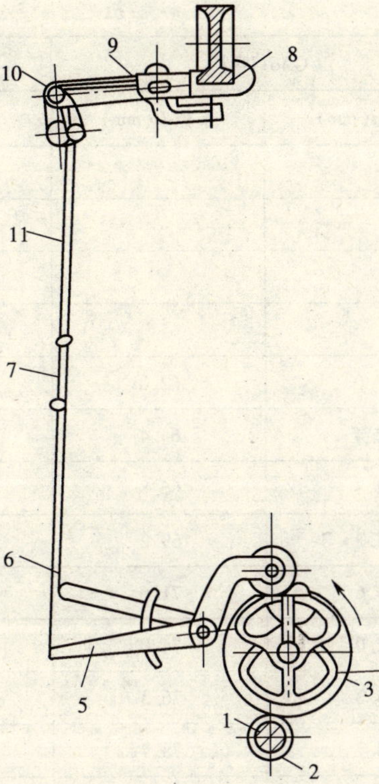

图 3-1-6 凸轮式加边装置

边纱处有稀痕出现。

(4)边纱综框、吊综皮带、连结钩等前后位置,应位于筘帽和第一页综框之间,当弯轴在前心时,相互不碰擦。

四、机械传动

GA611 型和 GA615 型织机的传动采用单独电动机,用 A 型三角皮带 2~3 根拖动,经过三角皮带盘锥形离合器,带动弯轴,再由弯轴通过一对速比为 1∶2 的齿轮(36^T∶72^T)传动踏盘轴。

织机弯轴转速可按下式计算:

$$N=\frac{N_m \times D}{D_1}$$

式中:N——弯轴转速(r/min);

N_m——电动机转速(r/min);

D——电动机皮带盘节径(可以变换);

D_1——弯轴皮带盘直径(GA611 型:ϕ458;GA615 型:ϕ584)。

不同织机的弯轴转速与电动机皮带盘直径的关系见表 3-1-13。

表 3－1－13　织机的弯轴转速与电动机皮带盘直径的关系

项　目		机　型			
		GA611 型		GA615 型	
电动机皮带直径		外径 d(mm)	节径 D(mm)	外径 d(mm)	节径 D(mm)
转速(r/min)	110			74.9	66.9
	115			78.0	70.0
	120			81.0	73.0
	125			84.0	76.0
	130	70.0	62.0	87.1	79.1
	135	72.4	64.4	90.1	82.1
	140	74.8	66.8	93.2	85.2
	145	77.2	69.2	96.2	88.2
	150	79.6	71.6	99.3	91.2
	155	82.0	74.0	102.3	94.3
	160	84.3	76.3	105.3	97.3
	165	86.7	78.7	108.4	100.4
	170	89.1	81.1	111.4	103.4
	175	91.5	83.5	114.5	106.5
	180	93.9	85.9	117.5	109.5
	185	96.3	88.3	120.5	112.5
	190	98.7	90.7	123.6	115.6
	195	101.0	93.0	126.6	118.6
	200	103.4	95.4	129.7	121.7
	205	105.8	97.8	132.7	124.7
	210	108.2	100.2	135.8	127.8
	215	110.6	102.6	138.8	130.8
	220	113.0	105.0	141.8	133.8

注　由于皮带的滑移，织机的实际转速较上表计算略低。滑移率一般为 1%～2%，不正常时，可能达到 5%左右。

五、机械计算

(一)踏盘开口、闭口与静止角的分配和综框动程

1. GA611 型织机(表 3－1－14)

表 3-1-14　GA611 型织机踏盘开口、闭口与静止角的分配和综框动程

踏盘类别	踏盘角度分配(°)			踏盘运动近似规律	踏盘动程(mm)			综框动程(mm)
	开口	闭口	静止		大半径	小半径	动　程	
平　纹	120	120	120	调和比	78	32.8	45.2	$45.2\times\frac{495}{222}=100.8$
					80.8	29.65	51.15	$51.15\times\frac{476}{222}=109.7$
平纹双踏盘	112.5,112.5,135（一、二页综）			椭圆比 1∶1.2	98.5	56.5	42	$42\times\frac{501}{222}=94.8$
					102.25	52.75	49.5	$49.5\times\frac{476}{222}=106.1$
	125,125,110（三、四页综）				106.25	48.75	57.5	$57.5\times\frac{451}{222}=116.8$
					110.5	44.5	66.0	$66\times\frac{426}{222}=126.6$
$\frac{1}{2}$斜纹	143	143	74	调和比	86	42	44	$44\times\frac{507}{241}=92.6$
					90	38	52	$52\times\frac{486}{241}=104.9$
					94	34	60	$60\times\frac{465}{241}=115.8$
$\frac{2}{2}$斜纹	145	145	70	调和比	110	56	44	$44\times\frac{528}{241}=96.4$
					102	54	48	$48\times\frac{507}{241}=101.0$
					105	52	53	$53\times\frac{486}{241}=106.9$
					107	49	58	$58\times\frac{465}{241}=111.9$
$\frac{3}{1}$斜纹	144	144	72	调和比	100	57	43	$43\times\frac{528}{241}=94.2$
					102	55	47	$47\times\frac{507}{241}=98.9$
					107	50.5	56.5	$56.5\times\frac{486}{241}=113.9$
					108.5	48.5	60	$60\times\frac{465}{241}=115.8$
五枚缎纹	145	145	70	调和比	100	56	44	$44\times\frac{528}{241}=96.4$
					102	54	48	$48\times\frac{507}{241}=101.0$
					104	51	53	$53\times\frac{486}{241}=106.9$
					106	48	58	$58\times\frac{465}{241}=111.9$
					108	46	62	$62\times\frac{444}{241}=114.2$

续表

踏盘类别	踏盘角度分配(°)			踏盘运动近似规律	踏盘动程(mm)			综框动程(mm)
	开口	闭口	静止		大半径	小半径	动程	
五枚缎纹	150	150	60	调和比	100	56	44	$44\times\frac{528}{241}=96.4$
					102	54	48	$48\times\frac{507}{241}=101.0$
					104	51	53	$53\times\frac{486}{241}=106.9$
					106	48	58	$58\times\frac{465}{241}=111.9$
					108	46	62	$62\times\frac{444}{241}=114.2$
灯芯绒	141	141	78	调和比	96	54	42	$42\times\frac{528}{241}=92.0$
					98	52	46	$46\times\frac{507}{241}=96.8$
					101	49	52	$52\times\frac{486}{241}=104.9$
					103	47	56	$56\times\frac{465}{241}=108.0$
平　绒	141	141	78	调和比	100	58	42	$42\times\frac{527}{241}=91.8$
					103	55	48	$48\times\frac{506}{241}=100.8$
					106	52	54	$54\times\frac{486}{241}=108.9$
					109	49	60	$60\times\frac{465}{241}=115.8$

2. GA615 型织机(表 3－1－15)

表 3－1－15　GA615 型织机踏盘开口、闭口与静止角的分配和综框动程

踏盘类别	踏盘角度分配(°)			踏盘运动近似规律	踏盘动程(mm)			综框动程(mm)
	开口	闭口	静止		大半径	小半径	动　程	
平　纹	112.5	112.5	135	椭圆比 1:1.3	100	56	44	$44\times\frac{527}{222}=104.5$
					103	53	50	$50\times\frac{502}{222}=113.1$
平纹双踏盘	112.5	112.5	135	椭圆比 1:1.3	100	54	46	$46\times\frac{527}{222}=109.2$
					102.5	51.5	51	$51\times\frac{502}{222}=115.3$
					105	49	56	$56\times\frac{477}{222}=120.3$

续表

踏盘类别	踏盘角度分配(°)			踏盘运动近似规律	踏盘动程(mm)			综框动程(mm)
	开口	闭口	静止		大半径	小半径	动　程	
平纹双踏盘	112.5	112.5	135	椭圆比 1:1.3	108.5	45.5	63	$63 \times \frac{452}{222} = 128.3$
$\frac{1}{2}$斜纹	140	140	80	调和比	102	54	48	$48 \times \frac{543}{241} = 106.4$
					105	52	53	$53 \times \frac{510}{241} = 112.2$
					108	48	60	$60 \times \frac{486}{241} = 121$
$\frac{2}{2}$斜纹	140	140	80	调和比	102	54	48	$48 \times \frac{543}{241} = 106.4$
					105	52	53	$53 \times \frac{510}{241} = 112.2$
					108	48	60	$60 \times \frac{486}{241} = 121$
					111.5	44.5	67	$67 \times \frac{462}{241} = 128.4$
$\frac{3}{1}$斜纹	140	140	80	调和比	102	54	48	$48 \times \frac{543}{241} = 106.4$
					105	52	53	$53 \times \frac{510}{241} = 112.2$
					108.75	47.25	60.5	$60.5 \times \frac{486}{241} = 122$
					110.25	45.75	64.5	$64.5 \times \frac{462}{241} = 123.6$
五枚缎纹	130	130	100	调和比	104	56	48	106.3
					106.5	53.5	53	112.1
					110	50	60	120.9
					112	48	64	122.6
					114	46	68	123.5
灯芯绒	141	141	78	调和比	96	54	42	$42 \times \frac{611}{241} = 106.5$
					98	52	46	$46 \times \frac{587}{241} = 112.0$
					101	49	52	$52 \times \frac{563}{241} = 121.5$
					103	47	56	$56 \times \frac{539}{241} = 125.2$

(二)多页开口机构传动计算

在织制斜纹、贡缎织物时，织机上必须加装辅助轴(图 3－1－7)

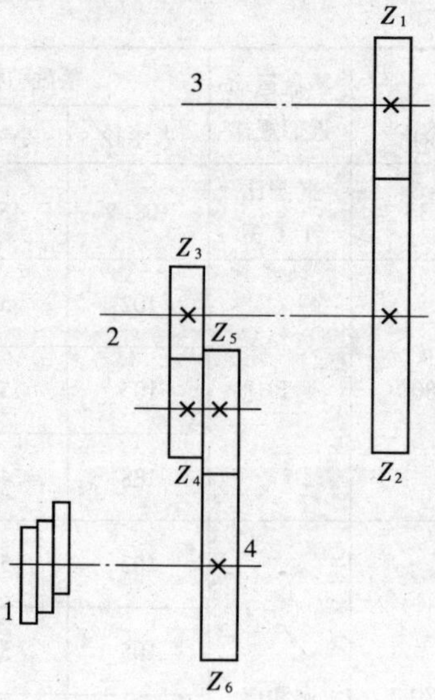

图 3-1-7 斜纹、缎纹等踏盘的传动

辅助轴与弯轴的传动比,可按下式计算:

$$i=\frac{Z_6\times Z_4\times Z_2}{Z_5\times Z_3\times Z_1}=\frac{48\times Z_4\times 72}{Z_5\times 24\times 36}=\frac{4Z_4}{Z_5}$$

式中:i——传动比;

Z_1——弯轴齿轮(36^T);

Z_2——踏盘轴齿轮(72^T);

Z_3——传动齿轮(24^T);

Z_4、Z_5——传动变换齿轮;

Z_6——传动齿轮(48^T)。

传动变换齿轮应根据不同织物进行调换(表 3-1-16)。

表 3-1-16 不同传动比的传动变换齿轮

变换齿轮		Z_4	Z_5	传动比
一个组织循环纬纱数	3	24	32	3:1
	4	24	24	4:1
	5	25	20	5:1
	6	24	16	6:1
	7	28	16	7:1
	8	32	16	8:1

(三)送经量的计算

GA611 型和 GA615 型织机的送经机构如图 3-1-8 所示,其送经量可按下式计算:

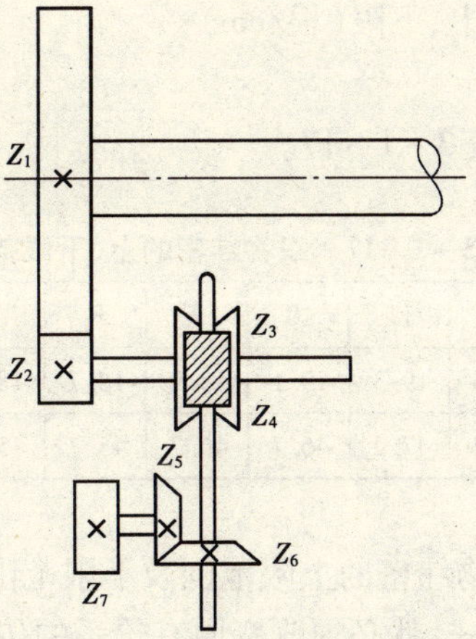

图 3-1-8 送经机构传动图

$$L_j = \frac{m \times Z_6 \times Z_4 \times Z_2}{Z_7 \times Z_5 \times Z_3 \times Z_1} \times 2\pi R$$

式中：L_j——织机弯轴每一转时，织轴上送出经纱长度(mm)；

m——锯齿轮每次被撑过的齿数；

Z_7——锯齿轮(50^T)；

Z_6——锯齿轮轴伞轮(30^T)；

Z_5——送经侧轴伞轮(30^T)；

Z_4——送经侧轴蜗杆(2^T)；

Z_3——送经轴蜗轮(17^T)；

Z_2——送经轴齿轮(23^T)；

Z_1——织轴盘板齿轮(129^T)；

R——织轴卷绕半径(mm)。

将各数值代入，得：

$$L_j = \frac{m \times 30 \times 2 \times 23}{50 \times 30 \times 17 \times 129} \times 2\pi R = 0.00264mR$$

由于 GA611 型和 GA615 型织机送经调节机构的限制，锯齿轮每次的回转量有一定的限度。锯齿轮每次被撑过的齿数最少为 1/3 个齿，最多约为 4 个齿。由于织轴卷绕半径 R 和锯齿轮被撑过的齿数 m 的变化有一定的范围，因此送经量也有一定的范围：

$$L_{jmin} = 0.00264 \times R_{max} \times m_{min} = 0.00264 \times 270 \times 1/3 = 0.238\text{mm}$$

$$L_{jmax} = 0.00264 \times R_{min} \times m_{max} = 0.00264 \times 55 \times 4 = 0.581\text{mm}$$

可织织物的纬密有一定的极限范围，并与织物结构有关，其关系式如下：

$$P_{wmax} = \frac{1}{L_{jmin(1-a_j)}} = \frac{1}{0.0238(1-a_j)}$$

$$P_{wmin} = \frac{1}{L_{jmax(1-a_j)}} = \frac{1}{0.0581(1-a_j)}$$

式中：P_{wmax}、P_{wmin}——织物纬密的上、下限(根/cm)；

a_j——经纱缩率(%)。

织物纬密的上、下限范围见表 3－1－17。

表 3－1－17 织物纬密的上、下限范围

a_j(%)	15	14	13	12	11	10	9	8	7	6	5	4	3	2
P_{wmin}(根/cm)	20.2	20.0	19.8	19.6	19.3	19.1	18.9	18.7	18.5	18.3	18.1	17.9	17.7	17.6
P_{wmax}(根/cm)	49.4	48.9	48.3	47.7	47.2	46.7	46.2	45.7	45.2	44.7	44.2	43.8	43.3	42.9

将 a_j 代入公式，可计算出织物纬密的上限范围及下限范围。

当织物的纬密超过上述范围式，就必须改变原有轮系的传动比，其方法有：

(1)改变锯齿轮轴上的伞形齿轮 Z_6 和送经侧轴上伞形齿轮 Z_5 的齿数(表 3－1－18)。

(2)改变送经侧轴上蜗杆 Z_4 的头数(表 3－1－18)。

表 3－1－18 改变方法

织物品种	改变方法	送经量
纱布	Z_6 由 30^T 改为 45^T Z_4 由 2 头改为 3 头	$L_j=\frac{m\times45\times3\times23}{50\times30\times17\times129}\times2\pi R=0.00593mR$
绒布	Z_6 由 30^T 改为 55^T Z_5 由 30^T 改为 33^T	$L_j=\frac{m\times55\times2\times23}{50\times33\times17\times129}\times2\pi R=0.00439mR$
横贡	Z_4 由 2 头改为 1 头	$L_j=\frac{m\times30\times1\times23}{50\times30\times17\times129}\times2\pi R=0.00132mR$
灯芯绒 平绒	Z_6 由 30^T 改为 24^T Z_5 由 30^T 改为 36^T	$L_j=\frac{m\times24\times2\times23}{50\times36\times17\times129}\times2\pi R=0.00176mR$

(四)纬密计算

1. GA611 型、GA615 型织机的七轮式间歇卷取机构(图 3－1－9)

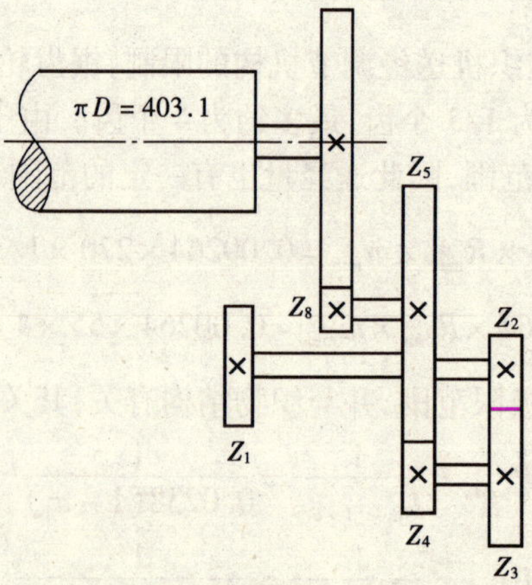

图 3－1－9 GA611 型、GA615 型织机的七轮式间歇卷取机构

(1)卷取长度计算:弯轴每一转所卷取织物的长度可按下式计算:

$$L = \frac{m \times Z_6 \times Z_4 \times Z_2}{Z_7 \times Z_5 \times Z_3 \times Z_1} \times \pi D$$

式中:L——卷取长度(mm);

m——主轴每一转中卷取钩拉动锯齿轮的齿数,通常为一齿;

Z_7——96^{T};

Z_6——15^{T};

Z_5——89^{T};

Z_4——24^{T};

Z_3——变换齿轮;

Z_2——标准齿轮;

Z_1——锯齿轮(24^{T});

πD——刺毛辊周长(403.1mm,即15.87英寸)。

(2)理论纬密,机上纬密计算:

$$P'_{w}(根/cm) = \frac{Z_1 \times Z_3 \times Z_5 \times Z_7}{Z_2 \times Z_4 \times Z_6 \times \pi D}$$

式中:P'_{w}——理论纬密。

通常在制织各种不同纬密的织物时,只要调换标准齿轮 Z_2 和变换齿轮 Z_3,即:

$$P'_{w}(根/cm) = \frac{24 \times Z_3 \times 89 \times 96}{Z_2 \times 24 \times 15 \times 40.31} = = 14.13 \times \frac{Z_3}{Z_2}$$

(3)实际纬密计算:

$$P_{w}(根/cm) = \frac{P'_{w}}{1 - s} \times 10$$

式中:P_{w}——实际纬密(根/10cm);

s——织物下机缩率(%)。

织物下机缩率随织物结构、上机张力大小、车间温湿度等因素而有差异。

一般细纺的下机缩率为1%左右;细平布、哔叽的下机缩率为2%左右;粗平布、府绸、卡其织物的下机缩率为3%左右;灯芯绒、平绒的下机缩率为4%左右。

不同下机缩率的织物,实际纬密计算见表3-1-19。

表3-1-19

织物下机缩率(%)	卷取常数	计算公式
0	$\frac{141.3}{1-0} = 141.3$	$P_{w} = 141.3 \times \frac{Z_3}{z_2}$(根/10cm)
1	$\frac{141.3}{1-1\%} = 142.7$	$P_{w} = 142.7 \times \frac{Z_3}{z_2}$(根/10cm)
2	$\frac{141.3}{1-2\%} = 144.2$	$P_{w} = 144.2 \times \frac{Z_3}{z_2}$(根/10cm)

续表

织物下机缩率(%)	卷取常数	计算公式
3	$\frac{141.3}{1-3\%}=145.7$	$P_w=145.7\times\frac{Z_3}{z_2}$(根/10cm)
4	$\frac{141.3}{1-4\%}=147.2$	$P_w=147.2\times\frac{Z_3}{z_2}$(根/10cm)

第二节 工艺配置

一、制定工艺参数的原则

(1)提高织物的物理机械性能,如强力、伸长、耐磨、缩率等。

(2)改善织物的外观效应,体现织物的风格特征。

(3)减少纱线断头,提高产量。

(4)降低消耗,如机物料、电耗、回丝等。

同时,应兼顾纱线性能(原料、特数、强力、毛羽等),织物结构(组织、密度等),织机型式,以及准备工序的半制品质量等因素,还应考虑到工人的素质、车间空调、工厂的管理水平等。

二、经纱上机张力

(一)各类织物上机张力要求(表3-1-20)

经纱上机张力指织机停车,在综平时的经纱张力。在有梭织机上常以张力重锤的重量来表示。上机张力的确定应考虑以下因素。

(1)打紧纬纱。对于紧度大的织物,尤其是纬向紧度大的织物,它们的打纬阻力大,因此为打紧纬纱应采用较大的上机张力。平纹因打纬阻力大,其上机张力比同规格的斜纹、缎纹大。

(2)开口清晰。

(3)织物外观和内在质量。

在满足以上三项要求的前提下,上机张力以小为宜,以降低经纱断头率。

表3-1-20 各类织物上机张力要求

织物类别	上机张力要求
平布	较大的上机张力,以满足布面匀整,丰满光洁。粗平布张力大于细平布。密度较高的织物,应加大张力
薄织物	上机张力适当减小,以适应细特纱、低紧度的要求
府绸	由于经密较高,适中的上机张力,以达到布面匀整,粒纹清晰,减少三跳疵点
斜纹卡其	由于经密较高,适当加大上机张力,要求斜纹匀、深、直。并根据织物组织和紧度加以适当调节
贡缎	上机张力适中,对布面匀整,减少三跳疵点有利。纱的特数相同时,直贡的上机张力应稍大于横贡
麻纱	适中的上机张力,以满足布面条纹凸起、匀直的要求
灯芯绒	由于纬密很高,加大上机张力,有利于打紧纬纱和减少断经

续表

织物类别	上机张力要求
经平绒	地经上机张力较一般织物大，绒经上机张力以小为好，有利于绒毛耸立、丰满、匀整，但过小会使绒经扭结成毛巾圈状的浮绒疵点
纬平绒	同灯芯绒要求
纱罗	上机张力以地经较大与绞经较小相配置为好，有利于绞孔清晰，花形完整
粘胶织物	纤维强力较低，塑性变形大，拉伸后恢复性能差，故上机张力比同类纯棉织物适当减小
涤棉混纺织物	容易积聚静电，纱线表面毛羽多，影响开口清晰，涤棉纱强力比同特棉纱高，故上机张力比同类纯棉织物适当增加
维棉混纺织物	性能与棉接近，上机张力可参照同类纯棉织物
丙棉混纺织物	纤维蓬松，静电效应大，纱身毛羽较多，故上机张力应适当加大，以利于开口清晰
中长织物	由于是股线织物，应采用较大的上机张力，以使开口清晰
绒布	平布绒参照平布织物要求，哔叽绒参照斜纹织物要求

（二）张力重锤配置参考数据（表3-1-21）

表3-1-21　张力重锤配置参考数据

织物类别		张力重锤重量（kg）
平布		8～19
薄织物	细纱	8及以下
	巴里纱	8～12
	绉纱	8～12
府绸		14～22
斜卡	哔叽	8～12
	斜纹布华达呢	12～17
	卡其	15～23
贡缎	直贡	12～18
	横贡	8～14
麻纱		8～14
灯芯绒、平绒		12～23
纱罗		8～12
绒布		8～12
化纤混纺织物		化纤混纺织物可参照同类型组织规格的纯棉织物。粘胶织物重锤重量可适当减轻，合成纤维混纺织物重锤重量可适当加重，维棉混纺织物重锤重量同纯棉织物

三、经位置线

(一)配置要求(表3-1-22)

经位置线主要通过后梁高度来改变,实质上是改变梭口上下层经纱张力的差异。高后梁会形成上层经纱张力小,下层经纱张力大的不等张力梭口。低后梁则上下层经纱张力差异较小。经位置线直接影响到织物的内在质量,外观风格和织机生产效率。

表3-1-22 经位置线配置要求

织物类别	经位置线配置要求
平布(包括细纺、巴里纱等)	采用摆动高后梁,形成上层经纱张力小,下层经纱张力大的梭口,达到布面匀整、避免产生方眼,减少条影
府绸	采用略低于平布的高后梁制织,以利于开口清晰
斜纹、卡其	采用不摆动的低后梁制织,达到纹路清晰,降低断经,减少三跳疵点
贡缎	采用不摆动的低后梁制织,达到布面匀整,减少三跳疵点
麻纱	采用比平布稍低的高后梁制织,以改善布面条纹,降低断经
灯芯绒、平绒	采用低后梁制织,以改善织物质量和降低断经
纱罗	采用低后梁制织,使绞孔清晰,减少断经
绒布	平布绒参照平布类织物,哔叽绒参照斜、卡其织物
粘胶织物	后梁位置可比同类纯棉织物稍低
涤棉混纺织物	后梁位置可比同类纯棉织物略低,减少开口时经纱粘连现象
维棉混纺织物	后梁位置可参照同类纯棉织物
丙棉混纺织物	后梁位置可比同类纯棉织物适当降低,以减少开口时经纱粘连
中长织物	后梁位置可比同类纯棉织物适当降低

(二)各类织物后梁高低参考数据(表3-1-23)

表3-1-23 各类织物后梁高低参考数据

织物类别		后梁高于或低于胸梁的距离 mm(英寸)	后杆托脚至墙板上平面距离 mm(英寸)
平布(粗、中、细)		高6~19(1/4~3/4)	70~83(2 3/4~3 1/4)
薄织物		高0~19(0~3/4)	70~89(2 3/4~3 1/2)
府绸		高0~19(0~3/4)	70~89(2 3/4~3 1/2)
斜纹、卡其		低12.5~38(1/2~1 1/2)	102~127(4~5)
贡缎	踏盘	低12.5~38(1/2~1 1/2)	102~127(4~5)
	多臂	低38~51(1 1/2~2)	127~140(5~5 1/2)
麻纱		高6~10(1/4~3/8)	76~89(3~3 1/2)
灯芯绒		低12.5~38(1/2~1 1/2)	102~127(4~5)
纬平绒		低0~12.5(0~1/2)	89~102(3 1/2~4)
经平绒		低38~51(1 1/2~2)	127~140(5~5 1/2)
纱罗		低38~51(1 1/2~2)	127~140(5~5 1/2)

续表

织物类别		后梁高于或低于胸梁的距离 mm(英寸)	后杆托脚至墙板上平面距离 mm(英寸)
绒　布		平布绒参照平布 哔叽绒参照斜纹、卡其	平布绒参照平布 哔叽绒参照斜纹、卡其
粘胶及其混纺织物	平布	高 0 ~ 12.5(0 ~ 1/2)	76 ~ 89(3 ~ 3 1/2)
	哔叽	低 25 ~ 38(1 ~ 1 1/2)	114 ~ 127(4 1/2 ~ 5)
涤棉混纺织物	平布	高 0 ~ 12.5(0 ~ 1/2)	76 ~ 89(3 ~ 3 1/2)
	府绸	高 0 ~ 10(3/4 ~ 1 1/4)	79 ~ 89(3 1/8 ~ 3 1/2)
	卡其	低 12.5 ~ 38(1/2 ~ 1 1/2)	102 ~ 127(4 ~ 5)
	麻纱	高 0 ~ 12.5(0 ~ 1/2)	76 ~ 89(3 ~ 3 1/2)
	巴里纱	高 0 ~ 12.5(0 ~ 1/2)	76 ~ 89(3 ~ 3 1/2)
维棉混纺织物	平布	参照同类纯棉织物	参照同类纯棉织物
	府绸	参照同类纯棉织物	参照同类纯棉织物
	华达呢	参照同类纯棉织物	参照同类纯棉织物
丙棉混纺织物	平布	参照同类纯棉织物	参照同类纯棉织物
	麻纱	参照同类纯棉织物	参照同类纯棉织物
中长织物		参照同类纯棉织物	参照同类纯棉织物

注　经位置线的尺寸在梭口前部固定不变。边撑杆(L44)通常低于胸梁表面水平 6.5mm,边撑盒倾斜角 9°左右。织口控制点高于走梭板表面 22mm。

四、开口时间

开口时间是指两页综框相平齐时,织机主轴的位置角,或钢筘到胸梁的距离。如早开口,打纬时梭口较大,经纱张力也大,有利于打紧纬纱,打紧的纬纱也不易反拨,但钢筘对经纱的摩擦会加剧。开口早,闭口也早,梭子出梭口与经纱摩擦加大。平纹织物一般用早开口;斜纹、缎纹织物一般用迟开口。

(一)调整方法(表 3-1-24)

表 3-1-24　开口时间调整方法

织物类别	调整方法
$\frac{1}{1}$平纹	梭子在开关侧调节综平时间,踏盘紧定螺丝指向机前
$\frac{2}{1}$斜纹	梭子在开关侧,弯轴曲柄位于上心后的工艺规定尺寸,第三页综框在上,第一、第二页综框平齐,踏盘轴上的分裂齿轮(S28)与过桥齿轮(S29)齿平齐,然后扳紧分裂齿轮的紧固螺钉
$\frac{2}{2}$斜纹	$\frac{2}{2}$斜纹或$\frac{2}{2}$方平组织布边,不论左右手车,梭子均在左侧梭箱,第四页(后页)综框在上,第二页综框在下,第一、第三页综框平齐 上述布边如需分左右手车,则开口时间校正如下: 左手车——梭子在开关侧,第一、第三页综框平齐,第二页综框在下,第四页综框在上 右手车——梭子在开关侧,第二、第四页综框平齐,第一页综框在下,第三页综框在上

续表

织物类别	调 整 方 法
$\frac{3}{1}$斜纹	采用反斜纹边、人字边时,不论左右手车,梭子均在右侧梭箱,第一、第四页综框在上,第二、第三页综框平齐 采用加边装置织造$\frac{2}{2}$方平布边时,梭子在开关侧,第一、第四页综框在上,第二、第三页综框平齐
贡缎织物	左手车——梭子在开关侧,第二、第四、第五页综框在上,第一、第三页综框平齐,左侧第一根边经纱在上,右侧末根边经纱在上 右手车——梭子在开关侧,第二、第四、第五页综框在上,第一、第三页综框平齐,左侧第一根边经纱在下,右侧末根边经纱在下
多臂提花织物	当梭子在开关侧,使三臂杠杆横臂呈水平状态,上、下拉刀位于同一铅垂线上,然后使地经的某两页综框平齐,将曲柄转向机后呈水平状态,并旋紧固定螺丝。如曲柄和三臂杠杆不同时呈水平状态,则可调节摇杆上的调节螺丝
灯芯绒	地组织采用平纹组织,则第三、第四页综框在下(下一次开口第三页综框在上)时,使第一、第二页综框平齐。下次开口,梭子自开关侧投出 地组织采用斜纹组织,则第三、第四、第五页在下(下一次开口第二页综框在上)时,使第一、第三页综框平齐。下一次开口,梭子自左手侧投出

(二)各类织物开口时间配置要求(表3-1-25)

表3-1-25 各类织物开口时间配置要求

织物类型	配 置 要 求
平纹织物(包括细纺、巴里纱等)	用早开口织造,使开口清晰,减少织疵,并达到布面丰满、匀整
府绸	经密较高,开口时间比一般平布稍早,以利于开口清晰。经密在400根/10cm时,用两页六列或两页八列综框单踏盘织造;经密在400根/10cm以上时,用四页八列综框双踏盘织造
斜纹、卡其	用迟开口织造,可降低断经和提高纹路清晰度
贡缎	用迟开口织造,可降低断经。采用多臂开口装置时,因综框停顿时间少,其开口时间可比踏盘开口稍迟
麻纱	紧度较低,用中开口或稍迟开口织造,有利条纹凸出,纹路清晰,减少断经和断边
灯芯绒、平绒	用迟开口织造,可降低断经、提高效率
纱罗	用中开口或稍迟开口织造,可减少经纱张力差异,改善纱孔均匀度
绒布	平布绒参照平布类织物。哔叽绒参照斜卡类织物
粘胶及其混纺织物	参照同类纯棉织物
涤棉混纺织物	开口时间比同类纯棉织物稍早
维棉混纺织物	参照同类纯棉织物
丙棉混纺织物	开口时间比同类纯棉织物稍早
中长织物	开口时间可与同类纯棉织物相仿

(三)各类织物开口与投梭时间配置参考数据(表 3-1-26)

表 3-1-26 各类织物开口与投梭时间配置

<table>
<tr><th colspan="4">织物类别</th><th>开口时间 mm(英寸)</th><th>投梭时间 mm(英寸)</th></tr>
<tr><td colspan="4">平布</td><td>229~235(9~9 1/4)</td><td>216~229(8 1/2~9)</td></tr>
<tr><td colspan="4">薄织物</td><td>222~232(8 3/4~9 1/8)</td><td>210~229(8 1/4~9)</td></tr>
<tr><td rowspan="6">府绸</td><td colspan="3">单踏盘</td><td>229~241(9~9 1/2)</td><td>219~232(8 5/8~9 1/8)</td></tr>
<tr><td rowspan="5">双踏盘</td><td rowspan="2">1</td><td>第一、第二页综框</td><td>216~222(8 1/2~8 3/4)</td><td rowspan="2">219~232(8 5/8~9 1/8)</td></tr>
<tr><td>第三、第四页综框</td><td>235~241(9 1/4~9 1/2)</td></tr>
<tr><td rowspan="2">2</td><td>第一、第二页综框</td><td>235~241(9 1/4~9 1/2)</td><td rowspan="2">219~232(8 5/8~9 1/8)</td></tr>
<tr><td>第三、第四页综框</td><td>216~222(8 1/2~8 3/4)</td></tr>
<tr><td>3</td><td>第一、第二、第三、第四页综框</td><td>229~241(9~9 1/2)</td><td>219~232(8 5/8~9 1/8)</td></tr>
<tr><td colspan="4">斜纹、卡其</td><td>197~216(7 3/4~8 1/2)</td><td>210~222(8 1/4~8 3/4)</td></tr>
<tr><td rowspan="2">贡缎</td><td colspan="3">踏盘开口</td><td>197~210(7 3/4~8 1/4)</td><td>210~222(8 1/4~8 3/4)</td></tr>
<tr><td colspan="3">多臂开口</td><td>184~203(7 1/4~8)</td><td>210~222(8 1/4~8 3/4)</td></tr>
<tr><td colspan="4">麻纱</td><td>210~222(8 1/4~8 3/4)</td><td>213~229(8 1/8~9)</td></tr>
<tr><td colspan="4">灯芯绒</td><td>184~216(7 1/4~8 1/2)</td><td>210~222(8 1/4~8 3/4)</td></tr>
<tr><td colspan="4">经平绒</td><td>184~216(7 1/4~8 1/2)</td><td>216~222(8 1/2~8 3/4)</td></tr>
<tr><td colspan="4">纬平绒</td><td>197~210(7 3/4~8 1/4)</td><td>200~210(7 7/8~8 1/4)</td></tr>
<tr><td colspan="4">纱罗</td><td>200~216(7 7/8~8 1/2)</td><td>200~210(7 7/8~8 1/4)</td></tr>
<tr><td colspan="4">绒布</td><td>平布绒参照平布,
哔叽参照斜纹、卡其织物</td><td>平布绒参照平布,
哔叽参照斜纹、卡其织物</td></tr>
<tr><td colspan="4">化纤混纺织物</td><td colspan="2">开口时间和投梭时间可参照相同规格的纯棉织物</td></tr>
</table>

开口与打纬的配合关系到织物的外观质量和风格特征。开口与引纬的配合关系到梭子飞行的稳定性。迟开口则开口与引纬配合较好。对有些织物来说这两者是矛盾的。例如,对平纹织物前者要求早开口,后者要求迟开口。有梭织机主要着眼于提高织物质量。开口时间确定原则是打纬阻力大的织物,用早开口;经密大的织物,开口提早,以开清梭口;经纱质量较差用迟开口;梭口不易开清的织物用早开口;用不等张力梭口获得布面质量 ,应早开口;织机车速高应迟开口;宽幅织物宜推迟开口;布面有突出织纹的用迟开口;缎纹织物用迟开口;多臂开口机构用迟开口。平纹织物以早开口,高后梁来获得丰满匀整的外观。

织机车速高,用早投梭;阔幅织机用早投梭;经纱穿筘幅宽比筘幅小许多,用早投梭;经密大,开口不清用迟投梭;投梭系统弹性变形大(如毛竹投梭棒)投梭时间应提前。

五、游筘机构各部件的调整(表 3-1-27)

表 3-1-27 游筘机构各部件的调整

部件名称		配合要求
耳形滑板	与转子接触时间	织机速度较快时,投梭机件变形较大,接触时间可稍晚;反之,可适当提早 筘幅较宽时,织机速度较慢,接触时间可适当提早 经密较高的府绸、防羽绒织物,接触时间可稍晚 使用竹投梭棒时,接触时间可稍晚些 使用层压木投梭棒则可适当提前
	弹簧弹力	织机速度较快时,弹簧弹力应适当加大;制织紧密和厚织物时,弹簧弹力应适当加大
筘夹轴托脚和弹簧弹力		一般筘夹轴弹簧弹力以小为好;在制织紧密、厚重织物(卡其、灯芯绒、平绒)时,在筘夹轴上宜增加中托脚和改粗筘夹轴
边撑杆弹簧		弹力应适当。当制织紧密、厚织物时,弹力应适当加大,防止打纬时布面跳动
定筘鼻与鸭咀		制织一般织物,上、下隔距 0.8~1.5mm,前后啮合深度 9~13mm 制织细密织物,上下隔距 0.4~0.8mm,前后啮合深度 13~19mm 制织粗厚织物,应加强定筘鼻弹簧的弹力,并配合增加定筘鼻与鸭咀对数

六、边撑刺辊选择

(一)纯棉织物(表 3-1-28)

表 3-1-28 纯棉织物边撑刺辊选择

织物种类		刺辊型式	刺高(mm)	边撑盖与边撑座缝隙(mm)
平布	粗、中特纱	木刺辊或刺环	稀刺 0.6~0.8	0.8~1.6
	细特纱	木刺辊、铁刺辊或刺环	密刺 0.4~0.6	0.6~1.0
薄织物(细纺、巴里纱等)		木刺辊、木刺辊外包 1# 铁砂皮或用 2~3 只刺环	稀刺 0.4~0.6	0.6~0.8
府绸	中特纱	木刺辊或铁刺辊	密刺 0.6~0.8	1.6 左右
	细特纱		密刺 0.4~0.6	0.6 左右
斜卡		木刺辊或刺环	稀刺 0.6~0.8	1.0~2.0
贡缎		木刺辊	密刺 0.6~0.8	0.6~1.2
麻纱		木刺辊或刺环	稀刺 0.6	0.6~0.8(边撑盒中间筋加高)
纱罗		2~3 只刺环	稀刺 0.6	0.8
灯芯绒、平绒		刺环	0.6~1.2	3

注 1. 某些织物既要增加伸幅作用,又要防止布边针孔,可用两种刺高的刺辊相搭配;
2. 制织细特纱的横贡时,为防止边撑疵的产生,除织口外侧一节使用木刺辊外,其余三节可用外套乳胶管的木辊;
3. 制织经平绒可用刀片伸张式边撑。

(二)化纤织物(表 3-1-29)

表 3-1-29　化纤织物边撑刺辊选择

织物种类		刺辊型式	刺　高	边撑盒盖与边撑座缝隙(mm)
粘胶	平布	木刺辊或刺环	0.4~0.6	0.6~1.6（边撑盒中间筋加高）
	哔叽	木刺辊或刺环	0.6~0.8	0.6~1.6（边撑盒中间筋加高）
涤棉	平布	刺环或木刺辊	0.6~0.8	0.6~0.8（边撑盒中间筋加高）
	府绸	木刺辊或铁刺辊	密刺 0.6~0.8	0.6~1.0
	卡其	木刺辊	0.6~0.8	1.0~1.6
维棉(平布、府绸)		木刺辊或刺环	0.6~0.8	0.8
丙棉	平布	木刺辊	密刺 0.6~0.8	0.6~0.8（边撑盒中间筋加高）
	麻纱	刺环	密刺 0.6~0.8	0.6~0.8
中长		刺环或木刺辊	稀刺 0.6~0.8	1.0~1.6

七、卷布辊刺毛铁皮选用参考(表 3-1-30)

表 3-1-30　卷布辊刺毛铁皮选用

织物种类	粗、中特纱平布 中特纱府绸	细平布 细特纱府绸	薄织物 麻纱、纱罗	斜纹卡其	贡缎	
					中特纱	细特纱
刺毛铁皮规格和要求	粗刺或中刺，无特殊要求	中刺，无特殊要求	细刺或外包 1# 铁砂皮	粗刺或中刺，刺不可太钝	中　刺	细刺、刺尖不宜锐利

八、各类织物织机工艺参数示例

(一)纯棉织物(表 3-1-31)

表 3-1-31　纯棉织物工艺参数

织物编号	织物名称	织物组织	经纬密度 (根/10cm)	幅宽 (cm)	车速 (r/min)	开口时间 (mm)	投梭时间 (mm)	后梁高低 (mm)	经停架高低 (mm)	张力重锤 (kg)
124	29/29 (20×20) 中平布	$\frac{1}{1}$	336/336 (60×60)	91.5	210	229	216	70	25	12
130	25/28 (23×21) 中平布	$\frac{1}{-1}$	251.5/248 (64×63)	91.5	200	229	222	70	25	12
152	19.5/19.5 (30×30) 细平布	$\frac{1}{1}$	267.5/236 (68×60)	96.5	195	229	222	70	25	10

续表

织物编号	织物名称	织物组织	经纬密度（根/10cm）	幅宽（cm）	车速（r/min）	开口时间（mm）	投梭时间（mm）	后梁高低（mm）	经停架高低（mm）	张力重锤（kg）
155	19.5/19.5（30×30）细平布	$\frac{1}{1}$	311/318.5（79×81）	96.5	195	230	222	70	25	12
157	19.5/16（30×36）细平布	$\frac{1}{1}$	283/271.5（72×69）	96.5	200	229	216	70	25	12
160	18/18（32×32）细平布	$\frac{1}{1}$	313/307（79×78）	91.5	195	229	222	70	25	12
163	14.5/14.5（40×40）细平布	$\frac{1}{1}$	311/279.5（79×71）	96.5	195	229	222	76	19	12
167	J10/J10（J60×J60）细平布	$\frac{1}{1}$	377.5/346（96×88）	96.5	180	229	222	76	19	8
	J7.5/J7.5（J80×J80）细纺	$\frac{1}{1}$	472/425（120×108）	99	170	229	216	76	19	8
213	14.5/14.5（40×40）府绸	$\frac{1}{1}$	523.5/283（133×72）	96.5	195	241 216	216	79	19	15
214	J14.5/J14.5（J40×J40）府绸	$\frac{1}{1}$	547/283（139×72）	96.5	195	216 241	222	76	19	19
252	J7.5×2/J7.5×2（J80/2×J80/2）府绸	$\frac{1}{1}$	543/283（138×72）	98	180	229	222	76	25	15
254	J6×2/J6×2（J100/2×J100/2）府绸	$\frac{1}{1}$	610/299（155×76）	99	175	235	216	76	19	19
403	29/29（20×20）哔叽	$\frac{2}{2}$	314.5/251.5（80×64）	86.5	210	203	216	89	6	10
532	16×2/32（36/2×18）华达呢	$\frac{2}{2}$	425/236（108×60）	81.5	220	203	210	82	6	19
535	14×2/28（42/2×21）华达呢	$\frac{2}{2}$	456.5/251.5（116×64）	81.5	200	216	216	79	10	15
609	29/29（20×20）卡其	$\frac{3}{1}$	425/228（108×58）	99.0	200	216	216	89	10	15
633	14×2/28（42/2×21）卡其	$\frac{2}{2}$	511.5/275.5（130×70）	81.5	210	216	210	83	10	15
655	J10×2/J10×2（J60/2×J60/2）卡其	$\frac{2}{2}$	614/299（156×76）	96.5	195	216	213	89	6	12

续表

织物编号	织物名称	织物组织	经纬密度（根/10cm）	幅宽（cm）	车速（r/min）	开口时间（mm）	投梭时间（mm）	后梁高低（mm）	经停架高低（mm）	张力重锤（kg）
703	28/28 (21×21) 直贡	5/3 经面缎纹	354/232 (90×59)	86.5	210	203	210	89	0	12
751	J14.5/J14.5 (J40×J40) 横贡	5/3 纬面缎纹	370/551 (94×140)	101.5	195	216	210	83(3 1/4)	0	10
802	18/18 麻纱 (32×32)	1/2 纬重平	279.5/311 (71×79)	99.0	195	229	206	70	25	10
901	29/58 拉绒 (20×10)平绒坯	1/1	157/165 (40×42)	106.5	205	229	222	70	25	8
904	24/29 拉绒 (24×20)哔叽坯	2/2	244/259.5 (62×66)	101.5	200	222	216	83	10	10
012	36/29 细条 (16×20)灯芯绒	1/1	277/527.5 (45×134)	98.0	210	191	216	89	6	10
021	14×2/28 中条 (42/2×21)灯芯绒	1/1	228.0/669 (58×170)	98.0	205	191	216	89	6	12
054	28×2/28 粗条 (21/2×21)灯芯绒	2/2	161/134 (41×288)	98.5	195	191	216	89	6	15
071	J10×2/J14.5 割绒 (J60/2×J40)平绒	1/1	289/1145.5 (73.5×291)	98	190	210	206	102	0	12
	J14.5/J14.5 (J14×J14) 羽绒布	1/1	553/393.5 (140.5×100)	117.0	185	222 241	219	83	13	15
	14.5×14.5 (40×40) 巴里纱	1/1	228/204.5 (58×52)	99.0	200	229	216	73	6	8
	14.5×14.5 (40×30) 绉纱布	1/1	259.5/196.5 (66×50)	118.5	190	229	222	70	25	12

(二)化纤混纺织物(表3-1-32)

表3-1-32 化纤混纺织物工艺参数

织物编号	织物名称	织物组织	经纬密度（根/10cm）	幅宽（cm）	车速（r/min）	开口时间（mm）	投梭时间（mm）	后梁高低（mm）	经停架高低（mm）	张力重锤（kg）	混纺比例
158	13/13 (45×45) T/C 细平布	1/1	346/251.5 (88×64)	122.0	180	235	222	76	19	8	65/35

续表

织物编号	织物名称	织物组织	经纬密度（根/10cm）	幅宽（cm）	车速（r/min）	开口时间（mm）	投梭时间（mm）	后梁高低（mm）	经停架高低（mm）	张力重锤（kg）	混纺比例
160	13/13 (45×45) T/C 细平布	$\frac{1}{1}$	377.5/342.5 (98×87)	98.0	200	222	218	83	20	10	65/35
164	13/13 (45×45) T/C 细平布	$\frac{1}{1}$	433/299 (110×76)	122.0	185	222 241	222	83	19	12	65/35
205	13/13 (45×45) T/C 府绸	$\frac{1}{1}$	523.5/283.0 (133×72)	119.5	185	222 241	222	83	19	15	65/35
632	14×2/28 (42/2×21) T/C 卡其	$\frac{2}{2}$	511.5/275.5 (130×70)	96.5	200	222	216	95	6	19	65/35
801	13/13 (45×45) T/C 麻纱	$\frac{2}{1}$ 纬重平	401.5/338.5 (102×86)	96.5	200	216	206	89	6	12	65/35
	10/10 (60×60) T/C 巴里纱	$\frac{1}{1}$	314.5/291 (80×74)	98.0	190	216 241	222	83	10	8	65/35
	18/18 (32×32) V/C 府绸	$\frac{1}{1}$	433/275.5 (110×70)	99.0	195	229	216	83	19	15	50/50
	18/18 (32×32) V/C 细平布	$\frac{1}{1}$	311/307 (79×78)	96.5	200	229	216	70	25	12	50/50
	19.5/19.5 纯维纶 (30×30) 细平布	$\frac{1}{1}$	295/307 (75×78)	98.5	190	229	216	70	25	12	100
	19.5/19.5 纯粘胶 (30×30) 细平布	$\frac{1}{1}$	263.5/251.5 (67×64)	89.0	195	229	222	70	25	8	100
	12/12 纯富强纤维 (50×50) 细平布	$\frac{1}{1}$	377.5/322.5 (96×82)	98.0	190	229	222	83	19	12	100
	21×2/21×2 T/R 中长 (40/2×40/2) 隐条呢	$\frac{1}{1}$	220/196.5 (56×50)	98.5	205	229	222	76	22	10	65/35
	14.5×2/14.5×2 中长 (40/2×40/2) 华达呢	$\frac{2}{2}$	472/251.5 (120×64)	99	190	222	216	89	6	30	65/35
	18.5×2/18.5×2 中长 (32/2×32/2) 隐条呢	$\frac{1}{1}$	216.5/204.5 (55×52)	96.5	200	229	222	83	19	8	50/50

九、斜纹织物的正织和反织

(1)斜卡织物常见疵点为百脚、纬缩和跳花。为了便于发现，宜用正织。但有不易发现断经、拆坏布容易损伤经纱等缺点。故正反织各有优缺点，采用何种视实际情况而定。

（2）五枚贡缎一般用踏盘正织，五枚以上贡缎一般用多臂开口装置制织，为减轻多臂负荷，经面缎纹用反织，纬面缎纹用正织。

第三节　提高产品质量

一、织物风格特征和提高外观效应的措施

（一）织物风格特征（表3-1-33）

表3-1-33　织物风格特征

织物种类		风格特征
平布		柔软丰满、平整光洁、布边平直、质地坚固
薄织物	细纺	质地细薄、手感柔软、布面匀整光洁、滑爽如绸
	巴里纱	质地轻薄、手感挺爽、布孔清晰、透气性好
府绸		粒纹清晰丰满、布面匀整光洁、薄爽柔软、光滑如绸
斜纹、卡其		纹路凸出、布面匀整、手感厚实、布边平直
贡缎		质地紧密，布面平滑有光泽，手感柔软，加工后厚者有毛织物外观效应，薄者有缎类织物的外观效应
麻纱		条纹凸出、薄爽挺括、凉爽透气，加工后有麻织物的风格
纱罗		质地轻薄、绞孔清晰稳定、透气性好
灯芯绒		质地厚实、布面匀整、绒条清晰圆润、绒毛丰满、手感柔软、光泽柔和
平绒		紧密厚实、绒毛耸立、绒面匀整丰满、手感柔软、保暖性好

（二）提高织物外观效应的主要措施（表3-1-34）

表3-1-34　提高织物外观效应的主要措施

织物种类	主要措施
平布	在保证生产正常和织物断裂强度的前提下，合理降低经纱捻度 整经采用集体换筒。改进浆纱张力、伸长，排列和卷绕均匀 减少浆穿工序的并头、绞头、多头、少头 织轴托脚、后梁、停经架、吊综轴、筘座、边撑、胸梁、导布辊、卷取刺毛辊等要保持水平和相互平行 采用大张力、小梭口、高后梁、早开口等工艺 平稳凸轮后移60°左右，有利于减少条影
府绸	采用捻向相反的经纬纱制织，有利于织物的光泽和粒纹清晰 经纱捻度适当偏低、纬纱捻度适当增高 以略细的经纱配以略粗的纬纱 适当降低上浆率，有利于粒纹突出 采用大张力、高后梁、早开口、迟投梭、摆动后梁的织造工艺 适当加大纬纱张力，有利于粒纹凸出 每筘穿入经纱根数由4根改为3根或2根，有利于改善布面质量 采用两页八列综框的平纹单踏盘开口装置，改善布面条影 采用四页八列综框平纹双踏盘开口，有利于减少三跳

续表

织物种类	主 要 措 施
斜纹卡其	双面斜纹组织，应重点提高纬纱条干均匀度，单面斜纹组织应重点提高经纱条干均匀度，从而改善布面纹路的"匀"、"深"、"直" 经纱的捻向应与斜纹线的矢向成垂直状态，可使纹路清晰、光泽良好 适当增加纬纱捻度和张力，提高纬纱刚度，有利于纹路凸出 采用经纱略细于纬纱的配置，以利于纹路清晰 采用迟开口、早投梭、大张力、低后梁和固定后梁的织造工艺 增加一对定筘鼻和鸭咀。筘夹轴加装中托脚。加强筘夹轴弹簧弹力，可改善布面匀整程度 股线织物经纱上薄浆，增进布面光洁和纹路清晰
麻 纱	采用捻度较高的经纱和捻度较低的纬纱进行交织，经纱捻系数为 380 ~ 440，纬纱为 290 ~ 315，使手感滑爽 单纱麻纱用同一捻向的经、纬纱进行交织，股线用同捻向加捻，可使布面条纹清晰，手感挺爽 设计麻纱织物的经密应略小于纬密，经纱略粗于纬纱，使经向条纹明显 采用一根经纱穿入前综，两根经纱穿入后综，一个完全组织的经纱穿入同一筘齿，可使布面条纹平直，经纱断头减少 适当减小经纱张力，加大纬纱张力，有利于布面条纹凸出和匀直
贡 缎	大多数直贡具有仿毛风格，为经密大于纬密的经面组织，布面突出斜纹，故经纱条干均匀，其捻向与斜纹方向垂直 横贡具有仿丝绸风格，为纬密大于经密的纬面组织，布面不突出斜纹，故纬纱要条干均匀，其捻向与斜纹方向一致 总的来说，贡缎织物都比较柔软、平滑、富有光泽。采用迟开口、低后梁、较小张力的织造工艺，经纬纱捻度较小
薄织物	巴里纱采用高捻度的经纬纱制织；单纱巴里纱的捻系数为 400 ~ 520，股线巴里纱的捻系数，单纱为 340 ~ 360，制成股线为 480 ~ 530，股线须采用同捻向加捻 绉纱布系采用普通经纱与强捻纬纱交织而成。纬纱的左右捻两两交替织入，经精练后隐约有细微均匀的绉纹。经、纬纱特数的配置，经纱宜略粗于纬纱，有利于起绉效应 采用同一捻向的经纬纱交织，可使布面更为紧密 选用筘号每筘应穿入两根经纱，使经纱排列更为匀整 采用中开口、早投梭、中张力、中后梁、摆动后梁的织造工艺，有利于布面匀整和减少断头

(三)改进布边平直的主要措施

(1)整经机上适当加重边纱张力圈重量(比地经约重 4 ~ 10g)。

(2)经轴、浆轴的边纱卷绕平整，张力一致。浆轴边纱排列略稀，以增加织造时的边纱张力。织轴卷绕密度不宜过小。

(3)适当增加纬纱张力，如在梭子内腔加装毛束、尼龙丝或扁橡皮筋。每台织机使用梭子重量一致。适当加大经纱张力。

(4)平布、府绸宜采用早开口、中投梭。

(5)制织府绸采用双踏盘时，两侧边纱均穿在前面两页综框上。

(6)卡其织物的布边用与地组织相异的斜纹边组织或用加边装置制织$\frac{2}{2}$方平组织布边。

不论采用何种边组织,两侧边组织应错开一纬,并与梭子投射方向相配合。

(7)制织经面缎纹的直贡,布边宜用$\frac{2}{2}$方平组织。制织纬面缎纹的横贡,布边宜采用多经二纬变化重平组织。上述左右侧布边的起点应有所不同,否则会产生一边不能交织的现象。

制织精梳细特纱的横贡,边纱穿筘方法如按一般穿法,往往在印染加工时产生卷边、边拉豁或布面起皱等问题,解决方法可改变边纱穿筘方法,减少边纱张力,如 J14.5×J14.5,370×551 横贡边纱穿法为:6、5、4、3、3、3、3、3、3、3。又如 J14.5×J14.5,314.5×511.5 横贡边纱穿法为 5、5、4、4、4、4、4、4、3、3、3、3、2、2、2、2、2、2、2。

二、疵点形成原因及预防方法(表 3-1-35)

表 3-1-35 疵点形成原因及预防方法

疵点名称	形成原因	预防方法
豁边	纬纱上有棉结杂质,飞花附着,使纬纱退绕张力不均匀,梭芯位置不正,纬纱退绕时被拉断 综框歪斜或过高过低,使边经纱断头 边撑伸幅不良,使边经纱张力受到影响而断头 开口与投梭配合不当,使边经纱受摩擦过多而断头 粘胶织物因纱线脆弱,边经纱常因摩擦而断裂	提高纬纱质量,加强梭子维修 粘胶织物应特别重视边撑伸幅作用,并使边撑刺辊回转灵活,减少左右横动
三跳	经纱上附有棉结杂质、棉球飞花回丝、大接头、并绞头等,使经纱开口不清 轻浆起毛影响开口清晰 经纱片纱张力不匀,调综不平,太高或太低、综夹脱落或吊综太松,致使部分经纱松弛 边撑位置太高,梭子飞行不稳定 投梭力大小不一,梭子进出梭口时梭口高度不足 开口与投梭时间配合不当,易产生边跳纱 经纱张力过小,后梁太高,开口不清 经停装置失灵,经纱断头后不能立即关车 化纤织物因静电效应大,纱身毛羽多,极易产生邻纱粘连现象	提高原纱和半制品质量。高经密和化纤的平纹织物可使用平纹双踏盘开口装置,并适当增加经纱上机张力。在后梭口上层经纱上加装压纱杆以提高上层经纱张力 增加梭口高度。换梭侧投梭时间适当延迟。后梁不可太高。
烂边	边纱穿错或绞头 梭芯过高过低,使纬纱退绕时被拉断 边撑伸幅作用不良,或边撑刺辊磨损 开口与投梭运动不协调 纬纱上有飞花、棉结杂质 经纬纱张力互不配合 梭子导纱瓷眼阻塞	加强梭子检修,选择适当形式的边撑,提高纬纱质量
毛边	边撑剪刀磨损或失效,纱尾未剪断而带入织口 换入梭子的纬纱因受力过大,在梭库处被拉断 边撑位置不良,使边剪未能及时剪断纬纱 梭库、落梭箱上回丝未清除干净带入织口	边撑剪刀维修或更换,扇形制动器上加装毛刷,可抓取换梭时产生的纱尾,使其不织入布内

续表

疵点名称	形 成 原 因	预 防 方 法
轧梭	挡车工未按操作规程开车,梭子轧在梭道中 开口不清,使梭子运动受阻 经纱断头未及时关车,梭子在飞行时受到阻碍 投梭机构的部件发生变形破损开裂,磨损过大和螺丝松动,致使梭子不能顺利通过梭道 开口与投梭运动配合不当 梭子通道的有关部件位置不正,使梭子飞行不稳定 在处理轧梭断头时,由于操作不良或处理不当,使结头大而密集 经纱保护装置不够灵活,制梭力不当 梭子回跳,定位不正	投梭机构按规格安装,加强维修 投梭时间、投梭力及皮圈制梭力校正正确 吊综应四平三齐 下层经纱不可离走梭板太高 综框综夹脱落应及时装上 钢筘与走梭板按规格安装
纬缩	纬纱热湿定型不正确 经纱上附有棉结杂质、飞花回丝等,有碍纬纱通过梭道而扭结,对高经密织物尤其容易发生 纬纱捻度较高。涤棉纱的纬纱捻度一般大于纯棉纱,纬纱未定捻易产生纬缩 纬纱的回潮率过低 投梭运动不正常,如投梭力过大过小,缓冲装置失效,梭箱过松或过紧等,产生梭子回跳 梭子不合规格,或退绕张力太小 开口不清,使梭子飞行不稳定(影响开口不清的因素:上层经纱张力松弛、综夹缺损、综框歪斜、吊综太松等)	纬纱热湿定型正确 纬纱回潮率不可过低 高经密平纹织物,采用平纹双踏盘开口装置,经面缎纹的直贡采用正织,纬面缎纹的横贡采用反织 投梭力与制梭力调节适当
边撑疵	布面张力过紧,经纱紧贴边撑刺辊,使布脱刺困难 边撑刺辊选用不当或刺尖有弯曲起毛 边撑盒不配套,如盒座与盒盖不平齐、隙缝过小、和刺辊不平行等 边撑盒位置过高或过低 边撑刺环绕有回丝或飞花,回转不灵活 拆好布后,拉布边用力过大,卷布刺辊的刺毛铁皮过分锋利或磨损迟钝 车间温湿度不当 送经不良,经纱张力时紧时松	边撑安装正确,刺辊刺尖良好,回转灵活,如被飞花轧死,应及时清除
断疵、断经	上机张力过大,半制品质量差,如经纱上附有棉结杂质、飞花回丝,以及并绞头、大结头等 综筘、经停片损坏 工艺参数配置不当,如后梁位置过高 梭子飞行不正常或梭子毛糙,碰断经纱 断经自停装置失灵,经纱断头后,不能立即关车 车间温湿度不符合工艺要求 综丝磨毛,钢筘片磨毛	做好综筘的保养,提高上轴工、挡车工的操作水平,提高半制品质量,经停装置按规格安装、较正 高经密织物的经停片穿法可改为11、22、33、44,或1、2、3、4、3、4、1、2

续表

疵点名称	形成原因	预防方法
吊经纱	经纱张力不匀，个别经纱张力特别小 原纱上有较长毛羽，或棉结杂质、飞花大结头 上浆质量差，开口不清，使邻纱粘连，对特细特高密织物更为突出 织轴上有并绞头 经纱上附有飞花回丝 个别综丝有缺损或不活络 合成纤维织物因静电效应大，纱身毛羽较多，极易使邻纱粘连 后梁过高，吊综不良，两页综框一页高一页低，或综框左右不平	涤棉纱如毛羽较多，上浆应以贴伏毛羽为主，并加抗静电剂 涤棉平纹织物可采用四页八列综框的平纹双踏盘制织。必要时可在经停架与综框之间加装小绞棒，提高半制品及上轴质量
经　缩	织造时部分经纱张力松弛，很多是前道工序造成的，尤以了机松纱较多 经纱上附有飞花回丝及结头纱尾过长等有害疵点 织轴上有并绞头 轧梭后部分经纱张力松弛，开车时未处理好 送经与卷取机构不协调 停车时间较长，综框未放平 处理停台后，经纱张力调节不当 后梁过高，吊综太高	提高前道半制成品质量，片纱张力均匀，减少毛羽 织机送经卷取机构运转正常，当制织紧密厚实织物时，为使打纬作用强而有力，可采取增强定筘鼻弹簧（K54）的弹力，在原有基础上增加一对定筘鼻（K23）与鸭咀（K27）、筘夹轴（K34）、加装中托脚、鸭咀上包覆丁腈皮等措施
双　纬 （百脚）	断纬不停车，纬纱生头不良或成形不良 纬纱的细节、飞花、杂物、弱捻等引起断纬 纬管在梭子中松动或上翘，纬纱在从梭子中退绕的路线上受到毛刺等阻碍 梭子通道不光滑，碰断纬纱 梭管不配套或破损、起毛 纬纱甩出梭子导纱瓷眼 换梭诱导装置的相对位置不正或作用失常 梭子定位不正确或飞行不正常 换纬操作不良，如未摘除纱尾，未剔掉成形不良纬纱 断纬后开车时，没有找准梭口补入纬纱	提高纬纱质量 断纬自停装置校正正确 采用点啄式纬停装置 梭箱安装正确，无毛刺 边撑作用正常 投梭力不可太大，制梭力不可太紧或太松 梭子内外光滑无毛刺，并做定期检修 纬管规格统一，无裂缝、毛刺
脱　纬	纬纱卷绕松弛或成形不良 纬管的沟槽太浅 织机投梭力过大，梭箱过松或过紧，缓冲装置失调 纬纱回潮过低 烧毛纱线或无捻长丝因表面光滑易脱圈 纬管与梭子配合不良	加强投打部件检修 纬纱热湿定型 加强纬管管理

续表

疵点名称	形　成　原　因	预　防　方　法
稀纬、密路	打纬机构间隙过大或松动，使打纬力不足，在停台后开车容易造成稀纬 钢筘松动，诱导装置失灵，纬纱叉钩住纬纱 卷取机构作用不良，如锯齿倒转不当，各齿轮间啮合不良 织物在卷取刺辊上打滑 经纱送出装置和经纱张力调节装置不正常，致使送经量时多时少，经纱张力时紧时松 吊综状态不良，左右两侧经纱张力不匀，停台后开车容易造成局部性稀密路 处理停台后织口位置调节不当或张力调节不当	打纬机构各部件的间隙应在允许范围之内 卷取送经机构应工作正常 五种自动停车均能在 1 1/2 转内停下 调节好制动装置，钢筘前后不松动，鸭咀与定筘鼻之间的啮合深度和间隙应符合要求 挡车工处理停台技术熟练规范，采用点啄式纬停装置
云　织	经纱送出装置不灵活，如送经轴或送经侧轴弯曲，蜗轮、蜗杆偏心或单面磨损 经纱张力调节装置部件不正或磨损，致使经纱张力产生周期性不匀 卷取时间不正或齿轮啮合不良 织物在卷取刺辊上打滑 卷布辊弹簧力小 打纬机构间隙过大 边撑刺辊磨损或回转不灵活 纬纱回潮率太高	送经机构安装正确，机件磨损在限度之内 卷取机构工作正常 纬纱给湿应正确掌握
木辊皱	系涤棉织物常见疵点，由于该类织物弹性好、易伸长，故在卷布过程中极易产生皱条 卷布辊弹簧过松	将原导布辊改为橄榄形或将原导布辊加工成左右螺旋式导布辊，使布面向两侧展开 加大木辊弹簧力
裙子皱	系涤棉织物常见疵点，由于不同热收缩性的涤纶混用制织，在染整时产生不同的收缩 定捻的温度、时间、抽真空未按工艺规定 筒子内外层定捻效果不同，纱线收缩不一致 络筒机筒纱表面温差过大	涤棉混纺纱中涤纶纤维变更批号时，应分开使用 采用低温高湿定捻法，并控制定捻的温度、湿度、时间 减少管纱或筒子内外层或各批之间的定捻工艺参数差异
紧　边	系维棉和粘胶纤维织物常见疵点。维棉由于纬向缩率较大，粘胶纤维织物由于延伸变形特性，致使织造时造成紧边	采用刺环式边撑，以增强伸幅作用 适当增加边纱根数 采用空筘穿法，或减小边经纱穿筘密度 适当改用较粗的边经纱
白飞花	系中长纤维织物常见疵点，涤纶、腈纶与棉、粘胶纤维在纺织生产过程中如粘附棉或粘胶的飞花，在染整时由于染色性能的不同，在布面上会形成象竹节纱似的白点	在中长纤维纺纱和织布车间采取隔离措施，以减少其他纤维的飞花附着 加强清洁工作

三、机械故障形成原因和维修方法(表3-1-36)

表3-1-36　机械故障形成原因和维修方法

常见故障	产生原因	维修方法
梭道轧梭	侧板(Q12)、投梭棒(Q13、Q14)投梭转子及其附件开裂、磨损、松动或位置不正,使投梭力不足 制梭板(K94、K95)突出梭箱内侧过多或过少,弹簧(K52、K53)弹力和梭箱松紧程度不适当 三轮缓冲装置及缓冲皮圈(R1)的弹力不当、损断等,使缓冲作用失常 皮结(R33、R34)眼孔磨灭过大 梭子尺寸、角度、重心不符合规格要求,同一台织机各把梭子规格差异较大 开口踏盘及其转子磨损 吊综歪斜不正、综夹缺损 梭子通道有关部件的位置与角度不正或损裂 开口与投梭时间配合不当,投梭鼻与投梭转子不密切接触或磨损过大 钢筘与走梭板弧度不正,与梭箱的位置不正确	定期检修投梭机构,及时调换损坏部件 严格检验梭子质量 检查上轴工作 加强巡回检修 校正开口与投梭配合时间
换梭轧梭	自动换梭梭箱安装规格不正确 梭子换入不平行,扬起背板(Q6)下落不轻快 阻梭片(N24)歪斜、损坏或左右两只弹力不一致 前闸轨内外托架(K60、K61)高低不一或前闸轨弹簧(K58、K59)弹力强弱不一致 前闸轨角度不准及高低不正,梭箱盖板安装不良 梭库脚(N16、N17)高低不当,阻碍前凸板(K64)活动 前凸板(K64)角度不正或位置太低 制梭板(K94)突出梭箱太多 控制木(Q17)或托梭钢丝(K92)位置不正,松动或损坏 推梭框(N2)伸出梭箱太多或不足,梭库安装不良 冲咀(N6)与鞍形螺钉(N44)的相对位置不正或螺钉松动 安全弹簧(K58)弹力太弱或回归杆(N45)未回复原位 换梭诱导装置作用不符合要求 梭子定位不正确,由于断经未及时停车,经纱严重纠缠,影响梭子飞行而轧梭 挡车工轧梭操作不当	加强巡回检修,及时调换损坏部件 定期检修换梭机构 根据安装规格校正各有关部件位置 采用慢速换梭装置,可减少换梭故障及梭子损耗
飞　梭	钢筘与走梭板的角度不正,或与梭箱接触处不平齐 前闸轨(K13)转动呆滞或弹簧(K58、K59)弹力过弱 制梭板(K94)凸出扬起背板(Q6)内侧过多 控制木(Q17)位置偏后 扬起背板臂(K42)断裂或下落速度太慢 开口与投梭时间过早或过迟 开口不清,梭口内有障碍物或经纱严重纠缠 综夹脱落,使下层经纱位置太高。	加强巡回检修,提高检修质量 校正开口与换梭工艺参数,严格执行安装规格

续表

常见故障	产 生 原 因	维 修 方 法
轧梭不关车	耳形滑板转子杆(K10)、牛角杆(I16)损断、松动或两者间隔过大 冲击杆(N61)未对准换梭安全碰头(N79) 换梭安全直立杆(N78)上的螺钉松动 换梭安全连杆(N64)的双螺帽松动或双螺帽与换梭安全鞍形杆(N83)的隔距过大	按安装规格进行检修、校正
梭子不正常磨灭	钢筘表面高低不平或松动,筘齿破损、生锈 钢筘与梭箱活动背板(Q4、Q7)不平齐 制梭板(K94、K95)凸出梭箱背板太多、角度不正,表面粗糙或制梭力过强 梭箱松紧不当 梭箱前板(K12)、前闸轨(K13)与梭箱底板(K14、K15)角度不正 吊综或边撑位置过高,下层经纱偏高 皮结(R33、R34)眼孔变大,或梭子尖端与皮结眼孔不正 走梭板(Q2)与梭箱底板(K14、K15)接触处不平齐或螺钉松动 梭箱、梭子、走梭板与钢筘角度不正,梭箱盖板位置不正 与梭子接触的部件不光滑 开口与投梭时间过早或过迟	加强巡回检修 校正角度 加强梭子保养 与梭子接触的零件如表面毛糙或磨出沟痕,应及时修复或调换 加强上轴检修 调整开口、投梭时间 调换损坏部件和器材
断经不关车	摆动齿棒(O35)弯曲、磨损断裂或摆动位置两边未到位 停机箍(O14)位置不正、与筘座脚上导钩脚(L1)的相对位置不当或磨损 叉角枢(O8)、叉角枢帽(O9)磨损 联合杆弹簧(O42)过强或联合杆(O7)上的凸钉磨损,断经后联合杆与变换杆(O29)不能起分离作用 断经凸轮(O13)安装位置不正,使作用时间配合不当 经停片弯曲、经停片铁杆扭曲 经停架内飞花堆集过多或经纱绞缠	加强经停机构检修 调换经停机构磨损部件 按安装要求进行校正 加强经停片维护保养 定期清除经停架内积花
不断经关车	联合杆弹簧(O42)松弛,造成停机箍(O14)跳动而关车 停机箍(O14)与筘座脚上导钩脚(L1)的相对位置不正 停经片铁杆弯曲,部分经停片挤在一起,使前进的经纱受阻造成松弛现象 V形杆(I15)弹簧扭力过小 经纱张力过小或个别经纱松弛 部分经纱相互纠缠不能通过综眼造成经纱后部松弛 经停片生锈或粘附杂物 经纱排列混乱,左右牵扯 经纱断头后邻纱纠缠而经停片不下落	加强巡回检修 加强经停片等维护保养 提高半制品质量
断纬不关车	纬纱叉(J32)回转呆滞,重心不当,伸出龙门档过多,位置过低或损坏 龙门档(J31)松动或附有杂物,当纬纱叉通过时受阻碍而使钩尾跳起 纬纱锤钩(J2)位置过低或与纬纱叉钩端的隔距过大 纬纱凸轮(E4)位置不当 点啄式纬停装置针座回转不灵活或其尾端与导管缺口的隔距大小不当 点啄式纬停装置的部件损坏,松动或磨灭 纬纱断头后,梭子带着纬纱尾飞行,纱尾仍起作用使纬纱断头不停车 因投梭力小,梭子飞行时尾部碰纬纱叉	加强巡回检修,调整机件的相对位置,使其作用正常 校正纬纱凸轮的作用时间 校正投梭力

续表

常见故障	产生原因	维修方法
不断纬关车	纬纱叉(J32)伸出龙门档(J31)不足或纬纱张力太小,使纬纱叉抬起不足 纬纱叉(J32)钩端与纬纱锤钩(J2)的隔距不当 纬纱叉(J32)用橡皮缺损或纬纱张力过大,使纬纱叉剧烈跳动 点啄式纬停装置钢针安装位置不良,如角度小、距织口近、离经纱高等 布面张力和织口位置常波动(影响因素有钢筘松动、吊综不良、综框跳动等),使针的作用失常	更换磨损或不合格的机件 调整有关机件的相对位置

四、节电措施

(1)采用扭簧式或片簧式皮带盘。

(2)改用摆动式节电电动机座或节电飞轮电动机。

(3)改用尼龙片基、丁腈橡胶涂层的平面皮带传动。原三角皮带盘改为平面皮带盘。

(4)采用竹质投梭棒或中部加工成弧形的层压木投梭棒;层压木侧板一侧加工成弧形。

(5)弯轴、中心轴、摇轴都采用双排自动调心轴承,踏综杆转子、踏盘轴中托脚、吊综轴用滚珠轴承。

(6)弯轴齿轮(D7)采用高相对分子质量聚乙烯压铸。

(7)加强投打及开口机构检修。

五、操作要点

(一)主要工种操作要点(表3-1-37)

表3-1-37　主要工种操作要点

工　种	操　作　要　点
挡车工	根据织物种类、看管机台数、拆布长度、加工要求采用相应的巡回路线。如布面:经轴为1∶1,1∶2等巡回路线 将布面检查、机械检查和停台处理合理地组织在巡回中进行,贯彻预防为主,防止疵点产生,处理停台先易后难 熟悉机械性能,发现机械故障,及时竖起信号牌 检查经纱要认真仔细,边拨边看、手眼一致。发现经纱疵点,可采用"剥、剪、捻、换"等方法。处理好织轴上的并绞、倒断头
帮拆工	根据织物种类,拆布长度,浆纱质量采用不同的拆布方法,如平布可用钳拆,府绸、斜卡可用平拆 拆布应先易后难、先短后长。为防止经纱起毛,拆布时注意铁木梳落齿少、吃齿浅、动程小、落手轻、梳纱顺。梳纱时要求达到梳一根、拎一根。钳拆时钳的经纱不宜过长 积极配合挡车工,以防为主,处理好并绞、倒断头和多头 认真处理好上轴后的断经、穿错等,开好车后交挡车工 接头可用对接法或捻接法。结头要小、牢、分散、不脱。捻接要牢、均匀不脱
换纬工	巡回路线应向前不向后,窄车弄可用双面换纬,宽车弄用单面换纬 换纬时应检查梭子,凡梭子起刺、梭芯不正、纬管弯曲或头尾损坏者不得使用 换纬时应逐只检查纬纱,如有疵点必须剔出。生头纱必须摘除,有油污渍的纬纱不得使用 清除梭库、落梭箱、C9毛刷上的回丝、拖纱

续表

工 种	操 作 要 点
上轴工	上轴前必须做好织轴检查、验收工作 上轴前必须认真做好机台的清洁、加油和检修工作 按一适当(吊综带松紧适当)、一均匀(分纱均匀)、两灵活(综丝、经停片灵活)、两不跳(综框、织轴不跳动)、四平(综框、踏综杆、吊综板、吊综轴应水平)、三齐(综框、踏盘与踏综转子、吊综板应齐),使上轴吊综状态正常 按工艺要求校好开口时间、投梭时间、投梭力、上机张力 上轴后做好校验工作,确保机台正常运转
修机工	按规定的巡回路线,运用“眼看、耳听、手摸”检查机械状态,贯彻预防为主的精神,把机械故障消灭在萌芽状态 对所管辖区域的机台,根据规定的内容和周期,有计划地进行重点检修,预防机械故障,保持机台正常运转 定期到整理间了解、分析疵品情况,针对原因,采取措施 结合巡回检修,检查机上布幅,控制上机张力

(二)假日停车注意事项(表3-1-38)

表3-1-38 假日停车注意事项

停车类别	注 意 事 项
短期停车	织机弯轴宜停车在平综位置 开车前,提前将车间温湿度调节到规定标准 开冷车前,织机主要油眼应事先加油
节日或较长时间停车	停车前半小时停止给湿 织机弯轴停在平综位置 停车后,布边退出边撑盒,从梭库中取出两只梭子,将布垫起,搁置在胸梁上 后梁经纱下放好衬布或衬纸 取下卷布辊放置在预备卷布木辊托脚上 关闭门窗,保持车间温湿度 假日后开冷车前半小时必须将车间温湿度升至规定标准 长期停车开车前,应先将织机各油眼加油(天冷时油要预热) 长期停车后开车,应做好机台清洁工作,应查看机台,逐台开出

(三)安全注意事项

(1)两人同时操作时,应互相呼应。修机时,必须做出标志,以防他人开车。

(2)开车前必须注意车前、车后是否有人操作。

(3)机器在运转中发现有异响或焦味时,必须立即关车,并通知机修工。

(4)不要站在筘座两头,以防飞梭击伤。

(5)机器各部分的防护装置应保持完好。

(6)安放电动机的车弄内,不应通行。

(7)梭子应对车号使用,以防飞梭事故。

(8)机器在运转时,不得在危险部分进行清洁、加油和修机。

第四节 主要消耗材料

一、梭子

(一)自动换梭式梭子结构(图 3-1-10)

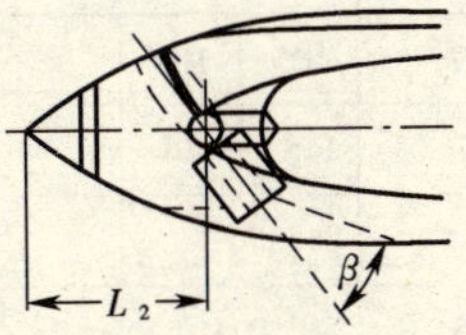

(a)弹纱式梭子引纱部分

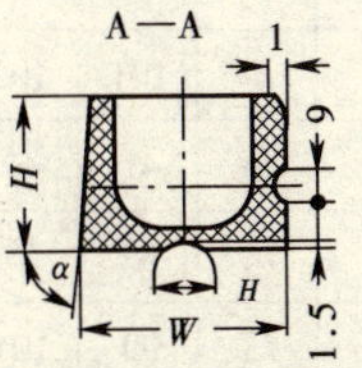

(b)换梭式梭子截面图

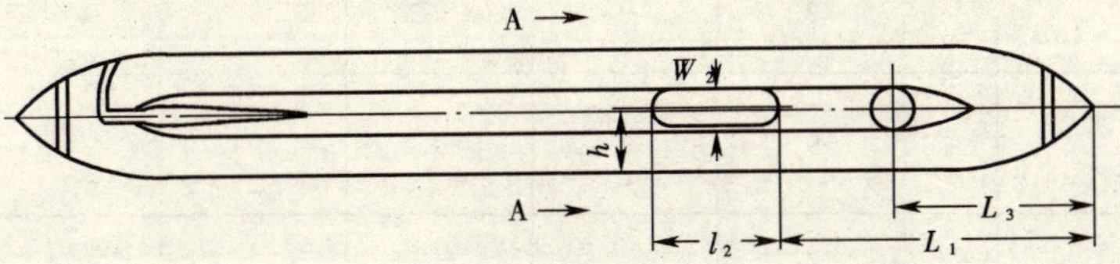

(c)换梭式梭子侧面图

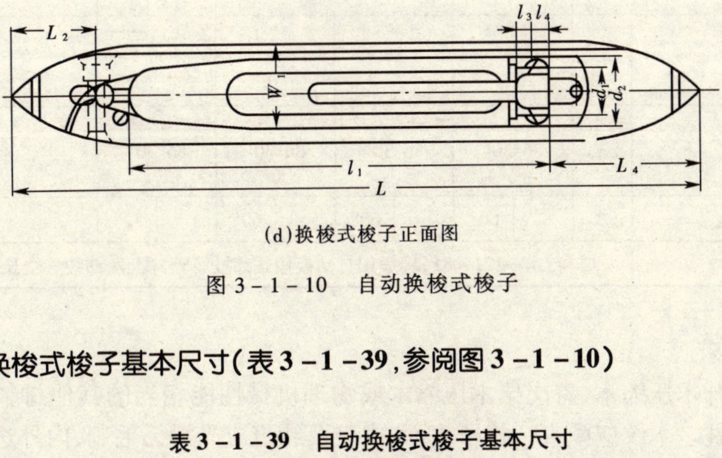

(d)换梭式梭子正面图

图 3-1-10 自动换梭式梭子

(二)自动换梭式梭子基本尺寸(表 3-1-39,参阅图 3-1-10)

表 3-1-39 自动换梭式梭子基本尺寸

单位:mm

项目	代号	基本尺寸								允许公差
		导纱	弹纱	导纱	弹纱	导纱	弹纱	导纱	弹纱	
梭长	L	343		343		343		343		-1.5
梭高	H	36		35		35	34	33.5		青岗栗木 ±0.20 压缩木 +0.40 -0.20
梭宽	W	46		45		45		44.5		±0.20
内腔长	l_1	192	186	192	186	199	197	180	176	±1.00
内腔宽	W_1	33		32		32		31		±0.50

续表

项目	代号	基本尺寸								允许公差
		导纱	弹纱	导纱	弹纱	导纱	弹纱	导纱	弹纱	
探纬槽长	l_2	40		40		40		40		±0.30
探纬槽宽	W_2	8		8		8		8		±0.30
探纬槽高	h	18.8		18.8		18.3		17.5		±0.30
探纬槽端至梭尖	L_1	101	103	101	103	107		105	108	±0.30
导纱器中心至梭尖	L_2	41	42	41	42	45		45	46	±0.20
梭芯孔中心至梭尖	L_3	65	67	65	67	71		71		±0.20
后端内腔至梭尖	L_4	99	101	99	101	105		105		±0.30
管座颈长	l_3	8		8		8		8		-0.10 -0.40
管座箍长	l_4	9		9		9		9		+0.40 +0.10
管座颈直径	d_1	22		22		22		22		+0.50 +0.20
管座箍直径	d_2	27		27		27		27		+0.60 +0.40
梭背角度	α	86°30′		86°30′		86°30′		86°30′		±20′
弹纱瓷眼角度	β		60°		60°		60°		52°	±1°
配套纬纱管	应与 GB—121—81《棉织用自动换梭式纬纱筒管》配套，纬纱管全长为 180mm、190mm									

(三)技术要求

梭身材料用柿木压缩木、青岗栗木压缩木或物理机械性能相当的其他材料；木质要求无霉烂、无裂缝、无虫蛀。木纹应顺直。梭子表面、内腔及纱道应光滑无毛刺，内外边缘应成圆角，整个梭子须经抛光和上涂料；梭尖应尖锐，表面平整光滑。两端梭尖应在同一水平线上，高低、左右的允许偏差为 0.3mm。梭尖应牢固地安装在梭子两端，能承受 1960N 以上的静拉力；梭芯须装在梭身中心水平线上，扳足时应与梭身成 45°，允许公差为 +0°和 -3°。梭芯底簧的弹力，当扳起梭芯 10°~20°时，松手后即能自动弹回原处。

(四)同机台梭子配套质量要求(表 3-1-40)

表 3-1-40 同机台梭子配套质量要求

项目	要求	项目	要求
高低差异	小于 0.4mm	梭芯不直	小于 0.4mm
宽度差异	小于 0.2mm	梭芯松动	小于 0.8mm

续表

项　　目	要　　求	项　　目	要　　求
角度差异	±20′	梭管配套	串动小于0.2mm
重心偏度	后倾15° $^{+15°}_{-5°}$	车号标错	不允许
重量差异	小于20g	左右手搞错	不允许
长度差异	小于0.8mm		

二、皮结

(一)单梭箱皮结结构(图3-1-11)

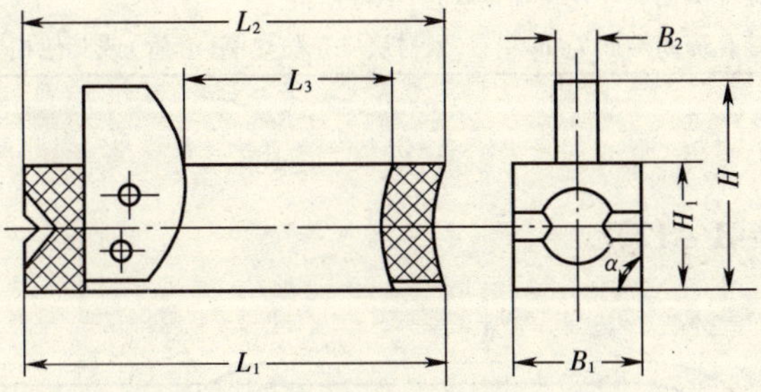

图3-1-11　单梭箱皮结

(二)单梭箱皮结基本尺寸(表3-1-41,参阅图3-1-11)

表3-1-41　单梭箱皮结基本尺寸　　单位:mm

项　　目	基本尺寸								适用织机
	L_1	L_2	L_3	B_1	B_2	H_1	H	$\alpha°$	
R33/34(小)	109	107	53	31	11	32	49	86.5	1511型系列织机
R33/34(中)	110	108	53	32	11	32	49	86.5	1511型系列织机
R33/34(大)	110	108	53	32	11	35	49	86.5	1511型系列织机
15号牛皮	106	105	56	31	11	32	49	86.5	其他型号织机
15号丁腈	109	107	56	32	11	35	49	86.5	其他型号织机
允许公差	±1			±1	±0.5	±1	±1		

(三)技术要求(表3-1-42)

表3-1-42　技术要求

皮结种类	技　术　要　求
熟皮革	皮质均匀,具有良好的弹性、韧性,不得有僵硬和夹生心现象 表面平整光洁,无伤痕、皱纹 胶合牢固,搭头整齐,铆钉不弯曲,垫圈不破裂,铆钉头平整光洁

续表

皮结种类	技　术　要　求
生皮革	皮质均匀，具有良好弹性、韧性，无严重黄斑和白渍现象 接合紧密，表面平整光洁，无伤疤和皱皮现象 铆钉不弯曲，垫圈不破裂，铆钉头平滑 孔眼端正平直
丁　腈	表面平整光洁，无毛刺和飞边 皮结体丰满，皮结枕不得凸出皮结体底部 皮结体厚度差异及两边差异不大于 0.5mm
工程塑料	用低压高相对分子质量聚乙烯制成，其相对分子质量大于 70 万 表面平整光洁，无缺损、伤痕、毛刺 锭孔端面应与孔径轴线垂直，不得歪斜 锭孔应离端面 7mm 左右，紧衬层压布防热圈(套管)或其他相当材料

三、皮圈

(一)皮圈结构(图 3－1－12)

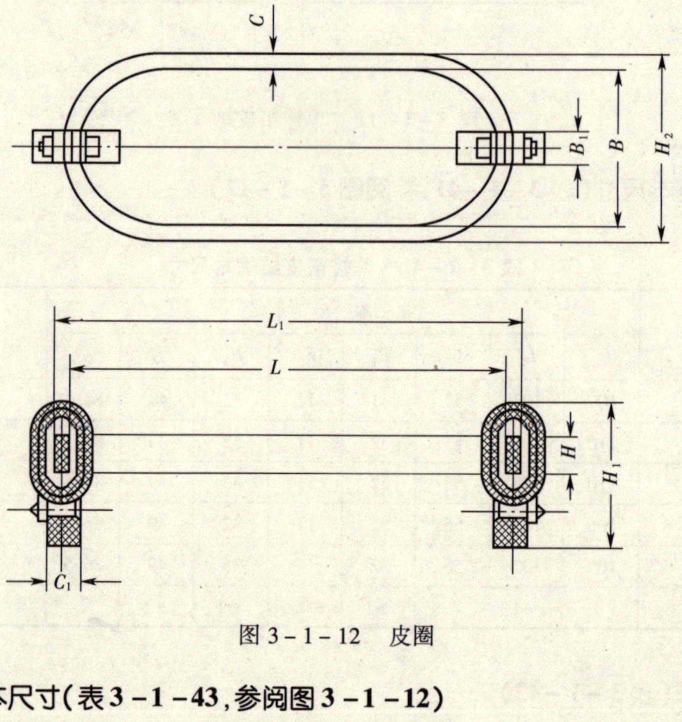

图 3－1－12　皮圈

(二)皮圈基本尺寸(表 3－1－43，参阅图 3－1－12)

表 3－1－43　皮圈基本尺寸

型　号	基　本　尺　寸								适用织机
	L	L_1	C	H	B	H_1	C_1	B_1	
250	250	270	5.5～6	40	100	80	15	22	GA611 型系列织机

续表

型号	基本尺寸								适用织机
	L	L_1	C	H	B	H_1	C_1	B_1	
255	255	275	5.5～6	40	100	80	15	22	GA611 型系列织机
260	260	280	5.5～6	40	100	80	15	22	
265	265	285	5.5～6	40	100	80	15	22	
270	270	290	5.5～6	40	100	80	15	22	
275	275	295	5.5～6	40	100	80	15	22	GA615 型系列织机
280	280	306	5.5～6	40	100	80	15	22	
285	285	311	5.5～6	40	100	80	15	22	
290	290	316	5.5～6	40	100	80	15	22	
295	295	321	5.5～6	40	100	80	15	22	
允许公差	±1	±1	±0.5	±0.5	±0.5	±1	±0.5	±0.5	

(三)技术要求(表3－1－44)

表3－1－44　技术要求

皮圈种类	技术要求
皮革	皮质均匀,具有良好弹性和韧性,不得有僵硬及夹生心现象 表面色泽均匀,平整光洁,无伤痕,无皱纹 胶合牢固,搭头整齐 两皮圈枕对正,不歪斜,内外两层要平齐 皮圈枕铆钉不弯曲,垫圈不破裂,铆钉平整光洁
丁腈	表面平整光洁,无毛刺和缺损 其他要求同皮革皮圈

四、投梭棒

(一)投梭棒结构(图3－1－13)

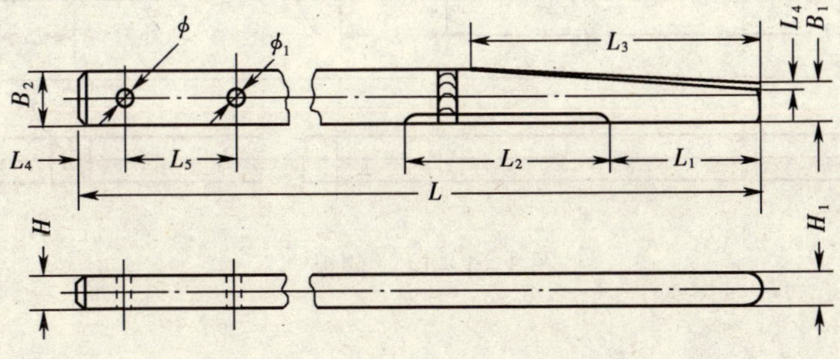

图3－1－13　下投梭棒

(二)投梭棒基本尺寸(表3-1-45,参阅图3-1-13)

表3-1-45　投梭棒基本尺寸

单位:mm

型　号	基　本　尺　寸												适用织机
	L	L_1	L_2	L_3	L_4	L_5	B_2	B_1	H	H_1	ϕ	ϕ_1	
Q13-1	800	140	216	305	76	38	51	38	19	8.5	13	18	GA611型,1511型织机开关侧
Q14-2	765	108	216	273	76	38	51	38	19	8.5	13	18	GA611型,1511型织机换梭侧
GA615A	815	165	216	275	76	38	51	38	19	9	13	13	1511A型织机多梭箱侧
允许公差	±1	±0.5	±0.5	±0.5	±0.5	+0 -0.8	+0.8 -0	±0.4	±0.4	±0.5	±0.1	±0.1	

(三)技术要求(表3-1-46)

表3-1-46　技术要求

投梭棒种类	技　术　要　求
木	用青岗栗木或物理机械性能相当的其他材料制成 木质要求无腐烂、无裂缝、无蛀眼、无节疤、木纹顺直、不变形 表面光滑,无毛刺,并上涂料
层压木	层压板要胶合牢固,无缝隙 螺栓孔的偏心不大于0.5mm 自然平面弯曲度不超过1.5mm

五、侧板

(一)侧板结构(图3-1-14)

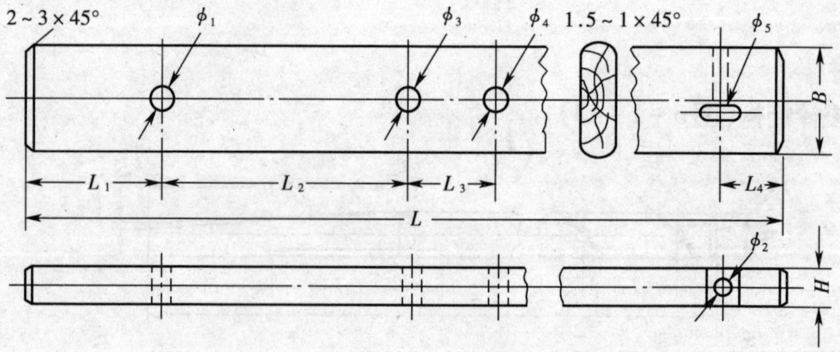

图3-1-14　侧板

(二)侧板基本尺寸(表3-1-47,参阅图3-1-14)

表 3-1-47　侧板基本尺寸

型号		基本尺寸											备注
		L	L_1	L_2	L_3	L_4	B	H	ϕ_1	ϕ_2	ϕ_3	ϕ_4	ϕ_5	
A 型—1	1511M-Q12C	802	57	273	57	46	76	23	14	10	14	14	26×14	每台两件
	1511S-2401A	890	57	273	57	46	76	23	14	10	14	14	26×14	用在换梭侧开关侧用 Q12C
	1515-3302B	874	57	273	57	46	76	23	14	10	14	14	26×14	每台两件
	1515A-2405A	960	57	273	57	58	76	23	14	10	14	14	26×14	用在换梭侧
	1515A-2415	882	57	273	57	46	76	23	14	10	14	14	26×14	用在开关侧
	允许公差	±1.5	+0 -0.8	±1.5	±0.8	+0 -0.8	+0.8 +0.4	+0 -0.8	+0.5 -0	+0.5 -0	+0.5 -0	+0.5 -0	+0.5 -0	

(三)技术要求

(1)层压木侧板应胶合牢固,不能有隙缝或脱胶现象,密度不低于 $1.25g/cm^3$。

(2)侧板孔中心与侧板面中心偏差应小于 0.4mm,自然弯曲不超过 1.5mm。

(3)表面光滑、无毛刺,并上涂料。

六、卷布辊

(一)卷布辊结构(图 3-1-15)

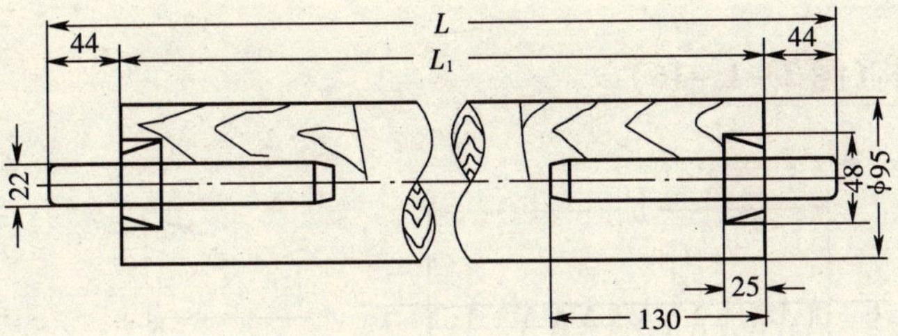

图 3-1-15　卷布辊

(二)卷布辊基本尺寸(表 3-1-48,参阅图 3-1-15)

表 3-1-48　卷布辊基本尺寸

单位:mm

项目		织机型号									允许公差
		GA611 型					GA615 型				
织机公称筘幅	cm	107	112	117	127	132	142	160	170	190	
	英寸	42	44	46	50	52	56	63	67	75	
全长(L)		1171	1222	1273	1374	1425	1528	1704	1806	2009	

续表

项　　目	织　机　型　号									允许公差
	GA611 型					GA615 型				
辊身长(L_1)	1083	1134	1185	1286	1337	1438	1616	1718	1921	+1.0 -2.0
辊身直径	95	95	95	95	95	95	95	95	95	±0.8
轴头长	44	44	44	44	44	44	44	44	44	+1.0 -0
轴头直径	22	22	22	22	22	22	22	22	22	±0.2
辊端圆弧半径	12	12	12	12	12	12	12	12	12	±1.0

(三)技术要求

(1)卷布辊用松木或玻璃钢制成。

(2)木辊的木质应无腐烂、无节疤。如有节疤,其直径不超过25mm。

(3)辊身应无裂缝,如有裂缝,宽度不超过1.5mm,深度不超过2.5mm,并须进行填补。

(4)辊身表面手感无毛刺,表面涂泡力水,铁轴头部须涂防锈油。

(5)铁轴用ϕ25mm低碳钢紧密地装入辊身深150mm,再用ϕ8mm圆铁横销贯穿。轴箍用ϕ50mm、长25mm的无缝钢管箍牢。

(6)两端铁轴的中心须在木辊的中心线上,偏度不超过1.5mm。

七、边撑刺辊

(一)木刺辊结构(图3-1-16)

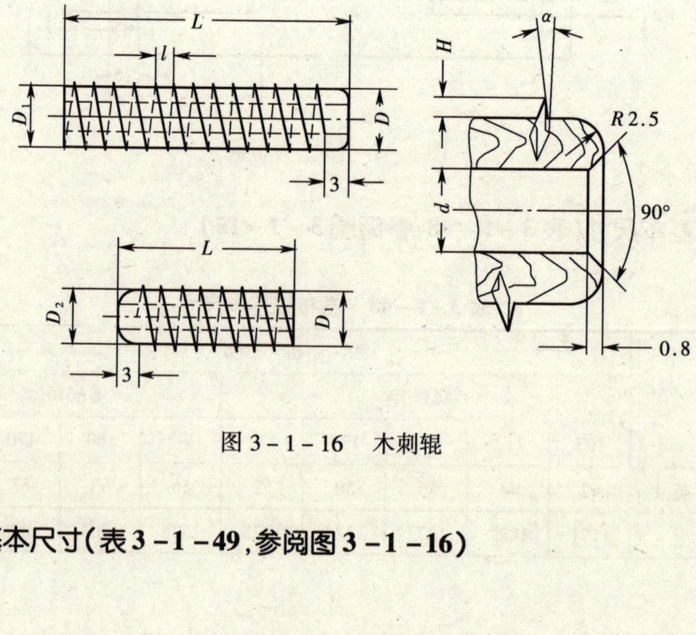

图3-1-16　木刺辊

(二)木刺辊基本尺寸(表3-1-49,参阅图3-1-16)

表 3－1－49　木刺辊基本尺寸

单位：mm

节别	基本尺寸								
	L	D	D_1	D_2	d	针距	针斜度 α	针高 H	每一圆周刺数
第一节（长节）	62	13	12	—	4.8	3.175	15°	低刺 0.4 中刺 0.6	稀刺 12.5 密刺 16.5
第二节（短节）	45	—	12	11.5	4.8	2.117	15°	高刺 0.8	
允许公差	+0 －0.5	+0.3 －0	+0.3 －0	+0.3 －0	+0.3 －0		±30′	±0.1	

（三）铁刺辊结构（图 3－1－17）

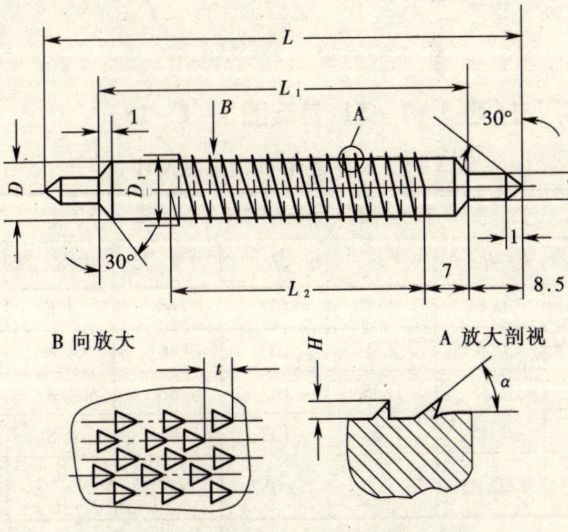

图 3－1－17　铁刺辊

（四）铁刺辊基本尺寸（表 3－1－50，参阅图 3－1－17）

表 3－1－50　铁刺辊基本尺寸

单位：mm

刺别	基本尺寸									适应品种
	D_1	D	H	d	t	L	L_1	L_2	α	圆周刺数	
粗刺	13.2 ±0.20	12	0.75	6	3	127	110	86	50°	12	厚织物
中刺	13.2 ±0.18	12	0.60	6	2.5	127	110	86	50°	16	卡其织物
普细刺	12.6 ±0.15	12	0.40	6	2	127	110	86	50°	22	细斜纹 细平布
特细 A 刺	12.5 ±0.15	12	0.25	6	2	127	110	86	50°	24.5	细斜纹 细平布
特细 B 刺	12.7 ±0.15	12	0.35	6	2	127	110	86	50°	24.5	薄型织物
允许公差		±0.05	±0.05	±0.1		±0.2	±0.2	±0.2	±30′		

(五)空心铁刺辊结构(图 3-1-18)

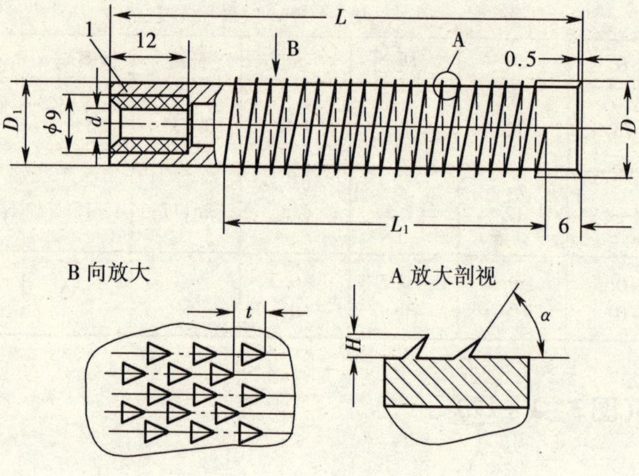

图 3-1-18 空心铁刺辊

(六)空心铁刺辊基本尺寸(表 3-1-51,参阅图 3-1-18)

表 3-1-51 空心刺辊基本尺寸

单位:mm

刺别	基本尺寸								适应品种
	D	D_1	H	t	L	L_1	d	圆周刺数	
中 刺	13.0	11.8	0.6	2.5	107	86	4.8	16	卡其
普细刺	12.6	11.8	0.4	2.0	107	86	4.8	22	细斜纹、平布
特细 A 刺	12.3	11.8	0.35	1.25	107	86	4.8	24.5	细斜纹、平布
特细 B 刺	12.5	11.8	0.35	1.25	107	86	4.8	24.5	薄型织物
允许公差		+0 -0.05	±0.05		±0.2	±0.2	+0.2 -0		

(七)铜刺环

1. 普通型铜刺环结构(图 3-1-19)

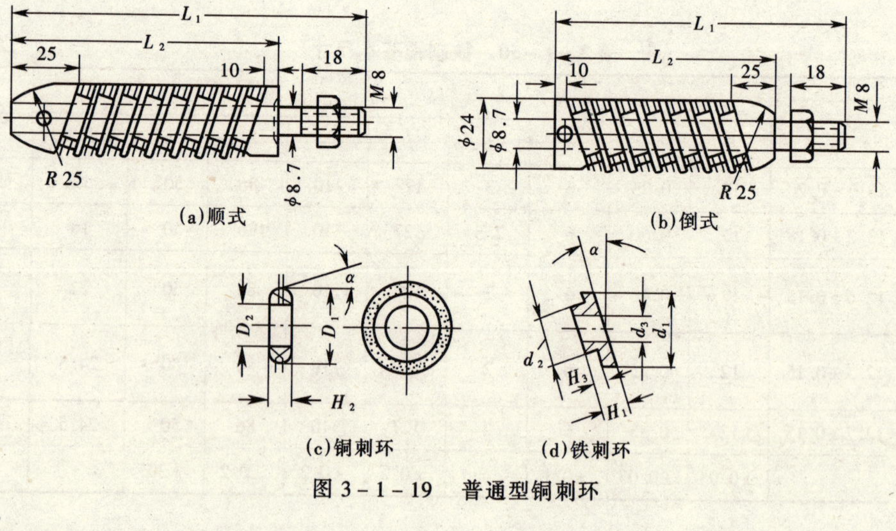

图 3-1-19 普通型铜刺环

2. 普通铜刺环基本尺寸(表 3-1-52,参阅图 3-1-19)

表 3-1-52 普通铜刺环基本尺寸 单位:mm

型式	基本尺寸													
	刺环数	L_1	L_2	D_1	D_2	d_2	H_1	H_2	H_3	d_1	d_3	α	行数×单圈孔数	钢针长度
顺式	7	120	90										3×18	4.7 5 5.3
	8	128	98	23.25	14.5	14.5	8	4.5	4.5	24	8.75	17°	3×18	3.8 4.1 4.4
	10	142	114										3×18	5 5.3 5.6
倒式	7	107	82										3×18	4.4 4.7 5
	8	118	90	23.25	14.5	14.5	8	4.5	4.5	24	8.75	17°	2×18	4.7 5
	10	161.5 147.5	106										3×18	4.4 4.7 5
允许公差		±0.5	±0.10	±0.05	+0.105 -0.045	+0.085 -0	+0 -0.10	+0.14 -0.12	+0.05	+0 -0.14	+0.058 -0	±20′		

3. GA615 型织机铜刺环结构(图 3-1-20)

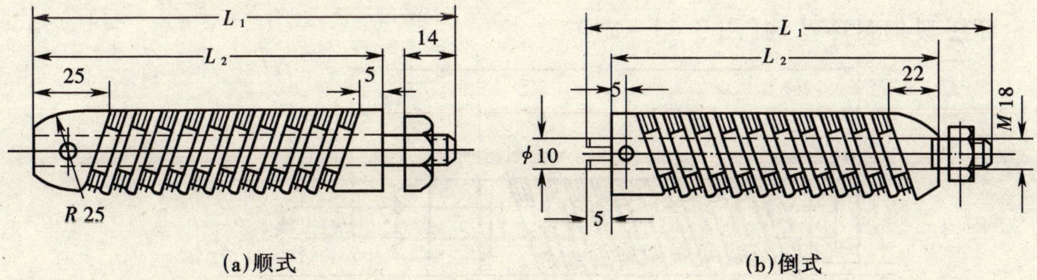

(a)顺式 (b)倒式

图 3-1-20

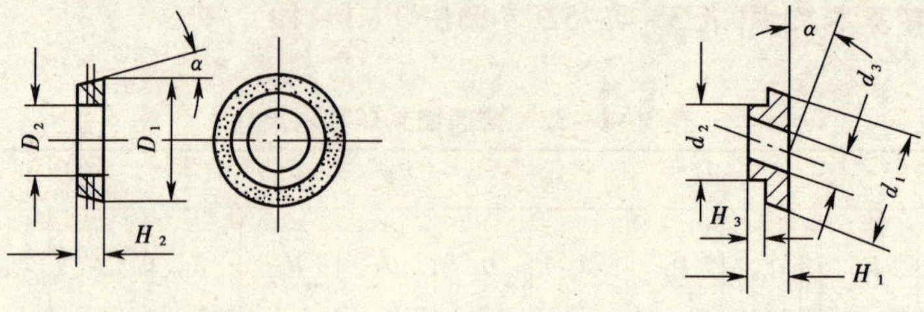

(b)铜刺环　　　　(d)铁衬环

图 3－1－20　GA615 型织机铜刺环

4. GA615 型织机铜刺环基本尺寸(表 3－1－53,参阅图 3－1－20)

表 3－1－53　GA615 型织机铜刺环基本尺寸　　单位:mm

型式	基本尺寸													
	刺环数	L_1	L_2	D_1	D_2	d_2	H_1	H_2	H_3	d_2	d_3	α	行数×单圈孔数	钢针长度
顺式	10	132 140	102 110	23.25	16	16	7	4.5	4.5	24	10	17°	A3×18	4.5 5
	12	140	124										B3×18	3.8 4.1 4.4
	13	148	121											
倒式	10	120	98	23.75	16	16	7	4.5	4.5	24	10	17°	A2×18	4.4 5
	12	148	118										B3×18	3.8 4.1 4.4
	13	170	114.5											
允许公差		±0.5	±0.10	±0.05	+0.105 －0.045	+0 －0.085	+0 －0.10	+0.04 －0.12	+0.05	+0 －0.14	+0.058 －0	±20′		

5. 十环塔形铜刺环结构(图 3－1－21)

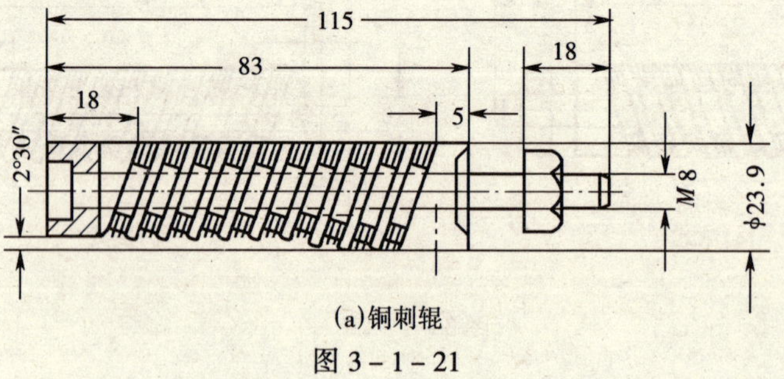

(a)铜刺辊

图 3－1－21

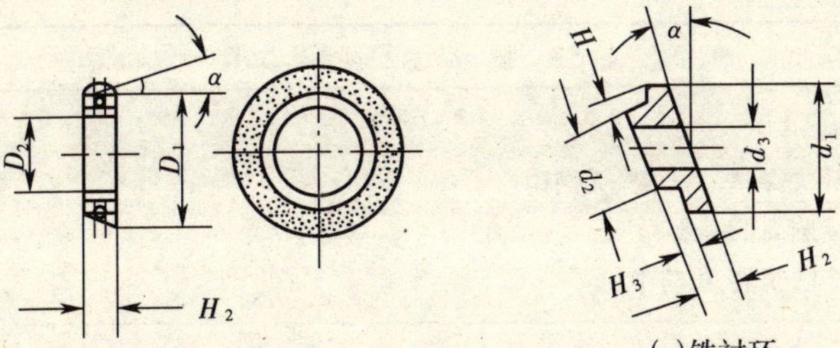

(b)铜制环　　(c)铁衬环

图 3-1-21　十字塔形铜制环

6. 十环塔形铜刺环基本尺寸(表 3-1-54,参阅图 3-1-21)

表 3-1-54　十字塔形铜刺环基本尺寸　　单位:mm

代号	环号									
	1	2	3	4	5	6	7	8	9	10
D_1	18.64	19.22	19.80	20.38	20.96	21.54	22.12	22.70	23.15	23.25
D_2、d_2	11.5	11.5	11.5	13.0	13.0	14.5	14.5	14.5	14.5	14.5
H	2.37	2.66	2.95	2.49	2.78	2.32	2.60	2.90	3.19	3.41
H_1	—	6.0	6.0	6.0	6.0	6.0	6.0	6.0	6.0	6.0
H_2	3.4	3.4	3.4	3.4	3.4	3.4	3.4	3.4	3.4	3.4
H_3	3.4	3.4	3.4	3.4	3.4	3.4	3.4	3.4	3.4	3.4
d_1	18.4	19.72	20.29	20.86	21.43	22.0	22.57	23.14	23.71	24.25
d_3	6.5	6.5	6.5	8.73	8.73	8.73	8.73	8.73	8.73	8.73
α(铁片)	17°	17°	17°	17°	17°	17°	17°	17°	17°	17°
α(铜片)	19°30′	19°30′	19°30′	19°30′	19°30′	19°30′	19°30′	19°	18°30′	17°
钢针枚数	13×2	14×2	15×2	30	30	30	30	30	30	30
刺高	0.4~1.0(由织物厚度决定)									

(八)技术要求(表 3-1-55)

表 3-1-55　技术要求

种类	技术要求
木刺辊	木刺辊用桕木、禾木或使用物理机械性能相当的其他木材制成 木质应无腐烂、无蛀眼、无裂缝、无节疤。木纹应顺直,如有倾斜,对轴心角的倾斜不超过了5° 木刺辊表面应光滑无毛刺,并上涂料,外圆的扁圆度不超过 ±0.2mm 针刺高低应均匀,如有偏差应不超过 ±0.1mm
铁刺辊	铁刺辊应用 Q235 材料制成 铁刺应斜而直,刺尖锋利、无开裂、无倒钩 辊的有刺部分应光洁无锈斑,刺面排列均匀,刺尖高低一致 表面涂防锈液以防生锈

续表

种 类	技 术 要 求
空心铁刺辊	用#20 冷拔管制成 刺形应斜而直,针尖锋利、无开裂、无倒钩 刺面排列均匀,针刺高低一致 表面应光洁,并涂防锈液,以防生锈
铜刺环	刺环用黄铜,衬环用#2 铸铁,螺杆螺帽用#20 低碳钢,钢针用#70 高碳钢或用物理机械性能相当的其他材料 刺环表面粗糙度应为 3.2。刺环上的钢针应无弯曲、倒钩、脱落现象 刺环上钢针应平齐,其高低相差不超过 ±0.15mm 刺环和衬环之间的轴向和径向间隙不得超过 0.15mm 刺环和衬环装配后,回转必须灵活

八、刺毛铁皮

(一)刺毛铁皮结构(图 3-1-22)

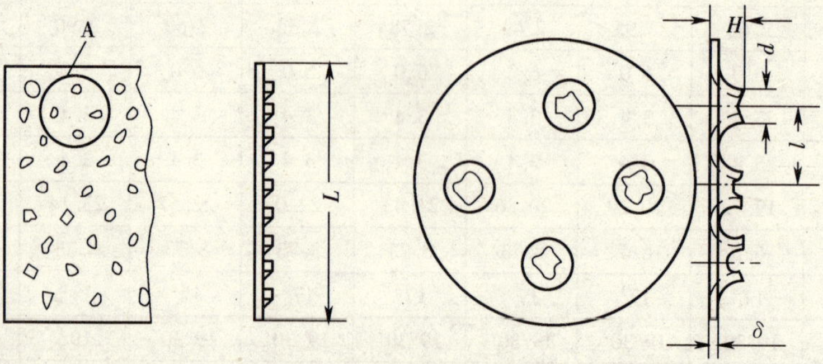

图 3-1-22 刺毛铁皮

(二)刺毛铁皮尺寸(表 3-1-56,参阅图 3-1-22)

表 3-1-56 刺毛铁皮尺寸

单位:mm

种类		基本尺寸(mm)					刺数		每卷 150m 重量(kg)	适应品种
		L	δ	H	d	l	单列	双列		
冲刺	粗	38	0.15	1.0	1	3.45	10	11	6.19~7.15	粗厚织物
	中	38	0.13	0.65	0.8	3.16	11	12	5.3~6.25	一般织物
	细	38	0.11	0.50	0.65	2.9	12	13	4.42~5.4	细密织物
辊刺	中	38	0.13	0.65	0.8	3.16	11	12		
允许公差		±0.3	±0.02	±0.01	+0 -0.1					

（三）技术要求（表 3－1－57）

表 3－1－57　技术要求

种类	技术要求
冲刺	用 Q235 带钢制成，钢皮硬度 HS45～55 厚度和宽度应一致，两边光滑，不得有弯曲和毛边现象 刺高应均匀一致，不能歪斜。刺孔距离均匀、刺尖保持 3～5 瓣开花，大小均匀 表面无黑斑、黄锈、翘皮、疤痕，并喷防锈液防止生锈 接头处焊接应平直牢固，不能有脱裂现象
辊刺	用 Q235B 冷轧带钢制成 铁皮表面不允许有明显的刺孔脱节，并无翘皮、碎边、毛皮、黑斑等疵点。压延粗糙度应为 3.2 织造时，应达到不同织物包围在刺毛辊表面上不产生相对滑动

注　当制织稀薄织物如纱布时，不能使用包有刺毛铁皮的刺毛辊，应采用外包金钢砂皮的刺毛辊。

九、织轴

（一）织轴基本尺寸（表 3－1－58）

表 3－1－58　织轴基本尺寸

机型		GA611					GA615			
公称筘幅	cm	107	112	117	127	132	142	160	170	190
	英寸	42	44	46	50	52	56	63	67	75
轴芯总长（mm）		1327	1378	1429	1530	1581	1685	1859	1961	2164
最大盘板宽度（mm）		1023	1074	1125	1226	1277	1380	1555	1650	1860
可调节盘板宽度（mm）		947 897	998 948	1049 999	1150 1100	1201 1151	1304 1254	1479 1429	1580 1530	1784 1734
盘板直径（mm）		495 550	495 550	495 550	495 550	495 550	495 550	495 550	495 550	495 550
轴芯直径（mm）		110	110	110	110	110	110	110	110	110

（二）技术要求

（1）盘板由铸钢或铸铁制成，与经纱接触的表面须经镀锌处理，使之平整光滑。轴芯由厚 5mm 的无缝钢管制成。

（2）盘板与轴芯须须成直角。

（3）为适应制织不同筘幅的织物，织轴宽度可根据需要进行调整。

十、尼龙件

GA611 型织机常见尼龙件见表 3－1－59。

表3-1-59 GA611型织机常见尼龙件

名 称	部 件 代 号	备 注	
		公称内径(mm)	公称外径(mm)
尼龙轴衬	J9、J32	4	6
	L48、N55、O17	8	10
	B65、N6、N78	10	14
	O45、O46	12	15
	C4、C5、K65、K66	12	16
	O19A	12	18
	O7	14	18
	B28、B43、B44、F220、J6、J10、L29、N14、P1、P2	16	20
	C3、C16、C101、C102、I3、I12、I15、S38、S39	18	22
	F206、C3、F212、F213、F217、L4、S1、S2、S3、S4、S5	20	24
	A2、A3	20	28
	C9、B26	22	28
	B4、B27、K3、K4	24	28
	B3、B16、C1、C2、C105	28	34
尼龙套管	C8、K33、K41、L2、L37、M7、S46、J32、A2、A3、S2、S3、S4、S5、B26、K65、K66		
尼龙喷涂件	A8、C13、F106、J3、K33、K34、K41、L34、M7、N41		
尼龙垫片	C13、J1、K65、O7		
尼龙垫块	F101、F102、K26、I21、L22、M41、O32		
其他尼龙件	A5、B23、B24、B25、C16、D7、F238、F239、I10 用球、I32、I33、K5、K11、N24、Q20、R20、S9、S68、梭芯套箍、节电皮带盘滚柱轴承、B65 衬套、C34 垫圈、C34 滑块、L27 罩壳、O7 凸钉、F14 搭子、F15 搭子、F16 套筒、K13 套筒、M16 套筒		

第二章　片梭织机

第一节　技术特征

一、片梭织机主要技术特征(表 3－2－1)

表 3－2－1　片梭织机主要技术特征

型　号		PU 型	P7100 型	P7300 型
筘幅	公称筘幅(cm)	185.4，215.9，279.4，330.2，388.6，464.8，541	190，220，280，330，360，390，430，460，540	190，220，280，330，360，390，430，460，540
	最大筘幅(cm)	189.4，220，283，334，393，469，545	189.4，220，283，334，367，393，431，469，545	189.4，220，283，334，367，393，431，469，545
	单幅织物最小筘幅(cm)	95，110，142，167，197，235，275	95，110，142，167，184，197，216，235，273	95，110，142，167，184，197，216，235，273
	多幅织物最小筘幅(cm)	33，33，33，33，33，33，33	33，33，33，33，33，33，33，33，33	33，33，33，33，33，33，33，33，33
纤维线密度范围(tex)		短纤 6.4～2000 长丝 1.2～550	短纤 4～2000 长丝 1.2～550	短纤 4～2000 长丝 1.2～550

最大入纬率(m/min)	PU 型							P7100 型									P7300 型	
筘幅(cm)	73	85	110	130	153	183	213	190	220	280	330	360	390	430	460	540	360	390
转速(r/min)	400	400	340	330	300	300	280	450	450	380	360	350	350	320	270	245	450	430
最大入纬率(m/min)	720	720	880	950	1000	1000	1000	830	830	970	1100	1200	1200	1200	1200	1200	1570	1570

续表

型 号		PU 型	P7100 型	P7300 型
开口装置	踏盘装置	共轭双凸轮 10~14 页综	共轭双凸轮 10~14 页综	共轭双凸轮 10~14 页综(曲线优化设计,标记“K”踏盘)
	多臂装置	机械往复式或旋转式多臂 18 页综(22 根提综臂)	机械或电子旋转式多臂 18 页综(22 根提综臂)	电子旋转式多臂 18 页综(22 根提综臂)
	提花装置	机械提花 最大 1792 针×2	双动程全开口式机械或电子提花 最大 1792 针×2	双动程全开口式电子提花 最大 6272 针
打纬装置	打纬型式	轻质分离式筘座,共轭双凸轮打纬	更轻质分离式筘座,共轭双凸轮打纬	更轻质分离式筘座,共轭双凸轮打纬
	打纬箱只数	筘幅 330.2cm 及以下采用 3 只打纬箱;筘幅 388.6cm 采用 4 只打纬箱;筘幅 464.8cm 及以上采用 5 只打纬箱	筘幅 330cm 及以下采用 3 只打纬箱;筘幅 360cm 采用 4 只打纬箱;筘幅 390cm 及以上采用 5 只打纬箱	幅宽 190cm 采用 3 只打纬箱,幅宽 540cm 采用 5 只打纬箱
	平衡减振			采用平衡筘座摆动惯量措施,减少织机振动 50%,使机架的动态应力降低 30%
引纬装置	引纬型式	扭轴弹性蓄能投梭机构	扭轴弹性蓄能投梭机构	扭轴弹性蓄能投梭机构
	引纬方式	扭轴扭转角 27°,片梭初始飞行速度 38.5m/s,扭轴直径 19mm,传感器监控片梭飞行	扭轴扭转角 28°/31°,片梭初始飞行速度 42.3m/s,扭轴直径 19mm,打纬共轭凸轮凸长 50mm,双纬引纬(一只片梭纱夹可同时引入两根纬纱),传感器监控片梭飞行,与 PU 型比运动部件质量减轻 12%	扭轴扭转角 29°/32°,片梭初始飞行速度 43.5m/s,扭轴直径加粗至 21mm,投梭滑块与投梭棒连为一体,打纬共轭凸轮凸长加大至 60mm,四纬引纬(一只片梭纱夹可同时引入 4 根纬纱),与 P7100 型比降低能耗 6~9kW,传感器监控片梭飞行
	片梭	D1(标准型)钢质 梭体:89mm×14.3mm×6.35mm 纬纱夹持面:2.2mm×4mm 重量:约 40g D2(供选用)钢质 梭体:89mm×15.8mm×8.5mm 纬纱夹持面:4mm×5mm 重量:约 60g K2(供选用)塑料外壳 梭体:86mm×15.8mm×8.5mm 纬纱夹持面:2.2mm×4mm 重量:约 22g	D1(标准型)钢质 梭体:89mm×14.3mm×6.35mm 纬纱夹持面:2.2mm×4mm(特轻型 2.2mm×3mm) 重量:约 40g D12(供选用)钢质 梭体:89mm×14.3mm×6.35mm 纬纱夹持面:3.8mm×5mm 重量:约 40.5g D2(供选用)钢质 梭体:89mm×15.8mm×8.5mm 纬纱夹持面:4mm×5mm 重量:约 60g	D1(标准型)钢质 梭体:89mm×14.3mm×6.35mm 纬纱夹持面:3.8mm×5mm 重量:约 40.5g D2(供选用)钢质 梭体:89mm×15.8mm×8.5mm 纬纱夹持面:4mm×5mm 重量:约 60g
	导梭齿	单片排列式导梭齿	分离错开式组合排列导梭齿	分离错开式组合排列的高精度小形体导梭齿

续表

型　号		PU 型	P7100 型	P7300 型
选纬装置	选纬型式	1、2 或 4 色机械选纬，由多臂机、提花机或特种冲孔纸板三种方式控制	1、2 或 4 色机械或电子选纬，由电子多臂控制，踏盘开口和提花机由专门电子控制选色器控制	1、2 、4 或 6 色电子选纬，每种纬纱程控纬纱张力，比机械式纬纱张力峰值降低 30%
	选纬方式	ES　单色 MW　1:1 混纬 ZSD　2 色（或 2 种）纬纱任意变换 VSD　2 ~ 4 色（或 2 ~ 4 种）纬纱任意变换 VSK　2 ~ 4 色（或 2 ~ 4 种）纬纱任意变换，由专用纹板控制，配于踏盘开口 VS1　2 ~ 4 色（或 2 ~ 4 种）纬纱任意变换，由提花机控制变纬，配于提花开口	单色 1:1　2 色（或 2 种）纬纱混纬 2 色（或两种）纬纱任意变换 4 色（或 4 种）纬纱任意变换	单色引纬（与无选色装置的 2 色引纬机构相同） 2 色引纬（由电子磁铁控制电子选色，可单色引纬、混纬或编程控制 2 色引纬） MSA4　4 色选纬（由伺服电动机控制任意选色，在作三级跳跃选色时无需降低车速） MSA6　6 色选纬（由伺服电动机控制任意选色，在作三级跳跃选色时无需降低车速）
纬纱张力调节装置	控纬型式	机械式控制纬纱张力	机械式控制纬纱张力	电子式控制纬纱张力
	控纬方式	压片式制动器： 由瓷质压掌（制动靴）与 0.04 ~ 0.07mm 薄钢片组成	压片式制动器： 由瓷质压掌（制动靴）与 0.04 ~ 0.07mm 薄钢片组成	压片式制动器： 单只或 2 只制动靴，用于短纤纱和小于 1000dtex 的加捻合纤长丝 梳形式制动器： 有三种节距：13mm 用于大于 1000dtex 的多纤维合纤长丝和小于 0.15mm 的合纤单丝；15mm 用于聚丙烯裂膜条 PP；18mm 用于表面涂层的多纤维合纤长丝和大于 0.15mm 的合纤单丝 弹簧片式制动器： 用于细特毛纱
		张力平衡杆： 与纬纱运行方向相垂直提升，精确调节梭口内纬纱张力	张力平衡杆： 与纬纱运行方向相垂直提升，精确调节梭口内纬纱张力	张力平衡杆： 与纬纱运行方向相平行移动，精确调节梭口内纬纱张力
				纬纱预加速器： 利用压缩空气对纬纱预加速，降低引纬张力
送经装置	送经型式	圆盘离合器式机械送经（从动摩擦盘的最大与最小回转角之比率达 13.5，充分满足满轴到小轴的送经要求，纬密范围变动大时可采用不同传动比的蜗轮与蜗杆传动）	圆盘离合器式机械送经或变频电动机式电子送经	变频电动机式电子送经（任意变速满足满轴到小轴的送经要求）

续表

<table>
<tr><th colspan="2">型 号</th><th>PU 型</th><th>P7100 型</th><th>P7300 型</th></tr>
<tr><td rowspan="3">送
经
装
置</td><td>送经
传动比</td>
<td>机械式送经:
<table>
<tr><th>织物品种</th><th>蜗轮与蜗杆传动比</th><th>适应纬密(根/10cm)</th></tr>
<tr><td>普通织物</td><td>1:39</td><td>120 ~ 150</td></tr>
<tr><td>粗特织物</td><td>2:39</td><td>35 ~ 200</td></tr>
<tr><td>细特织物</td><td>1:66</td><td>200 ~ 1810</td></tr>
<tr><td>特粗织物</td><td>6:36</td><td>8.3 ~ 100</td></tr>
</table></td>
<td>机械式送经:
<table>
<tr><th>织物品种</th><th>蜗轮与蜗杆传动比</th><th>适应纬密(根/10cm)</th></tr>
<tr><td>普通织物</td><td>1:39</td><td>100 ~ 700</td></tr>
<tr><td>粗特织物</td><td>2:39</td><td>35 ~ 150</td></tr>
<tr><td>细特织物</td><td>1:66</td><td>150 ~ 1800</td></tr>
<tr><td>特粗织物</td><td>3:38</td><td>18 ~ 40</td></tr>
<tr><td colspan="3">(毛圈织物配 2:39)</td></tr>
</table>
电子式送经:
<table>
<tr><th>织物品种</th><th>减速齿轮传动比</th><th>适应纬密(根/10cm)</th></tr>
<tr><td>普通织物</td><td>53:2</td><td>23 ~ 1550</td></tr>
<tr><td>粗特织物</td><td>36:3</td><td>10 ~ 710</td></tr>
<tr><td>细特织物</td><td>40:1</td><td>35 ~ 2370</td></tr>
</table></td>
<td>电子式送经:送经蜗杆与蜗轮之传动比均为 1:53,改变 5 只变速齿轮传动比即可适应不同纬密范围。
<table>
<tr><th>织物品种</th><th>适应纬密(根/10cm)</th></tr>
<tr><td>高密织物</td><td>300 ~ 1600</td></tr>
<tr><td>普密织物</td><td>200 ~ 1000</td></tr>
<tr><td>中等密度织物</td><td>70 ~ 400</td></tr>
<tr><td>粗特及稀织物</td><td>20 ~ 150</td></tr>
<tr><td>特粗或特稀织物</td><td>8 ~ 30</td></tr>
</table>
电子送经配用套数:
1. 半幅双经轴
机幅 280 ~ 540cm 用 2 套电子送经(标准型)
2. 整幅单经轴
机幅 190 ~ 280cm 用 1 套电子送经(标准型和 R 加重型)
机幅 330 ~ 430cm 用 1 套电子送经(标准型),R 加重型用 2 套电子送经
机幅 460 ~ 540cm 用 2 套电子送经</td></tr>
<tr><td>经纱张力
调节</td><td>摆动后梁感应经纱张力,通过一系列杠杆和左右两只张力弹簧弹力使转子相对于主动摩擦盘斜面凸轮变化位置而自动调节送经量</td><td>采用扭力杆式摆动后梁(去除张力弹簧)感应经纱张力,(机械式)通过一系列杠杆使转子相对于摩擦盘斜面变化位置而自动调节送经;(电子式)通过开关叶片的偏心弧形面和传感器的间距变化,使变频电动机自动调节送经量</td><td>采用轻质摆动后梁和方形扭力杆系统平衡经纱张力,通过张力载荷传感器的变化信号传至变频电动机运转或停止,自动调节送经量。扭力杆数目及截面尺寸根据织机幅宽大小及织物轻厚程度有所选择</td></tr>
<tr><td>织轴直径
(mm)</td><td>600 ~ 1100</td><td>600 ~ 1100</td><td>600 ~ 1100</td></tr>
<tr><td rowspan="2">卷
取
装
置</td><td>卷取型式</td><td>机械式 9 齿轮系卷取(由侧轴通过蜗杆蜗轮传动,其中有 4 只纬密变换齿轮)</td><td>机械式 9 齿轮系卷取(由侧轴通过蜗杆蜗轮传动,其中有 4 只纬密变换齿轮)</td><td>机械式卷取或电子式卷取</td></tr>
<tr><td>卷取辊
加压</td><td>卷取辊上方加有自重压辊,增加织物在卷取辊上卷绕角度</td><td>浮动式卷取辊可自动调整卷取压紧力,防止大张力织物产生滑移</td><td>无积极驱动式压紧辊(用于轻薄、中等织物);积极驱动式压紧辊(用于厚重织物);浮动式卷取辊(用于大张力织物,按织物需要可配固定导向罗拉或回转式导向罗拉)</td></tr>
</table>

续表

<table>
<tr><th colspan="2">型　号</th><th colspan="2">PU 型</th><th colspan="2">P7100 型</th><th colspan="2">P7300 型</th></tr>
<tr><td rowspan="4">卷取装置</td><td>布辊卷取</td><td colspan="2">摩擦离合器卷布辊（最大卷布直径 500mm）或配机外大卷布装置</td><td colspan="2">摩擦离合器卷布辊（最大卷布直径 500mm）或配机外大卷布装置</td><td colspan="2">摩擦离合器卷布辊（最大卷布直径 500mm）或配机外大卷布装置</td></tr>
<tr><td>纬密范围（根/10cm）</td><td colspan="2">8.3～1815（纬密精确范围 0.2）</td><td colspan="2">14～3627（纬密精确范围 0.2）</td><td colspan="2">机械式卷取：16～1800（纬密精确范围 0.4）
电子式卷取：30～1600（纬密精确范围 0.1）</td></tr>
<tr><td rowspan="2">卷取传动比</td><td>蜗轮与蜗杆传动比</td><td>纬密范围（根/10cm）</td><td>蜗轮与蜗杆传动比（适用浮动式卷取辊）</td><td>纬密范围（根/10cm）</td><td>蜗轮与蜗杆传动比</td><td>纬密范围（根/10cm）（机械式卷取）</td></tr>
<tr><td>1:60
2:60
4:60
8:55</td><td>72～1814
36～907
18～453
8.3～208</td><td>1:60
2:60
4:60
8:55</td><td>144～3627
72～1814
36～907
14～411</td><td>1:60
2:60
4:60
8:60</td><td>140～1800
72～880
36～440
16～200</td></tr>
<tr><td rowspan="2">布边装置</td><td>布边型式</td><td colspan="2">钩入布边：单幅织造，两侧布边各有一套钩边装置；多幅织造，在每一分幅处另配中央钩边装置
纱罗绞边：单幅织造，两侧布边各有纱罗绞边装置；多幅织造，在每一分幅处另配中央纱罗绞边装置
热熔切割边：织造合纤产品时，两侧布边或每一分幅处均有热熔切割边装置</td><td colspan="2">钩入布边：单幅织造，两侧布边各有一套钩边装置；多幅织造，在每一分幅处另配中央钩边装置
纱罗绞边：单幅织造，两侧布边各有纱罗绞边装置；多幅织造，在每一分幅处另配中央纱罗绞边装置
热熔切割边：织造合纤产品时，两侧布边或每一分幅处均有热融切割边装置</td><td colspan="2">钩入布边：单幅织造，两侧布边各有一套钩边装置；多幅织造，在每一分幅处另配中央钩边装置
纱罗绞边：单幅织造，两侧布边各有纱罗绞边装置；多幅织造，在每一分幅处另配中央纱罗绞边装置
热熔切割边：织造合纤产品时，两侧布边或每一分幅处均有热熔切割边装置</td></tr>
<tr><td>布边剪刀</td><td colspan="2">单幅织造，两侧布边各有机械式边剪；多幅织造，在每一分幅处配有机械式中央边剪</td><td colspan="2">单幅织造，两侧布边各有机械式边剪；多幅织造，在每一分幅处配有机械式中央边剪</td><td colspan="2">单幅织造，两侧布边各有电动式边剪；多幅织造，在每一分幅处配有电动式中央边剪</td></tr>
<tr><td colspan="2">经停装置</td><td colspan="2">6 列电控式经停
2～4 段分段显示</td><td colspan="2">6 列电控式经停
2～4 段分段显示</td><td colspan="2">6 列电控式经停
2～4 段分段显示</td></tr>
<tr><td colspan="2">纬停装置</td><td colspan="2">压电陶瓷纬停控制</td><td colspan="2">压电陶瓷纬停控制</td><td colspan="2">压电陶瓷纬停控制</td></tr>
<tr><td colspan="2">边撑装置</td><td colspan="2">长边撑：边撑外段及内段均装有边撑刺环或伸幅罗拉，中段呈半圆柱形
短边撑：边撑外段装有边撑刺环，内段呈半圆锥体
全幅边撑：织幅缩率大于7%以上的织物选用</td><td colspan="2">长边撑：边撑外段及内段均装有边撑刺环或伸幅罗拉，中段呈半圆柱形
短边撑：边撑外段装有边撑刺环，内段呈半圆锥体
全幅边撑：织幅缩率大于7%以上的织物选用</td><td colspan="2">长边撑：边撑外段及内段均装有边撑刺环或伸幅罗拉，中段呈半圆柱形
短边撑：边撑外段装有边撑刺环，内段呈半圆锥体
全幅边撑：织幅缩率大于7%以上的织物选用</td></tr>
<tr><td colspan="2">主传动装置</td><td colspan="2">主电动机通过组合式 V 形皮带盘传动摩擦离合器启动主轴，并有 6～36 r/min 的调速范围，采用全周式钢带制动，在 25°～30°回转角内可完全制动</td><td colspan="2">主电动机通过组合式 V 形皮带盘传动两只离合器飞轮驱动主轴，全周式钢带（连刹车皮）制动直接作用在主轴上，在 25°～30°回转角内可完全制动</td><td colspan="2">变频电动机通过 V 形皮带盘传动两只离合器飞轮驱动主轴，可按织物特点调控车速，全周式钢带（连刹车皮）制动直接作用在主轴上，进一步优化刹车和增强主传动离合器措施，使织机承受刹车载荷降低 30%</td></tr>
</table>

续表

型 号	PU 型	P7100 型	P7300 型
润滑系统	片梭、投梭机构 GS 泵自动监控润滑装置，全机集中润滑系统	GS 型自动控制润滑装置，可根据设定，定时、定量地对引纬机构（递纬器导轨、投梭滑块导轨、递纬器打开器、梭夹打开钩、片梭等）喷供油雾，并定期吹气清洁油路油孔，确保其润滑效果，其他为全机集中润滑系统	片梭、投梭机构气动控制式自动控制润滑装置，由微机设定，定时、定量地对各润滑点进行供油及雾化，并定期吹气清洁油路油孔；全机采用旋转式活塞集中润滑系统，对重载润滑点作精确油量润滑，润滑油进行冷却和过滤
监控系统	片梭飞行监控（FT） 纬纱断头自停监控（压电陶瓷TK） 润滑自动监控（GS） 断经自停监控（KFW） 满匹自停监控（STZ） 角度信号（传感器 WIS）	配备电子系统监测、控制、调整和最优化处理的功能，采用 DIA20 模件，将所有电子控制系统与数据处理系统联通，与标准数据比较，指令自动调整机器运行状态。织机监控功能有： 片梭飞行监控（PFR） 纬纱断头自停监控（压电陶瓷TK） 润滑自动监控（GS） 断经自停监控（KFW） 定位角度停机（WIS） 自动计纬码表（STZ） 电子自动制梭（SMP） 开关自动吸持磁铁（MAG） 自动寻纬头（ASSV） 电子自动送经（KSA） 机械故障自动监控（TSN） 自动调节经纱张力（开关叶片） 电子自动平综	采用 32 位微处理机监控系统，监测和控制织机所有功能；电控箱配有带图形显示屏的终端控制装置，功能键盘，可用记忆卡或用户界面编程，储存和进行诊断处理；可编程或修改织物组织并按织物调控车速；可将生产数据与中央电脑系统双向通讯或经互联网进行传送。织机监控功能有： 片梭飞行监控（PFR） 纬纱断头自停监控（SFW） 润滑自动监控（GS） 断经自停监控（KFW） 定位角度停机（WIS） 电子自动计纬（STZ） 电子自动制梭（SMP） 电子自动寻纬头（ASSV） 电子自动送经（KSA） 电子自动卷取 机械故障自动监控（TSN） 电子自动选纬 电子自动平综 自动调节经纱张力（开关叶片） 投梭机构自动清洁

外形尺寸	机型	PU85	PU110	PU130	P7100—190	P7100—220	P7100—280	P7300—190	P7300—220	P7300—280
	长	4429 ~ 4729	5064 ~ 5364	5572 ~ 5872	4169 ~ 4569	4448 ~ 4848	5083 ~ 5483	4169 ~ 4569	4448 ~ 4848	5083 ~ 5483
	宽	1945 ~ 2115	1945 ~ 2115	1945 ~ 2115	2010 ~ 2200	2010 ~ 2200	2010 ~ 2200	2010 ~ 2200	2010 ~ 2200	2010 ~ 2200
	机型	PU153	PU183	PU213	P7100—330	P7100—360	P7100—390	P7300—330	P7300—360	P7300—390
	长	6157 ~ 6457	6944 ~ 7244	7680 ~ 7980	5591 ~ 5991	5921 ~ 6321	6176 ~ 6576	5591 ~ 5991	5921 ~ 6321	6176 ~ 6576
	宽	1940 ~ 2115	1954 ~ 2115	1954 ~ 2115	2010 ~ 2200	2010 ~ 2200	2010 ~ 2200	2010 ~ 2200	2010 ~ 2200	2010 ~ 2200
	机型				P7100—430	P7100—460	P7100—540	P7300—430	P7300—460	P7300—540
	长				6557 ~ 6957	6963 ~ 7363	7699 ~ 8099	6557 ~ 6957	6963 ~ 7363	7699 ~ 8099
	宽				2010 ~ 2200	2010 ~ 2200	2010 ~ 2200	2010 ~ 2200	2010 ~ 2200	2010 ~ 2200

续表

型　号	PU 型	P7100 型	P7300 型
其他装置	机械式纬纱交接机构（递纬器往复机构、递纬夹打开机构、升梭器与梭夹打开机构、剪刀与定中心片） 机械式制梭装置 手动式寻纬头装置 系统（经纱断头、纬纱断头、片梭飞行监测及操作按钮信息输入模件）	机械式纬纱交接机构（递纬器往复机构、递纬夹打开机构、升梭器与梭夹打开机构、剪刀与定中心片） 电子自控制梭装置（步进电动机） 自动寻纬头装置 自动平综装置（适用踏盘开口） 安全光栅装置 系统（所有停机信息全部输入模件中）	机械式纬纱交接机构（递纬器往复机构、递纬夹打开机构、升梭器与梭夹打开机构、剪刀与定中心片） 电子自控制梭装置（步进电动机） 自动寻纬和慢速传动装置 自动平综装置 断纬自动替补纬纱装置 节约废边装置 投梭机构吹风清洁系统

二、全机传动

片梭织机的全机传动系统如图 3－2－1，主电动机 10 由两组皮带盘 D_1 用四根 V 型皮带传动两只皮带轮 D_2，通过离合器而传动织机主轴 1。

主轴 1 横贯全机，穿过 3～5 个打纬箱 C，至最左方伸入引纬箱（投梭箱）A 的下半部中。主轴 1 在每只打纬箱中均装有一对打纬共轭凸轮（图中未画出），在 3～5 只打纬凸轮的作用下使筘座脚轴 5 发生往复摆动，连动筘座脚 11、筘座 12、钢筘 13 与导梭齿 14 等完成打纬运动。图中 2 为辅助轴。

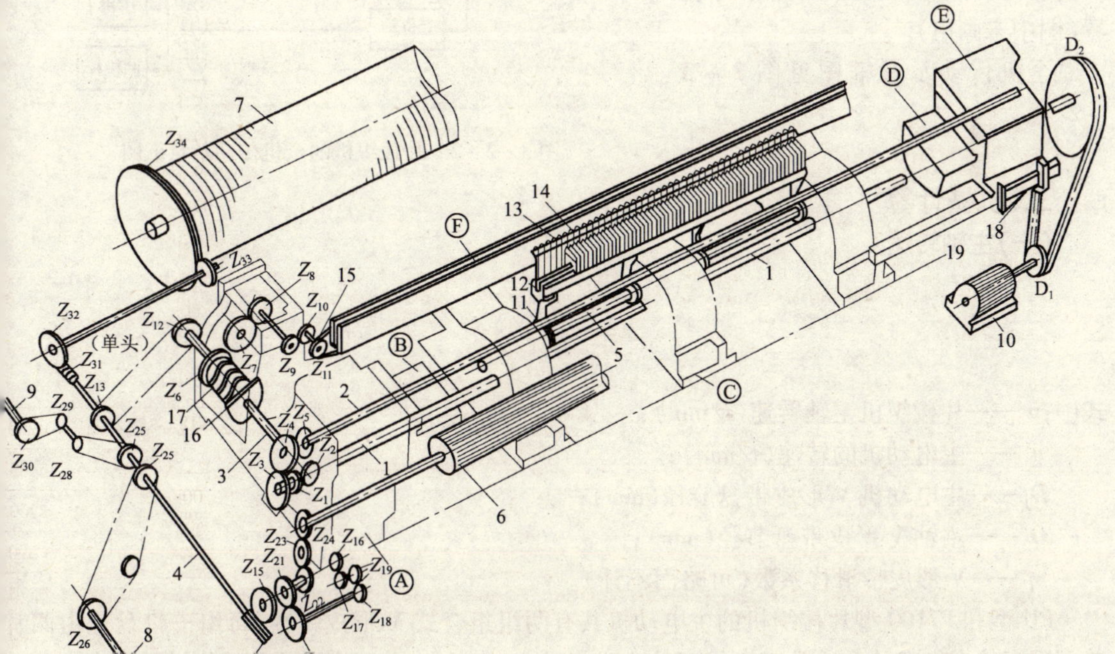

图 3－2－1　片梭织机的全机传动系统

在引纬箱(投梭箱)A下半部的主轴1上固装有伞形齿轮 $Z_1(36^T)$ 与伞形齿轮 $Z_2(36^T)$，它们相啮合并传动直轴3。直轴3上装有投梭凸轮16，用以传动投梭机构。直轴3上还装有三槽凸轮17，分别用以传动递纬夹打开机构、升梭器机构与梭夹打开机构。直轴3上还装有齿轮 $Z_6(50^T)$，通过齿轮 $Z_7(49^T)$、$Z_8(25^T)$、齿轮 $Z_9(16^T)$、$Z_{10}(24^T)$ 而传动链轮 $Z_{11}(28^T)$，使输送链15(传送片梭)获得传动。直轴3的最后端装有链轮 $Z_{12}(28^T)$，通过链条传动固装在侧轴4上的链轮 $Z_{13}(28^T)$。直轴3通过链轮传动上位轴(图中未画出)。上位轴再传动纬纱张力杆、纬纱张力器、边剪、递纬器摆杆、钩边、接梭箱开梭、压梭、回梭杆等(图中未画出)。

侧轴4最前端装有蜗杆 Z_{14}，通过蜗轮 $Z_{15}(60^T)$、4只变换齿轮 Z_{16}、Z_{17}、Z_{18}、Z_{19} 与齿轮 $Z_{20}(10^T)$、Z_{21}、(49^T)、$Z_{22}(10^T)$、$Z_{23}(13^T)$、$Z_{24}(48^T)$ 而传动卷取辊6，完成卷取运动。侧轴4最后端装有蜗杆 Z_{31}，通过摩擦联轴器和蜗轮 $Z_{32}(39^T)$、齿轮 $Z_{33}(22^T)$、$Z_{34}(113^T)$ 而传动经轴7，完成送经运动。侧轴4中部装有链轮 $Z_{25}(28^T)$，通过链条与链轮 $Z_{26}(28^T)$ 传动开口箱的传动主轴8。侧轴4中部还装有链轮 $Z_{27}(28^T)$，通过链条与链轮 $Z_{28}(19^T)$，$Z_{29}(19^T)$ 及 $Z_{30}(56^T)$ 而传动边字提花机主轴9。侧轴4通过链轮再传动自动寻断纬装置、自动平综装置(图中未画出)。

全机传动示意框图见图3－2－2。

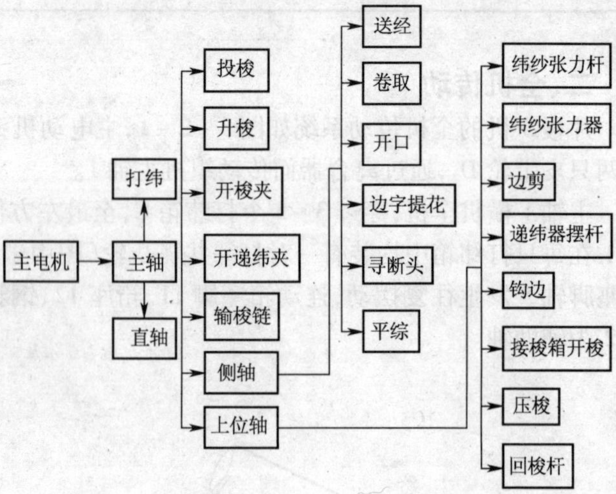

图3－2－2　片梭织机的全机传动示意框图

三、机械计算

(一)主轴转速

$$n = \frac{n_1 \times D_1}{D_2} \times \eta$$

式中：n——片梭织机主轴转速(r/min)；

n_1——主电动机的转速(r/min)；

D_1——主电动机V形皮带盘节径(mm)；

D_2——主轴V形皮带盘节径(mm)；

η——V形皮带滑移系数(可略而不计)。

PU型和P7100型片梭织机的主电动机共有两组组合式V形皮带盘，每组皮带盘是由两片单面锥度的皮带盘片和一片双面锥度的皮带盘片组成，盘片之间嵌套有隔距片，两组皮带盘共有32片隔距片。盘片间相应增加一片或减少一片隔距片，可使织机主轴的转速有6～9r/min的调节变化。片梭织机主轴理论转速调节变化见表3－2－2。

表 3－2－2　片梭织机主轴理论转速表

皮带盘可调直径(mm) ＼ 主电动机转速(r/min)	50Hz		60Hz	
	1430r/min	950r/min	1750r/min	1150r/min
68.5～94.6	195～277	130～184	239～339	157～223
77.0～102	222～301	148～200	272～368	179～242
87.5～112.5	256～334	170～222	312～409	205～269
92.0～117	269～348	179～231	330～426	217～280
98.0～123	289～367	192～244	353～449	232～295
108～133	319～397	212～264		
117～142		231～283		

(二)入纬率与速度

各机型片梭织机的最大入纬率见表 3－2－1 所示，它与纱线质量、纱线粗细、织物所用综框页数及工作幅宽有关。如果多幅织物织造，织机速度应按实际工作幅宽来确定。

例如，筘幅宽为 105cm 的织物，在 P7100—330 型织机上织三幅，求其织机最大允许速度。

织机最大入纬率为 1100m/min

工作幅宽：105cm×3＋6cm(加中间两个钩边装置宽度 6cm)＝321 cm

则织机最大允许速度为：

1100/3.21＝342.5 r/min

(三)纬密计算(图 3－2－3)

根据选用的卷取蜗杆与蜗轮传动比，可用下列公式求得理论纬密 P_w 值(不计织物缩率)：

$$P_w(\text{根/10cm})=\frac{100\times Z_{24}\times Z_{21}\times \text{蜗轮}\times D\times B}{502.5\times Z_{23}\times Z_{22}\times \text{蜗杆}\times C\times A}$$

式中：A、B、C、D——变换齿轮 Z_{16}、Z_{17}、Z_{18}、Z_{19} 的齿数。

2:60(标准齿)：

$$P_w=\frac{100\times 48\times 49\times 60\times D\times B}{502.5\times 13\times 10\times 2\times C\times A}=108\times\frac{D\times B}{C\times A}$$

4:60(粗齿)：

$$P_w=\frac{100\times 48\times 49\times 60\times D\times B}{502.5\times 13\times 10\times 4\times C\times A}=54\times\frac{D\times B}{C\times A}$$

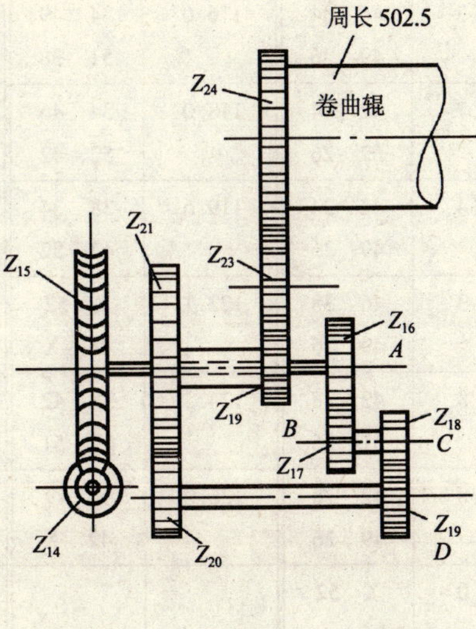

图 3－2－3　卷取装置轮系图

$Z_{20}(10^T)$　$Z_{21}(49^T)$　$Z_{22}(10^T)$

$Z_{23}(13^T)$　$Z_{24}(48^T)$

8∶55(特粗齿):

$$P_{\mathrm{w}}=\frac{100\times48\times49\times55\times D\times B}{502.5\times13\times10\times8\times C\times A}=24.75\times\frac{D\times B}{C\times A}$$

1∶60(细齿):

$$P_{\mathrm{w}}=\frac{100\times48\times49\times60\times D\times B}{502.5\times13\times10\times1\times C\times A}=216\times\frac{D\times B}{C\times A}$$

表3-2-3~表3-2-6为理论纬密值的变换齿轮表。表内符号"X"表示可采用同一齿数的变换齿轮,但该齿轮的齿数不得少于34齿。如果是齿轮A,则齿数不得多于51齿。

查表时,一般以实际纬密值(根/10cm)×0.97(计3%织缩率),再查此表,并读出变换齿轮A、B、C和D的齿数。如果是浮动卷布辊,则以实际纬密值(根/10cm)×0.97÷2,再查此表,并读出变换齿轮A、B、C和D的齿数。

表3-2-3 2∶60传动比纬密值的变换齿轮表

每10cm纬纱根数	变速齿轮 A B C D	每10cm纬纱根数	变速齿轮 A B C D	每10cm纬纱根数	变速齿轮 A B C D	每10cm纬纱根数	变速齿轮 A B C D	每10cm纬纱根数	变速齿轮 A B C D
36.0	51 34 52 26	110.1	X 52 51 X	184.1	26 38 42 49	296.3	15 46 38 34	483.1	15 50 38 51
38.2	49 34 51 26	112.0	38 46 49 42	185.8	26 42 46 49	299.6	15 46 42 38	489.5	15 34 26 52
40.7	46 34 51 26	113.7	34 49 51 38	188.4	34 46 38 49	305.7	15 38 34 38	492.5	15 50 38 52
42.3	46 34 49 26	116.0	34 49 51 38	189.5	26 34 38 51	309.2	15 52 46 38	502.4	15 51 38 52
43.7	42 34 52 26	118.0	34 46 52 42	191.6	26 38 42 51	314.7	15 51 49 42	506.4	15 46 34 52
46.4	42 34 49 26	119.6	38 34 42 52	193.4	26 42 46 51	320.1	15 34 26 34	512.2	15 52 38 52
47.3	46 38 49 26	122.1	X 52 46 X	196.1	34 46 38 52	325.7	15 50 42 38	518.7	15 49 34 50
49.8	42 38 51 26	124.2	38 42 49 51	198.8	26 46 49 51	331.1	15 X 46	526.1	15 38 26 50
51.8	42 38 49 26	126.0	X 49 42 X	199.9	34 46 38 52	335.2	15 51 46 42	529.3	15 50 34 50
54.0	X 52 26			203.5	26 X 49	338.7	15 52 42 38	536.6	15 38 26 51
55.8	49 38 51 34	128.1	34 38 49 52	204.8	34 50 38 49	344.7	15 51 49 46	539.9	15 50 34 51

续表

每10cm纬纱根数	变速齿轮 A B C D	每10cm纬纱根数	变速齿轮 A B C D	每10cm纬纱根数	变速齿轮 A B C D	每10cm纬纱根数	变速齿轮 A B C D	每10cm纬纱根数	变速齿轮 A B C D
58.3	46 38 52 34	130.7	X 46 38 X	207.5	26 52 51 49	351.4	15 52 49 46	550.7	15 51 34 51
60.7	46 38 50 34	132.2	34 38 42 46	208.9	34 50 38 50	357.7	15 34 26 38	561.5	15 52 34 51
61.9	46 38 49 34	133.8	34 38 46 51	211.7	26 52 51 50	359.9	15 50 46	569.8	15 42 26 49
63.9	42 38 52 34	136.0	34 42 51 52	213.5	26 38 34 46	366.0	15 42 38 46	581.4	15 42 26 50
65.7	46 42 51 34	137.7	34 49 52 46	216.0	26 X 52	370.1	15 38 34 46	585.9	15 46 26 46
68.4	46 42 49 34	139.3	38 50 52 51	216.8	26 49 46 49	374.3	15 52 46	593.1	15 42 26 51
70.3	49 42 50 38	142.0	38 49 51 52	220.5	26 51 49 51	381.7	15 52 51 52	604.7	15 42 26 52
72.0	46 42 52 38	144.1	46 38 26 42	221.2	26 50 46 49	386.3	15 46 42 49	624.1	15 49 26 46
73.5	46 42 51 38	146.1	34 X X 46	224.8	26 52 49 51	389.9	15 42 38 49	636.8	15 50 26 46
		147.8	34 34 38 52	225.6	26 49 46 51	359.4	15 34 26 42	649.5	15 51 26 46
76.5	46 42 49 38	149.9	26 52 49 34	227.4	26 46 42 50	397.8	15 50 38 42	662.3	15 52 26 46
78.2	46 50 51 34	152.1	34 46 49 51	229.5	26 42 38 50	405.8	15 51 38 42	678.3	15 50 26 49
79.8	46 X 34 X	153.8	38 51 49 52	232.0	26 46 42 51	410.0	15 46 42 52	691.9	15 51 26 49
82.1	42 46 49 34	156.1	26 34 38 42	234.1	26 42 38 51	415.0	15 51 46 52	705.5	15 52 26 49
84.0	42 49 51 34	157.8	26 X X 38	236.5	26 46 42 52	419.9	15 49 42 50	719.9	15 50 26 52
85.9	34 51 49 26	159.6	26 52 46 34	237.4	26 49 42 49	423.2	15 52 46 52	734.3	15 51 26 52
88.0	34 49 46 26	162.0	34 X X 51	239.4	26 51 46 52	428.5	15 50 42 50	748.7	15 52 26 52
89.9	42 46 50 38	164.3	26 51 49 38	244.1	26 52 46 52	435.7	15 46 38 50	766.8	15 50 23 49

续表

每10cm 纬纱 根数	变速齿轮 *A* *B* *C* *D*	每10cm 纬纱 根数	变速齿轮 *A* *B* *C* *D*	每10cm 纬纱 根数	变速齿轮 *A* *B* *C* *D*	每10cm 纬纱 根数	变速齿轮 *A* *B* *C* *D*	每10cm 纬纱 根数	变速齿轮 *A* *B* *C* *D*
91.7	42 46 49 38	165.1	34 X X 52	252.2	26 50 42 51	437.1	15 51 42 50	782.2	15 52 23 49
93.9	42 49 51 38	168.1	26 49 46 38	254.7	15 51 49 34	444.6	15 42 34 50	797.5	15 52 23 49
95.8	42 51 52 38	170.4	34 46 42 49	259.7	15 52 49 34	448.0	15 46 34 46	805.2	14 49 23 49
97.7	42 X 38 X	172.0	34 42 38 49	266.0	15 50 46 34	454.8	15 49 38 49	821.6	14 50 23 49
99.7	42 50 49 38	174.4	26 X X 42	270.5	15 42 38 34	461.3	15 34 26 49	838.0	14 51 23 49
101.8	X 49 52 X	175.9	34 49 46 52	273.6	15 X X 38	464.1	15 50 38 49	855.1	14 50 23 51
104.1	42 49 46 38	178.4	26 52 46 38	279.1	15 50 49 38	470.7	15 34 26 50	872.2	14 51 23 51
105.9	X 51 52 X	180.0	26 49 52 46	284.7	15 51 49 38	473.4	15 49 38 51	889.3	14 52 23 51
107.6	38 46 51 42	182.1	26 34 38 49	290.3	15 52 49 38	480.1	15 34 26 51	906.8	14 52 23 52

表3-2-4 4:60传动比纬密值的变换齿轮表

每10cm 纬纱 根数	变速齿轮 *A* *B* *C* *D*	每10cm 纬纱 根数	变速齿轮 *A* *B* *C* *D*	每10cm 纬纱 根数	变速齿轮 *A* *B* *C* *D*	每10cm 纬纱 根数	变速齿轮 *A* *B* *C* *D*	每10cm 纬纱 根数	变速齿轮 *A* *B* *C* *D*
18.0	51 34 52 26	55.0	X 52 51 X	92.1	26 38 42 49	148.1	15 46 38 34	241.1	15 50 38 51
19.1	49 34 51 26	56.0	38 46 49 42	92.9	26 42 46 49	149.8	15 46 42 38	244.8	15 34 26 52
20.3	46 34 51 26	56.9	34 49 52 38	94.2	34 46 38 49	152.9	15 38 34 38	246.3	15 50 38 52
21.2	46 34 49 26	58.0	34 49 51 38	94.8	26 34 38 51	154.6	15 52 46 38	251.2	15 51 38 52
21.9	42 34 52 26	59.0	34 46 52 42	95.8	26 38 42 51	157.3	15 51 49 42	253.2	15 46 34 52
23.2	42 34 49 26	59.8	38 34 42 52	96.7	26 42 46 51	160.0	15 34 26 34	256.1	15 52 38 52

续表

每10cm纬纱根数	变速齿轮 *A*　*B* *C*　*D*	每10cm纬纱根数	变速齿轮 *A*　*B* *C*　*D*	每10cm纬纱根数	变速齿轮 *A*　*B* *C*　*D*	每10cm纬纱根数	变速齿轮 *A*　*B* *C*　*D*	每10cm纬纱根数	变速齿轮 *A*　*B* *C*　*D*
23.7	46 38 49 26	61.0	X 52 46 X	98.0	34 46 38 51	162.8	15 50 42 38	259.4	15 49 34 50
24.9	42 38 51 26	62.1	38 42 49 51	99.4	26 46 49 51	165.6	15 X X 46	263.0	15 38 26 50
25.9	42 38 49 26	63.0	X 49 42 X	100.0	34 46 38 52	167.6	15 51 46 42	264.7	15 50 34 50
27.0	X X 52 26			101.8	26 X X 49	169.3	15 52 42 38	268.3	15 38 26 51
27.9	49 38 51 34	64.0	34 38 49 52	102.4	34 50 38 49	172.3	15 51 49 46	270.0	15 50 34 51
29.2	46 38 52 34	65.4	X 46 38 X	103.7	26 52 51 49	175.7	15 52 49 46	275.4	15 51 34 51
30.3	46 38 50 34	66.1	34 38 42 46	104.5	34 50 38 50	178.9	15 34 26 38	280.7	15 52 34 51
30.9	46 38 49 34	66.9	34 38 46 51	105.9	26 52 51 50	180.0	15 50 46 46	284.9	15 42 26 49
31.9	42 38 52 34	68.0	34 42 51 52	106.8	26 38 34 46	183.0	15 42 38 46	290.7	15 42 26 50
32.9	46 42 51 34	68.8	34 49 52 46	108.0	26 X X 52	185.0	15 38 34 46	292.9	15 46 26 46
34.2	46 42 49 34	69.7	38 50 52 51	108.4	26 49 46 49	187.2	15 52 46 46	296.5	15 42 26 51
35.2	49 42 50 38	71.0	38 49 51 52	110.2	26 51 49 51	190.8	15 52 51 52	302.3	15 42 26 52
36.0	46 42 52 38	72.0	46 38 26 42	110.6	26 50 46 49	193.2	15 46 42 49	312.0	15 49 26 46
36.7	46 42 51 38	73.0	34 X X 46	112.4	26 52 49 51	194.9	15 42 38 49	318.4	15 50 26 46
		73.9	34 34 38 52	112.8	26 49 46 51	197.7	15 34 26 42	324.8	15 51 26 46
38.3	46 42 49 38	74.9	26 52 49 34	113.7	26 46 42 50	198.9	15 50 38 42	331.1	15 52 26 46
39.1	46 50 51 34	76.0	34 46 49 51	114.8	26 42 38 50	202.9	15 51 38 42	339.2	15 50 26 49
39.9	46 X X 34	76.9	38 51 49 52	116.0	26 46 42 51	205.0	15 46 42 52	346.0	15 51 26 49

续表

每10cm纬纱根数	变速齿轮 A B C D	每10cm纬纱根数	变速齿轮 A B C D	每10cm纬纱根数	变速齿轮 A B C D	每10cm纬纱根数	变速齿轮 A B C D	每10cm纬纱根数	变速齿轮 A B C D
41.0	42 46 49 34	78.0	26 34 38 42	117.1	26 42 38 51	207.5	15 51 46 52	352.7	15 52 26 49
42.0	42 49 51 34	78.9	26 X X 38	118.3	26 46 42 52	210.0	15 49 42 50	359.9	15 50 26 52
43.0	34 51 49 26	79.8	26 52 46 34	118.7	26 49 42 49	211.6	15 52 46 52	367.1	15 51 26 52
44.0	34 49 46 26	81.0	34 X X 51	119.7	26 51 46 52	214.2	15 50 42 50	374.3	15 52 26 52
44.9	42 46 50 38	82.1	26 51 49 38	122.1	26 52 46 52	217.9	15 46 38 50	383.4	15 50 23 49
45.9	42 46 49 38	82.6	34 X X 52	126.1	26 50 42 51	218.5	15 51 42 50	391.1	15 51 23 49
46.9	42 49 51 38	84.1	26 49 46 38	127.4	15 51 49 34	222.3	15 42 34 50	398.7	15 52 23 49
47.9	42 51 52 38	85.2	34 46 42 49	129.9	15 52 49 34	224.0	15 46 34 46	402.6	14 49 23 49
48.8	42 X X 38	86.0	34 42 38 49	133.0	15 50 46 34	227.4	15 49 38 49	410.7	14 50 23 49
49.8	42 50 49 38	87.2	26 X X 42	135.3	15 42 38 34	230.6	15 34 26 49	419.0	14 51 23 49
50.9	X 49 52 X	88.0	34 49 46 52	136.8	15 X X 38	232.1	15 50 38 49	427.6	14 50 23 51
52.0	42 49 46 38	89.2	26 52 46 38	139.6	15 50 49 38	235.3	15 34 26 50	436.1	14 51 23 51
53.0	X 51 52 X	90.0	26 49 52 46	142.4	15 51 49 38	236.7	15 49 38 51	444.7	14 52 23 51
53.8	38 46 51 42	91.0	26 34 38 49	145.1	15 52 49 38	240.0	15 34 26 51	453.4	14 52 23 52

表3-2-5 8:55传动比纬密值的变换齿轮表

每10cm纬纱根数	变速齿轮 A B C D	每10cm纬纱根数	变速齿轮 A B C D	每10cm纬纱根数	变速齿轮 A B C D	每10cm纬纱根数	变速齿轮 A B C D	每10cm纬纱根数	变速齿轮 A B C D
8.2	51 34 52 26	25.2	X 52 51 X	42.2	26 38 42 49	67.9	15 46 38 34	110.7	15 50 38 51

续表

每10cm 纬纱 根数	变速齿轮 *A*　*B* *C*　*D*	每10cm 纬纱 根数	变速齿轮 *A*　*B* *C*　*D*	每10cm 纬纱 根数	变速齿轮 *A*　*B* *C*　*D*	每10cm 纬纱 根数	变速齿轮 *A*　*B* *C*　*D*	每10cm 纬纱 根数	变速齿轮 *A*　*B* *C*　*D*
8.8	49　34 51　26	25.7	38　46 49　42	42.6	26　42 46　49	68.7	15　46 42　38	112.2	15　34 26　52
9.3	46　34 51　26	26.1	34　49 52　38	43.2	34　46 38　49	70.1	15　38 34　38	112.9	15　50 38　52
9.7	46　34 49　26	26.6	34　49 51　38	43.4	26　34 38　51	70.9	15　52 46　38	115.1	15　51 38　52
10.0	42　34 52　26	27.0	34　46 52　42	43.9	26　38 42　51	72.1	15　51 49　42	116.1	15　46 34　52
10.6	42　34 49　26	27.4	38　34 42　52	44.3	26　42 46　51	73.3	15　34 26　34	117.4	15　52 38　52
10.8	46　38 49　26	28.0	X　52 46　X	44.9	34　46 38　51	74.6	15　50 42　38	118.9	15　49 34　50
11.4	42　38 51　26	28.5	38　42 49　51	45.6	26　46 49　51	75.9	15　X X　46	120.6	15　38 26　50
11.9	42　38 49　26	28.9	X　49 42　X	45.8	34　46 38　52	76.8	15　51 46　42	121.3	15　50 34　50
12.4	X　X 52　26			46.6	26　X X　49	77.6	15　52 42　38	123.0	15　38 26　51
12.8	49　38 51　34	29.4	34　38 49　52	46.9	34　50 38　49	79.0	15　51 49　46	123.7	15　50 34　51
13.4	46　38 52　34	30.0	X　46 38　X	47.6	26　52 51　49	80.5	15　52 49　46	126.2	15　51 34　51
13.9	46　38 50　34	30.3	34　38 42　46	47.9	34　50 38　50	82.0	15　34 26　38	128.7	15　52 34　51
14.2	46　38 49　34	30.7	34　38 46　51	48.5	26　52 51　50	82.5	15　50 46　46	130.6	15　42 26　49
14.6	42　38 52　34	31.2	34　42 51　52	48.9	26　38 34　46	83.9	15　42 38　46	133.2	15　42 26　50
15.1	46　42 51　34	31.5	34　49 52　46	49.5	26　X X　52	84.8	15　38 34　46	134.3	15　46 26　46
15.7	46　42 49　34	31.9	38　50 52　51	49.7	26　49 46　49	85.8	15　52 46　46	135.9	15　42 26　51
16.1	49　42 50　38	32.5	38　49 51　52	50.5	26　51 49　51	87.5	15　52 51　52	138.6	15　42 26　52
16.5	46　42 52　38	33.0	46　38 26　42	50.7	26　50 46　49	88.5	15　46 42　49	143.0	15　49 26　46

续表

每10cm 纬纱 根数	变速齿轮 *A* *B* *C* *D*	每10cm 纬纱 根数	变速齿轮 *A* *B* *C* *D*	每10cm 纬纱 根数	变速齿轮 *A* *B* *C* *D*	每10cm 纬纱 根数	变速齿轮 *A* *B* *C* *D*	每10cm 纬纱 根数	变速齿轮 *A* *B* *C* *D*
16.8	46 42 51 38	33.5	34 X X 46	51.5	26 52 49 51	89.3	15 42 38 49	145.9	15 50 26 46
		33.9	34 34 38 52	51.7	26 49 46 51	90.6	15 34 26 42	148.9	15 51 26 46
17.5	46 42 49 38	34.3	26 52 49 34	52.1	26 46 42 50	91.2	15 50 38 42	151.8	15 52 26 46
17.9	46 50 51 34	34.8	34 46 49 51	52.6	26 42 38 50	93.0	15 51 38 42	155.5	15 50 26 49
18.3	46 X X 34	35.2	38 51 49 52	53.2	26 46 42 51	94.0	15 46 42 52	158.6	15 51 26 49
18.8	42 46 49 34	35.8	26 34 38 42	53.6	26 42 38 51	95.1	15 51 46 52	161.7	15 52 26 49
19.2	42 49 51 34	36.2	26 X X 38	54.2	26 46 42 52	96.2	15 49 42 50	165.0	15 50 26 52
19.7	34 51 49 26	36.6	26 52 46 34	54.4	26 49 42 49	97.0	15 52 46 52	168.3	15 51 26 52
20.2	34 49 46 26	37.1	34 X X 51	54.9	26 51 46 52	98.2	15 50 42 50	171.6	15 52 26 52
20.6	42 46 50 38	37.6	26 51 49 38	55.9	26 52 46 52	99.9	15 46 38 50	175.5	15 50 23 49
21.0	42 46 49 38	37.8	34 X X 52	57.8	26 50 42 51	100.2	15 51 42 50	179.2	15 51 23 49
21.5	42 49 51 38	38.5	26 49 46 38	58.4	15 51 49 34	101.9	15 42 34 50	182.8	15 52 23 49
22.0	42 51 52 38	39.1	34 46 42 49	59.5	15 52 49 34	102.7	15 46 34 46	184.5	14 49 23 49
22.4	42 X X 38	39.4	34 42 38 49	61.0	15 50 46 34	104.2	15 49 38 49	188.3	14 50 23 49
22.8	42 50 49 38	40.0	26 X X 42	62.0	15 42 38 34	105.7	15 34 26 49	192.0	14 51 23 49
23.3	X 49 52 X	40.3	34 49 46 52	62.7	15 X X 38	106.4	15 50 38 49	196.0	14 50 23 51
23.8	42 49 46 38	40.9	26 52 46 38	64.0	15 50 49 38	107.9	15 34 26 50	199.9	14 51 23 51
24.3	X 51 52 X	41.3	26 49 52 46	65.2	15 51 49 38	108.5	15 49 38 51	203.8	14 52 23 51
24.7	38 46 51 42	41.7	26 34 38 49	66.5	15 52 49 38	110.0	15 34 26 51	207.8	14 52 23 52

表 3-2-6 1:60 传动比纬密值的变换齿轮表

每10cm 纬纱 根数	变速齿轮 *A* *B* *C* *D*	每10cm 纬纱 根数	变速齿轮 *A* *B* *C* *D*	每10cm 纬纱 根数	变速齿轮 *A* *B* *C* *D*	每10cm 纬纱 根数	变速齿轮 *A* *B* *C* *D*	每10cm 纬纱 根数	变速齿轮 *A* *B* *C* *D*
72.0	51 34 52 26	220.2	X 52 51 X	368.2	26 38 42 49	592.6	15 46 38 34	966.1	15 50 38 51
76.4	49 34 51 26	224.1	38 46 49 42	371.6	26 42 46 49	599.2	15 46 42 38	979.0	15 34 26 52
81.4	46 34 51 26	227.4	34 49 52 38	376.8	34 46 38 49	611.5	15 38 34 38	985.1	15 50 38 52
84.7	46 34 49 26	231.9	34 49 51 38	379.0	26 34 38 51	618.5	15 52 46 38	1004.8	15 51 38 52
87.4	42 34 52 26	236.0	34 46 52 42	383.3	26 38 42 51	629.4	15 51 49 42	1012.9	15 46 34 52
92.8	42 34 49 26	239.2	38 34 42 52	386.8	26 42 46 51	640.1	15 34 26 34	1024.5	15 52 38 52
94.7	46 38 49 26	244.1	X 52 46 X	392.1	34 46 38 51	651.3	15 50 42 38	1037.5	15 49 34 50
99.6	42 38 51 26	248.4	38 42 49 51	397.7	26 46 49 51	662.3	15 X X 46	1052.1	15 38 26 50
103.7	42 38 49 26	252.0	X 49 42 X	399.8	34 36 38 52	670.4	15 51 46 42	1058.6	15 50 34 50
108.0	X X 52 26			407.0	26 X X 49	677.4	15 52 42 38	1073.2	15 38 26 51
111.7	49 38 51 34	256.1	34 38 49 52	409.5	34 50 38 49	689.3	15 51 49 46	1079.8	15 50 34 51
116.6	46 38 52 34	261.4	X 46 38 X	415.0	26 52 51 49	702.8	15 52 49 46	1101.4	15 51 34 51
121.3	46 38 50 34	264.4	34 38 42 46	417.9	34 50 38 50	715.4	15 34 26 38	1123.0	15 52 34 51
123.8	46 38 49 34	267.6	34 38 46 51	423.5	26 52 51 50	719.9	15 50 46 46	1139.6	15 42 26 49
127.8	42 38 52 34	272.0	34 42 51 52	427.0	26 38 34 46	732.0	15 42 38 46	1162.9	15 42 26 50
131.5	46 42 51 34	275.3	34 49 52 46	431.9	26 X X 52	740.2	15 38 34 46	1171.7	15 46 26 46
136.8	46 42 49 34	278.7	38 50 52 51	433.5	26 49 46 49	748.7	15 52 46 46	1186.1	15 42 26 51
140.7	49 42 50 38	283.9	38 49 51 52	440.9	26 51 49 51	763.3	15 52 51 52	1209.4	15 42 26 52

续表

每10cm纬纱根数	变速齿轮 A B C D	每10cm纬纱根数	变速齿轮 A B C D	每10cm纬纱根数	变速齿轮 A B C D	每10cm纬纱根数	变速齿轮 A B C D	每10cm纬纱根数	变速齿轮 A B C D
144.1	46 42 50 38	288.2	46 38 26 42	442.4	26 50 46 49	772.7	15 46 42 49	1248.1	15 49 26 46
146.9	46 42 51 38	292.2	34 X X 46	449.6	26 52 49 51	779.7	15 42 38 49	1273.6	15 50 26 46
		295.5	34 34 38 52	451.2	26 49 46 51	790.7	15 34 26 42	1299.1	15 51 26 46
152.9	46 42 49 38	299.7	26 52 49 34	454.9	26 46 42 50	795.6	15 50 38 42	1324.6	15 52 26 46
156.5	46 50 51 34	304.1	34 46 48 51	459.0	26 42 38 50	811.6	15 51 38 42	1356.7	15 50 26 49
159.6	46 X X 34	307.6	38 51 49 52	464.0	26 46 42 51	820.0	15 46 42 52	1383.8	15 51 26 49
164.1	42 46 49 34	312.1	26 34 38 42	468.2	26 42 38 51	830.0	15 51 46 52	1410.9	15 52 26 49
168.0	42 49 50 34	315.6	26 X X 38	473.1	26 46 42 52	839.8	15 49 42 50	1439.7	15 50 26 52
171.9	34 51 49 26	319.2	26 52 46 34	474.8	26 49 42 49	846.3	15 52 46 52	1468.5	15 51 26 52
175.9	34 49 46 26	323.9	34 X X 51	478.9	26 51 46 52	857.0	15 50 42 50	1497.3	15 52 26 52
179.8	42 46 50 38	328.5	26 51 49 38	488.3	26 52 46 52	871.4	15 46 38 50	1533.6	15 50 23 49
183.4	42 46 49 38	330.3	34 X X 52	504.3	26 50 42 51	874.1	15 51 42 50	1564.3	15 51 23 49
187.7	42 49 51 38	336.2	26 49 46 38	509.5	15 51 49 34	889.3	15 42 34 50	1595.0	15 52 23 49
191.6	42 51 52 38	340.9	34 46 42 49	519.5	15 52 49 34	896.0	15 46 34 46	1610.3	14 49 23 49
195.4	42 X 38 X	344.0	34 42 38 49	532.1	15 50 46 34	909.7	15 49 38 49	1643.2	14 50 23 49
199.4	42 50 49 38	348.9	26 X X 42	541.0	15 42 38 34	922.5	15 34 26 49	1676.0	14 51 23 49
203.5	X 49 52 X	351.8	34 49 46 52	547.1	15 X X 38	928.3	15 50 38 49	1710.3	14 50 23 51
208.1	42 49 46 38	356.8	26 52 46 38	558.3	15 50 49 38	941.4	15 34 26 50	1744.5	14 51 23 51

续表

每10cm纬纱根数	变速齿轮 A B C D	每10cm纬纱根数	变速齿轮 A B C D	每10cm纬纱根数	变速齿轮 A B C D	每10cm纬纱根数	变速齿轮 A B C D	每10cm纬纱根数	变速齿轮 A B C D
211.8	X 51 52 X	360.0	26 49 52 46	569.4	15 51 49 38	946.8	15 49 38 51	1778.7	14 52 23 51
215.3	38 46 51 42	364.2	26 34 38 49	580.6	15 52 49 38	960.2	15 34 26 51	1813.5	14 52 23 52

第二节　工艺调节

片梭织机的织造工艺参变数可分为固定参变数和可变参变数。

一、固定参变数

（一）机架倾斜度

整个机架由机后向机前倾斜，当经轴边盘直径为800～900mm时，PU型向前倾1.5°，P7100型向前倾斜4°，综框随之前倾，有利于开口过程减少经纱在综眼中的摩擦移动距离，降低断头。

（二）投梭时间

投梭时间设定是固定不变的，不同筘幅配置不同的投梭时间（表3－2－7）。

表3－2－7　P7100型片梭织机的投梭时间

公称筘幅（cm）	投梭时间（D1或D12型片梭）	投梭时间（D2型片梭）
190	150°	—
220	150°	120°
280	135°	120°
330	120°	120°
360	110°	—
390	110°	110°
430	110°	110°
460		110°
540		110°

（三）筘座运动时间

筘座运动时间设定也是固定不变的，而筘座静止时间均比片梭飞行时间大35°（表3－2－8）。筘座动程不变，织口至钢筘的最大距离为67mm。

表 3-2-8 片梭飞行时间和筘座运动时间

投梭时间	到达接梭箱传感器的时间	片梭飞行时间	筘座由前返后开始静止时间	筘座由后向前开始运动时间	筘座静止时间	筘座打纬时间	
						PU 型	P7100 型
150°	305°	155°	150°	340°	190°	70°	65°
135°	305°	170°	135°	340°	205°	70°	57.5°
120°	305°	185°	120°	340°	220°	55°	50°
110°	305°	195°	110°	340°	230°	50°	45°

(四)织口至综框距离(表 3-2-9)

表 3-2-9 织口至各页综框的距离

综框页数	第 1 页	第 2 页	第 3 页	第 4 页	第 5 页	第 6 页	第 7 页	第 8 页	第 9 页	第 10 页
织口至各页综框距离(mm)	145	155	165	175	185	195	205	215	225	235

二、可变参变数

(一)托布板位置与长度

1. 托布板高低 托布板高低必须与后梁位置结合考虑,其高低调节范围见表 3-2-10。一般来说,织物紧密度越大,托布板略低,打纬角偏小为好,反之可略大些;平纹织物托布板可略高,斜纹、缎纹织物托布板可略低。

表 3-2-10 托布板高底位置调节范围

机 型	PU 型	P7100 型
托布板高低位置(mm)	46~52	48~52

测量位置是指从托布板的上边缘到筘座的距离,按投梭时间来确定织机的测量位置(表3-2-11)。

表 3-2-11 托布板高度的织机测量位置

投梭时间	110°	120°	135°	150°
织机位置	45°	50°	57.5°	65°

2. 托布板长度 托布板长度根据筘幅和使用的边撑型式来确定(表 3-2-12)。注意要把托布板边角部位磨圆打光。

表 3-2-12　托布板长度确定

边撑型式	托布板长度(mm)	允许偏差(mm)
短边撑	筘幅减 360	+0 -30
压力边撑	筘幅减 360	+0 -30
长边撑	筘幅减 570	+0 -30

(二)后梁位置

1. *后梁高低位置*　后梁高低位置与托布板高低构成工艺所需的经位置线,其高低调节范围为 -40mm ~ +40mm,一般可构成以下四种情况(表 3-2-13)。

表 3-2-13　后梁高度与托布板高度构成的经位置线(推荐值)

经位置线	托布板高度(mm)	后梁高度(mm)	织物适用范围
对称梭口	46 ~48	0	轻薄型密度稀疏织物
轻度不对称梭口	48 ~49	+10 ~ +15	轻型和中厚型织物
极不对称梭口	51 ~52	+20 ~ +30	高纬密重厚型织物
不对称梭口	46 ~48	-10 ~ -20	上层经浮点多的提花类缎纹织物

2. *后梁前后位置*　后梁前后位置决定后半梭口长度,PU 型前后有 3 个位置可以调节,P7100 型前后有四个位置可以调节(表 3-2-14、表 3-2-15、图 3-2-4、图 3-2-5)。

表 3-2-14　PU 型后梁前后位置调节

后梁前后位置	后半梭口长度	织物适应范围
最前 *C*	后半梭口最短	重磅织物及经纱开口较差的织物,或综框在 14 页以下织物
中间 *B*	后半梭口较长	提花、缎纹织物及经纱强力较低的织物,或综框在 14 页以上织物
最后 *A*	后半梭口最长	综框页数极多,并且经纱浮长变化很大的织物

表 3-2-15　P7100 型后梁前后位置调节

后梁前后位置	后半梭口长度	织物适应范围
后面 *A* 和 *B*	后半梭口较短	综框页数较少及经纱开口较差的织物,或厚重织物
前面 *C* 和 *D*	后半梭口较长	适用 12 页综框以上的提花、缎纹织物及长浮经织物,或边盘直径为 940mm 及以上的经轴

3. *后梁摆动角*　P7100 型的活动后梁摆动角约为 5°~7°(看指针与刻度盘上的指示),超过此角度,就应用月牙盘将偏转辊垫高来调整张力;如果较轻薄织物出现条纹,就应拆除月牙盘。

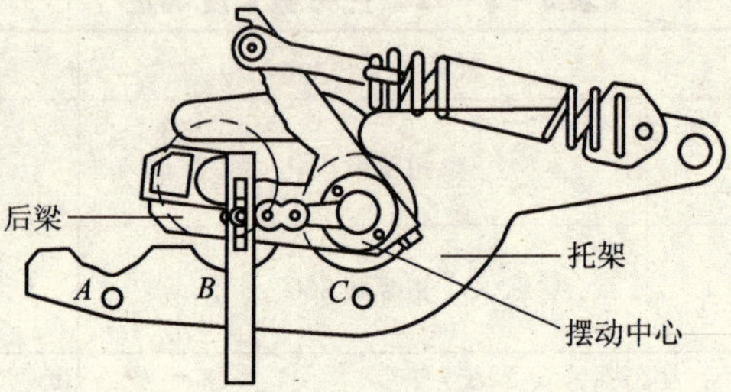

图 3－2－4　PU 型后梁前后位置调节

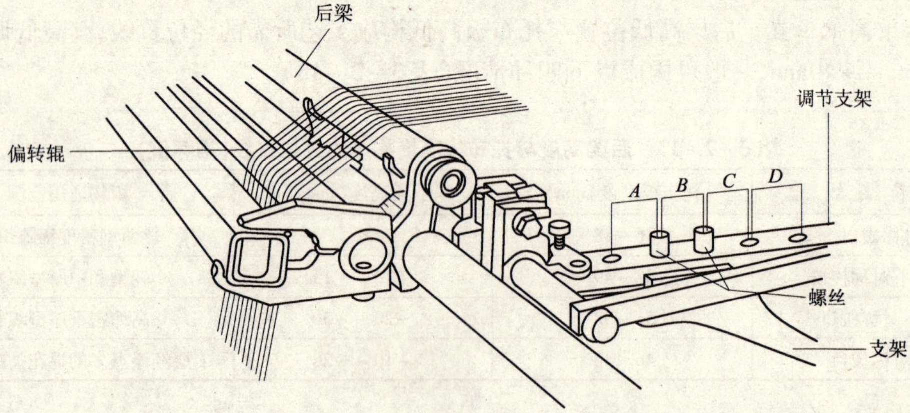

图 3－2－5　P7100 型后梁前后位置调节

(三)梭口高度

在托布板和后梁的高度确定之后,应正确调节梭口高度,即各页综框的高度。梭口高度调节应注意以下两点:

(1)梭口开足时(织机在综平后 180°位置),上层经纱应高出导梭齿顶部约 1mm 左右,下层经纱应在导梭齿孔腔凸缘 a 的下方 3mm 左右,确保片梭飞行不凿断经纱,如图 3－2－6 所示。

(2)回转织机从 340°转到 15°,纬纱应能从导梭齿孔腔出口处顺利滑出,上下不相碰导梭齿为最好,如图 3－2－7 所示。

如果每页综的上下层经纱相对导梭齿的位置要同时调高或调低时,可在开口踏盘箱内将各页综的调节杆适当放长或收缩即可。如果每页综的开口高度(开口量)要加大或缩小时,可将叉形杆上下调节即可,向上调,开口量大;向下调,开口量小。

织造高经密织物时,也可采用轻微交叉梭口的措施,使上下层经纱交叉通过时在不同的层面上进行,以减少相互间的摩擦。但前后页综的交叉高度最多不能超过 10mm,前半梭口的下层经纱分层应控制在 1～2mm 之间,不能与输梭链三角档相碰。

(四)综平时间

综平时间应根据织物品种一般在 350°～30°的范围内调节。在正常情况下,经密低的织物,所有综框调节在同一高度上,综平时间调节为 0°。高经密织物可采用轻微交叉综平时间, 时间

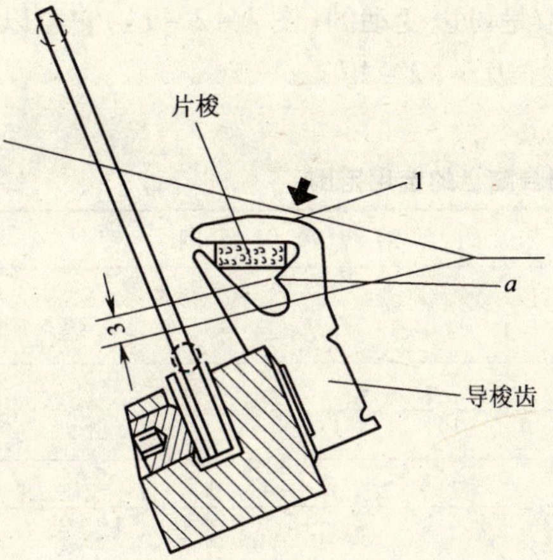

图3-2-6　上下层经纱与导梭齿的相对位置

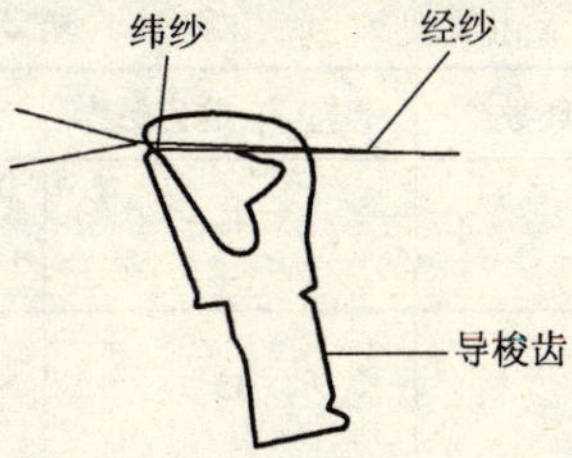

图3-2-7　理想的梭口高度调节

差异应控制在5°~10°的范围内。不同类型织物品种的综平时间调节范围可参考表3-2-16。

表3-2-16　不同类型织物品种的综平时间调节

织物类型		综平时间 地经	综平时间 边经	综平时间 锁边经纱	备注
棉织物	粘胶织物及棉/粘混纺织物	350°~0°	350°~0°		厚重织物采用较短后半梭口，高经密可采用交叉梭口
棉织物	绒类织物、劳动布、牛仔布及缎纹织物	355°~10°	350°~0°		
棉织物	细特高密织物	355°~0°	350°~0°		
毛织物	精纺毛织物及精纺混纺毛纱织物	350°~0° 0°~10°	350°~0°		
毛织物	粗毛纺织物	0°~10°	350°~0°		
麻类织物及麻纱混纺织物		0°~10°	355°~0°		
结子线及花式线织物		0°~10°	350°~0°		
化纤织物	醋酯及三醋酯类织物	10°~20°	350°~0°	325°~330°	
化纤织物	无捻聚酰胺类织物	10°~30°	350°~0°	325°~340°	
化纤织物	聚酯类织物 变形丝 无捻长丝(上浆)	 10°~40° 20°~45°	 350°~0° 350°~0°	 325°~340° 325°~340°	
化纤织物	涤纶巴厘纱织物	40°~50°	350°~0°		重点提高梭口动程
化纤织物	丙纶织物及丙纶扁丝织物	0°~30°	320°~330°		

(五)组合踏盘

组合踏盘是最简单的开口机构，它的最大综框数一般为10页，最大纬纱循环数也可达到

10 纬，一般均为 8 纬。踏盘开口箱链轮 Z_{26} 的齿数是可以变动的（图 3－2－1），它可以根据纬纱循环数选用相应的组合踏盘来扩大品种织造范围（表 3－2－17）。

表 3－2－17 开口组合踏盘的选用范围

纬纱循环数	链轮 Z_{26} 的齿数①	组 合 踏 盘 选 用 范 围
4	28	$\frac{1}{1}+\frac{1}{1},\frac{2}{2},\frac{3}{1},\frac{1}{3}$
5	35	$\frac{4}{1},\frac{1}{4},\frac{3}{2},\frac{2}{3},\frac{2}{1}+\frac{1}{1},\frac{1}{2}+\frac{1}{1}$
6	42	$\frac{1}{1}+\frac{1}{1}+\frac{1}{1},\frac{1}{2}+\frac{2}{1},\frac{2}{1}+\frac{2}{1},\frac{1}{1}+\frac{1}{3},\frac{3}{1}+\frac{1}{1},\frac{2}{2}+\frac{1}{1},\frac{2}{4},\frac{4}{2},\frac{5}{1},\frac{1}{5},\frac{3}{3}$
7	49	$\frac{1}{1}+\frac{1}{1}+\frac{1}{2},\frac{2}{1}+\frac{1}{1}+\frac{1}{1},\frac{4}{1}+\frac{1}{1},\frac{1}{1}+\frac{1}{4},\frac{3}{1}+\frac{2}{1},\frac{1}{2}+\frac{1}{3},\frac{3}{1}+\frac{1}{2},\frac{2}{1}+\frac{1}{3},\frac{1}{1}+\frac{3}{2},\frac{2}{3}+\frac{1}{1},\frac{1}{2}+\frac{2}{2},\frac{2}{2}+\frac{2}{1},\frac{6}{1},\frac{1}{6},\frac{5}{2},\frac{2}{5},\frac{3}{4},\frac{4}{3}$
8	56	$\frac{1}{1}+\frac{1}{1}+\frac{1}{1}+\frac{1}{1},\frac{1}{1}+\frac{2}{2}+\frac{1}{1},\frac{3}{1}+\frac{1}{1}+\frac{1}{1},\frac{1}{1}+\frac{1}{1}+\frac{1}{3},\frac{1}{2}+\frac{1}{1}+\frac{2}{1},\frac{2}{1}+\frac{2}{1}+\frac{1}{1},\frac{1}{1}+\frac{1}{2}+\frac{1}{2},\frac{2}{1}+\frac{1}{1}+\frac{1}{2},\frac{1}{3}+\frac{3}{1},\frac{3}{3}+\frac{1}{1},\frac{3}{1}+\frac{3}{1},\frac{1}{3}+\frac{1}{3},\frac{3}{2}+\frac{1}{2},\frac{2}{1}+\frac{2}{3},\frac{3}{2}+\frac{2}{1},\frac{1}{2}+\frac{2}{3},\frac{2}{2}+\frac{2}{2},\frac{2}{2}+\frac{3}{1},\frac{1}{3}+\frac{2}{2},\frac{4}{1}+\frac{1}{2},\frac{2}{1}+\frac{1}{4},\frac{4}{1}+\frac{2}{1},\frac{1}{2}+\frac{1}{4},\frac{4}{2}+\frac{1}{1},\frac{1}{1}+\frac{2}{4},\frac{5}{1}+\frac{1}{1},\frac{1}{1}+\frac{1}{5},\frac{1}{7},\frac{7}{1},\frac{6}{2},\frac{2}{6},\frac{5}{3},\frac{3}{5},\frac{4}{4}$
9	63	$\frac{4}{2}+\frac{1}{2},\frac{2}{1}+\frac{2}{4},\frac{1}{2}+\frac{1}{5},\frac{5}{1}+\frac{2}{1},\frac{1}{2}+\frac{5}{1},\frac{1}{5}+\frac{2}{1},\frac{2}{1}+\frac{2}{2}+\frac{1}{1},\frac{1}{1}+\frac{2}{2}+\frac{1}{2},\frac{2}{1}+\frac{2}{1}+\frac{1}{2},\frac{2}{1}+\frac{1}{2}+\frac{1}{2},\frac{4}{1}+\frac{1}{1}+\frac{1}{1},\frac{1}{1}+\frac{1}{1}+\frac{1}{4},\frac{3}{2}+\frac{2}{2},\frac{2}{2}+\frac{2}{3},\frac{5}{4},\frac{4}{5},\frac{1}{1}+\frac{1}{1}+\frac{1}{1}+\frac{1}{2},\frac{2}{1}+\frac{1}{1}+\frac{1}{1}+\frac{1}{1},\frac{6}{3},\frac{3}{6},\frac{2}{1}+\frac{1}{1}+\frac{1}{3},\frac{3}{1}+\frac{1}{1}+\frac{1}{2},\frac{3}{1}+\frac{3}{2},\frac{2}{3}+\frac{1}{3},\frac{2}{3}+\frac{1}{1}+\frac{1}{1},\frac{1}{1}+\frac{1}{1}+\frac{3}{2},\frac{2}{1}+\frac{1}{3}+\frac{1}{1},\frac{1}{1}+\frac{3}{1}+\frac{1}{2}$
10	70	$\frac{2}{1}+\frac{1}{1}+\frac{2}{3},\frac{3}{2}+\frac{1}{1}+\frac{1}{2},\frac{5}{1}+\frac{1}{3},\frac{3}{1}+\frac{1}{5},\frac{5}{2}+\frac{1}{2},\frac{2}{1}+\frac{2}{5},\frac{2}{3}+\frac{2}{3},\frac{3}{2}+\frac{3}{2},\frac{5}{1}+\frac{1}{1}+\frac{1}{1},\frac{1}{1}+\frac{1}{1}+\frac{1}{5},\frac{1}{1}+\frac{1}{1}+\frac{1}{1}+\frac{1}{1}+\frac{1}{1},\frac{4}{1}+\frac{4}{1},\frac{1}{4}+\frac{1}{4},\frac{5}{5}$

① 参见图 3－2－1

(六)经停架位置

1. 托纱杆(六角棒)位置　经停架固装在托纱杆上,调节托纱杆位置就是确定经停架位置。如图 3-2-8 所示,织机处于 200°梭口开足时,先调节托纱杆与最后一页综框之间的前后位置 a,可根据织物品种确定(表 3-2-18)。然后再调节托纱杆的高低位置,原则上以托纱杆与下层经纱轻度接触为好。如经停片横向摆动严重时,可将托纱杆略为抬高些。如果为厚重织物,也可适当提高托纱杆,有利于打紧纬密。

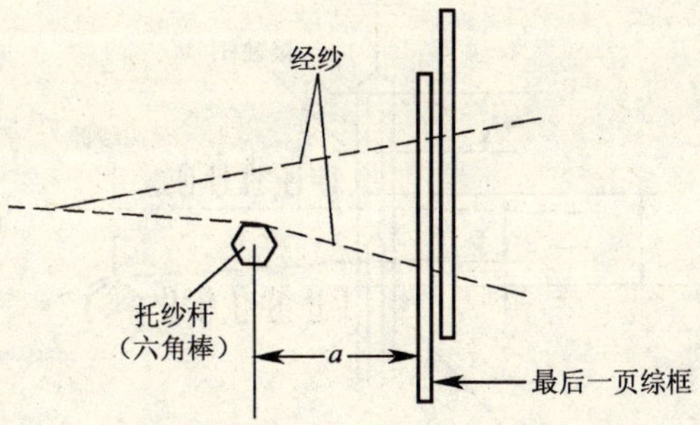

图 3-2-8　经停架托纱杆位置

表 3-2-18　托纱杆(六角棒)的前后位置调节

织物品种		综框页数	距离 a(mm)①	后梁前后位置②
短纤纱织物	轻型织物	8 以下	310~320	内侧(C 位置)
	中厚型织物	8 以上	250~300	内侧(C 位置)
	轻、中型织物	9~14	300~320	内侧(C 位置)
	多综框复杂织物	15~18	360~370	中部(B 位置)
	厚重织物	10 以下	260~270	内侧(C 位置)
	府绸织物	6 以上	210~220	内侧(C 位置)
长丝织物	变形长丝织物	8 以下	360~370	内侧(C 位置)
	未变形长丝织物	13~15	360~370	中部(B 位置)
	变形长丝轻型织物	10 以下	310~330	内侧(C 位置)
	变形长丝中厚织物	14 以下	290~300	内侧(C 位置)
	丙纶扁丝织物	6 以下	320~330	内侧(C 位置)

① 参见图 3-2-8;
② 参见图 3-2-4。

2. 分隔杆位置　调节下层经纱与经停架分隔杆相距 3~5mm(图 3-2-9),相隔太大经停片跳动严重;如下层经纱与分隔杆接触,将会造成经纱摩擦起毛。

3. 接触杆位置　调节经停架接触杆与分隔杆的距离 d(图 3-2-9),使经停片长孔的上缘与接触杆芯片顶端之间保持较小的距离 f,同时上层经纱与接触杆的底部不能接触。如达不到上述要求,可适当增加 a 的距离。

4. 经停片列数　为避免在同一列(即同一根接触杆)上的经停片同时上下剧烈跳动,防止积花、断头,可按下列原则配置经停片列数(即接触杆根数):当地组织综框数为偶数时,经停片列数可配奇数(即按奇数穿经停片);当地组织综框数为奇数时,经停片列数可配偶数(即

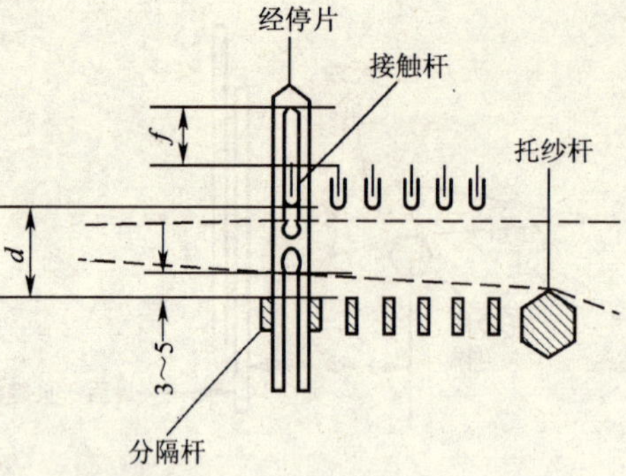

图 3-2-9　分隔杆、接触杆位置

按偶数穿经停片）；为提高经停片的灵敏度，每根接触杆上 0.3mm 厚的经停片密度不宜超过 14 片/cm。如果超过此限度，可改用薄型经停片（如 0.3mm 改为 0.2mm）。若是经密较大的织物，地组织综框为偶数，经停片列数又不宜穿奇数，那么也可用改变经停片穿法来解决（图 3-2-10），经停片“顺穿逢 10 空 1”，即 1、2、3、4、5、6、7、8、9、10 连续顺穿 10 片，然后空穿 1 片（图中“0”），再 1、2、3、4、5、6、7、8、9、10 连续顺穿 10 片，再空穿一片，以此类推，可大大减少经停片同步跳动的几率。

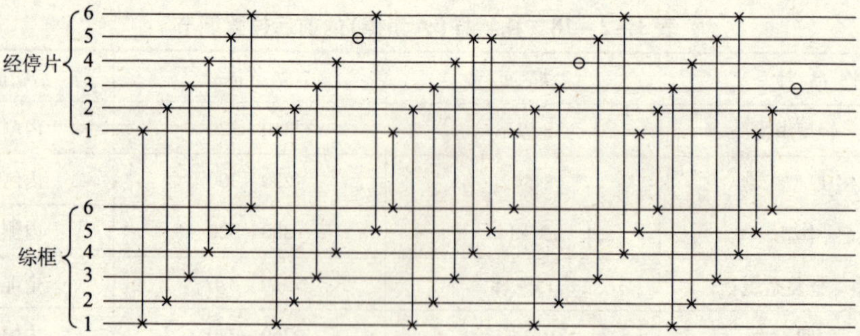

综框页数	
	第 6 页
	第 5 页
	第 4 页
	第 3 页
	第 2 页
	第 1 页

↑顺穿　↑顺穿（逢 10 空 1）

经停片列数											
第 6 列	6	1	7	2	8	3	9	4	10	5	0
第 5 列	5	0	6	1	7	2	8	3	9	4	10
第 4 列	4	10	5	0	6	1	7	2	8	3	9
第 3 列	3	9	4	10	5	0	6	1	7	2	8
第 2 列	2	8	3	9	4	10	5	0	6	1	7
第 1 列	1	7	2	8	3	9	4	10	5	0	6

图 3-2-10　改变经停片穿法解决同步跳动

（七）经纱张力调节

PU 型片梭织机采用摆动后梁和弹簧系统平衡经纱张力。P7100 型及 P7300 型片梭织机采用摆动后梁和扭力杆系统平衡经纱张力。扭力杆的频率响应比弹簧的频率响应好，可迅速达到平衡经纱张力的波动。

（1）扭力杆调节：在扭力管内可以安装多根方形截面的扭力杆，不同幅宽的织机安装扭力杆的根数及其截面尺寸不同，见表 3-2-19。

表 3-2-19　方形扭力杆的数目及截面尺寸

公称幅宽(cm)	轻薄和中厚织物用扭力杆		厚重织物用扭力杆	
	数目(根)	横截面(mm×mm)	数目(根)	横截面(mm×mm)
190	1.8	11×11	1.8	11×11
220	2	11×11	2	11×11
280	2	11×11	2	13×13
330	2.8	11×11	2.8	13×13
360	3	11×11	3	13×13
390	2.8	11×11	2.8	13×13
430	3	11×11	3	13×13
460	3.8	15×15		
540	4	15×15		

一般每根方形扭力杆的扭角可初步调节为15°~20°,如果有两根及以上方形扭力杆,则可初步调节总扭角为30°~40°,然后按照织物工艺需要,观察打纬区宽度、开口清晰度、边撑的布边伸幅位置(布边应和钢筘的边筘齿对齐)及布面疵点情况来适当调节经纱张力。可以增加或放松扭力角来调节。

(2)张力调节杆与定位杆位置:如图3-2-11所示,张力调节杆的长度 L 和定位杆孔的位置,应根据经轴边盘的大小、送经蜗杆蜗轮传动比及纬密范围来决定(表3-2-20)。

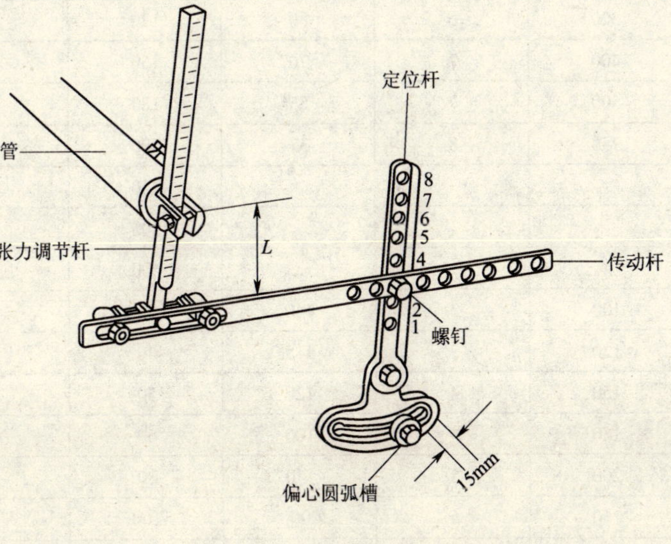

图3-2-11　扭力杆式机械送经装置张力调节

表 3－2－20 经纱张力调节杆与定位杆位置调节参数

经轴边盘直径(mm)	送经蜗杆:蜗轮 1:39			送经蜗杆:蜗轮 2:39		
	纬纱密度(根/10cm)	定位杆孔	调节杆长度 L(mm)	纬纱密度(根/10cm)	定位杆孔	调节杆长度 L(mm)
800	100	3	108	35	2	108
	120	3	88	40	3	140
	150	4	88	50	3	108
	180	4	76	60	3	88
	200	5	84	80	4	84
	250	5	68	100	5	84
	300	6	64	120	6	84
	400	7	56	150	6	64
	500	7	44	180	6	52
	750	8	30	200	7	56
				250	7	44
				300	8	38
				400	8	30
940	100	3	135	35	2	135
	120	3	110	40	3	175
	150	4	110	50	3	135
	180	4	95	60	3	110
	200	5	105	80	4	105
	250	5	85	100	5	105
	300	6	80	120	6	105
	400	7	70	150	6	80
	500	7	55	180	6	65
	750	8	37	200	7	70
				250	7	550
				300	8	48
				400	8	35
1000/1016	100	3	140	35	2	145
	120	3	115	40	3	180
	150	4	120	50	3	140
	180	4	100	60	3	115
	200	5	110	80	4	110
	250	5	90	100	5	110
	300	6	85	120	6	110
	400	7	75	150	6	85

续表

经轴边盘直径(mm)	送经蜗杆: 蜗轮　1:39 纬纱密度(根/10cm)	定位杆孔	调节杆长度 L(mm)	送经蜗杆: 蜗轮　2:39 纬纱密度(根/10cm)	定位杆孔	调节杆长度 L(mm)
	500	7	60	180	6	70
	750	8	42	200	7	75
				250	7	60
				300	8	54
				400	8	39

经轴边盘直径(mm)	送经蜗杆: 蜗轮　3:38 纬纱密度(根/10cm)	定位杆孔	调节杆长度 L(mm)	送经蜗杆: 蜗轮　1:66 纬纱密度(根/10cm)	定位杆孔	调节杆长度 L(mm)
800	25	3	144	150	3	124
	30	3	116	200	3	92
	35	3	100	250	4	92
	40	3	88	300	5	96
	50	4	88	400	5	72
	60	5	92	500	6	64
	80	5	68	600	7	64
	100	6	64	800	7	45
	120	6	52	1000	7	36
	150	7	48	1200	7	30
	180	7	40	1500	8	30
	200	8	37	1800	8	30
	250	8	30			
940	25	3	180	150	3	155
	30	3	145	200	3	115
	35	3	125	250	4	115
	40	3	110	300	5	120
	50	4	110	400	5	90
	60	5	115	500	6	80
	80	5	85	600	7	80
	100	6	80	800	7	57
	120	6	65	1000	7	45
	150	7	60	1200	7	37
	180	7	50	1500	8	32
	200	8	47	1800	8	30
	250	8	35			

续表

经轴边盘直径(mm)	送经蜗杆:蜗轮 3:38			送经蜗杆:蜗轮 1:66		
	纬纱密度(根/10cm)	定位杆孔	调节杆长度 L(mm)	纬纱密度(根/10cm)	定位杆孔	调节杆长度 L(mm)
1000/1016	25	2	135	150	3	160
	30	3	155	200	3	120
	35	3	130	250	4	120
	40	3	115	300	5	125
	50	4	115	400	5	95
	60	5	120	500	6	85
	80	5	90	600	7	85
	100	6	85	800	7	60
	120	6	70	1000	7	43
	150	7	65	1200	7	40
	180	7	52	1500	8	35
	200	8	52	1800	8	28
	250	8	40			

(八)布边设计

1. 布边种类　布边种类根据织物材料和用途可分为光边和毛边两大类。光边就是折入边,毛边有剪切边和热熔边两种。在一般情况下,大多以纱罗进行锁边,然后对布边外侧的纬纱剪切,形成剪切边。化纤长丝织物则大多采用热熔边。有些产品如床上用品、床单、线毯、拉绒毯、毛织物及阔幅装饰布等,则采用折入边。

2. 布边设计基本要点

(1)宽度:布边的标准宽度为 12~15mm,特殊品种可按后道加工需要适当加宽布边。

(2)厚度:折入边的纬纱密度是地组织纬密的两倍。对纬密不高的织物来说,在布边经纱强力能承受的情况下,一般不会有什么困难。但是随着纬密增加,布边增厚,容易断边,甚至无法织造。因此,必须选择适当减薄布边的方法来解决,如适当减少边经密度、调整穿边组织点或改变边经穿筘数等措施。

3. 折入边设计要素

(1)布边的锁边:布边最外端的 2~4 根经纱是起锁边(束缚纬纱)作用的。$\frac{1}{1}$平纹交织锁边效果最好,或者采用一种重复地组织的经纱组织点进行交织,同样可以达到锁边效果。如果纬密较高,为防止断边,可以改用强力较高的锁边经纱,或改用股线经纱(股线直径等于或小于地经直径)来锁边。

(2)布边的组织结构(表 3-2-21):

表 3－2－21　各类织物的布边组织结构采取的措施

织物品种	采取措施
经面织物(经密明显大于纬密)	边经密度比地经密度可略低(降低程度不超过30%)； 减少边组织的交织点
纬面织物(纬密明显大于经密)	边经密度比地经密度可稍低(降低程度不超过15%)； 边经密度等于地经密度,但边经可用较细的纱线； 采用绞边
方型织物(经纬密度差异不大)	边经密度比地经密度可稍低(降低程度不超过15%)； 边经密度等于地经密度,但边经可用较细的纱线； 减少边组织的交织点
高特(粗支)纬纱织物	减少边组织的交织点； 边经用较细的纱线； 采用绞边
长丝织物	边经密度比地经密度可稍低(降低程度不超过15%)； 减少边组织的交织点； 采用热熔边

(3)布边与地组织交接密度:为防止折入边的边须泄露在布面上,在地组织和布边的交接处可增加一根经纱。如地经密度较稀织物,地经和边经都采用2/D(每筘2根)穿筘,那么在地经与边经交接处的渐变段可采用3/D穿筘,以增加交接密度。又如地经采用2/D,边经采用2/D＋1/D间隔相穿,那么在地经与边经交接处的渐变段也可采用3/D穿筘。若是地经密度很高的织物,就不必在交接处再增加密度了。

第三节　机械故障及调节

一、织机调节的基本要点(表3－2－22)

表 3－2－22　片梭织机主要装置调节要点

调节项目	织机位置	调节方法和基本要点
品种翻改	55°	拆去综框、经停杆、钢筘和织轴
	42°	用定规来调节上机筘幅(与钢筘长度相等),可移动接梭箱位置,织造一般品种时,使投梭箱的边纱钳与接梭箱的边纱钳之间的距离比上机筘幅大2mm 增加或减少导梭齿,使末一片导梭齿离上机筘幅距离29～44mm
	95°	拆装或更换钩边装置
	55°	更换和调节托布板高低位置,按工艺要求调节范围为12～52mm,大多数织物调节为48～49mm
	170°	用量规检查推梭器位置,确定压梭时间

续表

调节项目	织机位置	调节方法和基本要点
品种翻改	30°	将准备好的一套片梭置入机内，调节接梭箱梭夹打开器作用
	55°	上机装经轴与综框
	350°～30°	按工艺要求调节综平度（一般品种为0°）
	综平后180°	按工艺要求调节梭口高度，一般上层经纱在导梭齿顶部上方约1mm，下层经纱在导梭齿孔腔内凸缘下方3mm
	200°	带多臂机的织机调节开口位置
	200°	调节经停装置托纱杆、分隔杆和接触杆的位置
	55°	调节边撑位置，边撑盖托架上平面至钩边箱上平面距离为（75±0.5mm），边撑盖不压钩边针
	55°	调换纬密变换齿轮
安全启动		主开关：位于电控箱后侧面。打开电控箱必须将主开关断开，并用私人挂锁锁定；维修加油时，必须将主开关断开，并用挂锁锁定，悬挂"严禁开动织机"警告牌
		维修开关：位于EST模件的面板上。调节和检查织机时，先开动主开关，再将维修开关拨至"MAN"（手动位置），挂警告牌，将织机手柄升起竖直，调检结束后，将维修开关拨至"AUTO"（自动位置），并摘除警告牌
		安全光栅：位于边撑上方，投梭侧有光束发送器，接梭侧有光束接受器。在进行维修操作时，可将发送器、接受器及中断器向上转，光束遮住，织机不能开动。如将维修开关转到"MAN"（手动位置），安全光栅就不起作用
制动装置	0°	投梭装置和接梭装置：拧松探测杆上的六角螺丝，关掉主开关，断开磁铁，使连杆抬起与锁合杆连接，使磁铁和连杆平行并密接，再接通主开关，维修开关拨至"MAN"（手动位置），啮合织机，旋转投梭装置螺丝，使套杆与连杆距离0.1～0.3mm
		升梭器、片梭打开钩、递纬器、打开钩探测棒：维修开关转至"MAN"（手动位置），啮合织机，旋转六角螺母，使螺钉和探测器轴压杆间隙不大于0.05mm
		找断头装置：调节关车监测杆与监测盘的侧向间隙为0.2mm，监测盘和调节螺母间隙为0.5mm
		制动时间：将"WIS"（角度传感）线路板的数字开关调到50°，看关车时织机是否停在325°～335°（制动角在25°～30°之间），若不对则适当张紧偏心螺丝上的弹簧
经停卷取	45°	通过改变"WIS"（角度传感）线路板上的数字来调节停关车位置（提花、多臂和4色引纬织机的数字为45°；精细织物为10°）
	55°	更换适用的纬密变换齿轮
	200°	调节控制卷取装置的传动零件

续表

调节项目	织机位置	调节方法和基本要点
送经	200°	使用一只转子时,送经斜面凸轮的最高点对准转子
	0°	使用两只转子时,送经斜面凸轮的标记点指向正上方
	180°~190°	摆动后梁的轴颈与固装后梁的臂杆之间的距离10mm,调节控制臂杆与连杆长槽中的限位螺丝距离为5~6mm;调节垫圈与扇形槽架的弧形槽底端相距15mm(PU型常规机械式送经)
		满轴时,扇形摆臂杆的偏心圆弧槽的小半径底端与垫圈的距离为15mm;传动杆和扇形摆臂杆连结点(孔)位置、调节臂杆有效工作臂长度按纬纱密度变化而调节;摆动后梁调节在5°~7°范围内(P7100型扭力杆机械式送经)
纬纱张力	210°	调节张力平衡杆的瓷眼中心比锁位杆的固定导纱瓷眼中心高出6mm
	265°	调节纬纱制动器的压掌处于对纬纱轻度施压状态,并把薄钢片压下约1mm。开动织机,观察接梭箱钩入边布边整齐情况,调节对纬纱的制动力,可调节弹簧螺杆伸出螺帽长度5~10mm,最大值限30mm
	75°	调节纬纱张力器下的隔离块,使凸轮与转子间隙为0.15~0.2mm
投梭	65°	扭力轴调换:投梭后即停机,如投梭时间120°,停机位置为130°,松开扇形套筒板上螺丝和调节螺丝,直至套筒板上标记*M*对准标尺片上零线为止,释放扭力。织机转至65°,松开投梭杆上夹紧螺钉,取下扇形套筒板及扭力轴(用清洁揩布取轴)。换入扭力轴置入外套筒,并使扭力轴前端的花键头伸入投梭套管花键孔中。回转扇形套筒板,使圆销恰好位于外套筒肩突的上方,将扇形套筒板的花键孔套入扭力轴后端的花键头,标记*M*对准标尺片的零度线。放置垫圈旋紧螺帽时,将扇形套筒板与扭力轴同时向逆时针方向回转,直到不能转动为止。织机运转逐步减小扭力轴的扭角,直到片梭开始迟进入接梭箱,再逐渐增加扭角,使片梭迟进入接梭箱的现象清除,即关机使扭力轴再扭紧1°
		释放扭力时,调节投梭凸轮与转子的间隙为0.10~0.15mm
	90°	投梭杆位置:拆除递纬器、递纬器导轨、递纬器滑块及上导轨,调节投梭杆上端平面与投梭滑块的间隙为0.2mm。转动投梭杆,调节投梭滑块的凸块与片梭的间隙为0.15~0.30mm
	130°	投梭时间调节:扭轴处于不加扭状态,投梭箱放油1L,拆除投梭箱外侧盖板,手转织机,在冷油条件下,转动凸轮,调节投梭时间为118°~120°(对标准时间120°而言),装好外侧盖板,织机运转约1h后,热油状态的投梭时间应为120°~122°最后外侧盖板应用合成漆密封
递纬器	55°	拆去递纬器滑块,用定规检查校正下递纬夹夹持力13.72~15.68N,上递纬夹夹持力9.8~11.76N,上下钳口必须互相吻合,无间隙
	90°	递纬器摆杆位于最左侧,调节传动滑块与锁位板的距离为10.7mm(四色)~12mm(六色),递纬夹位于梭夹凹口中心,摆杆上下移动灵活无游动
	0°	递纬器摆杆位于最右侧,调节递纬夹与剪刀的间距为0.2~0.5mm
	340°	应先调递纬器左右两极端位置,再调递纬器往复动程,并反复进行多次调节,往复动程为130mm,检查摆杆与左右侧定位销有无间隙接触,递纬器两极端位置是否正确
	50°	调节递纬夹打开器的销轴与升梭器的销轴之间的外档距离为101mm(四色)~102mm(六色),可用下摆杆的偏心销钉调节

续表

调节项目	织机位置	调节方法和基本要点
升梭器	125°	升梭器位于水平位置,用定规放在升梭器盖板上,旋转偏心销,调节升梭器高于投梭滑块0.35~0.45mm;放松扭力轴扭力,拉回投梭杆,调节连杆顶端的偏心轴(记号位于下半圆)
	260°	升梭器位于垂直位置,使定位板与升梭器背面保持一定接触压力
梭夹打开器(左侧)	90°	梭夹打开钩位于最上位置,打开钩的尖端低于导轨平面11.5~12mm,调节偏心销(记号位于下半圆)
	340°	梭夹打开钩回退到最后方位置,打开钩尖端距片梭表面至少有1mm以上距离
剪刀与定中心片	25°~30°	校正曲线沟槽板的位置,使沟槽板顶边低于投梭箱体顶边133mm,沟槽后边距输梭链前边4.4mm
	10°~15°	剪刀处于最高位置,调节升降齿杆低于投梭箱体顶面1~2.5mm
	345°~350°	手转织机,投入一根纬纱,纬纱恰好在剪刀中心位置剪断,用调节升降齿条校正(纬纱最迟必须在356°~0°之间被切断)
	345°	调节定中心片的最前方位置,纬纱正好被引入递纬夹的钳口中央
	65°	调节定位螺丝,使共轭凸轮与转子间隙为0.1~0.2mm
制梭器		织机停转,切断控制开关,手转织机,试投片梭,调节被制动片梭的头端与回退杆的凹槽相距1mm;然后再回转制梭器调节螺杆,使被制动片梭头端与回退杆凹槽相距10mm 当下制梭板磨损长度超过20mm以上凹陷时必须调换;当制梭薄片磨损超过1mm深度时也应调换
片梭回退杆	352°	片梭回退杆应把片梭推至最左
梭夹打开器(右侧)	25°	调节打开钩高度,回转短臂轴,打开钩下降伸入梭夹中心,使钳口张开距离为1~1.5mm,片梭不允许有前后方向移动,调节并紧固偏心销的夹紧螺钉
	125°	把片梭从接梭箱中略为拉出,打开钩尖端与片梭表面距离应大于1mm
压梭器	170°	调节压梭时间:可调节压梭凸轮的四种不同锁合位置 最早压梭时间:当压梭锤开始将片梭压下时,输梭链上的传动块应与导梭槽端面相平齐 最迟压梭时间:压梭锤刚好结束压梭,输梭链上的传动块与片梭端的距离应不小于15mm
	45°	压梭锤位置调节:当压梭锤处于最低位置时,与片梭间距不小于2mm,当压梭锤下压到导梭槽中最下方的一只片梭上时,第二只片梭将下降0.5~1mm,当压梭锤回升时,不能发生第二只片梭向上拨动的现象
		档块调节:档块与闸门的间隙为0.05~0.1mm
输梭链	340°	传动块时间调节:松开螺钉,取下盖板,抽出整个齿轮轴,使两端的齿轮分别脱开啮合,拨动输梭链,使它的任一个传动块的后端面与导轨托脚的端面相互平齐,允许误差为±2mm,然后将齿轮轴置入引纬箱,使两端齿轮分别与各自相关的齿轮啮合,装上盖板,注意弹簧压片与盖板端面有间隙0.2~0.3mm,注意齿轮轴套管不可有轴向位移,然后旋紧六角螺钉
		输梭链张力调节:当压盘与支撑盘的间距为55mm时,输梭链张力正常。间距大,链条发生伸长,了机时应检查此距离,可调节弹簧压力

续表

调节项目	织机位置	调节方法和基本要点
钩边装置	2°	调节手柄转至垂直位置，调节边纱钳脚的顶部与钩边箱平面的前后距离为120～120.5mm，调节边纱钳的顶面到钩边箱顶面的高度距离为71mm
	350°	调节后侧边纱钳转子。当纬纱为中特纱时，调节左侧（投梭箱侧）边纱钳与中央边纱钳的钳口张开程度不大于0.5 mm，调节右侧（接梭箱侧）边纱钳的钳口张开程度可略大，以不小于0.7 mm为宜；当纬纱为低特纱时，钳口张开程度可相应减少，相反，当纬纱为高特纱时，钳口张开程度可适当加大
	290°	调节前侧边纱钳转子。当纬纱为低特纱时，转子应能把弹簧杆的顶端完全压下；当纬纱为中特纱时，转子应能把弹簧杆压下，但转子不触及边纱钳脚的顶端；当纬纱为高特纱时，转子可以从工作位置脱开，即让强弹簧与弱弹簧同时起作用
	195°	调节钩边针，使钩针与边纱钳的距离为1 mm（横向距离）
	240°	调节钩边针，使钩针与边纱钳前侧距离为1 mm（前后距离）
	270°	复查钩边针在边纱钳下面能自由通过，不碰触边纱钳脚
VSD四色换纬装置	200°	调节锁位臂杆的偏心销。使锁位臂杆上的定位销依次自由进入扇形定位板的4个凹槽中，并调正定位销与扇形定位板凹槽底部间隙为0.1～0.2 mm，每只递纬器滑杆应能轻快灵活地移动，靠近剪刀
	75°	调节弹簧蓄力器。当控制杆在中间时，弹簧两边剩余动程相等。调节扇形齿杆与选色器小齿轮的啮合转动轻快，选色器必须转动灵活。4个选色器的位置须用找断头装置分别调节

二、织机机械故障的原因（表3－2－23）

表3－2－23　片梭织机的机械故障形成原因

机械故障名称	形成原因
后梭冲击前梭	停车机构调节不良 探梭杆卡住 连接轴转动间隙过大
片梭卡在接梭箱	压梭锤凸轮或压梭锤调节不当 开梭器垂直或横向位置调节不当 制动带太松或沾油 停车机构调节不良 制梭器调节不良或制动块磨灭损坏 推梭螺杆卡住、推梭直轴弯曲或推梭臂磨损 片梭回退杆移位

续表

机械故障名称	形 成 原 因
片梭卡在接梭箱	输梭链沾污、太松或位置调节不对 连接轴转动间隙过大 片梭传感器出现故障
片梭停在织口中	定中心片沾污或调节不良 导梭齿松弛、变形或严重磨损 梭口闭合过早 投梭力不足 梭口过于交错
片梭卡在投梭箱	投梭侧梭夹打开机构磨损 递纬器定位螺钉调节不良,递纬器太高或太低,递纬器外端挡板调节不当 递纬夹与梭夹碰撞或递纬夹打开叉磨损 定中心片沾污或调节不良 投梭过早 升梭器磨损 输梭链沾污、太松或位置调节不对 剪刀凸轮及剪刀位置调节不当
片梭迟进接梭箱	梭口过小 纬纱制动力过大,纬纱制动片毛糙或磨损 递纬器太高或太低 递纬夹碰撞梭夹或打开叉磨损 定中心片沾污或调节不良 纬停针压力过大或针上有毛刺 投梭扭力轴扭力不足 接梭块距片梭太远,投梭过早或片梭进入接梭箱不良 导梭齿松弛或严重磨损 制梭器调节不良或垫片损坏 接梭侧梭夹打开钩过高或过低 连接轴转动间隙过大 电压或频率波动
片梭卡在升梭器与输梭链之间	输梭链调节过松,沾污不洁 制动块磨损,制梭作用不良 片梭润滑器安装不正确 片梭定位块磨损
综框前断经多	经纱张力不够 摆动后梁位置过高 梭口过分不齐、梭口闭合过早、过迟或开口过分不对称 托布板过高或过低 投梭过早 导梭齿松弛或严重磨损

续表

机械故障名称	形　成　原　因
综框前断经多	钩边针调节不良或有毛刺 边撑盖过高 上浆不良或钢筘筘齿磨损
综框后断经多	经纱张力过大 摆动后梁位置过前、摆动过大或轴瓦被卡住 经停架过高、过低或过前，经停片过密，经停片跳动严重 综丝杆未固定有松动 梭口过大或开口完全对称，打纬阻力大 经纱毛羽多或浆纱轻浆不耐磨 车间温湿度波动较大
布边处断经多	经纱张力不够 摆动后梁摆动过大 梭口过小，闭合时间不当或过分不齐 布边导梭齿严重磨损 钩边针调节不良或有毛刺，或纬纱纱头未正确钩入 边撑握持力不足，边撑盖过高、过低或边撑环卡住 经轴齿轮松弛或边盘歪斜、有毛刺 经纱强力不足或经纱轻浆 折入布边过厚，锁边经纱强力不足，或边筘齿穿经数不当 车间温湿度波动较大
纬纱断头停车多	梭夹损坏、梭夹夹持力过小、过大或夹持面不密接 纬纱制动力过大或纬纱张力器压纱片毛糙、磨损 定中心片上有毛刺 纬停针压力过大、过小或停纬装置灵敏度不良 投梭扭轴扭力过大 击梭块离片梭太远 纬纱筒子太松、太紧或卷绕不良、锥度过大
无 名 关 车	停车机构调节不良 经停杆损坏 纬纱制动力过大或张力器压掌等元件有飞花 纬停针压力过大 制梭器调节不良或制动块损坏 推梭螺杆卡住、推梭直轴弯曲或推梭臂磨损 片梭回退杆移位 输梭链位置不对或过分松弛 连接轴转动间隙过大 熔断丝烧毁

续表

机械故障名称	形 成 原 因
纬停不关车	停车机构调节不良 定中心片上有毛刺或尘埃 纬停针上有毛刺或纬停针压力过小
引纬交接失误	梭夹损坏,梭夹打开处磨损或夹持力过小、夹持面不密接 纬纱制动力不够或过大,张力器压掌等元件间有飞花杂物 投纬侧梭夹打开钩磨损或位置过高、过低 递纬夹的打开器磨损、夹持力不足、夹持面不良或与梭尖碰撞 递纬器定位螺钉调节不良,递纬器偏高、偏低或垂直方向松动大 剪刀剪纱不正确 定中心片上有毛刺、脏物或定中心片调节不良 纬停针上有毛刺 投梭过早
织口跳动太大	离合器磨损或太松 送经装置动作失误 经纱张力过小 托布板位置不良 后梁摆动过大或位置过低、过后 经停装置过低、过后 梭口过小,梭口闭合过迟或开口过分对称,上下层经纱张力差异极小 边撑握持力不足,边撑盖过高或边撑环不灵活卡住 织轴齿轮松动
经纱开口不清	经纱张力太小 摆动后梁位置过高、过后或轴瓦卡住 经停装置过高、过后或经停片过密 综丝杆未固定有松动 梭口过小或梭口上下层经纱张力差异过大 上浆不良,浆膜剥落或轻浆 车间温湿度波动较大
织 物 撕 破	送经装置作用不良 经纱张力过大 摆动后梁轴瓦卡住 边撑环卡住、损坏,边撑盖过低或盖内有飞花杂物堵塞 钢筘损坏 投纬箱清洁不良,飞花积累被片梭带入布边,在边撑处轧损 边剪装置过于靠近布边 折入边设计不合理,布边张力过大

三、各机构自停保险的调节(表3-2-24)

表3-2-24　各机构自停保险的停机角度

停机保险部位	停机角度		备注
	投梭时间为105°的织机	投梭时间为120°的织机	
递纬夹打开机构自停保险	80°~130° 350°~355°	100°~150° 350°~355°	第一次打开时发生停机 第二次打开时发生停机
升梭器自停保险	25°~95° 145°~195°	45°~115° 165°~215°	升梭器上升时发生停机 升梭器下降时发生停机
投梭侧梭夹打开自停保险	10°~35°	30°~55°	
剪刀机构自停保险	25°~40°	25°~40°	
多色变换定位机构的自停保险	40°~90°	40°~90°	
制梭机构自停保险	60°~100°	60°~100°	
接梭侧梭夹打开自停保险	355°~45°	355°~45°	
推梭机构自停保险	20°~80°	20°~80°	
压梭机构自停保险	140°~155° 180°~195° 260°~275° 5°~20°	140°~155° 180°~195° 260°~275° 5°~20°	第一工作位置发生停机 第二工作位置发生停机 第三工作位置发生停机 第四工作位置发生停机

第四节　提高产品质量及预防修理

一、主要织疵成因及预防方法(表3-2-25)

表3-2-25　片梭织机主要织疵形成原因及预防措施

主要织疵	形成原因	预防措施
跳花 跳纱	经纱毛羽多,细节和强力弱环多经纱易断头或粘连不清 上浆不佳,浆膜易剥落,经纱开口不清或摩擦起棉球 开口时间选择不当 经纱上机张力调节不当 梭口高度调节不当 导梭齿磨损	重点改善经纱3mm及以上毛羽 控制经纱单强水平,控制单强不匀率和最低强力 正确掌握浆纱浸透和被覆,提高浆纱的强伸度、耐磨性和光滑度 高经密织物要用好湿分绞 按跳花(纱)产生布幅部位适当调整开口时间 织轴卷绕密度控制在0.5g/cm³左右 按规定全面复查和调节上机张力 按规定全面复查和调节梭口上下层经纱位置,高经密织物可采用轻微交叉梭口 检查导梭齿有否磨损、松动、弯曲

续表

主要织疵	形　成　原　因	预　防　措　施
纬缩	纬纱制动不足张力过小或不稳定 纬纱从储纬器上释放过早 假边纱张力过小或交织不良 边剪切割不稳定，纬纱长短不一 纱罗绞边开口时间过迟	根据纬纱粗细和强力，适当选用阻尼环的毛刷圈 根据纬纱粗细和种类，选用适当厚度的制动薄钢片和制动压掌 根据引纬速度和纱线特性确定最佳制动时间，分级滞后开关的最大延迟制动时间是9ms，相当于织机主轴转角约20° 按规定复查、调节曲线沟槽板位置、剪刀垂直和水平位置 适当调节纱罗绞边开口时间
边撑疵	经纱张力调节过大 边撑伸幅作用差 边撑位置不当 开口时间不当	按经纬纱密度调节经纱张力，高经密织物后梁扭力掌握15°～20°，后梁摆动5°～10° 伸幅大的高密织物，可使用伸幅辊和装双长边撑，或适当增加边撑外部第1～3环，3列×1mm刺环，第1环垫圈的标志“5”应位于正上方 检查边撑刺环是否灵活、针尖是否起毛弯曲 按规定复查、调节边撑盖高低位置，钩针不应与边撑触碰 适当调节开口时间，减少织口回退
缺纬	片梭梭夹故障，夹持力时大时小 纬纱张力过大、过小 纬纱制动过大、制动压掌不光滑 递纬器位置不当 定中心片调节不当 制梭作用调节不当，片梭有回退或投梭力过大 边剪作用不良	检查梭夹夹持面是否平整密接，用工具检查每只梭子的夹持力是否一致 根据纬纱粗细和种类，调节制动张力和制动延迟时间 检查每只片梭厚薄尺寸和重量是否在允许范围内，梭夹应缩进梭壳0.1～0.2mm 用工具检查和修正上、下递纬夹的夹力是否在标准范围内，调节递纬器左右两极端位置和往复动程 检查纬纱被定中心片推入递纬夹钳口状况 检查边剪垂直和水平位置及最迟剪纬时间在356°～0°之间 复查和调节制梭凸轮时间，连插3只片梭调节，调换磨损的制梭薄片和下制梭板；电子制梭分3个不同片梭位置调节
油疵	梭口高度不够或经纱张力太小，易出现通幅油疵 导梭齿有磨损或松动，易造成经向黑色柳条油疵 输梭链积花多，油花带入梭口造成黑油疵（带飞花） 投梭箱、接梭箱油量过多，边剪加油不当，钩边装置加油不当，造成布边油疵 片梭润滑加油不当，造成经向油疵	分散性黄色浅油经，主要是片梭润滑给油量过多；分散性黑色油经，是片梭润滑给油量太少。调节GS油泵步进开关的适当位置 持续性经向黑油疵应检查导梭齿有否磨损，进行调换，每次了机应全面检查修正 输梭链3个月要拆下清洗一次，或安装清洁刷轮，防止飞花积聚 投、接梭箱的清洁应加强，可用高压空气吹清积聚油花 对片梭润滑加油的各油眼油路应畅通清洁
开车痕	送经机构安装不当或磨损超限 卷取齿轮磨损或配合不良 开口机构安装不当或磨损超限 张力机构调节不良，后梁摆动不灵 刹车制动作用不良	检查调节送经机构，织机0°时送经凸轮盘“0”刻度线必须垂直向上，190°时凸轮盘必须与摩擦盘密接 检查卷取齿轮是否磨损，齿轮啮合间隙0.2mm 检查开口机构安装规格，是否磨损，踏盘与转子间隙必须保持0.1～0.3mm，综框导轨及递综杆导轨磨损是否超限 摆动后梁轴瓦不能脱出，否则影响后梁摆动灵活，检查后梁扭力杆是否产生可塑变形，造成扭力不足 适当增加离合器的抱合力，制动停车位置由345°改为90°，有利于厚重织物打紧纬纱

二、坏边原因及修理(表3-2-26)

表3-2-26　折入边各种坏边产生原因及修理方法

坏边类型	产生原因	修理方法
钩入布边的纬纱头伸入地组织	边经太少	边经穿筘宽度应为12~15mm
	边纱钳与钢筘两侧的距离太大	两侧边纱钳与钢筘端面间距为1mm
	钢筘两侧有空筘齿	钢筘设计两侧不应留有空齿
	边经密度降低过多	折入边布边经密按品种不同降低不超过15%~30%
	钩边针钩力太大(边纱钳弹簧太紧)	适当放松弹簧杆上强弹簧的弹力
	边纱钳的释压转子调节不妥	织机停在290°,当织低特纬纱时,调节转子完全压下弹簧杆,解除强弹簧作用,同时略为压下边纱钳脚,部分解除弱弹簧作用;当中特纬纱时,调节转子仅解除强弹簧作用;当高特纬纱时,转子从工作位置脱开,让强弱弹簧同时起作用
	边撑作用不佳	按规定调整边撑位置及伸幅作用
	经纱张力不足	按品种要求调节上机张力
	剪刀剪断纬纱太迟	纬纱最迟必须在356°~0°之间被剪断
	锁边的边经穿综错误	对于经密低的织物,可采取在锁边处和布边与地布交接处使边经的穿筘密度略为增加
部分较短的纬纱伸出布边	边纱钳的弹簧压力太小	适当增加弹簧杆上强弹簧的弹力
	经纱张力太低	按品种要求调节上机张力
	边纱钳口内有污垢或位置不正确	及时清除钳口污垢,查看边纱钳脚下部压掌与边纱钳体下部是否密接
	钩边针失调	详细检查钩边针的复合运动是否正确:主轴60°钩边针位于最前方;110°钩边针移离布边约30mm处;170°钩边针越出织口,穿过下层经纱进入梭口;195°钩边针头端伸出布边,接近边纱钳;240°钩边针越过纬纱头上方,把纬纱头绕到钩边针上作准备;260°钩边针伸至最外侧处;300°边纱钳把纬纱头绕在钩边针上,钩边针把钩住的纬纱头紧贴于织口而钩入布边,然后从下层经纱中退出
	纬纱的制动作用过强	按纬纱特数适当调节纬纱张力
	边经开口过大	查看并调节边经开口高度
	边经闭口时间过迟	查看并按工艺调节开口时间
布边飘移(纬纱头有时被钩入,有时伸出布边)	边经密度降低太多	折入边布边经密按品种不同降低不超过15%~30%
	织轴卷绕过于松弛	织轴卷绕密度应控制在0.50g/cm^{3}左右
	织轴盘片歪斜,边经张力忽大忽小	按规定调正织轴盘片
	经纱张力太松	按品种要求调节上机张力
	边撑失调	按规定复查并调整边撑位置
	边撑环呆滞	查看边撑轴有否弯曲、边撑环灵活、边撑针刺是否符合要求
	边纱钳弹簧松弛	按品种所用的纬纱特数,调节边纱钳强弹簧的弹力
	边纱钳失调	按规定调节边纱钳的前后位置、高低位置及边纱钳转子的位置
	边经开口过大	查看并调节边经开口高度
	边组织不合适	为了减少布边过厚而减疏布边的组织(即增长浮点),仔细检查是否过于减疏,必要时可用改变穿筘数和使用较细经纱来实现
	锁边处的边经穿错	仔细检查布边最外侧的2~4根锁边经纱是否穿错,如不能采用平纹交织,也应采用一种重复地组织的经纱组织点进行交织

续表

坏边类型	产 生 原 因	修 理 方 法
在接梭侧有大量较长的纬纱头伸出布边	边经闭口过迟	查看并按工艺调节开口时间
	纬纱的制动作用过弱	按纬纱特数适当调节纬纱张力
	接梭侧梭夹打开器未能打开梭夹	首先检查接梭侧边纱钳是否把纬纱夹住以后才打开梭夹，然后检查并调节打开钩伸入片梭，梭夹钳口张开1~1.5mm，打开钩尖端抬高距离梭壳应大于1mm
	接梭箱和引纬箱的凸轮轴之联轴器有磨损或松动	查看并调整联轴器
	片梭梭夹有毛刺	用放大镜查看每只片梭梭夹的光滑度并研磨修正
布边相对于地布过长（荷叶边）	边纱交织点太多	改变布边组织，适当增长浮点，减少交织点，如用$\frac{2}{2}$替代$\frac{1}{1}$，或用$\frac{2}{1}$替代$\frac{1}{1}$
	边经密度太大	使边经密度等于或略低于地经密度
布边相对于地布过短（厚边或紧边）	边组织交织点太少，边经浮长大，布边变厚，印染整理时布边缩率大，造成地布起皱	改变布边组织，适当减小浮点，如用$\frac{1}{1}$替代$\frac{2}{2}$（开口四循环）
	边经密度太小	使边经密度等于或接近地经密度

第五节 主要部件和器材

一、片梭

片梭是由梭壳、梭夹和铆钉组成。梭壳是中空的，一般由优质钢材制成，表面经热处理，其横截面为不等边的八角形，前端梭头呈流线型。梭夹由优质弹簧钢制成，具有良好的耐疲劳性，是夹持纬纱的载纬体（图3－2－12、图3－2－13）。

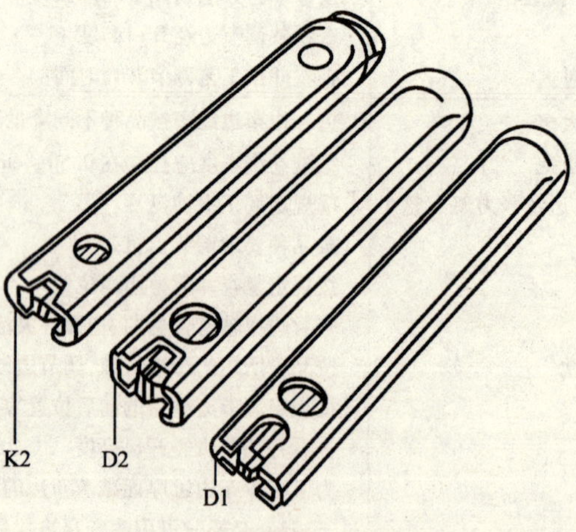

图3－2－12 各类片梭外型

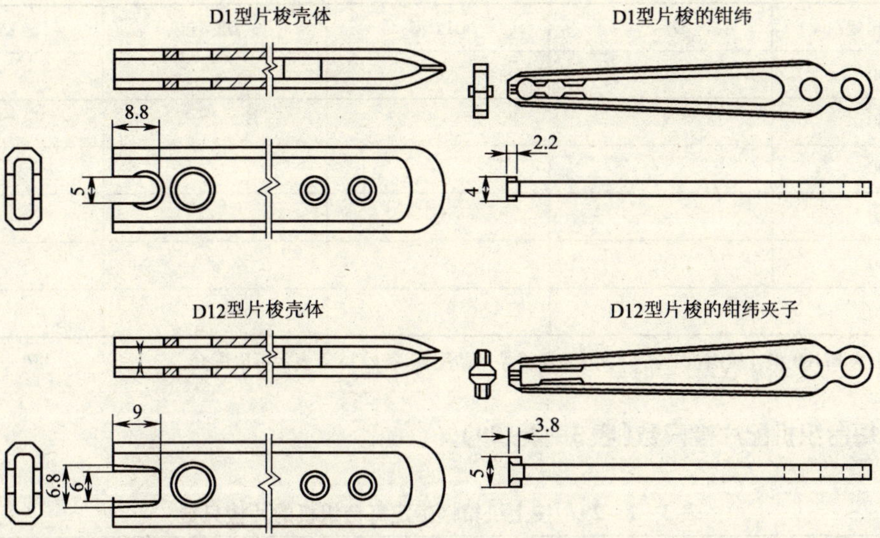

图3-2-13　各类片梭结构

(一)片梭类型(表3-2-27)

表3-2-27　片梭的类型与规格

类型 / 规格	D1型	D12型	D2型	K2型
长度(mm)	89	89	89	86
宽度(mm)	14.3	14.3	15.8	15.8
高度(mm)	6.35	6.35	8.5	8.5
重量(g)	约40	约40.5	约60	约22
夹持面(mm)	2.2×3 (2.2×4)	3.8×5	4×5	2.2×4

注　1. K2型梭壳为特制工程塑料,限于带混纬器及单色、精细、浅色的高级织物选用,可免除片梭加润滑油。

2. 每台织机同时使用若干只片梭,其厚度差异不超过0.02mm。

3. 梭夹钳口及钳口张开时的中点与梭壳中心线重合,允许误差±(0.15~0.20)mm。

4. 梭夹尾端应缩进梭壳0.1~0.2mm。

(二)织机幅宽与片梭类型配套(表3-2-28)

表3-2-28　织机幅宽与片梭类型配套

织机公称筘幅(cm)	D1型	D12型	D2型	K2型
190	√	√		
220	√	√	√	
280	√	√	√	√

续表

织机公称筘幅(cm)	D1 型	D12 型	D2 型	K2 型
330	√	√	√	√
360	√	√		√
390	√	√	√	√
430	√	√	√	
460			√	
540			√	

注 表中为 P7100 型片梭织机的筘幅系列与片梭类型的配套,符号“√”表示可以配套。

(三)每台织机配片梭只数(表 3-2-29)

表 3-2-29 按上机筘幅确定每台织机的片梭只数 单位:mm

片梭只数	投梭时间 110°		投梭时间 120°		投梭时间 130°
	单色织机	多色织机	单色织机	多色织机	
9			1080~1272	1080~1278	1080~1282
10			1273~1526	1279~1532	1283~1536
11			1527~1780	1533~1786	1537~1790
12	1945~2033	1945~2036	1781~2034	1787~2040	1791~2044
13	2034~2287	2037~2290	2035~2288	2041~2294	2045~2298
14	2288~2541	2291~2544	2289~2542	2295~2548	2299~2552
15	2542~2795	2545~2798	2543~2796	2549~2802	2553~2806
16	2796~3049	2799~3052	2797~3050	2803~3056	2807~3060
17	3050~3303	3053~3306	3051~3304	3057~3310	3061~3314
18	3304~3557	3307~3560	3305~3342	3311~3342	3315~3342
19	3558~3811	3561~3814			
20	3812~4065	3815~4068			
21	4066~4319	4069~4322			
22	4320~4573	4323~4576			
23	4574~4827	4577~4830			
24	4828~5081	4831~5084			
25	5082~5335	5085~5338			
26	5336~5450	5339~5450			

(四)各类梭夹的应用范围(表3-2-30)

表3-2-30 各类梭夹一般应用范围

夹持力($\times10^4$Pa)	夹持面形状	颜色标记	纱线适用范围
18.6(1900g)	平口	橙色	棉纱,合纤长丝,精梳毛纱
21.6(2200g)	平口	白色	棉纱,合纤长丝,精梳毛纱,单丝
	圆孔	白色	棉纱,精梳毛纱,粗纺毛纱,花色纱,麻纱,包覆纱,单丝
	网形	白色	粗纺毛纱,长丝,单丝
24.5(2500g)	圆孔	蓝色	粗纺毛纱,花色纱,双纬,PP带,麻纱,单丝,包覆纱,玻璃纤维
	网形	蓝色	粗纺毛纱,花色纱,双纬,PP(聚丙烯)带,PE(聚乙烯)带,麻纱,单丝,色覆纱,玻璃纤维

二、钢筘

片梭织机使用的钢筘不同于传统的织机钢筘,如图3-2-14、图3-2-15所示。片梭钢筘的上下筘夹均用轻合金属挤压成型,内涂特殊粘合剂。下筘夹高为18mm,厚为8mm±0.2mm,是支撑钢筘的基座。上筘夹高为11~12mm,厚为6.5~8mm(双层钢筘上下筘夹厚为9mm)。片梭钢筘的总高度为99~101 mm,有效净高度为62~64 mm。

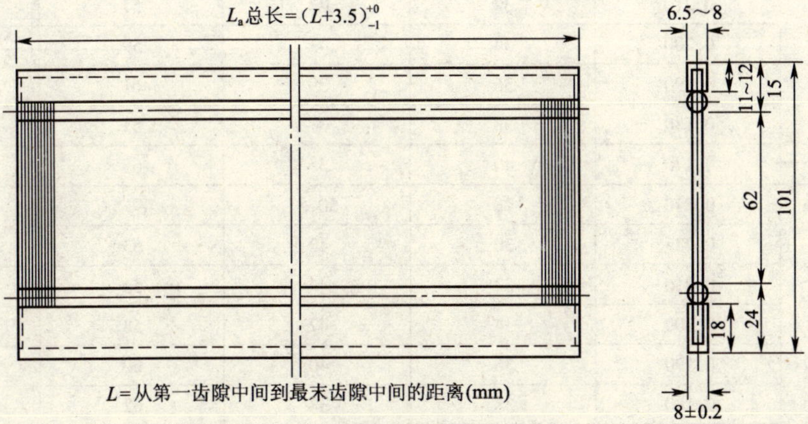

图3-2-14 片梭织机使用的单层钢筘

片梭钢筘的有效宽度(L_a)必须与所织品种的上机筘幅恰好相符(指折入边),即必须穿满全部筘齿,尽量不要有多余筘齿,否则多余筘齿将增宽布边。而传统的钢筘,包括其他无梭织机(剑杆、喷气、喷水)的钢筘筘长是根据织机的最大筘幅来确定的。片梭织机一般使用单层钢筘,只有绝对必要的特殊品种才使用双层钢筘,如每厘米超过16根经纱的毛圈织物才建议使用双层钢筘。

订购片梭钢筘时,织造厂必须提供筘号(每厘米的筘齿数n)、总筘齿数(N)、筘幅(L_a)、筘齿宽度(有3 mm和4 mm两种,一般均选用4 mm)、经纱粗细、总经根数及每筘穿入根数等,便于钢筘制造厂核对,以防差错。筘齿厚度的选择与织造品种的经纱粗细及每筘穿入数有关,直

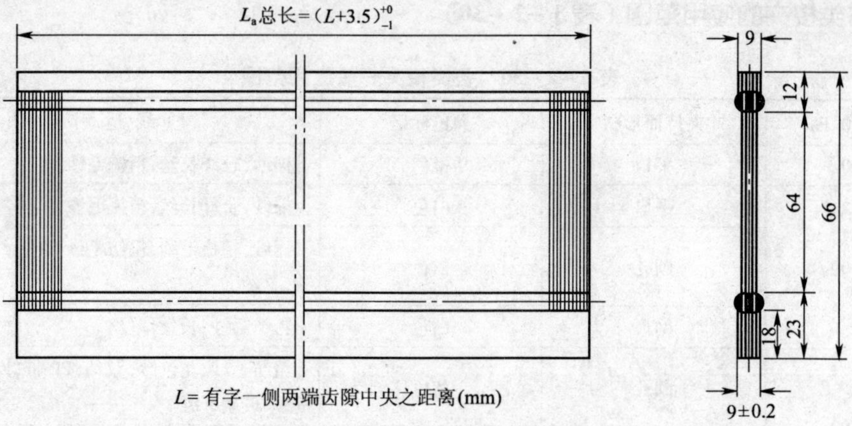

图 3－2－15　片梭织机使用的双层钢筘

接涉及织造经纱断头。如果是剪切毛边，钢筘两边还要分别加放 18mm（$L_a+18\times2$），以备剪切空间及废边留用。表 3－2－31 提供部分设计筘齿数的各种因素参考数据表。

表 3－2－31　确定筘齿数的各种因素参考数据表

筘号（齿数/cm）	筘齿厚度（mm）	筘齿号	筘齿（%）	齿隙（%）	齿隙（mm）
20.25～20.74	0.240	28	49	51	0.246
	0.225	30	46	54	0.262
	0.210	32	43	57	0.275
	0.200	34	41	59	0.287
	0.190	36	39	61	0.297
	0.180	38	37	63	0.307
	0.170	40	35	65	0.317
20.75～21.24	0.240	28	50.5	49.5	0.235
	0.225	30	47	53	0.25
	0.210	32	44	56	0.266
	0.200	34	42	58	0.275
	0.190	36	40	60	0.287
	0.180	38	38	62	0.297
	0.170	40	35.5	64.5	0.304
	0.160	42	33.5	66.5	0.314
21.25～21.74	0.225	30	48.5	51.5	0.24
	0.210	32	45	55	0.255
	0.200	34	43	57	0.264
	0.190	36	41	59	0.275
	0.180	38	38.7	61.3	0.284
	0.170	40	36.5	63.5	0.294
	0.160	42	34.5	65.5	0.304

续表

筘号(齿数/cm)	筘齿厚度(mm)	筘齿号	筘齿(%)	齿隙(%)	齿隙(mm)
21.75~22.24	0.225	30	49.5	50.5	0.229
	0.210	32	46	54	0.244
	0.200	34	44	56	0.252
	0.190	36	42	58	0.264
	0.180	38	39.5	60.5	0.275
	0.170	40	37.5	62.5	0.284
	0.160	42	35	65	0.294
	0.150	45	33	67	0.304
22.25~22.74	0.225	30	50.5	49.5	0.218
	0.210	32	47.3	52.7	0.235
	0.200	34	45	55	0.244
	0.190	36	42.7	57.3	0.255
	0.180	38	40.5	59.5	0.264
	0.170	40	38	62	0.275
	0.160	42	36	64	0.284
	0.150	45	33.7	66.3	0.294
22.75~23.24	0.210	32	48.5	51.5	0.225
	0.200	34	46	54	0.235
	0.190	36	43.7	56.3	0.244
	0.180	38	41.5	58.5	0.255
	0.170	40	39	61	0.264
	0.160	42	37	63	0.275
	0.150	45	34.5	65.5	0.284
23.25~23.74	0.210	32	49.5	50.5	0.214
	0.200	34	47	53	0.225
	0.190	36	44.5	55.5	0.235
	0.180	38	42.3	57.7	0.244
	0.170	40	40	60	0.255
	0.160	42	37.5	62.5	0.264
	0.150	45	35.2	64.8	0.275
23.75~24.24	0.210	32	50.5	49.5	0.206
	0.200	34	48	52	0.216
	0.190	36	45.5	54.5	0.225
	0.180	38	43.2	56.8	0.235
	0.170	40	41	59	0.246
	0.160	42	38.5	61.5	0.255
	0.150	45	36	64	0.267

续表

筘号(齿数/cm)	筘齿厚度(mm)	筘齿号	筘齿(%)	齿隙(%)	齿隙(mm)
24.25~24.74	0.200	34	49	51	0.208
	0.190	36	46.5	53.5	0.218
	0.180	38	44	56	0.227
	0.170	40	41.5	58.5	0.237
	0.160	42	39	61	0.248
	0.150	45	36.7	63.6	0.257
	0.140	48	34.3	65.7	0.267
24.75~25.24	0.200	34	50	50	0.200
	0.190	36	47.5	52.5	0.209
	0.180	38	45	55	0.220
	0.170	40	42.5	57.5	0.229
	0.160	42	40	60	0.239
	0.150	45	37.5	62.5	0.250
	0.140	48	35	65	0.260
25.25~25.74	0.200	34	51	49	0. 191
	0.190	36	48.5	51.5	0. 201
	0.180	38	46	54	0. 211
	0.170	40	43.5	56.5	0. 221
	0.160	42	41	59	0. 231
	0.150	45	38.2	61.8	0. 241
	0.140	48	35.5	64.5	0. 252
	0.130	52	33	67	0. 262
25.75~26.24	0.200	34	52	48	0.184
	0.190	36	49	51	0.198
	0.180	38	47	53	0.204
	0.170	40	44	56	0.214
	0.160	42	41.5	58.5	0.223
	0.150	45	39	61	0.233
	0.140	48	36.5	63.5	0.244
	0.130	52	34	66	0.252
26.25~26.74	0.190	36	50	50	0.187
	0.180	38	47.5	52.5	0.197
	0.170	40	45	55	0.206
	0.160	42	42.5	57.5	0.216
	0.150	45	40	60	0.227
	0.140	48	37	63	0.237
	0.130	52	34.5	65.5	0.246

续表

筘号(齿数/cm)	筘齿厚度(mm)	筘齿号	筘齿(%)	齿隙(%)	齿隙(mm)
26.75～27.24	0.190	36	51	49	0.180
	0.180	38	48.5	51.5	0.190
	0.170	40	46	54	0.200
	0.160	42	43	57	0.209
	0.150	45	40.5	59.5	0.220
	0.140	48	38	62	0.229
	0.130	52	35	65	0.239
27.25～27.74	0.180	38	49.5	50.5	0.183
	0.170	40	47	53	0.193
	0.160	42	44	56	0.203
	0.150	45	41	59	0.213
	0.140	48	38.5	61.5	0.223
	0.130	52	36	64	0.233
	0.120	56	33	67	0.244
27.75～28.24	0.180	38	50.5	49.5	0.176
	0.170	40	47.5	52.5	0.187
	0.160	42	45	55	0.197
	0.150	45	42	58	0.206
	0.140	48	39	61	0.216
	0.130	52	36.5	63.5	0.227
	0.120	56	33.5	66.5	0.237
28.25～28.74	0.180	38	51.3	48.7	0.170
	0.170	40	48.5	51.5	0.180
	0.160	42	45.5	54.5	0.190
	0.150	45	42.7	57.3	0.200
	0.140	48	40	60	0.209
	0.130	52	37	63	0.220
	0.120	56	34	66	0.231
28.75～29.24	0.170	40	49.5	50.5	0.174
	0.160	42	46.5	53.5	0.184
	0.150	45	43.5	56.5	0.194
	0.140	48	40.5	59.5	0.204
	0.130	52	37.5	62.5	0.214
	0.120	56	35	65	0.223
	0.110	61	32	68	0.233

续表

筘号(齿数/cm)	筘齿厚度(mm)	筘齿号	筘齿(%)	齿隙(%)	齿隙(mm)
29.25~29.74	0.170	40	50	50	0.168
	0.160	42	47	53	0.178
	0.150	45	44.3	55.7	0.187
	0.140	48	41.3	58.7	0.198
	0.130	52	38.3	61.7	0.208
	0.120	56	35.5	64.5	0.218
	0.110	61	32.5	67.5	0.227
29.75~30.24	0.170	40	51	49	0.163
	0.160	42	48	52	0.173
	0.150	45	45	55	0.183
	0.140	48	42	58	0.193
	0.130	52	39	61	0.203
	0.120	56	36	64	0.213
	0.110	61	33	67	0.223

三、综架

片梭织机使用的综架是特殊设计的,基本上有两种形式。

(一)甲型综架(图3-2-16)

这种综架的上、下综架板1、2均由高强度的轻合金属异形管与钢板胶合而成。综架侧撑3插入上、下综架板1、2内,用螺钉紧固。上、下综丝杆4由不锈钢材料制成,与综架板加固用的钢板胶合在一起。综架强度和稳固性较好,结构简单,不需中间支撑,工作幅宽为220cm及以下的片梭织机大多采用这种综架形式。其主要规格见表3-2-32。

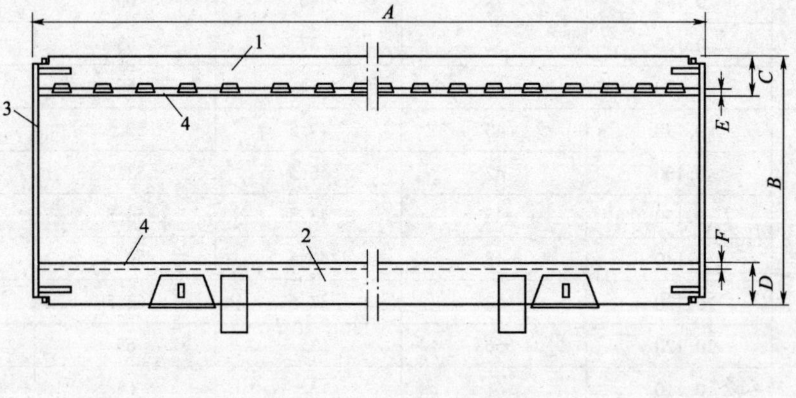

图3-2-16　上下综架板为轻合金属与钢板胶合的综架(甲型)

表 3-2-32　甲型综架的主要规格

综架规格	织机公称筘幅(cm)			
	190		220	
综架的总长度 A(mm)	1953.2	1953.2	2258	2258
综架的总高度 B(mm)	522	525	499.5	501.5
上综架板宽度 C(mm)	116	116	103	110
下综架板宽度 D(mm)	116	116	103	110
上综丝杆宽度 E(mm)	16	22	16	22
下综丝杆宽度 F(mm)	16	22	16	22
综丝两综耳间距(mm)	330	330	330	330

(二)乙型综架(图 3-2-17)

这种综架的上综架板 1 为高强度的轻合金属异形管,下综架板 2 由钢质异形管组成。综架侧撑 3 插入上、下综架板 1、2 内,用螺钉紧固。上、下综丝杆 4 由不锈钢材料制成,两端插入握持器 6 中。在综丝杆 4 上,每隔一定距离开有圆孔,装配时圆孔对准铆合在综架板上的中间握持器 5 上的销钉。由于下综架板 2 为钢制异形管,强度较高,适合工作幅宽 220cm 及以上的片梭织机使用。为保持宽幅的稳定性,还配有 1~3 根中间支撑 7。其主要规格见表 3-2-33。

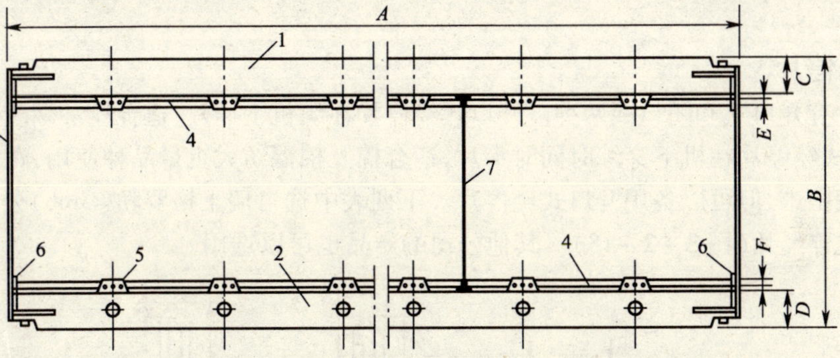

图 3-2-17　上综架板为轻合金属、下综架板为钢质异形管的综架(乙型)

表 3-2-33　乙型综架的主要规格

综架规格	织机公称筘幅(cm)															
	220		280		330		360		390		430		460		540	
综架总长度 A(mm)	2258		2893		3401		3731.2		3985.2		4366.2		4747.2		5509.2	
综架总高度 B(mm)	519		519		519		526		526		526		518.75		506.5	
上综架板宽度 C(mm)	90	90	90	90	90	90	90	90	90	90	90	90	90	90	75	75
下综架板宽度 D(mm)	68	68	68	68	68	68	75	75	75	75	75	75	63	63	75	75
上综丝杆宽度 E(mm)	16	22	16	22	16	22	16	22	16	22	16	22	16	22	16	22
下综丝杆宽度 F(mm)	16	22	16	22	16	22	16	22	16	22	16	22	16	22	16	22
中间支撑只数	1	1	1	1	1	1	1	1	1	1	3	3	3	3	3	3
综丝两综耳间距(mm)	330															

四、综丝

片梭织机上使用的是薄钢片综丝。根据综架形式、纱线特数范围及综丝最大密度来选用综丝。如果综丝类型是介于两种特定纱特范围之间,则应选择具有较大综眼的较重综丝。表中选自瑞士格罗勃(Grob)公司为片梭织机生产的钢片综丝。其规格见表 3-2-34。其他公司的产品也可以选用。

表 3-2-34　片梭织机使用的钢片综丝规格

综丝类型	综丝截面尺寸(mm)	综眼尺寸(mm)	最大密度(综眼数·cm^{-1})		适应经纱线密度	
			单综	复综	特数(tex)	公支
J 型或 C 型	5.5×0.23	5.5×1.2	14	20	30 以下	34 以上
	5.5×0.25		14	20	15×2 以下	68/2 以上
	5.5×0.30		12	18		
J 型或 C 型	5.5×0.30	6.5×1.8	8		72 以下	14 以上
	5.5×0.38		7		36×2 以下	28/2 以上
	6/7.2×0.30			12		
J 型或 C 型	5.5×0.30	8.0×2.5	4		250 以下	4 以上
	5.5×0.38		4			

注　钢片综丝长度规格一般有:280mm(11 英寸),306 mm(12 英寸),331 mm(13 英寸),356 mm(14 英寸),382 mm(15 英寸),407 mm(16 英寸)和 433 mm(17 英寸)数种。片梭织机常用的是 331 mm(13 英寸)钢片综丝。

五、经停片

经停片有开口式和闭口式两种。开口式经停片在织机上插片,适合经常翻改的小批量品种使用;闭口式经停片在机下穿综时同时穿片,适合棉及棉混纺大批量品种使用,在织机上调换或变更时比较困难,但可以备用开口式经停片。下列表中选自瑞士格罗勃(Grob)公司生产的 4 种型号开口式停经片(图 3-2-18)。其他公司的产品也可以选用。

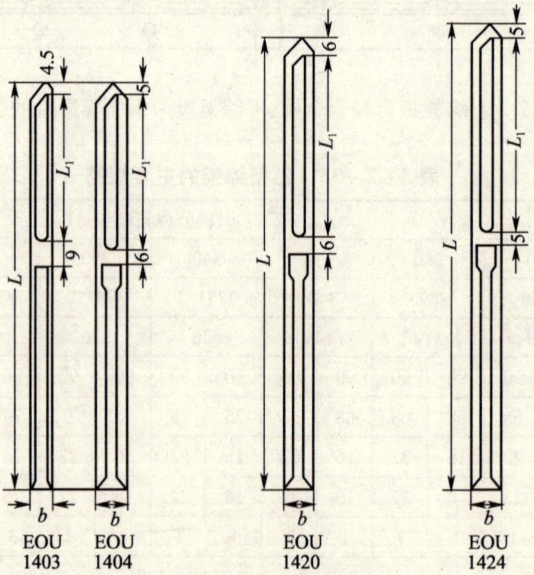

图 3-2-18　开口式经停片的四种型号

(一)经停片规格(表3-2-35)

表3-2-35 片梭织机使用的开口式经停片规格

型号	长度 L(mm)	长孔长度 L_1(mm)	宽度(mm)	厚度(mm)	重量(g)
EOU 1424	165	65	8	0.2	1.2
				0.3	1.9
			11	0.2	1.9
				0.3	2.9
				0.4	3.8
				0.5	4.8
			12	0.65	7.0
			16	0.3	4.6
				0.4	6.3
				0.6	9.5
				0.8	12.5
				1.0	16.0
EOU 1403	140	50	7	0.2	0.8
				0.3	1.2
			8	0.2	1.0
				0.3	1.6
EOU 1404	140	53	11	0.2	1.6
				0.3	2.3
				0.4	3.2
				0.5	3.9
			12	0.65	5.6
EOU 1420	156	63	7	0.2	0.9
				0.3	1.3
			8	0.2	1.1
				0.3	1.7
			11	0.15	1.3
				0.2	1.8
				0.3	2.7
				0.4	3.6
				0.5	4.5
			12	0.65	6.8

(二)经停片重量选用(表3-2-36)

表3-2-36 纱线细度与经停片重量选择

英制支数	公制支数	旦尼尔数	特数(tex)	经停片重量(g)
66以上	~111	~80	~9	~1
66~42	111~71	80~125	9~14	1~1.5
42~30	71~50	125~180	14~20	1.5~2
30~24	50~40	180~225	20~25	2~2.5
24~18	40~31	225~290	25~32	2.5~3
18~10	31~17	290~520	32~58	3~4
10~6	17~10	520~860	58~96	4~6
6~4	10~7	860~	96~136	6~10
4~3	7~6		136~176	10~14
3	6		176	14~17.5

(三)经停片厚度与每列最大密度(表3-2-37)

表3-2-37 经停片厚度与每列经停片最大密度关系

经停片最大密度(片/cm)	经停片厚度(mm)	经停片最大密度(片/cm)	经停片厚度(mm)	经停片最大密度(片/cm)	经停片厚度(mm)
23	0.15	10	0.40	3	0.80
20	0.20	7	0.50	2	1.00
14	0.30	4	0.65		

六、织轴

(一)织轴种类

片梭织机的织轴主要由边盘和轴管组成。织轴边盘有固定边盘和可调边盘两种,全幅织轴两侧均采用可调边盘;半幅织机中间采用固定边盘,两边采用可调边盘。根据织物品种的需要,织轴边盘(固定式或可调式)还可分为轻型、中型和重型边盘三类。边盘直径一般有600 mm、700 mm、800 mm、940 mm、1000 mm、1100 mm等。织轴轴管两端有40 mm×40 mm方榫 和45 mm×45 mm方榫两种,轴管直径有150 mm和262mm两种。一般40 mm×40 mm方榫的轴管用于织机幅宽190~390 cm,45 mm×45 mm方榫的轴管用于织机幅宽190~540 cm;轴管直径150 mm的一般用于织机幅宽190~430 cm,轴管直径262 mm的用于织机幅宽460~540 cm。

(二)织轴边盘距离计算(图3-2-19)

织轴边盘距离是以筘幅为基础计算的,理想的织造条件是投梭侧(引纬侧)和接梭侧的边盘引出的布边经纱能成一直线地进入织造,即全幅织轴的边盘距离 Z 最好与单幅织造的筘幅 B

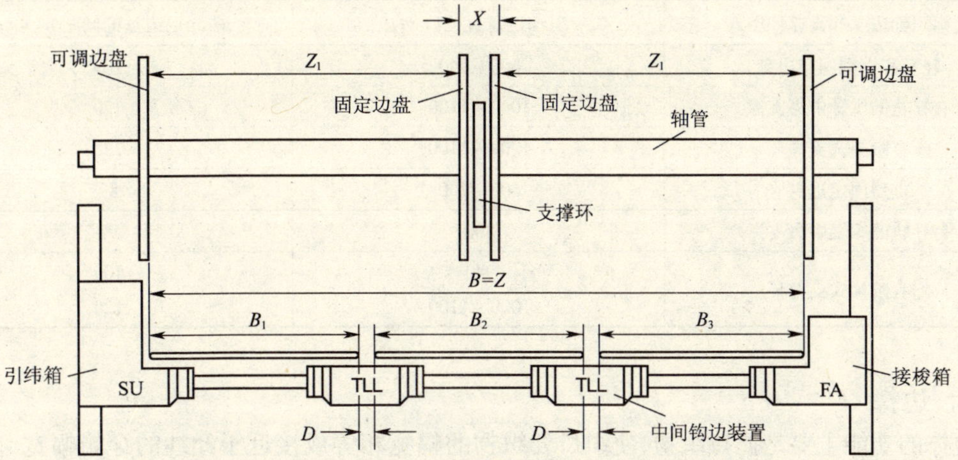

图 3-2-19　全幅、半幅织轴边盘距离的计算尺寸示意图

B—单幅织造筘幅　B_1、B_2、B_3—多幅织造筘幅　D—两幅布之间的无纱区距离 = 30mm

Z—全幅织轴边盘距离　Z_1—半幅织轴边盘距离　X—两织轴间的距离

相等（$Z = B$）。如有特殊情况，全幅织轴最大差异也不能大于 20mm（即 $Z \ngtr B + 20$），而半幅织轴最大差异，则不得大于计算值 10mm。

织轴边盘距离的计算公式如下：

(1)全幅织轴织造单幅织物(即单轴织单幅)

$$Z = B$$

(2)全幅织轴织造有折入边的多幅织物(即单轴织折入边多幅)

$$Z = \text{所有钢筘宽度之和} + (D \times \text{中间钩边装置数})$$

(3)全幅织轴织造带纱罗边或热熔边的多幅织物(即单轴织纱罗、热熔边多幅)

$$Z = \text{所有钢筘宽度之和}$$

(4)半幅织轴织造单幅织物(即双轴织单幅)

$$Z_1 = (B - X) \div 2$$

式中 X 距离见表 3-2-38。

(5)半幅织轴织造有折入边的多幅织物(即双轴织折入边多幅)

$$Z_1 = [\text{所有钢筘宽度之和} + (D \times \text{中间钩边装置数}) - X] \div 2$$

(6)半幅织轴织造带纱罗边或热熔边的多幅织物(即双轴织纱罗、热熔边多幅)

$$Z_1 = (\text{所有钢筘宽度之和} - X) \div 2$$

表 3-2-38 半幅织轴两固定边盘的间距 X

半幅织轴边盘和支撑环型式	织轴边盘直径(mm)	两固定边盘的间距 X(mm)
轻型和中型固定边盘	600~940	109
有导轨的织轴中央支撑	1000~1100	120
配有阶梯式支撑环	1000~1100	128
重型固定边盘	600~700	89
有导轨的织轴中央支撑	800	97
配有阶梯式支撑环	940	109
	1000~1100	120

七、边撑

边撑的功能主要是握持织物，使织口处织物的幅宽相等或接近于经纱的穿筘幅宽，同时使织口保持一定的高度。在片梭织机上，边撑位置的正确安装是形成良好布边的关键。片梭织机的边撑结构比较特殊，主要分长边撑和短边撑两种。

(一)长边撑

如图 3-2-20 所示，在边撑轴 1 的外部(A 部)及内部(C 部)均装有边撑刺环 2 或伸幅罗拉 3，边撑轴中段(B 部)呈半圆柱形，其下方留有空间，以容纳钩边针。

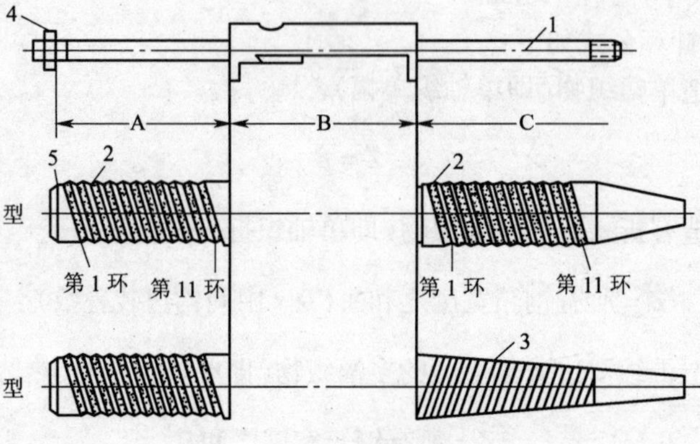

图 3-2-20 长边撑结构图

长边撑一般分为两种形式：a 型适用于厚重的、宽幅的及织幅缩率大的织物；b 型适用于中厚的、中等幅宽及织缩的织物。长边撑的结构情况见表 3-2-39。

表 3-2-39 长边撑的结构组成

型 式	外部(A)	内部(B)
a 型	第 1 环:3 列针，针长 1mm 第 2~11 环:2 列针，针长 1mm	第 1 环:3 列针，针长 1mm 第 2~9 环:2 列针，针长 1mm 第 10~11 环:尼龙垫圈
b 型	第 1 环:3 列针，针长 0.5~1mm 第 2~11 环:2 列针，针长 0.5~1mm	固定的锥形伸幅罗拉

(二)短边撑

如图 3-2-21 所示,在边撑轴 1 的外部(A 部)装有边撑刺环 2,内部(B 部)呈半圆锥体,其下方留有空间,以容纳钩边针。

对于织幅缩率在 7 %以上的织物或易产生折皱的织物,可以在胸梁 1 上安装全幅伸幅辊 2(图 3-2-22),可防止织物在卷绕时产生折痕。

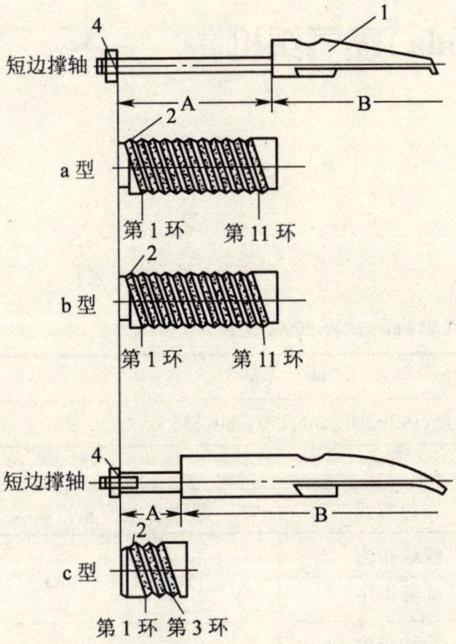

图 3-2-21　短边撑结构图

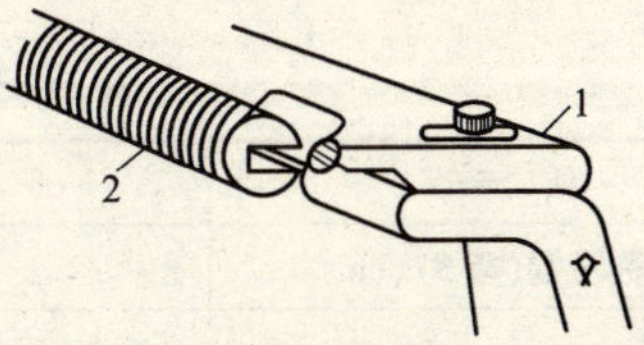

图 3-2-22　全幅伸幅辊

短边撑一般分为三种形式:a 型适用于中轻型的、织幅缩率为中等的织物;b 型适用于轻型织物;c 型适用于长丝薄型织物。短边撑的结构情况见表 3-2-40。

表 3-2-40　短边撑的结构组成

型　式	外　部(A)	内　部(B)
a 型	第 1 环:3 列针,针长 0.5~1mm 第 2~11 环:2 列针,针长 0.5~1mm	固定的半圆锥体 (根部局部圆锥体)
b 型	第 1 环:3 列针,针长 0.5~1mm 第 2~9 环:2 列针,针长 0.5~1mm 第 10~11 环:尼龙垫圈	固定的半圆锥体 (根部局部圆锥体)
c 型	第 1 环:3 列针,针长 0.5mm 第 2~3 环:2 列针,针长 0.5mm	固定的长半圆锥体 (根部一半为圆锥体)

第三章　喷气织机

第一节　丰田(Toyoda)喷气织机

一、主要技术特征

(一)JAT610 型喷气织机的技术特征

1. 技术特点(表 3－3－1)

表 3－3－1　JAT610 型喷气织机的技术特点

<table>
<tr><th>项　目</th><th>技　术　特　征</th></tr>
<tr><td>公称筘幅(R/S)(cm)</td><td>150、170、190、210、230、250、280、336</td></tr>
<tr><td>有效穿筘筘幅(cm)</td><td>最大:
<table>
<tr><th>综框类型</th><th>布边形式</th><th>最大有效穿筘筘幅</th></tr>
<tr><td rowspan="2">无综夹头</td><td>绞纱布边</td><td rowspan="2">公称筘幅－5mm</td></tr>
<tr><td>纱罗布边</td></tr>
<tr><td rowspan="2">钢片综框</td><td>绞纱布边</td><td rowspan="2">公称筘幅－10mm</td></tr>
<tr><td>纱罗布边</td></tr>
<tr><td>无综夹头钢片综框</td><td>折入边</td><td>公称筘幅－15mm</td></tr>
</table>
最小:公称筘幅为 150～230:公称筘幅－70 cm;公称筘幅为 250～336:公称筘幅－80cm</td></tr>
<tr><td>送经机构</td><td>电子控制送经装置(AC 伺服电动机),有两根积极平稳式后罗拉(前后上下位置可调式)、两根消极平稳式后罗拉(上下位置可调式)</td></tr>
<tr><td>经轴盘头直径(mm)</td><td>800、930、1000</td></tr>
<tr><td>卷取机构</td><td>机械式卷取机构(标准型:11.8～95.4 根/cm;特殊:3.5～34.9 根/cm)
电子控制卷取机构(11.8～95.4 根/cm)</td></tr>
<tr><td>开口机构</td><td>消极式凸轮开口(最大综框数:8 页);积极式凸轮开口(最大综框数:8 页);曲柄开口(最大综框数:6 页);多臂开口(最大综框数:16 页)</td></tr>
<tr><td>引　纬</td><td>高推进力式主喷嘴、辅助喷嘴并用式;超灵敏度传感器;分两段控制的辅助喷嘴储气罐;自动对织口装置;引纬条件自动设定装置(ICS);引纬时间自动控制装置(ATC)</td></tr>
<tr><td>电子储纬器</td><td>单纬、混纬、2 色自由交换、4 色自由交换</td></tr>
<tr><td>织边装置</td><td>左右不对称旋转纱罗边装置;4 根绞纱布边装置;折入边装置;中央布边装置</td></tr>
<tr><td>打纬机构</td><td>油浴式曲柄短筘座脚打纬机构</td></tr>
<tr><td>断头处理</td><td>电气式停车装置(S);布边及废边纱断头自停装置;配断头信号灯</td></tr>
<tr><td>纱头处理</td><td>废边纱单侧夹紧方式</td></tr>
<tr><td>加　油</td><td>主要部位油浴润滑方式,配全自动润滑油统一注油装置</td></tr>
</table>

续表

项　目	技　术　特　征
主控制	屏幕触摸及光纤维通信网络
动力(kW)	1.5~3;按钮式起动、停止、正反转减速装置;通过电磁制动器,实现制动、定位停车
其他	集中调节装置、门装式脚踏杆、多功能记忆卡系统
任选件	双喷嘴、纬纱自动处理装置(TAPO)、断经位置显示装置(分6排显示)、定张力卷绕装置、监视接口装置、总计算机系统(TTCS)等

2. 外形尺寸(表3-3-2)

表3-3-2　JAT610型喷气织机的外形尺寸　　单位:mm

项　目			凸轮开口	曲柄开口	上置多臂开口	下置多臂开口
机宽 W	单色混纬	机械卷取	$R/S+2140$	$R/S+2095$	$R/S+2095$	$R/S+2420$
		电子卷取	$R/S+2275$	$R/S+2230$	$R/S+2230$	$R/S+2555$
	4色					
机器前后 D			1830	1790	1830	1830
机器高度 H			2020	1775	2360	2110

注　上表表示盘头直径为800mm、卷绕最大直径为600mm(曲柄开口为520mm)时的情况;如盘头直径为930mm,均按 $D+112$,$H+130$ 加算;盘头直径为1000mm,均按 $D+207$,$H+200$ 加算。

3. 织机自重(除去EDP)(表3-3-3)

表3-3-3　JAT610型喷气织机的自重　　单位:kg

公称筘幅(cm) / 开口类型	150	170	190	210	230	250	280	336
消极踏盘开口(TN)	2750	2850	2950	3050	3150	3250	3350	3650
单纯曲柄开口(CS)	TN-250							
电子多臂开口(DE)	TN+350							

4. 可使用经纱范围(表3-3-4)

表3-3-4　JAT610型喷气织机的可使用经纱范围

公称筘幅(cm) / 纱线类型	150	170	190	210	230	250	280	336
短纤维纱(tex)	5.8~106(5.5~100英支)			9.7~64.8(9~60英支)		9.7~41.7(14~60英支)		11.7~41.7(14~50英支)
长丝(tex)	3.3~50(30~450旦)			—	—	40~270	—	—
玻璃纤维纱(dtex)	55~1340	—	—	—	—	—	—	—
羊毛(tex)	—	—	27~105.3(9.5~37公支)	—	—	—	—	—

(二)JAT710 型喷气织机的技术特征

1. 技术特点(表3-3-5)

表3-3-5 JAT710 型喷气织机的技术特点

<table>
<tr><th>项 目</th><th>特 征</th></tr>
<tr><td>公称筘幅(cm)</td><td>140、150、170、190、210、230、250、280、340、360、390</td></tr>
<tr><td>有效穿筘筘幅(cm)</td><td>最大:
<table>
<tr><th>综框类型</th><th>布边形式</th><th>最大有效穿筘筘幅</th></tr>
<tr><td rowspan="2">无综夹头</td><td>绞纱布边</td><td rowspan="2">公称筘幅-5mm</td></tr>
<tr><td>纱罗布边</td></tr>
<tr><td rowspan="2">钢片综框</td><td>绞纱布边</td><td rowspan="2">公称筘幅-10mm</td></tr>
<tr><td>纱罗布边</td></tr>
<tr><td>无综夹头钢片综框</td><td>折入边</td><td>公称筘幅-15mm</td></tr>
</table>
最小:公称筘幅为140~230:公称筘幅-70cm;公称筘幅为250~390:公称筘幅-80cm</td></tr>
<tr><td>送经机构</td><td>电子控制送经装置(AC 伺服电动机),有两根积极平稳式后罗拉(前后上下位置可调式)、两根消极平稳式后罗拉(上下位置可调式)</td></tr>
<tr><td>经轴盘头直径(mm)</td><td>800、930、1000</td></tr>
<tr><td>卷取机构</td><td>机械式卷取机构(标准型:11.8~95.4 根/cm;特殊:3.5~34.9 根/cm)
电子控制卷取机构(11.8~95.4 根/cm)</td></tr>
<tr><td>开口机构</td><td>消极式凸轮开口(最大综框数:8 页);积极式凸轮开口(最大综框数:10 页);曲柄开口(最大综框数:6 页);多臂开口(最大综框数:16 页);电子开口(最大综框数:16 页);大提花开口机构,综丝单独控制</td></tr>
<tr><td>引 纬</td><td>高推进力式主喷嘴、喇叭型串联喷嘴、锤型辅助喷嘴、牵伸喷嘴;新型高灵敏度传感器;辅助气罐与电磁阀直接连接;自动对织口装置;引纬时间自动控制装置(ATC)</td></tr>
<tr><td>电子储纬器</td><td>单纬、混纬、2 色自由交换、4 色自由交换、6 色自由交换</td></tr>
<tr><td>织边装置</td><td>左右不对称旋转纱罗边装置;4 根绞纱布边装置;折入边装置;中央布边装置</td></tr>
<tr><td>打纬机构</td><td>油浴式曲柄短筘座脚打纬机构</td></tr>
<tr><td>边 撑</td><td>上覆式拉紧装置</td></tr>
<tr><td>停车档防止</td><td>主电动机起动方式可选择、机台的停止和起动角度可选择、可调整送经量等</td></tr>
<tr><td>断头处理</td><td>电气式停车装置(S);布边及废边纱断头自停装置,配断头信号灯;透过式纬纱检测器</td></tr>
<tr><td>纱头处理</td><td>废边纱单侧夹紧方式</td></tr>
<tr><td>加 油</td><td>主要部位油浴润滑方式,配全自动润滑油统一注油装置</td></tr>
<tr><td>主控制</td><td>屏幕触摸及光纤维通信网络,32 位 CPU 和多功能操作盘</td></tr>
<tr><td>动力(kW)</td><td>1.5~3;超高速起动电动机,按钮式起动、停止、正反转减速装置;通过电磁制动器,实现制动、定位停车</td></tr>
<tr><td>其 他</td><td>集中调节装置、停电停止装置、异常时的自动警告功能</td></tr>
<tr><td>任选件</td><td>纬纱张力自动校正装置(ABS)、纬纱飞行自动控制装置(APC、AFC)、异类纱引纬装置、纬纱自动处理装置(TAPO)、断经位置显示装置(分 6 排显示)、定张力卷绕装置、监视接口装置、总计算机系统(TTCS)等</td></tr>
</table>

2. 外形尺寸(表3-3-6)

表3-3-6 JAT710型喷气织机的外形尺寸 单位:mm

项目		消极凸轮	积极凸轮	曲柄	上置多臂	积极多臂
机宽 W	1、2色	$R/S+2245$	$R/S+2536$	$R/S+2222$	$R/S+2222$	$R/S+2665$
	4色	$R/S+2395$	$R/S+2686$	$R/S+2372$	$R/S+2372$	$R/S+2815$
	6色	$R/S+3205$	$R/S+3496$	$R/S+3182$	$R/S+3182$	$R/S+3625$
机器前后 D		1845	1845	1805	1845	1845
机器高度 H		2036	1712	1712	2291	1712

注 1. 上表表示下述规格:$R/S150\sim280$;单经轴;经轴盘头直径为800mm;卷绕最大直径为600mm(曲柄开口为520mm);带串联喷嘴,无ABS,筒子架为标准规格;多臂为2861型及2871型,积极凸轮为1751型和1761型。

2. 当盘头直径为930mm,均按 $D+112$,$H+130$ 加算;盘头直径为1000mm,均按 $D+207$,$H+200$ 加算。

3. 当 R/S 为340以上时,机宽 W 再追加50mm。

4. 机器长度随送经后罗拉的设定位置有所变化。

3. 机器重量及适用纱线种类可参考JAT610型喷气织机

二、主要机构及其工艺调整

(一)开口机构

1. 消极凸轮开口机构

(1)工作原理:主电动机传动织机右侧的驱动轮,通过其外侧的皮带轮及同轴的传动齿轮,使开口凸轮回转,踏综杆作上下摆动,通过钢丝绳使综框上下运动。回综采用上置或下置方式。

(2)主要工艺的确定和调整:

①开口时间(表3-3-7)。

表3-3-7 各种开口装置的开口时间

纱线种类	项目	凸轮开口装置			曲柄开口装置	多臂开口装置
长纤经纱	开口量(°)	24			24(刻度3)	24
	开口时间(°)	平纹		斜纹	345	345
		345		345		
	平稳量	刻度3		刻度1	刻度3	平纹:刻度3 斜纹:刻度1
	平稳时间(°)	345		345	345	345
短纤经纱	开口量(°)	32			32(刻度3)	30
	开口时间(°)	1×2综平	3×4综平	斜纹或缎纹	310	300
		310	290	290		
	平稳量	刻度6		刻度1	刻度6	平纹:刻度6 斜纹或缎纹:刻度1
	平稳时间(°)	290		290	290	300

对于高密度平纹织物，开口时间的确定见表3－3－8。

表3－3－8 消极凸轮开口装置织制高密平纹织物时的开口时间

纱线种类	项 目	凸轮开口装置	
短纤经纱（高密度织物）	开口量(°)	32	
	开口时间(°)	1×2综平	3×4综平
		290	310
	平稳量	刻度6	
	平稳时间(°)	310	

②开口量：开口角（满开时的梭口张角）的标准如下：短纤维织物为32°；长丝织物为24°。表3－3－9～表3－3－12列出了开口角以及相应的综框动程。表中的"○"内数字表示综框号。

表3－3－9 短纤维用（综框位于标准位置）开口角

连接器位置	综框动程(mm)	开口角(°)				
		30	32	34	36	38
22	70.7	①				
21	72.7		①			
20	74.7					
19	76.7	②		①		
18	78.7					
17	80.6		②			
16	82.6				①	
15	84.6	③				
14	86.6			②		①
13	88.6		③			
12	90.6	④			②	
11	92.5					
10	94.5			③		
9	96.4		④			②
8	98.4	⑤				
7	100.3				③	
6	102.3			④		
5	104.2		⑤			
4	106.1	⑥				③
3	108.0				④	
2	110.0					
1	111.9			⑤		
0	138.8	⑦	⑥			④

表 3－3－10 长丝用(综框位于标准位置)开口角

连接器位置	综框动程(mm)	开口角(°)				
		22	24	26	28	30
22	54.9	①				
21	56.4		①			
20	58.0	②				
19	59.5			①		
18	61.1					
17	62.6	③	②			
16	64.1				①	
15	65.7			②		
14	67.2		③			①
13	68.7	④				
12	70.2					
11	71.7				②	
10	73.2	⑤	④	③		
9	74.7					
8	76.2					②
7	77.8				③	
6	79.3	⑥	⑤	④		
5	80.7					
4	82.2					
3	83.7					③
2	85.2	⑦	⑥	⑤	④	
1	86.7					
0	88.2					④

表 3－3－11 短纤维用(综框后移 8mm 时)开口角

连接器位置	综框动程(mm)	开口角(°)					
		28	30	32	34	36	38
22	70.7	①					
21	72.7		①				
20	74.7						
19	76.7	②					
18	78.7			①			
17	80.6		②				
16	82.6	③			①		

续表

连接器位置	综框动程(mm)	开口角(°)					
		28	30	32	34	36	38
15	84.6						
14	86.6			②		①	
13	88.6		③				
12	90.6	④			②		
11	92.5						①
10	94.5			③			
9	96.4	⑤	④			②	
8	98.4				③		
7	100.3						②
6	102.3		⑤	④			
5	104.2	⑥				③	
4	106.1						
3	108.0				④		
2	110.0	⑦	⑥	⑤			③
1	111.9						
0	138.8					④	

表 3-3-12 长丝用(综框后移 8mm 时)开口角

连接器位置	综框动程(mm)	开口角(°)				
		22	24	26	28	30
22	54.9	①				
21	56.4					
20	58.0					
19	59.5		①			
18	61.1	②				
17	62.6					
16	64.1			①		
15	65.7	③	②			
14	67.2					
13	68.7				①	
12	70.2			②		
11	71.7	④	③			
10	73.2					①
9	74.7				②	

续表

连接器位置	综框动程(mm)	开口角(°)				
		22	24	26	28	30
8	76.2	⑤		③		
7	77.8		④			
6	79.3					
5	80.7					②
4	82.2	⑥			③	
3	83.7		⑤	④		
2	85.2					
1	86.7					
0	88.2	⑦	⑥	⑤	④	③

开口量的调整:开口量的大小取决于踏综杆上连接器的位置。连接器的上面,要对正踏综杆两侧的V形刻槽。踏综杆两侧A、B面V形刻槽和连接器的位置号:A面的刻槽号为4、8、12、16、20;B面的刻槽号为2、6、10、14、18、22。

③吊综弹簧:钢丝绳安装时:将钢丝绳固定在吊综杆上,在固定时要使各钢丝绳的上螺纹端从螺母上突出"*a*"mm,见表3-3-13。弹簧架与弹簧架钢丝绳相连时,钢丝绳螺丝下端要与固定块的下端平齐。试运转时,如果出现钢丝绳异常震动和开口量不正确等现象,必须调整安装位置。

表3-3-13　钢丝绳的上螺纹端从螺母上突出的长度

螺母的长度(*L*)(mm)	"*a*"(mm)	螺母的长度(*L*)(mm)	"*a*"(mm)
12	10	6	16±1

弹簧的使用根数:弹簧的使用根数大致如表3-3-14所示。变更综框页数、开口量、转速之后,应确认所有钢丝绳、弹簧的震动情况。如在运转中,钢丝绳及弹簧发生震动时,需增加弹簧(用手指轻按钢丝绳,震动停止时不用增加弹簧)。

表3-3-14　弹簧使用根数

转速(r/min)	弹簧使用根数	转速(r/min)	弹簧使用根数
-700	9~12	-950	11~14
-800	10~13		

注　7、8页综框作为边组织使用时,其弹簧数与6页综框相同;7、8页综框作为地组织使用时,比6页综框增加1根弹簧。

弹簧使用根数与织物品种、车速、幅宽等因素有关,见表3-3-15~表3-3-17。

表 3－3－15　弹簧使用根数(1)

组织	转速 (r/min)	公称筘幅 (cm)	右侧吊综架(页)						左侧吊综架(页)					
			1	2	3	4	5	6	1	2	3	4	5	6
平纹	－600	150～210	6	6	7	7	7	7	6	6	7	7	7	7
		230～280	7	7	8	8	8	8	8	8	9	9	9	9
	－650	150～210	7	7	8	8	8	8	7	7	8	8	8	8
		230～280	8	8	9	9	9	9	9	9	10	10	10	10
	－700	150～210	9	9	10	10	10	10	9	9	10	10	10	10
		230～280	9	9	10	10	10	10	10	10	11	11	11	11
	－750	150～210	9	9	10	10	10	10	9	9	10	10	10	10
		230	9	10	10	11	—	—	10	11	11	12	—	—
	－800	150～210	9	9	10	10	10	10	9	9	10	10	10	—
	－900	150～190	10	10	11	11	—	—	10	10	11	11	—	—
	－950	150	10	10	11	11	—	—	10	10	11	11	—	—

表 3－3－16　弹簧使用根数(2)

组织	转速	公称筘幅 (cm)	右侧吊综架(页)						左侧吊综架(页)					
			1	2	3	4	5	6	1	2	3	4	5	6
$\frac{1}{2}$ $\frac{1}{3}$ $\frac{2}{1}$ $\frac{3}{1}$ $\frac{1}{4}$	－550	150～210	7	8	8	8	9	9	7	8	8	8	9	9
		230～280	8	9	9	9	10	10	9	10	10	10	11	11
	－600	150～210	8	8	9	9	9	9	8	8	9	9	9	9
		230～280	9	9	10	10	10	10	10	10	11	11	11	11
	－650	150～210	9	9	10	11	11	11	9	9	10	11	11	11
		230	10	10	11	12	12	12	11	11	12	13	13	13
	－700	150～210	9	10	11	11	11	11	9	10	11	11	11	11
		230	10	11	12	12	12	12	11	12	13	13	13	13
	－750	150～210	10	11	12	12	12	—	10	11	12	12	12	—
	－800	150～190	12	12	13	13	—	—	12	12	13	13	—	—

表 3－3－17　弹簧使用根数(3)

组织	转速	公称筘幅 (cm)	右侧吊综架(页)						左侧吊综架(页)					
			1	2	3	4	5	6	1	2	3	4	5	6
$\frac{2}{2}$	－500	150～210	8	8	9	9	9	9	8	8	9	9	9	9
		230～280	9	9	10	10	10	10	10	10	11	11	11	11
	－550	150～210	8	9	9	10	10	10	8	9	9	10	10	10
		230～280	9	10	10	11	11	11	10	11	11	12	12	12

续表

组织	转速	公称筘幅(cm)	右侧吊综架(页)						左侧吊综架(页)					
			1	2	3	4	5	6	1	2	3	4	5	6
$\frac{2}{2}$	-600	150~210	9	9	10	10	10	10	9	9	10	10	10	10
		230	10	10	11	11	11	11	11	11	12	12	12	12
	-650	150~210	9	10	11	11	11	11	9	10	11	11	11	11
	-700	150~210	10	10	11	12	12	12	10	10	11	12	12	12
	-750	150~190	11	11	12	13	—	—	11	11	12	13	—	—

弹簧的安装方法:根据织物组织,增减弹簧根数时,应按表3-3-18安装弹簧。

表3-3-18　弹簧的安装

弹簧根数	安装位置							↓中心							
	1	2	3	4	5	6	7	8	9	10	11	12	13	14	15
6				○	○	○				○	○	○			
7				○	○	○		○		○	○	○			
8				○	○	○	○		○	○	○	○			
9				○	○	○	○	○	○	○	○	○			
10			○	○	○	○	○		○	○	○	○	○		
11			○	○	○	○	○	○	○	○	○	○	○		
12		○	○	○	○	○	○		○	○	○	○	○	○	
13		○	○	○	○	○	○	○	○	○	○	○	○	○	
14	○	○	○	○	○	○	○		○	○	○	○	○	○	○
15	○	○	○	○	○	○	○	○	○	○	○	○	○	○	○

④综框:综框的安装方法见表3-3-19。

表3-3-19　综框的安装

序　号	安　装　顺　序
1	将位于综框下面的调节螺栓调整到规定的长度(114mm)
2	将曲轴角度设定至开口时间,使综框互相对齐
3	将主电源开关置于OFF位置
4	进行平综操作
5	将夹板挂在夹板座的挡锁处
6	将综框的边框上部的平行锁放在夹板座的面上,用夹板将综框套住
7	解除平综
8	使用手轮,将主轴角度转到下开口位置(主轴角度约130°),使夹板座到达最低位置
9	转动螺丝,调整综框高度达到设定尺寸
10	使夹板的顶部与综框的顶部对齐,然后用标准力矩拧紧螺丝

⑤下经纱高度:各开口角度下的下经纱高度 B,见表 3-3-20。

表 3-3-20 下层经纱高度的确定

纱线种类		短纤纱			长丝
开口角度(°)		30	32	34	24
下经纱高度(mm)	$\frac{1}{1}$、$\frac{1}{2}$、$\frac{2}{3}$、$\frac{1}{3}$、$\frac{1}{4}$、	24	23	21	22
	$\frac{2}{1}$、$\frac{3}{1}$、$\frac{4}{1}$	23	22	20	

(3)织物组织的变更:

①消极式踏盘凸轮的更换方法(表 3-3-21)。

表 3-3-21 消极式踏盘凸轮的更换方法

序号	更换顺序
1	进行综框的平综操作
2	卸下固定螺丝,取出踏盘轴
3	将踏盘轴放在工作台上,根据织物组织,装配踏盘凸轮
4	根据织物组织,选择变换齿轮
5	将装配完毕的踏盘轴放入踏盘箱内
6	重新固定螺丝
7	确认踏盘凸轮与踏综轮的中心一致
8	将曲轴角度设定至适用于生产织物的开口时间
9	踏盘凸轮与踏综轮相互接触时,转动踏盘齿轮,2 根踏综杆的位置大致相同时,使踏盘齿轮与变换齿轮相互咬合
10	调整梭口闭合定时
11	解除平综操作

②消极式踏盘凸轮的装配方法。

a. 平纹用 4 页踏盘凸轮:前 2 页(1、2 页综)和后 2 页(3、4 页综)的标准静止角度为 20°,3、4 页综比 1、2 页综早 20°闭合。对经纱开口不清的织物可将静止角度增加到 30°,3、4 页综比 1、2 页综早 30°闭合。

b. 斜纹、缎纹、灯芯绒用踏盘凸轮:可参照平纹用 4 页踏盘凸轮的装配方法。

③织物组织和踏盘凸轮的数量(表 3-3-22)。

表 3-3-22 织物组织和踏盘凸轮的数量

组织		踏盘凸轮使用综框						备注
		一速式		二速式			合计	
		地	边	地	边	废边		
平纹	$\frac{1}{1}$	4					4	废边穿在地组织综框上
		6					6	

续表

组织		踏盘凸轮使用综框						备注
		一速式		二速式			合计	
		地	边	地	边	废边		
3页斜纹	$\frac{2}{1}$	3	$1(\frac{1}{2})$				4	反斜纹布边
		6	$1(\frac{1}{2})$				7	
				3	2		5	方平组织布边
				6	2		8	
	$\frac{1}{2}$	3	$1(\frac{2}{1})$				4	反斜纹布边
		6	$1(\frac{2}{1})$				7	
				3	2		5	方平组织布边
				6	2		8	
4页斜纹	$\frac{3}{1}$	4	$1(\frac{1}{3})$				5	反斜纹布边
				4	2		6	方平组织布边
	$\frac{1}{3}$	4	$1(\frac{3}{1})$				5	反斜纹布边
				4	2		6	方平组织布边
	$\frac{2}{2}$	4					6	方平组织布边
缎纹	$\frac{4}{1}$	5	$1(\frac{1}{4})$				6	反缎纹布边
		5	$2(\frac{2}{3}、\frac{3}{2})$				7	变则方平组织布边
				5	2		7	方平组织布边
	$\frac{1}{4}$	5	$1(\frac{4}{1})$				6	反缎纹布边
		5	$2(\frac{2}{3}、\frac{3}{2})$				7	变则方平组织布边
				5	2		7	方平组织布边
灯芯绒				6		2	8	

注　3页斜纹、4页斜纹、缎纹的废边纱穿在地组织综框上；变则方平组织布边是$\frac{2}{3}$、$\frac{3}{2}$布边组织的组合。

④织物组织改变时所需要更换的部件（表3-3-23）。

表3-3-23　织物组织改变时需要更换的部件

更换的部件名称	更换理由
踏盘凸轮	踏盘凸轮的形状和数量随织物组织而异
踏盘轴套	螺孔的长度和数量分别随所使用的踏盘凸轮的形状和数量及织物组织而异（为8页综框规格所设计的多孔轴套可用于单织速型的所有织物组织）
踏盘齿轮	齿轮的齿数不同而使踏盘凸轮的转速改变
变速齿轮	齿轮的齿数不同而使踏盘凸轮的转速改变

续表

更换的部件名称	更　换　理　由
螺　栓	螺栓的长度和数量分别随所使用的踏盘凸轮的数量及织物组织而异
综框数量	随织物组织而异

⑤踏盘凸轮的排列和齿轮齿数。

a. $\frac{1}{1}$平纹织造（单织速型）（表3－3－24）。

表3－3－24　平纹织造用凸轮和齿轮

地组织用凸轮	4个或6个凸轮	齿轮B	36齿
齿轮A	48齿		

b. $\frac{2}{1}$　3页斜纹织造（双织速型）（表3－3－25）。

表3－3－25　$\frac{2}{1}$　3页斜纹织造用凸轮和齿轮

地组织用凸轮	6个或3个凸轮	齿轮B	28齿
方平布边用凸轮	2个凸轮	齿轮C	48齿
齿轮A	56齿	齿轮D	36齿

c. $\frac{2}{1}$　4页斜纹织造（双织速型）（表3－3－26）。

表3－3－26　$\frac{2}{1}$　4页斜纹织造用凸轮和齿轮

地组织用凸轮	4个凸轮	齿轮B	36齿
方平布边用凸轮	2个凸轮	齿轮C	48齿
齿轮A	48齿	齿轮D	36齿

d. $\frac{2}{2}$　4页斜纹织造（单织速型）（表3－3－27）。

表3－3－27　$\frac{2}{2}$　4页斜纹织造用凸轮和齿轮

地组织用凸轮	4个凸轮	齿轮A	48齿
方平布边用凸轮	2个凸轮	齿轮B	36齿

e. $\frac{1}{4}$缎纹织造和方平布边（双织速型）（表3－3－28）。

表 3-3-28　缎纹织造和方平布边用凸轮和齿轮

地组织用凸轮	5 个凸轮	齿轮 B	30 齿
方平布边用凸轮	2 个凸轮	齿轮 C	48 齿
齿轮 A	50 齿	齿轮 D	36 齿

f. $\frac{1}{4}$缎纹织造和特殊方平布边($\frac{3}{2}$,$\frac{2}{3}$)(单织速型)(表 3-3-29)。

表 3-3-29　缎纹织造和特殊方平布边用凸轮和齿轮

地组织用凸轮	5 个凸轮	齿轮 A	50 齿
方平布边用凸轮	2 个凸轮	齿轮 B	30 齿

g. 灯芯绒织造(双织速型)(表 3-3-30)。

表 3-3-30　灯芯绒织造用凸轮和齿轮

地组织用凸轮	6 个凸轮	齿轮 B	28 齿
方平布边用凸轮	2 个凸轮	齿轮 C	48 齿
齿轮 A	56 齿	齿轮 D	36 齿

2. 曲柄开口机构　曲柄开口机构专门用于平纹织造。有两种型号:一是单纯曲柄开口机构,这种机构在开口过程中几乎没有静止角,因而适合高速织造,但宽幅适应性差;二是多节曲柄开口机构,在开口过程中有固定的静止角,不适合高速织造。

(1)单纯曲柄开口机构工艺调节。

①开口时间:开口时间确定如表 3-3-31。

表 3-3-31　单纯曲柄开口机构的开口时间

类　别	曲柄角度(°)	类　别	曲柄角度(°)
短纤纱用	310	长丝用	350

②开口量:短纤维纱用开口量(见表 3-3-32)。刻度 3 为标准刻度,表中上行表示综框位于正常位置情况;表中下行表示综框后移 8mm 的情况。

表 3-3-32　单纯曲柄开口机构的开口量(短纤维纱用)

标尺 S 上的刻度	开口量(mm)			开口角(°)
	综框 1	综框 4	综框 6	
1	66.0(上行)	85.8	98.7	28
	69.7(下行)	89.5	102.4	
2	70.5	91.6	105.3	30
	74.5	95.6	109.3	
3	75.0	97.6	112.1	32
	79.3	101.8	116.4	

续表

标尺S上的刻度	开口量(mm)			开口角(°)
	综框1	综框4	综框6	
4	79.6	1035	119.0	34
	84.1	108.0	123.5	
5	84.0	109.4	125.8	36
	88.8	114.2	130.6	

长丝用开口量(表3-3-33)。刻度3为标准刻度,表中上行表示综框位于正常位置情况;表中下行表示综框后移8mm的情况。

表3-3-33 单纯曲柄开口机构的开口量(长丝用)

标尺S上的刻度	开口量(mm)			开口角(°)
	综框1	综框4	综框6	
1	48.9(上行)	63.0	72.4	20
	51.6(下行)	65.7	75.1	
2	53.1	68.5	78.7	22
	56.0	71.4	81.7	
3	57.6	74.2	85.4	24
	60.7	77.4	88.5	
4	61.8	79.7	91.6	26
	65.2	83.1	95.0	
5	66.2	85.1	97.8	28
	69.8	88.7	101.4	

③下层经纱高度:下层经纱高度(H)指梭口满开时,筘座上沿至下层经纱之间的距离。经纱的开口角与下层经纱高度的关系见表3-3-34。

表3-3-34 经纱的开口角与下层经纱高度的关系

类 别	短纤维纱用(开口时间为310°)					长丝用(开口时间为350°)				
开口角(°)	28	30	32	34	36	20	22	24	26	28
H(mm)	23	22	21	20	19	24	23	22	21	20

(2)多节曲柄开口机构工艺调节:宽幅织机(250cm以上)以及短纤维纱织物,为了改善织物风格并适应宽幅的要求,一般采用多节曲柄开口机构。

①开口时间:短纤维纱织物标准开口时间为310°。

②开口量:刻度板S的位置与开口量的关系如表3-3-35。表中上行表示综框位于正常位置情况;下行表示综框后移8mm的情况。

表 3－3－35　刻度板 S 的位置与开口量的关系

标尺 S 上的刻度	开口量(mm)			开口角(°)
	综框 1	综框 4	综框 6	
1	65.5(上行)	85.0	98.0	28
	69.2(下行)	88.7	101.7	
2	70.3	91.3	105.2	30
	74.3	95.2	109.2	
3	75.2	97.6	112.6	32
	79.5	101.9	116.8	
4	80.2	104.2	120.1	4
	84.8	108.7	124.6	
5	85.4	110.8	127.7	36
	90.2	115.6	132.6	

③下层经纱高度：经纱的开口角与下层经纱高度的关系见表 3－3－36。

表 3－3－36　经纱开口角与下层经纱高度的关系

	短纤维纱用(开口时间为 310°)				
开口角(°)	28	30	32	34	36
H(mm)	23	22	21	20	18

3. 多臂开口机构(斯德普利造积极 2861 型、2871 型)

(1)开口量的设定和调整：在电源接通的情况下，按下紧急停止按钮。开口量随开口杆 1 的尺寸 C 而变化(如图 3－3－1)。请参考设定表，上下移动接头 2 的位置来进行调整。此时的螺栓拧紧力矩。注意，经纱开口量比表中的综框行程小 8mm。

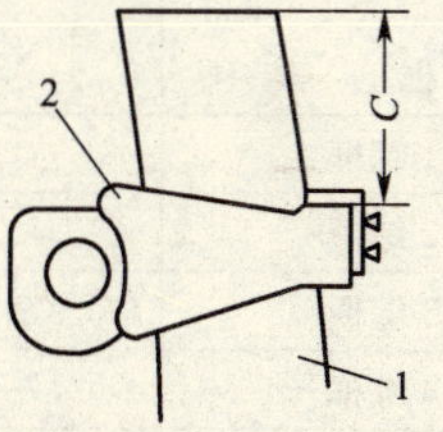

图 3－3－1　开口量

综框位于正常位置的开口量见表 3－3－37。

表 3－3－37　综框位于正常位置的开口量

开口角(°) / 开口量(mm) / 综框	26.0		30.0	
	综框行程	尺寸 C	综框行程	尺寸 C
1 综框	59.7	125.5	68.0	105.5
2 综框	65.3	112.0	74.5	90.0
3 综框	70.7	99.0	80.8	74.5
4 综框	76.3	85.5	87.2	60.0

续表

开口角(°) / 开口量(mm) / 综 框	26.0		30.0	
	综框行程	尺寸 C	综框行程	尺寸 C
5 综框	81.9	72.0	93.8	45.0
6 综框	87.5	110.5	100.2	87.5
7 综框	93.0	100.5	106.5	76.0
8 综框	98.5	90.5	113.1	64.5
9 综框	104.0	80.5	119.4	53.5
10 综框	109.7	70.5	125.8	42.5
11 综框	115.1	61.0	132.4	31.0
12 综框	120.6	51.5	138.7	20.5
13 综框	126.3	41.5	145.2	9.5
14 综框	131.8	32.0	150.9	0.0
15 综框	137.3	23.0	150.9	0.0
16 综框	142.8	13.5	150.9	0.0

综框离后端 8mm 的开口量见表 3-3-38。

表 3-3-38 综框离后端 8mm 的开口量

开口角(°) / 开口量(mm) / 综 框	26.0		30.0	
	综框行程	尺寸 C	综框行程	尺寸 C
1 综框	63.4	116.5	72.4	95.0
2 综框	68.8	103.5	78.6	80.0
3 综框	74.5	90.0	85.2	64.5
4 综框	80.0	76.5	91.6	50.0
5 综框	85.7	63.5	98.0	35.5
6 综框	91.1	104.0	104.6	79.5
7 综框	96.6	94.0	110.8	68.5
8 综框	102.2	84.0	117.4	57.0
9 综框	107.7	74.0	123.8	46.0
10 综框	113.4	64.0	130.1	35.0
11 综框	118.9	54.5	136.6	24.0
12 综框	124.3	45.0	143.1	13.0
13 综框	129.8	35.5	149.4	2.5
14 综框	135.4	26.0	150.9	0.0
15 综框	141.0	16.5	150.9	0.0
16 综框	146.4	7.5	150.9	0.0

(2) 综框高度调整:在电源没有接通的情况下,用手转动2转以置于下开口状态。在电源已接通的情况下,使操作面板置于下开口状态。松动高度调节用固定螺栓3(如图3-3-2),调节综框导槽2上面至综框上面的尺寸*A*(固定螺栓3位于综框左右,*R/S*280以上的机型在中央部位也有此螺栓)。*A*尺寸请参照综框高度设定表。解除紧急停止按钮,释放制动器后用手转动机器2转,确认综框能否灵活移动。注意,调节综框导槽2,使综框横向的游隙*X*在0.5~1.5mm范围内。

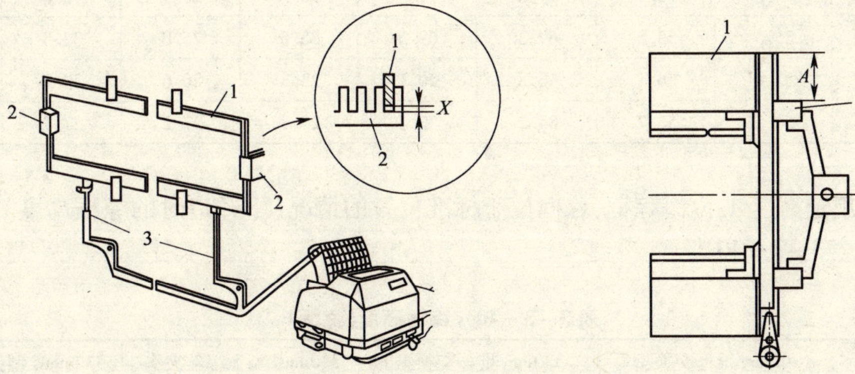

图3-3-2 综框高度的调节

①综框规定高度*A*:南海综框,综框位于标准位置的情况(下开口时的综框高度);狭幅,*R/S*150~230(表3-3-39)。

表3-3-39 综框高度(狭幅)

综框类型		302mm推杆交换型		330mm推杆交换型		330mmJ型无综丝夹头		330mmC型无综丝夹头	
主位置		中心		中心		升高5mm		中心	
原料类型		长丝	短纤维	长丝	短纤维	长丝	短纤维	长丝	短纤维
开口角度(°)		26	30	26	30	26	30	26	30
综框高度(mm)	1综框	88.7	88.4	102.7	102.4	59.2	58.9	66.2	65.9
	2综框	86.1	85.9	100.1	99.9	56.6	56.4	63.6	63.4
	3综框	83.6	83.4	97.6	97.4	54.1	53.9	61.1	60.9
	4综框	81.0	80.8	95.0	94.8	51.5	51.3	58.5	58.3
	5综框	78.4	78.0	92.4	92.0	48.9	48.5	55.9	55.5
	6综框	75.7	75.5	89.7	89.5	46.2	46.0	53.2	53.0
	7综框	73.2	73.0	87.2	87.0	43.7	43.5	50.7	50.5
	8综框	70.7	70.2	84.7	84.2	41.2	40.7	48.2	47.7
	9综框	68.1	67.9	82.1	81.9	38.6	38.4	45.6	45.4
	10综框	65.5	65.3	79.5	79.3	36.0	35.8	43.0	42.8
	11综框	63.1	62.5	77.1	76.5	33.6	33.0	40.6	40.0

续表

综框类型		302mm 推杆交换型		330mm 推杆交换型		330mmJ 型无综丝夹头		330mmC 型无综丝夹头	
主位置		中心		中心		升高 5mm		中心	
原料类型		长丝	短纤维	长丝	短纤维	长丝	短纤维	长丝	短纤维
开口角度(°)		26	30	26	30	26	30	26	30
综框高度(mm)	12 综框	60.6	60.0	74.6	74.0	31.1	30.5	38.1	37.5
	13 综框	57.8	57.4	71.8	71.4	28.3	27.9	35.3	34.9
	14 综框	55.3	55.5	69.3	69.5	25.8	26.0	32.8	33.0
	15 综框	52.8	56.1	66.8	70.1	23.3	26.6	30.3	33.6
	16 综框	50.2	56.7	64.2	70.7	20.7	27.2	27.7	34.2

②综框规定高度 *A*：南海综框，综框位于标准位置的情况（下开口时的综框高度）；宽幅：*R/S*250～390（表 3－3－40）。

表 3－3－40 综框高度（宽幅）

综框类型		302mm 推杆交换型		330mm 推杆交换型		330mmJ 型无综丝夹头		330mmC 型无综丝夹头	
主位置		中心		中心		升高 5mm		中心	
原料类型		长丝	短纤维	长丝	短纤维	长丝	短纤维	长丝	短纤维
开口角度(°)		26	30	26	30	26	30	26	30
综框高度(mm)	1 综框	98.7	98.4	112.7	112.4	71.2	70.9	78.2	77.9
	2 综框	96.1	95.9	110.1	109.9	68.6	68.4	75.6	75.4
	3 综框	93.6	93.4	107.6	107.4	66.1	65.9	73.1	72.9
	4 综框	91.0	90.8	105.0	104.8	63.5	63.3	70.5	70.3
	5 综框	88.4	88.0	102.4	102.0	60.9	60.5	67.9	67.5
	6 综框	85.7	85.5	99.7	99.5	58.2	58.0	65.2	65.0
	7 综框	83.2	83.0	97.2	97.0	55.7	55.5	62.7	62.5
	8 综框	80.7	80.2	94.7	94.2	53.2	52.7	60.2	59.7
	9 综框	78.1	77.9	92.1	91.9	50.6	50.4	57.6	57.4
	10 综框	75.5	75.3	89.5	89.3	48.0	47.8	55.0	54.8
	11 综框	73.1	72.5	87.1	86.5	45.6	45.0	52.6	52.0
	12 综框	70.6	70.0	84.6	84.0	43.1	42.5	50.1	49.5
	13 综框	67.8	67.4	81.8	81.4	40.3	39.9	47.3	46.9
	14 综框	65.3	65.5	79.3	79.5	37.8	38.0	44.8	45.0
	15 综框	62.8	66.1	76.8	80.1	35.3	38.6	42.3	45.6
	16 综框	60.2	66.7	74.2	80.7	32.7	39.2	39.7	46.2

③综框规定高度 *A*：南海综框，综框离后端 8mm 的情况（下开口时的综框高度），狭幅，*R/S*150～230（表 3－3－41）。

表 3-3-41　综框高度(狭幅)

综框类型		302mm 推杆交换型		330mm 推杆交换型		330mmJ 型无综丝夹头		330mmC 型无综丝夹头	
主位置		中　心		中　心		升高 5mm		中　心	
原料类型		长　丝	短纤维	长　丝	短纤维	长　丝	短纤维	长　丝	短纤维
开口角度(°)		26	30	26	30	26	30	26	30
综框高度(mm)	1 综框	86.9	86.6	100.9	100.6	57.4	57.1	64.4	64.1
	2 综框	84.5	84.2	98.5	98.2	55.0	54.7	62.0	61.7
	3 综框	81.8	81.4	95.8	95.4	52.3	51.9	59.3	58.9
	4 综框	79.2	78.9	93.2	92.9	49.7	49.4	56.7	56.4
	5 综框	76.5	76.3	90.5	90.3	47.0	46.8	54.0	53.8
	6 综框	74.1	73.6	88.1	87.6	44.6	44.1	51.6	51.1
	7 综框	71.7	71.3	85.7	85.3	42.2	41.8	49.2	48.8
	8 综框	69.0	68.5	83.0	82.5	39.5	39.0	46.5	46.0
	9 综框	66.5	65.9	80.5	79.9	37.0	36.4	44.0	43.4
	10 综框	63.8	63.4	77.8	77.4	34.3	33.9	41.3	40.9
	11 综框	61.2	60.8	75.2	74.8	31.7	31.3	38.7	38.3
	12 综框	58.8	58.1	72.8	72.1	29.3	28.6	36.3	35.6
	13 综框	56.3	55.7	70.3	69.7	26.8	26.2	33.8	33.2
	14 综框	53.6	58.1	67.6	72.1	24.1	28.6	31.1	35.6
	15 综框	51.0	58.7	65.0	72.7	21.5	29.2	28.5	36.2
	16 综框	48.6	59.3	62.6	73.3	19.1	29.8	26.1	36.8

④综框规定高度 A:南海综框,综框离后端 8mm 的情况(下开口时的综框高度),宽幅:R/S250～390(表 3-3-42)。

表 3-3-42　综框高度(宽幅)

综框类型		302mm 推杆交换型		330mm 推杆交换型		330mmJ 型无综丝夹头		330mmC 型无综丝夹头	
主位置		中　心		中　心		升高 5mm		中　心	
原料类型		长　丝	短纤维	长　丝	短纤维	长　丝	短纤维	长　丝	短纤维
开口角度(°)		26	30	26	30	26	30	26	30
综框高度(mm)	1 综框	96.9	96.6	110.9	110.6	69.4	69.1	76.4	76.1
	2 综框	94.5	94.2	108.5	108.2	67.0	66.7	74.0	73.7
	3 综框	91.8	91.4	105.8	105.4	64.3	63.9	71.3	70.9
	4 综框	89.2	88.9	103.2	102.9	61.7	61.4	68.7	68.4
	5 综框	86.5	86.3	100.5	100.3	59.0	58.8	66.0	65.8
	6 综框	84.1	83.6	98.1	97.6	56.6	56.1	63.6	63.1
	7 综框	81.7	81.3	95.7	95.3	54.2	53.8	61.2	60.8
	8 综框	79.0	78.5	93.0	92.5	51.5	51.0	58.5	58.0
	9 综框	76.5	75.9	90.5	89.9	49.0	48.4	56.0	55.4

续表

综框类型		302mm 推杆交换型		330mm 推杆交换型		330mmJ 型无综丝夹头		330mmC 型无综丝夹头	
主位置		中 心		中 心		升高 5mm		中 心	
原料类型		长 丝	短纤维	长 丝	短纤维	长 丝	短纤维	长 丝	短纤维
开口角度(°)		26	30	26	30	26	30	26	30
综框高度(mm)	10 综框	73.8	73.4	87.8	87.4	46.3	45.9	53.3	52.9
	11 综框	71.2	70.8	85.2	84.8	43.7	43.3	50.7	50.3
	12 综框	68.8	68.1	82.8	82.1	41.3	40.6	48.3	47.6
	13 综框	66.3	65.7	80.3	79.7	38.8	38.2	45.8	45.2
	14 综框	63.6	68.1	77.6	82.1	36.1	40.6	43.1	47.6
	15 综框	61.0	68.7	75.0	82.7	33.5	41.2	40.5	48.2
	16 综框	58.6	69.3	72.6	83.3	31.1	41.8	38.1	48.8

⑤综框规定高度 *A*：GROB（综框类型有 ALFIX 型、ALFIX—SL 型），综框位于标准位置的情况（下开口时的综框高度）；窄幅、宽幅同样，*R/S*150～390（表 3－3－43）。

表 3－3－43 综框高度（ALFIX 型，ALFIX—SL 型）

综框类型		330mmJ 型无综丝夹头		330mmC 型无综丝夹头	
主位置		升高 5mm		中 心	
原料类型		长 丝	短纤维	长 丝	短纤维
开口角度(°)		26	30	26	30
综框高度(mm)	1 综框	63.6	63.4	70.1	69.9
	2 综框	61.1	60.8	67.6	67.3
	3 综框	58.6	58.3	65.1	64.8
	4 综框	56.0	55.7	62.5	62.2
	5 综框	53.4	53.0	59.9	59.5
	6 综框	50.8	50.5	57.3	57.0
	7 综框	48.2	48.0	54.7	54.5
	8 综框	45.7	45.2	52.2	51.7
	9 综框	43.1	42.8	49.6	49.3
	10 综框	40.6	40.2	47.1	46.7
	11 综框	38.0	37.5	44.5	44.0
	12 综框	35.5	34.9	42.0	41.4
	13 综框	32.9	32.4	39.4	38.9
	14 综框	30.3	30.1	36.8	36.6
	15 综框	27.8	30.8	34.3	37.3
	16 综框	25.2	31.5	31.7	38.0

⑥综框规定高度 A：综框类型，ALFORFIX 型；窄幅、宽幅同样，R/S150 ~ 390（表 3－3－44）。

表 3－3－44　综框高度（ALFORFIX 型）

综框类型		330mmJ 型无综丝夹头		330mmC 型无综丝夹头	
主位置		升高 5mm		中　心	
原料类型		长　丝	短纤维	长　丝	短纤维
开口角度（°）		26	30	26	30
综框高度（mm）	1 综框	45.6	45.4	52.1	51.9
	2 综框	43.1	42.8	49.6	49.3
	3 综框	40.6	40.3	47.1	46.8
	4 综框	38.0	37.7	44.5	44.2
	5 综框	35.4	35.0	41.9	41.5
	6 综框	32.8	32.5	39.3	39.0
	7 综框	30.2	30.0	36.7	36.5
	8 综框	27.7	27.2	34.2	33.7
	9 综框	25.1	24.8	31.6	31.3
	10 综框	22.6	22.2	29.1	28.7
	11 综框	20.0	19.5	26.5	26.0
	12 综框	17.5	16.9	24.0	23.4
	13 综框	14.9	14.4	21.4	20.9
	14 综框	12.3	12.1	18.8	18.6
	15 综框	9.8	12.8	16.3	19.3
	16 综框	7.2	13.5	13.7	20.0

（3）综框导板间距的调整：综框导槽的尺寸 A 过大的话，织机运转过程中综框会产生前后摆动，一方面将增加综框磨损，另一方面也会增加经纱在综眼内的磨损，导致经纱断头。

在经纱无张力的状态下：织口侧第 1 综框与综框导板的间隙 $B=0$；织轴侧最后综框与综框导板的间隙 $C=3\sim5$mm。在经纱张力异常时，织轴侧最后综框与综框导板的间隙 $C=3$mm（图 3－3－3）。

（二）引纬装置

原理：纬纱在电子储纬头的测长板上卷绕必要的圈数，电磁针打开后，释放纱纬。当电磁针释放缠绕着的纬纱时，串联喷嘴和主喷嘴通过喷射空气，将其加速引入钢筘的筘槽中。引入的纬纱将被辅喷嘴射出的压缩空气吹过整个织物宽度直到指定的位置。

引纬装置具有四种型式，即单色、2 色、4 色及 6 色储纬器变换。

1. 单储纬器形式

（1）电子储纬器位置调整：上下和左右位置调整见表 3－3－45。

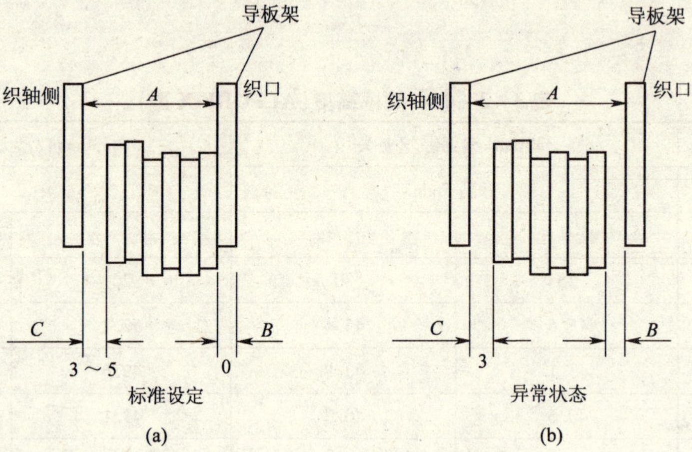

图 3－3－3　综框导板间距的调整

表 3－3－45　单色电子储纬器上下和左右位置调整

类　别	上下位置	左右位置	说　明
配置串联喷嘴的织机	以水平位置安装储纬头，用调节螺栓将储纬头的中心线与串联喷嘴的中心线调整到一条直线上	调节电子储纬器部件的左右位置使电磁针至串联喷嘴的距离 a 为 200～400mm	（1）对于标准纬纱（如：C14.6tex）：首先，安装单储纬器使距离 a 为 250mm。然后，在 200～300mm 范围内调节距离 （2）对于低特数纱或纤弱纱：首先，安装单储纬器使距离 a 为 350mm。然后，在 300～400mm 范围内调节距离 电子储纬器的最佳位置是即使以低的串联喷嘴压力（主喷压力）仍然引纬稳定
配置导纱器的织机	以水平位置安装储纬头，用调节螺栓将储纬头的中心线与导纱器的中心线调整到一条直线上	调节电子储纬器部件的左右位置使电磁针至导纱器的距离 a 为 200～400mm	

储纬头的前后位置调整：将织机的曲轴转角置于 90°，对于配置串联喷嘴的织机，调节储纬头的前后位置，使其中心线在俯视时与串联喷嘴和主喷嘴的中心成一条直线，对于配置导纱器的织机，调节储纬头的前后位置，使其中心线在俯视时与导纱器和主喷嘴的中心成一直线。

（2）储纬头和筒子架的位置：筒子、张力器、储纬头的上下调整如图 3－3－4 所示，调节张力器 2 和筒子 3 的高度，然后将储纬器入口件 1、张力器 2 和筒子 3 调成一直线（从织机左侧看）。

筒子角度和导纱眼前后位置的调整：调节筒子 3 的角度使其中心线通过张力器 2 内导纱眼的中心。调节张力器 2 的前后位置使筒子中心至导纱眼的距离为“筒子直径 $D\times(1.0\sim1.5)$”，如图 3－3－5 所示。

2.2 色储纬器形式

（1）电子储纬器的上下和左右位置及角度调节。

①不带保护罩(表3-3-46)。

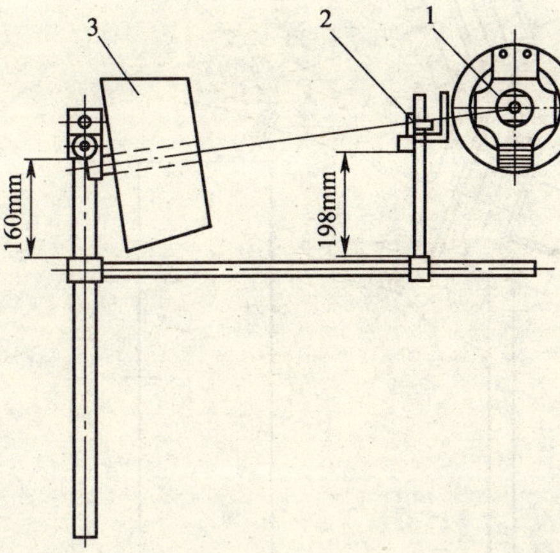

图3-3-4 筒子、张力器、储纬头的上下调整

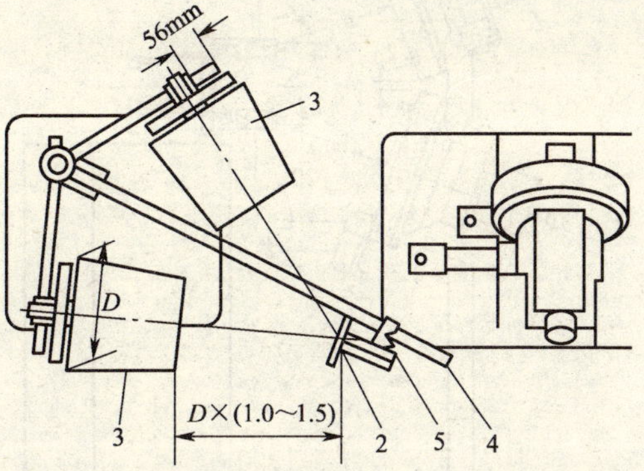

图3-3-5 筒子角度和导纱眼前后位置的调整

表3-3-46 不带保护罩的2色储纬器的上下和左右位置及角度调节

类别	上下位置	左右位置	角度调节
配置串联喷嘴的织机,如图3-3-6(a)所示	用调节螺栓7调节储纬器的高度,使储纬头1和2至串联喷嘴4和5之间的假想水平中心线距离相等	调节电子储纬器的位置,使电磁针3至串联喷嘴4和5的距离 b 为200~400mm	倾斜储纬头1使其中心线通过串联喷嘴4的入口中心(储纬头1应自水平位置下倾20°) 倾斜储纬头5使其中心线通过串联喷嘴5的入口中心(储纬头2应自水平位置上倾20°) 使储纬头(1和2)的间隙 a 为3~10mm
配置导纱器的织机,如图3-3-6(b)所示	用调节螺栓7调节储纬器的高度,使储纬头1和2至导纱器6的水平中心线距离相等	调节电子储纬器的位置,使电磁针3至导纱器6的距离 b 为200~400mm	倾斜储纬头1使其中心线通过串联喷嘴6的入口中心(储纬头1应自水平位置下倾20°) 倾斜储纬头2使其中心线通过串联喷嘴6的入口中心(储纬头2应自水平位置上倾20°) 使储纬头(1和2)的间隙 a 为3~10mm

a. 对于标准纬纱(如:C14.6tex):首先,安装单储纬器使距离 b 为250mm,然后,在200~300mm范围内调节距离。

b. 对于细特数纬纱:首先,安装单储纬器使距离 b 为350mm,然后,在300~400mm范围内调节距离。

②配置气圈罩的调整(表3-3-47)。

(2)储纬头的前后位置:将织机的曲轴转角置于90°;对于配置串联喷嘴的织机,调节储纬头前后位置,使其中心线在俯视时与串联喷嘴和主喷嘴的中心成一条直线。对于配置导纱器的织机,调节储纬头的前后位置,使其中心线在俯视时与导纱器和主喷嘴的中心成一直线。

(3)储纬头和筒子架的位置:筒子、张力器、储纬头的上下调整,调节张力器2和筒子3的高

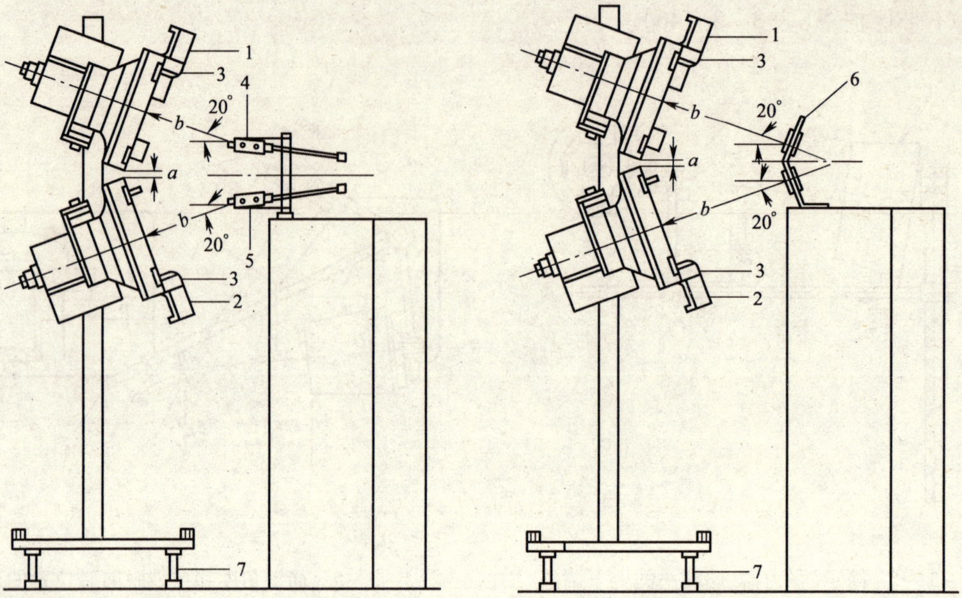

(a) 使用串联喷嘴的规格　　(b) 使用导纱器的规格

图 3－3－6　不带保护罩的 2 色储纬器的上下左右位置及角度调节

表 3－3－47　配置气圈罩的 2 色储纬器的上下和左右位置及角度调节

上下位置	角度调节	左右位置
用调节螺栓 7 调节储纬器的高度，使储纬头 1 和 2 至串联喷嘴 4 和 5 之间的假想水平中心线距离相等	储纬头 1：倾斜储纬头 1 使其中心线通过串联喷嘴 4 的入口中心（储纬头 1 应自水平位置下倾 14°） 储纬头 2：倾斜储纬头 2 使其中心线通过串联喷嘴 5 的入口中心（储纬头 2 应自水平位置上倾 14°）	调节电子储纬器部件使气圈罩 8 至串联喷嘴 4 和 5 的距离 a 为 50mm。电磁针 3 至串联喷嘴 4 和 5 的距离应为 400～420mm）

度，然后将储纬器入口件 1、张力器 2 和筒子 3 调成一直线从织机左侧看，如图 3－3－7 所示。

筒子角度和导纱眼前后位置的调整：调节筒子 3 的角度使其中心线通过张力器 2 内导纱眼的中心。调节张力器 2 的前后位置使筒子中心至导纱眼的距离为“筒子直径 $D\times(1.0\sim1.5)$”，如图 3－3－8 所示。

3. 关于储纬头的说明

(1)零部件名称(图 3－3－9)。

(2)功能与调节。

①吹气按钮 9。

a. 靠压缩空气将纬纱喂入储纬器。

b. 穿纬纱的气流是由主储气箱提供。

②电磁针 2。

a. 控制(测长)引纬中每一纬纱的长度。

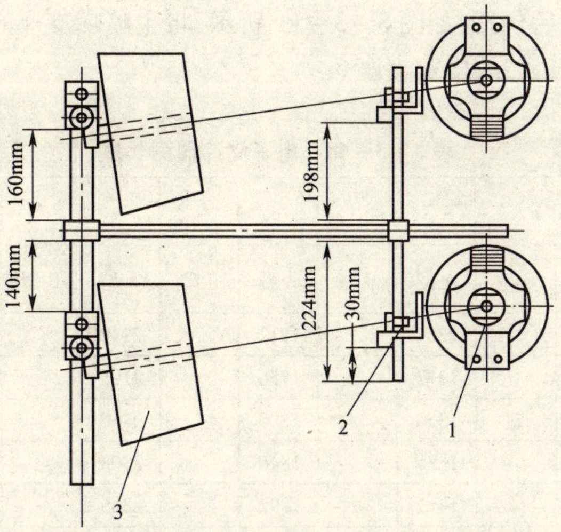

图 3-3-7 筒子、张力器、储纬头的上下调整

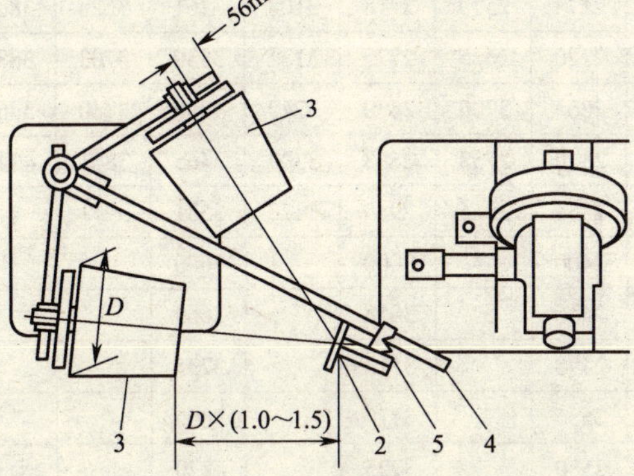

图 3-3-8 筒子角度和导纱眼前后位置的调整

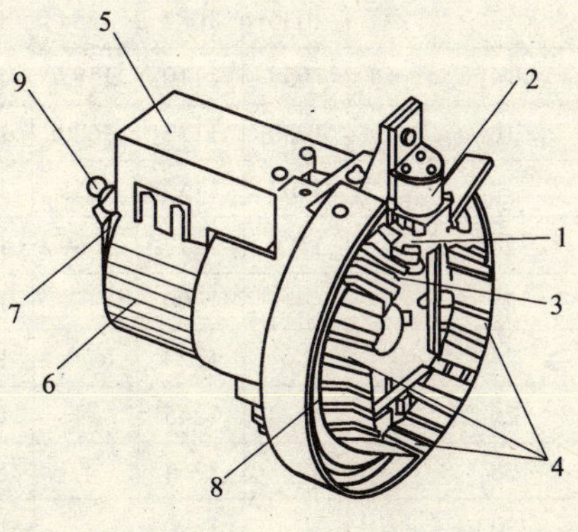

图 3-3-9 储纬头的零部件

1—绕纱传感器 2—电磁针 3—测长板(带反射镜)
4—测长板(3 个) 5—盖板 6—电动机
7—纬纱入口 8—绕纱臂 9—吹气按钮

b. 用定规(J8211—02011—00)调定电磁针与测长板 3 的间隙为 0.5 ~0.8mm,小心别让电磁针的柱塞触碰到测长板。

c. 调节支架使柱塞位于测长板 3 的孔中央。

③绕纱传感器 1:检测绕在测长板 3、4 上的纬纱,即第 1 圈、第 2 圈…第 $n-1$ 圈、第 n 圈的放纬时间。

(3)电子储纬器测长量(表 3-3-48)。

4. 主喷嘴

(1)主喷嘴左右位置:如图 3-3-10 所示,调节筘座 2 使其左端面 B 至钢筘 1 最左侧筘片 A 的距离 a 为 215mm。调节主喷嘴 3 使其加速管头端至最左侧筘片 A 的距离 b 约为 11mm。

（2）主喷嘴上下和前后位置：如图3－3－11所示，将主喷嘴支座6放入筘座2的槽中并接触其前面和底面（图中D），然后固定支座6。

表3－3－48 电子储纬器测长量

卷绕圈数（圈）/ 测长板类型 / 刻度	2		3		4		5		6		7	
	A型	B型	A型	B型	A型	B型	A型	B型	A型	B型	A型	B型
－4	856		1284		1712		2140		2568		2996	
－2	878		1317		1756		2195		2634		3073	
0	900		1350		1800		2250		2700		3150	
2	923		1385		1846		2308		2769		3231	
4	946		1419		1892		2365		2838		3311	
6	968		1452		1936		2420		2904		3388	
8	990		1485		1980		2475		2970		3465	
10	1013		1520		2026		2533		3039		3546	
12	1036	1087	1554	1631	2072	2174	2590	2718	3108	3261	3626	3805
14	1058	1110	1587	1665	2116	2220	2645	2775	3174	3330	3703	3885
16	1080	1132	1620	1698	2160	2264	2700	2830	3240	3396	3780	3962
18	1103	1155	1655	1733	2206	2310	2758	2888	3309	3465	3861	4043
20	1126	1177	1689	1766	2252	2354	2815	2943	3378	3531	3941	
22		1200		1800		2400		3000		3600		
24		1223		1835		2446		3058		3669		
26		1245		1868		2490		3113		3735		
28		1268		1902		2536		3170		3804		
30		1290		1935		2580		3225		3870		
32		1313		1970		2626		3283		3939		

注 测长量＝穿筘幅宽＋废边纱长度。

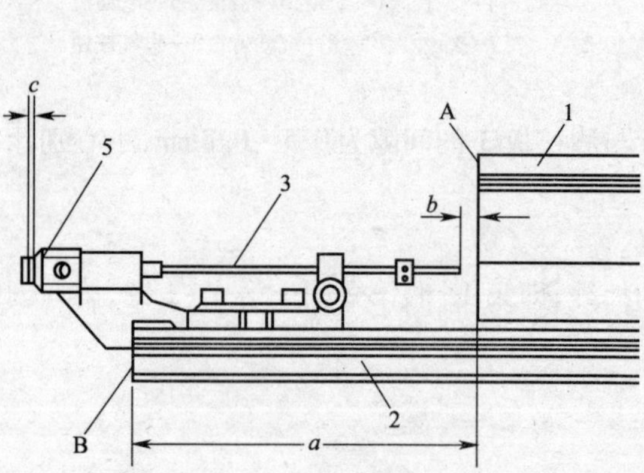

图3－3－10 主喷嘴左右位置

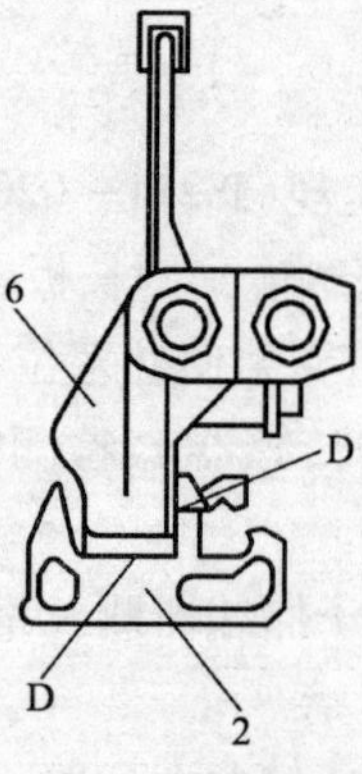

图3－3－11 主喷嘴上下和前后位置

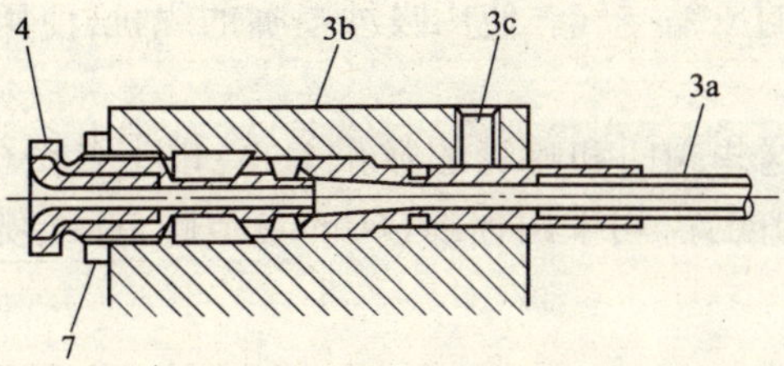

图 3-3-12 主喷嘴的结构

(3)主喷嘴(串联喷嘴)的结构(图 3-3-12):主喷嘴组件 3a 装在主喷嘴支座 3b 内,用螺钉 3c 固定。导纱器 4 拧入主喷管托架 3b 内,用锁紧螺母 7 固定。

5. 辅喷嘴 辅喷嘴 4~6(装于钢筘 3 前)喷气,将穿过主喷嘴 1 的纬纱 2 传送过穿筘幅宽 L 的全长(图 3-3-13)。

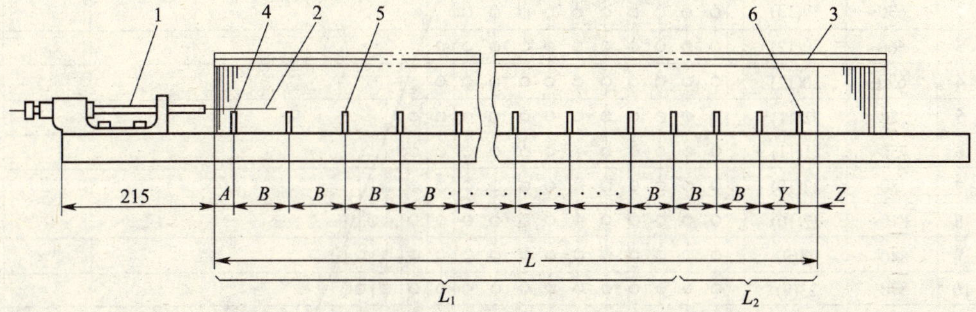

图 3-3-13 辅喷嘴

L—穿筘幅宽 L_1—正常节距 L_2—短节距

(1)辅喷嘴的标准排列(用于上罩边撑和下罩边撑)(表 3-3-49)。

表 3-3-49 辅喷嘴的标准排列

图 3-3-16 中的字符	上罩边撑的节距(mm)	下罩边撑的节距(mm)	备注
A	30	30	A:从最左侧经纱通到第 1 个辅助喷嘴为止的距离
B	60	60	B:织物内中央部位的辅喷嘴间距
Y	30 或 60	30 或 60	Y:应根据穿筘宽度调整到 30mm 或 60mm
Z	30~60	30~60	Z:自最右经纱至最后辅喷嘴的距离

(2)辅喷阀及具有标准节距和标准喷阀数的辅喷嘴。

①每只辅喷阀所配置的辅喷嘴数量(用于上罩边撑和下罩边撑)(表 3-3-50)。

表 3-3-50 辅喷阀配置的辅喷嘴数量

辅喷阀	用于上罩边撑的辅喷嘴数量	用于下罩边撑的辅喷嘴数量
左端辅喷阀 1	4	4
织物幅宽内的辅喷阀	4	4
从右端起第 2 个辅喷阀 2	4	4
右端辅喷阀 3	1~4(根据穿筘幅宽而变)	1~4(根据穿筘幅宽而变)

②辅喷阀和储气箱:辅喷阀基本使用辅储气箱的压缩空气。使用吸纱喷嘴的织机,使用末端辅气箱向吸纱喷嘴电磁阀供气。

③织幅变更时的辅喷阀和辅喷嘴的配置以及这些阀门和喷嘴的数量关系:以下各图(图3-3-14~图3-3-25)表示了辅喷阀和辅喷嘴的配置,均采用标准(60mm)节距,标准喷阀数,并根据设备的实际情况进行参照。

序号	穿筘幅宽(mm)	辅喷嘴个数(剩余个数)
1	600~	19(13)
2	630~	19(13)
3	660~	20(12)
4	690~	20(12)
5	720~	21(11)
6	750~	21(11)
7	780~	22(10)
8	810~	22(10)
9	840~	23(9)
10	870~	23(9)
11	900~	24(8)
12	930~	24(8)
13	960~	25(7)
14	990~	25(7)
15	1020~	26(6)
16	1050~	26(6)
17	1080~	27(5)
18	1110~	27(5)
19	1140~	28(4)
20	1170~	28(4)
21	1200~	29(3)
22	1230~	29(3)
23	1260~	30(2)
24	1290~	30(2)
25	1320~	22(1)
26	1350~	23(0)
27	1380~1400	23(0)

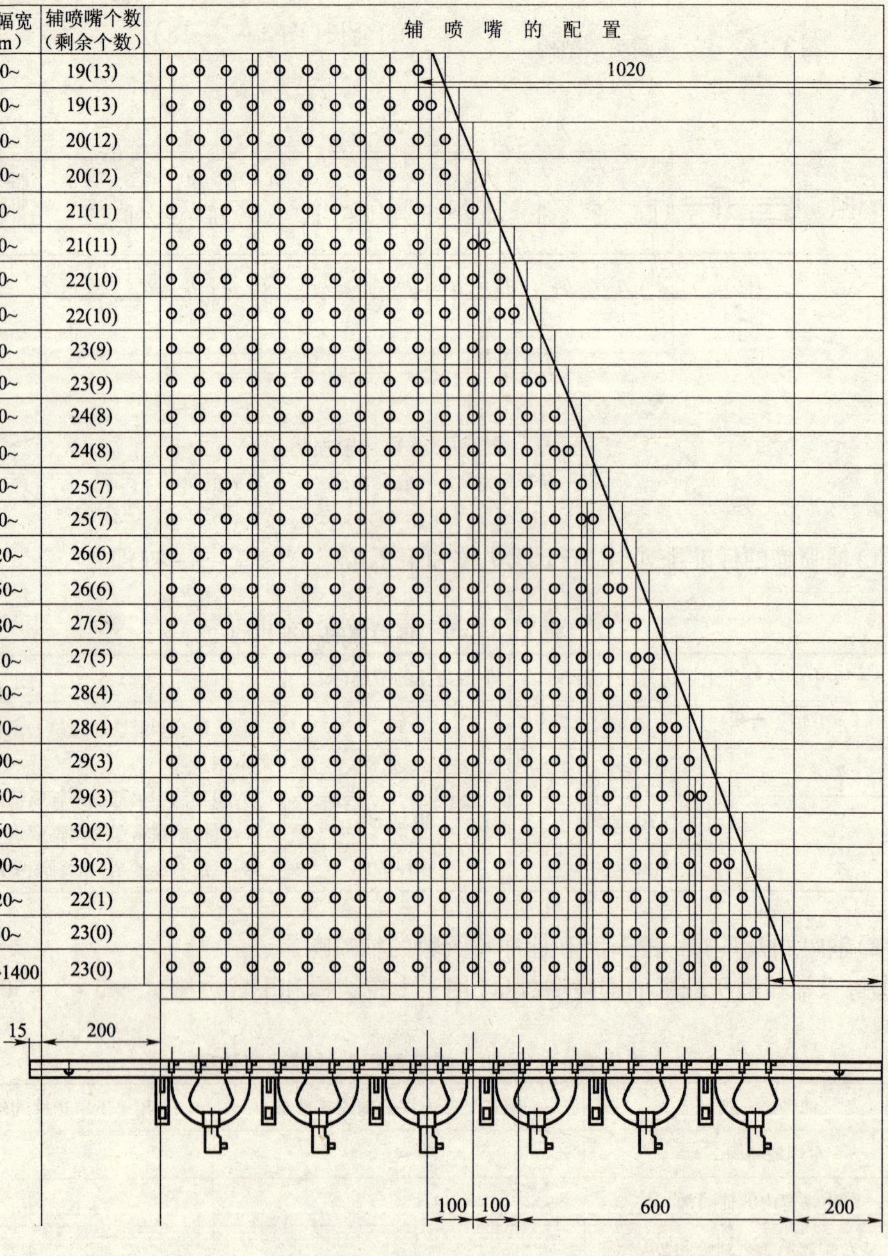

图3-3-14 辅喷阀和辅喷嘴的配置(R/S140)

序号	穿筘幅宽（mm）	辅喷嘴个数（剩余个数）
1	690~	12(13)
2	720~	12(13)
3	750~	13(12)
4	780~	13(12)
5	810~	14(11)
6	840~	14(11)
7	870~	15(10)
8	900~	15(10)
9	930~	16(9)
10	960~	16(9)
11	990~	17(8)
12	1020~	17(8)
13	1050~	18(7)
14	1080~	18(7)
15	1110~	19(6)
16	1140~	19(6)
17	1170~	20(5)
18	1200~	20(5)
19	1230~	21(4)
20	1260~	21(4)
21	1290~	22(3)
22	1320~	22(3)
23	1350~	23(2)
24	1380~	23(2)
25	1410~	24(1)
26	1440~	24(1)
27	1470~	25(0)
28	1500	25(0)

辅喷嘴的配置

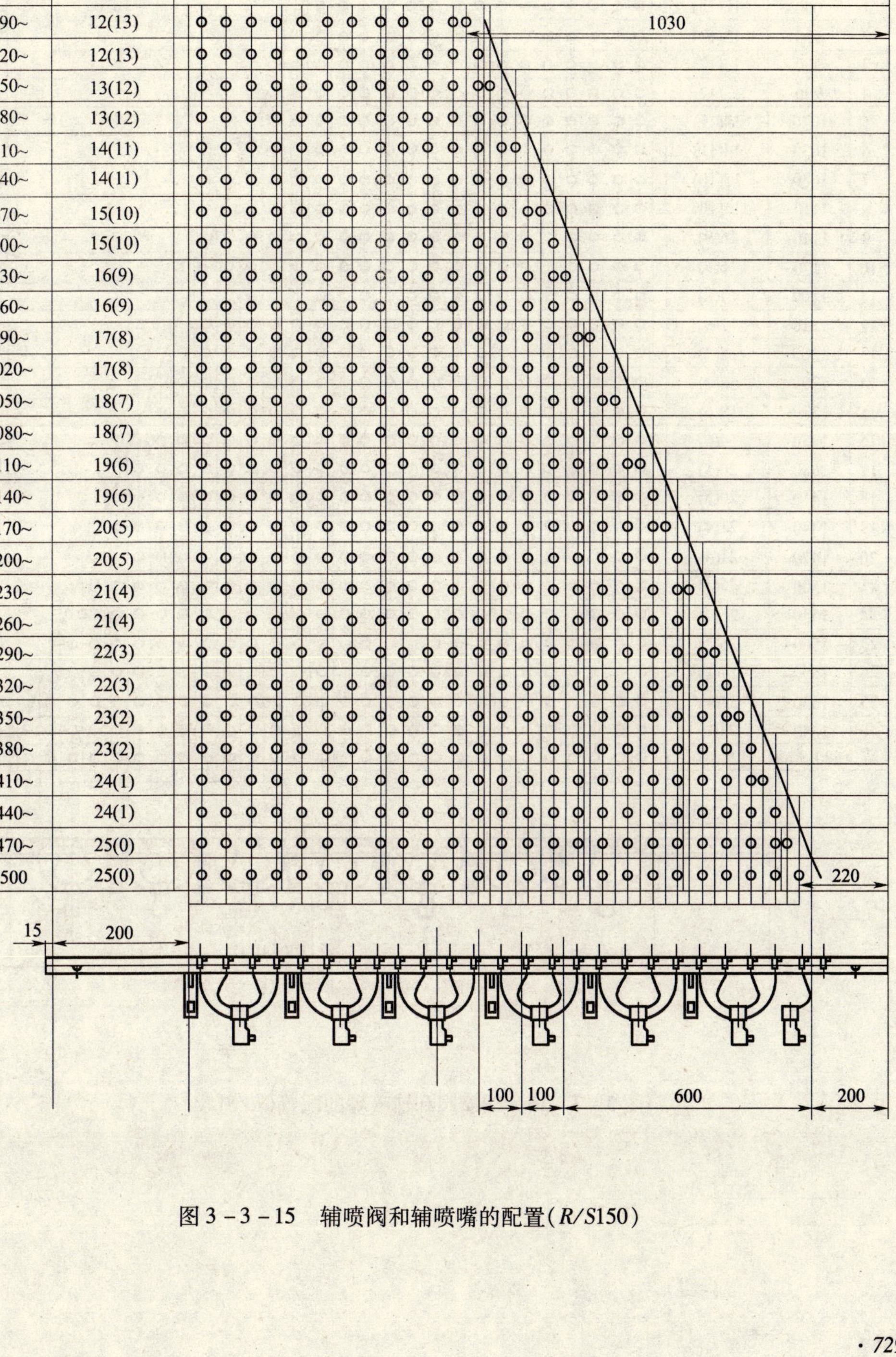

图3－3－15　辅喷阀和辅喷嘴的配置（*R*/*S*150）

序号	穿筘幅宽（mm）	辅喷嘴个数（剩余个数）	辅 喷 嘴 的 配 置
1	900~	12(13)	
2	930~	12(13)	
3	960~	13(12)	
4	990~	13(12)	
5	1020~	14(11)	
6	1050~	14(11)	
7	1080~	15(10)	
8	1110~	15(10)	
9	1140~	16(9)	
10	1170~	16(9)	
11	1200~	17(8)	
12	1230~	17(8)	
13	1260~	18(7)	
14	1290~	18(7)	
15	1320~	19(6)	
16	1350~	19(6)	
17	1380~	20(5)	
18	1410~	20(5)	
19	1440~	21(4)	
20	1470~	21(4)	
21	1500~	25(3)	
22	1530~	26(2)	
23	1560~	26(2)	
24	1590~	27(1)	
25	1620~	27(1)	
26	1650~	28(0)	
27	1680~1700	28(0)	

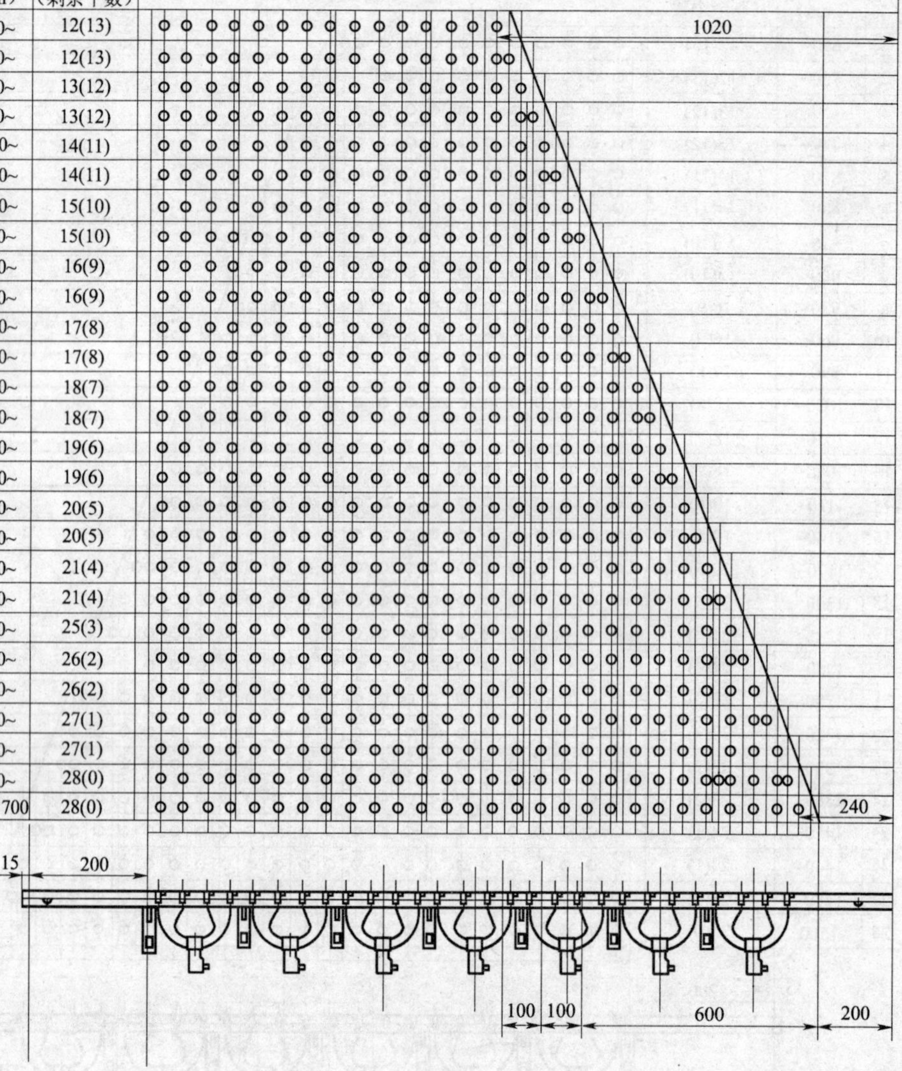

图 3－3－16 辅喷阀和辅喷嘴的配置（*R/S*170）

序号	穿筘幅宽 (mm)	辅喷嘴个数 (剩余个数)	辅 喷 嘴 的 配 置
1	1100~	18(14)	
2	1110~	19(13)	
3	1140~	19(13)	
4	1170~	20(12)	
5	1200~	20(12)	
6	1230~	21(11)	
7	1260~	21(11)	
8	1290~	22(10)	
9	1320~	22(10)	
10	1350~	23(9)	
11	1380~	23(9)	
12	1410~	24(8)	
13	1440~	24(8)	
14	1470~	25(7)	
15	1500~	25(7)	
16	1530~	26(6)	
17	1560~	26(6)	
18	1590~	27(5)	
19	1620~	27(5)	
20	1650~	28(4)	
21	1680~	28(4)	
22	1710~	29(3)	
23	1740~	29(3)	
24	1770~	30(2)	
25	1800~	30(2)	
26	1830~	31(1)	
27	1860~	31(1)	
28	1890~1900	32(0)	

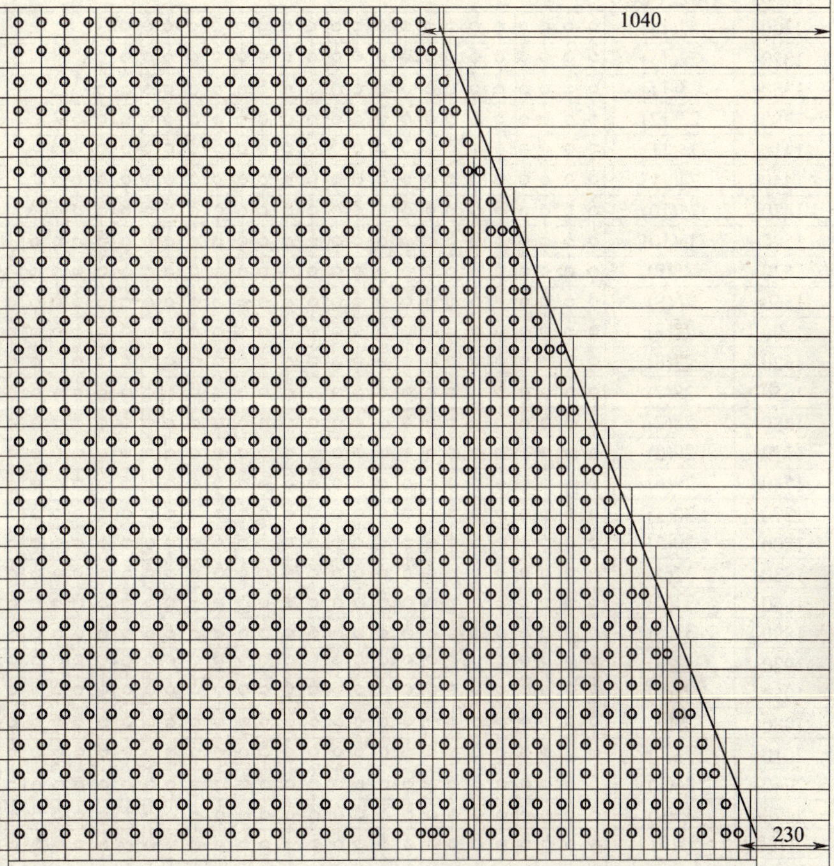

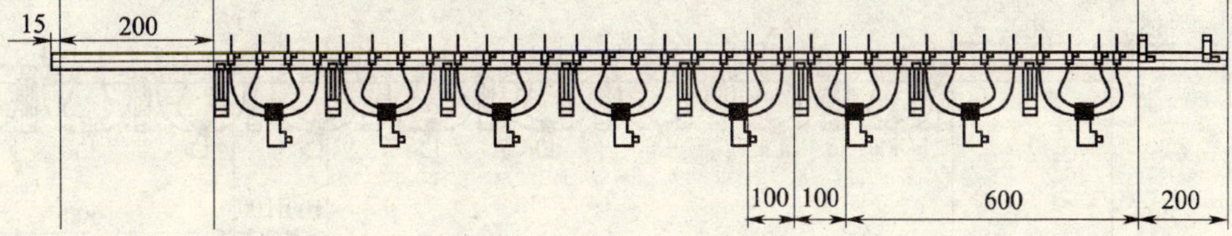

图 3－3－17　辅喷阀和辅喷嘴的配置（*R/S*190）

序号	穿筘幅宽 (mm)	辅喷嘴个数（剩余个数）	辅喷嘴的配置
1	1300~	22(13)	
2	1320~	22(13)	
3	1350~	23(12)	
4	1380~	23(12)	
5	1410~	24(11)	
6	1440~	24(11)	
7	1470~	25(10)	
8	1500~	25(10)	
9	1530~	26(9)	
10	1560~	26(9)	
11	1590~	27(8)	
12	1620~	27(8)	
13	1650~	28(7)	
14	1680~	28(7)	
15	1710~	29(6)	
16	1740~	29(6)	
17	1770~	30(5)	
18	1800~	30(5)	
19	1830~	31(4)	
20	1860~	31(4)	
21	1890~	32(3)	
22	1920~	32(3)	
23	1950~	33(2)	
24	1980~	33(2)	
25	2010~	34(1)	
26	2040~	34(1)	
27	2070~	35(0)	
28	2100	35(0)	

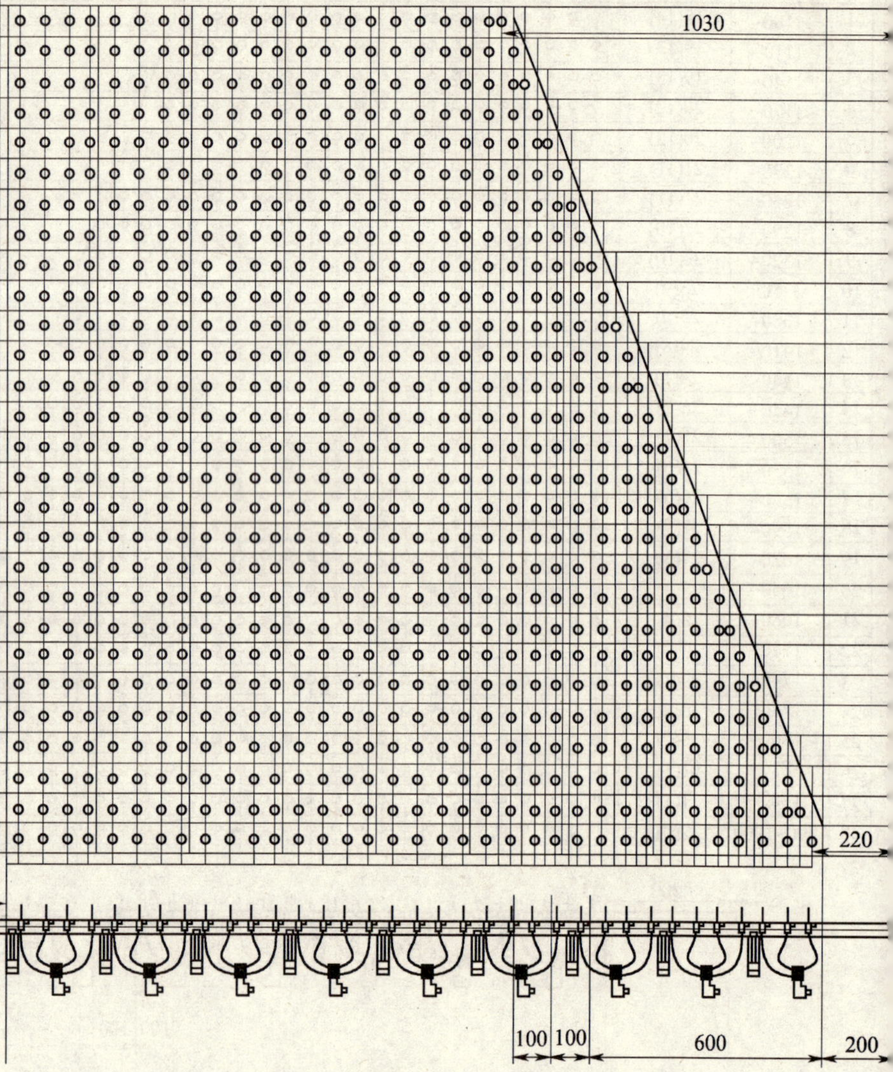

图 3－3－18 辅喷阀和辅喷嘴的配置（*R/S*210）

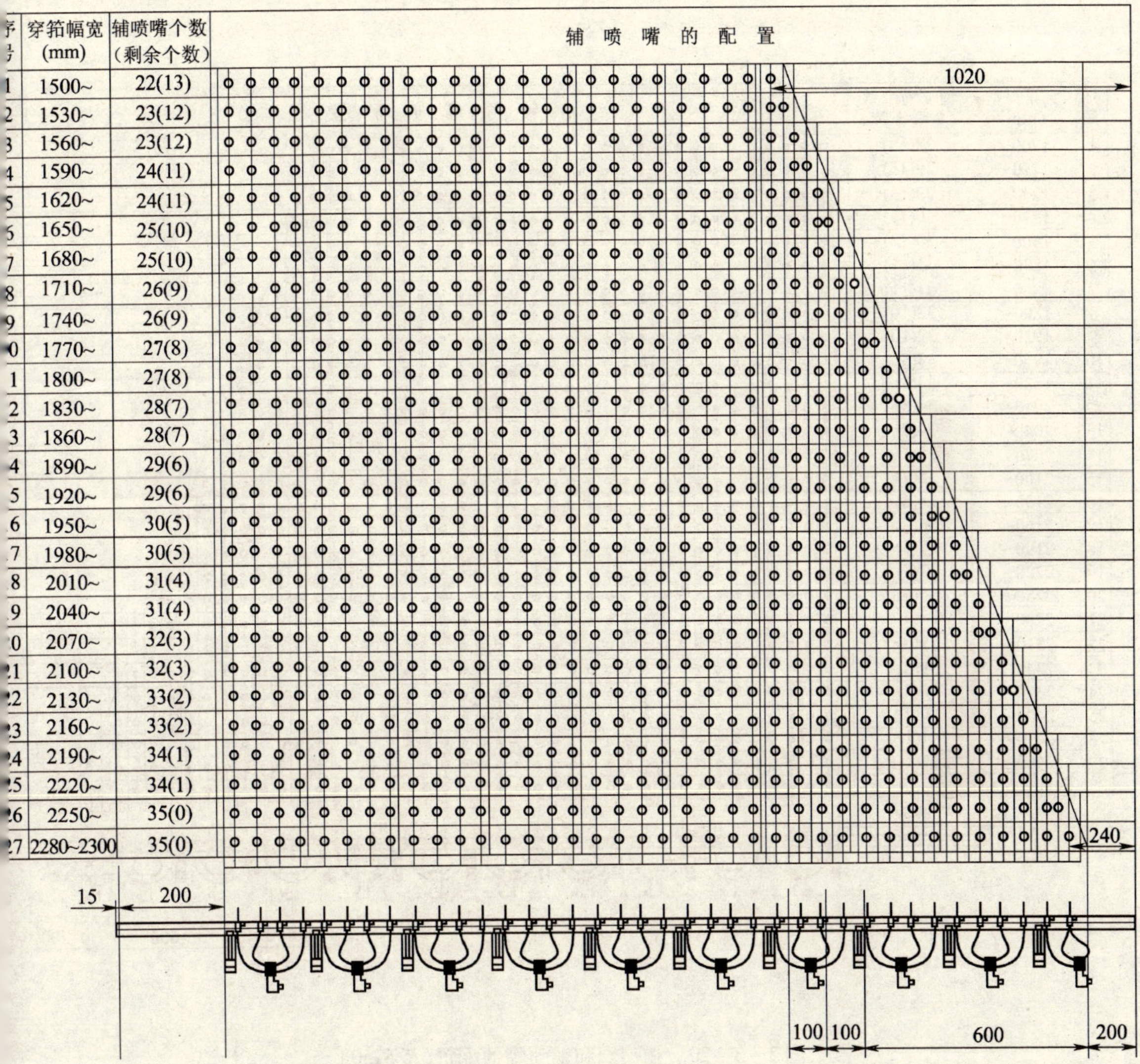

序号	穿筘幅宽 (mm)	辅喷嘴个数（剩余个数）
1	1500~	22(13)
2	1530~	23(12)
3	1560~	23(12)
4	1590~	24(11)
5	1620~	24(11)
6	1650~	25(10)
7	1680~	25(10)
8	1710~	26(9)
9	1740~	26(9)
10	1770~	27(8)
11	1800~	27(8)
12	1830~	28(7)
13	1860~	28(7)
14	1890~	29(6)
15	1920~	29(6)
16	1950~	30(5)
17	1980~	30(5)
18	2010~	31(4)
19	2040~	31(4)
20	2070~	32(3)
21	2100~	32(3)
22	2130~	33(2)
23	2160~	33(2)
24	2190~	34(1)
25	2220~	34(1)
26	2250~	35(0)
27	2280~2300	35(0)

图3-3-19　辅喷阀和辅喷嘴的配置（*R/S*230）

序号	穿筘幅宽（mm）	辅喷嘴个数（剩余个数）
1	1700~	28(14)
2	1710~	29(13)
3	1740~	29(13)
4	1770~	30(12)
5	1800~	30(12)
6	1830~	31(11)
7	1860~	31(11)
8	1890~	32(10)
9	1920~	32(10)
10	1950~	33(9)
11	1980~	33(9)
12	2010~	34(8)
13	2040~	34(8)
14	2070~	35(7)
15	2100~	35(7)
16	2130~	36(6)
17	2160~	36(6)
18	2190~	37(5)
19	2220~	37(5)
20	2250~	38(4)
21	2280~	38(4)
22	2310~	39(3)
23	2340~	39(3)
24	2370~	40(2)
25	2400~	40(2)
26	2430~	41(1)
27	2460~	41(1)
28	2490~2500	42(0)

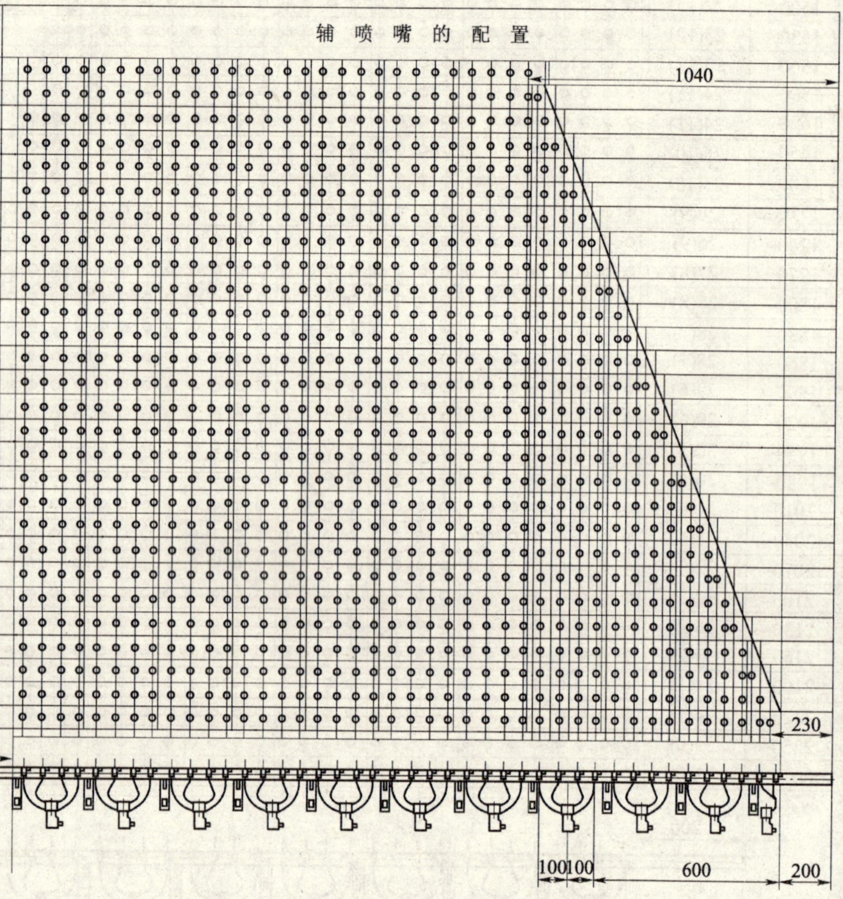

图 3－3－20 辅喷阀和辅喷嘴的配置（*R/S*250）

序号	穿筘幅宽（mm）	辅喷嘴个数（剩余个数）
1	2000~	33(14)
2	2010~	34(13)
3	2040~	33(13)
4	2070~	35(12)
5	2100~	35(12)
6	2130~	36(11)
7	2160~	36(11)
8	2190~	37(10)
9	2220~	37(10)
10	2250~	38(9)
11	2280~	38(9)
12	2310~	39(8)
13	2340~	39(8)
14	2370~	40(7)
15	2400~	40(7)
16	2430~	41(6)
17	2460~	41(6)
18	2490~	42(5)
19	2520~	42(5)
20	2550~	43(4)
21	2580~	43(4)
22	2610~	44(3)
23	2640~	44(3)
24	2670~	45(2)
25	2700~	45(2)
26	2730~	46(1)
27	2760~	46(1)
28	2790~2800	47(0)

辅 喷 嘴 的 配 置

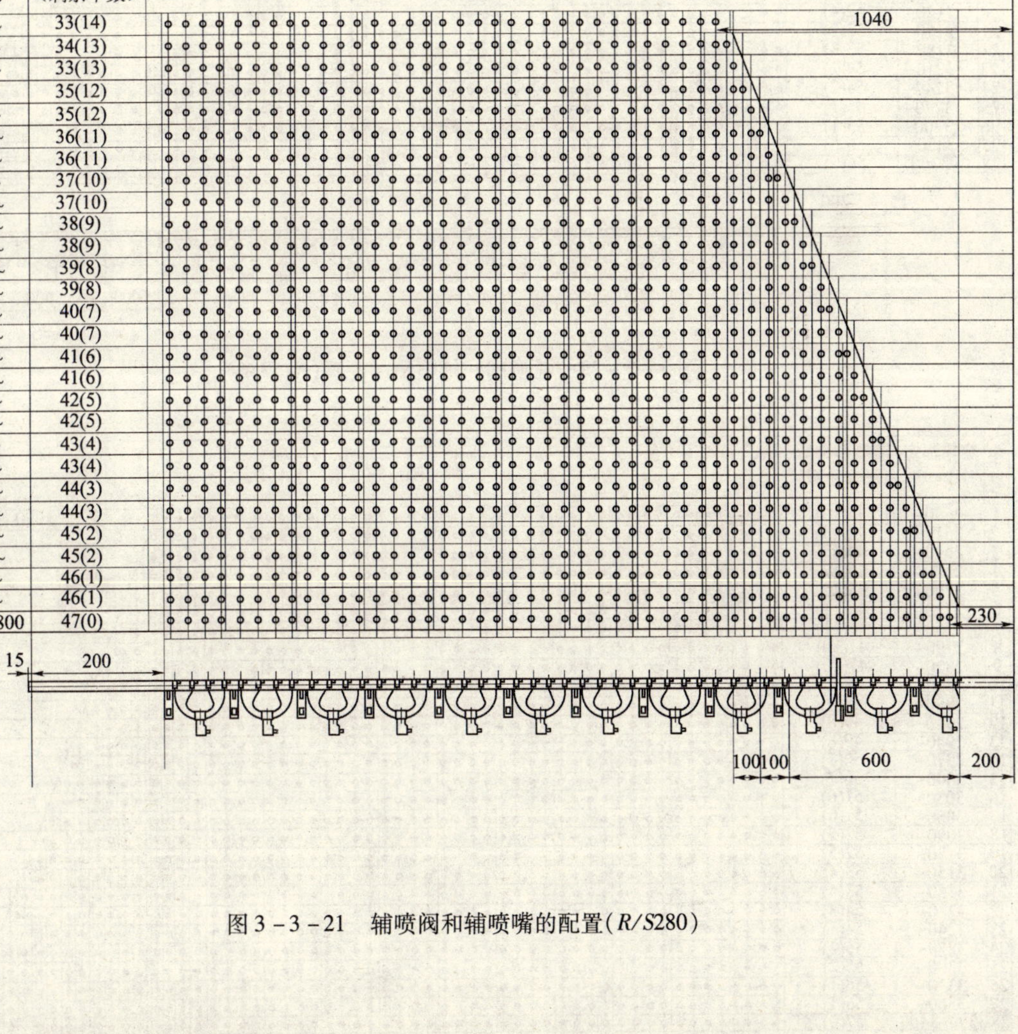

图 3-3-21 辅喷阀和辅喷嘴的配置（*R*/*S*280）

序号	穿筘辐宽(mm)	辅喷嘴个数(剩余个数)
1	2550~	43(13)
2	2580~	43(13)
3	2610~	44(12)
4	2640~	44(12)
5	2670~	45(11)
6	2700~	45(11)
7	2730~	46(10)
8	2760~	46(10)
9	2790~	47(9)
10	2820~	47(9)
11	2850~	48(8)
12	2880~	48(8)
13	2910~	49(7)
14	2940~	49(7)
15	2970~	50(6)
16	3000~	50(6)
17	3030~	51(5)
18	3060~	51(5)
19	3090~	52(4)
20	3120~	52(4)
21	3150~	53(3)
22	3180~	53(3)
23	3210~	54(2)
24	3240~	54(2)
25	3270~	55(1)
26	3300~	55(1)
27	3330~	56(0)
28	3360	56(0)

辅喷嘴的配置

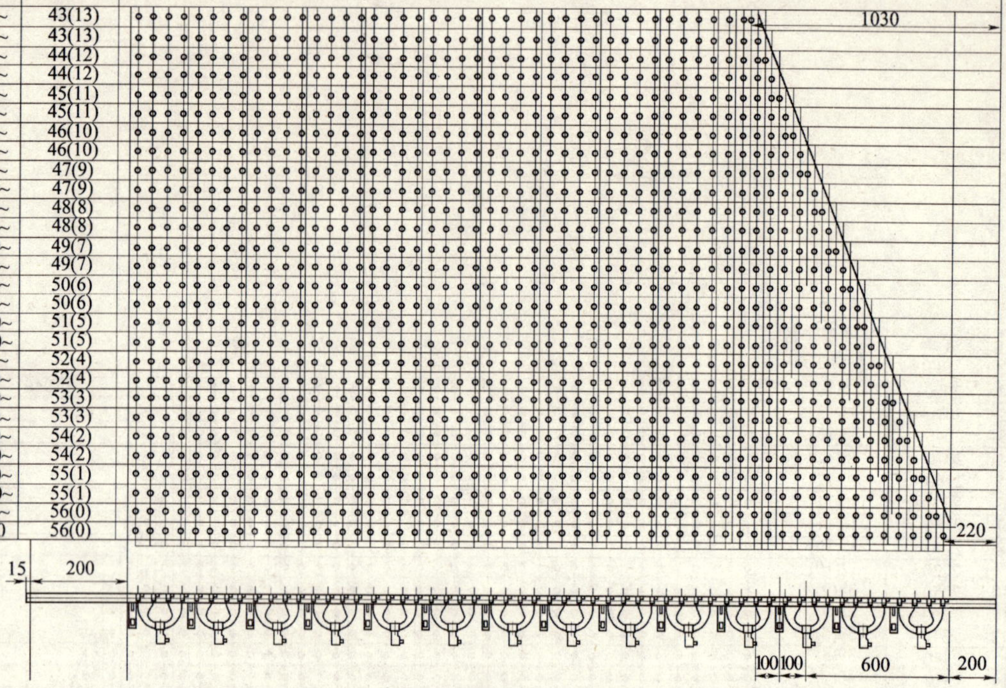

图 3－3－22　辅喷阀和辅喷嘴的配置（*R/S*336）

序号	穿筘辐宽(mm)	辅喷嘴个数(剩余个数)
1	2600~	43(14)
2	2610~	44(13)
3	2640~	44(13)
4	2670~	45(12)
5	2700~	45(12)
6	2730~	46(11)
7	2760~	46(11)
8	2790~	47(10)
9	2820~	47(10)
10	2850~	48(9)
11	2880~	48(9)
12	2910~	49(8)
13	2940~	49(8)
14	2970~	50(7)
15	3000~	50(7)
16	3030~	51(6)
17	3060~	51(6)
18	3090~	52(5)
19	3120~	52(5)
20	3150~	53(4)
21	3180~	53(4)
22	3210~	54(3)
23	3240~	54(3)
24	3270~	55(2)
25	3300~	55(2)
26	3330~	56(1)
27	3360~	56(1)
28	3390~3400	57(0)

辅喷嘴的配置

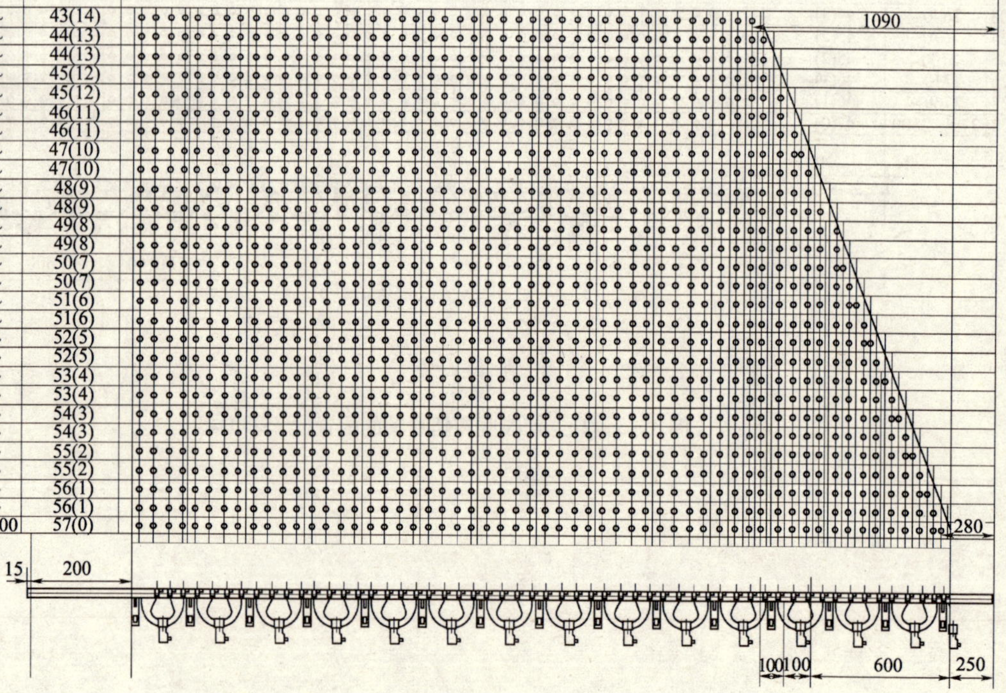

图 3－3－23　辅喷阀和辅喷嘴的配置（*R/S*340）

序号	穿筘幅宽(mm)	辅喷嘴个数(剩余个数)	辅喷嘴的配置
1	2800~	47(13)	
2	2820~	47(13)	
3	2850~	48(12)	
4	2880~	48(12)	
5	2910~	49(11)	
6	2940~	49(11)	
7	2970~	50(10)	
8	3000~	50(10)	
9	3030~	51(9)	
10	3060~	51(9)	
11	3090~	52(8)	
12	3120~	52(8)	
13	3150~	53(7)	
14	3180~	53(7)	
15	3210~	54(6)	
16	3240~	54(6)	
17	3270~	55(5)	
18	3300~	55(5)	
19	3330~	56(4)	
20	3360~	56(4)	
21	3390~	57(3)	
22	3420~	57(3)	
23	3450~	58(2)	
24	3480~	58(2)	
25	3510~	59(1)	
26	3540~	59(1)	
27	3570~	60(0)	
28	3600	60(0)	

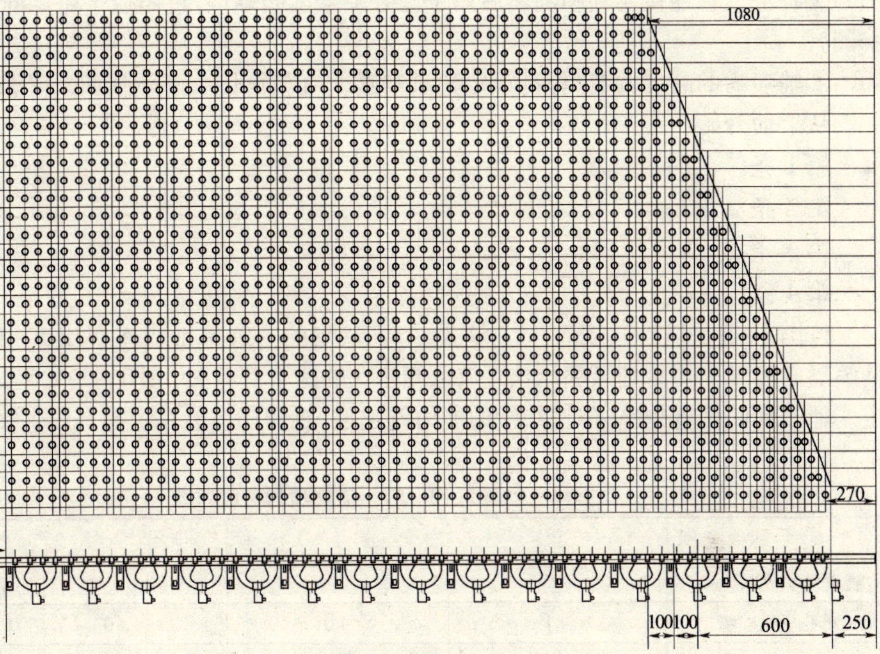

图 3-3-24　辅喷阀和辅喷嘴的配置(*R/S*360)

序号	穿筘幅宽(mm)	辅喷嘴个数(剩余个数)	辅喷嘴的配置
1	3100~	52(13)	
2	3120~	52(13)	
3	3150~	53(12)	
4	3180~	53(12)	
5	3210~	54(11)	
6	3240~	54(11)	
7	3270~	55(10)	
8	3300~	55(10)	
9	3330~	56(9)	
10	3360~	56(9)	
11	3390~	57(8)	
12	3420~	57(8)	
13	3450~	58(7)	
14	3480~	58(7)	
15	3510~	59(6)	
16	3540~	59(6)	
17	3570~	60(5)	
18	3600~	60(5)	
19	3630~	61(4)	
20	3660~	61(4)	
21	3690~	62(3)	
22	3720~	62(3)	
23	3750~	63(2)	
24	3780~	63(2)	
25	3810~	64(1)	
26	3840~	64(1)	
27	3870~	65(0)	
28	3900	65(0)	

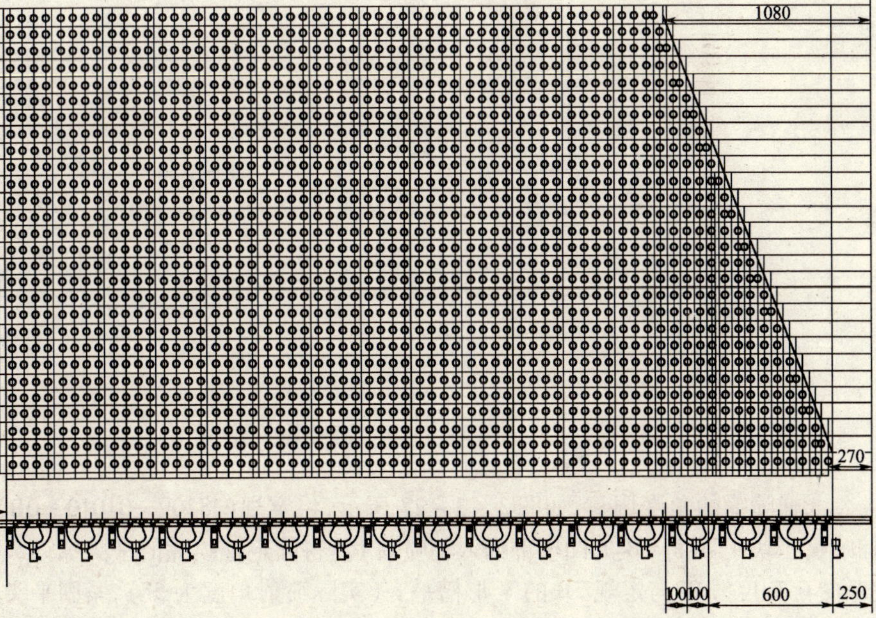

图 3-3-25　辅喷阀和辅喷嘴的配置(*R/S*390)

(3)辅喷嘴的安装

①将空气管连接至辅喷嘴然后用手充分旋紧紧固螺母,再用扳手将紧固螺母旋转360°(转一圈)。

②辅喷嘴的高度调节(标准设定):辅喷嘴1 在其圆围上有下列四条V形槽A。

从上面开始

第1条: -1

第2条: ±0

第3条: +1

第4条: +2

按图3-3-26(a),表3-3-51所示,使规定的一条V形槽A与压块4的顶面对准来调节辅喷嘴的高度。再将辅喷嘴压块4放入筘座6的槽下部B处[图3-3-26(b)],然后用螺母固定。辅喷嘴的位置越高,传送纬纱的能力就越强,然而却容易在织物上产生喷嘴痕迹。

表3-3-51 辅喷嘴的高度调节

纱线类别 辅喷嘴种类	短纤维	毛巾用纱线	长 丝	玻璃纤维丝
单孔反锥喷嘴	+1	+0	±0	±0
莲蓬孔喷嘴		+0	±0	±0
莲蓬球头喷嘴			±0	

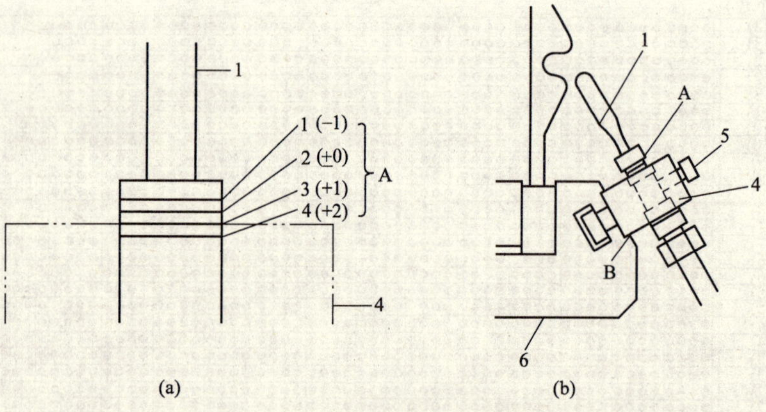

图3-3-26 辅喷嘴的高度调节

③辅喷嘴的角度调整:如图3-3-27所示,将定规(J8209—01010—0B)7A的凹槽部插入辅喷嘴压块4,再将7B的凹槽部插入辅喷嘴1。将固定辅喷嘴的平头螺钉5稍微拧松。使定规7A的0刻度线0°与定规7B的V形槽平齐(实际喷射角度为5°),紧固平头螺钉5。辅喷嘴的高度和角度可能会根据织物品种而有所变动。对于单孔反锥喷嘴,应根据安装高度来改变安装角度,如表3-3-52所示。

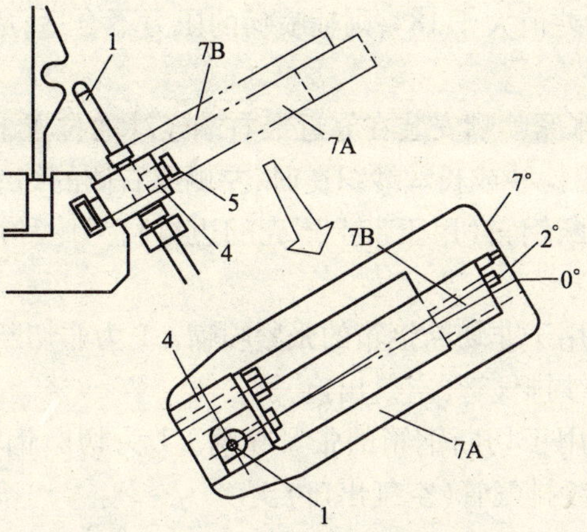

图 3-3-27 辅喷嘴的角度调整

表 3-3-52 单孔反锥喷嘴的安装角度

安装高度(mm)	安装角度	安装高度(mm)	安装角度
+1	刻度线 1(1°)	±0	刻度线 0(0°)

6. 主喷嘴和辅喷嘴的喷射压力调节 压力调节方法见表 3-3-53。

表 3-3-53 主喷嘴和辅喷嘴的压力调节方法

序号	方法
1	将主测量计(76201—00010)的插头与管接头相连接
2	压力值的换算:使用(kPa)单位的压力量规时,请参考记下换算值。$1kg/cm^2 = 0.098MPa$
3	通过读取主测量计上的空气压力来保持主喷嘴压力 P_M、辅喷嘴压力 P_S 和末端辅喷嘴压力 P_E 三者之间的压力差,同时调节旋钮来达到目标值 T_w

(1)对于短纤维而言:主喷嘴压力 P_M 等于使 T_w 值为 230°~240°的压力。

不使用串联式喷嘴,辅喷嘴压力 $P_S = P_M$

采用串联式喷嘴,$P_S = P_M + 0.05MPa(0.5kg/cm^2)$

末端辅喷嘴压力 $P_E = P_S + 0.1MPa(1.0kg/cm^2)$

(2)对于长丝纱而言:主喷嘴压力 P_M 等于使 T_w 值为 230°~240°的压力。

辅喷嘴压力 $P_S = P_M + 0.1MPa(1.0kg/cm^2)$

如纬纱断或松弛,则应对以上空气压力进行仔细调整。

(3)纬纱到达角度 T_w 的确定:T_w 是指储纬器测长板上的纬纱到达 WF1 探纬器时的曲轴角度[T_w 脉冲是为了反映纬纱到达时间(T_w)所需要的判断脉冲数]。

(4)如何检查 T_w:运行织机,按位于屏幕右下角的[INFO]开关。此时,就会显示出投纬采样数的 T_w 的平均值。用频闪观测仪来观察绕在储纬器测量板上的纬纱,在纬纱穿过经纱并锁定在柱塞上时,读取曲轴角度值 T_{bw}。检查 T_w 和 T_{bw} 间的差值是否在 5°~15°的范围内(当 T_w 脉冲设定在 2 的时候)。如差值大于 18°,则辅喷嘴的压力不合适,应升高辅喷嘴压力以使差值进入规定范围内。

7. 张紧喷嘴(选购) 张紧喷嘴安装在靠近最右端经纱的位置上。它能将一根纬纱的引导端吹入排气管以避免在采用捻纱或长丝纱织造时,左侧或右侧的纬纱松弛或呈圈状。张紧喷嘴有两种类型,一种用于非切断钢筘(用于带上罩壳的边撑);另一种用于切断钢筘(用于带下罩壳的边撑)。

如图 3-3-28 所示为用于非切断钢筘的张紧喷嘴。1 为非切断钢筘;2 为反射纬纱探纬器 WF1;3 为张紧喷嘴;4 为纬纱排气管(空气出口)。

如图 3-3-29 所示为用于切断钢筘的张紧喷嘴。1 为切断钢筘;2 为纬纱渗透式探纬器 WF1;3 为张紧喷嘴;4 为纬纱排气管(空气出口)。

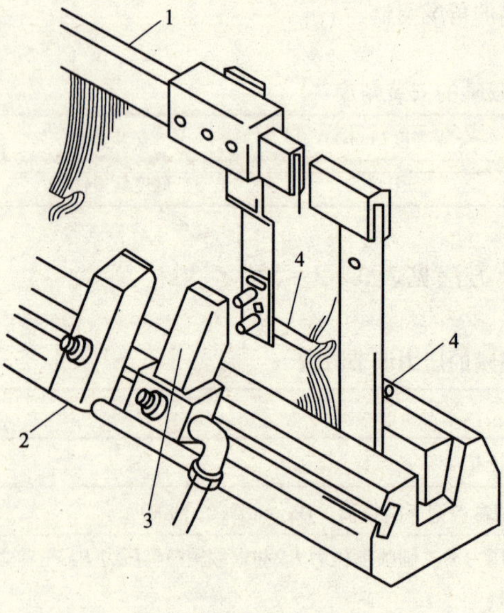

图 3-3-28 非切断钢筘张紧喷嘴

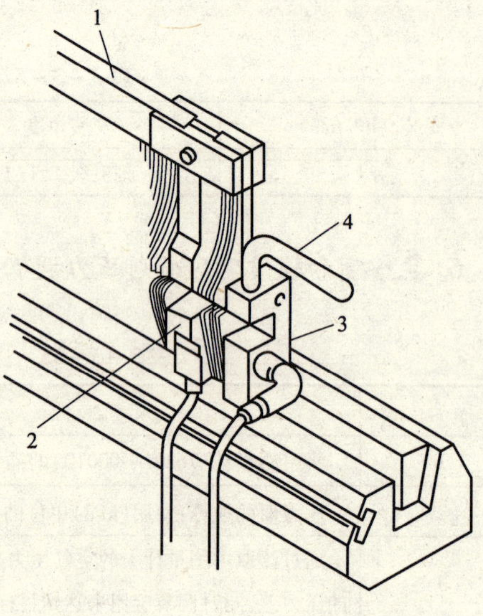

图 3-3-29 切断钢筘张紧喷嘴

(三)打纬机构

1. 穿筘幅规格 公称筘幅、有效穿筘幅、最大、最小筘幅见表 3-3-54。

表 3-3-54 穿筘幅规格

公称筘幅(cm)	有效穿筘筘幅	
	最大	最小
150	参照表 3-3-1	公称筘幅 -60cm
170~330		公称筘幅 -70cm
340~290	公称筘幅	

双经轴 R/S280、R/S336、R/S340、R/S360、R/S390 的最小穿筘幅 = 公称筘幅 -70cm,见表

3－3－55。

表3－3－55　双经轴穿筘幅规格

综框种类	布边形式	最大有效穿筘筘幅
无夹头综框	绞　边	公称筘幅－5mm
	纱罗边	
钢片综综框	绞　边	公称筘幅－10mm
	纱罗边	
无夹头综框 钢片综综框	绞边、纱罗边	公称筘幅－15mm

2. 钢筘的安装

（1）钢筘的左右位置调整：如图3－3－30，将主轴角度转至340°～0°的位置；锁定紧急停车按钮；将钢筘4左右移动，使左侧布边剪刀6的右端A与钢筘4的第一个筘齿4a之间的间隙 *b* 为0.5～1.0mm。当完成以上左右调整步骤时，左侧机架7的端部B与第一个筘齿4a的左侧之间的距离大约为200mm。

（2）钢筘的固定：如图3－3－31，先将钢筘4放入筘座3的槽内，然后按下列顺序将筘夹板8安装在筘座3上，固定钢筘4。

①从织机左侧开始将分段型筘夹板8按左中右的顺序进行固定。

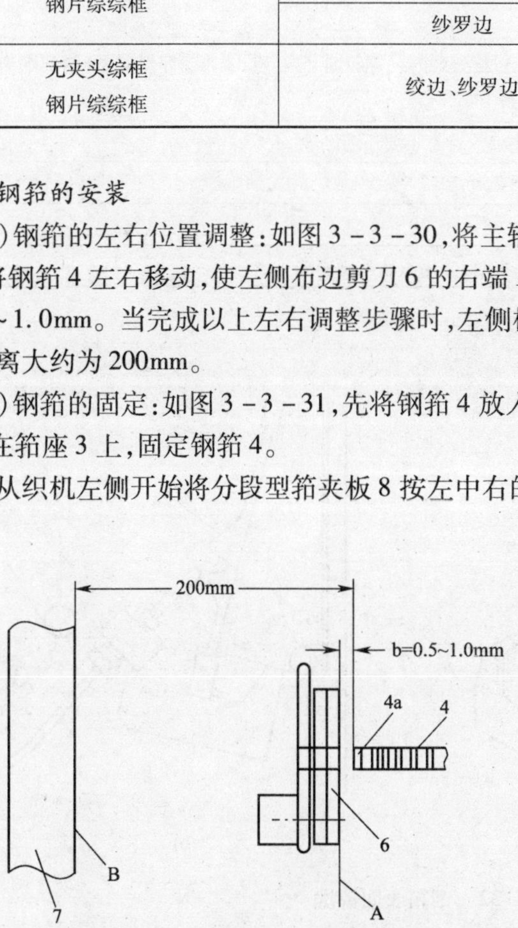

图3－3－30　钢筘的左右位置调整

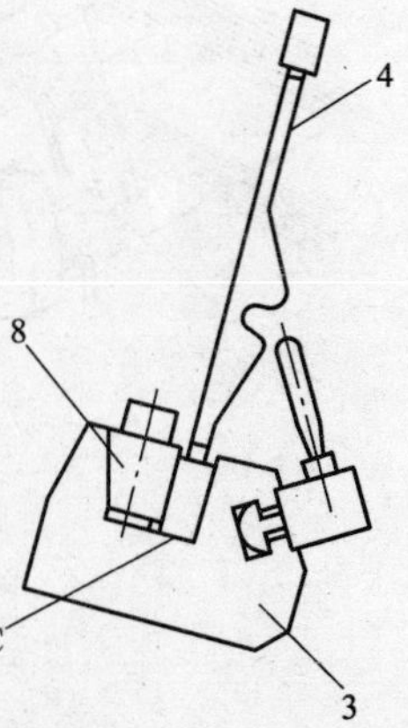

图3－3－31　钢筘的固定

②各段的筘夹板8中先将其中的3～5个螺丝中的中间1～2个螺丝轻微拧紧，然后再将其余3～5个螺丝均等地固定住。

③使用专用工具扭矩扳手9（工具号为77105－00001）进行固定，用5.9 ～ 6.9N·m（60～70kgf·cm）的扭矩，将全部螺丝均等地拧紧。注意：确认钢筘4的下部与筘座3的槽底C左右紧密接触。

3. 钢筘的清洗（其他型号喷气织机可参照）　经纬纱织造时，由于纱线上的油剂使钢筘的风压力变化，所以，每次换轴时清洗钢筘，可保证织造中纬纱的飞行稳定。

(1)在织机上的清洗。

①钢筘表面清洗(如图3-3-32,表3-3-56)。

表3-3-56 钢筘表面清洗方法

序 号	方 法
1	放松经纱张力
2	使用手轮工具将织机转到180°附近(后死心)
3	锁定紧急停车按钮
4	在反射型探纬器上插上套子2,清洗透过型探纬器(钢筘断开型)时,要将探纬器取下(清洗剂中的碱性物质沾到透过型探纬器时,探纬器性能下降)
5	在钢筘3前后放上压纱棒4,压下经纱5。注意不要压断经纱
6	在综丝6和钢筘3之间放入适当的遮挡物7
7	将清洗液KS喷在钢筘表面3a上
8	用布轻轻擦拭钢筘表面3a,钢筘污垢多时,要用柔软毛刷刷洗

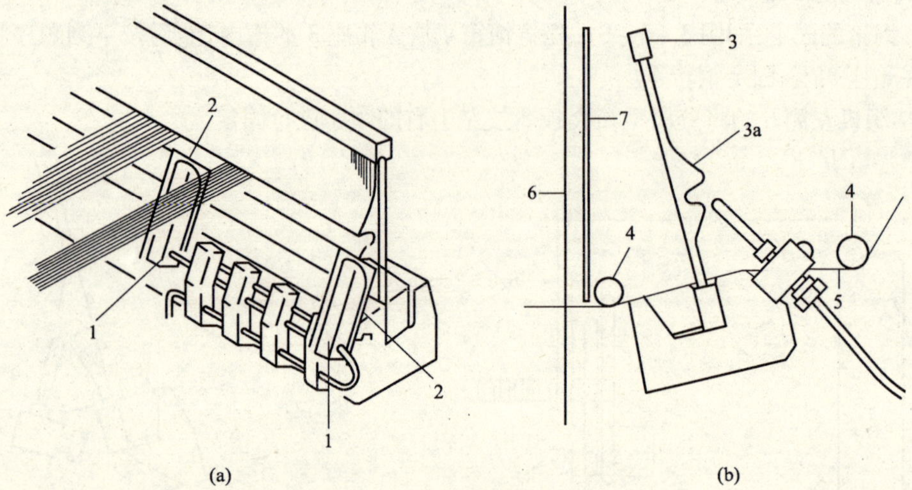

图3-3-32 钢筘表面清洗

②钢筘内侧清洗(图3-3-33,表3-3-57)。

表3-3-57 钢筘内侧清洗方法

序 号	方 法
1	取下压纱棒4恢复经纱张力
2	解除紧急停车按钮的锁定
3	将钢筘转至织口位置
4	锁定紧急停车按钮

续表

序　号	方　　　　　　法
5	放松经纱张力
6	在钢筘 3 前后放上压纱棒 4 压下经纱 5
7	将清洗液 KS 喷在钢筘内侧 3b 上
8	用布轻轻擦拭钢筘内侧 3b，钢筘污垢多时，要用柔软毛刷刷洗
9	恢复经纱张力
10	解除紧急停车按钮的锁定运转织机
11	经纱污染部位到边撑杆 8 附近时停止织机运转
12	锁定紧急停车按钮
13	用布轻轻擦钢筘 3 的表面 3a 和内侧 3b，钢筘的污垢擦不下来时，用超声波清洗
14	解除紧急停车按钮的锁定运转织机

(2)钢筘从织机上取下在超声波清洗机内的清洗(保管前)(如图 3-3-34，表 3-3-58)。

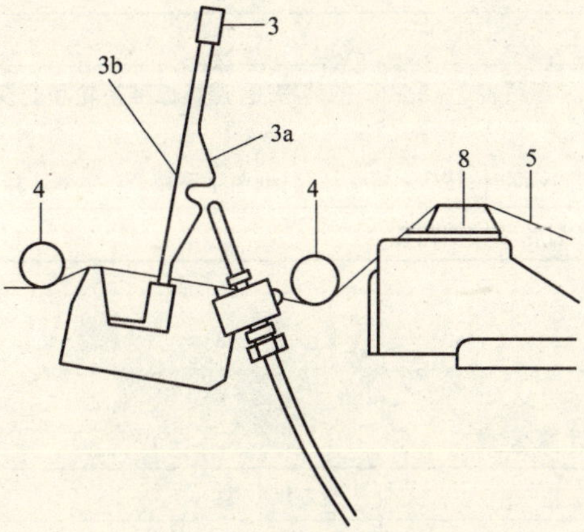

图 3-3-33　钢筘内侧清洗

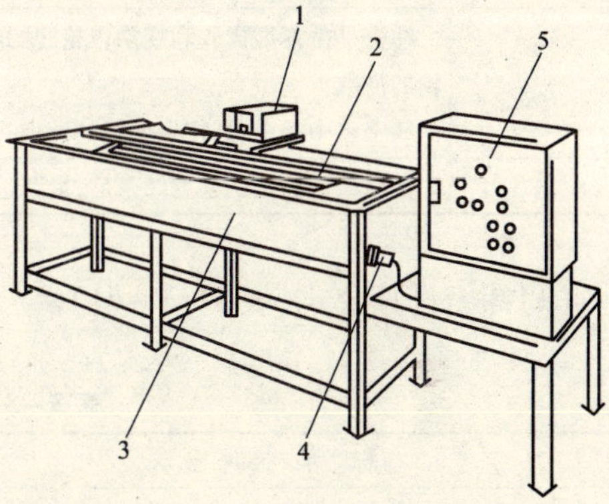

图 3-3-34　钢筘在超声波清洗机内清洗

1—超声波发出器　2—钢筘　3—清洗槽

4—加热器　5—控制盘

表 3-3-58　钢筘在超声波清洗机内清洗

序　号	方　　　　　　法
1	使用刷子、清水，除去钢筘表面内侧的污垢、落花、落浆、油垢等附着物
2	放入超声波清洗槽内洗净，清洗液浓度、温度、清洗时间、使用方法，参照产品使用说明书
3	从清洗槽取出后，要将钢筘正反面用水冲洗干净
4	自然干燥或用 50℃以下的热风干燥，50℃以上的热风损伤筘齿，勿使用
5	进行品质检查，修理不良部位，清除污垢
6	将钢筘整体擦拭
7	将每页钢筘放入塑料袋装在纸箱内
8	放在保管架上保管

(四)卷取机构

1. 机械式卷取机构　原理：位于织机左侧的曲轴旋转，通过定时皮带、一对蜗轮蜗杆和变速齿轮、卷取齿轮使卷取辊以一定的速度转动。同时卷取辊与压布辊接压，通过接压保证织物按一定的速度卷取；在卷取辊的另一端，安装离合器，通过链轮，传动卷布辊，将织物卷取。

(1)纬密范围(表3－3－59)。

表3－3－59　机械式卷取机构适应的纬密范围

最大卷取直径	纬密范围
最大卷取直径 $D=600$mm 曲柄开口机构，直径 $D=520$mm	标准：12～94 根/cm(30～240 根/英寸) 低密度型：4～39 根/cm(9～100 根/英寸)

(2)纬密的设定(表3－3－60)。

表3－3－60　纬密的设定方法

步骤	方法
1	纬密是由标准齿轮和变换齿轮间的组合所决定的。参照表3－3－62 的纬密表，选择标准齿轮和变换齿轮的齿数 纬密表中的数据，按卷取辊的种类有所不同，在标准密度时，按3%缩率计算；低密度型按2%缩率计算
2	上机织造确认织物的纬密后，最终选择适当的标准齿轮和变换齿轮

(3)纬密计算公式(表3－3－61)。

表3－3－61　纬密计算公式

标准纬密	低密度型
$C_W=\dfrac{P_W\times S_W}{38.886\times(1+缩率)}$(铁砂刺毛辊) $C_W=\dfrac{P_W\times S_W}{38.275\times(1+缩率)}$(橡胶刺毛辊) $C_W=\dfrac{P_W\times S_W}{38.820\times(1+缩率)}$(不锈钢刺毛辊)	$C_W=\dfrac{P_W\times S_W}{24.099\times(1+缩率)}$(铁砂刺毛辊) $C_W=\dfrac{P_W\times S_W}{23.721\times(1+缩率)}$(橡胶刺毛辊)
公式中　S_W：标准齿轮的齿数；C_W：变换齿轮的齿数；P_W：纬密，根/2.54cm	

(4)纬密表(卷取齿轮的选择)表3－3－62。

2. 电子控制式卷取机构(变速器型)(选购)　原理：如图3－3－35，安装在织机左侧机架1外侧的AC伺服电动机2运转，齿轮减速器3传动齿轮系统4，驱动卷取轮5控制盘上预先设定的速度(纬纱密度)旋转；压布辊7、8靠弹簧9的压力，与卷取辊5适当接触，由卷取辊牵引织物；卷取辊5的旋转运动通过右侧联轴节10与链条11进一步传递到张力适当的织物卷布辊12上。纬纱密度部分改变的织物无法使用本装置织造。

表 3-3-62(b) 不同纬密(根/2.54cm)(标准密度、

C_W \ S_W	18	19	20	21	22	23	24	25	26	27	28	29	30	31	32	33
18																
19																
20																
21																
22																
23																
24																
25																
26																
27																
28																
29																
30																
31																
32																
33																
34																
35																41.79
36															44.33	42.99
37														47.03	45.56	44.18
38													49.91	48.30	46.79	45.38
39												52.99	51.23	49.57	48.03	46.57
40											56.29	54.35	52.54	50.85	49.26	47.76
41										59.84	57.70	55.71	53.85	52.12	50.49	48.96
42									63.65	61.30	59.11	57.07	55.17	53.39	51.72	50.15
43								67.78	65.17	62.76	60.52	58.43	56.48	54.66	52.95	51.35
44							72.24	69.35	66.69	64.22	61.92	59.79	57.79	55.93	54.18	52.54
45						77.10	73.88	70.93	68.20	65.68	63.33	61.15	59.11	57.20	55.41	53.73
46					82.39	78.81	75.53	72.51	69.72	67.13	64.74	62.50	60.42	58.47	56.65	54.93
47				88.19	84.18	80.52	77.17	74.08	71.23	68.59	66.14	63.86	61.73	59.74	57.88	56.12
48			94.57	90.07	85.98	82.24	78.81	75.66	72.75	70.05	67.55	65.22	63.05	61.01	59.11	57.32
49		101.62	96.54	91.95	87.77	83.95	80.45	77.66	74.26	71.51	68.96	66.58	64.36	62.29	60.34	58.51
50	109.46	103.70	98.51	93.82	89.56	85.66	82.09	78.81	75.78	72.97	70.37	67.94	65.68	63.56	61.57	59.70
51	111.65	105.77	100.48	95.70	91.35	87.38	83.74	80.39	77.29	74.43	71.77	69.30	66.99	64.83	62.80	60.90
52	113.84	107.85	102.45	97.58	93.14	89.09	85.38	81.96	78.81	75.89	73.18	70.66	68.30	66.10	64.03	62.09
53	116.03	109.92	104.42	99.45	94.93	90.80	87.02	83.54	80.33	77.35	74.59	72.02	69.62	67.37	65.27	63.29
54	118.22	111.99	106.39	101.33	96.72	92.52	88.66	85.12	81.84	78.81	76.00	73.38	70.93	68.64	66.50	64.48
55	120.41	114.07	108.36	103.20	98.51	94.23	90.30	86.69	83.36	80.27	77.40	74.73	72.24	69.91	67.73	65.68
56	122.59	116.14	110.33	105.08	100.30	95.94	91.95	88.27	84.87	81.73	78.81	76.09	73.56	71.18	68.96	66.87
57	124.78	118.22	112.31	106.96	102.10	97.66	93.59	89.84	86.39	83.19	80.22	77.45	74.87	72.45	70.19	68.06
58	126.97	120.29	114.28	108.83	103.89	99.37	95.23	91.42	87.90	84.65	81.63	78.81	76.18	73.73	71.42	69.26
59	129.16	122.36	116.25	110.71	105.68	101.08	96.87	93.00	89.42	86.11	83.03	80.17	77.50	75.00	72.65	70.45
60	131.35	124.44	118.22	112.59	107.47	102.80	98.51	94.57	90.94	87.57	84.44	81.53	78.81	76.27	73.88	71.65
61	133.54	126.51	120.19	114.46	109.26	104.51	100.16	96.15	92.45	89.03	85.85	82.89	80.12	77.54	75.12	72.84
62	135.73	128.59	122.13	116.34	111.05	106.22	101.80	97.73	93.97	90.49	87.25	84.25	81.44	78.81	76.35	74.03
63	137.92	130.66	124.13	118.22	112.84	107.94	103.44	99.30	95.48	91.95	88.66	85.60	82.75	80.08	77.58	75.23
64	140.11	132.73	126.10	120.09	114.63	109.65	105.08	100.88	97.00	93.41	90.07	86.96	84.06	81.35	78.81	76.42
65	142.30	134.81	128.07	121.97	116.42	111.36	106.72	102.45	98.51	94.86	91.48	88.32	85.38	82.62	80.04	77.62
66	144.49	136.88	130.04	123.85	118.22	113.08	108.36	104.03	100.03	96.32	92.88	89.68	86.69	83.90	81.27	78.81
67	146.68	138.96	132.01	125.72	120.01	114.79	110.01	105.61	101.54	97.79	94.29	91.04	88.01	85.17	82.50	80.00
68	148.86	141.03	133.98	127.60	121.80	116.50	111.65	107.18	103.06	99.24	95.70	92.40	89.32	86.44	83.74	81.20
69	151.05	143.10	135.95	129.47	123.59	118.22	113.29	108.76	104.58	100.70	97.11	93.76	90.63	87.71	84.97	82.39
70	153.24	145.18	137.92	131.35	125.38	119.93	114.93	110.33	106.09	102.16	98.51	95.12	91.95	88.98	86.20	83.59

胶刺毛辊、缩率 3%)的标准齿轮 S_W、变换齿轮 C_W 配置表

34	35	36	37	38	39	40	41	42	43	44	45	46	47	48	49	50	51
				31.11	30.31												
			33.02	32.15	31.32	30.54											
		35.03	34.08	33.18	32.33	31.52	30.76	30.02									
	37.15	36.12	35.15	34.22	33.34	32.51	31.72	30.96	30.24								
39.41	38.28	37.22	36.21	35.26	34.35	33.49	32.68	31.84	31.16	30.45							
40.56	39.41	38.31	37.28	36.29	35.36	34.48	33.64	32.64	32.07	31.35	30.65						
41.72	40.53	39.41	38.34	37.33	36.37	35.46	34.60	33.78	32.99	32.24	31.52	30.84	30.18				
42.88	41.66	40.50	39.41	38.37	37.38	36.45	35.56	34.71	33.91	33.14	32.40	31.70	31.02	30.37			
44.04	42.78	41.59	40.47	39.41	38.39	37.44	36.52	35.65	34.82	34.03	33.28	32.55	31.86	31.20	30.56		
45.20	43.91	42.69	41.54	40.44	39.41	38.42	37.48	36.59	35.74	34.93	34.15	33.41	32.70	32.20	31.36	30.74	30.13
46.36	45.03	43.78	42.60	41.48	40.42	39.41	38.44	37.53	36.66	35.82	35.03	34.26	33.54	32.84	32.17	31.52	30.91
47.52	46.16	44.88	43.67	42.52	41.43	40.39	39.41	38.47	37.57	36.72	35.90	35.12	34.37	33.66	32.97	32.31	31.68
48.68	47.29	45.97	44.73	43.55	42.44	41.38	40.37	39.41	38.49	37.61	36.78	35.98	35.21	34.48	33.78	33.10	32.45
49.84	48.41	47.07	45.80	44.59	43.45	42.36	41.33	40.34	39.41	38.51	37.65	36.83	36.05	35.30	34.58	33.89	33.22
51.00	49.54	48.16	46.86	45.63	44.46	43.35	42.29	41.28	40.32	39.41	38.53	37.69	36.89	36.12	35.38	34.68	34.00
52.15	50.66	49.26	47.93	46.66	45.47	44.33	43.25	42.22	41.24	40.30	39.41	38.55	37.73	36.94	36.19	35.46	34.77
53.31	51.79	50.35	48.99	47.70	46.48	45.32	44.21	43.16	42.15	41.20	40.28	39.40	38.57	37.76	36.99	36.25	35.54
54.47	52.92	51.45	50.06	48.74	47.49	46.30	45.17	44.10	43.07	42.09	41.16	40.26	39.41	38.58	37.80	37.04	36.31
55.63	54.04	52.54	51.12	49.78	48.50	47.29	46.13	45.03	43.99	42.99	42.03	41.12	40.24	39.41	38.60	37.83	37.09
56.79	55.17	53.63	52.19	50.81	49.51	48.27	47.09	45.97	44.90	43.88	42.91	41.98	41.08	40.23	39.41	38.62	37.86
57.95	56.29	54.73	53.25	51.85	50.52	49.26	48.06	46.91	45.82	44.78	43.78	42.83	41.92	41.05	40.21	39.41	38.63
59.11	57.42	55.82	54.32	52.89	51.53	50.24	49.02	47.85	46.74	45.67	44.66	43.69	42.76	41.87	41.01	40.19	39.41
60.27	58.55	56.92	55.38	53.92	52.54	51.23	49.98	48.79	47.65	46.57	45.54	44.55	43.60	42.69	41.82	40.98	40.18
61.43	59.67	58.01	56.38	54.96	53.55	52.21	50.94	49.73	48.57	47.47	46.41	45.40	44.44	43.51	42.62	41.77	40.95
62.58	60.80	59.11	57.51	56.00	54.56	53.20	51.90	50.66	49.49	48.36	47.29	46.26	45.27	44.33	43.43	42.56	41.72
63.74	61.92	60.20	58.58	57.03	55.57	54.18	52.86	51.60	50.40	49.26	48.16	47.12	46.11	45.15	44.23	43.35	42.50
64.90	63.05	61.30	59.64	58.07	56.58	55.17	53.82	52.54	51.32	50.15	49.04	47.97	46.95	45.97	45.03	44.13	43.27
66.06	64.17	62.39	60.71	59.11	57.59	56.15	54.78	53.48	52.23	51.05	49.91	48.83	47.79	46.79	45.84	44.92	44.04
67.22	65.30	63.49	61.77	60.14	58.60	57.14	55.74	54.42	53.15	51.94	50.79	49.68	48.63	47.61	46.64	45.71	44.81
68.38	66.43	64.58	62.84	61.18	59.61	58.12	56.71	55.36	54.07	52.84	51.66	50.54	49.47	48.44	47.45	46.50	45.59
69.54	67.55	65.68	63.90	62.22	60.62	59.11	57.67	56.29	54.98	53.73	52.54	51.40	50.30	49.26	48.25	47.29	46.36
70.70	68.68	66.77	64.97	63.26	61.63	60.09	58.63	57.23	55.90	54.63	53.42	52.25	51.14	50.08	49.06	48.07	47.13
71.86	69.80	67.86	66.03	64.29	62.64	61.08	59.59	58.17	56.82	55.53	54.29	53.11	51.98	50.90	49.86	48.86	47.90
73.02	70.93	68.96	67.10	65.33	63.65	62.06	60.55	59.11	57.73	56.42	55.17	53.97	52.82	51.72	50.66	49.65	48.68
74.17	72.06	70.05	68.16	66.37	64.67	63.05	61.51	60.05	58.65	57.32	56.04	54.82	53.66	52.54	51.47	50.44	49.45
75.33	73.18	71.15	69.23	67.40	65.68	64.03	62.47	60.98	59.57	58.21	56.92	55.68	54.50	53.36	52.27	51.23	50.22
76.49	74.31	72.24	70.29	68.44	66.69	65.02	63.43	61.92	60.48	59.11	57.79	56.54	55.34	54.18	53.08	52.01	51.00
77.65	75.43	73.34	71.36	69.48	67.70	66.00	64.39	62.86	61.40	60.00	58.67	57.39	56.17	55.00	53.88	52.80	51.77
78.81	76.56	74.43	72.42	70.51	68.71	66.99	65.36	63.80	62.32	60.90	59.55	58.25	57.01	55.82	54.68	53.59	52.54
79.97	77.68	75.53	73.49	71.55	69.72	67.97	66.32	64.74	63.23	61.79	60.42	59.11	57.85	56.65	55.49	54.38	53.31
81.13	78.81	76.62	74.55	72.59	70.73	68.96	67.28	65.68	64.15	62.69	61.30	59.96	58.69	57.47	56.29	55.17	54.09

表 3-3-62(d) 不同纬密(根/2.54cm)(低密度、铁砂

C_W \ S_W	18	19	20	21	22	23	24	25	26	27	28	29	30	31	32	33
18																
19																
20																
21																
22																
23																
24																
25																
26																
27																
28																
29																
30																
31																
32																
33																
34																
35																26.06
36															27.64	26.80
37														29.32	28.41	27.55
38													31.12	30.12	29.18	28.29
39												33.04	31.94	30.91	29.94	29.04
40											35.10	33.89	32.76	31.70	30.71	29.78
41										37.31	35.98	34.73	33.58	32.49	31.48	30.52
42									39.69	38.22	36.85	35.58	34.40	33.29	32.25	31.27
43								42.26	40.63	39.13	37.73	36.43	35.21	34.08	33.01	32.01
44							45.04	43.24	41.58	40.04	38.61	37.28	36.03	34.87	33.78	32.76
45						48.07	46.07	44.22	42.52	40.95	39.49	38.12	36.85	35.66	34.55	33.50
46					51.37	49.14	47.09	45.21	43.47	41.86	40.36	38.97	37.67	36.46	35.32	34.25
47				54.99	52.49	50.21	48.11	46.19	44.41	42.77	41.24	39.82	38.49	37.25	36.09	34.99
48			58.96	56.16	53.60	51.27	49.14	47.17	45.36	43.68	42.12	40.67	39.31	38.04	36.85	35.74
49		63.36	60.19	57.33	54.72	52.34	50.16	48.15	46.30	44.59	42.99	41.51	40.13	38.83	37.62	36.48
50	68.25	64.65	61.42	58.50	55.84	53.41	51.18	49.14	47.25	45.50	43.87	42.36	40.95	39.63	38.39	37.23
51	69.61	65.95	62.65	59.67	56.95	54.48	52.21	50.12	48.19	46.41	44.75	43.21	41.77	40.42	39.16	37.97
52	70.98	67.24	63.88	60.84	58.07	55.55	53.23	51.10	49.14	47.32	45.63	44.05	42.59	41.21	39.92	38.71
53	72.34	68.53	65.11	62.01	59.19	56.61	54.26	52.09	50.08	48.23	46.50	44.09	43.40	42.00	40.69	39.46
54	73.71	69.83	66.34	63.18	60.30	57.68	55.28	53.07	51.03	49.14	47.38	45.75	44.22	42.80	41.46	40.20
55	75.07	71.12	67.56	64.35	61.42	58.75	56.30	54.05	51.97	50.05	48.26	46.60	45.04	43.59	42.23	40.95
56	76.44	72.41	68.79	65.52	62.54	59.82	57.33	55.03	52.92	50.96	49.14	47.44	45.86	44.38	42.99	41.69
57	77.80	73.71	70.72	66.69	63.65	60.89	58.35	56.02	53.86	51.87	50.01	48.29	46.68	45.17	43.76	42.44
58	79.17	75.00	71.25	67.86	64.77	61.96	59.37	57.00	54.81	52.78	50.89	49.14	47.50	45.97	44.53	43.18
59	80.53	76.29	72.48	69.03	65.89	63.02	60.40	57.98	55.75	53.69	51.77	49.98	48.32	46.76	45.30	43.93
60	81.90	77.58	73.71	70.20	67.01	64.09	61.42	58.96	56.70	54.60	52.65	50.83	49.14	47.55	46.07	44.67
61	83.26	78.88	74.93	71.37	68.12	65.16	62.45	59.95	57.64	55.51	53.52	51.68	49.96	48.34	46.83	45.41
62	84.63	80.17	76.16	72.54	69.24	66.23	63.47	60.93	58.59	56.42	54.40	52.53	50.78	49.14	47.60	46.16
63	85.99	81.46	77.39	73.71	70.36	67.30	64.49	61.91	59.53	57.33	55.28	53.37	51.59	49.93	48.37	46.90
64	87.35	82.76	78.62	74.88	71.47	68.36	65.52	62.90	60.48	58.24	56.16	54.22	52.41	50.72	49.14	47.65
65	88.72	84.05	79.85	76.05	72.59	69.43	66.54	63.88	61.42	59.15	57.03	55.07	53.23	51.51	49.90	48.39
66	90.08	85.34	81.08	77.22	73.71	70.50	67.56	64.86	62.37	60.06	57.91	55.91	54.05	52.31	50.67	49.14
67	91.45	86.64	82.30	78.39	74.82	71.57	68.59	65.84	63.31	60.97	58.79	56.76	54.87	53.10	51.44	49.88
68	92.81	87.93	83.53	79.56	75.94	72.64	69.61	66.83	64.26	61.88	59.67	57.61	55.69	53.89	52.21	50.63
69	94.18	89.22	84.76	80.73	77.06	73.71	70.63	67.81	65.20	62.79	60.54	58.46	56.51	54.68	52.98	51.37
70	95.54	90.52	85.99	81.90	78.17	74.77	71.66	68.79	66.15	63.70	61.42	59.30	57.33	55.48	53.74	52.12

34	35	36	37	38	39	40	41	42	43	44	45	46	47	48	49	50	51
															9.53	9.34	9.15
														10.24	10.03	9.83	9.63
													10.98	10.57	10.53	10.32	10.12
												11.75	11.50	11.26	11.03	10.81	10.60
											12.56	12.28	12.02	11.77	11.53	11.30	11.08
										13.40	13.10	12.82	12.55	12.28	12.03	11.79	11.56
									14.28	13.96	13.65	13.35	13.07	12.80	12.53	12.28	12.04
								15.21	14.86	14.52	14.20	13.89	13.59	13.31	13.04	12.78	12.53
							16.18	15.79	15.43	15.08	14.74	14.42	14.11	13.82	13.54	13.27	13.01
						17.20	16.78	16.38	16.00	15.63	15.29	14.95	14.69	14.33	14.04	13.76	13.49
					18.27	17.81	17.38	16.96	16.57	16.19	15.83	15.49	15.16	14.84	14.54	14.25	13.97
				19.40	18.90	18.43	17.98	17.55	17.14	16.75	16.38	16.02	15.68	15.36	15.04	14.74	14.45
			20.58	20.04	19.53	19.04	18.58	18.13	17.71	17.31	16.93	16.56	16.20	15.87	15.54	15.23	14.93
		21.84	21.25	20.69	20.16	19.65	19.18	18.72	18.28	17.87	17.47	17.09	16.73	16.38	16.04	15.72	15.42
	23.16	22.52	21.91	21.34	20.79	20.27	19.77	19.30	18.85	18.43	18.02	17.63	17.25	16.89	16.55	16.22	15.90
4.57	23.87	23.20	22.58	21.98	21.42	20.88	20.37	19.89	19.43	18.98	18.56	18.16	17.77	17.40	17.05	16.71	16.38
5.29	24.57	23.89	23.24	22.63	22.05	21.50	20.97	20.47	20.00	19.54	19.11	18.69	18.30	17.91	17.55	17.20	16.86
6.01	25.27	24.57	23.90	23.28	22.68	22.11	21.57	21.06	20.57	20.10	19.65	19.23	18.82	18.43	18.05	17.69	17.34
6.74	25.97	25.25	24.57	23.92	23.31	22.73	22.17	21.64	21.14	20.66	20.20	19.76	19.34	18.94	18.55	18.18	17.82
7.48	26.67	25.93	25.23	24.57	23.94	23.34	22.77	22.23	21.71	21.22	20.75	20.30	19.86	19.45	19.05	18.67	18.31
8.18	27.38	26.62	25.90	25.22	24.57	23.95	23.37	22.81	22.28	21.78	21.29	20.83	20.39	19.96	19.55	19.16	18.79
8.90	28.08	27.30	26.56	25.86	25.20	24.57	23.97	23.40	22.85	22.34	21.84	21.36	20.91	20.47	20.06	19.65	19.27
9.63	28.78	27.98	27.22	26.51	25.83	25.18	24.57	23.98	23.43	22.89	22.38	21.90	21.43	20.99	20.56	20.15	19.75
0.35	29.48	28.66	27.89	27.15	26.46	25.80	25.17	24.57	24.00	23.45	22.93	22.43	21.95	21.50	21.06	20.64	20.23
1.07	30.18	29.35	28.55	27.80	27.09	26.41	25.77	25.15	24.57	24.01	23.48	22.97	22.48	22.01	21.56	21.13	20.71
1.79	30.89	30.03	29.22	28.45	27.72	27.03	26.37	25.74	25.14	24.57	24.02	23.50	23.00	22.52	22.06	21.62	21.20
2.52	31.59	30.71	29.88	29.09	28.35	27.64	26.97	26.32	25.71	25.13	24.57	24.03	23.52	23.03	22.56	22.11	21.68
3.24	32.29	31.39	30.54	29.74	28.98	28.25	27.56	26.91	26.28	25.69	25.11	24.57	24.05	23.54	23.06	22.60	22.16
3.96	32.99	32.08	31.21	30.39	29.61	28.87	28.16	27.49	26.85	26.24	25.66	25.10	24.57	24.06	23.57	23.09	22.64
4.69	33.69	32.76	31.87	31.03	30.24	29.48	28.76	28.08	27.43	26.80	26.21	25.64	25.09	24.57	24.07	23.59	23.12
5.41	34.40	33.44	32.54	31.68	30.87	30.10	29.36	28.66	28.00	27.36	26.75	26.17	25.61	25.08	24.57	24.08	23.61
6.13	35.10	34.12	33.20	32.33	31.50	30.71	29.96	29.25	28.57	27.92	27.30	26.70	26.14	25.59	25.07	24.57	24.09
6.85	35.80	24.81	33.86	32.97	32.13	31.32	30.56	29.83	29.14	28.48	27.84	27.24	26.66	26.10	25.57	25.06	24.57
7.58	36.50	35.49	34.53	33.62	32.76	31.94	31.16	30.42	29.71	29.04	28.39	27.77	27.18	26.62	26.07	25.55	25.05
8.30	37.20	36.17	35.19	34.27	33.39	32.55	31.76	31.00	30.28	29.59	28.94	28.31	27.70	27.13	26.57	26.04	25.03
9.02	37.91	36.85	35.86	34.91	34.02	33.17	32.36	31.59	30.85	30.15	29.48	28.84	28.23	27.64	27.08	26.53	26.01
9.74	38.61	37.54	36.52	35.56	34.65	33.78	32.96	32.17	31.42	30.71	30.03	29.38	28.75	28.15	27.58	27.03	26.50
0.47	39.31	38.22	37.18	36.21	35.28	34.40	33.56	32.76	32.00	31.27	30.57	29.91	29.27	28.66	28.08	27.52	26.98
1.19	40.01	38.90	37.85	36.85	35.91	35.01	34.16	33.34	32.57	31.83	31.12	30.44	29.80	29.18	28.58	28.01	27.46
1.91	40.71	39.58	38.51	37.50	36.54	35.62	34.76	33.93	33.14	32.39	31.67	30.98	30.32	29.69	29.08	28.50	27.94
2.63	41.42	40.27	39.18	38.15	37.17	36.24	35.35	34.51	33.71	32.94	32.21	31.51	30.84	30.20	29.58	28.99	28.42
3.36	42.12	40.95	39.84	38.79	37.80	36.85	35.95	35.10	34.28	33.50	32.76	32.05	31.36	30.71	30.08	29.48	28.90
4.08	42.82	41.63	40.50	39.44	38.43	37.47	36.55	35.68	34.85	34.06	33.30	32.58	31.89	31.22	30.59	29.97	29.39
4.80	43.52	42.31	41.17	40.09	39.06	38.08	37.15	36.27	35.42	34.62	33.85	33.11	32.41	31.73	31.09	30.47	29.87
5.52	44.22	42.99	41.83	40.73	39.69	38.70	37.75	36.85	36.00	35.18	34.40	33.65	32.93	32.25	31.59	30.96	30.35
6.25	44.93	43.68	42.50	41.38	40.32	39.31	38.35	37.44	36.57	35.74	34.94	34.18	33.46	32.76	32.09	31.45	30.83
6.97	45.63	44.36	43.16	42.03	40.95	39.92	38.95	38.02	34.14	36.29	35.49	34.72	33.98	33.27	32.59	31.94	31.31
7.69	46.33	45.04	43.83	42.67	41.58	40.54	39.55	38.61	37.71	36.85	36.03	35.25	34.50	33.78	33.09	32.43	31.79
8.41	47.03	45.72	44.49	43.32	42.21	41.15	40.15	39.19	38.28	37.41	36.58	35.78	35.02	34.29	33.59	32.92	32.28
9.14	47.73	46.41	45.15	43.96	42.84	41.77	40.75	39.78	38.85	37.97	37.13	36.32	35.55	34.81	34.10	33.41	32.76
9.86	48.44	47.09	45.82	44.61	43.47	42.38	41.35	40.36	39.42	38.53	37.67	36.85	36.07	35.32	34.60	33.90	33.24
0.58	49.14	47.77	46.48	45.26	44.10	42.99	41.95	40.95	40.00	39.09	38.22	37.39	36.59	35.83	35.10	34.40	33.72

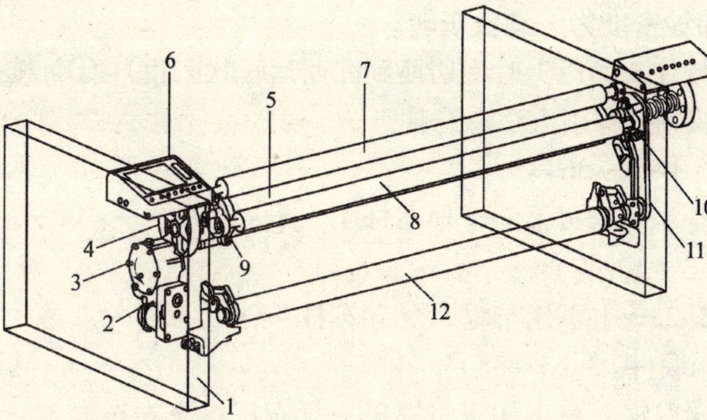

图 3-3-35 电子控制卷取机构

(1)功能面板的设定与操作

[WARP]键:

按[FIXER]—[MENU]—[WARP],设定“缩率”和“纬纱密度”。

①纬纱密度:纬纱密度设定,密度设定范围 7~120 根/cm(24~300 根/英寸)。

最低纬纱密度根据经纱细度、机台转数而有变化;卷取的最低密度也依据送经而变化。

②缩率:

$$缩率 = 1 - \frac{落布后的织物长度}{织机上织物的长度}$$

缩率因织物的种类而变,通常为 2%~3%,缩率及纬纱密度的设定只有在机器停车时才能变更。

[MARK]键:

按[FIXER]—[MENU]—[MARK],设定“停台补正量”、“织口前进量”、“后退量”,按[织口调整],机台停止时使织口前进(后退),机台起动时织口后退(前进)。

设定(移动量)范围为 -9.99mm~9.99mm,标准为 0。

纬停台、经停台可以独立进行。

前进量等于停止时的移动量;后退量等于起动时的移动量。+(正)移动量为正值,表明织机为正转方向,移动量为负值,表明织机主轴为反转。

使用织口前进时,以停止时移动量+启动时移动量=0 为标准;

按[停台时间补偿],根据停止时间而变化的织口前进量,可用送经、卷取电动机的设定来补正。点击“□”,用“√”选择的设定数值为有效。按[逆转],全部开始后的送经量可以用电动机的正逆转来补正。

设定标准为与停止时间补正的 00 分相同,+、-符号相反输入。

[TENSION]键:

按[OPERATOR]—[TENSION]键,用于手动操作卷取及送经的按键。

按键与动作的关系如下:

ⓐ送经正转。ⓑ送经逆转。ⓒ卷取正转。ⓓ卷取逆转。ⓔ送经与卷取同时正转。ⓕ送经与

卷取同时逆转。ⓖ送经进行自动张力恢复动作。ⓗ送经与卷取的设定纬纱密度为 1 纬数逆转。ⓘ送经与卷取的设定纬纱密度为 1 纬数正转。

其中,ⓐ～ⓕ连续按住 3 秒以上时将切换到高速运转状态;ⓖ～ⓘ每按 1 次进行 1 个动作。

(2)织物的调整:织物的穿引方法有三种。

① 单压布辊型(图 3－3－36):

撑幅杆 1 →卷取辊 2 →压布辊 3 →导布杆 4 →卷布辊 5

②双压布辊型(图 3－3－37):

撑幅杆 1 →卷取辊 2 →上下压布辊 3 →导布杆 4 →卷布辊 5

③低密度织物的卷取(图 3－3－38):

上侧压布辊 3 →卷取辊 2 →下侧压布辊 3 →导布杆 4 →卷布辊 5

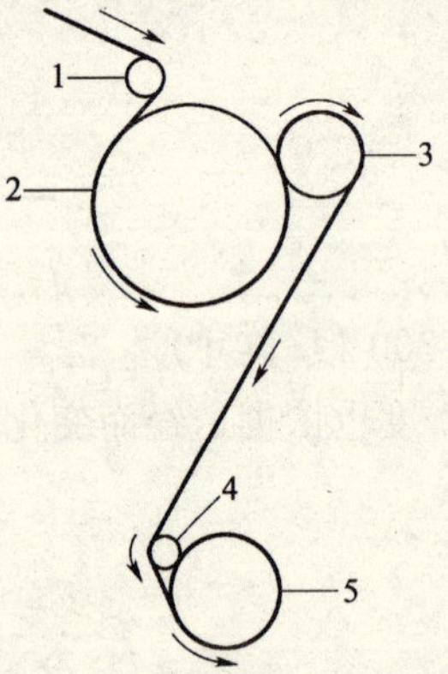

图 3－3－36 单压布辊型织物穿引方法

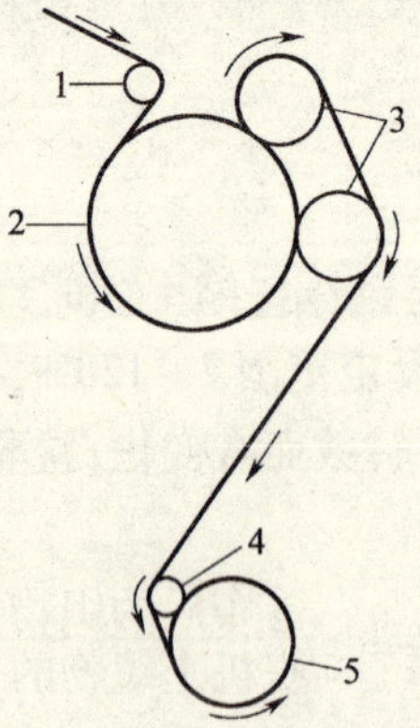

图 3－3－37 双压布辊型织物穿引方法

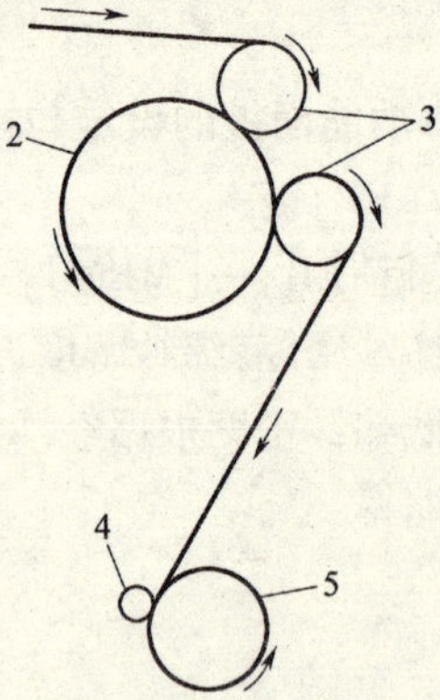

图 3－3－38 低密度织物穿引方法

(3)压布辊弹簧的调整(表 3－3－63)。

表 3－3－63 压布辊弹簧的调整

<table>
<tr><td>单压布辊</td><td>如图 3－3－39,转动调整螺丝 3,调整压布辊弹簧 4 的压力,使压布辊 1 到调整螺丝垫圈 2 上面的距离 $a=23$mm</td></tr>
<tr><td>双压布辊</td><td>如图 3－3－40,上压布辊 5 与单压布辊的距离相同,将距离 a 调整到下表所示的值</td></tr>
<tr><td>下压布辊 6</td><td>如图 3－3－40,转动调整螺丝 9,调整压布辊弹簧 10 的压力,使压布辊 7 到调整螺丝垫圈 8 的距离 b 成为下表所示的值
<table>
<tr><td rowspan="2">适　用</td><td rowspan="2">L(mm)</td><td colspan="2">标准调整尺寸</td></tr>
<tr><td>a</td><td>b</td></tr>
<tr><td>标准规格</td><td>34</td><td>23</td><td>25</td></tr>
</table></td></tr>
</table>

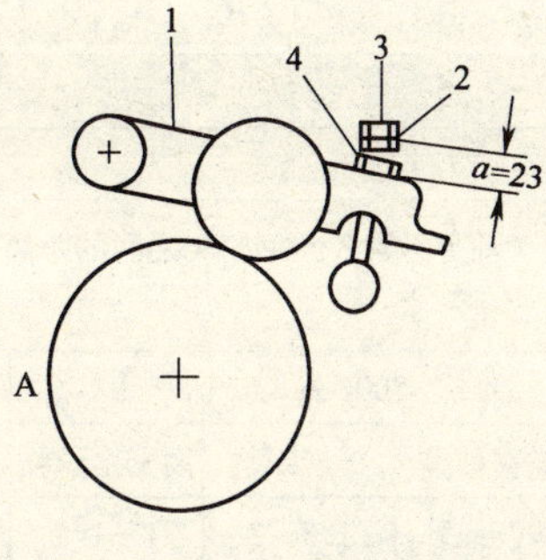

图 3－3－39 单压布辊弹簧的调整

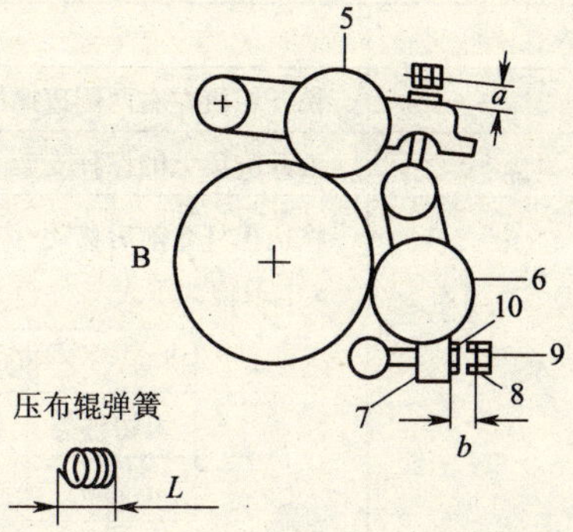

图 3－3－40 双压布辊弹簧的调整

(4)织物卷取:如图 3－3－41,转动织机右侧的手轮 1,可调整卷布张力。为增大卷布张力,可将手轮 1 向顺时针方向旋转,弹簧 2 被压缩,摩擦片 3 与链轮 4 的接触压力增大;减小卷布张力时,将手轮 1 向反时针方向旋转。根据织物的不同,调整卷布张力时要观察是否出现卷取折皱。弹簧 2 的标准压缩量 $a = 20$mm。

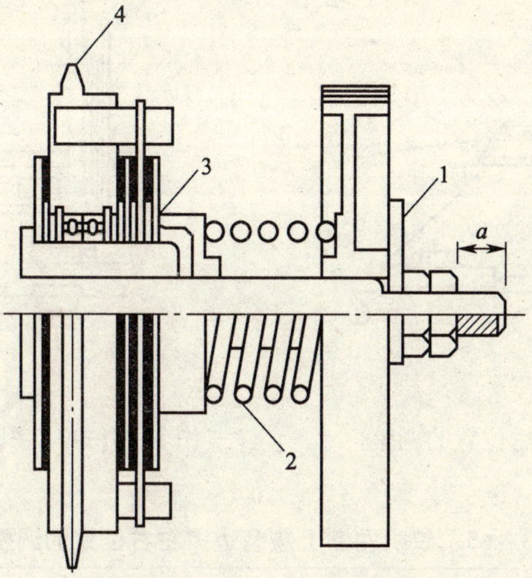

图 3－3－41 卷布张力调整

3. 边撑

(1)上盖型边撑。

①边撑前后位置的调整方法(表 3－3－64,图 3－3－42)。

表 3－3－64 上盖型边撑前后位置的调整方法

序 号	方 法
1	将主轴角度转至 0°
2	按下紧急停车按钮,锁定机台

续表

序 号	方 法
3	松开织机左右两侧边撑杆支架上的螺母
4	松开胸梁上的撑杆支架的固定螺丝
5	将边撑杆6前后移动,按照下表的尺寸决定边撑盖7前导纱片8与钢筘9之间的距离 a a 的取值如下表 <table><tr><td colspan="3">800r/min 以下</td><td colspan="3">800r/min 以上</td></tr><tr><td>织物种类</td><td>标准织物</td><td>高密度织物</td><td>织物种类</td><td>标准织物</td><td>高密度织物</td></tr><tr><td>a(mm)</td><td>1.5</td><td>1</td><td>a(mm)</td><td>1.5~2</td><td>1~1.5</td></tr></table>
6	拧紧螺母2

②边撑左右位置的调整:织机左侧见表3-3-65、图3-3-43。

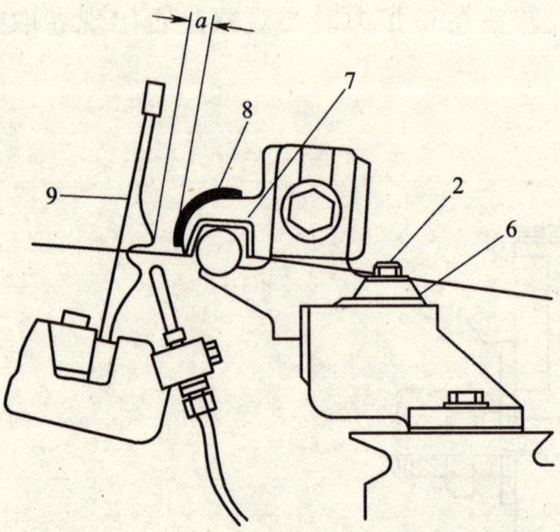

图3-3-42 上盖型边撑前后位置的调整

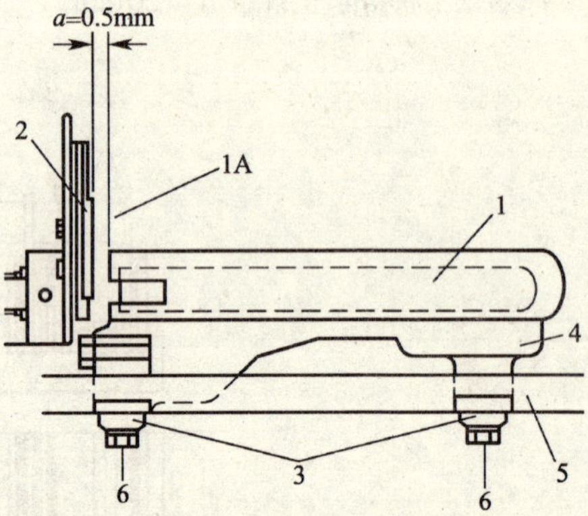

图3-3-43 织机左侧上盖型边撑左右位置调整

表3-3-65 织机左侧上盖型边撑左右位置的调整方法

1	松开夹板3的螺丝6
2	移动边撑盒4,使边撑刺环1的左侧面(1A)与剪刀上刃2的间距 a 为0.5mm
3	使用夹板3将边撑盒4固定在边撑杆5上

织机右侧见表3-3-66、图3-3-44,并参照图3-3-42、图3-3-43。

表3-3-66 织机右侧上盖型边撑左右位置的调整方法

1	将穿筘后的经纱与钢筘1呈直角拉直
2	将边撑3的第1个刺环4的右端,与经纱右端2两点间呈一线,固定边撑3
3	上机后,确认织物的右端全部刺在第1刺环上。没有全部刺入时,需要再调整
4	穿筘幅变更时,松开夹板5的螺丝6,将边撑刺环7移向规定位置,拧紧螺丝6

织口板的位置：如图 3－3－45，边撑杆垫片 1 的厚度 t 参照表 3－3－67，根据织物组织，决定垫片厚度。

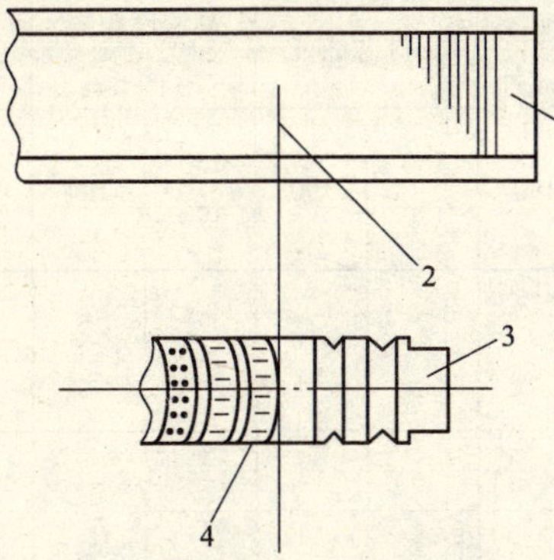

图 3－3－44 织机右侧上盖型边撑左右位置调整

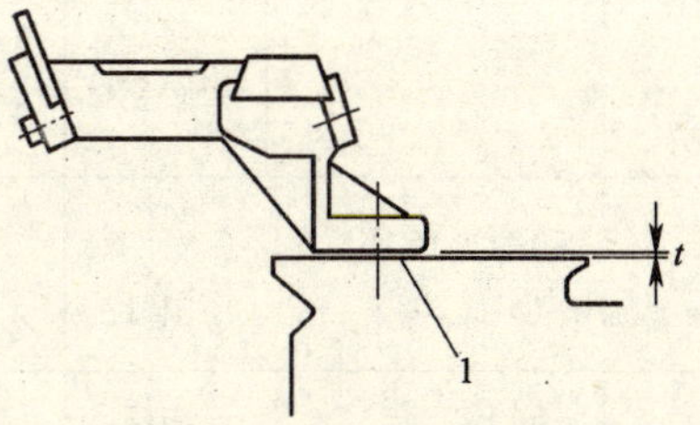

图 3－3－45 织口板的位置

表 3－3－67 边撑杆垫片的厚度

凹轮、多臂机规格		曲柄规格	
组织	t(mm)	组织	t(mm)
$\frac{1}{1},\frac{2}{2},\frac{1}{2},\frac{1}{3},\frac{1}{4}$	4	$\frac{1}{1}$	2
$\frac{2}{1},\frac{3}{1},\frac{4}{1}$	2		

以下调整要在边撑位置确定后进行（如图 3－3－46，图 3－3－47）：松开织口板 2 的固定螺丝 4，将织口板 2 的高度，调整到距织口板支架 3 的 A 面 a＝3mm；在织板左右两侧，织口板 2 与边撑盖 5 的 B 面相重叠 b＝3～4mm 后，确定左右位置；拧紧螺丝 4。

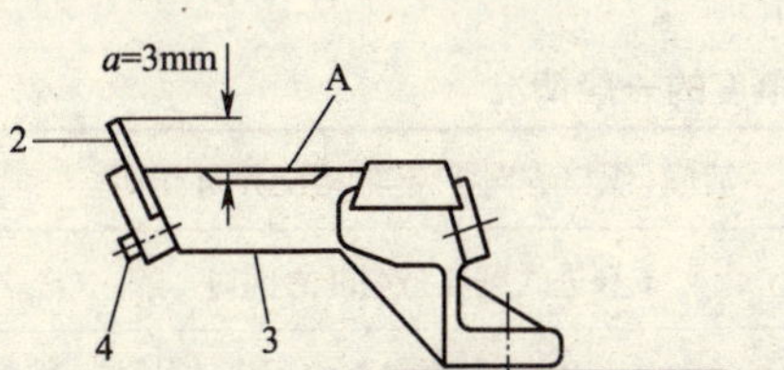

图 3－3－46 织口板到支架的距离调整

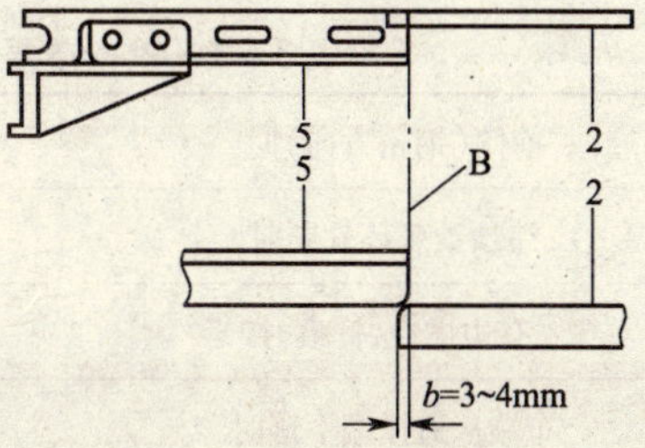

图 3－3－47 织口板到边撑盖的距离调整

上盖型边撑的种类：如表 3－3－68 所示，按织物的不同选择边撑的种类。

表3-3-68 上盖型边撑的种类

序号	边撑种类	织物	上等细布		府绸 细平布		双股织物 粗斜纹布 灯芯线		9.7tex 以上 高密度织物		9.7tex 以下 高密度织物	
		筘幅(cm)	150 170	190	150 170	190	150 170	190	150 170	190	150 170	190
1	3针×16环 (5°~20°)	中目			○							
2	同上	细目			○							
3	同上	极细目										
4	3针×24环 (5°~20°)	中目				○	○	○				
5	同上	细目	○	○		○			○	○		
6	同上	极细目	○	○							○	
7	3针×30环 (5°~20°)	中目						○				
8	同上	细目								○		
9	同上	极细目		○		○					○	○
10	1针×48环	细目		○							○	○

注 有关低密度织物或者长丝织物,请使用下列类型的边撑:带3根针的1个圆环;带5根针的1个圆环;各带1根针的3个圆环;橡皮边撑。

刺环的倾斜:刺环的倾斜标准为0°(标记线朝上)。在发生以下边撑疵时要调整边撑的倾斜角度。表3-3-69说明仅为一般情况,最终要根据织物构成,织造条件而定。

表3-3-69 需要调整边撑倾斜角度的一般情况

前倾(钢筘方向)时	后倾(织口方向 = 钢筘相反方向)时
纬纱被刺环轧断时	布身进入刺环与刺环之间时
有边撑痕、针痕时	边撑伸幅不良时
布端从边撑端下落时	运转中刺环跳动时(布身离开刺针)

(2)下盖型边撑:织口托盖的位置调整(表3-3-70)。

表 3－3－70　下盖型边撑织口托盖的位置调整方法

上下位置	按照钢筘 3 的尺寸进行调整 (1)将主轴角度转至 0° (2)松开螺丝 1 (3)如图 3－3－48 所示,在织口托盖 2 的前端部和钢筘 3 的上唇部插入定规 4(J8205—02010—00),确定 a 尺寸(a＝0.7mm)。增减织口托盖下的垫片 5(t＝0.5mm),来决定织口托盖的位置 (4)将螺丝 1 轻微拧紧
前后位置	按照钢筘 3 的尺寸进行调整 (1)在主轴角度为 0°时进行调整 (2)如图 3－3－48 所示,在织口托盖 2 的前端部和钢筘 3 的上唇部之间插入定规 4,确定 b 尺寸(b＝6.0mm)。前后移动织口托盖确定位置
左右位置	(1)如图 3－3－49 所示,左右移动织口托盖,调整织口托盖 2 的左端面 2a 与左侧机架 6 的内侧面 6a 的尺寸(c＝200mm) (2)将螺丝 1 拧紧,将织口托盖 2 固定在胸梁 7 上

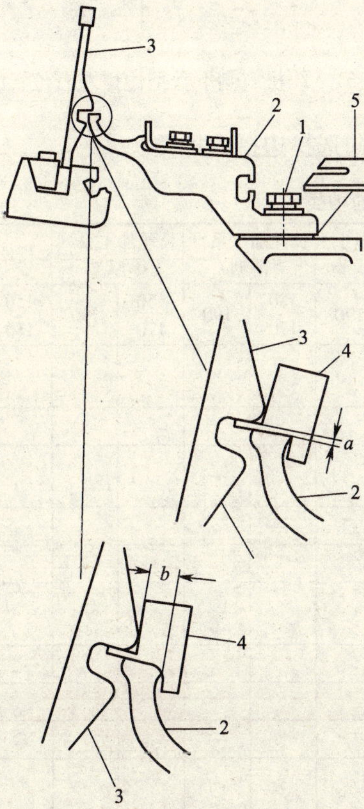

图 3－3－48　下盖型边撑织口托盖的上下位置调整

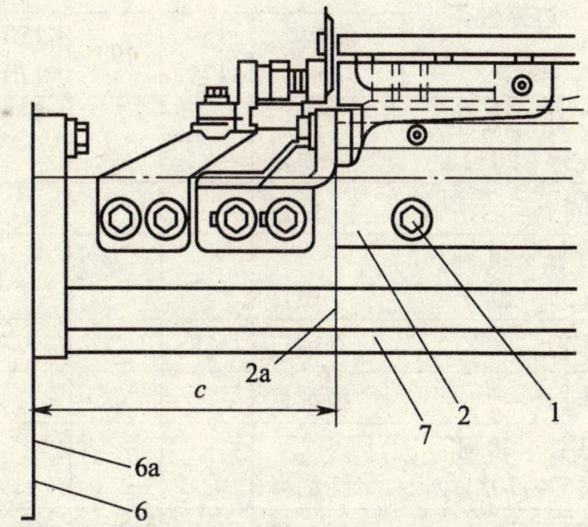

图 3－3－49　下盖型边撑织口托盖的前后位置调整

边撑的左右位置的调整(表 3－3－71)。

表 3－3－71 下盖型边撑左右位置的调整

织机左侧	如图 3－3－50,松开边撑支座 1 的螺丝 2,左右移动边撑支座 1,使边撑托架 3 的左侧面(3A)与剪刀上刃 4 之间的距离 a 调整为 0.5～1.0mm,将螺丝 2 拧紧
织机右侧	如图 3－3－51,将穿筘后的经纱与钢筘 5 呈直角拉直;将边撑 7 的第 1 刺环 8 的右端,与经纱右端 6 两点间呈一线,固定边撑 7;上机后,确认织物的右端全部刺在第 1 刺环 8 上。没有全部刺入时,需要再调整

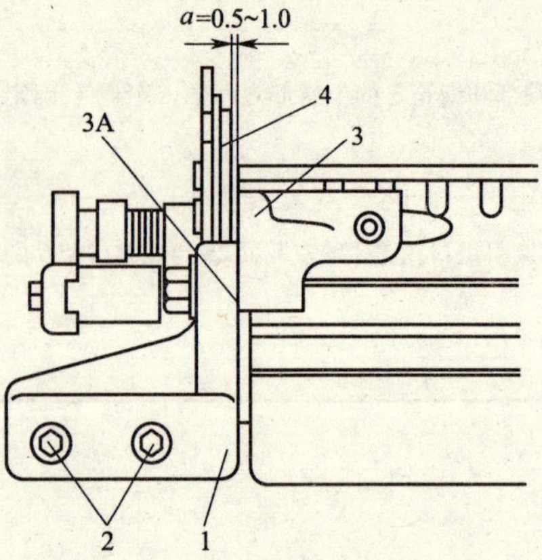

图 3－3－50 织机左侧下盖型边撑左右位置的调整

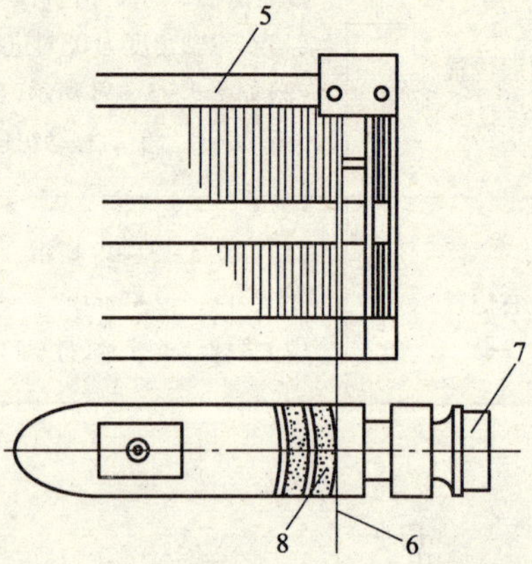

图 3－3－51 织机右侧下盖型边撑左右位置的调整

下盖型边撑的种类:如表 3－3－72 所示按织物的不同选择边撑的种类。

表 3－3－72 下盖型边撑的种类

序号	边撑种类	织物	上等细布		府绸细平布		9.7tex 以上高密度织物		长丝加工系列薄型		长丝加工系列中厚型		长丝塔夫绸	
		筘幅(cm)	150 170	190	150 170	190	150 170	190	150 170	190	150 170	190	150 170	190
1	3 针×18 环(5°～20°)	中目			○									
2	同上	细目			○									
3	3 针×24 环(5°～20°)	中目				○								
4	同上	细目	○	○		○	○	○						
5	同上	极细目	○	○										
6	3 针×30 环(5°～20°)	细目						○						
7	同上	极细目		○		○								
8	1 针×48 环	细目		○										
9	5 针×1 环	细目											○	○
10	4 针×2 环:橡胶(16 环长)								○	○				
11	4 针×2 环:橡胶(24 环长)										○	○		

(五)送经机构

1. 电动式送经机构

(1)如图 3-3-52,电动送经装置是根据张力传感器 2(安装在织机右侧)检测出张力罗拉 1 上的经纱张力,计算机运算与经纱设定张力的差,控制 AC 伺服电动机 3 的送经速度。

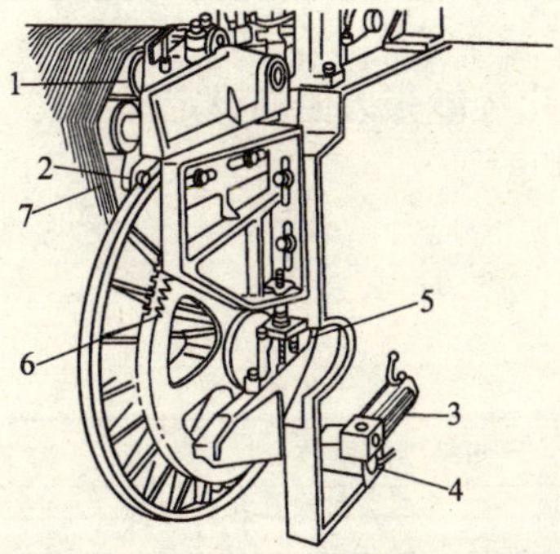

图 3-3-52　电动式送经机构

(2)AC 伺服电动机 3 通过减速器 4,驱动固定在经轴齿轮 5 上的经轴 6,送出经纱 7。

(3)缓和经纱开闭口所产生的经纱张力变动,有积极平稳方式(用于短纤维)和消极平稳方式(用于长丝)。

2. 有关送经装置控制盘的设定　要将送经的各种条件输入到控制盘上,在 FIXER 模式的上部菜单中点击[WARP],设定完以后,点击显示屏最下部的[设定]。显示屏出现「正常处理」以后,设定完成。[设定]键没被点击时,数据变更不能进行。

试织初期的输入可以任意设定,但是,一旦织物的各种条件(如密度、纱线特数)用[ICS]开关输入,机器就把与织物相符合的条件自动地传送给各个装置。

(1)纬纱密度的设定:电动卷取规格选择时,纬纱密度也用[WARP]设定。

设定顺序:选择点击纬线密度旁边的"□",用 0~9 数字键,进行变更值设定。

设定范围:表 3-3-73 是与经轴轴径、法兰盘直径、经轴齿轮齿数以及织机转速有关的纬纱密度设定范围。表中的最小纬纱密度适用于应用逆转运行进行的织造。对于不使用逆转运行进行的织造,可用最小纬纱密度乘以 0.78。

表 3-3-73　纬纱密度设定范围

送出类型		标准(a~240 根/25.4cm)						低密度(a~100 根/25.4cm)				
法兰盘直径(mm)		800		930	1000			800		930	1000	
经轴轴径(mm)		150	178	178	178	210		150	178	178	178	210
齿轮齿数(T)		120	120	120	136	136	150	120	120	120	136	136
a(根/25.4cm)	织机转速为 650r/min	30	30	30	30	30	30	11	9	9	10	9
	织机转速为 700r/min	30	30	30	30	30	30	12	10	10	11	9
	织机转速为 750r/min	31	30	30	30	30	30	13	11	11	12	10
	织机转速为 800r/min	33	30	30	32	30	30	13	11	11	13	11
	织机转速为 850r/min	35	30	30	33	30	31	14	12	12	13	11
	织机转速为 900r/min	37	31	31	35	30	33	15	13	13	14	12
	织机转速为 950r/min	39	33	33	37	32	35	16	13	13	15	13

(2)经纱张力的设定。

设定顺序:选择点击经线张力旁边的"□",用 0~9 数字键,进行变更值设定。

经纱张力的设定范围:表 3-3-74 是短纤维和长丝的经纱张力设定范围。

表 3－3－74 经纱张力设定范围

纱线种类		设定张力范围(N)
短纤维	标准密度	294～4900
	低密度	98～1470
长丝		294～2940

经纱张力值的标准:根据表 3－3－75 和表 3－3－76,可算出经纱张力值的设定标准。

$$\text{短纤纱}\ T=\frac{W\times \text{Tt}\times \text{系数}}{583.1}$$

表 3－3－75 短纤纱张力值标准

织物组织	短纤纱用系数	
	棉混纺系列	化纤短纤纱
平纹$\left(\frac{1}{1}\right)$	1.0	1.1
正织$\left(\frac{2}{1},\frac{2}{2},\frac{3}{1}\right)$		
如果 Tt≥100(适用于粗特纱)$T=\frac{W\times \text{Tt}}{583.1}\times 0.55$	0.55	0.65
如果 50≤Tt＜100,$T=\frac{W\times \text{Tt}}{583.1}\times 0.6$	0.6	0.7
如果 33.3≤Tt＜50,$T=\frac{W\times \text{Tt}}{583.1}\times 0.7$	0.7	0.8
如果 Tt＜33.3(适用于高支纱)$T=\frac{W\times \text{Tt}}{583.1}\times 0.8$	0.8	0.9
反织,缎纹$\left(\frac{1}{2},\frac{1}{3},\frac{1}{4}\right)$		
如果 Tt≥100(适用于粗特纱),$T=\frac{W\times \text{Tt}}{583.1}\times 0.6$	0.6	0.7
如果 50≤Tt＜100,$T=\frac{W\times \text{Tt}}{583.1}\times 0.7$	0.7	0.8
如果 33.3≤Tt＜50,$T=\frac{W\times \text{Tt}}{583.1}\times 0.8$	0.8	0.9
如果 Tt＜33.3(适用于高支纱),$T=\frac{W\times \text{Tt}}{583.1}\times 0.9$	0.9	1.0
多臂开口机构	0.9	1.0
提花开口机构	0.8	0.9

长丝纱:
$$T=\frac{W\times \text{Tt}\times \text{系数}}{9\times 10^{3}}$$

式中:T——经纱张力;

W——经纱总根数;

Tt——经纱线密度。

表3-3-76　长丝张力值标准

织物组织	经纱种类	长丝用系数
平纹$\left(\frac{1}{1}\right)$	醋酯纤维、铜氨丝	0.20~0.25
正织$\left(\frac{2}{1},\frac{2}{2},\frac{3}{1}\right)$	粘胶丝	0.20~0.25
	聚酯纤维	0.30~0.35
	变形丝	0.20~0.25

(3)经轴直径设定：选择点击经轴径旁边的“□”以后，用0~9 数字开关，将选择的经轴卷径进行输入。

(4)缩率设定：机械式卷取中不使用。

(5)纬停台补正、经停台补正设定：纬停台补正、经停台补正用[MARK]进行，它们在发生断纬停车时使用。

3. 平稳装置

(1)积极平稳运动：是通过张力罗拉积极运动，补正经纱开口时A和闭口时B所产生的经纱张力差。图3-3-53中：C为经纱闭口时张紧轮的位置（缓冲同步）；D为经纱开口时张力罗拉的位置；E为平稳量。

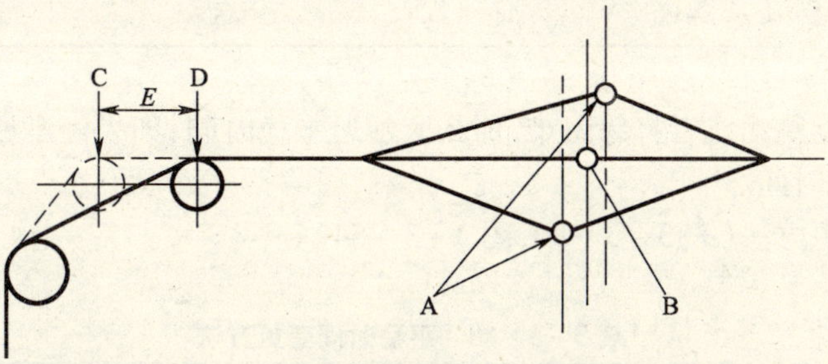

图3-3-53　平稳装置积极平稳运动

① 表3-3-77~表3-3-79根据织物组织、开口时间和开口量，列出了标准松经时间。

表3-3-77　织短纤纱时不同开口装置的平稳时间

项目	凸轮开口装置（适用于短纤纱）			曲柄开口装置（适用于短纤纱）	多臂机（适用于短纤纱）
开口角(°)	32			标度架位置332	30
闭口时间(°)	1×2综平	3×4综平	斜纹缎纹	310	300
	310	290	290		
平稳量	刻度6		刻度1	刻度6	平纹：刻度6 斜纹、缎纹：刻度1
平稳时间(°)	290		290	290	300

表3-3-78 织短纤纱(高密度织物)时凸轮开口装置的平稳时间

项 目	凸轮开口装置(适用于短纤纱高密度织物)	
开口角(°)	32	
闭口时间(°)	1×2 综平	3×4 综平
	290	310
平 稳 量	刻度6	
平稳时间(°)	310	

表3-3-79 织长丝时不同开口装置的平稳时间

项 目	凸轮开口装置(适用于长丝)		曲柄开口装置(适用于丝)	多臂机(适用于丝)
开口角(°)	24		24 刻度3	24
闭口时间(°)	平纹	斜纹	345	345
	345	290		
平 稳 量	刻度3	刻度1	刻度3	平纹:刻度6 斜纹:刻度1
平稳时间(°)	345	345	345	345

如果经停片过度跳动或者打纬困难,那么应延迟平稳时间;如果经常断经或者布面质量太差,那么应提前平稳时间。

②平稳时间变更方法(表3-3-80,图3-3-54)。

表3-3-80 平稳时间变更方法

序 号	调 整 顺 序
1	停止运行织机。务必用紧急止动按钮锁定机器,除非进行那些需要用手轮工具进行手动旋转的作业。如果紧急止动按钮锁定,则即使按下 RELEASE BRAKE(释放制动器)开关,也不能关闭主制动器
2	用手转动织机,将座帽1的定规孔1a和支架2的定规孔2a对正
3	将后梁架上的定位销3(J8203—01010—00)插入对正的定规孔内,左右同时进行
4	使用工具4(J8203—02010—00),将支架2的左右固定螺丝2b松开
5	松开张力罗拉的固定螺丝(使用转动张力罗拉时,不用松开)
6	用手转动织机,调整到平稳时间表中规定的角度
7	拧紧张力罗拉的固定螺丝(使用转动张力罗拉时,不必进行)
8	使用工具4将支架2的左右固定螺丝2b拧紧
9	将第3项插入的定位销3左右同时取出,放回到后梁架上

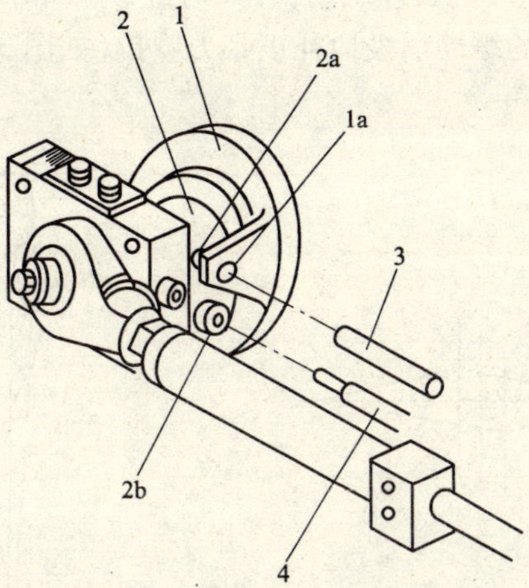

图 3－3－54　平稳时间的变更调节

③平稳量的变更：表 3－3－81 是与织物组织、开口角有关的平稳量和平稳传动杆安装位置（调整用刻度）标准。

表 3－3－81　平稳量和平稳传动杆安装位置标准

织物组织 / 平稳传动杆安装位置 / 开口角（°）	组	织	
	平	纹	斜纹、缎纹
	A	B	
24	3	1	1
26	3	1	
28	4	2	
30	6	4	
32	6	4	
34	8	6	
36	8	6	

注　斜纹、缎纹织物经纱开口不良时，可采用平纹织物平稳量 1/2 的刻度，将平稳量增大。缓冲量由组织和开口量决定。1000r/min 以上时，下表的设定值作为上限，请参照表 3－3－82 的内容。

表 3－3－82　不同转速时平稳性传动杆安装位置

机器运转速度（r/min）	A	B
900～1000	8	6
1000～1100	6	4
1100 以上	4	2

(2)消极平稳运动:开口量小的长丝织物,开口时经纱 A 和闭口时经纱 B 所产生的张力差要比短纤维小,因此用弹簧 2 的缓冲消极地补正张力罗拉(如图 3-3-55)。

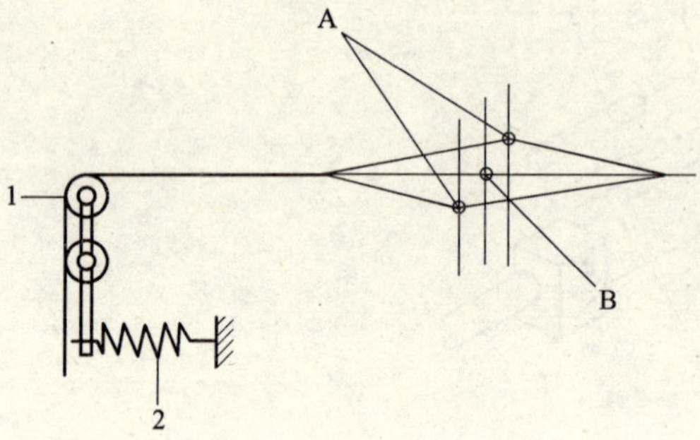

图 3-3-55 平稳装置消极平稳运动

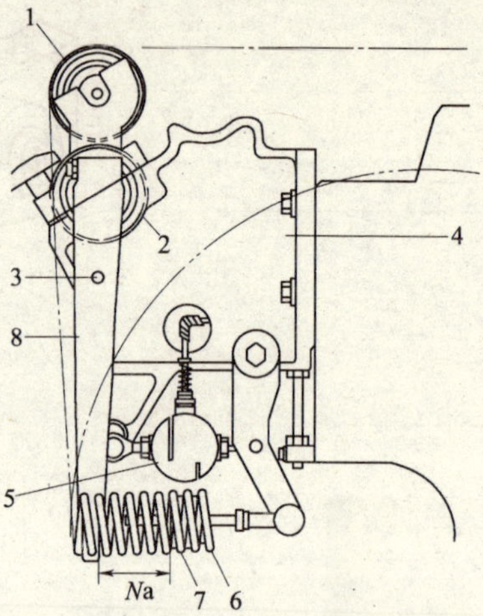

图 3-3-56 张力臂的调整

张力臂的调整根据表 3-3-83 和图 3-3-56 进行。

表 3-3-83 张力臂的调整方法

序号	调整方法
1	张力罗拉 1 在无负荷的状态时,转动弹簧调整螺母 7,将张力臂 8 的孔 3 与后梁座 4 的孔调整到两孔一致
2	加大经纱张力
3	运转织机,确认张力臂 8 在大致垂直的状态下动作
4	张力罗拉 1 的随动能力取决于缓冲弹簧 6 的有效圈数(Na)和钢丝直径
5	在检查织造状况和织物质量时来确定缓冲弹簧的有效圈数 最小 [有效圈数,Na] 最大 3 圈 ←→ 9 圈 小←— 开口量 —→大 高←— 经纱张力 —→低 高←— 织机速度 —→低
6	[钢丝直径]:$\phi8$ 用于短纤维和长丝;$\phi7$ 用于玻璃纤维;$\phi6$ 用于低密织物

4. 后罗拉(短纤维用)

(1)后梁座的高度。

①后梁座的标准高度如表 3-3-84。

表 3-3-84 后梁座的标准高度

织物组织	后梁座的刻度
平纹($\frac{1}{1}$)、斜纹($\frac{2}{2}$)	0
斜纹、缎纹($\frac{2}{1}$,$\frac{3}{1}$,$\frac{4}{1}$)	+1
斜纹、缎纹($\frac{1}{2}$,$\frac{1}{3}$,$\frac{1}{4}$)	-2
多臂	0

②后梁座高度的调整按图 3-3-57,表 3-3-85 顺序进行。

表 3-3-85 后梁座高度的调整方法

序号	调整方法
1	将后梁座 1 固定在机架 2 的螺丝 3 左右同时松开
2	松开张力罗拉的固定螺丝(使用转动张力罗拉时,不用松开)
3	将螺母 4 左右同时松开,转动调整螺丝 5,将后梁座 1 上的刻度(按表 3-3-84 选择)对正刻度板 6 的上方位置 6a
4	拧紧张力罗拉的固定螺丝(使用转动张力罗拉时,不用进行)
5	拧紧左右固定螺丝 3
6	将螺母 4 拧紧

注 左右后梁座的高度必须一致。

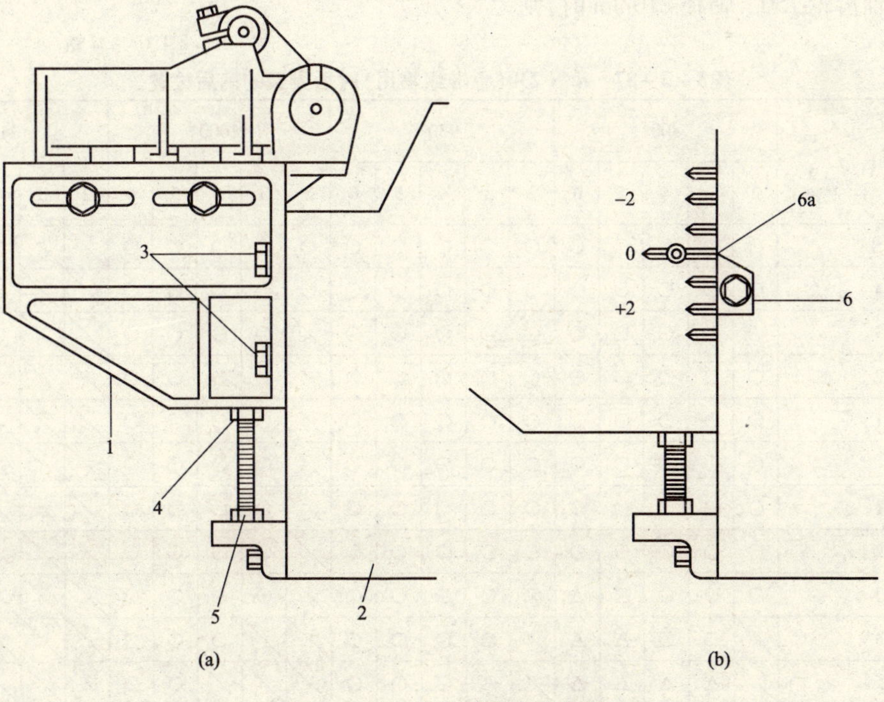

图 3-3-57 后梁座高度的调整

(2)后梁架的前后位置:后梁架的前后位置可在6个节距(每节距50mm)刻度内调整。与织物相关的前后位置标准见表3－3－86。后梁架的前后位置见表3－3－87～表3－3－89。

表3－3－86　与织物相关的后梁架的前后位置标准

织　物　组　织	后梁架的刻度
平　纹	3
斜纹、缎纹	3
多　臂	5

记号说明(图3－3－58)。

○:平稳传动杆的位置是安装在平稳臂9的长孔下方A的部位。

△:安装在上述的长孔上方B的部位。注意,这时的平稳量,要由表3－3－86中列出的刻度位置减去2个刻度。

／:不能组合。

⊗:法兰盘直径930mm时,则为"○";

法兰盘直径940mm时,则为"／";

法兰盘直径1000mm时,若经轴齿轮136[T],轴径178mm、210mm时,则为"○";

若经轴齿轮150[T],轴径210mm时,则为"／"。

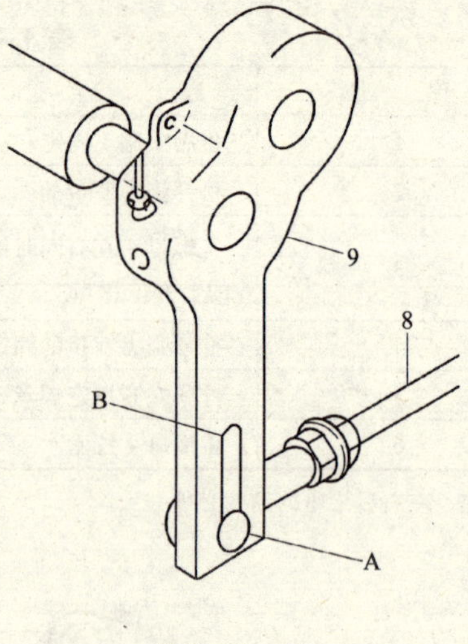

图3－3－58

表3－3－87　*R/S* 230(标准织物用)时后梁架的前后位置

法兰盘直径(mm)	800					930					1000					1100				
后梁座高度刻度 \ 后梁架前后位置刻度	2	3	4	5	6	2	3	4	5	6	2	3	4	5	6	2	3	4	5	6
+5	○	○	○	○	○	○	○	○	○	○	○	○	○	○	○	／	／	○	○	○
+4	○	○	○	○	○	○	○	○	○	○	○	○	○	○	○	／	／	○	○	○
+3	○	○	○	○	○	○	○	○	○	○	／	○	○	○	○	／	／	○	○	○
+2	○	○	○	○	○	○	○	○	○	○	／	○	○	○	○	／	／	○	○	○
+1	○	○	○	○	○	○	○	○	○	○	／	○	○	○	○	／	／	／	○	○
0	○	○	○	○	○	○	○	○	○	○	／	○	○	○	○	／	／	／	○	○
－1	○	○	○	○	○	○	○	○	○	○	／	○	○	○	○	／	／	／	○	○
－2	○	○	○	○	○	○	○	○	○	○	／	○	○	○	○	／	／	／	○	○
－3	○	○	○	○	△	⊗	○	○	○	○	／	○	○	○	○	／	／	／	○	○
－4	／	○	○	△	△	／	○	○	○	○	／	／	○	○	○	／	／	／	／	○
－5	／	△	△	△	△	／	／	○	○	○	／	／	／	○	○	／	／	／	／	／

表 3-3-88　*R/S* 230(高张力织物用)时后梁架的前后位置

后梁座高度刻度 \ 法兰盘直径(mm) / 后梁架前后位置刻度	800					930					1000					1100				
	2	3	4	5	6	2	3	4	5	6	2	3	4	5	6	2	3	4	5	6
+5	○	○	○	○	○	○	○	○	○	○	○	○	○	○	○	/	/	○	○	○
+4	○	○	○	○	○	○	○	○	○	○	⊗	○	○	○	○	/	/	○	○	○
+3	○	○	○	○	○	○	○	○	○	○	/	⊗	○	○	○	/	/	○	○	○
+2	○	○	○	○	○	/	○	○	○	○	/	/	○	○	○	/	/	/	○	○
+1	○	○	○	○	△	/	○	○	○	○	/	/	⊗	○	○	/	/	/	/	○
0	○	○	○	△	△	/	/	○	○	○	/	/	/	○	○	/	/	/	/	○
-1	/	○	△	△	△	/	/	○	○	○	/	/	/	⊗	○	/	/	/	/	/
-2	/	△	△	△	△	/	/	○	○	○	/	/	/	/	○	/	/	/	/	/
-3	/	△	△	△	△	/	/	/	○	○	/	/	/	/	⊗	/	/	/	/	/
-4	/	/	△	△	△	/	/	/	○	○	/	/	/	/	⊗	/	/	/	/	/
-5	/	/	△	△	△	/	/	/	○	○	/	/	/	/	/	/	/	/	/	/

表 3-3-89　*R/S* 250 时后梁架的前后位置

后梁座高度刻度 \ 法兰盘直径(mm) / 后梁架前后位置刻度	800					930					1000				
	2	3	4	5	6	2	3	4	5	6	2	3	4	5	6
+5	○	○	○	○	○	/	○	○	○	○	/	/	○	○	○
+4	○	○	○	○	○	/	○	○	○	○	/	/	⊗	○	○
+3	○	○	○	○	○	/	⊗	○	○	○	/	/	/	○	○
+2	○	○	○	○	○	/	/	○	○	○	/	/	/	⊗	○
+1	○	○	○	○	○	/	/	○	○	○	/	/	/	⊗	○
0	○	○	○	○	○	/	/	⊗	○	○	/	/	/	/	○
-1	○	○	○	○	○	/	/	/	○	○	/	/	/	/	⊗
-2	/	/	○	○	○	/	/	/	○	○	/	/	/	/	⊗
-3	/	/	○	○	△	/	/	/	○	○	/	/	/	/	/
-4	/	/	△	△	△	/	/	/	/	○	/	/	/	/	/
-5	/	/	△	△	△	/	/	/	/	○	/	/	/	/	/

5. 后罗拉(长丝用)　后梁座的标准高度见表 3-3-90。

表 3-3-90　后梁座的标准高度

织物组织	后梁座的刻度
平纹($\frac{1}{1}$)、斜纹($\frac{2}{2}$)	0
斜纹、缎纹($\frac{2}{1}$,$\frac{3}{1}$,$\frac{4}{1}$)	+1
斜纹、缎纹($\frac{1}{2}$,$\frac{1}{3}$,$\frac{1}{4}$)	-2
多臂	0

6. 送经张力的设定　送经张力校正、零点调整方法见表 3-3-91。

表 3-3-91　送经张力校正、零点调整方法

序号	调整方法
1	如果机器上已经挂有经纱,则可松弛之,直至在张力罗拉上经纱没有张力
2	确认 SW6 开关位于[MES]侧(下侧)。如不在[MES]侧,则要转换到[MES]侧
3	将 SW6 开关置于[CAL]侧(上侧),此时,两个发光二极管(HIGH D380,LOW D370)都点亮
4	将 SW6 开关置于[MES]侧(下侧),此时,请确认 LOW D370 的发光二极管应在闪亮约 7 秒钟后点亮。两个发光二极管都点亮后,在 15 秒以内进行步骤 5
5	将 SW6 开关置于[CAL]侧(上侧),此时,请确认 HIGH D380 的发光二极管在闪亮约 7 秒钟后点亮(两个发光二极管都点亮)
6	将 SW6 开关置于[MES]侧(下侧),两个发光二极管同时点亮时,表示不能进行正常张力校正、零调整,则从步骤 2 开始重新进行
7	这种状态下用控制盘的[OPERATOR]-[TENSION]开关,确认现在张力

三、其他机构及其调节

(一)驱动机构

如图 3-3-59,主电动机 1 通过 V 型皮带 2 驱动主动轮 3,并由主动轮将动力传送给开口装置 4 和右侧齿轮传动箱 5 内的各驱动轴。再通过旋转轴,将动力传送给左侧齿轮传动箱内各驱动轴。

1. 目标转速选择　转速设定范围为 500 ~ 1000r/min,可接受的设定范围为 400 ~ 1250r/min。可以控制的转速要根据电动机皮带轮和工厂的电源频率来决定。

(1)电源频率 50Hz 时:

$$最低转速 = 电动机皮带轮转速 \times \frac{25\text{Hz}(定数)}{50\text{Hz}}$$

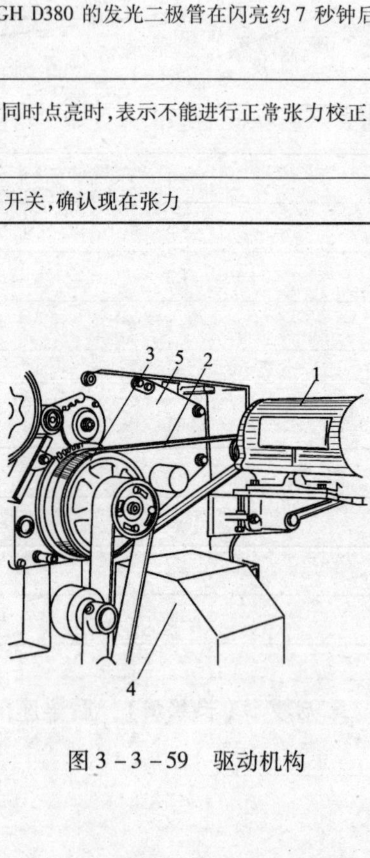

图 3-3-59　驱动机构

$$最高转速 = 电动机皮带轮转速 \times \frac{50Hz(定数)}{50Hz}$$

例 1:电源频率 50Hz、电动机皮带轮 850r/min 的可能变更转速是:

$$最低转速 = 850 \times \frac{25Hz(定数)}{50Hz} = 425r/min$$

$$最高转速 = 850 \times \frac{50Hz(定数)}{50Hz} = 850r/min$$

根据计算,机器速度范围从 425 ~ 850r/min。

(2)电源频率 60Hz 时:

$$最低转速 = 电动机皮带轮转速 \times \frac{25Hz(定数)}{60Hz}$$

$$最高转速 = 电动机皮带盘转速 \times \frac{60Hz(定数)}{60Hz}$$

例 2:电源频率 60Hz,电动机皮带轮 900r/min 的可能变更转速是:

$$最低转速 = 900 \times \frac{25Hz(定数)}{60Hz} = 375r/min$$

$$最高转速 = 900 \times \frac{60Hz(定数)}{60Hz} = 900r/min$$

根据计算,机器速度范围从 375 ~ 900r/min。

注意:如果是以低于主电动机皮带轮所确定的转速来运转织机(即在工频下运转),则电动机功率将会相应下降。因此,必须使用能达到常用目标转速或比其稍高转速的主电动机皮带轮(例如常用运转转速为 800r/min 时,应选用 800 ~ 900r/min 的主电动机皮带轮)。

如以过高转速的主电动机皮带轮进行运转,则变频器的运转频率将会降低,从而导致电动机功率下降,使织机负载空行,由此往往会导致织机不能运转。在更换主电动机皮带轮时,为了使 SC 变频器的内部数据初始化,所以要对 RAM 强制清零。

2. 驱动机构 SC 变频器的故障　SC 变频器基板上有监控用发光二极管,这些发光二极管的 ON/OFF 或者闪烁状态有利于 SC 变频器的故障检修。监控用发光二极管状态以及可能发生的故障如表 3 - 3 - 92。

表 3 - 3 - 92　驱动机构变频器的故障

监控用二极管	监控下列情况	发光二极管状态	故障时的异常部分
发光二极管 1	控制电路的供电	正常时点亮	CN4 引脚 1 ~ 3 的 AC200V 不正常 向 SC 变频器电路板 CN4 的输入、AC200V 供电不正常

续表

监控用二极管	监控下列情况	发光二极管状态	故障时的异常部分
发光二极管2	3相输入电源电压	正常时点亮(在电源切断之后仍然点亮一会儿)	无3相AC电源输入
发光二极管3	编码器A相信号	当机器运行时会发生闪烁	编码器发生故障 SC变频器到主控制板之间的电缆不正常(SC变频器基板CN9和主控制板I01CN25之间)
发光二极管4	编码器Z相信号	当机器运行时会发生闪烁	
发光二极管5	应急止动信号输出至主控制器	正常时点亮(在应急止动期间熄灭)	织机存在紧急停止的因素 SC变频器到主控制板之间的电缆不正常(SC变频器基板CN9和主控制板I01CN25之间)
发光二极管6	应急止动信号从主控制器中输入	正常时点亮(在应急止动期间熄灭)	
发光二极管7	来自主控制器的机器启动信号	当机器运行时点亮	SC变频器到主控制板之间的电缆不正常(SC变频器基板CN9和主控制板I01CN25之间)
发光二极管8	过热检测信号	正常时点亮	散热器过热或散热片上高温开关故障 SC变频器电路板CN10—高温开关间的电线故障
发光二极管9	接触器信号	正常时点亮(应一直点亮)	SC变频器电路板故障

3. 信号灯

(1)织机的停止、故障、异常等内容在控制盘上显示的同时还由表示灯予以表示。

(2)标准装置为4色表示灯，在使用落布轴和经轴自动搬运车的织机上使用6色表示灯。

(3)各表示灯的配列如下：

①4色表示灯：a红色灯、b绿色灯、c白色灯、d黄色灯。

②6色表示灯：a红色灯、b绿色灯、c白色灯、d黄色灯、e橙色灯、f蓝色灯。

(4)指示灯的颜色、状态、操作盘的模式表示三者关系见表3-3-93。

表 3－3－93 指示灯的颜色、状态、操作盘的模式表示三者间的关系

指示灯 颜色	指示灯 状态	模式表示		备注 控制区域
红	亮灯	正常停止	纬纱断经停车 废边纱断停车	主控制
	点灭	异常	主控制从送出装置发出的停止命令、主控制向送出装置输出的转换模型出现异常、主控制出现为送出装置设定的模型错误、主控制对送出装置停止位置确认失败、主控制向送出装置发出的自动对织口量信号失败、主控制对送出装置发出的编织模式信号失败、主控制从上置送出装置发出停止命令、主控制对上置送出装置停止位置确认失败、主控制向上置送出装置发出的自动对织口量信号失败、主控制从右侧送出装置发出停止命令、主控制对右侧送出装置停止位置确认失败、主控制向右侧送出装置发出的自动对织口量信号失败、主控制从左侧送出装置发出停止命令、主控制对左侧送出装置停止位置确认失败、主控制对左侧送出装置前部自动对织口量失败、主控制向绕卷装置发出的自动对织口量信号失败	主控制
			绕卷检测出伺服放大器（不正常、过速度异常、分解器发生错误、短时间过负荷、电动机过热、速度放大器饱和、放大器电流过大、主电路开关异常、分解器电缆断线、主电路 AC 电压过大、电压过大、IPM 异常、绕卷伺服计算器超标、复位异常）、绕卷编码器信号出现问题、绕卷通信暂停、绕卷通信伺服放大器接受异常、绕卷通信伺服放大器反应异常、绕卷反向运转通信失败	绕卷控制
		警告	废纱缠到滚筒上、经纱切断传感器 OFF、废纱切断传感器 OFF、经纱停止连接器脱落、主控制从送出装置发出紧急停车信号、主控制从上置送出装置发出紧急停车信号、主控制从右侧送出装置发出紧急停车信号、主控制从左侧送出装置发出紧急停车信号、主控制从绕卷装置发出紧急停车信号、特别表示故障	主控制
		状态	绕卷滚筒正在正向运转、绕卷滚筒正在反向运转、绕卷正在解除伺服放大器的紧急停车	绕卷控制
绿色	亮灯	正常停止	纬纱 WF1 出错停机颜色 1 ~ 颜色 6、纬纱 WF2 出错停机颜色 1 ~ 颜色 6、纬纱供给传感器停机颜色 1 ~ 颜色 6、TAPO 处理停止（手动停止）、TAPO 不可处理（出错纱没有了）、TAPO 处理失败（出错纱太短了）、TAPO 处理失败（出错纱太长了）	主控制
	点灭	正常停止	TAPO 操作过多	主控制
		警告	纬纱触针的设定不起作用、WF1 传感器 OFF、WF2 传感器 OFF、触针（WF1）检测异常、触针（WF2）检测异常、特别表示缺陷、绕线筒传感器尾纱传感器无效	主控制

续表

指示灯		模式表示		备注
颜色	状态			控制区域
白色	亮灯	正常停止	停止按钮[STOP]被按下、遥控停止	主控制
	点灭	正常停止	满管停止、织前安全装置工作、落布停止、紧急停车按钮被按动	主控制
		警告	请关闭电源OFF、制动解除、点动送纬纱设定为ON、多臂机的操作模式为调整、多臂机反转禁止正转反转、多臂机反转禁止反转正转、中心纱1 纬纱喷出失误颜色1～颜色6、中心纱TAPO卷绕失误、特别表示落布	主控制
		锁定	安装手柄罩、通过调整进行启动连锁、多臂机反转禁止导致的点动正转反转、多臂机反转禁止导致的点动反转正转、中心纱请手动处理、遥控不可启动、请换上空绕纱筒	主控制
		注意	落布指令	主控制
黄色	亮灯	正常停止	右绞边纱切断停止、左绞边纱切断停止	主控制
	点灭	故障	起动按钮[START]故障、停车按钮[STOP]故障、反转按钮[REVERSE]故障、正转按钮[FORWORD]故障、锁车按钮[INTERLOCK]故障、双手按压按钮故障、制动解除按钮故障、多臂机螺线管NO.1～20断线、尾纱传感器1～尾纱传感器4异常断线	主控制
		异常	水平仪操作异常、水平仪复位异常、水平仪由于停止按钮的作用而中断；水平仪近程异常、加油传感器有异常开口装置、加油失败加油压力不升高、加油失败加油压力不降低、绞边纱传感器OFF、频闪观测器闪光仪ON、制动电压异常；主电动机过热、电源异常(140V、24V1、24V2、24V3、48V、15V、P15V、M15V、12V、5V)、编码器Z相异常、编码器A相B相异常、风扇电动机不能运转、换流器异常或者点动过负荷、制动转矩不足、编码器Z相没有输入运转中、编码器正转脉冲计数器异常运转中、主控制监视夹头复位、ITC压力传感器异常、主控制SCI装置与通信失败、多臂机进程信号异常、绞边纱数据异常、绞边纱右输入警报器信号、绞边纱左输入警报器信号、绞边纱右原点探测失败、绞边纱左原点探测失败、绞边纱右伺服过负荷警报、绞边纱左伺服过负荷警报、主控制型式样异常、主控制型式样异常颜色、异常密度、异常选择、异常开口、残纱排出失败绕线筒1～绕线筒8、尾纱传感器信号暂停、TAPO卷绕失败、绕线筒传感器没有信号、SCI过热保护、SCI过电流保护、SCI过电压保护、SCI不足电压保护、SCI主电动机转速异常	主控制

续表

指示灯		模式表示		备注
颜色	状态			控制区域
黄色	点灭	警告	主控制设定值的初始化、换流器的设定无用、气压传感器OFF、风扇电动机供热OFF、主控制电池电压低;气压传感器探测异常、气压传感器信号过多颜色1~颜色6、气压传感器信号过少颜色1~颜色6、T_w为设定范围外颜色1~颜色6、主控制从SCI装置发出紧急停车信号、特别表示停止、特别表示呼叫、残纱状态绕纱筒1~绕纱筒8、尾纱传感器1~尾纱传感器4检测信号	主控制
		注意	APC压力正在初始化、请手动处理尾纱、确认尾纱	主控制
		状态	SCI发出紧急停车信号	SCI控制
红黄白	点灭	状态	紧急停车按钮ON	主控制
全色	点灭	状态	TAPO正在处理当中不可操作机器、因为正在进行尾纱自动处理不可以操作机器	主控制
无灯		异常	编码器有反转力矩在运转中、主控制CPU异常、主控制调整点过负载、主控制暂停对送出装置的发出信号、主控制对送出装置送信失败、主控制从送出装置返回的数值异常、主控制暂时不接受送出装置发出的信号、主控制暂时不向上置送出装置送信、主控制向上置送出装置的送信失败、主控制由上置送出装置发出的返回数值异常、主控制暂时不接受上置送出装置发出的信号、主控制暂时不向右侧送出装置送信、主控制向右侧送出装置的送信失败、主控制由右侧送出装置发出的返回数值异常、主控制暂时不接收右侧送出装置发出的信号、主控制暂时不向左侧送出装置送信失败、主控制向左侧送出装置的送信失败、主控制由左侧送出装置发出的返回数值异常、主控制暂时不接收左侧送出装置发出的信号	主控制
		警告	点动送纬的设定为ON、反向停止、APC起始压低、图案起始初始化	主控制
		锁定	请反向运转	主控制
		状态	正在加油、加油成功、正在加油加油阀正在复位、替换左右刀具、用手动加油、给齿轮箱加油、给送出装置加油、给开口箱加油、编制模式、主控制时钟异常、监控停止中	主控制
			SCI不可设定	SCI控制

4. 主电动机轴承的更换　参照表3-3-94的标准,进行主电动机轴承的更换,特别是粉尘飞花多或电动机温度高或润滑脂溶化有流出的可能时,根据情况将更换周期提前。

表 3-3-94 主电动机轴承的更换周期

装配侧	更换周期(年)	电动机种类(kW)
皮带轮侧 1	2.5	1.8、2.0、2.6、3.0、3.5、4.0、5.0
风扇侧 2	3.0	

注 运转时间 24h/日。

(二)废边装置

废边装置将飞行到织物右端外侧的纬纱与数根经纱(或废边筒子纱)绞住,给予纬纱一定的张力,使布边的组织符合要求。目前废边装置有使用织轴上经纱作为废边纱的无废边架型,和使用废边筒子的废边架型。

1. 无废边架型　使用经纱(织轴上)作为废边纱(图 3-3-60)。使用纱线线密度范围 14.6~83.3tex(40~7 英支)。

(1)废边纱的穿法(表 3-3-95)。

(2)弹力张力片倾斜的调整:弹力张力片 5 没穿废边纱时的倾斜角度约为 120°[图 3-3-61(a)]。废边纱张力调整(弹力)a 的标准距离为 30mm。废边纱断头多时,将 a 距离增大,废边纱松弛时,将 a 距离减小[图 3-3-61(b)]。

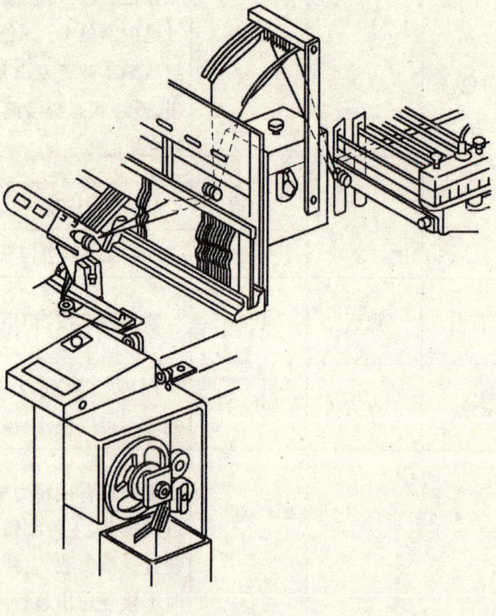

图 3-3-60 无废边架型废边装置

表 3-3-95 废边纱的穿法(无废边架型)

序号	方法
1	废边纱用经纱 1 穿过停经片 2,导纱器 3、4、弹力张力片 5 两边的纱眼 5a、导纱器 6、综框 7,作开口运动
2	再穿过钢筘 8,在织口处将纬纱 9 绞住。从边撑 10 通过,被纬纱剪刀 11 剪切后与织物分离
3	切断的废边纱沿着导轮 12、13 和 14,被废边纱卷取轮 15 和加压轮 16 拉入废边纱筒 18 内

注 长丝织机的卷纱轮和加压轮是齿轮型。

(3)废边纱穿筘、穿综方法(表 3-3-96)。

表 3-3-96 废边纱穿筘、穿综方法

经轴上纱的卷取方向	标准(与废边架型相同)
废边纱根数	标准根数 12 根。废边纱断头增多时,使用 16 根废边纱。废边断头不多时,可以使用 8 根废边纱

续表

经轴上纱的卷取方向	标准(与废边架型相同)
穿筘方法(图3-3-62)	与标准的穿筘方法相同 使用8根时:2经纱/1筘 使用12根时:3经纱/1筘 使用16根时:4经纱/1筘
穿综方法	按1、2、3、4页综的顺序,各穿入2根、3根或4根

注　废边用经纱断头多时,仅使用1、2页综,3、4页综不使用。

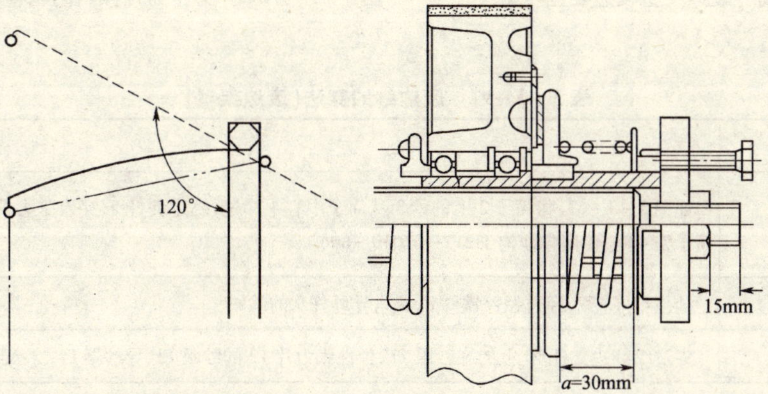

(a)未穿废边纱　　(b)穿入废边纱

图3-3-61　弹力张力片倾斜的调整(无废边架型)

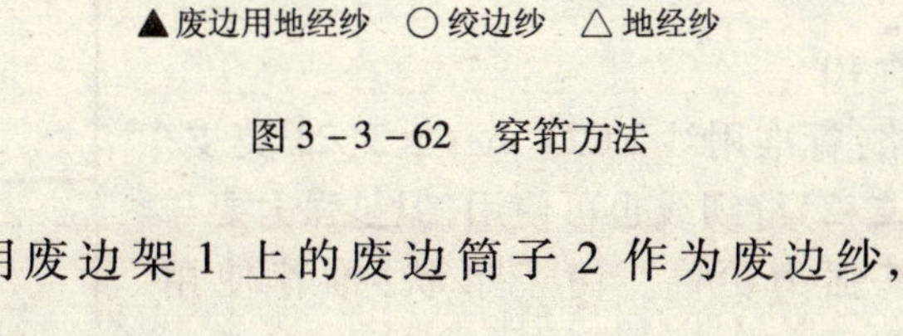

图3-3-62　穿筘方法

2.废边架型　使用废边架1上的废边筒子2作为废边纱,筒子的标准6~8个(图3-3-63)。

(1)废边纱的穿法(表3-3-97)。

(2)弹力张力片倾斜的调整(表3-3-98、图3-3-64)。

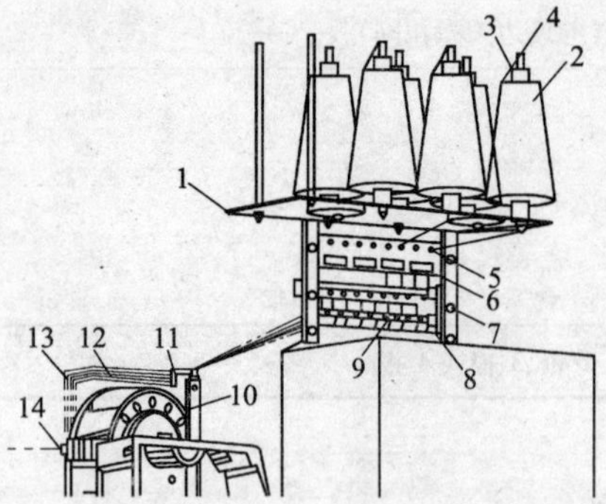

图 3-3-63 废边架型废边装置

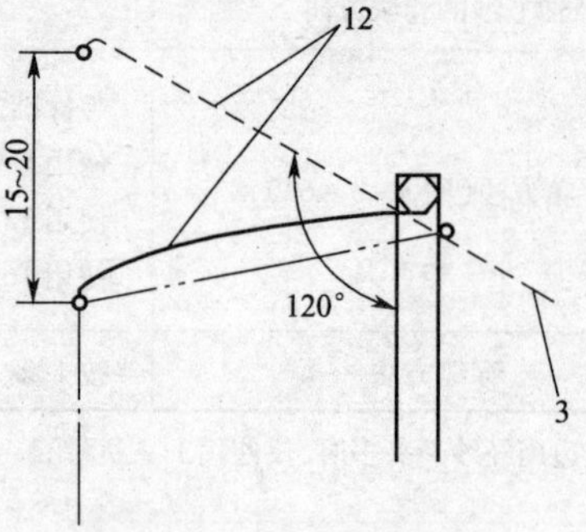

图 3-3-64 弹力张力片倾斜的调整(废边架型)

表 3-3-97 废边纱的穿法(废边架型)

序 号	方 法
1	如图 3-3-63,将筒子 2 上的纱 3 从筒子中心 4 穿过,绕过支杆 5,穿入张力器 6(将废边纱穿过筒子架 4 时,使用穿纱钩 J8213—01010—00)
2	挂住自停杆 7,穿过经停铁圈 8,穿入导纱杆 9 的纱眼
3	穿过绞纱边支杆 10 上的导纱眼 11、弹性张力片 12 的纱眼 13、导纱器 14,穿入综丝

表 3-3-98 弹力张力片倾斜的调整方法

序 号	方 法
1	弹性张力片 12,没穿废边纱时的倾斜角度约为 120°(织机到厂时的装配角度为水平)
2	穿入废边纱,调整废边架(图 3-3-63)的张力器 6,使弹性张力片在运转中比 1 的位置(没穿纱时的位置)下降 15~20mm

(3)废边纱用踏盘凸轮时间的设定:使用废边踏盘凸轮($\frac{1}{1}$)生产缎纹等织物时,其废边用综框高度的综平时间比地组织综框的综平时间提前 10°。

(4)废边筒子的规格:标准用纱 EC25.4tex×2(23 英支/2),EC24.3tex×2(24 英支/2)缝纫线也可使用,但是强力要与 25.4tex×2 相同或比其强力更高。筒子形状:推荐使用图 3-3-65形状的筒子。

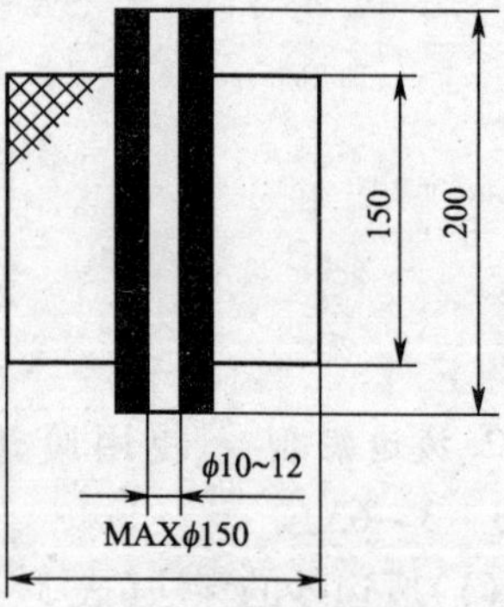

图 3-3-65 筒子

(5)废边纱的穿综标准:穿入地组织综框时,标准是穿在地组织经纱用的综框内,请参照表 3-3-99。

表 3-3-99 废边纱的穿综标准

织物组织	废边纱(1~8)穿综号	织物组织	废边纱(1~8)穿综号
$\frac{1}{1}$平纹	1,2 1,2 1,2 1,2	$\frac{1}{4}$缎纹	1,2 3,4 5,1 2,3
$\frac{2}{1}$斜纹	1,2 3,1 2,3 1,2	$\frac{2}{2}$斜纹	1,3 2,4 1,3 2,4
$\frac{3}{1}$斜纹	1,2 3,4 1,2 3,4		

使用纱罗边装置(克罗卡制)时:废边纱穿在纱罗边用综框(1、2 页综)上。使用废边综框($\frac{1}{1}$开口、2 页综)时:废边综框安装在地组织综框后面,废边纱穿在废边综框上。

3. 废边纱加压轮的压力调节　废边纱加压轮是把废边纱压在废边纱传动轮上,使夹在中间的废边纱被拉出来进入废纱箱中。废边纱加压轮的压力可以调节。

废边纱加压轮有两种型号:卷轮型和齿轮型。一般来说前者用于短纤纱而后者用于长纤纱;但也根据不同规格有所不同。卷轮型如图 3-3-66,将废纱导纱器 1 与弹簧锁板 2 上的最大凹口 2A 对齐,以得到标准压力。通过扭转弹簧的力将加压轮 3 压在废边纱传动轮 4 上。

在制织高密度织物或厚重织物时,机器的震动可能传到废边纱加压轮及相关的部件上,从而降低压力。在这种情况下,用扳手将扭转弹簧 2 朝逆时针方向调节可增加压力。

齿轮型如图 3-3-67,将弹簧锁板 2 上的定位孔 2B 调至水平位置,以得到标准压力。将弹簧锁板2 朝逆时针方向调节,可增加压力。注意:从压轮上取下或穿过废边纱(无论是卷轮型还是齿轮型)都要按上图图示的箭头方向抬高操作杆 6。

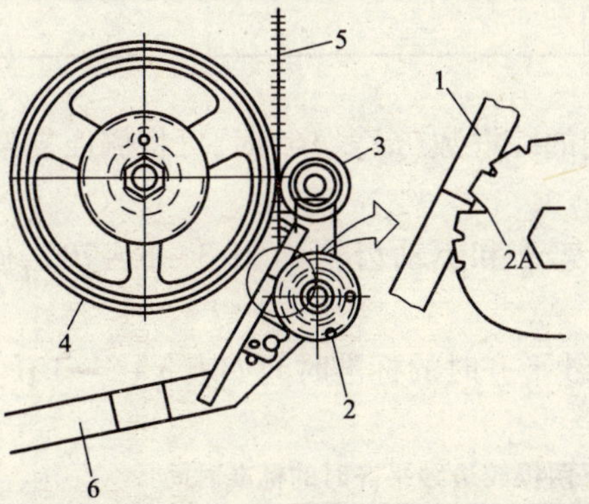

图 3-3-66　卷轮型废边纱加压轮

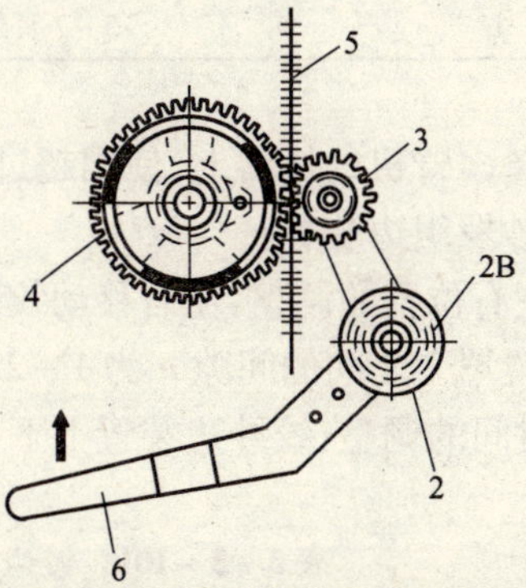

图 3-3-67　齿轮型废边纱加压轮

(三)绞纱边装置

绞边纱装置可绞住每根纬纱、加固布边组织,防止剪断纬纱时出现的散边现象。如图 3-3-68,齿轮系列 1、2、3、4、5 驱动绞边器齿轮 6,与齿轮 6 同轴的固定齿轮 7、过桥齿轮 8、行星齿轮9互相咬合,驱动同轴的筒子架10a、10b旋转,筒子架11a、11b的绞纱上下转动形成绞边。

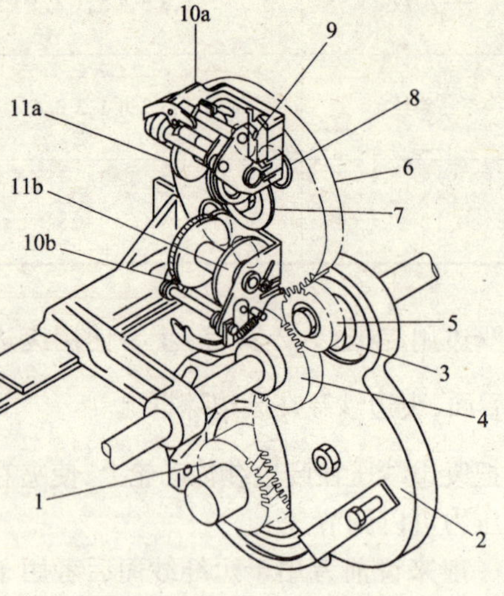

图3-3-68 绞纱边装置

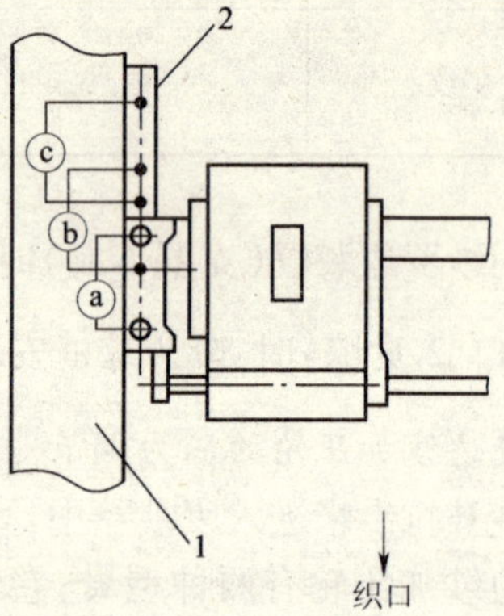

图3-3-69 绞纱边装置前后位置的调整

1. 安装调整

(1)前后位置的调整:根据所使用的综框数选择机架所提供的装配孔,用于支撑绞边装置请参考表3-3-100。图3-3-69中1表示机架。绞纱边装置根据选择的a、b、c安装孔。

表3-3-100 综框使用数与安装孔的选择

安 装 孔	综框使用数	安 装 孔	综框使用数
a	4页综	c	8~10页综
b	5~7页综		

在装备多臂机的机器上,使用超过上表所列的综框数(最多16)时,可将侧面支架移到后部以便安装纱罗织边装置。

(2)左右位置的调整:左右移动绞边装置支架3和驱动齿轮4(图3-3-70),使经纱端1与绞边装置罩2之间的间隙a为1~2mm。

(3)时间的调整:绞纱边装置上下2根绞边纱平齐时的标准时间如表3-3-101。

表3-3-101 绞边纱装置上下两根绞边纱平齐时的标准时间

绞纱边装置	主轴角度(°)	绞纱边装置	主轴角度(°)
织机左侧	280	织机右侧	10

2. 绞边纱张力的调整 为了使绞边纱张力与经纱张力一致,调整张力弹簧5的长度后,将固定螺母6拧紧(图3-3-71)。绞边纱张力的标准值参照表3-3-102,为了使布边良好,左

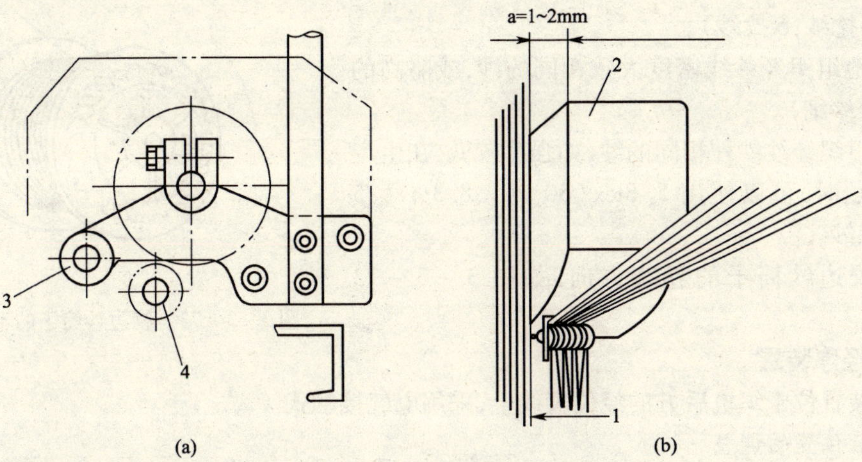

图 3-3-70 绞边纱装置左右位置的调整

侧绞边装置弹簧5的弹力调整要强。

表 3-3-102 绞边纱张力的标准值

绞边纱装置	张力(cN)	螺母位置
织机左侧	49(50g)	A 较大弹力
织机右侧	19.6~29.4(20~30g)	B 较小弹力

3. 绞边纱穿筘方法(图 3-3-72)

(1)织机左侧:绞边纱与最左端的地经纱穿在同一筘齿内。

(2)织机右侧:绞边纱穿在最右端的经纱右侧相邻的筘齿内。

4. 绞边纱的准备

(1)绞边纱装置的使用纱线种类:

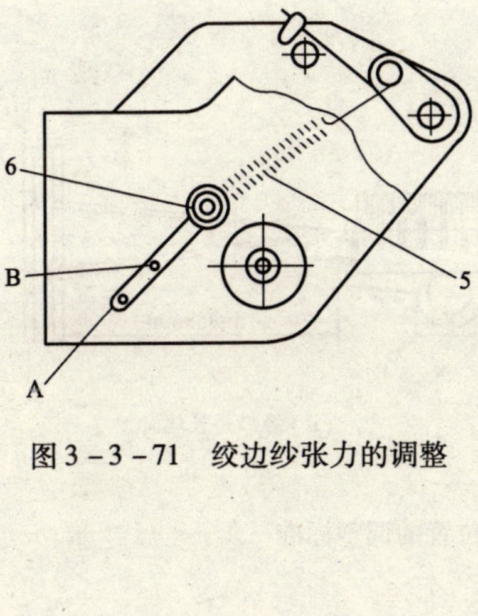

图 3-3-71 绞边纱张力的调整

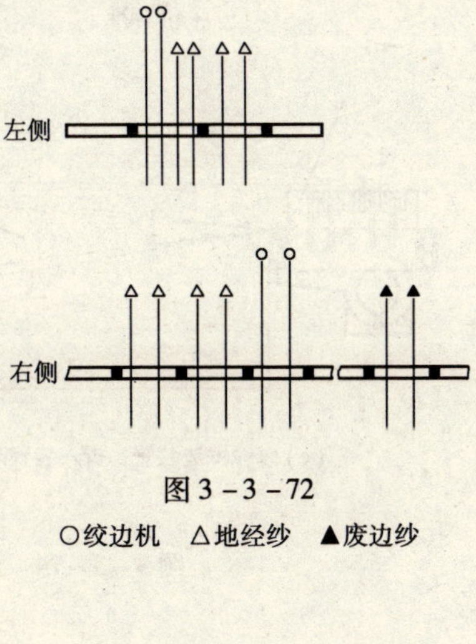

图 3-3-72

○绞边机 △地经纱 ▲废边纱

①与地组织经纱纱种相同的双股线（基本捻纱：Z捻纱，最终捻纱：S捻纱）。

②与地组织经纱线密度大致相同的纱，或略高的纱（比地经纱细）。

与地组织经纱纱种相同的纱，如强度较低，在生产中出现问题时，可以使用5.6tex（50旦）、8.3tex（75旦）的加工纱。

（2）绞边纱筒子的卷绕方向，如图3－3－73所示。

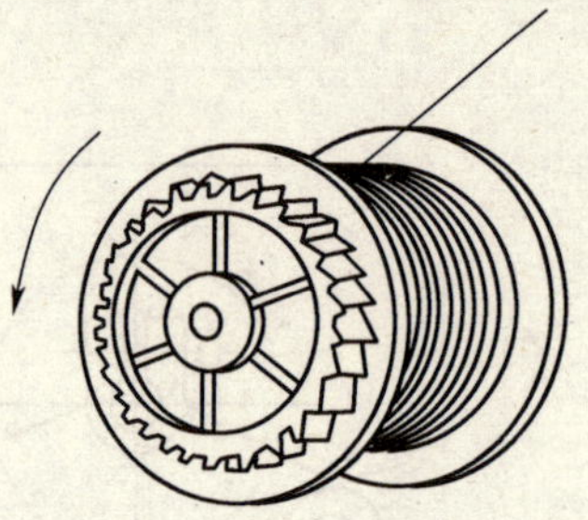

图3－3－73 绞边纱筒子的卷绕方向

（四）经停装置

经停装置位于织机后方的经位置线上，采用电气接触式。

1.前后位置的调整

（1）标准：前后移动经停装置，使导纱杆6前面距绞边装置罩7后面的距离 a 约为53mm［图3－3－74（a）］。

（2）有压纱板5（选购）时：导纱杆6前面距绞边装置罩7后面的距离 a 约为93mm，这时的压纱板5前面与绞边装置罩7后面的距离约为15mm［图3－3－74（b）］。

（3）有纱罗边装置、折入装置时：前后移动经停装置，参照表3－3－103设定导纱杆6前面与最后一页综框7后面之间的距离 c［图3－3－74（c）］。

（4）经纱是长丝时：前后移动经停装置，使导纱杆6前面距第4页综框7后面的距离 d 约为350mm［图3－3－74（d）］。

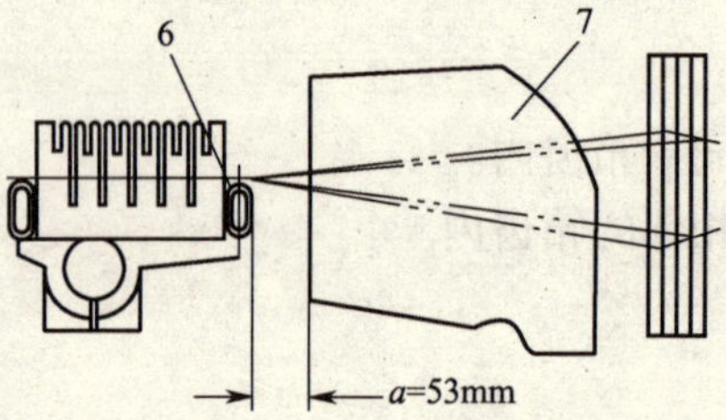

（a）标准

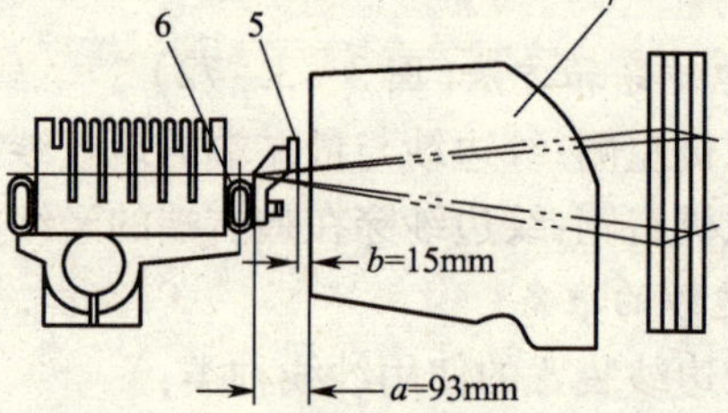

（b）有压纱板时

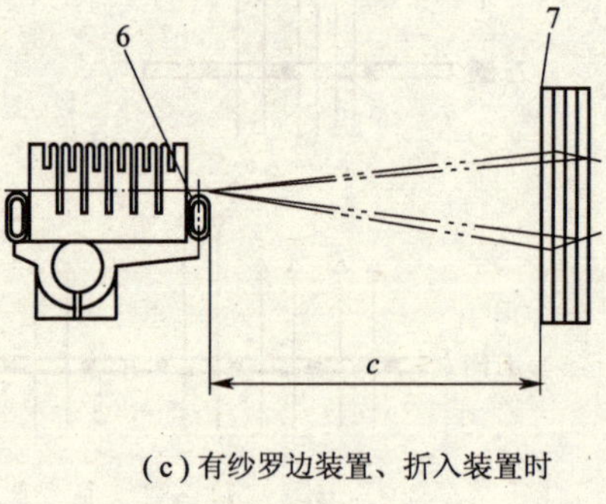

（c）有纱罗边装置、折入装置时

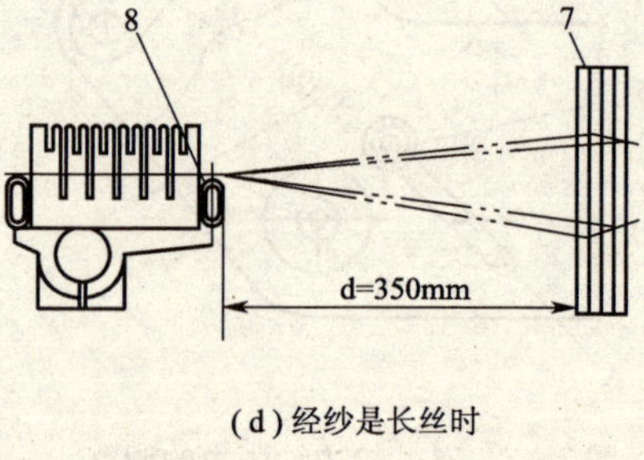

（d）经纱是长丝时

图3－3－74 经停装置前后位置的调整标准

表 3-3-103　综框使用数与距离 c 的选择

综框使用页数	c(mm)	综框使用页数	c(mm)
4	320	7	275
5	305	8	260
6	290		

2. 上下位置的调整　标准高度参照表 3-3-104。

表 3-3-104　经停装置上下位置的标准高度参照表

织物组织	高　度	织物组织	高　度
平纹($\frac{1}{1}$)、斜纹($\frac{2}{2}$)	0	斜纹、缎纹($\frac{1}{2}$,$\frac{1}{3}$,$\frac{1}{4}$)	-1
斜纹、缎纹($\frac{2}{1}$,$\frac{3}{1}$,$\frac{4}{1}$)	+1	多　臂	0

(五)探纬器

探纬器由 WF1 和 WF2 组成,WF1 探测到纬纱、WF2 未探测到纬纱时,表示投纬状态正常。

1. 反射式探纬器(钢筘非断开型)

(1)第 1 探纬器:由 WF1 单独构成,在设定的时间内探测有无纬纱,探测到纬纱时,织机继续运转;未探测到纬纱时,织机停车。

(2)WF1 左右位置的调整:锁定紧急停车按钮,将 WF1 的安装位置,按以下方法左右调整:

①安装在标准位置[图 3-3-75(a)]:调整 WF1 距经纱右端 B 的位置 b=1~3mm,距废边纱 C 的位置 b=1~3mm。

②安装在特殊位置[图 3-3-75(b)]:为使废边部的纬纱尽量缩短,可将探纬器 WF1 安装在距废边纱 1 右端 D 的位置 b=1~3mm。但是,探纬器易发生空关车(纬纱正常到达时)的停车,除特殊情况外要将 WF1 安装在标准位置上。

(3)第 2 探纬器:由 WF1 和 WF2 构成。

探纬器 WF1 在设定的时间内,检测纬纱的有无。探测到纬纱时织机继续运转,未探测到时织机停车。

探纬器 WF2 在设定的时间内,检测纬纱的有无。未检测到纬纱时织机继续运转,探测到纬纱吹断、中间断纬时织机停车。

WF2 左右位置的调整:安装 WF2,使 WF1 右端至 WF2 左端的距离达到 125mm。

(4)操作控制盘上 WF1、WF2 的设定:探纬器的脉冲数与其他的初期设定相同,由[ICS]键的 ICS 功能自动设定,设定需要改变时,在 FIXER 模式的[MENU]下,按[FEELER]使用下列步骤进行变更(表 3-3-105)。

注意:探纬器的灵敏度,受探纬头附着的灰尘影响而下降。在下述的灵敏度调整之前,要用布将其擦拭干净(织造短纤维织物时每天要清洁一次探纬头)。

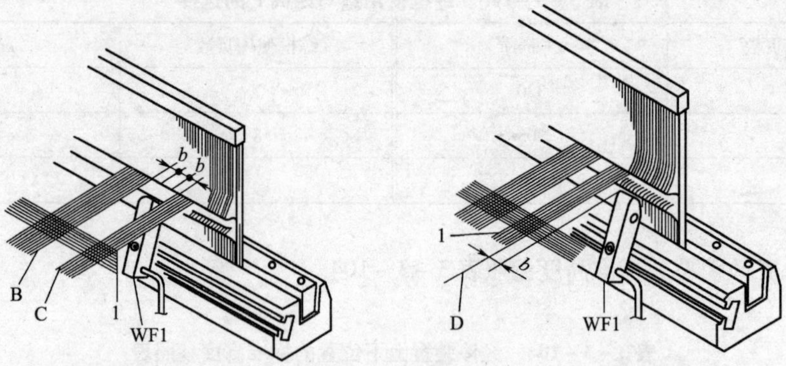

(a)没有延伸喷嘴　　　　(b)没有延伸喷嘴

图 3-3-75　反射式探纬器 WF1 左右位置的调整

表 3-3-105　反射式探纬器操作控制盘上 WF1、WF2 的设定及变更

序　号	方　　法
1	按[FEELER]、[基本设定]
2	WF1 设定为[ON],不使用时按[OFF]
3	WF2 设定为[ON],不使用时按[OFF]
4	如果把 WF2 停止时的自动反向设定为[OFF],那么织机将在与断经停车的相同状态下停止,但是对于断纬停车的设定,织口前进功能将起作用。如果把 WF2 停止时的自动反向设定为[ON],那么织机将在与断纬停车的相同状态下停止
5	变更 WF1、WF2 的脉冲数时输入各自的数值 WF1 脉冲:探纬器发出标准数以上的脉冲,检测纬纱的到达 标准设定短纤维 4、长纤维 4 发生检测错误时,将脉冲数增大;发生空关车时,将脉冲数减小 (检测错误:纬纱飞行异常,织机却不停车;空关车:纬纱飞行正常,织机却停车) WF2 脉冲:探纬器发出标准数以上的脉冲,检测纬纱的到达 标准设定短纤维 8、长纤维 8 发生检测错误时,将脉冲数减小;发生空关车时,将脉冲数增大
6	变更到达判定脉冲(TW)时,输入各自的数值 到达判定脉冲(TW),为表示纬纱到达时间的判断脉冲数 标准设定短纤维 2、长纤维 1
7	设定探纬器检测角度时,按扩张设定,输入数值(通常可用 ICS 设定值) 标准设定:WF1 检测角度:TW-20 WF2 检测角度:190-310 WF1 通过:数值输入后,在其投纬数中,允许有 1 根纬纱错误通过 标准设定无 WF2 通过(起动时):数值输入后,从起动开始在其投纬数中允许有 1 根纬纱错误通过 标准设定无

2. 透过式探纬器(钢筘断开型)

(1)第1探纬器:由WF1单独构成。在设定的时间内,探测有无纬纱。探测到纬纱时,继续运转;未探测到纬纱时,织机停车。

(2)WF1左右位置的调整(表3-3-106)。

表3-3-106 透过式探纬器WF1左右位置的调整

序号	方法
1	锁定紧急停车按钮
2	钢筘安装后筘右端面与WF1左端面两面一致
3	将钢筘放入夹板的槽内,用螺丝将两者固定
4	将装配好的钢筘用钢筘夹板固定在筘座上

(3)第2探纬器:由WF1和WF2构成。

探纬器WF1在设定的时间内,检测纬纱的有无,探测到纬纱时,织机继续运转;未探测到时,织机停车。

探纬器WF2在设定的时间内,检测纬纱的有无,未检测到纬纱时,织机继续运转;探测到纬纱、吹断中间断纬时,织机停车。

(4)操作控制盘上WF1、WF2的设定:探纬器的脉冲数与其他的初期设定相同,由[ICS]键的ICS功能自动设定,设定需要改变时,在FIXER模式的[MENU]下按[FEELER]使用表3-3-107的步骤进行变更。

注意:探纬器的灵敏度,受探纬头附着的灰尘影响而下降。在下述的灵敏度调整之前,要用布将其擦拭干净。(织造短纤维织物时每天要清洁一次探纬头)。

表3-3-107 透过式探纬器操作控制盘上WF1、WF2的设定及变更

序号	方法
1	按[FEELER]、[基本设定]
2	WF1设定为[ON]不使用时按[OFF]
3	WF2设定为[ON]不使用时按[OFF]
4	如果把WF2停止时的自动反向设定为[OFF],那么织机将在与断经停车的相同状态下停止,但是对于断纬停车的设定,织口前进功能将起作用。如果把WF2停止时的自动反向设定为[ON],那么织机将在与断纬停车的相同状态下停止
5	变更WF1、WF2的脉冲数时输入各自的数值 WF1脉冲:探纬器发出标准数以上的脉冲,检测纬纱的到达 标准设定短纤维3、长纤维4 发生检测错误时,将脉冲数增大;发生空关车时,将脉冲数减小 (检测错误:纬纱飞行异常,织机却不停车;空关车:纬纱飞行正常,织机却停车) WF2脉冲:探纬器发出标准数以上的脉冲,检测纬纱的到达 标准设定短纤维8、长纤维8 发生检测错误时,将脉冲数减小;发生空关车时,将脉冲数增大

续表

序号	方法
6	变更到达判定脉冲(TW)时,输入各自的数值 到达判定脉冲(TW)时,为表示纬纱到达时间的判断脉冲数 标准设定短纤维 2、长纤维 1
7	设定探纬器检测角度时,按扩张设定,输入数值(通常可用 ICS 设定值) 标准设定:WF1 检测角度:TW—20 WF2 检测角度:190—310 WF1 通过:数值输入后,在其投纬数中,允许有 1 根纬纱错误通过 标准设定无 WF2 通过(起动时):数值输入后,从起动开始在其投纬数中,允许有 1 根纬纱错误通过。 标准设定无

3. 运转前探纬器的动作确认

(1)探纬器 WF1:运转织机,故意造成短纬、吹断纱,确认探纬器 WF1 的动作是否正常。

①发生短纬时的调整:运转中,将主喷电磁阀的气压由设定值下降 200kPa,造成短纬的出现。出现短纬时,探纬器 WF1 没有发出织机停车的信号(检测错误),按图 3-3-76 的故障程序进行调整。

②发生吹断纱时的调整:运转中,将主喷电磁阀的气压增高或延长喷射时间,造成吹断纱的出现。出现吹断纱时,探纬器WF1没有发出织机停车的信号(检测错误),按图3-3-77的故

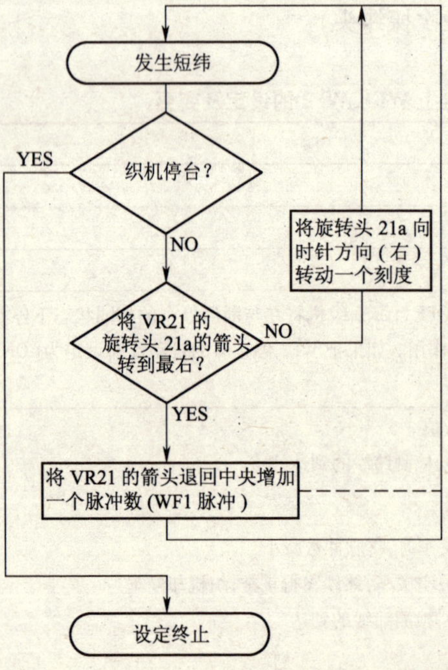

图 3-3-76 发生短纬时对探纬器 WF1 的调整

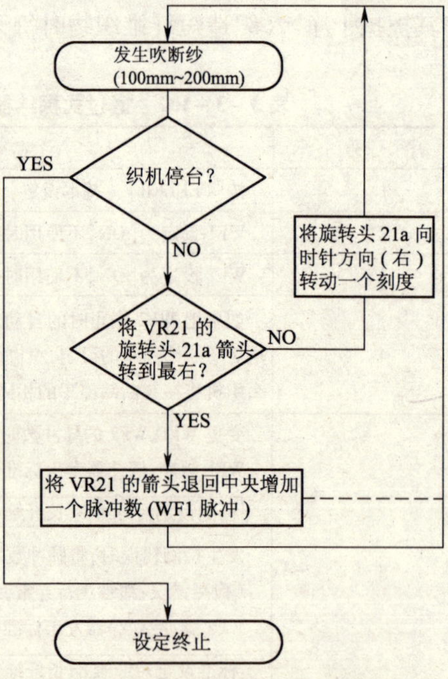

图 3-3-77 发生吹断纱时对探纬器 WF1 的调整

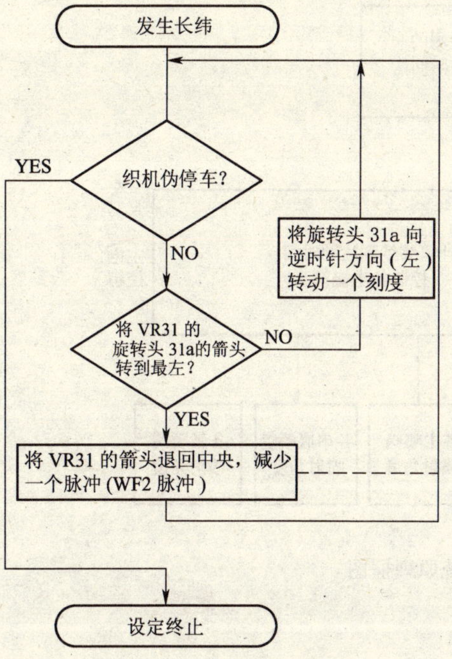

图 3-3-78　发生长纬时对探纬器 WF2 的调整

障程序进行调整。

(2)探纬器 WF2:运转织机,故意造成长纬,确认探纬器 WF2 的动作是否正常。

发生长纬时的调整：织机运转中，增大主阀的空气压力，或者在功能面板上选择 FIXER 模式的扩张（控制方式）的电磁针关闭控制，增大固定控制时的关闭延迟角度，使其发生长纬。根据图 3-3-78 的故障诊断流程来调整探纬器电路板。

(六)投纬时间自动控制装置(ATC)

自动引纬时间控制装置(ATC)、自动控制 EDP 电磁针张开角度和喷气阀喷射角度、使实际的纬纱到达角度 T_w 接近目标角度 T_{wi},同时使纬纱保持在由[ICS]、[FIXER]—[MENU]设定的理想纬纱飞行状态,此自动控制由[ATC 设定]键、[FIXER]—[MENU]—[TW - CTRL],根据抽样数的平均值进行工作,此自动控制有平均值控制和实时控制。

平均值控制:由[FIXER]—[MENU]—[TW - CTRL]—[ATC 设定]键,根据抽样数的平均值进行工作,主喷、串联、辅喷(后半)辅喷气结束时间固定,喷气开始时间自动进行控制。其他的辅喷、喷射开度固定,喷射开始和结束时间进行变更。

现在通常的平均值控制上又加上了实时控制,由每纬的纬纱到达角度来控制主喷、串联、辅喷的开度,实时控制的主喷、辅喷的喷射开始固定,喷射开度变更。如果平均值控制和实时控制同时选择 ON,平均值控制和实时控制并用控制。

此外 ATC 标准规格还记载了 AFC、APC、APC—Ⅱ、APC—MAIN 的规格,AFC、APC、APC—Ⅱ规格中,即使选择 AFC、APC 控制优先,在实时控制 ON 的状态下,进行平均值控制的 T_w 时,实时控制也同时进行(图 3-3-79)。

(七)纬纱飞行自动控制装置(AFC)(选购)

纬纱飞行自动控制装置(AFC)(选择),是以纬纱的同步到达 T_w 与目标值相符合,控制串联阀压力波形,由于采取流量控制式串联阀的使用方式,与串联输入方式同样对强捻线织造很有效。AFC 系统构成如图 3-3-80。

(八)自动纬纱制动系统(ABS)(选购)

在纬纱(该纱线由电子储纬器释放并由主喷嘴送入织口)即将到达布的右端时,自动纬纱制动系统(ABS)将纬纱推向一边(以增加摩擦力),并在纬纱抵达时减小作用于纬纱的制动张力,以此减小加到纬纱上的张力。这样就能防止纬纱出现制动张力,ABS 能减少断纬(在储纬器与主喷嘴间产生)及引纬结束时产生的纬缩现象(在织机的左端)。应注意,使用 ABS 时的纬纱到达时间 T_w 将会比不使用 ABS 时延迟约 5°~10°。

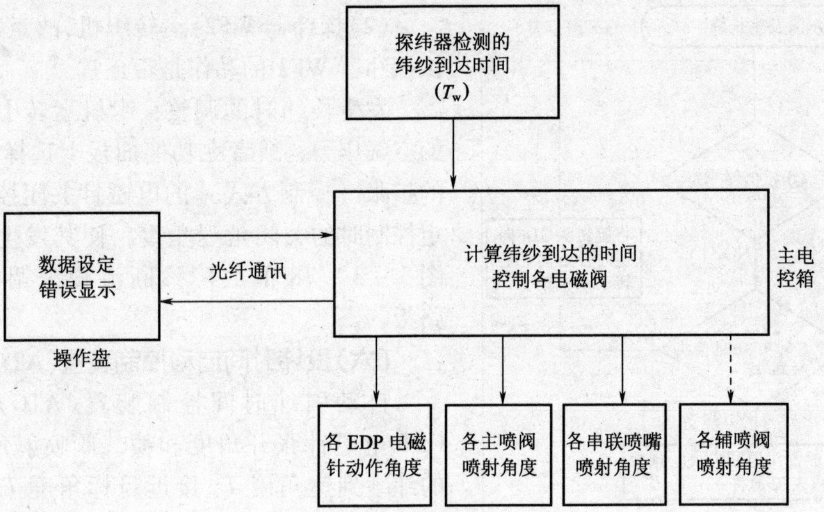

图 3-3-79 ATC 系统原理框图

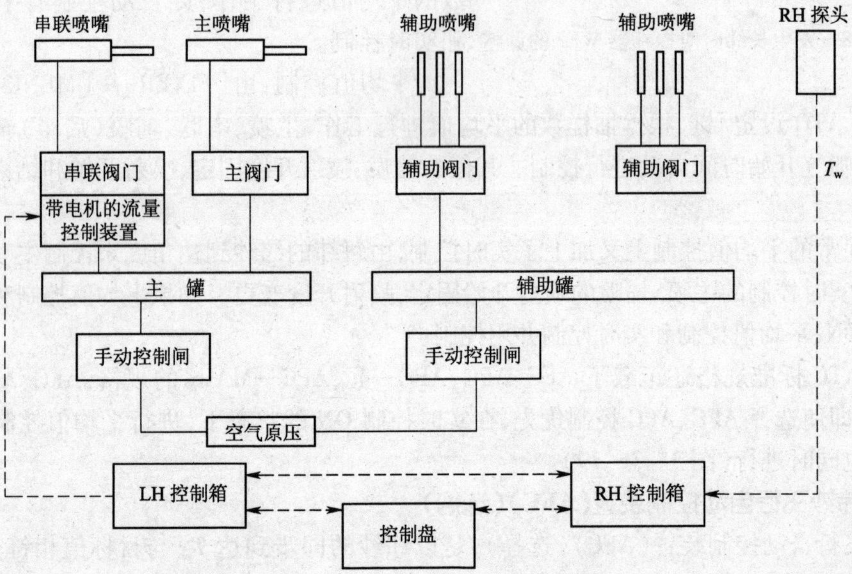

图 3-3-80 AFC 系统原理框图

由于制动效果随纬纱类型而异，因此需要对操作盘上相应的 ABS 数值进行修正。特别是副箱压力在 0.2MPa(2.0kg/cm^2)以下时，与辅喷嘴产生的牵引力相比，ABS 的制动力过强，会有 Tw 偏差、跳回的纱线，因此要特别注意。

(九)记忆卡装置

多功能记忆卡装置，可将织机左侧边盖上的操作控制盘所设定的各种数据(投纬、送经等条件)记录、储存在记忆卡内,并且可将相同条件复制给其他织机,传送到各装置(操作数据等不需要传送的数据,不能储存和传送)。向各装置传送、设定数据错误时,操作控制盘上显示其错误内容。在操作控制盘上还可显示、确认记忆卡内所储存的数据。

1. 记忆卡使用注意事项

(1)记忆卡为精密物品,应避免高温、多温、阳光直射。

(2)不能弯曲、损伤、强烈冲击。

(3)重要的是,操作控制盘向记忆卡、记忆卡向操作控制盘传送数据中,不能拔出记忆卡,如果取出,将不能保存传送中的全部数据。另外也会引起记忆卡的格式异常、记忆卡自身的损坏,所以绝对不能取出。

2. 规格 JAT710 型织机用记忆卡,为了储存、传送各种设定数据,使用具有 32 千字节的存储卡。

产品规格如下:

(1)存储卡

规格:存储卡

电源电压:3.3V/5V 两用型

(2)存储卡用转接器

接口:PC Card Type Ⅱ

对应媒体:存储卡

3. 传送数据、不传送数据(表 3-3-108) 注意:OPERARTOR 模式时,不向记忆卡传送。

表 3-3-108 记忆卡传送数据及不传送数据的模式

模 式	辅助模式		传送数据	不能传送数据
FIXER 模式	基本设定	ICS	设定的全部数据	
		WARP	设定的全部数据	
		RUNSET	设定的全部数据	
		PATTERN	设定的全部数据	机台状态值(现在 STEP)
		MEMORY	设定的全部数据	
	储纬	IFC	(注 1)	机台状态值(直方图等)
		VALVE	设定的全部数据	
		EDP	设定的全部数据	机台状态值 (平衡变换器平均值)
		FEELER	设定的全部数据	
		TW—CTRL	设定的全部数据	机台状态值(现在压力)
	段补正	DELTA	设定的全部数据	
		MARK	设定的全部数据	
		ONE—SHOT	设定的全部数据	
		LEVELING	设定的全部数据	

续表

模　　式	辅助模式		传送数据	不能传送数据
FIXER 模式	装置	TAPO	设定的全部数据	
		DROPPER	设定的全部数据	
		LENO	设定的全部数据	
		TUCKER	设定的全部数据	
	维修	CHECK		全部数据
		MESSAGE	（注 2）	
		SENSOR		全部数据
		DEMO/PASS		全部数据
		MAINTENANCE		全部数据
		SERVICE	规格数据	工作用电动机
	其他	INFO		全部数据
		PICK		全部数据
		LAMP	设定的全部数据	
		LOCK		全部数据
MANAGER 模式		MAIN	（注 3）	
		COUNTER	全部数据	
		MONITOR	全部数据	
		GRAPH	（注 4）	24h 运转图表
		LOG	全部数据	
		SHIFT	全部数据	

注　1. IFC 模式的设定，由于仅用图表表示 VALVE 设定，所以不用传送。

2. MESSAGE 模式（故障记录），只能向记忆卡写入，不能在机台读取。

3. MANAGER-MAIN 模式，由于仅是 MONITOR 等的累计数据，所以不用传送。

4. MANAGER-GRAPH 模式的 24h 运转图表不能传送。停止次数图表，由于仅是 MONITOR 的累计数据，所以不用传送。

（十）停车档的防止

JAT710 型织机为防止出现停车档，具有各种停车档防止功能。这些功能可在操作控制盘上设定、调整。但是停车档产生的原因比较复杂，根据机台条件（后罗拉和停经架的高度、综框高度、开口量、开口时间、平稳时间、平稳量、经纱张力、织口高度等）的不同，停车档的出现也发生变化（图 3－3－81）。此外，浆纱情况和室内温湿度也有一定影响。所以，为了保持织物品质的稳定，需要对停车档防止功能进行设定、调整；机台条件的变更；浆纱、温湿度的管理。

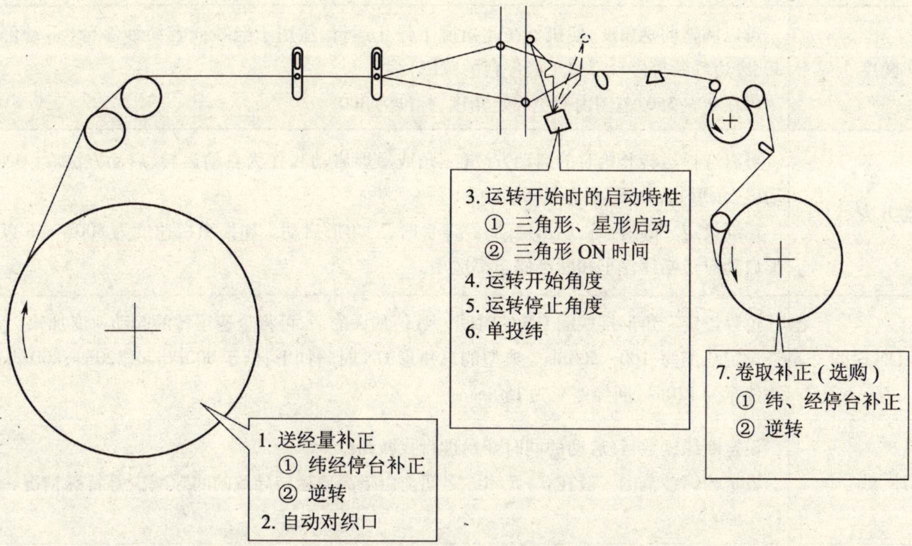

图 3－3－81　产生停车档的不同情形及防止方法

1. 停车档防止方法(表 3－3－109)

表 3－3－109　停车档防止方法

序号	停车档防止方法	说明
1	送经量补正	送经装置可以在运行开始之前以及之后校正(＋、－)织口区域内引起的细微变化
2	自动对织口	织机停台时增减经纱张力,运转前张力恢复
3	运转开始时的启动特性	可选择三角形、星形启动特性(纬、经停台时)
4	运转开始角度	可设定全运转时的角度(纬、经停台时)
5	运转停止角度	可设定机台停止时的角度(纬、经停台时)
6	单投纬	自动运转开始前,预先引入一根纬纱
7	卷取补正(选购)	卷取装置进行与 1 相同的补正动作

2. 停车档的设定方法　在 FIXER 模式下,触摸[DELTA]和[MARK]按钮,就出现停车档防止功能设定画面。有电动取装置的机型,[卷取]键与[送经]键有相同的功能。

(1)[DELTA]键:触摸[DELTA]按钮,这时的设定值是由[ICS]键自动设定的。根据停车档的状况,需要进行调整(表 3－3－110)。

表 3－3－110　停车档防止功能设定及调整

运转开始角度	可以调整曲柄角度,使机器在此角度下,在驱动找断纬纱装置之后可以重新启动,适用于经纱停台和纬纱停台 设定角度的变更范围:10°～350°,标准为 300°

续表

停车角度	可以调整曲柄角度,使机器在此角度下停止运行,适用于经纱或者纬纱停台(手动停台、绞边纱断、废边纱断等停台都属于经停台的范围) 可在0°~350°范围内变更设定角度,标准为300°
启动方法	可以选择运转开始时的启动方法(三角或星形启动),作为自动运转、启动方法。[ON]为高速启动(三角形),[OFF]则为星形启动 标准设定、纬停台时,星形启动;经停台时,三角形启动。如果织机速度为800r/min以上,则三角形启动对于断纬停车和断经停车都适用
三角形ON时间	可以设定三角形接线的ON的时间。数值加大的话,可将全速运转的起动速度加快 设定范围为:100~500ms。典型的三角形ON时间如下:低于800r/min,120ms;800r/min以上,断纬停车为120ms、断经停车为150ms
断 纬 纱	设定断纬纱数目,启动的同时开始进行找断纬纱 设定的纬纱范围一般在0~5纬纱之间。由于高速运转导致的间隙减少等特殊情况,一般设定在1~2纬纱
TAPO时摇动	设定次数,启动TAPO,于是反复出现正转和逆转运行 设定范围为0~5次,只用于不出现环形等特别的情况(一般设定在1~2次)

(2)[MARK]键:触摸[MARK]和[停台时间补正]按钮,根据停车档的情况需要进行调整。

[停台时间补正]:送经电动机可补正因停台时间不同而移动的织口。触摸[设定]按钮,选择你所需要的选项后马上有回应。各停台时间的补正量,可在0~40min、12h、24h内设定。对应各停台时间的织口补正值的范围是-1.99~1.99mm;标准是各停台时间均为±0。

触摸[织口调整]按钮。织机停台时,织口向前(或向后),启动时织口回到原位置。电动机要可正转、逆转,进行送经量的补正。设定范围-2.00~9.90mm。标准±0。

触摸[逆转]按钮。

① 逆转时间方式:可选择[时间]或者[角度]。起始值选择的是[时间]。

[时间]:如果选择此模式,织机将在从全运行开始起在设定时间内进行逆转。

[角度]:如果选择此模式,机器将从自动运行开始起曲柄转动角度的第一个0°处进行逆转。

② 启动后开始逆转的时间:只有在选择以上逆转时间方式的[时间]时才有效。设定范围从0~299ms。初始值为80ms。

③ 逆转补正量:电动机通过正转或逆转补正自动运转启动时间的送经量。标准设定与[停台时间补正]项的启动时补正量00分相同,逆向输入+、-符号。

[卷取]键的[纬停台补正]、[经停台补正]动作和以上相同。

(3)[ONESHOT]键:触摸[ONESHOT](单投纬)按钮,其功能用于解决织机织物上产生密路或浪纹。通常在运行期间,由于投纬时的开口动作,织口空打纬逆转并且空打纬。这种序列运行会在织机织物上产生密路或浪纹。单投纬功能可以在运行开始时通过开口状态(180°)将1纬纱插入开口,然后在机器进入自动运转开始角度前以正向低速运行方式将机器运行至机器起始角。那么,在启动时不会出现织口的空打纬。

单投纬:纬停台、经停台时,在各自的停台选择[使用]或[不使用]。

插入纬纱角度:设定插入纬纱角度,一般情况下设定180°。对多臂机型等禁止逆转的机器,设定时注意不要设定能发生逆转的角度。

运转开始角度:设定单投纬时的自动运转开始角度。通常设定为300°。低速运转到300°时,开始自动运转。需要加强打入力度时,每180°时从逆转位置开始。只是当插入纬纱角度和运转开始角度一样时,运转没有点动,直接进入自动运转,这时要注意安全,不要把手伸出。

副喷终端电磁阀1、2:投入1根纬纱后到连续运转之前,为了输送纬纱,各辅喷电磁阀进行喷射。标准使用方法是,在装有吸入喷嘴(选购)时,将吸入喷嘴设定到补助终端电磁阀1上。但是,吸入的纬纱在松驰状态下被打纬时,要将补喷终端电磁阀设定到2上。(注意,同时使用辅喷电磁阀1、2时,容易发生断纬)。来装吸入喷嘴时,使用补喷终端电磁阀,发生纬纱松驰时,再加上终端电磁阀前的副喷电磁阀共同使用。

辅喷终端最后角度:为了保证单投纬纱的张力,打开辅喷终端1、2上设置的电磁阀开关,直到达到设定角度。通常情况下设定在350°,弱纱时可把角度设小。

3.停车档调整顺序

(1)停车档防止功能的设定、调整在操作控制盘上,设定、调整的顺序如下。

送经补正、逆转、自动对织口的设定值过高时,边撑以及织物中央部位的停车档现象有所不同。这时,要减小补正量,进行机台条件的设定。

基本条件的设定:

①设定符合各织物的基本条件。

a.运转开始角度:300°(经、纬停台)。

b.运转停止角度:300°(经、纬停台)。

c.启动特性:经停台(三角形启动);纬停台(星形启动)。

d.三角形ON时间:120ms(800r/min以上,断纬停车为120ms,断经停车为150ms)。

e.送经量补正:各停台时间±0。

f.自动对织口量:±0。

g. KB(逆转)补正量:±0。

②将机器状况(后罗拉与经停架高度、综框高度、开口尺寸、开口闭合定时、平稳定时、平稳量、经纱张力、以及织口高度)设定至适合于织物类型的基本数值。

采集停车档的样布:把停车0、5min、10min后的样布,按照经、纬的不同分别采集2次以上。并调查停车档发生的方式及其随停车时间长短产生的情况,如果没有发现停车档,则可停止本调整顺序。

以下的调整,纬停台、经停台时相同。

5min以内的停台产生停车档时:

a.选择启动特性:出现密路时,选择星形启动;出现稀路时,选择三角形启动。

b.变更三角形ON时间的设定:当发现密路时,应将三角形ON时间减小到小于基本设定时间(但不得小于100ms);当发现稀路时,应将三角形ON时间增大到大于基本设定时间(但不得大于300ms)。

以下是将时间换算成角度的公式。

主轴角度 = 0.006 × 转速 × 时间，转速为 r/min，时间为 ms，以此为设定标准。

③以 10°为单位，变更运转开始角度的设定。

出现密路时，将主轴角度加大到 300°以上（但不能大于 350°）；出现稀路时，将主轴角度减小到 300°以下（但不能小于 180°）。

④变更送经补正量（停台时间 00）、KB（逆转）补正量的设定（参照表 3 - 3 - 111）。

此外，还要根据停车档的状况，变更启动后逆转开始的时间，标准 80ms。

⑤变更自动对织口的设定：出现密路时，输入 + 值。出现稀路时，不使用。

⑥使用单投纬功能：仅在出现密路、浪纹时使用。

5min 以上的停台，出现停车档时：

进行序号④ ~ ⑥项调整。④的送经量补正，要根据停台时间（5 ~ 40min）进行设定。

表 3 - 3 - 111 送经补正量、KB（逆转）补正量的设定

停车档状况	补正量	逆转
第 1 纬与开车前的纬纱间出现稀路，第 2 纬后没有	- 值	0
第 1 纬与开车前的纬纱间出现稀路，第 1 纬和第二纬后转为密路	- 值	+ 值
2 ~ 3 纬与开车前的纬纱间出现密路	+ 值	0
第 1 纬与开车前的纬纱间出现密路，第 2 纬后没有	+ 值	+ 值
2 ~ 3 纬与开车前的纬纱间出现稀路	- 值	- 值
第 4 纬与开车前的纬纱间出现密路	没有投纬	
与开车前的纬纱间出现密路		

（2）机台条件的变更：在进行上述调整后，不能改变停车档的出现时，需进行以下的机台条件变更。进行机台条件变更前，要将上述调整的停车档防止功能恢复到各织物的基本条件设定上（表 3 - 3 - 112）。

表 3 - 3 - 112 机台条件的变更调整

机台条件	效果
后罗拉的经停架高度	对防止因打纬力过大、打纬力不足所造成的停车档有效。通常在（平纹）出现密路时，提高后罗拉和经停架的高度，稀路时下降高度。斜纹正织时，提高后罗拉和经停架高度后，停车时的开口经纱张力大，开口经纱张力小对防止密路有效果；反织时，下降后罗拉和经停架高度对防止稀路有效果。除了上述的上、下调整外，将后罗拉和经停架前后调整也对防止停车档有不同的效果
综框高度	综框高度的调整，与后罗拉和经停架高度调整的对策和效果相同平纹密路时，降低综框高度有效果，稀路时，增加综框高度有效果。斜纹正织时，下降综框高度时防止浪纹有效果，反织时，增加综框高度有效果。随着综框高度的变更，纬停台的状况也相应变化，请予以注意
开口量（综框动程）	开口量越大，引纬越容易；开口量越小，引纬越难。斜纹开口量小，对于防止浪纹的出现有效果

续表

机台条件	效　　果
开口时间	开口时间越早，引纬越容易；开口时间越迟，引纬越难。平纹对于密路，开口时间越早，效果越好。对于稀路，开口时间越迟，效果越好。斜纹开口时间越早，对于防止浪纹的出现效果越好
平稳时间	平稳时间早，易于引纬；平稳时间迟，不易引纬。平纹对于密路，可延迟平稳时间；对于稀路，可提前定时。应注意平稳时间与开口时间之差应该在 ± 30°的范围内。斜纹应使平稳时间与开口闭合定时相一致
平 稳 量	平纹密路时，减小平稳量；稀路时，增大平稳量。此种对策在织物两侧边部有效。平稳量大时，由于动程时间长，易出现停车档。斜纹平稳量小，对防止浪纹有效
经纱张力	经纱张力高，易于引纬；张力低，不易引纬。平纹密路时加大张力，稀路时减小张力。但是，此法收效甚少，考虑到要使布面丰满、减少纬停台，调整停车档时，最好不用此法。斜纹减少经纱张力，对防止浪纹有效
织口高度	织口高度提高时易于打纬，降低时不易打纬。平纹密路时，高度上升，稀路时，高度下降有效。没有边撑的部位出现稀路时，将织口板提高有效。但是，要注意钢筘上唇部造成的破布和辅喷嘴造成的经向条花

四、电气装置故障及其排除

（一）主控制故障及其排除（表 3－3－113）

表 3－3－113　主控制故障及其排除

现　　象	出错信息	检查要点	处　　置	参　　考
织机不运转	织口安全装置动作	基板不正常且光轴没对准 光接收传感器（右）不正常 光发送传感器（左）不正常	更换基板 IO1 并对准光轴 更换传感器 更换传感器	
	紧急停车 SW 被按下	基板不正常 电线断线 在非按下状态时开关各端子间是否导通	更换基板 IO1 更换电线 更换紧急停止开关	开关为常闭型
	请安装手柄罩	限位开关的安装位置不正确 限位开关的接线不正确 限位开关不正常 基板不正常 电线断线	正确地安装限位开关 修正接线 NO 与 COM 间的接线 更换限位开关 更换基板 IO1 更换电线	
	制动器电压异常	是否有制动器电压（DCPS2）输出 制动器电阻不正常 基板不正常	更换 DCPS2 更换制动器正常电阻值约 12Ω 更换基板 IO1	

续表

现 象	出错信息	检查要点	处 置	参 考
织机不运转	140V 电源异常	是否输出 140V 电压 基板不正常	更换 DCPS2 更换基板 IO1	140V：DCPS2 CN2 端子4～6 间测定
	24V1 电源异常	是否输出 24V 电压 基板不正常	更换 DCPS2 更换基板 IO1	24V：DCPS2 CN2 端子 1～6 间测定
	24V2 电源异常	是否输出 24V 电压 基板不正常	更换 DCPS4 更换基板 IO1	24V：DCPS4 CN2 端子 2～4 间测定
	24V4 电源异常	是否输出 24V 基板不正常	更换 DCPS2 更换基板 IO1	24V：DCPS2 CN2 端子 1～6 间测定
	48V 电源异常	是否输出 48V 电压 基板不正常	更换 DCPS2 更换基板 IO1	48V：DCPS2 CN3 端子 3～6 间测定
	15V 电源异常	是否输出 15V 电压 基板不正常	更换 DCPS2 更换基板 IO1	15V：DCPS2 CN3 端子1～6 间测定
	制动器电路异常	制动器电阻是否正常 基板是否正常	更换制动器 更换基板 IO1	正常电阻值约 12Ω
	P15V 电源异常	是否输出 15V 电压 基板不正常	更换 DCPS10 更换送出控制基板，还有卷取控制基板	15V：DCPS10 CN2 插头4～3 间测定
	M15V 电源异常	是否输出 15V 电压 基板不正常	更换 DCPS10 更换送出控制基板，还有卷取控制基板	15V：DCPS10 CN2 插头1～3 间测定
	12V 电源异常	是否输出 12V 电压 基板不正常	更换 DCPS3 更换基板 IO1	12V：DCPS3 CN2 插头4～2 间测定
	5V 电源异常	基板不正常	更换基板	在基板 CPU 上将 12V 变换成 5V
	主电动机过热	电动机有异常声音 温度开关设导通（冷态） 基板不正常	更换轴承 更换温度开关 更换基板 IO1	10～12 间：常闭
	编码器 Z 相异常	是否输出 12V 电压 编码器不正常 基板不正常	更换 DCPS3 编码器 更换编码器 以 IO1 → CPU 基板的顺序予以更换	12V：DCPS3 CN2 插头 4～2 间测定转一圈亮灯一次
	编码器 A 相/B 相异常	是否输出 12V 电压 编码器不正常 磁接触器的动作（触点）不正常 基板不正常 总变频器跳闸	更换 DCPS3 更换编码器 更换磁接触器 以 IO1 → CPU 基板的顺序予以更换将变频器复位	12V：DCPS3 CN2 插头 4～2 间测定 逆转时：MSI、MSR、MSY 为 ON 同时驱动最多为 3 台

续表

现　　象	出错信息	检查要点	处　　置	参　　考
供油失败	供油失败(供油压力不上升)	混入空气 传感器不正常 泵中润滑脂未排出 供油电动机不旋转 分配阀是否堵塞	排除空气 以压力传感器→IO1基板的顺序予以更换 清洁(更换)泵 以IO1→供油电动机的顺序予以更换 清洁或更换分配阀	
	供油失败(供油压力不下降)	润滑脂牌号不正确 传感器不正常 基板不正常	加注正确的润滑脂 更换压力传感器 更换基板IO1	
不能进入完全运转状态	无编码器Z相的输入(运行中)	不是SCI规格的织机 编码器不正常 磁接触器的动作(触点)不正常 基板不正常	更换SCI－BOX内的磁接触器(小) 更换编码器 更换磁接触器 以IO1→CPU基板的顺序予以更换	触点颤动 检测Z相时内部LED点亮
传感器异常	探纬器(WF1)检测异常	筘等是否振动 探纬器电缆断线 探纬器灵敏度调整不正确 纬纱到达时间过早 基板是否正常 有飞花	使用防振筘 更换探纬器 顺时针方向转动VR(灵敏度低) 调整压力、时间等 以IO1→CPU基板的顺序予以更换 调整压力	到达时间 > 190° 基板IO1有探纬器电路板
	有编码器逆转脉冲的输入(运行中)	编码器不正常 基板不正常 纱框不平衡	更换编码器 以IO1→CPU基板的顺序予以更换 插入平衡的纱框	
	编码器正转脉冲计数器异常(运行中)	编码器不正常 基板不正常	更换编码器 以IO1→CPU基板的顺序予以更换	
	主控制:恢复检控系统	基板不正常	更换基板CPU	通过清洁RAM有可能消除此错误状态
	主控制:送经装置来的非正常停车信号	基板不正常 有无送经装置的其他信息 电线断线	以CPU→送经基板的顺序予以更换 排除其他信息所示的故障 更换电线	注意送经装置更换后的设定 还应检查连接器接触是否不良
	主控制:收到卷取装置来的非正常停车信号	无卷取装置的其他信息 基板不正常 电线断线	排除其他信息所示的故障 以CPU→卷取基板的顺序予以更换 更换电线	注意卷取装置更换后的设定 还应检查连接器接触是否不良

续表

现 象	出错信息	检查要点	处 置	参 考
	TAPO:不能处理(无错误纱)	夹持罗拉下降 基板不正常 纱检测 LS 不正常	检查阀、动力缸的动作 以 IO1 → CPU 基板的顺序予以更换 更换纱检测 LS	
	TAPO:处理失败(错误纱太短)	操作板上的漏纱长度设定不正确 基板不正常	设定适当的值 以 IO1 → CPU 基板的顺序予以更换	
	TAPO:处理失败(错误纱太长)	夹持罗拉的旋转不平稳 操作板上的漏纱长度是否设定? 纬纱的质料伸长或滑动 基板不正常	除去飞花等 设定适当的值 变更自动处理模式的设定 以 IO1 → CPU 基板的顺序予以更换	
	主控制:SCI 装置来的紧急停车信号	有无 SCI 装置的其他信息 基板不正常 电线不断线	排除其他信息所示的故障 以 IO1 → CPU 基板的顺序予以更换 更换电线	还应检查连接器接触是否不良
传感器异常	SCI:过电流保护	扭矩增大值过大 霍尔效应元件(电流传感器)不正常 基板不正常 纱框不正常	降低扭矩增大值 更换霍尔效应元件 更换 SCI 基板 插入平衡的纱框	
	SCI:过电压保护	转速不均匀 基板不正常	插入平衡的纱框 更换 SCI 基板	采用容量更大的 SCI
	SCI:主电动机回转数异常	SCI 内的 MS 是否处于 ON 状态 基板不正常	将 MS(小)更换成 MS(大) 更换 SCI 基板	
	电子多臂:接进信号异常	基板不正常 接近开关不正常 接近开关的安装位置不正确	IO2 → CPU 基板的顺序予以更换 更换接近开关 把接近开关安装于正确位置	
	电子多臂:电磁线圈 NO * * 的断线	磁铁组件不正常 基板不正常 电线不断线	更换磁铁组件 更换基板 IO2 更换电线	注意多臂侧的插口

续表

现　象	出错信息	检查要点	处　置	参　考
假织(WF1)		筘等振动 脉冲数设定值是否正确 探纬器电缆断线 是否把探纬器置于不使用的状态 基板不正常 有飞花等	使用防振筘 增大检测脉冲数的设定值 更换探纬器 设定于使用状态 以 IO1 → CPU 基板的顺序予以更换 顺时针方向转动 VR(灵敏度低)	基板 IO1 上有探纬器电路板
假织(WF2)		探纬器电缆将要断线 探纬器的镜头有污秽 探纬器的镜头有损伤 探纬器灵敏度较差 纬纱不在镜头前面飞过 指示纱检测的 LED 是否闪亮	更换探纬器 清洁镜头 更换镜头 逆时针方向转动 VR(灵敏度强) 加以调整使纬纱在镜头前面飞过 以 IO1 → CPU 基板的顺序予以更换	基板 IO1 上有探纬器电路板
假织(废弃布边)		触杆部的涂料过厚 在测试模式是否成为非检测状态 基板不正常 电线断线	用锉刀等锉去涂料 使其成为检测状态 更换基板 IO1 更换电线	
假织(经)		在测试模式下是非检测状态 经停片杆不正常 穿过经停片箱不正常 基板正常否 电线断线	使其成为检测状态 更换经停片杆 更换穿过经停片箱 以(经停)IO1 → CPU 基板的顺序予以更换 更换电线	
假织(经)		经纱停止接口脱落穿过停经片箱不正常 经停连接器脱开 经停电路板上的端子松动 电源切断	更换穿过经停片箱确认穿过经停片箱内的电阻 插好连接器 紧固端子 更换电源	
假织(绞纱边)		停止装置用探纬器的安装位置不正确 在测试模式是否成为非检测状态 基板不正常 电线断线	正确固定停止装置用探纬器 使其成为检测状态 更换基板 IO1 更换电线	

续表

现　象	出错信息	检查要点	处　置	参　考
花纹走样(多臂机)		在停止时超程 磁铁的间隙调整不正确 磁铁组件出现问题 基板出现问题 电线出现问题	调整主电动机制动器的间隙 进行间隙调整 更换磁铁组件 更换基板 IO2 更换电线	不可停止在0°附近 注意多臂侧插口
传感器异常	探纬器(WF2)检测异常	筘振动 探纬器电缆将要断线 探纬器灵敏度的调整 基板出现问题 有飞花	使用防振筘 更换探纬器 顺时针方向转动 VR(灵敏度弱) 以 IO1 → CPU 基板的顺序予以更换 调整压力等	基板 IO1 上有探纬器电路板
	圈数探测器异常检出传感器信号数过多或传感器信号数过少	圈数传感器故障 圈数传感器的安装位置 镜头、反射板污秽 基板不正常	更换圈数传感器 安装于正确位置 清洁镜头、反射板 以 EI → LH1(EC)→ IO1 → CPU	颜色 3-6 时是 EC
数据初始化	主控制:设定值初期化	电池电压不足 制动器解除开关出现问题	更换电池 更换开关电路板	正常电压:3.6V 开关为常开型
停止位置不正确	制动器力矩不足	是否输出 24V 电压。 是否输出 140V 电压。 制动器故障。 制动器间隙不对 基板出现问题	更换 DCPS2 更换 DCPS2 更换制动器 调整间隙 更换基板 IO1	24V:在 100-101 间测量 96V:在 104-101 间测量 标准间隙:0.3mm
空停(经)	经纱断纱停车	经停片杆不正常 穿过经停片箱不正常 存在松动、交错 基板出现问题 电线损伤	更换经停片杆 更换穿过经停片箱 修正松动、交错现象 以(经停)IO1 → CPU 基板的顺序予以更换 更换电线	
空停(废弃布边)	废边纱断纱停车	基板出现问题 电线损伤	更换基板 IO1 更换电线	
空停(绞纱边)	右纱罗边断纱停车 在左侧位置上停车	停止装置用探纬器的安装位置出现问题 用探纬器针锁挡的安装不正确 基板出现问题 左侧是 LH1 基板不带绝缘隔圈 电线损伤	正确固定停止装置 正确安装针锁挡 更换基板 IO1(LH1) 安装绝缘隔圈 更换电线	

续表

现象	出错信息	检查要点	处置	参考
空停(WF1)	纬纱 WF1 错误停车	检查脉冲设定 探纬器电缆将要断线 探纬器的镜头污秽 探纬器的镜头有损伤 探纬器灵敏度调节 纬纱不在镜头前面飞过 指示纱检测的 LED 不闪	减小检测脉冲数的设定 更换探纬器 清洁镜头 更换镜头 逆时针方向转动 VR(灵敏度强) 加以调整使纬纱在镜头前面飞过 以 IO1 → CPU 基板的顺序予以更换	基板 IO1 上有探纬器电路板
空停(WF2)	纬纱 WF2 错误停车	筘等振动 脉冲数设定值有误 探纬器电缆将要断线 基板出现问题 基板 IO1 上探纬器有飞花等	使用防振筘 增大检测脉冲数的设定 更换探纬器 以 IO1 → CPU 基板的顺序予以更换 顺时针方向转动 VR(灵敏度弱)电路板	

(二)EDP 故障及其排除(表 3-3-114)

表 3-3-114 EDP 故障及其排除表

现象	出错信息	检查要点	处置	参考
异常停车	EDP:变频器过电流保护	储纬器内混入飞花 卷取臂的旋转不平稳 基板不正常	清除飞花 更换电动机内的轴承 以 EI → LH1(EC)基板的顺序予以更换	颜色 3~6 时是 EC 基板
	EDP:储纬器电动机过热	放大器增益过高 电动机内温度开关不正常 卷取臂的旋转不平稳 基板出现问题	降低放大器的增益 更换电动机 更换电动机内的轴承 更换基板 E1	
	EDP:储纬器电动机回转异常	电动机内接近开关不正常 基板不正常	更换接近开关 更换基板 E1	旋转臂杆时 LED 是否点亮
	EDP:没有机台编码器信号输入	编码器不正常 基板不正常	更换编码器 以 IO1 → LH1(EC)基板的顺序予以更换	颜色 3~6 时是 EC 基板

续表

现　象	出错信息	检查要点	处　置	参　考
织机不运转	EDP：变频器电压不足保护	是否向EDP供给200VAC（交流）电压 基板不正常	确认MC→变压器箱等 更换基板E1	3相都要确认
	EDP：变频器故障	变压器不正常 电磁接触器（MC）不正常 基板不正常	更换变压器 更换MC 以IO1→LH1（EC）基板的顺序予以更换	颜色3～6时是EC基板

（三）送经故障及其排除（表3－3－115）

表3－3－115　送经故障及其排除表

现　象	出错信息	检查要点	处　置	参　考
异常停车	经纱张力过高	编码器不正常，伺服电动机不正常 负载传感器不正常 基板不正常 存在机械扭曲的部位 设定数据是否正确 电源不正常	更换编码器；更换伺服电动机 更换负载传感器 以送经伺服放大器IO1的顺序予以更换 进行机械上的调整 设定正确的数据 更换DCPS10	张紧罗拉周围 纬纱密度经轴直径 DC：±15V
	经纱张力过低	编码器不正常；伺服电动机不正常 负载传感器不正常 基板不正常 设定数据不对 电源不正常	更换编码器；更换伺服电动机 更换负载传感器 以送经伺服放大器IO1的顺序予以更换 设定正确的数据 更换DCPS10	纬纱密度、经轴直径 DC：±15V
	送经：编码器信号故障（运行后）	编码器不正常 电磁接触器MC不正常 基板不正常 织机旋转方向不正确	更换编码器 更换MC 以IO1送经基板的顺序予以更换 变更接线	应确认慢速和自动运转的旋转方向
	送经：伺服放大器异常检出	基板不正常 有与伺服放大器相关的其他错误 电源不正常 电源线不正常	以送经基板伺服放大器的顺序予以更换 排除其他错误 更换DCPS10 更换电源线	5VDC（直流）电源瞬时停电 5VDC（直流）线路接触不良

续表

现　　象	出错信息	检查要点	处　　置	参　　考
异常停车	送经：伺服电动机过热（软件）	伺服放大器不正常 伺服电动机出现故障 经轴没被机械锁定 经轴旋转没被机械锁定 分解器电缆不正常	更换伺服放大器 更换伺服电动机 检查缓和装置等是否平稳 清洁 RAM 数据设定，张力回复 更换分解器电缆	
	送经：伺服放大器的速度放大器饱和	伺服放大器不正常 伺服电动机不正常 经轴未被机械锁定 分解器电缆不正常	更换伺服放大器 更换伺服电动机 检查缓和装置等是否平稳 更换分解器电缆	
	送经：伺服放大器过电流检出（软件）	伺服放大器不正常 伺服电动机不正常 经轴是否被机械锁定	更换伺服放大器 更换伺服电动机 检查缓和装置等是否平稳	
	送经：伺服放大器主回 AC 电压低下	是否有 200VAC（交流）电压 200/220V 规格除外伺服放大器不正常 起动时的电压降是否过大	检查变压器箱内的断路器 更换伺服放大器 加粗电源线	
	送经：编码器信号颠倒	编码器不正常 基板不正常 织框平衡不正常	更换编码器 以 IO1 →送经基板的顺序予以更换 安装平衡的织框	包括确认侧隙 解除制动时织机逆转
	送经：伺服控制异常	伺服电动机不正常 经轴是否被机械锁定 经轴旋转是否平稳 分解器电缆不正常 基板不正常	更换伺服电动机 检查缓和装置等是否平稳 清洁 RAM →数据设定→张力回复 更换分解器电缆 以送经基板→伺服放大器的顺序予以更换	
织机不运转	张力传感器异常	检出负载传感器不正常 基板不正常 电源不正常	更换负载传感器 更换送经基板 更换 DCPS1	DC（直流）± 15V
	送经：伺服放大器分析电缆断线	伺服放大器不正常 伺服电动机不正常 分解器电缆不正常 电源不正常	更换伺服放大器 更换伺服电动机 更换分解器电缆 更换 DCPS1	
	必须进行张力校正	基板是否正常，校正张力后，是否在关断电源之前输入了数据	更换送经基板、输入某些送经数据	

续表

现　象	出错信息	检查要点	处　置	参　考
数据初始化	送经:设定值初始化	维持数据用电池的电压不正常 基板不正常	更换正常电压:3.6V 更换送经基板	
不能进行手动驱动	送经:命令执行不可能	基板不正常 光回路不正常 在送经动作中进行其他操作	以送经→FP基板的顺序予以更换相应部位的光纤电缆	

五、维护及其保养

(一)日常保养(每日)(表3-3-116)

表3-3-116 喷气织机的日常保养

序　号	略　图	检查部位	检　查	处　理
1	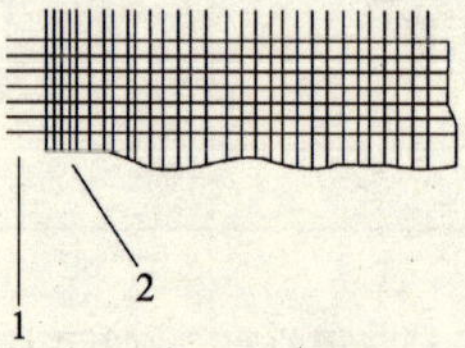	织物左右端	织物毛边长度是不适合剪切,不正常 布边部的边经纱2松驰	调整剪刀时间安装位置 检查有无松经穿经错误,进行修正
2	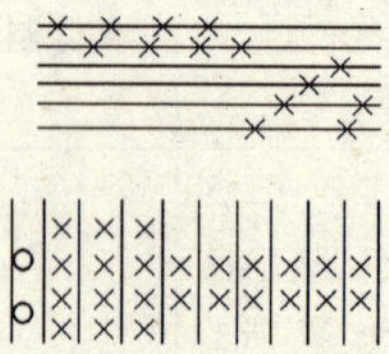	织物左边和右边的穿综	经纱开口不清晰 织物左右端边经纱松驰 有绕纱起圈等纬停台	检查有无穿综错误 校正筘齿上的穿错部分 检查有无松经纱
3	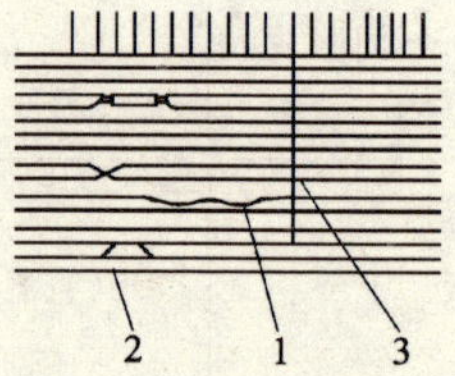	织物表面	有纬缩(左图中1) 有穿经错误(左图中2) 有边撑庇 有辅喷痕(左图中3)	检查综框高度、气压、气管有无脱落,修改控制盘的数据 修改 如果转动不良或边撑针头弯曲断裂则应维修或更换边撑 调整辅喷嘴的固定位置
4	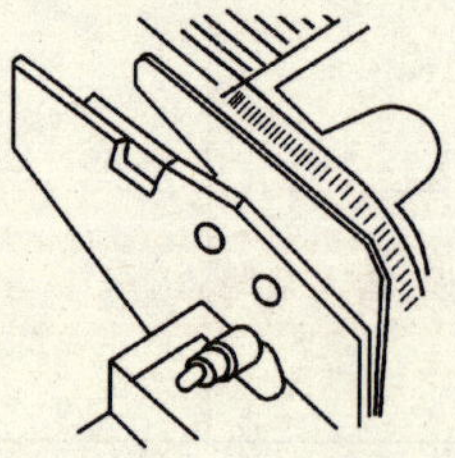	左端毛边	毛边长度不一致 剪刀后的纬纱回弹不正常	调整剪刀时间安装位置 调整助力喷嘴的安装位置 检查剪刀刃有无磨损进行更换 调整主喷辅喷的气压

续表

序号	略图	检查部位	检查	处理
5	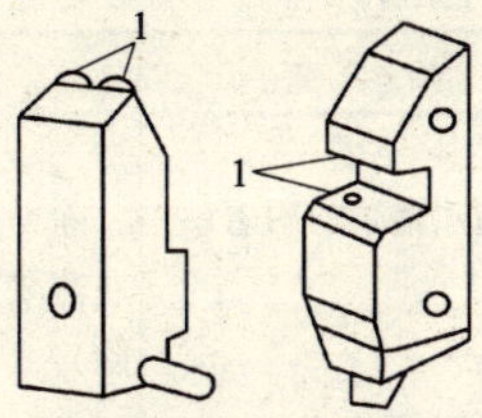	探纬器	发光接光部有污垢(左图中1) 有异物落入	用柔软的布擦拭接发光部(不能使用酒精以外的有机溶剂) 清除接发光部与钢筘之间的飞花浆尘
6	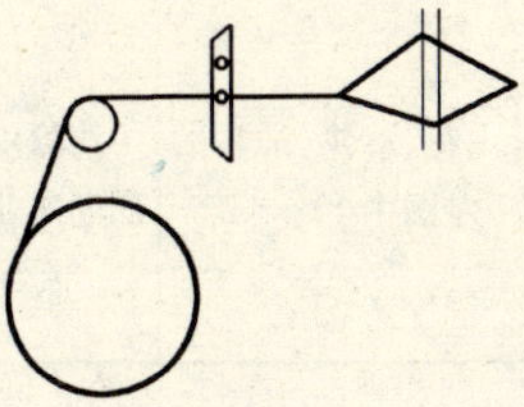	经纱面	有绞头 有倒断头 松经 经纱纠缠	每次发现时都应纠正交叉的经纱,并检查准备工序 除去倒断头 消除造成经纱松动的原因 检查准备工序
7		织机异常如经纱或纬纱断头	纬停异常 经停异常	分析停台内容,检查调整异常
8	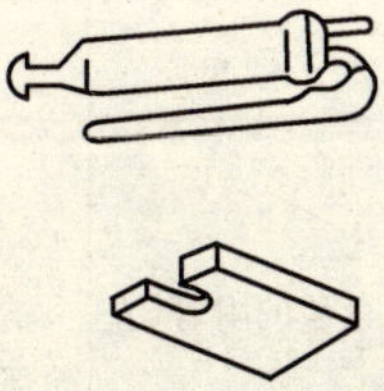	定规工具	数量不齐全 有损坏	数量不齐全时补全 有损坏时更换
9	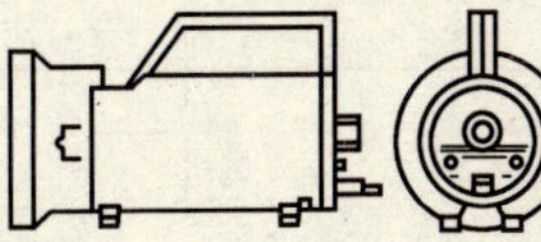	测试仪	数量不齐全 各测试仪的动作不正常 电池不良	数量不齐全时补全 修正更换不正常的仪器 更换电池
10	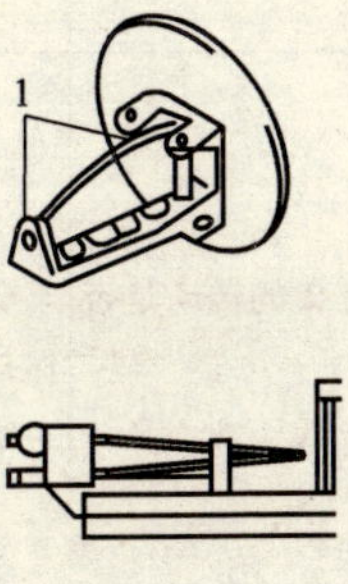	张力导纱器 主喷嘴附近	飞花、落浆附著 纬纱错误穿过弹力张力片及弹力张力片未调至最大值 检查弹力张力片的位置 检查灰尘积累情况	用手或者用空气喷吹除去落棉和大小灰尘 正确穿纬纱 检查鼓筒上卷绕的纬纱的状态时,调节张力片 给筒子纱位置相关的张力器装置正确定位 落棉、落浆的清除(浆斑)

(二)了机时换油的保养(表3－3－117)

表3－3－117　喷气织机了机时换油的保养

序　号	略　　图	检查部位	检　　查	处　　理
1	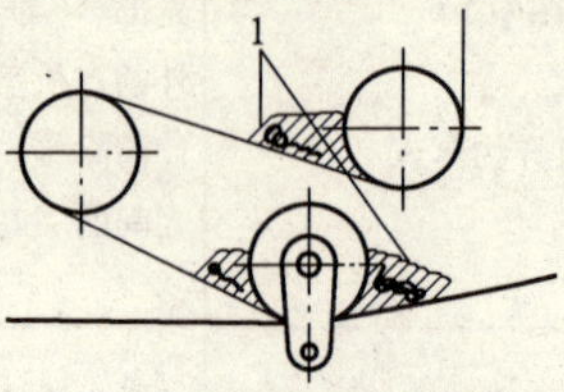	开口导轨盘钢丝绳	飞花、落浆的附著(左图中1) 钢丝绳有损伤	除去导轨盘沟部的飞花落浆(用空气和手清除) 更换损伤的钢丝绳
2	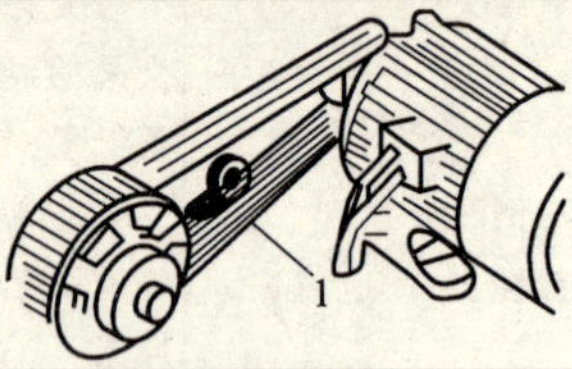	传动皮带传动轮	有飞花、落浆、油圬的附着(左图中1)	清除皮带及皮带轮槽部的飞花、落浆、油圬
3	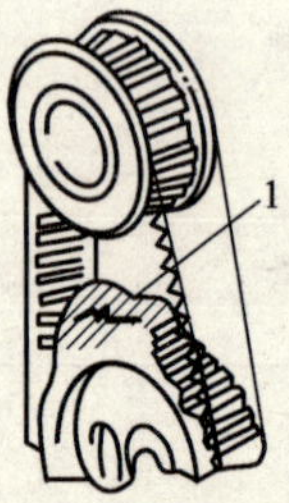	开口时皮带、卷取时皮带和皮带轮	有飞花、落浆、油圬的附着(左图中1)	清除皮带及皮带轮槽部的飞花、落浆、油圬
4	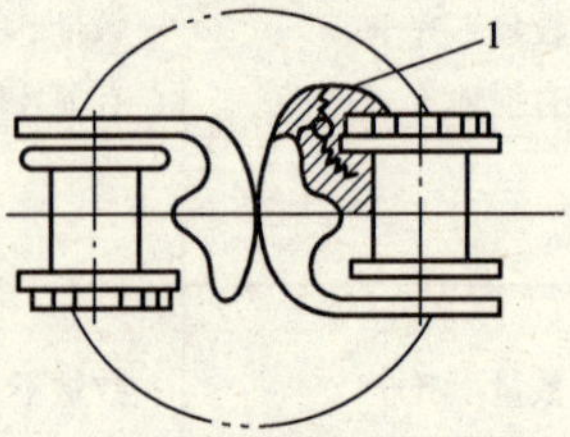	绞边筒子、绞边筒子架	飞花、落浆的附著(左图中1)	清除筒子、筒子架齿轮部的飞花、落浆
5	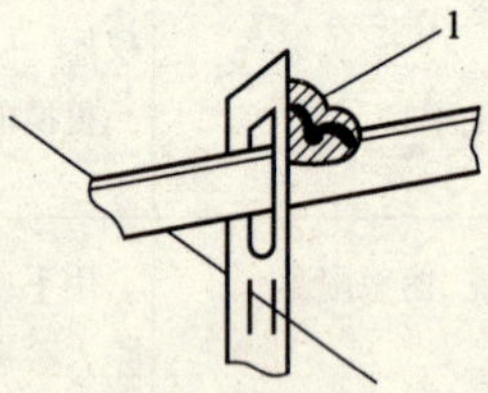	经停片接触杆	飞花、落浆的附著(左图中1)	清除经停片、经停杆部位的飞花、落浆
6	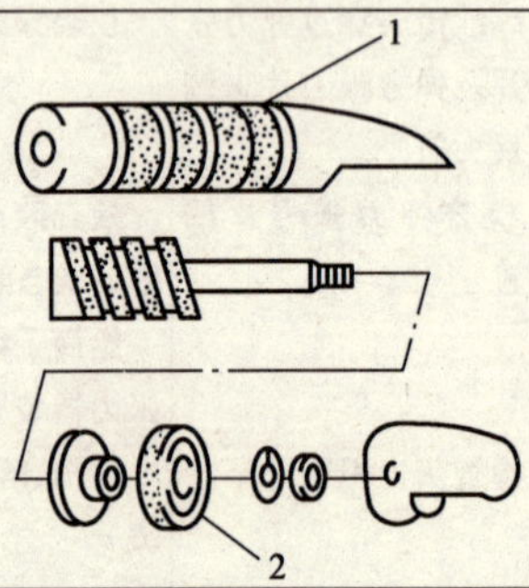	边撑	边撑环2的转动是否灵活 回丝、污垢	分解、清除、加油使边撑环的转动灵活 清除回丝污垢

续表

序号	略图	检查部位	检查	处理
7	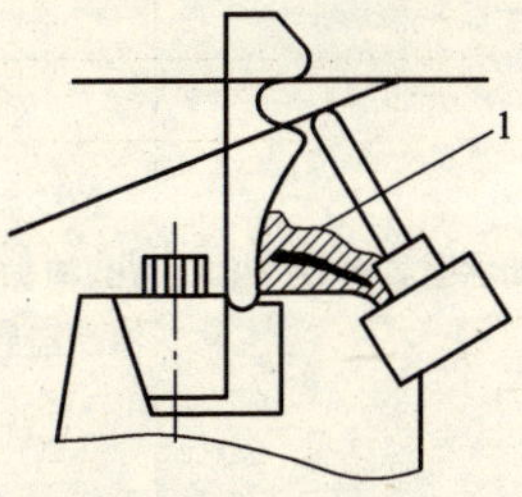	钢筘、筘座	飞花、落浆的附着(左图中1)	清除钢筘、筘座的落花和落浆
8	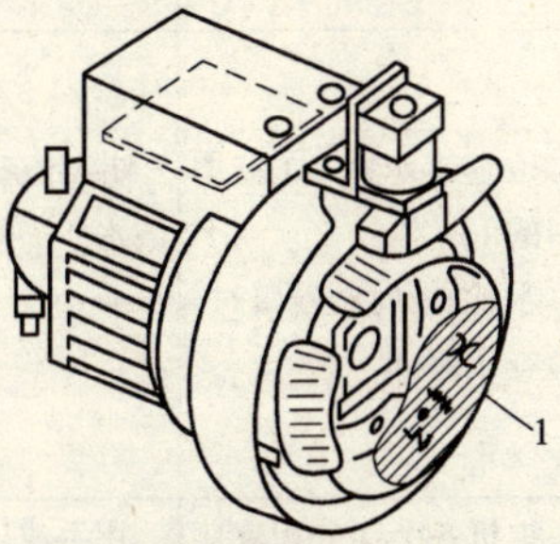	EDP电气储纬器	EDP上附有落花或灰尘(左图中1)	清除电磁针测长板上及四周的落花或灰尘 清洁绕纱传感器的反射板
9	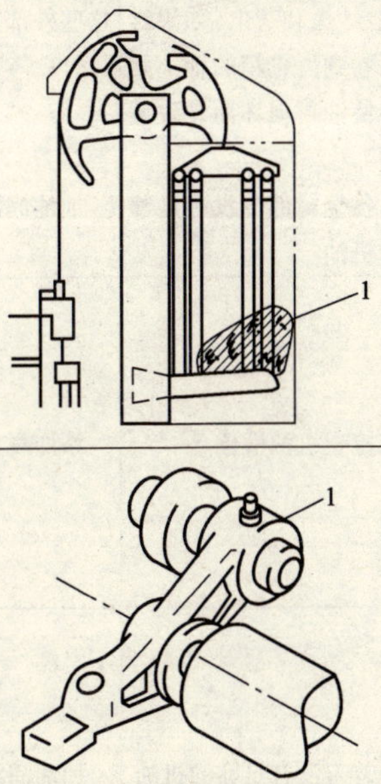	弹簧架	积聚落花或灰尘(左图中的1)	清除弹簧架罩内部的落花和灰尘
10	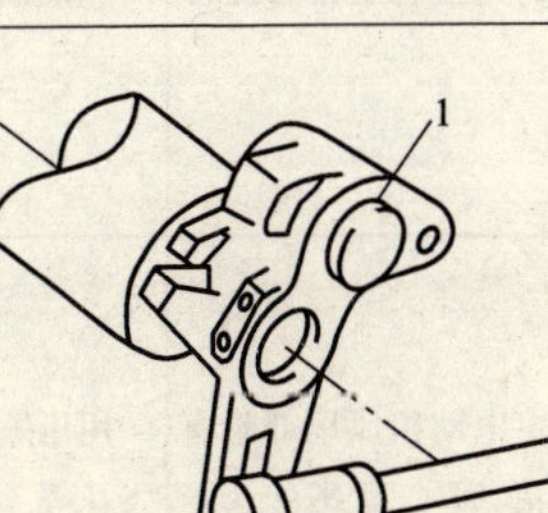	压布辊架	连接部位1无油	加润滑脂
11	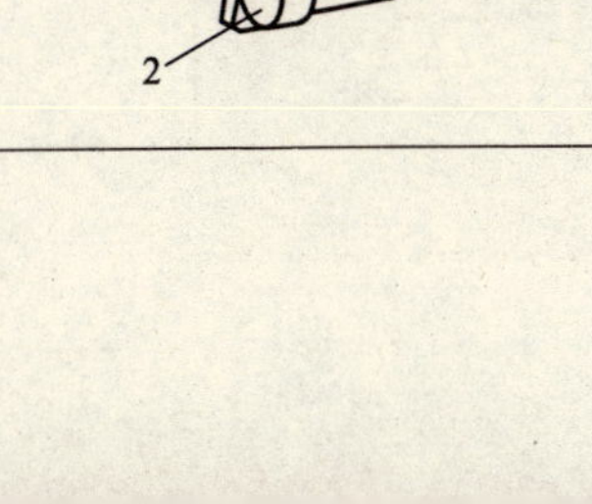	平稳臂 平稳杆	连接部位1无油 平稳杆端部2无油	加润滑脂

续表

序　号	略　　图	检查部位	检　　查	处　　理
12	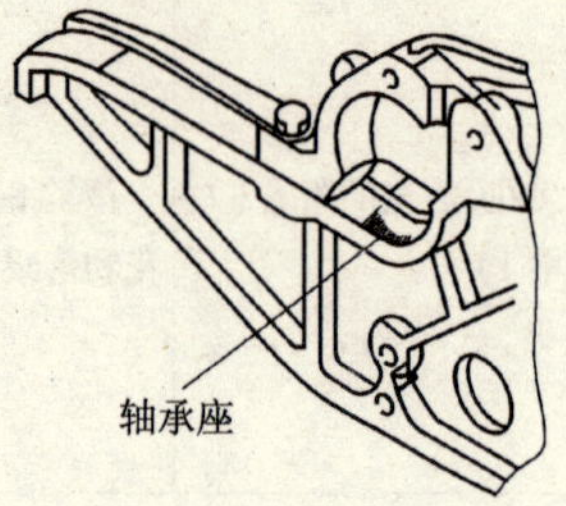	轴承座 经轴支架	轴承座表面的污垢	清除轴承座部位的落花、油垢、落浆、清除后涂润滑脂
13	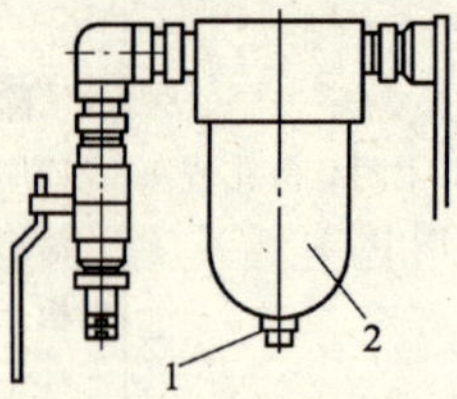	空气滤清器	检查排水状态（左图中的1） 水、油短时间残留时，检查压缩机	排出空气滤清器中的水
14	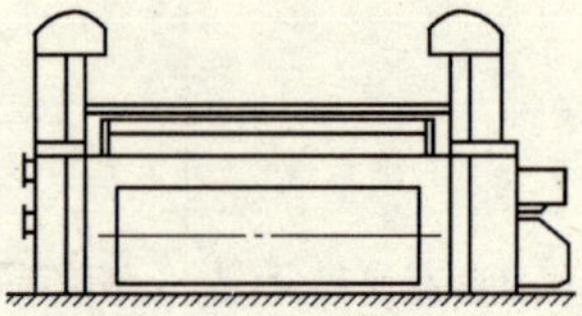	织机整体	织机各个部分积聚落花、纱头和灰尘（如果纱头卷到齿轮箱的轴上则会使油封损坏而导致漏油） 各金属部分没有足够的机油	用手或压缩空气清除这些外部杂物 加油润滑各金属部分
15	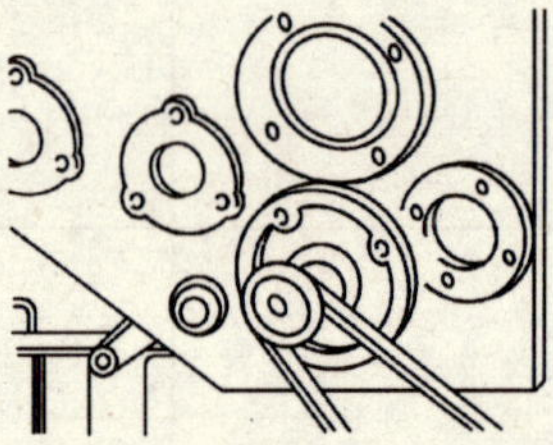	左右侧齿轮箱 开口踏盘凸轮箱 送经驱动箱 左右折入边装置 电动卷取的蜗杆减速器 电动绞边驱动箱	检查机油液位	添加规定牌号的机油
16	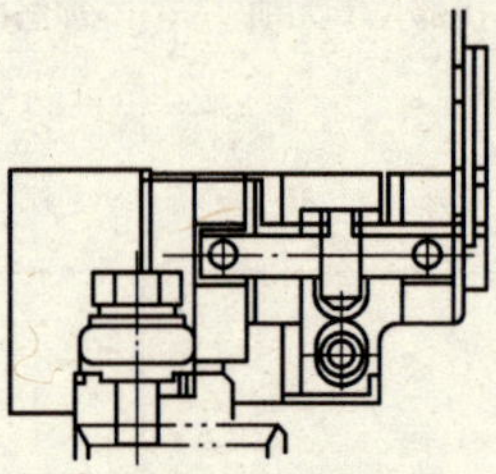	左右剪刀	剪刀没有足够的机油	加油润滑剪刀
17		主电动机风扇部	主电动机风扇部附有飞花、回丝、浆斑	用压缩空气或手清除飞花等

续表

序　号	略　　图	检查部位	检　　查	处　　理
18	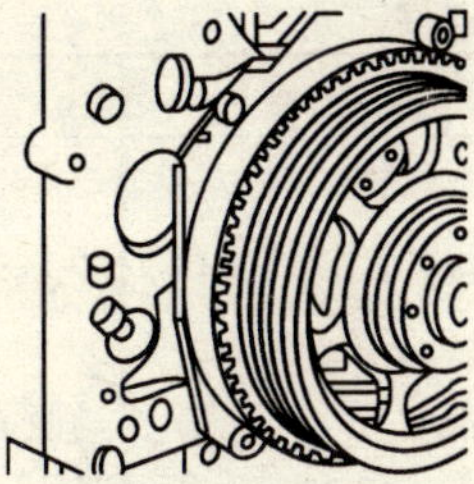	制动器部分	在主制动器部分有飞花、纱头、落浆	用压缩空气或手清除飞花等
19	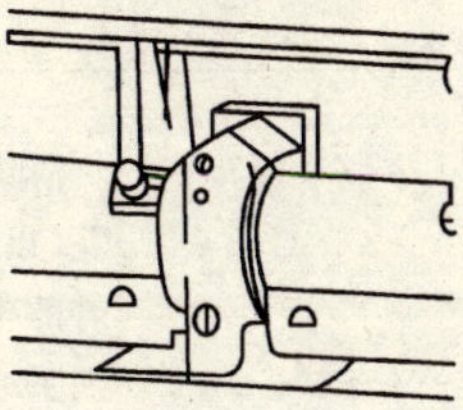	中间轴承衬瓦	有飞花落浆的附着 黄油杯内无黄油 轴承衬瓦无注黄油	除去飞花、落浆 注黄油
20	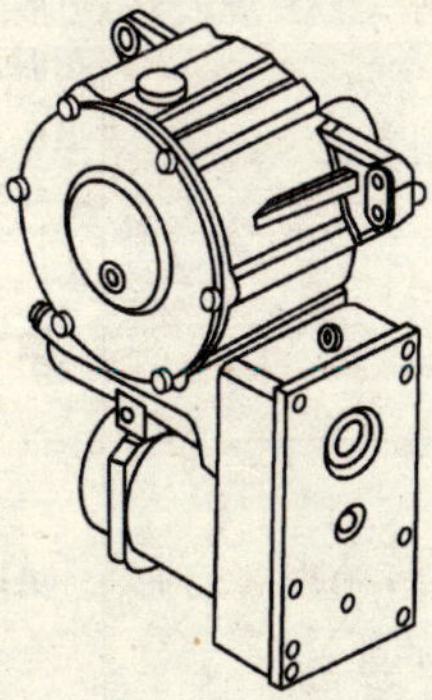	电动卷取驱动齿轮箱	黄油不充足（是否能从孔中看到黄油） 黄油滴落在地上 油位不正常	注黄油 除去黄油 油量没有超过油位时按照不同的规定加足油量

（三）6000万纬（2.5～3个月）的换油保养（表3-3-118）

表3-3-118　喷气织机的换油部位及换油频率

略　　图	检查部位	检　　查	处　　理
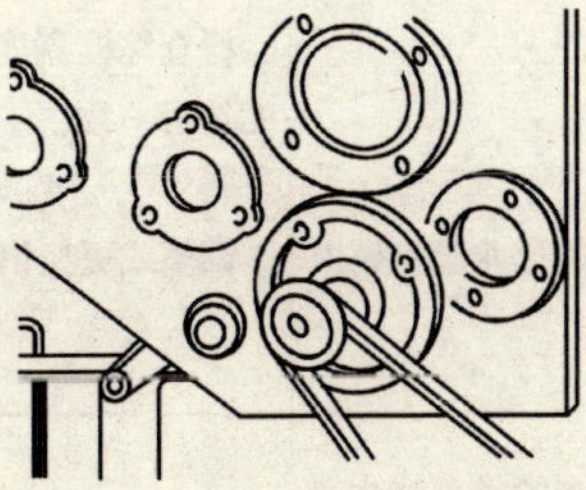	左右齿轮箱 开口踏盘凸轮箱 送经驱动箱 左右折入边装置 电动卷取蜗杆减速器 电动绞边驱动箱		运转开始后约引纬6000万次（约2.5～3个月）时进行第1次换油，以后每年1次（12个月）

(四)3 个月的保养(表 3-3-119)

表 3-3-119 喷气织机 3 个月的保养

序 号	略 图	检查部位	检 查	处 理
1		警告标志(电气储纬器(EDP)控制箱,主电控箱,电动卷取(选购)控制箱,变压器罩)	脏污 脱落	清除脏污 脱落、丢失时贴上新品
2	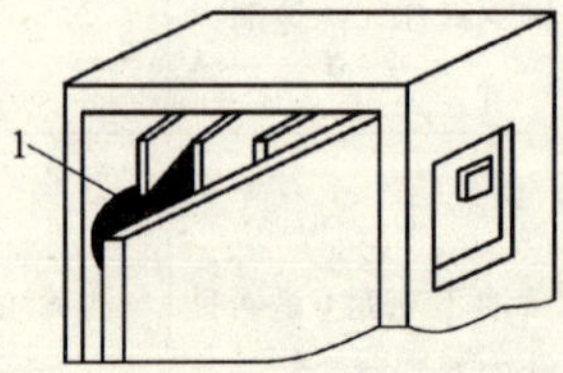	主电控箱	飞花附着(左图中1)	清除主电控箱内的飞花(以清除掉基板上附着的飞花为原则,最好用手或毛刷等清除,不要使用吸尘器。如果需要使用压缩空气吹掉飞花时,则务必事先确认主电源是否关闭,压缩空气是否有水后最好用柔风方式进行) 由电气人员进行
3	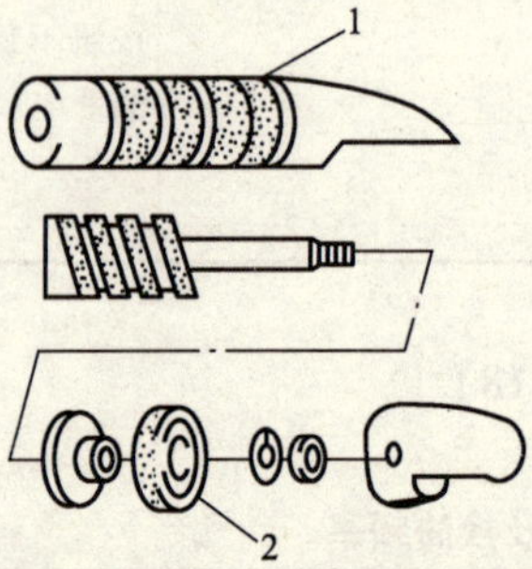	边撑	刺针 1 有磨损、弯曲、折断、损坏 检查 2 号圈的转动情况 纱和灰尘附着	更换刺环 确保边撑转动正常,可拆卸,清理边撑并加润滑油 清除纱头和灰尘污垢
4	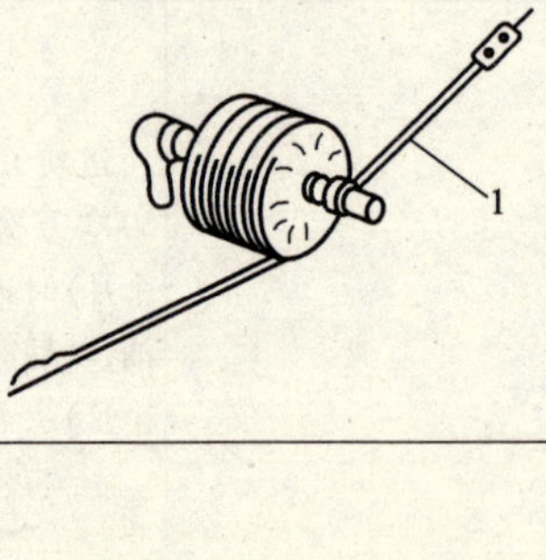	开口钢丝绳(消极开口以及多臂开口)	有延伸 表面的尼龙膜有破损	检查综框高度左右高度是否一致 调整或更换钢丝绳
5		开口导轨盘	导轨盘的轴部导向部有损伤	有损伤时更换新品

续表

序 号	略 图	检查部位	检 查	处 理
6	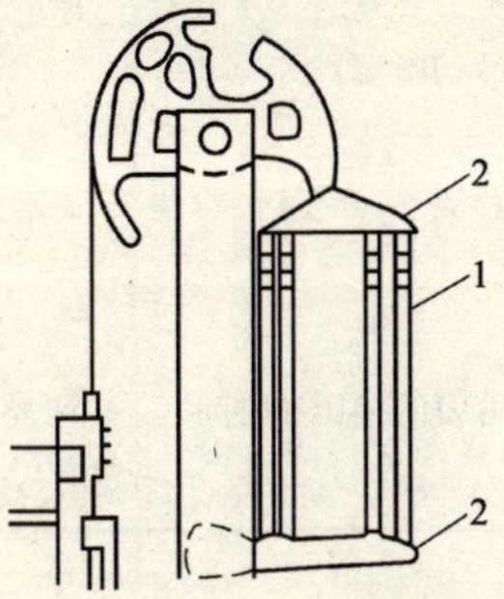	弹簧架	弹簧 1 有损伤 挂钩 2 有损伤	更换弹簧 更换挂钩
7	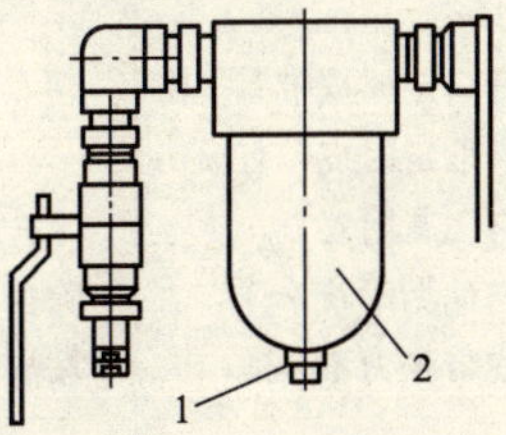	空气滤清器	过滤部 2 的滤芯有堵塞	分解过滤器 清洁或更换滤芯
8	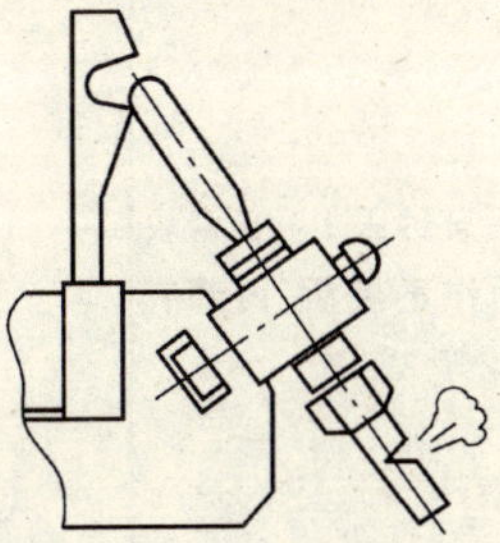	辅助喷嘴气管	辅喷嘴管有破裂或者有孔洞 有漏气	更换损坏的气管 修理漏气
9	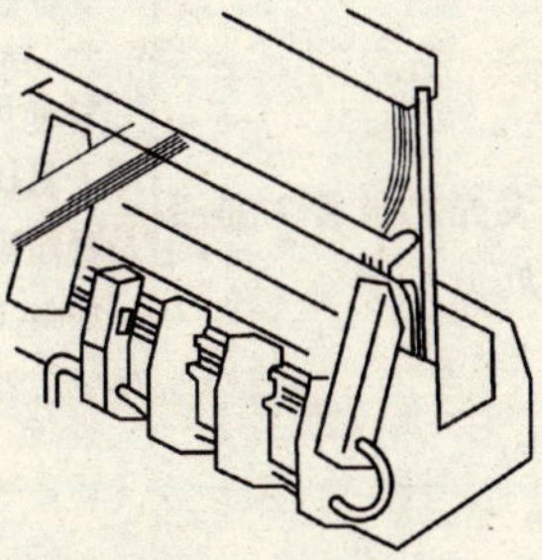	线缆类	线缆类有损伤、断裂 绝缘夹有松动 工作场所的电缆线有松动	更换损伤、断裂线缆 紧固绝缘夹 清除松散的电线或用夹子夹紧
10	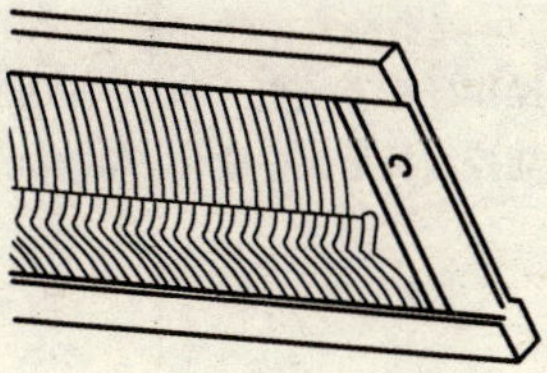	钢筘	有落花、落浆附着 筘齿有损伤	清除落花、落浆 用细纱纸轻轻研磨损伤部位

续表

序 号	略 图	检查部位	检 查	处 理
11	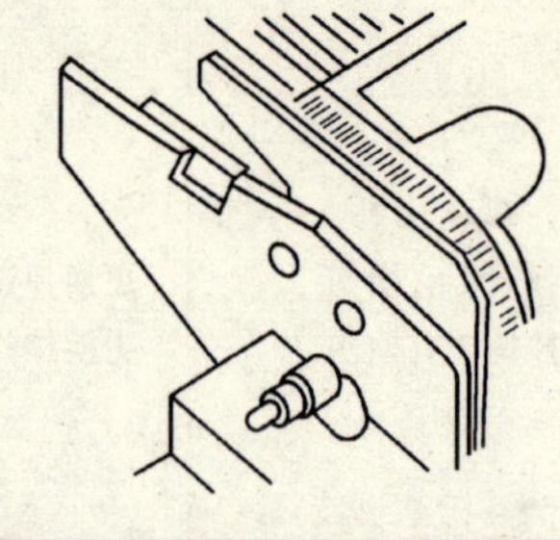	左右布边剪刀	剪刀状况不良(检查纬纱切断端) 检查刀刃表面,有突豁口 剪刀的接压和时间	研磨或更换 研磨或更换 调整啮合度和剪切定时
12	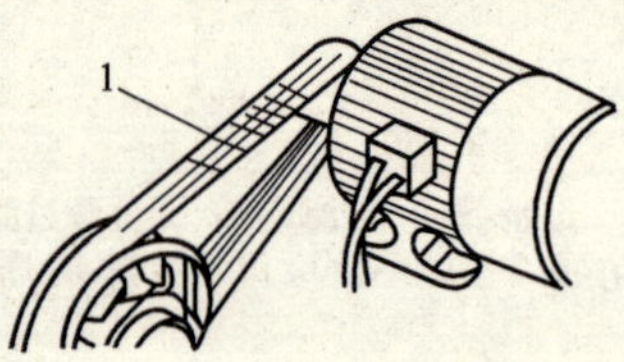	各定时皮带	驱动用V形皮带1有损伤 开口定时皮带有损伤 卷取定时皮带有损伤 有飞花附着 有油垢附着 皮带张力不合适	损伤时更换新品 除去飞花 除去油垢 按规定调整张力
13	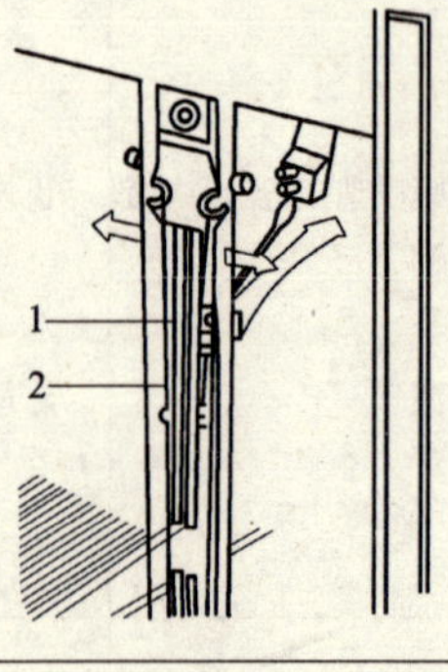	纱罗边装置(克罗卡)	滑环纱眼1和磁滑块2动作不灵活,内部有飞花等	
14	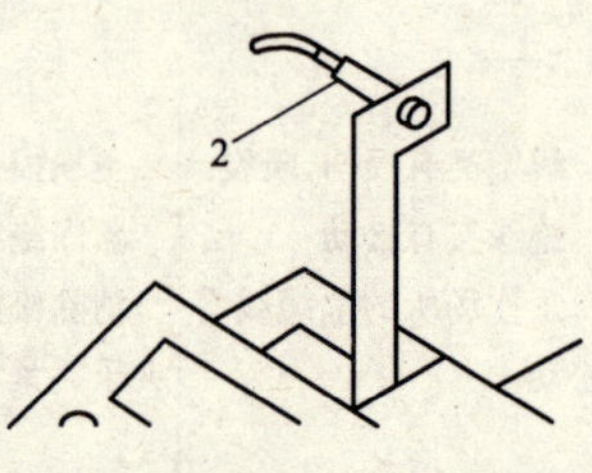	光栅管(织口安全装置)	发光二极管2是否亮灯	灯亮时,缓慢移动时用手阻挡光栅确认织机是否停车 如灯OFF(熄灭),调整感应器的位置或更换
	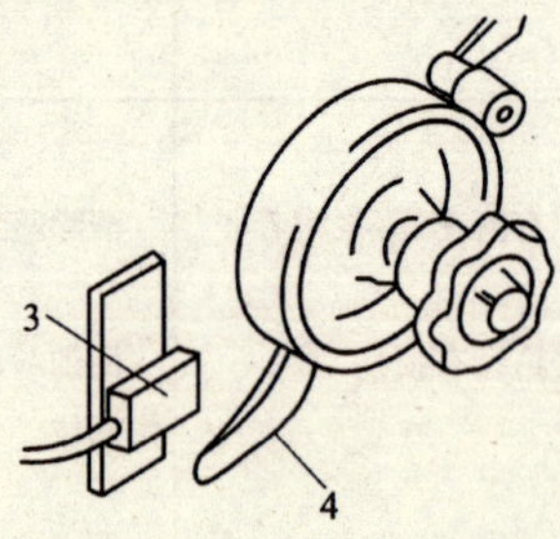	废边纱卷取辊缠绕(选购)	操作杆4、检查灯3和功能控制板是否有显示	如OFF(熄灭),调整感应器的位置或更换

续表

序号	略图	检查部位	检查	处理
15	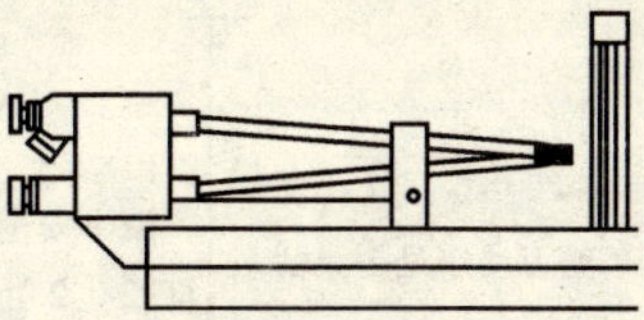	引纬部分	推力、主喷、辅喷嘴各自的喷射停止时间不正确 推力、主喷、辅喷嘴的压力不正确 EDP 时间不正确 左侧剪刀时间不正确	纠正功能控制板上的数据 调整
16	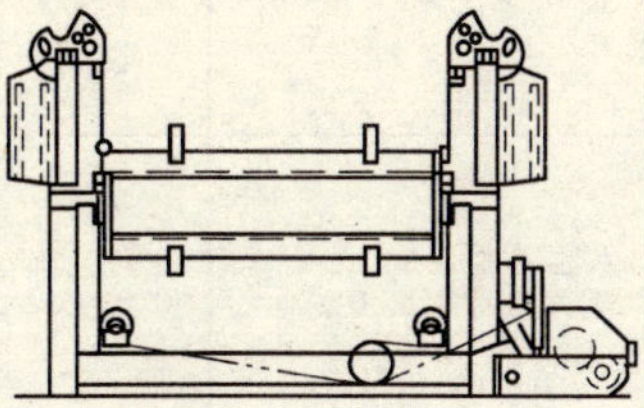	开口部分	综框高度、开口下经纱高度、刻槽位置、开口时间不正确 机器运转时底部绳索摇动 开口系零件的螺丝松动（综框开口绳索等）	进行各项调整 调整开口弹簧数目 再拧紧螺栓
17	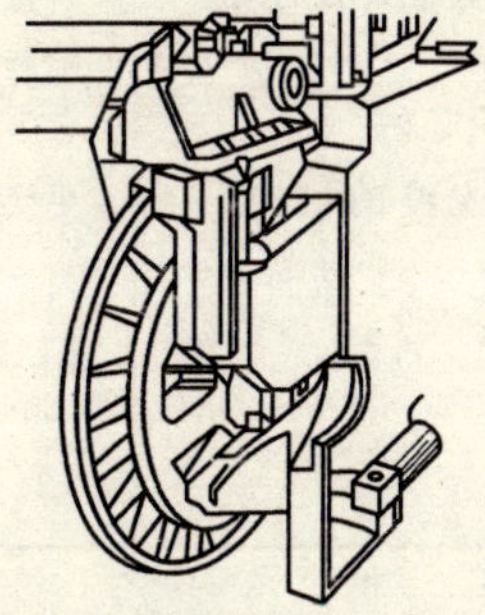	送经装置有关后梁架	平稳、平稳时间、经纱总张力、后梁高度、后梁前后位置、经停架高度和前后位置不正确 松经杆顶端晃动不正常	调整 维修或更换部件
18	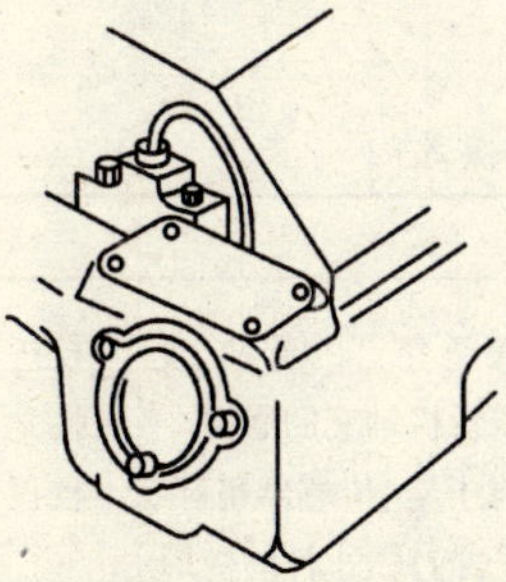	开口踏盘箱（油泵型、无油泵型）	油泵型滤油网有无落花附着 无油泵型滤油器有无落花附着	确认有落花附着时，取出滤油网清除落花 确认有落花附着时，取出滤油器清除落花用煤油清洗滤油器
19	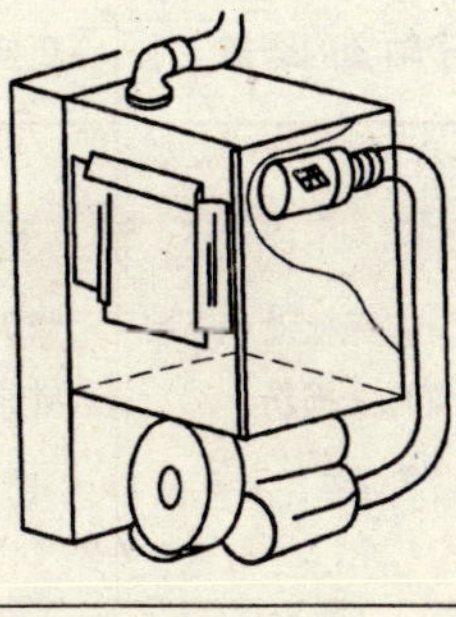	送风电动机装置送风机	纱头、粉尘是否堵塞过滤器	取下除尘管用空气清除过滤器上的纱头、粉尘

续表

序　号	略　　图	检查部位	检　　查	处　　理
20	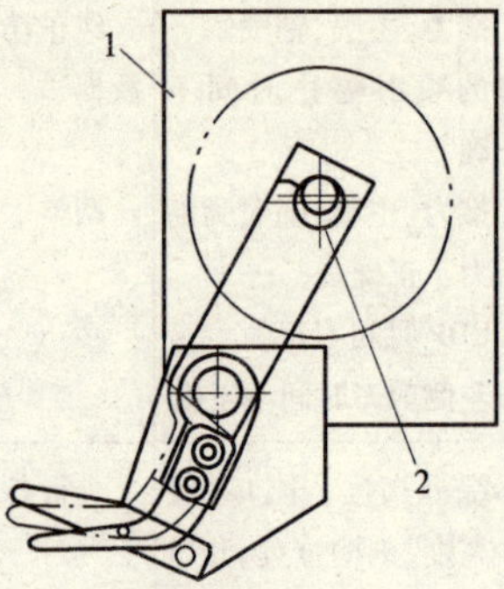	中央布边用纬纱剪刀	剪刀动作是否灵活	取下安全罩1,向剪刀杆长孔2处涂泣滑脂
21	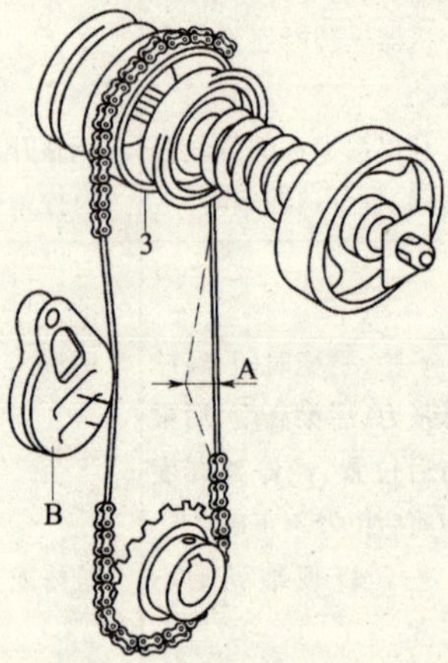	间接卷取辊链条和张紧板	张紧辊A处的间隙 张紧板B的磨损	调整张紧板将A处的间隙调到5mm左右 更换张紧板

(五)6个月的保养(表3-3-120)

表3-3-120　喷气织机6个月的保养

序　号	略　　图	检查部位	检　　查	处　　理
1	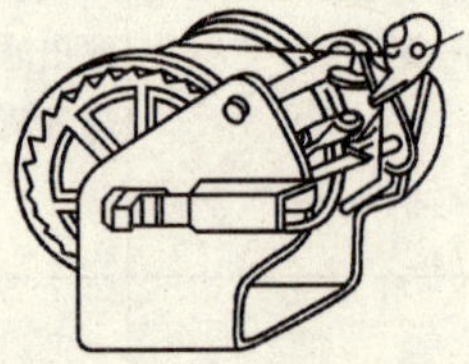	绞边纱筒子架整体	筒子穿钉的弯曲、变形以及机轴套的磨损 筒子架、传感器吊环、筒子穿钉锁止杆的变形 张力弹簧的变形磨损 筒子轴套的磨损	校正弯曲变形磨损时更换 校正变形或更换 校正或更换 更换磨损件
2	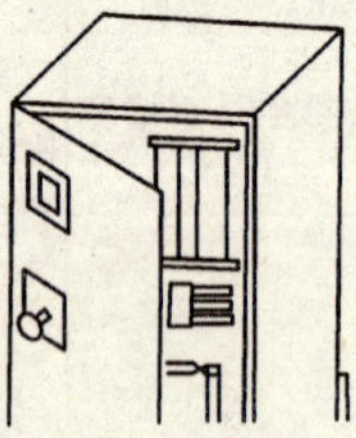	主电控箱	端子有无松动 电缆有无损伤	紧固 维修或更换电缆

续表

序 号	略 图	检查部位	检 查	处 理
3		自动加油装置	油管、夹头有无损伤 检查电动机转动时有无运转声 润滑脂是否到达油管终端	更换损坏品 无运转声时，检查电气控制系统、电缆、电动机内部进行修理或更换 修理油管
4	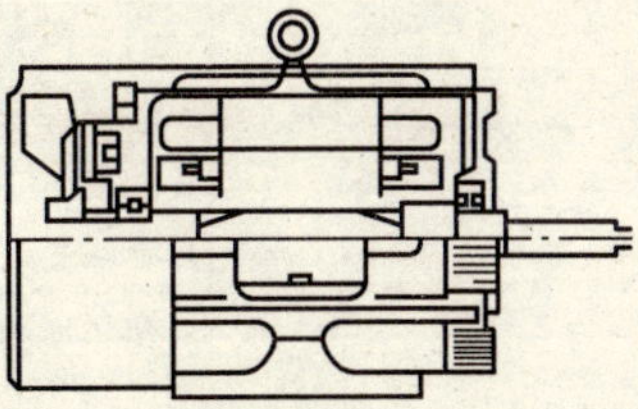	电动机	电动机旋转时有无异常噪声 织机停止位置是否正常，此外，电动机轴承的旋转是否平稳 清理电动机壳体 电动机电缆的检查 DC500V 兆欧表的检查 注意：切勿对 10、12 端子进行 DC500V 兆欧表的检查，否则可能会导致控制电路的损坏。	如有异常噪声应更换轴承，轴承必须使用丰田织机公司指定的内含耐热润滑脂的产品 如有异常，请调整制动器的间隙 清理电缆外覆层，清除飞花及油脂等 确认电缆外覆层有无损伤。对于外覆层上的细小裂纹(裂口)，请用绝缘胶带、绝缘护套等予以修补。当外覆层上出现大的裂纹，且损伤到芯线位置时，应尽早更换电缆，确保电缆有相当大的弯曲半径，不要让电缆过于曲折。(弯曲半径应在电缆外径的6倍以上) 电缆各端子(U、V、W、X、Y、Z)与机架(接地)间的绝缘阻抗应在1M 以上，如低于上述数值，应进行线圈的清洁或用绝缘漆进行处理
5	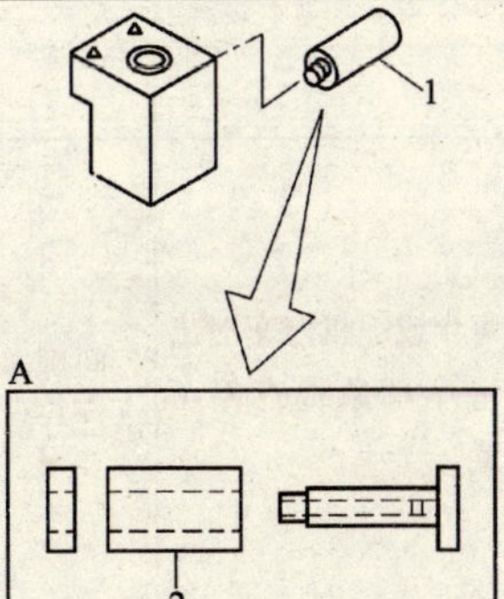	左侧电磁式剪刀和动力缸消声器	检查剪刀刀刃的动作是否灵活 检查误剪情况是否多	消音器 1 的清扫 如图 A 所示，分解消声器 1，除去空气通道内的灰尘，并用压缩空气清洁滤清器 2 检查相关位置

(六)6 个月的特别保养(表 3-3-121)

表 3-3-121 喷气织机 6 个月保养

序号	检查部位	检查	处理
1	空气气管接头漏气	休息日,织布车间安静时,逐台检查有无漏气	修理漏气部位
2	织机整体	休息日,织布车间安静时,逐台开动织机检查有无杂音。(比如在非工作日期)	出现杂音的机台,进行处理(比如声音来自齿轮箱内由于某部件的断裂,建议不仅更换该部件而且检查所有的部件并换油)

(七)1 年的保养(表 3-3-122)

表 3-3-122 喷气织机 1 年期保养

序号	略图	检查部位	检查	处理
1	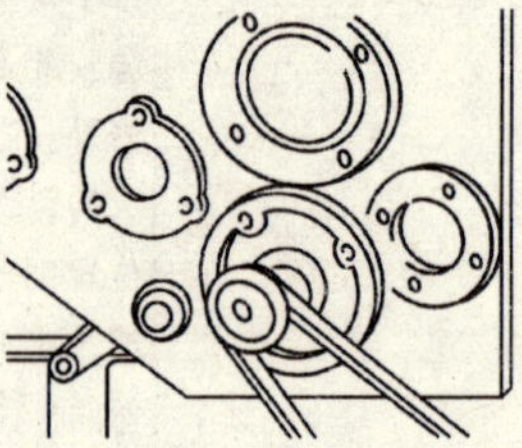	左右齿轮箱 开口踏盘箱 送经驱动箱 左右折边器 电动卷取蜗杆减速器 电动绞边驱动箱		每年换油 1 次
2	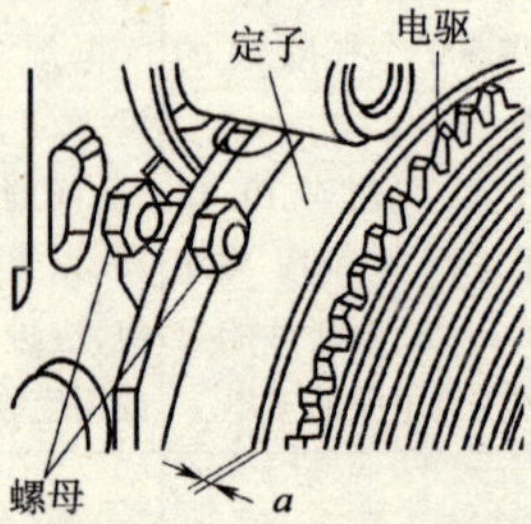	制动器	每年或织机停车时出现滑车现象检查停车位置	间隙 a 不合规定时,进行分解
3	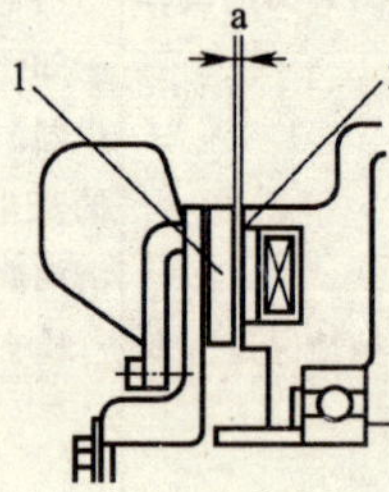	主电动机 制动器(选购)	每年或织机停车时出现滑车现象检查停车位置	间隙 a 不合规定时,进行分解

续表

序　号	略　　图	检查部位	检　　查	处　　理
4	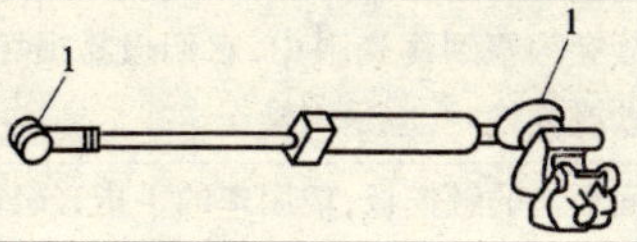	平稳杆终端	每年(12个月)检查1次平稳杆终端1的径向的活动即磨损程度	超过0.5mm时更换
5	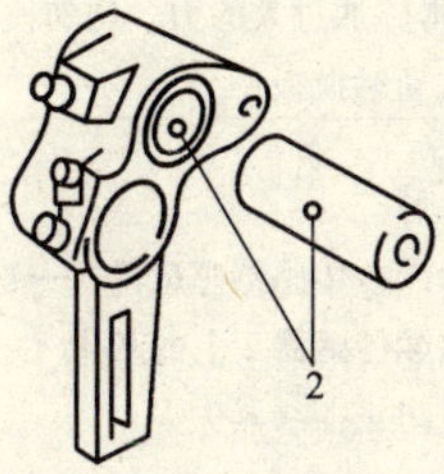	平稳臂轴,轴套	每年(12个月)检查1次轴和轴套2的径向活动量即磨损程度	超过0.5mm时更换

(八)2~3年的保养(表3-3-123)

表3-3-123　喷气织机2~3年的保养

略　　图	检查部位	检　　查	处　　理
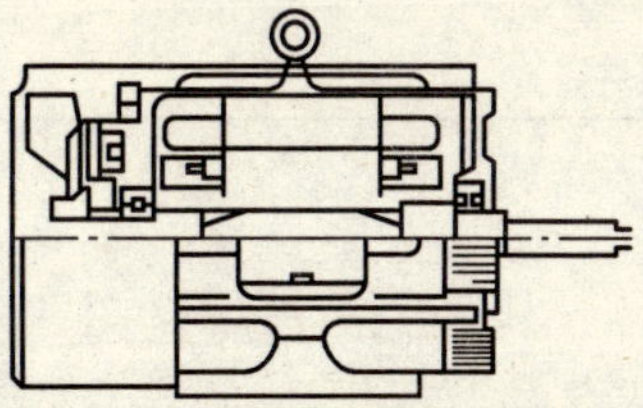	主电动机	电动机是否有异常声	如出现异常响声,应更换轴承

(九)日常操作和维护要点(表3-3-124)

表3-3-124　喷气织机日常操作和维护要点

序　号	略　　图	检　查　要　点
1	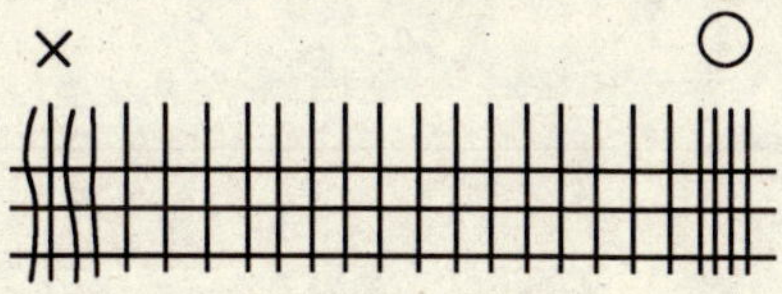	检查织物两端的布边,应始终使之结实并且美观。尤其是要注意左边,它对纬停台影响极大 应检查毛边的切口和切口长度,以确知刀片的锋利度,它们对纬停台影响也很大
2	运转速度、停台	每天检查机器出现的问题,当天分析问题原因,当天采取必要的措施
3	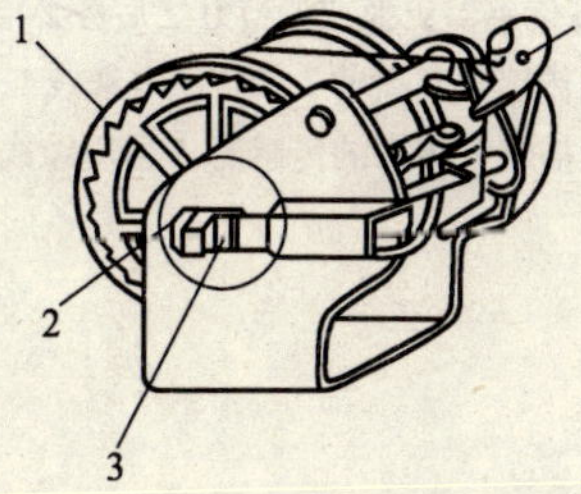	装入绞边纱轴1时,确保轴杆装置2紧紧卡在线轴杆3上。机器运转时没装上制动装置2会损坏绞纱装置,这也是损坏绞纱边的一个常见原因 同时检查轴套

续表

序　号	略　　图	检　查　要　点
4		不要把经纱穿钩塞到陶瓷眼中,它们极易损坏。在穿过陶瓷眼中的纬纱或废纱时,应手工操作
5	触 摸 板	操作功能面板上的触摸板,请用您的手指轻轻触摸,即使用手指操作时,也不得施加过大的力。切勿使用圆珠笔笔尖、剪刀或穿纱钩等来按动触摸板
6	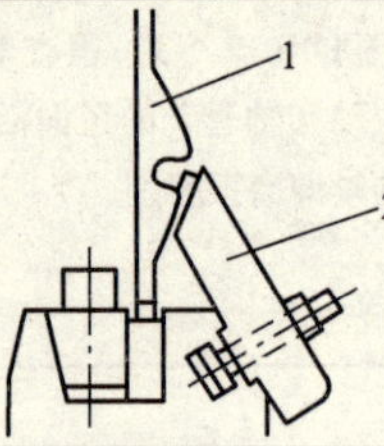	每天用柔布抹净纬纱传感器感应部件一次 抹去齿筘 1 和纬纱传感器 2 上的灰尘 上述维护措施可防止探纬器失误
7	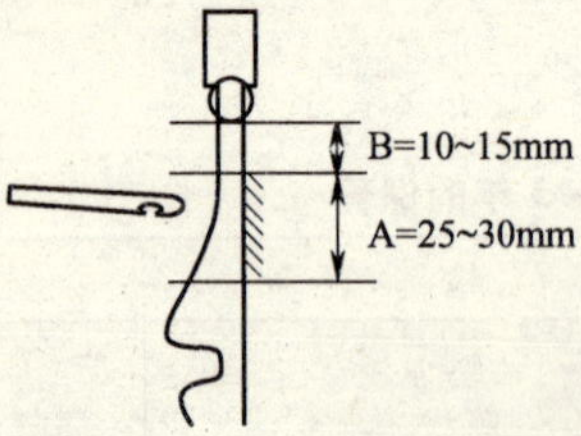	使用经纱穿钩连接断纱时,按左图所示从齿筘 A 段而不是 B 段引出经纱 注意不要弄弯或损害筘齿
8	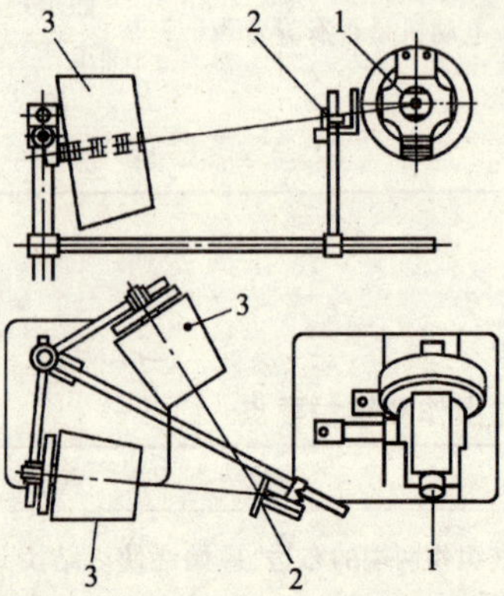	按图示检查筒子 3 和张力片 2 的安装位置和角度(1 为磁鼓)(相对张力片来说,筒子的安装位置和角度非常重要) 检查张力片,确保没有灰尘或疵点,并检查张力片的设定
9	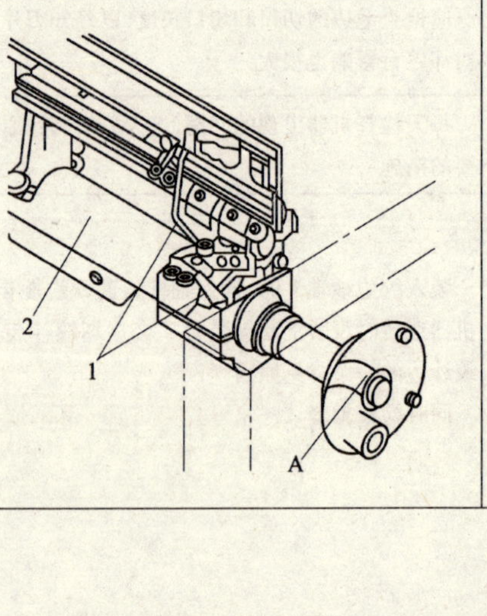	在纬纱传感器更换或调节好之后务必检查: (1)从传感器到摇臂 2 的传感电缆线 1 无松动 (2)从摇臂 2 出来的传感器 A 段电缆线松弛弯曲情况

续表

序号	略图	检查要点
10	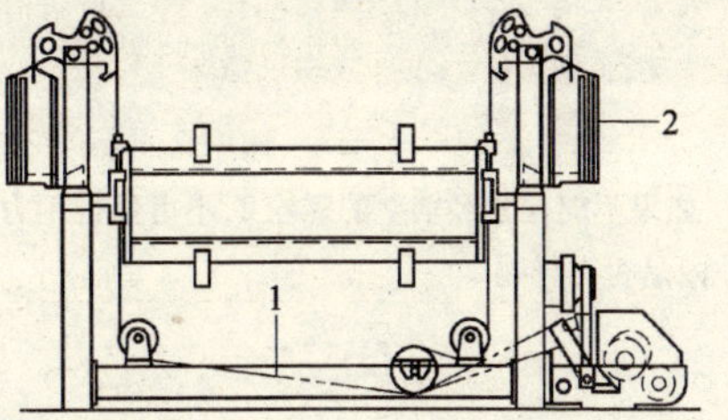	检查机器运行时钢丝绳 1 不发生非正常摆动，如有非正常摆动： (1)检查弹簧 2 是否折断 (2)使用的弹簧数是否正确(如调整机器速度或更换织物后钢丝绳 1 仍然正常摇动)
11	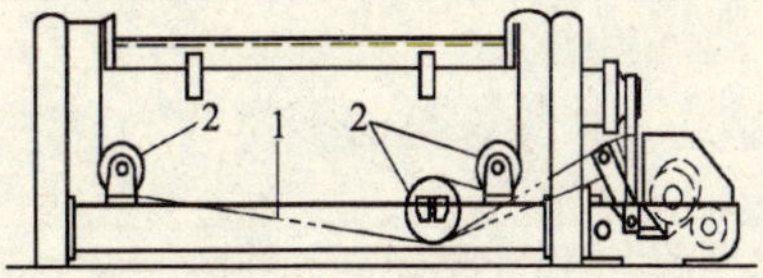	如钢丝绳在平综操作时或其他情况下松弛，请检查： (1)钢丝绳是否从导轨盘内脱出 (2)钢丝绳是否打绞
12	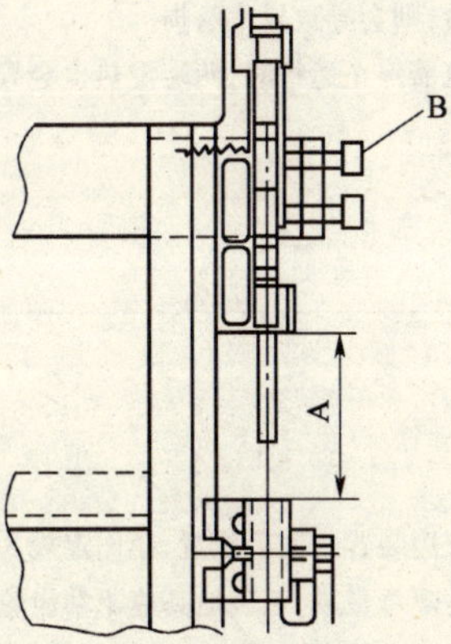	定期检查综框的高度 A，在更换钢丝绳以后仍要检查高度 A，因为新钢丝绳往往自然伸长(调整综框后，紧螺栓 B 时可将综框升至最高)
13	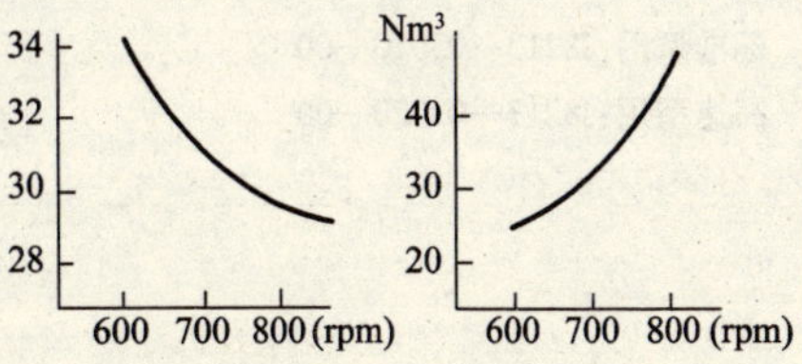开口角度和机器速度　空气消耗和机器速度	调整机器转速或开口角度，请考虑部件的磨损、能量消耗及工作效率。机器速度或开口角度的选择也取决于织物
14	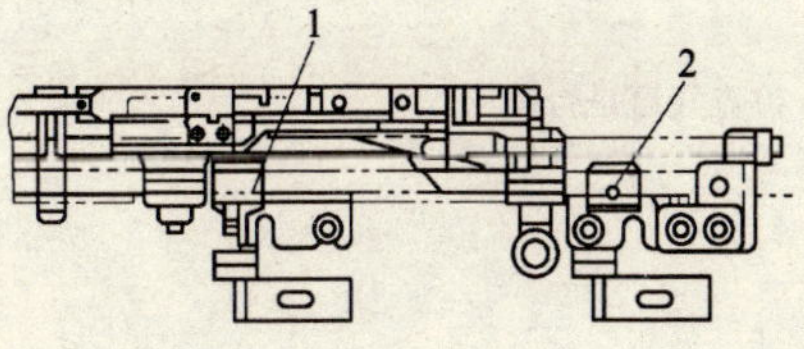	调整织物宽度时，请按图示调整边撑支架 1 和 2

续表

序 号	略 图	检 查 要 点
15	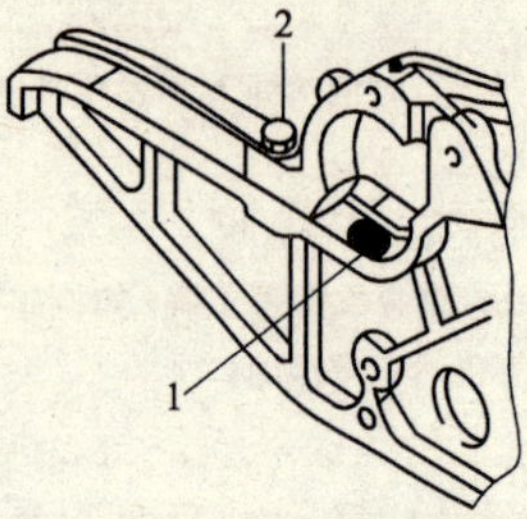	如果不能拧紧经轴上的螺栓2,不可强行用力。可检查卡槽1内是否有异物
16	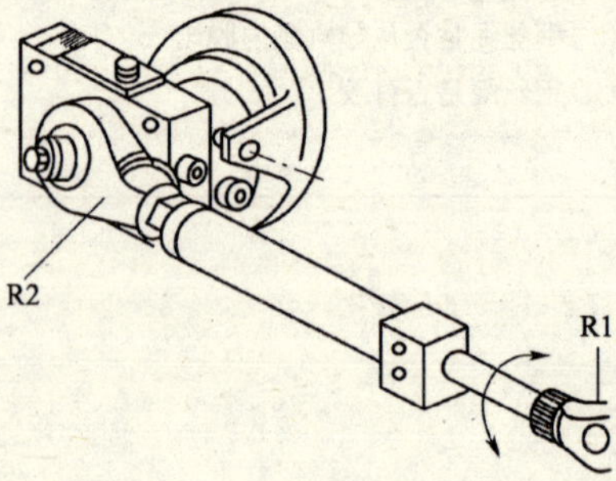	当机器停止时,用手检查连杆R1和R2的转动情况。调整连杆后座位置后,务必检查连杆两端运行情况。如果两端运行不平滑,则会导致异常磨损 如果机器停止运行时,两端发热也会导致异常磨损
17	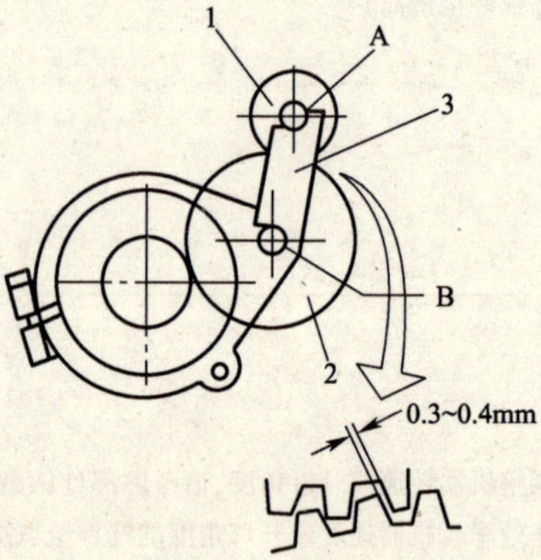	对于绞边装置的前后位置,使用定规3(J8213—02010—00)和专用的螺母量规,正确地高速驱动齿轮轴1与过桥齿轮轴2之间的A至B距离。调好的间隙是0.3~0.4mm 螺母量规: 标准型用:J8213—03010—00 高速型用:J8213—03020—00
18	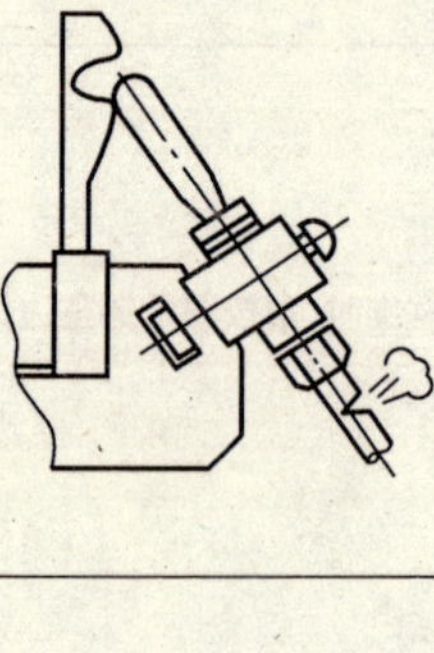	检查气道是否漏气

续表

序　号	略　　图	检　查　要　点
19	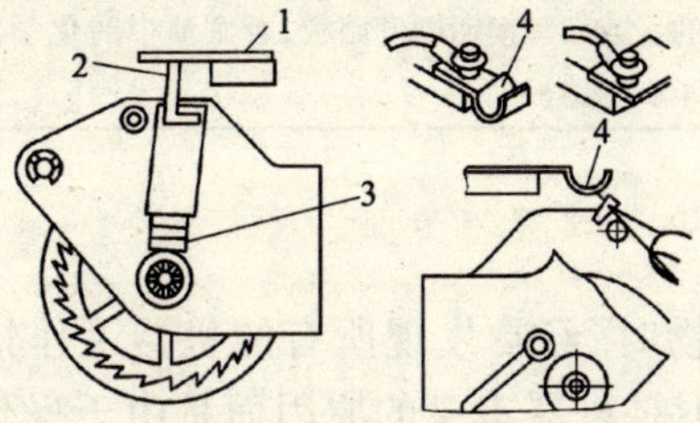	平面传感板1（如连轴杆制动2未卡住连杆3时它使机器停止） 圆形传感器4（如绞纱断时它使机器停止），检查传感器是否正常工作
20	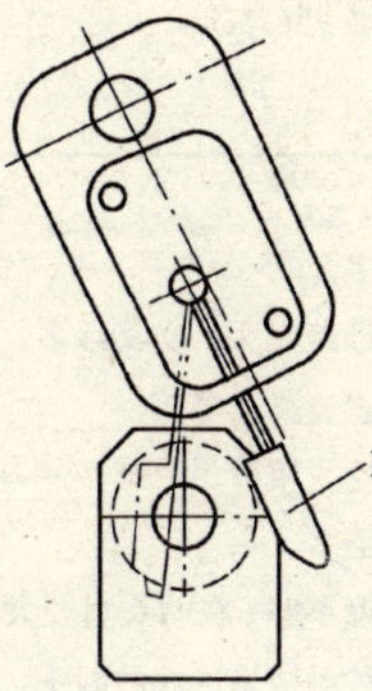	TAPO处理时，不要强行拉扯缠绕在传感器1上的纬纱，传感器易弯或折断 在清洁传感器或周边部件时，应注意不得挂住传感器
21	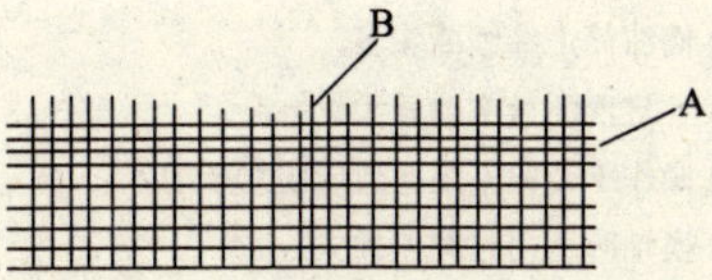	机器起动后即刻检查织物 （1）织物表面有无稀密路和浪纹出现 （2）由于操作不当（A）或者穿错的经纱（B），使织物中有断头
22	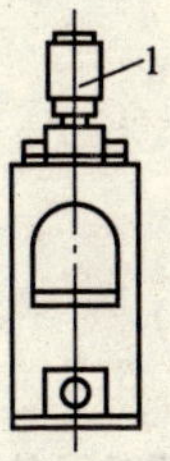	应定期拆卸并且清洁左侧电磁剪刀的电磁阀1。如果电磁阀因灰尘、飞花或者绒毛发生堵塞，那么可能引起剪刀出现故障。用空气清洁非常有效
23	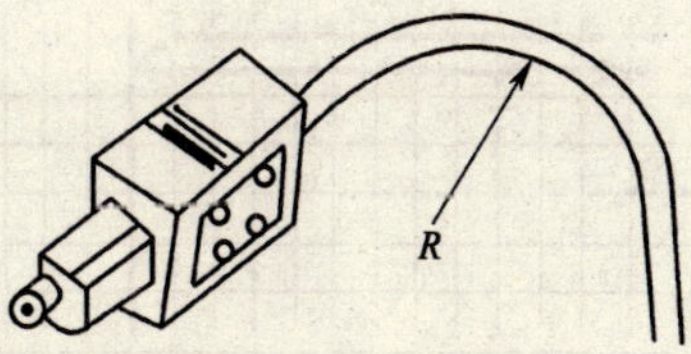	检查通信用光纤电缆，当操作那些光缆时切勿用力拉动或者弯曲。可弯曲最小半径 R 为20～25mm

续表

序 号	略 图	检 查 要 点
24	印刷电路板	在进行印刷电路板的检查或更换(看不清)时,不得用沾有油的手或布触摸印刷电路板,否则油中的化学成分可能会损伤印刷电路板

六、织造故障

在喷气织机安装后,第一次起动或织造新织物时,经常发现所有的机器工作情况不正常(主要是常有纬纱或经纱断头)。在多数情况下,不是机器本身的原因而是由于操作不当的原因,既使机器工作状态不佳也不要超过正常范围来调整,首先分析生产过程找出真正的原因。纬纱或经纱断头可称为纬纱故障、经纱故障。如图 3-3-82 所示。

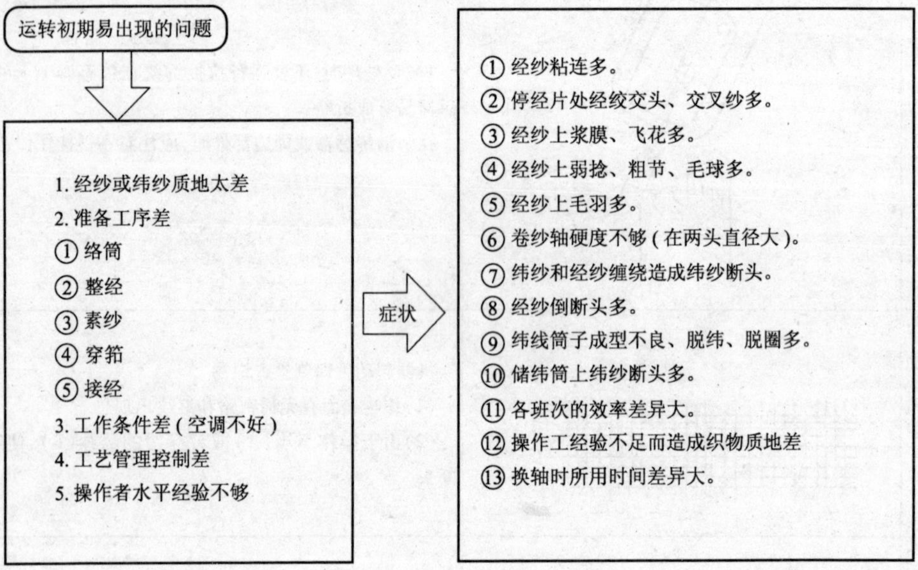

图 3-3-82 织造故障分析框图

(一)纬纱方面

1. 与入口处经纱绕在一起的纬纱,引起折返(表 3-3-125)

表 3-3-125 纬纱与入口处经纱绕在一起的现象及处理

现 象	图 例
纬纱的前端与经纱入口处的经纱缠绕,并且不能正常引纬,出现纬纱折返	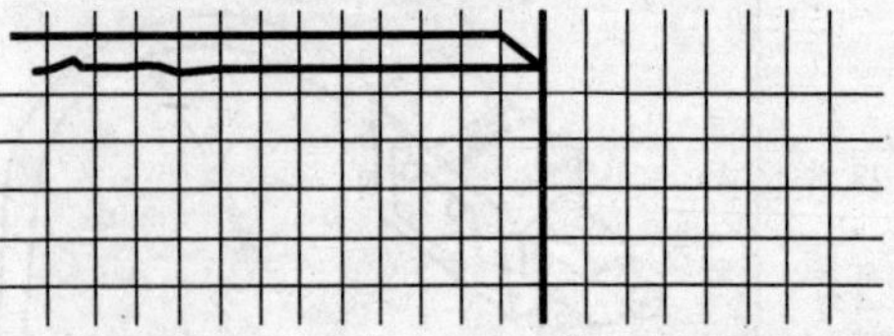
检 查 重 点	处 理

续表

<table>
<tr><th>现　　象</th><th>图　　例</th></tr>
<tr><td>(1)检查入口附近边纱的张力
穿综、穿筘是否有错误
穿筘根数是否正确
绞边纱穿筘是否正确</td><td>左侧的穿筘方法
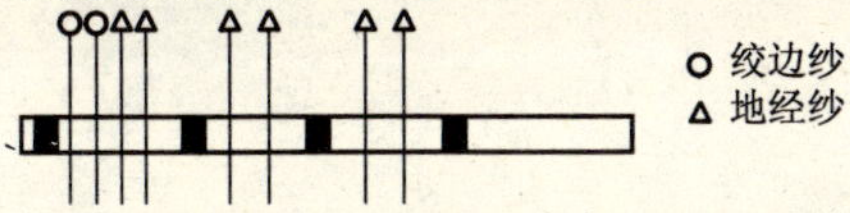

或
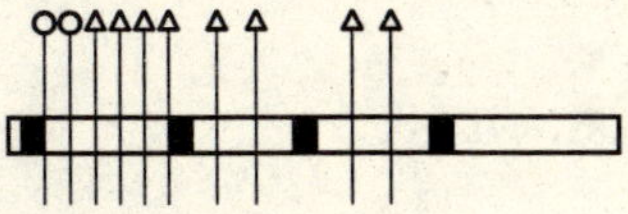</td></tr>
<tr><td>(2)检查经纱开口状态(清晰)
检查后梁高度、停经架高度是否正确
检查平稳量和平稳时间
经轴的硬度、卷绕情况和并绞纱情况
经纱张力是否过低
因浆纱不良造成经纱开口不清</td><td>后梁标准高度<table><tr><th>织物组织</th><th>后梁高度</th></tr><tr><td>平纹($\frac{1}{1}$)、斜纹($\frac{2}{2}$)</td><td>0</td></tr><tr><td>斜纹、缎纹($\frac{2}{1}$,$\frac{3}{1}$,$\frac{4}{1}$)</td><td>+1</td></tr><tr><td>斜纹、缎纹($\frac{1}{2}$,$\frac{1}{3}$,$\frac{1}{4}$)</td><td>-2</td></tr><tr><td>多臂</td><td>0</td></tr></table>如果开口不清则应在20～30°之间调整凸轮的相移角度</td></tr>
<tr><td>(3)左绞边纱的闭合定时和开口状态是否正确,如不对,检查:
开口时间是否正确
张力弹簧是否破损
绞边纱张力
绞边纱上的毛球
各轴套是否松动(磨损)</td><td>绞边纱的开口时间<table><tr><th>位　　置</th><th>主轴角度</th></tr><tr><td>左侧</td><td>280°</td></tr><tr><td>右侧</td><td>10°</td></tr></table>绞边纱的张力标准参照相关内容</td></tr>
<tr><td>(4)检查引纬前的纬纱状态
微风气压是否正确
气流量
主喷嘴的喷气起动时间和电磁针开启时间之间的关系
检查 T_w 是否延迟</td><td>微风压力的标准值0.08MPa(0.8kg/cm^2)
微风量标准值:流量调节刻度2
使用闪光仪,观察引纬前的纬纱姿态,决定压力的大小
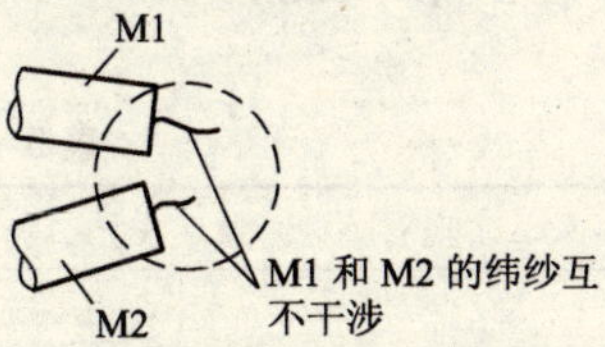
</td></tr>
<tr><td>(5)检查左侧剪刀的剪刀状况、时间
纬纱剪断后前端是否有毛羽
剪切时间是否正确
纬纱剪断后,由于纬纱回弹纬纱在助力喷嘴和主喷嘴之间,在助力喷嘴和EDP之间的状态是否良好</td><td>左侧剪刀标准时间:25°～30°
使用闪光仪,观察纬纱是否在以上时间内被切断以及切断后主喷—助喷,助喷—EDP之间的纬纱状态</td></tr>
<tr><td>(6)检查纬纱在主轴角度40°时至开始投纬前,出主喷嘴的长度
导纱器的安装位置
并联喷嘴的安装位置</td><td></td></tr>
</table>

续表

<table>
<tr><th>现 象</th><th>图 例</th></tr>
<tr><td>(7)检查综框高度(下纱高度)
下纱高度是否正确
定期检查综框高度,每月 1 次</td><td>开口角和下经纱高度的标准大致如下(单位:mm)
<table>
<tr><th colspan="2">纱线种类</th><th colspan="3">短 纤</th><th>长丝</th></tr>
<tr><td colspan="2">开口角度</td><td>30°</td><td>32°</td><td>34°</td><td>24°</td></tr>
<tr><td rowspan="2">下纱高度</td><td>$\frac{1}{1}$,$\frac{1}{2}$,$\frac{1}{3}$,$\frac{1}{4}$</td><td>24</td><td>23</td><td>21</td><td rowspan="2">22</td></tr>
<tr><td>$\frac{2}{1}$,$\frac{3}{1}$,$\frac{4}{1}$</td><td>23</td><td>22</td><td>20</td></tr>
</table>
</td></tr>
<tr><td>(8)检查引纬开始(电磁针打开)时间
检查引纬开始(电磁针打开)时间是否过早</td><td>如下图所表示,引纬开始时 A、B 尺寸要在 5mm 以上,以此确定电磁针的打开时间
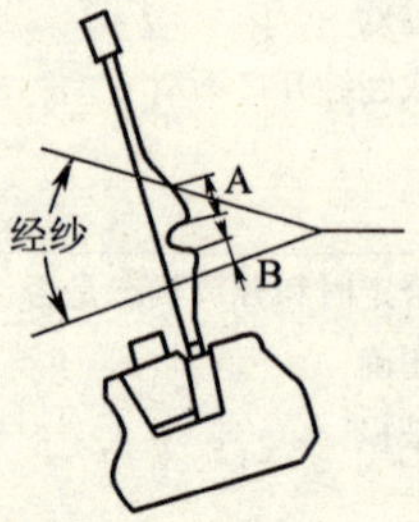</td></tr>
<tr><td>(9)检查边撑的撑幅状态
检查边撑的撑幅状态布端不能超出边撑端</td><td>布端必须与边撑端一致
调整边撑的倾斜方向</td></tr>
</table>

2. 起圈(表 3-3-126)

表 3-3-126 起圈现象及处理

<table>
<tr><th>现 象</th><th>图 例</th></tr>
<tr><td>纬纱前端在织物内折返圈状</td><td>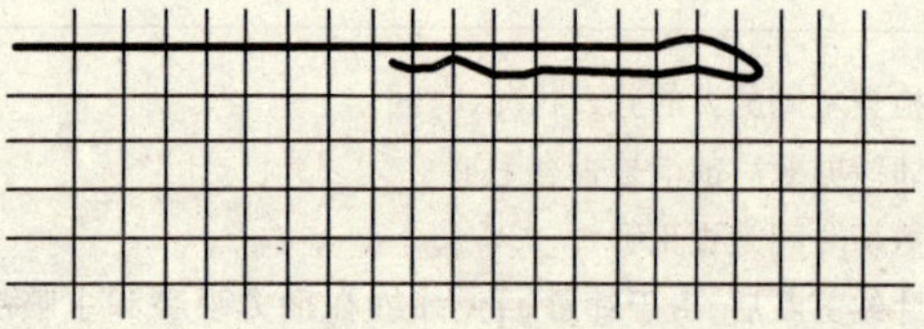</td></tr>
<tr><th>检 查 重 点</th><th>处 理</th></tr>
<tr><td>(1)检查辅喷嘴的气管接法,有无漏气
副喷气管是否过长,与主轴或压布辊接触造成气管破裂</td><td>使用手动喷射,逐个检查辅喷嘴,有破裂时进行修理、更换</td></tr>
</table>

续表

<table>
<tr><th>现　　象</th><th>图　　例</th></tr>
<tr><td>(2)检查入口 300mm 处的纬纱飞行状态
纬纱是否飞出钢筘通道
副喷气压是否正确
与电磁针打开相比,主喷的喷射时间(先行角)是否正确</td><td>使用闪光仪,检查第 1 组副喷的第 1 个喷嘴的纬纱到达时间,使喷射时间和纬纱到达时间相同
辅喷嘴高度以及喷射角度的标准如下表:
<table>
<tr><td rowspan="2">高　度</td><td>短纤纱</td><td>第 3 档</td></tr>
<tr><td>长丝纱</td><td>第 2 档</td></tr>
<tr><td colspan="2">喷射角度</td><td>范围刻度 0°(5°为实际喷射角度)</td></tr>
</table>
喷嘴和喷射角度按上述标准设置,而纬纱还是从异形筘中出来,调整副喷电磁阀上 6 个辅喷嘴的角度副喷气压标准如下表:
<table>
<tr><td rowspan="2">短纤纱</td><td>无助力喷嘴</td><td>与 P_M 压力相同</td></tr>
<tr><td>有助力喷嘴</td><td>P_M +0.05MPa(0.5kg/cm^2)</td></tr>
<tr><td colspan="2">长丝纱,短粗纱支</td><td>P_M +0.1MPa(1.0kg/cm^2)</td></tr>
</table>
PM:主喷气压
主喷喷射时间先行角标准如下表:
<table>
<tr><td>短纤维纱</td><td>电磁针打开 +20°</td></tr>
<tr><td>长丝纱</td><td>电磁针打开 +20°</td></tr>
</table></td></tr>
<tr><td>(3)检查钢筘
钢筘通道是否有污垢
钢筘制造(研磨不良)上是否有问题</td><td>清洗钢筘
更换钢筘或与厂家联系</td></tr>
</table>

3. 终端纬缩(表 3-3-127)

表 3-3-127　终端纬缩现象及处理

<table>
<tr><th>现　　象</th><th>图　　例</th></tr>
<tr><td>纬纱前端卷曲,不能出右端</td><td>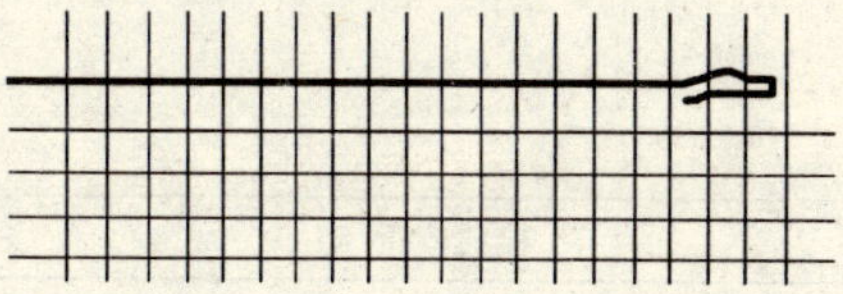</td></tr>
<tr><th>检 查 重 点</th><th>处　　理</th></tr>
<tr><td>(1)检查纬纱到达时间(T_w)
检查纬纱到达时间(T_w)是否过迟或过早</td><td>T_w 的标准时间是 230°~240°,最迟不能晚于 250°
到达过早时,纬纱回弹大,容易造成终端纬缩</td></tr>
<tr><td>(2)检查开口闭合时间
检查开口闭合时间是否太早</td><td>标准的开口时间参照相关内容</td></tr>
</table>

4. 纬纱缠绕下(上)经纱(表3-3-128)

表3-3-128　纬纱缠绕下(上)经纱现象及处理

现　　象	图　　例
抽出故障纱时纬纱和下(上)经纱缠绕在一起,一般是下层经纱	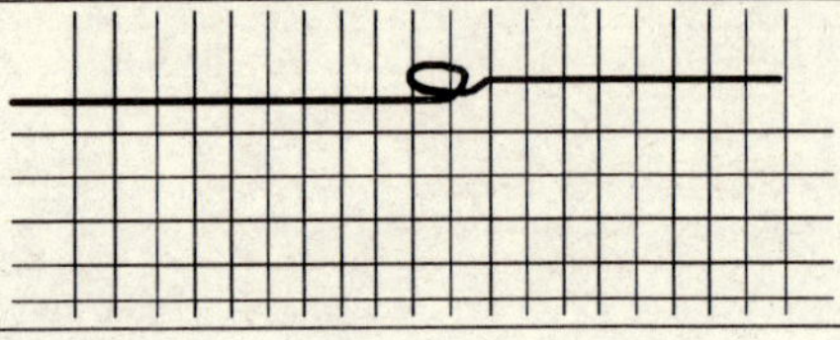
检查重点	**处　　理**
(1)检查经纱开口状态(清晰) 是否由于上浆率低经纱(在轴上)毛羽多 是否由于浆纱不良,使许多经纱粘结在一起	改进浆纱上浆参照表3-3-136的内容
(2)检查开口量 检查开口量是否过小	开口量的标准:短纤维纱,32°;长丝纱,24° 以上仅供参考,如使用T/C纱建议增加开口量
(3)检查平稳时间 检查平稳时间是否过早或过迟 检查平稳量是否过小	提前开口闭合时间与平稳时间的配合,或平稳时间比开口闭合时间延迟
(4)检查钢筘 穿筘根数/筘是否正确 钢筘的空隙率是否正确	更换钢筘

5. EDP—助力喷嘴;助力喷嘴—主喷嘴之间的断纬(表3-3-129)

表3-3-129　断纬现象及处理

现　　象	图　　例
纬纱被主喷、副喷的气压吹断 预备卷的张力过大,纬纱被拉断	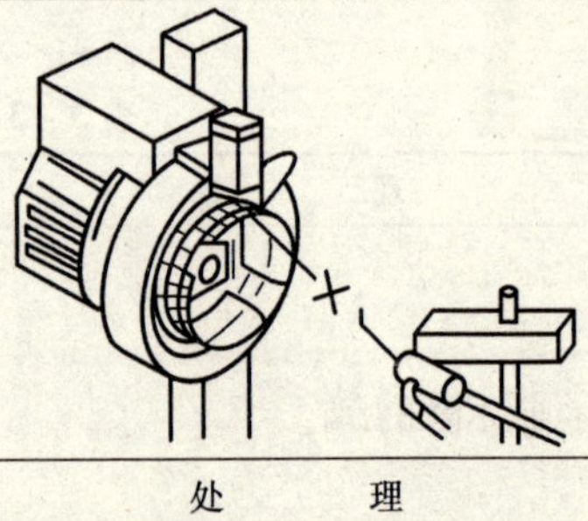
检查重点	**处　　理**
(1)检查主喷时间 检查主喷的喷射停止时间是否过迟	主喷的喷射停止时间标准(见下表) 上述喷射停止时间仍发生喷射断纬时,可将喷射停止时间再提前,或者将管子的安装反过来

主喷的喷射停止时间标准

纱　种	短纤维纱		长丝纱	
转速(r/min)	800以下	800以上	800以下	800以上
喷射停止时间(°)	170	180	180	180

续表

现象	图例
(2)检查电磁针打开时间 电磁针打开过迟,引起主喷、辅喷的气压过高	将电磁针打开时间提前,降低主、喷副喷气压(电磁针打开MAX:60°)
(3)检查纬纱到达时间(T_w) 纬纱到达时间是否过早,主喷压力是否过高	纬纱到达时间,取决于主喷的气压。T_w的标准时间是230°~240°,上述时间内仍发生纬纱吹断时,可将T_w推迟250°以内 开口的关闭角度如果能推迟,效果会更好。
(4)检查纬纱品质 单纱强力是否过低	降低织机转速 更换纬纱

6. 短纬、长纬(表3-3-130)

表3-3-130 短纬、长纬现象及处理

现象	图例
投纬长度过短或过长	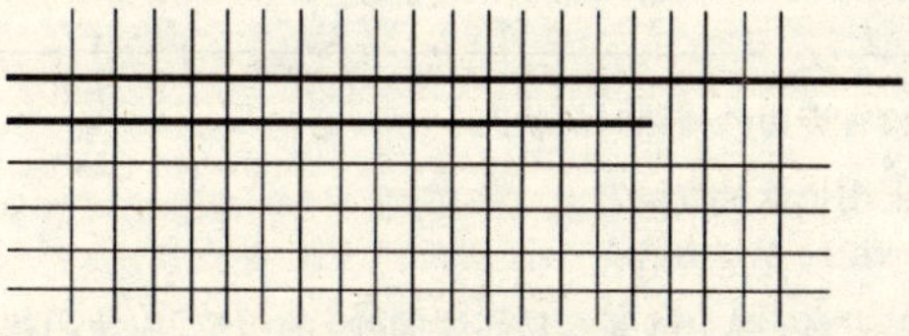
检查重点	**处理**
运转中发生短纬、长纬时检查重点 电磁针与测长板的间隙是否正确 储纬器上纬纱卷取状态是否良好	调整电磁针与测长板,圈数传感器与测长板的间隙时必须使用定规(J—JA—065A) 剪切时间和剪切效果不良时,储纬器上纬纱的预备卷取状态不良,造成短纬或长纬 使用闪光仪,检查调整纬纱剪断前后的卷取状态 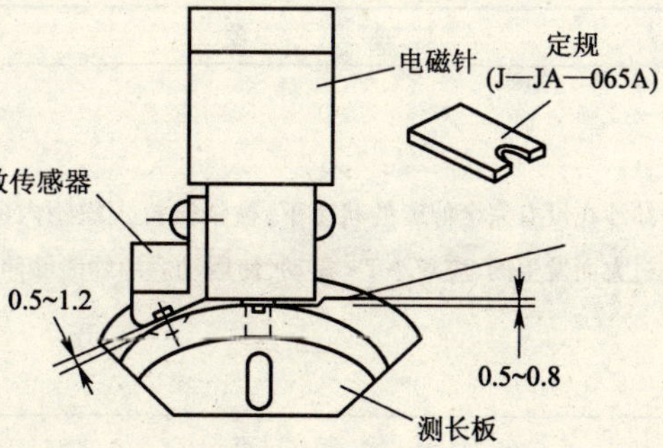

7. 右侧纬缩(表3-3-131)

表3-3-131 右侧纬缩现象及处理

现象	图例
纬纱没有完全伸展的状态下开口闭合，被钢筘打入织物内	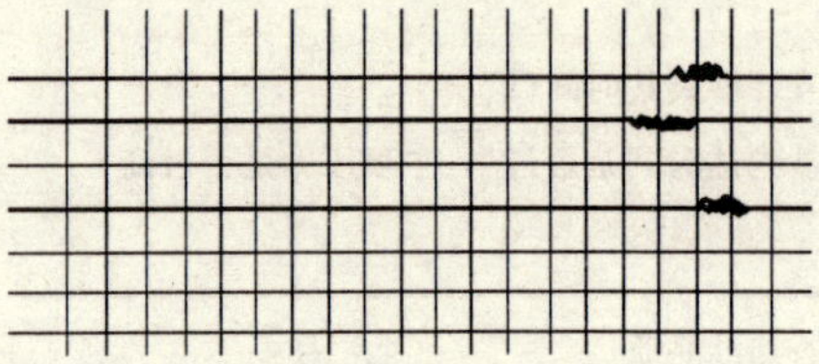
检查重点	**处理**
(1)检查副喷电磁阀、辅喷嘴 副喷气压是否过低 辅喷的喷射时间是否过短 副喷的喷射角度是否正确 部分副喷电磁阀、辅喷嘴是否有故障(不喷射、安装错误) 检查 T_w 是否延迟	T_w 和 Tb_w 之差应该在10°~20°的范围内 辅喷嘴喷射时间(开度)的标准是开始喷射时间+40°(右侧4个喷嘴的喷射结束时间分别为260°、280°、300°、300°) 上述设定发生纬缩时，将开度延长 提前 T_w
(2)检查废边纱捕纬时的状态 使用根数是否过少 使用纱支是否适合 特殊纱(弹力纱等容易纬缩的纱)的织造，应使用纬纱张力装置(拉伸喷嘴)	推荐使用EC25.4tex×2(23英支/2)、EC24.3tex×2(24英支/2)纱以及缝纫线
(3)检查开口时间 检查开口时间是否正确，使用闪光仪，检查上下经纱闭合时的纬纱伸展状态	纬纱在伸展状态时，上下经纱闭合

8. 左侧纬缩(表3-3-132)

表3-3-132 左侧纬缩现象及处理

现象	图例
纬纱在没有完全伸展的状态下，被钢筘打入织物内(T_w 震动过大而发生的，应减小 Tw 震动，使震动后纬纱能够伸直)	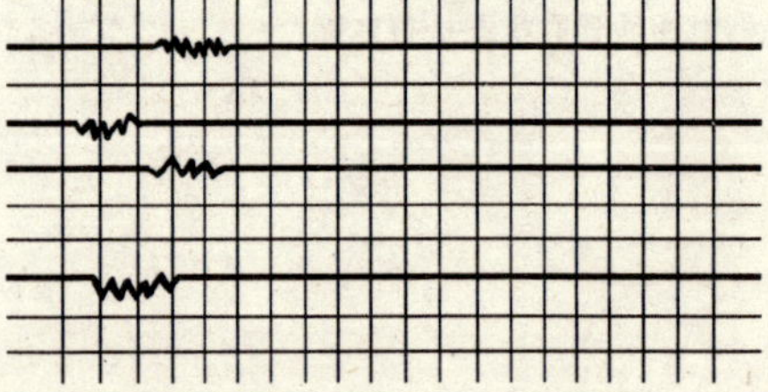
检查重点	**处理**
检查重点与(右侧)纬缩相同	处理方法与右侧纬缩相同

9. 布边松弛(表3-3-133)

表3-3-133 布边松弛现象及处理

现　　象	图　　例
不论织物有无边组织,如果边经纱张力松弛就会出现松边	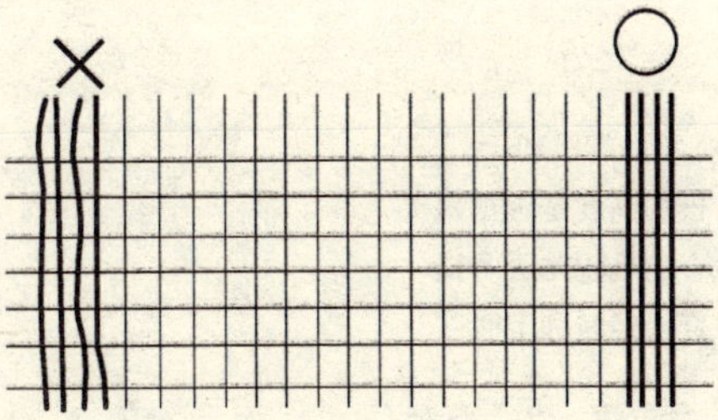
检 查 重 点	**处　　理**
(1)检查经轴 有无经纱松弛 经轴的卷取状态,两端经纱是否凸起	改进浆纱上浆
(2)边缘的经纱穿筘是否正确 含绞边纱穿筘是否正确	
(3)T_w 是否延迟	

10. 边撑疵纬纱(表3-3-134)

表3-3-134 边撑疵纬纱及其处理

现　　象	图　　例
边撑刺从布面上抽出时,刺尖将纬纱轧断(多发于高密织物)	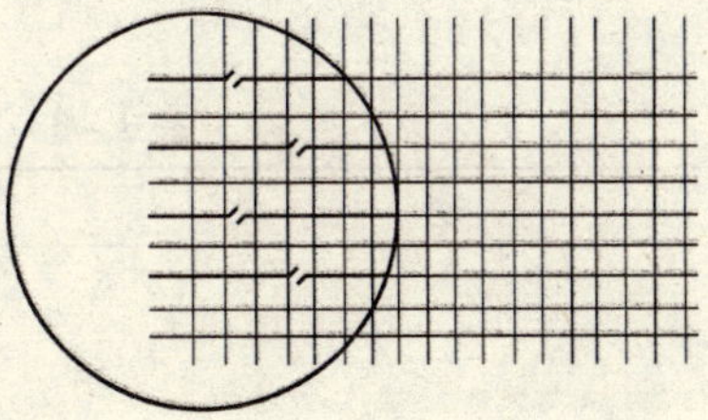
检 查 重 点	**处　　理**
(1)检查边撑 边撑环的转动是否灵活 边撑的刺尖有无断裂弯曲 边撑环不适合织造的织物 边撑盖下压过低 边撑倾斜过强 是否插入的不够	刺针高度的顺序是粗号→中号→细号→特细号织口伸幅不良 织造高密度织物时,最好使用1针/环的边撑

续表

<table>
<tr><th>现　　象</th><th>图　　例</th></tr>
<tr><td>(2)检查织口的跳动
织口板的高度是否正确
应检查刺毛辊是否磨损
应检查松经量和定时</td><td>过撑杆垫片的厚度如下
<table>
<tr><th>组　织</th><th>t(mm)</th></tr>
<tr><td>$\frac{1}{1}$,$\frac{2}{2}$,$\frac{1}{2}$,$\frac{1}{3}$,$\frac{1}{4}$</td><td>4</td></tr>
<tr><td>$\frac{2}{1}$,$\frac{3}{1}$,$\frac{4}{1}$</td><td>2</td></tr>
</table>
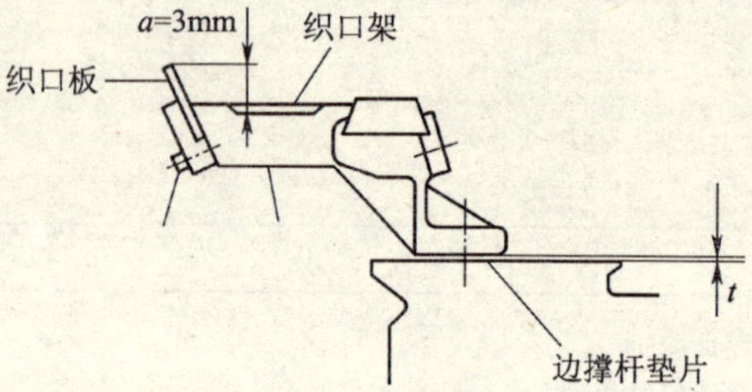
</td></tr>
<tr><td>(3)检查经纱张力
检查经纱张力是否过高</td><td></td></tr>
<tr><td>(4)检查平稳装置的关系
检查平稳装置、平稳时间、平稳量的设定是否适当</td><td>如标准平稳时间的织口抖动大,则适当变更平稳时间、平稳量</td></tr>
<tr><td>(5)检查纬纱品质
单纱强力是否过低</td><td></td></tr>
<tr><td>(6)检查织机车间的环境
湿度是否过低</td><td>织机车间的适宜温湿度,根据纱种,浆料而不同,但是可按以下条件进行空调管理:温度25~30℃;湿度65%~75%</td></tr>
</table>

11. 打纬断头纬纱(表3-3-135)

表3-3-135　打纬断头纬纱及其处理

<table>
<tr><th>现　　象</th><th>图　　例</th></tr>
<tr><td>打纬时纬纱断头,特别是高密度,低特纱的纬纱容易出现打纬断头(纬缩率大的织物)</td><td>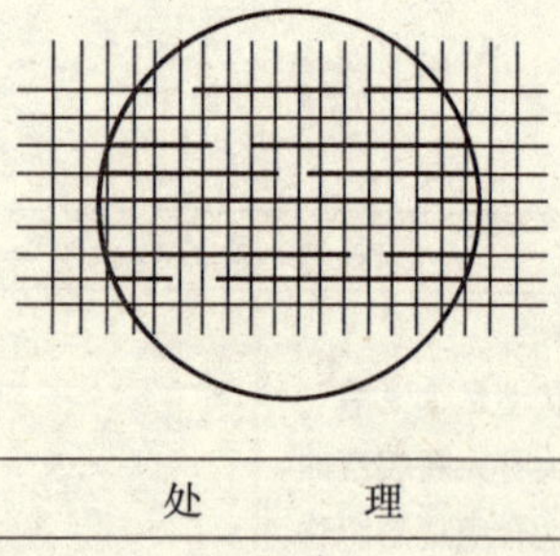</td></tr>
<tr><th>检 查 重 点</th><th>处　　理</th></tr>
<tr><td>检查项目与边撑疵纬纱相同
钢筘的选择是否恰当
横纬纱张力是否过大</td><td>与边撑庇纬纱处理方法同</td></tr>
</table>

(二)经纱方面

近年来随着高附加值、高品质织物的需求量增多,多品种、小批量、短周期的生产对经纱准备工程的要求越来越高。经纱的上浆在织造过程中可以说是最重要的。为了使喷气织机高效率地运转,纱线应具有优异的特性,在整经过程中应均匀卷取,并有正确的张力,使用适当的浆料,均匀而稳定地上浆,上浆好的纱线应以一定的张力进行卷取。

1. 喷气织造经纱的要求

(1)原纱上没有杂质,有很好的强力伸度。

(2)结头少,没有脱结,结头短。

(3)片纱上所有的纱张力均匀,有适当的伸度。

(4)根据纱的线密度织物组织,使用配方正确的浆液,有适当的黏度。

(5)毛羽倒伏好,没有落浆。

(6)干燥状态适当,有适度的吸湿性。

2. 经轴浆纱不良的检查和处理(表 3－3－136)

表 3－3－136　经轴浆纱不良的检查和处理

<table>
<tr><th>不良现象</th><th>发生状况</th><th>检查重点</th><th>发生原因</th><th>处　理</th></tr>
<tr><td rowspan="9">开口不良、轻浆</td><td rowspan="5">全部轻浆</td><td>上浆率是否适当</td><td>上浆率比标准低</td><td>研究配方比例
提高浆液浓度
按标准调整浆槽的浓度、黏度、温度(改正)</td></tr>
<tr><td>浆液状态</td><td>浆槽内浆液过少</td><td>调整浆液控制装置
调整浆液温度</td></tr>
<tr><td>调浆是否正确</td><td>调浆不良</td><td>调整材料、配方比例、浓度、熟化时间</td></tr>
<tr><td>挤压</td><td>加压不良、压浆辊不良(内部、表面老化)</td><td>降低压力(提高)
研磨压浆辊(橡胶硬度 45°～50°)
压浆辊上卷包布</td></tr>
<tr><td>干燥状态</td><td>卷纱速度过快、干燥不良</td><td>恢复标准纱速
调整锡林温度(100℃以上)
蒸汽压力 0.5MPa(5kg/cm²)</td></tr>
<tr><td>纬向部分轻浆</td><td>经轴号,压浆轴</td><td>挤压不良(左右)</td><td>保持左右加压平衡
调整左右直径(研磨)</td></tr>
<tr><td rowspan="3">经向部分轻浆</td><td>浆液状态</td><td>浆槽内浆液过少</td><td>调整、检查浆液补给装置</td></tr>
<tr><td>纱速度</td><td>长时间低速运转</td><td>操作的灵敏度
低速的加压调整</td></tr>
<tr><td>压浆辊</td><td>压浆辊损伤、不平整,压浆辊的卷取速度长时间下降</td><td>研磨压浆辊
禁止长时间下降(特别是高温时)</td></tr>
</table>

续表

不良现象	发生状况	检查重点	发生原因	处 理
落浆毛羽长（开口不良）	后梁经停片、综丝周围处落浆	浆液挤压	表面上浆（渗透不良）	研究浆液浓度、黏度、温度 调整压力 研磨压浆辊
	织口处毛羽长（纬停频繁）	浆液 挤压 湿分绞 前分绞	毛羽倒伏不良、浆膜强度不够、附着性和分绞的平衡	研究浆料及配方（渗透强度） 改变分绞方法 湿分绞 1 根/2000 根的标准
边部不良	边部松软（塌边）	浆纱机经轴架、卷取部位	整经轴边部的调整、前分纱筘的经轴宽度的调整、边部密度小	调整整经轴的边部（列、段） 卷取后立即修正 修正分绞筘边部的根数
	边部硬（边高）	浆纱机经轴架、干燥、卷取	整经轴边部的调整、边部干燥不良、边部密度大	调整整经轴的边部（列、段） 烘筒温度 100℃以上 蒸汽压力 0.5MPa（$5kg/cm^2$） 修正边部密度 压浆辊的接触面不同（修正）
	边部绞头倒断头	整经轴、浆纱机经轴架、卷取	边纱松边纱断头、整经轴边部的调整、片纱拉出时边部扭曲、织轴变形	修理整经轴盘片的损伤、变形（不良的经轴最后用） 调整整经轴的边部（列、段） 扭曲力大的纱、细特线贴胶带 修理织轴盘片的损伤、变形 压浆辊的接触面不同（修正）
粘连纱	整幅发生时	原纱质量 整纱工序	原纱强力、伸度不够（回丝、扭结、飞花脱结），整经作业不良（下开口、倒断头、松纱、结头不良、飞花、回丝），制动不良，停止装置不良	采集整经断头的数据样品，向纺纱工艺反馈 改进作业方法 整修整经机
		浆槽部位	浆液浓度、黏度过高，压浆不良，湿分绞的方法不良，纱接触部有损伤，浆斑附着	修正浆液的控制标准 提高压浆辊压力（下降） 研磨压浆辊 改变湿分绞的方法
		卷绕部分	干燥不良、片纱乱、纱密度和前分纱筘前分绞的方法	烘筒温度（100℃以上） 蒸汽压力 0.5MPa（$5kg/cm^2$） 各部位张力过低（过高） 整经轴数 ×0.8/ 筘 改变前分绞的方法

续表

不良现象	发生状况	检查重点	发生原因	处　　理
粘连纱	部分特别是边部发生时	整经作业	边纱松、边纱断、边部调整不良、张力不一致	修理整经轴盘片的损伤、变形 纵向穿入时特别要注意后部 正确调整边部
		尺寸 卷轴支架 尺寸盒 卷曲器	整经轴边部调整不良、张力过低引起经纱排列不均、干燥不良、导纱辊上有浆斑	调整列、段 调整张力(全体、部分) 烘筒温度、蒸汽压力、纱速 清除
浆斑附着	纬向出现浆斑	运转操作	长时间停台,引起压辊上出现浆斑	缩短停台时间、低速运转
	飞散状浆斑	浆槽部	浓度黏度过高、蒸汽压力过高	使用合适的浆液 蒸汽压力0.5MPa($5kg/cm^2$) 修改煮浆桶管径、方向
	膜状浆斑	烘筒、导纱辊	表面上浆、烘筒温度	烘筒、导纱辊加特氟纶涂层 修理表面损伤、裂纹
	附着飞花回丝的浆斑	浆槽	混入浆液内	清扫浆槽 过滤浆液
	块状浆斑	浆槽 调浆方法、设备	浆液中的浆斑 调浆中出现	清扫浆槽 检查投料速度、水温 提高搅拌速度250~300r/min
绞　头	上机时出现绞头	穿综作业 浆纱作业	接经、穿综作业不良切断时贴胶带	梳理片纱方法 片纱的固定方法 胶带的贴法 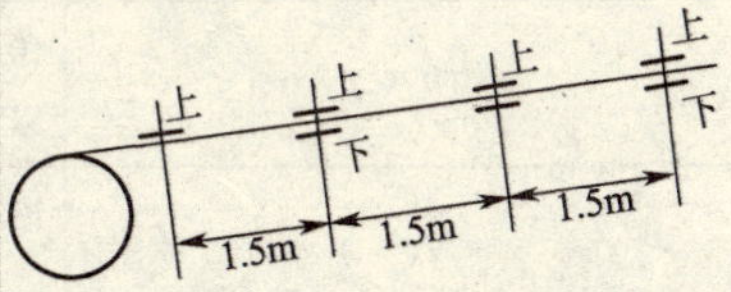
	中途出现绞头	浆纱作业	张力低、乱绞、浆纱剪断处理不良	设定正确的张力

(三)有关资料

(1)纬纱用筒子筒子纱(表3-3-137)。

表3-3-137　喷气织机纬纱用筒子纱

横动程	6°以下,低特纱3°为好	重叠卷绕	防　叠　装　置
卷绕角度	3.5°(高特纱)、5.95°(中低特纱)	筒子径	T/C45的最大直径300~330mm

续表

卷绕硬度	50°~70° （肖氏硬度,卷绕硬度低易出现脱纬）	蒸汽定型	有时有效果
倾斜角	倾斜角小的为好（注意纱的粘连）	卷绕数	卷绕数多为好
结头	最好使用无结头纱(3mm 以下)	—	—

(2)喷气织机用纱的物理特性最低标准值参考(表3-3-138)。

表3-3-138 喷气织机用纱的物理特性最低标准值参考

项目		纱的品种												
		纯棉纱											T/C 65/35	
		环锭纱（普梳纱）					环锭纱（精梳纱）					气流纺纱		
纱支(Ne)		10	16	20	30	40	30	40	50	60	80	20	34	45
纱支变动率(%)		0 以下	2.0	2.0	2.0	2.5	1.8	1.8	1.9	1.9	1.9	1.6	1.9	1.9
单纱强力(g)		840 以下	500	400	260	200	290	215	200	170	130	310	380	270
强力变动率(%)		8.8 以下	10.2	10.3	10.7	11.0	8.4	9.5	9.3	10.2	10.9	9.9	10.2	11.9
最低单纱强力(g)		705 以上	420	335	220	165	245	175	165	140	110	260	310	215
伸度(%)		7.4 以上	6.7	6.5	6.0	5.7	6.0	5.6	5.6	5.5	5.5	7.3	10.5	9.5
U(%)		10.8 以下	12.5	13.5	15.1	15.7	10.8	12.0	12.1	12.8	13.2	11.8	11.9	13.0
CV(%)		13.5 以下	15.6	16.9	18.9	19.6	13.5	15.0	15.1	16.0	16.5	14.8	14.9	16.3
IPI 值/1000m	Thin	1 以下	4	30	60	80	6	15	20	30	60	4	6	20
	Thick	20 以下	100	240	450	520	50	105	60	95	160	20	55	100
	Nep	20 以下	100	200	420	600	50	90	85	115	140	310	80	110
参考(87 年度)日本纺协资料 IPI 值(个/1000m)	Thin	1	4	35	71	100	8	24	32	37	95	4	9	33
	Thick	11	62	152	326	403	31	74	46	74	124	10	37	74
	Nep	14	68	153	322	482	37	60	64	81	108	218	58	85

注 表中强力单位 g 现在使用国际单位 N(cN),$1g=9.8\times10^{-3}N$。

第二节 津田驹(Tsudkoma)喷气织机

一、主要技术特征

(一)ZA200 系列喷气织机(表 3-3-139)

表 3-3-139 ZA200 系列喷气织机的主要技术特征

机型	ZA209i	ZA205i	ZA203
适用线密度	短纤 5.83~116.62tex(5~100 英支);长丝 3.3~33.3tex(30~300 旦)		
织物重量	最大 500g/m,最小 30g/m		
筘幅(cm)	150、190、230、280	150、190、230、280、330、360	150、190、230、280、330
纬纱控制	单喷、2 喷固定、2 喷、4 喷、6 喷、任意喷	单喷、2 喷固定、2 喷、4 喷、6 喷、任意喷	单喷、2 喷固定、2 喷、4 喷、任意喷
测长储纬方式	电子鼓式(FDP)	电子鼓式(FDP)	电子鼓式(FDP)
引纬控制	异形筘,主、辅喷嘴电磁阀控制,定时喷射	异形筘,主、辅喷嘴电磁阀控制,定时喷射	异形筘,主、辅喷嘴电磁阀控制,定时喷射
主传动	超启动电动机直接启动,电磁制动定位停车	超启动电动机直接启动,电磁制动定位停车	超启动电动机直接启动,电磁制动定位停车
开口	曲柄开口,4~6 页综框;凸轮开口,最多 10 页综框;多臂开口,最多 16 页综框	曲柄开口,4~6 页综框;凸轮开口,最多 10 页综框;多臂开口,最多 16 页综框	曲柄开口,4~6 页综框;凸轮开口,最多 10 页综框;多臂开口,最多 16 页综框
送经	全自动连续积极送经(ELO),经轴法兰直径 800mm	全自动连续积极送经(ELO),经轴法兰直径 800mm	全自动连续积极送经(ELO),经轴法兰直径 800mm
打纬	曲柄式,多级筘座脚,ϕ60 实心轴	曲柄式,多级筘座脚,ϕ121 空心轴	曲柄式,多级筘座脚,ϕ121 空心轴
卷取	机械连续间接卷取机构 纬密范围: MTU 根/10cm(25~205 根/英寸) ETU 根/10cm(25~255 根/英寸) 最大卷布直径:曲柄开口 480mm,凸轮开口 600mm	机械连续间接卷取机构 纬密范围: MTU 根/10cm(25~205 根/英寸) ETU 根/10cm(25~255 根/英寸) 最大卷布直径:曲柄开口 480mm,凸轮开口 600mm	机械连续间接卷取机构 纬密范围: MTU 根/10cm(25~205 根/英寸) 最大卷布直径:曲柄开口 480mm,凸轮开口 600mm
绞边	行星齿轮绞边装置	行星齿轮绞边装置	行星齿轮绞边装置
边剪	机械剪刀	机械剪刀	机械剪刀
自停装置	纬纱:光电式探纬,双探头,带有纬纱到达定时显示 经纱:电气接触式 6 列停经片 其他:边纱、纱端处理纱断头停车	纬纱:光电式探纬,双探头,带有纬纱到达定时显示 经纱:电气接触式 6 列停经片 其他:边纱、纱端处理纱断头停车	纬纱:光电式探纬,双探头,带有纬纱到达定时显示 经纱:电气接触式 6 列停经片 其他:边纱、纱端处理纱断头停车

续表

机 型	ZA209i	ZA205i	ZA203
停车原因显示	i 键盘显示信息 多功能 4 色灯显示停车原因	i 键盘显示信息 多功能 4 色灯显示停车原因	4 色灯显示停车原因 控制箱显示停车代码
自动化	自动对梭口(APF) 变频器慢速点动系统,记忆卡系统(TMCS),多功能微机控制系统设随附、键盘、具有参数设定控制、监控、自我诊断功能	自动对梭口(APF) 变频器慢速点动系统,记忆卡系统(TMCS),多功能微机控制系统设随附、键盘、具有参数设定、控制、监控、自我诊断功能	自动对梭口(APF) 变频器慢速点动系统,变频器点动系统、电控箱内、多功能微机控制系统,具有参数设定控制、监控、故障代码显示
润 滑	主传动部分油浴 手动集中加油	主传动部分油浴 手动集中加油	主传动部分油浴 手工加油
选 择	APR 自动剔除不良纬纱	APR 自动剔除不良纬纱	手动集中供油

(二)ZAX9100 型喷气织机

1. 技术特征(表 3 - 3 - 140)

表 3 - 3 - 140 ZAX 9100 型喷气织机技术特征

项 目	技 术 特 征	选 择 件
公称筘幅(R/S)(cm)	150、170、190、210、230、250、280、340、360、390	
有效穿筘筘幅(cm)	(R/S)150 ~ 250:公称筘幅 - 60 (R/S)280 ~ 336:公称筘幅 - 80	(R/S)150 ~ 250 公称筘幅 - 80
织造范围	短纤:5.8 ~ 233.2tex (2.5 ~ 100 英支) 长丝:2.2 ~ 1350tex	
纬纱选择	2 色、4 色、6 色	
动 力	启动方式:超启动电动机 PSS 可编程序启动 通过变频器的慢速寸动(正转/逆转) 电动机功率:2.7kW、3.0kW、3.7kW、5.7kW(提花开口)	PSC 可编持续调速器
引 纬	主喷嘴、辅助喷嘴并用式;拉伸喷嘴 引纬控制:辅助喷嘴各色分别控制;AJC 引纬自动控制,第一纬控制 入纬率:大于 2400m/min	独立定时控制的辅助喷嘴 WBS 引纬制动 FIC 引纬模糊控制
测长储纬	FDP—AIII 电控鼓筒储纬(配备送纱机构)	气圈装置
开口机构	积极式凸轮开口(最大综框数:8 页) 曲柄开口(最大综框数:4 页) 多臂开口(下置电子式,最大综框数:16 页) 提花开口	ESS 电子开口最多 16 页;自动平综(积极式凸轮);积极式凸轮开口(最大综框数:10 页);布边商标提花开口

续表

项　目	技 术 特 征	选 择 件
送经机构	双辊电子控制送经装置(ELC),带自动反转功能 消极松经或积极松经	双经轴 欧式经轴
经轴盘头直径(mm)	800、914、1000	1100
卷取机构	ETU 电子控制卷取机构,密度自动变换功能,最大卷布直径:600mm(凸轮开口、多臂开口、提花开口),520 mm(曲柄开口) 纬密:标准密度:9.8~118.1 根/cm;稀密度:5.9~111.8 根/cm 织布长度计数:在 Navi 键盘上显示(米,码),带定长停车功能 边撑:上置式	下置式
打纬机构	曲柄式多短筘座脚打纬机构 4 节连杆打纬(筘幅 230cm 以下) 6 节连杆打纬(筘幅 250cm 以上)	
纱　架	落地式 4 只筒纱(2 色) 落地式 8 只筒纱(4 色) 落地式 10 只筒纱(6 色)	
绞纱布边	行星齿轮方式	ZNT 无针式织边装置(左右,中央),中间绞边装置,$\frac{2}{2}$布边专用装置,电动纱罗装置
纱端处理	弃边卷取 2 只滚筒式,弃边卷取齿轮方式	纱端处理纱专用开口装置
剪　纬	机械式剪刀	电动式剪刀
加　油	主要部位油浴润滑方式,集中加油(黄油手动)	集中加油(黄油自动)
纬纱断头	反射式探纬器(单头、双头)	三眼式探纬器
经纱断头	电气式 6 列接触式 绞边纱,纱端处理纱断头自停	断经分区显示,左右分别显示功能,旋转传感器 SGS 安全保护装置传感器

2. 外形尺寸(mm)(表 3-3-141)

表 3-3-141　ZAX 9100 型喷气织机外形尺寸

<table>
<tr><td colspan="3" rowspan="2">机宽 W</td><td>凸轮开口</td><td>曲柄开口</td><td>下置式多臂开口</td></tr>
<tr><td>R/S+2430</td><td>R/S+2050</td><td>R/S+2530</td></tr>
<tr><td rowspan="3">机器前后距离 D</td><td rowspan="3">织轴直径</td><td>φ800</td><td colspan="2" rowspan="2">1847</td><td rowspan="2">1967</td></tr>
<tr><td>φ914</td></tr>
<tr><td>φ1000</td><td colspan="2">1877</td><td>1997</td></tr>
</table>

续表

机宽 W			凸轮开口	曲柄开口	下置式多臂开口
			$R/S+2430$	$R/S+2050$	$R/S+2530$
机器高度 H	织轴直径	$\phi800$	1972		
		$\phi914$			
		$\phi1000$	1967		

二、主要机构及其工艺调整

(一)开口机构

1. 曲柄开口机构(图 3-3-83)

(1)开口量的设定:松开开口连杆销 1 的螺母(图 3-3-84),使开口连杆销 1 错开。如果将连杆销向织口一侧错开,可加大开口量。如果将连杆销向松经一侧错开,可减小开口量,紧固松开的螺母。如果设定第 1 综框和第 2 综框的开口量,第 3 综框和第 4 综框的开口量也可以自动确定。如果变更开口量,则开口定时和综框高度也会发生变化,所以,应该再进行一次性调整。标准开口量见表 3-3-142。

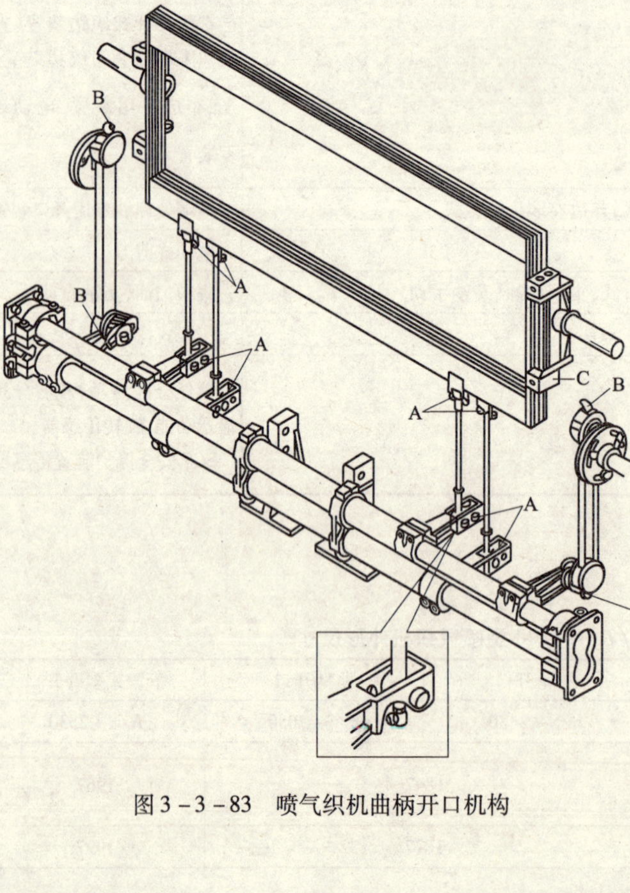

图 3-3-83 喷气织机曲柄开口机构

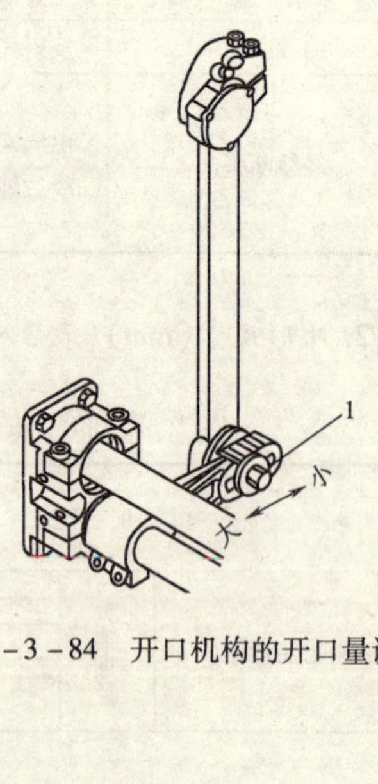

图 3-3-84 开口机构的开口量调节

表 3-3-142　开口机构的标准开口量　　单位:mm

公称筘幅 \ 织物	短纤织物		长丝织物	
	第1综框	第2综框	第1综框	第2综框
1500~2300	70	76	64	70
2500~3400	74	80	68	74

(2)开口时间设定:首先计算开口时的综框高度,一般将2次测定的平均值作为开口时的综框高度。综框高度的第1次测定:将刻度尺2放在综框导块3上,进行第1综框高度1的测定。综框高度第2次的测定:使织机转动1圈,并且调整在与第1次相同的开口定时上,将刻度尺2放在综框导块3上,进行第1综框高度1的测定。如图3-3-85,松开开口曲柄5的切槽螺栓,用树脂锤一边轻轻地敲击连杆拉杆6,一边转动开口曲柄5,直至达到要求的综框高度为止。再将开口曲柄5的切槽螺栓4拧紧。标准开口定时见表3-3-143。

表 3-3-143　开口机构标准开口的定时

织　物	标准开口定时°
短纤织物	310
长丝织物	340

2. ZCM3S 凸轮开口机构

(1)开口量的设定:如图3-3-86,*L*尺寸越大,开口量越小,反之,*L*尺寸越小,开口量越大。

(2)吊综杆弹簧的使用根数见表3-3-144,动力一侧与供纱一侧相比,一般应少用3根弹簧。供纱一侧最少弹簧根数为11根,动力一侧最少弹簧根数为8根。

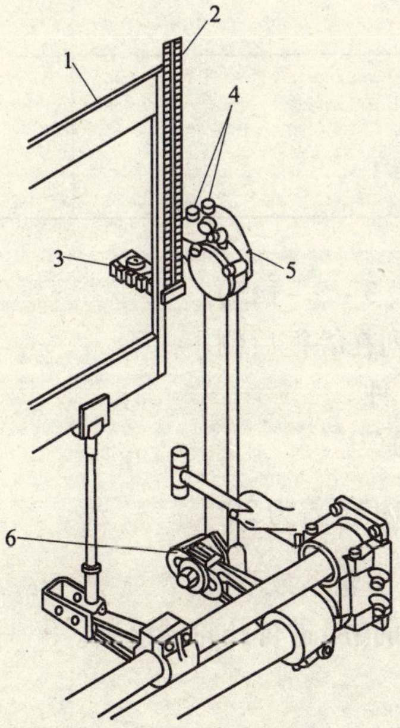

图 3-3-85　开口机构开口时间的设定

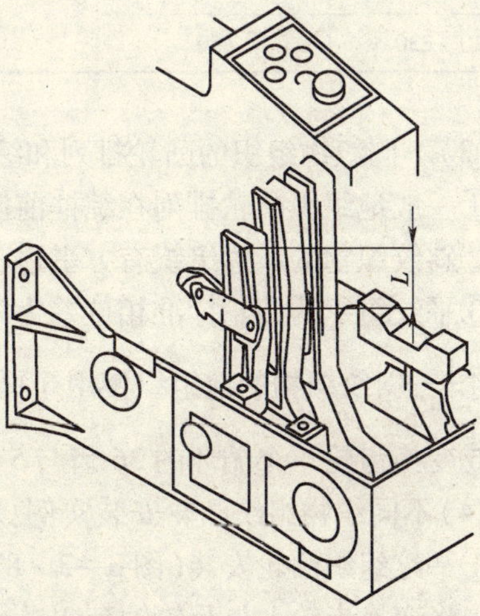

图 3-3-86　ZCM3S 凸轮开口机构

表 3－3－144 吊综杆弹簧的使用根数

凸轮		0/30°(V)	0/60°(Q)	0/90°(G)
公称筘幅(cm)	转速(r/min,>)	供纱一侧/动力一侧		
150	900			
170～190	850	15/12		
210～230	750			
150	850			
170～190	800	15/12	15/12	
210～230	700			
150	800			
170～190	750	13/10	13/10	13/10
210～230	650			
150	750			
170～190	700	13/10	13/10	13/10
210～230	600			
150	700			
170～190	650	13/10	13/10	13/10
210～230	550			
150	650			
170～190	600	11/8	11/8	13/10
210～230	500			
150	600			
170～190	550	11/8	11/8	13/10
210～230	450			

(3)不同织物组织的凸轮排列和综框数量的选择(表 3－3－145):

①一般地组织凸轮排列在综框前侧,布边用凸轮排列在综框后侧。

②斜纹织物的布边组织有方平边、反斜纹边、无边 3 种。

③平纹组织的凸轮标准相位差为 20°,最大相位差为 30°。

④$\frac{1}{2}$斜纹织物的地组织使用 6 页综框的时候,标准相位差为 20°。

⑤变换齿轮 4 个循环的 36 齿与 5 个循环的 36 齿的齿轮系数不同。

(4)不同织物组织凸轮安装实例:从织机卷取一侧(前方)进行凸轮的组装。

①平纹组织凸轮安装(图 3－3－87)。

a. 将变换齿轮 1 与凸轮轴套 2 进行组装。

b. 将螺栓 3 插入变换齿轮 1 中。

表 3－3－145　凸轮排列和综框数量的选择

织物组织		循环数	凸轮排列		综框数量		凸轮总数量	变换齿轮(齿)	
					地组织	边组织		A	B
平纹		6			4(6)		4(6)	56	28
斜纹	$\frac{2}{2}$	4	$\frac{2}{2}$地	—	4	使用地组织综框	4	48	36
	$\frac{3}{1}$	4	$\frac{3}{1}$地	$\frac{2}{2}$布边	4	2	6		
	$\frac{1}{2}$	6	$\frac{1}{2}$地	$\frac{2}{1}$布边	3(6)	1	4(7)	56	28
斜纹	$\frac{2}{1}$	6	$\frac{2}{1}$地	$\frac{1}{2}$布边					
贡缎	$\frac{1}{4}$	5	$\frac{1}{4}$地	$\frac{3}{2}$或$\frac{2}{3}$布边	5	2	7	60	36
灯芯绒	6		灯芯绒组织		4或6		4或者6	56	36

c. 在第1综框用凸轮上插入螺栓。此时应该使凸轮上打有(刻印)的一面朝向织机的后方。

d. 将第2综框用的凸轮及以后的凸轮,与前面综框用的凸轮相对地错开并装入螺栓。

e. 用螺母4将凸轮予以紧固。

f. 将组装好的凸轮组件装入凸轮轴。

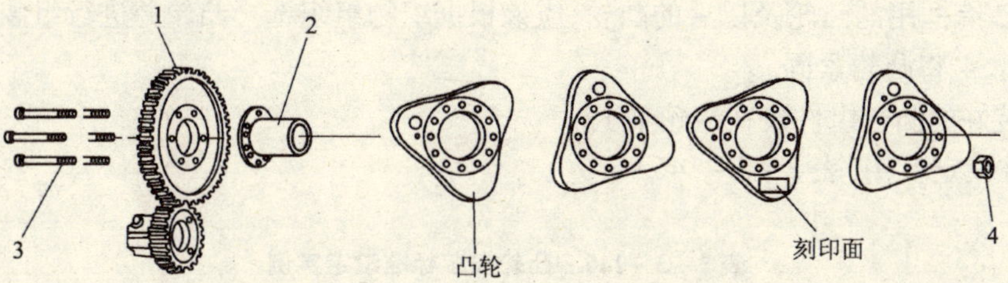

图 3－3－87　平纹组织凸轮的安装

②平纹和$\frac{2}{1}$斜纹凸轮的相位差(图 3－3－88)。

a. 织造平纹及$\frac{2}{1}$斜纹(地组织6页综框)时的凸轮相位差,以20°为标准。

在平纹的4个凸轮中,应该将后方2个凸轮的开口定时推迟。在$\frac{2}{1}$斜纹的6个凸轮中,应该将后方3个凸轮的开口定时推迟。

b. 可以根据凸轮相互组合的孔眼位置选择相位差。

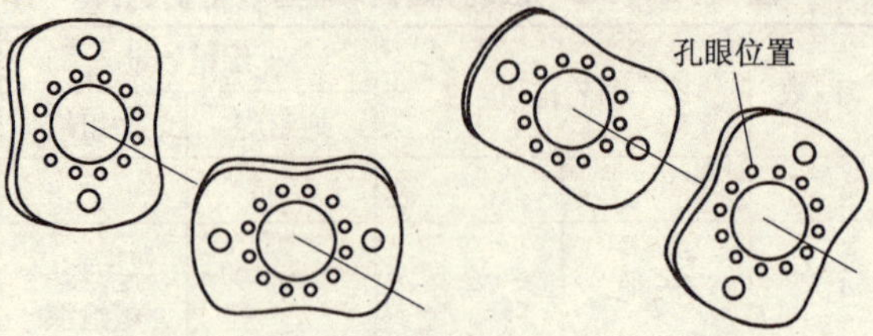

图 3-3-88 平纹$\frac{2}{1}$斜纹的相位差

③$\frac{1}{4}$缎纹组织凸轮的安装(图 3-3-89)。

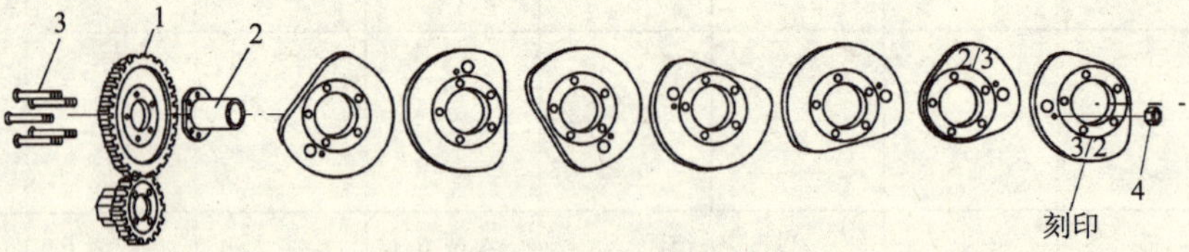

图 3-3-89 $\frac{1}{4}$缎纹组织凸轮的安装

从织机卷取一侧(前方)顺次进行凸轮的组装。

a. 将变换齿轮 1 与凸轮轴筒 2 进行组合。

b. 在变换齿轮 1 中插入螺栓 3。

c. 在第 1 综框用的凸轮中插入螺栓 3。此时,应该使凸轮上打有(刻印)的一侧朝向织机的后方。

d. 在第 2 综框用的凸轮及以后的凸轮,应该根据织物组织选择凸轮并进行组装。

e. 用螺母 4 将凸轮紧固。

f. 将组装好的凸轮组件装在凸轮轴上。

(5)标准设定实例(表 3-3-146):

表 3-3-146 凸轮安装标准设定实例

设定项目	织物							
	平纹		$\frac{2}{2}$斜纹		$\frac{1}{2}$斜纹、$\frac{1}{3}$斜纹	$\frac{2}{1}$斜纹	$\frac{3}{1}$斜纹	$\frac{1}{4}$缎纹
开口量(mm)	1500~2300 76/4 间距	2500~3400 80/4 间距	1500~2300 76/4 间距	2500~3400 80/4 间距	1500~2300 76/4 间距			
开口定时(°)	290/310	290/310	300		300	290	290	300

续表

设定项目	织物 平纹				$\frac{2}{2}$斜纹				$\frac{1}{2}$斜纹、$\frac{1}{3}$斜纹		$\frac{2}{1}$斜纹		$\frac{3}{1}$斜纹		$\frac{1}{4}$缎纹	
高度	H (mm)	h (mm)	H (mm)	h (mm)	H (mm)	h (mm)	H (mm)	h (mm)	H (mm)	h (mm)	H (mm)	h (mm)	H (mm)	h (mm)	H (mm)	h (mm)
1 综框	113	2	111	6	113	2	111	6	地 113	2	地 111	4	109	6	111	4
2 综框	111	4	109	8	111	4	109	8	地、边 111	4	地、边 109	6	107	8	109	6
3 综框	109	6	107	10	109	6	107	10	地 109	6	地 107	8	105	10	107	8
4 综框	107	8	105	12	107	8	106	12	边 105	10	边 107	8	103	12	105	1
5 综框			103	14			103	14							103	1
使用凸轮	0/60°												0/60°		0/30°	

注　H 指综框下降至最低位时的高度；h 是与基准综框高度的差（图 3－3－90）。

3. 多臂开口

（1）开口量的标准（经纱为短丝的时候）：第 1 综框 80mm 为基准，第 2 综框 84mm、第 3 综框 88mm、第 4 综框 92mm。

（2）综框高度 h：

①综框高度是指当综框下降到最低位的时候，从织机本体机架的上面到综眼中心的距离（图 3－3－91）。

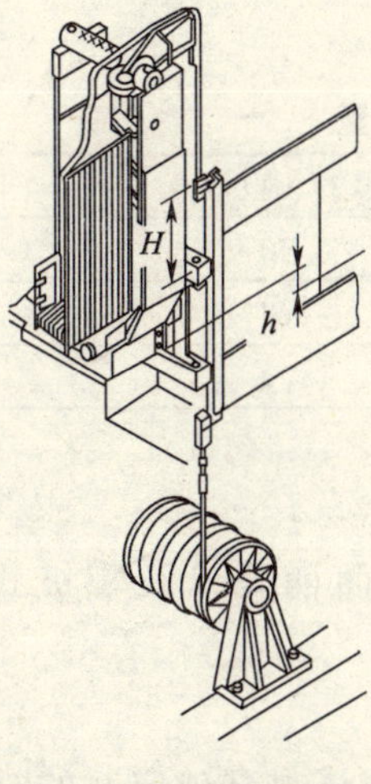

图 3－3－90　凸轮开口的综框高度设定

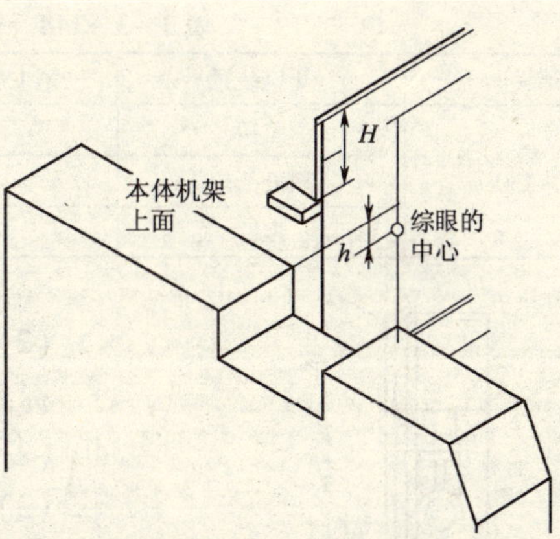

图 3－3－91　多臂开口综框高度设定

②综框高度 h 与综丝、综框的尺寸和种类无关，是一定值。

③从提高作业效率的角度考虑，作为测量综框高度 h 的替代方法，可以测定图 3－3－91 中的 H 尺寸。

（3）标准设定实例（表 3－3－147）：

表 3-3-147 多臂开口机构设定实例

设定项目 \ 织物	综框号	平纹和$\frac{2}{2}$斜纹	$\frac{2}{1}$斜纹	$\frac{3}{1}$斜纹	$\frac{1}{2}$斜纹	$\frac{1}{3}$斜纹	$\frac{1}{4}$缎纹
开口量 H(mm)	第 1 综框	地 80	地 80	地 80	地 80	地 80	地 80
	第 2 综框	地 84	地、边 84	地 84	地、边 84	地 84	地 84
	第 3 综框	地 88	地 88	地 88	地 88	地 88	地 88
	第 4 综框	地 92	布边 92	地 92	布边 92	地 92	地 92
	第 5 综框		布边 96		布边 96		布边 96
	第 6 综框		布边 100		布边 100		布边 100
	第 7 综框						布边 104
	第 8 综框						
综框高度 h(mm)	第 1 综框	2	6	6	4	4	4
	第 2 综框	4	8	8	6	6	6
	第 3 综框	6	10	10	8	8	8
	第 4 综框	8	6	12	10	10	10
	第 5 综框		10		10		12
	第 6 综框		12		12		18
	第 7 综框						
	第 8 综框						
边撑杆垫片厚(mm)		3	2	2	4	4	4

4. 长丝织物

(1)标准开口量(表 3-3-148):

表 3-3-148 长丝织物标准开口量

公称筘幅(cm)	开口装置	第 1 综框(mm)	第 2 综框(mm)	间 距(mm)
150~230	曲柄	64	70	6
	积极凸轮	64	68	4
	多臂	68	72	4

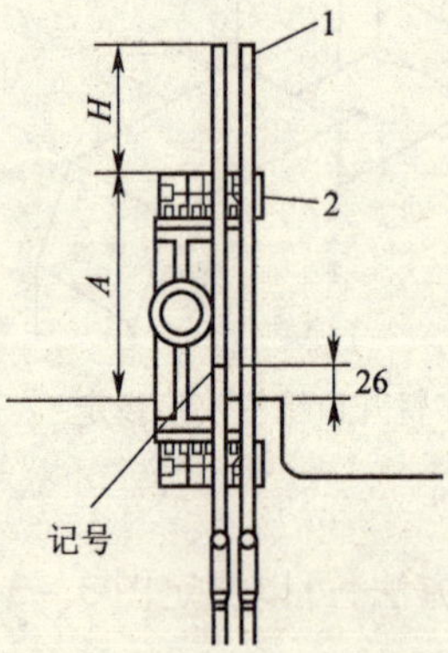

图 3-3-92 长丝织物综框高度的设定

(2)开口时间:

标准的开口时间:曲柄开口及积极式凸轮开口为 340°,多臂开口为 330°。

(3)综框高度:

①设定综框高度,应该在开口定时的时候,使综框上面至综丝综眼的距离为 26mm。

②26mm 的代用尺寸 H:把综框导块 2 至综框 1 前端的高度 H,作为适合该综框的尺寸。但是,H 尺寸会因综框和综丝以及开口装置的种类而不同,参照各综框厂家的规格,决定 H 尺寸。长丝织物综框高度设定图 3-3-92。

(4)H尺寸的实例(表3－3－149)：

表3－3－149　长丝织物综框高度设计实例　　单位：mm

方　式	开口装置	综框上综框宽度	综丝长度	综丝综眼位置	综框高度H	A
吊综杆式	曲　柄	110	280	中心	134	166
	多　臂	120	330		125	210
	积极多臂	120	280		122	188
无吊综杆J式	曲　柄	118	280	中心	90	166
	多　臂	118	331		71	210
	积极多臂	118	280		68	188

注　A是机架的上面至综框导块上面的距离。

5.一般织物开口时间的确定　开口时间一般根据综平时主轴曲柄的位置设定。标准开口时间见表3－3－150。

表3－3－150　一般织物的标准开口时间

开口装置	织　物	组　织	开口时间(°)	备　注
凸轮开口	短纤维	平纹	290/310	在短纤维织物的织造中，为了减少开口不良，可将1、2综框的开口时间与3、4综框的开口时间错开设定。但是，这种情况会使飞行角度变小，所以应提高主喷嘴以及辅助喷嘴的压力
		平纹	310/290	
		斜纹(表)	290	$\frac{2}{1}$，$\frac{3}{1}$，$\frac{4}{1}$
		斜纹(里)	300	$\frac{2}{2}$，$\frac{1}{2}$，$\frac{1}{3}$，$\frac{1}{4}$
	长丝	平纹	340	
		斜纹	330	
多臂开口	短纤维、长丝	斜纹	310	
		斜纹	330	

上表的数据为大致值，实际生产中应根据织物或织机的情况，进行适当调整(表3－3－151)。

表3－3－151　开口时间与织物或织机性能的关系

开口时间提早	开口时间正常	开口时间推迟
良好	引纬效果	逊色
良好	织物手感	逊色
多	织物毛羽	少
短	纬纱飞行时间	长

6. 开口量　标准的开口量见表 3－3－152。

表 3－3－152　标准开口量

开口装置	织　　物	开 口 量（mm）	备　　注
凸轮开口	短纤维	76/4	
	经向:长丝 纬向:短纤维	68/4	
	长丝	64/4	
多臂开口	短纤维	80/4	所有短纤维织物
	长丝	68/4	所有长丝织物

表中开口量 76/4:表示第 1 综框开口量为 76mm,第 2 综框以后分别递增 4mm。上表的数据为大致值,实际生产中应根据织物或织机的情况,进行适当的调整(表 3－3－153)。

表 3－3－153　开口量与织物或织机性能的关系

开口量大一点	开口量正常	开口量小一点
开口角度大,可改善引纬效果	引纬效果	开口角度小,引纬效果变差
使毛羽断头得到改善,绷纱良好	经纱绷纱	易发生开口不清
经纱张力增加,断头稍增加	经纱断头	使综框部分的断头减少
变　长	纬纱飞行时间	变　短

(二)引纬机构

1. 引纬定时曲线图　纬纱被连续地卷绕在 FDP 装置的鼓筒上,并且通过主喷嘴进行引纬状态,以曲柄角度图表来表示(图 3－3－93)。

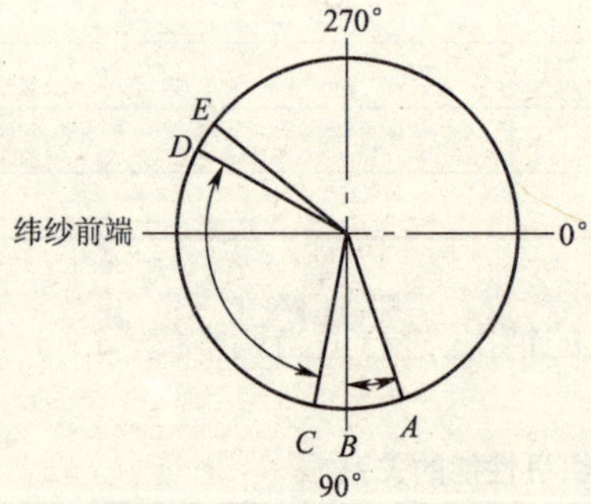

图 3－3－93　引纱定时曲线图

A—停纬销的(解舒)定时　*B*—主喷嘴喷射开始的定时
C—左侧织物端面(供纱一侧)的到达定时(打纬定时)
D—右侧织物端面(动力一侧)的到达定时　*E*—约束定时
A～*B*—停纬销的先行角度　*C*～*D*—引纬的飞行角度

(1)引纬飞行角度:纬纱的飞行角度是指纬纱从左侧织物端面到达右侧织物端面的角度。纬纱从停纬销被释放出来,到引纬结束,并且与停纬销接触为止,是以自由状态飞行的。

(2)约束定时:约束定时是指在被卷绕在 FDP 装置鼓筒上的纬纱中,引 1 纬量的纬纱被主喷嘴牵引出来,并且在与停纬销接触之后,在鼓筒与主喷嘴之间开始被拉伸的时候的定时。

(3)飞行角度的大小:在从钢筘的导气槽至上经纱和下经纱的距离中以及被辅喷嘴的喷射口高度所制约的最大飞行角度范围内,选择适当的飞行角度;当提高了织机的转数,或者将织物的幅宽加大的时候，为了避免增加纬纱断头，必须延长飞行角度。

(4)最大飞行角度：

①引纬开始(图3-3-94)：最重要的是纬纱前端到达左端经纱的定时。上经纱和下经纱都应该离开钢筘的导气槽5mm以上。此时便是最早的引纬飞行开始。当上经纱和下经纱离开导气槽5mm以上的时候，则会引起开口不良，或前端故障、弯纬等因纬向原因引起的停车。

②引纬结束(图3-3-95)：上经纱和下经纱都应该离开钢筘导气槽3mm以上。下经纱应该距离辅喷嘴的喷射口达1～2mm。此时，即为最迟引纬飞行的结束。也可以通过加大开口量，而延长飞行的角度。当加长飞行角度的时候，引纬速度会变慢，从而可以将设定压力调低。当缩短飞行角度的时候，引纬速度就会变快，因此必须提高设定压力。

(5)先行角度及其效果：

①停纬销的先行角度：

停纬销的先行角度是停纬销相对于主喷嘴的喷射定时而言，指先行动作并且将纬纱从鼓筒上打开(解舒)的角度。在从主喷嘴喷射出空气之前，将纬纱从停纬销上释放出来，从而可以减少引纬时的波动和纬纱前端被吹断的现象。

②辅喷嘴的先行角度：辅喷嘴的先行角度是对于被送入钢筘导气槽中的纬纱的前端，到达各个辅喷嘴组第1个喷嘴的角度而言，辅喷嘴先行动作并开始喷气的角度。此功能可以在纬纱前端到达辅喷嘴的定时变快的时候，也能够使空气吹在纬纱前端，从而可以防止失速状态，并且可以使纬纱前端伸直。

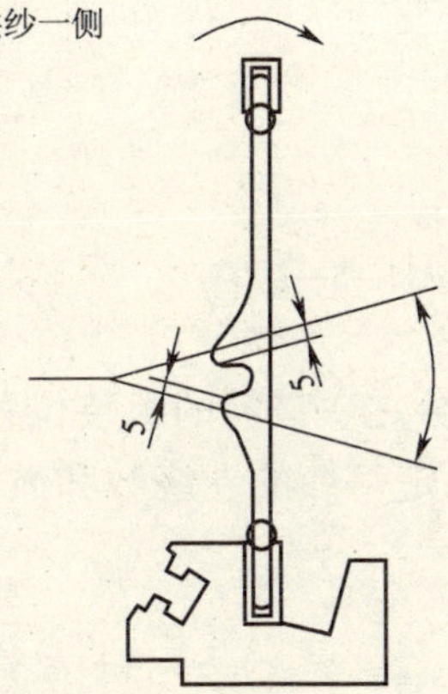

图3-3-94　引纬的开始

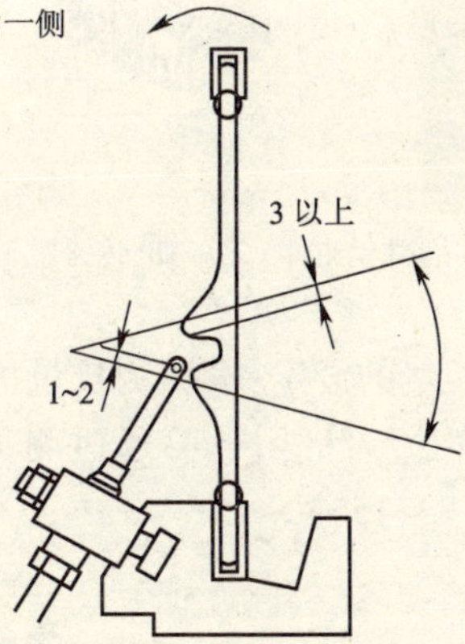

图3-3-95　引纬的结束

2. 测长、储纬部分(图3-3-96，表3-3-154)

表3-3-154　测长、储纬机构各机件的功能

序号	名　称	功　　能
1	停纬销组件	进行纬纱测长。其动作设定通过Navi盘进行
2	FDP传感器S	检测从鼓筒上解舒出来的纬纱的解舒数

续表

序号	名 称	功 能
3	四分之一鼓筒	进行纬纱测长 只在与停纬销组件处于同一位置的四分之一鼓筒上嵌有反射板。此处若堆积有脏污的时候,会影响 FDP 传感器 S 的检测能力,所以应该经常检查是否存在脏污现象 发现已经脏污的时候,应该使用柔软且洁净的布清扫
4	电动机	卷绕纱线
5	空气开关	用于向 FDP 内穿入纬纱。当按动开关时,即可以将纬纱吸入,而且再通过转子的导纱器喷出
6	推进纱框	将卷绕于鼓筒上的纬纱进行分离,并且使纬纱能够顺次地向鼓筒的前端移动

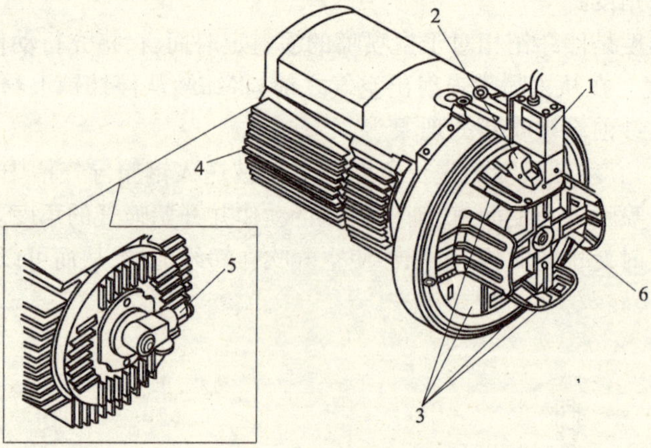

图 3-3-96 测长、储纬机构

1—停纬销组件 2—FDP 传感器 S 3—四分之一鼓筒 4—电动机 5—空气开关 6—推进纱框

(1)测长量的设定:根据测长量的卷绕数(圈数)和四分之一鼓筒的组装位置,将全测长量(穿筘幅+弃边纱纬纱长度)通过测长量进行选择,从而确定每纬的卷绕数和鼓筒隔距的刻度位置(表 3-3-155)。

表 3-3-155 测长量的设定值

每纬圈数 / 测长量(mm) / 鼓筒隔距的刻度	3	4	5	6	7	8	9	10
108	1045	1393	1742	2090	2438	2787	3135	3483
110	1062	1416	1770	2124	2478	2832	3186	3540
112	1079	1439	1798	2158	2517	2877	3237	3596
114	1096	1461	1826	2192	2557	2922	3288	3653

续表

鼓筒隔距的刻度 \ 测长量（mm） \ 每纬圈数	3	4	5	6	7	8	9	10
116	1113	1484	1855	2226	2597	2968	3339	3710
118	1130	1506	1883	2260	2636	3013	3389	3766
120	1147	1529	1911	2294	2676	3058	3440	3823
122	1164	1552	1940	2328	2715	3103	3491	3879
124	1181	1574	1968	2361	2755	3149	3542	3936
126	1198	1597	1996	2395	2795	3194	3593	3992
128	1215	1620	2024	2429	2834	3239	3644	4049
130	1232	1642	2053	2463	2874	3284	3695	4105
132	1249	1665	2081	2497	2913	3330	3746	4162
134	1266	1687	2109	2531	2953	3375	3797	4219
136	1283	1710	2138	2565	2993	3420	3848	4275
138	1300	1733	2166	2599	3032	3465	3899	4332
140	1316	1755	2194	2633	3072	3511	3949	4388
142	1333	1778	2222	2667	3111	3556	4000	4445
144	1350	1801	2251	2701	3151	3601	4051	4501
146	1367	1823	2279	2735	3191	3646	4102	4558
148	1384	1846	2307	2769	3230	3692	4153	4615
150	1401	1868	2336	2803	3270	3737	4204	4671
152	1418	1891	2364	2837	3309	3782	4255	4728
154	1435	1914	2392	2871	3349	3827	4306	4784
156	1452	1936	2420	2905	3389	3873	4357	4841
158	1469	1959	2449	2938	3428	3918	4408	4897
160	1486	1982	2477	2972	3468	3963	4459	4954
162	1503	2004	2505	3006	3507	4008	4510	5011
164	1520	2027	2534	3040	3547	4054	4560	5067
166	1537	2049	2562	3074	3587	4099	4611	5124
168	1554	2072	2590	3108	3626	4144	4622	5180
170	1571	2095	2618	3142	3666	4189	4713	5237

（2）故障排除：

①短纬（表3－3－156）。

表3-3-156 造成短纬的原因及处理方法

区 分	主要原因	处理方法
功能设定	传感器的种类不合适	选择适当的FDP传感器S
FDP设定	解舒数存在错误	输入正确的数值
	控制模式不合适	重新进行设定
	传感器放大不合适	选择“低”
	联锁不合适	输入恰当数值
	停纬销和四分之一鼓筒安装方法不对	重新组装
	由于推进纱框的安装不合适,造成其与四分之一鼓筒接触	重新安装
引纬设定	定时的设定不合适	在停纬销的OFF定时上,输入290°
其 他	四分之一鼓筒上有飞花堆积现象	清 扫
	主喷嘴内部有飞花堵塞现象	清 扫
	喷嘴压力下降	确认各喷嘴的压力
不 良	四分之一鼓筒上存在伤痕	更换合格品
	推进纱框上存在伤痕	更换合格品
	停纬销组件不良	拆卸清扫。更换合格品
其 他	FDP传感器S不良	进行清扫。更换合格品
	电磁阀不良	进行清扫。更换合格品
	喷嘴不良	进行清扫。更换合格品

②长纬(表3-3-157)。

表3-3-157 造成长纬的原因及处理方法

区 分	主要原因	处理方法
FDP设定	解舒数存在错误	输入正确的数值
	控制模式不合适	重新设定
	传感器放大不合适	输入正确数值
	联锁不合适	输入恰当的数值
	停纬销和四分之一鼓筒的安装不合适	重新安装
其 他	四分之一鼓筒上存在互相压纱现象	重新安装。减少预备卷绕数。加大喂纱张力
不 良	停纬销组件不良	拆卸清扫。更换合格品
	FDP传感器S不良	清扫。更换合格品

3. 主喷嘴

(1)主喷嘴种类:根据纬纱选择的种类不同,可以有2色用主喷嘴和4色用主喷嘴。每个喷嘴,都应该根据纬纱的粗细进行选择,规格见表3-3-158和表3-3-159所示。

①2色用(用于2色的导纱器,不能使用于4色,图3-3-97)。

表 3-3-158　2 色用主喷嘴的规格

型　　号	喷嘴管的长度(mm)	适用的纬纱	导纱器的刻印
S4—2.0L	200.5	9.7~41.7tex(14~60 英支)	20
S4—2.5L	200.5	19.4~97tex(6~30 英支)	25

② 4 色用(用于 4 色的导纱器,不能使用于 2 色)(图 3-3-98)。

表 3-3-159　4 色主喷嘴的规格

型　　号	喷嘴管的长度(mm)	适用的纬纱	导纱器的刻印
S4—2.5L	200	全部	无

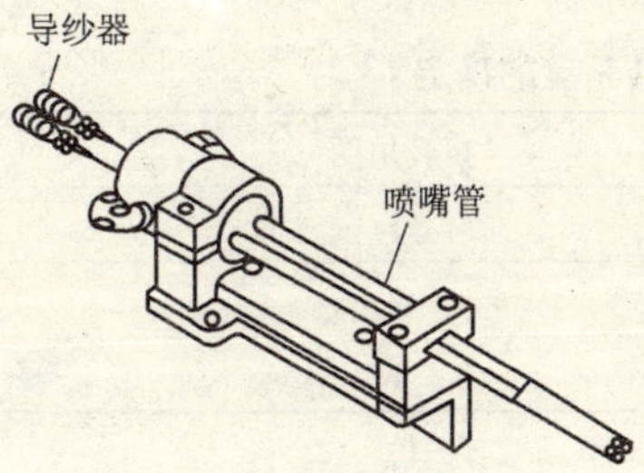

图 3-3-97　2 色用主喷嘴

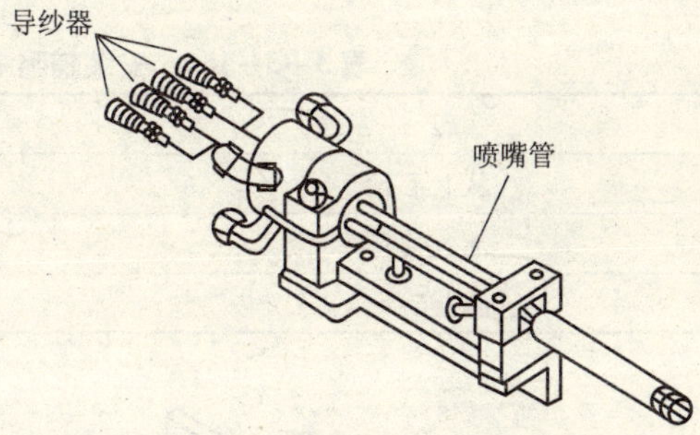

图 3-3-98　4 色用主喷嘴

(2)喷射定时:

①喷射开始的定时,应该符合上机织物品种的飞行开始角度。若飞行开始角度设定得过早,会发生经纱挂纱、纬纱前端故障、弯纬等引纬失误。

②喷射结束的定时应该为 180°±15°。

③在主喷嘴的入口(导纱器吸入口)附近,发生纬纱断头的时候,可以将喷射结束定时提早。

④辅助主喷嘴的标准设定定时:

ON:与主喷嘴 ON 同样;

OFF:主喷嘴 OFF-10°。

(3)压力设定:使用压力表,在织机运转中进行调整。

①将压力表插入调节器箱的 MP 连接器的接口中。

②转动调节器的手柄,设定临时压力。

③当纬纱的前端到达右端经纱的时候,确认上经纱和下经纱与钢筘导气槽之间的间隔在 3mm 以上(图 3-3-99)。

④确认辅喷嘴的喷射口与下经纱之间的间隔有 1~2mm 以上。

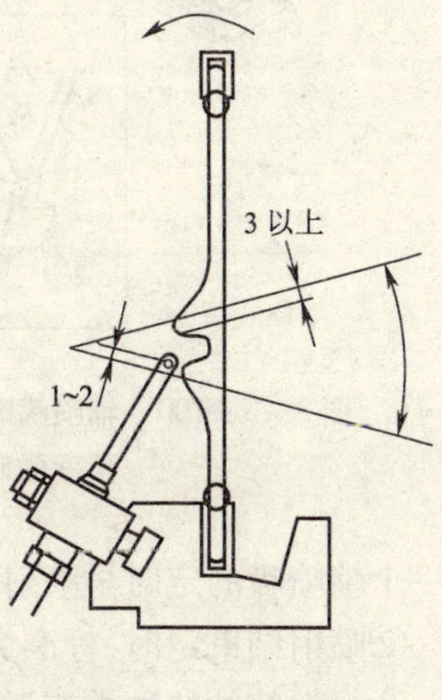

图 3-3-99　压力设定的调节

⑤设定压力时的注意事项:提高织机转数的时候,纬纱的前端到达织物右端经纱的定时会变迟。

⑥当压力过于高的时候,纬纱的毛羽会增加。当压力过低的时候,会引发短纬、纬纱松弛等现象。另外,织物端部的布边收边也会变差。

4. 辅喷嘴

(1)辅喷嘴型号(表3-3-160):

表3-3-160 辅喷嘴的型号

型 号	适 用 织 物
1.5GT	所有的短纤织物、长丝织物

(2)安装辅喷嘴时高度和扭转角度的设定(表3-3-161):

表3-3-161 安装辅喷嘴时高度和扭转角度的确定

高 度	扭转角度°
从上至下第4个	3
从上至下第3个	2
从上至下第2个	1

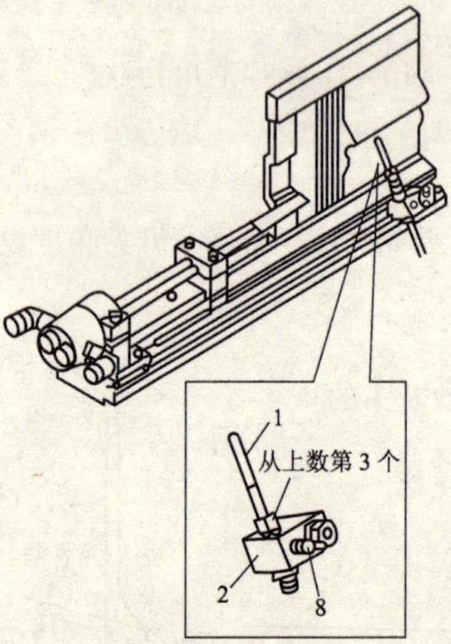

图3-3-100 辅喷嘴时高度和扭转角度的确定

提高辅喷嘴高度的时候,可以加大纬纱的运送力量,但也会增加经纱毛羽。标准设定:高度从上至下的第3个,扭转角度为2°(图3-3-100)。

(3)喷射定时的设定:

第一组辅喷嘴的喷射定时

①喷射开始定时,设定为与主喷嘴1的喷射定时同样的定时。

②喷射结束定时,标准为喷射开始定时+80°。根据不同的纬纱种类,有时只依靠主喷嘴的喷射,还不能保证足够的引纬速度。在这样的情况下,可以使第一组辅喷嘴的喷射定时长于其他组的喷射定时,以此来弥补主喷嘴喷射力量的不足。

其他组辅喷嘴的喷射定时

①喷射开始定时,比纬纱前端到达各组的第一个辅喷嘴的定时早喷射15°~20°。

②喷射结束定时,标准为喷射开始定时+80°。

③根据纬纱的种类或者织造条件,有时也有将喷射定时设定得较长。

最终一组辅喷嘴的喷射定时

①喷射开始定时，比纬纱前端到达最后一组的第一个辅喷嘴的定时早喷射 15°~20°。

②喷射结束定时，从辅喷嘴的喷射口 1 被下经纱挡住，到右端的经纱进入钢筘的导气槽 2 时，为最长的喷射角度。

③织造中，当没有发生纬纱松弛的时候，将喷射结束定时略微提前，以减少空气的消耗量。

(4)压力设定：使织机进入连续运转，与主喷嘴的压力设定同时进行。

①将压力表插入调节器箱的 SP 连接器的插口内。转动调节器的手柄，将压力临时设定为比主喷嘴压力高 0.05~0.1MPa($0.5 \sim 1.0kgf/cm^2$)。

②设定之后，应该使织机在连续运转中，不发生短纬、弯纬、测长不均、纬纱松弛等现象。另外，应该通过压力的上下调节，使纬纱到达定时于每 32 纬平均值的偏差在 10°以内。

③提高织机转数的时候，纬纱的到达定时会变得迟缓。在这种情况下，可以采取以下措施。

可提高主喷嘴的压力，但是压力过高，会增加纬纱的毛羽；若压力过低，则会发生测长不均以及纬纱松弛现象。其次，可以提高辅喷嘴的压力。压力高时，纬纱的飞行姿态，会比压力低的时候得到明显改善。但是，提高压力，会增加空气消耗量。

5. 纬纱飞行曲线的确认

(1)飞行曲线图表(以织机公称幅宽为 190cm 为例)：

表 3-3-162　纬纱飞行曲线

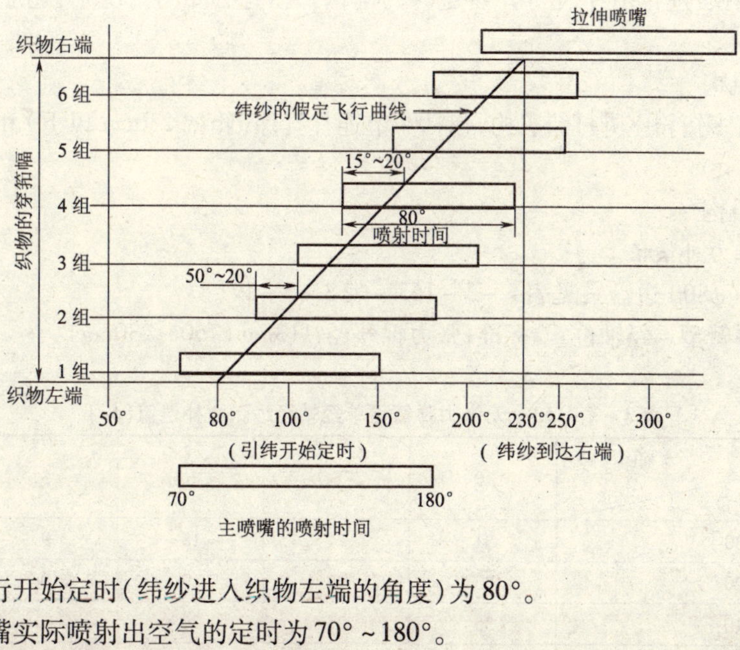

①引纬飞行开始定时(纬纱进入织物左端的角度)为 80°。

②从主喷嘴实际喷射出空气的定时为 70°~180°。

③从第一组辅喷嘴实际喷射出空气的定时为 70°~150°。

④纬纱到达织物右端的定时为 230°。

(2)制作飞行曲线图表程序：

一般使用频闪仪，对纬纱的前端到达织物右端的定时进行观察，进而确定各组辅喷嘴的喷射定时。

开始时,应该通过左端经纱的开口状态,假定引纬开始定时。

①将假定的引纬开始定时设定为80°。

②将纬纱到达织物右端的定时设定为230°。右端的上经纱离开钢筘导气槽时有大约3mm,而且辅喷嘴的喷射口离开下经纱有1~2mm时,定时为230°。

③在曲线图表上,将假定的引纬飞行开始定时为80°,与纬纱到达织物右端的定时230°连接成线。

④在图表上画出各组辅喷嘴的第一个辅喷嘴安装位置。

⑤在各组辅喷嘴安装位置(横线)和假定飞行线的交点上,做出记号。

⑥主喷嘴的喷射定时ON:引纬的飞行开始定时-10°;OFF:180°(作为大致的目标,是在到达右端定时前大约50°结束喷射);

⑦第一组辅喷嘴的喷射定时ON与主喷嘴的ON相同,OFF=ON+80°。

⑧最后一组辅喷嘴的喷射结束定时,是右端的上经纱进入钢筘的导气槽,而且辅喷嘴的喷射口被下经纱挡住时的定时。

⑨辅喷嘴的先行角度,应该在距离交叉点15°~20°的位置。

⑩其他组辅喷嘴的喷射结束定时为ON+80°。

⑪按动运转按钮,使织机进入连续运转,并且通过主喷嘴压力和辅喷嘴压力的调整,使纬纱到达织物右端的定时为230°。

⑫使用频闪仪,进行引纬飞行开始定时的确认。在有必要的情况下,还应重新修正引纬模式。

(三)打纬机构

采用曲柄式多短筘座脚打纬机构,包括4节连杆打纬(筘幅230cm以下)和6节连杆打纬(筘幅250cm以上)。

(四)送经机构

1. 经纱的张力补偿值

(1)单经轴(ϕ800边盘):见表3-3-163~表3-3-171。

①无张力弹簧型。经轴位置:标准;张力辊外径:113mm(150~230cm)。

表3-3-163 无张力弹簧型单经轴经纱张力补偿值(%)

高度 H(mm) \ 刻印序号	10	8	6	3	1
130	31	24	18	9	4
120	33	26	19	9	4
110	35	27	20	10	4
100	38	29	21	11	4
90	41	31	23	11	5
80	44	34	24	12	5
70	48	37	26	13	5

续表

高度 H(mm) \ 刻印序号	10	8	6	3	1
60	52	40	28	14	6
50	57	43	30	15	6
40	63	47	33	16	7
		30	36	17	7

②无张力弹簧型。经轴位置:50mm 低型;张力辊外径:113mm(150～230cm)。

表 3-3-164　无张力弹簧型单经轴张力补偿值(%)

高度 H(mm) \ 刻印序号	10	8	6	3	1
130	27	22	17	9	5
120	29	23	18	10	5
110	31	24	19	10	6
100	32	26	20	11	6
90	35	28	21	12	6
80	37	29	22	12	7
70	40	31	24	13	7
60	43	34	25	14	7
50	46	36	27	15	8
40	50	39	29	16	8
30	54	42	31	17	9

③无张力弹簧型。经轴位置:100mm 低型:张力辊外径:113mm(150～230cm)。

表 3-3-165　无张力弹簧型单经轴张力补偿值(%)

高度 H(mm) \ 刻印序号	10	8	6	3	1
130	25	21	16	10	7
120	26	22	17	11	7
110	28	23	18	11	7
100	29	24	19	12	8
90	31	25	20	13	8
80	33	27	21	13	8
70	35	29	22	14	9
60	37	30	24	15	9

续表

高度H(mm) \ 刻印序号	10	8	6	3	1
50	40	32	25	16	10
40	42	34	27	16	10
30	46	37	29	17	11

④带有张力弹簧型。经轴位置:标准:张力辊外径:113mm(150~230cm)。

表3-3-166　带有张力弹簧型单经轴张力补偿值(%)

高度H(mm) \ 刻印序号	10	8	6	3	1
130	65	57	49	39	33
120	68	60	52	41	34
110	72	63	54	42	35
100	76	66	57	44	37
90	81	70	60	46	38
80	86	74	63	48	39
70	93	79	66	50	41
60	99	84	70	52	42
50	108	90	75	55	44
40	117	97	79	58	46
30		105	85	61	48

⑤带有张力弹簧型。经轴位置:50mm 低型;张力辊外径:113mm(150~230cm)。

表3-3-167　带有张力弹簧型单经轴张力补偿值(%)

高度H(mm) \ 刻印序号	10	8	6	3	1
130	56	50	45	37	32
120	59	53	47	38	33
110	62	55	49	39	34
100	65	58	51	41	35
90	68	61	53	42	36
80	72	64	55	44	37
70	76	67	58	46	39
60	81	71	61	48	40
50	86	75	64	50	42

续表

高度 H(mm) \ 刻印序号	10	8	6	3	1
40	92	80	68	52	43
30	99	85	72	55	45

⑥带有张力弹簧型。经轴位置:100mm 低型;张力辊外径:113mm(150~230cm)。

表 3-3-168　带有张力弹簧型单经轴张力补偿值(%)

高度 H(mm) \ 刻印序号	10	8	6	3	1
130	51	46	42	35	31
120	53	48	43	36	32
110	55	50	45	38	33
100	58	52	47	39	34
90	60	54	49	40	35
80	63	57	51	42	36
70	66	60	53	43	37
60	70	62	55	45	39
50	74	66	58	47	40
40	78	69	61	49	42
30	83	73	64	51	43

⑦带有张力弹簧型。经轴位置:标准;张力辊外径:136mm(250~340cm)。

表 3-3-169　带有张力弹簧型单经轴张力补偿值(%)

高度 H(mm) \ 刻印序号	10	8	6	3	1
130	61	53	46	37	31
120	64	56	48	38	32
110	67	59	51	40	33
100	71	62	53	41	34
90	75	65	55	43	35
80	80	69	58	44	37
70	85	73	61	46	38
60	91	77	65	48	39
50	98	82	68	51	41
40			73	53	42
30				56	44

⑧带有张力弹簧型。经轴位置:50mm 低型;张力辊外径:136mm(250~340cm)。

表 3-3-170 带有张力弹簧型单经轴张力补偿值(%)

高度 H(mm) \ 刻印序号	10	8	6	3	1
130	53	48	42	35	30
120	56	50	44	36	31
110	58	52	46	37	32
100	61	54	48	39	33
90	64	57	50	40	34
80	68	60	52	41	35
70	71	63	54	43	36
60	75	66	57	45	38
50	80	70	60	47	39
40	85	74	63	49	40
30	91	78	66	51	42

⑨带有张力弹簧型。经轴位置:100mm 低型;张力辊外径:136mm(250~340cm)。

表 3-3-171 带有张力弹簧型单经轴张力补偿值(%)

高度 H(mm) \ 刻印序号	10	8	6	3	1
130	48	44	40	34	30
120	50	46	41	35	30
110	52	47	43	36	31
100	55	49	44	37	32
90	57	51	46	38	33
80	60	54	48	39	34
70	63	56	50	41	35
60	66	59	52	42	37
50	69	62	54	44	38
40	73	65	57	46	39
30	77	68	60	48	41

(2)单经轴(ϕ914 边盘):见表 3-3-172～表 3-3-180。

①无张力弹簧型。经轴位置:标准;张力辊外径:113mm(150～230cm)。

表 3-3-172　无张力弹簧型单经轴张力补偿值(%)

高度 H(mm) \ 刻印序号	10	8	6	3	1
130	40	32	25	15	9
120	43	35	27	16	9
110	47	37	29	17	10
100	51	40	31	18	10
90			33	19	11
80				21	12
70					13
60					14
50					
40					
30					

②无张力弹簧型。经轴位置:50mm 低型;张力辊外径:113mm(150～230cm)。

表 3-3-173　无张力弹簧型单经轴张力补偿值(%)

高度 H(mm) \ 刻印序号	10	8	6	3	1
130	34	28	22	14	9
120	36	30	24	15	10
110	38	32	25	16	10
100	41	34	27	17	11
90	44	36	28	18	12
80	47	39	30	19	12
70	51	42	33	20	13
60	56	45	35	22	14
50	61	49	38	23	15
40			41	25	16
30				27	17

③无张力弹簧型。经轴位置:100mm 低型;张力辊外径:113mm(150~230cm)。

表 3-3-174 无张力弹簧型单经轴张力补偿值(%)

高度 H(mm) \ 刻印序号	10	8	6	3	1
130	30	25	21	14	10
120	32	27	22	15	11
110	33	28	23	16	11
100	36	30	25	17	12
90	38	32	26	18	12
80	40	34	28	19	13
70	43	36	29	20	14
60	46	39	31	21	15
50	50	41	33	22	16
40	53	44	36	24	16
30	58	48	38	25	18

④带有张力弹簧型。经轴位置:标准;张力辊外径:113mm(150~230cm)。

表 3-3-175 带有张力弹簧型单经轴张力补偿值(%)

高度 H(mm) \ 刻印序号	10	8	6	3	1
130	73	65	57	45	38
120	78	69	60	47	40
110	83	73	63	49	41
100	88	77	66	52	43
90	95	82	70	54	45
80				57	47
70				60	49
60					51
50					
40					
30					

⑤带有张力弹簧型。经轴位置:50mm 低型;张力辊外径:113mm(150～230cm)。

表 3－3－176　带有张力弹簧型单经轴张力补偿值(%)

高度 H(mm) \ 刻印序号	10	8	6	3	1
130	62	56	50	41	36
120	65	59	52	43	37
110	69	62	55	45	39
100	73	65	57	47	40
90	77	69	60	49	42
80	82	73	63	51	43
70	87	77	67	53	45
60	93	82	71	56	47
50	100	87	75	59	49
40	108	94	80	62	51
30				65	54

⑥带有张力弹簧型。经轴位置:100mm 低型;张力辊外径:113mm(150～230cm)。

表 3－3－177　带有张力弹簧型单经轴经纱张力补偿值(%)

高度 H(mm) \ 刻印序号	10	8	6	3	1
130	55	50	46	39	35
120	57	53	48	40	36
110	60	55	50	42	37
100	63	57	52	43	38
90	66	60	54	45	39
80	70	63	56	47	41
70	74	66	59	49	42
60	78	70	62	51	44
50	82	74	65	53	46
40	88	78	69	56	48
30	94	83	73	59	50

⑦带有张力弹簧型。经轴位置:标准;张力辊外径:136mm(250~340cm)。

表3-3-178 带有张力弹簧型单经轴张力补偿值(%)

高度H(mm) \ 刻印序号	10	8	6	3	1
130	68	61	53	42	36
120	72	64	56	44	37
110	77	67	58	46	39
100	82	71	62	48	40
90				50	42
80				53	44
70					45
60					
50					
40					
30					

⑧带有张力弹簧型:经轴位置:50mm 低型;张力辊外径:136mm(250~340cm)。

表3-3-179 带有张力弹簧型单经轴张力补偿值(%)

高度H(mm) \ 刻印序号	10	8	6	3	1
130	59	53	47	39	34
120	62	55	49	41	35
110	65	58	52	42	36
100	68	61	54	44	38
90	72	64	56	46	39
80	76	68	59	48	41
70	81	71	62	50	42
60	86	76	66	52	44
50	92	81	70	55	46
40				57	48
30					50

⑨带有张力弹簧型。经轴位置:100mm 低型;张力辊外径:136mm(250~340cm)。

表 3-3-180　带有张力弹簧型单经轴张力补偿值(%)

高度 H(mm) \ 刻印序号	10	8	6	3	1
130	52	48	44	37	33
120	55	50	45	38	34
110	57	52	47	40	35
100	60	54	49	41	36
90	62	57	51	43	37
80	66	59	53	44	39
70	69	62	56	46	40
60	73	66	58	48	42
50	77	69	61	50	43
40	82	73	64	52	45
30	87	77	68	55	47

(3)单经轴(ϕ1000 边盘):见表 3-3-181~表 3-3-186。

①无张力弹簧型。经轴位置:50mm 低型;张力辊外径:113mm(150~230cm)。

表 3-3-181　无张力弹簧型单经轴张力补偿值(%)

高度 H(mm) \ 刻印序号	10	8	6	3	1
130	40	34	28	19	13
120	43	36	30	20	14
110	47	39	32	21	15
100	50	42	34	23	16
90	54	45	37	24	17
80				26	18
70					20
60					
50					
40					
30					

②无张力弹簧型。经轴位置:100mm 低型;张力辊外径:113mm(150～230cm)。

表 3-3-182 无张力弹簧型单经轴张力补偿值(%)

高度H(mm) \ 刻印序号	10	8	6	3	1
130	35	30	25	18	14
120	37	32	27	19	14
110	39	34	28	20	15
100	42	36	30	21	16
90	45	38	32	23	17
80	48	41	34	24	18
70	52	44	36	26	19
60	56	47	39	27	20
50	60	51	42	29	22
40	66	55	45	31	23
30				34	25

③带有张力弹簧型。经轴位置:50mm 低型;张力辊外径:113mm(150～230cm)。

表 3-3-183 带有张力弹簧型单经轴张力补偿值(%)

高度H(mm) \ 刻印序号	10	8	6	3	1
130	68	62	55	46	40
120	72	65	58	48	42
110	76	69	61	50	43
100	81	73	64	52	45
90	86	77	68	55	47
80			72	58	49
70				61	52
60					54
50					
40					
30					

④带有张力弹簧型。经轴位置:100mm 低型;张力辊外径:113mm(150 ~ 230cm)。

表 3-3-184 带有张力弹簧型单经轴张力补偿值(%)

高度 H(mm) \ 刻印序号	10	8	6	3	1
130	59	55	50	42	38
120	62	57	52	44	39
110	65	60	54	46	41
100	68	63	57	48	42
90	72	66	59	50	44
80	76	69	62	52	46
70	81	73	66	54	47
60	86	78	69	57	50
50	92	83	73	60	52
40	98	88	78	63	54
30			83	67	57

⑤带有张力弹簧型。经轴位置:50mm 低型;张力辊外径:136mm (250 ~ 340cm)。

表 3-3-185 带有张力弹簧型单经轴张力补偿值(%)

高度 H(mm) \ 刻印序号	10	8	6	3	1
130	64	58	52	43	38
120	68	61	55	45	39
110	71	64	57	47	41
100	75	68	60	49	42
90			63	51	44
80				54	46
70					48
60					
50					
40					
30					

⑥带有张力弹簧型。经轴位置:100mm 低型;张力辊外径:136mm (250 ~ 340cm)。

表 3－3－186 带有张力弹簧型单经轴张力补偿值(%)

刻印序号 高度 H(mm)	10	8	6	3	1
130	56	52	47	40	36
120	59	54	49	42	37
110	62	56	51	43	38
100	65	59	53	45	40
90	68	62	56	47	41
80	72	65	59	49	43
70	76	69	62	51	45
60	80	72	65	54	47
50	85	77	68	56	49
40				59	51
30					53

(4)双经轴(带有张力弹簧型):见表 3－3－187～表 3－3－191。

①经轴位置:ϕ800 边盘、标准型;张力辊外径:136mm (250～340cm)。

表 3－3－187 带有张力弹簧型双经轴张力补偿值(%)

刻印序号 高度 H(mm)	10	8	6	3	1
130	61	54	47	37	31
120	64	56	49	38	32
110	67	59	51	40	33
100	71	62	53	41	34
90	75	65	56	43	35
80	80	69	58	45	37
70	85	73	61	46	38
60	91	78	65	48	39
50	98	83	69	51	41
40			73	53	42
30				56	44

②经轴位置:ϕ800 边盘、50mm 低型;张力辊外径:136mm (250～340cm)。

表 3-3-188　带有张力弹簧型双经轴张力补偿值(%)

高度 H(mm) \ 刻印序号	10	8	6	3	1
130	51	45	40	32	28
120	53	47	41	33	29
110	55	49	43	35	29
100	58	51	45	36	30
90	61	53	46	37	31
80	64	56	48	38	32
70	67	58	50	40	33
60	71	61	53	41	34
50	75	65	55	43	35
40	79	68	58	44	36
30	84	72	61	46	38

③经轴位置：ϕ914 边盘、标准型；经轴外径：136mm（250～340cm）。

表 3-3-189　带有张力弹簧型双经轴张力补偿值(%)

高度 H(mm) \ 刻印序号	10	8	6	3	1
130	69	61	53	43	36
120	73	64	56	44	37
110	77	68	59	46	39
100	82	72	62	48	40
90				50	42
80				53	44
70					46
60					
50					
40					
30					

④经轴位置：ϕ914 边盘、50mm 低型；张力辊外径：136mm（250～340cm）。

表 3-3-190 带有张力弹簧型双经轴张力补偿值(%)

高度 H(mm) \ 刻印序号	10	8	6	3	1
130	56	50	45	37	32
120	59	52	46	38	33
110	61	55	48	39	34
100	65	57	50	41	35
90	68	60	53	42	36
80	72	63	55	44	37
70	76	67	58	46	39
60	81	71	61	48	40
50	86	75	64	50	42
40				52	43
30				55	45

⑤经轴位置:ϕ1000 边盘、50mm 低型;张力辊外径:136mm (250~340cm)。

表 3-3-191 带有张力弹簧型双经轴张力补偿值(%)

高度 H(mm) \ 刻印序号	10	8	6	3	1
130	61	55	49	41	35
120	64	58	51	42	37
110	68	61	54	44	38
100	72	64	56	46	39
90			59	48	41
80				50	42
70					44
60					
50					
40					
30					

2. 经纱总张力

(1)经纱为短纤(表 3-3-192)。

表 3-3-192 经纱为短丝的张力计算公式

单位:N	单位:kgf
$T(\text{N})=\dfrac{\text{经纱总根数}}{\dfrac{583.1}{\text{Tt}}}\times A\times 10$	$T(\text{kgf})=\dfrac{\text{经纱总根数}}{\text{纱纱的粗细[英制支数}(N_e)]}\times A$

系数 A 的值见表 3－3－193。

表 3－3－193 各种织物的 A 值

织物的种类	A
平纹、斜纹($\frac{2}{2}$)	0.8～1.1
正面为斜纹($\frac{2}{1}$、$\frac{3}{1}$)，而且使用粗于 48.6tex(12 英支)的纱线	0.5～0.7
正面为斜纹($\frac{2}{1}$、$\frac{3}{1}$)，而且使用细于 48.6tex(12 英支)的纱线	0.8～1.0
反面为斜纹($\frac{1}{2}$、$\frac{1}{3}$)	1.0～1.2
提花组织	1.5

(2)经纱为长丝(表 3－3－194)。

表 3－3－194 经纱为长丝的张力计算公式

单位:N	单位:kgf
$T(\text{N})=\frac{\text{经纱总根数}\times\text{经纱的线密度(dtex)}}{1000}\times B\times 10$	$T(\text{kgf})=\frac{\text{经纱总根数}\times\text{经纱的线密度(dtex)}}{1000}\times B$

B 为每分特的张力，其值见表 3－3－195。

表 3－3－195 各类纤维的 B 值

经纱种类	B 值
化学纤维	0.09～0.18cN/dtex(0.1～0.2gf/旦)
合成纤维	0.18～0.27cN/dtex(0.2～0.3gf/旦)

(3)经纱最大的总张力。由于织机的规格不同，经纱最大总张力会有所不同，见表 3－3－196。

表 3－3－196 经纱最大总张力

经轴架			轴承	轴辊
经纱最大总张力	织轴直径	ϕ800 边盘	5000N	5000N
		ϕ914 边盘	4500N	5000N
		ϕ1000 边盘	4000N	5000N

3. 标准设定条件实例(以 150～230cm 为主)(表 3－3－197～表 3－3－201)

表 3-3-197 标准设定条件实例(1)

织物组织		平纹			
送经		S1—SPG			无 S1—SPG
公称幅宽(cm)		150	170~230	250~340	150~230
边盘直径、经轴位置		80S,91S,91D	80S,91D	80S,91D	80S,91D
张力轴套位置		No. 6	No. 6	No. 6	No. 6
张力轴套支架高度(mm)		90	80	70	80
边撑杆垫片	上置型边撑	3mm			
	下置型边撑	用量规调节			
开口定时		290°/310°			
松经量/定时		6mm/290°			8mm/290°
开口量/综框下高度	1	76/ -2		80/ -4	76/ -2
	2	80/ -4		84/ -6	80/ -4
	3	84/ -6		88/ -8	84/ -6
	4	88/ -8		92/ -10	88/ -8
开口凸轮		0/60°或者 AL20			

注 张力辊直径：S1-SPG 的公称幅宽 150cm 时为 $\phi 86$，公称幅宽 170~230cm 时为 $\phi 113$、公称幅宽 250~340cm 时为 $\phi 136$。无 S1-SPG 的公称幅宽 150~230cm 为 $\phi 113$。

表 3-3-198 标准设定条件实例(2)

<table>
<tr><td colspan="2">织物组织</td><td colspan="4">$\frac{2}{1}$</td><td colspan="4">$\frac{1}{2}$</td></tr>
<tr><td colspan="2">送经</td><td colspan="3">S1-SPG</td><td>无 S1-SPG</td><td colspan="3">S1-SPG</td><td>无 S1-SPG</td></tr>
<tr><td colspan="2">公称幅宽(cm)</td><td>150</td><td colspan="2">170~230</td><td>150~230</td><td>150</td><td colspan="2">170~230</td><td>150~230</td></tr>
<tr><td colspan="2">边盘直径、经轴位置</td><td colspan="3">80S、91S, 91D</td><td></td><td>80S,91D</td><td colspan="3">80S, 91D</td></tr>
<tr><td colspan="2">张力轴衬位置</td><td colspan="4">No. 6</td><td colspan="4">No. 6</td></tr>
<tr><td colspan="2">张力轴衬支架的高度(mm)</td><td>110</td><td colspan="3">100</td><td>70</td><td colspan="3">60</td></tr>
<tr><td rowspan="2">边撑杆垫片</td><td>下置型边撑(mm)</td><td colspan="4">2</td><td colspan="4">4</td></tr>
<tr><td>上置型边撑</td><td colspan="8">用量规调节</td></tr>
<tr><td colspan="2">开口定时</td><td colspan="4">290°</td><td colspan="4">300°</td></tr>
<tr><td colspan="2">松经量/定时</td><td colspan="2">4mm/290°</td><td colspan="2">6mm/290°</td><td colspan="2">4mm/300°</td><td colspan="2">6mm/300°</td></tr>
<tr><td rowspan="7">开口量/综框下高度</td><td>1</td><td colspan="2">地 76/-4</td><td colspan="2">地 76/-4</td><td colspan="2">地 76/-2</td><td colspan="2">地 76/-2</td></tr>
<tr><td>2</td><td colspan="2">地、布边 80/-6</td><td colspan="2">地 80/-6</td><td colspan="2">地、布边 80/-4</td><td colspan="2">地 80/-4</td></tr>
<tr><td>3</td><td colspan="2">地 84/-8</td><td colspan="2">地 84/-8</td><td colspan="2">地 84/-6</td><td colspan="2">地 84/-6</td></tr>
<tr><td>4</td><td colspan="2">布边(1/2)88/-8</td><td colspan="2">地 88/-10</td><td colspan="2">布边(2/1)88/ -10</td><td colspan="2">地 88/-8</td></tr>
<tr><td>5</td><td colspan="2"></td><td colspan="2">地、布边 92/-12</td><td colspan="2"></td><td colspan="2">地、布边 92/ -10</td></tr>
<tr><td>6</td><td colspan="2"></td><td colspan="2">地 96/-14</td><td colspan="2"></td><td colspan="2">地 96/ -12</td></tr>
<tr><td>7</td><td colspan="2"></td><td colspan="2">布边(1/2)100/-14</td><td colspan="2"></td><td colspan="2">布边(2/1)100/-16</td></tr>
<tr><td colspan="2">开口凸轮</td><td colspan="8">0/60°或 AL20</td></tr>
</table>

注 1. 80S：边盘直径为 800mm、经轴轴承位置为标准型。

2. 91S：边盘直径为 914mm、经轴轴承位置为标准型。

3. 91D：边盘直径为 914mm、且经轴轴承位置比标准低 50mm。

4. 地：地组织综框；布边：布边组织综框。

表 3-3-199 标准设定条件实例(3)

织物组织		3/1			3/1		
送 经		S1-SPG		无 S1-SPG	S1-SPG		无 S1-SPG
公称幅宽(cm)		150	170~230	150~230	150	170~230	150~230
边盘直径、经轴位置		80S, 91S, 91D			80S,91D	80S, 91D	
张力轴衬位置		No.6			No.6		
张力轴衬支架的高度(mm)		110	100		70	60	
边撑杆垫片	下置型边撑(mm)	2			4		
	上置型边撑	用量规调节					
开口定时		290°			300°		
松经量/定时		4mm/290°		6mm/290°	4mm/300°		6mm/300°
开口量/综框下高度	1	地 76/ -6		布边(2/2)76/ -2	地 76/ -2		布边(2/2)76/ -6
	2	地 80/ -8		布边(2/2)80/ -4	地 80/ -4		布边(2/2)80/ -8
	3	地 84/ -10		地 84/ -10	地 84/ -6		地 84/ -6
	4	地 88/ -12		地 88/ -12	地 88/ -8		地 88/ -8
	5	布边(2/2)92/ -10		地 92/ -14	布边(2/2)92/ -10		地 92/ -10
	6	布边(2/2)96/ -12		地 96/ -16	布边(2/2)96/ -12		地 96/ -12
开口凸轮		0/60°或 AL20					

注 1. 在高密度织物的情况下,有时可以将开口定时调为比此表所示的早 10°。

2. 在低密度织物的情况下,有时可以将开口定时调为比此表所示的迟 10°。

3. 在凸轮 0/30°中,下综框高度应该在凸轮 0/60°的基础上,降低 3mm。

4. 在凸轮 0/90°中,综框下高度应该在凸轮 0/60°的基础上,提高 2mm。

5. 松经定时,在组织为平纹时应该设定为与早的开口定时同样,而在其他组织时则应该设定与开口定时同样。

6. 80S:边盘直径为 800mm 且经轴轴承位置为标准型。

7. 91S:边盘直径为 914mm,且经轴轴承位置为标准型。

8. 91D:边盘直径为 914mm,且经轴轴承位置比标准低 50mm。

9. 地:地组织综框;布边:布边组织综框。

表 3-3-200 标准设定条件实例(4)

织物组织		4/1			1/4		
送 经		S1-SPG		无 S1-SPG	S1-SPG		无 S1-SPG
公称幅宽(cm)		150	170~230	150~230	150	170~230	150~230
边盘直径、经轴位置		80S, 91S, 91D			80S,91D	80S, 91D	
张力轴衬位置		No.6			No.6		
张力轴衬支架的高度		110mm	100mm		60mm	50mm	
边撑杆垫片	下置型边撑	2mm			4mm		
	上置型边撑	用量规调节					
开口定时		290°			300°		
松经量/定时		4mm/290°		6mm/290°	4mm/300°		6mm/300°

续表

织物组织		$\frac{4}{1}$		$\frac{1}{4}$	
开口量/综框下高度	1	地 76/ -11	地 76/ -11	地 76/ -4	地 76/ -4
	2	地 80/ -13	地 80/ -13	地 80/ -6	地 80/ -6
	3	地 84/ -15	地 84/ -15	地 84/ -8	地 84/ -8
	4	地 88/ -17	地、布边 88/ -17	地 88/ -10	地、布边 88/ -10
	5	地 92/ -19	地 92/ -19	地 92/ -12	地 92/ -12
	6	布边(3/2)96/ -15	地 92/ -19	布边(3/2)96/ -15	布边(4/1)96/ -21
	7	布边(2/3)100/ -17	布边(1/4)96/ -14	布边(2/3)100/ -17	
开口凸轮		0/30°或 AL10			

注 1. 当使用$\frac{2}{2}$布边装置的时候，第 1 综框用于$\frac{2}{2}$布边装置，地组织综框则使用第 2 综框以后的综框。

2. 80S：边盘直径为 800mm 且经轴轴承位置为标准型。

3. 91S：边盘直径为 914mm，且经轴轴承位置为标准型。

4. 91D：边盘直径为 914mm，且经轴轴承位置比标准低 50mm。

5. 地：地组织综框；布边：布边组织综框。

表 3-3-201 标准设定条件实例 5

开口形式		曲柄开口	
送经		无 S1-SPG	F 型双辊
公称幅宽(cm)		150~230	150~230
边撑直径、经轴位置		80S,91D	80S
张力轴衬位置		No. 6	150~230cm：0mm
张力轴衬支架高度		80mm	厚重规格：-5mm
边撑板垫片	下置型边撑	3mm	
	上置型边撑	用量规调节	
开口定时		310°	340°
松经量/定时		8mm/310°	—
开口量/综框闭合高度	1	76/ +34	64/ +26
	2	84/ +34	70/ +26
	3	84/ +34	84/ +26
	4	88/ +34	88/ +26

4. 长丝经纱总张力值的设定

(1) L 挂纱（图 3-3-101）的目标值（标准）：

$$T_1(\mathrm{N}) = \frac{\text{经纱总根数} \times \text{经纱的线密度(dtex)}}{1000} \times B \times 10$$

B 的数值见表 3-3-202。

表 3-3-202　*B* 值

经纱种类	*B*	经纱种类	*B*
化学纤维	0.09～0.18cN/dtex(0.1～0.2gf/旦)	合成纤维	0.18～0.27cN/dtex(0.2～0.3gf/旦)

(2)S 挂纱(图 3-3-102)的目标值:

$$T_2(\mathrm{N}) = T_1(\mathrm{N}) \times 1.8$$

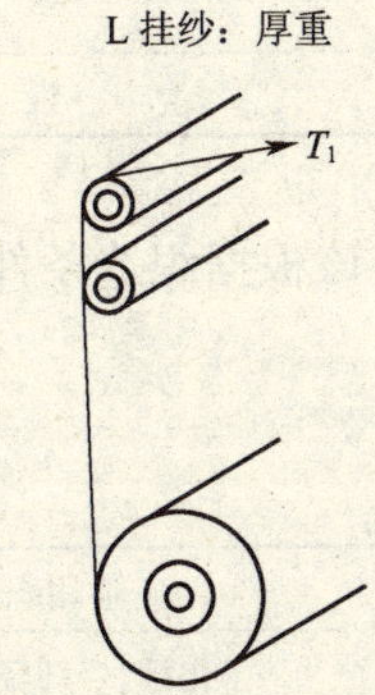

图 3-3-101　L 挂纱

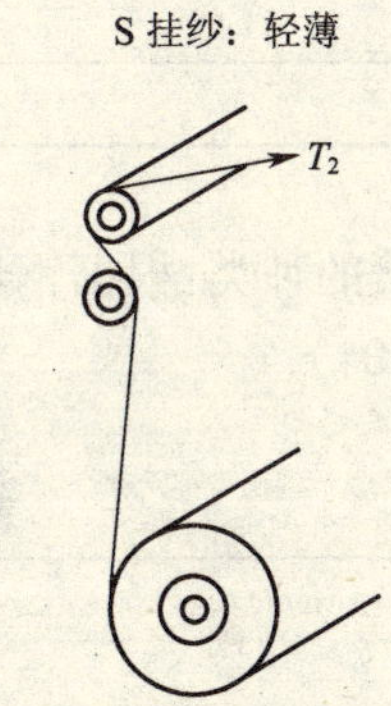

图 3-3-102　S 挂纱

5. 松经弹簧的设定

(1)松经弹簧的调节:根据织造条件,调整松经弹簧 6 的有效圈数 *N*,使运转中张力杆 3 的前端能够摇动 5～10mm。标准的圈数为 6～8 圈(图 3-3-103)。

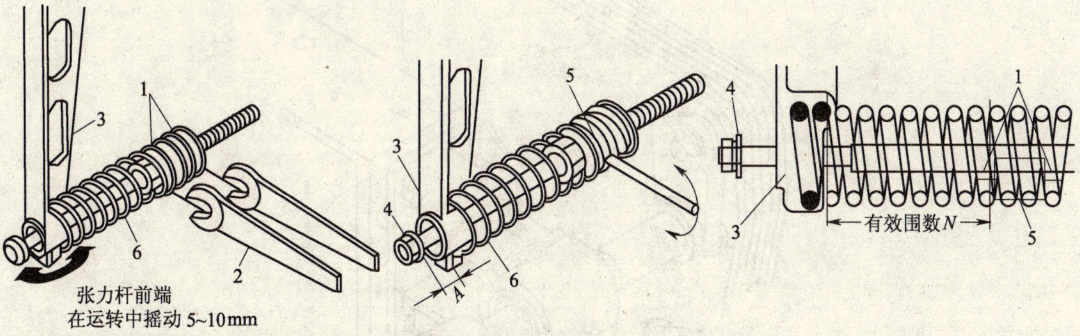

图 3-3-103　松经弹簧的调节

①使经纱松弛下来,并且使张力辊上不承受来自经纱的张力。

②将六角螺母 1 用专用扳手 2 转动,并松开。

③转动弹簧座 5,并且设定松经弹簧 6 的有效圈数。

④将六角螺母 1 用专用扳手 2 进行调整,并且使张力杆 3 与垫圈 4 的间隙 *A* 能够达到 30mm。

⑤张力设定之后,还应在织机运转中对六角螺母 1 进行再调整,以使间隙 *A* 能够达到 20mm

(±5mm)。当张力杆3的前端不能摇动5～10mm的时候,应该进行有效圈数的重新调整。应该确认垫圈4与张力杆3之间,不发生相互干涉。

有效圈数与织造条件的关系,见表3－3－203。

表3－3－203 有效圈数与织造条件的关系

减少有效圈数	有效圈数	增加有效圈数
小	开口量	大
大	经纱张力	小
快	织机转数	慢

(2)松经弹簧的种类:根据钢丝直径不同,弹簧分为3种。应该根据织造条件,进行相应的选择(表3－3－204)。

表3－3－204 弹簧钢丝直径选择

弹簧钢丝直径(mm)	适应经纱总张力	适用织物
7	700N(70kgf)以下	化纤、合纤轻薄织物
8(标准)	1200N(120kgf)以下	一般织物
9	2500N(250kgf)以下	高密度织物

6. 经位置线的设定

(1)经位置线:根据张力辊托架面与送经机架面之间的尺寸A进行调整(图3－3－104)。

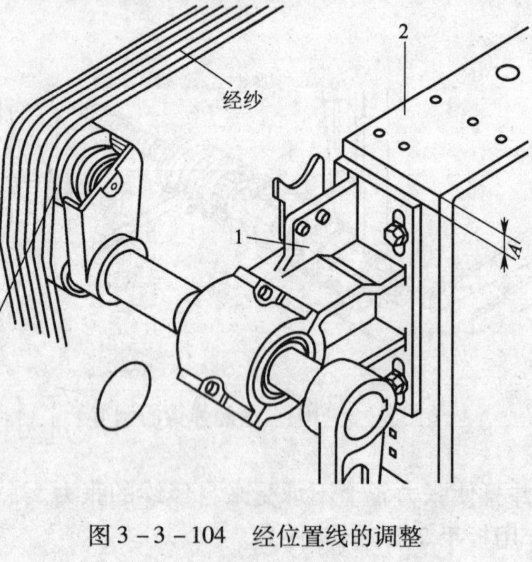

图3－3－104 经位置线的调整

1—张力辊托架 2—送经机架 3—张力辊

(2)水平经位置线:是指张力辊3上面比送经机架2上面高出26mm的位置。

水平经位置线的A尺寸与张力辊3的外径的关系,如下表3－3－205所示。

表 3-3-205　水平经位置线 *A* 的选择　　单位：mm

张力辊外径	*A* 尺寸	张力辊外径	*A* 尺寸
86	0	99.5	-7
89	-2	—	—

(五)卷取机构

1. 穿布方法　一般按图 3-3-105 所示的方法穿布。

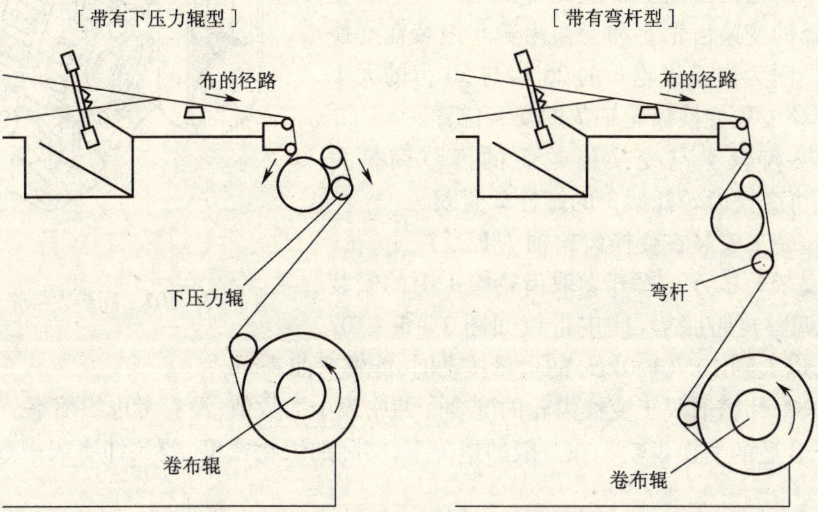

图 3-3-105　穿布方法

2. 纬密的设定和变更　变换齿轮的更换方法(图 3-3-106)。

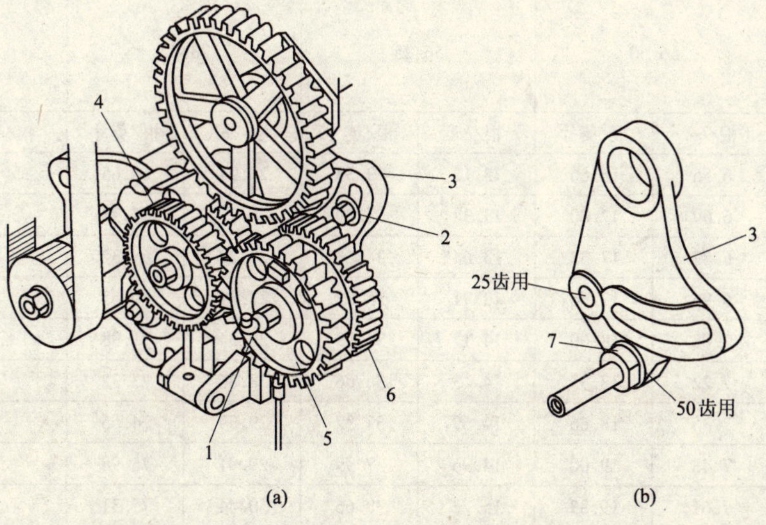

图 3-3-106　变换齿轮的拆装

(1)拆卸方法:

①拆下固定销1。

②松开螺栓2,将变换齿轮托架3错开,并且使咬合中的变换齿轮脱开。

③从纬密表中选择出适合于想要设定的引纬密度的变换齿轮。

(2)安装方法:

①在每个齿轮的齿面上涂敷黄油。

②将选择的变换齿轮5和变换齿轮6组装在变换齿轮轴7上。因为变换齿轮6的25齿与50齿的大小不同,所以应该变更变换齿轮轴7的安装位置。

③将变换齿轮4与变换齿轮5的齿隙调整为0.2mm,并且将变换齿轮托架3的螺栓2紧固。

④将固定销1安装在变换齿轮轴7上。

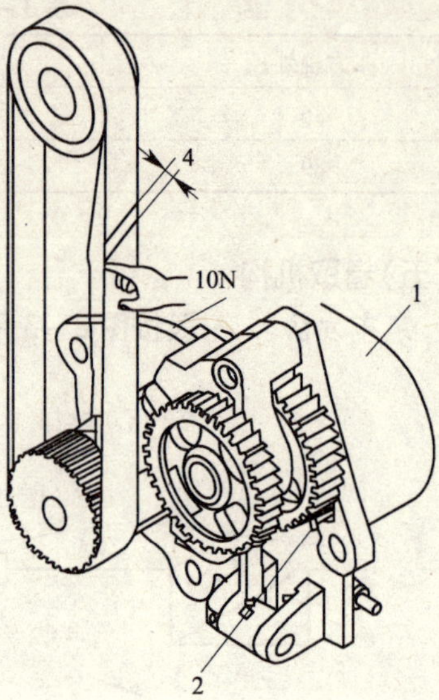

图3-3-107　同步皮带张力的调整

3. 同步皮带的张力　松开卷取齿轮箱1上的安装螺栓2,通过调整皮带张力,使皮带以如图3-3-107所示的方法,以大约10N(1.0kgf)的力量按动时,能够弯曲4mm。

4. 纬密表　纬密取决于变换齿轮的配合。纬密表中的数值,没有考虑织缩率。确认所织织物之后,选择合适的变换齿轮。在一般的情况下,实际的织物密度,要比纬密表中数值多3%～5%的根数。

(1)橡胶包覆型:按照摩擦辊直径为163cm+1.7cm×2=166.4cm进行计算。橡胶包覆型变换齿轮适用的纬密见表3-3-206。

表3-3-206　橡胶包覆型变换齿轮适用的纬密

纬密 A/C(齿数) B	56/50		56/25		28/25		21/25	
齿　数	根/cm	根/英寸	根/cm	根/英寸	根/cm	根/英寸	根/cm	根/英寸
50	6.56	16.66	13.12	33.33	26.24	66.65		
51	6.69	17.00	13.38	33.99	26.77	67.98		
52	6.82	17.33	13.64	34.66	27.29	69.32		
53	6.95	17.66	13.91	35.32	27.81	70.65		
54	7.08	18.00	14.17	35.99	28.34	71.98		
55	7.22	18.33	14.43	36.66	28.86	73.32		
56	7.35	18.66	14.69	37.32	29.39	74.65		
57	7.48	19.00	14.96	37.99	29.91	75.98		
58	7.61	19.33	15.22	38.66	30.44	77.31		
59	7.74	19.66	15.48	39.32	30.96	78.65		

续表

纬密 A/C（齿数） B	56/50		56/25		28/25		21/25	
齿 数	根/cm	根/英寸	根/cm	根/英寸	根/cm	根/英寸	根/cm	根/英寸
60	7.87	20.00	15.74	39.99	31.49	79.98	41.98	106.64
61	8.00	20.33	16.01	40.66	32.01	81.31	42.68	108.42
62	8.13	20.66	16.27	41.32	32.54	82.65	43.38	110.20
63	8.27	20.99	16.53	41.99	33.06	83.98	44.08	111.97
64	8.40	21.33	16.79	42.66	33.59	85.31	44.78	113.75
65	8.53	21.66	17.06	43.32	34.11	86.65	45.48	115.53
66	8.66	21.99	17.32	43.99	34.64	87.98	46.18	117.30
67	8.79	22.33	17.58	44.66	35.16	89.31	46.88	119.08
68	8.92	22.66	17.84	45.32	35.69	90.64	47.58	120.86
69	9.05	22.99	18.11	45.99	36.21	91.98	48.28	122.64
70	9.18	23.33	18.37	46.66	36.74	93.31	48.98	124.41
71	9.32	23.66	18.63	47.32	37.26	94.64	49.68	126.19
72	9.45	23.99	18.89	47.99	37.79	95.98	50.38	127.97
73	9.58	24.33	19.16	48.65	38.31	97.31	51.08	129.75
74	9.71	24.66	19.42	49.32	38.84	98.64	51.78	131.52
75	9.84	24.99	19.68	49.99	39.36	99.98	52.48	133.30
76	9.97	25.33	19.94	50.65	39.89	101.31	53.18	135.08
77	10.10	25.66	20.21	51.32	40.41	102.64	53.88	136.86
78	10.23	25.99	20.47	51.99	40.93	103.97	54.58	138.63
79	10.36	26.33	20.73	52.65	41.46	105.31	55.28	140.41
80	10.50	26.66	20.99	53.32	41.98	106.64	55.98	142.19
81	10.63	26.99	21.25	53.99	42.51	107.97	56.68	143.96
82	10.76	27.33	21.52	54.65	43.03	109.31	57.38	145.74
83	10.89	27.66	21.78	55.32	43.56	110.64	58.08	147.52
84	11.02	27.99	22.04	55.99	44.08	111.97	58.78	149.30
85	11.15	28.33	22.30	56.65	44.61	113.31	59.48	151.07
86	11.28	28.66	22.57	57.32	45.13	114.64	60.18	152.85
87	11.41	28.99	22.83	57.99	45.66	115.97	60.88	154.63
88	11.55	29.33	23.09	58.65	46.18	117.30	61.58	156.41
89	11.68	29.66	23.35	59.32	46.71	118.64	62.28	158.18
90	11.81	29.99	23.62	59.99	47.23	119.97	62.98	159.96
91	11.94	30.33	23.88	60.65	47.76	121.30	63.68	161.74
92	12.07	30.66	24.14	61.32	48.28	122.64	64.38	163.52

续表

纬密 A/C(齿数) B	56/50		56/25		28/25		21/25	
齿 数	根/cm	根/英寸	根/cm	根/英寸	根/cm	根/英寸	根/cm	根/英寸
93	12.20	30.99	24.40	61.98	48.81	123.97	65.08	165.29
94	12.33	31.33	24.67	62.65	49.33	125.30	65.78	167.07
95	12.46	31.66	24.93	63.32	49.86	126.64	66.48	168.85
96	12.60	31.99	25.19	63.98	50.38	127.97	67.18	170.63
97	12.73	32.33	25.45	64.65	50.91	129.30	67.87	172.40
98	12.86	32.66	25.72	65.32	51.43	130.63	68.57	174.18
99	12.99	32.99	25.98	65.98	51.96	131.97	69.27	175.96
100	13.12	33.33	26.24	66.65	52.48	133.30	69.97	177.73
101					53.01	134.63	70.67	179.51
102					53.53	135.97	71.37	181.29
103					54.06	137.30	72.07	183.07
104					54.58	138.63	72.77	184.84
105					55.10	139.97	73.47	186.62
106					55.63	141.30	74.17	188.40
107					56.15	142.63	74.87	190.18
108					56.68	143.96	75.57	191.95
109					57.20	145.30	76.27	193.73
110					57.73	146.63	76.97	195.51
111					58.25	147.96	77.67	197.29
112					58.78	149.30	78.37	199.06
113					59.30	150.63	79.07	200.84
114					59.83	151.96	79.77	202.62
115					60.35	153.30	80.47	204.39

(2)喷镀型:按照摩擦辊直径为163cm进行计算。喷镀型变换齿轮适用的纬密见表3-3-207。

表3-3-207 喷镀型变换齿轮适用的纬密

纬密 A/C(齿数) B	56/50		56/25		28/25		21/25	
齿 数	根/cm	根/英寸	根/cm	根/英寸	根/cm	根/英寸	根/cm	根/英寸
50	6.70	17.01	13.39	34.02	26.79	68.04		
51	6.83	17.35	13.66	34.70	27.32	69.40		

续表

纬密 A/C（齿数） B	56/50		56/25		28/25		21/25	
齿数	根/cm	根/英寸	根/cm	根/英寸	根/cm	根/英寸	根/cm	根/英寸
52	6.96	17.69	13.93	35.38	27.86	70.76		
53	7.10	18.03	14.20	36.06	28.39	72.12		
54	7.23	18.37	14.47	36.74	28.93	73.48		
55	7.37	18.71	14.73	37.42	29.47	74.84		
56	7.50	19.05	15.00	38.10	30.00	76.21		
57	7.63	19.39	15.27	38.78	30.54	77.57		
58	7.77	19.73	15.54	39.46	31.07	78.93		
59	7.90	20.07	15.80	40.14	31.61	80.29		
60	8.04	20.41	16.07	40.82	32.15	81.65	42.86	108.87
61	8.17	20.75	16.34	41.50	32.68	83.01	43.57	110.68
62	8.30	21.09	16.61	42.19	33.22	84.37	44.29	112.49
63	8.44	21.43	16.88	42.87	33.75	85.73	45.00	114.31
64	8.57	21.77	17.14	43.55	34.29	87.09	45.72	116.12
65	8.71	22.11	17.41	44.23	34.82	88.45	46.43	117.94
66	8.84	22.45	17.68	44.91	35.36	89.81	47.15	119.75
67	8.97	22.79	17.95	45.59	35.90	91.17	47.86	121.57
68	9.11	23.13	18.22	46.27	36.43	92.54	48.57	123.38
69	9.24	23.47	18.48	46.95	36.97	93.90	49.29	125.19
70	9.38	23.81	18.75	47.63	37.50	95.26	50.00	127.01
71	9.51	24.15	19.02	48.31	38.04	96.62	50.72	128.82
72	9.64	24.49	19.29	49.99	38.57	97.98	51.43	130.64
73	9.78	24.83	19.56	49.67	39.11	99.34	52.15	132.45
74	9.91	25.18	19.82	50.35	39.65	100.70	52.86	134.27
75	10.05	25.52	20.09	51.03	40.18	102.06	53.58	136.08
76	10.08	25.86	20.36	51.71	40.72	103.42	54.29	137.90
77	10.31	26.20	20.63	52.39	41.25	104.78	55.00	139.71
78	10.45	26.54	20.89	53.07	41.79	106.14	55.72	141.52
79	10.58	26.88	21.16	53.75	42.32	107.50	56.43	143.34
80	10.72	27.22	21.43	54.43	42.86	108.87	57.15	145.15
81	10.85	27.56	21.70	55.11	43.40	110.23	57.86	146.97
82	10.98	27.90	21.97	55.79	43.93	111.59	58.58	148.78
83	11.12	28.24	22.23	56.47	44.47	112.95	59.29	150.60
84	11.25	28.58	22.50	57.15	45.00	114.31	60.00	152.41

②长丝边撑的种类和适用织物(表3-3-210)。

表3-3-210 边撑的种类与适用织物

织物 / 边撑种类	所有化纤织物	化纤高密度织物或者织缩率较大时、所有合纤织物
5列针1环	0	—
5列针2环		0

边撑环的倾斜标准为0°,但是在发生表3-3-211中的故障的时候,应该对边撑环的倾斜度进行调整。

表3-3-211 边撑环倾斜度的调整

故障	调整	故障	调整
织物上出现边撑的针痕	向与织物卷绕方向相反的方向转动(图3-3-109)	织物进入边撑环和边撑环之间	向织物卷绕方向转动(图3-3-109)
纬纱被边撑的针切断		布从边撑上脱离	
布从边撑的端部脱落		边撑的拉力过差	

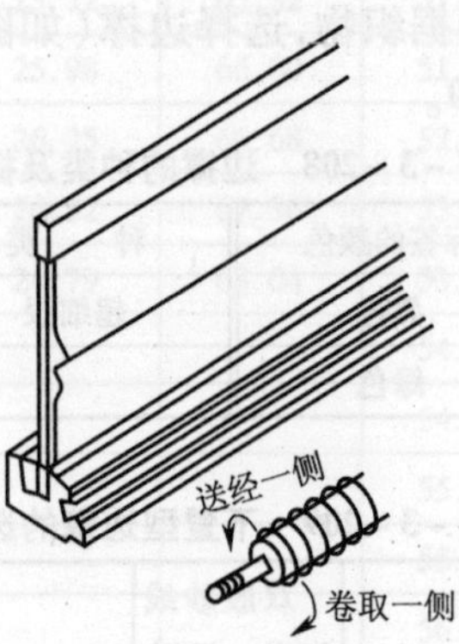

图3-3-109 边撑环的调整

(2)上置式边撑织前倾斜型:

①短丝用上置型边撑的种类与适用织物(表3-3-212)。

表3-3-212 短丝用上置型边撑的选择

织物 / 边撑种类		纱布、底布、画布、细薄织物、上等细布、绉类织物	牛津布、条格色布	牛仔布、粗特斜纹织物、双股纱线织物、毛织物	床单织物(宽幅)	府绸、细平布、印花坯布、细布	11.7~19.4tex(30~50英支)高密度织物、平纹防羽绒布、灯芯绒	5.8~11.7tex(50~100英支)高密度织物、缎纹防羽绒布
2列针15环	超细眼	0						
	细眼	0		0				

续表

边撑种类＼织物		纱布、底布、画布、细薄织物、上等细布、绉类织物	牛津布、条格色布	牛仔布、粗特斜纹织物、双股纱线织物、毛织物	床单织物（宽幅）	府绸、细平布、印花坯布、细布	11.7~19.4tex（30~50英支）高密度织物、平纹防羽绒布、灯芯绒	5.8~11.7tex（50~100英支）高密度织物、缎纹防羽绒布
2列针20环	超细眼							
	细　眼		0					
	中　眼		[0]	[0]		0		
3列针30环	超细眼		0		0	0	0	0
	细　眼					[0]	0	0
	中　眼			0	0	0	0	0
1列针42环	超细眼				[0]	0	[0]	[0]
	细　眼							

②边撑环倾斜度的调整。标准倾斜度为0°，但是在发生表3-3-213中的故障的时候，则应调整边撑环倾斜度。

表3-3-213　边撑环倾斜度的调整

故　障	调　整	故　障	调　整
织物上出现边撑的针痕	向与织物卷绕方向相反的方向转动（图3-3-110）	织物进入边撑的环和环之间	向织物卷绕方向转动
纬纱被边撑的针挂断		织物从边撑上脱离	
织物在边撑的端部脱落		边撑的拉力不良	

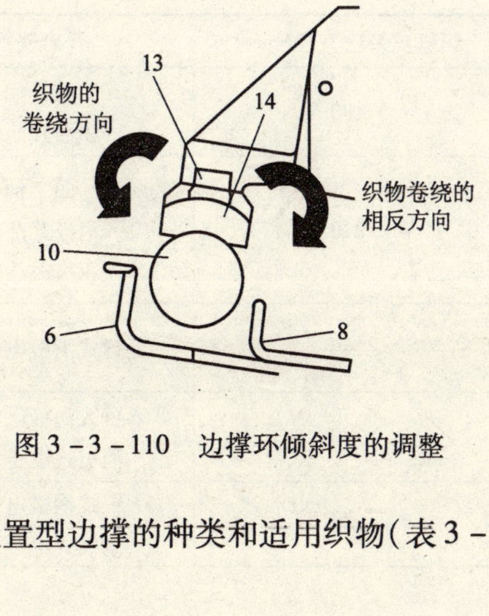

图3-3-110　边撑环倾斜度的调整

(3)上置型边撑：长丝用上置型边撑的种类和适用织物（表3-3-214）。

表 3-3-214　长丝用上置型边撑的种类和适用织物

边撑种类＼织物	化纤、合纤一般织物	化纤、合纤高密度织物
3 列针 2 环	0	—
3 列针 6 环	—	0

(六)织机转速的设定

1. 电动机皮带轮　需要变更织机转速时，可以通过更换安装在主电动机轴上的皮带轮实现。

(1)种类：

①在电动机皮带轮的上面，带有数字的刻印，这些数字表示皮带轮的公称直径。

②皮带轮在 59～151 之间以 2 个刻度为一种，共有 47 种。

③数字每增加 1 个档次，转速会增加 11～14r/min。

④选择电动机皮带轮的时候，应该参照织机转速和电动机皮带轮表。

(2)选择电动机皮带轮时的大致标准：

①电动机皮带轮的内径，带有 15°的锥度。

②可以将以下作为大致的目标值。曲柄开口的滑动率为 1.5%，积极式凸轮开口、消极式凸轮开口、消极式电子多臂开口、积极式电子多臂开口的滑动率为 3.0%。

③表中织机转速的误差，由于受主电动机转速的偏差、主电动机负荷率、供电电压、V 形皮带滑移的影响，会接近于 ±2%。

(3)转速的计算方法：

$$\text{转速(r/min)} = \text{电动机转速(实测值)} \times \frac{d\text{(电动机皮带轮的公称直径)}}{D\text{(织机皮带轮的公称直径)}}$$

(4)标准 V 形皮带的件号(表 3-3-215)：

表 3-3-215　V 形皮带的件号

V 形皮带长度	织机皮带轮直径(mm)	开口装置	V 形皮带件号
3R-3V 134.6cm(53 英寸)×2 根	190	曲　柄 积极式凸轮	BL904134H (多楔型)
3V 142.2cm(56 英寸)×6 根	240	曲　柄 消极式凸轮 积极式凸轮	BL904142L (耦和型)
3V 142.2cm(56 英寸)×2 根	240	上置式消极电子多臂	BL904142H (多楔型)
3V 152.4cm(60 英寸)×2 根	240	下置式消极电子多臂 消极式电子多臂	BL904152H (多楔型)
3V 160cm(63 英寸)×2 根	240	下置式消极电子多臂 消极式电子多臂	BL904160D (多楔型)

续表

V形皮带长度	织机皮带轮直径(mm)	开口装置	V形皮带件号
3V 160cm(63英寸)×2根	300	多臂	BL904160D (多楔型)

注　耦合型为分割成6条的形式,多楔型为3条连接的形式。

2. 织机转速和电动机皮带轮直径的关系

(1)织机皮带轮的公称直径 $D=190$mm;频率为50Hz(表3-3-216)。

表3-3-216　电动机皮带轮的公称直径(1)

滑动率(%)	1.5	3.0	5.0	滑动率(%)	1.5	3.0	5.0
皮带轮公称直径(mm) \ 主电动机转速(r/min) \ 刻印序号	1478	1455	1425	皮带轮公称直径(mm) \ 主电动机转速(r/min) \ 刻印序号	1478	1455	1425
59	459	452	443	107	832	819	803
61	475	467	458	109	848	835	818
63	490	482	473	111	863	850	833
65	506	498	488	113	879	865	848
67	521	513	503	115	895	881	863
69	537	528	518	117	910	896	878
71	552	544	533	119	926	911	893
73	568	559	548	121	941	927	908
75	583	574	563	123	957	942	923
77	599	590	578	125	972	957	938
79	615	605	593	127	988	973	953
81	630	620	608	129	1003	988	968
83	646	636	623	131	1019	1003	983
85	661	651	638	133	1035	1019	998
87	677	666	653	135	1050	1034	1013
89	692	682	668	137	1066	1049	1028
91	708	697	683	139	1081	1064	1043
93	723	712	698	141	1097	1080	1058
95	739	728	713	143	1112	1095	1073
97	755	743	728	145	1128	1110	1088
99	770	758	743	147			
101	786	773	758	149			
103	801	789	773	151			
105	817	804	788				

(2)织机皮带轮的公称直径 $D=190$;频率为60Hz(表3-3-217)。

表3-3-217 电动机皮带轮公称直径(2)

滑动率(%)	1.5	3.0	5.0	滑动率(%)	1.5	3.0	5.0
刻印序号 \ 皮带轮公称直径(mm)	1773	1746	1710	刻印序号 \ 皮带轮公称直径(mm)	1773	1746	1710
59	551	542	531	93	868	855	837
61	569	561	549	95	887	873	855
63	588	579	567	97	905	891	873
65	607	597	585	99	924	910	891
67	625	616	603	101	942	928	909
69	644	634	621	103	961	947	927
71	663	652	639	105	980	965	945
73	681	671	657	107	998	983	963
75	700	689	675	109	1017	1002	981
77	719	708	693	111	1036	1020	999
79	737	726	711	113	1054	1038	1017
81	756	744	729	115	1073	1057	1035
83	775	763	747	117	1092	1075	1053
85	793	781	765	119	1110	1094	1071
87	812	799	783	121	1129	1112	1089
89	831	818	801	123	1148	1130	1107
91	849	836	819				

(3)织机皮带轮的公称直径 $D=240$;频率为50Hz(表3-3-218)。

表3-3-218 电动机皮带轮公称直径(3)

滑动率(%)	1.5	3.0	5.0	滑动率(%)	1.5	3.0	5.0
刻印序号 \ 皮带轮公称直径(mm)	1478	1455	1425	刻印序号 \ 皮带轮公称直径(mm)	1478	1455	1425
59				79	487	479	469
61				81	499	491	481
63				83	511	503	493
65				85	523	515	505
67				87	536	527	517
69				89	548	540	528
71				91	560	552	540
73	450	443	433	93	573	564	552
75	462	455	445	95	585	576	564
77	474	467	457	97	597	588	576

续表

滑动率(%)	1.5	3.0	5.0	滑动率(%)	1.5	3.0	5.0
刻印序号 \ 皮带轮公称直径(mm)	1478	1455	1425	刻印序号 \ 皮带轮公称直径(mm)	1478	1455	1425
99	610	600	588	127	782	770	754
101	622	612	600	129	794	782	766
103	634	624	612	131	807	794	778
105	647	637	623	133	819	806	790
107	659	649	635	135	831	818	802
109	671	661	647	137			
111	684	673	659	139			
113	696	685	671	141			
115	708	697	683	143			
117	721	709	695	145			
119	733	721	707	147			
121	745	734	718	149			
123	757	746	730	151			
125	770	758	742				

(4)织机皮带轮的公称直径 $D=240$;频率为60Hz(表3-3-219)。

表3-3-219　电动机皮带轮公称直径(4)

滑动率(%)	1.5	3.0	5.0	滑动率(%)	1.5	3.0	5.0
刻印序号 \ 皮带轮公称直径(mm)	1773	1746	1710	刻印序号 \ 皮带轮公称直径(mm)	1773	1746	1710
59	436	429	420	91	672	662	648
61	451	444	435	93	687	677	663
63	465	458	449	95	702	691	677
65	480	473	463	97	717	706	691
67	495	487	477	99	731	720	705
69	510	502	492	101	746	735	720
71	525	517	506	103	761	749	734
73	539	531	520	105	776	764	748
75	554	546	534	107	790	778	762
77	569	560	549	109	805	793	777
79	584	575	563	111	820	808	791
81	598	589	577	113	835	822	805
83	613	604	591	115	850	837	819
85	628	618	606	117	864	851	834
87	643	633	620	119	879	866	848
89	657	647	634	121	894	880	862

续表

滑动率(%) 刻印序号 \ 皮带轮公称直径(mm)	1.5 1773	3.0 1746	5.0 1710	滑动率(%) 刻印序号 \ 皮带轮公称直径(mm)	1.5 1773	3.0 1746	5.0 1710
123	909	895	876	139			
125	923	909	891	141			
127	938	924	905	143			
129				145			
131				147			
133				149			
135				151			
137							

(5)织机皮带轮的公称直径 $D=300$;频率为50Hz(表3-3-220)。

表3-3-220 电动机皮带轮公称直径(5)

滑动率(%) 刻印序号 \ 皮带轮公称直径(mm)	1.5 1478	3.0 1455	5.0 1425	滑动率(%) 刻印序号 \ 皮带轮公称直径(mm)	1.5 1478	3.0 1455	5.0 1425
59				107	527	519	508
61				109	537	529	518
63				111	547	538	527
65				113	557	548	537
67	330	325	318	115	567	558	546
69	340	335	328	117	576	567	556
71	350	344	337	119	586	577	565
73	360	354	347	121	596	587	575
75	370	364	356	123	606	597	584
77	379	373	366	125	616	606	594
79	389	383	375	127	626	616	603
81	399	393	385	129	636	626	613
83	409	403	394	131	645	635	622
85	419	412	404	133	655	645	632
87	429	422	413	135	665	655	641
89	438	432	423	137	675	664	651
91	448	441	432	139	685	674	660
93	458	451	442	141	695	684	670
95	468	461	451	143	705	694	679
97	478	470	461	145	714	703	689
99	488	480	470	147	724	713	698
101	498	490	480	149	734	723	708
103	507	500	489	151	744	732	717
105	517	509	499				

(6)织机皮带轮的公称直径 $D=300$;频率为60Hz(表3-3-221)。

表3-3-221 电动机皮带轮公称直径(6)

滑动率(%)	1.5	3.0	5.0	滑动率(%)	1.5	3.0	5.0
皮带轮公称直径(mm) 刻印序号	1478	1455	1425	皮带轮公称直径(mm) 刻印序号	1478	1455	1425
59				107	632	623	610
61				109	644	634	621
63				111	656	646	633
65				113	668	658	644
67	396	390	382	115	680	669	656
69	408	402	393	117	691	681	667
71	420	413	405	119	703	693	678
73	431	425	416	121	715	704	690
75	443	437	428	123	727	716	701
77	455	448	439	125	739	728	713
79	467	460	450	127	751	739	724
81	479	471	462	129	762	751	735
83	491	483	473	131	774	762	747
85	502	495	485	133	786	774	758
87	514	506	496	135	798	786	770
89	526	518	507	137	810	797	781
91	538	530	519	139	821	809	792
93	550	541	530	141	833	821	804
95	561	553	542	143	845	832	815
97	573	565	553	145	857	844	827
99	585	576	564	147	869	856	838
101	597	588	576	149	881	867	849
103	609	599	587	151	892	879	861
105	621	611	599				

三、其他机构及工艺调节

(一)经停装置安装方法

(1)前侧:安装经停装置2,且不使其与行星装置1发生接触(图3-3-111)。

(2)后侧:安装经停装置2,且不使其与送经杆3发生接触(图3-3-112)。

(3)倾斜:松开托座衬套4的螺栓5(图3-3-113);将经纱与织机后侧的椭圆形管6之间的间隔调为3~5mm(图3-3-114);紧固螺栓5。

(4)上下的高度:松开托座衬套4的螺栓7;转动调节螺栓8;紧固螺栓7。

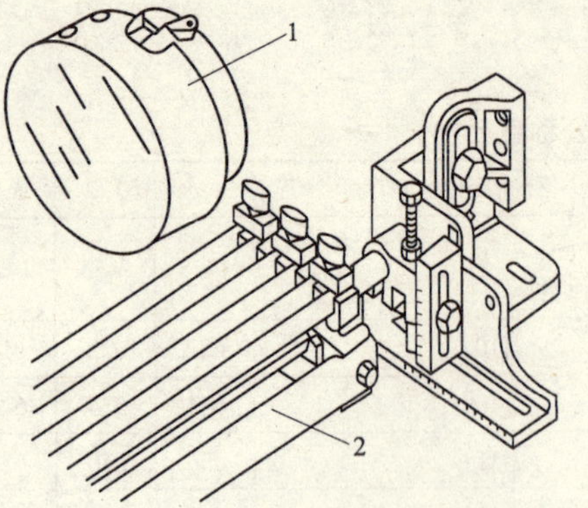

图 3-3-111 经停装置前侧的安装

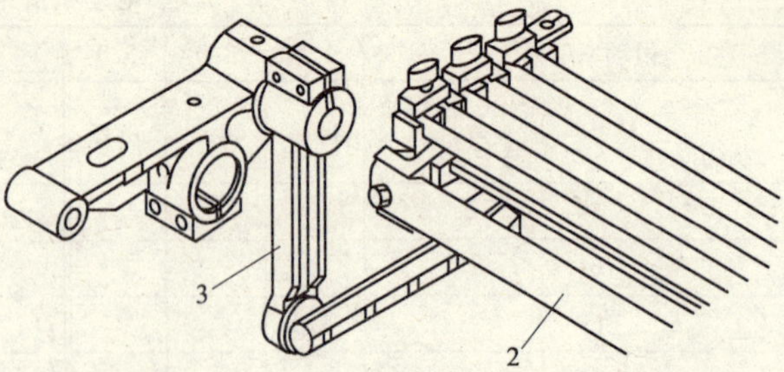

图 3-3-112 经停装置后侧的安装

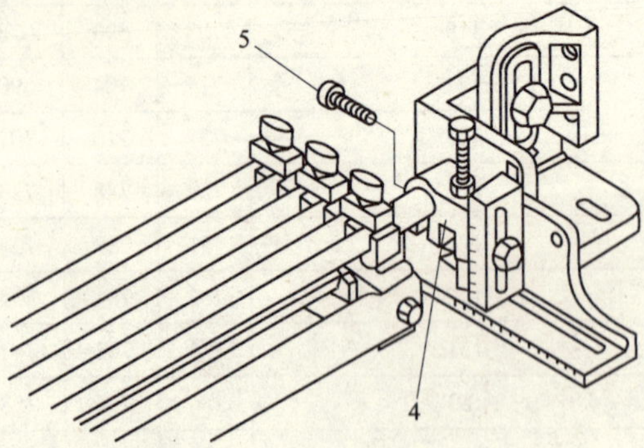

图 3-3-113 经停装置倾斜度的调整

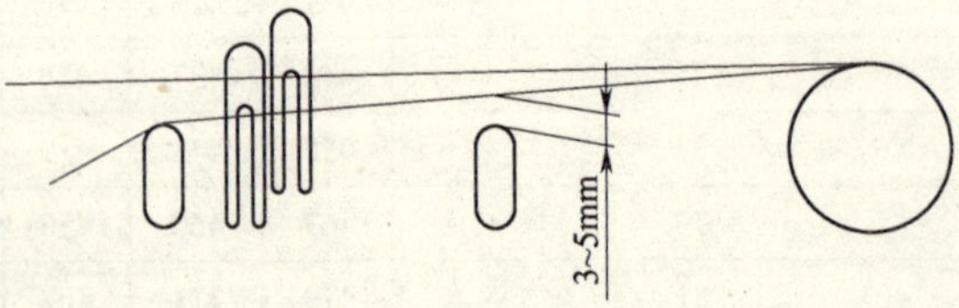

图 3-3-114 经停装置上下高度的调整

(5)滑动底座的安装位置：滑动底座 9 有上下 2 处安装位置，且上下的高度差异为 30mm（图 3-3-115）。

(6)对应的方法：运转中，经停片明显跳动的时候，应调整经停装置 2 的倾斜度和高度。

(二)探纬器安装方法

1. 探纬器 H1(图 3-3-116)

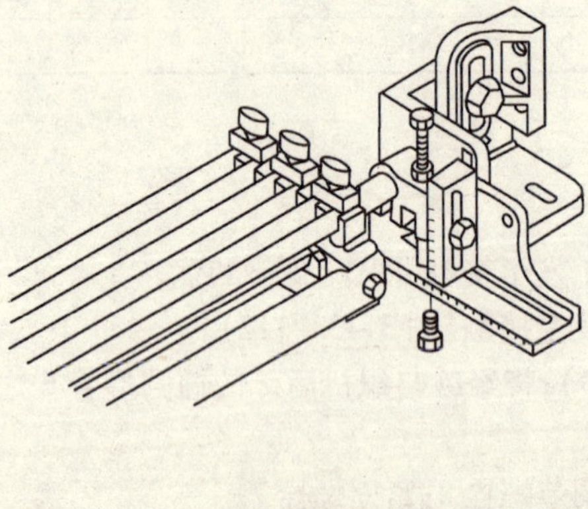

图 3-3-115 经停装置滑动底座的安装位置

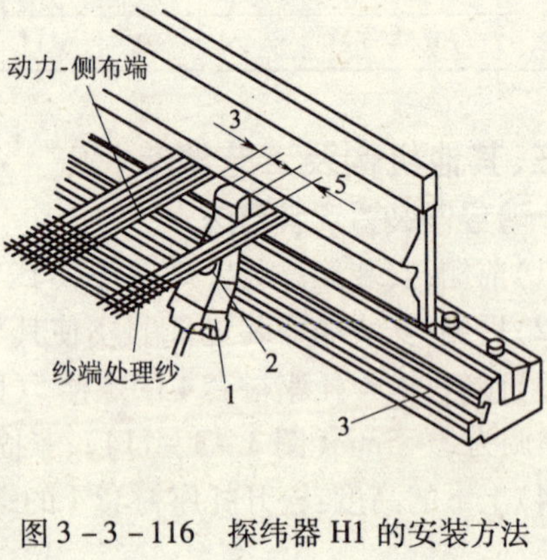

图 3-3-116 探纬器 H1 的安装方法

(1)将固定螺栓上的螺母2松开。

(2)将探纬器H1 1沿着筘架3的沟槽进行位置调整。

(3)将动力一侧的布边端部与探纬器H1 1之间的间隔调为3mm。纱端处理纱与探纬器H1 1之间的间隔应为5mm。

(4)紧固螺母2。

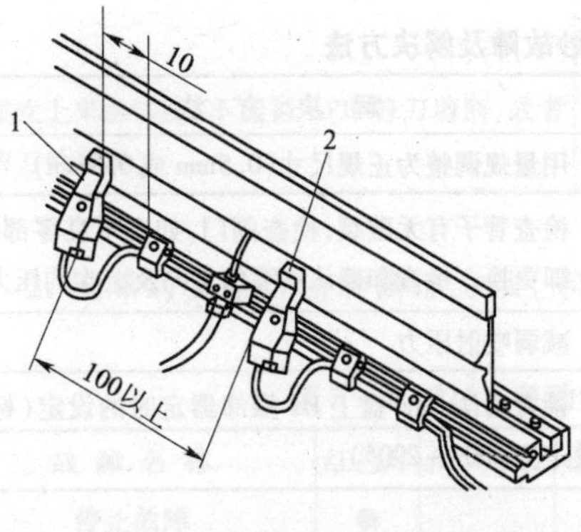

图3-3-117 探纬器H2的安装方法(一)

2. 探纬器H2(图3-3-117)

(1)将固定螺栓上的螺母松开。

(2)将H2探纬器2沿着筘架的沟槽,进行位置调整。

(3)使H2探纬器2离开探纬器H1 1达到100mm以上。

(4)将松开的螺母紧固。

(5)使用频闪仪,观察纬纱前端的状态。确认被引入的纬纱最大程度地伸长的时候,没有到达探纬器H2 2。

(6)当纬纱到达探纬器H2 2的时候,应该通过调整H2探纬器2的位置,使H1探纬器1与H2探纬器2之间的间距扩大。当纬纱最大限度地伸长的时候,其最前端与H2探纬器2之间的间距,必须保持15~20mm(图3-3-118)。

3. 钢筘与探纬器头的间距

钢筘与探纬器头的间距大约为0.5mm(图3-3-119)。此间距过于狭窄的时候,应该加入垫片5进行调整。

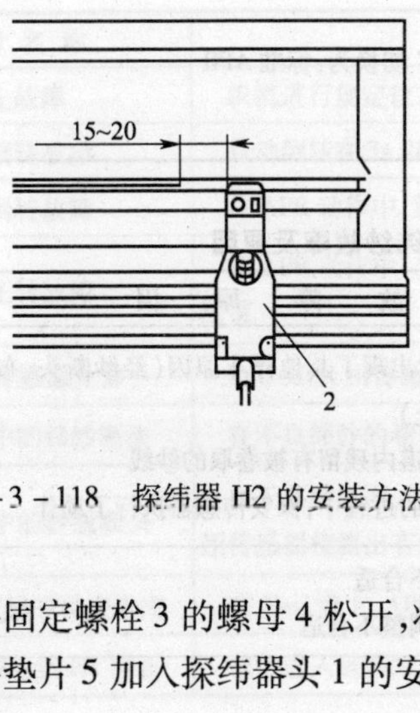

图3-3-118 探纬器H2的安装方法(二)

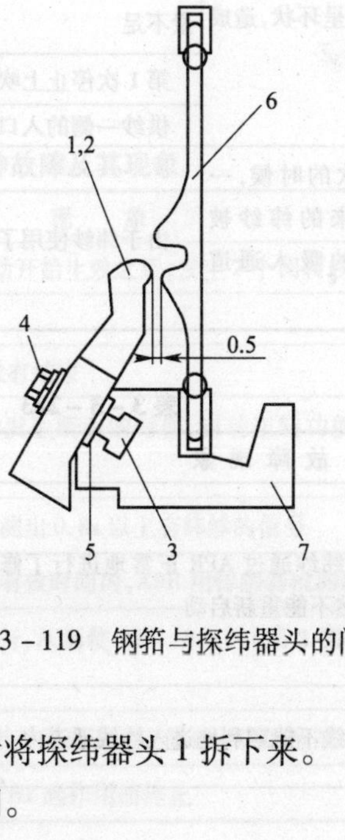

图3-3-119 钢筘与探纬器头的间距

(1)将固定螺栓3的螺母4松开,将探纬器松开,然后将探纬器头1拆下来。

(2)将垫片5加入探纬器头1的安装面与筘架7之间。

(四)经纱的穿纱方法

1. 穿综

(1)穿综的方法各种各样,通常为顺穿法(图 3-3-120)。

(2)穿综时,从第 1 综框的左侧(供纱一侧)顺次地穿纱。

(3)穿完经纱之后,在每个综框的动力一侧各装入 2 根用于纱端处理纱的空综丝。

2. 穿筘

任何幅宽穿筘,均从钢筘的供纱一侧开始穿入。

(1)开始穿筘:从左侧的第 2 筘齿开始穿入经纱。左侧的第 1 筘齿空出,用于绞边纱(图 3-3-121)。

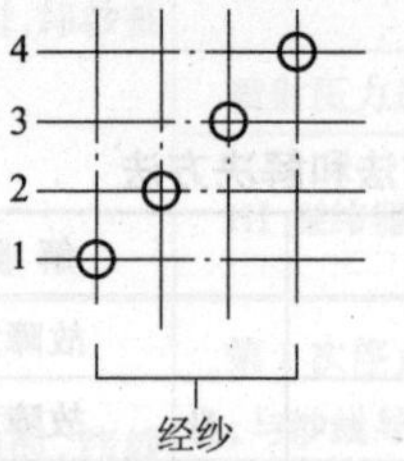

图 3-3-120 顺穿法

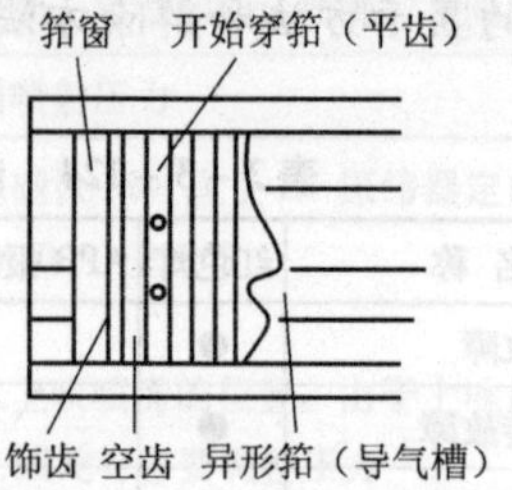

图 3-3-121 穿筘方法

(2)行星纱:有两种将行星纱穿入筘齿的方法。一是与经纱穿入同一个筘齿(左侧第 2 筘齿);二是穿入外侧的第 1 筘齿(图 3-3-122)。

(3)绞边纱:通常将绞边纱穿入第 1 筘齿。

(4)纱端处理纱:通常情况下,从探纬器 H1 离开 5mm。1 个筘齿中,穿入 2 根纱(图 3-3-123)。

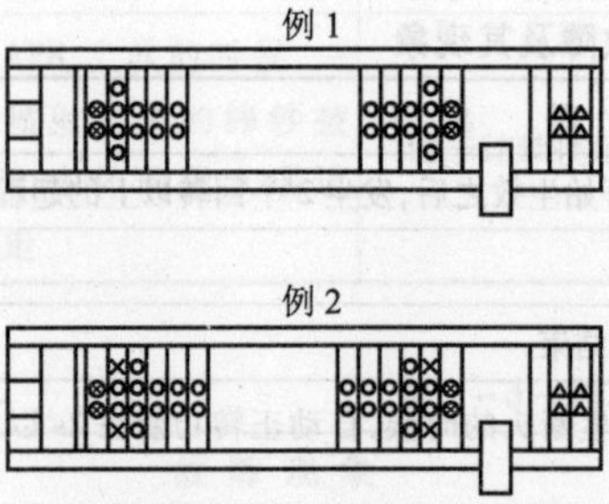

图 3-3-122 行星纱的穿法

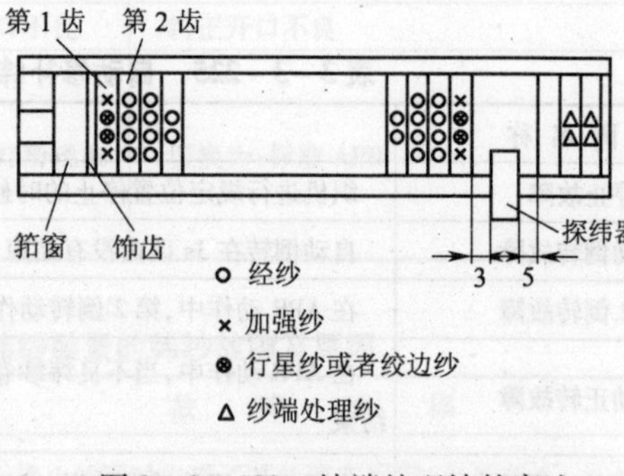

图 3-3-123 纱端处理纱的穿法

(5)加强纱:布边织造不够紧或者容易出现缩边现象的时候,用于布边的加强。

3. 布边纱和纱端处理纱

(1)行星装置和行星纱:通过齿轮装置的作用,形成绞边布边组织。布边纱应该在织机运转前,通过络筒装置卷绕在筒管上备好。

①行星纱的选择方法：在通常情况下，行星纱使用与经纱同样种类、同样质量的纱线。当生产合成纤维织物时，应用加工纱或者长丝单丝作为行星纱。当使生产短纤维织物时，应该在供纱一侧和动力一侧分开使用。一般动力一侧使用单丝，供纱一侧为双股纱。

②织物与推荐用纱（表 3－3－226）。

表 3－3－226　行星纱的选择

织物	推荐使用行星纱		
	长丝	短纤纱	
		供纱一侧	动力一侧
牛津布、棉纱布、条格色布	涤毛 56～84dtex	7.3tex×2(80 英支/2)	14.6tex(40 英支)
$\frac{2}{2}$斜纹衣料	涤毛 56～84dtex	4.9tex×2(120 英支/2) 5.8tex×2(100 英支/2)	精梳 9.7tex(60 英支)
缎纹织物			
防羽布（缎纹、平纹）	涤毛 33～56dtex		
细平布	涤毛 56～84dtex		
府绸			
上等细布			
牛仔布	涤毛 56～84dtex，锦纶 33dtex（单丝长丝）		
醋酯纤维织物	涤纶纱 56dtex		
铜氨纤维织物	铜氨丝 56dtex（上浆丝）		
人造丝织物	铜氨丝或者人造丝 56dtex		
锦纶织物	锦纶 33dtex（单丝长丝）		
涤纶织物	涤毛 56～84dtex		

注　如动力一侧的行星装置为反转，并且用纱为短纤纱时，动力一侧和供纱一侧使用同一种类的纱线。

(2)纱端处理纱：织机开始运转前，应该将纱端处理纱备妥。可以采用价格低廉并具有强度的双股线。通常，可以将剩余的经纱和纬纱卷绕在锥形筒子上。

①纱的种类：棉 14.6tex×2(40 英支/2)～29.2tex×2(20 英支/2)或棉 14.6tex×3(40 英支/3)；

②纱的数量：4～8 根；

③纱的形状：筒子纱。

（五）钢筘的安装位置和织机公称幅宽

1. 安装位置

(1)以左侧为基准的时候：如图 3－3－124 所示，在筘座 1 的上面，在距离供纱一侧（左端）225mm 的位置上带有刻印。将此刻印与钢筘的装饰齿 2 的左端对齐。确认在 12mm 宽的筘窗 3 中，供纱一侧的剪纬器装置处于正面相对的位置。

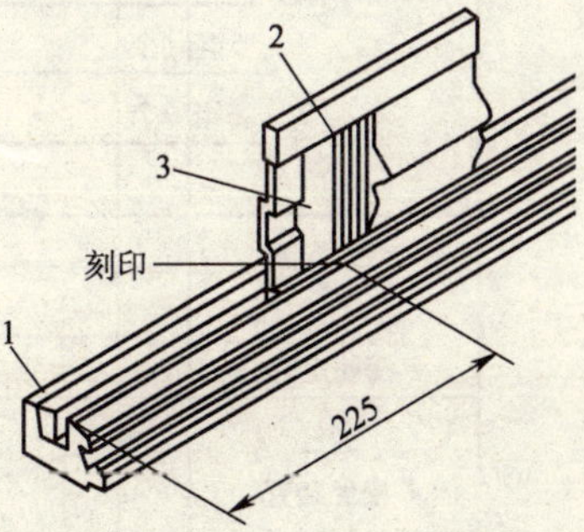

图 3－3－124　钢筘的安装位置

(2)以中心为基准的时候：在筘座 1 上将成为织机中心的位置上带有刻印。应该将穿筘幅的中心与此刻印对齐。

2. 公称筘幅与有效穿筘幅（表 3－3－227）

表 3－3－227 公称筘幅与有效穿筘幅的关系

公称筘幅（cm）	有效穿筘幅（mm）	公称筘幅（cm）	有效穿筘幅（mm）
150～250	0～－600	280～340 以中心为基准	0～－600
280～340	0～－800		

（六）定时图表

各种定时，与各种装置之间的功能相互结合，在织造方面起着重要的作用。以织机转速 700r/min 生产 170cm，棉 14.6tex × 棉 14.6tex（40 英支 ×40 英支）、47.2 根/cm ×43.3 根/cm（120 根/英寸 ×110 根/英寸）的织物为基准的标准定时见表 3－3－228，应该在开始各种调整

表 3－3－228 标准定时

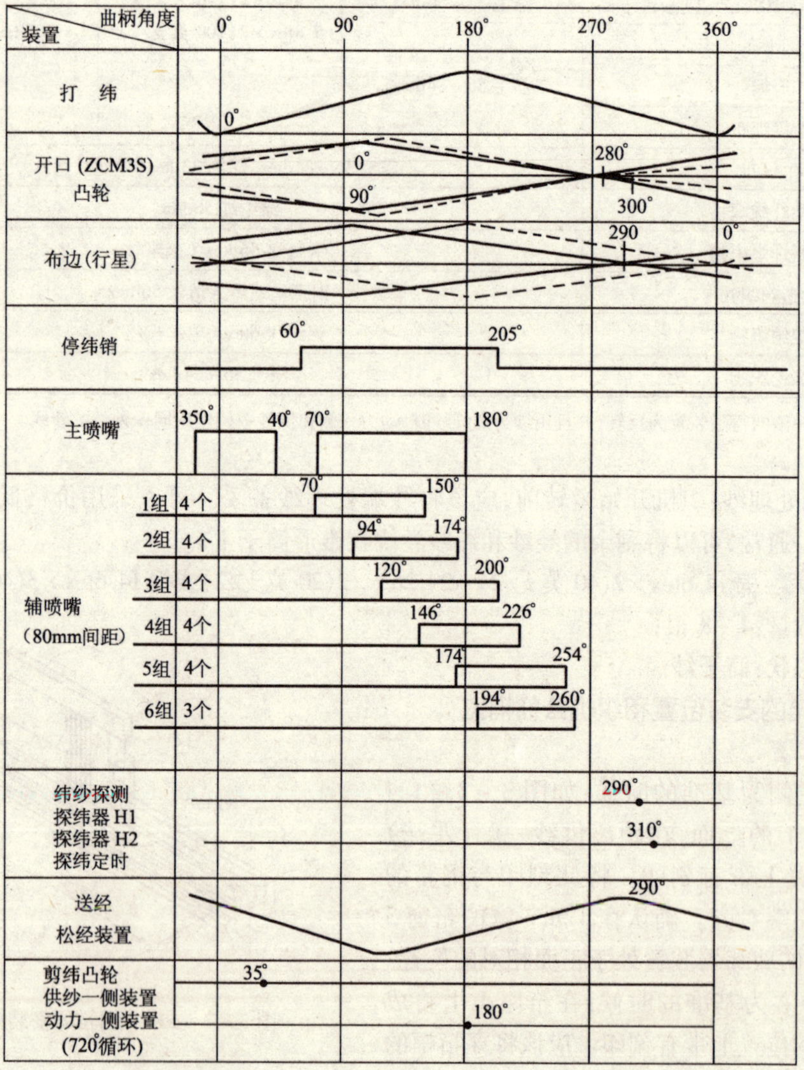

和设定作业之前,充分掌握定时的情况。

四、维护及保养

(一)设备维护

1. 定期检查保全(表3-3-229)

表3-3-229 定期检查、保全的内容

检查部位	检查内容	周期
松经装置	(1)松经杆和杆端的黄油嘴子周边有无锈蚀 (2)是否有废纱缠绕	每天
电动机皮带轮和V形皮带	是否有废纱缠绕	每天
开口定时皮带轮和皮带	是否有废纱缠绕	每天
行星滑动轴	是否有废纱缠绕	每天
集中加油	(1)有无泄漏黄油的部位 (2)如果为手动式加油泵,手柄的操作是否圆滑	每天
控制箱内部	控制箱门部位是否夹住配线 有无未使用的或者忘记连接的,没有包覆的电缆端子 端子板上是否有螺钉松弛 电磁接触器部位是否发出呜呜的响声	每天 1年 1年 保证动作200万次
主电动机	(1)主电动机的电线与罩壳类的边缘部分是否有接触 (2)电动机轴是否有晃动现象 (3)在电动机轴上是否积存飞花 (4)是否由于风扇的错位而与罩盖接触 (5)罩壳上的螺栓是否松弛	每次下机 3个月 每次上机 每天 每天
电磁阀	电磁阀的电线与主轴是否发生接触	每次下机
探纬器电缆	(1)探纬器电缆与织机皮带轮是否发生接触 (2)是否由于安装金属零件和衬套而使电缆出现破损	每次下机
电磁制动器	电磁制动器的电线与织机皮带轮和罩盖是否有接触	每次下机
经 轴	经轴上是否有配线与其发生接触	每次下机
总 体	(1)是否有异样气味、变色的部位 (2)罩壳与运动部位是否有接触的部位 (3)是否有配线固定状况不良的部位 (4)配线的包覆是否有损伤	每天 每天 每次下机

2. 日常检查(表3-3-230)

表 3-3-230　日常检查的内容

检查部位	检查项目	措施
电动黄油泵	报警灯是否正在亮灯	
集中加油	黄油是否到达了各个末端	
ZCM3S 润滑油	油温是否在 70℃以上	
	(1)润滑油罐的安装位置是否正确	调整
	(2)有无润滑油已经不足的现象	加油
	(3)润滑油的黏度是否已经下降	更换
	(4)润滑油过滤器是否有堵塞现象	清扫
	(5)当通过(1)~(4)的处理未得到改善时,应该进行开口杆和凸轮轮毂的检查	存在异常时更换
主电动机的风扇	罩壳部位是否有飞花堵塞现象	清除飞花并清扫
ZCM3S 的张力轮	是否有异常发热现象 是否有润滑油不足现象	加油 如果仍然得不到改善则更换轴承
吊综杆轴	是否有异常发热现象 吊综杆轴承是否有破损现象	调整吊综杆的间隙 更换吊综杆
制动器	是否有异常发热现象 制动器线圈与转子之间的间隙是否在整个一周都为均匀的 0.4mm	调整
布边装置	是否有异常声音 布边齿轮与滑动齿轮之间的齿隙是否过大 滑动轴上面是否缠绕废纱	调整为 0.2mm 清除废纱
探纬器头	透镜是否有脏污	清除脏污
	是否缠绕废纱	清扫
剪纬器	是否能够确实剪断纬纱	调整
	(1)剪纬定时是否错位	更换
	(2)刀刃是否磨损	
布边状态	(1)布边的绞纱状态是否正常	
	(2)布边纱的穿纱方法是否正确	修正
	(3)定时是否有错位现象	调整
	(4)布边纱的张力是否正常	调整
边　撑	是否有边撑针痕	
	(1)边撑针是否有异常现象	更换
	(2)是否有废纱缠结而使其转动不良	清扫
纱端处理部分	是否有纱线缠绕卷布辊的现象	清扫

3. 了机时的检查与措施(表 3-3-231)

表 3－3－231　了机时的检查内容及改进措施

检查部位	检查项目	措施
织机整体	驱动及旋转部分	去除飞花、废纱并加油
边撑	(1)边撑环是否能够轻松地转动 (2)是否有磨损现象	去除废纱和脏污 如有磨损现象,应更换
FDP 装置	停纬销、主鼓筒、钢丝鼓筒上是否有飞花附着现象 停纬销与主鼓筒之间的间隔是否保持在 0.5mm 的尺寸上	清扫 重新调整
空气配管的软管	空气是否泄漏	重新配管
集中加油的软管	黄油是否泄漏	重新配管
控制箱	内部是否积存飞花	将主开关调为 OFF 之后,去除飞花
制动器	制动器与转子之间是否积存飞花	去除飞花
综框	综框高度的误差是否在 2mm 以内	调整下部钢丝绳
	固定螺栓是否松弛	紧固扭矩
空气过滤器 微粉尘过滤器	是否积存冷凝水	排出冷凝水
经轴小齿轮	齿的部位是否有飞花附着	去除飞花
ZCM3S 装置	伞齿轮轴上,是否废纱缠绕现象	去除废纱
	润滑油过滤器上是否有堵塞现象	去除堵塞的杂物
	同步皮带及同步皮带轮的沟槽中,是否积存了废纱和飞花	去除废纱和飞花
送经	送经轴上是否废纱缠绕现象	去除废纱
APR 用剪刀装置 (ZT 规格)	电磁阀电线是否有剥落现象	更换电线
	是否已经断油	在固定刀刃、活动刀刃和弹簧上加注黄油
电线的配线状态	电线绝缘套管是否有损伤现象	更换
	左右机架之间的配线上是否有异常现象	修理
	组装于控制箱侧面的电源(NFB)上,是否有螺钉松弛现象	扭紧螺钉
加油	黄油嘴	加注黄油
	开放齿轮的齿面	涂敷黄油
	链条	涂敷黄油
	综框和综框导块 A 是否有磨损现象	综框和综框导块 A 涂敷黄油

4. 每 6 个月的检查与措施(表 3－3－232)

表 3－3－232　6 个月 1 次的检查内容与改进措施

检查部位	检查项目	改进措施
导纱器	是否有脏污	清洗
主鼓筒 钢丝鼓筒	是否有纱道或出现伤痕	小的伤痕,可以用 1000#砂纸打磨。伤痕较深时,应该更换

续表

检查部位	检查项目	改进措施
FDP装置的停纬销组件	里面是否有脏污现象	清扫
ZCM3S装置的上部钢丝绳和下部钢丝绳	是否已经被拉长,是否存在损伤	更换已经被拉长或者存在伤痕的钢丝绳
ZCM3S装置的吊综杆弹簧	是否有损伤现象	更换已经损伤的弹簧
	张紧程度是否合适	调整张紧度
	是否有损伤现象	更换已经损伤的皮带
各种传感器	能否正常地动作	更换故障的传感器
动力齿轮箱(供纱一侧和动力一侧)	润滑油量是否合适	加油
卷取齿轮箱 送经齿轮箱	润滑油是否有脏污	更换
ZCM3S装置的凸轮箱		去除吸在电磁件上的铁粉
空气过滤器	过滤器的过滤芯是否有堵塞现象	清扫 更换过滤器芯
微粉尘过滤器	过滤器芯是否有破裂现象	更换过滤器芯
钢 筘	是否有单体附着	清洗
	是否有磨损和损伤	更换
主喷嘴	管子是否有弯曲现象	更换已经弯曲的喷嘴
行星齿轮	齿隙是否在0.2mm以内	更换已经磨损的齿轮
行星筒子	轴衬的磨损是否在0.5mm以内	更换轴衬
行星筒子架	轴瓦的磨损是否在0.5mm以内	更换筒子架
行星筒子轴	磨损是否在0.5mm以内	更换筒子轴
辅喷嘴	前端是否有伤痕和弯曲现象	更换已经有伤痕或已经弯曲的喷嘴

5. 每年1次的检查内容与改进措施(表3-3-233)

表3-3-233 每年1次的检查内容与改进措施

检查部位	检查项目	措 施
摩擦辊	是否有磨损现象	重新包覆
压布辊		
橡胶包覆辊		
经 轴	轴颈的磨损是否在0.3mm以下	更换
经轴轴衬瓦	轴瓦是否有磨损现象	磨损严重时更换
减震器	是否有性能下降的现象	更换
尼龙轴瓦、减震器导销	是否有磨损现象	更换
供纱一侧的剪刀装置	能否将纬纱确实剪断	研磨或者更换

续表

检查部位	检查项目	措施
ZCM3S装置的下部钢丝绳	是否有磨损现象	定期更换
停纬销组件	停纬销用孔眼是否有磨损现象(0.5mm以内)	去除毛刺 已经磨损的应更换
导布辊轴套轴瓦	轴瓦的磨损是否在0.8mm以内	更换

注　ZCM装置的下部钢丝绳的定期更换大致目标，根据转数和使用凸轮的种类不同，更换的周期也有所不同。织机转速为600r/min，大致目标为3～4年；织机转速为700r/min，大致目标为2～3年；织机转速为800r/min，大致目标为1～2年。

6. 每3年1次的检查内容与改进措施(表3-3-234)

表3-3-234　每3年1次的检查内容与改进措施

检查部位	检查项目	措施
电磁阀	黄油是否不足	拆卸，并涂敷黄油
导布辊	能否圆滑地旋转，能否卷取织物	更换制动器刹车片
辅喷嘴	喷气口是否脏污	清洗

7. 每7年1次的检查与措施(表3-3-235)

表3-3-235　每7年1次的检查内容与改进措施

检查部位	检查项目
翻修	各种轴承、油封、齿轮、凸轮、轴瓦、停纬销、电动机、织机本体、开口机构、送经机构、卷取机构、测长机构、储纬(FDP装置)机构

(二)机械故障

1. ELO(电子送经)(表3-3-236)

表3-3-236　电子送经装置的机械故障及改进措施

序号	故障现象	检查内容	措施
1	织造上的密路、云斑	检查确认是否由于基础不良而导致织机产生共振等异常震动	(1)强固基础 (2)放入防震橡胶 (3)将Navi键盘的(送经/卷取/全盘)画面的平均次数变小或变大
		检查确认是否由于防振台而导致织机共振	将Navi键盘的(送经/卷取/全盘)画面的ELO增大P，I变小
		检查确认基础螺栓是否松弛	重新紧固基础螺栓
		检查确认Navi键盘的卷取显示(计数画面现在的卷径显示)是否异常(显示比实际卷径大的值，或卷径显示大小变化)	核对有关设定参数

续表

序号	故障现象	检查内容	措施
1	织造上的密路、云斑		如果还是不能修复时 (1)更换 ELO 伺服驱动器 (2)更换 ELO 电动机 (3)更换油减震器 (4)更换 WCU6 (5)更换主电路板 (6)更换后梁辊的轴承
2	经轴径变小时，出现厚薄段 卷径显示异常变大 卷径显示大小变化	用粉笔在经纱和经轴边盘上做一记号，检查确认运转时经纱和经轴边盘是否发生偏移	进行织造，经纱和经轴边盘如果发生偏移，是由于经轴的卷绕张力松弛 进行经纱准备时，应将开始卷绕时的经纱端部紧紧地固定在经轴上进行卷绕
3	与实际张力相比，张力显示异常的高或异常的低		更换 WCU6
4	即使进行 ELO 正转、反转的操作，ELO 电动机还是不动		(1)更换 ELO 伺服驱动器 (2)更换 WCU6 (3)更换主电路板 (4)更换 ELO 电动机 (5)更换 Navi 键盘
5	织机启动时，送经电动机反转 织机启动时，送经电动机异常正转，经纱松弛 手动进行正/反转送经操作时，经轴只向单方向旋转		(1)更换 ELO 伺服驱动器 (2)更换 WCU6
6	正/反转送经时，经轴旋转速度过快		(1)输入 Navi 键盘(保全)第 2 页画面的卷径(边盘直径，经纱层径) (2)更换 ELO 伺服驱动器 (3)更换 ELO 电动机 (4)更换 WCU6
7	织机进厂后，在最初上机时，卷径异常变大或变小	检查确认经纱是否在经轴上打滑不能被牵引	更换经轴
		密度单位(inch/cm)是否有错误	输入正确的密度单位
		检查确认 Navi 键盘上输入的 ELO 功能编号是否正确	输入正确的功能编号

2. 经停片、传感器、行星绞边、纱罗(表 3－3－237)

表 3-3-237　经停片、传感器、行星绞边、纱罗的故障现象及改进措施

序号	现　　象	检　　查	措　　施
1	在经停片装置上不能停止 在经停片装置上空停	清除附着在停经片上的飞花 用布擦拭污垢 检查停经片装置（使用万用表检测接触杆的电阻值）	重新设定 Navi 键盘（传感器）画面第 1 页上的停经片灵敏度。数字大则灵敏度好 更换主电路板 更换接触杆
	由于静电造成主电路板损坏	检查确认经轴罩是否与经停片装置相接触	更换主电路板 不要使经轴罩接触经停片装置 安装除静电装置
		卷绕式经停片装置（旋转式传感器）的输出装置上积有静电，致使主电路板损坏时	更换主电路板 安装除静电装置
2	在行星绞边装置上不停止 在行星绞边装置上空停	清除附着在传感器上的飞花 用布擦拭污垢 检查机械性的运转部分是否异常 检查从传感器至主电路板之间的配线是否接线不良	配线如有异常，请修复配线 更换行星绞边检测无触点开关 更换主电路板
3	在纱罗装置上停止 在纱罗装置上空停	清除附着在传感器上的飞花 用布擦拭污垢 检查机械性的运转部分是否异常 检查从传感器至主电路板之间的配线是否接线不良	配线如有异常，请修复配线 更换主电路板

3. 按钮操作（表 3-3-238）

表 3-3-238　按钮操作故障及改进措施

序号	现　　象	检　　查	措　　施
1	在进行正转，反转点动时即使手离开按钮，织机长时间的异常旋转	检查确认 MSF，MSR 接触器的接点是否熔敷	更换制动 更换主电路板 更换 MSF，MSR 接触器
2	正转，反转点动时，织机不旋转	如果只是 1 台织机的故障时，检查正转或反转时 U3 - V3/V3 - W3/U3 - W3 之间的电压（与其他机台进行比较）	更换 MSF，MSR 接触器 更换 MSS，MSD 接触器 带调速器时，更换调速器
		多台故障时，检查确认慢点动用变频器主体的故障 将慢点动用变频器箱的电源切断一次，再重新接通，确认是否出现同样的故障（切断电源后，经过 1min 后在重新接通电源）	更换慢点动变频器 检查并修复变频器的电源配线

续表

序号	现　象	检　查	措　施
3	织机刚试运转后或织机移动后，不能进行连续运转(不能引纬)	连续运转时，确认织机皮带轮的旋转方向	仔细检查动力一侧，如果织机皮带轮向顺时针方向旋转，在无熔丝断路器的初级侧将 R 相和 T 相进行调换

4. 电子多臂(表 3－3－239)

表 3－3－239　电子多臂机构的故障现象及改进措施

序号	故 障 现 象	措　施
1	指定的综框不动	更换电子多臂内的电磁线圈部件 更换电子多臂内的无触点开关 更换 DCU6
2	喷嘴信号不变 APR 时，解舒吹上的喷嘴不一样	更换电子多臂内的无触点开关 更换 DCU6 更换主电路板
3	运转中，综框穿错	更换电子多臂内的电磁线圈部件 更换电子多臂内的无触点开关 更换 DCU6
4	指定的综框一直处在上面	更换电子多臂内的电磁线圈部件 更换电子多臂内的无触点开关 更换 DCU6
5	点动时，第 3 纬以后开口一直不变	更换电子多臂内的无触点开关 更换 DCU6
6	喷嘴一直不变	更换电子多臂内的无触点开关 更换 DCU6 更换主电路板

5. 探纬器、引纬、储纬(表 3－3－240)

表 3－3－240　探纬器、引纬机构、储纬机构的故障现象及改进措施

序号	现　象	检　查	措　施
1	H1 空停发生次数逐渐变多		重新设定引纬条件 更换 H1 探纬器头 更换 H2 探纬器头 更换 H1 探纬器电缆 更换 H2 探纬器电缆

续表

序号	现　　象	检　　查	措　　施
2	时常在 H1 出现空停		用布(蘸水或酒精)轻轻擦拭探纬器头部透镜的污垢(用稀释剂或汽油擦拭会使透镜的表面溶化,请不要使用) 清扫探纬器头前方部分钢筘表面 重新设定引纬条件并进行再调整 安装筘齿的探纬器定位块 日光直接照射织机时,应采取遮光措施
3	频繁发生短纬或长纬	确认停纬销的动作角度	重新设定角度
		检查空气配管等是否损伤	重新调整配管 重新设定空气压力
		如果再次发生短纬时	更换主电路板 更换 FCU6 更换编码器 更换主喷嘴用电磁阀 更换辅喷嘴用电磁阀
		检查确认织机的曲柄角度以及在 Navi 键盘上的显示角度 角度偏移时 显示异常的角度时	调整编码器齿轮 更换编码器
4	织机启动时, FDP 鼓筒上的纬纱变少	检查确认一侧的电源 电压如果过低时 即使电压稳定还是不能修复时	尽量保持电源的稳定 更换 FCU6
5	储留在 FDP 鼓筒上的纬纱在一点点地减少	长纬时,检查确认 H2 探纬器是否漏测	增大 H2 更换 H2 探纬器头 更换 H2 探纬器电缆
		H2 的停止次数多时	调整主喷嘴的压力 清扫 FDP 电动机内的 FDP 脉冲电路板 停纬销处于 OFF 时,调整销的长度 更换主电路板 更换 FCU6 更换编码器

续表

序号	现 象	检 查	措 施
6	引纬时发生短纬	检查确认停纬销是否磨损或有伤痕	更换停纬销
		分解停纬销组件，检查是否有飞花等堵塞	清扫停纬销
		检查确认织机的曲柄角度以及在 Navi 键盘上的显示角度 角度偏移时	更换编码器齿轮
		显示异常的角度时	更换编码器
7	H1 漏测		清除附着在筘齿上的飞花 将胶带 1 贴在筘齿背面，尽量抑制筘齿的震动 日光直接照射织机时，应采取遮光措施
		检查确认经纱是否松弛，是否出现在探纬器头的感知部分的前面	将经纱和探纬器头的间隔全部调整至 5mm 左右 如果不发生空停，将探纬器头露出至纱端处理纱的一侧 如果是二次色的纬纱时，安装探纬器定位块
	H2 空停		清扫探纬器头及其前面的钢筘面 安装探纬器定位块 将胶带 1 贴在筘齿背面，尽量抑制筘齿的震动 更换 H2 探纬器头 更换 H2 探纬器电缆 更换 FU6 如果是二次色的纬纱时，安装探纬器定位块
8	显示探纬器的灵敏度异常塔杆显示灯的蓝色灯闪亮	检查确认 H1 探纬器头是否接触边撑罩	变更 H1 探纬器头的安装位置 清扫 H1、H2 探纬器头 清扫钢筘的探纬器头前部
9	APF 停止时以及探纬器停止时旋转 2 圈		在 Navi 键盘上重新设定 <反转(纬停)>

(三)关键部分的拆卸和更换

1. 动力部分

(1)动力一侧曲柄轴外侧轴承套油封的更换:

拆卸方法(图 3－3－125,图 3－3－126):ⓐ为凸轮开口规格的时候,将同步皮带和同步皮带轮拆卸下来。ⓑ将织机皮带轮 1 的螺母 2 松开。此时,应该在将垫圈 3 和螺母 2 松开的状态下,将其仍然装在曲轴上。ⓒ将主开关调为 OFF。ⓓ将固定电动机底座的螺栓 4 松开。ⓔ将调节螺栓的螺母 5 松开,并且从织机皮带轮 1 上,将 V 形皮带 6 拆卸下来。ⓕ在织机皮带轮 1 的孔眼上,挂上轮子拆卸器 7。ⓖ使用扳手 8 夹住轮子拆卸器 7 的头部,并且向顺时针方向转动。ⓗ用铁锤 9 敲击轮子拆卸器 7 的头部。当用铁锤 9 敲击后,即可从曲轴上将织机皮带轮 1 拔出。将织机皮带轮 1 拔出的时候,应该在键位置朝向正上方的状态下拔出。如朝向正下方且半月形键松动的时候,则不能拔出织机皮带轮 1。ⓘ从曲轴上将织机皮带轮 1 的螺母 2 和垫圈 3 拆卸下来。将织机皮带轮 1 拆卸下来。ⓙ将 4 个制动器固定螺栓 10 的调节螺母 11 拆卸下来。ⓚ从制动器固定螺栓 10 上,将制动器 12 拆卸下来。ⓛ从轴承套 13 上,将密封板 14 和橡胶圈 1 取出。ⓜ将 6 个 M10 螺栓拆下来。ⓝ将螺栓拆下来之后,在护罩的螺纹部,拧入 M10 止动螺钉。ⓞ在 6 处 M10 螺栓孔中,有 2 处呈水平位置的孔眼中,有 M12 的罗纹部。在此螺纹部中,将 2 个 M12 螺栓向顺时针方向转动的时候,就可以将轴承套 13 拆下来。ⓟ将轴承套 13 的油封 16 拆卸下来。

更换方法(图 3－3－126,图 3－3－127):ⓐ将油封 16 放入轴承套 13 中。ⓑ用竹刀去除轴承套 13 和密封板 14 上附着的陈旧的液状密封剂。ⓒ在轴承套 13 的安装面和卸下的 M10 螺栓上,涂敷新的液状密封剂。在油封 16 上涂敷黄油。ⓓ将放油孔朝下,并且将轴承套 13 组装在护罩上。ⓔ在橡胶圈 15 上涂敷黄油,并且一边注意安装方向,一边将其放入曲轴中。ⓕ在密封板 14 的安装面上,涂敷新的液状密封剂,并且将其组装在轴承套 13 的上面。ⓖ在制动器固定螺栓 10 上组装制动器 12 和调节螺母 11。ⓗ将织机皮带轮 1 安装在曲轴的上面。ⓘ使用厚薄规 18,将制动器 12 与转子 17 之间的间隙调整为在整个一周都同样为 0.4mm。

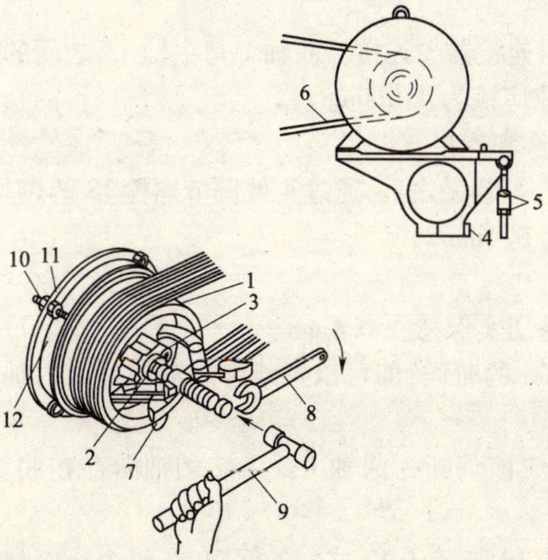

图 3－3－125　动力部分拆卸和更换(一)

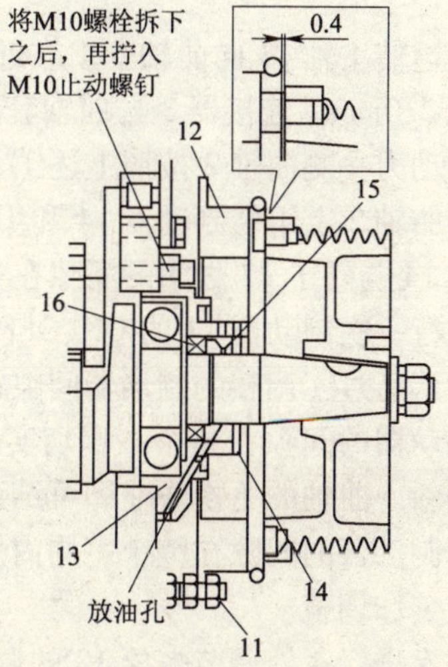

图 3－3－126　动力部分拆卸和更换(二)

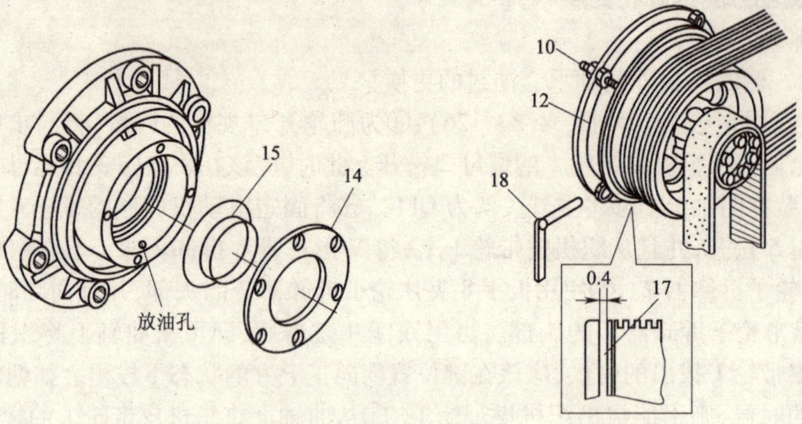

图 3－3－127 动力部分拆卸的更换（三）

（2）曲轴的更换程序（图 3－3－128～图 3－3－130）

①曲轴 1 更换之后，通过连接器 3 与主轴 13 连接。为了使连接器 3 能够向左右顺畅地移动，应该使连接器开口部保持扩开的状态。进行连接的时候，应该将曲轴 1 从织机的外侧 9 向织机的内侧用树脂榔头等敲打，并且使曲轴套 5 与滚珠轴承 7 之间没有间隙。

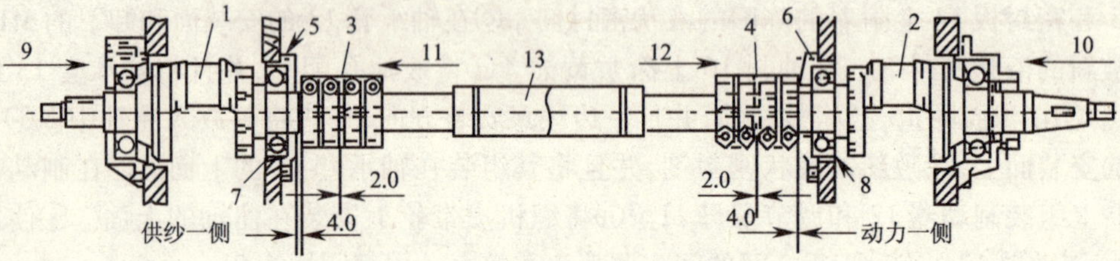

图 3－3－128 曲轴结构图

②一边使主轴 13 向曲轴套 1 靠近，一边使其与连接器 3 连接。曲轴 1 与主轴 13 之间的间隙应该为 2.0mm。连接器 3 与曲轴套 5 之间的间隙应该为 4.0mm。

③将动力一侧曲轴 2 按照上述①、②的程序更换和连接。

④向曲轴 2 上组装制动器 14 和织机皮带轮 15，组装完之后，通过 4 处调节螺栓 18 的调整，使制动器 14 与转子 17 之间的间隙在整个一周都为 0.4mm。

⑤进行一次制动器 14 的 ON、OFF 动作。

⑥确认通过④调整的制动器间隙在整个一周都切实保持在 0.4mm。

⑦制动器的间隙在整个一周切实保持在 0.4mm 的时候，即可以判断为曲轴 1 与 2 的轴向不存在偏斜。曲轴的更换作业即可结束。

⑧若制动器的间隙在整个一周内发生变化，则应该判断为曲轴 1 或者 2 的轴向存在偏斜，应重新组装和调整。

⑨再次进行 4 处调节螺栓 18 的调整，使制动器 14 与转子 17 之间的间隙，在整个一周都为 0.4mm。

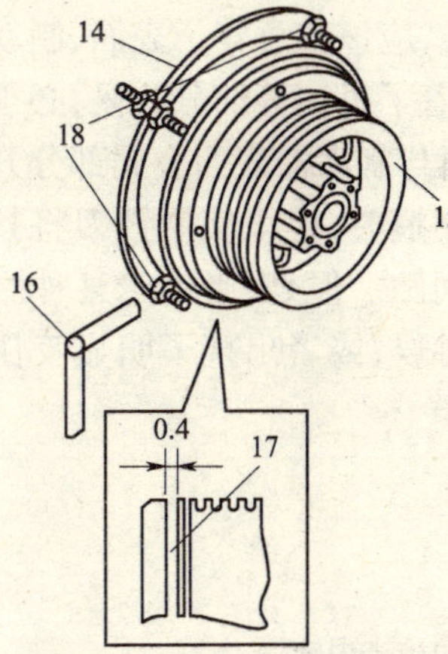

图 3 - 3 - 129 制动机构(一)

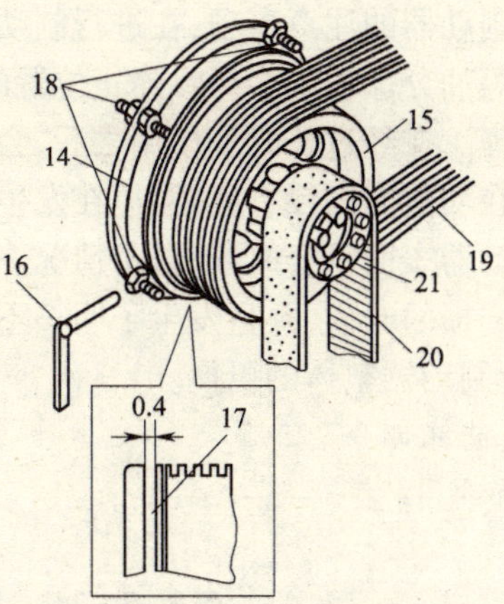

图 3 - 3 - 130 制动机构(二)

⑩将动力一侧连接器 4 的螺栓松开,并且使连接器开口部扩开,以便能够使其顺畅地向左、右方向移动。

⑪制动器处于 ON 的状态下,将供纱一侧的曲轴 1 从织机的外侧 9 向织机的内侧用树脂榔头等敲击,以使曲轴轴承套 5 与滚珠轴承 7 之间没有间隙。

⑫紧固动力一侧连接器 4 的螺栓。

⑬将制动器调为 OFF,并且重新确认一次制动器 14 与转子 17 之间的间隙。确认间隙正确之后,作业即可结束。若制动器 14 与转子 17 之间的间隙发生变化,应该重新进行⑨以后的作业。

⑭将驱动皮带轮 21 组装在织机皮带轮 15 上。并且张紧 V 形皮带 19 和同步皮带 20。再次确认制动器 14 与转子 17 之间的间隙。如果间隙发生变化,应该通过 4 处的调节螺栓 18 进行调整,并且使整个一周都达到 0.4mm。

(3)制动器的处理:

①线圈电阻的确认:将织机主电源切换为 OFF,将制动器的接插件拆下来。使用万能表测定,接插件导线号码为 B - B0、B1 - B0 之间的电阻。如果电阻值分别为 2.57Ω ±10% 以内的时候,则可以判断线圈没有问题。如果没有电的导通,或者测定值大幅度偏离 2.57Ω ±10% 的时候,则应更换制动器。

②间隙的确认:将织机主电源切换为 OFF。使用间隙量规确认制动器与转子之间的间隙(额定间隙为 0.4mm)。发现间隙有变化的时候,应该进行调整,使制动器的整个一周都为 0.4mm。

③制动器表面脏污的去除方法 1:将织机主电源切换为 OFF。将转子部分拆卸下来,并且将转子表面和制动器的表面,用酒精等浸湿的布头进行脱脂,并去除脏污。重新进行组装,并且进行制动器间隙的调整之后,再进行停止角度等的确认。

④制动器表面脏污的去除方法 2:将织机主电源切换为 OFF。将转子部分拆卸下来。在平坦的面上(如可能的话使用平台)将砂纸(粗糙度为 250 号左右)用胶带等予以固定。将制动器的表面均匀地压在砂纸的上面,并且以制动器的自重将整体与其发生摩擦,从而去除表面的脏

污。重新进行组装，并且在进行调整之后确认制动器的间隙和停止角度等。

⑤组装制动器的注意事项：在进行制动器组装的时候，应该注意转子表面、制动器表面上不要附着机油等油分。否则会导致停止位置的不良。当附着了机油等油分时候，必须使用酒精等进行脱脂处理。在经过长时期使用之后，会形成转子表面与制动器表面金属部分开始发生接触现象。虽然在功能方面没有问题，但在发生咬住痕迹等伤痕时，应该使用锉刀将其去除。在转子部分与制动器表面重合时候，通常情况下应该是没有间隙。但是，当由于某种原因而在局部发生了异常磨损的时候，并且发生了明显不对称磨损的时候，或者出现了明显咬住伤痕等的时候，应该进行制动器整体的更换。

2. 测长、储纬部分

(1)检查项目(表3－3－241)：

表3－3－241 测长、储纬部分的检查内容

检查部位	检查项目	现　象
停纬销组件	柱塞表面的伤痕 停纬销组件的伤痕 停纬动作的误差	织物的质量下降 引纬状态不稳定 储纬控制状态不良
四分之一鼓筒	表面的磨损和伤痕	织物质量下降 引纬状态不稳定
推进纱框	外周面的磨损和伤痕	织物的质量下降 引纬状态不稳定
各种轴承	磨损、损坏	有异常声音 测长、储纬控制不良
导纱器	损坏、出现伤痕、出现裂痕	织物的质量下降 纬纱断头 长丝劈裂
FDP传感器	外周表面的磨损和伤痕	织物的质量下降 纬纱断头 长丝劈裂 引纬状态不稳定

(2)FDP的保全：长时间使用之后，推进纱框的外周表面会出现磨损和伤痕，轴承也会出现磨损现象。

出现异常零部件时，应尽早更换(图3－3－131)。

①先将织机的主电源断开。

②将FDP电动机上面的接插件内的配线接插件、空气管路全部拆开，将FDP从FDP架上卸下来。

③将停纬销组件ASSY 7组装在电磁阀底座8上的螺栓10拆下来，并且将停纬销组件ASSY 7拆下来。

④将推进纱框3拆下来。

⑤把推进纱框托架11固定于电动机轴12上的螺栓13松开。松开的时候，应该用手指按

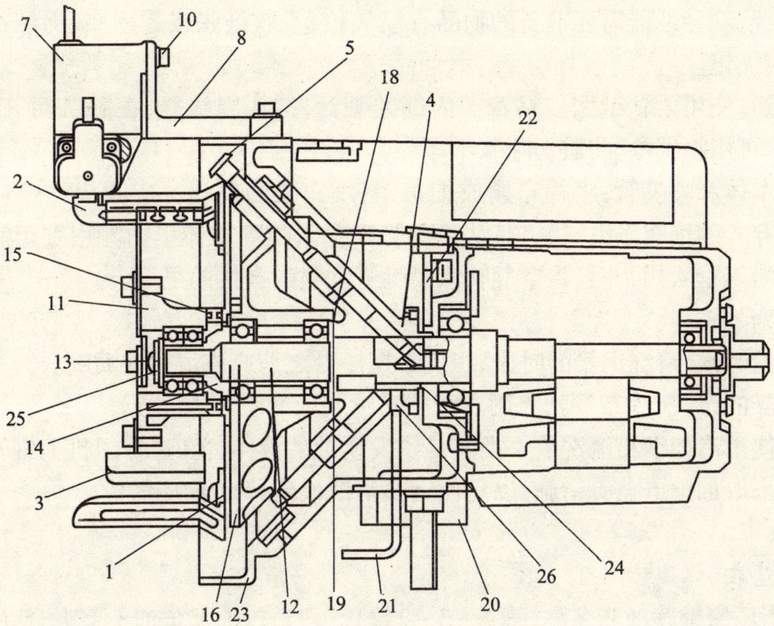

图 3-3-131 FDP 的保全部位

住转子 4 的导纱器 5,以防止电动机轴 12 转动。

⑥拔出推进纱框托架 11、偏心套管 14、偏心挡板 15。

⑦固定 FDP,并且将固定鼓筒托架组件 ASSY16 测长盘 1 的 4 个螺钉中,与电动机轴 12 相对的 2 个螺钉向回拧 5mm 左右。

⑧在拧回的螺钉的头部,挂于拔轮器的卡爪部位。

⑨用扳手夹住拔轮器的头部,并且向顺时针方向转动,从而将鼓筒托架组件 ASSY16 拆下来。

⑩将密封环 18、垫片 19 拆下来。

⑪使转子 4 的导纱器 5 位于电磁阀底座 8 的正下方。

⑫从储纬器托架 20 的孔眼插入 3mm 的内六角扳手 21,将推进螺钉 26 松开,并且将转子 4 拔出来。

⑬如果需要,可将 FDP 脉冲编码器 22 或者外壳 23 拆下来。

3. 引纬部分　与引纬有关的零部件发生故障,不仅会造成引纬不稳定,还会引起纬向的疵点,进而影响织物的质量。

在这种情况下,应对主喷嘴、辅喷嘴、空气过滤器、微粉尘过滤器(选择件)、调节器、电磁阀等进行详细的检查和保养。

(1)喷嘴的清洗方法:

①主喷嘴的清洗:出现如下现象的时候,应进行主喷嘴的清洗:短纬(发生在供纱一侧的纬纱松弛,并且还有短纬现象);纬纱的前端发生缠结;织机处于停止状态的时候,主喷嘴管子前端的纬纱发生明显的波动;出现不能使纬纱吸入导纱器内的状态,或者难以使纬纱吸入导纱

器内。

②导纱器:清洗导纱器需要准备的物品有喷气枪、柔软纸张或者棉布、绳绒线、香蕉水或者工业用酒精、放大镜。

外面的脏污,使用柔软纸张。粘着于内部的脏污,穿入绳绒线,去除脏污。可用香蕉水清洗,去除油污。可用喷气枪,将脏污喷吹干净。

③主喷嘴本体和喷嘴管:将棉布撕成细条,将细布条的前端捻成圆头,并将其穿入喷嘴管中。一边转动穿入的细布条,一边将其从喷嘴管中穿入喷嘴本体里面。用香蕉水清洗,也可去除油污。使用喷气枪吹扫,并且将空气吹入喷嘴管和喷嘴本体的里面。

(2)辅喷嘴清扫:

下机作业的时候、清洗钢筘的时候、织机长期停台之前应该清扫辅喷嘴。

应使用干燥的布头(纱布等),将附着于辅喷嘴表面的脏污去除干净。

应该避免使用诸如钢筘清洗液一类容易诱发锈蚀的液体。在进行织机上钢筘清洗作业时,应在辅喷嘴上采取加设罩盖等措施,以免使钢筘清洗液附着在辅喷嘴上。

(四)润滑

1. 加油一览表

(1)各油脂厂家推荐油脂名称(表3-3-242)。切记机油及黄油不要混合在一起使用。加油的时候,应该加至各个加油部位指示的位置为止。

表3-3-242 各油脂厂家推荐的油脂名称 单位:L

机油							
使用部位	动力齿轮箱		送经齿列(ELO)	卷取齿轮箱(MTU)	送经齿轮箱(ELO)	卷取齿轮箱(ETU)	开口凸轮箱(ZCM3S)
每台使用量	供纱侧2.5	动力侧2.5	0.5	0.6	0.6	0.6	14
厂家名称	润滑方式:油浴						
新日本石油	FBK Oil RO100				Vonknock M680		推荐 Vonknock M320
科斯莫	COSMO Olbus100				COSMO Gear SE680		推荐 COSMO Gear SE320
出光	Daphne Super Mechanic Oil100				Daphne Super Gear Oil 680		推荐 Daphne Super Gear Oil 320
昭和·壳牌	Tellus oil C100				Omula Oil 680		Omula Oil 320
JOMO	Lates100				Reductus 680		推荐 Reductus 320
美孚	MOBIL DTE Oil Heavy				MOBIL Gear636		MOBIL Gear 632 或者 MOBIL SHC632
埃索	Teresso100				Sparutan EP 680		Sparutan EP320
柳濑制油	YSHigh Lub MGN-5K				HighTack EP 680		推荐 High Tack SP320
AGIP							Blasia 320
BP							Energol GR-XP320
更换周期	初期更换1000h;周期6个月						

(2)各油脂厂家推荐润滑油名称(表3-3-243)。切记油脂不要混合在一起使用。

表3-3-243 各油脂厂家推荐的润滑油名称 单位:L

<table>
<tr><td colspan="7">润 滑 油</td></tr>
<tr><td rowspan="2">使用部位</td><td rowspan="2">油孔滑动部</td><td colspan="3">织边装置箱体</td><td rowspan="2">史陶比尔1651
凸轮机</td><td rowspan="2">史陶比尔1661
凸轮机</td></tr>
<tr><td>供纱一侧</td><td>动力一侧</td><td>中心</td></tr>
<tr><td rowspan="2">每台使用量</td><td rowspan="2">约0.3</td><td colspan="2">约0.8</td><td>约1.2</td><td rowspan="2">约8</td><td rowspan="2">约10</td></tr>
<tr></tr>
<tr><td colspan="2" rowspan="2">厂家名称</td><td colspan="5">润 滑 方 式</td></tr>
<tr><td colspan="3">手 加 油</td><td colspan="2">油 浴</td></tr>
<tr><td colspan="2">新日本石油</td><td colspan="3">FBK Oil RO68</td><td>Vonknock M150</td><td></td></tr>
<tr><td colspan="2">科斯莫</td><td colspan="3">COSMO Olbus68</td><td>COSMO Gear SE150</td><td></td></tr>
<tr><td colspan="2">出光</td><td colspan="3">Daphne Mechanic Oil68</td><td>Daphne Super Gear Oil150</td><td></td></tr>
<tr><td colspan="2">昭和·壳牌</td><td colspan="3">Tellus OilC68</td><td>Omala Oil150</td><td>Omala Oil320</td></tr>
<tr><td colspan="2">JOMO</td><td colspan="3">Lates 68</td><td>ES Gear G150</td><td></td></tr>
<tr><td colspan="2">美孚</td><td colspan="3">MOBIL DTE Oil Heavy medium</td><td>MOBIL Gear 629</td><td>MOBIL Gear 632
或者 MOBIL SHC632</td></tr>
<tr><td colspan="2">埃索</td><td colspan="3">Teresso 68</td><td>Spartan EP150</td><td>Spartan EP320</td></tr>
<tr><td colspan="2">柳濑制油</td><td colspan="3">YS High Lub400N</td><td>YS High Lub MGN-6K</td><td></td></tr>
<tr><td colspan="2">AGIP</td><td colspan="3"></td><td></td><td>Blasia 320</td></tr>
<tr><td colspan="2">BP</td><td colspan="3"></td><td></td><td>Energol GR-XP320</td></tr>
<tr><td colspan="2">更换周期</td><td colspan="3">140h</td><td>初期更换:1000h
周期:6个月</td><td>初期更换:500h
周期:12个月</td></tr>
</table>

(3)各油脂厂家推荐机油、黄油A名称(表3-3-244)。切记机油、黄油不要混合在一起使用。

表3-3-244 各油脂厂家推荐机油、黄油A的名称

<table>
<tr><td colspan="3">机 油</td><td colspan="3">黄 油 A</td></tr>
<tr><td>使用部位</td><td>史陶比尔1751
凸轮开口</td><td>史陶比尔1761
凸轮开口</td><td>黄油注入口</td><td>开放齿轮齿面</td><td>链 条</td></tr>
<tr><td>每台使用量</td><td colspan="2">约10L</td><td colspan="3">约200g</td></tr>
<tr><td rowspan="2">厂家名称</td><td colspan="5">润 滑 方 式</td></tr>
<tr><td>油 浴</td><td colspan="2">注入以及涂敷</td><td colspan="2"></td></tr>
<tr><td>新日本石油</td><td colspan="2"></td><td colspan="3">Epinock Grease AP(N)2</td></tr>
<tr><td>科斯莫</td><td colspan="2"></td><td colspan="3">COSMO Grease Dynamacks EP No. 2</td></tr>
<tr><td>出 光</td><td colspan="2"></td><td colspan="3">Daphne Eponex EP No. 2</td></tr>
</table>

续表

机　油		黄　油　A	
昭和·壳牌	Omala Oil320	Alvania EP Grease2	
JOMO		Lysonecks Grease EP - No. 2	
美孚	MOBIL Gear 632 或者 MOBIL SHC632	Mobilacs EP 2	
埃索	Spartan EP320	Beacon EP 2	
柳濑制油		Multi Grease EP 黄油 No. 2	
协同油脂		Unilube No. 2	
AGIP	Bragia 320		
BP	Energoul GR - XP320		
更换周期	初期更换:500h　周期:12 个月	更换经纱时	3 个月

(4)各油脂厂家推荐黄油 B、黄油 C 名称(表 3 - 3 - 245)。切记的润滑脂不要混合在一起使用。

表 3 - 3 - 245　各油脂厂家推荐黄油 B、黄油 C 的名称

	黄　油　B	黄　油　C
使用部位	集中加油 应该使用锂基润滑脂	主电动机
每台使用量	约 260mL	约 10mL
润滑方式	注　入	
	Epnock Grease AP(N) - 0 或者 Optimol Longtime PD - 0 (1)COSMO Grease Dynamacks EP No. 0 (2)Daphne Eponex EP No. 0 (3)Alvania EP Grease R0 (4)Lysoneks Grease EP - NO. 0 (5)Mobilacs EP - 0 (6)Beacon EP - 0 (7)Multi EP Grease No. 0	(1)美国、欧洲地区 CHEVRON GREASE SRI - 2(CHEVRON 公司制造) (2)日本等地区　卡尔特克斯 SRI - 2(卡尔特克斯公司经销) (3)标准推荐 Multi knock urea(日石三菱制造)
更换周期	24h	3 个月

五、织造时的故障与处理

(一)前端故障(表 3 - 3 - 246)

表 3 - 3 - 246　织造时的前端故障原因及处理方法

图　例	故　障　现　象
	(1)纬纱的速度不够 (2)运送力量不足 (3)动力一侧布边松弛 (4)开口不良等,在织物右侧端部发生纬纱前端纠缠,从而导致织机停车

续表

序号	原　因	处 理 方 法
1	停纬销定时不合适 主喷嘴定时不合适	将停纬销定时的 ON 提早(或者推迟)6° 将主喷嘴定时的 ON 提早(或者推迟)6°
2	供纱一侧的剪纬器不能利落地剪断喂纱	更换供纱一侧的剪纬器
3	主喷嘴的安装位置不良	安装在基准的位置上
4	有空气泄漏现象	(1)修复漏气的地方 (2)检查各类旋塞(管用锣丝)的状态 (3)检查单向管是否有折损现象
5	主喷嘴的压力过高	降低主喷嘴的压力,但要避免发生短纬,或者到达迟缓的现象[0.02~0.03MPa(0.2~0.3kgf/cm^2)]
6	辅喷嘴的压力过低	提高辅喷嘴的压力[0.02~0.05MPa(0.2~0.5kgf/cm^2)]
7	动力一侧布边经纱松弛 (1)布边的收边不紧; (2)开口不良	(1)通过调整,使其能够切实夹住纬纱 (2)提高经纱张力
8	供纱一侧的布边经纱松弛	(1)变更穿综 (2)变更穿筘 (3)提高经纱张力 (4)提早纬纱的到达定时 (5)降低喷气压力为0.01~0.02MPa
9	钢筘已经脏污	清扫钢筘
10	辅喷嘴安装角度不合适	根据使用纬纱种类的不同,将安装角在2°~4°的范围内,尝试性地进行变更
11	辅喷嘴上存在丝道	更换已经出现伤痕的辅喷嘴
12	辅喷嘴的先行角度不足	比纬纱到达定时提早15°~20°吹出空气
13	辅喷嘴的喷射定时不充分	加长喷射定时(标准设定值:=70°)
14	电磁阀不工作	(1)按动 Navi 盘上的<阀门测试>键,电磁阀不工作的时候,应检查电磁阀 (2)按动<阀门测试>键,电磁阀虽然工作,但是在织机连续运转的状态下不工作的时候,应该检查编码器
15	供纱一侧剪纬器的前后安装位置不良	调整滑动底座,使固定刀刃的前面与钢筘筘齿后面的距离在曲轴角度为0°的时候能够达到0~2mm
16	综框的高度不合适	尝试在2~4mm的范围以内进行调整

(二)弯纬(表3-3-247)

表3-3-247 织造时的弯纬的故障原因及处理方法

图　例	故 障 现 象
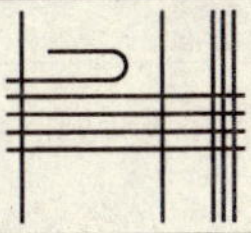	(1)运送力量不足 (2)纬纱到达过迟 (3)整体开口不良等,纬纱呈U字形弯曲,从而造成织机停车

续表

序号	原 因	处 理 方 法
1	停纬销定时不合适 主喷嘴定时不合适	将停纬销定时 ON 提早(或者推迟)6° 将主喷嘴定时 ON 提早(或者推迟)6°
2	供纱一侧剪纬器剪断纬纱的时候,纬纱从停纬销部分脱离出来	(1)变更固定刀刃和活动刀刃的开度以及剪纬器安装位置,以减少剪纬时纬纱的反弹现象 (2)提高剪纬吹风压力[0.02~0.03MPa(0.2~0.3kgf/cm^2)]
3	纬纱为2色的时候,主喷嘴管子前端存在纬纱相互纠缠现象	(1)缩小主喷嘴与供纱一侧剪纬器装置之间的间隔 (2)提高主喷嘴的压力,从而提早约束定时
4	存在空气泄漏现象	(1)修复漏气部位 (2)检查各类旋塞(管用锣丝)的状态 (3)检查单向管是否有折损现象
5	辅喷嘴压力过低	提高辅喷嘴压力[0.02~0.05MPa(0.2~0.5kgf/cm^2)]
6	经纱的开口不良	(1)接头的端纱控制在3mm以内 (2)重新连接竹节纱和粒结纱
7	开口量过小	加大开口量
8	有经纱搭在辅喷嘴的前端	(1)调整辅喷嘴的安装位置(向左右方向调整0.5~1.0mm) (2)检查辅喷嘴前端是否有伤痕
9	钢筘已经脏污	清扫钢筘
10	经纱张力过低	测试经纱张力,并略微提高经纱的张力
11	主喷嘴安装位置不合适	重新调整主喷嘴安装位置
12	综框高度不合适	尝试性地在2~4mm范围内进行调整
13	喂纱剪刀没有剪断喂纱	(1)重新调整喂纱剪刀的位置 (2)更换纬纱剪刀

(三)扭结(表3-3-248)

表3-3-248 织造时扭结的故障原因及处理方法

图 例		故 障 现 象
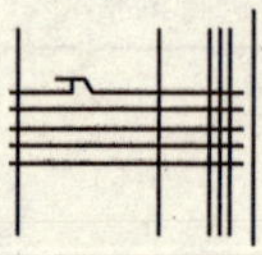		(1)纬纱中存在明显的强捻,或者储纬部分出现退捻现象的时候,使纬纱出现倒Z形的弯曲 (2)在强捻纱上容易出现
序号	原 因	处 理 方 法
1	纱线上,存在捻度异常强的部分	更换喂纱体
2	喂纱体的环绕方法不良	重新正确地卷绕喂纱体
3	最终辅喷嘴组的喷射结束定时过短	(1)加长最终辅喷嘴组的喷射结束定时 (2)使用拉伸喷嘴

续表

序号	原因	处理方法
4	通过辅助主喷嘴送出纬纱的力量过强	推迟辅喷嘴 ON 定时
5	辅喷嘴运送力量过弱	(1)缩小辅喷嘴间距 (2)提高辅喷嘴压力[0.05~0.1MPa(0.5~1.0kgf/cm^2)]
6	主喷嘴运送力量过强	降低主喷嘴压力[0.03~0.05MPa(0.3~0.5kgf/cm^2)]

(四)供纱一侧布边部分的经纱挂纱(表3-3-249)

表3-3-249 供纱侧布边部分经纱挂纱的原因及处理方法

图例	故障现象
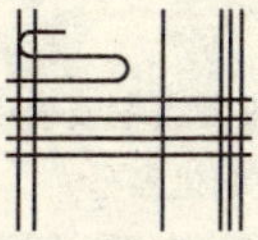	(1)开口定时和飞行开始定时配合不好。 (2)由于供纱一侧布边部分的开口不良等而使供纱一侧布边部分的纬纱被经纱挂住，导致织机停车

序号	原因	处理方法
1	停纬销 ON 定时、主喷嘴 ON 定时与开口定时配合不好	(1)推迟停纬销和主喷嘴 ON 的定时 (2)提早开口定时
2	与设定的开口定时相比，引纬定时过早	推迟引纬定时，以改善其与开口定时的配合
3	供纱一侧的布边纱松弛	(1)修复行星纱的松弛 (2)改善布边部分的收边效果。穿筘经纱根数、加强纱、边撑的拉紧程度 (3)修复布边部分的开口不良 (4)通过提早纬纱的到达定时，达到提高打纬张力的作用
4	主喷嘴的安装位置不合适	按照基准的位置安装

(五)其他的经纱挂纱(表3-3-250)

表3-3-250 经纱挂纱的故障原因及处理方法

图例	故障现象
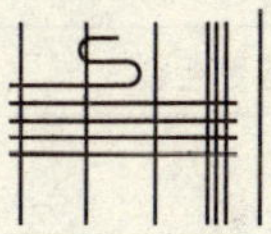	由于开口不良，而使纬纱被经纱挂住，从而使织机停车上机的开口不良，原因是在于经纱张力不足或经纱不良

序号	原因	处理方法
1	经纱张力过弱	提高经纱张力
2	经纱上，存在毛羽或者结头、粗节、粒结	(1)重新连接不良经纱 (2)改进浆纱效果
3	开口量过小	加大开口量
4	浆纱张力差过于明显	(1)降低经停片的安装高度 (2)降低张力辊的安装高度

续表

序号	原 因	处 理 方 法
5	综框高度不合适	尝试在 2 ~ 4mm 的范围内进行调整
6	开口状态不良	增加开口的相位差,或者加大开口

(六)测长不均、短纬和1圈量的短纬(表3-3-251)

表3-3-251 测长不均、短纬和1圈量短纬故障的原因及处理方法

图 例	故 障 现 象
	(1)由于喂纱体不良、储纬部分的纬纱不稳定、运送力量不足等原因,而使测长动作不稳定,就会出现测长不稳定,从而导致织机停车 (2)当测长不均现象严重,或者当主喷嘴中积存飞花并发生堵塞的时候,就会出现短纬,并使织机停车 (3)当被卷绕于鼓筒上的纬纱,在短1圈量的状态下进行引纬时,即会出现短纬,从而导致织机停车

序号	原 因	处 理 方 法
1	FDP 的预备卷绕圈数不足	增加预备卷绕的圈数
2	停纬销 OFF 定时过早	推迟停纬销 OFF 定时
3	由于喂纱体的形状、卷绕硬度不良,引起解舒张力的异常变化	(1)更换喂纱体 (2)确认喂纱体形状,纬纱管卷绕不良,容易出现测长不均
4	主喷嘴压力过低 主喷嘴喷射定时过短	提高主喷嘴的压力[0.02 ~ 0.03MPa(0.2 ~ 0.3kgf/cm^2)] 推迟主喷嘴的 OFF 定时
5	喂纱体上存在结头或者粗节、粒结	更换喂纱体
6	主喷嘴上,有飞花堵塞现象	将飞花去除干净
7	纬纱为2色以上的时候,在主喷嘴与 FDP 鼓筒之间,存在纬纱相互接触现象	调整主喷嘴以及辅助主喷嘴的方向、安装位置的间隔
8	在 FDP 鼓筒与主喷嘴之间,存在纬纱与气圈相互接触的现象	安装气圈分离器
9	停纬销不能顺畅地动作	检查停纬销组件内的弹簧是否断裂

(七)前端吹断(表3-3-252)

表3-3-252 前端吹断故障及处理方法

图 例	故 障 现 象
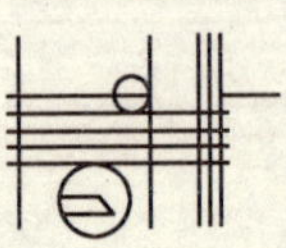	(1)由于纬纱飞行前的压力过高,或者由于纬纱过弱,使前端部分被吹飞 (2)因短纬而停车 (3)纬纱的前端部分,没有被剪纬器装置干净利落地剪断

续表

序号	原　　因	处 理 方 法
1	主喷嘴压力过高	降低主喷嘴压力[0.02～0.03MPa(0.2～0.3kgf/cm²)]
2	剪断吹风压力过高	降低剪断吹风压力[0.01～0.02MPa(0.1～0.2kgf/cm²)]
3	喂纱体上存在明显弱的部分，或者捻度不均部分	更换喂纱体
4	常时喷射压力过高	降低常时喷射压力[0.01～0.02MPa(0.1～0.2kgf/cm²)]
5	剪断吹风喷射定时过长	缩短剪断吹风喷射定时
6	停纬销 ON 定时过迟	将停纬销 ON 定时在6°～10°范围以内提早

(八)分叉(约束断头)(表3－3－253)

表3－3－253　分叉故障的产生原因及处理方法

图　　例	故 障 现 象
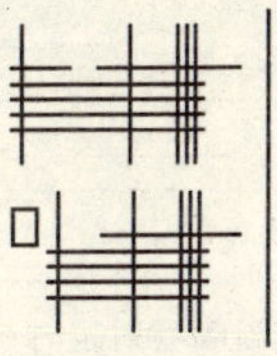	(1)纬纱飞行中运送力量过强。或者喂纱体的纱线过弱 (2)约束时的运送力量过强 上述的(1)和(2)项重复出现，即会使纱线断头多发

序号	原　　因	处 理 方 法
1	飞行角度过短	加长飞行角度
2	辅喷嘴压力过高	降低辅喷嘴的压力[0.02～0.05MPa(0.2～0.5kgf/cm²)]
3	各辅喷嘴组喷射定时过长	缩短喷射定时，并且使其不喷射超过必要量的空气
4	在喂纱体上，存在明显弱的部分或捻度不均的部分	更换喂纱体
5	主喷嘴喷射定时过长	缩短主喷嘴的喷射定时
6	主喷嘴压力过高	降低主喷嘴的压力[0.02～0.03MPa(0.2～0.3kgf/cm²)]

(九)松弛(表3－3－254)

表3－3－254　松弛故障的产生原因及处理方法

图　　例	故 障 现 象
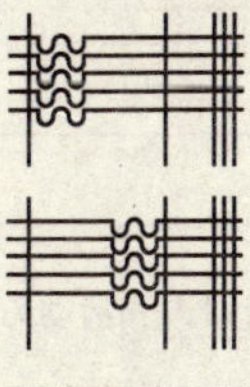	(1)由于纱线运送力量不足、纬纱到达过于迟缓、经位置线不合适、开口不良等原因，而使纬纱在约束时间内不能充地伸直，从而造成松弛现象 (2)发生于织物右侧的松弛，主要原因是由于纬纱在打纬时发生的反弹所致

续表

序号	原　　因	处 理 方 法
1	喂纱体过重，或者毛羽过多	更换喂纱体
2	进行剪断动作的时候，纬纱在主喷嘴内发生反弹而回缩	(1)进行固定刀刃和活动刀刃开度的调整以及剪纬器安装位置的变更，以减少剪纬时发生的反弹 (2)提高剪纬吹风的喷射压力[0.02～0.03MPa(0.2～0.3kgf/cm^2)]
3	存在空气泄漏现象	(1)修复空气泄漏 (2)检查各种旋塞(管用螺钉) (3)检查单路管有无折损以及穿孔、脱落等现象
4	主喷嘴压力过低	提高主喷嘴压力[0.02～0.03MPa(0.2～0.3kgf/cm^2)]
5	辅喷嘴压力过低	提高辅喷嘴压力[0.02～0.05MPa(0.2～0.5kgf/cm^2)]
6	纬纱到达过于迟缓，并且在纬纱尚未完全伸直之前，就被挂在经纱上	纬纱提早到达
7	由于综框高度不合适，使经纱过早地进入钢筘的导气槽内部	按照基准高度调整综框
8	开口定时过早	推迟开口定时
9	辅喷嘴喷射定时过短	尝试性加长所有辅喷嘴组的喷射定时
10	纬纱具有较强的伸长性	(1)加长最终辅喷嘴组的辅喷嘴喷射定时 (2)使用拉伸喷嘴
11	主喷嘴内有飞花堵塞现象	清除主喷嘴内的飞花
12	主喷嘴喷射定时过长	在主喷嘴喷射定时中，将OFF定时在10°～16°的范围内提早
13	辅喷嘴运送力量过弱	缩小辅喷嘴间距

(十)剪断失误(表3－3－255)

表3－3－255　剪断失误的原因及处理方法

图　　例		故 障 现 象
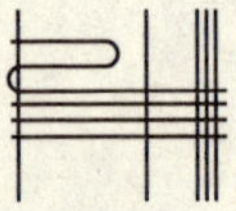		供纱一侧的剪纬器无法剪断纬纱
序号	原　　因	处 理 方 法
1	通过剪纬装置，无法将纬纱干净利落地剪断	更换剪纬装置的固定刀刃和活动刀刃
2	剪纬装置的安装位置不合适	变更剪纬器装置安装位置
3	剪纬定时不合适	重新设定剪断的定时
4	剪纬装置的固定刀刃和活动刀刃的刃尖咬合量过大或者过小	重新设定剪纬器装置的固定刀刃和活动刀刃的刃尖咬合量

续表

序号	原因	处理方法
5	剪断吹风的喷射压力过于高	降低剪断吹风的喷射压力[0.01～0.02MPa(0.1～0.2kgf/cm^2)]
6	纬纱前端部位的到达过迟缓	(1)略微提高主喷嘴的喷射压力[0.02～0.03MPa(0.2～0.3kgf/cm^2)] (2)辅喷嘴的喷射压力[0.02～0.03MPa(0.2～0.3kgf/cm^2)]

(十一)空停(表3-3-256)

表3-3-256 空停的产生原因及处理方法

图例	故障现象
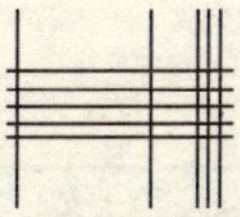	尽管纬纱正常到达,但是由于纬纱的飞行状态不良,或者由于布边部分、纱端处理纱存在不良现象,或者由于电气件存在异常等原因,而发出纬纱未到达动力一侧的信号,以至使织机停车

序号	原因	处理方法
1	纬纱未能以正常状态进到纱端处理纱内	通过调整,使纬纱能够以正常状态进入纱端处理纱内
2	动力一侧的布边纱有松弛现象	(1)改善布边的收边效果 (2)尝试更换穿筘方式
3	纬纱到达探纬器头部时的飞行状态不良	(1)尝试变更最终辅喷嘴组的安装角度 (2)尝试变更最终辅喷嘴组与探纬器头部之间的间隔
4	探纬器头部存在脏污现象	清除探纬器头部的脏污
5	与探纬器头部相对的钢筘筘齿存在脏污现象	清扫钢筘筘齿
6	探纬器电缆内部存在故障	变更探纬器电缆,同时进行H1、H2的检查
7	探纬器灵敏度不合适	重新考虑探纬器的灵敏度设定值
8	FU-203存在异常	更换FU-203
9	探纬器头部与钢筘筘齿之间的安装位置不合适	重新考虑安装的间隔
10	钢筘的反射光线过强	在筘齿上安装调整块
11	钢筘筘齿存在震动现象	在钢筘上安装钢筘防震板

(十二)长纬(表3-3-257)

表3-3-257 长纬的产生原因及处理方法

图例	故障现象
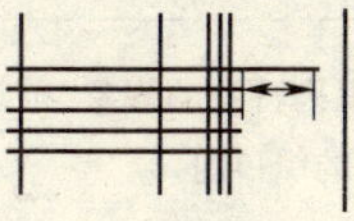	(1)由于卷绕于FDP鼓筒上的用于下一次的纬纱,从鼓筒上脱落,从而形成1圈量以内的长纬 (2)卷绕于FDP鼓筒上的纬纱,进行超出1圈量的引纬

续表

序号	原　　因	处 理 方 法
1	停纬销的 OFF 定时过迟	提早停纬销的 OFF 定时
2	当供纱一侧剪纬装置剪断纬纱的时候，纬纱从停纬销部位脱出	(1)调整固定刀刃和活动刀刃的开度，变更剪纬装置的安装位置，达到减少剪断时回弹的效果 (2)变更导纱器板安装位置 (3)提高剪断吹风喷射压力［0.01～0.03MPa(0.1～0.3kgf/cm^2)］
3	喂纱体上存在极端的纱条不均现象	更换喂纱体
4	FDP 的预备卷绕过于软	通过喂纱张力器施加张力
5	FDP 的预备卷绕圈数过多	减少预备卷绕圈数

(十三)空纬(表 3－3－258)

表 3－3－258　空纬的产生原因及处理方法

图　　例	故 障 现 象
	因为没有进行引纬，所以使 FDP 鼓筒上的纬纱储留量增加

序号	原　　因	处 理 方 法
1	停纬销与主鼓筒之间的间隔过窄	将停纬销与主鼓筒之间的间隔加大
2	停纬销不能提升	(1)将停纬销部分的飞花去除干净 (2)更换停纬销部分
3	从主喷嘴中，没有空气喷出	更换主喷嘴用电磁阀
4	主鼓筒上存在伤痕，并且鼓筒脏污	(1)更换主喷嘴 (2)清扫主鼓筒
5	主鼓筒内存在飞花堵塞现象	将主喷嘴内的飞花清除干净
6	纬纱上存在粗细结和结头，并且紧挨在一起	如果频繁的发生，则进行喂纱体的更换
7	纬纱的前端被吹飞	纬纱前端吹断的处理
8	由于喂纱剪刀不能将纬纱剪断，使纱线从主喷嘴飞出	(1)调整喂纱剪刀 (2)更换喂纱剪刀 (3)提早纬纱到达

(十四)1 圈量纬纱织入(表 3－3－259)

表 3－3－259　1 圈量纬纱织入的产生原因及处理方法

图　　例	故 障 现 象
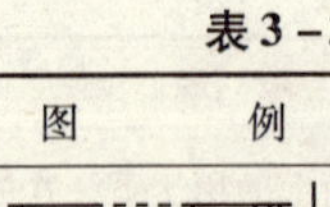	这是 2 色以上多色织造织机特有的现象，前一次引纬时选择的纬纱的 1 圈量，织入下一次的织口内

续表

原　　因	处 理 方 法
当通过喂纱剪刀，将纬纱剪断的时候，由于纬纱的反弹量过大而使纬纱从停纬销处脱离	(1)重新考虑固定刀刃与活动刀刃的开度以及剪纬装置的安装位置，减少剪断时纬纱的反弹 (2)重新考虑导纱器板和辅助主辅喷嘴的安装位置 (3)提高剪断吹风的喷射压力[0.02～0.05MPa(0.2～0.5kgf/cm^2)] (4)重新考虑停纬销组件与主鼓筒之间的间隙

六、电气部分

(一)控制系统(图3－3－132)

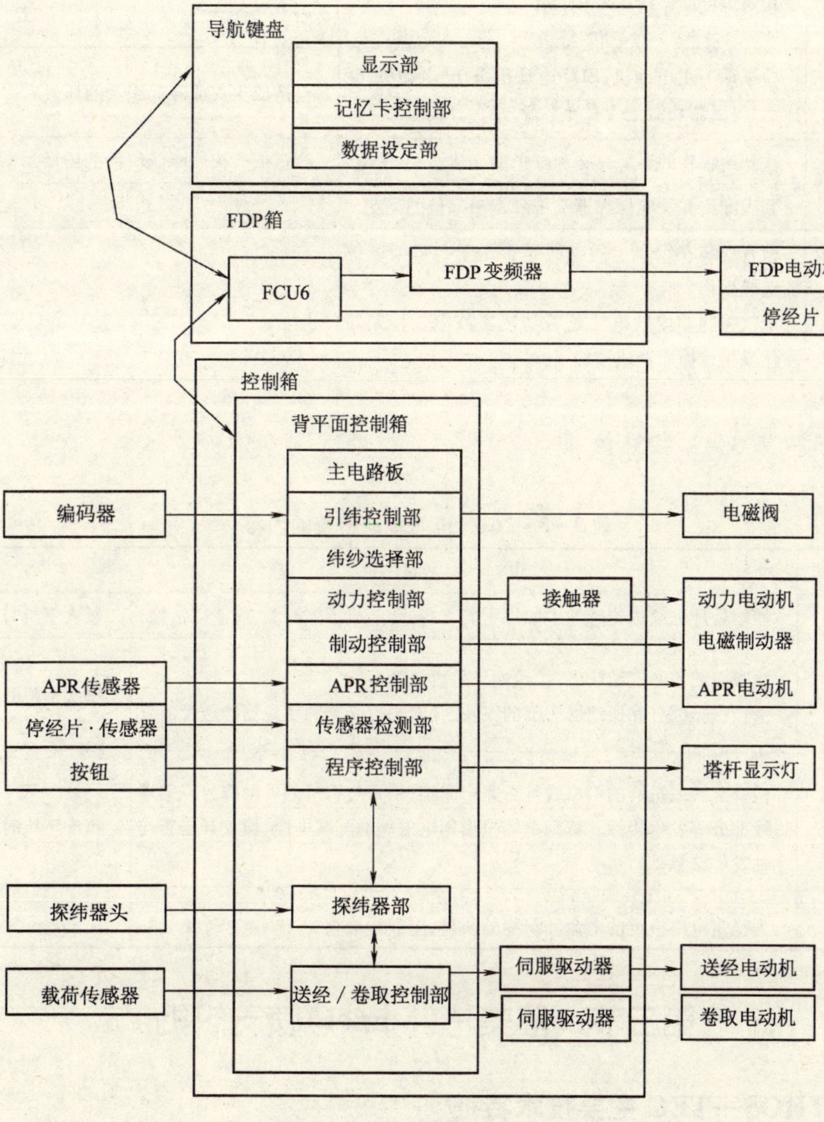

图3－3－132　控制系统示意图

(二)定期检查

1. 日常检查(表3-3-260)

表3-3-260 电气日常检查的内容

项目	说明	备注
飞花	特别是要清除动力主电动机、FDP鼓筒、电气控制箱、各装置内的电路板表面、经停片、探纬器以及纱端处理传感器等上的飞花	根据飞花的附着状况,适当地进行清扫
周围温度	将电气控制箱周围的温度保持在5~30℃	特别是在休假后刚上班时,需对温度进行调整
周围湿度	相对湿度应保持在85%以下	在清除飞花的同时,在早班重新运转或休假后上班时,有时还需要使用空调
声音	检查动力主电动机、ELO电动机、FDP电动机、变压器、电磁制动器是否有异常音,是否有震动	会造成火灾或降低织物的质量
温度和臭味	注意绝缘物的燃烧臭味和颜色的变化	会造成火灾或降低织物的质量
探纬器	紧固配线并清除探纬器头部和钢筘部位的飞花	
电线	检查安装在织机上的电线是否由于与机架摩擦而造成损伤 电气控制箱内的电线是否和装置或电气控制箱主体发生摩擦而造成损伤	

2. 定期检查(表3-3-261)

表3-3-261 电气定期检查的内容

项目	说明	备注
传感器	纱端处理和绞边传感器中如果附着飞花,会造成不能探测,应予以清除	每次下机时进行检查
探纬器头	检查探纬器的安装状态、接线端子是否松弛 清扫钢筘部分和探纬器头部的飞花,并清扫投光器和受光器的透镜部分	每次下机时进行检查
配线的固定	检查配线或机器的引出线是否完全固定,是否与织机的可动部分或盖罩边缘部分等发生接触。特别是辅喷嘴用电磁阀的配线电缆,检查其是否与主轴发生接触	每次下机时进行检查
电气控制箱内	为稳定电路板类的寿命和织物的质量,应进行检查	

第三节 舒美特(Somet)喷气织机

一、MYTHOS—TEC主要技术特征

(一)技术特征(表3-3-262)

表3-3-262 MYTHOS—TEC主要技术特征

项 目	技 术 特 征
公称筘幅(cm)	170、190、210、220、230、260、280、300、320、340、360、380、400
有效穿筘幅(cm)	最大幅缩可达800;可以作对称缩减
织造范围	各种天然纤维、再生纤维和合成纤维 短纤纱:7.4~142.9tex(7~135公支);长丝:20~1100dtex 织物重量:可达$800g/m^2$
选纬机构	带多臂或踏盘;2色、4色、6色;带提花:8色 单纬或双纬织造
纬密范围	4~200纬/cm;1.3~100纬/cm(选购件)
织机传动	标准配置:高效三相感应电动机,电磁离合器及筘座静止式寻纬机构 数码电动机驱动方式:无碳刷电动机驱动,爪形寻纬离合器,可编程式主刹车
送经机构	EWC无碳刷电动机驱动和反馈控制式电子送经系统
后梁系统	可调式弹性后梁补偿系统 带电动机或皮带的积极式后梁补偿系统(选购件) 全幅式张力传感器检测经纱张力
经轴盘头直径(mm)	800、1000、1100具有经轴快速释放装置
卷取机构	EWC无碳刷电动机驱动和反馈控制式电子卷取系统。与电子送经系统及自动找纬装置数字式同步控制
卷布辊直径(mm)	最大标准卷布辊直径550
卷布辊直径(mm)	机外大卷装卷布辊直径1500
开口机构	(1)积极式凸轮开口(最大综框数:10页),12mm间距;自动式平综装置(选购) (2)高速积极式电子多臂(最大综框数:16页),12mm间距,DRC4或VR(标准)快速经轴连接;配33cm(13英寸)综框;28cm(11英寸)综框(选购,最多10页综框) (3)电子提花
引纬系统	摆动式主喷嘴和固定式预喷嘴;多孔型(19孔)接力喷嘴(单孔可选)
纬纱控制	干涉式双光电管纬纱控制(标准型) 长丝织物用单光电管纬纱控制
经纱控制	旋转式断经自停装置(长丝用) 电气式断经自停装置(6列或8列)
纬纱剪刀	步进电动机驱动电子剪刀 边侧电动机驱动废边剪刀 中心电动机驱动剪刀(选购)
织边装置	独立双侧织边装置(ISD);电子旋转式绞边装置(ELD) 气动式折入边装置(双侧和中央)

续表

项 目	技 术 特 征
打纬机构	双侧驱动共轭凸轮打纬机构
织机润滑	油浴润滑主传动机构，集中加油式油脂润滑；自润滑打纬轴支座
主控制	32位微处理器控制的数字显示器和操作界面 VGA彩色显示器；所有部件具有自诊断功能，通过MCPS（记忆卡编程系统）的数据传输及远程网络控制
动力（kW）	配备带变频器的电动机：8.99（电动机正常功率为7.5） 主变压器为1.5 ETD（电子卷取）+WEC（电子送经）为1.4 变频器为0.4 用于外部设备1.2 织机配备变频器的标准负载大约：13 选择的配备不同，需增加功率：EWC2电子送经为0.4 真空吸风装置为0.6
任选件	自动气流引纬控制；纬纱张力程控装置；FAR自动纬纱修补装置

（二）外形尺寸（表3-3-263）

表3-3-263 MYTHOS—TEC的外形尺寸　单位：mm

开口机构形式			凸轮开口	曲柄开口	上置多臂开口	下置多臂开口
机宽W	单色混纬	机械卷取	R/S+2140	R/S+2095	R/S+2095	R/S+2420
		电子卷取	R/S+2275	R/S+2230	R/S+2230	R/S+2555
	4色					
机器前后距离D			1830	1790	1830	1830
机器高度H			2020	1775	2360	2110

注　此表是盘头直径为800mm、卷绕最大直径为600mm（曲柄开口为520mm）时的情况；如盘头直径为930mm，均按D+112，H+130计算；盘头直径为1000mm，均按D+207，H+200计算。

（三）织机自重（除去EDP）（表3-3-264）

表3-3-264 MYTHOS—TEC织机自重

自重（kg）/ R/S（cm）/ 开口类型	150	170	190	210	230	250	280	336
消极踏盘开口（TN）	2750	2850	2950	3050	3150	3250	3350	3650
单纯曲柄开口（CS）	TN-250							
电子多臂开口（DE）	TN+350							

(四)电气连接

考虑到供电系统的容量,织机最大负荷的输出功率见表3-3-265。

表3-3-265　织机最大负荷的输出功率

项　　目	输出功率(kW)	项　　目	输出功率(kW)
配有变频器的电动机	8.9	变频器	0.4
主变压器	1.5	外部设备	1.2
ETD(电子卷取)+EWC(电子送经)	1.4	EWC2 电子送经	0.4
		真空吸风装置	0.6

(五)压缩空气标准

1. 压缩空气要求(表3-3-266)

表3-3-266　压缩空气要求

项　　目	要　　求	项　　目	要　　求
工厂供气压	最低589.2kPa($6kgf/cm^2$),建议687.4kPa($7kgf/cm^2$)	标准大气压下的冷凝点	-25℃
		压缩空气中最大含油量	$1mg/m^3$
589.2kPa($6kgf/cm^2$)压力冷凝点	2℃	最大颗粒体积重量	$5mg/m^3$

2. 压缩空气消耗　压缩空气消耗取决于入纬率[车速(r/min)×织造幅宽(cm)]、纱线线密度及纱线种类。

压缩空气消耗量(近似公式)=车速×织造筘幅×K

系数K的取值见表3-3-267。

表3-3-267　系数K的取值

线　　密　　度	K
气流纺棉纱58.3~116.6tex(5~10英支)	0.045~0.055
气流纺棉纱19.4~58.3tex(10~30英支)	0.040~0.050
普梳棉纱19.4~48.6tex(12~30英支)	0.035~0.044
精梳棉纱19.4~48.6tex(12~30英支)	0.030~0.040
合成纤维3.3~44.4tex(30~400旦)	0.045~0.055
再生纤维3.3~44.4tex(30~400旦)	0.036~0.043
高捻纱7.8~33.3tex(70~300旦)	0.055~0.058

一般情况下,车速提高、纱线越粗,压缩空气耗用量相应增加。见表3-3-268。

表 3-3-268 压缩空气耗用量与车速及纬纱线密度的关系

织 物	纬 纱 线 密 度	筘幅(cm)	车速(r/min)	压缩空气耗用量(m^3/h)
棉 布	OE-58.3tex(10 英支)棉纱	165	800	62
棉 布	OE-58.3tex(10 英支)棉纱	165	1000	91
棉 布	24.3tex(24 英支)精梳棉纱	165	950	59
棉 布	84tex(6.9 英支)粘胶纱	162	950	64
牛仔布	OE-116.6tex(5 英支)棉纱	165	850	80
牛仔布	OE-116.6tex(5 英支)棉纱	165	950	100
衬衫布	14.6tex(40 英支)精梳棉纱	165	900	55
衬衫布	11.7tex(50 英支)精梳棉纱	165	800	44

注 $10m^3/h$ 相当于 1kW 压缩机。

3. 织机空气管道装置(图 3-3-133)

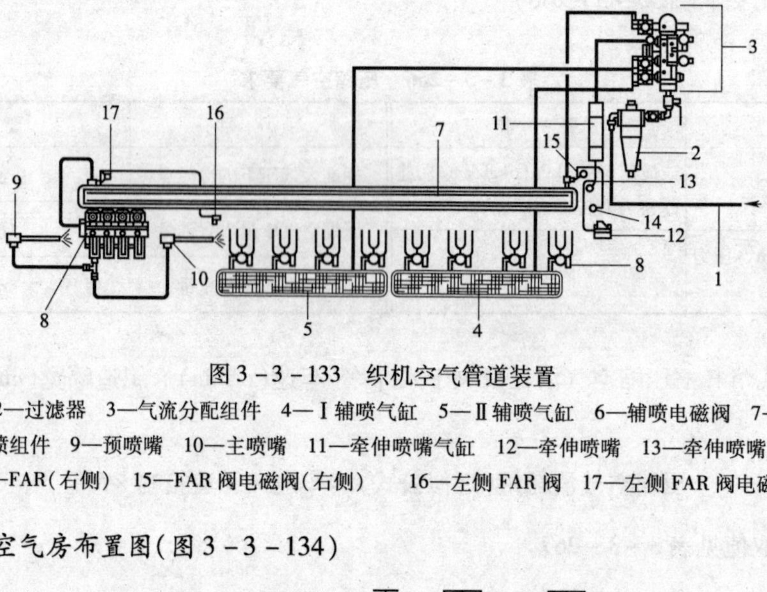

图 3-3-133 织机空气管道装置

1—进气口 2—过滤器 3—气流分配组件 4—Ⅰ辅喷气缸 5—Ⅱ辅喷气缸 6—辅喷电磁阀 7—主喷供气缸 8—主喷组件 9—预喷嘴 10—主喷嘴 11—牵伸喷嘴气缸 12—牵伸喷嘴 13—牵伸喷嘴电磁阀 14—FAR(右侧) 15—FAR 阀电磁阀(右侧) 16—左侧 FAR 阀 17—左侧 FAR 阀电磁阀

4. 压缩机空气房布置图(图 3-3-134)

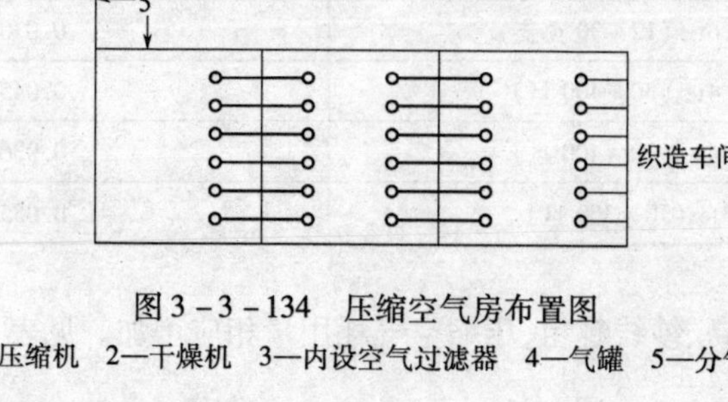

图 3-3-134 压缩空气房布置图

1—压缩机 2—干燥机 3—内设空气过滤器 4—气罐 5—分气管

(六)生产车间最佳温度与湿度(表3－3－269)

表3－3－269　各种织物适宜的温度与湿度

织　物	相对湿度(%)	温度(℃)	织　物	相对湿度(%)	温度(℃)
棉	75～80	22～24	合成纤维	60～70	22～24
丝绸	65～70	22～24	涤棉	60～70	22～24
毛	55～60	22～24	涤毛	60～70	22～24
再生纤维	60～70	22～24	亚麻	80～85	22～24

二、主要机构及其工艺调整

(一)开口机构

1. 多臂开口机构和凸轮开口机构开口动程的调节　开口动程与下面因素有关:综框型号、综丝型号、所织造织物的品种特性。当梭口满开时,梭口的高度为38～40mm(图3－3－135中P)。

(1)FIMTEXTILE2029—2039型凸轮开口机构(图3－3－136):调整块B在摆臂C上的a值,见表3－3－270。第一片连杆是最靠近挡车工一侧的连杆。注意:必须拆下由凸轮驱动的不使用的综框提升杆,防止可能造成的损坏。

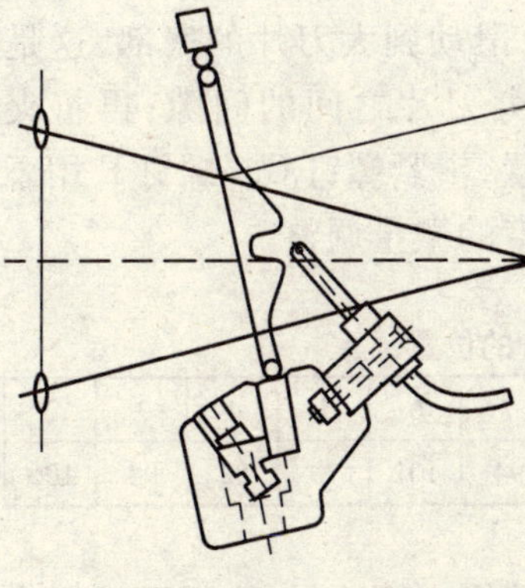

图3－3－135　梭口高度

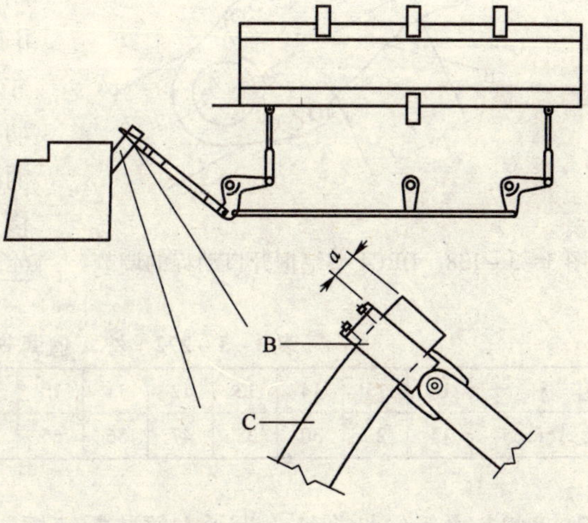

图3－3－136　FIMTEXTILE凸轮开口开口动程的调节

表3－3－270　调整块B在摆臂C上的a值

连　杆	10	9	8	7	6	5	4	3	2	1
A(mm)	30	34	40	47	51	54	59	65	69	76

(2)标准综框连接的史陶比尔(STAUBLI)2861—2871型多臂开口机构:

①标准型支块及综框连接的调节(图3－3－137):首先所有的连杆必须处于平综位置,平

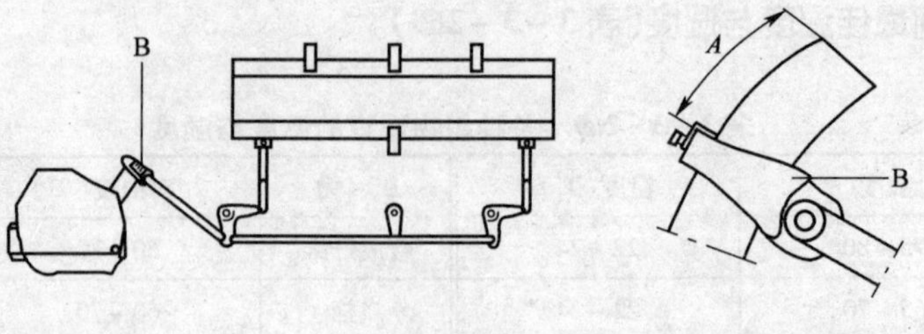

图 3-3-137 史陶比尔(STAUBLI)2861—2871 型多臂开口动程调节

综的操作由 SOCOS 控制。其次按表 3-3-271 中 *A* 值调节夹块 B 的位置。记住第一片连杆是最靠近挡车工一侧的连杆。

表 3-3-271 按 A 值调节夹块 B 的位置

连 杆	16	15	14	13	12	11	10	9	8	7	6	5	4	3	2	1
长度 *A*(mm)	13	21	30	38	47	56	65	74	83	94	101	70	82	94	106	119

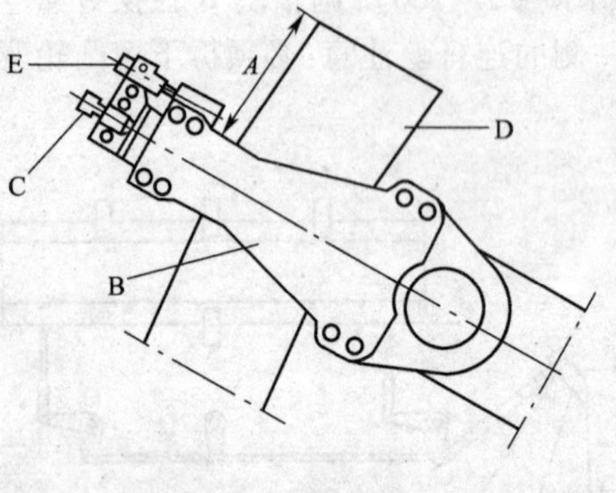

图 3-3-138 DRC4 型综框开口动程的调节

②欧式夹块和 DRC4 型综框连接开口动程的调节(图 3-3-138) 首先所有的连杆必须处于平综位置,平综的操作由 SOCOS 控制;其次按表 3-3-272 中 *A* 值调节欧式夹块 B 的位置。如果需要,按下述方法改变 *A* 的尺寸。略松开螺钉 C,使夹块能在大刀片 D 上滑动;将夹块 B 滑动到大刀片的底部,这是为了消除夹块与大刀片之间的间隙;再将夹块 B 移至所需位置,锁紧螺钉 C。螺钉 E 用于综框连杆接头高度的微量调整。

表 3-3-272 按 A 值调节欧式夹块 B 的位置

连 杆	16	15	14	13	12	11	10	9	8	7	6	5	4	3	2	1
长度 *A*(mm)	13	21	30	38	47	56	65	74	83	94	101	70	82	94	106	119

2. 两侧和中间综框导板 为了方便装拆综框,必须放宽综框中间下导板、拆下综框中间上导板、松开固定螺栓,将综框侧导板向织机外侧移动。而支架的位置在组装时已由标准定规确定,因此,不允许变动。调节时,将综框从挂臂上放下并装在各自的提综杆上,然后按以下步骤进行:将综框导板向织机内侧移动。调节调整螺钉,使综框导板滑动,并保持与综框的间隙小于 1mm。综框导板应与综框中间完全垂直。调节中间上综框导板的挡板和下挡板的表面与综框衬板之间的游隙为 1mm。

3. 综框提综杆的调节

(1)标准型快速连接提综杆:在平综位置,调节标准型和 DRC4 型两种结构的综框提综杆,建议用下述的 SOCOS 程序调整(表 3-3-273)。

表 3-3-273　SOCOS 程序

配置 STAUBLI2861—2871 型多臂开口机构的织机	(1)打开织机电源 (2)在 SOCOS 上按图像键,进入“选纬和多臂纹板”编程菜单 (3)按字母键 B(多臂纹板) (4)按字母键 J(辅助功能) (5)按字母键 E(平纹) (6)慢速点动织机,使综框处于综平位置 (7)张紧经纱 (8)关掉织机电源 通过夹紧杆,调节提综杆的高度,使经纱与下列物件相切:托布板、综丝眼上部、后梁高度在零位置时的后梁上缘(图 3-3-139)
配置有平综装置芬特 2029 型凸轮开口机构的织机	(1)打开织机电源 (2)确保织机主电动机没有转动 (3)同时按下开车按钮和及寻纬按钮 (4)织机自动使综框处于综平位置 (5)张紧经纱 (6)关掉织机电源 通过夹紧杆调节提综框杆的高度,使经纱与下列物件相切:托布板、综丝眼上部、后梁高度在零位置时的后梁上缘
配置无平综装置芬特 2039 型凸轮开口机构的织机	(1)转动织机,使第一片综框处于综平位置,拉紧经纱 (2)通过夹紧杆调节提供杆的高度,使经纱与下列物件相切:托布板、综丝眼上部、后梁高度在零位置时的后梁上缘 (3)记录第一页综框高度 (4)在平纹组织情况下,调节提升杆,使其余综框高度与记录的第一页综框高度相同;对于其他组织,可转动织机,使每片综框依次处于综平位置,然后调节提综杆,使综框高度值相同

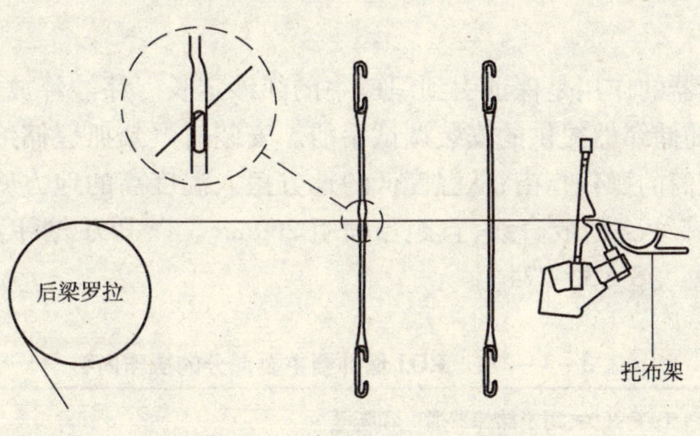

图 3-3-139　综框提综杆的调节

(2)欧式连杆夹块(图 3-3-140):标准型和 DRC4 型综框吊座的调整,可调整特殊欧式夹块在多臂大刀片上的位置,按下述方法调节:

①按上节中所述步骤,转动织机,使综框处于平综位置;

②张紧经纱;

③通过螺栓 H 调节综框吊座,使经纱与下列物件相切:托布板、综丝眼上部、后梁高度在零位置时的后梁上缘。

警告:如果调节螺丝 H,欧式夹块 G 已至终端,而经纱还未至正确位置,可以将夹块 G 向后移动 7mm。

4. 综平时间调节(图 3-3-141)　综平时间一般取决于织物品种,棉织物的综平时间在 315°左右,合纤织物的综平时间在 350°左右。调节方法如下:打开盖板;转动织机使螺栓 B 的头朝上;将内六角扳手 C 松开螺栓 B,使织机的主传动与开口机构的运动分开;旋紧顶丝 D,使紧环 E 张开;用专用手柄手动织机,参考刻度盘 F,使织机处于所需的综平角度;将内六角扳手 C 插在螺栓 B 头部,转动紧环 E,使综框处于综平状态;松开顶丝 D,用 170N·m 的力矩锁紧螺栓 B;略上紧顶丝 D,防止织机运转时顶丝松动;重新盖上盖板。

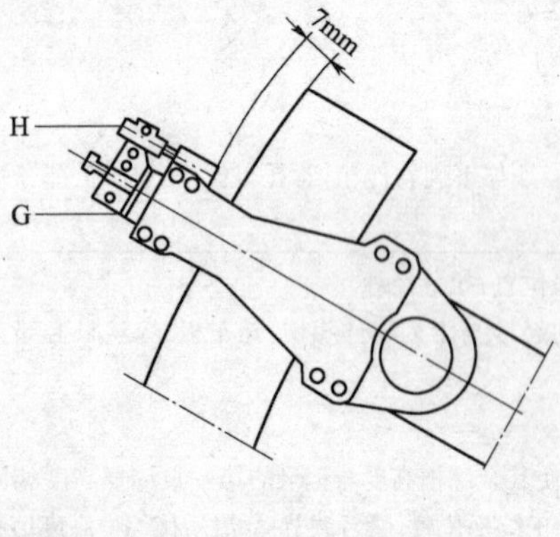

图 3-3-140　欧式连杆夹块调节

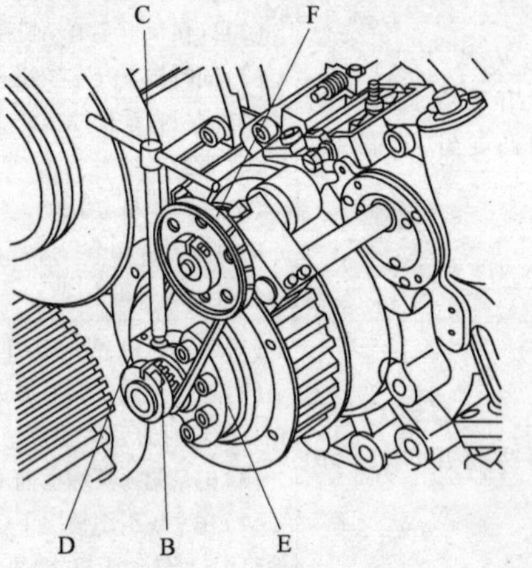

图 3-3-141　综平时间调节

(二)引纬机构

1. 储纬器　储纬器的作用是保证引到织口中的纬纱定长。纬纱释放长度依赖于使用者的选择,所以务必查阅随储纬器提供的安装调试手册。安装时严禁抓握储纬器前端;将储纬器装在架子上要符合供应商的操作指南;从温度低的地方搬入温度高的地方,要等到冷凝水完全干燥;储纬器定位要使纬纱路径成直线,且距预喷咀 260mm。以 ROJ 储纬器(图 3-3-142)为例,主要部分的操作见表 3-3-274。

表 3-3-274　ROJ 储纬器主要部分的操作内容

控制部分 (图 3-3-142)	—ON/OFF 开关,用于储纬器通电和断电 —RESET 键,使电磁针工作。用于: (1)在通电情况下,如果持续按此键,所有卷绕纱释放 (2)仅释放一圈纬纱 (3)卷绕纬纱至设定圈数 —信号灯,当储纬器通电时,如果没有非功能故障,此灯亮,有故障时,此灯闪亮 —螺钉 C 用于调节电磁销的高度 —螺钉 D、E、N 用于调节纱毂的直径

续表

通　电	给织机通电后，将每只储纬器开关 A 拨到“ON”位置，储纬器也就通电
穿纱与卷绕	(1)将开关 A 按至 OFF 位置 (2)按住 R 键，将开关 A 按至 ON 位置，小磁针 G 被提起 (3)按下 R 键数秒，小磁针 G 将处于抬起状态，绕纱磁眼转动到穿纱位置 (4)将纬纱放入导纱孔 H 并按钮，纬纱自动穿入并从绕纱磁环上的穿纱孔中穿出 (5)按下 S(R)键，小磁针 G 落下，并自动卷绕纬纱至 SOCOS 中设定的纬纱卷绕圈数

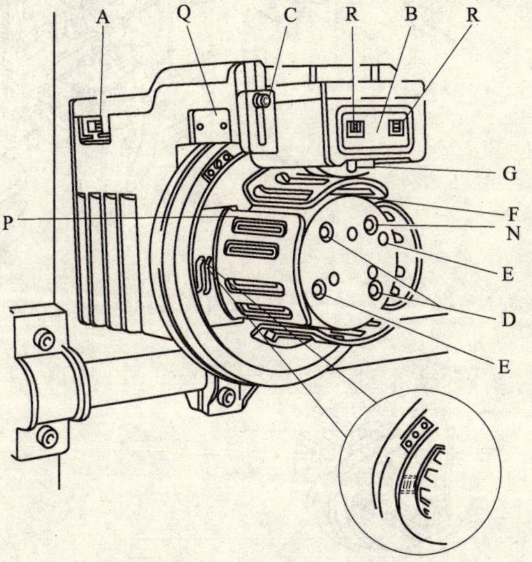

图 3－3－142　ROJ 储纬器

2. 主喷嘴和预喷嘴的校准

(1)压力表的调校：要调节主喷嘴和预喷嘴，首先将随机供给的气压表清洁干净，吹去其他杂物，然后校准。操作步骤如下(图 3－3－143)：

将气压表 D 吸在左侧墙板的边角；将气管 E 一端连接在气压表上标有字母 A 的快速接头上，一端接在主喷嘴和预喷嘴调压阀 H 对应的接头 G 上。

清洁：将气管 F 的一端接到气压表 D 的 B 接头上；将气管 F 的另一端靠近气压表 D 的放气孔 A，用气流将杂物吹掉。

校对：将气管 F 的自由端插在气压表 D 上 C 连接头处；调节调压阀 H，使气压表达到 200kPa (2 巴)；当气压表 D 已清洁干净和调校完成，将气管 E 仍插在接头 G 上，调校主喷嘴和预喷嘴。

(2)主喷嘴的调节方法(图 3－3－144)：螺钉 M、N 用来调校主喷嘴。松螺钉 M 和紧螺钉 N，使主喷嘴的气流量减少；紧螺钉 M 和松螺钉 N，使主喷嘴的气流量增加。

校对每只喷嘴步骤：脱开要校对的喷嘴气管，从气压表接头 C 上脱开气管 F，将气管 F 连接到要校对的喷嘴 P 的管接头上，调节螺钉 M 和 N 直到压力表为 80～100kPa，该数值大小取决于织物品种。一般来说，棉织物为 80kPa，合纤织物为 100kPa。

(3)预喷嘴的调节：预喷嘴的调节方法与主喷嘴的调节方法相同。

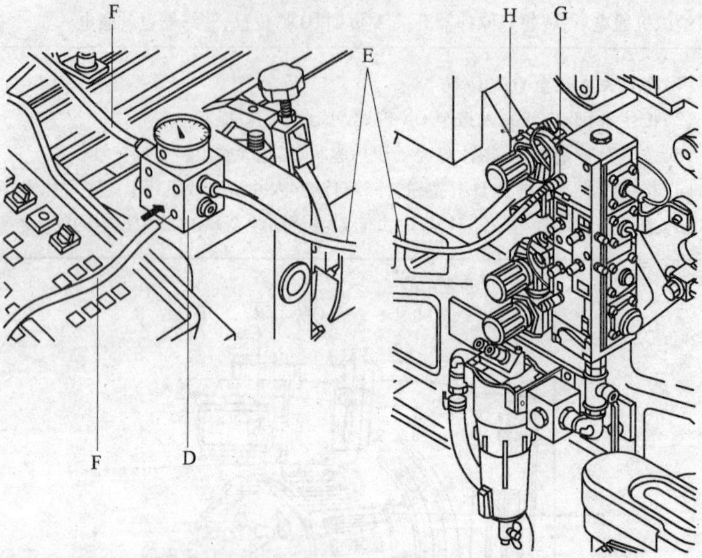

图 3-3-143 压力表的调校

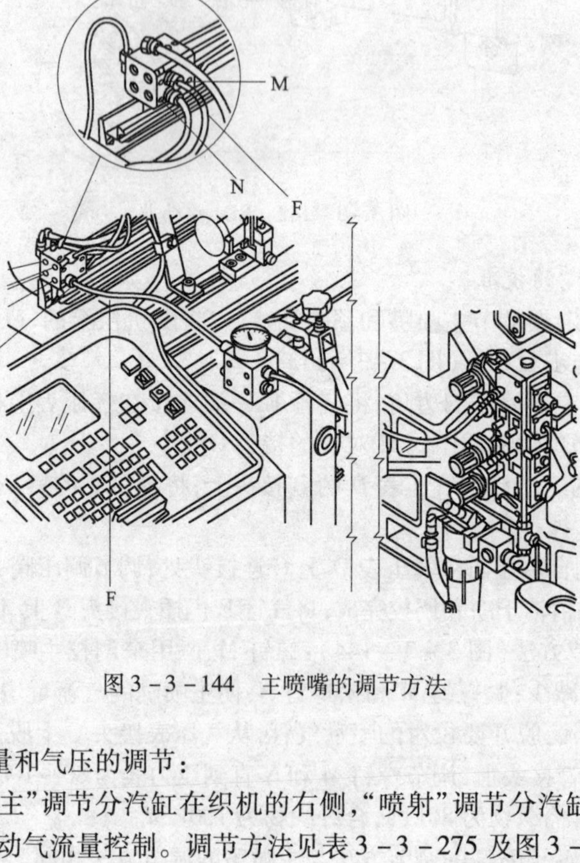

图 3-3-144 主喷嘴的调节方法

(4)压缩空气气流量和气压的调节：

①气流量的调节："主"调节分汽缸在织机的右侧，"喷射"调节分汽缸在织机的左侧，有两种类型，即手动控制、自动气流量控制。调节方法见表 3-3-275 及图 3-3-145。

表 3-3-275　气流量的调节方法

名　称	作　　用	调　　节　　方　　法
剪切气流	当左侧边剪剪切纬纱时，剪切气流作用，在剪切时间段，给纬纱一定的张力	剪切气流打开时间在 SOCOS 中设定，方法如下：按图像键；按字母键 N（一般参数设定）；按字母键 A（其他参数设定）；在“剪切气流”处设定启动角度值和持续角度值 每只预喷嘴和主喷嘴通过调节螺钉 A 调节气流量。为了保证所有喷嘴调节螺钉旋转相同的圈数，从最初位置旋转至底部，再旋 3～4 圈
保持气流	保证纬纱在预喷嘴和主喷嘴中有一定的张力，张力不能过大，避免停机时吹断纬纱	用调节阀 B 调节气流量
穿纱气流	用于将纬纱穿入预喷嘴和主喷嘴，所以喷气压力要足以使纬纱穿入而不使纬纱被吹断	用调节阀 B 调节气流量。穿纬纱时，将纬纱尾部靠近预喷嘴和主喷嘴的进纱孔，同时按下按钮 C1，直至纬纱完全进入喷嘴导纱管。
预喷嘴和主喷嘴	引纬	（1）“手动控制”方式（标准配置） 将气压表插在调压阀的快速接头上，调节压力在 500～600kPa。调节每只喷嘴的调节螺钉，调节气流量的大小。使纬纱到达时间在 SOCOS 设定范围内 （2）“自动气流量控制”（选构件） 将气压表插在调压阀的快速接头上，调节压力在 500～600kPa。通过 SOCOS 一次性调节气流量

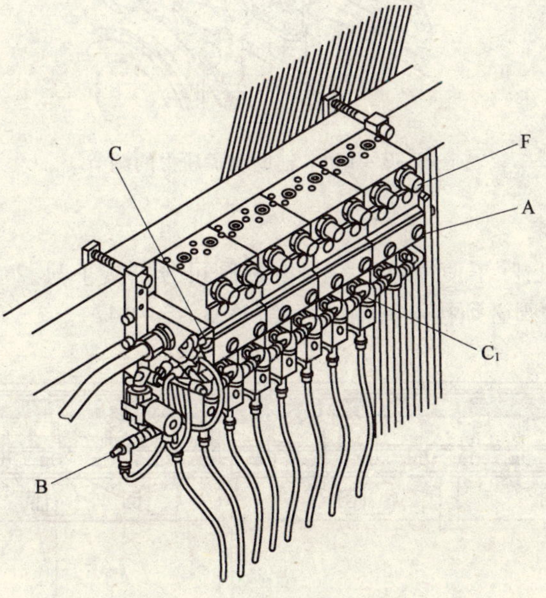

图 3-3-145　气流量的调节

②气压的调节（表 3-3-276）。

表 3－3－276　气压的调节方法

气　压	调　节　方　法
辅助喷嘴压力	如图 3－3－146 所示，使用压力调节阀Ⅰ和Ⅱ，调节辅助喷嘴压力，调节阀Ⅰ控制织机左侧的辅助喷嘴，气压应该在 350kPa；调节阀Ⅱ控制织机右侧的辅助喷嘴，气压应该在 400kPa
牵伸喷嘴压力	用调压阀调节牵伸喷嘴压力。开机时建议采用 400kPa 压力，然后根据纬纱的强度调节牵伸喷嘴的压力，供气压力应保证剪断的纱尾能进入废纱箱内
折入边装置喷嘴喷射压力	用调压阀调节折入边装置喷嘴喷射压力。建议采用 400kPa 压力，然后根据使用的纬纱进行修正
折入边装置喷嘴吸风压力	用调压阀调节折入边装置喷嘴吸风压力。建议采用 400kPa 压力，然后根据使用的纬纱进行修正
F. A. R（断纬自动修补装置）压力	用调压阀调节 F. A. R 的吹风和吸气压力

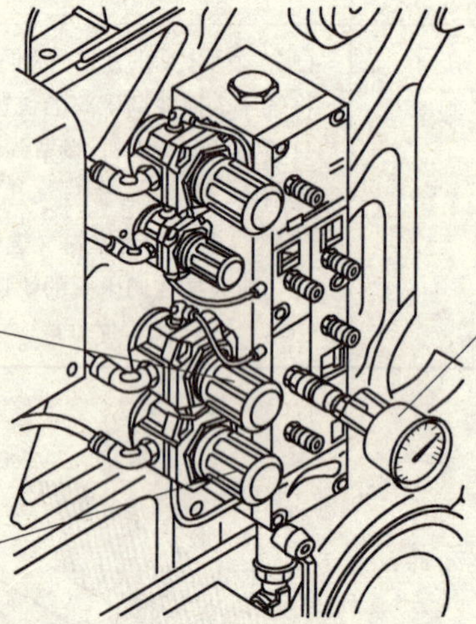

图 3－3－146　辅助喷嘴压力的调节

3. 辅助喷嘴的定位及安装

（1）左侧定位的织机：除了使用最后一个电磁阀可分别接 1 只、2 只、3 只或 4 只辅助喷嘴外，其余前面的每只电磁阀必须接 4 只辅助喷嘴（图 3－3－147）。

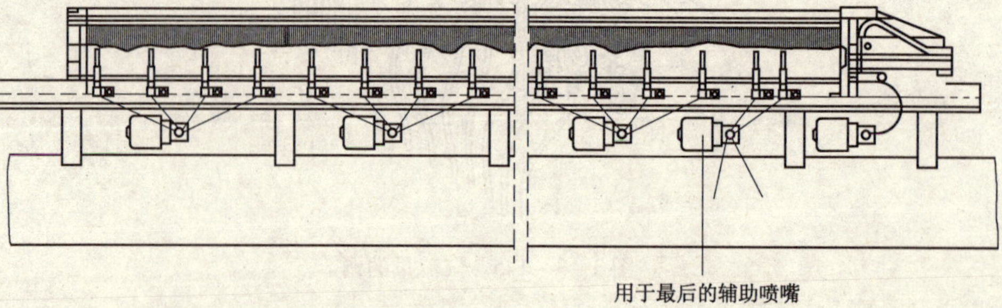

图 3－3－147　辅助喷嘴的定位——左侧定位的织机

(2)中心定位的织机:除了所使用的第一个和最后一个电磁阀可分别接 1 只、2 只、3 只或 4 只辅助喷嘴外,其余每只电磁阀必须接 4 只辅助喷嘴(图 3-3-148)。

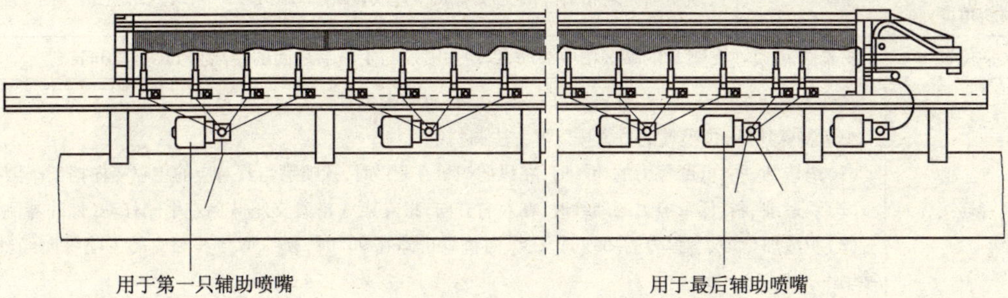

图 3-3-148 辅助喷嘴的定位——中心定位的织机

任何没有使用的辅助喷嘴供气管可用附件中的特殊塞子将其封闭。

一般第一个辅助喷嘴与托布架末端的距离为 10mm。对于特殊织造要求,如严重收缩的品种,第一个辅助喷嘴的位置可以定位在 47mm 的缺口处。从左侧第一个辅助喷嘴开始,用随机提供的专用定规(编号 FRW007B),每间隔 74mm 接其他的辅助喷嘴,保证其均在托布架上的缺口内。

建议在织机右侧最后有 2~5 只辅助喷嘴连在一起,以保证在织口闭合时拉紧纬纱。用定规(编号 FRW007B)定位这 2~5 只辅助喷嘴间隔在 37mm,右侧最后一只辅助喷嘴与最后一根经纱的距离定位在 40~100mm。

4. 主喷嘴和预喷嘴

(1)预喷嘴的调节(图 3-3-149):在支座 B 上安装辅助喷嘴支架 A,并用螺栓 C 固定。预喷嘴的倾斜角度、水平位置、高低位置按表 3-3-277 方法调节。

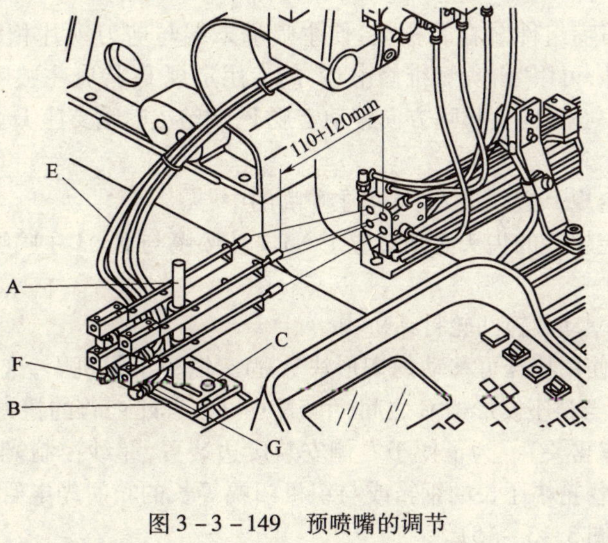

图 3-3-149 预喷嘴的调节

表 3-3-277 预喷嘴的调节方法

调节项目	调 节 步 骤
高低位置及倾斜角度	当织机在 90°时，预喷嘴与之相对应的主喷嘴成一直线，以使纬纱处于一条最直的通道
水平位置	支架 A 可以在支座 B 的腰圆槽中滑动，以使预喷嘴与主喷嘴之间的距离为 110～120mm
气管连接	气管 E 插在接头 F 上，用环形螺母 G 锁紧。注意喷嘴的顺序 织造特殊纬纱，预喷嘴的位置按以下方法调整： (1)织造细、弱、低摩擦力的纬纱时，在纵向织机在 90"时，预喷嘴与其对应的主喷嘴向挡工车侧移动 (2)织造细、弱、低摩擦力的纬纱时，在左右方向，将支架 A 沿着支座 B 向左手侧移动(储纬器侧) (3)织造加捻纱、有弹力的纬纱时，在纵向将织机停在 90°时，预喷嘴与其对应的主喷嘴向经轴方向移动 (4)织造有捻、粗特纬纱时，在左右方向，将支架 A 沿支座 B 向织机的中心移动(储纬器侧)

(2)主喷嘴的调节(图 3-3-150)：用百分尺检查调整支座 D 上的螺栓 H，其应低于支座 D 表面 3mm，这样调整的主喷嘴组合的中心对应于筘槽。

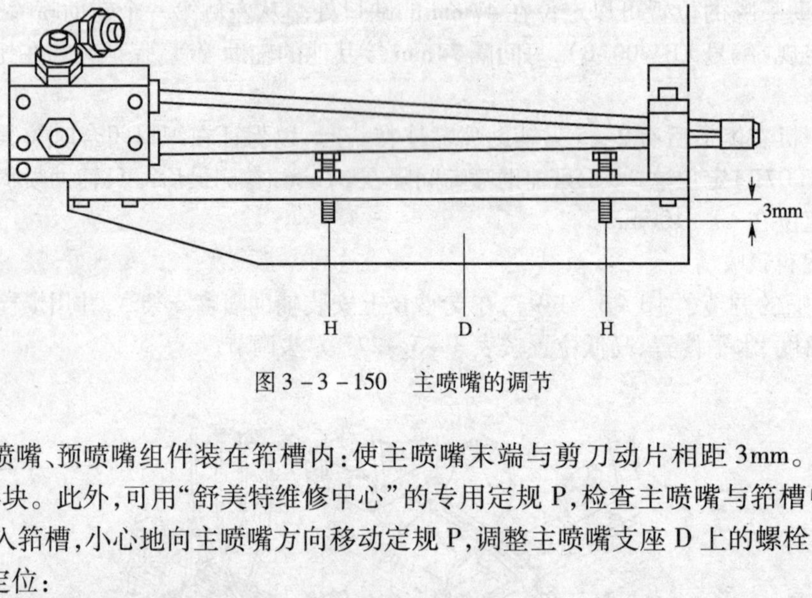

图 3-3-150 主喷嘴的调节

①将主喷嘴、预喷嘴组件装在筘槽内：使主喷嘴末端与剪刀动片相距 3mm。使用测力扳手，紧固楔形块。此外，可用“舒美特维修中心”的专用定规 P，检查主喷嘴与筘槽中心相对应。将定规 P 放入筘槽，小心地向主喷嘴方向移动定规 P，调整主喷嘴支座 D 上的螺栓 H，以使定规 P 能够准确定位：

② 2 色主喷嘴：定规 P 必须进入 No. 1 主喷嘴的中心。

③ 4 色主喷嘴：定规 P 的尖头必须对应于 No. 1 主喷嘴与 No. 3 主喷嘴的切点。

(三)打纬机构

本设备采用双侧驱动共轭凸轮打纬机构。

1. 钢筘的固定　使用特殊可移动的楔形块 A 固定钢筘于织机上，这些楔形块用相应的特殊螺栓固定在钢筘 B 与筘座楔形槽 C 之间，用 5N · m(0.5kgf · m)的扭力扳手拧紧螺丝。

2. 加长钢筘(根据需要)　为了便于右侧安装废边装置，纬纱控制光电管和特殊的牵伸喷嘴需用一片比实际织物筘幅还长的钢筘或与织机门幅等长的筘。光电管和纬纱牵伸喷嘴的安装见表 3-3-278 和图 3-3-151。

表 3-3-278 光电管和纬纱牵伸喷嘴的安装方法

安装部件	安 装 方 法
第一和第二光电管	第一光电管 A 和第二光电管 B 按下述方法安装在钢筘的背面(经轴侧): 确认在废边区域内的两只钢筘压块 C 和 C_1 是特殊形状的,它区别于其他压块,便于安装光电管 将第一光电管 A 安装在筘齿间隙的中心并不碰废边纱,固定在钢筘压块 C 上的特殊支架 D 上 将第二光电管放在距第一光电管 100~120mm 的筘齿间隙,并固定在另一只钢筘压块 C_1 上的特殊支架 D 上 光电管上部 E—E1 与筘槽上部平齐;确保光电管体与钢筘背面有 0.5~1mm 的间隙
纬纱牵伸喷嘴	将辅助喷嘴安装在距第一光电管外侧 35~40mm 处,用螺钉固定在筘座上

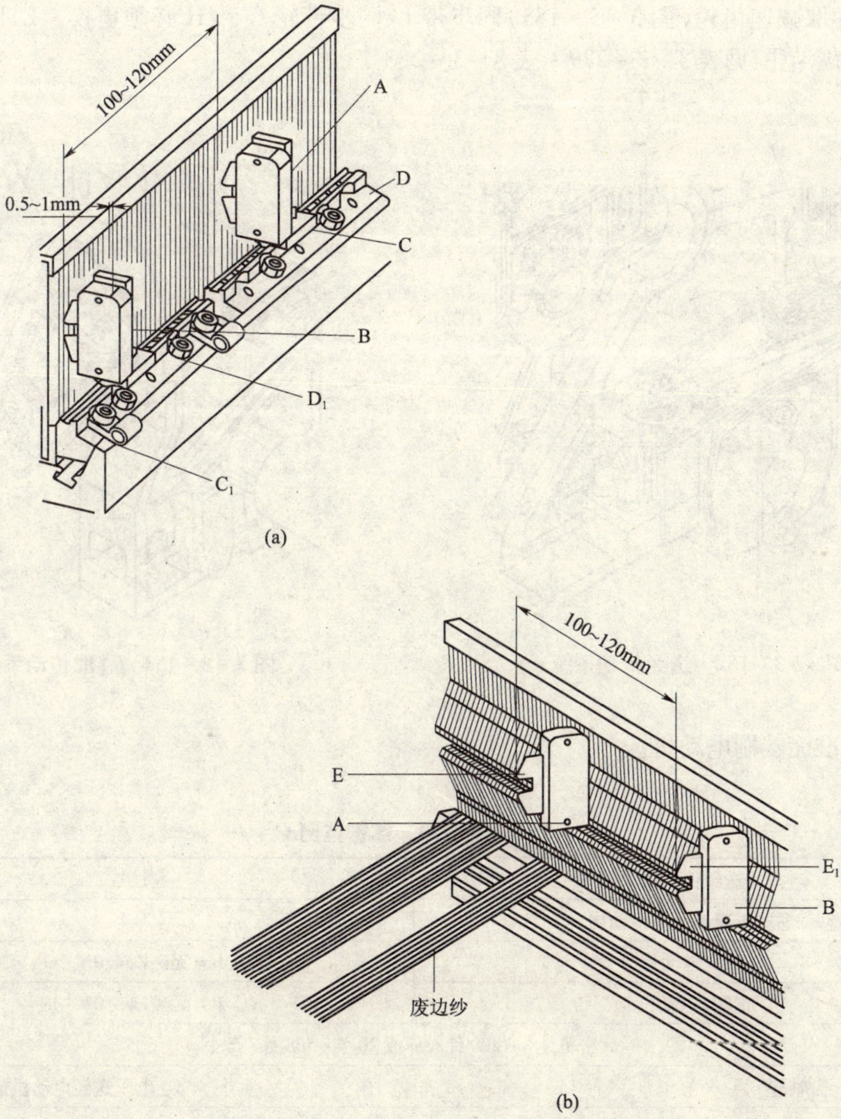

图 3-3-151 光电管安装

(四)卷取机构

1. 纬密的确定　根据卷取和送经减速齿轮传动比的不同,有三种纬密范围。纬密范围受电子卷取 ETD 和电子送经 EWC 电动机的类型、织机速度、经轴直径、经轴边盘直径等因素的影响。

表 3－3－279～表 3－3－283 列出几种可能的变化以及每种变化下送经电动机的最大负荷。表中所列的最小纬密是织机速度为 550 纬/min 时的极限值。

如果织机速度变化,则在当前速度下的纬密值为:

$$\text{当前纬密} = \frac{\text{表中所给的最小纬密范围} \times \text{织机当前速度}}{550}$$

如果纬密从 C 转换到 B 或 A,或者反过来,送经(图 3－3－152)同步齿形带 F、同步带轮 D 和 E 以及卷取减速齿轮(图 3－3－153)同步带 L、同步带轮 G 和 H 必须更换。ETD/EWC 电动机类型及纬密范围见表 3－3－279～表 3－3－283。

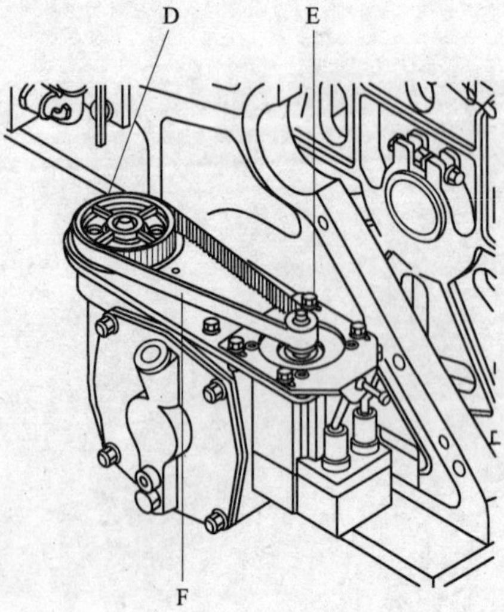

图 3－3－152　送经传动系统

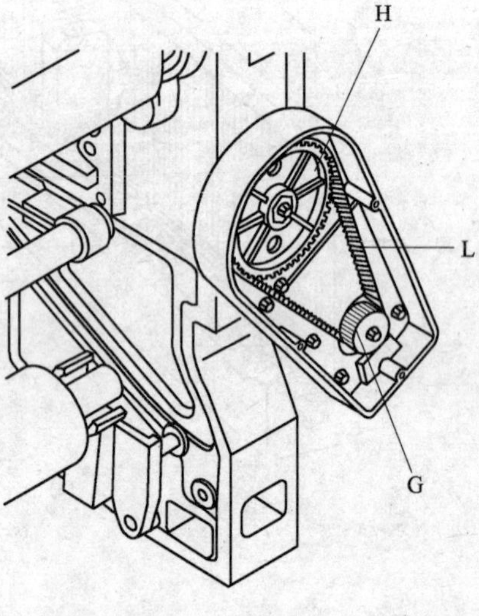

图 3－3－153　卷取传动系统

(1)标准无碳刷电动机。

表 3－3－279　纬密范围 C

送经传动比			1:4		
卷取辊减速齿轮传动比			1:4		
ETD 电动机			B＝无碳刷 4.0N·m		
EWC 电动机			B＝无碳刷 4.0N·m		
纬密范围 8～200 纬/cm 或 20.4～508 纬/英寸					
经轴直径		纬密范围		电子送经电动机最大负荷	
轴径(mm)	边盘直径(mm)	纬/cm	纬/英寸	N	kgf
219	800～1000	8～200	20.4～508	19600	2000

表 3－3－280　纬密范围 *B*

送经传动比			1:2		
卷取辊减速齿轮传动比			1:2		
ETD 电动机			B＝无碳刷 4.0N·m		
EWC 电动机			B＝无碳刷 4.0N·m		
纬密范围 4～100 纬/cm 或 10.2～254 纬/英寸					
经轴直径		纬密范围		电子送经电动机最大负荷	
轴径(mm)	边盘直径(mm)	纬/cm	纬/英寸	N	kgf
219	800～1000	4～100	10.2～254	8820	900

(2)特殊的无碳刷电动机。

表 3－3－281　纬密范围 *C*

送经传动比			1:4		
卷取辊减速齿轮传动比			1:4		
ETD 电动机			B＝无碳刷 6.0N·m		
ESWC 电动机			B＝无碳刷 6.0N·m		
纬密范围 5～100 纬/cm 或 12.7～254 纬/英寸					
经轴直径		纬密范围		电子送经电动机最大负荷	
轴径(mm)	边盘直径(mm)	纬/cm	纬/英寸	N	kgf
219	800～1000	5～100	12.7～254	30000	3000

表 3－3－282　纬密范围 *B*

送经传动比			1:2		
卷取辊减速齿轮传动比			1:2		
ETD 电动机			B＝无碳刷 6.0N·m		
EWC 电动机			B＝无碳刷 6.0N·m		
纬密范围 2.55～50 纬/cm 或 6.35～127 纬/英寸					
经轴直径		纬密范围		电子送经电动机最大负荷	
轴径(mm)	边盘直径(mm)	纬/cm	纬/英寸	N	kgf
219	800～1000	2.5～50	6.35～127	15700	1600

表 3－3－283　纬密范围 *B*

送经传动比	1:1
卷取辊减速齿轮传动比	1:1
ETD 电动机	B＝无碳刷 6.0N·m

续表

EWC 电动机			B = 无碳刷 6.0N·m		
纬密范围 1.3 ~ 25 纬/cm 或 3.30 ~ 63.5 纬/英寸					
经轴直径		纬密范围		电子送经电动机最大负荷	
轴径(mm)	边盘直径(mm)	纬/cm	纬/英寸	N	kgf
219	800 ~ 1000	1.3 ~ 25	3.30 ~ 63.5	6800	700

(3)下面的传动比与纬密关系表,总结了前面几个表格的内容,可以查到织机所需电动机的传动比与纬密关系表 3-3-284。

表 3-3-284　传动比与纬密关系

范围 *A*(传动比 1:1)				
电动机	力矩(N·m)	纬密(纬/cm,最小)	纬密(纬/cm,最大)	最大张力(N)
无碳刷(特殊)	6	1.3	25	6800
范围 *B*(传动比 1:2)				
电动机	力矩/N·m	纬密(纬/cm 最小)	纬密(纬/cm 最大)	最大张力(N)
无碳刷(标准)	4	4	100	8830
无碳刷(特殊)	6	2.5	50	15700
范围 *C*(传动比 1:4)				
无碳刷(标准)	4	8	200	2000
无碳刷(特殊)	6	5	100	3000

注　最小纬密根据织机在 550r/min 时得出。

2. 织物的卷绕　织物经过卷取辊和压布辊卷绕到布辊上的过程如图 3-3-154 所示。

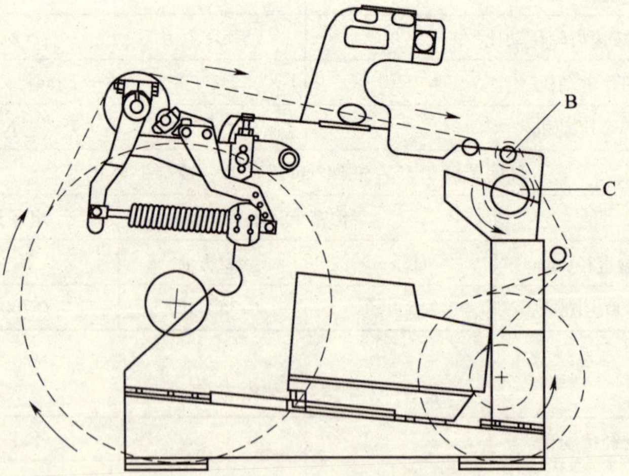

图 3-3-154　织物的卷绕

织物上压辊B的位置根据需要通过末端的手轮A进行调节。要确使两端调节一致,使压布辊与下方的卷取辊C平行。改换品种时,通过松手轮A,使结头能轻易地通过压布辊(图3-3-155)。

3.卷布辊的调节(图3-3-156)　卷布辊B上织物A的卷绕张力,可通过手轮C进行调节。展布辊D(选购件)可防止某些织物卷绕时起皱。

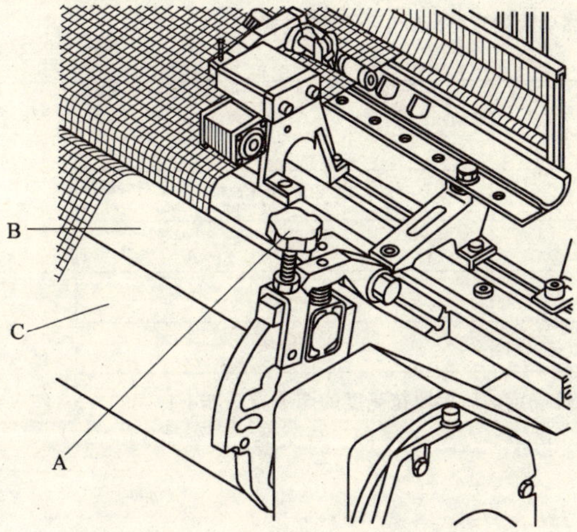

图3-3-155　压布辊的调节

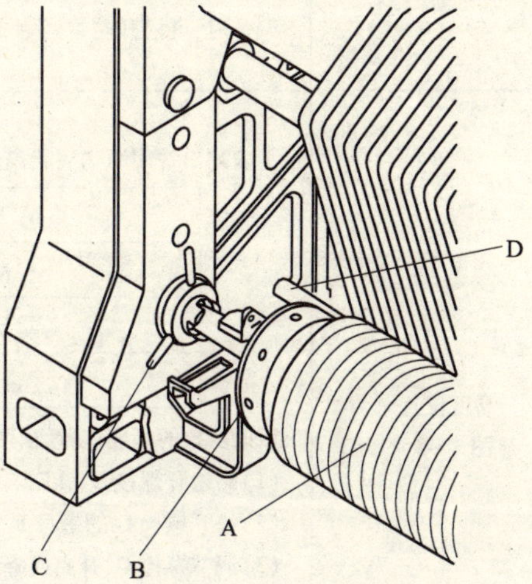

图3-3-156　卷布辊的调节

(五)送经机构

1.后梁位置的调节(表3-3-285,图3-3-157)

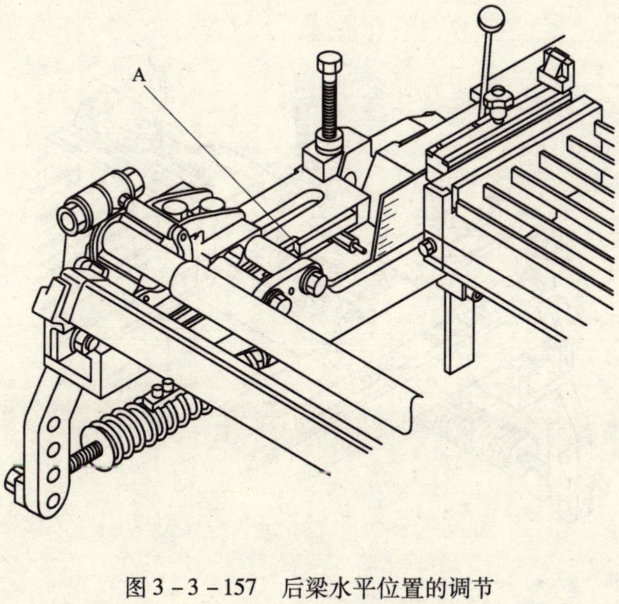

图3-3-157　后梁水平位置的调节

表 3-3-285　后梁位置的调节

<table>
<tr><td>水平位置调节
（图 3-3-157）</td><td>根据织物织造的要求调节后梁的水平位置。在墙板任一侧的导轨上均有位置刻度，指针的位置如下：
重磅棉经纱：指针位于 70～90
中磅棉经纱：指针位于 90～110
轻磅棉经纱：指针位于 100～120
合成纤维经纱：指针位于 100～130
调节时，可松开左右两侧支架上的螺栓，移动后梁直至指针处于所需位置</td></tr>
<tr><td>高度位置调节
（图 3-3-158）</td><td>下表列出常用织物后梁高度
<table><tr><td>织 物 类 型</td><td>指针 C 的位置</td></tr><tr><td>轻薄棉织物</td><td>+2</td></tr><tr><td>重磅棉织物</td><td>+5</td></tr><tr><td>合成纤维</td><td>0</td></tr></table>后梁罗拉的高度位置，由两侧墙板内的指针确定。后梁罗拉高度的调节方法如下：
（1）略松开螺栓 D 和 E
（2）松开螺栓 G 的螺母 F
（3）调节螺栓 G，升高或降下后梁至所需位置
（4）锁紧螺母 F 及螺栓 D 和 E
实际调节后梁高度时，必须同时调节两侧。也就是说，调节一侧支架上升或下降一点距离，然后调节另一侧支架相同尺寸。重复这样的步骤，直至所需的高度。调节时两侧偏差不得大于 5 格（5mm）</td></tr>
<tr><td>制动器的调节</td><td>当要求后梁罗拉转动加快或减慢时，可用手轮调节制动器。后梁罗拉必须保证有微量的转动</td></tr>
</table>

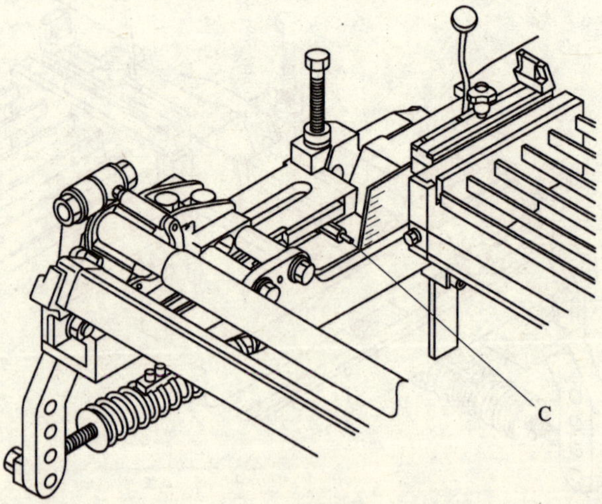

(a)

(b)

图 3－3－158 后梁高度位置的调节

2. 后梁弹簧的调节（表 3－3－286）

表 3－3－286 后梁弹簧的调节

弹簧的位置（图 3－3－159）	根据织物的类型，2 只弹簧 M 的销轴位置按下列方法调节：位置 1 为薄型织物；位置 2 为中厚型织物；位置 3 为厚型织物
弹簧的调节（图 3－3－160）	1. 建议开始时按标准方法调节（经纱松弛时） (1) 利用弹簧固定块 B 调节弹簧 M 有效圈数在 6 圈，距离为 *H*： ①松开螺栓 D 和 E ②用两把专用扳手（编号 HRZ006B）松开螺母 A 和 C ③松开螺钉 F ④将扳手插在螺钉 F 上，转动缓冲垫 B，直至弹簧 M 的有效圈数为 6 圈的 *H* 距离 ⑤锁紧螺钉 F 和螺母 A 及 C (2) 力臂 L 必须处于垂直位置（图 3－3－159，图 3－3－160） ①用两把专用扳手（编号 HRZ006B）松开螺母 A，转动螺母 C 至力臂 L 处于垂直位置 ②锁紧螺母 A 和螺栓 D 及 E 2. 改变后梁罗拉的弹性 ①当弹簧固定块 B 向 D 方向调节时，弹性增加，反之，向 E 方向调节时，弹性降低 ②松开螺栓 D 和 E ③松开螺钉 F ④测量距离 *G* ⑤松开螺母 A ⑥向所需方向转动弹簧固定块 B ⑦锁紧螺母 F ⑧转动螺母 C，使 *G* 尺寸与前面测量值相同 ⑨锁紧螺母攻螺栓在 D 和 E

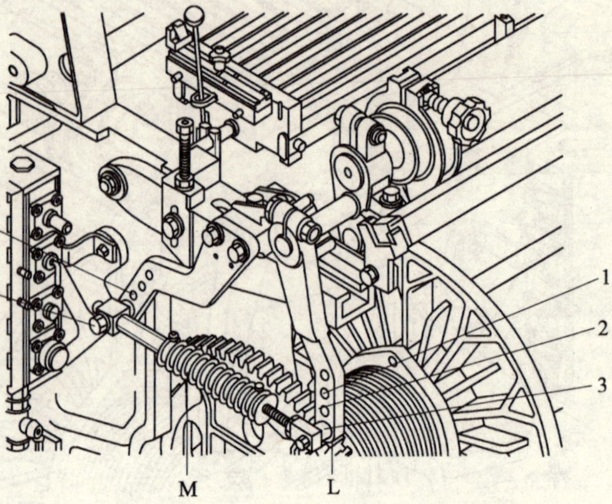

图 3-3-159 弹簧的位置

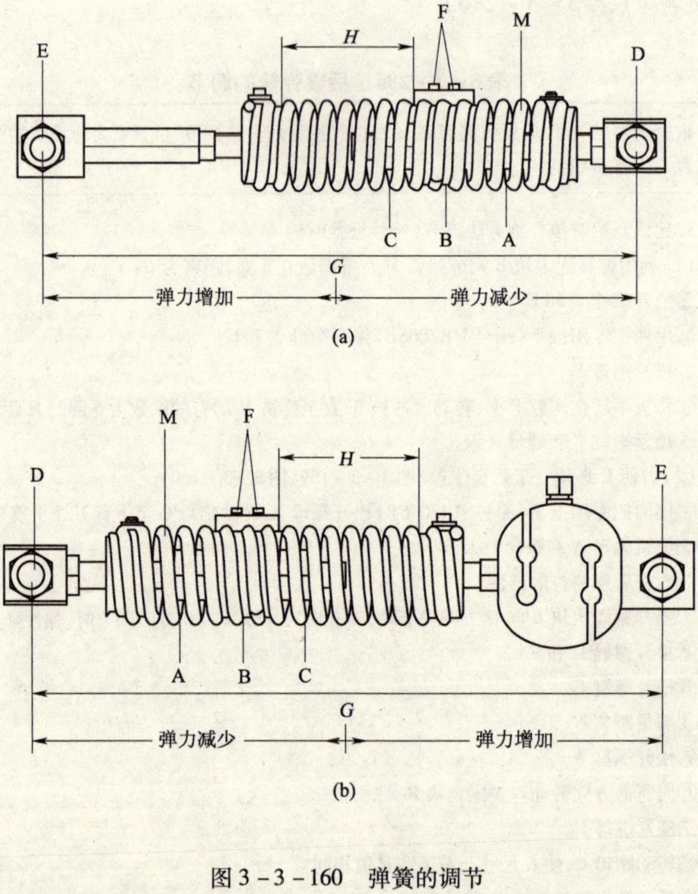

图 3-3-160 弹簧的调节

（六）织机速度的选择

通过“变频器”改变织机的生产速度，由 SOCOS 实现。变频器可以在不需要更换主电动机皮带轮的情况下，按要求在规定范围内改变织机速度。

1. 速度范围　在现有的主电动机皮带轮下，变频器可以在无变频器时的织机自然速度的 ±30% 范围内改变织机速度（表 3－3－287）。根据织机的工作宽度、随机提供的电动机皮带轮直径（表 3－3－288）调节。织机的初始车速见表 3－3－289。

表 3－3－287　织机的工作宽度与皮带轮的直径

织机的工作宽度（mm）	皮带轮直径（mm）
1900～2300	149
2600～2800	125
3400～3800	95

表 3－3－288　电动机皮带轮直径与变频器的使用

电动机皮带轮直径（mm）	速度（纬/min）［变频器－30%（最低速度）］	速度（纬/min）［变频器 0%（皮带轮速度）］	速度（纬/min）［变频器＋30%（最低速度）］
149	656	938	1220
125	539	770	1001
93	394	563	732

2. 生产速度　表 3－3－290 是在织机至少连续运转 10 天，机械部件运转到理想状态的条件下的速度。一般根据所织品种，逐渐增加织机速度，直至达到理想速度。织机速度的选择与下列因素有关：开口机构的型号、所使用综框的数量、经纱根数、织物种类、纱线的质量和前纺的质量。

表 3－3－289　织机的初始车速

织机的工作宽度（mm）	1900	2100	2300	2600	2800	3400	3800
初始车速（纬/min）	656～700	656～700	656～700	540～580	540～580	400～450	400～450

表 3－3－290　选择织机速度的相关因素

综框数（页）		4		6		8		10		12		14		16	
织机速度（r/min）／最后一片综框动程（mm）／公称筘幅（mm）		74	83	84	94	94	105	104	117	115	128	125	128	135	151
1900（mm）	Fim2029 Fim2039	1250	1200	1150	1050	1050	950	950	870						
	Dob2861	750	750	750	750	750	750	750	750	750	750	750	720	720	690
	Dob2871	900	900	900	900	900	850	870	810	820	780	790	740	760	710
宽度 2100（mm）	Fim2029 Fim2039	1050	1050	1050	1000	1000	900	900	900						
	Dob2861	750	750	750	750	750	750	750	750	750	740	750	690	720	660
	Dob2871	900	900	900	870	870	820	830	780	790	750	760	710	730	680

续表

综框数（页）		4		6		8		10		12		14		16	
织机速度（r/min）／最后一片综框动程（mm）／公称筘幅（mm）		74	83	84	94	94	105	104	117	115	128	125	128	135	151
宽度2300（mm）	Fim2029 Fim2039	1000	950	950	900	900	850	850	800						
	Dob2861	750	750	750	750	750	750	750	750	750	710	720	670	690	640
	Dob2871	900	880	880	840	840	800	800	750	760	720	730	690	700	600
宽度2600（mm）	Fim2029 Fim2039	950	900	900	800	800	750	730	730						
	Dob2861	750	750	750	750	750	750	750	710	720	690	690	650	670	620
	Dob2871	870	830	860	810	810	770	770	730	730	690	700	660	680	640
宽度2800（mm）	Fim2029 Fim2039	950	900	900	800	800	750	730	730						
	Dob2861	750	750	750	750	750	700	720	680	680	650	650	620	630	600
	Dob2871	830	810	810	770	770	720	730	690	690	660	660	630	640	600
宽度3400（mm）	Fim2029 Fim2039	800	750	750	700	700	680	680	650						
	Dob2861	750	730	740	700	700	680	670	630	630	600	610	580	590	550
	Dob2871	790	760	750	710	710	670	660	640	640	610	620	580	590	560
宽度3800（mm）	Fim2029 Fim2039	700	680	680	650	650	620	620	590						
	Dob2861	700	680	680	650	650	620	620	590	590	560	560	530	530	500
	Dob2871	700	680	680	650	650	620	620	590	590	560	560	530	530	500

三、其他机构机械及工艺调节

（一）托布架

1. 标准配置

（1）无织造中心定位的织机，左侧的调节：如图3－3－161所示，织机上托布架A左侧端位置的固定尺寸为：对于公称筘幅为1900mm、2100mm、2300mm的织机，该尺寸为300mm；对于公称筘幅为3400mm、3800mm的织机，该尺寸为360mm；以胸梁P左侧端为基准。

（2）有织造中心定位的织机，左右侧的调节：

①托布架左侧端距织机胸梁P左侧始端的固定尺寸为k。这一尺寸根据下列公式计算：

对于公称筘幅为1900mm、2100mm、2300mm的织机：

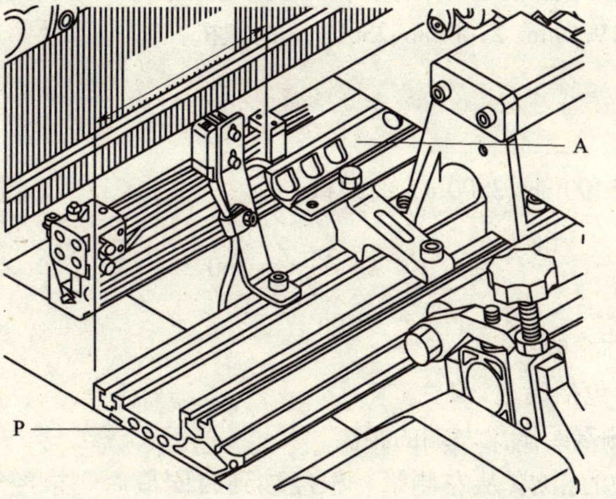

图3-3-161　无织造中心定位的织机（左侧的调节）

$$k=\frac{x-y}{2}+300$$

对于公称筘幅为3400mm、3800mm的织机：

$$k=\frac{x-y}{2}+360$$

式中：x——织机的公称筘幅；

y——上机筘幅（包括废边纱）；

k——托布架左侧端距胸梁左端的距离。

②插入并固定随机提供的四只定规（编号：DRW103A），分别对应托布架的两端及1/4、3/4处。

③用手转动织机至0°。

④松开所有螺栓，移动托布架直至与定规接触。

⑤根据织物的品种，用垫片调整托布架与定规销之间的距离：

合成纤维织物、丝织物、羽绒织物：0.2～0.4mm；

轻磅棉织物、衬衫织物、被单：0.2～0.8mm；

牛仔布、重磅织物：0.6～1.2mm。

确保托布架与定规接触，锁紧螺栓。

2. 特殊锲形斜槽（托布架）　对于特殊织造的要求，可以选择称之为“斜槽”的特殊规格托布架，其调节方法及尺寸与标准配置所述一样，仅改用编号为FH1260A的定规。

3. 配备折入边装置的调整　如图3-3-162所示，托布架A左侧端位置的固定尺寸为：对于公称筘幅为1900mm、2100mm、2300mm的织机，该尺寸为300mm；对于公称筘幅为3400mm、3800mm的织机，该尺寸为360mm；以胸梁P左侧端为基准。

有织造中心定位的织机，左右侧的调节：

(1)托布架A左侧端距织机胸梁左侧始端的固定尺寸为k。可根据下列公式计算:

对于公称筘幅为1900mm、2100mm、2300mm的织机:

$$k=\frac{x-y}{2}+300$$

对于公称筘幅为3400mm、3800mm的织机:

$$k=\frac{x-y}{2}+360$$

式中:x——织机的公称筘幅;

y——上机筘幅(包括废边纱);

k——托布架左侧端距胸梁左端的距离。

(2)测量所织品种的筘幅(从左侧第一根经纱到右侧最后一根经纱),调节托布架,使得L的距离与筘幅相等(图3-3-162)。

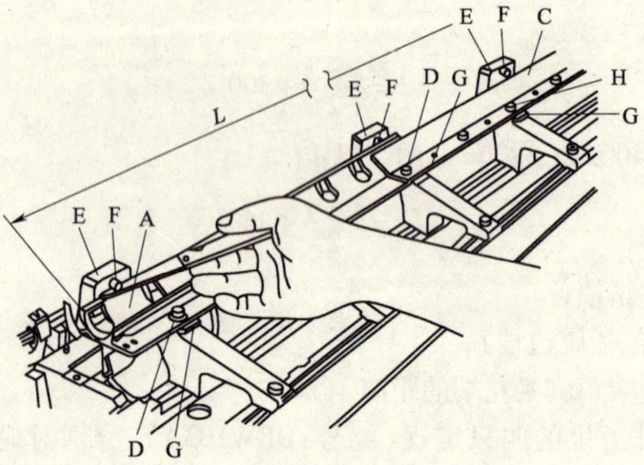

图3-3-162 托布架的调节方法

(3)在托布架两端的筘座上,分别插入随机提供的四只定规(编号:DRW103A)。

(4)手转动织机至0°。

(5)松开螺栓,移动托布架直至与定规接触。

(6)根据织物的品种,用垫片调整托布架与定规销之间的距离:

合成纤维织物、丝织物、羽绒织物:0.2~0.4mm;

轻磅棉织物、衬衫织物、被单:0.2~0.8mm;

牛仔布、重磅织物;0.6~1.2mm。

确保托布架与定规接触,锁紧螺栓。

(二)边撑

安装边撑前,确认刺环没有弯曲或损坏;确认刺环转动灵活。

组装(表3-3-291)。

表 3-3-291 边撑的组装

MANEA 边撑(图 3-3-163)	BROELL 边撑(图 3-3-164)
在每只边撑 A 的头部刻有两个编码 (1)根据织物品种确定边撑编码。这一编码在备件手册中有详细说明 (2)编码 LH 或 RH 指示边撑安装在左侧或右侧。确使编码 LH 和 RH 朝上安装 (3)将特殊支撑座 B 固定在边撑 A 上。在另一侧,支撑 C 已与边撑成一体 (4)将边撑组合 A 通过支撑 B 和 C 固定在销轴 D 上	(1)在每只边撑 A 的这角区域刻有一个编码 (2)编码 S 或 D 指示边撑安装在左侧或右侧。确使编码 S 和 D 朝上安装 (3)将特殊支撑座 B 固定在边撑 A 上 (4)先将支撑 C 装在销轴 D 上 (5)锁紧支撑 C,使边撑 A 尾部凸台与支撑上的孔啮合

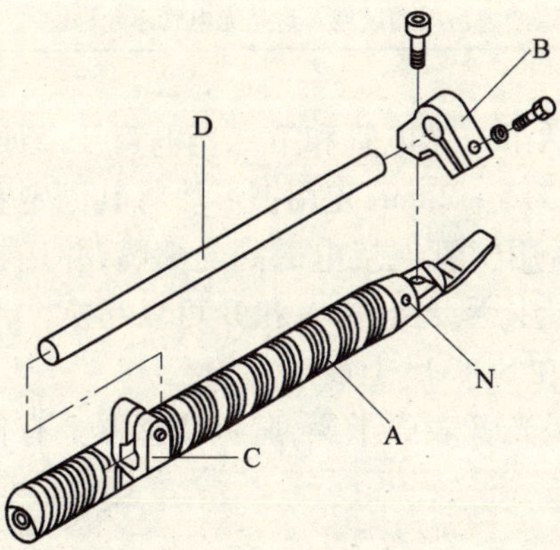

图 3-3-163 MANEA 边撑

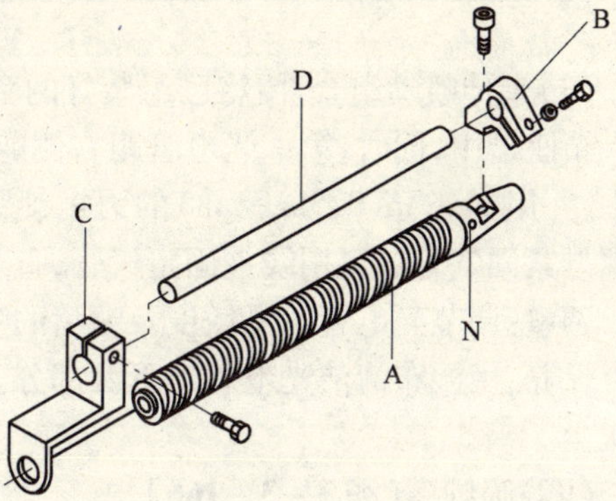

图 3-3-164 BROELL 边撑

(三)光电管和牵伸喷嘴

(1)光电管原理(图 3-3-165):第一光电管 A 和第二光电管 B 均可使织机停车。第一光电管 A"没有发现"纬纱通过。因此,检测到进入织口的纬纱比所需纬纱短。第二光电管 B"发现"纬纱通过。因此,检测到进入织口的纬纱比所需纬纱长。当纬纱通过牵伸嘴 C 的导槽,可见喷嘴将纬纱吹入小管 L 中,并将纬纱拉直,直至打纬结束,同时,右剪刀剪断纬纱。

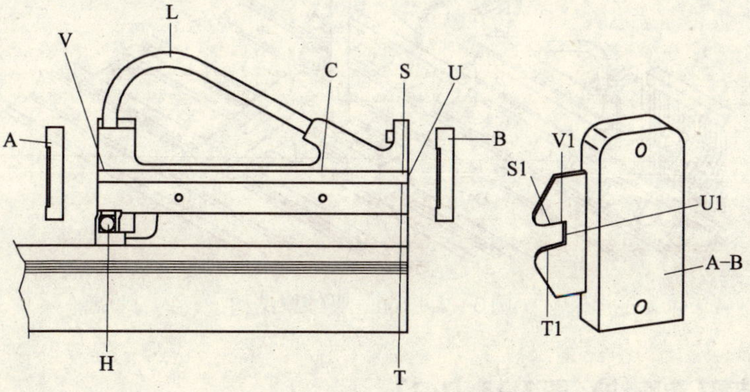

图 3-3-165 光电管

(2)光电管组装:为了避免错误信号及纬纱过度磨损损坏光电管,光电管A和B的位置必须正确(表3-3-292)。

表3-3-292 光电管的组装方法

光电管	组装方法
第一光电管A	安装第一光电管时,使得其上边缘U1略高于牵伸嘴导槽上边缘U,这是为了防止拉直的纬纱过度磨损光电管上边缘外部 如在第一光电管处有不大的飞花(即使时间很短)飞过,也会认为是纬纱,所以要保持探测器干净
第二光电管B	边S1(光电管上边缘)必须与边S(牵伸喷嘴导槽出口上边缘)平齐或略低0.1~0.3mm。同样,边T1(光电管下边缘)必须与边T1(牵伸喷嘴导槽出口下边缘)平齐或略低0.1~0.3mm 边U1(光电管的边缘)必须与U(牵伸喷咀导槽出口后边缘)平齐或略向前(挡车工方向)0.1~0.3mm 光电管的位置太高、太低或向后都是错误的,可能导致增大污垢的区域。这是光电管不允许的

(3)牵伸喷嘴组合件:将已组装好的牵伸喷嘴,包括第一光电管和第二光电管及牵伸喷嘴,插入箱座槽中,同时,第一光电管距右侧剪刀固定刀片1.5~2mm;先用楔形块将其固定在箱座槽中,并用5N·m(0.5kgf·m)的力矩锁紧螺丝。然后用气管连接电磁阀与喷嘴,并用特殊环形螺母紧固气管。再用线夹固定气管,直至电磁阀处。注意:光电管A和B可以互换。

调整:调节光电管的灵敏度及喷嘴的喷气时间,可在SOCOS上设定。

保养:用湿布清洁光电管上下两部分。开机前确保光管表面干燥,避免传感器上有任何微小灰尘。

(四)吸纱罩(图3-3-166)

吸管A的作用是收集由牵伸喷嘴上的小管L引过来的纬纱尾,并将其引入废纱箱。

左右移动支架B,使吸纱罩A与第二光电管D的距离为3~5mm。松开支架E,使吸纱罩A下的L与托布架F的距离为1mm。

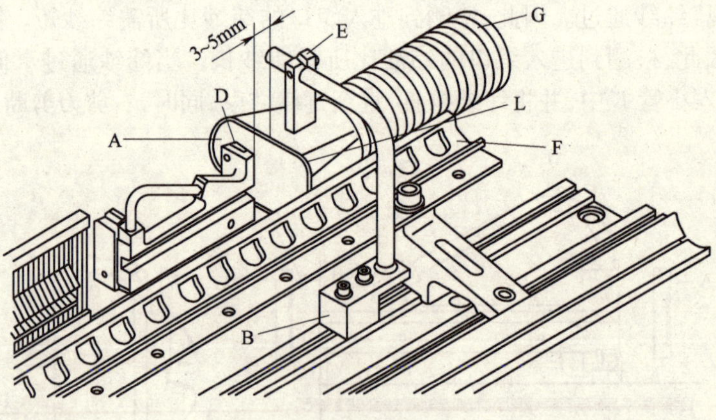

图3-3-166 吸纱罩结构

(五)FAR装置(选购件)(图3-3-167)

FAR是“纬纱自动修补功能”的缩写,可译为“自动纬纱修补”。这一装置,以选购件方式随机提供，具有在织口中发生断纬（短纬或缩纬）时，无需人工操作而实现纬纱自动修复（表3－3－293）。

表3－3－293　FAR装置的功能与调节方法

功　　能	调　节　方　法
当织机由于短纬停车，在钢筘左侧入口处的FAR喷嘴F开始工作 （1）织机自动倒一纬，找活断纬，并停止在180° （2）主喷嘴开始喷射引入几纬（根据SOCOS设定）后停止工作 （3）如果第二光电管探测到喷射的纬纱已到达，织机自动转到FAR的剪切角度，剪断纬纱 （4）接着织机自动反转180°，FAR抽吸完织口中所有活动的纬纱，即造成停车的一纬纱和FAR功能喷射的纬纱 （5）正确抽吸完所有活纬纱（由两只光电管检测），织机自动转到开车位置，并自动开车 （6）如果不能抽吸完口中所有活纬纱，织机不能重新启动，蓝色纬停灯闪亮	（1）左右移动支架B，使FAR的A距第二光电管3～5mm （2）织机在180°时，FAR的A孔中心要与第二光电管C上的纬纱通道相对 （3）移动支架可调节前后位置，用螺栓调节高度 避免喷嘴与左剪刀片碰撞，被吹起的纱线形状应呈垂直状 将气管接在电磁阀P上；将管孔连接在FAR的A上至废边纱箱

（六）压缩装置（选购件）（图3－3－168）

压缩装置A的功能是压实由吸纱罩B和FAR装置C收集来的纬纱尾，在自动进入废边纱箱之前，减小它们的体积。随机供给压缩装置A的抽风机E从吸纱罩B至压缩装置A连接管子F。从FAR装置C至压缩装置A连接管子F。从抽风机E至压缩装置A连接管子H。注意：如果织机反向转动拆长坏布，在此之前，用手将压缩装置A中的纬纱尾全部拿空。

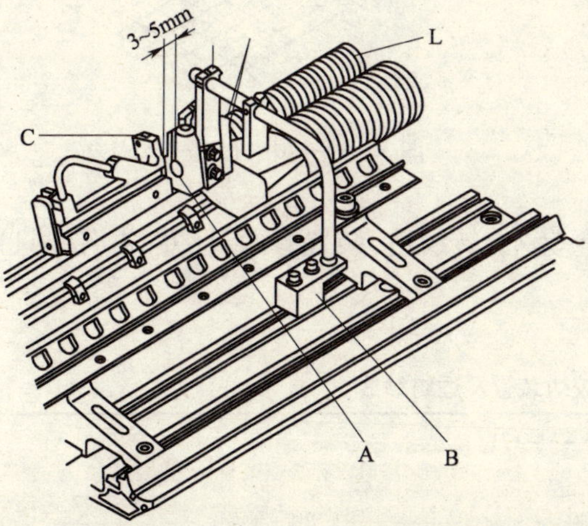

图3－3－167　自动纬纱修补装置

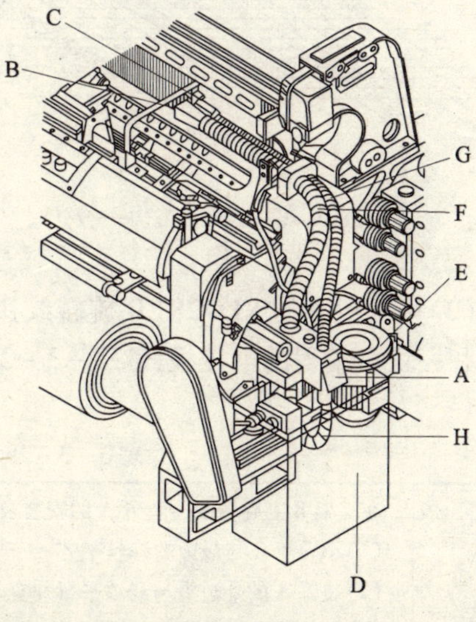

图3－3－168　压缩装置

（七）废边织造

通常，废边应是平纹组织，但通过特殊综框组合可以实现不同的废边织造。以下是常用的

几种废边形式,

(1)废边纱在地组织综框上。

(2)废边纱在外加的两片综框上,这种情况仅在地组织不能绞住废边纱尾的异常情况下使用。在此情况下,两片外加的综框应放在前面。

(3)使用独立杠杆装置。在此情况下,不需要开口机构的第一、第二两片综框,所以不需架综框。

废边纱由随机提供的小经轴上的经纱喂给。

纱线的品种和织造组织不同,废边纱的根数不同,通常有以下规律:大多数品种为16/18根纱,格布、合成纤维或丝绸品种为20根纱。

适用于废边的纱应有好的品质,相当于14.6tex×2(40英支/2)、9.7tex×2(60英支/2)、8tex(73英支/2)的精梳棉,特殊情况,如合成纤维织物、丝绸等可以使用8.3tex×2(75旦×2)长丝。

(八)布边

(1)封边:织物可以有两种封边方式,即绞边装置、折入边装置(俗称钩边装置)。绞边装置的作用是锁紧布边纱线,防止松边(图3-3-169);折入边装置是将纬纱末端折入织物的边内,织成像有梭织机织物一样的边(图3-3-170)。

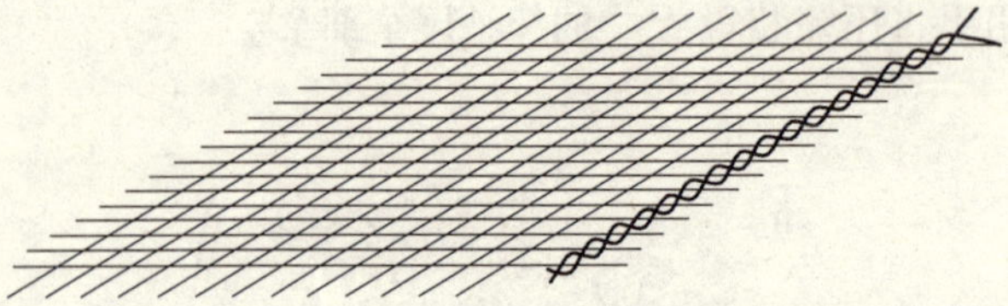

图3-3-169 布边—绞边

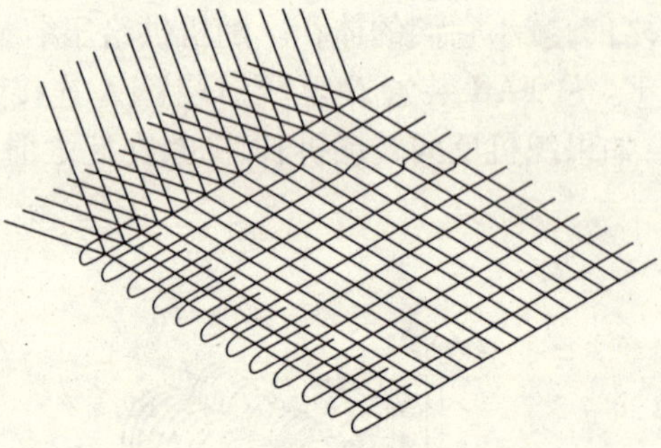

图3-3-170 布边—折入边

(2)用两根纱的KLOCKER旋转绞边装置:整套“旋转绞边”装置有两只(左、右各一只)绞边器和一块可编程的电控板(表3-3-294)。

表3-3-294 旋转绞边装置及适纺纱线

装 配	在支架B上旋转绞边装置A的安装及定位(图3-3-171): (1)小导棒C与最边的综丝平齐 (2)装置A的外边沿与经纱平行并有1cm的间隙 (3)调节装置A的高度,使得两根绞边纱F和F1产生的织口对称于筘槽
穿纱方法	(1)两根纱F和F1,从小供纱架G上穿过导纱器H和L,再穿过经停片M(图3-3-172) (2)用特制的穿纱针将两根纱线分别穿过装置A的两个进口 (3)一根纱线穿过上折翼眼P,另一根纱线穿过下折翼眼Q,然后将两根纱线穿入小导棒C (4)一般两根纱线F和F1必须与最边经纱穿入同一筘

续表

<table>
<tr><td rowspan="4">纱线种类</td><td colspan="2">根据织物类型选择纱线的型号,见下表。</td></tr>
<tr><td>织物类型</td><td>绞 边 纱 型 号</td></tr>
<tr><td rowspan="2">化纤织物</td><td>涤纶 2.2～6.7tex(20～60 旦)单纱
涤纶 4.4～6.7tex(40～60 旦)多头份,加捻(300 捻,S 捻)</td></tr>
<tr><td></td></tr>
</table>

织物类型	绞 边 纱 型 号
棉 织 物	棉纱 Ne80 1/2

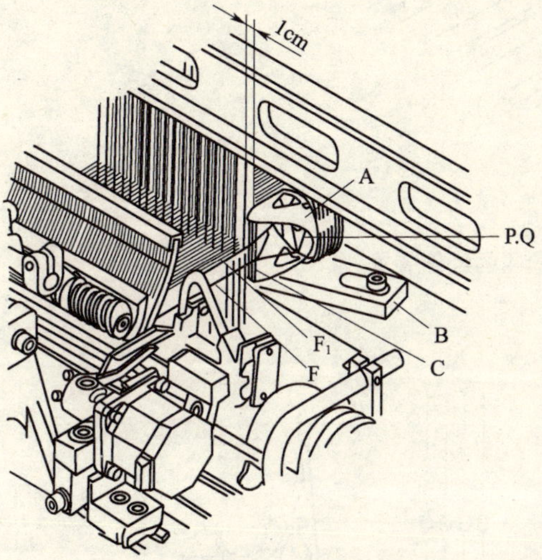

图 3－3－171　旋转绞边装置

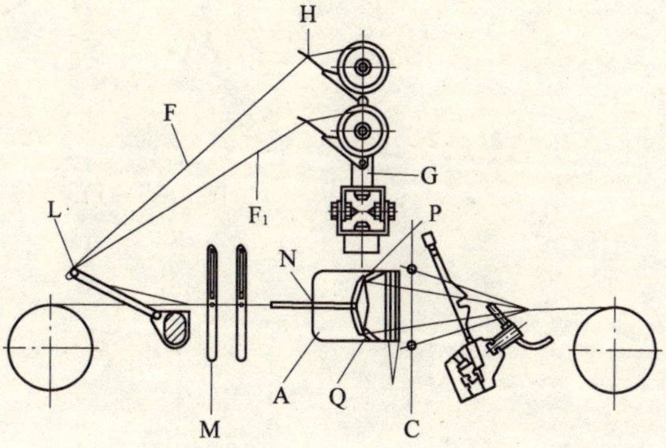

图 3－3－172　穿纱方法

(3)折入边装置(选购件):折入边装置的动作依赖于专用折入边喷嘴,其先将被剪刀剪断的纬纱尾吸住,然后再吹动纬纱尾进入下织口。

(九)经停装置的调节

有两种经停装置,一是用停经条检测的经停装置,一是旋转经停装置。

(1)经停条检测的经停装置(图 3－3－173):经停装置的前后位置取决于织物的品种及所使用的综框数目。松开左右后支撑座 B 上的螺钉 H 进行前后调节。调节方法见表 3－3－295。

表 3－3－295　经停装置的调节方法

经停装置椭圆形支杆的高度	高度调节两要素(图 3－3－174): (1)综平:在综平时两根椭圆形杆 C 和经纱相切,此时停经条处于静止状态 (2)下层经纱:下层经纱与两根椭圆形杆 C 相切,此时停经条处于摆动状态 松开左右支撑座 B 上螺钉 A,降低或升高经停架,然后再锁紧螺钉 A 用左右支撑座 B 上螺钉 G,调节经停架倾斜角度,使之与后梁罗拉相对应
经停条高度	经停条的位置通常有高位和低位 改变高低位置需更换停经条的塑料隔板,此隔板随经停装置供给。然后用后支架上的螺栓调节 高位:断经后立即停车,防止织疵(蛛网) 低位:经纱松弛品种

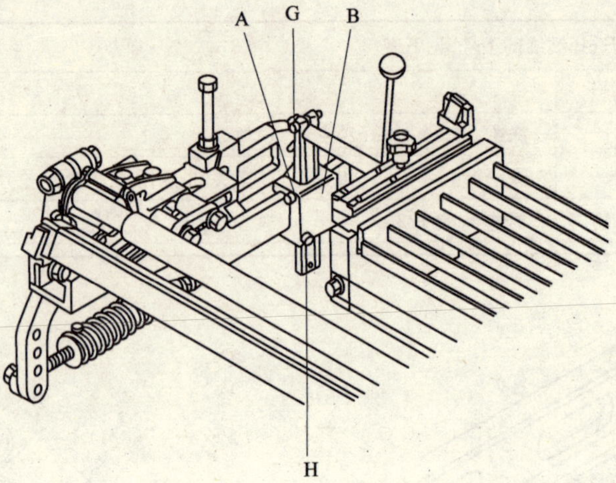

图 3－3－173 停经条检测的经停装置

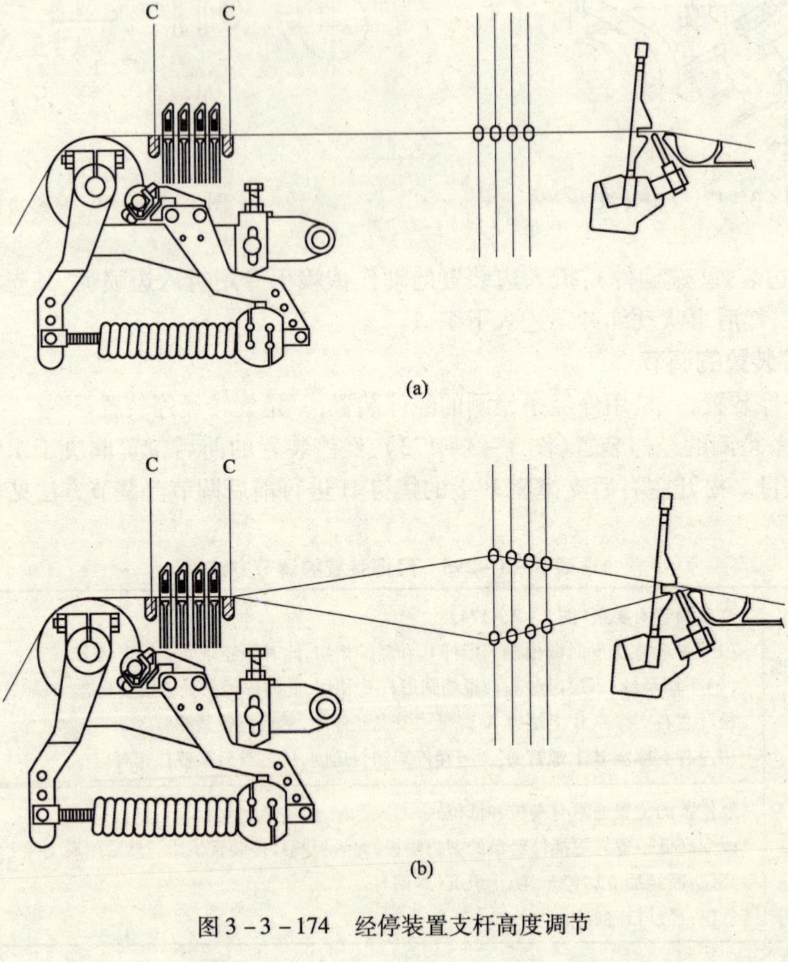

图 3－3－174 经停装置支杆高度调节

(2)旋转经停装置(图3－3－175):旋转经停装置一般用于织造长丝合成纤维或者再生纤维。该装置包括电动机A、皮带B、旋转筘C。筘捕捉到断经,将断经带给毛刷D。使经纱缠到毛刷上,这样就增加了连接微动开关钢丝E的压力,织机停下来。借助侧支撑座F,调节毛刷D的高度。使经纱在最低时距毛刷D 15mm,调节整个经停机构的前后位置,使指针在180刻度上。

说明:此数值根据织物品种和综框的数目而改变。使用螺钉G可调节钢丝E的灵敏度(张力)。

(十)纬纱握持夹的调节(选购件)

在织造高捻度纬纱时使用夹A。在打纬过种中,该夹把纬纱握持住并张紧,防止纱尾折回到织物上。这样在卷取辊上就不会出卷绕织疵。

如图3－3－176所示,用螺钉C调节刀片B的压力,以获得较好的纬纱握持力。注意:在纬纱的FAR操作中,纬纱必须能够移动。

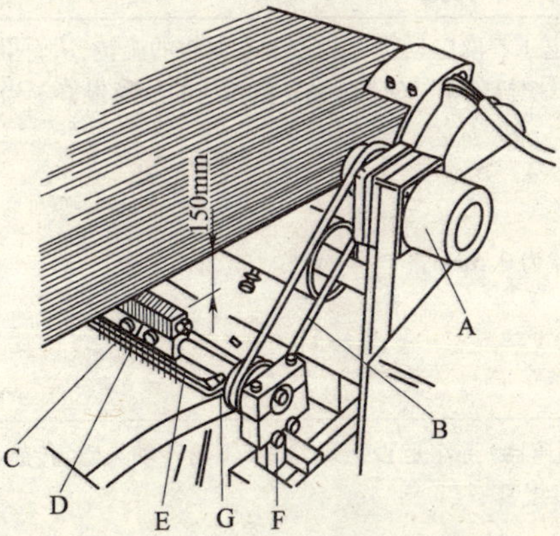

图3－3－175　旋转经停装置

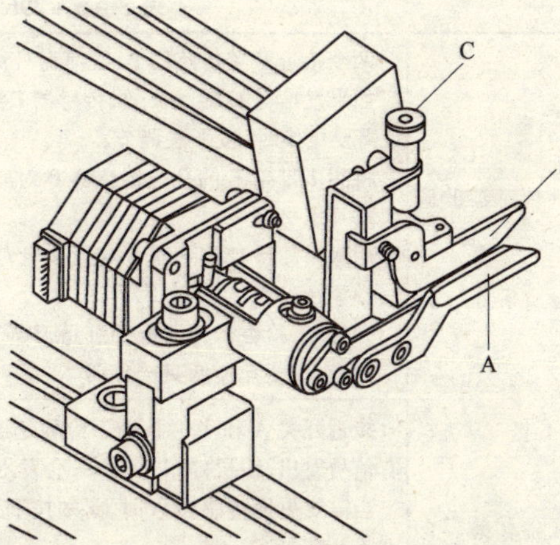

图3－3－176　纬纱握持夹的调节

(十一)多余经纱卷绕装置(选购件)

如图3－3－177所示,该装置能自动卷绕来自经轴的多余经纱,该装置包括驱动装置和卷绕轴A、支撑座C上的方管B、装在方管B上的导纱座D。多余废纱按下法卷绕:将纱穿过导纱座D上的瓷眼,再穿过导纱圈F,缠绕到小轴E上,改变压簧G的位置调节纱线张力。

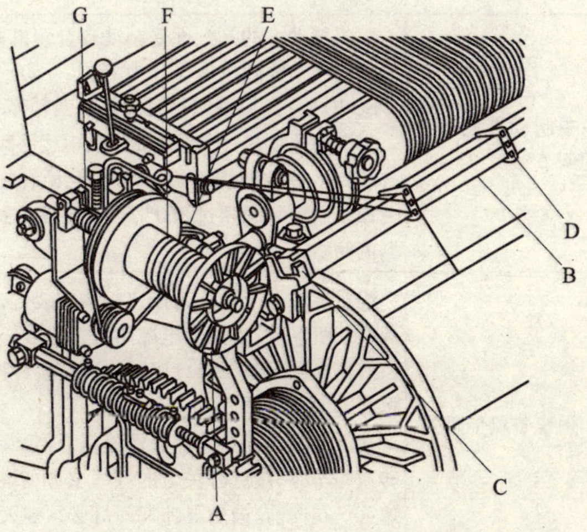

图3－3－177　多余经纱卷绕装置

(十二)热熔切刀

根据要求,织机可安装热熔切刀装置。热熔切刀安装在边撑支座上,切边的位置由手柄调节。热熔切刀的温度及工作状态(如启动或关闭)在SOCOS上设定。

(十三)安全光电管的调节

此装置的作用是在织机开始启动时,如果有物体挡住光束,织机不能启动,当织机正常运转中有物体挡住光束,织机不停车。工作原理如下:

(1)发射光电管装在织机的右侧,当电控箱通电,绿灯亮,表示光电管带电,一束红光从发射窗射出,并射到左侧接收光电管的窗口上。

(2)接收光电管装在织机的左侧,接收光电管上有一个黄灯和一个红灯。接收到右侧发射光电管的光束,黄灯持续亮。如果某物体挡住了光束,左侧接收光电管黄灯熄灭,织机不能启动。

(3)当两只光电管未对准或光电管窗口有灰尘时,左侧光电管上的红灯亮。这表明接收光线受阻,处于临界状态。

(十四)有关传感器的调节(表3-3-296)

表3-3-296 传感器的调节方法

ETD传感器的调节(图3-3-178)	两个接近开关传感器B、发信盘C用于检测由电子卷取电动机A控制的卷取辊的旋转,从而得到布长 如果发信盘C转动失效,传感器B就不发信号,织机停车,SOCOS会显示相应的故障报警。当传感器C需要更换时,按下法调节: 将同步带轮E的孔与传感器B对应 松开螺母D 用测微片检查传感器B与发信盘C之间的间隙为0.5mm; 锁紧螺母D 开慢车,检查传感器上的灯是否亮 注意:不要互换两只传感器
变频器传感器的调节(图3-3-179)	接近开关A和飞轮B用于检测变频器(电子调速器)工作是否正确,如果飞轮转动失效,传感器A没有信号发出,织机停车,SOCOS会发出相应的故障报警。 当需要更换传感器A时,必须按下列方法调节: 松开螺母C 用测微片调节传感器A与飞轮B的光滑表面之间的间隙为0.5mm 锁紧螺母C 手动织机(飞轮),检查传感器A上的灯是否会亮
主制动器制动力的调节	织机制动力的有效性受制动离合器机械效率和制动线圈电压的影响 织机制动线圈电压设计为180V SOCOS可以根据织物要求选择两种停车位置,也能将选择的停车位置进行自动调节 当织机速度超过900r/min时,电线必须从变压器180位置移到240位置,以获得正常停车状态 SOCOS能控制织机的制动时间,检查制动离合器的机械执行情况 如果制动时间超过360°,SOCOS发出制动不正常的第172条报警信号。此信息是要求检查制动离合器的间隙
慢速装置传感器	织机装有一个被称为慢速机构的装置,该机构有两个作用,即织机慢速运动(慢速)、寻纬。该装置安装在织机左侧,由两个电磁离合器组成 右侧电磁线圈(33Ω)用于连接与脱开找纬离合器。左侧电磁线圈(6Ω)用于连接和脱开与慢速电动机相连的离合器 接近开关只是为了保证慢速离合器准确地工作,它能"判别"内部中心盘的运动足否准确。织机在运转或停车时,接近开关上的灯A必须常亮。在整个慢速运动中以及慢速按钮释放之后3s内,该灯必须熄灭。在向前/向后寻纬期间灯必须熄灭。寻纬过程完成后,该指示灯应亮。在标准的停车位置,调节此传感器

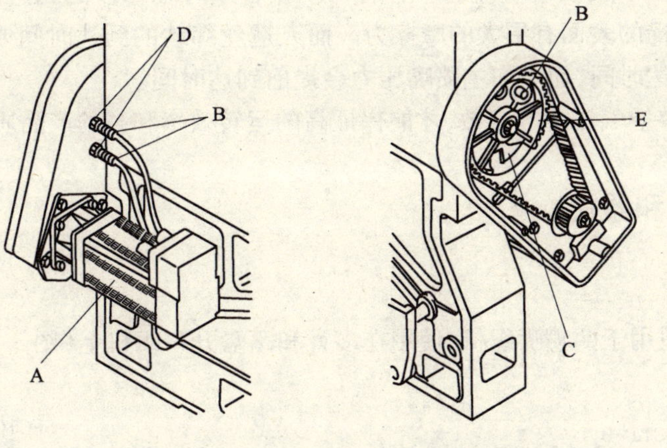

图 3-3-178 ETD 传感器的调节

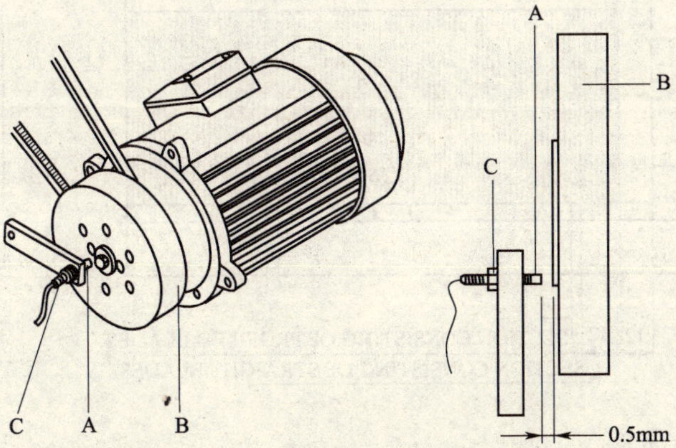

图 3-3-179 变频器传感器的调节

(十五)开机织造步骤

(1)用织物品种所需的纬纱进行织造;

(2)如果织机因为纬纱没有到达第一光电管而不能正常运行,则检查织口内是否有经纱交叉在一起;检查纬纱是否被卷绕到储纬器上。

(3)在织机运转过程中,检查布面是否有疵点(如松纱、纬缩等)并找出造成这些病疵的原因加以排除。

(4)为了尽可能减少空气消耗,通过调节旋钮进一步减小辅助喷嘴的压力在20~30kPa,直到出现不太明显的纬缩和短纬病疵为止。再增加辅助喷嘴压力为30kPa。对于某些纬纱,必须增加压力而不是减小压力,才能保证更好地织造。有时,虽然找到了最小的辅助喷嘴压力,而主喷嘴压力太低而形成了织疵。在这种情况下,必须在增加辅助喷嘴压力的同时,减小主喷嘴的压力。

(5)如果布面没有疵点,而织机必须在关掉光电管时才能运转,在SOCOS上检查纬纱到达第一光电管的度数。一般在240°左右。有时棉纱或合成纤维纬纱的到达时间要早于240°,这是因为空气与其粗糙的表面有更大的摩擦力。而人造丝纬纱的到达时间要晚于240°。减小主喷嘴压力会推迟到达时间,而增加主喷嘴压力会提前到达时间。

(6)准确地调整空气压力等参数,才能保证高的运转效率和高的产品质量。

四、主要部件和器材

(一)钢筘

1. 钢筘的规格

(1)标准钢筘适用于两喷嘴织机,使用在多臂和踏盘开口织机上(图3-3-180)。

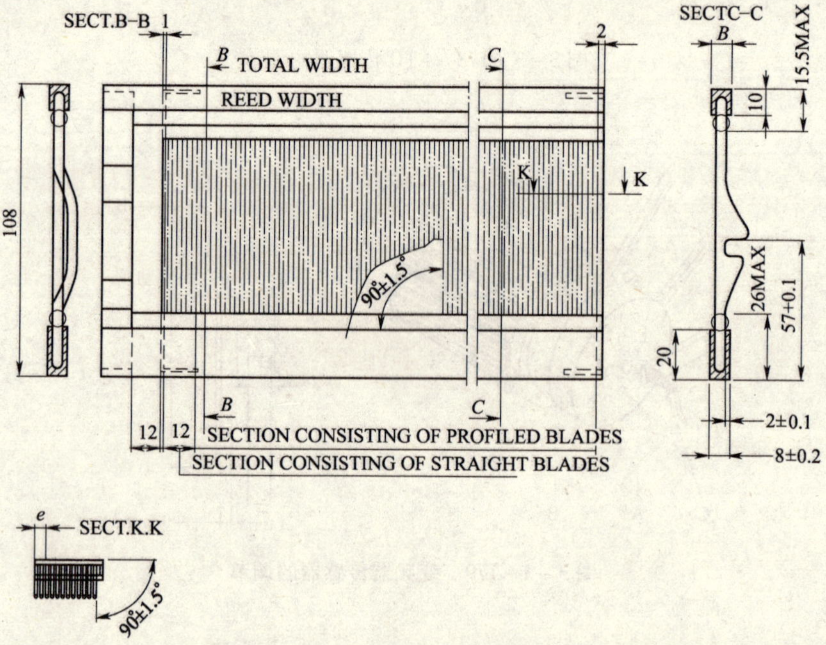

图3-3-180　标准钢筘规格

(2)锲形钢筘适用于四喷嘴的织机,使用在提花开口织机上(如图3-3-181)。

(3)*A* 的数值(表3-3-297)。

表3-3-297　*A* 的数值

A(mm)	开口机构
20	4色多臂和踏盘开口机构
40	4色提花开口机构
60	多于4色的提花开口机构

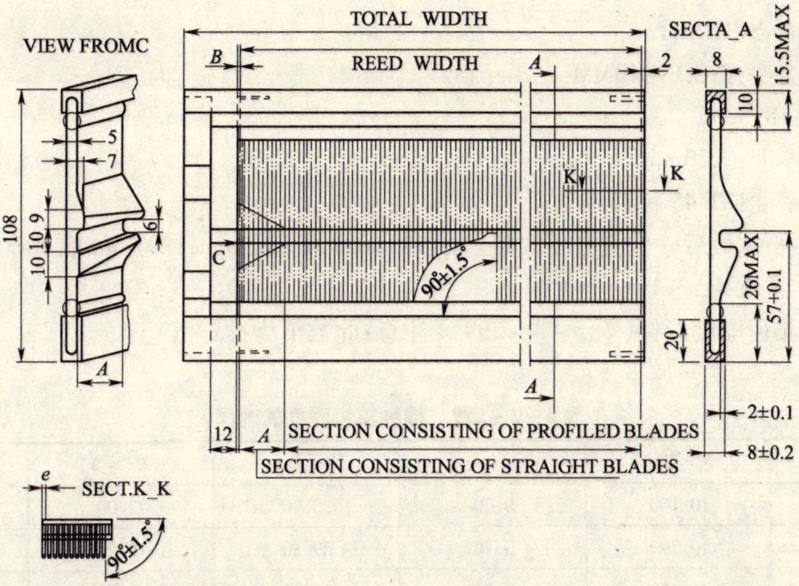

图 3-3-181 锲形钢筘规格

2. 计算总的筘幅和穿筘 利用表 3-3-298 找到合适的筘号。

表 3-3-298 钢筘编号表

生产商	SCHOCH				ZANFRINI			
钢筘类型	STANDARD	BICONE 20mm	BICONE 40mm	BICONE 60mm	STANDARD	BICONE 20mm	BICONE 40mm	BICONE 60mm
	A	C	E	G	P	R	T	Y

13	14	15	16	17	18	19	20	21	22	23	24	25	26	27	28	29	30	31	32	33	34	35	36
A	B	C	D	E	F	G	H	J	K	L	M	N	P	Q	R	S	T	U	V	W	X	Y	Z

00	05	10	15	20	25	30	35	40	45	50	55	60	65	70	75	80	85	90	95
A	B	C	D	E	F	G	H	J	K	L	M	N	P	Q	R	S	T	U	V

15	16	17	18	20	22	24	26	28	30	33	35	37	40	45	50	60	70
A	B	C	D	E	F	G	H	J	K	L	M	N	P	Q	R	S	T

6	7	8	9	10	11	12	13	14	15	16	17	18	19	20	21	22
1	2	3	4	5	6	7	8	9	A	B	C	D	E	F	G	H
23	24	25	26	27	28	29	30	31	32							
I	K	L	M	N	O	P	Q	K	S							

W						

CODE

例:编号 WEFVEH45

生产商:SCHOCH

钢筘类型:BICONE40MM

筘幅:1893mm

筘齿厚度:0.20mm

筘齿密度:22.45 齿/cm

注意:筘宽最后一位应去零取整。如 1893mm 取 1895mm;1897mm 取 1900mm。

3. 筘齿厚度选择

(1)棉纱筘齿厚度选择(表 3-3-299)(注意:此数值为推荐值)。

表 3-3-299　棉纱筘齿厚度的选择

齿/cm	齿/英寸	齿厚(mm)	%(占)	%(空)	空(mm)
4.00	10.160	0.70	28.00	72.00	1.800
4.25	10.795	0.70	29.80	70.20	1.652
4.50	11.430	0.70	31.50	68.50	1.523
4.75	12.065	0.70	37.30	66.70	1.405
5.00	12.700	0.60	30.00	70.00	1.400
5.25	13.335	0.60	31.50	68.50	1.305
5.50	13.970	0.60	33.00	67.00	1.219
5.75	14.605	0.60	34.50	65.50	1.140
6.00	15.240	0.50	30.00	70.00	1.167
6.25	15.875	0.50	31.30	68.70	1.100
6.50	16.510	0.50	32.50	67.50	1.039
6.75	17.145	0.50	33.80	66.20	0.981
7.00	17.780	0.45	31.50	68.50	0.979
7.25	18.415	0.45	32.70	67.30	0.929
7.50	19.050	0.45	33.80	66.20	0.883
7.75	19.685	0.45	34.90	65.10	0.840
8.00	20.320	0.40	32.00	68.00	0.850
8.25	20.955	0.40	33.00	67.00	0.813
8.50	21.590	0.37	31.45	68.55	0.807
8.75	22.225	0.37	32.37	67.63	0.773
9.00	22.860	0.37	33.30	66.70	0.741
9.25	23.495	0.35	32.37	67.62	0.731
9.50	24.130	0.35	33.25	66.75	0.703
9.75	24.765	0.33	32.17	67.82	0696
10.00	25.400	0.33	33.00	67.00	0.670

续表

齿/cm	齿/英寸	齿厚(mm)	%(占)	%(空)	空(mm)
10.25	26.035	0.33	33.82	66.17	0.645
10.50	26.670	0.33	34.65	65.35	0.622
10.75	27.305	0.30	32.25	67375	0.630
11.00	27.940	0.30	33.00	67.00	0.609
11.25	28.575	0.30	33.75	66.25	0.588
11.50	29.210	0.28	32.20	67.80	0.589
11.75	29.845	0.28	32.90	67.10	0.571
12.00	30.480	0.28	33.60	66.40	0.553
12.25	31.115	0.26	31.85	68.15	0.556
12.50	31.750	0.26	32.50	67.50	0.540
12.75	32.385	0.26	33.15	66.85	0.524
13.00	33.020	0.26	33.80	66.20	0.509
13.25	33.655	0.26	34.45	65.55	0.494
13.50	34.290	0.24	32.40	67.60	0.500
13.75	34.925	0.24	33.00	67.00	0.487
14.00	35.560	0.24	33.60	66.40	0.474
14.25	36.195	0.24	34.20	65.80	0.461
14.50	36.830	0.24	34.80	65.20	0.449
14.75	37.465	0.22	32.45	67.55	0.457
15.00	38.100	0.22	33.00	67.00	0.446
15.25	38.735	0.22	33.55	66.45	0.435
15.50	39.370	0.22	34.10	65.90	0.425
15.75	40.005	0.22	34.65	65.35	0.414
16.00	40.640	0.20	32.00	68.00	0.425
16.25	41.275	0.20	32.50	67.50	0.415
16.50	41.910	0.20	33.00	67.00	0.406
16.75	42.545	0.20	33.50	66.50	0.397
17.00	43.180	0.20	34.00	66.00	0.388
17.25	43.815	0.20	34.50	65.50	0.379
17.50	44.450	0.18	31.50	68.50	0.391
17.75	45.085	0.18	31.95	68.05	0.383
18.00	45.720	0.18	32.40	67.60	0.375
18.25	46.355	0.18	32.85	67.15	0.368
18.50	46.990	0.18	33.30	66.70	0.360
18.75	47.625	0.18	33.75	66.25	0.353
19.00	48.260	0.18	34.20	65.80	0.346

续表

齿/cm	齿/英寸	齿厚(mm)	%(占)	%(空)	空(mm)
19.25	48.895	0.18	34.65	65.35	0.339
19.50	49.530	0.18	35.10	64.90	0.332
19.75	50.165	0.18	35.55	64.45	0.326
20.00	50.800	0.18	36.00	64.00	0.320
20.25	51.435	0.18	36.45	63.55	0.313
20.50	52.070	0.17	34.85	65.15	0.317
20.75	52.705	0.17	35.27	64.73	0.312
21.00	53.340	0.17	35.70	64.30	0.306
21.25	53.975	0.17	36.12	63.88	0.314
21.50	54.610	0.17	36.55	63.45	0.295
21.75	55.245	0.17	36.97	63.03	0.289
22.00	55.880	0.16	35.20	64.80	0.294
22.25	56.515	0.16	35.60	64.40	0.289
22.50	57.150	0.16	36.00	64.00	0.284
22.75	57.785	0.16	36.40	63.60	0.279
23.00	58.420	0.16	36.80	63.20	0.274
23.25	59.055	0.15	34.87	65.12	0.280
23.50	59.690	0.15	35.25	64.75	0.275
23.75	60.325	0.15	35.62	64.37	0.271
24.00	60.960	0.15	36.00	64.00	0.266
24.25	61.595	0.15	36.37	63.62	0.262
24.50	62.230	0.15	36.75	63.25	0.258
24.75	62.865	0.15	37.12	62.87	0.254
25.00	63.500	0.15	37.50	62.50	0.250
25.25	64.135	0.15	36.87	62.12	0.246
25.50	64.770	0.15	38.25	61.75	0.242
25.75	65.405	0.15	38.62	61.37	0.238
26.00	66.040	0.15	39.00	61.00	0.234
26.25	66.675	0.15	39.37	60.62	0.231
26.50	67.310	0.15	39.75	60.25	0.227
26.75	67.945	0.15	40.12	59.87	0.224
27.00	68.580	0.15	40.50	59.50	0.220
27.25	69.215	0.15	40.87	59.12	0.217
27.50	69.850	0.15	41.25	58.75	0.213
27.75	70.485	0.15	41.62	58.37	0.210
28.00	71.120	0.15	42.00	58.00	0.207

续表

齿/cm	齿/英寸	齿厚(mm)	%(占)	%(空)	空(mm)
28.25	71.755	0.15	42.37	57.62	0.204
28.50	72.390	0.15	42.75	57.25	0.201
28.75	73.025	0.15	43.12	56.87	0.198
29.00	73.660	0.15	43.50	56.50	0.195
29.25	74.295	0.15	43.87	56.12	0.192
29.50	74.930	0.15	44.25	55.75	0.189
29.75	75.565	0.15	44.62	55.37	0.186
30.00	76.200	0.15	45.00	55.00	0.183

(2)合成纤维筘齿厚度选择(表3-3-300)(注意:此数值为推荐值)。

表3-3-300　合成纤维筘齿厚度的选择

齿/cm	齿/英寸	齿厚(mm)	%(占)	%(空)	空(mm)	齿厚(mm)	%(占)	%(空)	空(mm)
10.00	25.400	0.45	45.00	55.00	0.550	0.40	40.00	60.00	0.600
10.25	26.035	0.45	46.12	53.88	0.525	0.40	41.00	59.00	0.575
10.50	26.670	0.45	47.25	52.75	0.502	0.40	42.00	58.00	0.552
10.75	27.305	0.40	43.00	57.00	0.530	0.37	39.77	60.22	0.560
11.00	27.940	0.40	44.00	66.00	0.459	0.37	40.70	59.30	0.539
11.25	28.585	0.40	45.00	55.00	0.488	0.37	41.62	58.37	0.518
11.50	29.210	0.40	46.00	54.00	0.469	0.35	40.25	59.75	0.519
11.75	29.845	0.40	47.00	53.00	0.451	0.35	41.12	58.87	0.501
12.00	30.480	0.37	44.40	55.60	0.463	0.33	39.60	60.40	0.503
12.25	31.115	0.37	45.32	54.68	0.446	0.33	40.42	59.57	0.486
12.50	31.750	0.37	46.25	53.75	0.430	0.33	41.25	58.75	0.470
12.75	32.385	0.35	44.62	55.37	0.434	0.30	38.24	61.75	0.484
13.00	33.020	0.35	45.50	54.50	0.419	0.30	39.00	61.00	0.469
13.25	33.655	0.35	46.37	53.62	0.404	0.30	39.75	60.25	0.454
13.50	34.290	0.33	44.55	55.45	0.410	0.30	40.50	59.50	0.440
13.75	34.925	0.33	45.37	54.62	0.397	0.30	41.25	58.75	0.427
14.00	36.560	0.33	46.20	53.80	0.384	0.28	42.00	58.00	0.414
14.25	36.192	0.30	42.75	57.25	0.401	0.28	39.90	60.10	0.421
14.50	36.830	0.30	43.50	56.50	0.389	0.28	40.60	59.40	0.409
14.75	37.465	0.30	44.25	55.75	0.377	0.26	41.29	58.70	0.398
15.00	38.100	0.30	45.00	55.00	0.366	0.26	39.00	61.00	0.406
15.25	38.735	0.30	45.75	54.25	0.355	0.26	39.65	60.35	0.395
15.50	39.370	0.28	43.40	56.60	0.365	0.26	40.94	59.05	0.385
15.75	40.005	0.28	44.10	55.90	0.354	0.26	40.95	50.05	0.374

续表

齿/cm	齿/英寸	齿厚(mm)	%(占)	%(空)	空(mm)	齿厚(mm)	%(占)	%(空)	空(mm)
16.00	40.640	0.28	44.80	55.20	0.345	0.26	41.60	58.40	0.365
16.25	41.275	0.28	45.50	54.50	0.335	0.24	42.25	57.75	0.355
16.50	41.910	0.26	42.90	57.10	0.346	0.24	39.60	60.04	0.366
16.75	42.545	0.26	43.55	56.45	0.337	0.24	40.20	59.80	0.357
17.00	43.180	0.26	44.20	55.80	0.328	0.24	40.08	59.20	0.348
17.25	43.815	0.26	44.85	55.15	0.319	0.24	41.40	58.60	0.339
17.50	44.450	0.26	45.20	54.50	0.311	0.22	42.00	58.00	0.331
17.75	45.085	0.26	46.15	53.85	0.303	0.22	39.05	60.95	0.343
18.00	45.720	0.24	43.20	56.80	0.315	0.22	39.60	60.40	0.335
18.25	46.355	0.24	43.80	56.20	0.308	0.22	40.15	59.85	0.327
18.50	46.990	0.24	44.40	55.60	0.300	0.20	40.70	59.30	0.320
18.75	47.625	0.24	45.00	55.00	0.293	0.20	37.50	62.50	0.333
19.00	48.260	0.22	41.80	58.20	0.306	0.20	38.00	62.00	0.326
19.25	48.895	0.22	42.35	57.65	0.299	0.20	38.50	1.50	0.319
19.50	49.530	0.22	42.0	57.10	0.292	0.20	39.00	61.00	0.312
19.75	50.165	0.22	43.45	56.55	0.286	0.20	39.50	60.50	0.306
20.00	50.800	0.22	44.00	56.00	0.280	0.20	40.00	60.00	0.300
20.25	51.435	0.22	44.55	55.45	0.273	0.20	40.50	59.50	0.293
20.50	52.070	0.22	45.10	54.90	0.267	0.20	41.00	59.00	0.287
20.75	52.705	0.22	45.65	54.32	0.262	0.20	41.50	58.50	0.281
21.00	53.340	0.22	46.20	53.80	0.256	0.20	42.00	58.00	0.276
21.25	53.975	0.20	42.50	57.50	0.270	0.18	38.25	61.75	0.304
21.50	54.610	0.20	43.00	57.00	0.265	0.18	38.70	61.30	0.285
21.75	55.245	0.20	43.50	56.50	0.259	0.18	39.15	60.85	0.279
22.00	55.880	0.20	44.00	56.00	0.264	0.18	39.60	60.40	0.274
22.25	56.515	0.20	44.50	55.50	0.249	0.18	40.05	59.95	0.269
22.50	57.150	0.20	45.00	55.00	0.244	0.18	40.50	39.50	0.264
22.75	57.785	0.20	40.44	59.55	0.239	0.18	40.95	59.05	0.259
23.00	58.420	0.20	46.00	54.00	0.234	0.18	41.40	58.60	0.254
23.25	59.055	0.20	46.50	53.50	0.230	0.18	41.85	58.15	0.250
23.50	59.690	0.20	47.00	53.00	0.225	0.18	42.30	57.70	0.245
23.75	60.325	0.20	47.50	52.50	0.221	0.17	40.37	59.62	0.251
24.00	60.960	0.20	48.00	52.00	0.216	0.17	40.08	59.20	0.246
24.25	61.595	0.20	48.50	51.50	0.212	0.17	41.22	58.77	0.242
24.50	62.230	0.18	44.10	55.90	0.228	0.16	39.20	60.80	0.248
24.75	62.865	0.18	44.50	55.45	0.224	0.16	39.60	60.40	0.244
25.00	63.500	0.18	45.00	55.00	0.220	0.16	40.00	60.00	0.240
25.25	64.135	0.18	45.45	54.55	0.216	0.16	40.40	59.60	0.236

续表

齿/cm	齿/英寸	齿厚(mm)	%(占)	%(空)	空(mm)	齿厚(mm)	%(占)	%(空)	空(mm)
25.50	64.770	0.18	45.90	54.10	0.212	0.16	40.80	59.20	0.232
25.75	65.405	0.18	45.77	54.22	0.208	0.16	41.20	58.80	0.228
26.00	66.040	0.17	44.20	55.80	0.214	0.15	39.00	61.00	0.24
26.25	66.675	0.17	44.62	55.37	0.211	0.15	39.37	60.62	0.230
26.50	67.310	0.17	45.05	54.95	0.207	0.15	39.75	60.25	0.227
26.75	67.945	0.17	45.47	54.52	0.204	0.15	40.12	59.87	0.223
27.00	68.580	0.17	45.90	54.10	0.200	0.15	40.50	59.50	0.220
27.25	69.215	0.16	43.60	56.40	0.207	0.15	40.87	59.12	0.216
27.50	69.850	0.16	44.00	56.00	00.203	0.15	41.25	58.75	0.213
27.75	70.485	0.16	44.40	55.60	0.200	0.15	41.62	58.37	20.10
28.00	71.120	0.16	44.80	55.20	0.197	0.15	42.00	58.00	0.207
28.25	71.755	0.16	45.20	54.80	0.194	0.15	42.37	57.62	0.204
28.50	72.390	0.16	45.60	54.40	0.191	0.15	42.75	57.25	0.200
28.75	73.025	0.16	46.00	54.00	0.166	0.15	43.12	56.87	0.198
29.00	73.660	0.16	46.40	53.60	0.185	0.15	43.50	56.50	0.194
29.25	74.295	0.16	46.80	53.20	0.182	0.15	43.87	56.12	0.191
29.50	74.930	0.16	47.20	52.80	0.179	0.15	44.25	55.75	0.188
29.75	75.565	0.16	47.60	52.40	0.176	0.15	44.62	55.37	0.186
30.00	76.200	0.16	48.00	52.00	0.173	0.15	45.00	55.00	0.183

(二)综框和综丝

1. 织机幅宽为 1900 ~ 2300mm 的综框尺寸(图 3 - 3 - 182)

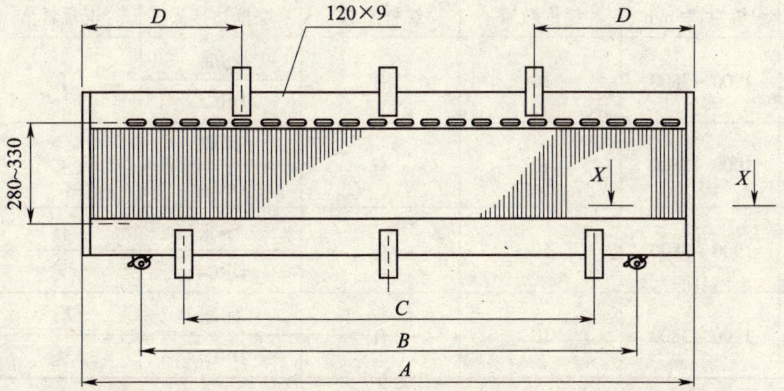

织机幅宽	A	B	C	D
1900	2060	1916	1380	540
2100	2260	2116	1580	540
2300	2460	2316	1780	540

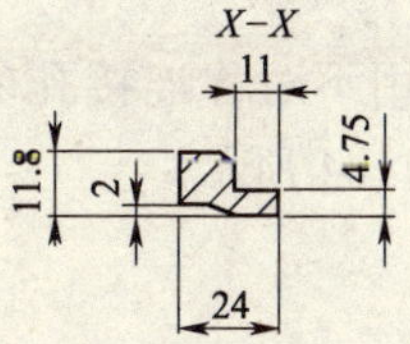

图 3 - 3 - 182　织机幅宽为 1900 ~ 2300mm 的综框尺寸

2. 织机幅宽为 2600 ~ 3800mm 的综框尺寸(图 3 - 3 - 183) 使用中间绞边装置,中心支架偏移中心 40mm。

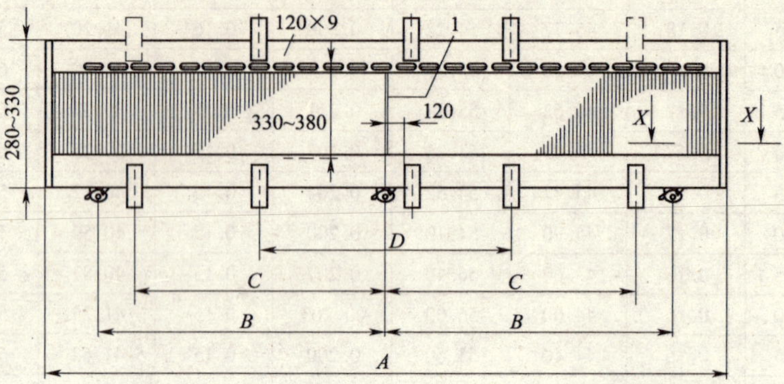

使用中间绞边装置，中心支架偏移中心 40mm

织机幅宽	A	B	C	D
2600	2880	1368	1100	1180
2800	3080	1468	1200	1280
3000	3280	1568	1300	1380
3200	3480	1668	1400	1480
3400	3680	1768	1500	1580
3600	3880	1868	1600	1680
3800	4080	1968	1700	1780

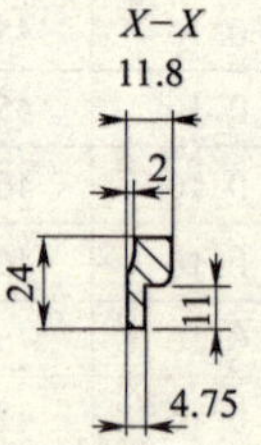

图 3 - 3 - 183 织机幅宽为 2600 ~ 3800mm 的综框尺寸

3. 综框连接头形式(表 3 - 3 - 301)

表 3 - 3 - 301 综框连接头形式

开口机构	织机幅宽(mm)	综框数量	综框平综	综框边接头	正常紧箱	欧式紧箱
FIM2029	1900 ~ 3800	10	有	标准	有	无
				DRC4		
FIM2029	1900 ~ 3800	10	有	标准	有	无
				DRC4		
FIM2029	1900 ~ 3800	10	有	标准	有	无
				DRC4	无	有
FIM2029	1900 ~ 3800	10	有	标准	有	无
				DRC4	无	有

4. 综丝 使用不对称连接孔的综丝时,较短的一端放在经纱的上方,一般推荐使用 J 型 extra,如图 3 - 3 - 184 所示。

(三)织轴

1. 边盘定位

(1)仅从右侧减少的情况:1900 ~ 2300mm 公称幅宽的织机,将盘片 E 固定在经轴轴芯的末端[图 3 - 3 - 185(a)]。

3400 ~ 3800mm 公称幅宽的织机,将盘片 E 固定在距经轴轴芯末端 40mm[图 3 - 3 - 185(b)]。

尺寸 *B* 表示可能减少的宽度,通过转动边盘 L 获得,其最大调整量为 800mm。距离 *A* 为两边盘之间的距离,须等于钢筘宽度,该测量值的公差为 + 10/ + 20mm。

如:钢筘宽度(不包括右侧废边) = 1770mm,距离 *A* 允许在 1780 ~ 1790mm。

(2)边盘两侧对称减少情况[图 3 - 3 - 185(c)]:边盘 E 和 L 放置在距经轴轴芯中心相等的位置。尺寸 *B* 表示可能减少的宽度,最大调整量为 400mm。距离 *A* 为两边盘之间的距离,需等于钢筘宽度,该测量值的公差为 + 10/ + 20mm。

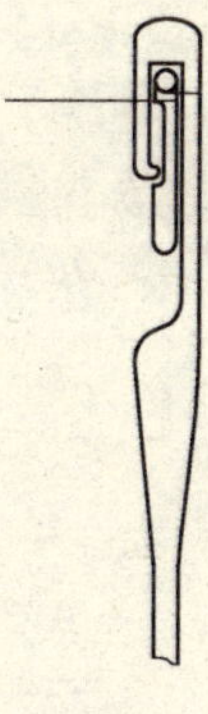

图 3 - 3 - 184 综丝

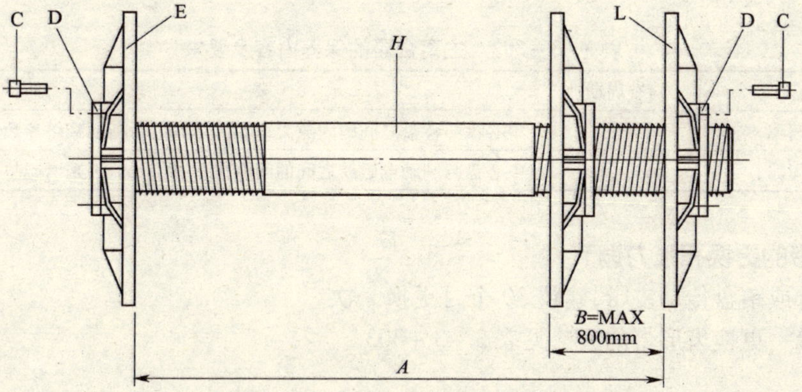

(a)

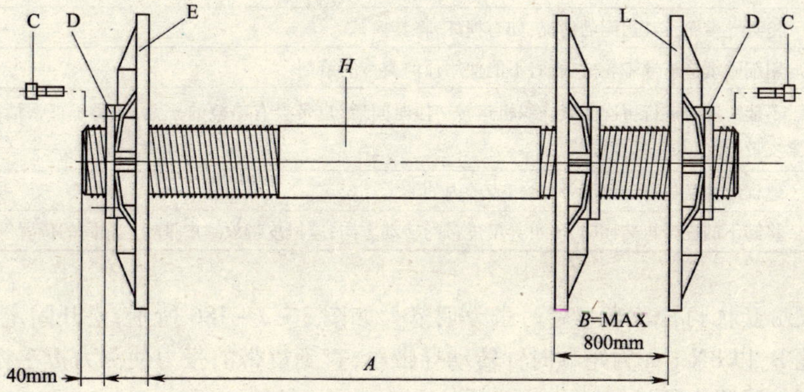

(b)

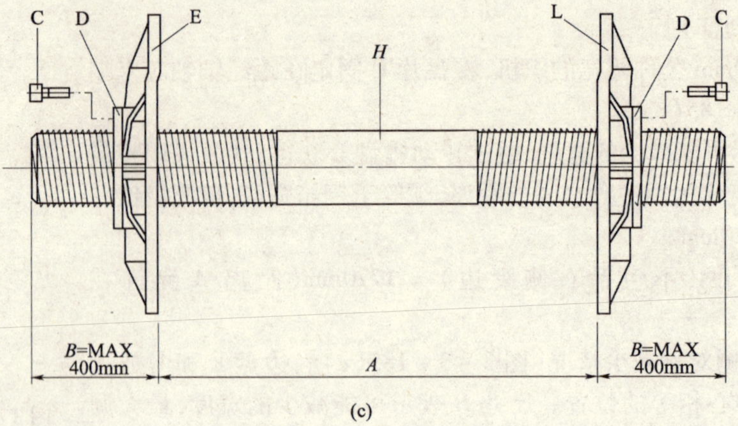

图 3－3－185 边盘的定位

五、维护及保养

(一)主离合器的保养(表 3－3－302)

表 3－3－302 主离合器的保养内容及要求

保养内容	检查周期	要 求
离合侧的间隙	6 个月	中心盘与转盘之间的间隙为 0.3～0.5mm,否则增减垫片数量
制动侧的间隙	6 个月	中心盘与制动电磁铁之间的间隙在 0～0.1mm,否则增减垫片数量

(二)皮带的更换和张力调节

对于多臂或踏盘传动皮带,建议 30 个月更换一次。

1. 齿形带 更换齿形带的方法见表 3－3－303。

表 3－3－303 更换齿形带的方法

步 骤	更 换 方 法
1	拆除旧皮带,用金属刷清洁皮带轮,不能损坏皮带轮
2	用干布擦掉皮带轮表面的油污,不能使用任何类型的溶剂
3	检查导带轮及其边圈的情况,如有损坏,将其换掉
4	用细砂纸清洁导带轮的表面,不能使用任何类型的溶剂
5	不能对皮带进行再次张紧。织机运转一段时间后,皮带会有略微的松弛,这属于正常情况。一旦重新张紧皮带,会使某些部位过载
6	建议尽快换掉有油的脏带,除掉齿槽内的油污
7	将卸下的皮带再装回时,不可弄反皮带的转动方向;应把皮带放到皮带轮上相同的位置

2. 多臂或踏盘机构传动齿形带的张力调节 如图 3－3－186 所示,松开固定螺丝 A,将测力扳手插入孔 B,以 8N·m 力矩顺时针转动导带轮,直到皮带的张力使测力扳手松动。让皮带在这一张力下锁紧固定螺丝 A。

3. 电子卷取齿轮箱传动齿形带的更换和张力调节 如图 3－3－187 所示,拆下防护罩,按顺序松开螺丝 A、B、C，这样皮带 D 就可以放松并可取下（注意装回时，保证皮带在皮带轮的同一位置）；用螺丝 C 张紧皮带 D，皮带张力应尽量小，只要保证皮带在皮带轮上不打滑；锁紧螺丝 A、B，装好防护罩。

4. 电子送经传动齿形带的更换和张力调节　如图 3 - 3 - 188 所示，拆下防护罩，按顺序松

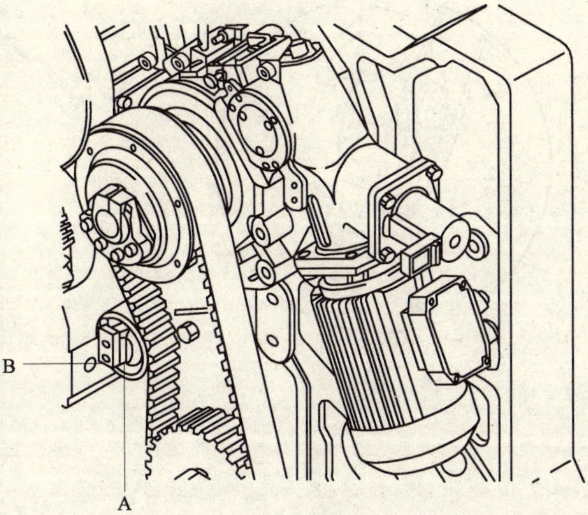

图 3 - 3 - 186

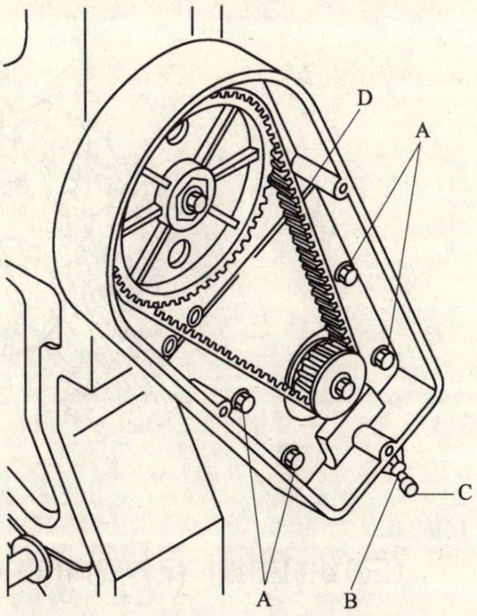

图 3 - 3 - 187

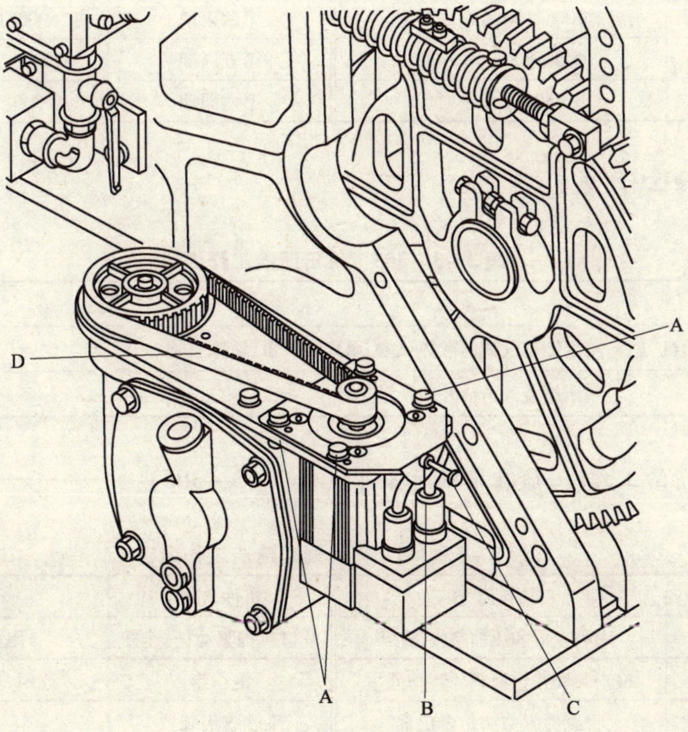

图 3 - 3 - 188

开螺丝 A、螺母 B、螺丝 C，这样皮带 D 就可以放松并可取下（注意装回时，保证皮带在皮带轮的同一位置）；用螺丝 C 调节皮带 D；锁紧螺丝 A、螺母 B，装好防护罩。

5. V 形皮带张力的调节　如图 3-3-189 所示，松开主电动机支撑上的四个螺丝 A，松开螺丝 C 上的螺母 B，调节螺丝 C 可改变皮带的张力；最后锁紧螺母 B 和四个螺丝 A。

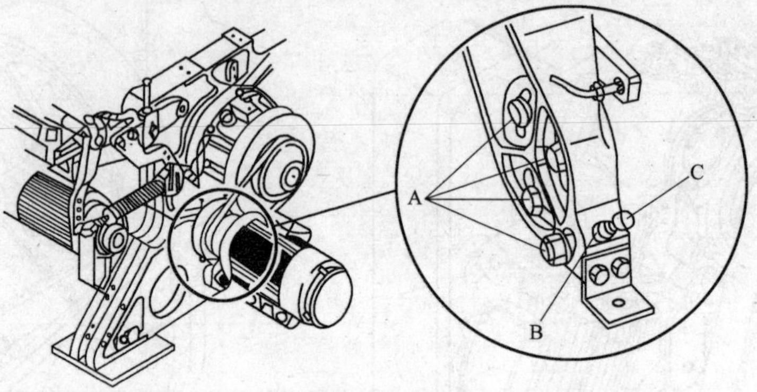

图 3-3-189

（三）织机的维护保养周期（表 3-3-304）

表 3-3-304　织机维护保养的周期

周　期	时　间	周　期	时　间
第一周期	200～300 工作小时	第四周期	5000 工作小时（1 年之内）
第二周期	600～800 工作小时	第五周期	10000 工作小时（2 年之内）
第三周期	2500 工作小时	第六周期	15000 工作小时（3 年之内）

1. 每日的清洁工作（表 3-3-305）

表 3-3-305　每日清洁工作内容

机件名称	工　作　内　容
主电动机、慢速电动机	用压缩空气清洁散热风扇、风扇防护罩，清除脏物
电控箱	用压缩空气清洁外表及散热片

2. 第一周期清洁工作（一般在换轴时操作）（表 3-3-306）

表 3-3-306　第一周期清洁工作内容

机件名称	工 作 内 容	机件名称	工 作 内 容
托布板	用吸尘器和压缩空气清洁	开口机构驱动杆、连杆	用黄油和机油润滑
边　撑	检查刺环并保证刺环转动灵活	钢　筘	用专用工具清洁筘齿
边剪刀	检查剪刀剪切是否正常	废纱收集装置	清洁废纱箱

3. 第二周期清洁工作(一般在换轴时操作)(表3-3-307)

表3-3-307　第二周期清洁工作内容

机件名称	工作内容	机件名称	工作内容
油	检查所有油位	多纱回收装置固定轴	用手加黄油
多臂和踏盘机构的连杆	用压缩空气清洁	卷布辊传动链条	用手加黄油并检查张力
卷布辊传动轴	用黄油枪润滑	卷布辊支撑	用手加黄油
后梁轴承	用黄油枪润滑	后梁制动器上销钉	用手加黄油
织轴连接销	用黄油枪润滑	卷布辊轴头	用手加黄油
织轴大齿轮	用手加黄油	后梁弹簧固定销钉	用手加黄油

4. 第三周期清洁工作(表3-3-308)

表3-3-308　第三周期清洁工作内容

机件名称	工作内容
主电动机皮带	检查张力和磨损情况
编码器驱动皮带	检查张力和磨损情况
开口机构驱动皮带	检查张力和磨损情况
卷布辊和压布辊	检查包覆层和磨损情况
综框连接器	检查间隙
送经和卷取电动机	清洁和检查磨损情况
电控箱内部	用压缩空气清洁并吸走积尘
开关、变压器和地线螺丝	检查电线螺丝是否松动
电控箱内风扇	检查运转情况
主电动机、慢速电动机	检查接线盒内螺丝是否松动
胸梁上的控制按钮	拆下按钮板并用压缩空气清洁
主离合器	检查离合器间隙和制动间隙
送经驱动皮带	检查张力和磨损情况
卷取驱动皮带	检查张力和磨损情况
空气过滤器	检查压力损失,如有需要进行清洁
废边卷绕装置	检查废边卷绕情况

5. 第四周期清洁工作(表3-3-309)

表3-3-309　第四周期清洁工作内容

机件名称	工作内容	机件名称	工作内容
润滑系统	更换润滑油	主喷嘴和预喷嘴	用专用仪器清洁
辅助喷嘴	用专用仪器清洁	—	—

6. 第五周期清洁工作(表 3-3-310)

7. 第六周期清洁工作(表 3-3-311)

表 3-3-310 第五周期清洁工作内容

机件名称	工作内容
空气过滤器	更换过滤器

表 3-3-311 第六周期清洁工作内容

机件名称	工作内容
开口机构驱动皮带	更换

(四)润滑

1. 油脂润滑

(1)每 600~800 个工作小时(或每当更换织轴时),油脂润滑以下机件:后梁弹簧的固定螺丝和后梁两侧支持销钉;后梁两侧轴头(每侧有一个油嘴);经轴两侧支撑,通过右侧墙板上的两个油嘴加油;经轴齿轮;销钉、链条、传动轴和卷布辊两支撑;多纱卷绕装置的固定轴;废边收集装置传动链条。

(2)FIM2029—2039 开口机构的综框连杆。

(3)STAUBLI2861—2871 多臂连杆。

2. 机油润滑 织机各部位使用润滑油的数量及换油周期见表 3-3-312。

表 3-3-312 织机各部位使用润滑油的数量及换油周期

需要润滑的部位	图号	加油量(L)	换油周期	
			第一次换油	第二次换油
卷取减速齿轮箱	1	0.65		
送经蜗轮蜗杆齿轮箱	2	0.45	1000 个工作小时	5000 个工作小时或至少一年
慢速装置	3	0.45		
左侧凸轮箱	4	3.2		
右侧凸轮箱	5	1.7		

(1)左、右侧凸轮箱使用与 MOBIL SHEN 润滑油具有相同特点的润滑油(表 3-3-313)。

表 3-3-313 左、右侧凸轮箱使用的润滑油

品 牌	型 号	品 牌	型 号
MOBIL	MOBILOBE SHEN	KLVBER	VPSYNGEAR—SH—7130
AGIP	BLASIA 100SX	CASTROL	TRIBOL 1710/100

MOBILOBE SHEN 润滑油的技术指标见表 3-3-314。

表 3-3-314 MOBILOBE SHEN 润滑油的技术指标

项 目	技术指标	项 目	技术指标
40℃时的黏度	$107mm^2/s$	燃点(V.A)	163℃
100℃时的黏度	$15.2mm^2/s$	凝 点	-48℃
黏度指数	150	密 度	$0.89kg/cm^3$

(2)送经蜗轮蜗杆齿轮箱使用与 MOBILGEAR636 润滑油具有相同特点的润滑油(表3-3-315)。

表3-3-315 送经蜗轮蜗杆齿轮箱使用的润滑油

品　牌	型　号	品　牌	型　号
MOBILGEAR	636	TOTAL	CARTER EP680
ESSO	SPARTAN Ep680	KLUBER	LAMORH680
AGIP	BLASIA 680	FINA	GIRAN680
IP	MELLANA680	CASTROL	ALPHA SP680
SHELL	OMALA OIL680	OPTIMOL	OPTIGEARBM680

MOBILGEAR636 润滑油的技术指标见表3-3-316。

表3-3-316 MOBILGEAR636 润滑油的技术指标

项　目	技术指标	项　目	技术指标
50℃时的黏度	$4.45\times10^{-5}m^2/s$	燃点	236℃
40℃时的黏度	$6.36\times10^{-4}m^2/s$	凝点	-6℃
100℃时的黏度	$3.71\times10^{-5}m^2/s$	密度	$0.9kg/cm^3$
黏度指数	94	—	—

(3)慢速装置使用与 MOBILGEAR629 润滑油具有相同特点的润滑油(表3-3-317)。

表3-3-317 慢速装置使用的润滑油

品　牌	型　号	品　牌	型　号
MOBILGEAR	629	TOTAL	CARTER EP150
ESSO	SPARTAN Ep150	KLUBER	LAMORH150
AGIP	BLASIA150	FINA	GIRAN150
IP	MELLANA150	CASTROL	ALPHA SP150
SHELL	OMALA OIL150		

MOBILGEAR629 润滑油的技术指标见表3-3-318。

表3-3-318 MOBILGEAR629 润滑油的技术指标

项　目	技术指标	项　目	技术指标
50℃时的黏度	$5.4\times10^{\ 6}m^2/s$	燃点(V.A)	224℃
40℃时的黏度	$6.4\times10^{-5}m^2/s$	凝　点	-24℃
100℃时的黏度	$3.84\times10^{-5}m^2/s$	密　度	$0.9kg/cm^3$
黏度指数	107		

六、纬停及原因(表3－3－319)

表3－3－319 纬停的现象及改进措施

现 象	检查内容	改进措施
纬纱过短	主喷嘴压力 储纬器 辅助喷嘴压力	增加主喷嘴压力 校正 增加辅助喷嘴压力
靠近右侧布边处纬纱打折	主喷嘴压力 辅助喷嘴位置 经 纱	降低主喷嘴压力 位置是否正确;辅助喷嘴的同步性 气管或电磁阀是否漏气 辅助喷嘴是否堵塞 增加经纱张力;增加开口量 延迟或提前综平,提高后梁
无纬纱	主喷嘴是否堵塞 储纬器 导纱器、筒子质量、纱线通道	清洁主喷嘴 清除纬纱通道上的障碍物
右侧布边处纬纱缠绕	主喷嘴压力过大 辅助喷嘴压力不足 最后一个辅助喷嘴到最外侧经纱的距离 边经松弛 边撑刺环不灵活	降低主喷嘴压力 增加辅助喷嘴压力 调节距离 调节边经张力装置 改变布边的多臂纹板和穿筘数 清洁刺环
梭口中纬纱缠绕	纬纱碰到经纱 主喷嘴喷射时间过迟 纬纱质量	调节梭口 增加经纱张力 增加开口量 调整开口时间 提前主喷时间 检查辅助喷嘴的时间设定 增加纬纱定捻效果,提高筒子质量
梭口中双纬	剪刀未剪断 绞边装置 主喷嘴喷射时间过长 储纬器	调节剪刀或更换剪刀 调节绞边装置作用时间 减少供气量 检查储纬器工作时间 检查纬纱张力是否过低
左侧双纬或纬纱堆积	边撑拉力不足 布边 经纱有结头或毛丝	调节边撑 调节布边多臂纹板 增加布边纱张力 提高经纱质量
松 纬	主喷嘴压力不足 引纬压力不足	增加主喷嘴压力 增加辅助喷嘴压力 检查储纬器张力
误 停	纬纱控制装置 最后一个辅助喷嘴到最外侧经纱的距离 电线断掉	清洁右侧光电管,检查灵敏度 调整辅助喷嘴位置 延迟辅助喷嘴作用时间 更换光电管

第四节 必佳乐(Picanol)喷气织机

一、主要技术特征

(一)PAT—W 型喷气织机主要技术特征(表 3-3-320)

表 3-3-320 PAT—W 喷气织机主要技术特征

车速(r/min)	450~700(可调)
入纬率(m/min)	1300~1650
占地面积(宽×深)(mm)	3460×1590(190cm 筘幅)
纱线种类	各种天然纤维,化学纤维,长丝
织物种类	单色和双色纬纱,轻薄和中厚织物,高密府绸
纱支范围	经纱不受限制;纬纱:短纤:58.3tex~7.5tex(10~86 英支); 长丝:70~500 旦
纬密(根/cm)	14~150
布边形式	纱罗绞边
电动机功率(kW)	3.4
启动制动装置	电磁摩擦离合器
慢速传动装置	机械式光电控制,包括找纬,综框单独升降和点动慢车
开口机构	曲柄式:8 页(平纹);凸轮式:12 页;多臂式:16 页
引纬机构	异形筘,主喷嘴,辅助喷嘴
测长贮纬	IRO IWF8407 储纬器
打纬机构	六连杆打纬机构
送经机构	间歇式光电自动控制送经,织轴直径为 805mm
卷取机构	连续式间歇卷取机构,布辊直径为 540mm
停纬装置	光电式
停经装置	电气式
信号装置	采用光电显示停车原因

(二)PAT—A 型喷气织机主要技术特征(表 3-3-321)

表 3-3-321 PAT—A 喷气织机主要技术特征

筘幅(mm)	1900、2200、2400、2800、3300
减幅范围(mm)	1900-2400 系列:减幅 700;280-3300 系列:减幅 800
入纬率	1500m/min
线密度	短纤纱:8~97tex(6~70 英支); 长丝:33~450dtex(13~177 英支)
引纬机构	微机控制储纬器,纬纱颜色单色,混纬或双色可通过微机随意改变。织造长丝织机带有附加控制装置

续表

<table>
<tr><td>布 边</td><td colspan="7">全纱罗边;半纱罗边适用于高纬密织物;折入布边</td></tr>
<tr><td>经 轴</td><td colspan="7">螺旋式经轴法兰盘直径 805 ~ 1000mm,单经轴或带差微齿轮的双经轴</td></tr>
<tr><td>送经装置</td><td colspan="7">独立电动机驱动,电子控制送经,连续式的频率控制电动机作为选择件。经纱张力放松装置使得换经轴后过头迅速。经轴通过按扭控制调节</td></tr>
<tr><td>卷取装置</td><td colspan="7">纬密范围:1.4 ~ 150 根/cm(3.5 ~ 350 根/寸);机器运转时可落布。机上布卷直径为 540mm,机外大卷装直径可达 1500mm</td></tr>
<tr><td>开口装置</td><td colspan="7">曲柄机构(平纹,最多 8 片棕框);凸轮机构(个纬纱循环数为 6 以下的织物,最多 8 片棕框);多臂(机械式或电子式),低性能多臂最多 14 片棕框;高性能多臂最多 16 片棕框。</td></tr>
<tr><td>监 控</td><td colspan="7">标准的微处理机监控各种功能,控制机器调节,气阀开关时间,确定长丝织机的引纬长度,调节织物和花型,储存各种生产数据等。可以与生产主计算机连接实行双向通讯</td></tr>
<tr><td>停车装置</td><td colspan="7">光学纬停装置;电器式经停装置,停经片杆 4 ~ 6 根</td></tr>
<tr><td>操作特点</td><td colspan="7">结构紧凑,经位置线倾斜;电器传动机构位于机器左侧;挡车工操作过程简单;全自动导断纬装置;简易的落布装置;按扭开关和微机操作;经纱张力放松按扭使得一个人便能更换经轴</td></tr>
<tr><td>润滑系统</td><td colspan="7">所有在滚珠及滚柱轴承上的连动部件均在油浴内运转,机器及开口机构使用同一种润滑油润滑</td></tr>
<tr><td rowspan="4">外形尺寸(mm)</td><td colspan="2">筘幅</td><td>1900</td><td>2200</td><td>2400</td><td>2800</td><td>3300</td></tr>
<tr><td colspan="2">宽</td><td>3560</td><td>3860</td><td>4060</td><td>4460</td><td>4960</td></tr>
<tr><td rowspan="2">深</td><td>织轴 ϕ805</td><td colspan="5">1590</td></tr>
<tr><td>织轴 ϕ1000</td><td colspan="5">1790</td></tr>
</table>

(三)OMNI 型喷气织机主要技术特征

1. 标准配置的技术规格(表 3 - 3 - 322)

表 3 - 3 - 322 标准配置的技术规格

幅宽(mm)	1900,2200,2500,2800,3400,3800
减幅(mm)	1900:减幅 700;2200 和 2500:减幅 900;280 ~ 380:减幅 960
线密度	短纤纱:8 ~ 200tex(5 ~ 120 公支);长丝:20 ~ 400dtex
引 纬	主喷嘴和辅助喷嘴与异形筘配合使用
储纬器	卷取鼓轮式
选 色	1 ~ 6 色
纬纱剪刀	电子式,对于每种颜色或纱线可分别单独设定剪断时间
纬停装置	光电式
钢筘运动	共轭凸轮及转子驱动
开口方式	积极式曲柄:最多配 6 片棕框,适用于平纹织物;积极式凸轮开口:最多配 8 片棕框;电子多臂:消极式多臂机最高达 16 片棕框,适用幅宽为 190,220 和 250cm;积极式多臂机最高达 16 片棕框,适用于各种幅宽
送 经	连续式电子送经系统,经轴直径为 805,914,1000mm;双经轴适用于 280cm 以上的幅宽
后 梁	通用型后梁,配有内置式张力传感器
布 边	旋转式布边装置

续表

经停装置	锯齿式电子停经架,带有找断头摇杆
卷取装置	机械式间歇卷取运动,配有变化纬密牙;纬密:2.3~72 根/cm;最大卷取直径为 600mm
主驱动	高效异步电动机;电子离合器
寻　纬	全自动寻纬
自动控制系统	配有记忆卡的微电脑;大屏幕图象显示终端;可以同主电脑作双向通讯
润　滑	具有连续式过滤的高压润滑系统;集中润滑
外形尺寸长×宽(mm)	4174×1877(1900 幅宽)

2. 选购件的技术规格(表 3-3-323)

表 3-3-323　选购件的技术规格

快速品种更换系统	分离式机架 SCM 品种更换组件;移动式或固定的组件托架;品种更换运输车;经纱焊接装置;快速结经装置
引　纬	PFT air:程式化张力控制器;PRA 1p:断纬自动修复系统;固定主喷嘴;第二探纬器;筒子更换探测器;AIC/Q:自适应的引纬系统;PSO:储纬器自动切换装置
开口运动及布边	非对称式曲柄连杆或凸轮开口机构;适用 330mm(13 英寸)综丝的综框;凸轮开口自动平综装置;独立式平纹或$\frac{2}{2}$织边装置;安装在综框上的织边装置;折入边装置;长丝热熔剪刀
经停装置	在长丝织造时可选用无经停片的经停装置
后梁及送经装置	190cm 织机用直径为 1100mm 经轴后梁松弛机构(经纱张力补偿);TSW:安装在经纱层上的张力探测器
卷取装置	PBM 机外大卷绕装置,最大卷布直径可达 1500mm;ETU 电子卷取装置(2~100 根/cm)
自动控制	依靠变频器电子控制织机速度

(四)Omniplus 型喷气织机主要技术特征

1. 标准配置的技术规格(表 3-3-324)

表 3-3-324　标准配置的技术规格

幅宽(mm)	1900,2200,2500,2800,3400,3800,4000
减幅(mm)	1900, 减幅可达 700;2200 和 2500:减幅可达 900;2800~4000:减幅可达 960,可作做对称减幅。
线密度	短纤纱:6~333tex(3~170 公支);长丝:22~1100dtex
引　纬	固定及摆动主喷嘴,主喷嘴和辅助喷嘴与异形筘配合使用
储纬器	纱圈可分离式储纬器
选　色	最多达 8 色
纬纱剪刀	电子式,对于每种颜色或纱线可分别单独设定剪断时间
经停装置	光电式
钢筘运动	共轭凸轮
开口方式	积极式凸轮开口,最多配 8 片棕框或 10 片棕框;积极式电子多臂机最多配 16 片棕框;电子大提花机

续表

送 经	连续式电子送经系统,经轴直径为805,914,1000和1100mm;双经轴适用于280cm以上的幅宽
后 梁	通用型后梁,配有内置式张力传感器
布 边	旋转式布边装置、行星绞边装置
经停装置	锯齿式电子经停架,带有找断头摇杆
卷取装置	ETU电子卷取装置(标准型);卷取直径:600mm(标准型),720mm(选购件)
主驱动	SUMO主电动机直接驱动织机
寻 纬	全自动寻纬
自动控制系统	配有记忆卡的微电脑;大屏幕图象显示终端;可以和主电脑作双向通讯
润 滑	具有连续式过滤的高压润滑系统集中润滑
快速品种更换系统	分离式墙板
外形尺寸长×宽(mm)	1920×4417(1900幅宽)

2. 选购件的技术规格(表3-3-325)

表3-3-325 选购件的技术规格

快速品种更换系统	分离式机架SCM品种更换组件;移动式或固定的组件托架;品种更换运输车;Warplink经纱焊接装置;Schaftmodul快速结经装置
引 纬	PFT air:程式化张力控制器;PRA 1p:断纬自动修复系统;固定主喷嘴;第二探纬;筒子更换探纬器;AIC/Q:自适应的引纬系统;PSO:储纬器自动切换系统
开口运动及布边	非对称式凸轮开口机构,适用330mm(13英寸)综丝的综框;凸轮开口自动平综装置;电子控制独立式织边装置;安装在综框上的织边装置;折入边装置;长丝热熔剪刀
经停装置	在长丝织造时可选用无经停片的经停装置
后梁及送经装置	后梁松弛机构(经纱张力补偿);TSW:安装在经纱层上的张力探测器
卷取装置	PBM机外大卷绕装置,最大卷布直径可1500mm;双压力辊

二、主要机构及其工艺调整(以Omniplus为例介绍)

(一)开口机构

1. 凸轮开口(图3-3-190)

(1)开口机构传动:凸轮开口通过联轴器与织机连接,织机驱动后,可通过终端对综平位置进行设定。在本织机上共有4种型号的凸轮开口装置可供选择(表3-3-326)。

表3-3-326 不同型号的凸轮开口装置

开口装置类型	适用范围
史陶比尔1651	共有9片拉刀,其中8片可用
史陶比尔1661	配置了自动综平装置,共有9片拉刀,其中8片可用
史陶比尔1751	备有11个大刀杆,其中10个可用
史陶比尔1761	配置了自动综平装置,备有11个大刀杆,其中10个可用

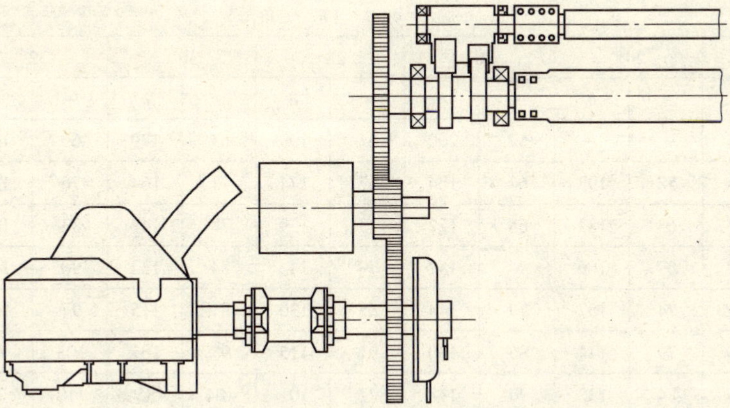

图 3-3-190 凸轮开口机构

如使用了 ELSY(电子绞边)装置,第一片或前两片拉刀杆上可设置综框。如使用电子废边装置时,第一个或前二个拉刀杆上可能没有设置综框。在装有标准打纬凸轮或 MIT 打纬凸轮的织机上,如备有电子废边装置,则第一片综框在第二个拉刀杆上。在长动程打纬凸轮并用电子独立布边装置时,第一片综框在第三个拉刀杆上。

在空心轴上,应仔细考虑凸轮的安装顺序。staubli 凸轮开口有三种不同的凸轮盘片。PO 为对称两片,适应于轻或中等织物;AL20 为非对称两片,适应于规则或中等织物或在宽幅织机上织制的织物;AL40 为非对称两片,适应于紧密或高密度织物。另外根据凸轮运动循环,需要对齿轮箱的伞形变速齿轮比进行调整。

(2)开口参数调整:开口参数调整对于织物质量和机器运转状态都很重要。不正确的开口参数设置会增加纬停并影响织物质量,开口工艺条件由梭口动程、开口高度以及后梁高度等几个参数决定。

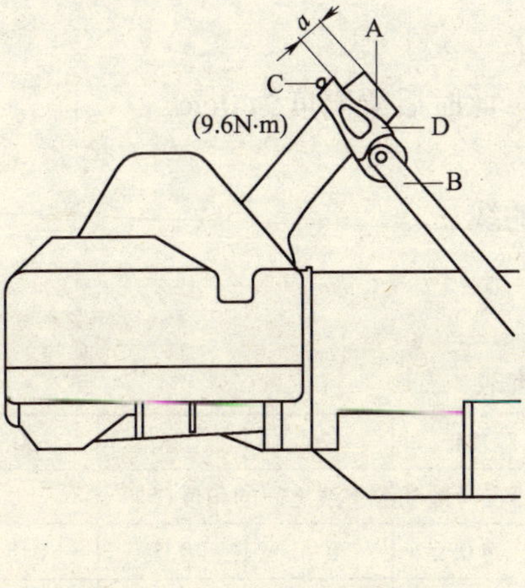

图 3-3-191 综框动程调节

①梭口动程:为了减少纬停,必须保证足够的开口量。一般开口过大会使经纱张力增加,从而使经停增高。同时,毛羽多的经纱易使开口不清,阻碍纬纱通行。通常由织物类型和织物品种决定开口大小。当织制长丝类时,开口角一般为 22°~26°;织制短纤类时,开口角一般为28°~32°。综框动程由连接件 A 和拉刀杆 B 调整(图 3-3-191),一般调节图示 a 值,从表 3-3-327 中可以进行开口角度、距离 a 以及每片综框动程之间的转换。

调节方法:织机处于综平状态;松螺丝 C,并使连接件 D 与大刀杆 A 外边缘的距离为 a(表 3-3-327);用 9.6N·m 的力矩锁紧螺丝 C。

表3-3-327 距离“a”与每片综框动程之间的转换关系 单位:mm

综框序号	开口角													
	22°		24°		26°		28°		30°		32°		34°	
	*	*a*	*	*a*	*	*a*	*	*a*	*	*a*	*	*a*	*	*a*
1	—	—	—	—	57	200	61	190	65	179	69	169	73	159
2	—	—	58	197	63	184	67	174	71	164	76	152	80	142
3	59	195	64	182	68	172	73	159	78	147	83	134	88	122
4	64	182	69	169	74	157	79	144	84	132	90	118	95	106
5	68	172	74	157	79	144	85	130	91	115	97	101	102	89
6	73	159	79	144	85	130	91	115	97	101	103	87	110	71
7	78	147	84	132	90	118	97	101	104	85	110	71	117	55
8	82	137	89	120	96	103	103	87	110	71	117	55	124	40
9	87	125	94	108	102	89	109	73	116	57	124	40	132	22
10	92	113	99	96	107	78	115	60	123	42	131	24	139	7
11	96	103	104	85	113	64	121	46	129	29	138	9	—	—

*指综框动程

②开口高度:决定开口高度的因素有:主喷嘴数;通道中辅助喷嘴的设定;筘座运动规律;开口运动规律;平综时间(长丝350°,短纤320°)。下面列举的是关于综框高度的一些重要的线(图3-3-192)。

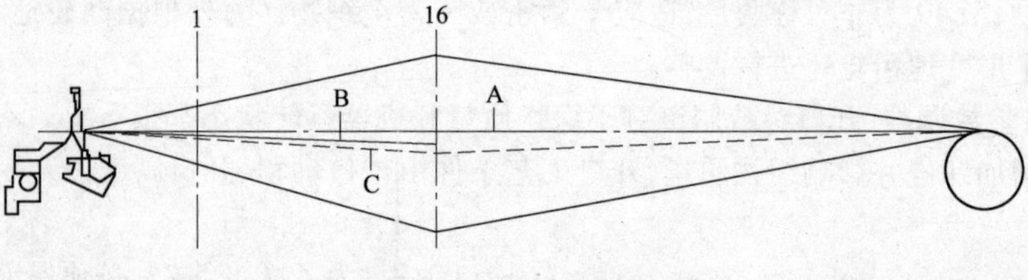

图3-3-192 梭口图

参考线A:在钢筘打纬点和后梁罗拉最高表面的连线。此时后梁高度为0cm。

对称线B:这是把开口分成等分的理论线(中心线)。

综平线C:在综框平综时综眼和织口之间的经纱形成的线。

有关梭口的一些设定参数见表3-3-328中。

表3-3-328 梭口参数查询表

纤 维	开口凸轮型号	开口角(°)	22	24	26	28	30
			参考线和综平线之间的角度(°)				
长丝	N1651/1661/1751/1761	Profile0	0	0	0.5	0.5	0.5
		ProfileAL20	-1	0.5	-0.5	-0.5	-0.5

续表

纤　维	开口凸轮型号	开口角(°)	22	24	26	28	30
短纤	N1651/1661/1751/1761	开口角(°)	26	28	30	32	34
			参考线和综平线之间的角度(°)				
		Profile0	0	0	−0.5	−0.5	−0.5
		ProfileAL20	−1	−1	−1	−1	−1
		ProfileAL40	−1.5	−1.5	−1.5	−1.5	−2

当参考线和综平线形成的角度确定以后,可到表 3－3－330 或表 3－3－331 中查得综框高度,必须注意:表 3－3－330 或表 3－3－331 中所列的数据适应于织制平纹组织,当织制其它组织时,参数要作相应调整(见表 3－3－329)。表 3－3－329 中的第一行为织物组织,而第二行为表 3－3－330 或表 3－3－331 中综框高度的调整值。

表 3－3－329　综框高度调整值

织物组织	平　纹	$\frac{2}{1}$	$\frac{3}{1}$	$\frac{4}{1}$	$\frac{1}{2}$	$\frac{1}{3}$	$\frac{1}{4}$
调整值	0	−3	−4	−5	+3	+4	+5

③综框高度设置(DRC2 型):如图 3－3－193,由专用工具调节锁紧螺母 A 和调节螺母 B 调节 b,得到综框高度。表 3－3－330 中的距离 b 适用于 TEX 型中心综眼 C 形综丝头及 5mmTRA 形非中心综眼 J 形综丝头的综丝,一般应用时距离 b 必须加 5mm。

④综框高度设置(DRC3 型):如图 3－3－194 所示, 由专用工具调节锁紧螺母 A 和调节螺

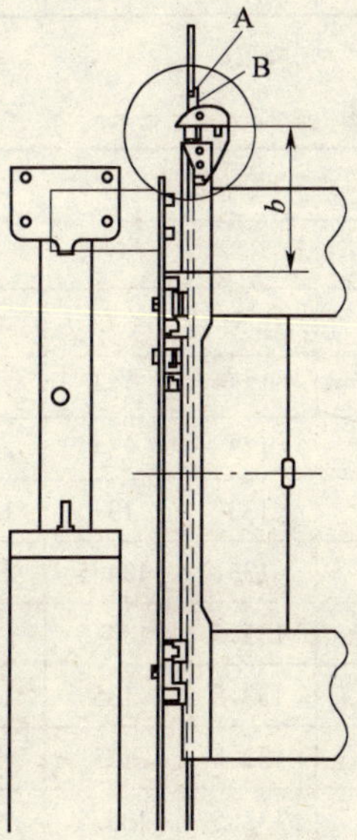

图 3－3－193　综框高度设置(DRC2 型)

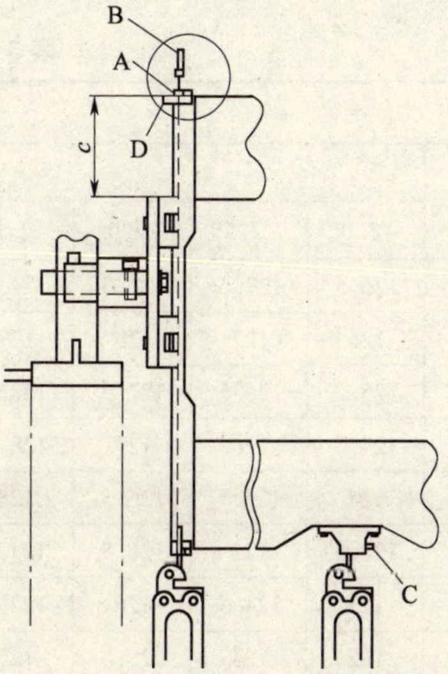

图 3－3－194　综框高度设置(DRC3 型)

母B来调节 c，得到综框高度。表3－3－331中的距离 c 适用于TEX型中心综眼C形综丝头及5mmTRA形非中心综眼J形综丝头的综丝，一般应用时距离 c 必须加5mm。

表3－3－330　综框高度 b 查询表

综框设置	综框高度 b(mm)(DRC2型)										
	参考线和梭口对称线之间的角度										
	-3.0°	-2.5°	-2.0°	-1.5°	-1.0°	-0.5°	0.0°	0.5°	1.0°	1.5°	2.0°
1	120.5	121.5	122.5	123.5	124	125	126	127	128	128.5	129.5
2	120	121	122	123	124	125	126	127	128	129	130
3	119.5	120.5	121.5	122.5	124	125	126	127	128	129.5	130.5
4	118.5	120	121	122.5	123.5	125	126	127	128.5	129.5	131
5	118	119.5	120.5	122	123.5	124.5	126	127.5	128.5	130	131.5
6	117.5	119	120.5	121.5	123	124.5	126	127.5	129	130.5	131.5
7	117	118.5	120	121.5	123	124.5	126	127.5	129	130.5	132
8	116	118	119.5	121	122.5	124.5	126	127.5	129.5	131	132.5
9	115.5	117.5	119	121	122.5	124.5	126	127.5	129.5	131	133
10	115	117	118.5	120.5	122.5	124	126	128	129.5	131.5	133.5
11	114.5	116.5	118	120	122	124	126	128	130	132	134
12	113.5	116.5	118	120	122	124	126	128	130	132	134
13	113	115	117.5	119.5	121.5	124	126	128	130.5	132.5	134.5
14	112.5	114.5	117	119	121.5	123.5	126	128.5	130.5	133	135
15	112	114	116.5	119	121.5	123.5	126	128.5	130.5	133	135.5
16	111	113.5	116	118.5	121	123.5	126	128.5	131	133.5	136.0

表3－3－331　综框高度 c 查询表

综框设置	综框高度 c(mm)(DRC3型)										
	参考线和梭口对称线之间的角度										
	-3.0°	-2.5°	-2.0°	-1.5°	-1.0°	-0.5°	0.0°	0.5°	1.0°	1.5°	2.0°
1	126.5	127.5	128.5	129.5	130	131	132	133	134	134.5	135.5
2	126	127	128	129	130	131	132	133	134	135	136.0
3	125.5	126.5	127.5	128.5	130	131	132	133	134	135.5	136.5
4	124.5	126	127	128.5	129.5	131	132	133	134.5	135.5	137.0
5	124	125.5	126.5	128	129.5	130.5	132	133.5	134.5	136	137.5
6	123.5	125	126.5	127.5	129	130.5	132	133.5	135	136.5	137.5
7	123	124.5	126	127.5	129	130.5	132	133.5	135	136.5	138.0
8	122	124	125.5	127	128.5	130.5	132	133.5	135.5	137	138.5
9	—	123.5	125	127	128.5	130.5	132	133.5	135.5	137	139.0

续表

综框设置	综框高度 c(mm)(DRC3 型)										
	参考线和梭口对称线之间的角度										
	-3.0°	-2.5°	-2.0°	-1.5°	-1.0°	-0.5°	0.0°	0.5°	1.0°	1.5°	2.0°
10	—	123	124.5	126.5	128.5	130	132	134	135.5	137.5	139.5
11	—	122.5	124	126	128	130	132	134	136	138	140.0
12	—	—	124	126	128	130	132	134	136	138	140.0
13	—	—	123.5	125.5	127.5	130	132	134	136.5	138.5	140.5
14	—	—	123	125	127.5	129.5	132	134.5	136.5	139	141.0
15	—	—	122.5	125	127.5	129.5	132	134.5	136.5	139	141.5
16	—	—	122	124.5	127	129.5	132	134.5	137	139.5	142.0

例:用六片综框(J 型中心综眼综丝)制织短纤织物,综丝采用 TRA 系列 J 形中间对称,综框使用 DRC3,并由 N1751 凸轮驱动,可织制$\frac{1}{3}$织物循环,凸轮盘片标有 AL20,开口角度为 30°,上下经纱比例为 1∶3,从表 3－3－328 中可得由参考线和综平线的角度为－1°,从表 3－3－331(使用 DRC3)可得每个综框高度 c:

综框 1　130mm　　　综框 4　129.5mm
综框 2　130mm　　　综框 5　129.5mm
综框 3　130mm　　　综框 6　129.5mm

必须注意,由于综丝为中心综眼,TRA 型 J 形头,所以在所得数据上加 5mm 以得到正确的综框高度,而上下经纱比率为 1:3,从表 3－3－329 中得到调整值为 4mm:

综框 1　130＋5＋4＝139mm　　　综框 4　129.5＋5＋4＝138.5mm
综框 2　130＋5＋4＝139mm　　　综框 5　129.5＋5＋4＝138.5mm
综框 3　130＋5＋4＝139mm　　　综框 6　129.5＋5＋4＝138.5mm

(3)后梁高度调节:改变开口高度会改变对称线相对于参考线的位置,并可以调节上下层经纱张力差异。为了制织特定的织物效果,有时须将上下层经纱张力差异降到最低。后梁高度调整包括设定参考线和对称线的角度,由以下方法设定:

测量最后一片综框在其动程最高处(H)和最低处(L)的高度。

用得到的数据 H 和 L,计算对称线的位置$(H+L)/2$。

如机器采用 DRC2 型综框快速锁定连接件,则在表 3－3－330 中查相关参数;如机器为 DRC3 型综框快速锁定连接件,则使用表 3－3－331 查相关参数,选择最合适的综框高度。

表 3－3－330 和表 3－3－331 适合中心综眼的综丝,对于非中心综眼的综丝,必须对表中的值作调整。根据得到的角度,可以在表 3－3－332 中查后梁的设定参数。

表 3-3-332 后梁参数查询表 单位:mm

*	参考线和梭口对称线之间的角度										
	-3.0°	-2.5°	-2.0°	-1.5°	-1.0°	-0.5°	0.0°	0.5°	1.0°	1.5°	2.0°
1	-4.5	-3.5	-3	-2	-1.5	-0.5	0	0.5	1.5	2	3.0
2	-4.5	-4	-3	-2.5	-1.5	-1	0	1	1.5	2.5	3.0
3	-5	-4	-3.5	-2.5	-1.5	-1	0	1	1.5	2.5	3.5
4	-5	-4.5	-3.5	-2.5	-1.5	-1	0	1	1.5	2.5	3.5
5	-5.5	-4.5	-3.5	-2.5	-2	-1	0	1	2	2.5	3.5
6	-5.5	-5	-4	-3	-2	-1	0	1	2	3	4.0

* 后梁深度设定

(4)改变花纹数据:在凸轮开口织机上,如织物组织改变,则需调整凸轮盘片在空心轴上的安装顺序,并有专用的工具用于安装凸轮盘片。每一个凸轮由两个完整的盘片组成(图 3-3-195),其中一个盘片上有一个缺口,用于插入定位杆。

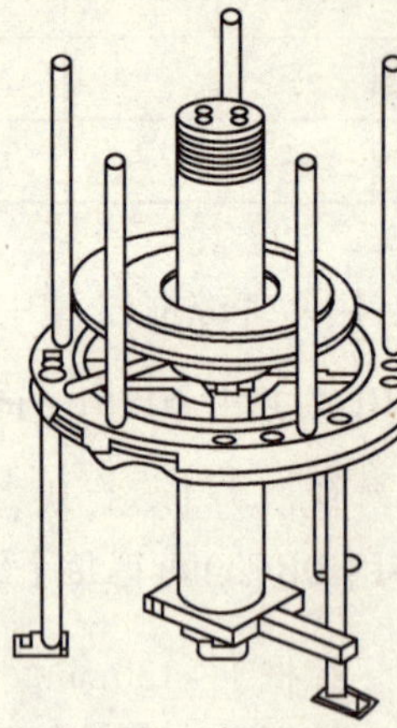

图 3-3-195 开口凸轮盘片示意图

在圆形的定规盘有预钻的孔位,由于凸轮开口机构可适应组织循环数为 4,5,6 的织物,因此这些孔位对应于不同织物循环。每个孔边上有唯一的数字表示循环数,如 5 即为循环为 5 的织物。孔由数字 1 开始,用于插入定位杆以保证凸轮定位。所有的凸轮都刻有织造循环。在分子上的数指基圆区间,在分母上的数为凸轮前端区间,凸轮上刻的循环数中的第一个数指定位于第一个定位杆的凸轮第一纬(第一片综框)的位置。如凸轮上刻有“$\frac{3}{1}$”,则表明定位于定位杆上的第一片综框在其动程的最高处。相反,如为“$\frac{1}{3}$”,则定位于定位杆上的第一片综框位于其动程的最低处。

(5)相位转换:一般来说,改变相邻综框在闭口时的位置,可减少经纱交织时的粘连而引起的经纬停台。用专用的有三段宽边的定位片(图 3-3-196)对每一个凸轮进行设定,在 4,5,6 循环中都可以配备。对于凸轮来说,由专用定位片设定的综平点比由标准定位片设定的综平点要迟一点。

根据位移来选择定位值,把相应于织物循环的定位片边(5°~25°,步长为 5°)靠于定位杆上。也可不用专用定位片进行调节,此时,每个凸轮必须相对于其他凸轮作几毫米的位移(表 3-3-333)。

表 3-3-333 不同开口凸轮循环的相对位移 单位:mm

定 位 片	5°	10°	15°	20°	25°	30°
开口凸轮循环 4	3	6	9	12	15	18
开口凸轮循环 5	2,4	4,8	7,2	9,6	12	14,4
开口凸轮循环 6	2	4	6	8	10	12

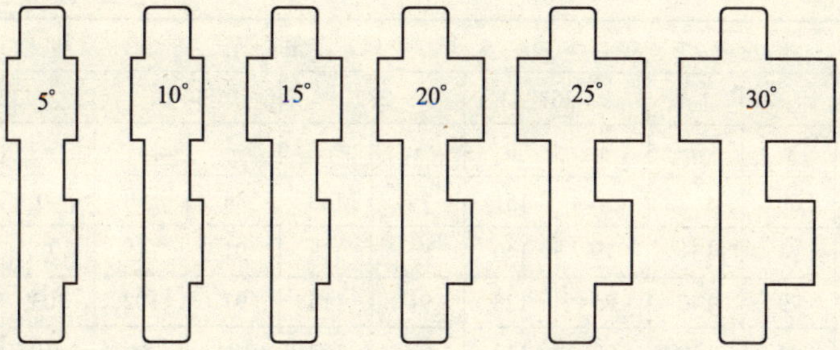

图 3－3－196　定位片

2. 多臂开口

开口工艺的设置：

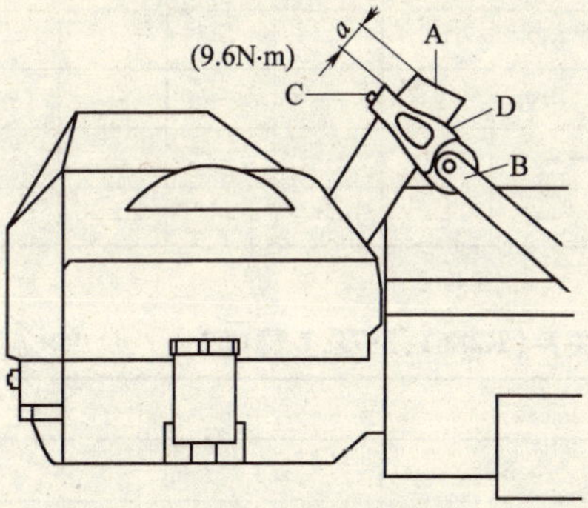

图 3－3－197　织机综框动程调节

(1)梭口动程：一般由织物类型决定开口大小，当织制长丝类织物时，开口角为 22°～26°。当织制短纤时，开口角为 28°～32°。开口角度的调节由连接件“A”和拉刀杆“B”完成（图 3－3－197），图示距离 *a* 值，可从转换表 3－3－332 实现开口角度和距离 *a* 以及每片综框动程之间的转换。

调节过程（图 3－3－196）：织机处于综平位置，松螺丝 C，并使连接件 D 与大刀杆 A 外边缘的距离为 *a*（表 3－3－334），用 9.6N・m 的力锁紧螺丝。

例：设用 6 片综框织制短纤，综丝的综眼高度为 8mm，综框开口角 32°。从表 3－3－332 可以定出每个单独综框 *a* 值。

多臂 2861：综框 1，107mm；综框 2，90mm；综框 3，73mm；综框 4，56mm；综框 5，40mm；综框 6，86mm。

在表 3－3－334 中列举的距离适用的综丝高度为 8mm，所以须在列表中的距离 *a* 中加2.5 mm 才能得到正确的数据。

综框 1：107 + 2.5 = 109.5mm；综框 2：90 + 2.5 = 92.5mm；综框 3：73 + 2.5 = 75.5mm；综框 4：56 + 2.5 = 58.5mm；综框 5：40 + 2.5 = 42.5mm；综框 6：56 + 2.5 = 88.5mm。

表 3－3－334　距离 *a* 与每片综框动程之间的转换关系（R2670 多臂）(1)　　单位：mm

综框序号	开口角													
	22°		24°		26°		28°		30°		32°		34°	
	*	*a*	*	*a*	*	*a*	*	*a*	*	*a*	*	*a*	*	*a*
1	–	–	–	–	57	189	61	180	65	171	69	162	73	153
2	–	–	58	186	63	175	67	167	71	158	76	147	80	138
3	59	184	64	173	68	164	73	153	78	143	83	132	88	121

续表

综框序号	开口角 22°		24°		26°		28°		30°		32°		34°	
	*	a	*	a	*	a	*	a	*	a	*	a	*	a
4	64	173	69	162	74	151	79	140	84	130	90	117	95	106
5	68	164	74	151	79	140	85	128	91	115	97	102	102	92
6	73	153	79	140	85	128	91	115	97	102	103	90	110	76
7	78	143	84	130	90	117	97	102	104	88	110	76	117	62
8	82	134	89	119	96	104	103	90	110	76	117	62	124	48
9	87	123	94	108	102	92	109	75	116	64	124	48	132	33
10	92	113	99	98	107	82	115	66	123	50	131	35	139	20
11	96	104	104	88	113	70	121	54	129	38	138	22	146	7
12	101	94	109	78	118	60	127	42	136	25	145	9	—	—
13	105	86	115	66	124	48	133	31	142	14	—	—	—	—
14	110	76	120	56	129	38	139	20	149	2	—	—	—	—
15	115	66	125	46	135	27	145	9	—	—	—	—	—	—
16	119	58	130	36	140	18	—	—	—	—	—	—	—	—

表 3-3-334 距离 *a* 与每片综框动程之间的转换关系(R2861、2871 多臂)(2) 单位:mm

综框序号	开口角 22°		24°		26°		28°		30°		32°		34°	
	*	a	*	a	*	a	*	a	*	a	*	a	*	a
1	—	—	53	148	57	138	61	127	65	117	69	107	73	97
2	54	145	58	135	63	122	67	112	71	102	76	90	80	80
3	59	132	64	120	68	110	73	97	78	85	83	73	88	61
4	64	120	69	107	74	95	79	83	84	71	90	56	95	45
5	68	110	74	95	79	83	85	68	91	54	97	40	102	29
6	73	143	79	131	85	119	91	108	97	97	103	86	110	73
7	78	133	84	121	90	110	97	97	104	84	110	73	117	60
8	82	125	89	112	96	99	103	86	110	73	117	60	124	48
9	87	116	94	102	102	87	109	75	116	62	124	48	132	34
10	92	106	99	93	107	78	115	64	123	49	131	35	139	22
11	96	99	104	84	113	67	121	53	129	39	138	23	146	10
12	101	89	109	75	118	58	127	42	136	27	145	12	—	—
13	105	82	115	64	124	48	133	32	142	17	152	0	—	—
14	110	73	120	55	129	39	139	22	149	5	—	—	—	—
15	115	64	125	46	135	29	145	12	—	—	—	—	—	—
16	119	57	130	37	140	20	151	2	—	—	—	—	—	—

* =综框动程

(2)开口高度:决定开口高度的因素有:主喷嘴数;辅助喷嘴的设定;筘座运动规律;开口运动规律;综平时间(长丝350°,短纤320°)。关于梭口的一些重要的参考线如图3-3-192所示。

参考线A:在钢筘打纬点和后梁罗拉最高表面的连线。此时后梁高度为0cm;

对称线B:这是把开口分成等分的理论线(中心线);

综平线C:在综框平综时综眼和织口之间的经纱形成的线。

有相关梭口的一些设定参数见表3-3-335。

表3-3-335　梭口参数查询表

纤　维	多臂开口型号	开口角(°)	22	24	26	28	30
长丝	R2670/2861/2871	参考线和综平线之间的角度(°)	-0.5	-0.5	0	0	0
短纤	R2670/2861/2871	开口角(°)	26	28	30	32	34
		参考线和综平线之间的角度(°)	-0.5	0.5	-0.5	-1	-1

当参考线和综平线之间的角度确定以后,可到表3-3-337或表3-3-338中查得综框高度。必须注意表3-3-337或表3-3-338中所列的数据适应于织制平纹组织;当制织其他织物时,综框高度要作相应调整(表3-3-336),表中的第一行指经纱上层和下层的纱线比率(织物组织),而第二行为表3-3-337或表3-3-338中数值的调整值。

表3-3-336　综框高度调整表

织物组织	$\frac{1}{1}$	$\frac{2}{1}$	$\frac{3}{1}$	$\frac{4}{1}$	$\frac{1}{2}$	$\frac{1}{3}$	$\frac{1}{4}$
调整值	0	-3	-4	-5	+3	+4	+5

(3)综框高度设置(DRC2型):如图3-3-193,由专用工具调节锁紧螺母A和调节螺母B调节b,得到综框高度。表3-3-337中的距离b适用于TEX型中心综眼C形综丝头和5mmTRA形非中心综眼J形综丝头的综丝,距离b必须加5mm。

表3-3-337　综框高度b查询表　　单位:mm

综框设置	b值(DRC2型) 参考线和综平线之间的角度										
	-3.0°	-2.5°	-2.0°	-1.5°	-1.0°	-0.5°	0.0°	0.5°	1.0°	1.5°	2.0°
1	161.5	162.5	163.5	164	165	166	167	168	169	170	170.5
2	161	162	163	164	165	166	167	168	169	170	171.0
3	160	161.5	162.5	163.5	164.5	166	167	168	169.5	170.5	171.5
4	159.5	161	162	163.5	164.5	166	167	168	169.5	170.5	172.0
5	159	160.5	161.5	163	164.5	165.5	167	168.5	169.5	171	172.5

续表

综框设置	*b* 值(DRC2 型) 参考线和综平线之间的角度										
	-3.0°	-2.5°	-2.0°	-1.5°	-1.0°	-0.5°	0.0°	0.5°	1.0°	1.5°	2.0°
6	158.5	160	161	162.5	164	165.5	167	168.5	170	171.5	173.0
7	157.5	159.5	161	162.5	164	165.5	167	168.5	170	171.5	173.0
8	157	158.5	160.5	162	163.5	165.5	167	168.5	170.5	172	173.5
9	156.5	158	160	161.5	163.5	165	167	169	170.5	172.5	174.0
10	156	157.5	159.5	161.5	163.5	165	167	169	170.5	172.5	174.5
11	155	157	159	161	163	165	167	169	171	173	175.0
12	154.5	156.5	158.5	161	163	165	167	169	171	173	175.5
13	154	156	158.5	160.5	162.5	165	167	169	171.5	173.5	175.5
14	153.5	155.5	158	160	162.5	164.5	167	169.5	171.5	174	176.0
15	152,5	155	157.5	160	162	164.5	167	169.5	172	174	176.5
16	152	154.5	157	159.5	162	164.5	167	169.5	172	174.5	177.0

(4)设置综框高度(DRC3):如图 3-3-194 所示,由专用工具调节锁紧螺母 A 和调节螺母 B 来调节 *c*,得到综框高度。表 3-3-338 中的距离 *c* 适用于 TEX 型中心综眼 C 形综丝头和 5mmTRA 形非中心综眼 J 形综丝头的综丝,距离 *c* 必须加 5mm。

表 3-3-338 综框高度 *c* 查询表

单位:mm

综框设置	*c* 值(DRC3 型) 参考线和综平线之间的角度										
	-3.0°	-2.5°	-2.0°	-1.5°	-1.0°	-0.5°	0.0°	0.5°	1.0°	1.5°	2.0°
1	126.5	127.5	128.5	129.5	130	131	132	133	134	134.5	135.5
2	126	127	128	129	130	131	132	133	134	135	136.0
3	125.5	126.5	127.5	128.5	130	131	132	133	134	135.5	136.5
4	124.5	126	127	128.5	129.5	131	132	133	134.5	135.5	137.0
5	124	125.5	126.5	128	129.5	130.5	132	133.5	134.5	136	137.5
6	123.5	125	126.5	127.5	129	130.5	132	133.5	135	136.5	137.5
7	123	124.5	126	127.5	129	130.5	132	133.5	135	136.5	138.0
8	122	124	125.5	127	128.5	130.5	132	133.5	135.5	137	138.5
9	—	123.5	125	127	128.5	130.5	132	133.5	135.5	137	139.0
10	—	123	124.5	126.5	128.5	130	132	134	135.5	137.5	139.5
11	—	122.5	124	126	128	130	132	134	136	138	140.0
12	—	—	124	126	128	130	132	134	136	138	140.0
13	—	—	123.5	125.5	127.5	130	132	134	136.5	138.5	140.5
14	—	—	123	125	127.5	129.5	132	134.5	136.5	139	141.0
15	—	—	122.5	125	127.5	129.5	132	134.5	136.5	139	141.5
16	—	—	122	124.5	127	129.5	132	134.5	137	139.5	142.0

(5)后梁高度调节:后梁高度调节同凸轮开口装置。表3-3-337或表3-3-338只适合中心综眼的综丝,对于非中心综眼的综丝,必须对表中的值做一定调整。根据得到的角度,可以在表3-3-339中查后梁的设定参数。

表3-3-339 后梁参数查询表 单位:mm

*	参考线和梭口对称线之间的角度										
	-3.0°	-2.5°	-2.0°	-1.5°	-1.0°	-0.5°	0.0°	0.5°	1.0°	1.5°	2.0°
1	-5	-4	-3	-2.5	-1.5	-1	0	1	1.5	2.5	3
2	-5	-4	-3.5	-2.5	-1.5	-1	0	1	1.5	2.5	3.5
3	-5.5	-4.5	-3.5	-2.5	-2	-1	0	1	2	2.5	3.5
4	-5.5	-4.5	-3.5	-3	-2	-1	0	1	2	3	3.5
5	-6	-5	-4	-3	-2	-1	0	1	2	3	4
6	-6	-5	-4	-3	-2	-1	0	1	2	3	4

* 后梁深度设定

(二)引纬机构

1.引纬机构主要部件作用 毕佳乐公司喷气织机引纬路线如图3-3-198所示,图中:筒子架A,储纬器B,主喷嘴C,纬纱剪刀D,辅助喷嘴E,探纬器F,拉伸喷嘴G。

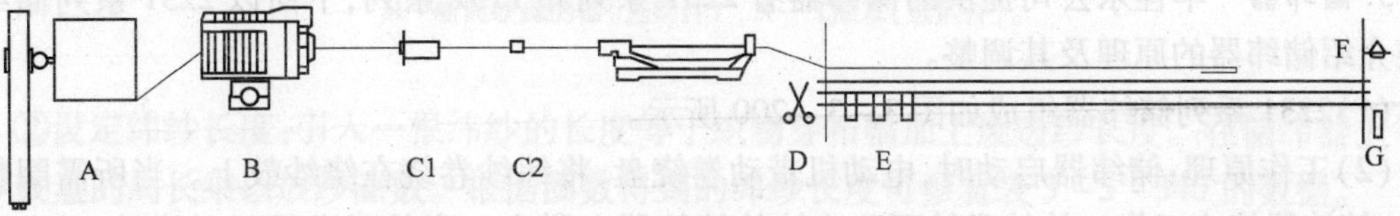

图3-3-198 毕佳乐喷气织机引纬路线图

在织机的左侧,从筒子架A开始,筒子架被设计成2,4,6或8通道,每个通道可容纳1~2只筒子。每个通道2只筒子中的第一只筒纱的纱尾可与第二只筒纱的纱头连接在一起。因此,当一只筒纱用完后,织机可继续运转。连接在一起的二只筒纱的纱尾,用专用纬纱夹子夹住。

储纬器B可以从筒纱上牵引纬纱并确保纱圈均匀分布在纱鼓上,而且根据织机的需要自动调节卷绕的速度,使得引纬顺畅。

固定主喷嘴C1从储纬器的绕纱鼓上牵引一定长度的纬纱,并将其供给摆动主喷嘴C2。由摆动主喷嘴吹动纬纱通过异形筘。

辅助喷嘴E排列在整个钢筘长度上,协助摆动主喷嘴吹动纬纱通过钢筘的气道。辅助喷嘴被分成多组,每组喷嘴使用一只专用的辅喷阀门独立控制。根据引纬的速率,这些阀门被准确地驱动,并使纬纱飞行均匀。

探纬器F(IW1)安装在织机右侧,监测纬纱飞引。在正常运转期间,如一根纬纱被正常引入而探纬器未探测到纬纱,这时织机将停车。当织造特殊品种时,第二探纬器(IW2)用来探测

③设定绕纱鼓上的正确储纱量:储纬量传感器是检查绕纱鼓盘上的正确储纱量。调节横向移动储纬量传感器相对于鼓盘的位置,就可以调节储纱量。调节螺丝“X”即可以增加储纱量(向“+”号方向转),也可降低储纱量(向“-”方向转),最好是保持最小储纬量以防止由于重叠和粘连引起的引纬故障。

储纱量传感器的灵敏度可以根据所用纱线的反射率进行调整。该灵敏度的调整与纱线的反射率有关。一般纱越暗,灵敏度越高。

如果发现储纱量传感器的灵敏度对所用纱线不适当(黑色,无反射),可将储纱量传感器产生的信号放大(放大系数)。储纱量传感器的灵敏度在应用时一般设定为最小,若绕纱发生问题,则应增加灵敏度。对普通的纱,如果设置太高的灵敏度,则灰尘等会引起传感器的误差,影响正常的探测功能。

④工作方式:储纬器有两种工作方式,即圈控制方式和时间控制方式。

圈控制方式:在圈控制方式中,磁针在探测到倒数第二圈时关闭,即使有不稳定的纬纱飞行,该方式也能自动调整磁针关闭的时间。

为了减少由于灰尘或碎纤维引起的误探测,圈数传感器在每探测到一圈纱后的一个预设时间内不探测(称之为“圈窗口”)。圈窗口太宽会导致传感器探测不到随后的一圈纱,从而多放一圈纱;如圈窗口太窄,在灰尘较多的环境里,由于灰尘造成的误探测,少放纱的概率将大大提高。

典型的圈窗口设定:探测相邻两圈纱时间差为1/2或3/4圈纱。当织机无经轴运转时,储纬器必须使用时间控制方式,而不能用圈控制方式,这是很重要的,违背该安全法则会导致储纬器损坏。

时间控制方式:时间控制方式主要用于织机无经轴运行或使用了同步频闪仪的情况,因为同步频闪仪发出的强光可能会影响圈数传感器导致释放圈数错误。

在时间控制中,通常磁针在预定的时间关闭,为了实现更准确的磁针动作,则关闭点一般对应倒数第二圈的时间点。

一般情况下不使用时间控制方式,因为磁针的关闭点并不会随纱线的飞行情况而改变,当纬纱飞行不稳定时会造成放纱圈数的错误。

⑤圈数传感器:圈数传感器的灵敏度可根据所用纱线种类进行调整,纱线越暗,灵敏度越高。圈数传感器的设置与磁针有关。所以在储纬器以S(逆时针方向)方向运转时,第一圈纱的探测会被漏掉,可以让传感器在一个预定时间段内不探测,如第一圈不被探测,电脑将会把第二圈纱作为探测到的第一圈纱,此时,可将过滤时间设定为相邻两圈时间间隙的一半。

4. 主喷嘴 喷气织机上每一通道有一固定主喷嘴A及一摆动主喷嘴B(图3-3-201)。固定主喷嘴的主要作用是加速纬纱飞行以及将纬纱从储纬器上引入摆动主喷嘴。摆动主喷嘴协助固定主喷嘴,将纬纱送入钢筘气道中,在不带固定主喷嘴的织机上,摆动主喷嘴作固定主喷嘴作用,从储纬器上退绕纬纱。

(1)固定主喷嘴:

①组成:固定主喷嘴包括:支座A,进气口C,主喷管D及气嘴B(图3-3-202)。不同纱线类型,可使用不同气嘴和主喷支座。主喷嘴主要的不同在于喷管的内径不同。

②气嘴:气嘴共有5种类型,2个圆锥形、3个圆柱形,其内径各不相同,可用定规BE152942测量,若没有提供该定规则只需量其外径,测量前须把气嘴拆下。当装上一锥形气嘴时,必须在

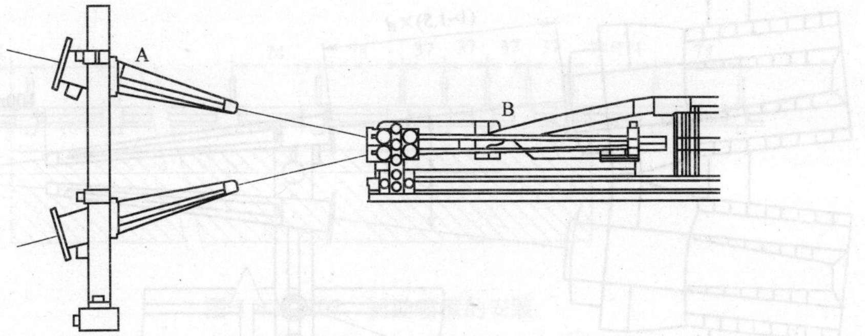

图 3－3－201　主喷嘴结构

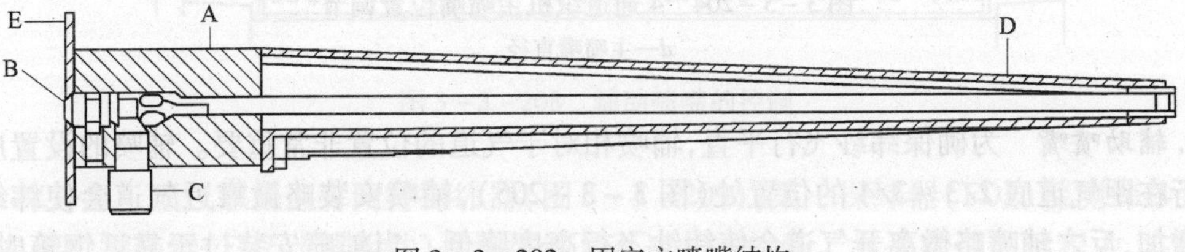

图 3－3－202　固定主喷嘴结构

主喷支座上移动气嘴以调节气流量。而对于圆柱形气嘴则无需调节。

(2)织造设置:固定主喷嘴的安装位置应该是从储纬器鼓盘中心到摆动主喷嘴尽可能成一直线。

横向位置:确保固定主喷嘴最右端距摆动主喷嘴 100mm(调节螺丝 A),这样可使摆动主喷嘴顺利引纬。

深度调节:在引纬开始位置时,固定主喷嘴应与摆动主喷嘴成一直线(调节螺丝 A)(图 3－3－203),如为 4 通道织机,则主喷嘴的调节应对称分布在气道中央前侧(图 3－3－204)。

高度调节:在垂直位置上,固定主喷嘴的调节应对称分布在气道中央上下侧。

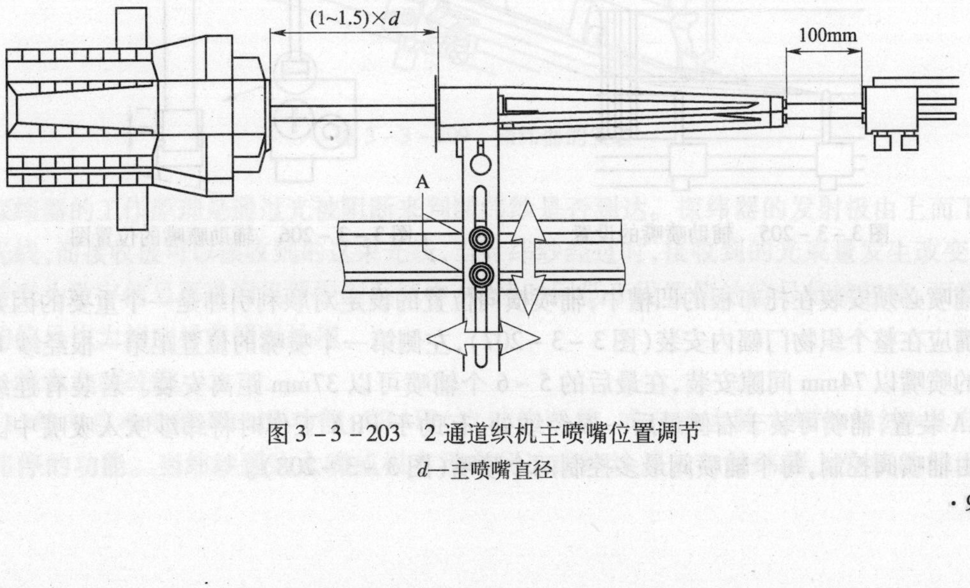

图 3－3－203　2 通道织机主喷嘴位置调节

d—主喷嘴直径

而发生纬停时,PRAIP 功能可自动修复断纬。PRAIP 功能可分成 5 步进行,见表 3 - 3 - 341 所示:

表 3 - 3 - 341 PRAIP 功能表

步　骤	方　法
PRAIP 的准备	(1)当探测到适合 PRAIP 处理的纬纱之后,织机控制装置做出停车指令,“持续气流”、“开”、“关”等功能也关闭 (2)剪断纬纱是纬纱开夹器打开。若纬纱切断发生在断纬被探测之前,则会显示信息“PRAIP 纬纱被剪断”。此时,PRAIP 的功能不会执行 (3)在停车过程中,吸风风嘴将以 2 级风力工作,使过长的纬纱被抽出
寻找适合的织口	织机会停在断纬发生后的下一纬,为了抽去断纬,必须倒回一纬,织机会以自动找纬结合慢动的方式倒回一纬,但钢筘不会经过前死心。若已达到需要的位置,反向气流将关闭,该位置是: ——经纱为短纤:330°;其他:10°。对于短纤,钢筘将在 30° ~ 120°之间慢动以便于梳清纱 织机慢动到 PRAIP 引入位置,该位置是: ——经纱为长丝:90° ——经纱为短纤:开口时辅喷不被挡住的位置再加 10°。对短纤,开口较大,此时找纬将在综平位置加 180°。为了找到所需织口,需检查吸风风口内是否有纬纱
引入拖纱	引入拖纱是为了将不好的纬纱从织口中拉出,在引入拖纱之前,须检查储纬器上是否有足够的存纱,若没有,PRAIP 将停止并显示信息“PREW 没有存纱”。若储纬器上存纱量足够且吸风口内无纱,则按下列方式引入拖纱: ——吸风风嘴接通,风力要求最小(位置 1) ——再放出一圈纱,若在 PRAIP 准备过程中没有放纱,无论对长纤还是短纤,主喷嘴两侧都会有一圈多余的纬纱 ——反向气流接通 100ms(若安装了织边装置,则接通 250ms)。但对非短纤经纱或纬纱而言,不进行此步聚 ——辅喷 1 和 2 连续打开,其他辅喷断续地打开 ——主喷将多余的纬纱吹入,之后由辅喷牵引 ——当下一圈纱已被放出,则第一个辅喷阀置零,而第二个辅喷阀开始工作,依次向右执行该动作至拖纱被右边吸风嘴的探纬器探到,被探到后,则拖纱的引入被认为顺利完成 下列情况,断纱不易被抽出: ——纱圈很多;纬纱缠住经纱;纬纱缠住了绞边纱 若吸风嘴内的探纬器未探测到有拖纱,PRAIP 将停止并显示信息“PRAIP 某道无拖纱”
剪断拖纱	所有的辅喷及主喷将关闭。吸风风嘴以 2 级风力抽吸,织机从 PRAIP 引入位置移至剪切位置,“低压持续气流”被接通(持续吹),纬纱被剪断
抽出纬纱	吸风风嘴慢动方式移至 PRAIP 引入位置,在该运动过程中,吸风风嘴已经完成抽吸并将拖纱吸走。若纬纱未被取出,可以加大抽吸力,例如:吸风风嘴仍可按设定风力工作,或者最后一个辅喷阀(最右侧)接通,并且每 50ms 接通一辅喷阀,所有吸风部分在 1ms 之后关闭。若拖纱仍未取出,以上步骤将重复进行最多至 5 次,若第 5 次仍未能取出纬纱,织机将停下并显示信息“PRAIP 未取出”
PRAIP 循环结束	在完成一次成功取纱后,停下的“持续低压”接通(持续吹风),PRAIP 功能顺利完成之后,织机将自动重新启动 若 PRAIP 未成功,织机将以慢动方式移至纬停发生之后的位置(桔黄色灯亮)

(2)纬向自动功能 PKE 功能:PKE 意为"picanol knot extractor",即必佳乐接头抽取器,开车时,接头器连接连续的两个筒子时产生的接头又被抽取系统抽走。操作程序如下:

抽取:在更换筒子时,织机接头进入梭口前将停车,如果机器已经停车,PKE 将在机器开动前工作。更换筒子时,储纬器上的纬纱将被几个抽取循环抽走;储纬器重新绕满纱。

重新开车:当上述过程完成后,织机将重新开车(若未去附近接头,则 PKE 操作失败并在终端显示信息)。

在织机停车时,可以看见 PKE 键,在屏幕主页面中,PKE 将在机器开车时开始工作。

(3)纬向自动功能 PSO 功能:PSO 为一个系统,它指筒子断纱以后,织机并不马上停车而继续织造,直到挡车工有时间处理。当黄灯闪烁时,表示正在进行 PSO 操作,这一系统可以大大减短等待挡车工的时间。挡车工可以在筒子断后自由决定结头时间。PSO 系统只能在有两个相同纬纱原料的织机上进行,当一个筒子纱断后,织机可以由另一通道的相同纬纱代替进行织造。

必须注意:此时另一储纬器上的储纱速度为原速度的 2 倍,纱线加载也相应增加,这容易造成一些失误。纬纱长度变短,废纱长度相应也要短,同时卷绕速度加快,因此该纱线加载力加大,因此在这一通道上的纱线更易断。另外,在 2 色织机上,当要求有混纬时,不能进行 PSO 工作,如牛仔布。

(三)打纬机构

本型号机器采用油浴式曲柄短筘座脚打纬机构。

1. 钢筘的安装　如图 3-3-210 所示,在非对称幅宽的设定中,将钢筘放入筘座中,并将其向左推,使其靠住定位螺丝 A;在对称幅宽设定中,将钢筘放入筘座中,并将其往左推,使其与筘座左边的记号 B 平齐。

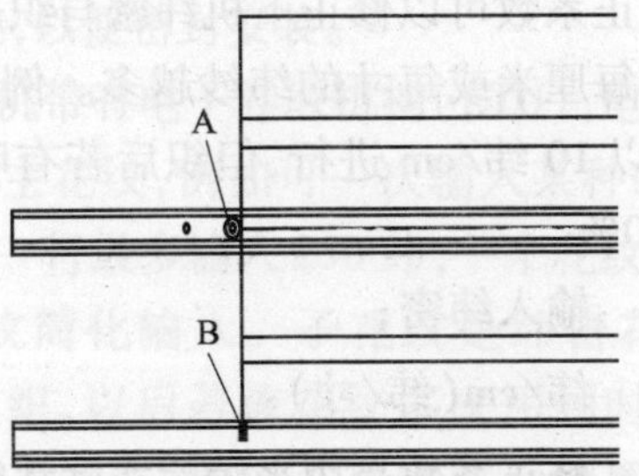

图 3-3-210　钢筘安装位置图

2. 钢筘规格　如图 3-3-211 和表 3-3-342 所示。

表 3-3-342　钢筘的规格表

单位:mm

型　号	α	H	J	h_1	h_2	h_3	d	k
PAT 系列	6°	119	112	12(16,10)	18(20)	57	8	6
DELTA 系列	12°	110	104	12(10)	18(20)	54	8	5.5
OMNI 系列	12°	110	104	12(10)	18(20)	54	8	5.5

5. 卷取机构消除开车痕程序　通过 TUCO 程序，可以在开车和停车过程中调整纬密，以消除开车痕。本机提供了 4 个 TUCO 程序。配有 PRAIP 织机可分别输入 TUCO 程序 2，3，4。当 PRAIP 动作时，自动执行这些程序，无论 PRAIP 动作成功与否。

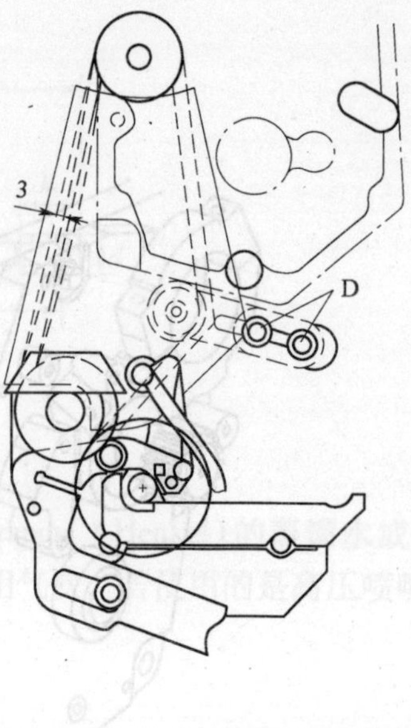

图 3－3－213　传动链张力调节装置

（五）送经机构

1. 织轴

（1）单织轴：

①非对称调幅时，织机盘片在盘管上的位置如图 3－3－215 所示，中间部分的图示适合于 DIN 或 PAT 型织机的织轴。两侧图示适合于 GTM 或 GTX 型织机的织轴。左（右）侧盘片安装位置分别是：

左侧盘片：对 DIN 型织轴而言，左盘片加工面边缘距盘观末端距离为 140mm。而 PAT，GTM，GTX 型织轴的左盘片加工面边缘距盘观末端为 105mm（若考虑到左侧扣槽中 35mm 的长度，则也为 140mm）。

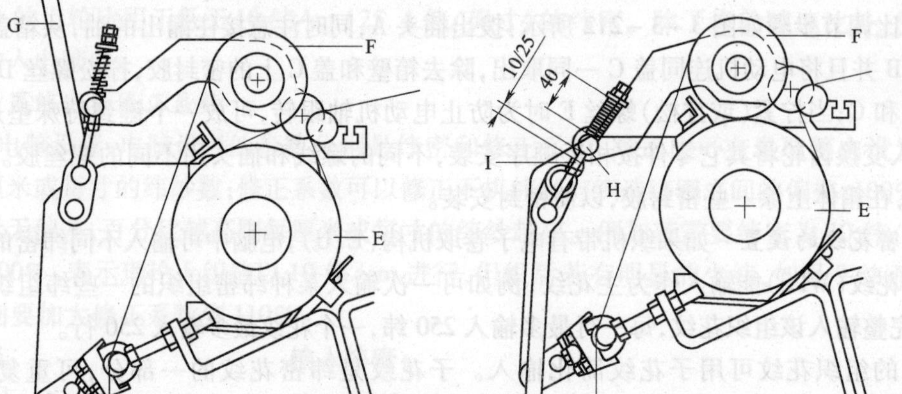

图 3－3－214　压力辊调节机构

右侧盘片：右侧盘片距与左侧盘片距离为 a，a＝穿筘幅宽＋20mm。

安装：先将左侧盘片装在规定位置，旋紧螺丝 A，然后，安装右侧盘片，保证其与左盘片间距为 a，以 30N · m 力距锁紧螺丝 A。

②非对称调幅时织轴的最大和最小长度分别是：

对 DIN 型经轴而言，最大值 a＝公称幅宽＋20mm；对幅宽为 250mm 或 340mm 的织机，最大值 a＝公称幅宽＋90mm－1 个盘片厚度（包括夹环）。

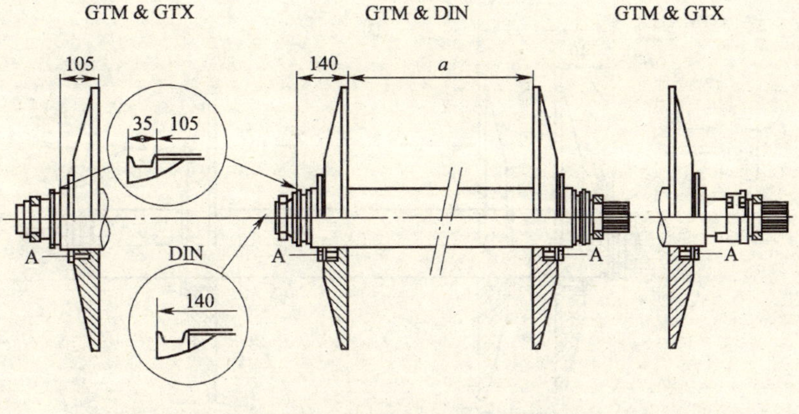

图 3－3－215　单织轴非对称调辐织机盘片位置

对 GTM 型织轴而言，幅宽为 190mm，220mm，280mm 织机时，最大值 a = 公称幅宽 + 95mm − 1 盘片厚度(包括夹环)。

而 250 型织机的最大长度：a_{max} = 公称幅宽 − 5mm − 1 个盘片厚度(包括夹环)；最小长度：a_{min} = 穿筘幅度 + 20mm。盘片厚度见表 3－3－343(夹环记入盘片厚度之内)。

表 3－3－343　不同型号织机的盘片厚度　　单位：mm

盘片型号＼经轴直径	φ805	φ914	φ1000	φ1100
Q1	88	88	88	68
Q2	85	90	88	90
Q3	90	90	95	95
Q4	95	105	105	—

③对称调幅时，盘片在盘管的位置如图 3－3－216 所示，布幅对称调节时：假定距离“x”为左侧盘片相对于布幅中心向左移动的距离。左右侧盘片的安装位置分别是：

左侧盘片：对于 DIN 型织轴而言，盘片内侧距离轴头距离为 $(140 + x)$ mm；PAT，GTM 或 GTX 型织轴的盘片内侧距轴头距离为：$(105 + x)$ mm。

右侧盘片：右侧盘片内侧距离左侧盘片距离 a 为：穿筘幅宽 + 20mm。

布幅对称调节：

左侧盘片：对于 DIN 型织轴，左侧盘片内侧距轴头 b 的距离为：

$$b = \frac{公称幅宽 - 穿筘幅宽}{2} + 140\text{mm}$$

对于 PAT，GTM 或 GTX 型经轴：

$$b = \frac{公称幅宽 - 穿筘幅宽}{2} + 105\text{mm}$$

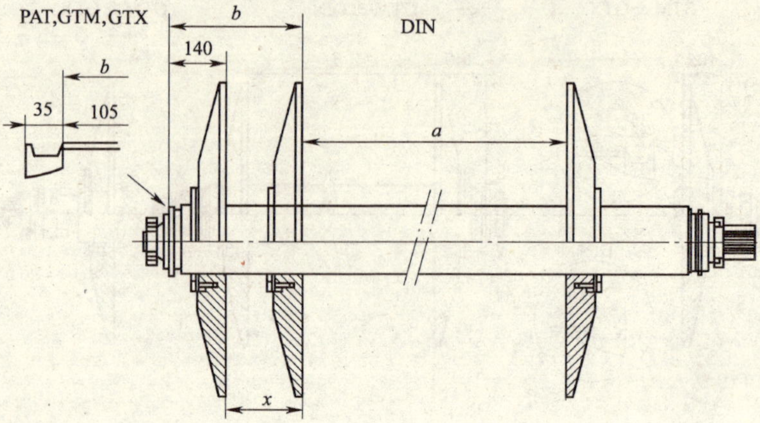

图 3-3-216 单织轴对称调幅织机盘片位置

右侧盘片:右侧盘片内侧距左侧盘片距离为 a,a = 穿筘幅宽 +20mm。

④当对称调幅时,织轴最小或最大长度如图 3-3-217 所示,最大距离 a_{max} = 最大穿筘幅宽 +20mm。在穿筘幅宽最大情况下,左侧盘片内侧始终距轴头为 140mm。

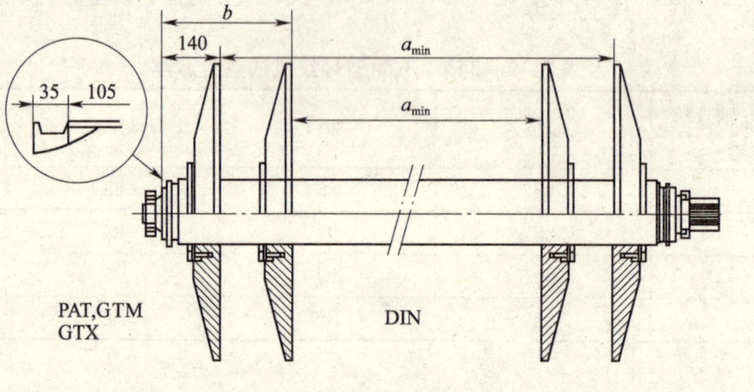

图 3-3-217 单织轴对称调幅织机盘片位置

对于 DIN 型织轴:a_{max} = 公称幅宽 +20mm

对于 PAT 型织轴:对 T190,T220,T280 型织机:a_{max} = 公称幅宽 +20mm;

对 T250,T340 型织机:a_{max} = 公称幅宽 +160mm -2 个盘片厚度。

对于 GTM 型织轴:对 T190,T220,T280 型织机:a_{max} = 公称幅宽 +170mm -2 个盘片厚度;对 T250 型织机:a_{max} = 公称幅宽 -30mm -2 个片厚度。盘片厚度包括锁紧环在内(表 3-3-343)

$$a_{min} = \text{最小穿筘幅度} + 20\text{mm}$$

对于 DIN 或 GTM 织轴最大可减小到 600mm 之幅宽,a_{min} = 公称幅宽 -580mm。

对于 PAT 型织轴,对称调幅时,允许最大减幅为 190mm,a_{min} = 公称幅宽 -170 mm。

(2)双织轴:对称调幅时盘片在盘管上的位置,如图 3-3-218 所示,当大提花织机要求对称调幅时,短的织轴盘管安装于机器左侧。从挡车工方向观察织轴。安装左侧和右侧盘片,使之与中央盘片距离为:

$$a = \frac{穿筘幅宽}{2} - 50\text{mm}$$

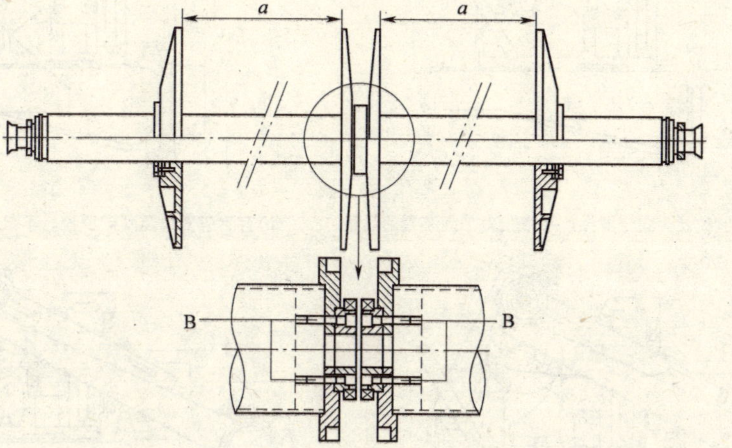

图 3-3-218 双织轴对称调幅盘片位置

当织轴上有纱时,不能松开中央轴承上的螺丝 B,否则纱会从轴滑落。

(3)经轴重量:织轴的最大重量由许多因素决定,如:幅宽、纱线材料、卷绕张力、织轴盘管和盘片的类型等。根据这些因素,可对重量进行估算。这些数据对于安全运输是非常重要的。为简化对合适运输和升举工具的选择,表 3-3-344 列出了经轴最大和最小重量指标。最小重量指棉、毛及类似品种;最大重量指涤沦长丝及类似品种。

表 3-3-344 经轴重量

单位:kg

公称幅宽	1900(mm)	2200(mm)	2500(mm)	2800(mm)	3400(mm)	3800(mm)
经轴密度	最小 0.45 kg/dm^3,最大 1.2 kg/dm^3					
经轴 ϕ805	595~1267	674~1452	753~1637	832~1822	990~2192	1096~2439
经轴 ϕ914	721~1602	820~1840	919~2078	1018~2317	1215~2793	1347~3110
经轴 ϕ1000	832~1897	948~2182	1064~2466	1181~2751	1413~3320	1568~369
经轴 ϕ1100	973~2273	1111~2617	1250~2961	1388~3305	1666~3993	1850~4451

(4)卷布辊重量(表 3-3-345)。

表 3-3-345 卷布辊重量

单位:kg

公称幅宽	1900	2200	2500	2800	3400	3800
轻型织物(0.3kg/dm^3)	155	179	204	228	277	309
厚重织物(1.2kg/dm^3)	619	717	814	912	1107	1238

2. BLF 型后梁 BLF 型后梁有五种形式,其中 4 种如图 3－3－219 所示。此外,还有三个罗拉,无张力平衡装置的后梁。

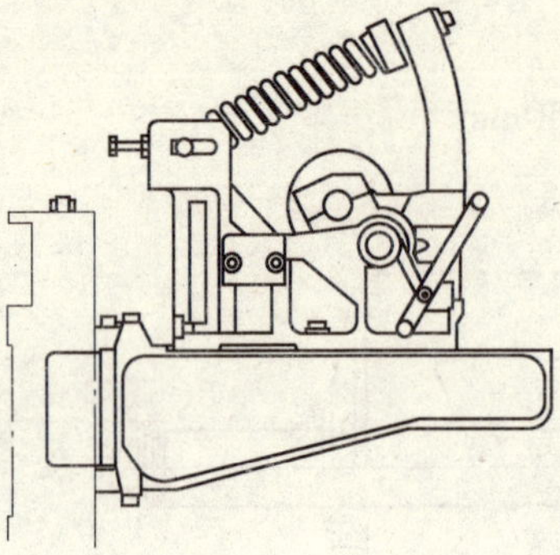

(a) 有感应罗拉及无固定罗拉，不带张力平衡装置的后梁

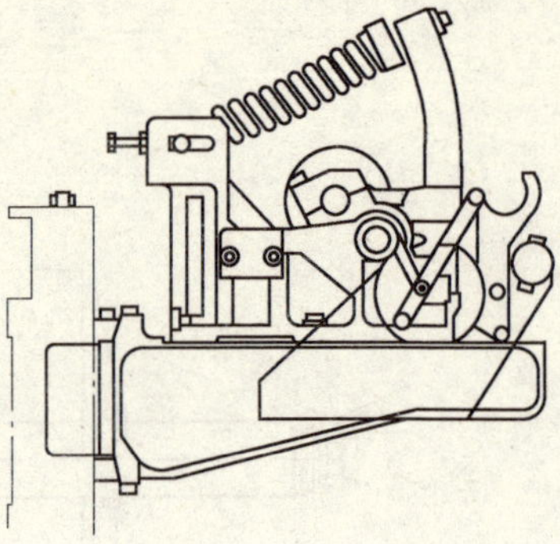

(b) 有感应罗拉及固定罗拉，不带张力平衡装置的后梁

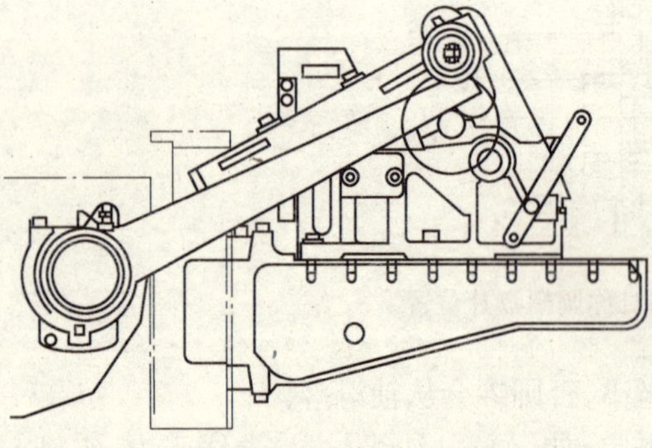

(c) 有感应罗拉及无固定罗拉，带张力平衡装置的后梁

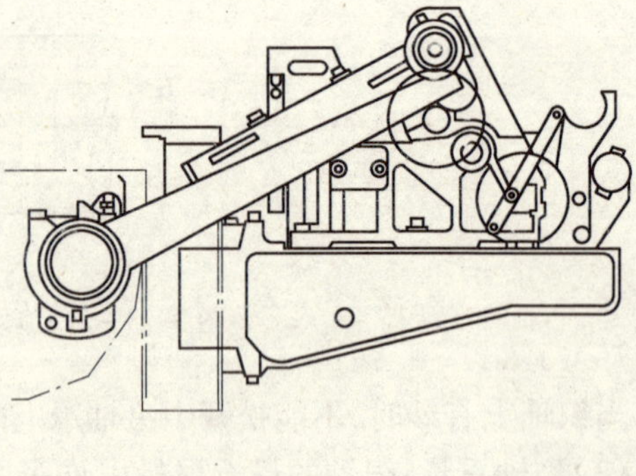

(d) 有感应罗拉及有固定罗拉，带张力平衡装置的后梁

图 3－3－219 BLF 型后梁

(1)后梁调整:如图 3－3－219 所示,当改变后梁设定时,应首先松开停经架中间支撑。当有张力平衡装置时,应先松开偏心杆,因为它将影响张力平衡装置的相位。当后梁调整完后,经纱张力应该调零。后梁高度调整方法见表 3－3－346。

表 3－3－346 后梁高度的调整方法

后梁高度的调整（图 3－3－220）	后梁的高度可以从标尺中读出。标尺在“O”时,为对称梭口位置。松开螺丝 B,直到上下压块 A 松开,但螺丝 B 不能松的太多,以免螺栓 C 断裂。然后,旋转螺杆 D,先紧螺丝 B,再紧螺杆 D,应保证在机器震动时,螺杆不松 当后梁高度调整比较大时(超过 4cm),左右两侧面应交替进行,避免后梁损坏
后梁深度的调整（图 3－3－220）	深度标在后梁支架上,共有 6 个位置,对应中螺丝 E 的位置。取出螺丝 E 和 F,移动后梁位置,并紧上螺丝 E 和 F。当深度调节比较大时,左右应交替进行,避免后梁扭曲

(2)后梁罗拉:后梁罗拉位置设定如图 3－3－221 所示,后梁罗拉 A 可以相对于感应罗拉单独设置 2 个高度位置,在位置 1(低位),角度 σ 较大,感应罗拉压力较大,经纱张力可以测量得更精确,对于非常紧密的织物(打纬阻力大),可以选择位置 2(高位)。

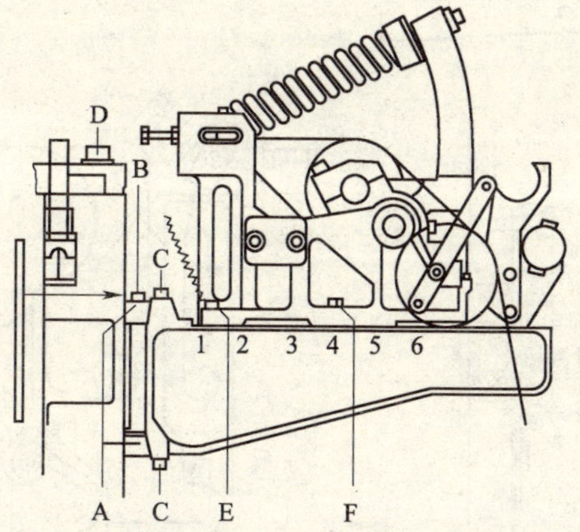

图 3－3－220 后梁位置调整

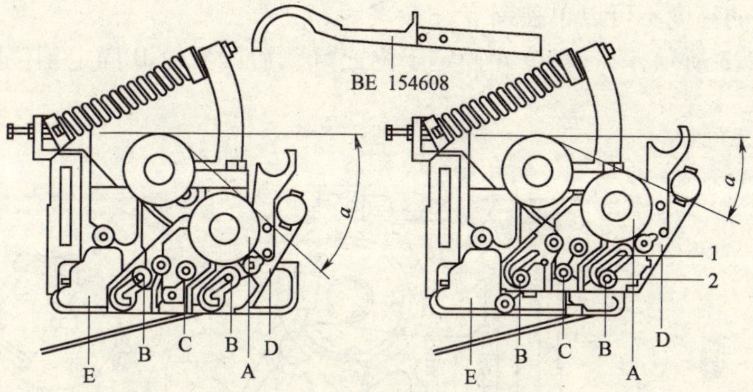

图 3－3－221 后梁罗拉位置设定

具体的操作步骤是：松开罗丝 B，并拧出螺丝 C，提起罗拉 A，宽幅织机可以用工具 BE154608，移动支承 D，使之处于"1"或"2"的位置，并把后梁放在支承上，把螺丝 C 拧入正确位置，紧上螺丝 B 和 C，在另一侧做同样设定。

后梁罗拉的锁定如图 3－3－222 所示，对于厚重或高密织物，锁定后梁罗拉，对减少织口反弹是有帮助的。具体操作时，拆去用于多头的经纱管 G，换轴时将后梁罗拉 A 放在支架 H 上，对窄幅织机可手动完成，对宽幅织机，用工具 B 154608 完成，在后梁支架上安装支架 I，并紧上螺丝 J，在机器右侧重复同样操作，注意右侧螺丝 J 稍长，将后梁罗拉放入支架 I，放上夹子 K 并上紧螺丝 L，当上紧这些螺丝时，注意夹壳和支架之间的间隙在轴的两边应相同。完全锁紧螺丝 J，在机器右侧重复这些操作，将管 G 放回原处。

(3)感应罗拉位置的设定：经纱张力由张力传感器检查，不能用弹簧调节，所以，调节经纱弹簧张力时，感应罗拉的位置会改变。另一方面，感应罗拉在某个范围内运动以确保送经工作良好。因此当经纱张力改变时，应重调感应罗拉的位置。

(4)第三罗拉：在配置了 3 个罗拉的 BLF 型后梁中，其支撑与配置 1 或 2 个罗拉后梁是不

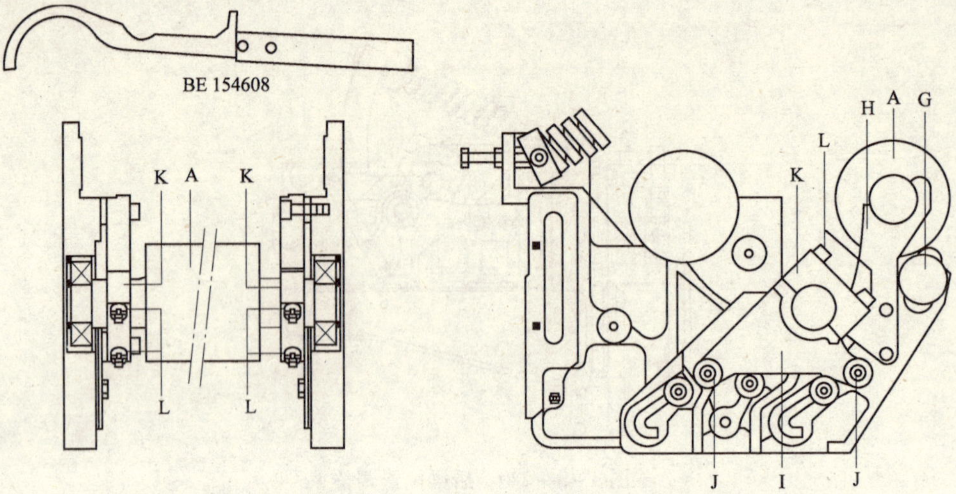

图 3 - 3 - 222　后梁罗拉锁定

同的。而且，罗拉的高度不可以单独调节。

如图 3 - 3 - 223 所示，第三罗拉 A 固定于位置“1”；后梁罗拉 B 固定于位置“2”；感应罗拉 C 固定于位置“3”。

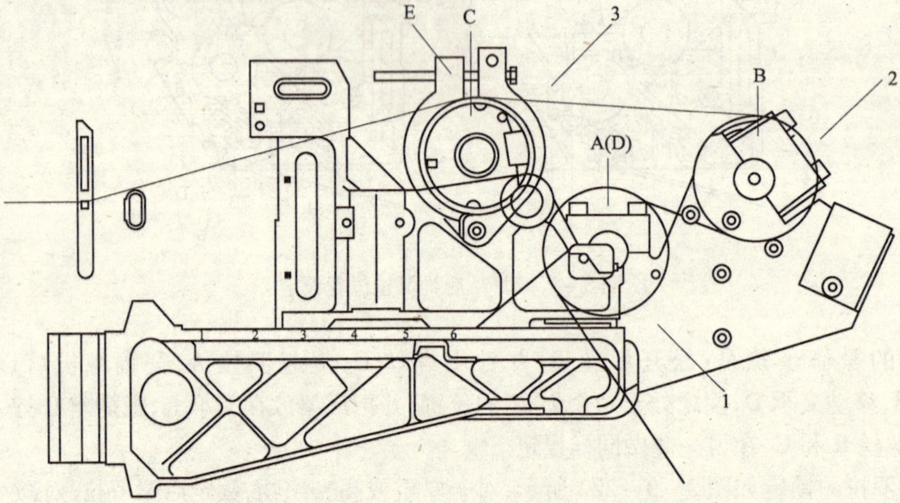

图 3 - 3 - 223　三罗拉机构位置设定

三罗拉机构一般在织造帐篷布或工业织物中使用，第三罗拉 A 的使用可在较低的经纱张力及可接受的打纬波动下织造较高的纬密。由于第三罗拉 A 的使用并不增减经纱张力，使得浪纹和开车痕可显著减小。

(5)平稳机构（Easing Motion）：织造过程中，平稳机构能够保证经纱张力稳定，在梭口满口时，平衡机构向挡车工方向移动，梭口闭合时，感应罗拉向后移动，偏心 A 驱动偏心杆和感应罗拉支撑 B，使感应罗拉运动（图 3 - 3 - 224）。

平稳机构的相位显示了感应罗拉的运动和综框运动是否同步，可以决定相对于梭口闭合时

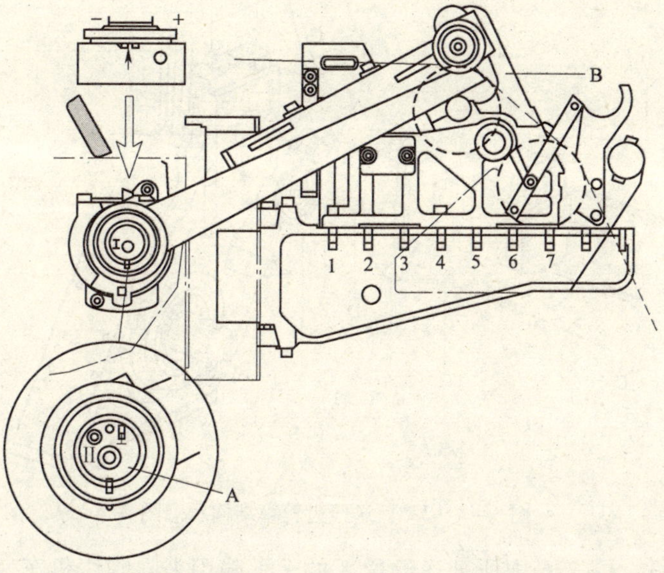

图 3-3-224 平稳机构

平稳机构运动到最后点,此点相位为 0,其动程为最大,一般情况下,该位置为综平位置。当相位为 +30°,平稳机构相对于综平提前 30°;当相位为 -30°,平稳机构相对于综平落后 30°。正常情况下,经纱张力的补偿是由机器设定决定的。

3. 送经设定

(1)根据纬密选择速度比率:当机器不换齿轮箱时,采用固定比率 12:57;当需要更换齿轮比时,更换步骤如下(图 3-3-225):取下上部两个螺丝 B 和下部两个螺丝 C,注意别损坏齿轮盖;取下电动机和盖 A 并清洁盖 A,使之无油并涂上密封胶;从驱动轴取下螺丝 D(为防止当松螺丝 D 时,驱动轴跟着转,用扳手固定螺丝 E)。重复上述动作,松开齿轮 F,根据需要更换齿轮比;在盖 A 上涂上密封胶,用相反顺序进行安装,确认指示牌 G 与实际比率相同。检查接触面上都有密封胶。

(2)选择合适的齿轮比:当选择齿轮比时,齿轮比越大越好,如19:45。如这一比率不合适时,可用 25:39,同时应确认经纱张力不超过比率的范围。纬密与齿轮比的关系见表 3-3-347(适合于所织盘管直径小于 218mm 的织轴)。

表 3-3-347 纬密与齿轮比的关系表

经纱张力(MAX)	品种	机器型号和速度		
		T190~220(400~700 r/min)	T250~300(320~610r/min)	T340~380(290~500r/min)
35N/cm	重型帆布、气囊织物牛仔布	25/39 8~63 纬/cm	19/45 10~77 纬/cm	
25N/cm	中等牛仔布或帆布	25/39 8~63 纬/cm	25/39 7~51 纬/cm	19/45 9~70 纬/cm
15N/cm	轻薄织物	25/39 8~63 纬/cm	25/39 7~51 纬/cm	25/39 6~46 纬/cm

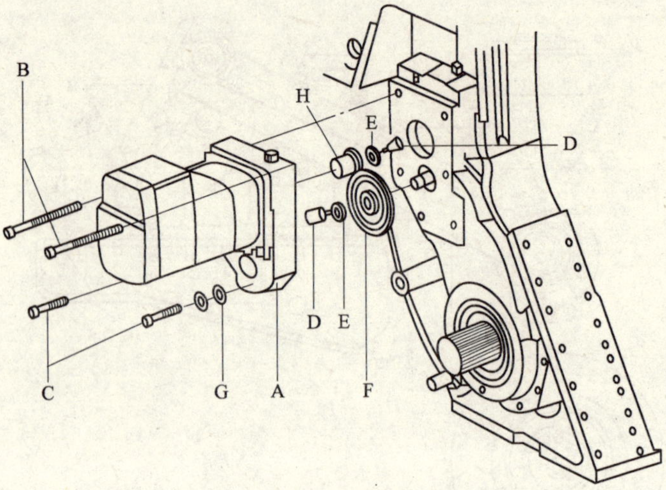

图 3-3-225 送经齿轮箱结构示意图

(3)纬密图:图 3-3-226 中所列送经量 X 的上下限用来限制织机车速,其由齿轮比率来决定。图中数值未考虑缩率,可通过下面公式计算。

送经量 X = 纬密/(1 + 缩率)

例:车速 900r/min,经轴位置:12,纬密:25 纬/cm,缩率:8%。

送经量:

$$X = 25/(1 + 0.08) = 23.15$$

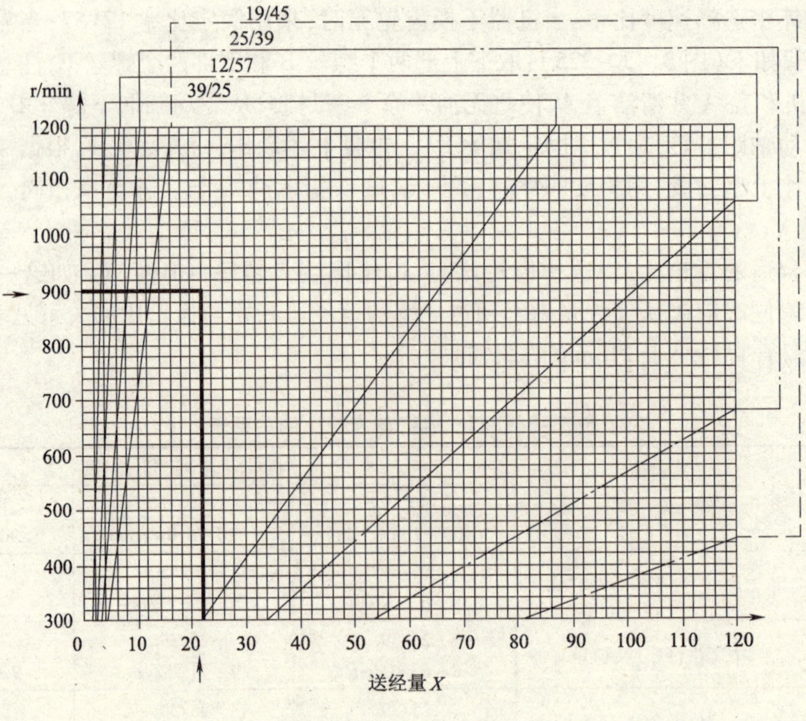

图 3-3-226 纬密图

在图 3－3－226 中，送经量为 23.15，可以选择 19∶45，25∶39，39∶25。为了保证电动机的正常工作，尽量选择较高的比率。

4. 经纱张力传感器（TSF 型） 如图 3－3－227 所示，经纱张力传感器 A 测量经纱作用在感应罗拉 B 上的张力，如为单后梁，经纱张力的变化是由于经轴直径的减小；如为双后梁，经纱张力的变化是由于角 α 的变化，角 α 是由感应罗拉 B 和固定罗拉 C 之间的高度和距离来决定的（图 3－3－228）。若使用三罗拉，则经纱张力角度将不会变化，此时罗拉是不可以调节的，故角 α 总保持恒定值。

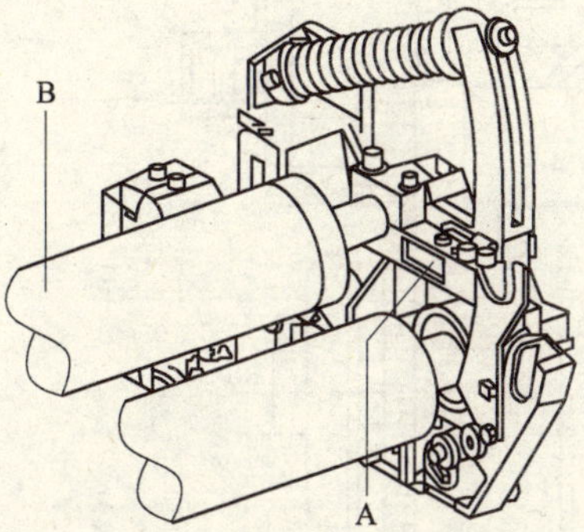

图 3－3－227 经纱张力传感器（一）

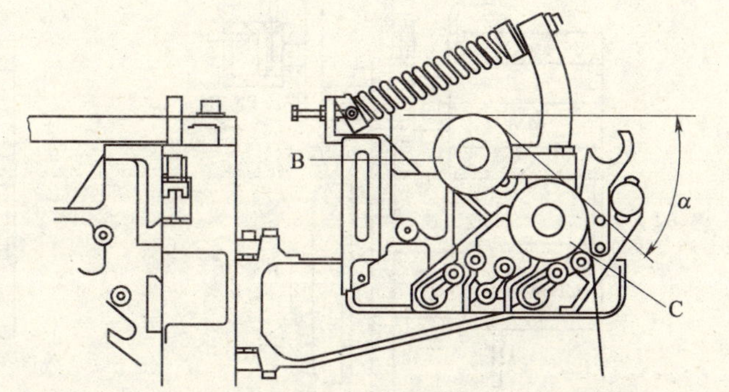

图 3－3－228 经纱张力传感器（二）

经纱张力设定：为了得到理想的数值，先从每根经纱所需张力开始，用单纱张力乘以总经根数，得到经纱张力。例：在总经根数为 5000 根的经轴上，每根经纱张力为 30cN/根，则经纱总张力为：30×5000＝15000cN 或 1.5kN。

三、其他机构及其调节

（一）传动

1. 机械传动 如图 3－3－229，主电动机 MM 轴上的齿轮 A 一方面与开口机构的齿轮 B 啮合，另一方面齿轮 A 还与筘座运动的齿轮 C 啮合。马达轴上的齿轮 A 与 B、A 与 C 的齿数比都是 1∶2，也就意味着织机回转一周，相当于马达轴回转两周。

2. 找纬 如图 3－3－230 所示，由于气缸的 PF—OUT（找纬脱开）作用，转子轴的轴向偏移量一方面可以使转子轴上的齿轮 A 与筘座运动的齿轮 C 啮合，另一方面又可与齿轮 C 脱开。但不论 A 与 C 是否啮合，A 总与开口机构的齿轮 B 啮合。在找纬的初始，筘座作跟随运动，在找纬期间，定位指针 D 可使筘座运动齿轮 C 保持在某个位置，这样可以避免筘座运动。能够实现该运动是由于筘座运动齿轮 C 上每隔 15°有一孔与定位针 D 相对应，这样在织机回转一周以后，依次有 24 个找纬位置，其中的一个找纬位置对应于打纬位置 0°。汽缸 PF—IN 能使齿轮 A 与齿轮 C 啮合，重新实现传动筘座。

有一点很重要，当齿轮 A 重新啮合时，开口机构齿轮 B 的啮合角度位置应当等于脱开时的角度位置，在开口机构轴上安装的轴编码器 RS 可以测量该角度位置。

从整个传动系统看，齿轮 A 还可以以另一不同角度位置啮合，这样开口机构的综平点相对

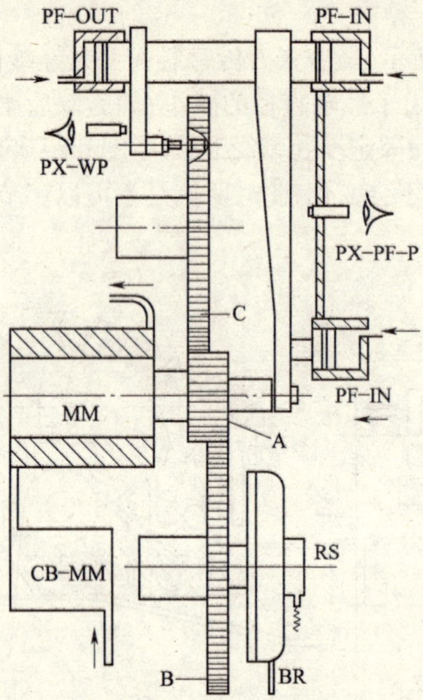

图 3－3－229　传动机构图

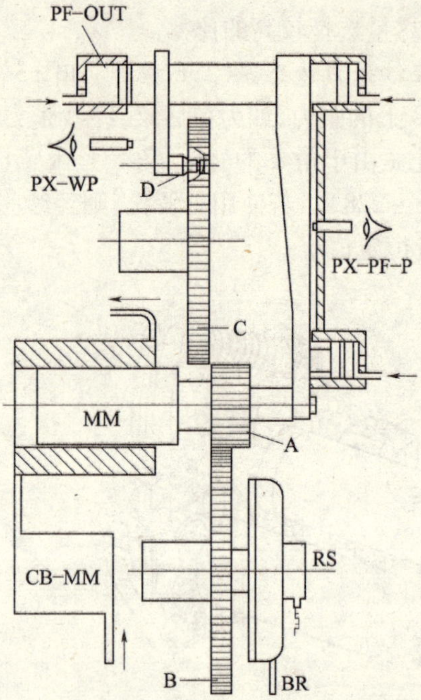

图 3－3－230　找纬机构

筘座运动的角度偏差需要修正，一般可在电脑中设置。同样也涉及到编码器与筘座运动之间修正问题，织机控制部分已考虑到这个偏移量，因而可以保证打纬位置总在 0°。

3. 织机驱动控制　织机的驱动控制是通过 PB 电路板实现（装于主电动机电器盒中）的，主电动机的 8 个孔内装有 4 对固定线圈，相对的固定线圈作为一组连接。主电动机电器盒装在显示屏下面。

电动机的传动由 4 副固定线圈实现，同时轴向移动可通过专用的气阀 V－PF－I 及 V－PF－OUT 实现。电动机轴的轴向位置由 2 个接近开关 PX—WP 与 PX—PFP 来探测。主电动机和电路板的散热块能够不断地由油液循环系统的油液冷却。

4. 主电动机速度设定和调整

（1）织机速度：织机速度可由电脑终端设定，如果 WPS 花纹（WPS－PATTERN）需织机以不同速度织造，则按操作手册可输入每一种织造速度。

（2）试运行时织机运行速度曲线图：图 3－3－231 显示了织机运行后 1 秒钟内织机转速图。通过光标（图中垂直实线），在图 3－3－231 中某一时间点上可确定对应的速度，打纬点（0°）所对应的时间点用垂直的虚线表示。这样速度值可用数字化表示出来。

（二）边撑

1. 带标准托布板织机的边撑

（1）边撑支座与托布板的位置：

①左侧托布板的横向位置：门幅不对称减小时，左侧托布板 A 对齐筘座标记螺丝 B（即最左侧的经纱位置），如图 3－3－232 所示。

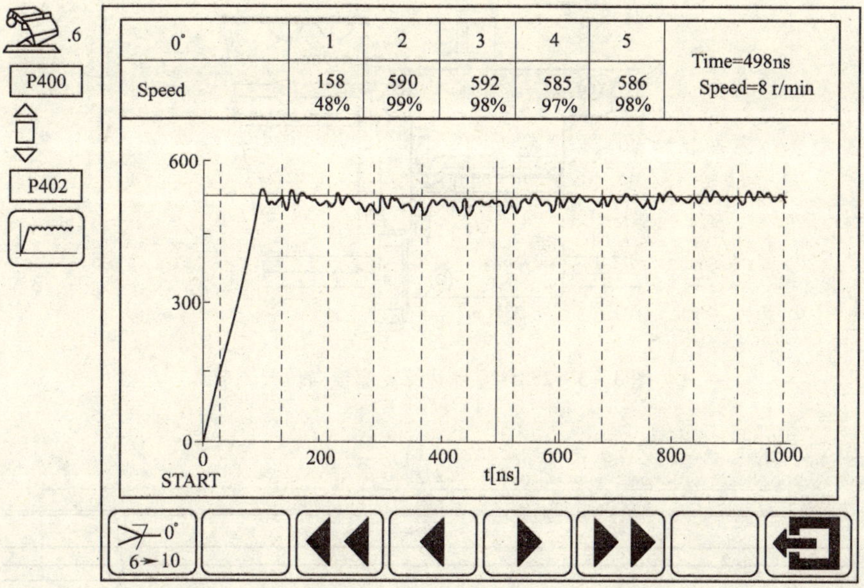

图 3－3－231　织机运行速度曲线图

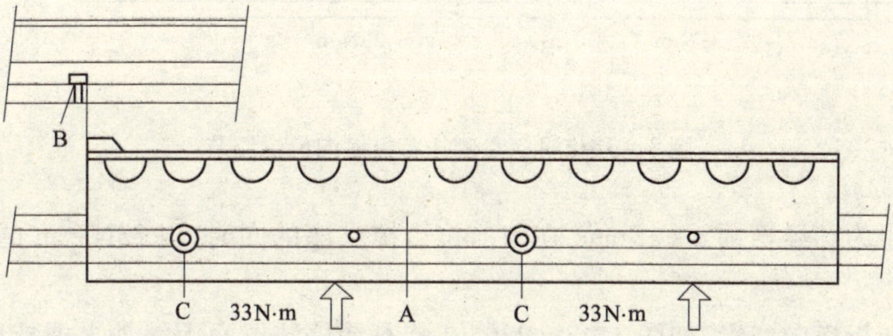

图 3－3－232　左侧托布板横向位置调节

②左侧边撑支座的横向位置：如图 3－3－233 所示，在调整左侧边撑支座 D 之前，检查托布板 A 的位置是否调整好。边撑支座 D 的右侧伸入到托布板 A 左侧 5mm，向前拉边撑支座的同时以 33N · m 的力拧紧螺丝 E(图 3－3－233)。

(2)门幅对称缩减时，左侧边撑支座与托布板的位置调整：确定左侧起始点：从中间的标记往左量取穿经筘幅 a 的一半，在筘座上作标记 A。

①左侧托布板的横向位置：如图 3－3－234 所示，门幅对称减小时，左侧的托布板 B 与筘座左侧的标记 A(即最左端的经纱)对齐。

②左侧边撑支座的横向位置：如图 3－3－233 所示，在调整左侧边撑支座 D 之前，检查托布板 B 的位置是否调整好。边撑支座 D 的右侧伸入到托布板 B 左侧 5mm。

(3)右侧边撑支座和托布板的位置：

①右侧边撑支座的横向位置：如图 3－3－235 所示，右侧边撑支座 A 的左侧与左侧边撑支

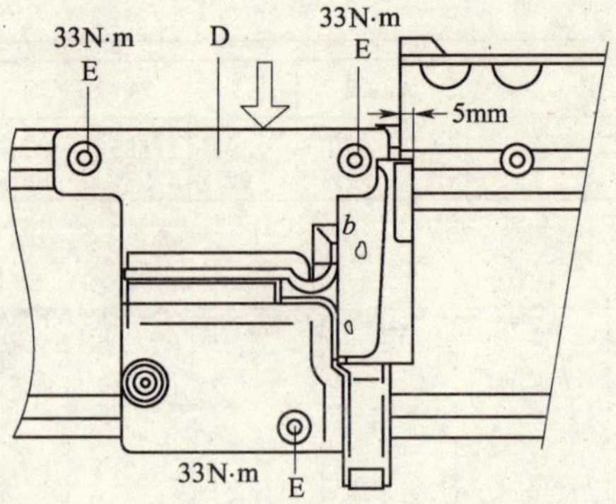

图 3－3－233 左侧边撑支座横向位置调节

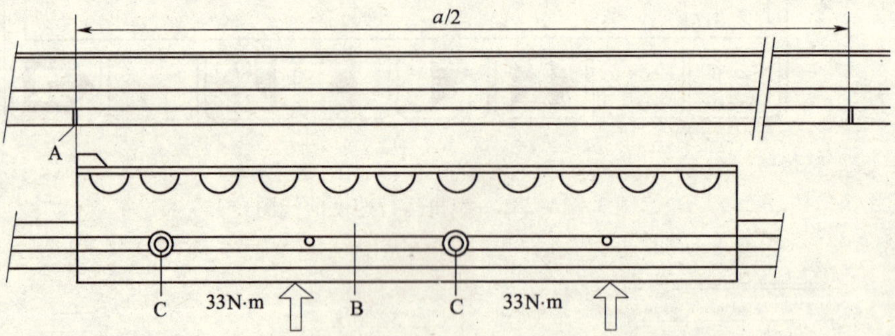

图 3－3－234 左侧托布板横向位置调节

座的右侧的间距为穿经筘幅 $a+13$mm，在向前拉边撑支座的同时，以 33N · m 的力矩拧紧三颗螺丝。

②右侧托布板横向位置：如图 3－3－236，在装有纬停装置而无纬纱夹握持装置的机器上，移动右侧支架 D 直到右侧边撑支座 A，然后稍往左移直到辅助喷嘴刚好装入边撑凹槽，在向后

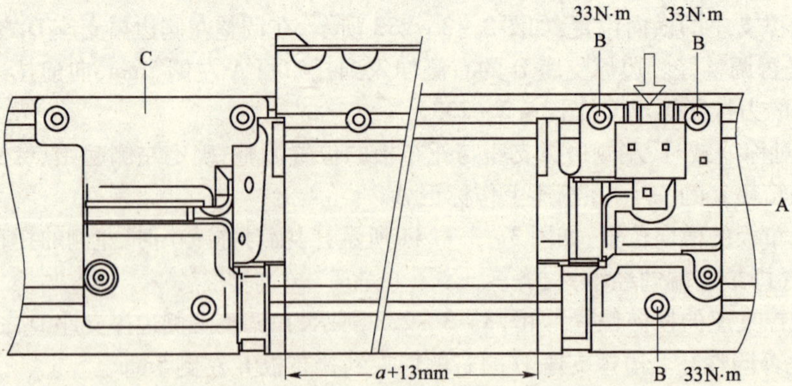

图 3－3－235 右侧边撑支座横向位置调节

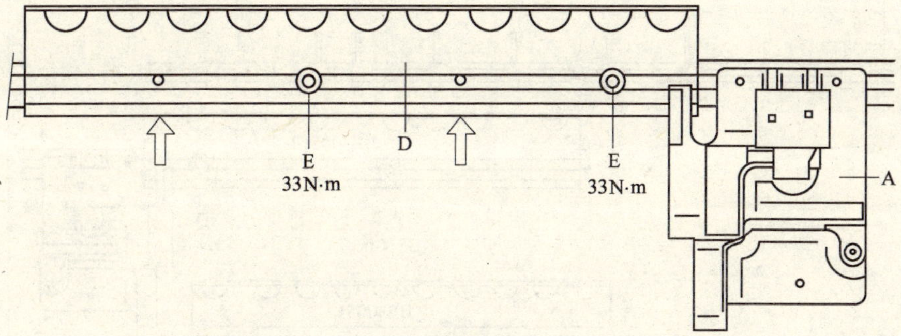

图 3－3－236　右侧托布板横向位置调节

推托布板的同时，以 33N · m 力矩拧紧三颗螺丝 E。慢慢转动机器将筘座转到前死心位置，同时注意辅助喷嘴不要碰到边撑支架。

如图 3－3－237 所示，在装有探纬器和纬纱握持装置的机器上，纬纱握持装置与钢筘的相对位置不变，纬纱握持装置座抵住托布板，两种边撑支架可以让辅助喷嘴装入到托布板的凹形槽内。安装右侧托布板按以下步骤进行。

在筘座的左侧找到定位螺丝作为初始点，量距离 c 到右侧，在该位置作一记号。在装有纬纱握持装置和纬纱夹的机器上，距离 c 等于使用筘座长度－22mm；在装有纬纱握持装置，但无纬纱夹机器上，距离 c 等于使用筘座长度－20mm；在装上右侧边撑支架时，辅助喷嘴装入凹形槽内，同时，边撑右侧应对齐筘座标记。在后推边撑支架同时，以 33N · m 的力矩拧紧三颗螺丝 D。

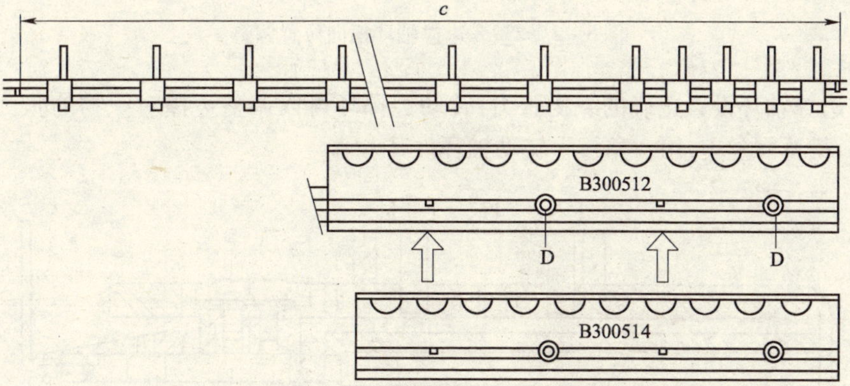

图 3－3－237　右侧托布板安装位置(一)

如图 3－3－238 所示，在装有筘前式探纬器的机器上，第一探纬器装于织边与废边纱之间，在最后一根经纱和废边纱之间距离大约 15mm，移动托布板抵住边撑支座，再将边撑支架向左移，同时注意辅助喷嘴位置，最后一根经纱与第一根废边纱的间隙也在槽内，边纱放在边撑支架上(如果不行，可更换托布板)。在向外推边撑支座的同时，以 33N · m 力矩拧紧螺丝 D，慢慢转

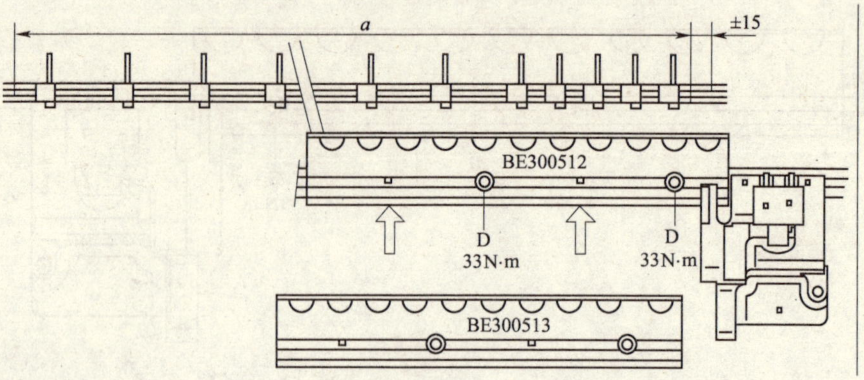

图 3－3－238　右侧托布板安装位置(二)

动机器将筘座转到前死心位置,同时注意辅助喷嘴不碰到托布板。

(4)设置边撑轴环:

①边撑轴环的横向位置:如图 3－3－239 所示,松开螺丝 A,移动杆 B 与边撑轴环平齐,注意边撑第一针环应与第一根经纱平齐。

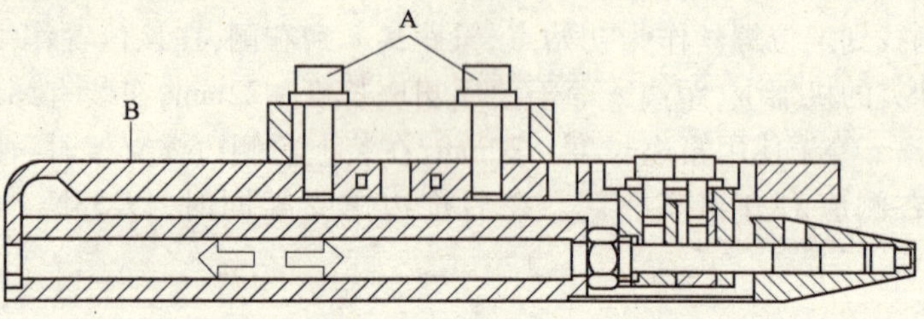

图 3－3－239　边撑轴环横向位置调整

②调整边撑轴环设置正确的织物张力:转动边撑环可以调整边撑对织物的张力,如图 3－3－240所示,松开螺丝 D,用六角板手转动轴环。

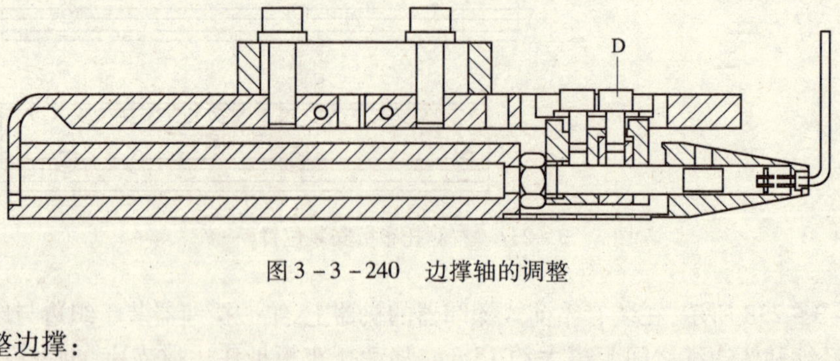

图 3－3－240　边撑轴的调整

(5)调整边撑:

①设置边撑轴环和边撑支架的压合位置:如图 3－3－241 所示,设置边撑轴环和边撑支架之间较准确的位置,先松开三个螺丝 A,锁上螺母 B,再转动偏心环(转动螺丝 C),此时向前拉边撑支撑座。

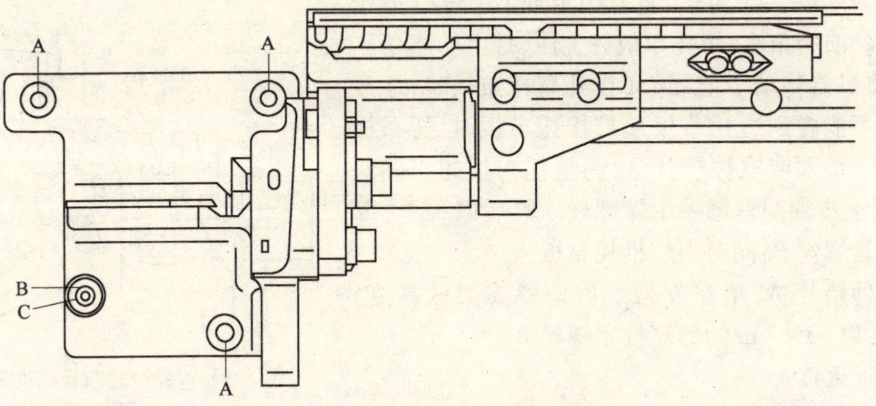

图 3-3-241 边撑环和边撑支架调整

②根据托布板位置定位边撑刺环:如图 3-3-242 所示,首先拧紧螺丝 A 和 B,螺丝 A 稍紧,拧紧锁紧螺母 C,转动偏心环 D 并且拧紧螺丝 E,直到边撑轴环与边撑支架有 0.5 毫米间隙,一旦该位置调整好,拧紧螺丝 A、B 并锁紧螺母 C。

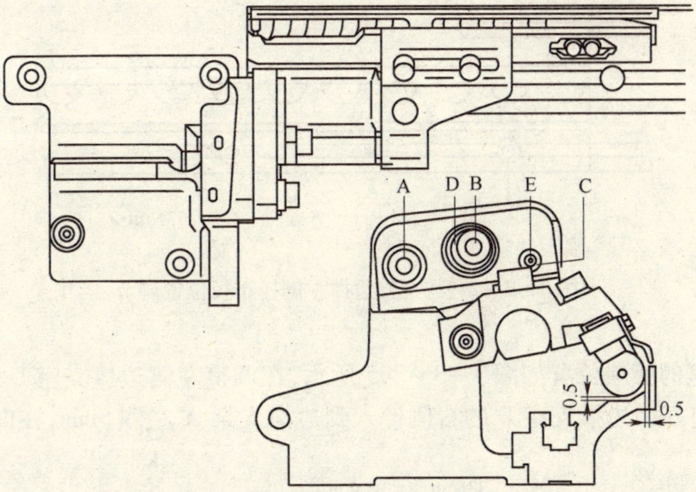

图 3-3-242 边撑刺环调整

(6)托布板高度调整:对某些织物,需要调整辅助喷嘴的位置,为了使辅助喷嘴可在托布板凹槽为自由移动(不碰到边撑支架),可将托布板和中间支撑条升高。

如图 3-3-243 所示,利用专用定规 B163920 设置边撑支架的高度,边撑支架与定规的间隙 a 的设置可根据表 3-3-348 进行调节。

表 3-3-348 边撑支架与定规间隙的调节

辅助喷嘴高度设置	a	辅助喷嘴升高 1mm	1.3mm
缺省辅助喷嘴高度设置	2mm	—	—

如图 3－3－243 所示，将专用定规 B163920 放于托布板螺丝前的筘座，将托布板往上压，拧上筘座条压住定规，将机器移动于前死心（在升高托布板时，注意辅助喷嘴不能碰到边托布板），拧松托布板时，托布板抵到定规。垫入或取掉垫片 A，调整托布板的正确间隔 a，接以上步骤调整每一个颗螺丝。然后以 33N·m 的力矩拧紧螺丝 B，同时向后推托布板。

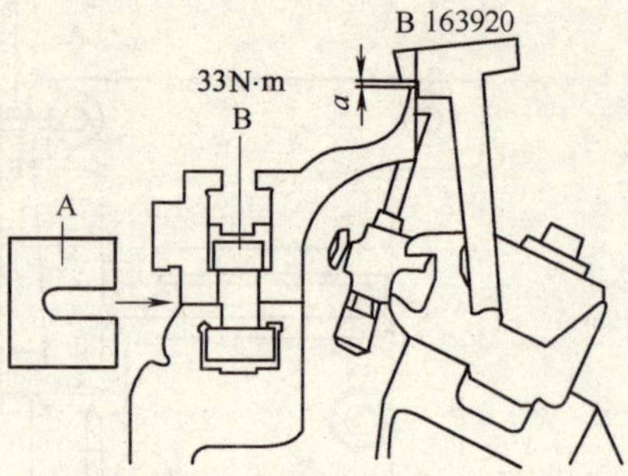

图 3－3－243 托布板高度调整图

用同种垫片 A，垫在支架下以调整支架的高度。在垫好后，以 33N·m 的力矩拧紧螺丝 B。

2. 全幅边撑

（1）边撑支座与托布板的位置：

①门幅不对称地减小时，左侧边撑支座与托布板的位置调整：左侧托布板的横向位置如图 3－3－244 所示，门幅不对称减小时，左侧托布板 A 对齐筘座标记螺丝 B（即最左侧的经纱位置），在向后移动托布板的同时，用 33N·m 的力拧紧螺丝 C。

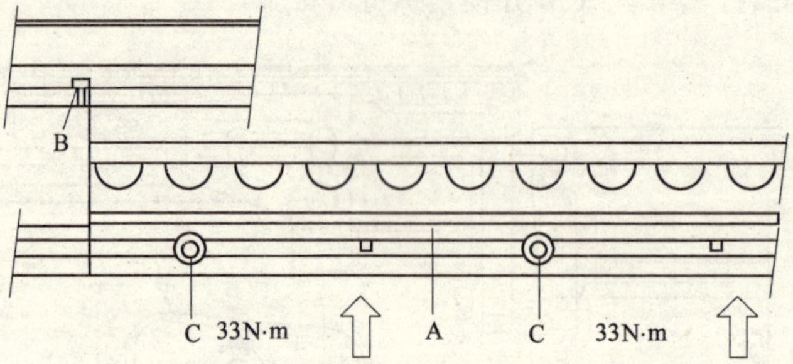

图 3－3－244 全幅边撑左侧托布板位置调节

左侧边撑支座的横向位置如图 3－3－245 所示，在调整左侧边撑支座 D 之前，检查托布板 A 的位置是否调整好。边撑支座 D 的右侧伸入到边撑支架 A 左侧 5mm，在向前拉托布板的同

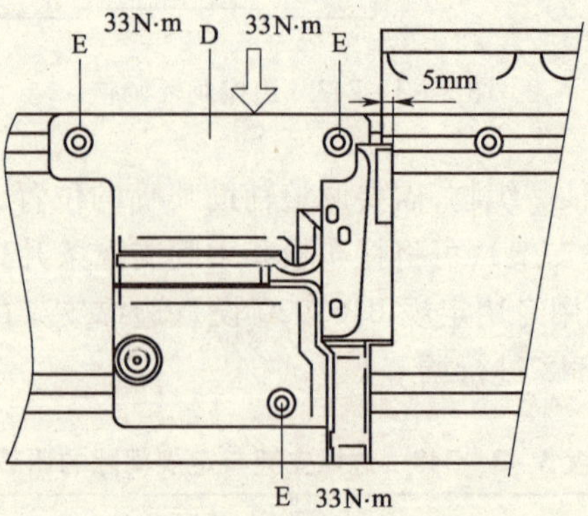

图 3－3－245 全幅边撑支座横向位置调节

时,以 33N·m 的力拧紧螺丝 E。

②门幅对称减小时,左侧托布板与边撑支架的位置调整:确定左侧起始点:从中间的标记往左量取筘幅 a 的一半,在筘座上作标记 A。应将移动主喷嘴移动至左边,左侧边撑支座必须先松开再移到右边。

左侧托布板的横向位置如图 3-3-246 所示,门幅对称减小时,左侧的托布板 B 与筘座左侧的标记 A(即最左端的经纱)对齐,在后推边撑支架 B 的同时,用 33N·m 的力拧紧螺丝 C。

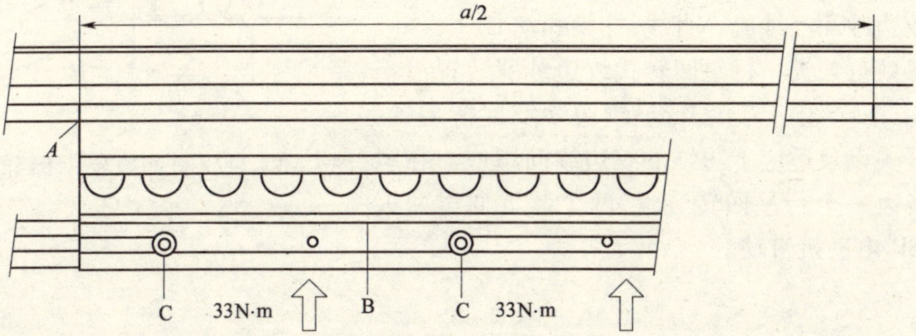

图 3-3-246 全幅过撑左侧托布板横向位置调节

左侧边撑支座的横向位置如图 3-3-245,在调整左侧边撑支座 D 之前,检查托布板 B 的位置是否调整好。边撑支座 D 的右侧应伸入到边撑支架 B 左侧 5mm,在向前拉托布板的同时,用 33N·m 的力拧紧螺丝 E。

(2)托布板高度调整:同标准托布板织机的高度调整。

利用专用定规(B163920)可设置托布板高度,托布板与定规的间隙"a"的设置可根据表 3-3-349的辅助喷嘴高度设置。将专用定规 B163920 放于托布板螺丝前的筘座上,将托布板往上压,拧上筘座条并压住定规,将机器移动于前死心(在升高托布板时,注意辅助喷嘴不能碰到托布板),拧松托布板并抵到定规,垫入或取掉垫片 A,调整边撑支座的正确间隔 a(如表 3-3-349)

如图 3-3-247 所示,托布板与引纬槽的间隙 b,如表 3-3-350 所示。

表 3-3-349 托布板高度调节

辅助喷嘴高度设置	a(mm)
缺省辅喷高度设置	2
辅助喷嘴升高 1mm	1.3

表 3-3-350 托布板与引纬槽的间隙调节表

辅助喷嘴高度设置	b(mm)
缺省辅助喷嘴高度设置	1.6
辅助喷嘴升高 1mm	0.9

(三)边纱装置

1. 电子纱罗布边装置 电子纱罗布边装置由一个步进电动机驱动,其运动完全独立于织机运动,该装置除了高度和左右位置设定外,其余设定由电脑完成。为了穿纱方便,电子纱罗布边装置安装了一个穿纱按钮。该装置(以下除 ELSY)服务于 3 个独立的系统:用废边纱组成假布边；纱罗纱组成布边；用布边纱组成布边。一般 ELSY 装置安装在机器的前部。

(1)位置设定：

①水平位置：该装置放置到其垂直导块 B 位于废边纱的旁边(图 3－3－248)。

②垂直位置：如图 3－3－249 所示，转动织机至综平位置；检查绞边装置是否也在综平位置，如果不在综平位置，将其放到综平位置；松掉螺丝 C，并垂直移动装置直至绞边纱和经纱成一直线；拧紧螺丝 C。

2. *行星绞边装置*　行星回转式绞边纱罗装置由一个传动齿轮，一个绞边齿轮，行星绞边纱罗握持装置，一个接近开关以及适应于边纱的绞边纱筒组成。在织机的两边各有一个行星回转装置，两个装置通过两根传动轴由 SR 电动机带动。

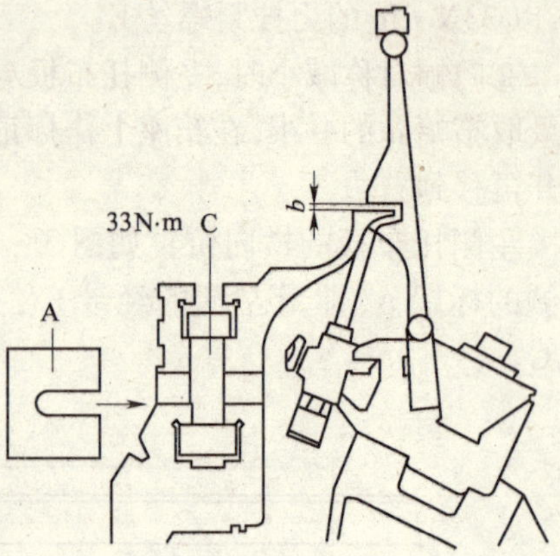

图 3－3－247　托布板与引纬档的间隙调节

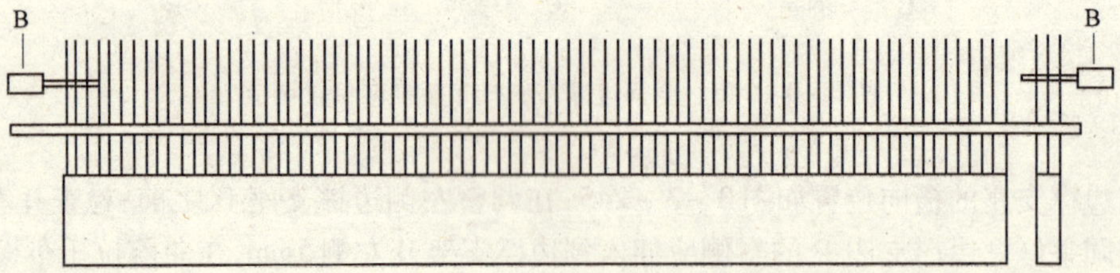

图 3－3－248　电子纱罗布边装置俯面图

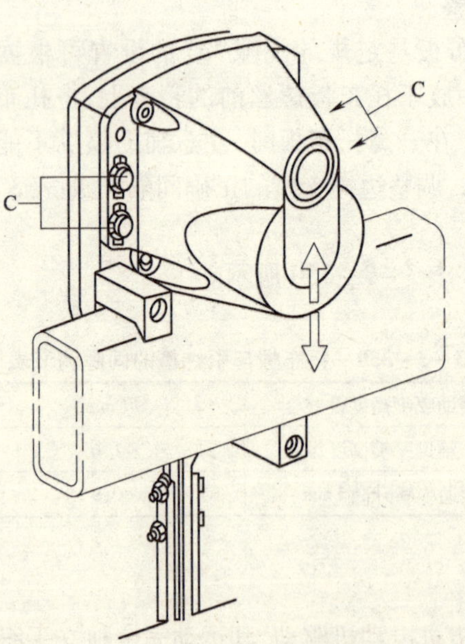

图 3－3－249　电子纱罗布边装置高度调节

绞边齿轮在织造时作旋转运动，并将动力传给行星绞边纱罗皮带，使绞边纱罗自行回转运动，两根绞边纱形成一个梭口。在一次引纬过程中，两根绞边纱罗夹住纬纱后旋转使纬纱被绞边纱罗紧紧地绞住。

绞边纱罗装置还装有一个纱罗断头自停传感器。当绞边纱罗断了以后，织机会自动停车。为了使织机与右侧行星纱罗绞边装置同步，右侧的行星绞边装置有一个接近开关。

如图 3－3－250 所示，当织机停车时，通过 ERL 电动机内的电磁刹车 BR 使纱罗绞边装置停在某一个角度位置并保持住。当线路板给电动机一定的电压时，刹车释放，回转纱罗装置可以自由地旋转，ERL 电动机传动轴的角度位置被编码器 RC 获得。ERL 电动机的刹车装置和编码器都装在此电动机内。ERL 电动机通过一个齿轮箱带动绞边纱罗传动轴，再通过在传动轴上的一个齿轮和绞边纱罗齿轮相啮合，将动力传给行星绞边装纱罗。这根传动轴通过一个联轴器将给左右两侧纱罗传动轴联接在一起，当快速换品种时，只需将此联轴器 K 松开连接即可。

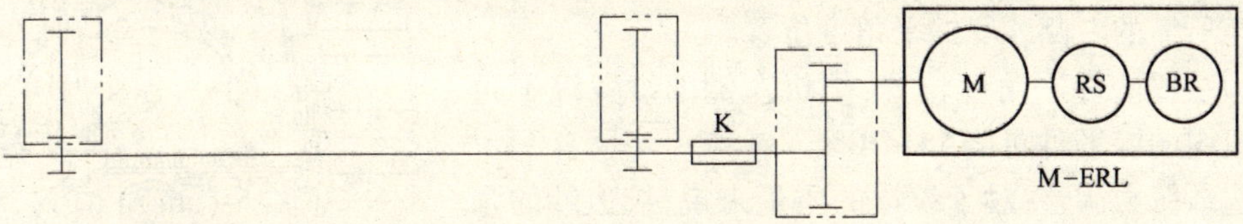

图 3-3-250　行星绞边装置电路图

(1)行星绞边边纱选择：为了更好地配合织造，避免后道工序操作困难（如卷边，边印色并差等），应保证边纱的原料和线密度与地组织相同。织造短纤时，建议边纱先用两股或三股甚至于更多股的长丝股线。行星绞边纱的线密度至少应等于或高于地组织线密度的一半。见表3-3-351。

表 3-3-351　行星绞边纱原料选择

布（地组织）	行星绞边纱
大于 10 tex	丝，单纤维
小于 10 tex	变形长丝 50～80dtex

行星绞边纱的卷绕：请注意卷绕的方向，如图 3-3-251 所示：纱线的卷绕张力应为 0.3～0.4cN/dtex。为了使织造时绞边纱罗的张力保持一致，绞边纱罗的卷绕成形，一般为圆柱形。为了避免两个行星绞边纱罗在织造时过分地跳动，两个纱筒的重量应相等，否则，行星绞边装置容易过度疲劳。无论如何，应当注意将同样重量的一对纱罗装于行星绞边纱罗装置上。

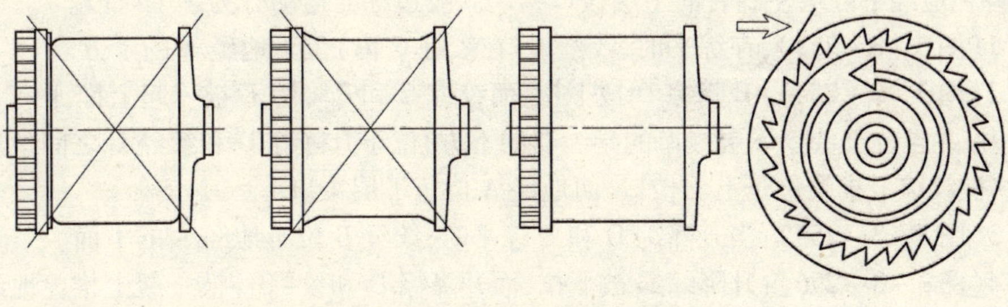

图 3-3-251　行星绞边纱卷绕图

(2)行星绞边纱罗的设定：由于纱罗装置通过一个电动机单独传动，因此它的综平位置调整与织机的机械传动没有联系，相对独立，左右两边的纱罗装置通过一根轴传动。电脑中的综平时间设定程序仅仅通用于其中一个纱罗装置。右手侧的行星绞边装置有一个综平装置检测接近开关。因此右边这个纱罗装置的综平时间可以通过电脑来设定调整。左手侧的纱罗装置综平时间的设定必须进行机械上的调整。

右手侧综平时间的调整：在织机的右手侧，右侧的绞边纱罗的综平时间可以比地组织的综平时间推迟15°；转动织机至所需的右侧纱罗综平角度位置。

绞边装置的综平角度位置：织机左侧的纱罗综平角度比地组织的综平时间早5°～30°。

绞边纱张力调整：对于绞边的质量来说，绞边纱的张力是一个很重要的因素。和厚重织物不同，轻薄型织物所用的绞边纱的张力也较低。较低的绞边纱的张力用于厚重织物的绞边时会导致纱罗松纱或不牢固（不规则）。如图3－3－252所示，移动长槽内的螺丝U通过张力补偿弹簧V可以使绞边纱达到所需的张力。

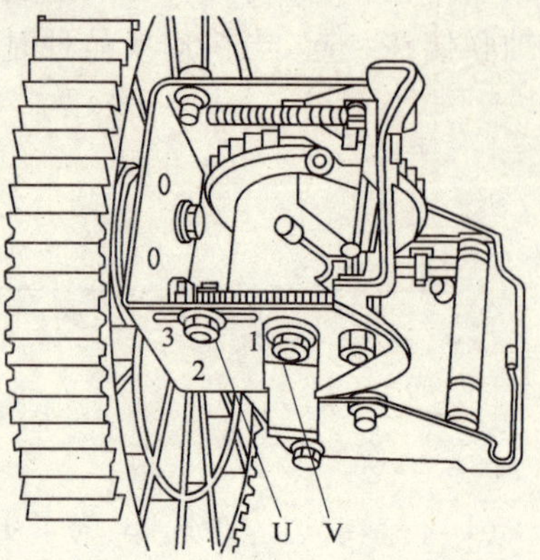

图3－3－252 绞边纱张力控制机构

表3－3－352中，a列出了对于不同粗细的绞边纱螺丝U所处的位置。如果所提供的补偿弹簧不能得到所需的弹簧张力，则用另一种不同簧丝直径的弹簧将纱罗装置上的弹簧换掉（见表内b），一般随机提供的标准弹簧簧丝直径为0.35mm。

表3－3－352 绞边纱螺丝位置与补偿弹簧查询表

a		b	
绞边纱螺丝U所处的位置		弹簧直径（mm）	颜 色
位 置	纱线特数	0.3	兰色
1	细于50dtex	0.35	绿色
2	标准50～100dtex	0.4	黄色
3	粗于100dtex	0.5	橙色

（3）绞边综丝：织物布边由2根经纱锁住，"地经"纱A总是在下层梭口伸展，而第2根经纱B绞经交替在地经下方从左到右向上层梭口移动。绞边综的运动分为4个阶段。

阶段1（图3－3－253）：在综平时，绞经B（在绞综C内）位于地经A的下方。

阶段2（图3－3－254）：升降综D被下拉，而绞综C和升降综E被一起上推，由于经纱获得一定的张力，并且位于低于下层梭口的导纱器的下方，位于升降综D和绞经C之间地经A将下滑，绞经B被绞综上推绞位于上层梭口，而地经A位于下层梭口。

阶段3（图3－3－255）：当升降综D和E综平时，绞经B位于地经A的下面。

阶段4（图3－3－256）：升降综E被下拉，而升降综D和绞综C被一起上推。地经A在绞综C和升降综E之间下滑。绞经B位于上层梭口，同时地经A保持在下层梭口。

（4）装置的安装：在综框上安装绞边综时，调节综框至半开口，第二页综框高于第一页。如图3－3－257，从升降综"G"和"H"中拆去绞综"F"；把升降综"G"和"H"分别安装在两页综框上，将两页综框置于综平位置，把绞综"F"安装到升降综"G"和"H"中即可。

（5）穿纱：如图3－3－257所示，绞经I穿入两升降综之间的绞综F内。地经J穿入两升降综之间，方向同绞经。

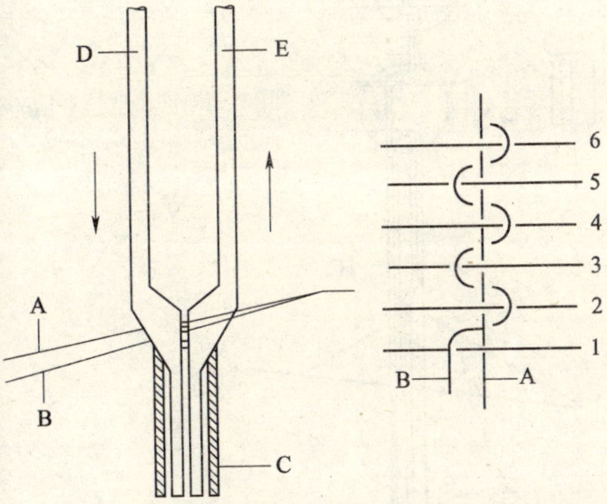

图 3－3－253　绞边综的运动规律(一)

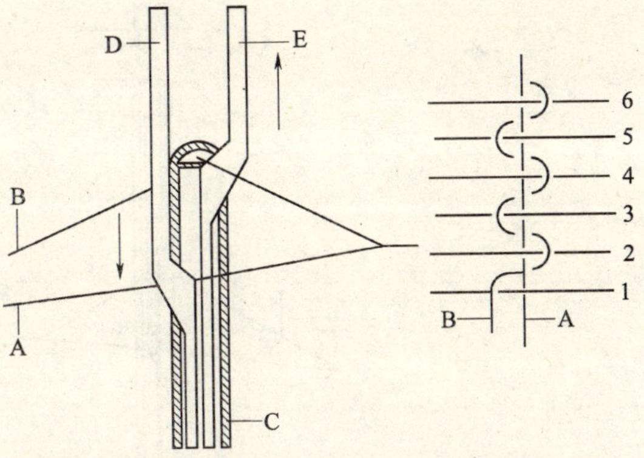

图 3－3－254　绞边综的运动规律(二)

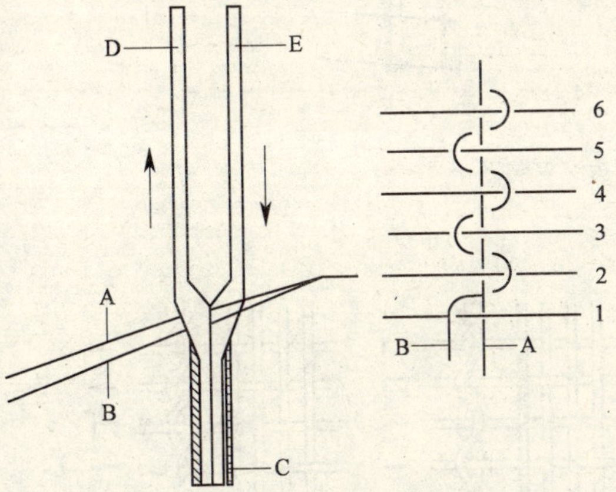

图 3－3－255　绞边综的运动规律(三)

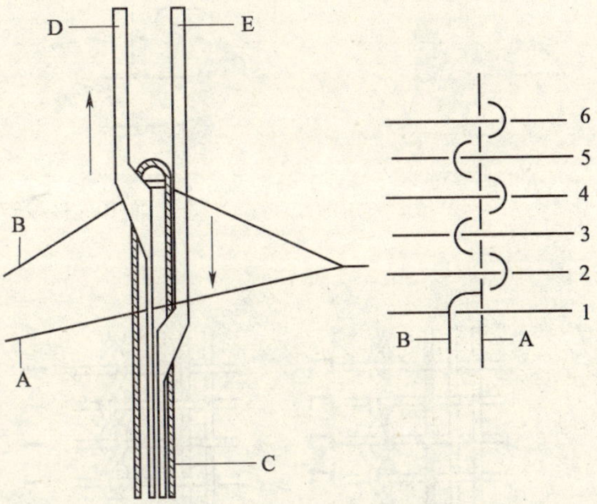

图 3－3－256　绞边综的运动规律(四)

穿入方向:绞边纱,独立布边纱以及地组织纱的穿入对于绞边质量以及张力维持有最大的影响。为了保证纬纱被完全锁紧,经纱和相邻布边以不同方向穿入纬纱非常重要,如果这两种纱过多地以同一种方向穿入纬纱,会引起绞边质量下降。

布边运动装置必须与具有平纹运动的综框运动相同步,对于$\frac{1}{1}$和$\frac{3}{1}$(或$\frac{1}{3}$)组织,在图 3－3－258(a)、(b)中的花纹中,列举了布边正确和错误的穿入方式。

对于以下组织,如$\frac{2}{1}$或$\frac{1}{2}$以及$\frac{4}{1}$或$\frac{1}{4}$等,布边的方向没有规定[图 3－3－258(c)]。同时对于织物组织每两纬换一次方向,如$\frac{2}{2}$花纹;对于多臂或提花机,由于并没有明确的织物花纹对照,因此不可能决定布边穿入方向。

3. 织入边装置

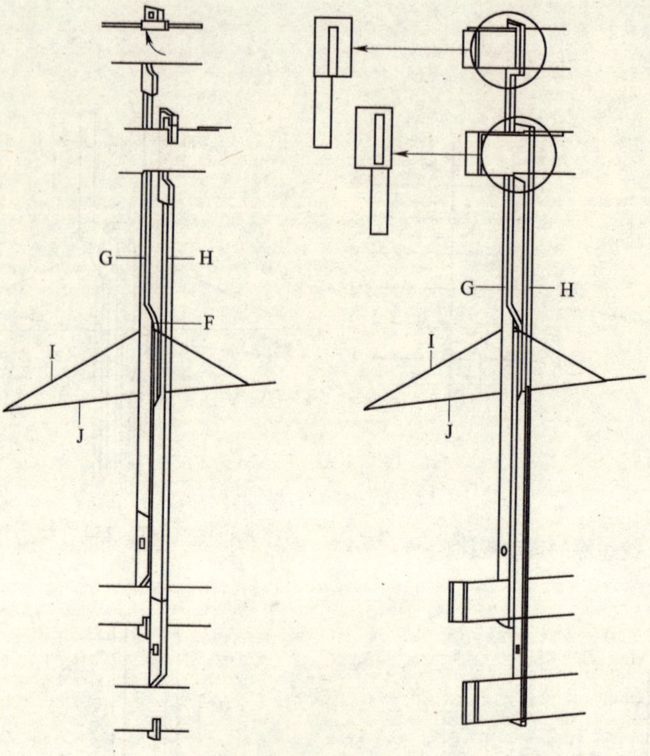

图 3-3-257 绞边综安装图

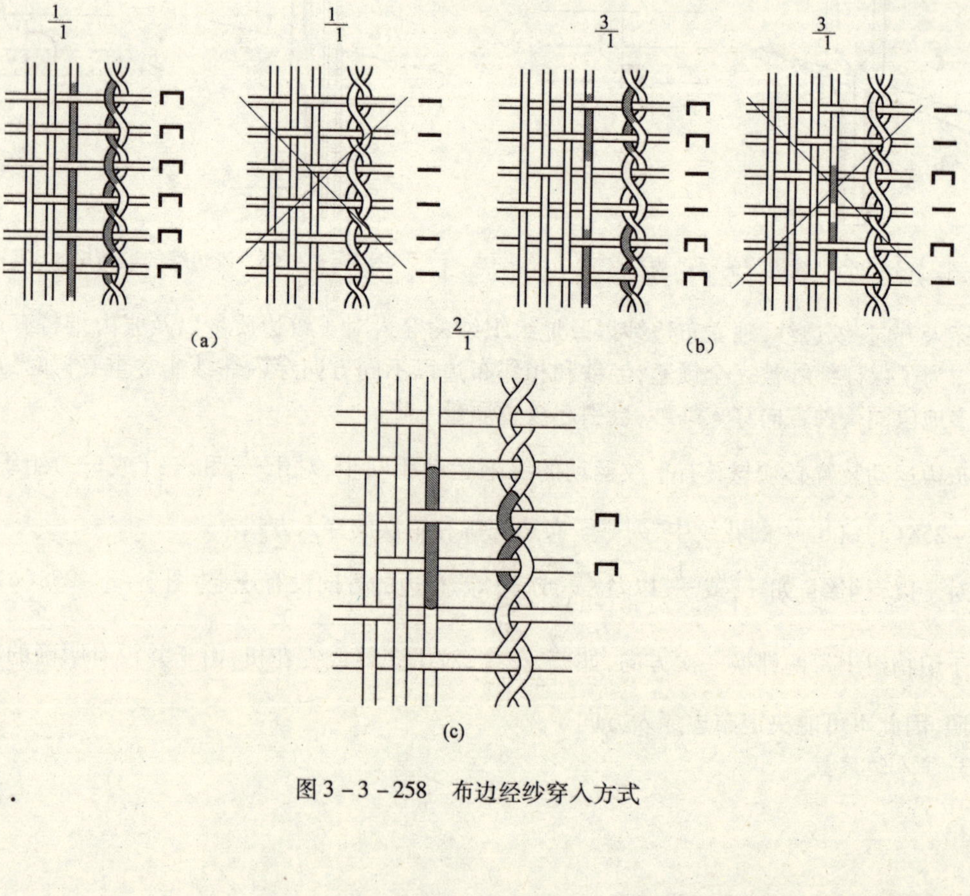

图 3-3-258 布边经纱穿入方式

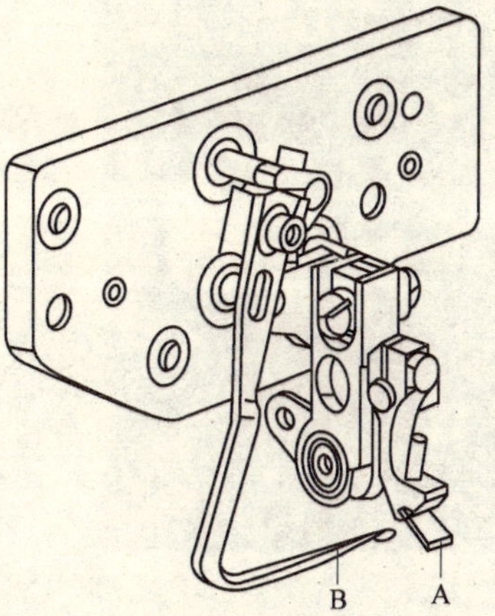

图 3-3-259 机械式折边装置

(1)机械式折边装置:如图 3-3-259 所示,当第一根纬纱被打入织口之后,被布边纱夹住,该纬纱会在布边处被夹块 A 夹住。然后该纬纱会在钩子和布边之间,距第一根经纱至少 11mm 处被纬纱剪剪断。在纬纱被夹持和被剪断时,在穿纱针 B 与夹块 A 的配合下,纬纱进入织口。

如图 3-3-260 所示,在机器右侧,纬纱在距最后一根经纱 11mm 处,被折入后的纱尾保持相同的长度,被剪去的纱尾被带入废纱筒中。在中间折边装置中,纬纱在距相应的两边各为 14mm 处被剪断。

(2)气动式织入边:气动式织入边装置用于织造良好的布边,当使用了纱罗装置时,可获得毛刷状边,此时纬纱在一定长度内被剪断,并翻入下一织口中,机械式织入边装置(MTI)由一系列机械传动部分组成,而气动式织入边装置除由一个电子电动机驱动外,其他运动部分均由气流驱动。

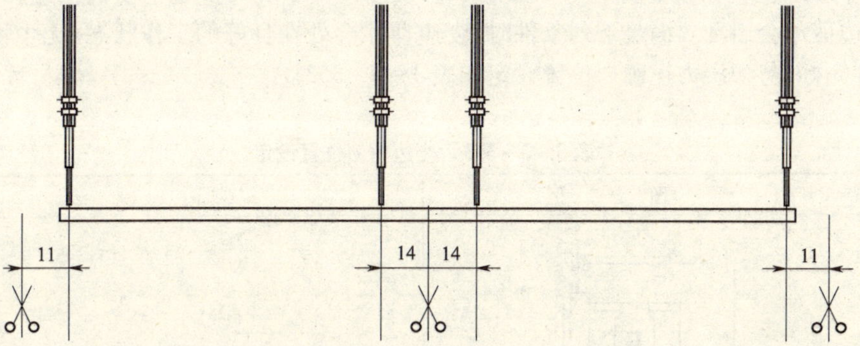

图 3-3-260 纱尾处理

通过将纱尾翻入织口,布边处有两倍的纬纱密度,若织物的经纬密较大时,则可能因布边处的高张力而造成布边收缩等问题。

若经停过于频繁可通过下列途径来解决:降低经密是最明显的解决方法,或者采用改变布边组织的方法,如由$\frac{1}{1}$改为$\frac{2}{2}$。另外,还可以将布边使用较细的经纱,但整经过程过于复杂,导致该方法不容易操作,用气动式织入边,可以将二根纱或几根纱成为一组一起织入。

4. 用作绞边纱的小筒子架　如图 3-3-261 所示,有 3 种类别的筒子架:圆盘筒子架 A;垂直纱罗筒子架 B;水平纱罗筒子架 C。水平和垂直架由一定数目的筒子构成,垂直筒子架可以安装 2,4,6 或 10 个筒子;水平筒子架根据筒子架的配置可以放置最多 12 到 16 个筒子。特殊适配件允许安装圆柱形或圆锥形的筒子。

对于所有的形式,必须合理设定纱线张力以保证纱罗边的打纬线和织物的打纬相一致,纱线张力设定取决于纱的类型和织物品种。对于常规经纱张力,补偿叶片弹簧应该有 1~3cm 的偏摆。

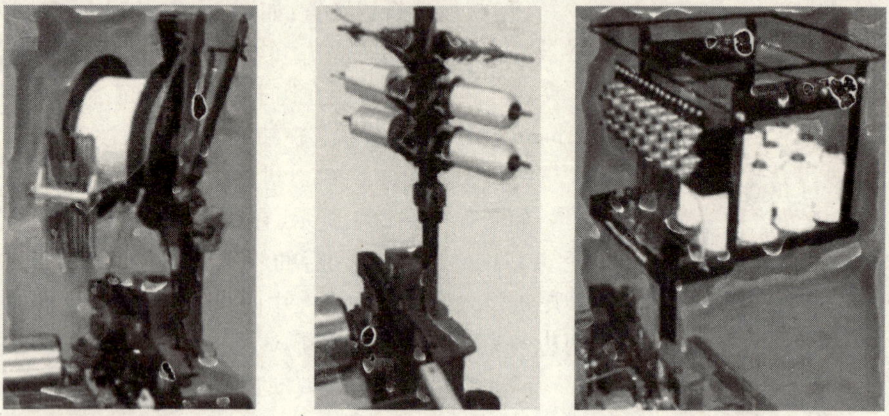

图 3－3－261 不同类别的筒子架

5. 废边剪刀

(1)电子废边剪刀:废边剪由一个独立于织机主传动系统的步进电动机控制,只有在织机运动时废边剪才会启动。满足下列条件时,废边剪才会处在良好的工作状态:无尘无废纱卡住刀片;刀片完好;剪切压力正确。位置设定如表 3－3－353。

表 3－3－353 废边剪刀位置设定

位 置	图 例	方 法
横向位置	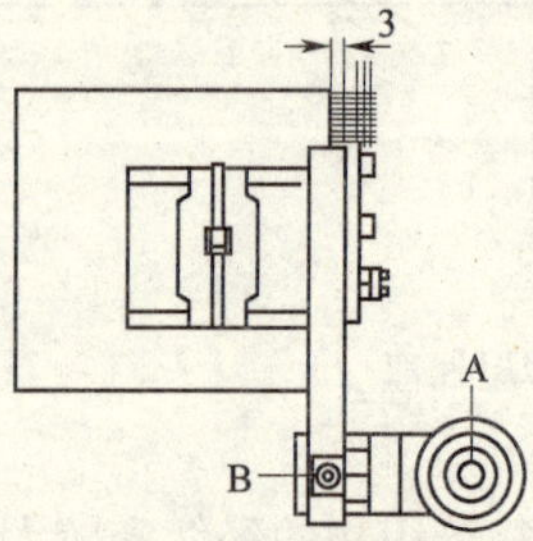	松螺丝 A,横向移动剪使其距布边 3mm 并锁紧 A
高度位置	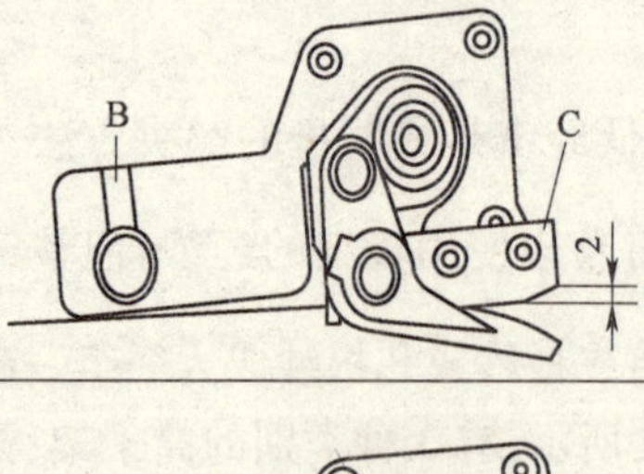	松螺母 B,调节剪刀高度,使定刀片 C 的剪切面末端在布面上方 2mm 处,锁紧 B
废边剪的剪切压力	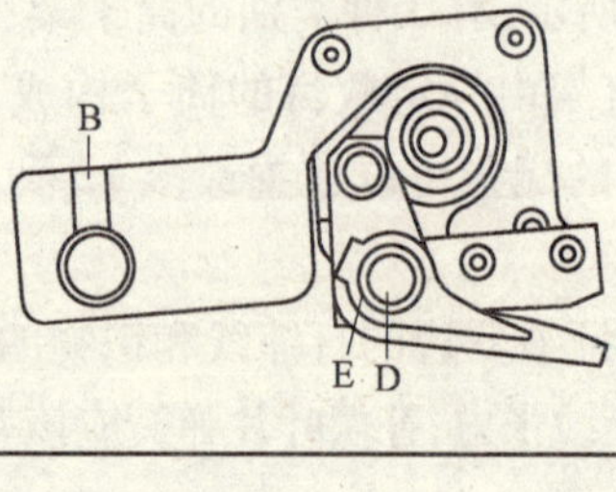	松掉螺丝 B,并将剪刀从支撑杆上取下,在刀片间拉一根纬纱,手动转动电动机轴,检查纬纱是否能被剪断,对每一道的纬纱均进行该试验。当松螺母 E 的时候,需用螺丝刀卡住剪轴 D,顺时针转动螺母直到刀片互相接触,检查纬纱是否能被剪断,若剪不断则继续顺时针转动 E 以增加剪切压力(此时,剪刀轴需用螺丝刀卡住)。然后再检查各道的纬纱是否能顺利剪断

(2)电子开幅剪刀:中间开幅剪刀由独立于主传动机构的步进电动机控制,只有在织机转动时该装置才转动。只有在满足下列条件时,废边剪才会处在良好的工作状态,如无尘无废纱卡住刀片;刀片完好;剪切压力正确。位置设定见表 3-3-354 所示。

表 3-3-354 电子开幅剪刀位置设定

位置	图例	方法
横向位置	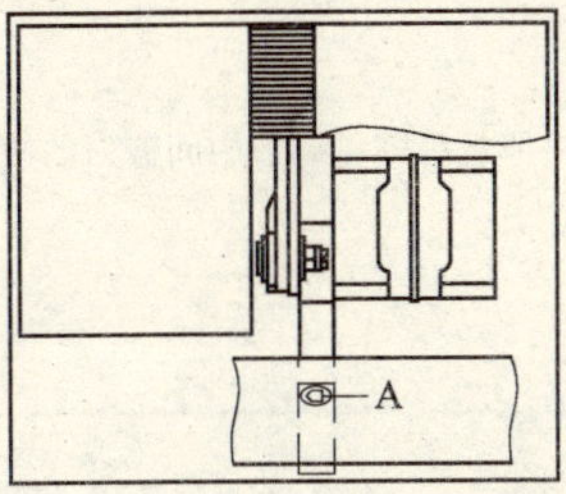	松螺丝 A,横向移动剪刀至所需位置,并锁紧 A
高度位置	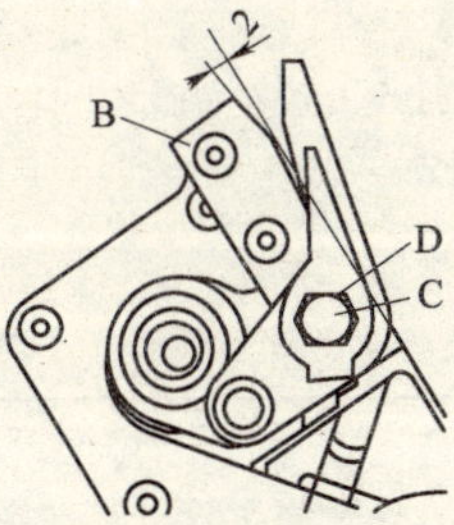	松螺丝 A(见横向位置调整图),调节剪刀高度,使定刀片剪切面 B 低于布面 2mm,并锁紧螺丝“A”
剪切压力调节	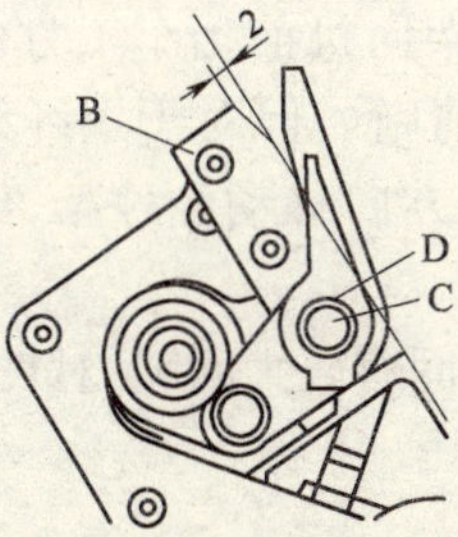	松螺丝 B,并将废纱剪刀从剪刀支撑上拆下,在刀片间拉一根纬纱,手动转动电动机轴检查纬纱是否被剪断,并对每一道纬纱都进行该项检查。当松螺母 D 时,需用螺丝刀卡住剪刀轴 C,顺时针转动螺母直到剪刀刀片互相接触,在刀片间拉住纬纱,检查纬纱是否被剪断。若剪不断则继续顺时针转动 D,增加剪切压力(此时剪刀轴需用螺丝刀卡住)。最后再检查各道的纬纱是否能被顺利剪断

(3)热熔剪刀:热熔剪可用作废边剪刀也可用作开幅剪刀。

①当作废边剪时的设定

如图 3-3-262 所示,在横向位置上,剪刀距布边应尽可能近,但在织机停车时布边会有轻

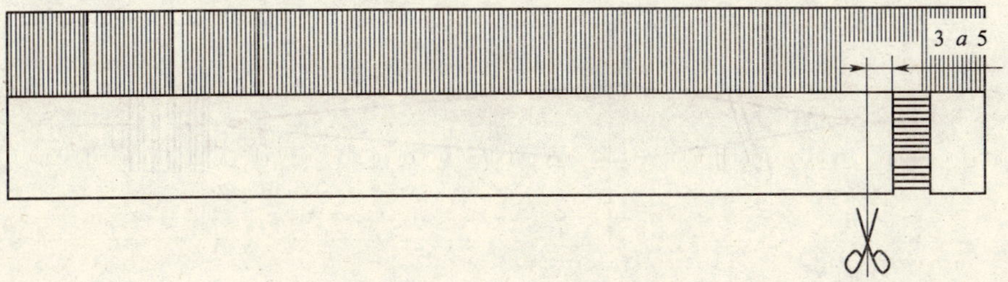

图 3-3-262 废边剪刀位置图

微的移动,故剪刀应距布边一定的距离(3~5mm),以保证停车时剪不会剪到布边里面去。

②用作开幅剪时的设定(如表3-3-355)。

表3-3-355　开幅剪刀位置设定

位　置	图　例	方　　　法
横向位置	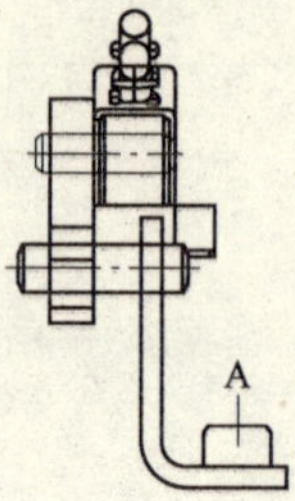	螺丝A松掉之后即可调节中间剪刀的横向位置
高度位置	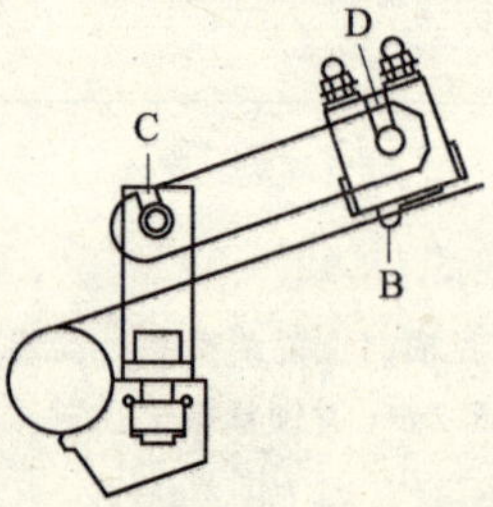	热熔剪的直线块B放在布面之上且与布面平齐,通过螺丝C和D可以进行调节

(四)经停机构

1.经停架的位置　如图3-3-263所示,把经停架向机前挡车工方向移动,这一操作可以使粘连的经纱容易分开;粘连经纱根数减小,梭口清晰。但对于短纤维纱线,由于经纱拉动停经片使之摆动,会损伤停经条和经纱。如向经轴方向移动经停架,经纱受力将减小,适合于长丝。

由于短纤维纱线有较多落损纤维,所以要求经停片间有较大间隙;对长丝,一般丝停片间隙较小,以免损伤长丝纤维。

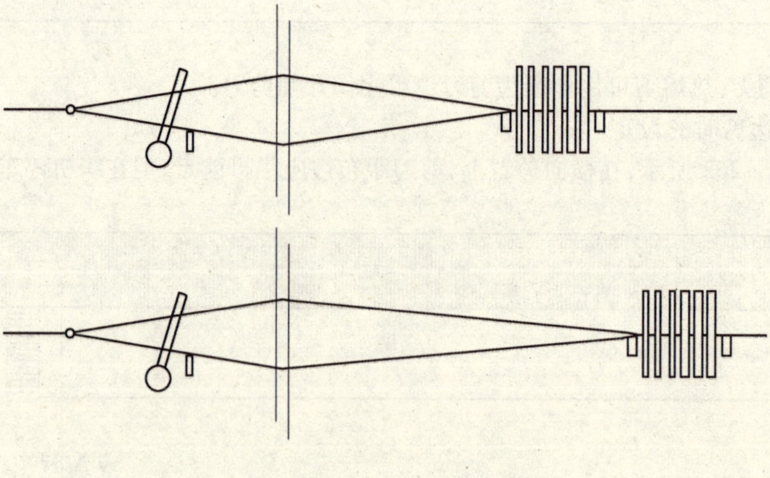

图3-3-263　经停架位置设定

2. 经停机构位置的设定 经停架的高度,深度,倾斜角调整:如图 3-3-264、图 3-3-265 所示,转动织机至综平位置,在中央支撑上松开螺丝 A,B,D 和螺母 C,并松开螺母 E 和螺丝 H,通过螺丝 F 调整高度。通过移动经停架支撑 G 调整深度,深度从螺丝 H 上可读出。松开螺丝 I,旋转经停架可调整倾斜度。在经停条间距为 30mm 的机器上,支架 G 可以放在距综框 45mm 处,此时螺丝 H 放在第 2 个孔。这时经停架的位置不再能从支架的刻度下方读出,而是相对于螺丝 H 的中心线读数。

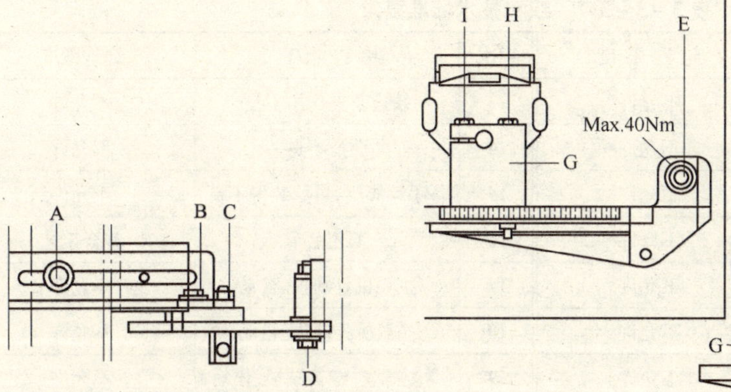

图 3-3-264 经停机构位置设定(1)

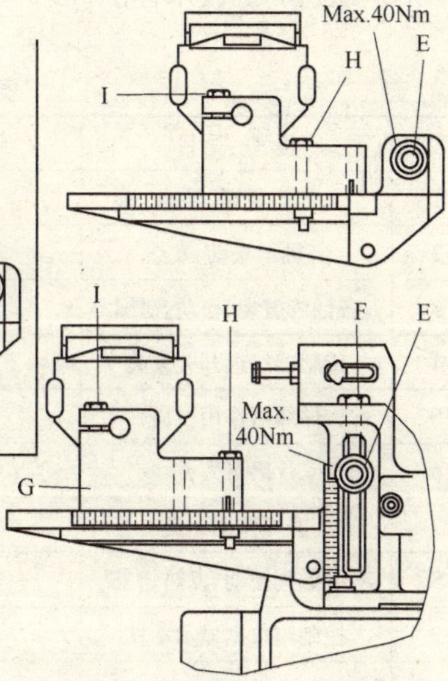

图 3-3-265 经停机构位置设定(2)

四、维护及保养

1. 检修

(1) 织机专项检修要求(表 3-3-356)。

表 3-3-356 织机专项检修要求

名 称	检 查 内 容	技术要求	名 称	检 查 内 容	技术要求
离合器	各部轴承	不允许磨损	储纬器	清洁	无花絮回丝
	制动角	80°~120°		各部轴承	不允许磨损
	灵活回转	灵活		磁针灵活、位置准确	不允许小于 0.8mm
	清洁	无花絮回丝		各传感器作用良好否	良好
开口连杆	各部轴承	不允许磨损		绕线盘、摆动盘灵活否	灵活
	连杆磨损	不允许	边撑	齿环排列正确否	正确
	开口时间	±2°		无缺齿起毛否	无
	综框两程	按工艺要求		齿环回转灵活否	灵活
	综框高度	按工艺要求		机件缺损否	不缺损

续表

名称	检查内容	技术要求	名称	检查内容	技术要求
辅助喷嘴	喷嘴无松动、裂缝否	无松动、裂缝	辅助喷嘴	喷嘴角度正确否	正确
	喷嘴无堵塞、毛刷清洁否	无堵塞、毛刷清洁		—	—

(2)织机完好技术标准(表3－3－357)。

表3－3－357 织机技术标准要求

项次	检查项目	允许限度	项次	检查项目	允许限度
1	机台震动、异响	不允许	13	绞边装置作用不良	不允许
2	各轴承松动、发热	不允许	14	润滑不良	不允许
3	各油管破裂、松动、泄漏	不允许	15	各手动阀门,过滤装置不良	不允许
4	传感器接近开关失灵	不允许	16	工艺上车	符合工艺
5	储纬器作用不良	不允许	17	主要机件缺损、松动	不允许
6	计码器失灵	不允许	18	一般机件缺损、松动	不允许
7	剪刀作用不良	不允许	19	主要螺丝、键销缺损、松动	不允许
8	各电磁阀松动、发热、失灵	不允许	20	一般螺丝、键销缺损	不允许
9	控制箱数据显示不良	不允许	21	安装装置作用不良	不允许
10	各链条、皮带断裂、张力不良	不允许	22	电气装置作用不良	不允许
11	连续性机械疵点	不允许	23	电气严重不良	不允许
12	自停装置作用不良	不允许		—	—

(3)织机机工质检要求(表3－3－358)。

表3－3－358 织机机工质检要求

项次	检查内容	技术要求
1	全机异常声音	不允许
2	全机清洁	无积花、油垢、回丝、擦净全车
3	主喷嘴	按定规校正
4	开口定时	按工艺 ±2°
5	各部位气管	无磨损、破裂、松动
6	边撑	未刺作用、刺环无磨损
7	张力部分	布面张力适中、缓冲(油)传感器工作正常
8	储纬器	1. 清洁内部;2. 摆纬盘磨损;3. 磁针位置;4. 与主喷位置
9	两侧剪刀中央剪刀	剪刀时间正确、清洁并加油
10	废边调节失效	不允许
11	油箱油量	不低于油线且油色正常

续表

项 次	检查内容	技术要求
12	传动皮带	张力适中、不跳动、无磨损
13	卷布作用	良好、紧度适中、链条不跳动
14	钢筘位置与筘座	底座螺丝不松动
15	探纬器	清洁、安装正确,不松动,线固定良好
16	气压	符合工艺规定
17	综框运动	不跳动
18	工艺参数	符合工艺
19	电、机件缺损松动	不允许
20	一般螺丝松动	不允许

(4)织机上轴质检要求(表3-3-359)。

表3-3-359 织机上轴质检要求表

项 次	检查内容	技术要求
1	全机清洁	揩清全机,无积花回丝,无油污
2	油位	凸轮箱、卷取箱、各加油部位满足要求
3	布边剪切	剪切时间符合要求,右侧毛边长3~5mm
4	边撑	外侧刺标与布边第一根经纱平齐,环间无回丝,转动灵活,高低两侧一致
5	钢筘	位置按规定,平直不松动,织物无筘路
6	探纬器	位置正确,无污垢,作用正常
7	机件,螺丝	拆装范围内不松动
		其余不松动
8	综框	高度按工艺要求,横动1~2mm 前后2~3mm
9	经位置线	后梁高度深度,停经架高低,进出倾斜度符合工艺,停经架中部不凹下
10	喷嘴	主喷嘴,作用正常,位置正确
11	气管	各部分气管连接正确无漏气、碰撞
12	油管	全机油管无漏油、碰撞
13	分纱均匀	各分纱处分纱均匀,不得多于5根
14	行星绞边	清洁无积花,时间按工艺 ±2°
15	后梁张力弹架	二侧一致
16	筒子架	固定良好,位置正确
17	储纬器	清洁内外,作用良好
18	安全罩壳	作用良好,无缺损
19	电线、电缆	固定正确,不碰磨机件
20	了机落件	上轴后全机周围无落件,纱头

(5)织机检修及处理(表3-3-360)。

表3-3-360 织机检修及处理

项 次	检修部位	检 修 项 目	处 理 方 法
1	全机清洁	墙板内外侧油污；开口凸轮箱表面油污；筘座下部花毛、油污；行星纱装置油污；三辊回丝；电盘盒内花毛	清除各部件上油污、飞花及杂质
2	卷取部分	卷取辊齿轮是否有死花夹入；链条及刺轮表面清理、松紧度调整	清理油花毛，调整链条松紧并涂抹黄油
		废边盘传动是否匀整	调整皮带轮松紧
		皮带是否磨损，齿隙是否干净	打开防护罩，检查、清理、更换
		卷取齿轮箱内螺丝是否紧固、缺件、间隙是否在0.5mm以内	打开齿轮箱黑箱，检查、调整、紧固
3	送经部分	零张力的检查	张力调零
		松经装置的检查	按工艺要求重新设定松经时间和松经量或松经弹簧的位置
4	开口部分	取下各片综框，检查磨损情况	更换坏件，涂敷润滑脂
		打开凸轮箱，检查箱内各部件磨损情况，检查开口臂高度	更换坏件，重新调整开口臂高度
5	引纬部分	主喷嘴的清洁、校正	去除喷嘴本体和管子内脏物
		空气过滤器的清理	去除环体内脏物，并更换坏过滤元件
		各空气调节阀是否漏气	清理、更换
		电磁阀是否起作用，安装位置是否良好	清理、注油、更换磨损件
		辅助喷嘴磨损程度，喷嘴与筘座及其之间相互位置尺寸	更换损坏件。左侧第一辅助喷嘴底座与筘座第一定位螺丝距离17.5mm，最后5~6个辅助喷嘴间距37mm，其余间距74mm
		探纬器的清洁及其连线的安装	清理探纬器头部脏物，检查是否良好，FD1、FD2两探纬器之间间距为120mm，连线平整不交叉，均匀排列
		储纬器的检修	拆开储纬器，检查、清理、校正（储纬圈数30圈左右）
6	布边部分	左侧电子剪刀的校正	按工艺要求重新调整
		右侧剪刀的校正	安装位置端正；加油；剪纱长度3~8mm
		行星纱装置	更换磨损件；位相调整，张力调整；注油
7	传动部分	检查主电动机皮带磨损情况，张紧度，皮带轮是否紧固	更换磨损件，重新调整皮带松紧，紧固螺丝。
		检查刹车盘间隙	重新调整，间隙0.5~0.7mm
8	电气部分	各种自停装置是否良好，指示灯是否良好	清洁，更换坏件
9	工艺部分	检查全车机上工艺是否符合设定要求	按工艺要求标准重新调整，设定
10	油管、油路部分	检查油管是否有空气；油路是否堵塞。油位是否在油标的1/2~2/3处	添加或排放

2. 润滑

(1)润滑用油(油液规格类型1)(表3-3-361)。

表3-3-361　润滑用油油液规格类型(1)

项　目	标　准	数　值	单　位
Type	DIN 51517/3	CLP 150	
Viscosity class Kinematic viscosity at 40℃	ISO 3104 ASTM D 445	ISO VG 150 135～165	mm^2/s (cSt)
Agma Nr.		4EP	
Viscosity Index(VI)	ASTM D 2270 ISO 2909	>95	
Density at 15℃		<1	kg/L
T. A. N. (Total acidity content)	ASTM D 664	<4	mgKOH/g
Solidification point	ASTM D 97 ISO 3016	< -10	℃
Flash point(C. O. C.)	ASTM D 92	> +200	℃
Degree of purity of fresh oil	NAS 1638 ISO 4406	10 or better 19/16 or better	class class
Water content	ISO 3733 ASTM D 95	<0.02 <200	g/100g ppm
Timken OK Load	ASTM D 2782	>60	lbs
Fourball test EP Wear diameter	ASTM D 4172	0.30	mm
FZG - test A/8,3/90 wear degree	DIN 51354 DIN 51509	>12	stage
Foaming Sequence 1 Sequence 2 Sequence 3	ISO 6247 ASTM D 892	 0 0 0	 mL mL mL
Copper corrosion	ASTM D 130	1A/1B	
Steel corrosion in distilled water in salt water Corrosion test A and B	 DIN 51585 A DIN 51585 B ASTM D 665	 no rust no rust no corrosion	
Compatibility for seals Change of hardness Volume change	DIN 53538 DIN 53521	 -4～+4 -5～+10	 Shore A %

(2)润滑用油(油液规格类型2):该润滑油只限用于外置凸轮的 staubli MAF 1651、1661、1751 或 MAF1761 开口机构(表3-3-362)。

表 3 -3 -362 润滑用油油液规格类型 2

项 目	标 准	数 值	单 位
Type	DIN 51517/3	CLP 320	
Viscosity class Kinematic viscosity at 40℃	ISO 3104 ASTM D 445	ISO VG 320 288 ~352	mm^2/s (cSt)
Agma Nr.		6EP	
Viscosity Index(VI)	ASTM D 2270 ISO 2909	>95	
Density at 15℃		<1	kg/L
T. A. N. (Total acidity content)	ASTM D 664	<4	mgKOH/g
Solidification point	ASTM D 97 ISO 3016	< -10	℃
Flash point(C. O. C.)	ASTM D 92	> +200	℃
Degree of purity of fresh oil	NAS 1638 ISO 4406	10 or better 19/16 or better	class class
Water content	ISO 3733 ASTM D 95	<0.02 <200	g/100g ppm
Timken OK Load	ASTM D 2782	>60	lbs
Fourball test EP Wear diameter	ASTM D 4172	0.30	mm
FZG - test A/8,3/90 wear degree	DIN 51354 DIN 51509	>12	stage
Foaming Sequence 1 Sequence 2 Sequence 3	ISO 6247 ASTM D 892	 0 0 0	 mL mL mL
Copper corrosion	ASTM D 130	1A/1B	
Steel corrosion in distilled water in salt water Corrosion test A and B	 DIN 51585 A DIN 51585 B ASTM D 665	 no rust no rust no corrosion	
Compatibility for seals Change of hardness Volume change	DIN 53538 DIN 53521	 -4 ~ +4 -5 ~ +10	 Shore A %

(3)润滑用脂(油脂规格类型 1)(表 3 -3 -363)。

表 3-3-363　润滑用脂油脂规格类型 1

项　目	标　准	数　值	单　位
NGLI Nr. Penetration ASTM at 25℃ (kneaded)		2 265/295	 0.1 mm
Basic oil		Mineral	
Viscosity index (VI) of the basic oil		95	
Viscosity of the basic oil at 40℃		120～220	mm^2/s
Basic soap		lithium	
Drop point	ISO 2176	180	℃
Water resistance	DIN 51807/1	0 (=insoluble)	
Rust protection SKF emcor-test	ASTM D 1743 DIN 51802	1 0/0	
Used temperatures		-10/+125	℃
Timken OK load		45	lbs
Fourball test melting load	ASTM D 2596	250	daN
Coxidation stability after 100 Hours at 99℃	ASTM D 942	5	Psi pressure drop

(4)润滑用脂(油脂规格类型 2)。

这是一种较高黏度的锂基/钙基油脂,它可有效避免在高压下的机械磨损(表 3-3-364)。

表 3-3-364　润滑用脂油脂规格类型 2

Specifications	Standard	Value	Unit
NGLI Nr. Penetration ASTM at 25℃ (kneaded)		2 265/295	 0.1 mm
Basic oil		Mineral	
Viscosity index (VI) of the basic oil		95	
Viscosity of the basic oil at 40℃		120～220	mm^2/s
Basic soap		Lithium/Calcium	
MoS_2		tolerated	
Rust protection SKF emcor-test	ASTM D 1743 DIN 51802	1 0/0	
Used temperatures		+10/+100	℃

续表

Specifications	Standard	Value	Unit
Fourball test melting load	ASTM D 2596	400	daN
Coxidation stability after 100 Hours at 99℃	ASTM D 942	5	Psi pressure drop

(5)润滑用脂(油脂规格类型3):ELSY布边装置的塑料导轨,只能用MOLY KOTE PG75 PLASTIS - LTP润滑,因此,按下ELSY的按钮将该装置调至开口状态,可润滑U形导轨的前端,再按一次ELSY按钮,重新开口,润滑后端导轨。

(6)主要润滑部位(见表3-3-365)。

表3-3-365 主要润滑机件

名 称	图 例	要 求
外侧凸轮或多臂MAF 1651、1661、1751 或 1761		外凸轮多臂箱内装有10L润滑油,在新机器上每500小时更换润滑油,然后每年更换一次,更换时可通过快速接头A。每周都要检查油位,油标B中的油应加到中线位置。油过滤器C每两周都必须清洁一次
多臂 MAF 2861 或 2871	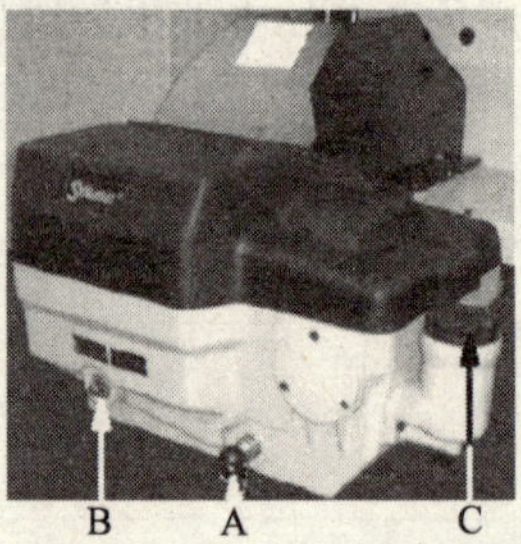	对装了16片综框的多臂箱,装有5L润滑油。新机器500h后更换润滑油,然后每年一次,更换时可通过快速接头A。每周都有要检查油位,油标B中的油应加到中线位置。过滤器每两周都须清洁
staubli多臂2670	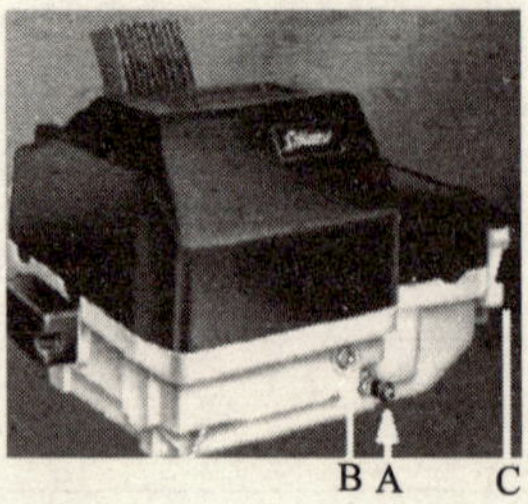	同上

续表

<table>
<tr><th>名　称</th><th>图　例</th><th>要　求</th></tr>
<tr><td>左右侧折入边装置</td><td>
</td><td>该油箱装有0.4L的类型1润滑油，必须每年更换油液一次。拔掉塞子A可将油放干。在塞上塞子A前。将塞子与塞孔螺纹上原有的油脂除去，给塞子A加Loctite577或类似的密封胶。给油箱加油时，取掉盖子B和油塞C。同时油标中的油加到一半。先除去油孔及油塞上的油脂须，然后给塞子A加一些密封胶Loctite577或类似的密封胶
在换轴时必须通过油标C检查油位，当停车时，油标的油位必须有一半</td></tr>
<tr><td>中间折入边装置</td><td>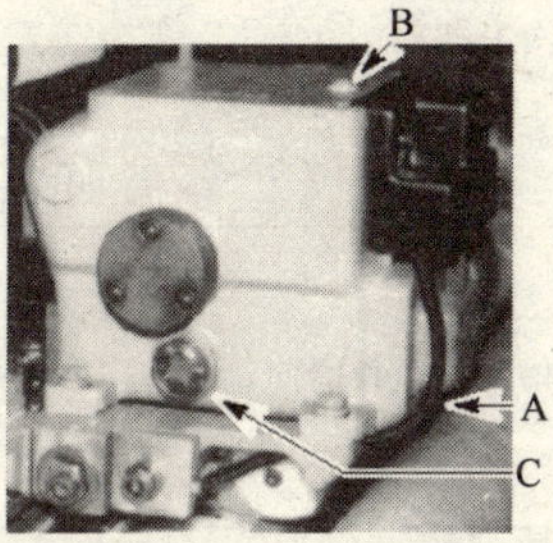
</td><td>该油箱装有0.5L类型1润滑油，必须每年更换油液一次，拔掉塞子A可放干油，在塞上塞子A前，需除去塞子与塞孔螺纹上原有油脂，给塞子A加密封胶Loctite577或类似的密封胶。给油箱加油时，取掉盖子B油塞C。同时作为油标，加油应加到一半
油孔及油塞上的油脂先褪去，然后加一些密封胶Loctite577或密封胶。在换轴时，必须通过油标C检查油位，当停车时，油标的油位必须有一半</td></tr>
</table>

(7)人工润滑：

①符号说明(表3-3-366)。

表3-3-366　油液类型符号说明

符　号	①	③	▽1	▽3	□
说　明	油液类型1	油液类型3	油脂类型1	油脂类型3	喷雾润滑

②加油周期：在通常情况下，有以下人工润滑时间间隔：每120小时(每周一次)；每240小时(每两周一次)；每480小时(每月一次)；每960小时(每两月一次)；每1440小时(3月一次)；每3000小时(每半年一次)；在了机时或最大每480小时加油润滑。这些间隔时间是指工作时间，不包括了机时间，一般在新机上最初500工作小时内润滑间隔时间缩短一半。以上的时间间隔只限于正常的工作环境下，然而在一些特殊情况下，如织厚重织物而高速运转或飞花灰尘很多时，这些时间间隔应该缩短。

③加油图标说明(表3-3-367)。

表3-3-367　加油图标

加油图标		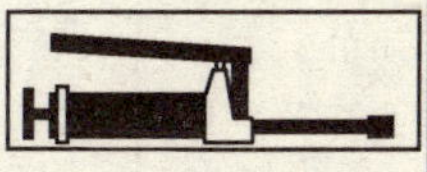		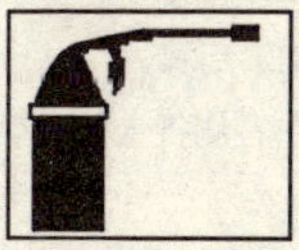
说　明	一滴油	油　枪	油　刷	油　壶

④加油标识(表 3 - 3 - 368)。

表 3 - 3 - 368 加油标识表

图 例	含 义
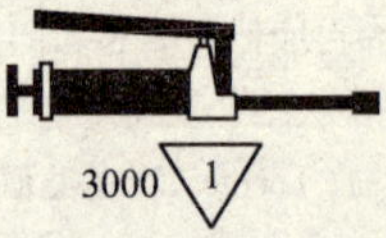	用油脂类别 1,使油枪,每 3000 小时工作时间
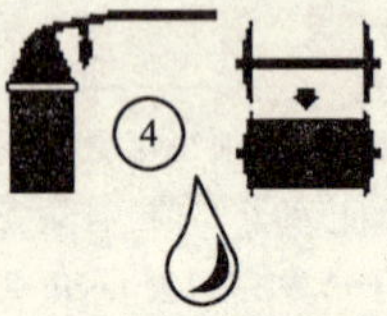	1 滴油液类型 4,用油壶,每次了机
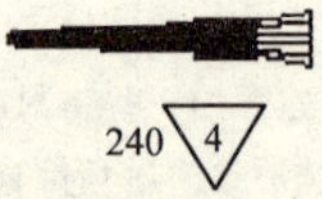	用油脂类型 4,用油刷,每 240 小时工作时间

⑤润滑要求(表 3 - 3 - 369)

表 3 - 3 - 369 润滑要求

名 称	润滑频率	要 求
织入边装置的压片及支撑	120h	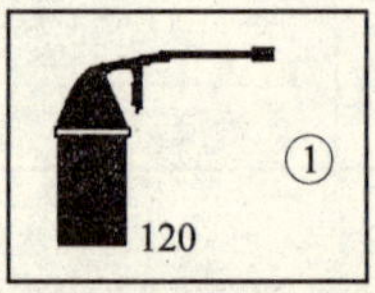
平稳装置位置 无平稳装置的 BLF 后梁 带平稳装置的 BLF 后梁 筘座轴承 ELSY 电子绞边装置	240h	加油脂直到看到新鲜油脂为止 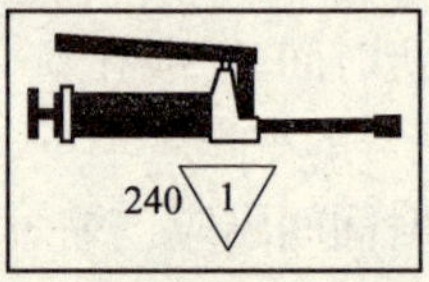
筘座轴承 BLF 后梁 左右侧折入边装置	480h	加油脂直到看到新鲜油脂为止 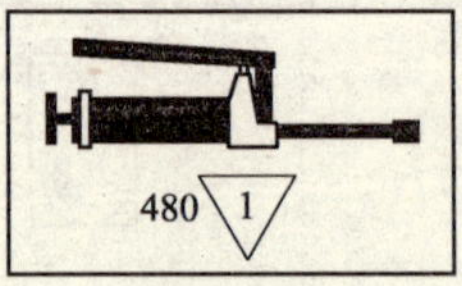

续表

名　　称	润滑频率	要　　求
中间折入边装置	240h	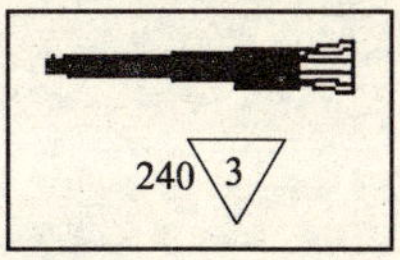
行星绞边装置、行星绞边装置中纱筒支架 右侧综框导板、左侧综框导板 使用 DRC3,综框传动杆(幅宽:190～250cm) 使用 DRC3,综框传动杆(幅宽≥190～250cm) 使用 DRC2,综框传动杆 DRC3 连接,右侧综框连杆 DRC3 连接,左侧综框连杆 经轴齿轮	了机时润滑	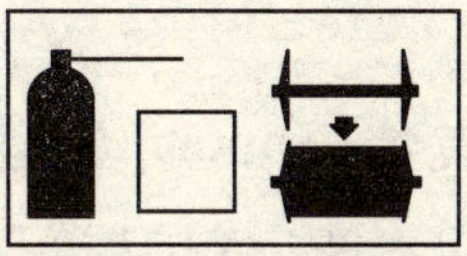 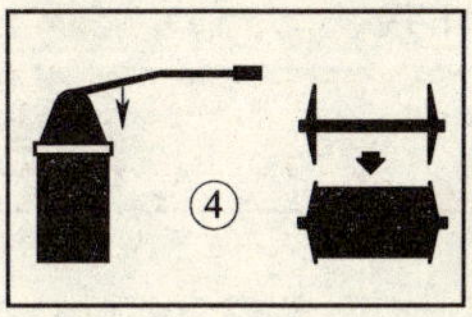
右侧折入边装置轴承;中间折入边装置轴承及小齿轮 上端轴的轴承 传动杆类型:E22N, E22C(幅宽:250cm) 传动杆类型:E22N, E22C(幅宽≥280cm) 传动系统 E23D,其拉刀顶端有一油嘴 传动系统 E22D,其拉刀上有一油嘴(幅宽:190～250cm) 传动系统 E23D,其拉刀上有一油嘴(幅宽≥280cm)	960h	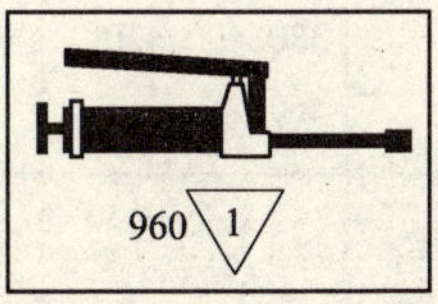
QSC 的右侧导轨 QSC 的左侧导轨 右侧磨纱辊驱动处	1440h	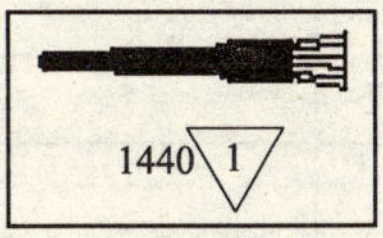
经轴啮合传动机构、右侧经轴啮合传动机构、左侧经轴啮合传动机构、左侧经轴轴承、右侧经轴轴承、机器左右侧布辊传动机构、砂辊传动齿轮轴、布辊摩擦盘传动轴	3000h	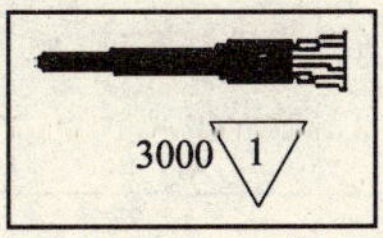

第四章　剑杆织机

第一节　舒美特(Somet)剑杆织机

一、舒美特(Somet)各型号剑杆织机

意大利舒美特公司是生产剑杆织机的著名公司,近年来推出各型号剑杆织机的技术特征如表3-4-1所示。

表3-4-1　舒美特(Somet)剑杆织机技术特征

技术特征＼型号		SM92,SM93	Thema—11	Thema—11E	Thema—11E—Excel	Thema—Super—Excel	Alpha
公称筘幅(cm)		165,190,210,220,230,260,280,300,310,320,340,360,380,400,420,460	165,190,210,220,230,260,280,300,320,340,360,380,400	165,190,210,220,230,260,280,300,320,340,360,380,400,420	165,190,210,220,230,260,280,300,320,340,360,380,400,420,460	165,190,210,220,230,260,320,340,360,380	170,190,210,230,260,280,300,320,340,360,380,400,420,460
适应纱线线密度范围	短纤纱(tex)	5~583	5~470	5~583	5~583	5~583	5~583
	长丝(dtex)	10~4450	17~4450	17~4450	17~4450	17~4450	17~4000
最高转速(r/min)(公称筘幅为190cm时)		500	500	550	600	620	650
最高入纬率(m/min)		1100	1300(公称筘幅为360cm时)	1300	1400	1500	1520(公称筘幅为380cm时)
开口装置		机械多臂,机械提花	电子多臂,电子提花	电子多臂,电子提花	电子多臂,电子提花	电子多臂,电子提花	电子多臂,电子提花
打纬装置		分离筘座,凸轮打纬	分离筘座,凸轮打纬	分离筘座,凸轮打纬	分离筘座,凸轮打纬	分离筘座,凸轮打纬	分离筘座,凸轮打纬

续表

技术特征＼型号	SM92,SM93	Thema—11	Thema—11E	Thema—11E—Execl	Thema—Super—Excel	Alpha
引纬装置	双侧共轭凸轮,通过连杆传动扇形齿轮,经锥形齿轮,带动传剑轮引纬,挠性剑杆,有单侧导剑钩,剑头为碳纤材料加金属嵌件	双侧共轭凸轮,通过连杆摆动齿轮,经锥形齿轮,带动传剑轮引纬,挠性剑杆,有单侧导剑钩,剑头为轻质合金材料	双侧共轭凸轮,通过连杆摆动齿轮,经锥形齿轮,带动传剑轮引纬,挠性剑杆,有单侧导剑钩,剑头为轻质合金材料	双侧共轭凸轮,通过连杆摆动齿轮,经锥形齿轮,带动传剑轮引纬,挠性剑杆,可选择 GFG 导剑钩,剑头为轻质合金材料	双侧共轭凸轮,通过连杆摆动齿轮,经锥形齿轮,带动传剑轮引纬,挠性剑杆,采用 MFG 单侧导剑钩,剑头为轻质合金材料	双侧共轭凸轮,通过连杆摆动齿轮,经锥形齿轮,带动传剑轮引纬(此系统更为紧凑),挠性剑杆,可选择 GFG 或 MFG 单侧导剑钩,多用途剑头为轻质材料
送经装置	PIV 无级变速及亨特(Hunt)送经装置	PIV 无级变速及亨特(Hunt)送经装置,可选电子送经装置	EWC 电子送经	EWC 电子送经	EWC 电子送经	EWC 电子送经
卷取装置	PIV 无级变速卷取装置	PIV 无级变速卷取装置	无级变速卷取装置	ETD 电子卷取	ETD 电子卷取	ETD 电子卷取
选色装置	8 色机械,电子红外选纬	8 色电子选纬	8 色电子选纬	8 色电子选纬	8 色,12 色电子选纬	4 色,8 色,12 色电子选纬
储纬装置	意大利 ROJ 公司 AT1200	意大利 LGL 公司 SIRIO ROBOT	意大利 LGL 公司 SIRIO ROBOT	意大利 LGL 公司 SIRIO ROBOT	意大利 LGL 公司 PROGRESS	意大利 ROJ 公司 Chrono X2 型
布边装置	纱罗绞边,可配折入边装置	纱罗绞边,独立假边装置	纱罗绞边,独立假边装置	纱罗绞边,独立假边装置	纱罗绞边,独立假边装置	电子纱罗绞边,独立假边装置
润滑系统	集中润滑系统	集中润滑系统	集中润滑系统	集中润滑系统	集中润滑系统	集中润滑系统
经停装置	6～8 列电控式	6～8 列电控式	6～8 列电控式	6～8 列电控式	6～8 列电控式	6～8 列电控式
纬停装置	压电陶瓷控制装置	Eltex—Anti—2 型压电陶瓷控制装置	Eltex—Anti—2 型压电陶瓷控制装置	Eltex—Anti—2 型压电陶瓷控制装置,并具防双纬功能	12 孔 Eltex—Anti—2 型压电陶瓷控制装置,并具防双纬功能	12 孔 Eltex—Anti—2 型压电陶瓷控制装置
纬密(根/10cm)	30～780	30～780	30～780(可扩展至 30～1600)	13～2000	13～2000	50～1600
经轴直径(mm)	800,1000,1200	800,1000,1200	800,1000,1200	800,1000,1200	800,1000,1200	800,1000,1100

续表

技术特征 \ 型号	SM92,SM93	Thema—11	Thema—11E	Thema—11E—Execl	Thema—Super—Excel	Alpha
卷布直径(mm)	550	550	550	550,600	550,600	550
监控系统	微处理机监控系统,检测和控制织机所有功能	SOCOS 微电脑监控系统监控所有功能,自我诊断,工艺参数设定,数据统计处理,并可与中央电脑系统双向通讯	SOCOS 微电脑监控系统监控所有功能,自我诊断,工艺参数设定,配有8行40字符的显示屏,Qwerty 式功能键盘,用SDTS 功能记忆卡编程,编码器采集和处理所需数据,并可与中央电脑系统双向通讯	EASY SOCOS 计算机系统及SDTS 数据传输系统可监控所有功能,自我诊断,工艺参数设定,配有8行40字符的显示屏,Qwerty 式功能键盘,用 MOPS 记忆卡功能记忆卡编程,编码器采集和处理所需数据,并可与中央电脑系统双向通讯	用 EASY SOCOS 计算机系统及 SDTS 数据传输系统可监控所有功能,自我诊断,工艺参数设定,配有8行40 字符的显示屏,Qwerty 式功能键盘,用 MOPS 记忆卡功能记忆卡编程,编码器采集和处理所需数据,并可与中央电脑系统双向通讯	采用 CAN—BUS 总线连接技术,微处理机监控系统,检测和控制织机所有功能;电控箱配有终端图形显示屏,功能键盘,可用储存卡编程,可双向通讯
其他装置	自动找纬,对织口功能装置 SM93 有密纬设置	自动找纬,对织口功能装置 密纬设置 PTD 新型可编程纬纱张力控制系统 ASC 自动选纬变换系统	PTD 可编程纬纱张力控制系统 SQSC 快速品种更换装置 电子密纬装置	EFTU 均匀纬纱张力控制装置及 ETR 同种纬纱自动替代装置 可配 FEL 快速经停识别装置 SQSC 快速品种更换装置	EFTU 均匀纬纱张力控制装置及 ETR 同种纬纱自动替代装置 可配 FEL 快速经停识别装置 独立废边和绞边辅助经停装置 SQSC 快速品种更换装置 SKM 结经系统 左侧有减少纬纱浪费的废边剪刀装置	EFTU 均匀纬纱张力控制装置 CAN—BUS 数据传送 油自冷却系统 SQSC 快速品种更换装置 电子绞边用线性电动机驱动 HI—DRIVE 数控电动机主驱动
外形尺寸宽(cm)×深(cm)	(417~724)×182	(443~669)×177	(443~710)×177	(445~752)×177	(445~672)×177	(445~747)×176.4

二、天马超优秀(Thema—Super Excel)型剑杆织机

(一)主要技术特征

天马超优秀(Thema—Super Excel)型剑杆织机的主要技术特征如表3-4-2所示。

表 3－4－2　天马超优秀(Thema—Super Excel)型剑杆织机的主要技术特征

公称筘幅(cm)	165	190	210	220	230	260	280	300	320	340	360	380	400	420	460
最大穿筘宽(cm)	160	185	205	215	225	255	275	295	315	335	355	375	395	415	455

适应纱线线密度范围(tex)		5～583				
纬密范围(根/10cm)		13～2000				
引纬	型　式	挠性剑杆消极式剑头				
引纬	纬纱选色	1～12 色				
引纬	入纬率(m/min)	1500				
适用品种		各种天然、合成和再生纤维				
开口	型　式	踏盘式(BRS12)	积极式多臂，电子读取系统	积极式多臂，电子读取系统	电子提花机	机械提花机
开口	最大可控综框页数	12	12	20		
经轴类型		单经轴	双经轴	差动式经轴	上置经轴	
织边	型　式	雷诺绞边	钩边装置			
织边	组　织	纱罗组织	视织物而定			
边　撑		铜环式				
打纬型式		共轭凸轮传动，分离筘座，固定钢筘				
经　停		六列电气式				
纬　停		8 孔 Eltex—Anti—2 型压电陶瓷控制装置				
织机电气负荷	主电动机	8.5kW(额定功率 7.5kW)				
织机电气负荷	主变压器	1kW				
织机电气负荷	电子卷取、送经	1.4kW				
织机电气负荷	吸尘电动机	0.4kW				
织机电气负荷	外接设备	1.2kW				

(二)机器的总体尺寸

1. 配有 500mm 和 800mm 织轴的机型　配有 500mm 和 800mm 织轴的天马超优秀(Thema—Super Excel)型剑杆织机如图 3－4－1 所示，代号对应的尺寸见表 3－4－3。

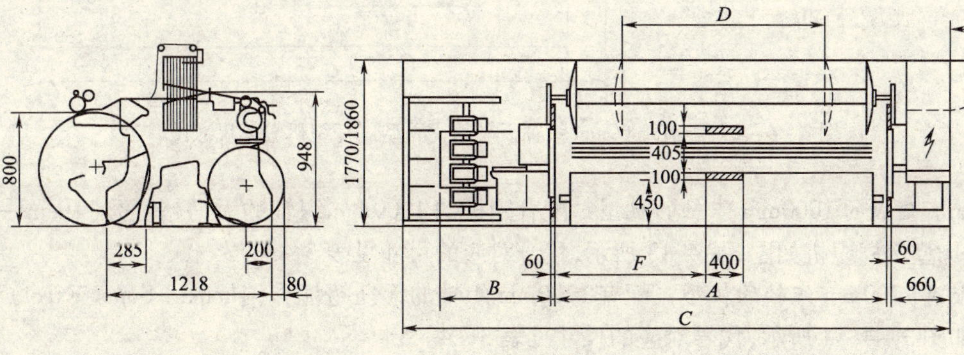

图 3－4－1　配有 500mm 和 800mm 织轴天马超优秀型剑杆织机总体尺寸图

表3-4-3 所有类型织机代号对应的尺寸

H	*A*	*B*	*C*	*D*	*E*	*F*	*L*
1650	2080		4450	790	1670		
1900	2330		4700	1040	1920		
2100	2530		4900	1240	2120		
2200	2630		5000	1340	2220		
2300	2730		5100	1440	2320		
2600	3150		5520	1740	2700		
2800	3350	BRS12 = 1050	5720	1940	2900		510
3000	3550	多臂机 = 1200	5920	2140	3100	1575	电气柜外形尺寸
3200	3750	提花机 = 625	6120	2340	3300	1675	
3400	3950		6320	2524	3500	1775	
3600	4150		6520	2724	3700	1875	
3800	4350		6720	2940	3900	1975	
4000	4550		6920	3140	4100	2075	
4200	4750		7120	3340	4300	2175	
4600	5150		7520	3740	4700	2375	

注 H 表示公称筘幅，*C* 值仅供参考，它随储纬器的类型、数量及纱筒的大小而变化。

2. 配有 1000mm 织轴的机型 配有 1000mm 织轴的天马超优秀（Thema—Super Excel）型剑杆织机如图 3-4-2 所示，代号对应的尺寸见表 3-4-3。

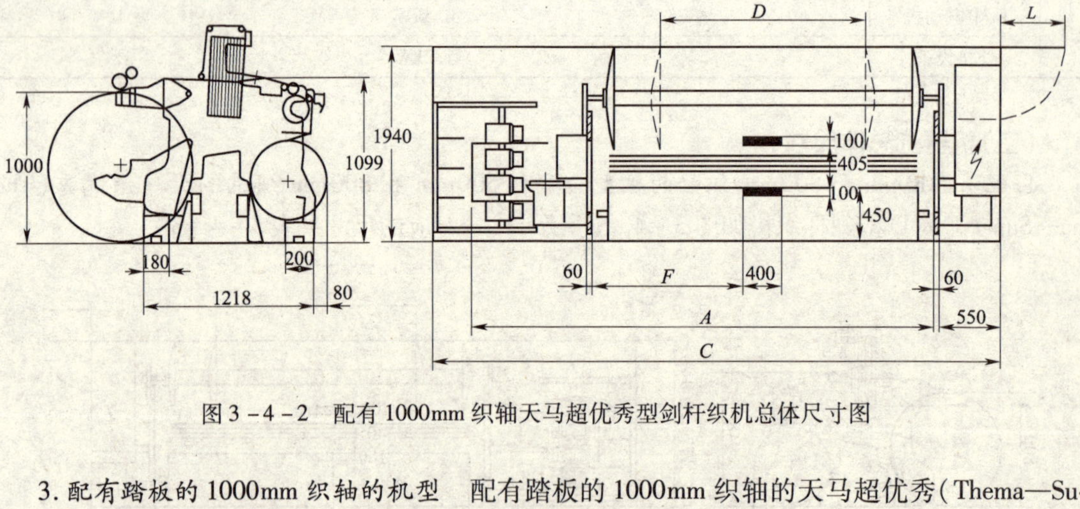

图 3-4-2 配有 1000mm 织轴天马超优秀型剑杆织机总体尺寸图

3. 配有踏板的 1000mm 织轴的机型 配有踏板的 1000mm 织轴的天马超优秀（Thema—Super Excel）型剑杆织机如图 3-4-3 所示，代号对应的尺寸见表 3-4-3。

4. 配有 1200mm 织轴的机型 配有 1200mm 织轴的天马超优秀（Thema—Super Excel）型剑杆织机如图 3-4-4 所示，代号对应的尺寸见表 3-4-3。

5. 配有 500mm 和 700mm 双织轴的机型 配有 500mm 和 700mm 双织轴的天马超优秀型剑

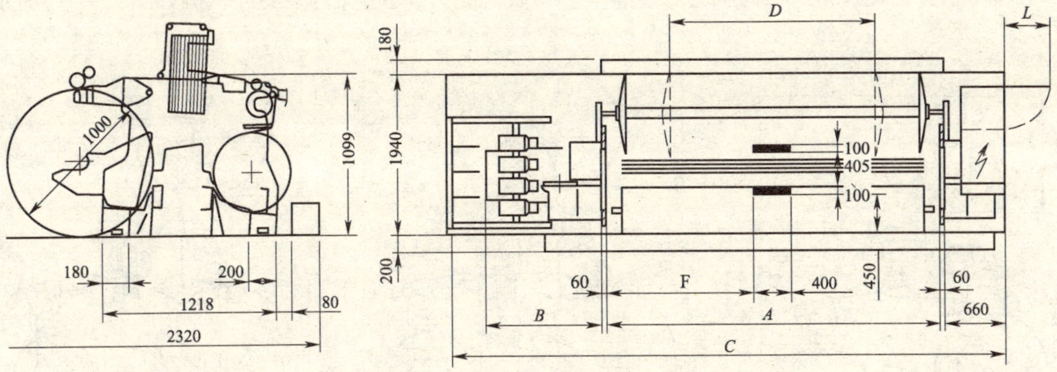

图 3-4-3　配有踏板的 1000mm 织轴的天马超优秀型剑杆织机

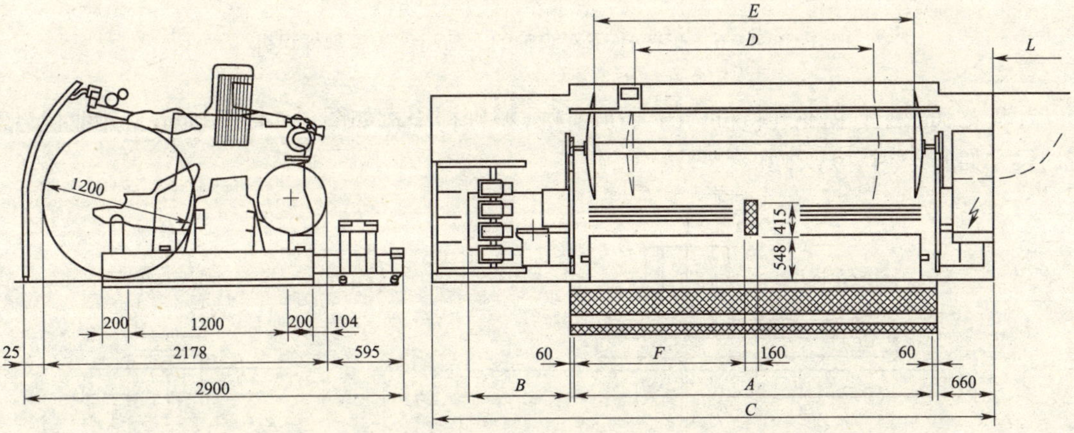

图 3-4-4　配有 1200mm 织轴的天马超优秀型剑杆织机

杆织机如图 3-4-5 所示，代号对应的尺寸见表 3-4-3。

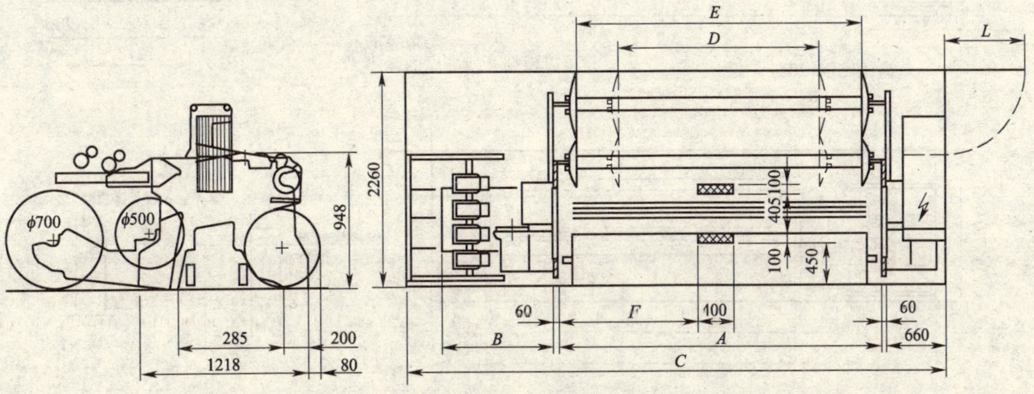

图 3-4-5　配有 500mm 和 700mm 双织轴的天马超优秀型剑杆织机

6. 带有上、下双织轴织机的机型　配有上、下双织轴的天马超优秀型剑杆织机如图3－4－6所示。

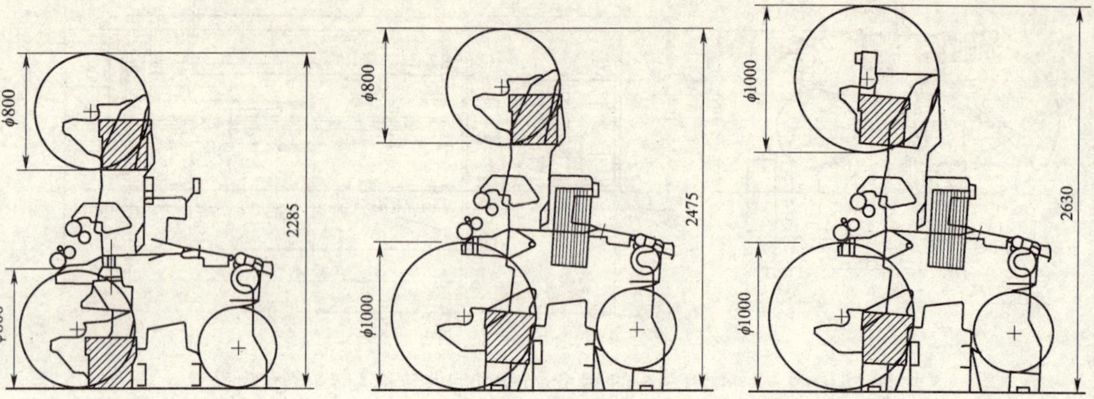

公称筘幅 1650~3800mm　下织轴 800~上织轴 800mm

公称筘幅 1650~3800mm　下织轴 1000~上织轴 800mm

公称筘幅 1650~2300mm　下织轴 1000~上织轴 1000mm

图 3－4－6　配有上、下双织轴的天马超优秀型剑杆织机

7. 提花机　配有提花开口机构的天马超优秀型剑杆织机如图 3－4－7 所示。其他代号对应的尺寸如表 3－4－4 所列。

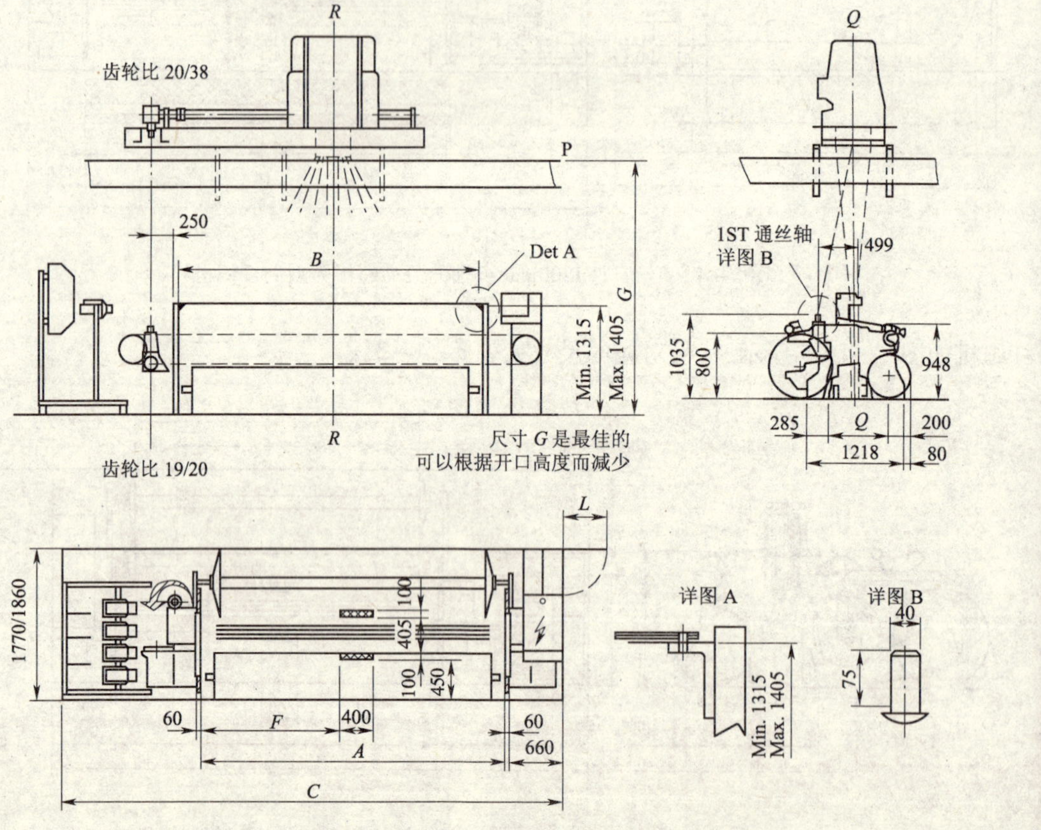

图 3－4－7　配有提花开口机构的天马超优秀型剑杆织机

表 3-4-4　提花机其他代号对应的尺寸

H	A	B	C	G	F	L
1650	2080	2000	4430		3000	510 电气柜外形尺寸
1900	2330	2250	4680		3200	
2100	2530	2450	4880		3400	
2200	2630	2550	4980		3400	
2300	2730	2650	5080		3400	
2600	3150	3070	5500		3600	
2800	3350	3270	5700		3700	
3000	3550	3470	5900	1575	3800	
3200	3750	3670	6100	1675	3800	
3400	3950	3870	6300	1775	3900	
3600	4150	4070	6500	1875	4000	
3800	4350	4270	6700	1975	4200	
4000	4550	4470	6900	2075	4200	
4200	4750	4670	7100	2175	4300	
4600	5150	5070	7500	2375	4500	

注　*H* 表示公称筘幅。*C* 值仅供参考，它随储纬器的类型、数量及纱筒的大小而变化。

当安装提花机时，需确保织机的中心 *R* 必须与提花机的中心在同一直线上，栅格 *Q* 的中心必须与提花机的目板中心在同一条直线上，支撑平面 *P* 与筘座和织机机架平行。

8. 电气柜的位置　电气柜的位置如图 3-4-8 所示。*N* 值见表 3-4-5。

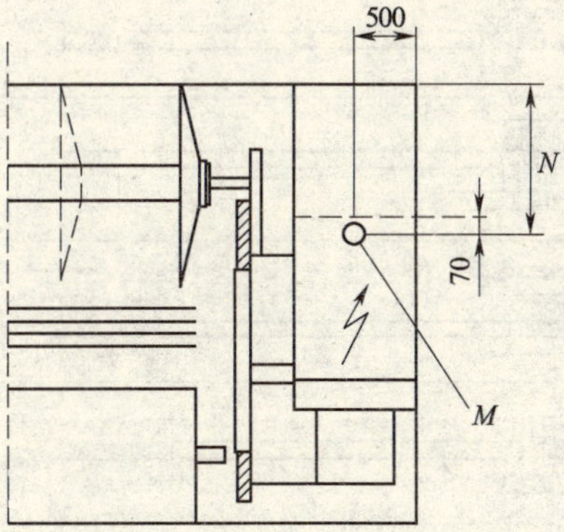

图 3-4-8　电气柜的位置图

表 3-4-5　确定电气柜位置的尺寸 *N*

织轴盘片直径 *M*(mm)	*N*(mm)	织轴盘片直径 *M*(mm)	*N*(mm)
500、700	1090	1000	790
800	600	1200	1000

9.天马超优秀织机排列示范图 在织造车间天马超优秀织机的排列如图3-4-9所示。

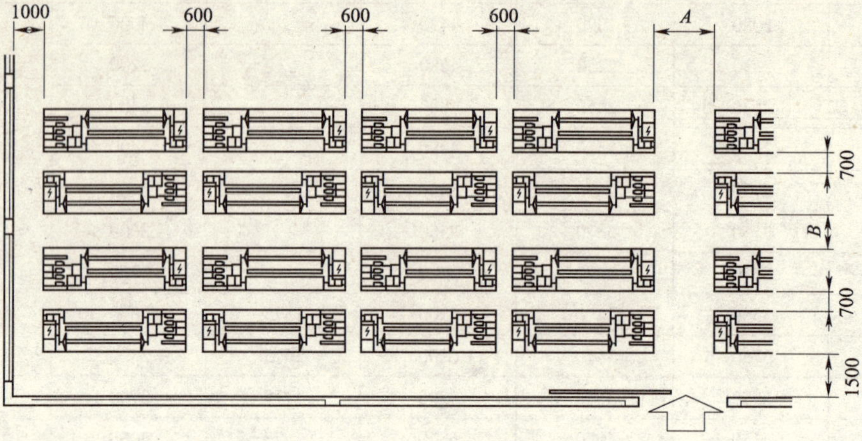

图3-4-9 天马超优秀剑杆织机排列示范图

(三)织机参数调节

1.剑带两侧导轨长度的确定 轨道长度和侧导轨长度的选择方法:先计算上机筘幅的长度(包含废边)和织机标称筘幅的差值,作为"上机筘幅的减少值",再以上述计算得出的"上机筘幅减少值"对照表3-4-6确定轨道块和侧导轨块。

表3-4-6 剑带两侧导轨长度的确定

类 型	轨道块和侧导轨块的配置	上机筘幅减小值(mm)
A	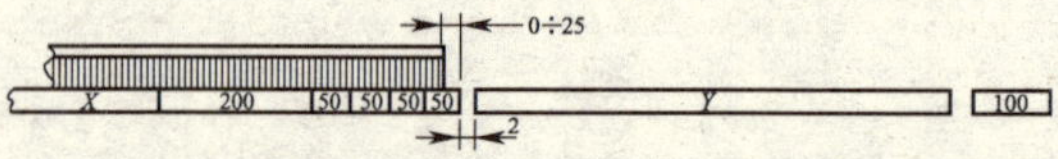	0~50
B	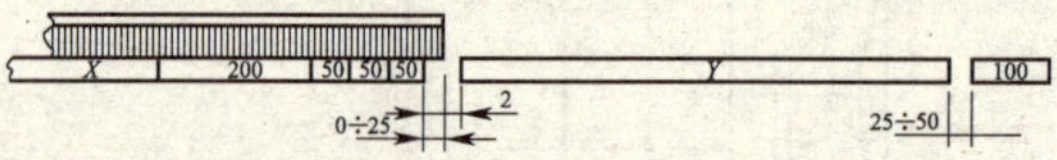	50~100
C	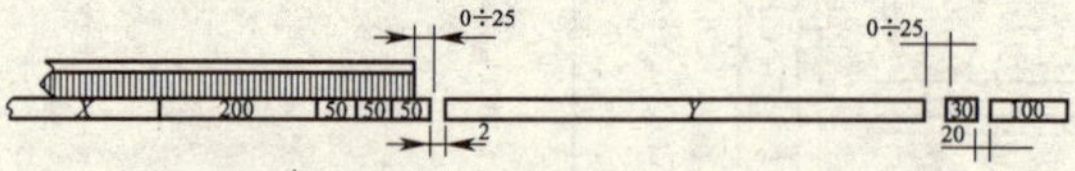	100~150
D	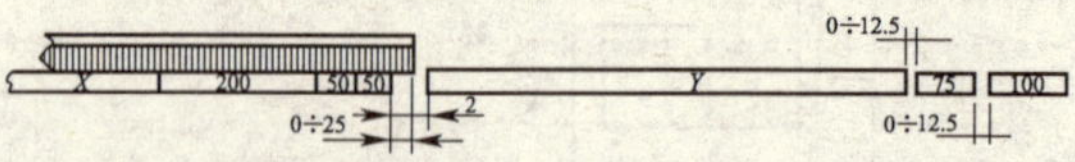	150~200
E	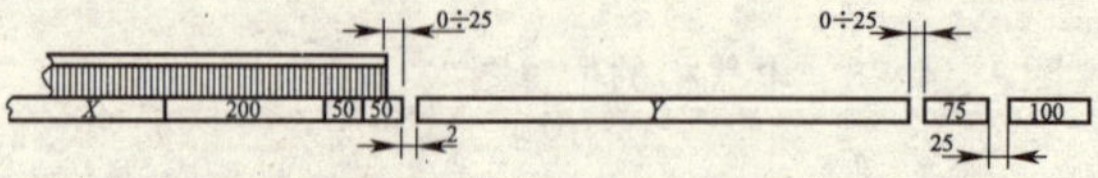	200~250
F	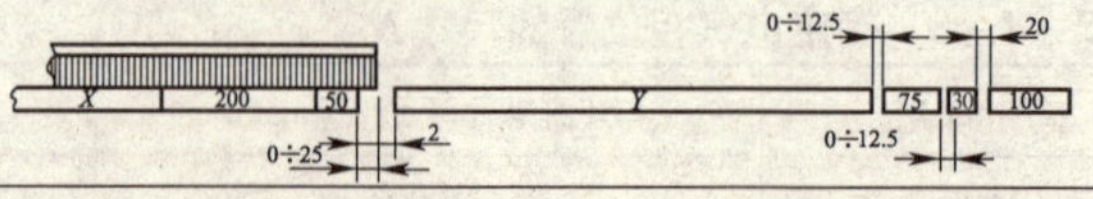	250~300
G	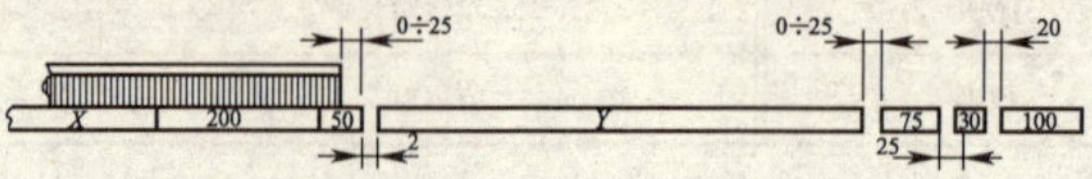	300~350

续表

类 型	轨道块和侧导轨块的配置	上机筘幅减小值(mm)	
H	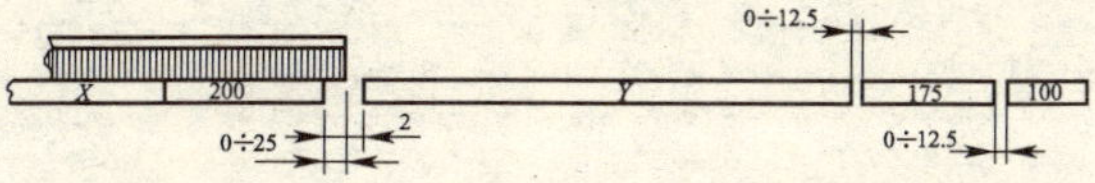	350 ~ 400	
L	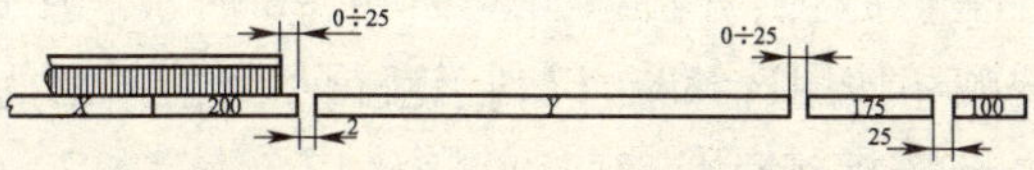	400 ~ 450	
M	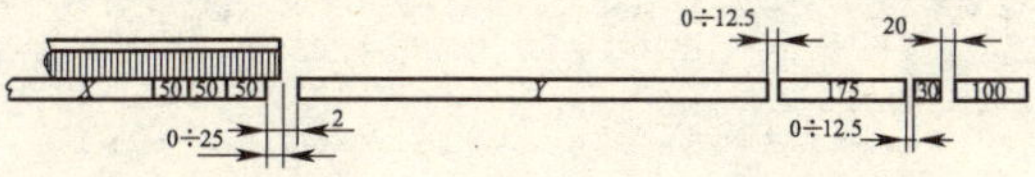	450 ~ 500	
N	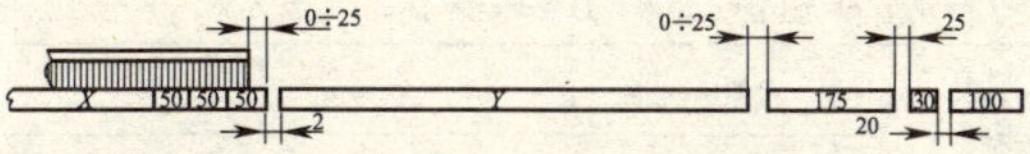	500 ~ 550	
P	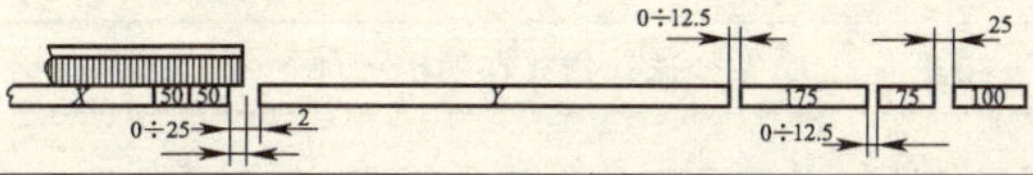	550 ~ 600	
Q	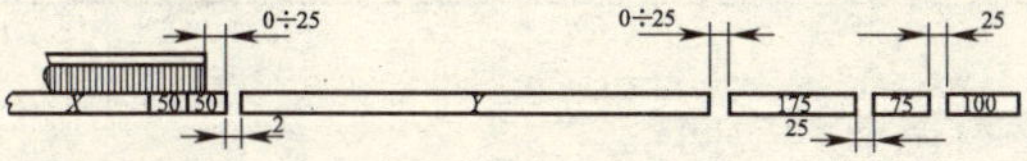	600 ~ 650	
R	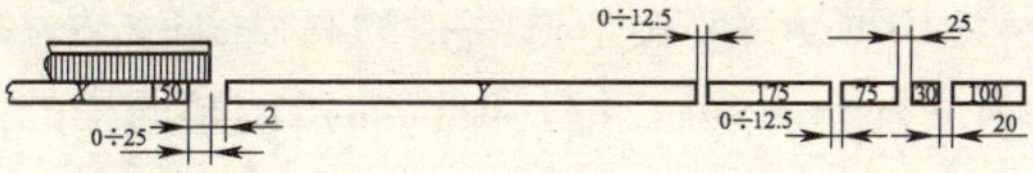	650 ~ 700	
S	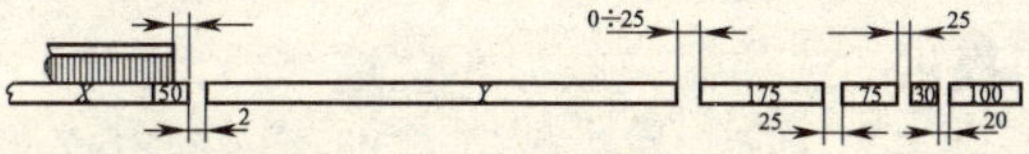	2600 ÷ 4600	700 ~ 750
S1	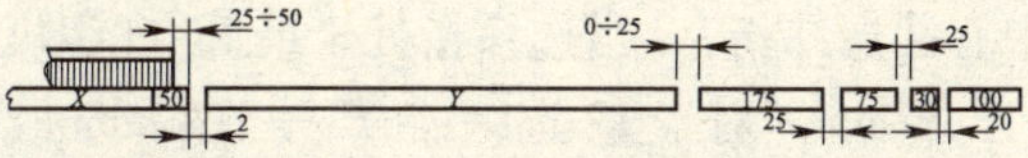	1900 ÷ 2300	
T	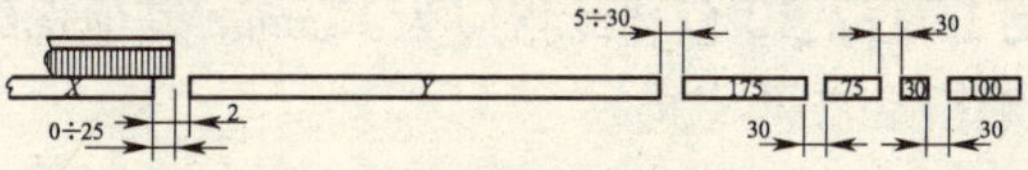	2600 ÷ 4600	750 ~ 800
T1	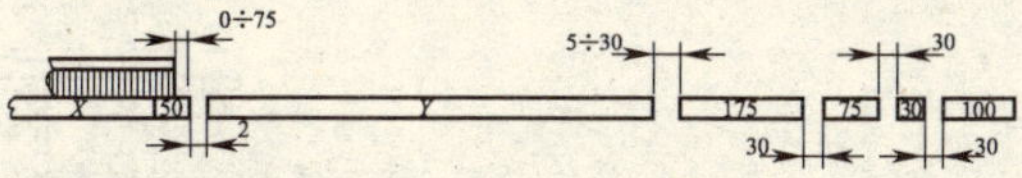	1650 ÷ 2300	

注 窄幅织机 $Y=550$mm，宽幅织机 $Y=610$mm。上表只适用于贴绒和树脂的轨道，关于浮动式轨道 GFG 和 MFG 则必须保证钢筘末端距侧导轨为 2mm。

剑带两侧导轨长度的确定举例：

织机标称筘幅 2100mm，钢筘总长度为 1975.5mm，

因此，计算“上机筘幅减少值”：2100 − 1975.5 = 124.5mm。

查表：符合类型 C 的要求，根据 C 图所示得出轨道块和侧导轨块使用方法。

2. 选纬器的调节

(1)调节选纬器时织机主轴刻度盘的定位：调节选纬器时，织机主轴刻度盘的定位见表 3－4－7。

表 3-4-7 选纬器刻度盘的定位

织机幅宽(mm)	1650 ~ 2300	2600 ~ 4600
刻度盘	315°	325°

(2)选纬指的调节:织机上提供的选纬器供货状态如表 3-4-8 所示。注意当实际使用的选纬指少于所提供的选纬指时,应按顺序使用选纬指,以利于获得尽可能平滑的选纬角。例如:8 色选纬器配置,在织造只使用 4 个选纬指,使用选纬指的顺序应该是 1-2-3-4,而不使用 1-3-5-7 和其他顺序。

表 3-4-8 织机供货时的选纬器状态

选纬器配置	机 器 供 货 状 态
4 色选纬器	4 个选纬指全部装在选纬器上
8 色选纬器	4 个选纬指安装在选纬器上,其余 4 个选纬指放在随机配件中
12 色选纬器	12 个选纬指全部装在选纬器上

通常首先调节纬指的高度,然后再调节其横向位置。

①选纬指高度的调节:如图 3-4-10 所示,要调节选纬指的高度,应拧松螺钉 A,抬起或降低选纬指,直至尺寸 L 为 4mm,误差为 ±1mm。然后,把其他选纬指调至同样的高度。如果织机装备 12 色选纬器,L 应为 14mm。

②选纬指前后方向的调节:织机提供的选纬器一般为 8 色选纬器,装有 4 个选纬指。选纬指前后方向按以下方法调节:如图 3-4-11 所示,拧松螺钉 C 即可实现对这些选纬指的调节,首先调节第一个选纬指(靠近织机中心的选纬指)。当选纬指处于最低点(织机位置在 70°)时,从选纬指至剑带导轨 G 的间距 E 等于 32mm。对于 12 选纬器,E 等于 40mm。然后调节最后一个选纬指使其处于最低点,距离 E 为 16mm。12 色选纬指应为 12mm。其他选纬指必须以均匀的间隔横着排在第一个和最后一个选纬指之间。

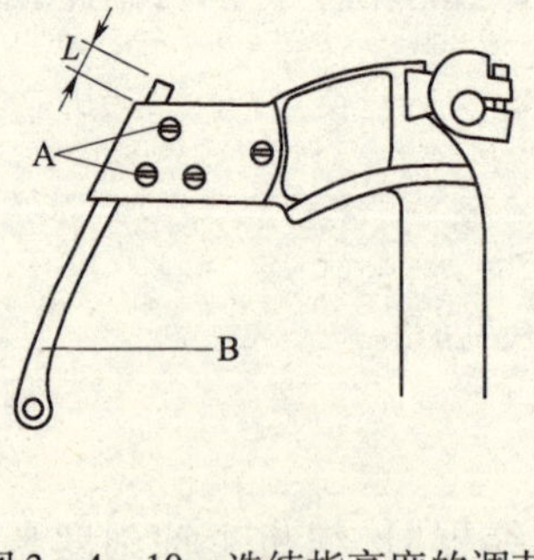

图 3-4-10 选纬指高度的调节

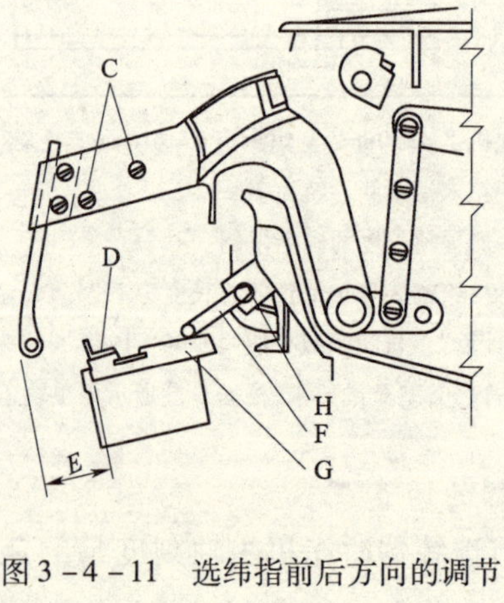

图 3-4-11 选纬指前后方向的调节

注意:如果使用的为多臂或踏盘开口装置的织机,在调节完毕时,应确保第一选纬指不与综框边相碰。在改变产品时,若使用的选纬指数量变化,应注意对距离正确调节。

③纬纱导杆的定位:纬纱导杆 F 必须位于剑带导轨 G 的上边缘上,如图 3 -4 -12 所示。沿着织物宽幅的方向移动纬纱导杆 F,使其尖端与剪刀片 M 上下对齐。可通过螺母 H 进行调节。对于长毛羽纬纱,将 F 向织机外侧(左侧)移动 10mm。

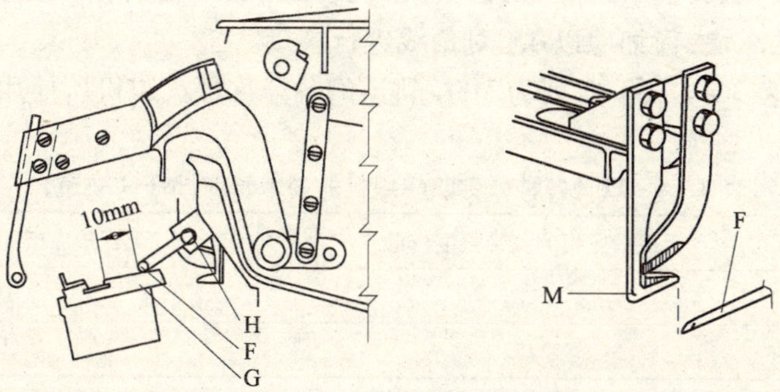

图 3 -4 -12　纬纱导杆的定位

3. 剑带、剑头的调节

(1)绒布轨道和 GFG 轨道:织机的公称筘幅不同,剑带的长度也不同,表 3 -4 -9 所列为各种公称筘幅织机的剑带长度。

表 3 -4 -9　各种公称筘幅织机的剑带长度(绒布轨道和 GFG 轨道)

织机标称幅宽(mm)	1650	1900	2100	2200	2300	2600	2800	3000	3200	3400	3600	3800	4000	4200	4600
剑带长度(mm)	2056	2187	2287	2330	2385	2593	2692	2791	2890	2988	3098	3197	3295	3394	3592

表 3 -4 -10 所列为各类型纬纱所使用的剑头代号。

表 3 -4 -10　剑头的选用

剑　头	纬纱细度在 110tex 以下	纬纱细度在 110 ~ 200tex 之间
左剑头	BDL311 型	BDL316 型
包覆瓷左剑头①	BDL322 型	BDL323 型
右剑头	BDL325 型	BDL324 型

①表示剑头包覆耐磨瓷质材料,用于摩擦力大的经纱。

当剑头底板的宽度磨损达 1mm(原来尺寸为 15. 8mm)或厚度磨损为原来的一半(原来尺寸为 2. 5mm)时,须更换剑头的底板(应在剑尖处进行测量)。该磨损程度不能被超过,以防在交接纬纱时出现问题和过早地磨损剑带端部,甚至使左剑头与钢筘相接触。每次在卸掉底板和剑头的螺钉、螺母之前应检查其磨损程度。更应注意的是不能把剑头弄弯或使剑头的其他部位变形。

当出现下列情况时，必须更换剑带：孔径长度增加2mm（原来尺寸为4.7mm）；宽度被磨损掉0.5mm（原来尺寸为1.6mm）或剑带厚度被磨损掉0.5mm（原来尺寸为2.5mm），否则经纱断头率会增大或出现纬纱交接失误的情况。

特氟龙块是被安装在上剑带导轨的滑块，用于润滑剑带的上层。当定位针到达最低位置时，意味着特氟龙块已经用完，应该更换。

当绒布出现磨损，剑头上下间隙太大时（此时剑头底板未被磨损），必须更换轨道覆盖布。应更换磨损最明显的布块，仔细地以45°对角线进行拼接。

（2）MFG轨道：表3－4－11所列为MFG轨道的各公称幅宽织机所使用的剑带长度。

表3－4－11　各种公称筘幅织机的剑带长度（MFG轨道）

织机标称幅宽	无保护底板的剑带长度（mm）	无保护底板的剑带长度（mm）
1650	2128	1980
1900	2252	2104
2100	2351	2203
2200	2401	2253
2300	2450	2302
2600	2665	2517
2800	2764	2616
3000	2863	2715
3200	2962	2814
3400	3061	2913
3600	3160	3012
3800	3267	3119
4000	3366	3218

在距底板尖部50mm位置磨损超过下列范围时，底板需要进行更换。

中间下底板部分：最初尺寸2mm，允许的最小值是1.2～1.3mm。

侧边区：最初尺寸为3mm，允许的最小值是2mm。

应注意不能使磨损超过上述限制尺寸，因为过度的磨损会导致纬纱交接失误，剑带头端磨损，或导致左剑头与钢筘相碰。在每次重新拧紧螺钉前，都应检查底板与剑头相连的螺钉的状态。

当剑带磨损超出下面的范围需要更换剑带：孔径长度增加0.5mm；剑带厚度减少0.4mm（原厚度为3.8mm），否则会出现大量的断经和纬纱交接失误。

4.剑头动程的调节　当改变上机幅宽时，须调节剑头动程。对公称筘幅来说，每边可减少400mm，公称筘幅为1650mm的织机除外，这种织机每边只能减少325mm。

剑带轨道上有一黑色箭头，它表示轨道和织机的中心（在钢筘定位时用作参考）。启动织机前，最好先用手转动织机几圈，保证剑头在交接纬纱时不互相碰撞。右剑头应进入左剑头的空区中央。

按照织造幅宽,可改变调节杆相对于滑轨的位置来调节剑头动程。调节杆是弯曲的,其相对于相啮合的滑轨运动,使得“退出剑头”的位置改变,即动程改变,但织机位于180°(剑头交接位置)时的位置保持不变。

在剑头动程调节时织机定位的位置如表3-4-12所示。

表3-4-12 剑头动程调节时织机的定位

织机幅宽(mm)	左剑头			右剑头
	最多使用4个选纬指	超过4个选纬指	12色	
1650~2300	61°	64°	64°	61°
2600~4600	60°	63°	67°	57°

为保证剑头之间的纬纱交接正确,在对剑头进行定位时,应确保在织造过程中,两剑头不能重叠太多,否则有可能出现振动和相碰。

对于公称幅宽在3000~4000mm之间的织机,如果其速度超过320r/min,在调节剑头交接时,位置应比原标准位置退回6或7mm(超过该值在开车后第一次交接纬纱时,可能会导致纬纱交接失败);对于公称幅宽为3600~3800mm的织机,当车速为300r/min或更高时,或当幅宽为4000~4600mm的织机,车速超过270r/min时,应改变剑头位置。很显然,当剑带传动系统内出现任何的松弛情况时,都将影响剑头的位置。

5. 综框动程的调节 对于多臂或踏盘开口装置的织机,增大综框动程只适用于最多使用12页综的情况。多于12页综时,最好用正常的综框动程,以避免使连杆、综框以及综丝获得过大的驱动力。例如,使用+2的综框动程织造某种织物时,各页综框的动程改变量如下表3-4-13所示。

表3-4-13 综框的动程改变量(+2时)

综框动程	综框顺序编号																			
	1	2	3	4	5	6	7	8	9	10	11	12	13	14	15	16	17	18	19	20
8页综	+2	+2	+2	+2	+2	+2	+2	+2												
12页综	+2	+2	+2	+2	+2	+2	+2	+2	+1	+1	+1	+1								
16页综	+2	+2	+2	+2	+2	+2	+2	+2	+1	+1	+1	+1	+0	+0	+0	+0				
20页综	+2	+2	+2	+2	+2	+2	+2	+2	+1	+1	+1	+1	+0	+0	+0	+0	+0	+0	+0	+0

综框动程的增加是指每页综框采用比自身位置向后移相应数量综框在正常调节时的动程值。如+2表示第一页综框的动程与正常调节时第三页综框的动程相同,第二页综框的动程与正常调节时第四页综框的动程相同,依次类推。对于BSR12踏盘开口机构,动程的基点已为+1,因此在工艺表中应减去1,如要求为+3,实际调节时应为+2。

综框动程调节后,除了检查开口时梭口是否清晰外,还应确保剑头退出梭口时,不与经纱过分摩擦。进行此项检查时，织机应定位在剑头退出的位置，先在240°，然后在260°和280°。同时应用手仔细检查，查看剑头是否被经纱抬高或降低，剑头必须在上下层经纱之间保持平衡。

(四)各类标准织机的工艺参数

1. 窄幅带多臂或踏盘开口装置的织机　窄幅带多臂或踏盘开口装置的织机织造丝、合成和再生纤维纱，轻型或中型织物时的主要工艺参数见表3-4-14。

表3-4-14　窄幅踏盘(或多臂)开口装置的织机的主要工艺参数(一)

经　纱	丝、合成和再生纤维纱
织物类别	轻型/中型
综框动程等级	正常(真丝+1)
在钢筘处所测量的梭口高度(mm)	28(真丝33)
梭口综平位置(织机度数)	325°/335°
后梁的垂直位置	+0.5
后梁的水平位置	8页综框以下用第2孔，超过用第3孔
后梁弹簧的垂直位置	1/2
经纱自停装置距最后一页综的距离(mm)	500/600
经纱自停装置椭圆形杆的高度	梭口综平
经停片托杆的高度(mm)	15/20

窄幅带多臂或踏盘开口装置的织机织造羊毛纱，轻型或厚型织物时的主要工艺参数见表3-4-15。

表3-4-15　窄幅踏盘(或多臂)开口装置的织机的主要工艺参数(二)

经　纱	粗纺或精纺毛纱
织物类别	轻型/厚型
综框动程等级	+2
在钢筘处所测量的梭口高度(mm)	28/30
梭口综平位置(织机度数)	300°/320°
后梁的垂直位置	0/+1/+2/+3
后梁的水平位置	8页综框以下用第2孔，超过用第3孔
后梁弹簧的垂直位置	1/2
经纱自弹装置距最后一页综的距离(mm)	350/450
经纱自停装置椭圆形杆的高度	在经位置线下方
经停片托杆的高度(mm)	20/30

窄幅带多臂或踏盘开口装置的织机织造棉纱，轻型或中型织物时的主要工艺参数见表3-4-16。

表 3-4-16　窄幅踏盘(或多臂)开口装置的织机的主要工艺参数(三)

经　纱	棉　纱
织物类别	轻型/中型
综框动程等级	正常/+1
在钢筘处所测量的梭口高度(mm)	28
梭口综平位置(织机度数)	320°
后梁的垂直位置	+1/+2
后梁的水平位置	12 页综框以下用第 2 孔,超过用第 3 孔
后梁弹簧的垂直位置	1
经纱自停装置距最后一页综的距离(mm)	350/450
经纱自停装置椭圆形杆的高度	在经位置线下方
经停片托杆的高度	20/30

窄幅带多臂或踏盘开口装置的织机织造棉纱,中型或厚型织物时的主要工艺参数见表 3-4-17。

表 3-4-17　窄幅踏盘(或多臂)开口装置的织机的主要工艺参数(四)

经　纱	棉　纱
织物类别	中型/厚型
综框动程等级	+2
在钢筘处所测量的梭口高度(mm)	28
梭口综平位置(织机度数)	320°
后梁的垂直位置	+2/+3
后梁的水平位置	12 页综框以下用第 2 孔,超过用第 3 孔
后梁弹簧的垂直位置	2
经纱自停装置距最后一页综的距离(mm)	350/450
经纱自停装置椭圆形杆的高度	在经位置线下方
经停片托杆的高度(mm)	20/30

窄幅带多臂或踏盘开口装置的织机织造棉纱,牛仔布或防羽绒布时的主要工艺参数见表 3-4-18。

表 3-4-18　窄幅踏盘(或多臂)开口装置的织机的主要工艺参数(五)

经　纱	棉　纱
织物类别	牛仔布/防羽绒布
综框动程等级	+3(厚重牛仔布 +4)
在钢筘处所测量的梭口高度(mm)	28
梭口综平位置(织机度数)	300°/330°(厚重牛仔布 300°)

续表

经 纱	棉 纱
后梁的垂直位置	+4/+5
后梁的水平位置	12 页综框以下用第 2 孔,超过用第 3 孔
后梁弹簧的垂直位置	2/3
经纱自停装置距最后一页综的距离(mm)	350/450
经纱自停装置椭圆形杆的高度	在经位置线下方
经停片托杆的高度(mm)	20/30

2. 窄幅带提花龙头织机 窄幅带提花龙头织机织造棉纱,中型或厚型装饰布时的主要工艺参数见表 3-4-19。

表 3-4-19 窄幅带提花开口装置的织机的主要工艺参数

经 纱	装饰用棉纱
织物类别	中型/厚型
在钢筘处所测量的梭口高度(mm)	30
梭口综平位置(织机度数)	310°/320°
后梁的垂直位置	-0.5/+0.5
后梁的水平位置	第 3 孔
后梁弹簧的垂直位置	1/2
经纱自停装置距最后一页综的距离(mm)	300/600
经纱自停装置椭圆形杆的高度	在经位置线下方
经停片托杆的高度(mm)	20/30

3. 宽幅带多臂或踏盘开口装置织机 宽幅带多臂或踏盘开口装置织机织造丝、再生纤维或合成纤维纱,轻型或中型织物时的主要工艺参数见表 3-4-20。

表 3-4-20 宽幅踏盘(或多臂)开口装置的织机的主要工艺参数(一)

经 纱	丝、再生纤维或合成纤维纱
织物类别	轻型/中型
综框动程等级	+2
在钢筘处所测量的梭口高度(mm)	28/30
梭口综平位置(织机度数)	300°/340°
后梁的垂直位置	-1/+1/+2
后梁的水平位置	8 页综框以下用第 2 孔,超过用第 3 孔
后梁弹簧的垂直位置	1/2
经纱自停装置距最后一页综的距离(mm)	400/600
经纱自停装置椭圆形杆的高度	梭口综平
经停片托杆的高度(mm)	15/20

宽幅带多臂或踏盘开口装置织机织造棉纱，轻型或中型织物时的主要工艺参数见表 3－4－21。

表 3－4－21 宽幅踏盘（或多臂）开口装置的织机的主要工艺参数（二）

经 纱	棉 纱
织物类别	轻型/中型
综框动程等级	+2
在钢筘处所测量的梭口高度（mm）	28
梭口综平位置（织机度数）	305°/330°
后梁的垂直位置	+1/+2
后梁的水平位置	12 页综框以下用第 2 孔，超过用第 3 孔
后梁弹簧的垂直位置	1/2
经纱自停装置距最后一页综的距离（mm）	350/450
经纱自停装置椭圆形杆的高度	在经位置线下方
经停片托杆的高度（mm）	20/30

宽幅带多臂或踏盘开口装置织机织造棉纱，中型或厚型织物时的主要工艺参数见表 3－4－22。

表 3－4－22 宽幅踏盘（或多臂）开口装置的织机的主要工艺参数（三）

经 纱	棉 纱
织物类别	中型/厚型
综框动程等级	+3
在钢筘处所测量的梭口高度（mm）	28
梭口综平位置（织机度数）	305°/330°
后梁的垂直位置	+2/+3
后梁的水平位置	12 页综框以下用第 2 孔，超过用第 3 孔
后梁弹簧的垂直位置	1/2
经纱自停装置距最后一页综的距离（mm）	350/450
经纱自停装置椭圆形杆的高度	在经位置线下方
经停片托杆的高度（mm）	20/30

宽幅带多臂或踏盘开口装置织机织造棉纱，牛仔布或防羽绒布时的主要工艺参数见表 3－4－23。

表 3－4－23 宽幅踏盘（或多臂）开口装置的织机的主要工艺参数（四）

经 纱	棉 纱
织物类别	牛仔布/防羽绒布

续表

经 纱	棉 纱
综框动程等级	+2(厚重牛仔布 +4)
在钢筘处所测量的梭口高度(mm)	28
梭口综平位置(织机度数)	305°/320°(厚重牛仔布 305°)
后梁的垂直位置	+4/ +5
后梁的水平位置	12 页综框以下用第 2 孔,超过用第 3 孔
后梁弹簧的垂直位置	2/3
经纱自停装置距最后一页综的距离(mm)	350/450
经纱自停装置椭圆形杆的高度	在经位置线下方
经停片托杆的高度(mm)	20/30

4. 宽幅带提花龙头织机 宽幅带提花龙头织机织造丝、再生纤维或合成纤维纱,轻型或中型织物时的主要工艺参数见表 3 -4 -24。

表 3 -4 -24 宽幅带提花开口装置的织机的主要工艺参数(一)

经 纱	丝、再生纤维或合成纤维纱
织物类别	轻型/中型
在钢筘处所测量的梭口高度(mm)	30/32
梭口综平位置(织机度数)	320°/340°
后梁的垂直位置	-0.5/ +0.5
后梁的水平位置	第 3 孔
后梁弹簧的垂直位置	1/2
经纱自停装置距最后一页综的距离(mm)	500/600
经纱自停装置椭圆形杆的高度	梭口综平
经停片托杆的高度(mm)	15/20

宽幅带提花龙头织机织造棉纱,中型或厚型装饰织物时的主要工艺参数见表 3 -4 -25。

表 3 -4 -25 宽幅带提花开口装置的织机的主要工艺参数(二)

经 纱	装饰用棉纱
织物类别	中型/厚型
在钢筘处所测量的梭口高度(mm)	30/32
梭口综平位置(织机度数)	305°/340°
后梁的垂直位置	-0.5/ +0.5
后梁的水平位置	第 3 孔
后梁弹簧的垂直位置	2
经纱自停装置距最后一页综的距离(mm)	300/600

续表

经　纱	装饰用棉纱
经纱自停装置椭圆形杆的高度	在经位置线下方
经停片托杆的高度(mm)	20/30

(五)车间环境温湿度控制

剑杆织机车间环境的要求如表3-4-26所示。

表3-4-26　剑杆织机车间环境的要求

纤　维	相对湿度(%)	温度(℃)
棉	75~80	22~24
丝	65~70	22~24
羊毛	55~60	22~24
再生丝	60~70	22~24
合成纤维	60~70	22~24
涤/棉	60~70	22~24
涤/毛	60~70	22~24
亚麻	80~85	22~24

(六)织机的保养

对织机进行有计划的检查,目的是保持织机的高效率。对织机进行定期和系统的检查是最重要的一项辅助工作,这些预防性的检查可以避免很多故障和损坏。

机器运转时间的计算方法是:每天24小时,每周7天,效率为90%。

按每日、每次换轴、每300工作小时、每800工作小时、每3500工作小时和每5000工作小时确定保养周期,保养工作内容如表3-4-27~表3-4-32所示。

表3-4-27　每日的保养工作内容

机件名称	操　作
主电动机、慢速电动机、除尘电动机	用压缩空气清洁散热片、风扇防护罩,清除掉任何脏物
电控箱	用压缩空气清洁外表和散热片
吸尘过滤器	倒空并清洁
凸轮驱动的两侧独立绞边和废边装置(选择件)	用压缩空气清洁

表3-4-28　每次换轴的保养工作内容

机件名称	操　作
托布板、筘座、织机整体	用吸尘器和压缩空气清洁
选纬指杆	用压缩空气清洁,杆下方用手清洁
右侧废边驱动装置	检查灵活程度、调节是否正确、综丝的磨损和齿轮的间隙

续表

机件名称	操 作
绿色绒布轨道	用压缩空气清洁并检查磨损情况
边 撑	检查刺针并确保刺环转动灵活
多臂和踏盘开口机构的驱动杆	用压缩空气清洁,用黄油枪加油润滑
织轴的轴头和轴瓦	用手加黄油
织轴上大齿轮	用手加黄油
中心支撑(只适用于双织轴)	用黄油枪加油

注 在织轴频繁更换的情况下,本表的润滑工作周期大约为600小时,在换轴时进行。

表3-4-29 每300工作小时的保养工作内容

机件名称	操 作
剑 带	检查厚度、宽度、齿形;检查边缘,如有必要用砂布磨光;检查在侧导轨和导管内运动灵活情况
剑 头	用压缩空气清洁和润滑,检查夹纱、纬纱握持和任何磨损及裂痕
剑头开启滑块	检查磨损情况和位置

表3-4-30 每800工作小时的保养工作内容

机件名称	操 作
油	检查所有油位高低
选纬器驱动齿轮	检查间隙和用手润滑
积极式剪刀弹簧销钉	用手加黄油
积极式剪刀凸轮	用手加黄油
边剪和中心剪刀弹簧	用手加黄油
边剪和中心剪刀	检查边剪情况
积极式剪刀	检查边剪情况
轨道绒布和导剑钩剑带侧导轨	清除积物
后梁轴承	用黄油枪加油润滑
废边驱动装置	用手加黄油
多余纱回收小轴的轴头	用手加黄油
废边卷绕器的轴	用黄油枪加油
卷布辊离合器轴	用黄油枪加油
布辊传动链条	用手加黄油并检查张力
布辊支撑	用手加黄油
后梁制动器上的销钉	用手加黄油

表 3－4－31　每 3500 工作小时的保养工作内容

机件名称	操　作
电动机皮带	检查张力和磨损情况
油泵皮带	检查张力和磨损情况
选纬器轴传动皮带	检查张力和磨损情况
编码器驱动皮带	检查张力和磨损情况
开口机构驱动皮带	检查张力和磨损情况
多臂或开口机构驱动轴上的轴承	用黄油枪加油
选纬器内部调节	检查
卷取辊和压布辊	检查包覆层的磨损情况
废边卷绕器	检查卷绕筒子表面情况
剑带驱动轮	检查齿形磨损情况
润滑系统	检查喷油分配情况和压力开关工作情况
综框连接活结	检查活结间隙
送经和卷取电动机	清洁和检查碳刷磨损情况，用黄油枪加油润滑
电控箱内部	用压缩空气清洁并吸走任何积尘
遥控开关、变压器和地线螺钉	检查电线联接螺丝钉是否松动
电控箱风扇	检查运转情况
主电动机、慢速电动机、除尘电动机	检查接线盒内螺母是否松动
胸梁上的控制按钮	拆下按钮板并用压缩空气清洁

表 3－4－32　每 5000 工作小时的保养工作内容

机件名称	操　作
润滑系统	换油和更换滤清器

(七)主要疵点分析

主要疵点种类、产生原因和解决措施如表 3－4－33 所示。

表 3－4－33　主要疵点分析

疵点种类	产生原因	解决措施
三　跳	经纱开口不清 断经后关车不及时 织机工艺参数选择不当	加强经纱巡回捉疵，提高经轴质量；减少经纱疵点，增加单纱强力 根据织物品种选择适宜的上机工艺参数
开车档	织机某些部件磨损，如送经蜗杆轴、卷取蜗杆、送经卷取离合装置等磨损 在倒综过程中，由于积累间隙的存在，破坏了送经和卷取的同步性，停车后再开车	加强对这些部位的检查、润滑及检修，使自动寻纬机构发挥有效的作用 尽量减少打慢车次数，争取一次开车，以惯性来弥补由于停车后经纱伸长所造成的开车档

续表

疵点种类	产生原因	解决措施
边缺纬及纬缩	储纬器毛刷及弹簧片压力过大 积极式剪刀剪纱时间过晚,剪纱不顺利 右钳纬器夹持纱过松 废边纱闭口时间过迟 右侧固定导轨安装过高或弯曲 纬纱检测传感片控制位置不准确	经常加强对这些部位的检查及检修
断经次布	断经控制机构蜗杆失灵 经停杆锯齿形处有积花或污垢 两侧停杆压盖装反或接触不良 漏插落片等	重视和加强这方面的巡回检查和清洁工作,以避免长断经引起的跳花疵点和大量断头
云　织	送经蜗杆箱中传动齿轮磨损、滚针轴承磨损或不灵活、双织轴差微装置传动件磨损 卷取装置传动件磨损 送经与卷取离合装置磨损打滑 纬密器中无级变速装置磨损打滑 送经伞齿轮磨损打滑 纬密器传动齿形带打滑	加强以上各项的周期性检查、保养和润滑工作
边撑疵	针刺弯曲、断裂、刺环转动不灵活、安装位置不正确、刺碰磨托布板	特别重视边撑刺环的维护保养工作,防止边撑疵的产生

第二节　范美特(Vamatex)剑杆织机

一、范美特(Vamatex)各型号剑杆织机

范美特(Vamatex)公司各型号剑杆织机的主要技术特征如表3-4-34所示。

表3-4-34　范美特(Vamatex)剑杆织机技术特征

技术特征 \ 型号		C401/S	P401/S	P1001E/ES	P1001—Suprt—EK	Leonardo	Leonardo—Sliver
公称筘幅(cm)		160,190,210,230,260,300,320,340,360,380	160,190,210,230,260,300,320,340,360,380	160,190,210,230,260,330,320,340,360,380	160,190,210,230,260,300,320,340,360,380	170,190,210,220,230,260,280,300,320,340,360,380	170,190,210,230,260,280,300,320,340,360
纱特范围	短纤(tex)	5~495	5~495	5~495	5~495	5~495	5~495
	长丝(dtex)	10~1000	10~1000	10~1500	10~1500	10~3000	10~3000
最高转速(r/min)		430	500	600	600	700	670
最高入纬率(m/min)		11010	1300	1400	1400	1500	1500

续表

技术特征 \ 型号	C401/S	P401/S	P1001E/ES	P1001—Suprt—EK	Leonardo	Leonardo—Sliver
开口装置	机械多臂，机械提花	电子多臂，电子提花	电子多臂，电子提花	电子多臂，电子提花	电子多臂，电子提花	电子多臂，电子提花
打纬装置	分离筘座，凸轮打纬	分离筘座，凸轮打纬	分离筘座，凸轮打纬	分离筘座，凸轮打纬	分离筘座，凸轮打纬	分离筘座，凸轮打纬
引纬装置	双侧偏心滑块，推进变螺距螺杆，带动传剑轮引纬，挠性剑杆，有单侧导剑钩，剑头为碳纤材料加金属嵌件	双侧偏心滑块，推进变螺距螺杆，带动传剑轮引纬，挠性剑杆，有单侧导剑钩，剑头为碳纤材料加金属嵌件	双侧偏心滑块，推进变螺距螺杆，带动传剑轮引纬，挠性剑杆，有双面导剑钩的组合式导轨，剑头为轻质合金材料	双侧偏心滑块，推进变螺距螺杆，带动传剑轮引纬，挠性剑杆，有双面导剑钩的组合式导轨，剑头为轻质合金材料	双侧偏心滑块，推进变螺距螺杆，带动传剑轮引纬，挠性剑杆，有双面导钩的单侧组合式导轨形式（EK），也可选无导剑钩形式（FTS），剑头为轻质合金材料	双侧偏心滑块，推进变螺距螺杆，带动传剑轮引纬，挠性剑杆，有双面导钩的单侧组合式导轨形式（EK），也可选无导剑钩形式（FTS），剑头为轻质合金材料
送经装置	亨特（Hunt）机械无级变速送经装置	亨特（Hunt）机械无级变速送经装置	电子送经装置	电子送经装置	电子送经装置	电子送经装置
卷取装置	PIV 无级变速卷取装置	无级变速卷取装置	电子卷取	电子卷取	电子卷取	电子卷取
选色装置	8 色机械，电子选纬	8 色机械，电子选纬	8 色机械，4 色、8 色、12 色电子选纬	4 色，8 色，12 色电子选纬，线性电动机直接驱动	4 色，8 色，12 色电子选纬，线性电动机直接驱动	4 色，8 色，12 色电子选纬，线性电动机直接驱动
储纬装置	意大利 ROJ 公司 AT1200	意大利 ROJ 公司 AT1200	意大利 LGL 公司 SIRIO ROBOT	瑞典 IRO 公司 Luna 型	瑞典 IRO－ROJ 公司 Chrono 型	瑞典 IRO－ROJ 公司 Chrono X2 型
布边装置	纱罗绞边，可配折入边装置	纱罗绞边，可配折入边装置	纱罗绞边，可配折入边装置	纱罗绞边，可配折入边装置	纱罗绞边，可配折入边装置	电子绞边
润滑系统	单机油循环	单机油循环	中央润滑系统	中央润滑系统	独立中央润滑系统	集中润滑系统及油、水自冷却系统
经停装置	6～8 列电控式	6～8 列电控式	6～8 列电控式	6～8 列电控式	8 列电控式	8 列电控式
纬停装置	压电陶瓷	压电陶瓷	压电陶瓷	压电陶瓷	压电陶瓷，并具防双纬功能	压电陶瓷，并具防双纬功能
纬密（根/10cm）	12～1500	12～1500	10～1500	10～1500	40～840（标准） 10～1500（可选）	40～1500（标准） 10～200， 80～1500（可选）

续表

技术特征 \ 型号	C401/S	P401/S	P1001E/ES	P1001—Suprt—EK	Leonardo	Leonardo—Sliver
经轴直径(mm)	800,1000	800,1000	800,1000	800,1000	800,1000	800,1000
卷布直径(mm)	500	500	500	500	500	500
监控系统	配意大利ROJ公司RPJ型电气控制系统,生产数据显示与统计;织机开口,自动寻纬,选纬,密纬选择等运动控制	配意大利ROJ公司RPJ型电气控制系统,也可选配微电脑电气控制系统,生产数据显示与统计;织机开口,自动寻纬,选纬,密纬选择等运动控制	SIMOD微电脑监控系统检测和控制所有功能,自我诊断,工艺参数设定,数据统计处理,配有12行24列的多种语言显示屏,功能键盘,并可用储存卡编程	SIMOD微电脑监控系统检测和控制所有功能,自我诊断,工艺参与设定,数据统计处理,配有12行24列的多种语言显示屏,功能键盘,并可用储存卡编程	微处理器即时监控系统,采用CAN - BUS总线技术,连接不同装置,传送数据,与中央电脑系统形成整体风格,监测,调整和控制每台织机的织造全过程,并可进行过程遥控诊断及处理	微处理器和VGA彩色图片显示,实现即时控制,采用CAN - BUS总线技术,连接不同装置,传送数据,用户界面编程和储存花纹、工艺参数、信息,可用记忆卡编程,并可进行过程遥控诊断及处理
其他装置	自动寻纬机构可配RPC11 - 121电气控制机构	自动寻纬机构可配RPC11 - 121电气控制机构 密纬装置:织物的浮纹"LANCE"由磁电离合器控制	STRAP:安装在储纬器上的断纬管理系统 ART4:自动从梭口内取出断纬,自动再启动织机 VQSC快速品种更换装置	STRAP:安装在储纬器上的断纬管理系统 ART4:自动从梭口内取出断纬,自动再启动织机 VQSC快速品种更换装置 电子选纬器采用直线电动机驱动 纬剪与电子选纬器组合在一起	张力传感器直接安装在后梁上读取张力 剑杆引纬有EK交接方式和FTS(无导钩)积极交接方式两种(380cm不能用) 可配可调织物托架 VQSC快速品种更换装置	可选HI - DRIVE数控无刷电动机主驱动 张力传感器直接安装在后梁上读取张力 剑杆引纬有EK交接方式和FTS(无导钩)积极交接方式两种(380cm不能用) 可配可调织物托架 VQSC快速品种更换装置
外表尺寸宽(cm)×深(cm)	(394.2~602.2)×180	(394.2~602.2)×180	(428.5~654.5)×182.4	(428.5~654.5)×182.4	(420~636)×182.4	(420~636)×182.4

二、范美特Leonardo型剑杆织机

(一)主要技术特征

范美特Leonardo型剑杆织机的主要技术特征如表3-4-35所示。

表 3－4－35 范美特 Leonardo 型剑杆织机的主要技术特征

公称筘幅(cm)		165	190	210	220	230	260	280	300	320	340	360	380	400	420	460
最大穿筘宽(cm)		160	185	205	215	225	255	275	295	315	335	355	375	395	415	455
适应纱特范围(tex)		5～495														
纬密范围(根/10cm)		40～1500(标准),10～200,80～1500(可选)														
引纬	型式	挠性剑杆消极式剑头														
	纬纱选色	1～12 色														
	入纬率(m/min)	1500														
适用品种		各种天然、合成和再生纤维														
经轴类型		单 织 轴				双 织 轴				差动式织轴				上 置 织 轴		
织边	型 式	雷诺绞边								钩边装置						
	组 织	纱罗组织								视织物而定						
边 撑		铜 环 式														
打纬型式		共轭凸轮传动,分离筘座,固定钢筘														
经 停		八列电气式														
纬 停		压电陶瓷,并具防双纬功能														

(二)织机总体配置

1. 主要部件　范美特 Leonardo 型剑杆织机如图 3－4－13、图 3－4－14 所示,主要部件名称如表 3－4－36 所示。

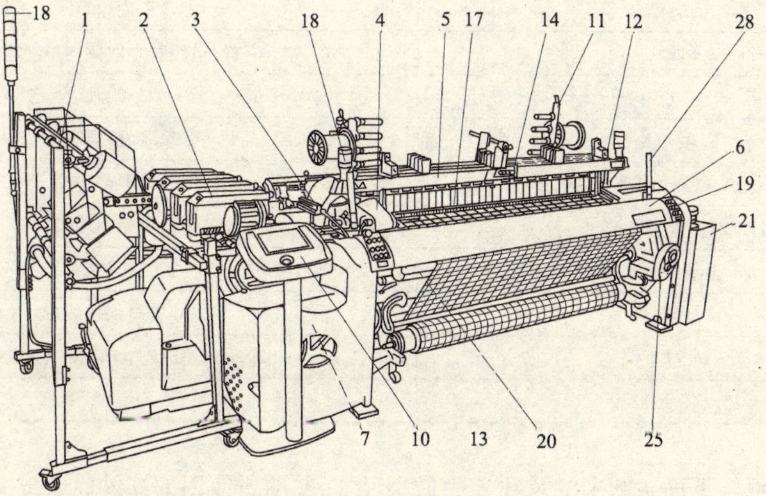

图 3－4－13 范美特 Leonardo 型剑杆织机(机前)

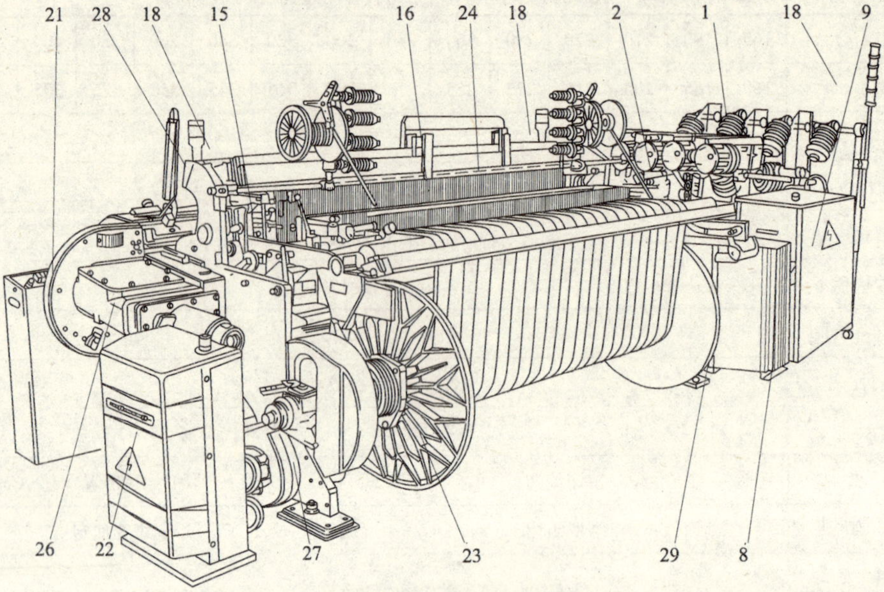

图 3-4-14 范美特 Leonardo 型剑杆织机(机后)

表 3-4-36 范美特 Leonardo 型剑杆织机的主要部件

1. 锥形筒子架	16. 综框中央导板
2. 储纬器	17. 钢筘
3. 纬纱检测器	18. 警示灯
4. 选纬器	19. 按钮板
5. 上横梁	20. 卷取罗拉
6. 胸梁	21. 废边箱
7. 电动机	22. 送经和卷取驱动控制箱
8. 主电控箱	23. 织轴
9. 主开关	24. 经停装置
10. 电脑操作盘	25. 卷取变速箱
11. 绞边. 废边筒子架	26. 剑带驱动箱
12. 电子绞边装置	27. 送经装置
13. 卷布辊	28. 安全保护装置
14. 综框	29. HI DRIVE 电动机驱动控制箱
15. 综框侧导板	

2. 织机尺寸 下面各图中的尺寸 A 为最小尺寸,并随所使用的纬纱筒子架的形式和装配方法而变化。

(1)配置直径 800mm 单织轴的织机(标准电动机型)(图 3-4-15):

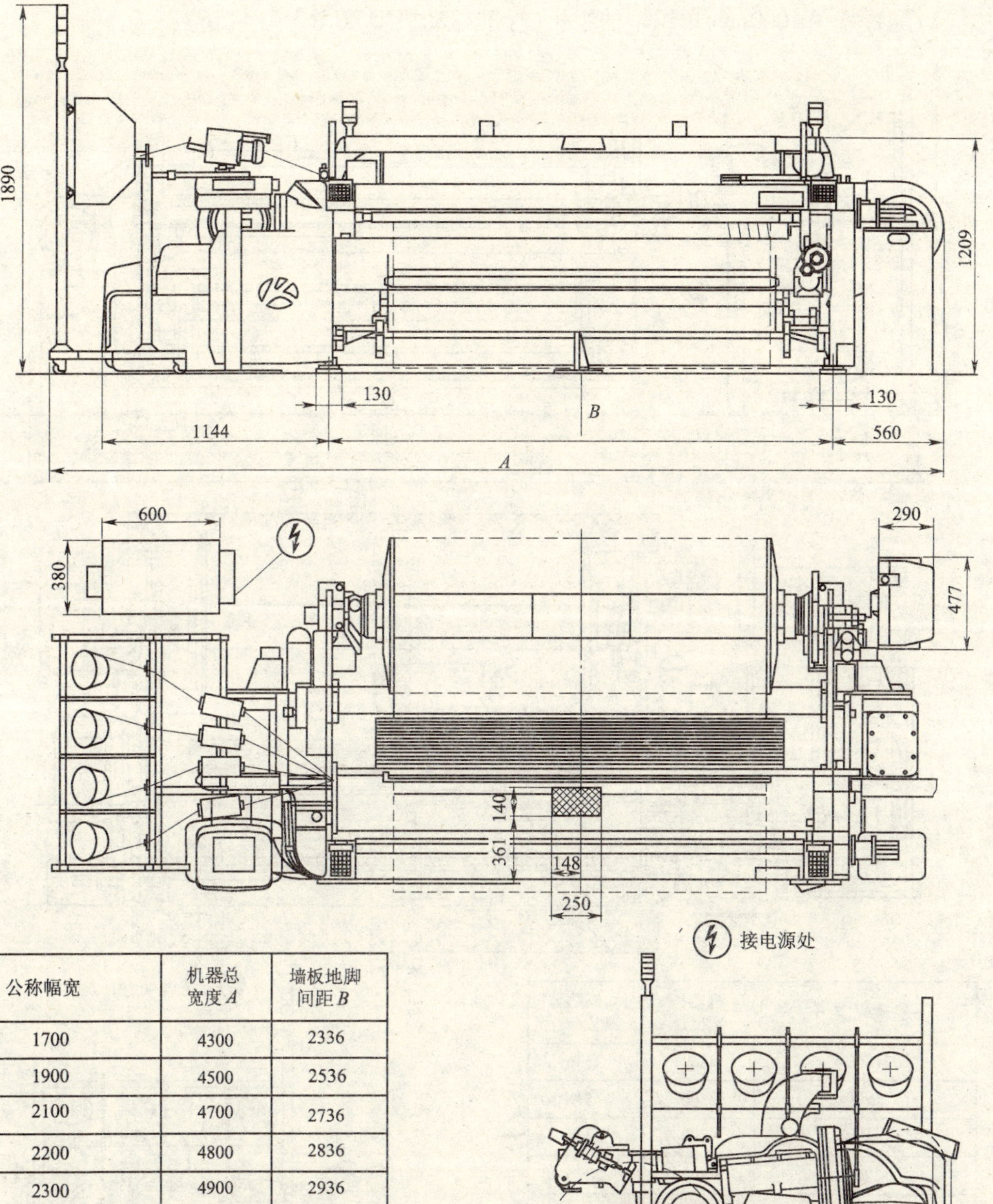

公称幅宽	机器总宽度 *A*	墙板地脚间距 *B*	
1700	4300	2336	
1900	4500	2536	
2100	4700	2736	
2200	4800	2836	
2300	4900	2936	
2600	5200	3236	
2800	5400	3436	
3000	5660	3696	中间机脚
3200	5860	3896	
3400	6060	4096	
3600	6260	4296	
3800	6460	4496	

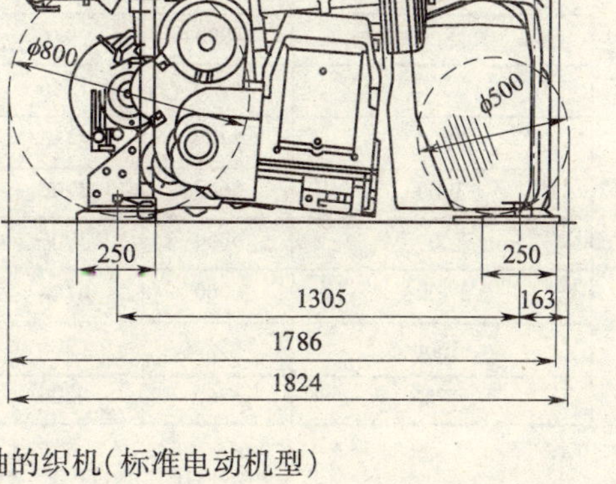

图 3－4－15　配置直径 800mm 单织轴的织机（标准电动机型）

(2)配置直径1000mm单织轴的织机(标准电动机型)(图3-4-16):

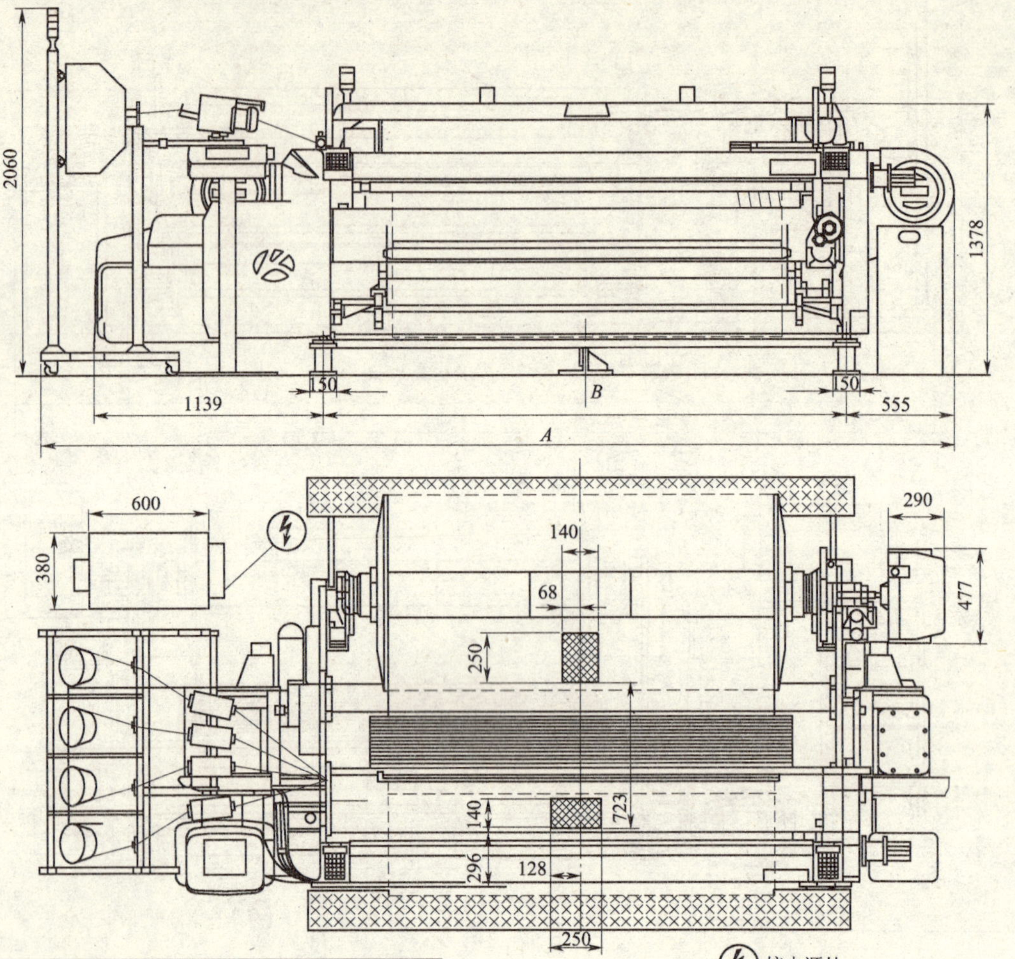

公称幅宽	机器总宽度A	墙板地脚间距B	
1700	4300	2346	
1900	4500	2546	
2100	4700	2746	
2200	4800	2846	
2300	4900	2946	
2600	5200	3246	
2800	5400	3446	
3000	5660	3706	中间机脚
3200	5860	3906	中间机脚
3400	6060	4106	中间机脚
3600	6260	4306	中间机脚
3800	6460	4506	中间机脚

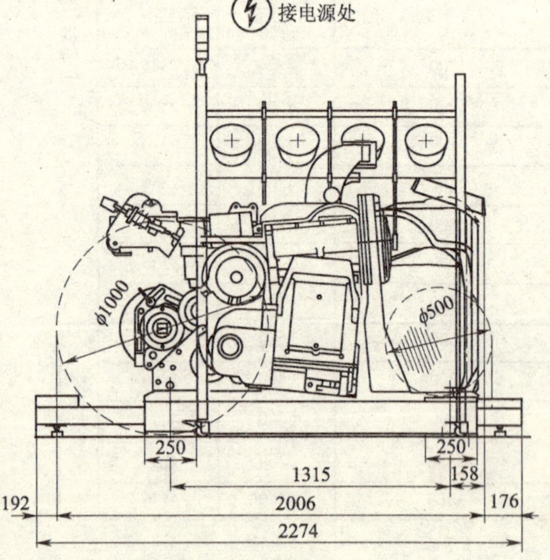

图3-4-16 配置直径1000mm单织轴的织机(标准电动机型)

(3)配置直径 1100mm 单织轴的织机(标准电动机型)(图 3-4-17):

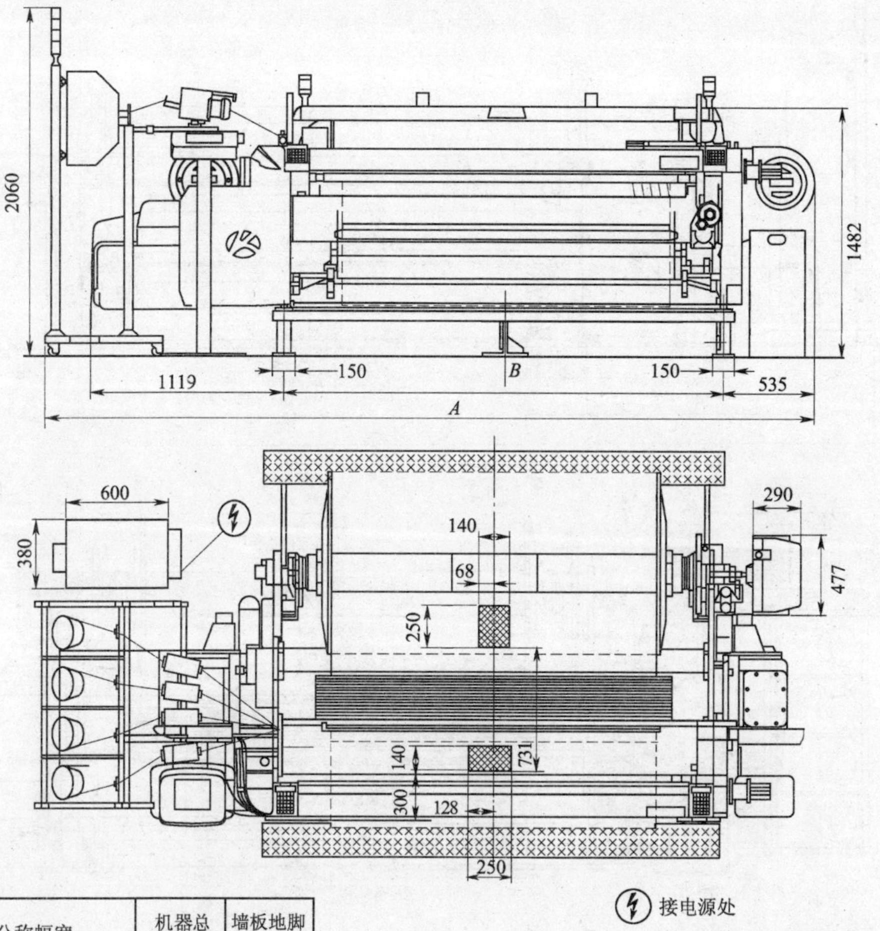

公称幅宽	机器总宽度 A	墙板地脚间距 B	
1700	4300	2386	
1900	4500	2586	
2100	4700	2786	
2200	4800	2886	
2300	4900	2986	
2600	5200	3286	
2800	5400	3486	
3000	5660	3746	中间机脚
3200	5860	3946	
3400	6060	4146	
3600	6260	4346	
3800	6460	4546	

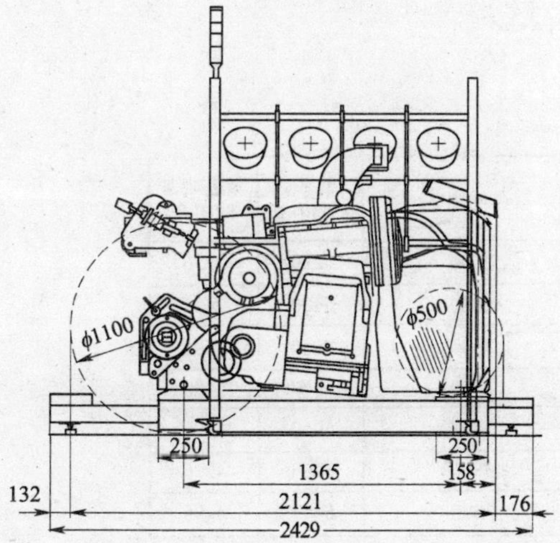

图 3-4-17 配置直径 1100mm 单织轴的织机(标准电动机型)

(4)配置直径 800mm 双织轴的织机(标准电动机型)(图 3-4-18):

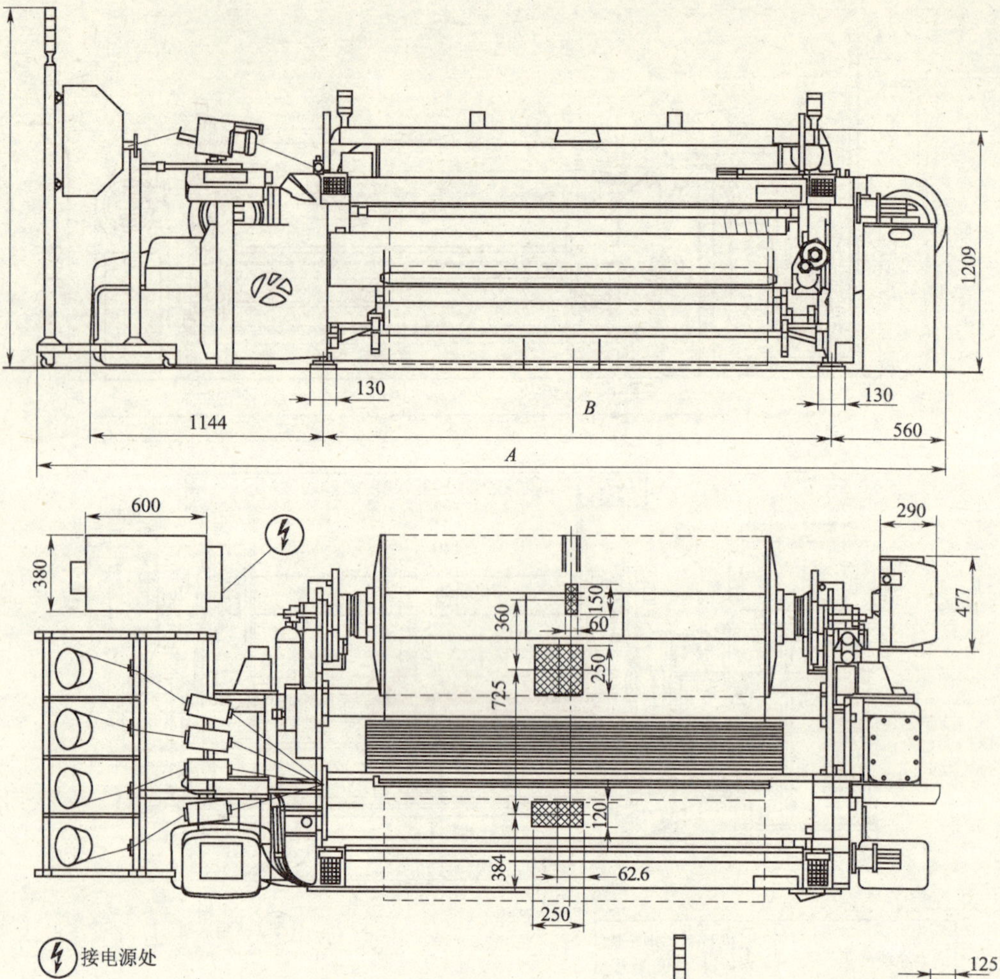

公称幅宽	机器总宽度 *A*	墙板地脚间距 *B*
2600	5200	3236
2800	5400	3436
3000	5660	3696
3200	5860	3896
3400	6060	4096
3600	6260	4296
3800	6460	4496

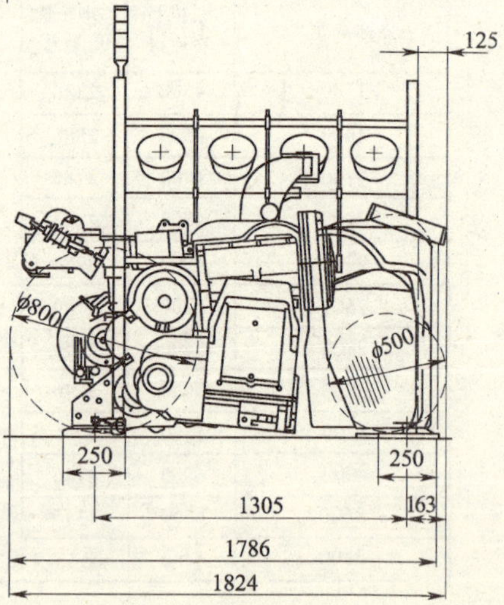

图 3-4-18 配置直径 800mm 双织轴的织机(标准电动机型)

(5)配置直径 1000mm 双织轴的织机(标准电动机型)(图 3-4-19):

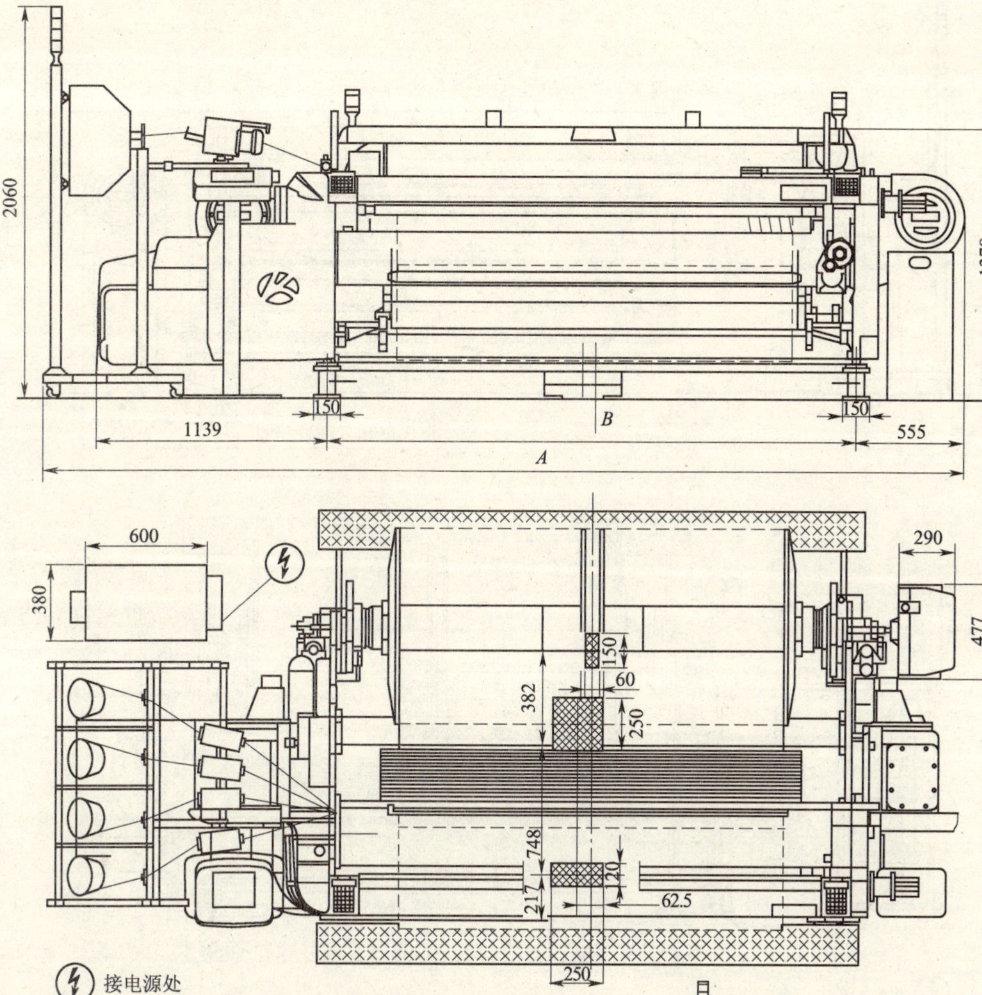

公称幅宽	机器总宽度 *A*	墙板地脚间距 *B*
2600	5200	3246
2800	5400	3446
3000	5660	3706
3200	5860	3906
3600	6060	4106
3600	6260	4306
3800	6460	4506

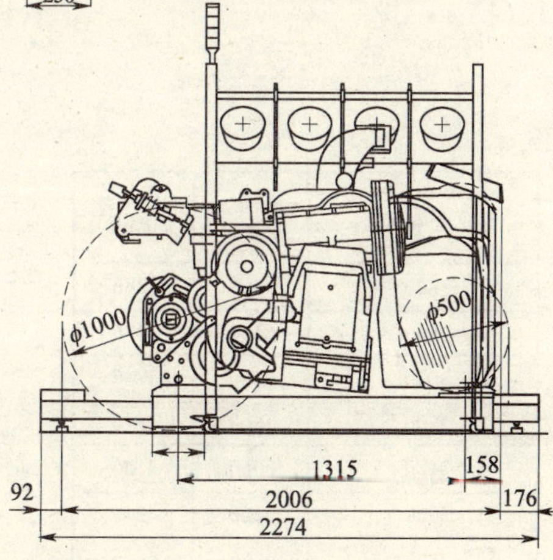

图 3-4-19　配置直径 1000mm 双织轴的织机(标准电动机型)

(6)配置直径1100mm双织轴的织机(标准电动机型)(图3-4-20):

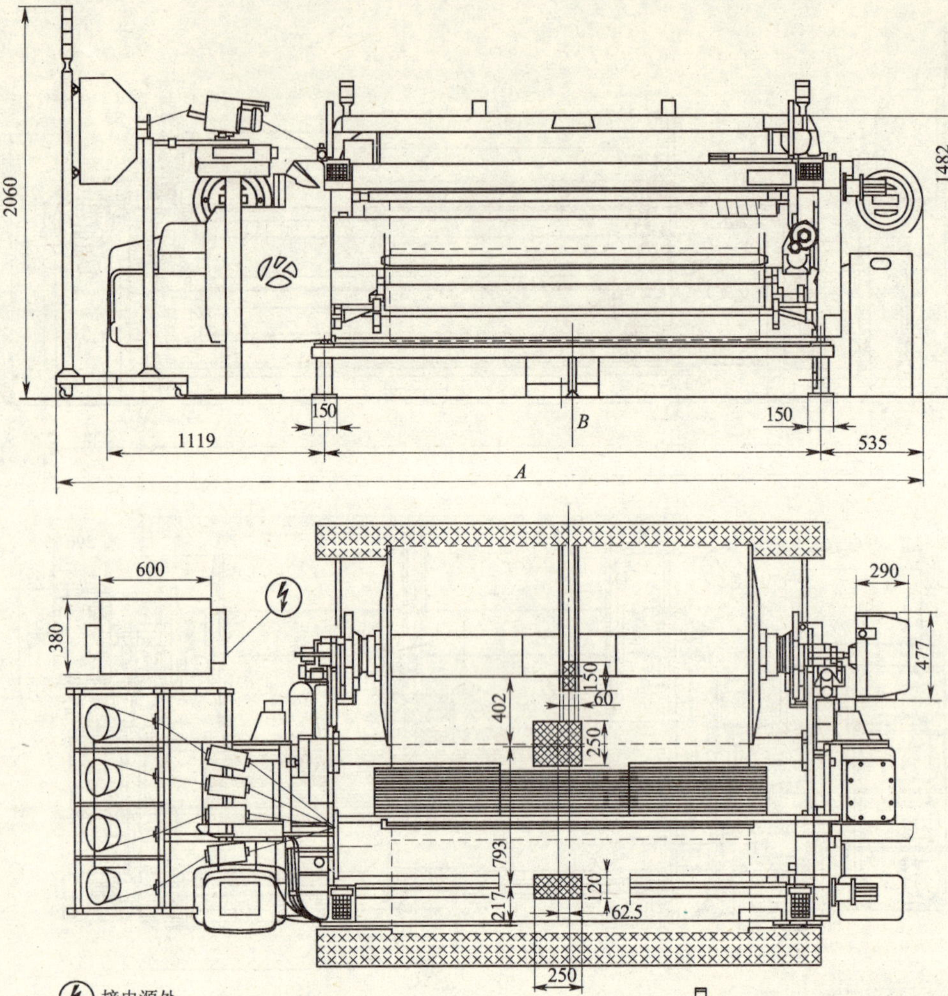

(ϟ) 接电源处

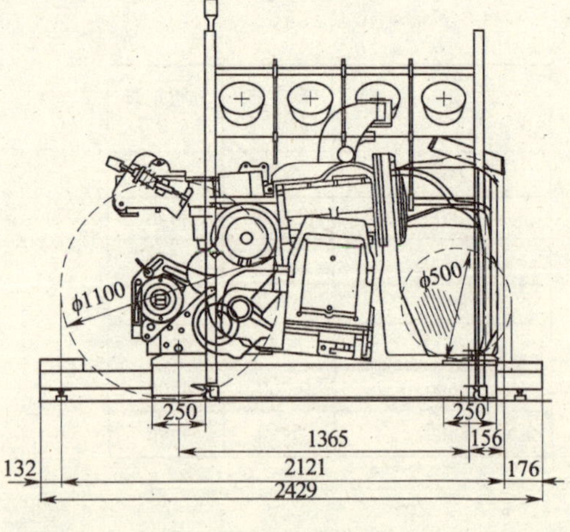

公称幅宽	机器总宽度 *A*	墙板地脚间距 *B*
2600	6200	3286
2800	6400	3486
3000	5660	3746
3200	5860	3946
3400	6060	4146
3600	6260	4346
3800	6460	4546

图3-4-20 配置直径1100mm双织轴的织机(标准电动机型)

(7)配置直径800mm单织轴和上织轴的织机(标准电动机型)(图3-4-21):

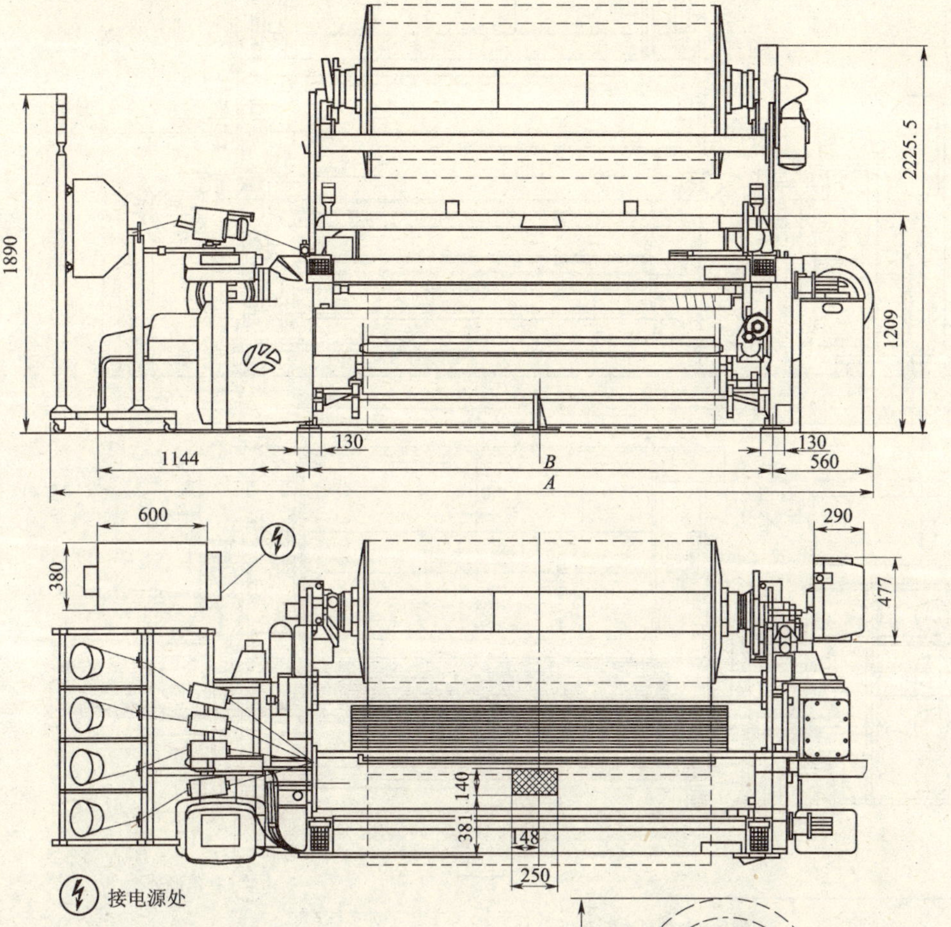

公称幅宽	机器总宽度 A	墙板地脚间距 B	
1700	4300	2336	
1900	4500	2536	
2100	4700	2736	
2200	4800	2836	
2300	4900	2936	
2600	5200	3236	
2800	5400	3436	
3000	5660	3696	中间机脚
3200	5860	3896	
3400	6060	4096	
3600	6260	4296	
3800	6460	4496	

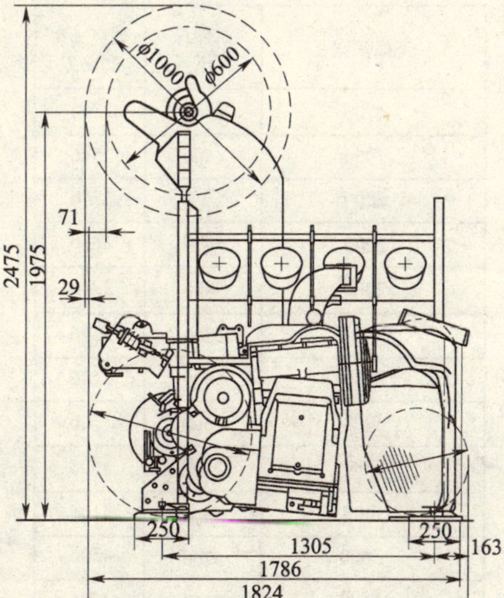

图3-4-21　配置直径800mm单织轴和上织轴的织机(标准电动机型)

(8)配置直径 1000mm 单织轴和上织轴的织机(标准电动机型)(图 3－4－22):

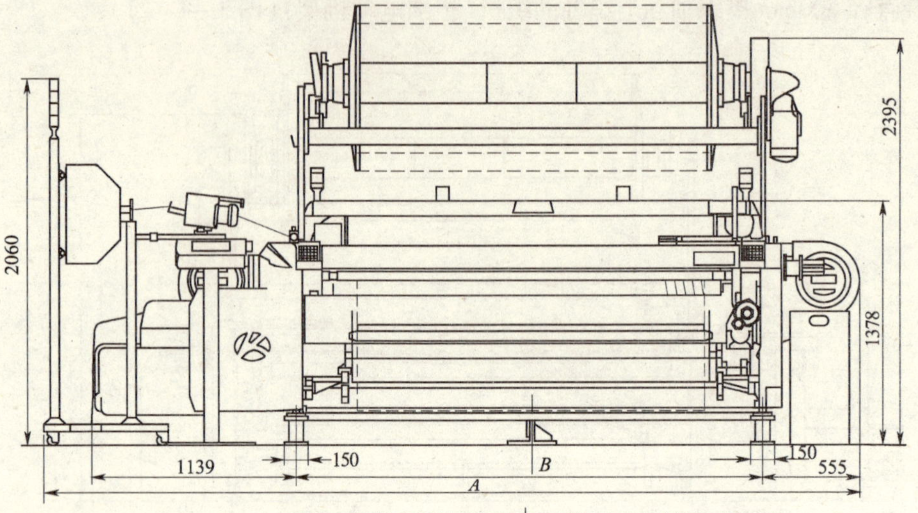

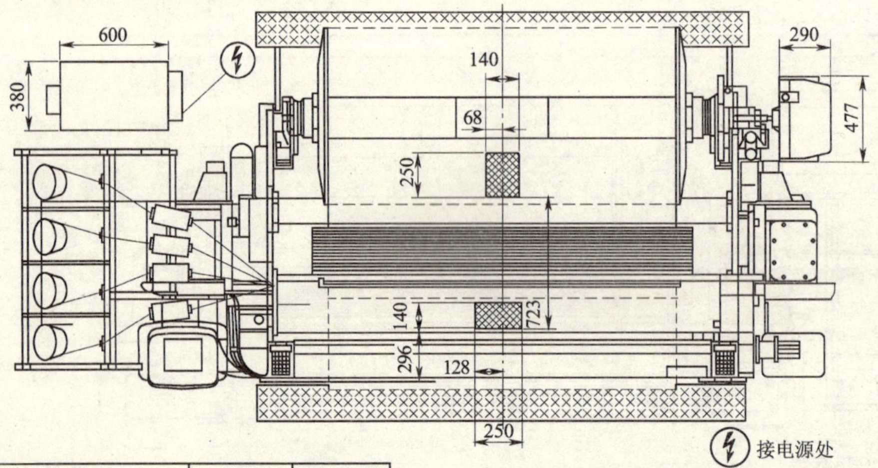

公称幅宽	机器总宽度 *A*	墙板地脚间距 *B*	
1700	4300	2346	
1900	4500	2546	
2100	4700	2746	
2200	4800	2846	
2300	4900	2946	
2600	5200	3246	
2800	5400	3446	
3000	5660	3706	中间机脚
3200	5860	3906	
3400	6060	4106	
3600	6260	4306	
3800	6460	4506	

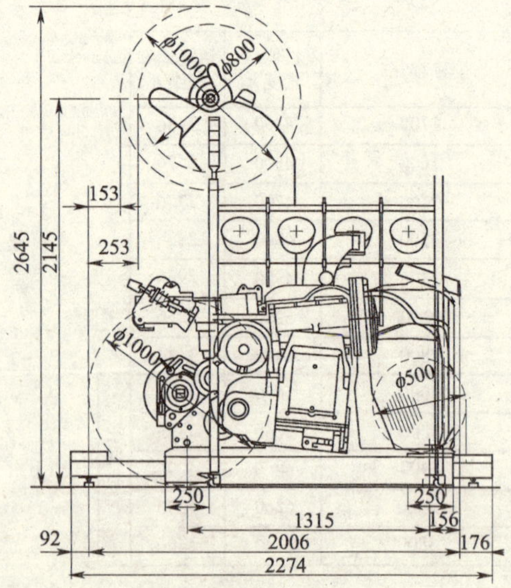

图 3－4－22　配置直径 1000mm 单织轴和上织轴的织机(标准电动机型)

（9）配置直径800mm单织轴和提花开口的织机（标准电动机型）（图3－4－23）：

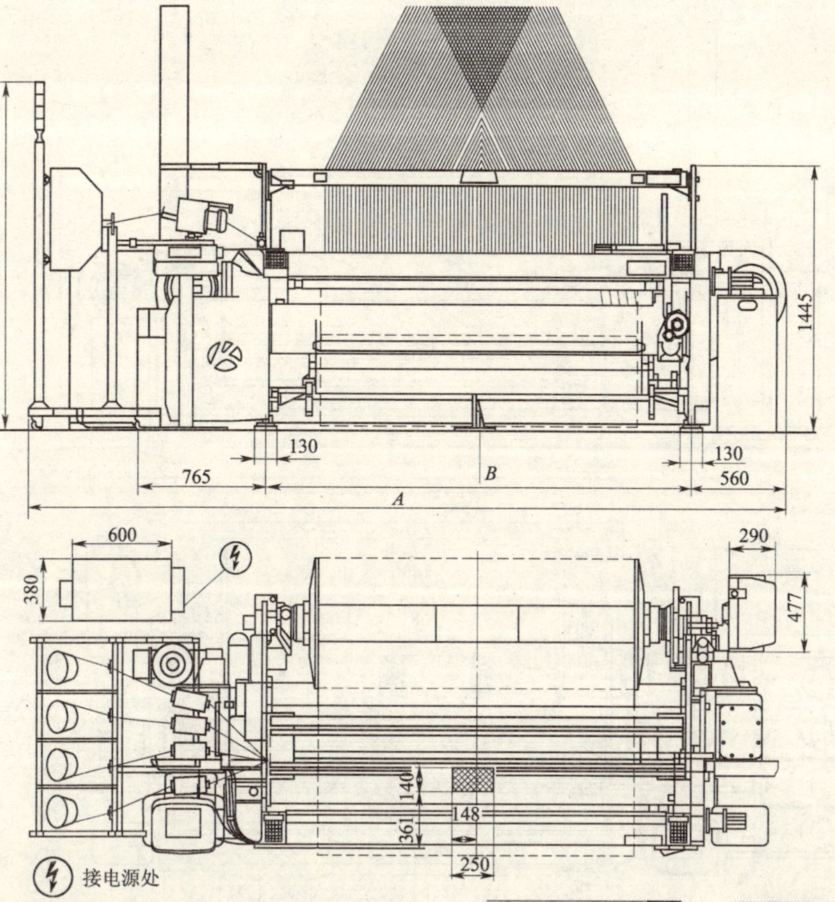

公称幅宽	机器总宽度 A	墙板地脚间距 B	
1700	4300	2336	
1900	4500	2536	
2100	4700	2736	
2200	4800	2836	
2300	4900	2936	
2600	5200	3236	
2800	5400	3436	
3000	5660	3696	中间机脚
3200	5860	3896	中间机脚
3400	6060	4096	中间机脚
3600	6260	4296	中间机脚
3800	6460	4496	中间机脚

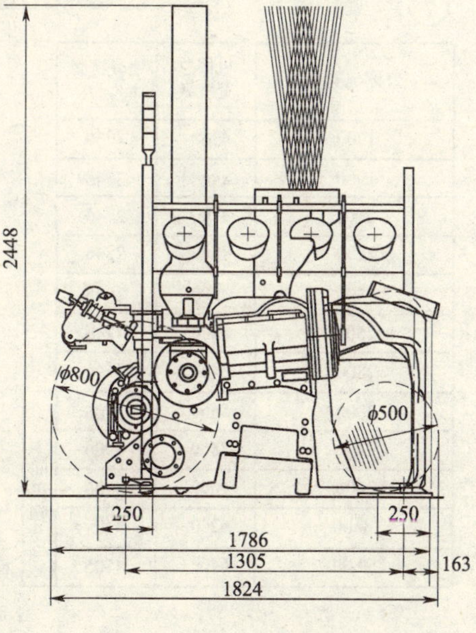

图3－4－23　配置直径800mm单织轴和提花开口的织机（标准电动机型）

（10）配置直径 1000mm 单织轴和提花开口的织机（标准电动机型）（图 3－4－24）：

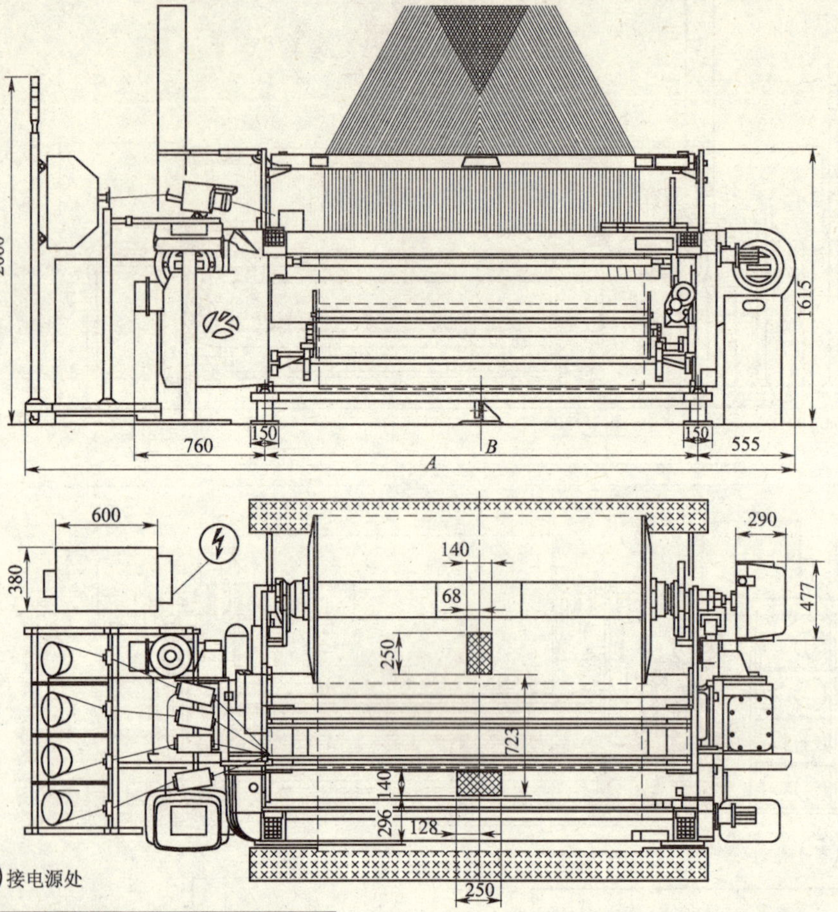

公称幅宽	机器总宽度 *A*	墙板地脚间距 *B*	
1700	4300	2346	
1900	4500	2546	
2100	4700	2746	
2200	4800	2846	
2300	4900	2946	
2600	5200	3246	
2800	5400	3446	
3000	5660	3706	中间机脚
3200	5860	3906	
3400	6060	4106	
3600	6260	4306	
3800	6460	4506	

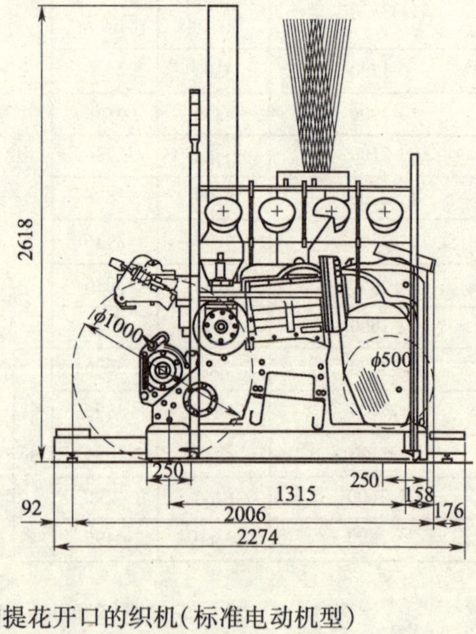

图 3－4－24 配置直径 1000mm 单织轴和提花开口的织机（标准电动机型）

(11)配置直径500mm和700mm前后织轴的织机(标准电动机型)(图3-4-25):

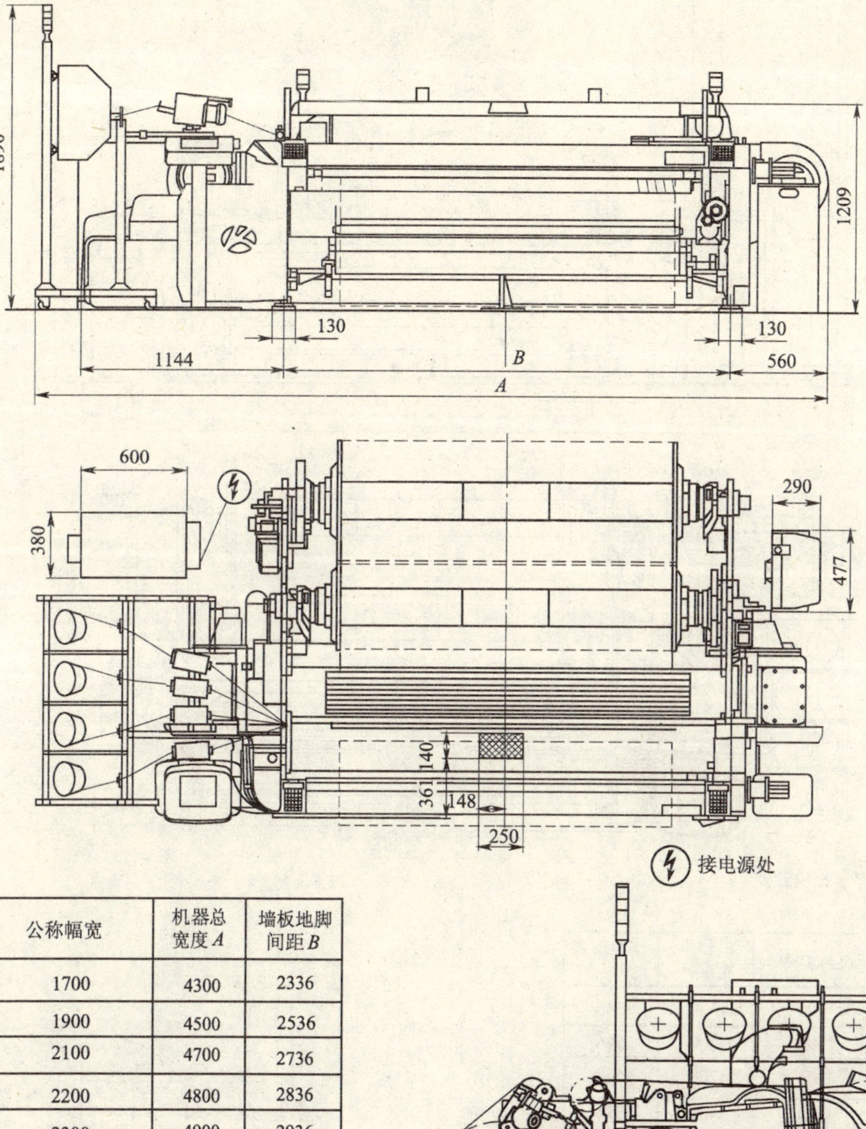

公称幅宽	机器总宽度 A	墙板地脚间距 B	
1700	4300	2336	
1900	4500	2536	
2100	4700	2736	
2200	4800	2836	
2300	4900	2936	
2600	5200	3236	
2800	5400	3436	
3000	5660	3696	中间机脚
3200	5860	3896	
3400	6060	4096	
3600	6260	4296	
3800	6460	4496	

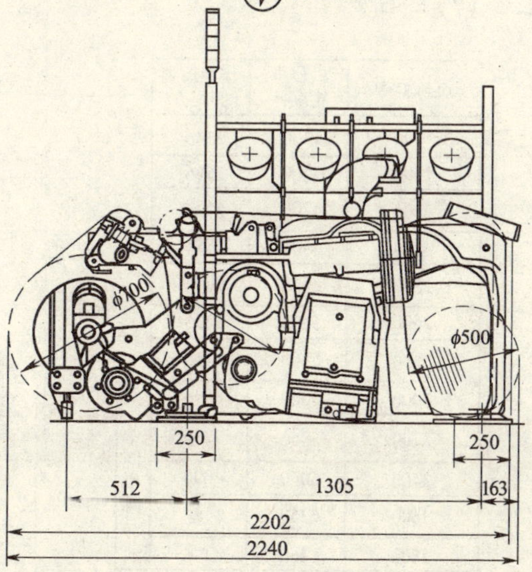

图3-4-25　配置直径500mm和700mm前后织轴的织机(标准电动机型)

(12)配置直径 500mm 和 700mm 前后织轴和提花开口的织机(标准电动机型)(图 3-4-26):

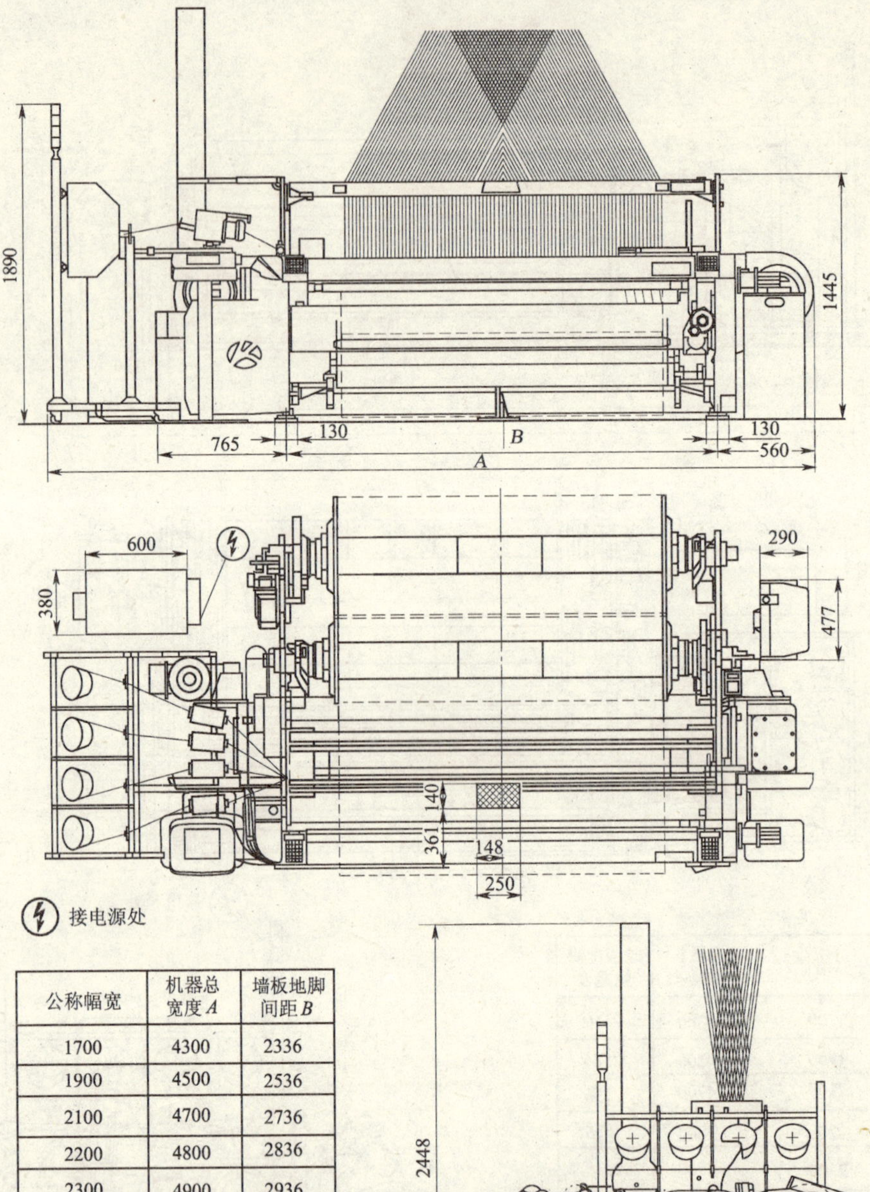

公称幅宽	机器总宽度 *A*	墙板地脚间距 *B*	
1700	4300	2336	
1900	4500	2536	
2100	4700	2736	
2200	4800	2836	
2300	4900	2936	
2600	5200	3236	
2800	5400	3436	
3000	5660	3696	中间机脚
3200	5860	3896	中间机脚
3400	6060	4096	中间机脚
3600	6260	4296	中间机脚
3800	6460	4496	中间机脚

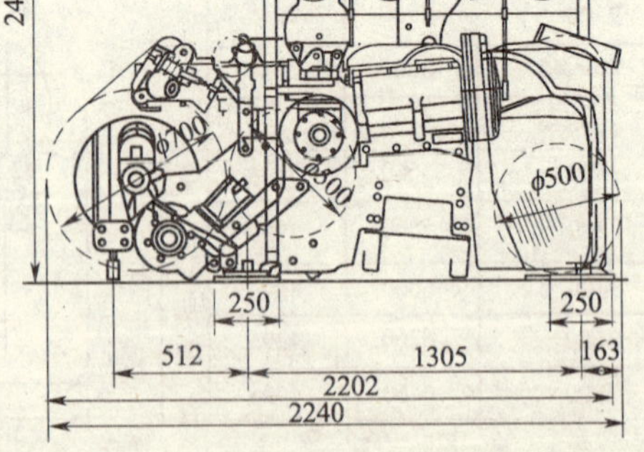

图 3-4-26　配置直径 500mm 和 700mm 前后织轴和提花开口的织机(标准电动机型)

(13)配置直径 800mm 单织轴的织机(HI DRIVE 电动机型)(图 3－4－27):

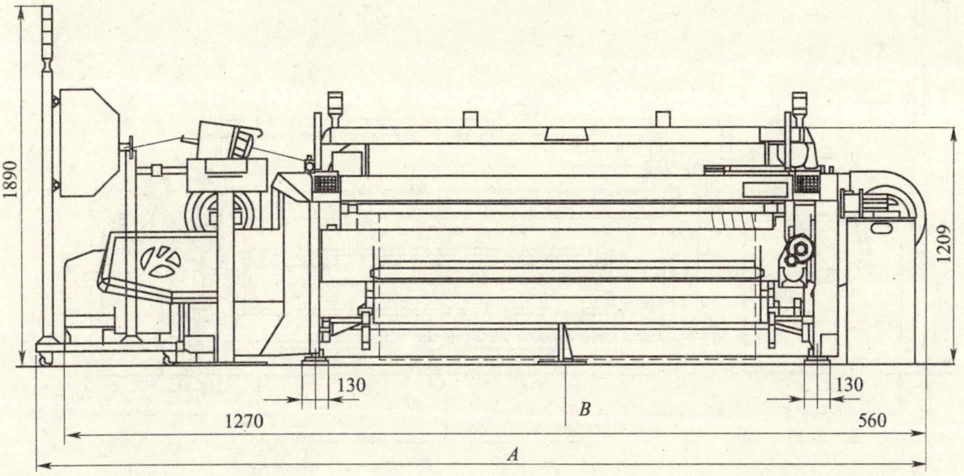

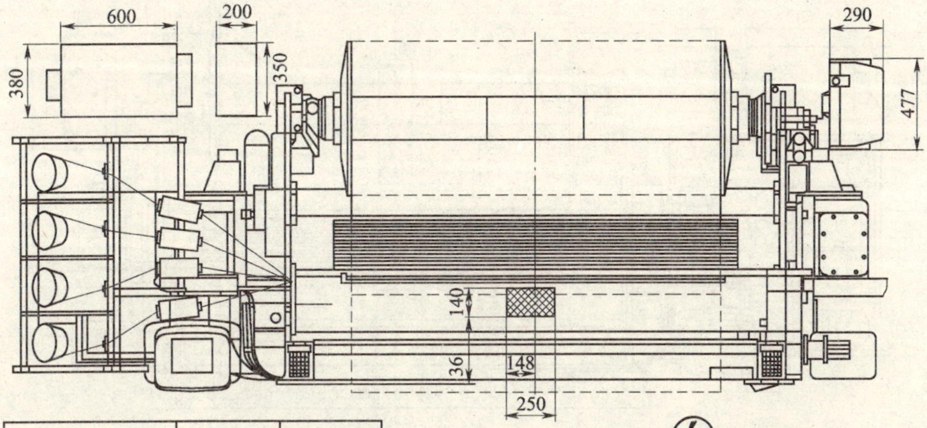

公称幅宽	机器总宽度 *A*	墙板地脚间距 *B*	
1700	4300	2336	
1900	4500	2536	
2100	4700	2736	
2200	4800	2836	
2300	4900	2936	
2600	5200	3236	
2800	5400	3436	
3000	5660	3696	中间机脚
3200	5860	3896	
3400	6060	4096	
3600	6260	4296	
3800	6460	4496	

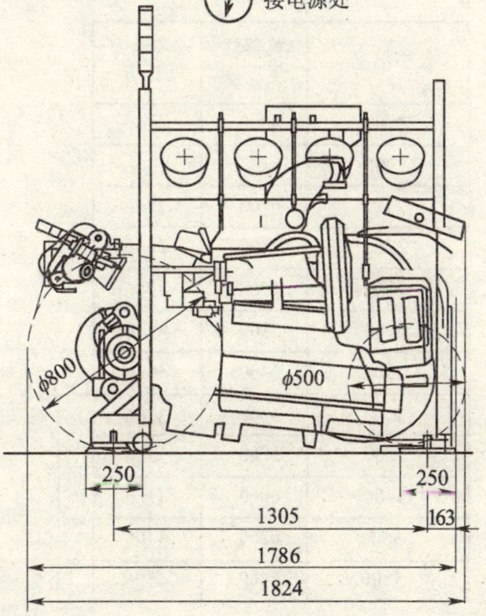

图 3－4－27　配置直径 800mm 单织轴的织机(HI DRIVE 电动机型)

(14)配置直径 1000mm 单织轴的织机(HI DRIVE 电动机型)(图 3-4-28):

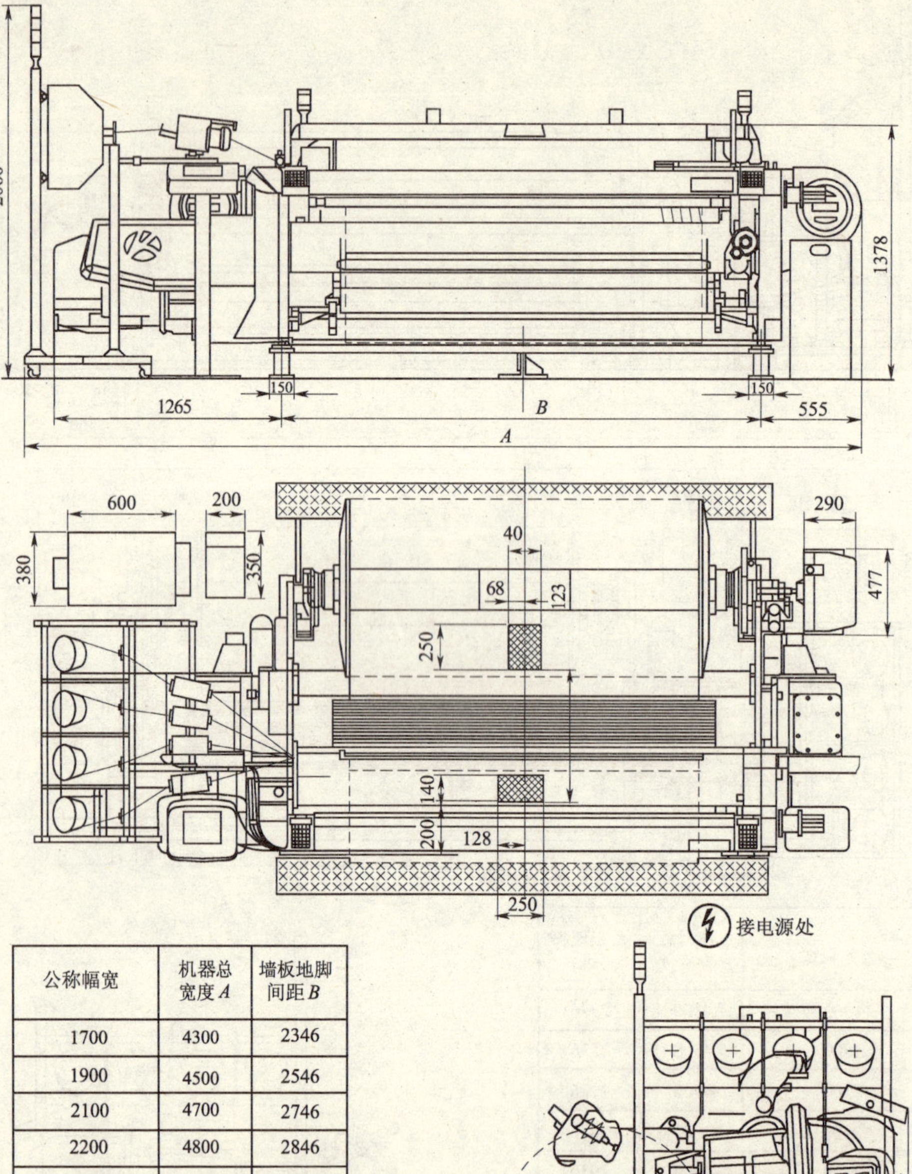

公称幅宽	机器总宽度 *A*	墙板地脚间距 *B*	
1700	4300	2346	
1900	4500	2546	
2100	4700	2746	
2200	4800	2846	
2300	4900	2946	
2600	5200	3246	
2800	5400	3446	
3000	5660	3706	中间机脚
3200	5860	3906	中间机脚
3400	6060	4106	中间机脚
3600	6260	4306	中间机脚
3800	6460	4506	中间机脚

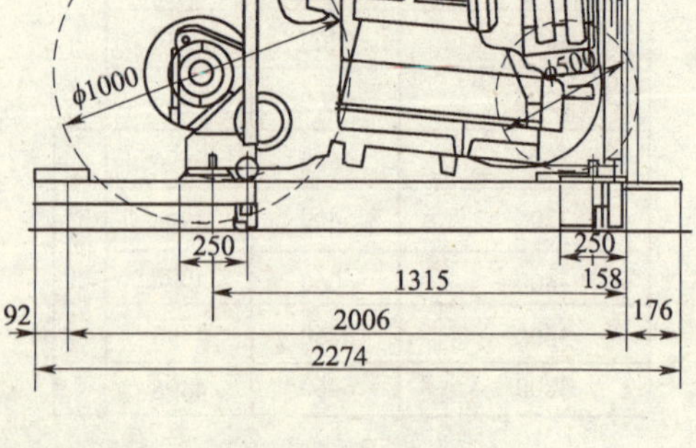

图 3-4-28 配置直径 1000mm 单织轴的织机(HI DRIVE 电动机型)

(15)配置直径1100mm单织轴的织机(HI DRIVE电动机型)(图3-4-29):

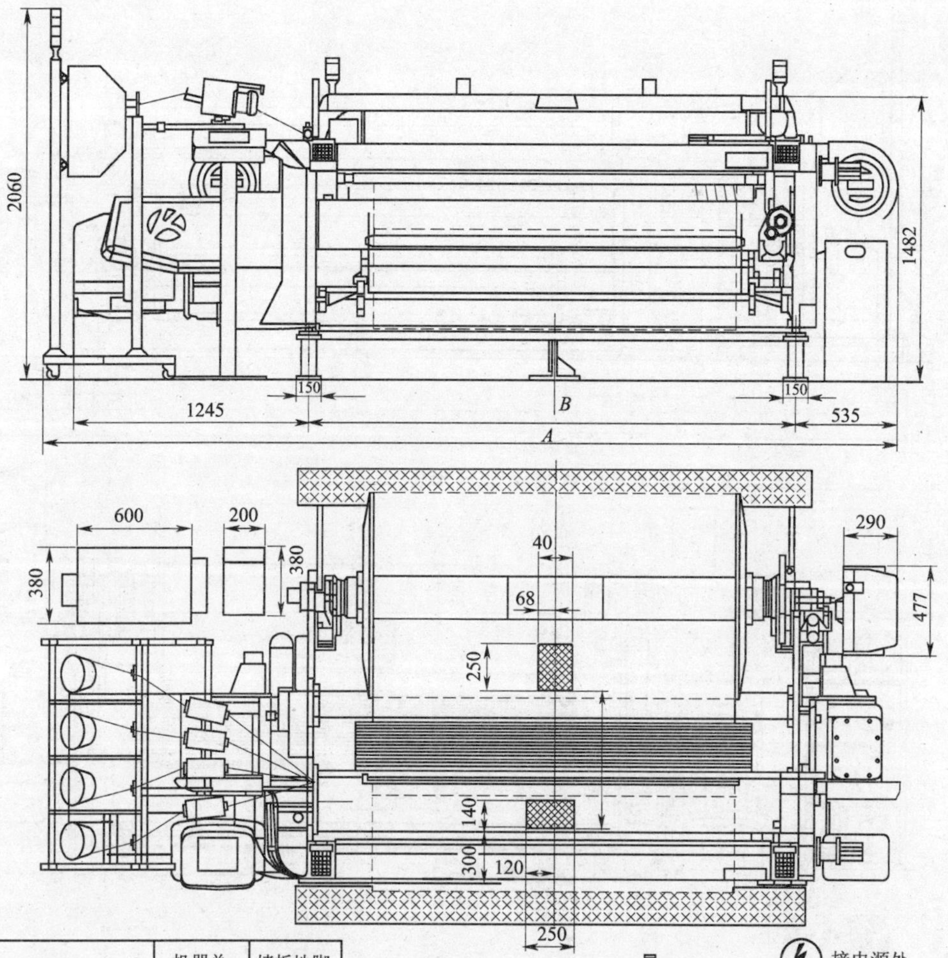

公称幅宽	机器总宽度A	墙板地脚间距B	
1700	4300	2386	
1900	4500	2586	
2100	4700	2786	
2200	4800	2886	
2300	4900	2986	
2600	5200	3286	
2800	5400	3486	
3000	5660	3746	中间机脚
3200	5860	3946	
3400	6060	4146	
3600	6260	4346	
3800	6460	4546	

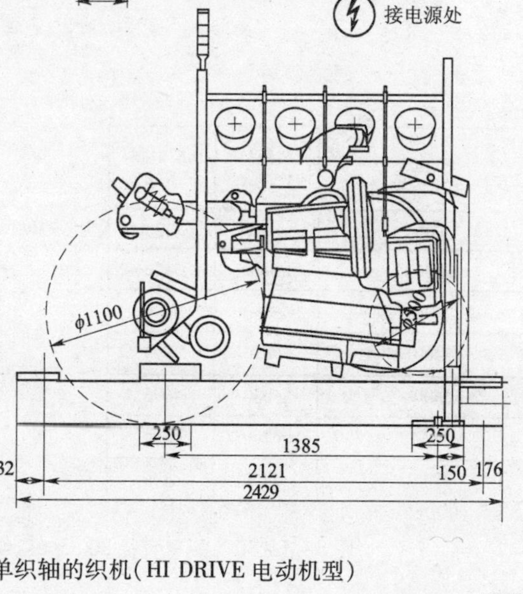

图3-4-29 配置直径1100mm单织轴的织机(HI DRIVE电动机型)

(16)配置直径800mm双织轴的织机(HI DRIVE电动机型)(图3-4-30):

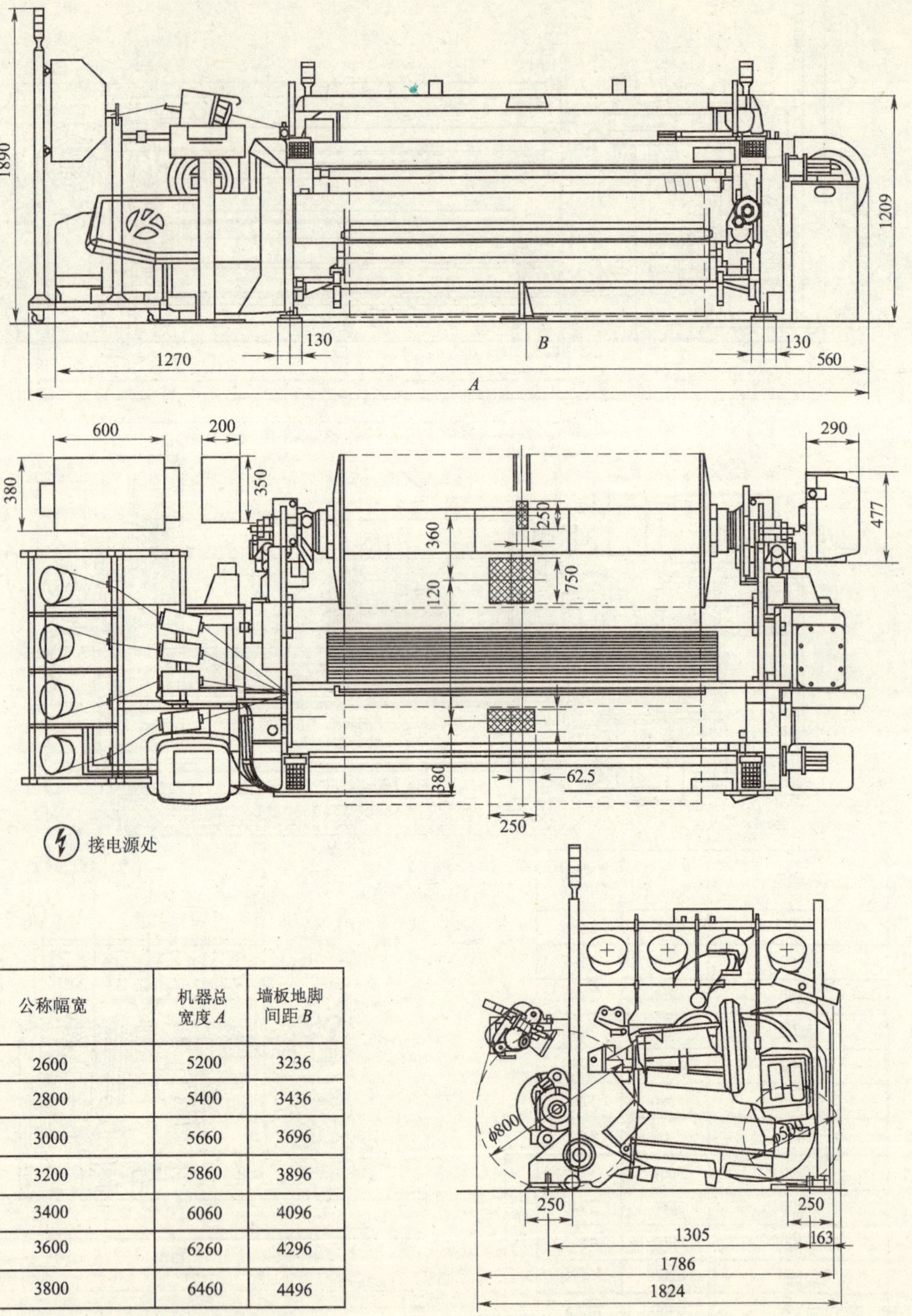

公称幅宽	机器总宽度 A	墙板地脚间距 B
2600	5200	3236
2800	5400	3436
3000	5660	3696
3200	5860	3896
3400	6060	4096
3600	6260	4296
3800	6460	4496

图3-4-30 配置直径800mm双织轴的织机(HI DRIVE电动机型)

(17)配置直径 1000mm 双织轴的织机(HI DRIVE 电动机型)(图 3－4－31):

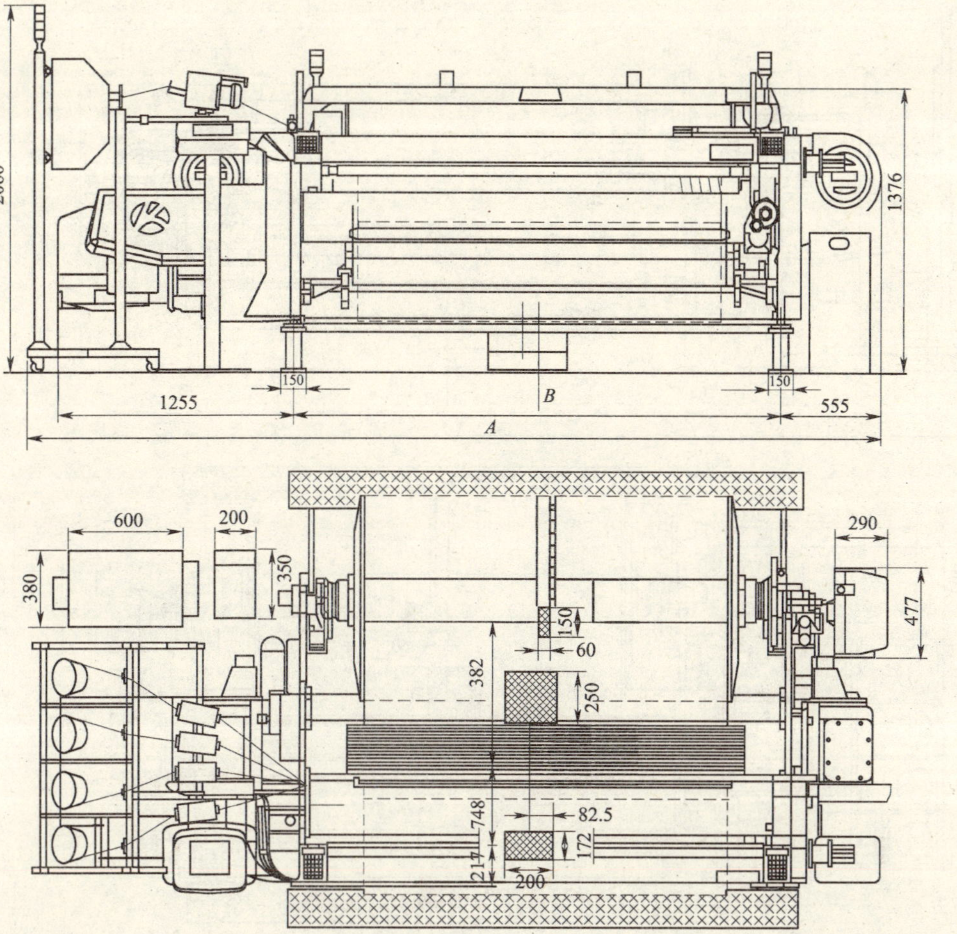

接电源处

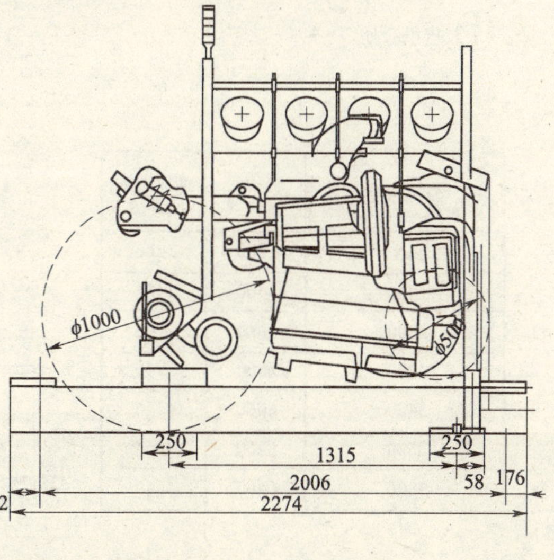

公称幅宽	机器总宽度 *A*	墙板地脚间距 *B*
2600	5200	3246
2800	5400	3446
3000	5660	3706
3200	5860	3906
3400	6060	4106
3600	6260	4306
3800	6460	4506

图 3－4－31　配置直径 1000mm 双织轴的织机(HI DRIVE 电动机型)

(18)配置直径1100mm双织轴的织机(HI DRIVE电动机型)(图3-4-32):

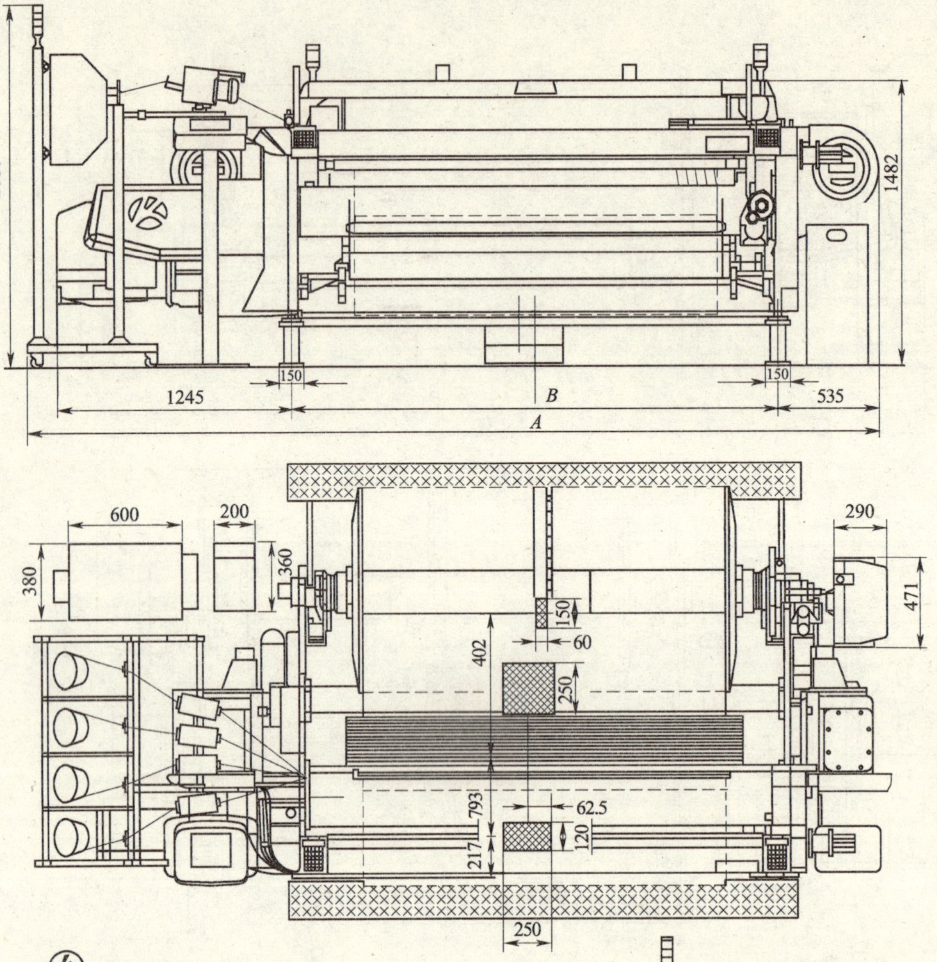

公称幅宽	机器总宽度 *A*	墙板地脚间距 *B*
2600	5200	3286
2800	5400	3486
3000	5660	3746
3200	5860	3946
3400	6060	4146
3500	6260	4346
3800	6460	4546

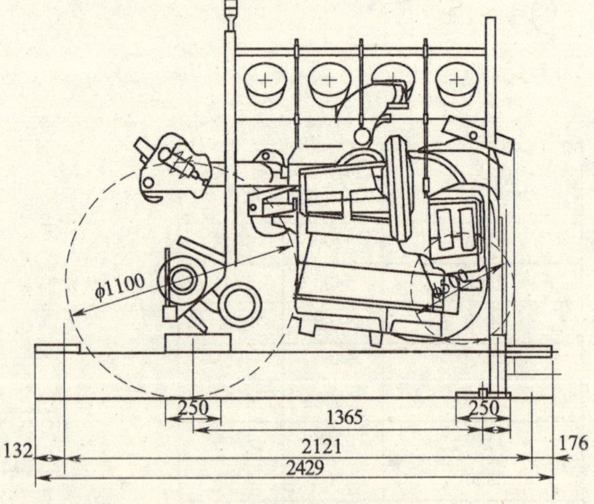

图3-4-32 配置直径1100mm双织轴的织机(HI DRIVE电动机型)

（19）配置直径 800mm 单织轴和上织轴的织机（HI DRIVE 电动机型）（图 3－4－33）：

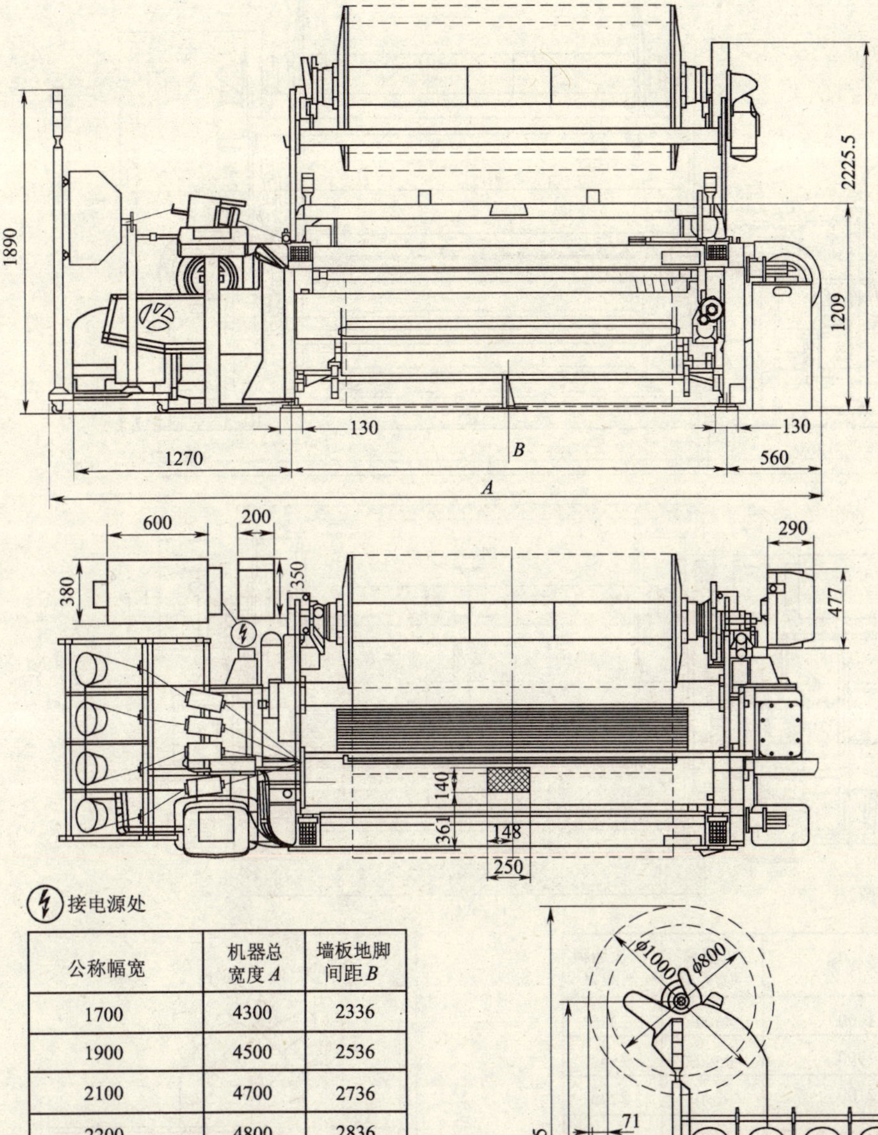

接电源处

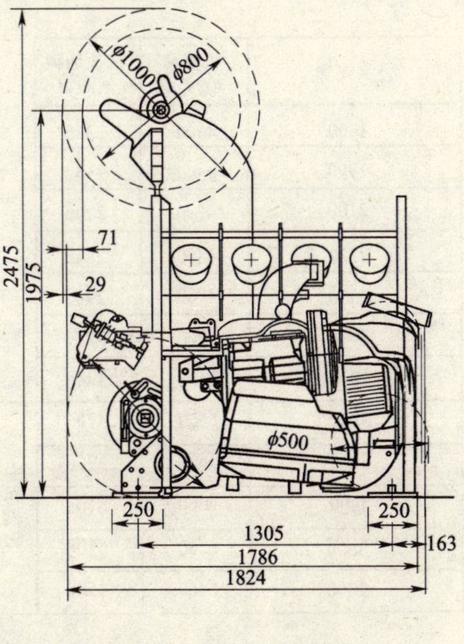

公称幅宽	机器总宽度 *A*	墙板地脚间距 *B*	
1700	4300	2336	
1900	4500	2536	
2100	4700	2736	
2200	4800	2836	
2300	4900	2936	
2600	5200	3236	
2800	5400	3436	
3000	5660	3696	中间机脚
3200	5860	3896	
3400	6060	4096	
3600	6260	4296	
3800	6460	4496	

图 3－4－33　配置直径 800mm 单织轴和上织轴的织机（HI DRIVE 电动机型）

(20)配置直径1000mm单织轴和上织轴的织机(HI DRIVE电动机型)(图3-4-34):

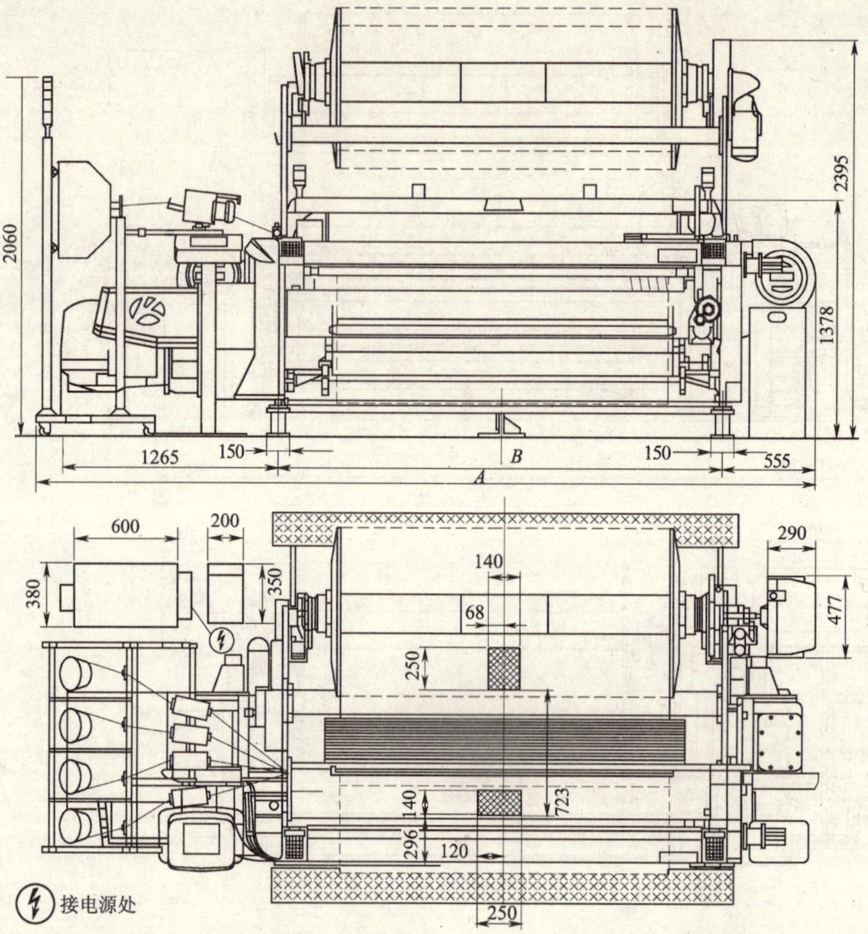

公称幅宽	机器总宽度 A	墙板地脚间距 B	
1700	4300	2346	
1900	4500	2546	
2100	4700	2746	
2200	4800	2846	
2300	4900	2946	
2600	5200	3246	
2800	5400	3446	
3000	5660	3706	中间机脚
3200	5860	3906	
3400	6060	4106	
3600	6260	4306	
3800	6460	4506	

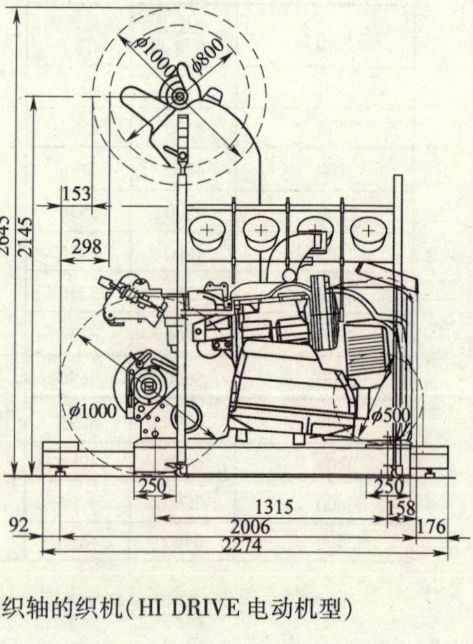

图3-4-34　配置直径1000mm单织轴和上织轴的织机(HI DRIVE电动机型)

(21)配置直径 500mm 和 700mm 前后单织轴的织机(HI DRIVE 电动机型)(图 3－4－35):

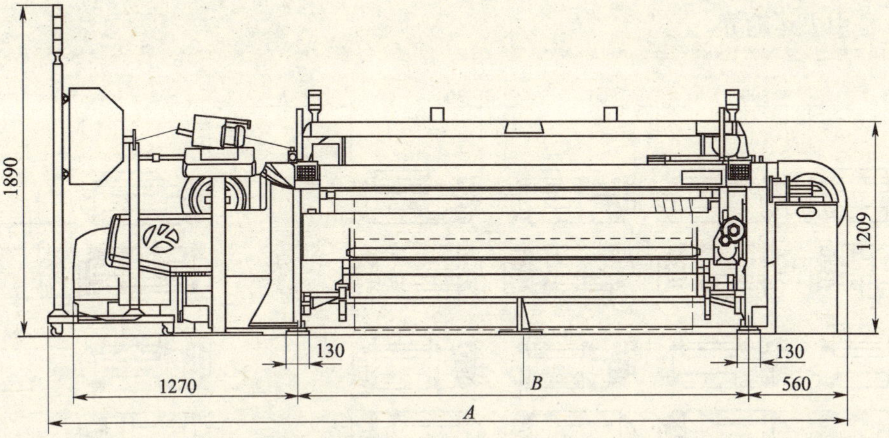

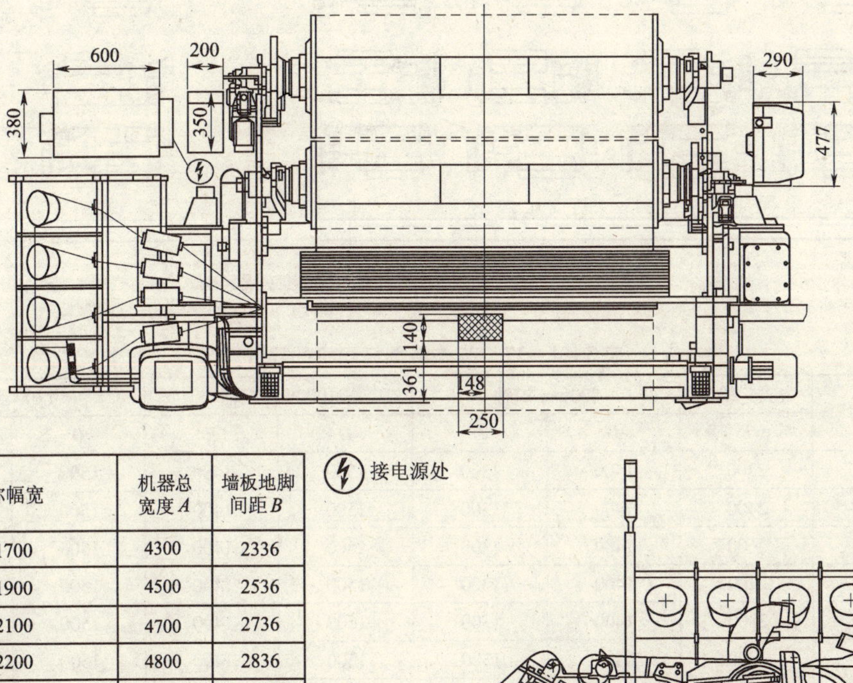

公称幅宽	机器总宽度 *A*	墙板地脚间距 *B*	
1700	4300	2336	
1900	4500	2536	
2100	4700	2736	
2200	4800	2836	
2300	4900	2936	
2600	5200	3236	
2800	5400	3436	
3000	5660	3696	中间机脚
3200	5860	3896	
3400	6060	4096	
3600	6260	4296	
3800	6460	4496	

接电源处

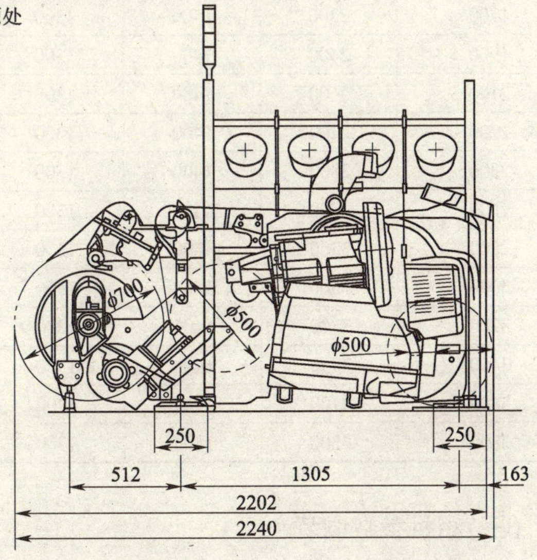

图 3－4－35　配置直径 500mm 和 700mm 前后单织轴的织机(HI DRIVE 电动机型)

3. 织机排列举例 织造车间范美特剑杆织机的排列如图3－4－36所示。尺寸 D 和 E 见表3－4－37,表中 D、E 尺寸是指织轴的通道,如果作为织机的运输通道,则其最小尺寸应为1850mm。B是中央运输弄。

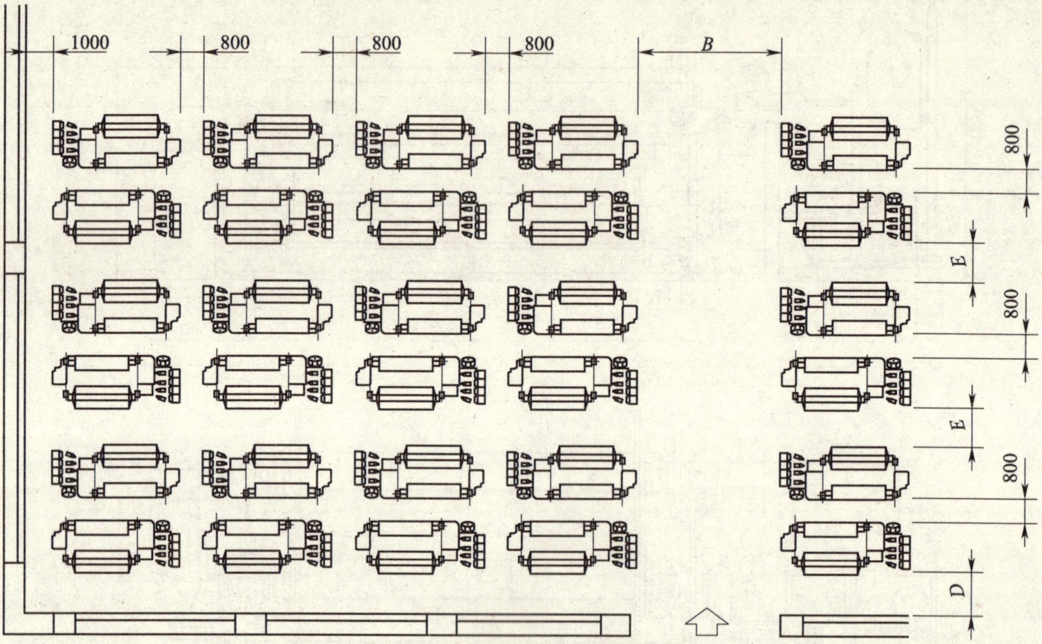

图3－4－36 范美特剑杆织机的排列图

表3－4－37 范美特剑杆织机的尺寸

单位:mm

公称幅宽	中央运输弄	800mm 织轴		1000mm 织轴		1100 织轴	
	B	D	E	D	E	D	E
1700	2200	1400	1300	1500	1400	1500	1600
1900	2400	1400	1300	1500	1400	1500	1600
2100	2600	1400	1300	1500	1400	1500	1600
2200	2700	1400	1300	1500	1400	1500	1600
2300	2800	1400	1300	1500	1400	1500	1600
2600	3100	1400	1300	1500	1400	1500	1600
2800	3300	1400	1300	1500	1400	1500	1600
3000	3500	1400	1300	1500	1400	1500	1600
3200	3700	1400	1300	1500	1400	1500	1600
3400	3900	1400	1300	1500	1400	1500	1600
3600	4100	1400	1300	1500	1400	1500	1600
3800	4300	1400	1300	1500	1400	1500	1600

(三)织机参数调节

1. 剑带两侧导轨长度的确定

(1)非FTS交接配置情形:如果所织造的织物幅宽小于公称幅宽,必须选择两侧剑带导轨。

在织机左手侧，剑带主导轨边缘到钢筘的距离必须保持在27mm；在织机右手侧，剑带主导轨边缘到钢筘的距离则必须保持在2mm。

每台织机都随机另提供下列可调节导轨：两块50mm导轨、三块100mm导轨和一块530mm导轨（右侧）。

可以按下列方法选择和定位剑带导轨：首先测量固定导轨与钢筘之间距离 X，在选左侧导轨时，$Y=(X-27)$ mm；在选右侧导轨时，$Y=(X-2)$ mm。数据 Y 是选择导轨的依据，可以按图3－4－37选择可组合的导轨。

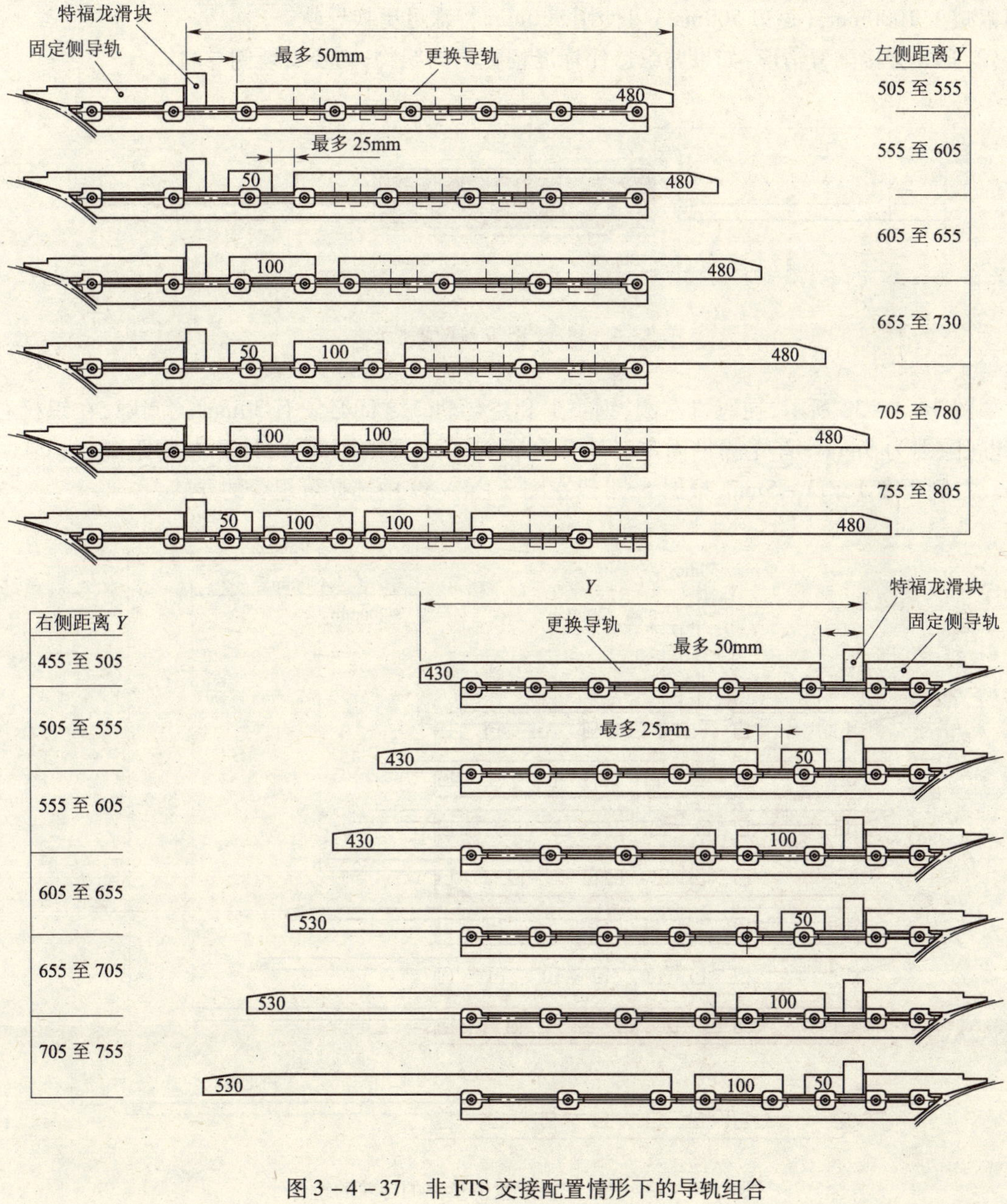

图3－4－37　非FTS交接配置情形下的导轨组合

在相对于公称幅宽最大缩小600mm(两边各300mm)的情况下,通过以上备件的不同组合可以满足所有织造幅宽的要求。固定导轨与更换导轨之间的距离不能大于50mm,而更换导轨与可调节导轨之间的距离不能大于25mm(图3-4-41)。

在计算组合时,使用可调节导轨块数越少越好,须记住可更换导轨(430mm、480mm和530mm)至少应有三个固定点(在图3-4-41中,用虚线表示的另一面的固定点至少也有三个)。

用一个固定点固定50mm可调节导轨,用二个固定点固定100mm可调节导轨。在特殊要求下,使用特殊的可更换导轨(选购件,非标准配置)最大的幅宽减少可达1000mm(每边500mm)。如果要求门幅减少800mm,(每边400mm),可使用680mm特殊可更换导轨。如果要求门幅减少1000mm,(每边500mm)可使用830mm特殊可更换导轨。

(2)FTS交接配置情形:如果要织造比标准幅宽窄的织物,则要安装侧导轨。

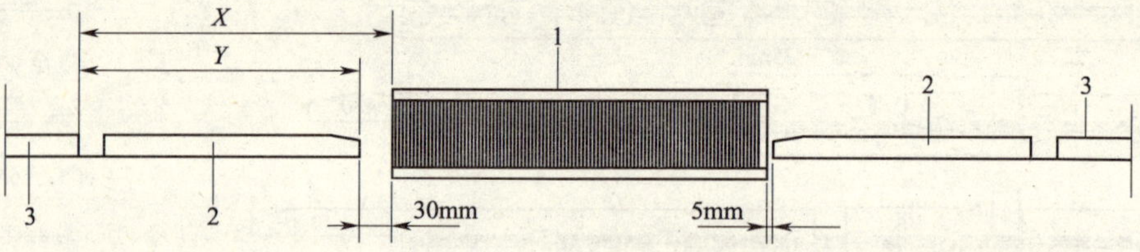

图3-4-38 FTS交接配置情形

如图3-4-38所示,在织机左侧,钢筘1和主导轨2之间必须有30mm的间隙,在织机右侧,此间隙则为5mm。首先测量固定导轨3和钢筘1之间的距离X,计算左侧距离Y=X-30mm,右侧距离Y=X-5mm,根据Y,可以在图3-4-39中选择可组合的导轨。

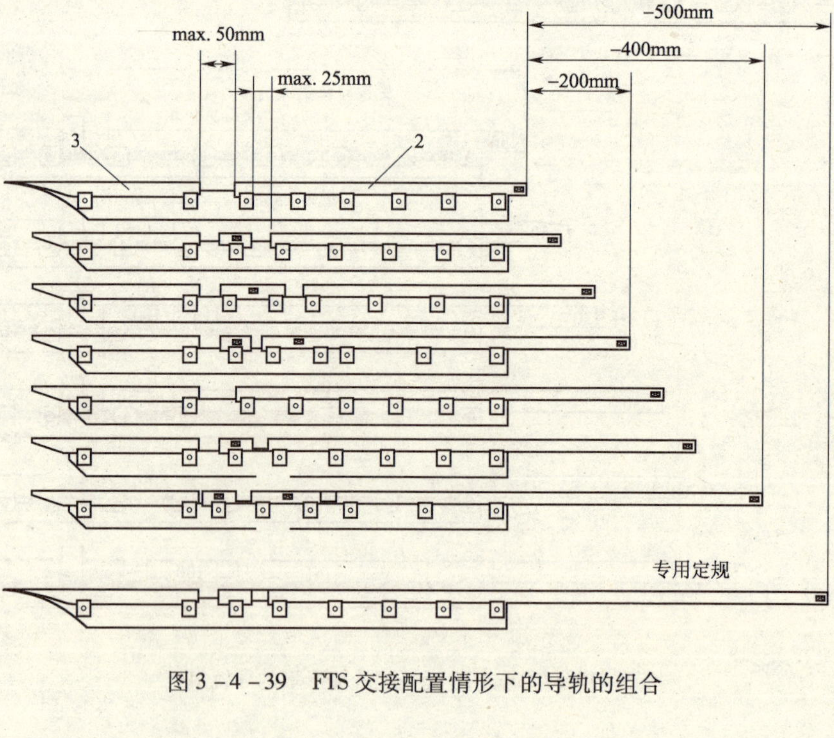

图3-4-39 FTS交接配置情形下的导轨的组合

每台织机都配置了下列侧导轨：两块50mm导轨、两块100mm导轨和两块630mm导轨。通过对以上侧导轨的组合，可以实现所要求的筘幅减少量，最大筘幅减少量为800mm，每侧400mm。固定导轨3之后的空隙不得超出50mm，主导轨2之前的空隙不得超出25mm，如图3-4-43所示。

应以最少的导轨数进行组合，且主导轨2（430mm和630mm两种）至少应用三颗螺丝固定。50mm侧导轨用一个螺丝固定，100mm侧导轨用两颗螺丝固定。特殊情况下，采用特殊侧导轨（选购件）可使筘幅减少到1000mm，每侧500mm。如果筘幅减少量达到800mm，主导轨2采用630mm导轨。如果筘幅减少量达到1000mm，主导轨2采用830mm导轨。

2. 剑头动程的调节　当改变上机幅宽时，必须调节剑头动程。

（1）调节右剑头动程：

①将织机转到292°（对幅宽为1700～2200mm织机）或300°（幅宽为2300～3800mm织机），并测量剑带尖端与最后一个导钩的距离D，见图3-4-40。

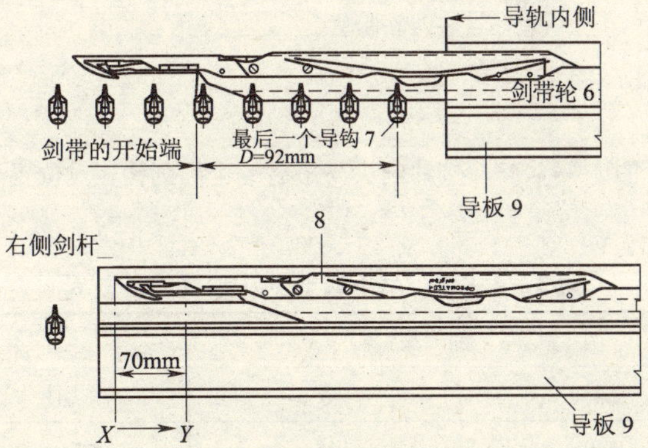

图3-4-40　接纬剑带尖端与最后一个导钩的距离

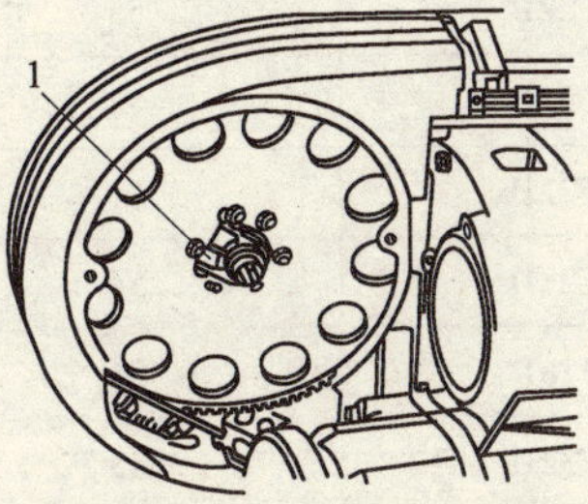

图3-4-41　剑轮紧圈位置

②松开图3-4-41中的右侧剑轮紧圈1，并用手转动剑轮使得剑头进入导轨。

③将织机转到360°，以使图3-4-42中的动程调节螺丝1操作方便，然后紧固剑轮紧圈。

④计算位移：

$$XY=(D+15)\times K/100$$

例如：测出的距离$D=92$mm，根据螺杆类型为F19D查表3-4-38，得$K=65$。K值取决于所配置的螺杆类型。计算得：$XY=(92+15)\times 65/100=70$mm

⑤松开图3-4-42中的动程调节螺丝1，转动剑轮，直到剑头尖部向外移动70mm，即从X点至Y点间距离，见图3-4-40。

⑥以80N·m力矩拧紧图3-4-42中的动程调节螺丝1。

⑦松开图3-4-41剑轮上的紧圈1，调节剑头在剑道中间的位置。

⑧将织机转至292°（幅宽为1700～2200mm织机）或300°（2300～3800mm织机），按图3-4-43检查。如有必要，再次重复上述调节。

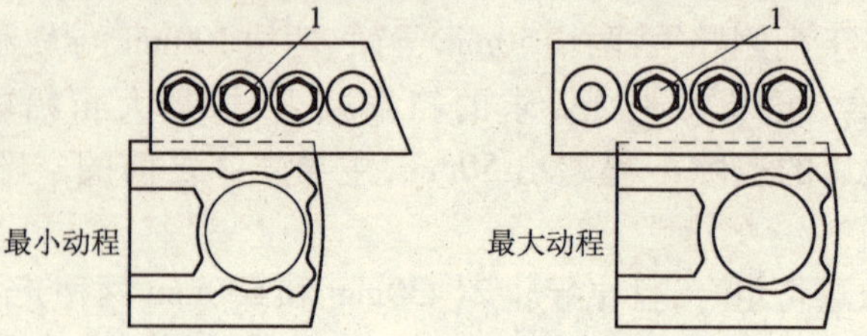

图 3－4－42 动程调节螺丝位置

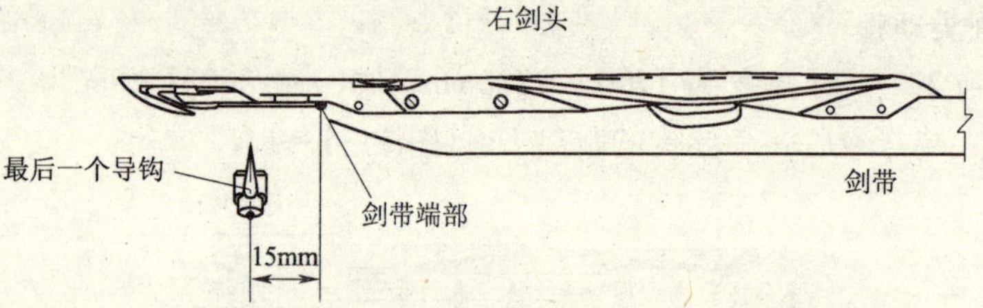

图 3－4－43 接纬剑头与最后一个导剑钩相对位置

表 3－4－38 用于调节剑头动程的参数 *K*

公称幅宽	左剑头		右剑头	
	螺杆	*K*	螺杆	*K*
170	F19S	65	F19D	65
1900	F19S	65	F19D	65
2100	F22S	55	F22D	55
2200	F22S	52	F22D	52
2300	F22S	51	F22D	51
2600	F28S	54	F28D	54
2800	F28S	54	F28D	54
3000	F32S	43	F32D	43
3200	F32S	43	F32D	43
3400	F36S	43	F36D	43
3600	F36S	43	F36D	43
3800	F38S	40	F38D	40

（2）调节左剑头动程：

①将织机转至 292°（对幅宽为 1700～2200mm 织机）或 300°（对幅宽为 2300～3800mm 织机），并测量剑带 6 尖部到第一个导钩 7 的距离 *D*，见图 3－4－44。

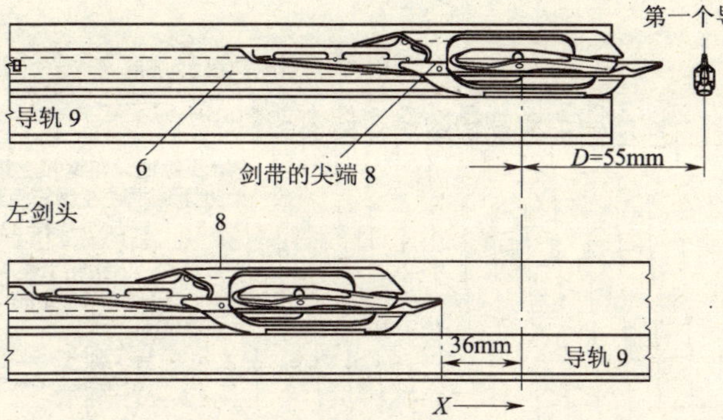

图 3－4－44　送纬剑带尖端与最后一个导钩的距离

②松开左侧剑轮紧圈 1，见图 3－4－41，用手转动剑轮直到剑头进入侧导轨内。

③将织机转到 360°，使图 3－4－42 的动程调节螺丝 1 处于窗口处，便于操作，然后拧紧剑带轮紧圈。

④计算位移量：

$$XY = D \times K/100$$

例如：螺杆 F19S（$K=65$），K 值取决于所安装的螺杆类型。检查螺杆上所示的件号，并按对应的表格查得 K。测量 $D=55$mm，计算得：$XY=55\times65/100=36$mm。

⑤松开图 3－4－42 的动程调节螺丝 1，转动剑带轮直到剑头的尖端向内移动 36mm，即从 X 点到 Y 点，见图 3－4－44。

⑥检查图 3－4－42 的动程调节螺丝 1 的位置后，以 80N·m 力矩拧紧它。

⑦松开剑轮紧圈 1，见图 3－4－41，重新调节剑头在剑道中央的位置。

⑧转动织机至 292°（对幅宽为 1700～2200mm 织机）或 300°（对幅宽为 2300～3800mm 织机），检查剑头是否处于正确的位置。如有必要，重复上述操作。

3. 梭口调节　梭口形状应根据品种进行调节。织机的最小梭口如图 3－4－45 所示。上层经纱必须比剑头的最大尺寸高 1mm；下层经纱对于 EK 剑头，比剑头最大尺寸低 1mm。对于 FTS 剑头，被经纱支撑杆稍微托起一个角度。

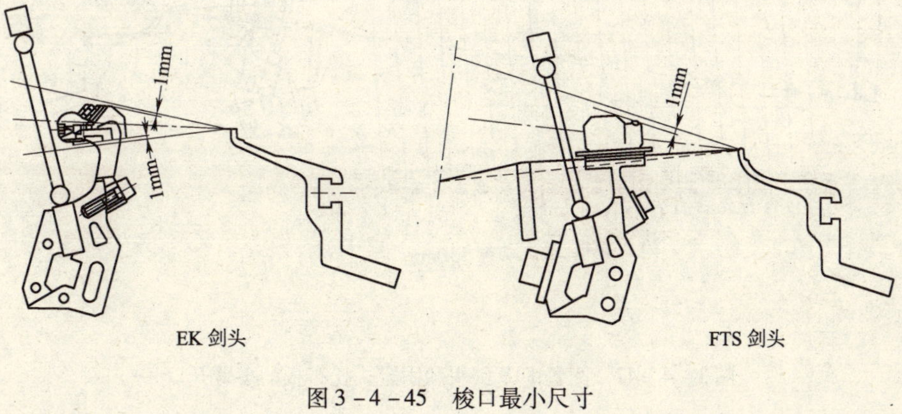

图 3－4－45　梭口最小尺寸

（1）配置 EK 剑头和固定式托布板的多臂开口（图 3 –4 –46）：

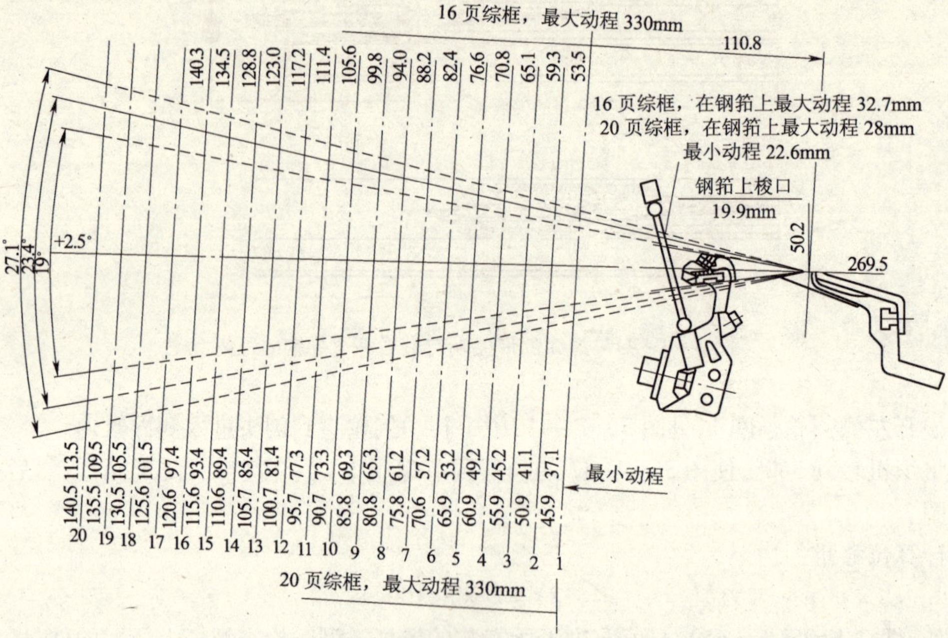

图 3 –4 –46 配置 EK 剑头和固定式托布板的多臂开口

（2）配置 FTS 剑头和固定式托布板的多臂开口：如图 3 –4 –47 所示，在配置了可调节托布板的机器上，梭口形状和对称梭口的设置与托布板高度相对应。

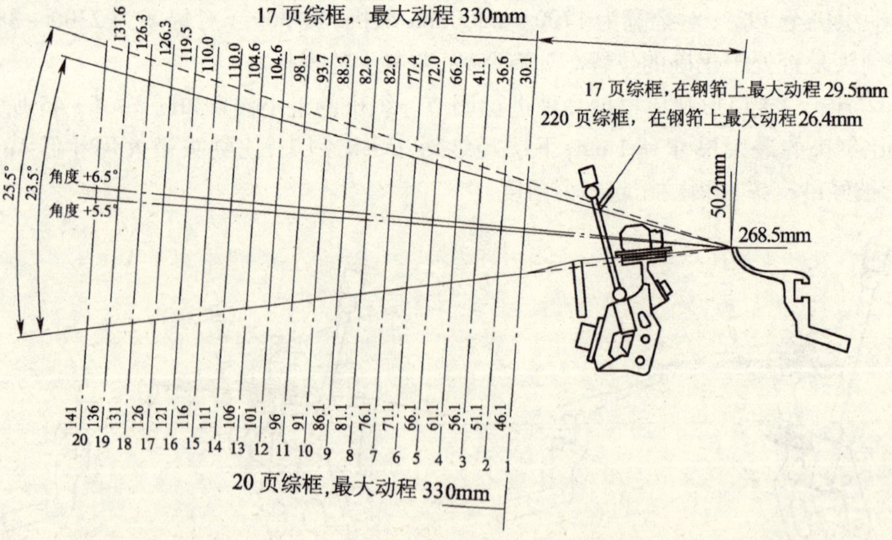

图 3 –4 –47 配置 FTS 剑头和固定式托布板的多臂开口

(3)配置可调节托布板的多臂开口(图 3－4－48～图 3－4－51)

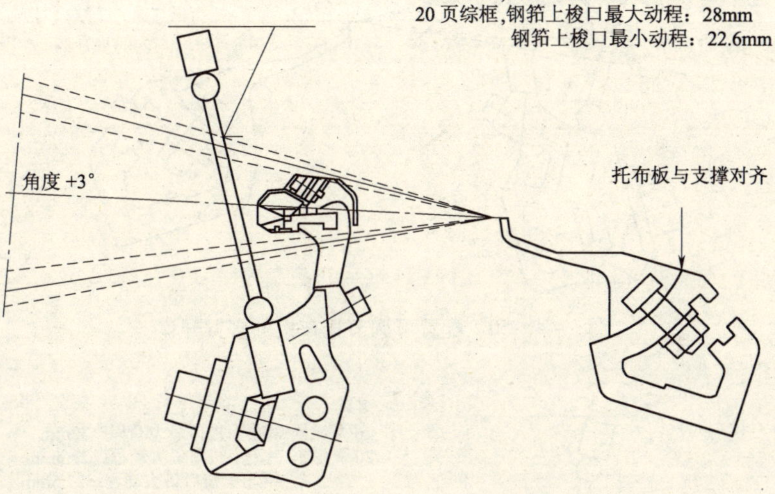

图 3－4－48　配置可调节托布板的多臂开口

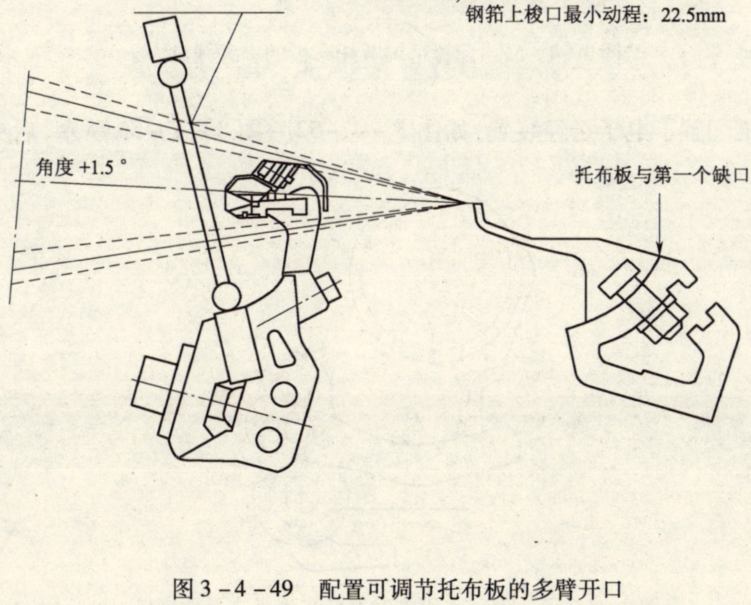

图 3－4－49　配置可调节托布板的多臂开口

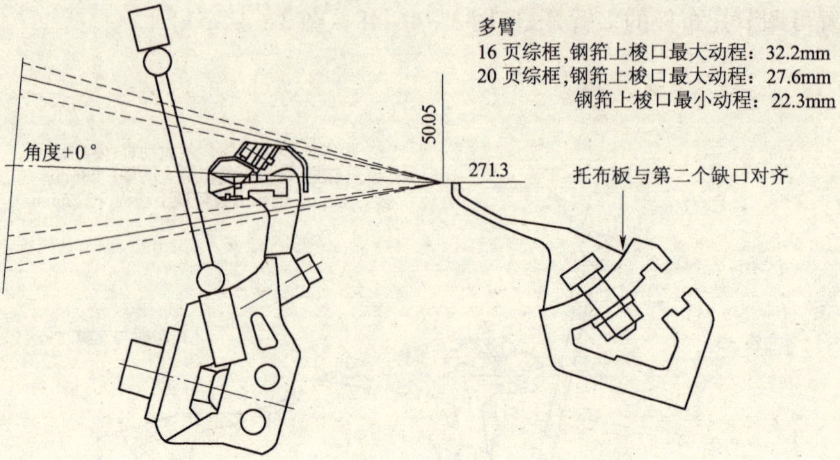

图 3-4-50 配置可调节托布板的多臂开口

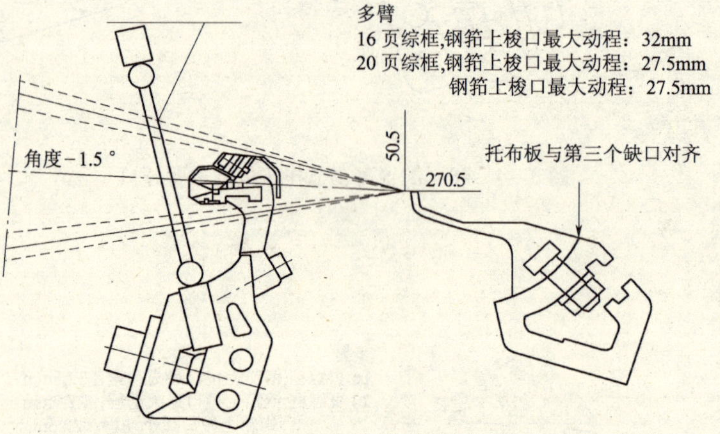

图 3-4-51 配置可调节托布板的多臂开口

4. 后梁 织机配置了电子送经装置,如图 3-4-52 ~ 图 3-4-55 所示,后梁 1 通过摆杆

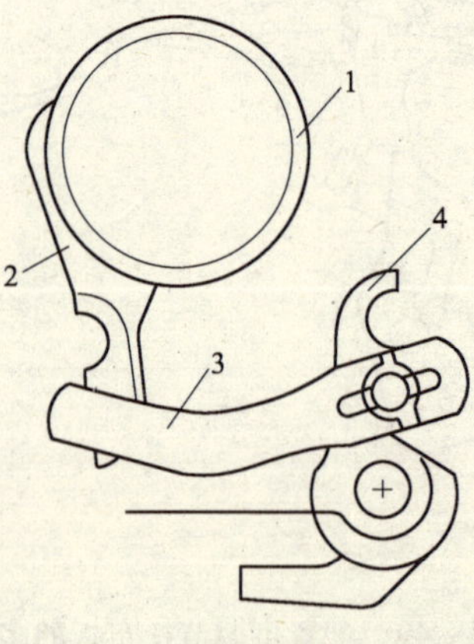

图 3-4-52 800mm 织轴时摆杆与连杆在低位连接

2、连杆 3 与弹簧摆杆 4 相连接，而弹簧摆杆 4 直接受张力弹簧作用。

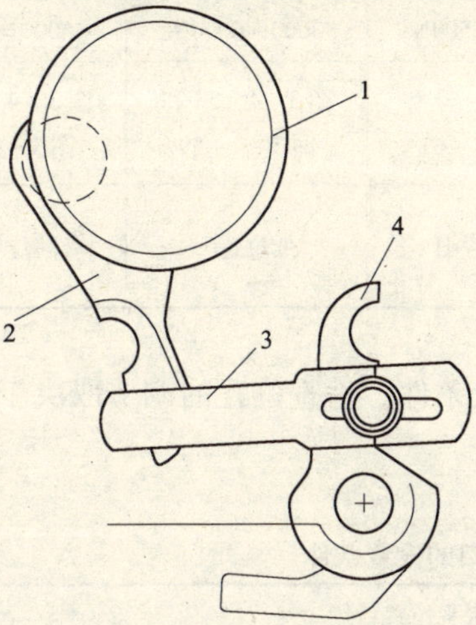

图 3－4－53　1000mm 织轴时摆杆与连杆在低位连接

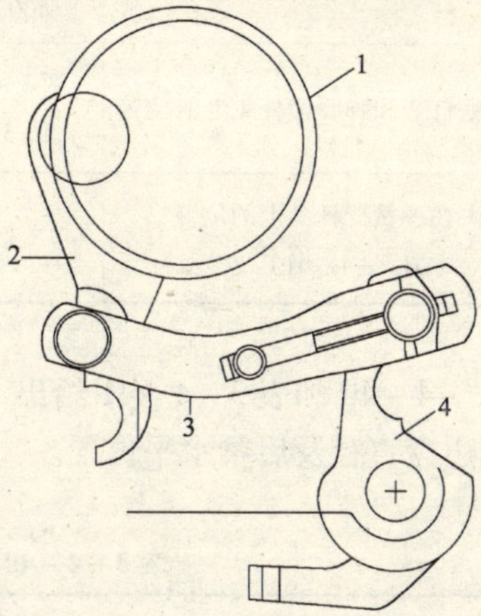

图 3－4－54　800mm 织轴时摆杆与连杆在高位连接

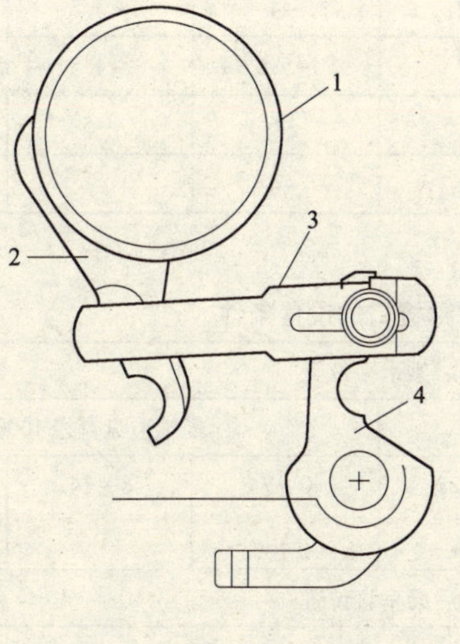

图 3－4－55　1000mm 织轴时摆杆与连杆在高位连接

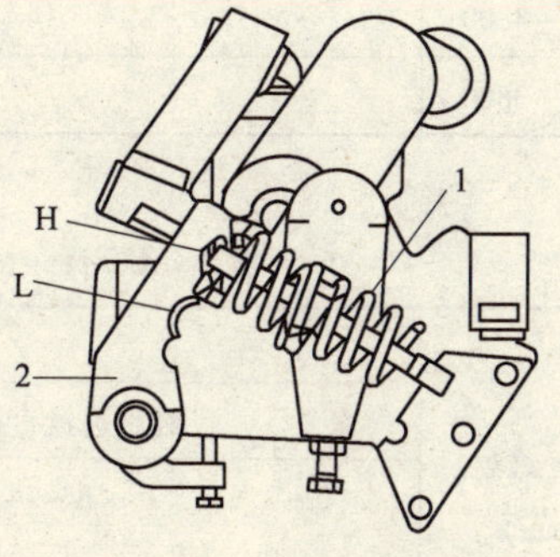

图 3－4－56　弹簧在弹簧摆杆上的位置

电子送经装置根据张力元件采集到的变形量信号控制送经量，这个信号取决于经纱作用于后梁上的力，即经纱张力。终端上可以显示经纱张力的设定值和实际值。连杆 3 在摆杆 2 和弹簧摆杆 4 上的位置（图 3－4－52 ~ 图 3－4－55），以及弹簧 1 在弹簧摆杆 2 上所处的位置（图 3－4－56）与张力范围的关系见表 3－4－39。

表 3－4－39 经纱张力

位置	片纱张力			
	400～2000N	1600～3500N	3000～6000N	5000N 以上
连杆 3 在摆杆 2 和弹簧摆杆 4 上的位置	图 3－4－60 和图 3－4－61	图 3－4－60 和图 3－4－61	图 3－4－58 和图 3－4－59	图 3－4－58 和图 3－4－59
弹簧 1 在弹簧摆杆 2 上的位置（图 3－4－61）	低位置 L	高位置 H	低位置 L	高位置 H

表 3－4－40 和表 3－4－41 给出了对称梭口的设置条件。垂直位置的调节取决于织机幅宽、经轴边盘直径及后梁水平位置。

表 3－4－40 EK 剑头时对称梭口的设置条件

经轴只数	织机幅宽（mm）	后梁水平位置					
		经轴边盘直径 800mm			经轴边盘直径 1000mm		
		0～7 A	8～14 B	15～21 C	0～7 A	8～14 B	15～21 C
		后梁垂直位置					
1	1700～2200	－3	－2.5	－2	－4	－3.5	－2.5
1	2300～3000	－4.5	－4	－3	－5.5	－4.5	－4
1	3200～3800	－5	－4	－3.5	－6	－5	－4.5
2	2600～3800	－3			－4		

表 3－4－41 FTS 剑头时对称梭口的设置条件

经轴只数	织机幅宽（mm）	后梁水平位置					
		经轴边盘直径 800			经轴边盘直径 1000		
		0～7 A	8～14 B	15～21 C	0～7 A	8～14 B	15～21 C
		后梁垂直位置					
1	1700～2200	2	2	2	1	1	1.5
1	2300～3000	0.5	1	1	－0.5	0	0.5
1	3200～3600	0	0.5	1	－1	－0.5	0
2	2600～3600	2			1		

5. 综框动程的调节　开口机构为 Fimtextile，型号为 RD3010～RD 3060—5P—6P，提综杆调节距离如图 3－4－57 中的“*A*”所示，距离“*A*”（mm）的具体数值如表 3－4－42 所示。

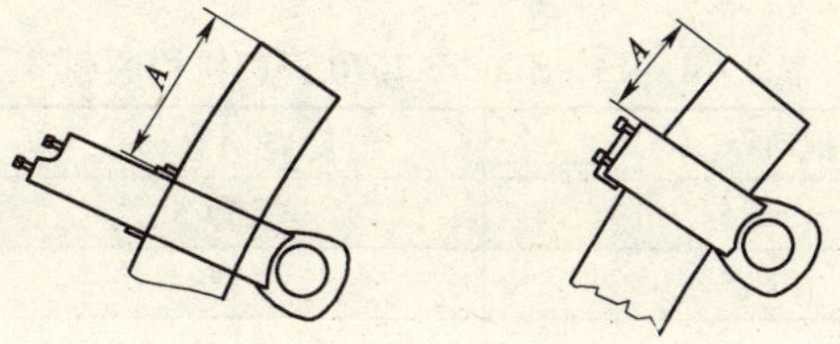

图 3-4-57 配置 Fimtextile 开口机构

表 3-4-42 Fimtextile 开口机构的调节

综框(梭口 25°)	综框动程(mm)	RD 3010	RD 3060	RD 3060—5P—6P
		距离"A"(mm)	距离"A"(mm)	距离"A"(mm)
1	58.2	167.0	166.9	89.9
2	63.5	150.1	149.9	72.9
3	68.9	133.2	132.8	55.9
4	74.2	116.2	115.6	38.8
5	79.5	99.3	98.5	21.9
6	84.8	82.2	81.3	87.6
7	90.2	65.4	64.2	70.9
8	95.5	48.5	47.1	54.1
9	100.8	31.7	30.0	37.6
10	106.1	15.1	13.2	21.1
11	111.4	88.6	88.7	71.1
12	116.8	77.4	77.4	60.2
13	122.1	66.1	66.0	49.2
14	127.4	54.8	54.7	38.2
15	132.7	43.6	43.4	27.3
16	138.0	32.3	31.9	75.2
17	143.4	21.2	20.6	64.4
18	148.7	10.1	9.3	53.5
19	154.0	-1.0	-1.9	42.7
20	159.3	-12.1	-13.0	31.9

开口机构为 Staubli,型号为 2670,提综杆调节距离如图 3-4-58 中的"A"和"A_1"所示。距离"A" 和"A_1"(mm)的具体数值如表 3-4-43 所示。

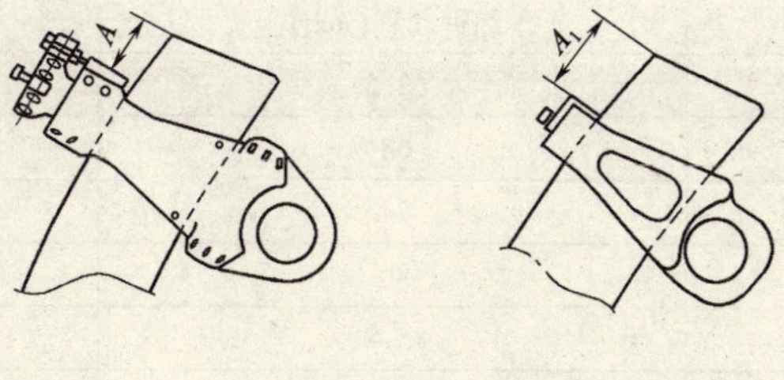

图 3-4-58 配置 Staubli 2670 开口机构

表 3－4－43 Staubli 2670 开口机构的调节

综 框	综框动程(mm)	距离"A"(mm)	距离"A_1"(mm)
1	62.5	160.5	178
2	68.5	148	165.5
3	74	135	153
4	80	122.5	140.5
5	85.5	110	128
6	91.5	110	116
7	97.5	97.5	103.5
8	103	85	91
9	109	73	79
10	114.5	61	67
11	120.5	49	55
12	126.5	37	43
13	132	59	66
14	138	48	55
15	143.5	37	44
16	149	26	33
17	155	15	22
18	161	4	1.1
19	167	－7	0
20	172.5	－16	－6.5

开口机构为 Staubli，型号为 2861，提综杆调节距离如图 3－4－59 中的"A"所示，距离"A"(mm)的具体数值如表 3－4－44 所示。

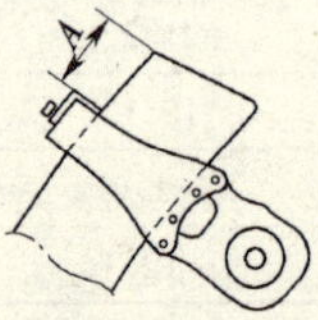

图 3－4－59 配置 Staubli 2861 开口机构

表 3－4－44 配置 Staubli 2861 开口机构

综 框	综框动程(mm)	距离"A"(mm)
1	62.5	127.5
2	68	113
3	74	98.5
4	80	84.5
5	85.8	70
6	91.5	111

续表

综　框	综框动程(mm)	距离"A"(mm)
7	97.5	100
8	103	89
9	109	78
10	115	67.5
11	120.5	56.5
12	126.5	46
13	132	66
14	138	56
15	143.5	46.5
16	149.5	36.5
17	155	27
18	161	17.5
19	166.5	7.5
20	171.5	0

6. 织机车速　建议车速按表 3-4-45 选择。

表 3-4-45　织机车速

织机幅宽 / 车速 / 剑头型式	1700	1900	2100	2200	2300	2600	2800	3000	3200	3400	3600	3800①
EK 剑头	670	650	620	600	560	520	480	460	450	430	420	400
FTS 剑头	620	600	580	560	520	480	440	400	390	370	360	

①只对 EK 剑头有效。

表 3-4-46 和表 3-4-47 分别列出了电源频率为 50Hz 和 60Hz 时不同幅宽的织机适用的织机速度，以及各车速情况下对应的皮带盘和皮带型号。

表 3-4-46　电源频率为 50Hz 时的织机速度

电动机皮带盘直径(mm)	幅宽 1700～2800mm		幅宽 3000～3800mm	
	速度(r/min)	皮　带	速度(r/min)	皮　带
100	395	SPAX　1120	263	SPAX　1287
105	417		278	
110	437		292	
115	455		303	
118	465		310	
120	479		319	

续表

电动机皮带盘直径(mm)	幅宽1700~2800mm		幅宽3000~3800mm	
	速度(r/min)	皮 带	速度(r/min)	皮 带
125	500	PAX 1162	333	SPAX 1337
130	519		346	
135	542		361	
140	560		373	
145	582		388	
150	604		403	
155	625		417	
160	645		430	
165	668		445	
170			460	

表3-4-47 电源频率为60Hz时的织机速度

电动机皮带盘直径(mm)	幅宽1700~2800mm		幅宽3000~3800m	
	速度(r/min)	皮 带	速度(r/min)	皮 带
85	397	SPAX 1082	265	SPAX 1272
90	425		283	
93	438		292	
95	450		300	
100	474		316	
105	50		333	
110	525		350	
115	546		364	
118	558		382	
120	578	SPAX 1120	383	SPAX 1307
125	600		400	
130	622		415	
135	650		433	
140	672		448	
145			466	

(四)织机的保养

1. 需润滑的部件与部位　需润滑的部件与部位如表3-4-48所示;过滤器的更换周期如表3-4-49所示。

表 3-4-48　需润滑的部件与部位

部　件	换油周期	油品型号	油品特性
压力润滑系统油箱	20000(或每3年)	KLüBER SYNTH 100KV	合成油
前卷取齿轮箱	5000 20000(或每3年)	AGIP BLASIA 680 KLüBER SYNTHESO D680EP	矿物油 合成油
单/双经轴送经机构	5000 20000(或每3年)	AGIP BLASIA 680 KLüBER SYNTHESO D680EP	矿物油 合成油
齿轮和经轴大齿轮	每月	AGIP GR MU 3 KLüBER OENTOPLEX 3	多用途锂基油脂
经轴滑轮	每月	AGIP GR MU 3 KLüBER OENTOPLEX 3	多用途锂基油脂
经轴轴头圈	每月	AGIP GR MU 3 KLüBER OENTOPLEX 3	多用途锂基油脂
前卷取齿轮	每月	AGIP GR MU 3 KLüBER OENTOPLEX 3	多用途锂基油脂
卷取辊链条及轴头	每月	AGIP GR MU 3 KLüBER OENTOPLEX 3	多用途锂基油脂
综框分隔木块	每月	LUBROPRESS	矿物和合成油乳液(浓度与油一样,有抗静电性)

续表

部　件	换油周期	油品型号	油品特性
综框侧导板内侧毛毡	每月	KLüBER SYNTH 100KV AGIP GR MU 3	合成油
综框侧导板中央导杆	每月	KLüBER　OENTOPLEX 3	多用途锂基油脂
绞边装置驱动凸轮	每月	BELLINI HAROL GREASE LI—EP—2—PT KLüBER MICROLUBE	含黏添加剂锂基油脂 油脂代码 0470008 锂基油脂
筘座支架	每月	AGIP GR MU 3 KLüBER OENTOPLEX 3	多用途锂基油脂
后梁轴承(左右侧)	每月	AGIP GR MU 3 KLüBER OENTOPLEX 3	多用途锂基油脂
弹簧螺杆	每月	KLüBER SYNTH 100 KV	合成油
弹簧螺杆支撑点	每月	AGIP GR MU 3 KLüBER OENTOPLEX 3	多用途锂基油脂
后梁支架的支点	每月	AGIP GR MU 3 KLüBER OENTOPLEX 3	多用途锂基油脂
边剪弹簧挂钩	每月	BELLINI HAROL GREASE LI—EP—2—PT KLüBER MICROLUBE	含黏添加剂锂基油脂 油脂代码 0470008 锂基油脂

续表

部 件	换油周期	油品型号	油品特性
压布辊头端及轴承	每月	BELLINI HAROL GREASE LI—EP—2—PT KLüBER MICROLUBE	含黏添加剂锂基油脂 油脂代码 0470008 锂基油脂
上经轴后梁轴头及螺纹转向辊	每月	BELLINI HAROL GREASE LI—EP—2—PT KLüBER MICROLUBE	含黏添加剂锂基油脂 油脂代码 0470008 锂基油脂
纬纱剪刀装置	每月	BELLINI HAROL GREASE LI—EP—2—PT	含黏添加剂锂基油脂 油脂代码 0470008
电子绞边装置	每 6 个月	KV261	多用途锂基喷剂 代码 0470008

表 3－4－49 过滤器的更换周期

过 滤 器	更换周期(h)	型 号	编 号
吸 油	20000 (每次换油必须更换)	CS 5000 M. 60. A(蓝)	0483028
排 油	5000 (每次换油必须更换)	CS 5000 M. 10. A(白)	0483031
吸 油	20000 (每次换油必须更换)	04740023	2690213

2. 定期检查保养

(1)每日检查(表 3－4－50):

表 3－4－50 每日检查保养表

检 查 部 位	内 容
吸风装置过滤器	清空、清洁并检查状态
废边箱	清空并检查卷绕力

(2)每周检查(表3－4－51):

表3－4－51　每周检查保养表

检查部位	内　　容
剑带润滑块	清洁检查
选色器	清洁选色电动机
主电动机	清洁吹风电动机及外围区域
吸风嘴	清　洁
吸风电动机	清洁散热槽和风扇
慢速电动机	清洁散热槽
电　箱	清洁散热槽

(3)每月检查(表3－4－52):

表3－4－52　每月检查保养表

检查部位	内　　容
电气连接外罩	检查完好性
经　轴	大齿轮、小齿轮和轨道清洁加油
剑　轮	检查完好性
剑带驱动机构	检查滑块和螺杆的间隙
边　撑	检查位置、刺的状态及刺环的转动灵活性
综　框	检查综框固定螺丝、侧导轨和润滑木分隔块
筘　座	清洁筘座横轴和支架间区域,并润滑筘座支撑
剑　带	检查磨损情况
剑　头	检查纱夹及与经纱接触面的磨损情况
开口机构连杆	清洁并润滑
边剪和中间剪刀	检查位置和刀片磨损情况,润滑弹簧挂钩点
纬纱剪刀	检查剪切时间和刀片磨损情况,并润滑
机械绞边传动装置	检查开启动绳的完好性
右侧剑头开启器	检查开启器位置和磨损情况
左侧剑头开启器	检查开启器位置和磨损情况
经停架	清洁并检查完好性,检查接触杆的固定和磨损情况
废边卷取罗拉	清　洁
电动机皮带	清洁并检查磨损情况
机械绞边传动带	清洁并检查磨损情况
开口机构传动带	清洁并检查磨损情况
次轴皮带	清洁并检查磨损情况
润滑泵皮带	清洁并检查磨损情况

续表

检 查 部 位	内　　容
废边卷取罗拉皮带	清洁并检查磨损情况
钩边皮带	清洁并检查磨损情况
前卷取变速箱	加油脂并检查油位
卷取罗拉	链条、链轮和罗拉端加油脂
综框导轨	毛毡加油,中央销子加油脂
后　梁	轴承、弹簧杆接触点及杠杆支点加油脂润滑弹簧杆
上经轴后梁	销钉和轴承加油脂
加压罗拉	快速释放装置销钉和轴承加油脂
润滑回路	检查油位和回路完好性
送经机构	检查润滑情况
螺杆上的油管	检查完好性

(4)每六个月检查(表3-4-53):

表3-4-53　每六个月检查保养表

检 查 部 位	内　　容
导钩、侧导轨和圆形槽	检查对齐和磨损情况
剑带压块	检查位置和磨损情况
连杆和开口机构	检查连接处间隙
制动和离合器	检查间隙
卷取和加压罗拉	检查包覆层完好性
卷取辊离合器	清洁并检查卷取情况
后梁(轴承)	检查轴承和轴承的完好性,摆杆的运动情况
次　轴	清洁剪刀轴
安全装置	检查安全装置的有效性
电动机皮带	张　紧
绞边装置皮带和驱动绳	张　紧
开口机构皮带	张　紧
次轴皮带	张　紧
润滑泵皮带	张　紧
废边卷取罗拉皮带	张　紧
钩边装置皮带	检查完好性和磨损情况
螺杆滑块	润　滑
电子绞边装置传动部件	

(五)织物疵点诊断

范美特剑杆织机的织物疵点及其产生原因和影响因素如表3-4-54所示。

表3-4-54 织物疵点诊断

故障类型	现象		产生原因和影响因素
纬纱系统	未夹住纬纱	终端显示:纬停,颜色(1~12),角度(0°~50°)	纬纱剪刀和剪切时间的调节 纬纱水平钩的位置 导纬器的调节 左剑头的夹持力、清洁度及完好性 纬纱制动不足 选色器选纬指的位置 废边太少 剪刀状态和调节 纬纱监测时间 纬纱监测器灵敏度 选色器故障 选色器电路板的自测操作 编码器故障
	左剑头脱纱	终端显示:纬停,颜色(1~12),角度(51°~175°)	纬纱剪刀和剪切时间的调节 左剑头的夹持力、清洁度及完好性 纬纱制动太大 纬纱水平钩的调节 吸风口的状态和调节 滑块和螺杆间的间隙 选色器的横向位置 剪刀的状态和调节
	纬纱在中间交接失败或在中间脱纱	终端显示:纬停,颜色(1~12),角度(176°~190°)	纬纱制动不足 剑头在交接处的位置 剑头的夹持力、清洁度及完好性 剑带磨损 选色器的高低定位 纬纱退绕和制动不匀 滑块和螺杆间的间隙
	右剑头脱纱	终端显示:纬停,颜色(1~12),角度(191°到最后的纬纱监测度数)	右剑头的夹持力、清洁度及完好性 纬纱制动 剑头开启器的磨损 纬纱剪切时间(检查吸风管内是否有纬纱头)

续表

故障类型	现象		产生原因和影响因素
纬纱系统	右手侧纬纱断头	终端显示:长纬停车	闭口时间 废边纱数量、质量及张力 废边纱穿法及交错式梭口 右剑头开启器位置不正确或磨损 纬纱退绕或制动不匀 右剑头的夹持力、清洁度及完好性
	松　纬	纬纱在布面的右侧松弛,手感明显	综平时间 废边的交错式梭口 右剑头动程太大 纬纱制动 右剑头开启器的调节
	双　纬	终端显示:双纬	纬纱导纱器的调节 纬纱制动不足 纬纱在选纬器上的排列与间隔 纬纱监测器灵敏度 选色器位置 选色器故障 选色器电路板自测 编码器功能错 纬纱剪刀调节
	短纬和不规则长纬	从右侧布边到中心短纬,布身中有不规则纬纱尾	滑块和螺杆的间隙 剑带磨损 剑带轮的完好性与对齐情况 剑道与侧导轨的直线性 右剑开启太早或开口太大 纬纱制动不足或太大 综平时间 废边纱的数量、质量及张力 废边纱的穿法及交错式梭口 纬纱剪切时间(检查吸风装置内是否有纬纱头) 剪刀片的状态及完好性

续表

故障类型	现　　象		产生原因和影响因素
经纱系统	断经或经纱被分开		经纱梭口形状 剑头和剑带的完好性（检查是否有锐边或尖角） 边撑的定位与调节 经纱张力 综平时间
	经纱被撞断与剑带导钩成一直线	距打纬点 42～45mm 处	抬高综框或增大开口 交错综框的位置 磨光或打磨剑带的锐边 磨光或打磨剑带
	经纱撞断	距打纬点 52～55mm 处	磨光或打磨剑带的锐边 左剑或右剑的完好性 纬纱水平钩的位置（后） 剑带/剑头尾部的结合 磨光剑头与剑带结合处的底部 交错综框的位置 抬高或降低所有综框
	经纱撞断	距打纬点 55～65mm 处	如果纬纱可能磨断经纱，给纬纱加油 抬高综框 降低纬纱张力 剑头和剑带的状态和完好性
	经纱撞断	纬纱交接处，距打纬点 45～55mm 处	抬高综框 增加开口 更换一个或两个剑头 移开交接点 5/6mm
	松　经	经向条影，经纱凸起，手感明显	开口度、对称性及综框高度的统一性 穿法及钢筘类型 经轴有松经或断经 地组织及废边的综平时间 边或废边的开口 绞边装置的稳定性 经停装置的位置和调节
	紧　经		经轴有松、紧经 经纱张力太大 开口度、对称性及综框高度的统一性 经停架位置及调节

续表

故障类型	现　　象		产生原因和影响因素
经纱系统	经向条影	织物在整个长度上出现有规律的条影	穿筘法 筘齿故障 后梁高度 综框的直线性（如果靠近剑速导轨，检查织机水平） 边撑的完好性、调节及清洁度 托布板太低
	开口错误	织物在整个宽度上有疵点	组织设计错 组织传输中有错（存储卡有故障） 多臂故障 开口度、对称性及综框高度的统一性

第三节　必佳乐（Picanol）剑杆织机

一、必佳乐（Picanol）各型号剑杆织机

（一）必佳乐（Picanol）剑杆织机的技术特征

必佳乐（Picanol）剑杆织机的技术特征如表 3－4－55 所示。

表 3－4－55　技术特征

技术特征＼型号		GTM 型	GTM—A 型	GTM—AS 型	GTX 型	Gamma 型	Gammax 型
公称筘幅（cm）		190,220,260	190，220，260,280	190，220，260,280	190，220，240,280	190，220，250，280,300,340,380	190，210，220，230，250，300，320，340,360,380
适应纱特范围	短纤纱（tex）	5～345	5～330	5～330	5～330	5～330	5～970
	长丝（dtex）	25～4400	25～4400	25～4400	25～4400	25～4500	25～4500
最高转速（r/min）		350	380	450	520	580	650
最高入纬率（m/min）		850	900	980	1000	1300	1500
开口装置		机械多臂，机械或电子提花	机械或电子多臂，机械或电子提花	电子多臂，电子提花	电子多臂，电子提花	电子多臂，电子提花	电子多臂，电子提花

续表

技术特征＼型号	GTM 型	GTM—A 型	GTM—AS 型	GTX 型	Gamma 型	Gammax 型
打纬装置	分离筘座,凸轮打纬	分离筘座,凸轮打纬	分离筘座,凸轮打纬	分离筘座,凸轮打纬	分离筘座,凸轮打纬	分离筘座,凸轮打纬
引纬装置	双侧空间四边杆机构,传动扇形齿轮,带动传剑轮引纬,挠性剑杆,有双侧剑带导钩,剑头为合金材料	双侧空间四边杆机构,传动扇形齿轮,带动传剑轮引纬,挠性剑杆,有双侧剑带导钩,剑头为合金材料	双侧空间四边杆机构,传动扇形齿轮,带动传剑轮引纬,挠性剑杆,有双侧剑带导钩,剑头为合金材料	双侧空间四边杆机构,传动扇形齿轮,带动传剑轮引纬,挠性剑杆,有双侧剑带导钩,剑头为轻质合金材料	双侧空间四边杆机构,传动扇形齿轮,带动传剑轮引纬,挠性剑杆,有双侧剑带导钩(可选无导钩),剑头为轻质合金材料	双侧空间四边杆机构,传动扇形齿轮,带动传剑轮引纬,挠性剑杆,有双侧剑带导钩(可选无导钩),剑头为轻质合金材料
送经装置	力矩电动机间隙送经	力矩电动机间隙送经	力矩电动机间隙送经	伺服电动机连续送经	ELD 电子送经	ELD 电子送经
卷取装置	机械式连续卷取	机械式连续卷取	机械式连续卷取	机械式连续卷取	ETU 电子卷取	ETU 电子卷取
选色装置	6 色机械选纬	8 色机械选纬	8 色机械选纬	8 色步进电动机电子选纬	8 色步进电动机电子选纬	12 色步进电动机电子选纬
储纬装置	意大利 ROJ 公司 AT1200	意大利 ROJ 公司 AT1200	瑞典 IRO 公司 Laser 型	必佳乐公司自配瑞典 IRO 公司产品	必佳乐公司自配瑞典 IRO 公司产品	瑞典 ROJ 公司 Luna X2 型
布边装置	机械纱罗绞边	机械纱罗绞边	机械纱罗绞边	独立驱动绞边装置	线性电动机纱罗绞边(ELSY)	线性电动机纱罗绞边(ELSY)
润滑系统	强制油润滑系统	强制油润滑系统	强制油润滑系统	强制性中央集中润滑系统	强制性中央集中润滑系统	微电脑控制集中润滑
经停装置	6 列电控式	6 列电控式	6 列电控式	6 列电控式	6 列电控式	6 ~ 8 列电控式
纬停装置	压电探纬器	压电探纬器	压电探纬器	压电探纬器	压电探纬器	压电探纬器
纬密(根/10cm)	20 ~ 1200	20 ~ 1200	17.5 ~ 1340	17.5 ~ 1340	200 ~ 1100	100 ~ 1300
经轴直径(mm)	805,1000	805,1000	805,1000	805,904,1000	805,1100	805,1100
卷布直径(mm)	600	600	600	600	580,600	580,600

续表

型号 技术特征	GTM 型	GTM—A 型	GTM—AS 型	GTX 型	Gamma 型	Gammax 型
监控系统	微处理机监控系统,检测和控制织机所有功能,采集和储存生产统计数据,借助软件可与主计算机系统进行双向通讯	微处理机监控系统,检测和控制织机所有功能,采集和储存生产统计数据,借助软件可与主计算机系统进行双向通讯	微处理机监控系统,检测和控制织机所有功能,采集和储存生产统计数据,借助软件可与主计算机系统进行双向通讯	微处理机监控系统,检测和控制织机所有功能,数控记忆模块可记录大量生产统计数据,电控箱配有终端图形显示器,功能键盘,可用记忆卡编程,并可与主计算机系统进行双向通讯	32 位微处理机监控系统,检测和控制织机所有功能,数控记忆模块可记录大量生产统计数据,电控箱配有液晶图形显示器,功能键盘,可用记忆卡编程,并可与主计算机系统进行双向通讯	32 位微处理机监控系统,CAN—BUS 总线技术连接不同装置,检测和控制织机所有功能,电控箱配有液晶图形显示器,功能键盘,可用记忆卡编程或软件升级,终端可通过统一 S 波段(USB)记忆杆,掌上电脑或键标界面进行无线通讯,可与主计算机系统进行双向通讯,并可将生产数据经本地网络和互联网进行传送
其他装置		PSO 断纬自动切换装置 ATU 气动引头装置		PSO 断纬自动切换装置 PFT 可编程纬纱张力控制器 可配电子卷取 Knotty 快速结经装置 QSC 快速品种更换系统	Sumo 电动机传动 PSO 断纬自动切换装置 Knotty 快速结经装置 QSC 快速品种更换系统 可选 FF 型无导钩引纬系统	Sumo 电动机传动 PSO 断纬自动切换装置 Free Fkuggt 型剑杆无导钩引纬系统 ERGO 剑头打开器 USB 记忆杆 QSC 快速品种更换系统 水冷却装置 ERGO—11 型右剑杆头打开器
外表尺寸 宽(cm)×深(cm)	(417～536)×182.7	(488～588)×182.7	(488～588)×182.7	(488～588)×182.7	(507.3～707.6)×187.3	(465.9～707.6)×187.3

(二)Gammax 型剑杆织机

Gammax 型剑杆织机的主要技术特点如下所述。

1. Sumo 主电动机　该电动机可直接驱动织机,无需皮带传动或离合器与刹车盘,机速是电子调控的,大大减少了设定时间。Sumo 电动机能根据每根纬纱强度的不同不断地调整机速,有了这个系统,在引入较弱纬纱时就无需将机器持续保持低速,机器会自动以较低的速度处理该较弱的纬纱,直到引纬之后才恢复全速运转,所有这些都在几毫秒内完成。

2. Quick Step 选纬器 它由独立的模块驱动,每一模块由一电子调控的、带选纬指的步进电动机组成。在左剑带接过所送的纬纱之后,Quickstep 选纬指即回到中间位置,这样纬纱的运行路线可保持平直,纱线的张力低而恒定(为专利),可避免断纬。

QuickStep 因为与机器无机械上的连接,断纬后的筘座运动可减至最低,这可减少织疵。在断纬时,选纬指自动停于重新穿纬的位置,因而可简化操作。

3. 储纬器自动切换系统(PSO) Gammax 装有压电陶瓷探纬器,可在断纬时将机器停下,而储纬器切换系统(PSO)可让机器在此情况下持续工作,即使断纬发生于筒子或储纬器处,储纬器也会发现断纬,自动由双道生产转换成单道生产。PSO 为必佳乐开发的专利产品。

4. 快速品种更换系统(QSC) 该系统的关键是分离式框架。品种更换通过更换分离式框架的整个后部,包括织轴、后梁与撑柱、经停装置、综框及纱罗布边卷轴来完成。此外,这个独特的系统可以使所有与产品有关的经纱设定能在品种更换以前就在织造车间外完成。

5. 电子卷取与送经 ETU 电子卷取与 ELO 电子送经可以简化操作,提高坯布质量。所需的纬密是电子设定的,不再需要纬密齿轮。很容易调整纬密以达到最佳克重和最小纱线消耗。卷取与送经都由同种类型电动机(Sumo 电动机)驱动。

6. 电子纬纱张力调控 每一储纬器可选配新型的可编程纬纱张力控制器(PFT)。该可编程纬纱张力控制器由微电脑控制,可在整个选纬循环保证最佳纬纱张力。在选弱的纬纱时,应减少基本张力;而在送纬时,应增加张力,这可避免线环的形成。

7. ELSY 布边装置 独特的 ELSY 全纱罗(Leno)布边装置由独立的步进电动机电力驱动,装于综框之前,这样所有的综框都还能用于织物品种。

8. 机外大卷取装置(PBM) PBM 系统专为经济生产大卷布而设计。PBM 可保证最好的布卷,操作简单有效,并使布面张力均匀。该系统还可带检查台。可以满足的卷取直径为 1000mm、1200mm 或 1500mm。

9. ERGO - 2 新型右手剑杆头打开器 ERGO—2 系统的右手剑杆头的积极式开口可以加强对引纬的控制,从而减少断纬。这个系统使 Gammax 能根据所引纬纱的类型来具体设定剑杆头开口时间。纬纱尾的长度及右手剑杆头由释放纬纱时的开口度数来调节。这两个设定只需在显示器键入就可。该系统易用,大大增强了操作员优化设定的积极性。该功能亦使得 Gammax能慢织弹力纱,延迟剑带的开口时间,直到 ELSY 布边与纬纱连紧,使其不会跳回梭口。在任何情况下,废边长度都能得到最好的控制,这保证了最好的质量及最少的纬纱浪费,从而降低了织造成本。

10. 水冷却系统 快速运转的机器会散发出很多的热量。这在气候热的地区会有相当严重的后果。因为当织造车间的温度升高时,要保持织机需要的空气湿度就更难了。另外,经纱的边会脱水,因为热从机框的运动中散发出来。有了水冷却系统,织机产生的热量的一半可从机器内部抽走,这使得齿轮箱体表面不烫手。只有 3kW 的热量会释放到织造车间,其余的被水带走。这样,Gammax 上现成的空调装置仍可与高速织造相容。

二、必佳乐(Picanol)剑杆织机的主要机构(以 GTM 型为例介绍)

(一)织机的传动

GTM 型剑杆织机一般配有多个电动机,驱动织机的各种机构相互配合协调地运动。其中有主电动机,驱动织机高速运转;有慢速寻纬电动机完成织机的慢动和找纬动作。此外电子式送经机构还配置有独立的送经电动机。全机传动见图3-4-60。

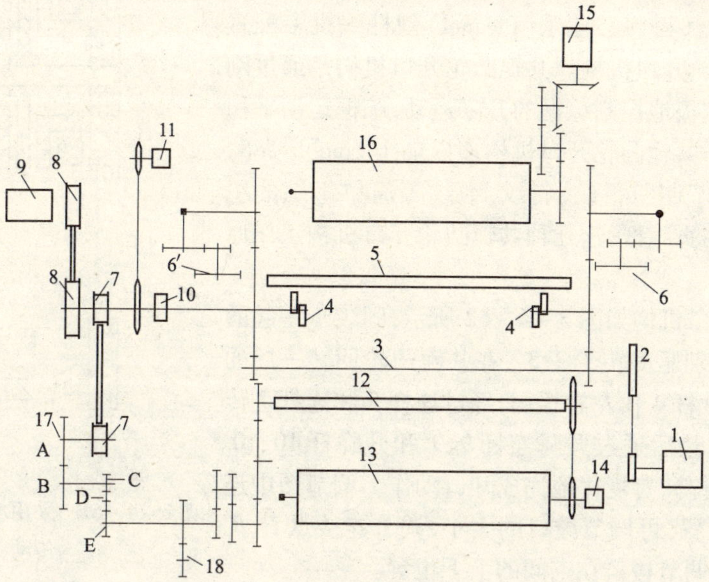

图3-4-60 GTM型织机全机传动图

1—主电动机 2—主离合器 3—高速轴 4—共轭凸轮 5—筘座 6、6′—传剑盘 7、8—同步带轮 9—多臂机 10—离合器 11—慢速电动机 12—卷取辊 13—卷布辊 14—摩擦器 15—送经电动机 16—织轴 17—手柄 18—摇柄 E—纬密轮

(二)织机的启、制动

剑杆织机的运转速度都很快,要求主传动具有良好的启、制动性能,以在短时间内迅速启动和及时制动,避免因开车后第一纬打纬力不足而形成开车档,或因停车后惯性回转多而形成稀纬横档。剑杆织机的主传动有直接式和间接式传动两种形式。

必佳乐(Picanol)剑杆织机采用的是间接式主传动,在主电动机与主轴之间装有动作灵敏的电磁离合器,以满足织机快速及时的启、制动要求。其工作原理如图3-4-61所示,主电动机1通过皮带4驱动从动皮带盘3,使与从动皮带盘固装于一体的启动盘6一起高速回转,摩擦盘7与主轴11周向固定。当启动时,固定于机架上的电磁线圈5得电,产生的强大磁力将摩擦盘7吸向启动盘6,使摩擦盘7跟随启动盘6一起高速回转,从而带动主轴11随之转动;当停车时,启动线圈5断电,同时,制动线圈9得电,产生的强大磁力又将摩擦盘7牢牢地吸在制动固定盘8上,使织机得以迅速制动,主轴停转,此时,主电动机空载运转。虽然采用间接传动的机构复杂,摩擦盘、启动盘、制动固定盘在频繁的启制动过程中易磨损,且停车时电动机空转,耗电多,然而由于它能够实现迅速有效的启、制动,因此在较多的剑杆织机上,间接传动仍广为采用。

无论是直接传动还是间接传动,剑杆织机转速的调整几乎一致。调整车速时,只需在皮带盘之间增减垫片,以改变皮带盘的传动半径,或者更换不同传动半径的皮带盘。

(三)开口机构

必佳乐(Picanol)剑杆织机根据需要,可配备凸轮开口机构、多臂开口机构和提花开口机构。

1. 凸轮开口机构　必佳乐(Picanol)剑杆织机多配置积极式的共轭凸轮开口机构。共轭凸轮开口机构是通过刚性连杆的传动,积极地控制综框的升降运动,综框运动平稳可靠,利于高速。共轭凸轮开口机构多以瑞士 Staubli1585、1600 型为主,适于制织平纹、斜纹、缎纹等简单组织的织物,可控制 2~10 页综框,这几种共轭凸轮开口机构工作原理相似。

共轭凸轮开口机构如图 3-4-62 所示,固装于一起的主副凸轮 1、1′分别驱动转子 3、3′,在共轭凸轮回转一周的过程中,驱动摇臂杆 4 作左右摇摆,经过连杆 5 和连杆 7 传动摇臂杆 6 和 8,最后通过升降连杆 9、9′和升降杆 10、10′使综框 11 上下升降,有规律地完成开口动作。调节图中连接点 *A* 的上下位置,可调节梭口的大小,调节连接点 *B*、*B*′的上下位置。可调节梭口在空间的上下位置。

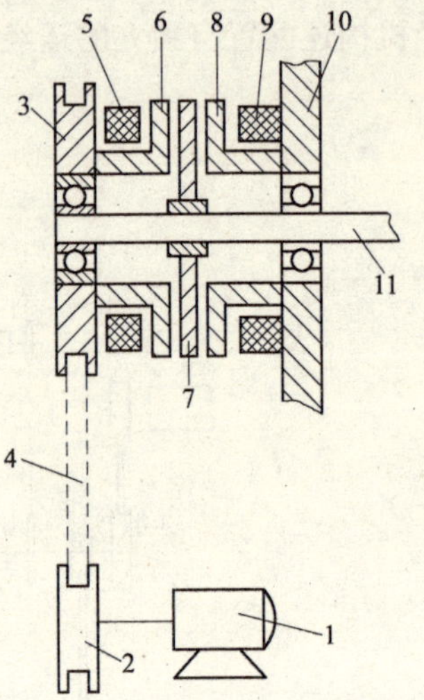

图 3-4-61　采用电磁离合器的间接传动工作原理示意图

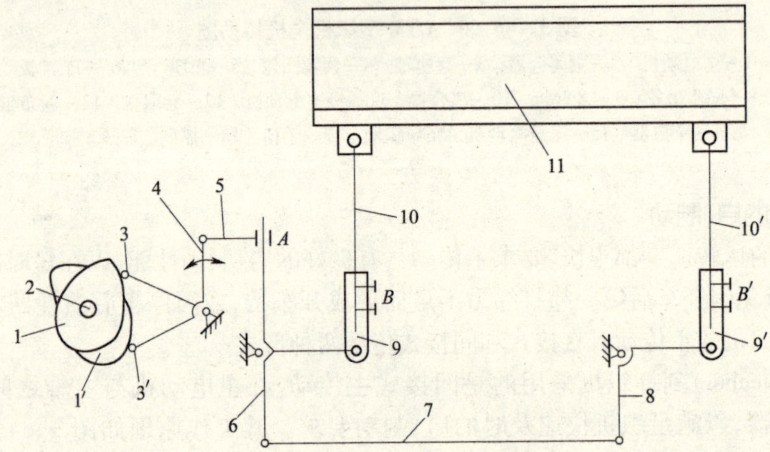

图 3-4-62　共轭凸轮开口机构

2. 多臂开口机构　多臂开口机构分为机械多臂开口和电子多臂开口,如 Staubli2212、2232 型为机械多臂机,Staubli2612、2660 等为电子多臂机。Staubli2212 型多臂机采用植有纹钉的纹板链控制提综次序,Staubli2232 型采用打有纹孔的纹纸控制提综次序,这两种多臂机除了讯号机构稍有差异外,其余工作原理一致。Staubli2612、2660 型通过偏心轮的回转控制综框的升降。图 3-4-63 为 Stauli2212 型多臂机机械结构图,当纹板筒 1 转动时,纹钉 2、2′推动摇杆 3、3′,使摇杆克服弹簧 14 的作用,围绕其轴心作顺时针方向摆动,从而推动穿于摇杆底部孔眼里的竖针 4、4′,使竖针上部三角形小钩脱离竖针提刀的运动范围,使竖针杆 6、6′随自重下落,穿于竖针杆槽孔中的拉钩 8、8′随之下落于上下拉刀 7、7′的作用位置。图中所示为上拉钩受纹钉的控制，因自重及上保持杆 11 的积极下压而与上拉刀 7 相钩咬，下拉钩因无纹钉作用而脱离下拉刀 7′的行程范围，受下保持杆 11′顶卡作用而固定于下支承杆 15′和保持杆 11′之间。上拉刀 7 将上拉钩 8 拉向右方，通过与拉钩相连的平衡杆 10 传动提综臂 12，使其绕轴心顺时针转动，牵引提综连杆 13 使综框上升。下一纬时，由于下拉钩未受拉刀 7′的作用，下拉刀空载着和下复位杆 9′向右运动，同时上拉刀 7 和复位杆 9 向左运动，受上复位杆 9 的积极作用，平衡杆 10、提综臂 12 恢复至原位，使综框积极回复至最低位置。倘若下一纬综框仍然需处于上层位置时，则纹板上相应位置植有纹钉，以使下拉钩 8′和下拉刀 7′相钩咬，如图 3－4－64 所示，下拉钩 8′被下拉刀 7′拉向右边，同时上拉刀 7 及上复位杆 9 向左运动，由于拉刀与拉钩之间无间隙，这样就形成了一个平行四连杆机构，*A* 与 *O* 点对称分布，显然提综臂上 *A* 的位置将保持不变，综框仍维持在上层不动，形成全开梭口。另外，当拉钩落到拉刀上时，为消除拉刀与拉钩之间的间隙，拉刀除作往复运动外，拉刀在作用于拉钩的瞬间还作微量转动，从而避免了拉钩与拉刀咬合时的冲击，以适应高速，且综框运动平稳。

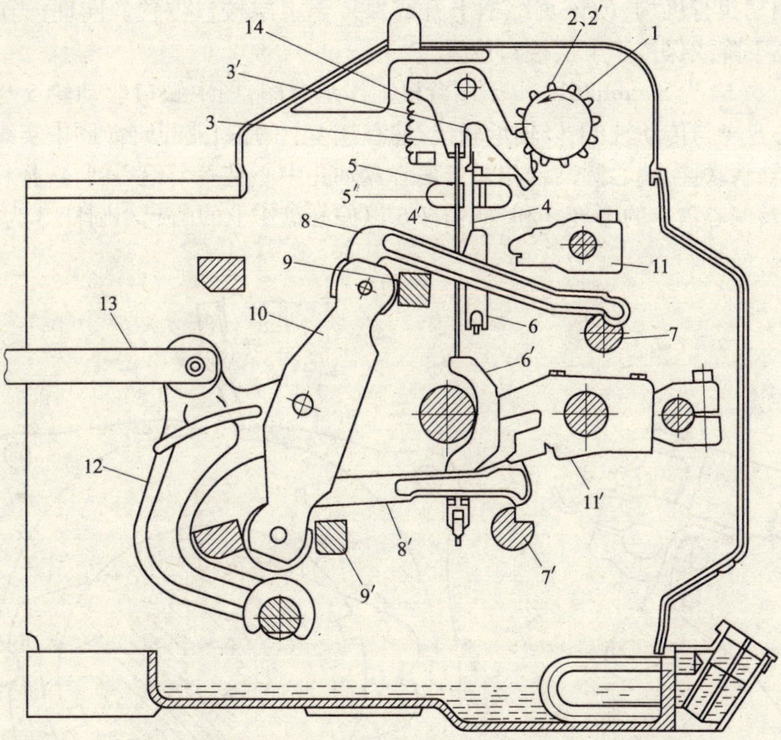

图 3－4－63　Staubli2212 型多臂机机械结构示意图

在讯号机构中，纹板筒每转动一次，变换一块纹板，连续控制两纬梭口。以图 3－4－65 为例，纹板上有四组孔，分别控制四页综框，每组孔中左侧位控制上一纬梭口，右侧位控制下一纬梭口，图中涂黑部分植有纹钉，上一纬时，综框 1、3 处于上层位置，2、4 处于下层位置，下一纬时，综框 2、4 上升至上层，1、3 下降至下层。

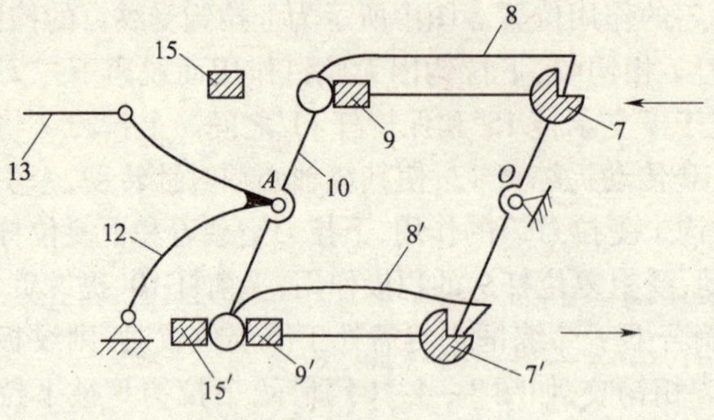

图 3-4-64 综框连续处于上层时的动作

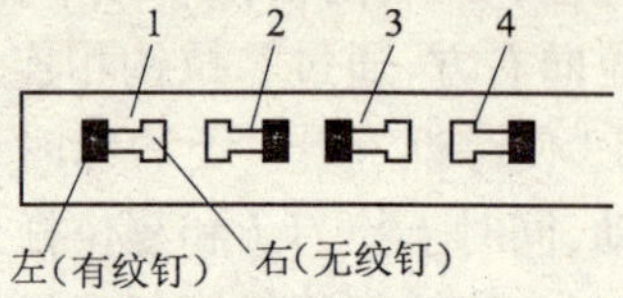

图 3-4-65 植有纹钉的纹板

图 3-4-66(a)为 Staubli2612 电子多臂机的讯号机构图,固装于一体的转子臂 5、5′通过转子 4、4′受共轭凸轮的作用,绕轴 6 作摆动,从而带动选择杆 2 及电磁铁 1 作上下运动。同时,选择杆 2 受电磁铁 1 及弹簧 3 的作用分别处于右摆位及左摆位。当某页综框需处于上层梭口位置时,相对应的电磁铁 1 得电,克服弹簧 3 的作用,吸住选择杆 2,同时,选择杆 2 向下运动,压向选择臂,最终驱动执行机构,使该页综框上升或保持于上层梭口位置。同理,当电磁铁不得电时,则相应综框下降或保持于下层梭口位置。

图 3-4-66(b)为 Staubli2612 电子多臂机工作示意图,图中缺口驱动轮 5 与传动轴 11 以花键联接,偏心盘 4 与传动轴 11 以轴承联接,偏心盘 4 上的偏心圆凸台(图中实线阴影部分)与连杆 8 以滚针轴承联接,偏心圆凸台相对于偏心盘轴孔中心是一个偏心圆,选择杆 3、3′的厚度等于插销杆 6 及偏心盘 4 的厚度之和,插销杆 6 以偏心盘 4 上的凸起小圆杆 B 为转动轴心。该

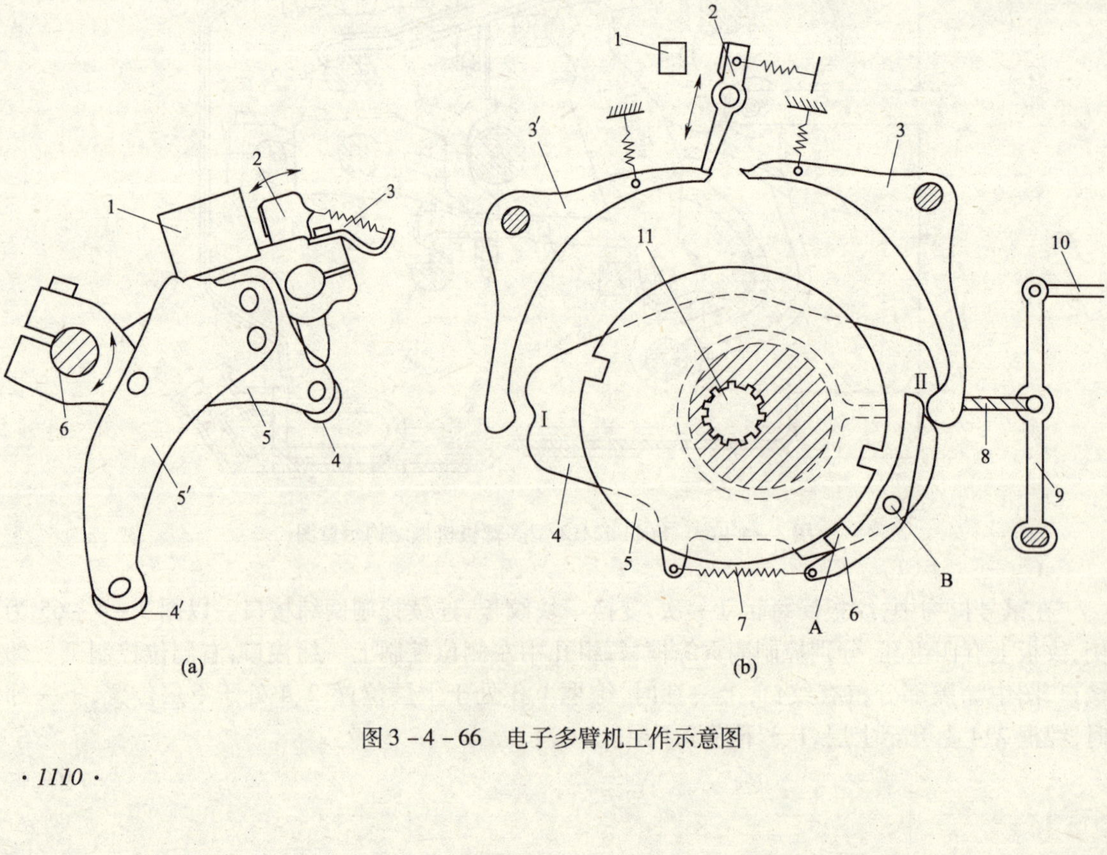

图 3-4-66 电子多臂机工作示意图

多臂机工作原理可从四个方面进行说明。

(1)综框处于下层位置:电磁铁1不得电,选择杆2在其弹簧的作用下,压向选择臂3′,选择臂3′的头端脱出偏形盘弧形槽口Ⅰ,同时选择臂3在其弹簧作用下,其头端卡入偏心盘另一弧形槽口Ⅱ,并克服弹簧7的作用将插销杆6的头端压下,从而使插销杆的插销A脱出于缺口驱动轮5的缺口,缺口驱动轮无法通过插销传动偏心盘,偏心盘的弧形槽口Ⅱ与选择杆3的头端相吻合而静止不动,偏心盘的大半径朝向右方,综框处于下层梭口位置。

(2)综框从下层梭口位置向上提升:电磁铁1得电,选择杆2压向选择臂3,选择臂3的头端从偏心盘4的弧形槽口Ⅱ脱出,并失去对插销杆6头端的压迫作用,插销杆6在其弹簧7的作用下,将插销A卡入缺口驱动轮5的方形缺口,缺口驱动轮5带动插销杆6和偏心盘4一起转动,偏心盘的大半径转向左方,通过连杆8拉动摇臂9,使提综杆10向左运动,综框上升。

(3)综框继续处于上层梭口位置:电磁铁1得电,使选择臂3的头端从偏心盘4的弧形缺口Ⅰ中脱出,选择臂3′的头端卡入偏心盘4的弧形缺口Ⅱ,并将插销杆6的头端压下,插销A脱离缺口驱动轮的缺口,偏心盘4脱离缺口驱动轮的传动,偏心盘的大半径保持朝向左方,综框仍处于上层梭口位置。

(4)综框从上层梭口位置下降:电磁铁1不得电,选择杆2压向选择臂3′,选择臂3′头端从偏心盘弧形缺口Ⅱ中脱出,插销杆6的插销被卡入缺口驱动轮,偏心盘4被驱动,偏心盘的大半径转向右方,提综杆10向右运动,综框下降。

3. *提花开口机构* 提花开口机构用来制织大花纹织物,主要有德国的Grosse提花机,意大利的Bobbio提花机和瑞士Staubli的Verdol提花机,有896针、1344针、2688针三种规格,根据需要进行选配。

(四)引纬机构

GTM型剑杆织机的引纬机构原理与其他剑杆织机一致,仅在具体的机械结构上有不断的改进,其引纬工作原理如图3-4-67所示,曲柄1回转时带动叉形杆2尾部作圆周运动,叉部以十字杆3为轴作摇摆运动,同时,叉形杆2和十字杆3一起以轴B为支点作左右摇摆,通过连杆4传动扇形齿轮5,经齿轮6最终传动传剑轮7,驱动剑带8进出梭口,剑带进出梭口时,后侧与钢筘筘面接触,前侧由导剑钩进行导引,剑带运行平稳、可靠。调节剑杆动程时,可调节连杆4与扇形齿轮5的连接点A的位置,当A点下移时,剑杆动程增大,反之则减小。调整两剑的交接位置靠调节剑带与传剑轮的初始啮合位置而得。

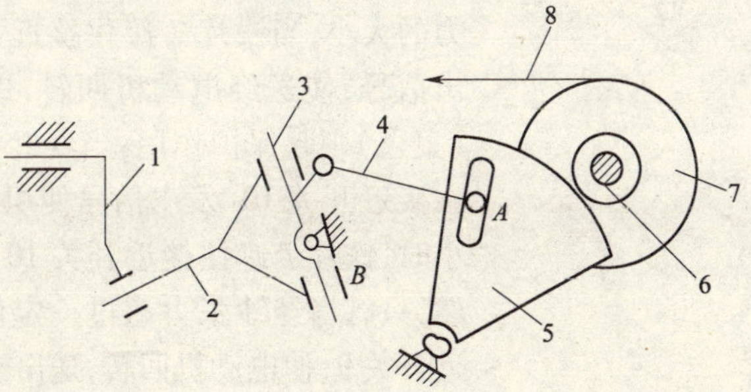

图3-4-67 GTM系列剑杆织机引纬机构示意图

（五）打纬机构

GTM型剑杆织机配置双侧共轭凸轮打纬机构，有以下几个特点：

1. 筘座在后心位置有较长的静止时间，达220°，以保证有足够的引纬时间。

2. 打纬动程短，为85mm，减少了经纱与钢筘筘齿的摩擦长度，以利织造高密织物及减少经纱断头。

3. 采用分离式筘座共轭凸轮打纬，结构简单、紧凑，钢筘的进程、回程都受到积极的控制，属非惯性打纬，利于打紧织物。

4. 采用轻质筘座，以利高速。和大部分高档剑杆织机一样，GTM型织机采用分离式筘座双侧共轭凸轮打纬。这样，筘座在后心处的静止时间较长，利于引纬。共轭凸轮属几何锁合型机构，筘座的进程和回程均受到积极有效的控制，利于高速及打紧纬纱，其工作原理如图3－4－68所示，共轭凸轮回转时，副凸轮4推动转子5，使筘座8绕其轴6作逆时针转动，钢筘后退，同时，转子5紧贴主凸轮1；转子3与副凸轮等径轮廓线始点接触时，转子5也与主凸轮2的等径轮廓线始点同时接触，此时，筘座静止；钢筘处于后心静止一段时间后，转子2与主凸轮2的等径轮廓线终点接触，钢筘开始受主凸轮控制，向前打纬，此时副凸轮转子3紧贴副凸轮4。这样，两凸轮彼此互相共轭，完成筘座的往复摇摆运动。

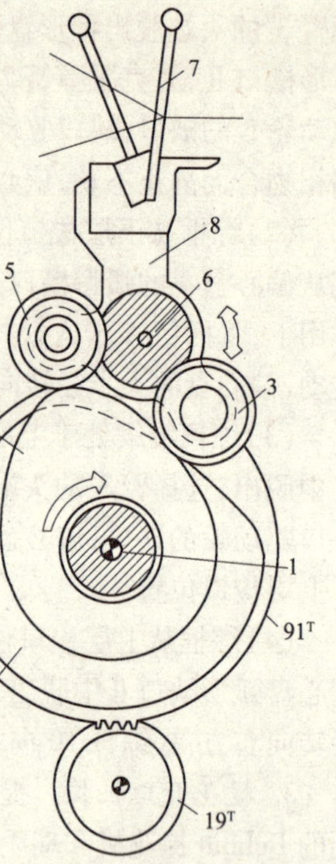

图3－4－68　共轭凸轮打纬机构

（六）送经机构

比利时必佳乐公司较早地在剑杆织机上采用了电子送经，早期的是间歇式电子送经（on－off　let－off），后来又推出了电子连续式送经机构（continuous　let－off）。

1. GTM间歇式送经机构张力调节系统　GTM间歇式送经机构的张力信号检测部分如图3－4－69所示，正常生产时，活动后梁2在张力弹簧6及经纱4的张力作用下，处于平衡状态。铁片7、8安装在活动后梁2的托架上，随托架3作摆动，接近开关9、10固定于机架上，其中接近开关9（黑色）用来检测正常织造时活动后梁2的位置即经纱张力的大小，当铁片7遮住接近开关9时，接近开关输出信号，使送经电动机回转，送出经纱；接近开关10（黄色）则起保护作用，当经纱张力太大时，铁片8遮住接近开关10，发出信号使织机停车，当经纱张力太小时，铁片7遮住接近开关10，同样使织机停车。显然，只有当经纱张力超过一定值时，铁片7才遮住接近开关9，使电动机回转，送出经纱。由于送经电动机的转速是恒定的，送经量是通过控制送经电动机工作时间的长短来调节的，此种送经方式属间歇式送经。

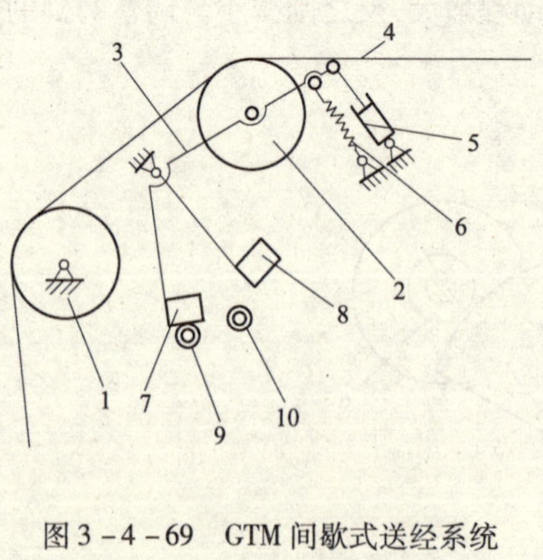

图3－4－69　GTM间歇式送经系统经纱张力讯号机构

调节上机张力时，可调节张力弹簧的压缩量，或者使用弹性规格不同的弹簧。

2. GTM 电子连续式送经机构张力调节系统　GTM 电子连续式送经机构的张力信号检测部分如图 3-4-70 所示，图中，1 为活动后梁，2 为接近开关，3 为送经量检测接近开关，4 为张力弹簧，5 为液压阻尼，6 为后梁，7 为感应片。

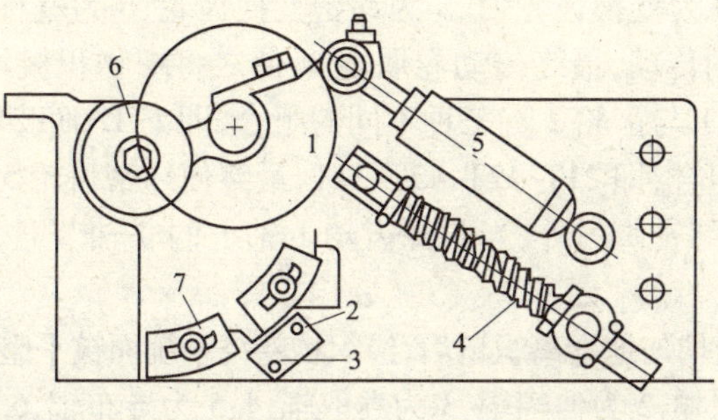

图 3-4-70　GTM 电子连续式送经系统经纱张力讯号机构

当正常织造时，送经量检测接近开关 3 感测活动后梁托架下底部与其自身上表面之间的距离 x，并将之送入微处理器与标准设定值作比较，当 x 值变大时，说明经纱张力减小，此时，微处理器发出信号，将电动机转速调慢，以减少送经量，增大经纱张力，使 x 值回复到标准设定值；反之，当 x 减小时，说明经纱张力过大，则将电动机转速调快，增大送经量，同样使 x 值回复到标准设定值，x 的标准设定值为 5.8mm。接近开关 2 起保护作用，当经纱松弛，或经纱张力太小时，铁片遮不住接近开关 2，织机便会自动停车或无法启动。

GTM 连续式送经机构张力的调节与 GTM 间歇式送经机构张力的调节方法相同。

3. GTM 剑杆织机送经机构的送经系统　GTM 剑杆织机的送经系统是由独立的送经电动机驱动的，工作原理如图 3-4-71。

送经电动机 1 接受张力调节系统的讯号，通过一对变换锥齿轮 2、3（A、B），蜗杆 4、蜗轮 5、送经小齿轮 6 传动固装在织轴上的织轴齿轮，最终传动织轴。A、B 锥齿轮的传动比取决于送经值 x 和机器速度，A、B 锥齿轮的搭配见表 3-4-56。

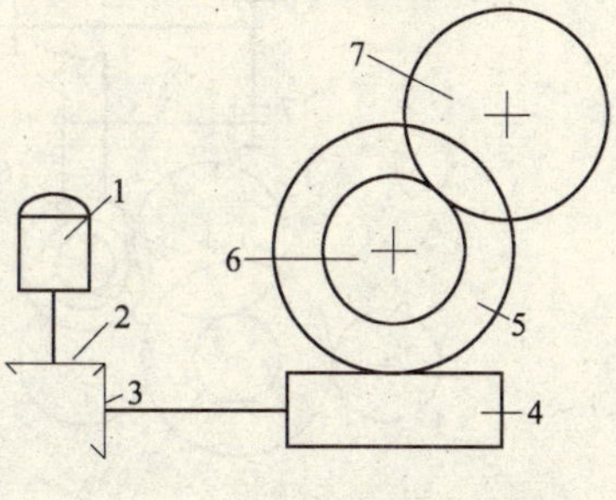

图 3-4-71　GTM 织机送经机构

表 3-4-56　A、B 锥齿轮的搭配

传动比	齿数	
	A 锥齿轮	B 锥齿轮
2/1	30	15
14/1	31	22
1/1	30	30
7/1	22	22
1/2	15	30

送经值 x = 纬纱根数÷(1＋织缩率)，通过送经值 x 和织机速度，查相应图表便可确定适宜的传动比，最终选定所需的变换锥齿轮。

(七)卷取机构

1. GTM 卷取机构　GTM 型剑杆织机采用积极的机械连续卷取机构，传动简图如图 3－4－72，图中 1、2、3、4、9、10 为变换齿轮对，5 为纬密变换齿轮，6 为蜗杆，7 为蜗轮，8 为卷取辊。齿轮 1 通过一系列齿轮的传动，最终传动卷取辊 8，使之将织物积极均匀卷离织口。为尽量减少纬密齿轮的数量，齿轮 1 与齿轮 2 有三种不同的组合，即 17T/68T，43T/43T，68T/17T，齿轮 3 和齿轮 4 有两种不同的组合，即 21T/42T，42T/21T，最终使纬密齿轮 5 仅需在 25T～60T 之间任意调换，便可适应不同的纬密。另外，当脱开齿轮 1 轴上的联轴节时，便可人工转动齿轮 9，使织物快速卷取或退出。

织物经卷取辊积极均匀地卷离织口后，经织物卷绕系统而被平整地卷绕到卷布辊上，如图 3－4－73 所示，图中 1 为织物，2 为伸幅辊，3 为卷取辊，4、5 为导布辊，6 为卷布辊。卷取辊通过链轮传动摩擦离合器的输入轴，并通过摩擦离合器传动卷布辊，当卷取辊与卷布辊之间的布面张力大时，摩擦离合器便打滑，即由于布辊卷装越来越大，布面张力作用于布辊轴心的力矩超过摩擦离合器的摩擦力矩时，摩擦离合器便打滑，以保证织物卷绕线速度恒定。由此可见，织物卷装越大，卷绕布面张力越小，卷装直径一般为 550mm、600mm，GTM 型织机也可选用机外卷绕实现大卷装，采用机外卷绕过程中，卷绕线速度恒定，但是机台占地面积大，空中也需架设用以运输的吊轨。

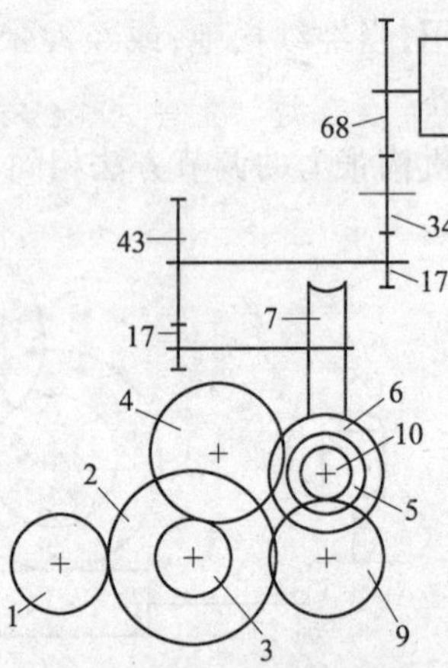

图 3－4－72　卷取齿轮传动图

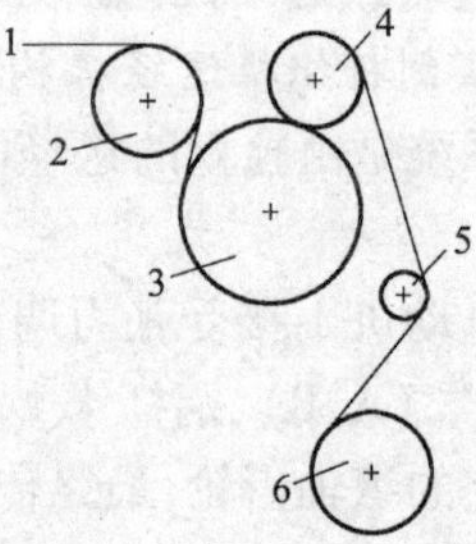

图 3－4－73　织物卷绕示意图

2. 边撑　为克服因纬纱织缩而导致织口处的布幅缩减，减少由于布边经纱倾斜过多，与钢筘筘齿产生较多摩擦而导致的边经纱断头，位于织口处织物两侧的边撑具有足够的伸幅作用。

为了有效地伸展支撑织物，剑杆织机所用的边撑有别于有梭织机的边撑。(1)为使刺环上的针刺轧入织物后，不因织物纬向张力而滑脱，针刺与织物平面有一定的角度；(2)靠布边外侧的刺环与布面夹角较小，靠织物内侧的刺环与布面夹角较大，这样就使边撑从外侧到内侧对织物的握持力逐渐减小，从而有效地伸展织物而不易生成边撑疵；(3)有些边撑为了使其两侧对布边的握持力量成布边大、布边内侧小的递减形分布，常在布边处安装针刺较长的刺环，布内侧处安装刺针较短的刺环，如 GTM 型织机的边撑，其内侧为 9 片刺针长度为 0.5mm 的刺环，中部为 10 片刺针长度为 0.75mm 的刺环,外侧为一片刺针长度为 1mm 的刺环,而该片刺环上排列有四圈刺针,其他中部及内侧的刺环上则排列有两圈刺针。

三、必佳乐(Picanol)剑杆织机辅助机构

(一)储纬器

在剑杆织机上,为了保证在引纬过程中,纬纱张力均匀,也为了适应高速织造的要求,减少纬纱的断头率,剑杆织机也包括其他无梭织机都需配备储纬器,在引纬之前,将一定长度的纬纱从筒子上退绕下来,有序地卷绕在储纬器的储纱鼓上,等待引纬。储纬器采用机电一体化结构,控制系统安装在储纬器内,由储纬量传感器、电动机控制器和速度传感器组成,完成对纬纱储量传感器、卷绕电动机速度的检测与控制和电磁阻尼刹车的控制等。并带有配电箱和安装支架。与织机电控箱的接口十分简单,仅需提供三相电源。按织造要求,每个配电箱最多可带 8 个储纬器头。

储纬器可分为储纱鼓转动的动鼓式储纬器和储纱鼓不转动的定鼓式储纬器,高档剑杆织机常配置定鼓式储纬器。GTM 型剑杆织机多配置意大利 ROJ 公司的 AT1200 储纬器或瑞典 IRO 公司的 IWF 1020 LASER 储纬器,两者依靠专门的积极排纱机构推动纱圈在鼓面移动,下面简单介绍 ROJ 公司的 AT1200 型储纬器和 IRO 公司的 LASER 型储纬器。

AT1200 储纬器如图 3-4-74 所示。图中:1 为主开关,2 为储纬量探测器,3 为张力调节旋钮,4 为毛刷圈或金属片刷,5 为卷绕环,6 为卷绕速度调节旋钮,7 为捻向调节旋钮,8 为指示灯。该储纬器由单独的直流电动机传动,电子调速,并由光电探测器探测并控制储纬量。当储纬器上主开关按下时,卷绕环随电动机转动,纬纱不断地卷绕在储纱鼓上,先绕上的纬纱在后面纬纱的推动下,紧贴储纱鼓的表面,逐步向前滑移,使纬纱纱圈无间距但不重叠地储存于绕纱鼓上。储纬器的储纬量受光电探测器的控制,将其位置右移可增加储纬量,左移则减少储纬量,一般调节储纬量为 2~3 纬长,在使用过程中,光电检测头应保持清洁。为适应不同捻向的纬纱,还可调节卷绕环的转向,将方向开关置于“Z”或“S”位置。为和引纬速度相适应,直流电动机的转速亦可调整,其目的是尽可能使绕纱器连续绕纱,从而避免电动机频繁启动。

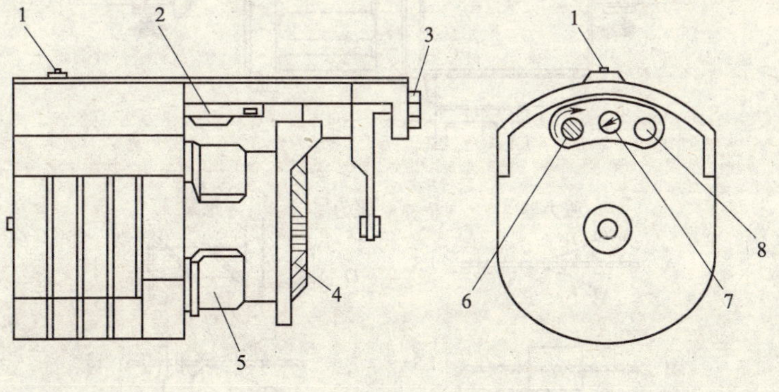

图 3-4-74　AT1200 型储纬器

瑞典 IRO 公司的 Laser 型储纬器如图 3-4-75 所示,图中,1 为捻向开关,2 为电源开关,3

为卷绕环。该储纬器亦由电动机单独传动,使固装于电动机空心轴上的卷绕环转动,将纬纱连续卷绕于储纬鼓上,储纬鼓与电动机轴通过轴承联接。因此,电动机转动时,储纬鼓不跟随回转,但由于储纬鼓轴心与电动机轴轴心成一定的倾斜角度,因此储纬鼓不断地以电动机轴轴心线作微小摆动,将绕于储纬鼓上的纬纱以一定间距不断推向前方。该储纬器有两个纬纱探测器,第一个探测器用于探测纬纱是否发生断头,第二个探测器用于探测储纱量。

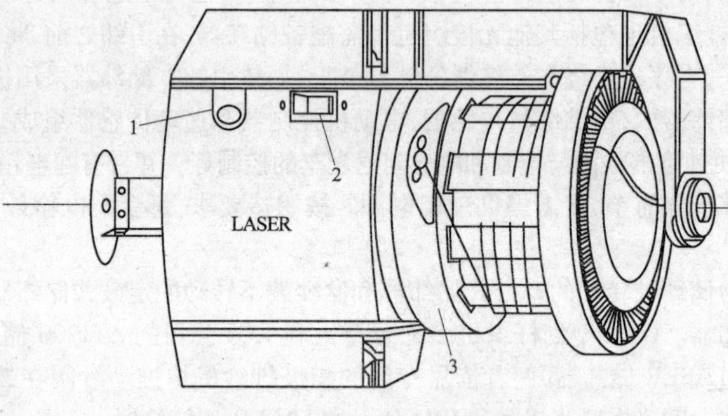

图 3－4－75　Laser 型储纬器

为了使储纬器的工作及剑杆的引纬得以顺利进行,储纬器在纬纱喂入口,纬纱输出口及纬纱与储纬鼓面分离处均设有各种张力装置,张力装置随纱线的类别及纱特数的不同而异,图 3－4－76为各种张力装置在储纬器上的使用位置示意图,表 3－4－57 为根据所用纬纱类别及特数而在储纬器各张力位置处应配置的张力装置。

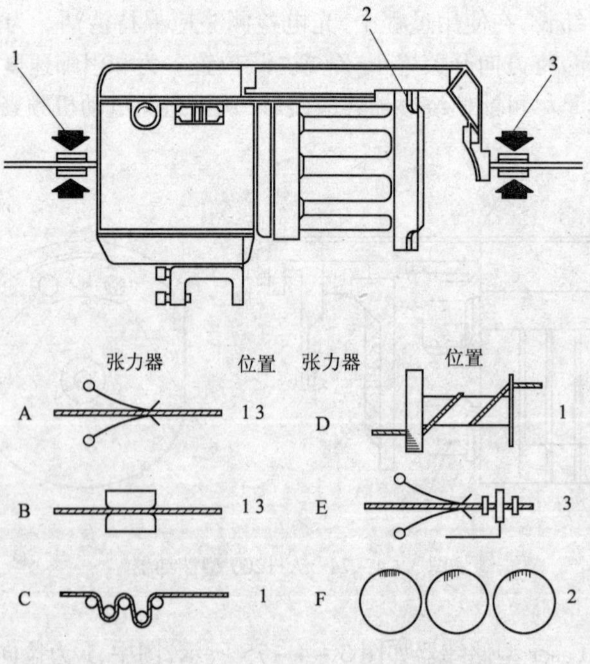

图 3－4－76　储纬器上张力器的位置

表 3－4－57　张力器型式的选择

纱线类型	位　置	纱线线密度(tex)		
		250～167	167～50	50 以下
棉、毛混纺纱	1	A,C	A,C	A,B,C
	2	F(硬毛刷)	F(中性毛刷)	F(软毛刷)
	3	A,E	A,E	A,B,E
弹力纱、长丝	1	A,C	A,B,C	B,C
	2	F(硬毛刷)	F(中性毛刷)	F(软毛刷)
	3	A,E	A,B,E	A,B,E
强捻纱	1		C,D	C,D
	2		F(中性毛刷)	F(软毛刷)
	3		A,E	A,B,E
硬质纱(亚麻、黄麻等)	1	A,C	A,C	A,C
	2	F(硬毛刷)	F(中性毛刷)	F(软毛刷)
	3	A,E	A,E	A,E
花式线 玻璃纤维	1	经过引纬试验后确定		
	2			
	3			

(二)找纬装置

几乎所有剑杆织机都配有慢速和自动找纬传动机构,使织机以较低速度正转或倒转,以便于操作。另外当发生纬停时,能使开口、卷取、送经、选纬等装置同步倒转,综框回复到断纬时的梭口状态,这样可有效地防止产生开车档,也便于挡车工去除断纬。

图 3－4－77 为 GTM 织机的慢速及自动找纬机构示意图。当织机正常工作时,慢速离合器

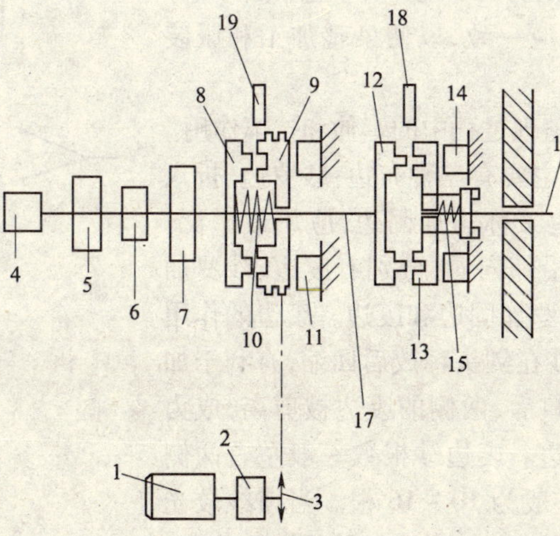

图 3－4－77　GTM 织机慢速及自动找纬工作原理示意图

线圈 8 和寻纬离合器线圈 14 均未通电，两离合器活动齿盘 9 和 13 在各自弹簧 10 和 15 的作用下分别处于脱开与啮合的状态，打纬共轭凸轮轴 16 传动传动轴 17，作正常运转，当需织机慢速运动时，织机主传动离合器脱开，慢动离合器线圈 11 得电，在磁力的作用下，克服弹簧 10 的作用，将慢动离合器活动齿盘 9 推向其固定齿盘 8，两者啮合，同时，找纬离合器仍处于啮合状态，慢速电动机启动，织机在慢速电动机的驱动下慢速运转；当需找纬时，织机主传动离合器脱开，慢动离合器线圈 11 和寻纬离合器线圈 14 都得电，在磁力的作用下，慢速离合器啮合，寻纬离合器脱开，慢速电动机驱动传动轴 17，带动开口、卷取、选纬等机构同步动作，引纬，打纬机构不动作，这样将梭口回复到断纬时的那一纬梭口，便于挡车工处理纬纱断头，更重要的是可有效地减少开车档的产生。在寻纬离合器活动齿盘 13 的端面上有三个不均匀分布的圆柱状凸起，在寻纬离合器固定齿盘端面上亦有三个不均匀分布的相对应的圆孔凹坑，因此，寻纬固定齿盘 12 只有在回转一周后方可与活动齿盘 13 重新啮合，保证每次只寻一纬。另外，在织机正常运转或者慢动及寻纬过程中，接近开关 18、19 一直都在监测两活动齿盘的位置是否准确定位。

(三)多色纬织造

剑杆织机都配有选纬机构，具有很强的纬纱选色功能，通常可多至 8 色纬纱，选纬动作准确可靠，更改选纬次序也较方便，利于生产多色纬的织物，是其他无梭织机所不可替代的。剑杆织机的选纬机构一般分为机械选纬装置和电气选纬装置，电气选纬装置又可分为电磁选纬装置和微电脑直接控制的选纬装置。

(四)布边

在有梭织造过程中，纬纱是连续从纡管上退绕下来引入织口的，采用适当的边组织可形成质量较高的光滑布边。而在无梭织造中，由于其引纬方式的不同，只能在布边处形成毛边，为了锁紧织物的布边，必须采用一定的成边机构。成边要求如下：

(1)在打纬过程中，边经纱不致散开，布边紧固平整。

(2)布边与布身厚度应一致，以便染整加工和服装裁剪。

(3)布边应经得起后整理过程中的牵伸和拉幅作用。

在 GTM 剑杆织机上，主要有三种布边：纱罗边、折入边和热熔边。其中纱罗边又称为加固边，应用最广泛。采用纱罗布边时，从机前沿纬向看，分别有废边、纱罗加固边、布边、布身、布边、纱罗加固边和废边。废边的作用是握持纬纱纱端，防止纬纱在剑头释放后回缩，有利于加固边的形成，织物引离织口后，两侧的废边被剪离，成为回丝，因此废边也称为假边。废边纱根数一般左右两侧相等，接纬侧也可多些，一般为 10～16 根。当纬纱较光滑，或者纬纱为强捻纱、弹力纱时，废边经纱根数应多些，以加强对纬纱的握持。

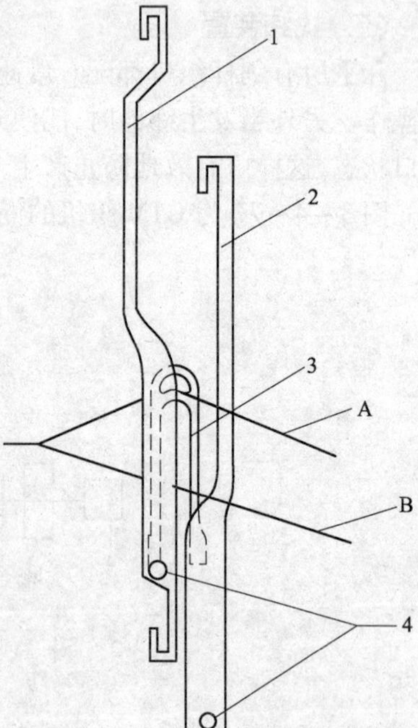

图 3－4－78　片综绞边机构

1. 纱罗绞边　GTM 织机较多采用片综绞边机构，其结构比较简单，如图 3－4－78 所示，基综 1、2 的综耳分别悬挂于一对综框上，以平纹的开口方式作垂直上下的运动，骑综 3 的双脚分别穿过基综 1、2 的片槽里，并受基综片槽底部的磁块 4 作用，地经纱 B 穿入骑综的综眼里，绞经纱 A 穿入两片基综之间。当基综 1 上升，基综 2 下降时，骑综 3 的一只脚与基综 1 片槽底部磁块 4 紧密吸合在一起，并随基综 1 上升，此时绞经纱 A 滑到地经纱 B 的右侧，并且地经纱 B 在梭口上层，绞经纱 A 在梭口下层，并与引入的纬纱相交织；下一纬时，基综 2 上升，基综 1 下降，两者平齐即绞边综平后，骑综 3 的另一只脚开始受基综 2 片槽里的磁块作用，并随基综 2 上升，此时绞经纱 A 又滑至地经纱 B 的左侧，地经纱 B 仍在梭口上层，绞经纱 A 仍在梭口下层，并与引入的纬纱相交织，如此反复作用，形成二经纱罗。

2. 折入边　折入边的特点是能织出类似有梭织机的布边，布边光滑、坚牢，但较厚。折入边机构较复杂，调整要求高。采用折入边时，也要采用废边协助工作。折入边装置的钳口位于假边与布边之间，引入纬纱后纬纱也被纳入钳口，呈张紧状态然后剪刀在钳口外侧距布边 11mm 处将纬纱剪断，当下一纬梭口形成后，折入钩将钳口握持的上一纬纬纱头钩入梭口，连同新引入的纬纱一起打向织口，形成光滑的布边。生产中为了防止布边太厚，通常减少边纱的每筘穿入数或者改用交织点较少的边组织来进行弥补。

3. 热熔边　制织合纤纯纺或混纺织物时，可采用电加热的热熔剪刀将布边处的纬纱熔断，使布边处经纬纱熔融粘合，形成光滑坚牢的布边，剑杆织机上采用热熔布边的尚不多见。

（五）断经断纬自停装置

1. 断经自停装置　在织机的运转过程中，当经纱发生断头或经纱过分松弛时，断经自停装置会自动关车，以防止在布面上形成缺经、经缩以及跳花等织疵。经停装置一般有电气接触式和光电式两种，剑杆织机上多采用电气接触式经停装置，如图 3－4－79 所示，图中，1 为经停片，2 为金属齿杆，3 为金属槽杆，4 为绝缘槽，5 为经纱。

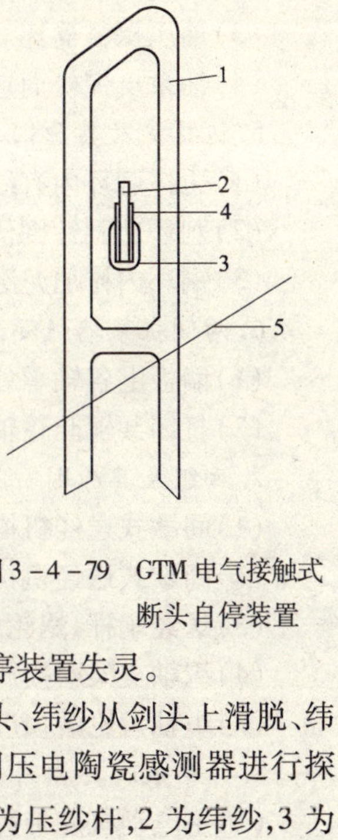

图 3－4－79　GTM 电气接触式断头自停装置

当经纱断头或经纱过于松弛时，经停片靠自重下落，将金属齿杆 2 和金属槽板 3 导通，发出经停信号，使织机关车，该装置结构简单、动作可靠，由于控制电路采用了低压电源，工作安全，但要求经停杆上必须保持清洁，以防飞花积聚，否则会导致断经不关车，断经自停装置失灵。

2. 断纬自停装置　纬停装置的作用是在引纬的过程中，当纬纱断头、纬纱从剑头上滑脱、纬纱交接失败或双纬引入时，使织机自动关车。大多数剑杆织机都采用压电陶瓷感测器进行探纬，如图 3－4－80 所示，图中，1 为压纱杆，2 为纬纱，3 为压电陶瓷感测器，4 为选纬指。纬纱穿过压电陶瓷感测器的导纱孔，并与其孔壁紧贴，当快速引纬时，纬纱与孔壁相摩擦，带动压电陶瓷晶体发生振动，产生压电效应，发出电信号，使织机正常运动。当纬纱断头或者滑脱时，无压电信号产生，当双纬引入时，压电信号过大，最终都使织机及时自动停车，以待处理。

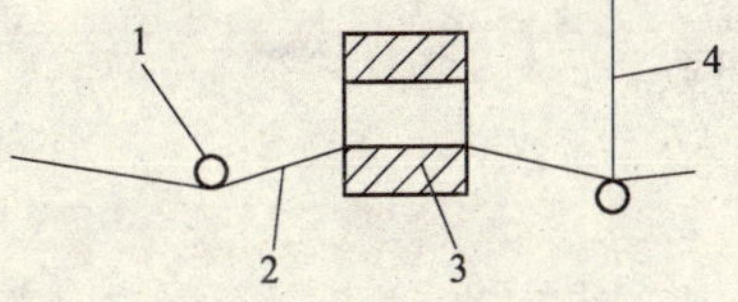

图 3－4－80　压电探纬示意图

四、必佳乐(Picanol)剑杆织机常见故障与维修保养

(一)GTM剑杆织机常见机械故障及其原因

1. 主离合器工作不正常及其原因

(1)摩擦盘摩损、变形严重。

(2)启动盘、固定制动盘磨损严重。

(3)摩擦盘表面有油污。

(4)主离合器轴承损坏。

(5)PWRG线路板损坏。

2. 储纬器工作不正常及其原因

(1)储纬器工作过频,温度偏高而导致热保护或线路板烧坏。

(2)储纬器转轮内腔有花衣、纱线卷入而造成阻塞。

3. 传剑机构箱体渗油及其原因　机体密封圈、密封胶损坏。

4. 油压太低及其原因

(1)润滑油太少或漏油。

(2)油过滤器坏。

(3)油压探测器坏。

(4)油泵皮带松而造成打滑。

5. 边撑疵及其原因

(1)边撑刺环内有纱线杂物缠入。

(2)刺环上刺针倒伏或缺损。

(3)铜环内衬尼龙磨损严重。

6. 两侧机架墙板漏油及其原因

(1)墙板上各轴承处的油封有损坏。

(2)打纬共轭凸轮轴轴承、摇轴轴承损坏。

7. 云织及其原因

(1)间歇式送经机构制动摩擦片磨损。

(2)间歇式送经机构制动轮与摩擦片间有油污。

(3)送经蜗杆、蜗轮磨损严重。

(4)织轴支架磨损严重。

(5)织轴齿轮磨损严重。

8. 开车痕及其原因

(1)主电动机皮带过松或皮带与皮带盘间有油污。

(2)主离合器磨损严重,间隙过大。

(3)打纬转子松动、磨损致使打纬共轭凸轮与转子间有间隙。

(4)阻尼器老化,性能差。

(5)张力弹簧选择不当。

(6)活动后梁支架支点润滑差或卡死。

(7)间歇式送经机构制动器工作不良。

(8)卷取辊表面金钢砂或糙面皮磨损严重易打滑。

(9)轧压于卷取辊表面的压布绒辊轧压力小。

(10)卷取机构、送经机构的蜗杆、蜗轮磨损严重。

(11)挡车工操作不良。

9. 各吹风口、吸风口无风压或风压太小及其原因

(1)吸风电动机坏。

(2)滤尘网被飞花、回丝堵塞。

(3)滤尘桶不密封。

(4)各进出风口被花衣、回丝堵塞。

10. 主离合器异响及其原因

(1)主离合器齿轮轴之19齿轮牙齿断裂、缺损。

(2)主离合器轴轴承损坏。

11. 打纬轴轴瓦座断裂、轴瓦磨损及其原因

(1)生产较重织物,打纬阻力大。

(2)轴瓦座固定螺丝有松动。

(3)轴瓦润滑不良。

12. 副离合器慢动活动齿盘不脱开及其原因

(1)慢动离合器压簧疲劳。

(2)慢动离合器线圈未有效失电。

13. 百脚及其原因

(1)纬纱张力太大。

(2)右剑释放时间太早。

(3)右侧吸风口无抽吸力。

(4)剑带磨损严重。

(5)筘座变形。

(6)打纬轴轴瓦座松动、断裂。

(二)常见电气系统故障与检修

1. 12V电源故障

(1)SMPSS板上12V发光二极管不亮。

处置方法:①逐一复插所有线路板以查找短路线路板。②检查所有+12V的电路,是否短路或接地。③调换SMPSS板。

(2)SMPSS板上12V发光极管亮。

处置方法:①调换CPUX板。②检查SMPSS板和CPUX板之间的接线情况。

2. 机器停车并显示以下不同的信息　慢动离合器啮合;寻纬离合器脱开;送经电动机过热;经纱张力超出范围;油压太低;按了手动停车。

处置方法:可能是12V电压间断的短路造成,利用线路板BE91295和电缆接线图纸,查找相关短路的接线和零件。

3. 24V电源故障

处置方法:①调换 KISG 板以防 KISG 板输出短路。②逐一复插线路板,检查是否存在短路线路板。③检查所有 24V 电路是否短路。④检查 VDGS 板上保险丝是否烧坏。

4. 断经不停车或停车太迟

处置方法:①探测灵敏度是否设定不当。②检查经停架上经纱探测器插头接线。③调换 KISG 板。④检查 15 号电缆接线。

5. 假经停

处置方法:①拔下经停探测器插头,如已解决,检查经停片跳动是否剧烈,经停齿杆是否变形损坏。②探测灵敏度是否设定不当。③调换 KISG 板或 TIK 板。④检查探测器插头,15 号电缆是否短路。

6. 断纬不停车

处置方法:①断纬探测器的灵敏度、过滤值是否设定恰当。②调换 KISG 板。③调换探纬器。④检查探纬器和 KISG 板之间的接线。

7. 假纬停

处置方法:①探测灵敏度是否设定不当。②提高过滤值。③调换 KISG 板。④调换探纬器。⑤检查探纬器和 KISG 板之间的接线。

8. 慢动离合器故障

(1)慢动离合器不工作。

处置方法:①调换 PWRGS 板。② 41 号电缆 1#线和 8#线间应有 24V 的电源。

(2)慢动离合器工作但接近开关未被遮盖

处置方法:①检查接近开关安装调整是否正确。②检查接近开关是否坏。③调换 CPUX 板。④检查接近开关的接线是否有误。

9. 寻纬离合器故障

(1)寻纬离合器不工作。

处置方法:①检查寻纬线圈是否坏。②调换 PWRGS 板。③检查慢动线圈是否无 24V 电源。

(2)寻纬离合器工作,但接近开关未被遮盖。

处置方法:①检查接近开关安装调整是否正确。②检查接近开关是否坏。③调换 CPUX 板。④检查接近开关的接线是否有误。

(三)GTM 剑杆织机的维修保养

根据 GTM 剑杆织机高速运转的特点,考虑工厂的实际生产情况,GTM 剑杆织机的保养一般分为三类。

1. 一类保养(了机上轴保养) 利用了机上轴的停车时间,检查调整相关部件,做好全机清洁及润滑工作,保养内容如下:

(1)检查传剑系统的各紧固件松动情况,清洁剑头内、剑轨上、剑带压铁处的花衣。

(2)检查综框的位置:前后动程≦3mm,左右横动≦2mm。

(3)检查边撑装置:左右边撑高低位置应一致,刺轴应转动灵活,刺针不缺损、倒伏,刺环无回丝,布面无轧伤。

(4)检查纬纱剪刀、废边剪刀:刀口应锋利,毛边宽度 3 ~5mm,各刀架及转子上无飞花堆积、纱线缠绕。

(5)检查绞边装置：绞综片升降杆应垂直，升降自由灵活，动程为65mm，绞综片磁钢不脱落，内无花衣堵塞，外无毛刺缺口。

(6)检查储纬器：储纬器应清洁，作用灵敏，纬纱张力器无缺损。

(7)全机清洁。

(8)全机润滑。

(9)全机机件、螺丝无缺损、松动。

2. 二类保养(半月保养)　GTM剑杆织机的车速很高，引纬机构的剑头、剑带、传剑轮磨损较严重，半月保养主要是加强对引纬系统各部件的维护，以保持织机良好的运转状态。其主要内容如下：

(1)剑头：不允许有缺件、螺丝松动或破裂，前衬板磨损应小于0.8mm。

(2)剑带：厚度、宽度磨损≦1mm，齿孔磨损≦1.2mm，外表面光滑，无毛刺。

(3)传剑轮：轮齿磨损≦1/3齿，剑轮居于剑轨槽中正中央，前后不碰剑轨。可转向使用。

(4)剑带与压铁之间的间隙：大压铁处为0.3~0.5mm，小压铁处为0.5~0.7mm。

(5)走剑板表面绒布无缺损：无积花，走剑板低于导剑轨0.3~0.4mm，走剑板固定螺丝无松动，走剑板上导剑钩无磨损、松动、缺件。

(6)剑头交接及剑杆动程：180°时左剑头过中心(50±6)mm，右剑头与左剑头上窥视孔左侧平齐。0°时左剑头标记线对准左导轨相应刻度线，右剑头离剑轨头端距离按工艺要求设定。

(7)纬纱剪刀：剪纬时间在70°±2°，刀口锋利，纬剪各部件安装调整符合要求。

(8)废边剪刀：刀口锋利，毛边为3~5mm宽，剪刀转子转动灵活，无飞花回丝缠绕。

(9)边撑装置：左右边撑高低位置一致，刺轴应转动灵活，刺针不倒伏缺损，刺环无回丝，布面无轧伤。

(10)绞边装置：绞边开口时间按工艺要求，升降杆应垂直，升降自由灵活，动程为65mm，绞综片磁钢不脱落，内无花衣堵塞，外无毛刺缺口。

(11)储纬器：储纬器应清洁，作用灵敏，纬纱张力器无缺损。

(12)选纬器：选纬器工作正常，同步准确，开慢车至308°，观察标记线应对齐。选纬器摇臂头端与推力杆上端间隙为0.7mm。

(13)综框位置：高低位置，按工艺要求±1mm，左右横动≦2mm，前后动程≦3mm。

(14)滤尘桶应密封，气管无漏气、阻塞现象，气管喉箍无松动、缺损。

(15)全机清洁：清洁范围同了机上轴保养。

(16)清洁循环油箱过滤口、机械多臂机油过滤器，根据手册要求更换送经、卷取、开口及循环润滑油。

(17)全机润滑：润滑范围同了机上轴保养。

(18)全机传动链、传动带表面清洁，无缺损，张力适当。

(19)全机机件、螺丝无缺损、松动。

(20)安全装置及电气装置：罩壳无缺损、松动，电气接线无不良露线，无绝缘不良，无位置不固定。

3. 三类保养(半年保养)　全机保养主要针对全机的多调整部位作一次全面的检查与调

整,具体内容如下:

(1)剑头:不允许有缺件、螺丝松动或破裂,前衬板磨损应小于0.8mm。

(2)剑带:厚度、宽度磨损≦1mm,齿孔磨损≦1.2mm,外表面光滑,无毛刺。

(3)传剑轮:轮齿磨损≦1/3齿,剑轮居于剑轨槽中正中央,前后不碰剑轨。可转向使用。

(4)剑带与压铁之间的间隙:大压铁处为0.3~0.5mm,小压铁处为0.5~0.7mm。

(5)走剑板表面绒布无缺损:无积花,走剑板低于导剑轨0.3~0.4mm,走剑板固定螺丝无松动,走剑板上导剑钩无磨损、松动、缺件。

(6)剑头交接及剑杆动程:180°时左剑头过中心(50±6)mm,右剑头与左剑头上窥视孔左侧平齐。0°时左剑头标记线对准左导轨相应刻度线,右剑头离剑轨头端距离按工艺要求设定。

(7)主离合器无异响:无焦味,启动盘与摩擦盘间隙为0.3~0.9mm,制动盘与摩擦盘间隙为0~0.1mm,制动角<180°。

(8)慢动寻纬离合器无异响,慢动离合器间隙0.5~0.7mm,导纬离合器间隙0.3~0.5mm,接近开关工作正常,可执行慢动寻纬操作。

(9)0°时,打纬共轭凸轮与转子间无间隙,可手动摇晃钢筘及筘座,感知筘座应不晃动。

(10)纬纱剪刀:剪纬时间在70°±2°,刀口锋利,纬剪各部件安装调整符合要求。

(11)废边剪刀:刀口锋利,毛边为3~5mm宽,剪刀转子转动灵活,无飞花回丝缠绕。

(12)边撑装置:左右边撑高低位置一致,刺轴应转动灵活,刺针不倒伏缺损,刺环无回丝,布面无轧伤。

(13)绞边装置:绞边开口时间按工艺要求,升降杆应垂直,升降自由灵活,动程为65mm,绞综片磁钢不脱落,内无花衣堵塞,外无毛刺缺口。

(14)储纬器:储纬器应清洁,作用灵敏,纬纱张力器无缺损。

(15)选纬器:选纬器工作正常,同步准确,开慢车至308°,观察标记线应对齐。选纬器摇臂头端与推力杆上端间隙为0.7mm。

(16)综框位置:高低位置,按工艺要求±1mm,左右横动≦2mm,前后动程≦3mm。

(17)滤尘桶应密封,气管无漏气、阻塞现象,气管喉箍无松动、缺损。

(18)开口凸轮轴轴承不允许发热有异响,应加高温润滑轴剂润滑。

(19)送经线性接近开关应清洁,固定螺丝不摆动。

(20)送经装置中,感应铁片位置高低适中,稍微放松经纱时,发光二极管熄灭,张紧经纱后,发光二极管亮。

(21)绞边纱、废边纱筒子架及导纱器不松动、不缺损、无花衣、无回丝缠绕。

(22)全机清洁:清洁范围同了机上轴保养。

(23)清洁循环油箱过滤口、机械多臂机油过滤器,根据手册要求更换送经、卷取、开口及循环润滑油。

(24)循环油箱液面高度在电动机启动后为10mm,送经开口卷取油箱液面高度与油标中部平齐,根据润滑手册要求,更换润滑油。

(25)全机润滑:润滑范围同了机上轴保养。

(26)全机传动链、传动带表面清洁,无缺损,张力适当。

(27)全机机件、螺丝无缺损、松动。

(28)安全装置及电气装置:罩壳无缺损、松动,电气接线无不良露线,无绝缘不良,无位置不固定。

五、GTM型剑杆织机品种适应性及上机工艺

(一)品种适应性

GTM型剑杆织机品种适应性较广,可用天然和再生纤维的短纤纱、长丝,也可用混纺纱及花式纱线,使用2232多臂机选纬,纱纬颜色可达到6种。可织造从轻薄、中厚到厚重及各式流行的织物。例如薄质衬衣料子、牛仔布、格子布、灯芯绒、粗梳或精纺毛衣料子、装饰布及各种工业用布等,但最适宜织造厚重织物,例如牛仔布。

(二)上机工艺内容

1. 织物的工艺设计　剑杆织机由于其引纬方式等有别于传统的有梭织机,因此在进行织物设计时也有所不同。

(1)总经根数:总经根数=布身经纱数+备用经纱数=成品经密×成品幅度+备用经纱数。

布身经纱数包括地经纱和边经纱数,备用经纱数可根据品种、管理水平而定,一般为2~4根。

(2)钢筘的选择:

①筘号=坯布经密×(1-纬纱织缩)/每筘穿入数

在剑杆织机上,由于开口时间较迟,织物的纬纱织缩比有梭织机小,一般斜纹类织物为1.5%~2%左右,平纹类织物为2.5%~3%左右,表3-4-58为某厂使用GTM—AS织机制织牛仔布品种的纬纱织缩。

表3-4-58　某厂使用GTM—AS织机制织牛仔布品种的纬纱织缩

品种	纬纱织缩(%)	品种	纬纱织缩(%)
83.3tex×83.3tex 283根/10cm×173根/10cm $\frac{3}{1}$右斜纹	1.18	48.6tex×48.6tex 283根/10cm×173根/10cm $\frac{2}{1}$右斜纹	2.2
83.3tex×58.3tex 283根/10cm×173根/10cm $\frac{3}{1}$右斜纹	1.4	48.6tex×48.6tex 268根/10cm×173根/10cm $\frac{1}{1}$右斜纹	2.8
58.3tex×58.3tex 307根/10cm×189根/10cm $\frac{3}{1}$右斜纹	1.8	36.4tex×36.4tex 315根/10cm×181根/10cm $\frac{1}{1}$右斜纹	2.2

②穿筘幅宽=[总经根数-边纱根数×(1-地组织每筘穿入数/边组织每筘穿入数)]÷(地组织每筘穿入数×筘号)。

在剑杆织机上,由于布边处纬纱对经纱不会产生横向抽紧致密作用,因此,生产上有时把边经纱的每筘穿入数略作增加。

③全幅筘宽:对于非分离式筘座的织机,无需设计钢筘的全幅筘宽;而对于分离式筘座的织机,钢筘的宽度必须加以限制。

④全幅齿数=地经根数/地经每筘穿入数+边经根数/边经每筘穿入数+两侧绞边纱占用

筘齿数 + 两侧空筘宽度里的齿数 + 两侧废边经纱数/废边每筘穿入数 + 两侧筘端多余筘齿数。

⑤全幅筘宽 = 全幅筘齿数/筘号。

(3)机上纬密：机上纬密 = 下机纬密 ×(1 - 下机缩率)。

织物的下机缩率因织物原料、纱线特数、织物组织和密度、上机张力、织机类型、车间空调状况而异，各工厂应根据自己的生产实践总结经验数据，以便为以后的工艺设计作参考。一般的下机缩率在 3% ~4% 左右，由于剑杆织机多采用大张力织造，故下机缩率在初步设计时应偏大掌握。

(4)绞边纱及废边纱的选择：绞边纱及废边纱应选择质量好、强力高的纱线，以减小绞边纱、废边纱与左右剑头摩擦过多而导致的断头，绞边纱还要求比地经纱细度细，以防止布边过厚，常采用纱特较小的中长纤维股线或涤/棉股线。废边纱的根数一般为每侧 10 ~16 根，在保证成边良好的前提下应尽量减少废边纱的根数，以减少回丝，绞边纱的根数应根据绞边成形机构而定。

2. 上机工艺参数的配置

(1)上机张力：同有梭织机一样，上机张力过小时，会造成以下不利因素：

①打纬时，经纱在综眼内产生过多的往复移动，经纱易刮毛，磨损，造成断头。

②打纬区大，纬纱打不紧，易反拨。

③开口不清晰，剑头易割断经纱，易形成三跳疵点。

④使全幅经纱间张力不匀增加，布面易出现不平整现象。

⑤经纱织缩大，经纱耗用量增加。

然而，当上机张力过大时，纬纱又会易于疲劳而形成断头，同时由于经纱不易侧向移动，以及筘齿的存在，布面易出现条影、筘路等，所以织机上机张力应视实际情况而定。对剑杆织机而言，由于梭口高度小，多配置较大的上机张力，可以开清梭口，打紧纬纱，获得光洁平整的布面。特别在配置不等张力梭口时，为了开清上层经纱，更宜配置大张力进行织造，但由于有些剑杆织机为了改善剑带的飞行，在前部梭口的下部加装了托纱板，增加了对下层经纱的伸长，故在此情况下，不应片面追求大张力，而使下层经纱断头增多。在织制高经密织物时，亦需配置大张力，以减少经纱的纠缠、粘连，开清梭口，同时便于打紧纬纱。如果在前道准备过程中，经纱张力较均匀，易于获得平整的布面，此时张力可小些。在制织斜纹类织物时，为使斜纹突出，经纱张力可小些，但在制织牛仔布等厚密的斜纹织物时，张力亦不宜太小，以打紧纬纱。

(2)梭口高度：小开口是剑杆织造的特点，这样可减少经纱的张力与伸长，但也可能造成梭口不清，易形成三跳疵点，甚至造成剑头割断经纱，因此生产中一般配置较大上机张力。一般，梭口高度应以开清梭口为原则，但同时还应考虑在剑头发生一定的磨损后，剑头会在梭口中小范围地上下跳动，此时剑头不能触及上层经纱，以免产生三跳及割断经纱现象。在满足上述前提下，梭口高度应尽可能小。在剑杆织机上，改变综框连杆与开口机构驱动连杆的连接位置可以改变梭口的大小。

(3)经位置线：剑杆织机上，织口的位置是固定的，改变综平时综框的上下位置、经停杆及后梁的上下前后位置可改变经位置线。调节综框升降杆的高度，可改变综平时综框的上下位置，当综框位置上移时，上层经纱张力增大，下层经纱张力减小，反之则上层张力减小，下层张力增大；后梁及经停架上移时，上层经纱张力减小，下层经纱张力增大，反之则上层张力增大，下层张力减小;后梁及经停架前移时,上、下层经纱张力均增大,后移则都减小。因此,适当调节经位置线,可改变梭口上下层的经纱张力。

当需配置不等张力梭口时,后梁应上移,以获取上下层经纱的张力差异,当然张力差异不宜过大,否则会造成上层经纱过分松弛,开口不清,同时,下层经纱张力过大,增加断头。当织造粗特、高密、厚重织物时,后梁及经停架位置应前移,反之,当织造细特轻薄织物时,后梁及经停架后移。经停架的高低位置对经纱张力的影响较小,生产上一般以调节后梁的高低位置为主。经停架的高低位置以综平时纱片与最前一根经停架导杆表面相切为准。在正常生产时经停片应发生一定的上下跳动,但亦可剧烈跳动。

(4)综平时间:通常综平时间的迟早与打纬时梭口角大小成正比关系,综平时间早,打纬时梭口角大,有利于打紧纬纱,适于织造紧密织物,但打纬时,经纱承受的动态张力大;综平时间迟,则打纬时梭口角小,纬纱较易反拨,但打纬时经纱承受的动态张力小,有利于织造细特轻薄织物。

对于剑杆织机,当开口时间早时,梭口闭合也早,剑头在退出梭口时,易造成剑杆对边经纱的摩擦过多;同时,由于下层经纱较早的上抬,使剑带与导剑钩之间的摩擦加剧。因此,剑杆织机多采用迟开口工艺,一般都迟于300°,但当开口过迟,剑头进梭口时,梭口尚未开足,剑头易割断边部经纱,因此,选择综平时间时应根据具体情况综合考虑。

在剑杆织造中,当采用纱罗边和折入边时,需配备独立织边装置,织边装置的综平时间早于地组织10°以上,以使在接纬剑释放纬纱时及时夹持住纬纱,这样可防止纬缩并形成良好的布边。在用强捻纱或弹力纱作纬纱时,为了防止纬缩,不仅应增加废边纱的根数,废边的综平时间也应大大提前。显然,由于剑杆在退出梭口时与废边纱的摩擦加剧,宜选用强力好且耐磨的纱线作废边纱。

(5)车速:随着车速的提高,经纱的动态张力增大,往往会导致经纱断头率上升,使织造产量降低,对坯布的质量亦有影响,特别是随着车速的提高,机件的磨损消耗加剧,如剑头、剑带、传剑齿轮、导剑钩、导剑轨、剑头释放条等,同时也伴随着大量的物料消耗,因此在前织准备质量和织造效率没有得到充分保证的前提下,车速不宜太高,建议在生产实践中,充分考虑多方面的因素,合理地选择经济车速。

(6)工作圆图:工作圆图表示织机各机构运动的配合关系。图3-4-81表示GTM型剑杆织机各机构运动的配合关系。其中:打纬止点0°,纬停点20°,送经40°,选纬杆到位、送纬剑接触纬纱50°,梭口接近满开60°,两剑头进入地经梭口68°,梭口满开70°,两剑交接180°,梭口开始闭合190°,选纬针开始运动210°,两剑退出地经292°,选纬针绞边综框平310°,钢筘接触纬纱320°,经停点320°(工作或检测区),织机起动区310°~340°,两剑检测区150°~160°和200°~210°,纬纱检测区80°~160°和220°~300°。

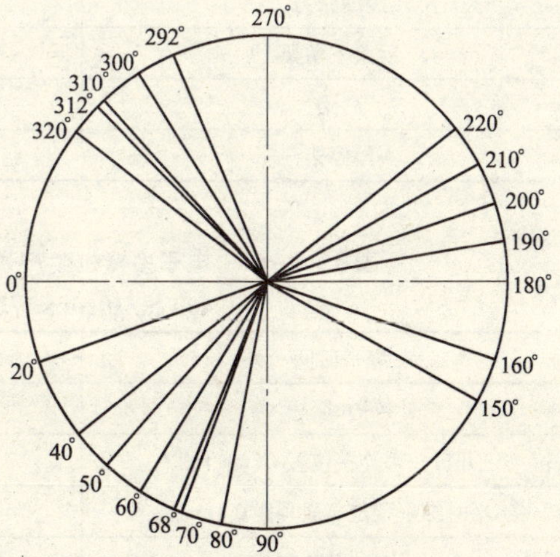

图3-4-81　工作圆图

(三)典型品种上机工艺(表3-4-59~表3-4-65)

表3-4-59 凸轮开口生产厚重牛仔布 83.3tex×97.2tex

268根/10cm×157根/10cm $\frac{3}{1}$右斜

综平时间	312°
绞边、废边	绞边综平时间:304°;废边纱根数:左8根,右8根
开口拉刀连接位置 C(mm)	20,41,60,75,87,96
综平时综框顶与导轨顶距离(mm)	116(地组织),128(边组织)
纬密牙组合	$A43^T$,$B43^T$,$C42^T$,$D21^T$,$E55^T$
张力弹簧	黑簧
经纱张力	张力弹簧压缩量12mm
后梁三角架	18格
后 梁	前后0格,上下7.5格
经停架	前后23.5格,上下6格

表3-4-60 电子多臂机生产轻薄牛仔布 36.4tex×36.4tex

299根/10cm×157根/10cm $\frac{2}{1}$右斜

综平时间	312°
绞边、废边	绞边综平时间:304°;废边纱根数:左8根,右8根
开口拉刀连接位置 C(mm)	25,42,57,70,80,90
综平时综框顶与导轨顶距离(mm)	96
纬密牙组合	$A43^T$,$B43^T$,$C42^T$,$D21^T$,$E55^T$
张力弹簧	黑簧
经纱张力	张力弹簧压缩量6mm
后梁三角架	16格
后梁	前后6格,上下8格
经停架	前后8格,上下6格

表3-4-61 电子多臂机生产弹力牛仔布 36.4tex×(36.4tex+7.77tex)

409根/10cm×173根/10cm右斜

综平时间	312°
绞边、废边	绞边综平时间:290°;废边纱根数左8根,右12根
开口拉刀连接位置 C(mm)	25,42,57,70,80,90,97,103
综平时综框顶与导轨顶距离(mm)	96(地组织),105(边组织)
纬密牙组合	$A43^T$,$B43^T$,$C21^T$,$D42^T$,$E26^T$
张力弹簧	黑簧

续表

经纱张力	张力弹簧压缩量 6～7mm
后梁三角架	16 格
后梁	前后 6 格，上下 8 格
经停架	前后 8 格，上下 6 格

表 3-4-62　电子多臂机生产青年布 27.8tex×27.8tex 260 根/10cm×213 根/10cm $\frac{1}{1}$平纹

综平时间	312°
绞边、废边	绞边综平时间：304°；废边纱根数：左 8 根，右 12 根
开口拉刀连接位置 C(mm)	29，42，55，67
综平时综框顶与导轨顶距离(mm)	94
纬密牙组合	$A43^T$，$B43^T$，$C21^T$，$D42^T$，$E33^T$
张力弹簧	黑簧
经纱张力	张力弹簧压缩量 5～6mm
后梁三角架	15 格
后梁	前后 6 格，上下 8.5 格
经停架	前后 8 格，上下 6.5 格

表 3-4-63　电子多臂机生产双面斜纹牛仔布 83.3tex×83.3tex 260 根/10cm×165 根/10cm $\frac{2}{2}$右斜

综平时间	312°
绞边、废边	绞边综平时间：304°；废边纱根数左 8 根，右 8 根
开口拉刀连接位置 C(mm)	20，41，60，75
综平时综框顶与导轨顶距离(mm)	96
纬密牙组合	$A43^T$，$B43^T$，$C21^T$，$D42^T$，$E25^T$
张力弹簧	黑簧
经纱张力	张力弹簧压缩量 12mm
后梁三角架	15 格
后梁	前后 0 格，上下 8.5 格
经停架	前后 8 格，上下 6.5 格

表 3-4-64　电子多臂机生产灯芯条牛仔布（18.2tex×2）×48.6tex 425 根/10cm×205 根/10cm　灯芯条

综平时间	312°
绞边、废边	绞边综平时间：304°；废边纱根数左 8 根，右 8 根
开口拉刀连接位置 C(mm)	25，41，60，75，87，96

续表

综平时综框顶与导轨顶距离(mm)	96(地组织),105(边组织)
纬密牙组合	$A43^T$,$B43^T$,$C21^T$,$D42^T$,$E31^T$
张力弹簧	黑簧
经纱张力	张力弹簧压缩量9mm
后梁三角架	18格
后梁	前后6格,上下7格
经停架	前后23.5格,上下6.5格

表3-4-65 凸轮开口生产牛仔布 R/C 83.3tex×R/C 58.3tex 283根/10cm×173.2根/10cm $\frac{3}{1}$右斜

综平时间	312°
绞边、废边	绞边综平时间:304°;废边纱根数:左8根,右8根
开口拉刀连接位置 *C*(mm)	25,42,57,72,80,87
综平时综框顶与导轨顶距离(mm)	94
纬密牙组合	$A43^T$,$B43^T$,$C21^T$,$D42^T$,$E26^T$
张力弹簧	黑簧
经纱张力	张力弹簧压缩量11mm
后梁三角架	16.5格
后梁	前后6格,上下8格
经停架	前后23.5格,上下5格

第四节 多尼尔(Dornier)剑杆织机

一、多尼尔剑杆织机的主要技术特征

(一)多尼尔H型和P型剑杆织机的主要技术特征(表3-4-66)

表3-4-66 多尼尔剑杆织机的主要技术特征

技术特征 \ 型号	H型系列织机	P型系列织机
公称筘幅(cm)	150~400(其中每隔10cm为1档,除370,390外共24档)	150~430(其中每隔10cm为1档,除370,410,420外共26档)
适应纱特范围(tex)	0.8~3300	0.8~3300
最高转速(r/min)	550	550
最大入纬率(m/min)	单纬1000,双纬2000(有引双纬功能)	单纬1000,双纬2000(有引双纬功能)
开口装置	电子多臂,电子提花	电子多臂,电子提花

续表

技术特征＼型号	H 型系列织机	P 型系列织机
打纬装置	分离筘座，凸轮打纬	分离筘座，凸轮打纬
引纬装置	双侧共轭凸轮，通过连杆传动扇形齿轮，经锥形齿轮，带动传剑轮引纬，刚性碳纤剑杆，无导钩，剑头为轻质合金	双侧共轭凸轮，通过连杆传动扇形齿轮，经锥形齿轮，带动传剑轮引纬，刚性碳纤剑杆，无导钩，剑头为轻质合金
送经装置	电子送经	电子送经
卷取装置	电子卷取	电子卷取
选色装置	8 色、12 色、16 色电子选纬	8 色、12 色、16 色电子选纬
储纬装置	瑞典 IRO 公司 GALAXY 型	瑞典 IRO 公司 GALAXY 型
布边装置	纱罗绞边，独立假边装置	纱罗绞边，独立假边装置
润滑系统	单机油循环	单机油循环
经停装置	6 列电控式	6 列电控式
纬停装置	Eltex 型压电陶瓷纬停控制器	Eltex 型压电陶瓷纬停控制器
纬密(根/10cm)	5～1500	5～1500
经轴直径(mm)	800，1000	800，1000
卷布直径(mm)	540	540
监控系统	采用 CAN 总线控制器区域网络的电控系统，与中央电脑系统形成整体网络，监测、调整和控制每台织机的织造全过程，并可进行远程遥控诊断及处理	采用 CAN 总线控制器区域网络的电控系统，与中央电脑系统形成整体网络，监测、调整和控制每台织机的织造全过程，并可进行远程遥控诊断及处理
其他装置	有派生的毛圈型织机 积极式纬纱交接系统 电子纬纱张力器(EFT) 12 色电子选纬装置(ECS)，纬纱由各独立伺服电动机驱动 有 QSC 快速品种更换系统	有派生的毛圈型织机 不停车自动筒子转换 APS 装置 积极式纬纱交接系统 双圆盘式纱罗绞边装置(Motoleno) 电子纬纱张力器(EFT) 12 色电子选纬装置(ECS)，纬纱由各独立伺服电动机驱动 有 QSC 快速品种更换系统 有自动防止开车痕装置(ASP) 剑杆气垫导轨(AirGuide)
外表尺寸宽(cm)×深(cm)	(437.5～812.5)×192	(437.5～857.5)×192

(二)多尼尔 PS 型剑杆织机

1. 技术特点　多尼尔 PS 型剑杆织机的核心是积极式中央纬纱交接系统，即"点对点"的积极式控制纬纱中央交接，剑杆和钢筘的运动由安装在齿轮箱中的共轭凸轮机构驱动。在进入梭口前，左剑杆上的夹纱板先打开，从选色针中提取纬纱；在纬纱被夹纱扳主动握持后，纬纱剪在布边处剪断纱尾；在梭口的中央，通过积极主动地控制左右剑头上的夹纱板的动作，完成纬纱从左剑杆传递给右剑杆的交接过程；交接完成后，纬纱被右接纬剑杆引至右侧布边。在整个引纬过程中，梭口始终保持全开口状态，在纬纱被假边边纱夹牢握紧后，右剑杆才打开夹纱板释放纬纱。在整个引纬过程，无论纱线粗细，从左剑头到右剑头，纬纱都受到积极控制。

在机器两侧安装有一对用于驱动引纬及打纬机构的高精度同步齿轮箱，PS 型织机缩短了动力传动链，齿轮箱得到了进一步的加强，大幅度降低了中央交接纬纱过程中的机器震动。

由于剑头的低速启动以及受到积极的控制，即使在提取纬纱的那一刻，纬纱的张力峰值也非常低；在梭口中央，纬纱由左剑杆交付右剑杆的过程中，受到积极主动的控制，因而能可靠安全地完成交接；剑杆从全开梭口中退出后，在完全受控的情况下释放纬纱。

由于多尼尔织机的全开口式引纬和可独立设定的梭口关闭时间，纬纱与经纱之间的摩擦大大降低，这也就减少了断经断纬，避免了纬纱张力过高，不会产生纬缩，左、右布边平整，引纬长度均匀一致。多尼尔开发了一种用于引纬部件导向的技术解决方案——专利的气垫导轨系统 AirGuide。剑杆是在采用了空气动力学原理的导轨中进行无接触的自由滑动，导向气流取代了原先的导向轮系统，而且在其中还集成了一个温度感应器来实现全自动控制，从而使生产效率大大提高。

2. 技术规格

(1)引纬：全过程积极控制，具有最低的纬纱张力，并配置了专利的气垫导轨 AirGuide。

(2)幅宽调整：对称调幅可减少 40%，不对称高速幅可减少 10%。

(3)入纬率：可至 1200m/min，双条引纬可至 2400m/min。

(4)纱特范围：由 0.77tex 的真丝至 3333tex 的花式纱线。

(5)选纬范围：1～12 色自由选纬，大提花可达 16 色。

(6)储纬器：可配置多个厂家的储纬器，由多尼尔的电子控制系统控制可控的纬纱张力器；无需挡车工看管的自动筒子转换 APS 装置。

(7)开口机构：积极式凸轮开口，12mm 间距，最高可容纳 10 页综；或 18mm 间距，最高可容纳 12 页综；旋转式多臂开口，12mm 间距，最高可容纳 28 页综；简易纱罗织造装置 EasyLeno；多臂快速互换装置 FDC(选购件)；气动综框锁紧装置 PSL(选购件)。

(8)布边形成机构：传统的罗纱绞边；采用双股纱绞合的圆盘式电子绞边装置 Motoleno；双圆盘式电子绞边器 Motoleno；热熔切割边；折入边；折入边与纱罗边的快速互换。

(9)边撑(上置及下置)：刺环形边撑及可选用的全幅边撑，两者之间可实现快速转换。

(10)送经装置 EWL：电子式传感器设定值精确到 ±1g，适用通用经轴或欧式经轴，边盘直径为 800～1250mm，上经轴边盘直径最大可达 1250mm。

(11)卷取装置 ECT：与送经同步，设定值精确到 0.01 根/cm；布棍直径 540mm，机外卷装可至 1,800mm。

(12)防开车痕系统：ASP 自动防止开车痕装置包括自动平综、主电动机超速起动、单纬引纬模式。

(13)润滑系统：齿轮箱采用织机停机时也不间断的连续循环式润滑，所有润滑点均采用中央润滑系统，其中包括通用下回综装置 AutoLub。

(14)电子技术:应用多微处理器技术的 CAN—BUS 总线区域网络控制系统:彩色图形显示,可用磁盘或在线升级安装新软件系统。

(15)DoNet(全球通信网络):织机、服务器与多尼尔总部之间所构成的完整网络,可用于订购零备件、查询用户手册、设置指南、品种组织工艺参数和织机的性能参数以及进行织机的远程诊断。

(16)筘幅尺寸(表 3－4－67):

表 3－4－67　筘幅尺寸

标称机宽 (cm)	织机宽度 (4 色选纬)(mm)	最大筘幅 (mm)	最小筘幅 MotoLeno (mm)
150	4375	1415	813
160	4525	1515	879
170	4675	1615	937
180	4825	1715	976
190	4975	1815	1044
200	5125	1915	1095
210	5275	2015	1164
220	5425	2115	1253
230	5575	2215	1301
240	5725	2315	1342
250	5875	2415	1421
260	6025	2515	1463
270	6175	2615	1530
280	6325	2715	1610
90	6475	1815	1672
300	6625	2915	1832
3103	6775	3015	1832
20	7075	3215	2052
340	7225	3315	2052
350	7375	3415	2052
360	7525	3515	2052
380	7825	3715	2313
390	7975	3815	2313
400	8125	3915	2313
430	8575	4215	2450

(三)多尼尔 H 型和 HS 型剑杆织机

国内主要引进的多尼尔剑杆织机有三种织机规格:HTN8/S—190;HTV8/S—220;HTVS4/SD—220。全部配用 Staubli 2667 型电子多臂,电子多臂安装在机器的右侧下方,综框页数最多可达28页，控制电柜和主驱电动机在机器的左侧。技术特征见表3-4-68。

表3-4-68 多尼尔H型和HS型剑杆织机的主要技术特征

幅宽(cm)	HTV 型 150~430(每10cm一种规格) HTVS 型 150~280(每10cm一种规格)
引纬率(m/min)	最高可达1000
选纬装置	单色(1);混纬(M);多色(2~12);大提花选色(2~16)
开口装置	凸轮开口装置(E);多臂机(S);大提花机(J);大提花加多臂(JS)
引纬装置	共轭凸轮引纬传动,刚性剑杆,夹持式,中央积极式交接
打纬装置	分离式筘座,共轭凸轮打纬
卷取装置	齿轮连续卷取;电子卷取ECT
送经装置	独立电动机和减速装置间隙式送经;电子送经EWL
找纬装置	自动化程序找纬
织边装置	毛边装置;热熔边装置;纱罗绞边装置(单圆盘或双圆盘);折入边装置
织轴盘片直径(mm)	下织轴:800、940、1000、1100 上织轴:1250(max)
卷布直径(mm)	机上卷装:540(max);独立卷装:1250(max)
装机功率(kW)	4.5~7.0(随幅宽和开口装置的种类而定)
适应纱线线密度	细至7.7dtex(7旦)的真丝或粗到2200dtex的粘胶长丝或多达450根微细纤维的长丝到3333dtex(3公支)的花式纱线都可以同时织造
适应品种	适应各类织物,如平织、多色织物和提花织物、毛圈织物等
其 他	APS:自动成套接线台,在卷装和喂入装置之间,一旦断纬,电子控制可防止开车和停车档(稀密路)

二、多尼尔剑杆织机传动系统及主要机构

(一)传动系统

多尼尔织机主要结构是由两边墙板和中央带有平行轨道的坚固胸梁连接而成的，抗扭结构的胸梁保证了织机高速运行时的稳定性，所有与幅宽有关的部件都安装在胸梁的平行轨道上，只要将它们固定元件松开，就可以沿着平行轨道滑动到所需位置，织机两侧的剑杆筒管保持剑杆的稳定运行。

织机是由左侧一只连续运转的主电动机驱动，两边墙板中有两个主齿轮箱，它们负责驱动引纬过程中剑杆的往复运动和钢筘的打纬运动，电动机和齿轮箱之间由离合器/刹车组合体进行连接。另外，主电动机边上一只较小的慢速电动机用于织机的寸动运行。

多尼尔HTV8/S—220型剑杆织机的传动图见图3-4-82。

多尼尔剑杆织机的主要特点：纬纱通用性强，可随意混合织造不同种类和纱特的纬纱；织物花型、结构范围宽，在纬纱、纬密以及组织上有较大的变化，模组织的设计适应多类织物；优良的引纬系统，高速时，纱线张力小且柔和，纱线交接时张力较低，能高速织造低强力的纱线；具有快速变换功能；强大的微处理系统保证了最佳的织物品质；操作处理简单。

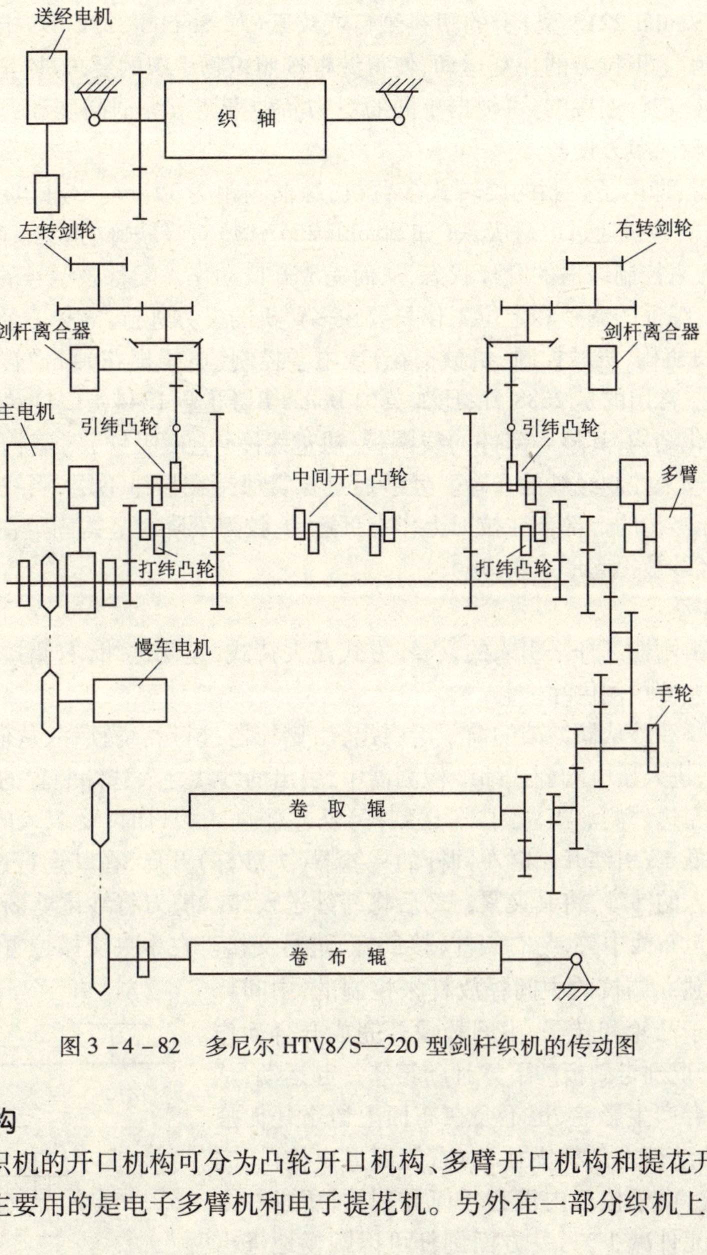

图 3-4-82　多尼尔 HTV8/S—220 型剑杆织机的传动图

(二)开口机构

多尼尔剑杆织机的开口机构可分为凸轮开口机构、多臂开口机构和提花开口机构，目前该织机的开口机构主要用的是电子多臂机和电子提花机。另外在一部分织机上大提花机和多臂机联合使用。

1. 凸轮开口机构　采用积极式凸轮开口装置，综框隔距为 12mm 或 18mm。该机综框的控制是通过开口凸轮轴旋转时，带动固定在轴上的开口凸轮进行旋转，再通过与之接触的转子使得摆臂作往复摆动，摆臂通过连杆与综框连接，从而带动综框作上下运动，完成开口动作。由于凸轮开口机构所配综框页数相对较少，最多为 12 页，品种适应性稍差；开口凸轮与转子表面的接触面窄，应力较高，转子和转子芯的使用寿命也不长；另外也不适应目前品种频繁翻改的要求，因此目前该种开口机构所配织机少见。

2. 多臂开口机构

(1)机械多臂:即机械控制的旋转式多臂机,综框隔距为12mm或18mm。该机综框的控制是通过纹板(如Staubli 2212型)上的塑料纹钉或纹纸(如Staubli 2232型)上的孔洞来完成的,通过共轭凸轮牵引上下拉刀的往复运动,使得综框按照织物组织的要求进行上下升降。综框和多臂机是通过连杆进行连接的,可根据不同的织物品种来调节综框高度和龙头动程,所以调节梭口的大小也比较简单方便。

(2)电子多臂:即电子控制的旋转式多臂机,综框隔距为12mm。综框页数有三种规格:12页、20页和28页。该机通过电磁吸铁(如Staubli 2667型)对吸铁臂的吸放,吸铁臂控制左右角形杆,再由角形杆来控制综框的升降状态,从而完成开口动作。配备该型号的电子多臂,具有平行式下回综机构,综框的调整和定位工作只要在多臂机的上方进行,简单方便。

(3)提花开口机构:机械控制(机械提花)或电子控制(电子提花)可逆转的大提花机,最高可达20000多针。常用的是2688针,比如英国Bonas BLJⅡ型1344+1344双龙头电子提花机。该提花机为模块化结构,其核心部件的线圈板,通过线圈(电磁吸铁)对竖钩的吸放,竖钩再通过一组滑轮和综丝来控制经纱的升降。经纱通过拉簧保持在梭口下层,当线圈被激励时,就将竖钩吸向挂钩,而竖钩的上部架在拉刀上作上下运动,拉刀下降时竖钩固定在挂钩上,对应的另一竖钩升起时,经纱被提起形成梭口。

(三)引纬机构

引纬运动是由刚性剑杆来引入的,引纬方式是夹持式,左侧送纬,右侧接纬,中央积极式交接。供纬形式为左侧单侧供纬。

1. 引纬过程 纬纱从储纱架的筒子上引出,由储纬器进行卷绕预存,从储纬器引出的纱线经过张力调节器,进入压电陶瓷式纬纱检测器中,引出的纱线穿入选纬装置的选纬指,经过纬纱剪刀直到织物的左边外侧。当左剑杆(送剑杆)从左侧进入梭口时,要织入的纬纱所在的选纬指向下运动至最低点,引纬开始时左剑杆的夹纱器(夹纱杆)开启,在其运行过程中从选纬指中接触并提取要织入的纬纱,将其夹紧。之后将纬纱送入纬纱剪刀将纱尾剪断,左剑杆带着纬纱从左边梭口运动至布面中央,与右剑杆(接剑杆)进行交接。在中央交接位置时,剑杆夹纱器的开合动作是由可独立调校的中间释放杆来控制的,中间释放杆的动力来源于凸轮和转子,中间释放杆完成开合动作后,在打纬之前会退到走剑板的下方且随筘座一起运动,从而对打纬动作不会产生影响,也不会在布面上留下任何痕迹。交接之后,纬纱被右剑杆夹住,向右侧回退出梭口,完成整个引纬动作。由于梭口内没有任何导剑钩,所以一方面与经纱的摩擦元件减少,另一方面剑杆可以顺畅地进出梭口,加之中央纬纱交接精确,因而确保了织物的质量。

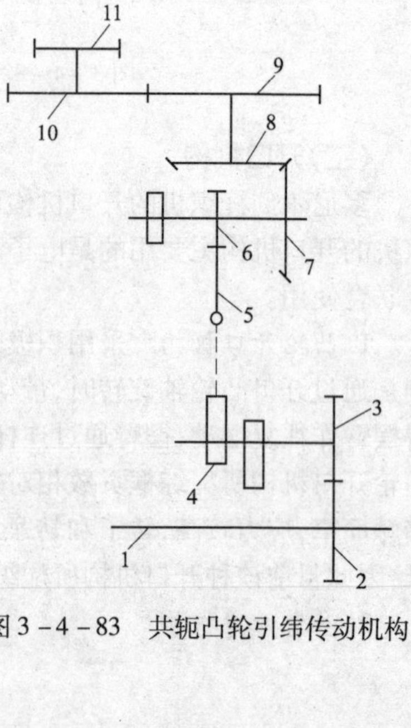

图3-4-83 共轭凸轮引纬传动机构

2. 引纬机构 共轭凸轮引纬传动机构,如图3-4-83所示,该图为机器左侧引纬传动机构。其原理为:当主轴1(高速轴)转动时,主轴上齿轮2传动齿轮3,与齿轮3固定在同一轴上的共轭凸轮4随之转动,再通过两个转子推动摆轴进行摆动,带动连杆作往复运动,扇形齿轮5也随连杆作摆动,使得齿轮6作往复运动,与齿轮6通过花键轴固定

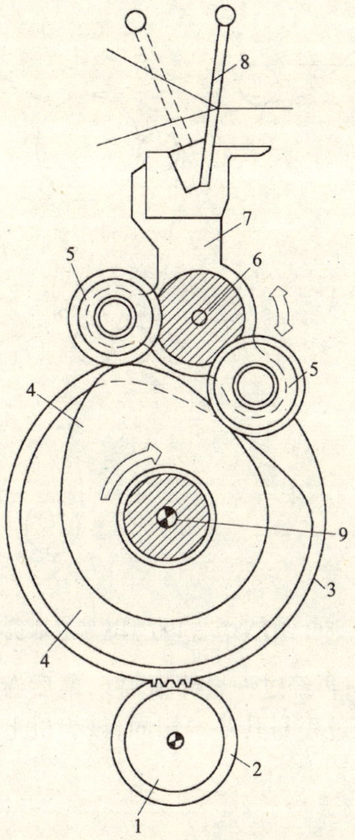

图 3-4-84 共轭凸轮打纬机构

在同一轴上的锥形齿轮 7 和锥形齿轮 8 相啮合,从而带动与锥形齿轮 8 固定在同一轴上的齿轮 9 作往复运动,再通过齿轮 10 来带动传剑齿轮 11 作往复运动,这样就完成了引纬动作。

根据实测,HTV8/S—220 型剑杆织机的剑杆头在织造中的运动过程如下:左剑杆头从 50°开始运动,75°进入梭口,190°运动到中央交接位置,在交接之后 200°开始回退,在 310°完全退出梭口;右剑杆头退出梭口后停止不动,40°开始进入梭口,170°运动到中央交接位置,在 190°交接之后回退,在 315°完全退出梭口。可以看出两侧剑杆运行时间并不相同。

(四)打纬机构

采用分离式筘座,共轭凸轮打纬,该打纬共轭凸轮在两个主齿轮箱各有一套,结构如图 3-4-84 所示。当主轴 1(高速轴)转动时,主轴上齿轮 2 传动齿轮 3,与齿轮 3 固定在同一轴上的共轭凸轮 4 随之转动,再通过两个转子 5 推动摆轴 6 进行摆动,摆轴 6 带动筘座 7 和固定在筘座 7 上的钢筘 8 作前后往复运动,完成打纬动作。

钢筘运动时间为了满足引纬需要,对 HTV8/S—220 型剑杆织机钢筘的运动过程进行实测如下:静止角为 240°,即 60°到 300°;运动角为 120°,即 300°到 60°。打纬静止点为 0°,0° ~ 60°为打纬退程,打纬退程角是 60°;300° ~ 360°为打纬进程,打纬进程角也是 60°。

(五)送经机构

1. *独立电动机和减速装置间隙式送经* 多尼尔 HTN8/S—190 和 HTV8/S—220 型剑杆织机的送经装置是由单独电动机传动送经,采用非接触式传感器,由活动张力调节辊(摆动后梁)来调节经纱张力。传动结构如图 3-4-85 所示。带有直流制动的送经电动机 1 传动减速箱 2($i=61$),再由齿轮 3 传动织轴齿轮 4,送出经纱。

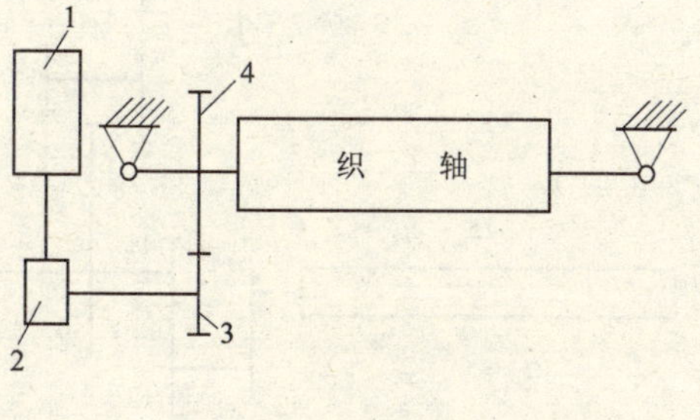

图 3-4-85 HTN8/S—190 和 HTV8/S—220 型送经装置

2. *EWL 电子送经* 多尼尔 HTVS4/SD—220 型剑杆织机的电子送经装置高度精密,是由一只负责测量工作的转化器和一个传感器连成一个回路,保证送经动作与其他参数和装置步调一致,比如:车速、经纱张力、纬密和卷取动作、以及防止开车痕操作程序中也配合得相当好,所以与织机的每一个动作准确配合,在启动、加速、制动和点动时都同步。该送经装置即使在一台织机上采用双织轴,两套送经装置,织造同一幅织物,布幅的左右两边在外观上可以保持一致。

(六)卷取机构

1. 齿轮连续卷取　多尼尔 HTN8/S—190 型剑杆织机织物连续卷取如图 3－4－86 所示。织物 1 绕过伸幅辊 2,再由卷取辊 3(细砂皮纸包覆)卷绕,经过一根包毛毡的导布辊 4 后,再经过两根伸幅辊 5 和 6,最后卷绕在卷布辊 7 上。

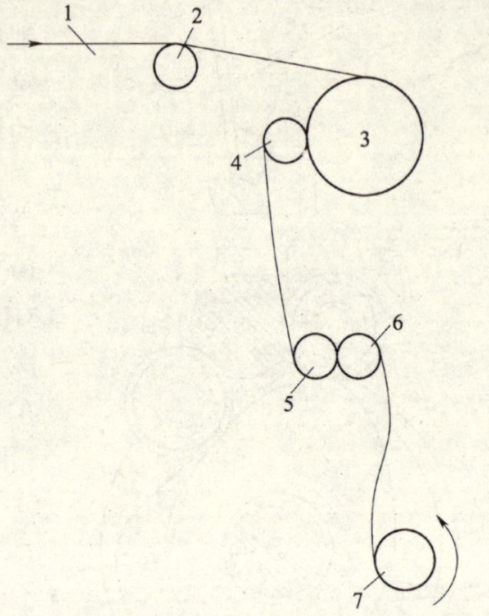

图 3－4－86　HTN8/S—190 型连续卷取机构

图 3－4－87 为多尼尔 HTN8/S—190 型剑杆织机织物连续卷取装置的齿轮传动图,由右侧齿轮箱 1 传动的齿轮 2(40^T)传动齿轮 3(64^T),再由同轴小齿轮 4 传动齿轮 5(60^T),经过一对变换齿轮 6(19^T、60^T、44^T)和 7(60^T、19^T、35^T),由小齿轮 8 传动齿轮 9(79^T),从而带动同轴的手轮 10 和齿轮 11(14^T、28^T、35^T、42^T)一起转动,与齿轮 11 相啮合的纬密变换牙 12 通过齿轮 13 和 14 传动卷取辊 15,完成织物的卷取动作。

多尼尔 HTV8/S—220 型剑杆织机的织物连续卷取如图 3－4－88 所示。织物 1 绕过伸幅辊 2,再由卷取辊 3(细砂皮纸包覆)卷绕,经过两根包毛毡的导布辊 4 和 5 后,再经过一根伸幅辊 6,最后卷绕在卷布辊 7 上。HTVS4/SD—220 型剑杆织机的织物连续卷取过程与其基本相同,该织机上的伸幅辊 6 被改为涂塑光辊。

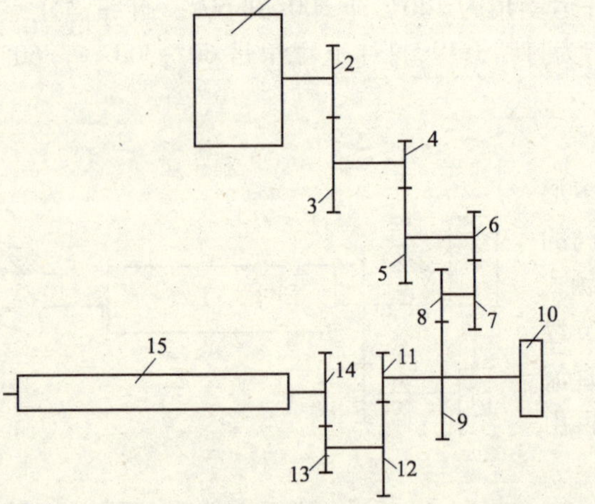

图 3－4－87　HTN8/S—190 型连续卷取装置齿轮传动图

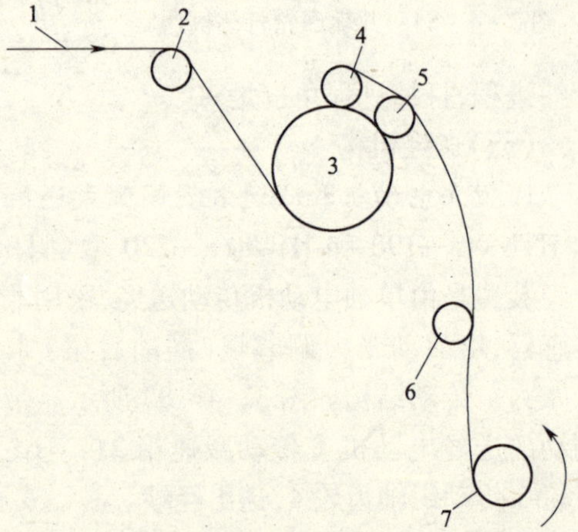

图 3－4－88　HTV8/S—220 型连续卷取机构

图 3－4－89 为多尼尔 HTV8/S—220 型剑杆织机织物连续卷取装置的齿轮传动图,由右侧齿轮箱 1 传动的齿轮 2(40^T)传动齿轮 3(64^T),再由同轴小齿轮 4 传动齿轮 5(60^T),经过一对变换齿轮 6(19^T、60^T、44^T)和 7(60^T、19^T、35^T),由小齿轮 8 传动齿轮 9(79^T),从而带动同轴的手轮 10 和齿轮 11(14^T、28^T、35^T、42^T)一起转动,与齿轮 11 相啮合的纬密变换牙 12,再通过小齿轮 13 和过桥齿轮 14 以及齿轮 15 传动卷取辊 16,完成织物的卷取动作。

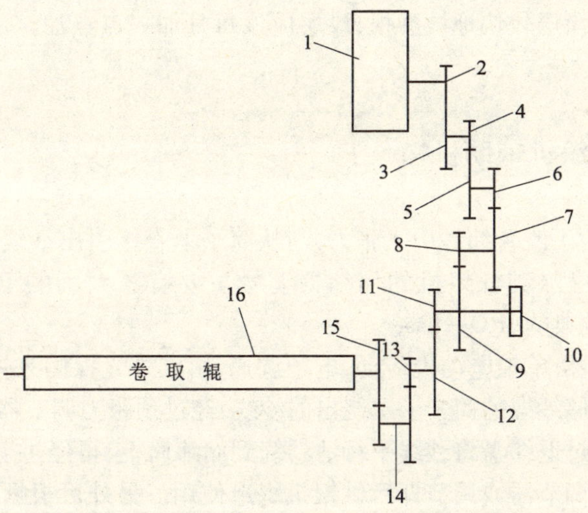

图 3－4－89　HTV8/S—220 型连续卷取装置齿轮传动图

2. ECT 电子卷取　多尼尔 HTVS4/SD—220 型剑杆织机的电子卷取装置的构造基本上和电子送经装置一样，减速装置的速比（$i=117$）一样，所以能够很好地保证与送经动作协调一致，可靠性比较高。该装置的纬密调节精度较高，可达到 1 根/10cm，而且保持稳定，另外每个品种可编排 8 个不同纬密，可跟随组织变化而改变。

3. 织物卷取的调整　链条驱动布辊的调整（图 3－4－90）：

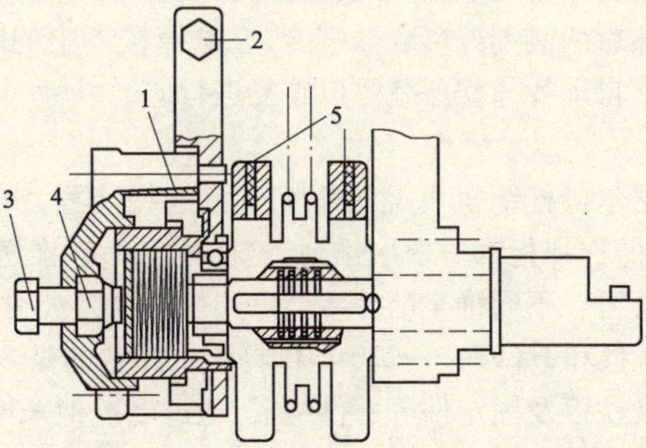

图 3－4－90　织物卷取的调整机构

（1）脚踏板 1 位于其最低位置时，布辊可以被转动。

（2）松开螺丝 2，推动整个装置直至其停止在右侧，紧固螺丝 2。

摩擦离合器的调整：

（1）调整摩擦离合器 5 的压力直至布辊仍可以用双手转动。

（2）调整的时候，将脚踏板 1 放置在其最高位置并且旋转螺丝 3 进入各自的锁定螺母中。对于松弛的摩擦离合器 5，布辊可以容易地被转动。值得注意的是：当使用烧结青铜作为摩擦涂层时，为了避免涂层较快地被磨损，涂层应该每月加一点点油。不加任何添加剂的油就可以适用。

三、多尼尔剑杆织机辅助机构

(一)储纬器

储纬器的作用是为了改善纬纱引入张力，与从筒子上直接引出纱线相比，其引纬阻力小并且纬纱张力均匀。多尼尔剑杆织机的储纬器型号主要有意大利的 ROJ—AT1200 和 ROJ—DART—AT1200 以及瑞典的 IRO—Laser。

ROJ 系列储纬器是由单独电动机传动，电子调速，由红外光探测来控制纬纱的存储量。该储纬器的工作过程：从储纱架的筒子上退绕出的纱线，经过预张力调节器，进入储纬器传动电动机的空心轴中，然后经过退纬盘将纱线平行地卷绕到储纬筒上，再经过毛刷环(或金属片刷)退绕出储纬筒，经过张力调节器或调节杆后供织机织造使用。另外可根据纬纱的捻向，通过中间捻向调节器将箭头调向 S 或 Z；根据织造要求，通过卷绕速度调节器来设定储纬器的转动卷绕速度。

IRO 系列储纬器工作过程基本上和 ROJ 系列储纬器一样。不同的是 IRO—LASER 储纬器纬纱存储量的控制是由弹簧片和传感器来进行的，当卷绕的纱线将储纬筒正上方的弹簧片压下，储纬器停止转动，当纱线退出将弹簧片释放后接触到传感器时，储纬器开始转动。

(二)找纬装置

在断纬停车时，找纬装置让织机的引纬机构停止动作，只有开口、打纬和卷取机构以及选纬装置和编码器进行运转。多尼尔剑杆织机的找纬动作是一个自动化程序，在织机断纬时会自动执行，在断纬发生后程序启动。首先织机作定位停车，两侧剑杆离合器脱开，引纬动作停止，织机其他各机构倒退一纬，然后两侧剑杆离合器啮合，在拿掉梭口中的断纬后就可以再次启动织机。只要通过找纬按钮，该自动找纬程序就可以重复进行。

(三)多色纬织造

在多色纬织造时，多尼尔剑杆织机可配用 2～12 色选纬装置，常用的是 4 色和 8 色选纬。多尼尔剑杆织机选纬装置的选纬指都呈扇形排列，这样可将纬纱推送到同一位置，使得剑杆对每根纬纱的提取作用相同，所以不同种类的纬纱会以同样的张力被引入。

多尼尔 HTN8/S—190 型和 HTV8/S—220 型剑杆织机配置的是 8 色选纬，该选纬装置是由选纬指、拉绳、滑轮、电磁吸铁以及锁定件等部件组成，通过电控柜来控制电磁吸铁的得失电，当电磁吸铁得电时，所对应的锁定件脱开，选纬指由于弹簧的作用降至最低点，达到选纬的目的。

多尼尔 HTVS4/SD—220 型剑杆织机配置的是 4 色选纬，该选纬装置是由电子多臂通过选纬钢索来进行选色的。

多尼尔剑杆织机还可以配置电子选色 ECS，该选色器主要是由一种新型步进电动机构成，它的体积小，推进力度大，可以随意编排织造程序。织机最多可以配置 12 个电子选色器，模组式设计可以逐一添加纬纱颜色，选色针的位置在个别控制板上进行调校，简单方便。

(四)绞边与废边装置

1. 绞边装置　一般无梭织机织造出的织物为毛边，为了满足染整等后道工序中布边不脱纱或豁边，应对布边进行加固。加固的方法有绞边、折入边(带折入边装置)和热熔边(化纤织物)。一般绞边是把两根或四根绞边经纱和纬纱交织成纱罗组织,从而达到加固布边的目的。

单圆盘纱罗绞边装置:该装置为全回转圆盘两根边纱的纱罗绞边装置,它是由一个可以正反旋转的同步步进电动机驱动,而且可以根据组织纬密和织物结构作相应的调整。

双圆盘纱罗绞边装置:该装置同单圆盘纱罗绞边装置的原理一样,是由两个全回转圆盘纱罗绞边装置组成,其第一道纱罗用来形成织物的布边,代替废边纱。该装置可以节约废边原料。

圆盘纱罗绞边装置在形成纱罗绞边时不占用综框,不需要任何特殊的经停装置和布边筒子,操作简便,对纱线处理柔和。

快速交叉纱罗绞边装置:该交叉纱罗绞边装置相应地固定在第一页综框上或两页废边综框的前一页,第二页综框或后面一页的废边综框带动用于绞边纱线的带有弹性牵伸的滑动导向装置。用于快速装置的所有夹持构件均被固定在综丝导棒的底部,而前面综框的夹持件以及加压件总是固定在综丝导棒的上部。

2. 废边装置　废边的作用是将超出织物布边两边的纬纱头控制好,便于绞边装置形成良好的绞边。多尼尔剑杆织机左右两侧可配备独立的废边装置,其装置如图 3－4－91 所示,由凸轮传动升降钢索 1,升降钢索 1 带动齿条 2 上下运动,再由小齿轮 3 传动齿条 4 上下运动,从而齿条 2 和 4 上的废边综丝带动废边经纱作上下运动。

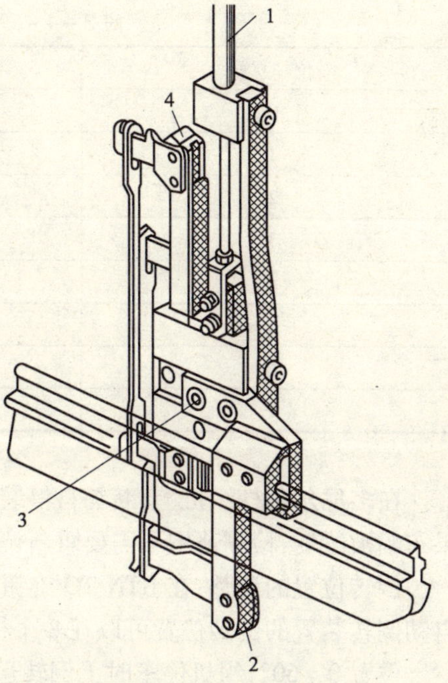

图 3－4－91　多尼尔剑杆织机左右两侧独立的废边装置

(五)断经断纬自停装置

1. 断经自停装置　断经自停装置型号为 Grob KFW1600,采用落片接触式电子经停系统,是由经停片、经停条、经停架和处理电路组成。当经纱产生断头时,经纱上的经停片因自重下落在经停条上,两者接触使得处理电路接通,从而使织机停车。

2. 断纬自停装置　断纬自停装置是由 Eltex 纬纱检测器、位置传感器和对应的电信号处理电路组成。纬纱检测器采用的是压电陶瓷,上面的导纱瓷眼一般有 2 孔、4 孔、6 孔和 8 孔四种规格,纬纱穿过检测器的导纱瓷眼被正常引纬时,对检测器产生压电效应,输出的电信号被处理电路进行处理和判别。当引纬不正常时,处理电路判别输出的电信号异常而使织机停车。

在断经或断纬时停车动作和纬纱检测范围的调整方法:多尼尔剑杆织机的所有功能的电气化控制都已经预定程序,停车位置和返转位置只有在预定程序范围内进行改变。

停车延时调整:在断经或断纬(以及手停)的情况下,机器应该最终停止在 60°。在织机控制模块上有两个旋钮,通过它们可以调整停车延时,上面的 DLY 延时旋钮在梯级 2°里进行调整,下面的 DLY 延时旋钮在梯级 20°里进行调整。如果两个旋钮都处在 0 位置上,则达到了最短的停车位置。当然最短的停车位置也必须依照断纬自停装置所调整的检测范围,在部分重叠的情况下,停车指令就会被自动地转移到断纬自停装置检测范围的末端。

断纬自停装置的检测范围的调整:通过 FZE 旋钮,断纬自停装置作用的检测范围应该可以在 4°梯级上加以调整,见表 3-4-69。

表 3-4-69 断纬自停装置作用的检测范围

位置	名义幅宽<270cm	名义幅宽≥270cm
0	250°~292°	250°~304°
1	250°~296°	250°~308°
2	250°~300°	250°~312°
3	250°~304°	250°~316°
4	250°~308°	250°~320°
5	250°~312°	250°~324°
6	250°~316°	250°~328°
7	250°~320°	250°~332°

在多尼尔剑杆织机上,断纬自停装置的检测范围是根据机器的名义幅宽来进行调整的,如果布幅被改变,检测范围不需要重新调整。

倒转位置的调整:在 RTN TO 旋钮上,允许可调整的倒转位置的调整。在断经或手停之后自动倒转装置的倒转位置可以在 8 个梯级里进行调整。

位置 0=60°,织机停车时无倒转运动作出;位置 1=30°;位置 2=14°;位置 3=0°;

位置 4=352°,织机倒转经过钢筘打纬位置;位置 5=342°;位置 6=330°;位置 7=320°。

由于织造技术的原因,如果所需要的倒转位置不同于那些规定,则这些所需要的倒转位置可以在多尼尔剑杆织机上进行预编程。

(六)电子纬纱张力器

电子纬纱张力器 EFT 可以在引纬过程中把纬纱张力再进一步降低,同时保持纬纱张力稳定;这种纬纱张力器采用最新的伺服电动机技术,它可以根据不同纬纱原料设定不同的开启和关闭时间以及不同的张力值。

(七)润滑系统

多尼尔剑杆织机都具有齿条机械油中央润滑系统,另外 HTV8/S—220 型和 HTVS4/SD—220 型剑杆织机还具有牛油中央润滑系统。机器两侧的两个主齿轮箱采用油帘循环润滑,由于没有冷凝装置,润滑油的温度较高,因此对机器上的油管和油封的质量要求比较高。

中央润滑系统:从空压机中出来的压缩空气经过油水分离器和滤网过滤后,进入压力调节阀,再由塑料管道通向每台织机。在交接点,压缩空气被导向电磁阀,经过电磁阀吹向贮油装置。通过时间继电器的控制脉冲,电磁阀被打开,在没有电的情况下,电磁阀被关闭。

贮油装置内的牛油或机械油受到压力后,再由通到各个所需润滑部件的油管输送,对所需润滑部件进行自动润滑。如织轴两侧托脚滑动轴承的牛油润滑、两侧剑杆齿条的机械油润滑。

两侧剑杆齿条的机械油润滑:该润滑是通过安装在剑杆驱动齿轮处的润滑喷嘴,将油气混合体喷在剑杆驱动齿轮上，从而达到对剑杆齿条的润滑作用。

两侧剑杆齿条的机械油润滑的有关技术数据：

1. 允许的工作压力——静态 5～7Pa。

2. 脉冲时间——5s。

3. 间隔时间——15min。

4. 空气耗量——大约 21L/5s。

5. 输送的润滑油量——$10mm^3$/脉冲和润滑点。

6. 挺杆设置——8 个锁定凹槽（用于设置输送的润滑油量）。

7. 油箱容量——$250cm^3$（大约 5 个月的用量）。

多尼尔公司认可的润滑油：

①Airpress 15；②Knitt22；③Filazur22；④Optitex W22。

四、多尼尔织机常见故障与维修保养

（一）机械故障与排除

1. 主离合器异响、发热

形成原因：①离合器磨损；②离合器间隙不当；③轴承损坏；④轴承档磨损。

解决方法：①修理或更换摩擦片；②重新调整间隙；③更换轴承；④修理轴承档。

2. 多臂故障

形成原因：①拉簧不良；②刀片轴承损坏；③固定螺丝松动；④电磁吸铁不良。

解决方法：①更换拉簧；②更换刀片轴承；③旋紧固定螺丝；④更换电磁吸铁。

3. 综框异响

形成原因：①综框间隙不对；②综框夹板磨损；③综框脚子损坏；④综框或连杆螺丝松动。

解决方法：①调整综框间隙；②修复或更换综框夹板；③修复或更换综框脚子；④旋紧或更换松动螺丝。

4. 断纬频繁

形成原因：①纬纱通道不光滑；②纬纱张力不当；③纬剪时间不对；④夹纱器作用不良；⑤释放器作用不良；⑥中间开口器作用不良；⑦选纬器作用不良。

解决方法：①清除通道上的毛刺；②调整纬纱张力；③调整纬剪时间；④调整夹纱器；⑤调整释放器；⑥调整中间开口器；⑦调整选纬器。

5. 纬缩

形成原因：①综平时间太晚；②绞边装置不良；③纬纱张力不当；④释放器作用不良。

解决方法：①调整综平时间；②调整绞边装置；③调整纬纱张力；④调整释放器。

6. 边撑疵

形成原因：①边撑刺环回转不灵活；②边撑刺针弯曲；③边撑深度过深。

解决方法：①修复边撑刺环；②修复边撑刺针；③调整边撑深度。

7. 断经频繁

形成原因：①经纱张力不对；②综框高度不对；③开口时间不对；④剑头剑杆毛刺；⑤钢筘毛刺；⑥经停片变形；⑦织轴质量不好，绞头多。

解决方法:①调整经纱张力;②调整综框高度;③调整开口时间;④清除剑头剑杆毛刺;⑤清除钢筘毛刺;⑥修复或更换经停片;⑦梳顺经纱或重新接经。

8. 卷布辊作用不良

形成原因:①卷取摩擦片不良;②卷取链条不良;③卷布辊轴端磨损。

解决方法:②修复卷取摩擦片;②修复或更换卷取链条;③修复或更换卷布辊。

9. 云织

形成原因:①送经不良;②卷取不良。

解决方法:①修复送经装置;②修复卷取装置。

10. 润滑故障

形成原因:①油量不够;②油管脱落或断裂;③过滤器堵塞。

解决方法:①加油;②修复油管;③清洗或更换油过滤器。

(二)电气故障检修

1. 多尼尔 HTV8/S—220 型剑杆织机的常见电气故障及检修

(1)故障代码 10:齿轮箱油压不足。

检修:加油;油位开关;线路。

(2)故障代码 13:离合器/刹车/主驱动温度过高。

检修:离合器磨损;离合器间隙不对;轴承损坏;线圈;线路。

(3)故障代码 14(15):送经电动机温度过高。

检修:齿轮元件;伺服制动;电动机相位;线路。

(4)故障代码 24(37):编码器故障或阅读错误。

检修:齿轮传动;线路;编码器。

(5)故障代码 26:启动/停止模块故障。

检修:24V 供应电压;保险丝;辅助电压;更换启动/停止模块。

(6)故障代码 27:多臂故障。

检修:24V 供应电压;线路。

(7)故障代码 33(35):送经模块故障。

检修:送经电动机;伺服制动;冷却风扇;保险丝;线路;更换送经模块。

2. 多尼尔 HTVS4/SD—220 型剑杆织机的常见电气故障及检修

(1)名义速度较大偏差:如果机器通过主电动机磁极改变来配置开车痕的防止,那么当启动机器时应检查飞轮是否以正确的速度运转,这是通过速度传感器 B8 来作出的。如果传感器不发出信号,那么该信息出现,应检查:线路;传感器 B8;接触器(K1,K6,K7)。

在机器已经启动之后,如果实际速度偏离以前测量的速度相当大,那么该信息也会出现,应检查:更换皮带轮;主电动机相位。

(2)剑杆没有被交接:两根剑杆不可被交接,应检查:磁性夹纱器;微型开关;线路。

(3)短路显示:在下列输出之一的控制命令中检测到短路:信号灯组,边撑警示灯,手停按钮灯或者用着闪光灯的启动线路信号。应检查:无灯驱动(识别号:389603)的控制模块是否被安装;线路;用户。

(4)多臂供应电压消失:在多臂板上 24V 电压消失。应检查:保险丝 F1。

(5)限位开关正方向(卷取):对于经纱张力后梁限位开关作出反应。应检查:通过机器按钮送经;设置;再未被使用的限位开关输入端无电桥。

(6)动力模块无逻辑电压(卷取):主干线路存在缺陷或中间电路电压消失。应检查:T1上的保险丝;线路;变压器T1的连接;接触器K3;中间线路电压。

(7)检查经纱张力传感器(送经):应检查:绝对传感器静止状态的平衡点。

(8)未定义经纱张力传感器(送经):传感器中的识别电阻器的阅读没有产生任何可知的传感器类型。应检查:线路;传感器;供应电压是否太低。

(9)经纱张力低于最小值(送经):在经纱张力动态变化中设置的最小值已经达到。应检查:输入是否错误;经纱张力传感器。

(三)维修保养

带有绞边装置的多尼尔剑杆织机维修保养检查项目见表3-4-70~表3-4-73。

表3-4-70　每天保养内容

序号	每天保养内容	名义值	允许偏差
1	筒子架——位置		
2	纬纱退绕张力片——功能与清洁		
3	纬纱剪刀——功能		
4	废边剪刀——功能		
5	绞边装置——功能		
6	停车动作——断经自停装置		
7	停车动作——断纬自停装置		
8	中央润滑——激励		

表3-4-71　每周保养内容

序号	每周保养内容	名义值	允许偏差
1	剑杆导轮——状态和功能		
2	左侧剑头护条——状态		
3	左侧夹纱杆——状态+功能		
4	左侧夹纱杆弹簧张力	1100g	+400g
5	左侧齿条——清洁		
6	喷雾装置——功能		
7	右侧剑头护条——状态		
8	右侧夹纱杆——状态+功能		
9	右侧夹纱杆弹簧张力	1500g	-400g
10	右侧齿条——清洁		
11	喷雾装置——功能		
12	TEFLON润滑(聚四氟乙烯)		

表3-4-72 每月保养或经纱变换时保养内容

序号	每月保养或经纱变换时内容	名义值	允许偏差
1	齿轮箱输油装置——在滤网处检查		
2	电动机V型皮带——状态		
3	电动机V型皮带——张力		
4	齿形带/驱动链条——张力		
5	V型皮带——张力	90°	
6	左侧走剑板/钢筘平直度	0	-5
7	右侧走剑板/钢筘平直度	0	-10
8	单个走剑板部件的平直度	0	±1.0
9	左侧剑杆导轨/走剑板平直度	0	0.2
10	右侧剑杆导轨/走剑板平直度	0	0.2
11	边撑刺辊/边撑挡板——对称位置		0.5
12	钢筘/边撑挡板——距离	1.2	0.3
13	左侧剑杆进入间隙	0.1	-0.05
14	右侧剑杆进入间隙	0.1	-0.05
15	可移动的辅助钢筘——功能		
16	左侧和右侧矩形剑杆导轨		
17	左侧剑杆导轮		
18	右侧剑杆导轮		
19	左剑杆交接位置	0	2
20	左侧和右侧剑杆驱动齿轮——状况		
21	右剑杆交接位置	3	3
22	剑杆驱动轮——夹紧螺丝紧固	160~170N·m	
23	右侧夹持控制轴	0	0.5
24	右侧释放杆	30	
25	右侧剑杆夹持——开口	3	0.5
26	左侧夹持控制轴	0	0.5
27	左侧释放杆	27	
28	左侧剑杆夹持——开口	0.5	1
29	剑杆润滑装置——检查		
30	剑杆行程调整——紧固螺母	180N·m	
31	导纱片钩、高度和深度		
32	纬纱剪刀——功能		
33	上剪刀杆/下剪刀杆——重叠	1	+1.0
34	纬纱定位板/剑杆尖端——距离	2	
35	分纱针尖端/上剪刀杆	1	0.5
36	中间分纱针/纬纱定位板上边缘	平行	

续表

序号	每月保养或经纱变换时内容	名 义 值	允许偏差
37	分纱针/最后一根纬纱——高度差异	4	2
38	分纱针/纬纱定位板——行程调整	2	1
39	最后一根纬纱/分纱针	5	±2.0
40	左侧夹持开启板——状况		
41	夹持开启板/夹纱杆支持件	0.2	
42	剪刀功能和剪切时间——最终检查		
43	右侧夹持开启板——侧向调整	12	2
44	夹持开启板——高度	4	
45	夹持开启板/剑杆上边缘	3	1
46	梭口——底层梭口/走剑板距离	0.5	
47	闭合梭口位置	325°	315°~335°
48	左侧废边——闭合梭口位置	325°	
49	右侧废边——闭合梭口位置	285°	
50	右侧废边——交叉	10	
51	带有边撑剪刀的废边分离器		
52	伸出楔形的35mm轴——紧固螺丝		
53	右侧和左侧剑杆——移动和清洁		
54	左剑头护条——状态		
55	夹持和左侧夹纱杆支持件——状况		
56	左侧夹纱杆弹簧张力	10.8N	+3.92N
57	夹纱杆弹簧固定螺丝——紧固		
58	左侧覆盖杆——重叠	1	
59	左侧剑带/剑头——通道		
60	左侧齿条——状况		
61	左侧剑带——状况		
62	右剑头护条——状态		
63	夹持和右侧夹纱杆支持件——状况		
64	右侧夹纱杆弹簧张力	14.7N	-3.92N
65	夹纱杆弹簧固定螺丝——紧固		
66	右侧剑带/剑头——通道		
67	右侧齿条——状况		
68	右侧剑带——状况		
69	导辊包覆物——状况		
70	走剑板覆盖物——状况		
71	停车时间——检查		
72	多臂和/或提花机的驱动		

表3-4-73 每年保养内容

序号	每年保养内容	名义值	允许偏差
1	织机附件		
2	倒转电动机链条——检查		
3	3只固定螺栓——紧固		
4	刹车线圈盘/刹车旋转盘——间隙	0.6	+0.2
5	离合器线圈盘/旋转盘——间隙	0.6	+0.2
6	后梁倾角——基本调整	45°	
7	后梁——平行调整		
8	后梁摆动——检查		
9	断经自停装置——检查		
10	蜗轮/蜗杆——间隙	0.2	+0.1
11	齿形带/驱动链条——张力		
12	齿形带——初始张力		
13	V型皮带张力	90°	
14	V型皮带宽度	34.0	-5.0
15	单个走剑板部件的平直度	0	+0.1
16	左侧导轨——状况		
17	右侧导轨——状况		
18	边撑刺辊——高度调整		
19	边撑刺辊/边撑挡板——对称位置		+0.5
20	钢筘/边撑挡板——距离	1.2	+0.3
21	可移动的辅助钢筘——功能		
22	矩形剑杆导轨——功能		
23	矩形剑杆导轨——右侧滑板		
24	矩形剑杆导轨——左侧滑板		
25	左侧剑杆导轮		
26	右侧剑杆导轮		
27	锁定垫片——检查		
28	左剑杆交接位置	0	+2.0
29	左侧和右侧剑杆驱动齿轮——状况		
30	右剑杆交接位置	3.0	+3.0
31	剑杆驱动轮——夹持螺丝紧固	160~170N·m	
32	中央剑杆夹持控制——凸轮检查		
33	右侧释放杆轴	0	+0.5
34	右侧释放杆	30.0	
35	夹纱杆弹簧——距离	3.0	+0.5
36	夹持控制轴	0	+0.5

续表

序号	每月保养内容	名 义 值	允许偏差
37	左侧释放杆	27.0	
38	剑杆润滑装置——检查		
39	倒转装置——合适的功能检查		
40	倒转装置——右侧微动开关	0.2	
41	倒转装置——左侧微动开关	0.2	
42	剑杆行程调整——密封圈检查		
43	剑杆行程调整——紧固螺母	180N·m	
44	选纬指向下运动——开始	320°	+3°
45	选纬指行程	72.0	+2.0
46	选纬指/剑杆导轨		−2/3.0
47	选色器——检查		
48	导纱片钩——高度和深度		
49	L 型纬纱导杆——状况		
50	凸轮控制纬纱张力装置——张紧	330°	+5°
51	纬纱剪刀——状况		
52	上剪刀杆/下剪刀杆——重叠	1.0	±1.0
53	剪刀闭合杆——状况和功能		
54	纬纱定位板/剑杆尖端——距离	2.0	
55	分纱针尖端/剪刀	1.0	+1.0
56	中间分纱针尖/纬纱定位板上边缘	平行	
57	分纱针尖/最后一根纬纱——高度差异	4.0	+2.0
58	分纱针/纬纱定位板——行程调整	2.0	+1.0
59	最后一根纬纱/分纱针	5.0	+2.0
60	定时	17°/10°	
61	左侧夹持开启板——状况		
62	左侧夹持开启板——定时	350°	−5°
63	夹持开启板/夹纱杆支持件	0.2	
64	角度——检查	35.0/60.0/6.0	
65	剪刀功能和剪切时间——最终检查		
66	右侧夹持开启板——侧向调整	12.0	+2.0
67	夹持开启板——高度	4.0	
68	夹持开启板/剑杆上边缘	3.0	+1.0
69	扭力弹簧——张力		
70	塑料轴衬——状况		
71	推杆——状况		
72	推杆长度——根据表检查		

续表

序号	每月保养内容	名 义 值	允许偏差
73	梭口——基本调整	20.5	+0.5
74	底层梭口/走剑板	0.5	
75	闭合梭口位置	325°	315°~335°
76	开口装置——皮带/链条张力		
77	左侧废边——闭合梭口位置	325°	
78	右侧废边——闭合梭口位置	285°	
79	右侧废边——交叉	10.0	
80	右侧废边装置——状况和运动自由程度		
81	左侧废边装置——状况和运动自由程度		
82	废边盘的制动——检查		
83	带有边撑剪刀的废边分离器		
84	伸出楔形的35mm轴——紧固螺丝		
85	废边引出装置——状况和张力	2.0	
86	废边引出装置——引出张力		
87	快速绞边——标准针尖之间的距离	6.0	+1.0
88	滑块——状况/清洁		
89	纬纱检测——调整	15.0	
90	右侧和左侧剑杆——移动和清洁		
91	左剑头护条——状况		
92	左侧夹持和夹纱杆支持件——状况		
93	左侧 HAREX 板——状况		
94	左侧夹纱座——状况		
95	左侧 VULCOLAN 板——状况		
96	左侧夹纱杆弹簧张力	10.8N	+3.92N
97	夹纱杆弹簧座固定螺丝——状况		
98	左侧覆盖杆——重叠	1.0	
99	左侧剑带/剑头——通道		
100	左侧齿条——状况		
101	左侧剑带——状况		
102	右剑头护条——状况		
103	右侧 HAREX 板——状况		
104	右侧夹纱座——状况		
105	右侧 VULCOLAN 板——状况		
106	右侧夹持和夹纱杆支持件——状况		
107	右侧夹纱杆弹簧张力	14.7N	-3.92N
108	夹纱杆弹簧座固定螺丝——状况		

续表

序号	每月保养内容	名义值	允许偏差
109	右侧剑带/剑头——通道		
110	右侧齿条——状况		
111	右侧剑带——状况		
112	TEFLON 润滑——调整和状况		
113	织机水平		
114	导辊包覆物——状况		
115	走剑板——状况		
116	综框导向板——状况		
117	主轴联轴器螺丝	160N·m	
118	筘座支持件螺丝	8N·m	
119	筘座安装螺栓	2N·m	
120	钢筘支持件——状况		
121	边撑中心外形——基本尺寸	36.3	+0.3
122	边撑中心外形——高度调整		
123	经纱托板/筘座	1.2	
124	经纱托板/标尺(WM.14—168)	2.0	+0.2
125	织物的卷取——状况		
126	织物的卷取——张紧力		
127	停车位置——检查		
128	倒转点——检查		

根据多尼尔剑杆织机的实际运转性能和各机械部件的损耗情况，一般企业均制定了相应的维修、揩检和巡检标准(表3-4-74~表3-4-76)。

表3-4-74　多尼尔剑杆织机巡回检修技术标准

项次	检查项目	允许限度(mm)
1	剑头不正常磨损	不允许
2	剑杆齿条不正常磨损	不允许
3	储纬器、选纬器作用不良	不允许
4	纬剪、边剪作用不良	不允许
5	绞边、边撑作用不良	不允许
6	剑杆导轮间隙	上压轮0.3、侧压轮0.2、安全轮1.5
7	假边和废边不良	假边≤30~70;废边≤3~5
8	中央润滑不良	每班一次
9	剑杆 TEFLON 润滑不良	不允许
10	机件、螺丝、垫片松缺	不允许
11	机器异响、漏油、失油	不允许
12	电气装置安全不良	不允许

表3-4-75　多尼尔剑杆织机揩检(完好)技术标准

<table>
<tr><th rowspan="2">项次</th><th colspan="2" rowspan="2">检　查　项　目</th><th rowspan="2">允许限度(mm)</th><th rowspan="2">检查方法及说明</th><th colspan="2">扣分标准</th></tr>
<tr><th>单位</th><th>扣分</th></tr>
<tr><td>1</td><td colspan="2">剑头不正常磨损</td><td>不允许</td><td>目视</td><td>只</td><td>4</td></tr>
<tr><td>2</td><td colspan="2">夹纱杆作用不良</td><td>不允许</td><td>手感、目视</td><td>只</td><td>2</td></tr>
<tr><td>3</td><td colspan="2">剑头护条磨损</td><td>0.8</td><td>目视、卡尺检查</td><td>只</td><td>2</td></tr>
<tr><td>4</td><td colspan="2">传剑轮紧固螺丝</td><td>紧固力矩160~170N·m</td><td>用力矩扳手旋紧</td><td>只</td><td>4</td></tr>
<tr><td>5</td><td colspan="2">剑杆齿条不正常磨损、清洁不良</td><td>不允许</td><td>目视</td><td>根</td><td>2</td></tr>
<tr><td>6</td><td colspan="2">剑杆导轮间隙</td><td>上压轮0.3、
侧压轮0.2、
安全轮1.5</td><td>用塞尺测量</td><td>处</td><td>4</td></tr>
<tr><td>7</td><td colspan="2">两侧剑杆进入间隙</td><td>0.1</td><td>用定规检查</td><td>处</td><td>2</td></tr>
<tr><td>8</td><td colspan="2">两侧开口器磨损</td><td>1~2</td><td>目视、手感</td><td>处</td><td>2</td></tr>
<tr><td>9</td><td colspan="2">假边和废边纱尾长度</td><td>假边≤30~70;
废边≤3~5</td><td>目视</td><td>处</td><td>2</td></tr>
<tr><td>10</td><td colspan="2">储纬器、选纬器运行不灵活、不清洁</td><td>不允许</td><td>目视</td><td>处</td><td>2</td></tr>
<tr><td>11</td><td colspan="2">右侧废边梭口闭合位置</td><td>285</td><td>目视</td><td>处</td><td>4</td></tr>
<tr><td>12</td><td colspan="2">纬剪、边撑、边剪作用不良</td><td>不允许</td><td>目视</td><td>处</td><td>2</td></tr>
<tr><td>13</td><td colspan="2">全机油封、油管漏油、油嘴松动</td><td>不允许</td><td>目视、手感</td><td>处</td><td>2</td></tr>
<tr><td>14</td><td colspan="2">剑杆TEFLON润滑不良</td><td>不允许</td><td>目视</td><td>处</td><td>4</td></tr>
<tr><td>15</td><td colspan="2">机台异响</td><td>不允许</td><td>目视、耳听</td><td>处</td><td>4</td></tr>
<tr><td>16</td><td colspan="2">两侧剑杆管状态不良</td><td>不允许</td><td>目视</td><td>处</td><td>2</td></tr>
<tr><td>17</td><td colspan="2">各部轴承发热、振动异响</td><td>不允许</td><td>目视、手感、耳听</td><td>处</td><td>2</td></tr>
<tr><td>18</td><td colspan="2">各传动带、链条、齿轮松动、破损、啮合不良</td><td>不允许</td><td>目视、手感</td><td>处</td><td>2</td></tr>
<tr><td rowspan="2">19</td><td rowspan="2">螺丝螺帽垫片松缺</td><td>主要</td><td rowspan="2">不允许</td><td rowspan="2">目视、手感</td><td>处</td><td>3</td></tr>
<tr><td>一般</td><td>处</td><td>1</td></tr>
<tr><td rowspan="2">20</td><td rowspan="2">机件缺损</td><td>主要</td><td rowspan="2">不允许</td><td rowspan="2">目视、手感</td><td>处</td><td>4</td></tr>
<tr><td>一般</td><td>处</td><td>2</td></tr>
<tr><td>21</td><td colspan="2">上机工艺不符合要求</td><td>不允许</td><td>符合要求</td><td>处</td><td>4</td></tr>
<tr><td>22</td><td colspan="2">机台清洁工作不良</td><td>不允许</td><td>目视</td><td>处</td><td>1</td></tr>
<tr><td rowspan="2">23</td><td rowspan="2">安全装置</td><td>作用不良</td><td rowspan="2">不允许</td><td rowspan="2">目视</td><td>处</td><td>3</td></tr>
<tr><td>严重不良(缺少为严重不良)</td><td>处</td><td>11</td></tr>
</table>

续表

项次	检 查 项 目		允许限度(mm)	检查方法及说明	扣分标准	
					单位	扣分
24	电气装置安全不良	绝缘不良((1)36V以上导线无套管,防护套管破损而裸露导线,接线盒及电线管处缺少防护管,电器零件缺损等。(2)36V及以下从引出线到接线柱之间的导线裸露)	不允许	目视	处	3
		位置不固定(用食指轻轻拨动机台电箱、接线盒、夹头等电气部件,有无松动;1m以上电线无固定)	不允许	目视,手感、尺量	处	3
		接地不良(机架、电气设备的金属外壳的接地线有无松动,必要时测接地电阻,不符合要求为不良)	不允许	目视	处	3
		严重不良(36V以上的导线裸露铜丝或铝丝、接地线断、缺少等)	不允许	目视	处	11

表3-4-76　多尼尔剑杆织机维修接交技术标准

部件	项次	检 查 项 目	允许限度(mm)	检查方法及说明	扣分标准	
					单位	扣分
引纬打纬部分	1	剑头不正常磨损	不允许	目视。擦毛、严重开裂等	只	4
	2	夹纱杆不良	不允许	手感。不灵活,轴套、螺丝有松动	只	2
	3	夹纱座不良	不允许	手感、目视。弹性不良,粘接不牢固	只	4
	4	剑头护条磨损	空洞深度比护条厚度小1.5	目视。必要时用卡尺测量	只	2
	5	夹纱器张力不良	不允许	手感	只	2
	6	剑杆不正常磨损	不允许	目视。剑壳开裂、齿条断裂等	处	4
	7	两侧剑杆进入间隙	0.1	用定规检查	处	4
	8	剑杆与压轮间隙	上下0.2 左右0.3	用测微片检查	处	4
	9	传剑轮状况	紧固力矩160~170N·m	用力矩扳手旋紧	只	4
	10	走剑板高低不良	水平安装	目视或用定规	处	2
	11	两侧开口器磨损	1~2	目视、手感	处	2
	12	中间释放杆不良	不允许	目视、手感。有磨损或复位不灵活等	处	2
	13	释放杆凸轮、转子及连杆不良	不允许	目视	处	4

续表

部件	项次	检查项目	允许限度(mm)	检查方法及说明	扣分标准	
					单位	扣分
引纬打纬部分	14	选纬器运行不灵活、不清洁,安装不良	不允许	目视	台	4
	15	边剪、剪纬安装不良,作用不良	不允许	目视	台	2
卷取润滑部分	1	卷取辊包覆不良	不允许	目视。无脱胶、破损、老化	台	2
	2	卷取链条不良	不允许	目视、手感	台	4
	3	导辊轴头及衬套磨损	不允许	目视	台	2
	4	润滑不良	不允许	目视。润滑部分不失油	处	5
	5	全机油封漏油、油嘴松动	不允许	目视	台	4
	6	全机各油过滤器不清洁,油箱缺油	不允许	目视。油箱油位不低于油标刻度线	台	4
主离合器及传动部分	1	主离合器异响	不允许	目视,耳听	台	4
	2	主离合器间隙不良	开车线圈 0.5~0.6 刹车线圈 0.3	用测微片检查	台	5
	3	慢车间隙不良	0.3~0.4	用测微片检查	台	4
	4	慢车机构动作不良	不允许	慢车时剑杆无抖动及无异响	台	4
	5	全机传动带、传动链条松动破损	松紧适当,破损不允许	手感、目视	台	4
	6	全机齿轮磨损	不允许	目视	台	4
开口及送经部分	1	多臂连杆含油轴承磨损,大小刀片磨损	不允许	手感、目视	台	4
	2	综框不良,跳空	不允许	目视	台	4
	3	综框夹板固定不良,开裂	不允许	目视	台	2
	4	绞边机构不良	不允许	目视	台	4
	5	送经电动机不良,发热	不允许	手感、目视	台	4
	6	张力弹簧异常拉伸	不允许	目视	台	2
	7	织轴固定不良,跳动	不允许	目视	台	4
弱电部分	1	电脑按扭不良	不允许	目视	只	1
	2	信号灯不良	不允许	目视	只	1
	3	指示灯不良	不允许	目视	只	1
	4	接触器触点不良	不允许	目视	只	2
	5	送经接近开关不良	不允许	目视	只	2
	6	断经检测器不良	不允许	目视	只	2
	7	储纬器印刷板不良	不允许	目视	只	4

续表

部件	项次	检 查 项 目	允许限度(mm)	检查方法及说明	扣分标准	
					单位	扣分
弱电部分	8	开车线圈插头不良	不允许	目视	只	2
	9	刹车线圈插头不良	不允许	目视	只	2
	10	电脑显示屏不清洁	不允许	目视	只	1
	11	整个电箱不清洁	不允许	目视	只	1
	12	各种电气装置螺丝松动	不允许	目视	只	1
储纬器部分	1	储纬器安装及作用不良	不允许	目视	台	5
	2	张力弹簧片断损	不允许	目视。集中少于2根,分散3根	只	1
	3	角度调节弹簧作用不良	不允许	手感	只	1
	4	螺丝松动缺少	不允许	手感	只	2
	5	电气失灵	不允许	测试	只	4
	6	清洁工作不良	不允许	目视	只	2
综框及钢筘部分	1	同副综丝新旧综眼大小等规格不一	不允许	目视	根	0.2
	2	综丝在铁梗上移动不灵活	不允许	手感	页	1
	3	综框横头弯曲、断裂、松动	不允许	手感、目视	处	1
	4	综框磨灭、钩脚磨损	不允许	目视	页	1
	5	综框固定器缺损	不允许	目视	只	1
	6	综丝铁梗显著弯曲	不允许	目视	根	1
	7	零件铆钉缺少、松动	不允许	目视	只	0.2
	8	清洁工作不良	不允许	目视	付	2
开口及送经部分	1	筘面不平整,生锈、油污	不允许	目视。用150mm钢尺贴筘面推动,平滑顺畅为良	处	2
	2	筘面松动、起毛	不允许	目视	张	2
其他部分	1	气管破损、漏气	不允许	目视、耳听	台	2
	2	气压表破损	不允许	目视	台	4
	3	全机机件、螺丝及垫片松缺,安装不良	不允许	手感、目视	台	2
	4	安全装置不良	不允许	目视	处	5
	5	电气安全装置不良	不允许	目视	处	5

五、多尼尔剑杆织机的上机工艺及品种适应性

(一)品种适应性

多尼尔剑杆织机的品种适应性比较广,适应各类织物的织造。该织机能织造难以处理的纱线,所以除了服用织物外,其特种类型的织机还可以生产各式各样的工业用织物。例如服用织物有弹力卡其、牛仔布、灯芯绒等,工业用织物有汽车安全气囊;采用棉纱、亚麻或腈纶纱织造的

高密度防水布；斜纹条子布和帆布；过滤网；合纤或钢丝织造的筛网织物；夹层织物；各种网眼大小的纱罗织物；单层运输带的织物；多层运输带的织物；用于涂层、涂橡胶或复合材料处理的高强度织物；以玻璃丝、玻璃粗纱、炭素纤维、芳纶或其他高模量纤维织造的基布；以粘胶纤维或其他高强度再生纤维织造的轮胎帘子布；汽车坐垫织物；防火墙布、窗帘布或玻璃丝织造的底层装饰性织物。多尼尔剑杆织机也适宜织造轻薄织物，对于纬密较高或重磅织物，织造难度要大些，织机震动大，易损件的损耗较快。

(二)上车工艺内容及调节

1. 剑杆行程　在机器上新经纱之前可以对两侧剑杆行程进行调整，在行程变化时两侧剑杆的交接位置将不会改变。

在调整好行程之后，检查如下：

(1)将机器转至10°。

(2)两侧剑头之间的距离(将两侧剑杆推向机器中心并消除间隙)应为：筘幅＋左侧超出行程＋右侧超出行程。

随着最大数目的经纱穿入钢筘时，正确的左侧超出行程的调整可以阻止剑头向钢筘移动时接触到钢筘。

织机的最大速度依赖被调整的最大行程，而不管它是否由左剑杆或右剑杆作出的。因此建议只要有可能的话尽可能采用对称剑杆行程。

在幅宽经常改变的情况下，建议在左边找到一个可包含不同幅宽的钢筘位置。这样左边行程的调整就可以免去。如果要调整的幅宽只在右边进行，停车时间将会相应地减少。那么短经或小样品织造将比较有吸引力。就这一点来说，必须注意到这样一个事实：当一个不对称剑杆行程被采用时，齿轮箱以较大的行程(左边或右边)来驱动剑杆，会受到较高负载的影响。那么机器速度必须降到最小速度。

剑杆最大允许行程见表3－4－77。

如果表3－4－77中所列出的剑杆行程不被超过，那么在正常状态的认可中所列出的最大速度才是有可能的。如果它们被超过，那么该速度必须降低，从而避免损坏。

表3－4－77　剑杆最大允许行程　　单位：mm

机器名义幅宽	剑杆最大行程	机器名义幅宽	剑杆最大行程
150	815	250	1315
160	865	260	1365
170	915	270	1415
180	965	280	1465
190	1015	290	1515
200	1065	300	1565
210	1115	310	1615
220	1165	320	1665
230	1215	330	1715
240	1265	340	1765

续表

机器名义幅宽	剑杆最大行程	机器名义幅宽	剑杆最大行程
350	1815	380	1965
360	1865	390	2015
370	1915	400	2065

2. 后梁调整(图 3-4-92)

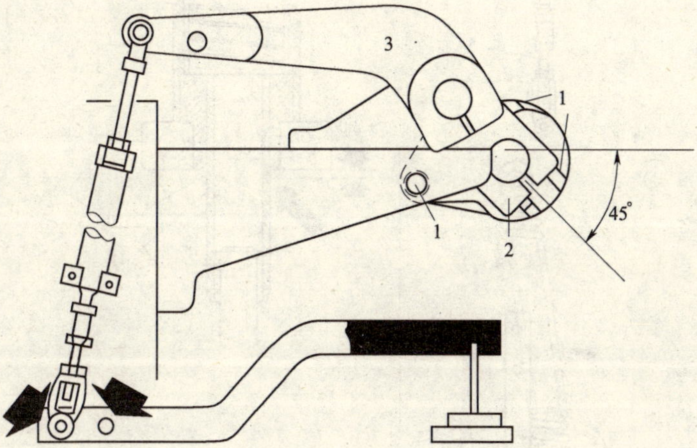

图 3-4-92　多尼尔织机后梁调整方法

(1)对于下织轴的后梁:后梁可以通过螺丝 1 的移动而被向上翻转。

对于厚重织物,宜采用静止后梁。对于轻薄织物,宜采用旋转后梁。

在已改变后梁位置之后,根据图示恢复曲柄 2 和后梁支撑臂 3 的正常位置。当织造非常厚重的织物时,曲柄 2 的位置可以从 45°改变到最小值 25°。

确保后梁在高度和深度上两边保持一致(+1.0mm)。

(2)上织轴的调整:当采用上织轴进行织造时,确保较低后梁的曲柄约 45°的正常位置一直被保持。

后梁支撑臂和重力杆连接件之间的夹角接近 90°。

(3)后梁和多尼尔送经装置之间的连接(图 3-4-93)。

图 3-4-97 表明的是后梁悬挂装置的左边部分。送经装置重力杆的连接长度可以根据后梁与后梁支撑臂之间的位置来进行调整（25° ~ 45°）。该机械装置在适当的位置也可用于固定后梁悬挂装置。

(4)后梁悬挂装置:经纱张力也是后梁张力,是由在右侧的弹簧 12 以及送经装置上重物产生的。

后梁的摆动是由导管 4 内弹簧 7 以及送经装置上的重物产生的。这就意味着两边的弹簧将影响下层经纱的张力。对于较小的经纱张力,右边的弹簧将被解除。此时经纱张力就由重物单独决定。对于较高的经纱张力,弹簧 12 将被张紧。而另一方面重物的数量将减少。当管套 11 上的标记 10 伸出夹持件 9 的底边超过 2mm 或当螺丝 8 被紧固时,后梁的摆动停止,弹簧 7

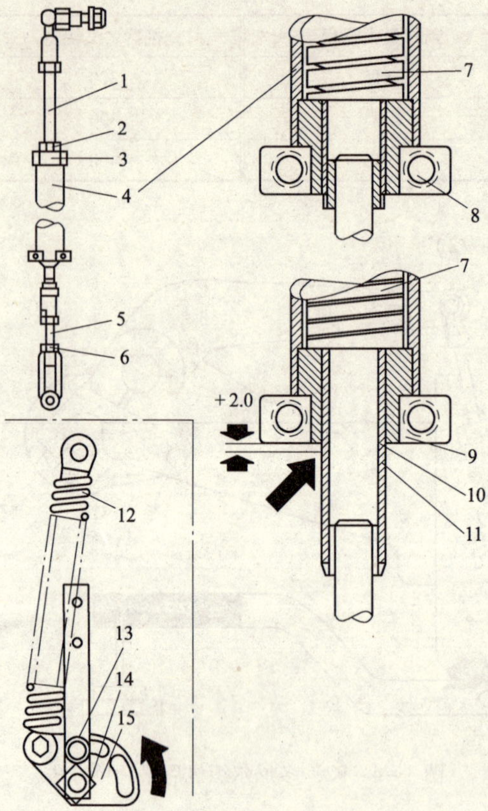

图 3-4-93 后梁悬挂装置

也被锁紧。

后梁悬挂装置的左侧部分的调整：如果后梁倾角必须要改变，那么松开螺帽 2 或 6，分别减少或增加螺杆 1 和 5 的长度。

摆动位置的锁定：在后梁悬挂装置的任何位置摆动可以被锁定。因此，紧固夹持件 9 中的螺丝 8 建立一个刚性连接。

经纱（或后梁）张力：松开在弹簧夹持盘 15 上的螺丝 13 并且按箭头方向旋转方块 14，该张力可以被增加。操作时，应确保后梁倾角正确（25° ~ 45°）。

弹簧类型：经纱张力也受到右侧弹簧 12 的影响，如表 3-4-78 所示。

表 3-4-78 弹簧类型

弹簧类型	直径（mm）	初始张力（N）	最大张力（kg）	弹簧最大行程（mm）	适用范围
64.167—20H01M01	7	245	1823	100	厚重织物
64.147—60M01	6.3	49	588	100	中等织物
WM.07—166	5.6	49	490	100	轻薄织物

(5)经停装置:经停装置应适应梭口形式,当进行调整时,必须考虑下面几个方面:所有接触棒(最多6根)的自由运动必须在每个开口位置被隔开;在全开梭口到底线闭合梭口对经停装置进行调整,以使经纱根本不接触或轻微地接触到连接管,经纱从不伸出连接管之外;接触棒的倾度和隔距应适应于上开口对应定位棒托架的角度,以使经停片和上开口经纱不接触接触棒。经停片的重量和最大密度见表3-4-79。

表3-4-79 经停片的重量和最大密度范围

纤维种类(dtex)				经停片选择		
长丝	棉	毛	韧皮纤维	经停片重量(g)	厚度(mm)	每排每厘米数目
~100	~100			1	0.15	21~22
100~170	100~167	~110	~58	1~1.5	0.2	15~20
170~250	167~243	110~162	58~90	1.5~2	0.3	11~14
250~360	243~364	162~233	90~130	2~2.7	0.4	7~10
360~720	364~729	233~486	130~254	2.7~4	0.5	4~6
720~1250	729~1166	486~	254~449	4~6	0.6	3~4
1250~	1166~		449~	6~	0.8	2~3
在车速高于300r/min=经停片重量×1.5						

3. 正齿轮卷取装置(图3-4-94)

只有在钢筘打纬位置(0°),才能更换齿轮8,及齿轮A、B和C,注意在无经纱张力的情况下进行。

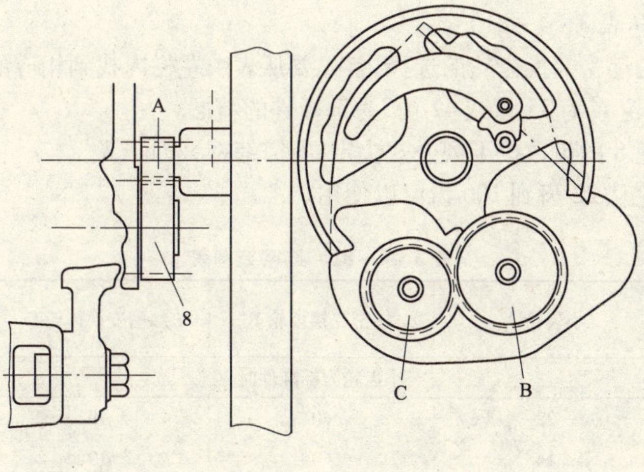

图3-4-94 正齿轮卷取装置

(1)功能:通过更换小齿轮A和正齿轮B、C,16种纬密范围可以被调整。通过安装相应的纬密变换齿轮8,纬密在6.7~1000纬/10cm范围内都可以进行调整。

(2)检查小齿轮A和纬密变换齿轮8的滑动啮合:在两齿轮间调整0.1mm(+0.1mm)的间隙如表3-4-80所示。

表 3-4-80 小齿轮和纬密变换齿轮的滑动啮合

纬密范围（纬/10cm）	小齿轮 A	纬密变换齿轮 B	纬密变换齿轮 C	因子 X
小齿轮为标准件时				
11~50	28	60	19	21
22~100	14	60	19	10
28~125	28	44	35	8
55~250	14	44	35	4
44~200	28	35	44	5
88~400	14	35	44	2.5
110~500	28	19	60	2
220~1000	14	19	60	1
小齿轮为选择件时				
6.7~33	42	60	19	30
8.8~40	35	60	19	25
19~83	42	44	35	12
22~100	35	44	35	10
29~133	42	35	44	7.5
35~160	35	35	44	6.25
74~333	42	19	60	3
88~400	35	19	60	2.5

（3）纬密范围表（表3-4-81）：

①对于最适宜的纬密变换齿轮的选择，首先要从表中左栏内找到相应的纬密范围。当如此操作时，应记住小齿轮 A 为35齿或42齿，为选择件的情形。

②纬密变换齿轮8的齿数按下列公式决定：所需纬密×因子 X

③纬密变换齿轮从22齿到100齿可以使用。

表 3-4-81 纬密范围表

纬密范围（纬/10cm）	小齿轮 A	纬密变换齿轮 B	纬密变换齿轮 C	因子 X
小齿轮为标准件时				
11~50	28	60	19	7.88
22~100	14	60	19	3.94
28~125	28	44	35	3.15
55~250	14	44	35	1.58
44~200	28	35	44	1.97
88~400	14	35	44	0.99
110~500	28	19	60	0.79
220~1000	14	19	60	0.39

续表

纬密范围（纬/10cm）	小齿轮 A	纬密变换齿轮 B	纬密变换齿轮 C	因子 X
小齿轮为选择件时				
6.7~33	42	60	19	11.82
8.8~40	35	60	19	9.85
19~83	42	44	35	4.73
22~100	35	44	35	3.94
29~133	42	35	44	2.95
35~160	35	35	44	2.46
74~333	42	19	60	1.18
88~400	35	19	60	0.99

4. 调整经纱开口　在装有平行运动装置的机器上角杆的基础调整（不管多臂的类型）。

在闭合梭口位置时，前面下横动杆的上边缘和推杆螺丝连接件的中心之间的距离必须调整为20.5mm（±0.5mm）。

（1）开口调整的可能性（举例：Staubli 多臂，型号 2667，装有平行运动装置）：

①每页综框行程的调整。

②通过改变连接杆的长度来调整每页综框的高度。

③通过推杆来调整每页综框的高度。

（2）上开口：根据经密和原料，上开口必须加以调整，以使经纱轻微地接触到剑杆头的背部，因而可保证一个最佳的剑杆引导。

（3）梭口下层经纱：梭口下层经纱必须进行调整以使经纱在其整个宽度上接触到经纱托板（少许低些是允许的）。

经纱与走剑板之间的间隙为 0.5mm。即使当大多数综框位于上开口，这个间隙也必须保持，这是不平衡织造的情况。在大多数情况下，为了保证正确定位，必须使用一根下压杆（图 3-4-95）。

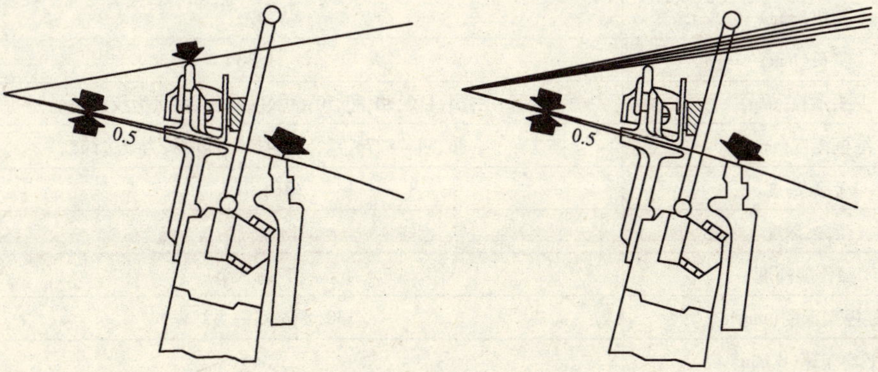

图 3-4-95　调整经纱开口

(4)经纱开口交叉(综平)定时:闭合梭口的标准设定为325°。根据织物的品种,该设定可以在315°~335°之间进行变化。

(三)典型品种上机工艺

1. 平纹织物上机工艺(表3-4-82、表3-4-83)

表3-4-82 品种 160cm 58.3tex×58.3tex 283根/10cm×157根/10cm $\frac{1}{1}$平纹

穿 综	边组织:1,2,1,2;布边根数:32×2 地组织:3,4,5,6
插 筘	边组织:2/D;地组织:2/D
筘 号	70.5
筘幅(mm)	1637
筘长(mm)	1660
龙头动程(mm)	114,112,90,80,70,60,50,40(前两页为绞边综框)
综框高度(mm)	86,84,78,76,72,68,64,60(前两页为绞边综框)
后梁高度	8(标尺)
后梁深度	13(标尺)
经停架高度	1(标尺)
经停架深度(mm)	330(距最后一页综框)
平均车速(r/min)	340
平均效率	92.6%

表3-4-83 品种 147.3cm *R*19.4tex×*L*41.6tex 346根/10cm×213根/10cm $\frac{1}{1}$平纹

穿 综	边组织:1,2,1,2;布边根数:60×2 地组织:3,4,5,6,7,8
插 筘	边组织:3/D;地组织:2/D
筘 号	88.0
筘幅(mm)	1473
筘长(mm)	1530
龙头动程(mm)	114,112,90,80,70,60,50,40(前两页为绞边综框)
综框高度(mm)	86,84,78,76,72,68,64,60(前两页为绞边综框)
后梁高度	8(标尺)
后梁深度	13(标尺)
经停架高度	1(标尺)
经停架深度(mm)	330(距最后一页综框)
平均车速(r/min)	340
平均效率	92.6%

2. 弹力卡其上机工艺(表3－4－84～表3－4－87)

表3－4－84　品种　165.1cm　27.8tex×(58.3tex＋7.7tex)　433根/10cm×173根/10cm　$\frac{3}{1}$左斜

穿　综	边组织:(1,2,1,2)×6＋(4,3,5,6)×1＋(1,2,1,2)×5＋(4,3,5,6)×1＋(1,2,1,2)×5 布边根数:72×2 地组织:3,4,5,6
插　筘	边组织:4/D;地组织:2/D
筘　号	55.0
筘幅(mm)	165.9
筘长(mm)	170.0
龙头动程(mm)	110,108,88,78,68,58,48,38(前两页为绞边综框)
综框高度(mm)	84,83,76,74,70,67,64,60(前两页为绞边综框)
后梁高度	8(标尺)
后梁深度	13(标尺)
经停架高度	1(标尺)
经停架深度(mm)	330(距最后一页综框)
平均车速(r/min)	340
平均效率	88.2%

表3－4－85　品种　177.8cm　36.4tex×(36.4tex＋7.7tex)　402根/10cm×189根/10cm　$\frac{3}{1}$左斜

穿　综	边组织:(1,2,1,2)×6＋(3,4,5,6,1,2)×1＋(1,2,1,2)×6＋(3,4,5,6,1,2)×1＋(1,2,1,2)×6 布边根数:84×2 地组织:3,4,5,6
插　筘	边组织:5/D;地组织:4/D
筘　号	51.0
筘幅(mm)	1781
筘长(mm)	1800
龙头动程(mm)	110,108,88,78,68,58,48,38(前两页为绞边综框)
综框高度(mm)	85,84,76,74,70,67,64,60(前两页为绞边综框)
后梁高度	8(标尺)
后梁深度	13(标尺)
经停架高度	1(标尺)
经停架深度(mm)	330(距最后一页综框)
平均车速(r/min)	340
平均效率	92.3%

4. 经纬双弹上机工艺(表3-4-90、表3-4-91)

表3-4-90 品种 195.6cm (14.6tex×2+4.4tex)×(14.6tex×2+4.4tex) 276根/10cm×165根/10cm $\frac{2}{1}$右斜

穿综	边组织:1,2,1,2 布边根数:60×2 地组织:3,4,5,6,7,8
插筘	边组织:5/D;地组织:4/D
筘号	35.0
筘幅(mm)	1957
筘长(mm)	2020
龙头动程(mm)	116,114,92,82,72,62,52,42(前两页为绞边综框)
综框高度(mm)	86,84,78,76,72,68,64,60(前两页为绞边综框)
后梁高度	8(标尺)
后梁深度	13(标尺)
经停架高度	1(标尺)
停经架深度(mm)	330(距最后一页综框)
平均车速(r/min)	340
平均效率	93.4%

表3-4-91 品种 177.8cm (36.4tex+7.7tex)×(36.4tex+7.7tex) 315根/10cm×157根/10cm $\frac{2}{1}$右斜

穿综	边组织:1,2,1,2 布边根数:60×2 地组织:3,4,5,6,7,8
插筘	边组织:4/D;地组织:3/D
筘号	53.0
筘幅(mm)	1780
筘长(mm)	1830
龙头动程(mm)	116,114,92,82,72,62,52,42(前两页为绞边综框)
综框高度(mm)	86,84,78,76,72,68,64,60(前两页为绞边综框)
后梁高度	8(标尺)
后梁深度	13(标尺)
经停架高度	1(标尺)
经停架深度(mm)	330(距最后一页综框)
平均车速(r/min	340
平均效率	93.8%

5. 玻璃纤维装饰织物上机工艺(表3－4－92)

表3－4－92　207cm 140tex×400tex　30根/10cm×21根/10cm　人字斜壁布

穿　综	边组织:1,2,1,2 布边根数:4×2 地组织:3,4,5,6,
插　筘	边组织:1/2D;地组织:1/2D
龙头动程(mm)	110,108,36,34,32,30(前两页为绞边综框)
综框高度(mm)	78,78,74,70,66,62(前两页为绞边综框)
后梁高度	11(标尺)
后梁深度	13(标尺)
经停架高度	1(标尺)
经停架深度(mm)	标尺末端(距最后一页综框)
平均车速(r/min)	150～180
平均效率	76.3%

6. 灯芯条织物上机工艺(表3－4－93、表3－4－94)

表3－4－93　品种　160cm　27.8tex×83.3tex　504根/10cm×197根/10cm　灯芯条

穿综	边组织:1,2,1,2 布边根数:64×2 地组织:3,4,3,4,7,8,5,6,5,6,9,10
插筘	边组织:4/D;地组织:4/D
筘号	62.5
筘幅(mm)	1630
筘长(mm)	1640
龙头动程(mm)	114,112,90,80,70,60,50,40(前两页为绞边综框)
综框高度(mm)	84,82,76,72,70,66,62,58(前两页为绞边综框)
后梁高度	8(标尺)
后梁深度	13(标尺)
经停架高度	1(标尺)
经停架深度(mm)	330(距最后一页综框)
平均车速(r/min)	340
平均效率	91.6%

表3-4-94 品种 129.5cm J14.6tex×58.3tex 610根/10cm×299根/10cm 灯芯条

穿 综	边组织:1,2,1,2 布边根数:72×2 地组织:5,6,5,6,5,3,7,8,7,8,7,4
插 筘	边组织:6/D;地组织:6/D
筘 号	50.25
筘幅(mm)	1332
筘长(mm)	1340
龙头动程(mm)	114,112,90,80,70,60,50,40(前两页为绞边综框)
综框高度(mm)	84,82,76,72,70,66,62,58(前两页为绞边综框)
后梁高度	8(标尺)
后梁深度	13(标尺)
经停架高度	1(标尺)
经停架深度(mm)	330(距最后一页综框)
平均车速(r/min)	340
平均效率	90.3%

参考文献

[1] 朱苏康,高卫东. 机织学[M]. 北京:中国纺织出版社,2004.
[2] 朱苏康,陈元甫. 织造学(上册)[M]. 北京:中国纺织出版社,1996.
[3] 高卫东. 现代织造工艺与设备[M]. 北京:中国纺织出版社,1998.
[4] 陈元甫,洪海沧. 剑杆织机原理与使用(第二版)[M]. 北京:中国纺织出版社,1994.
[5] 江苏省纺织工程学会. 新型织机及前织设备使用经验汇编[M]. 北京:纺织工业出版社,1993
[6] 沈国生,陈怀清等. C401S 型剑杆织机[M]. 北京:纺织工业出版社,1993.
[7] 中国纺织总会经贸部. 无梭织机运转操作工作法[M]. 北京:中国纺织出版社,1996.
[8] 上海市棉纺织工业公司《棉织手册》编写组. 棉织手册(第二版)[M]. 北京:纺织工业出版社,1989.
[9] 王鸿博,邓炳耀,高卫东. 剑杆织机实用技术[M]. 北京:中国纺织出版社,2004.
[10] 刘曾贤. 片梭织机(第二版)[M]. 北京:中国纺织出版社,1995.
[11] 胡巧娥,梁海顺. DA40 型自动寻纬装置分析. 棉纺织技术,1993(7).
[12] Picanal 公司. GTM – AS Setting Manual.
[13] Picanal 公司. GTM Setting Manual.
[14] IRO. AB 公司. IWF 1020 Laser Operation and Maintenance Instructions.
[15] Staubli 公司. Cam Motion 1585A Setting Instructions.
[16] Staubli 公司. Dobby Type 2212 Setting Instructions.
[17] Staubli 公司. Dobby Type 2612,2660 User's Manual.
[18] 天马优秀剑杆织机故障报警及排除指南. 意大利舒美特织机(中国)有限公司.
[19] 天马超优秀剑杆织机调试手册. 意大利舒美特织机有限公司.
[20] C401/S 型、P401/S 型、P1001 型剑杆织机机器说明书.
[21] Doriner 型剑杆织机机器说明书.
[22] JAT 710 型喷气织机使用手册.
[23] ZAX9100 型喷气织机使用手册.
[24] Somet Mythos 型喷气织机使用手册.
[25] Picanal OMNI 型喷气织机使用手册.
[26] Sulzer 型片梭织机使用手册.

第四篇　织物整理

第一章　坯布整理

第一节　整理机械

一、GA841 型折布机

(一)主要技术特征(表 4－1－1)

表 4－1－1　GA841 型折布机主要技术特征

项　目	机　型									
	GA841—110	GA841—130	GA841—160	GA841—180	GA841—200	GA841—250	GA841—300	GA841—320	GA841—360	GA841—400
工作布幅(mm)	1000	1200	1500	1700	1900	2400	2900	3100	3500	3900
折幅长度(mm)	900～1020					890～1030				
折布台宽(mm)	1100	1300	1600	1800	2000	2500	3000	3200	3600	4000
折布台高(mm)	970									
折布台升降动程(mm)	不小于 170									
折布速度(折/min)	80					40				
外形尺寸(mm) 长	2160	2160	2160	2160	2160	2210	2210	2210	2210	2210
外形尺寸(mm) 宽	1790	1990	2290	2490	2690	3340	3840	4040	4440	4840
外形尺寸(mm) 高	1500	1500	1500	1500	1500	1730	1760	1760	1760	1760
重量(kg)	1000	1140	1300	1400	1600	1900	2200	2600	3000	3200
电　源	三相交流(380V,50Hz)									
开关箱控制电压	380V									
折布电动机型号	JFO2—21—6、940r/min、0.6kW									
折布台升降电动机型号	FW12—6、910r/min、0.37kW									
出布电动机型号	JFO2—21—6T2、940r/min、0.6kW									

(二)机械传动(图 4－1－1)

GA841 型折布机采用三台电动机,分别控制折布、台面升降和出布动作。电气控制遇缝头发信号、延时停车、台面自动下降、折布刀自动定位、自动出布、台面自动上升和自动折布,并且

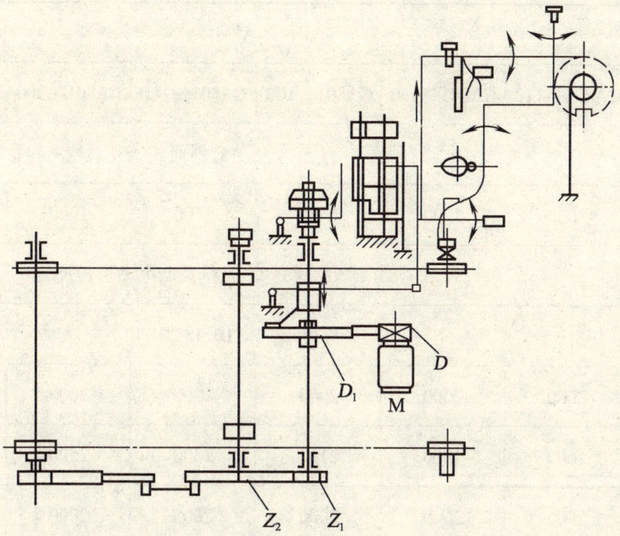

图 4-1-1 GA841 型折布机传动图

还有储布箱无布自停、有布自开装置及整布桌有布停止送布、无布即送布装置。

自动原理:采用开关控制遇缝头发信号,控制电动机运转,配上行程开关控制各动作的协调,调整行程开关的位置便可按生产需要来控制自动过程的时间长短。

(三)机械计算

折布机的折布速度可按下式计算:

$$v=\frac{n_m\times D\times Z_1}{D_1\times Z_2}\times 2\times L$$

式中:n_m——电动机转速,r/min;

D——主动皮带盘直径,70mm;

D_1——被动皮带盘直径,mm;

Z_1——传动齿轮,17^T;

Z_2——偏心齿轮,120^T;

L——折幅长度,mm。

二、GA801 型验布机

(一) 主要技术特征(表 4-1-2)

(二) 机械传动(图 4-1-2)

GA801 型验布机采用三相交流电动机,经蜗杆蜗轮减速箱及三角皮带传动导布辊,经一对齿轮传动摆布斗。控制装置为脚踏式开关,直接控制电动机正反转,从而达到进布、退布的目的。本机设计有上、下灯光,台面成 45°角倾斜,金属结构台面框镶嵌白色磨砂玻璃。

表 4－1－2　GA801 型验布机主要技术特征

项　目		型　号						
		GA801—110	GA801—130	GA801—160	GA801—180	GA801—200	GA801—250	GA801—300
形　式		45°斜面式						
最大工作幅宽(mm)		1000	1200	1500	1700	1900	2400	2900
控制方式		脚踏式开关,直接控制电动机正反转						
验布速度(m/min)		16、18、20						
外形尺寸	长	2000	2000	2000	2000	2000	2000	2000
	宽	1600	1800	2100	2300	2500	2900	3500
	高	2000	2000	2000	2000	2000	2000	2000
机器重量(kg)		400	410	420	440	480	500	550
传动电动机		JW09A—4,400W,1400r/min						

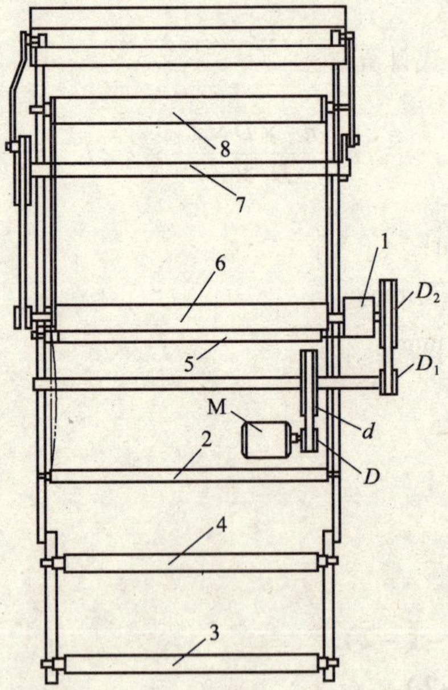

图 4－1－2　GA801 型验布机传动图

1—齿轮系　2—木辊筒　3、4—踏板导辊
5—硬橡皮压辊　6—导布辊　7—摆布斗传动轴　8—送出辊

（三）机械计算

（1）验布速度 v:

$$v=\frac{n\times\pi\times\phi\times D\times D_1}{d\times D_2}$$

式中：v——验布速度，mm/min；

n——减速箱输出轴转速，50r/min；

ϕ——导布辊直径 120mm；

D_2——导布辊塔轮节径 90mm、95mm、101mm；

d——减速箱输入带轮节径，72mm；

D——电动机皮带轮节径，74mm；

D_1——减速箱输出塔轮节径，83mm、89mm、94mm。

代入不同的 D_1、D_2 后，得到：

$$v_1=50\times\pi\times120\times74\times83/72\times101=15920.5\text{mm/min}\approx16\text{m/min}$$

$$v_2=50\times\pi\times120\times74\times89/72\times95=18149.5\text{mm/min}\approx18\text{m/min}$$

$$v_3=50\times\pi\times120\times74\times94/72\times90=20664.96\text{mm/min}\approx20\text{m/min}$$

（2）本机设计有上下可升降、左右可以移动的软座椅，各棉纺织厂可根据使用情况，对 160 型、180 型、200 型、250 型、300 型验布机选择软座椅两个。

（3）本机所有传动部分全部采用滚动轴承，转动灵活，便于维修保养。

（4）三角皮带采用 A 型，上皮带长 1372mm，下皮带长 1575mm。

三、ME813 型验布机技术特征（表 4－1－3）

表 4－1－3 ME813 型验布机技术特征

项 目	规 格
适用织物	验布整理后，直接卷成筒状织物
有效幅宽（mm）	ME813—200 型：1100～1900；ME813—240 型：1900～2300；ME813—300 型：2300—2900
速度（m/min）	0～31，无级调速，反转均可
卷筒最大直径（mm）	350
照 明	上灯光：30W（4 只）；下灯光：20W（6 只）
张力装置	恒张力自动控制
齐边装置	红外线光电式
计长装置	自动计长式
电动机	主传动：直流电动机 Z2—21 型，0.8kW
	齐边传动：交流电动机 JW09A4 型，0.4kW
外形尺寸（mm）	长 3240，宽 2290，高 2300
机器重量（kg）	1500

四、G321型刷布机

(一)主要技术特征(表4-1-4)

表4-1-4　G321型刷布机主要技术特征

项目		型号						
		GA321—110	GA321—130	GA321—160	GA321—180	GA321—200	GA321—250	GA321—300
形式		直立式						
最大工作幅宽(mm)		1000	1200	1500	1700	1900	2400	2900
刷布辊长度(mm)		1100	1300	1600	1800	2000	2500	3000
金刚砂刷布辊筒		1对,ϕ185mm(包括金刚砂布厚1.5mm),转速480r/min						
鬃毛刷布辊筒		2对,ϕ188mm(包括鬃毛长度28mm),转速480r/min						
刷布与布面的相对速度(m/s)		5.55、4.6						
刷布速度(m/min)		45、54						
外形尺寸(mm)	长	2170	2170	2170	2170	2170	2170	2170
	宽	1678	1878	2178	2378	2578	3078	3578
	高	2300	2300	2300	2300	2300	2300	2300
机器重量(kg)		1400	1500	1600	1700	1800	2100	2400
传动方式		JFO241—6(右)型单独电动机及平皮带传动,功率为2.2kW,转速960r/min						

(二)机械传动(图4-1-3)

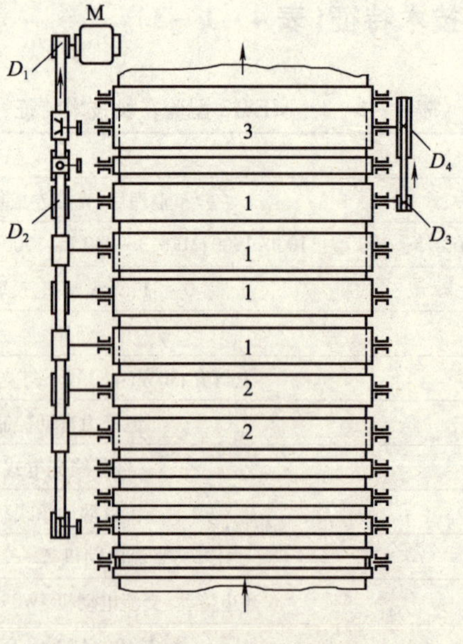

图4-1-3　G321型刷布机传动图
1—刷布辊　2—砂辊　3—进出木辊

(三)机械传动与计算

1. 刷布辊与砂辊速度 n(r/min)

$$n=\frac{n_m\times D_1}{D_2}=\frac{960\times 100}{200}=480(\text{r/min})$$

式中:n_m——电动机转速,r/min;

D_1、D_2——传动皮带盘直径,100mm、200mm。

2. 砂辊的线速度 v(m/min)

$$v=n\times D\times \pi/1000=480\times 185\times \pi/1000=279(\text{m/min})$$

式中:D——金刚砂辊直径,185mm。

3. 送出木辊的转速 n_1(r/min)

$$n_1=\frac{n_m\times D_1\times D_3}{D_2\times D_4}=\frac{960\times 100\times 68}{200\times 360}=90.7(\text{r/min})$$

式中:D_1、D_2、D_3、D_4——传动皮带盘直径,100mm、200mm、68mm、360mm。

4. 刷布机的线速度 v_1(m/min)

$$v_1=n_1\times D_5\times \pi/1000=90.7\times 190\times \pi/1000=54.1(\text{m/min})$$

式中:D_5——出布辊直径,190mm。

5. 金刚砂辊与布面的相对速度 v_2(m/s)

$$v_2=\frac{v+v_1}{60}=\frac{279+54.1}{60}=5.55(\text{m/s})$$

五、G331 型烘布机

(一)主要技术特征(表 4-1-5)

表 4-1-5 G331 型烘布机主要技术特征

项目	型号						
	GA331—110	GA331—130	GA331—160	GA331—180	GA331—200	GA331—250	GA331—300
形式	立式双烘筒						
最大工作幅宽(mm)	1100	1300	1500	1700	1900	2400	2900
工作宽度(mm)	1100	1200	1600	1800	2000	2500	3000
烘筒	2 只,ϕ570mm,转速 30r/min						
烘筒耐压(kPa)	294.20						
伸布装置	伸布铜管 2 根						
烘布速度(m/min)	54						

续表

项目		型号						
		GA801—110	GA801—130	GA801—160	GA801—180	GA801—200	GA801—250	GA801—300
外形尺寸（mm）	长	1755	1755	1755	2170	2170	2170	2170
	宽	2235	2435	2735	2378	2578	3078	3578
	高	2130	2130	2130	2300	2300	2300	2300
机器重量（kg）		1400	1500	1600	1700	1800	2100	2400
传动方式		由 G321 型刷布机借平胶带通过平皮带轮传动全机						

（二）机械传动与计算（图 4－1－4）

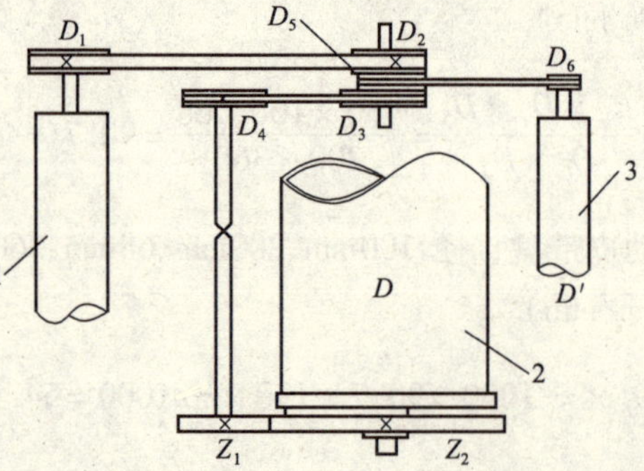

图 4－1－4　G331 型烘布机传动图

1—刷布机出布辊　2—烘筒　3—出布辊

烘布机无独立的动力源，由刷布机间接传动，其线速度与刷布机相同。图 4－1－4 为烘布机的传动图。

1. 烘筒的转速 n（r/min）与线速度 v（m/min）

$$n=\frac{n_1\times D_1\times D_3\times Z_1}{D_2\times D_4\times Z_2}=\frac{90.7\times280\times280\times35}{280\times280\times105}=30.2\text{(r/min)}$$

$$v=\frac{n\times D\times\pi}{1000}=\frac{30.2\times570\times\pi}{1000}=54.1\text{(m/min)}$$

2. 出布辊线速度 v_1（m/min）

$$v_1=\frac{n_1\times D_1\times D_5\times D'\times\pi}{D_2\times D_6\times1000}=\frac{90\times280\times156\times140\times\pi}{280\times115\times1000}=54\text{(m/min)}$$

（三）蒸汽和回水管路系统

从锅炉房来的蒸汽压力较高，须先经减压阀降低，再通过进汽阀进入上下烘筒，回水从另一侧流出后，经阻汽箱排出。空气阀用来放出管子内的空气，在上下烘筒的两侧各有低压自释阀一个。

六、打包机

(一) A752 型中包机

1. 技术特征(表 4-1-6)

表 4-1-6　A752 型中包机技术特征

项　目	型　号				
	A752	A752B	A752C	A752D	A752F
最大工作总压力(kN)	750	750	37.5	750	750
起落盘可使用面积(mm^2)	1300×810				
上下铁盘间最大距离(mm)	1100	1185	1200	980	980
油缸柱塞最大行程(mm)	800	950	800	800	800
油缸柱塞直径(mm)	200				
三柱塞泵最大工作压力(MPa)	24	24	12	24	24
夹纱板间距(mm)	940	960	—		
液压机外形尺寸(高出地面部分)长(mm)×宽(mm)×高(mm)	1910×900×2365		1930×1030×2015		1650×900×2365

2. 工艺数据(表 4-1-7)

表 4-1-7　A752 型中包机工艺数据配置

型　号	工艺数据	成包时的最小高度(mm)
A752	布匹:平布 20 匹(每匹 40m),其他按布的长度质量;日定纱包:20 个小纱包(小纱包体积 310mm×230mm×180mm)	400
A752B	毛球:18 个(毛球尺寸 450mm×340mm)	400
A752C	呢绒、精纺毛织品 4 匹,粗纺毛织品 2 匹,印染布和色织布。毛毯 20~26 条	400
A752D	麻袋 100 条(长 1070mm,宽 730mm 或 750mm)	400
A752F	帆布包重约 80kg	300(使用厂按规格自定)

注　打宽幅布时的折叠长度不超过 1m。

(二) A761A(JA)—360 型打包机

A761A(JA)—360 型打包机的主要技术特征见表 4-1-8。

表 4-1-8　A761A(JA)—360 型打包机主要技术特征

项　目	A761A 型	A761JA 型	A761B 型
用　途	将 40 个小包打成 1 个大包	将 200 条麻袋打成 1 包	用户自定
上下铁盘间距离(mm)	1120	1700	1200

续表

项　目	A761A 型	A761JA 型	A761B 型
起落盘最大行程(mm)	900	1250	900
最大工作压力(kN)	3600	3600	3600
成包时压缩高度(mm)	360	560	最小 300
起落盘可使用面积(mm^2)	1850×925	1850×925	1850×925
机器重量(kg)	20000	20000	20000

(三) MA/HD246 系列单卷机

MA/HD246 系列单卷机主要适用于纺织厂、印染厂、染织厂、非织造厂的整理车间,将织物平幅卷筒。主要规格和技术参数见表 4-1-9。

表 4-1-9　MA/HD246 系列单卷机主要规格和技术参数

参数 \ 型号	200	250	300	350
最大卷装直径 φ(mm)	800	800	800	800
最大卷装幅宽(mm)	2000	2500	3000	3500
齐边精度(mm)	<5	<5	<7	<7
卷边速度(m/min)	0~80	0~80	0~80	0~80
外形尺寸(mm×mm×mm)	2890×2000×2500	2890×2500×2500	2890×3000×2500	2890×3500×2500

(四)M951 型卷筒机

M951 型卷筒机主要技术特征见表 4-1-10。

表 4-1-10　M951 型卷筒机主要技术特征

项　目	M951—180 型	M951—220 型	M951—240 型
适用织物	棉纺织厂的特宽织物(卷筒包装后出厂)		
最大织物幅宽(mm)	1800	2200	2400
速度(m/min)	8~75(无级)		
卷装直径(mm)	600		
齐边装置形式	反射红外光电式专用齐边调节器,误差 10mm		
计长装置	电子计长;范围 0~1000m,误差 ±0.5%		
吸边装置	电动吸边器		
张力调节装置	无级张力自动调节式		
工作环境温度(℃)	-20~40		
主电动机	调速范围 125~1250r/min,功率 1.1kW		
齐边电动机	速度 156r/min,功率 0.25kW		

续表

项目		M951—180 型	M951—220 型	M951—240 型
外形尺寸(mm)	长	1605	1605	1605
	宽	2958	3308	3558
	高	2265	2265	2265
机器重量(kg)		1000	1100	1200

(五) YND82—315A 型四柱式液压打包机

1. 主要技术特征(表 4-1-11)

表 4-1-11 YND82—315A 型四柱式液压打包机主要技术特征

项目	规格
机型	YND82—315A
生产厂	南通锻压机床厂
形式	液压下行式
公称力(kN)	3150
液压最大工作压力(MPa)	25
回程力(kN)	600
滑块最大行程(mm)	900
滑块距工作台最大距离(mm)	1150
滑块空载下行速度(mm/s)	16
最大回程速度(mm/s)	40
工作台有效长度(mm)	左右:1260;前后:1160
立柱中心距(mm)	左右:1400;前后:900
工作台距地面高度(mm)	650
外形尺寸(mm)	左右 1660,前后 1160,地面以上 3984
电动机总功率(kW)	33.5/380V
油泵电动机型号	三相鼠笼型感应式
转速(r/min)	970
电压(V)	380
Y160L—6 型(kW)	11
Y200L—6 型(kW)	22
全机重量(kg)	15000

2. 控制部分(表4-1-12)

表4-1-12 控制部分元件及规格

代号	电气控制箱主要元件名称
KT2	打包延时时间继电器
HL4	直流电磁铁 YA1 动作指示灯
HL5	直流电磁铁 YA2 动作指示灯
HL6	直流电磁铁 YA3 动作指示灯
HL7	直流电磁铁 YA4 动作指示灯
HL8	直流电磁铁 YA5 动作指示灯
KT3	泄压延时时间继电器
SB6	静止按钮
SB9	滑块下行按钮
SA1	“调整”“手动”“半自动”工作方法选择开关
SB1	紧急停止按钮
SB3	电动机Ⅰ起动按钮
SB5	电动机Ⅱ起动按钮
HL1	电源总开关接通信号灯
SB7	“半自动”工作方式下滑块下行按钮
SB1C	滑块回程按钮
SA2	“定压”“定程”成型方式选择开关
SB2	电动机Ⅰ起动按钮
SB4	电动机Ⅱ起动按钮
SB8	“半自动”工作方式下滑块下行按钮
QS1	电源开关
代号	行程及压力发讯限位开关名称
SQ1	滑块回程限位开关
SQ2	“定程”成型方式时,滑块下行转为打包延时发讯开关
SQ3	滑块下行限位开关
SQ4	电控箱后门发讯开关
SQ5	电控箱前门发讯开关
SP1	滑块快速下行转减速下行的发讯开关
SP2	“定压”成型方式时,打包开始的发讯开关

第二节 操作要点

一、验布操作要点

(1)站立位置要既能看到中间疵点,又能照顾到两边的疵点。

(2)两眼要左右照顾,全面控制布面。

(3)发现一般疵点,必须仔细检查疵点上下各25cm范围内的布面。发现连续疵点,必须检查疵点上下50cm范围内的布面。

二、验布十二项注意点(表4-1-13)

表4-1-13　验布注意点

项　　目	注　意　点
布头尾1m处	破洞和其他疵点
上机布及了机布1m处	如穿错、三跳、油渍、小经缩、破洞疵点等
穿交接班线时处	三跳(跳纱、跳花、星跳)和其他小疵点
有折皱的布折皱处	拉平检查是否有疵点
发现吊经时	检查吊经处是否有断经和三跳
发现脱纬时	检查布边是否有百脚、边不良
发现双纬百脚时	检查是否有稀纬
发现折痕时	检查反面是否有边撑疵、断经及结头
发现棉球和断经时	检查疵点反面是否有三跳疵点
发现一点星跳、跳纱和边撑疵时	将已检查过的布退回1m并检查反面
发现一根拖纱时	检查反面是否有拖纱
发现污渍、油渍时	检查反面是否有三跳和破洞

三、验布七项小修

验布机的小修工作对降低漏验率有很大关系。根据具体情况在以下七项中可任选数项(表4-1-14)。

表4-1-14　验布小修项目

1	拖纱
2	断疵
3	0.2cm以下的杂物织入
4	$\frac{1}{2}$m内不降等的棉球、布开花
5	$\frac{1}{2}$m内不满三只的纬缩
6	$\frac{1}{2}$m内不满三只的竹节
7	经向$\frac{1}{2}$m内不降等的毛边(包括容易修的12cm内的脱纬)

四、烘布操作程序(表4-1-15)

表4-1-15 烘布操作程序

1	开冷车时,先打开上下烘筒的低压自释阀、排水阀及空气阀
2	开空车两三分钟,使烘筒内积水流出,随后将进汽阀徐徐打开,待烘筒内积水排清后,再将进汽阀、空气阀和排水阀关闭
3	待热空车运转两三分钟,情况良好后,即可引布,并将低压自释阀关上,正式进汽开车
4	停车交班须提前5min关进汽阀,打开排水阀、空气阀及上下烘筒的低压自释阀

五、折幅调节要点(表4-1-16)

表4-1-16 折幅调节要点

1	折幅过大或过小,一般可调节连杆与大齿轮偏心距及连杆与摆动杆的相对位置
2	压布针板与折刀动作配合不当,造成折幅大小不一,可调整主轴凸轮的位置。折布刀进入压布针板外侧4~6mm为宜,两者间隙保持在1~3mm。当折布刀退出时,压布针板应立即压下,针尖不能与折布刀内侧相碰
3	折幅左右不一,应调节折刀链条前齿轮偏心距及连杆与摆动杆的相对位置
4	折布刀滑杆轴承内积聚飞花或污垢,滑杆运动时阻力增大,使折幅减小。因此,滑杆轴承应定时清洁,防止折幅变化
5	折布台不水平,导致折幅不一。可调节折布台四只调节螺栓,使折布平台水平并与压板针布接触正常
6	折布刀架前后摆动距离不一,可调节大摆杆与伞形齿轮的相对位置

六、打包机运转操作要点(表4-1-17)

表4-1-17 打包机运转操作要点

1	开车前,油管油箱必须经过严格清洗,保证管内、箱内无锈、无金属屑等杂物。油箱内注入过滤精度不低于30μm的30号液压油,油面不超过油标上限,然后将泵的进油口截止阀开启,使进油畅通。松开三柱塞泵泵体上的放气螺塞,使泵体内注满油
2	空运转时,先按启动按钮,电动泵运转,柱塞在压力油作用下上升,压力达总压力表的设定值时,电动泵和柱塞停止运转,然后松开三通阀手柄,柱塞和超落盘在自重作用下下降,此时应注意柱塞下降到最低位置时会撞击缸底,因此操作中当柱塞将到最低位置时,应将三通阀手柄关闭,再立即松开,以降低柱塞下降的速度
3	正常运转操作应先将三通阀手柄放松,按启动按钮,电动泵运转,再将三通阀手柄旋紧,则起落盘上升,当压力达到设定值时,电动泵停止运转,起落盘即停止上升。待打包压缩结束,再将三通阀手柄松开,则起落盘下降,整个打包工作结束,柱塞应降到最低位置

第三节　清洗剂的配方及选用

坯布上沾染了油迹或锈迹后，应根据印染厂的要求进行洗涤。洗涤时必须注意，不然将造成比原疵点更大的斑迹。清洗油迹、锈迹必须注意：

(1)清洗时必须轻洗轻刮，以免损伤布面及刮成泡泡纱状。

(2)残留在坯布上的洗油剂必须用干净的湿布揩清，以免造成斑迹。

(3)一般洗油剂中虽然含有快干剂，但必要时在洗布后可用熨斗熨干。

一、清洗油污剂的几种配方

1. 配方一

(1)配方成分：见表4－1－18。

表4－1－18　清洗油污剂配方一

成　分	比例(%)	成　分	比例(%)
清水	81.20	C. M. C	0.50
香蕉水(或醋酸乙酯)	13.00	氨水	1.45
烷基磺酸钠	3.20	水杨酸	0.65

(2)配置方法：先将烷基磺酸钠、C. M. C 和水杨酸放入30%温水(50℃左右)搅拌，溶解后，再加入香蕉水(或醋酸乙酯)与氨水，继续搅拌5min即可使用。该溶剂去污力强、快干易燥，可不必再经熨干，一般棉织物及维纶混纺织物均适用。

2. 配方二

(1) 配方成分：见表4－1－19。

表4－1－19　清洗油污剂配方二

成　分	用　量	成　分	用　量
高级皂片(盒)	1～1.5	酒精(kg)	0.67～1
开水(kg)	3.35～5	氨水(kg)	0.13～0.2
香蕉水(kg)	0.67～1		

(2) 配置方法：皂片先溶于开水中，待冷却后再加香蕉水、酒精、氨水，搅拌均匀装入瓶中盖紧。如隔日使用剩余的洗涤剂，可能会变质，作用效果降低，不得用于要求较高的坯布。

3. 配方三

(1)配方成分：见表4－1－20。

3. 定义

(1)评分法:以分数值的大小来评定布面疵点的多少、轻重程度的方法,并规定一定长度内允许疵点最大的评分值。

(2)标疵法:用标记来显示布面上某些疵点的位置和数量。

(3)计点法;以记录疵点的点数和疵点的标记数来评定布面疵点轻重程度的方法。

(4)主要疵点:足以使最终产品定为不合格的局部或散布性严重疵点。

(5)次要疵点:疵点是否最终成为次品的疵点,还要取决于该疵点在最终产品的位置或在加工中消失的可能性。

4. 检验

(1)检验条件:检验布面光照度为(400 ± 100)lx,可采用下灯光或上灯光。验布机的线速度不大于 20m/min(包括手推台板)。

(2)操作规定:检验以布面的正面为准,选择采用单层或双层的方式,以最能显示疵点的程度为准;检验布面疵点时,应将布平放在工作台上,检验人员站在工作台旁,以能清楚看到 疵点为准;每一个可见疵点按产品标准规定的评分法、标疵法或计点法检验;对布面上所有疵点的长度测量时,均用检验合格的钢卷尺。

(3)疵点检验方法:

①评分法:

a. 4 分评分内容见表 4 - 1 - 27。

表 4 - 1 - 27　4 分评分内容

疵点长度 / 评分 / 疵点分类		1	2	3	4
经向明显疵点(条)		8cm 及以下	8 ~ 16cm	16 ~ 24cm	24 ~ 100cm
纬向明显疵点(条)		8cm 及以下	8 ~ 16cm	16cm ~ 半幅	半幅以上
横档	不明显	半幅及以下	半幅以上	—	—
	明　显	—	—	半幅及以下	半幅以上
严重疵点	根数评分	—	—	3 ~ 4 根	5 根及以上
	长度评分	—	—	1cm 以下	1cm 及以上

注　1. 每米中累计疵点的评分数最大值为 4 分。
2. 横档计算条时,半幅以上为一条。
3. 严重疵点在根数和长度评分矛盾时,从严评分。
4. 各类布面疵点的具体内容见表 4 - 1 - 31。

b. 10 分评分内容见表 4 - 1 - 28。

c. 11 分评分内容见表 4 - 1 - 29。

表4-1-28 10分评分内容

疵点长度\评分 疵点分类		1	3	5	10
经向明显疵点(条)		5cm及以下	5~20cm	20~50cm	50~100cm
纬向明显疵点(条)		5cm及以下	5~20cm	20cm~半幅	半幅以上
横档	不明显	半幅及以下	半幅以上	—	—
	明 显	—	—	半幅及以下	半幅以上
严重疵点	根数评分	—	—	3~4根	5根及以上
	长度评分	—	—	1cm以下	1cm及以上

注 1.每米中累计疵点的评分数最大值为10分。

2.横档计算条时,半幅以上为一条。

3.严重疵点在根数和长度评分矛盾时,从严评分。

4.各类布面疵点的具体内容见表4-1-32。

表4-1-29 11分评分内容

疵点程度\评分 疵点名称		1	3	6	11
经向疵点	错纤维、断经、沉纱、综穿错	单根,每长1~5cm并列2根,1cm及以内;高密织物,10~30cm;卡其织物,10~30cm	—	—	—
	粗经、吊经纱、紧经纱、并线松紧、松经	粗经、并线松紧每长5.0~10cm;吊经纱、紧经纱、松经纱1.0~5.0cm;0.5cm内,0.5~1.0cm以内的松经,每3个	—	—	—
	双经、筘路、筘穿错、针路、花经	每100cm,高密织物每2根按1条计	—	—	—
	经 缩	经缩波纹方眼每1.0cm;纬向一直条浪纹1楞	经缩波纹1.0cm;纬向一直条浪纹2楞	1.0cm及以上,经缩波纹每1cm,纬向一直条波纹	—
纬向疵点	拆 痕	—	1.0~12.0cm以下起毛或布面揩浆抹水	—	起毛或布面揩浆抹水,每条
	双纬、脱纬	分散双纬,每条	经向10cm内满2条双纬,每条6.0~12cm以下脱纬,每条	3~4根脱纬	5根及以上的脱纬

续表

疵点名称 \ 疵点程度 评分		1	3	6	11
纬向疵点	密路、稀纬	分散性开车稀密路，每条	—	经向每1cm内少2根，每条；经向1cm内少3根，纬向长1～12cm以下；经向0.5cm内纬密多25%～35%以下，密路每条	0.5m内满4条开车稀密路；经向1.0cm以内少3根及以上的稀纬，每条；经向长5.0cm以上的密路，每条；经向0.5cm内，纬密多35%及以上，每条
	条干不匀、云织	—	—	—	叠起来看得出，经向1.0m及以内
	错　纬	—	轻微的每3梭～2.0cm；明显的3梭以内，每梭	—	明显的，3梭及以上
	花　纬	—	—	叠起来看得出，1m内有1～2条交界线，每条	—
	百　脚	横贡织物，每条	纬向长1.0～12cm以内，每条	线状的百脚，每条	锯状的百脚
破损性疵点	破洞、豁边、跳花	—	—	断(跳)3～4根1.0cm以内	断(跳)3～4根1.0cm以上，断跳5根及以上
	烂边、猫耳边	经向长3cm以内，0.5m内每6个	经向长0.3～0.5cm以内，烂边每个	凸出布边0.3cm的猫耳朵，经向长1.0cm及以上	经向长0.5cm及以上，每个
	修正不良、霉边	—	布面被刮毛，每长1.0～10cm；布面不平，经纬交叉不匀，每长1.0～5.0cm	—	损伤布底，每处；霉斑，每处
密集性疵点	毛　边	从边开始6cm以内的脱纬，12cm以内的双纬，经向10cm内，每3梭纬纱并列露出边外成须状，经向0.5cm内满6根，每2根	—	—	—
	结　头	经向0.5m内，分散性结头，每3个	—	—	经向0.5m内满20个；经向10cm内满10个
	纬缩、边撑疵、棉球	经向0.5m内每3个边撑疵，经向10cm内满6个，每个	—	纬纱起圈，经向一直条，每长0.5cm及以内满4个	经向0.5m内纬缩，棉球满20个
	竹　节	经向0.5m内满3节，每节	—	—	—

续表

疵点名称 \ 疵点程度 评分		1	3	6	11
密集性疵点	星跳、跳纱	1.0cm 以下经、纬向跳纱,0.5m 内每 6 梭,经向 10cm 内满 6 梭,每梭,1.0cm 及以上纬向跳纱,每梭 1.0cm 内一直条并列经、纬向跳纱,每个	—	经向 10cm 内满 15 个	—
	断疵、布面拖纱	每个	—	—	—
	杂物织入	粗 0.1～0.2cm,每个	粗 0～0.3cm,每个	—	粗 0.3cm 以上每个,金属杂物织入,每个
油污疵点	浆斑、油经、流印、油纬、油花、油渍、布开花、锈经、煤灰纱、锈纬、不褪色锈渍、污渍、水渍、色渍	浅色的油纱,每长 1.0～10cm;深色的油纱,每长 0.5～5.0cm;浅色的油渍,0.5～2.0cm;经向 0.5m 内不到评分起点的油锈疵、褪色的色疵,每 3 个;污渍、水渍、流印、每长 2cm	深色的油、锈、浆色,0.3～1.0cm	—	—

注　1. 0.5m 内累计评分最多评 11 分。

2. 纬向疵点长 12cm 及以上作为一条。

3. 疵点名称的说明见表 4－1－32。

②标疵法:

a. 疵点标疵范围:见表 4－1－30。

表 4－1－30　疵点标疵范围

序　号	疵　点　名　称　和　程　度	标疵个数
1	5 根及以上的破洞、豁边、跳花,1cm 及以上的经缩波纹,影响组织的浆斑、霉斑,损伤布底的修正不良	1
2	经向 20cm 及以内、0.3cm×0.3cm 及以上的块状疵点	1
3	经向 20cm 及以内、0.3cm×0.3cm 以下的疵点满 10 个	1
4	经向 20cm 及以内、序号 1、2 疵点 4 个及以内	1

注　1. 0.5cm 的豁边,1cm 的破洞、烂边、稀弄,不对接轧梭,2cm 以上的跳花不能标疵,必须开剪,金属杂物织入必须剔除。

2. 标疵位置都应该在疵点存在的相应部位的布边上。

b. 标疵放布规定:疵点经向长度不足5cm的不放布;疵点经向长度为5~20cm的放布15cm。

c. 定等规定:标疵数在一等品允许范围内,为一等品;超过为降等品。

幅宽狭于规定要求的为降等品。

③计点法:

a. 在经纬方向上所有的疵点都按照它们的长度计点,计点规定见表4-1-31。

表4-1-31　计点规定

疵点点数	1点	2点	3点	4点
疵点长度	3cm以内	3.0~20cm	20~50cm	50cm以上
距布边12cm以内	—	100cm	—	—
破洞	—	—	—	1.5cm以下

b. 疵点的标记:4点的疵点用红色;2点和3点的疵点用绿色;1点的疵点只计数。

c. 一等品内不允许有红色标记。

d. 用计点法来评定布匹的等级时,应该规定一个约定匹长中允许存在的疵点的点数和疵点的标记数。例如:幅宽为150cm,布匹每100m,一等品少于55个点和22个记号;二等品少于85个点和35个记号;三等品大于85个点和35个记号。

e. 距布边12cm以内的经向疵点每米记2个点,不作标记。

(4)布面疵点的计量规定:

①疵点的长度以经向或纬向最大长度量计。

②表4-1-26、表4-1-27采用划"条"的量计方法。划"条"的量计方法规定如下:

a. 一个或几个经(纬)向疵点,在宽1cm及以内的按一条评分,宽度超过1cm的每1cm为一条,不足1cm的按一条计。

b. 在一条内断续发生的疵点,在经(纬)向计量范围内有两个及以上的则按连续长度评分。

c. 在一条内有两个及以上经(纬)向明显疵点(包括不同名称的疵点)断续发生(间距在计量范围内时),按程度重的全部量或分别量从轻评分。

③经(纬)向明显疵点及严重疵点,经向长度超过1m的,其超过部分按表4-1-26、表4-1-27再行评分。

④主要疵点按表4-1-26、表4-1-27或表4-1-28评分。

⑤次要疵点评分可以按主要疵点评分要求酌减,按产品标准要求执行。

(5)疵点程度的规定:

①竹节、粗经、粗纬、经缩、拆痕、修正不良、油疵七种疵点程度按GB/T 406"本色布"布面疵点样照或GB/T 5325"经梳涤/棉本色布"布面疵点样照执行。

②稀纬、密路以叠起来看得清楚为明显,单层看得清楚,叠起来看不清楚为不明显。若发生争议时,以点根数加以区别。

5. 检验报告

(1)阐明检验是按本标准进行的、所采用的方法。

(2)被检产品的名称、规格、受检单位名称。

(3)受检产品的数量,包括段数、段长和检验结果。

(4)受检日期、检验人员的签名。

(5)现场检验应说明的问题。

各类布面疵点的具体内容见表4-1-32。

表4-1-32　各类布面疵点

A1 经向明显疵点	竹节、粗经、线密度用错、综穿错、筘路、筘穿错、多股经、双经、并线松紧、松经、紧经、吊经、经缩波纹、断经、断疵、沉纱、星跳、跳纱、棉球、结头、边撑疵、拖纱、修正不良、错纤维、油渍、油经、锈渍、不褪色色经、不褪色色渍、水渍、污渍、浆斑、布开花、油花纱、猫耳朵、凹边、烂边、花经、长条影、针路、磨痕、木辊皱、荷叶边、经缩方眼、边撑眼、锈经、煤灰纱
A2 纬向明显疵点	错纬、(包括粗、细、紧、松)、条干不匀、脱纬、双纬、纬缩、毛边、云织、杂物织入、花纬、油纬、锈纬、不褪色色纬、煤灰纱、百脚(包括线状及锯状)、断纬
A3　横档	拆痕、稀纬、密路
A4 严重疵点	破洞、豁边、跳花、稀弄、经缩浪纹(三楞起算)、并列3根吊经、松经(包括隔开1~2根好纱的)、不对接轧梭、1cm的烂边、金属杂物织入、影响组织的浆斑、霉斑、损伤布底的修正不良、经向5cm内正幅中满10个结头或边撑疵
A5	经向疵点及纬向疵点中,有些疵点是这两类共同性的,如竹节、跳纱等。在分类中只列入经向疵点一类,如在纬向出现时,应按纬向疵点评分
A6	如在布面上出现上述未包括的疵点,按相似疵点评分

疵点名称的说明见表4-1-33。

表4-1-33　布面疵点名称说明

B1　破洞	3根及以上经纬纱共断或单断经、纬纱(包括隔开1~2根好纱),经纬纱起圈高出布面0.3cm,反面形似破洞
B2　豁边	边组织内3根及以上经、纬纱共断或单断经、纬纱(包括隔开1~2根好纱)。双边纱2根作1根计,3根及以上有1根算1根
B3　跳花	3根及以上的经、纬纱相互脱离组织,包括隔开一个完全组织
B4　烂边	边组织内单断纬纱,一处断3根的
B5　修正不良	布面被刮起毛,起皱不平,经、纬纱交叉不匀或只修不整
B6　霉斑	受潮后布面出现霉点(斑)
B7　毛边	由于边剪作用不良或其他原因,使纬纱不正常被带入织物内(包括距边5cm以下的双纬和脱纬)
B8　结头	影响后工序质量的结头
B9　纬缩	纬纱扭结织入布内或起圈现于布面(包括经纱起圈及松纬缩三楞起算)
B10　边撑疵	边撑或刺毛辊使织物中纱线起毛或轧断
B11　棉球	织造中纱线受摩擦后纤维呈球状
B12　竹节	纱线上短片段的粗节
B13　星跳	1根经纱或纬纱跳过2~4根形成星点状
B14　跳纱	1~2根经纱或纬纱跳过5根及以上
B15　断疵	经纱断头纱尾织入布内

续表

B16　拖纱	拖在布面或布边上未剪去的纱头
B17　杂物	飞花、回丝、油花、皮质、木质、金属(包括瓷器)等杂物织入
B18　断经	织物内经纱断缺
B19　沉纱	由于提综不良,造成经纱浮在布面
B20　错纤维	异纤维纱线织入
B21　综穿错	没有按工艺要求穿综,而造成布面组织错乱
B22　粗经	直径偏粗,长5cm及以上的经纱织入布内
B23　吊经	部分经纱在织物中张力过大
B24　紧经	部分经纱捻度过大
B25　松经	指部分经纱张力松弛,织入布内
B26　并线松紧	单纱加捻为股线时张力不匀
B27　双经	单纱(线)织物中有2根经纱并列织入
B28　筘路	织物经向呈现条状稀密不匀
B29　筘穿错	没有按工艺要求穿筘,造成布面上经纱排列不匀
B30　针路	由于点啄断纬自停装置不良,造成经向密集的针痕
B31　经缩	部分经纱受意外张力后松弛,使织物表面呈现块状或条状的起伏不平
B32　拆痕	拆布后布面上留下的起毛痕迹和布面揩浆抹水
B33　双纬	单纬织物一梭口内有2根纬纱织入布内
B34　脱纬	一梭口内有3根及以上的纬纱织入布内(包括连续双纬)
B35　煤灰纱	被空气中的煤灰污染的纱(单层检验为准,对深色油卡)
B36　密路	纬密多于工艺标准规定
B37　稀纬	纬密少于工艺标准规定
B38　条干不匀	叠起来看,前后都能与正常纱线明显划分得开的较差的纬纱条干
B39　云织	纬纱密度稀密相间,呈规律性的段稀段密
B40　错纬	直径偏粗、偏细,长5cm及以上的纬纱、紧捻、松捻纱织入布内
B41　花纬	由于配棉成分变化或陈旧的纬纱,使布面色泽不同,且有1~2个分界线
B42　花经	由于配棉成分变化,使布面色泽不同
B43　百脚	斜纹或缎纹织物一个完全组织内缺1~2根纬纱(包括多头百脚)
B44　水渍	织物沾水后留下的痕迹
B45　污渍	织物沾污后留下痕迹
B46　磨痕	布面经向形成一直条的痕迹
B47　浆斑	浆块附着布面,影响织物组织
B48　布开花	异纤维或色纤维混入纱线中织入布内
B49　宽、狭幅	幅宽上下偏差超过标准规定
B50　凹边	凹进布边0.5cm及以上
B51　猫耳朵	凸出布边0.5cm及以上
B52　荷叶边	布边呈荷叶状的
B53　木辊皱	织物经向有三层折叠在一起而形成的折痕
B54　稀弄	纬纱密度1cm少5根及以上的
B55　边撑眼	边撑刺辊使织物上造成边部密集的刺眼

二、棉及化纤纯纺、混纺本色布标志与包装(FZ/T 10009—1996)

1. 范围　本标准规定了棉及化纤纯纺、混纺机织生产的本色布的标志和包装。适用于棉及化纤纯纺、混纺机织生产的本色布(不包括产业用布),如对标志和包装有特殊要求的,由供需双方协商办理。

2. 标志

(1)标志要求:本色布的标志应明确、清楚、耐久、便于识别。

(2)包内标志:

①市销布的标志:每段布应在布端正面5cm处粘贴说明书或盖说明书印记,两端加盖梢印。布头说明书见表4-1-34。

表4-1-34　布头说明书

(注册商标)	(厂名)			
	品　名		品　等	
	经/纬纱线密度(tex)		实际长度(m)	
	经/纬密度(根/10cm)			
	幅宽(cm)			
标准代号				

②加工坯布的标志:每段布上布端5cm内,加盖品等印记(一等品可不盖印记),打在布上的印记,应用易于洗掉的染料。

(3)包外标志:

①筒包装:使用吊牌或在布包外标明品种规格、品等及加工类别(如漂白、染色、印花等)。

②平包装:在包的两端刷唛,内容见表4-1-35。

表4-1-35　包外标志内容

(地区)		(厂名)	
(商标)		(品名)	
品　等		加工类别	
段数(段) 总长度(m) 成包重量(kg) 成包日期　年　月　日			切勿受潮

注　1. 各项标志字体一律用仿宋体或楷书。

2. 拼件、大小零布的段长记录单,放在包装的一端,包外刷"段长记录单在此"字样,或刷指示箭头等标记。

3. 品名必须标明布的纤维类别或混纺比例。

3. 包装　棉及化纤纯纺、混纺本色布的包装,应保证产品质量不受损伤,外观整洁,并适于储存和运输。

(1)包装材料:见表4-1-36。

表4-1-36 包装材料规格及技术要求

材料名称	材料规格	技术要求	备注
包皮布	粗平布	经、纬向断裂强力一般不低于294N	可用牢度相当的代用品
牛皮纸	60~80g/m²	按ZB Y32 014规定	出口包装用80g/m²
塑料薄膜	吹塑聚乙烯或聚丙烯薄膜,厚度0.03~0.05mm	按GB 4456规定	—
捆扎绳	聚丙烯带,宽150~200mm	应保证捆扎牢度,捆扎绳断裂强力不低于932N	可用牢度相当的代用品
捆扎铁皮带	20号	防锈处理	或用牢度相当的丙烯带及其他代用品
缝包线	28tex×(12~21),棉线	—	出口包装用28tex股线,也可用牢度相当的代用品

(2)包装方式:见表4-1-37。

表4-1-37 包装方式及技术要求

包装类型		叠布方法	技术要求	备注
折叠包装	简包装	每一折幅为1m(或1码),每段布折叠为对折或三折,反面布头包住	捆扎紧牢,布头保持平整,不得皱乱	如用户另有要求,由供需双方协商决定
	平包装	每一折幅为1m(或1码),折叠为对折或三折	包外加包皮布,预压力后捆扎,打包紧度以插不进手为准。包外覆盖完整、严密。成包后,包布搭头处应叠盖10cm,包头必须缝牢,针距不得超过5cm	
	精包装	折叠为对折或数折	同平包装,但包内垫牛皮纸,塑料薄膜或拖蜡纸,预压力后用铁皮带(或1.5cm宽的丙纶带及相当牢度的代用品)捆扎,搭头处缠牛皮纸或用牢度相当的代用品。缝包针距不超过3cm。每针一个套结,缝头两端为死结	
卷筒包装	卷筒包	平幅或双折,方面在外	卷紧,中间布不得褶皱,外套织物袋,接头处缝严密	

(3)包装规格：

①棉及化纤纯纺、混纺本色布的成包重量：筒包装、平包装的重量一般不得超过100kg，精包装一般不得超过150kg，卷筒包装由供需双方协议决定。

②成包体积根据织物紧度和成包重量确定。

③棉及化纤纯纺、混纺本色布成包时，实际回潮率不得超过表4-1-38规定范围，个别地区因特殊情况由供需双方协商决定。

表4-1-38 本色布成包实际回潮率控制范围

布　别	回潮率不大于(%)	布　别	回潮率不大于(%)
粘胶纤维纯纺布	16	棉/维混纺布	9.5
棉粘混纺布	16	涤/棉混纺布	7
纯棉布	9.5	涤/粘混纺布	7

④坯布段长公差：双联匹落布长±1m；三联匹及以上落布段长-1~+2m。

⑤凡印染成品允许拼件或假开剪者，坯布可实行假开剪成包。

假开剪的布，必须符合标准落布段长范围规定，不符合标准落布段长范围的，不准假开剪。假开剪的疵点应是评为10分或5分及难于修好的疵点，假开剪后各段布都应是一等品。假开剪的处数，双联匹落布段长允许两处，三联匹及以上落布段长允许三处。处于处之间相距不小于20m，距布端或布尾不小于10m。幅宽在150cm及以上的布匹，假开剪的距离不作规定，假开剪的长度，不得超过半米。每个假开剪长度不到10cm的扣除10cm，超过10cm的按实际长度扣除。按墨印长度交货者，假开剪疵点不再扣除长度，假开剪疵点处应作明显的标志。如假开剪布另行成包，应作出标志。假开剪率计算公式如下：

$$\text{假开剪率}(\%)=\frac{\text{该品种假开剪产量(包数)}}{\text{该品种坯布总产量(包数)}}\times 100\%$$

⑥拼件成包办法规定：市销布拼件段数，为一包布规定匹数的110%，不足一段的作一段计，除允许一段段长在10~19.9m(幅宽150cm及以上的织物允许一段段长6~19.9m)外，其余各段应在20m及以上。凡加工坯布拼件，加工后允许拼件的，可实行拼件，其段数为每包规定落布数的200%。除允许一段段长在10~19.9m(幅宽150cm及以上的织物允许一段段长6~19.9m)外，其余各段应在20m及以上。拼件布每包必须有段长记录单，记录单放在第一段布折叠处中间部位。拼件布筒装的可在标签上写明每段布的长度。加工拼件布不允许有假开剪布。拼件率计算公式如下：

$$\text{加工坯布拼件率}(\%)=\frac{\text{该品种加工坯布拼件包数}}{\text{该品种加工坯布总包数}}\times 100\%$$

$$\text{市销布拼件率}(\%)=\frac{\text{该品种市销布拼件包数}}{\text{该品种市销布总包数}}\times 100\%$$

⑦凡印染加工允许短于标准落布段长的，可根据印染厂要求的段长另行成包。

⑧印染加工坯布可采用联匹混等成包的办法。

⑨零布成包段长规定见表4-1-39。

表 4-1-39 零布成包段长规定

幅宽(cm)	零布段长(m)				
	大 零	中 零	小 零	疵 零	角 布
150 以下	10~19.9	5~9.9	1~4.9	0.2~0.9	0.2 以下
150 以上	6~19.9	3~5.9	1~2.9		

注 大零布根据品等成包,超过 20m 但不足匹长、又不符合拼件要求的,也按大零布处理。中零布成包限于一等品,小零布不允许有六大疵点,疵布不受疵零布长度限制。

第五节 棉布质量统计

一、纱织疵率

纱织疵率分为下机纱织疵率(即修前纱织疵率)及入库纱织疵率(即修后纱织疵率)两种。

$$分品种纱(织)疵率 = \frac{纱(织)疵匹数 \times 匹长}{入库产量} \times 100\%$$

$$混合纱(织)疵率 = \frac{[甲品种纱(织)疵数 \times 匹长] + [乙品种纱(织)疵数 \times 匹长] + \cdots\cdots}{入库总产量} \times 100\%$$

二、下机匹扯分

$$下机匹扯分 = \frac{下机全部疵点总分}{检验匹数}$$

三、下机一等品率

$$下机一等品率 = \frac{抽查下机一等品数}{抽查总匹数} \times 100\%$$

四、入库一等品率

$$入库一等品率 = \frac{入库一等品总米数}{入库总米数} \times 100\%$$

五、漏验率

$$漏验率 = \frac{抽查漏验匹数}{抽查总匹数} \times 100\%$$

六、假开剪率

$$假开剪率=\frac{本月假开剪产量(件)}{本月总产量(件)}\times100\%$$

七、联匹拼件率

$$联匹拼件率=\frac{本月联匹拼件产量(件)}{本月总产量(件)}\times100\%$$

第二章　棉织物印染和后整理

第一节　棉织物的前处理

前处理是棉织物整个染整加工的第一道工序。前处理的目的是去除纤维上所含的天然杂质以及在纺织加工中施加的浆料和沾染的油污等，使纤维充分发挥其优良品质，并使织物具有洁白、柔软以及良好的渗透性能，以满足服用要求，并为染色、印花、整理提供合格的半成品。

棉织物的前处理，包括原布准备、烧毛、退浆、煮练、漂白、开轧烘和丝光工序，以去除纤维中的果胶、蜡质、棉籽壳和浆料等杂质，提高织物的外观及内在质量。印染布基本工艺如下。

1. 纯棉类织物

坯布检验→翻布打印→缝头→烧毛→煮练→漂白→丝光→回漂→（染色／棉加白／印花）→整理→预缩→验码成品

2. 麻类及麻/棉类织物

坯布检验→翻布打印→缝头→烧毛→退浆→烧毛→煮练→漂白（氯漂）→漂白（氧漂）→丝光→（染色／棉加白／印花）→整理→预缩→验码成品

3. 涤/棉类织物

坯布检验→翻布打印→缝头→烧毛→煮练→漂白(氧漂)→丝光→定型→（染色／涤加白→棉加白／印花）→整理→预缩→验码成品

4. 棉/锦类织物

坯布检验→翻布打印→缝头→烧毛→煮练→漂白(氧漂)→丝光→定型→（染色／锦纶加白→棉加白／印花）→整理→预缩→验码成品

5. 粘胶纤维类织物

坯布检验→翻布打印→缝头→烧毛→酶退浆→漂白→回漂→（染色／棉加白／印花）→整理→预缩→验码成品

一、原布准备

纺织厂织好的布称原布或坯布，原布准备是染整加工的第一道工序。原布准备包括原布检验、翻布（分批、分箱、打印）和缝头。

（一）原布检验

原布在进行前处理加工之前，都要经过检验，发现问题及时采取措施，以保证成品的质量和避免不必要的损失。检验内容包括物理指标和外观疵点两方面。前者包括原布的长度、幅宽、重量、经纬纱线密度和密度、强力等指标，后者主要是指纺织过程中所形成的疵病，如缺经、断纬、跳纱、油污纱、色纱、棉结、斑渍、筘条、稀弄、破洞等。一般对漂布的油污，色布的棉结、筘条、密路要求较严，而对花布，由于其花纹能遮盖某些疵病，因此外观疵病要求相对低一些。

（二）翻布（分批、分箱、打印）

为了便于管理，常把同规格、同工艺原布划为一类加以分批分箱。每批数量主要是按照原布的情况和后加工要求而定。如煮布锅按锅容量、绳状连续机按堆布池容量。分箱原则按布箱大小、原布组织和有利于运送而定，一般为60～80匹。为了便于绳状双头加工，分箱数应为双数。卷染加工织物应使每箱布能分成若干整卷为宜。

翻布时将布匹翻摆在堆布板上，做到正反一致，同时拉出两个布头子，要求布边整齐。

为了便于识别和管理，每箱布的两头（卷染布在每卷布的两头），打上印记，部位离布头10～20cm处，标明原布品类、加工工艺、批号、箱号（卷染包括卷号）、发布日期、翻布人代号等。印油一般常用机油与炭黑以（5～10）∶1充分拌匀、加热调制而成。

每箱布都附有一张分箱卡（卷染布每卷都有），注明织物的品种、批号、箱号（卷号），便于管理。

（三）缝头

布匹下织机后的长度一般为30～120m，而印染厂的加工多属连续进行。为了确保成批连续加工，必须将原布加以缝接，缝头要求平整、坚牢、边齐，在两布边1～3cm还应加密，防止开口、卷边和后加工时产生皱条。如发现纺织厂开剪歪斜，应撕掉布头后缝头，防止织物纬斜。

常用的缝接方法有环缝和平缝两种。环缝式最常用，卷染、印花、轧光、电光等织物，必须用环缝。在机台箱与箱之间的布用平缝连接。但布头重叠，在卷染时产生横档疵病，轧光时会损伤轧辊。

二、烧毛

棉织物在前处理前一般都先要烧毛，通过烧去布面上绒毛，使布面光洁，并防止在染色、印花时，因绒毛存在而产生染色和印花疵病。目前使用最广泛的烧毛机是气体烧毛机。

（一）烧毛质量的评定

取烧毛后的半制品置于明亮处，以目光测布面质量（视线与布面平行），按下列标准进行评级，见表4－2－1。

表4－2－1　烧毛质量评定

1级	2级	3级	4级	5级
原布未经烧毛	有少量的长纤毛	基本没有长纤毛	仅有较整齐的短纤毛	烧毛匀净

一般织物要求 3~4 级,质量要求高的织物要求 4 级,甚至 4~5 级,稀薄织物达到 3 级即可,另外,烧毛还必须均匀,否则经染色、印花后便呈现色泽不匀,需重新烧毛。

(二)工艺流程

刷毛→烧毛→灭火(蒸汽、喷雾灭火或浸轧退浆废液)。

(三)工艺条件(表 4-2-2)

表 4-2-2 棉织物和涤棉混纺织物烧毛工艺条件(使用气体烧毛机)

项目		棉织物	涤/棉混纺织物
烧毛面	稀薄织物	一正一反	一正一反
	一般织物	二正二反	二正二反或一正一反两次
	单面织物	三正一反(或四正)	三正一反
布速(m/min)	稀薄织物	100~140	120~140
	一般织物	80~100	90~100
	厚重织物	60~80	70~90
织物与火焰距离(cm)	稀薄织物	1~1.2	1.2~1.6
	一般织物	0.8~1.0	2.0~1.2
	厚重织物	0.5~0.8	0.8~1.0
火焰温度(℃)		800~900	800~900

三、退浆

棉织物一般用淀粉或变性淀粉浆料、聚乙烯醇(PVA)和聚丙烯酸(酯)浆料混合上浆,在浆液中还加有润滑剂、柔软剂、防腐剂等助剂。实际生产中应根据原布的品种、浆料组成情况、退浆要求和工厂设备等,选用适当的退浆方法。

(一)常用浆料的性质

见第二篇第三章。

(二)常用退浆工艺(表 4-2-3)

表 4-2-3 棉织物常用退浆工艺

方法		工艺流程	浓度(g/L)	温度(℃)	堆置时间	pH 值
酶退浆	保温堆置法	预水洗→浸轧酶液→堆置→水洗	BF7658 淀粉酶(2000 倍)1~2,活化剂(食盐)5,渗透剂 JFC 1~2	预水洗 65~70,轧酶 55~60,堆置 45~50	2~4h	6~7
			Suhong Desizyme 2000L(宽温幅退浆酶)0.5~2.5,非离子渗透剂 0.5	预水洗 80~95,轧酶 70~80,堆置 70~80	2~4h	5.5~7.5
	高温汽蒸法	预水洗→浸轧酶液→(堆置)→汽蒸→水洗	BF7658 淀粉酶(2000 倍)1~2,活化剂(食盐)5,渗透剂 JFC 1~2	预水洗 65~70,轧酶 55~60,汽蒸 100~102	堆置 20min,汽蒸 5min	6~7
			Suhong Desizyme 2000L 0.3~2,非离子渗透剂 0.5	预水洗 80~95,轧酶 80,汽蒸 95~100	堆置 10~20min,汽蒸 1~3min	5.5~7.5

续表

方法		工艺流程	浓度(g/L)	温度(℃)	堆置时间	pH 值
酶退浆	热水浴法	预水洗→浸轧酶液→堆置→热水浴→水洗	BF7658 淀粉酶(2000 倍)1~2,活化剂(食盐)5,渗透剂 JFC 1~2	预水洗 65~70,轧酶 55~60,热水浴 95~98	堆置 20min,热水浴 20~30s	6~7
碱退浆	平幅堆置法	平幅轧碱→堆置→热水浴→水洗	烧碱 10~15,润湿剂 1~2	轧碱 60~70,热水洗 80以上	0.5~1h	
	平幅汽蒸法	平幅轧碱→汽蒸→热水浴→水洗	烧碱 6~10,润湿剂 1~2	轧碱 80~85,汽蒸 100~102	1~1.5h	
	绳状堆置法	平幅轧碱→绳状轧碱→堆置→水洗	烧碱: 平幅 3~5,绳状 5~10,润湿剂 1~2	平幅 80~85,绳状 70~80	6~10h	
双氧水—烧碱退浆	一浴法	浸轧退浆液→汽蒸→热水洗→冷水洗	双氧水(100%)4~6,烧碱 8~10,润湿剂 2~4	汽蒸 100~102,热水洗 80~85	1~2h	—
	二浴法	浸轧双氧水→浸轧碱液→热水洗→冷水洗	双氧水(100%)4~6,润湿剂 2~4,烧碱 8~10	双氧水 40~50,碱液 85~90,热水洗 80~85	—	双氧水浴 6.5

注　涤棉混纺织物宜采用平幅碱退浆或双氧水—烧碱退浆。

(三)常用退浆方法比较(表 4-2-4)

表 4-2-4　棉织物常用退浆方法比较

退浆方法	品种适应性	优　缺　点
酶退浆	用于以淀粉上浆及以淀粉为主与其他浆料混合上浆的各类织物	工艺简单,操作方便,淀粉浆去除较为完全,同时不损伤纤维。缺点是不能去除浆料中的油剂和原布上的天然杂质,对化学浆料也无退浆作用
碱退浆	用于各种棉织物及涤/棉混纺织物的退浆	使用广泛,对各种浆料都有退浆作用,可利用丝光或煮练后的废碱液,故其退浆成本低。对天然杂质的去除较多,对棉籽壳所起作用较大,特别适用于含天然杂质较多的原布。其缺点是堆置时间较长,生产效率低
双氧水—烧碱退浆	用于以 PVA 上浆及以 PVA 为主与其他浆料混合上浆的涤/棉混纺织物	退浆速率快,效率高,织物白度增加,退浆后织物手感柔软。缺点是在去除浆料的同时,也会使纤维素氧化降解,损伤棉织物

四、煮练

棉织物经过退浆后,大部分浆料及部分天然杂质已被去除,但棉纤维中大部分天然杂质,如蜡状物质、果胶物质、含氮物质、棉籽壳及部分油剂和少量浆料等还残留在棉织物上,使棉织物布面较黄、渗透性差,不能适应染色、印花加工的要求。为了使棉织物具有一定的吸水性,有利于印染过程中染料的吸附、扩散,退浆后还要经过煮练,去除棉纤维中大部分残留杂质。涤/棉混纺织物煮练时要针对涤纶耐碱性差的性质,采用与纯棉织物不同的煮练工艺。

一般煮练后的棉织物,毛细管效应应大于8cm/30min。

(一)煮布锅煮练

1. 工艺流程

轧碱→进锅→煮练→水洗

2. 工艺条件(表4-2-5)

表4-2-5　煮布锅煮练工艺条件

项目		稀薄棉织物	厚重棉织物
轧碱	烧碱(g/L)	8~10	12~15
	温度(℃)	50~60	50~60
	轧余率(%)	110~130	110~130
煮练	烧碱(100%,对织物重,%)	2.5~3.0	3.4~4.0
	渗透剂(对织物重,%)	0.5~1.0	1.5~1.0
	水玻璃(比重1.4)(对织物重,%)	0.5~0.8	0.5~0.8
	磷酸三钠(g/L)	0~1.0	0~1.0
	浴比	1:2.5~3.5	1:2.5~3.5
	压强(MPa)	0.18~0.21	1.18~0.21
	温度(℃)	130~134	130~134
	时间(h)	3.0~5.0	4.0~6.0

注　煮练用碱量包括轧碱用量在内。

(二)连续汽蒸煮练

1. 常压绳状连续汽蒸煮练(J形箱式)　棉织物经过退浆和充分水洗后,便可进入J形箱式常压绳状连续汽蒸练漂机(一般双头)进行加工。该机最大特点是快速,车速140~200m/min,生产效率高。

(1)工艺流程:

轧碱→汽蒸→(轧碱→汽蒸)→水洗(2~3次)

(2)工艺条件(表4-2-6)。

表4-2-6　常压绳状连续汽蒸煮练工艺条件

项目	棉织物	
	薄织物	厚重织物
烧碱(100%)(g/L)	20~30	30~40
渗透剂(g/L)	5~8	5~8

续表

项 目	棉织物	
	薄织物	厚重织物
亚硫酸氢钠(g/L)	0~5	0~5
磷酸三钠(g/L)	0~1	0~1
轧碱温度(℃)	85~90	85~90
轧余率(%)	110~130	110~130
汽蒸时间(一次)(min)	60~90	60~90
汽蒸温度(℃)	100~102	100~102

2. 平幅连续汽蒸煮练　平幅连续汽蒸煮练有常压汽蒸煮练和高温高压汽蒸煮练两种。前者应用较为广泛，一般用于纯棉及其混纺织物。汽蒸箱有J形箱式、履带式、叠卷式以及翻板式等多种形式。高温高压汽蒸煮练特别适合于厚重棉织物的煮练。

(1)工艺流程：常压汽蒸煮练工艺流程：

轧碱→汽蒸→(轧碱→汽蒸)→水洗

高温高压汽蒸煮练工艺流程：

轧碱→汽蒸→水洗

(2)工艺条件：平幅连续汽蒸煮练工艺条件见表4-2-7。

表4-2-7　平幅连续汽蒸煮练工艺条件

项 目	棉织物	
	常压汽蒸煮练	高温高压汽蒸煮练②
烧碱(100%)(g/L)	25~50①	35~45
渗透剂(g/L)	5~10	10~15
亚硫酸氢钠(g/L)	0~5	0~5
磷酸三钠(g/L)	0~1	0~1
轧碱温度(℃)	85~90	85~90
轧余率(%)	80~90	110~130
汽蒸时间(一次)(min)	60~90	3~5
汽蒸温度(℃)	100~102	132~138

①薄棉织物25~35g/L，厚重棉织物35~50g/L。

②适合厚重棉织物。

五、漂白

棉织物煮练后，杂质明显减少，吸水性有很大改善，但由于纤维上还有天然色素存在，其外观尚不够洁白，除少数品种外，一般还要进行漂白，否则会影响染色或印花色泽的鲜艳度。漂白的目的在于破坏色素，赋予织物必要的和稳定的白度，同时保证纤维不受到明显的损伤。

用于棉织物的漂白剂主要有次氯酸钠、过氧化氢和亚氯酸钠，其工艺分别简称为氯漂、氧漂

伸度和尺寸稳定性等物理机械性能有不同程度变化，纤维的化学反应和对染料的吸附性能也有了提高。

棉织物经丝光后，半制品钡值要求在135以上。

丝光过程中，织物上洗下来的淡碱数量很大，需经澄清、预热和蒸浓处理加以回收利用。

（一）丝光工艺（使用布铗丝光机）

轧碱→绷布透风→轧碱→扩幅冲洗→蒸洗→水洗→（中和）→水洗

（二）工艺条件

布铗丝光机丝光工艺条件见表4-2-13。

表4-2-13 布铗丝光机丝光工艺条件

项目	条件
轧余率（%）	55~60（湿布丝光）
碱液浓度（g/L）	180~280
织物与浓碱作用时间（s）	50~60
碱液温度	室温
张力	一般纬向张力应使织物门幅达到坯布幅宽，甚至略为超过；经向张力以控制丝光前后织物无伸长为好
去碱温度	棉织物冲洗碱温度，一般在70℃左右，去碱箱温度不低于95℃，第一格水洗槽温度在80℃左右。涤/棉混纺织物均以在70℃左右为宜
回收淡碱液浓度（g/L）	40~50

（三）丝光工序安排及特点（表4-2-14）

表4-2-14 丝光工序安排及特点

丝光工序安排	特点
原布丝光	对于某些不需要练漂加工的品种（如黑布），一些单纯要求通过丝光处理以提高强度、降低断裂伸长的工业用布以及门幅收缩较大、遇水易卷边的织物，宜用原布丝光，但丝光不易均匀
漂后丝光	可以获得较好的丝光效果，纤维的脆损和绳状折痕少，是目前最常用工序，但织物白度稍有降低
漂前丝光	所得织物的白度及手感较好，但丝光效果不如漂后丝光，且在漂白过程中纤维较易损伤，不适用于染色品种，尤其是厚重织物的加工
染后丝光	织物表面无染料附着，色泽较匀净，但废碱有颜色。适用于某些容易擦伤或匀染性极差的品种

八、其他织物的前处理工艺（表4-2-15）

表4-2-15 其他织物前处理工艺

织物种类	前处理工艺流程
绒类织物	翻布缝头→退浆→煮练→漂白→开轧烘（→上柔软剂）→起绒

续表

<table>
<tr><th colspan="2">织物种类</th><th>前处理工艺流程</th></tr>
<tr><td colspan="2">灯芯绒织物</td><td>翻布缝头→轧碱缩幅或喷汽缩幅→割绒→检验修补→退浆→烘干→刷绒→烧毛→煮练→漂白</td></tr>
<tr><td rowspan="2">色织物</td><td>纯棉色织物</td><td>(1)丝光整理工艺
翻布缝头→烧毛→退浆→丝光→烘干→后整理
(2)漂白、丝光整理工艺
翻布缝头→烧毛→退浆→漂白→开轧烘→丝光→烘干→后整理
(3)煮漂、丝光整理工艺
翻布缝头→烧毛→退浆→煮练→漂白→开轧烘→丝光→烘干→后整理</td></tr>
<tr><td>涤/棉色织物</td><td>(1)深色织物的前处理工艺
翻布缝头→烧毛→退浆→丝光→热定形→后整理
(2)不漂浅色织物的前处理工艺
翻布缝头→烧毛→退浆→丝光→涤增白→热定形→皂洗→烘干→后整理
(3)漂白浅色织物整理
翻布缝头→烧毛→退浆→漂白→丝光→涤增白→热定形→皂洗→烘干→后整理</td></tr>
</table>

九、高效短流程前处理工艺

传统的退浆、煮练、漂白三步法前处理工艺稳妥和重现性好，但机台多，能耗大，时间长，效率低。从降低能耗，提高生产效率出发，可以把三步法前处理工艺缩短为二步法或一步法工艺，称为短流程前处理工艺，是棉织物前处理的发展方向。近几年来，旨在缩短工艺流程，提高生产效率，降低生产成本的各种短流程前处理生产工艺不断涌现，限于篇幅，这里仅举几例。

1. 冷轧堆工艺工艺流程

(1)烧毛→浸轧冷堆液(烧碱40~50g/L，双氧水24~30g/L，稳定剂W—80 8~10g/L，水玻璃8~10g/L，助练剂M_1 7~8g/L，过硫酸钾4~6g/L，轧余率85%~90%)→打卷堆放(塑料布密封包扎，转速5~6r/min，冷堆24h)→采用汽蒸平洗烘联机水洗。

本工艺适用于纯棉薄、中、厚织物。

(2)烧毛→浸轧冷堆液(烧碱30~40g/L，100%双氧水24~30g/L，稳定剂W—80 6g/L，水玻璃8~10g/L，煮练剂ZH—11 8g/L，多浸多轧，室温)→打卷堆放(塑料布密封包扎，转速8r/min，冷堆24h)→水洗、皂洗→烘干

本工艺适用于纯棉、涤/棉中厚织物。

2. 汽蒸工艺工艺流程

(1)烧毛(二正二反，轧热水灭火)→浸轧热水→浸轧碱氧液(烧碱7~14g/L，100%双氧水5~12g/L，水玻璃6.5~10.5g/L，硫酸镁6~10g/L，磷酸钠0.5~0.8g/L，渗透剂4~6g/L，净洗剂4~6g/L，室温)→汽蒸(98~100℃，60min)→热水洗→冷水洗→烘干

本工艺适用于纯棉纱卡、细布、绉纹呢及涤/棉细平布。

(2)烧毛→浸轧处理液(100%双氧水8g/L，水玻璃10g/L，煮练剂ESA—864 2%，磷酸钠1g/L，渗透剂2g/L，烧碱适量，pH值10.5~11)→汽蒸(100℃，60min)→充分热水洗→冷水洗→烘干

本工艺适用于涤/棉细布。

第二节 棉织物染色

一、直接染料染色

直接染料品种多、色谱全、用途广、成本低,是一类应用历史较长、应用方法简便的染料。但其耐洗牢度不好,日晒牢度欠佳,除染浅色外,一般都要进行固色处理,以提高其牢度。在其他新型染料,如活性、还原等染料发展后,这类染料的应用量已逐渐减少,但由于其价格便宜,工艺简单,至今仍在使用。经改进的直接染料新品种,如直接铜盐染料、直接耐晒染料等,日晒牢度较高。直接染料可用于各种棉制品的染色,可用浸染、卷染、轧染和轧卷染色。但仅限于耐日晒而对湿处理牢度要求较低的装饰织物,如窗帘布、汽车座套以及工业用布等的染色。

(一)卷染工艺

1. 工艺流程

卷轴→卷染→水洗(→固色)→冷水上卷

2. 染色处方及工艺条件

直接染料卷染工艺见表4-2-16。

表4-2-16 直接染料卷染工艺

<table>
<tr><th colspan="3">项 目</th><th>浅 色</th><th>中 色</th><th>深 色</th></tr>
<tr><td rowspan="3">染液处方</td><td colspan="2">染料(对织物重)(%)</td><td><0.2</td><td>0.2~1</td><td>>1</td></tr>
<tr><td colspan="2">纯碱(g/L)</td><td>0.5~1</td><td>1~1.5</td><td>1.5~2</td></tr>
<tr><td colspan="2">食盐(g/L)</td><td>—</td><td>3~7</td><td>7~15</td></tr>
<tr><td rowspan="3">续缸染液处方</td><td colspan="2">染料(按头缸用量)(%)</td><td>80~90</td><td>70~85</td><td>60~80</td></tr>
<tr><td colspan="2">纯碱(按头缸用量)(%)</td><td>20~30</td><td>20~30</td><td>20~30</td></tr>
<tr><td colspan="2">食盐(按头缸用量)(%)</td><td>—</td><td>10~20</td><td>10~20</td></tr>
<tr><td rowspan="4">固色液处方
(任选一种)</td><td rowspan="2">1</td><td>硫酸铜(对织物重)(%)</td><td></td><td></td><td></td></tr>
<tr><td>30%醋酸(或85%蚁酸)(对织物重,%)</td><td></td><td></td><td></td></tr>
<tr><td rowspan="2">2</td><td>固色剂Y或M(对织物重,%)</td><td></td><td></td><td></td></tr>
<tr><td>30%醋酸(对织物重,%)</td><td></td><td></td><td></td></tr>
<tr><td rowspan="7">工艺条件</td><td>项 目</td><td>道 数</td><td>液量(L)</td><td colspan="2">温度(℃)</td></tr>
<tr><td>卷 轴</td><td>—</td><td>150</td><td colspan="2">60~70</td></tr>
<tr><td>染 色</td><td>6~12</td><td>150</td><td colspan="2">近 沸</td></tr>
<tr><td>水 洗</td><td>2</td><td>200</td><td colspan="2">室 温</td></tr>
<tr><td>固 色</td><td>4</td><td>150</td><td colspan="2">室温~60</td></tr>
<tr><td>水 洗</td><td>2</td><td>200</td><td colspan="2">室 温</td></tr>
<tr><td>上 轴</td><td>2</td><td>—</td><td colspan="2">—</td></tr>
</table>

(二)轧染工艺

1. 工艺流程

浸轧染液→汽蒸→水洗(→固色)→烘干

2. 染色处方及工艺条件

直接染料轧染工艺见表4-2-17。

表4-2-17　直接染料轧染工艺

项　目		浅、中、深
轧染液处方	染料(g/L)	0.2~10
	磷酸三钠(g/L)	0.5~1
	匀染剂(g/L)	2~5
固色液处方		参见表4-2-16
工艺条件	轧　染	40~60℃,一浸一轧或二浸二轧,轧余率80%~85%
	汽　蒸	100~102℃,45~60s
	水　洗	室　温
	固　色	室温~60℃
	水　洗	室　温

(三)染色实例(表4-2-18)

表4-2-18　直接染料染色实例

处方及工艺		翠蓝棉平布[19.4tex×19.4tex(30英支×30英支),48.5kg/卷]卷染	绯色本光棉平布[27.8tex×27.8tex(21英支×21英支)],轧染
染液处方	直接耐晒翠蓝GL(g)	350	—
	直接耐晒蓝B2RL(g)	7	—
	直接桃红12B(g)	—	100
	扩散剂N(g)	100	—
	匀染剂O(g)	—	100
	磷酸三钠(g)	100	1000
	食盐(g)	2×750	5000
	液量(L)	150	500
固色液处方	固色剂Y(g)	600	7
	醋酸(98%)(mL)	20	700
	液量(L)	150	500
工艺条件		卷染8道(95~100℃,食盐在3道、4道分两次加入)→冷水2道→固色4道(50℃)→冷洗2道→上卷	浸轧(一浸一轧,轧余率80%,60℃,轧槽进布处加挡板,开车冲淡25%)→汽蒸(100℃×1min,液封口)→冷流水洗→固色4道(60~70℃)→水洗→烘干

二、活性染料染色

活性染料是水溶性染料，分子中含有一个或一个以上的反应性基团（习称活性基团），在适当条件下，能与纤维素纤维中的羟基发生反应而形成共价键结合。活性染料也称为反应性染料。活性基团最常见的有氯代均三嗪（X 型和 K 型）、硫酸酯乙基砜（KN 型）和双活性基（M 型），此外还有卤代嘧啶型、膦酸基型、α－卤代丙烯酰胺型、喹喔啉型等。

活性染料生产较简便，价格较低，色泽鲜艳度好，色谱齐全，一般无需与其他类染料配套使用，而且染色牢度好，尤其是湿牢度。但活性染料难以染得深色，染料的利用率较低；有些活性染料品种的日晒、气候牢度较差；大多数活性染料的耐氯漂牢度较差。近年来，为提高活性染料的固色率，开发生产出了双活性基团的活性染料。为降低染色的用盐量，推出了低盐染色的活性染料，如汽巴公司的 Cibacron LS 活性染料。活性染料品种繁多，性能和牢度差别较大，应用时应根据纺织品的性质和用途加以选择。

活性染料的染色有浸染、卷染、轧染、冷轧堆染色等方法，一般用于中、浅色泽的染色。

（一）活性染料卷染工艺

活性染料卷染一般采用一浴二步法染色。X 型、M 型和 KN 型染料较适于卷染，可采用较低温度染色，对节约能源有利。

1. 工艺流程

卷染→加碱固色→水洗→皂洗→水洗→上卷

2. 染色处方及工艺条件

活性染料卷染工艺见表 4－2－19。

表 4－2－19 活性染料卷染工艺

<table>
<tr><td colspan="2" rowspan="2">项 目</td><td colspan="3">X 型</td><td colspan="3">K 型</td><td colspan="3">KN 型</td><td colspan="3">M 型</td></tr>
<tr><td>浅色</td><td>中色</td><td>深色</td><td>浅色</td><td>中色</td><td>深色</td><td>浅色</td><td>中色</td><td>深色</td><td>浅色</td><td>中色</td><td>深色</td></tr>
<tr><td rowspan="3">染色液</td><td>染料（对织物重）（%）</td><td><0.3</td><td>0.3～2</td><td>>2</td><td><0.3</td><td>0.3～2</td><td>>2</td><td><0.3</td><td>0.3～2</td><td>>2</td><td><0.3</td><td>0.3～2</td><td>>2</td></tr>
<tr><td>食盐（g/L）</td><td>3～10</td><td>10～20</td><td>20～30</td><td>5～12</td><td>12～20</td><td>20～30</td><td>15～20</td><td>20～25</td><td>25～30</td><td>3～15</td><td>10～20</td><td>20～30</td></tr>
<tr><td>液量（L）</td><td colspan="3">120～150</td><td colspan="3">120～150</td><td colspan="3">120～150</td><td colspan="3">120～150</td></tr>
<tr><td rowspan="2">固色液</td><td>碱剂（g/L）</td><td>5～10</td><td>10～15</td><td>15～20</td><td>10</td><td>10～15</td><td>15～20</td><td>10</td><td>10～15</td><td>15～20</td><td>10</td><td>10～15</td><td>15～20</td></tr>
<tr><td>液量（L）</td><td colspan="3">120～150</td><td colspan="3">120～150</td><td colspan="3">120～150</td><td colspan="3">120～150</td></tr>
<tr><td rowspan="2">皂洗液</td><td>净洗剂（g）</td><td colspan="3">500</td><td colspan="3">500</td><td colspan="3">500</td><td colspan="3">500</td></tr>
<tr><td>液量（L）</td><td colspan="3">120</td><td colspan="3">120</td><td colspan="3">120</td><td colspan="3">120</td></tr>
</table>

<table>
<tr><td rowspan="6">工艺条件</td><td>项 目</td><td>道数</td><td>温度（℃）</td><td>道数</td><td>温度（℃）</td><td>道数</td><td>温度（℃）</td><td>道数</td><td>温度（℃）</td></tr>
<tr><td>染 色</td><td>4～6</td><td>室温</td><td>6～8</td><td>40～50</td><td>6～8</td><td>60</td><td>6～8</td><td>60～95</td></tr>
<tr><td>固 色</td><td>4～6</td><td>室温</td><td>6～8</td><td>75～95</td><td>6～8</td><td>60</td><td>6～8</td><td>60～95</td></tr>
<tr><td>冷 洗</td><td colspan="8">室温 2 道</td></tr>
<tr><td>热 洗</td><td colspan="8">70～90℃2～3 道</td></tr>
<tr><td>皂 洗</td><td colspan="8">95℃以上 4～6 道</td></tr>
</table>

续表

项目		X型			K型			KN型			M型		
		浅色	中色	深色	浅色	中色	深色	浅色	中色	深色	浅色	中色	深色
工艺条件	热洗	80~90℃2道											
	冷洗	室温1道											
	上卷	—											

(二)轧染工艺

活性染料的轧染有一浴法和二浴法两种。一浴法染液中含有染料和碱剂,二浴法染液中一般不加碱,染液的稳定性较好,在固色液中一般用较强的碱,可在较短的时间内固色。

1. 工艺流程

一浴法:

浸轧染液→预烘→烘干→固色(焙烘)→水洗→皂洗→水洗→烘干

二浴法:

浸轧染液→预烘→烘干→浸轧固色液→汽蒸→水洗→皂洗→水洗→烘干

2. 染色处方及工艺条件

(1)一浴法工艺处方:活性染料轧染一浴法工艺处方见表4-2-20。

表4-2-20　活性染料轧染一浴法工艺处方

项目		X型	K型	KN型	M型
轧染液	染料(g)	5~60	5~60	5~60	5~60
	尿素(g)	0~30	30~100	0~30	30~100
	小苏打(g)	0~15	—	5~15	—
	烧碱(36°Bé)(mL)	—	20~30	—	—
	磷酸三钠(g)	—	10~30	—	10~30
	润湿剂JFC(g)	1~3	1~3	1~3	1~3
	液量(L)	1	1	1	1
固色液	烧碱(36°Bé)(mL)	—	30	—	—
	磷酸三钠(g)	15	—	15	15
	食盐(g)	15	40	15	40
	液量(L)	1	1	1	1
皂洗液(g/L)		净洗剂LS 5			

(2)二浴法工艺处方:活性染料轧染二浴法工艺处方见表4-2-21。

表 4-2-21　活性染料轧染二浴法工艺处方

项　目		X 型	K 型	KN 型	M 型
轧染液	染料(g)	3~50	3~50	3~50	3~50
	尿素(g)	0~30	0~100	0~30	0~100
	小苏打(g)	10~20	—	10~20	10~30
	纯碱(g)	—	15~30	—	—
	液量(L)	1	1	1	1
皂洗液(g/L)		净洗剂 LS 5			

(3)工艺条件:活性染料轧染工艺条件见表 4-2-22。

表 4-2-22　活性染料轧染工艺条件

项　目	一 浴 法	二 浴 法
浸轧染液	室温一浸一轧或二浸二轧,轧余率 75%~80%	室温一浸一轧,或二浸二轧,轧余率 75%~80%
预　烘	热风或红外线	热风或红外线
烘　干	烘缸:第一柱不起磅 第二柱 0.7~1kg/cm	烘缸:第一柱不起磅 第二柱 0.7~1kg/cm
浸轧固色液	一浸一轧	—
汽　蒸	100~102℃ ×1min	—
焙　烘	—	150~160℃热风焙烘 3min 或远红外线焙烘 30~40s
冷　洗	室温 2 格	室温 2 格
热　洗	75~80℃2 格	75~80℃2 格
皂　洗	95℃以上 4 格	95℃以上 4 格
热　洗	85~90℃2 格	85~90℃2 格
冷　洗	室温 1 格	室温 1 格
烘　干	烘筒烘燥	烘筒烘燥

(三)冷轧堆工艺

冷轧堆染色具有设备简单、匀染性好、能耗低、染料利用率较高的特点,反应性和扩散性较高的活性染料采用该工艺染棉,可获得较好的染色效果。

1. 工艺流程

浸轧染液→打卷堆置→后处理(水洗、皂洗、水洗、烘干)

2. 染色处方及工艺条件

活性染料冷轧堆工艺见表 4-2-23。

表 4-2-23 活性染料冷轧堆工艺

项目		X 型	K 型	KN 型	M 型
轧染液	染料(g)	10~50	10~50	10~50	10~50
	尿素(g)	50~100	50~100	50~100	50~100
	纯碱(g)	5~25	—	—	—
	烧碱(36°Bé)(mL)	—	25~40	6~10	6~10
	磷酸三钠(g)	—	—	5~8	5~8
	液量(L)	1	1	1	1
皂洗液(g/L)		净洗剂 LS 5			
工艺条件	轧 染	室温,轧余率 60~70%			
	打 卷	室温			
	堆 置	室温 2~4h	室温 16~24h	室温 8~10h	室温 8~10h
	水 洗	室温 2 格			
	水 洗	—	室 温		
	皂 洗	95℃以上 4 格			
	热 洗	75~85℃2 格			
	烘 干	烘筒烘燥			

(四)染色实例(表 4-2-24)

表 4-2-24 活性染料染色实例

处方及工艺		橘红精梳棉府绸[14.6tex×14.6tex(40 英支×40 英支),524 根/10cm×283 根/10cm(133 根/英寸×72 根/英寸),65kg/卷],卷染	紫红色精梳棉府绸[14.6tex×14.6tex(40 英支×40 英支),547 根/10cm×283 根/10cm(139 根/英寸×72 根/英寸)],轧染	大红棉府绸[14.6tex×14.6tex(40 英支×40 英支),524 根/10cm×283 根/10cm(133 根/英寸)×72 根/英寸],冷轧堆
染液处方	活性红 M—2B(g)	666	—	—
	活性黄 M—5R(g)	186	—	—
	活性艳红 M—8B(g)	—	3.2	20
	活性艳蓝 M—BR(g)	—	7.6	—
	食盐(g)	1500×2	—	—
	尿素(g)	—	30	20
	小苏打(g)	—	30	—
	纯碱(g)	—	1	—
	烧碱(36°Bé)(mL)	—	—	6.5
	磷酸三钠(g)	—	—	8
	润湿剂 JFC(mL)	—	0.3	1
	液量(L)	150	1	1

续表

处方及工艺		橘红精梳棉府绸[14.6tex×14.6tex(40英支×40英支),524根/10cm×283根/10cm(133根/英寸×72根/英寸),65kg/卷],卷染	紫红色精梳棉府绸[14.6tex×14.6tex(40英支×40英支),547根/10cm×283根/10cm(139根/英寸×72根/英寸)],轧染	大红棉府绸[14.6tex×14.6tex(40英支×40英支),524根/10cm×283根/10cm(133根/英寸×72根/英寸)],冷轧堆
固色液处方	磷酸三钠(g)	1500×2	—	—
	小苏打(g)	—	10	—
	液量(L)	150	1	—
皂洗液		净洗剂 LS 5g/L		
工艺条件		卷染4道(60℃),固色6道(60℃),后处理(冷洗、热洗、皂洗、再热洗、再冷洗、上卷)参见表4-2-19	同表4-2-22二浴法	同表4-2-23

三、还原染料染色

还原染料是棉织物染色常用染料之一,染色时需在强还原剂和碱性条件下,将染料还原成可溶性的隐色体钠盐才能上染纤维,隐色体上染纤维后再经氧化,重新转变为原来不溶性的染料而固着在纤维上。

还原染料色泽鲜艳,染色牢度好,尤其是耐晒、耐洗牢度为其他染料所不及。但其价格较高;红色品种较少,缺乏鲜艳的大红色;染浓色时摩擦牢度较低;某些黄、橙色染料对棉纤维有光敏脆损作用,即在日光作用下染料会促进纤维氧化脆损,选用时应予注意。

根据上染时还原染料形态的不同,还原染料的染色方法有隐色体染色法(包括浸染、卷染)和悬浮体轧染法。在隐色体染色中,应根据染料的还原性能和上染性能,选择适当的烧碱、食盐用量及染色温度,根据上染条件的不同,一般有甲、乙、丙三种染色方法。还原染料隐色体染色法操作麻烦,匀染性和透染性较差,染色产品有白芯现象,宜选用匀染性较好的染料。目前广泛应用的是悬浮体轧染法。

(一)还原染料隐色体卷染

1. 工艺流程

卷轴→卷染→水洗→氧化→水洗→皂洗→冷水上卷

2. 染色处方及工艺条件(表4-2-25)

表4-2-25 还原染料隐色体卷染工艺

项目		甲法			乙法			丙法			特别法		
		浅色	中色	深色	浅色	中色	深色	浅色	中色	深色	浅色	中色	深色
染色液	染料(对织物重)(%)	<0.3	0.3~2	2~4	<0.3	0.3~2	2~4	<0.3	0.3~2	2~4	<0.3	0.3~2	2~4
	烧碱(36°Bé)(mL/L)	20	25	30	10~11	11~15	15~18	8~10	10~12	12~15	30	37	45

续表

项目		甲法			乙法			丙法			特别法		
		浅色	中色	深色	浅色	中色	深色	浅色	中色	深色	浅色	中色	深色
染色液	保险粉(85%)(g/L)	4~5.5	5.5~8	8~12	3.5~5	5~8	8~12	2.5~4	4~7	7~10	3~5	5~8	6~12
	元明粉(g/L)	—			0~6	6~12	12~18	0~6	6~18	18~24	—		
	浴比	1:4~1:5			1:4~1:5			1:4~1:5			1:4~1:5		
续缸处方	染料(头缸用量)(%)	85~95			75~85			75~80			—		
	烧碱(36°Bé)(头缸用量)(%)	35~65			50~75			50~75			—		
	保险粉(85%)(头缸用量)(%)	90~100			85~95			80~90			—		
	元明粉(头缸用量)(%)	—			20~30			20~30			—		
	浴比	1:4~1:5			1:4~1:5			1:4~1:5			—		
氧化方法	30%双氧水(mL/L)	2~3											
	过硼酸钠(g/L)	2~3											

工艺条件	项目	甲法 道数	甲法 温度(℃)	乙法 道数	乙法 温度(℃)	丙法 道数	丙法 温度(℃)	特别法 道数	特别法 温度(℃)
	染色	7~10	50~60	6~10	40~50	6~10	25~30	6~10	50~65
	冷洗	4	室温	4	室温	4	室温	4	室温
	氧化	4	室温~50	4	20~50	4	20~50	4	20~50
	皂洗	4~6	95℃以上	4~6	95℃以上	4~6	95℃以上	4~6	95℃以上
	热洗	2	60~80	2	40~60	2	40~60	2	60~80
	冷洗	1	室温	1	室温	1	室温	1	室温
	上卷								

(二)悬浮体轧染

1. 工艺流程

浸轧染料悬浮体→(烘干)→浸轧还原液→汽蒸→水洗→氧化→皂煮→水洗→烘干

2. 染色处方及工艺条件(表4-2-26)

表4-2-26 还原染料悬浮体轧染工艺

项目		浅色	中色	深色
轧染液处方	染料(g/L)	<10	11~24	>25
	扩散剂(g/L)	0.5~1	1~1.5	>1.5

续表

项目		用量			续缸补充用料
皂洗液	净洗剂(g/L)	3~5			
	纯碱(g/L)	2~3			
	项目	道数	液量(L)	温度(℃)	备注
工艺条件	染色	6~8	110~120	30~60	染料分两次加入,染前加入60%~70%,第一道末加入剩余的染料;食盐可在第三、第四道末各加入一半
	显色	2~3	100~150	40~70	—
	水洗	3~4	—	室温	流动冷水
	中和	1~2	150~200	室温	pH值8~10
	皂洗	5~6	120~150	>90	—
	热洗	2	120~150	70~80	—
	冷洗	1	—	室温	—

(二)轧染(亚硝酸钠显色法)

1. 工艺流程

浸轧染液→烘干(或透风)→显色(浸轧显色液→透风)→水洗→中和→皂煮→水洗→烘干

2. 染色处方及工艺条件(表4-2-29)

表4-2-29 可溶性还原染料轧染工艺

项目		用量
轧染液处方	染料(g/L)	0.5~10
	纯碱(g/L)	0.5~10
	亚硝酸钠(g/L)	5~10
	渗透剂(g/L)	0.1~0.5
显色液	硫酸(66°Bé)(mL/L)	10~20
中和液	纯碱(g/L)	5~8
皂洗液	净洗剂(g/L)	3~5
	纯碱(g/L)	2~3
工艺条件	轧染	一浸一轧或二浸二轧,轧余率70%~80%,50~70℃
	烘干	—
	显色	一浸一轧,轧余率100%或1格平洗槽显色,50~70℃
	透风	10~20s
	冷洗	2格流动冷水

续表

项　　目		用　　量
工艺条件	中　和	1 格,50～60℃
	水　洗	1 格,室温
	皂　洗	2 格,95℃以上
	热　洗	2 格,60～80℃
	冷　洗	一格
	烘　干	烘筒烘燥

(三)染色实例(表 4-2-30)

表 4-2-30　可溶性还原染料染色实例

处方及工艺		黄棕色精梳府绸[14.6tex×14.6tex(40 英支×40 英支),547 根/10cm×283 根/10cm(139 根/英寸×72 根/英寸),60kg/540m/卷],卷染	涤棉(65/35)混纺浅杏细布[14.6tex×14.6tex(40 英支×40 英支),394 根/10cm×343 根/10cm(100 根/英寸×87 根/英寸),60kg/550m/卷],卷染	绯红色棉府绸[14.6tex×14.6tex(40 英支×40 英支),524 根/10cm×283 根/10cm(133 根/英寸×72 根/英寸)],轧染
轧染液处方	溶靛素灰 IBL(g)	144		—
	溶蒽素棕 IBR(g)	168	20	—
	溶蒽素黄 IRK(g)	160	9	0.11
	溶靛素艳桃红 IR(g)	—	—	1
	纯碱(g)	200	200	0.5
	亚硝酸钠(g)	200×2	50×2	5.5
	尿素(g)	—	—	—
	扩散剂 N(g)	—	—	1
	匀染剂 O(g)	—	—	0.5
	食盐(g)	2×2000	2×1000	—
	液量(L)	130	130	1
显色液	硫酸(66°Bé)(L)	1+0.4	1+0.7	0.02
	液量(L)	150	200	1
中和液	纯碱(g)	200×2	200×2	2～5
	液量(L)	150	150	1
皂洗液	净洗剂(g/L)	5		
	纯碱(g/L)	3		
染色温度(℃)		60	30	65～70
显色温度(℃)		60～65	55～60	80～85
工艺条件		显色用硫酸于中和用纯碱分两道加入,其余参照表 4-2-28		参照表 4-2-29

(三)染色实例(表4-2-33)

表4-2-33 硫化染料染色实例

<table>
<tr><td colspan="2" rowspan="2">处方及工艺</td><td colspan="2">黑色丝光平布[29.5tex×29.5tex(20英支×20英支),75 kg/卷],卷染</td><td rowspan="2">灰色丝光棉平布[29.5tex×29.5tex(20英支×20英支)],轧染</td></tr>
<tr><td>头缸</td><td>续缸</td></tr>
<tr><td rowspan="8">染色液</td><td>硫化黑B 100%(g)</td><td>7500</td><td>6000</td><td></td></tr>
<tr><td>硫化蓝BR(g)</td><td>—</td><td>—</td><td>3.2</td></tr>
<tr><td>青红光硫化黑(g)</td><td></td><td></td><td>2.2</td></tr>
<tr><td>50%硫化碱(g)</td><td>7000</td><td>3000</td><td>15</td></tr>
<tr><td>纯碱(g)</td><td>250</td><td>250</td><td>—</td></tr>
<tr><td>小苏打(g)</td><td>—</td><td>—</td><td>10</td></tr>
<tr><td>润湿剂(g)</td><td>—</td><td>—</td><td>5</td></tr>
<tr><td>液量(L)</td><td>200</td><td>200</td><td>1</td></tr>
<tr><td rowspan="2">氧化液</td><td>红矾钠(g/L)</td><td colspan="2"></td><td>2</td></tr>
<tr><td>硫酸(66°Bé)(mL/L)</td><td colspan="2">—</td><td>2.5</td></tr>
<tr><td rowspan="2">皂洗液</td><td>肥皂(g/L)</td><td colspan="2"></td><td>2</td></tr>
<tr><td>纯碱(g/L)</td><td colspan="2"></td><td>2</td></tr>
<tr><td rowspan="3">防脆处理液</td><td>太古油(g)</td><td colspan="2">800</td><td>—</td></tr>
<tr><td>醋酸钠(g)</td><td colspan="2">800</td><td>—</td></tr>
<tr><td>液量(L)</td><td colspan="2">150</td><td>—</td></tr>
<tr><td colspan="2">工艺条件</td><td colspan="2">卷染10道(90~95℃)→冷水3道→热水4道(80℃)→冷水3道→透风2道→冷水1道→防脆处理3道→上卷</td><td>浸轧染液(二浸二轧,轧余率75%,70~75℃)→汽蒸(100~102℃,1min)→冷水2格→氧化2格(50℃)→热水1格→皂洗2格→热水2格→冷水1格→烘干</td></tr>
</table>

九、涤/棉混纺织物染色

涤/棉混纺织物主要是棉型风格,常见的涤/棉混纺比例是65/35。涤纶和棉纤维的染色性能相差很大,涤纶一般用分散染料染色,而棉纤维通常采用牢度较好的棉用染料染色。选用两类染料对涤/棉混纺织物染色时,要注意减少相互沾色(尤其是染深色时),要特别加强后处理,有时还需要用还原剂进行还原清洗,去除沾附在纤维表面的浮色。此外两类染料的染色牢度要相近,分散染料在涤纶上的皂洗、摩擦牢度较好,因此所用棉用染料的染色牢度也应较好。

涤/棉混纺织物的染色工艺较多。对于相容性较好的染料,可采用一浴法染色;对于相容性较差的染料,可采用二浴法染色。具体可分为四种工艺,即只染一种纤维、两种染料一浴法分别染两种纤维、两种染料二浴法分别染两种纤维、一种染料同时染两种纤维,可根据色泽要求、设备条件、染化料情况等因素选择适宜的染色工艺。

涤/棉混纺织物应用的几种主要染料的染色比较见表4-2-34。

表4-2-34　涤/棉混纺织物应用的几种主要染料的染色比较

适用性 项目 \ 染料		分散	可溶性还原染料	分散/直接	分散/可溶性还原	分散/活性	分散/还原	分散/(分散)硫化还原
染色深度	深色					√	√	√
	中色			√	√	√	√	
	浅色		√	√	√			
	极浅色	√						
牢度	极佳				√		√	
	较好	√	√		√	√	√	√
	中等			√				

1. 分散染料染色　对于涤/棉混纺织物的浅色产品，可只用分散染料对涤纶染色，其染色方法可采用热溶法或高温高压法。染色所用的分散染料应对棉的沾色少，一般在染色后要进行还原清洗，即用稀的烧碱、保险粉溶液处理，以去除沾色和浮色。

2. 可溶性还原染料染色　可溶性还原染料对棉纤维亲和力较低，主要用于浅色的涤/棉织物。与对纯棉织物的染色不同，可溶性还原染料对涤/棉混纺织物的染色需要焙烘处理，以使染料固着在涤纶上。可溶性还原染料对涤/棉混纺织物的染色有卷染—焙烘法和轧染—焙烘法两种。

卷染—焙烘法适合于小批量加工，选用的染料应亲和力较高和容易显色，这样比较经济。对于溶解度较低和显色较困难的染料，应采用高温染色和显色。其染色工艺流程为：

染色→显色→水洗→中和→皂洗→水洗→烘干→焙烘

轧染—焙烘法以采用亚硝酸钠—硫酸铵氧化显色法较合适。释酸剂硫酸铵在高温下会使可溶性还原染料水解，并在热空气中氧化与热溶，染着于涤纶和棉纤维上。染液中除含硫酸铵外，还可加入适量尿素，以防止棉纤维在高温下脆损并提高染料的溶解度。该法的工艺流程为：

浸轧染液→烘干→热溶（200～205℃，1min左右）→浸轧亚硝酸钠→浸轧硫酸→透风→冷水洗→中和→皂洗→水洗→烘干

浸轧亚硝酸钠和硫酸液主要是辅助显色，可在室温下浸轧。

3. 分散染料/可溶性还原染料一浴法染色　根据在染液中是否含有亚硝酸钠和酸性物质，有以下两种加工工艺。

(1)若染液中除含有分散染料和可溶性还原染料外，还含有显色剂亚硝酸钠和蚁酸铵，其染色工艺流程为：

浸轧染液→烘干→热溶→后处理

在热溶处理的同时，蚁酸铵分解放出酸，与亚硝酸钠一起使可溶性还原染料显色。

2. 色浆处方(%)

	易氧化染料	难氧化染料
染料	0.5~3	0.5~3
助溶剂	0~3	0~3
纯碱	0.2	0.2
原糊	40~60	40~60
亚硝酸钠(1:2)	1~3	3~6
加水合成	100	100

有的染料汽蒸后能提高给色量,而一般染料不必汽蒸,直接浸轧 40~70mL/L 的稀硫酸(50°Bé),显色温度根据染料显色难易而定,轧酸后透风 20~30s,经冷水冲洗后用淡碱中和,再经皂煮、水洗,烘干。

三、防染印花

防染印花是通过在防染印花浆中加防染剂而达到对地色染料局部防染的。防染剂可分为物理防染剂和化学防染剂。物理防染剂是局部机械阻碍地色染料与织物接触,一般配合化学防染剂使用;化学防染剂是破坏或抑制染色体系中的化学物质,使其不能发挥有利于染色进行的作用,需根据地色染料发色的条件加以选择。

(一)凡拉明蓝地色防染印花

我国深蓝地色花布多用此法生产,其花色鲜艳、坚牢,成本低廉。

1. 色酚打底　采用二浸二轧(轧余率 75%),轧槽温度 75~85℃,游离碱 3~4g/L。

打底液处方:

色酚 AS	10 15 g
烧碱(36°Bé)	15~18 mL
渗透剂	10~15 mL
加水合成	1L

2. 印花

(1)防白印花浆(%):

硫酸铝	5~12
淀粉—龙胶糊	50~60
加水合成	100

(2)涂料色防印花浆(%):

涂料	x
尿素	5
粘合剂	40
50% DMEU 树脂	6
酒石酸	6~8
羟乙基淀粉糊	10

乳化糊	5~10
加水合成	100

(3)色基色防印花浆(%):

色基	0.2~1.5
锌氧粉(1:1)	*x*
硫酸铝	5~8
淀粉—龙胶糊	40~50
加水合成	100

3. 显色及后处理　显色液处方:

凡拉明蓝盐 VB	18~25g
硫酸锌	5~8g
匀染剂	0.25g
加水合成	1L

浸轧显色液采用一浸一轧(轧余率65%~75%),pH 值=6~6.5,再透风或100~102℃短蒸10~20 s,以促进色盐的充分偶合。然后用酸洗(硫酸或盐酸3~5g/L,75~85℃),并结合匀染剂 O 热洗(1~2g/L,85~90℃)和还原清洗($NaHSO_3$ 5~10g/L,85℃)洗除未偶合的凡拉明蓝盐,最后进行碱洗、皂煮,以洗除多余的色酚和浮色,提高印花花纹的鲜艳度和染色牢度。

(二)活性染料地色的防染印花

活性染料中浅地色的防染印花是在印花色浆中加入酸性物质(如有机酸、酸式盐或释酸剂)作防染剂,中和地色轧染液中的碱剂,抑制染料和纤维的键合,从而达到防染的目的。常用的防染剂为硫酸铵,色防染料可选择涂料、不溶性偶氮染料等,它们的发色不受酸性物质的影响。

另外,利用亚硫酸钠可与乙烯砜型活性染料反应,使其失去与纤维反应的能力,而利用 K 型活性染料对亚硫酸钠较稳定的特点,可进行 K 型活性染料防染乙烯砜型活性染料的印花。

四、拔染印花

拔染印花是利用拔染剂破坏织物地色染料的发色体系,再将被破坏分解的染料从织物上洗除。拔染印花的拔染剂一般是还原剂如雕白粉、氯化亚锡、二氧化硫脲等,其中雕白粉常用于纤维素纤维织物的拔染印花。

拔染印花的地色染料主要是偶氮结构的染料,如不溶性偶氮染料、偶氮类结构的活性染料、直接铜盐染料、酸性染料等。要达到良好的拔染效果,在这些染料中还要再作筛选,所以其实适用于拔染印花的染料并不多。棉织物上常用的是以不溶性偶氮染料为地色的拔染印花法。

1. 工艺流程

色酚打底→烘干→显色→轧氧化剂→烘干→印花→汽蒸→(氧化)→水洗→碱、皂洗→烘干

2. 印花处方(%)

	拔白	色拔
还原染料	—	1~3
甘油	适量	4~8

2. 常用拉幅整理工艺(表4-2-39)

表4-2-39 常用拉幅整理工艺

工艺流程	工艺条件
普通布铗拉幅: 喷水汽蒸→拉幅→落布	车速40~80m/min,喷汽给湿,给湿率控制在8%以内
热风拉幅: 织物浸轧整理液或给湿→单柱烘筒烘燥机预烘→热风拉幅→平幅落布	布铗式:厚织物车速30~50m/min,薄织物车速50~70m/min。采用浸轧方式给湿,给湿率控制在8%以内。烘筒预烘时使用蒸汽压为90.07kPa,热风拉幅时使用蒸汽压为196.1kPa,烘房温度70~120℃
	针板式:车速30~70m/min,浸轧后的轧余率为65%~75%,拉幅前织物含湿率控制在25%~40%。烘燥条件及烘房温度与布铗热风拉幅机相同

注 织物在拉幅机上拉伸的程度,一般是使整理后的幅宽控制在成品幅宽公差的上限。

(二)机械预缩整理

为了减小织物的经向收缩现象,需要对织物进行防缩整理。棉织物防缩整理的方法有化学整理和机械预缩整理两类。化学整理实际上类似于织物的树脂整理;机械预缩整理的基本原理是通过机械作用使织物经向织缩增加,织物长度缩短,潜在收缩减小或消除,达到防缩的目的。织物机械预缩整理多在压缩式预缩机上进行,其中橡胶毯和毛毯压缩式预缩机在棉织物上应用最普遍。

1. 工艺流程

(1)普通三辊预缩机:

平幅进布→喷雾给湿→小布铗拉幅定幅→橡胶毯预缩→呢毯烘干→落布

(2)预缩整理联合机:

平幅进布→喷雾给湿→容布箱堆置→橡胶毯预缩→呢毯烘干→落布

2. 主要工艺条件

车速:30~40m/min。

预缩前含潮率:府绸类7%~9%,卡其、华达呢类11%~15%。

幅宽:预缩前织物幅宽较成品宽1~2cm。

橡胶毯温度:60~70℃。

预缩率:真预缩的预缩率为5.5%以上,假预缩的预缩率为1.5%~2%,其目的在于改善织物手感。

二、光泽和轧纹整理

织物的光泽整理通常有轧光整理和电光整理两种方法,可提高织物光泽。轧纹整理可使的织物具有立体感的凹凸花纹(轧花、拷花)和局部光泽效果。

1. 轧光工艺

(1)工艺流程:

①一般轧光:

例编号212织物，第一位“2”表示为纯棉府绸类织物，第二位“1”表示经、纬纱均为单纱，第三位“2”表示该织物规格编号为纱府绸中的第212编号，具体规格可在国家标准《本色棉布规格编号表》中查得为99cm、C14.5/C14.5、511.5/279.5。

(2)由于纺织纤维的多样化以及各种纤维的混纺交织织物层出不穷，目前暂无新的织物编号规定，因此目前广泛应用的织物规格表示法是把织物的原料组成，组织规格及加工要求全部表示出来。

①纺织纤维的缩写代号见表5-1-7。

表5-1-7　纺织纤维的缩写代号

纤维名称		缩写代号	纤维名称		缩写代号
天然纤维	棉	C(cotton)	合成纤维	腈　纶	PAN(acrylic)
	毛	W(wool)		预氧化腈纶	PANOF
	丝	S(silk)		改性腈纶	MAC
	麻	L(limen)		维　纶	PVAL
再生纤维	粘胶纤维	R(viscose)		聚乙烯醇缩乙醛纤维	PVB
	醋酯纤维	CA(acetate)		氨　纶	PU
	三醋酯纤维	CTA		硼纤维	EF
	铜氨纤维	CVP(cupro)		含氯纤维	CLF
	富强纤维	Polynosic		高压型阳离子可染聚酯纤维	CDP
	蛋白纤维	PROT(Protein)		常压沸染阳离子可染纤维	ECDP
	莫代尔纤维	Modal		聚乳酸纤维	PLA
	纽富纤维	Newcell		聚对苯二甲酸丙二醇酯纤维	PTT
	天丝棉	Tencel 或 Lyocell		聚对苯二甲酸丁二醇酯纤维	PBT
合成纤维	锦　纶	PA(Nylon)		聚乙烯、聚丙烯共混纤维	ES
	涤　纶	PET(Polyester)		氯　纶	PVC
	锦纶6	PA6		聚对苯二氧杂环已酮纤维	PDS
	锦纶66	PA66		弹性二烯纤维	ED
	丙　纶	PP(Polypropylene)		间位芳香族聚酰胺纤维(芳纶1313)	PPT
	乙　纶	PE		对位芳香族聚酰胺纤维(芳纶1414)	PPTA
	碳纤维	CF		芳　纶	PDSTA
	聚苯硫醚纤维	PPS		聚酰亚胺纤维	PI
	聚缩醛纤维	POM		超高强高模聚乙烯纤维	CHMW-PE
	酚醛纤维	PHE	其他纤维	金属纤维	MTF
	弹性纤维(聚醚酰胺纤维)	PEA		玻璃纤维	CE
	聚醚酮纤维	PEEK		甲壳素纤维	—

②纱线常用代号表5-1-8。

③织物规格举例。

例1：CJ14.5/14.5　523.5/283　165　$\frac{1}{1}$

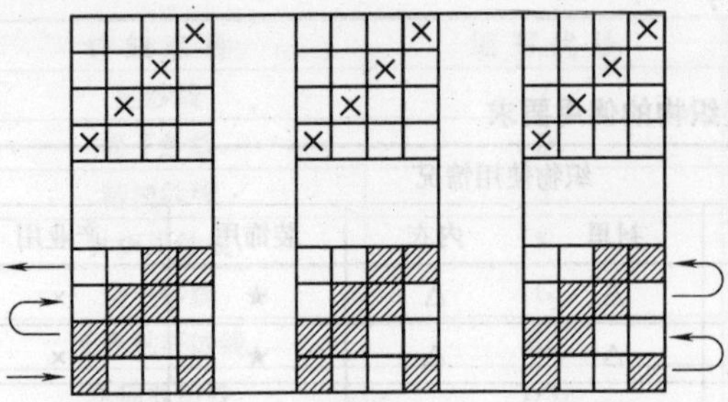

图 5-1-2 2/2 斜纹的布边(地组织和边组织相同)

用加边装置。

(1)在制织粗、中、细平纹布时,为了减少边纱的断头,边组织一般采用 2/2 的纬重平组织;府绸边组织一般用平纹。

(2)在制织 2/1 斜纹时,边组织和地组织相同。

(3)在制织 2/2 斜纹时,边组织一般有以下三种。

①经向紧度不大的哔叽,它的边组织和地组织相同(图 5-1-2)。

②经向紧度较大的华达呢及双面卡其,通常使用如图 5-1-3 所示的反斜纹布边或如图 5-1-4所示的罗纹(方平组织)布边,图中的箭头表示梭子引纬方向。

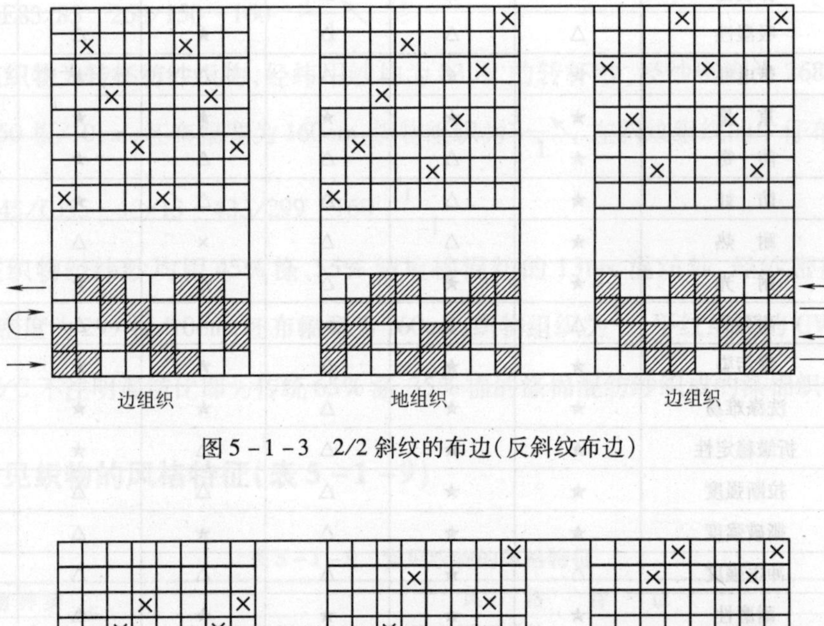

图 5-1-3 2/2 斜纹的布边(反斜纹布边)

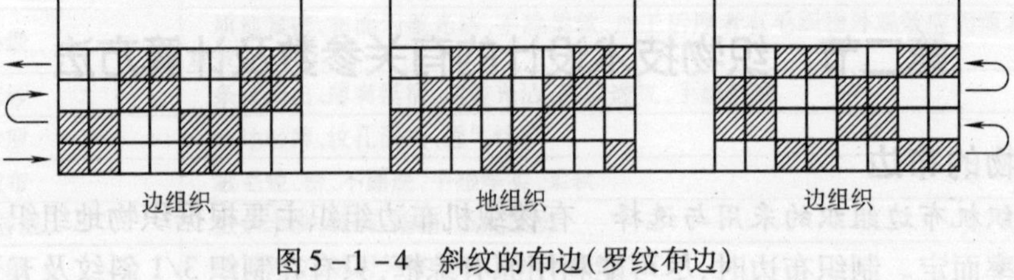

图 5-1-4 斜纹的布边(罗纹布边)

③3/1 单面卡其的正反面不是同面组织，若布边是反斜纹组织，则在印染厂加工时有可能产生卷边，故宜采用方平组织的罗纹边或增加边筘中边经纱的一筘穿入数。例如把边经纱自一筘四根改穿一筘六根。

(4)五页综的直贡，为了布边整齐并考虑边经纱和地经纱的缩率接近，布边可配 2/2 方平组织或双梭 3/3 变化纬重平组织。如制织 5/2 经面缎纹(正织)时，配 2/2 方平组织的边组织，组织图和引纬方向如图 5－1－5 所示。

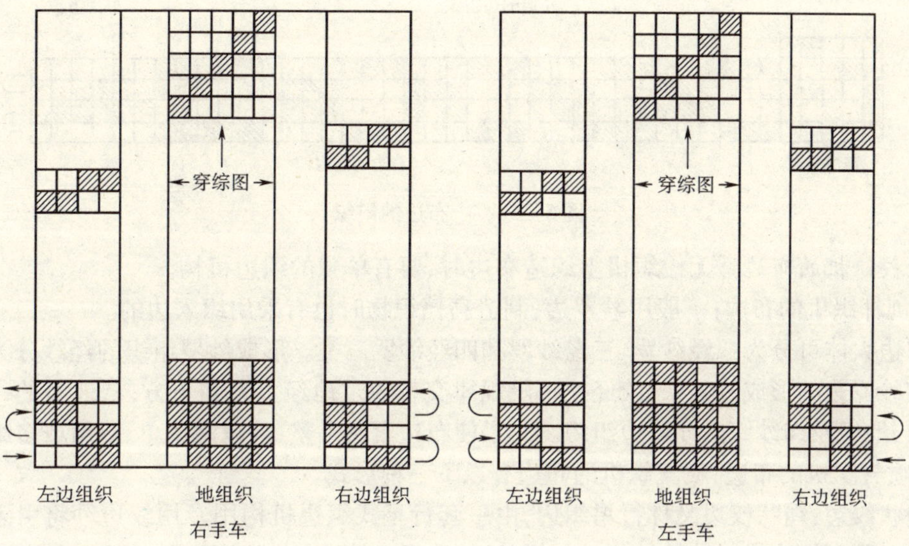

图 5－1－5　经面缎纹的边组织、穿综图及引纬方向

(5)制织 5/2 纬面缎纹(反织)时，配三经二纬变化纬重平组织，边组织和引纬方向如图 5－1－6 所示。

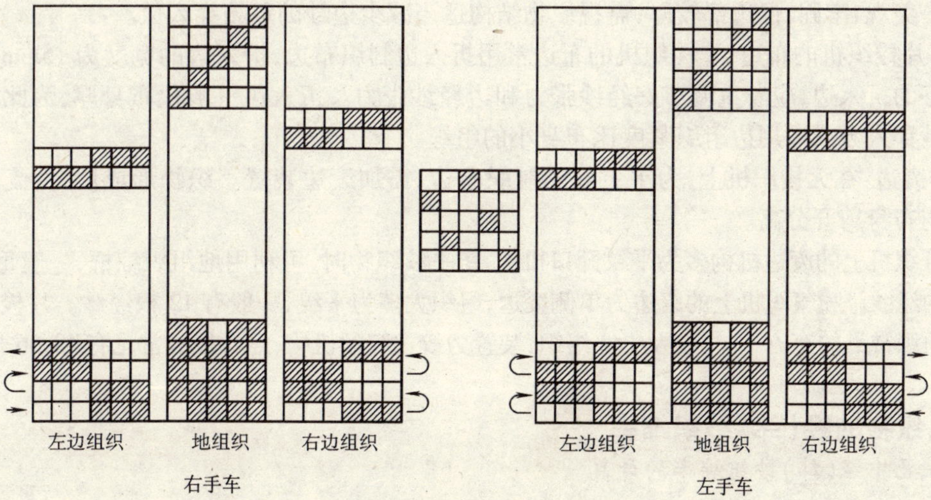

图 5－1－6　纬面缎纹(反织)的边组织、穿综图及引纬方向

(6)横贡缎因布身单薄,故采用联合双梭变化纬重平组织。例如:J14.5×J14.5　370×551 横贡缎,36 根边经纱每筘齿中的穿入数分布为 6、5、4、3、3、3、3、3、3、3 根,顺序是布边至布身。两布边的组织如图 5-1-7 所示。

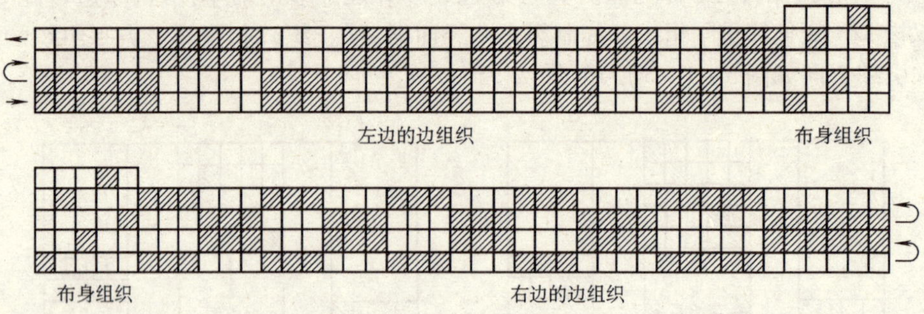

图 5-1-7　布边的组织

2. 无梭织机的布边　无梭织机上织造布边时,要有单独的织边机构。

(1)剑杆织机的布边:一般用纱罗边,制造高档织物时也有采用织入边的。

纱罗边大体可分为二经纱罗、三经纱罗和四经纱罗三类。形成纱罗组织的经纱分为绞经和地经。在纱罗边的形成过程中,绞经按一定规律交替通过地经上方和下方,从地经的一侧移向另一侧,与地经及纬纱织出纱罗边组织。为了使布边紧密平整,可以采用单、双组或多组纱罗。

(2)喷气织机的布边:喷气织机的布边有以下三种形式。

①绳状绞边:绳状绞边又称行星织边,由一套行星式织边机构用专用绞边纱将引入纬纱的尾端绞住。因两根边线对纬纱的扭绞如绳状,故称绳状绞边。

②纱罗边:有双梭纱罗边、单梭纱罗边、三经纱罗边、二地二绞纱罗边。纱罗边采用纱罗绞边装置织造,用边纱以纱罗组织原理将纬纱尾端扭绞成纱罗边。纱罗边平整、牢固,适宜高速,多用于细薄织物。

③折入边:折入边是用折入边机构将纬纱折入边部,形成类似有梭织机上的光边。折入边布边整齐美观、牢固,但边部较厚,需视织物结构适当减少边纱的每筘穿入数。

(3)片梭织机的布边:片梭织机的布边常用折入边制织布边,折入边的宽度为 15mm。为了制织良好的折入边,应着重调节好经纱张力和边经纱张力。折入边一般比布身厚,为此要适当减小边纱穿入数或采用边组织紧度比布身小的组织。

(4)废边:在无梭织机上,为了更好的制织布边,需加废边装置。织物形成后,由废边剪刀将废边与布身剪开分离。

剑杆织机上的废边机构多为平纹开口机构,织平纹织物时,可利用地组织综框,一般每侧有 8 根以上的经纱。喷气织机上的废边为单侧废边,组织大多为平纹,一般有 12 根经纱。片梭织机上的废边组织常见的有方平、平纹及 1/2 组织,装置为绞边综丝机构,经纱根数常见有 48、56 根等。

二、织物的经(纬)纱织缩率

1. 织物中经(纬)纱织缩率的计算

$$a_j = \frac{L_m - L_b}{L_m} \times 100\%$$

$$a_w = \frac{W_k - W_f}{W_k} \times 100\%$$

式中：a_j——经纱织缩率；

L_m——浆纱墨印长度(m)；

L_b——两墨印之间经纱织成的织物长度(m)；

a_w——纬纱织缩率；

W_k——经纱穿筘幅宽(cm)；

W_f——织物标准幅宽(cm)。

从上式可知，织物的经(纬)纱织缩率其含意为经(纬)纱通过织造成织物后其长度缩短量占原长度的百分率。织物的经(纬)纱织缩率是织物工艺设计的主要项目之一。

织物中经(纬)纱织缩率的大小，对织物的强力、厚度、外观丰满程度、成布后的回缩、原料消耗、产品成本及印染后整理伸长等均有很大影响，因此在工艺设计时必须合理把握。一般在相同设备工艺条件下制织新品种时，可参考本单位类似产品的经(纬)纱织缩率进行工艺设计，或采用表5-1-11中的参考数值，待试织后再进行修正。各类织物的经(纬)纱织缩率可参考本章第六节。

表5-1-11 不同类织物的经(纬)纱织缩率参考表

织物名称		经纱织缩率(%)	纬纱织缩率(%)
平布	粗平布	7.0~12.5	5.5~8.0
	中平布	5.0~8.6	7.0左右
	细平布	3.5~13.0	5.0~7.0
府绸	纱府绸	7.5~16.5	1.5~5.0
	半线府绸	10.5~16.0	1.0~4.0
	线府绸	10.0~12.0	2.0左右
	高密府绸(防羽绒布)	14.0~16.0	2.0~4.0
斜纹和哔叽	纱斜纹	6.5~10.0	4.5~7.5
	半线斜纹	7.0~12.0	5.0左右
	纱哔叽	5.0~6.0	6.0~7.0
	半线哔叽	6.0~12.0	3.5~5.0
华达呢	纱华达呢	10.0左右	1.5~3.5
	半线华达呢	10.0左右	2.5左右
	全线华达呢	10.0左右	2.5左右
卡其	纱卡其	8.0~11.0	2.5~4.5
	半线卡其	8.5~14.0	2.0左右
	全线卡其	8.5~14.0	2.0左右
	直贡	4.0~7.0	2.5~5.0
	横贡	3.0~4.5	5.5左右
	羽绸	7.0左右	4.3左右
	麻纱	2.0左右	7.5左右
	绉纹布(呢)	6.5	5.5
	灯芯绒	4.0~8.0	6.0~7.0

2. 影响经（纬）纱织缩率的有关因素

（1）纤维原料：不同纤维原料纺制成的纱线在外力作用下变形性能不同，一般讲易于屈曲的纤维纱线产生的织缩率较大，易于塑形变形的纤维纱线产生的织缩率较小。

（2）纱线特数：当织物经纱比纬纱粗时，经纱织缩率小，纬纱织缩率大；反之则纬纱织缩率小，经纱织缩率大。

（3）经纬密度：当织物中经纱密度增加时，纬纱织缩率增加，但当经纱密度增加到一定数值后，纬纱织缩率反而减少，经纱织缩率增加；当经纬密度都增加时，则经纬纱织缩率均会增加。

（4）织物组织：织物中经纬纱交织点越多，则织缩率越大；反之织缩率越小。

（5）织造工艺参数：织造中经纱张力大，则经纱织缩率小；反之经纱织缩率大。开口时间早，经纱织缩率大；反之减小。

（6）经纱上浆率大，则经纱织缩率减小；反之则增大。

（7）经纱捻度增加，则经纱织缩率减小；反之则增大。

（8）织造车间湿度：相对湿度较高时，经纱伸长增加，织缩率减小，但布幅会变狭，纬纱织缩率会增加；相对湿度较低时，经纱织缩率会增加，纬纱织缩率减小。

（9）边撑伸幅效果：边撑形式对纬纱织缩率有一定影响，如边撑伸幅效果好，则纬纱织缩较小；反之则较大。

（10）织机类型：对经纬纱织缩率也有一定影响，一般无梭织机的纬纱织缩率小于相同品种有梭织机的纬纱织缩率。

三、织物的幅宽

是指织物在自然状态下，从其一边的外侧至另一边外侧的实测宽度，是织物规格的基本技术参数之一。织物幅宽公制以 cm 为单位，商业贸易上以英寸为单位，公称幅宽即工厂设计的标准幅宽。织物的幅宽由产品的用途来决定，一般由用户指定，用户指定的幅宽是不能随意变更的。在产品设计时应充分考虑设备条件和产质量要求，选择合适的机型来生产。

织物的幅宽一般有狭幅、中幅、阔幅和特阔幅之分，现市场上习惯分类方法详见表 5－1－12。

表 5－1－12　织物幅宽习惯分类表

幅宽类别	窄　幅	中　幅	阔　幅	特阔幅
公制（cm）	≤91.5	>91.5，≤122	>122，≤167.5	>167.5
英制（英寸）	≤36	>36，≤48	>48，≤66	>66
用　途	衬衣、儿童服装	服装面料	外衣面料	家纺用品

四、织物的经纬纱粗细程度

1. 纱线粗细程度的计量

（1）线密度：是指 1000m 长的纱线，在公定回潮率时的重量克数，单位为 tex。

$$\mathrm{Tt}=\frac{1000G}{L}$$

式中：Tt——经（纬）纱线的线密度（tex）；

　　G——在公定回潮率时纱线试样的重量（g）；

　　L——纱线试样的长度（m）。

常见纤维的公定回潮率见表5－1－13。

表5－1－13　常见纤维的公定回潮率

纤维名称	公定回潮率（%）	纤维名称	公定回潮率（%）
棉	8.5	涤纶	0.4
羊毛	15.0	腈纶	2.0
亚麻	12.0	锦纶	4.5
蚕丝	11.0	丙纶	0
粘纤	13.0	维纶	5.0
富纤	13.0	氯纶	0
铜氨纤维	13.0	氨纶	1.0
醋纤	7.0		

混纺纱线的公定回潮率，需按混用原料的公定回潮率和混纺比例加权平均求得，计算至两位小数，第三位四舍五入，取一位小数。

（2）英制支数（N_e）：是指在标准回潮率时，纱线重一磅时有几个840码长度即为几英支。

$$N_e=\frac{L(\text{码})}{840G(\text{磅})}=0.59\frac{L(\text{m})}{G(\text{g})}$$

式中：N_e——英制支数（英支）；

　　L——纱线的试样长度（码）；

　　G——纱线试样在标准回潮率时的重量（磅）。

英制棉纱的标准回潮率为9.89%。

（3）旦尼尔（D）：是指在公定回潮率时9000m长度内的重量（克）数，称为旦尼尔。一般蚕丝、化纤长丝的粗细均以旦尼尔表示。

$$D=\frac{G}{L}\times 9000$$

式中：D——旦尼尔（旦）；

　　L——试样长度（m）；

　　G——试样在公定回潮率时的重量（g）。

（4）公制支数（N_m）：是指在公定回潮率时，1kg重的纱线有几个1000m长度即为几公支，或以在公定回潮率时1g重的纱线有几米长即为几公支。

$$N_m=\frac{1000\times L}{G\times 1000}=\frac{L}{G}$$

式中：N_m——公制支数（公支）；

L——纱线试样长度（m）；

G——在公定回潮率时纱线试样重量（g）。

毛、麻纱线一般用公制支数来表示它的粗细程度。

2. 纱线粗细程度的测定　一般有两种方法。

（1）比较法：凭经验估计或将已知线密度（或支数、旦数）的纱线与需测定的纱线相比较，确定需测纱线的线密度（或支数、旦数）。

（2）称重法：首先检查需测定的纱线是否上浆，如已上浆，纱线需退浆处理后才能称重。从 10cm×10cm 的织物试样中，取出 10 根经纱和 10 根纬纱，分别称其重量，并测出织物实际回潮率，在经、纬纱织缩率已知的条件下，经、纬纱线密度可用下式求出：

$$\mathrm{Tt} = \frac{g(1-a)(1+W_{\phi})}{1+W}$$

式中：Tt——经（或纬）纱的线密度（tex）；

g——10 根经纱（或纬纱）的实际重量（mg）；

a——经纱（或纬纱）的织缩率（%）；

W——织物的实际回潮率（%）；

W_{ϕ}——纱线的公定回潮率（%）。

五、织物的经（纬）纱密度

1. 织物的经（纬）纱密度　有公制和英制之分，是织物规格的基本参数之一。

（1）织物的公制经（纬）纱密度：指织物中每 10cm 内排到的经纱（纬纱）根数，称为该织物的经纱（纬纱）密度。

（2）织物的英制经（纬）纱密度：指织物中每英寸内排到的经纱（纬纱）根数，称为该织物的经纱（纬纱）英制密度。目前商业贸易中习惯上仍用英制密度。

（3）公制密度与英制密度的换算：

公制密度＝3.397 英制密度

英制密度＝0.254 公制密度

2. 织物的经（纬）纱密度与织物的关系　其大小直接影响织物的外观、手感、厚度、强力、透气性、透湿性、耐磨性和保暖性等物理机械性能指标，同时也关系到产品的成本和生产效率的大小，在一定程度上决定了织物的风格和用途。

3. 经（纬）纱密度的测定　经（纬）纱密度测定常用的有两种方法：

（1）密度镜分析法：将被测定的织物平摊于台面上，用密度镜按被测纱线密度的垂直方向平放在被测织物上，将镜头下面一块长条玻璃片上的红线，对准被测两根纱线的中间，并以此作为起点，边移动镜头边数纱线根数，直到 5cm 刻度为止。如终点到达最后一根纱线的中间，则此根纱线作 0.5 根计算，凡不足 0.5 根的作 0.25 根计算，超过 0.5 根而不足一根的作 0.75 根计算，然后乘 2 倍，即为 10cm 内的纱线根数。

在测定长丝和高支高密度织物的经（纬）密度时，可用长方形密度镜按需测纱线密度的纱线平行方向平放在织物上，从密度镜上观察到光线折射重合处显示的数字即为需测定纱线的密度。

(2)点数法:在已知织物组织的情况下,有时为简便快捷分析出织物的经(纬)纱密度,可直接点数10cm或一英寸内的完全组织个数,再乘以该织物的完全经纱(或纬纱)数即可求得经纬(或纬纱)密度。

有些织物用密度镜分析经(纬)密度有困难时,可用5cm宽的布条直接沿着需分析密度的方向拉出纱线根数,然后乘以2倍即为10cm内的纱线根数。

六、筘号和经纱每筘穿入数

1. 筘号　筘的密度用筘号来表示,织造不同经密的织物需用不同号数的筘,目前表示筘号的方法有英制和公制两种。英制筘号是以2英寸长度内的筘齿数来表示,公制筘号是以10cm长度内的筘齿数来表示。公制筘号与英制筘号可由下式换算:

$$\text{公制筘号} = 1.97 \times \text{英制筘号}$$

$$\text{英制筘号} = 0.508 \times \text{公制筘号}$$

筘号决定经密,但不等于织物的经密,这是因为织物纬向有织缩。公制筘号可按下式计算:

$$N_k = \frac{P_j}{b_d} \times (1 - a_w)$$

式中:N_k——公制筘号数(齿数/10cm);

P_j——经纱密度(根/10cm);

b_d——地经纱每筘穿入数;

a_w——纬纱织造缩率(%)。

2. 经纱每筘穿入数与织物外观风格及生产效率的关系　在一般情况下,地经每筘穿入数,平纹取2或4,三页斜纹取3,四页斜纹取4,五页锻纹取3或4,但也有个别产品,因经纱排列紧度较小而采用2穿入。

3. 筘齿间隙　筘齿间隙的近似值可按下式计算:

$$C = \frac{50.8}{N_t}(2 - K)$$

式中:C——相邻两筘齿的间隙(mm);

N_t——公制筘号;

K——系数(在英制40号钢筘以上时取0.96,在英制40号钢筘以下时取0.93)。

4. 常用经密和筘号的对照　根据筘齿间隙,为便于织造、保证织物风格,在试织时可先参考表5-1-14、表5-1-15、表5-1-16选用筘号,经试织后再根据实际经密情况进行调整并决定正式使用筘号。

(1)适用于地组织经纱穿入数为2根的筘号(表5-1-14)。

(2)适用于地组织经纱穿入数为3根的筘号(表5-1-15)。

(3)适用于地组织经纱穿入数为4根的筘号(表5-1-16)。

表 5-1-14　适用于地组织经纱穿入数为 2 根的筘号

经密		筘号		经密		筘号	
根/10cm	根/英寸	公制	英制	根/10cm	根/英寸	公制	英制
102.4~104.3	26~26.5	47.2	24	271.7~273.6	69~69.5	128	65
106.3~108.3	27~27.5	49.2	25	275.6~277.6	70~70.5	129.9	66
110.2~112.2	28~28.5	51.2	26	279.5~283.5	71~72	131.9	67
114.2~116.1	29~29.5	53.1	27	285.4~287.4	72.5~73	133.9	68
118~120	30~30.5	55.1	28	289.4~291.3	73.5~74	135.8	69
122~126	31~32	57.1	29	293.3~295.3	74.5~75	137.8	70
128~130	32.5~33	59.1	30	297.2~299.2	75.5~76	139.8	71
132~133.8	33.5~34	61	31	301.2~303.1	76.5~77	141.8	72
135.8~137.8	34.5~35	63	32	305.1~307	77.5~78	143.8	73
139.8~141.7	35.5~36	65	33	309~311	78.5~79	145.7	74
143.7~145.7	36.5~37	66.9	34	313~314.9	79.5~80	147.6	75
147.6~149.6	37.5~38	68.9	35	317~320.7	80.5~81.5	149.6	76
151.6~153.5	38.5~39	70.9	36	322.8~324.8	82~82.5	151.6	77
155.5~157.5	39.5~40	72.8	37	226.7~328.7	83~83.5	153.5	78
159.4~163.4	40.5~41.5	74.8	38	330.7~332.7	84~84.5	155.5	79
165.4~167.3	42~42.5	76.8	39	334.6~336.6	85~85.5	157.5	80
169.3~171.3	43~43.5	78.7	40	338.6~340.6	86~86.5	159.4	81
173.2~175.2	44~44.5	80.7	41	342.5~344.5	87~87.5	161.4	82
177.2~179.1	45~45.5	82.7	42	346.5~348.4	88~88.5	163.4	83
181.1~183	46~46.5	84.6	43	350.4~352.4	89~89.5	165.3	84
185~187	47~47.5	86.6	44	354.3~356.3	90~90.5	167.3	85
189~191	48~48.5	88.6	45	358.3~362	91~92	169.3	86
193~194.9	49~49.5	90.6	46	364.2~366	92.5~93	171.3	87
196.9~198.8	50~50.5	92.5	47	368.1~370	93.5~94	173.2	88
200.8~204.7	51~52	94.5	48	372~374	94.5~95	175.2	89
206.7~208.7	52.5~53	96.5	49	376~378	95.5~96	177.2	90
210.6~212.6	53.5~54	98.4	50	380~381.9	96.5~97	179.1	91
214.6~216.5	54.5~55	100.4	51	383.8~385.8	97.5~98	181.1	92
218.5~220.5	55.5~56	102.4	52	387.8~389.8	98.5~99	183.1	93
222.4~224.4	56.5~57	104.3	53	391.7~392.9	99.5~99.8	185	94
226.3~228.3	57.5~58	106.3	54	393.7	100	189	96
230.3~232.3	58.5~59	108.3	55	395.7~399.6	100.5~101.5	190.9	97
234.3~236.2	59.5~60	110.2	56	401.6~403.5	102~102.5	192.9	98
238.2~240.2	60.5~61	112.2	57	405.5~407.5	103~103.5	194.9	99
242.1~244	61.5~62	114.2	58	409.4~411.4	104~104.5	196.9	100
246~250	62.5~63.5	116.1	59	413.4~415.4	105~105.5	198.8	101
252~254	64~64.5	118.1	60	417.3~419.3	106~106.5	200.8	102
256~258	65~65.5	120	61	439~440.9	115.5~112	210.6	107
259.8~261.8	66~66.5	122	62	442.9~444.8	112.5~113	212.6	108
263.8~265.7	67~67.5	124	63	484.3~486.2	123~123.5	232.3	118
267.7~269.7	68~68.5	126	64				

表 5-1-15　适用于地组织经纱穿入数为 3 根的筘号

经密		筘号		经密		筘号	
根/10cm	根/英寸	公制	英制	根/10cm	根/英寸	公制	英制
189~193	48~49	59.1	30	318.9~322.8	81~82	100.4	51
194.9~198.8	49.5~50.5	61	31	324.8~328.7	82.5~83.5	102.4	52
200.8~204.7	51~52	63	32	330.7~334.6	84~85	104.3	53
206.7~210.6	52.5~53.5	65	33	336.6~342.5	85.5~87	106.3	54
212.6~216.5	54~55	66.9	34	344.5~348.4	87.5~88.5	108.3	55
218.5~224.4	55.5~57	68.9	35	350.4~354.3	89~90	110.2	56
226.4~230.3	57.5~58.5	70.9	36	356.3~360.2	90.5~91.5	112.2	57
232.3~236.2	59~60	72.8	37	362.2~366.1	92~93	114.2	58
238.2~242.1	60.5~61.5	74.8	38	368.1~372	93.5~94.5	116.1	59
244.1~248	62~63	76.8	39	374~379.9	95~96.5	118.1	60
250~254	63.5~64.5	78.7	40	381.9~385.8	97~98	120	61
256~261.8	65~66.5	80.7	41	387.8~391.7	98.5~99.5	122	62
263.8~267.7	67~68	82.8	42	393.7~397.6	100~101	124	63
269.7~273.6	68.5~69.5	84.6	43	399.6~403.5	101.5~102.5	126	64
275.6~279.5	70~71	86.6	44	405.5~409.4	103~104	128	65
281.5~285.4	71.5~72.5	88.6	45	411.4~415.4	104.5~105.5	129.9	66
287.4~291.3	73~74	90.6	46	417.3~423.2	106~107.5	131.9	67
293.3~297.2	74.5~75.5	92.5	47	425.2~429.1	108~109	133.9	68
299.2~305.1	76~77.5	94.5	48	431.1~435	109.5~110.5	135.8	69
307~311	78~79	96.5	49	437.0~440.9	111~112	137.8	70
313~316.9	79.5~80.5	98.4	50				

表 5-1-16　适用于地组织经纱穿入数为 4 根的筘号

经密		筘号			
根/10cm	根/英寸	府绸		其他	
		公制	英制	公制	英制
275.6~281.5	70~71.5	68.9	35	65	33
283.5~289.3	72~73.5	70.9	36	66.9	34
291.3~297.2	74~75.5	72.8	37	68.9	35
299.2~305.1	76~77.5	74.8	38	70.9	36
307~313	78~79.5	76.8	39	72.8	37
315~322.8	80~82	78.7	40	74.8	38
324.8~330.7	82.5~84	80.7	41	76.8	39
332.7~338.6	84.5~86	82.7	42	78.7	40
340.6~346.5	86.5~88	84.6	43	80.7	41
348.4~354.3	88.5~90	86.6	44	82.7	42
356.3~364.2	90.5~92.5	88.6	45	84.6	43

续表

经密		筘号			
根/10cm	根/英寸	府绸		其他	
		公制	英制	公制	英制
366.1~372	93~94.5	90.6	46	86.6	44
374~380	95.~96.5	92.5	47	88.6	45
381.9~387.8	97~98.5	94.5	48	90.6	46
389.8~391.7	99~99.5	96.5	49	92.5	47
393.7~395.7	100~100.5	96.5	49	96.5	49
397.6~405.5	101~103	98.4	50	98.4	50
407.5~413.4	103.5~105	100.4	51	100.4	51
415.4~421.2	105.5~107	102.4	52	102.4	52
423.2~431.1	107.5~109.5	104.3	53	104.3	53
433.1~439	110~111.5	106.3	54	106.3	54
440.9~446.8	112~113.5	108.3	55	108.3	55
448.8~454.7	114~115.5	110.2	56	110.2	56
456.7~462.6	116~117.5	112.2	57	112.2	57
464.6~470.5	118~119.5	114.2	58	114.2	58
472.4~480.3	120~122	116.1	59	116.1	59
482.3~488.2	122.5~124	118.1	60	118.1	60
490.2~496.1	124.5~126	120	61	120	61
498~504	126.5~128	122	62	122	62
505.9~511.8	128.5~130	124	63	124	63
513.8~521.7	130.5~132.5	126	64	126	64
523.6~529.5	133~134.5	128	65	128	65
531.5~537.4	135~136.5	130	66	130	66
539.4~545.3	137~138.5	132	67	132	67
547.2~553.1	139~140.5	133.9	68	133.9	68
555.1~563	141~143	135.8	69	135.8	69
565~570.8	143.5~145	137.8	70	137.8	70
572.8~578.7	145.5~147	139.8	71	139.8	71
580.7~586.6	147.5~149	141.8	72	141.8	72
588.6~594.5	149.5~151	143.8	73	143.8	73
596.5~604.3	151.5~153.5	145.7	74	145.7	74
606.3~612.2	154~155.5	147.6	75	147.6	75
614.2~620.1	156~157.5	149.6	76	149.6	76
622~628	158~159.5	151.6	77	151.6	77
629.9~637.8	160~162	153.5	78	153.5	78
639.8~645.7	162.5~164	155.5	79	155.5	79
647.6~653.5	164.5~166	157.5	80	157.5	80
655.5~661.4	166.5~168	159.4	81	159.4	81
663.4~669.3	168.5~170	161.4	82	161.4	82
698.8~700.8	177.5~178	163.4	86	163.4	86

5. 公英制筘号对照表　见表5－1－17、表5－1－18。

表5－1－17　英制筘号换算公制筘号表

英制筘号	公制筘号	英制筘号	公制筘号	英制筘号	公制筘号	英制筘号	公制筘号
20	39	54	106	88	173	122	240
22	43	56	110	90	177	124	244
24	47	58	114	92	181	126	248
26	51	60	118	94	185	128	252
28	55	62	122	96	189	130	256
30	59	64	126	98	193	132	260
32	63	66	130	100	197	134	263.5
34	67	68	134	102	200.5	136	267.5
36	71	70	138	104	204.5	138	271.5
38	75	72	141.5	106	208.5	140	275.5
40	78.5	74	145.5	108	212.5	142	279.5
42	82.5	76	149.5	110	216.5	144	283.5
44	86.5	78	153.5	112	220.5	146	287.5
46	90.5	80	157.5	114	224.5	148	291
48	94.5	82	161.5	116	228	150	295
50	98.5	84	165	118	232		
52	102	86	169	120	236		

注　公制筘号为近似值。

表5－1－18　公制筘号换算英制筘号表

英制筘号	公制筘号	英制筘号	公制筘号	英制筘号	公制筘号	英制筘号	公制筘号
40	20.25	108	54.75	176	89.5	244	124
44	22.25	112	56.75	180	91.5	248	126
48	24.50	116	59	184	93.5	252	128
52	26.50	120	61	188	95.5	256	130
56	28.50	124	63	192	97.5	260	132
60	30.50	128	65	196	99.5	264	134
64	32.50	132	67	200	101.5	268	136
68	34.50	136	69	204	103.5	272	138
72	36.50	140	71	208	105.75	276	140.25
76	38.50	144	73	212	107.75	280	142.25
80	40.50	148	75	216	109.75	284	144.25
84	42.75	152	77.25	220	111.75	288	146.25
88	44.75	156	79.25	224	113.75	292	148.25
92	46.75	160	81.25	228	115.75	296	150.25
96	48.75	164	83.25	232	117.75	300	152.5
100	50.75	168	85.25	236	119.75		
104	52.75	172	87.25	240	122		

注　英制筘号为近似值。

七、织物总经根数的确定和经纱穿筘幅度

1. 织物总经根数的计算

$$m_z = \frac{P_j}{10} \times W_f + m_{bi}(1 - \frac{b_d}{b_{bi}})$$

式中：m_z——总经根数；

P_j——经纱密度（根/10cm）；

W_f——织物的标准幅宽（cm）；

m_{bi}——边纱根数；

b_d——地经纱每筘穿入数；

b_{bi}——边经纱每筘穿入数。

棉布的边经纱根数参考数据见表 5－1－19。

表 5－1－19 棉布的边经纱根数参考表

织物名称	布幅					
	127cm 以下				127cm 以上	
	经纱线密度（tex）					
	12 及以下	15～13	19～16	20 及以上	12 及以下	12 以上
中、细平纹织物	64	48	32	24	64	48
府绸、哔叽、斜纹	64	48	32	24	64	48
华达呢、卡其	64	48	48	48	64	48
直贡	64	64	64	64	80	64
羽绸	80	80	80	64	80	64
横贡	72	72	64	64	80	72
麻纱	64～96（细特股线）	32、48	32	—	—	—
涤棉烂花布	—	32	—	—	—	48
绒布	—	16、32	16、32	16	—	24
割纬平绒	—	56	—	—	—	—
灯芯绒	—	32	—	—	—	—
纱罗、绉布、羽绒布	48 根、64 根（一般布边宽度不小于 0.8cm），布边宽度约为 1cm					

涤棉平纹织物的边纱根数参考表 5－1－20。

表 5－1－20 涤棉平纹织物的边纱根数表

项目	布幅			
	127cm 以下			127cm 以上
经纱线密度（tex）	12 及以下	13～19.5	20 及以上	不考虑线密度
边纱根数	48	32	24	48

在计算总经根数时，应计算至一位小数，然后四舍五入为整数，并修正为每筘穿入数的整倍数。总经根数在计算时一经确定，一般不能随意变动。

2. 经纱穿筘幅宽的计算

$$W_k = \frac{m_i - m_{bi}(1 - \frac{b_d}{b_{bi}})}{b_d \times N_k} \times 10$$

式中：W_k——经纱穿筘幅宽（cm）；

m_i——总经根数；

N_k——公制筘号。

经纱穿筘幅宽一般应小于或等于织机最大穿筘幅度。最大穿筘幅度和织机公称筘幅的关系见表5－1－21。

表5－1－21　最大穿筘幅度与织机公称筘幅的关系

经纱最大穿筘幅度（cm）	105	120	125	133	150、147☆	180、177☆
织机公称筘幅（cm）	111.8 （44英寸）	127.0 （50英寸）	132.1 （52英寸）	142.2 （56英寸）	160.0 （63英寸）	190.5 （75英寸）

注　最大穿筘幅度中有☆号者为多臂的最大穿筘幅度。

八、织物的匹长

一般以米为单位，英制以码为单位。匹长有公称匹长和规定匹长之分，公称匹长即工厂设计的标准长度；规定匹长即折布后成包长度，也就是公称匹长加加放长度。加放布长是保证棉布成包后不短于公称匹长的加放长度（包括加放在折幅和布端的）。折幅加放长度一般为5～10mm，布端加放长度要根据具体情况而定。

一般织物的匹长在27～40m之间，并采用联匹的形式。具体选用多长的匹长和多少联匹，由织物用途、织机卷布容量、落布操作和运输方便程度以及成包长度等综合因素而选定。按照后加工要求，联边长度越长越好，既可减少接头、提高工效和质量，又可减少缝头损失，特别是有些产业用纺织品联匹长度甚至需要数百米长。一般厚重织物采用2～3联匹，中厚织物采用3～4联匹，薄织物采用4～6联匹。

九、浆纱墨印长度的计算

$$L_m = \frac{L_b}{n(1 - a_j)}$$

式中：L_m——浆纱墨印长度（m）；

L_b——织物的规定匹长（m）；

n——联匹数；

a_j——该织物的经纱织缩率（%）。

十、织物用纱量计算

织物用纱量一般以每百米织物经纱用纱量、纬纱用纱量和织物每百米总用纱量来表示，单位为 kg，它是计算产品成本和编制用纱计划的依据。

1. 百米织物经纱用纱量的计算

$$G_j = \frac{100 \times Tt_j \times m_i \times (1 + 加放率)(1 + 损失率)}{1000 \times 1000 \times (1 + 经纱总伸长率)(1 - 经纱织缩率)(1 - 经纱回丝率)}$$

式中：G_j——百米经纱用量（kg）；

Tt_j——经纱线密度（tex）；

m_i——织物总经根数，无梭织机应包括废边在内。

加放率：一般选 0.5% ~0.7%，直接出口外销产品取 1%，由于加工储存等要求不一，需实际测定而选用。

损失率：棉布损失率一般为 0.05%，指各种开剪损失。

经纱总伸长率：上浆单纱按 1.2% 计算（其中络筒、整经以 0.5% 计算，浆纱以 0.7% 计算），过水股线 10tex ×2 以下按 0.3% 计算，10tex ×2 以上按 0.7% 计算。

经纱回丝率：包括整经回丝、筒脚、浆回丝、白回丝及织机上了机回丝、接头回丝等，一般在 0.3% ~0.8% 间选用；如前道采用自动络筒和双浆槽浆纱机则在 0.8% ~1.2% 间选取。

2. 百米织物纬纱用纱量的计算

$$G_w = \frac{100 \times Tt_w \times P_w \times 10 \times 织物幅宽 \times (1 + 加放率)(1 + 损失率)}{1000 \times 1000 \times (1 - 纬纱织缩率)(1 - 纬纱回丝率)}$$

式中：G_w——百米纬纱用量（kg）；

Tt_w——纬纱线密度（tex）；

P_w——该织物纬纱密度（根/10cm）。

加放率、损失率同经纱用纱量的计算。

纬纱回丝率：有梭织机一般取 0.5% ~0.8%，粗特纱回丝率高于细特纱；无梭织机因有废边，回丝率略高于有梭织机，片梭取 0.7% 左右，剑杆 2.5% ~3.5%，喷气 1.5% ~3%。

3. 百米织物总用纱量的计算

百米织物总用纱量 = 百米织物经纱用纱量 + 百米织物纬纱用纱量

4. 棉织物用纱量经验计算方法　工厂在实际生产中为快速计算出织物百米用纱量，以便制定用纱计划，摸索出了一个经验计算公式，可供计算用纱量参考。

如果是经纬纱支相同，其百米织物用纱量计算式为：

$$百米织物总用纱量 = \frac{英制经密 + 英制纬密}{英制纱支} \times 布幅(英寸) \times 0.0645(系数)$$

如果是经纬纱支不同，需分别计算经纱用纱量和纬纱用纱量然后相加。

如果已知各数据为公制需分别换算为英制再代入以上公式计算。

十一、织物每平方米无浆干重的计算

1. 每平方米织物中经纱无浆干燥重量的计算

$$G_T=\frac{P_j\times 10\times g_j\times(1-F_j)}{(1-a_j)(1+S_j)\times 100}$$

式中：G_T——每平方米织物中经纱无浆干燥重量(g)；

P_j——经纱密度(根/10cm)；

g_j——经纱纺出标准干燥重量(g/100m)；

F_j——经纱总飞花率(%)；

a_j——该织物经纱织缩率(%)；

S_j——该织物经纱总伸长率(%)。

2. 每平方米织物中纬纱干燥重量的计算

$$G_w=\frac{P_w\times 10\times g_w}{(1-a_w)\times 100}$$

式中：G_w——每平方米织物中纬纱干燥重量(g)；

P_w——该织物的纬纱密度(根/10cm)；

g_w——纬纱纺出标准干燥重量(g/100m)；

a_w——该织物的纬纱织缩率(%)。

3. 每平方米织物无浆干燥重量的计算

$$每平方米织物无浆干燥重量=G_T+G_W$$

$$经(纬)纱标准干燥重量(g/100m)=经(纬)纱线密度\times 0.92166\div 10$$

$$=53.74\div 经(纬)纱英制支数$$

股线重要按并合后的重量计算。

经纱总伸长率与经纱用纱量计算时选取的数值相同。

经纱总飞花率：粗特织物按1.2%计；中特平纹织物按0.6%计，斜纹织物按0.9%计；细特织物按0.8%计；线织物按0.6%计。

经纱总伸长率、经纱总飞花率以及经、纬纱织缩率是计算每平方米织物无浆干重的依据，不是规定指标。

十二、棉布的断裂强力

棉布断裂强力以5cm×20cm布条的断裂强力(N)表示，其计算公式如下：

$$Q=\frac{P_0\cdot N\cdot K\cdot \mathrm{Tt}}{2\times 100}$$

式中：Q——织物断裂强力(N)；

P_0——单根纱线一等品断裂强度(cN/tex)；

N——织物中纱线标准密度(根/10cm)；

K——织物中纱线强力利用系数(表5-1-22)；

Tt——纱线线密度(tex)。

表5－1－22　织物中纱线强力利用系数

织物组织		经向 紧度(%)	经向 K	纬向 紧度(%)	纬向 K
平布	粗特纱	37～55	1.06～1.15	35～50	1.10～1.21
	中特纱	37～55	1.01～1.10	35～50	1.03～1.18
	细特纱	37～55	0.98～1.07	35～50	1.03～1.18
纱府绸	中特纱	62～70	1.05～1.13	33～45	1.06～1.18
	细特纱	62～75	1.13～1.26	33～45	1.06～1.18
线府绸		62～70	1.00～1.08	33～45	1.03～1.15
哔叽,斜纹	粗特纱	55～75	1.06～1.26	40～60	1.00～1.20
	中特纱	55～75	1.01～1.21	40～60	1.00～1.20
	细特纱	55～75	0.96～1.12	40～60	1.00～1.20
华达呢,卡其	粗特纱	80～90	1.27～1.37	40～60	1.00～1.20
	中特纱及以下	80～90	1.20～1.30	40～60	0.96～1.16
	线	90～110	1.13～1.23	40～60	粗特1.00～1.20, 中特及以下0.96～1.16
直贡	纱	65～80	1.08～1.23	45～55	0.93～1.03
	线	65～80	0.98～1.13	45～55	0.93～1.03
横贡		44～52	1.02～1.10	70～77	1.18～1.25

应用上表时,当织物的紧度在规定紧度范围内,K值按比例增减;当小于紧度范围时,则按比例减小;当大于表定紧度范围时,则按最大的K值计算。

上表中未规定的股线,按相应单纱特数取K值(例:14tex×2,按28tex取K值)。

麻纱按平布、绒布坯按织物组织取K值。小花纹织物的纱线强力利用系数,根据紧度及组织按就近品种选择K值。涤棉织物的纱线强力利用系数暂按本色棉布规定的相应品种的K值加0.1计算。中长、粘胶纤维的纱线强力利用系数,目前暂按本色棉布规定。

第三节　棉织物的设计

织物设计必须通过试织,修改有关参数,再经小批量生产达到设计要求后,才可大批量投产。

一、织物设计主要内容

(1)确定织物的服用性能与风格特征或工业织物的要求。

(2)确定织物的经纬纱原料(混纺织物要求确定纱的混纺比,化纤要确定细度和截面形状)。

(3)设计织物的组织规格和制定生产工艺参数。

①选定织物组织。

②选定经纬纱线密度。

③根据用途要求，初步拟订经、纬向紧度，计算出经纬纱密度。

④根据市场和加工需要，制定织物的幅宽、匹长和联匹数。

⑤参考类似织物的生产经验，初步制定经、纬纱的织缩率，估算浆纱墨印长度。

⑥初步制定边纱根数、边组织、每筘经纱穿入数、筘号、总经根数、经纱穿筘幅宽、卷取变换齿轮等工艺参数。

⑦制定浆料配方、上浆率和上浆工艺以及其他织前准备工艺参数，如络筒机张力垫圈重量、整经长度及整经张力垫圈重量、各机速度等。

⑧制定织造的主要工艺参数，如织机速度、开口时间、经位置线、张力重锤重量及边撑刺辊规格等。

⑨汇总各项技术资料，填写织物工艺设计简表，进行试织。

⑩设计要求较高的纯棉或混纺织物，应先拟订几种方案，通过试织，选择内在质量和外观效应较好的一个方案，进行小批量试产。

(4)小批量试产后进行鉴定，正式确定织物工艺设计参数后投产，进行正常的生产管理。

二、来样设计

来样有坯布样和印染成品布样之分，首先应根据织物外观、手观、色泽等正确区分，然后根据来样种类进行分析和设计。

(一)参照来坯布样的设计

1. 来样分析

(1)分析样品的风格特征，确定织物的品种。

(2)分析样品的正反面和经纬向。

(3)分析织物组织、绘制织物组织图(分析小花纹织物时要注意来样上有没有星跳织疵)。

(4)测定织物的经纬密度。

(5)分析样品的原料及混纺比、线密度。

(6)测试经纬纱织缩率。

(7)分析经纬纱的捻向和捻度，用扭力天平测量织物的经纬纱干燥重量。

(8)计算织物经纬向紧度。

2. 照来样设计织物

(1)根据来样分析资料，参照“织物设计主要内容”中的“设计织物组织规格和制定生产工艺参数”的④～⑧条内容，进行来样设计。

(2)汇总各项技术资料，填写织物工艺设计简表进行试织。

(3)经过试织，鉴定、调整工艺参数在织物符合来样所提出的要求后，正式确定工艺设计进行生产。

(二)参照来印染成品布样的设计

1. 来样分析　来样为印染成品布样，要考虑印染加工对织物长度、幅宽、经纬密和经纬线密度的影响。在一般情况下，本色棉布可按下列各式进行估算：

（1）长度：

$$印染加工伸长率 = \frac{成品布长 - 坯布长度}{坯布长度} \times 100\%$$

常见棉织物印染加工伸长率见表5－1－23。

表5－1－23　常见棉织物印染加工伸长率

织物种类	平　布	府　绸	哔叽、斜纹	卡其、华达呢	麻　纱
伸长率(%)	4.0～5.0	4.0	3.0～4.0	2.5～3.5	1.5～2.0

（2）幅宽：

印染成品布标准幅宽＝坯布标准幅宽×幅宽加工系数

常见棉织物的幅宽加工系数见表5－1－24。

表5－1－24　常见棉织物的幅宽加工系数

织物种类	花色平布类、漂白及花色麻纱类织物	漂白平布类、漂白及花色贡呢、哔叽、斜纹、纱卡其、纱华达呢织物类	漂白府绸、花色府绸及本光漂白、染色平布织物类	本光染色纱卡其、纱华达呢及纱斜纹织物类	漂白线卡其、染色线卡其、线华达呢织物类
幅宽加工系数	0.870～0.885	0.885～0.895	0.905～0.920	0.925～0.940	0.940～0.955

精梳涤棉织物的幅宽加工系数见表5－1－25。

表5－1－25　精梳涤棉织物的幅宽加工系数

织物种类	细平布	府　绸	纱卡其	线卡其、华达呢
幅宽加工系数	0.92	0.945	0.945	0.95

（3）经密：

印染成品布标准经纱密度＝坯布标准经纱密度×经密加工系数—经密修正系数

常见棉织物的经密加工系数见表5－1－26。

表5－1－26　常见棉织物经密加工系数

织物种类	花色平布类、漂白及花色麻纱类织物	漂白平布类、漂白及花色贡呢、哔叽、斜纹、纱卡其、纱华达呢织物类	漂白、花色府绸及本光漂白，染色平布织物类	本光染色纱卡其、纱华达呢及纱斜纹织物类	漂白、染色线卡其，线华达呢织物类
经密加工系数	1.130～1.144	1.117～1.123	1.088～1.100	1.064～1.076	1.051～1.063

精梳涤棉织物的经密加工系数见表5－1－27。

表5－1－27　精梳涤棉织物的经密加工系数

织物种类	细平布	府　绸	纱卡其	线卡其、华达呢
经密加工系数	1.09	1.06	1.06	1.05

各类织物的经密修正系数见表5－1－28。

表5－1－28　各类织物的经密修正系数

成品计算经密	200根及以下	201～400根	401根及以上
经密修正系数	2根	3根	4根

(4)纬密：

印染成品布标准纬纱密度＝坯布标准纬纱密度×纬密加工系数

常见棉织物的纬密加工系数见表5－1－29。

表5－1－29　常见棉织物的纬密加工系数

织物种类	平　布	府　绸	哔叽、斜纹	纱卡其、纱华达呢	线卡其、线华达呢	纱贡呢、麻纱
纬密加工系数（漂白、卷染、轧染及印花类）	0.90～0.92	0.93～0.95	0.93～0.95	0.94～0.96	0.95～0.97	0.96～0.98

精梳涤棉织物的纬密加工系数见表5－1－30。

表5－1－30　精梳涤棉织物的纬密加工系数

织物种类	细平布	府　绸	纱卡其	线卡其、华达呢
纬密加工系数	0.95	0.96	0.96	0.97

(5)经纬纱线密度：经纱变细约5%～10%；纬纱变细约0～5%。

2.照来样设计织物　参照"来坯布样的设计"中有关来样分析和设计织物的各项内容进行分析、设计、试织和投产。

(三)来样织物正、反面的辨别方法

(1)表面光洁、织纹清晰、颗粒凸出的为正面。

(2)小提花或大提花织物纱线浮长长的一般为反面。

(3)斜纹织物的纱斜纹左斜为正面，线斜纹右斜为正面。

(四)来样织物经、纬向的辨别方法

(1)有布边的样品,与布边平行的方向为经向,与布边垂直的方向为纬向。

(2)坯布中上浆的纱线为经纱,不上浆的为纬纱。

(3)经纬向两种纱线粗细不一样时,纬纱一般比经纱粗。

(4)经纬向有一种是线、一种是纱时,股线为经向,纱为纬向。

(5)经纬向密度不一致时,一般纬密比经密稀,即密度小的是纬向。

(6)经纱张力一般大于纬纱张力,因此纱线屈曲波大的一般是纬向。

(7)筘路明显、排列均匀整齐的为经向。

三、新产品试制工艺设计简表(表5-1-31)

表5-1-31　新产品试制工艺设计简表

编号:＿＿＿＿＿　填表日期:＿＿年＿＿月＿＿日

<table>
<tr><td rowspan="11">织物主要规格</td><td>织物组织</td><td></td><td rowspan="9">穿经</td><td colspan="2">筘号</td><td></td></tr>
<tr><td>布幅(cm)</td><td></td><td colspan="2">经纱穿筘幅宽(cm)</td><td></td></tr>
<tr><td>经纱线密度(tex)</td><td></td><td rowspan="2">一筘穿入数</td><td>地组织</td><td></td></tr>
<tr><td>纬纱线密度(tex)</td><td></td><td>边组织</td><td></td></tr>
<tr><td>经纱密度(根/10cm)</td><td></td><td colspan="2">综框页数×每页综丝杆数</td><td></td></tr>
<tr><td>纬纱密度(根/10cm)</td><td></td><td colspan="2">综丝号数×长度</td><td></td></tr>
<tr><td>总经纱根数</td><td></td><td rowspan="2">穿综顺序</td><td>地经纱</td><td></td></tr>
<tr><td>边纱根数</td><td></td><td>边经纱</td><td></td></tr>
<tr><td>边组织</td><td></td><td colspan="2">经停片穿法</td><td></td></tr>
<tr><td>经纱缩率(%)</td><td></td><td rowspan="8">织造</td><td colspan="2">织机型号及筘幅</td><td></td></tr>
<tr><td>纬纱缩率(%)</td><td></td><td colspan="2">织机速度(r/min)</td><td></td></tr>
<tr><td rowspan="6">整经浆纱</td><td>整经根数</td><td></td><td colspan="2">开口时间</td><td></td></tr>
<tr><td>整经长度(m)</td><td></td><td colspan="2">引纬时间</td><td></td></tr>
<tr><td>浆纱墨印长度(m)</td><td></td><td colspan="2">后梁高度(mm)</td><td></td></tr>
<tr><td>织轴卷绕匹数</td><td></td><td colspan="2">变换齿轮齿数</td><td></td></tr>
<tr><td>上浆率(%)</td><td></td><td colspan="2">张力重锤重量(kg)×只数</td><td></td></tr>
<tr><td>浆槽中浆液温度(℃)</td><td></td><td colspan="2"></td><td></td></tr>
<tr><td>调浆成分</td><td colspan="2"></td><td colspan="3">经纱捻向及捻系数
纬纱捻向及捻系数
联匹长度</td><td></td></tr>
<tr><td colspan="3">坯布实样
(粘贴处)</td><td>修改记录</td><td colspan="3"></td></tr>
</table>

四、本色织物工艺设计表(表5-1-32)

表5-1-32　本色织物工艺设计表

织物品种:________填表日期:____年____月____日

项目名称			单位	规格	项目名称			单位	规格
原纱条件	经纱	原料名称与混纺比	%		织物规格及技术条件		经纱密度	根/10cm	
		线密度	tex				纬纱密度	根/10cm	
		纺出干燥重量	g/100m				经向强力	N	
		捻系数					纬向强力	N	
		捻向					无浆干重	g/m^3	
		单纱强力	cN/tex				经向紧度	%	
	纬纱	原料名称与混纺比	%				纬向紧度	%	
		线密度	tex				织物总紧度	%	
		纺出干燥重量	g/100m				疵点格率	%	
		捻系数					疵点格率内控	%	
		捻向					蒸缩率	%	
		单纱强力	cN/tex				经向织缩率	%	
织物规格及技术条件	织物组织	地					纬向织缩率	%	
		边					经向回丝率	%	
	布幅		cm				纬向回丝率	%	
	联匹长度		m(码)				经向伸长率	%	
	成布要求		m(码)		用纱量		经向用纱量	kg/100m	
	每件匹数						纬向用纱量	kg/100m	
	联匹						废边纱线密度	tex	
	运销地点						废边纱用纱量	kg/100m	
	总经根数		根				绞边纱线密度	tex	
	其中边纱数		根				绞边纱用量	kg/100m	
用纱量	用纱总量		kg/100m		整经工艺		整经长度	m	
络纬工艺	络纬机型						落片重量	g	
	卷绕速度		m/min				张力圈重量	g	
	满管直径		mm				打结型式		
	张力圈重量		g		调浆工艺	和浆成分	水	%	
	打结型式								
	定捻型式								
络经工艺	机械类型								
	槽筒直径		mm						
	槽筒转速		r/min						

续表

项目名称			单位	规格
络经工艺		槽筒线速	m/min	
		锭脚高低	cm	
	清纱器	型式		
		隔距	mm	
	张力器	型式		
		重量	g	
		打结类型		
整经工艺		整经机型		
		筒子架形式		
		整经线速度	m/min	
		轴数	只	
		整经根数Ⅰ×轴数	根/轴	
		整经根数Ⅱ×轴数	根/轴	
		轴重	kg	
浆纱工艺		墨印长度	m	
		墨印色记		
		边纱色记		
		每缸匹数		
		浆轴匹数	匹数	
		并轴只数	只	
		浆缸浆出轴数	只	
		织轴轴幅	mm	
		起了机纱长度	cm	
		卷绕线速度	m/min	
		筘齿规格	齿/片	
		蒸汽压力	Pa	
		上浆率	%	
		回潮率	%	
		伸长率	%	
		浆槽温度	℃	
		浆槽浆液粘度	s	
		压浆辊压力Ⅰ	kN	
		压浆辊压力Ⅱ	kN	
		浆液酸碱度	pH值	
		后上蜡率	%	
		浆轴标准重量	kg	
穿综筘工艺		插筘筘号		
		插筘幅度		

项目名称			单位	规格
调浆工艺	和浆成分			
		调浆桶机型		
		浆液体积	m^3	
		固体量	%	
		煮浆时间	h	
		定浓温度	℃	
		浓度	mol/L	
		粘度	Pas	
		酸碱度	pH值	
		供浆温度	℃	
		搅拌速度	r/min	
		机械类型		
穿综筘工艺		钢筘(长度×高度)	mm	
		综丝(号数×长度)	号×mm	
		经片(重量×长度)	g×mm	
		综框列数	页×列	
		每页综丝数	根	
		边经穿综顺序1		
		边经穿综顺序2		
		边经穿综顺序3		
		边经穿筘顺序	根/D	
		地经穿综顺序1		
		地经穿综顺序2		
		地经穿综顺序3		
		地经穿综顺序4		
		地经穿筘顺序	根/D	
		停经片穿法Ⅰ		
		停经片穿法Ⅱ		
织造工艺	有梭织机	机型		
		开口时间	mm	
		投梭时间 开关侧	mm	
		投梭时间 换梭侧	mm	
		投梭动程 开关侧	mm	
		投梭动程 换梭侧	mm	
		后梁高低	mm	
		停经架中元高度	mm	
		筘座高低	mm	

续表

项目名称			单位	规格
织造工艺	有梭织机	边撑杆高低	mm	
		梭口高度	mm	
		下层纱距走梭板	mm	
		后梁至后杆距离	mm	
		停经架前后位置	mm	
		张力重锤	kg	
		纬牙标准(变换)	牙	
		开口形式		
		加边装置形式		
		吊综轴位置	mm	
		踏脚杆位置	档	
		踏综顺序		
		梭子类型		
		纬管长度	mm	
		边撑形式		
		车速	r/min	
		相对湿度	%	
		机上控制布幅	cm	
	片梭织机	机型		
		开口角	度	
		综平	度	
		后梁高低	格	
		后梁前后	格	
		经架高低	格	
		经架前后	cm	
	剑杆织机	机型		
		综平	度	
		进剑时间	度	
		出剑时间	度	
		后梁高低	格	
		后梁前后	mm	
		停经架高低	mm	
		停经架前后	mm	
		上机张力	N	
		梭口角度	度	
		车速	r/min	
		相对湿度	%	
		机上控制布幅	cm	

项目名称			单位	规格
织造工艺	喷气织机	主喷嘴开始角	度	
		主喷嘴压力	N/cm^2	
		辅喷嘴1起始角	度	
		辅喷嘴1终止角	度	
		辅喷嘴2起始角	度	
		辅喷嘴2终止角	度	
		辅喷嘴3起始角	度	
		辅喷嘴3终止角	度	
		辅喷嘴4起始角	度	
		辅喷嘴4终止角	度	
		辅喷嘴5起始角	度	
		辅喷嘴5终止角	度	
		纬牙标准牙1	牙	
		纬牙标准牙2	牙	
		纬牙标准牙3	牙	
		纬牙标准牙4	牙	
		纬牙变换牙	牙	
		上机张力	N	
		梭口角度	度	
		车速	r/min	
		车间相对湿度	%	
		机上控制布幅	cm	
		落布长度	m	
整理工艺		验布机型号		
		验布机速度	m/min	
		折布机型号		
		折布机速度	m/min	
		折幅	cm	
		折幅加放	mm	
		成布规格	匹×m	
		成布回潮率	%	
		成包尺寸	cm^3	

备注：

续表

日　期	变更项目	变更前	更改后	负责人签字
备注:				

总工程师________　技术科长________　制表________

第四节　花式纱线的生产应用

一、花式纱线的特数计算

花式纱线品种繁多，在一根纱线中一般有芯纱、饰纱和固结纱三者组成，而且这三根纱在花式线中的长度和特数各不相同，而且花型在纵向的循环往往很长，所以很少有统一的特数计算方法，目前常用的是长度与重量之比来测定，它的平均特数计算方法如下，如设长度为 L(m)，重量 G(g)，特数采用 Tt，则 $\mathrm{Tt} = G \times 1000 \div L$。

在实际生产中一根花式线中往往有多种原料组成，而且各原料的细度单位又不同，所以必须求出各原料在花式线中所占的比例。

(一)原料百分比的计算

一般采用分解法，例如有一种花式圈圈线，芯纱和固结纱均为 11.1tex(100 旦)黑色涤纶低弹长丝，饰纱用 20.8tex(28 英支)腈纶短纤纱。一般先取 10cm 纱线，分解其长度后扩大 10 倍即为 1m 的长度。

如实测：

芯纱：11.1tex(100 旦)黑色涤纶低弹长丝长 1.02m。

固纱：11.1tex(100 旦)黑色涤纶低弹长丝长 1.04m。

饰纱：20.8tex(28 英支)腈纶纱长度为 2.05m。

该花式线的实际特数 = 11.1 × 1.02 + 11.1 × 1.04 + 20.8 × 2.05 = 66.1tex。

各种原料在花式线中所占比重：

芯纱：　$0.0113 \div 0.0661 \times 100 = 17.1\%$

固纱：　$0.0116 \div 0.0661 \times 100 = 17.55\%$

饰纱：　$0.0432 \div 0.0661 \times 100 = 65.35\%$

(二)绳绒线的计算方法

A 为绳绒线的芯线，通常由双股线组成，设其单纱的特数为 Tt_1，其合股根数为 S_1。

B 为绒头纱，通常由多根单纱组成，设其单纱特数为 Tt_2，每束绒头纱组成的根数 S_2。绒头长度为 W，绒头纵向排列密度为 d(束/cm)，绳绒线的特数计算方法如下：

1. 芯纱特数

$$\mathrm{Tt}_3 = \mathrm{Tt}_1 \times S_1$$

2. 每米绳绒线中绒纱总长度

$$L=\frac{100\times d\times S_2\times W}{1000}=\frac{dS_2W}{10}$$

3. 每米绳绒线中绒纱重量

$$G=\frac{\mathrm{Tt}_2\times L}{1000}=\frac{\mathrm{Tt}_2\times dS_2W}{10000}$$

4. 绒纱相当特数 Tt_4　假设绳绒线由芯纱和绒纱两部分组成，因此绳绒线的实际特数可以理解为芯线特数 N_{t1} 和绒纱特数 N_{t2} 合股组成的特数。而绒纱相当特数为：

$$\mathrm{Tt}_4=\frac{G\times 1000}{L}=\frac{\mathrm{Tt}_2\cdot d\cdot S_2\cdot W}{10}$$

5. 绳绒线的理论特数假定为 Tt

$$\mathrm{Tt}=\mathrm{Tt}_3+\mathrm{Tt}_4=\mathrm{Tt}_1\cdot S_1+\frac{\mathrm{Tt}_2\cdot d\cdot S_2\cdot W}{10}$$

6. 绳绒线的实际特数假定为 T′t

$$\mathrm{T't}=\mathrm{Tt}\cdot\varphi=\left(\mathrm{Tt}_1\times S_1+\frac{\mathrm{Tt}_2\cdot d\cdot S_2\cdot W}{10}\right)\cdot\varphi$$

设 φ 为绳绒线在加工过程中绒毛飞花的损耗和捻缩平等因素系数。φ 一般取 0.93 ~ 0.97。如捻度配置不当及绒纱质量差，φ 也可能低于 0.85。

7. 绒纱与芯纱重量比设为 E

$$E=G:\frac{\mathrm{Tt}_3\times L}{1000}=\frac{\mathrm{Tt}_2\cdot d\cdot S_2\cdot W}{10\mathrm{Tt}_1\cdot S_1}$$

8. 绒纱宽度 W 的选择　绒纱宽度 W 为 1.5 ~ 5mm，它根据特数不同而变化，常由隔距片的宽度而决定，一般实际宽度 W = 隔距片宽度 + (1.1 ~ 1.3) mm，目前常用的宽度如表 5 - 1 - 33 所示。

表 5 - 1 - 33　绳绒线特数与绒毛长度对照

绳绒线						
绳绒线	线密度(tex)	400 ~ 500	333 ~ 400	286 ~ 333	250 ~ 286	222 ~ 250
	支数(英支)	2 ~ 2.5	2.5 ~ 3	3 ~ 3.5	3.5 ~ 4	4 ~ 4.5
绒纱宽度 W(mm)		4.5	4	3.5	3	2.5

9. 绒纱特数的选择　绒纱一般采用 Tt_1 = 16.5 ~ 25tex，而常用的为 19 ~ 22tex，选用绒纱粗且绒毛丰满，但手感较硬。特数的选择还应根据绒纱根数 S_2 和纵向密度 d 进行综合考虑。

10. 绒纱根数及纵向密度 d 的选择　设绒纱每厘米总根数为 F，则 $F=S_2\times d$。

F 是影响绒纱外观效果的主要因素，也是绳绒线调整特数的重要依据。一般 S_2 为 2 ~ 5 根；d 为 8 ~ 10(束/cm)。

11. 芯纱特数的选择　为了管理方便，一般选择相同原料的纤维作为芯纱和绒纱，并采用同一特数(即 $Tt_1 = Tt_2$),常选择 19 ~ 22tex 左右。

12. 绒纱与芯纱重量比的选择:一般可选择 7:3、6:4、5:5 等几种。

计算实例:

例 1:生产 455tex 的绳绒线,假设芯纱和绒纱用同一种原料,求绒纱和芯纱特数。

设 $W = 4.5\text{mm}, S_1 = 4, S_2 = 4, d = 10$ 束/cm,$\varphi = 0.95$,假定 $Tt = Tt_1 = Tt_2$。

代入绳绒线的实际特数计算公式,得

$$Tt \times 4 + \frac{Tt \times 10 \times 4 \times 4.5}{10} \times 0.95 = 455$$

$$Tt = 21.6(\text{tex})$$

$$Tt_1 = Tt_3 = 21.6(\text{tex})$$

例 2:生产 222.2tex 绳绒线,绒纱用粘胶纱,芯纱用腈纶纱,绒纱比芯纱 = 60:40,求芯纱和绒纱特数。

设定 $S_1 = 4, S_2 = 2, W = 2.5\text{mm}, d = 13$ 束/cm,$\varphi = 0.95$

代入绳绒线的实际特数计算公式,得

$$\left(Tt_1 4 + \frac{Tt_3 \times 13 \times 2 \times 2.5}{10}\right) \times 0.95 = 222.2$$

代入绒纱与芯纱重量比公式,得

$$\frac{Tt_2 \times 13 \times 2 \times 2.5}{10 \times Tt_1 4} = 60:40$$

解上面两式的联立方程得

$$Tt_1 = 21(\text{tex})$$

$$Tt_2 = 19.5(\text{tex})$$

二、花式纱线织物的生产工序

(一)络筒工序

为了检查花式纱线质量及染色方便,花式纱线一般供应绞纱,进厂后必须络筒。由于芯纱及固纱一般用得较细,所以强力也相应较低。另一方面,无论任何花式纱线,表面均比较粗糙,络筒时阻力较大,所以除绳绒线之外,络筒时不能用清纱器,同时要适当减轻张力片的重量及放慢络筒速度,否则在高速络筒时,可能把芯纱绷断,造成间隙性的花形破坏;接头时必须注意把头尾两端花形不正部分剪去。在使用绳绒线作纬纱时,首先应注意绒毛的方向,因此绳绒线摇绞时,必须把头尾做好标记,以保证在络筒时必须头尾相接,不能头头相接或尾尾相接,否则在布面易造成倒顺毛由于反光不同而产生横向色档。在使用圈圈线时,如果是两家厂生产或两个批号的产品,应分开阶段或区别品种使用,否则生产花式纱线时因工艺的细微差异会产生纬向色档。

(二)整经工序

花式纱线织物一般用花式纱线作嵌条,而且花式纱线往往比底纱要粗好多倍。分条整经机整经时经轴表面发生花式纱线凸起,致使实际长度与底纱长度以及张力发生差异,在织造时发生困难,所以花式纱线的筘齿中应当减少穿纱根数,粗细相差过大的除花式纱线单穿一筘之外,旁边另加空筘齿,这样在整经时花式纱线活动余地大,就不会在经轴表面凸起而造成长短差异。如用结子线或间断圈圈线、间断波形线作经纱时,最好是用等距离花形的花式纱线,在开始整经时用人工方法使各条花式纱线的结子相互叉开,使布面上的结子不至相互重叠。如果花式纱线发生断头重接时,也应注意结子和两边相邻的经纱叉开(即使结子不要重叠)。也可用不等距结子。

(三)浆纱工序

棉纱或缎条中薄型色织单纱府绸在织前必须经过上浆,而目前很少采用绞纱上浆而是采用机浆。由于花式纱线较底纱粗而且表面毛糙,如果和底纱一同通过浆槽会造成花式纱线吸浆太多,不但出烘房后在分绞处难以分开,而且吸浆后的花式纱线非常硬,不利于织造。因此在上浆过程中可把花式纱线单独用绞棒挑起,使它在压浆辊上方直接进入烘房而不通过浆槽。有些产品仅用少量花式纱线作嵌条时,也可在浆纱机后面做一个纱架,使花式纱线不经过浆槽直接加入;用这种方法必须控制好张力,否则不利于织造,如采用先进的双经轴织造,以保持等量输出使张力均匀、织物平整。

(四)穿综工序

无论是何种形态的花式纱线,其外表均比较毛糙,在通过综丝眼时,会产生较多的摩擦。为了减少花式纱线在综眼处的摩擦和易于通过,必须按照花式纱线的粗细选择综眼较大的焊眼综丝,切勿采用拧固综眼的综丝,否则很易使花式纱线挂在综眼交界处造成经纱断头而缺经,在修织布时也比较困难。因此,花式纱线的各通道一定要光洁,以尽量减少摩擦为好。焊眼综丝的使用已较为普遍。

(五)穿筘工序

花式纱线常常采用粗细特交织,因此在经向粗细纱的排列根数与密度需相对于其特数而有所不同。为了保证织物花纹外观的均衡,对每筘穿入的根数也应有所不同。但有时会发生即使花式纱线单独穿一筘齿也难以通过的情况,或在设计稀密不同的织物时,只用每筘穿入经纱数不同来调节满足不了要求的情况,此时一般可采用两种方法:如生产批量不大的产品,可采用拔筘齿的方法,即在嵌条处穿入结子线的筘齿中间拔去一根筘片,使筘齿间距增加一倍;如生产批量大且相对固定的产品,可按照工艺要求定制稀密筘,此种筘的每个筘齿间距是根据织物组织及每筘穿入经纱根数而特殊设计的。这类织物经过不同的后整理工艺,能达到较好的效果和比较均衡稳定的外观。

(六)织造工序

花式纱线很多是用作纬纱的,纬纱比经纱要求低。如用结子线作纬纱时可不加固结纱,但结子间距的选择比经纱高。一般纬纱用结子间距最好是无规律又有规律,也就是在每个有规律的起始间反复更换,以避免结子重叠在布面上出现楼梯状、龟板状等现象。在设计结子间距时不能与筘幅(幅宽)成公倍数,这样才能使结子在布面上均匀分布。其他如间断毛圈、竹节纱等均需注意这些问题。如用剑杆织机织造,对剑头的选择非常重要,它要有很好的粗细特适应性(纬纱与花式线粗细差异大),否则由于剑头夹不紧花式纱线,在出口侧往往把花式纱线拉散。因为花式纱样的芯纱往往用很细的长丝,如夹持不紧,芯纱从剑头中滑脱,使剑头只夹住饰纱向前拉动时而把花式线拉散。其次是织机的送经和卷取机构应相适应。纬纱粗细特交织，为了保证纬向有均匀的外观，在织造时纬密应不均匀的织入，即粗的花式纱线纬密稀、细的平纱（即普通纱线）纬密高，为此新一代的无梭织机均设置了稀密打纬装置。此装置靠机械传动，因此比较可靠。对于一般产品，为了减少由于纱特条干不匀而造成纬向的档子，尤其是经纱与纬纱颜色差异较大的产品，为了提高一等品，平时往往采取消极送经、积极卷取的方法来调正纬纱密度，随着纬纱的粗细来控制送经量多少，使织物纬向间隔也随着送经量而变化，使布面显得均匀些。但此类方式一般适用于人字斜纹或山形斜纹等产品，而对于格子织物不太适宜，它会使格子产生大小不匀。现有的国外剑杆织机，可按照不同纬纱而自动调节纬密，而且在织花式纱纬纱时，织机速度也会自动下降，这种织机就能胜任制织花式纱线产品。

（七）半综的应用

花式纱线织物往往松结机用得较多，特别在粗纺呢绒中，由于纱特粗、经纬向纱特差异大，因此经纬间的缩水率往往很大，而且尺寸稳定性差，经纬纱极易发生位移。因此在这类织物中最好采用半综使经纱织成绞经的纱罗组织，在经向采用较细的精纺毛纱或化纤长丝等，而纬向全部或部分采用较粗的圈圈线、结子线、大肚线等，用经交织物使每根纬纱均夹持在两根绞经中无法随意滑移，达到结构松而布面不歪斜，既柔软而又不易变形，充分突出了花式纱线的外观效应。

三、花式纱线产品设计技巧

（一）织物组织的选择

由于花式纱线外表丰富多彩，所以织物组织可以选配简单一些。有时为了织物身骨好，往往选用三原组织，用 A_1、B_1 纱线排列的形式，将化纤成分多的花式纱线与毛 65%、粘胶纤维 35% 的混纺毛纱一起织成平纹、菱形斜纹等产品，使其外观多变化而质感适中，既降低了成本，又改变了原组织面貌。产品大部分仍以三原组织或小花纹作底部，选用粗特纱，而装饰用的花式纱线选用在浮点长些的部位，以充分表现其独特的外观。

（二）花式纱线在织物组织中的合理配置

由于花式纱线外表有圈或结，所以一般较粗，在织物设计中只能作点缀，不能用得太多，为此一定要选好确切的位置，在亮点处发挥作用，起到画龙点睛的效果。有时也可采用既有规则又有细微变化的段染毛纱，使色纱的位置不同而加大循环重复的倍数，用取得扩大了的最小公倍数（这也是采用有色纱线的循环数和组织循环数的最小公倍数）来加大外观循环的方法，是用段染纱的循环差异来加大花纹色彩重复循环数的一种好方法。段染花式纱线是很起作用的花式纱线，但是应注意段染的色彩一定要与主体的色彩相互搭配，做到谐调统一。在考虑织物组织时，为表现出花式纱线的特征，一定要将花式纱线相应用在浮长的部位，以充分发挥花式纱线的作用。

（三）织物紧度的选择

产品的身骨、手感和弹性决定于产品采用的原料、纱线线密度和捻度以及不同经纬密度、不同组织所构成的织物紧度。一般产品的紧度根据织物种类、经纬粗细和织物单位重量而有所不同，花式纱线产品的紧度应是经纬粗细和紧度的加权平均数值。由于花式纱线的外观扩张而立体感强、表面覆盖系数大，因而在紧度上确切地讲不应单纯的紧度，而应为密度与线密度开方之比值。如果一定要用此数据作参考，则花式纱线产品比一般非花式纱线产品的紧度小10%～15%，最大不超过20%，具体应按照花式纱线使用的多少而定。对于松结构织物最好采用绞经织物，以避免产生经纬纱滑移。

（四）花式纱线外形的选择

花式纱线形状各异，因此在应用到各类产品上时也需有所不同。如圈圈线类大部分用作大衣呢及各类女士呢。在用圈圈线做大衣呢时不但应选用大圈，而且用量也较大，有时纬向全部用圈圈线或者圈圈线与粗纺毛纱以1∶1排列，反映在呢面上形成密布的毛圈，达到仿羔皮的效果。这类产品大都采用匹染以素色为主，也有用双色圈圈线色织，但一般以两色为多。常采用谐调的混色效果，如黑和紫红、黑和海蓝、黑和墨绿、棕咖或灰色等，这一交织效果是为了丰富色彩、加强织物的立体感，而不是为了装饰和点缀。在女士呢中大多采用素色，也有双色，但都以较艳丽的色彩为主，用于春秋季女装面料，结子线、大肚线、波形线和各类复合花式纱线等也都可用在服装面料上，但一般以作嵌条为主，用量较少，主要起点缀作用。除此之外很多装饰织物也在广泛采用花式纱线，如竹节纱、波形纱、绳绒线、钩编机生产的蜈蚣纱、针筒机生产的园带纱等均在用作纬纱。

（五）花式纱线的色彩选择

花式纱线的色彩一般采用纤维染色、纱线染色或坯布染色，这都只是全选择单色或复色的素色产品，近年来随着花式捻线机的发展，已有多色花式纱线及利用段染毛纱制成的彩色花式纱线或段染花式纱线，使色彩更加丰富多彩。花式纱线产品色彩的设计和一般产品的色彩设计一样，无色系使用黑、白、金、银、灰作主色。如双色结子针织物用黑白结子作点缀，而底色调则用黑白合股线作中间色，尽管色调一致，但仍然有很强的立体感；又如大衣呢底部使用黑色圈圈线，采用黄色圈圈线、绿色圈圈线以及青莲色和玫红色、湖蓝色等圈圈线做嵌条，虽是等距离相隔，但由于色相不同，各色的艳度和明度也不同，从而起到了装点、提神的作用，使得产品变得庄重而活跃。

花式纱线如果在产品中不是大量使用，而只是起点缀作用时，其配色与服装面料的配色原则是一样的。

对比色：两色相在色环中相差120°。

邻近色：两色相在色环中相差150°。

同类色：两色相在色环中相差45°。

互补色：两色相在色环中相差180°。

四类花式纱线的配色与大面积底色一定要是谐调的关系。如果结子线采用了红、蓝、橘红等对比强烈的色彩，而底色采用稳重的铁锈红与黑色（或咖啡色），不仅点缀效果明显，而且总体感觉仍然稳重大方；作为套装面料，采用白结子线应是最理想的，可以使之明快，亮丽大方。在同类底色部中采用咖啡结子、驼色结子也可以，但效果不如白色结子突出和明快。总之在花色纱线本身色彩色相对比强烈时，底色一定要采用深色，如黑、藏青、深墨绿等比较沉重的色调，但有时也可采用白、驼、浅灰等稳定的浅色。也就是说，花色纱线的色彩要与产品底色相谐调。在同一个产品中配四套色时，每个主色色相不同，明度（亮度）、饱和度（含灰度）要相同，如用双色结子线起点缀作用，则要使每一对结子的色彩关系相同。

续表

织物名称	幅宽(cm)	线密度(tex) 经纱×纬纱	经密×纬密(根/10cm)	总经根数		钢筘		每筘穿入数		织物组织		织缩率(%)		百米用纱量(kg)		无浆干重(g/m²)	织机类型
				总经	其中边纱	筘号(齿/10cm)	筘幅(cm)	地	边	地	边	经	纬	经	纬		
府绸	122 (48)	J14.5×J14.5 (J40×J40)	512×216 (130×85)	6264	—	125 (63.5)	125.3 (49.3)	4	—	1/1	—	12.0	2.6	10.5173	6.4369	121	PAT—A
府绸	134.5 (53)	J14.2×J14.5 (J40×J40)	523.5×283 (133×72)	7048	—	127 (64.5)	138.77 (54.64)	4	—	1/1	—	13.5	2.0	11.8492	6.0023	118.75	ZA
府绸	155 (61)	J14.5×J14.5 (J40×J40)	523.5×342.5 (133×87)	8050	—	126 (64)	159.7 (62.9)	4	—	1/1	—	12.7	2.9	13.6983	8.3463	127	JAT
府绸	160 (63)	14.5×14.5 (40×40)	472×236 (120×60)	7560	—	116.1 (59)	162.73 (64.07)	4	—	1/1	—	8.0	1.8	11.9510	5.8656	100.09	ZA
府绸	160 (63)	J14.5×J14.5 (J40×J40)	472×393.5 (120×100)	7556	—	149.6 (76)	168.35 (66.28)	3	—	1/1	—	13.8	3.3	12.7484	10.1137	127.03	OMNi
府绸	160 (63)	J14.5×J14.5 (J40×J40)	523.5×283 (133×72)	8380	—	127 (64.5)	165.0 (64.96)	4	—	1/1	—	13.5	2.24	14.0911	7.1368	118.84	ZA
府绸	119.5 (47)	J14.5×J19.5 (J40×J30)	551×338.5 (140×86)	6580	—	131.8 (67)	124.81 (49.14)	4	—	1/1	—	14.9	1.65	11.2434	8.6718	147.14	OMNi
府绸	239 (94)	J14.5×J14.5 (J40×J40)	472×393.5 (120×100)	11276	—	125.5 (77.5)	246.37 (97)	3	—	1/1	—	14.8	3.15	19.2548	14.8008	127.79	OMNi
府绸	249 (98)	J14.5×J14.5 (J40×J40)	433×334.5 (110×85)	10780	—	207.7 (105.5)	259.54 (100.18)	2	—	1/1	—	12.5	2.67	17.9234	13.2534	111.51	OMNi
府绸	254 (100)	J14.5×J14.5 (J40×J40)	433×334.5 (110×85)	11000	—	207.7 (105.5)	264.83 (104.20)	2	—	1/1	—	12.8	3.11	18.3523	13.5235	111.94	PAT—A
府绸	119.5 (47)	J11.7×J11.7 (J50×J50)	523.5×283.5 (133×72)	6252	—	254 (129)	123.2 (48.5)	2	—	1/1	—	11	2.1	7.8012	4.2711	92	PAT—A

续表

织物名称	幅宽(cm)	线密度(tex) 经纱×纬纱	经密×纬密(根/10cm)	总经根数		钢筘		每筘穿入数		织物组织		织缩率(%)		百米用纱量(kg)		无浆干重(g/m^2)	织机类型
				总经	其中边纱	筘号(齿/10cm)	筘幅(cm)	地	边	地	边	经	纬	经	纬		
府绸	119.5(47)	J11.7×J11.7(J50×J50)	551×346(140×88)	6580	—	131.6(67)	124.99(49.21)	4	—	1/1	—	13.5	2.74	8.9254	5.3318	105.56	PAT—A
平布	127(50)	J11.7×J11.7(J50×J50)	263.5×212.5(67×54)	3410	120	250(127)	134(52.76)	1	2	1/1	1/1	4.6	5.75	4.1892	3.5077	53.44	JAT
平布	152.5(60)	J11.7×J11.7(J50×J50)	275.5×236(70×60)	4264	128	127(64.5)	165.40(65.12)	2	4	1/1	1/1	5	5.47	5.2629	4.8106	57.49	JAT
府绸	157.5(62)	J11.7×J11.7(J50×J50)	590.5×394(150×100)	9300	—	143.75(73)	161.8(63.7)	4	—	1/1	—	11	2	9.75	10.518	117	JAT
平布	160(63)	J11.7×J11.7(J50×J50)	315×236.5(80×60)	5100	36	150.5(76.5)	169(66.5)	2	3	1/1	1/1	4.0	5.0	6.3545	4.9211	63	JAT
府绸	160(63)	JE11.7×JE11.7(JE50×JE50)	472.5×394(120×100)	7560	—	228(116)	165.6(65.2)	2	—	1/1	—	13	2.5	9.4349	7.9515	100	JAT
府绸	160(63)	J11.7×J11.7(J50×J50)	523.5×452.5(133×115)	8480	100	136(64)	167.9(66.1)	4	5	1/1	1/1	10	3.9	11.1595	9.3544	114	JAT
府绸	160(63)	J11.7×J11.7(J50×J50)	551×330.5(140×84)	8816	—	177.2(90)	165.81(65.28)	3	—	1/1	—	12	2.09	11.7583	6.7540	102.43	OMNi
府绸	160(63)	J11.7×J11.7(J50×J50)	551×346(140×88)	8820	—	132.8(67.5)	166(65.4)	4	—	1/1	—	10.1	2.8	11.2522	7.0718	105	JAT
府绸	160(63)	J11.7×J11.7(J50×J50)	511×362(140×92)	8800	—	133(67.5)	165.6(65.2)	4	—	1/1	—	11.4	2.8	11.9015	7.3810	107	JAT
府绸	119.5(47)	J9.7×J9.7(J60×J60)	579×437(147×111)	6912	—	141(71.5)	123(48.3)	4	—	1/1	—	12.0	1.8	7.1854	5.4871	97	OMNi

续表

织物名称	幅宽(cm)	线密度(tex) 经纱×纬纱	经密×纬密(根/10cm)	总经根数		钢筘		每筘穿入数		织物组织		织缩率(%)		百米用纱量(kg)		无浆干重(g/m²)	织机类型
				总经	其中边纱	筘号(齿/10cm)	筘幅(cm)	地	边	地	边	经	纬	经	纬		
府绸	160(63)	JE9.7×JE9.7(JE60×JE60)	472.5×394(120×100)	7560	—	228(116)	167(65.74)	2	—	1/1	—	12.0	4.0	8.47	6.2406	83	JAT
府绸	170(67)	J9.7×J9.7(J60×J60)	519.5×417.0(130×106)	8780	16×2	163.5(83)	1791(70.5)	3	4	1/1	1/1	7.6	4.9	9.4308	7.6237	90	JAT
平布	218.5(86)	J9.7×J9.7(J60×J60)	354×346(90×88)	7764	72	169.3(86)	228.60(90)	2	3	1/1	1/1	6.6	5.29	8.0877	8.0847	66.14	JAT
府绸	239(94)	J9.7×J9.7(J60×J60)	523.5×393.5(133×100)	12566	168	250(127)	250.20(98.5)	2	3	1/1	2/2 纬重平	10.1	8.08	13.6049	10.0551	87.63	OMNi
平布	249(98)	J9.7×J9.7(J60×J60)	275.5×275.5(70×70)	6912	104	132.9(67.5)	258.14(101.63)	2	4	1/1	1/1	4.8	5.05	7.0632	7.2619	51.47	JAT
府绸	119.5(47)	J7.3×J7.3(J80×J80)	551×511.5(140×130)	6596	60	132.9(67.5)	123.88(48.77)	4	5	1/1	1/1	10.6	3.87	5.4013	4.8707	76.45	JAT
平布	127(50)	J7.3×J7.3(J80×J80)	354×344(90×88)	4516	48	164.4(83.5)	136.89(53.89)	2	3	1/1	1/1	4.5	5.98	3.4599	3.6434	49.24	JAT
平布	132(52)	J7.3×J7.3(J80×J80)	314.5×307(80×78)	4224	128	150.1(76.25)	138.58(54.56)	2	4	1/1	1/1	4.9	4.75	3.2494	3.2693	43.51	JAT
平布	160(63)	J7.3×J7.3(J80×J80)	314.5×251.5(80×64)	5124	60	149.6(76)	170.58(67.16)	2	3	1/1	1/1	4.7	5.91	3.9348	3.3019	39.86	JAT
平布	160(63)	J7.3×J7.3(J80×J80)	401.5×354(102×90)	6438	36	190.9(97)	168.27(66.25)	2	3	1/1	1/1	5.8	4.86	5.0032	4.5804	53.15	OMNi
平布	162.5(64)	J7.3×J7.3(J80×J80)	354×346(90×88)	5780	60	164.4(83.5)	175.21(68.98)	2	3	1/1	1/1	4.8	7.15	4.4440	4.6633	49.62	JAT

续表

织物名称	幅宽(cm)	线密度(tex) 经纱×纬纱	经密×纬密(根/10cm)	总经根数		钢筘		每筘穿入数		织物组织		织缩率(%)		百米用纱量(kg)		无浆干重(g/m^2)	织机类型
				总经	其中边纱	筘号(齿/10cm)	筘幅(cm)	地	边	地	边	经	纬	经	纬		
府绸	162.5(64)	J7.3×J7.3(J80×J80)	523.5×397.5(133×101)	8523	40	164.4(83.5)	172.64(67.97)	3	4	1/1	1/1	9.2	4.89	6.8736	5.2737	66.14	JAT
平布	170(67)	J7.3×J7.3(J80×J80)	314.5×295(80×75)	5372	36	149.6(76)	179.14(70.53)	2	3	1/1	1/1	5.3	4.68	4.1517	4.0636	42.82	JAT
平布	170(67)	J7.3×J7.3(J80×J80)	354×346(90×88)	6070	120	164.4(83.5)	183.42(72.21)	2	3	1/1	1/1	4.9	4.82	4.6722	4.8819	49.11	OMNi
平布	203(80)	J7.3×J7.3(J80×J80)	318.5×271.5(81×69)	6580	200	149.6(76)	216.57(85.26)	2	4	1/1	1/1	5.5	4.93	5.0974	4.5195	41.46	OMNi
府绸	127(50)	J7.3×J5.8(J80×J100)	500×433(127×110)	6350	—	157(79.75)	134.83(53.08)	3	—	1/1	—	8.8	4.88	5.0970	3.5640	60.64	JAT
平布	160(63)	J18.2×2×29(J32/2×20)	346×188.5(88×48)	5544	—	168.8(85.75)	164.22(64.65)	2	—	1/1	—	12.0	1.84	23.1990	9.4711	182.78	JAT
平布	129.5(51)	J14.5×2×J14.5×2(J40/2×J40/2)	433×220(110×56)	5612	—	137.8(70)	135.76(53.45)	3	—	1/1	—	14.6	1.44	19.2794	9.1344	195.15	ZA
平布	160(63)	J14.5×2×J14.5×2(J40/2×J40/2)	393.5×228(100×58)	6300	—	190.9(97)	164.97(64.95)	2	—	1/1	—	13.5	1.98	21.3710	11.4965	183.80	JAT
府绸	122(48)	J7.3×2×J7.3×2(J80/2×J80/2)	523.5×314.5(133×80)	6384	—	127(64.5)	125.70(49.49)	4	—	1/1	—	12.9	2.23	10.7536	6.0412	123.01	OMNi
平布	124.5(49)	J7.3×2×J7.3×2(J80/2×J80/2)	472.5×283.5(120×72)	5832	36×2	226.8(115.2)	128.1(50.4)	2	3	1/1	1/1	9.3	3.5	9.6295	5.4843	108	JAT

续表

织物名称	幅宽(cm)	线密度(tex) 经纱×纬纱	经密×纬密(根/10cm)	总经根数		钢筘		每筘穿入数		织物组织		织缩率(%)		百米用纱量(kg)		无浆干重(g/m²)	织机类型
				总经	其中边纱	筘号(齿/10cm)	筘幅(cm)	地	边	地	边	经	纬	经	纬		
平布	160 (63)	J7.3×2×J7.3×2 (J80/2×J80/2)	441×327 (112×83)	7056	—	106.3 (54)	165.7 (65.25)	4	—	1/1	—	13	2.7	11.007	8.2496	110	JAT
平布	160 (63)	J7.3×2×J7.3×2 (J80/2×J80/2)	523.5×283.5 (120×72)	8380	—	127 (64.5)	165.1 (65)	4	—	1/1	—	13	2.1	13.071	7.9515	120	JAT
府绸	122 (48)	J5.8×2×J5.8×2 (J100/2×J100/2)	523.5×314.5 (133×80)	6360	40×2	127 (64.5)	124.9 (49.2)	4	5	1/1	1/1	7.7	3.4	8.2491	4.8365	97	JAT
府绸	160 (63)	J5.8×2×J5.8×2 (J100/2×J100/2)	484×346.5 (123×88)	7749	—	118 (60)	163.8 (64.6)	4	—	1/1	—	12	1.5	9.6708	6.9973	95	JAT
府绸	160 (63)	J5.8×2×J5.8×2 (J100/2×J100/2)	590.5×374 (150×95)	9450	—	142 (72)	166.6 (65.6)	4	—	1/1	—	13	3.2	11.794	7.5539	111	JAT
府绸	165 (65)	J5.8×2×J5.8×2 (J100/2×J100/2)	551×315 (140×80)	9100	30×2	133 (67.5)	171 (67.3)	4	5	1/1	1/1	9.0	2.3	12.0832	6.6322	102	JAT

注 表中括号内数值为英制,其中筘号为2英寸内的齿数。

表5-1-35 纯棉防羽布织物

织物名称	幅宽(cm)	线密度(tex) 经纱×纬纱	经密×纬密(根/10cm)	总经根数		钢筘		每筘穿入数		织物组织		织缩率(%)		百米用纱量(kg)		无浆干重(g/m²)	织机类型
				总经	其中边纱	筘号(齿/10cm)	筘幅(cm)	地	边	地	边	经	纬	经	纬		
防羽布	119.5 (47)	J14.5×J14.5 (J40×J40)	523.5×393.5 (133×100)	6256	—	127.0 (64.5)	123.15 (48.48)	4	—	1/1	—	16.5	3.24	10.8940	7.3983	137.42	ZA
防羽布	119.5 (47)	J11.7×J11.7 (J50×J50)	551×472 (140×120)	6580	—	131.6 (67)	124.73 (49.10)	4	—	1/1	—	15.5	3.37	9.1367	7.2555	121.41	PAT—A

续表

织物名称	幅宽(cm)	线密度(tex) 经纱×纬纱	经密×纬密(根/10cm)	总经根数		钢筘		每筘穿入数		织物组织		织缩率(%)		百米用纱量(kg)		无浆干重(g/m^2)	织机类型
				总经	其中边纱	筘号(齿/10cm)	筘幅(cm)	地	边	地	边	经	纬	经	纬		
防羽布	160 (63)	J14.5×J14.5 (J40×J40)	523.5×393.5 (133×100)	8380	—	127.0 (64.5)	164.98 (64.95)	4	—	1/1	—	15.8	2.0	14.4760	9.9112	136.04	OMNi
防羽布	170 (67)	J14.5×J14.5 (J40×J40)	472×412 (120×115)	8040	—	114.2 (58)	174.18 (69.3)	4	—	1/1	—	13	2.4	12.542	12.156	133	JAT
防羽布	170 (67)	J7.3×J7.3 (J80×J80)	598×56.25 (152×143)	10196	48	190.9 (97)	177.78 (69.99)	3	4	1/1	1/1	14.2	4.34	8.7034	7.6890	85.56	JAT
防羽布	200.5 (79)	J14.5×J14.5 (J40×J40)	523.5×393.5 (133×100)	10508	—	169.3 (86)	206.90 (81.46)	3	—	1/1	—	16.0	4.07	18.1987	12.4296	137.40	JAT
防羽布	218.5 (86)	J7.3×J7.3 (J80×J80)	625.5×551 (159×140)	13688	48	198.8 (101)	229.29 (90.27)	3	4	1/1	1/1	13.5	3.30	11.5919	9.7088	86.04	JAT
防羽布	221 (87)	J14.5×J14.5 (J40×J40)	523.5×393.5 (133×100)	11572	—	126.3 (64)	229.06 (90.18)	4	—	1/1	—	16.0	2.29	20.0429	13.7609	136.40	PAT—A
防羽布	221 (87)	J7.3×J7.3 (J80×J80)	598×551 (152×140)	13238	48	190.9 (97)	230.89 (90.9)	3	4	1/1	1/1	13.8	2.9	11.2496	9.7765	83.94	OMNi
防羽布	223.5 (88)	J9.7×J9.7 (J60×J50)	551×523.5 (140×133)	12320	—	131.6 (67)	233.53 (91.94)	4	—	1/1	—	15.5	4.42	14.1908	15.0559	116.27	JAT
防羽布	239 (94)	J16×J16 (J36×J36)	523.5×393.5 (133×100)	12502	—	127.0 (64.5)	251.29 (96.9)	4	—	1/1	—	15	2.1	21.67	16.478	146	OMNi
防羽布	239 (94)	J14.5×J14.5 (J40×J40)	523.5×393.5 (133×100)	12500	—	127.0 (64.5)	246.14 (96.91)	4	—	1/1	—	16.0	2.13	21.6513	14.7869	136.31	OMNi
防羽布	239 (94)	J11.7×J11.7 (J50×J50)	551×444.5 (140×113)	13160	—	131.6 (67)	250.0 (98.43)	4	—	1/1	—	15.5	2.71	18.2845	13.6940	118.01	PAT—A

续表

织物名称	幅宽(cm)	线密度(tex)经纱×纬纱	经密×纬密(根/10cm)	总经根数		钢筘		每筘穿入数		织物组织		织缩率(%)		百米用纱量(kg)		无浆干重(g/m^2)	织机类型
				总经	其中边纱	筘号(齿/10cm)	筘幅(cm)	地	边	地	边	经	纬	经	纬		
防羽布	239 (94)	J11.7×J11.7 (J50×J50)	551×472 (140×120)	13160	—	131.6 (67)	250.0 (98.43)	4	—	1/1	—	15.5	2.72	18.2845	15.5424	121.06	PAT—A
防羽布	240 (94.5)	J9.7×J9.7 (J60×J50)	551×523.5 (140×133)	13228	—	131.6 (67)	251.29 (98.93)	4	—	1/1	—	15.5	3.74	15.2374	16.2009	115.85	PAT—A
防羽布	240 (94.5)	J9.7×J9.7 (J60×J60)	551×551 (140×140)	13228	—	131.6 (67)	251.29 (98.93)	4	—	1/1	—	15.0	3.6	15.1477	14.1385	108.26	PAT—A
防羽布	249 (98)	J14.5×J14.5 (J40×J40)	523.5×385.5 (133×98)	13036	—	127.0 (64.5)	256.61 (101.03)	4	—	1/1	—	15.2	2.38	22.3673	15.1078	134.59	OMNi
防羽布	249 (98)	J14.5×J14.5 (J40×J40)	523.5×393.5 (133×100)	13036	—	127.0 (64.5)	256.61 (101.03)	4	—	1/1	—	16.0	1.84	22.5803	15.4159	136.15	OMNi
防羽布	259 (102)	J7.3×J7.3 (J80×J80)	598×562.5 (152×143)	15510	48	189 (96)	273.40 (107.63)	3	4	1/1	1/1	14.2	3.47	13.2430	11.8246	85.20	OMNi
防羽布	264 (104)	J9.7×J9.7 (J60×J60)	551×551 (140×140)	14572	60	131.6 (67)	276.63 (108.67)	4	5	1/1	1/1	14.8	3.56	16.6485	15.5642	108.11	PAT—A

注　表中括号内数值为英制，其中筘号为2英寸内的齿数。

表5-1-36　纯棉斜纹类织物

织物名称	幅宽(cm)	线密度(tex)经纱×纬纱	经密×纬密(根/10cm)	总经根数		钢筘		每筘穿入数		织物组织		织缩率(%)		百米用纱量(kg)		无浆干重(g/m^2)	织机类型
				总经	其中边纱	筘号(齿/10cm)	筘幅(cm)	地	边	地	边	经	纬	经	纬		
卡其	160 (63)	58.3×58.3 (10×10)	267.5×173 (68×44)	4284	—	127 (64.5)	168.7 (66.4)	2	—	3/1	—	10	4.3	26.732	17.493	255.08	ZA

续表

织物名称	幅宽(cm)	线密度(tex) 经纱×纬纱	经密×纬密(根/10cm)	总经根数		钢筘		每筘穿入数		织物组织		织缩率(%)		百米用纱量(kg)		无浆干重(g/m²)	织机类型
				总经	其中边纱	筘号(齿/10cm)	筘幅(cm)	地	边	地	边	经	纬	经	纬		
卡其	160 (63)	58.3×58.3 (10×10)	275×165 (70×42)	4410	—	131 (66.5)	168.4 (66.3)	2	—	3/1	—	10	4.6	27.518	16.698	254.02	ZA
人字斜纹	160 (63)	58.3×58.3 (10×10)	236×220 (60×56)	3740	24×2	113.4 (57.6)	164.9 (64.9)	2	2	2/2	2/2	3.8	4.4	23.2521	23.6176	243.54	JAT—230
卡其	160 (63)	36.4×48.5 (16×12)	425×220 (108×56)	6828	—	102.4 (52)	166.9 (65.7)	4	—	3/1	—	10	3.1	26.536	18.553	259.31	ZA
斜纹	160 (63)	36.4×36.4 (16×16)	287×200.5 (73×51)	4626	84	137.8 (70)	166.84 (65.69)	2	3	2/1	2/1+1/2	9.5	3.07	18.5760	12.8324	174.03	JAT—230
变化斜纹	160 (63)	J27.8×OE58.3 (J21×OE10)	433×204.5 (110×52)	6929	108	137.8 (70)	167.62 (65.99)	3	3	3/1	1/1 纬重平	13.0	1.50	22.1614	21.0532	236.44	JAT—230
变化斜纹	165 (65)	29×58.3 (20×10)	456.5 (116×70)	7577	144	149.6 (76)	168.02 (66.15)	3	4	3/1	3/1+1/3	12.0	2.09	25.1288	28.4139	287.83	OMNi—190
变化斜纹	165 (65)	27.8×58.3 (21×10)	480×251.5 (122×64)	7960	140	116.1 (59)	170.74 (67.22)	4	5	3/1+2/2	2/2 经重平	14.0	1.55	27.0560	26.3996	284.51	JAT—230
卡其	160 (63)	29×36.4 (20×16)	503.5×236 (128×60)	8088	—	121 (61.5)	167.1 (65.8)	4	—	3/1	—	10	3.7	25.16	14.909	230.02	ZA
哔叽	160 (63)	29×29 (20×20)	354×275.5 (90×70)	5670	—	169.3 (86)	167.4 (65.9)	2	—	2/2	—	7	3.6	17.69	13.915	182.04	ZA
左斜	160 (63)	29×29 (20×20)	425×228 (108×58)	6828	—	102.4 (52)	166.9 (65.7)	4	—	3/1	—	10	3.2	21.228	11.53	188.09	JAT—230
左斜	160 (63)	29×29 (20×20)	460.5×263 (11767)	7409	144	149.6 (76)	164.28 (64.68)	3	4	3/1	3/1+1/3	12.9	2.12	24.8633	13.3159	211.57	OMNi—190

续表

织物名称	幅宽(cm)	线密度(tex)经纱×纬纱	经密×纬密(根/10cm)	总经根数		钢筘		每筘穿入数		织物组织		织缩率(%)		百米用纱量(kg)		无浆干重(g/m^2)	织机类型
				总经	其中边纱	筘号(齿/10cm)	筘幅(cm)	地	边	地	边	经	纬	经	纬		
卡其	160 (63)	J29×J29 (J20×J20)	448.5×315 (114×80)	7206	—	108 (55)	166.4 (65.5)	4	—	3/1	—	8	2.9	22.408	15.903	220.12	ZA
斜纹	160 (63)	29×29 (20×20)	523.5×267.5 (133×68)	8403	96	169.3 (86)	165.4 (65.1)	3	4	2/1	1/2	11	2.4	26.142	13.517	226.21	JAT—230
斜纹	170 (67)	29×29 (20×20)	338.5×204.5 (86×52)	5790	112	108.3 (55)	177.40 (69.84)	3	4	2/1	2/1+1/2	8.5	3.75	18.3636	11.0834	154.52	JAT—230
斜纹	165 (65)	27.8×73 (21×8)	480×196.5 (122×50)	7932	128	116.1 (59)	170.74 (67.22)	4	4	2/1	2/1+1/2	13.5	1.31	25.5197	25.7846	273.15	OMNi—190
斜条	119.5 (47)	J27.8×OE58.3 (J21×OE10)	393.5×228 (100×58)	4700	80	189 (96)	124.35 (48.96)	2	2	2/1+1/2	2/1+1/2	14.0	1.25	15.8548	17.4212	244.73	OMNi—280
斜条	160 (63)	J27.8×OE58.3 (J21×OE10)	480×251.5 (110×64)	6932	96	137.8 (70)	167.69 (66.02)	3	3	2/1+1/2	2/1+1/2	13.2	1.72	23.2043	25.9231	269.07	JAT—230
斜纹	119.5 (47)	J27.8×OE36.4 (J21×OE16)	417×236 (106×60)	4982	72	132.9 (67.5)	124.87 (49.16)	3	3	2/1	2/1+1/2	10.5	3.26	15.4884	11.2990	198.87	ZA203
人字斜	160 (63)	27.8×36.4 (21×16)	511.5×251.5 (130×64)	8136	72×2	125.2 (63.6)	162.5 (64)	4	4	3/1+2/2	2/2	10.5	1.1	25.8250	16.6118	221.31	JAT—230
斜纹	119.5 (47)	J20.8×J20.8 (J28×J28)	566.5×299 (144×76)	6770	128	138.3 (70.25)	122.39 (48.19)	4	4	3/1	3/1+1/3	10.8	1.73	15.8007	8.0158	177.90	OMNi—280
卡其	155 (61)	J19.4×J58.3 (J30×J10)	590.5×275.5 (150×70)	9174	—	142 (72)	161.8 (63.7)	4	—	3/1	—	10	3.4	19.032	26.947	274.01	ZA
斜纹	119.5 (47)	J19.5×J19.5 (J30×J30)	511.5×275.5 (130×70)	6147	144	164.4 (83.5)	123.93 (48.79)	3	4	2/1	2/1+1/2	10.5	1.58	13.4299	7.0087	150.58	JAT—280

续表

织物名称	幅宽（cm）	线密度(tex) 经纱×纬纱	经密×纬密（根/10cm）	总经根数		钢筘		每筘穿入数		织物组织		织缩率（%）		百米用纱量（kg）		无浆干重（g/m^2）	织机类型
				总经	其中边纱	筘号（齿/10cm）	筘幅（cm）	地	边	地	边	经	纬	经	纬		
左斜	160 (63)	J18.2×27.8 (J32×21)	543×299 (138×76)	8694	36×2	131.3 (66.7)	165.6 (65.2)	4	4	3/1	3/1 + 1/3	10.4	2	18.0836	14.9149	182.17	SOMET
左斜	160 (63)	J18.2×27.8 (J32×21)	543×299 (138×76)	8652	44×2	132.9 (67.5)	162.8 (64.1)	4	4	3/1	3/1 + 1/3	9.5	2.1	17.8113	14.6236	181.21	JAT—230
左斜	169 (66.5)	18.2×27.8 (32×21)	511.5×314.5 (130×80)	8685	160	164.4 (83.5)	175.11 (68.94)	3	4	2/1	2/1 + 1/2	13.0	1.92	18.2257	15.7130	179.03	ZA203
左斜	160 (63)	18.2×18.2 (32×32)	511.5×275.5 (130×70)	8157	60×2	163.4 (83)	166.4 (65.5)	3	3	2/1	2/1 + 1/2	8.4	2.2	16.5862	8.7803	171.32	JAT—230
左斜	170 (67)	18.2×27.8 (32×21)	500×307 (127×78)	8532	150	121.1 (61.5)	175.56 (69.12)	4	5	2/1	2/1 + 1/2	13.0	2.14	17.9044	15.7724	174.92	JAT—230
左斜	170 (67)	18.2×(OE36.4+J11.7) [32×(OE16+J50)]	500×330.5 (127×84)	8512	150	121.1 (61.5)	175.16 (68.96)	4	5	2/2	经重平	12.5	2.15	17.7603	18.4250	188.29	JAT—230
左斜	119.5 (47)	J18.2×J18.2 (J32×J32)	529.5×362 (133×92)	6248	48×2	127 (64.5)	123.1 (48.5)	4	4	2/1	2/1 + 1/2	9.6	3.7	12.8769	8.5349	148.65	JAT—230
斜纹	119.5 (47)	J18.2×J18.2 (J32×J32)	511.2×275.5 (130×70)	6136	112	163.9 (83.25)	124.24 (48.91)	3	4	2/1	2/1 + 1/2	9.5	2.77	12.3738	6.5578	140.70	OMNi—280
斜纹	119.5 (47)	J18.2×J18.2 (J32×J32)	511.5×370 (130×94)	6140	128	164.4 (83.5)	123.87 (48.77)	3	4	2/1	2/1 + 1/2	13.4	2.66	12.9395	8.7800	161.14	OMNi—280
斜纹	124.5 (49)	J18.2×J18.2 (J32×J32)	539×283 (137×72)	6669	96	174.2 (88.5)	127.5 (50.2)	3	4	2/1	1/2	10	2.7	12.9570	6.8865	147.01	OMNi—280
斜纹	127 (50)	18.2×18.2 (32×32)	314.5×275.5 (80×70)	4064	128	150.1 (76.25)	133.25 (52.46)	2	4	2/2	2/2 重平	5.5	5.89	7.8433	7.0344	104.05	OMNi—280

续表

织物名称	幅宽(cm)	线密度(tex) 经纱×纬纱	经密×纬密(根/10cm)	总经根数		钢筘		每筘穿入数		织物组织		织缩率(%)		百米用纱量(kg)		无浆干重(g/m^2)	织机类型
				总经	其中边纱	筘号(齿/10cm)	筘幅(cm)	地	边	地	边	经	纬	经	纬		
斜纹	160 (63)	J18.2×J18.2 (J32×J32)	523.5×314.5 (133×80)	8417	144	169.3 (86)	165.02 (64.97)	3	4	2/1	2/1+1/2	12.0	2.98	17.4621	9.9547	152.48	JAT—230
左斜	160 (63)	J18.2×J18.2 (J32×J32)	551×260 (140×66)	8760	48×2	132.9 (67.5)	164.8 (64.9)	4	4	2/2	2/2	6.5	2	17.4424	8.4272	165.87	SOMET
斜纹	160 (63)	J14.5×29 (J40×20)	488×299 (124×76)	7812	—	157.5 (80)	165.4 (65.1)	3	—	2/1	—	9	2.3	12.1870	15.1080	157.04	ZA
斜纹	119.5 (47)	J14.5×J27.8 (J40×J21)	629.5×275.5 (160×70)	7554	160	125.5 (77.5)	123.26 (48.53)	4	5	3/1	3/1+1/3	11.5	1.46	12.4138	9.9379	165.31	OMNi—280
斜纹	170 (67)	J14.5×J14.5 (J40×J40)	551×354 (140×90)	9380	128	131.8 (67)	177.80 (70)	4	4	2/1	2/1+1/2	11.8	2.53	15.4702	12.0663	143.35	OMNi—190
斜纹	122 (48)	J14.5×J14.5 (J40×J40)	533×283 (136×72)	6568	120	172.7 (87.75)	126.17 (49.67)	3	4	2/1	2/1+1/2	9.5	2.45	10.5533	5.4573	116.96	OMNi—280
人字斜	122 (48)	J14.5×J14.5 (J40×J40)	539×279.5 (137×71)	6602	128	150.1 (76.25)	125.38 (49.36)	3.4	4	2/1+1/2	2/1+1/2	10.3	1.87	10.7026	5.3479	117.46	JAT—280
斜纹	121.9 (48)	J14.5×J14.5 (J40×J40)	551×433 (140×110)	6744	96	177.2 (90)	127 (50)	3	4	2/1	1/2	12	3	10.5173	8.3301	142.01	OMNi—280
人字斜	150 (59)	J14.5×J14.5 (J40×J40)	448.5×299 (114×76)	6788	200	108.3 (55)	155.82 (61.35)	4	5	2/1+1/2	2/1+1/2	10.4	3.74	11.0183	7.1143	107.73	JAT—230
人字斜	160 (63)	J14.5×J14.5 (J40×J40)	523.5×330.5 (133×84)	8380	160	127 (64.5)	165	4	4	3/1+1/3	3/1+1/3	10.2	3.02	13.5733	8.3265	122.61	JAT—230
人字斜	160 (63)	J14.5×J14.5 (J40×J40)	618×323 (157×82)	9888	60×2	201.2 (102.2)	163.8 (64.5)	3	4	2/1+1/2	2/1+1/2	7.6	3.1	15.8767	8.0732	139.65	JAT—230

续表

织物名称	幅宽(cm)	线密度(tex) 经纱×纬纱	经密×纬密(根/10cm)	总经根数		钢筘		每筘穿入数		织物组织		织缩率(%)		百米用纱量(kg)		无浆干重(g/m^2)	织机类型
				总经	其中边纱	筘号(齿/10cm)	筘幅(cm)	地	边	地	边	经	纬	经	纬		
左斜	162.5 (64)	J14.5×J14.5 (J40×J40)	551×260 (140×66)	8960	48×2	132.9 (67.5)	168.6 (66.4)	4	4	2/2	2/2	5	2.9	13.9845	6.8688	128.63	SOMET
斜条	160 (63)	J14.5×J14.5 (J40×J40)	551×401.5 (140×102)	8820	168	121.1 (67.5)	165.95 (65.33)	4	4	3/1+1/3	3/1+1/3	10.5	3.28	14.3345	10.1688	136.89	JAT—230
斜纹	172.7 (68)	J14.5×J14.5 (J40×J40)	551×456.5 (140×116)	9544	96	175.2 (89)	181.6 (71.5)	3	4	2/1	1/2	14	4.1	14.851	12.4450	146.09	JAT—230
斜纹	160 (63)	J14.5×J14.5 (J40×J40)	614×338.5 (156×86)	9828	144	149.6 (76)	164.23 (64.66)	4	4	2/2	2/2 重平	11.35	2.64	16.1274	8.4849	137.97	OMNi—190
左斜	160 (63)	J11.7×J11.7 (J50×J50)	598.5×393.5 (152×100)	9552	48×2	189 (96)	168.1 (66.2)	3	4	3/1	3/1+1/3	6.4	3.6	12.2134	8.1444	123.43	JAT—230
斜纹	172.7 (68)	J11.7×J11.7 (J50×J50)	653×551.5 (166×130)	11312	96	210.6 (107)	179.8 (70.8)	3	4	2/1	1/2	15	3	14.087	11.1570	134.34	JAT—230
斜纹	170 (67)	J9.7×J14.5 (J60×J40)	433×393.5 (133×100)	8944	160	127 (64.5)	175.48 (69.09)	4	5	2/1	2/1+1/2	11.5	3.29	9.8341	10.5420	106.64	OMNi—190
斜纹	216 (85)	J9.7×J14.5 (J60×J40)	433×393.5 (133×100)	11358	208	169.3 (86)	222.61 (87.64)	3	4	2/1	2/1+1/2	11.5	3.37	12.4907	13.3734	106.69	JAT—230
斜纹	240 (94.5)	J9.7×(J9.7+J9.7) [J60×(J60+J60)]	551×295 (140×75)	13232	140	131.8 (67)	250.30	4	5	2/1	2/1+1/2	15.0	1.80	15.1523	15.0887	110.80	OMNi—280
右斜	160 (63)	14.5×2×27.8×2 (40/2×21/2)	472×259.5 (120×66)	7272	48×2	150.6 (76.5)	161 (63.4)	3	3	3/1	3/1+1/3	14.1	1.2	25.4758	24.4456	203.21	JAT—230
右斜	160 (63)	J14.5×2×J14.5×2 (J40/2×J40/2)	503.5×283 (128×72)	8110	176	164.4 (83.5)	163.57 (64.4)	3	4	3/1	3/1+1/3	7.5	1.82	25.7337	14.1500	222.66	JAT—230

续表

织物名称	幅宽（cm）	线密度（tex）经纱×纬纱	经密×纬密（根/10cm）	总经根数		钢筘		每筘穿入数		织物组织		织缩率（%）		百米用纱量（kg）		无浆干重（g/m^2）	织机类型
				总经	其中边纱	筘号（齿/10cm）	筘幅（cm）	地	边	地	边	经	纬	经	纬		
右斜	160（63）	J14.5×2×J14.5×2（J40/2×J40/2）	551×354.5（140×90）	8820	48×2	132.9（67.5）	165.9（65.3）	4	4	2/2	2/2	12.7	2	29.9859	18.4308	228.54	SOMET
斜纹	160（63）	9.7×2×14.5×2（60/2×40/2）	512×342.5（130×87）	8252	48×2	125.2（63.6）	164.8（64.9）	4	4	2/2	2/2	10.1	3	10.4905	17.7498	163.87	JAT—230
右斜	160（63）	9.7×2×9.7×2（60/2×60/2）	559×303（142×77）	8892	60×2	181（92）	163.7（64.5）	3	3	3/1	3/1 + 1/3	8.4	2	19.5465	10.1786	168.65	JAT—230
斜纹	160（63）	J9.7×2×J9.7×2（J60/2×J60/2）	582.5×314.5（148×80）	9426	160	190.9（97）	163.85（64.51）	3	4	2/1	2/1 + 1/2	12.5	1.56	21.2637	10.5901	175.07	ZA203
斜纹	160（63）	J9.7×2×J9.7×2（J60/2×J60/2）	590.5×283（150×72）	9493	176	190.9（97）	164.95（64.94）	3	4	3/1	3/1 + 1/3	12.5	1.27	21.4150	9.5949	170.77	OMNi—190
右斜	160（63）	J9.7×2×J9.7×2（J60/2×J60/2）	748×344.5（190×85）	11970	60×2	181（92）	165.3（65.1）	4	4	2/2	2/2	12.3	1.01	27.0966	11.5919	185.67	JAT—230
右斜	165（65）	J9.7×3×J14.5×2（J60/3×J40/2）	523.5×255.5（133×65）	8644	160	127（64.5）	170.20（67.01）	4	4	3/1	3/1 + 1/3	14.2	1.47	29.6738	13.2925	232.31	OMNi—190
右斜	160（63）	J9.7×3×J9.7×2（J60/3×J60/2）	480×346（122×88）	7728	160	154.5（78.5）	165.84（65.29）	3	4	2/1	2/1 + 1/2	11.54	1.98	25.6403	11.7908	207.91	OMNi—190
斜纹	119.5（47）	J7.3×2×J7.3×2（J80/2×J80/2）	523.5×295（133×75）	6256	120	127（64.5）	123.18（48.50）	4	4	2/1	2/1 + 1/2	9.5	2.42	10.1418	5.5502	117.39	OMNi—280
斜纹	160（63）	J7.3×2×J7.3×2（J80/2×J80/2）	728×433（185×110）	11656	192	177.20（90）	164.48（64.76）	4	4	2/2	2/2 经重平	17.5	2.12	20.7405	10.8693	176.53	OMNi—190
华达呢	160（63）	J7.3×2×J7.3×2（J80/2×J80/2）	720×413（183×105）	11556	—	175（89）	164.8（64.9）	4	—	2/2	—	12	2.2	17.985	10.436	162.91	ZA

注　表中括号内数值为英制，其中筘号为2英寸内的齿数。

表 5-1-37 纯棉直贡类织物

织物名称	幅宽 (cm)	原纱线密度 (tex) 经纱×纬纱	经密×纬密 (根/10cm)	总经根数		钢筘		每筘穿入数		织物组织		织缩率 (%)		百米用纱量 (kg)		无浆干重 (g/m^2)	织机类型
				总经	其中边纱	筘号 (齿/10cm)	筘幅 (cm)	地	边	地	边	经	纬	经	纬		
直贡	160 (63)	J18.2×73 (J32×8)	563×224 (143×57)	8915	84×2	181 (92)	164.1 (64.6)	3	3	4/1	2/3+3/2	10.3	1.7	18.5202	28.365	208.56	JAT—230
缎条	160 (63)	J18.2×2×J28×2 (J32/2×J21/2)	464.5×236 (118×60)	7200	48×2	113.4 (57.6)	158.8 (62.5)	4	4	4/1+1/4	2/2+1/1	8.7	2.1	29.6432	23.2681	235.02	SOMET
直贡	160 (63)	18.2×2×18.2×2 (32/2×32/2)	417.5×260 (106×66)	6591	48×2	133 (67.5)	165.4 (65.1)	3	3	4/1	4/1+1/4	6.9	2.8	26.5997	16.4431	196.31	JAT—230
直贡	193 (76)	18.2×2×18.2×2 (32/2×32/2)	350×240 (89×61)	6800	108	169.3 (86)	199.77 (78.65)	2	3	5/2	4/1+1/4	8.5	3.18	27.3736	18.3998	210.79	JAT—230
直贡	200.5 (79)	18.2×2×18.2×2 (32/2×32/2)	350×240 (89×61)	7064	96	169.3 (86)	207.69 (81.77)	2	3	5/2	4/1+1/4	8.5	3.57	28.4376	19.1065	211.12	JAT—230
直贡	211 (83)	18.2×2×18.2×2 (32/2×32/2)	354×236 (90×60)	7506	108	169.3 (86)	220.63 (86.86)	2	3	5/2	4/1+1/4	8.6	3.37	30.2884	19.9879	211.58	JAT—230
直贡	119.5 (47)	J14.5×J14.5 (J40×J40)	511.5×314.5 (130×80)	6149	144	164.4 (83.5)	123.82 (48.75)	3	4	5/3	4/1+1/4	7.2	4.22	9.6343	5.9508	116.82	ZA203
直贡	122 (48)	J14.5×J14.5 (J40×J40)	511.5×314.5 (130×80)	6272	128	164.4 (83.5)	126.54 (49.82)	3	4	5/3	4/1+1/4	7.5	3.3	9.8592	6.0815	116.01	OMNi—280
直贡	122 (48)	J14.5×J14.5 (J40×J40)	551×338.5 (140×86)	6760	200	131.80 (67)	127.38 (50.15)	4	5	5/3	4/1+1/4	7.8	3.6	10.6619	6.5810	125.25	OMNi—280
直贡	132 (52)	J14.5×J14.5 (J40×J40)	511.5×283 (130×72)	6802	160	164.4 (83.5)	137.94 (54.31)	3	4	5/3	4/1+1/4	6.1	3.37	10.5821	5.9884	111.20	JAT—280
直贡	142 (56)	J14.5×J14.5 (J40×J40)	622×322.5 (158×82)	8894	190	149.6 (76)	147.99 (58.26)	4	5	5/3	4/1+1/4	6.5	2.70	13.9104	7.3292	132.20	OMNi—190

续表

织物名称	幅宽（cm）	原纱线密度（tex）经纱×纬纱	经密×纬密（根/10cm）	总经根数		钢筘		每筘穿入数		织物组织		织缩率（%）		百米用纱量（kg）		无浆干重（g/m^2）	织机类型
				总经	其中边纱	筘号（齿/10cm）	筘幅（cm）	地	边	地	边	经	纬	经	纬		
直贡	160（63）	J14.5×J14.5（J40×J40）	511.5×314.5（130×80）	8254	192	250（127）	163.8（64.49）	2	3	5/3	4/1+1/4	6.8	3.24	12.8813	7.9144	116.06	JAT—230
直贡	170（67）	J14.5×J14.5（J40×J40）	511.5×314.5（130×80）	8747	144	164.4（83.5）	176.42（69.46）	3	4	5/3	4/1+1/4	6.59	3.37	13.6207	8.4798	115.95	JAT—230
直贡	176.5（69.5）	J14.5×J14.5（J40×J40）	472×314.5（120×80）	8384	144	125.5（77.5）	182.4（71.8）	3	4	5/3	4/1+1/4	5.5	2.91	12.9043	8.7662	109.43	OMNi—190
直贡	205.5（81）	J14.5×J14.5（J40×J40）	590.5×307（150×78）	12152	156	190.9（97）	212.14（83.52）	3	3	5/3	4/1+1/4	6.3	2.60	18.8692	9.9407	125.36	JAT—230
直贡	221（87）	J14.5×J14.5（J40×J40）	509.5×334.5（150×85）	13112	240	190.9（97）	227.85（89.7）	3	4	5/3经+5/3纬	4/1+1/4	9.5	2.61	21.0808	11.6351	131.40	JAT—280
直贡	226（89）	J14.5×J14.5（J40×J40）	472×314.5（120×80）	10718	144	125.5（77.5）	233.40（91.89）	3	4	5/3	4/1+1/4	5.5	3.10	16.7025	11.3547	109.51	JAT—280
直贡	239（94）	J14.5×J14.5（J40×J40）	574.5×472（146×120）	13764	200	138.8（70.5）	247.23（97.34）	4	5	5/3	4/1+1/4	7.4	2.28	21.7434	17.9182	146.71	OMNi—280
直贡	241.5（95）	J14.5×J14.5（J40×J40）	582.5×460.5（148×117）	14110	192	189（96）	248.04（97.65）	3	4	5/3	4/1+1/4	10.8	2.64	23.0169	17.4343	149.60	PAT—A
直贡	249（98）	J14.5×J14.5（J40×J40）	472×314.5（120×80）	11798	144	125.5（77.5）	256.99（101.18）	3	4	5/3	4/1+1/4	5.5	2.87	18.3364	12.4284	109.41	OMNi—280
直贡	249（98）	J14.5×J14.5（J40×J40）	523.5×299（133×76）	13098	128	252（128）	258.64（101.83）	2	3	5/3	4/1+1/4	6.73	3.07	20.4328	11.8087	115.41	OMNi—280

续表

织物名称	幅宽(cm)	原纱线密度(tex) 经×纬	经密×纬密(根/10cm)	总经根数		钢筘		每筘穿入数		织物组织		织缩率(%)		百米用纱量(kg)		无浆干重(g/m^2)	织机类型
				总经	其中边纱	筘号(齿/10cm)	筘幅(cm)	地	边	地	边	经	纬	经	纬		
直贡	249 (98)	14.5×14.5 (40×40)	523.5×334.5 (133×85)	13036	128	127.0 (64.5)	256.68 (101.05)	4	4	5/3	4/1 + 1/4	6.8	3.15	20.3513	13.1073	120.42	OMNi—280
直贡	259 (102)	J14.5×J14.5 (J40×J40)	523.5×299 (133×76)	13630	192	252 (128)	269.2 (105.98)	2	3	5/3	4/1 + 1/4	6.8	2.58	21.3966	12.3587	115.26	OMNi—280
直贡	265 (104.5)	J14.5×J14.5 (J40×J40)	472×314.5 (120×80)	12578	144	125.5 (77.5)	274.04 (107.89)	3	4	5/3	4/1 + 1/4	5.5	3.52	20.5831	13.2148	109.70	OMNi—280
直贡	264 (104)	J14.5×J14.5 (J40×J40)	507.5×303 (129×77)	13458	160	164.4 (83.5)	272.11 (107.13)	3	4	5/3	4/1 + 1/4	5.35	3.42	20.6887	12.3873	112.84	JAT—280
直贡	264 (104)	J14.5×J14.5 (J40×J40)	507.5×346 (129×88)	13458	160	164.4 (83.5)	272.11 (107.13)	3	4	5/3	4/1 + 1/4	5.84	3.13	20.8087	14.3856	119.09	JAT—280
直贡	264 (104)	J14.5×J14.5 (J40×J40)	622×334.5 (158×85)	16472	200	150.1 (76.25)	273.69 (107.75)	4	5	5/3	4/1 + 1/4	7.8	2.33	25.9977	13.9757	134.89	OMNi—280
直贡	265.5 (104.5)	J14.5×J14.5 (J40×J40)	507.5×311 (129×79)	13532	192	164.4 (83.5)	273.45 (107.66)	3	4	5/3	4/1 + 1/4	5.5	2.80	20.8355	12.9777	113.77	OMNi—280
直贡	265.5 (104.5)	J14.5×J14.5 (J40×J40)	523.5×303 (133×77)	13964	192	252.0 (128)	275.83 (108.59)	2	3	5/3	4/1 + 1/4	6.5	2.98	21.7310	12.7594	115.74	OMNi—280
直贡	265.5 (104.5)	14.5×14.5 (40×40)	523.5×334.5 (133×85)	13900	128	127.0 (64.5)	273.69 (107.75)	4	4	5/3	4/1 + 1/4	6.8	3.43	21.7010	13.9759	120.55	OMNi—280
直贡	266.5 (105)	J14.5×J14.5 (J40×J40)	551×393.5 (140×100)	14700	160	131.8 (67)	278.64 (109.70)	4	4	5/3	4/1 + 1/4	6.5	2.74	22.8771	16.7394	132.02	OMNi—280
直贡	119.5 (47)	J11.7×J11.7 (J50×J50)	551×314.5 (140×80)	6580	140	131.8 (67)	124.46 (49)	4	5	5/3	4/1 + 1/4	5.5	2.34	8.1326	4.8265	96.12	PAT—A

续表

织物名称	幅宽(cm)	原纱线密度(tex)经×纬	经密×纬密(根/10cm)	总经根数		钢筘		每筘穿入数		织物组织		织缩率(%)		百米用纱量(kg)		无浆干重(g/m^2)	织机类型
				总经	其中边纱	筘号(齿/10cm)	筘幅(cm)	地	边	地	边	经	纬	经	纬		
缎条	160 (63)	J11.7 + J7.3 × 2 × J11.7 (J50 + J80/2 × J50)	409 × 267.5 (104 × 68)	6552	40 × 2	131.3 (66.7)	165.8 (65.3)	3	4	1/1 + 4/1	1/1	4.9	4.2	J50 J80/2 3.9643	5.4751	90.12	JAT—230
直贡	172.7 (68)	J9.7 × J14.5 (J60 × J40)	551 × 494 (140 × 124)	9544	144	106.3 (54)	179.6 (70.7)	5	6	4/1	1/4	14	2.9	9.9008	13.303	124.23	JAT—230
直贡	259 (102)	J9.7 × J14.5 (J60 × J40)	681 × 275.5 (173 × 70)	17688	200	164.4 (83.5)	268.37 (105.66)	4	5	5/3	4/1 + 1/4	5.5	2.37	18.2559	11.4900	101.21	OMNi—280
直贡	259 (102)	J9.7 × J14.5 (J60 × J40)	622 × 267.5 (158 × 68)	16156	200	150.1 (76.25)	268.42 (105.68)	4	5	5/3	4/1 + 1/4	5.33	2.95	16.6127	11.1638	94.25	OMNi—280
直贡	264 (104)	J9.7 × J14.5 (J60 × J40)	681 × 470 (173 × 120)	18032	200	164.4 (83.5)	273.65 (107.74)	4	5	5/3	4/1 + 1/4	8.5	1.93	19.1851	19.7276	130.08	OMNi—280
缎条	265.5 (104.5)	J9.7 × J14.5 (J60 × J40)	681 × 531.5 (173 × 135)	18080	176	164.4 (83.5)	274.99 (108.26)	4	4	5/3 经 + 5/3 纬	4/1 + 1/4	9.43	1.96	19.4337	22.3024	138.35	JAT—280
直贡	123 (48.5)	J9.7 × J9.7 (J60 × J60)	622 × 362 (158 × 92)	7656	140	150.1 (76.25)	127.05 (50.02)	4	5	5/2	4/1 + 1/4 + 5/2	5.2	3.27	7.8573	4.6974	91.15	ZA203
直贡	160 (63)	J9.7 × J9.7 (J60 × J60)	681 × 413 (173 × 105)	10940	200	164.4 (83.5)	165.59 (65.19)	4	5	5/3	4/1 + 1/4	8.0	3.13	11.5730	6.9876	103.32	JAT—230
直贡	172.7 (68)	J9.7 × J9.7 (J60 × J60)	788 × 61 (200 × 155)	13624	144	152.5 (77.5)	178.6 (70.3)	5	6	4/1	1/4	16	2.4	14.144	11.086	134.09	JAT—230
直贡	239 (94)	J9.7 × J9.7 (J60 × J60)	787 × 629.5 (200 × 160)	18800	176	189 (96)	248.71 (97.92)	4	4	5/3	4/1 + 1/4	10.5	2.38	20.6541	16.1523	135.04	OMNi—280

续表

织物名称	幅宽（cm）	原纱线密度（tex）经×纬	经密×纬密（根/10cm）	总经根数		钢筘		每筘穿入数		织物组织		织缩率（%）		百米用纱量（kg）		无浆干重（g/m^2）	织机类型
				总经	其中边纱	筘号（齿/10cm）	筘幅（cm）	地	边	地	边	经	纬	经	纬		
直贡	249（98）	J9.7×（J9.7+J9.7）[J60×（J60+J60）]	787×362（200×92）	19600	216	250（127）	261.23（102.85）	3	3	5/3 经 + 5/3 纬	4/1 + 1/4	6.4	1.89	20.4164	19.3536	140.0	JAT—280
直贡	254（100）	J9.7×（J9.7+J9.7）[J60×（J60+J60）]	787×362（200×92）	20000	216	250（127）	266.67（104.99）	3	3	5/3 经 + 5/3 纬	4/1 + 1/4	6.4	1.90	20.8418	19.7566	140.0	JAT—280
直贡	259（102）	J9.7×J9.7（J60×J60）	681×444.5（173×113）	17688	200	164.4（83.5）	268.31（105.63）	4	5	5/3	4/1 + 1/4	7.5	2.54	18.6155	12.1847	105.54	OMNi—280
直贡	261.5（103）	J9.7×J9.7（J60×J60）	681×531.5（173×135）	17860	200	164.4（83.5	271.03（106.71）	4	5	5/3	4/1 + 1/4	9.4	2.07	19.1908	14.7047	114.62	JAT—280
直贡	218.5（86）	J9.7×J7.3（J60×J80）	787×724（200×184）	17200	192	190.9（97）	225.20（88.66）	4	4	5/3	4/1 + 1/4	7.5	2.98	18.1359	12.3092	124.90	JAT—230
直贡	239（94）	J9.7×J7.3（J60×J80）	681×708.5（173×180）	16308	220	164.4（83.5）	247.37（97.39）	4	5	5/3	4/1 + 1/4	7.80	3.12	17.2184	13.4670	114.0	OMNi—280
直贡	239（94）	J9.7×J7.3（J60×J80）	787×724（200×184）	18800	192	250（127）	250.67（98.69）	3	3	5/3 经 + 5/3 纬	3/2 + 2/3	9.5	2.94	20.2619	13.9284	126.53	JAT—280
直贡	249（98）	J9.7×J7.3（J60×J80）	787×724（200×184）	19600	192	189（96）	259.29（102.08）	4	4	5/3	4/1 + 1/4	7.5	2.46	20.6677	14.1725	124.63	OMNi—280
直贡	264（104）	J9.7×J7.3（J60×J80）	787×724（200×184）	20800	192	189（96）	275.17（108.33）	4	4	5/3	4/1 + 1/4	7.5	2.39	21.9336	15.1848	124.59	OMNi—280

续表

织物名称	幅宽(cm)	原纱线密度(tex) 经×纬	经密×纬密(根/10cm)	总经根数		钢 筘		每筘穿入数		织物组织		织缩率(%)		百米用纱量(kg)		无浆干重(g/m^2)	织机类型
				总经	其中边纱	筘号(齿/10cm)	筘幅(cm)	地	边	地	边	经	纬	经	纬		
直立	170 (67)	J7.3×J9.7 (J80×J60)	826.5×665 (210×169)	14072	192	198.8 (101)	176.94 (69.66)	4	4	5/3	4/1+1/4	9.3	3.36	11.3655	12.0174	121.69	JAT—230
直贡	170.2 (67)	J7.3×J7.3 (J80×J80)	890×661 (226×168)	15166	144	173.2 (88)	175 (68.9)	5	6	4/1	1/4	17	1.8	11.811	8.8791	111	JAT—230
直贡	172.7 (68)	J7.3×J7.3 (J80×J80)	846.5×787.5 (215×200)	14644	144	164.4 (83.5)	178.3 (70.2)	5	6	4/1	1/4	17	2	11.404	10.728	117	JAT—230
直贡	222 (87.5)	J7.3×(J5.8+J5.8) [J80×(J100+J100)]	905.5×492 (230×125)	20128	220	172.7 (87.75)	233.05 (91.75)	5	5	5/3	4/1+1/4	7.0	2.51	15.8329	14.0754	118.37	OMNi—280
直贡	226 (89)	J14.5×J14.5 (J40×J40)	472×314.5 (120×80)	10718	144	125.5 (77.5)	233.40 (91.89)	3	4	5/3	4/1+1/4	5.5	2.87	16.7025	11.3547	109.41	OMNi—280
直贡	160 (63)	J7.3×2×J18.2 (J80/2×J32)	677×370 (172×94)	10836	176	164.4 (83.5)	164.81 (64.89)	4	4	5/3	4/1+1/4	7.90	2.55	17.2707	11.6819	161.29	JAT—230
直贡	165 (65)	J7.3×2×J18.2 (J80/2×J32)	649.5×370 (165×94)	10728	176	157.5 (80)	170.31 (67.05)	4	4	5/3	4/1+1/4	8.7	2.77	17.2483	12.0717	158.28	JAT—230

注 表中括号内数值为英制，其中筘号为2英寸内的齿数。

表 5－1－38 纯棉双经织物

织物名称	幅宽(cm)	原纱线密度(tex) 经×纬	经密×纬密(根/10cm)	总经根数		钢 筘		每筘穿入数		织物组织		织缩率(%)		百米用纱量(kg)		无浆干重(g/m^2)	织机类型
				总经	其中边纱	筘号(齿/10cm)	筘幅(cm)	地	边	地	边	经	纬	经	纬		
牛津纺	119.4 (47)	29×58.3 (20×10)	378×149 (96×38)	4548	108	183.6 (93.25)	123.2 (48.5)	2	3	1+1/1	1+1/1	9	2.2	14.077	11.271	194.01	PAT—A

续表

织物名称	幅宽（cm）	原纱线密度（tex）经×纬	经密×纬密（根/10cm）	总经根数		钢筘		每筘穿入数		织物组织		织缩率（%）		百米用纱量（kg）		无浆干重（g/m^2）	织机类型
				总经	其中边纱	筘号（齿/10cm）	筘幅（cm）	地	边	地	边	经	纬	经	纬		
双经单纬	119.5（47）	J27.8×J27.8（J21×J21）	433×196.5（110×50）	5170	16	207.7（105.5）	124.47（49.0）	2	2	2/2纬重平	1/1	11.2	2.65	16.1940	7.1682	173.97	ZA203
双经单纬	119.5（47）	J14.5×J18.2×2（J40×J32/2）	405.5×204.5（103×52）	4870	112	131.80（67）	122.37（48.18）	3	4	2/2纬重平	2/2纬重平	12.5	3.0	8.0898	9.5962	131.93	ZA203
双经单纬	119.5（47）	J27.8×J14.5×2（J21×J40/2）	433×228（110×58）	5170	40	207.7（105.5）	124.47（49.0）	2	2	2/2纬重平	1/1	12.0	3.13	16.3412	8.6741	186.67	OMNi—280
双经单纬	127（50）	27.8×OE58.3（21×OE10）	101.5×149.5（102.38）	5100	48	190.9（97）	133.55（52.58）	2	2	2/2纬重平	1/1	11.5	2.28	16.0285	12.2585	195.99	OMNi—190
双经单纬	127（50）	J14.5×27.8×2（J40×J21/2）	346×220（88×56）	4400	56	164.4（83.5）	133.84（52.69）	2	2	2/2纬重平	1/1	11.7	5.57	7.2416	15.6990	171.17	OMNi—280
双经单纬	127（50）	J14.5×J27.8×2（J40×J21/2）	389.5×188.5（99×48）	4990	120	190.9（97）	129.62（51.03）	2	3	2/2纬重平	1/1	10.5	0.83	8.1042	14.3326	154.89	JAT—280
单经双纬	127（50）	18.2×83.3（32×7）	566.5×228（144×58）	7200	—	137.8（70）	130.63（51.43）	4	—	2/2经重平	—	14.5	0.02	15.3716	26.1488	284.51	OMNi—190
牛津纺	152.4（60）	36.4×73（16×8）	346×110（88×28）	5280	—	167.3（85）	158.5（62.4）	2	—	1+1/1	—	8	2.9	20.592	13.252	203.07	ZA—190
牛津纺	152.4（60）	36.4×48.5（16×12）	441×212（112×54）	6720	—	107.3（54.5）	157（61.8）	4	—	1+1/1	—	9	2	26.208	17.039	259.04	ZA—190
双经单纬	160（63）	27.8×48.6（21×12）	464.5×220.5（118×56）	7412	48×2	115.2	163.4	2	2	2/2纬重平	1/1	14.6	1.7	24.8610	18.7386	261.23	JAT—230
双经单纬	170（67）	OE36.4×OE72.9（OE16×OE8）	338.5×110（86×28）	5762	40	164.4（83.5）	175.28（69.01）	2	2	2/2纬重平	1/1	9.8	2.67	23.2225	14.8239	199.55	JAT—230

续表

织物名称	幅宽（cm）	原纱线密度（tex）经×纬	经密×纬密（根/10cm）	总经根数		钢筘		每筘穿入数		织物组织		织缩率（%）		百米用纱量（kg）		无浆干重（g/m²）	织机类型
				总经	其中边纱	筘号（齿/10cm）	筘幅（cm）	地	边	地	边	经	纬	经	纬		
牛津纺	170.2（67）	36.4×73（16×8）	346×110（88×28）	5928	96	169.3（86）	173.5（68.3）	2	4	1+1/1	1+1/1	13	2	24.988	13.6454	203.32	ZA—190
双经单纬	195.5（77）	OE36.4×OE72.9（OE16×OE8）	354×110（90×28）	6930	40	169.3（86）	204.68（80.58）	2	2	2/2纬重平	1/1	9.2	2.38	27.7519	17.3103	204.21	JAT—230
双经双纬	127（50）	83.3×83.3（7×7）	259.5×149.5（66×38）	3300	48	127（64.5）	129.95（51.16）	2	2	2/2方平	2/2经重平	8.5	1.42	29.9729	17.0429	330.01	OMNi—190
重平帆布	155（61）	29×58.3（20×10）	393.5×220（100×56）	6120	20	127（64.5）	160.8（63.3）	3	4	重平	重平	8	2	19.032	21.557	251.21	ZA—190
重平帆布	170.2（67）	36.4×48.5（16×12）	440.5×212（112×54）	7504	—	106.3（54）	176.5（69.5）	4	—	重平	—	8	2.7	29.266	19.027	260.09	ZA—190
重平帆布	155（61）	29×36.4（20×16）	440.5×251（112×64）	6852	20	107.3（54.5）	159.8（62.9）	4	5	重平	重平	8	2	21.316	15.398	216.05	ZA—190
双经双纬	160（63）	36.4×48.6（16×12）	417×220（106×56）	6552	—	102.2	163.0	2	—	2/2方平	—	10.4	1.9	27.1459	18.4278	253.94	JAT—230
双经双纬	160（63）	29×29（20×20）	484×299（123×76）	7751	120	157.0（79.75）	164.58（64.79）	3	3	2/2方平	2/2经重平	8.9	1.32	24.6997	15.0284	221.35	JAT—230
双经双纬	160（63）	27.8×27.8（21×21）	413.5×236.5（105×60）	6600	48×2	102.2	164.1	2	2	2/2方平	1/1	8.7	1.8	20.5272	11.3540	175.04	JAT—230
三经双纬	170（67）	29×29（20×20）	433×220（110×56）	7404	136	137.8（70）	178.28（70.19）	3	4	重平	2/2方平	6.8	2.29	23.0612	11.9953	182.90	JAT—230

注　表中括号内数值为英制，其中筘号为2英寸内的齿数。

表 5-1-39 纯棉灯芯条织物

织物名称	幅宽（cm）	原纱线密度（tex）经×纬	经密×纬密（根/10cm）	总经根数		钢筘		每筘穿入数		织物组织		织缩率（%）		百米用纱量（kg）		无浆干重（g/m²）	织机类型
				总经	其中边纱	筘号（齿/10cm）	筘幅（cm）	地	边	地	边	经	纬	经	纬		
灯芯条	128.5（50.5）	36.4×OE58.3（16×OE10）	460.5×220（117×56）	5910	84	150.1（76.25）	131.25（51.67）	3	3	3/1+2/2	2/2 经重平	13.2	2.06	24.7529	17.7533	295.0	JAT—280
灯芯条	160（63）	36.4×OE83.3（16×OE7）	409×181（104×46）	6551	120	131.9（67）	165.57（65.18）	3	3	3/1+1/1	2/2 纬重平	13.5	3.49	27.5364	26.2850	299.29	OMNi—190
灯芯条	160（63）	36.4×36.4（16×16）	425×236（108×60）	6806	96	137.8（70）	164.64（64.52）	3	3	3/1+1/1	2/2 纬重平	12.56	2.21	28.3020	14.8976	240.36	JAT—230
灯芯条	160（63）	36.4×36.4（16×16）	425×236（108×60）	6806	96	137.8（70）	164.64（64.52）	3	3	3/1+1/1	2/2 纬重平	12.56	3.12	28.3020	14.8976	241.36	ZA230
灯芯条	160（63）	29×36.4（20×16）	523.5×244（133×62）	8348	112	1270（64.5）	164.37（64.71）	4	4	3/1+1/1	2/2 纬重平	12.88	2.48	27.8195	15.3687	241.75	OMNi—190
灯芯条	160（63）	27.8×OE58.3（21×OE10）	492×216.5（125×55）	7860	128	116.1（59）	169.19（66.61）	4	4	3/1+1/1	2/2 纬重平	10.5	2.77	24.4402	22.4773	251.07	JAT—230
灯芯条	160（63）	27.8×OE58.3（21×OE10）	507.5×216.5（129×55）	8124	128	121.06（61.5）	167.76（66.05）	4	4	3/1+1/1	2/2 纬重平	10.2	3.14	25.1776	22.2873	261.45	OMNi—190
灯芯条	160（63）	J18.2×OE58.3（J32×OE10）	622×220（158×56）	9948	160	149.6（76）	166.24（65.45）	4	4	3/1+1/1	1/1	12.8	1.83	20.8307	22.4862	238.13	JAT—230
灯芯条	160（63）	J18.2×J27.8（J32×J21）	562.5×275.5（143×70）	9008	128	137.8（70）	163.43（64.34）	4	4	2/1+1/2	2/1+1/2	11.8	1.3	18.6470	13.1766	176.54	JAT—230
灯芯条	160（63）	J18.2×J18.2（J32×J32）	421×472（107×120）	6782	96	132.9（67.5）	170.14（66.98）	3	3	3/1+1/1	1/1	9.5	4.26	13.6783	15.3953	159.50	JAT—230
灯芯条	160（63）	J14.5×J18.2（J40×J32）	622×381.5（158×97）	9994	176	198.8（101）	166.82（65.68）	3	4	3/1+1/3	3/1+1/3	10.8	2.05	16.2989	12.2017	157.51	ZA203
灯芯条	160（63）	J14.5×J14.5（J40×J40）	531×346（135×88）	8687	76	149.6（76）	164.87（64.91）	3/4	5	3/1+1/1	2/2 纬重平	10.6	2.89	14.1339	8.7162	126.23	JAT—230
灯芯条	162.5（64）	J14.5×J14.5（J40×J40）	622×338.5（158×86）	10148	180	149.6（76）	168.98（66.53）	4	5	3/1+1/1	2/2 纬重平	10.2	2.71	16.4397	8.7303	138.17	JAT—230

注 表中括号内数值为英制，其中筘号为2英寸内的齿数。

表 5-1-40 纯棉弹力织物

织物名称	幅宽(cm)	原纱线密度(tex) 经×纬	经密×纬密(根/10cm)	总经根数		钢筘		每筘穿入数		织物组织		织缩率(%)		百米用纱量(kg)		无浆干重(g/m^2)	织机类型
				总经	其中边纱	筘号(齿/10cm)	筘幅(cm)	地	边	地	边	经	纬	经	纬		
弹力平布	160 (63)	J14.5×J14.5/40D (J40×J40/40D)	378×283.5 (96×72)	6048	—	186 (94.5)	162.6 (64)	2	—	1/1	—	12	9	9.4349	7.1563	98.09	SOMET剑杆
弹力平布	160 (63)	J14.5×J14.5/40D (J40×J40/40D)	378×283.5 (96×72)	6048	—	181 (92)	167 (65.75)	2	—	1/1	—	11	9	9.4349	7.1563	98.43	JAT—230
弹力平布	160 (63)	J9.7×2×J14.5/40D (J60/2×J40/40D)	381.5×283 (97×72)	6112	—	190.9 (97)	160.05 (63.01)	2	—	1/1	—	9.8	7.24	13.3004	7.3524	117.87	JAT—230
弹力平布	172.5 (68)	29×(14.5×2+40D) [20×(40/2+40D)]	275.5×204.5 (70×52)	4760	—	137.8 (70)	172.72 (68)	2	—	1/1	—	8.9	6.96	15.1586	11.4980	142.03	ZA203
弹力平布	178 (70)	J14.5×J18.2/40D (J40×J32/40D)	381.5×287 (97×73)	6788	—	190.9 (97)	177.75 (69.98)	2	—	1/1	—	7.8	5.43	10.7061	10.2865	108.25	JAT—230
棉粘	160 (63)	J14.5×R14.5/40D (J40×R40/40D)	381.5×283 (97×72)	10836	—	169.3 (86)	160.02 (63)	4	—	1/1	—	8.9	5.9	17.3046	15.3149	187.17	JAT—230
弹力平布	177.8 (70)	J14.5×J14.5/40D (J40×J40/40D)	378×283.5 (96×72)	6720	—	186 (94.5)	180.6 (71.1)	2	—	1/1	—	12	9	10.483	9.3547	106.09	SOMET剑杆
弹力平布	177.8 (70)	J14.5×J14.5/40D (J40×J40/40D)	378×283.5 (96×72)	6720	—	181 (92)	185.4 (73)	2	—	1/1	—	9	9	10.483	9.3547	106.71	JAT—230
弹力平布	178 (70)	J14.5×J14.5/40D (J40×J40/40D)	381.5×275.5 (97×70)	6790	—	190.9 (97)	177.80 (70)	2	—	1/1	—	7.5	5.61	10.6745	8.2814	97.70	OMNi—190
弹力平布	178 (70)	J14.5×J11.6/40D (J40×J50/40D)	677×590.5 (172×150)	6748	—	190.9 (97)	176.70 (70)	2	—	1/1	—	7.0	10.41	10.5514	5.9914	87.34	OMNi—190
弹力平布	178 (70)	J14.5×J11.6/40D (J40×J50/40D)	464.5×283 (118×72)	8261	—	154.5 (78.5)	178.20 (70.16)	3	—	1/1	—	9.2	6.19	12.2330	6.5915	102.05	JAT—230

续表

织物名称	幅宽(cm)	原纱线密度(tex) 经×纬	经密×纬密(根/10cm)	总经根数		钢筘		每筘穿入数		织物组织		织缩率(%)		百米用纱量(kg)		无浆干重(g/m^2)	织机类型
				总经	其中边纱	筘号(齿/10cm)	筘幅(cm)	地	边	地	边	经	纬	经	纬		
弹力平布	177.8 (70)	J14.5×2×(18.2×2+40D) [J40/2×(32/2+40D)]	327×205 (83×52)	5810	48×2	163.4 (83)	177.8 (70)	2	3	1/1	1/1	13.7	2.7	20.1873	14.9858	123.09	SOMET 喷气
弹力平布	180.5 (71)	J18.2×J18.2×2/40D (J32×J32/40D)	338.5×275.5 (86×70)	6106	—	169.3 (86)	180.34 (71)	2	—	1/1	—	8.8	6.62	12.2188	10.1466	114.01	JAT—230
弹力平布	180.3 (71)	J14.5×J14.5/40D (J40×J40/40D)	401.5×244 (102×62)	7240	36×2	201.2 (102.2)	179.4 (70.6)	2	3	1/1	1/1	6.8	6.9	11.5166	7.4378	112.76	JAT—230
弹力平布	183 (72)	J18.2×(J18.2+28/70D) [32×(J32+21/70D)]	314.5×299 (80×76)	5760	—	157.5 (80)	182.88 (72)	2	—	1/1	—	6.5	3.95	11.2420	J32 5.2404 21/70D 8.5228	124.12	JAT—230
弹力平布	183 (72)	J14.5×J14.5/40D (J40×J40/40D)	381.5×275.5 (97×70)	6984	—	190.9 (97)	182.88 (72)	2	—	1/1	—	7.5	5.76	10.9798	8.1680	95.99	JAT—230
弹力平布	183 (72)	J14.5×J14.5/40D (J40×J40/40D)	381.5×283 (97×72)	6984	—	190.9 (97)	182.88 (72)	2	—	1/1	—	8.5	4.86	11.0998	J40 3.9551 J40/40D 4.2006	95.84	JAT—230
弹力平布	183 (72)	J9.7×J9.7/30D (J60×J60/30D)	464.5×283 (118×72)	8498	—	154.5 (78.5)	183.31 (72.17)	3	—	1/1	—	8.2	6.12	9.0074	5.6322	73.19	OMNi—190
弹力平布	182.9 (72)	J9.7×J9.7/30D (J60×J60/D)	453×315 (115×80)	8280	72×2	226.8 (115.2)	181.5 (71.5)	2	3	1/1	1/1	7.8	6.1	8.89135	6.6182	72.76	JAT—230
弹力平布	183 (72)	J14.5×2×28/70D (J40/2×21/70D)	314.5×220 (80×56)	5760	—	157.5 (80)	182.88 (72)	2	—	1/1	—	9.5	6.06	18.6734	12.5594	155.88	JAT—230

续表

织物名称	幅宽(cm)	原纱线密度(tex)经×纬	经密×纬密(根/10cm)	总经根数		钢筘		每筘穿入数		织物组织		织缩率(%)		百米用纱量(kg)		无浆干重(g/m^2)	织机类型
				总经	其中边纱	筘号(齿/10cm)	筘幅(cm)	地	边	地	边	经	纬	经	纬		
弹力平布	184 (72.5)	J14.5×J14.5/40D (J40×J40/40D)	397.5×259.5 (101×66)	7322	—	198.8 (101)	184.14 (72.5)	2	—	1/1	—	8.4	6.32	11.6249	7.7542	96.66	OMNi—190
弹力平布	184 (72.5)	J14.5×J14.5/40D (J40×J40/40D)	472×244 (120×62)	8702	—	157.5 (80)	184.19 (72.52)	3	—	1/1	—	11.0	5.32	14.2220	7.2862	106.64	ZA203
弹力平布	184.2 (72.5)	J11.7×J11.7/40D (J50×J50/40D)	452.5×271.5 (115×69)	8336	48×2	226.7 (115.2)	183.1 (72.1)	2	3	1/1	1/1	7.5	7.6	10.7882	6.9896	89.32	JAT—230
弹力平布	185.5 (73)	29×28/40D (20×21/40D)	242×236 (61.5×60)	4490	—	121.1 (61.5)	185.44 (73.01)	2	—	1/1	—	9.7	8.16	14.4240	13.6450	140.51	ZA203
弹力平布	185.5 (73)	J11.7×J11.7/40D (J50×J50/40D)	417×275.5 (106×70)	7738	—	207.7 (101.5)	186.30 (73.35)	2	—	1/1	—	7.5	12.35	9.8172	6.6998	83.56	OMNi—280
弹力平布	213.5 (84)	J18.2×J18.2/40D (J32×J32/40D)	381.5×275.5 (97×70)	8148	—	190.9 (97)	213.36 (84)	2	—	1/1	—	8.9	4.25	16.3283	12.0044	120.61	JAT—230
弹力平布	216 (85)	J14.5×J14.5/40D (J40×J40/40D)	157×173 (40×44)	3402	32	149.6 (76)	226.33 (89.11)	1	2	1/1	1/1	5.5	23.69	5.2289	6.3540	54.21	JAT—230
弹力斜纹	165 (65)	J18.2×29/40D (J32×20/40D)	464.5×220 (118×56)	7706	144	154.5 (78.5)	165.45 (65.14)	3	4	2/1	2/1+1/2	9.8	3.94	15.5957	11.8998	150.36	OMNi—190
弹力斜纹	166.5 (65.5)	18.2×58/70D (32×10/70D)	511.5×236 (130×60)	8510	144	169.3 (86)	166.62 (65.6)	3	3	2/1	2/1+1/2	13.0	2.02	17.8581	25.6802	234.61	JAT—230
弹力斜纹	170.2 (67)	36.4×36.4/70D (16×16/70D)	354×157.5 (90×40)	6030	—	114.2 (58)	176 (69.3)	3	—	2/1	—	9	8.5	23.517	12.08	195	ZA—190
弹力斜纹	172.5 (68)	J14.5×2×48/70D (J40/2×12/70D)	393.5×236 (100×60)	6832	128	131.8 (67)	171.86 (67.66)	3	4	3/1+1/3	12.5	2.94	22.9131	22.0874	234.72	234.72	OMNi—190

续表

织物名称	幅宽 (cm)	原纱线密度(tex) 经×纬	经密×纬密 (根/10cm)	总经根数		钢 筘		每筘穿入数		织物组织		织缩率 (%)		百米用纱量 (kg)		无浆干重 (g/m²)	织机类型
				总经	其中边纱	筘号 (齿/10cm)	筘幅 (cm)	地	边	地	边	经	纬	经	纬		
弹力斜纹	177.8 (70)	36.4×36.4/70D (16×16/70D)	354×157.5 (90×40)	6300	—	114.2 (58)	183.9 (72.4)	3	—	2/1	—	9	8.4	24.57	12.621	195	ZA—190
弹力斜纹	178 (70)	J18.2×J18.2/40D (J32×J32/40D)	346×196.5 (88×50)	6193	128	116.1 (59)	176.82 (69.61)	3	4	2/1	2/1+1/2	8.7	13.70	12.3795	7.1061	103.25	OMNi—190
弹力斜纹	177.8 (70)	J14.5×J18.2/40D (J40×J32/40D)	378×283 (96×72)	6696	70×2	189 (96)	177.2 (69.8)	2	2	2/1	2/1+1/2	6.9	10	10.6688	10.4491	112.09	JAT—230
弹力斜纹	178 (70)	J18.2×J18.2/40D (J32×J32/40D)	397.5×208.5 (101×53)	7106	144	132.9 (67.5)	177.36 (69.83)	3	4	2/1	2/1+1/2	9.7	5.1	14.3642	7.5554	111.81	JAT—230
弹力斜纹	177.8 (70)	J14.5×J18.2/40D (J40×J32/40D)	512×315 (130×80)	9032	72×2	127 (64.5)	177.9 (70)	4	4	3/1	3/1+1/3	7.9	6.1	18.2533	11.7037	110.21	JAT—230
弹力斜纹	178 (70)	J14.5×J18.2/40D (J40×J32/40D)	381.5×275.5 (97×70)	6788	120	127 (64.5)	177.47 (69.87)	3	3	2/1	2/1+1/2	7.8	10.01	107061	9.9851	109.31	OMNi—190
弹力斜纹	178 (70)	J14.5×J14.5/40D (J40×J40/40D)	413×299 (105×76)	7388	144	137.8 (70)	177.85 (70.02)	3	4	2/1	2/1+1/2	6.0	8.8	11.4304	8.6241	104.48	JAT—230
弹力斜纹	180.5 (71)	J18.2×J18.2/40D (J32×J32/40D)	448.5×307 (114×78)	8132	144	149.6 (76)	180.38 (71.02)	3	4	2/2	2/2方平	7.6	5.14	16.0669	11.3089	137.85	JAT—230
弹力斜纹	180.5 (71)	J14.5×J18.2/40D (J40×J32/40D)	401.5×275.5 (102×70)	7276	128	121.1 (67.5)	181.73 (71.55)	3	4	2/1	2/1+1/2	7.3	5.74	11.4148	10.2248	109.33	JAT—230
弹力斜纹	181.5 (71.5)	18.2/40D×18.2/40D (32/40D×32/40D)	480×244 (122×62)	8712	248	121.1 (61.5)	179.58 (70.7)	4	4	3/1	3/1+1/3	7.6	4.89	18.5141	8.9490	137.00	JAT—230
人字斜	183 (72)	36.4×36.4/70D (16×16/70D)	251.5×220 (64×56)	4640	96	127 (64.5)	181.46 (71.44)	2	3	2/1	2/1+1/2	8.2	8.46	18.3684	16.2931	176.19	JAT—230

续表

织物名称	幅宽(cm)	原纱线密度(tex) 经×纬	经密×纬密(根/10cm)	总经根数		钢筘		每筘穿入数		织物组织		织缩率(%)		百米用纱量(kg)		无浆干重(g/m²)	织机类型
				总经	其中边纱	筘号(齿/10cm)	筘幅(cm)	地	边	地	边	经	纬	经	纬		
弹力斜纹	183 (72)	36.4×36.4/70D (16×16/70D)	362×157 (92×40)	6623	120	121.1 (61.5)	182.36 (71.79)	3	3	2/1+1/2	2/1+1/2	10.3	3.88	26.8463	11.6958	191.25	JAT—230
弹力斜纹	167.5 (66)	27.8×36.4/70D (21×16/70D)	377.5×188.5 (96×48)	6336	54×2	126.9 (64.5)	166.3 (65.5)	3	3	3/1	1/3+3/1	6.4	5.5	19.2113	12.646	167.78	JAT—230
弹力斜纹	183 (72)	36.4×36.4/70D (16×16/70D)	381.5×181 (97×46)	7032	144	190.9 (97)	182.88 (70)	2	3	2/1	2/1+1/2	9.4	1.08	28.2230	13.4883	203.94	JAT—230
弹力斜纹	183 (72)	27.8×36.4/70D (21×16/70D)	433×173 (110×44)	7962	160	137.8 (70)	191.64 (75.45)	3	4	2/1	2/1+1/2	9.8	3.0	24.5656	13.5202	184.02	JAT—230
弹力斜纹	183 (72)	27.8×27.8/70D (21×21/70D)	381.5×236 (97×60)	7032	144	190.9 (97)	182.88 (72)	2	3	3/1	3/1+1/3	7.5	4.75	21.1539	13.4567	171.12	OMNi—190
弹力斜纹	183 (72)	27.8×27.8/40D (21×21/40D)	433×177 (110×45)	7920	128	110.2 (56)	179.61 (70.71)	4	4	2/1	2/1+1/2	9.3	2.12	24.3012	9.9123	169.04	OMNi—190
弹力斜纹	183 (72)	J18.2×J27.8/70D (J32×J21/70D)	507.5×196.5 (129×50)	9335	192	169.3 (86)	182.86 (71.99)	3	4	2/1	2/1+1/2	9.5	3.78	18.8334	11.2127	148.20	JAT—230
弹力斜纹	182.9 (72)	J18.2×J14.5/40D (J32×J40/40D)	492×307 (125×78)	8964	124×2	163.4 (83)	182.9 (72)	3	3	2/1	2/1+1/2	7.3	4.4	18.006	9.5135	140.97	JAT—230
弹力斜纹	183 (72)	J18.2×J14.5/40D (J32×J40/40D)	629.5×417 (160×106)	11466	120×2	207.6 (105.5)	184.1 (72.5)	3	3	3/3	3/3	7.8	2.8	23.1595	13.3567	156.67	JAT—190
弹力斜纹	184 (72.5)	J18.2×J18.2/40D (J32×J32/40D)	472×295 (120×75)	8742	160	157.5 (80)	184.19 (72.52)	3	4	3/1	3/1+1/3	7.4	5.15	17.2360	11.1036	139.65	JAT—230
弹力斜纹	185.5 (73)	36.4×36.4/70D (16×16/70D)	338.5×161 (86×41)	6278	96	169.3 (86)	185.42 (73)	2	2	2/1	2/1+1/2	8.2	4.92	24.8640	12.1895	181.87	JAT—230

续表

织物名称	幅宽(cm)	原纱线密度(tex) 经×纬	经密×纬密(根/10cm)	总经根数		钢筘		每筘穿入数		织物组织		织缩率(%)		百米用纱量(kg)		无浆干重(g/m²)	织机类型
				总经	其中边纱	筘号(齿/10cm)	筘幅(cm)	地	边	地	边	经	纬	经	纬		
乱纹	188 (74)	(18.2+36.4)×27.8/70D [(32+16)×21/70D]	346×275.5 (88×70)	6512	96	169.3 (86)	192.33 (75.72)	2	2	3/1 变化 斜纹	3/1+ 1/3	10.3	7.35	32: 6.6333 16: 13.2165	16.5107	176.22	JAT— 230
弹力斜纹	193 (76)	J18.2×J18.2/40D (J32×J32/40D)	464.5×200.5 (118×51)	9025	224	149.6 (76)	199.84 (78.68)	3	4	2/1	2/1+ 1/2	8.5	5.45	18.0084	8.1920	121.55	JAT— 230
乱纹	193 (76)	J14.5×J14.5/40D (J40×J40/40D)	551×299 (140×76)	10696	280	137.8 (70)	193.04 (76)	4	5	3/1 破	3/1+ 1/3	10.5	8.0	17.3862	9.3607	127.27	JAT— 230
弹力斜纹	205.5 (81)	J19.3×J19.3/40D (J30×J30/40D)	448.5×322.5 (114×82)	9273	160	149.6 (76)	205.72 (80.99)	3	4	2/1	3/1+ 1/3	7.5	4.72	19.6111	14.4672	149.85	JAT— 230
弹力斜纹	205.5 (81)	J18.2×J18.2/40D (J32×J32/40D)	507.5×236 (129×60)	10499	192	169.3 (86)	205.78 (81.02)	3	4	2/1	2/1+ 1/2	7.8	2.91	20.7932	9.9239	134.18	JAT— 230
弹力斜纹	205.5 (81)	J18.2×J18.2/40D (J32×J32/40D)	507.5×314.5 (129×80)	10499	192	169.3 (86)	205.78 (81.02)	3	4	2/2	2/2 经重平	9.8	4.07	21.2542	13.2319	151.40	JAT— 230
弹力斜纹	208.5 (82)	27.8×27.8/70D (21×21/70D)	425×220 (108×56)	8898	160	137.8 (70)	214.28 (84.36)	3	4	3/1	3/1+ 1/3	7.0	6.15	26.6297	14.7159	198.37	JAT— 230
弹力斜纹	213.5 (84)	27.8×36.4/70D (21×16/70D)	299×236 (76×60)	6420	108	149.6 (76)	213.36 (84)	2	3	3/1	3/1+ 1/3	10.8	4.38	20.8896	20.5260	176.38	JAT— 230
弹力斜纹	213.5 (84)	27.8×36.4/70D (21×16/70D)	381.5×185 (97×47)	8208	180	190.9 (97)	213.36 (84)	2	3	2/1	2/1+ 1/2	8.5	3.69	26.0432	16.0787	178.35	JAT— 230
弹力斜纹	213.5 (84)	27.8×58/70D (21×10/70D)	421×181 (107×46)	8990	128	137.8 (70)	217.47 (85.62)	3	3	3/1	3/1+ 1/3	10.8	3.07	29.2624	25.6964	231.03	JAT— 230

续表

织物名称	幅宽(cm)	原纱线密度(tex) 经×纬	经密×纬密(根/10cm)	总经根数		钢筘		每筘穿入数		织物组织		织缩率(%)		百米用纱量(kg)		无浆干重(g/m²)	织机类型
				总经	其中边纱	筘号(齿/10cm)	筘幅(cm)	地	边	地	边	经	纬	经	纬		
乱纹	213.5 (84)	(18.2+36.4)×27.8/70D [(32+16)×21/70D]	346×275.5 (88×70)	7224	96	169.3 (86)	213.36 (84)	2	2	3/1+1/3	9.8	8.14	32: 7.3177 16: 14.6354	18.3160	174.24	174.24	JAT—230
弹力斜纹	213.5 (84)	J18.2×J18.2/40D (J32×J32/40D)	413×240 (105×61)	8858	144	137.8 (70)	213.41 (84.02)	3	4	2/1	2/1+1/2	8.3	5.82	17.6363	10.4636	119.81	JAT—230
弹力贡缎	165 (65)	J9.7×140D 锦/40D (J60×140D 锦/40D)	826.5×275.5 (210×70)	13704	280	207.7 (105.5)	170.41 (67.09)	4	5	5/3	4/1+1/4	6.0	11.8	14.1906	8.8960	133.24	JAT—230
弹力贡缎	175.5 (69)	J18.2×36.4/70D (J32×16/70D)	507.5×251.5 (129×64)	8903	150	169.3 (86)	175.30 (69.02)	3	3	5/2	4/1+1/4	10.8	4.82	18.2228	17.9889	188.16	JAT—230
弹力贡缎	178 (70)	36.4×36.4/70D (16×16/70D)	299×157 (76×40)	5370	150	149.6 (76)	177.8 (70)	2	3	5/3	4/1+1/4	7.4	8.9	21.0796	11.4033	167.94	OMNi—190
弹力贡缎	177.8 (70)	J36.4×36.4/70D (J16×16/70D)	354×181 (90×46)	6324	—	116 (59)	180.8 (71.2)	3	—	4/1	—	10	8.4	24.57	14.575	206.03	OMNi—190
弹力贡缎	178 (70)	36.4×36.4/70D (16×16/70D)	397.5×157 (101×40)	7130	180	198.8 (101)	177.8 (70)	2	3	5/3	4/1+1/4	7.6	8.69	28.0593	11.4033	203.06	OMNi—190
弹力贡缎	178 (70)	J18.2×48/70D (J32×12/70D)	531×251.5 (135×64)	9452	256	132.9 (67.5)	177.84 (70.01)	4	4	5/3	4/1+1/4	12.8	5.26	19.7913	24.3799	227.07	JAT—230
弹力贡缎	177.8 (70)	J18.2×18.2×40D (J32×32/40D)	512×307 (130×78)	9124	—	100.4 (51)	180.3 (71)	5	—	4/1	—	10	9	17.745	12.306	131.09	ZA—190
弹力贡缎	178 (70)	J11.7×J18.2/40D (J50×J32/40D)	566.5×307 (144×78)	10143	256	190.9 (97)	175.95 (69.27)	3	4	5/3	4/1+1/4	8.5	9.86	13.0122	11.0311	126.19	OMNi—190

续表

织物名称	幅宽（cm）	原纱线密度（tex）经×纬	经密×纬密（根/10cm）	总经根数		钢筘		每筘穿入数		织物组织		织缩率（%）		百米用纱量（kg）		无浆干重（g/m²）	织机类型
				总经	其中边纱	筘号（齿/10cm）	筘幅（cm）	地	边	地	边	经	纬	经	纬		
弹力贡缎	177.8（70）	J7.3×2×27.8/70D（J80/2×21/70D）	582.5×260（148×66）	10360	—	113.2（57.5）	183.1（72.1）	5	—	4/1	—	10	8	16.162	15.345	168.01	JAT—230
弹力贡缎	180.3（71）	J9.7×J14.5/40D（J60×J40/40D）	724×393.5（184×100）	13060	180×2	181（92）	179.3（70.6）	4	5	4/1	1/4+4/1	6.5	8.8	13.8594	11.954	179.09	JAT—230
弹力贡缎	182.9（72）	J18.2×18.2/40D（J32×32/40D）	452.5×314.5（115×80）	8262	90×2	150.6（76.5）	182.9（72）	3	3	4/1	4/1+1/4	5.7	10.5	16.3082	11.9857	147.98	SOMET喷气
弹力贡缎	182.9（72）	J18.2×18.2/40D（J32×32/40D）	511.5×307（130×78）	9276	100×2	127（64.5）	182.6（71.9）	4	4	4/1	4/1+1/4	4.9	8.1	18.1524	11.7396	151.78	JAT—230
弹力贡缎	182.9（72）	J18.2×J18.2/40D（J32×J32/40D）	511.5×315（130×80）	9276	88×2	127（64.5）	182.6（71.9）	4	4	4/1	4/1+1/4	5.7	8.6	18.3038	12.3359	152.54	SOMET喷气
弹力贡缎	183（72）	J18.2×J18.2/40D（J32×J32/40D）	531×322.5（135×82）	9760	200	132.9（67.5）	182.72（71.94）	4	5	5/3	4/1+1/4	7.5	5.32	19.2658	12.0427	155.56	OMNi—190
弹力贡缎	183（72）	J14.5×J36.4/70D（J40×J16/70D）	598×248（152×63）	11044	308	149.6（76）	182.88（72）	4	5.6	5/3	4/1+1/4+5/3	11.9	5.13	18.2376	18.4733	182.71	OMNi—190
弹力贡缎	183（72）	J14.5×J18.2/40D（J40×J32/40）	511.5×275.5（130×70）	9394	170	127（64.5）	184.30（72.56）	4	5	5/3	4/1+1/4	5.4	9.12	14.4451	10.3694	125.47	JAT—230
弹力贡缎	184（72.5）	J18.2×36.4/70D（J32×16/70D）	507.5×267.5（129×68）	9356	150	169.3（86）	184.22（72.53）	3	3	5/3	4/1+1/4	11.5	5.10	19.3023	20.0859	195.09	JAT—230
弹力贡缎	184（72.5）	J18.2×18.2/40D（J32×32/40D）	507.5×236（129×60）	9356	150	169.3（86）	184.22（72.53）	3	3	5/3	4/1+1/4	7.0	4.83	18.3684	8.8842	134.28	JAT—230
弹力贡缎	184（72.5）	J18.2×18.2/40D（J32×32/40D）	531×307（135×78）	9828	200	132.9（67.5）	184.16（72.5）	4	5	5/3	4/1+1/4	7.4	6.41	19.3792	11.5458	153.16	OMNi—190

续表

织物名称	幅宽（cm）	原纱线密度（tex）经×纬	经密×纬密（根/10cm）	总经根数		钢筘		每筘穿入数		织物组织		织缩率（%）		百米用纱量（kg）		无浆干重（g/m²）	织机类型
				总经	其中边纱	筘号（齿/10cm）	筘幅（cm）	地	边	地	边	经	纬	经	纬		
弹力贡缎	218.5（86）	J18.2×36.4/70D（J32×16/70D）	448.5×188.5（114×48）	9850	184	149.6（76）	218.48（86.02）	3	4	5/3	4/1+1/4	5.5	6.35	19.0321	16.8152	150.16	JAT—230
弹力贡缎	213.5（84）	J14.5×（J14.5/40D+J27.8/70D）[J40×（J40/40D+J21/70D）]	677×314.5（172×80）	14448	348	169.3（86）	211.77（83.37）	3	5/6	5/3	4/1+1/4+5/3	7.8	3.93	22.8017	J40/40D 5.4047 J21/70D 10.3885	164.71	JAT—230
弹力灯芯条	165（65）	J19.3×J19.3/40D（J30×J30/40D）	511×322.5（140×82）	9100	184	137.8（70）	165.10（65）	4	4	3/1+1/1	2/2纬重平	10.2	3.09	19.8235	11.6106	171.34	OMNi—190
弹力灯芯条	178（70）	J18.2×J27.8/70D（J32×J21/70D）	523.5×283（133×72）	9356	230	132.9（67.5）	175.17（68.96）	4	5	3/1+1/1	2/2纬重平	10.5	9.82	19.0867	15.4670	182.07	ZA203
弹力灯芯条	180.5（71）	J18.2×J18.2/40D（J32×J32/40D）	507.5×346（129×88）	9161	156	169.3（86）	180.38（71.02）	3	3	3/1+1/1	2/2纬重平	8.5	7.75	18.2800	12.7587	158.53	JAT—230
弹力灯芯条	184（72.5）	J18.2×J27.8/70D（J32×J21/70D）	507.5×236（129×60）	9404	240	127（64.5）	184.22（72.53）	4	5	3/1+1/1	2/2纬重平	8.0	9.35	18.6634	13.5553	161.97	JAT—230
弹力灯芯条	185.5（73）	J27.8×J27.8/70D（J21×J21/70D）	405.5×279.5（103×71）	7520	156	132.9（67.5）	188.65（74.27）	3	3	3/1+1/1	2/2纬重平	9.7	8.93	23.1748	16.4263	196.27	JAT—230

注 表中括号内数值为英制，其中筘号为2英寸内的齿数。

表 5-1-41　涤棉类织物

织物名称	幅宽(cm)	原纱线密度(tex) 经×纬	经密×纬密(根/10cm)	总经根数		钢筘		每筘穿入数		织物组织		织缩率(%)		百米用纱量(kg)		无浆干重(g/m²)	织机类型
				总经	其中边纱	筘号(齿/10cm)	筘幅(cm)	地	边	地	边	经	纬	经	纬		
平布	119.5 (47)	JT/C25×JT/C25 (JT/C23×JT/C23)	433×240 (110×61)	5100	—	207.7 (105.5)	122.8 (48.3)	2		1/1	—	13.5	2	15.4661	8.192	154.73	SOMET 喷气
平布	119.5 (47)	J14.5×T14.5 (J40×T40)	433×314.5 (110×80)	5194	72	207.7 (105.5)	124.47 (49.0)	2	3	1/1	1/1	11.8	4.02	8.5604	6.1058	113.05	OMNi— 280
防羽布	119.5 (47)	T/C13×T/C13 (T/C45×T/C45)	547×370 (139×94)	6534	—	131.8 (67)	123.85 (48.76)	4	—	1/1	—	14.5	3.59	10.0919	6.3187	128.09	PAT—A
平布	127 (50)	J7.3×T7.3(长) [J80×T80(长)]	354×346 (90×88)	4516	48	165.4 (84)	136.07 (53.57)	2	3	1/1	1/1	3.7	4.98	3.4312	3.6712	51.08	JAT— 280
平布	127 (50)	J7.3×T7.3(长) [J80×T80(长)]	440.5×342.5 (112×87)	5624	72	207.7 (105.5)	134.82 (53.08)	2	3	1/1	1/1	6.4	4.08	4.3978	3.5961	57.34	OMNi— 280
平布	132 (52)	J14.5×150D/48F (J40×150D/48F)	472×322.5 (120×82)	6256	80	154.5 (78.5)	134.5 (52.96)	3	4	1/1	1/1	13.4	2.69	10.7640	7.6183	133.87	OMNi— 190
平布	133.5 (52.5)	T/C13×T/C13 (T/C45×T/C45)	433×299 (110×76)	5772	—	207.7 (105.5)	138.97 (54.71)	2	—	1/1	—	7.8	3.79	8.2557	5.7323	97.71	PAT—A
平布	160 (63)	T/C9.7×J7.3 (T/C60×J80)	472×334.5 (120×85)	7562	—	149.6 (76)	168.49 (66.33)	3	—	1/1	—	7.3	4.68	8.0503	4.3316	71.08	JAT— 230
平布	160 (63)	T40/C60(14.5×2)× T40/C60(14.5×2) [T40/C60(40/2)× T40/C60(40/2)]	425×244 (108×62)	6638	96	131.8 (67)	167.16 (65.8)	3	4	2/2	2/2 经 重平	12.5	2.97	19.9587	11.1660	201.54	OMNi— 190
平布	161.5 (63.5)	T14.5×150D/48F (T40×150D/48F)	496×322.5 (126×82)	8003	—	157.5 (80)	169.40 (66.69)	3	—	1/1	—	14.6	3.93	13.9672	9.5937	139.69	JAT— 230

续表

织物名称	幅宽(cm)	原纱线密度(tex) 经×纬	经密×纬密(根/10cm)	总经根数		钢筘		每筘穿入数		织物组织		织缩率(%)		百米用纱量(kg)		无浆干重(g/m²)	织机类型
				总经	其中边纱	筘号(齿/10cm)	筘幅(cm)	地	边	地	边	经	纬	经	纬		
府绸	172.5 (68)	JC/T13×JC/T13 (JC/T45×JC/T45)	523.5×362 (133×92)	9044	40×2	127 (64.5)	177.8 (70)	4	5	1/1	1/1	12.1	3	13.6870	8.8054	127.78	丰田喷气
平弹	178 (70)	J14.5×75D/40D (J40×75D/40D)	381.5×275.5 (97×70)	6790	—	190.9 (97)	177.80 (70)	2	—	1/1	—	6.5	12.37	10.5603	5.2597	85.85	JAT—230
平弹	178 (70)	T/C13×T/C13/40D (T/C45×T/C45/40D)	381.5×275.5 (97×70)	6790	—	190.9 (97)	177.80 (70)	2	—	1/1	—	7.2	6.52	9.6509	7.1676	90.84	OMNi—190
平弹	178 (70)	J11.6×T/C13/40D (J50×T/C45/40D)	472×291 (120×74)	8402	—	157.5 (80)	177.84 (70.02)	3	—	1/1	—	8.5	4.86	10.7770	7.5789	95.75	ZA203
平弹	198 (78)	T/C13×T/C13/40D (T/C45×T/C45/40D)	377.5×283 (96×72)	7488	—	190.9 (97)	196.08	2	—	1/1	—	7.3	7.08	10.6557	8.1302	91.75	JAT—230
平布	240 (94.5)	19.5×150D/288F (30×150D/288F)	267.5×330.5 (68×84)	6516	160	125.5 (63.75)	256.43 (100.96)	2	4	1/1	2/2 纬重平	4.5	8.98	13.3426	14.8770	109.65	JAT—280
平布	244 (96)	T40/C60(14.5)×T40/C60(14.5) [T40/C60(40)×T40/C60×(40)]	433×326.5 (110×83)	10560	—	207.7 (105.5)	254.24 (100.09)	2	—	1/1	—	12.5	3.44	17.7488	12.7644	117.35	OMNi—280
府绸	244 (96)	T35/C65(14.5)×T35/C65(14.5) [T35/C65(40)×T35/C65(40)]	472×393.5 (120×100)	11522	—	152.6 (77.5)	251.75 (99.11)	3	—	1/1	—	13.2	3.36	19.5231	15.2283	134.07	OMNi—280
线绢	119.5 (47)	T/C14.5×2×T/C14.5×2 (T/C45/2×T/C45/2)	397.5×216.5 (101×55)	4749	—	127 (64.5)	124.68 (49.09)	3	—	1/1	—	12.8	3.83	14.4314	7.4439	132.34	OMNi—280

续表

织物名称	幅宽(cm)	原纱线密度(tex) 经×纬	经密×纬密(根/10cm)	总经根数		钢筘		每筘穿入数		织物组织		织缩率(%)		百米用纱量(kg)		无浆干重(g/m²)	织机类型
				总经	其中边纱	筘号(齿/10cm)	筘幅(cm)	地	边	地	边	经	纬	经	纬		
斜纹	119.5 (47)	T/C36×T/C48 (T/C16×T/C12)	425×220 (108×56)	5110	128	138.3 (70.25)	122.97 (48.41)	3	4	3/1	3/1 + 1/3	13.6	1.57	21.8465	13.9686	277.73	OMNi—280
斜纹	119.5 (47)	T/C28×T/C28 (T/C21×T/C21)	425×228 (108×58)	5110	128	137.8 (70)	122.84 (48.36)	3	4	3/1	3/1 + 1/3	9.6	3.53	15.9187	8.2595	189.03	OMNi—280
斜条	119.5 (47)	T/C18.2×T/C18.2 (T/C32×T/C32)	448.5×271.5 (114×69)	5412	108	208.7 (106)	128.39 (50.54)	2	4	2/1 + 1/2	2/1 + 1/2	9.5	3.30	11.0757	6.7534	136.46	JAT—280
斜纹	119.5 (47)	T40/C60(7.3×2)×T40/C60(7.3×2) [T40/C60(80/2)×T40/C60(80/2)]	523.5×295 (133×75)	6256	120	127 (64.5)	123.15 (48.48)	4	4	2/1	2/1 + 1/2	11.5	2.58	10.4425	5.5871	123.76	OMNi—280
斜纹	120.5 (47.5)	T/C18.2×T/C18.2 (T/C32×T/C32)	346×275.5 (88×70)	4260	160	164.4 (83.5)	127.15 (50.06)	2	4	2/2	2/2 经重平	5.2	4.76	8.3194	6.7852	115.21	OMNi—280
斜纹	120.5 (47.5	T40/C60(13)×T40/C60(13) [T40/C60(45)×T40/C60(45)]	523.5×283 (133×72)	6320	120	168.8 (85.75)	124.80 (49.13)	3	3	2/1	2/1 + 1/2	7.5	4.17	8.9425	4.8396	107.76	ZA203
斜条	127 (50)	T/C13×T/C13 (T/C45×T/C45)	511.5×283 (130×72)	6542	160	164.4 (83.5)	131.86 (51.91)	3	4	2/1	2/1 + 1/2	7.9	3.64	9.3687	5.1527	106.13	OMNi—280
左斜	160 (63)	C/T18.2×C/T18.2 (C/T32×C/T32)	511.5×275.5 (130×70)	8190	40×2	125 (63.6)	163.6 (64.4)	4	4	3/1	3/1 + 1/3	6	2.8	16.2188	8.6325	178.98	JAT—230

续表

织物名称	幅宽（cm）	原纱线密度（tex）经×纬	经密×纬密（根/10cm）	总经根数		钢筘		每筘穿入数		织物组织		织缩率（%）		百米用纱量（kg）		无浆干重（g/m²）	织机类型
				总经	其中边纱	筘号（齿/10cm）	筘幅（cm）	地	边	地	边	经	纬	经	纬		
人字斜	160（63）	CVC13.1×CVC13（CVC45×CVC45）	511.5×346（130×90）	8190	48×2	163.4（83）	167.1（65.8）	3	3	3/1+1/1	3/1+1/3	7.6	3.8	11.8806	8.5700	154.43	SOMET 喷气
CVC 左斜	160（63）	（C/T7.3×2+C/T13×2）×C/T19.5［（C/T60/2+C/T45/2）×C/T30］	433×334.5（110×85）	6682	36×2	133（67.5）	167.7（66）	3		2/1	1/2+2/1	8.9	4.1	C/T 60/2: 10.2182 C/T 45/2: 3.0517	11.5630	145.65	JAT—230
斜弹	178（70）	T/C36.5×36.5/70D（T/C16×16/70D）	362×161（92×41）	6470	120	121.1（61.5）	177.32（69.81）	3	4	2/1	2/1+1/2	8.2	3.08	26.0423	11.6872	200.24	ZA203
斜弹	184（72.5）	T35/C65（36.5）×36.5/70D［T35/C65（16）×16/70D］	346×165（88×42）	6420	120	174.7（88.75）	182.59（71.89）	2	3	2/1	2/1+1/2	8.3	4.23	25.7280	12.3275	196.55	OMNi—190
缎条	203（80）	T30/C70（19.5）×T30/C70（19.5）［T30/C70（30）×T30/C70（30）］	472×314.5（120×80）	9602	120	149.6（76）	213.94（84.23）	3	3	5/2 经+5/2 纬	4/1+1/4	6.3	3.01	20.1272	13.8275	155.41	JAT—230

注　表中括号内数值为英制，其中筘号为2英寸内的齿数。

表 5－1－42 亚麻类织物

织物名称	幅宽（cm）	原纱线密度（tex）经×纬	经密×纬密（根/10cm）	总经根数		钢筘		每筘穿入数		织物组织		织缩率（%）		百米用纱量（kg）		无浆干重（g/m²）	织机类型
				总经	其中边纱	筘号（齿/10cm）	筘幅（cm）	地	边	地	边	经	纬	经	纬		
L55/C45 平布	128.3（50.5）	116.6×116.6（5×5）	118×130（30×33）	1520	24	56（28.5）	134.7（53）	2/D	3/D	1/1	1/1	8.2	4.9	21.0571	21.7764	282.8	GA747—280 剑杆
L55/C45 麻棉乱纹	128.3（50.5）	29×29（20×20）	236×228（60×58）	3042	48	112（57）	133.9（52.7）	2/D）	3/D	乱纹	1/1	4.5	4.0	9.8914	9.4530	149.7	GA747—280 剑杆
涤纶长丝亚麻织物	142.2（56）	125D×41.7L（125D×14L）	346×251.5（88×64）	4942	64	115（58.5）	142.8（56.2）	3/D	4/D	1/1	1/1	17.8	0.2	8.9728	15.9720	176.1	GA743—280 剑杆
棉亚麻交织斜纹	152.4（60）	JC14.5×2×27.8L（JC40/2×21L）	394×236（100×60）	6020	72	97（49.25）	154.6（60.9）	4/D	6/D	2/2	2/2	7.5	0.9	20.1899	10.6974	188.9	SOMET 剑杆
纯亚麻平布	160（63）	41.7×41.7（14×14）	196.5×212.5（50×54）	3162	36	95.5（48.5）	165（65）	2/D	3/D	1/1	1/1	13.6	1.91	16.0326	15.3341	164.3	L480 剑杆
纯亚麻双层布	160（63）	（64.8＋14.5×2）×64.8［（9＋40/2）×9］	299×251.5（76×64）	4800	36	65.5（33.25）	165（65）	4/D	4/D	1/1	1/1	9.5	1.2	35.0235	28.1229	370.2	L480 剑杆
纯亚麻毛巾平布	160（63）	97.2×97.2（6×6）	137.5×129.5（35×33）	2210	36	67（34）	164.2（64.7）	2/D	3/D	1/1	1/1	10.5	2.0	25.8406	22.2186	263.2	L480 剑杆
棉亚麻交织布	160（63）	（36.4＋36.4）×64.8L［（16＋16）×9L］	346×165（88×42）	5568	48	85（43.25）	163（64.2）	4/D	6/D	1/1	1/1	16.1	1.4	25.2642	18.7002	255.8	GA743 剑杆
粘亚麻交织布	160（63）	19.4×2×4.17L（3/2×14L）	185×228（47×58）	2990	36	91（46.25）	163.7（64.5）	2/D	3/D	1/1	1/1	13.8	2.0	14.3721	16.4805	166.3	SOMET 剑杆
T80/120 涤亚麻平布	157.5（62）	19.5/19.5（30×30）	275.5/212.5（70×54）	4372	80	130.5（66.25）	166.4（65.5）	2/D	4/D	1/1	1/1	6.3	5.0	10.6203	7.4339	99.9	GA743 剑杆

续表

织物名称	幅宽(cm)	原纱线密度(tex) 经×纬	经密×纬密(根/10cm)	总经根数		钢筘		每筘穿入数		织物组织		织缩率(%)		百米用纱量(kg)		无浆干重(g/m^2)	织机类型
				总经	其中边纱	筘号(齿/10cm)	筘幅(cm)	地	边	地	边	经	纬	经	纬		
棉亚麻交织布	160 (63)	18.2×34.3L (32×17L)	220.5×205 (56×52)	3548	48	107.25 (54.5)	164.1 (64.6)	2/D	4/D	1/1	1/1	11.8	1.5	7.6992	12.1218	110.9	L480 剑杆
纺亚麻格布	160 (63)	41.7×41.7 (14L×14L)	118×94.5 (30×24)	1898	36	92 (46.75)	164.2 (64.6)	花插	3/D	1/1	1/1	5.2	1.8	8.8640	6.7946	81.7	SOMET 剑杆
C70/L30 棉亚麻平布	160 (63)	19.5×19.5 (30×30)	267.5×267.5 (68×68)	4304	48	126 (64)	169.9 (66.9)	2/D	4/D	1/1	2/1	6.9	5.6	9.6459	9.3370	119.3	GA743 剑杆
R80/L20 粘亚麻平布	160 (63)	29.5×29.5 (20×20)	236×228 (60×53)	3796	48	111.25 (56.5)	169.8 (66.9)	2/D	3/D	1/1	1/1	12.8	5.2	13.9789	11.9763	166.3	GA743 剑杆
天丝亚麻交织布	160 (63)	14.5×(29+41.7L) [40×(20+14L)]	472.5×236 (120×60)	7584	120	117 (59.5)	160.8 (63.3)	4/D	6/D	1/1	1/1	16.2	0.2	13.9068	14.3395	162.6	SOMET 剑杆
麻天丝混纺布	160 (63)	41.7×41.7 (14×14)	228×220.5 (58×56)	3666	48	108.35 (55)	167.6 (66)	2/D	3/D	1/1	1/1	11.5	4.4	18.2991	16.2678	182.9	SOMET 剑杆
天丝亚麻交织布	160 (63)	14.5×41.7 (40×14L)	472×252 (120×64)	7584	96	117 (59.5)	161.2 (63.5)	4/D	6/D	1/1	1/1	15.0	2.3	13.6052	18.2723	201.7	SOMET 剑杆
L55/C45 五经五纬	160 (63)	(19.5×2)×(19.5×2) (30/2×30/2)	244×255.5 (62×125)	3920	48	46.75 (23.75)	167.1 (65.8)	5/D	6/D	5/5	2/2	2.8	3.5	16.6097	17.2043	202.9	L480 剑杆
麻棉烂花布	160 (63)	(L/C29.5+1000)×(L/C29.5+1000) [(L/C20+100D)×(L/C20+100D)]	196.5×196.5 (50×50)	3174	36	47.75	168 (66.1)	2/D	3/D	1/1	1/1	8.7	5.2	14.6574	14.2048	181.4	L480 剑杆

续表

织物名称	幅宽(cm)	原纱线密度(tex) 经×纬	经密×纬密(根/10cm)	总经根数		钢筘		每筘穿入数		织物组织		织缩率(%)		百米用纱量(kg)		无浆干重(g/m^2)	织机类型
				总经	其中边纱	筘号(齿/10cm)	筘幅(cm)	地	边	地	边	经	纬	经	纬		
TE75/L15/R10三合一与交低弹丝织	160(63)	29.5×33.3(20×300D)	314×228(80×58)	5064	72	149.5(76)	168.2(66.2)	2/D	4/D	1/1	1/1	11.8	4.4	18.1372	13.3779	172.6	SOMET剑杆
L55/C45麻棉长丝交织布	160(63)	45.4×33.3(13×300D)	228×267.5(58×68)	3676	48	107.75(54.75)	169.4(66.7)	2/D	4/D	2/2	2/2	7.5	5.2	18.9981	19.4326	221.6	L480剑杆
麻粘混纺平布	160(63)	53×53(11×11)	173×149.5(44×38)	2784	48	82(41.75)	168.4(66.3)	2/D	3/D	1/1	1/1	8.1	4.5	17.5444	14.0658	166.8	GA743剑杆
L55/C45麻棉平布	160(63)	19.5×19.5(30×30)	236×236(60×60)	3796	48	112(57)	168(66.1)	2/D	4/D	1/1	1/1	5.6	4.4	13.1136	7.9952	101.5	GA747—200剑杆
L55/C45麻棉平布	160(63)	29.5×29.5(20×20)	236×228(60×58)	3796	48	112(57)	168(66.1)	2/D	4/D	1/1	1/1	8.5	4.5	12.8702	11.8504	137.8	L480剑杆
L55/R45麻棉平布	160(63)	39.4×39.4(15×15)	212.5×204.5(54×52)	3416	48	101.4(51.5)	167.7(66)	2/D	3/D	1/1	1/1	9.0	4.5	15.5536	14.1960	167.6	GA747—200剑杆
L55/R45竹节麻棉平布	160(63)	131.2×131.2(4.5×4.5)	102×118(26×30)	1642	24	47.7(24.25)	171.5(67.5)	2/D	3/D	1/1	1/1	7.5	6.2	24.4920	27.7710	281.2	GA747—200剑杆
麻棉混纺斜纹	160(63)	36.4×36.4(16×16)	299×244(76×62)	4810	72	73(37)	164.2(64.7)	4/D	6/D	2/2	2/2	8.0	2.8	20.2306	15.4069	213.1	SOMET剑杆
天丝绢丝混纺斜纹	160(63)	29×29(20×20)	394×275.5(100×70)	6324	48	95(48.25)	165.8(65.3)	4/D	4/D	3/1	2/2	15.0	3.3	23.0006	14.0984	191.8	SOMET剑杆

续表

织物名称	幅宽（cm）	原纱线密度（tex）经×纬	经密×纬密（根/10cm）	总经根数		钢筘		每筘穿入数		织物组织		织缩率（%）		百米用纱量（kg）		无浆干重（g/m^2）	织机类型
				总经	其中边纱	筘号（齿/10cm）	筘幅（cm）	地	边	地	边	经	纬	经	纬		
TE75/L15/K5三合一平布	160（63）	29×29（20×20）	315×236（80×60）	5064	96	151.5（77）	166.2（65.4）	2/D	4/D	1/1	1/1	10.6	2.6	18.0127	12.0148	159.2	SOMET剑杆
全棉灯芯条	162.6（64）	36.4×58.3（16×10）	445×205（113×52）	7212	80	108.25（55）	166.5（65.6）	4/D	6/D	1/1+3/1	1/1	11.1	2.4	31.0887	20.9091	308.2	SOMET剑杆
L55/C45双经单纬	165（65）	(36.4+36.4)×97.8［(16+16)×6］	283×137.5（72×35）	4702	64	136.75（69.5）	170.1（67）	2/D	4/D	1/1	1/1	10.2	2.6	19.998	23.9527	267.3	GA743型
麻棉混纺斜纹布	165.1（65）	(J14.5×2)×L/C29（J40/2×L/C20）	354×268（90×68）	5872	72	86.5（44）	168.7（66.4）	4/D	6/D	2/2	2/2	7.7	2.0	19.7335	14.1999	184.4	SOMET剑杆
T50/R35/L15三合一竹节布	170.2（67）	24.0×24.6（24×24）	354×259.5（90×66）	6054	72	83.5（42.5）	180.2（71）	4/D	6/D	1/1	1/1	8.3	5.4	17.8487	12.0939	162.5	GA743剑杆
L55/C45麻棉变化	170.2（67）	19.5×(19.5+4.4)［30×(30+40D)］	299×283（76×72）	5128	72	149.6（76）	170.4（67.1）	2/D	4/D	3/1	2/2	5.4	8.9	11.4148	13.3526	141.8	L480剑杆
T50/R30/L20三合一竹节布	177.8（70）	59×59（10×10）	173×149.5（44×38）	3096	48	79.75（40.5）	193.0（76）	2/D	3/D	1/1	1/1	6.9	6.3	22.0913	17.8606	144.7	GA743剑杆
L55/R45麻棉粘弹力	182.9（72）	39.4×(39.4+4.4)［15×(15+40D)］	220×196.5（54×50）	3902	48	106.3（54）	182.8（72）	2/D	3/D	1/1	1/1	9.5	4.8	17.5368	17.5143	165.3	GA747—200剑杆
T80/12D涤亚麻平布	215.9（85）	58.3×58.3（10×10）	181×157.5（46×40）	3926	60	85（43.25）	228.8（90）	2/D	3/D	1/1	1/1	9.2	5.4	26.9164	22.2656	215.6	GA747—280剑杆

续表

织物名称	幅宽(cm)	原纱线密度(tex) 经×纬	经密×纬密(根/10cm)	总经根数		钢筘		每筘穿入数		织物组织		织缩率(%)		百米用纱量(kg)		无浆干重(g/m^2)	织机类型
				总经	其中边纱	筘号(齿/10cm)	筘幅(cm)	地	边	地	边	经	纬	经	纬		
L55/C45麻棉提花布	243.8(96)	(68.6×2)×(68.6×2)(8.5/2×8.5/2)	145.5×138(37×35)	3558	24	46.25(23.5)	255.8(100.7)	3/D	4/D	提花	—	8.0	4.0	56.0347	50.8930	368.8	GA747—280剑杆
纯苎麻平布	118.1(46.5)	(32.8+32.8)×(32.8+32.8)[(18+18)×(18+18)]	370×330.5(94×84)	4392	72	89.5(45.5)	120.7(47.5)	4/D	6/D	1/1	1/1	9.8	2.0	16.9642	13.7857	257.6	GA743剑杆
纯苎麻平布	124.5(49)	28×28(21×21)	216.5×236(55×60)	2706	16	104.25(53)	129.7(51)	2/D	2/D	1/1	1/1	5.9	4.0	8.5218	9.0121	128.9	SOMET剑杆
涤苎麻混纺布	129.5(51	34.7×34.7(17×17)	204.5×204.5(52×52)	2660	48	95(48.25)	138.8(54.6)	2/D	3/D	1/1	1/1	8.2	6.2	10.6962	10.2807	166.7	GA743剑杆
苎麻棉交织纱卡	160(63)	29.5×42K(20×14K)	464.5×220(118×56)	7458	64	113.25(57.5)	164(64.6)	4/D	4/D	3/1	2/1	10.1	1.2	26.1027	16.2428	232.1	SOMET剑杆
涤蓝麻T70/K30混纺	160(63)	19.5×19.5(30×30)	287×279.5(73×71)	4618	64	135(68.5)	170.1(67)	2/D	4/D	1/1	1/1	7.2	4.9	10.6224	10.1483	126.2	SOMET剑杆
蓝麻棉混纺布	165.1(65)	(48.6+48.6)[(12+12)×8]	291×149.5(74×38)	4824	48	141.75(72)	169.2(66.6)	2/D	4/D	1/1	1/1	10.8	3.2	27.8992	19.8617	288.2	GA743剑杆

注 表中括号内的数值为英制,其中筘号为2英寸内的齿数。

表5-1-43 其他类织物

织物名称	幅宽(cm)	原纱线密度(tex) 经×纬	经密×纬密(根/10cm)	总经根数		钢筘		每筘穿入数		织物组织		织缩率(%)		百米用纱量(kg)		无浆干重(g/m^2)	织机类型
				总经	其中边纱	筘号(齿/10cm)	筘幅(cm)	地	边	地	边	经	纬	经	纬		
双层布	132(52)	T/C13×T/C13(T/C45×T/C45)	433×334.5(110×85)	5720	64	207.7(105.5)	137.71(54.22)	2	2	1/1双层	1/1	5.5	2.69	7.9821	6.3532	100.45	OMNi—280

续表

织物名称	幅宽(cm)	原纱线密度(tex) 经×纬	经密×纬密(根/10cm)	总经根数		钢筘		每筘穿入数		织物组织		织缩率(%)		百米用纱量(kg)		无浆干重(g/m^2)	织机类型
				总经	其中边纱	筘号(齿/10cm)	筘幅(cm)	地	边	地	边	经	纬	经	纬		
双层布	160 (63)	J14.5×J14.5 (J40×J40)	787×433 (200×110)	12600	184	190.9 (97)	164.97 (64.95)	4	4	1/1双层	3/1+1/3	9.8	3.19	20.3245	10.9017	175.07	JAT—230
二重	198 (78)	J14.5 ×J14.5/40D (J40×J40/40D)	635.5×590.5 (161.5×150)	12598	260	127 (64.5)	198.44 (78.13)	5	5	纬二重	3/3	8.8	7.33	20.0984	18.9919	182.27	JAT—230
双层布	178 (70)	(T/C9.7×C/T9.7)×9.7 [(T/C60+C/T60)×60]	700.5×610 (178×155)	12365	70×2	83	189.2	4	4	1/3+3/1+1/1	3/1+1/3	5	6.5	C/T60：6.7104 T/C60：6.1998	11.7811	124.96	JAT—230
弹力双层	178 (70)	J14.5×(J14.5+40D) [J40×(J40+40D)]	630×590.5 (160×150)	11200	100×2	64	177.8	5	5	提花	3/1+1/1	6.2	12.1	17.7091	18.3802	175.76	SOMET喷气
莫代尔50/棉50	261.5 (103)	14.5×14.5 (40×40)	433×254 (110×90)	11330	—	207.7 (105.5)	272.78 (107.39)	2	—	1/1	—	12.6	3.18	18.8601	14.2486	114.56	OMNi—280
络赛尔	264 (104)	LC 9.7×LC9.7 (LC60×LC60)	681×444.5 (173×113)	17992	160	164.4 (83.5)	273.65 (107.74)	4	4	5/3	4/1+1/4	5.8	2.43	18.5939	12.4272	104.32	OMNi—280
防静电	119.5 (47)	T/C29×T/C29 (T/C20×T/C20)	433×224 (110×57)	5210	112	138.3 (70.25)	122.69 (48.30)	3.4	4	2/1+1/2	2/1+1/2	12.4	2.25	17.5996	8.5185	203.45	OMNi—280
防静电	119.5 (47)	J19.5×2×J19.5×2 (J30/2×J30/2)	433×220 (110×56)	5168	96	103.8 (52.75)	122.23 (48.12)	4.5	4	3/1+1/3	3/1+1/3	12.5	1.91	23.3003	11.0600	256.26	OMNi—280
防静电	119.5 (47)	T/C18.2×2×T/C 18.2×2 (T/C32/2×T/C32/2)	354×196.5 (90×50)	4256	112	111.7 (56.75)	124.21 (48.90)	3.4	4	2/1+1/2	2/1+1/2	10.5	3.75	17.6474	9.4432	212.37	OMNi—280
防静电	119.5 (47)	T/C18.2×2×T/C18.2×2 (T/C32/2×T/C32/2)	433×220 (110×56)	5194	96	137.8 (70)	122.83 (48.36)	3.4	4	2/1+1/2	2/1+1/2	14.5	2.68	20.5521	10.4588	259.21	ZA203

续表

织物名称	幅宽(cm)	原纱线密度(tex) 经×纬	经密×纬密(根/10cm)	总经根数		钢筘		每筘穿入数		织物组织		织缩率(%)		百米用纱量(kg)		无浆干重(g/m^2)	织机类型
				总经	其中边纱	筘号(齿/10cm)	筘幅(cm)	地	边	地	边	经	纬	经	纬		
防静电	119.5 (47)	T/C13×2×T/C13×2 (T/C45/2×T/C45/2)	397.5×216.5 (101×55)	4749	—	127 (64.5)	124.68 (49.09)	3	—	1/1	—	13.30	2.28	14.5146	7.4439	171.07	OMNi—280
防静电	119.5 (47)	T40/C60(18.2×2)×T40/C60(18.2×2) [T40/C60(32/2)×T40/C60(32/2)]	393.5×220 (100×56)	4789	112	127 (64.5)	122.52 (48.24)	3.4	4	2/1+1/2	2/1+1/2	13.9	2.0	20.6460	10.4324	241.28	OMNi—280
防静电	160 (63)	T/C25×36.5 (T/C23×16)	464.5×244 (118×62)	7436	112	112.2 (57)	164.28 (64.68)	4.5	4	3/1+1/3	3/1+1/3	10.6	2.0	21.3581	15.3603	214.57	ZA203
防静电	160 (63)	T/C18.2×T/C18.2 (T/C32×T/C32)	511.5×275.5 (130×70)	8232	160	164.4 (83.5)	163.57 (64.40)	3.4	4	2/1+1/2	2/1+1/2	10.2	2.87	16.9869	8.7287	149.87	ZA203

注　未标注 T/C 比例的，一般混纺比为 65/35。
表中括号内的数值为英制，其中筘号为 2 英寸内的齿数。

第六节　棉织工艺实例

一、有梭织机工艺实例（表 5－1－44～表 5－1－92）

表 5-1-44　品种名称:116.5 LY(C)24/24 314.5/196.5 纯天丝平布(GA615)

项目名称	单位	规格标准	项目名称	单位	规格标准	项目名称	单位	规格标准	项目名称	单位	规格标准	项目名称	单位	规格标准
经纱线密度	tex	24	绞边纱用量	kg/100m	—	变性淀粉 3	%(kg)	—	穿经筘号		76.25			
纺出干燥重量	g/100m	—	用纱总量	kg/100m	15.9802	丙烯酸 1	%(kg)	AD(15)	穿筘幅度	cm	122.6			
捻系数		—	无浆干重	g/m²	—	丙烯酸 2	%(kg)	—	边经穿筘顺序	根/D	2			
捻向		Z	疵点格率	%	23(棉结 12)	丙烯酸 3	%(kg)	—	边经穿筘顺序 1		—			
单纱强力	cN/tex	—	疵点格率内控	%	9	丙烯酸 4	%(kg)	—	边经穿筘顺序 2		—			
纬纱线密度	tex	24	络纬机型		G203	乳化油脂	%(kg)	甘油(1)	边经穿筘顺序 3		—			
纺出干燥重量	g/100m	—	卷绕速度	m/min	320	烧碱	%(kg)	—	地经穿综顺序 1		1,3,5,7			
捻系数		—	满管直径	mm	30	二萘酚	%(kg)	—	地经穿综顺序 2		2,4,6,8			
捻向		Z	张力圈重量	g	4×3×2	平平加	%(kg)	—	地经穿综顺序 3		—			
单纱强力	cN/tex	—	打结形式		织布结	SLMO	%(kg)	(2)	地经穿综顺序 4		—			
组织		—	定捻形式		—	其他组分 1	%	—	地经穿筘顺序	根/D	2			
布幅	cm	116.5	络经机型		—	其他组分 2	%	—	停经片穿法 Ⅰ		11,22,33,44			
联匹长度	m(码)	25	槽筒转速	r/min	—	其他组分 3	%	—	停经片穿法 Ⅱ		—			
成包要求		—	槽筒直径	mm	—	其他组分 4	%	—	综框列数		四页八列			
每件匹数		—	槽筒线速	m/min	—	其他组分 5	%	—	机型		GA615			
联匹		—	锭脚高低	cm	—	调浆桶机型		G924	开口时间	mm	225,245			
运销地点		—	清纱板隔距	mm	—	供应桶体积	m³	0.85	投梭时间	mm	215	验布机速度	m/min	30
总经根数	根	3708	张力圈重量	g	—	供应桶温度	℃	98	投梭力	mm	190	折布机速度	m/min	65
其中边纱数	根	—	打结形式		—	供应桶粘度	S	4.8±0.2	后梁高低	mm	0	折幅	cm	91.4~91.8
经向密度	根/10cm	314.5	整经机型		G1452	浆纱机型		G146	停经架中元	mm	-20	成布回潮率	%	<12
纬向密度	根/10cm	196.5	轴数	只	7	墨印长度	m	25.9	筘座高低	mm	-40	包装尺寸	cm³	—
经向强力	N	—	根数 Ⅰ	根	530×6	墨印色记		蓝	边撑杆高低	mm	-6	备注		
纬向强力	N	—	根数 Ⅱ	根	528×1	边纱色记		—	梭口高低	mm	+3			
蒸缩率	%	—	轴重	kg	—	每缸匹数		—	下层纱距走投板	mm	+1			
经向缩率	%	12	长度	m	180	浆轴匹数	匹/轴	1	张力重锤	kg×只	6×2			
纬向缩率	%	3	落片重量	g	1.5±0.1	浆轴标准重量	kg/轴	—	纬牙标准/变换	牙数	37/50			
经向回丝率	%	1.4	张力圈重量	g	分段	上浆率	%	9±0.5	车速	r/min	170±3			
纬向回丝率	%	0.55	速度	m/min	200	回潮率	%	12	相对湿度	%	72±4			
经向伸长率	%	0.5	打结形式		织布结	伸长率	%	0.5	机上布幅	cm	116.5~117			
经向紧度	%	57.01	浆料配方			浆槽温度	℃	88±2	整经长度 1	m	—			
纬向紧度	%	35.62	水	%(kg)	—	浆槽浆液粘度	S	4.8±0.2	整经长度 2	m	—			
总紧度	%	72.32	PVA1	%(kg)	205MB(15)	压浆辊压力 Ⅰ	kN	3	整经轴重 1	kg	—			
经向用纱量	kg/100m	10.2563	PVA2	%(kg)	—	压浆辊压力 Ⅱ	kN	7	整经轴重 2	kg	—			
纬向用纱量	kg/100m	5.7239	PVA3	%(kg)	—	浆液酸碱度	pH	7~8	筘号 1		—			
废边纱线密度	tex	—	PVA4	%(kg)	—	浆纱速度	m/min	30	筘号 2		—			
废边纱用量	kg/100m	—	变性淀粉 1	%(kg)	(40)	后上蜡率	%	0.3	穿筘幅度 1	cm	—			
绞边纱线密度	tex	—	变性淀粉 2	%(kg)	—				穿筘幅度 2	cm	—			

表 5-1-45 品种名称：119.5 JC18.2/C27.8 488/267.5 2/1 ↖ 纯棉半精梳斜纹（GA615）

项目名称	单位	规格标准	项目名称	单位	规格标准	项目名称	单位	规格标准	项目名称	单位	规格标准	项目名称	单位	规格标准
经纱线密度	tex	18.222	绞边纱用量	kg/100m	—	变性淀粉 3	%（kg）	—	穿经筘号		79.5			
纺出干燥重量	g/100m	1.68	用纱总量	kg/100m	21.2841	丙烯酸 1	%（kg）	AC(10)	穿筘幅度	cm	124.22			
捻系数		—	无浆干重	g/m^2	162.56	丙烯酸 2	%（kg）	—	边经穿筘顺序	根/D	4/D×28×2			
捻向		Z	疵点格率	%	36(18)	丙烯酸 3	%（kg）	—	边经穿筘顺序 1		148,78,79			
单纱强力	cN/tex	12.4	疵点格率内控	%	13	丙烯酸 4	%（kg）	—	边经穿筘顺序 2		78,79,148			
纬纱线密度	tex	27.8	络纬机型		G203	乳化油脂	%（kg）	—	边经穿筘顺序 3		—			
纺出干燥重量	g/100m	2.56	卷绕速度	m/min	435	烧碱	%（kg）	—	地经穿综顺序 1		148,259			
捻系数		—	满管直径	mm	29.5±0.5	二萘酚	%（kg）	NL(0.2)	地经穿综顺序 2		3610			
捻向		Z	张力圈重量	g	5×3-	平平加	%（kg）	—	地经穿综顺序 3		—			
单纱强力	cN/tex	11.4	打结形式		织布结	SLMO	%（kg）	(2)	地经穿综顺序 4		—			
组织		$\frac{2}{1}$	定捻形式		自然定捻	其他组分 1	%	—	地经穿筘顺序	根/D	3/D			
布幅	cm	119.5	络经机型		—	其他组分 2	%	—	停经片穿法Ⅰ		11,22,33			
联匹长度	m（码）	120 码/4	槽筒转速	r/min	—	其他组分 3	%	—	停经片穿法Ⅱ		44,55,66			
成包要求	码/件	720	槽筒直径	mm	—	其他组分 4	%	—	综框列数		四框十列			
每件匹数		6×4	槽筒线速	m/min	—	其他组分 5	%	—	机型		GA615			
联匹		4	锭脚高低	cm	—	调浆桶机型		G924	开口时间	mm	210			
运销地点		—	清纱板隔距	mm	—	供应桶体积	m^3	0.8~0.9	投梭时间	mm	225	验布机速度	m/min	30
总经根数	根	5856	张力圈重量	g	—	供应桶温度	℃	98	投梭力	mm	220	折布机速度	m/min	65
其中边纱数	根	118	打结形式		—	供应桶粘度	S	7±0.5	后梁高低	mm	-40	折幅	cm	91.4~91.8
经向密度	根/10cm	488	整经机型		1452G—180	浆纱机型		GA301	停经架中元	mm	-45	成布回潮率	%	<9
纬向密度	根/10cm	267.5	轴数	只	10	墨印长度	m	30.7	筘座高低	mm	-40	包装尺寸	cm^3	—
经向强力	N	667	根数Ⅰ	根	586×10	墨印色记		蓝	边撑杆高低	mm	-6	备注		
纬向强力	N	475	根数Ⅱ	根	—	边纱色记		蓝	梭口高低	mm	+3			
蒸缩率	%	—	轴重	kg	350.2	每缸匹数		—	下层纱距走投板	mm	+1			
经向缩率	%	10.5	长度	m	32800	浆轴匹数	匹/轴	36	张力重锤	kg×只	6/2			
纬向缩率	%	3.5	落片重量	g	1.5±0.1	浆轴标准重量	kg/轴	—	纬牙标准/变换	牙数	37/68			
经向回丝率	%	0.5	张力圈重量	g	分段	上浆率	%	11.5±1	车速	r/min	170±3			
纬向回丝率	%	0.5	速度	m/min	250	回潮率	%	7±1	相对湿度	%	72±4			
经向伸长率	%	0.5	打结形式		织布结	伸长率	%	0.5	机上布幅	cm	—			
经向紧度	%	77.08	浆料配方			浆槽温度	℃	92±1	整经长度 1	m	—			
纬向紧度	%	52.19	水	%（kg）	—	浆槽浆液粘度	S	7.3±0.3	整经长度 2	m	—			
总紧度	%	89.04	PVA1	%（kg）	1799(25)	压浆辊压力Ⅰ	kN	3	整经轴重 1	kg	—			
经向用纱量	kg/100m	11.9826	PVA2	%（kg）	—	压浆辊压力Ⅱ	kN	7	整经轴重 2	kg	—			
纬向用纱量	kg/100m	9.3015	PVA3	%（kg）	—	浆液酸碱度	pH	7~8	筘号 1		—			
废边纱线密度	tex	—	PVA4	%（kg）	—	浆纱速度	m/min	45	筘号 2		—			
废边纱用量	kg/100m	—	变性淀粉 1	%（kg）	(65)	后上蜡率	%	0.3	穿筘幅度 1	cm	—			
绞边纱线密度	tex	—	变性淀粉 2	%（kg）	—				穿筘幅度 2	cm	—			

表 5-1-46 品种名称:119.5 JC18/C18 511.5/275.5 2/1 ↖ 纯棉半精梳斜纹(GA615)

项目名称	单位	规格标准	项目名称	单位	规格标准	项目名称	单位	规格标准	项目名称	单位	规格标准	项目名称	单位	规格标准
经纱线密度	tex	18.2219	绞边纱用量	kg/100m	—	变性淀粉3	%(kg)	—	穿经筘号		83.25			
纺出干燥重量	g/100m	1.659	用纱总量	kg/100m	18.6629	丙烯酸1	%(kg)	AC(10)	穿筘幅度	cm	123.8			
捻系数		353	无浆干重	g/m²	145.75	丙烯酸2	%(kg)	—	边经穿筘顺序	根/D	4/D			
捻向		Z	疵点格率	%	36(18)	丙烯酸3	%(kg)	—	边经穿筘顺序1		4/D×12×2			
单纱强力	cN/tex	11.2	疵点格率内控	%	12	丙烯酸4	%(kg)	—	边经穿筘顺序2		—			
纬纱线密度	tex	18.2219	络纬机型		G203	乳化油脂	%(kg)	—	边经穿筘顺序3		—			
纺出干燥重量	g/100m	1.659	卷绕速度	m/min	435	烧碱	%(kg)	中和	地经穿综顺序1		1,4,8			
捻系数		353	满管直径	mm	29.5±0.5	二萘酚	%(kg)	NL(0.2)	地经穿综顺序2		2,5,9			
捻向		Z	张力圈重量	g	4×3	平平加	%(kg)	—	地经穿综顺序3		3,6,10			
单纱强力	cN/tex	11.2	打结形式		织布结	SLMO	%(kg)	(2)	地经穿综顺序4		—			
组织		$\frac{2}{1}$	定捻形式		自然定捻	其他组分1	%	—	地经穿筘顺序	根/D	3/D			
布幅	cm	119.5	络经机型		—	其他组分2	%	—	停经片穿法Ⅰ		1,2,3 1,2,4			
联匹长度	m(码)	(118~122)	槽筒转速	r/min	—	其他组分3	%	—	停经片穿法Ⅱ		134 234			
成包要求	码/件	960	槽筒直径	mm	—	其他组分4	%	—	综框列数		四页十列			
每件匹数		8×4	槽筒线速	m/min	—	其他组分5	%	—	机型		GA615			
联匹		4	锭脚高低	cm	—	调浆桶机型		G924	开口时间	mm	210			
运销地点		外销	清纱板隔距	mm	—	供应桶体积	m³	0.75±0.05	投梭时间	mm	225	验布机速度	m/min	30
总经根数	根	6112	张力圈重量	g	—	供应桶温度	℃	98	投梭力	mm	220	折布机速度	m/min	64
其中边纱数	根	118	打结形式		—	供应桶粘度	S	7±0.5	后梁高低	mm	-40	折幅	cm	91.4~91.8
经向密度	根/10cm	511.5	整经机型		1452G—180	浆纱机型		GA301	停经架中元	mm	-45	成布回潮率	%	<8.5
纬向密度	根/10cm	275.5	轴数	只	12	墨印长度	m	30.3	筘座高低	mm	-40	包装尺寸	cm³	—
经向强力	N	567	根数Ⅰ	根	509×11	墨印色记		蓝	边撑杆高低	mm	-6	备注		
纬向强力	N	236	根数Ⅱ	根	513×1	边纱色记		—	梭口高低	mm	+3			
蒸缩率	%	—	轴重	kg	304.5	每缸匹数		824.5	下层纱距走投板	mm	+1			
经向缩率	%	9.6	长度	m	32800	浆轴匹数	匹/轴	36	张力重锤	kg×只	6×2			
纬向缩率	%	3.9	落片重量	g	1.5±0.1	浆轴标准重量	kg/轴	126.5~130	纬牙标准/变换	牙数	33/62			
经向回丝率	%	0.7	张力圈重量	g	分段	上浆率	%	11.5±1	车速	r/min	170±3			
纬向回丝率	%	0.5	速度	m/min	250	回潮率	%	7±1	相对湿度	%	68±4			
经向伸长率	%	0.9	打结形式		织布结	伸长率	%	0.7	机上布幅	cm	119~120			
经向紧度	%	80.79	浆料配方			浆槽温度	℃	92±1	整经长度1	m	—			
纬向紧度	%	43.51	水	%(kg)	(500)	浆槽浆液粘度	S	7.3±0.3	整经长度2	m	—			
总紧度	%	89.14	PVA1	%(kg)	(30)	压浆辊压力Ⅰ	kN	3	整经轴重1	kg	—			
经向用纱量	kg/100m	12.3576	PVA2	%(kg)	—	压浆辊压力Ⅱ	kN	4.2±0.2	整经轴重2	kg	—			
纬向用纱量	kg/100m	6.3053	PVA3	%(kg)	—	浆液酸碱度	pH	7~8	筘号1		—			
废边纱线密度	tex	—	PVA4	%(kg)	—	浆纱速度	m/min	50±5	筘号2		—			
废边纱用量	kg/100m	—	变性淀粉1	%(kg)	(60)	后上蜡率	%	0.3	穿筘幅度1	cm	—			
绞边纱线密度	tex	—	变性淀粉2	%(kg)	—				穿筘幅度2	cm	—			

表 5－1－47　品种名称：119.5 JC18/C18 535.5/283 2/1 ╲ 纯棉半精梳斜纹（GA615）

项目名称	单位	规格标准	项目名称	单位	规格标准	项目名称	单位	规格标准	项目名称	单位	规格标准	项目名称	单位	规格标准
经纱线密度	tex	18.2219	绞边纱用量	kg/100m	—	变性淀粉 3	%（kg）	—	穿经筘号		87.25，87			
纺出干燥重量	g/100m	1.659	用纱总量	kg/100m	19.5885	丙烯酸 1	%（kg）	AC（10）	穿筘幅度	cm	124			
捻系数		353	无浆干重	g/m²	147	丙烯酸 2	%（kg）	—	边经穿筘顺序	根/D	4/D			
捻向		Z	疵点格率	%	36（18）	丙烯酸 3	%（kg）	—	边经穿筘顺序 1		4/D×12×2			
单纱强力	cN/tex	11.2	疵点格率内控	%	12	丙烯酸 4	%（kg）	—	边经穿筘顺序 2		—			
纬纱线密度	tex	18.2219	络纬机型		G203	乳化油脂	%（kg）	（2）	边经穿筘顺序 3		—			
纺出干燥重量	g/100m	1.659	卷绕速度	m/min	435	烧碱	%（kg）	中和	地经穿综顺序 1		1，4，7			
捻系数		332	满管直径	mm	29.5±0.5	二萘酚	%（kg）	NL（0.2）	地经穿综顺序 2		2，5，8			
捻向		Z	张力圈重量	g	4×3	平平加	%（kg）	—	地经穿综顺序 3		3，6，9			
单纱强力	cN/tex	11.2	打结形式		织布结	SLMO	%（kg）	（2）	地经穿综顺序 4		—			
组织		$\frac{2}{1}$	定捻形式		自然定捻	其他组分 1	%	—	地经穿筘顺序	根/D	3/D			
布幅	cm	119.5	络经机型		—	其他组分 2	%	—	停经片穿法Ⅰ		1，2，3　1，2，4			
联匹长度	m（码）	（118～122）	槽筒转速	r/min	—	其他组分 3	%	—	停经片穿法Ⅱ		134　234			
成包要求	码/件	960	槽筒直径	mm	—	其他组分 4	%	—	综框列数		三页九列			
每件匹数		8×4	槽筒线速	m/min	—	其他组分 5	%	—	机型		GA615			
联匹		4	锭脚高低	cm	—	调浆桶机型		G924	开口时间	mm	210			
运销地点		外销	清纱板隔距	mm	—	供应桶体积	m³	0.75±0.05	投梭时间	mm	225	验布机速度	m/min	20
总经根数	根	6396	张力圈重量	g	—	供应桶温度	℃	98	投梭力	mm	220	折布机速度	m/min	64
其中边纱数	根	96	打结形式		—	供应桶粘度	S	7.5±0.5	后梁高低	mm	－40	折幅	cm	91.4～91.8
经向密度	根/10cm	535.5	整经机型		本宁格	浆纱机型		祖克	停经架中元	mm	－45	成布回潮率	%	<8.5
纬向密度	根/10cm	283	轴数	只	10	墨印长度	m	30.5	筘座高低	mm	－40	包装尺寸	cm³	—
经向强力	N	598	根数Ⅰ	根	640×9	墨印色记		橘黄	边撑杆高低	mm	－6	备注		
纬向强力	N	294	根数Ⅱ	根	636×1	边纱色记		橘黄	梭口高低	mm	＋3			
蒸缩率	%	—	轴重	kg	—	每缸匹数		724.5	下层纱距走投板	mm	＋1			
经向缩率	%	11	长度	m	22000	浆轴匹数	匹/轴	32	张力重锤	kg×只	6×2			
纬向缩率	%	3.5	落片重量	g	—	浆轴标准重量	kg/轴	119.5～123	纬牙标准/变换	牙数	37/72			
经向回丝率	%	0.7	张力圈重量	g	12±2	上浆率	%	11.5±1	车速	r/min	168±3			
纬向回丝率	%	0.55	速度	m/min	600	回潮率	%	7±1	相对湿度	%	68±4			
经向伸长率	%	0.9	打结形式		织布结	伸长率	%	0.9	机上布幅	cm	118.5～120			
经向紧度	%	84.58	浆料配方			浆槽温度	℃	91±1	整经长度 1	m	—			
纬向紧度	%	44.7	水	%（kg）	（500）	浆槽浆液粘度	S	7.5±0.5	整经长度 2	m	—			
总紧度	%	91.47	PVA1	%（kg）	（30）	压浆辊压力Ⅰ	kN	3	整经轴重 1	kg	—			
经向用纱量	kg/100m	13.1352	PVA2	%（kg）	—	压浆辊压力Ⅱ	kN	4.2±0.2	整经轴重 2	kg	—			
纬向用纱量	kg/100m	6.4533	PVA3	%（kg）	—	浆液酸碱度	pH	7～8	筘号 1		—			
废边纱线密度	tex	—	PVA4	%（kg）	—	浆纱速度	m/min	50±5	筘号 2		—			
废边纱用量	kg/100m	—	变性淀粉 1	%（kg）	（60）	后上蜡率	%	0.3	穿筘幅度 1	cm	—			
绞边纱线密度	tex	—	变性淀粉 2	%（kg）	—				穿筘幅度 2	cm	—			

表 5－1－48　品种名称：119.5 JC14.5×2/14.5×2 425/220 纯棉精梳线绢（GA615）

项目名称	单位	规格标准	项目名称	单位	规格标准	项目名称	单位	规格标准	项目名称	单位	规格标准	项目名称	单位	规格标准
经纱线密度	tex	14.5775×2	绞边纱用量	kg/100m	—	变性淀粉 3	%(kg)	—	穿经筘号		53.25			
纺出干燥重量	g/100m	2.6728	用纱总量	kg/100m	25.8594	丙烯酸 1	%(kg)	AC(10)	穿筘幅度	cm	121.06			
捻系数		—	无浆干重	g/m²	195	丙烯酸 2	%(kg)	—	边经穿筘顺序	根/D	—			
捻向		S	疵点格率	%	47(24)	丙烯酸 3	%(kg)	—	边经穿筘顺序 1		—			
单纱强力	cN/tex	14.9	疵点格率内控	%	16	丙烯酸 4	%(kg)	—	边经穿筘顺序 2		—			
纬纱线密度	tex	14.5775×2	络纬机型		G203	乳化油脂	%(kg)	5(芳桥油)	边经穿筘顺序 3		—			
纺出干燥重量	g/100m	2.6728	卷绕速度	m/min	320	烧碱	%(kg)	中和	地经穿综顺序 1		1,3,5,7			
捻系数		—	满管直径	mm	30	二萘酚	%(kg)	0.15	地经穿综顺序 2		2,4,6,8			
捻向		S	张力圈重量	g	30	平平加	%(kg)	—	地经穿综顺序 3		—			
单纱强力	cN/tex	14.9	打结形式		织布结	SLMO	%(kg)	—	地经穿综顺序 4		—			
组织		$\frac{1}{1}$	定捻形式		自然定捻	其他组分 1	%	—	地经穿筘顺序	根/D	4/D			
布幅	cm	119.5	络经机型		—	其他组分 2	%	—	停经片穿法 Ⅰ		11,22,33,44			
联匹长度	m(码)	99～102	槽筒转速	r/min	—	其他组分 3	%	—	停经片穿法 Ⅱ		—			
成包要求	码/件	600	槽筒直径	mm	—	其他组分 4	%	—	综框列数		四框八列			
每件匹数		—	槽筒线速	m/min	—	其他组分 5	%	—	机型		GA615			
联匹		4	锭脚高低	cm	—	调浆桶机型		G924	开口时间	mm	220　245			
运销地点		—	清纱板隔距	mm	—	供应桶体积	m³	0.85～0.9	投梭时间	mm	225	验布机速度	m/min	20～22
总经根数	根	5076	张力圈重量	g	—	供应桶温度	℃	98	投梭力	mm	220 及以内	折布机速度	m/min	60～65
其中边纱数	根	—	打结形式		—	供应桶粘度	S	5.5±0.5	后梁高低	mm	+9	折幅	cm	91.4～91.8
经向密度	根/10cm	425	整经机型		1452G—180	浆纱机型		G146B	停经架中元	mm	-12	成布回潮率	%	≤9.5
纬向密度	根/10cm	220.5	轴数	只	8	墨印长度	m	27.3(26.7)	筘座高低	mm	-40	包装尺寸	cm³	—
经向强力	N	975	根数 Ⅰ	根	635×7	墨印色记		蓝	边撑杆高低	mm	-2	备注		
纬向强力	N	533	根数 Ⅱ	根	631×1	边纱色记		—	梭口高低	mm	+2			
蒸缩率	%	—	轴重	kg	276	每缸匹数		544	下层纱距走投板	mm	+1			
经向缩率	%	16.5	长度	m	15000(3)	浆轴匹数	匹/轴	24	张力重锤	kg×只	5.4×2×2			
纬向缩率	%	2	落片重量	g	1.5±0.1	浆轴标准重量	kg/轴	103～106	纬牙标准/变换	牙数	37/56			
经向回丝率	%	0.7	张力圈重量	g	分段	上浆率	%	11±1	车速	r/min	175±5			
纬向回丝率	%	0.55	速度	m/min	250	回潮率	%	6.8±0.8	相对湿度	%	76±4			
经向伸长率	%	—	打结形式		织布结	伸长率	%	0	机上布幅	cm	118.5～121			
经向紧度	%	84.91	浆料配方			浆槽温度	℃	95±1	整经长度 1	m	—			
纬向紧度	%	44.05	水	%(kg)	—	浆槽浆液粘度	S	5.5±0.5	整经长度 2	m	—			
总紧度	%	91.55	PVA1	%(kg)	—	压浆辊压力 Ⅰ	kN	0.2	整经轴重 1	kg	—			
经向用纱量	kg/100m	17.9376	PVA2	%(kg)	—	压浆辊压力 Ⅱ	kN	0.5	整经轴重 2	kg	—			
纬向用纱量	kg/100m	7.9218	PVA3	%(kg)	—	浆液酸碱度	pH	7～8	筘号 1		—			
废边纱线密度	tex	—	PVA4	%(kg)	—	浆纱速度	m/min	30～35	筘号 2		—			
废边纱用量	kg/100m	—	变性淀粉 1	%(kg)	80	后上蜡率	%	0.3	穿筘幅度 1	cm	—			
绞边纱线密度	tex	—	变性淀粉 2	%(kg)	—				穿筘幅度 2	cm	—			

表 5－1－49　品种名称：119.5 JC18.5/C18.5 535/307 2/1 ↖ 纯棉半精梳斜纹（GA615）

项目名称	单位	规格标准	项目名称	单位	规格标准	项目名称	单位	规格标准	项目名称	单位	规格标准	项目名称	单位	规格标准
经纱线密度	tex	18.5	绞边纱用量	kg/100m	—	变性淀粉 3	%（kg）	—	穿经筘号		87.25			
纺出干燥重量	g/100m	1.659	用纱总量	kg/100m	20.5468	丙烯酸 1	%（kg）	AC(10)	穿筘幅度	cm	124			
捻系数		353	无浆干重	g/m²	151.9	丙烯酸 2	%（kg）	—	边经穿筘顺序	根/D	4/D			
捻向		Z	疵点格率	%	36(18)	丙烯酸 3	%（kg）	—	边经穿筘顺序 1		4/D×12×2			
单纱强力	cN/tex	11.2	疵点格率内控	%	12	丙烯酸 4	%（kg）	—	边经穿筘顺序 2		—			
纬纱线密度	tex	18.5	络纬机型		G203	乳化油脂	%（kg）	—	边经穿筘顺序 3		—			
纺出干燥重量	g/100m	1.659	卷绕速度	m/min	435	烧碱	%（kg）	—	地经穿综顺序 1		1,4,7			
捻系数		353	满管直径	mm	29.5±0.5	二萘酚	%（kg）	NL(0.2)	地经穿综顺序 2		2,5,8			
捻向		Z	张力圈重量	g	4×3	平平加	%（kg）	—	地经穿综顺序 3		3,6,9			
单纱强力	cN/tex	11.2	打结形式		织布结	SLMO	%（kg）	(2)	地经穿综顺序 4		—			
组织		$\frac{2}{1}$	定捻形式		自然定捻	其他组分 1	%	—	地经穿筘顺序	根/D	3/D			
布幅	cm	119.5	络经机型		—	其他组分 2	%	—	停经片穿法 Ⅰ		1,2,3　1,2,4			
联匹长度	m(码)	(118～122)	槽筒转速	r/min	—	其他组分 3	%	—	停经片穿法 Ⅱ		134　234			
成包要求	码/件	600	槽筒直径	mm	—	其他组分 4	%	—	综框列数		三页九列			
每件匹数		—	槽筒线速	m/min	—	其他组分 5	%	—	机型		GA615			
联匹		—	锭脚高低	cm	—	调浆桶机型	—	G924	开口时间	mm	210			
运销地点		—	清纱板隔距	mm	—	供应桶体积	m³	0.85	投梭时间	mm	225	验布机速度	m/min	30
总经根数	根	6396	张力圈重量	g	—	供应桶温度	℃	98	投梭力	mm	220	折布机速度	m/min	60
其中边纱数	根	96	打结形式		—	供应桶粘度	S	7.5±0.5	后梁高低	mm	－40	折幅	cm	91.4～91.8
经向密度	根/10cm	535.0	整经机型		1452	浆纱机型	—	GA301	停经架中元	mm	－45	成布回潮率	%	＜8.5
纬向密度	根/10cm	307.0	轴数	只	12	墨印长度	m	30.5	筘座高低	mm	－40	包装尺寸	cm³	—
经向强力	N	598	根数 Ⅰ	根	533×12	墨印色记	—	蓝	边撑杆高低	mm	－6			
纬向强力	N	318	根数 Ⅱ	根	—	边纱色记	—	—	梭口高低	mm	＋3			
蒸缩率	%	—	轴重	kg	—	每缸匹数	—	—	下层纱距走投板	mm	＋1			
经向缩率	%	10.5	长度	m	—	浆轴匹数	匹/轴	—	张力重锤	kg×只	6×2			
纬向缩率	%	4.5	落片重量	g	1.5	浆轴标准重量	kg/轴	—	纬牙标准/变换	牙数	29/61			
经向回丝率	%	1.4	张力圈重量	g	分段	上浆率	%	11.5±1	车速	r/min	168±3			
纬向回丝率	%	0.5	速度	m/min	300	回潮率	%	7±1	相对湿度	%	72±4	备注		
经向伸长率	%	0.8	打结形式		织布结	伸长率	%	1	机上布幅	cm	118.5～120			
经向紧度	%	85.14	浆料配方			浆槽温度	℃	92±1	整经长度 1	m	—			
纬向紧度	%	48.86	水	%（kg）	—	浆槽浆液粘度	S	7.5±0.5	整经长度 2	m	—			
总紧度	%	92.4	PVA1	%（kg）	(30)	压浆辊压力 Ⅰ	kN	3	整经轴重 1	kg	—			
经向用纱量	kg/100m	13.3686	PVA2	%（kg）	—	压浆辊压力 Ⅱ	kN	7	整经轴重 2	kg	—			
纬向用纱量	kg/100m	7.1782	PVA3	%（kg）	—	浆液酸碱度	pH	7～8	筘号 1		—			
废边纱线密度	tex	—	PVA4	%（kg）	—	浆纱速度	m/min	50	筘号 2		—			
废边纱用量	kg/100m	—	变性淀粉 1	%（kg）	(60)	后上蜡率	%	0.3	穿筘幅度 1	cm	—			
绞边纱线密度	tex	—	变性淀粉 2	%（kg）	—				穿筘幅度 2	cm	—			

表 5-1-50　品种名称:119.5 JC14.5/19 472.5/244 纯棉精梳府绸(GA615)

项目名称	单位	规格标准	项目名称	单位	规格标准	项目名称	单位	规格标准	项目名称	单位	规格标准	项目名称	单位	规格标准
经纱线密度	tex	14.5775	绞边纱用量	kg/100m	—	变性淀粉3	%(kg)	—	穿经筘号		116			
纺出干燥重量	g/100m	1.336	用纱总量	kg/100m	15.3446	丙烯酸1	%(kg)	AC(10)	穿筘幅度	cm	123.5			
捻系数		—	无浆干重	g/m²	—	丙烯酸2	%(kg)	—	边经穿筘顺序	根/D	—			
捻向		Z	疵点格率	%	23(12)	丙烯酸3	%(kg)	—	边经穿筘顺序1		—			
单纱强力	cN/tex	12.4	疵点格率内控	%	8	丙烯酸4	%(kg)	—	边经穿筘顺序2		—			
纬纱线密度	tex	19.4367	络纬机型		G203	乳化油脂	%(kg)	—	边经穿筘顺序3		—			
纺出干燥重量	g/100m	—	卷绕速度	m/min	320	烧碱	%(kg)	中和	地经穿综顺序1		1,3,5,7			
捻系数		—	满管直径	mm	30	二萘酚	%(kg)	0.2	地经穿综顺序2		2,4,6,8			
捻向		Z	张力圈重量	g	25	平平加	%(kg)	—	地经穿综顺序3		—			
单纱强力	cN/tex	—	打结形式		织布结	SLMO	%(kg)	3	地经穿综顺序4		—			
组织		$\frac{1}{1}$	定捻形式		自然定捻	其他组分1	%	—	地经穿筘顺序	根/D	2/D			
布幅	cm	119.5	络经机型		—	其他组分2	%	—	停经片穿法Ⅰ		11,22,33,44			
联匹长度	m(码)	120	槽筒转速	r/min	—	其他组分3	%	—	停经片穿法Ⅱ		—			
成包要求		—	槽筒直径	mm	—	其他组分4	%	—	综框列数		四框八列			
每件匹数		—	槽筒线速	m/min	—	其他组分5	%	—	机型		GA615			
联匹		—	锭脚高低	cm	—	调浆桶机型		G924	开口时间	mm	随机调试			
运销地点		—	清纱板隔距	mm	—	供应桶体积	m³	0.85	投梭时间	mm	—	验布机速度	m/min	20~22
总经根数	根	5640	张力圈重量	g	—	供应桶温度	℃	98	投梭力	mm	—	折布机速度	m/min	60~65
其中边纱数	根	—	打结形式		—	供应桶粘度	S	8±0.5	后梁高低	mm	—	折幅	cm	91.4~91.8
经向密度	根/10cm	472.5	整经机型		1452G—180	浆纱机型		G146B	停经架中元	mm	—	成布回潮率	%	≤9.5
纬向密度	根/10cm	244.0	轴数	只	11	墨印长度	m	31.2	筘座高低	mm	—	包装尺寸	cm³	—
经向强力	N	—	根数Ⅰ	根	516×10	墨印色记		蓝	边撑杆高低	mm	—	备注		
纬向强力	N	—	根数Ⅱ	根	480×1	边纱色记		蓝	梭口高低	mm	—			
蒸缩率	%	—	轴重	kg	—	每缸匹数		试1轴	下层纱距走投板	mm	—			
经向缩率	%	12	长度	m	600	浆轴匹数	匹/轴	试1轴	张力重锤	kg×只	—			
纬向缩率	%	3.24	落片重量	g	1.5±0.1	浆轴标准重量	kg/轴	—	纬牙标准/变换	牙数	37/57			
经向回丝率	%	1.4	张力圈重量	g	分段	上浆率	%	13±1	车速	r/min	170±5			
纬向回丝率	%	0.5	速度	m/min	250	回潮率	%	6.8±0.8	相对湿度	%	72±4			
经向伸长率	%	1	打结形式		织布结	伸长率	%	0.5	机上布幅	cm	118.5~121			
经向紧度	%	66.75	浆料配方			浆槽温度	℃	95±2	整经长度1	m	—			
纬向紧度	%	39.8	水	%(kg)	—	浆槽浆液粘度	S	7.5±0.5	整经长度2	m	—			
总紧度	%	79.98	PVA1	%(kg)	40(1799)	压浆辊压力Ⅰ	kN	3	整经轴重1	kg	—			
经向用纱量	kg/100m	9.4286	PVA2	%(kg)	—	压浆辊压力Ⅱ	kN	7	整经轴重2	kg	—			
纬向用纱量	kg/100m	5.916	PVA3	%(kg)	—	浆液酸碱度	pH	7~8	筘号1		—			
废边纱线密度	tex	—	PVA4	%(kg)	—	浆纱速度	m/min	45~50	筘号2		—			
废边纱用量	kg/100m	—	变性淀粉1	%(kg)	50	后上蜡率	%	0.3	穿筘幅度1	cm	—			
绞边纱线密度	tex	—	变性淀粉2	%(kg)	—				穿筘幅度2	cm	—			

表 5－1－51　品种名称：119.5 JC14.5/14.5 523.5/393.5 纯棉精梳防羽布（GA615）

项目名称	单位	规格标准	项目名称	单位	规格标准	项目名称	单位	规格标准	项目名称	单位	规格标准	项目名称	单位	规格标准
经纱线密度	tex	14.5775	绞边纱用量	kg/100m	—	变性淀粉 3	%（kg）	—	穿经筘号		64			
纺出干燥重量	g/100m	1.336	用纱总量	kg/100m	17.7706	丙烯酸 1	%（kg）	AD（10）	穿筘幅度	cm	123.5			
捻系数		353	无浆干重	g/m^2	118.95	丙烯酸 2	%（kg）	—	边经穿筘顺序	根/D	—			
捻向		Z	疵点格率	%	27（14）	丙烯酸 3	%（kg）	—	边经穿筘顺序 1		—			
单纱强力	cN/tex	12.4	疵点格率内控	%	9	丙烯酸 4	%（kg）	—	边经穿筘顺序 2		—			
纬纱线密度	tex	14.5775	络纬机型		G203	乳化油脂	%（kg）	—	边经穿筘顺序 3		—			
纺出干燥重量	g/100m	1.336	卷绕速度	m/min	320	烧碱	%（kg）	中和	地经穿综顺序 1		1，3，5，7			
捻系数		340	满管直径	mm	30	二萘酚	%（kg）	0.25	地经穿综顺序 2		2，4，6，8			
捻向		Z	张力圈重量	g	20	平平加	%（kg）	—	地经穿综顺序 3		—			
单纱强力	cN/tex	12.4	打结形式		织布结	SLMO	%（kg）	3	地经穿综顺序 4		—			
组织		$\frac{1}{1}$	定捻形式		自然定捻	其他组分 1	%	0.25 硬脂酸	地经穿筘顺序	根/D	4/D			
布幅	cm	119.5	络经机型		—	其他组分 2	%	—	停经片穿法 Ⅰ		11，22，33，44			
联匹长度	m（码）	120	槽筒转速	r/min	—	其他组分 3	%	—	停经片穿法 Ⅱ		—			
成包要求		720	槽筒直径	mm	—	其他组分 4	%	—	综框列数		四框八列			
每件匹数		—	槽筒线速	m/min	—	其他组分 5	%	—	机型		GA615			
联匹		四	锭脚高低	cm	—	调浆桶机型		G924	开口时间	mm	220　240			
运销地点		内销	清纱板隔距	mm	—	供应桶体积	m^3	0.8～0.85	投梭时间	mm	225	验布机速度	m/min	20～22
总经根数	根	6240	张力圈重量	g	—	供应桶温度	℃	98	投梭力	mm	220 及以内	折布机速度	m/min	60～65
其中边纱数	根	—	打结形式		—	供应桶粘度	S	8±0.5	后梁高低	mm	+6	折幅	cm	91.4～91.8
经向密度	根/10cm	523.5	整经机型		1452G—180	浆纱机型		G146B	停经架中元	mm	−15	成布回潮率	%	≤9.5
纬向密度	根/10cm	393.5	轴数	只	12	墨印长度	m	32.2	筘座高低	mm	−40	包装尺寸	cm^3	—
经向强力	N	583	根数 Ⅰ	根	520×12	墨印色记		蓝	边撑杆高低	mm	−2			
纬向强力	N	417	根数 Ⅱ	根	—	边纱色记		紫	梭口高低	mm	+3			
蒸缩率	%	—	轴重	kg	—	每缸匹数		1120	下层纱距走投板	mm	+1			
经向缩率	%	14	长度	m	1	浆轴匹数	匹/轴	32	张力重锤	kg×只	5.4×2			
纬向缩率	%	3.6	落片重量	g	1.5±0.1	浆轴标准重量	kg/轴	101.5～105	纬牙标准/变换	牙数	22/59			
经向回丝率	%	0.6	张力圈重量	g	分段	上浆率	%	13±1	车速	r/min	170±5			
纬向回丝率	%	0.5	速度	m/min	250	回潮率	%	6.8±0.8	相对湿度	%	72±4			
经向伸长率	%	1	打结形式		织布结	伸长率	%	0.5	机上布幅	cm	118.5～121	备注		
经向紧度	%	73.95	浆料配方			浆槽温度	℃	95±1	整经长度 1	m	36000（3）位			
纬向紧度	%	55.59	水	%（kg）	—	浆槽浆液粘度	S	8.0±0.5	整经长度 2	m	36500（3）位			
总紧度	%	88.43	PVA1	%（kg）	40（1799）	压浆辊压力 Ⅰ	kN	0.2	整经轴重 1	kg	271			
经向用纱量	kg/100m	10.5883	PVA2	%（kg）	—	压浆辊压力 Ⅱ	kN	0.45	整经轴重 2	kg	273.5			
纬向用纱量	kg/100m	7.1823	PVA3	%（kg）	—	浆液酸碱度	pH	7～8	筘号 1		—			
废边纱线密度	tex	—	PVA4	%（kg）	—	浆纱速度	m/min	40～48	筘号 2		—			
废边纱用量	kg/100m	—	变性淀粉 1	%（kg）	50	后上蜡率	%	0.3	穿筘幅度 1	cm	—			
绞边纱线密度	tex	—	变性淀粉 2	%（kg）	—				穿筘幅度 2	cm	—			

表 5-1-52　品种名称:119.5 JC14.5/14.5 523.5/283 纯棉精梳府绸(GA615)

项目名称	单位	规格标准	项目名称	单位	规格标准	项目名称	单位	规格标准	项目名称	单位	规格标准	项目名称	单位	规格标准
经纱线密度	tex	14.5775	绞边纱用量	kg/100m	—	变性淀粉 3	%(kg)	—	穿经筘号		129			
纺出干燥重量	g/100m	1.336	用纱总量	kg/100m	15.5127	丙烯酸 1	%(kg)	AD(10)	穿筘幅度	cm	122.9			
捻系数		355	无浆干重	g/m^2	117.28	丙烯酸 2	%(kg)	—	边经穿筘顺序	根/D	2/D×2×2			
捻向		Z	疵点格率	%	23(12)	丙烯酸 3	%(kg)	—	边经穿筘顺序 1		1,3,2,4…			
单纱强力	cN/tex	12.4	疵点格率内控	%	8	丙烯酸 4	%(kg)	—	边经穿筘顺序 2		—			
纬纱线密度	tex	14.5775	络纬机型		G203	乳化油脂	%(kg)	—	边经穿筘顺序 3		—			
纺出干燥重量	g/100m	1.336	卷绕速度	m/min	320	烧碱	%(kg)	中和	地经穿综顺序 1		1,3,5,7			
捻系数		340	满管直径	mm	30	二萘酚	%(kg)	0.15	地经穿综顺序 2		2,4,6,8			
捻向		Z	张力圈重量	g	20	平平加	%(kg)	—	地经穿综顺序 3		—			
单纱强力	cN/tex	12.4	打结形式		织布结	SLMO	%(kg)	3	地经穿综顺序 4		—			
组织		$\frac{1}{1}$	定捻形式		—	其他组分 1	%	—	地经穿筘顺序	根/D	2/D			
布幅	cm	119.5	络经机型		自然定捻	其他组分 2	%	—	停经片穿法 Ⅰ		11,22,33,44			
联匹长度	m(码)	120	槽筒转速	r/min	—	其他组分 3	%	—	停经片穿法 Ⅱ		—			
成包要求	码/件	960	槽筒直径	mm	—	其他组分 4	%	—	综框列数		四框八列			
每件匹数		8×四	槽筒线速	m/min	—	其他组分 5	%	—	机型		GA615			
联匹		四	锭脚高低	cm	—	调浆桶机型		G924	开口时间	mm	220　245			
运销地点		—	清纱板隔距	mm	—	供应桶体积	m^3	0.8~0.85	投梭时间	mm	225	验布机速度	m/min	20~22
总经根数	根	6240	张力圈重量	g	—	供应桶温度	℃	98	投梭力	mm	220 及以内	折布机速度	m/min	60~65
其中边纱数	根	8	打结形式		—	供应桶粘度	S	7.5±0.5	后梁高低	mm	+9	折幅	cm	91.4~91.8
经向密度	根/10cm	523.5	整经机型		1452G—180	浆纱机型		G1654B	停经架中元	mm	-12	成布回潮率	%	≤8
纬向密度	根/10cm	283.0	轴数	只	12	墨印长度	m	31.3	筘座高低	mm	-40	包装尺寸	cm^3	—
经向强力	N	583	根数 Ⅰ	根	520×12	墨印色记		蓝	边撑杆高低	mm	-2	备注		
纬向强力	N	284	根数 Ⅱ	根	—	边纱色记		红	梭口高低	mm	+2			
蒸缩率	%	—	轴重	kg	271	每缸匹数		1151	下层纱距走投板	mm	+1			
经向缩率	%	12.16	长度	m	36000(3)	浆轴匹数	匹/轴	32	张力重锤	kg×只	5.4×2			
纬向缩率	%	3.24	落片重量	g	1.5±0.1	浆轴标准重量	kg/轴	101.5~105	纬牙标准/变换	牙数	37/72			
经向回丝率	%	0.6	张力圈重量	g	分段	上浆率	%	13±1	车速	r/min	175±5			
纬向回丝率	%	0.5	速度	m/min	250	回潮率	%	6.8±0.8	相对湿度	%	72±4			
经向伸长率	%	1	打结形式		织布结	伸长率	%	0.5	机上布幅	cm	118.5~121			
经向紧度	%	73.95	浆料配方			浆槽温度	℃	92±1	整经长度 1	m	—			
纬向紧度	%	39.98	水	%(kg)	—	浆槽浆液粘度	S	7.5±0.5	整经长度 2	m	—			
总紧度	%	84.36	PVA1	%(kg)	40(117)	压浆辊压力 Ⅰ	kN	0.2	整经轴重 1	kg	—			
经向用纱量	kg/100m	10.3665	PVA2	%(kg)	—	压浆辊压力 Ⅱ	kN	0.45	整经轴重 2	kg	—			
纬向用纱量	kg/100m	5.1462	PVA3	%(kg)	—	浆液酸碱度	pH	7~8	筘号 1		—			
废边纱线密度	tex	—	PVA4	%(kg)	—	浆纱速度	m/min	50~55	筘号 2		—			
废边纱用量	kg/100m	—	变性淀粉 1	%(kg)	50	后上蜡率	%	0.3	穿筘幅度 1	cm	—			
绞边纱线密度	tex	—	变性淀粉 2	%(kg)	—				穿筘幅度 2	cm	—			

表 5－1－53　品种名称：119.5 C14.5×2/14.5×2 393.5/204.5 纯棉普梳线绢（GA615）

项目名称	单位	规格标准	项目名称	单位	规格标准	项目名称	单位	规格标准	项目名称	单位	规格标准	项目名称	单位	规格标准
经纱线密度	tex	14.5775×2	绞边纱用量	kg/100m	—	变性淀粉 3	%（kg）	—	穿经筘号		49.25			
纺出干燥重量	g/100m	2.6728	用纱总量	kg/100m	24.0738	丙烯酸 1	%（kg）	AC（10）	穿筘幅度	cm	121.2			
捻系数		—	无浆干重	g/m^2	178	丙烯酸 2	%（kg）	—	边经穿筘顺序	根/D	—			
捻向		S	疵点格率	%	43（22）	丙烯酸 3	%（kg）	—	边经穿筘顺序 1		—			
单纱强力	cN/tex	12.9	疵点格率内控	%	15	丙烯酸 4	%（kg）	—	边经穿筘顺序 2		—			
纬纱线密度	tex	14.5775×2	络纬机型		G203	乳化油脂	%（kg）	5（芳桥油）	边经穿筘顺序 3		—			
纺出干燥重量	g/100m	2.6728	卷绕速度	m/min	320	烧碱	%（kg）	中和	地经穿综顺序 1		1，3，5，7			
捻系数		—	满管直径	mm	30	二萘酚	%（kg）	0.15	地经穿综顺序 2		2，4，6，8			
捻向		S	张力圈重量	g	30	平平加	%（kg）	—	地经穿综顺序 3		—			
单纱强力	cN/tex	12.9	打结形式		织布结	SLMO	%（kg）	—	地经穿综顺序 4		—			
组织		$\frac{1}{1}$	定捻形式		—	其他组分 1	%	—	地经穿筘顺序	根/D	4/D			
布幅	cm	119.5	络经机型		自然定捻	其他组分 2	%	—	停经片穿法 Ⅰ		11，22，33，44			
联匹长度	m（码）	99～102	槽筒转速	r/min	—	其他组分 3	%	—	停经片穿法 Ⅱ		—			
成包要求	码/件	600	槽筒直径	mm	—	其他组分 4	%	—	综框列数		四框八列			
每件匹数		—	槽筒线速	m/min	—	其他组分 5	%	—	机型		GA615			
联匹		四	锭脚高低	cm	—	调浆桶机型		G924	开口时间	mm	220　245			
运销地点		—	清纱板隔距	mm	—	供应桶体积	m^3	0.85～0.9	投梭时间	mm	225	验布机速度	m/min	20～22
总经根数	根	4700	张力圈重量	g	—	供应桶温度	℃	98	投梭力	mm	220 及以内	折布机速度	m/min	60～65
其中边纱数	根	—	打结形式		—	供应桶粘度	S	5.5±0.5	后梁高低	mm	+9	折幅	cm	91.4～91.8
经向密度	根/10cm	393.5	整经机型		1452G—180	浆纱机型		G146B	停经架中元	mm	－12	成布回潮率	%	≤9.5
纬向密度	根/10cm	204.5	轴数	只	8	墨印长度	m	26.5	筘座高低	mm	－40	包装尺寸	cm^3	—
经向强力	N	795	根数 Ⅰ	根	588×7	墨印色记		蓝	边撑杆高低	mm	－2	备注		
纬向强力	N	424	根数 Ⅱ	根	584×1	边纱色记		蓝	梭口高低	mm	+2			
蒸缩率	%	—	轴重	kg	256	每缸匹数		560	下层纱距走投板	mm	+1			
经向缩率	%	16.5	长度	m	15000（4）位	浆轴匹数	匹/轴	24	张力重锤	kg×只	5.4×2×2			
纬向缩率	%	2	落片重量	g	1.5±0.1	浆轴标准重量	kg/轴	95.5～98	纬牙标准/变换	牙数	32/45			
经向回丝率	%	1.4	张力圈重量	g	分段	上浆率	%	9～10	车速	r/min	175±5			
纬向回丝率	%	0.55	速度	m/min	250	回潮率	%	6.8±0.8	相对湿度	%	76±4			
经向伸长率	%	0	打结形式		织布结	伸长率	%	0	机上布幅	cm	118.5～121			
经向紧度	%	78.61	浆料配方			浆槽温度	℃	95±1	整经长度 1	m	—			
纬向紧度	%	40.86	水	%（kg）	—	浆槽浆液粘度	S	5.5±0.5	整经长度 2	m	—			
总紧度	%	87.34	PVA1	%（kg）	—	压浆辊压力 Ⅰ	kN	0.2	整经轴重 1	kg	—			
经向用纱量	kg/100m	16.7268	PVA2	%（kg）	—	压浆辊压力 Ⅱ	kN	0.5	整经轴重 2	kg	—			
纬向用纱量	kg/100m	7.347	PVA3	%（kg）	—	浆液酸碱度	pH	7～8	筘号 1		—			
废边纱线密度	tex	—	PVA4	%（kg）	—	浆纱速度	m/min	30～35	筘号 2		—			
废边纱用量	kg/100m	—	变性淀粉 1	%（kg）	80	后上蜡率	%	0.3	穿筘幅度 1	cm	—			
绞边纱线密度	tex	—	变性淀粉 2	%（kg）	—				穿筘幅度 2	cm	—			

表 5-1-54　品种名称:119.5 C14.5/14.5 523.5/283 纯棉普梳府绸(GA615)

项目名称	单位	规格标准	项目名称	单位	规格标准	项目名称	单位	规格标准	项目名称	单位	规格标准	项目名称	单位	规格标准
经纱线密度	tex	14.5775	绞边纱用量	kg/100m	—	变性淀粉 3	%(kg)	—	穿经筘号		128.25			
纺出干燥重量	g/100m	1.336	用纱总量	kg/100m	15.5894	丙烯酸 1	%(kg)	AC(10)	穿筘幅度	cm	123.6			
捻系数		355	无浆干重	g/m^2	116	丙烯酸 2	%(kg)	—	边经穿筘顺序	根/D	2/D×2×2			
捻向		Z	疵点格率	%	45(23)	丙烯酸 3	%(kg)	—	边经穿筘顺序 1		1,3,2,4…			
单纱强力	cN/tex	11.0	疵点格率内控	%	16	丙烯酸 4	%(kg)	—	边经穿筘顺序 2		—			
纬纱线密度	tex	14.5775	络纬机型		G203	乳化油脂	%(kg)	—	边经穿筘顺序 3		—			
纺出干燥重量	g/100m	1.336	卷绕速度	m/min	320	烧碱	%(kg)	—	地经穿综顺序 1		1,3,5,7			
捻系数		340	满管直径	mm	30	二萘酚	%(kg)	NL(0.2)	地经穿综顺序 2		2,4,6,8			
捻向		Z	张力圈重量	g	20	平平加	%(kg)	—	地经穿综顺序 3		—			
单纱强力	cN/tex	11.0	打结形式		织布结	SLMO	%(kg)	3	地经穿综顺序 4		—			
组织		$\frac{1}{1}$	定捻形式		自然定捻	其他组分 1	%	—	地经穿筘顺序	根/D	2/D			
布幅	cm	119.5	络经机型		—	其他组分 2	%	—	停经片穿法Ⅰ		11,22,33,44			
联匹长度	码	120	槽筒转速	r/min	—	其他组分 3	%	—	停经片穿法Ⅱ		—			
成包要求	码/件	960	槽筒直径	mm	—	其他组分 4	%	—	综框列数		四框八列			
每件匹数		8×四	槽筒线速	m/min	—	其他组分 5	%	—	机型		GA615			
联匹		四	锭脚高低	cm	—	调浆桶机型		G924	开口时间	mm	220　245			
运销地点		—	清纱板隔距	mm	—	供应桶体积	m^3	0.85	投梭时间	mm	225	验布机速度	m/min	20~22
总经根数	根	6240	张力圈重量	g	—	供应桶温度	℃	98	投梭力	mm	220 及以内	折布机速度	m/min	60~65
其中边纱数	根	8	打结形式		—	供应桶粘度	S	7.5±0.5	后梁高低	mm	+9	折幅	cm	91.4~91.8
经向密度	根/10cm	523.5	整经机型		1452G—180	浆纱机型		G146B	停经架中元	mm	-12	成布回潮率	%	≤8
纬向密度	根/10cm	283.0	轴数	只	12	墨印长度	m	31.2	筘座高低	mm	-40	包装尺寸	cm^3	—
经向强力	N	522	根数Ⅰ	根	520×12	墨印色记		蓝	边撑杆高低	mm	-2	备注		
纬向强力	N	255	根数Ⅱ	根	—	边纱色记		—	梭口高低	mm	+2			
蒸缩率	%	—	轴重	kg	203.6	每缸匹数		1151	下层纱距走投板	mm	+1			
经向缩率	%	12.72	长度	m	27000(4)	浆轴匹数	匹/轴	32	张力重锤	kg×只	5.4×2			
纬向缩率	%	3.24	落片重量	g	1.5±0.1	浆轴标准重量	kg/轴	98.6~101.8	纬牙标准/变换	牙数	37/72			
经向回丝率	%	0.5	张力圈重量	g	分段	上浆率	%	13±1	车速	r/min	175±5			
纬向回丝率	%	0.5	速度	m/min	250	回潮率	%	6.8±0.8	相对湿度	%	72±4			
经向伸长率	%	0.8	打结形式		织布结	伸长率	%	<0.8	机上布幅	cm	118.5~121			
经向紧度	%	73.95	浆料配方			浆槽温度	℃	92±1	整经长度 1	m	—			
纬向紧度	%	39.98	水	%(kg)	—	浆槽浆液粘度	S	7.5±0.5	整经长度 2	m	—			
总紧度	%	84.36	PVA1	%(kg)	40(117)	压浆辊压力Ⅰ	kN	0.2	整经轴重 1	kg	—			
经向用纱量	kg/100m	10.4432	PVA2	%(kg)	—	压浆辊压力Ⅱ	kN	0.4	整经轴重 2	kg	—			
纬向用纱量	kg/100m	5.1462	PVA3	%(kg)	—	浆液酸碱度	pH	7~8	筘号 1		—			
废边纱线密度	tex	—	PVA4	%(kg)	—	浆纱速度	m/min	50~55	筘号 2		—			
废边纱用量	kg/100m	—	变性淀粉 1	%(kg)	50	后上蜡率	%	0.3	穿筘幅度 1	cm	—			
绞边纱线密度	tex	—	变性淀粉 2	%(kg)	—				穿筘幅度 2	cm	—			

表 5-1-55　品种名称：119.5 JC19.5/19.5 511.5/275.5 纯棉精梳府绸(GA615)

项目名称	单位	规格标准	项目名称	单位	规格标准	项目名称	单位	规格标准	项目名称	单位	规格标准	项目名称	单位	规格标准
经纱线密度	tex	19.5	绞边纱用量	kg/100m	—	变性淀粉 3	%(kg)	—	穿经筘号		63.25			
纺出干燥重量	g/100m	1.797	用纱总量	kg/100m	20.7585	丙烯酸 1	%(kg)	AC(10)	穿筘幅度	cm	122.7			
捻系数		—	无浆干重	g/m^2	154.04	丙烯酸 2	%(kg)	—	边经穿筘顺序	根/D	—			
捻向		Z	疵点格率	%	27(14)	丙烯酸 3	%(kg)	—	边经穿筘顺序 1		—			
单纱强力	cN/tex	12.4	疵点格率内控	%	9	丙烯酸 4	%(kg)	—	边经穿筘顺序 2		—			
纬纱线密度	tex	19.5	络纬机型		—	乳化油脂	%(kg)	—	边经穿筘顺序 3		—			
纺出干燥重量	g/100m	1.797	卷绕速度	m/min	—	烧碱	%(kg)	中和	地经穿综顺序 1		1,3,5,7			
捻系数		—	满管直径	mm	—	二萘酚	%(kg)	0.2	地经穿综顺序 2		2,4,6,8			
捻向		Z	张力圈重量	g	—	平平加	%(kg)	—	地经穿综顺序 3		—			
单纱强力	cN/tex	12.4	打结形式		—	SLMO	%(kg)	3	地经穿综顺序 4		—			
组织		$\frac{1}{1}$	定捻形式		—	其他组分 1	%	—	地经穿筘顺序	根/D	4/D			
布幅	cm	119.5	络经机型		—	其他组分 2	%	—	停经片穿法 Ⅰ		11,22,33,44			
联匹长度	码	120	槽筒转速	r/min	—	其他组分 3	%	—	停经片穿法 Ⅱ		—			
成包要求		实码成件	槽筒直径	mm	—	其他组分 4	%	—	综框列数		四框八列			
每件匹数		—	槽筒线速	m/min	—	其他组分 5	%	—	机型		GA615			
联匹		四	锭脚高低	cm	—	调浆桶机型		G924	开口时间	mm	220　245			
运销地点		—	清纱板隔距	mm	—	供应桶体积	m^3	0.85	投梭时间	mm	225	验布机速度	m/min	20~22
总经根数	根	6110	张力圈重量	g	—	供应桶温度	℃	98	投梭力	mm	220 及以内	折布机速度	m/min	60~65
其中边纱数	根	—	打结形式		—	供应桶粘度	S	8±0.5	后梁高低	mm	+9	折幅	cm	91.4~91.8
经向密度	根/10cm	511.5	整经机型		1452G—180	浆纱机型		G146B	停经架中元	mm	-12	成布回潮率	%	≤9.5
纬向密度	根/10cm	275.5	轴数	只	12	墨印长度	m	32.1	筘座高低	mm	-40	包装尺寸	cm^3	—
经向强力	N	779	根数 Ⅰ	根	509×11	墨印色记		蓝	边撑杆高低	mm	-2	备注		
纬向强力	N	393	根数 Ⅱ	根	511×1	边纱色记		蓝	梭口高低	mm	+2			
蒸缩率	%	—	轴重	kg	198.5	每缸匹数		632	下层纱距走投板	mm	+1			
经向缩率	%	14.5	长度	m	20000(4)通	浆轴匹数	匹/轴	28	张力重锤	kg×只	5.4×2			
纬向缩率	%	2.7	落片重量	g	1.5±0.1	浆轴标准重量	kg/轴	113.5~119	纬牙标准/变换	牙数	26/49T			
经向回丝率	%	1.40	张力圈重量	g	分段	上浆率	%	12±1	车速	r/min	175±5			
纬向回丝率	%	0.55	速度	m/min	250	回潮率	%	6.8±0.8	相对湿度	%	72±4			
经向伸长率	%	0.8	打结形式		织布结	伸长率	%	0.8	机上布幅	cm	118.5~121			
经向紧度	%	83.57	浆料配方			浆槽温度	℃	95±1	整经长度 1	m	—			
纬向紧度	%	45.01	水	%(kg)	—	浆槽浆液粘度	S	7.5±0.5	整经长度 2	m	—			
总紧度	%	90.96	PVA1	%(kg)	25(117)/	压浆辊压力 Ⅰ	kN	0.2	整经轴重 1	kg	—			
经向用纱量	kg/100m	14.0909	PVA2	%(kg)	—	压浆辊压力 Ⅱ	kN	0.5	整经轴重 2	kg	—			
纬向用纱量	kg/100m	6.6676	PVA3	%(kg)	—	浆液酸碱度	pH	7~8	筘号 1		—			
废边纱线密度	tex	—	PVA4	%(kg)	—	浆纱速度	m/min	40~48	筘号 2		—			
废边纱用量	kg/100m	—	变性淀粉 1	%(kg)	60	后上蜡率	%	0.3	穿筘幅度 1	cm	—			
绞边纱线密度	tex	—	变性淀粉 2	%(kg)	—				穿筘幅度 2	cm	—			

表 5－1－56　品种名称：119.5 JC19.4/19.4 523.5/275.5 纯棉精梳府绸（GA615）

项目名称	单位	规格标准	项目名称	单位	规格标准	项目名称	单位	规格标准	项目名称	单位	规格标准	项目名称	单位	规格标准
经纱线密度	tex	19.5	绞边纱用量	kg/100m	—	变性淀粉 3	%（kg）	—	穿经筘号		64.5			
纺出干燥重量	g/100m	1.797	用纱总量	kg/100m	21.0814	丙烯酸 1	%（kg）	AC（10）	穿筘幅度	cm	123			
捻系数		—	无浆干重	g/m^2	159.38	丙烯酸 2	%（kg）	—	边经穿筘顺序	根/D	—			
捻向		Z	疵点格率	%	27（14）	丙烯酸 3	%（kg）	—	边经穿筘顺序 1		—			
单纱强力	cN/tex	12.4	疵点格率内控	%	9	丙烯酸 4	%（kg）	—	边经穿筘顺序 2		—			
纬纱线密度	tex	19.5	络纬机型		—	乳化油脂	%（kg）	—	边经穿筘顺序 3		—			
纺出干燥重量	g/100m	1.797	卷绕速度	m/min	—	烧碱	%（kg）	中和	地经穿综顺序 1		1,3,5,7			
捻系数		—	满管直径	mm	—	二萘酚	%（kg）	0.2	地经穿综顺序 2		2,4,6,8			
捻向		Z	张力圈重量	g	—	平平加	%（kg）	—	地经穿综顺序 3		—			
单纱强力	cN/tex	12.4	打结形式		—	SLMO	%（kg）	3	地经穿综顺序 4		—			
组织		$\frac{1}{1}$	定捻形式		—	其他组分 1	%	—	地经穿筘顺序	根/D	4/D			
布幅	cm	119.5	络经机型		—	其他组分 2	%	—	停经片穿法 Ⅰ		11,22,33,44			
联匹长度	码	120	槽筒转速	r/min	—	其他组分 3	%	—	停经片穿法 Ⅱ		—			
成包要求	码/件	840	槽筒直径	mm	—	其他组分 4	%	—	综框列数		四框八列			
每件匹数		7×四	槽筒线速	m/min	—	其他组分 5	%	—	机型		GA615			
联匹		四	锭脚高低	cm	—	调浆桶机型		G924	开口时间	mm	220　245			
运销地点		—	清纱板隔距	mm	—	供应桶体积	m^3	0.85	投梭时间	mm	225	验布机速度	m/min	20～22
总经根数	根	6250	张力圈重量	g	—	供应桶温度	℃	98	投梭力	mm	220 及以内	折布机速度	m/min	60～65
其中边纱数	根	—	打结形式		—	供应桶粘度	S	8±0.5	后梁高低	mm	+9	折幅	cm	91.4～91.8
经向密度	根/10cm	523.5	整经机型		1452G—180	浆纱机型		G146B	停经架中元	mm	－12	成布回潮率	%	≤9.5
纬向密度	根/10cm	275.5	轴数	只	511×11	墨印长度	m	32.1	筘座高低	mm	－40	包装尺寸	cm^3	—
经向强力	N	797	根数 Ⅰ	根	519×1	墨印色记		蓝	边撑杆高低	mm	－2	备注		
纬向强力	N	393	根数 Ⅱ	根	12	边纱色记		紫	梭口高低	mm	+2			
蒸缩率	%	—	轴重	kg	198.5	每缸匹数		623	下层纱距走投板	mm	+1			
经向缩率	%	14.5	长度	m	20000（4）通	浆轴匹数	匹/轴	28	张力重锤	kg×只	5.4×2			
纬向缩率	%	2.7	落片重量	g	1.5±0.1	浆轴标准重量	kg/轴	113.5～119	纬牙标准/变换	牙数	26/49			
经向回丝率	%	1.4	张力圈重量	g	分段	上浆率	%	12±1	车速	r/min	175±5			
纬向回丝率	%	0.55	速度	m/min	250	回潮率	%	6.8±0.8	相对湿度	%	72±4			
经向伸长率	%	0.8	打结形式		织布结	伸长率	%	0.8	机上布幅	cm	118.5～121			
经向紧度	%	85.53	浆料配方			浆槽温度	℃	95±1	整经长度 1	m	—			
纬向紧度	%	45.01	水	%（kg）	—	浆槽浆液粘度	S	7.5±0.5	整经长度 2	m	—			
总紧度	%	92.04	PVA1	%（kg）	25（117）	压浆辊压力 Ⅰ	kN	0.2	整经轴重 1	kg	—			
经向用纱量	kg/100m	14.4138	PVA2	%（kg）	—	压浆辊压力 Ⅱ	kN	0.5	整经轴重 2	kg	—			
纬向用纱量	kg/100m	6.6676	PVA3	%（kg）	—	浆液酸碱度	pH	7～8	筘号 1		—			
废边纱线密度	tex	—	PVA4	%（kg）	—	浆纱速度	m/min	40～48	筘号 2		—			
废边纱用量	kg/100m	—	变性淀粉 1	%（kg）	60	后上蜡率	%	0.3	穿筘幅度 1	cm	—			
绞边纱线密度	tex	—	变性淀粉 2	%（kg）	—				穿筘幅度 2	cm	—			

表 5-1-57　品种名称:119.5 JC18.2/18.2 511.5/283 2/1↖ 纯棉精梳斜纹(GA615)

项目名称	单位	规格标准	项目名称	单位	规格标准	项目名称	单位	规格标准	项目名称	单位	规格标准	项目名称	单位	规格标准
经纱线密度	tex	18.2219	绞边纱用量	kg/100m	—	变性淀粉 3	%(kg)	—	穿经筘号		83.25			
纺出干燥重量	g/100m	1.659	用纱总量	kg/100m	18.8894	丙烯酸 1	%(kg)	AD(10)	穿筘幅度	cm	124.5			
捻系数		353	无浆干重	g/m^2	147	丙烯酸 2	%(kg)	—	边经穿筘顺序	根/D	4			
捻向		Z	疵点格率	%	27(14)	丙烯酸 3	%(kg)	—	边经穿筘顺序 1		4/D×12×2			
单纱强力	cN/tex	11.2	疵点格率内控	%	9	丙烯酸 4	%(kg)	—	边经穿筘顺序 2		—			
纬纱线密度	tex	18.2219	络纬机型		G203	乳化油脂	%(kg)	—	边经穿筘顺序 3		—			
纺出干燥重量	g/100m	1.659	卷绕速度	m/min	435	烧碱	%(kg)	中和	地经穿综顺序 1		1,4,7			
捻系数		353	满管直径	mm	29.5±0.5	二萘酚	%(kg)	NL(0.2)	地经穿综顺序 2		2,5,8			
捻向		Z	张力圈重量	g	4×3	平平加	%(kg)	—	地经穿综顺序 3		3,6,9			
单纱强力	cN/tex	11.2	打结形式		织布结	SLMO	%(kg)	(1)	地经穿综顺序 4		—			
组织		$\frac{2}{1}$	定捻形式		自然定捻	其他组分 1	%	—	地经穿筘顺序	根/D	3/D			
布幅	cm	119.5	络经机型		—	其他组分 2	%	—	停经片穿法 Ⅰ		1,2,3　1,2,4			
联匹长度	m(码)	118~122	槽筒转速	r/min	—	其他组分 3	%	—	停经片穿法 Ⅱ		—			
成包要求	码/件	600	槽筒直径	mm	—	其他组分 4	%	—	综框列数		三页九列			
每件匹数		—	槽筒线速	m/min	—	其他组分 5	%	—	机型		GA615			
联匹		四	锭脚高低	cm	—	调浆桶机型		G924	开口时间	mm	210			
运销地点		—	清纱板隔距	mm	—	供应桶体积	m^3	0.75±0.05	投梭时间	mm	225	验布机速度	m/min	20
总经根数	根	6112	张力圈重量	g	—	供应桶温度	℃	95±5	投梭力	mm	220	折布机速度	m/min	64
其中边纱数	根	96	打结形式		—	供应桶粘度	S	8±0.5	后梁高低	mm	-40	折幅	cm	91.4~91.8
经向密度	根/10cm	511.5	整经机型		本宁格	浆纱机型		祖克	停经架中元	mm	-45	成布回潮率	%	<8.5
纬向密度	根/10cm	283.0	轴数	只	10	墨印长度	m	30.5	筘座高低	mm	-40	包装尺寸	cm^3	—
经向强力	N	567	根数 Ⅰ	根	612×9	墨印色记		红	边撑杆高低	mm	-6			
纬向强力	N	243	根数 Ⅱ	根	604×1	边纱色记		—	梭口高低	mm	+3			
蒸缩率	%	—	轴重	kg	278.5	每缸匹数		823	下层纱距走投板	mm	+1			
经向缩率	%	10	长度	m	25000	浆轴匹数	匹/轴	36	张力重锤	kg×只	6×2			
纬向缩率	%	3.9	落片重量	g	—	浆轴标准重量	kg/轴	126.5~130	纬牙标准/变换	牙数	37×72			
经向回丝率	%	0.7	张力圈重量	g	12±2	上浆率	%	11.5±1	车速	r/min	170±3			
纬向回丝率	%	0.5	速度	m/min	600	回潮率	%	7±1	相对湿度	%	68±4			
经向伸长率	%	0.9	打结形式		织布结	伸长率	%	0.7	机上布幅	cm	119~120	备注	停经片穿法 1,2,3　1,2,4　1,3,4　2,3,4	
经向紧度	%	80.79	浆料配方			浆槽温度	℃	91±1	整经长度 1	m	—			
纬向紧度	%	44.7	水	%(kg)	(500)	浆槽浆液粘度	S	7.5±0.5	整经长度 2	m	—			
总紧度	%	89.37	PVA1	%(kg)	(25)	压浆辊压力 Ⅰ	kN	3	整经轴重 1	kg	—			
经向用纱量	kg/100m	12.4125	PVA2	%(kg)	—	压浆辊压力 Ⅱ	kN	4.2±0.2	整经轴重 2	kg	—			
纬向用纱量	kg/100m	6.4769	PVA3	%(kg)	—	浆液酸碱度	pH	7~8	筘号 1		—			
废边纱线密度	tex	—	PVA4	%(kg)	—	浆纱速度	m/min	50±5	筘号 2		—			
废边纱用量	kg/100m	—	变性淀粉 1	%(kg)	(40)	后上蜡率	%	0.3	穿筘幅度 1	cm	—			
绞边纱线密度	tex	—	变性淀粉 2	%(kg)	—				穿筘幅度 2	cm	—			

表 5-1-58　品种名称:122 JCE11.7/JCE11.7 551/315 纯棉紧密纺府绸(GA615)

项目名称	单位	规格标准	项目名称	单位	规格标准	项目名称	单位	规格标准	项目名称	单位	规格标准	项目名称	单位	规格标准
经纱线密度	tex	11.7	绞边纱用量	kg/100m	—	变性淀粉 3	%(kg)	—	穿经筘号		135			
纺出干燥重量	g/100m	—	用纱总量	kg/100m	13.6137	丙烯酸 1	%(kg)	AD(5)	穿筘幅度	cm	127			
捻系数		—	无浆干重	g/m^2	102	丙烯酸 2	%(kg)	—	边经穿筘顺序	根/D	2/D			
捻向		Z	疵点格率	%	23(12)	丙烯酸 3	%(kg)	—	边经穿筘顺序 1		—			
单纱强力	cN/tex	17.1	疵点格率内控	%	8	丙烯酸 4	%(kg)	—	边经穿筘顺序 2		—			
纬纱线密度	tex	11.7	络纬机型		G203	乳化油脂	%(kg)	—	边经穿筘顺序 3		—			
纺出干燥重量	g/100m	—	卷绕速度	m/min	435	烧碱	%(kg)	中和	地经穿综顺序 1		1,3,5,7			
捻系数		—	满管直径	mm	29.5±0.5	二萘酚	%(kg)	(0.15)	地经穿综顺序 2		2,4,6,8			
捻向		Z	张力圈重量	g	4×2	平平加	%(kg)	—	地经穿综顺序 3		—			
单纱强力	cN/tex	16.2	打结形式		织布结	SLMO	%(kg)	(1)	地经穿综顺序 4		—			
组织		$\frac{1}{1}$	定捻形式		自然定捻	其他组分 1	%	—	地经穿筘顺序	根/D	2/D			
布幅	cm	122.0	络经机型		—	其他组分 2	%	—	停经片穿法Ⅰ		11,22,33,44			
联匹长度	m(码)	—	槽筒转速	r/min	—	其他组分 3	%	—	停经片穿法Ⅱ		—			
成包要求	m	300	槽筒直径	mm	—	其他组分 4	%	—	综框列数		四页八列			
每件匹数		—	槽筒线速	m/min	—	其他组分 5	%	—	机型		GA615			
联匹		—	锭脚高低	cm	—	调浆桶机型		G924	开口时间	mm	220　245			
运销地点		—	清纱板隔距	mm	—	供应桶体积	m^3	0.75±0.05	投梭时间	mm	225	验布机速度	m/min	21
总经根数	根	6720	张力圈重量	g	—	供应桶温度	℃	98	投梭力	mm	220	折布机速度	m/min	64
其中边纱数	根	—	打结形式		—	供应桶粘度	S	9±0.5	后梁高低	mm	0	折幅	cm	91.4~91.8
经向密度	根/10cm	551.0	整经机型		本宁格	浆纱机型		祖克	停经架中元	mm	-15	成布回潮率	%	<8.5
纬向密度	根/10cm	315.0	轴数	只	10	墨印长度	m	30	筘座高低	mm	-40	包装尺寸	cm^3	—
经向强力	N	620	根数Ⅰ	根	672	墨印色记		黄	边撑杆高低	mm	-6	备注		
纬向强力	N	320	根数Ⅱ	根	—	边纱色记		黄	梭口高低	mm	+3			
蒸缩率	%	—	轴重	kg	—	每缸匹数		15	下层纱距走投板	mm	+1			
经向缩率	%	11	长度	m	540	浆轴匹数	匹/轴	—	张力重锤	kg×只	6×2			
纬向缩率	%	4	落片重量	g	—	浆轴标准重量	kg/轴	—	纬牙标准/变换	牙数	37/80			
经向回丝率	%	0.55	张力圈重量	g	11±2	上浆率	%	13±0.5	车速	r/min	150			
纬向回丝率	%	0.5	速度	m/min	600	回潮率	%	7±1	相对湿度	%	70±4			
经向伸长率	%	0.5	打结形式		织布结	伸长率	%	0.5	机上布幅	cm	121.5~122			
经向紧度	%	69.73	浆料配方			浆槽温度	℃	91±1	整经长度 1	m	—			
纬向紧度	%	39.87	水	%(kg)	(500)	浆槽浆液粘度	S	8.5±0.5	整经长度 2	m	—			
总紧度	%	81.79	PVA1	%(kg)	(30)	压浆辊压力Ⅰ	kN	3	整经轴重 1	kg	—			
经向用纱量	kg/100m	8.8830	PVA2	%(kg)	(10)K55	压浆辊压力Ⅱ	kN	4.2±0.2	整经轴重 2	kg	—			
纬向用纱量	kg/100m	4.7307	PVA3	%(kg)	—	浆液酸碱度	pH	7~8	筘号 1		—			
废边纱线密度	tex	—	PVA4	%(kg)	—	浆纱速度	m/min	40	筘号 2		—			
废边纱用量	kg/100m	—	变性淀粉 1	%(kg)	(40)	后上蜡率	%	0.3	穿筘幅度 1	cm	—			
绞边纱线密度	tex	—	变性淀粉 2	%(kg)	—				穿筘幅度 2	cm	—			

表 5－1－59　品种名称:122 CVC5.9×2/CVC5.9×2(双) 574.5/374 2/1 ↗ 纯棉倒混纺斜纹(GA615)

项目名称	单位	规格标准	项目名称	单位	规格标准	项目名称	单位	规格标准	项目名称	单位	规格标准	项目名称	单位	规格标准
经纱线密度	tex	11.81	绞边纱用量	kg/100m	—	变性淀粉 3	%(kg)	—	穿经筘号		94			
纺出干燥重量	g/100m	1.144	用纱总量	kg/100m	15.2577	丙烯酸 1	%(kg)	AD(10)	穿筘幅度	cm	126.3			
捻系数		—	无浆干重	g/m²	117.98	丙烯酸 2	%(kg)	—	边经穿筘顺序	根/D	3/D,4/D			
捻向		Z	疵点格率	%	12	丙烯酸 3	%(kg)	—	边经穿筘顺序 1		148,78~79			
单纱强力	cN/tex	15.5	疵点格率内控	%	—	丙烯酸 4	%(kg)	—	边经穿筘顺序 2		78~79/148			
纬纱线密度	tex	11.81	络纬机型		—	乳化油脂	%(kg)	—	边经穿筘顺序 3		—			
纺出干燥重量	g/100m	1.144	卷绕速度	m/min	—	烧碱	%(kg)	—	地经穿综顺序 1		148,259			
捻系数		—	满管直径	mm	—	二萘酚	%(kg)	NL(0.2)	地经穿综顺序 2		3610			
捻向		Z	张力圈重量	g	—	平平加	%(kg)	—	地经穿综顺序 3		—			
单纱强力	cN/tex	—	打结形式		—	SLMO	%(kg)	(2)	地经穿综顺序 4		—			
组织		$\frac{2}{1}$	定捻形式		—	其他组分 1	%	—	地经穿筘顺序	根/D	3/D			
布幅	cm	122.0	络经机型		—	其他组分 2	%	—	停经片穿法Ⅰ		123,124,			
联匹长度	码	120	槽筒转速	r/min	—	其他组分 3	%	—	停经片穿法Ⅱ		134,234			
成包要求	码/件	960	槽筒直径	mm	—	其他组分 4	%	—	综框列数		四框十列			
每件匹数		8×4	槽筒线速	m/min	—	其他组分 5	%	—	机型		GA615			
联匹		4	锭脚高低	cm	—	调浆桶机型		G924	开口时间	mm	240			
运销地点		—	清纱板隔距	mm	—	供应桶体积	m³	0.8~0.9	投梭时间	mm	225	验布机速度	m/min	30
总经根数	根	7045	张力圈重量	g	—	供应桶温度	℃	98	投梭力	mm	220	折布机速度	m/min	65
其中边纱数	根	142	打结形式		—	供应桶粘度	S	7.5±0.5	后梁高低	mm	-40	折幅	cm	91.4~91.8
经向密度	根/10cm	574.5	整经机型		1452G—180	浆纱机型		S432	停经架中元	mm	-55	成布回潮率	%	<5
纬向密度	根/10cm	374.0	轴数	只	12	墨印长度	m	31	筘座高低	mm	-40	包装尺寸	cm³	—
经向强力	N	579	根数Ⅰ	根	587×11	墨印色记		蓝	边撑杆高低	mm	-6	备注		
纬向强力	N	368.2	根数Ⅱ	根	588×1	边纱色记		—	梭口高低	mm	+3			
蒸缩率	%	1	轴重	kg	—	每缸匹数		—	下层纱距走投板	mm	+1			
经向缩率	%	12	长度	m	880	浆轴匹数	匹/轴	—	张力重锤	kg×只	6×2			
纬向缩率	%	3	落片重量	g	1.5±0.1	浆轴标准重量	kg/轴	—	纬牙标准/变换	牙数	22/60			
经向回丝率	%	1.41	张力圈重量	g	分段	上浆率	%	12±1	车速	r/min	167±3			
纬向回丝率	%	0.5	速度	m/min	250	回潮率	%	4.5±0.5	相对湿度	%	72±4			
经向伸长率	%	0.5	打结形式		织布结	伸长率	%	<1	机上布幅	cm	120~121.5			
经向紧度	%	73.05	浆料配方			浆槽温度	℃	92±1	整经长度 1	m	—			
纬向紧度	%	47.56	水	%(kg)	—	浆槽浆液粘度	S	7.5±0.5	整经长度 2	m	—			
总紧度	%	85.86	PVA1	%(kg)	1799(30)	压浆辊压力Ⅰ	kN	3	整经轴重 1	kg	—			
经向用纱量	kg/100m	9.5899	PVA2	%(kg)	CP—L(15)	压浆辊压力Ⅱ	kN	7	整经轴重 2	kg	—			
纬向用纱量	kg/100m	5.6678	PVA3	%(kg)	—	浆液酸碱度	pH	7~8	筘号 1		—			
废边纱线密度	tex	—	PVA4	%(kg)	—	浆纱速度	m/min	45	筘号 2		—			
废边纱用量	kg/100m	—	变性淀粉 1	%(kg)	(50)	后上蜡率	%	0.3	穿筘幅度 1	cm	—			
绞边纱线密度	tex	—	变性淀粉 2	%(kg)	—				穿筘幅度 2	cm	—			

表 5-1-60 品种名称:122 CVC7.3×2/CVC7.3×2 523.5/322.5 2/1 ↗ 涤棉倒混纺斜纹(GA615)

项目名称	单位	规格标准	项目名称	单位	规格标准	项目名称	单位	规格标准	项目名称	单位	规格标准	项目名称	单位	规格标准
经纱线密度	tex	7.38×2	绞边纱用量	kg/100m	—	变性淀粉 3	%(kg)	—	穿经筘号		85.25			
纺出干燥重量	g/100m	1.407	用纱总量	kg/100m	16.8638	丙烯酸 1	%(kg)	AD(10)	穿筘幅度	cm	127.4			
捻系数		—	无浆干重	g/m²	129	丙烯酸 2	%(kg)	—	边经穿筘顺序	根/D	4/D			
捻向		S	疵点格率	%	10	丙烯酸 3	%(kg)	—	边经穿筘顺序 1		148,78,79			
单纱强力	cN/tex	14.7	疵点格率内控	%	—	丙烯酸 4	%(kg)	—	边经穿筘顺序 2		78,79,148			
纬纱线密度	tex	7.38×2	络纬机型		G203	乳化油脂	%(kg)	—	边经穿筘顺序 3		—			
纺出干燥重量	g/100m	1.407	卷绕速度	m/min	320	烧碱	%(kg)	—	地经穿综顺序 1		148,259,			
捻系数		—	满管直径	mm	30	二萘酚	%(kg)	NL(0.2)	地经穿综顺序 2		3610			
捻向		S	张力圈重量	g	20	平平加	%(kg)	—	地经穿综顺序 3		—			
单纱强力	cN/tex	14.7	打结形式		织布结	SLMO	%(kg)	(2)	地经穿综顺序 4		—			
组织		$\frac{2}{1}$	定捻形式		热定型	其他组分 1	%	—	地经穿筘顺序	根/D	3/D			
布幅	cm	122.0	络经机型		—	其他组分 2	%	—	停经片穿法Ⅰ		123,124,134			
联匹长度	码	120	槽筒转速	r/min	—	其他组分 3	%	—	停经片穿法Ⅱ		234			
成包要求	码/件	960	槽筒直径	mm	—	其他组分 4	%	—	综框列数		四框十列			
每件匹数		8×四	槽筒线速	m/min	—	其他组分 5	%	—	机型		GA615			
联匹		四	锭脚高低	cm	—	调浆桶机型		G924	开口时间	mm	240			
运销地点		—	清纱板隔距	mm	—	供应桶体积	m³	0.85	投梭时间	mm	225	验布机速度	m/min	30
总经根数	根	6440	张力圈重量	g	—	供应桶温度	℃	98	投梭力	mm	220	折布机速度	m/min	65
其中边纱数	根	112	打结形式		—	供应桶粘度	S	7.5±0.5	后梁高低	mm	-40	折幅	cm	91.4~91.8
经向密度	根/10cm	523.5	整经机型		1452G	浆纱机型		GA301	停经架中元	mm	-55	成布回潮率	%	<5
纬向密度	根/10cm	322.5	轴数	只	12	墨印长度	m	30.5	筘座高低	mm	-40	包装尺寸	cm³	—
经向强力	N	542	根数Ⅰ	根	537×11	墨印色记		蓝	边撑杆高低	mm	-6	备注		
纬向强力	N	333	根数Ⅱ	根	533×1	边纱色记		红	梭口高低	mm	+3			
蒸缩率	%	1	轴重	kg	—	每缸匹数		866	下层纱距走投板	mm	+1			
经向缩率	%	11	长度	m	26500	浆轴匹数	匹/轴	40	张力重锤	kg×只	6×2			
纬向缩率	%	3	落片重量	g	1.5±0.1	浆轴标准重量	kg/轴	—	纬牙标准/变换	牙数	28/60 33/71			
经向回丝率	%	0.7	张力圈重量	g	分段	上浆率	%	12±1	车速	r/min	167±3			
纬向回丝率	%	0.5	速度	m/min	250	回潮率	%	4±0.5	相对湿度	%	72±4			
经向伸长率	%	0.5	打结形式		织布结	伸长率	%	0.5	机上布幅	cm	121.5~122			
经向紧度	%	74.42	浆料配方			浆槽温度	℃	92±1	整经长度 1	m	—			
纬向紧度	%	45.84	水	%(kg)	—	浆槽浆液粘度	S	7.5±0.5	整经长度 2	m	—			
总紧度	%	86.14	PVA1	%(kg)	1799(25)	压浆辊压力Ⅰ	kN	3	整经轴重 1	kg	—			
经向用纱量	kg/100m	10.7556	PVA2	%(kg)	CP—L(15)	压浆辊压力Ⅱ	kN	7	整经轴重 2	kg	—			
纬向用纱量	kg/100m	6.1082	PVA3	%(kg)	—	浆液酸碱度	pH	7~8	筘号 1		—			
废边纱线密度	tex	—	PVA4	%(kg)	—	浆纱速度	m/min	45	筘号 2		—			
废边纱用量	kg/100m	—	变性淀粉 1	%(kg)	(50)	后上蜡率	%	0.3	穿筘幅度 1	cm	—			
绞边纱线密度	tex	—	变性淀粉 2	%(kg)	—				穿筘幅度 2	cm	—			